AF393379

Lexikon Ingenieurwissen-Grundlagen

Herausgegeben von
Prof. Dr.-Ing. habil. Heinz M. Hiersig

Die Deutsche Bibliothek — CIP-Einheitsaufnahme

Lexikon Ingenieurwissen-Grundlagen
/ hrsg. von Heinz M. Hiersig.
– Düsseldorf: VDI-Verl., 1995
   ISBN-13: 978-3-642-95766-6   e-ISBN-13: 978-3-642-95765-9
   DOI: 10.1007/978-3-642-95765-9
NE: Hiersig, Heinz M. [Hrsg.]

Redaktion: Dr.-Ing. Gerhard Scheuch
unter Mitarbeit von Dipl.-Ing. Helmut Kurt und Renate Raschke
Graphische Darstellungen: Peter Lübke, Wachenheim

ISBN-13: 978-3-642-95766-6

Vorwort

Das ingenieurtechnische Gesamtwissen wächst in bisher nicht bekanntem Ausmaß. Nicht nur jene Wissenschaften, die sich mit high-tech befassen, sondern auch die etablierten Fachgebiete der Technik, deren Grundwissen sich durch Forschung und Praxis drastisch ausdehnt, entwickeln neue Begriffe. Selbst bekannte Zusammenhänge, Bezeichnungen und Beziehungen bedürfen zuweilen der Erinnerung, und zwar durch klare, prägnante und wissenschaftlich gesicherte Beschreibung.

Die Technik beruht und entwickelt sich auf Grundlagen, die das zuverlässige Rüstzeug des Ingenieurs sind und über die sich mancher Technikinteressierte orientieren will. Erweiterte Kenntnisse sind die Voraussetzung für den Fortschritt von Technik, Wissenschaft und Wirtschaft und damit für unsere Zukunft. Dieses Wissen, das schon für das Ingenieurstudium unabdingbar ist, vermittelt dieses Buch. Es bietet außerdem einen hervorragenden Einstieg in die weiteren Fachlexika des VDI-Verlags, zum Beispiel in das „Lexikon Maschinenbau" und das „Lexikon Produktionstechnik Verfahrenstechnik". Inhaltliche Schwerpunkte liegen in der Mathematik, Physik, Mechanik, der Technischen Zuverlässigkeit, der Wahrscheinlichkeitsrechnung und Statistik, der Werkstoffkunde, der Meß- und Regelungstechnik, der Elektrotechnik und Elektronik, der elektronischen Datenverarbeitung, der Informatik sowie in Teilgebieten der Normung, des Patentwesens und der Betriebswirtschaft.

Es war eine besondere Herausforderung, diese Informationen in einem Fachlexikon zusammenzufassen: Nur kompetente Fachleute konnten dieser Aufgabe gewachsen sein. Sie haben mit viel Einsatz und großem Engagement den umfassenden Stoff bearbeitet. Über 70 Autoren erklären in rund 1 800 Stichworten mit zahlreichen Bildern und Tabellen die Grundlagen des Ingenieurwissens nach dem heutigen Stand.

Der Herausgeber dankt den Autoren für ihre Leistung. Dank gebührt auch Herrn Dr.-Ing. *Gerhard Scheuch*, Herrn Dipl.-Ing. *Helmut Kurt* und Frau *Renate Raschke* für die sorgfältige Bearbeitung, Frau Dipl.-Ing. *Zitta Glaser* für die gute Organisation sowie schließlich dem VDI-Verlag für die Übernahme des Wagnisses und für die hervorragende Ausstattung des Lexikons Ingenieurwissen-Grundlagen.

Düsseldorf, im Oktober 1994   *Heinz M. Hiersig*

Der Herausgeber

Prof. Dr.-Ing. habil. *Heinz M. Hiersig* studierte Maschinenbau an der Technischen Hochschule in Dresden. Er begann seine Industrietätigkeit 1939 bei der Rheinmetall-Borsig AG in Düsseldorf und wurde dort 1944 Werksleiter. 1943 promovierte er an der Technischen Hochschule Braunschweig zum Dr.-Ing. Im Jahr 1947 gründete er die Rhein-Getriebe GmbH. 1960 wurde er zum Vorstandsmitglied der Firma Lohmann und Stolterfoht berufen, und er erwarb sich dort besondere Verdienste mit der Entwicklung eines neuen, marktfähigen Produktprofils. Noch vor Erreichen der Altersgrenze erhielt er von der Ruhr-Universität Bochum einen Lehrauftrag, habilitierte sich 1980 und wurde 1981 zum Professor ernannt. Zu dieser Zeit übernahm er erneut die technische Geschäftsführung der Rhein-Getriebe GmbH in Meerbusch.

Professor *Hiersig* schrieb über 40 Fachbeiträge, zumeist zu Fragen der Antriebstechnik. Er widmete sich über Jahrzehnte der technisch-wissenschaftlichen Gemeinschaftsarbeit in mehreren Gremien, unter anderem als Vorsitzender der VDI-Gesellschaft Entwicklung, Konstruktion, Vertrieb (EKV) und des Normenausschusses Antriebstechnik (NAN) im DIN.

Die Autoren

G. Hartmut Altenmüller
Freier Journalist, Königswinter

Prof. Dr. rer. nat. Achim Bachem
Mathematisches Institut, Universität zu Köln

Dipl.-Inform. Peter Baumann
Fraunhofer Institut für Graphische
Datenverarbeitung,
Technische Hochschule Darmstadt

Prof. Dr.-Ing. Dieter Besdo
Institut für Mechanik, Universität Hannover

Dr. D. Biskamp
Max-Planck-Institut für Plasmaphysik,
Garching

Dr.-Ing. Jürgen Blumenberg
Institut C für Thermodynamik,
Technische Universität München

Prof. Dr.-Ing. Arndt Bode
Institut für Informatik,
Technische Universität München

Prof. Dr.-Ing. Anneliese Böttiger
Institut für Meß- und Regelungstechnik,
Universität der Bundeswehr, München

Prof. Dr.-Ing. Gerd Brunner
Arbeitsbereich Thermische Verfahrenstechnik,
Technische Universität Hamburg-Harburg

Prof. Dr.-Ing. Dr.-Ing. habil. Manfred Claassen
Lehrstuhl für Allgemeine Elektrotechnik
und Angewandte Elektronik,
Technische Universität München

Dipl.-Ing. Helge B. Cohausz
Patentanwalt, Düsseldorf

Dr.-Ing. Laszlo Csepregi
FhG IFT Fraunhofer Institut
für Festkörpertechnologie, München

Dr. jur. Jörg Debelius
Deutscher Verband Technisch-
Wissenschaftlicher Vereine, Düsseldorf

Prof. em. Dr.-Ing. Günther Dibelius
Institut für Dampf- und Gasturbinen,
Rheinisch-Westfälische Technische
Hochschule Aachen

Dr.-Ing. Ralf Dohrn
Zentrale Forschung und Entwicklung der
Bayer AG, Leverkusen, und Arbeitsbereich
Thermische Verfahrenstechnik,
Technische Universität Hamburg-Harburg

Prof. Dr. rer. nat. Helmut Eckelmann
Institut für Angewandte Mechanik
und Strömungsphysik, Universität Göttingen;
Max-Planck-Institut für Strömungsforschung,
Göttingen

Prof. Dr.-Ing. José Luis Encarnaçao
Fachbereich Informatik, Fachgebiet
Graphisch-Interaktive Systeme (GRIS),
Technische Hochschule Darmstadt

*Prof. Dr.-Ing. Dr. h. c. Dipl.-Wirt. Ing.
Walter Eversheim*
Lehrstuhl für Produktionssystematik,
Direktor des Laboratoriums für Werkzeug-
maschinen und Betriebslehre (WZL),
Rheinisch-Westfälische Technische Hochschule
Aachen

Prof. Dr. rer. nat. Walther L. Fischer
Lehrstuhl für Didaktik der Mathematik,
Erziehungswissenschaftliche Fakultät,
Universität Erlangen-Nürnberg

Dr. rer. nat. Hans Fuss
GMD — Gesellschaft für Mathematik
und Datenverarbeitung, Birlinghoven

Prof. Dr. W.-D. Geyer
Mathematisches Institut,
Universität Erlangen-Nürnberg

Prof. Dr.-Ing. Dr.-Ing. E. h. Hubert Gräfen
Bergheim

Dr. rer. nat. Franz Gross
Lehrbeauftragter über elektrochemische
Systeme zur Energiespeicherung
und Energieumwandlung,
Universität Stuttgart

Prof. Dr. Siegfried Großmann
Fachbereich Physik,
Philipps-Universität Marburg

*Prof. Dr. phil. nat. Dr. h. c. mult.
Hermann Haken*
Institut für Theoretische Physik
und Synergetik, Universität Stuttgart

Dipl.-Ing. Hartwig Hammerschmidt
Lehrstuhl für Elektrische Meßtechnik,
Technische Universität München

*Prof. Dr. rer. nat. Dr. rer. nat. habil.
Klaus Heinz*
Lehrstuhl für Festkörperphysik,
Universität Erlangen-Nürnberg

Prof. Dr. rer. nat. Reinhard Helbig
Institut für Angewandte Physik,
Universität Erlangen-Nürnberg

Dipl.-Ing. Werner E. Hoffmann
Beratender Ingenieur, Mülheim an der Ruhr

Prof. Dr. rer. nat. Alex Hubert
Institut für Werkstoffwissenschaften,
Universität Erlangen-Nürnberg

Prof. Dr. Wolfgang Kleemann
Laboratorium für Angewandte Physik,
Georg Mercator-Universität Duisburg

Dipl.-Ing. Ernst Kleinhansl
Leiter des Zentralen Prüflabors
im Institut für Textil- und Verfahrenstechnik,
Denkendorf bei Stuttgart

Prof. Dr. Walter Knödel
Institut für Informatik, Universität Stuttgart

Dipl.-Ing. Klaus Günter Krieg
Stellvertretender Direktor,
Mitglied der Geschäftsführung,
DIN Deutsches Institut für Normung e.V.,
Berlin

Prof. Dr. rer. nat. Hajo Kuiper
Physikalisches Institut,
Universität Erlangen-Nürnberg

Prof. Dr. K. H. Lieser
Institut für Kernchemie,
Technische Hochschule Darmstadt

Prof. Dr. Hansjörg Mang
Physikdepartment, Technische Universität
München

Prof. Dr.-Ing. Kurt Mauel
Leverkusen

Prof. Dr. rer. nat. habil. Gerd E. A. Meier
Direktor des Instituts für Strömungsmechanik,
Deutsche Forschungsanstalt für Luft-
und Raumfahrt e.V. (DLR), Göttingen

Dipl.-Ing. Helmut Mettler
Siemens AG,
Bereich Automatisierungstechnik, Karlsruhe

Prof. Dr. Peter Möller
Hahn-Meitner-Institut für Kernforschung,
Berlin

Prof. Dr. Ernst-August Müller
Professor für Angewandte Mechanik
und Strömungsphysik, Universität Göttingen;
Direktor am Max-Planck-Institut
für Strömungsforschung, Göttingen

Prof. Dr. rer. nat. Wolfgang Muschik
Fachbereich Physik, Institut für Theoretische
Physik, Technische Universität Berlin

Prof. Dr. rer. nat. Werner Nachtigall
Fachbereich Biologie/Zoologie,
Universität des Saarlandes, Saarbrücken

Prof. Dr. rer. nat. Frank Obermeier
Institut of Thermomechanics,
Academy of Sciences of the Czech Republic,
Prag

Dipl.-Ing. Henderikus Lammert Offereins
FhG IFT Fraunhofer Institut
für Festkörpertechnologie, München

Prof. Dr.-Ing. habil. Reinhold Paul
Arbeitsbereich Elektrotechnik V/Technische
Elektronik, Technische Universität Hamburg-
Harburg

Prof. Dr. Burkhard Rauhut
Institut für Statistik und Wirtschafts-
Mathematik, Rheinisch-Westfälische
Technische Hochschule Aachen

Dipl.-Phys. Ulf Rauterberg
Siemens AG,
Elektromechanische Komponenten, München

Dr.-Ing. Herbert Rentzsch
Technische Direktion, Asea Brown Boveri AG,
Baden/Schweiz

Prof. Dr.-Ing. Dr.-Ing. E. h. Helmut Schaefer
Lehrstuhl für Energiewirtschaft
und Kraftwerkstechnik, Technische Universität
München

Prof. Dr. Hanno Schaumburg
Arbeitsbereich Halbleitertechnologie,
Technische Universität Hamburg-Harburg

Prof. Dr. rer. nat. Gerhard Schmeißer
Mathematisches Institut,
Universität Erlangen-Nürnberg

Prof. em. Dr. rer. nat. Hans Schneeberger
Lehrstuhl für Statistik II,
Universität Erlangen-Nürnberg

Prof. Dr.-Ing. Dr.-Ing. habil. Friedrich Schneider
Lehrstuhl für Elektrische Meßtechnik,
Technische Universität München

Prof. Dr. Hans Jochen Schneider
ACTIS – Zentrale Verwaltung GmbH,
Stuttgart

Prof. Dr. rer. nat. Elmar Schrüfer
Lehrstuhl für Elektrische Meßtechnik,
Technische Universität München

Dr. Heinz Splittgerber
vorm. Landesanstalt für Immissionsschutz
des Landes Nordrhein-Westfalen, Essen

Dr. rer. nat. Günther Strohrmann
vorm. Hüls AG, Marl

Dipl.-Phys. Horst Vogel
vorm. Max-Planck-Institut
für Strömungsforschung, Göttingen

Prof. Dr.-Ing. Felix Wachsmann
vorm. Gesellschaft für Strahlen-
und Umweltforschung, München-Neuherberg

Prof. Dr. rer. nat. Gerd Wedler
Institut für Physikalische und Theoretische
Chemie, Universität Erlangen-Nürnberg

Prof. Dr. rer. nat. Dr.-Ing. habil.
Elsbeth Wendler-Kalsch
Institut für Werkstoffwissenschaften IV,
Lehrstuhl Korrosion und Oberflächentechnik,
Universität Erlangen-Nürnberg

Dipl.-Phys. Karlheinz Winter
Siemens-Nixdorf Informationssysteme
AG, München

Dr. rer. nat. Ulrich F. Wodarzik
Fachbereich Informatik,
Fachhochschule Rheinland-Pfalz, Worms

Prof. Dr. G. Zimmermann
Institut für Meteorologie,
Johann-Gutenberg-Universität Mainz

Erläuterungen zur Benutzung

Die zahlreichen Gebiete des Ingenieur-Grundwissens sind in rund 1 800 Stichwörter gegliedert. Unter einem aufgesuchten Stichwort ist seine erläuternde Erklärung zu finden, die dem Benutzer das entsprechende Wissen vermitteln soll. Die zahllosen Verweise führen entweder zu einem synonymen oder zu einem übergeordneten Begriff, unter dem das entsprechende Stichwort abgehandelt ist. Die Querverweise im Text (→) sollen durch Aufsuchen anderer, verwandter oder ergänzender Stichwörter zu einer Vertiefung des Wissens beitragen.
Der Verweispfeil → fordert dazu auf, das dahinterstehende Wort nachzuschlagen, um weitere Auskunft zu finden.

Die Stichworte folgen einander alphabetisch. Diese alphabetische Reihenfolge ist – auch bei zusammengesetzten Stichwörtern oder bei Abkürzungen – strikt eingehalten worden. Zusammengesetzte Begriffe sind vorwiegend unter dem Substantiv eingeordnet. Auch die Substantive werden im Singular aufgeführt, wobei Ausnahmen nur zur besseren Handhabung vorkommen und auf die übliche Ausdrucksweise geachtet wurde. Adjektive erscheinen also vor Substantiven, weil sie bei Aufsuchen ausschlaggebend sind.

Wie in lexikalischen Werken üblich, werden die Umlaute ä, ö, ü und die wie Umlaute gesprochenen Doppelbuchstaben ae, oe, ue wie die einfachen Buchstaben (Grundlaute a, o, u) behandelt.

Die zahlreichen Illustrationen zu den einzelnen Stichwörtern sind im Anschluß an den Absatz plaziert, in dem sie erwähnt oder erläutert wurden. Ausnahmsweise kann es auch vorkommen, daß diese — besonders im Falle von zweispaltigen Zeichnungen oder Tabellen — erst auf der nächsten Seite stehen. Die Zuordnung ist durch das Wiederholen des Stichwortes in der Bildunterschrift oder in der Tabellenüberschrift gewährleistet.

Im Text werden die Stichwörter mit dem ersten für die Alphabetisierung maßgeblichen Buchstaben abgekürzt. Dies gilt auch bei Wortzusammensetzungen mit dem Stichwort.

Literaturhinweise sind knapp gehalten und auf die wichtigsten Werke beschränkt. Deutschsprachige Werke wurden — soweit vorhanden — bevorzugt.

Düsseldorf, im Oktober 1994   *Die Redaktion*

A

Å. Abk. für Ångström-Einheit: 1 Å = 10^{-10} m. Keine gesetzliche Einheit. *Hammerschmidt*

Abbildung, konforme →konforme Abbildung

Abbildungsgeometrie. Ein Aufbau der Geometrie im euklidischen Stil geht im wesentlichen von starren Einzelfiguren aus und verwendet als ein Hauptbeweismittel die Kongruenzsätze für (starre) Dreiecke. *Felix Klein* forderte seit 1872 den in der Analysis zentralen Begriff der Funktion in der modifizierten Form der Transformation (Abbildung) auch dem Aufbau der Geometrie zugrunde zu legen. Damit wird die Geometrie dynamisiert. Neben den Figuren ist jetzt auch das Ausmaß der Veränderungen der Figuren bedeutsam, die diese bei gewissen Abbildungen erleiden, geht es genauer um die Invarianzen bei Abbildungen eines bestimmten Typs (bei projektiven, affinen Abbildungen, bei Ähnlichkeits- (äquiformen) Abbildungen, bei Verschiebungen, Drehungen und Spiegelungen).

Die projektiven Abbildungen bilden den projektiven Raum auf sich ab und lassen Inzidenz, Kollinearität und Doppelverhältnis invariant. Die affinen Abbildungen lassen zusätzlich Parallelität und Teilverhältnisse von Strecken invariant, die äquiformen Abbildungen erhalten auch →Winkel und insbesondere die Orthogonalität. Wichtigste zusätzliche Invariante der Isometrien ist die Länge von Strecken. Die Untergruppe der orientierungstreuen Isometrien, die Bewegungen (Verschiebungen und Drehungen), lassen dazu auch die Orientierung (z. B. eines Dreiecks) invariant.

Der Aufstieg vom Allgemeinen zum Besonderen, von der projektiven Geometrie über die affine, äquiforme zur euklidischen Geometrie ist verknüpft mit dem Abstieg von umfassenderen Gruppen von Abbildungen (Automorphismen) zu spezielleren Gruppen, von der Gruppe der projektiven Abbildungen zur Gruppe der Kongruenzabbildungen (Isometrien). Die Menge der einschlägigen Sätze bildet jeweils die zur betreffenden (Abbildungs-) Gruppe gehörende „Geometrie". Zum Ausgang der Betrachtungen in der euklidischen Geometrie nimmt man heute vielfach den Begriff der Spiegelung und führt auf ihn die Kongruenzabbildungen der Verschiebung und Drehung zurück.

Die A. spielt derzeit im Schulunterricht eine zentrale Rolle. Sie hat den Aufbau nach dem Vorbild *Euklids* abgelöst. Auch sie beginnt bei den Isometrien, insbesondere mit den Achsenspiegelungen, um in die ebene euklidische Geometrie einzuführen. *W. L. Fischer*

Literatur: *Bachmann, F.:* Aufbau der Geometrie aus dem Spiegelungsprinzip. Berlin, Heidelberg, New York 1973. – *Jeger, M.:* Konstruktive Abbildungsgeometrie. Luzern, Stuttgart 1968. – *Schupp, H.:* Abbildungsgeometrie. Weinheim, Berlin 1968.

Abfälle, radioaktive →Wiederaufarbeitung

Abfallgesetz. Mit dem Gesetz über die Vermeidung und Entsorgung von Abfällen vom 27. August 1986 (BGBl. I, S. 1410), das sowohl das Abfallbeseitigungsgesetz in der Fassung und Bekanntmachung vom 5. Januar 1977 (BGBl. I, S. 41, 288), zuletzt geändert durch Gesetz vom 18. Februar 1986 (BGBl. I, S. 265), als auch das Altölgesetz vom 23. Dezember 1968 (BGBl. I, S. 14/9) in der Fassung und Bekanntmachung vom 11. Dezember 1979 (BGBl. I, S. 2113) (mit gewissen Einschränkungen bis zum 31. Dezember 1989) aufhebt bzw. außer Kraft setzt, werden neue Prioritäten gesetzt: Die Abfallvermeidung steht an erster Stelle vor der Abfallverwertung und der Abfallbeseitigung. Aus diesem Grunde wurden sowohl ein Abfallvermeidungsgebot als auch ein Abfallverwertungsgebot in das neue Gesetz aufgenommen.

Die dazu ergangene Vorschrift in § 1 a Abs. 1 stellt eine Verbindung zum *Bundes-Immissionsschutzgesetz* her, in dem die Vermeidung und Verwertung von Reststoffen als Grundpflicht für alle genehmigungsbedürftigen Anlagen verankert wurde (§ 5 Abs. 1 Nr. 3). Die Abfallvermeidung ist in erster Linie in Bereichen von Industrie und Gewerbe, in denen abfallarme Produktionstechniken eingesetzt werden können, realisierbar.

Unter dem Begriff der Abfallverwertung ist das Gewinnen von Stoffen oder Energie zu verstehen. Sie sollte nur dann eingesetzt werden, wenn sie technisch möglich und wirtschaftlich vertretbar ist. Durch das Verwertungsgebot obliegt es den entsorgungspflichtigen Körperschaften, ihre Möglichkeiten (z. B. zur getrennten Sammlung) zu überprüfen. Durch solche Maßnahmen kann die Qualität der Sekundärrohstoffe erheblich verbessert werden, so daß sie besser absetz- und einsetzbar werden. Die durch solche Sammelsysteme entstehenden höheren Kosten können durch die eingesparten Ausgaben für Deponie oder Verbrennung kompensiert werden.

Als weiterer Schwerpunkt ist die Ermächtigung zum Erlaß einer Verwaltungsvorschrift, der sog. Technischen Anleitung Abfall anzusehen. In ihr sollen die Bedingungen für die Zulassung und den Betrieb von Abfallentsorgungsanlagen sowie deren Überwachung bundeseinheitlich geregelt werden.

Als weitere wesentliche Neuregelung ist die Neuordnung des Altölrechts und seine Einbeziehung in das Abfallgesetz anzusehen. Die Überwachung der Altöle erfolgt also in Zukunft nach den Vorschriften des Abfallrechts. Schädliche Beimischungen (z. B. PCB) sollen vermieden und die Kontrollen erweitert werden, so daß für Altöle die stoffliche Abfallverwertung (Zweitraffination) vorrangig betrieben werden kann. Zur Erreichung dieses neuen Abfallwirtschaftskonzeptes spielen die Vorschriften nach § 14 eine wesentliche Rolle.

Diese Vorschrift war von vornherein hinsichtlich der Effizienz der abfallwirtschaftlichen Regelungen als Kern der Novelle anzusehen. Die jetzt aufgenommene Aufteilung der Vorschrift in Ermächtigungen zur Vermeidung und Verwertung von Schadstofffrachten (Abs. 1) und Abfallmengen (Abs. 2) ist als sinnvolle Trennung der wesentlichen Zielsetzungen dieses Paragraphen anzusehen. Zur Erreichung dieser Ziele ist die Einführung von Kennzeichnungs-, Rücknahme- und Pfandverpflichtungen vorgesehen.

Für schädliche Stoffe sind darüber hinaus die Pflicht zur getrennten Haltung sowie ggf. Beschränkungen und Verbote zum Inverkehrbringen bestimmter Stoffe vorgesehen.

Neben den Schadstoffen, die auf diesem Weg von der herkömmlichen Abfallentsorgung ferngehalten werden sollen, soll das Abfallmengenproblem mit Hilfe der an dieser Stelle genannten Regelungen angegangen werden. Dabei wird die Bundesregierung verpflichtet, Vermeidungs- und Verringerungsziele festzulegen. Damit wird das Ziel der Bundesregierung, freiwilligen Maßnahmen der Industrie und des Handels Vorrang vor gesetzlichem Zwang einzuräumen, unterstrichen. *W. Hoffmann*

Abgasreinigung. Verfahren der A. dienen zum Entfernen von unerwünschten festen, dampf- oder gasförmigen Substanzen aus dem Abgasstrom einer Anlage. Zur Verringerung der Luftverschmutzung kommt ihnen eine immer größere Bedeutung zu.

Zur Entfernung von Grobstaub (Partikel >10 μm) werden i. a. Massenkraftabscheider verwendet, bei denen die Trennung zwischen Gas und Feststoff durch Trägheitskräfte (z. B. Zentrifugalkraft) oder durch die Schwerkraft erfolgt. Zu den Massenkraftabscheidern gehören Zyklone, Mehrfachzyklone und Drucksprungabscheider. Feinstaub (Partikel <10 μm) kann durch filternde Abscheider, Elektroabscheider oder Naßabscheider entfernt werden. Als Filter lassen sich z. B. Gewebe-, Schüttschichten- oder Kerzenfilter verwenden. Bei Elektroabscheidern werden die Partikel in einem elektrischen →Feld aufgeladen und dann von der Niederschlagelektrode angezogen. Je nachdem, ob die Entfernung des Staubs von der Niederschlagelektrode durch Rüttelbewegungen oder durch Abwaschen geschieht, werden die Entstauber als Trocken- oder Naßelektrofilter bezeichnet.

Naßabscheider sind die am weitesten verbreiteten Entstauber. Die Staubteilchen werden von einer Waschflüssigkeit gebunden. Die Staub-Flüssigkeits-Partikel können durch Massenkräfte leichter abgeschieden werden als trockene Teilchen. Man unterscheidet zwischen vier Typen von Naßabscheidern: Wäscher mit Einbauten, Wirbelwäscher, Venturiwäscher und Rotationswäscher.

Mittel- und schwerflüchtige Substanzen lassen sich durch Kondensation vom Abgasstrom trennen. Durch Abkühlung des Abgasstroms unterhalb des Taupunkts fällt so lange flüssiges Kondensat an, bis der →Partialdruck des dampfförmigen Stoffs den der Kühltemperatur entsprechenden Dampfdruck erreicht hat. Je tiefer gekühlt wird, desto mehr Flüssigkeit kann abgeschieden werden. Die Kühlung kann an gekühlten Flächen (z. B. Plattenwärmeübertrager) oder durch direkte Berührung mit einem Kühlmittel erfolgen, wodurch allerdings umfangreiche Aufarbeitungsmaßnahmen erforderlich werden.

Bei →Adsorptionsverfahren erfolgt die Abscheidung mit Hilfe von festen Stoffen (Adsorbens) mit großen Oberflächen (700–1 000 m^2/g). Die abzutrennenden Stoffe lagern sich an der Oberfläche an und werden durch physikalische Adsorptions-, Kapillarkondensations- oder Chemiesorptionsvorgänge gebunden. Das Adsorptionsvermögen ist von der Temperatur, dem Druck, der relativen Molekülmasse, der Konzentration und dem Siedepunkt des zu adsorbierenden Stoffs abhängig. Als Adsorptionsmittel werden hauptsächlich Aktivkohle, aber auch Silicagel oder Molekularsiebe verwendet. Das beladene Adsorptionsmittel muß regeneriert werden, z. B. durch Ausdämpfen mit Wasserdampf und anschließendes Trocknen und Kühlen. Adsorptionsanlagen werden bevorzugt zum Abscheiden von organischen Verbindungen verwendet.

Bei Absorptionsverfahren werden die abzutrennenden Stoffe durch physikalische oder chemische Kräfte in einer Flüssigkeit (→Absorptionsmittel, Waschmittel) gebunden. Chemisch wirkende Absorptionsmittel wirken selektiver, haben aber den Nachteil, daß die Regeneration relativ aufwendig ist. Ein Sonderfall der chemischen →Absorption ist die irreversibel verlaufende oxidierende Wäsche, bei der zur Behandlung von Geruchsstoffen oxidierende Absorptionsmittel verwendet werden. Als

Absorptionsapparate werden Füllkörper- und Bodenkolonnen sowie Strahl- und Sprühwäscher eingesetzt. Absorptionsverfahren werden vorzugsweise zur Abtrennung von anorganischen Stoffen verwendet.

Eine weitere Möglichkeit der A. ist die Oxidation der Schadstoffe durch thermische Behandlung (Verbrennung). Kohlenwasserstoffe, Wasserstoff und Sauerstoff werden zu Kohlendioxid und Wasser umgesetzt. Entstehen darüber hinaus Stickoxide, Chlorwasserstoffe, Fluorwasserstoffe und Schwefelverbindungen, sind Nachreinigungsverfahren (Absorption) vorzusehen. *Dohrn*

Literatur: Handb. Umweltschutzes. München 1978. – *Heck, G., G. Müller u. M. Ulrich:* Reinigung lösungsmittelhaltiger Abluft – alternative Möglichkeiten. Chem.-Ing.-Tech. 60 (1988) Nr. 4, S. 273/85. – Ullmanns Enzyklopädie der technischen Chemie. 4. Aufl. Weinheim 1972.

Abklingkoeffizient. Der A. δ ist eine Größe zur Kennzeichnung der →Dämpfung eines Systems. Er beschreibt das Abklingverhalten der Hüllkurve $xe^{-\delta t}$ des gedämpften einfachen Schwingers in Abhängigkeit von der Zeit t. Der A. ist der Quotient aus dem Dämpfungskoeffizienten k dividiert durch die doppelte Masse m, es gilt:

$$\delta = \frac{k}{2\,m}$$

Der Kehrwert des A. δ heißt Abklingzeit.
Splittgerber

Ableitung. *Allgemein:* Das Ergebnis der →Differentiation einer Funktion f im Punkt χ heißt A. in χ, in Zeichen $f'(\chi)$ oder $Df(\chi)$ oder $\frac{df}{dx}(\chi)$. Ist f im gesamten Definitionsbereich U differenzierbar, so wird durch die Zuordnung $x \mapsto f'(x)$ eine Funktion auf U definiert, genannt die A. von f und bezeichnet mit f' oder Df oder $\frac{df}{dx}$. Die A. f' muß nicht notwendig stetig sein (→Stetigkeit). Ist sie stetig, so heißt f stetig differenzierbar. Ist f' differenzierbar (bzw. differenzierbar in $\chi \in U$), so heißt f zweimal differenzierbar (bzw. zweimal differenzierbar in χ). Die A. von f' wird zweite A. von f genannt und mit f'' oder $D^2 f$ oder $\frac{d^2 f}{dx^2}$ bezeichnet. So fortfahrend lassen sich A. beliebig hoher Ordnung erklären. Die n-te A. einer n-mal differenzierbaren Funktion f ist die A. der (n–1)-ten A. von f. Sie wird mit $f^{(n)}$ oder $D^n f$ oder $\frac{d^n f}{dx^n}$ bezeichnet.

Funktionen einer reellen Veränderlichen: Die A. einer differenzierbaren Funktion $f:]a,b[\to \mathbb{R}$ ist eine Funktion $f':]a,b[\to \mathbb{R}$. Definitionsbereich und Zielmenge ändern sich also nicht. Die elementaren Funktionen sind auf offenem Definitionsbereich beliebig oft differenzierbar. Ihre A. sind wieder elementare Funktionen. Es gilt

$$Dx^n = nx^{n-1},$$
$$D \sin x = \cos x, \quad D \cos x = -\sin x,$$
$$D \tan x = \frac{1}{\cos^2 x}, \quad D \cot x = -\frac{1}{\sin^2 x},$$
$$D\, e^x = e^x, \quad D\, a^x = a^x \ln a, \quad D\, {}^a\!\log x = \frac{1}{x \ln a},$$
$$D \ln x = \frac{1}{x},$$
$$D \sinh x = \cosh x, \quad D \cosh x = \sinh x,$$
$$D \tanh x = \frac{1}{\cosh^2 x}, \quad D \coth x = -\frac{1}{\sinh^2 x},$$
$$D \arcsin x = \frac{1}{\sqrt{1 - x^2}}, \quad D \arccos x = -\frac{1}{\sqrt{1 - x^2}},$$
$$D \arctan x = \frac{1}{1 + x^2}, \quad D \operatorname{arccot} x = -\frac{1}{1 + x^2},$$
$$D \operatorname{arcsinh} x = \frac{1}{\sqrt{x^2 + 1}}, \quad D \operatorname{arccosh} x = \frac{1}{\sqrt{x^2 - 1}},$$
$$D \operatorname{arctanh} x = \frac{1}{1 - x^2}, \quad D \operatorname{arccoth} x = -\frac{1}{x^2 - 1}.$$

Für die Berechnung der höheren A. eines Produkts zweier Funktionen f und g mit gemeinsamem Definitionsbereich ist die Leibniz-Formel

$$D^n (fg) = \sum_{\nu = 0}^{n} \binom{n}{\nu} D^\nu f \, D^{n-\nu} g$$

von Interesse.

Funktionen von mehreren reellen Veränderlichen: Es sei U eine nichtleere offene Teilmenge des n-dimensionalen euklidischen Raums $\mathbb{R}^n$.

□ *Partielle A.* Ist $f: U \to \mathbb{R}$ in allen Punkten $\underline{x} \in U$ partiell differenzierbar, so heißen die Funktionen

$$D_i f : \begin{cases} U \to \mathbb{R} \\ \underline{x} \mapsto D_i f(\underline{x}) \quad (i = 1,\dots,n) \end{cases}$$

die i-ten partiellen A. von f. Andere Schreibweisen sind $\frac{\partial f}{\partial x_i}$ oder f_{x_i}. Besitzen diese Funktionen ihrerseits partielle A., so heißt f zweimal partiell differenzierbar. Die partiellen A. zweiter Ordnung $D_j D_i f$ werden mit $D_{ji} f$ oder $\frac{\partial^2 f}{\partial x_j \partial x_i}$ oder $f_{x_i x_j}$ bezeichnet. Induktiv definiert man: Die Funktion f heißt k-mal partiell differenzierbar ($k \geqq 2$), wenn sie (k–1)-mal partiell differenzierbar ist und die partiellen A. (k–1)-ter Ordnung selbst wieder partiell differenzierbar sind. Man erklärt

$$D_{i_k i_{k-1} \dots i_1} f := D_{i_k} (D_{i_{k-1} \dots i_1} f)$$

als partielle A. k-ter Ordnung und schreibt dafür auch

$$\frac{\partial^k f}{\partial x_{i_k} \partial x_{i_{k-1}} \dots \partial x_{i_1}} \quad \text{oder} \quad f_{x_{i_1} \dots x_{i_{k-1}} x_{i_k}}.$$

3

Die Funktion f heißt k-mal stetig partiell differenzierbar, wenn alle partiellen A. bis zur Ordnung k existieren und auf U stetig sind. In diesem Fall ist f sogar k-mal stetig (total) differenzierbar, und außerdem kommt es auf die Reihenfolge bei Ausführung der partiellen Differentiationen nicht an. Es gilt also für $k \geq 2$ insbesondere $D_{ij}f = D_{ji}f$.

□ Totale A. Die A. einer Funktion $\underline{f}: U \to \mathbb{R}^m$ in $\underline{\chi} \in U$ ist die lineare Abbildung $\underline{f}'(\underline{\chi}): \mathbb{R}^n \to \mathbb{R}^m$. Ist $\underline{f}$ in jedem Punkt von U differenzierbar, so ergibt sich als (totale) A. von f die Funktion

$$\underline{f}: \begin{cases} U \to \mathscr{L}(\mathbb{R}^n, \mathbb{R}^m) \\ \underline{x} \mapsto \underline{f}'(\underline{x}), \end{cases}$$

wobei $\mathscr{L}(\mathbb{R}^n, \mathbb{R}^m)$ den Vektorraum aller linearen Abbildungen von $\mathbb{R}^n$ nach $\mathbb{R}^m$ bezeichnet. Die Zielmengen von $\underline{f}$ und $\underline{f}'$ sind also wesentlich verschieden. Existiert eine zweite A. $\underline{f}''$, so ist diese eine Funktion $\underline{f}'': U \to \mathscr{L}(\mathbb{R}^n, \mathscr{L}(\mathbb{R}^n, \mathbb{R}^m))$. Man kann ihre Zielmenge mit $\mathscr{L}_2(\mathbb{R}^n, \mathbb{R}^m)$, dem Vektorraum der Bilinearformen $\Phi: \mathbb{R}^n \times \mathbb{R}^n \to \mathbb{R}^m$, identifizieren. So fortlaufend läßt sich die k-te A. $\underline{f}^{(k)}$ als Funktion $\underline{f}^{(k)}: U \to \mathscr{L}_k(\mathbb{R}^n, \mathbb{R}^m)$ auffassen, wobei $\mathscr{L}_k(\mathbb{R}^n, \mathbb{R}^m)$ den Vektorraum der k-fachen linearen Abbildungen

$$\Phi: \mathbb{R}^n \times \ldots \times \mathbb{R}^n \to \mathbb{R}^m$$

(mit k Faktoren $\mathbb{R}^n$ des Definitionsbereichs) bezeichnet. Dabei bedeutet

$$\underline{f}^{(k)}(\underline{\chi})[\underline{x}^1, \ldots, \underline{x}^k],$$

daß für $\underline{\chi} \in U$ die k-fach lineare Abbildung $\underline{f}^{(k)}(\underline{\chi}) \in \mathscr{L}_k(\mathbb{R}^n, \mathbb{R}^m)$ für die Vektoren $\underline{x}^1, \ldots, \underline{x}^k \in \mathbb{R}^n$ ausgewertet wird. Das Ergebnis ist ein Element von $\mathbb{R}^m$. Analog beschreibt man A. in Banach-Räumen. Für das praktische Rechnen wird im endlich dimensionalen Fall $\underline{f}'$ durch die Jacobi-Matrix und $\underline{f}''$ für $m = 1$ durch die Hesse-Matrix dargestellt. Es gilt

$$\underline{f}''(\underline{\chi})[\underline{u}, \underline{v}] =$$

$$(u_1, \ldots, u_n) \begin{pmatrix} D_{11}f(\underline{\chi}) \ldots D_{1n}f(\underline{\chi}) \\ \vdots \quad\quad\quad \vdots \\ D_{n1}f(\underline{\chi}) \ldots D_{nn}f(\underline{\chi}) \end{pmatrix} \begin{pmatrix} v_1 \\ \vdots \\ v_n \end{pmatrix} \quad \textit{Schmeißer}$$

Literatur: *Barner, M.,* u. *F. Flohr:* Analysis. 2 Bde. Berlin 1974 u. 1983. – *Bauer, H.:* Differential- und Integralrechnung II. Erlangen 1967. – *Dieudonné, J.:* Grundzüge der modernen Analysis. Bd. 1. 2. Aufl. Braunschweig 1972. – *Forster, O.:* Analysis 1 und 2. Braunschweig 1983 u. 1984. – *Heuser, H.:* Lehrb. Analysis. Tl. 1 u. 2. 4. Aufl. Stuttgart 1986.

Ablösung. Die durch die Wirkung der Zähigkeit an der Oberfläche fester Körper sich bildenden dünnen, laminaren oder turbulenten Grenzschichten können nur begrenzt einem räumlichen Druckanstieg in der Außenströmung folgen. Die bereits langsameren Teilchen dieser Grenzschicht werden durch eine Verzögerung der Außenströmung mehr aufgehalten als die Außenströmung selbst. Überschreitet daher die aufgeprägte Verzögerung eine bestimmte Grenze, so wird die Grenzschicht zur Umkehr gebracht, und es kommt unmittelbar an der Wand zu einer Rückströmung und damit zur A. (Grenzschicht-A.) der Strömung von der Wand (Bild). Bei geeigneter Strömungsgeometrie, z. B. auf der Oberseite eines Tragflügels oder im Krümmer einer Rohrleitung, kann sich die Strömung stromab entlang einer Anlege- oder einer Staupunktslinie auch wieder an dem Körper anlegen. Dies führt zum Einschluß von Fluidteilchen, die dann nicht mehr an der Hauptströmung teilnehmen. Man nennt solche Strömungsbereiche Ablöseblasen.

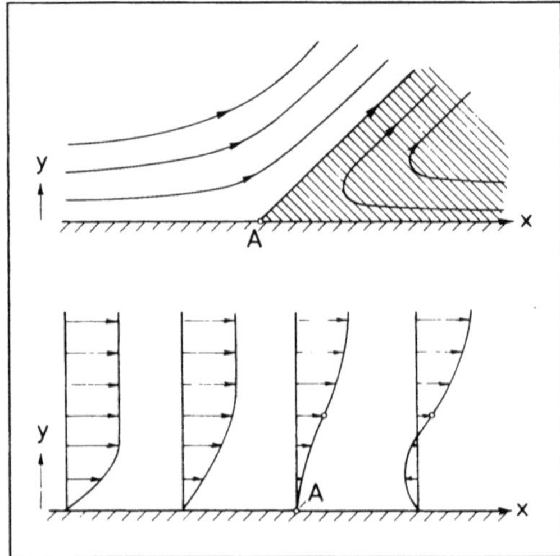

Ablösung: Grenzschichtablösung.

A Ablösepunkt

Auf Grund ihrer Geschwindigkeitsverteilungen lösen turbulente Grenzschichten i. a. weiter stromabwärts ab als laminare. Strömungen um scharfe Kanten lösen bei genügend großer Reynolds-Zahl ($\to$Kennzahlen) immer ab, und zwar an den Kanten. Das Strömungsfeld hinter der Ablösefläche bildet ein Totwasser, das aus turbulenter (wirbelbehafteter) Strömung besteht. Da die in dem Totwasser enthaltene kinetische Energie durch Reibung in Wärmeenergie umgewandelt wird, führen Strömungs-A. immer zu erheblichen Verlusten von mechanisch verwertbarer Energie. Von praktischer Bedeutung ist die A. z. B. bei der Umströmung endlicher Körper ($\to$Tragflügel), da sie dort zu einem höheren $\to$Strömungswiderstand und niedrigeren $\to$Auftrieb führt als die nichtabgelöste Strömung, und bei der Durchströmung von Diffusoren, wo sie den Druckrückgewinn sehr vermindert. *Obermeier*

Abnahme. Überprüfung eines →Prozeßleitsystems und seiner Komponenten auf Qualität und Quantität vor der endgültigen Übernahme durch den Kunden. A. größerer Systeme können sehr kostenintensiv sein und den Inbetriebnahmetermin beeinflussen. Umfang und Abwicklung der A. sollten deshalb schon in der Bestellphase des Systems bis ins Detail geplant und vereinbart werden.

Vertraglich sind u. a. festzulegen: Abnahmegegenstand, abzunehmende Leistung, Art und Umfang der A., Festlegen der Mängel, die zum Abbruch der A. führen, Kosten der A. am Leitsystem und am Prozeß. Es ist an die organisatorischen Vorbereitungen zu denken und an den genauen terminlichen Ablauf.

Komplexe Prozeßleitsysteme wird man in Stufen abnehmen müssen. Die Richtlinie VDI/VDE 3690 schlägt z. B. vor, einzelne Hard- oder Softwarekomponenten beim Hersteller zu prüfen. Diesem Komponententest folgt die Basissystemabnahme: Das ist die A. des Gesamtsystems ohne prozeßspezifische Software. Es soll das Zusammenwirken der Komponenten des Systems und ihre Integration in die Zielanlage oder eine ihr gleichwertige Zielumgebung geprüft werden, insbesondere die Hard- und Softwareschnittstellen. Am Zielort wird das Gesamtsystem in der vorgesehenen Konfiguration abgenommen. Der Prozeß kann dabei angeschlossen sein oder simuliert werden. Schließlich ist noch ein Probebetrieb unter realen Bedingungen mit direkter Prozeßbeeinflussung während einer bestimmten Dauer festzulegen. *Strohrmann*

Literatur: VDI/VDE 3690: Abnahme von Prozeßrechnersystemen. Ausg. Dez. 1981.

Abschirmung (Erschütterungen). Bei einer A. sollen die an einem Einwirkungsort vorhandenen oder zu erwartenden Erschütterungen von erschütterungsempfindlichen Geräten, Bauwerken usw. ferngehalten werden. Eine A. wird durch eine →Passivisolierung der zu schützenden Anlage erreicht, d. h. durch eine Schwingungsisolierung unmittelbar vor der Übertragung der Erschütterungen aus der Umgebung auf die zu schützende Anlage. Eine A. kann auch dadurch erreicht werden, daß bei der Ausbreitung von Erschütterungen zwischen der Erschütterungsquelle und dem zu schützenden Bauwerk Hindernisse für die →Wellenausbreitung in den Boden eingebaut werden. Als Wellenhindernisse kommen Bodenschlitze und Abschirmmatten in Betracht. Die abschirmende Wirkung hängt u. a. von den geometrischen Abmessungen der Hindernisse ab, vom Ort des Einbaus in bezug auf die Erschütterungsquelle und das zu schützende Bauwerk und von der →Wellenlänge der in Betracht stehenden Erschütterungen, deren Ausbreitung reduziert werden sollen.

Zur Behinderung der von einem an der Oberfläche angeordneten steifen harmonisch erregten Fundament ausgehenden Erschütterungen ist aufgrund von Berechnungen vorgeschlagen worden, massive starre Körper in den Boden einzubauen. Die Störkörper können als flache Betonplatten eingebracht werden, als tiefe möglichst starre senkrechte Wände zur A. von *Rayleigh*-Wellen oder auch als starre Körper im Boden unter dem Oberflächenfundament, von dem die Erschütterungen ausgehen. Die Wirkung der A. hängt dabei u. a. von den Abmessungen des Einbaukörpers ab, vom Abstand des wandartigen Einbaukörpers an der Erdoberfläche zum erregenden Fundament bzw. von der Einbautiefe des Störkörpers unter dem Fundament. Die praktische Erprobung dieser Verfahren zur wirksamen A. von Erschütterungen im Boden steht noch aus. *Splittgerber*

Literatur: *Haupt, W.*: Ausbreitung von Wellen im Boden. In Haupt, W. (Hrsg.): Bodendynamik, Grundlagen und Anwendung, Braunschweig 1986. – *N. Chouw, R.* und *G. Schmid*: Verfahren zur Reduzierung von Fundamentschwingungen und Bodenerschütterungen mit dynamischem Übertragungsverhalten einer Bodenschicht, Bauingenieur **66** (1991). Berlin-Heidelberg-New York 1991.

Abschirmung, elektrische. Anordnung, um das Übergreifen von elektrischen und/oder magnetischen Feldern von einem Raum in einen anderen zu verhindern. Die Abschirmung dient dem Schutz von Bauteilen oder Geräten vor störenden Feldern oder dazu, daß interne Felder nicht in die Umgebung austreten können. *Claassen*

Abschirmung, elektromagnetische. Elektrostatische Felder lassen sich durch elektrische Leiter vollständig abschirmen (elektrostatische →Abschirmung). Elektrische Wechselfelder sind jedoch über die Maxwell-Gleichungen mit magnetischen Feldern verbunden. Diese induzieren in einem elektrischen Leiter Ströme, deren magnetisches →Feld nach der →Lenz-Regel dem →Wechselfeld entgegenwirkt. Deshalb lassen sich auch magnetische Wechselfelder mit elektrischen Leitern abschirmen und zwar um so besser, je höher die →Leitfähigkeit und die →Frequenz ist. Dennoch sind im Leiter und bei endlicher Dicke der Abschirmwand auch auf der Innenseite der Abschirmung noch magnetische Wechselfelder und mit ihnen verbundene elektrische Wechselfelder vorhanden.

Beschrieben werden kann die elektromagnetische Abschirmung mit dem →Skineffekt, der besagt, daß elektromagnetische Felder in einen Leiter von der Oberfläche mit $e^{-x/\delta}$ abfallen, wenn x die Ortskoordinate senkrecht zur Oberfläche darstellt und $\delta = \sqrt{2/\omega\sigma\mu}$ die Skineindringtiefe ist, mit der Winkelfrequenz $\omega = 2\pi f$, der Leitfähigkeit σ und der →Permeabilität μ des Leiters.

Ist die Wandstärke d der Abschirmung viel größer als die Skineindringtiefe δ, so ergibt sich als Abschirmfaktor für das magnetische Feld einer Hohlkugel mit dem Durchmesser D (D≫d), der klein gegenüber der →Wellenlänge ist:

$$\frac{H_i}{H_a} = 6 \sqrt{2}\, \frac{\mu}{\mu_o}\, \frac{\delta}{D}\, e^{-d/\delta}.$$

Hierin stellt H_i das →Magnetfeld im Innern und H_a das Magnetfeld außerhalb der Hohlkugel dar. Die Abschirmwirkung nimmt stark mit dem Verhältnis d/δ zu und ist um so besser, je größer der Durchmesser D ist. Das Feldbild außerhalb der Hohlkugel wird dabei so verändert, daß die Magnetfeldlinien wie bei einem magnetisch undurchlässigen Stoff mit μ=0 nach außen abgedrängt werden (→Abschirmung, magnetische). Die Abschirmung anders geformter geschlossener Leiteranordnungen kann man abschätzen, indem man sie durch eine Hohlkugel gleicher Wandstärke und etwa gleichen Volumens ersetzt. *Claassen*

Abschirmung, elektrostatische.

Elektrostatische Felder lassen sich durch elektrisch leitend verbundene Wände vollständig abschirmen. An der Oberfläche der →Leiter verschieben sich die Ladungen derart, daß alle Feldlinien senkrecht auf der Oberfläche enden. Ein mit elektrisch leitenden Wänden abgeschlossener Raum ist frei von elektrostatischen Feldern.

Häufig genügt aber auch schon eine maschengitterförmige Anordnung von elektrisch verbundenen Leitern, die den abzuschirmenden Raum wie einen Käfig umgeben (→Faraday-Käfig). In einem Abstand in der Größenordnung der Maschenweite ist im Innern praktisch kein elektrostatisches →Feld mehr meßbar. Hochfrequente Felder, d. h. elektromagnetische Wellen, können dagegen ein Maschengitter mühelos durchdringen, wenn die halbe →Wellenlänge kleiner als die Maschenweite ist. *Claassen*

Abschirmung, magnetische.

Statische magnetische Felder lassen sich durch Wände mit hoher →Permeabilität abschirmen.

Die Wände leiten dann den magnetischen →Fluß um den abgeschirmten Bereich herum. Analytisch läßt sich die Abschirmung eines homogenen Feldes H_a durch eine Kugelschale mit Außendurchmesser D_a und Innendurchmesser D_i berechnen. Das Feldbild ist in Bild 1 dargestellt. Die Feldlinien werden außen zu der Kugel hin abgelenkt. Der größte Teil des magnetischen Flusses wird aber in der Kugelschale geführt. Im Innern der Kugelschale ergibt sich dabei ein homogenes →Magnetfeld der Stärke H_i, die sich berechnet zu

$$H_i = \frac{H_a}{1 + \frac{2}{9}\left[1-\left(\frac{D_i}{D_a}\right)^3\right]\left[\frac{1}{\mu_r} + \mu_r - 2\right]}.$$

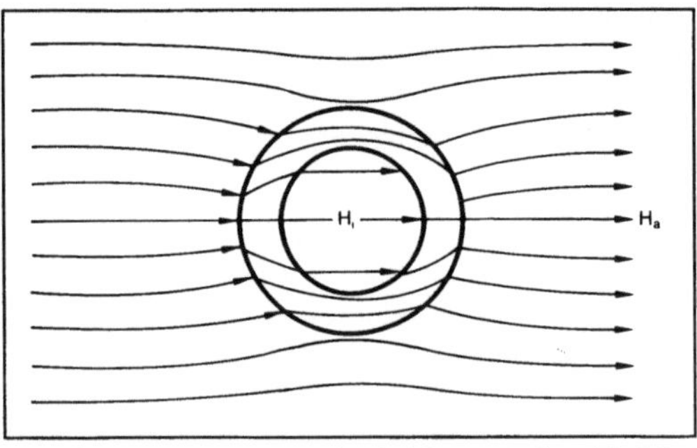

Abschirmung, magnetische 1: Magnetischer Fluß bei magnetostatischer Abschirmung durch eine Hohlkugel mit $\mu_r > 1$.

Hierin ist μ_r die relative Permeabilität oder Permeabilitätszahl, die in hochpermeablen Legierungen (Permalloy-Legierungen) Werte bis etwa 10^5 erreichen kann.

Für $\mu_r \gg 1$ und $(D_a - D_i) = 2d$ wird daraus

$$H_i = \frac{3\, D_a}{4d\, \mu_r}\, H_a.$$

Dieser Zusammenhang kann auch zur Abschätzung der Abschirmung nicht kugelförmiger Abschirmwandformen verwendet werden, wenn für d die mittlere Wandstärke und für D_a ein Mittelwert für Länge, Höhe und Breite eingesetzt wird.

Eine gute magnetostatische Abschirmung ergibt sich andererseits auch, wenn μ_r sehr klein ist. Dies ist bei dem starken Diamagnetismus der Fall, der in Supraleitern auftritt. In Supraleitern induziert ein äußeres Magnetfeld einen Wandstrom, der nach der →Lenz-Regel ein dem äußeren Magnetfeld entgegenwirkendes Feld im Innern erzeugt. Das entspricht einer Permeabilitätszahl $\mu_r \approx 0$. Die magnetischen Feldlinien werden dann von der Abschirmung abgedrängt (Bild 2). Die Abschirmung selbst und das Innere bleiben feldfrei. *Claassen*

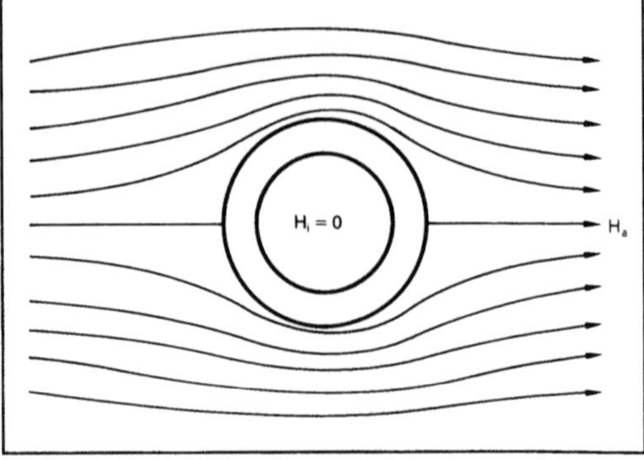

Abschirmung, magnetische 2: Magnetischer Fluß bei magnetostatischer Abschirmung durch eine Hohlkugel mit $\mu_r = O$.

Absolutbestimmung von Aktivitäten →Impulsrate

Absorbens →Absorptionsmittel, →Absorption

Absorption.

Akustik. Die A. ist eine unvollständige Reflexion z. B. an schalldämpfendem Material. Kennzeichnend für den Absorptionsgrad eines Stoffes ist der Schallschluckgrad α, der durch das Verhältnis des Intensitätsverlustes $J-J_0$ bei der Reflexion (J_0 = einfallende Intensität, J = reflektierte Intensität) zur Intensität der einfallenden Welle

$$\alpha = \frac{J - J_0}{J_o}$$

gegeben wird. Der Verlust an Schallintensität, der während der Ausbreitung in einem Medium eintritt, heißt in der Akustik Dissipation und entspricht der (optischen) A. *Helbig*

Erschütterungen. Unter A. versteht man den Teil der Energie, der Schwingern und bei der Ausbreitung von Erschütterungen dem Ausbreitungsvorgang durch Umwandlung der kinetischen und potentiellen Energie infolge irreversibler Vorgänge, z. B. durch Reibungsvorgänge in und zwischen dem Material der das Schwingungssystem bildenden Elemente, entzogen wird. Bei freien Schwingungen werden durch die A. die Schwingungsamplituden in Abhängigkeit von der Zeit vermindert. Bei der Ausbreitung von Erschütterungen im Boden tritt durch die A. zusätzlich zu der Abnahme der Schwingungsamplituden infolge geometrischer Ausbreitung eine Verminderung in Abhängigkeit von der Entfernung zur Erschütterungsquelle auf. Die A. hängt dabei als →Materialdämpfung (→Dämpfung, die in einem Werkstoff selbst durch irreversible Umordnung des Gefüges auftritt) von den bodenmechanischen Eigenschaften des Bodens ab. Die Energieverluste durch A. sind bei der Ausbreitung von Erschütterungen im Boden besonders durch Reibungsvorgänge infolge Relativverschiebungen zwischen den Bodenteilchen bedingt. Der Entzug von Schwingungsenergie bei Schwingern und bei Ausbreitungsvorgängen durch A. wird auch Dissipation genannt. Je nach dem Ausbreitungsmedium der Schwingungen unterscheidet man z. B. zwischen Materialdämpfung, Luftschalldämpfung (Luftabsorption), Bodendämpfung (Bodenabsorption). Im Zusammenhang mit Erschütterungen und den dynamischen Vorgängen bei mechanischen Schwingern ist es gebräuchlich, anstelle von A. den Begriff Dämpfung zu verwenden; dabei werden verschiedene Dämpfungsbegriffe benutzt. *Splittgerber*

Literatur: DIN 1311, Bl. 2: Einfache Schwinger, 12/1974. – VDI 2062, Bl. 1: Begriffe und Methoden. 1/1976. – *Waas, G.*: Dämpfung von Bauwerksschwingungen. In Dolling, H. J. (Hrsg.): Dämpfung Duktilität. Vortragsband der Deutschen Gesellschaft für Erdbeben-Ingenieurwesen und Baudynamik (DGEB), Berlin 1989.

Optik. Trifft Licht auf ein Medium, so wird ein Teil reflektiert (Reflexion), ein Teil im Medium absorbiert und ein Teil wird hindurchgelassen. Das

Absorption (Akustik). Tabelle: Absorptionskoeffizienten einiger Baumaterialien.

Material	Frequenz in Hz					
	125	250	500	1 000	2 000	4 000
Marmor oder glasierte Fliesen	0,01	0,01	0,01	0,01	0,02	0,02
ungestrichener Beton	0,01	0,01	0,01	0,02	0,02	0,03
asphaltierter Beton	0,02	0,03	0,03	0,03	0,03	0,02
dicke Teppiche auf Beton	0,02	0,06	0,14	0,37	0,60	0,65
dicke Teppiche auf Filz	0,08	0,27	0,39	0,34	0,48	0,63
Glasplatten	0,18	0,06	0,04	0,03	0,02	0,02
normaler Innenputz	0,30	0,15	0,10	0,05	0,04	0,05
Spezialputz (2,5 cm dick)	0,25	0,45	0,78	0,92	0,89	0,87
Sperrholz (0,6 cm dick)	0,60	0,30	0,10	0,09	0,09	0,09
Rohrgeflecht auf Beton (1,2 cm dick)	0,14	0,20	0,76	0,79	0,58	0,37
Rohrgeflecht auf Beton (2,5 cm dick)	0,22	0,47	0,70	0,77	0,70	0,48
Rohrgeflecht in Metallrahmen (2,5 cm dick)	0,48	0,67	0,61	0,68	0,75	0,50

vom Medium absorbierte Licht wird dabei in Wärme oder eine andere Energieform (z. B. chemische Energie) umgewandelt. Dabei wird ein homogenes Medium durch die Angabe der Absorptionskonstanten K charakterisiert. Bei Vernachlässigung von Reflexion, Interferenz und Streuung gilt das *Lambert*sche Absorptionsgesetz

$$\frac{J}{J_o} = e^{-Kd}$$

mit J_o als Lichtleistung im einfallenden Parallellicht, J als austretende Lichtleistung im Parallelstrahl und d als Schichtdicke des Mediums. Das Verhältnis J/J_o bezeichnet man auch als Durchlässigkeit D der Probe, der reziproke Wert $O = \dfrac{1}{D}$ heißt Opazität.

Bei einer photographischen Schicht bezeichnet man den dekadischen Logarithmus der Opazität auch als Schwärzung

$$S = \log O = -\log D = \log \frac{J_o}{J}.$$

Der Kehrwert der Absorptionskonstanten $1/K = l$ hat die anschauliche Bedeutung, daß längs des Weges l die einfallende Intensität auf 37% abgenommen hat. l heißt mittlere Reichweite des Lichtes; man unterscheidet schwache A. für $l = 1/K > \lambda$ (λ = →Wellenlänge) und starke A. für $l = 1/K < \lambda$. Bezieht man die Reichweite des absorbierten Lichtes auf die Lichtwellenlänge λ' im Medium, ist es zweckmäßig, den Absorptionsindex

$$\kappa = \frac{1}{4\pi} K \cdot \lambda'$$

beim Bezug auf die Wellenlänge im Vakuum den Absorptionskoeffizienten $k = (n\,\kappa) = \dfrac{1}{4\pi} K\lambda$ anzugeben. *Helbig*

Verfahrenstechnik. Unter A. versteht man die Aufnahme und das Lösen von Gasen in Flüssigkeiten. Die A. ist eine verfahrenstechnische Grundoperation und wird zum Trennen von Stoffgemischen angewendet, insbesondere um ein bestimmtes Gas aus einer gasförmigen Mischung abzutrennen (A.-Apparat). Eine weitere Anwendungsmöglichkeit ist das Absorbieren von Gasen in Flüssigkeiten zur Herstellung von Lösungen wie Salzsäure (Chlorwasserstoff in Wasser gelöst).

A.-Prozesse sind für Verfahren zur Verminderung der Luftverschmutzung von großer Bedeutung. Dabei entfernt man ein schädliches Gas, wie z. B. Schwefeldioxid oder Schwefelwasserstoff, aus einem Abgas, bevor dieses in die Atmosphäre gelangen kann. Eine technische A.-Anlage besteht aus einer A.-Kolonne, in der das Waschmittel (A.-Mittel) meistens im →Gegenstrom zum Rohgas mit dessen zu entfernender Komponente beladen wird, und aus einer Regenerationskolonne (Regenerator), in der das Gas aus dem damit beladenen Waschmittel desorbiert, d. h. ausgetrieben, und das Waschmittel wiederverwendbar gemacht wird. Nur in Sonderfällen, in denen es die Wirtschaftlichkeit erlaubt, verwendet man das Waschmittel nur einmal zur A. Die wichtigsten Bestandteile einer A.-Anlage sind in Bild 1 dargestellt.

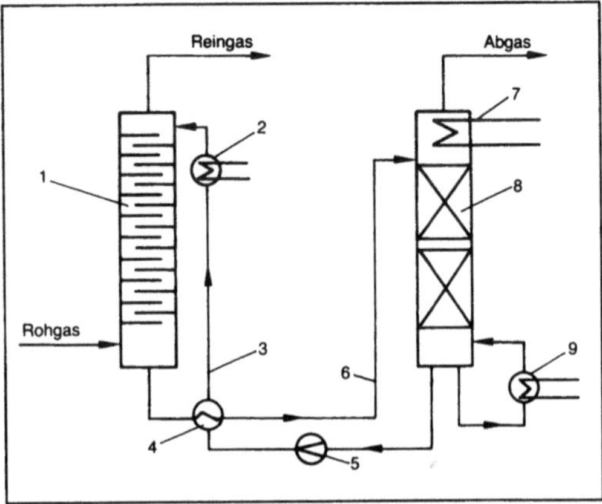

Absorption (Verfahrenstechnik) 1: Schematischer Aufbau einer Absorptionsanlage.

1 Absorber, 2 Kühler, 3 gereinigtes Absorptionsmittel. 4 Wärmeübertrager, 5 Pumpe, 6 beladenes Absorptionsmittel. 7 Kondensator, 8 Regenerator, 9 Aufkocher

Je nach Art des Lösungsvorgangs in der Flüssigkeit, ob durch Van-der-Waals-Kräfte oder durch chemische Bindungskräfte, wird zwischen physikalisch lösenden Waschmitteln (Beispiel: Abtrennung von ungesättigten Kohlenwasserstoffen aus Spaltgasen mit N-Methylpyrrollidon) und chemisch wirkenden Waschmitteln (Beispiel: Entfernung saurer Bestandteile aus Gasen mit alkalischen A.-Mitteln) unterschieden. Bei der physikalischen A. ist das Phasengleichgewicht zwischen Flüssigkeit und Gas die Triebkraft für den Stofftransport in die flüssige →Phase. Bei der chemischen A. wird das absorbierte Gas in der Waschflüssigkeit durch die chemische Reaktion gebunden.

Bild 2 zeigt charakteristische Verläufe von A.-Gleichgewichten. Im Grenzfall ist die Gleichgewichtskurve eine Gerade, die Löslichkeit des Gases in der Flüssigkeit demnach proportional zum →Partialdruck des Gases (Gesetz von *Henry*). Bei der chemischen A. können schon bei geringen Partialdrücken hohe Flüssigkeitsbeladungen erreicht werden. Durch die Sättigung der chemischen Bindung nimmt die Beladbarkeit bei Erreichen eines Grenzwerts nur noch wenig mit dem Partialdruck zu. Charakteristisch für die chemisch wirkenden Waschmittel ist ferner der hohe Wärmebedarf beim Regenerieren (→Vorbeladung, →Restbeladung).

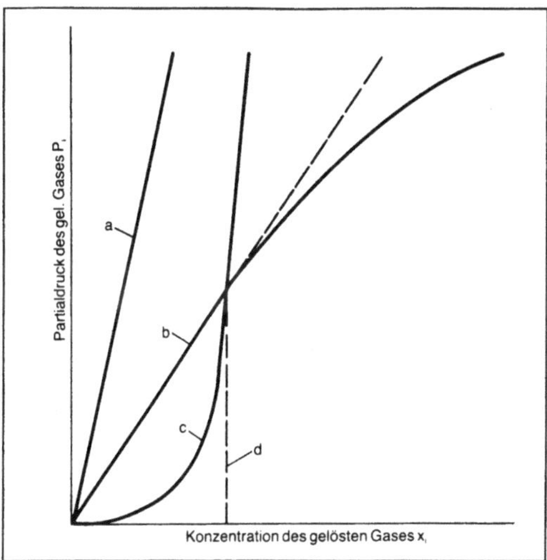

Absorption (Verfahrenstechnik) 2: Absorptionsgleichgewichte.

a Lösung gehorcht dem Henryschen Gesetz, b Lösung gehorcht dem Henryschen Gesetz nur in einem Teilbereich; außerhalb dieses Bereiches gibt es einen nichtlinearen Zusammenhang zwischen der Konzentration der Komponente i in der gasförmigen und der flüssigen Phase, c chemische Absorption mit einer maximalen Beladung, d durch die chemische Bindung

Die Gleichgewichtseinstellung beim A.-Vorgang hängt von der Geschwindigkeit des Stofftransports ab. Beim A.-Vorgang gelangt die gasförmige Komponente aus dem Gasstrom durch molekulare Diffusion oder turbulente Vermischung an die Phasengrenzfläche. Von dort wird sie von der Flüssigkeit aufgenommen und wandert durch ähnliche Transportprozesse in das Innere des Flüssigkeitsstromes. Die Stofftransportwiderstände hängen stark von den geometrischen Verhältnissen im A.-Apparat ab.

Unter den Gemischen, die in der A.-Technik als eintretende Rohgase häufig vorkommen, sind besonders folgende Gruppen zu erwähnen:
□ Naturgase,
□ Spaltgase, Raffinerieabgase,
□ inerte Gase, die Dämpfe organischer Lösungsmittel enthalten,
□ technische Gase aus verschiedenen Prozessen, die anorganische Komponenten, wie Chlor, Chlorwasserstoff, Stickoxide, Kohlenmonoxid, Schwefeldioxid usw., enthalten, wie z. B. Abgase aus Chlorierungen, Gase aus der Ammoniakverbrennung, Röstofengase und andere.

Bei der Reinigung von Erdgas wird das Gas von unten in die A.-Kolonne eingebracht, in der es im Gegenstrom mit einem abgereicherten A.-Öl in Kontakt kommt. Salzsäure stellt man gewöhnlich in einem Sprühturm her, in dem gasförmiger Chlorwasserstoff im Wasser absorbiert wird. Bei der Herstellung von Cyanwasserstoff absorbiert verdünnte Schwefelsäure das Ammoniak, das in der Reaktion nicht verbraucht wurde. Bei der Produktion von Salpetersäure werden Ammoniak katalytisch oxidiert und die gasförmigen Produkte in Wasser absorbiert.

In der Regel ist die physikalische A. um so wirtschaftlicher, je höher der Druck der eintretenden Gase ist (hohe Partialdrücke). Der Absorber und die Bau- und Betriebskosten werden um so größer, je kleiner der Restgehalt der zu entfernenden Komponente im gewaschenen Gas sein soll. Der wesentliche Vorteil der chemischen A. liegt in der größeren Selektivität, jedoch ist die Regenerierung schwieriger. Von der technischen Lösung der Regeneration hängt die Wirtschaftlichkeit des A.-Verfahrens ab, da hier die Gesamtkosten für den Wärmeverbrauch und z. T. die Kosten für den Kraftbedarf entstehen. *Dohrn*

Literatur: *Mersmann, A.*: Thermische Verfahrenstechnik. Berlin, Heidelberg, New York 1980. – *Perry, R. E.*, u. *D. W. Green*: Perry's Chemical Engineers' Handb. 6. Aufl. New York 1984. – *Pratt, H. R. C.*: Countercurrent Separation Processes. Amsterdam 1967.

Absorptionsapparat. Zur Schaffung einer möglichst großen Phasengrenzfläche bei der →Absorption kann das Gas in die Waschflüssigkeit dispergiert, das Waschmittel in das Gas gesprüht oder das Gas entlang eines Flüssigkeitsfilms geführt werden (→Absorptionsmittel, →Strahlwäscher, →Vielstoffabsorption).

Folgende Apparate werden zur Absorption eingesetzt:
□ *Bodenkolonne.* Die verwendeten Bodenkolonnen entsprechen den bei der Destillation eingesetzten Bodenkolonnen, a) im Bild. Sie sind aber für höhere Flüssigkeitsbelastungen und größere Gasgeschwindigkeiten ausgelegt. Zum Einsatz kommen u. a. Glockenböden, Ventilböden, Siebböden, Rostböden und Kittelböden.
□ *Packungskolonne.* Füllkörperkolonnen oder Kolonnen mit geordneten Packungen werden häufiger als Bodenkolonnen zur Absorption verwendet, unter anderem, weil bei ihnen ein kontinuierlicher →Gegenstrom möglich ist, b) im Bild. Als Füllkörper setzt man u. a. Raschig-Ringe, Pall-Ringe, Berl-Sättel, Kugeln und zahlreiche andere ein. Beim sog. Turbulenz-Kontakt-Absorber werden hohle Kunststoffkugeln zwischen zwei Rosten aufgewirbelt, wodurch die Phasengrenzfläche ständig erneuert und einer Verstopfung vorgebeugt wird.
□ *Sprühapparat.* Waschflüssigkeit wird versprüht, und es bildet sich eine Suspension von Tröpfchen und Gas. Sprühabsorber sind besonders dann geeignet, wenn die Gase in der Flüssigkeit gut löslich sind und der Haupttransportwiderstand in der Gasphase liegt, c) im Bild. Düsenwäscher mit mehreren hin-

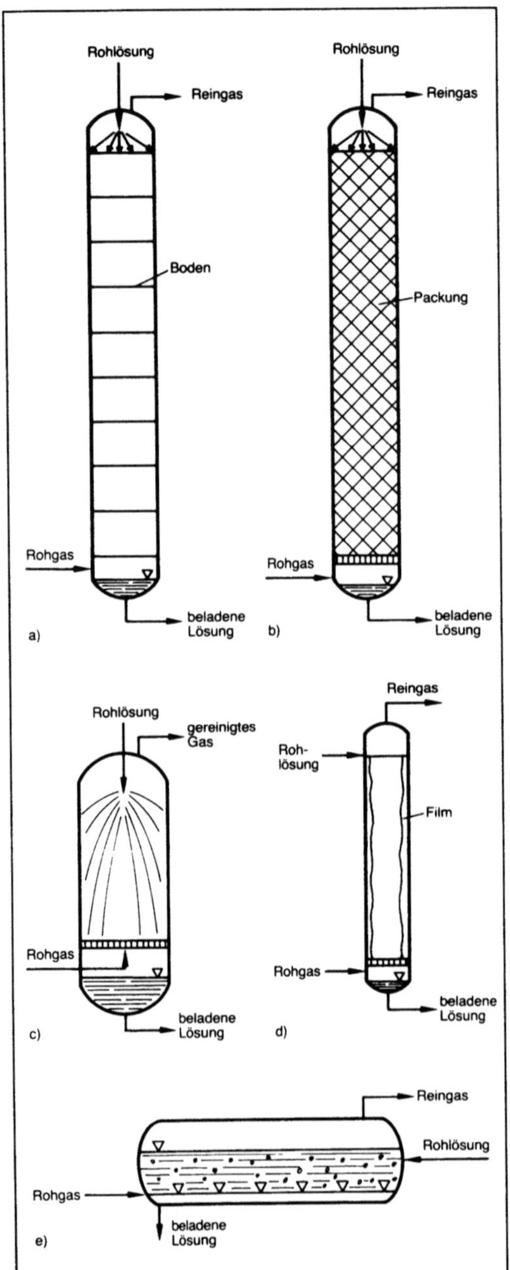

Absorptionsapparat: Schematischer Aufbau einiger Absorptionsapparate.
a) Bodenkolonne
b) Packungskolonne
c) Sprühkolonne
d) Filmkolonne
e) Blasensäule.

tereinander geschalteten Düsenstufen eignen sich für sog. Kurzzeitwäschen. Wenn theoretisch eine einzige Trennstufe ausreicht, verwendet man auch Zyklonwäscher, bei denen die eingesprühten Flüssigkeitstropfen mit dem Gas mitgerissen und an der Wand abgeschieden werden. In einem Venturi-Wäscher wird die Flüssigkeit meist in den hochturbulenten Gasstrom eingedüst. Der →Druckverlust ist relativ hoch und liegt bei 20–50 mbar. Wäscher mit rotierenden Einbauten zum Versprühen der Flüssigkeit finden nur selten Anwendung. Sprühapparate sind relativ billig, arbeiten schnell, benötigen aber recht erhebliche Mengen an Förderenergie.

□ *Filmwäscher.* Die Flüssigkeit wird am Umfang eines senkrecht stehenden Rohrmantels verteilt und rieselt im Gasstrom herab, d) im Bild. Filmwäscher setzt man besonders dann ein, wenn gleichzeitig große Wärmemengen abzuführen sind, z. B. bei der Absorption von HCl in Wasser. Die berieselten Rohre werden dann auf der anderen Wandseite gekühlt.

□ *Blasensäulen und Rührbehälter.* Blasensäulen werden für Absorptionen mit anschließender Reaktion verwendet. Einzeln betrieben und bei großen Gasdurchsätzen ist kein Gegenstrom von Gas und Flüssigkeit möglich. Die Verweilzeiten sind lang, und der Gasdurchsatz ist gering. Der Stoffübergang erfolgt etwa zur Hälfte bereits bei der Blasenbildung, so daß keine hohen Flüssigkeitssäulen notwendig sind, e) im Bild. Die Absorptionswirkung wird durch den Einbau mechanischer Rührer erhöht, womit sich die Flüssigkeitsdurchmischung verbessert und der Weg der Gasblasen verlängert. Rührbehälter werden dort eingesetzt, wo der Hauptwiderstand in der flüssigen Phase liegt, z. B. bei der Oberflächenbelüftung von Abwässern in offenen Becken. *Dohrn*

Literatur: *Sattler, K.:* Thermische Trennverfahren. Weinheim 1988. – Ullmanns Enzyklopädie der technischen Chemie. 4. Aufl. Weinheim 1972.

Absorptionsmittel. A. (auch Waschflüssigkeit, Waschmittel, Absorbens genannt) nehmen bei der →Absorption Bestandteile (Absorbend) des Gases oder der Dämpfe auf. Die Löslichkeit kann durch physikalische Kräfte (physikalische A.) oder durch chemische Bindungskräfte hervorgerufen werden.

Das A. sollte für die aufzunehmenden Stoffe eine hohe Löslichkeit haben, sich selbst aber schlecht im Gas lösen (niedriger Dampfdruck wegen A.-Verlusten erforderlich). Außerdem sollte die Selektivität möglichst hoch, die Viskosität niedrig und die Regenerierbarkeit einfach sein. Weiterhin sollten A. möglichst nicht giftig, nicht umweltbelastend und preiswert sein.

Beispiele für A. sind in der Tabelle aufgeführt. *Dohrn*

Absorptionsmittel. Tabelle: Beispiele von Absorptionsmitteln.

Prozeß	Absorbend	Absorptionsmittel
Gewinnung von Salzsäure	HCl	Wasser
Reinigung von Abluft	HF, SiF_4	Wasser
Reinigung von Stadtgas, Feinreinigung von Synthesegas	H_2S, CO_2, organische S-Verbindungen, Kohlenwasserstoffe	Methanol bei tiefer Temperatur (Rectisol)
Gewinnung von Flüssiggas aus Naturgas	C_2-, C_3-Kohlenwasserstoffe	Waschöl
Olefingas	Butadien	N-Methylpyrrolidon
Reaktionsgas aus der Schwefeldioxid-Oxidation	SO_3	wäßrige Schwefelsäure
Gewinnung von Ammoniumsulfat	NH_3	Schwefelsäure
Reinigung von Natur- und Raffineriegas	H_2S, CO_2	wäßrige Ethanolamin-Lösungen
Reinigung von Synthesegas	H_2S, CO_2, organische Schwefelverbindungen	Diisopropanol in organischen Lösungsmitteln (Sulfinol)
Trocknung von Naturgasen	H_2O	Glykole
Rauchgasreinigung	SO_2, NO_x, Geruchsstoffe	Kalziumhydrochlorid + Wasser

Literatur: *Coulson, J. M.*, u. *J. F. Richardson:* Chemical Engineering. Oxford, New York, Toronto, Sydney, Paris, Frankfurt a. M. 1979. – *Perry, R. E.*, u. *D. W. Green:* Perry's Chemical Engineers' Handb. 6. Aufl. New York 1984. – *Sattler, K.:* Thermische Trennverfahren. Weinheim 1988. – Ullmanns Enzyklopädie der technischen Chemie. 4. Aufl. Weinheim 1972.

Abtastregelung, Abtastregler. In einem Abtastregelkreis werden die Signale nur zu bestimmten Zeitpunkten, meist in regelmäßigen Abständen (äquidistant) abgefragt.

Die abgetasteten Signale bilden eine amplitudenmodulierte →Impulsfolge. Zur Verarbeitung werden die Impulse über das Tastintervall konstant gehalten entweder im Rechner oder durch ein Halteglied. So entsteht eine Treppenfunktion, deren →Mittelwert ihrem kontinuierlichen →Signal um die halbe Abtastzeit nacheilt. Durch diese Totzeit wird die →Stabilität des Kreises verschlechtert.

Die Wahl der Tastzeit T_0 ist eine wichtige Voraussetzung zur Auslegung einer A. Die Tastzeit soll so kurz wie möglich sein, um möglichst gute Dynamik und die gleiche Regelgüte zu erzielen wie mit kontinuierlichen Reglern. Dem stehen entgegen die Verarbeitungszeit im →Regler oder Rechner, mögliche Stellzeiten oder der Stellaufwand des Stellgliedes, Meß- und Identifikationszeiten. Als Minimalbedingung gilt das *Shannon*'sche Abtasttheorem

$$T_0 \leq \pi \,/\, \omega_{max}$$

Dann werden Signalanteile bis zur Kreisfrequenz ω_{max} verarbeitet oder ausgeregelt. Als Richtwert wird gelegentlich empfohlen, daß die Tastzeit etwa $\frac{1}{15}$ bis $\frac{1}{4}$ der Einschwingdauer betragen kann; die Einschwingdauer ist die Zeit, die die →Übergangsfunktion der →Regelstrecke mit Ausgleich benötigt, um 95 % ihres Endwertes zu erreichen.

Zur Untersuchung der Dynamik von Abtastsystemen verwendet man meistens – vor allem für Mehrgrößensysteme mit Zustandsdarstellung (Zustandsgrößen) – die zeitdiskrete Schreibweise als Differenzengleichung, um die Methoden für zeitkontinuierliche Systeme entsprechend anwenden zu können. Sie eignet sich gut für die digitale →Signalverarbeitung. Bei einschleifigen Regelkreisen arbeitet man gerne mit der z-Transformation. Sie stellt ein Äquivalent zur Laplace-Transformation im kontinuierlichen Kreis dar. So können Methoden für Übertragungsfunktionen übernommen werden.

Nach heutigem Stand der Technik ist ein Abtastregler ein digitaler Regler (→Regelung, digitale) entweder als Einzelgerät mit Mikroprozessoren oder als Teil einer umfassenden Reglerstruktur in einem →Prozeßrechner. *Böttiger*

Literatur: *Ackermann, J.:* Abtastregelung. Berlin 1983. – *Föllinger, O.:* Lineare Abtastsysteme. München 1982. – *Isermann, R.:* Digitale Regelsysteme. Berlin 1977. – *Unbehauen, H.:* Regelungstechnik II. Braunschweig 1983.

Abwickelbarkeit. Eine Fläche ist in eine andere abwickelbar, wenn zwischen beiden Flächen eine

Abbildung existiert, die längentreu ist. In beiden Flächen haben alle innergeometrischen Größen gleiche Werte, insbesondere haben beide Flächen in entsprechenden Punkten gleiches Gauß-Krümmungsmaß ($\rightarrow$Krümmung). Speziell sind genau diejenigen Flächen in die Ebene abwickelbar, die in allen Punkten Gauß-Krümmung $K = 0$ haben. Die Torsen sind die einzigen auf die Ebene längentreu abbildbaren Flächen. Beispiele: Kegel- und Zylinderfläche sind in die Ebene abwickelbar. *W. L. Fischer*

Abwicklung einer Fläche. Die längentreue Abbildung einer F. in eine andere F. ($\rightarrow$Abwickelbarkeit). *W. L. Fischer*

Abzählregel $\rightarrow$Bestimmtheit, statische

Actinide. Die A. sind eine Gruppe von Elementen, bei denen mit steigender Ordnungszahl die 5f-Elektronenzustände von $5f^0$ auf $5f^{14}$ aufgefüllt werden. Diese Auffüllung erfolgt jedoch nicht stetig, weil die Elektronenkonfigurationen $5f^0$, $5f^7$ und $5f^{14}$ energetisch bevorzugt sind.

Ordnungszahlen, Symbole, Namen und Elektronenkonfigurationen der A. im Gaszustand sind in der Tabelle aufgeführt. Da bei den A. zunächst außer den 7s- und 6d-Elektronen auch noch bis zu mehreren f-Elektronen für eine chemische $\rightarrow$Bindung zur Verfügung stehen, ergeben sich bei den ersten Elementen dieser Gruppe verhältnismäßig

hohe Oxidationsstufen (Bild 1). In der Oxidationsstufe +4 bilden die Elemente Th, Pa, U, Np und Pu recht beständige Dioxide MO_2, die im Falle von ThO_2, UO_2 und PuO_2 als Kernbrennstoffe oder Brutstoffe Verwendung finden. In der Oxidationsstufe +6 sind die flüchtigen Hexafluoride UF_6, NpF_6 und PuF_6 bekannt, wobei UF_6 für die $\rightarrow$Isotopentrennung $^{235}U/^{238}U$ eingesetzt wird. Für die Chemie in wäßrigen Lösungen spielt die Existenz der -ylionen in den Oxidationsstufen +5 und +6 (MO^{2+} bzw. MO_2^{2+}) bei den Elementen M = $\rightarrow$Uran, $\rightarrow$Neptunium und $\rightarrow$Plutonium eine wichtige Rolle.

Die Bezeichnung Actinide wurde 1925 von *Goldschmidt* vorgeschlagen. Das Actinidenkonzept wurde später von *Seaborg* bestätigt. Die Bezeich-

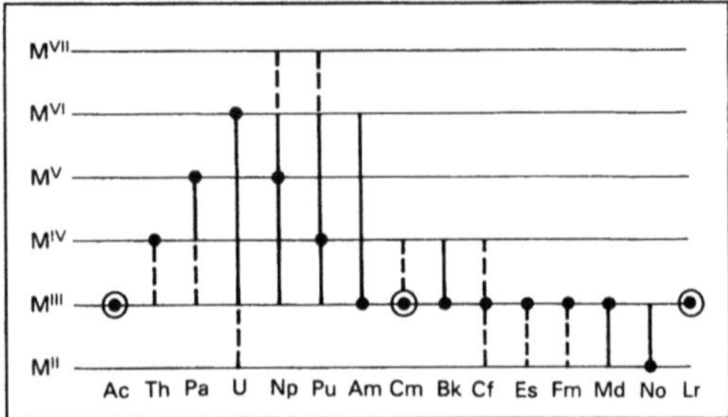

Actinide 1: Wertigkeiten der Actiniden. Die wichtigsten Wertigkeiten sind hervorgehoben, außerdem die besonders stabilen Elektronenkonfigurationen. $5f^0$, $5f^7$, $5f^{14}$.

Actinide. Tabelle: Elektronenkonfiguration der Actiniden.

Ordnungszahl	Symbol	Name	Elektronenkonfiguration (im Gaszustand)
89	Ac	Actinium	$6d\ 7s^2$
90	Th	Thorium	$6d^2\ 7s^2$
91	Pa	Protactinium	$5f^2\ 6d\ 7s^2$ (oder $5f^1\ 6d^2\ 7s^2$)
92	U	Uran	$5f^3\ 6d\ 7s^2$
93	Np	Neptunium	$5f^5\ 7s^2$ (oder $5f^4\ 6d\ 7s^2$)
94	Pu	Plutonium	$5f^6\ 7s^2$
95	Am	Americium	$5f^7\ 7s^2$
96	Cm	Curium	$5f^7\ 6d\ 7s^2$
97	Bk	Berkelium	$5f^8\ 6d\ 7s^2$ (oder $5f^9\ 7s^2$)
98	Cf	Californium	$5f^{10}\ 7s^2$
99	Es	Einsteinium	$5f^{11}\ 7s^2$
100	Fm	Fermium	$5f^{12}\ 7s^2$
101	Md	Mendelevium	$5f^{13}\ 7s^2$
102	No	Nobelium	$5f^{14}\ 7s^2$
103	Lr	Lawrencium	$5f^{14}\ 6d\ 7d^2$

nung Actinoide (= ähnlich dem Actininium) hat sich, insbesondere in der angelsächsischen Literatur, nicht durchgesetzt. Sie ist auch sprachlich nicht gerechtfertigt, da viele dieser Elemente mit Actinium gar nicht ähnlich sind.

Alle A. sind Radioelemente (→Radioelement). Der →Logarithmus der Halbwertzeiten der langlebigen Isotope der Actiniden ist in Bild 2 als Funktion der Ordnungszahl aufgetragen. Actinium, →Thorium, →Protactinium und Uran sind natürliche Radioelemente. Actinium und Protactinium werden beim radioaktiven →Zerfall des Urans und des Thoriums gebildet. In extrem kleinen Mengen sind auch Neptunium und Plutonium in Uranerzen vorhanden (^{237}Np/^{238}U $\approx 10^{-12}$, ^{239}Pu/^{238}U $\approx 10^{-11}$). Sie entstehen aus Uran durch Einfang von Neutronen, die aus der kosmischen →Strahlung stammen. Das langlebige ^{244}Pu wurde in dem Mineral Bastnäsit in einer Konzentration von etwa 10^{-18}g/g gefunden. Die Elemente Neptunium und Plutonium haben jedoch ebenso wie alle folgenden Actiniden eine erheblich größere Bedeutung als künstliche Radioelemente, weil sie bei der →Kernspaltung, d. h. insbesondere in Kernreaktoren, in verhältnismäßig großen Mengen entstehen. Aus einer Tonne Uran mit einer Anfangsanreicherung von 3,3% entstehen in einem Leichtwasserreaktor bei einem Abbrand von 34 000 MWd/t etwa 0,5 kg Neptunium, etwa 9 kg Plutonium, etwa 0,15 kg →Americium und etwa 0,07 kg →Curium. Der Anteil an A.n höherer Ordnungszahl wird bei höherer Neutronenflußdichte und bei längerer Verweilzeit in Kernreaktoren größer.

Die langlebigsten Isotope der Actinidenelemente mit Ausnahme des Actiniums sind alle α-Strahler, bei den schwereren Actiniden wird jedoch der Anteil der →Spontanspaltung immer größer (Spontanspaltung). Einige Radionuklide sind als α-Strahler für die Energiegewinnung in Radionuklidgeneratoren von Bedeutung (z. B. ^{238}Pu, ^{244}Cm), andere als Neutronenquellen (z. B. ^{252}Cf).   *Lieser*

Literatur: *Keller, C.:* The Chemistry of the Transuranium Elements. Weinheim: Verlag Chemie 1971. – *Lieser, K. H.:* Einführung in die Kernchemie, 3. Aufl. Kap. 14. Weinheim: VCH-Verlag 1991. – *Seaborg, G. T. u. J. J. Katz:* The Actinide Elements. In: National Nuclear Energy Series Dir. IV, Bd. 14 A, New York: Mc Graw Hill 1954.

Addierverstärker. Der A. ist ein Meßverstärker (invertierender Operationsverstärker), dessen Ausgangsspannung u_a proportional ist der Summe der Eingangsströme i_1, i_2, bzw. proportional ist der Summe der Eingangsspannungen u_1, u_2:

$$u_a = - R_g (i_1 + i_2) = - R_g \left(\frac{u_1}{R_1} + \frac{u_2}{R_2} \right) \qquad Schrüfer$$

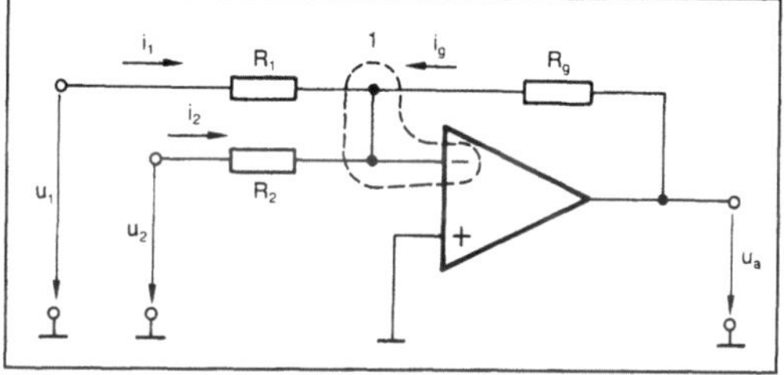

Addierverstärker: Schematische Darstellung.

Additive für Treibstoffe. A. sind Zusätze, die Treibstoffen in Konzentrationen von wenigen bis mehreren 100 ppm hinzugefügt werden und für die Wirksamkeit des Treibstoffs und des Motors von erheblicher Bedeutung sind.

Antiklopfmittel sollen ein vorzeitiges Zünden des Kraftstoff-Luft-Gemisches (Klopfen) verhindern, indem sie die Oktanzahl erhöhen (nicht für Dieselkraftstoffe).

Spülmittel entfernen die Verbrennungsprodukte der Antiklopfmittel.

Mittel zur Veränderung der Ablagerungen im Verbrennungsraum sollen Oberflächenentzündungen und eine Verschmutzung der Zündkerzen verhindern.

Antioxidantien erhöhen die Lagerfähigkeit des Treibstoffs.

Desaktivatoren für Metalle bewirken eine zusätzliche Lagerungsstabilität.

Antirostmittel bieten Rostschutz für vom Kraftstoff berührte Teile.

Antivereisungsmittel verhindern das Vereisen des Vergasers und das Gefrieren der Treibstoffversorgung (nicht für Dieselkraftstoffe).

Detergentien verhindern das Verschmutzen des Vergasers und des Ansaugsystems.

Obenschmiermittel schmieren die Flächen des Zylinders und verhindern Ablagerungen im Ansaugsystem.

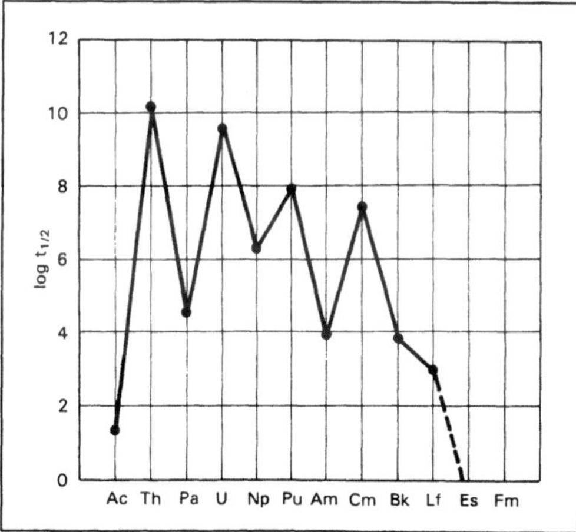

Actinide 2: Logarithmus der Halbwertzeit (Halbwertzeit in Jahren) der langlebigsten Isotope der Actiniden als Funktion der Ordnungszahl.

Farbstoffe zeigen das Vorhandensein von Antiklopfmitteln an und dienen zur Kennzeichnung der Kraftstoffe.

Cetanzahlerhöher verbessern die Zündeigenschaften und beeinflussen auch das Start- und Laufverhalten (nur Dieselkraftstoffe).

Die Anzahl, der Typ und die Menge der den Treibstoff hinzugegebenen A. sind von Hersteller zu Hersteller unterschiedlich. *Dohrn*

Literatur: *Bland, W.,* u. *R. Davidson:* Petroleum Processing Handb. New York 1967. – Deutsche BP Aktiengesellschaft (Hrsg.): Das Buch vom Erdöl. 4. Aufl. Hamburg 1978.

A/D-Einrampen-Umsetzer. Der A/D-E.-U. (*engl.* single slope converter, Spannung-Zeit-Umsetzer) gehört zur Gruppe der indirekten Analog/Digital-Umsetzer. Die zu messende Spannung wird erst in ein Zeitintervall umgeformt, dessen Länge mit Hilfe eines Takts bekannter →Frequenz dann ausgezählt wird.

Die umzusetzende Spannung u_x (Bild) wird in dem →Komparator K_x mit einer linear mit der Zeit sich ändernden Spannung u_a (Sägezahn-Spannung) verglichen. Diese wird von dem Operationsverstärker V geliefert, der den konstanten Eingangsstrom $I_o = U_o/R$ integriert. Der Komparator K_o stellt den Nulldurchgang dieser Integratorausgangsspannung u_a fest. Die Komparatorsignale gehen auf das Exklusiv-ODER-Gatter, das über die UND-Ver-

knüpfung die vom Taktgenerator gelieferten Impulse sperrt oder auf den →Zähler gelangen läßt.

Das die zu messende Spannung u_x abbildende Zeitintervall ergibt sich als Differenz der beiden Komparatorschaltpunkte. In diesem Zeitintervall $t_3 - t_x$ werden N_x Impulse gezählt mit

$$N_x = \frac{fRC}{U_o} u_x = K u_x.$$

Der Zählerstand N_x ist also proportional dem Augenblickswert der umgesetzten Spannung u_x. In den Proportionalitätsfaktor K gehen die Frequenz f des Taktgenerators, die Konstantspannung U_o, der →Widerstand R zur Spannungs/Strom-Umformung und die →Kapazität C in der Gegenkopplung des Integrationsverstärkers ein. Ändern sich die in der Konstanten zusammengefaßten Größen, so kommen damit Unsicherheiten und Fehler in das Meßergebnis.

Soll die größte zu messende Spannung auf drei Stellen genau angegeben werden, so ist der Meßbereich in 999 Schritte einzuteilen. Die das →Meßsignal kennzeichnende duale Zahl benötigt also 10 Stellen. Bei einer Frequenz f des Taktgenerators von 1 MHz sind 1000 Impulse nach

$$t_3 - t_x = \frac{N_x}{f} = \frac{1000}{10^6}\ s^{-1} = 10^{-3}\ s$$

gezählt. Die eigentliche Meßzeit beträgt also 1 ms, wobei noch die Zeiten für die Rücksetzung des Integrators und für die Ablaufsteuerung hinzukommen. *Schrüfer*

A/D-Ladungsbilanz-Umsetzer. Der A/D-L.-U. gehört zur Gruppe der indirekten Analog/Digital-Umsetzer. Die umzusetzende Spannung wird in eine Folge von Rechteck-Impulsen umgeformt. Die →Frequenz dieser →Impulsfolge ist linear proportional zum Mittelwert der umgesetzten Spannung.

Der L.-U. ist ähnlich wie der →A/D-Sägezahn-Umsetzer aufgebaut. Zusätzlich zu diesem enthält er noch eine Stromquelle, die den konstanten Strom I_o liefert (Bild 1). Mit Hilfe dieses Stroms wird über den von der monostabilen Kippstufe gesteuerten Schalter S die →Kapazität C in der Gegenkopplung des Integrationsverstärkers entladen. Gemessen wird die Frequenz f_x der vom →Komparator oder von der monostabilen Kippstufe gelieferten Impulse.

Diese Frequenz f_x

$$f_x = \frac{\bar{u}_x}{R I_o T_a}$$

ist direkt proportional dem Mittelwert $\bar{u}_x$ der gemessenen Spannung.

Synchroner Ladungsbilanz-Umsetzer: Der A/D-L.-U. läßt sich verbessern, indem die Entladezeit T_a

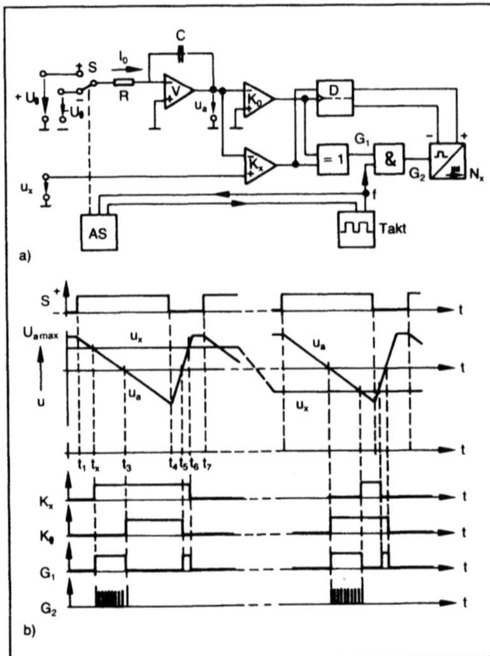

A/D-Einrampen-Umsetzer.
a) Blockschaltbild
b) Signale.

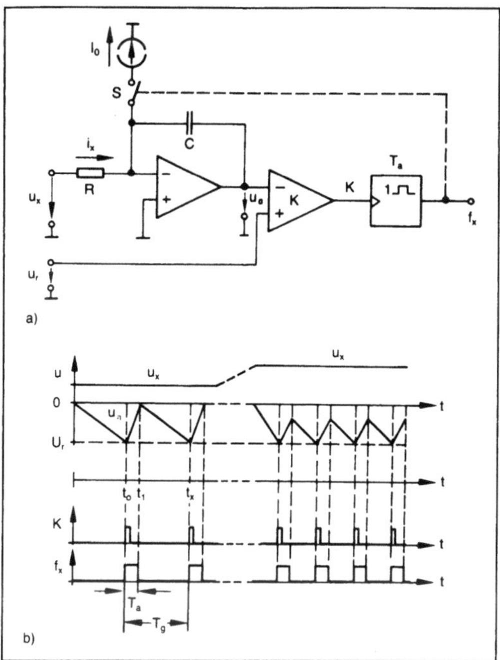

A/D-Ladungsbilanz-Umsetzer 1.
a) Schaltung
b) Signale.

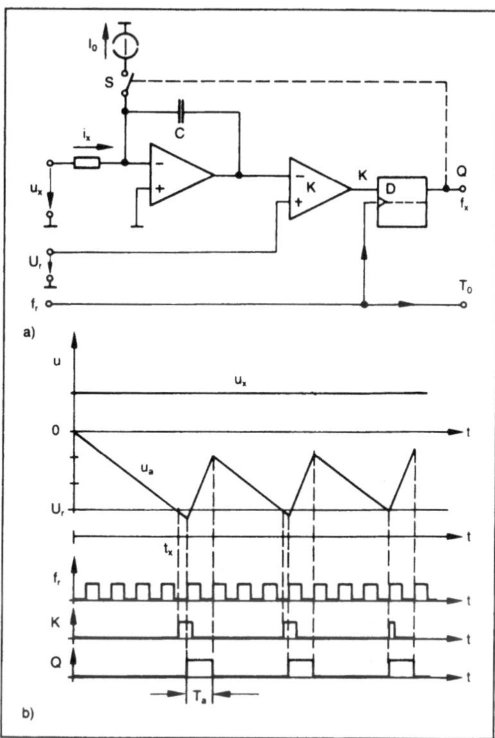

A/D-Ladungsbilanz-Umsetzer 2: Synchrone Ausführung.
a) Schaltung
b) Signale.

der Kapazität nicht von einer monostabilen Kippstufe, sondern von demselben Taktgenerator gesteuert wird, der für die Messung der Frequenz f_x benötigt wird.

In Bild 2 ist die monostabile Kippstufe von Bild 1 durch ein D-Flip-Flop ersetzt. Mit der nach der Komparatorflanke kommenden Taktflanke wird der Schalter S für eine vorher festgelegte Zahl von Taktperioden geschlossen. Im Bild wäre dies für genau eine der Fall. Der Kondensator wird entladen und ein neuer Umsetzvorgang kann beginnen.

Der sich bei der Messung der Frequenz f_x ergebende Zählerstand

$$N_x = \frac{k}{RI_0} \bar{u}_x$$

ist also linear proportional zum Mittelwert $\bar{u}_x$ der zu messenden Spannung. In den Proportionalitätsfaktor gehen nur noch der Widerstand R zur Spannungs/Strom-Umformung und der Strom I_0 der Stromquelle ein. Änderungen nur der letzten beiden Parameter beeinflussen die Meßgenauigkeit. Diese ist ähnlich wie beim A/D-Zweirampen-Umsetzer nicht mehr abhängig von der Frequenz f_r des Taktgenerators und von der Kapazität C in der Gegenkopplung des Integrationsverstärkers. *Schrüfer*

A/D-Sägezahn-Umsetzer. Der A/D-S.-U. (Spannungs/Frequenz-Umsetzer) gehört zur Gruppe der indirekten Analog/Digital-Umsetzer. Die umzusetzende Spannung wird in eine Folge von Rechteck-Impulsen umgeformt. Die →Frequenz dieser →Impulsfolge ist mit einer nichtlinearen Kennlinie proportional dem →Mittelwert der umgesetzten Spannung.

Der Sägezahn-Umsetzer (Bild) besteht aus dem →Integrationsverstärker V, dem →Komparator K und der monostabilen Kippstufe mit der Entladezeit T_a. Der der umzusetzenden Spannung proportionale Strom u_x/R wird so lange integriert, bis die Ausgangsspannung des Integrationsverstärkers u_a die Höhe der Vergleichsspannung U_r erreicht hat. Dann wird während der Zeit T_a die →Kapazität C in der Gegenkopplung des Integrierers entladen und ein neuer Umsetzvorgang kann beginnen. Gezählt wird die Frequenz f_x der vom Komparator oder von der monostabilen Kippstufe gelieferten Impulse. Diese hängt mit

$$f_x = \frac{\bar{u}_x}{-U_r RC + T_a \bar{u}_x}$$

nichtlinear mit dem Mittelwert $\bar{u}_x$ der umzusetzenden Spannung zusammen. Das Ergebnis wird feh-

15

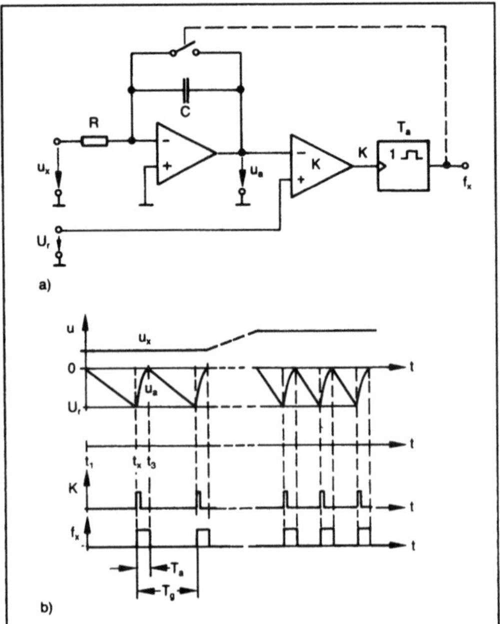

A/D-Sägezahn-Umsetzer.
a) Schaltung
b) Signale.

lerhaft, falls die Parameter U_r, R, C und T_a nicht konstant bleiben. Diese Nachteile werden zum Teil durch den →A/D-Ladungsbilanz-Umsetzer vermieden. *Schrüfer*

Admittanz. Verhältnis von komplexer Stromamplitude und komplexer Spannungsamplitude an einem linearen elektrischen Zweipol, auch komplexer →Leitwert genannt. Der Kehrwert wird als →Impedanz bezeichnet. Als gemeinsamer Begriff für Admittanz und Impedanz wird auch der Ausdruck Immittanz gebraucht.

Spannungen und Ströme mit sinusförmiger Zeitabhängigkeit, z. B.

$$u(t) = U \cos(\omega t + \varphi_u)$$

lassen sich durch komplexe Größen der Form

$$\underline{u}(t) = \underline{U} e^{j\omega t}$$

beschreiben ($j = \sqrt{-1}$), deren Realteil die tatsächliche Zeitfunktion darstellt, wobei die komplexe Amplitude $\underline{U}$, die auch als Phasor bezeichnet wird, durch

$$\underline{U}(t) = U\, e^{j\varphi_u}$$

gegeben ist.

Bei linearen Operationen, wie Addition, Multiplikation mit konstanten Faktoren, →Differentiation und →Integration, sind die Durchführung der Operation und die Bildung des Realteils vertauschbar.

Differentiation und Integration der Funktion $e^{j\omega t}$ bedeuten lediglich eine Multiplikation mit $j\omega$ bzw. mit $1/j\omega$. Wird eine zeitabhängige Größe aus einer anderen durch eine Kombination solcher linearen Operationen gewonnen, so unterscheiden sich die komplexen Größen nur durch einen konstanten komplexen Faktor. Bei den elektrischen Größen Strom und Spannung an einem elektrischen Zweipol bezeichnet man diesen Faktor als Admittanz.

Für eine Parallelschaltung eines Widerstands R und einer →Kapazität C gilt beispielsweise:
i(t) = u(t)/R + Cdu/dt.
Als Admittanz $\underline{Y}$ ergibt sich

$$\underline{Y} = \frac{\underline{I}}{\underline{U}} = \frac{1}{R} + j\omega C.$$

Der zeitabhängige Strom errechnet sich damit zu

$$i(t) = \mathrm{Re}\left[\underline{Y} \cdot \underline{U}\, e^{j\omega t}\right]$$
$$= I \cos(\omega t + \varphi_i)$$

mit $I = U \sqrt{\dfrac{1}{R^2} + \omega^2 C^2}$
und $\varphi_i = \varphi_u + \arctan(\omega R C)$.

Der Realteil der Admittanz wird als →Wirkleitwert oder Konduktanz bezeichnet, der Imaginärteil als →Blindleitwert oder Suszeptanz und der Betrag als Scheinleitwert. *Claassen*

Adsorbat →Adsorption

Adsorbens. Aufnehmende feste →Phase bei der →Adsorption. Die aus der Gasphase zu entfernenden Stoffe lagern sich am A. an. Da bereits eine dünne Molekülschicht von angelagerten Stoffen genügt, um die Anziehungskräfte des Adsorbens zu neutralisieren, ist eine große Oberfläche von Bedeutung. Im folgenden werden technisch wichtige Adsorbentien kurz skizziert:

Aktivkohle ist pflanzlichen Ursprungs und kann aus Holz, Torf, Kokusnußschalen, Braunkohle oder Kohle hergestellt werden. Bei der Aktivkoleherstellung wird das Material zunächst carbonisiert und Koks hergestellt. Anschließend wird mit Hilfe von Dampf bei 900 °C bis 1 100 °C die Porenstruktur vergrößert und eine spezifische Oberfläche von 400 bis 1 500 m²/g erreicht. Bei den chemischen Aktivierungsverfahren werden Phosphorsäuren oder Zinkchloridlösungen mit Holz vermischt und auf 400 bis 500 °C erwärmt. Das Holz quillt auf, und die Zellstruktur lockert auf.

Aktivkohle wird als Pulver oder Granulat hergestellt.

Silicagel (Kieselgel) besteht aus fast reinem amorphen SiO_2 (97,3 %), wird in körniger Form (1–5 mm Durchmesser) hergestellt und hat eine spezifische Oberfläche von 200–850 m²/g.

Molekularsiebe sind natürliche oder künstliche Zeolithe mit einem regelmäßigen Kristallgitter. Die Porendurchmesser liegen zwischen 0,3 und 1 nm. Die spezifische Oberfläche liegt bei 500–1 000 m²/g.

Für technische Zwecke seltener angewendet werden Adsorbentien wie aktiviertes Aluminiumoxid, Bleicherden (natürliche Aluminosilicate, die z. B. zum Entfärben von Speiseöl verwendet werden), Ionenaustauscher sowie Holz, Papier und Textilien.   *Dohrn*

Literatur: Ullmanns Enzyklopädie der technischen Chemie. 4. Aufl. Weinheim 1972. – Firmenschrift der Fa. Norit Adsorption, Düsseldorf.

Adsorber → Adsorptionsapparat, → Adsorption

Adsorption.

Geochemie. A. ist die physikalische oder chemische Bindung von in Flüssigkeiten gelösten oder suspendierten Stoffen sowie Gasen und Dämpfen an Oberflächen fester, meist poröser Körper. Die Umkehrung der A. (Rückreaktion) wird als → Desorption bezeichnet.

Adsorptions-Desorptionsgleichgewichte bestimmen die Geschwindigkeit der → Migration und die Verteilung von gelösten Stoffen. Während der → Alteration von Mineralen werden Fremdionen adsorbiert oder desorbiert. A. bewirkt, daß häufig trotz des erheblichen Lösungsdurchsatzes in einem Sediment oder Gestein die bei der Alteration freigesetzten Fremdionen des Gitters nur teilweise fortgeführt werden. Die A. einer Ionensorte wird durch Verdrängung durch stärker adsorbierte Ionen oder durch Desorption bei Bildung weniger löslicher eigenständiger Minerale der Fremdionen verringert. Die Anreicherung von Spurenelementen an der Oberfläche von sich auflösenden Mineralen kann zur Bildung von Mineralen der → Spurenelemente führen, wenn diese weniger löslich sind als das → Adsorbat des Trägerminerals. In metasomatischen Reaktionen bilden Adsorptionsgleichgewichte die Grundlage für das oft beobachtete konservative Verhalten vieler Spurenelemente, obwohl ein wesentlicher Anteil der Hauptbestandteile der Minerale verdrängt wird.   *Möller*

Verfahrenstechnik. Unter A. versteht man die Anreicherung von Komponenten einer gasförmigen oder flüssigen → Phase an der Oberfläche einer damit in Kontakt stehenden kondensierten Phase. Die A. ist eine verfahrenstechnische Grundoperation. Sie wird u. a. zur selektiven Abtrennung von einzelnen Stoffen aus der Gas- oder der Flüssigkeitsphase verwendet. Der abgetrennte Stoff kann ein Schadstoff oder ein Wertstoff sein, der zurückgewonnen werden soll (→ Sorptionskinetik).

Die Bindungskräfte der A. können physikalischer (Van-der-Waals-Kräfte) oder chemischer Natur sein. Die an der Oberfläche eines Stoffs befindlichen Atome können nicht symmetrisch, sondern nur einseitig mit Nachbaratomen in Wechselwirkungen treten. Somit bieten sich Möglichkeiten zur Wechselwirkung mit Fremdatomen, die an der Oberfläche angelagert werden.

Die Komponenten, die angelagert werden sollen, bezeichnet man als Adsorptive, der Feststoff, an dem adsorbiert wird, mit Adsorbens (oder A.-Mittel) und der angelagerte Stoff mit Adsorbat: Adsorbens + Adsorptiv → ← Adsorbens + Adsorbat.

Technisch bedeutende Adsorbentien sind Aktivkohle, Silicagel (Kieselgel), Molekularsiebe, Aluminiumhydroxid und Aluminiumoxidgel. A.-Gleichgewichte, d. h. der Zusammenhang zwischen der relativen Sättigung φ des Gases und der A.-Beladung X, werden meistens in Form von A.-Isothermen oder A.-Isobaren dargestellt (→ Sorptionsgleichgewicht). Dabei versteht man unter der relativen Sättigung des Gases das Verhältnis aus dem → Molenbruch des Adsorptivs in der Gasphase und seinem Gleichgewichtsmolenbruch. Ist $\varphi = 1$, tritt in Gasen Kondensation ein.

Bild 1 zeigt typische Verläufe von A.-Isothermen, wobei der Typ I ein günstiges und der Typ III ein ungünstiges Gleichgewicht darstellt.

Zur mathematischen Beschreibung von A.-Isothermen können u. a. die Gleichungen von *Freundlich* (Typ I), von *Langmuir* (Typ II) oder von *Brunauer, Emmet* und *Teller* (BET-Gleichung für die Typen I, II, III) verwendet werden.

A.-Verfahren werden in der Regel diskontinuierlich betrieben. Damit die anfallenden Rohgase oder

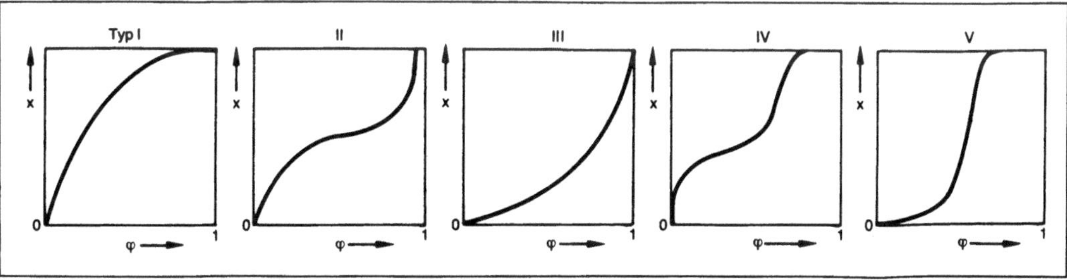

Adsorption 1: Typische Verläufe von Adsorptionsisothermen.

Rohlösungen kontinuierlich verarbeitet werden können, ordnet man mehrere A.-Behälter parallel an, die man wechselseitig belädt bzw. regeneriert. Bild 2 zeigt den schematischen Aufbau einer Anlage mit zwei Behältern. Während Adsorber 1 beladen wird, erfolgt im Adsorber 2 die Regenerierung des A.-Mittels mit Hilfe eines Regenerierfluids, das die adsorbierte Komponente aufnimmt und wegspült. Die Regeneration des A.-Mittels wird mit →Desorption bezeichnet. Desorptionsverfahren sind das Temperaturwechselverfahren, das Druckwechselverfahren und die Verdrängungsdesorption.

Industrielle Anwendungsbeispiele der A. sind die Entfernung von Wasser (Trocknung) in Gasen (z. B. Erdgas, Luft), die trockene Entschwefelung von Rauchgasen nach dem Babcock-BF-Verfahren und die Rückgewinnung von Lösemitteln aus Abgasströmen. Die A. kann auch zur Reinigung von Flüssigkeiten (z. B. Wasser oder organische Lösungen) verwendet werden. *Dohrn*

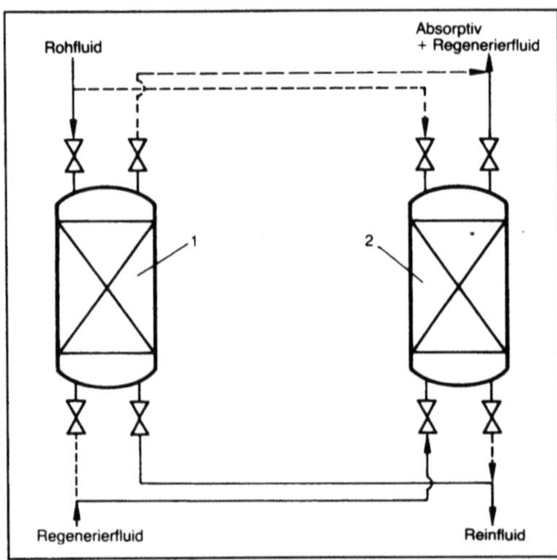

Adsorption 2: Schematischer Aufbau eines Adsorptionsapparates mit zwei Behältern.

——— Behälter 1 als Adsorber, Behälter 2 als Desorber
----- Behälter 2 als Adsorber, Behälter 1 als Desorber

Literatur: *Hauffe, K.,* u. *S. R. Morrison:* Adsorption. Eine Einführung in die Probleme der Adsorption. Berlin 1974. – *Martin, K.:* Adsorption. Fortschr. Verfahrenstechnik 13 (1975), S. 262/7. – *Mersmann, A.:* Thermische Verfahrenstechnik. Berlin, Heidelberg, New York 1980. – *Sattler, K.:* Thermische Trennverfahren. Weinheim 1988. – *Timofejew, D. P.:* Adsorptionstechnik. Leipzig 1967.

Adsorptionsapparat. Im Gegensatz zur →Absorption, Extraktion und Rektifikation werden bei der →Adsorption in den meisten Fällen diskontinuierlich betriebene Apparate verwendet. Das Adsorptionsmittel (→Adsorbens) bildet ein Festbett, das von dem zu behandelnden Fluid (Gas oder Flüssigkeit) durchströmt wird (Schaltung von zwei Behäl-

tern zu einer Adsorptionsanlage mit Regeneration des Adsorbens). Zur adsorptiven Reinigung von Flüssigkeiten werden neben Festbetten auch Flüssigkeitswirbelschichten und Suspendierrührwerke eingesetzt. Das Bild zeigt den schematischen Aufbau einer Anlage, bei der das Adsorptionsmittel in Form von Feststoffstückchen in einem Rührbehälter gleichmäßig verteilt wird. Die zu entfernenden Komponenten adsorbieren an den Oberflächen der Teilchen. In einer Filterpresse wird die gereinigte Lösung von dem beladenen Adsorptionsmittel getrennt.

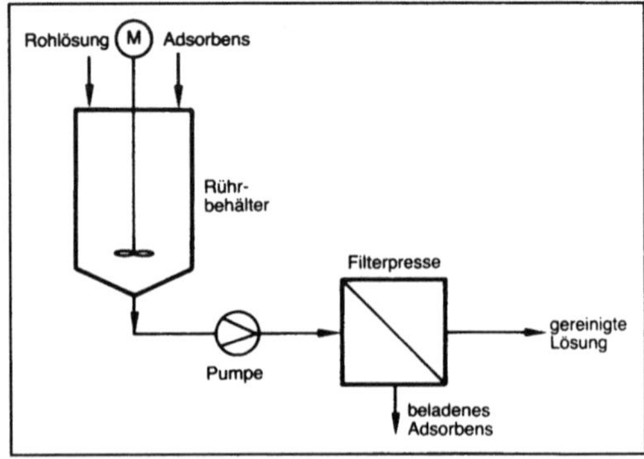

Adsorptionsapparat: Schematischer Aufbau einer Anlage zur Adsorption aus Flüssigkeiten.

Bei einigen kontinuierlich betriebenen Adsorbern wandert das Adsorbens von oben nach unten durch eine Kolonne und wird im →Gegenstrom zu dem zu reinigenden Gas geführt. Auf den einzelnen Kolonnenböden bilden sich Wirbelschichten aus. Das beladene Adsorptionsmittel regeneriert man im unteren Kolonnenteil durch ein heißes Gas und führt es anschließend an den Kolonnenkopf.

Eine weitere Möglichkeit der kontinuierlichen Betriebsweise von A. ist die torusförmige Anordnung eines Festbetts, das an verschiedenen Stellen mit Entnahme- oder Zulaufstutzen versehen wird. Ein Teil des Festbetts dient zur Adsorption, ein anderer desorbiert gleichzeitig. Der zur Adsorption verwendete Teil wandert der Gasströmung entgegen, wodurch ein Quasi-Gegenstrom erreicht werden kann. *Dohrn*

Literatur: *King, C. J.:* Separation Processes. New York 1980. – *Mersmann, A.:* Thermische Verfahrenstechnik. Berlin, Heidelberg, New York 1980. – *Timofejew, D. P.:* Adsorptionstechnik. Leipzig 1967.

Adsorptionsverfahren. Unter Ausnutzung der physikalisch-chemischen Erscheinung →Adsorption im technischen Maßstab angewendete Stofftrennverfahren. Sie werden vorzugsweise zum Trennen und Reinigen von Gasen und Dämpfen und zum Abtrennen von in geringer Konzentration vorhandenen Komponenten aus Flüssigkeiten eingesetzt.

A. führt man meist diskontinuierlich in Festbettprozessen, seltener kontinuierlich mit bewegtem Adsorptionsmittel (Adsorbens) durch. Als Adsorbens werden vor allem Aktivkohle, Silicagel, Molekularsiebe und Aluminiumoxid verwendet.

Ein technisches Beispiel für ein A. mit Aktivkohle ist die Reinigung von Luft oder Inertgasen durch die Entfernung von chlorierten Kohlenwasserstoffen. Es werden Aktivkohlekugeln mit Durchmessern > 5 mm verwendet. Die Regeneration des Absorbers erfolgt durch Heizen auf 120 °C. Weitere Beispiele sind die Lösemittelrückgewinnung aus Abgasströmen, die Benzolgewinnung aus Kohle-Pyrolysegasen sowie die Adsorption von Schwefeldioxid aus Rauchgasen (Rauchgasentschwefelung).

Silicagel wird in Prozessen zur Entfernung von Wasser (Trocknung) aus Luft, Inertgasen, C_1- oder C_2-Kohlenwasserstoffen und zur Entfernung von Kohlendioxid aus Luft und Inertgasen eingesetzt. Die Adsorbenskugeln haben Durchmesser von 2 bis 6 mm. Der →Druckverlust beträgt ca. 10 kPa/m; die Regeneration erfolgt durch Erwärmen auf 120 bis 150 °C. Bei der Adsorption von Ethan aus flüssigem Sauerstoff liegt der Druckverlust bei 1–3 kPa/m. Das Silicagel wird in diesem Verfahren durch Verdrängungsdesorption regeneriert.

Adsorptionsverfahren, die Molekularsiebe verwenden, dienen ebenfalls zur Entfernung von Wasser und CO_2 aus Luft und Inertgasen sowie zur Trennung geradkettiger von verzweigtkettigen Kohlenwasserstoffen. *Dohrn*

Literatur: *Mersmann, A.*: Thermische Verfahrenstechnik. Berlin, Heidelberg, New York 1980. – *Sattler, K.*: Thermische Trennverfahren. Weinheim 1988.

Aerodynamik. Im weiteren Sinne ist A. die Lehre von Strömungen gasförmiger Fluide (Gasdynamik, Überschall-A.), im engeren Sinne (insbesondere in der deutschsprachigen Literatur) die Lehre von der Kinematik und Dynamik inkompressibler Strömungen gasförmiger Fluide (→Mechanik-Einteilung). Die Vernachlässigung der Kompressibilität in Luft ist berechtigt, solange Dichteschichtungen der Luft im Schwerefeld der Erde (dynamische Metereologie) keine Rolle spielen, in instationären Strömungen typische Schallwellenlängen groß sind gegenüber geometrischen Abmessungen und nur Geschwindigkeiten von weniger als 100 m/s auftreten; im letzteren Fall bleibt der durch die Vernachlässigung der Kompressibilität verursachte Fehler kleiner als 10 %.

Praktische Anwendung findet die A. bei der Erforschung der Kräfte und Momente auf umströmte Körper, so z. B. auf Flugzeuge (→Tragflügel), auf Autos und Eisenbahnen, auf Gebäude, Brücken und exponierte Bauwerke wie Türme und Schornsteine. Charakteristische Reynolds-Zahlen (→Kennzahlen) in der A. liegen i. a. im Bereich Re > 10 000. Infolgedessen können in vielen praktischen Fragestellungen Reibungseffekte in niedrigster Näherung vernachlässigt werden. Erst in einem zweiten Schritt ist dann zu untersuchen, inwieweit die Resultate korrigiert werden müssen, wenn Reibungskräfte zusätzlich berücksichtigt werden sollen. Vom Gesichtspunkt grundlegender theoretischer Fragestellungen aus ist die Vernachlässigung der Reibungseffekte häufig notwendig, da die Kräfteverhältnisse nur bei Abwesenheit der Reibung genügend einfach sind, um übersichtliche Gesetzmäßigkeiten aufzufinden.

Berücksichtigt werden müssen Reibungseffekte bei der Bestimmung von Reibungswiderständen (→Strömungswiderstand) der umströmten Körper, bei der Erforschung des Strömungsfelds in unmittelbarer Nähe des Körpers (Grenzschicht) und beim Auftreten von Ablösung von Grenzschichten. Letzterer Fall tritt häufig in Strömungen mit Druckanstieg auf (z. B. Strömungen durch Diffusoren). Hierbei wird die Strömung in Teilbereichen verzögert, wobei diese Verzögerung besonders wirksam wird in laminaren Grenzschichten. Ein Verzögern der Strömung induziert i. a. in Wandnähe in der Grenzschicht ein Rückströmen und damit eine Ablösung von der Wand. Die Ablösestromfläche trennt dann einen weitgehend reibungsfreien, laminaren Strömungsbereich von einem Totwasserbereich (Bild). In einem solchen Fall kann der Einfluß der Reibung nicht mehr als Korrektur zu einer ansonsten reibungsfreien Strömung angesehen werden, weil die durch die Reibung verursachte Ablösung auch die Topologie des Strömungsfelds weitgehend verändert.

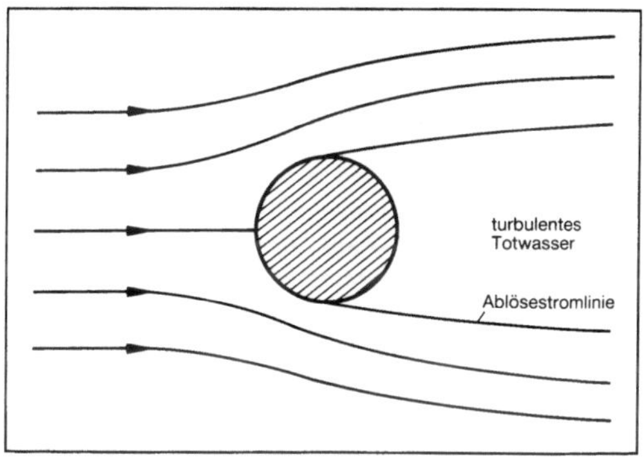

Aerodynamik: Totwasser hinter einem umströmten Zylinder.

Die mathematischen Grundlagen der A. im engeren Sinne bilden die Kontinuitätsgleichung für inkompressible Strömungen (div $\underline{u} = 0$) und, bei stationärer Strömung und bei Vernachlässigung der Reibung, die →Bernoulli-Gleichung

$$\frac{|\underline{u}|^2}{2} + \frac{p}{\rho_0} + gz = \text{konst};$$

u Geschwindigkeit, p Druck, ρ_0 Dichte, g Schwerebeschleunigung, z Koordinate in Schwererichtung. Ist das zu erforschende Strömungsfeld auch wirbelfrei (Grenzschichten ausgenommen), dann kann zusätzlich ein Geschwindigkeitspotential Φ mit $\underline{u}$ = grad Φ eingeführt werden (grad Nabla), das wegen der Inkompressibilitätsbedingung der homogenen Laplace-Gleichung $\Delta \Phi = 0$ genügt (Potentialströmung). Wirbelbehaftete Strömungen lassen sich oft noch mittels der genannten Potentialtheorie behandeln, wenn die Wirbelverteilung idealisiert durch isolierte Wirbelfäden oder Wirbelflächen ersetzt werden darf. Man spricht hier von Potentialwirbeln. Diese Verallgemeinerung der Potentialtheorie hat praktische Bedeutung, z. B. bei der Erforschung von Auftriebs- und Widerstandsverteilungen von Tragflügeln sowie der Entwicklung von Strömungsmaschinen (Turbinen und Verdichter). Erwähnenswert ist in diesem Zusammenhang auch der →Magnus-Effekt. Die Strömung bei diesem Effekt kann durch Überlagern einer Parallelströmung und einer Potentialwirbelströmung um einen Zylinder idealisiert dargestellt werden.

In der Praxis ist zu beachten, daß bei den genannten Beispielen die Zirkulation der Potentialwirbel nicht vorgegeben wird, sondern erst infolge von Reibungseffekten erzeugt werden muß. Ist eine Zirkulation aber erst einmal vorhanden, dann sind bei der weiteren mathematischen Behandlung die Reibungseffekte nur noch von untergeordneter Bedeutung.

Experimentelle Untersuchungen in der A. werden an Modellen im Windkanal durchgeführt. Hierbei macht man sich zunutze, daß die Kräfteverteilungen auf einem Körper unabhängig davon sind, ob sich der Körper durch ein ansonsten ruhendes Fluid bewegt oder ob der Körper ruht und von einem Fluid mit entsprechender, in großer Entfernung vom Körper konstanter und paralleler Geschwindigkeit angeströmt wird. Zu beachten ist bei solchen Modellströmungen, daß möglichst alle für das zu erforschende Strömungsfeld charakteristischen Kennzahlen (Mach-Zahl, Reynolds-Zahl) für die Original- und für die Modellströmung übereinstimmen. Diese Forderung läßt sich häufig jedoch nur unvollständig verwirklichen (z. B. sind oft die Reynolds-Zahlen für Original- und Modellströmung verschieden). In einem solchen Fall muß sichergestellt sein, daß die Strömung weitgehend unabhängig von der betreffenden Kennzahl ist. Dies kann z. B. durch künstliches Erzeugen einer turbulenten Grenzschicht in der Modellströmung erreicht werden, wenn im Original die Grenzschicht turbulent ist, während sie im Modell auf Grund kleinerer Reynolds-Zahlen ohne äußeren Eingriff noch laminar wäre (Stolperdraht). *Obermeier*

Literatur: *Prandtl, L.,* et al.: Führer durch die Strömungslehre. Wiesbaden 1984. – *Schlichting, H.:* Grenzschichttheorie. Karlsruhe 1982.

Aerodynamik →Mechanik-Einteilung

Aggregatzustand. Nach der Stärke der Anziehungskräfte der Moleküle untereinander unterscheidet man Erscheinungsformen der Materie, die als *Aggregatzustände* bezeichnet werden: Im gasförmigen Zustand wirken nur geringe Anziehungskräfte, so daß eine →Kondensation der Moleküle zu einer Flüssigkeit oder einem Festkörper nicht stattfindet. In einer Flüssigkeit sind im Gegensatz zum Gas die Moleküle in einem engen ständigen Kontakt. Ihre Lagen zueinander sind aber variabel, so daß eine Flüssigkeit „fließen" kann. Beim Festkörper sind bei noch stärkeren Anziehungskräften zwischen den Molekülen die Moleküllagen bis auf Diffusionen von Fehlstellen fest, so daß Festkörper formbeständig sind und Kristallstruktur besitzen.

Die Einteilung in gasförmige, flüssige und feste Aggregatzustände ist historisch zu verstehen. So gibt es Gläser, die dem Aufbau nach Flüssigkeiten sind (d. h. sie weisen keine Fernordnung auf), die aber Formbeständigkeit zeigen. Daher stellt der Aggregatzustand keine scharfe Charakterisierung eines Materialzustands dar. Besser ist es, dafür den Begriff →Phase zu verwenden. *Muschik*

Ähnlichkeitsabbildung (auch Ähnlichkeitstransformation, äquiforme Abbildung). Orthogonale Kollineation, d. h. affine Abbildung, bei der zueinander senkrechte →Gerade (Vektoren) wieder in zueinander senkrechte Gerade (Vektoren) abgebildet werden. Ä. lassen sich auch dadurch charakterisieren, daß das Verhältnis von Bildlänge zu Urbildlänge konstant = k ist (k heißt Ähnlichkeitsfaktor) und daß demzufolge das Verhältnis der Flächeninhalte von Bildfigur und gegebener Figur = k^2 ist. Neben der Orthogonalität lassen Ä. auch alle anderen Winkelgrößen invariant. Die Ä. sind also geraden-, längenverhältnis-, parallel- und winkeltreu. Die Anwendung einer Ä. auf eine ebene Figur führt zwar i. a. zu einer Änderung ihrer Größe, nicht aber ihrer Form; sie transformiert die Figur in eine ähnliche Figur.

Die Ä. sind die Bewegungen bzw. die Automorphismen der äquiformen Geometrie.

Die Menge der Ä. bildet bezüglich der Komposition eine Gruppe, die sog. äquiforme Gruppe oder Hauptgruppe. Sie ist als Untergruppe in der Gruppe der affinen Abbildungen enthalten und umfaßt die Gruppe der euklidischen Bewegungen (Kongruenzabbildungen) als Untergruppe.

Die Ä. lassen sich auch als Komposition einer zentrischen →Streckung mit einer Kongruenzabbildung (→Translation, Drehung, Spiegelung) erklären. Als Typen erhalten wir damit:
– Gleichsinnige Ä.: Zentrische Streckung; zentrische Streckung mit anschließender Parallelverschiebung; Drehstreckung (= Streckung mit anschließen-

der Drehung derart, daß das Streckungszentrum mit dem Drehpunkt zusammenfällt); Drehstreckung mit anschließender Parallelverschiebung.
– Ungleichsinnige Ä.: Streckspiegelung (= Spiegelung mit anschließender Streckung bzw. umgekehrt); Streckspiegelung mit anschließender Parallelverschiebung.

Analytische Darstellung: Affine Punktabbildung $\underline{x}' = kA\underline{x} + \underline{t}$ bzw. affine Vektorabbildung $\underline{v}' = kA\underline{v}$ mit $k \neq 0$, $\underline{A}$ orthogonal ($|\det \underline{A}| = 1$). Gleichsinnig für $\det \underline{A} = +1$, ungleichsinnig für $\det \underline{A} = -1$. Mit $A^* = k\underline{A}$ erhält man: $\underline{x}' = A^*\underline{x} + \underline{t}$ bzw. $\underline{v}' = A^*\underline{v}$ mit $|\det \underline{A}| = k^2$. – Für $k = 1$ erhalten wir eine Kongruenzabbildung. Orthogonale Kollineation, Zentrale Streckung, Bewegung, Vektorabbildung, Äquiforme Geometrie.

Ähnlichkeit von Figuren. Homothetie. *Fischer*

Akademien der Wissenschaften. Gelehrte Gesellschaften und Träger langfristiger Vorhaben. Außer Leopoldina zusammengeschlossen in der „Konferenz der deutschen A.d.W. e.V.".

Die älteste A.d.W. der Welt, die ununterbrochen bis heute besteht, wurde 1652 als Deutsche Akademie der Naturforscher in Schweinfurt gegründet; heute Leopoldina in Halle/Saale. Als weltweite Gelehrtenorganisation mit 1000 Mitgliedern dient sie dem Erfahrungsaustausch. Sie hat im Unterschied zu den anderen A.d.W. keine eigenen Forschungsinstitute und ist nicht an ein Bundesland gebunden.

Aus der 1700 gegründeten Preußischen A.d.W. ging die frühere A.d.W. der ehemaligen DDR in Ost-Berlin hervor; als Trägereinrichtung von rd. 60 Forschungsinstituten wurde sie 1991 beendet. Die A.d.W. in Deutschland sind Körperschaften des öffentlichen Rechts: A.d.W. zu Göttingen (gegr. 1751), Bayerische A.d.W. (1759) München, Sächsische A.d.W. zu Leipzig (1846), Heidelberger A.d.W. (1909), A.d.W. und der Literatur, Mainz (1949), Rheinisch-Westfälische A.d.W. (1970) Düsseldorf. Die 1987 in West-Berlin gegründete A.d.W. wurde 1990 aufgelöst. In der Nachfolge der früheren Churfürstlich-Brandenburgischen Sozietät (1700) wurde 1992 die „Berlin-Brandenburgische A.d.W. – vormals Preußische A.d.W." gegründet. In sie gingen die Vermögen der A.d.W. der ehemaligen DDR und der A.d.W. zu West-Berlin ein.

Die A.d.W. in Deutschland sind Stätten wissenschaftlicher Kommunikation und großer langfristiger Gemeinschaftsvorhaben vor allem der Grundlagenforschung. Die Satzung legt die Anzahl der Mitglieder und die Gliederung (eine mathematisch-naturwissenschaftliche und eine philosophisch-historische Klasse) fest. Die A.d.W. sind Mitglieder der Union Académique Internationale und pflegen internationalen Austausch in ihrem Bereich. Eine nationale A.d.W. wie in anderen Ländern gibt es in der Bundesrepublik Deutschland nicht. Die Pflege der internationalen Beziehungen der Wissenschaft allgemein liegt bei der Deutschen Forschungsgemeinschaft. Ihre finanzielle Grundausstattung sowie einen Teil der Mittel für ihre Forschungsprojekte erhalten die A.d.W. von den Bundesländern, in denen sie ihren Sitz haben; die Leopoldina wird zu 80 % vom Bund finanziert.

Die „Konferenz der deutschen A.d.W. e.V.", der die Leopoldina nicht angehört, betreut und koordiniert die großen gemeinschaftlichen Vorhaben. Diese werden von Bund und Ländern gemeinsam finanziert (Blaue Liste). Die wichtigsten Aufgaben und Vorhaben: Düsseldorf: Editionen Reallexikon und Jahrbuch für Antike und Christentum, Papyros-Urkunden, Werke von *Hegel;* Mitwirkung bei der Vergabe von Forschungsmitteln des Landes Nordrhein-Westfalen. Göttingen: Editionen *Goethe*-Wörterbuch (zusammen mit Heidelberg), Thesaurus Linguae Graecae, Werke von *Kant,* Buddhistische Literatur; geomorphologische Prozesse. Heidelberg: Editionen *Goethe*-Wörterbuch (zusammen mit Göttingen), Deutsches Rechtswörterbuch, Alt-Gascognisches Wörterbuch, Bildlexikon zur antiken Mythologie, Briefwechsel *Melanchthons;* geomedizinische Forschungsstelle für den Weltseuchenatlas. Mainz: Editionen u. a. Historisches Wörterbuch der Philosophie, Mundartenwörterbücher, Fremdsprachenlexika, historische Corpora; Alternsforschung, biologische Grundlagenforschung, Terrestrische Paläoklimatologie. München: Editionen Thesaurus Linguae Latinae, mittellateinisches Wörterbuch, Tibetisches Wörterbuch, Werke von *Kepler, Fichte* und *Schelling;* Gletscherforschung, Satelliten-Geodäsie, Leibniz-Rechenzentrum, Zentralinstitut für Tieftemperaturforschung. 30 geisteswissenschaftliche Akademievorhaben in den neuen Ländern und in Berlin empfiehlt der Wissenschaftsrat zur Aufnahme in das Akademieprogramm.

(Konferenz der deutschen Akademien der Wissenschaften e. V., Geschwister-Scholl-Str. 2, 55131 Mainz.) *Altenmüller*

Akkumulator →Batterie

Aktionspotential. Das A. ist eine charakteristische Veränderung des Membranpotentials (d. h. der Potentialdifferenz zwischen beiden Seiten einer Zellmembran) von erregbaren Zellen, wenn die Zelle angeregt wird.

Das A. beginnt mit einer sehr schnellen positiven Potentialänderung, dem Aufstrich. Die Zelle verliert dabei die Polarisation. Deshalb heißt diese Phase die Depolarisationsphase. Meist überschreitet die Depolarisation die Nullinie. Es kommt zum Überschuß; die Innenseite der Membran wird kurzzeitig positiv. Während der sich anschließenden Repolarisation kehrt das A. langsamer als bei der

Depolarisationsphase zum negativen Ruhepotential zurück. Bei vielen Nerv- und Muskelzellen beträgt die Dauer des A. eine bis mehrere Millisekunden (Bild). Das A. wird durch einen depolarisierenden Strom getriggert, wenn das Membranpotential auf den Schwellenwert fällt. Man nennt den lokalen Strom in die depolarisierte Region der Zellmembran während der Erzeugung des A. Aktionsstrom. Wiederholung des Prozesses in aufeinanderfolgenden Gebieten läuft eine sich selbst fortpflanzende Depolarisation die Nervenfaser entlang. Die Nervenleitung ist so eine Folge der lokalen Aktionsströme.

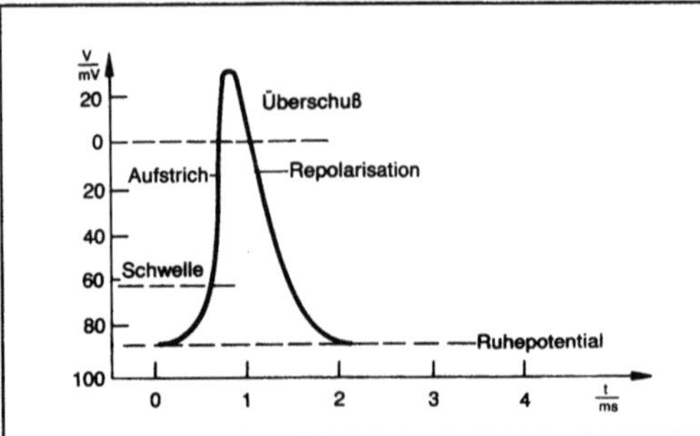

Aktionspotential: Phasen.

Die Aufzeichnung eines solchen Vorgangs mit einem empfindlichen →Galvanometer zeigt eine charakteristische, scharfe Zacke. Ähnliche Potentialänderungen begleiten die Muskelkontraktion.

Die Untersuchung des A. hat große praktische Bedeutung, beispielsweise für die Elektrokardiographie, die Elektroencephalographie und die Elektromyographie. *Wedler*

Literatur: *Schmidt, R. F.* (Hrsg.): Grundriß der Neurophysiologie. Berlin 1977.

Aktivierung. Unter A. versteht man die Erzeugung von Radionukliden durch Kernreaktionen (→Kernreaktion).

Am wichtigsten ist die A. mit Neutronen in Kernreaktoren, weil sie im allgemeinen mit hohen Ausbeuten verläuft und weil in Kernreaktoren Neutronen in hohen Flußdichten zur Verfügung stehen. Geringere Bedeutung hat die A. mit geladenen Teilchen und mit Photonen. Die durch Aktivierung mit monoenergetischen Teilchen bzw. Photonen erzeugte →Aktivität berechnet man mit Hilfe der Aktivierungsgleichung:

$$A = \sigma\phi\,\frac{m}{M}\,H\,N_{Av}\,(1 - e^{-\lambda t})\ \text{bzw.}$$

$$A = \sigma\phi\,\frac{m}{M}\,H\,N_{Av}\left(1 - \left(\frac{1}{2}\right)^{t/t_{1/2}}\right).$$

A ist die Aktivität in →Becquerel (abgekürzt Bq, Dimension s^{-1}); σ der Wirkungsquerschnitt der betreffenden Kernreaktion (Dimension m^2); ϕ die Flußdichte der Teilchen, welche die Kernreaktion auslösen (Dimension $m^{-2}s^{-1}$); m die Masse des Elements, das aktiviert wird (Dimension g); M die Nuklidmasse dieses Elements (Dimension g mol^{-1}); H die Häufigkeit des Nuklids, in dem die Kernreaktion stattfindet, in dem betreffenden Element; N_{Av} die Avogadro-Konstante ($6{,}023 \cdot 10^{23}$ mol^{-1}); λ die →Zerfallskonstante bzw. $t_{1/2}$ die →Halbwertzeit des erzeugten Radionuklids und t die Bestrahlungszeit. Wenn $t \gg t_{1/2}$ ist, wird der Sättigungswert $A = \sigma\phi\,\frac{m}{M}\,H\,N_{Av}$ erreicht, was bei längeren Halbwertzeiten jedoch aus praktischen Gründen nicht möglich ist. Der Wirkungsquerschnitt σ hängt ab von der Energie E der Teilchen, welche die Kernreaktion auslösen. Diese Abhängigkeit $\sigma = f(E)$ wird als Anregungsfunktion bezeichnet. Wenn die Teilchen verschiedene Energien (bzw. ein Energiespektrum) aufweisen, muß man über dem gesamten Energiebereich integrieren und anstelle von $\sigma\phi$ das →Integral $\int\sigma(E)\,\phi(E)\,dE$ einsetzen.

Beispiele für die Erzeugung von Radionukliden durch Aktivierung:

☐ Gewinnung von →Tritium.

☐ Gewinnung von ^{14}C durch die Kernreaktion $^{14}N(n,p)^{14}C$. Man bestrahlt eine thermisch stabile N-haltige Verbindung (vorzugsweise AlN) möglichst lange in einem →Kernreaktor (etwa ein Jahr) bei einem möglichst hohen Neutronenfluß. Bei einer Flußdichte an thermischen Neutronen von 10^{18} $m^{-2}s^{-1}$ erhält man nach einem Jahr Bestrahlungszeit aus 1 g Stickstoff $937 \cdot 10^6$ Bq (25,3 mCi)·^{14}C. Da die vorgelegte Verbindung keinen Kohlenstoff enthält, ist die spezifische Aktivität des ^{14}C sehr hoch (trägerfrei).

☐ Gewinnung von ^{32}P durch die Kernreaktion $^{31}P(n,\gamma)^{32}P$. Im Hinblick auf die Halbwertzeit des ^{32}P von 14,28 d genügt eine Bestrahlungszeit von 4 Wochen. Nach dieser Bestrahlungszeit erhält man bei einer Flußdichte an thermischen Neutronen von 10^{18} $m^{-1}s^{-1}$ eine spezifische Aktivität von $2{,}60 \cdot 10^{11}$ Bq(7,03 Ci) pro g P. Hier ist die spezifische Aktivität dadurch begrenzt, daß die bestrahlte Verbindung (z. B. ein Phosphat) Phosphor enthält.

☐ Gewinnung von ^{99}Mo für die Verwendung in einem Radionuklidgenerator durch Bestrahlung von →Uran natürlicher Isotopenzusammensetzung in einem Kernreaktor. Das in Natururan enthaltene ^{235}U wird durch thermische Neutronen mit hoher Ausbeute gespalten. In 6,13 % der Spaltungen entsteht ^{99}Mo. Nach einer Bestrahlungszeit von einer Woche bei einer Flußdichte an thermischen Neutronen von 10^{18} $m^{-2}s^{-1}$ erhält man aus 1 g Natururan $5{,}39 \cdot 10^{10}$ Bq (1,46 Ci) ^{99}Mo.

☐ Gewinnung von ^{123}I durch Bestrahlung von Iod mit 40 MeV Protonen in einem Zyklotron. Infolge der Kernreaktion $^{127}I(p, 5n)^{123}Xe$ entsteht ^{123}Xe, das als Edelgas leicht vom Iod abgetrennt werden kann und mit einer Halbwertzeit von 2,08 h in ^{123}I zerfällt. Dieses →Radionuklid (Halbwertzeit 13,2 h) ist für die Anwendung in der Nuklearmedizin (Schilddrüsentest) besonders geeignet. *Lieser*

Literatur: *Lieser, K. H.:* Einführung in die Kernchemie. 3. Aufl. Weinheim: VCH-Verlag 1991.

Aktivierungsanalyse. Mit Hilfe der A. werden Elemente durch →Aktivierung quantitativ bestimmt. Da radioaktive →Strahlung mit sehr hoher Empfindlichkeit nachgewiesen werden kann und die A. weitgehend unabhängig ist von Blindwerten, werden für viele Elemente sehr niedrige Nachweisgrenzen erreicht.

Auf Grund der Aktivierungsgleichung ist die →Aktivität A des erzeugten Radionuklids der Menge m des Elements direkt proportional. Variable Größen in der Aktivierungsgleichung sind: der Wirkungsquerschnitt σ, der abhängig ist von der Energie der Teilchen, welche die →Kernreaktion auslösen; die Flußdichte ϕ dieser Teilchen und die Bestrahlungszeit t. Um Variationen in der Flußdichte ϕ und in der Energie E der Teilchen zu berücksichtigen, bestrahlt man bei der A. gleichzeitig am gleichen Ort die Probe und einen Standard bekannter Zusammensetzung (Vergleichsmethode). Verwendet man einen Monoelementstandard für die Bestimmung mehrerer Elemente, so

muß das Verhältnis $K_i = \dfrac{\sigma_i h_i}{\sigma_s h_s}$ für diese Elemente

genau bekannt sein. σ_i und σ_s sind die Wirkungsquerschnitte der betreffenden Kernreaktionen für die Elemente i bzw. den Standard s. h_i und h_s sind die Häufigkeiten der gemessenen Zerfallsvorgänge (z. B. der γ-Linien) für die Elemente i bzw. den Standard s. Dieses Verfahren nennt man auch Komparatormethode. Ein Multielementstandard muß alle Elemente, die man bestimmen will, in bekannten Konzentrationen enthalten, und die Herstellung guter Multielementstandards ist verhältnismäßig aufwendig.

Die Möglichkeiten der A. sind sehr vielseitig, weil alle Kernreaktionen herangezogen werden können. Man unterscheidet (Kernreaktionen): Aktivierung mit Reaktorneutronen (vorzugsweise (n,γ)-Reaktionen); Aktivierung mit den Neutronen eines Spontanspalters, wie ^{252}Cf oder einer anderen Neutronenquelle, (vorzugsweise (n,γ)-Reaktionen); Aktivierung mit energiereichen Neutronen, z. B. den 14 MeV-Neutronen aus einem Neutronengenerator (vorzugsweise (n,2n)-Reaktionen); Aktivierung mit geladenen Teilchen aus einem Beschleuniger (p, d, α, ^{3}He, t, mittelschwere oder schwere Ionen); Aktivierung mit Photonen, die mit einem Elektronenbeschleuniger erzeugt werden (vorzugsweise (γ,n)-, (γ,2n)- und (γ,γ')-Reaktionen); Bestrahlung mit Neutronen und Messung der bei (n,γ)-Reaktionen auftretenden prompten γ-Strahlung.

Am häufigsten werden Reaktorneutronen für die A. benutzt, weil diese in Kernreaktoren in verhältnismäßig hohen Flußdichten zur Verfügung stehen und weil die Wirkungsquerschnitte der (n,γ)-Reaktionen, die durch thermische Neutronen bevorzugt ausgelöst werden, verhältnismäßig hoch sind. Nachweisgrenzen für eine Reihe von Elementen durch (n,γ)-Reaktionen sind in der Tabelle eingetragen. H, Be, C, N und O werden durch (n,γ)-Reaktionen nicht in nennenswertem Umfang aktiviert. Li und B gehen mit hohen Wirkungsquerschnitten (n,α)-Reaktionen ein. Zur Bestimmung dieser sieben leichten Elemente eignet sich die Aktivierung mit geladenen Teilchen oder mit Photonen. Mit Spontanspaltern oder anderen Neutronenquellen erreicht man erheblich niedrigere Neutronenflüsse und deshalb auch nur Nachweisgrenzen, die um mehrere Größenordnungen niedriger sind als in der Tabelle für Reaktorneutronen aufgeführt.

Für die Aktivierungsanalyse mit geladenen Teilchen ist eine Mindestenergie (Schwellenenergie) erforderlich, um die Coulomb-Abstoßung zu überwinden. Die Anregungsfunktionen (Kernreaktionen) verlaufen im allgemeinen über ein Maximum, wobei Wirkungsquerschnitte von etwa 0,1 bis 1 b erhalten werden. Geladene Teilchen werden meist im Zyklotron oder einem Van-de-Graaff-Generator entnommen. Für die Bestimmung von Sauerstoff ergeben sich folgende Möglichkeiten: ^{16}O(p,α)^{13}N, ^{16}O(d,n)^{17}F, ^{16}O(t,n)^{18}F, ^{16}O(α,d)^{18}F, wobei Nachweisgrenzen zwischen 10^{-5} und 10^{-9} g/g erreicht werden. Da die Eindringtiefe geladener Teilchen gering ist, wird nur ein Oberflächenbereich analysiert, der je nach der Energie der Teilchen mehr oder weniger dick ist.

Bei der Aktivierung mit Photonen erreicht man Nachweisgrenzen von etwa 10^{-6} bis 10^{-9} g/g. Beispiele für die A. mit Photonen sind: ^{12}C(γ,n)^{11}C, ^{14}N(γ,n)^{13}N, ^{16}O(γ,n)^{15}O, ^{19}F(γ,n)^{18}F, ^{198}Hg(γ,n)^{197m}Hg, ^{204}Pb(γ,n)^{203}Pb. Die genannten Elemente können durch Aktivierung mit Neutronen nicht oder nur sehr schlecht bestimmt werden.

Auf Grund der hohen Empfindlichkeit ist die A. in erster Linie eine Methode zur Bestimmung von Spurenelementen oder von Nebenbestandteilen, die in geringen Konzentrationen vorliegen. Die richtige Wahl der Bestrahlungszeit und der Zeitpunkt der Aktivitätsmessung spielen eine wichtige Rolle. Man unterscheidet Langzeitbestrahlungen (etwa 1 Tag oder mehr) und Kurzzeitbestrahlungen (z. B. einige Stunden oder Minuten). Wenn man kurzlebige Radionuklide erzeugen will, genügt eine kurze Bestrahlungszeit (Aktivierung). Wenn aus dem Hauptbestandteil kurzlebige Radionuklide entstehen, mißt man erst dann, wenn diese abgeklungen sind. Für Kurzzeitbestrahlungen verwendet man meist eine Rohrpostanlage.

Aktivierungsanalyse. Tabelle: Nachweisgrenzen für die Bestimmung von Elementen durch Neutronenaktivierung bei einer Flußdichte an thermischen Neutronen von 10^{14} cm^{-2} s^{-1}. Dabei wird angenommen, daß 10 Bq eine quantitative Bestimmung erlauben.

in 1 g Substanz bestimmbare Menge	Bestrahlungszeit 1 h	Bestrahlungszeit 1 Woche
$10^{-14} - 10^{-13}$ g	Dy	Eu, Dy
$10^{-13} - 10^{-12}$ g	Co, Rh[*], Ag[*], In, Eu, Ir	Mn, Co, Rh[*], Ag[*], In, Sm, Ho, Re, Ir, Au
$10^{-12} - 10^{-11}$ g	V, Mn, Se[*], Br, I, Pr, Er[*], Yb[*], Hf[*], Th	Na, Sc, V, Cu, Ga, As, Se[*], Br, Pd, Sb, I, Cs, La, Pr, Er[*], Tm, Yb[*], Lu, Hf[*], W, Hg, Th
$10^{-11} - 10^{-10}$ g	Mg, Al, Cl, Ar, Cu, Ga, Nb, Cs, Sm, Ho, Lu, Re, Au, U	Mg, Al, Cl, Ar, K, Cr, Ni, Ge, Kr, Y[β], Nb, Ru, Gd, Tb, Tl, Os, U
$10^{-10} - 10^{-9}$ g	F[*], Na, Ge, As, Kr, Rb, Sr, Mo, Ru, Pd, Sb, Te, Ba, La, Nd, Gd, W, Os, Hg, Tl[β]	F[*], P[β], Zn, Rb, Sr, Mo, Te, Ba, Ce, Nd, Pt, Tl[β]
$10^{-9} - 10^{-8}$ g	Ne[*], Si[β], K, Sc, Ti, Ni, Y[β], Cd, Sn, Xe, Tb, Tm, Ta, Pt	Ne[*], Si[β], Ti, Cd, Sn, Xe, Bi[β]
$10^{-8} - 10^{-7}$ g	P[β], Cr, Zn, Ce	S[β], Ca[β], Fe, Zr

[*] Diese Elemente liefern bei der Neutronenaktivierung Radionuklide mit Halbwertzeiten zwischen 1 s und 1 min. Man muß deshalb für eine quantitative Bestimmung eine Zerfallsrate von der Größenordnung 100 s^{-1} voraussetzen; deshalb sind die Elemente hinsichtlich ihrer Nachweisgrenzen in dieser Gruppe eingeordnet.

[β] nur β-Strahlung, keine γ-Strahlung

Man unterscheidet die instrumentelle A. und die radiochemische A. Bei der instrumentellen Aktivierungsanalyse verzichtet man auf eine chemische Aufarbeitung der Probe nach der Bestrahlung und mißt Probe und Standard mit einem γ-Spektrometer (→Messung radioaktiver Strahlung). Durch rechnerische Auswertung des γ-Spektrums kann man bis zu etwa 30 Elemente gleichzeitig bestimmen (Multielementanalyse). Die instrumentelle Aktivierungsanalyse ist weitgehend frei von Störungen. Wenn sich jedoch die γ-Linien so stark überlagern, daß eine quantitative Auswertung des Spektrums schwierig oder unmöglich ist, oder wenn nach der Aktivierung β-Strahler gemessen werden müssen, so ist eine chemische Trennung erforderlich. Die radiochemische Trennung setzt man so an, daß die zu bestimmenden Radionuklide von störenden Radionukliden abgetrennt werden.

Der große Vorteil der A. gegenüber anderen Methoden ist, daß Verunreinigungen, die nach der Bestrahlung eingeschleppt werden, nicht stören, weil sie nicht aktiviert werden. Meist wendet man bei der radiochemischen Trennung das Prinzip der Verdünnungsanalyse an, indem man einen inaktiven isotopen Träger zusetzt und aus der wiedergefundenen Menge des Trägers die chemische Ausbeute der Trennung bestimmt. Man umgeht damit alle Probleme des Arbeitens mit extrem kleinen Mengen.

Die Aktivierungsanalyse hat drei wichtige Anwendungsbereiche: Materialforschung, Umweltanalytik und Medizin. In der Materialforschung ist es notwendig, sehr kleine Mengen von Spurenelementen zu bestimmen, z. B. in Halbleitern, wozu die A. meist am besten geeignet ist. Auch für die Bestimmung einer Vielzahl von Spurenelementen in Umweltproben (Luftstaub, Wasser, biologische Proben) ist die Aktivierungsanalyse hervorragend geeignet. Schließlich ist die Kenntnis der Wirkung von Spurenelementen im Organismus für die Medizin von großer Bedeutung. Die Bestimmung von Spurenelementen im Organismus ist ein wichtiges Hilfsmittel der modernen Diagnose. Der besondere Vorteil der Aktivierungsanalyse ist, daß wegen der niedrigen Nachweisgrenzen meist sehr kleine Proben genügen. *Lieser*

Literatur: *Hoste, J., J. op de Beeck, R. Gijbels, F. Adams, P. van den Winkel, D. de Soete:* Activation Analysis. London: Butterworths 1971. – *Lieser, K. H.:* Einführung in die Kernchemie. 3. Aufl. Kap. 15. Weinheim: VCH-Verlag 1991. – *de Soete, D., R. Gijbels, J. Hoste:* Neutron Activation Analysis. New York: Wiley Interscience 1972. – Treatise on Analytical Chemistry (Eds. I. M. Kolthoff, P. J. Eyring), Part I: Theory and Practise, 2nd. Ed., Vol. 14, Section K: Nuclear Activation and Radioisotopic Methods of Analysis. New York: Wiley Interscience 1986.

Aktivierungsenergie. Unter A. versteht man die zusätzliche, über den Grundzustand hinausgehende Energie, die ein atomares oder molekulares System besitzen muß, damit ein bestimmter Prozeß ablaufen kann. Beispiele dafür sind die Energie, die ein Molekül benötigt, um an einer chemischen Reaktion teilnehmen zu können, die ein Elektron benötigt, um in das Leitungsband eines Halbleiters zu gelangen, oder die einem Gitterfehler zugeführt werden muß, damit er auf einen Nachbarplatz gelangt.

Das erste Beispiel ist der chemischen Kinetik entnommen. Im einfachsten Fall läßt sich die Geschwindigkeit einer elementaren chemischen Reaktion als Produkt aus einer Funktion der Konzentrationen der Reaktanten und einer Geschwindigkeitskonstanten ausdrücken. Letztere kann entsprechend der Arrhenius-Gleichung durch den Ausdruck $A \cdot \exp(-E_a/RT)$ wiedergegeben werden. Dabei bedeuten E_a die A. je mol, R die →Gaskonstante, T die thermodynamische Temperatur und A einen präexponentiellen Faktor, der i. a. noch leicht von der Temperatur und auch von E_a abhängt.

Den Übergang von den Reaktanten zum Produkt stellt man in einem Diagramm dar, in dem die Energie als Funktion der sog. Reaktionskoordinate aufgetragen ist, die den Reaktionsweg repräsentiert. Die A. E_a ist die Höhe der Energieschwelle, die die Reaktanten bei der Reaktion zu überwinden haben. Das Bild gibt vier Beispiele. ΔH ist die Reaktionsenthalpie. Nur bei einer exothermen Reaktion kann $E_a = 0$ sein; nur bei einer endothermen Reaktion kann $E_a = \Delta H$ sein.

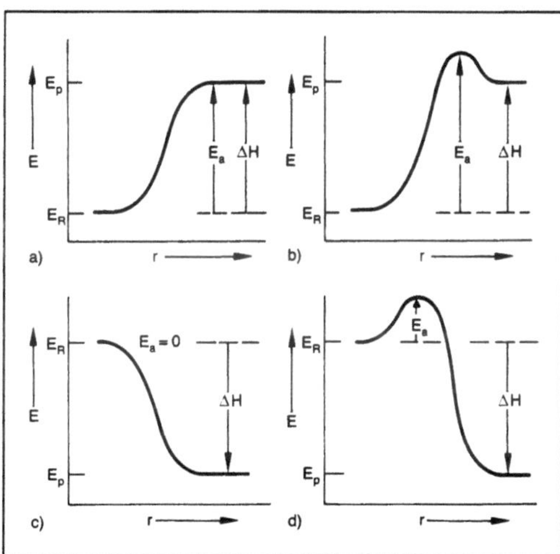

Aktivierungsenergie: Energie als Funktion der Reaktionskoordinate r; E_R und E_P Energien der Reaktanten bzw. Produkte, ΔH Reaktionsenthalpie, E_a Aktivierungsenergie.
a) und b) Endotherme Prozesse
c) und d) Exotherme Prozesse.

Die Temperaturabhängigkeit der Viskosität einer Flüssigkeit (Arrhenius-Guzman-Gleichung) ist ebenfalls auf das Vorhandensein einer A. zurückzuführen. Betrachtet man die Flüssigkeit als einen imperfekten Festkörper, so wird die Aktivierungsenergie für den Austausch eines Moleküls zwischen dem Gitter und dem freien Flüssigkeitsvolumen benötigt. *Wedler*

Literatur: *Wedler, G.:* Lehrb. Physikalische Chemie. 3. Aufl. Weinheim 1987.

Aktivisolierung. Bei einer Schwingungsisolierung spricht man von einer A., wenn bei einer Schwingungen erzeugenden Anlage, z. B. einer Maschine, die Übertragung von dynamischen Kräften auf den Aufstellungsort und in die Umgebung vermindert werden soll. Die A. wird auch als →Dämmung oder einfach auch als Isolierung bezeichnet.

Zur aktiven Schwingungsentstörung werden die Anlagen auf Federelemente gelagert. Durch eine federnde Aufstellung des Erregers kann bei periodischen Erregungen und auch bei Stoßerregungen erreicht werden, daß die dynamischen Kräfte des Erregers isoliert, d. h. nicht unvermindert in die Umgebung eingeleitet werden. Bei beiden Arten der Erregung werden meistens zusätzlich →Dämpfer eingebaut. Die →Dämpfung spielt jedoch in beiden Fällen eine unterschiedliche Rolle.

Bei periodischer Erregung kann die Isolierwirkung oft genügend zutreffend ermittelt werden, wenn als Ersatz-System der lineare →Ein-Massen-Schwinger betrachtet wird (Bild 1). Bei Anwendung in der Praxis ist jedoch immer zu überprüfen, ob diese Vereinfachung noch erlaubt ist. Wirkt auf den Ein-Massen-Schwinger z. B. eine →Unwuchterregung, so ändern sich die Erregerkräfte quadratisch mit der Erregerkreisfrequenz Ω; es gilt $\Omega = 2 \cdot \pi \cdot f_E$; f_E: →Erregerfrequenz in Hz. Für die Erregerkraft $F_E(t)$ gilt:

$$F_E(t) = m_u \cdot e_s \cdot \Omega^2 \cdot \sin(\Omega t)$$

mit m_u: Unwuchtmasse, e_s: Exzentrizität.

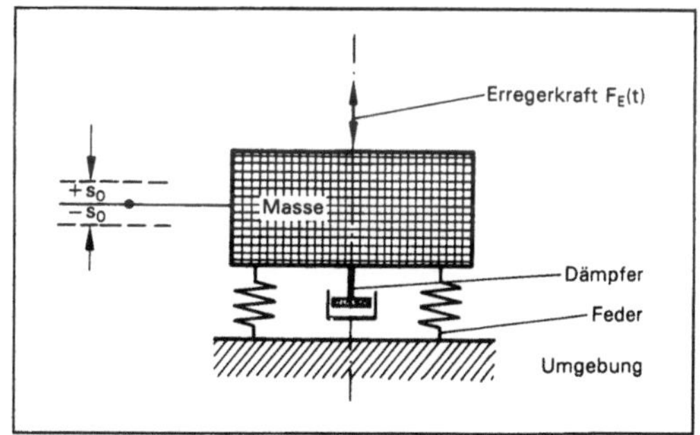

Aktivisolierung 1: Ersatz-System eines Ein-Massen-Schwingers.

s_0) Schwingwegamplitude, F_E) $m_u \cdot e_s \cdot \Omega^2 \cdot \sin(\Omega t)$

Bei einer A. interessieren die dynamischen Restkräfte F_U, die noch auf die Umgebung übertragen werden. Ein geeignetes Maß zur Kennzeichnung der Isolierwirkung ist der Quotient F_U/F_E. Ist dieser Quotient <1, wird eine Isolierwirkung erreicht. Mit Hilfe von schwingungstechnischen Berechnungen erhält man für den Quotienten:

$$\frac{F_u}{F_E} = V_D = \sqrt{\frac{1 + 4\,D^2\eta^2}{(1-\eta^2)^2 + 4\,D^2\,\eta^2}}$$

Darin bedeuten:

$\eta = \dfrac{\Omega}{\omega}$: Frequenzverhältnis

ω : Eigenkreisfrequenz des Ein-Massen-Schwingers

D : *Lehrsches* Dämpfungsmaß

Die Abhängigkeit des Quotienten V_D von dem Frequenzverhältnis η ist in Bild 2 dargestellt. Man nennt V_D auch Vergrößerungsfunktion. Die Entstörung wird um so besser, je größer das Frequenzverhältnis η gewählt wird, d. h. je tiefer das Schwingungssystem im Verhältnis zur Erregerfrequenz abgestimmt ist. Aus Bild 2 ist weiterhin ersichtlich, daß die Dämpfung die Isolierwirkung stets verschlechtert. Trotzdem wird man in praktischen Fällen auch Dämpfer einbauen, z. B. um beim Anlaufen und Auslaufen der Maschine beim Durchfahren der →Resonanz (bei $\eta = 1$) die Schwingungs-

bewegungen des Systems zu begrenzen. Den Quotienten V_D nennt man auch Durchlässigkeit (englisch: transmissibility). Der Anteil $(1-V_D)$ ist der Wert, der die Dämmung (Isolierung) kennzeichnet; er wird auch Isolierfaktor genannt und oft in Prozent angegeben.

Wird das Verhalten eines Schwingungssystems bei verschiedenen Erregerfrequenzen f_E untersucht, bezeichnet man den Bereich der Frequenzverhältnisse $\eta < 1$ als unterkritische Erregung und den Bereich $\eta > 1$ als überkritische Erregung. Soll für eine gegebene feste Erregerfrequenz f_E das Schwingungssystem so berechnet werden, daß ein angestrebter Isolierfaktor erreicht wird, wird auch das Frequenzverhältnis

$$\zeta = \frac{1}{\eta} = \frac{\omega}{\Omega}$$

verwendet. Im Bereich der Vergrößerungsfunktion, für den $\zeta < 1$ ist, spricht man von tiefer Abstimmung, bei $\zeta > 1$ von hoher Abstimmung.

Maschinenfundamente, die stoßartig zu Schwingungen angeregt werden, gründet man auf Federelemente, um die in den Aufstellungsplatz übertragenen Störkräfte und damit die in die Umgebung weitergeleiteten Erschütterungen zu mindern. Die durch einen im wesentlichen geraden →Stoß zu Schwingungen angeregten Hammerfundamente und die z. B. durch einen Drehstoß angeregten Fundamente von Reibspindelpressen werden auf Federelemente

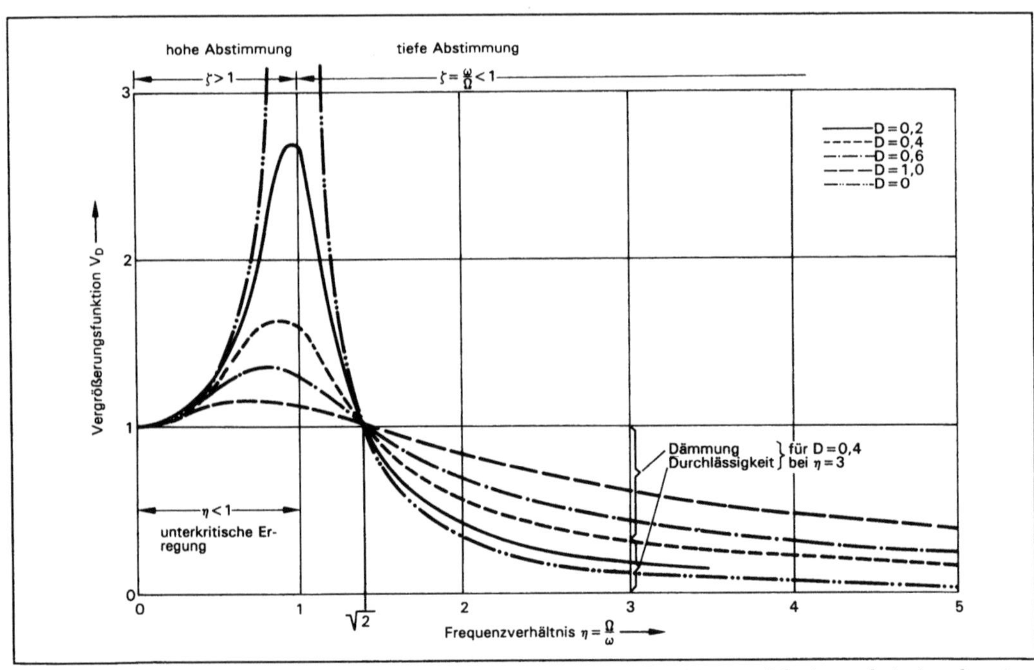

Aktivisolierung 2: Vergrößerungsfunktion V_D für den linearen Ein-Massen-Schwinger bei sinusförmiger Erregung.

gelagert, wenn ein möglichst weitgehend erschütterungsfreier Betrieb der Maschine erreicht werden soll. Bei der A. von Maschinen mit →Stoßerregung ist die erreichbare Dämmung umso besser, je niedriger die →Eigenfrequenz des aus der Maschine und dem Fundament bestehenden Schwingungssystems in der entsprechenden →Schwingungsrichtung ist. Vorteilhaft werden zusätzlich Dämpfer eingebaut, u. a. deswegen, weil der Isolierfaktor dadurch gegenüber der rein federnden Gründung etwas verbessert wird. *Splittgerber*

Literatur: *Crede, Ch. E.*: Vibration and shock isolation. New York, 1962. – *Splittgerber, H.*: Verfahren und Vorrichtungen zur Begrenzung von Erschütterungsemissionen. In: Dreyhaupt, F. J. (Hrsg.): Handbuch für Immissionsschutzbeauftragte. Köln, 1978.

Aktivität (Chemie). Die A. ist die scheinbare, effektive Konzentration einer Substanz in einem sich real verhaltenden thermodynamischen System.

Bei vielen, die Konzentration einschließenden, theoretisch abgeleiteten Beziehungen hat man gefunden, daß die Verwendung der wirklichen analytischen Konzentrationen zu rechnerischen Ergebnissen führt, die nicht mit den experimentell beobachteten übereinstimmen. Der Grund liegt in Abweichungen vom idealen Verhalten bei realen Gasen oder Lösungen auf Grund von interionischen oder intermolekularen Wechselwirkungen. In solchen Fällen verwendet man an Stelle der Konzentrationen (oder Molenbrüche) die A.

Für ein beliebiges thermodynamisches System seien die chemischen Potentiale der verschiedenen Komponenten i gegeben durch

$$\mu_i = \mu_i \, (T, p, x_1 \ldots x_k) \tag{1},$$

wobei x_j der →Molenbruch der Komponente j ist. Man betrachte nun ein aus den gleichen Komponenten aufgebautes System, aber unter bestimmten (hypothetischen) Bedingungen, die so geartet sind, daß es sich wie ein ideales System verhält. Dann wird das chemische Potential der Komponente i ausgedrückt durch

$$\mu_i^{ideal} = \mu_i^* \, (T, p) + RT \ln x_I \tag{2},$$

wobei $\mu_i^* (T, p)$ das chemische Potential der reinen Komponente i bei gleichem p und T ist. Um dem realen Verhalten des Systems Rechnung zu tragen, ersetzt man im nicht-idealen Fall den Molenbruch x_i durch die A. a_i. Beide Größen sind durch den A.-Koeffizienten f gemäß

$$a_i = f_i x_i \tag{3}$$

verknüpft, der den Unterschied zwischen dem idealen und realen Verhalten repräsentiert und eine Funktion von p,T und allen Molenbrüchen ist. Für den Grenzfall einer idealen Mischung wird $f_i = 1$.

Die Kombination der Gl. (2) und (3) liefert für das chemische Potential der Komponente i in der realen Mischphase

$$\mu_i = \mu_i^* \, (T, p) + RT \ln a_i = \mu_i^* \, (T, p) + RT \ln x_i + RT \ln f_i \tag{4},$$

$$\mu_i = \mu_i^{ideal} + RT \ln f_i \tag{5}.$$

Durch die Einführung der A. und des A.-Koeffizienten ist es möglich, in einer formalen Weise die für ideale Systeme gültigen Gesetze auf beliebige reale Systeme anzuwenden. Dieses Konzept wurde von *G. N. Lewis* eingeführt. *Wedler*

Literatur: *Kortüm, G.*, u. *H. Lachmann:* Einführung in die chemische Thermodynamik. Weinheim 1981. – *Wedler, G.:* Lehrb. Physikalische Chemie. 3. Aufl. Weinheim 1987.

Aktivität von Radionukliden. Die Aktivität A eines Radionuklids ist gegeben durch seine Zerfallsrate und definiert durch die folgende Beziehung:

$$A = -\frac{dN}{dt} = \lambda N = \frac{\ln 2}{t_{1/2}} N.$$

$-\dfrac{dN}{dt}$ ist die Zerfallsrate des Radionuklids, N ist die Zahl der Atome des Radionuklids, λ die Zerfallskonstante und $t_{1/2}$ die →Halbwertzeit. Die Einheit der Aktivität ist 1 →Becquerel (abgekürzt Bq), die SI-Einheit s^{-1}. Eine ältere, noch sehr häufig benutzte Einheit für die Aktivität von Radionukliden ist 1 →Curie (abgekürzt Ci). Diese Einheit ist gegeben durch die Aktivität von 1 g ^{226}Ra und definiert durch die Beziehung: $1 \, Ci = 3{,}7 \cdot 10^{10} \, s^{-1} \, (= 3{,}7 \cdot 10^{10} \, Bq)$. Somit ist: $1 \, mCi = 3{,}7 \cdot 10^7 \, Bq$, $1 \, \mu Ci = 3{,}7 \cdot 10^4 \, Bq$.

Aus der obigen Definition der Aktivität eines Radionuklids ergibt sich folgender Zusammenhang zwischen der Aktivität A und der Masse m eines Radionuklids:

$$A = \frac{m}{M} \, N_{Av} \, \frac{\ln 2}{t_{1/2}}.$$

M ist die Nuklidmasse des Radionuklids und N_{Av} die Avogadro-Konstante $(6{,}023 \cdot 10^{23} \, mol^{-1})$. Wenn man die Aktivität eines Elements berechnen will, so ist noch die Häufigkeit H des Radionuklids in dem betreffenden Element zu berücksichtigen:

$$A = \frac{m}{M} \, N_{Av} \, H \, \frac{\ln 2}{t_{1/2}}.$$

So berechnet man für die →Radioaktivität von 1 kg Kalium natürlicher Isotopenzusammensetzung (H von ^{40}K $= 1{,}17 \cdot 10^{-4}$): $A = 2{,}4 \cdot 10^4 \, Bq$.

Die Aktivität eines Gemisches von Radionukliden ist gleich der Summe der Einzelaktivitäten: $A = A_1 + A_2 + \ldots$ Wenn diese Radionuklide in einem säkularen radioaktiven Gleichgewicht (→Gleichgewicht, radioaktives) miteinander stehen, so gilt $A = n A_1$, wobei A_1 die Aktivität des Mutternuklids ist und n die Zahl der Radionuklide, die durch dieses säkulare radioaktive Gleichgewicht miteinander verknüpft sind. *Lieser*

Literatur: *Lieser, K. H.:* Einführung in die Kernchemie. 3. Aufl. Weinheim: VCH-Verlag 1991.

Aktivität, spezifische → Alpha-Zerfall

Aktivitätsmessung. Aufgabe der A. ist, die Aktivität der in Technik und Medizin verwendeten radioaktiven → Nuklide zu messen, sowie im → Strahlenschutz das Ausmaß eventuell vorhandener Kontaminationen festzustellen. Die Einheit der Aktivität ist das → Becquerel (Bq) mit
1 Bq = 1 Zerfall/s.
Die früher übliche Einheit → Curie, die auf die in einem Gramm Radium stattfindende Zahl von Zerfällen/s zurückgeht, ist mit
$1 \text{ Ci} = 3{,}7 \times 10^{10}$ Zerfälle/s $= 3{,}7 \times 10^{10}$ Bq
erheblich größer.

Von den Strahlungsdetektoren liefern nur die Szintillationsmeßköpfe mit einem großvolumigen Szintillator eine → Impulsrate, die direkt proportional der Aktivität ist. Der Ausgangsstrom der Ionisationskammern ist nicht der Aktivität, sondern der Dosisleistung proportional. Die Impulsrate von Zählrohren ist sehr von der Energie der auftreffenden Photonen abhängig und kann nur als ungefähres Maß für die Aktivität genommen werden.

Neben Aktivitäten sind auch Aktivitätskonzentrationen, d. h. auf die Fläche oder auf das Volumen bezogene Aktivitäten in Bq/m² oder Bq/m³ zu messen. Hierfür werden die oben erwähnten Detektoren benutzt.

Oft sind sehr geringe Aktivitäten und Aktivitätskonzentrationen, z. B. in der Abluft oder im Abwasser von Kernkraftwerken, nachzuweisen. In diesem Fall wird die Messung durch die immer und überall vorhandene natürliche Hintergrundstrahlung gestört. Um trotzdem messen zu können, muß der auf die natürliche → Strahlung zurückgehende Nulleffekt durch eine → Abschirmung oder durch eine Differenz- oder Antikoinzidenzschaltung reduziert bzw. eliminiert werden. *Wachsmann*

Literatur: *Kiefer, H.* u. *R. Maushart:* Überwachung der Radioaktivität in Abwasser und Abluft. 2. Aufl. Stuttgart 1967. – *Schrüfer, E.:* Strahlung und Strahlungsmeßtechnik in Kernkraftwerken. Berlin 1974.

Akustik. Im weiteren Sinne die Wissenschaft von den Schwingungen und Wellen in elastischen Medien, im engeren Sinne die Lehre vom Schall, seine Erzeugung, dessen Ausbreitung und dessen Empfang. Die A. umfaßt folgende Teilgebiete: physikalische A., Raum- und Gebäude-A., psychologische A., physiologische A., Elektro-A. und Akustoelektronik.

□ *Physikalische A.:* Sie beschäftigt sich mit den Eigenschaften von elastischen Wellen kleiner Amplitude in Festkörpern, Flüssigkeiten (z. B. Sonar) und Gasen. Diese Wellen breiten sich mit der entsprechenden Schallgeschwindigkeit aus. In einem unbegrenzten, verlustfreien Medium hängt die Schallgeschwindigkeit nicht von der → Frequenz ab. Es gibt keine Dispersion, d. h. eine komplizierte Wellenform (z. B. Wellenpaket), die durch Überlagerung mehrerer sinusförmiger Schallwellen entstanden ist, breitet sich unverändert aus. Für Medien mit Dispersion breiten sich Wellenpakete mit der Gruppengeschwindigkeit aus und verändern ihre Gestalt.

Dispersion, d. h. eine Abhängigkeit der Schallgeschwindigkeit von der Frequenz, gibt es in
□ unbegrenzten Medien mit Viskosität, Wärmeleitung oder molekularen, thermischen oder chemischen Relaxationsprozessen;
□ begrenzten Medien, z. B. in Kapillarröhren, bei denen die Viskosität einen Abfall der Schallgeschwindigkeit mit wachsender Frequenz bedingt;
□ verlustfreien begrenzten Medien, z. B. in Röhren mit wachsendem Querschnitt, bei denen der Durchmesser schneller als die Entfernung steigt; hier steigt die Schallgeschwindigkeit mit fallender Frequenz;
□ verlustfreien zylindrischen Röhren mit deformierbaren Wänden.

Die physikalische A. beschäftigt sich mit der Ausbreitung, Absorption, Reflexion und Beugung von elastischen Wellen, die wie bei jedem Wellenvorgang Interferenzerscheinungen zeigen. Auch die Erzeugung und der Nachweis (Schallempfänger und Schallerzeugung) von Schallwellen sind Gegenstand der physikalischen A.

Die geometrische A. ist ein Grenzfall der physikalischen A., für den Beugung und Interferenz vernachlässigt werden (analog zur geometrischen Optik).

□ *Raum- und Gebäude-A.:* Sie beschäftigt sich mit den Problemen der erwünschten und lästigen oder störenden Schallverteilung in Gebäuden und Räumen. Dabei zeigt sich, daß die Masse und → Steifigkeit der Trennwände im wesentlichen für die Schallübertragung in Gebäuden verantwortlich sind. Die Verkleidung der Wände mit schallschluckendem Material ist hierfür nur von geringer Bedeutung. Eine bedeutende Verringerung der Schallübertragung in Gebäuden wird aber durch flexibel eingehängte Decken und Wände erreicht.

In großen Räumen ist für eine Hörsamkeit (A.) ein ausgeglichener Nachhallvorgang wünschenswert, den man durch eine räumlich und zeitlich gleichmäßige Verteilung der Reflexionen erreicht. Irregulär geformte, willkürlich verteilte Oberflächen im Raum werden daher angestrebt. Schallreflektierende Oberflächen (Decke, Wände) sollten keine Zeitverzögerungen der Schallwelle von mehr als 65 ms hervorrufen, da diese schon als Echo empfunden werden und die Verständlichkeit von gesprochenen Worten darunter leidet.

□ *Psychologische A.:* Sie beschäftigt sich mit der gefühlsmäßigen und geistigen Reaktion von Menschen und Tieren auf den Schall. Eine der im Mittelpunkt stehenden Fragen ist z. B., welche Lautstärken für Menschen unter den verschiedenen Lebensumständen ertragen werden können. Von Bedeutung ist dabei die Festlegung einer Vergleichslautstärke und die Bewichtung der Lautstärken in den verschiedenen Frequenzbereichen.

□ *Physiologische A.:* Gegenstand sind das Hören, die Stimme und die physikalischen Effekte, die der Schall an lebenden Organismen hervorruft.

Der Frequenzbereich des Schalls wird in drei etwa überlappende Bereiche eingeteilt: den Tonfrequenzbereich von ca. 20 Hz–20 kHz, benachbart vom Gebiet des Infraschalls mit Frequenzen unterhalb von 20 Hz und den Ultraschallbereich mit Frequenzen über 15 kHz. Das menschliche Ohr nimmt keine Frequenzen außerhalb des Tonfrequenzbereiches wahr, kleinere Tiere wie Katzen und Fledermäuse können auch noch Töne im Ultraschallbereich wahrnehmen.

Zum Messen und Einordnen der Lautstärke von Tönen in eine Skala: Schall; Lautstärke; Geräusche. Wie in vielen Bereichen der Sinnesphysiologie gilt auch in der A. das →Weber-Fechner-Gesetz, nach dem die Empfindung gleich dem Logarithmus der Reize ist. Für nichtstationäre Signale ist außerdem die Trägheit des Ohrs zu beachten: Das Ohr empfindet ein Signal hoher Intensität, aber kurzer Dauer gleich laut wie ein Signal geringerer Intensität, aber längerer Dauer.

□ *Elektro-A. und Akustoelektrik:* Es ist das Gebiet der Umwandlung von elektrischer Energie in akustische Energie und umgekehrt. Bekanntestes Beispiel ist der elektrodynamische Lautsprecher (engl. *transducer*): Eine →Spule ragt in den Ringspalt eines Topfmagneten und bewegt sich daher, wenn sie von einem Wechselstrom durchflossen wird. Zur Schallabstrahlung wird die Bewegung der Spule an eine entsprechende Membran gekoppelt. Im Prinzip ist dieser Prozeß reversibel, und die durch Schall bewegte Spule im →Magnetfeld kann einen Strom liefern. Wie der elektrodynamische Transducer arbeiten auch viele andere reversibel, aber es gibt auch zahlreiche nichtreversible Transducer, die auf folgenden Effekten beruhen:

□ die Veränderung des Kontaktwiderstands durch Druck (Kohlenmikrophon);

□ Veränderung des Volumenwiderstands durch Druck;

□ Veränderung von Transistorparametern durch Dehnung;

□ Kühlungseffekt durch periodische Luftbewegung (Thermophon),

□ Erzeugung von Druckwellen durch periodische Funken;

□ Abhängigkeit des Luftdrucks von einer Gasentladung (Ionophon).

Zum Erzeugen von sehr hohen und höchsten Frequenzen (bis $\approx 10^{11}$ Hz) benutzt man piezoelektrische Transducer (piezoelektrischer Effekt), die von der Tatsache ausgehen, daß in einem piezoelektrischen Material eine Dehnung mit einer elektrischen Polarisation (Dipolmoment/Volumen) verbunden sein kann. Als Beispiel sei eine kristalline Quarzscheibe (X-cut) angegeben. Wird diese Scheibe axial gedrückt, so entstehen elektrische Ladungen an der Oberfläche. Umgekehrt wird bei Anlegen einer elektrischen Spannung die Scheibe dicker oder dünner, je nach Richtung des angelegten elektrischen Felds. Den piezoelektrischen Materialien ähnlich sind die Ferroelektrika, bei denen auch polykristalline Materialien vorpolarisiert werden können und dann durch Druck die Polarisation geändert werden kann. Die bekanntesten Ferroelektrika sind Barium- und Bleititanate (oder -zirkonate), die zum Erzeugen von Ultraschall eine breite technische Anwendung gefunden haben. Der Wirkungsgrad piezoelektrischer Transducer wird durch die elektromechanische Kopplungskonstante k bestimmt, die das Verhältnis von mechanischer Energie W_m (durch die Dehnung des Materials) zur elektrischen Energie W_c (durch die entstehenden Oberflächenladungen) angibt: $k = W_c/W_m$; k erreicht für Bleititanat fast 70 %. Auch polykristalline piezomagnetische Materialien (meist als magnetostriktiv bezeichnet) finden Anwendung bei z. B. Nickel- oder Ferrit-Keramiken auf der Grundlage von NiO, Fe_2O_3, wobei die letzten wegen der geringen elektrischen →Leitfähigkeit den Vorteil geringer Wirbelstromverluste besitzen (→Magnetostriktion). *Helbig*

Literatur: *Cremer, L.:* Vorlesungen über technische Akustik. Berlin, Göttingen, Heidelberg 1971. – *Gobrecht, H.:* Bergmann-Schaefer. Lehrb. Experimentalphysik. Berlin 1974. – *Mason, W. P.:* Physical Acoustic. Bd. 1–10, New York 1964. – *Meyer, E.,* u. *E. G. Neumann:* Physikalische und technische Akustik. Braunschweig 1967. – *Reichardt, W.:* Grundlagen der technischen Akustik. Leipzig 1968. – *Trendelenberg, F.:* Einführung in die Akustik. Berlin, Göttingen, Heidelberg 1950.

Alexander-von-Humboldt-Stiftung (AvH). Rechtsfähige Stiftung des bürgerlichen Rechts. Aufgabe: Förderung internationaler wissenschaftlicher Zusammenarbeit durch Vergabe von Forschungsstipendien und -preisen.

Die 1859 gegründete AvH für Naturforschung und Reisen (Berlin) ermöglichte bis 1923 deutschen Wissenschaftlern Forschungsreisen ins Ausland. 1925 wurde die AvH zur „Förderung des Studiums fremder Staatsangehöriger" gegründet (bis 1945). 1953 wurde die AvH in Bonn wiedererrichtet. Stifter ist die Bundesrepublik Deutschland. Ihre Mittel sind vor allem Zuwendungen des Auswärtigen Amts und drei weiterer Bundesministerien sowie von privater Seite, vor allem Stiftungen (1991 insgesamt 79,1 Mill. DM). Die AvH fördert meist langfristige Forschungsaufenthalte hochqualifizierter ausländischer Wissenschaftler in Deutschland (seit 1953 rd. 14 000 aus über 100 Ländern) im Rahmen folgender Programme: Humboldt-Forschungsstipendien für ausländische Wissenschaftler, Auswahl (ohne Fächer-, Länder- oder Regionalquoten) auf Grund von Bewerbungen (1991: 1 706 Stipendiaten aus 73 Ländern, darunter 73 % Natur- und Ingenieurwissenschaftler); Humboldt-Forschungspreis für anerkannte Naturwissenschaftler aus den USA (seit 1972 insgesamt 1 483 Wissenschaftler); Forschungspreis für Geisteswissenschaftler aus allen Ländern (seit 1980 insgesamt 78); Humboldt-Forschungspreise auf Gegenseitigkeit (1981–1991 insgesamt 119 ausländische Wissenschaftler aus 12 Ländern); Philipp-Franz-von-Siebold-Preis für jährlich einen japanischen Gelehrten (seit 1978); Konrad-Adenauer-Forschungspreis für jährlich einen kanadischen Geistes- oder Sozialwissenschaftler (seit 1989); Max-Planck-Forschungspreise für Forschungskooperationen von deutschen und ausländischen Wissenschaftlern (seit 1990; 1991: 26 deutsche, 29 ausländische Partner). Junge deutsche Wissenschaftler erhalten im Feodor Lynen-Programm und dem Programm der Japan Society for the Promotion of Science die Möglichkeit zu langfristigen Forschungsaufenthalten an Instituten ehemaliger AvH-Gastwissenschaftler (1979–1991 insgesamt 758 Stipendien in 39 Ländern). Das Integrationsprogramm ermöglicht hochqualifizierten Wissenschaftlern aus den neuen Ländern Forschungsvorhaben in Westdeutschland (1990–1993, bis 1991 insgesamt 62 Stipendien). Durch systematische Nachbetreuung hält die AvH den Kontakt zu ihren ausländischen Stipendiaten aufrecht. Die als Ergebnis des Aufenthaltes in der Bundesrepublik entstandenen Arbeiten der Gastwissenschaftler werden jährlich in der Bibliographia Humboldtiana erfaßt.

(Alexander-von-Humboldt-Stiftung, Jean-Paul-Str. 12, 53173 Bonn). *Altenmüller*

Algebra. Die A. ist ein Teilgebiet der Mathematik, das sich aus der →Arithmetik entwickelt hat. Das zentrale Thema der A. war und ist zunächst die Auflösung von Polynomgleichungen, also Gleichungen, in denen unbekannte und bekannte Größen durch die Grundrechnungsarten miteinander verbunden sind. Lösungsformeln bzw. -methoden für lineare Gleichungen in mehreren Unbekannten über beliebigen Körpern sind Gegenstand der *Linearen A.*, die das für konkretes Rechnen wichtigste (und konzeptionell jüngste) Gebiet der A. darstellt und die heute fester Bestandteil jeder

Mathematikausbildung in Schule wie Hochschule ist. Die schon in Babylon im Prinzip vorhandene Lösungsformel für eine quadratische →Gleichung

$$\kappa^2 + 2\rho\kappa + q = 0 \Rightarrow \kappa = -\rho \pm \sqrt{\rho^2 - q}$$

ist ein weiteres klassisches Beispiel für ein Ergebnis der A. In der Renaissance wurden ähnliche Formeln für Polynomgleichungen einer Variablen vom Grad 3 und 4 gefunden. Die Nichtexistenz solcher Formeln für Polynome von höherem Grad war eine der Keimzellen der Galoistheorie im 19. Jh. und führte zu einer strukturellen Betrachtungsweise auch im Umgang mit konkreten Gleichungen.

Methodisch ist dabei für die A. typisch, daß sie (in der Regel) auf die Anwendung unendlicher Prozesse wie Grenzwertbildung verzichtet, und sich auf endlich viele Rechenschritte beschränkt. Weiter ist spätestens seit *Vieta* (1591) mit dem Wort „A." auch eine symbolische, formelmäßige Schreibweise verbunden. Das algebraische Operieren besteht dann aus der Umformung von Termen nach festgelegten formalen Regeln. Diese Formalisierung der algebraischen Sprache hat aber im 20. Jh. die ganze Mathematik durchdrungen und zu einer *Kalkülisierung* geführt, die auch anderswo, z. B. in der Informatik (Algorithmen, formale Sprachen), zu einem wesentlichen Stützpfeiler geworden ist.

Aus der Betrachtung der Polynom-Gleichungen entwickelte sich einerseits eine Reihe von heute eigenständigen umfangreichen Anwendungsgebieten wie die algebraische Zahlentheorie oder die algebraische Geometrie, die konkretere Objekte mit algebraischen Methoden studieren und deren Resultate auch in anderen Gebieten der Mathematik Anwendung finden.

Andererseits führte die Entwicklung am Ende des 19. Jh. bis zu den 30er Jahren des 20. Jh. von *R. Dedekind* über *D. Hilbert, E. Steinitz, E. Noether, E. Artin, O. Schreier, H. Hasse, W. Krull, C. Chevalley* u. a. zu einer neuen, abstrakteren Grundlegung der A.: Aus der Sicht des Wissenschaftssystematikers (*N. Bourbaki*) ist das Ziel der A. die Untersuchung algebraischer Strukturen wie Gruppen, Ringe, Körper, Vektorräume, Verbände, Datenstrukturen usw. Die algebraischen Strukturen sind das Öko-System der algebraischen Gleichungen, des ursprünglichen Gegenstandes der A. Welche der unübersehbar vielen algebraischen Strukturen allerdings wichtig und interessant ist, entzieht sich solchem Systematisierungsdenken und erfordert ein gutes mathematisches Gespür und offenes Ohr für die Probleme anderer. Aus der Sicht des problemorientiert arbeitenden Algebraikers liefert die Sprache der algebraischen Strukturen eine angemessene, präzise und (behutsam gehandhabt) kommunikationsfreundliche Darstellungsweise, in der er seine gefundenen Ergebnisse und Beweise formulieren und mitteilen kann.

Eine *algebraische Struktur* besteht aus einer Menge, auf der gewisse Rechenoperationen definiert sind; die A. abstrahiert bei ihrer Untersuchung von der Natur der Elemente, ihr Untersuchungsobjekt sind die Eigenschaften der Operationen.

Ein zentraler Begriff überall in der A. ist daher der Begriff der operationstreuen Abbildung (*Homomorphismus*, lineare Abbildung usw.); eine operationstreue Bijektion (*Isomorphismus*) zwischen zwei algebraischen Strukturen A und B läßt A und B in den Augen des Algebraikers als strukturell ununterscheidbar erscheinen: Sätze über die eine Struktur übertragen sich automatisch auf die andere Struktur, sofern die in den Sätzen benutzten Begriffe auch wirklich algebraisch (invariant unter Isomorphismen) sind.

Der Typ der durch diese Betrachtungsweise induzierten Strukturuntersuchungen und die in der A. gefundenen Methoden und Schemata für Klassifikationen algebraischer Objekte gehen weit über die A. hinaus und haben in vielen anderen Bereichen der Mathematik und in Anwendungsgebieten (theoretische Physik, Informatik, Elektrotechnik und anderen Ingenieurwissenschaften) fruchtbaren Boden gefunden (*Algebraisierung*).

Der Name A. leitet sich ab vom Titel des Buches al-Kitāb al-mukhtaṣar fi ḥisāb al-djabr wal-muqāba-la (wörtlich: „Kurzgefaßtes Buch der Rechenverfahren der Ergänzung und gegenseitigen Ausgleichung"), das der Mathematiker *Abū Ja'far Muhammad ibn Musā Al-Hwārizmi* zu Beginn des 9. Jh. in Bagdad als Einführung in die damalige A. schrieb und seinem Kalifen Al-Ma'mūn widmete. In der Einleitung heißt es über den Zweck des Werkes:

„Es stellt die einfachsten und nützlichsten Methoden der Arithmetik bereit, die ständig benötigt werden in Fällen einer Erbschaft, bei Legaten, Teilungen und Prozessen, im täglichen Umgang der Menschen, bei der Landvermessung, dem Kanalbau, bei geometrischen Berechnungen und anderen Objekten verschiedenster Art und Weise."

Im Werk werden Methoden zur Lösung beliebiger linearer und quadratischer Gleichungen in einer Unbekannten entwickelt, wobei mangels einer Formelsprache alles in Worten ausgedrückt werden muß. Der Kurztitel „al-djabr wal-muqābala" = „Ergänzung und Ausgleich" bezieht sich auf die Vereinfachung von Gleichungen durch „Hinüberschaffen" *(al-djabr)* von Gliedern auf die andere Seite der Gleichung und durch „Zusammenfassen" *(al-muquābala)* von Gliedern mit der gleichen →Potenz der Unbekannten — Methoden, die man heute in der Mittelstufe des Gymnasiums lernt.

Der Beiname „Al-Hwārizmi" (= aus Khiwa stammend) des Autors wurde latinisiert zu „Algorismi". Durch eine falsche Etymologie mit dem griechischen Wort ἀριθμός (arithmos) für Zahl wurde dies in „Algorithmus" verwandelt. *Geyer*

Literatur: *Artin, M.:* Algebra. Basel 1993 – *Bourbaki, N.:* Algèbre. Paris seit 1943 – *Jacobson, N.:* Basic Algebra, I, II. San Francisco 1985 – *Lang, S.:* Algebra. Reading 1984 – *Tropfke, J.:* Geschichte der Elementarmathematik, Bd. 1: Arithmetik und Algebra. Berlin 1980 – *Waerden, B. L. v. d.:* Moderne Algebra I, II. Berlin 1930 – *Waerden, B. L. v. d.:* A History of Algebra. Heidelberg 1985.

Algorithmus, euklidischer →Division mit Rest

Algorithmus, probabilistischer (Mathematik). Es handelt sich im erweiterten Sinn um ein Verfahren, dessen Ablauf an geeigneten Stellen durch eine Zufallsstrategie gesteuert wird. Im engeren Sinn ist es ein Algorithmus zur Lösung eines Entscheidungsproblems (Entscheidungstheorie), wobei die möglichen Antworten des Algorithmus nur mit einer vom Algorithmus abhängigen →Wahrscheinlichkeit p richtig ist. Kann p durch eine Zahl, die größer als $1/2$ ist, abgeschätzt werden, oder ist eine der möglichen Anworten stets richtig und die Wahrscheinlichkeit eines Fehlers bei der anderen Antwort kann durch eine Zahl, die kleiner als 1 ist, abgeschätzt werden, so kann ein probalistischer Algorithmus durch wiederholtes Aufrufen eine Ja-Nein-Entscheidung mit beliebig kleiner Fehlerwahrscheinlichkeit berechnen. Probabilistische Algorithmen können z. B. erfolgreich zum Primzahltest (Public-Key-Crypto-Systeme) herangezogen werden. *Bachem*

Alnico →Dauermagnet

Alpha-Strahlung. A.-S. besteht aus zweifach positiv geladenen Heliumionen (He^{2+}). Die beim →Alpha-Zerfall von Radionukliden emittierten α-Teilchen besitzen stets diskrete Energien. Diese Energien sind etwas kleiner als die beim Zerfall freiwerdende Energie, weil der Kern des Tochternuklids eine Rückstoßenergie erhält. A.-S. ist in vielen Fällen von γ-Strahlung begleitet, und zwar immer dann, wenn der Kern beim Zerfall nicht in den Grundzustand, sondern in einen angeregten Zustand des Tochternuklids übergeht.

A.-S. beobachtet man vorzugsweise bei schweren Kernen, weil diese durch Abgabe von Masse in Kerne höherer Stabilität übergehen. So tritt A.-S. auch beim natürlichen radioaktiven Zerfall auf. Wichtige Alpha-Strahler sind (in Klammern Halbwertzeiten): ^{222}Rn (3,8 d), ^{226}Ra (1600 a), ^{232}Th ($1,41 \cdot 10^{10}$ a), ^{231}Pa ($3,28 \cdot 10^4$ a), ^{235}U ($7,04 \cdot 10^8$ a), ^{238}U ($4,47 \cdot 10^9$ a), ^{237}Np ($2,14 \cdot 10^6$ a), ^{238}Pu (87,74 a), ^{239}Pu ($2,41 \cdot 10^4$ a), ^{240}Pu ($6,56 \cdot 10^3$ a), ^{242}Pu ($3,76 \cdot 10^5$ a) u. a.

A.-S. wird sehr leicht absorbiert, z. B. von einigen cm Luft oder einem Blatt Papier. *Lieser*

Literatur: *Lieser, K. H.:* Einführung in die Kernchemie. 3. Aufl. Weinheim: VCH-Verlag 1991.

Alpha-Zerfall. Unter A.-Z. versteht man in der Kernchemie den radioaktiven Zerfall unter Emission von α-Teilchen (He^{2+}-Ionen). Die allgemeine Gleichung für den A.-Z. ist

$$^AZ \xrightarrow{\ \alpha\ } {}^{A-4}(Z-2) + He^{2+} + \Delta E.$$

A ist die → Massenzahl, Z die Ordnungszahl und ΔE die beim Zerfall freiwerdende Energie. Die Massenzahl A nimmt beim A.-Z. um 4 Einheiten ab, die Ordnungszahl Z um 2 Einheiten (Erster Radioaktiver Verschiebungssatz von *Soddy* und *Fajans*). Aus der von Einstein hergeleiteten Beziehung $E = mc^2$ folgt, daß alle schweren Kerne mit Massenzahlen $A > \approx 140$ im Hinblick auf einen A.-Z. instabil sind. Bei kleinen positiven ΔE-Werten ist jedoch die Wahrscheinlichkeit für einen A.-Z. so extrem klein, daß der Zerfall nicht beobachtet wird.

Eine Beziehung zwischen der Zerfallskonstanten λ für den A.-Z., die ein Maß für die Zerfallswahrscheinlichkeit ist, und der Reichweite R der α-Teilchen, die ein Maß für ihre Energie und damit auch für die Zerfallsenergie ist, wurde erstmals von *Geiger* und *Nuttall* festgestellt (Geiger-Nuttall-Regel): $\log \lambda = a \log R + b$. Für jede natürliche radioaktive Zerfallsreihe sind a und b charakteristische Konstanten. Da die α-Teilchen, welche beim A.-Z. vom Kern emittiert werden, eine geringere Energie besitzen als der Potentialschwelle entspricht, welche sie eigentlich beim Austritt aus dem Kern überwinden müßten, folgt, daß die α-Teilchen durch die Potentialschwelle hindurchtunneln (Tunneleffekt).

A.-Z. wird vorzugsweise bei schweren Kernen beobachtet ($Z > 83$). Die Kerne erleiden einen Rückstoß, dessen Energie ohne Berücksichtigung relativistischer Effekte nach dem Impulssatz $E_R = \dfrac{M_\alpha}{M} E_\alpha$ beträgt. M_α ist die Nuklidmasse des α-Teilchens, M die Nuklidmasse des beim Zerfall entstehenden Tochternuklids und E_α die Energie des A.-Z. *Lieser*

Literatur: *Lieser, K. H.:* Einführung in die Kernchemie. 3. Aufl. Weinheim: VCH-Verlag 1991.

Alteration. Veränderung der chemischen und isotopen-chemischen Zusammensetzung von Mineralen sowie der chemischen, isotopen-chemischen und mineralogischen Veränderung der Zusammensetzung von Gesteinen unter dem Einfluß einer fluiden Phase.

Die A. umfaßt die chemische Verwitterung unter den physikalisch-chemischen Bedingungen der Erdoberfläche (tiefthermale A.) und die chemisch-mineralogischen Veränderungen unter erhöhten Temperaturen und Drücken (hydrothermale A.). Die Durchdringung eines Gesteins oder Sediments mit hydrothermalen Lösungen hängt von der → Permeabilität des Körpers ab. Daher unterliegen insbesondere Sedimente und mylonitisierte Gesteine der hydrothermalen A. Dichte Gesteine (Magmatite) werden meist nur oberflächlich und entlang der Klüftung verändert. Magmatite sind häufig postmagmatisch alteriert worden.

□ Serpentinisierung erfaßt Olivin, Pyroxene und Amphibole in ultrabasischen Gesteinen und überführt sie unter Abfuhr von SiO_2 in Serpentin.

□ Spilitisierung: Plagioklas in Basalten wird in Albit überführt und Chlorit, Calcit, Epidot und Chalcedon werden neu gebildet.

□ Chloritisierung beschreibt die Umsetzung von Pyroxen und Plagioklas zu Chlorit, Albit und Calcit.

□ Saussuritisierung: Ersatz von Plagioklas in Basalten und Gabbros durch Zoisit, Epidot, Albit, Calcit, Sericit und Zeolithe. Da die Endprodukte dieser Reaktion ein geringeres Volumen als der Ausgangsbasalt einnehmen, wird der Fortgang der Alteration durch erhöhte Wegsamkeit für nachdrängende fluide Phasen begünstigt.

□ Uralitisierung: Im Kontaktbereich intrudierter Plutone und während der Regionalmetamorphose werden Augite unter Abfuhr von Quarz und Calcit in Hornblenden überführt.

□ Silifizierung: Durchdringung eines Gesteins mit kieselsäurereichen Lösungen, die Quarz, Chalcedon oder Opal absetzen. Voraussetzung für die Silifizierung ist, daß entweder ein Temperaturgradient vorliegt oder SiO_2-Varietäten hoher Löslichkeit (z. B. Radiolarite), um gelöst und als Quarz abgesetzt zu werden.

□ Zementation von Sedimenten: Calcit und SiO_2 werden mit abnehmender Temperatur im Porenraum ausgeschieden und verfestigen Sedimente; Karbonat-, Kieselsäure-Zement.

Bei der Bildung von Lagerstätten treten lokale Alterationsprozesse auf:

□ Propylitisierung: Mafische Minerale und Plagioklas werden in Albit, Epidot, Chlorit, Sericit sowie Sulfide überführt. Propylite sind typische Begleiter von „porphyry-copper"-Lagerstätten.

□ Sericitisierung: Feldspatreiche Gesteine werden in Sericit und Quarz überführt.

□ Argillitisierung (Vertonung): Feldspäte werden zu Tonmineralen umgewandelt; sie werden von Sericit, Alunit, Topas und Turmalin begleitet, wenn die alterierende Lösung SO_4^{2-}, F^-, BO_3^{3-} führte. Die Vertonung ist ein typischer Prozeß der Bodenbildung, bei der überschüssiges SiO_2 abgeführt wird und letztlich Laterite (auch Bauxite) als Residualböden übrigbleiben.

□ Vergreisenung: Feldspäte und Glimmer werden durch F^-, BO_3^{3-} und Li^+-führende Lösungen zu Quarz, Topas, Turmalin, Lepidolith umgesetzt. Greisen von Granitoiden enthalten oft wirtschaftlich nutzbare Lagerstätten von Fluorit, Cassiterit und Wolframit.

Viele der aufgeführten Alterationsreaktionen verlangen saure Lösungen. Freigesetzte Alkalien und Erdalkalien werden teilweise abgeführt.

Allocheme Mineralumsetzungen, die meist unter Beibehaltung der Struktur und Textur eine chemische Veränderung des Gesteins herbeiführen, werden als Metasomatose bezeichnet. Der Metasomatit ist stofflich von seinem Ausgangsgestein verschieden. Die metasomatisch gebildeten Minerale nehmen den Platz der Primärminerale ein. Beispiele für metasomatische Prozesse sind Dolomitbildung in Karbonatsedimenten während der Diagenese, die Magnesitbildung aus Dolomit, Albitisierung von Kalifeldspat usw.

Eine Begleiterscheinung der Alteration ist die Bildung hydrothermaler Erzminerale. Die Metallionen werden in der fluiden Phase durch →Komplexbildung angereichert. Chloro-Komplexe übernehmen den Transport vieler Metalle, wie Zn, Sn, W, Bi, Al und Mo. Der Absatz von Erzmineralen ist oft das Ergebnis der Neutralisation saurer hydrothermaler Lösungen oder der Umwandlung von Metallhallogeniden in Oxide (Sn, W, U), Sulfide (Cu, Fe, Pb, Zn) oder Sulfate (Ba). Durch A. von gesteinsbildenden Mineralen wird H^+ verbraucht, z. B. Muskovitisierung der Feldspäte. Ähnlich reagieren Kalkstein sowie basische und ultrabasische Gesteine. F^--Ionen führende Lösungen setzen Fluorit ab, wodurch die Komplexbildungskapazität der Lösung für alle als Fluoro-Komplexe gelösten Metallionen erniedrigt wird. SnO_2-Bildung aus $SnCl_2$-führenden Lösungen setzt eine Oxidation voraus. Die Bildung von Wolframit und Scheelit wird im allgemeinen durch Mischen von H_2WO_4-führenden, meist aus Graniten abgeleiteten hydrothermalen Lösungen mit $FeCl_2$ bzw. $CaCl_2$-haltigen Lösungen hervorgerufen, die aus der sauren A. des Nebengesteins abgeleitet werden. Sulfide ergeben sich aus der Neutralisation von sauren, chloridischen, metallreichen Lösungen nach Mischen mit H_2S-führenden Lösungen oder in situ durch bakterielle Sulfatreduktion.

Ionen mit niedrigem Ionenpotential ($<2,7$) bilden hydratisierte Kationen, während solche mit Ionenpotentialen $>6,5$ lösliche Oxo-Anionenkomplexe bilden. Zur ersten Gruppe gehören die lithophilen Ionen mit großem Radius (Klassifikation der Elemente). Die Elemente mit Ionenpotentialen im Bereich 3–6 sind in neutralen Lösungen relativ immobil und tendieren bei der Alteration zur Hydroxidbildung. Hierzu gehören die Ionen des As, Ta, Nb, Zr, Ti. *Möller*

Literatur: *Mason, B.* u. *C. B. Moore:* Grundzüge der Geochemie. Stuttgart: F. Enke-Verlag 1985. – *Möller, P.:* Anorganische Geochemie. Berlin, Heidelberg, Wien: Springer-Verlag 1986.

Americium. A. ist ein →Radioelement aus der Gruppe der Actiniden, Ordnungszahl $Z = 95$, chemi-

sches Symbol Am. Erstmals hergestellt wurde A. 1944/45 durch Bestrahlung von →Uran mit 35 MeV α-Teilchen in einem Zyklotron mit Hilfe der →Kernreaktion $^{238}U(\alpha,n)Pu \xrightarrow[14,8\,a]{\beta^-} {}^{241}Am$. Das langlebigste →Isotop des Americiums ist ^{243}Am (→Halbwertzeit 7380 a). Die Elektronenkonfiguration im Gaszustand ist $(Radon)5f^77s^2$. A. tritt in den Oxidationsstufen +3 bis +6 auf. *Lieser*

Literatur: Handbook on the Physics and Chemistry of the Actinides *Freemann, A. J., C. Keller* (Eds.): North Holland, Amsterdam: 1984 ff. – *Goldanskii, V. I.* u. *S. M. Polikanov:* The Transuranium Elements. New York: Consultants Bureau 1973. – *Keller, C.:* The Chemistry of the Transuranium Elements. Weinheim: Verlag Chemie 1971. – *Myasoedov, B. F., L. I. Guseva, I. A. Lebedev, M. S. Milyukova, M. K. Chmutova:* Analytical Chemistry of the Transuranium Elements. New York: John Wiley 1974.

Ampere. Nach *A. M. Ampère* (1775–1836) benannte SI-Basiseinheit der elektrischen Stromstärke. Einheitenzeichen A (→Einheiten des SI). *Hammerschmidt*

Amplitudengang →Bode-Diagramm

Analog/Digital-Umsetzer. Ein A/D-U. setzt amplitudenanaloge Eingangssignale ins digitale Datenformat um. Dies ist immer dann notwendig, wenn das →Signal eines analogen Aufnehmers, Sensors oder Meßumformers digital weiterverarbeitet werden soll.

Dem A/D-U. sind in der Regel ein Abtast- und Halteglied und ein analoges Filter zur Bandbegrenzung (Anti-Aliasing-Filter) vorgeschaltet (Bild). Der A/D-U. liefert dann das der analogen Spannung des Aufnehmers entsprechende wert- und zeitdiskrete Signal.

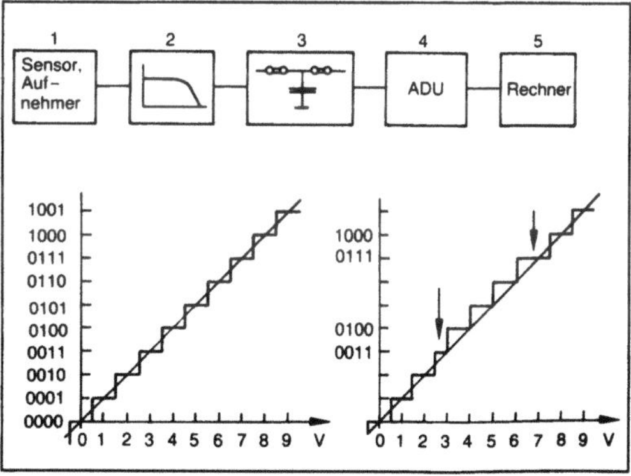

Analog/Digital-Umsetzer: Blockschaltbild einer Meßkette mit digitaler Signalverarbeitung.

1 Meßwertgeber mit analogem Ausgangssignal, 2 Anti-Aliasing-Filter, 3 Abtast- und Halteglied, 4 Analog/Digital-Umsetzer, 5 digitale Datenverarbeitung.

Die elektronischen A/D-U. lassen sich in die beiden Gruppen der direkt und der indirekt vergleichenden Umsetzer einteilen. Bei der ersten Gruppe wird die unbekannte Spannung anhand einer bekannten Referenzspannung ermittelt. Die zweite Gruppe wandelt hingegen die analoge Eingangsgröße zunächst in ein Zeitintervall oder in eine →Frequenz als Zwischengröße um. Der Wert dieser Zwischengröße wird dann über eine Impulszählung erfaßt und als Zahl ausgegeben. Der Vergleich der analogen Größe mit der Referenzgröße erfolgt also nicht in der Größenart Spannung, sondern in der Größenart Zeit. Das ist kein Umweg, da sich Zeitintervalle und Frequenzen einfach und besonders genau messen lassen.

Zu der ersten Gruppe der direkt vergleichenden Umsetzer gehören:
- A/D-Umsetzer mit parallelen Komparatoren (flash converter);
- A/D-Stufen-Umsetzer;
- A/D-Nachlauf-Umsetzer;
- A/D-Umsetzer mit sukzessiver Approximation;
- A/D-Parallel-Seriell-Umsetzer.

Die Klasse der indirekt vergleichenden Umsetzer umfaßt den
- →A/D-Einrampen-Umsetzer (*engl.* single slope converter);
- A/D-Zweirampen-Umsetzer (*engl.* dual slope converter);
- →A/D-Sägezahn-Umsetzer;
- →A/D-Ladungsbilanz-Umsetzer;
- A/D-Relaxationsoszillator-Umsetzer.

Wichtig bei der Umsetzung sind die erreichbare Genauigkeit und die benötigte Zeit. Die Tabelle zeigt, daß die direktvergleichenden Umsetzer mit parallelen Komparatoren die kürzesten Umsetzzeiten im Bereich von ns erreichen. Das Auflösungsvermögen ist begrenzt. Für eine 8-bit-Umsetzung sind 255 einzelne Komparatoren und 255 genau abgeglichene Widerstände notwendig. Auch die Umsetzer nach dem Verfahren der sukzessiven Approximation sind sehr schnell. Die indirekten, integrierenden Verfahren wie die Zweirampen-Umsetzung oder die Ladungsbilanz-Umsetzung benötigen etwa die 1000fache Umsetzzeit, bieten aber auch eine höhere Auflösung und Genauigkeit.

Die Genauigkeit wird zunächst, wie bei analogen Geräten, durch die Nullpunkt- und Verstärkungsfehler begrenzt. Die Datenblätter schreiben vor, wie bei der Inbetriebnahme der Nullpunkt und die Verstärkung abzugleichen sind. Ist dieses richtig erfolgt, so bleibt eine Ungenauigkeit oder *integrierte Nichtlinearität* von der Größe des halben oder ganzen niedrigstwertigen bit übrig (least significant bit, lsb). Bei Temperaturänderungen driften Nullpunkt und Verstärkung, ohne daß für einen individuellen Umsetzer das Vorzeichen dieser Drift im Datenblatt angegeben werden könnte.

Ungleichmäßige Quantisierungsstufen führen zu einer *differentiellen Nichtlinearität*. Bild 2a zeigt eine fehlerfreie Kennlinie. Jedem digitalen Wort entspricht ein Spannungsintervall von 1 V. Spannungen zwischen 3,5 und 4,5 V z. B. führen zu dem Code 0100. Die differentiellen Nichtlinearitäten entstehen nun bei einer fehlerhaften Gewichtung der bits. Bei der Kennlinie von Bild 2b z. B. hat das bit mit der Wertigkeit 4 einen um 0,5 V zu geringen Wert. Damit ist die Stufe zwischen den Codes 0011 und 0100 nur halb so breit und die zwischen 0111 und

Analog/Digital-Umsetzer: Tabelle.

Prinzip		Vollausschlag in V	Zahl der Stufen	Wert einer Stufe in mV	Umsetzzeit		Nullpunktsdrift in μV/K	Verstärkungsdrift in μV/K
parallele	[1]	1,5	256	5,859	10	ns		
Komparatoren	[2]	2	1 024	1,953	50	ns		
sukzessive	[3]	10	4 096	2,441	1,5	μs	± 100	± 300
Approxi-	[4]	10	4 096	2,441	3	μs	± 200	± 300
mation	[5]	10	4 096	2,441	10	μs	± 150	± 300
u/t-Zweirampen-	[6]	2	20 000	0,100	100	ms	± 2	± 10
Umsetzung	[7]	10	65 536	0,152	4	ms	± 6	± 100
u/f-	[8]	10	20 000	0,500	2 000	ms	± 30	± 750
Umsetzung	[9]	10	3 000	3,333	33	ms	± 5	± 500
u/f-Landungsbilanz-Umsetzung	[10]	10	20 000	0,500	20	ms	± 30	± 250

Typen: [1] SDA 8010; [2] TDC 1020; [3] ADC 803; [4] AD 578; [5] ADC 84; [6] ICL 7135; [7] MP 8037; [8] AD 650; [9] VFC 320; [10] AD 651

1000 1,5mal so groß wie im fehlerfreien Fall. Ist der Fehler eines höherwertigen bit größer als 1 lsb, so treten bei der Umsetzung gewisse Werte überhaupt nicht mehr auf. Codes gehen verloren. Um dieses zu vermeiden, muß die Ungenauigkeit der höherwertigen bit kleiner als 1 lsb bleiben. Differentielle Nichtlinearitäten sind bei den direkt vergleichenden Umsetzern eher zu erwarten als bei den indirekten, bei denen nur Zeitintervalle oder Frequenzen monoton auszuzählen sind.

Im allgemeinen ist auch noch ein Fehler der Abtast- und Halteschaltung in Betracht zu ziehen. Dieser *Apertur-Fehler* oder *Apertur-Jitter* kommt dadurch zustande, daß
– die Abtastimpulse keine (zu vernachlässigende) konstante Breite haben und
– die Abtastung nicht exakt äquidistant erfolgt.

Die Geschwindigkeit der A/D-Umsetzung bestimmt die maximal mögliche Abtastfrequenz. Diese muß mehr als das doppelte der höchsten im Signal enthaltenen Frequenzkomponente betragen, um das Signal wieder vollständig rekonstruieren zu können (Signalanalyse).   *Schrüfer*

Literatur: *Scheingold, D. H.:* Analog Digital Conversion Handbook. 3. Aufl. 1986, Norwood, Mass. – *Schrüfer, E.:* Elektrische Meßtechnik. 3. Aufl. München 1988. – *Zander, H.:* Analog-Digital-Wandler in der Praxis. 1983.

Analog-Multiplexer →Meßstellenumschalter

Analogprüfung. Sammelbegriff für alle manuellen oder automatisierten Prüfvorhaben, bei denen die Prüfung über eine →Messung von Absolutwerten analoger Größen erfolgt.

Die Prüflinge bei der A. können sein: Bauelemente vom einfachen Widerstand über Einzelhalbleiter bis zum integrierten Schaltkreis, Baugruppen mit diesen Bauelementen sowie elektrische und elektronische Geräte und Systeme. Auch an digitalen integrierten Schaltkreisen und Baugruppen mit digitalen Schaltungsinhalt werden A. vorgenommen; sie werden dort als Parameterprüfungen bezeichnet. Ein Beispiel einer Parameterprüfung ist die Messung und Bewertung des Eingangsstromes an einem TTL-Schaltkreis.

Die Grundgrößen Spannung, Strom, Frequenz, Zeit, Widerstand, Kapazität und Induktivität müssen z. T. über große Wertebereiche erfaßt werden. Daneben gibt es eine Vielzahl von abgeleiteten komplexen Größen wie Klirrfaktor, Bandbreite, Modulationsgrad und Kurvenform, um nur einige Beispiele zu nennen. Für alle bei einem Prüfling zu überprüfenden Parameter müssen an einem manuellen Prüfplatz oder in einem Prüfautomaten die entsprechenden Geräte zur Verfügung stehen.

Prüfen bedeutet Stimulieren, →Messen, Vergleichen. Ein Analogprüfling verlangt für seine Funktionserfüllung die gleichzeitige Stimulierung mehrerer Signale z. B. mehrerer Versorgungsspannungen und eines Nutzsignals. Messungen werden jedoch in der Regel zeitlich nacheinander vorgenommen. Da die Stimuli- und Meßsignale an wechselnden Anschlüssen des Prüflings angelegt bzw. abgenommen werden, muß das Schaltfeld als Signalverteiler möglichst flexibel sein.

Die Reihenfolge der Vorgänge beim Test eines Signals ist:
☐ Verbindungen zwischen Geräten und dem Prüfling über das Schaltfeld herstellen,
☐ Stimuligeräte einstellen und damit Signale an die Prüflingseingänge legen,
☐ Meßgerät einstellen und Messung vornehmen,
☐ Meßwert mit Sollwert vergleichen,
☐ nicht mehr benötigte Stimulisignale abschalten,
☐ nicht mehr benötigte Verbindungen lösen.

Die Prüfperipherie der Analogprüfautomaten enthält in Anzahl und Art sehr unterschiedliche Meß- und Stimuligeräte, deren Auswahl vom Signalspektrum der Prüflinge bestimmt wird. Die Einbeziehung komplexer Einzelgeräte für spezielle Meßaufgaben wird durch den standardisierten IEC-Bus (DIN IEC 66.22, IEEE 488) erleichtert. Signale mit hohen Anforderungen an Strom, Spannung, Frequenz usw. werden oft unter Umgehung des Schaltfelds direkt zum Adapter geführt.

Die Prüfsprache für einen Analogprüfautomaten muß alle Einstellungen und Abfragen der Prüfperipheriegeräte ermöglichen. Hochsprachen bieten die Möglichkeit, über vom Anwender selbst erstellbare Unterprogramme oder Prozeduren selbst komplizierte Einstellfolgen einfach zu programmieren und aufzurufen. Hilfsmittel für eine automatisierte Erstellung von Prüfprogrammen und Prüfdaten sind bei A. nur ansatzweise vorhanden. Beides wird noch vorwiegend manuell vorgenommen. Das gleiche trifft auf die →Fehlersuche bei Baugruppen zu. Hier hilft vor allem eine gut durchdachte Strukturierung des Prüfprogramms mit Hinweisen auf stimulierte und gemessene Signalparameter für die manuelle Fehlersuche. Vielfach wird der In-Circuit-Test zur Fehlersuche eingesetzt.   *Mettler*

Analogsignal. Signale, die einen kontinuierlichen Vorgang kontinuierlich abbilden. Beispiel: Die elektrische Spannung als Funktion der Zeit, die ein Mikrophon abgibt, wenn es mit Schall beaufschlagt wird (→Signal).   *Kersten*

Literatur: DIN 40 146.

Analogtechnik. Die A. umfaßt als Teilgebiet der elektronischen Informationstechnik Bauelemente, Baugruppen, Geräte und Verfahren, bei denen analoge Signale, d. h. solche mit kontinuierlich veränderbaren typischen Werten (Amplitude, Frequenz, Relativphase, Impulsdauer) übertragen, verarbeitet, gespeichert und gewandelt werden.

Die A. ist der historische Ursprung der Elektronik, weil physikalische Größen zur Beschreibung makroskopischer Vorgänge stets kontinuierliche Größen sind (abgesehen von der Quantelung von Stoff und Energie). Erst mit dem Aufkommen der Digitaltechnik prägte sich die A. begriffsmäßig deutlicher heraus, und man sprach von analogen Schaltungen, wenn Schaltungen zur Verarbeitung analoger Signale bezeichnet werden sollten. Typische Funktionen, die in der A. auftreten, sind Verstärkung, Schwingungserzeugung, Filterung, Modulation und Demodulation, Funktionserzeugung und →Regelung (Bild). Sie können durch lineare oder nichtlineare Schaltungen realisiert wer-

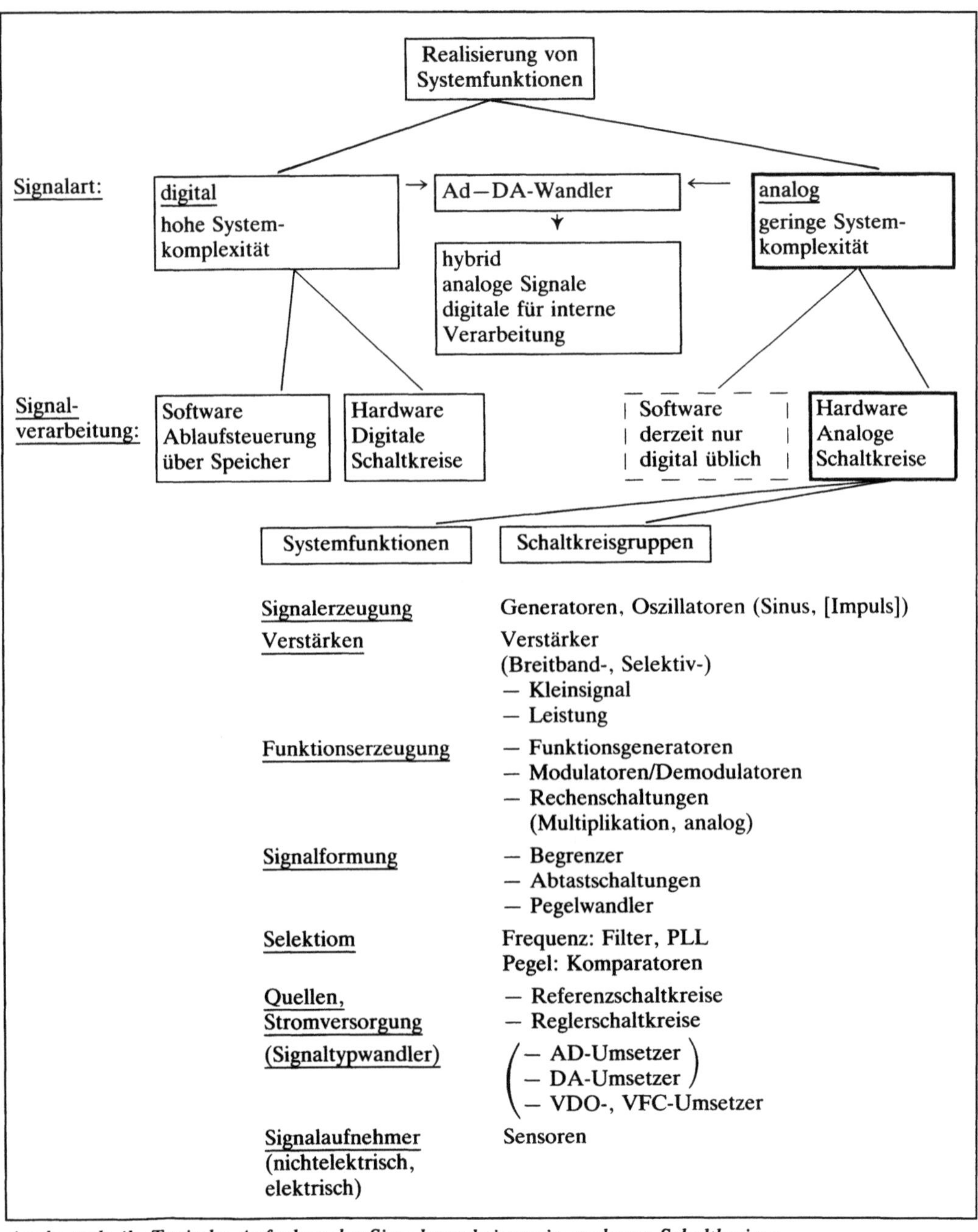

Analogtechnik: Typische Aufgaben der Signalverarbeitung in analogen Schaltkreisen.

den. Dementsprechend entstanden im Verlaufe der Zeit typische integrierte Schaltungen für diese Funktionen. Weil an die Eigenschaften analoger Schaltungen u. a. höhere Anforderungen als an Digitalschaltungen gestellt wurden, war die A. zunächst lange Zeit die Domäne der Bipolartechnik. Erst in letzter Zeit konnte sich auch eine analoge MOS-Technik durchsetzen.

Haupteinsatzgebiete der A. sind neben der Heimelektronik und HF-Technik vor allem Meß-, Regel- und Steuerungstechnik. *R. Paul*

Anemometer. Das A. oder Hitzdraht-A. dient zur →Durchflußmessung bei Gasen. Ein beheizter Widerstandsdraht wird durch die zu messende Gasströmung abgekühlt. Aus der durch das Gas abgeführten Wärme wird auf die Strömungsgeschwindigkeit und damit den Durchfluß des Gases geschlossen. Bei konstanter Heizleistung ist die Temperatur des Fühlers, bei konstanter Temperatur die Heizleistung ein Maß für die Strömungsgeschwindigkeit.

Im ersten Fall (Bild) liegt der Hitzdraht in einer Brücke, die mit konstantem Strom gespeist wird und die z. B. bei Durchfluß Q=0 abgeglichen ist. Wird nun der Hitzdraht durch das vorbeistreichende Gas abgekühlt, so wird die Brücke verstimmt, da sich die Temperatur und damit der Widerstand des Hitzdrahtes ändert. Aus der gemessenen Diagonalspannung der Brücke kann der Widerstand und die Temperatur des Drahtes berechnet werden. Die Temperatur wiederum hängt für ein bestimmtes Gas eindeutig von der Strömungsgeschwindigkeit ab.

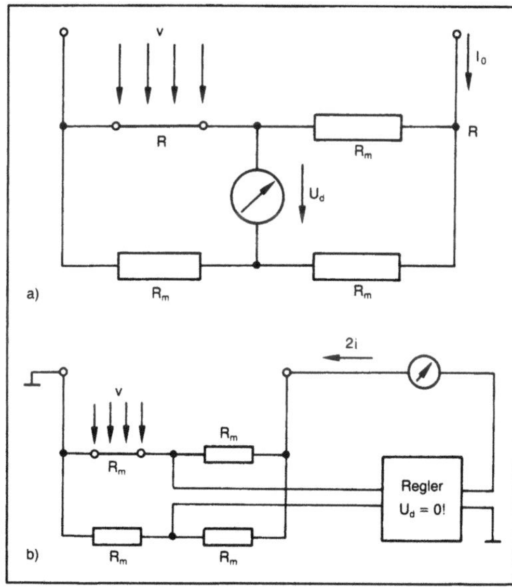

Anemometer: Prinzipschaltung.
a) Messung bei konstantem Heizstrom
b) Messung bei konstanter Hitzdrahttemperatur.

Bei der Messung bei konstanter Hitzdrahttemperatur liegt der Hitzdraht wiederum in einer Brücke. Hier dient die Diagonalspannung aber als Eingangsgröße eines Reglers, der den Brückenstrom so verstellt, daß die Diagonalspannung immer auf null geregelt wird. In diesem Fall ist die Temperatur des Hitzdrahtes konstant. Der Brückenstrom ist ein (nichtlineares) Maß für die Geschwindigkeit v des Gases. Die dynamischen Eigenschaften bei der zweiten Meßmethode sind sehr gut, da die Zeiten zum Erreichen der Drahtendtemperatur entfallen. Daher können damit auch schnelle Durchflußänderungen gemessen werden.

Beim Differential-Hitzdraht-A. sind zwei Hitzdrähte in der Strömung hintereinander angeordnet. Beide sind beheizt. Durch die Strömung wird der erste Draht abgekühlt, der zweite durch die abgeführte Wärme des ersten erwärmt. Beide sind in einer Brücke verschaltet. Von Vorteil ist, daß die Diagonalspannung für kleine Volumenströme linear von der Strömungsgeschwindigkeit abhängt. Damit lassen sich Volumenströme der Größenordnung 10^{-4} mm^3/s erfassen.

Handelsübliche Hitzdrahtgeber verwenden platinüberzogenen Wolframdraht von etwa 0,005 mm Dmr. und 1 mm Länge. Bei schwierigen Umgebungsbestimmungen werden Heißfoliengeber (Platinfolie auf Glas) verwendet. *F. Schneider*

Anergie. Analog zur →Exergie wird die A. als die →Energie definiert, die bei reversibler Prozeßführung unvermeidbar an die Umgebung ($_U$) abgegeben wird:

$$B_{12} = \min_{\Delta S_{12}} (- W_{12}^U - Q_{12}^U) = - W_{12}^U - Q_{12}^U - T_U \, \Delta S_{12}.$$

(W_{12}^U, Q_{12}^U = Arbeits- und Wärmeaustausch mit der Umgebung längs Z zwischen 1 und 2, T_U = Umgebungstemperatur, ΔS_{12} = nicht negative →Entropieproduktion).

Es gilt:

$$E_{12} + B_{12} = Q'_{12} - (U_2 - U_j).$$

(E_{12} = Exergie, Q'_{12} = Wärmeaustausch zwischen Systemen und Nutzbereich, U_j = innere Energie des Systems im Zustand j).

□ Werden speziell Prozesse mit $\dot{Q}'$ T 0 und W_{12}^U T 0 betrachtet (kein Wärmeaustausch mit dem Nutzbereich, kein Arbeitsaustausch mit der Umgebung), so gilt:

$$E_{12} = T_U(S_2 - S_1) - (U_2 - U_1) = E(2) - E(1);$$

$$B_{12} = - T_U(S_2 - S_1) = B(2) - B(1),$$

mit den Zustandsfunktionen

$$E(j): = T_U(S_j - S_U) - (U_j - U_U);$$

$$B(j): = -T_U(S_j - S_U).$$

Für diese Prozeßklasse ist also die Summe aus Exergie und Anergie gleich der negativen Energiedifferenz zwischen End- und Anfangszustand. Im allgemeinen sind Exergie und Anergie keine Differenzen von Zustandsgrößen, sondern hängen vom speziellen Prozeß ab. *Muschik*

Angewandte Mathematik. Der Begriff A. M. wird nicht einheitlich gebraucht. Häufig teilt man die gesamte Mathematik in Reine und A. M. auf. Unter der letzteren versteht man dann diejenigen Gebiete, deren Ergebnisse außerhalb der Mathematik Anwendung finden oder auch solche Gebiete, die für ihre Fragestellung einen Ursprung außerhalb der Mathematik geltend machen können. Beide Abgrenzungen sind nicht identisch. Manches Gebiet mit „angewandtem" Ursprung hat ein Eigenleben als theoretische Disziplin entfaltet und dabei außerhalb der Mathematik seine Bedeutung verloren. Andererseits haben manche Gebiete der Reinen Mathematik erst später interessante Anwendungen gefunden (z. B. Boolesche →Algebra und Mathematische Logik in der Informatik).

Vorwiegend zählt man zur A. M.: einen großen Teil der Analysis, (z. B. →Differentialgleichungen, Integralgleichungen, Integraltransformation, Variationsrechnung, spezielle Funktionen, Approximation, Entwicklungen), Optimierung, Numerische Mathematik, →Wahrscheinlichkeitstheorie und →Statistik, Kombinatorik, Versicherungsmathematik, →Spieltheorie und Operations Research. Es gibt aber auch Mathematiker, die den Begriff A. M. so eng fassen, daß er nur die mathematischen Methoden der Physik (ohne numerische Mathematik) beinhaltet. *Schmeißer*

Ångström. Längeneinheit. Einheitenzeichen Å, $1 \text{ Å} = 10^{-10}$ m. Seit 1. 1. 1978 in Deutschland im geschäftlichen und amtlichen Verkehr nicht mehr zugelassen. *Hammerschmidt*

Anisotropie. Natürliche feste Körper (Werkstoffe) haben zumindest bereichsweise meist eine Gitterstruktur, deren Grundrichtungen das mechanische Verhalten beeinflussen. Weil jedoch ein technisch verwendetes Material in der Regel beim Erschmelzen aus vielen regellos orientierten Kristallteilen, den Kristalliten, zusammenwächst, bevorzugt der entstehende Verbundkörper in seinem globalen Verhalten keine Richtung mehr. Er ist in diesem Sinn isotrop. Stoffgesetze dürfen dann lediglich Skalare und isotrope Tensoren enthalten. Solche sind z. B. der Metriktensor und der Permutationstensor (→Vektoren und →Tensoren) sowie alle Kombinationen dieser Tensoren untereinander und mit Skalaren. Linear elastisches Material wird z. B. durch

$$\underline{\underline{\sigma}} = \underline{\underline{\underline{\underline{C}}}} \cdot\cdot \underline{\underline{\varepsilon}} \text{ oder } \underline{\underline{\varepsilon}} = \underline{\underline{\underline{\underline{S}}}} \cdot\cdot \underline{\underline{\sigma}}$$

beschrieben. Die →Koordinaten der beiden vierstufigen Tensoren geben die Steifigkeiten bzw. die Nachgiebigkeiten des Materials an. In der herkömmlichen Kontinuumsmechanik sind sowohl der Spannungstensor $\underline{\underline{\sigma}}$ als auch der Formänderungstenor $\underline{\underline{\varepsilon}}$ symmetrisch. Zudem folgen die Steifigkeiten aus einem elastischen Potential (→Stoffgesetze der Elastizitätstheorie). Deshalb erfüllen die Koordinaten C^{ijkl} und S_{ijkl} die Symmetriebeziehungen:

$$C^{ijkl} = C^{jikl} = C^{klij} \text{ und } S_{ijkl} = S_{jikl} = S_{klij}.$$

Im Fall eines völlig anisotropen Verhaltens gibt es darüber hinaus lediglich die Einschränkung, daß für beliebige Tensoren $\underline{\underline{\sigma}}$ oder $\underline{\underline{\varepsilon}}$ gelten muß

$$\underline{\underline{\sigma}} \cdot\cdot \underline{\underline{\varepsilon}} = \underline{\underline{\varepsilon}} \cdot\cdot \underline{\underline{\underline{\underline{C}}}} \cdot\cdot \underline{\underline{\varepsilon}} = \underline{\underline{\sigma}} \cdot\cdot \underline{\underline{\underline{\underline{S}}}} \cdot\cdot \underline{\underline{\sigma}} \geq 0$$

So bleiben 21 Werte (weitgehend) frei. Man bildet aus den sechs unabhängigen Werten des symmetrischen Spannungstensors $\underline{\underline{\sigma}}$ einen Spaltenvektor $\underaccent{\sim}{\sigma}$ gemäß

$$\underaccent{\sim}{\sigma} = \left\{ \sigma_{xx}, \sigma_{yy}, \sigma_{zz}, \sqrt{2}\,\sigma_{yz}, \sqrt{2}\,\sigma_{zx}, \sqrt{2}\,\sigma_{xy} \right\}$$

und einen entsprechenden Vektor $\underaccent{\sim}{\varepsilon}$ der Formänderungen. Dann lautet das allgemeine (anisotrope) Stoffgesetz der linearen Elastizitätstheorie $\underaccent{\sim}{\sigma} = \underaccent{\approx}{C} \cdot \underaccent{\sim}{\varepsilon}$. Die 6×6-Matrix $\underaccent{\approx}{C}$ ist symmetrisch. Die Zahl 21 der unabhängigen Parameter wird bei vorhandenen Materialsymmetrien erheblich reduziert.

Bei einem Quader als Grundfigur (Bild) tritt wegen der zueinander orthogonalen ausgezeichneten Richtungen eine orthogonale A. auf, die man kurz Orthotropie nennt. Bei einem Hexagon als Grundfigur hat die Matrix $\underaccent{\approx}{C}$ die gleichen freien

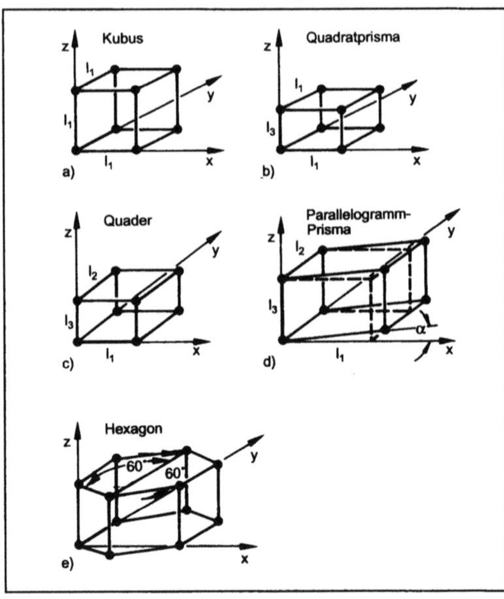

Anisotropie: Grundfiguren.

Werte wie bei einem Material, das innerhalb der x,y-Ebene keine ausgezeichnete Richtung hat. Es ist dann transversal zur z-Richtung isotrop oder transversal zur x,y-Ebene anisotrop. Folglich findet man die Begriffe transversal isotrop und auch transversal anisotrop.

Zu den Bildern a) und b):

$$\underset{\approx}{C} = \begin{bmatrix} a & b & b & . & . & . \\ b & a & b & . & . & . \\ b & b & a & . & . & . \\ . & . & . & c & . & . \\ . & . & . & . & c & . \\ . & . & . & . & . & c \end{bmatrix} \qquad \underset{\approx}{C} = \begin{bmatrix} a & c & d & . & . & . \\ c & a & d & . & . & . \\ d & d & b & . & . & . \\ . & . & . & e & . & . \\ . & . & . & . & e & . \\ . & . & . & . & . & f \end{bmatrix}$$

(3 freie Werte)   (6 freie Werte)

Zu den Bildern c) und d):

$$\underset{\approx}{C} = \begin{bmatrix} a & d & e & . & . & . \\ d & b & f & . & . & . \\ e & f & c & . & . & . \\ . & . & . & g & . & . \\ . & . & . & . & h & . \\ . & . & . & . & . & i \end{bmatrix} \qquad \underset{\approx}{C} = \begin{bmatrix} a & d & e & . & . & k \\ d & b & f & . & . & l \\ e & f & c & . & . & m \\ . & . & . & g & j & . \\ . & . & . & j & h & . \\ k & l & m & . & . & i \end{bmatrix}$$

Zu Bild e):

$$\underset{\approx}{C} = \begin{bmatrix} a & c & d & . & . & . \\ c & a & d & . & . & . \\ d & d & b & . & . & . \\ . & . & . & e & . & . \\ . & . & . & . & e & . \\ . & . & . & . & . & (a\!-\!b) \end{bmatrix}$$

(5 freie Werte)

isotrop

$$\underset{\approx}{C} = \begin{bmatrix} a & b & b & . & . & . \\ b & a & b & . & . & . \\ b & b & a & . & . & . \\ . & . & . & (a\!-\!b) & . & . \\ . & . & . & . & (a\!-\!b) & . \\ . & . & . & . & . & (a\!-\!b) \end{bmatrix}$$

(2 freie Werte)

Die A. der einzelnen Kristallite, die durch deren regellose Verteilung aufgewogen ist, wird bei plastischen Umformungen mit der sich ausbildenden Textur wieder wirksam. Folglich sollte man plastische Deformationen als anisotrop erfassen, anderer-

seits sind Rechnungen schon bei plastisch isotropem Material recht aufwendig. So wird auf eine genaue Beschreibung meist verzichtet, zumal die nötigen Parameter nur selten bekannt sind. Zur Wiedergabe der plastischen A. gibt es zwei grundsätzliche Vorschläge:

– Gemäß $\underline{\underline{\sigma}} \rightarrow \underline{\underline{\sigma}} - \underline{a}$ wird die Fließfläche (→Fließkriterium) im Spannungsraum verschoben. Diese kinematische Verfestigung wird mit der Pragerschen Verfestigungsregel verbunden.

– Die Fließfläche ändert ihre Form. Im Fall des HLMH-Stoffgesetzes (→Stoffgesetze der Plastomechanik) wurde von Hill die Erweiterung

$$\underline{\underline{\sigma}}' \cdot\cdot \underline{\underline{\underline{K}}} \cdot\cdot \underline{\underline{\sigma}}' - \tfrac{2}{3} Y^2 (\ldots) \leq 0$$

vorgeschlagen. *Besdo*

Anlagensicherung. Unter A. ist die Sicherung verfahrenstechnischer Anlagen gegen Fehlzustände zu verstehen. Die Fehlzustände können dabei sowohl materieller Art (z. B. Beschädigungen von Apparaten und Maschinen oder die Beeinträchtigung von Produktionsergebnissen) als auch ideeller Art (z. B. Umwelt- oder Personenschäden) sein.

Aufgabe der leittechnischen Einrichtungen zur A. ist es im allgemeinen, beim Über- oder Unterschreiten eines Grenzwertes eine Aktion einzuleiten. Das kann eine Warnung der Betriebsmannschaft oder ein automatischer Eingriff in die Anlage sein, z. B. ein Abschalten, eine Entspannung oder Absperrung. Dazu vergleicht ein →Grenzsignalgeber die in einem analogen Wertebereich anfallende Meßgröße mit einem vorgegebenen Grenzwert. Je nachdem, ob die Meßgröße im Gut- oder im Fehlbereich liegt, gibt er ein Gut- oder Fehlsignal aus. Eine Signalverarbeitung führt dann das binäre →Signal des Grenzsignalgebers in eine Meldung über oder leitet eine automatische Aktion ein (Bild 1).

In modernen Großanlagen sind bis zu einigen tausend Grenzwerte zu überwachen, und es müssen außerdem bei unterschiedlichen Fehlzuständen des

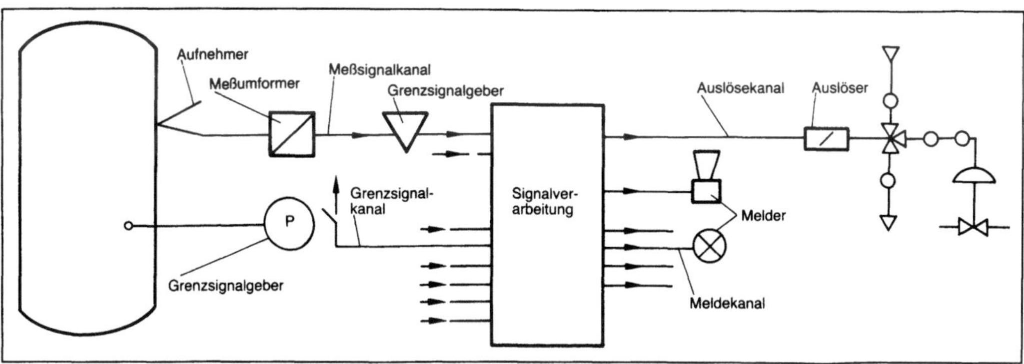

Anlagensicherung 1: Komponenten einer leittechnischen Einrichtung zur A.

Prozesses auf diese Zustände abgestimmte automatische Aktionen eingeleitet werden. Für die Meldeeinrichtungen sind dazu besondere Strategien zur richtigen Erkennung, wie Neu- und Erstwertmeldungen, erforderlich, und für die Abschaltungen wurden ausgeklügelte Systeme mit Verriegelungen, Prüfmöglichkeiten und fehlersicheren Bauelementen entwickelt.

Die Problematik der A. liegt darin, daß es trotz aller Anstrengungen nicht möglich ist, die Einrichtungen so zu projektieren, zu bauen, zu montieren und zu betreiben, daß jedes Ausfallrisiko absolut ausgeschlossen werden kann. Es bleibt eine gewisse sicherheitstechnische →Unverfügbarkeit übrig, die vorgegebene Grenzen nicht übersteigen darf.

Bei Sicherheitsüberlegungen ist zu beachten, daß es bei den möglichen Fehlern und Ausfällen einmal passive oder funktionshemmende gibt, die unerkannt anstehen und damit eine →Schutzeinrichtung unwirksam machen. Diesen Fehlern und Ausfällen ist nur durch manuelle oder selbsttätige periodische Prüfungen entgegenzuwirken: Durch hinreichend kurze Prüfabstände läßt sich die sicherheitstechnische Unverfügbarkeit auf das erforderliche Maß einschränken. Allerdings ist der Aufwand manueller Prüfungen oft sehr hoch, besonders weil die Prüfungen die Grenzwertüberschreitung möglichst betriebsgerecht simulieren sollen.

Neben den passiven gibt es aktive oder funktionsauslösende Fehler und Ausfälle, welche zwar nicht sicherheitsrelevant sind, die Anlage aber unnötig abschalten. Aktive Fehler und Ausfälle vermitteln einer Schutzeinrichtung ein Fail-Safe-Verhalten (Bild 2). Die Anordnung ist gegen die hier als wahrscheinlich angenommenen Fehler Verstopfung der Meßleitung und Ausfall der →Hilfsenergie fail-safe: Bei Verstopfung der Meßleitung staut sich der Spülstickstoff an und löst über den Druckwächter die Abschaltung aus, bei Hilfsenergieausfall schließt mittels →Federkraft das →Stellventil im Zulauf, und das in der Entspannungsleitung öffnet. Gegen andere Fehler und Ausfälle, wie Bruch der

Stellfedern oder Ausfall des Stickstoffdruckes ist die im Bild gezeigte Gerätewahl nicht fail-safe.

Durch redundante Anordnung der Schutz- und Überwachungseinrichtungen können Prüfabstände vergrößert, besonders aber die Auswirkungen aktiver Fehler und Ausfälle stark eingeschränkt werden. Die Entwickler von Sicherungseinrichtungen versuchen deshalb, die Geräte so zu konzipieren, daß die als möglich angesehenen Fehler und Ausfälle aktiver Art sind oder daß passiven Fehlern und Ausfällen durch interne Überwachungsroutinen ein aktives Verhalten aufgeprägt wird. Solche Geräte sind bauteilfehlersicher und können für bestimmte Anforderungen, z. B. nach den Technischen Regeln für Dampfkessel, zugelassen werden.

Der Aufwand für Ausführung und Betrieb der leittechnischen Einrichtungen zur A. ist, soweit keine gesetzlichen Auflagen vorliegen und die Einrichtungen damit in Eigenverantwortung erstellt und betrieben werden, den Schutzzielen und der Gefährdung anzupassen. Dazu bietet sich u. a. die Klassifizierung leittechnischer Einrichtungen an, besonders das Herausheben der Schutzeinrichtungen aus der Masse der Überwachungseinrichtungen (→Meldesystem). *Strohrmann*

Literatur: DIN 19235: Steuerungstechnik. Meldung von Betriebszuständen. Ausg. Juni 1983. – *Strohrmann, G.:* Anlagensicherung mit Mitteln der MSR-Technik. München–Wien 1983. – VDI/VDE 2180 Blatt 1: Sicherung von Anlagen der Verfahrenstechnik mit Mitteln der Meß-, Steuerungs- und Regelungstechnik. Einführung, Begriffe, Erklärungen. Ausg. April 1986; Blatt 2: Berechnungsmethoden für Zuverlässigkeitskenngrößen von Sicherungseinrichtungen. Ausg. April 1986; Blatt 3: Klassifizierung von Meß-, Steuerungs- und Regelungseinrichtungen. Ausg. Dez. 1984; Blatt 4: Ausführung und Prüfung von Schutzeinrichtungen. Ausg. Juli 1988; Blatt 5: Bauliche und installationstechnische Maßnahmen zur Funktionssicherung von Meß-, Steuerungs- und Regelungseinrichtungen in Ausnahmezuständen. Ausg. Dez. 1984. – VDI/VDE 3541 Blatt 1: Steuerungseinrichtungen mit vereinbarter gesicherter Funktion. Einführung, Begriffe, Erklärungen. Ausg. Okt. 1985; Blatt 2: Vereinbarung der gesicherten Funktion. Ausg. Okt. 1985; Blatt 3: Maßnahmen für die Erstellung. Ausg. Okt. 1985; Blatt 4 E: Maßnahmen im Betrieb. Ausg. Febr. 89.

Anlaufen. Bildung dünner festhaftender farbiger oder matter Anlaufschichten (z. B. Oxide, Sulfide) auf metallischen Oberflächen, die durch Reaktion des Metalls mit seiner Umgebung entstehen. Die Verfärbung wird durch Interferenz des von der Metalloberfläche und der Schichtoberfläche reflektierenden Lichts hervorgerufen.

Die Farbgebung ist vordergründig von der Schichtdicke, aber auch von den optischen Eigenschaften des Metalls und der Schicht abhängig. Mit zunehmender Dicke der Schicht wird die Farbskala wiederholend von gelb über rot nach blau durchlaufen. Bekannte Beispiele sind das A. von Kupfer, Messing, Silber, Stahl. *Wendler-Kalsch*

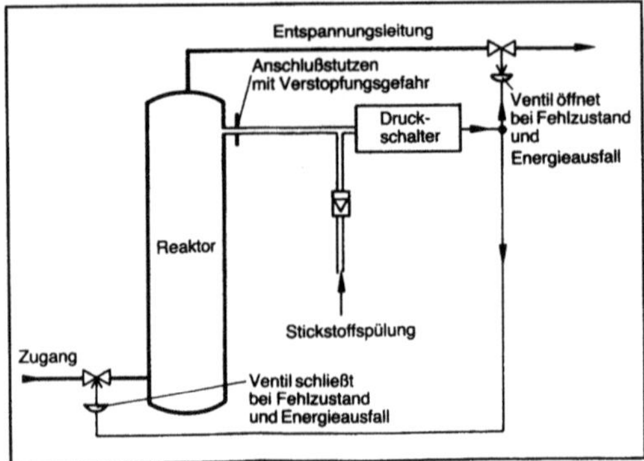

Anlagensicherung 2: Fail-Safe-Verhalten der Überdrucksicherung eines Reaktors.

Anode. Die A. ist eine Elektrode, die aus einem anderen Leitungsmedium (Elektrolyt, Gasentladung, Vakuum) Elektronen aufnimmt oder positive (meist Metall-)Ionen abgibt. Bei elektrochemischen Prozessen findet an der A. eine Oxidation statt. Bei der Elektrolyse wandern die negativ geladenen Ionen (Anionen) zu der positiv geladenen Anode und werden dort entladen. In der Galvanik ist die Anode eine ebenfalls positiv geladene Metallelektrode. Von ihr gehen positive Metallionen in Lösung, während das überschüssige Elektronengas der →Bindung (Metall-Bindung) von der Stromquelle abgesaugt wird.

Bei galvanischen Elementen in Batterien als Stromquelle ist die Anode die negative Elektrode. Auch hierbei gehen positive Metallionen in Lösung, die Bindungselektronen zurücklassen. Diese laden die Anode negativ auf und stehen für einen Stromtransport durch einen Außenkreis zur Verfügung.

In Gasentladungsröhren und Vakuumröhren (Elektronenröhren) liegt an der Anode ein positives Potential. Sie dient als Auffangelektrode hauptsächlich für Elektronen, in Gasentladungsröhren zum geringeren Teil auch für negative Gasionen. In Bildröhren (Kathodenstrahlröhren) ist der Bildschirm die Auffanganode. *Claassen*

Anregung. Als A. bezeichnet man jeden Prozeß, durch den ein quantenmechanisches System, z. B. ein Atom, Molekül oder Atomkern, aus einem seiner stationären Zustände auf ein höheres, diskretes Energieniveau (angeregter Zustand) gehoben wird. Die A. von Atomen oder Molekülen kann durch Resonanzabsorption eines Photons oder durch Elektronenstoß (Franck-Hertz-Versuch) erfolgen. Moleküle können auch durch Raman-Streuung (Raman-Effekt) angeregt werden. Für die A. von Atomkernen kommen neben der Resonanzabsorption eines Photons auch unelastische Streuung, Mößbauer-Effekt sowie Coulomb-A. (elektromagnetische Wechselwirkung mit einem vorbeifliegenden geladenen Projektil) als A.-Mechanismen in Betracht. Auch Kernreaktionen und spontane Kernumwandlungen (→Alpha-Zerfall, →Beta-Zerfall) führen sehr häufig zunächst auf angeregte Niveaus des Endkerns bzw. Tochterkerns.

Jeder angeregte Zustand ist im Prinzip instabil, d. h. das angeregte System geht nach mehr oder weniger langer Zeit (Lebensdauer, Lebensdauer, mittlere) spontan und meist unter Photonenemission wieder in den Grundzustand über, entweder direkt oder über Zwischenniveaus. Es gibt jedoch auch solche angeregten Zustände, sowohl bei Atomen als auch bei Atomkernen, welche auf Grund von Auswahlregeln nicht durch elektrische Dipolstrahlung zerfallen können. Dies führt stets zu einer erheblichen Verlängerung der Lebensdauer des angeregten Zustandes, weil dieser dann meist nur durch höhere Multipolstrahlung zerfallen kann. Derartige angeregte Zustände bezeichnet man bei Atomen als metastabil (→Zustand, metastabiler), bei Atomkernen als isomere Zustände. Atome im metastabilen Zustand können ihre Anregungsenergie auch durch einen Stoß Zweiter Art mit einem anderen Atom verlieren. Dabei wird die Anregungsenergie in kinetische Energie umgewandelt. *Kuiper*

Anwenderprogramm. A. sind Programme, die die Aufgabenstellung des Prozesses beschreiben. A. für leittechnische Aufgaben lassen sich entweder mit Echtzeit-Programmiersprachen frei programmieren, aus Programmpaketen erstellen oder mit Firmware konfigurieren. Für das freie Programmieren kamen ursprünglich maschinenabhängige Sprachen (Assemblersprachen) zum Einsatz, die sich zwar durch minimalen Speicherplatzbedarf und kurze Programmlaufzeiten auszeichnen, aber sehr hohen Programmieraufwand erfordern. Heute werden für die freie Programmierung maschinenunabhängige Echtzeit-Programmiersprachen eingesetzt. Es ist zu unterscheiden zwischen verfahrensorientierten, für leittechnische Aufgaben allgemein anwendbare Sprachen, wie PROZESS-FORTRAN 75, PEARL, PASCAL oder ADA, und problemorientierten, für bestimmte Aufgabenstellungen einsetzbaren Sprachen, wie EXAPT für die Werkzeugmaschinensteuerung, ATLAS für rechnergesteuerte Prüfautomaten oder PROSEL für die Automatisierung von Chargenprozessen. Ohne oder mit nur geringen Programmierkenntnissen lassen sich A. aus Programmpaketen konfigurieren und noch einfacher aus dedizierten Programmbausteinen, die als Firmware in dezentralen Automatisierungssystemen vorliegen (→Echtzeitbearbeitung; →Programmbaustein, dedizierter; →Programmpaket). *Strohrmann*

Literatur: *Hofmann, W.*: Programmierung von Prozeßrechnern. In: Messen, Steuern, Regeln in der Chemischen Technik. Hrsg.: *Hengstenberg, J., K. H. Schmitt, B. Sturm* und *O. Winkler*. 3. Aufl. Band IV, S. 74–112. Berlin–Heidelberg 1983.

Anzeigegerät →Meßgerät

Äquivalentdosis →Dosimetrie

Ar. Gesetzliche Einheit nur für die Angabe der Fläche von Grundstücken und Flurstücken. Einheitenzeichen a. $1\,a = 100\,m^2$. (→Einheiten, gesetzliche). *Hammerschmidt*

Arbeit. Wirken auf ein geschlossenes thermodynamisches →System äußere Kräfte ein, so leisten diese am System A., d. h. das System wird beschleunigt und deformiert. Die Leistung L der äußeren Kräfte ändert also i. a. die kinetische Energie E_{kin} des Systems, deformiert es und beeinflußt über den →ersten Hauptsatz seine innere Energie. Für die vom System aufgenommene Leistung $\dot{W}$ gilt:

$$\dot{W} = L - \dot{E}_{kin}.$$

Existiert ein Potential E_{pot}, so ist L zerlegbar:

$$L = L' + L_{pot} = L' - \dot{E}_{pot},$$

wobei L' die Leistung des potentiallosen Anteils der äußeren Kräfte ist. Damit wird die vom System aufgenommene Leistung

$$\dot{W} = L' - (\dot{E}_{kin} + \dot{E}_{pot}).$$

Wird keine Deformationsarbeit geleistet ($\dot{W} = 0$), und gibt es keinen potentiallosen Anteil der äußeren Kräfte ($L' = 0$), so folgt die einfachste Form des Energieerhaltungssatzes:

$$\dot{E}_{kin} = -\dot{E}_{pot}' \quad E_{kin} + E_{pot} = \text{konst.}$$

Mit der Bilanzgleichung für die kinetische Energie ergibt sich:

$$\dot{W} = -\int_{G(t)} \underline{\underline{P}} : \nabla\underline{v} \, dV,$$

G(t) zeitabhängiges Gebiet, das das System einnimmt, P Drucktensor, $\underline{v}$ Geschwindigkeitsfeld, V Volumen, ∇ Gradient.

Dieser Ausdruck läßt sich in die Form bringen:

$$\dot{W} = -\int_{G(t)} \underline{\underline{K}} : \dot{\underline{\underline{F}}} \, \rho \, dV,$$

$$\rho\underline{\underline{K}} = - \underline{\underline{P}} \cdot \underline{\underline{F}}^{T-1} \quad \text{Piola-Kirchhoff-Tensor,}$$

$\underline{\underline{F}}$ Deformationsgradient.

Hier hat der Integrand die typische Form eines Arbeitsdifferentials:

$$\dot{w} = \underline{A} \cdot \dot{\underline{a}} \quad \text{oder} \quad Dw = \underline{A} \cdot d\underline{a} \qquad (1),$$

A generalisierte Kräfte, a Arbeitsvariable. Speziell für perfekte Gase und Flüssigkeiten folgt mit der Materialgleichung:

$$\underline{\underline{P}} = p\underline{\underline{E}}$$

(p →Druck, $\underline{\underline{E}}$ Einheitstensor) die →Volumenarbeit je Zeit:

$$\dot{W} = -p\dot{V} \quad \text{oder} \quad DW = -p \, dV \qquad (2).$$

Auch für diskrete Systeme hat das A.-Differential die typische Form (1).

Wird Gl. (2) z. B. auf einen Quader mit dem Volumen $V = A \cdot s$ (A Fläche, s Kantenlänge senkrecht zu A) angewandt, so ergibt sich mit dem Druck $p = -k/A$ (k Betrag der Kraft in Richtung der Flächennormalen):

$$\dot{W} = k\dot{s}, \quad DW = k \, ds.$$

Daraus ist die Dimension der Arbeit zu Kraft·Weg (1 Newton·m = 1 Joule) ablesbar. *Muschik*

Arbeit und Energie. Im Leistungssatz (→Leistung) tritt die kinetische Energie

$$T = \tfrac{1}{2} m \, \vec{v} \cdot \vec{v} = \tfrac{1}{2} m \, v^2 \quad \text{(für Punktmassen) und}$$

$$T = \tfrac{1}{2} \, {}^B\!\int \vec{v} \cdot \vec{v} \, dm \quad \text{(für ausgedehnte Körper) auf.}$$

Integriert man die Leistung $P = \vec{F} \cdot \vec{v}$, die eine Kraft $\vec{F}$, die an einem Körperpunkt mit der Geschwindigkeit $\vec{v}$ angreift, auf diesen Körper ausübt, über die Zeit, erhält man die Arbeit

$$W_1^2 = \int_{t_1}^{t_2} P \cdot dt = \int_{\vec{r}_1}^{\vec{r}_2} \vec{F} \cdot d\vec{r};$$

(lies: Arbeit im Zeitraum t_1 bis t_2 oder Arbeit auf dem Weg von $\vec{r}_1$ nach $\vec{r}_2$). Sie ist wie die Leistung additiv gemäß $W ::: = \sum_i W_i :::$ Die einfache Aussage „Arbeit ist Kraft mal Weg" gilt allein für konstante Kräfte in Wegrichtung; zum Weg senkrechte Kraftanteile verrichten keine Arbeit.

Wenn die Kraft $\vec{F}_i$ ständig gemäß

$$\vec{F}_i = -\operatorname{grad} U_i \equiv -\frac{\partial U_i}{\partial x} \vec{e}_x - \frac{\partial U_i}{\partial y} \vec{e}_y - \frac{\partial U_i}{\partial z} \vec{e}_z$$

aus einem Potential U_i hervorgeht, nennt man sie eine Potentialkraft. Ist das Potential U_i zudem unabhängig von der Zeit, wird $\vec{F}_i$ zur konservativen Kraft, deren Arbeit

$$W_{i1}^2 = - (U_{i2} - U_{i1})$$

erfüllt. Das Potential U_i gibt dann das Arbeitsvermögen des Kraftfelds an und wird deshalb auch potentielle Energie genannt. Sie ist neben der kinetischen eine zweite Form mechanische Energie.

Der Nullpunkt der potentiellen Energie ist als Nullniveau niemals eindeutig festgelegt; bei einigen konservativen Kräften liegen bestimmte Annahmen nahe:

Spezielle potentielle Energien sind:
Gewichtskraft (Erdnähe)

$$U = mgh \text{ (Bild 1)};$$

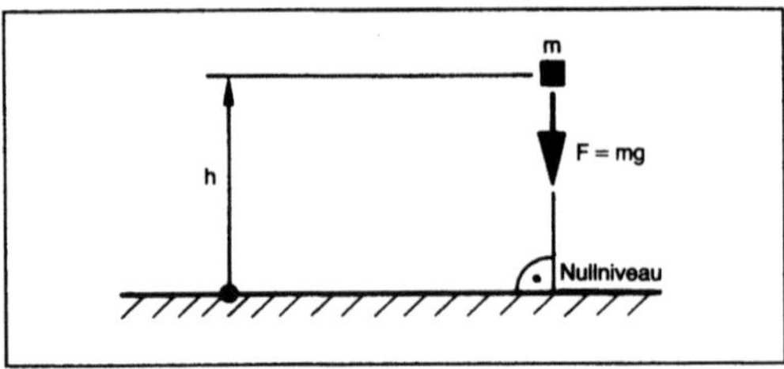

Arbeit und Energie 1: Beliebiges Nullniveau.

Federkraft:

$$U = \frac{1}{2}(\ell - \ell_o)^2 \text{ (Bild 2)};$$

Zentralkraftfeld mit $\vec{F} = -F(r)\,\vec{e}_r$:

$$U = \int_{r_o}^{r} F(\rho)\cdot d\rho \text{ (Bild 3).}$$

Besdo

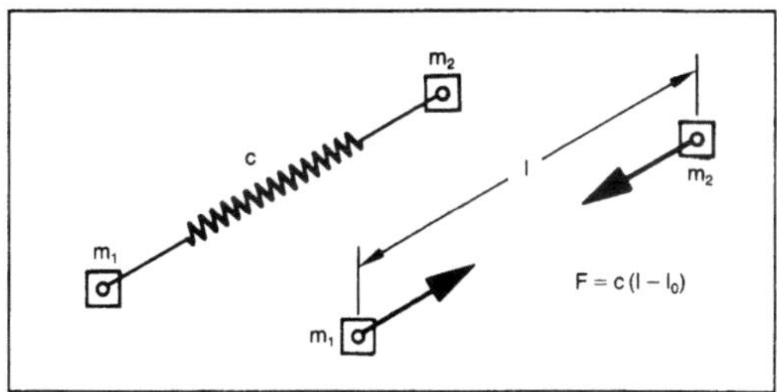

Arbeit und Energie 2: Nullniveau: Feder ist unge-dehnt (Länge: ℓ_o).

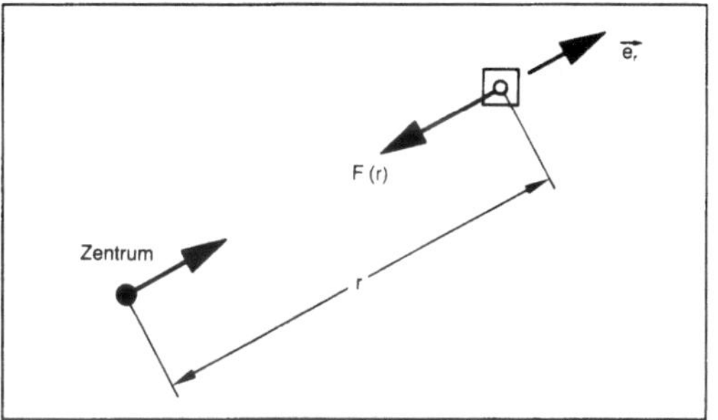

Arbeit und Energie 3: Nullniveau: $r = r_o$, r_o belie-big.

Arbeitnehmererfindung. A. sind Erfindungen, die durch →Patent oder durch →Gebrauchsmuster schutzfähig sind und während der Dauer des Arbeits-verhältnisses – auch außerhalb der Dienstzeit oder der Diensträume – gemacht wurden. Sie müssen entweder aus der dem Arbeitnehmer im Betrieb oder in der öffentlichen Verwaltung obliegenden Tätig-keit entstanden sein oder maßgeblich auf Erfahrun-gen oder Arbeiten des Betriebs oder der öffentlichen Verwaltung (§ 4, 2.2 ArbeitnerfdG) beruhen. Alle übrigen Erfindungen sind freie Erfindungen.

A. können vom Arbeitgeber beschränkt oder unbeschränkt in Anspruch genommen werden. Der Arbeitnehmer hat einen Anspruch auf Vergütung, wenn die Erfindung vom Arbeitgeber unbeschränkt in Anspruch genommen bzw. beschränkt in Anspruch genommen und benutzt wird. Für die Bemessung der Vergütung sind insbesondere die wirtschaftliche Verwertbarkeit der Diensterfin-dung, die Aufgaben und die Stellung des Arbeitneh-mers im Betrieb sowie der Anteil des Betriebs an dem Zustandekommen der Diensterfindung maßge-bend (§ 9, 2 ArbeitnerfdG). Die Vergütung wird durchweg nach den „Richtlinien für die Vergütung

von Arbeitnehmererfindungen im privaten Dienst" berechnet. Für Streitfälle zwischen Arbeitnehmern und Arbeitgebern besteht eine Schiedsstelle beim Deutschen Patentamt.

A. müssen schriftlich und unverzüglich dem Arbeitgeber gemeldet werden, der sie innerhalb von 4 Monaten in Anspruch nehmen oder freigeben kann. Nachdem ein Arbeitnehmer eine Erfindung gemeldet hat, muß der Arbeitgeber sie im Inland zum Patent oder Gebrauchsmuster anmelden.

Auch wenn der Arbeitnehmer der Überzeugung ist, daß seine Erfindung nicht als A. zu behandeln ist, hat er sie dem Arbeitgeber unverzüglich schriftlich mitzuteilen. Dabei muß über die Erfindung und, wenn dies erforderlich ist, auch über ihre Entste-hung so viel mitgeteilt werden, daß der Arbeitgeber beurteilen kann, ob die Erfindung frei ist. Bestreitet der Arbeitgeber nicht innerhalb von drei Monaten nach Zugang der Mitteilung durch schriftliche Erklärung an den Arbeitnehmer, daß die ihm mitgeteilte Erfindung frei sei, so kann er die Erfindung nicht mehr als Diensterfindung in An-spruch nehmen. Eine Verpflichtung zur Mitteilung freier Erfindungen besteht dann nicht, wenn die Erfindung offensichtlich im Arbeitsbereich des Betriebs des Arbeitgebers nicht verwendbar ist (§ 18 ArbeitnerfdG).

Auch für technische Verbesserungsvorschläge, die dem Arbeitgeber eine ähnliche monopolartige Vorzugsstellung gewähren wie ein gewerbliches Schutzrecht (sog. qualifizierte Verbesserungsvor-schläge), hat der Arbeitnehmer gegen den Arbeit-geber einen Anspruch auf angemessene Vergütung, sobald dieser sie verwertet. Die Bestimmungen des § 9 und § 12 ArbeitnerfdG sind sinngemäß anzuwen-den. Im übrigen bleibt die Behandlung technischer Verbesserungsvorschläge der Regelung durch Tarif-vertrag oder Betriebsvereinbarung überlassen (§ 20 ArbeitnerfdG). *Cohausz*

Literatur: *Bartenbach, K., u. F.-E. Volz:* Gesetz über Arbeit-nehmererfindungen. 2. Aufl. 1990. – *Volmer, Gaul:* Arbeitneh-mererfindungsgesetz. 2. Aufl. 1983.

Arbeits- und Energiesatz. Die Zeitintegration des Leistungssatzes $P = \dot{T}$ (→Leistung) liefert mit den Begriffen der Arbeit und der Energie zunächst die Urform des Arbeitssatzes der Mechanik:

$$W_1{}^2 = T_2 - T_1.$$

Wie bei Arbeit und Energie erwähnt, ist W additiv und für konservative Kräfte gleich dem Verlust an potentieller Energie. Es ist also sinnvoll, die Kräfte in konservative Kräfte und den nichtkonser-vativen Rest einzuteilen; das ergibt dann $W = W^{(\text{kons.})} + W^{(\text{Rest})}$. Man erhält mit U als Summe aller Einzelpotentiale konservativer Kräfte die all-gemeinste Form des Arbeitssatzes:

$$T_2 + U_2 = T_1 + U_1 + W_1{}^{2(\text{Rest})}.$$

Zu den nichtkonservativen Kräften gehören insbesondere Reibkräfte. Bahn-Führungskräfte stehen bei selbst nicht bewegten Bahnen stets auf der Geschwindigkeit senkrecht, verrichten also keine Leistung oder Arbeit. Dagegen ist eine coulombsche Reibkraft oder Flüssigkeits-Reibkraft stets dem Rest zuzuordnen. Allerdings läßt sich die Reibarbeit einer Coulomb-Reibkraft dann leicht angeben, wenn die Normalkraft konstant ist (z. B. auf Ebenen bei äußeren Kräften, die allein vom Gewicht herrühren), $W_1^{2(Rest)}$ wird dann zu $-\mu N \cdot$ Wegstrecke.

Ohne Restkräfte erhält man den Energiesatz

$$T_2 + U_2 = T_1 + U_1,$$

der ausschließlich Energien verbindet und in der Form

$$T + U = konst$$

zum Energieerhaltungssatz der Mechanik wird: „Ohne Restkräfte ist die mechanische →Gesamtenergie $T + U$ unveränderlich".

Der Arbeitssatz oder die spezielle Form des Energiesatzes sind dann sehr hilfreich, wenn man in einer Anfangsstellung die Geschwindigkeit(en) kennt und sie in einer anderen Stellung sucht, ohne die Zwischenzustände zu beachten. Der Arbeits- oder Energiesatz gilt in dieser Form für alle Punktmassen, Starrkörper und elastischen Körper.

In Stellung 1 (Bild) sind die Energien

$$T_1 = \frac{1}{2} m \cdot v_1^2 \text{ und } U_1 = \frac{1}{2} c (\ell_1 - \ell_0)^2$$

und in Stellung 2

$$T_2 = \frac{1}{2} m \cdot v_2^2 \text{ und } U_2 = mgh + \frac{1}{2} c (\ell_2 - \ell_0)^2. \quad \textit{Besdo}$$

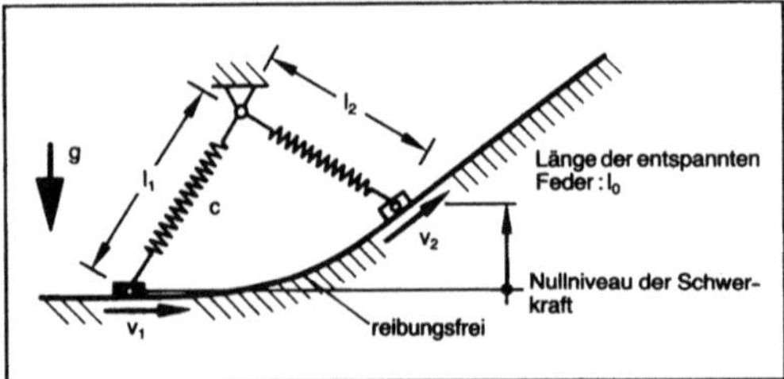

Arbeits- und Energiesatz: Beispiel mit einer Punktmasse.

Arbeitsgemeinschaft der Großforschungseinrichtungen (AGF).

Zusammenschluß der 16 Großforschungseinrichtungen. Fördert den Erfahrungs- und Informationsaustausch ihrer Mitglieder, wirkt bei der Koordinierung der FuE-Arbeiten mit, nimmt Aufgaben im gemeinsamen Interesse wahr, vertritt die Großforschung nach außen.

Die AGF wurde 1970 gegründet. Ihr gehören folgende Großforschungseinrichtungen (GFE) an: Alfred Wegener-Institut für Polar- und Meeresforschung (AWI), Deutsches Elektronen-Synchrotron (DESY), Deutsche Forschungsanstalt für Luft- und Raumfahrt (DLR), Deutsches Krebsforschungszentrum (DKFZ), Forschungszentrum Jülich (KFA), Gesellschaft für Biotechnologische Forschung (GBF), GeoForschungsZentrum Potsdam (GFZ), GKSS-Forschungszentrum Geesthacht, Gesellschaft für Mathematik und Datenverarbeitung (GMD), GSF-Forschungszentrum für Umwelt und Gesundheit, Gesellschaft für Schwerionenforschung (GSI), Hahn-Meitner-Institut (HMI), Max-Planck-Institut für Plasmaphysik (IPP), Kernforschungszentrum Karlsruhe (KfK), Max-Delbrück-Centrum für Molekulare Medizin (MDC), Umweltforschungszentrum Leipzig/Halle (UFZ). 1992 haben 8 GFE den Forschungsverbund „Umweltvorsorge" und 5 GFE den Verbund „Klinisch-Medizinische Forschung" gebildet.

Die GFE sind selbständige Einrichtungen unterschiedlicher Rechtsform. Der Bundesminister für Forschung und Technologie (BMFT) trägt 90 % des Zuwendungsbedarfs, die Bundesländer, in denen sie ihren Sitz haben, 10 %. Die GFE betreiben naturwissenschaftlich-technische und biologisch-medizinische FuE, die interdisziplinäre Zusammenarbeit und Ressourcen-Konzentration erfordert sowie als Querschnittsaufgaben Systemforschung und Technikfolgenabschätzung, Dienstleistungen für Industrie, Behörden und Öffentlichkeit. Sie kooperieren mit →Hochschulen und der Industrie sowie im internationalen Rahmen.

Organe: Mitgliederversammlung, fünfköpfiges Direktorium mit Vorsitzendem, Geschäftsstelle.

Ressourcen (1992): rd. 22 000 Mitarbeiter, 2,59 Mrd. DM.

Literatur: „AGF-Mitteilungen", „Großforschung", jährliche Programmbudgets und fachliche Übersichten zur Umweltforschung, unregelmäßig AGF-Dokumentation und andere Übersichts-Publikationen. (Arbeitsgemeinschaft der Großforschungseinrichtungen (AGF), Ahrstraße 45, 53175 Bonn). *Altenmüller*

Arbeitsgemeinschaft Industrieller Forschungsvereinigungen „Otto von Guericke" e. V. (AIF).

Selbstverwaltungsorganisation der privaten Wirtschaft zur Förderung der naturwissenschaftlich-technischen Forschung und Entwicklung.

Der 1954 gegründeten AIF gehören (1991) 102 industrielle Forschungsvereinigungen mit rd. 26 000 Klein- und Mittelunternehmen aus 34 Industriesparten mit 64 brancheneigenen Instituten der Gemeinschaftsforschung an. 6 Organisationen aus Wirtschaft und Wissenschaft sind korporative Mitglieder.

Als Beratungs- und Verwaltungsstelle für Maßnahmen der Forschungsförderung vertritt die AIF die gemeinschaftlichen Interessen ihrer Mitglieder und den Gedanken der Kooperation in Forschung und Entwicklung (FuE). Die AIF ist die für die Förderung technologischer Innovationsaktivitäten in anwendungsnahen Bereichen zuständige Förderorganisation in Deutschland.

Über ihre Außenstelle Berlin koordiniert die AIF die industrielle Gemeinschaftsforschung in den neuen Bundesländern: 150 Einrichtungen wurden erfaßt, 3 Forschungsvereinigungen 1991 in die AIF aufgenommen, im Rahmen einer Sondermaßnahme 1991 rd. 80 Mill. DM zweckgebunden verwendet für Vorhaben, die mindestens zu 75 % an Einrichtungen in den neuen Bundesländern durchgeführt werden. 1991: 388 Anträge bewilligt.

Hauptaufgabe der AIF ist die industrielle Gemeinschaftsforschung: FuE-Aktivitäten, die von einer repräsentativen Mehrheit der zu einem Fachbereich gehörenden Unternehmen gemeinsam und im Rahmen einer diesem Zweck dienenden Forschungsvereinigung betrieben werden. Die AIF bearbeitet und begutachtet Anträge auf Projektförderung durch den Bundesminister für Wirtschaft (BMWi). Seit Gründung der AIF bis Ende 1990 wurden 8533 Einzelprojekte mit öffentlichen Mitteln gefördert. 1990 standen dafür 113 Mill. DM bereit.

Projektträger ist die AIF bei folgenden Sonderprogrammen der Bundesregierung:

□ FuE-Personalaufwendungen. In zwei zeitlich begrenzten Programmen wickelte die AIF personalorientierte FuE-Förderung ab: FuE-Personalkostenzuschüsse des BMWi; Förderungssumme 1979—1991: 3,2 Mrd. DM. FuE-Personal-Zuwachsförderung des Bundesministers für Forschung und Technologie (BMFT); Förderungssumme 1985 bis 1990: 304 Mill. DM.

□ Auftragsforschung und -entwicklung. Als Ergänzung zu Gemeinschaftsforschung und firmeneigener FuE förderte der BMFT über die AIF 1978–1991 mit 416 Mill. DM FuE-Aufträge, die Unternehmen an Dritte vergeben.

□ Forschungskooperation. 1989–1991 betreute die AIF die Fördermaßnahme des BMFT, die das Ziel hatte, Forschungspersonal aus der Wirtschaft für begrenzte Zeit in Forschungseinrichtungen tätig werden zu lassen, 10,5 Mill. DM.

□ Diese Programme wurden seit 1990 für die neuen Bundesländer neu aufgelegt: BMFT-Sonderprogramm „FuE-Personal-Zuwachsförderung-Ost" (Neueinstellung von rd. 1 000 Mitarbeitern im FuE-Bereich, 1991: 22 Mill. DM), BMFT-Sonderprogramm „Auftragsforschung und -entwicklung-Ost" (insbesondere Forschungs-GmbHs, bis Ende 1991 rd. 35 Bewilligungen, mehr als 26 Mill. DM), BMFT-Sonderprogramm „Auftragsforschung und -entwicklung-West-Ost" seit 1991 (insbesondere Forschungseinrichtungen, mehr als 50 Mill. DM

innerhalb von rd. 4 Jahren), BMWi-Sonderprogramm „FuE-Personalförderung-Ost" (ab 1992).

Kontaktstelle ist die AIF für das EG-Aktionsprogramm zur Aus- und Weiterbildung im Technologiebereich COMETT II (1990–1995 als deutsches Informationszentrum für den Industriebereich) und für das europäische Förderprogramm CRAFT (seit 1991. Teilnahme von kleinen und mittleren Unternehmen an europäischen Forschungsprojekten).

Die „Stiftung zur Förderung der Forschung für die gewerbliche Wirtschaft" fördert mit Hilfe der AIF Forschungsvorhaben mit vornehmlich betriebswirtschaftlich-organisatorischen Themenstellungen; bis 1988 rd. 200 Vorhaben mit 48 Mill. DM.

Organe: Mitgliederversammlung, Präsidium, Wissenschaftlicher Rat (115 Wissenschaftler), 8 Gutachtergruppen, Geschäftsführung (86 Beschäftigte). Publikationen: Geschäftsbericht (jährlich), AIF-Handbuch (alle 2 Jahre), Forschungsreport (zweimal jährlich), AIF-Mitteilungen (sechsmal jährlich), Sonderpublikationen.

(AIF Arbeitsgemeinschaft Industrieller Forschungsvereinigungen e. V., Bayenthalgürtel 23, 50968 Köln; Außenstelle Berlin, Leipziger Str. 5–7, 10117 Berlin). *Altenmüller*

Arbeitsmessung. Elektrische Arbeit ist eine mögliche Form der Energie ($\rightarrow$Arbeit). Sie läßt sich auch als Zeitintegral der elektrischen Wirkleistung darstellen:

$$W = \int P\, dt.$$

Die SI-Einheit der (elektrischen) Arbeit ist die Wattsekunde (Ws; 1 Ws = 1 Nm = 1 J). Während bei der Leistungsmessung das Produkt aus Spannung und Strom zu bilden ist, kommt hier noch die zeitliche Integration hinzu. Wichtigster Anwendungsfall für elektrische A. ist der $\rightarrow$Elektrizitätszähler, der in die Stromzuleitungen zu jedem Haushalt zwischengeschaltet wird und deshalb das am weitesten verbreitete elektrische Meßgerät ist. Nur zugelassene Elektrizitätszählerbauarten dürfen im geschäftlichen Verkehr verwendet werden. Außerdem muß jeder einzelne Zähler von einer zuständigen Behörde geeicht oder einer staatlichen anerkannten Prüfstelle beglaubigt sein.

Da elektrische Energie hauptsächlich als Wechselstrom oder Drehstrom verteilt wird, sollen hier nur Elektrizitätszähler für diese Stromarten behandelt werden. Meist angewendet wird der Induktionsmotorzähler, auch kurz Induktionszähler genannt, der auf dem zuerst von *Ferraris* angegebenen Prinzip der Wechselwirkung zwischen einem periodisch sich ändernden magnetischen $\rightarrow$Fluß und den von ihm in einer Läuferscheibe aus Aluminium induzierten Strömen beruht. Dem so entstehenden antreibenden Drehmoment wirkt ein von einem Dauermagneten über Wirbelströme erzeugtes Drehmoment entgegen.

Das Bild zeigt den grundsätzlichen Aufbau des Meßwerks eines Induktionszählers. Auf dem Spannungstriebeisen 2 sitzt die Spannungsspule mit vielen Windungen dünnen Drahts, die parallel zu den Verbrauchern angeschlossen wird. Die Stromspule auf dem Stromtriebeisen 3 besteht aus wenigen Windungen dicken Drahtes und liegt in Reihe zu den Verbrauchern. Mit dem Anschluß des Zählers an das Netz wird im Spannungseisen ständig ein magnetischer Wechselfluß erzeugt. Zu einem Drehmoment kommt es aber erst, wenn auch im Stromeisen durch den Laststrom ein Wechselfluß entsteht. Die entstehende Umdrehungsgeschwindigkeit ist der Wirkleistung proportional. Vom oberen Ende der Läuferscheibe wird ein mechanisches mehrstelliges Zählwerk angetrieben, das die Anzahl der Umdrehungen aufintegriert und somit die entnommene elektrische Arbeit z. B. in kWh registriert.

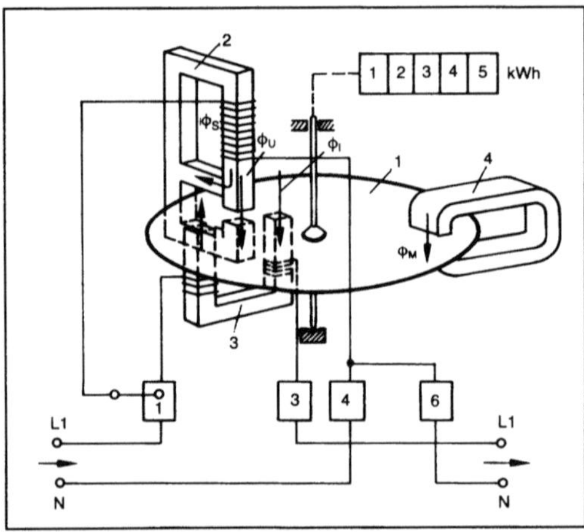

Arbeitsmessung: Meßwerk eines Induktionszählers.

1 Läuferscheibe, 2 Spannungstriebeisen, 3 Stromtriebeisen, 4 Bremsmagnet

Im Mehrphasen-Induktionszähler (Drehstromzähler) arbeiten mehrere Triebsysteme auf einem gemeinsamen Läufer. Mehrfachtarifzähler (Tag- und Nacht-Strom) kuppeln das Meßwerk mit verschiedenen Zählwerken, deren mechanische Umschaltung durch eine Schaltuhr oder durch Fernsteuerung erfolgt. Weitere Induktionszählerbauarten ermöglichen das Erfassen von Blind- bzw. Scheinverbrauch, andere dienen der Mittelwert-, Maximum- oder Überverbrauch-Erfassung.

Um bei Haushalts- und Gewerbekunden differenzierte Tarife anwenden zu können, bei denen berücksichtigt wird, wie gleichmäßig und zu welcher Tageszeit und mit welcher maximalen Leistung Energie bezogen wird, gibt es elektrische Zusatzgeräte zum konventionellen Zähler.

Diese könenn alle erforderlichen Werte erfassen, speichern, verknüpfen und auswerten; sie bringen dem Abnehmer eine wesentlich bessere Transparenz seines Energieverbrauchs. Diese Geräte können aber auch Steuersignale zur Verbrauchsregelung empfangen, und sie ermöglichen eine maschinelle Ablesung vor Ort oder die Fernabfrage über die Netzleitung.

Die Messung der elektrischen Arbeit ist auch auf elektronische Weise möglich, und zwar etwa um den Faktor 10 genauer. Elektronische Wattstundenzähler haben keine beweglichen Teile und sind daher frei von mechanischen Reibungs-, Brems- und Verschleißproblemen. Der zum Messen und Integrieren der elektrischen Leistung erforderliche Aufwand läßt jedoch vorläufig nur die Herstellung elektronischer Präzisionszähler für Drehstrom wirtschaftlich erscheinen.

Für Industrie- und Gewerbekunden gibt es Zähler, die neben dem beschriebenen Ferraris-Meßwerk noch ein Mikrorechner-System enthalten, das für mehrere Tarife und mindestens 12 Monate sowohl die Verbrauchswerte als auch die maximal entnommene Leistung je Monat errechnet und abspeichert.

Auch nichtelektrische Arbeit läßt sich elektrisch bzw. elektronisch messen. Die *mechanische Arbeit* ergibt sich z. B. durch Integration der über →Drehmomentmessung und →Drehzahlmessung erfaßten Leistung. Den Wärmeverbrauch *(thermische Arbeit)* in einer zentralbeheizten Wohnung kann man durch elektronische Meßgeräte messen, die den Durchfluß des Heizmittels und die Temperaturdifferenz zwischen Vorlauf und Rücklauf erfassen und nach Multiplikation integrieren (→Wärmemengenmessung). *Hammerschmidt*

Literatur: *Beetz, W., A. Schrohe* u. *K. Forger:* Elektrizitätszähler und Meßwandler. Karlsruhe 1959. – Johannsen, K. (Hrsg.): AEG-Hilfsb. 1. Grundlagen der Elektrotechnik. Berlin 1976. – *Schrüfer, E.:* Elektrische Meßtechnik. München 1992. – *Stöckl, M.,* u. *K.-H. Winterling:* Elektrische Meßtechnik. Stuttgart 1978.

Arbeitsplatzkonzentration, maximale →Immissionsgrenzwerte

Arbeitssicherheitsgesetz (ASiG). Im A. von 1973 sind wichtige betriebsorganisatorische Maßnahmen zur Realisierung des Arbeitsschutzes festgelegt. Der Arbeitgeber oder die für den Arbeitsschutz Verantwortlichen haben unter Mitwirkung des Betriebsrats in allen Angelegenheiten des Arbeitsschutzes und der Unfallverhütung Betriebsärzte und Fachkräfte für Arbeitssicherheit zu bestellen. Sie können zur Wahrnehmung dieser Aufgaben einen überbetrieblichen arbeitsmedizinischen oder sicherheitstechnischen Dienst verpflichten. Die Aufgaben sind umfassend und beinhalten die Beratung u. a. insbesondere bei

□ der Planung, Ausführung und Unterhaltung von Betriebsanlagen,

□ der Beschaffung von technischen Arbeitsmitteln, Arbeitsstätten und bei der Einführung von Arbeitsverfahren,

□ der Auswahl und Erprobung von Körperschutzmitteln,

□ arbeitsphysiologischen, arbeitspsychologischen, ergonomischen, arbeitshygienischen und sonstigen sozialen Fragen.

Ferner sind als ganz wesentliche Aufgaben u. a. die Arbeitnehmer arbeitsmedizinisch zu untersuchen und zu betreuen, die Arbeitsplätze und Arbeitsstätten regelmäßig zu begehen und sicherheitstechnisch zu beurteilen sowie Lösungsmöglichkeiten vorzuschlagen und auf ihre Durchführung hinzuwirken. Zur Durchführung des Arbeitssicherheitsgesetzes wurden von den Unfallversicherungsträgern weitergehende Bestimmungen erlassen. *W. Hoffmann*

Arbeitsstättenverordnung (ArbStättV). Diese Verordnung gilt für Arbeitsstätten im Rahmen eines Gewerbebetriebs, für den die §§ 120a bis 120c sowie § 139g der →Gewerbeordnung in Verbindung mit § 62 des Handelsgesetzbuches Anwendung finden. Sie gilt ferner für Tagesanlagen und Tagebaue des Bergwesens. In der Verordnung sind bauliche, sicherheitstechnische, klima- und beleuchtungstechnische Anforderungen an Räume, Arbeitsplätze, Verkehrswege und Einrichtungen in Gebäuden festgelegt. Weiterhin regelt die Verordnung Anforderungen an Arbeitsplätze auf dem Betriebsgelände im Freien, auf Baustellen, auf Verkaufsständen im Freien, die im Zusammenhang mit Ladengeschäften stehen, sowie auf Wasserfahrzeugen und schwimmenden Anlagen in Binnengewässern. Über den Betrieb der Arbeitsstätten sind in einem weiteren Kapitel der Verordnung die Anforderungen aufgeführt.

Die A. wird durch Arbeitsstätten-Richtlinien (ASR) ergänzt, in denen konkrete Festlegungen aufgeführt sind. Nach § 3 Abs. 2 der A. werden diese Richtlinien vom Bundesminister für Arbeit und Sozialordnung aufgestellt. Sie enthalten die wichtigsten allgemein anerkannten sicherheitstechnischen, arbeitsmedizinischen und hygienischen Regeln und arbeitswissenschaftliche Erkenntnisse. Damit besteht die Möglichkeit, die einzelnen Vorschriften der A. konkret zu erfüllen. *W. Hoffmann*

Arbeitszeitordnung (AZO). Die A. regelt die Höchstdauer der täglichen, wöchentlichen und vierzehntägigen Arbeitszeit (§§ 3, 4: grundsätzlich 8-Stundentag, 48-Stundenwoche, 96-Stunden-Doppelwoche) sowie die Arbeitspausen und Ruhepausen (§ 12). Eine Verlängerung der Höchstdauer ist möglich nach §§ 5 bis 11, durch Tarifvertrag insbe-

sondere für Bereitschaftsdienste, durch die Gewerbeaufsichtsämter bei dringendem Bedürfnis oder für besondere Arten von Arbeiten. Die Begrenzung der Arbeitszeit gilt nicht für unvorhergesehene Not- oder Sonderfälle, die keine andere Regelung zulassen. Für geleistete Mehrarbeit besteht Anspruch auf Mehrarbeitsvergütung (§ 15). Bei der Festsetzung der Arbeitszeit (auch Schichtarbeit) hat der Betriebsrat ein Mitbestimmungsrecht, soweit dies nicht bereits in einem Tarifvertrag geregelt ist. Nach §§ 16ff AZO besteht erhöhter Schutz für Frauen. Bei Verstößen gegen die AZO ist der Arbeitgeber bußgeldbedroht oder strafbar. Sondervorschriften der Arbeitszeit bestehen u. a. für den Ladenschluß, für Bäckereien, Krankenpflegeanstalten, Kraftfahrer und anderes Fachpersonal und in der Seeschifffahrt. Für Jugendliche bestehen Regelungen im Rahmen des Jugendarbeitsschutzes.

Dem umfangreichen Arbeitszeitrecht liegen folgende wesentliche Zielsetzungen zugrunde:

□ Unfall- und Gesundheitsschutz,

□ Freizeitschutz,

□ Festsetzung der Arbeitsbedingungen über die Inanspruchnahme im Rahmen des Arbeitsverhältnisses.

Diese Zielsetzungen der Verordnung sind in dieser jedoch nicht aufgeführt, sondern nur aus den Verordnungsmaterialien zu entnehmen. *W. Hoffmann*

Arcus. A. oder Argument der (im Bogenmaß gemessene) Winkel in der Polarkoordinatendarstellung eines Punkts $(x,y): x = r \cos \Theta, y = r \sin \Theta$. Im Sonderfall der Darstellung einer komplexen Zahl $z = r (\cos \Theta + i \sin \Theta)$ der A. von z. *W. L. Fischer*

Arcus-Funktion. *Reeller Definitionsbereich:* Die trigonometrischen Funktionen sin, cos, tan, cot sind wegen ihrer Periodizität nicht global umkehrbar. Schränkt man sie jedoch auf ein geeignetes Teilintervall ihres Definitionsbereichs ein, so existieren Umkehrfunktionen, genannt *A.-F.* oder *zyklometrische Funktionen.* Im einzelnen werden die Umkehrfunktionen von sin, cos, tan, cot mit arcsin, arccos, arctan, arccot (gelesen Arcussinus, Arcuscosinus usw.) bezeichnet und als reelle Funktionen durch Festlegen ihres Wertebereichs wie folgt definiert (Bild)

$$\text{arcsin} : \begin{cases} [-1,1] \to [-\pi/2, \pi/2] \\ x \mapsto y, \quad \sin y = x, \end{cases}$$

$$\text{arccos} : \begin{cases} [-1,1] \mapsto [0, \pi] \\ x \mapsto y, \quad \cos y = x, \end{cases}$$

$$\text{arctan} : \begin{cases}]-\infty, +\infty[\to]-\pi/2, \pi/2[\\ x \mapsto y, \quad \tan y = x, \end{cases}$$

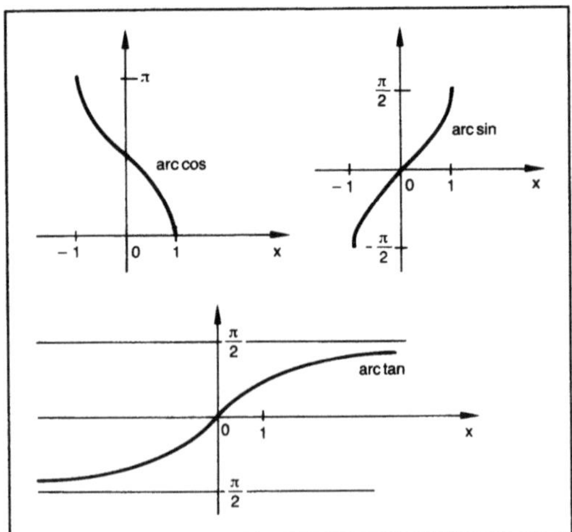

Arcus-Funktion: Graph von arcus, arcsin und arctan.

$$\text{arccot} : \begin{cases}]-\infty, +\infty[\;\rightarrow\;]0,\pi[\\[4pt] x \mapsto y, \quad \cot y = x. \end{cases}$$

Es gilt

$$\text{arccot } x = \begin{cases} \pi + \arctan \dfrac{1}{x} & \text{für } x < 0 \\[8pt] \pi/2 & \text{für } x = 0 \\[8pt] \arctan \dfrac{1}{x} & \text{für } x > 0. \end{cases}$$

Die manchmal auch benutzte Schreibweise $\sin^{-1}$ für arcsin usw. kann zu Mißverständnissen führen, da $\sin^{-1} x$ auch als $1/\sin x$ aufgefaßt wird.

Sämtliche Lösungen der Gleichungen

$$\sin y = x, \cos y = x, \tan y = x \text{ bzw. } \cot y = x$$

lauten

$$y = \text{arcsin}_k x := (-1)^k \arcsin x + k\pi \;,$$

$$y = \text{arccos}_k x := (-1)^k \arccos x + \left[\frac{k+1}{2}\right] 2\pi \;,$$

$$y = \text{arctan}_k x := \arctan x + k\pi \;,$$

bzw.

$$y = \text{arccot}_k x := \text{arccot } x + k\pi \;,$$

mit beliebigem ganzzahligem k. Dabei bedeutet

$$\left[\frac{k+1}{2}\right] := \begin{cases} \dfrac{k+1}{2} & \text{falls } k \text{ ungerade} \\[8pt] \dfrac{k}{2} & \text{falls } k \text{ gerade.} \end{cases}$$

Man nennt $\text{arcsin} = \text{arcsin}_0$ auch den Hauptzweig (arcsin x den Hauptwert) der A.-Sinus-F. (an der Stelle x) und arcsin_k mit $k \neq 0$ die Nebenzweige. Entsprechendes gilt für die anderen drei A.-F.

Komplexer Definitionsbereich: Es sei G_1 bzw. G_2 dasjenige Gebiet, das aus der komplexen Ebene $\mathbb{C}$ (komplexe Zahl) entsteht, indem man diese entlang der reellen Achse von -1 nach $-\infty$ und von 1 nach $+\infty$ bzw. entlang der imaginären Achse von $-i$ nach $-i\infty$

und von i nach $+i\infty$ aufschneidet. Die A.-F. können zu holomorphen Funktionen

$$\left.\begin{array}{l} \text{arcsin} \\ \\ \text{arccos} \end{array}\right\} : G_1 \rightarrow \mathbb{C},$$

$$\left.\begin{array}{l} \text{arctan} \\ \\ \text{arccot} \end{array}\right\} : G_2 \rightarrow \mathbb{C}$$

fortgesetzt werden, die die trigonometrischen Funktionen auch im Komplexen umkehren. Damit wiederum lassen sich auch die zuvor erklärten Nebenzweige auf G_1 bzw. G_2 fortsetzen. Sie bilden zusammen mit dem zugehörigen Hauptzweig in $\mathbb{C}\setminus\{-1,1\}$ bzw. $\mathbb{C}\setminus\{-i,i\}$ eine analytische Funktion, die oft mit großem Anfangsbuchstaben, also Arcsin usw., bezeichnet wird. Für die Hauptzweige bestehen die Integraldarstellungen

$$\text{arcsin } z = \int_0^z \frac{dt}{(1-t^2)^{1/2}} \;,$$

$$\text{arccos } z = \int_z^1 \frac{dt}{(1-t^2)^{1/2}} = \frac{\pi}{2} - \text{arcsin } z,$$

$$\text{arctan } z = \int_0^z \frac{dt}{1+t^2} = \frac{\pi}{2} - \text{arccot } z \;,$$

wobei z und der Integrationsweg bei den ersten beiden Gleichungen in G_1 und bei der dritten Gleichung in G_2 liegen. Auf einer geeigneten Riemannschen Fläche als Definitionsbereich lassen sich alle Zweige einer A.-F., also die gesamte analytische Funktion Arcsin usw., durch eine einzige Funktion ausdrücken.

Formeln. Negatives Argument:

$$\arcsin (-z) = - \arcsin z \;, z \in G_1,$$
$$\arccos (-z) = \pi - \arccos z, z \in G_1,$$
$$\arctan (-z) = - \arctan z \;, z \in G_2,$$
$$\text{arccot} (-z) = \pi - \text{arccot } z, z \in G_2,$$

Zwischenbezeichnungen:

$$\arcsin x = \arccos \sqrt{1-x^2} = \arctan \frac{x}{\sqrt{1-x^2}}, x \in \,]{-1},1[,$$

$$\arccos x = \arcsin \sqrt{1-x^2} = \arctan \frac{\sqrt{1-x^2}}{x}, x \in [-1,1],$$

$$\arctan x = \arcsin \frac{x}{\sqrt{1+x^2}} =$$

$$= \frac{1}{2} \arctan \frac{2x}{1-x^2} = \frac{1}{2} \arcsin \frac{2x}{1+x^2}, x \in \mathbb{R},$$

$$\arctan x = \begin{cases} \text{arccot } \dfrac{1}{x} = \arccos \dfrac{1}{\sqrt{1+x^2}} = \\[8pt] = \dfrac{1}{2} \arccos \dfrac{1-x^2}{1+x^2} \quad \text{für } x > 0 \\[12pt] - \text{arccot} \left(-\dfrac{1}{x}\right) = - \arccos \dfrac{1}{\sqrt{1+x^2}} = \\[8pt] = -\dfrac{1}{2} \arccos \dfrac{1-x^2}{1+x^2} \quad \text{für } x < 0. \end{cases}$$

Additionstheoreme: Für einen geeigneten Zweig mit $k \in \{-1,0,1\}$ gilt

$$\arcsin x + \arcsin y = \arcsin_k (x\sqrt{1-y^2} + y\sqrt{1-x^2}),$$
$$\arccos x + \arccos y = \arccos_k (xy - \sqrt{1-x^2}\,\sqrt{1-y^2}),$$
$$\arctan x + \arctan y = \arctan_k \left(\frac{x+y}{1-xy}\right).$$

Differentiation:

$$\frac{d}{dz}\arcsin z = (1-z^2)^{-1/2}, \quad \frac{d}{dz}\arccos z = -(1-z^2)^{-1/2},$$

$$\frac{d}{dz}\arctan z = \frac{1}{1+z^2},$$

$$\frac{d}{dz}\operatorname{arccot} z = \frac{-1}{1+z^2}.$$

Stammfunktionen:

$$\int \arcsin z\, dz = z\arcsin z + (1-z^2)^{1/2} + c,$$
$$\int \arccos z\, dz = z\arccos z - (1-z^2)^{1/2} + c,$$
$$\int \arctan z\, dz = z\arctan z - \frac{1}{2}\ln(1+z^2) + c,$$
$$\int \operatorname{arccot} z\, dz = z\operatorname{arccot} z + \frac{1}{2}\ln(1+z^2) + c$$

mit einer beliebigen Konstante c.

Beziehungen zur →Logarithmusfunktion: Bei geeigneter Festlegung der Wurzel- und der Logarithmusfunktion gilt

$$\arcsin z = \frac{1}{i}\ln(iz + \sqrt{1-z^2}) \quad , z \in G_1,$$

$$\arccos z = \frac{1}{i}\ln(z + i\sqrt{1-z^2}) \quad , z \in G_1,$$

$$\arctan z = \frac{1}{2i}\ln\left(\frac{1+iz}{1-iz}\right), \quad z \in G_2,$$

$$\operatorname{arccot} z = \frac{1}{2i}\ln\left(\frac{z+i}{z-i}\right), \quad z \in G_2.$$

Unter Berücksichtigung der Mehrdeutigkeit der Wurzel- und der Logarithmusfunktion lassen sich auch alle Nebenzweige und somit die analytischen Funktionen Arcsin, Arccos usw. darstellen.

Potenzreihen:

$$\arcsin z = z + \frac{z^3}{2\cdot 3} + \frac{1\cdot 3\, z^5}{2\cdot 4\cdot 5} + \frac{1\cdot 3\cdot 5\cdot z^7}{2\cdot 4\cdot 6\cdot 7} + \dots$$

für $|z| < 1$,

$$\arctan z = z - \frac{z^3}{3} + \frac{z^5}{5} - \frac{z^7}{7} + \dots$$

für $|z| \leq 1, z^2 \neq -1.$ *Schmeißer*

Literatur: *Abramowitz, M.,* u. *I. A. Stegun:* Handb. mathematical functions. Washington D. C. 1964. – *Bronstein, I. N.,* u. *K. A. Semendjajew:* Taschenb. Mathematik. Frankfurt a. M. 1968. – *Gradshteyn, I. S.,* u. *I. M. Ryzhik:* Table of integrals, series, and products. New York 1980. – *Mangoldt, H. von,* u. *K. Knopp:* Einführung in die höhere Mathematik. Bd. 2. 14. Aufl. Stuttgart 1976. – *Strubecker, K.:* Einführung in die Höhere Mathematik. Bd. 1. München 1956.

Area-Funktionen.

□ Reeller Definitionsbereich. Die hyperbolischen Funktionen sinh, tanh und coth sind im Reellen injektive Funktionen; das gleiche gilt für cosh, falls man den Definitionsbereich auf $[0,+\infty[$ einschränkt. Deshalb existieren Umkehrfunktionen, genannt A.-F. Im einzelnen erklärt man gemäß Bild 1 und 2

$$\operatorname{arsinh} : \begin{cases} \mathbb{R} \to \mathbb{R} \\ x \mapsto y, \sinh y = x \end{cases}$$

$$\operatorname{arcosh} : \begin{cases} [1,+\infty[\to [0,+\infty[\\ x \mapsto y, \cosh y = x \end{cases}$$

$$\operatorname{artanh} : \begin{cases}]-1,1[\to \mathbb{R} \\ x \mapsto y, \tanh y = x \end{cases}$$

$$\operatorname{arcoth} : \begin{cases} \mathbb{R} \setminus [-1,1] \to \mathbb{R} \setminus \{0\} \\ x \mapsto y, \coth y = x \end{cases}$$

(gelesen Area sinus hyperbolicus usw.). In der älteren deutschsprachigen Literatur sind auch die Bezeichnungen 𝔄𝔯 𝔖𝔦𝔫, 𝔄𝔯 ℭ𝔬𝔰, 𝔄𝔯 𝔗𝔤 und 𝔄𝔯 ℭ𝔱𝔤 gebräuchlich. Die manchmal benutzte Schreibweise $\sinh^{-1}$ für arsinh kann zu Mißverständnissen führen, da $\sinh^{-1}x$ auch als $1/\sinh x$ aufgefaßt wird.

Der Name Area kommt daher, daß die Funktionswerte in natürlicher Weise als Flächeninhalt eines

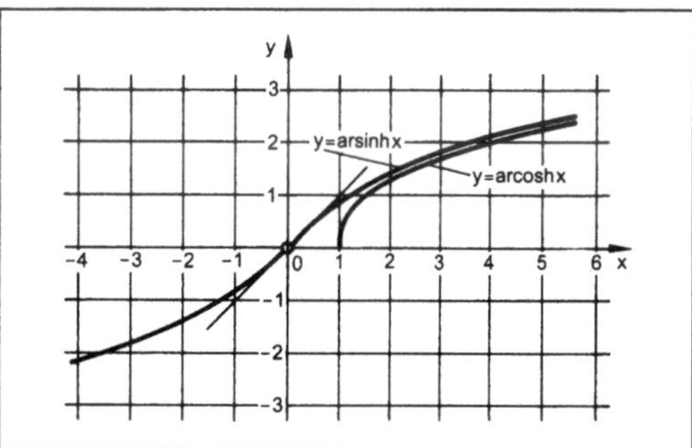

Area-Funktionen 1: Funktion arsinh und arcosh.

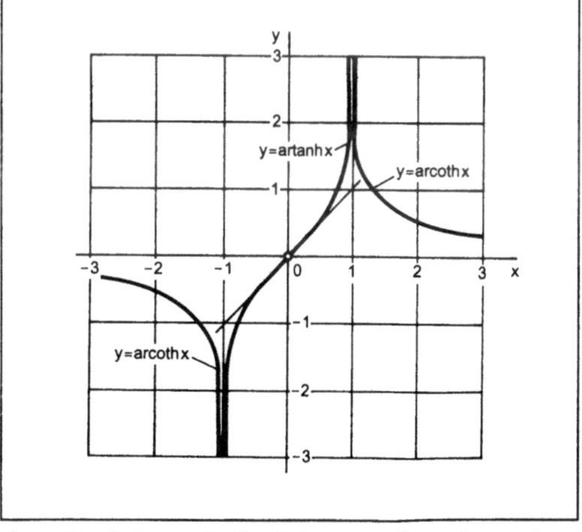

Area-Funktionen 2: Funktion artanh und arcoth.

Hyperbelsektors auftreten. Betrachten wir nämlich für den in der rechten Halbebene gelegenen Hyperbelast von $x^2 - y^2 = 1$ den in Bild 3 schraffierten Sektor, so gilt für dessen Flächeninhalt t mit den dortigen Bezeichnungen

t = arsinh v = arcosh u = artanh b = arcoth a .

Damit können die A.-F. auch auf geometrischem Weg eingeführt werden.

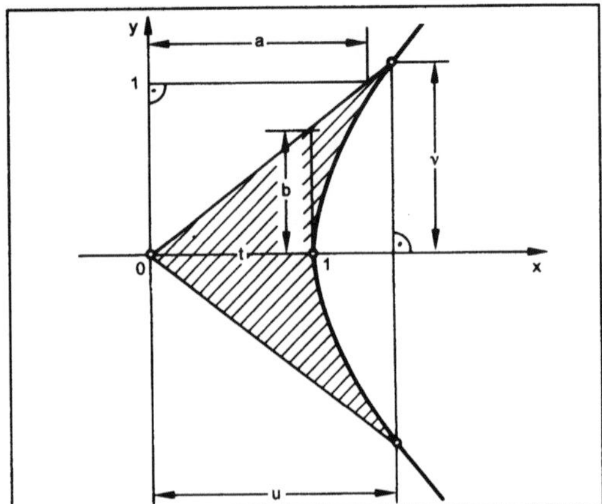

Area-Funktionen 3: Hyperbelsektor t.

´Alle A.-F. sind elementare Funktionen, da sie sich mit Hilfe der Wurzel- und der Logarithmusfunktion ausdrücken lassen (s. unten, wo für reelles z die positive Wurzel und der Hauptwert der Logarithmusfunktion auftritt). Es besteht eine gewisse Analogie zu den Arcus-Funktionen, wie sich im folgenden zeigen wird.

□ Komplexer Definitionsbereich. Aus der komplexen Ebene $\mathbb{C}$ entstehe:

G_1 durch Aufschneiden von $\mathbb{C}$ längs der imaginären Achse von $-i$ nach $-i\infty$ und von i nach $+i\infty$,

G_2 durch Aufschneiden von $\mathbb{C}$ längs der reellen Achse von 1 nach $-\infty$,

G_3 durch Aufschneiden von $\mathbb{C}$ längs der reellen Achse von -1 nach $-\infty$ und von 1 nach $+\infty$,

G_4 durch Aufschneiden von $\mathbb{C}$ längs der reellen Achse von -1 nach $+1$.

Die A.-F. können zu holomorphen Funktionen

arsinh: $G_1 \to \mathbb{C}$
arcosh: $G_2 \to \mathbb{C}$
artanh: $G_3 \to \mathbb{C}$
arcoth: $G_4 \to \mathbb{C}$

fortgesetzt werden, die die hyperbolischen Funktionen auch im Komplexen umkehren. Es bestehen die Integraldarstellungen

$$\text{arsinh } z = \int_0^z \frac{dt}{(1 + t^2)^{1/2}}$$

$$\text{arcosh } z = \int_1^z \frac{dt}{(t^2 - 1)^{1/2}}$$

$$\text{artanh } z = \int_0^z \frac{dt}{1 - t^2},$$

wobei z und der Integrationsweg im jeweiligen Definitionsbereich liegen müssen. Wegen der einfachen Beziehung

$$\text{arcoth } z \equiv \text{artanh } \frac{1}{z}$$

ist eine ausführliche Behandlung von arcoth nicht erforderlich. Da die hyperbolischen Funktionen im Komplexen periodisch sind, besitzen die Gleichungen

sinh w = z, cosh w = z bzw. tanh w = z

unendlich viele Lösungen, nämlich

$$w = \text{arsinh}_k z = (-1)^k \text{arsinh } z + k\pi i$$
$$w = \text{arcosh}_k z = (-1)^k \text{arcosh } z + \left[\frac{k+1}{2}\right] 2\pi i$$

bzw.

$$w = \text{artanh}_k z = \text{artanh } z + k\pi i$$

mit beliebigem ganzzahligem k und $i^2 = -1$. Dabei bedeutet

$$\left[\frac{k+1}{2}\right] := \begin{cases} \dfrac{k+1}{2} & \text{falls k ungerade} \\ \dfrac{k}{2} & \text{falls k gerade.} \end{cases}$$

Man nennt $\text{arsinh} = \text{arsinh}_0$ auch den Hauptzweig (arsinh z den Hauptwert) der Area sinus hyperbolicus-Funktion (an der Stelle z) und arsinh_k mit $k \neq 0$ die Nebenzweige. Entsprechendes gilt für die anderen A.-F. Der Hauptzweig und seine zugehörigen Nebenzweige bilden auf $\mathbb{C}\backslash\{-i,i\}$, $\mathbb{C}\backslash\{1\}$ bzw. $\mathbb{C}\backslash\{-1,1\}$ eine analytische Funktion, die oft mit großen Anfangsbuchstaben, also Arsinh, etc., bezeichnet wird. Auf einer geeigneten Riemannschen Fläche als Definitionsbereich lassen sich alle Zweige einer A.-F. durch eine einzige Funktion darstellen.

□ Formeln.

– Negatives Argument:
arsinh $(-z)$ = $-$arsinh z, $z \in G_1$,
arcosh $(-z)$ = arcosh z, $z \in G_2$,
artanh $(-z)$ = $-$artanh z, $z \in G_3$.

– Grenzwerte:
$$\lim_{x \to -1+} \text{artanh } x = \lim_{x \to -1-} \text{arcoth } x = -\infty,$$
$$\lim_{x \to 1-} \text{artanh } x = \lim_{x \to 1+} \text{arcoth } x = +\infty,$$

– Zwischenbeziehungen:

$$\text{arsinh } x = \text{arcosh } \sqrt{x^2 + 1} = \text{artanh } \frac{x}{\sqrt{x^2 + 1}}, x \in \mathbb{R},$$

$$\text{arcosh } x = \text{arsinh } \sqrt{x^2 - 1} = \text{artanh } \frac{\sqrt{x^2 - 1}}{x}, x \geqq 1.$$

– Additionstheoreme:

$$\text{arsinh } x + \text{arsinh } y = \text{arsinh } (x \sqrt{1+y^2} + y \sqrt{1 + x^2}),$$
$$x,y \in \mathbb{R}$$

$$\text{arcosh } x + \text{arcosh } y = \text{arcosh } (xy + \sqrt{x^2 - 1} \sqrt{y^2 - 1}),$$
$$x,y \in [1,+\infty[,$$

$$\text{artanh } x + \text{artanh } y = \text{artanh } \frac{x + y}{1 + xy}, x,y \in]{-}1,1[.$$

– →Differentiation:

$$\frac{d}{dz} \text{arsinh } z = (1 + z^2)^{-1/2}, \frac{d}{dz} \text{arcosh } z = (z^2 - 1)^{-1/2},$$

$$\frac{d}{dz} \text{artanh } z = (1 - z^2)^{-1}, \frac{d}{dz} \text{arcoth } z = (1 - z^2)^{-1}.$$

– Stammfunktionen:

$$\int \text{arsinh } z\, dz = z\, \text{arsinh } z - (1+z^2)^{1/2} + c,$$
$$\int \text{arcosh } z\, dz = z\, \text{arcosh } z - (z^2-1)^{1/2} + c,$$
$$\int \text{artanh } z\, dz = z\, \text{artanh } z + \tfrac{1}{2} \ln (1-z^2) + c,$$
$$\int \text{arcoth } z\, dz = z\, \text{arcoth } z + \tfrac{1}{2} \ln (z^2-1) + c$$

mit einer beliebigen Konstante c.

– Beziehungen zur Logarithmusfunktion: Bei geeigneter Festlegung der Wurzel- und der Logarithmusfunktion gilt

$$\text{arsinh } z = \ln (z + \sqrt{z^2 + 1}), z \in G_1,$$

$$\text{arcosh } z = \ln (z + \sqrt{z^2 - 1}), z \in G_2,$$

$$\text{artanh } z = \frac{1}{2} \ln \left(\frac{1 + z}{1 - z}\right), z \in G_3,$$

$$\text{arcoth } z = \frac{1}{2} \ln \left(\frac{z + 1}{z - 1}\right), z \in G_4,$$

Unter Berücksichtigung der Mehrdeutigkeit der Wurzel- und der Logarithmusfunktion lassen sich auch alle Nebenzweige und somit die analytischen Funktionen Arsinh, Arcosh, etc. darstellen.

– Beziehungen zu den Arcus-Funktionen: Mit

$$\sigma := \begin{cases} +1 \text{ für Re } z > 0 \\ -1 \text{ für Re } z < 0 \end{cases} \text{ und } k := \begin{cases} -1 \text{ für Re } z > 0 \\ 0 \text{ für Re } z < 0 \end{cases}$$

gilt

$$\text{arsinh } z = -i \arcsin iz, z \in G_1,$$

$$\text{arcosh } z = \sigma i \arccos z, z \notin \mathbb{R},$$

$$\text{artanh } z = -i \arctan iz, z \in G_3,$$

$$\text{arcoth } z = i (k\pi + \text{arccot } iz), z \notin \mathbb{R}.$$

– Potenzreihen:

$$\text{arsinh } z = z - \frac{1}{2 \cdot 3} z^3 + \frac{1 \cdot 3}{2 \cdot 4 \cdot 5} z^5 - \frac{1 \cdot 3 \cdot 5}{2 \cdot 4 \cdot 6 \cdot 7} z^7 + \dots$$

für $|z| < 1$,

$$\text{artanh } z = z + \frac{z^3}{3} + \frac{z^5}{5} + \frac{z^7}{7} + \dots \text{ für } |z| < 1.$$

Schmeißer

Literatur: *Abramowitz, M.* u. *I. A. Stegun:* Handbook of mathematical functions. Washington, D. C. Nat. Bureau of Standards 1964. – *Bronstein, I. N.* u. *K. A. Semendjajew:* Taschenbuch der Mathematik. Frankfurt a. M. 1968. – *Courant, R.:* Vorlesungen über Differential- und Integralrechnung, Bd. 1 (3. Aufl.) Berlin–Heidelberg 1955. – *Gradshteyn, I. S.* u. *I. M. Ryzhik:* Table of integrals, series, and products. New York 1980. – *Strubecker, K.:* Einführung in die Höhere Mathematik. Bd. I. München 1956.

Arithmetik. Das Rechnen mit Zahlen unter Zulassung der vier Grundoperationen Addition, Subtraktion, Multiplikation und Division. Die A. ist damit größtenteils Schulmathematik. Daneben kann man Teile der Zahlentheorie als höhere A. ansehen. Treten anstelle der Zahlen Symbole, so wird die A. zur →Algebra. *Schmeißer*

Assimilation. Aufnahme von Nebengestein oder Teilen desselben in Magmen (Syntexis) oder in Lösungen; Mischen von Magmen oder Lösungen (Hybridisieren).

Ursache für die Prozesse bei der A. ist ein chemisches Ungleichgewicht von gleichen chemischen und mineralogischen Komponenten in den sich begegnenden Phasen. Im einzelnen bezeichnet man als

☐ Syntexis: chemische Änderung der Zusammensetzung eines Magmas infolge Aufnahme von Nebengestein;

☐ Hybridisierung: Mischen von Magmen oder Lösungen; aber auch durch völliges Aufschmelzen von Nebengesteinen erzeugte stoffliche Veränderung eines Magmas;

☐ Mesitis: Phasenumwandlungen und Stoffaustausch zwischen chemisch verschiedenen Gesteinen bei gleichen Temperatur- und Druckbedingungen mit der Tendenz einer Homogenisierung. Hierbei bilden sich unterschiedliche Gesteine;

☐ Resorption: Ad- oder →Absorption von Verbindungen oder Ionen durch eine feste oder fluide Phase, wenn diese Verbindungen oder Ionen zuvor von der gleichen Phase schon einmal ad- oder absorbiert worden waren, zwischenzeitlich aber durch Temperaturerhöhung und/oder Druckentlastung desorbiert wurden (→Adsorption). *Möller*

Atmosphäre. Technische und physikalische Druckeinheit. Einheitenzeichen at (techn.) und atm (phys.). 1 at = 98066,5 Pa, 1 atm = 101325 Pa. Beide Einheiten sind seit 1. 1. 1978 in der Bundesrepublik Deutschland im geschäftlichen und amtlichen Verkehr nicht mehr zugelassen. Neue Einheit: →Pascal (→Einheiten des SI). *Hammerschmidt*

Atomgesetz (AtG). Das Gesetz über die friedliche Verwendung der →Kernenergie und den Schutz gegen ihre Gefahren vom 23. Dezember 1959 (ursprüngliche Fassung), heute in der Neufassung der Bekanntmachung vom 15. Juli 1985, bildet das Kernstück des deutschen Atomenergierechts. Wegen der besonderen Bedeutung hat der Gesetzgeber die Zweckbestimmung des Gesetzes nicht in eine allgemein gehaltene Präambel, sondern als unmittelbare und verbindliche Gesetzesnorm in den ersten Paragraphen des AtG aufgenommen. Danach ist der Zweck dieses Gesetzes,

1. die Erforschung, die Entwicklung und die Nutzung der Kernenergie zu friedlichen Zwecken zu fördern,
2. Leben, Gesundheit und Sachgüter vor den Gefahren der Kernenergie und der schädlichen Wirkung ionisierender Strahlen zu schützen und durch Kernenergie oder ionisierende Strahlen verursachte Schäden auszugleichen,
3. zu verhindern, daß durch Anwendung oder Freiwerden der Kernenergie die innere oder äußere Sicherheit der Bundesrepublik Deutschland gefährdet wird,
4. die Erfüllung internationaler Verpflichtungen der Bundesrepublik Deutschland auf dem Gebiet der Kernenergie und des Strahlenschutzes zu gewährleisten.

Mit dem ersten, dem Förderungszweck, hat der Gesetzgeber eindeutig ein positives Bekenntnis zur Kernenergienutzung abgelegt, gleichzeitig jedoch ebenso eindeutig diese Nutzung auf die friedliche Verwendung eingeschränkt. Der zweite Gesetzeszweck definiert die Schutzfunktion in Anbetracht der besonderen Gefahren, und zwar verbunden mit der Aufgabe, etwaige dennoch entstehende Schäden auszugleichen. Zum Verhältnis dieser beiden Gesetzeszwecke zueinander hat das Bundesverwaltungsgericht festgestellt, daß der Schutzzweck, obwohl erst an zweiter Stelle genannt, Vorrang vor dem Förderungszweck hat.

Der dritte und vierte Gesetzeszweck sichert den Staat selbst als Schutzobjekt hinsichtlich seiner inneren und äußeren Sicherheit und seiner internationalen Handlungsfähigkeit.

Inhaltlich gegliedert ist das AtG in einen verwaltungsrechtlichen Teil mit seinen Überwachungsvorschriften (§§ 3 bis 21) und Zuständigkeitsregelungen für die Verwaltungsbehörden (§§ 22 bis 24), in einen haftungsrechtlichen Teil (§§ 25 bis 40), einen Bußgeldteil (§§ 41 bis 52, heute nur noch §§ 46 und 49) und einen abschließenden Teil mit Schlußvorschriften (§§ 53 bis 58).

Ein Höchstmaß an Sicherheit und eine möglichst lückenlose Kontrolle und Überwachung soll der verwaltungsrechtliche Teil sicherstellen. Einfuhr und Ausfuhr, Beförderung, Erzeugung, Aufbewahrung, Verwendung, Beseitigung und →Wiederaufarbeitung von Kernbrennstoffen bedürfen der staatlichen Genehmigung. Diese Genehmigung ist besonders für Anlagen zur Erzeugung (z. B. durch Uran-Anreicherung), zur Bearbeitung oder Verarbeitung (z. B. zur Herstellung von Brennelementen), zur Spaltung (z. B. in Kernkraftwerken) oder zur Aufarbeitung (z. B. in Wiederaufarbeitungsan besondere im AtG genannte Genehmigungsvoraussetzungen gebunden. Aber selbst wenn diese Genehmigungsvoraussetzungen (z. B. daß die nach dem Stand von Wissenschaft und Technik erforderliche Vorsorge gegen Schäden durch die Errichtung und den Betrieb einer solchen Anlage getroffen ist) alle erfüllt sind, ist die Erteilung einer Genehmigung immer noch in das Ermessen der Genehmigungsbehörde gestellt, die zusätzlich noch durch besondere Auflagen dem Schutzzweck des AtG nachkommen kann.

Hinsichtlich der Überwachung, Genehmigung und Aufsicht sieht das AtG die Bundesauftragsverwaltung vor: Die Bundesländer führen das AtG einschl. zugehöriger Rechtsverordnungen im Auftrag des Bundes durch von ihnen bestimmte oberste Landesbehörden durch. Dabei behält der Bund jedoch eine letzte Aufsicht und erforderlichenfalls auch ein Weisungsrecht gegenüber den Bundesländern. Grundlage für die Anwendung des Verfahrens der Bundesauftragsverwaltung ist eine besondere verfassungsrechtliche Ermächtigung im Grundgesetz der Bundesrepublik (Artikel 87 c).

Das AtG als Grundlage des ganzen deutschen Kernenergierechts bedarf aber zur Erfüllung seiner Zwecke, insbesondere auch seines Schutzzwecks, weiterer Einzelvorschriften. Um auf die schnell anwachsenden und sich ändernden technisch-wissenschaftlichen Erkenntnisse und praktischen Erfahrungen in diesem neuen Bereich schnell und angemessen reagieren zu können, hat der Gesetzgeber im AtG die Ermächtigungsvorschriften für eine Reihe von Rechtsverordnungen fixiert. Diese regeln im einzelnen die Bereiche Genehmigung, Anzeige, allgemeine Zulassung und den Komplex Schutzmaßnahmen. Die wichtigsten Verordnungen sind:
□ die Strahlenschutzverordnung (StrlSchV),
□ die Röntgenverordnung (RöV),
□ die Atomrechtliche Verfahrensverordnung (AtVfV),
□ die Endlagervorausleistungsverordnung (EndlagerVlV),
□ die Atomrechtliche Deckungsvorsorgeverordnung (AtDeckV),
□ die Kostenverordnung zum Atomgesetz (AtKostV).

Anzumerken ist, daß bis heute noch nicht alle Ermächtigungen im AtG durch entsprechende Rechtsverordnungen ausgefüllt worden sind.

Historisch gesehen regelt das AtG eine Rechtsmaterie, die ihren Anfang erst 1938 mit der Entdekkung der Atomkernspaltung in Deutschland durch *Otto Hahn, Lise Meitner* und *Fritz Straßmann* nahm. Die unheilvolle Dimension der Atomkern-Spaltungsenergie wurde der Menschheit durch den Abwurf der ersten Atombombe auf Hiroshima und Nagasaki im Jahre 1945 bewußt. Der Ausgangspunkt für die friedliche, wirtschaftliche und internationale Nutzung der Atomenergie ist dann jedoch die Proklamation „Atoms for Peace" des amerikanischen Präsidenten *Eisenhower* am 8. Dezember 1953. Im internationalen Vergleich kam es erst verhältnismäßig spät zur Verabschiedung eines deutschen Atomgesetzes. In der Nachkriegsentwicklung konnte ein solches Gesetz aus politischen Gründen erst nach Gründung der Europäischen Atomgemeinschaft und insbesondere erst nach der Erlangung der Souveränität mit dem Alliierten Protokoll über die Beendigung des Besatzungsregimes in der Bundesrepublik Deutschland am 5. Mai 1955 in Angriff genommen werden. Die Verabschiedung des AtG am 23. Dezember 1959 setzte am gleichen Tag eine Ergänzung des Grundgesetzes voraus, die die konkurrierende (nicht ausschließliche) Gesetzgebungskompetenz des Bundes für diesen Bereich und die Bundesauftragsverwaltung beinhaltete. Seitdem ist das AtG mehrmals geändert, zum letzten Mal am 15. Juli 1985 in einer Neufassung bekanntgemacht und seitdem am 18. Februar 1986 noch einmal geändert worden. *W. Hoffmann*

Atomrechtliche Deckungsvorsorgeverordnung (AtDeckV). Die Verordnung über die Deckungsvorsorge nach dem →Atomgesetz (Atomrechtliche Deckungsvorsorge-Verordnung AtDeckV) vom 25. Januar 1977 bestimmt die Anforderungen an die Vorsorge für die Erfüllung gesetzlicher Schadensersatzverpflichtungen. Diese Vorsorge ist eine wesentliche Voraussetzung für die Erteilung von Genehmigungen nach dem *Atomgesetz*. Es soll sichergestellt werden, daß der zum Schadenersatz Verpflichtete über die Mittel verfügt, um gegen ihn gerichtete Ansprüche befriedigen zu können. Die erforderliche Vorsorge kann durch eine Haftpflichtversicherung oder durch eine Freistellungs- oder Gewährleistungsverpflichtung eines Dritten erbracht werden. Die AtDeckV regelt dann weiter Umfang und Nachweis der Deckungsvorsorge und die Höhe der zugrundezulegenden Deckungssummen. Dabei wird grundsätzlich von für den Regelfall festzusetzenden Deckungssummen (Regeldeckungssummen) ausgegangen, die aber besonderen oder Einzelfällen angepaßt werden können. Abhängig ist die Deckungssumme von der genehmigten Art, Masse, Aktivität und Beschaffenheit der radioaktiven Stoffe. Adressat dieser Verordnung ist damit in erster Linie der Betreiber von kerntechnischen Anlagen. *W. Hoffmann*

Atomrechtliche Verfahrensverordnung (AtVfV). Wer eine Anlage zur Erzeugung (z. B. durch Anreicherung), zur Bearbeitung oder Verarbeitung (z. B. zur Herstellung von Brennelementen) oder zur Spaltung von Kernbrennstoffen (→Kernreaktor) oder zur Aufarbeitung bestrahlter Kernbrennstoffe errichtet, betreibt oder sonst innehat oder die Anlage oder ihren Betrieb wesentlich verändert, bedarf der Genehmigung nach § 7 des *Atomgesetzes*. Die Einzelheiten dieses Genehmigungsverfahrens sind in der Verordnung über das Verfahren bei der Genehmigung von Anlagen nach § 7 des Atomgesetzes (Atomrechtliche Verfahrensverordnung – AtVfV) vom 18. Februar 1977 (ursprüngliche Fassung), heute in der Neufassung vom 31. März 1982, geregelt. In dieser Verordnung werden Form und Inhalt des Genehmigungsantrags, Art und Umfang der Unterlagen, Bekanntmachung des Vorhabens, Form der Einwendungen und die allgemeinverbindliche Festlegung des gesamten Erörterungsverfahrens bestimmt. Ferner wird festgelegt, welchen Inhalt der von der Behörde zu erteilende Bescheid, der Vorbescheid oder die Teilgenehmigung haben müssen.

Wenn einerseits in der AtVfV die Pflichten des Antragstellers im atomrechtlichen Genehmigungsverfahren und der zeitliche Ablauf dieses Verfahrens selbst im einzelnen festgelegt sind, kann man andererseits die AtVfV als Basis für die Beteiligung betroffener Dritter, ja der Öffentlichkeit überhaupt an atomrechtlichen Genehmigungsverfahren bezeichnen. Die Genehmigungsbehörde hat das beantragte Vorhaben in ihrem amtlichen Veröffentlichungsblatt und in verbreiteten Tageszeitungen im Bereich des Standorts der Anlage bekanntzumachen. Während einer Frist von zwei Monaten, in der Einwendungen gegen das geplante Vorhaben erhoben werden können, ist der Genehmigungsantrag, der Sicherheitsbericht und die Kurzbeschreibung der beantragten Anlage bei der Genehmigungsbehörde und einer geeigneten Stelle in der Nähe des Standorts der Anlage zur Einsicht auszulegen. Die Genehmigungsbehörde muß ferner einen Erörterungstermin bestimmen und in der Bekanntmachung darauf hinweisen, daß die erhobenen Einwendungen an dem Termin erörtert werden, sofern dies für die Prüfung der Genehmigungsvoraussetzungen von Bedeutung sein kann. Zweck und Gegenstand des Erörterungstermins, Teilnahme, Wegfall, Aufhebung und Fortsetzung des Termins, die Leitung und die Niederschrift sind derart geregelt, daß ein ordnungsgemäßer und sachgerechter Ablauf sichergestellt werden kann. Die Genehmigungsbehörde entscheidet schließlich nach dem Erörterungstermin unter Würdigung des Gesamtergebnisses der Prüfungen. Die Entscheidung ergeht schriftlich mit Begründung; sie wird dem Antragsteller und den Einwendern zugestellt.

Die erste zur Durchführung des atomrechtlichen Genehmigungsverfahrens erlassene Verordnung (Atomanlagen-Verordnung) stammte vom 20. Mai 1960, wurde 1963 und 1970 geändert und wurde schließlich durch die AtVfV vom 18. Februar 1977 ersetzt. *W. Hoffmann*

Aufhängung, kardanische →Kreisel, momentfreier

Auflösungsvermögen →Meßgerät

Aufnehmer. Der A. (Meß-A., Geber, Sensor, Detektor, Fühler, Transducer) dient zur elektrischen →Messung nichtelektrischer Größen. Auf Grund eines physikalischen Effekts (Tabelle) formt er die zu messende nichtelektrische Größe in ein elektrisches →Signal um, das dann mit den Mitteln der elektrischen Meßtechnik weiterverarbeitet werden kann.

Bei ein und demselben A. sind jeweils verschiedene Einflußgrößen wirksam. Der elektrische →Widerstand eines Leiters z. B. ist sowohl von der Temperatur als auch von mechanischen Spannungen abhängig. Soll die Temperatur gemessen werden, sind mechanische Spannungen zu vermeiden. Umgekehrt müssen dann bei der Dehnungsmessung die Temperatureinflüsse korrigiert werden. Generell sind die A. so zu entwerfen und zu konstruieren, daß sie mindestens reproduzierbar und nach Möglichkeit auch selektiv auf die zu messende Größe reagieren. Störgrößen müssen, falls sie nicht vermieden werden können, korrigierbar sein.

Der A. wird charakterisiert durch seine Kennlinie, die den Zusammenhang zwischen der gemessenen nichtelektrischen Größe und dem abgegebenen elektrischen Signal beschreibt. Sie kann in Form einer Gleichung, einer Tabelle oder einer gezeichneten Kurve angegeben werden.

Die nichtelektrischen Größen können aktiv oder passiv in die elektrischen umgeformt werden. Die *aktiven* A. kommen ohne eine elektrische →Hilfsenergie aus. Sie wandeln mechanische Energien (z. B. Drehzahlmesser), thermische (z. B. Thermoelement) oder auch chemische (elektrochemischer Sensor) in elektrische um. Sie liefern am Ausgang eine Spannung, eine Ladung oder einen Strom.

Das →Ersatzschaltbild eines spannungsliefernden A. ist eine Spannungsquelle, die durch die Leerlaufspannung und den Innenwiderstand beschrieben wird. Beide Größen sind wichtig. Schwierigkeiten bei der Messung können entstehen, wenn entweder die abgegebene Spannung sehr niedrig oder der Innenwiderstand der Quelle sehr hoch ist. Um wirklich die von der Quelle gelieferte Spannung zu erfassen, ist die Spannungsmessung hochohmig durchzuführen. Umgekehrt ist bei der Stromquelle, die als Stromgenerator mit parallel liegendem

Aufnehmer. Tabelle: Effekte, die in Aufnehmern zur elektrischen Messung nichtelektrischer Größen benutzt werden.

Mechanische Größen
Induktionsgesetz piezoelektrischer Effekt reziproker piezoelektrischer Effekt Abhängigkeit des elektrischen Widerstands von geometrischen Größen Änderung des spezifischen Widerstands unter mechanischer Spannung Kopplung zweier Spulen über einen Eisenkern Abhängigkeit der Induktivität einer Spule vom magnetischen Widerstand Abhängigkeit der Kapazität eines Kondensators von geometrischen Größen Änderung der relativen Permeabilitätszahl unter mechanischer Spannung Abhängigkeit der Eigenfrequenz von mechanischen Spannungen Wirkdruckverfahren Erhaltung des Impulses (Coriolis-Durchflußmesser) Wirbelbildung hinter einem Störkörper Durchflußmessung über die Bestimmung der Wärmeabfuhr Abhängigkeit der Schallgeschwindigkeit von der Geschwindigkeit des Mediums
Thermische Größen
thermoelektrischer Effekt pyroelektrischer Effekt Abhängigkeit des elektrischen Widerstandes von der Temperatur Abhängigkeit der Eigenleitfähigkeit von der Temperatur Ferroelektrizität Abhängigkeit der Quarz-Resonanzfrequenz von der Temperatur
Optische oder radioaktive Größen
äußerer Photoeffekt innerer lichtelektrischer Effekt, Sperrschicht-Photoeffekt Photoeffekt, Compton-Effekt und Paarbildung Anregung zur Lumineszenz
Chemische Größen
Bildung elektrochemischer Potentiale an Grenzschichten Änderung der Austrittsarbeit an Phasengrenzen Temperaturabhängigkeit des Paramagnetismus von Sauerstoff Gasanalyse über die Bestimmung der Wärmeleitfähigkeit Gasanalyse über die Bestimmung der Wärmetönung Sauerstoff-Ionenleitfähigkeit von Festkörper-Elektrolyten Prinzip des Flammen-Ionisationsdetektors hygroskopische Eigenschaften des LiCl Abhängigkeit der Kapazität vom Dielektrikum

hohen Innenwiderstand bezeichnet werden kann, der gelieferte Strom möglichst niederohmig zu messen.

Die *passiven* A. sind auf eine elektrische Energieversorgung angewiesen. Die nichtelektrische Größe beeinflußt, steuert oder moduliert einen elektrischen Parameter. Bei den Widerstands-A. ist dies z. B. der ohmsche Widerstand (z. B. Widerstands-A., Dehnungsmeßstreifen), bei den induktiven A. ist es die Induktivität (Meß-A., induktiver) und bei den kapazitiven ist es die Kapazität (Meß-A., kapazitiver). Die passiven A., bei denen ein elektrischer Parameter nur moduliert wird, beeinflussen die zu messende Größe weniger als die aktiven, bei denen eine Energie entnommen wird. Die passiven A. sind rückwirkungsfrei und haben oft auch die größere Empfindlichkeit.

Für A., die sich automatisiert in großen Stückzahlen preisgünstig fertigen lassen, wird auch der Begriff des Sensors benutzt. Solche Sensoren können z. B. mit Hilfe der Dickschicht-, Dünnschicht- oder Silicium-Technologie hergestellt werden (Dickschicht-Sensor, Dünnschicht-Sensor, Silicium-Sensor). Wird schon am Ort des Sensors sein Signal aufbereitet, so entsteht der integrierte, smarte oder intelligente Sensor. *Schrüfer*

Literatur: *Bonfig, K. W.:* Sensoren und Sensorsysteme. Ehningen 1991. – *Grave, H. F.:* Elektrische Messung nichtelektrischer Größen. Frankfurt a. M. 1965. – *Hartmann & Braun:* Meßtechnik; Einführung, Anwendung, L 3350, Frankfurt a. M. – *Hauptmann, P.:* Sensoren. München 1991. – *Heywang, W.:* Sensorik. Berlin 1983. – *Jüttemann, H.:* Grundlagen des elektrischen Messens nichtelektrischer Größen. Düsseldorf 1988. – *Kronmüller, H., u. B. Zehner.:* Prinzipien der Prozeßmeßtechnik I und II. Karlsruhe. – *Niebuhr, J.:* Physikalische Meßtechnik. Bd. I: Aufnehmer und Anpasser. – *Profos, P.* (Hrsg.): Handb. industrielle Meßtechnik. Essen 1978. – *Rohrbach, C.:* Handb. elektrisches Messen mechanischer Größen. Düsseldorf 1967. – *Samal, E.:* Elektrische Messung von Prozeßgrößen. AEG-Telefunken (Hrsg.) Handbücher Bd. 17. Berlin 1974. – *Scheller, F., u. F. Schubert:* Biosensoren. Berlin 1989. – *Schrüfer, E.:* Elektrische Meßtechnik. 4. Aufl. München 1990. – Siemens (Hrsg.): Messen in der Prozeßtechnik. Berlin 1972. – *Wiegleb, G.:* Sensortechnik. München 1986.

Aufstickung. Aufnahme von Stickstoff in metallischen Werkstoffen durch Einwirken stickstoffhaltiger Gase, vor allem Ammoniak-Spaltgase bei hohen Temperaturen. An unlegierten und niedriglegierten Stählen erfolgt durch Einwirkung von Ammoniak bei Temperaturen um 500–550 °C eine A. der Oberflächenrandzone der Werkstoffe unter Nitridbildung. Dies wird technisch zur Härtung von Stahloberflächen genutzt (Nitrierung, Nitrierhärtung).

Bei Temperaturen oberhalb 700 °C tritt vornehmlich A. im Werkstoffinneren auf, was beim praktischen Einsatz unlegierter und niedriglegierter Stähle in Ammoniak-Syntheseanlagen Schäden hervorrufen kann.

Bei hochlegierten Stählen entstehen Chrom- und Eisennitridschichten, die zwar die A. verzögern, aber nicht verhindern, vor allem im Ammoniak-Spaltgas bei hohen Temperaturen, und zur inneren Nitrierung führen.

Legierungstechnisch kann der A. durch hohe Nickelgehalte bei gleichzeitiger Absenkung der stickstoffaffinen Elemente begegnet werden.

Wendler-Kalsch

Auftrieb. *Statischer A.:* Wird ein beliebig geformter Körper in ein Fluid (Gas oder Flüssigkeit) ganz oder teilweise eingetaucht, so erfährt er eine durch die Verdrängung des Fluids hervorgerufene Kraft A, den statischen A. Diese Kraft wirkt der Schwerkraft entgegen und ist nach dem Satz von Archimedes gleich dem Gewicht des vom eingetauchten Körper verdrängten Volumens V des Fluids (Archimedisches Prinzip). Für das Gewicht eines Körpers bei einer Wägung in Wasser erhält man infolgedessen einen geringeren Betrag als bei einer Wägung in Luft, in der aber ebenfalls ein kleiner A. wirksam ist:

$$A_{Wasser} - A_{Luft} = V \cdot (\rho_{Wasser} - \rho_{Luft}),$$

ρ Dichte des Fluids.

Übersteigt bei einem ganz eingetauchten Körper die A.-Kraft das Gewicht des Körpers, so bewegt sich dieser Körper aufwärts; sind beide gleich, so schwebt er. Etwas verallgemeinert spricht man auch von statischen A.-Kräften auf Teile des Fluids selbst, wenn durch ungleichförmige Temperaturen (Heizanlage, Sonneneinstrahlung) oder durch ungleichförmige Zusammensetzung (Salzgehalt im Meerwasser) Dichteunterschiede im Fluid auftreten und zum Verlust des Gleichgewichts zwischen Schwere und Auftrieb führen. Es entstehen Konvektionsströmungen.

Dynamischer A.: Bewegt sich ein Körper durch ein Fluid oder wird ein Körper von einem Fluid umströmt, dann wirkt auf diesen Körper neben dem statischen A. eine weitere Kraft mit einer Komponente senkrecht zur Bewegungs- bzw. Anströmrichtung. Sie wird hervorgerufen durch Beschleunigung von Fluidteilchen, die sich um den Körper herum bewegen. Diese Komponente heißt dynamischer A. Technisch verwertbarer dynamischer A. entsteht nur an geeignet geformten Körpern. Er ist von praktischer Bedeutung u. a. für das Fliegen eines Vogels oder eines Flugzeugs in Luft und zur Unterstützung des statischen A. bei der Bewegung eines getauchten U-Boots in Wasser. Zum Erzeugen des A. verwendet man →Tragflügel, deren Umströmung zunächst zu einer Zirkulation um den Tragflügel herum führt. Die Stärke dieser Zirkulation wird für reibungsfreie Strömungen z. B. aus der Kutta-Joukowski-Abflußbedingung bestimmt. Die Zirkulation liefert auf der Oberseite des Tragflügels größere und auf der Unterseite kleinere Geschwindigkeiten als die Relativgeschwindigkeit U, mit der der Tragflügel angeströmt wird. Auf Grund der Bernoulli-Gleichung führt dies auf der Oberseite zu einem Unterdruck und auf der Unterseite zu einem Überdruck. Beide zusammen liefern, über die Oberfläche integriert, den dynamischen A.

Der Zusammenhang zwischen dynamischen A. A und Zirkulation kann dem Kutta-Joukowski-Satz entnommen werden. Dieser Satz besagt für ebene, inkompressible und reibungsfreie Strömungen:

$$A = -\rho_0 U \Gamma b,$$

Γ Zirkulation, b Spannweite des Tragflügels. Für einen realen Tragflügel endlicher Spannweite (dreidimensionales Strömungsfeld) ist der A. längs der Spannweite nicht mehr konstant; er bestimmt sich hier aus

$$A = -\rho_0 U \int_{-\frac{b}{2}}^{\frac{b}{2}} \Gamma \, dz.$$

Häufig werden an Stelle von A.-Kräften dimensionslose A.-Beiwerte angegeben:

$$c_A = \frac{A}{F\rho_0 U^2/2};$$

hierbei ist F die größte Projektionsfläche des umströmten Tragflügels.

Im Bild ist ein typischer Verlauf des A.-Beiwerts für kompressible Strömungen als Funktion der Anström-Mach-Zahl U/a (a $\rightarrow$ Schallgeschwindigkeit) skizziert. *Obermeier*

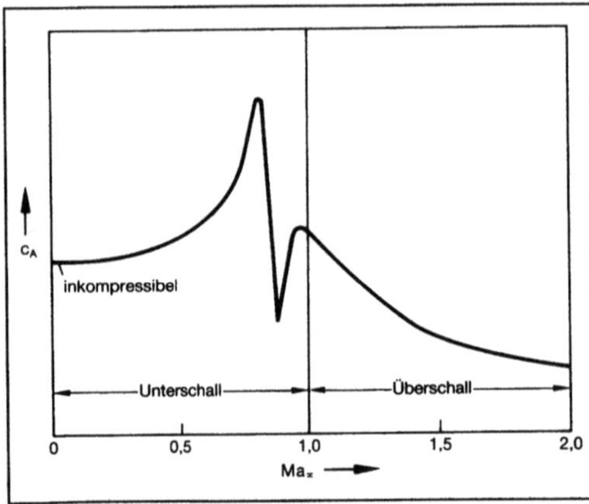

Auftrieb: Auftriebsbeiwert eines Tragflügels in Abhängigkeit von der Mach-Zahl.

Literatur: *Schlichting, H.,* u. *E. Truckenbrodt:* Aerodynamik des Flugzeuges. Bd. 1. Berlin, Heidelberg, New York 1967.

Aufzugsverordnung (AufzV). Die Verordnung über Aufzugsanlagen gehört zu den Rechtsvorschriften, die auf Grund von § 24 GewO für überwachungsbedürftige Anlagen erlassen wurden. Derzeit gilt die Fassung vom 27. Februar 1980.

Die AufzV richtet sich an den Betreiber einer Aufzugsanlage und regelt den rechtlichen und sachlichen Geltungsbereich, die Zuständigkeiten und Befugnisse der Aufsichtsbehörden, die Prüfungen an den Anlagen und der Personen, die die Anlagen beaufsichtigen, die Meldepflicht bei Unfällen und bestimmten Sachschäden, Verbots- und Übergangsbestimmungen für bestehende Anlagen sowie Ordnungswidrigkeiten. Außerdem ist festgelegt, wer als Sachverständiger zur Prüfung befugt ist.

Die AufzV wird durch einen Anhang und eine allgemeine Verwaltungsvorschrift ergänzt. Der Anhang enthält Definitionen der einzelnen Aufzugsbauarten, die von der AufzugsV erfaßt werden, sowie die wesentlichen sicherheitstechnischen Anforderungen. Diese grundlegenden Bestimmungen werden durch die vom Deutschen Aufzugsausschuß ermittelten und vom Bundesminister für Arbeit und Sozialordnung veröffentlichten Technischen Regeln für Aufzüge (TRA) ergänzt. Die allgemeine Verwaltungsvorschrift weist die Aufsichtsbehörden auf die TRA hin.

Die AufzV geht auf Regelungen zurück, die seit 1885 in einzelnen Ländern des deutschen Reiches erlassen wurden.

Zur ersten im gesamten Deutschen Reich geltenden AufzV kam es erst 1926. Sie wurde 1962 abgelöst. Seitdem sind mehrere Änderungen (1967, 1972) insbesondere auch bei den ergänzenden technischen Vorschriften vorgenommen worden. *W. Hoffmann*

Ausdehnungskoeffizient. Der Ausdehnungskoeffizient α gibt an, wie sich das Volumen V mit der Temperatur T bei konstantem Druck p_0 ändert:

$$\alpha = (1/V_0)(\partial V/\partial T)_{p=p_0};$$

(V_0 = Bezugsvolumen). Für den Ausdehnungskoeffizienten gilt:

$$\alpha = p_0 \beta \kappa;$$

(p_0 = Bezugsdruck, β = Spannungskoeffizient, κ = Kompressibilität). *Muschik*

Ausdehnungsthermometer $\rightarrow$ Temperaturmessung

Ausfall, abhängiger. Der a. A. ist ein A. von Komponenten auf Grund einer gemeinsamen Ursache (systematischer A. im Gegensatz zum zufälligen A.).

Die bei den Auswahlschaltungen ($\rightarrow$ Redundanz) durchgeführten Wahrscheinlichkeitsrechnungen basieren auf der Annahme, daß die einzelnen Kanäle zufallsbedingt und unabhängig voneinander ausfallen. Die dortigen Rechnungen gelten nicht für die Klasse der abhängigen Ausfälle. Hier können auf Grund eines einzigen Ereignisses mit Hilfe einer gemeinsamen Ursache alle redundanten Kanäle versagen. Die a. A. sind nicht mehr unabhängig voneinander. Dementsprechend ist mit bedingten Wahrscheinlichkeiten zu rechnen. Sind die A. der einzelnen Kanäle miteinander gekoppelt, so fallen mit dem ersten Kanal auch die übrigen aus, und die gesamte Redundanz ist hinfällig.

Ursachen für a. A: Insbesondere menschliche Irrtümer und außergewöhnliche Umgebungsbedingungen, wie z. B.

◻ fehlerhafte Auslegung oder falsch eingesetzte baugleiche Komponenten,

◻ menschlicher Irrtum bei Betrieb oder Wartung,

◻ Verwendung gemeinsamer Komponenten (z. B. gemeinsame Spannungsversorgung, Abhängigkeit von einer gemeinsamen Heizungs- oder Klimaanlage),

◻ gleiche Umweltbedingungen (z. B. Brand, Hochwasser, Sturm, Blitzschlag, Erdbeben),

sind Ursachen für a. A.

Vermeidung von a. A.: Um trotz der oben skizzierten Möglichkeiten die gleichzeitigen A. infolge einer gemeinsamen Ursache zu vermeiden, empfehlen sich die folgenden Maßnahmen:

◻ Besondere Sorgfalt bei der Planung, Begutachtung, bei dem Bau und Betrieb einer Anlage unter Beachtung der folgenden Prinzipien:
- Qualitätssicherung bei der Fertigung,
- Verwendung erprobter Konstruktionen,
- Verwendung standardisierter Bauteile,
- Verwendung ausfallerkennender Einrichtungen,
- einfacher Aufbau der Sicherheitssysteme,
- Vermeidung vermaschter Systeme,
- zyklische Funktionsprüfungen.

◻ Räumliche Trennung. Die zueinander redundanten Schutz-Teilsysteme sollen räumlich getrennt aufgebaut werden. Damit lassen sich insbesondere a. A. infolge von Umwelteinflüssen vermeiden. Werden bei einem (2-von-3)-System die Geräte der 3 Kanäle in getrennten, voneinander entfernten und geschützten Räumen untergebracht und werden die Verbindungsleitungen zu diesen 3 Räumen auf getrennten Trassen geführt, so ist gewährleistet, daß z. B. bei einem Brand in der Anlage, bei einem Rohrleitungsbruch oder bei einer Überschwemmung nur eine der Redundanzen ausfällt. Die anderen bleiben funktionsfähig und gewährleisten die Sicherheit.

◻ Elektrische Entkopplung. Die einzelnen Teilsysteme sind nicht nur räumlich, sondern auch elektrisch zu trennen. Zwischen den zueinander redundanten Teilsystemen besteht zunächst eine Reihe von Querverbindungen. Diese sind notwendig, um

die (2-von-3)-Auswahl der Meß- und Steuersignale treffen zu können. Solange bei einem Störfall die Leitungen intakt bleiben, sorgt schon die *selektive Absicherung* für die Begrenzung einer Störung. Wird aber z. B. ein Geräteschrank durch Brand zerstört, so können Signalleitungen, die im bestimmungsgemäßen Betrieb auf einer Spannung von wenigen Volt liegen, u. U. das Potential der Steuerleitungen führen.

Diese erhöhten Spannungen werden dann in die Geräteschränke eines anderen Teilsystems verschleppt, führen dort evtl. zu einer Überlastung, im Extremfall zu einem weiteren Brand und zerstören damit auch das redundante System.

Um diesen Schadensmechanismus auszuschließen, sind alle ankommenden und abgehenden Leitungen eines Teilsystems galvanisch gegen die höchste im System vorkommende Spannung entkoppelt. Durch diese *galvanische Trennung* sind die elektronischen Systeme gegen von außen kommende, zu hohe Spannungen geschützt.

◻ Verwendung diversitärer Komponenten. Trotz aller Sorgfalt lassen sich insbesondere Irrtümer nur schwer vermeiden. Diese sind natürlich nicht bekannt, andernfalls würden sie ja korrigiert. Um die Wirkung dieser im Prinzip möglichen Fehler einzugrenzen, werden
- unterschiedliche Prozeßvariablen zur Anzeige des Prozeßzustands benutzt,
- die Signale der Prozeßvariablen ggf. in unterschiedlicher Technik verarbeitet und
- unterschiedliche Hilfsenergien zur Ausführung der Sicherheitsmaßnahmen benutzt.

Bei einem Sattdampf-Kessel sind z. B. der Druck und die Temperatur zwei unterschiedliche, diversitäre Prozeßvariable. Jede ist für sich zur Überwachung des Kessels geeignet. Bei der diversitären Ausführung werden beide Variablen (3fach) gemessen, und jede Variable liefert ggf. den Abschaltbefehl. Die in den Meßkanälen verwendeten Geräte unterscheiden sich, und so ist es unwahrscheinlich, daß z. B. infolge eines Bauelement-Fehlers sowohl die Druck- als auch die Temperaturmessung ausfällt.

Auch Steuersignale lassen sich diversitär verarbeiten. Eine Logikschaltung z. B. kann mit Relais, TTL-Schaltkreisen, RTL-Schaltkreisen oder Mikroprozessoren aufgebaut werden. Für die Ausführung der Sicherheitsmaßnahme kann bei den Stellgliedern zwischen elektrischer, hydraulischer und pneumatischer →Hilfsenergie gewählt werden.

So läßt sich als Schutz gegen a. A. über den zu überwachenden Prozeß ein dichtes Netz aus Anregegrößen und Sicherheitsmaßnahmen legen, in denen Störfälle – unabhängig davon, ob ihr genauer Verlauf vorausgedacht worden ist – möglichst frühzeitig abgefangen werden.   *Schrüfer*

Literatur: Deutsche Risikostudie Kernkraftwerke. Studie im Auftrag des Bundesministeriums für Forschung und Technologie. Köln 1979. – *Rasmussen, N. C.:* Reactor Study – An Assessment of Accident Risks in US Commercial Nuclear Power Plants. United States Nuclear Regulatory Commission, WASH-1400 (NUREG-75/014) 1975. – *Schrüfer, E.:* Zuverlässigkeit von Meß- und Automatisierungseinrichtungen. München 1984.

Ausfall, sicherheitsgerichteter. Ausfall eines Geräts oder eines ganzen Überwachungssystems derart, daß auch bei jeder Funktionsunfähigkeit des Geräts oder des Überwachungssystems der überwachte Prozeß in den gefahrlosen Zustand überführt wird.

Bei vielen Maschinen oder Prozessen läßt sich ein gefahrloser, sicherer Zustand angeben. Dies kann z. B. der Stillstand oder der energielose Zustand sein (Abschalten der Brennstoffzufuhr und Druckentlastung bei einem Heizkessel). In diesen Fällen kann die überwachte Komponente bei A. oder Funktionsunfähigkeit der →Überwachungseinrichtung durch eine Abschaltung in den ungefährlichen Zustand überführt werden. Die elektronischen Schaltungen, die bei A. innerhalb der Schaltungen zwangsweise das Abschaltsignal liefern, werden als fail safe oder ausfallsicher bezeichnet. Die A. sind *sicherheitsgerichtet* und führen zu einem eindeutigen, ungefährlichen Systemzustand. Bei einem A. innerhalb der Überwachungseinrichtung wird die Maschine oder der Prozeß stillgesetzt. Die Sicherheit wird auf Kosten der →Verfügbarkeit erreicht.

Ausfallsichere Schaltungen werden in der Regel durch die Verwendung
– dynamischer Signale oder
– durch den ausfallsicheren Vergleich der Signale redundanter Schaltungen (→Ausfallerkennung durch Redundanz) erreicht. *Schrüfer*

Ausfallerkennung. Ein Bauelement-Ausfall in einem Gerät oder ein partieller oder totaler Ausfall eines Geräts in einem System bleibt oft zunächst ohne Folgen für die Funktionsfähigkeit des Systems. Der Ausfall bleibt insbesondere dann unentdeckt, wenn das System nicht eingreifen muß. Um zu verhindern, daß sich unerkannte Teilausfälle akkumulieren und daß im Anforderungsfall das System funktionsunfähig ist, ist eine A. notwendig. Auf Grund der A. können dann Ersatzmaßnahmen ergriffen werden. Das System ist dann nicht nur ausfallerkennend, sondern auch ausfall- oder fehlertolerierend.

Die A. ist unabhängig von Sicherheitsüberlegungen z. B. auch bei Geräten notwendig, denen im Eichwesen jeweils für eine bestimmte Zeit eine ausreichende Meßbeständigkeit bescheinigt wird. Dazu müssen diese Geräte vorher eine von der Physikalisch-Technischen-Bundesanstalt durchgeführte *Bauartprüfung auf Zulassung zur Eichung*

mit Erfolg bestanden haben. Im Rahmen dieser Bauartzulassung wird insbesondere kontrolliert, ob die Funktionsfehler-Erkennbarkeit hinreichend gewährleistet ist.

Entsprechend der Bedeutung der A. werden viele unterschiedliche Methoden zur Erreichung dieses Ziels angewendet, so z. B. die
□ kontinuierliche Überwachung von Teilfunktionen (Thermoelement-Bruchsicherung, Statussignal),
□ Stimulation durch heuristische Prüfsignale,
□ Stimulation durch vollständige Mindesttestmengen,
□ A. durch den Vergleich redundanter Kanäle (→A. durch Redundanz),
□ Plausibilitätskontrolle,
□ Verwendung fehlererkennender Codes,
□ Mustererkennung,
□ Verwendung von Komponenten mit sicherheitsgerichteten Ausfällen.

Die Wirksamkeit einer Maßnahme zur A. wird durch den A.-Faktor c (*engl.* coverage factor) ausgedrückt. Dieser wird in Tests als das Verhältnis

$$c = \frac{\text{Anzahl der erkannten Ausfälle}}{\text{Anzahl der eingebauten Ausfälle}}$$

ermittelt.

Bei Verwendung mehrerer Prüf- oder Überwachungseinheiten hat jede Einheit einen A.-Faktor kleiner als 100%. Keine Überwachungsschaltung findet jeden Fehler. Einige Fehler werden durch mehrere Kontrollschaltungen detektiert, andere werden überhaupt nicht gefunden.

Unter der Annahme, daß die Ausfallmeldungen der einzelnen Überwachungsschaltungen zufällige unabhängige und vereinbare Ereignisse sind, lassen sich mit
□ Ereignis E_i: die Überwachungseinheit i findet den Ausfall;
□ Ereignis $\bar{E}_i$: Die Überwachungseinheit i findet nicht den Ausfall;
□ $w(E_i) = c_i$: →Wahrscheinlichkeit, daß die Überwachungseinheit i den Ausfall findet;
□ $w(\bar{E}_i) = 1 - c_i = \bar{c}_i$: Wahrscheinlichkeit, daß die Überwachungseinheit i den Ausfall nicht findet,

die folgenden Größen berechnen:

□ Gesamtwirksamkeit c_{tot}: Die Ereignisse sind unabhängig, aber vereinbar. Die Wahrscheinlichkeit, daß ein Ausfall entweder von der Prüfeinheit 1 oder von der Prüfeinheit 2 oder von der Prüfeinheit n entdeckt wird, berechnet sich zu

$$c_{tot} = w(E_1 \vee E_2 \vee ... \vee E_n) = 1 - \prod_1^n w(\bar{E}_i) = 1 - \prod_1^n \bar{c}_i.$$

□ Restfehleranteil $\bar{c}_{tot}$: Der Anteil der unentdeckten Fehler bzw. die Wahrscheinlichkeit, daß keine der

Überwachungseinrichtungen den Fehler findet, errechnet sich als Komplement zur obigen Gleichung zu

$$\bar{c}_{tot} = 1 - c_{tot} = \prod_1^n \bar{c}_i.$$

□ Nettowirksamkeit c_n^* der n-ten Prüfeinheit: Werden mehrere Prüfeinrichtungen verwendet, so entsteht die Frage nach ihrem Nutzen. Eine zusätzliche →Überwachungseinrichtung ist nur dann sinnvoll, wenn sie neue, zusätzliche Ausfälle erkennt, die die anderen Prüfeinrichtungen nicht gefunden haben. Die Prüfeinrichtungen werden dazu zweckmäßigerweise nach zunehmenden mittleren A.-Zeiten MFDT geordnet. Entdecken 2 Überwachungsmechanismen denselben Ausfall, so wird er dem häufiger laufenden Test angerechnet. Der Anteil c_n^* der Ausfälle, den die n-te Kontrollschaltung zusätzlich zu den anderen (n-1) vorhandenen Überwachungseinrichtungen noch findet, ergibt sich als Wahrscheinlichkeit der folgenden konjunktiv verknüpften Ereignisse zu

$$c_n^* = w(\bar{E}_1 \wedge \bar{E}_2 \wedge ... \wedge \bar{E}_{n-1} \wedge E_n) = \bar{c}_1 \, \bar{c}_2 ... \bar{c}_{n-1} \, c_n.$$

□ Mittlere A.-Zeit: Die mittlere A.-Zeit der i-ten Prüfeinrichtung sei $MFDT_i$. Die aus dem Zusammenwirken der verschiedenen Überwachungseinrichtungen resultierende gesamte A.-Zeit $MDFT_{tot}$ läßt sich als gewichtetes Mittel berechnen:

$$MFDT_{tot} = \frac{c_1 MFDT_1 + c_2^* \, MFDT_2 + ... \, c_n^* \, MFDT_n}{c_1 + c_2^* + ... \, c_n^*}.$$

Dieser mittleren A.-Zeit läßt sich eine resultierende A.-Rate ε_{tot} zuordnen mit

$$\varepsilon_{tot} = \frac{1}{MFDT_{tot}}.$$

Beispiel: Ein aus 3 parallel arbeitenden Rechnern bestehendes System wird durch die in der Tabelle zusammengestellten Prüfroutinen überwacht. Ein Teil der Ausfälle wird bei einem Vergleich der Rechenergebnisse gefunden, ein geringerer Teil bei dem Testen der Ein- und Ausgabeeinheiten und des Speichers. Erfolgreicher ist natürlich der für die

Zentraleinheit geschriebene Test, und die größte Wirksamkeit hat die Generalüberholung. Der Restfehleranteil, der für jede einzelne Maßnahme nicht zu vernachlässigen ist, ist für die Summe aller Tests hinreichend niedrig. *Schrüfer*

Literatur: *Plögert, K.:* Stufenweise Berechnung der Sicherheit von sich selbst prüfenden einkanaligen digitalen Automatisierungseinrichtungen, Diss. TU München 1983. – *Schrüfer, E.:* Zuverlässigkeit von Meß- und Automatisierungseinrichtungen. München 1984.

Ausfallerkennung durch Redundanz. Ist die A. durch den Vergleich der Signale redundanter Meß- oder Automatisierungseinrichtungen (→Redundanz, Auswahlschaltung).

Die Vorgehensweise wird an Hand dreier Beispiele erläutert.

□ Analoge Signale: Bild 1 zeigt eine dreifache redundante Ausführung einer →Messung mit den Meßumformern M1, M2 und M3. Die Signale der Meßumformer werden paarweise miteinander verglichen, M1 mit M2, M2 mit M3, und M3 mit M1. Die Vergleicher signalisieren, wenn der Unterschied der beiden Meßsignale zu groß ist. Indem noch das Vorzeichen bewertet wird, läßt sich das Meßgerät erkennen, dessen Signal von den beiden anderen abweicht.

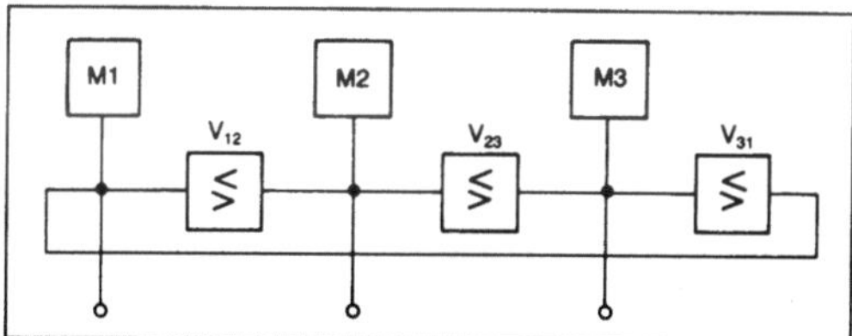

Ausfallerkennung durch Redundanz 1: Überwachung der 3 Meßkanäle M1 bis M3 durch 3 Vergleicher V_{ij}.

□ Binäre Signale: Bei dem Endschalter von Bild 2 liegt die Redundanz darin, daß an Stelle eines einfachen Öffners oder Schließers ein Umschaltkontakt verwendet wird. Damit lassen sich Fehler mit Hilfe eines einfachen Äquivalenzgatters erkennen. An dem Endschalter können z. B. Ausfälle auftreten

Ausfallerkennung. Tabelle: Überwachung eines Dreifach-Rechner-Systems. (Quelle: K. Plögert a. a. O.)

i	Ausfallerkennung durch	C_i	$\bar{c}_i$	$\bar{c}_{tot}$	c_i^*	$MFDT_i$	$MFDT_{tot}$
1	Vergleich der Rechenergebnisse	0,7	0,3	0,3		1 s	
2	Test der Ein-/Ausgabe	0,6	0,4	0,12	0,18	1 s	1 s
3	Test der Zentraleinheit	0,9	0,1	0,012	0,108	3 min	20,6 s
4	Speichertest	0,6	0,4	0,0048	0,0072	1 h	46,5 s
5	Generalüberholung	0,99	0,01	0,000048	0,004752	5000 h	23,8 h

infolge einer Unterbrechung U, eines Masseschlusses M oder eines Kurzschlusses K. Diese Fehlermöglichkeiten und ihre Auswirkungen sind in der Tabelle zusammengestellt. Während bei einem funktionsfähigen Schalter an den Ausgängen A und $\bar{A}$ immer die antivalenten Signale 1 (24 V) und 0 (0 V) vorliegen, führen die Ausfälle in 6 von den 9 betrachteten Fällen zu einer 00- oder 11-Signalkombination. Diese wird durch das Äquivalenzgatter gemeldet. Die restlichen 3 Fehler, die das richtige Signal nicht verfälschen, werden in dem Moment entdeckt, in dem der Schalter betätigt wird. *Schrüfer*

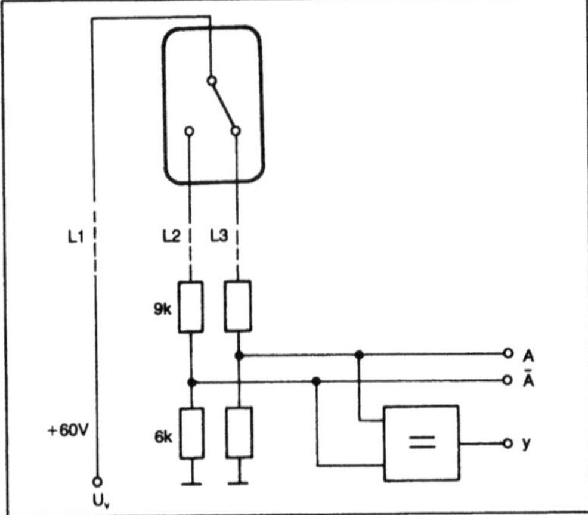

Ausfallerkennung durch Redundanz 2: Endlagenschalter mit Wechselkontakt.

Literatur: *Schrüfer, E.:* Zuverlässigkeit von Meß- und Automatisierungseinrichtungen. München 1984.

Ausfallrate. Die A. ist definiert als Quotient aus der Ausfalldichte und der →Überlebenswahrscheinlichkeit (Lebensdauerverteilung). Im Fall von exponentiell verteilten Lebensdauern ist die A. unabhängig von der Zeit, also eine Konstante (Exponentialverteilung).

Diese konstante, von der Zeit unabhängige A. λ hängt von verschiedenen, multiplikativen Einflußgrößen ab. Nach den Modellvorstellungen des MIL-HDBK-217 errechnet sich die A. eines diskreten Bauelements z. B. aus folgendem Produkt

$$\lambda = \lambda_b \, \pi_A \, \pi_Q \, \pi_L \, \pi_T \, \pi_P \, \pi_E.$$

In dieser Gleichung bedeutet λ_b die von der Technologie und der Konstruktion abhängige Basis-A. Die übrigen π-Faktoren berücksichtigen den Einfluß der

- □ Anwendung: π_A Anwendungsfaktor,
- □ Qualität: π_Q quality level,
- □ Erfahrung: π_L learning factor,
- □ Temperatur: π_T Temperatur-Faktor,
- □ Belastung: π_P Belastungs-Faktor,
- □ Umwelt: π_E Umwelt-Faktor.

In Abhängigkeit von diesen Einsatzbedingungen kann für ein und dasselbe Bauelement die A. um 2–3 Größenordnungen schwanken. Eine Übersicht mit den Werten MIL-HDBK-217 gibt das Bild. Des weiteren können A. Tabelle 1–3 entnommen werden.

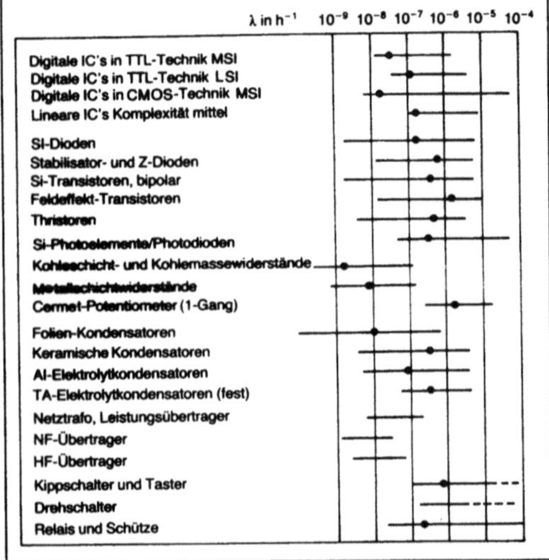

Ausfallrate: Bandbreite der Bauelement-Ausfallraten; die Kreise kennzeichnen die Ausfallraten für den normalen industriellen Einsatz.

Ausfallerkennung durch Redundanz. Tabelle: Signale an den Ausgängen eines Endschalters mit Wechselkontakt bei verschiedenen Fehlern.

	richtig	Fehler								
		U_1	U_2	U_3	M_1	M_2	M_3	K_{12}	K_{13}	K_{23}
Ausgang A	1	0	1	0	0	1	0	1	1	1
Ausgang $\bar{A}$	0	0	0	0	0	0	0	1	0	1
Ausgang y Äquivalenzgatter	0	1	0	1	1	0	1	1	0	1

U_i Unterbrechung der Leitung i, M_i Verbindung mit der Leitung i mit Masse,
K_{ij} Kurzschluß zwischen den Leitungen i und j

Ausfallrate. Tabelle 1: Ausfallraten für diskrete Halbleiter nach MIL-HDBK 217 E.

	Typ	λ Ausfälle/10^9 h	
		40°C	70°C
bipolare Transistoren $\leqq$ 1 W Ge npn	AC 187 K	71	160
Ge pnp	AC 188 K	26	590
Si npn	BC 107, BC 547	1	2
Si pnp	BC 177, BC 557	2	2
Si npn, HF	BF 199	2	3
Si pnp, HF	BF 450	2	48
1–5 W Si npn	BC 140	1	19
Si pnp	BC 160	2	3
20–50 W Si npn	BD 135	5	9
Si pnp	BD 136	8	15
Si npn, HF	BU 208	3	5
> 50–200 W Si npn	2N 3055	10	18
Si npn	2N 3771	10	18
Si pnp	2N 3791	16	30
Si npn	BU 626A	10	18
n-Kanal-, p-Kanal-FET		44	79
Universaldiode Ge	AA 117	7	13
Schaltdiode Si	1N 4148	1	2
Gleichrichterdiode Si	1N 4004	2	4
Leistungsgleichrichterdiode Si	BYX 28/400	6	14
Zenerdiode Si	ZPD 6,8	4	6
Kapazitätsdiode Si	BA 121	81	140
Tunneldiode Ge	AEY 11	160	280
30 V, 800 mA Thyristor	Br 103	36	74
600 V, 10 A Thyristor	BSTD 1040M	360	740

Parameter: Betriebsart: 40% linearer Betrieb, 60% Schaltbetrieb
Beanspruchung: 60% Nennspannung, 60% Nennleistung
Qualitätsstufe JAN; Gehäuse- und Umgebungstemperatur 40°C bzw. 70°C
Ortsfester Einsatz (G_B)

Bei den obenstehenden Bedingungen sind die Ausfallraten mit den folgenden Faktoren zu multiplizieren:
18 Einsatz in mobilen Geräten (G_M)
1,5 bei 100% linearem Betrieb
0,7 bei 100% Schaltbetrieb
0,1 bei der Qualitätsstufe JANTXV
10 bei der schlechtesten Qualitätsstufe plastic

Zusätzlich zu den Werten des MIL-HDBK-217 haben die größeren Firmen der Elektroindustrie speziell die Lebensdauern ihrer eigenen Produkte verfolgt und die Ergebnisse in firmenspezifischen Datensammlungen festgehalten. Mit den dort angegebenen Erwartungswerten für die A. weisen sie ihren Kunden die Zuverlässigkeit ihrer Erzeugnisse nach. Auf die Einflußgrößen der A. wird unterschiedlich detailliert eingegangen. Geschieht dies, so werden praktisch immer die Modellvorstellungen des MIL-HDBK-217 verwendet.

Für Stillstandszeiten, für Zeiten, während der die Bauelemente nicht in Betrieb sind, wird oft 10% der A. unter Betriebsbedingungen angenommen.

Da die A. aus Erfahrungen mit bereits im Einsatz befindlichen Komponenten abgeleitet sind, dürfen diese A. nur dann auf neue Produkte übertragen werden, wenn sich die die Zuverlässigkeit bestim-

Ausfallrate. Tabelle 2: Ausfallraten für lineare integrierte Schaltkreise nach MIL-HDBK 217 E.

Funktion	Typ	Anzahl der Transistoren	Ausfallrate λ in 10^{-6} h^{-1} G_B		G_M	
			40°C	70°C	40°C	70°C
1fach Operationsverstärker	LF 155 A	19	0,7	8,5	0,8	8,6
1fach Operationsverstärker	LM 101 A	21	1,0	11,4	1,2	11,6
1fach Operationsverstärker	LM 741	23	0,7	8,5	0,9	8,7
2fach Operationsverstärker	LH 2101	42	1,0	11,4	1,3	11,7
2fach Operationsverstärker	LM 747 A	46	0,7	8,5	0,9	8,7
4fach Operationsverstärker	LM 148	88	0,7	8,5	0,9	8,7
Analogschalter 1fach	DG 188	15	0,7	8,5	0,9	8,7
Analogschalter 2fach	DG 200	36	1,2	11,4	1,2	11,6
DAU, 8 bit	DAC-08 A	84	1,0	11,4	1,3	11,6
Spannungsregler, positiv	7805	17	3,2	33,0	3,2	33,0
Spannungsregler, positiv	LM 723	20	0,7	8,5	0,9	8,7
Spannungsregler, negativ	7905	21	3,2	33,0	3,2	33,0
Zeitgeber	555	23	1,0	11,4	1,2	11,6

Erläuterung: Die Ausfallraten sind ermittelt für nicht-thermetische DIP-Gehäuse, für Gehäusetemperaturen von 40°C und 70°C, für eine Leistungsbeanspruchung von 60%, für die Qualitätsstufe C-1 ($\pi_Q = 10$), für den ortsfesten Einsatz G_B ($\pi_E = 0,38$) und den Einsatz in Fahrzeugen G_M ($\pi_E = 4,2$).

menden Parameter nicht geändert haben. Da sich aber die Technologie weiter entwickelt, ist diese Übertragbarkeit nicht völlig gegeben. Eine Verbesserung der Zuverlässigkeit bei Neuentwicklungen wirkt sich erst verzögert in den A.-Sammlungen aus.

In den Daten des MIL-HDBK-217 kommt die verbesserte Qualität zum Ausdruck. So sind unter vergleichbaren Einsatzbedingungen z. B. in der Ausgabe von 1982 für integrierte Schaltkreise um einen Faktor 50 kleinere A. als in der Ausgabe von 1979 genannt.

Bei hochintegrierten digitalen Schaltkreisen nimmt die A. nicht mit der Anzahl der realisierten Gatterfunktionen, sondern weit weniger zu. So ist der Einsatz integrierter Schaltkreise nicht nur wegen der geringeren Kosten, sondern auch wegen der höheren Zuverlässigkeit pro Gatterfunktion empfehlenswert. *Schrüfer*

Literatur: *Ackmann, W.*: Zuverlässigkeit elektronischer Bauelemente. Heidelberg 1976. – AEG-Telefunken: Handb. Bauelementezuverlässigkeit. – IEEE Spectrum: Reliability, October 1981, Vol. 18, No. 10, S. 33/103. – ITT: Reliability Prediction Data. – *Käs, G.*: Qualität und Zuverlässigkeit elektronischer Bauelemente und Systeme. München, Wien 1983. – *Schrüfer, E.*: Zuverlässigkeit von Meß- und Automatisierungseinrichtungen. München 1984. – Siemens AG: Ausfallraten Bauelemente SN 29500. – US Department of Defense, Washington, Military Handb. 217, Ausg. E 1986.

Ausfallwahrscheinlichkeit redundanter Systeme.
□ Aktive Redundanz ohne Reparatur: Die →Über-

lebenswahrscheinlichkeit R(t) und die Ausfallwahrscheinlichkeit F(t) sind zusammen mit anderen Kenngrößen für verschiedene Auswahlschaltungen, das heißt für redundante Systeme (→Redundanz), in der Tabelle einander gegenübergestellt.

Zum Zeitpunkt t = $\bar{t}$ der mittleren Lebensdauer (Lebensdauerverteilung) ist die Überlebenswahrscheinlichkeit R(t) auf unter 40% gesunken. Eine derartig niedrige Überlebenswahrscheinlichkeit (→Zuverlässigkeit) ist für einen technischen Betrieb nicht ausreichend. Die Meß- und Steuereinrichtungen sind stets so ausgelegt, daß sie mit einer nahe bei dem Wert 1 liegenden Zuverlässigkeit betrieben werden. So ist die mittlere Lebensdauer keine besonders aussagekräftige Größe, um konkurrierende Systeme miteinander zu vergleichen. Besser geeignet ist z. B. die Ableitung der Überlebenswahrscheinlichkeit nach der Zeit zum Zeitpunkt t = 0. Diese Größe gibt an, wie schnell sich die Überlebenswahrscheinlichkeit von dem Wert 1 entfernt. Da diese Abnahme von R(t) mit der Zeit in dem linearen Maßstab von Bild 1 nicht deutlich genug zum Ausdruck kommt, ist in Bild 2 das Einser-Komplement der Überlebenswahrscheinlichkeit, die Ausfallwahrscheinlichkeit F(t) = 1 – R(t) im logarithmischen Maßstab dargestellt.

Die Bilder zeigen, daß bei (1 von n)-Systemen die mittleren Lebensdauern $\bar{t}$ mit wachsendem n nur noch unbedeutend zunehmen. Unter dem Gesichtspunkt der mittleren Lebensdauer ist demnach die

Ausfallrate. Tabelle 3: Ausfallraten für digitale integrierte Schaltkreise nach MIL-HDBK 217 E.

Funktion	Typ	Anzahl der Gatter	Ausfallrate λ in 10^{-6} h^{-1}			
			G_B		G_M	
			40°C	70°C	40°C	70°C
3 × 3fach NAND	54ALS10	3	0,06	0,2	0,3	0,4
3 × 3fach NOR	54ALS27	3	0,08	0,2	0,4	0,5
6 × Inverter	54ALS04	6	0,06	0,2	0,3	0,4
1 × JK-Master-Slave-FF	54L72	8	0,05	0,2	0,2	0,4
2 × D-FF	54ALS74	6	0,04	0,1	0,2	0,3
1 × retriggerbares Monoflop	54LS122	10	0,05	0,2	0,3	0,4
8 × Bustreiber	54ALS244	10	0,08	0,2	0,4	0,5
Multiplexer 4 × 2 zu 1	54LS158	15	0,06	0,2	0,2	0,5
3 zu 8-Decoder	54ALS138	16	0,05	0,1	0,3	0,4
4-bit-Binärzähler	54LS191	59	0,09	0,4	0,3	0,6
4-bit-arithm. logische Einheit (ALU)	54LS181	63	0,09	0,3	0,5	0,7
8 × D-Latch	54ALS373	74	0,07	0,5	0,4	0,8
3 × 3fach NAND	4023 B	3	0,2	2,4	0,4	2,6
3 × 3fach NOR	4025 B	3	0,2	2,4	0,4	2,6
4 × Schalter, bidirektional	4016 B	4	0,2	2,4	0,4	2,6
6 × Inverter	4069 UB	6	0,2	2,4	0,4	2,6
2 × retriggerbares Monoflop	4098 B	20	0,2	2,4	0,4	2,6
JK-Master-Slave-FF	4096 B	21	0,2	2,4	0,4	2,6
2 × D-FF	4013 B	24	0,2	2,4	0,4	2,6
		ca. 40				
2 × 1 aus 4-Decoder	4556 B	26	0,2	2,4	0,4	2,6
8-bit-Latch	4099 B	76	0,2	2,4	0,4	2,6
2 × Multiplexer, 16-Kanal	4067 B	80	0,2	2,0	0,3	2,2
2 × Multiplexer, 8-Kanal	4097 B	92	0,2	2,0	0,6	2,4
16-bit-Registerfile	54LS670	305	0,2	1,0	0,5	1,3
4-bit-CPU-LSTTL	2901 A	537	0,6	2,2	1,3	2,9
16 bit-CPU I^2L	SPB 9900A	3 100	1,1	10,3	2,3	11,6
8-bit-CPU-CMOS	1802 D	1 375	0,4	3,7	1,1	4,4
8-bit-CPU-NMOS	8080 A	1 100	2,0	16,8	2,7	17,6
8-bit-CPU-NMOS	6800	1 300	0,7	7,0	1,5	7,7
8-bit-CPU-NMOS	Z-80	2 833	0,7	6,9	1,5	7,7
16k UV-EPROM		16 384 bit	0,9	6,9	1,3	7,3
32k UV-EPROM		32 768 bit	1,8	13,8	2,2	14,2
16k dynamisches RAM		16 384 bit	1,5	11,5	1,8	11,8
64k dynamisches RAM		65 536 bit	3,0	23,0	3,3	23,3
256k statisches RAM		256 bit	0,3	1,3	0,5	1,6
1k statisches RAM		1 024 bit	0,5	2,6	0,9	3,0

Betriebsbedingungen wie bei Tabelle 2.

Ausfallwahrscheinlichkeit redundanter Systeme. Tabelle: Zuverlässigkeits-Kenngrößen verschiedener Auswahlschaltungen.

	nicht redundante Einzel-komponente	aktive Redundanz (1 von n)-System	aktive Redundanz (2 von 3)-System	passive Redundanz (1 von 2)- System; $\lambda_k = 0$
Zuverlässigkeit R(t)	$e^{-\lambda t}$	$1 - (1 - e^{-\lambda t})^n$	$3e^{-2\lambda t} - 2e^{-3\lambda t}$	$(1 + \lambda t)e^{-\lambda t}$
$\frac{dR}{dt}\big|_{t=0}$	$-\lambda$	0	0	0
MTBF = $\bar{t}$	$\frac{1}{\lambda}$	$\frac{1}{\lambda} + \frac{1}{2\lambda} + \ldots \frac{1}{n\lambda}$	$\frac{5}{6}\frac{1}{\lambda}$	$2\frac{1}{\lambda}$
Ausfallwahrschein-lichkeit F(t)	$1 - e^{-\lambda t}$	$(1 - e^{-\lambda t})^n$	$1 - 3e^{-2\lambda t} + 2e^{-3\lambda t}$	$1 - (1 + \lambda t)e^{-\lambda t}$
F(t) für $\lambda t \ll 1$	λt	$(\lambda t)^n$	$3\lambda^2 t^2$	$(\lambda t)^2$

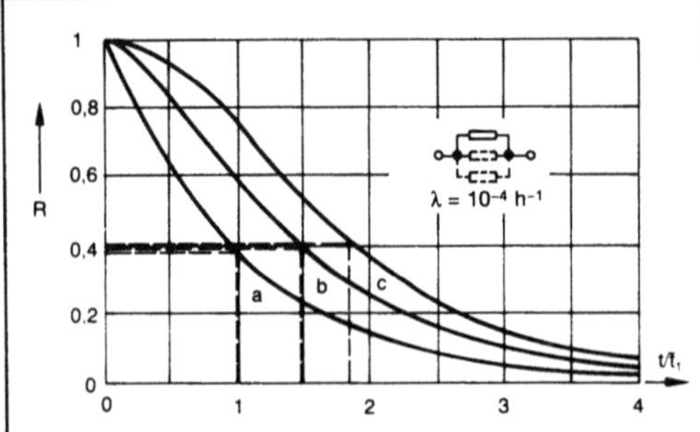

Ausfallwahrscheinlichkeit redundanter Systeme 1: Überlebenswahrscheinlichkeit R(t) für (1 von n)-Systeme mit aktiver Redundanz; t_1 ist die mittlere Lebensdauer der Einzelkomponente (Ausfallrate λ).
a) nicht redundante Einzelkomponente
b) (1 von 2)-System
c) (1 von 3)-System.

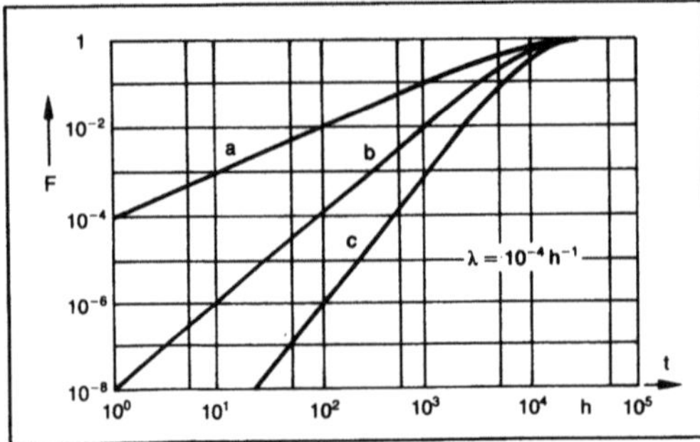

Ausfallwahrscheinlichkeit redundanter Systeme 2: Ausfallwahrscheinlichkeit F(t) für (1 von n)-Systeme mit aktiver Redundanz.
a) nicht redundante Einzelkomponente
b) (1 von 2)-System
c) (2 von 3)-System.

Verwendung redundanter Kanäle wenig attraktiv. Die mittlere Lebensdauer der (2 von 3)-Schaltung ist sogar niedriger als die eines einzelnen Kanals (Bild 3).

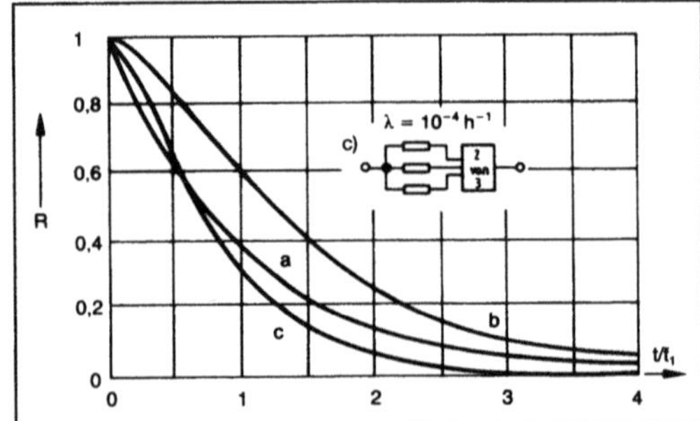

Ausfallwahrscheinlichkeit redundanter Systeme 3: Überlebenswahrscheinlichkeit R(t) für (m von n)-Systeme mit aktiver Redundanz; $\bar{t}_1$ ist die mittlere Lebensdauer der Einzelkomponente (Ausfallrate λ).
a) nicht redundante Einzelkomponente
b) (1 von 2)-System
c) (2 von 3)-System.

Das ist kein besonderer Nachteil, da der Sinn der Redundanz nicht in der Erhöhung der mittleren Zeit bis zum →Ausfall liegt, sondern in der Verzögerung der Abnahme der Überlebenswahrscheinlichkeit bei kleinen Zeiten. Die Überlebenswahrscheinlichkeit der (1 von 2)-Schaltung (Kurve b) nimmt mit der Zeit weniger stark ab als die der Einzelkomponente (Kurve a). Die Zuverlässigkeit der (2 von 3)-Schaltung ist erst besser, dann aber schlechter als die einer Einzelkomponente. Bild 4 macht dann deutlich, daß bei kleinen Zeiten die A. der (1 von 2)- oder der (2 von 3)-Schaltung um Zehnerpotenzen geringer sein kann als die der Einzelkomponente.

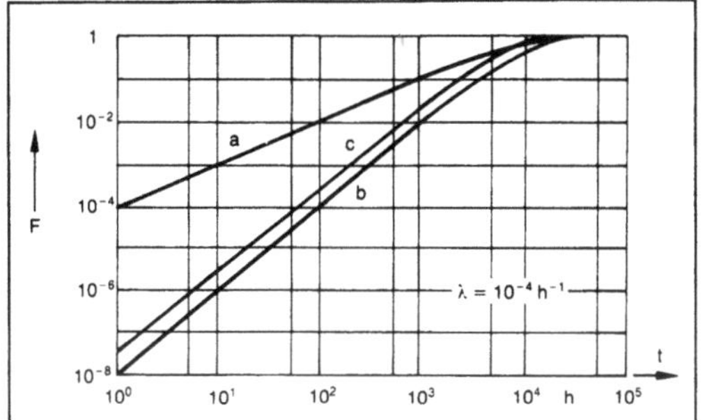

Ausfallwahrscheinlichkeit redundanter Systeme 4:
Ausfallwahrscheinlichkeit F(t) für (m von n)-
Systeme mit aktiver Redundanz.
a) nicht redundante Einzelkomponente
b) (1 von 2)-System
c) (2 von 3)-System.

Die A. der (2 von 3)-Schaltung ist allerdings immer größer als die einer (1 von 2)-Auswahl. Die geringfügige Verschlechterung ist der Preis dafür, daß die (2 von 3)-Schaltung auch gegen Fehlauslösungen schützt.

□ Passive Redundanz ohne Reparatur: Im Unterschied zur aktiven Redundanz ist bei der passiven Redundanz die Reserveeinheit zunächst nicht in Betrieb, sondern wird erst zugeschaltet, wenn eine zusätzliche Überwachungseinheit den Ausfall der ersten Einheit erkannt hat (Bild 5) (stand by system, Redundanz).

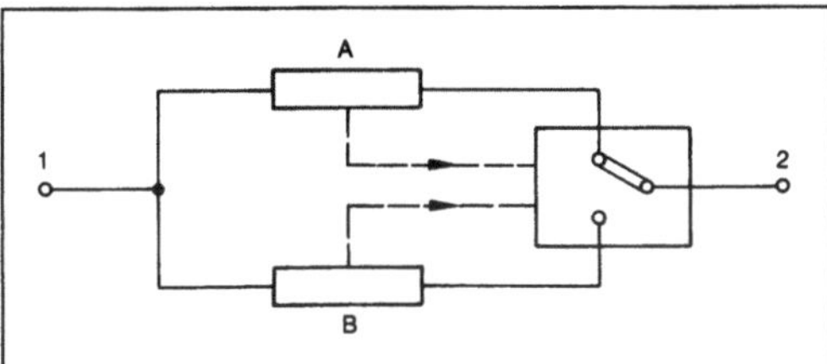

Ausfallwahrscheinlichkeit redundanter Systeme 5:
(1 von 2)-System mit passiver Redundanz; zunächst
ist die Komponente A in Betrieb. Erkennt die
Überwachungseinrichtung den Ausfall, wird auf die
Reserveeinheit B umgeschaltet.

Mit den idealisierenden Annahmen
– die Reserveeinheit kann vor ihrer Inbetriebnahme nicht ausfallen,
– die Überwachungseinheit und der Umschalter können nicht versagen,
ist die Ausfallwahrscheinlichkeit des passiven (1 von 2)-Systems geringer als die des aktiven. Dieser rechnerische Vorteil geht jedoch verloren, wenn realistischerweise das Versagen der Überwachungseinheit und der Umschalteinrichtung nicht mehr ausgeschlossen wird. Ist die →Ausfallrate der →Überwachungseinrichtung von der Größenord-

nung der Ausfallrate eines Kanals, so hat das passive (1 von 2)-System, das mehr Komponenten als das aktive enthält, zu jeder Zeit eine höhere A. als das aktive (Bilder 6, 7).

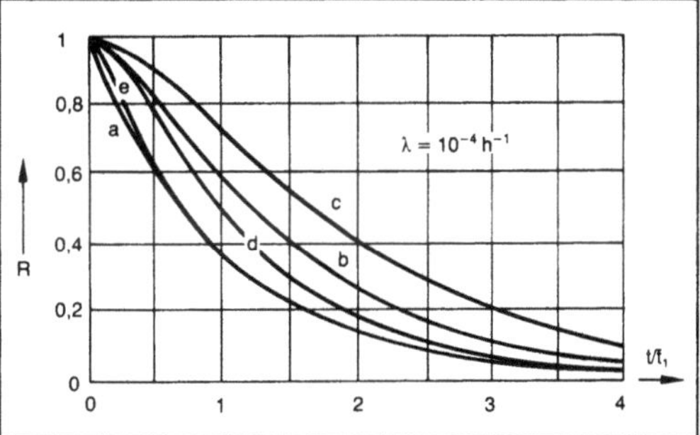

Ausfallwahrscheinlichkeit redundanter Systeme 6:
Überlebenswahrscheinlichkeit R für verschiedene
Systeme; λ_k ist die Ausfallrate der Überwachungseinrichtung.
a) nicht redundante Einzelkomponente mit der Ausfallrate λ
b) (1 von 2)-System mit aktiver Redundanz
c) (1 von 2)-System mit Umschalter; $\lambda_k = 0\ h^{-1}$
d) (1 von 2)-System mit Umschalter; $\lambda_k = 10^{-4}\ h^{-1}$
e) (1 von 2)-System mit Umschalter; $\lambda_k = 10^{-3}\ h^{-1}$.

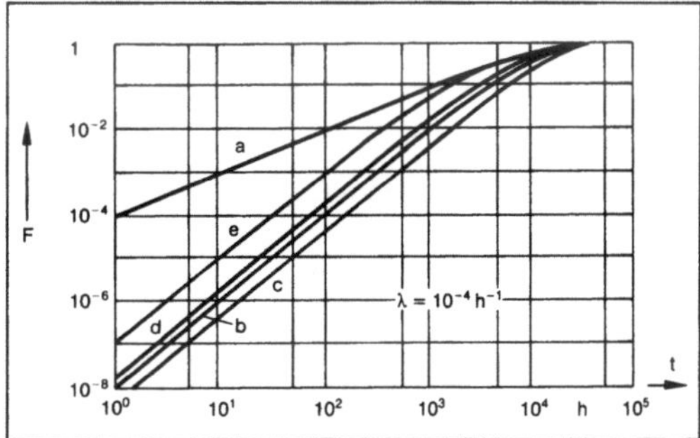

Ausfallwahrscheinlichkeit redundanter Systeme 7:
Ausfallwahrscheinlichkeit F für verschiedene Systeme; λ_k ist die Ausfallrate der Überwachungseinrichtung.
a) nicht redundante Einzelkomponente mit der Ausfallrate λ
b) (1 von 2)-System mit aktiver Redundanz
c) (1 von 2)-System mit Umschalter; $\lambda_k = 0\ h^{-1}$
d) (1 von 2)-System mit Umschalter; $\lambda_k = 10^{-4}\ h^{-1}$
e) (1 von 2)-System mit Umschalter; $\lambda_k = 10^{-3}\ h^{-1}$.

Ein zusätzliches Argument spricht gegen die zuschaltbare passive Reserve. Die modernen Prozeßleitsysteme verarbeiten sehr viele Informationen. Eine Reserveeinheit, die nicht in Betrieb ist, kennt nicht den aktuellen Prozeßzustand und ist damit nicht in der Lage, beim Ausfall der Originaleinheit stoßfrei die Führung des Prozesses zu übernehmen.

Des weiteren ist zu beachten, daß bei einer passiven Redundanz neben dem Betriebsversagen auch das bisher noch nicht diskutierte Startversagen möglich ist. Bei Notstrom-Dieseln z. B. ist die Wahrscheinlichkeit, bei Anforderung auszufallen, mit drei Versagern auf 100 Starts etwa genauso groß wie die Wahrscheinlichkeit, bei Betrieb innerhalb von sechs Stunden funktionsunfähig zu werden ($\lambda = 5 \cdot 10^{-3}\ h^{-1}$).

Aus diesen Gründen wird die zuschaltbare Reserve bei elektronischen Einrichtungen kaum verwendet. Sie wird nur dann eingesetzt, wenn die Komponenten sich abnutzen und durch Verschleiß ausfallen können ($\rightarrow$Verfügbarkeit redundanter Systeme). *Schrüfer*

Literatur: *Birolini, A.:* Qualität und Zuverlässigkeit technischer Systeme. Berlin 1985. – *Görke, W.:* Zuverlässigkeitsprobleme elektrischer Schaltungen. Mannheim 1969. – *Green, A. E. u. A. J. Bourne:* Reliability Technology. London 1977. – *Kuhlmann, A.:* Einführung in die Sicherheitswissenschaft. Köln 1981. – MBB: Technische Zuverlässigkeit. Berlin, Heidelberg 1977. – *Meyna, A.:* Einführung in die Sicherheitstheorie. München, Wien 1982. – *Preuß, H.:* Zuverlässigkeit elektronischer Einrichtungen. Ost-Berlin 1976. – *Rosemann, H.:* Zuverlässigkeit und Verfügbarkeit technischer Anlagen und Geräte. Berlin, Heidelberg 1981. – *Schaefer, E.:* Zuverlässigkeit, Verfügbarkeit und Sicherheit in der Elektronik. Würzburg 1979. – *Schneeweiss, W.:* Zuverlässigkeits-Systemtheorie. Methoden zur Beurteilung der Zuverlässigkeit technischer Systeme. Köln 1980. – *Schrüfer, E.:* Zuverlässigkeit von Meß- und Automatisierungseinrichtungen. München 1984. – VDI Handbuch Technische Zuverlässigkeit. VDI 4001–4010. Berlin, Köln.

Ausfallwahrscheinlichkeit, sicherheitsbezogene. Für die s. A. werden nur die gefährlichen Ausfälle und nicht die nicht gefährlichen betrachtet (Ausfalleffektanalyse). Von den vier möglichen Ausfallarten:

□ nicht gefährlich, erkennbar,
□ nicht gefährlich, nicht erkennbar,
□ gefährlich, erkennbar,
□ gefährlich, nicht erkennbar,

werden für die s. A. $F_s(t)$ nur die beiden letzten mit den Ausfallraten λ_{21} und λ_{22} betrachtet. Die $\rightarrow$Wahrscheinlichkeit, daß ein die Sicherheit berührender Ausfall eintritt, läßt sich mit Hilfe der beiden Markow-Ketten berechnen:

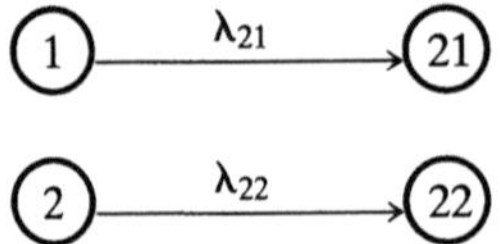

□ Zustand 1: Das Gerät hat keinen gefährlichen, erkennbaren Ausfall;
□ Zustand 21: Das Gerät ist gefährlich, erkennbar ausgefallen; die Übergangsrate ist λ_{21};
□ Zustand 2: Das Gerät hat keinen gefährlichen, nicht erkennbaren Ausfall;

□ Zustand 22: Das Gerät ist gefährlich, nicht erkennbar ausgefallen; die Übergangsrate ist λ_{22}.

Die erkennbaren und nicht erkennbaren Ausfälle sind vereinbare Ereignisse; sie können u. U. gleichzeitig eintreten.

Das Gerät ist für die Sicherheit nicht mehr funktionsfähig, wenn es erkennbar oder nicht erkennbar gefährlich ausgefallen ist. Die entsprechende s. A. errechnet sich zu:

$$F_s(t) = 1 - e^{-(\lambda_{21} + \lambda_{22})t}.$$ *Schrüfer*

Auslegung. Unter A. versteht man in der Verfahrenstechnik die Dimensionierung eines nach dem Typ vorher festgelegten Apparats oder einer Maschine hinsichtlich der zu erbringenden Aufgabe und der Baugröße. Bei den Trennoperationen der thermischen Verfahrenstechnik läuft dies z. B. bei Trennkolonnen bei Vorgabe von Durchsatz und Produktreinheiten auf die Bestimmung von Anzahl und Höhe der theoretischen Trennstufen oder von Anzahl und Höhe von Übertragungseinheiten und auf die Ermittlung des erforderlichen Durchmessers hinaus. Mit diesen Angaben kann dann die Konstruktion durchgeführt werden.

Zur Lösung des A.-Problems stehen folgende Grundbeziehungen zur Verfügung:
□ Stoffbilanzen (Massenerhaltungssatz),
□ Enthalpiebilanzen (Energieerhaltungssatz),
□ Gleichgewichtsbeziehungen (in der Trenntechnik meist heterogene Phasengleichgewichte, seltener chemischer Gleichgewichte),
□ kinetische Beziehungen (in der Trenntechnik meist zum Stoff- und Wärmeübergang, seltener zum Reaktionsablauf).

Das Gleichungssystem der Grundbeziehungen wird für jede Trennoperation nach Bedarf angepaßt, da eine allgemeine Lösung kaum durchführbar, jedenfalls zu aufwendig wäre. So reduziert sich die A.-Aufgabe im einfachsten Fall auf eine spezifische Angabe zu Trennleistung und Trennkapazität und eine spezifische Angabe zum Durchsatz, aus denen bei vorgegebenem Durchsatz die Baugröße der Trenneinheit ermittelt wird. Beispielsweise wird bei Membrantrennverfahren das Rückhaltevermögen (meist in Prozent bezogen auf eine Standardlösung) oder die abgetrennte untere Molekülgröße neben dem spezifischen Durchsatz, meist in Liter je Quater Membranfläche und Tag angegeben. Bei gegebenem Durchsatz läßt sich daraus die benötigte Membranfläche ermitteln. Mit einer spezifischen Angabe über die Raumausnutzung, hier m^2 Membranfläche je m^3 Apparatevolumen, wird das benötigte Gesamtvolumen ermittelt, das bei Bedarf in zweckmäßige Teilvolumen unterteilt wird.

Für den Fall, daß die einmalige Anwendung einer Trennoperation nicht die geforderte Trennung ergibt, muß die Trennoperation mehrmals durchgeführt werden. Dann besteht die Aufgabe der A. auch darin, die notwendige Anzahl der Trennoperationen zu bestimmen. Besonders effektiv für derartige Aufgaben erweist sich der Gegenstrom, d. h. die gegensinnige Führung des abgebenden und des aufnehmenden Stoffstroms. Zur Analyse mehrstufiger Trennverfahren wurde das Konzept der theoretischen Trennstufe eingeführt. In einer solchen wird die bei einmaliger Durchführung der Trennoperation maximal mögliche Trennleistung erzielt. Beispielsweise wird bei der Rektifikation in einer theoretischen Stufe Phasengleichgewicht zwischen Gas und Flüssigkeit erreicht. Die Anzahl der theoretischen Trennstufen wird durch die Anwendung der Grundbeziehungen ohne die kinetischen Gleichungen ermittelt. Diese Beziehungen kann man graphisch (z. B. Mc-Cabe-Thiele-Verfahren), analytisch (z. B. Underwood-Gleichungen) oder numerisch lösen. Häufig sind iterative Verfahren notwendig. Die sich ergebende Anzahl theoretischer Trennstufen ist unabhängig von einer speziellen Trennvorrichtung. Zur Umsetzung muß bekannt sein, wieviel theoretischen Trennstufen eine Trennvorrichtung entspricht. Ein Austauschboden (Ventilboden) kann z. B. 0,8 theoretischen Trennstufen entsprechen. Bleibt dieser Wirkungsgrad über die Trennkolonne konstant, kann daraus unmittelbar die Anzahl der benötigten Austauschbödcn bestimmt werden. Mit dem Abstand zwischen zwei Austauschböden erhält man die Bauhöhe.

Bei kontinuierlich wirkenden Austauscheinrichtungen wie z. B. Füllkörpern wird häufig das Konzept der Übergangseinheiten angewendet. Die Anzahl der Übergangseinheiten

$$\mathrm{NTU} = \int_{Y_{\mathrm{ein}}}^{Y_{\mathrm{aus}}} \frac{y}{y^* - y}\, dy,$$

NTU Anzahl der Übergangseinheiten,
Y_{aus}, Y_{ein} Konzentrationen an den Enden der Trennkolonne bzw. -kaskade,
y^* Gleichgewichtskonzentration,
y Konzentration der betrachteten Komponente einer Stoffmischung an beliebiger Stelle der Trennkolonne,

ist ebenfalls unabhängig von einer speziellen Trennvorrichtung und setzt die erreichte Änderung zum mittleren treibenden Gefälle ins Verhältnis. Die Höhe

einer Übergangseinheit

$$\mathrm{HTU} = \frac{V}{K_g \cdot a \cdot A \cdot P},$$

V Gasstrom in Mol und konstant über die Kolonne angenommen,
K_g Stoffdurchgangskoeffizient, bezogen auf die Gasphase,

a spezifische Austauschfläche,
A Querschnittfläche der Trennkolonne,
P Druck,

berücksichtigt den Stoffübergang bei speziellen Trennvorrichtungen. Aus dem Produkt HTU·NTU=h ergibt sich die Bauhöhe h der Trennkolonne. Der Durchmesser einer Austauschkolonne ergibt sich aus der hydraulischen Belastbarkeit einer Austauschvorrichtung.   *Brunner*

Auslegungsmethoden → Auslegung

Auslösezählrohr. A.e, die sog. Geiger-Müller-Zählrohre, werden mit Spannungen betrieben, bei denen schon die Absorption eines einzigen Strahlenquants bzw. die Bildung eines einzigen Ionenpaars im empfindlichen Volumen die Entstehung einer Elektronenlawine bewirkt. Der Verstärkungsfaktor beträgt dabei 10^7 bis 10^{10}.

Je nach der Bauart wird zwischen zylindrischen Kammern mit einem dünnen Draht als Innenelektrode, Glockenzählrohren, d. h. Endfensterzählrohren mit dünnwandigem Strahleneintrittsfenster für die Messung energiearmer → Beta- und → Alpha-Strahlung, Doppelmantelzählrohren zur Messung durchlaufender Flüssigkeiten und Nadelzählrohren mit einem Durchmesser von wenigen mm usw. unterschieden. A.e werden vorwiegend zum empfindlichen Nachweis von Röntgen- und Gamma-Strahlen höherer Energien im → Strahlenschutz und weniger zur → Dosimetrie benützt. Sie sprechen aber bei geeigneter Bauweise auch auf alle anderen ionisierenden Strahlungen an.

Dank ihrer großen Gasverstärkung erfordern A.e relativ einfache Anzeigesysteme. Sie werden daher häufig im Strahlenschutz verwendet. Die Zuordnung des Meßwerts zur Meßgröße ist, insbesondere bei energiearmen Strahlungen, allerdings sehr energieabhängig und unterhalb 100 keV ohne Kenntnis des Spektrums der zu messenden Strahlung unmöglich. Oberhalb 150 keV (→ Gamma-Strahlung) sind A.e für Strahlenschutzzwecke ausreichend energieunabhängig. Ihr Meßbereich reicht i. a. von etwa einigen μGy bis Gy/h.

Die Lebensdauer von A.e ist mit Rücksicht auf irreversible Veränderungen im Zählgas auf etwa 10^{10} Impulse beschränkt.   *Wachsmann*

Literatur: DIN 6118 Tl. 5: Strahlenschutzdosimeter, Zählrohr-Dosisleistungsmesser für Gamma- und Röntgenstrahlen. Hrsg. Dt. Inst. f. Normung. Ausg. 1979.

Ausschaltverknüpfung → Ausschaltverriegelung

Ausschaltverriegelung. Verknüpfung von Bedingungen, die bei Anstehen von Fehlsignalen den Betrieb einer verfahrenstechnischen Einrichtung (Verdichter, Pumpe, Heizofen usw.) verbieten sollen. Diese Bedingungen sind vielfältiger Art, z. B. zu hohe Temperaturen oder Drücke, fehlender Öldruck, verlöschende Flammen. A.en sind dauernd wirksam, also auch beim Einschalten. Zur Inbetriebnahme ist es allerdings manchmal erforderlich, einzelne Ausschaltbedingungen vorübergehend unwirksam zu machen.   *Strohrmann*

Ausschlag-Widerstandsmeßbrücke   →Meßbrücke

Außenleiter. In Mehrphasen-Wechselstromschaltungen, bei denen die Stränge jeweils an einem Ende (X, Y und Z) miteinander verbunden sind (→Sternschaltung), nennt man die von den anderen Strangenden (U, V und W) wegführenden Leiter Außenleiter oder →Hauptleiter. Bei 3-Phasen-Wechselstrom werden sie mit R, S und T bezeichnet. Der vom gemeinsamen Verbindungspunkt wegführende Leiter heißt →Sternpunktleiter oder →Mittelpunktleiter (Mp).   *Claassen*

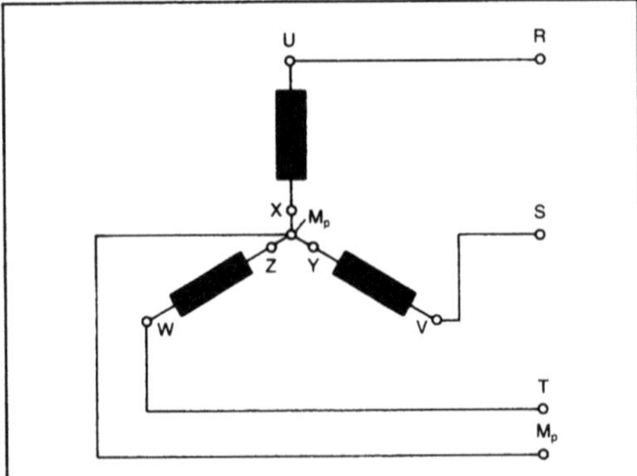

Außenleiter: Sternschaltung bei Drei-Phasen-Wechselstrom mit den Außenleitern R, S und T sowie dem Mittelpunktleiter Mp.

Außenleiterspannung. Spannung zwischen den Außenleitern bei Mehrphasen-Wechselstromnetzen.   *Claassen*

Auswaschen. Das Entfernen von festen, dampf- oder gasförmigen Substanzen aus einem Gasstrom mit Hilfe eines flüssigen Waschmittels (→Absorptionsmittel). Die zu entfernenden Stoffe wandern gemäß dem Phasengleichgewicht von der Gasphase in die flüssige →Phase.   *Dohrn*

Auswuchten. A. bedeutet, die Massenverteilung eines rotierenden Körpers so zu verbessern, daß die Abweichungen der Schwerpunktachse von der Drehachse und besonders die Schwerpunktexzentrizität des Rotor die für seine Bauart, seine →Dreh-

zahl und seine Verwendung zulässigen Toleranzen nicht überschreiten. Das A. umfaßt sowohl das Messen der für den Ausgleich nötigen Korrekturen als auch den Ausgleich durch Massenkorrekturen (Wegnehmen, Hinzufügen, Verschieben) oder durch Verlagern der Drehachse (Wuchtzentrieren).

Ist die Schwerachse zur Drehachse nur parallel verschoben, d. h. liegt nur ein Schwerpunktfehler vor (Bild 1), kann die →Unwucht durch statisches Auswuchten korrigiert werden. Dies erfolgt auf genau waagerechten, möglichst reibungsfreien Schienen durch Herstellen des indifferenten Gleichgewichts bei diesem „Rollpendel". Schneidet oder kreuzt die Schwerpunktachse die Drehachse (Bild 2), ist die Korrektur durch dynamisches A., z. B. mit Hilfe von Auslaufmaschinen, durchzuführen.

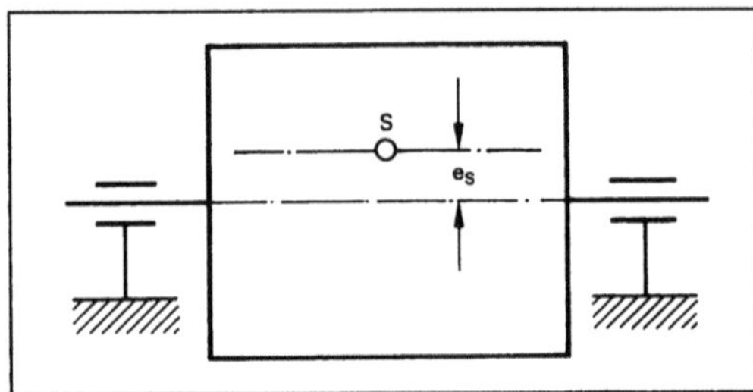

Auswuchten 1: Rotationsmaschine mit Schwerpunktachse parallel zur Drehachse verschoben (nur Schwerpunktfehler).

S) Schwerpunkt, e_s) Exzentrizität

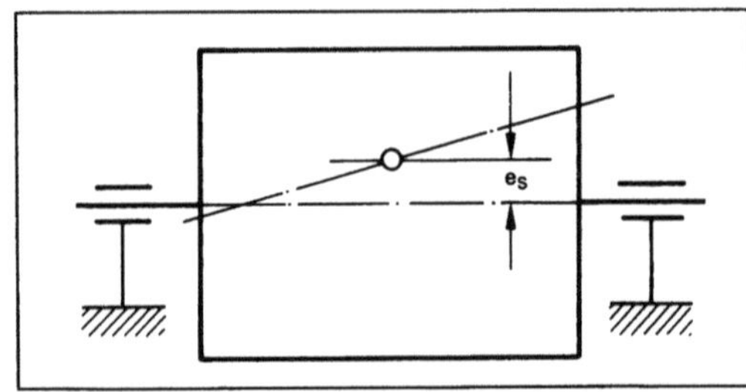

Auswuchten 2: Rotationsmaschine mit Schwerpunktachse parallel zur Drehachse verschoben und Achsenfehler.

e_s) Exzentrizität

A. ist eine sehr wirksame Minderungsmaßnahme, um bei Rotationsmaschinen die Übertragung von dynamischen Lasten über die Maschinenfüße in den Aufstellungsort herabzusetzen. Dadurch wird auch die Erregung von Erschütterungen in der Umgebung des Aufstellungsortes vermindert.   *Splittgerber*

Autokorrelation. Unter A. versteht man die Korrelation der Glieder einer Zeitreihe untereinander.

Wenn ξ_t ein stationärer Prozeß mit Erwartungswert μ und Varianz σ^2 ist, so ist der A.-Koeffizient k-ter Ordnung definiert als

$$\rho_k = \rho_{-k} = \frac{1}{\sigma^2} \cdot E\, p(\xi_t - \mu)(\xi_{t+k} - \mu)b$$

(Erwartungswertbildung über die gemeinsame Verteilung von ξ_t und ξ_{t+k}).

Trägt man an der Abszisse die Ordnung k und an der Ordinate den A.-Koeffizienten ϱ_k auf, so erhält man die A.-Funktion des stochastischen Prozesses ξ_t. Die A.-Funktion offenbart, wie sich die Korrelation zwischen zwei Werten einer Reihe ändert, wenn sich deren Abstand ändert. Da $\rho_k = \rho_{-k}$, ist die A.-Funktion symmetrisch um 0, und in der Praxis ist es nur notwendig, die positive Hälfte der Funktion aufzuzeichnen. Früher nannte man die A.-Funktion meist Korrelogramm.

Hat man von einer Zeitreihe nur T Beobachtungen $x_1, \ldots, x_T$, so kann man ρ_k abschätzen durch

$$r_k = \frac{c_k}{c_o},$$

wobei $c_k = \frac{1}{T} \sum_{t=1}^{T-k} (x_t - \bar{x}) \cdot (x_{t+k} - \bar{x})$

die geschätzte Autokovarianz k-ter Ordnung ist und $\bar{x}$ sich als arithmetisches Mittel aller Beobachtungswerte ergibt. *Schneeberger*

Autokorrelationsfunktion. Die A. ($\rightarrow$Korrelationsmeßtechnik) eines stochastischen Signals hat ihr Maximum bei der Verzögerungszeit $\tau = 0$ und nimmt für größere Verzögerungszeiten monoton ab. Die A. eines periodischen Signals hingegen ist eine periodische $\rightarrow$Funktion mit derselben $\rightarrow$Frequenz wie das Zeitsignal. Aufgrund dieses Verhaltens lassen sich über die Bildung der A. periodische und stochastische Anteile eines Signals trennen.

Das Bild verdeutlicht diesen Sachverhalt. Das $\rightarrow$Thermoelement mißt die Temperatur des von einem Rührer bewegten Wassers. Als Maß für die Temperatur wird normalerweise die tiefpaßgefilterte Thermospannung benutzt. Bei der Bildung der A. wird jedoch die Thermospannung hochpaßgefiltert und verstärkt. Dieses Signal wird abgetastet, und die A. wird berechnet. Sie zeigt einen periodischen Verlauf, dem bei der Verzögerungszeit $\tau = 0$ ein stochastischer Anteil überlagert ist. In dem periodischen Anteil ist die Drehzahl des Rührers zu erkennen; der stochastische Anteil geht auf die Turbulenzen der Wärmebewegung zurück. Über die Bildung der A. lassen sich so generell stochastische und periodische Signale trennen. Diese Methode wird z. B. eingesetzt, um beim Walzen von Blechen, beim Weben oder Bedrucken von Stoffen periodische Fehler zu finden.

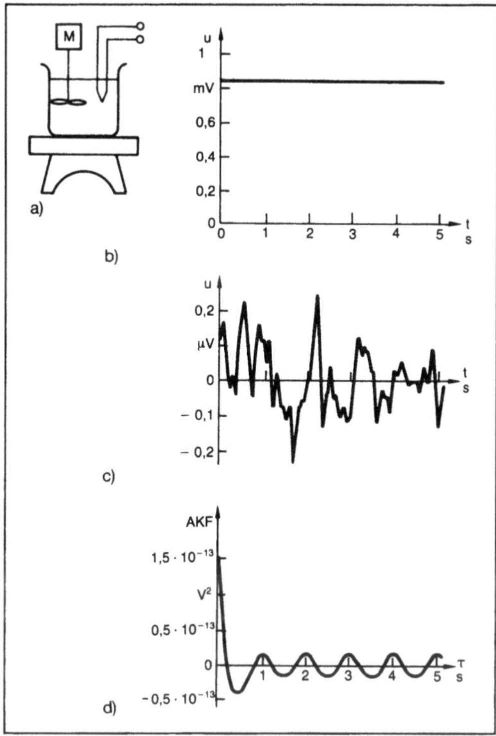

Autokorrelationsfunktion: Über die Bildung einer A. lassen sich periodische und stochastische Signalanteile trennen.
a) Versuchsanordnung;
b) Thermospannung;
c) dieselbe Thermospannung, bei der der Gleichanteil weggefiltert und das verbliebene Rauschen verstärkt worden ist;
d) Autokorrelation des Signals von Bild 1 c (Meßzeit 1697mal 5 s).

Die A. an der Stelle $\tau = 0$ liefert den quadratischen $\rightarrow$Mittelwert, also das Quadrat des Effektivwerts der gemessenen Größe. *Schrüfer*

Automatisierungssystem, dezentrales. Funktionell oder räumlich dezentralisiertes A. auf Mikroprozessorbasis mit bildschirmgestützter Prozeßführung. Dezentrale oder verteilte A. oder Prozeßleitsysteme haben sich neben den konventionellen, voll parallelen sowie neben den von zentralen Prozeßrechnern gesteuerten Systemen seit ihrer ersten Einführung im Jahre 1975 rasch zu einem leistungsfähigen Werkzeug der Prozeßautomatisierung entwickelt. Bei einer großen Anzahl unterschiedlicher Realisierungen findet man folgende gemeinsame Grundzüge:
□ Möglichkeit, die Struktur des A. der Struktur des Prozesses funktionell und räumlich anzupassen;

□ konsequentes Anwenden der Mikroprozessortechnik;

□ Informationsaustausch über Busverbindungen;

□ Prozeßführung über Bildschirme mit zugehörigen, auf sinnfällige Bedienung zugeschnittenen Tastaturen;

□ vorhandene und aufrüstbare Redundanz;

□ Koppelungsmöglichkeiten zu hierarchisch über- und untergeordneten Systemen (z. B. zu Prozeßrechnern oder zu pneumatischen Regelkreisen);

□ Programmierung mit fest vorprogrammierten (dedizierten) Programmbausteinen;

□ gleichartige Bedien-, Konfigurier- und Strukturierkonzepte für Regelungen und Steuerungen.

Das Bild zeigt ein typisches d. A.: Ein redundant vorhandener serieller Systembus verbindet die Prozeßstationen mit den Leit-, Koordinator- und Computerinterface-Stationen. Die Prozeßstationen haben Verbindung mit den peripheren Geräten wie Meßumformern, Aufnehmern, Schaltern oder Stellgeräten. Sie lassen sich der Struktur des zu automatisierenden Prozesses sowohl funktionell – die Regelungen und Steuerungen einer Destillationskolonne werden z. B. von einer →Prozeßstation ausgeführt – als auch räumlich anpassen. Letzteres ist besonders bei Anlagen größerer Ausdehnung von Vorteil, weil ein Großteil der sternförmig zu den Prozeßstationen zu führenden Verkabelung dabei eingespart werden

kann. Die Stationen bearbeiten ihre Regelungs-, Steuerungs- und Sicherungsaufgaben autark. Unterschiedliche Redundanzkonzepte in den Prozeßstationen ermöglichen es, Störungen des Prozeßablaufs bei Ausfall einer Prozeßstation zu vermeiden. Im System (Bild) kann z. B. eine Redundanzstation die Aufgaben einer von vier Prozeßstationen übernehmen.

Über die mit Bildschirmen und Funktionstastaturen ausgerüsteten redundanten Leitstationen wird der Prozeß geführt und das →Prozeßleitsystem konfiguriert und parametriert.

Ist der zu bearbeitende Funktionsumfang für eine Prozeßstation zu umfangreich, was bei rezepturgeführten Ablaufsteuerungen in Chargenprozessen oder bei aufwendigen Optimierungen der Fall sein kann, so läßt sich mit der Koordinatorstation das Zusammenwirken mehrerer Prozeßstationen steuern. Für noch aufwendigere Automatisierungsaufgaben ist eine Computer-Interfacestation vorgesehen, über die zentrale →Prozeßrechner in das System integriert werden können.

Für die Anwenderprogramme stehen dedizierte Programmbausteine, in vielen Systemen auch zusätzlich freiprogrammierbare Bausteine und manchmal noch Programmpakete zur Verfügung. *Strohrmann*

Literatur: *Hengstenberg, J., K. H. Schmitt, B. Sturm u. O. Winkler:* Messen, Steuern und Regeln in der Chemischen Technik. Bd. IV. 3. Aufl. Berlin, Heidelberg, New York, Tokio 1983. –

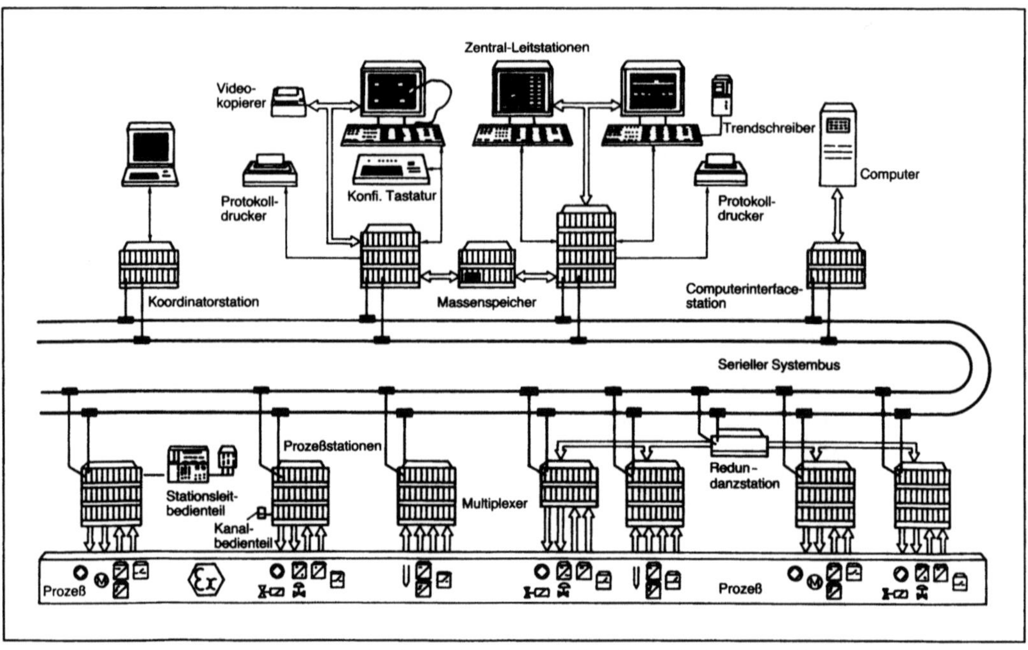

Automatisierungssystem, dezentrales: Struktur eines dezentralen Prozeßleitsystems Gontronic-P. Ein redundanter Bus verbindet die mit der Peripherie zusammenwirkenden Prozeßstationen mit den zentralen Stationen. (Quelle: Hartmann & Braun)

Strohrmann, G.: Automatisierungstechnik. Bd. 1: Grundlagen, analoge und digitale Prozeßleitsysteme. München, Wien 1992.

Automatisierungssystem, verteiltes. Synonym gebrauchter Begriff für dezentrales →Automatisierungssystem.

Avogadro-Gesetz. Ideale Gase gleichen Druckes und gleicher Temperatur enthalten in gleichen Volumina die gleiche Anzahl von Molekülen (Avogadro-Konstante). So nimmt 1 Mol (→Molzahl) eines idealen Gases unter Normalbedingungen das Volumen 22,4 l ein. *Muschik*

B

Back-up-System. Auch Stand-by-System genannt. Einrichtung, die ein Weiterführen eines rechnergestützten Prozesses bei Rechnerausfall möglich macht. Meist werden für B.-u.-S. analoge elektrische oder pneumatische Komponenten eingesetzt, die im Störungsfall jedoch höheren Personaleinsatz erfordern und die Regelqualität einschränken. B.-u.-S. hatten vor allem in der Anfangszeit des Prozeßrechnereinsatzes Bedeutung, als die heute verbreiteten Ausfallstrategien wie → Redundanz und Strukturierung noch nicht oder nur eingeschränkt zur Verfügung standen. *Strohrmann*

Bahn. Alle Punkte, die ein bewegter Materiepunkt im Laufe der Zeit in einem bestimmten (Inertial-)-Koordinatensystem einnimmt, bilden dort seine B. (Bild). Diese wird durch Ortsvektoren $\vec{r}$, die vom Koordinaten-Ursprung O ausgehen und von einem Parameter p abhängen (Parameterdarstellung), beschrieben. Der Parameter kann, muß aber nicht, die Zeit sein. Alle Vektoren $\vec{t} = d\vec{r}/dp$ sind im betrachteten Punkt tangential zur B., also Tangentenvektoren. Ihre Einheitsvektoren, Tangenteneinheitsvektoren $\vec{e}_t$, unterscheiden sich höchstens um das Vorzeichen. Die Bogenlänge s der B. erfüllt

$$ds = \pm |d\vec{r}| \quad \text{und} \quad \vec{e}_t = \pm d\vec{r}/ds.$$

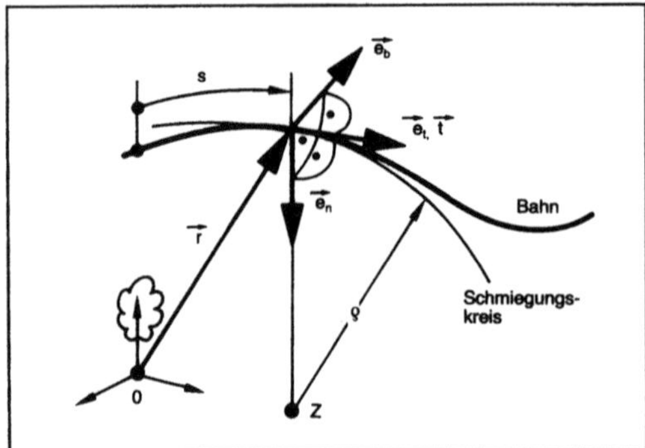

Bahn: Ortsvektor und begleitendes Dreibein.

Die B. wird auch bezüglich ihrer Krümmung in jedem Punkt durch einen zugehörigen Schmiegungskreis mit dem Zentrum Z angenähert. Sein Radius ρ ist der Krümmungsradius. Zum Zentrum Z hin weist der Normaleneinheitsvektor $\vec{e}_n$, der mit dem Binormalenvektor $\vec{e}_b = \vec{e}_t \times \vec{e}_n$ ein begleitendes Dreibein bildet. *Besdo*

Bahndrehimpuls. Es handelt sich um einen in der Atom- und Kernphysik benutzten Begriff für den mit der Bahnbewegung eines individuellen Elementarteilchens relativ zu einem Kraftzentrum verknüpften Drehimpuls. Für ein Teilchen, das sich in einem kugelsymmetrischen Potential bewegt, ist – sowohl klassisch, als auch in der Quantenmechanik – der B. eine Konstante der Bewegung. Dies gilt daher sowohl für die Elektronen der Elektronenhülle eines Atoms als auch für die Nukleonen in einem Atomkern; beide besitzen dabei einen wohldefinierten B.

Nach der Quantenmechanik wird der B. eines Teilchens durch den Operator $\vec{\ell}$ (ein → Vektor mit den drei Komponenten ℓ_x, ℓ_y, ℓ_z) dargestellt, dessen mögliche Eigenwerte die physikalisch möglichen Werte des B. festlegen (Drehimpulsoperator). Die für jeden Drehimpuls in der Quantenmechanik gültigen Vertauschungsrelationen zeigen, daß auch für den B. keine der drei Komponenten mit einer anderen Komponente vertauschbar ist. Dies hat zur Folge, daß immer nur eine Komponente des B. scharf meßbar ist; aus bloß formalen Gründen bezeichnet man diese meist als die z-Komponente. Andererseits ist der Operator des Quadrates des B.

$$\vec{\ell}^2 = \ell_x^2 + \ell_y^2 + \ell_z^2$$ mit jeder einzelnen Komponente vertauschbar, was bedeutet, daß das Quadrat des Drehimpulses und eine Komponente gleichzeitig scharf meßbar sind. Die möglichen Meßwerte des Quadrates $\vec{\ell}^2$ des B. sind die diskreten Werte

$$\ell \, (\ell + 1)\hbar^2 \quad \text{für} \quad \ell = 0, 1, 2, \ldots,$$

während die möglichen Meßwerte der z-Komponente des B. durch

$$m\hbar \quad \text{mit} \quad -\ell \leq m \leq \ell$$

gegeben sind. Dabei ist $\hbar = h/2\pi$, und mit h ist die *Planck*sche Konstante bezeichnet. Die Bahndrehimpulsquantenzahl ℓ bestimmt demnach den Betrag $|\vec{\ell}| = \sqrt{\ell(\ell+1)}\,\hbar$ des B., während die Quantenzahl m die Größe der z-Komponente des B. festlegt. Dabei ist zu beachten, daß m nur die $2\ell + 1$ ganzzahligen Werte zwischen $-\ell$ und $+\ell$ annehmen kann.

Wie für jeden quantenmechanisch zu beschreibenden Drehimpuls gilt: wenn eine der drei räumlichen Komponenten des B. gemessen wird, bleiben die beiden anderen Komponenten völlig unbestimmt; dies bedeutet, daß gemäß der Quantenmechanik die räumliche Orientierung des B.-Vektors nie vollständig bestimmt werden kann. Aus Gründen einer vereinfachten Sprechweise gibt man häufig als B. einfach die Quantenzahl ℓ an. *Kuiper*

Bahngeschwindigkeit →Geschwindigkeit

Bahnwiderstand. Der B. ist der Ohmsche →Widerstand des homogenen Halbleiteranteils in einem elektronischen Halbleiterbauelement. Der Gesamtwiderstand des Elements resultiert aus einer Reihenschaltung aus dem eigentlichen Element (z. B. pn-Übergang), den Übergangswiderständen an den Kontakten und dem B. Dabei kann – z. B. bei hohen Durchlaßströmen – der B. dominieren. *Heinz*

Balkenanzeige. Analoge oder quasianaloge Anzeige von Meß-, Soll-, Grenz- und Stellwerten in Anzeigern oder Bildschirmdisplays als – meist senkrechter – Balken, dessen Höhe dem anzuzeigenden Wert proportional ist. Der Balken kann selbstleuchtend oder passiv in der Lichtemission sein (→Bargraphanzeige). *Strohrmann*

Ballistik →Wurf

Bar. Druckeinheit. Einheitenzeichen bar. 1 bar = 10^5 N/m² = 10^5 Pa ($\approx$ 1,02 at). In Deutschland gesetzliche Einheit, jedoch keine SI-Einheit. Neue Einheit: →Pascal (→Einheiten des SI). *Hammerschmidt*

Bargraphanzeige. →Balkenanzeige durch ein senkrechtes Band, das aus z. B. 200 waagerecht liegenden, übereinander angeordneten metallischen Segmenten besteht. Die Segmente werden etwa

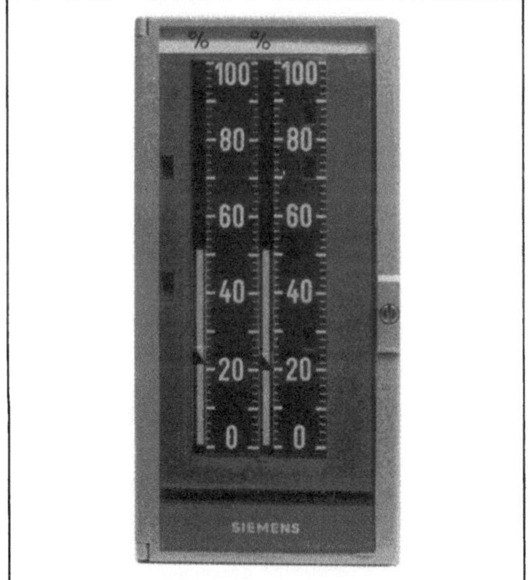

Bargraphanzeige: Gerät mit zwei B. (Quelle: Siemens)

70mal in der Sekunde zum Leuchten angeregt, so daß für den Betrachter ein kontinuierlich leuchtendes Band erscheint (Bild). Die →Anregung der Segmente geschieht von unten nach oben, sie wird abgebrochen, wenn die Höhe des Leuchtbandes den anzuzeigenden Skalenwert erreicht hat. Die Fehlergrenzen sind, bedingt durch die Zahl der Segmente, ±0,5 % ±1. Der Leuchteffekt beruht auf einer →Glimmentladung: Die 200 metallischen Segmente sind die Kathoden, →Anode ist ein in Betrachtungsrichtung davor liegender durchsichtiger Metallstreifen. *Strohrmann*

Barometer. Dient zum →Messen des atmosphärischen Luftdrucks. Ein Flüssigkeits-B. (Bild 1) besteht aus einem oben offenen, mit Flüssigkeit gefüllten Gefäß und einem darin eintauchenden oben verschlossenen senkrechten Rohr. Die Höhe der Flüssigkeitssäule h läßt sich aus der Bedingung berechnen, daß der Druck, der von der Flüssigkeitssäule der Höhe h am Fuße des Rohrs erzeugt wird, gleich dem auf die freie Oberfläche des Gefäßes wirkenden Luftdrucks p_0 sein muß: $\rho g h = p_0$; ρ ist darin die Dichte der Flüssigkeit und $g = 9,81$ m/s² die Erdbeschleunigung.

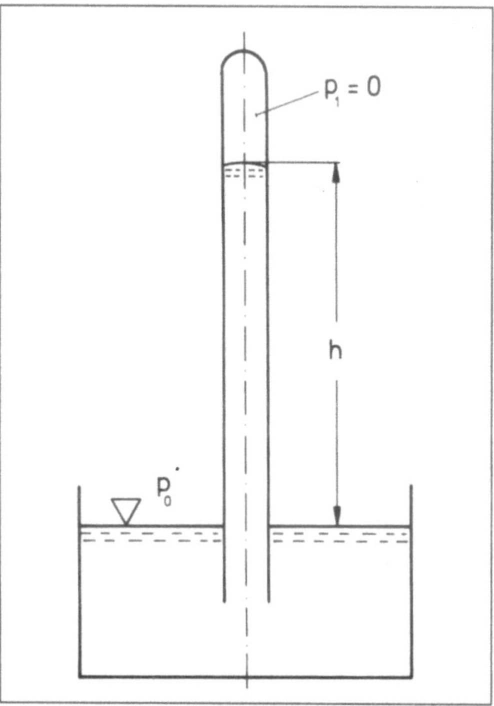

Barometer 1: Flüssigkeitsbarometer.

Für ein mit Quecksilber gefülltes Rohr ergibt sich bei einem Luftdruck von 10^5 Pa = 10 N/cm² eine Flüssigkeitshöhe h = 0,75 m und für ein mit Wasser gefülltes Rohr h = 10,10 m (Bild 2).

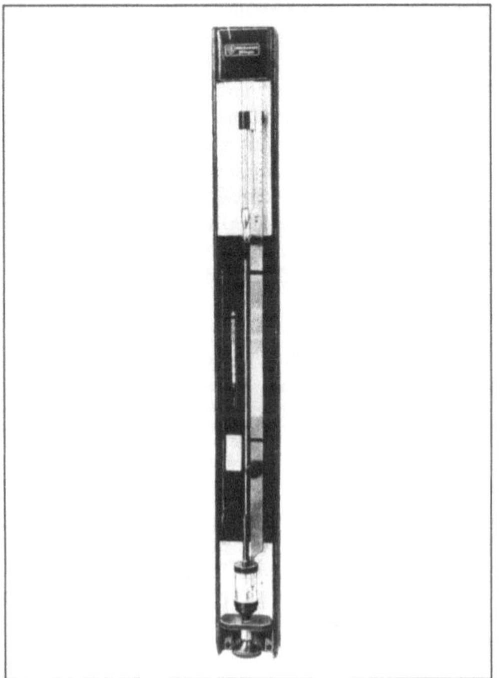

Barometer 2: Quecksilberbarometer. (Quelle: W. Lambrecht, Göttingen)

Quecksilber wird gern als Manometerflüssigkeit verwendet, weil dabei die Meßröhre verhältnismäßig kurz bleibt und der Dampfdruck der Flüssigkeit bei normalen Temperaturen stets vernachlässigbar ist.

Neben dem Flüssigkeits-B. sind Plattenfeder-B. in Gebrauch (Bild 3). Bei diesen Geräten wird die Membrandurchbiegung, die durch die Wirkung des

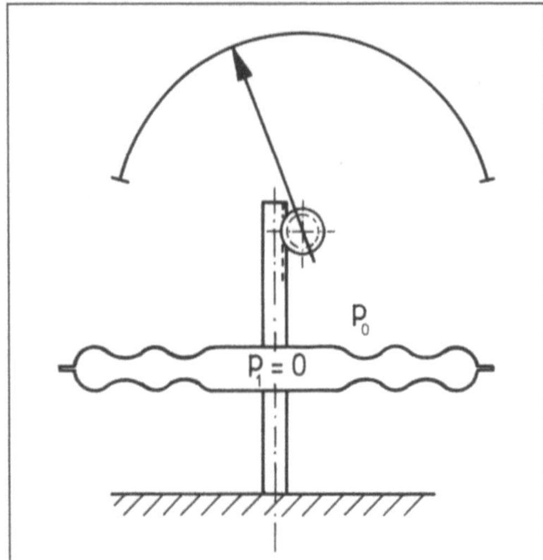

Barometer 3: Plattenfederbarometer.

äußeren Luftdrucks entsteht, entweder über einen Hebelmechanismus direkt angezeigt oder mittels empfindlicher elektrischer Aufnehmer, wie z. B. Dehnungsmeßstreifen, gemessen. Neuerdings werden solche Plattenfeder-B. in Miniaturisierung auch als temperaturkompensierte Silicium-Halbleiter-Meßbrücken in Form von Mikroschaltungen ausgebildet. Als Hypsometer bezeichnet man Geräte, die den Luftdruck über die Messung des Siedepunkts einer Flüssigkeit bestimmen. Ein Barograph ist ein Instrument, das den Luftdruck als Funktion der Zeit aufschreibt. Die Trommel mit dem Papier wird durch ein Uhrwerk angetrieben (Höhenmessung). *G. E. A. Meier*

Bartonzelle. Die B. gehört zu den elastischen Manometern und dient zum Messen des Differenzdrucks im Bereich zwischen 50 mbar und 25 bar bei statischen Drücken bis zu 400 bar. Sie ist überlastbar bis zum Betriebsdruck und ist für kleine Meßfehler erhältlich (0,5 % v. E.).

Zwei Membranfaltenbälge sind durch eine Ventilstange miteinander verbunden (Bild). Sie bilden einen mit einer neutralen, frostbeständigen Flüssigkeit gefüllten Innenraum, durch den die Faltenbälge vor Überlastungen durch den statischen →Druck geschützt werden. Ein unterschiedlicher Druck in den Meßkammern bewirkt ein Zusammendrücken des Meßbalges im Plus-Druckraum und ein Auseinanderziehen des Balges im Minus-Druckraum. Dabei wird die Ventilstange verschoben, bis sich durch die Meßbereichsfedern das Gleichgewicht einstellt. Über ein Hebelsystem wird die lineare Bewegung in eine Drehbewegung umgesetzt und mittels einer Torsionsrohrdurchführung aus dem Druckraum herausgeführt. Bei Vollausschlag ergibt sich ein Drehwinkel von 8°, der bei →Fernmessung

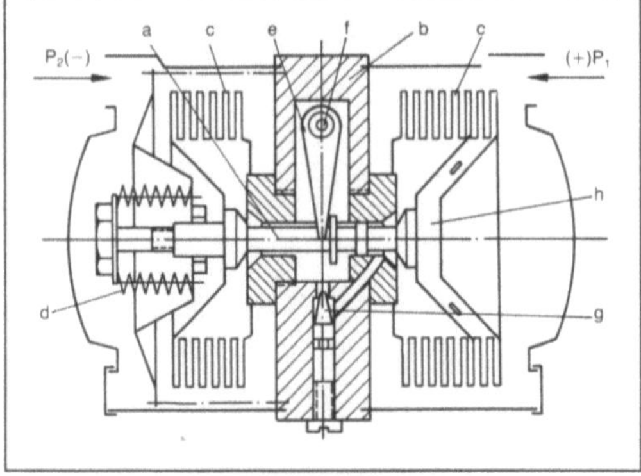

Bartonzelle: Meßzelle im Schnitt. (Quelle: Hartmann & Braun)

a Ventilstange, b Zentralplatte, c Membranfaltenbalg, d Meßbereichfedern, e Übertragungshebel, f Torsionsrohr, g Nadelventil (Pulsationsdämpfung), h Temperaturausdehnungskammer.

über induktive oder magnetische Winkelfühler abgegriffen und in ein →Einheitssignal umgeformt wird. *F. Schneider*

Battelle-Institut e. V. Privates Unternehmen für Auftragsforschung und -entwicklung.

Die 1952 vom Battelle Memorial Institute, Columbus/Ohio (gegr. 1925) gegründeten B.-I. in Frankfurt am Main und Genf sind seit 1987 zusammen mit den B.-Büros in Berlin, Bonn, London, Mailand und Paris als B.Europe organisiert. B. betreibt Auftragsforschung für die öffentliche Hand und die private Wirtschaft, insbesondere in Energietechnik, Weltraumforschung und Umwelttechnik, und ist für die Industrie darüber hinaus als Technologiezentrum und Systemhaus tätig. Die Aktivitäten sind in 7 Geschäftsbereiche zusammengefaßt:

◻ Elektronik,
◻ Materialtechnik,
◻ Verpackungstechnik,
◻ Energie- und angewandte Verfahrenstechnik,
◻ Produktregistrierung und -bewertung,
◻ Motor- und Fahrzeugtechnik GmbH,
◻ Technologie-Management und Consulting.

Die B.-Zentrum GmbH, Frankfurt, ist Gesellschafterin verschiedener aus dem B.-I. e. V. ausgegliederter GmbH-Körperschaften.

B.Europe mit rd. 800 Mitarbeitern und 130 Mill. DM Umsatz wird von einem Management-Board geleitet. Es ist Mitglied der weltweiten B.-Organisation mit über 8000 Mitarbeitern in 40 Ländern und einem Umsatz von 1,1 Mrd. DM (1991).

(BattelleEurope, Am Römerhof 35, 60486 Frankfurt am Main). *Altenmüller*

Batterie. In der Regel versteht man unter B. die Kombination von zwei oder mehreren elektrochemischen Zellen (galvanisches Element) durch Parallel- oder Serienschaltung. Die Bezeichnung B. hat sich darüber hinaus im Zusammenhang mit der Trocken-B. auch für Einzelzellen eingebürgert.

Man unterscheidet zwischen Primär-B., Sekundär-B. – die auch als Akkumulatoren bezeichnet werden – und Tertiär-B. Primär-B. erhalten ihren Energieinhalt bei der Herstellung. Sie können nach der →Entladung i. a. nicht mehr aufgeladen werden. Prinzipiell sind für einige Primär-B. Verfahren zur Reaktivierung bekannt, die jedoch in ihrer Handhabung kompliziert und potentiell gefährlich sind. Daher werden sie i. a. nicht angewandt. Akkumulatoren können nach dem Entladen durch die Zufuhr einer entsprechenden Elektrizitätsmenge wieder in ihren ursprünglichen Zustand zurückgebracht werden. Dieses Aufladen erfolgt durch Anlegen einer Ladespannung aus einer äußeren Stromquelle an die B.-Klemmen. Dabei werden die beim Entladen entstandenen Reaktionsprodukte durch Elektrolyse zersetzt. Die Reaktionspartner werden erneut erzeugt; die eingespeiste elektrische Energie geht in chemische Energie über. Als Tertiär-B. werden die Brennstoffzellen bezeichnet. In ihnen werden die chemischen Energieträger kontinuierlich von außen zugeführt und die Reaktionsprodukte abgeführt.

Die Zellen einer B. bestehen aus zwei Elektroden von meist verschiedenartigem Material. Sie sind hinsichtlich der Elektronenleitung durch einen ionenleitenden Elektrolyten isoliert, in den sie eintauchen. Der Elektrolyt kann sowohl flüssig als auch fest sein (galvanisches Element). In Akkumulatoren werden in den meisten Systemen wäßrige Elektrolyte verwendet, während sich bei Primärzellen neben wäßrigen Salzlösungen aprotische anorganische oder organische Lösungsmittel mit gelösten Salzen als Elektrolyte eingeführt haben. Beim Entladen gibt die negative Elektrode Elektronen ab (Oxidation an →Anode): Die positive Elektrode nimmt Elektronen auf (Reduktion an Katode). Bei wiederaufladbaren Zellen verläuft beim Laden der Stromfluß umgekehrt. Die positive Elektrode gibt Elektronen ab und wird daher nach der Definition aus der Elektrochemie zur Anode. Eine entsprechende Umkehr findet an der negativen Elektrode statt. In der B.-Technik vermeidet man daher die Begriffe Anode und Katode. Die Elektrode, die beim Entladen Elektronen abgibt, wird als die negative Elektrode bezeichnet, die Elektronen aufnehmende als die positive Elektrode. Die Polarität bleibt beim Wechsel erhalten.

Wesentliche Kenngrößen der Einzelzellen einer B. sind die Nennspannung (ein Wert, der zur Vereinfachung genormt ist), die Kapazität, die Energiedichte (spezifische Energie) und die Leistungsdichte, die Selbstentladung und Standlebensdauer (Zelle ohne Belastung), ferner bei Sekundär-B. die Zyklenfestigkeit (Zyklisieren) sowie der Energiewirkungsgrad (Wirkungsgrad). Die Nennspannung wird durch die elektrochemischen Reaktionen der Zelle bestimmt. Die Variationsbreite ist gering. Mit Ausnahme einiger Lithium-Primärzellen liegt die Nennspannung zwischen etwa 1,25 und 2,1 V. Im Gegensatz dazu kann die Kapazität der Einzelzelle, insbesondere für Akkumulatoren, durch die konstruktive Auslegung in weiten Grenzen variiert werden. Entsprechend liegen die B.-Kapazitäten zwischen einigen Milliamperestunden (mAh) bei Primär-B. und zehntausenden Ah für Großanlagen, die mit wiederaufladbaren B. ausgerüstet sind.

Primär-B. zeichnen sich i. a. durch gute Lagerfähigkeit, hohe Energiedichte bei geringen und mittleren Entladeraten und Wartungsfreiheit aus. Ihre Verwendung in einem Gerät erfordert keine technischen Ansprüche an den Benutzer. Der Anwendungsbereich ist außerordentlich breit (Tabelle 1), da sie als leichte und dichtgepackte Energiequelle

Batterie. Tabelle 1: Anwendungsbereiche von Primärbatterien.

Batteriesystem	Vorteile	Nachteile	Anwendungsgebiete
Zink-Braunsteine *(Leclanché)*	niedrige Kosten; Vielzahl von Formen und Größen; weitere Verbreiterung und leicht zu beschaffen	geringe Energiedichte; schlechtes Tieftemperaturverhalten; geringer Wirkungsgrad bei hoher Strombelastung	Transistor-Radios, Kassettenrekorder, Diktiergeräte, Funksprechgeräte, Filmkameras, Blitzgeräte, Taschenlampen, Spielzeuge
Zink-Braunstein (alkalisch)	gute Leistung bei harter Entladung; gute Auslaufsicherheit; gute Lagerfähigkeit; geringer Innenwiderstand	teurer als Leclanché-Zelle; fallende Strom-Spannungs-Kennlinie	wie Leclanché-Zelle
Zink-Quecksilberoxid	flache Entladekurve auch bei hohen Entladeströmen; hohe Energiedichte; mechanisch sehr stabil	sorgfältige Entsorgung notwendig	Hörgeräte, Photoapparate, Taschenrechner, Armbanduhren, Referenz-Spannungsquelle
Zink-Silberoxid	flache Entladekurve; gute Lagerfähigkeit; hohe Energiedichte, gute mechanische Festigkeit	hohe Kosten begrenzen die Verwendung auf Knopfzellen und Miniaturzellen	Hörgeräte, Photoausrüstung, elektr. Uhren, Taschenrechner
Zink-Luft-Sauerstoff	flache Entladekurven; hohe Energiedichte; gute Lagerfähigkeit; niedrige Kosten	nur bei begrenzter Stromentnahme verwendbar	Hörgeräte und elektronische Uhren, Weidezaungeräte, Verkehrssicherungsleuchten, Stromversorgung für Füllsender
Lithium-Thionylchlorid	höchste Energiedichte, höchste Zellspannung, sehr flache Entladekurve; sehr gute Lagerfähigkeit, sicheres Element; geringe Selbstentladung	Spannungsverzögerung (voltage delay) bei längerer Lagerung beim Einschalten; teuer	C-MOS-Speicher, mikroelektronische Geräte, Herzschrittmacher
Lithium-Manganoxid	hohe Zellspannung, hohe Energiedichte, weiter Bereich der Betriebstemperatur	Entladekurve nicht so flach wie bei anderen Lithium-Zellen	Armbanduhren, Taschenrechner, Photoausrüstung, Datenspeicher, Datenerfassungsgeräte, Alarmanlagen
Lithium-Chromoxid	hohe Zellspannung; sehr hohe Energiedichte; keine Spannungsverzögerung bei Normaltemperatur; flache Entladekurve	hohe Kosten begrenzen die Anwendung	C-MOS-Specher, Echtzeituhren-Module
Lithium-Karbonmonofluorid	sehr hohe Energiedichte; hohe Zellspannung; sehr geringe Selbstenladung	Spannungsverzögerung (voltage delay) beim Einschalten	Energiequelle bei LED, mikroelektronische Geräte, Kameras; Telemetrie
Lithium-Jod	hohe Zellspannung; Betriebszeit von mehreren Jahren	hohe Kosten; fallende Strom-Spannungs-Kennlinie	Herzschrittmacher, C-MOS-Speicher

unabhängig vom Netz in den verschiedensten Geräten eingesetzt werden können. Die häufigsten Bauarten von Primärzellen sind die Knopfzellen, die zylindrische Zelle und die Flachzelle. Für Signalanlagen, militärische, maritime und ähnliche Anwendungen werden große Primär-B. in prismatischer Form mit eine Kapazität von einigen 100–1000 Ah eingesetzt.

Reserve-B. sind Primär-B., die durch ihre Bauweise eine extrem lange Lagerfähigkeit haben oder unter sehr erschwerten Bedingungen gelagert werden müssen. Dazu werden zwei unterschiedliche Methoden angewandt:

□ Die B. wird ohne Elektrolytfüllung „trocken" gelagert. Erst beim Inbetriebsetzen wird der Elektrolyt zugegeben.

□ Die B. ist inaktiv, bis sie zur Inbetriebnahme aufgeheizt und der Elektrolyt aufgeschmolzen wird, der dann erst die zum Betrieb notwendige ionische →Leitfähigkeit gewinnt (thermische B.), Reserve-B. werden in der Raumfahrt und im militärischen Bereich verwendet.

Sekundär-B. haben eine geringere Energiedichte und eine höhere Selbstentladung als die meisten Primär-B. Ihre Entladezeit beträgt i. a. deutlich weniger als 100 h, während einige Primär-B. über 1000 h Betriebszeit erreichen, in speziellen Fällen wie in Herzschrittmachern sogar mehrere Jahre. Die Leistungen, die Sekundär-B. liefern können, liegt dagegen höher als die von Primär-B. Das Bild zeigt

(nach *Linden*) in zusammenfassender Darstellung die Arbeitsbereiche der verschiedenen B.-Typen hinsichtlich Betriebszeit und Leistung. Die Darstellung ist vereinfacht. Die eingezeichneten Grenzen werden in manchen Fällen über- oder unterschritten, z. B. von wiederaufladbaren Nickel-Cadmium-B. als Knopfzellen. Bei diesen liegt die Leistung deutlich unter der Grenzlinie Sekundär-B./Primär-B. (Bild).

Für hohe Leistungen im Bereich von mehreren Kilowatt bis Megawatt werden zur Speicherung elektrischer Energie nur Sekundär-B. eingesetzt. Tabelle 2 gibt einen Überblick über die Anwendungsbreite der wiederaufladbaren B. Unterteilt ist nach kleinen, mittleren und hohen Leistungen, jeweils für verschiedene Belastung und verschiedenen Zyklenbetrieb (Zyklisieren).

Fortgeschrittene, aber noch im Entwicklungsstadium befindliche Systeme für große Leistungen sind Hochtemperatur-B., Metall-Luft-Akkumulatoren und Zink-Halogen-Akkumulatoren. Aus Tabelle 2 ist zu ersehen, daß der Bleiakkumulator und alkalische Akkumulatoren vorherrschen und die meisten Anwendungsgebiete abdecken.

Es gibt zwei prinzipiell unterschiedliche Belastungsarten, mit denen eine wiederaufladbare B. betrieben werden kann, den Zyklenbetrieb und den Erhaltungsladebetrieb. Beim Zyklenbetrieb wird der Verbraucher grundsätzlich nur aus der B. gespeist (B.-Betrieb). Bei vollständiger oder teilwei-

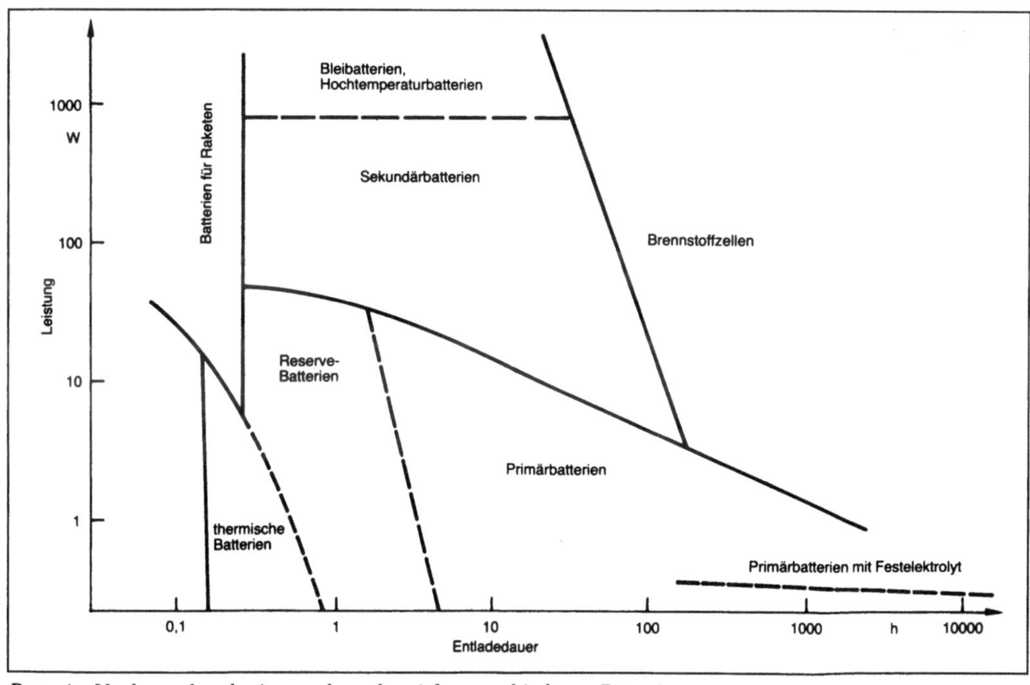

Batterie: Vorherrschende Anwendungsbereiche verschiedener Batteriesysteme.

Batterie. Tabelle 2: Anwendungsgebiete von wiederaufladbaren Batterien.

Leistung	Belastung	Batteriesystem			Anwendungsgebiete		
		wenige, unregelm. Zyklen	häufige, flache Zyklen	häufige, tiefe Zyklen	wenige, unregelm. Zyklen	häufige, flache Zyklen	häufige, tiefe Zyklen
gering (Knopfzelle)	hoch	Cd-Ni	Cd-Ni	Cd-Ni*) Zn-Hg Zn-Ag	Zeitgeber	elektr. Spiele, Transistor-Radio, Blitzgeräte	mechan. Spielzeuge, Hörgeräte
mittel (tragbare Batterien)	mittel	Pb-PbO$_2$*) Cd-Ni Cd-Ag	Pb-PbO$_2$ Cd-Ni Cd-Ag Zn-Ag	Cd-Ni Cd-Ni Cd-Ag Zn-Ag	Registrierkassen, Ausgangsbeleuchtung Gaswarngeräte	Grubenlampen Rechner, elektr. Instrumente	Diktiergeräte Oszillographen, Funkgeräte
	hoch	Pb-PbO$_2$ Cd-Ni	Pb-PbO$_2$ Cd-Ni Zn-Ag	Cd-Ni Pb-PbO$_2$ Cd-Ag Zn-Ag	Notbeleuchtung, Alarmsysteme	Starter für Rasenmäher, Überwachungsausrüstungen, Blitzgeräte Metallsuchgeräte	Gras-Schere, tragbare Werkzeuge, tragbare Fernsehgeräte, tragbare Fernseh-Kamera
groß (stationäre u. Fahrzeug-Batterien)	mittel	Pb-PbO$_2$ Cd-Ni	Pb-PbO$_2$ Cd-Ni	Pb-PbO$_2$ Fe-Ni fortgeschrittene Systeme	Telefonnetze, Kernspeicher, Eisenbahn-Signalanlagen	Unterwasserantriebe, DC-Leistungssätze Funkstationen	Gabelstapler, gleislose Flurfahrzeuge, Elektroboote, Elektroauto, Solarhäuser
	hoch	Pb-PbO$_2$ Cd-Ni Cd-Ag	Pb-PbO$_2$ Cd-Ni Cd-Ag Zn-Ag	Pb-PbO$_2$ fortgeschrittene Systeme	Flutlicht, Notstromversorgung Notstromversorgung f. Flugzeuge	Starterbatterien für Fahrzeuge, mob. und med. Ausrüstungen Stromversorgung in Satelliten	mobile Leistungssätze, Radarstationen, Elektrofahrzeuge, Spitzenlastspeicher, Frequenzhaltung in elektr. Netzen

*) Der Übersichtlichkeit wegen ist bei den positiven Elektroden, die Oxide sind, nur das Metall angegeben.

ser Erschöpfung wird sie vom Verbraucher abgetrennt und mit einem Ladegerät vollgeladen. Beispiele dafür sind tragbare Anwendungen, bei denen die B. nach längerer Standzeit nachgeladen oder nach einer tiefen Entladung wieder vollgeladen wird. Erhaltungsladen erfolgt mit schwachem Strom, wobei dem Akkumulator kein Strom entnommen wird. Es gibt dafür zwei Grundschaltungen:

□ Die B. liegt parallel zu einer Gleichstromquelle und dem Verbraucher, der im normalen Betrieb aus der Gleichstromquelle gespeist wird. Nur wenn die Gleichstromquelle ausfällt (Bereitschaftsparallelbetrieb) oder zur Deckung von Spitzenströmen (Pufferbetrieb) liefert die B. Strom an den Verbraucher.

□ B. und Verbraucher sind grundsätzlich getrennt. Die B. wird über ein Ladegerät laufend im Zustand einer Volladung gehalten. Bei Ausfall der Gleichstromquelle, die den Verbraucher speist, wird auf die B. umgeschaltet (Umschaltbetrieb).

Beispiele für Erhaltungsladen sind unterbrechungslose Stromversorgungsanlagen sowie die Starterbatterien. Diese stellen mit Abstand den größten Anwendungsbereich der Sekundär-B. dar. *Gross*

Literatur: *Beck, F.,* u. *K. J. Euler:* Elektrochemische Energiespeicher. Bd. 1. Berlin, Offenbach 1984. – *Euler, K. J.:* Batterien und Brennstoffzellen. Berlin, Heidelberg, New York 1982. – *Gross, F.:* Batterien. In: Elektrische Energietechnik. Handbuchr. Energie. Bd. 4. Hrsg. T. Bohn. Köln 1987. – Handb. Batteries and Fuel Cells. Hrsg. v. D. Linden. New York 1984. – *Wiesener, K., J. Garche* u. *W. Schneider:* Elektrochemische Stromquellen. Berlin 1984.

Baum. B. ist in der Mathematik die Bezeichnung für einen kreisfreien, zusammenhängenden Graphen. Ein B. mit n Knoten besitzt n-l Kanten. In einem B. existiert zwischen zwei beliebigen Knoten genau ein Weg. Wird ein Knoten als „Wurzel" ausgezeichnet, dann spricht man von einem Wurzelbaum. Die Knoten von Grad l (mit Ausnahme der Wurzel) heißen Endknoten oder Blätter. Durch die Gesamtheit der von der Wurzel zu den Blättern gerichteten Wege ist eine Vorgänger-Nachfolger-Beziehung definiert. Der Vorgänger eines Knotens heißt sein Vater, die Nachfolger eines Knotens heißen seine Söhne.

Ein B., in welchem jeder Knoten maximal zwei Söhne besitzt, heißt binärer B. Ein B., in welchem sich die Weglängen (Knotenzahlen) von der Wurzel zu den Blättern höchstens um eins unterscheiden, heißt höhenbalanziert.

Betrachten wir einen beliebigen Graphen G. Ein Teilgraph, der B. ist und sämtliche Knoten von G

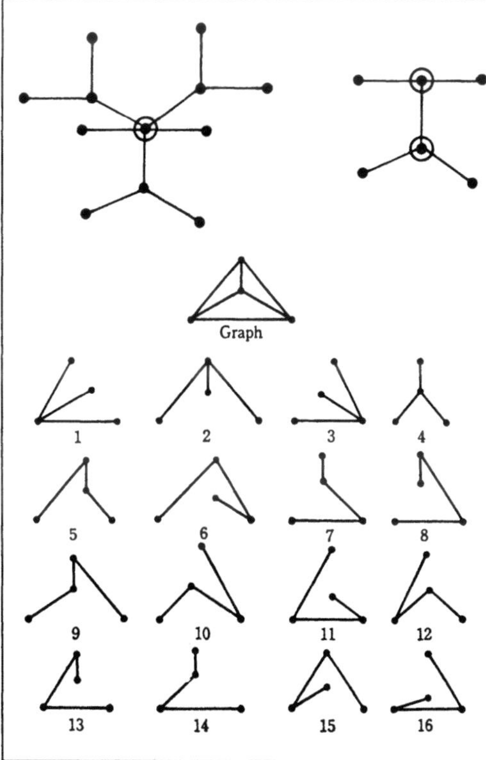

Baum: Schematische Darstellung.

enthält, heißt spannender Teilbaum oder Gerüst. Besteht ein Graph aus mehreren B., dann heißt er Wald. Jeder B. ist planar und läßt sich daher kreuzungsfrei in einer Ebene zeichnen. Üblich ist es, die Wurzel oben, die Blätter unten, und die anderen Knoten dazwischen anzuordnen.

Streicht man in einem B. die Endstrecken, vom verbleibenden B. wieder die Endstrecken usf., so verbleibt schließlich ein Eckpunkt, das *Zentrum* des B., oder eine Strecke, das *Bizentrum* und die *Achse* des B. übrig. *Knödel*

Baustoffermüdung. Die B. bezeichnet bei Baustoffen, daß ihre →Festigkeit bei dynamischen Beanspruchungen herabgesetzt ist. Sie führt bei *unendlich* vielen Lastwechseln zu einer verringerten Grenztragfähigkeit (→Dauerschwingfestigkeit). Diese dynamische Grenztragfähigkeit ist geringer als die Festigkeit bei statischer Beanspruchung. *Splittgerber*

Beanspruchungsgröße. B. treten im Zuge der elementaren Balkentheorie an schlanken Bauteilen auf. Sie beschreiben deren Beanspruchung im Bereich eines bestimmten Querschnitts und sind die Kräfte und Momente, die man bei Querschnitt durch das Bauteil freilegt. Deshalb nennt man sie auch Schnittgrößen.

Längskoordinate des Bauteils kann seine Bogenlänge s (Bild 1), bei geraden Träger(abschnitte)n eine x-Koordinate, bei kreisförmig gekrümmten Trägern ein Winkel sein. Sie legt fest, welches der beim Schnitt entstehenden Schnittufer das positive (die Koordinate weist heraus) und welches das negative ist (Bild 2).

Die Kraft- und Momentenvektoren an den Schnittufern werden in Richtungen eines orthonor

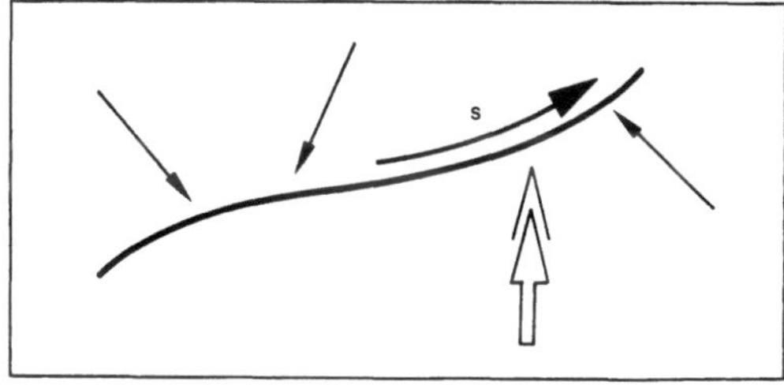

Beanspruchungsgröße 1: Träger mit Längskoordinate s und angedeuteten Lasten.

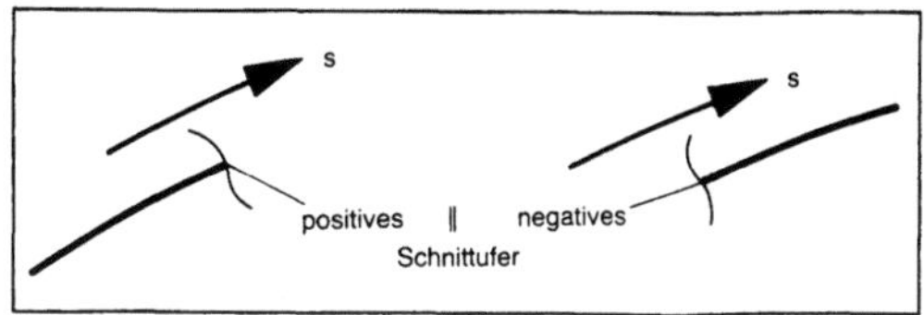

Beanspruchungsgröße 2: Festlegung der SchnittuferBezeichnungen.

mierten begleitenden Dreibeins zerlegt, von dem ein Basisvektor (Bahn) in die Längsrichtung weist und das in der Regel ein Rechtshandsystem bildet, bei dem die Längsrichtung x-, 0- oder 3-Anteil ist (Bild 3).

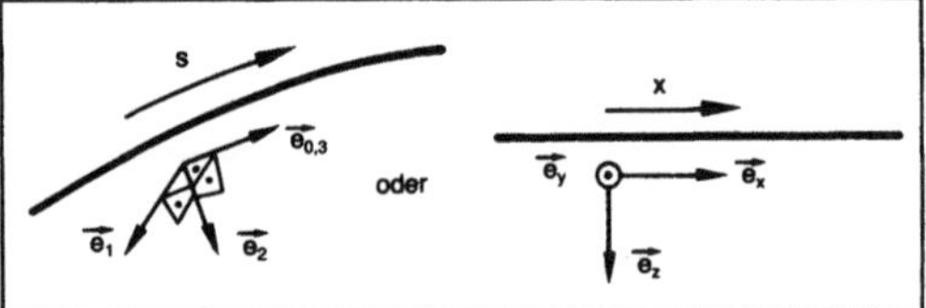

Beanspruchungsgröße 3: Begleitendes Dreibein für Beanspruchungsgrößen.

Die Kraftanteile, die dann am positiven Schnittufer in die x-, 0- oder 3-Richtung weisen und damit am negativen in die umgekehrte Richtung, heißen Normalkräfte F_N, werden aber traditionell oft N genannt, so daß eine Verwechslungsmöglichkeit mit der Maßeinheit Newton auftritt. Der Name →Normalkraft besagt, daß sie normal zum Querschnitt gerichtet ist. Dazu paßt allerdings nicht, daß man die anderen beiden Kraftanteile, die am positiven Schnittufer in y- und z- bzw. in 1- und 2-Richtung weisen, Querkräfte F_{Q1}, F_{Q2} oder kurz Q_y, Q_z bzw. Q_1, Q_2 nennt, weil sie quer zur Balkenachse gerichtet sind (Bild 4). Im Gegensatz dazu benennt man die Momentenkomponenten einheitlich nach der Art der hervorgerufenen Verformung als Torsionsmoment M_t (um die Längsachse) sowie Biegemomente M_{by}, M_{bz} bzw. M_{b1}, M_{b2}.

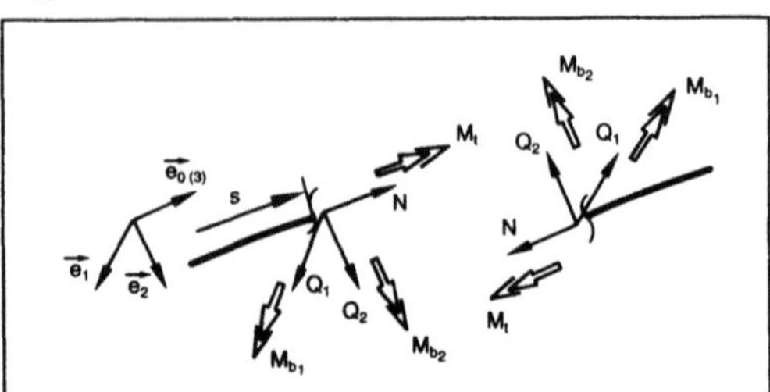

Beanspruchungsgröße 4: Normalkraft, Querkräfte, Torsionsmoment und Biegemomente an den beiden Schnittufern in üblicher Vorzeichen-Definition.

Zu den B. zählen auch die Stab- und Seilkräfte; sie sind in ihren Bauteilen Normalkräfte.

Alle B. hängen im Prinzip von der Längskoordinate ab. Bei ihrer Berechnung ist das Ergebnis also eine Ortsfunktion, die man über der Längskoordinate auftragen kann. Im räumlichen Fall sind viele Regeln des Auftragens denkbar.

Bei der ebenen Statik treten nur die Normalkraft, eine Querkraft und ein Biegemoment auf, die wie in Bild 5 skizziert eingeführt werden. Das Biegemoment wird dann bei graphischen Darstellungen seines Verlaufs auf derjenigen Seite des Balkens senkrecht zur Balkenachse aufgetragen, wo es die Längsfasern dehnt. Die anderen B. werden mit gleicher positiver Zählrichtung skizziert. Wenn möglich wird alles das unter dem Träger selbst dargestellt (Bild 6).

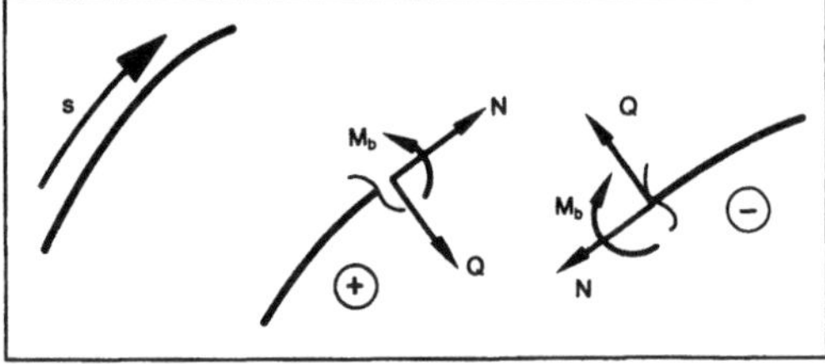

Beanspruchungsgröße 5: Definition im ebenen Fall.

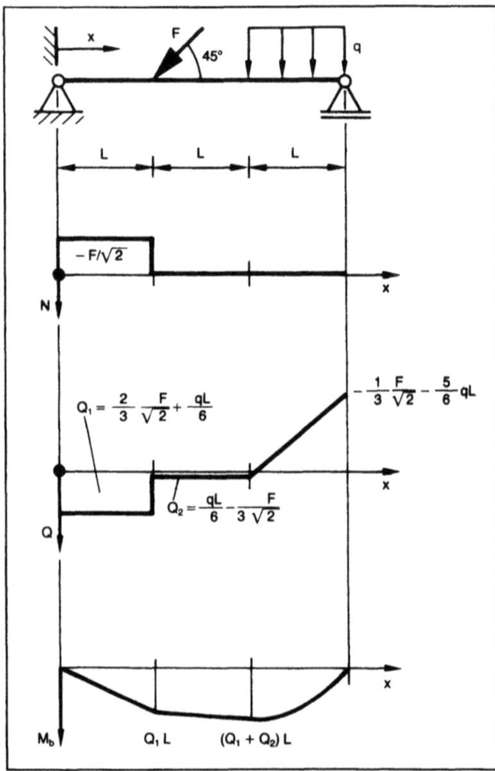

Beanspruchungsgröße 6: Beispiel der ebenen Statik.

Die Darstellungen heißen Normalkraft-, Querkraft- und Biegemomentenlinie.

Die Funktionen der Längskoordinaten erfüllen stets Integrationsvorschriften, die im Fall der ebenen Statik für gerade Träger unter Streckenlasten q_x (längs), q_z (quer) und q_M (verteilte Momente mit y-Achse) lauten:

$$N(x) = -\int q_x(x)\,dx; \quad Q(x) = -\int q_z(x)\,dx,$$
$$M_b(x) = \int [Q(x) - q_M]\,dx.$$

An Angriffsstellen $\hat{x}$ von Einzellasten F_x, F_z, M_y springen die Beanspruchungsgrößen gemäß

$$N\ (\hat{x} + 0) = N\,(\hat{x} - 0) - F_x,$$
$$Q\ (\hat{x} + 0) = Q\,(\hat{x} - 0) - F_z,$$
$$M_b(\hat{x} + 0) = M_b(\hat{x} - 0) - M_y.$$

Diese Zusammenhänge helfen oft, z. B. eine Biegemomentenlinie, die zudem in Gelenken zu verschwinden hat, ohne aufwendige Rechnung zu zeichnen (Bild 7). *Besdo*

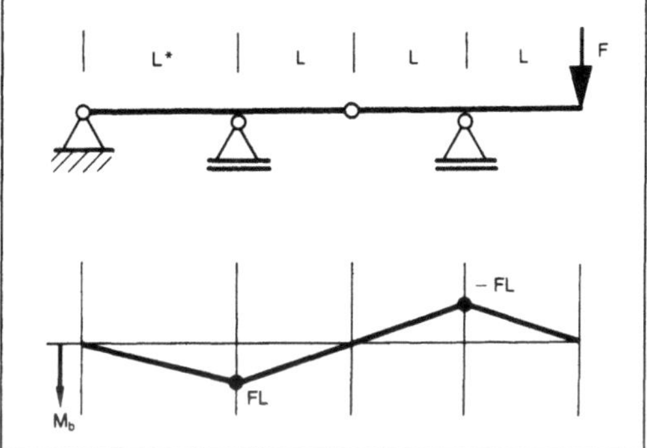

Beanspruchungsgröße 7: Beispiel einer schnell konstruierbaren Biegemomentenlinie.

Becquerel. SI-Einheit der Aktivität einer radioaktiven Substanz, nach *H. Becquerel* (1852–1908) benannt. Einheitenzeichen Bq. 1 Bq = 1 s^{-1} ($\rightarrow$ Einheiten des SI). *Hammerschmidt*

Befeuchten / Trocknen von Gasen. Gase können mit einer Flüssigkeit gesättigt werden, wenn sie mit einer genügend großen Flüssigkeitsoberfläche in Kontakt kommen. Dies kann man u. a. in einer Blasensäule, einer Sprudelschicht, einer Boden- oder einer Packungskolonne erreichen.

Zum Trocknen kühlt man ein Gas unter seinen Taupunkt ab, so daß ein Teil der gelösten Flüssigkeit kondensiert und sich vom Gas abtrennen läßt. Eine weitere Möglichkeit zur Gastrocknung ist die Anwendung von festen und flüssigen Trocknungsmitteln, welche die Feuchtigkeit aus dem Gas aufnehmen. Oft werden kombinierte Verfahren benutzt.

Vom Standpunkt der physikalisch-chemischen Trennverfahren aus werden bei der Trocknung von Gasen verschiedene Grundoperationen angewendet, nämlich die Partialkondensation (Abkühlen), die $\rightarrow$Absorption (flüssiges Trocknungsmittel) und die $\rightarrow$Adsorption (festes Trocknungsmittel). *Dohrn*

Literatur: *Perry, R. E., u. D. W. Green:* Perry's Chemical Engineers' Handbook. 6. Aufl. New York 1984.

Begrenzerschaltung. Schaltung zur Begrenzung der Amplitude einer Spannung oder eines Stroms.

Die Begrenzung wird durch nichtlineare Bauelemente wie z. B. Dioden, Zener-Dioden oder temperaturabhängige Widerstände ($\rightarrow$Kaltleiter) realisiert.

Der Effekt der Spannungsbegrenzung durch zwei antiparallel geschaltete Dioden ist in Bild 1 gezeigt. Des weiteren werden B. benutzt, um die Kennlinie von Meßgeräten definiert zu verzerren. In Bild 2a liegt eine in Sperrichtung gepolte Zener-Diode in Reihe mit dem Meßgerät R_M. Damit kann erst dann über das Instrument ein Strom fließen, wenn die anliegende Spannung U größer als die Durchbruchspannung der Zener-Diode ist. Der Anfang des Meßbereichs wird unterdrückt.

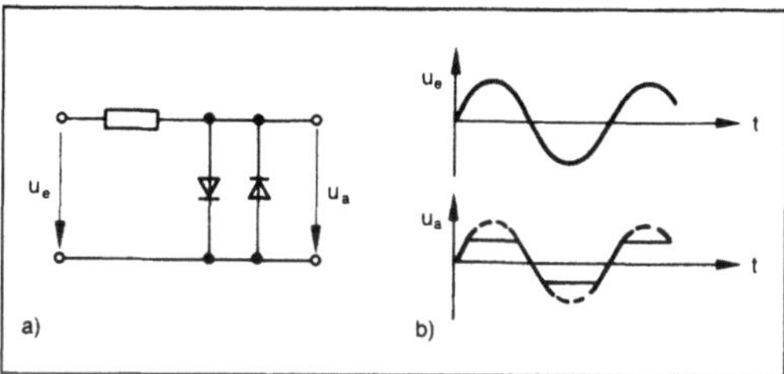

Begrenzerschaltung 1: B. aus zwei antiparallelen Dioden.
a) Prinzip mit Eingangsspannung u_e und Ausgangsspannung u_a
b) Verlauf der Eingangs- und Ausgangsspannung in Abhängigkeit von der Zeit t.

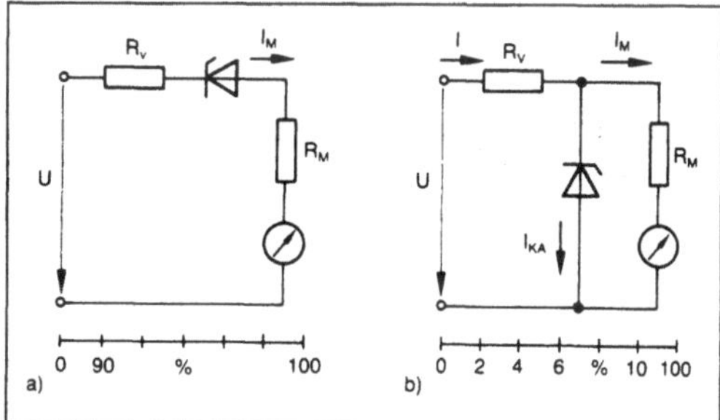

Begrenzerschaltung 2: B. am Drehspulinstrument.
a) Unterdrückter Anfangsbereich
b) unterdrückter Endbereich.

Liegt die Zener-Diode parallel zum Meßgerät (Bild 2b), so fließt zunächst der ganze Strom über das Meßgerät. Die Zener-Diode wird stromführend, wenn der Spannungsabfall am Meßgerät größer als die Zener-Spannung wird. Von diesem Arbeitspunkt an bleibt der Strom über das Meßgerät praktisch konstant, und eine eventuelle weitere Zunahme des Gesamtstroms führt nur zu einem größeren Strom über die Zener-Diode. Die Zener-Diode schützt damit das Meßgerät vor Überlastung. *Schrüfer*

Beizen. Entfernen von Oxiden (Zunder, Rost, Glühhäute) und anderen Reaktionsprodukten von der Werkstoffoberfläche durch vornehmlich chemische, aber auch elektrochemische Behandlung in Säurelösungen, z. T. auch in Laugen, um eine metallisch blanke Oberfläche zu erzielen.

Für das chemische B. von Stahl werden hauptsächlich Säurelösungen aus Schwefel-, Salz- und Salpetersäure und deren Gemische z. T. unter Zusatz von Flußsäure bei Temperaturen von 20–80 °C verwendet. Zum Vermeiden bzw. Vermindern des Metallangriffes werden den Beizlösungen Inhibitoren zugesetzt (Spar-B.). Als Beispiel für das B. in Laugen sind Aluminiumwerkstoffe anzuführen.

Beim elektrochemischen (anodischen) B. (Elektropolieren) kommen je nach Metallart als Elektrolytlösungen verschiedene Säuren und Mischungen vorwiegend aus Salpeter-, Schwefel-, Phosphor-, Perchlorsäure u. a. mit geeigneten organischen Zusätzen zum Einsatz. *Wendler-Kalsch*

Literatur: DIN 50902. DIN Taschenb. Bd. 175: Prüfnormen für Überzüge und Korrosion. Berlin 1983. – *Petzow, G.*: Metallographisches Ätzen. Berlin 1976.

Benzinbleigesetz. Der Zweck des „Gesetzes zur Verminderung der Luftverunreinigungen durch Bleiverbindungen in Ottokraftstoffen für Kraftfahrzeugmotore" vom 14. Dezember 1976 (BGBl. I S. 3341) ist es, zum Schutz der menschlichen Gesundheit den Gehalt an Bleiverbindungen und anderen an Stelle von Blei zugesetzten Metallverbindungen in Ottokraftstoffen zu beschränken. Die Gesundheitsgefahr der Bleiverbindungen aus den Emissionen des Kraftfahrzeugverkehrs ist deshalb besonders hoch, weil diese in Form von größtenteils lungengängigen Teilchen in die Atemluft gelangen. Der Gehalt an Bleiverbindungen darf 0,15 g/l Ottokraftstoff nicht übersteigen. Neben dieser Begrenzungsregelung enthält das Gesetz Ausführungen über die Auszeichnungspflicht hinsichtlich der Kraftstoffqualität bei der Abgabe an den Verbraucher und bei der Einfuhr sowie Regelungen zur Überwachung.

Verordnungen und Verwaltungsvorschriften zum Benzinbleigesetz regeln Einzelheiten bei der Einfuhr von Ottokraftstoffen, bei der Auszeichnung von Qualitäten von Ottokraftstoffen und Anforderungen an diese sowie bei der Überwachung (Auskünfte, Probenahme, Analysenverfahren, Schiedsproben, Maßnahmen bei Überschreitung des zulässigen Bleigehalts). *W. Hoffmann*

Bergbau-Sachverständigenausschuß-Verordnung →Verordnung über den Sachverständigenausschuß für den Bergbau

Bernoulli-Gleichung. Sie beschreibt die Impulserhaltung in einem reibungsfreien, barotropen Strömungsfeld (barotrop: Druck p hängt nur von der Dichte ρ ab). Man erhält die B.-G. durch Integration

der Euler-G. entlang einer Stromlinie. Für 2 beliebige Punkte auf dieser Stromlinie (Index 1 und 2) lautet die B.-G.

$$-\int_1^2 \frac{\partial \mathbf{u}}{\partial t} \cdot ds + \frac{|\mathbf{u}_1|^2}{2} + i_1 + gh_1 = \frac{|\mathbf{u}_2|^2}{2} + i_2 + gh_2;$$

darin bedeuten: u Geschwindigkeitsfeld, i spezifische →Enthalpie, g Schwerebeschleunigung, h Höhenkoordinate, ds Bahnelement in Richtung der Stromlinie. Von wesentlicher Bedeutung ist die B.-G. für die Behandlung eindimensionaler, kompressibler und inkompressibler Strömungen und für stationäre Potentialströmungen, deren sämtliche Stromlinien aus einem einheitlichen Ruhegebiet kommen. Für kalorisch ideale Gase (d. h. Gase, deren spezifische Wärmen unabhängig von der Temperatur sind) erhält man bei zusätzlicher Vernachlässigung des Schwereeinflusses:

$$-\int_1^2 \frac{\partial \mathbf{u}}{\partial t} \cdot ds + \frac{|\mathbf{u}_1|^2}{2} + \frac{a_1^2}{\kappa-1} = \frac{|\mathbf{u}_2|^2}{2} + \frac{a_2^2}{\kappa-1};$$

darin sind a Schallgeschwindigkeit, κ Quotient der spezifischen Wärmen c_p und c_v. Für stationäre, inkompressible Strömungen vereinfacht sich die B.-G. zu

$$\rho_o \frac{|\mathbf{u}_1|^2}{2} + p_1 + \rho_o gh_1 = \rho \cdot \frac{|\mathbf{u}_2|^2}{2} + p_2 + \rho_o gh_2$$

oder auch

$$p + \rho_o \frac{|u|^2}{2} + \rho \cdot gh = konst$$

mit einer von Stromlinie zu Stromlinie möglicherweise noch variierenden Konstanten. In Anlehnung an den Druck p nennt man den Term $\rho_o \frac{|u|^2}{2}$ auch dynamischen oder →Staudruck und den Term ρ_o gh statischen Druck. Die Summe aus allen drei Termen wird auch als Gesamtdruck bezeichnet. *Vogel*

Bernoulli-Satz. Dieser Satz, der *Jakob Bernoulli* zuzuschreiben ist, wurde posthum im Jahre 1713 veröffentlicht.

Sei p die →Wahrscheinlichkeit, daß ein Ereignis E eintritt. Sei bei n Versuchen x die Anzahl der Versuche, bei denen E eintritt. Beispiel: Die Wahrscheinlichkeit, eine 6 zu würfeln, ist $p = 1/6$. Man kann z. B. bei $n = 100$ Würfen $x = 15$mal eine 6 gewürfelt haben;

$$w\left(\left|\frac{x}{n} - p\right| > \varepsilon\right)$$

ist dann die Wahrscheinlichkeit, daß die relative Häufigkeit x/n des Eintretens von E um einen Betrag von mindestens $\varepsilon > 0$ von p abweicht.

Der B.-S. besagt, daß bei wachsendem n für jedes beliebige $\varepsilon > 0$ diese Wahrscheinlichkeit gegen 0 geht. Formal gilt also

$$\lim_{n \to \infty} w\left(\left| \frac{x}{n} - p \right| > \varepsilon \right) = 0.$$

Man schreibt meist kürzer:

$$p\lim_{n \to \infty} \frac{x}{n} = p.$$

Allerdings macht dieser Satz nicht die übliche mathematische Grenzwertaussage

$$\lim_{n \to \infty} \frac{x}{n} = p.$$

Der B.-S. ist eines der „Gesetze der großen Zahlen" und drückt intuitive Vorstellungen über die Grenzwerteigenschaften von Ereignisfolgen in exakter formaler Form aus. *Schneeberger*

Berufskrankheiten-Verordnung (BeKV). Die gesetzliche Unfallversicherung erstreckt sich nicht nur auf Unfälle, sondern auch auf Berufskrankheiten. Die Berufskrankheiten sind in der Anlage 1 der BeKV von 1968 mit der Änderungsverordnung von 1976 näher bezeichnet. Zur Zeit sind 55 Berufskrankheiten der BeKV, auf welche die Vorschriften der Reichsversicherungsordnung (RVO) Anwendung finden, anerkannt und folgendermaßen gegliedert:

□ durch chemische Einwirkungen verursachte Krankheiten (z. B. durch Metalle und Metalloide, durch Lösemittel, Schädlingsbekämpfungsmittel, Erstickungsgase usw.);

□ durch physikalische Einwirkungen verursachte Krankheiten (beispielsweise durch Erschütterungen, Druckluft, Lärm, Strahlen usw.);

□ durch Infektionserreger oder Parasiten verursachte Krankheiten sowie Tropenkrankheiten;

□ Erkrankungen der Atemwege und der Lungen, des Rippenfells und Bauchfells (z. B. ausgelöst durch organische und anorganische Stäube);

□ Erkrankungen der Haut;

□ Krankheiten sonstiger Ursachen, beispielsweise Augenzittern der Bergleute.

Andere als die in der Anlage 1 zur BeKV aufgeführten Erkrankungen fallen nicht unter die Vorschriften der Unfallversicherung. Jedoch sollen die Träger der Unfallversicherung im Einzelfall andere Krankheiten wie Berufskrankheiten entschädigen, sofern nach neuen Erkenntnissen die sonstigen Voraussetzungen für eine Berufskrankheit erfüllt sind. *W. Hoffmann*

Beschleunigung. Die B. $\vec{a}$ ist die Zeitableitung der Geschwindigkeit:

$$\vec{a} = d\vec{v}/dt \equiv \dot{\vec{v}}.$$

Dieser B.-Vektor $\vec{a}$ kann in Anteile $\vec{a}_t = \vec{e}_t \, (\vec{a} \cdot \vec{e}_t)$ tangential und $\vec{a}_n = (\vec{e}_n \cdot \vec{a}) \, \vec{e}_n$ normal zur Bahn aufgespalten werden (Bild). Diese Anteile heißen als Skalare $a_t = \vec{a} \cdot \vec{e}_t$ Bahn- oder Tangential-B. und $a_n = \vec{a} \cdot \vec{e}_n$ Normal-B. Während $a_t = \pm \dot{v} = \pm \ddot{s}$ durch Änderung der →Bahngeschwindigkeit v entsteht, ist $a_n = v^2/\rho$ durch die Richtungsänderung der Geschwindigkeit $\vec{v}$ bedingt. Da $\vec{a}_n$ zum Zentrum des Schmiegungskreises hinweist, nennt man diesen Teil – vor allem bei Kreisbewegungen – auch Zentripetal-B. *Besdo*

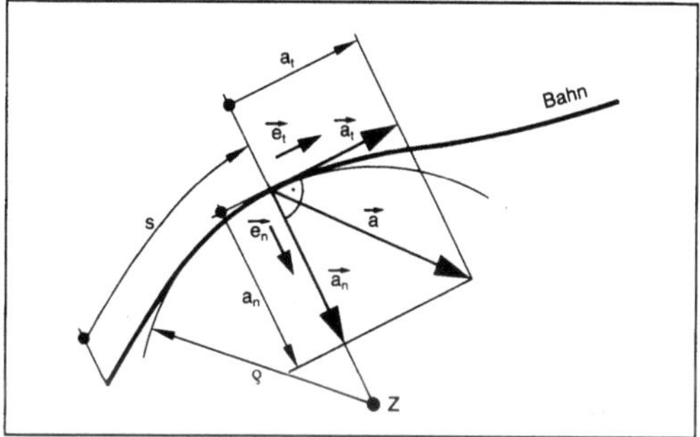

Beschleunigung: Zerlegung in Anteile.

Beschleunigungsfeld. Alle Beschleunigungen eines Körpers bilden ein ihm eigenes B. In starren Körpern wird es durch die →Beschleunigung eines Bezugspunktes B sowie durch die Vektoren $\vec{\omega}$ der →Winkelgeschwindigkeit und $\dot{\vec{\omega}}$ der →Winkelbeschleunigung festgelegt, denn für jeden Punkt P des Körpers gilt

$$\vec{a}_P = \vec{a}_B + \dot{\vec{\omega}} \times \vec{r}_P^{(B)} + \vec{\omega} \times (\vec{\omega} \times \vec{r}_P^{(B)}).$$

Bei ebener →Kinematik (alle Orts- und Geschwindigkeitsvektoren in einer Ebene) geht der letzte Summand in $-\omega^2 \, \vec{r}_P^{(B)}$ über (Bild 1). Er weist stets senkrecht auf eine $\vec{\omega}$-Achse durch B zu, während $\dot{\vec{\omega}} \times \vec{r}_P^{(B)}$ eine →Tangente an einen →Kreis mit dem Mittelpunkt auf einer $\vec{\omega}$-Achse dargestellt. Die Beträge sind $|\vec{a}_2| = |\dot{\vec{\omega}}| \, 1_1$ und $|\vec{a}_3| = |\vec{\omega}|^2 1_2$ (Bild 2). Der Satz von Burmester für Geschwindigkeiten gilt auch für Beschleunigungen. *Besdo*

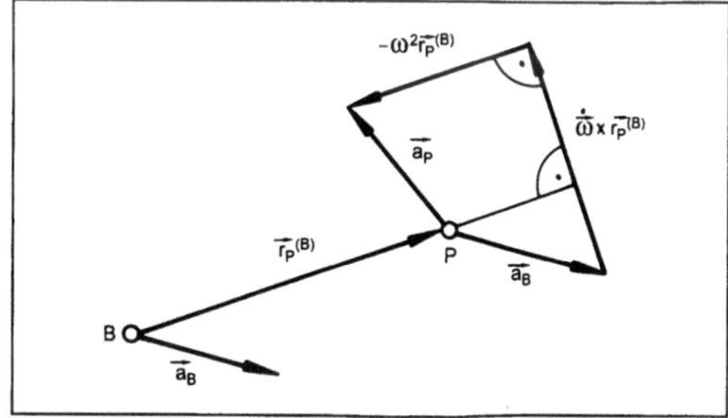

Beschleunigungsfeld 1: Ebenes B.

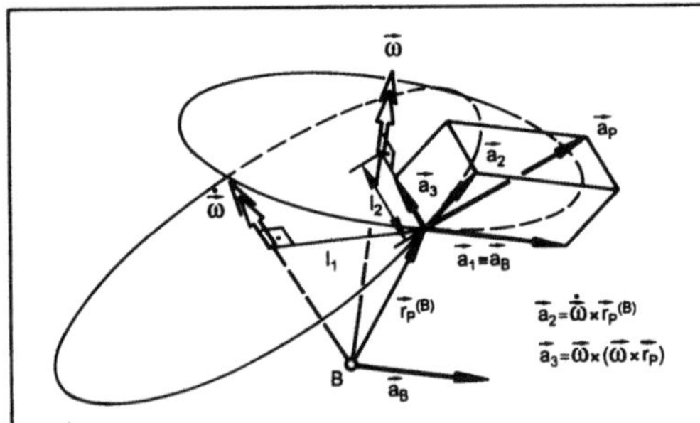

Beschleunigungsfeld 2: Räumliches B.

Beschleunigungsmessung → Schwingungsmessung

Beschleunigungssensor. Wegen der newtonschen
Beziehung $\vec{K}$ = m b zwischen der Kraft $\vec{K}$, der
Masse m und der Beschleunigung b kann bei
bekannter Masse jede Beschleunigungsmessung in
eine → Kraftmessung (Kraftsensor) überführt werden. Alternativ dazu kann die Beschleunigung
gemessen werden über eine zeitabhängige Wege-
messung eines Weges $\vec{l}(t)$ über den Zusammenhang

$$b = \frac{d^2\vec{l}(t)}{dt^2}. \qquad\qquad Schaumburg$$

Bessel-Funktion. Die → Differentialgleichung

$$z^2 \frac{d^2w}{dz^2} + z \frac{dw}{dz} + (z^2 - \alpha^2)\, w = 0 \qquad (1)$$

mit einer beliebigen komplexen Zahl α heißt *Bessel*sche Differentialgleichung der Ordnung α. Ihre
Lösungen $w(z) =: \zeta_\alpha(z)$ werden Zylinderfunktionen
genannt. Sie sind darstellbar als

$$\zeta_\alpha(z) = c_1\, J_\alpha(z) + c_2\, Y_\alpha(z) \text{ mit}$$

$$J_\alpha(z) = \sum_{\nu=0}^{\infty} \frac{(-1)^\nu}{\nu!\,\Gamma(\nu + \alpha + 1)} \left(\frac{z}{2}\right)^{\alpha + 2\nu}, \qquad (2)$$

$$Y_\alpha(z) = \lim_{\beta \to \alpha} \frac{J_\beta(z)\cos(\beta\pi) - J_{-\beta}(z)}{\sin(\beta\pi)} =: N_\alpha(z) \qquad (3)$$

und beliebigen Konstanten c_1, c_2. Ist α keine ganze
Zahl, so darf der Limes weggelassen und β durch α
ersetzt werden. Die so definierten Funktionen J_α
und Y_α sind linear unabhängige Lösungen von (1).
Für nicht ganzzahliges α sind auch J_α und J_{-a} linear
unabhängige Lösungen. Man nennt J_α die B.-F.
erster Art der Ordnung α und Y_α die B.-F. zweiter
Art der Ordnung α oder auch *Neumann*-Funktion
oder *Weber*-Funktion. Sie wird in der Literatur
häufig auch mit N_α bezeichnet. Beide B.-F. sind in
der längs der negativen reellen Achse aufgeschnittenen komplexen Zahlenebene holomorph. Für
ganzzahliges α ist J_α sogar eine ganze Funktion. (Für

$\alpha = -n$ mit n $\in \mathbb{N}$ fängt die → Reihe (2) wegen der
Nullstellen der Funktion $1/\Gamma$ erst mit $\nu = n$ an). Die
durch

$$H_\alpha^{(1)}(z): = J_\alpha(z) + i\, Y_\alpha(z) \qquad (i^2 = -1)$$

$$H_\alpha^{(2)}(z): = J_\alpha(z) - i\, Y_\alpha(z)$$

erklärten Funktionen $H_\alpha^{(1)}$ und $H_\alpha^{(2)}$ heißen B.-F.
dritter Art der Ordnung α oder *Hankel*-Funktion
erster und zweiter Art.

Die B.-F. – besonders die von ganz- und halbzah-
liger Ordnung – besitzen viele interessante Eigenschaften, von denen wir hier nur einige wenige
aufführen und ansonsten auf die angegebene Literatur verweisen.

Es gilt

$$J_{-1/2}(z) = \sqrt{\frac{2}{\pi z}}\cos z, \quad J_{1/2}(z) = \sqrt{\frac{2}{\pi z}}\sin z.$$

Allgemein bestehen die Rekursionsgleichung

$$\zeta_{\alpha-1}(z) + \zeta_{\alpha+1}(z) = \frac{2\alpha}{z}\,\zeta_\alpha(z)$$

und die Differentiationsformeln

$$\frac{d}{dz}(z^\alpha\,\zeta_\alpha(z)) = z^\alpha\,\zeta_{\alpha-1}(z)$$

$$\frac{d}{dz}(z^{-\alpha}\,\zeta_\alpha(z)) = -z^{-\alpha}\,\zeta_{\alpha+1}(z),$$

wobei insbesondere ζ durch J, Y, $H^{(1)}$, $H^{(2)}$ ersetzt
werden darf. Für Re α > $-1/2$ gilt die Integraldarstellung

$$J_\alpha(z) = \frac{2(z/2)^\alpha}{\sqrt{\pi}\,\Gamma(\alpha + 1/2)} \int_0^1 (1 - t^2)^{\alpha - 1/2} \cos(zt)\, dt.$$

Bei vielen Anwendungen sind die für $|\arg z| < \pi$ und
$z \to \infty$ gültigen asymptotischen Darstellungen

$$J_\alpha(z) = \sqrt{\frac{2}{\pi z}}\cos(z - \alpha\pi/2 - \pi/4) + O(z^{-3/2})$$

$$Y_\alpha(z) = \sqrt{\frac{2}{\pi z}}\sin(z - \alpha\pi/2 - \pi/4) + O(z^{-3/2})$$

von Nutzen. Sie ergeben sich durch Abbruch einer
asymptotischen Entwicklung mit unendlich vielen
Gliedern.

□ Nullstellen. Die Funktionen J_α, Y_α und ihre
Ableitungen J_α', Y_α' besitzen für reelles α unendlich
viele reelle Nullstellen, die alle einfach sind, außer
einer eventuellen → Nullstelle für $z = 0$. Es können
noch Paare konjugiert komplexer Nullstellen auftre-
ten. Jedoch besitzen J_α für $\alpha \geqq -1$ und J_α' für $\alpha \geqq 0$
nur reelle Nullstellen. Für nichtnegatives α wird die
der Größe nach n-te positive Nullstelle von J_α, J_α',
Y_α und Y_α' mit $j_{\alpha,n}$, $j_{\alpha,n}'$, $y_{\alpha,n}$ und $y_{\alpha,n}'$ bezeichnet,

mit der einzigen Ausnahme, daß 0 als erste Nullstelle von J_0' gezählt wird. Die Nullstellen trennen sich gemäß der Ungleichungen

$$j_{\alpha,1} < j_{\alpha+1,1} < j_{\alpha,2} < j_{\alpha+1,2} < j_{\alpha,3} < \ldots,$$
$$y_{\alpha,1} < y_{\alpha+1,1} < y_{\alpha,2} < y_{\alpha+1,2} < y_{\alpha,3} < \ldots,$$
$$\alpha \leq j_{\alpha,1}' < y_{\alpha,1} < y_{\alpha,1}' < j_{\alpha,1} < j_{\alpha,2}' <$$
$$< y_{\alpha,2} < y_{\alpha,2}' < j_{\alpha,2} < j_{\alpha,3}' < \ldots$$

Auch die positiven Nullstellen von zwei beliebigen verschiedenen auf $\mathbb{R}$ reellwertigen Zylinderfunktionen gleicher Ordnung trennen sich; ebenso die positiven Nullstellen von reellwertigem ζ_α und dem zugehörigen $\zeta_{\alpha+1}$.

Es sind Abschätzungen, asymptotische Darstellungen und z. T. auch Tabellen mit numerischen Werten für Nullstellen bekannt.

□ Modifizierte B.-F. Damit bezeichnet man zwei linear unabhängige Lösungen I_α und K_α der Differentialgleichung

$$z^2 \frac{d^2w}{dz^2} + z \frac{dw}{dz} - (z^2 + \alpha^2)w = 0.$$

Es ist

$$I_\alpha(z) := \begin{cases} e^{-i\alpha\pi/2} \, J_\alpha(z \, e^{i\pi/2}) & \text{für } -\pi < \arg z \leq \dfrac{\pi}{2} \\[2mm] e^{i3\alpha\pi/2} \, J_\alpha(z \, e^{-i3\pi/2}) & \text{für } \dfrac{\pi}{2} < \arg z \leq \pi \end{cases}$$

und

$$K_\alpha(z) = \frac{\pi}{2} \lim_{\beta \to \alpha} \frac{I_{-\beta}(z) - I_\beta(z)}{\sin (\beta\pi)},$$

wobei für nicht ganzzahliges α wieder β durch α ersetzt und der Limes weggelassen werden darf.

□ Sphärische B.-F. Sie erfüllen die Differentialgleichung

$$z^2 \frac{d^2w}{dz^2} + 2z \frac{dw}{dz} + (z^2 - n(n+1))w = 0 \qquad (4)$$

$(n = 0, \pm 1, \pm 2, \ldots)$.

Spezielle Lösungen sind:
die *sphärische B.-F. erster Art*

$$j_n(z) := \sqrt{\frac{\pi}{2z}} \, J_{n+1/2}(z),$$

die *sphärische B.-F. zweiter Art*

$$y_n(z) := \sqrt{\frac{\pi}{2z}} \, Y_{n+1/2}(z),$$

und die *sphärische B.-F. dritter Art*

$$h_n^{(1)}(z) = j_n(z) + i \, y_n(z) = \sqrt{\frac{\pi}{2z}} \, H_{n+1/2}^{(1)}(z),$$

$$h_n^{(2)}(z) = j_n(z) - i \, y_n(z) = \sqrt{\frac{\pi}{2z}} \, H_{n+1/2}^{(2)}(z).$$

Die Differentialgleichung (1) bzw. (4) ergibt sich, wenn man die dreidimensionale partielle Differentialgleichung

$$\Delta\psi + \psi = 0 \qquad (5)$$

in Zylinder- bzw. Kugelkoordinaten schreibt und mit einem Separationsansatz behandelt. Die Gleichung (5) entsteht ihrerseits aus vielen partiellen Differentialgleichungen der Physik, wie z. B. der Wellengleichung, der Wärmeleitungsgleichung und der Schrödinger-Gleichung, wenn man deren Lösungen $\psi(\mathbf{x},t)$ mit Ortsvektor $\mathbf{x}$ und Zeitkoordinate t in der Form $\psi(\mathbf{x},t) = \psi(\mathbf{x}) \cdot \alpha(t)$ ansetzt und die Zeitabhängigkeit separiert. *Schmeißer*

Literatur: *Abramowitz, M.* u. *I. A. Stegun:* Handbook of mathematical functions. Washington, D. C. Nat. Bureau of Standards 1964. – *Achenbach, J.-J.:* Numerik-Implementierung von Zylinderfunktionen. Wiesbaden. 1986. – *Erdélyi, A.*, et al.: Higher transcendental functions (vol. 2). New York. 1953. – *Gradshteyn, I. S.*, u. *I. M. Ryzhik:* Table of integrals, series, and products. New York. 1980. – *Jänich, K.:* Analysis für Physiker und Ingenieure. Berlin–Heidelberg. 1983. – *Kratzer, A.*, u. *W. Franz:* Transzendente Funktionen. Leipzig. 1960. – *Lebedew, N. N.:* Spezielle Funktionen und ihre Anwendungen. Mannheim. 1973. – *Magnus, W.* u. *F. Oberhettinger:* Formeln und Sätze für die speziellen Funktionen der mathematischen Physik. Berlin–Heidelberg. 1943. – *Rehwald, W.:* Elementare Einführung in die Bessel-, Neumann- und Hankel-Funktionen. Stuttgart. 1959. – *Schäfke, F. W.:* Einführung in die Theorie der speziellen Funktionen der mathematischen Physik. Berlin–Heidelberg. 1963. – *Watson, G. N.:* A treatise on the theory of Bessel functions. (2. Aufl.): Cambridge. 1958.

Bessel-Ungleichung. Es sei H ein Vektorraum mit Skalarprodukt $<.,.>$, z. B. ein Hilbert-Raum, und $S = (\varphi_\alpha)_{\alpha \in A}$ ein Orthonormalsystem von H. Dann besteht für jedes $f \in H$ die B.-U.

$$\sum_{\alpha \in A} |<f,\varphi_\alpha>|^2 \leq |<f,f>|^2. \qquad (1)$$

Sie gilt selbst bei überabzählbarer Indexmenge A. Die linke Seite ist auch in diesem Fall wohl definiert, denn es zeigt sich, daß für jedes $f \in H$ nur abzählbar viele der Skalarprodukte $<f,\varphi_\alpha>$ von Null verschieden sind.

Tritt in (1) für jedes $f \in H$ Gleichheit ein, so heißt das Orthonormalsystem S für H vollständig. In diesem Fall gilt

$$\left\| f - \sum_{\alpha \in A} <f,\varphi_\alpha>\varphi_\alpha \right\| = 0,$$

wobei die →Norm $\| \cdot \|$ durch

$$\| g \| := {}_+\sqrt{<g,g>} \text{ für } g \in H$$

definiert ist. Man sagt f ist nach dem Orthonormalsystem S entwickelbar.

Die Vollständigkeit ist auch dadurch charakterisiert, daß für je zwei Elemente $f,g \in H$ stets

$$<f,g> = \sum_{\alpha \in A} <f,\varphi_\alpha> \cdot <\varphi_\alpha,g> \qquad (2)$$

gilt. Sowohl (2) als auch die im Falle der Vollständigkeit sich ergebende Gleichung in (1) werden *Parsevalsche Gleichung* genannt.

Am häufigsten stößt man auf die B.-U. bei der Fourier-Entwicklung von 2π-periodischen Funktionen, die für eine Periodenlänge quadratisch integrierbar sind.

In diesem Fall kann man ein Skalarprodukt durch

$$\langle f,g \rangle := \frac{1}{2\pi} \int_0^{2\pi} f(x)\,\overline{g(x)}\,dx,$$

einführen. Dann bilden sowohl

$$S_1 := (e^{i\nu x})_{\nu \in \mathbb{Z}}$$

als auch

$$S_2 := (1,\ \sqrt{2}\cos x, \sqrt{2}\sin x,\ ...,\ \sqrt{2}\cos \nu x,\ \sqrt{2}\sin \nu x,\ ...)$$

ein vollständiges Orthonormalsystem. *Schmeißer*

Literatur: *Barner, M.,* u. *F. Flohr:* Analysis I. Berlin. 1974. – *Großmann, S.:* Funktionalanalysis (2 Bd.). Wiesbaden. 1975. – *Jantscher, J.:* Hilberträume. Wiesbaden. 1977. – *Pflaumann, E.* u. *U. Unger:* Funktionalanalysis I. Mannheim. 1968.

Bestimmtheit, statische. Mit den Gleichgewichtsbedingungen für starre Körper kann man nur unter bestimmten Umständen die Lagerreaktionen eines Systems starrer Körper ermitteln. Dazu muß die Anzahl der Unbekannten mit der Anzahl der Gleichungen übereinstimmen. Darauf beruhen die Abzählregeln, bei denen ein Defekt D die Differenz zwischen der Anzahl der Unbekannten und der Anzahl der Gleichungen wiedergibt. Allgemein verwendbar ist

$$D = \Sigma\,a + \Sigma\,z - \begin{Bmatrix} 3 \\ 6 \end{Bmatrix} N;$$

a bedeutet Wertigkeit eines Auflagers, z Wertigkeit eines Zwischenlagers, N Anzahl der Teile. Die Zahl 3 gilt im Fall der ebenen, 6 bei der räumlichen Statik. Speziell für Stabwerke (Fachwerke) gilt

$$D = \Sigma\,a + S - \begin{Bmatrix} 2 \\ 3 \end{Bmatrix} k;$$

a bedeutet Wertigkeit, s Anzahl der Stäbe, k Anzahl der Knoten. Bei statisch bestimmten, also mit den Gleichungen der Stereostatik berechenbaren Systemen, muß D verschwinden, aber $D=0$ ist nicht hinreichend, denn das Gleichungssystem muß auch lösbar sein.

Ein statisch unbestimmtes System ist entweder statisch überbestimmt, d. h. zu oft gelagert, so daß es irgendwo klemmen kann, oder statisch unterbestimmt, d. h. zu wenig gelagert, also irgendwie beweglich.

Der Grad der statischen Unbestimmtheit als Über- oder Unterbestimmtheit besagt, wie viele Freiheitsgrade man dem statisch unterbestimmten

System durch Fesselungsschritte (zusätzliches Anbringen eines einwertigen Lagers) nehmen oder dem statisch überbestimmten durch entsprechende Befreiungsschritte mindestens geben muß, wenn man es in ein statisch bestimmtes umwandeln will. Ein System kann gleichzeitig unter- und überbestimmt sein und sogar $D=0$ erfüllen. Das skizzierte Beispiel (Bild 1 und Bild 2) ist je einfach statisch über- und statisch unterbestimmt.

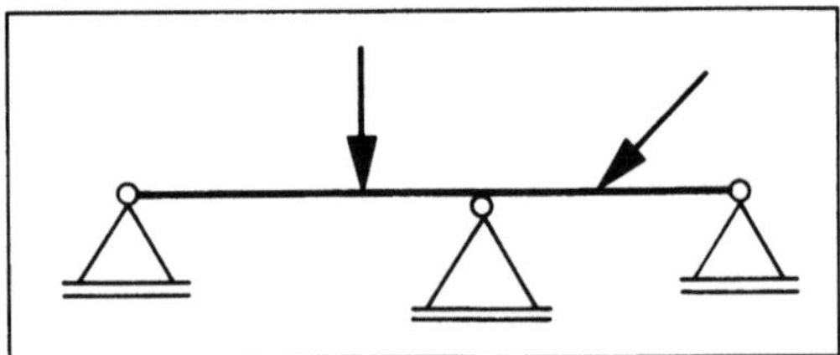

Bestimmtheit, statische 1: Gleichzeitig über- und unterbestimmtes System.

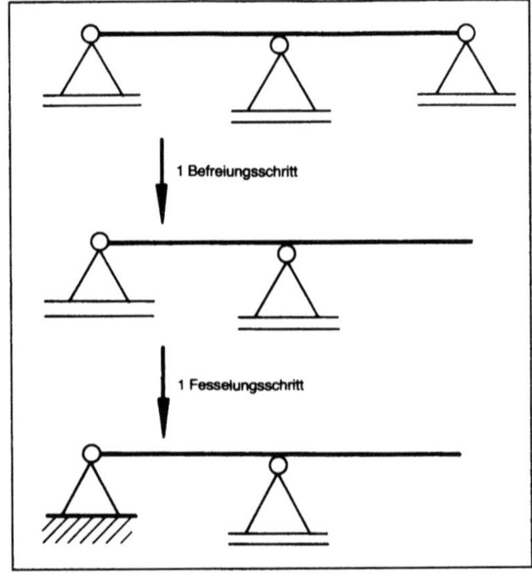

Bestimmtheit, statische 2: Umwandlung des Systems von Bild 1 in ein statisch bestimmtes.

Man unterscheidet zudem bei Systemen aus Stäben und Balken, ob sie äußerlich statisch bestimmt sind, d. h. wie einzelne Balken auf Los- und Festlagern ruhen, und innerlich statisch bestimmt sind (ohne Lager $D=-3$ oder $D=-6$, ohne beweglich zu sein).

Für viele Rechenmethoden ist es wichtig, den Grad der statischen Unbestimmtheit möglichst frühzeitig zu kennen. *Besdo*

Beta-Strahlung. Unter B.-S. versteht man die Emission von Elektronen oder Positronen (positive Elektronen) beim radioaktiven →Zerfall von Atomkernen.

Dementsprechend unterscheidet man β⁻-Strahlung (Elektronen) und β⁺-Strahlung (Positronen). β⁻-Strahlung wird beobachtet bei Radionukliden, die im Vergleich zu stabilen Nukliden einen Neutronenüberschuß haben und β⁺-Strahlung bei Radionukliden mit Protonenüberschuß. β⁻-Strahlen und β⁺-Strahlen werden im →Magnetfeld in entgegengesetzter Richtung abgelenkt. Beide zeigen eine kontinuierliche Energieverteilung, weil beim Beta-Zerfall neben den Elektronen bzw. Positronen auch Elektronantineutrinos bzw. Elektronneutrinos emittiert werden, wobei sich die beim Zerfall freiwerdende Energie statistisch auf Elektronen bzw. Positronen und Neutrinos verteilt (Bild). Deshalb gibt man beim Beta-Zerfall nur die Maximalenergie E_{max} an. Die Wechselwirkung der Neutrinos mit Materie ist außerordentlich gering, so daß diese nur mit großem Aufwand nachgewiesen werden können. Elektronen sind stabile Teilchen und können mit Atomen, Ionen oder Molekülen reagieren. Positronen dagegen haben nur eine geringe Lebensdauer, nachdem sie ihre Energie abgegeben haben. Als Antiteilchen von Elektronen reagieren sie mit diesen unter Aussendung von Vernichtungsstrahlung.

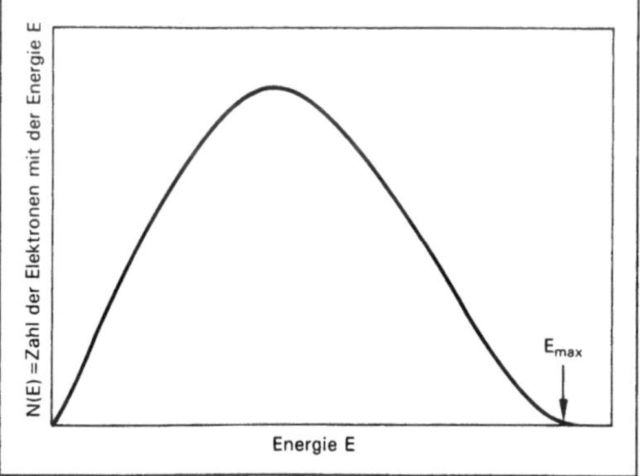

Beta-Strahlung: Kontinuierliche Energieverteilung von B.-S.

B.-S. wird je nach ihrer Energie von Absorbern mit einem Flächengewicht von etwa 10 mg/cm² (0,1 MeV) bis etwa 1 g/cm² (2 MeV) quantitativ absorbiert. Bei der Absorption entsteht Röntgenbremsstrahlung, die in geringerem Umfang absorbiert wird als die B.-S. Wenn B.-S. sich in einer durchsichtigen Substanz (z. B. Wasser oder Plexiglas) ausbreitet, beobachtet man Čerenkov-Strahlung, die immer dann auftritt, wenn sich geladene Teilchen mit einer höheren Geschwindigkeit v bewegen, als der Lichtgeschwindigkeit in der betreffenden Substanz entspricht,

$$v > \frac{c}{n}.$$

c ist die Lichtgeschwindigkeit im Vakuum und n der →Brechungsindex der Substanz. Für B.-S. ist diese Bedingung bereits bei verhältnismäßig niedriger Energie erfüllt (im Gegensatz zu →Alpha-Strahlung). Die Čerenkov-Strahlung ist intensiv blau. *Lieser*

Literatur: *Lieser, K. H.:* Einführung in die Kernchemie. 3. Aufl. Weinheim: VCH-Verlag 1991.

Beta-Zerfall. Unter B.-Z. versteht man den radioaktiven Zerfall unter Aussendung von β⁻- oder β⁺-Strahlung. Die allgemeine Gleichung für den β⁻-Zerfall ist

$$^{A}Z \xrightarrow{\beta^-} {}^{A}(Z+1) + e^- + \Delta E.$$

A ist die Massenzahl, Z die Ordnungszahl, e⁻ ein Elektron und ΔE die freiwerdende Energie. Dabei geht im Kern ein Neutron n über in ein Proton p, ein Elektron e⁻ und ein Elektronantineutrino $\bar{\nu}_e$

$$n \longrightarrow p + e^- + \bar{\nu}_e.$$

Elektron und Elektronantineutrino erhalten variable Anteile der freiwerdenden Energie ΔE. Aus diesem Grunde ist →Beta-Strahlung nicht monoenergetisch, sondern hat eine kontinuierliche Energieverteilung bis zu einer Maximalenergie E_{max}, die durch ΔE gegeben ist. Beim B.-Z. bleibt die Massenzahl A konstant, während sich die Ordnungszahl um eine Einheit erhöht (zweiter radioaktiver Verschiebungssatz von *Soddy* und *Fajans*).

Die allgemeine Gleichung für den β⁺-Zerfall lautet:

$$^{A}Z \xrightarrow{\beta^+} {}^{A}(Z-1) + e^+ + \Delta E.$$

e⁺ ist ein Positron (positives Elektron). Hierbei geht im Kern ein Proton p über in ein Neutron n, ein Positron und ein Elektronneutrino ν_e

$$p \longrightarrow n + e^+ + \nu_e.$$

β⁺-Strahlung hat ebenfalls eine kontinuierliche Energieverteilung. Die Ordnungszahl nimmt um eine Einheit ab. Im Gegensatz zum β⁻-Zerfall ist β⁺-Zerfall nur möglich, wenn die Nuklidmasse des Mutternuklids um 2 Elektronenmassen größer ist als die Nuklidmasse des Tochternuklids. Eine Alternative zum β⁺-Zerfall ist der Elektroneneinfang (Symbol ε). Dabei fängt der Kern ein Elektron aus der Hülle (bevorzugt ein K-Elektron) ein und wandelt sich in ein Neutron um

$$p + e^- \text{ (Hülle)} \longrightarrow n + \nu_e.$$

Als Folge des Elektroneneinfangs entsteht eine Elektronenlücke in der Hülle, die unter Emission von charakteristischer Röntgenstrahlung aufgefüllt wird. Durch inneren Photoeffekt (Wechselwirkung der Röntgenstrahlung mit den Elektronen des betreffenden Atoms) können außerdem Elektronen emittiert werden, die man als Auger-Elektronen bezeichnet. Elektroneneinfang ist auch dann möglich, wenn die Nuklidmasse des Mutternuklids und des Tochternuklids sich um weniger als 2 Elektronenmassen unterscheiden. →Nuklide, die sich bevorzugt durch Elektroneneinfang umwandeln, können als Quellen monoenergetischer Röntgenstrahlen verwendet werden (z. B. ^{55}Fe, ^{109}Cd, ^{125}I).

β^--Zerfall wird bei Radionukliden mit Neutronenüberschuß im Kern beobachtet, z. B. in den radioaktiven Zerfallsreihen, bei allen Spaltprodukten (→Kernspaltung) und bei den Radionukliden, die durch (n,γ)-Reaktionen entstehen; β^+-Zerfall bzw. Elektroneneinfang dagegen bei Radionukliden mit Protonenüberschuß im Kern, z. B. bei den Radionukliden, die durch →Aktivierung mit geladenen Teilchen entstehen. *Lieser*

Literatur: *Lieser, K. H.:* Einführung in die Kernchemie, 3. Aufl. Weinheim: VCH-Verlag 1991.

Bewegung. *Metrischer Raum:* In metrischen Räumen werden die Isometrien B. genannt. Es sind diejenigen Abbildungen, die den Abstand zweier Punkte invariant lassen (→Abbildungsgeometrie).

□ *Kleinscher Raum:* Ist $\mathbb{R}$ ein Kleinscher Raum, d. h. eine Punktmenge M, für die eine Gruppe von umkehrbar eindeutigen Abbildungen von M auf sich (Transformationen) gegeben ist, so heißen diese Abbildungen (die Elemente der Transformationsgruppe) B. des betreffenden Kleinschen Raums. Im projektiven, affinen, euklidischen Raum sind die B. die projektiven, die affinen bzw. die isometrischen Abbildungen.

□ *(Reeller) euklidischer Raum:* Speziell versteht man häufig – ausgehend von der Vorstellung der Bewegung eines starren Körpers durch den Raum (als einer Ortsveränderung, bei der wohl die Lage, nicht aber die Form und die Größe des Körpers verändert werden) – unter B. nur die im (reellen) euklidischen Raum: Es handelt sich um diejenigen affinen Abbildungen, die den Abstand je zweier Punkte invariant lassen (Isometrien). Zwei Figuren heißen in der euklidischen Geometrie äquivalent oder kongruent, wenn sie durch eine B. ineinander überführt werden können. Man spricht daher häufig statt von B. von Kongruenz(-Abbildungen).

Außer dem Abstand lassen B. auch die Winkelgröße und das Spatvolumen invariant. Bei den (euklidischen) B. unterscheidet man die eigentlichen B. (Parallelverschiebungen, Translationen), die Drehungen um eine Gerade, einen Punkt (Rotationen) und Kompositionen der beiden von den uneigentlichen B. (Spiegelungen an einer Ebene, einer Geraden, Komposition einer solchen Spiegelung mit einer eigentlichen B.). Die eigentlichen B. sind

orientierungstreu, d. h. sie erhalten den Umlaufsinn von Figuren bzw. die Orientierung der Koordinatenachsen.

Bei einem Aufbau der euklidischen Geometrie aus dem Spiegelungsbegriff läßt sich der Begriff der B. durch Komposition von Spiegelungen erklären. So ist in der Ebene die Komposition zweier (Achsen-)Spiegelungen, bei parallelen Achsen eine (Parallel-)Verschiebung (→Translation), bei sich schneidenden Achsen eine Drehung um einen Punkt (→Rotation). Eine durch eine gerade bzw. ungerade Anzahl von Spiegelungen erzeugte B. heißt entsprechend gerade oder ungerade.

Die B. bilden bezüglich der Komposition eine Gruppe, die Automorphismengruppe der euklidischen Geometrie. Diese Gruppe wird im Rahmen des Klein-Erlanger-Programms Euklidische Gruppe oder B.-Gruppe genannt. Die eigentlichen B. bilden eine Untergruppe der B.-Gruppe. Weitere Untergruppen sind die Gruppen der Verschiebungen bzw. die der Drehungen. Die uneigentlichen B. bilden keine Gruppe.

Analytisch sind B. affine Punktabbildungen $x' = Ax + t$ des R^n auf sich bzw. affine Vektorabbildungen $\vec{v}' = A\vec{v}$, die das Skalarprodukt invariant lassen. Dies ist genau dann der Fall, wenn die Matrix A orthogonal ist, d. h. wenn $A^T = A^{-1}$ bzw. $A^T A = E$ ist. Für solche Matrizen folgt: $|\det A| = 1$. Ist $\det A = +1$, so ist die B. eigentlich, ist $\det A = -1$, so ist die B. uneigentlich. Die Spaltenvektoren von A bilden ein normiertes Orthogonalsystem. Jede B. kann daher als Wechsel des kartesischen Koordinatensystems aufgefaßt werden.

Wir unterscheiden verschiedene Typen von B.:
□ Bei den eigentlichen B. ($\det A = +1$): Parallelverschiebung (Translation) für $A = E$; Drehung (Rotation) um eine durch den Ursprung gehende Gerade: $t = 0$; Schraubung als allgemeiner Fall einer eigentlichen Bewegung: Komposition einer Drehung um eine Achse und einer Parallelverschiebung längs der Drehachse.
□ Bei den uneigentlichen B. ($\det A = -1$): Drehspiegelung (Komposition einer Ebenenspiegelung und einer Drehung um eine Achse, die senkrecht zur betrachteten Ebene steht): $A + E$ besitzt genau zwei linear unabhängige Spaltenvektoren; Gleitspiegelung (Komposition einer Ebenenspiegelung und einer Parallelverschiebung parallel zu dieser Ebene): Je zwei Spaltenvektoren der Matrix $A - E$ sind linear unabhängig. *W. L. Fischer*

Biegemoment →Beanspruchungsgröße

Biegesteifigkeit →Biegung

Biegung. Durch B. nimmt ein anfangs gerader Balken durch Dehnung von Längsfasern auf einer

Seite und Stauchung von gegenüberliegenden eine gekrümmte Form an; ein bereits anfangs gekrümmter verändert seine Krümmung, ohne die Längserstreckung wesentlich zu ändern. In der Regel existiert in dem Balken eine neutrale Fläche, deren Bild von der Seite auch neutrale Faser heißt und die sich nicht dehnt.

Bei reiner B., d. h. ohne die gleichzeitige Wirkung anderer Beanspruchungsgrößen als von Biegemomenten, und bei linear-elastischem Material gehört der über

$$(EA) = \int\limits^{A} E dA \text{ sowie}$$

$$(EA)\zeta_s = \int\limits^{A} E\zeta dA \; ; \; (EA)\eta_s = \int\limits^{A} E\eta dA$$

definierte →Schwerpunkt S des Querschnitts (Bild 1), der für konstante Elastizitätsmoduln mit dem Flächenschwerpunkt zusammenfällt, zur neutralen Fläche. Deshalb wird die B. durch die (Veränderung der) Schwerpunktslinie, d. i. die Verbindungslinie aller Querschnitts-Schwerpunkte, beschrieben. Sie wird – vor allem bei anfangs geraden Trägern – Biegelinie genannt.

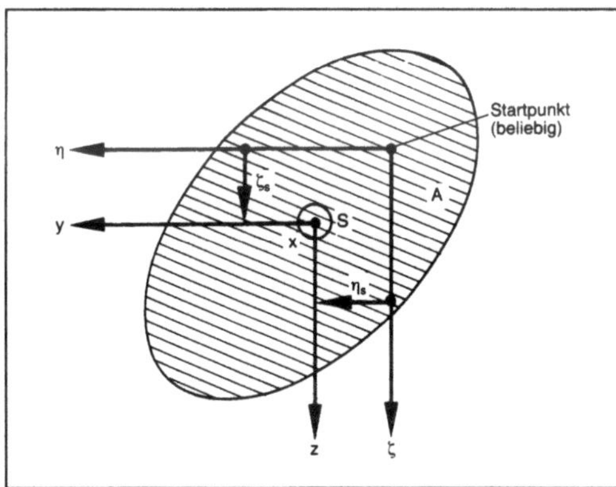

Biegung 1: Zur Festlegung des Schwerpunkts.

Die elementare Balkenlehre setzt die Gültigkeit der Bernoulli-Hypothese voraus, die besagt, daß ursprüngliche Querschnitte des Trägers eben und senkrecht zur verformten Schwerpunktlinie bleiben. Solche (idealisierten) Balken heißen Bernoulli-Balken (andere Ansätze →Schub). Die Bernoulli-Hypothese führt selbst bei anfangs stark gekrümmten Trägern zu guten Resultaten. Allerdings gilt dann nicht wie sonst, daß die Dehnungsverteilung $\varepsilon(y,z)$ im Querschnitt linear ist:

$$\varepsilon = \varepsilon_0 + \kappa_y z - \kappa_z y .$$

Bei anfangs geraden Trägern (Bild 2) beschreibt man die Biegelinie durch den Verschiebungsvektor $\vec{u}(x)$ mit seinen →Koordinaten u, v, w (v in y-

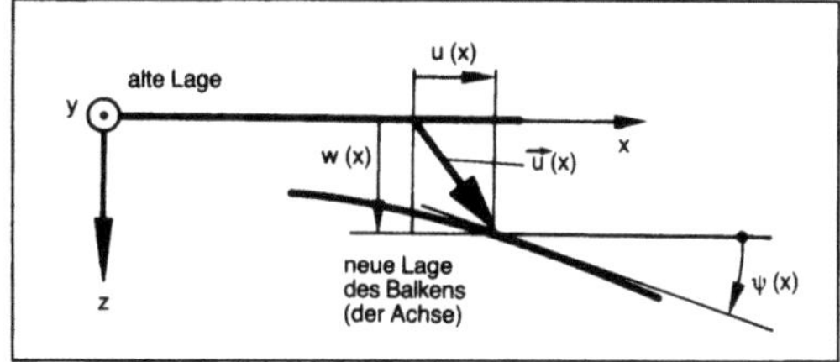

Biegung 2: Verschiebungen und Verdrehung der Balkenachse.

Richtung). Bei kleinen Winkeländerungen der Schwerpunktslinie darf man

$$\varepsilon_0 = u' \equiv du/dx$$

und für die Krümmungen κ_y, κ_z

$$\kappa_y = -w'', \quad \kappa_z = v''$$

setzen.

Es kommt gerade B. vor, bei der für $M_{bz} = 0$ auch κ_z verschwindet. Der Träger verschiebt sich in diesem Fall innerhalb der x, y-Ebene. Die Verschiebung w(x) wird dann Durchsenkung und der Winkel $\psi(x)$, der für $\psi \ll 1$ in w'(x) übergeht, Neigung(swinkel) genannt.

Bei schiefer B. verläuft die Spannungsnullinie des Querschnitts (Schnitt mit der neutralen Fläche) im Gegensatz zur geraden B. nicht parallel zur Momentenrichtung.

Querkontraktionen werden nicht ausgeschlossen. Somit sind anfangs nicht zu stark gekrümmte Träger eine Anhäufung dicht gepackter Zugstäbe mit im Querschnitt wirkenden Normalspannungen $\sigma = E \cdot \varepsilon$:

$$\sigma(y, z) = E(y, z) \cdot (\varepsilon_0 + \kappa_y z - \kappa_z y) .$$

Als Resultierende dieser Spannungen erhält man die Normalkraft

$$N = (EA) \, \varepsilon_0$$

sowie bei Reduktion auf den Schwerpunkt die Biegemomente

$$M_{by} = (EI)_{yy} \kappa_y + (EI)_{yz} \kappa_z; \quad M_{bz} = (EI)_{yz} \kappa_y + (EI)_{zz} \kappa_z.$$

Die Biegesteifigkeiten $(EI)_{ij}$ sind über

$$(EI)_{yy} = \int\limits^{A} E z^2 dA \; ; \; (EI)_{zz} = \int\limits^{A} E y^2 dA \; ;$$

$$(EI)_{yz} = -\int\limits^{A} E yz dA$$

definiert und erfüllen beim Übergang auf andere Querschnittskoordinaten die Transformationsregeln des Mohr-Kreises. In den zugehörigen Hauptachsen des Querschnitts verschwindet $(EI)_{yz}$, und gerade B. wird möglich.

Für homogene Träger (E = konst) wird aus jedem $(EI)_{ij}$ ein Produkt aus E und einem Flächenträgheitsmoment

$$I_{yy} = \int\limits^{A} z^2 dA \; ; \; I_{zz} = \int\limits^{A} y^2 dA$$

oder dem speziell Deviationsmoment genannten

$$I_{yz} = -\int\limits^{A} yz dA \; .$$

Bei Transformationen läßt sich wie bei den $(EI)_{ij}$ auch für die I_{ij} der Mohr-Flächenträgheitskreis mit seinen Abwandlungen anwenden.

Die Flächenträgheitsmomente eines aus Teilbereichen (Nummern: α) mit bekannten $^\alpha I_{ij}$ zusammengesetzten Querschnitts ergeben sich mit Hilfe der Steiner-Sätze mit den die Teilfläche $^\alpha A$ und deren Schwerpunktskoordinaten y_α, z_α enthaltenden Steiner-Anteilen zu

$$I_{yy} = \sum_\alpha (^\alpha I_{yy} + {}^\alpha A z_\alpha^2) \; ; \; I_{zz} = \sum_\alpha (^\alpha I_{zz} + {}^\alpha A y_\alpha^2) \; ,$$

$$I_{yz} = \sum_\alpha (^\alpha I_{yz} = {}^\alpha A \, y_\alpha \, z_\alpha) \; .$$

Ähnliches gilt für Biegesteifigkeiten, falls E bereichsweise konstant ist.

Die wichtigsten Formeln für die gerade B. sind

$$\sigma = E \left[\frac{N}{(EA)} + \frac{M_b}{(EI)} z \right] \xrightarrow[E = konst]{} \frac{N}{A} + \frac{M_b}{I} z$$

Daraus folgt für $\xrightarrow[N = 0]{} \dfrac{M_b}{I} z$

$(I \equiv I_{yy})$ und

$$(EI) \, w'' = -M_b(x) \; .$$

Aus der letzten Formel entsteht durch zweimalige Integration die Gleichung $w = w(x)$ der Biegelinie.

Die Formel $\sigma = (M_b/I) \cdot z$ beschreibt die im Schwerpunkt verschwindende lineare Verteilung der Biegespannungen, deren betragsmäßiger Maximalwert oft für die Haltbarkeit ausschlaggebend ist.

Deshalb benutzt man gern das Widerstandsmoment $W = I/|z|_{max}$ (Bild 3), um die betragsmaximale Biegespannung

$$\sigma_b = \frac{|M_b|}{W}$$

zu bestimmen. Bei Zusammensetzungen mit N gilt jedoch nicht immer $|\sigma|_{max} = \sigma_b + |N|/A$ (Bild 3a) und b)).

Einsetzende Plastizierung (Bild 3b) und c)) begrenzt die maximalen Spannungen und verschiebt manchmal den Nullpunkt der Spannungen. *Besdo*

Bilanzgleichung. Die Felder der Kontinuumsthermodynamik genügen B., aus denen sie zu berechnen sind, falls Anfangs- und Randbedingungen und die Materialgleichungen gegeben sind. Eine lokale B. hat für ein Einkomponentensystem die allgemeine Form:
$\partial(\rho a)/\partial t + \nabla \cdot (\rho \, a\underline{v} + \underline{J}^a) = \sigma^a;$
ρ Massendichte, a spezifische Bilanzgröße (Konzentrationsmaße), ∇ Gradient, $\underline{v} \rightarrow$ Geschwindigkeitsfeld der materiellen Teilchen, $\underline{J}^a$ Flußdichte von a, σ^a Zufuhr- und Produktionsdichte von a.

Eine B. sagt aus, daß die zu bilanzierende Größe a des Systems sich dadurch ändert, daß ein $\rightarrow$Fluß $\underline{J}^a$ durch die Oberfläche des Systems tritt und daß Produktion und Zufuhr σ^a dieser Größe im Inneren des Systems auftreten.

Die speziellen B. entstehen aus der allgemeinen Form durch spezielle Wahl von a, $\underline{J}^a$ und σ^a:

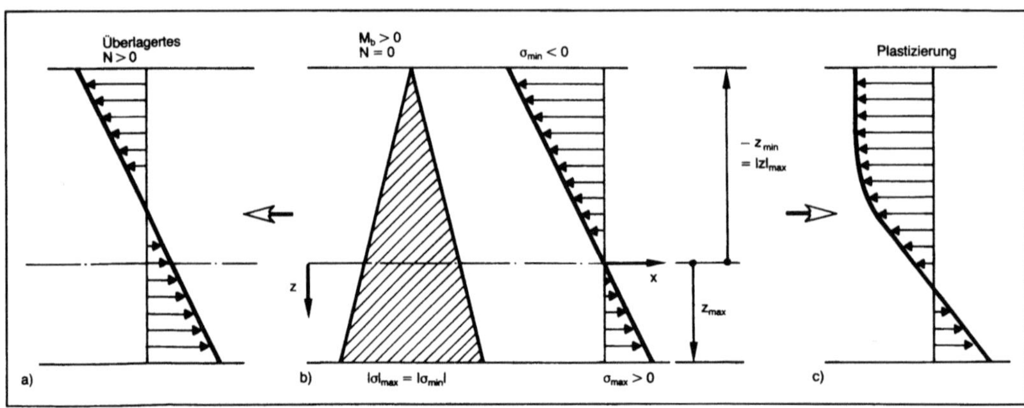

Biegung 3: Spannungsverteilungen bei
a) Beanspruchung durch N und M_b
b) Allein durch M_b (reine Biegung)
c) Nach Überschreiten der Plastizierungsgrenze.

Bilanz	a	$\underline{J}^a$	σ^a
Masse	1	$\underline{0}$	0
Impuls	$\underline{v}$	$\underline{\underline{P}}^T$	$\rho\underline{f}$
kinetische Energie	$\underline{v}^2/2$	$\underline{\underline{P}}^T \cdot \underline{v}$	$\underline{\underline{P}}{:}\nabla\underline{v} + \rho f \cdot \underline{v}$
innere Energie	ε	$\underline{q}$	$-\underline{\underline{P}}{:}\nabla\underline{v} + r$
Gesamtenergie	e	$\underline{q} + \underline{\underline{P}}^T \cdot \underline{v}$	$\rho f \cdot \underline{v} + r$
Entropie	s	$\underline{\Phi}$	σ

Hierbei sind $\underline{\underline{P}}$ der Drucktensor ($\rightarrow$Druck), $\underline{f}$ das eingeprägte spezifische Kraftfeld, ε die spezifische innere Energie, $\underline{q}$ das $\rightarrow$Feld der $\rightarrow$Wärmestromdichte, $e = \varepsilon + \underline{v}^2/2$ die spezifische $\rightarrow$Gesamtenergie, s spezifische $\rightarrow$Entropie, $\underline{\Phi}$ $\rightarrow$Entropiestromdichte, σ spezifische $\rightarrow$Entropieproduktion, r Strahlungsabsorptionsdichte, (^{T} transponiert).

Die Massenbilanz

$$\partial\rho/\partial t + \nabla \cdot (\rho\underline{v}) = 0$$

sagt aus, daß die Masse eines thermodynamischen Systems einem Erhaltungssatz genügt ($\sigma^1 = 0$), d. h. Änderungen der Gesamtmasse des Systems finden nur über den Stofftransport durch seine Oberfläche statt.

Die Impulsbilanz

$$\partial\,(\rho v)/\partial t + \nabla \cdot (\rho\underline{v}\underline{v} + \underline{\underline{P}}^T) = \rho\underline{f}$$

sagt aus, daß der Gesamtimpuls eines Systems durch das Feld der äußeren Kräfte und durch die Oberflächenkräfte verändert wird. Die Impulsbilanz ist das Newtonsche Bewegungsgesetz für deformierbare Stoffe. Die B. für die kinetische Energie entsteht aus der Impulsbilanz durch skalare Multiplikation mit $\underline{v}$. Die B. für die innere Energie ist der Erste $\rightarrow$Hauptsatz für kontinuierliche Systeme. Die Bilanz der Gesamtenergie ist die Summe der Bilanzen der inneren und der kinetischen Energie.

Aus der Impulsbilanz entsteht durch vektorielle Multiplikation mit dem Ortsvektor $\underline{x}$ die Drehimpulsbilanz (hier in Vektorkomponenten ausgeschrieben):

$$\partial(\underline{x} \times \rho\underline{v})_i/\partial t + \partial(\varepsilon_{ikl}(\rho x_k v_l v_j + x_k P_{lj}))/\partial x_j = (\underline{x} \times \rho\underline{f})_i + \varepsilon_{ikl}P_{lk};$$

ε_{ikl} Komponenten des ε-Tensors, die nur dann von null verschieden sind, wenn alle Indizes verschieden sind, und zwar ist $\varepsilon_{ikl} = (-)1$, falls i,k,l eine gerade (ungerade) Permutation von 1,2,3 ist. Über doppelt vorkommende Indizes wird summiert.

Die Drehimpulsbilanz ist eine Folge der Impulsbilanz. Wenn die betrachteten Teilchen einen Eigendrehimpuls (Spin) besitzen, dann gibt es eine Spinbilanz, die sich mit der Drehimpulsbilanz zur Drallbilanz addiert. Sei $\underline{D}$ der spezifische Drall, dann gilt:

$$\partial\,(\rho\underline{D}/\partial t + \nabla \cdot \underline{\underline{A}}^T = \underline{z};$$

$\underline{\underline{A}}$ Drallflußdichte, $\underline{z}$ Drallzufuhrdichte und

$$\rho\underline{D} = \rho\underline{s} + (\underline{x} \times \rho\underline{v}),$$

$$A_{ij} = S_{ij} + \varepsilon_{ikl}(\rho x_k v_l v_j + x_k P_{lj}),$$

$$\underline{z} = \underline{r} + (\underline{x} \times \rho\underline{f}).$$

Daraus ergibt sich für die Spinbilanz:

$$\partial\,(\rho s_i)/\partial t + \partial S_{ij}/\partial x_j = r_i - \varepsilon_{ikl}P_{lk}.$$

Der letzte Term dieser Gleichung ist das Wechselwirkungsglied zwischen Drehimpuls- und Spinbilanz. Gibt es keine solche Wechselwirkung, dann verschwindet dieses Glied, woraus die Symmetrie des Drucktensors folgt. *Muschik*

Bindung, metallische. Es handelt sich um eine Bindung von Metallatomen zu einem metallischen Festkörper. Wesentlich ist dabei, daß jedes Atom etwa ein Elektron abgibt, das dann dem Gesamtverband angehört. Dadurch wird eine Absenkung der $\rightarrow$Gesamtenergie des Systems erreicht, was zur m. B. führt (Bindungsenergie). *Heinz*

binomischer Lehrsatz $\rightarrow$Lehrsatz, binomischer

Biotechnik (technische Biologie). Der Begriff Biotechnik wird in mehrfacher Hinsicht gebraucht. In der Mikrobenzucht bezeichnet man damit beispielsweise Hefekulturen für die Biergärung oder Algenkulturen für die menschliche Ernährung. Hier werden damit nicht solche Phänomene der Kultur von Mikroorganismen gemeint, sondern Querbeziehungen zwischen Biologie und Technik. Da der Begriff Biotechnik in den letzten Jahren mehr und mehr im Sinne der Mikrobenzucht verstanden wird, wurde er im vorliegenden Sinne durch den Begriff technische Biologie ersetzt. Bei einem Vergleich zwischen Biologie und Technik sind zwei Gesichtspunkte unterscheidbar. Zum einen kann das Studium der Technik dazu dienen, das Funktionieren biologischer Strukturen besser zu erkennen und adäquat zu beschreiben. Diesen Aspekt bezeichnet man als technische Biologie im engeren Sinn. Man kann auch die Konstruktionen der Biologie unter dem Gesichtspunkt durchforsten, ob sich daraus nicht Anregungen für technisches Gestalten gewinnen lassen. Diese zukunftsträchtigen Aspekte werden auch mit dem Begriff Bionik bezeichnet. *Nachtigall*

Bit. Abk. für *engl.* binary digit (binäre Ziffer). Ein B. ist ein Zeichen in einer binären Zahlendarstellung, d. h. eine 0 oder 1, das zur Bezeichnung der kleinsten Einheit in einem Speicher verwendet wird. Die Anzahl der B. gibt also an, wieviele Binärstellen der Speicher aufnehmen kann. Diese Zahl ist der →Logarithmus zur Basis 2 von der Anzahl der möglichen Zustände des Speichers. (Die Zustände des Speichers sind die möglichen 0–1-Kombinationen).

In der Informationstheorie wird bit als Maßeinheit für den Informationsgehalt einer Nachricht verwendet.

Paritätsbit: Ein Prüfbit, das anzeigt, ob die Anzahl der binären Einsen in einem Byte oder Wort (außer dem Paritätsbit selbst) ungerade oder gerade ist. Eine 1 als Paritätsbit zeigt eine ungerade, eine 0 eine gerade Anzahl an, so daß die Gesamtzahl der Einsen (mit dem Paritätsbit) stets gerade ist. Die umgekehrte Lösung, also stets eine ungerade Anzahl von Einsen zu erzeugen, hat den Vorteil, daß nie alle Bits in einem Wort oder Byte gleichzeitig den Wert 0 annehmen; bei dieser Lösung spricht man auch vom Imparitätsbit. *H.-J. Schneider*

Blindleistung. Elektrische Energiespeicher wie ein →Kondensator der →Kapazität C oder eine →Spule der →Induktivität L verbrauchen, abgesehen von parasitären Verlusten, keine →Wirkleistung. Werden sie mit sinusförmigem →Wechselstrom der Spannungsamplitude U bzw. der Stromamplitude I und der Winkelfrequenz ω betrieben, so fließt jedoch eine Wechselleistung der Amplitude

$$\tilde{P} = \frac{1}{2} U^2 \omega C \text{ bzw. } \tilde{P} = \frac{1}{2} I^2 \omega L$$

und der doppelten →Frequenz, um die Energiespeicher periodisch umzuladen. Die Amplitude der Wechselleistung wird als Blindleistung bezeichnet.

Blindleistung entspricht also einem Hin- und Herpendeln von Energie. Ihr zeitlicher →Mittelwert ist bei idealen Energiespeichern gleich Null, bei realen Energiespeichern ist der Energietransport aber immer mit Verlusten verbunden. Deshalb sind für den Energietransport Blindleistungsanteile möglichst zu vermeiden (Blindstromkompensation).

Liegt an einem Zweipolanschluß, über den Wirk- und Blindleistung fließt, eine Spannung u(t) = U cos(ωt + φ_u) und fließt über den Anschluß ein Strom i(t) = I cos(ωt + φ_i), so ergibt sich die Blindleistung zu $\tilde{P}$ = ½ U · I sin ($\varphi_u - \varphi_i$). Hier entspricht ein positives Vorzeichen einer induktiven Blindleistung und ein negatives Vorzeichen einer kapazitiven Blindleistung.

Bei komplexer Schreibweise für die Wechselstromgrößen (→Impedanz) läßt sich eine komplexe →Leistung

$$\underline{P} = \frac{1}{2} \underline{U} \cdot \underline{I}^* = P + j\tilde{P}$$

definieren. Der Imaginäranteil der komplexen Leistung ist die Blindleistung $\tilde{P}$, wieder mit positivem Vorzeichen für induktive und mit negativem Vorzeichen für kapazitive Blindleistung. Mit dem →Blindwiderstand X an dem Zweipolanschluß bzw. dem →Blindleitwert B berechnet sich die Blindleistung zu

$$\tilde{P} = \frac{1}{2} I^2 X = -\frac{1}{2} U^2 B. \qquad \textit{Claassen}$$

Blindleistungsmessung   →Leistungsmessung, elektrische

Blindleitwert. Verhältnis von Stromamplitude zu Spannungsamplitude an einem elektrischen Energiespeicher bei sinusförmigem Wechselstrombetrieb. An einem Zweipolanschluß, über den Wirk- und →Blindleistung fließt, ist der Blindleitwert gleich dem Imaginärteil B der kompexen →Admittanz $\underline{Y}$ = G + jB, die bei der komplexen Schreibweise für die Wechselstromgrößen das Verhältnis der komplexen Stromamplitude zur komplexen Spannungsamplitude darstellt.

Der Blindleitwert einer →Kapazität C bei der Kreisfrequenz ω ist B = ωC, der einer →Induktivität L ist B = $-1/\omega L$. Allgemein entspricht ein positiver Blindleitwert einem kapazitiven Energiespeicher, ein negativer Blindleitwert einem induktiven Energiespeicher. Der Blindleitwert wird auch als Suszeptanz bezeichnet. *Claassen*

Blindwiderstand. Verhältnis von Spannungsamplitude zu Stromamplitude an einem elektrischen Energiespeicher bei sinusförmigem Wechselstrombetrieb. An einem Zweipolanschluß, über den Wirk- und →Blindleistung fließen, ist der Blindwiderstand gleich dem Imaginäranteil X der komplexen →Impedanz $\underline{Z}$ = R + jX, die bei der komplexen Schreibweise für die Wechselstromgrößen das Verhältnis der komplexen Spannungsamplitude zur komplexen Stromamplitude darstellt. Der Blindwiderstand einer →Induktivität L bei der Kreisfrequenz ω ist X = ωL, der einer →Kapazität C ist X = $-1/\omega C$. Allgemein entspricht ein positiver Blindwiderstand einem induktiven Energiespeicher, ein negativer Blindwiderstand einem kapazitiven Energiespeicher. Der Blindwiderstand wird auch als →Reaktanz bezeichnet. *Claassen*

Bode-Diagramm. Das B.-D. ist die graphische Darstellung des Frequenzgangs im logarithmischen Maßstab. Dazu wird der →Frequenzgang $\underline{F}$ (jω) = A(ω)e$^{j\varphi(\omega)}$ logarithmiert, so daß

$$\lg[\underline{F}(j\omega)] = \lg[A(\omega)] + \varphi(\omega) \cdot j \lg(e).$$

Über der Kreisfrequenz ω im logarithmischen Maßstab werden der Betrag A(ω) als Amplitudengang logarithmisch oder linear in dB ($\rightarrow$Dezibel) und der $\rightarrow$Winkel $\varphi(\omega)$ als $\rightarrow$Phasengang linear aufgetragen. Der Koeffizient j lg(e) kann als Maßstabsfaktor angesehen werden. Der Vorteil dieser logarithmischen Darstellung liegt darin, daß Frequenzgänge von Kettenschaltungen ($\rightarrow$Übertragungsglied, lineares) durch Überlagerung (Addition) der einzelnen Amplituden- bzw. Phasengänge erstellt werden können. Inverse Frequenzgänge erhält man durch Spiegelung an der 0 dB-Linie (entspricht dem Wert 1) bzw. an der 0°-Linie.

Die Abbildung zeigt das B.-D. eines Übertragungsgliedes zweiter Ordnung und zwar eines P-T$_2$-Gliedes mit reellen Polen. In diesem Fall ist es eine Kettenschaltung von zwei P-T$_1$-Gliedern (Übertragungsglied erster Ordnung, $\rightarrow$Verzögerungsglied). Sein Frequenzgang ist

$$\underline{F}(j\omega) = \frac{K}{1 + j\omega\,(T_1 + T_2) - \omega^2 T_1 T_2}$$

mit dem Amplitudengang

$$A(\omega) = \frac{K}{\sqrt{(1 + \omega^2\,T_1{}^2)\,(1 + \omega^2 T_2{}^2)}}$$

und dem Phasengang

$$\varphi(\omega) = -\arctan(\omega T_1) - \arctan(\omega T_2).$$

An der gestrichelten Linie erkennt man die Überlagerung der geradlinigen Näherungen für die P-T$_1$-Glieder. An der ersten Eckkreisfrequenz $\omega_1 = 1/T_1$ beginnt im Amplitudengang der Abfall mit -1 bzw. -20 dB/Dekade, nach der zweiten Eckkreisfrequenz $\omega_2 = 1/T_2$ ist die Neigung -2 bzw. -40 dB/Dekade.

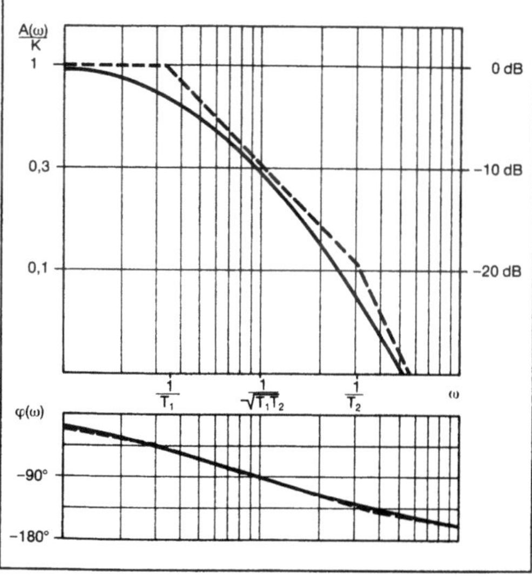

Bode-Diagramm: B.-D. eines P-T$_2$-Gliedes mit reellen Polen.

Der exakt berechnete Verlauf (ausgezogene Linie) liegt darunter. Bei Reglerentwurf und Stabilitätsuntersuchung (*Nyquist*-Kriterium) arbeitet man mit der geradlinigen Näherung auf der sicheren Seite. Im Phasengang ist der Unterschied zwischen exaktem Verlauf und der Überlagerung aus den linearen Näherungen kaum festzustellen. Bei Regelkreisuntersuchung und -auslegung genügt es daher in den meisten Fällen, mit den geradlinigen Näherungen zu arbeiten. *Böttiger*

Bogen. Eine Strecke oder ein Stück einer $\rightarrow$Kurve. – *Einfacher B.:* Das Bild des abgeschlossenen Intervalls [0,1] unter einer eindeutigen und (umkehrbar) stetigen Abbildung, d. h. eine einfache Kurve, die nicht geschlossen ist. – Eine Kurve, die nicht geschlossen ist. *W. L. Fischer*

Bogenlänge. Unter der B. eines Kurvenstücks C versteht man das Supremum der Längen aller Streckenzüge, deren Eckpunkte auf C liegen. Ist dieses Supremum endlich, so heißt C rektifizierbar. Werden die Punkte (x, y, z) eines Kurvenstücks C des dreidimensionalen euklidischen Raums durch $x = f(t)$, $y = g(t)$, $z = h(t)$, $a \leq t \leq b$ gegeben, so ist C genau dann rektifizierbar, wenn die Funktionen f, g und h von beschränkter Variation sind. Besitzen f, g und h stetige Ableitungen, so läßt sich die B. L durch

$$L = \int_a^b \sqrt{(f'(t))^2 + (g'(t))^2 + (h'(t)))^2}\; dt$$

ausdrücken. Unter entsprechenden Voraussetzungen berechnet sich die B. L einer durch $y = f(x)$ mit $a \leq x \leq b$ gegebenen Kurve von Punkten (x,y) der euklidischen Ebene zu

$$L = \int_a^b \sqrt{1 + (f'(x))^2}\; dx;$$

($\rightarrow$Integral (Kurven-), $\rightarrow$Bahn). *Schmeißer*

Literatur: *Barner, M.,* u. *F. Flohr:* Analysis II. Berlin 1983. – *Forster, O.:* Analysis 2. Braunschweig 1979. – *Heuser, H.:* Lehrb. Analysis. Tl. 2. 3. Aufl. Stuttgart 1986.

Bogenmaß eines Winkels $\rightarrow$Winkelmaß

Boltzmann-Gleichung. Die B.-G., eine Integrodifferentialgleichung für die Einteilchenverteilungsfunktion der molekularen Geschwindigkeiten eines verdünnten Gases, bildet die theoretische Grundlage der kinetischen Gastheorie. Sie wurde 1872 von *L. Boltzmann* aufgestellt. Die B.-G. ist der Prototyp einer kinetischen G., die in der statistischen Physik zum Beschreiben von Transportphänomenen nicht in Gasen, sondern auch in (Quanten)-Flüssigkeiten, Plasmen und Festkörpern (Vielteilchensysteme:

Gasmoleküle, Elektronen, Phononen usw.) herangezogen wird. Die kinetische Theorie beschreibt den Gaszustand eines Vielteilchensystems einer Teilchensorte vollständig durch die Einteilchenverteilungsfunktion $f(\vec{r},\vec{v},t)$ im μ-Raum, Orts- und Impulsraum der Moleküle und ermöglicht die Berechnung physikalischer Größen, wie z. B. die Viskosität oder die elektrische →Leitfähigkeit bzw. die Wärmeleitfähigkeit von Gasen.

Es ist per Definition $f(\vec{r},\vec{v},t)d\vec{r}\cdot d\vec{v}$ die Anzahl der Teilchen, die zur Zeit t im Raumelement $d\vec{r}$ bei $\vec{r}$ und im Geschwindigkeitselement $d\vec{v}$ bei $\vec{v}$ im statistischen Mittel vorhanden sind. Die Normierung der Verteilung verlangt

$$\int f(\vec{r}, \vec{v}, t)\, d\vec{r}\, d\vec{v} = N,$$

wobei N die Anzahl der gesamten Teilchen bedeutet. Die Verteilungsfunktion $f(\vec{r},\vec{v},t)$ verändert sich zeitlich durch das Strömen der Teilchen, des Einflusses äußerer Kräfte, die die Teilchen beschleunigen und insbesondere durch Stöße der Teilchen untereinander. Die Bilanz aller Änderungen liefert

$$f\left(\vec{r} + \vec{v}\, dt, \vec{v} + \frac{\vec{F}}{m}\, dt, t + dt\right) - f(\vec{r}, \vec{v}, t) = D_{BS}(f).$$

$D_{BS}(f)$ bezeichnet den B.-Stoßterm. Entwickelt man die linke Seite der Bilanzgleichung in eine Taylorreihe und bricht nach dem zweiten Glied ab, so resultiert daraus mit dem noch anzugebenden B.-Stoßterm die B.-G.

$$\left(\frac{\partial}{\partial t} + \vec{v}\cdot\frac{\partial}{\partial\vec{r}} + \frac{\vec{F}}{m}\cdot\frac{\partial}{\partial\vec{v}}\right)(f) = D_{BS}(f).$$

Die Voraussetzungen zum Herleiten und Begründen des B.-Stoßzahlansatzes $D_{BS}(f)$ sind:
1. Nur Zweierstöße werden berücksichtigt, d. h. das Gas soll hinreichend verdünnt sein.
2. Der Einfluß der äußeren Kraft auf den Stoßwirkungsquerschnitt soll vernachlässigt werden.
3. Die Verteilungsfunktion soll sich bez. der mikroskopischen Raum-Zeit-Skalen (Größenordnung: Reichweite der molekularen Kräfte und Stoßzeiten) nicht ändern.
4. Die Korrelationen der Geschwindigkeiten und Orte der Teilchen vor einem Stoß sollen vernachlässigt werden.

Die Voraussetzung 4 ist grundlegend und charakteristisch für die Boltzmann-Theorie und ist als Annahme vom molekularen →Chaos bekannt.

Mit 1 bis 4 kann man zeigen, daß $f(\vec{r},\vec{v},t)=f$ der Boltzmann-Integrodifferentialgleichung

$$\left(\frac{\partial}{\partial t} + \vec{v}\cdot\frac{\partial}{\partial\vec{r}} + \frac{\vec{F}}{m}\cdot\frac{\partial}{\partial\vec{v}}\right)(f) =$$
$$\iint (f'f_1' - ff_1)\, g\, \sigma\, d\Omega\, d\vec{v}_1$$

genügt. Hierbei ist $f' = f(\vec{r},\vec{v}',t)$, $f_1 = f(\vec{r},\vec{v}_1,t)$, $f_1' = f(\vec{r},\vec{v}_1',t)$; g ist die Relativgeschwindigkeit, σ der differentielle Wirkungsquerschnitt der elastischen Zweierstöße und $d\Omega$ das Raumwinkelelement. Eine Kurzschreibweise der B.-G. ist $D(f)=D_{BS}(f)$, D ist der Differentialoperator der linken Seite und D_{BS} der Stoßoperator der rechten Seite der B.-G. Für einatomige Gasgemische ist die B.-G. (i oder j bezeichnet die Komponenten des Gemisches bzw. die Sorte):

$$D_i(f_i) = \frac{Z}{j}\iint (f_i' f_{1j}' - f_i f_j)\,\sigma_{ij}\, g\, d\Omega\, d\vec{v}_1.$$

Die B.-G. ist eine komplizierte, nichtlineare partielle Integrodifferentialgleichung für die Einteilchenverteilungsfunktion und exakt (bis auf unrealistische Spezialfälle) kaum zu lösen. Allerdings kann man aus ihr allgemeingültige Aussagen herleiten und systematische Näherungsverfahren entwickeln, Chapman-Enskog-Näherung, Grad-Momentenverfahren oder Linearisierung der Stoßterms $D_{BS}(f)$. Die linearisierte B.-G. wird als ein Eigenwertproblem aufgefaßt und mittels algebraischer Methoden gelöst. Insbesondere werden dabei die hydrodynamischen G. nach ihren Moden untersucht. In manchen Fällen kann man den Stoßterm folgendermaßen schreiben. Wenn man annimmt, daß die Stöße stets eine lokale Gleichgewichtsverteilung $f^{(o)}(\vec{r},\vec{v},t)$ herstellen, ferner daß eine beliebige Nichtgleichgewichtsverteilung $f(\vec{r},\vec{v},t)$ infolge der Stöße mit der Zeit exponentiell abnimmt und sich der Gleichgewichtverteilung nähert mit der Relaxationszeit τ_0 (Größenordnung der Zeit zwischen zwei Stößen), folgt für die B.-G.

$$D(f) = -\frac{f - f^{(o)}}{\tau_0}.$$

Diese Näherung heißt der Relaxationszeit-Ansatz. Es läßt sich z. B. in dieser Näherung die Viskosität und die elektrische Leitfähigkeit abschätzen.

Hat man die Verteilungsfunktion als (genäherte) Lösung der B.-G. bestimmt, so erhält man durch Integration über den Geschwindigkeitsraum orts- und zeitabhängige Mittelwerte (Momente von f). Ist $\Psi(\vec{r},\vec{v},t)$ eine charakteristische physikalische Größe eines Teilchens (z. B. die Energie), dann ist der →Mittelwert definiert durch

$$\bar{\psi}(\vec{r}, t) = \frac{1}{n(\vec{r}, t)}\int f(\vec{r}, \vec{v}, t)\, \psi(\vec{r}, \vec{v}, t)\, d\vec{v};$$

$n(\vec{r},t)$ ist die Teilchendichte.

Aus der B.-G. läßt sich eine Transport-G. für $\overline{\Psi}$ herleiten. Multiplikation der B.-G. mit Ψ und Integration über $\vec{v}$ ergibt

$$\int \psi\, D(f)\, d\vec{v} = \frac{1}{2}\iiint (\psi' + \psi_1' - \psi - \psi_1)\, ff_1\, g\, \sigma\, d\Omega\, d\vec{v}_1$$
$$\cdot\, d\vec{v}.$$

Ist Ψ eine Stoßinvariante (es gibt fünf: Teilchen-masse, Impuls und Energie), so verschwindet die rechte Seite $D_{BS}(f)$ der B.-G., da $\Psi' + \Psi_1' = \Psi + \Psi_1$, und es ist

$$\int \Psi \, d \, (f) \, d\vec{v} = O;$$

Umformung liefert die Transport-G. für die Mittelwerte von Ψ:

$$\frac{\partial}{\partial t} \, (\overline{n \, \psi}) + \frac{\partial}{\partial \vec{r}} \, (\overline{n \, \vec{v} \, \Psi}) = n \, \overline{D} \, (\Psi).$$

Aus dieser G. lassen sich die bekannten G. der Hydrodynamik herleiten. Die auftretenden kinetischen Koeffizienten, wie z. B. die Wärmefähigkeit oder die Viskosität lassen sich bei Kenntnis der Verteilungsfunktion berechnen.

Die B.-G. ist eine abgeschlossene G. für die Einteilchenverteilungsfunktion, auch B.-Dichte genannt. Es ist möglich die B.-G. aus den Prinzipien der statistischen →Mechanik, BBGKY-Hierarchie und der Voraussetzung 4 streng zu begründen.

Wenn sich die Teilchengeschwindigkeiten der Lichtgeschwindigkeit nähern, muß die relativistische Formulierung der B.-G. genommen werden. Die relativistische B.-G. hat in der relativistischen Astrophysik und in der Kosmologie in letzter Zeit an Bedeutung zugenommen. *Wodarzik*

Literatur: *Reif, F.:* Statistische Physik und Theorie der Wärme. Bearb. *W. Muschik.* 2. Aufl. Berlin 1985. – *Waldmann, L.:* Handb. Physik. Bd. XII, S. 295/507. Berlin, Heidelberg, Göttingen 1958.

Boltzmann-Prinzip. Das B.-P., auch B.-Formel genannt, wurde von *L. Boltzmann* 1877 entdeckt und drückt einen grundlegenden Zusammenhang zwischen →Entropie und →Wahrscheinlichkeit aus. Formal lautet dieses P.:

$$S = k \, \ln(W);$$

k ist die B.-Konstante, W das statistische Gewicht. W nennt man auch die thermodynamische Wahrscheinlichkeit. Das B.-P. ist konsistent damit, daß die Entropie eine additive Größe, die Wahrscheinlichkeit unabhängiger Ereignisse eine multiplikative ist.

Die obige Gleichung verbindet eine thermodynamische Größe, die Entropie, mit einer rein statistischen oder mikroskopischen Größe, der Wahrscheinlichkeit W. W ist die Zahl der mit dem thermodynamischen Makrozustand verträglichen Mikrozustände des Systems bzw. in der Quantenstatistik die Zahl der verschiedenen Energieniveaus. Diese thermodynamische Wahrscheinlichkeit wird auf Grund von Symmetrien ermittelt und ist daher eine klassische oder apriorische Wahrscheinlichkeit (→Wahrscheinlichkeitstheorie). Jeder Mikrozustand ist durch eine räumliche Verteilung der Atome sowie durch eine Verteilung der Energie

über die Atome gekennzeichnet. Für die Mikrozustände gilt im Gleichgewicht die A-priori-Gleichverteilung; die Entropie ist für diesen Fall maximal.

Das B.-P. wird auch als Ordnungs-P. interpretiert. Wird die thermodynamische Wahrscheinlichkeit W größer, d. h. wird die Anzahl der realisierbaren Mikrozustände vergrößert, dann nimmt die Ordnung definitionsgemäß ab und die Entropie zu. Spontane, natürliche Prozesse in der Natur verlaufen immer derart, daß W größer wird. Es ist der Wechsel von einer geordneten Struktur zu einer ungeordneten, was die Entropie vergrößert und eine Interpretation der Irreversibilität ist. Zur Veranschaulichung stelle man sich einen Behälter vor, der in der Mitte eine Trennwand besitzt. In der linken Hälfte befinden sich vier Moleküle, die rechte ist leer. Es gibt genau eine einzige Möglichkeit, alle vier Moleküle in einer Hälfte zu verteilen. Wird die Trennwand herausgezogen, so können sich die Moleküle in einer 6fachen Anordnung verteilen (Bild). Aus einfachen Überlegungen folgt für diesen Fall

$$W = \frac{N!}{N_1! \, N_2!},$$

mit $N! = N(N-1)(N-2) \ldots 3\,2\,1$, $0! = 1$, $N = 4$, $N_1 = N_2 = 2$, und daher $W = 6$. N_1 bzw. N_2 bezeichnet die Teilchenzahl links bzw. rechts, $N_1 + N_2 = N$. Es liegt $N_1 = N_2 = \dfrac{N}{2}$ in den meisten Fällen vor. Je mehr Teilchen in dem Behälter sind, desto sicherer wird die Gleichverteilung erreicht bis auf spontane Schwankungen. W wird demnach vom Anfangszustand $W = 1$ ($N = 4$, $N_1 = 4$, $N_2 = 0$) in den Endzustand $W = 6$ übergehen, weil dieser wahrscheinlicher ist. In der Situation ohne Trennwand ist die wahrscheinlichste Verteilung durch $W = 6$ gegeben.

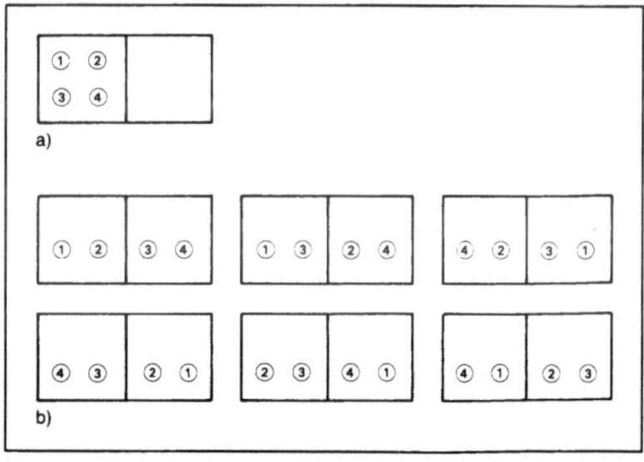

Boltzmann-Prinzip: Abzählvorschrift von Boltzmann, *um die größte Entropie zu ermitteln.*
a) Es gibt nur eine Möglichkeit, die vier Kugeln im Kasten unterzubringen.
b) Es gibt sechs Möglichkeiten, die vier Kugeln gleichmäßig auf beide Kästen zu verteilen.

Die Entropiezunahme drückt eine wachsende molekulare Unordnung aus (Zunahme der Anzahl der Realisierungsmöglichkeiten für die Orte der Moleküle in unserem Beispiel). In der Reihenfolge: Eis, →Wasser, Dampf steigt z. B. die Unordnung und daher auch die Entropie. Die Zunahme der Entropie entspricht einer Entwicklung bis zum „wahrscheinlichsten" Zustand. Damit bekommt der zweite →Hauptsatz der Thermodynamik eine wahrscheinlichkeitstheoretische Stütze. Der dritte Hauptsatz der Thermodynamik ist konsistent mit dem B.-P. Für $T \to 0$, so lehrt die Quantentheorie, existiert nur ein einziger nichtentarteter Zustand, d. h. es ist in diesem Fall $W = 1$. Daher folgt $S = 0$, d. h. die Entropie verschwindet im absoluten Nullpunkt (Entropiekonstante null gesetzt).

Die heute wohl berühmteste Formel der statistischen Physik, $S = k \ln(W)$, ist auf dem Ehrengrab *L. Boltzmanns* des Zentralfriedhofs zu Wien verewigt. Sie wurde erstmalig von *M. Planck* aufgeschrieben und von *A. Einstein* als B.-P. bezeichnet.

Von vielen theoretischen Physikern wurde und wird die Beziehung zwischen Entropie und Wahrscheinlichkeit als eine der allertiefsten und schönsten Sätze der Physik, ja der gesamten Naturwissenschaften angesehen. *Wodarzik*

Literatur: *Boltzmann, L.:* Populäre Schriften. Braunschweig 1979. – *Haken, H.:* Erfolgsgeheimnisse der Natur, Synergetik: Die Lehre vom Zusammenwirken. Stuttgart 1981. – *Reif, F.:* Statistische Physik und Theorie der Wärme. Bearb. W. *Muschik*. Berlin 1985.

Born-Haber-Kreisprozeß. Der B.-H.-K. verknüpft die nicht direkt meßbare Gitterenergie mit meßbaren Größen wie Bildungs-, Sublimations-, Ionisierungs-, Dissoziationsenergien und Elektronenaffinitäten. Die Anwendbarkeit dieses K. beruht auf der Tatsache, daß die →Enthalpie eine Zustandsfunktion ist, die Summe der Enthalpieänderungen bei einem K. deshalb gleich null sein muß.

Das Bild erläutert die Berechnung der Gitterenergie des NaCl-Kristalls mittels des B.-H.-K. Es muß gelten:

$$\Delta H_B (NaCl) - \Delta U_g(NaCl) = \Delta H_S(Na) + I(Na) + \frac{1}{2} H_{dis}(Cl_2) - E(Cl).$$

Dabei bedeuten:
$\Delta H_B(NaCl)$ die Bildungsenthalpie des NaCl:
Na(fest) + ½Cl$_2$(gas) → NaCl(fest),
$\Delta U_g(NaCl)$ die Gitterenergie des NaCl:
NaCl(fest) → Na$^+$(gas) + Cl$^-$(gas),
$I(Na)$ die Ionisierungsenergie des Na:
Na(gas) → Na$^+$(gas) + e$^-$,
$\Delta H_{dis}(Cl_2)$ die Dissoziationsenergie des Cl$_2$:
Cl$_2$(gas) → 2 Cl(gas),
$E(Cl)$ die Elektronenaffinität des Cl:
Cl$^-$ → Cl + e$^-$.

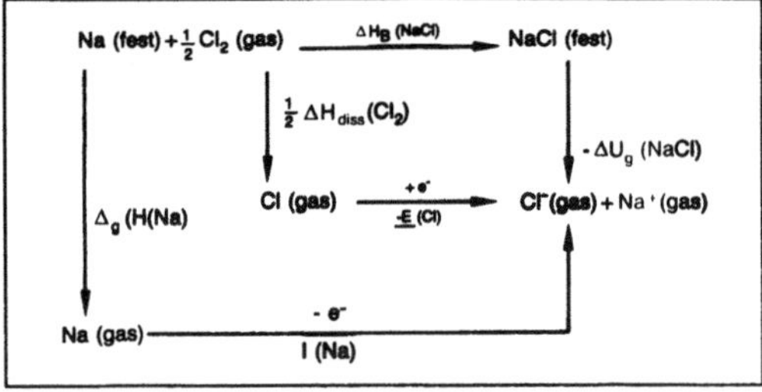

Born-Haber-Kreisprozeß: Bestimmung der Gitterenergie (am Beispiel des NaCl).

Die Größen ΔH_B und ΔH_s sind durch kalorimetrische, I, E und ΔH_{dis} durch spektroskopische Messungen zugänglich. *Wedler*

Boyle-Mariotte-Gesetz. Werden Temperatur und Molzahl eines idealen Gases konstant gehalten, so gilt pV = const. (p = Druck, V = Volumen). *Muschik*

Brandmelder. Brandmeldeanlagen sind automatisch arbeitende Feuermeldeanlagen zum selbsttätigen Erkennen von Bränden sowie zum Alarmieren hilfeleistender Kräfte und zum selbsttätigen Steuern von Brandschutzeinrichtungen und Betriebsmitteln im Brandfall (Bild 1). Brandmeldeanlagen werden in den meisten Fällen an eine öffentliche →Feuermeldeanlage angeschlossen.

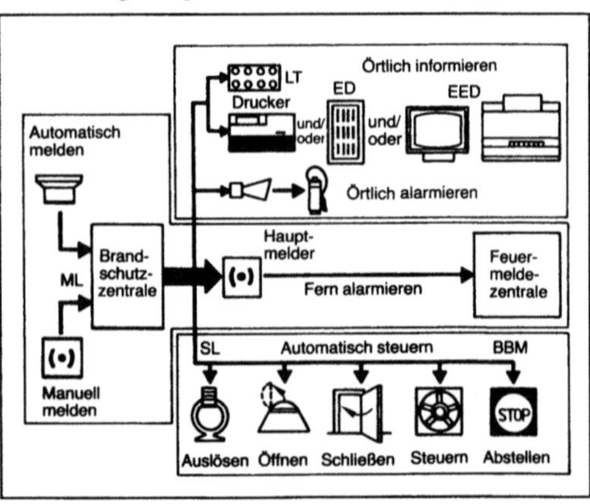

Brandmelder 1: Aufbau einer Brandmeldeanlage.

ED Einsatzdatei mit Meldebereichskarten, EED Elektronische Einsatzdatei, LT Lampentableau, BBM Brandschutz- und Betriebsmittel, ML Meldelinien, SL Steuerlinien.

Automatische Branddetektoren (B.) überwachen ständig die zu schützenden Räume und Gebäude und geben bei Auftreten von Anzeichen eines Brandes ein Alarmsignal unmittelbar an die B.-Zentrale. Über Druckknopffeuermelder kann auch manuell Alarm gegeben werden. Der Alarm wird örtlich an der B.-Zentrale sowie an anderen geeigneten Stellen akustisch und optisch signalisiert (Hupen, Glocken, Leuchttableaus u. a.), um die internen Hilfskräfte zu mobilisieren (z. B. Werkfeuerwehr) und zu informieren. Mit Hilfe eines Druckers können Alarm- und Störungssignale mit Datum, Uhrzeit und Liniennummer registriert werden. Einsatzdateien dienen zur eingehenden Information der hilfeleistenden Kräfte über Besonderheiten des Einsatzgebiets, wie z. B. gefährliches Lagergut u. ä. Diese Daten sind auf Meldebereichskarten eingetragen, die im Alarmfall gezielt von der Einsatzdatei ausgeworfen werden. Gleichzeitig mit der internen Alarmierung leitet die B.-Zentrale den Alarm an die Feuerwehr weiter.

Bei Bedarf können von der B.-Zentrale verschiedene Steueraufgaben durchgeführt werden, wie z. B. Auslösen einer stationären Löschanlage, Öffnen von Rauch- und Wärmeabzugsanlagen, Schließen von Feuerschutzabschlüssen, Abschalten von Klima- und Lüftungsanlagen, Maschinen usw.

Brandmeldeanlagen sind nach dem Liniensystem aufgebaut, d. h. die Brandmelder werden jeweils über Zweidraht-Leitungen (Meldelinien) an die Zentrale angeschlossen.

Ein optisches →Signal am Melder selbst oder in seiner Nähe – die Melderanzeige (Individualanzeigc) macht den alarmierenden Melder kenntlich.

Die Meldelinien (Bild 2) können, je nach Empfangsschaltung in der Zentrale, nach dem Strom-

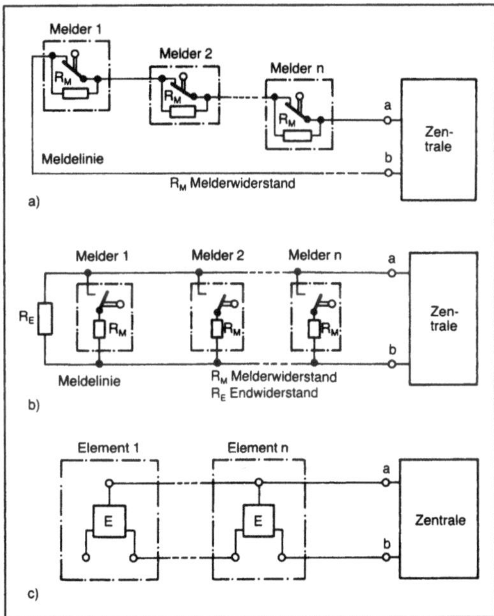

Brandmelder 2: Meldelinien in Brandmeldeanlagen.
a) Stromschwächungsprinzip
b) Stromverstärkungsprinzip
c) Pulsmelderprinzip.

schwächungs- oder dem Stromverstärkungsprinzip sowie dem Pulsmelderprinzip (digitale Signalübertragung) arbeiten. Beim Stromschwächungsprinzip werden die Melder in Reihe in die Linie geschaltet, beim Stromverstärkungsprinzip parallel.

Die von der B.-Zentrale im Alarmfall anzusteuernden Brandschutz- und Betriebsmittel sind über Steuerlinien an die Zentrale angeschlossen (Bild 1).

Melde- und Steuerlinien sind ständig auf Drahtbruch, Kurzschluß und Erdschluß überwacht. Das Auftreten einer dieser Störungen wird sofort an der Zentrale signalisiert.

Die Stromversorgung der Zentrale wird aus dem Netz gespeist. Da Brandmeldeanlagen aber Sicherheitsanlagen nach VDE 0833 sind, wird eine →Batterie als zweite Stromquelle vorgesehen, die die Funktion der Anlage bei Netzausfall aufrechterhalten kann (Notstromversorgung). Die Batterie wird ständig aus dem Netz in voll geladenem Zustand gehalten (Bereitschaftsparallelbetrieb).

B.-Zentralen gibt es in verschiedenen Größen. So werden für kleine Anlagen (Läden, Kleinbetriebe u. ä.) Zentralen mit nur einer Meldelinie angeboten, während für umfangreichere Anlagen (z. B. Industriebetriebe) Zentralen mit bis zu mehreren 100 Linien (Melde-, Steuerlinien) zur Verfügung stehen.

Automatische B. sind Detektoren, die auf bestimmte Erscheinungen eines beginnenden Schadenfeuers ansprechen und den Brand selbsttätig an die B.-Zentrale signalisieren, mit der sie über die Meldelinie verbunden sind. Nach den Branderscheinungen Rauch, Strahlung und Wärme unterscheidet man folgende B.-Arten:

1. Rauchmelder. Nach der Wirkungsweise unterscheidet man zwischen Rauchmelder nach dem Ionisationsprinzip und optischem Rauchmelder.

Beide Melderarten sind Frühwarnmelder, d. h. sie ermöglichen die frühzeitige Feststellung von Brandausbrüchen, z. B. bei Schwelbränden, lange bevor sich Flammen bilden oder die Temperatur stark ansteigt. Dadurch ist es möglich, einen Brand noch im Anfangsstadium mit geringem Aufwand zu bekämpfen und damit Brand- und Löschschäden zu vermeiden.

Beim Rauchmelder nach dem Ionisationsprinzip (Bild 3) verändert das Eindringen von Rauch den Gleichgewichtszustand eines aus zwei Ionisationskammern bestehenden Spannungsteilers.

Beide Ionisationskammern enthalten je eine äußerst schwache radioaktive Strahlungsquelle, welche die Luft in den beiden Kammern ionisieren. Dadurch kann durch die in Reihe geschalteten Kammern ein geringer Strom fließen. Eine Kammer ist für die Außenluft zugänglich (Meßkammer), während die andere abgeschlossen ist. Beim Eindringen von Rauch in die Meßkammer wird deren

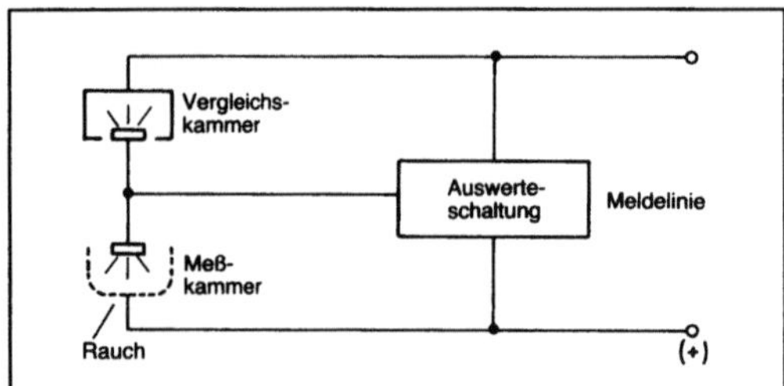

Brandmelder 3: Prinzipschaltbild des Rauchmelders nach dem Ionisationsprinzip.

Widerstand durch die Einwirkung der Rauchteilchen auf den Ionisationsstrom vergrößert. Eine elektronische Schaltung wertet die Widerstandsänderung aus und signalisiert bei Überschreiten eines Schwellenwerts Alarm an die B.-Zentrale.

Der optische Rauchmelder (Bild 4) arbeitet nach dem Streulichtprinzip (Tyndall-Prinzip). Eine lichtemittierende Halbleiterdiode LED und eine Photodiode D sind in einer Labyrinthkammer so angeordnet, daß nur von Rauchteilchen gestreutes Licht auf die Photodiode fällt. Eine elektronische Schaltung wertet die Spannungsänderung an der Photozelle aus und signalisiert bei Überschreiten eines Schwellenwerts Alarm an die B.-Zentrale.

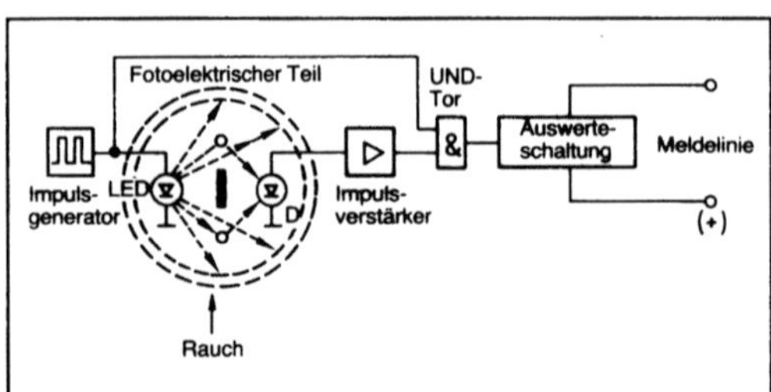

Brandmelder 4: Prinzipschaltbild des optischen Rauchmelders.

2. Flammenmelder. Der Flammenmelder (Bild 5) reagiert auf die infrarote Strahlung der Flammen, die durch die typische Flackerfrequenz moduliert ist. Die Strahlung gelangt durch ein Infrarotfilter zu einem Photowiderstand und erzeugt dort eine Wechselspannung der Flackerfrequenz von etwa 5–8 Hz, die selektiv verstärkt wird. Nach Überschreiten eines Schwellenwerts während eines bestimmten Zeitraums wird Alarm an die B.-Zentrale signalisiert.

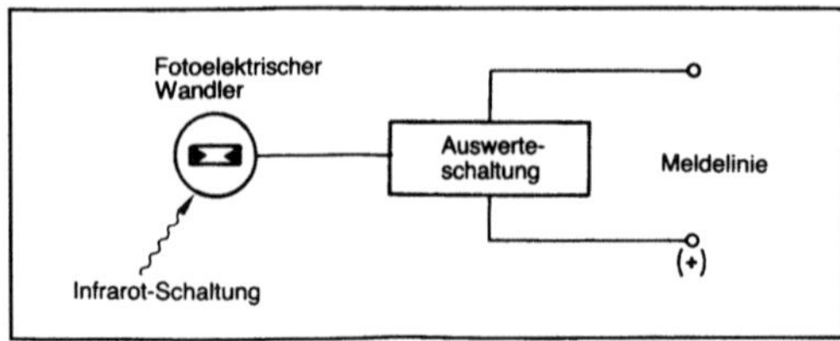

Brandmelder 5: Prinzipschaltbild des Flammenmelders.

Flammenmelder ermöglichen das Erkennen von Flammen in Räumen, in denen wegen arbeitsbedingter Rauchentwicklung keine Rauchmelder eingesetzt werden können. Außerdem sind sie, kombiniert mit dem Rauchmelder, zur Überwachung von hohen Räumen (z. B. Flugzeughallen) und von Räumen mit leicht entflammbaren Stoffen geeignet.

3. Wärmemelder. Wärmemelder (Bild 6) reagieren auf die Überschreitung einer vorgegebenen Maximaltemperatur, der Differentialmelder zusätzlich auf die Geschwindigkeit des Temperaturanstiegs.

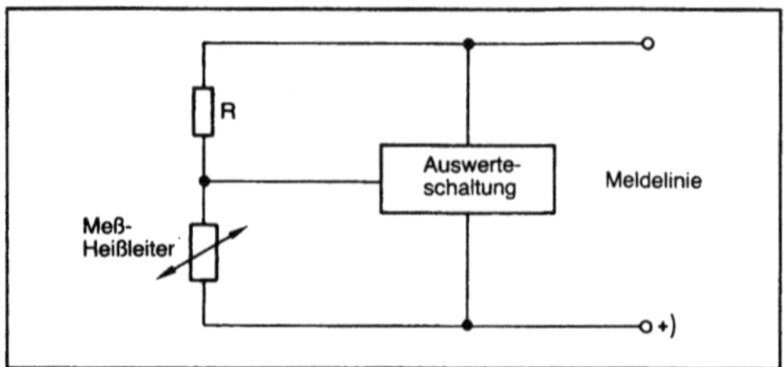

Brandmelder 6: Prinzipschaltbild des Wärmemelders.

Erhöht sich die Umgebungstemperatur am Melder, so verändert sich der Gleichgewichtszustand eines Spannungsteilers, der einen Temperaturfühler ($\rightarrow$ Heißleiter) enthält. Eine elektronische Schaltung wertet die Spannungsänderung aus und signalisiert beim Überschreiten eines Schwellenwerts Alarm an die B.-Zentrale. Einfache Maximalmelder sind mit einem Bimetall- oder Schmelzlotkontakt versehen.

Wärmemelder dürfen dort eingesetzt werden, wo die Forderungen des baulichen Brandschutzes weitgehend erfüllt sind; Brandausbreitungs- und Verqualmungsgefahr (Personengefährdung) dürfen nur gering sein. Sie sind auch geeignet für die Anwendung in Räumen, in denen wegen betriebsbedingter Störeinflüsse (Rauchentwicklung) der Einsatz von empfindlichen Frühwarnmeldern nicht möglich ist. *Hammerschmidt*

Literatur: DIN 14675 (Jan. 1984). – DIN 57833 (VDE 0833), Teil 1 und 2 (Aug. 82).

Braun-Röhre $\rightarrow$ Elektronenstrahl-Oszilloskop

Brechungsindex. Der B. (Brechzahl, Brechungszahl, Brechungsexponent n) ist der Quotient der Phasengeschwindigkeit c des Lichtes im Vakuum und der Phasengeschwindigkeit v_φ von Licht der gleichen $\rightarrow$ Wellenlänge in einem bestimmten Medium:

$$n = \frac{c}{v_\varphi} = \sqrt{\mu\varepsilon}$$

wobei sich der Zusammenhang zur →Dielektrizitätskonstante ε und der magnetischen →Permeabilität μ aus den *Maxwell*schen Gleichungen für elektromagnetische Wellen ergibt. Da für alle nichtmagnetischen Medien in guter Näherung μ=1 ist, gilt $n = \sqrt{\varepsilon}$.

Der B. ist für normale durchsichtige Medien größer als 1 (Tabelle), kann aber für einige Spezialfälle (z. B. Röntgenstrahlen, Metalle) kleiner als 1 sein. Obwohl in diesen Fällen die Phasengeschwindigkeit der elektromagnetischen Wellen größer als die Vakuumlichtgeschwindigkeit ist, ergibt sich kein Widerspruch zu der Grundannahme der speziellen Relativitätstheorie, da die Signalgeschwindigkeit im Medium in diesen Fällen trotzdem kleiner als c bleibt. Wegen der Wellenlängenabhängigkeit des B. sollte bei einer Angabe die zugehörige Wellenlänge mit angegeben werden.

Brechungsindex. Tabelle: Der B. von verschiedenen Medien für eine Wellenlänge von λ=5 893 Å (Na-D-Linie).

Medium	Brechungsindex
Luft	1,0002926
Brom	1,661
Kohlendioxid	1,00045
Diamant	2,419
Glas (je nach Glasart)	1,5 bis 1,9
Glyzerin	1,4729
Helium	1,000036
Eis	1,31
Wasser (20 °C)	1,333
Kochsalz	1,516

Zur Beschreibung der Wellenlängenabhängigkeit des B. wurden mehrere halbempirische Formeln angegeben, noch gebräuchlich ist die *Canchy*-Formel

$$n = A + \frac{B}{\lambda^2}$$

die mit den Konstanten A und B die Wellenlängenabhängigkeit von n im Bereich normaler Dispersion (n nimmt ab mit wachsender Wellenlänge) approximiert. Eine bessere Beschreibung und ein besseres Verständnis der Wellenlängenabhängigkeit von n läßt sich erst auf der Grundlage atomischer Vorstellungen erreichen.

Dabei zeigt sich, daß die Frequenzabhängigkeit des B. eines Mediums gleich der Frequenzabhängigkeit des B. eines Ensembles von harmonischen Oszillatoren ist (Sellmeier-Oszillator):

$$n^2 = 1 + \frac{Ne^2}{4\pi\varepsilon_0} \sum_i \frac{f_i}{m_i (v_i^2 - v^2)}$$

Dabei sind:

v →Frequenz des einfallenden Lichtes

v_i Eigenfrequenzen des Ensembles von harmonischen Oszillatoren

m_i zur →Eigenfrequenz v_i gehörige Masse der Oszillatoren

N Zahl der Oszillatoren pro cm^3

ε_0 Vakuumdielektrizitätskonstante (= $8,834 \cdot 10^{-12}$ farad/m)

f_i Oszillatorstärke der Eigenfrequenz v_i

Durch Einführung einer →Dämpfungskonstante γ_i für die Oszillatoren der Eigenfrequenz v_i kann auch die →Absorption berücksichtigt werden:

$$\bar{n} = n^2 (1 - i\chi)^2 = 1 + \frac{Ne^2}{4\pi\varepsilon_0} \sum_i \frac{f_i}{m_i (v_i^2 - v^2 + iv\gamma_i)}$$

Der komplexe B. $\bar{n} = n(1-i\chi)$ vereinigt dabei den normalen reellen B. n und den Absorptionskoeffizienten nχ. Den Verlauf des B. über einen sehr großen Frequenzbereich zeigt das Bild am Beispiel des NaCl.

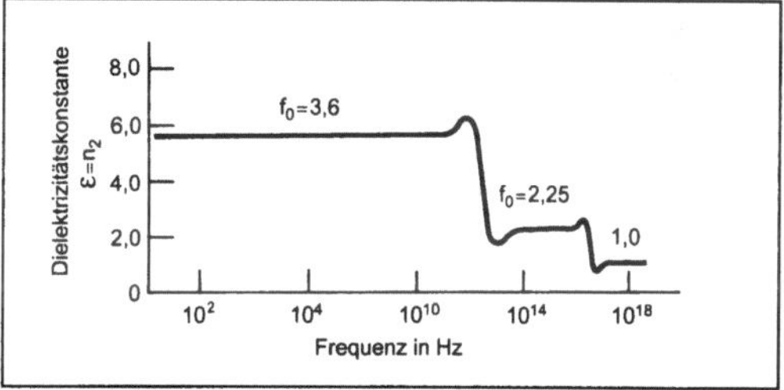

Brechungsindex: Die dielektrische Konstante von NaCl über einen weiten Frequenzbereich.

Neben den Bereichen mit normaler Dispersion (n fällt mit wachsendem λ) erkennt man in der Nähe der Resonanzstellen auch die Bereiche der anomalen Dispersion (n wächst mit wachsendem λ).

Die Beiträge der verschiedenen Dispersionsmechanismen (ionische Oszillatoren $v_i \approx 10^{13}$ Hz, elektronische Oszillatoren $v_i \approx 10^{14}$ Hz) erscheinen in diesem Fall deutlich getrennt. Als weitere Dispersionsmechanismen sind für andere Materialien noch die freien Ladungsträger (Metalle) und die Orientierung permanenter Dipole im Medium (z. B. Wasser) zu berücksichtigen.

In anisotropen Medien hängt die Phasengeit des Lichts i. a. von der Ausbreitungsrichtung und der Polarisation des Lichtes ab (s. Doppelbrechung).

Die Messung des B. kann je nach Material mit Hilfe von spektrometrischen (Spektroskopie; Anwendung des Snelliusschen Brechungsgesetz z. B. mit Hilfe eines Prismas), refraktometrischen (Refraktometer), interferometrischen (das Medium wird in den Strahlengang eines Interferometers gebracht) und Immersionsmethoden (Becke-Linie) durchgeführt werden. *Helbig*

Bredt-Formeln →Torsion

Brennstab →Kernreaktor

Brennstoff (Chemie). Ein B. ist ein natürlicher oder durch Veredelungsprozesse erhaltener Stoff, der zur Erzeugung von Wärmeenergie durch Verbrennung, im weiteren Sinne auch durch →Kernspaltung oder →Kernfusion, verwendet wird. Die Wärmeenergie kann vielfältig weiter verwendet werden, z. B. zur Dampferzeugung aus Wasser. Der Dampf selbst läßt sich u. a. zur Elektrizitätserzeugung mit Hilfe einer Dampfturbine nutzen. B. wird auch zur Erzeugung mechanischer Energie verbrannt, z. B. in einem Verbrennungsmotor, bei dem Wärme ein unvermeidliches, jedoch unerwünschtes Nebenprodukt ist.

Als chemischen B. bezeichnet man einen solchen B., der durch chemische Reaktionen hergestellt wird, wie z. B. Alkohol, den man entweder durch natürliche Fermentation oder durch Synthese gewinnt, oder Wasserstoff, der aus der Elektrolyse oder anderen chemischen Reaktionen gewonnen werden kann, oder verschiedene Synthesegase wie Wassergas, Kokereigas und Stadtgas. Raketentreibstoffe sind in der Regel chemische B. (Brennstoffzelle).

Einige kennzeichnende Eigenschaften von B. sind der Heizwert, die Energiedichte und die Sauberkeit der Verbrennung. Je nach beabsichtigter Verwendung des B. wechselt seine relative Bedeutung. Der Heizwert gibt an, wieviel Energie bei der Verbrennung pro Masse- oder Volumeneinheit des B. frei wird. Die Tabelle zeigt den Heizwert verschiedener Gase, Flüssigkeiten und Feststoffe. Die Energiedichte ist bei der Verwendung eines B. zum Antrieb eines Fahrzeugs wichtig, da in diesem Fall ein Teil dazu benötigt wird, um sich selbst zu transportieren. Die Sauberkeit der Verbrennung ist sowohl wegen der bei der Verbrennung gebildeten umweltverschmutzenden Stoffe von Bedeutung als auch wegen der zusätzlichen Kosten für die Anlagen, die benö-

Brennstoff (Chemie). Tabelle: (Oberer) Heizwert verschiedener Stoffe.

Gase	Heizwert	
	MJ/m^3 (15 °C, 1 013 mbar)	kJ/mol
Acetylen	54,2	1 306,3
Butan	119,2	2 847,0
Kohlenmonoxid	11,8	280,9
Ethan	64,5	1 540,7
Ethylen	60,2	1 390,0
Wasserstoff	11,9	286,4
Methan	37,1	883,4
Erdgas	36,3 – 44,0	866,7 – 1 059,3
synthetisches Erdgas (SNG) mit		
hohem Heizwert	35,4 – 39,1	845,7 – 937,8
niedrigem Heizwert	355,9 – 535,9	
Flüssigkeiten	**kJ/g**	**kJ/mol**
Benzol	41,9	3 274,1
Ethylalkohol	29,9	1 373,3
n-Heptan	48,1	4 814,8
n-Hexan	48,1	4 144,9
Methylalkohol	22,4	715,9
n-Oktan	47,7	5 455,4
n-Pentan	48,6	3 696,9
n-Propylalkohol	33,5	2 013,9
Toluol	42,7	3 910,5
Feststoffe	**kJ/g**	
Kohlenstoff (amorph zu CO_2)	33,8	(406,1 kJ/mol CO_2)
Kohlenstoff (amorph zu CO)	10,4	(125,2 kJ/mol CO)
Cellulose	17,6	

tigt werden, die Nebenprodukte wie Rauchgase und Asche zu handhaben. In dieser Hinsicht ist Erdgas für viele Anwendungszwecke ein nahezu idealer B., da es sauber, ohne Asche und unter geeigneten Bedingungen nahezu völlig zu Kohlendioxid und Wasser verbrennt.

Wirtschaftlichkeit und Verfügbarkeit zwingen häufig zur Verwendung von weniger gut verbrennendem B., wie z. B. Stein- oder Braunkohle. Der Trend in den 60er und 70er Jahren, in großen Kraftwerken von Kohle auf Heizöl (Erdöl) und Erdgas umzustellen, hat sich in den letzten Jahren umgekehrt. Der Heizölanteil zur Stromerzeugung nimmt stetig ab, die Verwendung von Erdgas zur Verstromung ist in der Bundesrepublik Deutschland verboten. Die Wertschätzung der Kohle ist in den Industriestaaten neu erwacht. Zunehmende Beachtung wird auch den unkonventionellen Rohstoffquellen für B. geschenkt, wie →Ölschiefer, →Teersand und der Verflüssigung und Umwandlung von Kohle, Holz und Biomasse in geeignetere B., wie z. B. Rohrleitungsgas mit hohem Heizwert oder dem Erdgas ähnlichen flüssigen B. (Müllverbrennung, Sonnenenergie). *Dohrn*

Literatur: *Keim, W., A. Behr* u. *G. Schmitt:* Grundlagen der industriellen Chemie. Frankfurt a. M. 1986. – Ullmanns Enzyklopädie der technischen Chemie. Weinheim.

Brennstoffelement. In den heterogenen Kernreaktoren werden die Kernbrennstoffe in Form von B.en eingesetzt. Für homogene Reaktoren werden keine B.e benötigt; die Kernbrennstoffe werden in gelöster Form zugesetzt.

Homogene Reaktoren finden allerdings nur gelegentlich als Forschungsreaktoren Verwendung (→Kernreaktor). Die Ausführung der B.e hängt vom Reaktortyp ab, insbesondere von den Betriebsbedingungen. Um die Korrosion des Brennstoffs und das Entweichen der Spaltprodukte zu verhindern, werden metallische und keramische Brennstoffe in Hüllrohren dicht verpackt. Auf diese Weise erhält man Brennstäbe, die zu Brennstoffelementen gebündelt werden können. Für Hochtemperaturreaktoren verwendet man keramische Brennstoffe, die in Graphit eingeschlossen sind. Dispersionsbrennstoffe werden meist durch aufgewalzte Metallschichten geschützt und als sogenannte Matrixelemente eingesetzt.

Die wichtigsten Gesichtspunkte für die Konstruktion der B.e sind neben der Zurückhaltung der Spaltprodukte und der Verhinderung der Korrosion des Brennstoffs guter Wärmeübergang, niedrige Neutronenabsorption und Auswechselbarkeit der B.e.

Das Verhalten von B.en, die metallisches →Uran enthalten, wird in erster Linie durch die Eigenschaften des metallischen Urans bestimmt. α-Uran ist orthorhombisch, verhält sich anisotrop, hat eine

Dichte von 19,04 g cm^{-3} (bei 25 °C) und wandelt sich bei 668 °C in das tetragonale β-Uran um, das eine Dichte von 18,11 g cm^{-3} hat (bei 720 °C). Die Erwärmung von metallischem Uran ist deshalb mit einer anisotropen Ausdehnung verbunden, die zu plastischen Deformationen führt. Die Dichteänderung bei der Umwandlung von der α- zur β-Modifikation bedingt, daß B.e, die metallisches Uran enthalten, höchstens auf etwa 660 °C erhitzt werden dürfen. Metallisches Uran wird in größerem Maßstab nur in gasgekühlten, Graphit-moderierten Natururanreaktoren vom Calder-Hall-Typ verwendet.

Keramische Brennstoffe werden vor allem aus Urandioxid (UO_2) oder aus Urancarbid (UC) hergestellt. Beide Verbindungen kristallisieren in einem kubischen Gitter, verhalten sich somit isotrop und schmelzen erst bei 2 750 °C bzw. 2 375 °C. UO_2 hat zwar die geringere →Wärmeleitfähigkeit, ist aber weniger reaktionsfähig als UC und wird deshalb vorzugsweise verwendet. Aus pulverförmigem UO_2 werden durch Pressen und Sintern Tabletten (pellets) hoher Dichte von etwa 1 cm Durchmesser und etwa 1 cm Höhe hergestellt. Plutoniumdioxid (PuO_2) hat ähnliche Eigenschaften wie UO_2 und wird bevorzugt als UO_2/PuO_2-Mischoxid eingesetzt.

Die Hüllrohre dürfen weder mit dem Brennstoff noch mit dem Kühlmittel reagieren. Als Hüllrohrwerkstoff kommen in erster Linie Zirkonium und Zirkoniumlegierungen (Zircaloy) in Frage. Zirkonium ist gegen Wasser sehr korrosionsbeständig und hat einen hohen Schmelzpunkt (1 845 °C). Es ist sogar gegenüber flüssigem Natrium verhältnismäßig beständig. Allerdings ist vor der Verwendung des Zirkoniums in Kernreaktoren eine recht kostspielige Reinigung erforderlich, um das Hafnium abzutrennen, welches das Zirkonium begleitet und einen hohen Einfangquerschnitt für Neutronen hat. Stahl hat zwar günstige mechanische Eigenschaften, kann aber wegen der hohen Neutronenabsorption nur in Form dünner Bleche verwendet werden. Nachteilig sind außerdem die mangelnde Korrosionsbeständigkeit gegen Wasser und die Bildung eines Eutektikums mit Uran bei 500 °C. Niob und Vanadin haben günstigere Eigenschaften, aber ihre Herstellung ist kostspielig. Aluminium hat einen ähnlich niedrigen Einfangquerschnitt für Neutronen wie Zirkonium, reagiert aber bei höheren Temperaturen mit Uran unter Bildung intermetallischer Verbindungen. Magnesium wurde in dem ersten Kernkraftwerk, das 1956 in Calder Hall (England) in Betrieb genommen wurde, als Hüllrohrmaterial verwendet. Die mechanischen Eigenschaften begrenzen jedoch die Arbeitstemperatur auf maximal 400 °C. Eine typische Ausführungsform der in Druckwasserreaktoren üblichen Brennstoffelemente ist im Bild wiedergegeben. Das B. enthält 16×16 Positionen für

236 Brennstäbe und 20 Steuerstäbe. Die Brennstäbe sind aus Zircaloy gefertigt und enthalten UO_2-pellets als Brennstoff.

Für die Verwendung in Hochtemperaturreaktoren wurden beschichtete Teilchen (coated particles) mit einem Durchmesser von etwa 0,1 mm als Brennstoff entwickelt. Diese Teilchen bestehen aus einem Kern aus Urandioxid bzw. Urandioxid/Thoriumdioxid, der mit Pyrokohlenstoff und Siliciumcarbid beschichtet ist. Siliciumcarbid bewirkt ein gutes Rückhaltevermögen für Spaltprodukte. Diese Teilchen werden beim Kugelhaufenreaktor in kugelförmige B.e aus Graphit mit einem Durchmesser von etwa 6 cm und einer Wandstärke von etwa 0,5 cm eingefüllt.

Spaltprodukte, Neutronen und γ-Strahlung erzeugen in den Kernbrennstoffen Strahlenschäden (→Strahlenchemie). Ein Teil der Spaltprodukte absorbiert in hohem Maße Neutronen und beeinflußt dadurch den Neutronenhaushalt negativ. Man spricht auch von einer Vergiftung. Dies kann durch einen Überschuß an →Kernbrennstoff, d. h. durch eine Überschußreaktivität, zum Teil kompensiert werden. Nach einer Betriebszeit von etwa zwei bis drei Jahren, d. h. nach einem Abbrand von etwa 30 000 bis 40 000 MWd pro Tonne Uran müssen die Brennstoffelemente jedoch aus dem Reaktor entnommen werden. Während dieser Zeit werden sie gelegentlich umgesetzt, um einen optimalen Abbrand zu erzielen. Infolge ihres hohen Gehalts an radioaktiven Spaltprodukten haben die B.e nach dem Abbrand eine außerordentlich hohe →Aktivität. Einen Tag nach der Entnahme aus dem Reaktor beträgt die β-Aktivität etwa 1 MCi $(3{,}7 \cdot 10^{16}$ Bq) pro MW thermischer Leistung im Reaktor. Nach einem Jahr ist die Aktivität auf etwa $^{1}/_{10}$ dieses Werts abgesunken. Entsprechend hoch ist die Wärmeabgabe. Sie beträgt nach einem Tag etwa $2 \cdot 10^3$ kW pro MW thermischer Leistung im Reaktor. Die Wärme wird im allgemeinen durch Kühlung abgeführt. Die B.e werden dazu mindestens mehrere Monate in großen Wassertanks gelagert.

Für die Weiterbehandlung der B.e ergeben sich folgende Möglichkeiten: Dauerlagerung, langfristige Zwischenlagerung mit dem Ziel einer späteren Weiterverarbeitung, →Wiederaufarbeitung nach einer kurz- bis mittelfristigen Zwischenlagerung. Ein →Brennstoffkreislauf ergibt sich nur im Zusammenhang mit einer Wiederaufarbeitung.

Matrixelemente enthalten den Brennstoff heterogen verteilt in einer Substanz, die als Matrix dient (Dispersionsbrennstoffe). Man erreicht dadurch eine große Auswahl von Kombinationsmöglichkeiten und eine lange Standzeit der Brennstoffelemente, weil die durch die Spaltprodukte hervorgerufenen Schäden lokalisiert bleiben. Allerdings ist wegen der Verdünnung der Kernbrennstoffe in dem Trägermaterial (Matrix) die Verwendung von stark

angereichertem Uran oder von →Plutonium erforderlich. Besonderes Interesse hat die Verwendung von keramischen Brennstoffen (z. B. UO_2) in einem Metall als Matrix („cermet"), weil dadurch hohe Wärmeleitfähigkeit und hohe →Festigkeit erreicht werden. Solche „cermets" stellt man nach den Methoden der Pulvermetallurgie her, z. B. aus einem Gemisch von Aluminiumpulver und Urandioxid bzw. Plutoniumdioxid durch Pressen und Auswalzen bei 600 °C. Der Gehalt an Kernbrennstoff kann bis zu 30 % Volumeninhalt betragen. Die Herstellung von Brennstoffelementen dieser Art ist verhältnismäßig aufwendig, und die Temperatur ihrer Verwendung ist durch den Schmelzpunkt des als Matrix verwendeten Materials begrenzt. *Lieser*

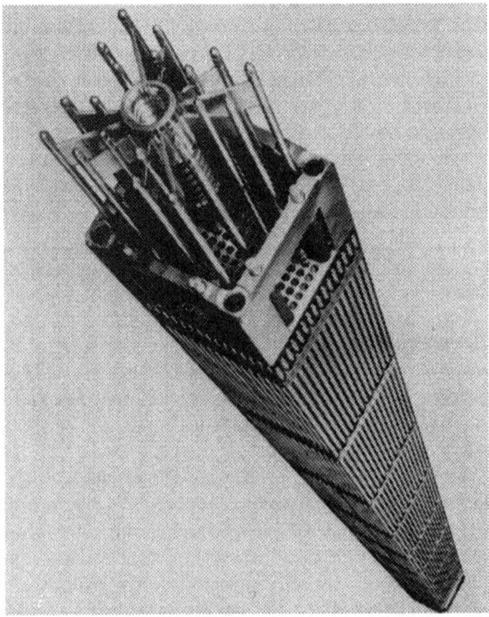

Brennstoffelement: B. für einen Druckwasserreaktor.

Literatur: *Lieser, K. H.:* Einführung in die Kernchemie. 3. Aufl. Kap. 11, Weinheim: VCH-Verlag 1991. – *Oldekop, W.:* Einführung in die Kernreaktor- und Kernkraftwerkstechnik. Teil II, München: Karl Thiemig 1975. – *Smidt, D.:* Reaktortechnik, Bd. 1 und 2. 2. Aufl. Karlsruhe: G. Braun 1976.

Brennstoffkreislauf, nuklearer. Vom nuklearen B. spricht man, wenn die in einem →Kernreaktor eingesetzten Kernbrennstoffe nach dem Abbrand einer →Wiederaufarbeitung unterzogen und wieder verwendet werden.

Dieser B. ist schematisch im Bild aufgezeichnet. Der Weg des Kernbrennstoffs →Uran beginnt bei den Uranerzen, aus denen chemisch reine Uranverbindungen gewonnen werden. Durch chemischen Aufschluß mit Schwefelsäure oder Soda, gefolgt von einer Ionenaustauschtrennung und Fällung oder

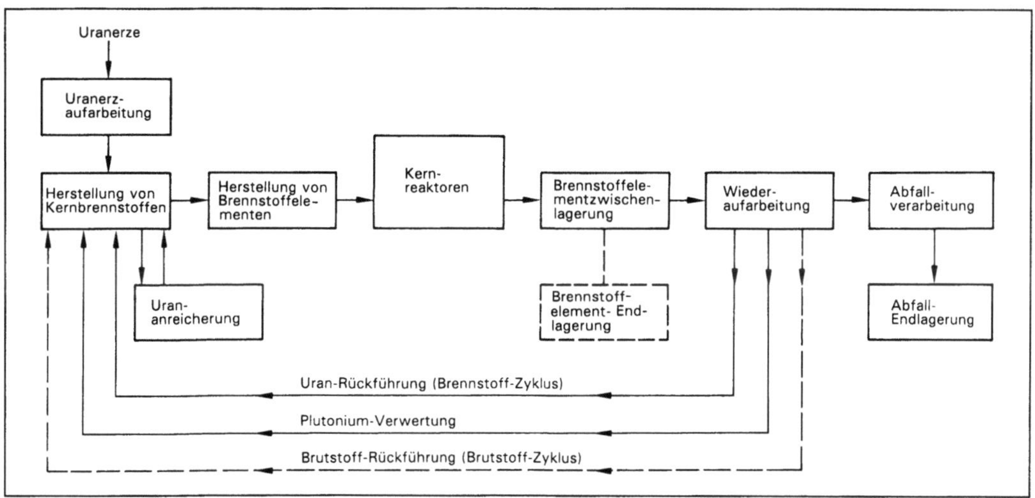

Brennstoffkreislauf, nuklearer: Kernbrennstoffkreislauf. (Alle kerntechnischen Anlagen sind aufgeführt, alternative Möglichkeiten sind als gestrichelte Linien dargestellt.)

einer Extraktion und Eindampfen, gewinnt man Ammoniumdiuranat (ADU) $(NH_4)_2U_2O_7$ bzw. Uranylnitrathexahydrat (UNH) $UO_2(NO_3)_2 \cdot 6H_2O$. Die dabei anfallenden langlebigen radioaktiven Folgeprodukte des Urans fallen als Abfall an.

Die noch unreinen Uranverbindungen ADU bzw. UNH aus der Uranerzaufbereitung werden meist in einer anderen Fabrik zu nuklear reinen Uranverbindungen weiter verarbeitet. Nuklear rein bedeutet, daß die Verbindungen praktisch frei sind von Nukliden mit hohem Einfangquerschnitt für thermische Neutronen, z. B. Bor, Cadmium und Seltene Erden, die den Neutronenhaushalt im Reaktor negativ beeinflussen würden. Zu diesem Zweck setzt man im allgemeinen hochwirksame Extraktionsverfahren ein, z. B. eine mehrstufige Extraktion mit Tributylphosphat (TBP). Die reinen Verbindungen ADU bzw. UNH werden dann durch Erhitzen auf etwa 350 °C in Urantrioxid UO_3 umgewandelt, das mit Wasserstoff bei 600 °C zu Urandioxid UO_2 reduziert wird. UO_2 muß für die →Isotopentrennung in Uranhexafluorid UF_6 überführt werden. Zu diesem Zweck wird UO_2 bei etwa 450 °C mit HF in Urantetrafluorid UF_4 umgewandelt und dieses mit Fluor in UF_6. Im Anschluß an die Isotopentrennung $^{235}U/^{238}U$ in einer Isotopentrennanlage wird das UF_6 zu UO_2 bzw. Uranmetall weiterverarbeitet. Wegen der Gefahr der Kritikalität (Auslösung einer Kettenreaktion) müssen diese Umsetzungen in kleinem Maßstab (etwa 10 kg) durchgeführt werden und unter Bedingungen, welche die Kritikalität ausschließen. Als diskontinuierliche Prozesse bieten sich an: →Hydrolyse des UF_6, Fällung als ADU, Erhitzen und Umwandlung mit Wasserstoff in UO_2 oder mit HF in UF_4. Als kontinuierlicher Prozeß kommt die Reduktion des UF_6 mit Wasserstoff zu UF_4 in Frage. Die weitere Verarbeitung hängt von der chemischen Form ab, in der die Brennstoffe eingesetzt werden (Brennstoffelemente). Am häufigsten wird UO_2 eingesetzt, das mit Hilfe der erwähnten Reaktionen erhalten wird. Metallisches Uran wird durch Reduktion von UF_4 hergestellt, z. B. durch Erhitzen mit Calcium:

$$UF_4 + 2\,Ca \rightarrow U + 2\,CaF_2.$$

Der nächste Schritt ist die Fertigung der Brennstoffelemente. Dabei werden die Brennstoffe technisch so verarbeitet, daß sie in Kernreaktoren handhabbar sind. Die wichtigsten Gesichtspunkte dabei sind: die Produkte der →Kernspaltung (s. Spaltprodukte) sollen nicht aus den Brennstoffelementen entweichen und die Brennstoffelemente sollen einen guten →Wärmeübergang an das Kühlmittel gewährleisten (→Brennstoffelement). In den Kernreaktoren werden die in den Brennstoffelementen enthaltenen Kernbrennstoffe gespalten, wobei Energie frei wird.

Uran und →Plutonium sollen in möglichst reiner Form gewonnen werden, auf jeden Fall frei von Spaltprodukten. Das wiedergewonnene Uran kann zur Herstellung neuer Brennstoffelemente verwendet werden. Da der Gehalt an ^{235}U bei etwa 0,7 % liegt, d. h. vergleichbar ist mit dem ^{235}U-Gehalt in Natururan, ist für die Wiederverwendung des reinen Urans in Leichtwasser-moderierten Reaktoren eine Isotopentrennung erforderlich. Das bei der Wiederaufarbeitung gewonnene Plutonium kann direkt als Kernbrennstoff eingesetzt werden. Bevorzugt verwendet man Mischungen von Uran und Plutonium, z. B. Mischoxide UO_2/PuO_2. Dabei kann man auf eine Anreicherung des ^{235}U durch Isotopentrennung verzichten.

Die hochradioaktiven Spaltprodukte werden zunächst in der Nähe der Wiederaufarbeitungsanlagen gesammelt. Daneben entstehen auch Abfälle mittlerer Aktivität, z. B. durch Zerlegung der Brennstoffelemente und aus den Prozeßströmen der Wiederaufarbeitung. Bei der Wiederaufarbeitung nach dem Purex-Verfahren fallen je t Uran ungefähr an: 1 m³ HAW (hochaktiver Abfall als salpetersaure Lösung), 3 m³ MAW (mittelaktiver Abfall) organisch, 17 m³ MAW wässrig sowie mehr oder weniger große Mengen an LAW (Abfall niedriger Aktivität) und kleinere Mengen an α-Abfall, der langlebige α-Strahler, wie Plutonium, enthält. Die Anfangsaktivität der Spaltproduktlösungen (HKW) ist von der Größenordnung 1 kCi $(3,7 \cdot 10^{13}$ Bq) pro Liter Lösung. Nach 10 Jahren sind die kurzlebigen Radionuklide weitgehend abgeklungen. Der weitere Aktivitätsabfall wird durch die langlebigen Radionuklide, insbesondere ^{90}Sr und ^{137}Cs, bestimmt, deren Aktivität insgesamt etwa 100 Ci pro Liter Lösung beträgt. Die Aktivität dieser Radionuklide nimmt entsprechend ihrer →Halbwertzeit (28,5 a bzw. 30,1 a) sehr langsam ab und beträgt nach einer Lagerungszeit von 1 000 Jahren noch etwa 0,1 µCi (3,7 kBq) pro Liter Lösung. Dann treten die langlebigen Spaltprodukte (z. B. ^{99}Tc und ^{129}I) und die langlebigen Actiniden (z. B. ^{237}Np, ^{239}Pu u. a.) in den Vordergrund. Die hohe Anfangsaktivität bewirkt eine starke Erwärmung und →Radiolyse der Lösungen, was eine Kühlung, eine Überwachung der Korrosionsvorgänge und eine Kontrolle und Filterung der Luft erforderlich macht.

Ziel der Weiterverarbeitung der Spaltproduktlösungen (HAW) und des mittelaktiven Abfalls (MAW) ist die Überführung in einen Zustand, der sich für eine langfristige Lagerung eignet. Gleichzeitig soll das Volumen des Abfalls nach Möglichkeit reduziert werden. Im Falle des HAW stehen die Verfahren der Vitrifikation und Kalzination (Überführung in Gläser bzw. beständige keramische Verbindungen) im Vordergrund. MAW wird vorzugsweise einbetoniert. Die Teilschritte der Behandlung und der Endlagerung der radioaktiven Abfälle faßt man unter dem Stichwort nukleare →Entsorgung zusammen. *Lieser*

Literatur: *Lieser, K. H.:* Einführung in die Kernchemie. 3. Aufl. Kap. 11, Weinheim: VCH-Verlag 1980. – Nukleare Entsorgung, Nuclear Fuel Cycle. (Hrsg. F. Baumgärtner, K. Ebert, E. Gelfort, K. H. Lieser), Weinheim: VCH-Verlagsgesellschaft. Bd. 1: 1981, Bd. 2: 1983, Bd. 3: 1986.

Brown-Molekularbewegung. Mit diesem Begriff bezeichnet man die Zufallsbewegung mikroskopischer Schwebeteilchen in einer Flüssigkeit oder einem Gas. Das Phänomen an kolloidalen Suspensionen in Flüssigkeiten wurde 1827 von dem englischen Botaniker *Brown* entdeckt, der die von ihm beobachtete Bewegung lebenden Organismen zugeschrieben haben soll. Erst mit der Entwicklung der kinetischen Theorie begann man zu verstehen, daß das Phänomen in Wirklichkeit auf die thermische Bewegung der Moleküle des suspendierenden Mediums zurückzuführen ist. Ein in Luft schwebendes Rauchteilchen beispielsweise erfährt von allen Seiten Stöße durch die aufprallenden Luftmoleküle. Die daraus resultierende Verschiebung des Rauchteilchens ist meistens ungefähr gleich null. Es gibt jedoch statistische Schwankungen dieser Stöße, die ab und zu solche Größe erreichen, daß Bewegungen des Rauchteilchens entstehen, die in einem starken Mikroskop sichtbar sind und zu einer unregelmäßigen Wanderung *(random walk)* des Teilchens führen. Nach einer Vorstellung, die auf *Einstein* zurückgeht, kann man solche (Rauch-)Teilchen im wesentlichen als Riesenmoleküle der Masse M auffassen, die sich (im Sinne der kinetischen Gastheorie) mit den sie umgebenden Gasmolekülen der Masse m im thermodynamischen Gleichgewicht befinden. Dies bedeutet, daß sie die gleiche mittlere kinetische Energie wie die Gasmoleküle besitzen:

$$\frac{M}{2}\,\overline{V^2} = \frac{m}{2}\,\overline{v^2} \tag{1}.$$

In Gl. (1) bedeutet $\overline{V^2}$ das gemittelte Geschwindigkeitsquadrat der (Rauch-)Teilchen und $\overline{v^2}$ das gemittelte Geschwindigkeitsquadrat der Gasmoleküle. Im Vergleich der Schwebeteilchen mit den Gasmolekülen verhalten sich daher ihre mittleren Geschwindigkeitsquadrate umgekehrt wie ihre Massen. Wegen des großen Massenverhältnisses bewegen sich die Schwebeteilchen deshalb langsam im Vergleich zu den Gasmolekülen.

In einer Reihe berühmter Experimente mit einer Suspension winziger Mastixkügelchen in Wasser konnte *Perrin* die Richtigkeit dieser Vorstellungen verifizieren und gleichzeitig vier voneinander unabhängige Bestimmungen der Loschmidt-Zahl durchführen. Diese Experimente, die *Perrin* den Nobelpreis einbrachten, bilden die Grundlage für das Verständnis der B.-M. Das wahrscheinlich einfachste Beispiel von *Perrins* Experimenten war seine Prüfung der barometrischen →Höhenformel mit Hilfe der Mastixsuspension. Er konnte experimentell zeigen, daß für Teilchen der Masse m und der Dichte ρ, die in einem flüssigen Medium der Dichte ρ' bei der absoluten Temperatur T suspendiert sind, die Teilchenkonzentration n exponentiell mit wachsender Höhe h abnimmt. Für das Verhältnis zweier Teilchenkonzentrationen n_1 und n_2 in den verschiedenen Höhen h_1 und h_2 gilt dann, wenn die oben entwickelten Vorstellungen von den Schwebeteilchen als Riesenmolekülen richtig sind, die Gleichung

$$\frac{n_1}{n_2} = \exp\left(-\frac{mg\,(\rho - \rho')\,(h_1 - h_2)\,N_L}{RT}\right) \tag{2},$$

in der außerdem g die Erdbeschleunigung, N_L die Loschmidt-Zahl und R die universelle →Gaskonstante bedeuten. Durch Messung der Teilchenkonzentration in verschiedenen Höhen konnte somit aus Gl. (2) die Loschmidt-Zahl bestimmt werden, da alle übrigen Größen bekannt waren. Die Verifizierung der Gl. (2) durch *Perrins* Experimente bedeutete gleichzeitig die Verifizierung der zugrunde liegenden Vorstellungen. *Kuiper*

Bruchhypothese. Im Rahmen der Festigkeitslehre, der elementaren Balkenlehre oder auch höherer Formen der Elastizitätstheorie werden Spannungen σ_{ij} berechnet. Der Ingenieur muß entscheiden, ob diese Spannungen zu einem Versagen des Materials führen können. Dazu benötigt er Versagenskriterien. Für diese existieren keine einheitlichen Theorien. Vielmehr benutzt man je nach Art des Materials mehrere Hypothesen. Die bekanntesten Hypothesen und ihre zum Vergleich mit zulässigen Spannungen herangezogenen Vergleichsspannungen $\bar{\sigma} \leqslant \sigma_{zul}$ sind:

□ Normalspannungshypothese $(\bar{\sigma} = \sigma_{Jmax})$: Die größte an einem Punkt auftretende Hauptspannung (sie ist eine Normalspannung) muß kleiner sein als ein kritischer Wert. Diese Hypothese ist bei sprödem Material günstig.

□ Schubspannungshypothese $(\bar{\sigma} = \sigma_{Jmax} - \sigma_{Jmin})$: Die größte an einem Punkt in irgendeiner Richtung auftretende Schubspannung muß unter einem kritischen Wert bleiben. Damit muß die größte der drei Differenzen der drei Hauptspannungen unter σ_{zul} bleiben. Mit dieser Hypothese soll, wie mit der folgenden, plastisches Fließen vermieden werden (Tresca-Stoffgesetz der Plastomechanik).

□ Gestaltänderungsarbeitshypothese

$$\left(\bar{\sigma} = \frac{3}{2} \sqrt{\underset{\sim}{\sigma'} \cdot \cdot \underset{\sim}{\sigma'}} \right) :$$

Die Formänderungsarbeit der Elastizitätstheorie läßt sich in eine Volumen- und eine Gestaltänderungsarbeit zerlegen. Die Hypothese ist: Die elastische Gestaltänderungsarbeit darf einen kritischen Wert nicht überschreiten.

Wieder wird Plastizierung vermieden (Stoffgesetze der Plastomechanik). Mit Hauptspannungen σ_J gilt:

$$\bar{\sigma} = \sqrt{\frac{1}{2} \left[(\sigma_I - \sigma_{II})^2 + (\sigma_{II} - \sigma_{III})^2 + (\sigma_{III} - \sigma_I)^2 \right]} .$$

Bei der elementaren Balkenlehre erhält man fast ausschließlich Spannungszustände, in denen eine Normalspannung σ im Querschnitt und dort eine (zusammengefaßte) Schubspannung τ sowie deren zugeordnete, sonst jedoch keine Spannungen auftreten. Dann gilt für die drei Vergleichsspannungen

$$\sigma_{Jmax} = \frac{1}{2} \sigma + \sqrt{\frac{\sigma^2}{4} + \tau^2} ,$$
$$\sigma_{Jmax} - \sigma_{Jmin} = \sqrt{\sigma^2 + 4\,\tau^2} ,$$

$$\sqrt{\frac{3}{2} \underset{\sim}{\sigma'} \cdot \cdot \underset{\sim}{\sigma'}} = \sqrt{\sigma^2 + 3\tau^2} .$$

Es muß beachtet werden, daß dies ein Sonderfall ist. *Besdo*

Bruchmechanik →Mechanik-Einteilung

Brückenschaltung →Meßbrücke

Brutreaktor →Kernreaktor

Bundes-Immissionsschutzgesetz (BImSchG). Den Schutz vor schädlichen Umwelteinwirkungen durch Luftverunreinigung, Geräusche, Erschütterungen u. ä. regelt das BImSchG. vom 15. März 1974 (BGBl. I, S. 721) i. d. F.vom 25. Juli 1986 (BGBl. I, S. 1165). Zweck des Gesetzes ist es, den Menschen und seine Umwelt vor schädlichen Einwirkungen und Gefahren, aber auch vor Belästigungen und Nachteilen zu schützen und dem Entstehen von Umweltschäden vorzubeugen (§ 1). Schädlich in diesem Sinne sind nach § 3 Auswirkungen, die nach Art, Ausmaß oder Dauer geeignet sind, Gefahren, erhebliche Nachteile oder erhebliche Belästigungen für die Allgemeinheit oder für die Nachbarschaft herbeizuführen. Das Gesetz enthält im Bereich des Rechts der Anlagen überwiegend unmittelbar vollziehbare Vorschriften. Die übrigen Regelungsbereiche sind zum großen Teil als Verordnungsermächtigungen ausgestaltet. Im einzelnen befaßt sich das Gesetz mit der Genehmigung und Überwachung von Anlagen einschl. Raumplanung und Immissionsschutzbeauftragten für größere Anlagen, ferner mit Vorschriften über die Beschaffenheit von Produkten und den Straßenbau.

Anlagen sind nach § 3 (5) Betriebsstätten und sonstige ortsfeste Einrichtungen. Das Gesetz unterscheidet genehmigungsbedürftige Anlagen und die Anforderungen an den Betrieb nicht genehmigungsbedürftiger Anlagen. Welche Anlagen im einzelnen genehmigungsbedürftig sind, regelt eine VO i. d. F. vom 24. Juli 1985 (BGBl. I, S. 1586) – Art. 1 u. Anhang –, die den Kreis der betroffenen Anlagen wesentlich erweitert. Das BImSchG erfaßt als genehmigungsbedürftige Anlagen solche, die in besonders hohem Maße geeignet sind, schädliche Umwelteinwirkungen hervorzurufen, oder die sonst besonders nachteilig oder lästig sind. Die Anlagen müssen so errichtet werden, daß Umweltschädigungen möglichst vermieden werden. Für die ordnungsgemäße Beseitigung der Abfälle muß gesorgt sein

(§ 5). Für die Anforderungen im einzelnen sind Verwaltungsvorschriften *(technische Anleitungen)* sowie technische Normen von Bedeutung. Genehmigungsformen sind die uneingeschränkte Genehmigung (Vollgenehmigung); ferner die Teilgenehmigung (vorläufige Genehmigung auf Grund kursorischer Überprüfung, § 8) sowie der Vorbescheid, mit dem die Behörde sich verbindlich zu den Genehmigungsaussichten für eine Anlage äußert (§ 9).·

Die Grundsätze des Genehmigungsverfahrens regelt die VO vom 18. Februar 1977 (BGBl. I 274), so vor allem Form und Inhalt des Genehmigungsantrags sowie die erforderlichen Unterlagen (§§ 3–5) und die Beteiligung der Betroffenen durch Bekanntmachung, Akteneinsicht und öffentliche Verhandlung über rechtzeitige Einwendungen (§§ 8–19). Die Planungen müssen veröffentlicht werden, Einwendungen können befristet von jedermann erhoben werden, spätere Einwendungen sind nicht zulässig. Die Genehmigung ist zu erteilen, wenn sichergestellt ist, daß die Anlage den Zwecken des Gesetzes gerecht wird. Der innerbetrieblichen Überwachung und Wahrung der Belange des Umweltschutzes dient bei genehmigungsbedürftigen Anlagen die Einrichtung des Immissionsschutzbeauftragten.

Wer gewerblich oder nichtgewerblich andere lästige Anlagen betreibt, hat nach § 22 diese so zu errichten und zu betreiben, daß vermeidbare Umweltschädigungen verhindert und unvermeidbare auf ein Mindestmaß beschränkt werden; er hat ferner für die ordnungsgemäße Beseitigung der Abfälle zu sorgen (Vollzugsregelung durch RechtsVO). Durch die Genehmigung oder auch durch Untätigkeit der Behörden können die Nachbarn in subjektiven öffentlichen Rechten verletzt sein. Die Durchsetzung der Immissionsschutzverpflichtungen gewährleisten geeignete Anordnungen der ermächtigten Behörden, die auch nach Genehmigung ergehen können.

Im 3. und 4. Teil des Gesetzes werden der Bundesregierung im wesentlichen Ermächtigungen erteilt, durch RechtsVO die Beschaffenheit von Anlagen (§§ 23, 33), Brennstoffen und Treibstoffen (§ 34, BenzinbleiG), Stoffen und Erzeugnissen (§ 35) sowie Fahrzeugen (§ 38) festzulegen und Schallschutzmaßnahmen anzuordnen (§ 43). Dadurch soll eine vorbeugende Kontrolle auf Umweltschädlichkeit gewährleistet werden.

Auch die Vorschriften über den Straßenbau enthalten im wesentlichen Verordnungsermächtigungen, durch die eine umweltfreundliche Straßenplanung erreicht werden soll. *W. Hoffmann*

Bundesanstalt für Arbeitsschutz. Nichtrechtsfähige Anstalt des öffentlichen Rechts im Geschäftsbereich des Bundesministeriums für Arbeit und Sozialordnung, das sie im Bereich des Arbeitsschutzes unterstützt.

Das 1949 gegründete „Zentralinstitut für Arbeitsschutz" der Länder in Soest (Nachfolger einer seit 1903 unter wechselnden Namen bestehenden Reichsinstitution) wurde 1951 in das „Bundesinstitut für Arbeitsschutz" übergeführt (seit 1957 in Koblenz). Die B.f.A. und Unfallforschung (1971) wurde 1972 nach Dortmund verlegt, 1983 in B.f.A. umbenannt und mit neuen Aufgabenschwerpunkten neu organisiert.

Sie arbeitet mit Landesbehörden, Trägern der gesetzlichen Unfallversicherung und anderen Institutionen und Personen zusammen, beobachtet und analysiert die Arbeitssicherheit, die Gesundheitssituation und die Arbeitsbedingungen in Betrieben und Verwaltungen, entwickelt Problemlösungen, fördert die Anwendung der Erkenntnisse und ist deutsches Zentrum der Internationalen Dokumentationszentrale für Arbeitsschutz. Die B.f.A. ist in 7 Abteilungen gegliedert: Grundsatzfragen, Sicherheitstechnik, Gefährliche Stoffe, Ergonomie, Forschungsanwendung, Personal/Verwaltung/Haushalt/Informationsverarbeitung, seit 1991 Technischer Arbeitsschutz (Dresden). Sie unterhält die Anmeldestelle nach dem Chemikaliengesetz, Laboratorien, eine Fachbibliothek, eine ständige Ausstellung zum Arbeitsschutz und eine Dokumentationsstelle.

Struktur: Präsident, Beirat mit 18 Vertretern der Sozialpartner, der Unternehmens-Fachverbände und von Arbeitsministerien benannten Mitgliedern mit 3 Fachausschüssen (seit 1989): Forschung und Forschungsanwendung, Arbeitsbedingungen und Gesundheit, Aus- und Fortbildung im Arbeitsschutz.

Ressourcen (1991): 357 Mitarbeiter, rd. 74 Mill. DM.

(Bundesanstalt für Arbeitsschutz, Vogelpothsweg 50–52, 44149 Dortmund). *Altenmüller*

Bundesanstalt für Materialforschung und -prüfung (BAM). Bundesoberbehörde im Geschäftsbereich des Bundesministeriums für Wirtschaft (BMWi), technisch-wissenschaftliches Staatsinstitut für Werkstoffwissenschaften, Materialprüfung und Chemische Sicherheitstechnik.

Die BAM geht hervor aus der 1871 gegründeten preußischen Mechanisch-Technischen Versuchsanstalt, 1904 mit der Chemisch-Technischen Versuchsanstalt vereinigt zum Königlichen, nach 1918 Staatlichen Materialprüfungsamt, zu dem 1945 die Chemisch-Technische Reichsanstalt kam. 1954 wurde die bis dahin Berliner Einrichtung dem Bundesministerium für Wirtschaft zugeordnet, seit 1956 als B. für Materialprüfung, seit 1987 als „B. für Materialforschung und -prüfung". Im Bereich Forschung und Entwicklung der BAM werden vor allem Probleme mit einer unmittelbaren Beziehung zur Praxis bearbeitet. Der Tätigkeitsbereich Prüfung und Untersuchung umfaßt nahezu ausschließlich Arbeiten auf Veranlassung Dritter. Die BAM ist Geschäftsstelle des Deutschen Akkreditierungssystems Prüfwesen und des Deutschen Akkreditierungsrats. Zum aktiven Wissenstransfer berät die BAM Ministerien und bringt ihr Wissen in etwa 200 Gremien zur Weiterentwicklung von Gesetzen und Normen ein. Sie informiert die Öffentlichkeit, unterhält sieben Dokumentationsstellen und unterstützt die Arbeit des Fachinformationszentrums Werkstoffe. Sie ist in 10 Abteilungen gegliedert: Metalle und Metallkonstruktionen, Bauwesen, Organische Stoffe, Chemische Sicherheitstechnik, Funktionswerkstoffe und Oberflächen, Stoffartunabhängige Verfahren, Wissenschaftlich-Technische Querschnittsaufgaben, Umwelttechnologische Fachgruppen und Referate, Technische Zuverlässigkeit/ Gefahrgutumschließungen, Analytische Chemie/ Referenzmaterialien.

Leitung: Präsident, Kuratorium: Vertreter von Wissenschaft und Wirtschaft, Vorsitz Vertreter des BMWi.

Ressourcen (1991): 1 542 Beschäftigte, 156 Mill. DM aus dem Haushalt des BMWi, dazu 14 Mill. DM aus Prüfungs- und sonstigen Gebühren, 16 Mill. DM von Dritten für Forschungsprojekte.

(Bundesanstalt für Materialforschung und -prüfung, Unter den Eichen 87, 12205 Berlin).

Altenmüller

Bundesberggesetz (BBergG). Das Gesetz regelt die Gewinnung von Bodenschätzen. Es unterscheidet zwischen bergfreien und grundeigenen Bodenschätzen. *Grundeigene* Bodenschätze gehören dem Grundeigentümer. Bei *bergfreien* Bodenschätzen (das sind praktisch alle wertvollen Bodenschätze) dagegen ist das Eigentum an Grund und Boden bedeutungslos. Nur sie unterstehen dem Bergrecht.

Für Aufsuchen und Gewinnung von bergfreien Bodenschätzen benötigt man eine Bergbauberechtigung. Für das Aufsuchen ist dies eine Erlaubnis und für die Gewinnung eine Bewilligung oder auch das sogenannte Bergwerkseigentum. Diese wird durch Verleihung begründet. Der Bergwerkseigentümer kann vom Grundstückseigentümer die für den Betrieb des Bergwerks erforderlichen Grundstücke gegen Entschädigung verlangen. Andererseits haftet der Bergwerkseigentümer für jeden Schaden, der durch den Betrieb des Bergwerks herbeigeführt wird. Im einzelnen regelt das Gesetz u. a. den Interessenausgleich zwischen den Parteien, die erforderlichen Anzeigen und den Betriebsplan sowie die von den Bergbehörden durchzuführende Bergaufsicht. *W. Hoffmann*

→Immissionsgrenzwerte;
→Immissionsmessung;
→Umweltmeßtechnik

Bundespatentgericht. Das B. trifft Entscheidungen auf dem Gebiet des gewerblichen Rechtsschutzes über Beschwerden gegen Beschlüsse der Prüfungsstellen oder Patentabteilungen des Deutschen Patentamtes sowie über Nichtigkeitsklagen gegen erteilte Patente und im Zwangslizenzverfahren. Es hat seinen Sitz in München. Es ist ein Gericht der ordentlichen Gerichtsbarkeit (Art. 96, 1 GrundG) und gehört wie der Bundesgerichtshof und das Deutsche Patentamt zum Ressort des Bundesjustizministeriums.

Die Senate des B. werden am häufigsten tätig bei Beschwerden gegen Entscheidungen, die das Deutsche Patentamt zuungunsten des Anmelders bzw. Inhabers in Patent-, Gebrauchsmuster- und Warenzeichensachen trifft, sowie bei Einspruchs- und Widerspruchsbeschwerden. *Cohausz*

Literatur: Das Bundespatentgericht. Informationsschr. (Hrsg. L) Pressestelle des Bundespatentgerichts.

C

Californium → Radioelement

Carnot-Prozeß. Ein Kreisquasiprozeß (Quasiprozeß), von einem Gleichgewichtszustand 1 ausgehend über 2, 3 und 4 nach 1 zurückkehrend heißt C.-P. (Bild 1), wenn gilt:

☐ von 1 nach 2: isotherme Expansion,
☐ von 2 nach 3: adiabatische Expansion,
☐ von 3 nach 4: isotherme Kompression,
☐ von 4 nach 1: adiabatische Kompression.

Im Teilprozeß von 1 nach 2 ist Q_1 der positive Wärmeübergang vom Führungsreservoir, das die

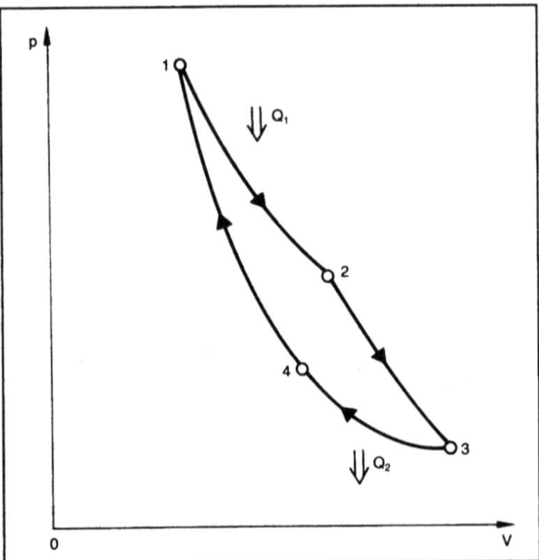

Carnot-Prozeß 1: p/V-Diagramm. Die Doppelpfeile kennzeichnen die Wärmeübergänge in den entsprechenden Takten.

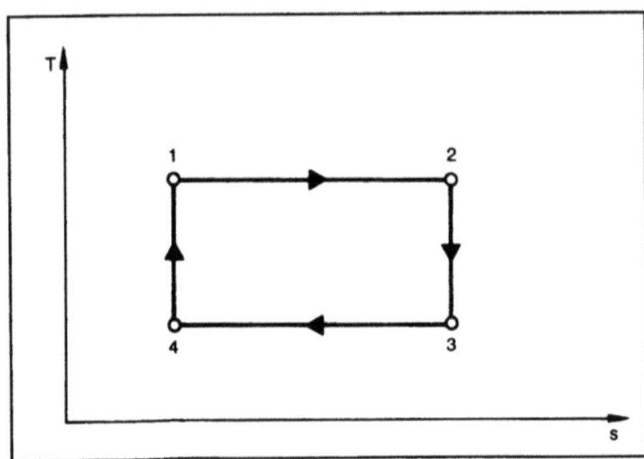

Carnot-Prozeß 2: T/s-Diagramm.

Isothermie erzwingt, auf das System. Von 3 nach 4 ist Q_2 der entsprechende negative Wärmeübergang (T/s-Diagramm, →Carnot-Wirkungsgrad) (Bild 2).

Der C.-P., obgleich technisch wegen der auftretenden hohen Drücke uninteressant, hat historisch eine wichtige Rolle zur Bestimmung maximaler Wirkungsgrade von Maschinen gespielt, weil er zwischen zwei Wärmereservoiren abläuft. Diese Situation ist bei Maschinen oft gegeben (Kessel- und Umgebungstemperatur). *Muschik*

Carnot-Wirkungsgrad. Der W. eines C.-Prozesses ist

$$\eta_C = (T_1 - T_2)/T_1, \quad T_1 > T_2;$$

$T_{1,2}$ thermostatische Temperaturen der Wärmereservoire, zwischen denen der C.-Prozeß abläuft, was mit der C.-Clausius-Ungleichung bewiesen wird.

Weiter zeigt man mit dem Thomson-Verbot, daß η_C nicht von der speziellen Arbeitssubstanz abhängt, die den →Kreisprozeß durchläuft, und daß überdies alle Kreisquasiprozesse (Quasiprozeß) zwischen 2 Wärmereservoiren der Temperaturen T_1 und T_2 den gleichen W. wie den des C.-Prozesses haben. Für Rechtsprozesse folgt aus der C.-Clausius-Ungleichung (Dissipationsungleichung), daß der W. stets nicht größer als der C.-W. ist. *Muschik*

Cartesisches Produkt (Mengenprodukt). Sind M und N Mengen, so heißt die Menge $M \times N$ aller geordneten Paare von Elementen aus M und N das C. P. beider Mengen (nach René Descartes 1596–1650), also

$$M \times N := \{(a,b): a \in M, b \in N\}.$$

Das C. P. ist eine assoziative, jedoch nicht kommunative Verknüpfung. Bezeichnen m und n die Anzahl der Elemente von M bzw. N, so besitzt $M \times N$ genau $m \cdot n$ Elemente. *Schmeißer*

Cauchy-Folge. Eine →Folge von Elementen x_j $(j = 1,2,3, \dots)$ eines metrischen Raumes M, bei der sich zu vorgegebenem $\varepsilon > 0$ stets ein n angeben läßt, so daß je zwei Glieder x_k, x_m mit k, $m \geq n$ einen Abstand kleiner als ε besitzen.

Der Begriff der C.-F. ist von fundamentaler Bedeutung in der Mathematik, weil er typische Eigenschaften einer konvergenten Folge erfaßt, ohne dabei von →Konvergenz und Grenzwert zu sprechen. Jede in M konvergente Folge ist eine C.-F. Umgekehrt muß jedoch eine C.-F. in M noch nicht konvergieren, wohl aber konvergiert sie immer in einer geeigneten Erweiterung von M, der Vervollständigung.

Ein einfaches Beispiel soll diese Aussage illustrieren: Sei M das halboffene →Intervall $]0,1]$ mit dem euklidischen Abstand als Metrik. Die Folge mit den Gliedern $x_j = 1/j$ $(j = 1,2,3, \ldots)$ ist dann eine C.-F. in M, die dort aber noch nicht konvergiert, sondern erst in der Erweiterung $[0,1]$ von M. *Schmeißer*

Literatur: *Barner, M.* u. *F. Flohr:* Analysis II. Berlin 1983. – *Forster, O.:* Analysis 2. Braunschweig 1979. – *Heuser, H.:* Lehrbuch der Analysis, Teil 2 (3. Aufl.). Stuttgart 1986.

Cavalierisches Prinzip. Liegen zwei Körper zwischen parallelen Ebenen und haben sie sowohl in diesen als auch in allen parallelen Zwischenebenen inhaltsgleiche Schnittfiguren, so sind sie von gleichem →Rauminhalt. Für ebene Figuren gilt entsprechend: Liegen zwei ebene Figuren zwischen zwei parallelen Geraden und haben sie sowohl in diesen als auch in allen parallelen Zwischengeraden Schnittstrecken gleicher Gesamtlänge, so sind sie von gleichem Flächeninhalt.

Das C. P. wird mit Methoden der Integralrechnung bewiesen. Der von *Bonaventura Cavalieri* (1598–1647) selbst angegebene Beweis ist nicht genügend stichhaltig. In einem allgemeineren Rahmen ergibt sich das C. P. als Spezialfall eines Satzes von *Fubini* über das Produktmaß. *Schmeißer*

Literatur: *Barner, M.,* u. *F. Flohr:* Analysis II. Berlin. 1983. – *Forster, O.:* Analysis 3 (3. Aufl.). Braunschweig. 1984. – *Heuser, H.:* Lehrbuch der Analysis, Teil 2 (2. Aufl.) Stuttgart. 1983. – *v. Mangoldt, H.,* u. *K. Knopp:* Einführung in die höhere Mathematik, Bd. III (11. Aufl.). Stuttgart. 1958. – *Tropfke, J.:* Geschichte der Elementar-Mathematik, Bd. 7. Berlin. 1924.

Celsiusskala. Temperaturskala, deren Nullpunkt der Schmelzpunkt des Eises unter Normdruck $p_n = 101\,325$ Pa ist. Der Temperaturbereich zwischen dem Schmelzpunkt des Eises und dem Siedepunkt des Wassers, ebenfalls bei Normdruck p_n, ist in 100 Grad Celsius (°C) eingeteilt. (→Einheiten des SI, →Temperaturskalen). *Hammerschmidt*

Chaos.
Mathematik. Als C. wird ein bestimmtes zeitliches Verhalten von Systemen bezeichnet. Neuerdings wird auch raum-zeitliches C. untersucht. Es tritt bei sehr vielen physikalischen, chemischen, biologischen, sozialen usw. Systemen auf, sofern sie nichtlinear, intern expansiv und beschränkt sind, z. B. beim angetriebenen nichtlinearen Pendel, bei Lasern, in Flüssigkeiten, die durch Temperatur- oder Druckgradienten Strömungen entwickeln, und in Halbleitern. Der Pendelausschlag z. B. ändert sich

im chaotischen Zustand fortwährend, jedoch nicht periodisch, sondern irregulär, wie zufällig, obwohl die äußeren Bedingungen zeitunabhängig (oder periodisch) gehalten werden.

C. ist eine eigene dynamische Qualität, die unter bestimmten äußeren Bedingungen auftritt. Man unterscheidet folgende dynamische Qualitäten: (1) zeitunabhängiges →Gleichgewicht bzw. stationärer Zustand, (2) periodischer Zustand, (3) mehrfach periodischer (quasi-periodischer) Zustand, (4) chaotischer Zustand (Bild 1). Der chaotische →Zeitverlauf ist so zu charakterisieren: Eine der Systemvariablen x (der Pendelausschlag, die Konzentration einer Substanz, die Laserlichtstärke, die Temperatur, o. ä., kurz Amplitude genannt) ist trotz zeitlich konstanter Randbedingungen dauernd zeitlich veränderlich, jedoch weder periodisch noch mehrfach periodisch. x(t) ändert sich innerhalb gewisser Grenzen mit dem Abstand Δx ganz unregelmäßig, wie zufällig. Δx beträgt i. a. einige Promille bis einige Prozent der mittleren Amplitude $\bar{x}$. Manchmal schwankt x(t) auch um $\bar{x} \cong 0$ unter Vorzeichenwechsel.

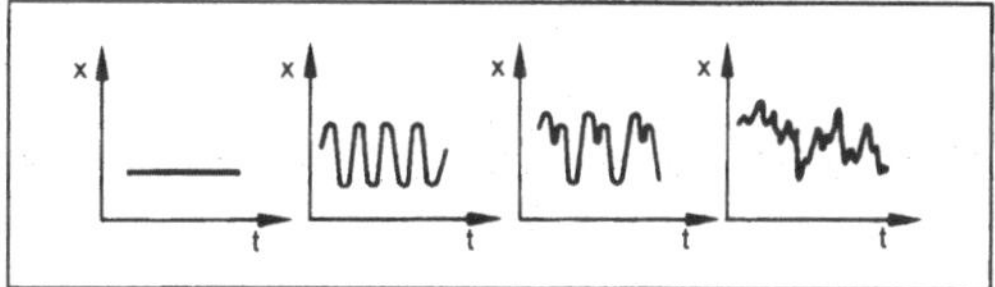

Chaos 1: Verschiedene Zeitabläufe einer Systemvariablen x als Funktion der Zeit (stationär, periodisch, mehrfach periodisch, chaotisch).

Kleinste Unterschiede in der Anfangslage führen nach meist kurzer Zeit zu völlig unterschiedlichem Verlauf von x(t) (empfindliche Abhängigkeit von den Anfangsbedingungen oder von Störungen). In der Regel wächst der Anfangs-Unterschied ε_0 exponentiell mit der Zeit an, $\varepsilon_0 \cdot \exp(\lambda t)$. Die Wachstumsrate λ ist einer der Lyapunov-Exponenten.

Chaotische Systeme sind über kurze Zeitspannen determiniert und vorhersagbar, über längere Zeiten jedoch wegen der unvermeidlichen Anfangsungenauigkeit unvorhersagbar. Man spricht deshalb von „deterministischem Chaos". Der Vorhersagezeitraum τ ergibt sich typischerweise zu $\tau \sim \lambda^{-1} \log(\delta x/\varepsilon_0)$. Durch Verbessern der Ausgangsgenauigkeit ε_0 kann man τ vergrößern, allerdings nur logarithmisch. Ebensolches gilt auch für Verzicht in der Ablesegenauigkeit δx. Systemspezifisch ist die inverse Wachstumsrate λ^{-1}.

Turbulente Luftströmungen sind i. a. chaotisch, Wettervorhersagen deshalb prinzipiell nur für endliche Zeit möglich. Verdichten des Meßstationennetzes entspricht Verkleinern von ε_0. Die Zahl der verschiedenen, unabhängigen positiven Lyapunov-Exponenten λ ist $\sim Re^{9/4}$, wobei Re die Reynolds-Zahl bezeichnet.

Die Fourieranalyse eines chaotischen Zeitablaufs x(t) ergibt ein breitbandiges Frequenzspektrum $|x(\omega)|^2$ (Bild 2), dem diskrete Frequenzen zusätzlich überlagert sein können. Diese Breitbandigkeit teilt deterministisch-chaotisches Verhalten mit mikroskopischem Rauschen. Letzteres ist allerdings um Größenordnungen kleiner in der Schwankungsbreite Δx als C.

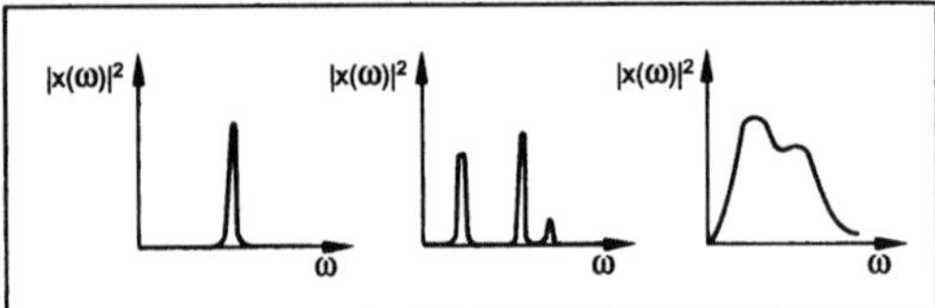

Chaos 2: Frequenzspektren im periodischen, mehrfach-periodischen bzw. chaotischen Zustand.

Um deterministisches Chaos von thermischem (mikroskopischem) Rauschen zu unterscheiden, verändert man die äußeren Bedingungen des Systems. Dazu gehört etwa die Umgebungstemperatur, der Stromfluß durch das System, die Pumpstärke oder ähnliche Parameter μ. I. a. beobachtet man Chaos nur in bestimmten Parameterbereichen eines Systems, während dasselbe System in anderen Parameterbereichen stationäres, periodisches oder quasiperiodisches Zeitverhalten zeigt (mit diskretem Spektrum und nur winzigem mikroskopischen Rauschuntergrund). Ändert man μ langsam, so geht das System vom stationären in den chaotischen Zustand über. Dieser Übergang (Bild 3) erfolgt gemäß einigen wenigen, so charakteristischen Szenarien, daß ihre Beobachtung als untrügliches Zeichen für die deterministische, makroskopische, nichtlineare, d. h. nicht-thermische Natur des schließlich auftretenden Chaos zu werten ist.

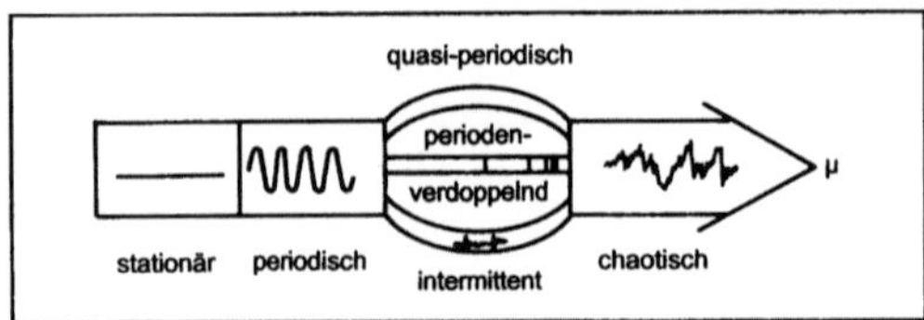

Chaos 3: Übergangs-Szenarien vom stationären in den chaotischen Zustand.

Die typischen Szenarien sind (1) der quasiperiodische Übergang (*Ruelle, Takens* 1972): 1-Frequenz-Zustand, abgelöst durch 2-Frequenz-Zustand, dann direkter Übergang ins Chaos.

(2) Periodenverdopplungs-Übergang (*Grossmann, Thomae* 1977, *Feigenbaum* 1978): 1-Frequenz-Zustand mit →Schwingungsdauer (Periode) T, 1-Frequenz-Zustand mit doppelter Periode 2T, danach mit 4T, dann mit 8T, usw. Die Parameterintervalle $\Delta_n\mu$, in denen die Periode 2^nT zu beobachten ist, werden mit wachsendem n in

einer geometrischen →Folge immer kürzer (Bild 4). Die Schrumpfungsrate $\Delta_{n+1}\mu/\Delta_n\mu$ nähert sich mit n schnell einer festen Zahl $1/\delta$, die sich bemerkenswerterweise als für alle Systeme gleich herausgestellt hat (Universalität der Periodenverdopplung), nämlich $\delta=4{,}67$. Die Amplitude der jeweils neuen doppelten Periode ist ebenfalls geometrisch verkleinert, nämlich um einen (universellen) Faktor $1/\alpha$, $\alpha=2{.}50$. In realen Systemen sind i. a. nur wenige Periodenverdopplungen aufzulösen. Die Spektren zeigt Bild 5.

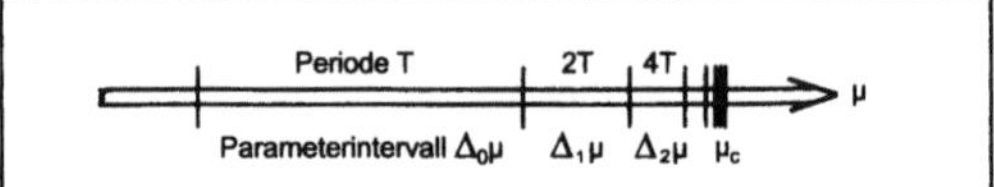

Chaos 4: Periodenverdopplungsszenarium; bei $\mu > \mu_c$ allmähliches Anwachsen des chaotischen Verhaltens.

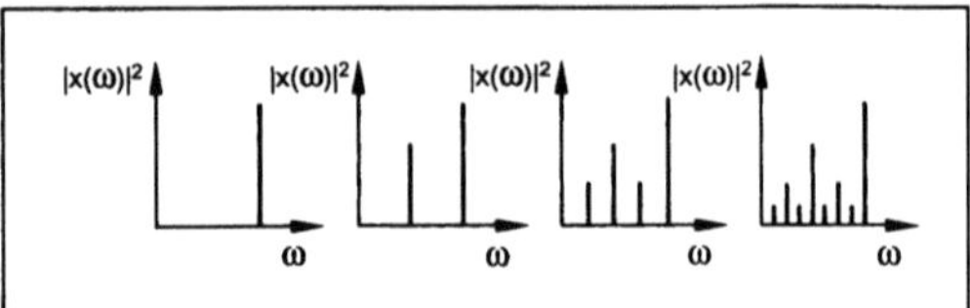

Chaos 5: Abfolge der Spektren; jede Periodenverdopplung entspricht einer Frequenzhalbierung (Subharmonische). Wegen der Nichtlinearität gibt es zusätzlich höhere Harmonische.

(3) Der Intermittenzübergang (*Pomeau, Manneville* 1980): das zunächst stationäre oder periodische →Signal x(t) zeigt zu unregelmäßigen Zeiten (intermittierend) unregelmäßige chaotische Ausbrüche, denen wieder reguläre Intervalle folgen. Auch hierfür gelten universelle Gesetze ($\sqrt{\mu-\mu_c}$-Gesetz).

C. und das ihm vorausgehende Übergangszenario treten nur in nichtlinearen, intern expansiven Systemen auf, die durch mindestens drei miteinander konkurrierende Variable (Ordnungsparameter) x_1, x_2, x_3 zu beschreiben sind. Die in einem konkreten System vorhandene Zahl d von Variablen läßt sich aus einer Analyse eines der $x_i(t)$ ermitteln, allerdings hinreichend verläßlich nur für kleines d (wenn auch $d \geqq 3$).

C. ist charakteristisch für offene, dissipative Systeme fernab vom Gleichgewicht. Analoges Verhalten beobachtet man aber auch in konservativen, abgeschlossenen Systemen (mit erhaltener Energie), wo es als ergodisches, mischendes Durchstreifen des Phasenraumes Grundlage der Statistischen →Mechanik bzw. →Thermodynamik ist. Klassisch-mechanische Systeme zeigen irreguläre Zeitentwicklung, wenn sie nichtintegrabel sind, auch schon bei niedriger Dimension.

Dem Durchstreifen der Energiefläche bei konservativen Systemen entspricht bei dissipativen

Systemen das Einmünden in und Durchlaufen eines seltsamen Attraktors mit fraktalen Eigenschaften. *Großmann*

Literatur: *Berge, P., Y. Pomeau* u. *C. Vidal:* Order within Chaos. John Wiley & Sons, New York, Toronto, Chichester, Brisbane, Singapore 1984. – *Grossmann, S.:* Chaos-Unordnung und Ordnung in nichtlinearen Systemen. Physikalische Blätter 39, 139–145 (1983). – *Schuster, H. G.:* Deterministic Chaos, An Introduction. VCH, Weinheim 1988. – *Schroeder, M.,* Fractals, Chaos, Power Laws, Freeman, New York, 1991. – *Peitgen, H.O., P. Richter,* The Beauty of Fractals, Springer-Verlag, Berlin etc., 1991. Chaos und Fraktale, Spektrum der Wissenschaft, Heidelberg 1989.

Mechanik. Ein C. ist ein Zustand ohne erkennbare Ordnung. Ähnliches gilt für chaotische Bewegungen, die bei nichtlinear schwingungsfähigen Gebilden mit mehr als einem →Freiheitsgrad auftreten können, wenn insbesondere starke Abhängigkeiten von Störungen zu verzeichnen sind. Auch nach längerer Zeit strebt die chaotische Bewegung nicht dem eindeutigen Punkt oder dem regulären Grenzzyklus im Phasenraum der generalisierten Verschiebungen und Geschwindigkeiten zu, ihr Attraktor (Schwingungsarten) ist vielmehr irregulär geformt (z. B. mehrere einzelne Punkte, durchbrochene Linien, unvollständige Flächen), ein strange attractor (seltsamer Attraktor) also. Eine genaue Unterscheidung von Bewegungen von der Art einer fastperiodischen linearen →Schwingung ist nur nach präziser Überprüfung möglich. *Besdo*

Charakteristik (Gasdynamik). Mathematisch bilden die Grundgleichungen (Massen-, Impuls- und Energieerhaltung) für instationäre, ideale Unter- und Überschallströmungen bzw. für stationäre Überschallströmungen ein quasilineares, hyperbolisches System partieller →Differentialgleichungen.

Für solche Systeme ist es möglich, geeignete neue Variable einzuführen, mit deren Hilfe die Lösung des partiellen Differentialgleichungssystems auf die Lösung gewöhnlicher Differentialgleichungen für die unabhängigen und die abhängigen Variablen zurückgeführt wird. Die Lösungskurven dieses Systems bezeichnet man als die Charakteristiken des partiellen Differentialgleichungssystems. Häufig werden auch ihre Projektionen in den Raum der unabhängigen Variablen bereits C. genannt. Mathematisch besagt das Ergebnis, daß entlang einer C. die äußeren Ableitungen der abhängigen Variablen unbestimmt bleiben, während sich für die inneren Ableitungen Verträglichkeitsbedingungen ergeben. Physikalisch beschreiben die C. in den zugehörigen Strömungsfeldern Raum-Kurven bzw. Raum-Zeit-Kurven, längs derer sich kleine Störungen ausbreiten. Infolgedessen bilden C., die durch einen Raum-Zeit-Punkt $P(\underline{x},t)$ gehen, einen Kegel mit der Eigenschaft, daß Störungen von der Kegelspitze aus sich nur innerhalb des Kegels bemerkbar machen kön-

nen. Man bezeichnet den Kegelraum daher auch als Einflußbereich. Bei Überschallströmungen werden diese Kegel Mach-Kegel und die C. auch →Mach-Wellen genannt (Bild).

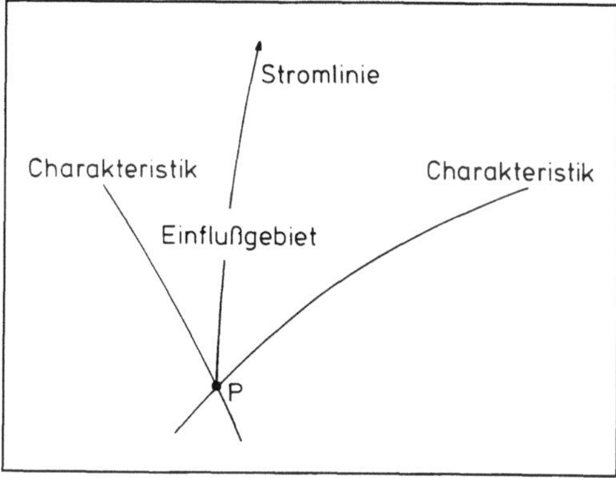

Charakteristik (Gasdynamik): Charakteristiken durch einen Punkt P mit Einflußgebiet.

Von praktischer Bedeutung sind die C. bei der Entwicklung wirkungsvoller analytischer und numerischer Lösungsmethoden zum Bestimmen kompressibler Strömungsfelder.

C.-Verfahren: Strömungsfelder werden durch nichtlineare partielle Differentialgleichungssysteme beschrieben. Exakte Lösungen dieser Gleichungssysteme sind nur für wenige, sehr einfache Strömungsformen bekannt. Es werden daher numerische Methoden zum Bestimmen von Strömungsfeldern nötig, bei deren Anwendung erhebliche Probleme hinsichtlich der numerischen Stabilität und →Konvergenz auftreten.

Für reibungsfreie Strömungen, die Differentialgleichungen vom hyperbolischen Typ beschreiben (z. B. stationäre Überschallströmungen oder instationäre Fadenströmungen), bietet sich ein alternatives Verfahren an, das von der Existenz der C. in diesen Strömungen und von der Möglichkeit Gebrauch macht, die C. durch gewöhnliche Differentialgleichungen zu beschreiben. Man ersetzt also die numerische Integration partieller Differentialgleichungen durch die gewöhnlicher Differentialgleichungen und nennt diese Methode das C.-Verfahren.

Für das Verfahren sind zwei Punkte wesentlich. 1. Die Integration gewöhnlicher Differentialgleichungen ist einfacher als die Integration partieller Differentialgleichungen. 2. C. sind Flächen (in zweidimensionalen Strömungen Linien), längs derer sich Störungen ausbreiten können. Dies heißt, die Strömungseigenschaften in einem Punkt können nur von den Eigenschaften in einem begrenzten Strömungsbereich stromaufwärts abhängen, jedoch nicht von Eigenschaften stromabwärts, wie es in Strömungen vom elliptischen Typ der Fall ist.

111

Man unterscheidet beim C.-Verfahren drei Aufgabestellungen. 1. Das gewöhnliche Anfangswertproblem, bei dem die Strömungsgrößen auf einer Fläche (zweidimensional entlang einer Linie) vorgegeben sind, die selbst keine C. ist. 2. Das charakteristische Anfangswertproblem, bei dem auf zwei C. Strömungsgrößen vorgegeben sind. 3. Das gemischte Anfangs- und Randwertproblem, bei dem ein Teil der Strömungsgrößen auf einer C. und der andere Teil auf einer nichtcharakteristischen Fläche (Linie) vorgegeben sind. Bei der Lösung praktischer Probleme müssen alle drei Aufgabenstellungen gekoppelt angewandt werden. *Obermeier*

Literatur: *Courant, R., u. K. O. Friederichs:* Supersonic Flow and Shock Waves. Bd. 1. New York. – *Courant, R., u. D. Hilbert:* Methods of Mathematical Physics. Bd. 2. New York 1962.

Chemikalien-Gesetz. Die Erkenntnisse über das Gefährdungspotential bestimmter chemikalischer Stoffe haben zu dem „Gesetz zum Schutz vor gefährlichen Stoffen" (Chemikalien-Gesetz) i. d. F. vom 14. März 1990 (BGBl. I S. 521) geführt. Zweck des Gesetzes ist es, Menschen und Umwelt vor den schädlichen Einwirkungen gefährlicher Stoffe zu schützen. Das Gesetz regelt den gewerbsmäßigen und sonstigen wirtschaftlichen Verkehr mit diesen Stoffen und stellt eine Umsetzung der am 18. September 1979 verabschiedeten *EG-Richtlinie 79/831/ EWG* dar. Stoffe, die erstmals in den Verkehr gebracht werden (neue Stoffe), müssen bereits vor der Vermarktung nach festgelegten Kriterien auf mögliche gefährliche Eigenschaften geprüft und bei einer staatlichen Behörde angemeldet werden.

Die vorgesehenen Prüfungen (Prüfnachweisverordnung) sollen in drei Stufen erfolgen (Stufenplan). Die Anmeldestelle für neue Stoffe befindet sich bei der →Bundesanstalt für Arbeitsschutz. Die Prüfung und Bewertung der Anmeldeunterlagen, insbesondere auch der Prüfergebnisse, erfolgen bei den dafür zuständigen Bundesbehörden (→Umweltbundesamt, Bundesgesundheitsamt, Bundesanstalt für Arbeitsschutz ggf. unter Beteiligung der Biologischen Bundesanstalt und der Bundesanstalt für Materialprüfung). Alle gefährlichen Stoffe sind ihrer Gefährlichkeit entsprechend zu verpacken und zu kennzeichnen. Je nach Grad der Gefährdung, die von den geprüften Stoffen ausgeht, können Herstellung, Verarbeitung und Verwendung durch Rechtsverordnung besonderen Beschränkungen bis hin zum Verbot unterworfen werden. Auch Stoffe, die bereits im Verkehr sind (alte Stoffe), können durch Rechtsverordnung ganz oder teilweise den Regelungen für neue Stoffe unterworfen werden, wenn tatsächliche Anhaltspunkte für eine Gefährdung vorliegen.

Die Ermächtigung des Gesetzgebers, durch Rechtsverordnung Einstufung gefährlicher Stoffe, Art der Verpackung und Kennzeichnung, Erteilung von Verboten und Beschränkungen und Vorschriften über betriebliche Maßnahmen vornehmen zu lassen, hat insbesondere in der *Gefahrstoffverordnung* ihren Niederschlag gefunden. *W. Hoffmann*

Clausius-Clapeyron-Gleichung. Die C.-C.-G. ist eine vielfach angewandte →Differentialgleichung, welche die Variablen verknüpft, die mit dem Übergang einer reinen Substanz von einem Zustand in einen anderen in Zusammenhang stehen, d. h. mit den Übergängen fest → flüssig, flüssig → dampfförmig, fest → dampfförmig und umgekehrt.

Für Phasenübergänge 1. Ordnung ist der Umwandlungsdruck p eine Funktion der Umwandlungstemperatur T, und zwar gilt die Differentialgleichung

$$(\delta p/\delta T)_{koex} = (s_B - s_A)/(v_B - v_A), \tag{1}$$

wobei s_A und s_B sowie v_A und v_B die molaren Entropien bzw. molaren Volumina der Ausgangsphase A bzw. der Endphase B sind.

Da es sich um reversible Übergänge handelt, kann die Differenz der molaren Entropien durch den Quotienten aus Umwandlungsenthalpie und Umwandlungstemperatur ersetzt werden, so daß die Clausius-Clapeyronsche Gleichung auch in der Form

$$(\delta p/\delta T)_{koex} = \Delta H/T(v_B - v_A) \tag{2}$$

geschrieben werden kann. ΔH und T können Verdampfungs-, Schmelz- oder Sublimationsenthalpien bzw. -temperaturen sein.

Im Fall des Übergangs aus einer kondensierten Phase kann man (bei hinreichendem Abstand vom kritischen Punkt) das molare Volumen der kondensierten Phase gegenüber dem molaren Volumen der Dampfphase vernachlässigen. Gehorcht der Dampf außerdem dem idealen Gasgesetz (pv = RT), so läßt sich Gl. (2) umschreiben in

$$(\delta \ln p/\delta T)_{koex} = \Delta H/RT^2. \tag{3}$$

Durch →Integration erhält man daraus die sog. Augustsche Dampfdruckgleichung

$$\ln p = -\Delta H/RT + \text{konst.} \tag{4}$$

Trägt man den →Logarithmus des Sättigungsdampfdrucks über dem Reziprokwert der absoluten Temperatur auf, so erhält man eine Gerade, aus deren Steigung man die Umwandlungsenthalpie errechnen kann.

Mit Hilfe von Gl. (4) läßt sich leicht die Änderung des Siedepunktes einer Flüssigkeit in Abhängigkeit vom Druck in der Nähe des normalen Siedepunktes berechnen.

Aus Gl. (4) folgt unmittelbar die Troutonsche Regel: Bei gleichem Dampfdruck gilt für die molare Verdampfungsenthalpie stoffunabhängig

$$\Delta H_s/RT_s = \text{konst.}$$

mit R als allgemeiner Gaskonstanten und T_s als Siedetemperatur. Wegen der gemachten Voraussetzungen gilt die Troutonsche Regel nur näherungsweise. *Wedler*

Literatur: *Kortüm, G.* u. *H. Lachmann:* Einführung in die chemische Thermodynamik. Weinheim 1981. – *Wedler, G.:* Lehrbuch der Physikalischen Chemie. 3. Aufl. Weinheim 1987.

Clausius-Rankine-Prozeß. Der C.-R.-P. ist ein Rechtsprozeß zur Erzeugung von überhitztem, hochgespanntem Heißdampf, der in einer Turbine adiabatisch entspannt wird (Bild 1).

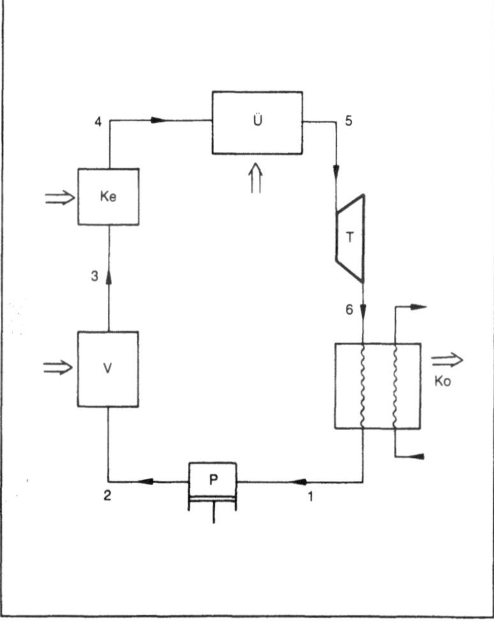

Clausius-Rankine-Prozeß 1: Schaltbild. Die Doppelpfeile symbolisieren die Wärmeübergänge.

P Pumpe zum Verdichten des Speisewassers, V Vorwärmer für das Speisewasser, Ke Kessel zum Verdampfen des Speisewassers, Ü Überhitzer für den Dampf, Ko Kondensator zur Abscheidung des Dampfes

Der Prozeß verläuft im Zweiphasengebiet und verwandelt positive Wärmeübergänge in mechanische →Leistung. Der zugehörige Vergleichsprozeß besteht aus folgenden Teilprozessen (Bild 2):

von 1 nach 2: adiabatische Kompression des Speisewassers;

von 2 nach 3: isobare Erwärmung im Vorwärmer bis zum Sieden;

von 3 nach 4: isobare, isotherme Erwärmung im Kessel bis zum Verdampfen;

von 4 nach 5: isobare Erwärmung im Überhitzer;

von 5 nach 6: adiabatische Expansion in der Turbine;

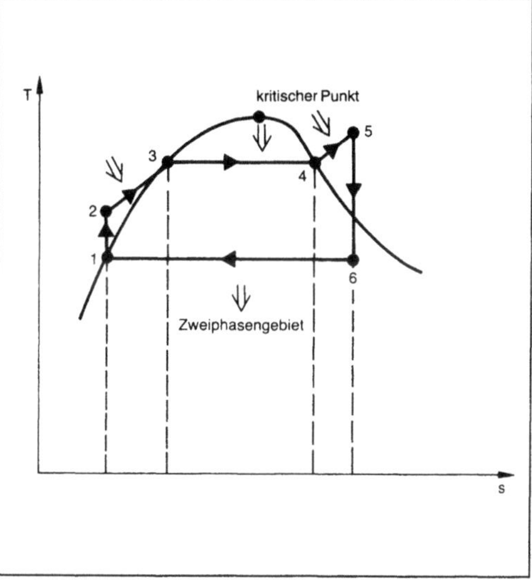

Clausius-Rankine-Prozeß 2: T/s-Diagramm. Die Doppelpfeile kennzeichnen die Wärmeübergänge im jeweiligen Takt. Der Prozeß durchläuft das Naßdampfgebiet (Zweiphasengebiet). Der Zustand 2 liegt im Gebiet der flüssigen Phase, Zustand 5 im Gebiet der gasförmigen Phase.

von 6 nach 1: isobare, isotherme Abkühlung im Kondensator.

Wie der Joule-Prozeß verläuft auch der C.-R.-P. zwischen zwei Adiabaten (von 1 nach 2 und von 5 nach 6) und zwei Isobaren (von 2 nach 5 und von 6 nach 1). Der Wirkungsgrad des Prozesses ist

$$\eta = (h_5 - h_6)/(h_5 - h_1).$$

(h_j = spezifische →Enthalpie des Zustandes j).
Muschik

Coriolisbeschleunigung →Relativkinematik

Corioliskraft →Relativkinetik

Coulomb. SI-Einheit der elektrischen Ladung, nach *Ch. A. de Coulomb* (1736–1806) benannt. Einheitenzeichen C. 1 C = 1 As (→Einheiten des SI). *Hammerschmidt*

Coulomb-Reibung →Reibung

Curie. Früher gebräuchliche Einheit der Aktivität einer radioaktiven Substanz, Einheitenzeichen Ci. 1 Ci = $3,7 \cdot 10^{10}$ Bq. In Deutschland keine gesetzliche Einheit mehr. Gültige Einheit ist das →Becquerel (Bq) (→Einheiten des SI, →Aktivität von Radionukliden). *Hammerschmidt*

Curium. C. ist ein →Radioelement aus der Gruppe der Actiniden, Ordnungszahl 96, chemisches Symbol Cm. Erstmals hergestellt wurde Curium durch Bestrahlung von →Plutonium mit 35 MeV α-Teilchen in einem Zyklotron mit Hilfe der →Kernreaktion $^{239}Pu(\alpha,n)^{242}Cm$. Das langlebigste →Isotop des Curiums ist ^{248}Cm (→Halbwertzeit $3,40 \cdot 10^5$ a). Die Elektronenkonfiguration im Gaszustand ist (Radon) $5f^7 6d7s^2$. Die stabilste Wertigkeitsstufe ist +3. Mit starken Oxidationsmitteln kann Curium in die Wertigkeitsstufe +4 überführt werden.   *Lieser*

Literatur: Handbook on the Physics and Chemistry of the Actinides. (Eds. A. J. Freemann, C. Keller) North Holland, Amsterdam 1984 ff. – *Goldanskii, V. I., S. M. Polikanov:* The Transuranium Elements. New York: Consultants Bureau 1973. – *Keller, C.:* The Chemistry of the Transuranium Elements. Weinheim: VCH-Verlag 1971. – *Myasoedov, B. F., L. I. Guseva, I. A. Lebedev, M. S. Milyukova, M. K. Chmutova:* Analytical Chemistry of Transplutonium Elements. New York: John Wiley 1974.

D

D-Übertragungsverhalten. Bei einem →Übertragungsglied mit D-Verhalten ist das Ausgangssignal v(t) proportional der Ableitung des Eingangssignals u(t) nach der Zeit. Man bezeichnet es als D-Glied.

Mit dem Differenzierbeiwert K_D lautet die zugehörige →Differentialgleichung

$$v\,(t) = K_D\,\dot u\,(t)$$

Die →Übergangsfunktion wäre ein *Dirac*-Impuls. Ein solches ideales D-Glied kommt in der Praxis nicht vor. Es enthält mindestens eine einfache Verzögerung (→Verzögerungsglied) mit einer Zeitkontante T. Die Differentialgleichung für das reale D-Glied, das D-T_1-Glied, lautet dann

$$v\,(t) + T\dot v\,(t) = K_D\dot u\,(t)$$

Die Übergangsfunktion als Lösung für eine →Anregung mit Einheitssprung, $u(t) = \sigma(t)$, ist eine abklingende e-Funktion

$$v\,(t) = h\,(t) = K_D\,e^{-t/T}\,\sigma\,(t)$$

Dieses Übergangsverhalten zeigt beispielsweise der Ladestrom eines Kondensators C, wenn er über einen →Widerstand R zum Zeitpunkt $t=0$ an eine konstante Spannung gelegt wird. Der Maximalwert ist bestimmt durch die angelegte Spannung und den Widerstandswert. Die →Zeitkonstante T ist das Produkt RC.

Das wesentliche Merkmal des D-Verhaltens ist die Signalvoreilung, der Vorhalt, vor allem bei sinusförmigen Signalen zu erkennen. Da eilt das Ausgangssignal dem Eingangssignal voraus (→PD-Übertragungsverhalten). D-Glieder werden überwiegend zur →Dämpfung und Stabilisierung von stark schwingenden Systemen eingesetzt. Oft kann das D-Glied durch die Messung der Änderungsgeschwindigkeit der betreffenden Größe ersetzt werden. *Böttiger*

D/A-Umsetzer →Digital/Analog-Umsetzer

Dämmung. Zur Schwingungsisolierung werden bei der Aktivisolierung am Aufstellungsplatz der emittierenden Anlage oder der Maschine und bei der Passivisolierung am Aufstellungsort des zu schützenden Objekts Federelemente eingebaut, durch die die Übertragung von Schwingungsenergie vermindert werden soll. Die Federelemente können für die Energieübertragung als ‚Damm‘ wirken.

Im Zusammenhang mit mechanischen Schwingungen wird die D. als →Schwingungsdämmung bezeichnet. Die Durchlässigkeit V_D ist ein geeignetes Maß zur Kennzeichnung der Isolierung bzw. der D. Bei der Schwingungsisolierung wird die erreichbare Isolierwirkung häufig am Ersatzbild des linearen, einläufigen Schwingers beschrieben. Bei sinusförmiger Erregung dieses Schwingers ist die Durchlässigkeit V_D das Verhältnis zwischen der Antwortamplitude und der Erregeramplitude. Bei der Aktivisolierung wird dieses Verhältnis durch die in den Aufstellungsort noch übertragenen dynamischen Restkräfte F_U und den Erregerkräften F_E gebildet. Zur Beurteilung der Isolierwirkung (siehe Aktivisolierung) wird häufig der Wert $(1-V_D)$ angegeben und dieser als D. bezeichnet. Er ist der Teil der Erregerkräfte, der durch die schwingungsisolierte Aufstellung der Maschine ‚abgeschirmt‘ wird. Der Wert $(1-V_D)$ heißt auch Isolierfaktor.

Die D. darf nicht mit der →Dämpfung verwechselt werden. Bei der Dämpfung, jedoch nicht bei der D., wird dem Schwingungssystem Schwingungsenergie durch Umwandlung in andere Energieformen entzogen, wie z. B. durch Reibungskräfte in →Wärme. *Splittgerber*

Literatur: VDI 2062, Bl. 1: Begriffe und Methoden. 1/1976.

Dampf. D. ist eine Substanz im gasförmigen Zustand unterhalb der kritischen Temperatur.

Füllt man einen abgeschlossenen, evakuierten Behälter teilweise mit einer reinen Flüssigkeit, so füllt sich der Raum über der Flüssigkeit allmählich mit ihrem D., wobei dessen Druck steigt. Er erhöht sich jedoch nur bis zu einer gewissen, von der Temperatur abhängigen Grenze. Dort wird er konstant. Man spricht dann von Sättigung und Sättigungs-D.-Druck. Ein solcher D. ist nicht allen Gesetzen unterworfen, die für Gase gelten. Wird der vom D. erfüllte Raum ohne Änderung der Temperatur verringert, so steigt der D.-Druck nicht an. Es findet vielmehr eine teilweise Kondensation des D. statt. Wird bei konstantem Volumen die Temperatur erhöht, so steigt der Druck stärker als linear mit der Temperatur an (→Clausius-Clapeyron-Gleichung). Eine Besonderheit tritt am kritischen Punkt auf. Dort werden die Eigenschaften des D. mit denen der Flüssigkeit identisch. So haben am kritischen Punkt D. und Flüssigkeit dieselbe Dichte (Cailletet-Mathias-Satz). *Wedler*

Dampfdruckerniedrigung. Der Dampfdruck p einer Lösung ist im allgemeinen kleiner als der des reinen Lösungsmittels p_0, und zwar gilt für ideale (verdünnte) Lösungen das Raoultsche Gesetz:

$$p_0 - p = p_0 x:$$

(x = →Molenbruch des gelösten Stoffes). Das Raoultsche Gesetz gehört zu den kolligativen Eigenschaften idealer Lösungen. *Muschik*

Dampfdruckkurve. Die Kurve, die im Zustandsdiagramm die Siedepunkte miteinander verbindet, heißt D. Sie beginnt im →Tripelpunkt, endet im kritischen Punkt und gibt die Abhängigkeit der Siedetemperatur vom Druck an (→Clausius-Clapeyron-Gleichung). *Muschik*

Dämpfer. D. sind Konstruktionen (Baueinheiten), die zur Realisierung der →Dämpfung von Schwingern dienen. Zur Beschreibung von Schwingungssystemen und zu deren Berechnung verwendet man Ersatzsysteme (Modelle), bei denen es für die praktische Anwendung beim Schutz vor Erschütterungen häufig ausreicht, sie aus wenigen einfachen Bauelementen aufzubauen, und zwar aus
– starren Körpern (idealisiert durch Punktmassen und Trägheitsmomente) und
– masselosen Bindungen, gekennzeichnet durch Federn und Dämpfer.

Diese wirken durch ihre Verformbarkeit. Besonders bei Schwingungsmeßgeräten und bei der Schwingungsisolierung von Maschinen durch weichelastische Lagerungen ist es oft zweckmäßig, Dissipation von Schwingungsenergie durch den Einbau von D. herbeizuführen. Bei der baulichen Ausführung von D. kann der Effekt der flüssigen oder der trockenen →Reibung angewendet werden. Bild 1 zeigt den prinzipiellen Aufbau eines Flüssigkeitsdämpfers. Ein Zylinder a mit einem beweglichen Stempel b ist mit einer viskosen Flüssigkeit c gefüllt. Zwischen dem z. B. am elastisch gelagerten Fundament befestigten Stempel b und dem an der Sohle der Fundamentwanne befestigten Zylinder wird ein mehr oder weniger großer Ringspalt d vorgesehen. Bei Relativbewegungen zwischen dem Stempel und dem Zylinder treten zwei Arten von Energieverlu-

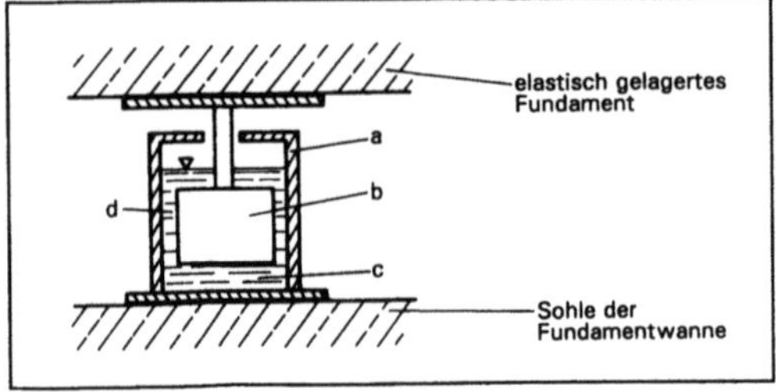

Dämpfer 1: Prinzipieller Aufbau eines Flüssigkeitsdämpfers.

sten auf, nämlich Reibung infolge Zähigkeit (Viskosität) und Wirbelverluste. Man unterscheidet daher zwischen Viscositätsdämpfern und Hydraulikdämpfern. Bei Viscositätsdämpfern hängt die Dämpfungswirkung von der Schergeschwindigkeit und der Zähigkeit der eingesetzten Flüssigkeit ab. Als Dämpfungsmedium werden Öle, z. B. Siliconöle, Bitumen u. a. m. verwendet. Die Zähigkeit und damit die Dämpferwirkung ist z. T. stark von der Temperatur abhängig.

In Bild 2 ist das Schema eines Reibungsdämpfers dargestellt. Er besteht aus federbelasteten Reibbakken a, die gegen einen Reibpartner b drücken, der mit dem schwingenden System c verbunden ist. Bei entsprechender Wahl der Materialkombinationen der Reibbacken und Reibpartner kann mit Hilfe von Federn die Größe der Dämpfungskraft eingestellt werden, die etwa *Coulombscher* Reibung entspricht. Beide Arten von D. können so ausgebildet werden, daß sie nicht nur in einer Hauptrichtung, sondern in alle Raumrichtungen beweglich und auch dämpfend wirksam sind. *Splittgerber*

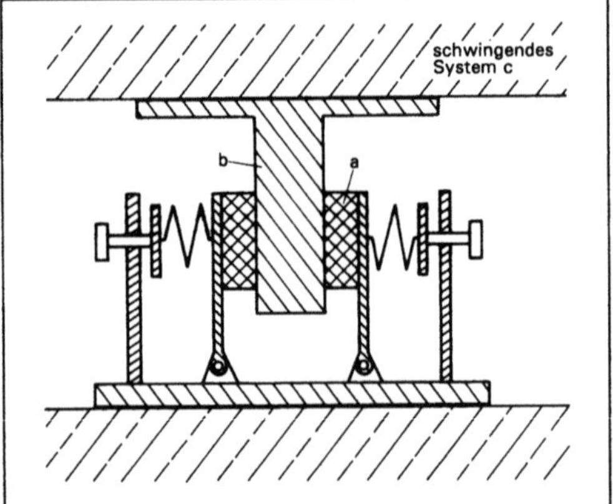

Dämpfer 2: Schema eines Reibungsdämpfers.

Literatur: *Splittgerber, H.*: Elastische Lagerung von Maschinen mit zusätzlichen Dämpfungseinrichtungen. Industrie-Anzeiger Nr. 32, 1965. – VDI 2062, Bl. 2: Isolierelemente 1/1976.

Dampfkesselverordnung (DampfkV). Die Verordnung über Dampfkesselanlagen vom 27. Februar 1980 gilt für die Errichtung und den Betrieb von Dampfkesselanlagen, die gewerblichen oder wirtschaftlichen Zwecken dienen und in deren Gefahrenbereich Arbeitnehmer beschäftigt werden. Zur Dampfkesselanlage gehören der Dampfkessel selbst sowie die für seinen Betrieb erforderlichen Einrichtungen, z. B. die Feuerung und die Einrichtungen für die Rauchgasreinigung. Dampfkesselanlagen dienen der Erzeugung von Strom, Prozeßwärme und Heizwärme. Für diese Zwecke wird im Dampfkessel entweder Wasserdampf oder Heißwasser erzeugt.

Die Verordnung gründet sich auf § 24 der →*Gewerbeordnung* und trifft Vorsorge gegen potentielle Gefahren des Dampfkesselbetriebs.

Nach der Verordnung bedürfen Errichtung und Betrieb einer Dampfkesselanlage der Erlaubnis der zuständigen Behörde. Die Dampfkesselanlage darf nach ihrer Errichtung erst in Betrieb genommen werden, nachdem der Sachverständige Prüfungen vorgenommen hat. Diese sind eine Bauprüfung, eine Wasserdruckprüfung und eine Abnahmeprüfung des Dampfkessels und bestimmter Einrichtungen der Dampfkesselanlage. Für bestimmte Dampfkesselanlagen und für bauartzugelassene Teile von Dampfkesseln gelten Erleichterungen. Über die erstmaligen Prüfungen hinaus sind Dampfkessel in bestimmten Fristen wiederkehrenden Prüfungen zu unterziehen. Sie bestehen aus inneren Prüfungen und Wasserdruckprüfungen des Dampfkessels und bestimmter Einrichtungen der Dampfkesselanlage und äußeren Prüfungen der gesamten Anlage. Für bestimmte Dampfkessel sind keine wiederkehrenden Prüfungen vorgeschrieben, oder es gelten Erleichterungen. Weitere Prüfungen kommen vor Wiederinbetriebnahme einer stillgesetzten Anlage, nach Schadensfällen oder aus besonderem Anlaß in Betracht. Zuständig für die Prüfungen sind Sachverständige der Technischen Überwachungs-Organisationen.

Die Verordnung verpflichtet den Betreiber, seine Dampfkesselanlage in ordnungsgemäßem Zustand zu halten und zu betreiben, für bestimmte Dampfkessel einen Kesselwärter zu bestellen und der Aufsichtsbehörde unverzüglich Unfälle und Schäden anzuzeigen. *W. Hoffmann*

Dämpfung. Bei mechanischen Schwingern (→Schwingung, mechanische) versteht man unter D. allgemein die Dissipation von kinetischer und potentieller Energie. Dabei wird dem schwingenden System irreversibel Energie durch Umwandlung in andere Energieformen, meistens in Wärme, entzogen oder Energie in die Umgebung abgeleitet.

Die D. bewirkt, daß freie Schwingungen abklingen und harmonisch erregte erzwungene Schwingungen in der →Resonanz endlich groß bleiben. Bei freien Schwingungen wird die anfängliche Energie mit zunehmender Zeitdauer zerstreut, und bei erzwungenen stationären Schwingungen muß die durch D. umgewandelte Energie laufend ersetzt werden. Man unterscheidet bei Schwingungssystemen zwischen innerer und äußerer D. Zur inneren D. zählen die Material- bzw. Werkstoffdämpfung und die D. in der Struktur des Systems, wie die D. an Fügestellen und Kontaktflächen innerhalb des Systems. Zur äußeren D. gehören die Abgabe von Energie an das umgebende Medium, z. B. bei Maschinenfundamenten und schwingenden Bauwerken durch →Reibung an Kontaktflächen zu Nachbarbauwerken, zur umgebenden

Luft und zum Baugrund (Bettung). Auch zusätzlich am Schwingungssystem angeordnete →Dämpfer zählen zur äußeren D. Die Werkstoffdämpfung wird an Proben des Werkstoffs oder von Bauteilen durch zyklische Belastung mit einer Geschwindigkeit festgestellt, bei der Trägheitskräfte vernachlässigbar klein sind. Das Kraft- (Spannungs-) Weg- (Verformungs-) Diagramm für einen Belastungszyklus ist eine sog. Hystereseschleife, deren Flächeninhalt der Verlustarbeit entspricht. Man bezieht die Dämpfungsfähigkeit des Werkstoffs (Energieverlust pro Zyklus) auf die elastische Formänderungsenergie der Werkstoffprobe und ermittelt mit diesen Größen den Verlustfaktor d des Werkstoffs. Um allgemein die D. der Berechnung zugänglich zu machen, bildet man D.-Modelle und ermittelt deren Kraftgesetze. Einfache Elemente solcher Modelle sind Federn, Viskosedämpfer (Dämpfer mit schwinggeschwindigkeitsproportionaler Dämpfungskraft) und *Coulomb*-Dämpfer (Reibungsdämpfer). Einige Zwei-Parameter-Dämpfungsmodelle sind im Bild dargestellt. In Schwingungssystemen charakterisieren die Systemkennwerte das Zusammenwirken von Massen und Bindungen, zu denen Federn und Dämpfer (dissipative Elemente) zählen. Die Systemkennwerte kennzeichnen auch die Beziehung zwischen einer Erregerwirkung (Eingang) und der Systemantwort (Ausgang).

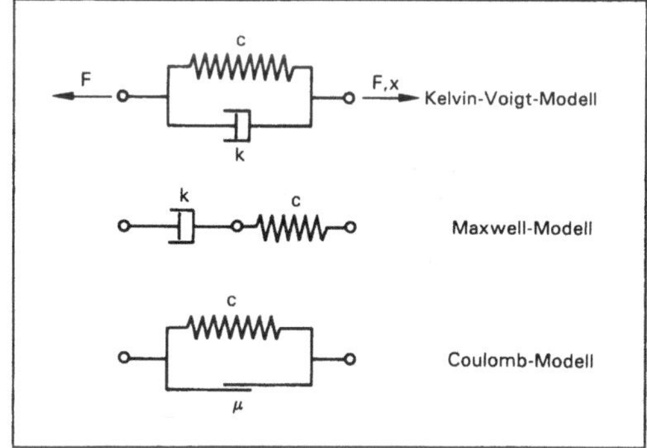

Dämpfung: Beispiele für Zwei-Parameter-Dämpfungsmodelle.

c) Federsteifigkeit, k) Dämpfungskoeffizient, μ) Reibungskoeffizient

Systemkennwerte beziehen sich stets nur auf das jeweils in Betracht stehende System (Struktur) bzw. auf das jeweils gewählte Ersatzsystem. Die gebräuchlichsten Kennwerte für die Systemdämpfung sind nur für den linearen einfachen →Schwinger definiert, für den folgende →Differentialgleichung gilt:

$$m\ddot{x} + k\dot{x} + cx = F_E(t)$$

Die Systemkennwerte für den dadurch gekennzeichneten Schwinger sind jeweils Kombinationen der Bauteilkennwerte m (→Masse), k (→Dämp-

Dämpfung. Tabelle: Zusammenhänge zwischen verschiedenen Dämpfungsgrößen beim gedämpften linearen freien Schwinger mit sehr schwacher D., ω_0: Eigenkreisfrequenz.

Dämpfungsgröße		k	δ	d	Λ	D
Dämpfungs-koeffizient	k	1				
Abkling-koeffizient	δ	$\dfrac{k}{2m}$	1			
Verlustfaktor	d	$\dfrac{k}{\sqrt{cm}}$	$2\,\dfrac{\delta}{\omega_0}$	1		
logarithmisches Dekrement	Λ	$\sim \pi\,\dfrac{k}{\sqrt{cm}}$	$\sim 2\,\pi\,\dfrac{\delta}{\omega_0}$	$\sim \pi\,d$	1	
Dämpfungs-grad	D	$\dfrac{k}{2\sqrt{cm}}$	$\dfrac{\delta}{\omega_0}$	$\dfrac{d}{2}$	$\sim \dfrac{\Lambda}{2\,\pi}$	1

fungskoeffizient), c (Federsteifigkeit). Bei mehrläufigen Schwingern ist es wegen der Vielzahl von Kombinationsmöglichkeiten unzweckmäßig, Kennwerte für die Systemdämpfung zu definieren. Man greift dann nur jeweils eine Schwingungsform ($\rightarrow$Eigenfrequenz) heraus und behandelt diese wie einen einfachen Schwinger.

Zur Kennzeichnung der System-D. beim einfachen gedämpften, linearen Schwinger sind mehrere Dämpfungsgrößen gebräuchlich. Dazu gehören der Dämpfungskoeffizient k, der $\rightarrow$Abklingkoeffizient δ, der Verlustfaktor d, das logarithmische $\rightarrow$Dekrement Λ, der Dämpfungsgrad D, die Resonanzschärfe (Güte) Q und die Halbwertsbreite Δf. Der Zusammenhang zwischen einigen verschiedenen Dämpfungsgrößen für den gedämpften linearen Schwinger mit sehr schwacher D. ist in der Tabelle zusammengestellt. Ein Schwinger heißt sehr schwach gedämpft, wenn gilt: $k \ll 2\sqrt{mc}$. *Splittgerber*

Literatur: DIN 1311, Bl. 2: Einfache Schwinger. 12/1974. – *Krämer, E.*: Maschinendynamik. Berlin-Heidelberg-New York 1984. – VDI 2062, Bl. 1: Begriffe und Methoden. 1/1976. – *Waas, G.*: Dämpfung von Bauwerksschwingungen. In: Dolling, H.-J. (Hrsg.): Dämpfung – Duktilität. Vortragsband der Dt. Gesellschaft für Erdbeben-Ingenieurwesen und Baudynamik, Berlin 1989.

Dämpfung, modale $\rightarrow$Matrizenmethode, $\rightarrow$Schwingungsart

Dämpfungskoeffizient. Ist bei einem freien gedämpften $\rightarrow$Schwinger, dessen Zustandsgrößen x durch die Differentialgleichung

$$m\ddot{x} + k\dot{x} + cx = 0$$

(m: Masse, k: D., c: Federsteifigkeit, Punkte bedeuten Ableitungen nach der Zeit) beschrieben werden und ist das Dämpfungsglied k nur linear von der Schwinggeschwindigkeit $\dot{x}$ abhängig, heißt die Größe k Dämpfungskoeffizient ($\rightarrow$Dämpfung). *Splittgerber*

Dämpfungskonstante. Realteil der Ausbreitungskonstanten sinusförmiger Wellen in einem linearen Medium, der einer $\rightarrow$Dämpfung der $\rightarrow$Welle pro Längeneinheit in der Ausbreitungsrichtung entspricht. *Claassen*

Darstellung von leittechnischen Aufgaben. Darstellung leittechnischer Aufgaben und Funktionen durch Kombinationen von Bildelementen und alphanumerischen Zeichen, z. B. in Fließbildern verfahrenstechnischer Anlagen nach DIN 19227, Teile 1, 3 und 4. Das Bild zeigt beispielhaft die funktionelle Darstellung einer Temperatur-Druck-

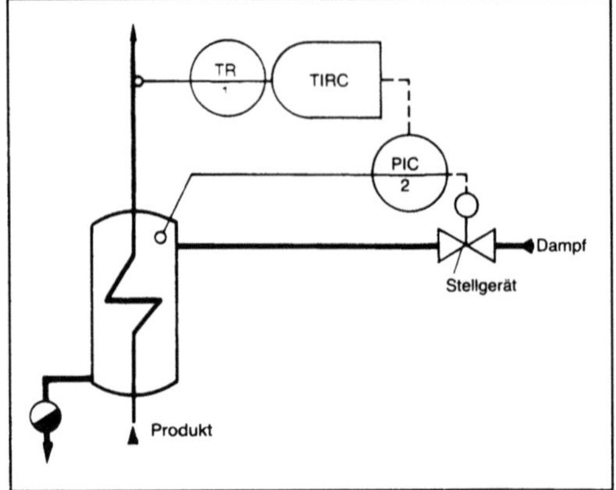

Darstellung von leittechnischen Aufgaben: Temperatur-Druck-Kaskadenregelung nach DIN 19227. (Quelle: Strohrmann a. a. O.)

118

Kaskadenregelung an einem dampfbeheizten Wärmeübertrager. Führungskreis ist eine →Temperaturregelung mit der MSR-Stellen-Nr. 1. Den Meßort kennzeichnet ein Kreis von 2 mm Durchmesser an der Produktleitung. In dem Kreis von 10 mm Durchmesser ist die mit konventioneller Technik zu realisierende MSR-Aufgabe spezifiziert: T steht für Temperatur, R für Registrieren, der waagerechte Strich gibt an, daß die Kommunikation zwischen Mensch und Prozeß in der Prozeßleitwarte geschehen soll, und die Zahl 1 ist die MSR-Stellen-Nr. Der daneben liegende gestreckte Halbkreis zeigt durch seine Form, daß eine Rechnerbearbeitung vorgesehen ist. T steht wieder für Temperatur, I für Anzeigen (*engl.* Indicating), R für Registrieren und C für Regeln (*engl.* Controlling). Der Rechner soll im SPC-Betrieb arbeiten, und die vom Halbkreis ausgehende Wirkungslinie endet am Sinnbild des Folgekreises mit der Nummer 2. Hier steht P für den Druck (*engl.* Pressure) und die Buchstaben I und C haben wieder die Bedeutung Anzeigen und Regeln. Der Druck wird im Wärmeübertrager aufgenommen. Der →Regler wirkt auf ein Stellgerät im Dampfstrom.

Ähnlich lassen sich nach DIN 19227 auch andere MSR-Funktionen darstellen. Grundsätzlich gilt, daß der erste Buchstabe die Meßgröße repräsentiert. Sie kann modifiziert werden mit den Buchstaben D für Differenz – z. B. PD für Druckdifferenz –, F für Verhältnis oder Q für Integral, Summe. Die dann folgenden Buchstaben legen die Verarbeitungsfunktionen fest. Neben den im Bild gezeigten lassen sich z. B. Grenzwertmeldung mit A, Sichtzeichen mit O oder Notfunktion mit Z kennzeichnen.

Abweichend von der Darstellung im Bild wird – ebenfalls normgerecht – meist der Kreis für den Meßort weggelassen und die Wirkungslinien durchgezogen statt gestrichelt gezeichnet. Um die Wirkungsrichtung deutlich zu machen, dürfen Pfeile eingezeichnet werden. Um MSR-Funktionen in Veröffentlichungen darzustellen, benutzen die Autoren oft Vereinfachungen, bei denen sie von den Verarbeitungsfunktionen nur die für das Verständnis unbedingt notwendigen eintragen; auch werden Unterstreichungen zum Kennzeichnen des Kommunikationsortes meist weggelassen. Weitere Beispiele für die Darstellung von MSR-Funktionen: →Drei-Komponenten-Regelung, →Druckregelung, →Durchflußregelung, →Füllstandregelung, →Kontrollpunktregelung, →Temperaturregelung. *Strohmann*

Literatur: DIN 19227 Teil 1: Bildzeichen und Kennbuchstaben für Messen, Steuern, Regeln in der Verfahrenstechnik; Zeichen für die funktionelle Darstellung. Ausg. Sept. 1973. – DIN 19227 Teil 3: Messen, Steuern, Regeln; Sinnbilder für die Verfahrenstechnik; Zeichen für die funktionelle Darstellung. Ausg. Sept. 1978. – DIN 19227 Teil 4: Messen, Steuern, Regeln; Sinnbilder für die Verfahrenstechnik; Zeichen für die funktio-

nelle Darstellung beim Einsatz von Prozeßrechnern, Ausg. Sept. 1978 – *Strohmann, G.:* Automatisierungstechnik, Bd. 2: Stellgeräte, Strecken, Projektabwicklung. 2. Aufl. München–Wien 1991.

Dauerfestigkeit →Dauerschwingfestigkeit

Dauerschwingfestigkeit. Die D. entspricht der doppelten Amplitude einer wechselnden Spannung, der ein Prüfkörper bei „unendlich" vielen Lastwechseln standhält.

Die D. wird als Schwingbreite der dynamischen Beanspruchung $2\sigma_A = \sigma_o - \sigma_u$, d. h. als Differenz zwischen einer Oberspannung σ_o und einer Unterspannung σ_u, angegeben und entspricht der doppelten Spannungsamplitude um die Mittelspannung $\sigma_m = \frac{1}{2}(\sigma_o + \sigma_u)$ (Bild 1).

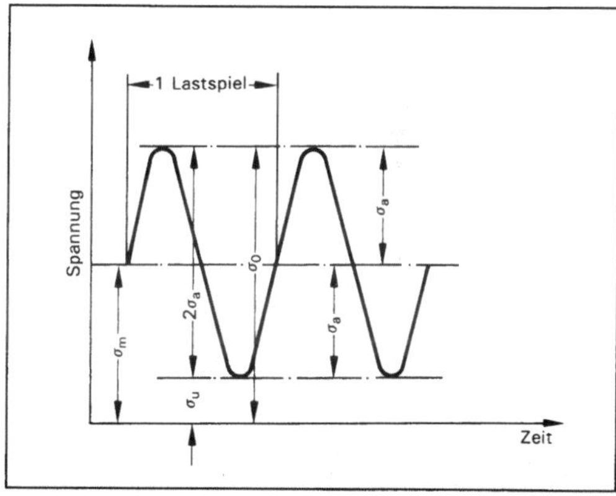

Dauerschwingfestigkeit 1: Spannungsverlauf bei Untersuchungen zur Dauerschwingfestigkeit.

Die D. wird in der Regel durch sogenannte *Wöhlerversuche* bestimmt, bei denen die bis zum Bruch ertragene Lastspielzahl für eine vorgegebene Schwingbreite ermittelt wird. Die Darstellung der zu einem konstanten Spannungsniveau gehörenden Schwingbreite in Abhängigkeit von der Lastspielzahl ergibt die sogenannten *Wöhler*-Linien (Bild 2).

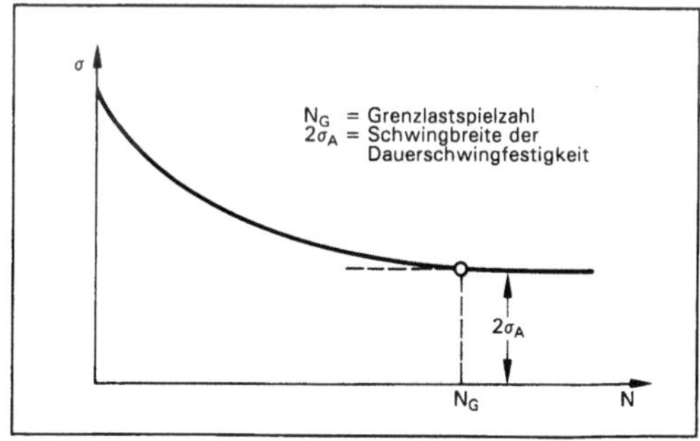

Dauerschwingfestigkeit 2: Beispiel für eine Wöhler-Linie.

Die horizontale Tangente an die *Wöhler*-Linien liefert bei der Grenzlastspielzahl als D. die Schwingbreite, die auch bei weiteren Lastspielwechseln zu keiner Minderung der →Festigkeit führt. Die D. wird im Stahlbetonbau auch als →Ermüdungsfestigkeit bezeichnet. Bei der D. unterscheidet man zwei Arten von Festigkeiten:

– die Schwellfestigkeit: Sie gibt diejenige Spannung an, bis zu der ein Prüfkörper im Dauerversuch zwischen einer Oberspannung σ_o und einer Unterspannung $\sigma_u = 0$ „unendlich" oft belastet werden kann, ohne zerstört zu werden.

– die Wechselfestigkeit: Sie gibt diejenige Schwingbreite an, bis zu der ein Prüfkörper „unendlich" oft abwechselnd gezogen und gedrückt werden kann, ohne zerstört zu werden.

In der Literatur sind anstelle der D. auch die Begriffe Dauerfestigkeit und Zeitfestigkeit anzutreffen. Die Dauerfestigkeit ist der um eine gegebene Mittelspannung schwingende größte Spannungsausschlag, den eine Probe unendlich oft aushält. Zur Abkürzung der Prüfdauer hat sich für Stahl eine Grenzlastspielzahl von $2 \cdot 10^6$ (anstelle von „unendlich" oft) eingebürgert. Zeitfestigkeit heißt die Schwingbreite der Spannung für Bruchlastspielzahlen, die geringer als die Grenzlastspielzahl sind. *Splittgerber*

Literatur: *Müller, F. P.*: Baudynamik. In Beton-Kalender. Berlin 1978. – *Wetzell, O. W.*: Technische Mechanik für Bauingenieure, Teil 2: Festigkeitslehre Teil 1. Stuttgart 1973.

DECHEMA. Abk. für Deutsche Gesellschaft für chemisches Apparatewesen e. V. Die DECHEMA ist 1926 aus der 1918 gegründeten Fachgruppe Chemisches Apparatewesen des Vereins Deutscher Chemiker hervorgegangen. Sie hat ca. 3000 Mitglieder.

Ihr Zweck ist die technisch-wissenschaftliche Förderung des chemischen Apparate- und Maschinenwesens in der chemischen Technik und Verbrauchsgüter-Technik im weitesten Umfang und über den Kreis der Mitglieder hinaus. Sie führt neben den Aktivitäten in Fort- und Weiterbildung Kongresse und Tagungen durch, insbesondere die Achema-Ausstellungstagung für chemisches Apparatewesen, der wohl international größten Tagung auf diesem Gebiet. *Debelius*

Defekt. Oberbegriff für jede Art von Baufehlern in kristallinen Festkörpern.

D. beeinflussen viele Festkörpereigenschaften entscheidend, wie z. B. mechanische Verformbarkeit, Härte, elektrische →Leitfähigkeit oder optische Eigenschaften. Sie können bereits bei der Kristallzüchtung entstehen, aber auch durch Beschuß des Kristalls mit energiereicher →Strahlung oder Teilchen oder durch mechanische Beanspruchung. Zu unterscheiden sind prinzipiell die chemische Fehlordnung, bei der die Stöchiometrie durch Fremdatome gestört ist, und Strukturbaufehler, wie Punktdefekte und ausgedehnte Defekte (Versetzungen, Flächendefekte). Jeder Kristall enthält im thermischen Gleichgewicht eine temperaturabhängige Konzentration von Strukturdefekten, wobei die dazu notwendige Fehlordnungsenergie thermisch aufgebracht wird.

□ Punktdefekte: Hierzu gehört der *Schottky*-Defekt, d. h. eine Leerstelle im Kristall, wobei der fehlende Gitterbaustein aus dem Volumen auf einen Gitterplatz an der Oberfläche gewandert ist. Die Fehlordnungsenergie ist dabei die Differenz φ_s der Bindungsenergie des Bausteins im Volumen und an der Oberfläche, so daß sich im thermischen Gleichgewicht die Konzentration n_s der Schottky-Defekte mit der Temperatur T nach

$$n_s \sim \exp\left(-\varphi_s / kT\right)$$

ändert (k = Boltzmann-Konstante). Bei Ionenkristallen, deren Gitterbausteine abwechselnd aus positiv und negativ geladenen Ionen bestehen, müssen sich aus Neutralitätsgründen Schottky-Paare bilden, d. h. je ein Schottky-Defekt im positiven und negativen Gitter. Verbleibt der fehlende Gitterbaustein im Volumen auf einem Zwischengitterplatz, so spricht man von einem *Frenkel*-Defekt.

□ Versetzungen: Bei den Stufenversetzungen ist eine zusätzliche halbe Netzebene in den Kristall eingeschoben, ihre gerade Endkante heißt Versetzungslinie (z-Achse). Sie ist die Achse eines Zylinders, in dem der Kristall verformt ist. Ein solcher Deformationsbereich ergibt sich auch bei der Schraubenversetzung, bei der man sich anschaulich den Kristall bis zur Mitte aufgeschnitten und die Schnittebene am Rand um einen Netzebenenabstand verschoben denken kann. Die gerade Endkante des Schnitts im Kristallinnern heißt auch hier Versetzungslinie (z-Achse). Meist treten Kombinationen von Versetzungen auf, die zu komplizierten Defektstrukturen führen können.

□ Flächendefekte: Hierbei handelt es sich entweder um fehlerhafte Packungen von Netzebenen (Stapelfehler) oder um eine Häufung von Punktdefekten oder Versetzungen. Zu den letzteren gehören die Kleinwinkelkorngrenzen oder Mosaikblockgrenzen, bei denen der Gesamtkristall in Blöcke aufgeteilt ist, die zueinander kleine Winkel ($\approx 10°$) einnehmen und deren Zwischenräume durch zusätzliche Netzebenen aufgefüllt werden. Bei größeren Orientierungswinkeln, wie sie meist in polykristallinem Material mit sehr kleinen Einkristallen vorliegen, spricht man von Großwinkelkorngrenzen (oft auch nur: Korngrenzen).

□ Chemische Fehlordnung entsteht durch Einbau von Fremdatomen auf Gitterplätzen (Substitution) oder auf Zwischengitterplätzen. Dabei können auch Assoziationen, d. h. Häufungen zu größeren Zentren entstehen. In Halbleitern spielen Fremdatome als Donatoren oder Akzeptoren eine wichtige Rolle. Auch die Ersetzung eines negativen Ions in einem Ionenkristall durch ein Elektron wird oft zur chemischen Fehlordnung gezählt. Sie führt zu einem Farbzentrum. *Heinz*

Literatur: *Balian, R., M. Kleman and J.-P. Poirier:* Physics of Defects. Amsterdam 1981.

Defekt →Bestimmtheit, statische

Deformation. Die Verformung eines Körpers, der sich anfangs in der Anfangskonfiguration $\tilde{K}$ (Konfiguration = Stellung des Körpers und Anordnung seiner Partikel) befand und im betrachteten Augenblick die aktuelle Konfiguration K einnimmt (Bild 1), kann auf unterschiedliche Weise beschrieben werden. Eine der beiden ist meist auch die Referenz- oder Bezugskonfiguration, von der aus dies geschieht. Die Ortsveränderung jedes materiellen Punkts P wird durch einen Verschiebungsvektor $\vec{u}$ angegeben.

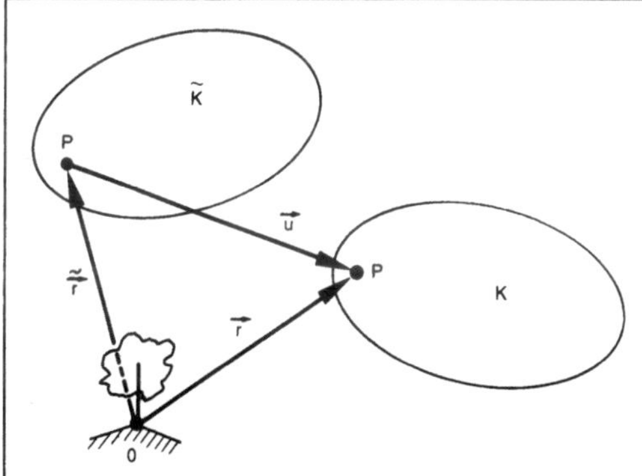

Deformation 1: Zur Definition der Konfigurationen, der Ortsvektoren und der Verschiebung.

In einem normalen Kontinuum hat jeder Punkt nur Verschiebungsfreiheiten. Zwischen Nachbarpunkten P und P' (Bild 2) sind nur Abstände $ds = |d\vec{r}|$ interessant:

$$(ds)^2 = |\,d\vec{r}\,|^2 = d\vec{r} \cdot d\vec{r} = g_{ij}\, d\xi^i\, d\xi^j \;;$$

Koordinatensystem. In körperfesten →Koordinaten beschreibt also eine Metrikänderung genau die Veränderung aller Abstände von Nachbarpunkten. So ist die Verwendung der Differenzen $g_{ij} - \tilde{g}_{ij}$ ($\tilde{g}_{ij}$ entspricht in $\tilde{K}$ den g_{ij} in K) zur Bildung von D.-Maßen begründet. Es entstehen ($\vec{g}_i$, $\vec{g}^i$ Basis in K, $\vec{\tilde{g}}_i$, $\vec{\tilde{g}}^i$ Basis des gleichen körperfesten Koordinatensystems in $\tilde{K}$):

der *Almansi-Tensor* $\underset{\sim}{\varepsilon} \equiv \dfrac{1}{2}\,(g_{ij} - \tilde{g}_{ij})\,\vec{g}^i \otimes \vec{g}^j\,,$

der *Green-Tensor* $\underset{\sim}{\gamma} \equiv \dfrac{1}{2}\,(g_{ij} - \tilde{g}_{ij})\,\vec{\tilde{g}}^i \otimes \vec{\tilde{g}}^j\,.$

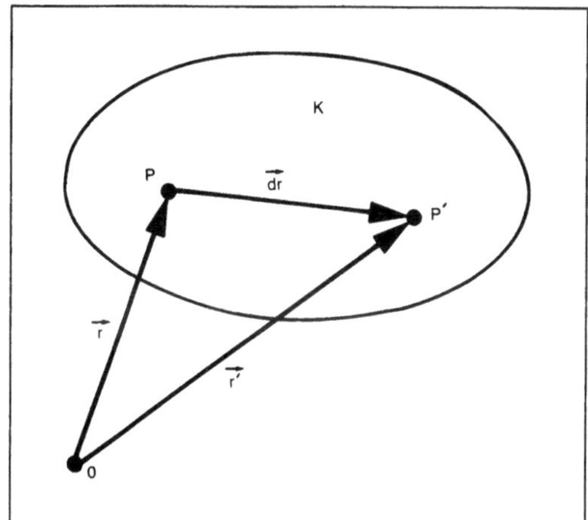

Deformation 2: Einführung eines Nachbarpunkts.

Darin steckt als $g_{ij}\,\vec{g}^i \otimes \vec{g}^j$ oder $\tilde{g}_{ij}\,\vec{\tilde{g}}^i \otimes \vec{\tilde{g}}^j$ der Metriktensor $\underset{\sim}{E}$. Die Tensoren

$$\underset{\sim}{c} = \tilde{g}_{ij}\,\vec{g}^i \otimes \vec{g}^j \text{ und } \underset{\sim}{C} = g_{ij}\,\vec{\tilde{g}}^i \otimes \vec{\tilde{g}}^j$$

sind folglich ebenfalls als D.-Maße geeignet ($\underset{\sim}{C}$ rechter Cauchy-Green-Tensor).

Ein anderer Weg der Begründung benutzt den D.-Gradienten

$$\underset{\sim}{F} = (\vec{\tilde{\nabla}} \otimes \vec{r})^{T} = \vec{g}_i \otimes \vec{\tilde{g}}^i = \frac{\partial x_a}{\partial \tilde{x}_b}\,\vec{e}_a \otimes \vec{e}_b = \dots,$$

dessen Name ein Übersetzungsfehler von deformation gradient ist und der $d\vec{r}$ und $d\vec{\tilde{r}}$ gemäß

$$d\vec{r} = \underset{\sim}{F} \cdot d\vec{\tilde{r}} \text{ und } d\vec{\tilde{r}} = \underset{\sim}{F}^{-1} \cdot d\vec{r}$$

miteinander verbindet.

D.-Gradienten zweier aufeinanderfolgender D. (Bild 3) erfüllen

$$\underset{\sim}{F} = \underset{\sim}{F}_2 \cdot \underset{\sim}{F}_1\,.$$

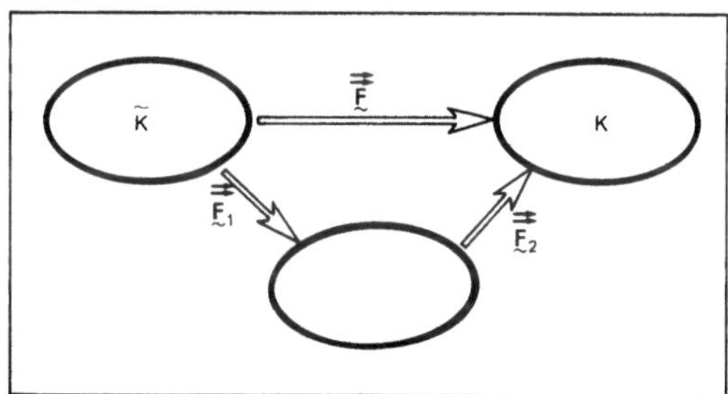

Deformation 3: Zu Aufteilung eines Deformationsgradienten.

In diesem Sinne kann man $\underset{\sim}{F}$ nach dem Polar-Zerlegungssatz in zwei Teile zerlegen, von denen einer ($\underset{\sim}{F} \rightarrow \underset{\sim}{U}$ oder $\underset{\sim}{V}$)) eine reine Dehnung ($\underset{\sim}{F}$ symmetrisch, Hauptachsen bleiben materiell erhalten und ändern ihre Länge) oder Stauchung, der

121

andere ($\underset{\sim}{\mathbf{F}} \to \underset{\sim}{\mathbf{R}}$, $\underset{\sim}{\mathbf{F}}^{-1} = \underset{\sim}{\mathbf{R}}^{\mathrm{T}}$) eine reine Starrkörperdrehung (Rotation) beschreibt:

$$\underset{\sim}{\mathbf{F}} = \underset{\sim}{\mathbf{R}} \cdot \underset{\sim}{\mathbf{U}} = \underset{\sim}{\mathbf{V}} \cdot \underset{\sim}{\mathbf{R}} \, .$$

Man findet so nach Elimination von $\underset{\sim}{\mathbf{R}}^{\mathrm{T}} \cdot \underset{\sim}{\mathbf{R}} = \underset{\sim}{\mathbf{E}}$ die D.-Maße

$$\underset{\sim}{\mathbf{C}} = \underset{\sim}{\mathbf{F}}^{\mathrm{T}} \cdot \underset{\sim}{\mathbf{F}} = \underset{\sim}{\mathbf{U}} \cdot \underset{\sim}{\mathbf{U}} \text{ und } \underset{\sim}{\mathbf{b}} = \underset{\sim}{\mathbf{F}} \cdot \underset{\sim}{\mathbf{F}}^{\mathrm{T}} = \underset{\sim}{\mathbf{V}} \cdot \underset{\sim}{\mathbf{V}} \, .$$

Sie werden rechter und linker Cauchy-Green-Tensor genannt. In körperfesten Koordinaten hat $\underset{\sim}{\mathbf{b}}$ die Form

$$\underset{\sim}{\mathbf{b}} = \tilde{g}^{ij} \, \vec{g}_i \otimes \vec{g}_j \, .$$

Da $g_{ii} > 0$ gilt, beschreiben alle bisherigen D.-Maße Zug und Druck bei großen Formänderungen extrem unterschiedlich. Dies ist anders beim Hencky-Tensor

$$\underset{\sim}{\mathbf{H}} = \frac{1}{2} \log \underset{\sim}{\mathbf{C}} \, ,$$

der aber schwerer zu bilden ist.

Mit den Verschiebungen $\vec{u}$ ist $\underset{\sim}{\mathbf{F}}$ über

$$\underset{\sim}{\mathbf{F}} = \underset{\sim}{\mathbf{E}} + (\tilde{\nabla} \otimes \vec{u})^{\mathrm{T}} \, , \; \underset{\sim}{\mathbf{F}}^{-1} = \underset{\sim}{\mathbf{E}} - \nabla \otimes \vec{u}$$

verbunden. So entstehen die in $\vec{u}$ nichtlinearen Zusammenhänge:

$$\underset{\sim}{\varepsilon} = \frac{1}{2} [\underset{\sim}{\mathbf{E}} - (\underset{\sim}{\mathbf{F}}^{-1})^{\mathrm{T}} \cdot \underset{\sim}{\mathbf{F}}^{-1}] =$$

$$= \frac{1}{2} [(\nabla \otimes \vec{u})^{\mathrm{T}} + (\nabla \otimes \vec{u}) -$$

$$- (\nabla \otimes \vec{u})^{\mathrm{T}} \cdot (\nabla \otimes \vec{u})]$$

und

$$\underset{\sim}{\gamma} = \frac{1}{2} [\underset{\sim}{\mathbf{F}}^{\mathrm{T}} \cdot \underset{\sim}{\mathbf{F}} - \underset{\sim}{\mathbf{E}}] =$$

$$= \frac{1}{2} [(\tilde{\nabla} \otimes \vec{u})^{\mathrm{T}} + (\tilde{\nabla} \otimes \vec{u}) +$$

$$+ (\tilde{\nabla} \otimes \vec{u}) \cdot (\tilde{\nabla} \otimes \vec{u})^{\mathrm{T}}],$$

mit den Verschiebungsgradienten $(\tilde{\nabla} \otimes \vec{u})^{\mathrm{T}}$ und $(\nabla \otimes \vec{u})^{\mathrm{T}}$. Für kleine $\tilde{\nabla} \otimes \vec{u}$ verschwindet ihr Unterschied, ebenso der Einfluß der quadratischen Glieder in $\underset{\sim}{\varepsilon}$ und $\underset{\sim}{\gamma}$, die somit für kleine Drehungen und Formänderungen ineinander übergehen und mit dem symmetrischen Teil des Verschiebungsgradienten zusammenfallen.

So entsteht das D.-Maß $\underset{\sim}{\varepsilon}$ der geometrisch linearen Theorie als

$$\underset{\sim}{\varepsilon} = \frac{1}{2} [\nabla \otimes \vec{u} + (\nabla \otimes \vec{u})^{\mathrm{T}}] \text{ oder } \varepsilon_{ij} = u_{(i \mid j)} \, . \quad \textit{Besdo}$$

Dehnung →Deformation, →Zug und Druck

Dehnungsmeßstreifen (DMS). Es sind die wichtigsten elektrischen Meßaufnehmer für relative Längenänderungen. Das Prinzip wurde 1856 durch *Lord Kelvin* entdeckt und in den 30er Jahren

dieses Jahrhunderts erstmals praktisch angewendet.

Eine relative Längenänderung wird in der Technik auch mit Dehnung oder – wenn sie ein negatives Vorzeichen hat – auch mit Stauchung bezeichnet. Wenn auf einen →Leiter mit der Länge l und dem Querschnitt A eine Zugkraft ausgeübt wird, nimmt l zu (Dehnung) und A ab (Querkontraktion, Poisson-Effekt). In Bild 1 ist der ungedehnte und (stark übertrieben) der gedehnte Leiter gezeichnet. Es leuchtet ein, daß der elektrische Widerstand des gedehnten Leiters größer wird, weil dieser länger und dünner geworden ist. Weiterhin ändert sich auf Grund der im Material auftretenden mechanischen Spannung auch der spezifische Widerstand. Dieser Effekt ist bei den üblichen Widerstandsmaterialien gering, so daß die Widerstandsänderung hauptsächlich von der Formänderung verursacht wird. Bei Halbleiter-DMS überwiegt jedoch der Einfluß des veränderten spezifischen Widerstands. Soweit das Leitermaterial nicht überdehnt wird, gilt ein linearer Zusammenhang zwischen der relativen Widerstandsänderung $\Delta R/R$ und der Dehnung ε:

$$\frac{\Delta R}{R} = K \frac{\Delta l}{l} = K \cdot \varepsilon$$

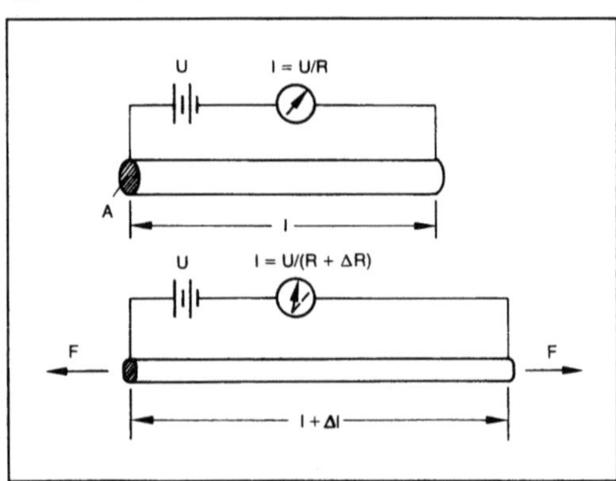

Dehnungsmeßstreifen (DMS) 1: Grundlagen.

$R = \varrho \cdot \dfrac{l}{A}$ Widerstand, l Länge des Leiters, A Querschnittsfläche des Leiters, ϱ spezifischer Widerstand, $K = \dfrac{\Delta R/R}{\Delta l/l} = \dfrac{\Delta R/R}{\varepsilon}$ = Empfindlichkeit des DMS (K-Faktor), $\Delta R/R$ relative Widerstandsänderung, $\Delta l/l = \varepsilon$ relative Längenänderung (Dehnung), F angreifende Zugkraft

Dabei ist K die Empfindlichkeit des DMS. Übliche Werte für K liegen bei Metall-DMS zwischen 2 und 4, bei Halbleiter-DMS können Werte zwischen −100 und +130 erreicht werden.

Ausführungsformen: Bild 2 zeigt einen DMS aus Widerstandsdraht (häufig Konstantan mit etwa 20 bis 30 µm Dmr.). Im Längs- und Querschnitt erkennt man den Träger aus Papier und Kunstharz, in den

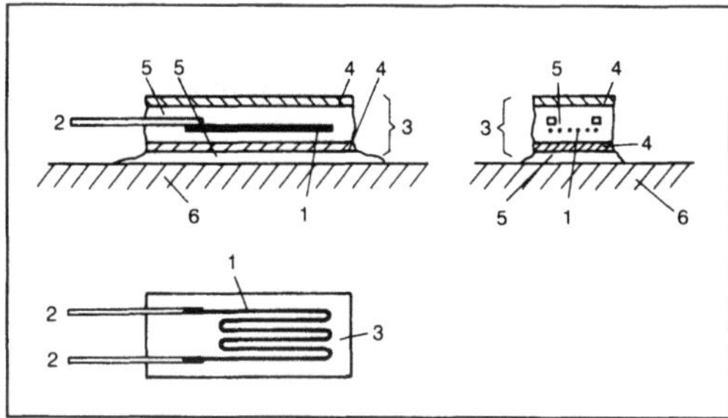

Dehnungsmeßstreifen (DMS) 2: Draht-Dehnungs-meßstreifen.

1 Meßdraht, 2 Anschlußdrähte, 3 Träger, 4 Papier, 5 Klebstoff, meist auf Kunstharzbasis, 6 Meßobjekt, dessen Dehnung erfaßt werden soll

Meßdraht und Anschlußdrähte eingebettet sind. Der Träger ist auf den Körper aufgeklebt, dessen Dehnung gemessen werden soll. Außer Konstantan werden noch einige andere Legierungen eingesetzt.

An Stelle von Widerstandsdrähten kann man auch Folien (Dicke 2–10 μm) aus Widerstandsmaterial verwenden, von denen man je nach Verwendungszweck die nicht benötigten Flächen wegätzt (Bild 3). Folien-DMS haben eine höhere Festigkeit. Sie lassen sich in beliebigen Formen herstellen.

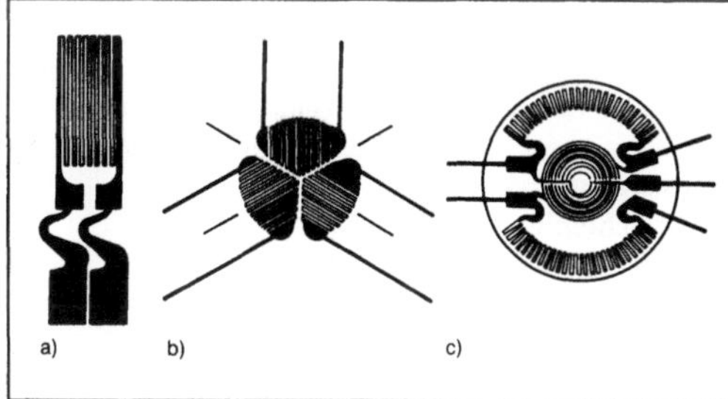

Dehnungsmeßstreifen (DMS) 3: Folien-Dehnungs-meßstreifen. (Quelle: Hottinger Baldwin Meßtechnik GmbH)
a) Empfindlich für eine Richtung
b) Delta-Rosette, 60°
c) 4-Element-Rosette für Messungen an Membranen.

Noch dünnere DMS werden im Vakuum direkt auf den Körper aufgedampft, an dem gemessen werden soll. Dies ist z. B. notwendig bei sehr dünnen Federn, bei denen ein Folien-DMS und die zugehörige Klebung zu stark auf das Meßobjekt zurückwirken würden.

Halbleiter-DMS auf Silicium-Basis haben eine wesentlich größere Empfindlichkeit, so daß sie vielfach keinen gesonderten Verstärker mehr benötigen. Allerdings ist die Linearität weniger gut als bei Metall-DMS. Außerdem muß man mit einer stärke-

ren Temperaturabhängigkeit des K-Faktors rechnen.

Anwendung. Es sind zwei verschiedene Einsatzbereiche zu unterscheiden:
□ Anwendungen, bei denen die Messung einer Dehnung der primäre Zweck der Messung ist, z. B. Dehnung von Maschinenteilen, Schiffskörpern, Brückenkonstruktionen.
□ Anwendungen, bei denen über die Dehnung eine andere Größe gemessen wird, z. B. →Kraft, →Druck, →Stoß, →Beschleunigung und andere mit der wirkenden Kraft verknüpfte Größen.

Übliche Nennwiderstände für DMS sind 120 Ω, 300 Ω und 600 Ω. Da die meisten Materialien, an denen man messen möchte, einen elastischen Bereich bis ca. 1‰ Dehnung haben, kann man bei $K = 2$ mit einer maximalen relativen Widerstandsänderung von nur 2‰ rechnen. Derart geringe Widerstandsänderungen werden zweckmäßig mit Wheatstone-Brücken (→Meßbrücke) in elektrische Spannungsänderungen umgesetzt. Diese Brücken werden mit Gleichspannung oder mit Wechselspannung (225 Hz, 5 kHz, 50 kHz) betrieben. Bei entsprechend sorgfältiger Ausführung von Klebung (Klebstoff) und Anschluß der DMS und gut ausgelegter Ausschaltung (Elimination von Störgrößen, wie z. B. Temperatur, Störspannungen) lassen sich mit Hilfe von DMS Kraftaufnehmer für eichpflichtige Waagen herstellen. *Hammerschmidt*

Literatur: *Profos, P.:* Handb. industrielle Meßtechnik. 3. Aufl. Essen 1984. – *Schrüfer, E.:* Elektrische Meßtechnik. München 1992.

Dekontamination. Unter D. versteht man in der Kern- und Radiochemie sowie in der →Kerntechnik die Entfernung von radioaktiven Substanzen. Das Verhältnis der ursprünglichen →Aktivität zur hinterher noch vorhandenen Aktivität nennt man Dekontaminationsfaktor (abgekürzt DK).

Das Ziel jeder D. ist es, einen möglichst hohen Dekontaminationsfaktor zu erreichen. Die Reinigung (Dekontamination) von Geräten in kern- oder radiochemischen Laboratorien führt man am besten sofort nach Beendigung der Operationen durch, weil Radionuklide z. B. allmählich in die Oberfläche von Glasgeräten eindiffundieren und sich dann zu einem späteren Zeitpunkt oft nur schwer entfernen lassen. Zum Zwecke der Dekontaminierung kann man Trägerlösungen benutzen, d. h. Lösungen, welche das gleiche chemische Element bzw. die gleiche Verbindung in inaktiver Form enthalten. Auch Dekontaminationspasten sind im Gebrauch, sowohl für Geräte als auch für die Hände bzw. die Haut. Diese Pasten enthalten meist ein →Sorbens und außerdem Komplexbildner, welche die radioaktiven Verunreinigungen in eine lösliche Form überführen. Die D. muß in jedem Falle sorgfältig überprüft werden. Außer kontaminierten Geräten erhält man in kern- bzw. radiochemischen Laboratorien meist auch Lösungen, die dekontaminiert werden müssen. Dazu verwendet man vorzugsweise speziell ausgewählte Fällungs- oder Mitfällungsverfahren.

In der Kerntechnik fallen größere kontaminierte Apparaturen, Geräteteile oder ganze Anlagen sowie größere Mengen an Abfallösungen an, die ebenfalls dekontaminiert werden müssen. Auch hierfür setzt man verschiedene Verfahren der D. ein. Ziel dieser Verfahren ist immer, die Apparate oder Anlagen möglichst weitgehend von radioaktiven Stoffen zu befreien und dabei möglichst kleine Mengen an radioaktivem Abfall zu produzieren, die leicht handhabbar oder lagerfähig sind. So wurde z. B. auch die Wiederaufarbeitungsanlage der Eurochemic in Mol/Belgien schrittweise vollständig dekontaminiert, und alle dabei auftretenden Abfälle wurden aufgearbeitet. *Lieser*

Literatur: *Herforth, L.* u. *H. Koch:* Praktikum der angewandten Radioaktivität und der Radiochemie. Berlin: Deutscher Verlag der Wissenschaften 1986. – *Lieser, K. H.:* Einführung in die Kernchemie. 3. Aufl. Anhang IV, Weinheim: VCH-Verlag 1991.

Dekrement, logarithmisches. Das l.-D. Λ kennzeichnet den Grad der $\rightarrow$ Dämpfung bei freien Schwingern durch den natürlichen Logarithmus des Verhältnisses zweier um eine $\rightarrow$ Periodendauer aufeinanderfolgende Extremwerte der Schwingwegamplitude. Es gilt:

$$\Lambda = \ln \frac{x_n}{x_{n+1}}$$

Bei schwacher Dämpfung ist $\Lambda \approx 2\,\pi D$. Darin bezeichnet D den Dämpfungsgrad ($\rightarrow$ System, schwingungsfähiges). *Splittgerber*

Design-Schutz $\rightarrow$ Geschmacksmuster

Desorption. Desorbieren ist das Entfernen sowohl von durch eine vorangegangene $\rightarrow$ Absorption gelösten Gasen aus einer Waschflüssigkeit als auch von durch Oberflächenkräfte an einer kondensierten $\rightarrow$ Phase angelagerten Stoffteilchen mit Hilfe physikalischer Methoden. Die D. ist somit die Umkehrung der Absorption und der $\rightarrow$ Adsorption. Die D. wird durch niedrige Drücke und hohe Temperaturen begünstigt. Drei Verfahrensarten für die Absorptionsmittelregenerierung werden oft einzeln oder kombiniert angewendet:
□ Entspannen der Absorptionslösung auf Normaldruck bei Absorptionstemperatur. Diese D.-Variante ist dann vorteilhaft, wenn bei höherem Betriebsdruck absorbiert wurde.
□ Temperaturerhöhung (Ausheizen der Lösung), oft gekoppelt mit einer Rektifikation oder Entspannungsstufen. Die Siedetemperatur des Absorptions-

mittels begrenzt die Temperaturerhöhung nach oben.
□ Austreiben in einem inerten Gasstrom (Strippen, eigentliche D.). Ein Inertgas führt man im $\rightarrow$ Gegenstrom zum beladenen $\rightarrow$ Absorptionsmittel. Die gelösten Bestandteile wandern aus der Flüssigphase in die Gasphase, wobei sein $\rightarrow$ Partialdruck durch ständig zugeführtes Inertgas niedrig gehalten wird.

Zur Regenerierung des Adsorptionsmittels können folgende Verfahren angewendet werden:
□ Temperaturwechselverfahren. Das beladene Adsorbens wird mit heißem Inertgas erwärmt.
□ Druckwechselverfahren. Entspannen oder Evakuieren zur D. Das Druckwechselverfahren läuft schneller ab als eine D. durch Temperaturerhöhung.
□ Verdrängungs-D. Ein D.-Mittel verdrängt das Adsorbat. Es muß so gewählt werden, daß es sich leicht von dem Adsorbens abtrennen läßt.
□ Extraktion mit Lösungsmitteln. Das Adsorptiv (Beladungskomponente) wird von einem Lösungsmittel extrahiert. Dieses Verfahren wendet man nur an, wenn alle anderen Verfahren versagen.

Die Berechnung der D. entspricht der Absorptions- bzw. Adsorptionsberechnung mit umgekehrten Stofftransportrichtungen. *Dohrn*

Literatur: *Perry, R. E.,* u. *D. W. Green:* Perry's Chemical Engineers' Handb. 6. Aufl. New York 1984. – *Ruhl, E.:* Temperaturwechsel-, Druckwechsel- und Verdrängungsdesorptions-Verfahren. Chem. Ing.-Techn. 43 (1971), S. 870/6. – *Sattler, K.:* Thermische Trennverfahren. Weinheim 1988.

Desorption.
Geochemie $\rightarrow$ Adsorption

Detektor. Für die Messung radioaktiver $\rightarrow$ Strahlung benötigt man D.en. Man unterscheidet drei Gruppen: Ionisationsdetektoren, Szintillationszähler und Halbleiterdetektoren.

Ionisationsdetektoren sind die älteste Art von D. Man mißt in einer Anordnung, wie sie in Bild 1 aufgezeichnet ist, die durch die radioaktive Strahlung in einem Detektor erzeugten Ionen. Erhöht man in dieser Anordnung allmählich die Spannung,

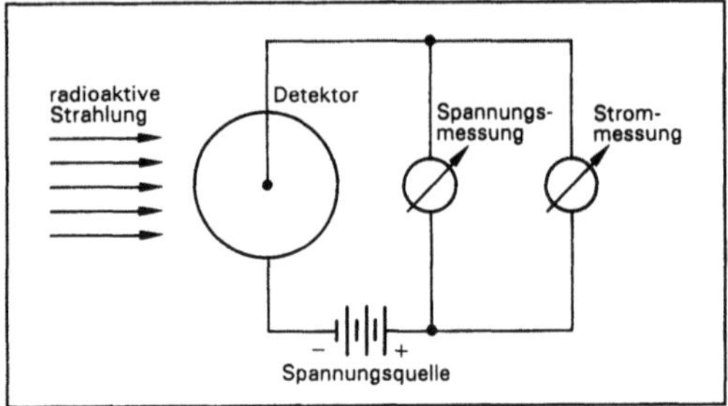

Detektor 1: Meßanordnung für Ionisationsdetektoren.

so beobachtet man zunächst sehr kleine Stromstöße, wenn radioaktive Strahlung in den D. eintritt. Ein α-Teilchen mit einer →Energie von etwa 3,5 MeV erzeugt etwa 10^5 Ionenpaare. Wenn alle primär erzeugten Ionen an den Elektroden des Detektors gesammelt werden (Sättigung), so entspricht dies einem Stromstoß von etwa 10^{-14} As. Man benötigt deshalb sehr wirkungsvolle Verstärker und eine sehr gute Isolation, wenn man solche kleinen Stromstöße messen will. Nach diesem Prinzip arbeitet eine →Ionisationskammer. In Ionisationskammern mißt man bevorzugt gasförmige α-Strahler (z. B. →Radon). β-Strahlung liefert so geringe Stromstärken, daß sie in Ionisationskammern kaum nachweisbar ist.

Erhöht man die zwischen den Detektoren angelegte Spannung und damit die →Feldstärke (s. Bild 2), so werden die durch Ionisation im D. erzeugten Elektronen auf ihrem Weg zur →Anode so stark beschleunigt, daß sie durch →Stoßionisation sekundär weitere Ionen erzeugen. Auf diese Weise entsteht aus einem primär durch die radioaktive Strahlung erzeugten Ionenpaar eine Vielzahl von Ionenpaaren. Dies ist der Arbeitsbereich des Proportionalzählers (Bild 2). Um hohe Feldstärken zu erreichen, verwendet man als Anode einen dünnen Zähldraht. Der durch die Stoßionisation bewirkte Multiplikationsfaktor ist von der Spannung bzw. Feldstärke abhängig und bewegt sich zwischen etwa 10^3 und 10^5. Bei gleicher äußerer Spannung und damit bei gleichem Multiplikationsfaktor erzeugen α-Teilchen erheblich größere Impulse als β-Teilchen. Man kann also im Proportionalzähler α- und β-Teilchen unterscheiden (Messung im α-Plateau, d. h. bei niedriger Spannung oder Messung im β-Plateau, d. h. bei höherer Spannung). Die Impulse sind außerdem bei gegebener Spannung der Energie der α- bzw. β-Strahlung proportional, und man kann mit Hilfe eines Proportional-

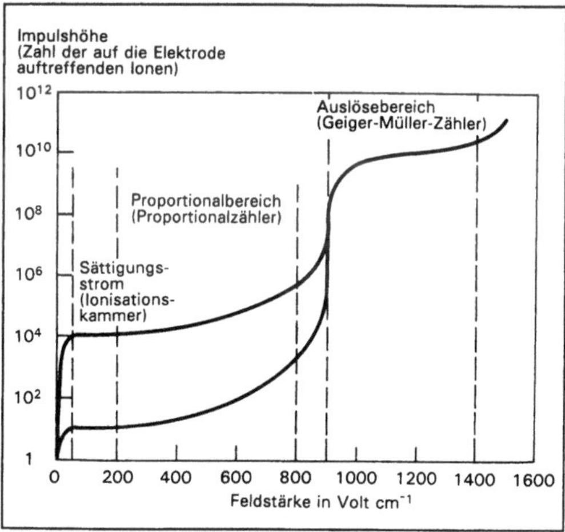

Detektor 2: Arbeitsweise von Ionisationsdetektoren – Impulshöhe als Funktion der Feldstärke.

zählers auch Energiebestimmungen durchführen. Proportionalzähler werden meist als Durchflußzähler eingesetzt. Während des Betriebs strömt ein Zählgas (meist Methan oder ein Gemisch aus Argon und Methan) durch den Zähler, in den die Probe zur Messung eingeschleust wird. Solche Zähler sind meist als $2\,\pi$-Zähler gebaut; d. h. alle nach oben aus dem Präparat austretende Strahlung wird gemessen (geometrische Zählausbeute 0,5). Wenn die Selbstabsorption der Strahlung im Präparat vernachlässigbar ist, ist eine Absolutbestimmung von Aktivitäten möglich (→Impulsrate).

Wenn die Feldstärke noch weiter erhöht wird, so wird schließlich der Auslösebereich erreicht (Bild 2). In diesem Bereich breitet sich eine lawinenartige →Entladung über das Zählrohr aus, unabhängig davon, ob durch die radioaktive Strahlung primär nur ein oder viele Ionisationsprozesse ausgelöst werden. Dies ist der Arbeitsbereich des Geiger-Müller-Zählrohrs. Die Elektronen werden infolge der hohen Feldstärke in der Nähe des Zähldrahts (Anode, positive Hochspannung) so stark beschleunigt, daß sie durch Stoßionisation eine Vielzahl von Ionisationsvorgängen im Gasraum auslösen. Außerdem werden die Moleküle des Zählgases zur Emission von Photonen angeregt, die im Zählgas neue Ionenpaare erzeugen.

Diese Entladungserscheinungen müssen beseitigt („gelöscht") werden, bevor ein weiteres Teilchen gezählt werden kann. Zu diesem Zweck wird bei nicht selbstlöschenden Zählrohren die Spannung am Zählrohr kurzzeitig (z. B. 500 μs) abgeschaltet, damit sich das Zählrohr erholen kann. Bei selbstlöschenden Zählrohren setzt man dem Zählgas eine kleine Menge eines Löschgases zu (z. B. Methanoldampf oder Bromdampf), das die kontinuierliche Entladung beendet, indem es die Photonen einfängt und durch Ladungsübertragung die Ionenwolke neutralisiert. Geiger-Müller-Zählrohre sind deshalb für eine gewisse Zeit unwirksam. Sie haben eine verhältnismäßig große Totzeit von etwa 100 bis 500 μs. Die Totzeit bewirkt, daß mit Geiger-Müller-Zählrohren bei hohen Impulsraten eine steigende Zahl von Impulsen nicht gezählt wird, was man durch eine Totzeitkorrektur berücksichtigen kann. Bei Proportionalzählern sind die Totzeiten erheblich kleiner (Größenordnung 10 μs). Die in Geiger-Müller-Zählrohren erzeugten Impulse sind verhältnismäßig groß (Größenordnung einige V) und können ohne Verstärkung registriert bzw. gezählt werden. Geiger-Müller-Zählrohre als Detektoren erfordern deshalb den geringsten Aufwand. Da die Entladung in Geiger-Müller-Zählrohren unabhängig ist von der Zahl der primär durch die Strahlung hervorgerufenen Ionisationsvorgänge, ist es allerdings nicht möglich, α-, β- oder γ-Strahlung auf Grund der Höhe der Impulse zu unterscheiden oder Energiebestimmungen durchzuführen. Geiger-Müller-Zählrohre gibt es in verschiedenen Ausführungen: als Endfensterzählrohre zur Messung von festen Präparaten, als Tauchzählrohre und Flüssigkeitszählrohre zur → Aktivitätsmessung in Flüssigkeiten oder als Gaszählrohre.

Geiger-Müller-Zählrohre eignen sich am besten für die Messung von energiereicher β-Strahlung. α-Strahlung und energiearme β-Strahlung wird in großem Umfang im Zählrohrfenster oder in der Wand absorbiert. Energiereiche γ-Strahlung wird nur mit kleiner innerer Zählausbeute von etwa 1 % registriert.

Die wesentlichen Bestandteile eines Szintillationszählers sind der Szintillatorkristall, die Photokathode und der Sekundärelektronenvervielfacher (SEV). In dem Szintillatorkristall erzeugt die ionisierende Strahlung Lichtblitze, die ihrerseits in der Photokathode Elektronen freisetzen. Diese Elektronen werden im Sekundärelektronenvervielfacher zu Impulsen von einigen mV verstärkt (Verstärkungsfaktor 15^5 bis 10^8). Der → Impuls ist der Zahl der primär erzeugten Lichtquanten und damit der Energie der Strahlung proportional. Somit können mit einem Szintillationszähler Energiebestimmungen durchgeführt werden. Als Szintillatorkristalle verwendet man bevorzugt Natriumiodid-Einkristalle, die mit Thallium aktiviert sind, oder auch Cäsiumiodid-Einkristalle, ebenfalls mit Thallium aktiviert. Die mit diesen Kristallen ausgerüsteten Szintillationszähler eignen sich vor allem für die Messung von γ-Strahlung, weil diese in den Kristallen in verhältnismäßig großem Umfang absorbiert wird, sodaß innere Zählausbeuten von 10 bis 30 % erhalten werden. Die γ-Strahlung flüssiger Proben mißt man in Bohrlochkristallen, in denen man einen Geometriefaktor von nahezu 1 erreicht. Für die Messung energiearmer γ-Strahlung verwendet man flüssige Szintillatoren (z. B. Terphenyl oder 2,5-Diphenyloxazol), wobei man die Probe zusammen mit dem Szintillator in einem organischen Lösungsmittel (z. B. Toluol) auflöst und das Gemisch in einem Probegefäß anstelle des Szintillatorkristalls eingesetzt. Der Szintillator wird durch die Strahlung angeregt und liefert Lichtquanten, die wiederum in der Photokathode Elektronen freisetzen. Flüssigszintillations-Spektrometer verwendet man vorzugsweise für die Messung der energiearmen β^--Strahlung von ^{3}H oder ^{14}C.

Die Funktionsweise eines Halbleiterdetektors ist ähnlich der einer Ionisationskammer oder eines Proportionalzählers. Auch mit einem Halbleiterdetektor mißt man die radioaktive Strahlung auf Grund der von dieser Strahlung erzeugten Ladungsträger. Als Detektorvolumen wird jedoch kein Gas verwendet, sondern ein Halbleiterkristall, der sich zwischen zwei Elektroden befindet, an die eine Spannung angelegt wird. Ionisierende Strahlung erzeugt im Kristall längs ihrer Bahn paarweise Elektronen und Defektelektronen (Löcher). Die freien Elektronen können ihrerseits weitere Elektronen-Defektelektronenpaare bilden, sofern ihre Energie hinreichend groß ist. Dieser kaskadenartige Prozeß der Energieübertragung dauert etwa 1–10 ps und läuft solange, bis alle Elektronen ihre Energie soweit abgegeben haben, daß keine weiteren Ionisierungsvorgänge möglich sind. Somit hängt die Zahl der gebildeten Elektronen- und Defektelektronenpaare von der Energie ab, die von der ionisierenden Strahlung an den Kristall abgegeben wird. Das Ergebnis der Anregung durch die ionisierende Strahlung sind Elektronen im Leitfähigkeitsband und eine äquivalente Zahl von Defektelektronen im Valenzband. Durch das von außen angelegte elektrische → Feld zwischen den Elektroden werden die Elektronen und Defektelektronen getrennt und an den Elektroden gesammelt, wo sie einen Impuls erzeugen. Halbleiterdetektoren eignen sich besonders gut für die Energiebestimmung von allen Arten radioaktiver Strahlung sowie von geladenen Teilchen, die bei Kernreaktionen entstehen. Sie haben neben einer hohen Energieauflösung auch eine sehr gute Zeitauflösung, die je nach Größe und Eigenschaften der Kristalle zwischen etwa 0,1 μs und 1 μs liegt. Auch geladene Teilchen hoher Energie geben ihre Energie in einem Halbleiterkristall vollständig ab.

Das bevorzugte Material für Halbleiterdetektoren sind Siliciumeinkristalle. Sie eignen sich gut für die Messung von Röntgenstrahlung und niederenergetischer γ-Strahlung. Für die Messung von γ-Strahlung mittlerer und hoher Energie benötigt man jedoch wegen der niedrigen spezifischen Ionisation große Kristalle und zwar bevorzugt solche aus Germanium, weil dieses eine höhere Dichte und damit auch einen höheren Absorptionskoeffizienten für γ-Strahlung besitzt (5,33 gegenüber 2,33 g/cm^3). Für die γ-Spektrometrie verwendet man Lithium-gedriftete Germanium (Ge(Li))-Detektoren, für die Röntgenspektrometrie Si(Li)-Detektoren, für die β-Spektrometrie Silicium-Sperrschicht- bzw. Oberflächen-Sperrschicht-Si(Li)-Detektoren und für die α-Spektrometrie Silicium-Sperrschicht- bzw. Oberflächen-Sperrschichtzähler. Auch für die Neutronenspektrometrie lassen sich Halbleiterdetektoren einsetzen, z. B. ^{6}LiF zwischen zwei Sperrschichtzählern in „Sandwich"-Anordnung. Zur Messung und Identifizierung von Rückstoßkernen und anderen schweren Ionen sind Oberflächen-Sperrschichtzähler ebenfalls sehr gut geeignet. Der wichtigste Vorteil der Halbleiterdetektoren ist ihre hohe Energieauflösung. Ein weiterer Vorteil ist ihre niedrige Totzeit. *Lieser*

Literatur: *Bächmann, K.:* Messung radioaktiver Nuklide. Weinheim: VCH-Verlag 1970. – *Herforth, L.* u. *H. Koch:* Praktikum der Radioaktivität und der Radiochemie. Berlin: Deutscher Verlag der Wissenschaften 1986.

Determinante. Zu einer quadratischen →Matrix $A = (a_{ik})$ der Ordnung n kann auf folgende Weise die D., bezeichnet mit det A oder $|A|$, eingeführt werden: Es sei

$$\pi: (1, 2, \ldots, n) \to (\pi(1), \pi(2), \ldots, \pi(n))$$

eine beliebige Permutation der Zahlen $1, 2, \ldots n$ und sgn. π ihr →Vorzeichen. Dann wird vereinbart:

$$\det A := \sum_{\pi} (\operatorname{sgn} \pi)\, a_{1,\pi(1)} \cdot a_{2,\pi(2)} \cdots a_{n,\pi(n)}, \qquad (1),$$

wobei sich die Summation über alle Permutationen π der Zahlen $1, 2, \ldots, n$ erstreckt.

Eine wichtige Formel zum Berechnen von Determinanten liefert der Laplace-Entwicklungssatz. Es bezeichne A_{ik} diejenige Matrix, die aus A durch Streichung der i-ten Zeile und k-ten Spalte entsteht. Dann gilt für beliebiges i $(1 \le i \le n)$ stets

$$\det A = \sum_{k=1}^{n} a_{ik}\, (-1)^{i+k}\, \det A_{ik}.$$

Der Ausdruck $(-1)^{i+k} \det A_{ik}$ wird die *Adjunkte* von a_{ik} genannt.

Für das Rechnen mit D. gelten ferner folgende Gesetzmäßigkeiten:

1. Bei Spiegelung an der Hauptdiagonalen, d. h. Ersetzen aller a_{ik} durch a_{ki}, ändert sich der Wert der D. nicht. Vertauschen zweier Zeilen oder zweier Spalten ändert das Vorzeichen der D. Addition einer Linearkombination gewisser Zeilen zu einer anderen Zeile bewirkt kein Ändern der D. Entsprechendes gilt für Spalten.

2. Die D. besitzt den Wert null, wenn ihre Zeilen oder Spalten als Zahlen-n-Tupel linear abhängig sind. Dies ist insbesondere der Fall, wenn eine Zeile lauter Nullen enthält oder zwei gleiche Zeilen auftreten. Entsprechendes gilt wegen Eigenschaft 1 für Spalten.

3. Bei Multiplikation aller Elemente einer Zeile oder einer Spalte mit einer Zahl c multipliziert sich der Wert der D. mit c.

4. Wenn in einer D. alle Elemente einer Spalte als Summe zweier Elemente dargestellt sind, so läßt sich die D. als Summe von zwei einfacheren D. darstellen, die aus der ursprünglichen D. entstehen, indem man in der betreffenden Spalte das eine Mal nur die ersten, das andere Mal nur die zweiten Summanden stehen läßt. Entsprechendes gilt wegen Eigenschaft 1 für Zeilen.

5. Bei D. von Matrizen gleicher Zeilenzahl ist die Multiplikation verträglich mit der Matrizenmultiplikation, d. h. es gilt

$$(\det A) \cdot (\det B) = \det (A \cdot B).$$

6. Die partielle Ableitung einer D. nach a_{ik} ergibt die Adjunkte von a_{ik}.

Für die Berechnung von zwei- und dreireihigen D. sind schließlich die folgenden Regeln von Interesse:

$$\begin{vmatrix} a_{11} & a_{12} \\ a_{21} & a_{22} \end{vmatrix} = a_{11}\, a_{22} - a_{12}\, a_{21}, \quad \text{d. h.}$$

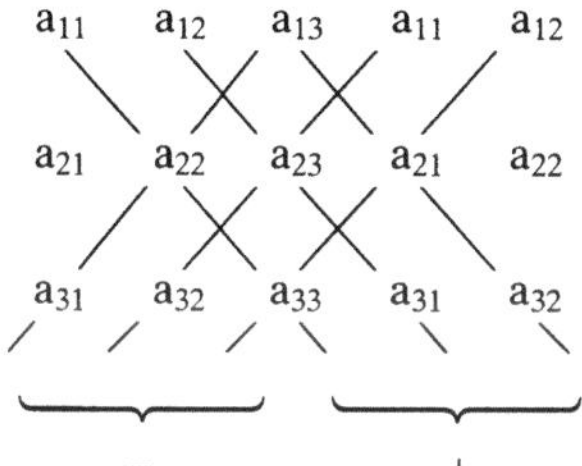

$$\begin{vmatrix} a_{11} & a_{12} & a_{13} \\ a_{21} & a_{22} & a_{23} \\ a_{31} & a_{32} & a_{33} \end{vmatrix} = \begin{aligned} &a_{11}\, a_{22}\, a_{33} + a_{12}\, a_{23}\, a_{31} + a_{13}\, a_{21}\, a_{32} \\ &- a_{13}\, a_{22}\, a_{31} - a_{11}\, a_{23}\, a_{32} - a_{12}\, a_{21}\, a_{33}, \end{aligned}$$

d. h. (Sarrus-Regel)

$$\begin{array}{ccccc} a_{11} & a_{12} & a_{13} & a_{11} & a_{12} \\ a_{21} & a_{22} & a_{23} & a_{21} & a_{22} \\ a_{31} & a_{32} & a_{33} & a_{31} & a_{32} \end{array}$$

$$\underbrace{\qquad}_{-} \qquad \underbrace{\qquad}_{+}$$

D. werden bei der Untersuchung der Lösbarkeit linearer Gleichungssysteme und bei der Darstellung der Lösungen verwendet.

Eine interessante →Ungleichung von *Hadamard* besagt, daß stets

$$|\det A| \le \prod_{i=1}^{n} \left(\sum_{j=1}^{n} |a_{ij}|^2 \right)^{1/2}$$

ist. Untere Abschätzungen von D. sind sehr viel schwieriger und können nur in Spezialfällen angegeben werden.

In der linearen →Algebra führt man häufig det als eine multilineare Abbildung vom Vektorraum der Matrizen fester Ordnung in den zugehörigen Skalarkörper mit gewissen Axiomen ein, die z. T. die Eigenschaften 2.–4. vorwegnehmen. Ein weiteres Axiom besagt, daß die D. der Einheitsmatrix den Wert 1 besitzt. Die Gl. (1) ergibt sich dann als Folgerung. *Schmeißer*

Literatur: *Aitken, A. C.:* Determinants and matrices. Edinburgh 1958. – *Fischer, G.:* Lineare Algebra. Braunschweig 1975. – *Gröbner, W.:* Matrizenrechnung. Mannheim 1966. – *Kochendörfer, R.:* Determinanten und Matrizen. Leipzig 1963. – *Kowalsky, H.-J.:* Lineare Algebra. 2. Aufl. Berlin 1965. – *Neiß, F.,* u. *H. Liermann:* Determinanten und Matrizen. 8. Aufl., Berlin 1975.

Detonation (Chemie). Unter D. versteht man eine besondere, mit dem Auftreten von Stoßwellen gekoppelte Art der Verbrennung. Sie verläuft mit Ausbreitungsgeschwindigkeiten zwischen 1 und 10 km s^{-1}. *Wedler*

Detonation (Verbrennungswelle, Flammenfront). Bei stöchiometrischen, explosiven Gasgemischen (z. B. Wasserstoff-Sauerstoff-, Methan-Sauerstoff-, Kohlenmonoxid-Sauerstoff-Gemisch) läuft der Reaktionszone (Flammenfront) eine Druckwelle voraus, die Überschallgeschwindigkeit erreicht.

Dieser Verdichtungsstoß erhitzt das durchlaufende Gasgemisch durch adiabatische Kompression bis zur Zündtemperatur und erhöht somit die Geschwindigkeit der an sich langsamen Reaktionsfront bis auf Überschallgeschwindigkeit. Dies ist insofern bemerkenswert, als die typischen Flammenfrontgeschwindigkeiten nur einige Meter je Sekunde betragen. Das Zusammenfallen von Reaktionszone und Druckanstieg nennt man eine D. Es entstehen durch Erhitzen und Druckanstieg (überadiabatische Kompression) Druckwellen, die sich mehrere Kilometer je Sekunde ausbreiten. Eine D. verläuft etwa 1000mal schneller als eine Verbrennung. Als Beispiel kann die Reaktion $2\,H_2 + O_2 \rightarrow 2\,H_2O$ dienen. Sie kann als heftige D. ein größeres vorgemischtes Gasvolumen schnell oder im Knallgasbrenner einen vorgemischten Gasstrom langsam umwandeln.

Bei der D. werden Ausbreitungsgeschwindigkeiten zwischen 2 und 10 km/s und Temperaturen zwischen 2000 °C und 6000 °C erzielt. Für eine Fortpflanzungsgeschwindigkeit von 2 km/s wird eine adiabatische Erwärmung in der Knallwelle von etwa 2000 °C benötigt. Die zerstörende Wirkung von D. tritt nicht nur am Ort der Entstehung, sondern auch durch die in der umgebenden Luft weiterlaufende Stoßwelle in größerer Entfernung auf ($\rightarrow$ Explosion). *G. E. A. Meier*

Literatur: *Evans, A.:* Theories of Detonation. Chemical Review 61 (1961), S. 129. – *Kamlet, J.:* Chemistry of Detonations. J. Chem. Phys. 48 (1968), S. 23.

Deuterium. (^{2}H oder D, auch schwerer $\rightarrow$ Wasserstoff genannt). D. ist ein stabiles Wasserstoffisotop, das sich vom „normalen" Wasserstoff (^{1}H, auch leichter Wasserstoff genannt) dadurch unterscheidet, daß sich im Atomkern neben einem Proton noch ein Neutron befindet ($\rightarrow$ Massenzahl $A = 2$, Symbol für den Atomkern d = Deuteron). Die mittlere Häufigkeit des D. im Meerwasser ist 0,0156 Atomprozent. Das $\rightarrow$ Isotopenverhältnis ^{2}H/^{1}H variiert infolge von Isotopieeffekten in Eis und in Wasser verschiedener Herkunft zwischen etwa 0,0125 und 0,0157 Atomprozent. Unter Ausnutzung der Isotopieeffekte kann D. angereichert werden. Am effektivsten ist die Tieftemperaturdestillation von Wasserstoff ($\rightarrow$ Isotopentrennung). Da der relative Massenunterschied $\Delta m/m$ im Falle der Wasserstoffisotope ^{2}H und ^{1}H groß ist, sind die Isotopieeffekte stark ausgeprägt. Auch in ihren magnetischen Eigenschaften unterscheiden sich ^{2}H und ^{1}H deutlich (Kernspin 1 bzw. $\frac{1}{2}$, magnetisches $\rightarrow$ Moment 0,857 bzw. 2,792 Kernmagnetonen). Zum Nachweis von Deuterium verwendet man die Massenspektrometrie oder die IR-Spektrometrie.

D. verwendet man zur Herstellung von Deuterium-markierten Verbindungen. „Schweres Wasser" D_2O wird in Natururan-Reaktoren eingesetzt. Da die Atomkerne von ^{2}H einen sehr viel kleineren Einfangquerschnitt für Neutronen haben als die Atomkerne von ^{1}H (0,00053 b im Vergleich zu 0,332 b), werden in Gegenwart von D_2O als Moderator und Kühlmittel weniger Neutronen absorbiert, und der Betrieb eines Kernreaktors ist auch mit $\rightarrow$ Uran natürlicher Isotopenzusammensetzung möglich ($\rightarrow$ Kernreaktor). *Lieser*

Literatur: *Lieser, K. H.:* Einführung in die Kernchemie. 3. Aufl. Weinheim: VCH-Verlag 1991.

Deutsche Forschungsanstalt für Luft- und Raumfahrt e. V. (DLR). Großforschungseinrichtung für die Gebiete Luftfahrt, Raumfahrt und Energietechnik.

Die DLR wurde 1969 als Deutsche Forschungs- und Versuchsanstalt für Luft- und Raumfahrt (DFVLR) gegründet. Vorgängerinstitutionen sind die Aerodynamische Versuchsanstalt, Göttingen (gegr. 1907), die Deutsche Versuchsanstalt für Luftfahrt, Berlin (1912), die Deutsche Forschungsanstalt für Luftfahrt, Braunschweig (1936). 1989 erhielt sie ihren heutigen Namen. Sie hat die Aufgabe, die wissenschaftlich-technische Basis für die Entwicklung zukünftigen Luft- und Raumfahrtgeräts wesentlich mitzugestalten. Davon ausgehend befaßt sie sich in der Energietechnik vor allem mit Solarenergie- und Wasserstofftechniken. Nach der seit 1988 geltenden neuen Struktur sind die Institute der DLR disziplinorientiert zusammengefaßt in den Forschungsbereichen Flugmechanik/Flugführung, $\rightarrow$ Strömungsmechanik, Werkstoffe und Bauweisen, Energetik, Nachrichtentechnik und Erkundung. Dazu kommen die Bereiche Wissenschaftlich-Technische Betriebseinrichtungen, Raumfahrt, Technische Dienste, Verwaltung sowie die Hauptabteilung Windkanäle. Die DLR ist Projektträger für Weltraumforschung/Weltraumtechnik sowie für Arbeit, Umwelt und Gesundheit. Hauptsitz der DLR ist Köln-Porz. Forschungszentren bestehen außerdem in Braunschweig, Göttingen, Stuttgart (Energietechnik), Oberpfaffenhofen, Berlin-Adlershof; Außenstellen in Berlin, Neustrelitz, Hamburg, Trauen, Lampoldshausen, Weilheim-Lichtenau (Zentrale Deutsche Bodenstation), Emmeloord (Deutsch-Niederländischer Windkanal). Das Ausbildungs- und Trainingszentrum für die europäischen Astronauten sowie der Europäische Trans-Schall-Windkanal (ETW) befinden sich bei der DLR in Köln-

Porz. Die Forschungs- und Entwicklungsarbeiten der DLR sind in interdisziplinäre Schwerpunkte und Programme gegliedert in den Schwerpunkten

□ Luftfahrt,

□ Raumfahrt: Raumfahrzeuge, Raumfahrtnutzung, Betriebsaufgaben für Raumfahrtmissionen sowie Managementaufgaben der Raumfahrt, von denen wesentliche Teile von der 1989 gegründeten Deutschen Agentur für Raumfahrtangelegenheiten (DARA) übernommen wurden,

□ luft- und raumfahrtverwandte Technologien (Energietechnik).

Organe: Mitgliederversammlung, Senat (Aufsichtsorgan, Vorsitz: Bundesvertreter) mit Personal- und Finanzausschuß sowie Wissenschaftlich-Technischem Ausschuß, sechsköpfiger Vorstand, Wissenschaftlich-Technischer Rat.

Ressourcen: mehr als 4457 Beschäftigte, 701,5 Mill. DM (Soll 1990). Institutionelle Förderung: Bundesministerien für Forschung und Technologie sowie für Verteidigung 90 %, Sitzländer der DLR-Einrichtungen (Baden-Württemberg, Bayern, Berlin, Niedersachsen, Nordrhein-Westfalen) 10 %, dazu rd. 30 % der Gesamtsumme Eigenerträge).

(Deutsche Forschungs- und Versuchsanstalt für Luft- und Raumfahrt e. V., Porz, Linder Höhe, 51147 Köln). *Altenmüller*

Deutsche Forschungsgemeinschaft e. V. (DFG). Zentrale Selbstverwaltungsorganisation der Wissenschaft in der Bundesrepublik Deutschland. Finanzielle Unterstützung von Forschungsvorhaben, Koordinierung der Grundlagenforschung, Beratung von Parlamenten und Behörden, Pflege der wissenschaftlichen Beziehungen zum Ausland.

Die DFG ist 1951 durch den Zusammenschluß des Deutschen Forschungsrats (gegr. 1949) und der Notgemeinschaft der Deutschen Wissenschaft (gegr. 1920, neu gegr. 1949) entstanden. Ihre Mitglieder sind 58 wissenschaftliche → Hochschulen, 13 andere Forschungseinrichtungen, fünf → Akademien der Wissenschaften, drei wissenschaftliche Verbände.

Als gemeinnütziger Verein dient die DFG laut Satzung „der Wissenschaft in allen ihren Zweigen durch die finanzielle Unterstützung von Forschungsaufgaben und durch die Förderung der Zusammenarbeit unter den Forschern. Sie berät Parlament und Behörden in wissenschaftlichen Fragen und pflegt die Verbindungen der Forschung zur Wirtschaft und zur ausländischen Wissenschaft. Der Förderung und Ausbildung des wissenschaftlichen Nachwuchses gilt ihre besondere Aufmerksamkeit." Ihre Fördermittel erhält die DFG nach für die einzelnen Aktivitäten festgelegten Schlüsseln vom Bund (808,4 Mill. DM 1991) und von den Ländern (529,1 Mill. DM) sowie von Stiftungen und Zuwendungen aus dem privaten Bereich (6,1 Mill. DM)

und als eigene Einnahmen (2,6 Mill. DM). Von den 1991 bewilligten Fördermitteln in Höhe von 1 313,9 Mill. DM entfielen 36,1 % auf Biologie und Medizin, 26,1 % auf Naturwissenschaften, 24,4 % auf Ingenieurwissenschaften, 13,4 % auf Geistes- und Sozialwissenschaften.

Die Fördermittel werden nach wissenschaftlicher Begutachtung in unterschiedlichen Verfahren vergeben. Im Bereich der Allgemeinen Forschungsförderung (je zur Hälfte vom Bund und den Ländern finanziert) sind dies:

□ Normalverfahren. Jeder Forscher mit einer abgeschlossenen Ausbildung kann Anträge auf Finanzierung von Projekten stellen. 1991 wurden 8113 Anträge bearbeitet und 5411 Bewilligungen mit insgesamt 600,4 Mill. DM ausgesprochen: Sachbeihilfen für Personal und Geräte, Reisebeihilfen, Stipendien für den wissenschaftlichen Nachwuchs, Forschungsfreijahre, wissenschaftliche Veranstaltungen, Druckbeihilfen.

□ Schwerpunktverfahren. Forscher in verschiedenen Institutionen können sich zur zeitlich begrenzten koordinierten Zusammenarbeit im Rahmen einer vorgegebenen Thematik zusammenschließen. 1991 wurden 2016 Anträge aus 113 Schwerpunkten bearbeitet und 1510 Bewilligungen mit insgesamt 186,1 Mill. DM ausgesprochen.

□ Forschergruppen. Zur Bearbeitung einer besonderen Forschungsaufgabe können sich mehrere, in der Regel an einem Ort wirkende Wissenschaftler längerfristig zusammenschließen. 1991 wurden 62 Forschergruppen mit 62,6 Mill. DM gefördert.

□ Hilfseinrichtungen der Forschung. Einrichtungen von überregionaler Bedeutung mit besonderer personeller und apparativer Konzentration werden als Instrumente der forschungsrelevanten Infrastruktur gefördert. 1991 wurden für sechs Hilfseinrichtungen (Zentralinstitut für Versuchstierzucht, Hannover; Zentrallaboratorium für Geochronologie, München; Seismologisches Zentralobservatorium, Gräfenberg; Kiepenheuer-Institut für Sonnenphysik, Freiburg; Forschungsschiff „Meteor", Hamburg; Koordinierungsstelle EG der Wissenschaftsorganisationen) 18,6 Mill. DM aufgewendet.

□ Wissenschaftliches Bibliothekswesen. Die DFG konzentriert ihre Förderung auf überregional bedeutsame Vorhaben und Aufgaben, z. B. Sondersammelgebiete, Zentrale Fachbibliotheken, Spezialbibliotheken, Gesamtkataloge. 1991 wurden dafür insgesamt 22,93 Mill. DM aufgewendet.

□ Auslandsbeziehungen. Für die Bundesrepublik Deutschland vertritt die DFG die Belange der Forschung auf der nicht-gouvernementalen internationalen Ebene. Insofern nimmt sie Funktionen wahr, die in anderen Ländern nationalen Akademien der Wissenschaft zufallen: Vertretung in internationalen wissenschaftlichen Organisationen, projektgebundene Förderung der internationalen Zusammenarbeit, bilaterale Zusammenarbeit mit ausländischen Forschungsförderungsorganisationen. Für Auslandsbeziehungen wurden 1991 21,6 Mill. DM aufgewendet.

7 Programme zählen nicht zur Allgemeinen Forschungsförderung:

□ Sonderforschungsbereiche (SFB). In langfristig, in der Regel auf 12–15 Jahre, angelegten Forschungseinrichtungen der wissenschaftlichen Hochschulen arbeiten Wissenschaftler im Rahmen eines fächerübergreifenden Forschungsprogramms zusammen. Im Jahre 1991 wurden 177 SFB mit 391,9 Mill. DM gefördert. 75 % der Mittel stammen vom Bund, 25 % von den Ländern.

□ Graduiertenkollegs. In langfristigen, aber nicht auf Dauer angelegten Einrichtungen der Hochschulen können Doktoranden im Rahmen eines systematisch angelegten Studienprogramms ihre Promotion vorbereiten und mit ihrer Dissertation in einem umfassenden Forschungszusammenhang arbeiten. 1991 wurden 141 Graduiertenkollegs mit 153 Mill. DM gefördert.

□ Heisenberg-Programm zur Förderung des wissenschaftlichen Nachwuchses. Junge Wissenschaftler können sich mit Stipendien bis zu 5 Jahre der Forschung widmen. 1991 wurde das Programm dahingehend modifiziert, daß nunmehr auch Sachbeihilfen bewilligt werden können. 1991 wurden für 95 Stipendien 22,1 Mill. DM aufgewendet. Die Mittel stammen je zur Hälfte vom Bund und den Ländern.

□ Postdoktorandenprogramm. Junge Wissenschaftler mit besonders qualifizierter Promotion können max. 3 Jahre in der Grundlagenforschung arbeiten. 1991 wurden für 302 Stipendien 17,7 Mill. DM aufgewendet. Das Programm wird mit Sondermitteln des Bundes finanziert.

□ Gottfried-Wilhelm-Leibniz-Programm. Auf Vorschlag Dritter kann hervorragenden Wissenschaftlern der Förderpreis für deutsche Wissenschaftler verliehen werden. Innerhalb von 5 Jahren stehen ihnen für ihre Forschungen jeweils bis zu 3 Mill. DM zur Verfügung. Die Mittel stammen vom Bund (75 %) und den Ländern (25 %). 1991 wurden für 12 Forscher(-gruppen) 30,0 Mill. DM bereitgestellt.

□ Gerhard-Hess-Programm. Junge, herausragend qualifizierte Wissenschaftler können auf Grund einer Förderungszusage für 5 Jahre ihre Forschung auf längere Sicht planen und eigene Arbeitsgruppen aufbauen. Pro Jahr können bis zu je 200 000 DM bewilligt werden. Das Programm wurde 1987 mit Mitteln des Stifterverbandes für die Deutsche Wissenschaft eingerichtet.

□ Programm zur Förderung von Habilitationen. Mit diesem Programm sollen insbesondere Wissenschaftlerinnen zur Habilitation ermutigt werden. Die Stipendien werden in der Regel für 2 Jahre bewilligt und werden auch als Teilstipendien gewährt. 1991 wurden 141 Anträge bewilligt.

Im Rahmen des Normal- und des Schwerpunktverfahrens sowie des SFB-Programms finanziert die DFG Großgeräte einschl. Rechenanlagen für die Forschung mit einem Anschaffungswert von mehr als 100 000 DM. 1991 standen dafür 22 Mill. DM zur Verfügung.

Zur Beratung von Legislative und Exekutive insbesondere auf den Gebieten des Arbeits-, Gesundheits- und Umweltschutzes sowie zur Koordination und für Initiativen auf bestimmten wissenschaftlichen Gebieten bestehen 19 Senatskommissionen und -ausschüsse der DFG mit 274 Mitgliedern und 13 ständigen Gästen (1991).

Organe: Mitgliederversammlung, Präsidium (hauptamtlicher wissenschaftlicher Präsident, sieben wissenschaftliche Vizepräsidenten; Vorstandsvorsitzender des Stifterverbandes für die Deutsche Wissenschaft als beratendes Mitglied), Kuratorium (die Mitglieder des Senats, 11 Vertreter des Bundes, 16 Vertreter der Länder, 5 Vertreter des Stifterverbandes für die Deutsche Wissenschaft. Allgemeine finanzielle Angelegenheiten), Senat (39 wissenschaftliche Mitglieder. Forschungspolitische Grundsätze), Hauptausschuß (19 Mitglieder aus dem DFG-Senat, je 8 Vertreter des Bundes und der Länder, zwei Vertreter des Stifterverbandes für die Deutsche Wissenschaft. Finanzielle Förderung der Forschung), 37 Fachausschüsse mit 508 Fachgutachtern auf insgesamt 180 Fachgebieten, Bewilligungsausschuß für die Förderung der Sonderforschungsbereiche, Auswahlausschuß für das Heisenberg-Programm. Geschäftsstelle: Generalsekretär, Bereiche Zentralverwaltung, fachliche Angelegenheiten der Forschungsförderung, Allgemeine Förderungsverfahren, Sonderforschungsbereiche. 530 Stellen.

(Deutsche Forschungsgemeinschaft, Kennedyallee 40, 53175 Bonn). *Altenmüller*

Literatur: Zweibändige Jahresberichte (Tätigkeitsber.; Programme und Projekte). – Perspektiven der Forschung und ihrer Förderung – Aufgaben und Finanzierung VIII. 1993/1996 (Grauer Plan). – forschung (vierteljährliche Mitt.). – Denkschr. zur Lage der dt. Wiss. – Forschungsber. – Veröffentlichungen der Senatskommissionen u. a.

Deutsche Gesellschaft für Technische Zusammenarbeit (GTZ) GmbH. Bundeseigenes privatrechtlich organisiertes Unternehmen im Geschäftsbereich des Bundesministeriums für wirtschaftliche Zusammenarbeit (BMZ).

Die GTZ ist auf der Grundlage eines 1974 mit dem BMZ abgeschlossenen Generalvertrags mit der fachlich-technischen Planung und Durchführung von Projekten und Programmen der technischen Zusammenarbeit mit Entwicklungsländern beauftragt. Nach den entwicklungspolitischen Vorgaben des BMZ werden dabei insbesondere Fachkräfte verschiedenster Disziplinen eingesetzt sowie Sachausrüstungen und Finanzmittel bereitgestellt. Sie kann auch im Auftrag von Entwicklungsländern gegen Entgelt unmittelbar tätig werden (Drittgeschäft).

Nach der am 9. März 1988 vom Aufsichtsrat beschlossenen neuen Organisationsstruktur besitzt die GTZ eine regionalorientierte Projektführungsstruktur, eingeteilt in drei Länderbereiche: Afrika südlich der Sahara; Nah- und Mittelost, Asien; Lateinamerika, Europa, Maghreb. Zum Bereich Planung und Entwicklung mit projektbezogenen und strategischen Programmentwicklungsaufgaben gehören Abteilungen mit Querschnitts- und Steuerungsfunktionen, insbesondere GATE (German Appropriate Technology Exchange). Neben dem Zentralbereich der Geschäftsführung bestehen drei Service-Bereiche: Finanzen und Controlling, Personal und Soziales, Kaufmännisches.

Organe: Aufsichtsrat (Vorsitz: BMZ-Vertreter), vierköpfige Geschäftsführung.

Die GTZ erhielt 1991 von der Bundesregierung und anderen öffentlichen Auftraggebern Aufträge in Höhe von 1 527 Mill. DM, von internationalen Auftraggebern 130 Mill. DM und unterstützte in mehr als 100 Ländern insgesamt 2 222 Projekte. Von den 1 536 Auslandsmitarbeitern waren 46,9 % in Afrika, 33,2 % in Asien, 18,2 % in Amerika, 1,7 % in Europa im Projekteinsatz. Dazu kamen 353 Mitarbeiter von Beratungsfirmen, 4 528 Ortskräfte und 753 Integrierte Fachkräfte.

(Deutsche Gesellschaft für Technische Zusammenarbeit, (GTZ) GmbH, Dag-Hammarskjöld-Weg 1–2, 65760 Eschborn). *Altenmüller*

Deutsche Gesellschaft für Warenkennzeichnung GmbH (DGWK). Diese ist für die Errichtung, Verwaltung und Überwachung von Zertifizierungssystemen, insbesondere auf der Grundlage von DIN-Normen, zuständig (Normenkonformität). Die DGWK ist ein Tochterunternehmen des DIN Deutsches Institut für Normung e. V. und vertritt das DIN auf dem Gebiet der Warenkennzeichnung auch auf internationaler Ebene, so im Warenkennzeichnungverband (CENCER) des Europäischen Komitees für Normung (CEN) und im Komitee für Warenkennzeichnung (CASCO) der Internationalen Normungsorganisation (ISO).

Die Tätigkeit der DGWK besteht hauptsächlich in der Vergabe der Berechtigung zum Führen von Zeichen und der Einräumung von Rechten über Form und Inhalt der Verbreitung entsprechender informativer Angaben.

Weiterhin ist die DGWK für die Anerkennung und Bezeichnung von Prüf- und Überwachungsstellen zuständig, sofern solche für eine neutrale und unabhängige Feststellung der Normenkonformität und Beurteilung von Produkten auf der Grundlage von Normen herangezogen werden. Bei der Ermitt-

lung der fachlichen Kompetenz der Prüf- und Überwachungsstellen wird sie von den jeweils zuständigen Normenausschüssen unterstützt.

Die Ausarbeitung der für die Zeichenvergabe notwendigen einzelnen Zertifizierungsprogramme, d. h. von Zertifizierungssystemen für bestimmte Erzeugnisse, Verfahren oder Dienstleistungen, auf welche sich dieselben besonderen Normen und Regeln sowie auch die gleiche Prozedur anwenden lassen, wird ebenfalls in Zusammenarbeit zwischen der DGWK und dem jeweils für die betreffenden DIN-Normen zuständigen →Normenausschuß des DIN gemäß den „Grundsätzen für die Zertifizierungsarbeit" durchgeführt.

Für Zwecke der Konformitätskennzeichnung hat das DIN Deutsches Institut für Normung e. V. der DGWK Nutzungsrechte am Verbandszeichen DIN (Bild 1) und am DIN-Prüf- und Überwachungszeichen (Bild 2) eingeräumt.

Deutsche Gesellschaft für Warenkennzeichnung 1: Verbandszeichen.

Deutsche Gesellschaft für Warenkennzeichnung 2: Prüf- und Überwachungszeichen.

Beide Aktivitäten der DGWK, die Zeichenvergabe und die Anerkennung der Prüfstellen, vollziehen sich auf der Grundlage öffentlich zugänglicher Regelungen,
□ der Richtlinien für die Erteilung des DIN-Prüf- und Überwachungszeichens (als ausfüllender Bestandteil der betreffenden Zeichensatzung) und

□ der Richtlinien für die Anerkennung und Bezeichnung von Prüf- und Überwachungsstellen (sie enthalten die Erfordernisse für die Auswahl, Beurteilung und Arbeitsweise der Prüfstellen und müssen von diesen rechtsverbindlich anerkannt werden).

International und im Zusammenhang mit der Errichtung eines gemeinsamen Marktes in Westeuropa gewinnt die Zertifizierung, insbesondere in Fragen zum Abbau technischer Handelshemmnisse, immer mehr an Bedeutung. *Krieg*

Literatur: Normenheft 10. Grundlagen der Normungsarbeit des DIN. 5. Aufl. Berlin 1987. – *Volkmann, D.:* Normenkonformitätsvorschriften und Zertifizierung. In: DIN-Mitt. Bd. 64 (1985) Nr. 1, S. 12/13. – *Volkmann, D.:* Grundsätze für die Zertifizierungsarbeit. In: DIN-Mitt. Bd. 64 (1985) Nr. 4, S. 171/73. – *Volkmann, D.:* Struktur eines Zertifizierungssystems. In: DIN-Mitt. Bd. 63 (1984) Nr. 10, S. 548/50. – *Böshagen, U.:* Europäische Aktivitäten im Bereich der Zertifizierung – Wirtschaftliche Aspekte aus der Sicht der Industrie. In: DIN-Mitt. Bd. 68 (1989) Nr. 3., S. 132/34. – *Krückeberg, F.:* Zertifizierung im Bereich der Informationstechnik. In: DIN-Mitt. Bd. 68 (1989) Nr. 4., S. 208/9.

Deutsche Gesellschaft zur Zertifizierung von Qualitätssicherungssystemen mbH (DQS). Die Deutsche Gesellschaft zur Zertifizierung von Qualitätssicherungssystemen mbH wurde gemeinsam vom DIN Deutsches Institut für Normung e. V. und der Deutschen Gesellschaft für Qualität e. V. gegründet. Die DQS hat das Ziel, auf Antrag von Unternehmen deren Qualitätssicherungssystem daraufhin zu prüfen, ob es den relevanten anerkannten Regeln der Technik oder anderen mit dem Auftraggeber (Unternehmen) vereinbarten Regeln entspricht. Die Prüfung der Qualitätssicherungssysteme erfolgt durch von der DQS berufene neutrale Fachleute.

Das Ergebnis der Beurteilung des Qualitätssicherungssystems wird in einem Bericht festgehalten. Dieser enthält eine Aussage über die festgestellte Erfüllung oder Nichterfüllung der Qualitätssicherungs-Nachweisforderungen. Im Fall der Erfüllung erteilt die DQS auf Antrag das DQS-Zertifikat.

Technologische Entwicklungen haben auf allen Gebieten der Technik zu Verfahren und Produkten geführt, deren Qualität nur noch von spezialisierten Fachleuten beurteilt werden kann.

Zur Erlangung eines erhöhten Vertrauens in die Qualitätsfähigkeit eines Lieferers werden im internationalen Handel zunehmend Nachweise über, für den Abnehmer besonders wichtige, Qualitätssicherungselemente verlangt. Zahlreiche Industriebetriebe, insbesondere Lieferer militärischen Materials, haben bereits Erfahrungen mit solchen Qualitätssicherungs-Nachweisführungen, die allerdings auf verschiedenen technischen Regeln basieren, gemacht. Aufbauend auf eine national und international sachlich übereinstimmende Normung der

Begriffe auf dem Gebiet der Qualitätssicherung, wurden von der ISO internationale →Normen für gestufte Nachweisforderungen für Qualitätssicherungssysteme erarbeitet. Ziel ist es dabei, die zahlreichen in Normen und anderen technischen Regeln z. T. branchenabhängig festgelegten Qualitätssicherungs-Nachweisforderungen weitgehend produktunabhängig weltweit zu vereinheitlichen und zu harmonisieren.

Da es im Ausland, z. B. in der Schweiz und in Großbritannien, schon seit einiger Zeit Gesellschaften gibt, die Zertifikate über Qualitätssicherungssysteme von Firmen ausstellen, entstand auch in der Bundesrepublik Deutschland der Wunsch, ein für interne Zwecke eingerichtetes Qualitätssicherungssystem einer Prüfung durch eine unabhängige, national und international anerkannte Stelle unterziehen lassen zu können. Diese Forderung und die weitgehende Einbindung der deutschen Wirtschaft in den internationalen Handel sowie die internationale Normenentwicklung auf diesem Gebiet haben das DIN Deutsches Institut für Normung e. V. und die Deutsche Gesellschaft für Qualität e. V. dazu bewogen, die Deutsche Gesellschaft zur Zertifizierung von Qualitätssicherungssystemen mbH (DQS) zu gründen. Die DQS arbeitet auf der Grundlage von Regeln, die auch die gegenseitige internationale und europäische Anerkennung der Zertifikate ermöglichen. Die Regeln betreffen vor allem die Durchführung der Prüfung des Qualitätssicherungssystems (Qualitätsaudits), ferner die Qualifikation der Auditoren und die Verwendung der Normen DIN ISO 9001 bis DIN ISO 9003 (sie wurden auch in das europäische Normenwerk eingeführt) als Grundlagen für die Qualitätsaudits und Zertifikate.

Mit den im VdTÜV zusammengefaßten Technischen Überwachungsvereinen ist eine Zusammenarbeit im Hinblick auf eine einheitliche Zertifizierung von Qualitätssicherungssystemen und die zugehörige einheitliche Durchführung von Audits vereinbart worden.

Damit die in unterschiedlichen Ländern ausgegebenen Zertifikate über Qualitätssicherungssysteme von Unternehmen nicht zu Handelshemmnissen im Import und Export führen, bringt die DQS die Anerkennung ihrer Zertifikate in anderen Ländern im Sinne einer Gegenseitigkeit ein.

Sitz der Gesellschaft, die sich als Selbstverwaltungsorgan der Deutschen Wirtschaft versteht und die nach den Prinzipien der Gemeinnützigkeit arbeitet, ist Berlin. *Krieg*

Literatur: Satzung der DQS Deutsche Gesellschaft zur Zertifizierung von Qualitätssicherungssystemen mbH, 1985. – DIN 55 350. Tl. 11: Begriffe der Qualitätssicherung und Statistik; Grundbegriffe der Qualitätssicherung. – DIN ISO 9000: Leitfaden zur Auswahl und Anwendung der Normen zu Qualitätsmanagement, Elemente eines Qualitätssicherungssystems und zu Qualitätssicherungs-Nachweisstufen; identisch mit ISO 9000, Ausg. 1987. – DIN ISO 9001: Qualitätssicherungssysteme; Qualitätssicherungs-Nachweisstufe für Entwicklung und Konstruktion, Produktion, Montage und Kundendienst; identisch mit ISO 9001, Ausg. 1987. – DIN ISO 9002: Qualitätssicherungssysteme; Qualitätssicherungs-Nachweisstufe für Produktion und Montage; identisch mit ISO 9002, Ausg. 1987. – DIN ISO 9003: Qualitätssicherungssysteme; Qualitätssicherungs-Nachweisstufe für Endprüfungen; identisch mit ISO 9003, Ausg. 1987. – DIN ISO 9004: Qualitätsmanagement und Elemente eines Qualitätssicherungssystems; Leitfaden; identisch mit ISO 9004, Ausg. 1987. – *Petrick, K.,* u. *H. Reihlen:* Die neuen Internationalen und nationalen Normen zum Thema Qualitätssicherungssysteme. In: DIN-Mitt. Bd. 66 (1987) Nr. 5, S. 236/39. – *Volkmann, D.:* Aktivitäten in der EG auf dem Gebiet der Zertifizierung und Qualitätssicherung. In: DIN-Mitt. Bd. 66 (1987) Nr. 9, S. 419/21. – *Hansen, W.:* Zertifizierung von Produkten und Dienstleistungen – Zertifizierung und Qualitätssicherungssysteme. In: DIN-Mitt. Bd. 68 (1989) Nr. 4, S. 205/7.

Deutsche Norm. Eine D. N. ist eine im DIN Deutsches Institut für Normung e. V. aufgestellte und mit dem Zeichen DIN herausgegebene Norm, kurz auch DIN-Norm genannt (technische →Normung). *Krieg*

Deutscher Verband technisch-wissenschaftlicher Vereine (DVT). Der Deutsche Verband technisch-wissenschaftlicher Vereine (DVT) ist der Zusammenschluß technisch-wissenschaftlicher Gesellschaften mit zur Zeit 100 Mitgliedsvereinen. Er wurde 1916 gegründet.

Der DVT hat das Ziel, übergeordnete Probleme aus Naturwissenschaft und Technik zu behandeln und die Belange von Ingenieuren und Naturwissenschaftlern gegenüber Wissenschaft, Wirtschaft, Gesellschaft, Politik, Staat und Verwaltung zu vertreten. Der Verband arbeitet auf gemeinnütziger Basis.

Zu den Aufgaben des DVT gehören satzungsgemäß die:

□ Förderung der technischen Wissenschaften,

□ Vereinheitlichung gemeinsamer technischer Grundlagen,

□ Weiterentwicklung des technischen Unterrichtswesens,

□ Mitarbeit an der Gesetzgebung auf dem Gebiet der Technik und in Fragen der technischen Verwaltung.

Der DVT versteht sich auch als Bindeglied zwischen den einzelnen Mitgliedsvereinen untereinander sowie zu Wirtschaftsverbänden, soweit technisch-wirtschaftliche Fragen angesprochen sind.

Im internationalen Bereich vertritt der DVT die Belange der deutschen Ingenieure und Naturwissenschaftler insbesondere im Hinblick auf die Anerkennung der deutschen Studien- und Ausbildungsgänge im Ausland. Der Sitz des DVT ist Düsseldorf.

Der DVT veranstaltet jährlich eine Verbandsversammlung, in der neben den Verbandsregularien ein die Öffentlichkeit interessierendes aktuelles Thema aus Naturwissenschaft und Technik behandelt wird. Über die Vorträge der Jahresversammlungen erscheint in der Reihe „DVT-Schriften" jeweils ein Bericht über das betreffende Thema.

Der DVT hält die Mitgliedsvereine mit aktuellen Informationen über laufende oder geplante Entwicklungen im naturwissenschaftlich-technischen Bereich auf dem laufenden. Die *DVT-Informationen* sowie die *DVT-Rundschreiben* vermitteln hierbei wichtige Informationen aus dem nationalen und internationalen technisch-wissenschaftlichen Tätigkeitsbereich.

Zweimal jährlich veröffentlicht der DVT einen *DVT-Terminkalender,* in dem nationale und internationale Veranstaltungen, die für die Mitgliedsvereine von Interesse sind, zusammengestellt sind.

Eine besondere Hilfe für die Geschäftsstellenarbeit der Mitgliedsvereine wird durch die nach Bedarf veranstalteten DVT-Geschäftsführer-Seminare geboten. Hier werden aktuelle Themen so behandelt, daß sie den Mitgliedsvereinen für die Geschäftsstellenarbeit eine Orientierungshilfe sind.

Als neue Aufgabe hat sich der DVT 1982 die Vergabe des „DVT-Preises Technik und Öffentlichkeit" gestellt. Sinn dieses Preises ist es, Publikationen auszuzeichnen, deren wichtigstes Merkmal die Förderung des Verhältnisses von Technik und Öffentlichkeit ist. Der Preis wurde erstmals 1983 verliehen und wird seitdem alle zwei Jahre vergeben.

Ein breites Arbeitsfeld ist für den DVT die Mitarbeit in verschiedenen internationalen Vereinigungen wie im Europäischen Verband Nationaler Ingenieurvereinigungen (FEANI) und im Weltverband der Ingenieurorganisationen (WFEO). Für diese Vereinigungen ist der DVT als das deutsche nationale Komitee tätig.

Beim DVT ist die Registrierung der Absolventen von Ingenieurstudiengängen deutscher →Hochschulen in das FEANI-Register (Europäisches Register der höheren technischen Berufe) möglich. Hierdurch kann der Titel Europa-Ingenieur erworben werden.

(Deutscher Verband technisch-wissenschaftlicher Vereine (DVT), Graf-Recke-Straße 84, 40239 Düsseldorf) *Debelius*

Deutsches Atomforum e. V. Private, gemeinnützige Vereinigung zur Förderung der friedlichen Nutzung der →Kernenergie.

Das Deutsche Atomforum wurde 1961 gegründet. Seine Mitglieder sind Einzelpersonen und Organisationen aus Politik, Verwaltung, Wirtschaft und Wissenschaft (Unternehmen, Verbände und Vereinigungen sowie öffentliche Körperschaften). Satzungsmäßiger Zweck des Deutschen Atomforums ist es, die friedliche Nutzung der Kernenergie zu fördern durch Behandlung einschlägiger Fragen z. B. in Arbeitskreisen, Tagungen und Veröffentlichungen, Information der Öffentlichkeit, Zusammenarbeit mit staatlichen Behörden und Institutionen des Bundes und der Länder sowie mit Organisationen und Gruppen, die im In- und Ausland ähnliche Zwecke verfolgen.

Die Arbeit des Deutschen Atomforums ist in Bereiche gegliedert: Technik und Industrie, Öffentlichkeitsarbeit und Presse, Recht und Verwaltung, Wirtschaft und Industrie, Internationale Zusammenarbeit. Als hundertprozentige Tochtergesellschaft des gemeinnützigen Deutschen Atomforums nimmt die INFORUM Verlags- und Verwaltungsgesellschaft mbH die mehr wirtschaftlich ausgerichteten Aufgaben, insbesondere auf dem Publikationssektor und im Tagungswesen sowie die Betreuung der Kerntechnischen Gesellschaft e. V., wahr. Die aus der 1956 gegründeten Kernreaktor-Finanzierungs-Gesellschaft mbH hervorgegangene KFG Gesellschaft zur Förderung der Kernenergie mbH, deren Alleingesellschafter das Deutsche Atomforum ist, erfüllt gemeinnützige Aufgaben (Stipendien, Projektförderung, didaktische Schausammlung).

Organe: Mitgliederversammlung, Verwaltungsrat (höchstens 60 Mitglieder), Präsidium (höchstens 18 Mitglieder, gewählter Präsident als Vorstand), zwei Geschäftsführer (1992).

(Deutsches Atomforum e. V., Heußallee 10, 53113 Bonn). *Altenmüller*

Deutsches Patentamt. Für den Gewerblichen →Rechtsschutz zuständige obere Bundesbehörde, die dem Bundesjustizministerium untersteht. Der Sitz des D. P. ist in 80331 München, Zweibrückenstr. 12, mit einer Dienststelle in Berlin. Zur Prüfung von Anmeldungen zum →Patent, →Gebrauchsmuster, Warenzeichen, →Geschmacksmuster nur typographischer Schriftzeichen bestehen Prüfungsstellen (Prüfer) und Abteilungen (Mitglieder). Ferner besteht eine Schiedsstelle für Arbeitnehmererfindungen. Für Geschmacksmusteranmeldungen waren bisher die ca. 240 Amtsgerichte zuständig. 1988 wurden diese durch ein beim D. P.

geführtes Musterregister ersetzt. Seit 1987 kann durch das Halbleiterschutzgesetz auch die geometrische Struktur (Topographie) von Mikrochips durch Anmeldung beim D. P. geschützt werden. *Cohausz*

Literatur: Jahresber. d. Deutschen Patentamtes. Hrsg. Referat für Presse- und Öffentlichkeitsarbeit des Deutschen Patentamtes.

Dezibel. Abk. dB. Logarithmiertes Maß z. B. für Schalldruckpegel. 1 dB = 0,1 B. Das Verhältnis von elektrischen oder akustischen Größen gleicher Einheit zueinander oder zu genormten Bezugswerten wird häufig logarithmiert angegeben. Mit logarithmierten Größenverhältnissen (.. maße) entspricht man dem exponentiellen Verlauf von Spannungen, Strömen und Leistungen auf elektrischen Leitungen und der Empfindlichkeit des menschlichen Gehörs innerhalb weiter Amplitudenbereiche. Logarithmische Maße von hintereinanderliegenden Teilsystemen können einfach addiert werden (bei linear angegebenen Größenverhältnissen müßte man multiplizieren!).

Bei Benutzung der dekadischen Logarithmen kennzeichnet man das logarithmierte Verhältnis x mit Bel (B), oder, was gebräuchlicher ist, den 10. Teil davon, mit dem Dezibel (dB). Früher benutzte man auch die natürlichen Logarithmen und kennzeichnete das Verhältnis mit Neper (Np). International hat sich das D. durchgesetzt.

Bei der Festlegung des Bel ging man von den Leistungen P_1 am Eingang und P_2 am Ausgang eines Systems aus:

$$10^x = P_1/P_2; \quad x \text{ in B} = \text{lg } P_1/P_2$$
$$10^{0,1x} = P_1/P_2; \quad x \text{ in dB} = 10 \text{ lg } P_1/P_2$$

Setzt man die Amplituden A_1 und A_2 von Feldgrößen (z. B. Spannung oder Strom) ins Verhältnis (Eingangswiderstand und Lastwiderstand seien als gleich groß angenommen), ergibt sich daraus

$$10^x = P_1/P_2 = (A_1/A_2)^2; \quad 10^{x/2} = A_1/A_2;$$
$$x \text{ in B} = 2 \text{ lg } A_1/A_2$$

$$10^{0,1x} = P_1/P_2 = (A_1/A_2)^2; \quad 10^{0,1x/2} = A_1/A_2;$$
$$x \text{ in dB} = 20 \text{ lg } A_1/A_2$$

Entspricht das Größenverhältnis einer ganzzahligen Zehnerpotenz, so ergeben sich ganzzahlige dB-Werte (Tabelle).

Dezibel. Tabelle: D. und Neper

Beispiele									
Amplituden-Verhältnis	10^{-3}	10^{-1}	1/2	$1/\sqrt{2}$	1	$\sqrt{2}$	2	10^{+1}	10^4
Leistungs-Verhältnis	10^{-6}	10^{-2}	1/4	1/2	1	2	4	100	10^8
Log. Maß in dB	−60	−20	≈−6	≈−3	0	≈3	≈6	20	80
Log. Maß in Np	−6,908	−2,303	≈−0,69	≈−0,345	0	≈0,345	≈0,69	2,303	9,21
		Dämpfung					Verstärkung		

Bei der Festlegung des Neper ging man von den Amplituden der Spannungen bzw. Ströme aus:

$$e_x = A_1/A_2; \quad x \text{ in Np} = \ln A_1/A_2$$

Für das Leistungsverhältnis gilt (gleiche Voraussetzung wie oben)

$$P_1/P_2 = (A_1/A_2)^2 = e^{2x}; \quad x \text{ in Np} = 1/2 \ln A_1/A_2$$

Angaben in Neper lassen sich in dB umrechnen: 1 Np = 8,6859 dB (Tabelle).

Bei Angaben in dB findet man häufig folgende Zusätze:

dBm   Leistungspegel, bezogen auf 0,775 V an 600 Ω entsprechend einer Leistung von 1 mW

dB(re)   Pegel, bezogen auf eine zu definierende Bezugsgröße

dB(A)   Schallpegel, bewertet mit Filterkurve A, z. B. Schallpegel 130 dB(A): Schmerzgrenze,

                    90 dB(A): Motorrad,

                    40 dB(A): Flüstern,

                    0 dB(A): Hörschwelle

Bemerkung: Energiegrößen sind Größen, die der Energie proportional sind, z. B. Energie, Leistung. Feldgrößen sind Größen, deren Quadrate in linearen Systemen der Energie proportional sind, z. B. Spannung, Strom, Schalldruck. Anwendung z. B. in der Nachrichtenübertragungstechnik, Hochfrequenztechnik, Regelungstechnik, Akustik.   *Hammerschmidt*

DGQ. Die Deutsche Gesellschaft für Qualität e. V. (DGQ) wurde 1952 als „Ausschuß Technische Statistik im AWF" gegründet und 1968 umbenannt in Deutsche Gesellschaft für Qualität.

Zweck der Gesellschaft ist die Förderung der Qualitätssicherung in allen Zweigen der deutschen Wirtschaft durch Informationen, Erfahrungsaustausch und berufliche Weiterbildung in Lehrgängen und Seminaren.   *Debelius*

Diagramm, thermodynamisches. Als thermodynamische Diagramme werden erstens Zustandsdiagramme und zweitens grafische Darstellungen von Kreisprozessen geschlossener Systeme zwischen genau zwei Wärmereservoiren bezeichnet (Bild).

Jedes der beiden Wärmereservoire wird durch einen waagerechten Strich symbolisiert, das mit der höheren Temperatur über dem mit der tieferen. Zwischen den beiden Strichen bedeutet der Kreis die Arbeitssubstanz des Systems, die einen →Kreisprozeß durchläuft. Die senkrechten Pfeile symbolisieren Wärmeübergänge, der waagerechte den Arbeitsaustausch je Zyklus. So repräsentiert das Diagramm 1 im Bild eine Wärmekraftmaschine, das Diagramm 2 einen Kraftkälteprozeß. Diagramm 3 stellt ein Perpetuum mobile zweiter Art dar und Diagramm 4 eine nach dem Kelvin-Verbot nicht

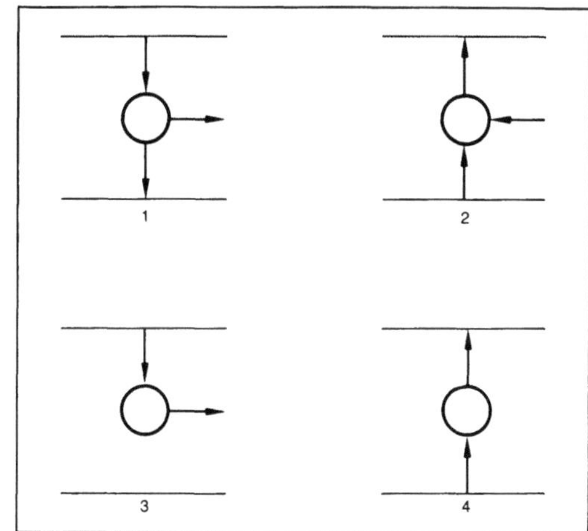

Diagramm, thermodynamisches: D. einer Wärmekraftmaschine (1); eines Kraftkälteprozesses (2); eines nicht existierenden Perpetuum mobile zweiter Art (3) und eines nicht existierenden Clausius-Prozesses (4).

existierende Maschine. Mit den thermodynamischen Diagrammen lassen sich theoretische Untersuchungen übersichtlich durchführen. So läßt sich mit ihrer Hilfe die Gültigkeit der Carnot-Clausius-Ungleichung auch für negative absolute Temperaturen zeigen.   *Muschik*

Dichte. D. ist ein Konzentrationsmaß, das auf das Volumen bezieht. So ist die Massendichte

$$\rho := m/V,$$

und wenn $m_1, m_2, \ldots m_N$ die Partialmassen von N Komponenten sind, ist die Partialmassendichte

$$\rho_k := m_k/V = \rho\, y_k, \quad \Sigma_k\, \rho_k = \rho.$$

($y_k = \rightarrow$Massenbruch). Weitere Beispiele für Dichten sind Impulsdichte, →Energiedichte, Entropiedichte (→Mechanik-Einteilung).   *Muschik*

Dichtemessung. Die Dichte ρ eines Stoffs ist der Quotient aus seiner Masse m und seinem Volumen Q,

$$\rho = \frac{m}{Q}.$$

Üblicherweise wird die Dichte in g/cm³ angegeben. Weiterhin können folgende Dimensionen für die Dichte verwendet werden: kg/m³, kg/l, g/l und g/ml. Die relative Dichte d ist das Verhältnis der Dichte eines Stoffs zu der Dichte einer Bezugssubstanz unter Bedingungen, die für beide Stoffe anzugeben sind. Sie ist eine unbenannte Zahl. Bei festen Stoffen und Flüssigkeiten wählt man als Bezugsstoff meist Wasser von 4 °C beim Druck von 1013 mbar. Die

135

Dichte der Gase und Dämpfe hängt von Druck und Temperatur ab. Sie wird i. a. für den Normzustand 0 °C und 1013 mbar als Normdichte angegeben. Bezugsstoff ist in der Regel Luft.

In der folgenden Tabelle sind die Dichten einiger Substanzen (unter Normbedingungen) angegeben.

Substanz	Dichte (g/cm³)	Substanz	Dichte (g/m³)
Alkohol	0,794	Kupfer	8,90
Aluminium	2,70	Luft	0,001293
Benzin	0,67	Platin	21,45
Blei	11,3	Quecksilber	13,55
Eisen	7,86	Sauerstoff	0,001429
Glas	2,4–2,8	Silber	10,5
Glyzerin	1,27	Stickstoff	0,001251
Gold	19,3	Wasser (4 °C)	0,999973
Kohlendioxid	0,001977	Wasserstoff	0,0000899

Die Dichte fester Stoffe wird mittels Wäge- oder Auftriebsmethode gemessen. Bei der Wägemethode wird die Masse durch Wägen bestimmt. Läßt sich das Volumen bei unregelmäßiger Gestalt nicht errechnen, so mißt man die Volumenänderung einer Flüssigkeit, wenn man den Körper in einem mit Flüssigkeit gefüllten Behälter ganz untertaucht. Statt aber das verdrängte Flüssigkeitsvolumen direkt zu messen, kann man es auch durch Wägung ermitteln. Das Pyknometer wird bis zu einer festen Marke mit einer Flüssigkeit bekannter Dichte gefüllt und die Masse M bestimmt. Sodann wird soviel Flüssigkeit entfernt, daß bei Eintauchen des zu messenden Körpers mit der Masse m gerade die gleiche Marke erreicht wird. Hiervon wird wiederum die Masse M' bestimmt. Die Masse der verdrängten Flüssigkeit ist dann $M + m - M'$. Damit ergibt sich die Dichte des Körpers zu

$$\rho = \frac{m}{M + m - M'} \cdot \rho_{F1},$$

mit ρ_{F1} als Dichte der Flüssigkeit.

Bei der Auftriebsmethode (→ Auftrieb) wird die Dichte nach dem Prinzip von *Archimedes* bestimmt. Man wägt dazu zunächst den Körper in Luft (m) und dann in einer Flüssigkeit bekannter Dichte m', ρ_{F1}. Man erhält so aus dem Auftrieb $m - m'$

$$\varrho = \frac{m}{m - m'} \cdot \varrho_{F1} .$$

Bei Flüssigkeiten läßt sich die Dichte ebenfalls mittels Pyknometer bestimmen. Hierzu wird das Gefäß mit bekanntem Volumen V einmal leer und einmal mit Flüssigkeit gefüllt gewogen. Aus der Differenz und dem Volumen V läßt sich dann die Dichte als Quotient bestimmen. Im Aräometer wird die Auftriebsmethode verwendet. Dieses besteht aus einem langen schlanken Glasrohr, das mit einer

Teilung versehen ist, und aus einem spindelförmigen, ballastbeschwerten Senkkörper. Die Skale umfaßt in Abhängigkeit vom Senkkörper und Ballast einen bestimmten Dichtebereich. Die Dichte der Flüssigkeit kann direkt an der Skale abgelesen werden. Beide Verfahren arbeiten diskontinuierlich; die Wäge- und Auftriebsmethode kann man aber auch zur kontinuierlichen D. verwenden. Im ersteren Fall wird ein U-förmiges Rohr an seinen offenen Enden drehbar gelagert und von der Flüssigkeit durchströmt. Das andere Ende des Meßrohrs hängt an der Wägevorrichtung, deren Signal pneumatisch oder induktiv erfaßt wird. Bei der Auftriebsmethode durchströmt die zu messende Flüssigkeit ein Gefäß mit einem Auftriebskörper bestimmter Form und konstanter Masse. Die Eintauchtiefe läßt sich über einen Differentialtransformator kontinuierlich bestimmen.

Mit sehr geringen Flüssigkeitsmengen kommt man bei der Resonanzmethode aus. Hierbei füllt man in ein U-Rohr die zu prüfende Flüssigkeit und regt es elektrodynamisch zu Eigenschwingungen an. Die → Schwingungsdauer ist ein Maß für die Dichte der zu untersuchenden Flüssigkeit. Aus der Schwingungsdauer, die bei einer Referenzsubstanz und bei der zu messenden Flüssigkeit ermittelt wird, läßt sich die Dichte mit hoher Genauigkeit bestimmen. Hierzu ist allerdings die genaue Einhaltung einer bestimmten Prüftemperatur, die durch einen Thermostaten eingestellt wird, erforderlich. Als Unsicherheit wird etwa $\pm 2{,}5 \cdot 10^{-4}$ g/cm³ angegeben. Besonders zur D. von aggressiven oder breiartigen Flüssigkeiten – auch bei hohen Temperaturen und Drücken – wird die Intensitätsabnahme radioaktiver Strahlung beim Durchgang durch die Flüssigkeit benutzt.

Die Strahlen einer radioaktiven Quelle werden mittels Ionisationskammer einmal nach Durchgang durch das Meßgut und einmal ungeschwächt gemessen. Die Differenz ist ein Maß für die Dichte des Stoffs.

Die Dichte von Gasen läßt sich ebenfalls durch Wägen bestimmen. Hierzu wird ein großer leichter Behälter, der einmal mit dem Referenzgas (meist trockene Luft), einmal mit dem Meßgas gefüllt ist, gewogen. Bei der Dichtebestimmung muß der Auftrieb berücksichtigt werden. Gasdichten lassen sich auch mit der Resonanzmethode bestimmen. *F. Schneider*

Dickenmessung, elektrische. Bei der D. besteht die Aufgabe, die Dicke des betrachteten Meßobjekts kontinuierlich in der SI-Einheit → Meter zu erfassen. Aus der Dicke kann man bei bekannter Dichte auf das Flächengewicht schließen. Besonders wichtig in vielen Herstellungsprozessen ist das Messen der Schichtdicken. Die D. gehört zur → Längenmessung. Bei der D. und Flächengewichtsmessung durch mechanisches Abtasten sind Diamant-Meß-kugeln oder -Rollen mit einem Tastsystem verbunden, dessen Abstandsänderungen durch Wegaufnehmer in elektrische Signale umgewandelt werden. Ihr Zeitverhalten ist bestimmt durch die Masse der Tastsysteme, den einstellbaren Meßdruck und den Meßumformer. Mechanische Abtastgeräte haben normalerweise eine Meßtiefe von maximal 100 mm. Sie sind an warmem und plastischem Meßgut nicht zu verwenden und messen insbesondere nicht berührungslos.

Zur D. von leitenden Materialien bzw. zur Schichtdickenmessung von nichtleitenden Schichten auf NE-Metallen lassen sich Wirbelströme verwenden. Das →Wechselfeld einer Spule erzeugt im leitenden Material Wirbelströme, deren Rückwirkung je nach Schichtdicke die Induktivität der induzierenden Spule oder die Kopplung zweier Spulen verändert. Nach Weiterverarbeitung und Linearisierung erhält man ein der Schichtdicke proportionales Signal.

Auch der Queranker-Aufnehmer (Längenmessung) läßt sich zur D. nichtmagnetischer Schichten verwenden.

Insbesondere zur D. von Kunststoffolien lassen sich kapazitive Aufnehmer verwenden. Bei einem Plattenkondensator verändert sich die Kapazität durch die dickeabhängige Veränderung des Dielektrikums. Die Spannungsänderung, die die Kapazitätsänderung hervorruft, wird in einem nachgeschalteten Operationsverstärker aufbereitet.

Mittels ionisierender Strahlung läßt sich sowohl die Flächengewichtsbestimmung wie auch die Schichtdickenmessung durchführen. Grundlage hierfür ist das Absorptionsgesetz

$$I_s = I_{so} \cdot e^{-\mu d},$$
mit

I_{so} ungeschwächte Strahlungsintensität,
I_s geschwächte Strahlungsintensität,
μ Absorptionskoeffizient,
d Dicke des durchstrahlten Materials.

Der Absorptionskoeffizient μ ist von der Art der Strahlung und den Materialeigenschaften des Absorbers abhängig, insbesondere von der Dichte des durchstrahlten Materials. Damit läßt sich die Dicke von Kunststoff- oder Metallbändern messen, wenn die Dichte des Materials bekannt und konstant ist, und die Dichte eines Materials bei konstanter Dicke (→Dichtemessung). Neben der Messung des durchgelassenen Strahls wird häufig auch die Rückstreuung zur Messung verwendet. Man verwendet Röntgen-, β- und γ-Strahlen zum Messen (→Strahlungsmessung).

Mittels Laufzeitauswertung von Ultraschall ist eine berührungslose D. im Bereich zwischen 0,25 bis 300 mm möglich. Man wendet sie beim Prüfen von Behältern und Rohrleitungen an. Bei der D.

mit Mikrowellen von 35 GHz arbeitet das Meßsystem als Interferometer. Es dient zum Bestimmen der Dicke metallischer Beschichtungen auf Kunststoff-Trägermaterial zwischen 5 und 250 nm, wie etwa bei Kondensatorfolien oder der Compakt Disk. *F. Schneider*

Dielektrikum. Materie reagiert auf ein elektrisches →Feld mit der Verschiebung innerer Ladungen (Elektronen oder Ionen). Soweit dabei kein elektrischer →Strom fließt, bezeichnet man einen solchen Stoff als D. Die mit den Ladungsverschiebungen verbundene dielektrische Polarisation ist verantwortlich für die →Kapazität der Kondensatoren, aber auch für die Brechung des Lichtes in transparenten Medien. Als Maß für dielektrische Polarisierbarkeit dient die →Dielektrizitätskonstante oder Permittivität ε_r eines Stoffes, die sich am einfachsten an Hand der Kapazität eines mit diesem Stoff gefüllten Kondensators definieren läßt:

$$\varepsilon_r = C/C_0, \tag{1}$$

wobei C_0 die Kapazität des gleichen Kondensators ohne diesen Stoff sei. In der Sprache der Maxwellschen Gleichungen gilt

$$D = \varepsilon_r \varepsilon_0 E, \tag{2}$$

wobei D die dielektrische Verschiebungsdichte, E die elektrische →Feldstärke und ε_0 die elektrische →Feldkonstante $\varepsilon_0 = 8{,}8543 \cdot 10^{-12}$ As/Vm ist.

Die Formel von *Clausius* und *Mosotti* verknüpft die Dielektrizitätskonstante mit der atomaren Polarisierbarkeit:

$$\frac{3(\varepsilon_r - 1)}{(\varepsilon_r + 2)} = \frac{N\alpha}{\varepsilon_0}, \tag{3}$$

Hierbei sei N die Anzahl der Atome pro m^3 und α die Polarisierbarkeit der Atome (Ladung × Abstand/Feldstärke). Der Ausdruck auf der linken Seite rührt von der gegenseitigen Beeinflussung der Dipole her.

Die Dielektrizitätskonstante ist von der Temperatur und von der →Frequenz abhängig. Aus der Analyse der Frequenz- und Temperaturabhängigkeit hat man geschlossen, daß vor allem drei Mechanismen zur Polarisierbarkeit beitragen (Bild).

□ Der erste Beitrag ist die Elektronenpolarisierbarkeit, die auf der Verschiebung der Elektronen relativ zum Atomkern beruht. Diese Polarisierbarkeit ist für alle Stoffe bis zu Frequenzen des sichtbaren und ultravioletten Lichts wirksam.

□ Der zweite Beitrag ist die Ionenpolarisierbarkeit, die in ionischen Substanzen durch die gegenseitige Verschiebung der Ionen verursacht wird. Diese Polarisierbarkeit wird bei Frequenzen oberhalb des infraroten Lichts unwirksam.

□ Der dritte Beitrag zur Polarisierbarkeit tritt auf, wenn der Stoff bereits Dipole enthält, die sich im

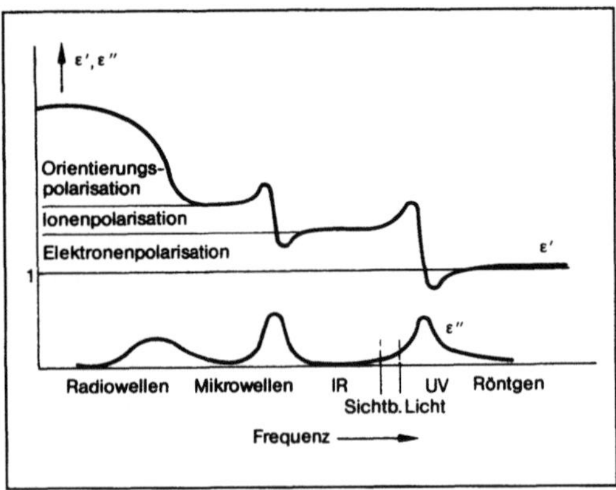

Dielektrikum: Dielektrische Polarisierbarkeit als Funktion der Frequenz.

elektrischen Feld reorientieren können. Diese Umorientierung steht im Widerstreit mit der thermischen Fluktation, weshalb dieser Beitrag im Gegensatz zu den anderen beiden temperaturabhängig ist. Er wird je nach dem genauen Mechanismus Orientierungspolarisation oder Ordnungspolarisation genannt und ist bis zu Frequenzen im Mikrowellenbereich wirksam. Substanzen, die eine Orientierungspolarisation aufweisen, werden polare Substanzen genannt.

Mit der dielektrischen Polarisierung sind im →Wechselfeld stets auch dielektrische Verluste verbunden, die am einfachsten durch einen imaginären Beitrag zu Dielektrizitätskonstante dargestellt werden können (Imaginärteil ε''). Der durch $\tan \delta = \varepsilon''/\varepsilon'$ definierte Winkel δ wird dielektrischer Verlustwinkel genannt und dient zur Charakterisierung eines Werkstoffs. Elektronen- und Ionenpolarisation zeigen die charakteristischen Merkmale einer →Resonanz. Demgegenüber wird die Reorientierung der Dipole besser durch einen Relaxationsprozeß beschrieben.

Häufig sind in einer konkreten Substanz mehrere Relaxationsprozesse überlagert. Die Auftragung von ε' gegen ε'' gibt Aufschluß über die Natur der jeweiligen Prozesse (*Cole-Cole*-Diagramm). Die einfachsten Vorgänge erscheinen in dieser Darstellung in Form von Kreisen oder Halbkreisen.

Die Dielektrizitätskonstante ist allgemein mit dem →Brechungsindex n durch die Formel

$$n^2 = \varepsilon_r \mu_r$$

verknüpft, wobei μ_r die magnetische Permeabilität bedeutet, die man aber im optischen Bereich meist gleich Eins setzen darf. Ein Imaginärteil in der Dielektrizitätskonstante führt zu einem optischen Absorptionskoeffizienten.

Besitzt ein Stoff eine elektrische →Leitfähigkeit, dann wirkt sich diese bei →Wechselstrom wie ein Beitrag zum dielektrischen Verlust aus. Man kann eine effektive Dielektrizitätskonstante

$$\varepsilon_{eff} = \varepsilon \left(1 - \frac{i\sigma}{\varepsilon_r \varepsilon_0 \omega} \right) \qquad (4)$$

angeben, wobei σ die Leitfähigkeit ist und ω die Kreisfrequenz.

Inhomogene Substanzen besitzen häufig wesentlich kompliziertere Eigenschaften. Ladungsansammlungen an inneren oder äußeren Grenzflächen können sehr große Polarisierbarkeiten simulieren, besonders, wenn metallische Phasen beteiligt sind. Derartige Beiträge zur Polarisierbarkeit werden allerdings meist bereits bei Frequenzen im Radiowellenbereich unwirksam.

Kristalle oder Körper mit geringerer als kubischer Symmetrie sind i. a. dielektrisch anisotrop. Die Dielektrizitätskonstante ist in diesem Fall durch einen symmetrischen →Tensor zu ersetzen. Im Optischen entspricht der dielektrischen Anisotropie die Erscheinung der Doppelbrechung. Wird der Tensor sogar unsymmetrisch, dann spricht man in der Optik von optischer Aktivität.

Besonders in der Laseroptik treten Fälle auf, in denen die lineare Beziehung (2) zwischen D und E nicht ausreicht. Es sind höhere, nichtlineare Terme heranzuziehen, und man spricht deshalb von nichtlinearer Optik.

Im Fall der Ferroelektrika besteht eine spontane elektrische Polarisation, die sich im Feld umorientieren läßt. Ein linearer Zusammenhang zwischen D und E besteht außer in Grenzfällen nicht. Der Zusammenhang zwischen D und E wird vielmehr wie bei den ferromagnetischen Stoffen durch eine Hystereseschleife beschrieben.

Als dielektrische Werkstoffe im engeren Sinne werden die Kondensatordielektrika bezeichnet, bei denen die dielektrische Polarisierbarkeit eine wesentliche Rolle spielt im Gegensatz zu den Isolierwerkstoffen. Wichtigste Qualitätsmerkmale eines dielektrischen Werkstoffes sind eine möglichst frequenz-, temperatur- und zeitunabhängige hohe Polarisierbarkeit, niedrige dielektrische Verluste und eine hohe Spannungsbelastbarkeit, also eine hohe Durchbruchsfeldstärke. Aus Dielektrizitätskonstante ε_r und Durchbruchsfeldstärke E_D ergibt sich die maximal in dem →Kondensator speicherbare →Energiedichte $\varepsilon_r \varepsilon E_D^2/2$. Ein weiteres, in der Praxis wichtiges Kriterium ist das Verhalten des Kondensators bei einem Durchschlag. Günstige Materialien erlauben das Ausheilen eines lokalen Durchschlags (Selbstheilungseffekt).

Zwei prinzipiell verschiedene Bauformen erfordern unterschiedliche dielektrische Werkstoffe: Entweder ist das Dielektrikum eine selbsttragende Folie oder Scheibe und die Elektroden werden als dünne Schicht oder Folie aufgebracht, oder das D. wird als dünne Schicht auf eine tragende Elektrode

Dielektrikum. Tabelle: Überblick über die wichtigsten dielektrischen Werkstoffe.

Werkstoffklasse	Beispiel	ε_r	tan δ	E_D(kV/cm)	Anwendungsbeispiel
Papier (getränkt)		4	0,003	500	Leistungskondensatoren
nicht-polare Kunststoffe	Polystyrol	2,5	0,0003	1000	Präzisionskondensatoren
polare Kunststoffe	Polycarbonat	3	0,001	1000	allg. HF-Anwendung
Glimmer		6	0,005	500	Normalkondensatoren
polare Keramik	TiO_2	100	0,0005	150	Schwingkreise
ferroelektrische Keramik	$BaTiO_3$	10000	0,01	10	Kopplungs-, Entstörkondensatoren

aufgebracht. Im ersten Fall verwendet man eine Vielfalt von Werkstoffen von ölgetränktem Papier bis zu keramischen Stoffen (Tabelle). Im zweiten Fall werden häufig die Oxide der Elektroden als D. verwendet, so Al_2O_3 im Aluminium-Elektrolytkondensator und SiO_2 in der Silicium-Planartechnologie.

Eine Sonderform stellen die Grenzschichtkondensatoren dar, bei denen elektronische Verarmungszonen an den Korngrenzen von dotiertem $BaTiO_3$ als Kondensatordielektrikum dienen. *Hubert*

Literatur: *Feldtkeller, E.:* Dielektrische und Magnetische Materialeigenschaften. Mannheim 1973. – *Fröhlich, H.:* Theory of Dielectrics. Oxford 1968.

Dielektrizitätskonstante. Älterer Begriff für die Permittivität ϵ, die als Materialeigenschaft das Verhältnis von elektrischer Flußdichte D (dielektrischer Verschiebung) und elektrischer →Feldstärke E angibt. D = ϵE.

Sie unterscheidet sich von der elektrischen Feldkonstanten ϵ_0 = 8,854 10^{-12}As/Vm, die auch als Dielektrizitätskonstante des freien Raums bezeichnet wird, aufgrund der Polarisierbarkeit des Materials um einen Faktor ϵ_r, der Permittivitätszahl oder relative Dielektrizitätskonstante genannt wird.

Die Permittivität hängt in der Regel von der Temperatur und der →Frequenz, u. U. auch von der Feldstärke und der Vergangenheit (Hysterese, Ferroelektrizität) und bei Einkristallen oder Stoffen mit Textur von der Orientierung ab. Der Begriff Dielektrizitätskonstante ist daher etwas irreführend. *Claassen*

Diesel-Prozeß. Ein Kreisquasiprozeß (→Kreisprozeß (Physik), Quasiprozeß), von einem Gleichgewichtszustand 1 ausgehend über 2, 3 und 4 nach 1 zurückkehrend, heißt D.-P., wenn folgendes gilt:
von 1 nach 2: adiabatische Kompression,
von 2 nach 3: isobare Erwärmung,
von 3 nach 4: adiabatische Expansion,
von 4 nach 1: isobare Abkühlung.

Im Teilprozeß von 2 nach 3 ist Q_1 der positive Wärmeübergang auf das System. Von 4 nach 1 ist Q_2 der entsprechende negative Wärmeübergang (Bild).

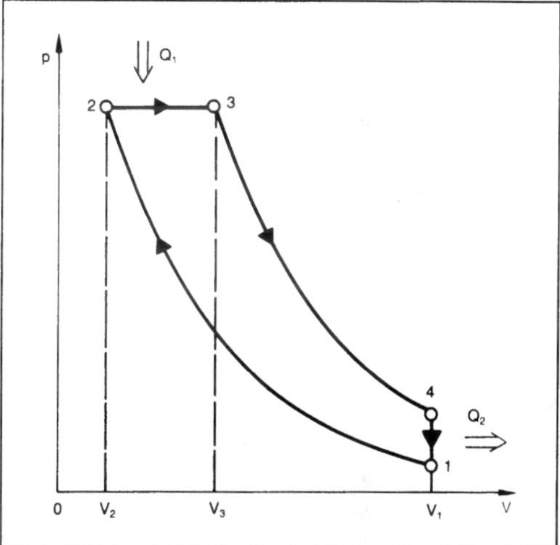

Diesel-Prozeß: p/V-Diagramm. Die Doppelpfeile kennzeichnen die Wärmeübergänge im jeweiligen Takt.

Der D.-P. ist ein Vergleichsprozeß für Verbrennungsmotoren. Der Teilprozeß von 2 nach 3 entspricht der Verbrennungsphase, von 3 nach 4 dem Arbeitstakt, von 4 nach 1 dem Auspufftakt und von 1 nach 2 dem Ansaugtakt. Der Wirkungsgrad des D.-P. ist:

$$\eta = 1 - (w_3{}^{\kappa-1}/\kappa w_1{}^{\kappa-1}(w_3 - 1));$$

$w_3 = V_3/V_1$, $\kappa = c_p/c_V$, $w_1 = V_1/V_2$, c_p spezifische Wärme bei konstantem Druck, c_V spezifische Wärme bei konstantem Volumen, V_i Volumen im Zustand i. *Muschik*

Differentialgeometrie. Sie untersucht die Eigenschaften geometrischer Gebilde mit Hilfe der Methoden der Analysis. Der zugrunde gelegte

Raum ist ein euklidischer Raum oder allgemeiner eine Mannigfaltigkeit.

In der →*Kurventheorie* beschäftigt sich die D. mit Kurven, die sich durch (mindestens 2mal) differenzierbare Funktionen beschreiben lassen, und mit den Merkmalen Bogenlänge, →Krümmung und Windung von Kurven. Grundlage der Kurventheorie sind die Formeln von *Frénet*. Die D. im kleinen beschäftigt sich bei den Kurven mit Fragen, die sich aus den Krümmungs- und Windungseigenschaften einer Kurve in der unmittelbaren Umgebung einer bestimmten Stelle ergeben. Das Problem der Bestimmung der Invarianten, die eine Kurve auf Grund ihrer zu ein und derselben Stelle gehörigen Krümmungs- und Windungseigenschaften besitzt, führt zum Hauptsatz der Kurventheorie: Durch Vorgabe von Krümmung κ und Windung τ als Funktionen der Bogenlänge s ist eine Kurve **R** (s) bis auf Bewegungen eindeutig bestimmt. – Die D. im großen befaßt sich dagegen mit solchen Eigenschaften einer Kurve, die sich erst aus ihrem gesamten Verlauf erschließen lassen. Beispiel: Der Vierscheitelsatz: Die Mindestzahl der Scheitel einer Eilinie ist vier. (Beispiel einer Eilinie: →Ellipse.)

In der *Flächentheorie* gibt es kein ausgezeichnetes Parametersystem wie in der Kurventheorie. Von zentraler Bedeutung sind dort die beiden Fundamentalformen. Die erste Grundform oder metrische Grundform bestimmt die Metrik und somit die innere Geometrie einer Fläche. Zwei Flächen, die dieselbe erste Grundform haben, können sich in ihrem Aussehen (vom umgebenden Raum $\mathbb{R}^3$ her betrachtet) dennoch sehr unterscheiden (Beispiel: Ebene und Zylindermantel). Zur Untersuchung der Krümmungseigenschaften einer Fläche benötigt man daher zusätzlich die zweite Grundform. Bezüglich beider Fundamentalformen lassen sich Krümmungsgrößen einführen. Eine dieser Größen, die Gauß-Krümmung, ist von besonderer Bedeutung. Sie hängt lediglich von der inneren Geometrie der Fläche ab (Theorema egregium von *Gauß*) und ist somit biegungsinvariant.

In der klassischen D. werden Kurven und Flächen untersucht, die in einen umgebenden (3-dimensionalen euklidischen) Raum eingebettet sind. Seit *Riemann* (1854) eine von der Einbettung unabhängige Begründung der inneren Geometrie gab und die Beschränkung auf die Dimensionszahl 2 überwand, entwickelte sich ein neuer Zweig der D., die Riemann-Geometrie. Andere Arbeitsrichtungen sind dem weiteren Ausbau der D. im großen und der D. der Gruppen des Erlanger Programms gewidmet.

Die D. spielt eine zentrale Rolle in der theoretischen Physik. Alle Fragen im Zusammenhang mit der Struktur des Raum-Zeit-Kontinuums und der Gravitation erfordern zu ihrer Untersuchung Methoden der D. *W. L. Fischer*

Literatur: *Blaschke, W.:* Vorlesungen über Differentialgeometrie. Berlin 1945. – *Klingenberg, W.:* Eine Vorlesung über Differentialgeometrie. Berlin, Heidelberg, New York 1973. – *Kobayashi, S. u. K. Nomizu:* Foundations of Differential Geometry. Bd. I u. II. New York 1963, 1969. – *Laugwitz, D.:* Differentialgeometrie. Stuttgart 1960.

Differentialgleichung (Lösbarkeit). Die Frage nach der Lösbarkeit von Anfangs- oder Randwertaufgaben bei gewöhnlichen oder partiellen D. läßt sich in voller Allgemeinheit bis heute nicht beantworten. Immerhin weiß man bei allen Anfangswertproblemen expliziter gewöhnlicher D. sehr gut Bescheid.

Betrachten wir zunächst ein Anfangswertproblem einer expliziten gewöhnlichen D. erster Ordnung

$$y' = f(x, y), \quad y(x_0) = y_0 \tag{1}$$

mit einer Funktion $f : G \to \mathbb{R}$ definiert auf einem Gebiet $G \subset \mathbb{R}^2$. Ist f auf G stetig, so gibt es nach dem Existenzsatz von *Peano* zu jedem Punkt $(x_0, y_0) \in G$ mindestens eine Lösung $y(\cdot)$ von Gl. (1), die auf einem maximalen offenen →Intervall $]x^-, x^+[$, genannt *Existenzintervall*, erklärt ist. Dabei bedeutet „maximal", daß diese Lösung auf kein größeres Intervall fortgesetzt werden kann. Ihr Graph $\{(x, y(x)) : x \in \,]x^-, x^+[\}$, *Integralkurve*, läuft entweder in G von Rand zu Rand (Bild 1) oder $|y(x)|$ wächst bei Annäherung von x an x^- oder x^+ über alle Grenzen (Bild 2).

Der Satz von *Peano* garantiert noch keine Eindeutigkeit. Für $G = \mathbb{R}^2$,

$$f(x,y) := \begin{cases} \sqrt{y} & \text{für} > 0 \\ 0 & \text{für } y \leqq 0 \end{cases}$$

und $x_0 = y_0 = 0$ ist z. B. die Voraussetzung des Satzes von *Peano* erfüllt, doch bildet hier neben der Nullfunktion $y \equiv 0$ auch

$$y(x) := \begin{cases} \left(\dfrac{x - c}{2}\right)^2 & \text{für } x \geqq c \\ 0 & \text{für } x < c \end{cases}$$

für jedes $c \geqq 0$ eine Lösung.

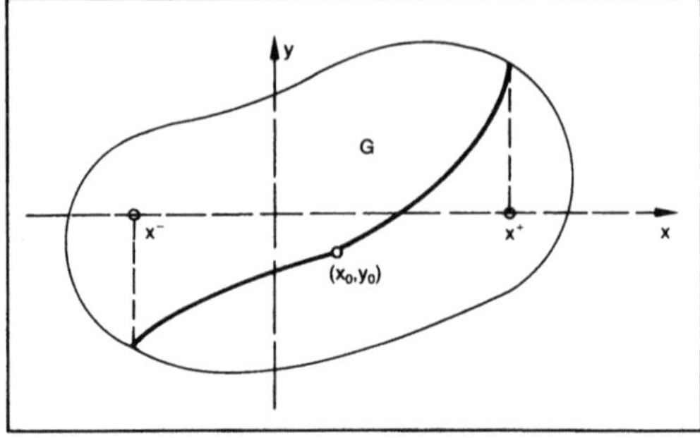

Differentialgleichung (Lösbarkeit) 1: Integralkurve von Rand zu Rand verlaufend.

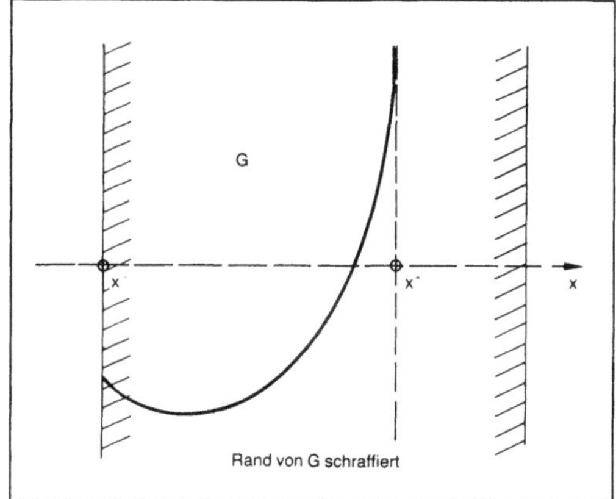

Differentialgleichung (Lösbarkeit) 2: Integralkurve über alle Grenzen wachsend.

Erfüllt f zusätzlich zu der Voraussetzung des Satzes von *Peano* eine lokale Lipschitz-Bedingung bezüglich der zweiten Variablen, d. h. es gibt zu jeder kompakten Teilmenge K von G ein $L>0$ mit

$$|f(x,u) - f(x,v)| \leq L\,|u - v| \text{ für alle}$$
$$(x,u), (x,v) \in K \tag{2},$$

so ist Gl. (1) nach einem Satz von *Picard-Lindelöf* eindeutig lösbar. Damit ist auch zu jedem $(x_0, y_0) \in G$ das Existenzintervall eindeutig bestimmt. Beim Beweis werden Näherungslösungen nach dem Picard-Iterationsverfahren, erklärt durch

$$y_0(x) = x_0,\; y_{k+1}(x) := y_0 + \int_{x_0}^{x} f(t, y_k(t))\,dt$$
$$(k = 0, 1, 2, \ldots),$$

konstruiert.

Oft stellt sich die Frage, wie die Lösungen von der Anfangsbedingung abhängen, oder wie sich Störungen von f auswirken. Dazu betrachtet man das Problem

$$y' = f(x, y, \lambda),\; y(x_0) = y_0 \tag{3},$$

wobei f nun auf einem Gebiet $G \subset \mathbb{R}^3$ mit Punkten (x, y, λ) definiert ist und λ einen Störparameter bezeichnet. Ist die Funktion f auf G stetig und erfüllt sie bez. der zweiten Variablen eine lokale Lipschitz-Bedingung, so zeigt der Satz von *Picard-Lindelöf,* daß zu jedem Punkt $(x_0, y_0, \lambda) \in G$ genau eine Lösung mit einem eindeutig bestimmten Existenzintervall $I(x_0, y_0, \lambda)$ existiert. Man kann diese Lösung als Funktion von (y, x_0, y_0, λ) mit Definitionsbereich

$$D = \{(x, x_0, y_0, \lambda) : (x_0, y_0, \lambda) \in G,\, x \in I(x_0, y_0, \lambda)\}\; \mathbb{R}^4$$

auffassen und als $y(x, x_0, y_0, \lambda)$ schreiben. Dann ist die Abbildung

$$y : D \to \mathbb{R} \tag{4}$$

stetig und bezüglich der ersten Variablen stetig differenzierbar. Allgemein ist zu erwarten, daß sich die „Regularität" von f in Gl. (3) auf y in Gl. (4) überträgt, wobei bez. x sogar noch eine Stufe an Differenzierbarkeit hinzugewonnen wird. Um zu garantieren, daß y auf D mindestens m-mal stetig differenzierbar ist, genügt es, die Existenz und Stetigkeit aller Ableitungen

$$\frac{\partial^{i+j+k} f}{\partial x^i \partial y^j \partial \lambda^k}, \text{ mit } 0 \leq i \leq m-1,\, 0 \leq i+j+k \leq m,$$

auf G zu fordern. Man beachte den Unterschied zwischen stetiger Abhängigkeit von Lösungen und Stabilität.

Alle bisherigen Existenz-, Eindeutigkeits-, Stetigkeits- und Differenzierbarkeitsaussagen bleiben richtig, wenn y und f durch n Tupel von Funktionen

$$\underline{y} = (y_1, \ldots, y_n),\; \underline{f} = (f_1, \ldots, f_n)$$

sowie der Betrag in Gl. (2) durch eine Norm des $\mathbb{R}^n$ ersetzt werden. Dann liegt an Stelle von Gl. (1) bzw. Gl. (3) ein Anfangswertproblem eines Systems von n gewöhnlichen D. erster Ordnung, geschrieben als

$$\underline{y}' = \underline{f}(x, \underline{y}),\; \underline{y}(x_0) = \underline{y}_0 \tag{1'}$$

bzw.

$$\underline{y}' = \underline{f}(x, \underline{y}, \lambda),\; \underline{y}(x_0) = \underline{y}_0 \tag{3'}$$

vor, wobei $f : G \to \mathbb{R}^n$ auf einem Gebiet $G \subset \mathbb{R}^{n+1}$ bzw. $G \subset \mathbb{R}^{n+2}$ definiert ist. Da sich D. höherer Ordnung ebenso wie Systeme solcher D. immer in ein äquivalentes System erster Ordnung überführen lassen, beherrscht man Existenz, Eindeutigkeit und Abhängigkeit von Daten bei jeglicher Art von Anfangswertproblemen gewöhnlicher expliziter D. Ansonsten kennt man Existenz- und Eindeutigkeitsaussagen nur in eng eingegrenzten Situationen, die z. B. Anwendung eines Maximumprinzips oder Ausnutzung von Positivitäts- oder Extremaleigenschaften erlauben. *Schmeißer*

Literatur: *Amann, H.:* Gewöhnliche Differentialgleichungen. Berlin 1983. – *Peyerimhoff, A.:* Gewöhnliche Differentialgleichungen I und II. 2. Aufl. Wiesbaden 1982. – *Schäfke, F. W.,* u. *D. Schmidt:* Gewöhnliche Differentialgleichungen. Berlin 1973. – *Walter, W.:* Gewöhnliche Differentialgleichungen. Berlin 1976.

Differentialgleichung (numerische Behandlung). Obwohl die in Naturwissenschaft und Technik auftretenden D. schon auf Grund ihrer Herkunft lösbar sind, so läßt sich doch in den wenigsten Fällen die Lösung explizit mit Hilfe von elementaren Funktionen angeben. Deshalb sind bei D. numerische Methoden unumgänglich. Man kann die gebräuchlichsten Lösungsverfahren in folgende drei Gruppen einteilen:

□ *Diskretisierungsverfahren.* Ist eine gewöhnliche D. auf einem →Intervall [a,b] oder eine partielle D.

auf einem Bereich B gegeben, so wird in [a,b] bzw. in B eine endliche diskrete Punktmenge $P = \{p_1, p_2, ..., p_n\}$ gewählt und fortan die D. nur noch auf P betrachtet. An Stelle der Lösungsfunktion y versucht man ihre Werte $y(p_1), y(p_2), ..., y(p_n)$ zu berechnen. Man begibt sich somit von einem Funktionenraum in den Raum der n Tupel und hat nur n reelle Unbekannte. Wichtige Klassen von Diskretisierungsverfahren sind:

– *Ein- und Mehrschrittverfahren.* Sie dienen primär der Behandlung des Anfangswertproblems gewöhnlicher D. Man denke sich die Punkte p_ν angeordnet als

$$a \leqq p_1 < p_2 < ...$$

Dann wird beim k-Schrittverfahren rekursiv für $\nu = 1, 2, ...$ aus schon berechneten Näherungen von $y(p_\nu), y(p_{\nu+1}), ..., y(p_{\nu+k-1})$ eine Näherung für $y(p_{\nu+k})$ gewonnen. Beispiele für (nichtlineare) Einschrittverfahren sind die →Runge-Kutta-Verfahren und für lineare Mehrschrittverfahren die Adams-Verfahren und das Verfahren von *Milne.*

– *Differenzenverfahren.* Sie beruhen auf der naheliegenden Idee, bei der Diskretisierung gewöhnliche oder partielle Ableitungen durch Differenzenquotienten zu approximieren. Solche Diskretisierungsverfahren werden für Randwertprobleme gewöhnlicher D. und alle Arten von partiellen D. benutzt.

□ *Lösungsansatz.* Eine große Anzahl von Verfahren beruht darauf, daß man von einer Entwicklung der Gestalt

$$y = \sum_{\nu=1}^{\infty} a_\nu \xi_\nu \qquad (1)$$

für die gesuchte Lösungsfunktion y ausgeht. Je nach Wahl der Funktionen ξ_ν und Festlegung der Koeffizienten a_ν unterscheidet man zahlreiche Methoden, von denen nur einige genannt seien:

– *Koeffizientenvergleich und Kollokation.* Bei vielen Anfangswertproblemen gewöhnlicher D. führt ein Potenzreihenansatz durch Koeffizientenvergleich zu einer Näherungslösung. Bei Randwertproblemen empfiehlt sich eine Reihenentwicklung, die der besonderen Situation angepaßt ist. Bei linearen Problemen mit homogenen Randbedingungen bildet man z. B. den Ansatz, Gl. (1), mit Funktionen ξ_ν, die bereits die Randbedingung erfüllen, setzt in die D. ein und führt dann bez. einer Entwicklung nach ξ_ν Koeffizientenvergleich durch. Ebenso kann man bei einer homogenen D. deren Lösungen als Funktionen ξ_ν nehmen und mit dem Ansatz, Gl. (1), für die Randbedingung Koeffizientenvergleich durchführen (Superposition). Leider läßt sich ein Koeffizientenvergleich bei Potenzreihen und erst recht bei allgemeineren Entwicklungen nicht automatisieren. Er ist deshalb sehr an spezielle Situationen gebunden.

Einen systematischen Weg zu Potenzreihenentwicklungen auch bei Anfangswertproblemen partieller D. bietet die Methode der Lie-Reihen. Für die beiden bei Randwertproblemen genannten Reihenansätze ergibt sich ein numerisch leicht durchführbarer Weg, indem man sich auf eine endliche Näherung

$$y = \sum_{\nu=1}^{n} a_\nu \xi_\nu \qquad (2)$$

beschränkt und die Koeffizienten $a_1, a_2, ..., a_n$ durch Kollokation bestimmt.

– *Variationsmethoden.* Zu vielen linearen Randwertproblemen bei gewöhnlichen oder partiellen D. läßt sich ein quadratisches Funktional angeben, das in einem bestimmten Vektorraum V von Funktionen genau für die Lösung des Randwertproblems ein Minimum annimmt (Variationsrechnung). Bestimmt man das Minimum nur auf einem endlich dimensionalen Teilraum V_n von V, so bekommt man eine Näherungslösung. Zu einer Basis $\{\xi_1, \xi_2, ..., \xi_n\}$ von V_n läßt sich die gesuchte Näherungslösung in der Form, Gl. (2), ansetzen. Die Bestimmung des Minimums führt immer auf ein lineares Gleichungssystem für die Koeffizienten $a_1, a_2, ..., a_n$. Zur Konstruktion von geeigneten Basisfunktionen ξ_ν verwendet man häufig die →Finite-Elemente-Methode (FEM). Beispiele von Variationsmethoden sind die **Verfahren von** *Ritz* **und** *Galerkin.*

– *Störungsrechnung.* Oft läßt sich ein kompliziertes Problem unter Einführung eines Parameters λ als Störung eines einfacheren für $\lambda = 0$ sich ergebenden Problems auffassen, dessen Lösung y_0 exakt bekannt ist (Störungsmethode). Dann bietet sich ein Lösungsansatz, Gl. (1), von der speziellen Gestalt

$$y = y_0 + \lambda y_1 + \lambda^2 y_2 + ...$$

an. Durch Einsetzen in die D. und Entwicklung nach λ läßt sich y_1 näherungsweise durch ein lineares Problem erfassen. (Störungsmethode).

□ *Lösungsformel.* Für viele Anfangs- und Randwertprobleme bei gewöhnlichen und partiellen D. existiert eine Lösungsformel, deren Anwendung allerdings selbst wieder umfangreiche numerische Methoden erfordern kann. Beispiele:

□ Für das Anfangswertproblem eines Systems linearer D. mit konstanten Koeffizienten kennt man eine Integraldarstellung der Lösung, wobei die →Exponentialfunktion für eine Matrix eingeht.

□ Für viele lineare D.

$$L[v] = f$$

mit homogenen Randbedingungen läßt sich die Lösung häufig mittels einer Green-Funktion G in der Form

$$v(x) = \int G(x,\xi) f(\xi) d\xi$$

darstellen.

☐ Die Lösung des Dirichlet-Problems der Laplace-Gleichung im Einheitskreis läßt sich mittels der Poisson-Integralformel darstellen. Da die Laplace-Gleichung unter konformer Abbildung invariant bleibt, kann man auch für jedes andere einfach zusammenhängende Gebiet unter schwachen Voraussetzungen an seinem Rand eine Lösungsformel angeben.

Der hauptsächliche numerische Aufwand besteht bei diesen Beispielen in Auswertung der Exponentialfunktion für eine Matrix, Konstruktion einer Green-Funktion und Berechnung einer konformen Abbildung. Die erforderliche numerische Integration fällt demgegenüber kaum ins Gewicht.

Vergleich der Verfahren. Die Diskretisierungsverfahren besitzen den weitesten Anwendungsbereich und sind am besten für Computer automatisierbar. Allerdings liefern sie primär keine Näherungsfunktion, sondern immer eine Wertetabelle, aus der falls erforderlich durch Interpolation eine Näherungsfunktion gewonnen wird. Ferner lassen sich nur solche D. behandeln, die auf einem beschränkten Bereich erklärbar sind.

Beim Lösungsansatz sind fast immer umfangreiche Vorarbeiten nötig, ehe ein Computer eingesetzt werden kann. Dafür bekommt man sofort eine Näherungsfunktion. Häufig sind auch unbeschränkte Bereiche zulässig. Ein Vorteil ist ferner, daß bekannte qualitative Eigenschaften der exakten Lösungsfunktion, wie z. B. Periodizität oder Singularitäten, schon im Ansatz berücksichtigt werden können. Bei der Störungsrechnung lassen sich umgekehrt auch Eigenschaften der exakten Lösung erkennen, die eine Wertetabelle nicht so leicht zeigen würde. Da bei der Methode der finiten Elemente der Lösungsansatz schon durch seine Werte in endlich vielen Punkten, den Ecken der finiten Elemente, festlegt, kann man in diesem Fall die Variationsmethode auch als Diskretisierungsverfahren interpretieren. In der Tat zeigt sich, daß z. B. im Fall der zweidimensionalen →Poisson-Gleichung für ein Quadrat das Differenzenverfahren mit Fünf-Punkt-Operator und das Verfahren von *Ritz* mit einem Lösungsansatz über quadratischen finiten Elementen numerisch identisch sind.

Lösungsformeln lassen am besten Eigenschaften der Lösungsfunktion erkennen. Unbeschränkte Bereiche bereiten i. a. keine Schwierigkeiten. Jedoch erfordert die numerische Auswertung von Lösungsformeln am stärksten Vorarbeiten, die an die jeweilige konkrete Situation gebunden sind. Empfehlenswert sind Lösungsformeln dann, wenn für einen gewissen Differentialoperator auf einem festen Bereich B sehr viele D. unter verschiedenen Nebenbedingungen zu lösen sind. In dieser Situation müssen aufwendige Teilaufgaben, wie z. B. Konstruktion einer Green-Funktion oder Berech-

nung einer konformen Abbildung, nur ein einziges Mal erledigt werden. *Schmeißer*

Literatur: *Collatz, L.:* The numerical treatment of differential equations. 3. Aufl. Berlin 1966. – *Gladwell, I.,* u. *R. Wait:* A survey of numerical methods for partial differential equations. Oxford 1979. – *Grigorieff, R. D.:* Numerik gewöhnlicher Differentialgleichungen. 2 Bde. Stuttgart 1972 u. 1977. – *Gröbner, W.,* u. *P. Lesky:* Mathematische Methoden der Physik. 2 Bde. Mannheim 1964 u. 1965. – *Kantorowitsch, L. W.,* u. *W. I. Krylow:* Näherungsmethoden der höheren Analysis. Berlin 1956. – *Kirchgraber, U.,* u. *E. Stiefel:* Methoden der analytischen Störungsrechnung und ihre Anwendungen. Stuttgart 1978. – *Meis, Th.,* u. *U. Marcowitz:* Numerische Behandlung partieller Differentialgleichungen. Berlin 1978. – *Michlin, S. G.:* Numerische Realisierung von Variationsmethoden. Ost-Berlin 1969. – *Velte, W.:* Direkte Methoden der Variationsrechnung. Stuttgart 1976. – *Wanner, G.:* Integration gewöhnlicher Differentialgleichungen. Mannheim 1969. – *Zienkiewicz, O. C.:* Methode der finiten Elemente. München 1975.

Differentialgleichung, exakte. Eine D. der Form

$$P(x,y) + Q(x,y)y' = 0 \qquad (1)$$

mit stetigen Funktionen P und Q, die nicht beide identisch verschwinden, heißt exakt, wenn es eine reelle Funktion F in den Variablen x, y gibt, für welche $\frac{\partial F}{\partial x} = P$ und $\frac{\partial F}{\partial y} = Q$ gilt.

Durch Auflösen der Gleichungen $F(x,y) = c$, wobei c eine beliebige Konstante bezeichnet, erhält man dann alle Lösungen von Gl. (1). Sind P und Q in einem einfach zusammenhängenden Gebiet G definiert und stetig differenzierbar – was wir im folgenden voraussetzen wollen –, so ist Gl. (1) genau dann exakt, wenn

$$\frac{\partial P}{\partial y} = \frac{\partial Q}{\partial x} \qquad (2)$$

gilt, womit

$$F(x,y) = \int_{x_0}^{x} P(t,y_0)dt + \int_{y_0}^{y} Q(x,t)dt \qquad (3)$$

wird. Dabei muß das achsenparallele Rechteck, für das (x_0, y_0) und (x, y) diagonal gegenüberliegende Ecken sind, ganz zu G gehören. Andernfalls ist die rechte Seite von Gl. (3) durch das Kurven-Integral zweiter Art

$$\int_\gamma P(x,y)\, dx + Q(x,y)\, dy$$

zu ersetzen, wobei γ eine in G von (x_0, y_0) zu (x, y) laufende rektifizierbare Kurve bezeichnet.

Ist Gl. (1) nicht exakt, also Gl. (2) verletzt, so existiert wenigstens eine von der Nullfunktion verschiedene Funktion μ, genannt integrierender Faktor, so daß

$$\mu(x, y)P(x, y) + \mu(x, y)\, Q(x, y)y' = 0$$

143

eine exakte D. ist, die offenbar alle Lösungen von Gl. (1) liefert. Die Bestimmung eines integrierenden Faktors ist häufig schwierig. Wir behandeln einige Spezialfälle, die sich vorwiegend auf die Beschaffenheit von

$$\Delta(x,y) := \frac{\partial}{\partial y} P(x,y) - \frac{\partial}{\partial x} Q(x,y)$$

beziehen:

□ $\Delta(x,y) = Q(x,y) \, f(x)$,

folgt $\mu(x,y) = \exp\left(\int_{x_0}^{x} f(t)dt\right)$;

□ $\Delta(x,y) = -P(x,y) \, g(y)$,

folgt $\mu(x,y) = \exp\left(\int_{y_0}^{y} g(t)dt\right)$.

□ Verschwindet einer der Ausdrücke $xP(x,y) \pm yQ(x,y)$ identisch, aber nicht beide, so ist das Reziproke des nicht verschwindenden Ausdrucks ein integrierender Faktor.

□ Verschwindet keiner dieser beiden Ausdrücke, so ist $1/(xP(x,y) + yQ(x,y))$ ein integrierender Faktor, falls P und Q nur von x/y abhängen.

□ $P(x,y) = yA(xy)$, $Q(x,y) = xB(xy)$ mit $A(xy) \neq B(xy)$, folgt $\mu(x,y) = 1/(xP(x,y) - yQ(x,y))$.

□ $\Delta(x,y) = h(u)(yQ(x,y) - xP(x,y))$ mit $u = xy$, folgt

$$\mu(x,y) = \exp\left(\int_{u_0}^{u} h(t)dt\right);$$

□ $x^2\Delta(x,y) = - h(v)(xP(x,y) + yQ(x,y))$

mit $v = \frac{y}{x}$, folgt $\mu(x,y) = \exp\left(\int_{v_0}^{v} h(t)dt\right)$. *Schmeißer*

Literatur: *Ayres, F.*: Differential equations. New York 1952. – *Erwe, F.*: Gewöhnliche Differentialgleichungen. Mannheim 1961. – *Ince, E. L.*: Die Integration gewöhnlicher Differentialgleichungen. Mannheim 1956. – *Kamke, E.*: Differentialgleichungen. I. Gewöhnliche Differentialgleichungen. 4. Aufl. Leipzig 1962. – *Peyerimhoff, A.*: Gewöhnliche Differentialgleichungen I u. II. 2. Aufl. Wiesbaden 1982. – *Stepanow, W. W.*: Lehrb. der Differentialgleichungen. Ost-Berlin 1956.

Differential-Transformator →Längen- und Winkelmessung

Differentiation. *Allgemein.* Die D. ist eine Linearisierungsaufgabe. Sie besteht darin, eine Funktion f, deren Definitions- und Wertebereich einem Vektorraum angehört, in einer Umgebung einer Stelle ξ durch eine affine Abbildung ψ anzunähern derart, daß der Fehler $f(x) - \psi(x)$ für $x \to \xi$ von höherer als erster Ordnung verschwindet. Daraus ergibt sich, daß ψ die Gestalt

$$\psi(x) = f(\xi) + \varphi(x - \xi)$$

besitzt mit einer von der Stelle ξ abhängenden linearen Abbildung ξ. Diese wird als das eigentliche Ergebnis der D. angesehen und Ableitung von f an der Stelle ξ genannt.

Funktionen einer reellen Veränderlichen. Eine reelle Funktion $f:]a,b[\to \mathbb{R}$ heißt *differenzierbar* in $\xi \in]a,b[$, wenn der Grenzwert

$$\lim_{\substack{x \to \xi \\ x \neq \xi}} \frac{f(x) - f(\xi)}{x - \xi} =: A \qquad (1)$$

für alle gegen ξ strebenden $x \mapsto]a,b[$ mit $x \neq \xi$ existiert und immer denselben Wert besitzt. Der Graph der eingangs beschriebenen affinen Abbildung wird durch die Gerade

$$y = f(\xi) + A(x - \xi)$$

gegeben. Sie ist Tangente der Kurve $\{(x,f(x)) : x \in]a,b[\}$ im Punkt $(\xi,f(\xi))$. Die zugehörige lineare Abbildung ξ wird durch die reelle Zahl A repräsentiert. Man nennt deshalb A die Ableitung von f im Punkt ξ und schreibt dafür $f'(\xi)$ oder $Df(\xi)$ oder $\frac{df(\xi)}{dx}$ oder $\frac{d}{dx}f(\xi)$ oder $\left.\frac{df(x)}{dx}\right|_{x = \xi}$.

Existiert der Grenzwert, Gl. (1), wenigstens bei rechtsseitiger bzw. linksseitiger Annäherung von x an ξ, so heißt f *in ξ rechtsseitig* bzw. *linksseitig differenzierbar.* Die zugehörige Ableitung bezeichnet man mit $D_+f(\xi)$ bzw. $D_-f(\xi)$. Genau dann ist f differenzierbar in ξ, wenn $D_+f(\xi)$ und $D_-f(\xi)$ existieren und gleich sind. Man nennt f *differenzierbar,* wenn f in jedem Punkt des Definitionsbereiches differenzierbar ist. Im Fall eines abgeschlossenen Intervalls $[a, b]$ als Definitionsbereich soll dabei in a bzw. b wenigstens die rechtsseitige bzw. die linksseitige Ableitung existieren.

Funktionen einer komplexen Veränderlichen. Es sei U eine offene nichtleere Teilmenge der komplexen Ebene $\mathbb{C}$. Eine Abbildung $f: U \to \mathbb{C}$ heißt *komplex differenzierbar* im Punkt $\xi \in U$, wenn wieder der Grenzwert, Gl. (1), existiert, wobei diesmal alle gegen ξ strebenden komplexen Zahlen $x \in U\backslash\{\chi\}$ zugelassen werden müssen. Der Grenzwert A selbst heißt wieder *Ableitung* und wird wie im reellen Fall bezeichnet. Die komplexe Differenzierbarkeit ist eine sehr viel stärkere Eigenschaft. Enthält U etwa ein reelles →Intervall I, auf dem f reellwertig ist, so kann f in Punkten von I durchaus differenzierbar, aber nicht komplex differenzierbar sein. Ist f in einer Umgebung von ξ komplex differenzierbar, so ist f in ξ bereits *holomorph* und kann dort in eine Potenzreihe mit positivem Konvergenzradius entwickelt werden.

Funktionen von mehreren reellen Veränderlichen. Es sei U eine offene nichtleere Teilmenge des n-dimensionalen euklidischen Raums $\mathbb{R}^n$ mit Punkten $\underline{x} = (x_1, \ldots, x_n)$. Zwei Differenzierbarkeitsbegriffe sind für die Funktionen auf U von Interesse:

□ Partielle D. Für $f: U \to \mathbb{R}$ beschreibt die Zuordnung

$$x_i \to f(a_1, \ldots, a_{i-1}, x_i, a_{i+1}, \ldots, a_n)$$

bei festem $\underline{a} = (a_1, \ldots, a_n) \in U$ eine reelle Funktion einer Veränderlichen x_i. Ist diese differenzierbar, so heißt ihre Ableitung an der Stelle a_i die i-te *partielle Ableitung* von f an der Stelle $\underline{a} = (a_1, \ldots, a_n)$, in Zeichen $D_i f(\underline{a})$ oder $\dfrac{\partial f}{\partial x_i}(\underline{a})$ oder $f_{x_i}(\underline{a})$.

□ Totale D. Sie ist echte D. im Sinne der eingangs beschriebenen Annäherung durch eine affine Abbildung. Wir betrachten eine Abbildung $\underline{f} = (f_1, \ldots, f_m) : U \to \mathbb{R}^m$ und bezeichnen mit $|\cdot|$ die euklidische Norm von $\mathbb{R}^n$ und $\mathbb{R}^m$. Dann heißt f *total differenzierbar* in $\underline{\xi} \in U$, wenn es eine lineare Abbildung $\underline{\xi} : \mathbb{R}^n \to \mathbb{R}^m$ gibt, so daß

$$\lim_{\substack{\underline{x} \to \underline{\xi} \\ \underline{x} \neq \underline{\xi}}} \frac{|\, f(\underline{x}) - f(\underline{\xi}) - \underline{\xi}\,(\underline{x} - \underline{\xi})\,|}{|\,\underline{x} - \underline{\xi}\,|} = 0$$

für alle gegen $\underline{\xi}$ strebenden $\underline{x} \in U \backslash \{\underline{\chi}\}$ gilt. Man nennt φ die *totale Ableitung von* $\underline{f}$ *im Punkt* $\underline{\chi}$. Sie wird mit $\underline{f}'(\underline{\chi})$ oder $Df(\underline{\chi})$ bezeichnet. Als lineare Abbildung endlich dimensionaler Vektorräume läßt sich eine totale Ableitung durch eine →Matrix beschrieben.

Es zeigt sich, daß für jede in $\underline{\xi}$ total differenzierbare Abbildung $\underline{f}$ auch alle partiellen Ableitungen der Funktionen $\underline{f}_\mu(\mu = 1, \ldots, m)$ in $\underline{\chi}$ existieren und $f'(\underline{\chi})$ durch die Matrix

$$\begin{pmatrix} D_1 f_1\,(\underline{\chi})\,, \ldots, D_n f_1\,(\underline{\chi}) \\ \cdot \\ \cdot \\ \cdot \\ D_1 f_m\,(\underline{\chi})\,, \ldots, D_n f_m\,(\underline{\chi}) \end{pmatrix} \qquad (2),$$

genannt Jacobi-Matrix von $\underline{f}$ (nach *Carl Gustav Jacobi* 1804–1851), dargestellt wird. Umgekehrt kann jedoch aus der Existenz aller partiellen Ableitungen $D_\nu f_\mu(\underline{\chi})$ $(\nu = 1, \ldots, n;\ \mu = 1, \ldots, m)$ nicht die totale Differenzierbarkeit von $\underline{f}$ in $\underline{\chi}$ gefolgert werden. Erst wenn alle partiellen Ableitungen in einer Umgebung von $\underline{\chi}$ existieren und in $\underline{\chi}$ stetig sind, ist auch die Existenz der totalen Ableitung $\underline{f}'(\underline{\chi})$ garantiert.

Die Abbildung $\underline{f}$ heißt *total differenzierbar*, wenn sie in jedem Punkt ihres Definitionsbereichs total differenzierbar ist.

Der Zusatz „total" wird häufig weggelassen, da keine Verwechslungen zu befürchten sind. Für $n = m = 1$ ergibt sich die durch Gl. (1) erklärte Differenzierbarkeit. Die Schreibweise $f'(\underline{\chi})\,(\underline{x} - \underline{\chi})$ bedeutet immer, daß an die $(m \times n)$-Matrix, Gl. (2), von rechts $\underline{x} - \underline{\chi}$ als Spalten-n-Tupel zu multiplizieren ist. Für $f : \overline{U} \to \mathbb{R}$ ist $f'(\underline{\chi})$ eine $(1 \times n)$-Matrix und

$$y = f(\underline{\chi}) + f'(\underline{\chi})\,(\underline{x} - \underline{\chi})$$

Tangentialhyperebene der Fläche $\{(\underline{x}, y) : y = f(\underline{x}),\ \underline{x} \in U\}$ im Punkt $(\underline{\chi}, f(\underline{\chi}))$.

Abbildungen von Banach-Räumen. Es seien X und Y Banach-Räume mit Normen $\|.\|$ bzw. $\|.\|_*$; ferner U eine nichtleere offene Teilmenge von X

und f eine Abbildung $f : U \to Y$. Existiert dann für $\chi \in U$ und $h \in X$ der Grenzwert

$$\lim_{\substack{t \to 0 \\ t \neq 0}} \frac{f\,(\chi + th) - f\,(\chi)}{t} =: A,$$

wobei t alle von null verschiedenen reellen Zahlen annehmen darf, für die $\chi + th \in U$ gilt, so heißt f in χ *Gateaux-differenzierbar* für das Inkrement h. Die Gateaux-Ableitung A wird als $Df(\chi, h)$ geschrieben. Sie ist für $\|h\| = 1$ eine Richtungsableitung, entspricht also mehr einer partiellen Ableitung. Existiert für $\chi \in U$ eine stetige lineare Abbildung $\xi : X \to Y$ mit

$$\lim_{\substack{x \to \chi \\ x \neq \chi}} \frac{\|\, f\,(x) - f\,(\chi) - \xi\,(x - \chi)\,\|_*}{\|\, x - \chi\,\|} = 0$$

für alle gegen χ strebenden $x \in U \backslash \{\chi\}$, so heißt f *Fréchet-differenzierbar* in χ mit der Fréchet-Ableitung $f'(\chi) := Df(\chi) := \xi$ (nach *René Maurice Fréchet* 1878 bis 1973). Der Zusatz „in χ" entfällt, wenn f in allen Punkten $\chi \in U$ Fréchet-differenzierbar ist. Die Fréchet-Differenzierbarkeit ist eine stärkere Eigenschaft als die Gateaux-Differenzierbarkeit. Es gilt $f'(\chi)h = Df(\chi, h)$.

Im Spezialfall $X = \mathbb{R}^n$, $Y = \mathbb{R}^m$ ist Fréchet-differenzierbar identisch mit total differenzierbar. Der Zusatz „Fréchet" wird häufig weggelassen.

Eigenschaften und Rechenregeln. Vergleich mit →Stetigkeit: Differenzierbarkeit von f in χ hat stets die Stetigkeit von f in χ zur Folge, aber nicht umgekehrt. Bei einer Funktion f von n Veränderlichen können alle partiellen Ableitungen in χ existieren, und trotzdem kann f in χ unstetig sein.

Linearität: Die D. ist eine lineare Operation. Sind f und g Funktionen mit gemeinsamem Definitionsbereich, die im Punkt χ differenzierbar sind, so ist für $\lambda, \mu \in \mathbb{R}$ auch $\lambda f + \mu g$ differenzierbar in χ, und es gilt

$$(\lambda f + \mu g)'(\chi) = \lambda f'(\chi) + \mu g'(\chi).$$

Komposition: Es seien $g : U \to Y$ und $f : V \to W$ Abbildungen mit $g(U) \subset V$. Ist g differenzierbar in χ und f differenzierbar in $g(\chi)$, so ist auch die Komposition $f \circ g$ differenzierbar in χ, und es gilt

$$(f \circ g)'(\chi) = f'(g(\chi)) \cdot g'(\chi) \qquad \text{(Kettenregel).}$$

Dabei ist rechts die multiplikative Verknüpfung als Hintereinanderausführung linearer Abbildungen zu verstehen.

Rationale Operationen: Die Funktionen $f, g :]a, b[\to \mathbb{R}$ seien in $\xi \in\ ]a, b[$ differenzierbar. Dann ist $f \cdot g$ und, falls $g(\chi) \neq 0$, auch $\dfrac{f}{g}$ differenzierbar in χ; dabei gilt

$$(fg)'(\chi) = f'(\chi)\,g(\chi) + f(\chi)\,g'(\chi) \qquad \text{(Produktregel),}$$

$$\left(\frac{f}{g}\right)'(\chi) = \frac{f'(\chi)\,g(\chi) - f(\chi)\,g'(\chi)}{g(\chi)^2} \qquad \text{(Quotientenregel).}$$

Umkehrfunktion: Unter den obigen Bezeichnungen für Abbildungen von Banach-Räumen bilde f eine offene Umgebung $V \subset U$ von χ bijektiv auf eine offene Umgebung $W \subset Y$ von $f(\chi)$ ab. Eingeschränkt auf V sei f samt der Umkehrabbildung f^{-1} stetig. Ferner sei f in χ differenzierbar; die Ableitung $f'(\chi)$ bilde X bijektiv auf Y ab und besitze eine stetige Inverse. Dann ist f^{-1} im Punkt $f(\chi)$ differenzierbar, und es gilt

$$(f^{-1})'(f(\chi)) = (f'(\chi))^{-1}.$$

Für reelle Funktionen von einer oder mehreren Veränderlichen lassen sich die Voraussetzungen erheblich vereinfachen.   *Schmeißer*

Literatur: *Barner, M.,* u. *F. Flohr:* Analysis. 2 Bde. Berlin 1974 u. 1983. – *Dieudonné, J.:* Grundzüge der modernen Analysis. Bd. 1. 2. Aufl. Braunschweig 1972. – *Forster, O.:* Analysis 1 und 2. Braunschweig 1983 u. 1984. – *Großmann, S.:* Funktionalanalysis. 2 Tle. 3. Aufl. Wiesbaden 1977. – *Heuser, H.:* Lehrb. Analysis. Tl. 1 u. 2. 4. Aufl. Stuttgart 1986. – *Ljusternik, L. A.,* u. *W. I. Sobolew:* Elemente der Funktionalanalysis. Ost-Berlin 1965.

Differenzdruckmessung. Diese dient primär zum Messen des Unterschieds zwischen zwei Drücken. Die D. wird nach dem Wirkdruckverfahren zur →Durchflußmessung und nach dem hydrostatischen Verfahren zur Höhenstandsmessung eingesetzt. Die Einheiten (Pascal, Bar) sind dieselben wie bei der →Druckmessung.

Jeder Überdruckaufnehmer kann auch den Differenzdruck messen, wenn man den zweiten Druck über einen geeigneten Anschluß auf die zweite Aufnehmerseite aufbringt. Sind dabei kleine Druckdifferenzen bei hohen Absolutdrücken zu messen, stellt sich die Frage nach der Überlastsicherheit. Aus diesem Grunde werden Differenzdruckaufnehmer mit Membransystemen, die aus zwei oder drei Membranen bestehen, versehen. Der Zwischenraum wird gefüllt mit einer Koppelflüssigkeit, in der sich ein mittlerer Druck aufbaut, so daß die einzelne Membran nur mit der halben Druckdifferenz beaufschlagt ist. Bei Überlast (z. B. Druckabfall auf der einen Aufnehmerseite) werden die Membranen vor der Zerstörung dadurch gesichert, daß sie sich an eine feste Platte anlegen.

Das bekannteste Meßverfahren für Differenzdruck ist das Zweikammernprinzip. Die Drücke p_1 und p_2 werden über Schutzmembranen mit Hilfe einer Koppelflüssigkeit beidseitig auf eine Meßmembran übertragen. Sowohl die Auslenkung als auch die (mechanischen) Spannungen in der Membran sind proportional zur Druckdifferenz. Während die Auslenkung mit kapazitiven oder induktiven Verfahren bestimmt werden kann, lassen sich die Spannungen mit Dehnungsmeßstreifen messen. Eine Weiterentwicklung dieses Prinzips sind Einkammer-Differenzdruckaufnehmer in Dickschicht-

technik (Bild). Bei diesem wird auf die mittlere Meßmembran verzichtet. Die äußeren Schutzmembranen übernehmen die Meßfunktion. Über Siliconöl wird der Druck von einer Membran auf die andere übertragen. Damit sind beide Membranen parallel geschaltet. Die eine Membran wird nach innen, die andere nach außen ausgelenkt und die Lage der Membranen kapazitiv erfaßt. Der Differenzdruck $p_1 - p_2$ ist proportional zur kapazitiven Abstandsänderung $d_1 - d_2$. Betrachtet man diese Meßkondensatoren als Plattenkondensatoren, so ist die Kapazität umgekehrt proportional zum Elektrodenabstand. Es ist also $p_1 - p_2 \sim \dfrac{1}{C_1} - \dfrac{1}{C_2}$.

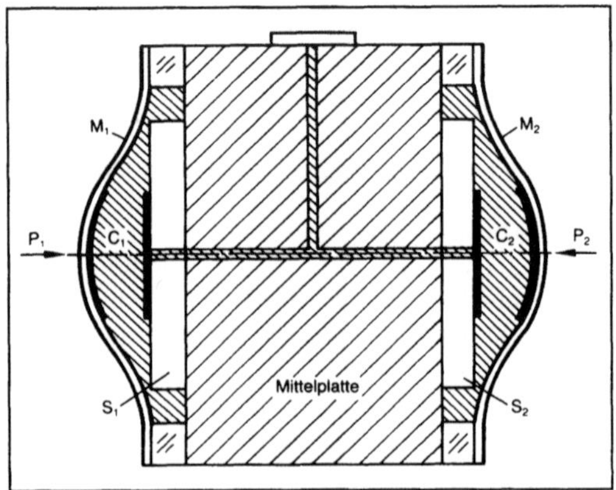

Differenzdruckmessung: Einkammer-Differenzdruckaufnehmer in Dickschichttechnik.

M_1, M_2 Membranen aus Al_2O_3-Keramik, S_1, S_2 Überlastschutz aus Glaskeramik, C_1, C_2 Kapazitäten

Aus den beiden Kapazitäten C_1 und C_2 läßt sich zusätzlich ein Temperatursignal zur (analogen) Kompensation der Temperaturabhängigkeit ermitteln. Damit sind Kennlinienabweichungen von unter 0,1 % und Temperaturfehler von weniger als 0,1 % / 10 K zu erreichen. Die Meßbereiche reichen von wenigen Millibar bis 2000 mbar bei Nenndrükken von 160 bar. Ein weiterer Differenzdruckaufnehmer ist die →Bartonzelle.   *F. Schneider*

Differenzierverstärker. Der Differenzierer ist ein Meßverstärker (invertierender Operationsverstärker), dessen Ausgangsspannung u_a proportional der Änderungsgeschwindigkeit der Eingangsspannung u_e ist. Aus dem in dem Knoten 1 (Bild) fließenden Eingangsstrom

$$i_e = C \frac{du_e}{dt}$$

ergibt sich die Ausgangsspannung

$$u_a = - R_g C \frac{du_e}{dt}.$$

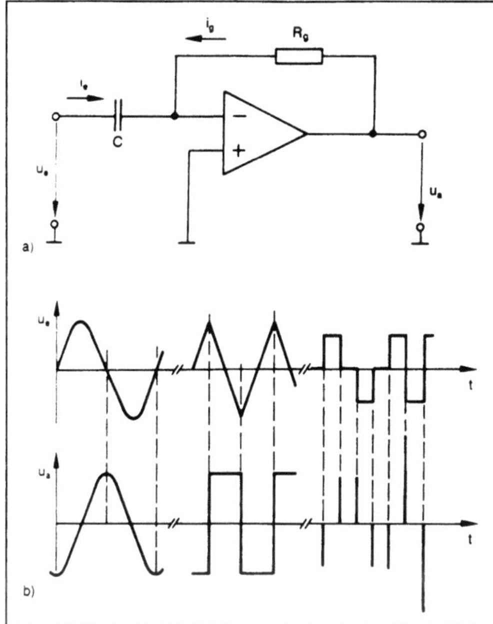

Differenzierverstärker: Differenzieren mit dem Umkehrverstärker.
a) Schaltung und
b) Signale.

Das Differenzieren bereitet erfahrungsgemäß in der Praxis mehr oder minder große Schwierigkeiten, da durch diese Operation das Rauschen und die höherfrequenten Störsignale besonders hervorgehoben werden. Für den praktischen Einsatz ist der Differenzierer noch um Filter zu erweitern, die das Signalband begrenzen und das Signal/Rausch-Verhältnis verbessern. *Schrüfer*

Diffusion. In einem Einkomponentensystem wird der Massentransport durch die Massenstromdichte

$$\underline{J} = \rho\underline{v}$$

(ρ = Massendichte, $\underline{v}$ = →Geschwindigkeit, Bilanzgleichungen) beschrieben. In Mehrkomponentensystemen (→Mischung) besitzt jede Komponente $\underline{k}$ ihr eigenes →Geschwindigkeitsfeld $\underline{v}^k$, *Partialgeschwindigkeit* genannt.

Diese sind im allgemeinen unterschiedlich, weil sich die Einzelkomponenten der Mischung verschieden bewegen können. Die unterschiedliche Bewegung der Komponenten einer Mischung heißt *Diffusion*. Für jede Komponente wird eine *Diffusionsstromdichte* definiert:

$$\underline{J}^k := \xi^k(\underline{v}^k - \underline{w}),$$

(ξ^k = Konzentrationsmaß für die k-te Komponente) mit der *Bezugsgeschwindigkeit*

$$\underline{w} := \Sigma_k w^k \underline{v}^k, \quad \Sigma_k w^k = 1.$$

Daraus folgt die Beziehung

$$\Sigma_k (w^k/c_k)\underline{J}^k = \underline{0},$$

die zeigt, daß die Diffusionsströme nicht unabhängig voneinander sind.

Es gibt nur unterschiedliche Wahlmöglichkeiten für die Bezugsgeschwindigkeit (Konzentrationsmaße):

ξ^k	w^k	$\underline{w}$	$\underline{J}^k$
ρ^k	$\rho^k/\rho = y_k$	$\Sigma_k y_k \underline{v}^k = :\underline{v}$	$\rho^k(\underline{v}^k - \underline{v})$
c_k	$c_k/c = x_k$	$\Sigma_k x_k \underline{v}^k =:\underline{u}$	$c_k(\underline{v}^k - \underline{u})$
c_k	$c_k V_k$	$\Sigma_k c_k V_k \underline{v}^k$	$c_k(\underline{v}^k - \underline{w})$
ρ^k	δ^{kl}	$\underline{v}^l$	$\rho^k(\underline{v}^k - \underline{v}^l)$

(y_k = →Massenbruch, x_k = →Molenbruch, V_k = partielles molares Volumen (Konzentrationsmaße), $\underline{v}$ = Schwerpunktsgeschwindigkeit, $\underline{u}$ = mittlere molare Geschwindigkeit). Die Diffusion ist ein irreversibler Prozeß mit der →Entropieproduktion

$$\sigma = \Sigma_k \rho^k(\underline{v}^k - \underline{v}) \cdot (\underline{f}^k/T - \nabla \cdot (\mu_k^*/T));$$

($\underline{f}^k$ = Massenkraftdichte, T = Temperatur, $\mu_k^* = \mu_k/M_k$ = chemisches Potential pro Molmasse).

Die Irreversibilität der Diffusion ist daran zu erkennen, daß Konzentrationsunterschiede sich ohne äußere Felder spontan ausgleichen, während der zeitgekehrte Vorgang in der Natur nicht auftritt. *Muschik*

Diffusor. Eine trichterförmige Erweiterung eines Strömungskanals wird D. genannt. Er dient im allgemeinen zur Verzögerung der →Strömung und zur Drucksteigerung (→Bernoulli-Gleichung, →Lavaldüse, →Venturi-Rohr. Um bei Unterschallströmungen eine Ablösung der Strömung im Diffusor zu vermeiden was eine Verminderung des Wirkungsgrades zur Folge hat, darf der doppelte Öffnungswinkel 2ϑ den Wert von etwa 16° nicht überschreiten (Bild). Bei Überschallströmungen nimmt im Gegensatz zur Unterschallströmung bei Querschnittserweiterung die Strömungsgeschwindigkeit zu und der Druck weiter ab. Am Ende des Überschalldiffusors entsteht oft ein Verdichtungsstoß (Lavaldüse). Unterschalldiffusoren werden bei Zentrifugallüftern, Kreiselpumpen, Strahlpumpen, Radialverdichtern, Windkanälen und anderen Apparaten angewendet, wo es notwendig ist, Energie durch wirkungsvolle Umwandlung von kinetischer Energie in Druck zurückzugewinnen. *G.E.A. Meier*

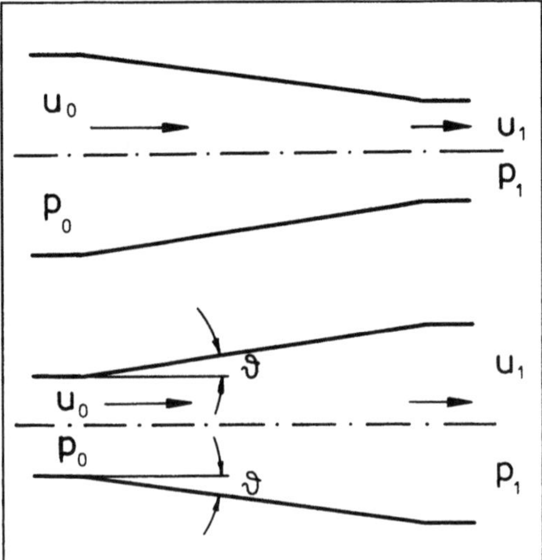

Diffusor: Bei Unterschallströmung ist jeweils $u_0 > u_1$, $p_0 < p_1$, $2 \vartheta < 16°$, bei Überschallströmung ist $c \leq u_0 < u_1$, $p_0 > p_1$ (c lokale Schallgeschwindigkeit).

Digital/Analog-Umsetzer. Der D./A.-U. (DAU) ist ein Gerät, das proportional zu einem eingegebenen digitalen →Signal eine Spannung oder einen →Strom liefert. Der D./A.-U. wird benötigt, wenn mit digitalen Signalen Geräte angesteuert werden sollen, die eine Spannung oder einen Strom als Eingangssignal benötigen. Dies ist z. B. bei der Betätigung analoger Geräte (Stellantriebe, Oszilloskope, Sichtgeräte, →Schreiber, Meßgeräte mit Skalenanzeige) der Fall. Der D./A.-U. kann als digital einstellbare Spannungsquelle aufgefaßt werden.

Das Ausgangssignal eines D./A.-U. ist eine Spannung, die aber nicht analog im eigentlichen Sinne des Wortes ist. Da ja der Informationsgehalt des Ausgangssignales nicht größer als der des Eingangssignales sein kann, kann sich auch die Ausgangsspannung nur in diskreten Stufen ändern.

□ Spannung/Strom-Verstärker: Der in Bild 1 dargestellte D./A.-U. enthält einen u/i-Meßverstärker, der bei der konstanten Eingangsspannung U_o den konstanten, eingeprägten Eingangsstrom $I_a = U_o/R_g$ liefert. Dieser Strom fließt über entsprechend dem

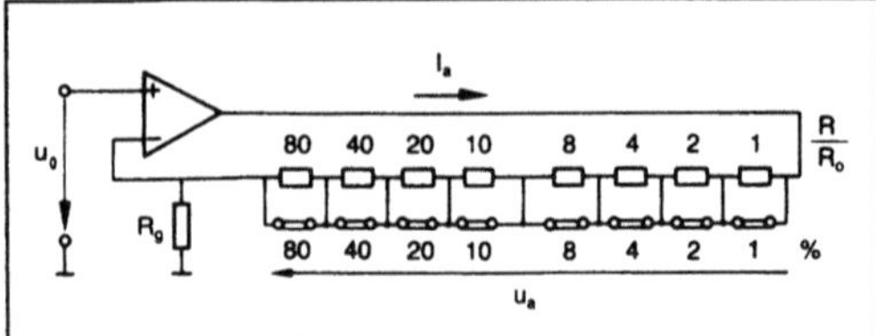

Digital/Analog-Umsetzer 1: Anordnung mit u/i-Verstärker.

verwendeten Code abgestufte Widerstände, die zunächst durch parallel liegende Kontakte überbrückt sind. Die Kontakte werden von dem umzusetzenden digitalen Wort so gesteuert, daß das 1-Signal den Kontakt öffnet, das 0-Signal den Kontakt geschlossen hält. Die an den stromdurchflossenen Teilwiderständen R_i abfallende Spannung U_a ist dann ein Maß für das umgesetzte digitale Wort:

$$U_a = I_a \Sigma R_i.$$

□ Strom/Spannung-Verstärker: Die Schaltung von Bild 2 verwendet einen invertierenden i/u-Verstärker mit der Ausgangsspannung $U_a = -R_g I_e$. Hier bestimmen überbrückbare Widerstände die Höhe des Eingangsstroms. Für jeden →Widerstand sind zwei Kontakte vorgesehen, die wechselweise öffnen und schließen. Bei einem mit 1 belegten Bit wird der obere Kontakt geschlossen und der untere geöffnet. Damit fließt über den Widerstand R_i der Teilstrom U_o/R_i. Diese Teilströme addieren sich zu dem gesamten Eingangsstrom I_e. Die Ausgangsspannung U_a dieses Verstärkers ist damit proportional dem umgesetzten digitalen Wort:

$$U_a = -R_g \Sigma \frac{U_o}{R_i}.$$

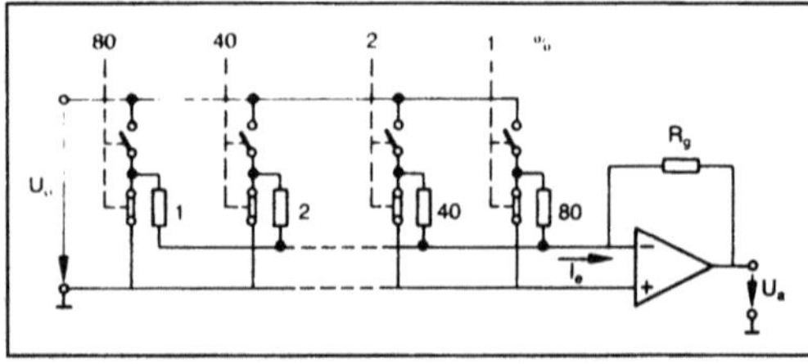

Digital/Analog-Umsetzer 2: Anordnung mit i/u-Verstärker.

Damit ein eventueller Leckstrom über die oberen, offenen Kontakte sich nicht zum Eingangsstrom addiert und diesen verfälscht, wird er durch die unteren, im Bild geschlossenen gezeichneten Kontakte nach der Masse abgeleitet.

□ R/2R-Netzwerk: Die Schaltungen von Bild 1 und Bild 2 benötigen dual abgestufte Widerstände. Diese müssen einen weiten Bereich überstreichen. Bei einem 12-bit-D./A.-U. stehen die Widerstandswerte im Verhältnis von $1:2^{12}$, d. h. 1:4 096. Es ist aufwendig, die verschiedenen Widerstände mit der erforderlichen Genauigkeit zu realisieren. Aus diesem Grunde wird häufig das R/2R-Netzwerk (Kettenleiter-Netzwerk) von Bild 3 verwendet. Es benötigt zwar doppelt soviele Widerstände, diese aber nur mit den Werten R und 2R. In die Genauigkeit der Umsetzung geht nur das Verhältnis der Widerstände ein, das leichter konstant zu halten ist, als deren absolute Werte.

Bei dem Netzwerk von Bild 3 halbiert sich die angelegte Spannung U_o jeweils von Knoten zu Knoten. Der Umschaltkontakt realisiert die Koeffizienten (bit) a_i des digitalen Worts mit den Wertigkeiten 0 oder 1. In der Schalterstellung 1 ($a_i = 1$) fließt jeweils der Strom $(U_o/16\,R)\,2^i$ in den Knoten K am invertierenden Eingang des Operationsverstärkers. Die Ströme summieren sich zum Gesamtstrom

$$I_e = \frac{U_o}{16\,R} \sum a_i 2^i.$$

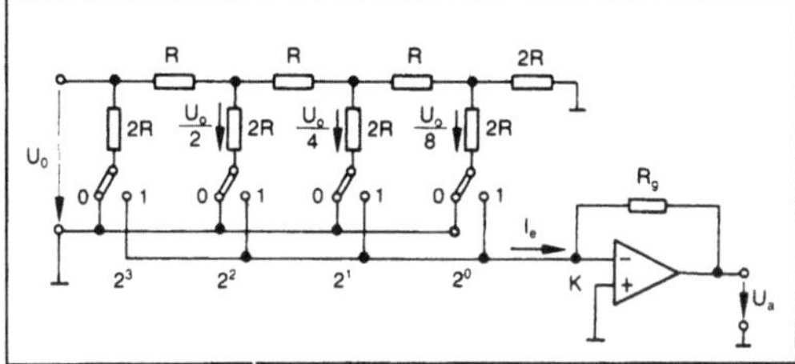

Digital/Analog-Umsetzer 3: Stromverstärker mit R/2R-Netzwerk.

Die Ausgangsspannung des Stromverstärkers $U_i = -R_g I_e$ entspricht dann dem steuernden digitalen Wort. *Schrüfer*

Digitalanzeige → Meßgerät

Digitalisierung → Analog/Digital-Umsetzer

Digitalmultimeter → Multimeter

Digitalrechner. Im Gegensatz zum Analogrechner, der mit stetig veränderlichen Daten arbeitet, verwendet der D. eine diskrete → Informationsdarstellung, wie Ziffern oder die Zeichen eines Alphabets. Er kann darauf arithmetische und boolesche Operationen ausführen, wobei nicht nur die Daten im engeren Sinne als Operanden dienen können, sondern auch die Befehle, aus denen Programme zusammengesetzt sind und die sich ebenso wie die Daten im Speicher des Rechners befinden.

Meist werden die Begriffe Computer, Rechenanlage und Datenverarbeitungssystem als Synonyme verwendet. DIN 44300 versteht unter Datenverarbeitungs- oder Rechensystem eine Funktionseinheit zur Durchführung mathematischer, umformender, übertragender und speichernder Operationen, unter Datenverarbeitungs- oder Rechenanlage die Gesamtheit der materiellen Gebilde und ordnet letzteres dem englischen Begriff „computer" zu.

Rechnen im ursprünglichen Sinne bedeutet die Bestimmung neuer arithmetischer Werte aus vorgegebenen durch Anwendung einer einzelnen arithmetischen Operation oder einer Folge solcher Operationen. Im D. kommen Vergleiche und andere boolesche Operationen ebenso hinzu wie die Verarbeitung beliebiger Zeichen und Zeichenfolgen und die hierzu benötigten Operationen.

Digitalsysteme können nach verschiedenen Gesichtspunkten klassifiziert werden: nach der Rechnerstruktur, der Einsetzbarkeit als Universalrechner oder Spezialrechner, den möglichen Betriebsweisen oder der verwendeten Technologie (Rechnerorganisation).

□ Funktionseinheiten eines digitalen Rechensystems: Grundsätzlich besteht ein digitales Rechensystem aus einer oder mehreren Zentraleinheiten sowie Ein- und Ausgabeeinheiten. Im klassischen, auf von *Neumann* zurückgehenden, Modell des Universalrechners umfaßt die Zentraleinheit das Leitwerk, das Rechenwerk (diese beiden bilden zusammen den Prozessor) und den Speicher. Heute werden noch Ein- und Ausgabewerke, die das Übertragen von Daten zwischen der Zentraleinheit (Bild 2) und den Ein-/Ausgabeeinheiten bzw. peripheren Speichern steuern, hinzugerechnet. Außerdem können mehrere Prozessoren und/oder mehrere Speicher vorhanden sein (Bild 1).

□ Speicher: Der Speicher enthält während der Ausführung eines Programms die zu verarbeitenden Daten, die Ergebnisse und die Befehle des auszuführenden Programms. Da die Operanden jeder Operation zunächst aus dem Speicher in den Prozessor gebracht werden müssen, ist die Zugriffszeit zum Speicher eine wesentliche Kenngröße für die Geschwindigkeit der Zentraleinheit. Im Fall umfangreicher Programme oder der Verarbeitung umfangreicher Datenmengen befinden sich zu jedem Zeitpunkt nur Teile davon im schnellen Arbeitsspeicher (Hauptspeicher, Primärspeicher, Zentralspeicher), auf den der Prozessor unmittelbar Zugriff hat, während die übrigen auf größere, aber langsamere und daher billigere, periphere Speicher (Sekundärspeicher) ausgelagert sind. Der gleiche Arbeitsspeicherplatz kann so mehrfach genutzt werden (Überlagerung).

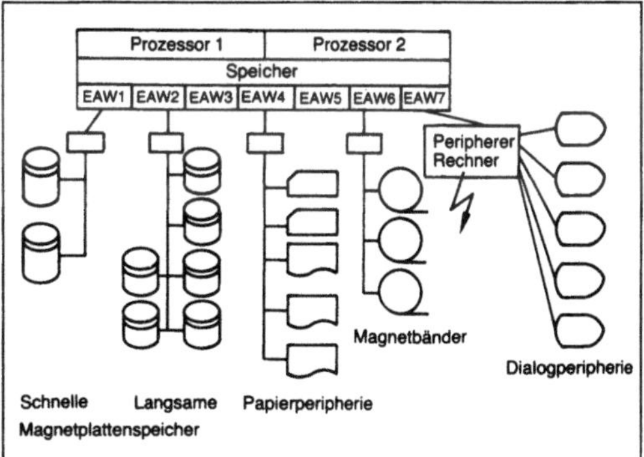

Digitalrechner 1: Beispiel einer Rechnerkonfiguration.

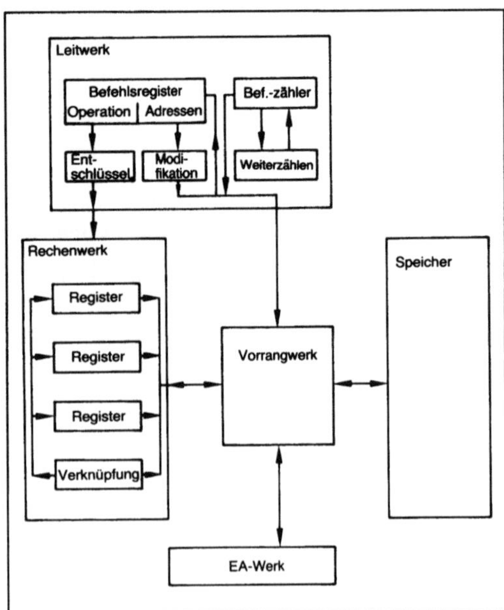

Digitalrechner 2: Struktur einer Zentraleinheit (Die Informationswege sind stark vereinfacht dargestellt).

□ Daten- und Befehlswörter: Eine Folge von Binärstellen im Hauptspeicher, die zusammenhängend verarbeitet werden kann, wird als ein Wort bezeichnet. Man hat zwischen Datenwörtern und Befehlswörtern zu unterscheiden, wobei diese Unterscheidung nur in ganz seltenen Fällen durch spezielle Binärstellen im Wort (Typenkennung) erfolgt. Normalerweise geschieht die Unterscheidung durch die Art der Verarbeitung.

Datenwörter enthalten die Informationen, die entsprechend den Befehlen des Programms zu verarbeiten sind. Bei arithmetischen Daten ist die Zahlendarstellung (Festpunktzahlen, Gleitpunktzahlen) für einen Rechnertyp vorgegeben. Bei der Verarbeitung von Zeichen eines Alphabets kann der Programmierer zwischen verschiedenen Formaten wählen, die sich darin unterscheiden, wieviele Binärstellen für ein Zeichen verwandt werden und wie jedes einzelne Zeichen dargestellt wird (Code). Befehlswörter enthalten die Angaben darüber, welche Operationen auszuführen sind. Um den Zugriff zu den Daten- und Befehlswörtern zu ermöglichen, sind die Wörter im Speicher fortlaufend numeriert (Adresse).

□ Wortlänge: Unter der Wortlänge versteht man die Anzahl der Binärstellen eines Wortes; es hängt eng mit der Genauigkeit der Zahlendarstellung zusammen: zehn Binärstellen entsprechen etwa drei Dezimalstellen ($2^{10} = 1024 \approx 10^3$).

Bei Universalrechnern finden wir häufig die Wortlängen 32, 36, 48 und 64, bei Prozeßrechnern auch 16 und 24, bei Mikrocomputern 8, 16 und 32, gelegentlich auch 12 Bit. Alle Funktionseinheiten des Rechensystems sind auf die Wortlänge abgestimmt. Dies gilt für Daten- und Befehlswörter in gleicher Weise. (Bei sehr großer Wortlänge werden zwei Befehle in einem Wort untergebracht, bei sehr kleinen Daten, aber auch Befehle über mehrere verteilt.) Bei kommerziell-administrativen Aufgaben, wo die Verarbeitung unterschiedlich langer Zeichenfolgen eine große Rolle spielt, ist auch die variable Wortlänge gebräuchlich. Auch die Befehlswörter müssen nicht gleich groß sein, so daß ein hoher Grad an Flexibilität entsteht. Wenn auf einem Rechner sowohl das Arbeiten mit fester, als auch mit variabler Wortlänge möglich sein soll, werden für bestimmte Befehlsgruppen (z. B. arithmetische Operationen) eine vorgegebene Anzahl von Bytes, etwa vier, zu einem Wort zusammengefaßt. Als Adresse von Wörtern treten in diesem Fall dann nur noch die durch vier teilbaren Zahlen auf.

□ Rechenwerk: Die eigentliche Verarbeitung der Daten erfolgt im Rechenwerk, in dem sowohl die arithmetischen Operationen (Addition, Substraktion, Multiplikation, Division) als auch die booleschen Operationen (Vergleich, Konjunktion, Disjunktion, Negation) ausgeführt werden. Mit den Vergleichen kann überprüft werden, ob die Daten bestimmte Bedingungen erfüllen, mit den übrigen booleschen Operationen können einzelne Bedingungen miteinander verknüpft werden. In Abhängigkeit von Erfüllt- oder Nichterfülltsein dieser Bedingungen kann das Leitwerk den Programmablauf steuern.

Neben den Verknüpfungsgliedern enthält das Rechenwerk Register. Diese können Informationen aufnehmen, kurzfristig speichern und bei Bedarf mit kurzer Zugriffszeit abgeben. Sie haben meist die Länge eines Wortes und sind bestimmten Funktionen zugeordnet: Im Akkumulator werden Zwischenergebnisse gebildet, das Multiplikator-Quotienten-Register enthält bei Multiplikationen den Multiplikator und nimmt bei Divisionen den Quotienten auf; entsprechendes gilt für das Multiplikanden-Divisor-Register. Um Zwischenrechnungen durchführen zu können, ohne alle Zwischenergebnisse in den Arbeitsspeicher transportieren zu müssen und von dort zurückzuholen, werden oft weitere Register vorgesehen. Die Zuordnung der genannten Funktionen zu bestimmten Registern wird ganz oder teilweise aufgehoben, wenn alle Register in gleicher Weise angesprochen werden können.

□ Leitwerk: Die Befehle des Programms werden der Reihe nach aus dem Arbeitsspeicher in das Leitwerk gebracht. Die Reihenfolge wird dabei von einem Befehlszähler im Leitwerk kontrolliert, in dem zu Beginn der Programmausführung die Anfangsadresse gespeichert wird, so daß der Befehlszähler stets auf den als nächstes auszuführenden Befehl zeigt. Diese fortlaufende Abarbeitung kann durch Sprungbefehle unterbrochen werden. Ein Befehl besteht im allgemeinen aus einem Operationsteil und einem Operandenteil. Der Operationsteil gibt an, welche Operation auszuführen ist (eine der arithmetischen Operationen, Speichern, Lesen usw.). Die Analyse des Befehls führt dazu, daß das Leitwerk den Ablauf einer Folge von elementaren Operationen (Mikrooperationen), wie Transport, Verschieben, stellenweises Verknüpfen oder Löschen, auslöst und steuert, die zusammen die gewünschte Wirkung ergeben (Mikroprogrammierung).

Der Operandenteil enthält eine oder mehrere Speicheradressen, die angeben, wo sich der oder die zu verarbeitenden Operanden befinden; bei der Verarbeitung konstanter Werte ist oft im Operandenteil der Operand selbst enthalten. Bei Sprungbefehlen bestimmt der Operandenteil die Adresse des nächsten Befehls (Sprungziel). Der Operandenteil muß die Adresse nicht unbedingt in endgültiger Form enthalten: Durch zusätzliche Kennungen kann festgelegt sein, daß die angegebene Adresse um den Inhalt eines Indexregisters zu erhöhen oder zu erniedrigen ist oder durch den Inhalt des angegebenen Speicherplatzes substituiert werden soll. Der Befehlszyklus besteht also aus der Befehlsholphase, der Entschlüsselungsphase, der Adreßmodifikation, die für alle Befehlstypen gleich sind, und der eigentlichen Befehlsausführung. (Der Begriff Befehlszyklus wird im Sprachgebrauch auch für die Zeitspanne benutzt, die dieser benötigt.)

□ Ein- und Ausgabegerät: Eingabegeräte dienen dazu, die zu verarbeitenden Daten und das Programm in den Speicher der Zentraleinheit zu bringen. Weit verbreitete Eingabemedien sind magnetische Datenträger (Bänder, Platten, Disketten, Trommeln), früher Lochkarten. Die gleichen Medien dienen auch als Datenträger für die Ausgabe; hinzu kommen Drucker, Zeichengeräte (Plotter) und die Ausgabe auf Mikrofilm.

Ferner ist die Kommunikation mit dem Rechensystem über Datenendgeräte (Terminals) möglich, die aus einem Bildschirm mit Tastatur oder einem Blattschreiber oder einer Kombination beider bestehen. Die Ein-/Ausgabegeräte können beliebig weit von der Rechenanlage entfernt sein (Datenfernverarbeitung). Von besonderer Bedeutung ist die Operateurkonsole, ein Datenendgerät, das den Maschinenbediener (Operateur) mit Informationen über den Maschinenzustand (z. B. Auslastung der Zentraleinheit, Belegung der peripheren Geräte, fehlerhaftes Verhalten einzelner Anlagenteile) und Benutzeranforderungen (z. B. Auflegen eines bestimmten Magnetbandes) versorgt und ihm die Möglichkeit gibt, mit speziellen Kommandos in den Betriebsablauf einzugreifen und ihn zu steuern (z. B. Verändern der Reihenfolge, in der die anstehenden Aufträge bearbeitet werden).

□ Ein- und Ausgabewerk: Ein Eingabewerk (Ausgabewerk) steuert die Übertragung der Daten von peripheren Geräten zur Zentraleinheit (bzw. umgekehrt). Zumindest bei Großrechnern erfolgt diese Steuerung heute nicht mehr durch den zentralen Prozessor, sondern durch ein selbständiges Leitwerk, so daß man von einem eigenen Ein-/Ausgabeprozessor (oder mehreren) sprechen kann. Diese Prozessoren benötigen jedoch kein universelles Rechenwerk, da sie meist nur Umcodierungen und Fehlerprüfungen durchführen und die korrekte Übertragung zu quittieren haben.

Ein-/Ausgabewerke können simultan mehrere Transportwege zwischen dem Arbeitsspeicher und je einer peripheren Einheit schalten. Man spricht dann von einem Kanalwerk mit mehreren Kanälen. Unter einem Kanal versteht man in diesem Zusammenhang eine Übertragungseinrichtung, die nach Anstoß durch das Ein-/Ausgabeleitwerk einen Block von Daten überträgt. Da nicht alle peripheren Einheiten gleichzeitig aktiv sind, kommt man mit weniger Kanälen als peripheren Einheiten aus.

Die Abwicklung eines Ein-/Ausgabeauftrages spielt sich dann auf mehreren Ebenen ab. Das Anwenderprogramm gibt den Ein-/Ausgabewunsch an die Betriebsmittelverwaltung des Betriebssystems. Diese prüft Richtigkeit, Zuverlässigkeit und derzeitige Verfügbarkeit des angeforderten Gerätes. Sie übergibt Startbefehl und Leitdaten dem Ein-/Ausgabewerk, das dann die Steuerung übernimmt. Es veranlaßt beispielsweise die Speicheradressierung und die Blocklängenzählung. Das Kanalwerk schließlich ist der Vermittler zwischen Zentralspeicher und peripherer Einheit und führt die eigentliche Datenübertragung durch.

□ Programmsteuerung: Zum Lösen einer Aufgabe benötigt ein Rechensystem eine Arbeitsvorschrift, d. h. einen Algorithmus, worunter wir eine endliche, eindeutige Folge elementarer Anweisungen (Befehle) verstehen: das Programm. Die Befehle sind einerseits elementar, müssen andererseits in ihrer Gesamtheit aber so universell sein, daß sich damit jeder Algorithmus beschreiben läßt. Führt ein Gerät eine Folge von Operationen automatisch aus, so sprechen wir von Programmsteuerung.

Bei der seit *John von Neumann* üblichen Speicherprogrammierung wird das Programm vor seiner Ausführung in den Speicher der Zentraleinheit gebracht. Dies führt in verschiedener Hinsicht zu hoher Flexibilität. Einmal ist das Rechensystem nicht auf die Lösung einer Aufgabe festgelegt, sondern für jeden Algorithmus kann ein Programm gespeichert werden. Zum anderen ist die Reihenfolge der Befehlsabarbeitung nicht an die Reihenfolge gebunden, in der die Befehle gespeichert werden; sie ist vielmehr selbst programmabhängig (Alternativen, Schleifen). Und schließlich kann sich das Programm selbst verändern, indem der Speicherinhalt verändert wird. Die Effizienz der Programme bestimmt letzten Endes, wie gut der Rechner genutzt wird.

☐ Programmierung: Unter Programmierung im engeren Sinne versteht man die Formulierung eines Algorithmus in einer Programmiersprache; für diese Tätigkeit ist jedoch auch der Begriff Codieren gebräuchlich. Im weiteren Sinne ist unter Programmieren die Gesamtheit der Tätigkeiten zu verstehen, die vom Problem zum fertigen Programm führen: das Analysieren der Aufgabenstellung, das Suchen nach einem Lösungsverfahren, das Zeichnen von Datenfluß- und Programmablaufplänen, das Codieren, Testen und Korrigieren, sowie das Dokumentieren des Programmes.

☐ Befehle: Unter einem Befehl versteht man nach DIN 44300 eine Anweisung, das ist eine Arbeitsvorschrift, die sich in der benutzten Programmiersprache nicht mehr in noch kleinere Anweisungen zerlegen läßt. Jeder Befehl besteht aus einem Operationsteil, der die auszuführenden Operationen angibt, und einem Operandenteil, der Angaben über die zu benutzenden Operanden enthält, und der meist aus einem oder mehreren Adreßteilen besteht.

In letzter Zeit wird der Entwurf von Befehlsvorräten von Rechenanlagen zunehmend diskutiert: an die Stelle umfangreicher, komplexerer Befehle treten wenige, einfache Befehle, die jedoch effizient implementierbar sind.

Die Formulierung eines Programms geschieht in einer Programmiersprache. Dabei unterscheiden wir problemorientierte und maschinenorientierte Programmiersprachen. Problemorientierte Programmiersprachen dienen dazu, Algorithmen eines bestimmten Anwendungsbereiches unabhängig von einem bestimmten Rechensystem abzufassen. Die Sprache nimmt auf die Terminologie des Anwendungsgebietes Rücksicht. Diese Sprachen sind daher leichter zu erlernen und reduzieren wegen der Übersichtlichkeit den Bedarf an Programmier- und Testzeit. Beispiele für derartige Sprachen sind ALGOL, C, COBOL, FORTRAN, APL, APT, JOSS, JOVIAL, LISP, PASCAL, PEARL, SIMULA, SNOBOL und viele andere.

Die modernen Großrechner bearbeiten eine Vielzahl von Programmen gleichzeitig. Es sind daher Programme nötig, die die Grundlage der möglichen Betriebsarten bilden und insbesondere die Abwicklung der Programme steuern und überwachen. Diese Programme nennt man Betriebssystem. Zu seinen Aufgaben gehören die Auftragsverwaltung (z. B. Ingangsetzen eines Auftrages), die Betriebsmittelverwaltung (z. B. Bereitstellen von Arbeitsspeicher), die Datenverwaltung (z. B. Wiederauffinden einmal auf Magnetplatte gespeicherter Informationen) und die Prozeßüberwachung. *Bode/H.-J. Schneider*

Literatur: *Ganzhorn, K. E.* und *K. M. Schulz, W. Walther:* Datenverarbeitungssysteme. Berlin 1981. – *Klar, R.:* Digitale Rechenautomaten. Berlin 1983. – *Liebig, H.:* Rechnerorganisation, Berlin 1976. – *Steinbuch, K.* und *W. Weber:* Taschenbuch der Informatik. 3 Bde. Berlin 1974. – *Waldschmidt, E. H.* und *H. K. Walter:* Grundzüge der Informatik. I, II, Mannheim 1984, 1986.

DIN. Das Wort DIN ist seit 1975 Namensbestandteil des DIN Deutsches Institut für Normung e. V. Als Bestandteil des Namens der deutschen Normungsorganisation ist das Wort DIN nach § 12 des Bürgerlichen Gesetzbuches (BGB) und § 16 des Gesetzes gegen den unlauteren Wettbewerb (UWG) gegen Mißbrauch geschützt. DIN wird ständig als Abkürzung für die Benennung Deutsches Institut für Normung benutzt. In der inzwischen zurückgezogenen Norm DIN 31 hieß es hierzu:

Das Wort DIN war ursprünglich die Abkürzung für Deutsche Industrie-Norm. Nachdem der „Normenausschuß der deutschen Industrie" im Jahre 1926 die Bezeichnung „Deutscher Normenausschuß" erhalten hatte, wurde DIN als „Das ist Norm" gedeutet.

Beide Deutungen sind überholt.

Das Wort DIN ist auch in dem Verbandszeichen DIN enthalten. Mit ihm werden z. B. die herausgegebenen Ergebnisse der Normungsarbeit (z. B. DIN-Normen) und sonstige Veröffentlichungen des DIN Deutsches Institut für Normung e. V. gekennzeichnet.

Als Aussage der Normenkonformität, insbesondere von technischen Erzeugnissen, findet man das Zeichen DIN auch auf Waren außerhalb des Tätigkeitsbereiches des DIN. *Krieg*

DIN Deutsches Institut für Normung e. V. Die zentrale, national wie international als normenschaffende Körperschaft anerkannte deutsche „Nationale Normungsorganisation".

Seine Hauptaufgabe besteht darin, Normen (technische Normung) zu erstellen, anzuerkennen oder anzunehmen sowie diese der Öffentlichkeit zugänglich zu machen.

Das DIN ist Mitglied in den entsprechenden regionalen (europäischen) und internationalen Normungsorganisationen (regionale Normung; internationale Normung). Ergebnisse der Normungsarbeit im DIN sind Deutsche Normen (DIN-Normen), die unter dem Verbandszeichen DIN vom DIN herausgegeben werden und das Deutsche Normenwerk bilden. Internationale und Europäische Normen, ausländische Normen sowie technische Regeln anderer Regelsetzer werden (z. B. als DIN-ISO-Normen oder DIN-EN-Normen) auch als Deutsche Normen in das Deutsche Normenwerk übernommen.

Das DIN hat die Rechtsform eines eingetragenen Vereins auf ausschließlich gemeinnütziger Grundlage mit Sitz in Berlin. Gegründet wurde es 1917.

Das DIN vertritt Deutschland in den internationalen Normungsorganisationen. Bis 1961 hatte es dies gemäß Kontrollratsbeschluß aus dem Jahre 1946 für alle vier Besatzungszonen getan. Die ab 1968, als die Mitgliedsfirmen aus der ehemaligen DDR ihren Austritt aus dem DIN erklärten, geltende Beschränkung seiner Tätigkeit auf das damalige Bundesgebiet einschl. Berlin (West) wurde mit der Verwirklichung des geeinten Deutschlands wieder aufgehoben.

Oberstes Organ des DIN ist die Mitgliederversammlung. Mitglied des DIN können Firmen oder Verbände sowie alle an der Normung interessierten Körperschaften, Behörden und Organisationen sein. Einzelpersonen können nicht Mitglied des DIN werden. Zur Zeit hat das DIN etwa 6 400 Mitglieder.

Der Finanzbedarf des DIN wird gedeckt aus:

◻ Mitgliedsbeiträgen und zweckbestimmten Fachförderungen. Der Mitgliedsbeitrag wird nach der Anzahl der Betriebsangehörigen eines Mitglieds errechnet (etwa 20 % Anteil am Haushalt des DIN);

◻ Zuwendungen von Bund und Ländern als Projektmittel für im Interesse der Öffentlichkeit durchgeführte Normungsarbeiten (etwa 20 % Anteil am Haushalt des DIN);

◻ Erlöse aus dem Verkauf der Arbeitsergebnisse. Etwa 60 % der Einnahmen des DIN werden hauptsächlich durch die Verkaufserlöse der Normen und Norm-Entwürfe sowie der DIN-Taschenbücher erreicht.

Im Jahre 1975 hat das DIN mit der Bundesrepublik Deutschland einen Vertrag (Normenvertrag) geschlossen. Demzufolge betrachtet die Bundesregierung das DIN nach Maßgabe der DIN-internen Regularien als die zuständige Normungsorganisation in nichtstaatlichen internationalen Normungsorganisationen. Der Normenvertrag findet auch in den neuen fünf Bundesländern sinngemäße Anwendung. Das DIN verpflichtet sich in dem Normenvertrag, bei seinen Normungsarbeiten das öffentliche Interesse zu berücksichtigen und bei der Ausarbeitung der DIN-Normen insbesondere dafür Sorge zu tragen, daß die Normen bei der Gesetzgebung, in der öffentlichen Verwaltung und im Rechtsverkehr als Umschreibungen technischer Anforderungen herangezogen werden können.

Der Normenvertrag regelt die Beziehungen zwischen dem DIN und dem Staat in einer Weise, die die Grundsätze der Normungsarbeit des DIN gewährleistet. Diese neun Grundsätze (Maxime der Normung) sind gleichzeitig auch die wesentlichen Randbedingungen des eigentlichen Normungsprozesses. Im einzelnen sind es folgende:

Freiwilligkeit. Jedermann – wenn die Gegenseitigkeit gewährleistet ist, auch am Markt vertretene ausländische interessierte Kreise – hat das Recht, mitzuarbeiten, niemand wird jedoch dazu gezwungen. Die Arbeitsergebnisse sind Empfehlungen, die keine andere Macht hinter sich haben als den in ihnen liegenden akkumulierten Sachverstand.

Öffentlichkeit. Alle Normungsvorhaben und Entwürfe zu DIN-Normen werden öffentlich bekannt und für jedermann zugänglich gemacht.

Beteiligung aller interessierten Kreise. Jedermann kann sein Interesse einbringen. Der Staat ist dabei ein wichtiger Partner neben anderen. Kritiker werden an den Verhandlungstisch gebeten. Ein Schlichtungs- und Schiedsverfahren sichert die Rechte von Minderheiten.

Einheitlichkeit und Widerspruchsfreiheit. Das Deutsche Normenwerk befaßt sich insbesondere mit allen technischen Disziplinen. Die Regeln der Normungsarbeit sichern seine Einheitlichkeit.

Sachbezogenheit. Das DIN normt keine Weltanschauung. DIN-Normen sind ein Spiegelbild der Wirklichkeit. Sie werden abgefaßt auf der Grundlage technisch-wissenschaftlicher Erkenntnisse, ohne sich darin zu erschöpfen.

Ausrichtung am allgemeinen Nutzen. DIN-Normen haben gesamtgesellschaftliche Ziele einzubeziehen. Es gibt keine wertfreie Normung. Der Nutzen für alle steht über dem Vorteil einzelner.

Ausrichtung am Stand der Technik. Die Normung des DIN vollzieht sich in dem Rahmen, den die naturwissenschaftlichen Erkenntnisse und die Erfahrungen der Praxis setzen. Sie sorgt für die schnelle Umsetzung neuer Erkenntnisse. DIN-Normen sind Niederschrift des Standes der Technik.

Ausrichtung an den wirtschaftlichen Gegebenheiten. Jede Normensetzung wird auf ihre wirtschaftlichen Wirkungen hin untersucht. Es wird nur das unbedingt Notwendige genormt.

Internationalität. Das DIN will einen von technischen Handelshemmnissen freien Welthandel und unterstützt im Rahmen seiner Möglichkeiten die internationale Zusammenarbeit, Verständigung und den Erfahrungsaustausch auf allen Gebieten. Die Aufgaben der Normung in Deutschland sind demzufolge nicht nur auf das Inland beschränkt. Als Richtschnur werden hierfür Internationale Normen und im Rahmen der internationalen Normung Europäische Normen benötigt.

In Anbetracht dieser Normungsgrundsätze und auf Grund ihres qualifizierten Erfahrungspotentials eignen sich DIN-Normen auch für Anwendungen im rechtlichen Bereich, obwohl sie von ihrer Bestimmung her vorrangig zur Anwendung im technisch-wirtschaftlichen, technisch-wissenschaftlichen Bereich gedacht sind.

Die eigentliche fachliche Arbeit (Normungsarbeit) des DIN wird in Arbeitsausschüssen geleistet, die in der Regel zu Normenausschüssen zusammengefaßt sind.

Normen sind immer erst dann wirksam, wenn sie angewendet werden. Je häufiger und je früher DIN-Normen angewendet werden, desto größer ist der wirtschaftliche Nutzen, der aus der Normung des DIN erwächst.

Zu den Aufgaben eines Normenausschusses gehört es deshalb auch, sich im Rahmen seiner Normungsarbeit für die Einführung und Anwendung der Normen einzusetzen. Ein Beispiel hierfür sind die gemeinsam mit der Deutschen Gesellschaft für Warenkennzeichnung (DGWK) wahrgenommenen Zertifizierungsaktivitäten (Normenkonformität).

Mit der Aufgabe, die Einführung der DIN-Normen in die betriebliche Praxis zu erleichtern sowie der Allgemeinheit die Vorteile der Normung aufzuzeigen, befaßt sich insbesondere der Ausschuß Normenpraxis (ANP) im DIN. Er setzt sich zum großen Teil aus Mitarbeitern zusammen, die in der Industrie, Wirtschaft, Wissenschaft und Verwaltung in der Normung (Werknormung, Werknorm) tätig sind. Der im ANP betriebene Erfahrungsaustausch bildet hierbei ein wirksames Instrument einer anwenderbezogenen Normenkontrolle, der Zweckmäßigkeitsbeurteilung und der Einführung der DIN-Normen in die Praxis. Gleiches, nur auf internationaler Ebene, gilt für die im Rahmen der ISO wirkende Internationale Föderation der Ausschüsse Normenpraxis (IFAN), ein weltweiter Zusammenschluß der nationalen Organisationen Normenpraxis.

Mit der Interessenwahrnehmung einer weiteren Gruppe von Normenanwendern, den nicht gewerblichen Letztverbrauchern, befaßt sich der Verbraucherrat im DIN. Sein Ziel ist es, die Ausgewogenheit der Interessen zwischen Herstellern und Verbrauchern zu verbessern. So berät und unterstützt er die Lenkungs- und Arbeitsgremien des DIN in allen Fragen, die für den Verbraucher von Bedeutung sind. Wie der ANP stellt der Verbraucherrat selbst keine Normen auf, wirkt aber durch ehren- und hauptamtliche Mitarbeiter in der Facharbeit mit.

Der Nutzen der Normung des DIN kann nur dann seine volle Wirkung erzielen, wenn die Informationsquellen über die Normung den potentiellen Anwendern bekannt sind und die Informationsbeschaffung problemlos zu handhaben ist. Aus diesem Grunde bietet das DIN neben den von seinem Deutschen Informationszentrum für technische Regeln (DITR) angebotenen Dienstleistungen noch folgende Informations- und Beschaffungsmöglichkeiten an.

Beuth Verlag GmbH. Der Verlag ist die zentrale Bezugsquelle für technische Regeln in der Bundesrepublik Deutschland. Neben DIN-Normen und anderen deutschen technischen Regeln liefert der Beuth Verlag die Normen aller Mitgliedsländer der ISO sowie alle ausländischen nationalen Normen.

Der Verlag bietet folgende Dienstleistungen: 45 000 deutsche technische Dokumente und Buchtitel aus 30 technisch-wissenschaftlichen Institutionen, 260 000 ausländische Normen, Abonnementsdienste für Normen und andere Publikationen.

DIN-Mitteilungen + elektronorm. Die DIN-Mitteilungen + elektronorm, eine Zeitschrift, ist das Zentralorgan der deutschen Normung und die Chronik des Deutschen Normenwerks. Sie enthält monatlich Informationen, in denen alle Veränderungen am Deutschen Normenwerk, im Bereich der europäischen Normung und anderen technischen Regelwerken (AD, VDI, VdTÜV usw.) aufgezeigt werden.

DIN-Taschenbücher enthalten auf A5 verkleinerte wichtige DIN-Normen eines Fach- oder Anwendungsbereiches.

Bibliothek. In der Bibliothek des DIN können viele deutsche technische Regelwerke sowie ein breites Spektrum an Tertiärliteratur zur Normung eingesehen werden.

Auslandsarchiv. Das DIN tauscht mit den nationalen Normungsinstituten von mehr als 70 europäischen und überseeischen Ländern seine Normen aus. Die Anzahl der Auslandsnormen, die für die deutsche Wirtschaft zur Verfügung stehen, beträgt rd. 40 000 Exemplare.

DIN-Bezugsquellen für normgerechte Erzeugnisse im Seibt-Industriekatalog. Bestandteil des Seibt-Industriekatalogs ist ein DIN-numerischer Bezugsquellenteil für DIN-genormte Erzeugnisse und deren Hersteller bzw. Händler.

Beuth-Kommentare. In den Beuth-Kommentaren werden bereits zum Erscheinungstermin von wichtigen Normen eines Fachgebiets Hinweise und Vorschläge zur Anwendung sowie Beispiele aus der Praxis für dieses Gebiet gegeben.

Darüber hinaus wird über den Zusammenhang mit Gesetzen, Verordnungen und Richtlinien sowie sonstige Festlegungen von Staat und Wirtschaft informiert. *Krieg*

Literatur: Normenheft 10: Grundlagen der Normungsarbeit des DIN. 5. Aufl. Berlin 1987. – Handb. Normung, Innerbetriebliche Normungsarbeit. Bd. 1: Grundlagen der Normungsarbeit. 7. Aufl. Berlin 1989.

DIN-EN-Norm. In das Deutsche Normenwerk als DIN-Norm unverändert übernommene Europäische Norm (EN-Norm) von CEN/CENELEC (technische →Normung). *Krieg*

DIN-IEC-Norm. In das Deutsche Normenwerk als DIN-Norm unverändert übernommene Internationale Norm IEC (technische →Normung). *Krieg*

DIN-ISO-Norm. In das Deutsche Normenwerk als DIN-Norm unverändert übernommene Internationale Norm der ISO (technische →Normung). *Krieg*

DIN-Norm. D. sind auf nationaler Ebene durch ehrenamtlich tätige Fachleute aus den interessierten Kreisen in Normenausschüssen erarbeitete (Normungsarbeit) und vom DIN Deutsches Institut für Normung e. V. herausgegebene technische Normen. D. enthalten Festlegungen (Angaben, Anweisungen, Empfehlungen oder Anforderungen) z. B. für die

□ Verständigung (zwischen verschiedenen Fachbereichen),

□ Beschaffenheit und Prüfung technischer Erzeugnisse (Normenkonformität),

□ Herstellung, Instandhaltung und Handhabung von Gegenständen und Anlagen,

□ Gestaltung und den organisatorischen Ablauf von Verfahren und Dienstleistungen,

□ Sicherheit, Gesundheit und den Umweltschutz.

Auf Grund ihres Inhalts oder des Grads der Normung kann zwischen verschiedenen Normenarten unterschieden werden. DIN-Normen werden allgemein beachtet und angewendet.

D. unterscheiden sich von den überbetrieblichen Empfehlungen (technische Regel) anderer Regelsetzer, weil sie nach den u. a. in den Normen der Reihe DIN 820 enthaltenen Grundsätzen und festgelegten Verfahrensregeln des DIN erstellt und herausgegeben werden. Ein wesentlicher Aspekt ist hierbei die selbstauferlegte und durch den Normenvertrag bestätigte Pflicht, bei der Normungsarbeit das öffentliche Interesse zu berücksichtigen sowie die Beteiligung der Öffentlichkeit an der Normensetzung sicherzustellen.

Ein weiteres Unterscheidungsmerkmal ist auch darin zu sehen, daß allein durch D. die Verbindung mit den Internationalen Normen und Europäischen Normen hergestellt wird. Durch die Übernahme der meisten dieser multinationalen Normen in das Deutsche Normenwerk leisten DIN-Normen einen wichtigen Beitrag zum Abbau von Handelshemmnissen.

Einen Sonderfall im Rahmen der Normungsarbeit des DIN stellen die Vornormen dar. Durch die Möglichkeit, das nach DIN 820, Tl. 4, vorgeschriebene Aufstellungsverfahren zu variieren, kann auch auf technischen Gebieten, die einer raschen Entwicklung unterliegen, technischen Neuerungen kurzfristig Rechnung getragen werden.

DIN-Normen stehen jedermann zur Anwendung frei. Eine Anwendungspflicht kann sich aus Rechts- oder Verwaltungsvorschriften, Verträgen oder aus sonstigen Rechtsgrundlagen ergeben. Als zeitgerechte (D. müssen spätestens alle 5 Jahre auf ihre Aktualität hin überprüft werden) Spiegelung des Standes der Technik (technische Regel) sind sie eine wichtige Erkenntnisquelle für fachgerechtes und marktgerechtes Verhalten im Normalfall und bilden damit einen Maßstab für einwandfreies technisches Verhalten. Dieser Maßstab ist auch im Rahmen der Rechtsordnung von Bedeutung. So sollen sich die D.

als „anerkannte Regeln der Technik" einführen und zur Ausfüllung der unbestimmten Rechtsbegriffe „anerkannte Regel der Technik" oder „Stand der Technik" durch den Gesetzgeber herangezogen werden können. Bei sicherheitstechnischen Festlegungen in DIN-Normen besteht sogar eine tatsächliche Vermutung dafür, daß sie „anerkannte Regeln der Technik" sind. Beispiele hierfür sind die auf dem elektrotechnischen Gebiet herausgegebenen DIN-VDE-Normen, die zugleich VDE-Bestimmungen sind. Durch das Anwenden von D. entzieht sich jedoch niemand der Verantwortung für eigenes Handeln. D. sind urheberrechtlich geschützt. Die Urheberrechte nimmt das DIN wahr. Vervielfältigungen von D., auch das Einspeichern von D. und Norm-Inhalten in EDV-Anlagen, müssen durch das DIN genehmigt werden. Der Vertrieb der D. wird vom Beuth Verlag, Berlin, wahrgenommen. Auskünfte zu D. und anderen technischen Regeln erteilt das Deutsche Informationszentrum für technische Regeln (DITR) im DIN. *Krieg*

Literatur: Normenheft 10: Grundlagen der Normungsarbeit des DIN. 5. Aufl. Berlin 1987 – *Budde, E.*, u. *H. Reihlen:* Zur Bedeutung technischer Regeln in der Rechtsprechungspraxis der Richter. In: DIN-Mitt. Bd. 63 (1984) Nr. 5, S. 248/50. – *Hesser, W.:* Untersuchungen zum Beziehungsfeld zwischen Konstruktion und Normung. Diss. TU Berlin 1980. – Normungskunde. Bd. 16. Berlin 1981 – *Muschalla, R.:* Überregelung – Sachzwang oder menschliches Versagen? In: DIN-Mitt. Bd. 61 (1982) Nr. 9, S. 513/17.

DIN-Prüf- und Überwachungszeichen. Das DIN-Prüf- und Überwachungszeichen ist ein Verbandszeichen des DIN Deutsches Institut für Normung e. V. und dient der Kennzeichnung der Normenkonformität. *Krieg*

Diskriminator.

1. Schaltung zur Bewertung von Signalparametern. Ein Amplitudendiskriminator z. B. gibt einen →Impuls ab, wenn das Eingangssignal eine bestimmte, einstellbare Amplitude über- oder unterschreitet. Schaltungen, die einen Impuls liefern, wenn das Eingangssignal innerhalb eines einstellbaren Bereiches liegt, nennt man auch Fensterdiskriminatoren. Anwendung z. B. bei der →Strahlungsmessung.

2. Schaltung, die aus einem frequenz (FM)- oder phasenmodulierten (PM) →Signal das Nutzsignal detektiert und als amplitudenmoduliertes Signal abgibt. Anwendung z. B. im UKW-(FM-)Teil von Rundfunkempfängern. Bei FM-Sendern wird die Trägerfrequenz entsprechend den zu übertragenden Nutzsignalamplituden (z. B. aus Sprache, Musik) verändert bzw. moduliert. Der FM-Empfänger macht diesen Vorgang mittels des D. wieder rückgängig. Das so zurückerhaltene Nutzsignal wird nach Verstärkung auf den Lautsprecher gegeben. *Hammerschmidt*

Divertor. Unter D. versteht man in Plasmaexperimenten, vor allem vom Tokamaktyp, eine magnetische Konfiguration, bei der die am Rand der Plasmasäule verlaufenden magnetischen Feldlinien vom Plasma weg in eine getrennt angeordnete Kammer geführt werden. Die aus dem Plasmainneren zum Rand diffundierenden Plasmateilchen strömen entlang der Feldlinien in die Divertorkammer, wo sie auf quer zu den Feldlinien angeordnete Metallplatten treffen und neutralisiert werden. Auf diese Weise wird eine direkte Berührung der Plasmasäule mit materiellen Teilen (Limiter, Gefäßwände, Antennen) verhindert und damit die Plasmakontamination durch Fremdionen wesentlich reduziert. *Biskamp*

Dividier-Verstärker. Der D.-V. ist ein Meßverstärker (invertierender Operationsverstärker), dessen Ausgangsspannung u_a proportional dem Quotienten zweier Eingangsspannungen u_1 und u_2 ist. Dies wird erreicht, indem ein →Multiplizierer mit $u_g = k u_2 u_a$ in die Gegenkopplung des invertierenden Verstärkers gelegt wird (Bild). Dessen Ausgangsspannung u_a ist dann

$$u_a = - \frac{R_g}{kR_1} \frac{u_1}{u_2}.$$

Schrüfer

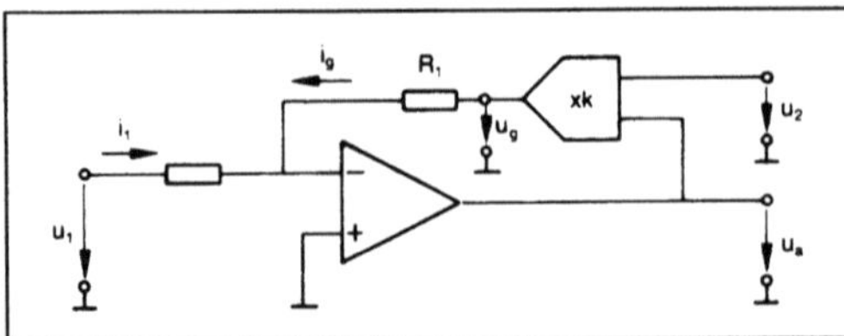

Dividier-Verstärker: Prinzipieller Aufbau.

Division. Die Umkehrung der Multiplikation bei Gültigkeit des Kommutativgesetzes: Eine Verknüpfung, die einer Zahl a und einer von Null verschiedenen Zahl b eine Zahl c zuordnet, so daß $a = c \cdot b$ gilt. Dabei heißt a der Dividend, b der Divisor und c der Quotient. Man schreibt c als a/b, $\frac{a}{b}$, a:b oder $a \cdot b^{-1}$.

Die D. läßt sich auch zwischen rationalen Funktionen mit Koeffizienten aus einem Körper erklären, wobei der Divisor verschieden von der Nullfunktion sein muß. Ganz allgemein kann in einer abelschen Gruppe die Auflösung einer Gleichung $b \cdot x = a$ als D. des Dividenden a durch den Divisor b angesehen werden. Ist der Dividend das neutrale Element bezüglich der Multiplikation, so heißt der Quotient das inverse oder reziproke Element von b. *Schmeißer*

Division mit Rest. Der Quotient zweier ganzer Zahlen a und b ist i. a. keine ganze Zahl, jedoch existiert eine Darstellung $a = q \cdot b + r$ mit ganzen Zahlen q und r, so daß $|r| < |b|$ gilt. Man sagt die D. von a durch b ergibt q plus einen Rest r.

Ganz analog existiert für je zwei Polynome $A(x)$ und $B(x)$ eine Darstellung $A(x) = Q(x)B(x) + R(x)$ mit Polynomen $Q(x)$ und $R(x)$, so daß entweder $R(x)$ das Nullpolynom oder der Grad von $R(x)$ kleiner als der Grad von $B(x)$ ist. Für $A(x) = x^3 + 3x^2 + 6x + 5$ und $B(x) = 3x^2 + 6x + 6$ berechnet man z. B.

$$(x^3 + 3x^2 + 6x + 5) : (3x^2 + 6x + 6) = \frac{1}{3}x + \frac{1}{3}$$
$$\underline{-\ (x^3 + 2x^2 + 2x)}$$
$$x^2 + 4x + 5$$
$$\underline{-\ (x^2 + 2x + 2)}$$
$$2x + 3$$

und bekommt $Q(x) = \frac{1}{3}x + \frac{1}{3}$, $R(x) = 2x + 3$.

In der →Algebra spezifiziert man eigens solche Ringe, in denen sich eine D. m. R. erklären läßt. Ein Integritätsbereich R heißt euklidischer Ring, (benannt nach *Euklid*, genauer *Eukleides von Alexandria* um 300 v. Chr.), wenn jedem von null verschiedenen Element a genau eine nicht negative ganze Zahl g(a) zugeordnet ist, wobei gilt:

Für je zwei Elemente a und b mit $b \neq 0$ folgt $a = qb + r$ mit q, $r \in R$ und $r = 0$ oder $g(r) < g(b)$.

Die Menge aller ganzen Zahlen und die Menge aller Polynome mit Koeffizienten aus einem Körper sind Beispiele von euklidischen Ringen.

In euklidischen Ringen ist der euklidische Algorithmus zur Bestimmung eines größten gemeinsamen Teilers zweier Elemente a_0 und a_1 durchführbar. Sei etwa $g(a_1) \leq g(a_0)$. Nun findet man sukzessive

$$a_0 = q_1 a_1 + a_2, \quad 0 < g(a_2) < g(a_1),$$
$$a_1 = q_2 a_2 + a_3, \quad 0 < g(a_3) < g(a_2)$$

usw., bis sich schließlich eine Gleichung

$$a_{s-1} = q_s a_s$$

ergibt (wobei diese evtl. schon im ersten Schritt mit $s = 1$ auftreten kann). Dann ist a_s ein größter gemeinsamer Teiler von a_0 und a_1, denn a_s ist ein gemeinsamer Teiler und jeder gemeinsame Teiler teilt a_s. *Schmeißer*

Literatur: *Hornfeck, B.:* Algebra. 3. Aufl. Berlin 1976. – *Kochendörffer, R.:* Einführung in die Algebra. 2. Aufl. Ost-Berlin 1962. – *Meyberg, K.:* Algebra. Tl. 1. 2. Aufl. München 1980.

DMT – Deutsche Montan-Technologie für Rohstoff, Energie, Umwelt e. V. Der Verein ist am 1. 1. 1990 gegründet worden. Er ist aus dem 1952 gegründeten Steinkohlenbergbauverein hervorgegangen und umfaßt die DMT-Gesellschaft für Forschung und Prüfung mbH sowie die DMT-Gesellschaft für Lehre und Bildung mbH. Mitglieder sind die acht Steinkohle fördernden Gesellschaften der Bundesrepublik Deutschland. Zweck des Vereins ist die Förderung von Forschung, Entwicklung, Prüfung, Aus- und Fortbildung insbesondere im Steinkohlenbergbau sowie die Pflege bergbaulichen Kulturgutes. *Debelius*

Dopplereffekt. Von dem österreichischen Physiker *Christian Doppler* (1803–1853) entdeckter Effekt der Frequenzänderung bei einer Relativbewegung zwischen Schallquelle und Schallempfänger.

Bewegt sich eine Schallquelle auf einen gegenüber dem Medium feststehenden Schallempfänger zu, so bedeutet dies, daß in der Zeiteinheit mehr Maxima und Minima der Welle über den Empfänger hinweglaufen, als der Frequenz f_{qu} der Schallquelle entspricht; für den Empfänger tritt eine Frequenzerhöhung ein:

$$f_{empf} = \frac{f_{qu}}{1 \pm U/c};$$

– Schallquelle bewegt sich auf den Beobachter zu, + Schallquelle entfernt sich, U Relativgeschwindigkeit zwischen Schallquelle und Empfänger, c Schallgeschwindigkeit. Liegt die Schallquelle (Frequenz f_{qu}) relativ zum Medium fest und bewegt sich der Empfänger auf die Quelle zu (+) oder fort (–), so tritt nicht eine Frequenzänderung der Schwingung im Medium ein, sondern es ändern sich die erzwungenen Schwingungen des Empfängers. Die Frequenzänderung am Empfänger ist in diesem Fall:

$$f_{empf} = f_{qu} (1 \pm U/c).$$

Man kann den D. z. B. beim Vorbeifahren eines Autos eindrucksvoll wahrnehmen. *Helbig*

Dosimetrie. Arbeitsbereich der D. ist die →Messung von Strahlendosen. Dabei unterscheidet man zwei Wege: Messung der durch →Strahlung übertragenen Energie oder Messung der durch Strahlung erzeugten Ionen.

Die Energiedosis D ist die Energie dE, welche durch die Strahlung auf ein Volumenelement dV mit der Masse dm übertragen wird $D = \frac{dE}{dm} = \frac{dE}{\rho dV}$ (ρ ist die Dichte). Die Einheit der Energiedosis ist 1 →Gray (Kurzzeichen Gy), die SI-Einheit 1 J/kg (1 Gy = 1 J/kg). Daneben ist für die Energiedosis noch die Einheit Rad üblich (Rad = „radiation absorbed dose", Kurzzeichen rd, 1 rd = 0,01 J/kg). Die Energiedosisleistung ist die Energiedosis pro Zeiteinheit $\frac{dD}{dt}$; gebräuchliche Einheiten sind Gy/s, Gy/h oder rd/s, rd/h.

Die experimentelle Bestimmung der Energiedosis erfordert einen hohen Aufwand. Deshalb wird in Strahlenschutzmeßgeräten nicht die absorbierte Energie (Energiedosis), sondern die durch Ionisierung erzeugte Menge an Ionen (→Ionendosis) gemessen. Die Ionendosis J ist gleich der Ladung dQ der Ionen eines Vorzeichens, welche durch die Strahlung in Luft in einem Volumenelement dV erzeugt werden, dividiert durch die Masse dieses Volumenelements:

$$J = \frac{dQ}{dm} = \frac{dQ}{\rho dV}.$$

Die Einheit der Ionendosis ist das →Röntgen (Kurzzeichen R). Diese Einheit ist bereits recht lange in der Radiologie im Gebrauch. Sie ist definiert als die Strahlendosis an Röntgen- oder γ-Strahlung, welche in 1 cm³ Luft unter Normalbedingungen (0 °C, 1 atm) Ionen und Elektronen mit einer Ladung von jeweils einer elektrostatischen Einheit erzeugt. Da eine elektrostatische Einheit $2{,}082 \cdot 10^9$ Elementarladungen entspricht, eine Elementarladung $1{,}60219 \cdot 10^{-19}$ C (→Coulomb) beträgt und 1 cm³ Luft unter Normalbedingungen eine Masse von 0,001293 g hat, folgt

$$1\ R = 2{,}580 \cdot 10^{-4}\ C/kg.$$

Zur Erzeugung eines Ionenpaares (Ion + Elektron) in Luft sind 34 eV erforderlich. Die Ionendosis 1 R entspricht somit einer Energieabsorption von $5{,}475 \cdot 10^{13}$ eV pro g Luft bzw. $0{,}877 \cdot 10^{-2}$ J pro kg Luft. Bei einer bestimmten Ionendosis kann die Energieabsorption (Energiedosis) an verschiedenen Stoffen recht unterschiedlich sein. In der für den →Strahlenschutz wichtigen Substanzen ist die Energieabsorption von Röntgenstrahlung und γ-Strahlung allerdings sehr ähnlich wie in Luft. So bewirkt eine Ionendosis von 1 R an Röntgen- oder γ-Strahlung mit einer Energie zwischen etwa 0,2 und 3 MeV in Wasser und in Weichteilgewebe eine Energieabsorption von $0{,}97 \cdot 10^{-2}$ J/kg und in Knochen eine Energieabsorption von $0{,}93 \cdot 10^{-2}$ J/kg. Für den Bereich des Strahlenschutzes gilt somit mit hinreichender Näherung:

$$1\ R \approx 1\ rd = 10^{-2}\ J/kg\ (= 10^{-2}\ Gy).$$

Die verschiedenen Strahlungsarten unterscheiden sich durch ihre biologische Wirksamkeit. Bei gleicher Energiedosis treten in biologischem Gewebe in Abhängigkeit von der Strahlungsart, der Energie der Strahlung, dem biologischen System und dessen Entwicklungszustand sowie von der räumlichen und zeitlichen Verteilung der Energiedosis unterschiedliche biologische Wirkungen bzw. Schädigungen auf. Dieser Einfluß wird in der Strahlenbiologie durch einen empirischen Faktor f_{RBW} (RBW = relative biologische Wirksamkeit) berücksichtigt. Der Faktor f_{RBW} für die relative biologische Wirksamkeit gibt an, wievielmal größer eine bestimmte biologische Wirkung einer Strahlung ist im Vergleich zu einer von außen einwirkenden

Röntgen- oder γ-Strahlung. Wenn man verschiedene Wirkungen betrachtet, erhält man im allgemeinen auch unterschiedliche Werte für den Faktor f_{RBW}. Dazu kommt, daß die Wirkung in hohem Maße von der Dosisleistung abhängig ist; d. h., sie ist bei gleicher Dosis, aber niedriger Dosisleistung im allgemeinen erheblich geringer.

Im praktischen Strahlenschutz verwendet man einen Bewertungsfaktor q, der für die verschiedenen Strahlenarten und die verschiedenen Bedingungen der Bestrahlung auf Grund der Erfahrungen aus der Strahlenbiologie und der Radiologie festgelegt wird. Die Ungleichheit hinsichtlich der biologischen Wirkungen im einzelnen nimmt man dabei in Kauf. Das Produkt aus der Energiedosis D und dem Bewertungsfaktor q wird Äquivalentdosis D_q genannt:

$$D_q = D \cdot q.$$

Die Äquivalentdosis wurde ausschließlich für den Strahlenschutz eingeführt, um Strahlung hinsichtlich ihrer Wirkung vergleichen bzw. aufsummieren zu können. Die Einheit der Äquivalentdosis ist 1 Sievert (Kurzzeichen Sv; 1 Sv entspricht in seiner Wirkung im Strahlenschutz einer Energieabsorption von 1 J/kg). Eine ältere Einheit der Äquivalentdosis ist das $\rightarrow$ Rem („röntgen equivalent men", Zeichen rem; 1 rem entspricht in seiner Wirkung im Strahlenschutz einer Energieabsorption von 0,01 J/kg).

Den Bewertungsfaktor q unterteilt man noch weiter in einen Qualitätsfaktor Q für die betreffende Strahlung und einen modifizierenden Faktor N: $q = Q \cdot N$. Der Qualitätsfaktor Q ist abhängig von der Ionisierungsdichte, d. h. von der linearen Energieübertragung (LET-Wert, $\rightarrow$ Strahlenchemie), während der Faktor N die räumliche und zeitliche Verteilung der Strahlung berücksichtigt. Bei äußerer Einwirkung der Strahlung setzt man $N = 1$, bei innerer Einwirkung je nach den Bedingungen und der Toxizität der Radionuklide $N > 1$.

Grundsätzliche Unterschiede bestehen zwischen der Dosis infolge äußerer Einwirkung von Strahlung und der Dosis infolge innerer Einwirkung. Die Ionendosisleistung, die ein Körper von einer punktförmigen $\rightarrow$ Strahlenquelle mit der $\rightarrow$ Aktivität A im Abstand r erhält, beträgt für γ-Strahlung:

$$\frac{dJ}{dt} = k_\gamma \frac{A}{r^2}.$$

Der Einfluß des Abstandes wird aus dieser Gleichung besonders deutlich. k_γ, die Dosisleistungskonstante für γ-Strahlung, ist abhängig von der Energie der Strahlung sowie von dem Zerfallsschema des betreffenden Radionuklids, d. h. von der Häufigkeit, mit der dieses $\rightarrow$ Radionuklid γ-Quanten verschiedener Energie emittiert. Wenn man davon ausgeht, daß bei jedem $\rightarrow$ Zerfall 1 γ-Quant emittiert wird, die

Aktivität A in $\rightarrow$ Curie (abgekürzt Ci) rechnet und r in m, so gilt für γ-Quanten von 2 MeV: $k_\gamma \approx 1$ R m² h⁻¹ Ci⁻¹. Den gleichen Wert erhält man für niederenergetische Röntgenstrahlung mit einer Energie von 10 keV. Dazwischen durchläuft k_γ ein Minimum von etwa 0,03 R m² h⁻¹ Ci⁻¹ bei einer Energie von 70 keV. Näherungsweise kann man im Falle von γ-Strahlung und Röntgenstrahlung mit Werten zwischen 0,1 und 1 R m² h⁻¹ Ci⁻¹ rechnen.

Für die Dosisleistung eines punktförmigen β-Strahlers kann man eine ähnliche Beziehung benutzen wie für γ-Strahler:

$$\frac{dJ}{dt} = k_\beta (r) \frac{A}{r^2}.$$

Die Größe $k_\beta(r)$ ist jedoch nicht konstant, sondern hängt stark vom Abstand ab, weil Elektronen auf ihrem Wege in der Luft Energie verlieren. $k_\beta(r)$ wird auch als Punktquellen-Dosisfunktion bezeichnet. Bis zu etwa 20 % der maximalen Reichweite der betreffenden β-Strahlung ($\rightarrow$ Beta-Strahlung) liegen die Werte von $k_\beta(r)$ zwischen etwa 30 und 100 R m² h⁻¹ Ci⁻¹ und fallen bei Annäherung an die maximale Reichweite steil ab.

Zum Vergleich sei die Ionendosisleistung verschiedener Strahlenquellen in 1 m Abstand aufgeführt, die sich in den folgenden Größenordnungen bewegt: Röntgenröhre: 0,1 R s⁻¹, Hochleistungsröntgenröhre: 10^2 R s⁻¹, Elektronenbeschleuniger (1 mA): 10^5 R s⁻¹, γ-Strahlung einer 1000-Ci-⁶⁰Co-Quelle: 0,1 R s⁻¹. Wenn es sich nicht um punktförmige, sondern um flächenförmige Strahlenquellen handelt, erhält man ähnliche Beziehungen für die Dosisleistung.

Während man bei der äußeren Einwirkung von Strahlung die Dosisleistung unmittelbar messen kann, ist dies bei innerer Einwirkung, d. h. wenn Radionuklide im Körper inkorporiert sind, im allgemeinen nicht möglich. Man ist deshalb bei der Ermittlung der Dosisleistung oder der Dosis im Falle der inneren Einwirkung auf Rechnungen und Abschätzungen angewiesen, wenn man nicht genau weiß, welche Mengen an Radionukliden sich im Körper befinden. Dazu kommt, daß inkorporierte Radionuklide sich in bestimmten Organen anreichern und dort bis zu ihrem vollständigen Zerfall wirksam sein können, andere dagegen verhältnismäßig rasch wieder aus dem Körper ausgeschieden werden, wobei diese Vorgänge sehr stark vom Stoffwechsel abhängen und deshalb individuell sehr verschieden sein können. Um die mittlere Verweilzeit von Radionukliden im Körper bzw. in einer bestimmten Substanz zu berücksichtigen, rechnet man mit der effektiven $\rightarrow$ Halbwertzeit $t_{1/2}$ (eff), die sich aus der folgenden Beziehung errechnet:

$$\frac{1}{t_{1/2} \text{ (eff)}} = \frac{1}{t_{1/2}} + \frac{1}{t_{1/2} \text{ (biol.)}} \cdot t_{1/2}$$

$t_{1/2}$ ist die (physikalische) Halbwertzeit, $t_{1/2}$ (biol.) die biologische Halbwertzeit, die der mittleren Verweilzeit im Körper umgekehrt proportional ist. Wenn die (physikalische) Halbwertzeit oder die biologische Halbwertzeit kurz ist, ist auch die effektive Halbwertzeit kurz. Wenn sie beide verhältnismäßig groß sind, erhält man auch für die effektive Halbwertzeit hohe Werte. Nach der effektiven Halbwertzeit von Radionukliden beurteilt man ihre Radiotoxizität; d. h., Radionuklide mit einer langen Halbwertzeit, die eine verhältnismäßig hohe Verweilzeit im Körper haben bzw. dort gespeichert werden, haben eine hohe Radiotoxizität (→Strahlenschutz).

Aus der Aktivität A eines inkorporierten Radionuklids kann man die Energiedosisleistung $\frac{dD}{dt}$ mit Hilfe der Beziehung

$$\frac{dD}{dt} = A \ \Sigma \ H_i \ E_i$$

berechnen. H_i sind die relativen Häufigkeiten, mit denen α-Teilchen, β-Teilchen oder γ-Quanten einer bestimmten Energie emittiert werden, und E_i ist die von den einzelnen Teilchen bzw. Quanten pro Masseneinheit des betrachteten Volumenelements übertragene Energie. Während α-Teilchen und β-Teilchen ihre Energie im Körper vollständig abgeben, wird nur verhältnismäßig wenig Energie der γ-Strahlung im Körper absorbiert. Außerdem ist insbesondere bei der Emission von α-Teilchen auch die Energie der Rückstoßkerne zu berücksichtigen sowie die Tatsache, daß α-Teilchen und Rückstoßkerne ihre Energie längs eines sehr kurzen Weges abgeben (hohe spezifische Ionisation) und deshalb eine sehr große lokale Wirkung ausüben. Während bei der äußeren Einwirkung α-Strahlung im allgemeinen nicht ins Gewicht fällt, weil sie bereits durch einige cm Luft quantitativ absorbiert wird (→Alpha-Strahlung), ist sie für die innere Einwirkung von großer Bedeutung. β-Strahlung, insbesondere niederenergetische β-Strahlung, wird auch verhältnismäßig leicht absorbiert (→Beta-Strahlung) und spielt bei der äußeren Einwirkung in den meisten Fällen eine geringere Rolle. Im Vergleich dazu ist bei der inneren Einwirkung die γ-Strahlung von untergeordneter Bedeutung. *Lieser*

Literatur: *Jaeger, R. G.* u. *W. Hübner* (Hrsg.): Dosimetrie und Strahlenschutz. Stuttgart: Thieme Verlag 1974. – *Nachtigall, D.*: Physikalische Grundlagen für Dosimetrie und Strahlenschutz. München: Verlag Karl Thiemig 1971.

Dosismessung. Aufgabe der D. ionisierender Strahlungen ist, die Energiedosis und die Äquivalentdosis für technische-, medizinische- und Strahlenschutzzwecke zu erfassen.

Die Energiedosis ist die pro Masseneinheit absorbierte Strahlungsenergie. Die dabei benutzte SI-Einheit ist das →Gray (1 Gy = 1 J/kg).

Die Äquivalentdosis berücksichtigt die unterschiedliche biologische Wirksamkeit der verschiedenen Strahlenarten in Form von dimensionslosen Bewertungsfaktoren. Für Röntgen- und Gammastrahlen hat der Bewertungsfaktor den Wert 1. Die Äquivalentdosis in der Einheit →Sievert (1 Sv = 1 J/kg) ergibt sich als das Produkt aus der Energiedosis und dem Bewertungsfaktor.

Neben der Dosis wird auch die Dosisleistung gemessen, d. h. die je Zeiteinheit aufgenommene Dosis.

Die Messung der in Arbeits- und Aufenthaltsräumen auftretenden Dosen bzw. Dosisleistungen ist durch die Strahlenschutz- und Röntgen-Verordnung vorgeschrieben. Sie ist wichtig, um die in diesen Räumen Beschäftigten über ihre →Strahlenbelastung zu informieren und ihnen die Möglichkeit zu geben, sich strahlenschutzbewußt zu verhalten. Die Messung der Ortsdosen soll wiederholt durchgeführt werden, zumindest jedoch bei der Inbetriebnahme von Neuanlagen und bei jeder Änderung der Einrichtungen, der Strahlenschutzvorrichtungen oder der Betriebsweise.

Die Personendosis wird an der erwartungsgemäß am stärksten exponierten Stelle der Körperoberfläche gemessen. Für beruflich strahlenexponierte Personen ist die Messung gesetzlich vorgeschrieben. Unterstellt wird, daß der gewonnene Meßwert repräsentativ für die vom gesamten Körper aufgenommene Strahlung ist.

Die Organdosis ist die Energiedosis, die in den einzelnen Organen des menschlichen Körpers auftritt. Da meist keine Dosimeter in das Innere des Körpers eingeführt werden können, wird bei externer Bestrahlung die Organdosis aus dem Wert der gemessenen Oberflächen-Personendosis berechnet (Dosis-Phantom, Dosisverteilung-Ermittlung in der Strahlentherapie).

Auch bei einer inneren Strahlenexposition durch inkorporierte Radionuklide werden die Organdosen rechnerisch ermittelt.

Grundsätzlich können alle Wirkungen einer ionisierenden Strahlung für Zwecke der →Dosimetrie herangezogen werden. Um sie für die praktische Dosimetrie geeignet zu machen, müssen sie allerdings meßtechnischen Anforderungen genügen. Hierzu gehört z. B. eine gute Reproduzierbarkeit und eine Unabhängigkeit des Meßeffekts von äußeren Störeinflüssen, sowie eine dem Verwendungszweck angepaßte Empfindlichkeit und Genauigkeit. Die jeweils verwendeten Dosimeter werden im Hinblick auf die Art und Energie der nachzuweisenden Strahlung ausgewählt. Ihre Anzeige soll möglichst unabhängig sein von
– der Strahlenenergie,
– der Dosisleistung,
– der Strahlenrichtung und
– Störeinflüssen.

Praktisch werden zur D. neben den biologischen, chemischen und kalorimetrischen Effekten (D., biologische, D., chemische, D., kalorimetrische) insbesondere die folgenden Dosimeter benutzt: →Filmdosimeter, Ionisationskammer-Dosimeter, Silicium-Dosimeter, Thermolumineszenz-Dosimeter. *Wachsmann*

Literatur: DIN 6809 Tl. 1: Klinische Dosimetrie, Therapeutische Anwendung gebündelter Röntgen-, Gamma- und Elektronenstrahlung. Hrsg. Dt. Inst. f. Normung. Ausg. 1976. – DIN 6814 Tl. 3: Begriffe und Benennungen in der radiologischen Technik; Strahlenschutz. Hrsg. Dt. Inst. f. Normung. Dez. 1985. – DIN 6818 Tl. 2: Strahlenschutzdosimeter. Hrsg. Dt. Inst. f. Normung. Dez. 1991. – *Jäger, R. G., u. W. Hübner:* Dosimetrie und Strahlenschutz. 2. Aufl. Stuttgart 1974. – *Kase, K. R., B. E. Bjarngard u. F. H. Attix:* The dosimetry of ionising radiation. (3 Bd.) New York, London 1985. – Richtlinie für die physikalische Strahlenschutzkontrolle. Gemeinsames Ministerialbl. 29, Nr. 22, Ausg. A, S. 248/45. Bonn 1978. – *Schrüfer, E.:* Strahlung und Strahlungsmeßtechnik in Kernkraftwerken. Berlin 1974. – Verordnung über den Schutz vor Schäden durch ionisierende Strahlen (Strahlenschutzverordnung) vom 30. Juni 1989; Bundesgesetzbl. I S. 1321 vom 30. Juni 1989 – Verordnung über den Schutz vor Schäden durch Röntgenstrahlen (Röntgenverordnung – RöV) Bundesgesetzbl. Tl. I Z 5702 A (1987). – *Wachsmann, F. u. G. Drexler:* Kurven und Tabellen für die Radiologie. 2. Aufl. Berlin, Heidelberg, New York 1976. – *Wachsmann, F. u. G. Drexler:* Messungen im Zusammenhang mit ionisierenden Strahlungen. In: *Profos, P.* (Hrsg.): Handbuch der industriellen Meßtechnik. 5. Aufl. Essen 1991.

Drall. Die Bewegung einer Punktmasse (Masse m) sei in einem Intertialsystem $(0, \vec{e}_a)$ durch den Ortsvektor $\vec{r}(t)$, die Geschwindigkeit $\vec{v}$ und die Beschleunigung $\vec{a}$ beschrieben und durch mehrere Kräfte mit der Summe $\vec{F}$ hervorgerufen (Bild 1). Das Newtonsche Grundgesetz $\vec{F} = m\vec{a}$ liefert, wenn man beide Seiten von links mit $\vec{r} \times$ multipliziert, als D.-Satz für eine Punktmasse

$$\vec{M}^{(o)} = \dot{\vec{L}}^{(o)} \text{ mit } \vec{M}^{(o)} = \vec{r} \times \vec{F} \text{ und } \vec{L}^{(o)} = m\vec{r} \times \vec{v}.$$

$\vec{M}^{(o)}$ ist das Moment von $\vec{F}$ bezüglich 0, $\vec{L}^{(o)}$ ist der auf 0 bezogene D. der Masse m. Das Zeitintegral des D.-Satzes ist der →Drehimpulssatz

$$\int_{t_1}^{t_2} \vec{M}^{(0)} \, dt = \vec{L}_2^{(0)} - \vec{L}_1^{(0)} \, .$$

Die linke Seite ist der Momentenimpuls oder das Impulsmoment und erzeugt eine Differenz des D. Leider gibt es hier ein Sprachengewirr. So wird sowohl der D. $\vec{L}$ als auch der Momentenimpuls $\int \vec{M}dt$ oft als Drehimpuls bezeichnet. Das erzeugt dann die verblüffende Aussage: „Der Drehimpuls ist gleich der Änderung des Drehimpulses". Der D. $\vec{L}$ wird auch gern als Impulsmoment bezeichnet, wenn man $m\vec{v}$ →Impuls nennt.

Sehr interessant wird der D.-Satz für Punktmassen in Zentralkraftfeldern, weil bei Bezug auf das Zentrum 0 dort $\vec{M}^{(o)}$ identisch verschwindet. Der D. $\vec{L}^{(o)}$ ist dann nach Größe und Richtung konstant. Die

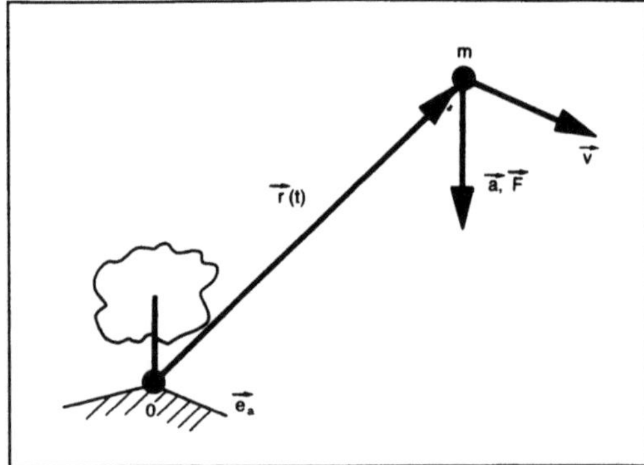

Drall 1: Grundgrößen für eine Punktmasse.

Konstanz der Richtung erfordert, daß die Bewegung stets in der Ebene abläuft, die durch die Anfangsgeschwindigkeit und den anfänglichen Ortsvektor festgelegt ist, während die Konstanz des Betrags in den →Flächensatz einmündet, der auch als 2. Keplersches Gesetz bekannt ist (Bild 2): „Der Fahrstrahl vom Zentrum eines Zentralkraftfeldes zum Massenpunkt überstreicht in gleichen Zeiten gleiche Flächen".

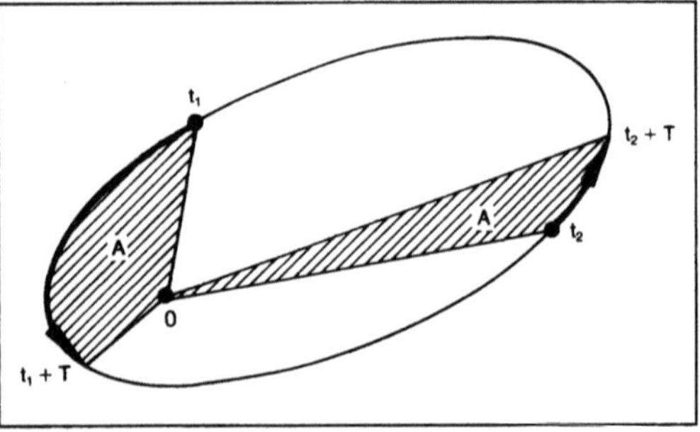

Drall 2: Zum Flächensatz.

Der D.-Satz gewinnt bei Punkthaufen und (ausgedehnten) Körpern an Bedeutung (D.-Satz für starre Körper), weil die Momente innerer Kräfte zwischen den einzelnen Massenpunkten bzw. Partikeln nicht eingehen. Er lautet dann mit dem Moment $\vec{M}_{ex}^{(o)}$ der äußeren Kräfte

$$\vec{M}_{ex}^{(o)} = \dot{\vec{L}}^{(o)},$$

mit

$$\vec{L}^{(o)} = \sum_i m_i \, \vec{r}_i \times \vec{v}_i \longrightarrow {}^B\!\!\int \vec{r} \times \vec{v} \, dm \, .$$

Diese Aussage ist keineswegs als reine Folge des Newtonschen Grundgesetzes zu sehen. Die Übertragbarkeit des D.-Satzes für Punktmassen oder Punkthaufen auf Körper ist als ein Axiom zu bewerten. Es läßt sich durch das Boltzmann-Axiom (Axiomatik der Kontinuumsmechanik) ersetzen. *Besdo*

Drallsatz für starre Körper. Der D.

$$\vec{M}^{(o)} = \dot{\vec{L}}^{(o)} \text{ mit } \vec{L}^{(o)} = \overset{B}{\int} \vec{r}^{(o)} \times \vec{v}^{(o)}\, dm$$

gilt, wie bereits unter →Drall erwähnt, auch für starre Körper. Hier werden jedoch zunächst $\vec{r}^{(o)}$ durch $\vec{r}_B^{(o)} + \vec{r}^{(B)}$ und $\vec{v}$ durch $\vec{v}_B + \vec{\omega} \times \vec{r}^{(B)}$ ersetzt (Bild). So erhält man

$$\vec{L}^{(o)} = [\vec{r}^{(o)} \times \vec{v}_C + \vec{r}_C^{(B)} \times \vec{v}_B]\, m + \underset{\sim}{J}^{(B)} \cdot \vec{\omega}$$

mit dem →Tensor $\underset{\sim}{J}^{(B)}$ der auf B bezogenen Massenträgheitsmomente oder mit B→C:

$$\vec{L}^{(o)} = \vec{r}_C^{(o)} \times \vec{v}_C\, m + \underset{\sim}{J}^{(C)} \cdot \vec{\omega}\,.$$

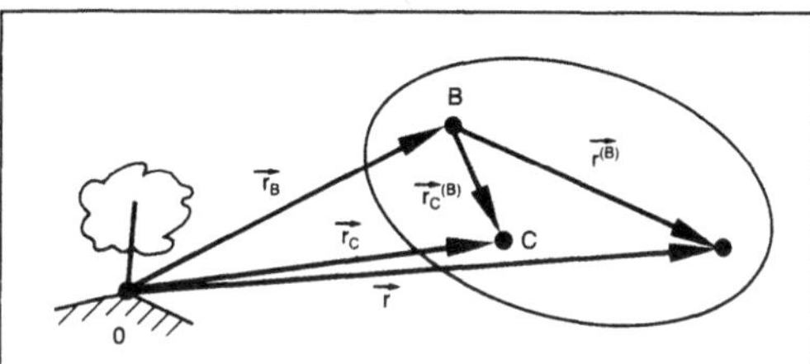

Drallsatz für starre Körper: Beteiligte Ortsvektoren.

In einer dieser Formen kann man den D. bereits anwenden, wenn Momente um raumfeste Punkte O gefragt sind. Es ist jedoch besser, unter Ausnutzung des Schwerpunktsatzes (→Massenmittelpunkt) sowie durch Versatzmomente den D. mit dem körperfesten Bezugspunkt B zu formulieren. Er lautet dann

$$\vec{M}^{(B)} = m\vec{r}_C^{(B)} \times \vec{a}_B + \dot{\vec{L}}_{trans}^{(B)}$$

mit dem auf B bezogenen Drall in einem mit B translatorisch bewegten System

$$\vec{L}_{trans}^{(B)} = \overset{B}{\int} \vec{r}^{(B)} \times [\vec{\omega} \times \vec{r}^{(B)}]\, dm = \underset{\sim}{J}^{(B)} \cdot \vec{\omega} =$$

$$= \overset{B}{\int} \vec{r}^{(B)} \times [\vec{v} - \vec{v}_B]\, dm,$$

der nicht mit

$$\vec{L}_{(abs)}^{(B)} = \overset{B}{\int} \vec{r}^{(B)} \times \vec{v}\, dm = \vec{L}_{trans}^{(B)} + m\vec{r}_C^{(B)} \times \vec{v}_B$$

übereinstimmt, wenn $\vec{r}_C^{(B)} \times \vec{v}_B$ nicht verschwindet. Für den D. gibt es noch viele andere Versionen. Vereinfacht wird er, wenn

□ als Bezugspunkt der Massenmittelpunkt gewählt wird ($\vec{r}_C^{(B)} = \vec{0}$),

□ der Bezugspunkt unbeschleunigt ist,

□ $\vec{r}_C^{(B)}$ parallel zu $\vec{a}_B$ verläuft, wie z. B. bei einer rollenden Walze oder Kugel.

Nicht richtig ist, daß $\vec{v}_B = \vec{0}$ den D. wesentlich vereinfacht. Somit ist auch im Fall einer ebenen →Kinematik der →Momentanpol kein besonders geeigneter Bezugspunkt.

In anderer Weise, aber sehr wesentlich vereinfacht sich der D. bei einer ebenen Bewegung

$$(\vec{v} = v_x \vec{e}_x + v_y \vec{e}_y = \vec{v}(x, y) \text{ und } \vec{\omega} = \omega\, \vec{e}_z),$$

wenn man sich zudem auf die Untersuchung von $M = M_z$ beschränkt. Dann interessiert von $\vec{L}$ nur noch $L \equiv L_z$ und von $\underset{\sim}{J}^{(B)}$ nur noch $J_{zz}^{(B)} \equiv J$ konst. So entsteht die Beziehung:

$$M^{(B)} = \vec{e}_z \cdot [m\vec{r}_C^{(B)} \times \vec{a}_B] + J^{(B)}\dot{\omega}$$

mit den genannten Vereinfachungsmöglichkeiten.   *Besdo*

Drehimpuls →Drall

Drehimpulssatz →Drall

Drehkörper, Drehfläche. Durch Rotation eines ebenen Flächenstücks F, dessen Rand eine Strecke enthält, um diese Strecke als Drehachse (Bild) entsteht ein Drehkörper K. Seine Oberfläche heißt eine Drehfläche. Sie entsteht auch durch Rotation des Randes von F um dieselbe Achse. Wird das Flächenstück F durch den Graphen einer Funktion f begrenzt wie im Bild, so gilt für das Volumen V des Drehkörpers

$$V = \pi \overset{b}{\underset{a}{\int}} (f(x))^2\, dx$$

und für den Inhalt M der Mantelfläche, d. h. der Oberfläche von K ohne die senkrecht zur Drehachse auftretenden Kreisscheiben,

$$M = 2\pi \overset{b}{\underset{a}{\int}} f(x))\sqrt{1 + (f'(x)^2}\, dx.$$

Dabei muß natürlich f so beschaffen sein, daß die rechts stehenden Ausdrücke existieren. *Schmeißer*

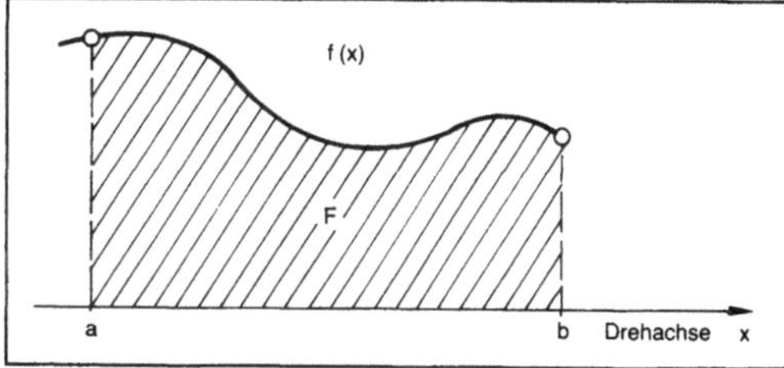

Drehkörper, Drehfläche.

Literatur: *Fichtenholz, G. M.*: Differential- und Integralrechnung. Bd. II. 9. Aufl. Ost-Berlin 1982. – *Mangoldt, H. von*, u. *K. Knopp*: Einführung in die höhere Mathematik. Bd. III. 14. Aufl. Stuttgart 1978. – *Ostrowski, A.*: Vorlesungen über Differential- und Integralrechnung. Bd. III. Basel 1962. – *Strubecker, K.*: Einführung in die Höhere Mathematik. Bd. III. München 1980.

Drehmomentmessung. Drehmomente müssen z. B. zum Überwachen und Steuern technischer Prozesse, auf Prüfständen für die Abnahme von Maschinen oder für Forschungszwecke gemessen werden. Wenn eine Welle durch ein Drehmoment beansprucht ist, führt die Torsionsspannung zu einer Verformung der Wellenoberfläche (in Bild 1 a) stark vergrößert). Die größten Verformungen treten unter Winkeln von 45° zur Wellenachse auf, so daß sich unter diesen Winkeln die Messung durch →Dehnungsmeßstreifen empfiehlt. Bild 1 b) zeigt vier Dehnungsmeßstreifen so geklebt, daß bei einer Torsionsspannung wie in Bild 1 a) die Dehnungsmeßstreifen 2 und 3 maximal gedehnt und die Dehnungsmeßstreifen 1 und 4 maximal gestaucht werden. Die resultierende Widerstandsänderung läßt sich zweckmäßig mit Hilfe einer Vollbrücke (→Meßbrücke) in eine elektrische Spannung U_d umformen (Bild 1 c)), die dem Drehmoment M_d proportional ist. Wenn man auch noch die Drehzahl n mißt (→Drehzahlmessung), erhält man mit M_d die von der Welle übertragene mechanische Leistung P:

$$P = 2\,\pi \cdot n \cdot M_d$$

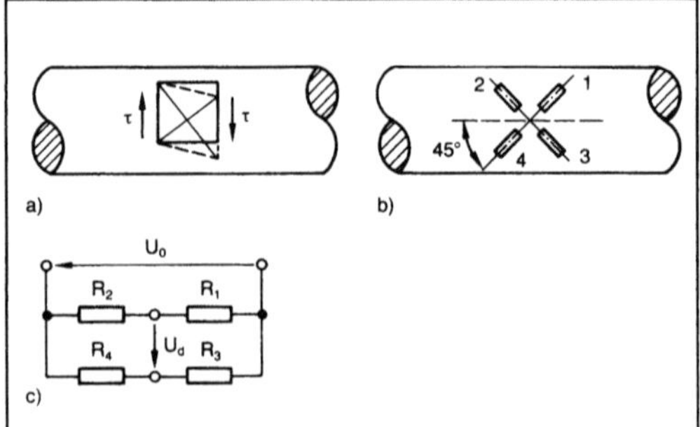

Drehmomentmessung 1: Messen einer Torsionsspannung.
a) Verformung eines Quadrats auf der Wellenoberfläche zu einem Parallelogramm
b) Anordnung von vier Dehnungsmeßstreifen auf der Welle
c) Vier Dehnungsmeßstreifen in einer Vollbrücke.

Bei der D. müssen die mit der Welle umlaufenden Dehnungsmeßstreifen einerseits mit der Betriebsspannung U_0 versorgt, andererseits die Signalspannung U_d abgenommen werden. Dies ist im Prinzip über vier Schleifringe möglich. Wenn man die Brücke mit Wechselspannung speist, kann man auch zwei Transformatoren für diese Aufgaben verwenden. Bei diesen dreht sich jeweils die eine Hälfte mit, während die andere Hälfte feststeht. Bild 2 zeigt eine Einrichtung, bei der die Übertragung des Meßsignals kapazitiv erfolgt. Die Drehzahl wird inkremental gemessen.

Andere Drehmoment-Meßaufnehmer arbeiten induktiv (induktiver Meßaufnehmer), benutzen das magnetoelastische Prinzip (→Kraftmessung) oder beruhen auf der Frequenzänderung einer Schwingsaite (Schwingsaiten-Frequenzumsetzer).   *Hammerschmidt*

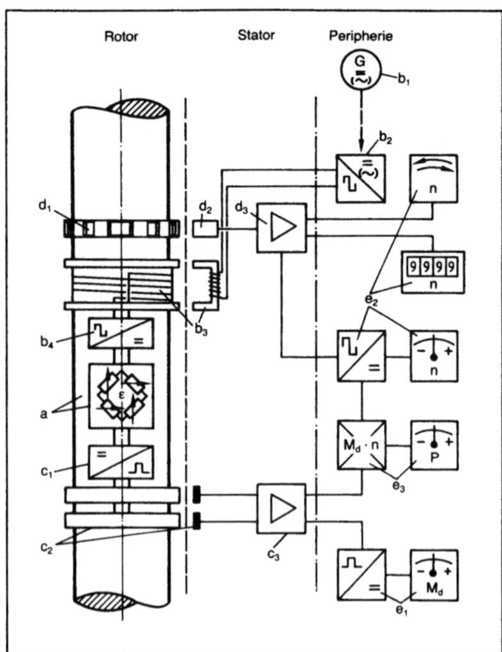

Drehmomentmessung 2: Prinzipschaltbild einer Drehmoment-Meßwelle mit schleifringloser Signalübertragung. (Quelle: Hottinger Baldwin Meßtechnik)

a Federkörper mit DMS, b Speisegruppe, b_1 Netz oder Batterie, b_2 Frequenzgenerator 13 kHz, b_3 Induktionsübertrager (Transformator zweigeteilt), b_4 Gleichrichtung und Stabilisierung, c Signalgruppe Drehmoment, c_1 U/f-Umsetzer, c_2 kapazitive Übertragung, c_3 Empfangsvorverstärker, d Signalgruppe Drehzahl, d_1 Impulsgeber, d_2 Impulsaufnehmer, d_3 Umsetzer für Drehzahl und Drehrichtung, e Auswertung und Anzeige, e_1 Drehmoment, e_2 Drehzahl und -richtung, e_3 mechanische Leistung

Drehschwingungsmessung. Anwendung der Schwingungsmeßtechnik bei rotierenden Teilen. Grundlegende Meßverfahren: →Schwingungsmessung.   *Hammerschmidt*

Drehsinn →Orientierung

Drehspul-Linienschreiber →Registriergerät

Drehspulmeßwerk →Meßgerät, elektrisches

Drehstrom. Häufig verwendeter Begriff für Dreiphasen-Wechselstrom (→Mehrphasenstrom), der daher rührt, daß man mit D. bei einer geeigneten Anordnung von Wicklungen ein rotierendes →Magnetfeld erzeugen kann, mit dem sich beispielsweise Motoren realisieren lassen. Für den Transport und die Verteilung elektrischer Energie in den Netzen der Energieversorgungsunternehmen wird fast ausschließlich D. verwendet, da zur Übertragung der

Leistung in den 3 Phasen nicht 3 mal 2, sondern nur 3 (D.-Dreileiternetz) oder 4 (D.-Vierleiternetz) Leiter benötigt werden.

Dreiphasenwechselstrom (D.) wird mit einem Generator erzeugt, auf dessen Umfang drei Strangwicklungen regelmäßig verteilt sind. Bei einer zweipoligen Maschine (Bild 1) sind die drei Wicklungen U, V und W jeweils um ein Drittel des Umfangs, d. h. um je 120°, räumlich gegeneinander versetzt. Durch Rotation des magnetischen Läufers werden dann in den drei Wicklungen Wechselspannungen gleicher Frequenz induziert, die entsprechend jeweils zeitlich um ein Drittel der Periodendauer gegeneinander versetzt sind, d. h. um einen Phasenwinkel von 120° (Bild 2a)). Die Summe der drei Strangspannungen verschwindet in jedem Augenblick so wie die Summe der 3 komplexen Zeiger (Bild 2b)). *Claassen*

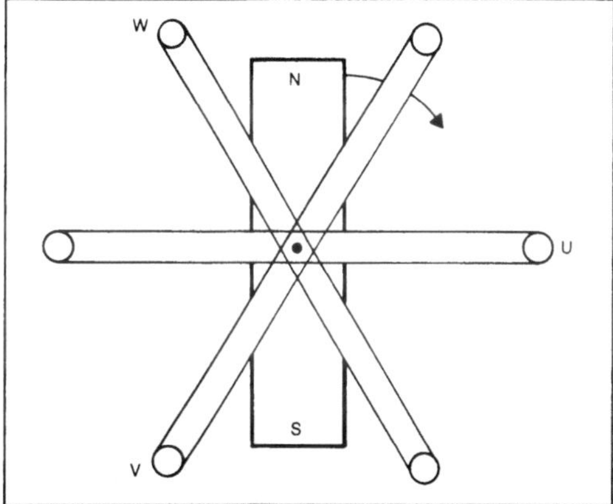

Drehstrom 1: Zweipoliger Generator mit den jeweils um 120° versetzten Strangwicklungen U, V und W.

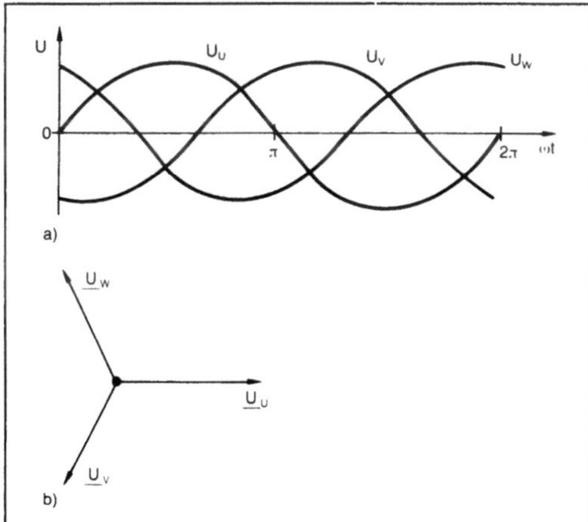

Drehstrom 2: Strangspannungen eines Drehstromgenerators als
a) Funktion der Zeit t und
b) Zeigerdiagramm.

Drehstrom-Dreileiternetz. In Hochspannungsnetzen verwendet man zur Energieübertragung über größere Entfernungen üblicherweise nicht das →Drehstrom-Vierleiternetz, sondern man läßt den →Mittelpunktleiter fort, der bei symmetrischer Belastung sowieso keinen Strom führt, und überträgt die Energie nur über die drei →Außenleiter oder →Hauptleiter.

Das Drehstrom-Dreileiternetz entsteht in einfacher Weise bei der →Dreieckschaltung. Die angeschlossenen Maschinen und Geräte, wie Generator, →Transformator und Verbraucher, können aber auch in →Sternschaltung an das Drehstrom-Dreileiternetz angeschlossen werden. *Claassen*

Drehstrom-Vierleiternetz. Bei der Erzeugung von →Drehstrom entstehen drei Spannungen in drei elektrisch um jeweils 120° Phase gegeneinander versetzten Strängen. Die Anschlüsse der drei Stränge werden an der einen Seite mit U, V und W bezeichnet, an der anderen Seite mit X, Y und Z (Bild). Man könnte nun jeden Wicklungsstrang durch zwei Leitungen an die entsprechenden Anschlüsse der Verbraucher anschließen und würde dann insgesamt sechs Leiter benötigen. Man kann die Stränge jedoch auch, wie im Bild gezeigt, in einer Gegenreihenschaltung mit den drei Strangenden X, Y und Z in einem →Sternpunkt oder Mittelpunkt M_p zusammenfassen. Man erhält dann eine →Sternschaltung und benötigt nur noch vier Leiter, die drei →Außenleiter (oder →Hauptleiter) R, S und T und einen →Mittelpunktleiter (oder →Sternpunktleiter) M_p. Dieses verkettete Drehstrom-Vierleiternetz stellt das normale Verteilungssystem für Verbraucher dar. Es liefert insgesamt sechs Spannungen. Die drei Sternspannungen zwischen je einem Außenleiter und dem Mittelpunktsleiter, die den Strangspannungen der Sternschaltung entsprechen, und die drei Außenleiterspannungen zwischen

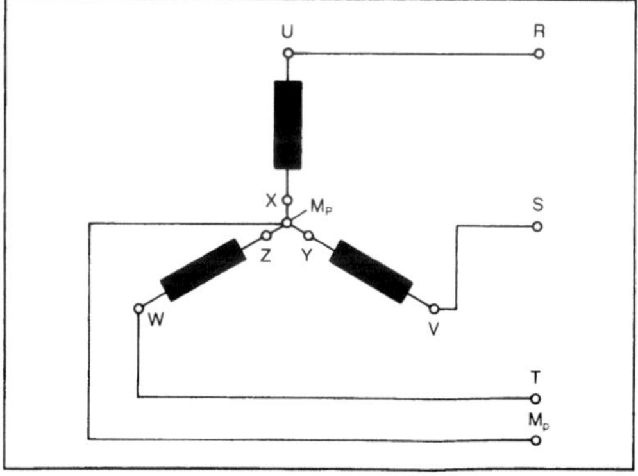

Drehstrom-Vierleiternetz: Sternschaltung bei Dreiphasen-Wechselstrom (Drehstrom) zur Erzeugung eines Vierleiternetzes mit den drei Außenleitern R, S und T sowie dem Mittelpunktsleiter M_p.

je zwei Außenleitern, die im Betrag um den Faktor $\sqrt{3}$ größer sind als die Sternspannungen und sich jeweils noch um 30° in der Phase von diesen unterscheiden.

Das Drehstrom-Vierleiternetz wird fast ausschließlich in der unteren Netzebene zur Energieverteilung sowie in Niederspannungsnetzen verwendet. *Claassen*

Drehung (Rotation). Eine eigentliche, d. h. orientierungstreue euklidische Bewegung δ

☐ in der Ebene mit genau einem Fixpunkt Z, dem *Drehpunkt*,

☐ im Raum mit genau einer Fixpunktgeraden g, der *Drehachse*. Jeder ihrer Punkte ist Fixpunkt. Alle Ebenen senkrecht zur Drehachse sind Fixebenen.

Anschaulich gesprochen liegt in der Ebene (im Raum) eine D. um den *(Dreh-)Winkel* φ um den Drehpunkt Z (um die Drehachse g) vor (Bild 1), wenn jeder Punkt der Ebene (des Raums), der von Z abweicht (nicht auf g liegt), auf einem Kreisbogen wandert, dessen Mittelpunkt Z ist (auf g liegt) und dessen Mittelpunktswinkel (bestimmt durch Ausgangs- und Endlage) gleich dem vorgegebenen Drehwinkel ist. Dabei liegen Punkt P und Bildpunkt $P' = \delta P$ stets gleich weit von Z (von g) entfernt, und für jeden Punkt P gehören die Winkel ∢PZP′ derselben (Äquivalenz-)Klasse bez. gleichsinniger →Kongruenz an. (Der Drehwinkel ist durch diese Äquivalenzklasse definiert.)

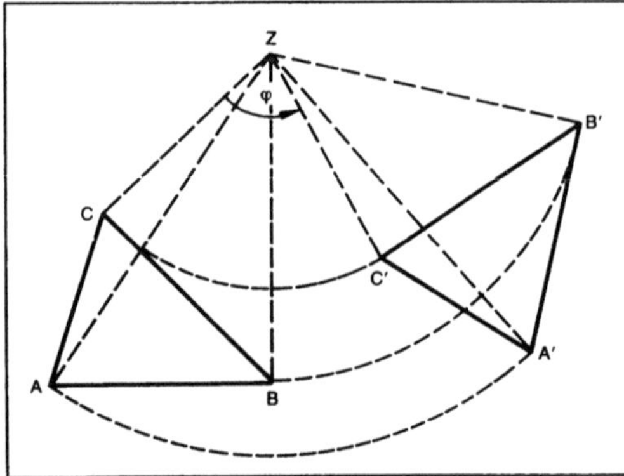

Drehung 1: Drehung um Z in der Ebene.

Eine D. ist durch die Angabe des Drehpunkts (der Drehachse) und des Drehwinkels ∢PZP′ eindeutig bestimmt. Ist der Drehwinkel ein gestreckter Winkel, so ist in der Ebene die D. gleichbedeutend mit einer *Punktspiegelung.* Alle Geraden durch Z sind dann Fixgeraden. (Die Punktspiegelung im Raum ist ein Sonderfall einer Drehspiegelung.)

Abbildungsgeometrisch ist eine D. in der Ebene als Komposition zweier Achsenspiegelungen erklärt, deren Achsen g und h sich in Z schneiden. Für den Drehwinkel gilt (Bild 2): $\varphi = 2 \cdot$ ∢(g,h). Im Raum

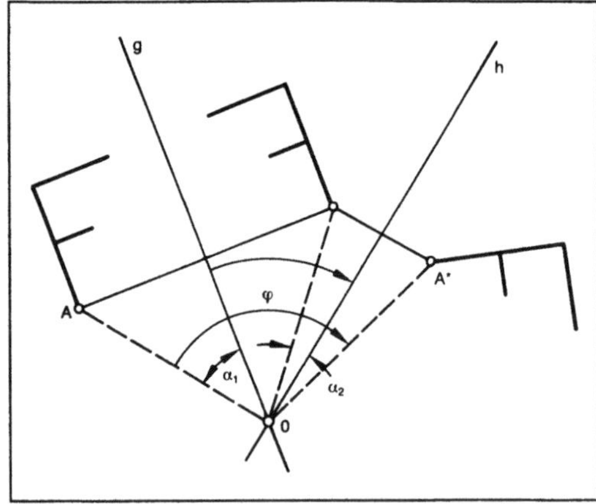

Drehung 2: Drehung in der Ebene als Komposition zweier Achsenspiegelungen.

ist eine D. entsprechend als Komposition zweier Ebenenspiegelungen erklärt, wobei die Drehachse gleich der Schnittgeraden der beiden Ebenen ist.

Die Menge der D. um einen festen Punkt (eine feste →Gerade) bilden bezüglich der Komposition eine (kommutative) Gruppe, eine Untergruppe der eigentlichen Bewegungen des euklidischen Raums.

Analytisch: Eigentlich orthogonale →Transformation (Automorphismus) des $\mathbb{R}^n$ $(n=2,3): \underline{x}' = \underline{A}\underline{x} + \underline{t}$ mit $\underline{A}^T = \underline{A}^{-1}$ und det $\underline{A} = +1$; für $\underline{t} = 0$ und $n = 2$: D. um den Ursprung; für $n = 3$: D. um eine durch den Ursprung gehende Gerade. $\underline{A}$ hat die Form

$$\text{für } n = 2 : \begin{pmatrix} \cos \varphi & \sin \varphi \\ -\sin \varphi & \cos \varphi \end{pmatrix}$$

$$\text{für } n = 3 : \begin{pmatrix} 1 & 0 & 0 \\ 0 & \cos \varphi & \sin \varphi \\ 0 & -\sin \varphi & \cos \varphi \end{pmatrix} \quad \textit{W. L. Fischer}$$

Drehzahl. Die Drehgeschwindigkeit eines um eine Achse rotierenden Körpers, z. B. einer Welle, wird durch die D. n beschrieben. Diese gibt an, wie oft sich in einer bestimmten Zeiteinheit ein Körper um 360° dreht. Meist wird die D. in Umdrehungen pro Minute in der Einheit min^{-1} gemessen. Bei jeder Umdrehung überstreicht ein Fahrstrahl hingegen den Winkel (→Winkelmaß) 2π, so daß die zugehörige →Winkelgeschwindigkeit $\omega = 2\pi$ n beträgt. Sie wird meist in s^{-1} gemessen, so daß bei der Umrechnung der Faktor 60 auftritt. *Besdo*

Drehzahlmessung. Zum Messen von Drehzahlen (Umdrehungsfrequenzen) wendet man verschiedene Meßprinzipien an:

☐ Beim Fliehkraft-Tachometer werden an der sich drehenden Welle befestigte Körper durch die Fliehkraft gegen eine Federkraft gespreizt und bewegen dabei einen Zeiger.

□ Beim Wirbelstrom-Tachometer entstehen in einer im →Magnetfeld rotierenden Aluminiumtrommel Wirbelströme, die ein federgefesseltes System um so stärker mitnehmen, je höher die Drehzahl ist.

□ Bei stroboskopischen Verfahren macht man mit Hilfe des Lichtblitz-Stroboskops einzelne Phasen der Drehbewegung kurzzeitig durch Beleuchtung sichtbar. Für das Auge ergibt sich bei passender Frequenzeinstellung ein stehendes Bild. Aus der Frequenz, mit der die Lichtblitze zur Beleuchtung des Meßobjekts ausgesendet werden, kann man die Drehzahl ermitteln (→Stroboskop).

□ Tachogeneratoren nutzen das →Induktionsgesetz zur D. aus. Die in einer im Magnetfeld rotierenden Spule erzeugte Spannung ist der Drehzahl proportional. Bei Gleichspannungs-Tachogeneratoren wird diese Spannung über einen Kommutator abgenommen. Wegen des Aufwands durch den Kommutator zieht man heute den Wechselspannungs-Tachogenerator vor. Falls notwendig kann man mit Hilfe von Halbleiterdioden auch hier Gleichspannung erzeugen. Nicht nur die so erhaltene Spannung, sondern auch die Frequenz der Generatorausgangsspannung ist dann der Drehzahl proportional. Anwendungen im Drehzahlbereich 100–10^4 min^{-1}, Ausgangsspannungen bis $220\,$V. Drehzahldifferenzen bzw. Schlupfwerte können mit Hilfe von zwei Tachogeneratoren und elektrischen Differenz- bzw. Quotientenschaltungen ermittelt werden.

□ Impuls-Drehzahlaufnehmer werden für mittelwertbildende und zählende Verfahren benötigt. Diese Aufnehmer erzeugen je Umdrehung mindestens einen Impuls, und zwar vorwiegend mit optoelektronischen oder magnetischen Mitteln. Wenn man die Anzahl der Impulse z. B. je Sekunde zählt, erhält man nach Division durch die Impulszahl je Umdrehung die Drehzahl in Umläufen pro Sekunde. Die Impulszählung wird elektronisch durchgeführt. Beim Durchlichtverfahren (Bild 1 a)) wird mittels einer umlaufenden Lochscheibe ein Lichtstrahl auf eine Photodiode unterbrochen. Beim Streulicht- oder Reflexionsverfahren (Bild 1 b)) sendet eine Lampe Licht auf das umlaufende Meßobjekt, das von den dort angebrachten Markierungen, z. B. Schwarzweißraster, mehr oder weniger reflektiert und von einem optoelektronischen Bauelement aufgenommen wird. Mit Hilfe von optoelektronischen Drehzahlaufnehmern lassen sich Drehzahlen bis 3 Mill/min erfassen. Magnetische Drehzahlaufnehmer (Bild 2) benutzen statt der Lochscheibe eine Magnetscheibe. Der einfachste Empfänger für Frequenzen bis $400\,$Hz ist ein Reedrelais (Bild 2 a)), dessen Kontakt im Magnetfeld geschaltet wird. Ein weiterer magnetischer Aufneh-

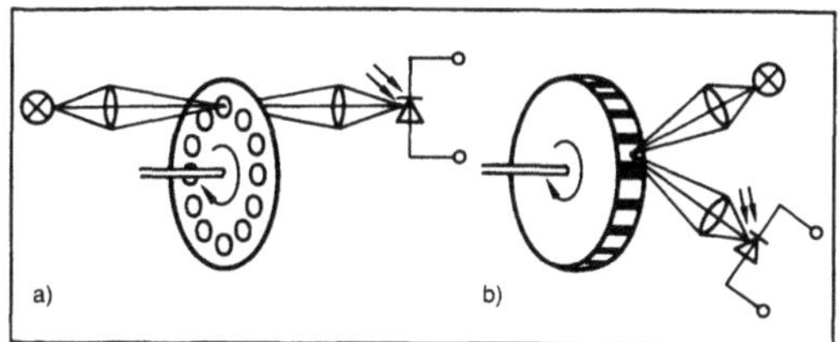

Drehzahlmessung 1: Photoelektrische Abtastung.
a) Durchlichtverfahren
b) Streulicht- oder Reflexionsverfahren.

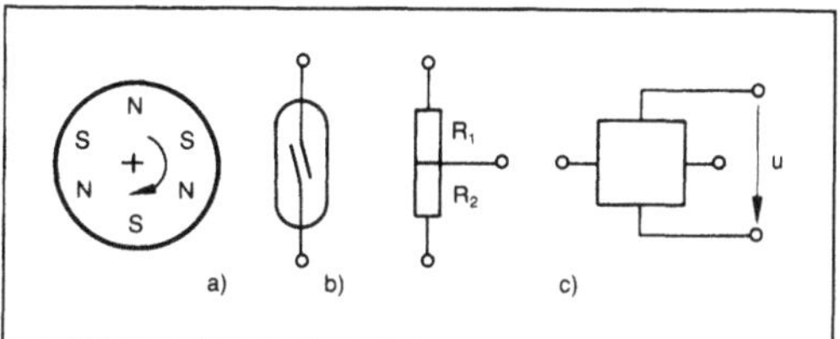

Drehzahlmessung 2: Magnetischer Aufnehmer.
a) Mit Reedrelais
b) Mit Differential-Feldplatte
c) Mit Hallsonde.

mer ist die Differential-Feldplatte (Bild 2 b)), ein magnetisch steuerbarer Widerstand. Mit einer Hallsonde (Bild 2 c)) wird eine Spannung erzeugt, die von der jeweiligen Stellung der Magnetscheibe abhängt. Die beiden letztgenannten Verfahren arbeiten berührungslos und sind deshalb auch für höhere Frequenzen geeignet.

Man kann die benötigten Impulse auch gewinnen über eine Induktionsspule, mit Hilfe eines Wiegand-Sensors, durch einen induktiven Meßaufnehmer oder durch einen Hochfrequenz-Meßkopf (Bild 3 a) bis 3 d)).

□ Mittelwert-Verfahren basieren auf den vorbeschriebenen Impulsaufnehmern. Mit Hilfe von

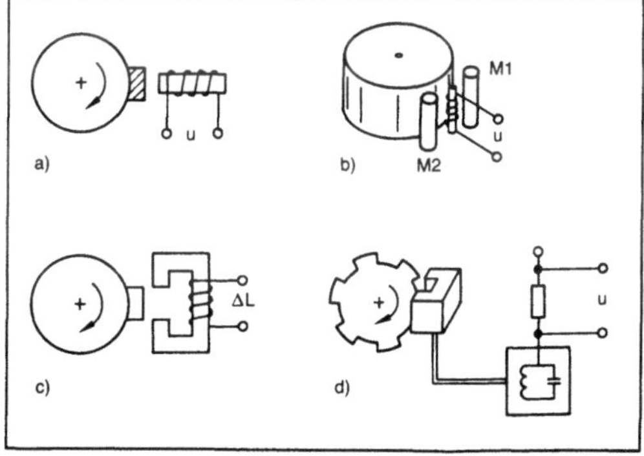

Drehzahlmessung 3: Weitere Drehzahlaufnehmer.
a) Induktionsaufnehmer
b) Wiegand-Sensor mit den Magneten M1 und M2
c) Induktiver Aufnehmer
d) Hochfrequenz-Meßkopf.

Impulsformern gewinnt man Impulse gleicher Fläche. Sodann mißt man den arithmetischen Mittelwert der Impulsserie. Bei hinreichend großer Impulsfrequenz ist die Anzeige der Drehzahl besonders einfach durch ein Drehspulmeßwerk (→Meßgerät) möglich. Der Transistor-Drehzahlmesser in Kraftfahrzeugen beruht auf diesem Prinzip. Er erhält seine Impulse aus der Zündanlage.

□ Bei den zählenden Verfahren (Bild 4) wird die Anzahl der Umdrehungen in einer festgelegten Zeit bestimmt. Wenn man als Meßzeit 1 s nimmt, ergibt sich bei einem Impuls pro Umdrehung die Drehzahl (Umdrehungsfrequenz) direkt in →Hertz. Soll die Drehzahl in 1/min angegeben werden, so empfiehlt es sich, in der Meßzeit den Faktor 6 vorzusehen, z. B. 0,6 s oder 6 s. Außer den beschriebenen Drehzahl-Impulsaufnehmern kann man auch die Ausgangsspannung eines Wechselspannungs-Tachogenerators zählend auswerten. Die Meßzeit wird durch Frequenzteilung aus einem quarzstabilisierten Taktgeber (z. B. 1 MHz) gewonnen. Bei sehr kleinen Drehzahlen würden nur wenige Impulse innerhalb der Meßzeit zählbar sein. In diesen Fällen besteht die Möglichkeit, statt der Umdrehungsfrequenz den Zeitbedarf (→Periodendauer) für eine Umdrehung genau zu messen. Der Kehrwert der Periodendauer ist dann die Umdrehungsfrequenz (Drehzahl).

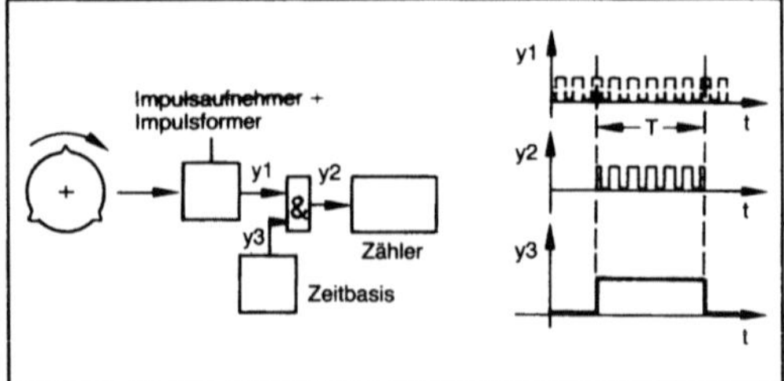

Drehzahlmessung 4: Zählendes Verfahren.

Geschwindigkeiten von Linearbewegungen lassen sich auch über eine D. erfassen, wenn man die lineare Bewegung in eine Drehbewegung umformt. Anwendung in Fahrzeugen aller Art. *Hammerschmidt*

Literatur: *Schrüfer, E.:* Elektrische Meßtechnik. München 1992.

Drehzahlsensor. Sensor zur Bestimmung der Umdrehungen pro Zeiteinheit von rotierenden Körpern; wird auch als Tachogenerator bezeichnet.

Eine Drehzahlmessung kann häufig auf eine Positionsmessung (Positionssensor) zurückgeführt werden, wenn auf dem rotierenden Körper Merkmale angebracht sind, die durch einen Positionssensor erfaßt werden können. Aus dem Zeitabstand der Positionsmeldung wird die Drehzahl berechnet.

Für die Positionsmessung kann eine mechanische, magnetische bzw. optische Abtastung verwendet werden. Mit dem rotierenden Objekt wird eine Steuerscheibe (Polrad) in eine Umdrehung versetzt, auf welcher sich die entsprechenden Merkmale befinden. Für eine mechanische Abtastung können es hervorstehende Teile sein, die z. B. einen Schalter mechanisch betätigen. Bei der magnetischen Abtastung werden magnetische oder magnetisierbare Marken auf der Steuerscheibe angeordnet, die mit den entsprechenden Meßverfahren (Magnetfeldsensor) detektiert werden können. Bei der optischen Abtastung kommen Lichtschranken oder andere die optische Strahlung modulierenden Einrichtungen zur Anwendung. *Schaumburg*

Dreieck. Ein Polygon mit drei Seiten und drei Winkeln. Wenn die →Winkel sämtlich in einer Ebene liegen, heißt das D. eben; wenn nicht, so heißt das D. sphärisch. Ohne Zusatz bedeutet D. meist das ebene D.

Ebenes D.: Eine aus drei nicht auf einer Geraden liegenden Punkten A, B, C, den Eckpunkten, und deren Verbindungsstrecken $\overline{AB}$, $\overline{BC}$, $\overline{CA}$, den Seiten, bestehende geometrische Figur. Die Eckpunkte sind die Scheitel je eines (inneren) D.-Winkels. Die Schenkel sind diejenigen beiden D.-Seiten, die den betreffenden Eckpunkt gemeinsam haben; das Innere schließt die D.-Fläche ein.

Ein D. (Bild) heißt spitzwinklig, wenn alle drei Winkel spitze Winkel sind; stumpfwinklig, wenn ein Winkel stumpf ist; rechtwinklig, wenn ein Winkel ein rechter Winkel ist (die Gegenseite dieses Winkels heißt Hypothenuse, die beiden anderen Seiten Katheten). Ein D. heißt gleichseitig, wenn alle drei Seiten gleich lang sind (jeder Winkel beträgt $60°\left(\frac{\pi}{3}\right)$; gleichschenklig, wenn zwei Seiten gleichlang sind. Diese Seiten heißen Schenkel, die dritte Seite Basis; der Schnittpunkt der Schenkel heißt Spitze, die der Basis anliegenden Winkel Basiswinkel.

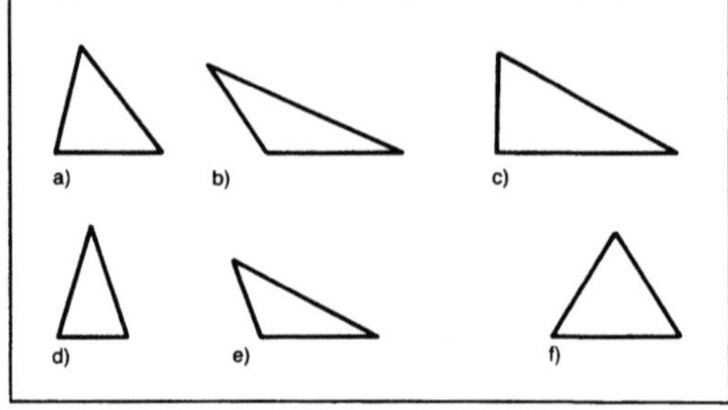

Dreieck: Unterschiedliche Formen.
a) Spitzwinklig
b) Stumpfwinklig
c) Rechtwinklig
d) Gleichschenklig
e) Ungleichseitig
f) Gleichseitig.

Die Summe der Innenwinkel eines D. (in der euklidischen Ebene) beträgt in der euklidischen Ebene $180° \left(\dfrac{\pi}{2}\right)$. Winkel, deren Schenkel eine Seite und die Verlängerung einer der benachbarten Seite sind, heißen Außenwinkel des D. Jeder Außenwinkel ist Nebenwinkel des ihm benachbarten Innenwinkels. Jeder Außenwinkel ist gleich der Summe der beiden gegenüberliegenden Innenwinkel.

Zwei D. heißen ähnlich, wenn sie in den drei Winkeln übereinstimmen; entsprechende Seiten stehen im selben Verhältnis.

Zwei in einer Ebene liegende D. heißen kongruent, falls sie durch euklidische Bewegungen (durch Verschiebungen, Drehungen, durch Spiegelungen oder Umlegungen) zur Deckung gebracht werden können. Sie stimmen paarweise in den Seiten und Winkeln überein und haben gleichen Flächeninhalt. Es gelten Kongruenzsätze. D. heißen flächengleich, wenn sie (nicht notwendig kongruent sind, aber) gleichen Flächeninhalt haben.

Weitere Bestimmungsstücke eines D.: →Winkelhalbierende, Seitenhalbierende, Mittelsenkrechte (der Seiten), Höhen, Inkreis, Umkreis.

Ebene Geometrie und ebene Trigonometrie lehren, wie man aus gegebenen D.-Stücken die übrigen Stücke konstruiert bzw. in ihrer Größe errechnet (→Kongruenz). *W. L. Fischer*

Literatur: *Herterich, K.:* Dreieckskonstruktionen. Stuttgart 1961.

Dreieckschaltung. Im Drehstromnetz bilden Ströme und Spannungen i. a. ein symmetrisches Dreiphasensystem und sind bei gleicher →Frequenz und Amplitude um 120° gegeneinander phasenverschoben. Die 3 Phasen werden entweder in D. oder →Sternschaltung mit oder ohne Mittelleiter (Nulleiter) verkettet.

Eine Drehstrommaschine hat drei Wicklungen, die bei D. ringförmig zusammengeschaltet sind (Bild). Die Verbindungspunkte sind an je eine

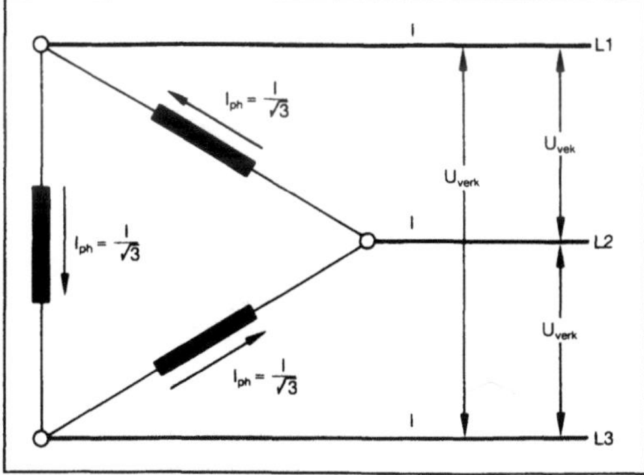

Dreieckschaltung: Schaltung einer Drehstrom-(Dreiphasen-Wechselstrom)maschine.

Phase (Leitung) des Drehstromnetzes angeschlossen. Die an jeder Wicklung liegende sog. verkettete Spannung ist gleich der Spannung zwischen den Phasen des Netzes. Der verkettete Strom ist bei symmetrischer Last in der Wicklung um den Faktor $^1/\sqrt{3}$ kleiner als der Strom in der Leitung. *Claassen*

Drei-Komponenten-Regelung. Regeldynamisch günstige Struktur zur →Füllstandregelung besonders in Dampftrommeln. Eine Verhältnisregelung zwischen zulaufendem Speisewasser und abströmendem Dampf erhält ihren Sollwert vom Füllstandregler, der auf diese Weise nur sehr verhalten eingreifen muß (Bild). *Strohrmann*

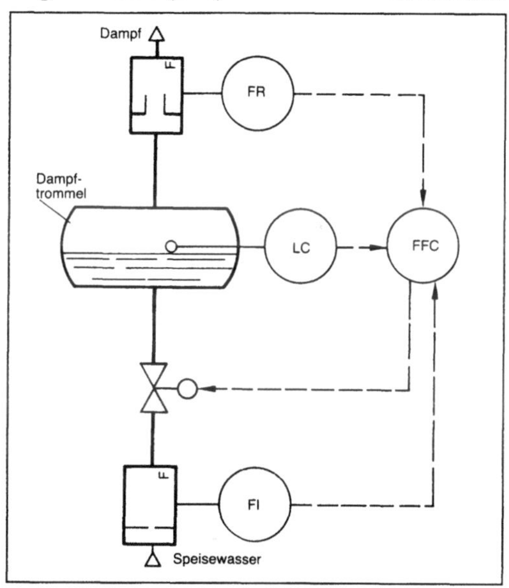

Drei-Komponenten-Regelung: Darstellung nach DIN 19227.

Dreiphasengleichgewicht. Am →Tripelpunkt stehen die feste, flüssige und gasförmige →Phase einer chemischen Verbindung miteinander im →Gleichgewicht, was als D. bezeichnet wird. *Muschik*

Dreipunktregler. Ein D. ist ein nichtlineares →Übertragungsglied mit drei möglichen Ausgangswerten; er ist ein Schalter.

Gemäß der idealen, symmetrischen Kennlinie (Bild, links) ist die →Stellgröße $y=0$ für kleine Regeldifferenz $-a<e<a$; für $e>a$ ist $y=Y_h$, und für $e<-a$ ist $y=-Y_h$. Die Schaltpunkte liegen also am Rand der Totzone (unempfindlicher Bereich) bei $e=a$ und $e=-a$. Y_h kennzeichnet den Stellbereich des Reglers. Die reale Kennlinie im rechten Diagramm hat eine Schaltdifferenz oder Hysterese h.

Häufig wird der D. durch zwei gegeneinandergeschaltete →Zweipunktregler (Ein – Aus) erstellt,

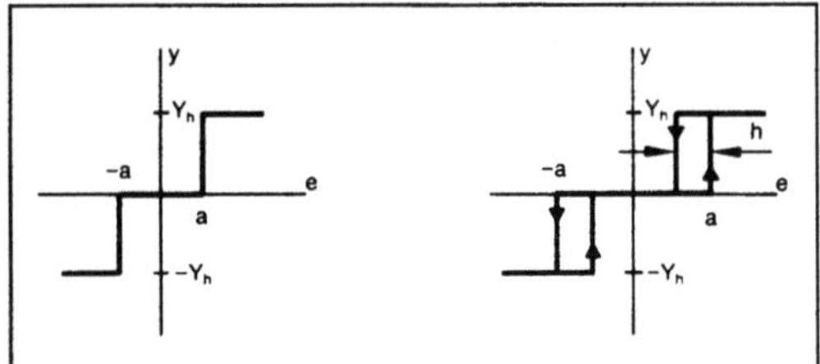

Dreipunktregler: Kennlinien des symmetrischen D.

vor allem beim Aufbau kommerzieller Schrittregler (→Regler, elektrische). Das Einsatzgebiet des D. entspricht dem des Zweipunktreglers. Er wird vor allem dann bevorzugt, wenn der →Regelkreis im Arbeitspunkt (kleine Regeldifferenz am Reglereingang) in Ruhe bleiben soll, d. h. keine Dauerschwingung ausführt wie mit dem Zweipunktregler. *Böttiger*

dritter Hauptsatz. Bei einem Formelumsatz einer chemischen Reaktion ändern sich die freie Energie und die innere Energie des betrachteten Systems um die sog. freie Reaktionsenergie ΔF und um die Reaktionsenergie ΔU. Es gilt für isotherme Reaktionen (thermodynamisches →Potential):

$$\Delta F = \Delta U = T\Delta S,$$

T absolute Temperatur, ΔS Reaktionsentropie.

Nernst schloß aus Experimenten, daß ΔF und ΔU bei Annäherung an den absoluten Nullpunkt eine Berührung der Ordnung höher als eins haben sollten:

$$\lim_{T \to 0} (1/T)\,(\Delta U - \Delta F) = 0.$$

Daraus folgt unmittelbar

$$\lim_{T \to 0} \Delta S = 0.$$

Diese Beziehung wird nach ihrem Entdecker als *Nernst-Wärmetheorem* bezeichnet. Sei nun die Reaktion durch

$$\sum_k \nu^{\,k} M^k = : \underline{\nu} \cdot \underline{M} = 0$$

gegeben (ν stöchiometrische Koeffizienten, $\underline{M}$ Molmassen (→Molzahl)), so ist die Reaktionsentropie

$$\Delta S = \underline{\nu} \cdot \underline{\overline{S}},$$

$\overline{S}$ molare Entropien der Reaktionspartner (Konzentrationsmaß).

Da das Nernst-Wärmetheorem für alle Reaktionen postuliert wurde, müssen die molaren Entropien am absoluten Nullpunkt verschwinden, und zwar unabhängig vom Druck und unabhängig von den Arbeitsvariablen $\underline{a}$.

Planck hat das Nernst-Wärmetheorem erweitert formuliert: Die →Entropie eines Gleichgewichtssystems hängt bei Annäherung an den absoluten Nullpunkt nicht von weiteren thermodynamischen Größen ab, sondern nimmt für unterschiedliche Werte dieser Größen den Wert null an:

$$\lim_{T \to 0} S = 0, \quad \lim_{T \to 0} (\partial S/\partial \underline{a})_T = 0.$$

Diese Aussage wird *d. H.* genannt.

Der d. H. hat nicht die strenge Gültigkeit wie die 3 anderen H. der Thermodynamik. Er erfordert, daß der Grundzustand eines Systems nicht entartet ist, was für reine, ideal kristallisierte Festkörper zutreffen würde. Nun ist aber erfahrungsgemäß der Entartungsgrad der Grundzustände von Vielteilchensystemen verglichen mit dem der angeregten Zustände sehr klein. Daher gilt für Vielteilchensysteme – und alle thermodynamischen Systeme sind solche – der d. H. stets in guter Näherung.

Aus dem d. H. lassen sich einige wichtige Folgerungen ziehen:
□ Der absolute Nullpunkt der →Kelvin-Skala ist unerreichbar;
□ der →Ausdehnungskoeffizient und der Spannungskoeffizient verschwinden für $T = 0$ K;
□ die Entropie eines Stoffs ist durch kalorische Messungen aus C_p und C_V zu ermitteln:

$$S = \int_0^\tau (c_p/T)\mathrm{d}T, \quad S = \int_0^\tau (c_V/T)\mathrm{d}T;$$

□ die →Zustandsgleichung des idealen Gases kann für tiefe Temperaturen nicht zutreffen. *Muschik*

Drosselgerät. Zur →Durchflußmessung nach dem Wirkdruckverfahren (Durchflußmessung) wird ein Wirkdruckgeber benötigt, der aus dem Durchfluß einen Wirkdruck erzeugt. Das D. ist ein derartiger Wirkdruckgeber; es ist eine i. a. konzentrische Einengung der Rohrleitung, durch die sich einerseits die →Geschwindigkeit des Fluids erhöht, durch die sich andererseits der statische →Druck vermindert (→Bernoulli-Gleichung). Den prinzipiellen Druckverlauf an einem D. zeigt das Bild. Nach dem Kontinuitätsgesetz ist der Durchfluß Q in einer Rohrleitung an allen Stellen gleich. Es gilt

$$Q = q_1 \cdot v_1 = q_2 \cdot v_2;$$

q_1, v_1 bzw. q_2, v_2 Querschnitt, Geschwindigkeit vor dem D. bzw. an der Drosselstelle.

Bei inkompressibler Flüssigkeit, horizontaler Rohrleitung und vernachlässigbaren Reibungskräften ist nach *Bernoulli*:

$$p_1 + \frac{1}{2}\varrho \cdot v_1^2 = p_2 + \frac{1}{2}\varrho \cdot v_2^2;$$

ϱ →Dichte des Fluids.

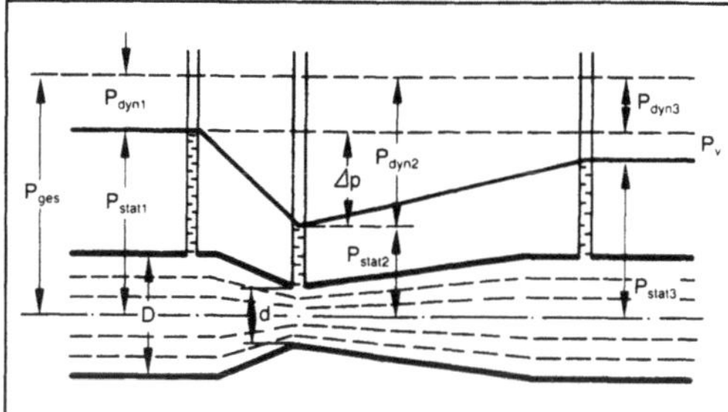

Drosselgerät: Druckverlauf.

P_{stat} statischer Druck, P_{dyn} dynamischer Druck, $P_{ges} = P_{stat_1} + P_{dyn_1}$ Gesamtdruck, $\Delta P = P_{stat_1} - P_{stat_2}$ Wirkdruck $P_v = P_{ges} - (P_{stat_3} + P_{dyn_3})$ bleibender Druckverlust

Daraus ergibt sich

$$\Delta p = p_1 - p_2 = \frac{\varrho}{2} \left(\frac{1}{q_2{}^2} - \frac{1}{q_1{}^2} \right) \cdot Q^2.$$

Da in der Praxis keine reibungsfreie →Strömung vorhanden ist, wird deren Einfluß (Kontraktion, Geschwindigkeitsprofil, Lage der Druckentnahmestellen) in der Durchflußzahl zusammengefaßt; so gilt

$$Q = \alpha \cdot q_2 \sqrt{\frac{2}{\varrho} (p_1 - p_2)}.$$

Die dimensionslose Durchflußzahl α hängt für ein bestimmtes D. bei bestimmten Einbauverhältnissen nur von der Reynolds-Zahl ab. Diese ist

$$Re_D = \frac{v \cdot d_1 \cdot \varrho}{\eta};$$

darin bedeuten: v Strömungsgeschwindigkeit, d_1 Rohrdurchmesser, ϱ Dichte, η Zähigkeit.

Sie hat die Eigenschaft, daß Strömungen in Rohrleitungen mit der gleichen Reynolds-Zahl einander ähnlich sind. Neben der Abhängigkeit von der Reynolds-Zahl geht der Durchmesser der Drosselstelle d_2 in die Durchflußzahl α ein. Die Bauarten der D. sind nach DIN 1952 genormt. Man unterscheidet Blenden, Düsen und Venturidüsen.

Blenden sind dünne Scheiben mit kreisrunder Öffnung und scharfer Kante. Ihre Dicke ist klein gegen den Rohrdurchmesser. Sind sie entsprechend DIN 1952 aufgebaut, so spricht man von Normblende. Blenden sind leicht einzubauen und auszuwechseln, preiswert und genau. Nachteilig ist die verhältnismäßig starke Abwetzung der scharfen Kanten und der relativ hohe (bleibende) →Druckverlust.

Düsen bestehen aus einem sich verengenden Einlauf und einem anschließenden zylindrischen Halsteil. Die Normdüse ist entsprechend DIN 1952 aufgebaut. Die Düse ist aufwendiger als die Blende, der bleibende Druckverlust ist geringer als bei der Blende.

Venturidüsen bestehen aus einem sich verengenden Einlauf, einem anschließenden zylindrischen Halsteil und einem sich konisch erweiternden Auslauf. Bei ihnen ist der bleibende Druckverlust am geringsten. *F. Schneider*

Druck.

Kinetische Theorie. Mit Hilfe der kinetischen Gastheorie gelingt es, aus der Masse m der einzelnen Gasmoleküle und ihrer mittleren Geschwindigkeit $\bar{v}$ den D. p zu berechnen, den das Gas auf die →Wand des ihn umgebenden Gefäßes ausübt.

Man kann vereinfachend annehmen, daß das Gas aus individuellen, sich gegenseitig nicht beeinflussenden Teilchen besteht, die sich ständig in einer völlig ungeordneten Bewegung befinden. Sie verhalten sich wie starre Kugeln. Für Stöße untereinander und auf die Wand gelten Energie- und Impulserhaltungssatz. Man nimmt nun weiterhin an, daß alle Teilchen die gleiche mittlere Geschwindigkeit $\bar{v}$ haben und sich je ein Drittel aller Teilchen parallel zu einer der 3 Raumrichtungen bewegt. Senkrecht zu einer dieser 3 Raumrichtungen stehe eine Fläche A. Ein Sechstel aller Teilchen fliegt dann senkrecht auf A zu. In einer Zeitspanne dt treffen von diesen Teilchen nur diejenigen auf die Wand, die zu Beginn dieser Zeitspanne höchstens um die Strecke $\bar{v}$dt von A entfernt waren. Ist ^{1}N die Anzahl der Teilchen je Volumeneinheit, so ist die Anzahl der Stöße auf die Wand während der Zeit dt $(1/6)^1N A\bar{v}$dt. Jedes Teilchen der Masse m hat vor dem Stoß den Impuls m$\bar{v}$, nach dem Stoß einen Impuls gleicher Größe, aber entgegengesetzter Richtung. Deshalb überträgt jedes Teilchen beim Stoß einen Impuls der Größe 2m$\bar{v}$ auf die Wand. Der während der Zeit dt auf A insgesamt übertragene Impuls dP ist dann

$$dP = 2\,(1\!/\!6)^1N A\bar{v}m\bar{v}dt \qquad (1).$$

Da die Ableitung des Impulses nach der Zeit die Kraft F ist

$$dP/dt = F \qquad (2)$$

und die auf die Flächeneinheit wirkende Kraft der D. p

$$p = F/A \qquad (3),$$

ergibt die Kombination der Gl. (1) bis (3)

$$p = (1\!/\!3)^1N m\bar{v}^2 \qquad (4).$$

Der D. ist also proportional der Teilchendichte ^{1}N, der Teilchenmasse und dem Quadrat der mittleren Geschwindigkeit. *Wedler*

Physik. Gegeben sei ein Element ΔF einer Oberfläche F (Bild), an das eine Oberflächenkraft t angreift (Dimension von t Kraft/Fläche). Als D. wird

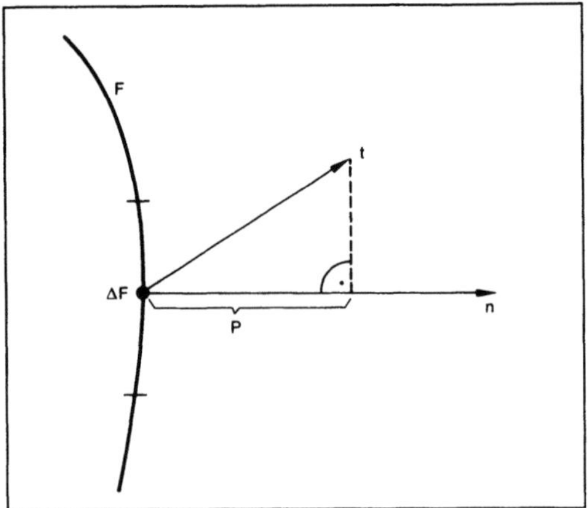

Druck (Physik): Wird der Vektor der Oberflächenkraft $\mathbf{t}$ auf die Flächennormale $\mathbf{n}$ projiziert, so ergibt dies eine Strecke, deren Länge dem Druck p entspricht.

die negative Projektion von $\underline{t}$ auf die Flächeneinheitsnormale von ΔF definiert

$$p = -\underline{n} \cdot \underline{t} = \underline{n} \cdot \underline{\underline{P}} \cdot \underline{n},$$

wobei sich das zweite Gleichheitszeichen aus dem Zusammenhang $\underline{t} = -\underline{\underline{P}} \cdot \underline{n}$ zwischen Oberflächenkraft und D.-Tensor $\underline{\underline{P}}$ ergibt.

Für Stoffe ohne inneren Drehimpuls ist $\underline{\underline{P}}$ symmetrisch und besitzt daher reelle Eigenwerte p_k und ein Orthonormalsystem von Eigenvektoren $pe_k b$, $k = 1, 2, 3$. Damit ergibt sich:

$$p = \sum_k p_k (e_k \cdot \underline{n})^2 = \sum_k p_k \cos^2\alpha_k,$$

d. h. der D. ist der mit den Richtungssosinussen gerichtete →Mittelwert über die Eigenwerte des D.-Tensors. Für perfekte Gase und Flüssigkeiten gilt die Materialgleichung

$$\underline{\underline{P}} = p_0 \underline{\underline{E}},$$

d. h. $\underline{\underline{P}}$ hat nur einen (dreifachen) →Eigenwert p_0, woraus $p = p_0$ folgt. Für perfekte Gase und Flüssigkeiten ist der D. unabhängig von der Orientierung des Elements ΔF und gleich dem dreifachen Eigenwert des D.-Tensors. Als Materialgleichung hängt der D. von den Zustandsvariablen ab. *Muschik*

Druck, dynamischer. Es ist der Term $\rho_0 \dfrac{u^2}{2}$ in der →Bernoulli-Gleichung für die stationäre Strömung eines inkompressiblen Fluids (ρ_0 konstante Dichte, u Geschwindigkeit). Der dynamische D. wird auch als Stau-D. bezeichnet. *Vogel*

Druck, osmotischer. Wird ein reines Lösungsmittel durch eine nur für das Lösungsmittel durchläs-

sige semipermeable Membran von einer Lösung (→Mischung) getrennt, so wandert Lösungsmittel durch die Membran in die Lösung. In der Lösung steigt der Druck, bis im Gleichgewicht eine Druckdifferenz π zwischen Lösungsmittel und Lösung besteht. Diese Druckdifferenz π heißt o. D. Das Bild zeigt schematisch eine *Pfeffer*sche Zelle, eine mit zwei Steigrohren versehene Zelle, die durch eine semipermeable Membran geteilt ist. Als eine solche semipermeable Membran kann eine Schweinsblase oder eine mit einem Belag aus Kupfer(II)-hexacyanoferrat(II) versehene poröse →Wand dienen. Für ideal verdünnte Lösungen ergibt sich

$$\pi v_1 = RTx_2$$

(v_1 = →Molvolumen des Lösungsmittels, R = →Gaskonstante, T = Temperatur, x_2 = →Molenbruch der gelösten Komponente). Der o. D. gehört zu den kolligativen Eigenschaften. *Muschik*

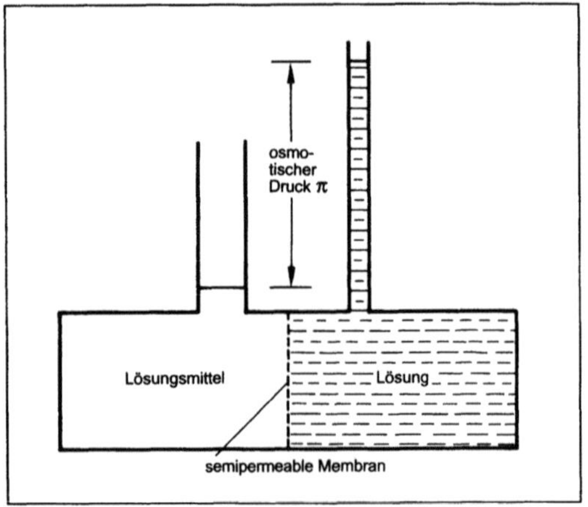

Druck, osmotischer: Pfeffersche Zelle zur Messung des o. D.

Druck, statischer. Es ist der Term $\rho_0\, gh$ in der →Bernoulli-Gleichung für die stationäre Strömung eines inkompressiblen Fluids (ρ_0 konstante Dichte, g Schwerebeschleunigung, h Höhe über einem Normalniveau). *Vogel*

Druckabfall, erforderlicher. Aus regelungsdynamischen Gründen erforderlicher Mindestdruckabfall an Stellgliedern bei maximalem Durchfluß, der aus energetischen Gründen möglichst gering zu halten ist. Für den D. am Stellglied werden meist 50 % des dynamischen D. der Anlage (ohne Stellglied) gefordert und statische D. dabei vernachlässigt. Unter Berücksichtigung der Betriebskennlinien, Durchflußbereiche, Grundkennlinien der Stellglieder sowie der Anpassungsfähigkeit der →Regler ist es an vielen Regelstrecken auch möglich, mit geringeren D. auszukommen. Günstig dafür sind: Flache Pumpenkennlinien, geringe Durchflußbereiche, gleichprozentige Kennlinien und Selbstoptimierung der Regelparameter. Letztere können sich wechselnden Streckenverstärkungen selbsttätig anpassen (→Durchflußkennlinie). *Strohrmann*

Literatur: *Engel, H. O.:* Energieökonomie bei der Anwendung von Regelventilen. Automatisierungstechnische Praxis *33* (1991), Nr. 4, S. 188–194.

Druckbehälterverordnung (DruckbehV). Die Verordnung über Druckbehälter, Druckgasbehälter und Füllanlagen (DruckbehV) vom 27. Februar 1980 basiert auf § 24 der →Gewerbeordnung (GewO) und § 13 Absatz 2 des Energiewirtschaftsgesetzes. „Druckbehälter außer Dampfkesseln" und „Anlagen zur Abfüllung von verdichteten, verflüssigten oder unter Druck gelösten Gasen" sind in § 24 Abs. 3 Ziffer 2 und 3 GewO als „überwachungsbedürftige Anlagen" genannt.

An Druckbehälter, Druckgasbehälter und Füllanlagen werden wegen ihres Gefährdungspotentials für Beschäftigte oder Dritte materielle Anforderungen und Prüfanforderungen gestellt. Das Gefährdungspotential für Druckbehälter im Versagensfall wird in grober Näherung aus dem Produkt von Inhalt in Litern und Druck in Bar abgeleitet. Für Druckbehälter, die mit Gasen oder Dämpfen betrieben werden, gilt: Bei einem Druck-Inhalts-Produkt kleiner oder gleich 1000 Bar-Liter sind wiederkehrende Prüfungen durch den Sachkundigen durchzuführen. Druckbehälter mit einem Druck-Inhalts-Produkt, das größer als 200 Bar-Liter ist, müssen einer erstmaligen Prüfung und einer Abnahmeprüfung durch den Sachverständigen unterzogen werden. Druckbehälter mit einem Druck-Inhalts-Produkt, das größer als 1000 Bar-Liter ist, unterliegen wiederkehrenden Prüfungen durch den Sachverständigen.

Die Regelungen über Druckgasbehälter und Füllanlagen in Abschn. 3 und 4 der DruckbehV gehen auf die frühere Druckgasverordnung zurück. Größenabstufungen hinsichtlich der Prüfanforderungen sind hierfür nicht vorgesehen.

Druckbehälter sind in der DruckbehV der weitaus größte Regelungsgegenstand, der vor Inkrafttreten der DruckbehV also bis zum 30. Juni 1980 durch die Unfallverhütungsvorschrift „Druckbehälter" (VBG 17) abgedeckt war.

Die Anwendungspalette von Druckbehältern ist sehr umfangreich. Im Anhang II zu § 12 der DruckbehV sind Abweichungen vom zweiten Abschnitt der Verordnung geregelt. Mit den spezifischen Anforderungen im Anhang II kann auf die sicherheitstechnischen Belange der einzelnen Druckbehälterart näher eingegangen werden. Bei diesen Regelungen handelt es sich sowohl um Erleichterungen als auch um Verschärfungen für die besonderen Arten von Druckbehältern (z. B. Druckspritzbehälter für Desinfektions-, Imprä-

gnier- oder Pflanzenschutzmittel, Steinhärtekessel, Lagerbehälter für Getränke).

Die Technischen Regeln für Druckbehälter sind in den TRB niedergelegt, die der berufsgenossenschaftliche Fachausschuß „Druckbehälter" (FAD) ermittelt.

Gemäß § 36 DruckbehV ermittelt der Deutsche Druckbehälter-Ausschuß (DBA) die Technischen Regeln Druckgase (TRG), die auf Druckgasbehälter und Füllanlagen anzuwenden sind.

TRB und TRG werden nach ihrer Ermittlung im Bundesarbeitsblatt vom Bundesminister für Arbeit und Sozialordnung bekanntgemacht. *W. Hoffmann*

Druckfestigkeit. D. ist die →Festigkeit eines Baustoffs, besonders von festem Beton, bei Belastungen durch Druck. Die D. wird im allgemeinen an Würfeln oder Kreiszylindern mit bestimmten Abmessungen ermittelt. Dabei wird die Druckfläche des Probekörpers bis zur Bruchlast belastet. *Splittgerber*

Druckluftverordnung. Die Verordnung über Arbeiten in Druckluft basiert auf
□ § 120e der →Gewerbeordnung,
□ § 9 Abs. 2 der Arbeitszeitordnung,
□ § 37 Abs. 2 des Jugendarbeitsschutzgesetzes,
□ § 4 Abs. 4 des Mutterschutzgesetzes,
□ Artikel 129 Abs. 1 des Grundgesetzes.

Die D. regelt materielle Anforderungen und Prüfanforderungen, die die gewerblich betriebenen Arbeitskammern, in denen Arbeiten in Druckluft ausgeführt werden, zum Schutz der Beschäftigten erfüllen müssen. Arbeitgeber müssen nach dieser Verordnung spätestens 2 Wochen vor Beginn Arbeiten in Druckluft der zuständigen Behörde – in der Regel der Gewerbeaufsicht – anzeigen. Die Beschaffenheitsanforderungen der Arbeitskammern und der ihrem Betrieb dienenden Einrichtungen sind in Anhang 1 (§§ 4 und 17 Abs. 2 der Verordnung über Arbeiten in Druckluft) niedergelegt. Anhang 2 (§ 21 Abs. 1 der Verordnung über Arbeiten in Druckluft) gibt eine Übersicht über die Ausschleusungszeiten, die Beschäftigte in Abhängigkeit von dem Druck in der Arbeitskammer und der Aufenthaltsdauer in der Druckluft einhalten müssen. Anhang 3 (nach § 18 Abs. 1 Nr. 4 der Verordnung über Arbeiten in Druckluft) enthält Anweisungen für Schleusenwärter, die während der Arbeiten in Druckluft an den Schleusen ständig anwesend sein müssen.

Schleusen, Schachtrohre und elektrische Anlagen von Arbeitskammern müssen vor ihrer ersten Inbetriebnahme und wiederkehrend spätestens drei Jahre nach der letzten Prüfung sowie nach wesentlichen Änderungen durch einen behördlich anerkannten Sachverständigen geprüft werden. Bei der Prüfung vor der ersten Inbetriebnahme handelt es sich um die Bauprüfung, um die Wasserdruckprüfung mit dem 1,5fachen des zulässigen Betriebsüberdrucks sowie um die Abnahmeprüfung. Die wiederkehrende Prüfung besteht aus einer inneren Prüfung, einer Wasserdruckprüfung mit dem 1,5fachen des zulässigen Betriebsüberdrucks sowie einer äußeren Prüfung.

Die D. spricht ein Beschäftigungsverbot für Arbeiten in Druckluft über 3 bar aus. Arbeitnehmer, die noch nicht 21 Jahre alt und solche, die älter als 50 Jahre sind, dürfen nach der D. mit Arbeiten in Druckluft nicht beschäftigt werden. Die §§ 10 und 11 behandeln ärztliche Vorsorgeuntersuchungen und weitere ärztliche Vorsorgemaßnahmen. Allgemeine Aufgaben und Erreichbarkeit des ermächtigten Arztes sowie die Anforderungen, die ermächtigte Ärzte erfüllen müssen, sind in den §§ 12 und 13 geregelt. Arbeitgeber, die Arbeitnehmer Arbeiten in Druckluft verrichten lassen, müssen eine Gesundheitskartei nach § 16 führen und über Krankendruckluftkammern, Erholungsräume und sanitäre Einrichtungen nach § 17 verfügen. Der Arbeitgeber hat ferner Fachkräfte (Fachkundige, Sachkundige und Schleusenwärter) nach § 18 zu bestellen, die die Arbeiten in Druckluft überwachen. *W. Hoffmann*

Druckmembran →Drucksensor

Druckmessung. Der Druck p eines Fluids – das ist der Sammelbegriff für Gase, Dämpfe und Flüssigkeiten – ist definiert als Kraftwirkung, die senkrecht auf eine Flächeneinheit einwirkt. Ist F die Kraft, q der Querschnitt der Fläche, so gilt $p = F/q$.

Es ist zu unterscheiden, ob der absolute Druck, oder ob ein Über- oder Unterdruck gegenüber dem Atmosphärendruck zu messen ist. Dabei ist der Überdruck p_e definiert als Druck vermindert um den Atmosphärendruck. Er ist positiv, wenn der Druck größer ist als der Atmosphärendruck. Analog dazu ist der Unterdruck als Differenz zwischen Atmosphärendruck und (Absolut-)Druck definiert. Mittels Differenz-D. kann nicht nur die Differenz zwischen zwei Drücken gemessen werden. Vielmehr wird damit auch der Durchfluß von Flüssigkeiten (→Durchflußmessung) erfaßt.

Einheiten: Als Druckeinheiten sind im internationalen Einheitensystem die Einheiten Pascal (Pa) und Bar (bar) vorgesehen;
$1\ Pa = 1$ Newton je m² (N/m²), $1\ bar = 10^5$ N/m².

Nicht mehr zugelassen, aber z. T. noch im Gebrauch sind die Einheiten
- Kilopond je cm²: $1\ kp/cm^2 = 0,980665$ bar,
- technische Atmosphäre: $1\ at = 1\ kp/cm^2$,
- Atmosphäre: $1\ atm = 1,033227\ kp/cm^2 = 760$ Torr,
- mm Wassersäule: $1\ mm\ WS = 0,0001\ kp/cm^2$,
- Torr oder mm Quecksilbersäule: $1\ mm\ Hg = 132,3224$ N/m² $= 1,00000014$ Torr.

In angelsächsischen Ländern sind folgende Einheiten noch gebräuchlich:
- $1\ lb/in^2 = 0,070307208\ kp/cm^2$ (UK),
- $1\ p/in^2$ (psi) $= 0,070306682\ kp/cm^2$ (USA).

Meßverfahren: Das unmittelbarste Verfahren der D. ist die Ermittlung der auf eine gegebene Fläche wirkenden Kraft. Hierzu gehören die Druckwaagen und Flüssigkeitsmanometer.

Bei einem Kolbendruckmesser, einer Druckwaage, wird der zu messende Druck über eine Ölvorlage auf den beweglichen Kolben übertragen, der so lange verschoben wird, bis durch die Meßbereichsfedern das Kräftegleichgewicht erreicht wird. Die D. wird also in eine Wegmessung umgewandelt. Dabei ist der zurückgelegte Weg dem zu messenden Druck proportional und wird über ein Getriebe in einen Winkelausschlag verwandelt. Ausgeführte Kolbendruckmesser haben Meßbereiche von 1 bar bis 100 bar, wobei eine Nullpunktunterdrückung durch Vorbelastung des Kolbens mit Gewichten bis zum 6fachen Meßbereich möglich ist. Die mit Kolbendruckmessern erreichbare Genauigkeit liegt bei 0,5 % v. E.

Bei den Flüssigkeitsmanometern ist der Druck nur von der Höhe und der →Dichte der Flüssigkeitssäule abhängig. Das Prinzip läßt sich am besten an Hand eines U-Rohr-Manometers erläutern. Wirkt auf den einen Schenkel des U-Rohrs der zu messende Druck, der andere Schenkel sei zugeschmolzen und evakuiert, so läßt sich der Absolutdruck errechnen zu $p_v = 0,0981 \cdot h \cdot \varrho$ in mbar, mit h als Höhendifferenz der beiden Flüssigkeitssäulen in mm und ϱ der Dichte der Sperrflüssigkeit in kg/dm³. Bevorzugte Sperrflüssigkeiten sind Wasser, evtl. mit Fluoreszein gefärbt ($\varrho = 1$ kg/dm³), Quecksilber ($\varrho = 13,55$ kg/dm³, Quecksilbermanometer), Ethylalkohol, Silicon, Öl u. ä. (Bild 1).

Druckgeräte, die mit Sperrflüssigkeit arbeiten, dienen zum Messen kleiner Drücke oder kleiner Druckdifferenzen. Wird ein Schenkel des U-Rohrs zugeschmolzen und evakuiert, so läßt sich mit diesem auch der Absolutdruck messen. Eine weitere Ausführungsform des Flüssigkeitsmanometers ist das Schrägrohrmanometer.

Neben diesen beiden „absoluten" Druckmeßverfahren werden eine große Anzahl physikalischer Effekte zur D. benutzt. Von diesen seien hier die federelastischen Druckaufnehmer als mittelbare mechanische Druckaufnehmer angeführt. Außer dem Platten- und Kapselfedermeßwerk hat das Rohrfedermeßwerk (Bourdonmeßwerk) in der Betriebsmeßtechnik Bedeutung (Bild 2).

Die Rohr- oder Bourdonfeder ist ein kreisförmig gebogenes Rohr mit vorzugsweise ovalem Quer-

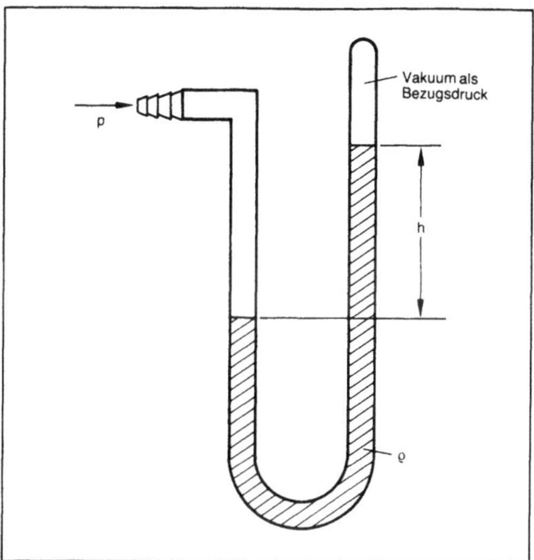

Druckmessung 1: U-Rohr-Manometer.

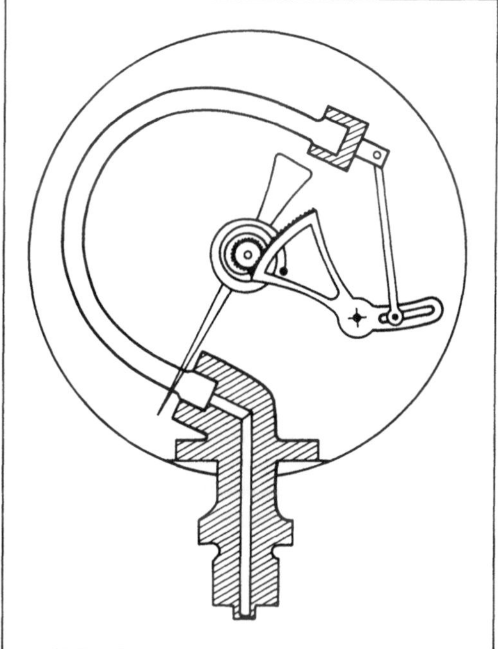

Druckmessung 2: Rohrfedermeßwerk (Bourdon-feder).

schnitt. Ein Rohrende ist mit einem Federträger, der meist zugleich Anschlußzapfen ist, verlötet oder verschweißt. Gibt man auf die Rohrfeder einen Druck, so biegt sich das freie Rohrende auf. Diese Bewegung (etwa 3–6 mm) wird über eine Zugstange auf ein Zeigerwerk übertragen. Das Rohrfedermeßwerk wird in der Betriebsmeßtechnik am meisten verwendet und ist in unterschiedlichen Ausfüh

rungsformen für Meßbereiche von 600 mbar bis 1 000 bar einsetzbar. Erwähnt sei auch die Barton-Meßzelle, die hauptsächlich zur Differenz-D. eingesetzt wird. Sollen mechanische Druckaufnehmer in (elektrische) Automatisierungssysteme einbezogen werden, so müssen die mechanischen Größen mittels Druckmeßumformer in elektrische Größen umgewandelt werden. Daher haben in den letzten Jahren Druckaufnehmer, die elektrische Effekte zur D. verwenden, Bedeutung erlangt. Von ihnen seien folgende angeführt:

Beim DMS-Druckaufnehmer werden auf eine Membran vier →Dehnungsmeßstreifen in einer Wheatstone-Brücke (→Meßbrücke) aufgeklebt. Wird diese Membran durch einen Druck ausgelenkt, ändern sich die Widerstände der DMS. Beim monolithisch integrierten piezoresistiven Drucksensor, bei dem die Änderung des spezifischen Widerstands des Halbleiters den wesentlichen Meßeffekt (piezoresistiver Effekt) darstellt, besteht die Membran aus einer wenige μm dicken Siliciumschicht, die durch elektrolytisches Ätzen hergestellt wird. Auch die dehnungsabhängigen Widerstände der Meßbrücke und die Widerstände zur Temperaturkompensation und in manchen Ausführungsformen ein Operationsverstärker sind auf dem Chip integriert (Bild 3).

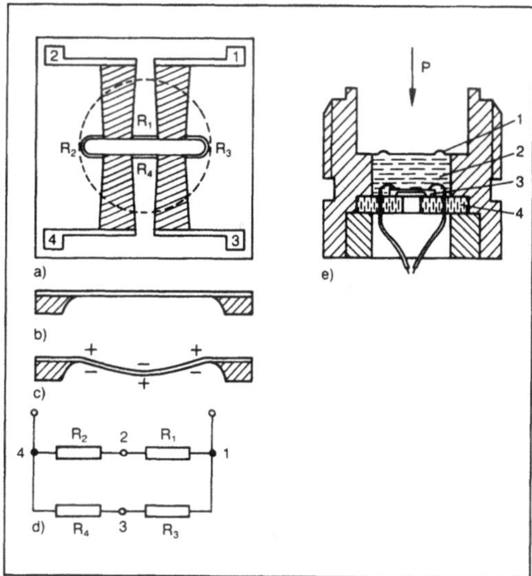

Druckmessung 3: Meßzelle eines piezoresistiven Druckaufnehmers.

a) Siliciumchip mit den eindotierten Widerständen R_1 bis R_4.

b) Schnitt durch den unbelasteten Chip.

c) Schnitt durch den belasteten Chip mit gedehnten (+) und gestauchten (−) Bereichen.

d) Schaltung der eindotierten Widerstände.

e) Schnitt durch den Aufnehmer.

1 Stahlmembran, 2 Ölvorlage, 3 Siliciumchip, 4 druckdichte Durchführung der elektrischen Anschlüsse

173

Grundlage für die piezoelektrische D. ist der piezoelektrische Effekt, nach dem auf bestimmten Kristallen Ladungen auftreten, wenn diese mechanisch beansprucht werden. Quarzkristalle (SiO_2) haben die höchste Konstanz ihrer Eigenschaften und die beste Isolation, weshalb sie für Meßwerke am besten geeignet sind. Baut man zwei Piezokristalle, die mechanisch hintereinander, elektrisch aber parallel liegen, in eine Dose ein, die mit einer Membran abgeschlossen ist, so übt der auf die Membran wirkende Druck eine Kraft auf den Piezokristall aus. Die daraus resultierende Ladung wird mit Hilfe eines Ladungsverstärkers in eine Spannung umgewandelt. Das Haupteinsatzgebiet der piezoelektrischen Druckaufnehmer liegt bei schnellen dynamischen Messungen. Die Meßbereiche der vorgenannten Druckaufnehmer reichen von einigen mbar bis zu einigen kbar. Im Gegensatz hierzu messen induktive und kapazitive Druckaufnehmer insbesondere kleine Drücke. *F. Schneider*

Literatur: *Schrüfer, E.:* Elektrische Meßtechnik. München, Wien 1988.

Druckregelung. Regelung des Drucks von Gasen und Flüssigkeiten in Rohrleitungen und Behältern, meist durch Drosseln strömenden Fluids. Bei D. ist zwischen Überström- und Reduzierregelung zu unterscheiden, je nachdem, ob der Druck vor oder nach dem Stellgerät geregelt werden soll (Bild 1). Für Reduzier- und Überströmregelungen sind in großer Zahl Regler ohne →Hilfsenergie marktgängig. Dynamisch handelt es sich bei diesen Regelungen meist um Strecken erster Ordnung mit Ausgleich ohne Totzeit. Sie sind, besonders bei Gasen, leicht zu stabilisieren, wenn die Inhalte der Rohrleitungen und Behälter, in denen der Druck zu regeln ist, relativ groß gegenüber den Durchflüssen sind. Wichtig sind D. an Pumpen und Verdichtern, mit denen sich die Pumpen- und Verdichterleistungen den Lastzuständen der Verfahrensanlage angleichen lassen.

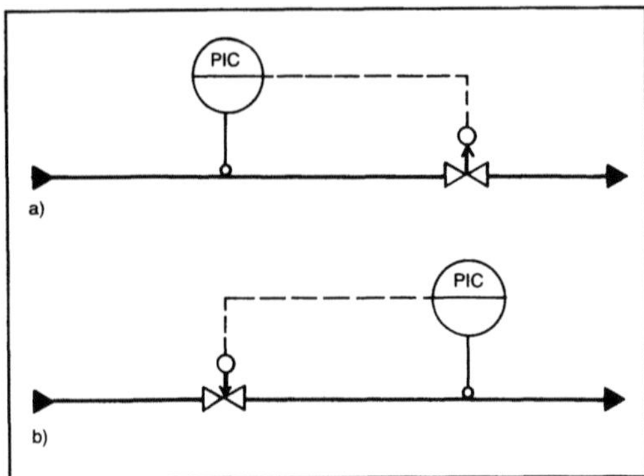

Druckregelung 1: Überströmregelung (a) und Reduzierregelung (b).

Neben diesen Regelungen durch Drosseln von Produktströmen wird häufig der Druck auch indirekt geregelt. Das geschieht z. B. durch Heizen flüssigen oder durch Kühlen dampfförmigen Produktes. Nach der →Dampfdruckkurve bestimmt die Siede- bzw. die Kondensationstemperatur dabei den zugehörigen Druck. Bild 2 zeigt eine nach diesem Prinzip arbeitende D. einer Destillationskolonne. Voraussetzung ist, daß sich die Dämpfe in der Kolonne bei den Kühlwassertemperaturen vollständig kondensieren lassen, in der Kolonne also keine inerten Gase vorhanden sind. *Strohrmann*

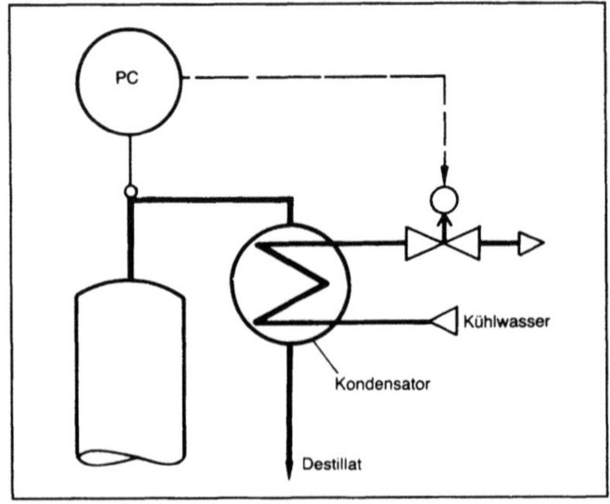

Druckregelung 2: Eine Destillationskolonne.

Literatur: *Hengstenberg, J., B. Sturm* u. *O. Winkler:* Messen, Steuern und Regeln in der Chemischen Technik. Bd. III 3. Aufl. Berlin, Heidelberg, New York 1981. – *Strohrmann, G.:* Automatisierungstechnik. Bd. 1: Grundlagen, analoge und digitale Prozeßleitsysteme. München, Wien 1992.

Drucksensor. Sensor zur →Messung der auf eine vorgegebene Fläche wirkenden →Kraft. Absolutdruck-Sensoren messen den anliegenden →Druck gegenüber dem Vakuum, Relativdruck-Sensoren die Druckdifferenz gegenüber einem Referenzdruck.

Verschiedene Verfahren werden für den Aufbau von Drucksensoren eingesetzt:

☐ Druckmembranen. Eine Druckmembran besteht aus einer dünnen quadratischen oder kreisförmigen Platte. Am Rand eingespannt verformt sie sich unter Druckbeaufschlagung oder durch lokal einwirkende Kräfte. Mit der elastischen Verformung stellt sich ein ortsabhängiger Spannungs-/Dehnungszustand ein. Wirksam sind Biegedehnungen proportional zur Krümmung der Platte und Membrandehnungen proportional zur Längenänderung der Platte in ihrer Ebene. Bei kleinen Verformungen dominieren die linear lastabhängigen Biegeanteile, während bei größeren Verformungen, insbesondere sehr dünner Strukturen, die nichtlinearen Membrananteile wirksam werden. Durch eine geeignete geometrische

Gestaltung und Einführung von Versteifungen lassen sich die Spannungen/Dehnungen zur Steigerung der Empfindlichkeit bzw. zur Verbesserung der Linearität örtlich konzentrieren.

Die Wandlung des mechanischen Signals erfolgt über den kapazitiven Effekt (z. B. Druckmembran als Elektrode eines Plattenkondensators) oder durch piezoresitive Detektion des örtlichen Spannungs-/Dehnungszustandes.

☐ piezoelektrische Verfahren, bei denen der mechanische Druck auf einen Körper in eine elektrische Polarisation umgesetzt wird;

☐ thermische Verfahren (Pirani-Sensor);

☐ optische Verfahren (Spannungsoptik). *Offereins*

Druckverlust. Von einem D. in einer inkompressiblen Strömung spricht man, wenn die Summe $P = p + \rho u^2/2 + \rho\Phi$, die nach der →Bernoulli-Gleichung auf stationären Stromlinien ohne den Einfluß der inneren →Reibung konstant wäre, stromabwärts durch Reibung kleiner wird. Dem D. entspricht eine Verlustleistung, die zur Aufrechterhaltung der Strömung aufzubringen ist; (**u** Geschwindigkeit, ρ Dichte, p Druck, Φ potentielle Energie/Masse).

In Rohren mit konstantem oder mäßig veränderlichem Querschnitt entnimmt man den D. den Reibungsbeiwerten. In der Regel sind die hier betrachteten Strömungen turbulent (→Turbulenz); **u** und p sind dann Mittelwerte über den Querschnitt und über die Zeit.

In einem Rohr, dessen Querschnitt F in Strömungsrichtung zunimmt (→Diffusor), kommt es bei Öffnungswinkeln von mehr als 10° zur Ablösung der Strömung und starkem D. Bei sprunghafter Erweiterung von F_1 auf F_2 reißt die Strömung strahlartig ab, während sich in den Ecken der Stufe Totwasserwirbel ausbilden. Die Impulsbilanz für die raumfeste Kontrollfläche K (Bild) erlaubt es, den D. abzuschätzen. Werden Wandschubspannungen und turbulente Schwankungen vernachlässigt, so tragen zur Bilanz

$$\oint [p d\mathbf{F} + \rho\mathbf{u}\,(\mathbf{u}\cdot d\mathbf{F})] = 0$$

die Querschnitte F_1, F_2 und die Stufe $\Delta F = F_2 - F_1$ bei. Nimmt man an, der Totwasser-Druck, der auf die Stufe drückt, sei gleich p_1, dann erhält man den D.:

$$P_2 - P_1 = -\rho(u_2 - u_1)^2/2.$$

(Carnot-D.). Die Bernoulli-Gleichung für stationäre Strömungen (mit dem falschen Ergebnis $P_1 = P_2$) ist nicht anwendbar, weil der abgelöste „Strahl" instationär ist und sich mit dem Totwasser mischt.

Die Verlustleistung (Dimension Energie/Zeit) ist gleich dem Produkt $-\Delta P \cdot J$ aus D. $-\Delta P$ und Volumenstrom J (Volumen/Zeit). Sie ist andererseits

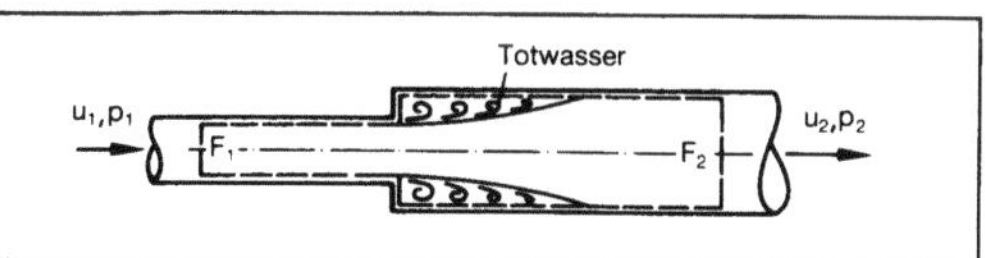

Druckverlust: Entstehung des Carnot-Druckverlusts im Rohr mit Querschnittserweiterung.

gleich der im Bereich des Totwassers entstehenden Dissipation, die man durch die Stärke rot **u** (Nabla) der Totwasserwirbel ausdrücken kann:

$$D = \int dV \cdot \mu \cdot \langle(\text{rot } \mathbf{u})^2\rangle;$$

rot **u** Wirbelstärke, μ dynamische Zähigkeit. Die Klammern $\langle\rangle$ bedeuten die zeitliche Mitteilung über die turbulenten Schwankungen. *Vogel*

Druckverlust, trockener. Unter dem t. D. versteht man die Druckdifferenz zwischen der Blase und dem Kopf einer Kolonne, wenn diese frei von Flüssigkeit ist. Der t. D. ist der Gasdichte und dem Quadrat der Gasgeschwindigkeit proportional. Bei Bodenkolonnen setzt sich der Gesamtdruckverlust aus dem t. D. und der Summe der hydrostatischen Drücke der Sprudelschichten auf den Böden zusammen. Bei Füllkörperkolonnen führt eine Berieselung der →Schüttung ebenfalls zu einem Druckanstieg, weil der freie Querschnitt durch die Filmbildung auf den Füllkörpern kleiner wird.

Trägt man den t. D. gegen das Produkt aus Gasgeschwindigkeit und -dichte doppellogarithmisch auf, so ergibt sich eine nach rechts aufsteigende Gerade. Je größer die Füllkörper sind, desto geringer ist der t. D. *Dohrn*

Literatur: *Billet, R.:* Die industrielle Destillation. Weinheim 1973. – *Kirschbaum, E.:* Destillier- und Rektifiziertechnik. 4. Aufl. Berlin, Heidelberg, New York 1969.

Druckwasserreaktor →Kernreaktor

Durchbruchskurve. Unter D. versteht man bei Festbettprozessen den zeitlichen Verlauf der Konzentration des austretenden Fluids, wenn nicht mehr Gleichgewicht mit unbeladenem Adsorbens erreicht werden kann, d. h. wenn die Konzentration der abzutrennenden Komponenten mit der Zeit anzusteigen beginnt bis schließlich die Eintrittskonzentration erreicht ist. Betrachtet man beispielsweise einen Adsorptionsprozeß zur Gasreinigung, bei dem das Festbett aus regeneriertem Adsorptionsmittel (Adsorbens) besteht, so wird das beladene Gas bereits von den vorderen Adsorbensteilchen gereinigt und tritt mit der Gleichgewichtskonzentration aus dem Adsorber aus. Mit zunehmender Zeit wandert eine Stoffübergangszone durch das Festbett (Bild). Erreicht sie das Ende des Bettes, d. h. fast das gesamte Adsorbens hat die Gleichgewichtsbeladung erreicht, so tritt beladenes Gas am

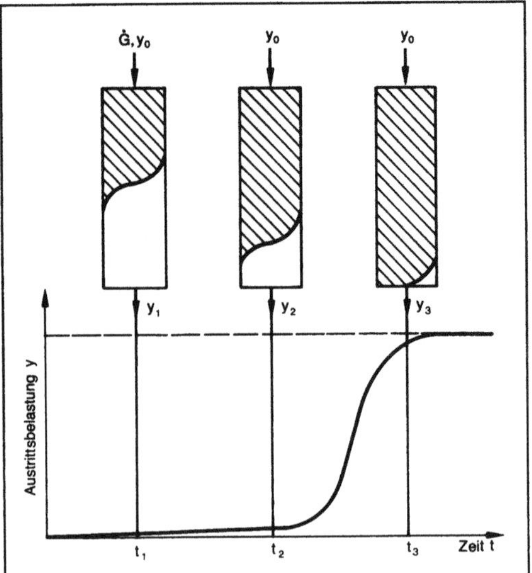

Durchbruchskurve: Durchbruchskurve in einem Adsorberbett.

Adsorber aus, und die Austrittskonzentration steigt steil an (→Sorptionskinetik).

Das Adsorberbett wird um so besser ausgenutzt, je steiler die D. verläuft. Der Verlauf der D. ist u. a. von der Korngrößenverteilung der Adsorberpartikel, von der Volumenstromdichte, vom Diffusionsverhalten des Gases, vom Lückenvolumen der →Schüttung und von der Gleichgewichtskonstanten zwischen der Gasphase und der Festphase abhängig. *Dohrn*

Literatur: *Mersmann, A.*: Thermische Verfahrenstechnik. Berlin, Heidelberg, New York 1980. – *Sattler, K.*: Thermische Trennverfahren. Weinheim 1988.

Durchflutung, elektrische. Die Menge des Stroms, der durch das Innere einer geschlossenen Linie hindurchtritt. Bei kontinuierlich verteilter Stromdichte ergibt sich die Durchflutung als →Integral der Stromdichte über eine beliebige von der Linie aufgespannte Fläche, wobei jedem Flächenelement jeweils die Richtung seiner Flächennormalen zuzuordnen ist. *Claassen*

Durchflutungsgesetz. In einem mit einem magnetischen →Feld, das durch elektrische Ströme erzeugt wird, erfüllten Raum, ist das Linienintegral der magnetischen →Feldstärke $\underline{H}$ längs einer beliebigen geschlossenen Linie L gleich dem Gesamtstrom, der durch eine beliebige Fläche A fließt, die durch die Linie L aufgespannt ist:

$$\oint_L \underline{H}\,\mathrm{d}\underline{l} = \int_A \underline{J}\,\mathrm{d}\underline{A}.$$

Hierin ist $\mathrm{d}\underline{l}$ eine infinitesimale Wegänderung auf die Linie L, $\underline{J}$ die Stromdichte durch die Fläche A

und $\mathrm{d}\underline{A}$ ein infinitesimales Flächenelement der Fläche $\overline{A}$, dessen Richtung durch die Flächennormale gegeben ist, die mit der Umlaufrichtung des Linienintegrals ein Rechtsschraubensystem bildet (Bild).

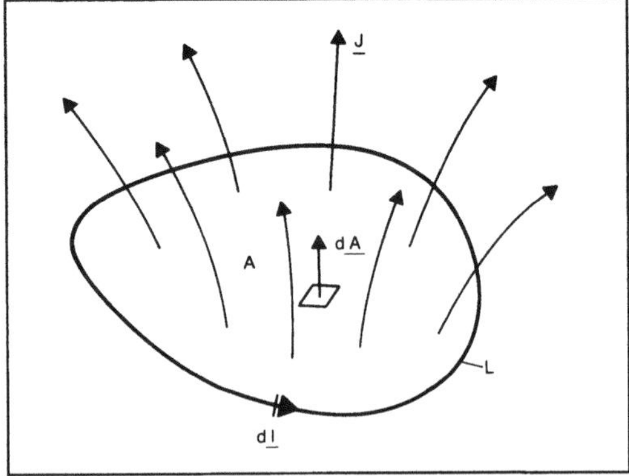

Durchflutungsgesetz: Zur Integralform des Durchflutungsgesetzes.

Das Durchflutungsgesetz enthält im Prinzip die gleiche Gesetzmäßigkeit wie das Biot-Savart-Gesetz und läßt sich aus diesem ableiten, hat für die praktische Anwendung jedoch eine meist zweckmäßigere Form.

Nach dem Stoke-Satz ist das Linienintegral eines beliebigen Vektorfeldes gleich dem Flächenintegral der →Rotation des Vektors, bezogen auf eine Fläche, die durch die Linie aufgespannt werden kann. Damit wird

$$\oint_L \underline{H}\,\mathrm{d}\underline{l} = \int_A \mathrm{rot}\,\underline{H}\,\mathrm{d}\underline{A}$$

für jede beliebige geschlossene Linie L, d. h. auf jeder beliebigen Fläche im Raum. Deshalb müssen auch die Ausdrücke im →Integral der rechten Seiten beider Gleichungen gleich sein. rot $\underline{H} = \underline{J}$.

Dies ist die Differenzialform des Durchflutungsgesetzes. Sie besagt, daß überall, wo eine Stromdichte existiert, wo also ein Strom fließt, ein Wirbel des magnetischen Feldes auftritt. Dazu muß in der Umgebung eines jeden Stroms ein magnetisches Feld vorhanden sein. *Claassen*

Durchflußkennlinie. Abhängigkeit des Durchflusses durch ein Stellglied von dessen Hub oder dessen Stellwinkel. Um zu einheitlichen Darstellungen zu kommen, bezieht man den Durchfluß auf den Nenndurchfluß und den Hub oder Stellwinkel auf den Nennhub bzw. Nennstellwinkel. Für inkompressible Flüssigkeiten, große Reynolds-Zahlen und konstanten Druckabfall kann der Durchfluß durch den bezogenen Durchfluß ersetzt und als k_v-Wert oder, in der relativen Darstellung, als Quotient k_v/K_{vs}-Wert angegeben werden.

Für die praktischen Anwendungen werden von den vielen möglichen Grundkennlinien besonders zwei ausgewählt: die lineare Grundkennlinie, bei der gleichen Hubänderungen gleiche Änderungen des k_v-Werts entsprechen, und die gleichprozentige Grundkennlinie, bei der gleichen Hubänderungen gleiche prozentuale Änderungen des Durchflusses entsprechen (Bild).

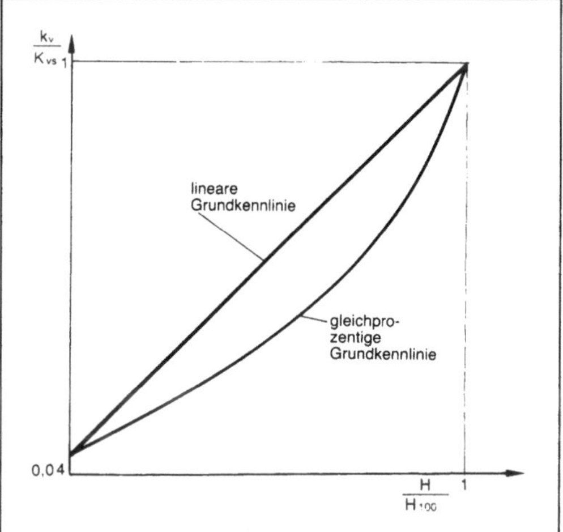

Durchflußkennlinie: Lineare und gleichprozentige Grundkennlinie eines Stellglieds mit dem theoretischen Stellverhältnis von 1:25.

Meist unterscheiden sich die tatsächlichen Betriebsdurchflußkennlinien von den Grundkennlinien. Im allgemeinen sind vor allem die Voraussetzungen des konstanten Druckabfalls wegen weiterer dynamischer Druckabfälle im Prozeß nicht gegeben. Aus diesen Gründen werden den Stellgliedern mit linearer Grundkennlinie meist solche mit gleichprozentiger vorgezogen, die in realen Strecken ein größeres nutzbares Stellverhältnis und einen für den gesamten Hubbereich konstanteren Verstärkungsfaktor haben. Dagegen verhalten sich in Füllstandregelstrecken Stellglieder mit linearer Kennlinie oft dynamisch günstiger als Stellglieder mit gleichprozentiger Kennlinie. *Strohrmann*

Literatur: *Hengstenberg, J., B. Sturm u. O. Winkler:* Messen, Steuern und Regeln in der Chemischen Technik. Bd. III 3. Aufl. Berlin, Heidelberg, New York 1981. – *Strohrmann, G.:* Automatisierungstechnik. Bd. 2: Stellgeräte, Strecken, Projektabwicklung. München, Wien 1991.

Durchflußmessung. Der Durchfluß eines Fluids – Sammelbegriff für Gase, Dämpfe und Flüssigkeiten – ist definiert als die →Stoffmenge, die je Zeiteinheit einen Leitungsquerschnitt durchfließt bzw. durchströmt. Die Stoffmenge kann entweder in Volumeneinheiten $Q_v = V/t$ oder in Masseeinheiten $Q_m = m/t$ angegeben werden. Zwischen beiden Größen besteht die Beziehung $Q_m = \rho \cdot Q_v$ (ρ Dichte des zu messenden Stoffs). In Sonderfällen kann die Stoffmenge auch eine Stückzahl je Zeiteinheit sein (z. B. Verkehrszählung).

Eng verwandt zur D. ist die →Mengenmessung, denn der Durchfluß ist die auf die Zeiteinheit bezogene Menge bzw. die Menge der über die Zeit aufsummierte Durchfluß.

Für die Messung des Volumendurchflusses werden die Einheiten Kubikmeter pro Stunde (m³/h), für die Messung des Massedurchflusses Tonnen pro Stunde (t/h) bzw. davon hergeleitete Einheiten verwendet.

Es interessiert der vom Betriebszustand unabhängige Massedurchfluß, insbesondere als Grundlage bei Verrechnungen. Die meisten Meßeinrichtungen messen aber den Volumendurchfluß, so daß zum Ermitteln des Massedurchflusses die Kenntnis der Dichte am Meßort (Betriebsdichte) erforderlich ist. Bei Verrechnungsmessungen, bei denen es auf hohe Genauigkeit ankommt, ist meist die Produktqualität und -zusammensetzung genau spezifiziert, so daß bei Flüssigkeiten die Dichte und bei Gasen die Dichte im Normzustand (0 °C, 1013 hPa) als konstant angenommen werden kann. Die Umrechnung der Dichte auf die Dichte bei Betriebstemperatur und Betriebsdruck ist über Gleichungen oder Tabellen leicht möglich. In Fällen, in denen die Dichte als nicht konstant angenommen werden kann, muß diese mittels Meßgeräten zur →Dichtemessung laufend erfaßt werden. Den Durchfluß zu messen ist z. T. schwierig und aufwendig, insbesondere wenn man die sehr unterschiedlichen Zustände der zu messenden Stoffe betrachtet, angefangen von Gasen bei hohem Druck und hoher Temperatur bis hin zu sehr zähflüssigen Stoffen in unterschiedlichsten Mengen. Es ist daher kaum verwunderlich, daß es eine große Anzahl unterschiedlicher Effekte gibt, die zur D. herangezogen werden.

Die →Bernoulli-Gleichung ist die wesentliche Grundlage der Wirkdruckverfahren. Mittels eines Wirkdruckgebers – das ist ein →Drosselgerät (z. B. Blende oder Düse) oder ein Staugerät (z. B. Staurohr oder Stauscheibe) – wird aus dem Durchfluß ein Wirkdruck erzeugt, der mit einem Wirkdruckmesser gemessen wird.

Durch das Drosselgerät wird die Geschwindigkeit des Fluids erhöht und damit ein Druckabfall gemäß der Bernoulli-Gleichung erzeugt.

Nach dem Kontinuitätsgesetz ist der Durchfluß Q in einer Rohrleitung an allen Stellen gleich. Beträgt der Querschnitt vor dem Drosselgerät q_1 und die Geschwindigkeit v_1 und der Querschnitt an der Drosselstelle q_2 und die Geschwindigkeit v_2, so gilt:
$$Q = q_1 \cdot v_1 = q_2 \cdot v_2.$$
Ist die Flüssigkeit inkompressibel, die Rohrleitung horizontal und sind die Reibungskräfte inner-

halb der Strömung vernachlässigbar, so gilt nach *Bernoulli:*

$$p_1 + \frac{1}{2}\rho \cdot v_1{}^2 = p_2 + \frac{1}{2}\rho \cdot v_2{}^2,$$

ρ Dichte des Stoffs,
p_1, p_2 Druck vor bzw. an der Drosselstelle.

Daraus ergibt sich

$$\Delta p = p_1 - p_2 = \frac{\rho}{2} \cdot \left(\frac{1}{q_2{}^2} - \frac{1}{q_1{}^2}\right)\ Q^2 = c \cdot Q^2.$$

Da in Praxis keine reibungsfreie Strömung vorhanden ist, wird deren Einfluß (Kontraktion, Geschwindigkeitsprofil, Lage der Druckentnahmestelle) durch eine Kennzahl, die Durchflußzahl α, beschrieben (Drosselgerät). Wie aus obiger Gleichung ersichtlich, muß zur Bestimmung des Durchflusses der Differenzdruck gemessen werden ($\rightarrow$Differenzdruckmessung). Zusätzlich muß der gemessene Wert radiziert werden.

Beim Staudruckverfahren kommt die Strömung an der Meßstelle durch Einbau eines Staukörpers (Staurohr oder Stauscheibe) zur Ruhe. Über die Bernoulli-Gleichung ergibt sich wiederum eine Druckdifferenz.

Schwebekörper-Durchflußmesser beruhen auf der Kraftwirkung, die der bewegliche angeströmte Schwebekörper erfährt (Bild 1). Ein senkrecht stehendes, sich nach oben konisch erweiterndes Rohr, in dem sich ein Schwebekörper befindet, wird von unten nach oben vom Fluid durchströmt. Nach unten wirkt das Gewicht des Schwebekörpers, nach oben der Auftrieb und die Strömungskraft. Wegen

der konischen Form des Meßrohrs ergibt sich bei einer bestimmten Höhe das Kräftegleichgewicht. Diese Höhe ist in erster Näherung dem Durchfluß proportional. Für Anzeigegeräte ist der Konus aus Glas gefertigt und mit einer Durchflußskale versehen. In Automatisierungsanlagen wird die Höhe entweder induktiv oder bei kleinsten Meßbereichen ($1\ \text{cm}^3/\text{h}$) photoelektrisch in ein $\rightarrow$Einheitssignal umgeformt.

Beim Turbinenzähler ist die $\rightarrow$Drehzahl des propellerartigen Laufrads dem Durchfluß proportional (Bild 2). Durch Zählen der Umdrehungen erhält man die Menge bzw. das Volumen ($\rightarrow$Mengenmessung).

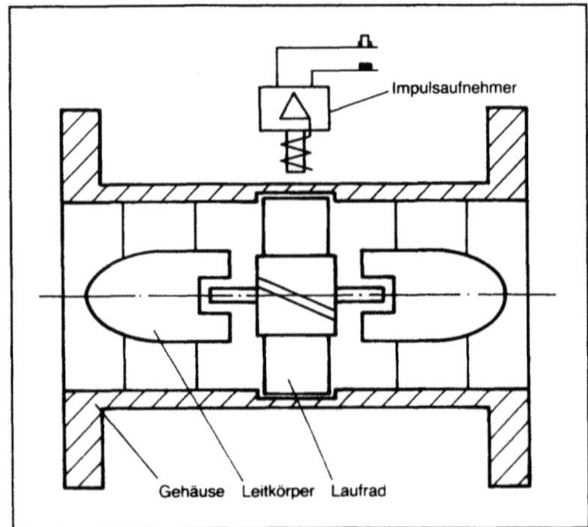

Durchflußmessung 2: Prinzip eines Turbinenradzählers.

Der Induktions-Durchflußmesser verwendet als Meßprinzip das $\rightarrow$Induktionsgesetz. Besitzt die strömende Flüssigkeit eine bestimmte Mindestleitfähigkeit, so wird durch ein senkrecht zur Strömungsrichtung angelegtes $\rightarrow$Magnetfeld eine Spannung induziert, die an zwei zum Magnetfeld senkrechten Elektroden abgegriffen werden kann. Die induzierte Spannung ist direkt proportional zum Durchfluß.

Beim Wirbelfrequenz-Durchflußmesser wird die Wirbelbildung hinter einem Störkörper, der von der zu messenden Flüssigkeit umströmt wird, genutzt.

Das $\rightarrow$Anemometer dient zur D. von Gasen und beruht auf der Abkühlung eines beheizten Widerstandsdrahts durch die Gasströmung. *F. Schneider*

Literatur: *Bonfig, K. W.:* Technische Durchflußmessung. Essen 1986. – *Strohmann, G.:* Einführung in die Meßtechnik im Chemiebetrieb. München 1980.

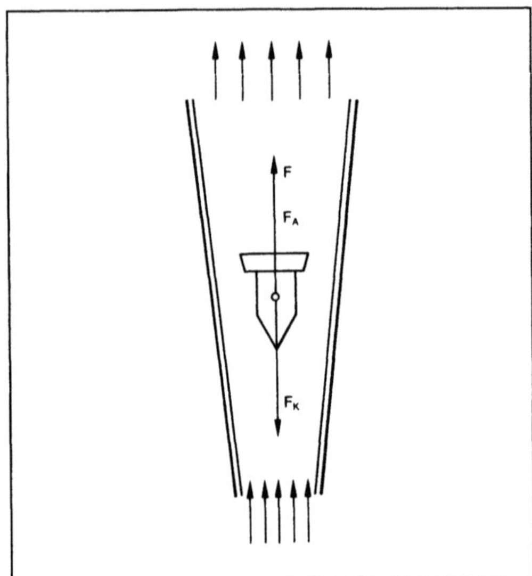

Durchflußmessung 1: Prinzip eines Schwebekörper-Durchflußmessers.

F_K Schwerkraft, F_A Auftriebskraft, F von der Strömung ausgeübte Kraft

Durchflußregelung. Regelung des Durchflusses von Gasen, Flüssigkeiten und Schüttgütern. Die meisten Durchflußregelstrecken der Verfahrenstechnik sind zwar verzögerungsarm; einer kurzen

Verzugszeit folgt aber ein plötzliches Ansteigen der Regelgröße fast ohne Ausgleichzeit. Es ergibt sich so, besonders bei Flüssigkeitsregelungen, fast reines Totzeitverhalten, das dynamisch ungünstig ist.

Bei D. kommt es meist auf genaues Einhalten vorgegebener Werte an. Das gilt auch für eine Variante der D., die Verhältnisregelung. Das Bild zeigt, wie ein Durchfluß – hier ist es der der Verbrennungsluft zu einem Heizofen – den Durchfluß des untergeordneten Regelkreises, hier des Heizgases, nachzieht. Der mit einem einstellbaren Faktor multiplizierte Durchfluß der Luft wird dazu als Sollwert dem Heizgas-Durchflußregler vorgegeben.

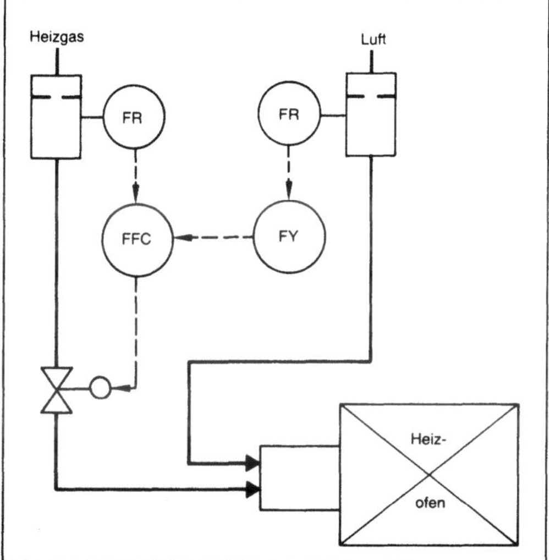

Durchflußregelung: Verhältnisregelung. Mit dem Rechenglied FY läßt sich das Verhältnis zwischen Luft- und Heizgasdurchfluß vorgeben.

Für besondere Aufgaben, z. B. zum Beschicken oder Spülen von Betriebsanalysengeräten oder zur Durchflußbegrenzung, werden auch Durchflußregler ohne →Hilfsenergie eingesetzt.

Zur D. von Schüttgütern kommen Dosierbandwaagen zum Einsatz, die über die Bandgeschwindigkeit und die auf das Band wirkende Gewichtskraft den Massenstrom bestimmen. Zusätzlich wird die Bandgeschwindigkeit so geregelt, daß sich ein einem vorgegebenen Sollwert entsprechender Durchfluß einstellt. Besonders der Regelung kleiner Durchflüsse von Flüssigkeiten dienen Dosierpumpen. Ihr Hub läßt sich ferngesteuert so verstellen, daß die Pumpe einen gewünschten Durchfluß fördert. *Strohrmann*

Literatur: *Hengstenberg, J., B. Sturm* u. *O. Winkler:* Messen, Steuern und Regeln in der Chemischen Technik. Bd. III. 3. Aufl. Berlin, Heidelberg, New York 1981. – *Strohrmann, G.:* Automatisierungstechnik. Bd. 1: Grundlagen, analoge und digitale Prozeßleitsysteme. München, Wien 1992.

Durchflußsensor. Für die Messung der Menge strömender Medien kommen im wesentlichen die folgenden Verfahren zur Anwendung:
□ Differenzdruckverfahren: Druckverlust beim Durchströmen einer Blende, Messung über Drucksensoren.
□ Schwebekörper: Die Strömung (vertikal) hält einen Schwebekörper auf einer Höhe, die ein Maß für die Strömung ist. Die Lage des Schwebekörpers wird über einen →Positionssensor erfaßt.
□ Flügelradsensor: Die Strömung treibt ein Flügelrad an, dessen Umdrehungszahl über einen →Drehzahlsensor erfaßt wird.
□ Magnetisch-induktive Messung: Die Strömung geladener Teilchen wird nach dem Halleffekt über die Hallspannung gemessen.
□ Ultraschallmessung: Die Laufzeit bzw. Dopplerverschiebung von Ultraschallwellen, die entlang oder entgegen der Strömung ausgesendet werden, läßt eine Berechnung der Strömungsgeschwindigkeit zu.
□ Staudruckmessung (Prandtl-Staurohr).
□ Hitzdrahtanemometer: Die von einer Wärmequelle definiert ausgesendete Wärme wird durch die Strömung transportiert und über einen Temperatursensor detektiert. *Schaumburg*

Literatur: Technisches Messen tm 52 (1985) Nr. 1.

Durchsatzleistung. Die in einer Zeiteinheit durch einen verfahrenstechnischen Apparat oder eine chemische Anlage durchlaufende Menge. Die D. kann in verschiedenen Einheiten angegeben werden, z. B. kg/s, kg/h, t/a, m³/s, m³/h. *Dohrn*

DVGW; DVGW-Merkblätter →Regelsetzer, technischer

DVM. Abk. für Deutscher Verband für Materialprüfung und -forschung. Der Verband wurde 1896 gegründet und hat 300 Mitglieder, insbesondere Materialprüfer, Institute und Unternehmen, die auf dem Gebiet der Materialprüfung tätig oder an ihm interessiert sind.

Zweck des Verbands ist die Pflege der sachlichen und organisatorischen Arbeit des Materialprüf- und -forschungswesen. Hierzu gehören Förderung der Entwicklung von Prüfverfahren zur Ermittlung der für die technische Bewährung wichtigen Eigenschaften der Stoffe sowie der Vervollkommnung der Einrichtungen hierzu. *Debelius*

DVS. Abk. für Deutscher Verband für Schweißtechnik e. V. Der Verband hat fast 20 000 Mitglieder und wurde 1947 gegründet. Zu seinem Zweck gehört die Förderung der Schweißtechnik und ihrer Randgebiete auch über den Kreis der Mitglieder hinaus und zum Nutzen der Allgemeinheit durch Pflege der sachlichen und organisatorischen Arbeit.

Der Verband unterhält eigene Institute und gibt Veröffentlichungen, Merkblätter und Richtlinien heraus. Zu den wichtigen Aufgaben des Verbands gehört die Ausbildung zum Schweißfachingenieur, der sich im In- und Ausland sehr hoher Wertschätzung erfreut. *Debelius*

DVT →Deutscher Verband Technisch-Wissenschaftlicher Vereine

Dyn. Krafteinheit im CGS-System. Einheitzeichen dyn. 1 dyn = 10^{-5} N. In Deutschland im geschäftlichen und amtlichen Verkehr nicht mehr zugelassen (→Einheiten des SI). *Hammerschmidt*

E

E-Modul →Elastizitätsmodul, →Zug und Druck

Ebene. Eine Fläche, auf der je zwei Punkte durch eine →Gerade verbindbar sind, die ganz in der Fläche liegt. In der projektiven, affinen, äquiformen, euklidischen Geometrie ein (linearer) Teilraum der Dimension 2.

Differentialtopologisch: 2-dimensionales Kontinuum, dessen beide Hauptkrümmungen 0 sind.

Synthetisch-axiomatisch: In der synthetisch-axiomatischen Sichtweise der Grundlagen der Geometrie ist der Begriff der E. ein Grundbegriff, der implizit durch Axiome definiert wird, etwa durch die Forderung der Existenz von 3 nicht-kollinearen (d. h. nicht sämtlich auf einer Geraden liegenden) Punkten.

Eine E. ist auch bestimmt durch eine Gerade und einen nicht auf der Geraden liegenden Punkt, durch zwei einander schneidende Gerade oder durch zwei parallele Gerade.

Analytisch im $\mathbb{R}^3$ (mit einem kartesischen (x, y, z)-Koordinatensystem): Die allgemeine Gleichung einer E. lautet $Ax + By + Cz + D = 0$, mit A, B, C nicht sämtlich 0 ($A^2 + B^2 + C^2 > 0$). Ist $D \neq 0$, so geht die E. nicht durch den Koordinatenursprung. Analytisch ist also eine E. gleichbedeutend mit der Lösungsmenge einer linearen Gleichung in x, y und z.

Andere Formen der Gleichung einer E.: *Achsenabschnittsgleichung:* $\frac{x}{A} + \frac{y}{B} + \frac{z}{C} = 1$, wo A, B und C die Achsenabschnitte auf der x-, y- bzw. z-Achse sind.

Normalform (für orientierte E.): $\lambda x + \mu y + \nu z = p$, wo λ, μ und ν die Richtungskosinus der positiven Normalenrichtung vom Ursprung zur E. hin sind und p den positiven oder negativen Abstand der E. vom Ursprung darstellt.

In *vektorieller Darstellung:* Linearer Raum von 2 Dimensionen, ein linearer Unterraum des $\mathbb{R}^3$. Er entsteht durch Abtragen der Vektoren, die Linearkombination zweier linear unabhängiger Vektoren $\underline{a}$ und $\underline{b}$ sind, von einem Punkt P aus:

Punktrichtungsform: $\underline{x} = \underline{a} + \lambda \underline{b} + \mu \underline{c}$, mit $\underline{x} = (x_1, x_2, x_3)$, $\underline{a} = (a_1, a_2, a_3)$, $\underline{b} = (b_1, b_2, b_3)$. Dabei stellt $\underline{a}$ einen Punkt A im Raum dar und $\underline{b}$ und $\underline{c}$ zwei linear unabhängige Richtungsvektoren.

Dreipunkteform: Sind A, B, C drei nicht kollineare Punkte, so kann die durch die drei Punkte bestimmte E. auch angegeben werden durch $\underline{x} = \underline{a} + \lambda(\underline{c} - \underline{a}) + \mu(\underline{b} - \underline{a})$.

Zwei E. $\underline{x} = \underline{a}_i + \lambda \underline{b}_i + \mu \underline{c}_i$ ($i = 1,2$) sind parallel, falls $\underline{b}_1, \underline{b}_2, \underline{c}_1, \underline{c}_2$ komplanar sind. Nicht parallele E. besitzen stets eine Schnittgerade. Eine Ebene wird durch eine in ihr gelegene Gerade g in zwei Halb-E. zerlegt. *W. L. Fischer*

Ebene, schiefe. Die s. E. (Bild) ist eine häufig benutzte Grundfigur, von der viele Beispiele der Mechanik ausgehen. Sie ist gegenüber der Waagerechten geneigt (schief) und deswegen geeignet, die Zerlegung von Gewichtskräften zu demonstrieren. Sie kann reibungsfrei (ideal glatt) sein oder Reibung hervorrufen.

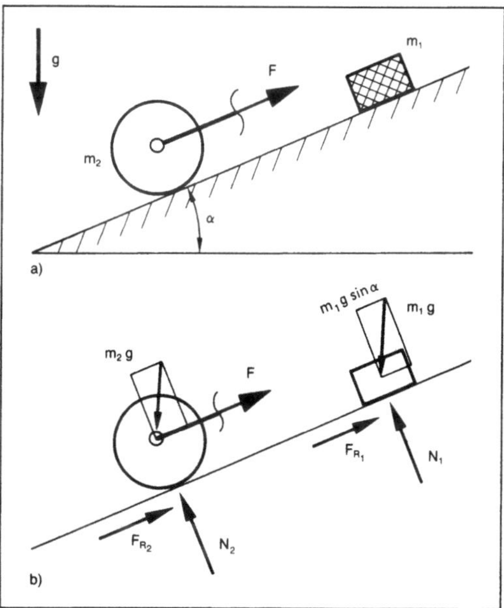

Ebene, schiefe:
a) Rolle und Klotz auf schiefer Ebene
b) Freikörperbilder dazu.

Als problematisch ist die Einführung einer *Hangabtriebskraft* einzustufen. Sie ist nichts weiter als die tangentiale Komponente mg sinα der Gewichtskraft, wird aber, einmal vorhanden, leicht als eigenständig angesehen. *Besdo*

Echtzeit-Simulation. Eine computergestützte →Simulation, in der die Simulationszeit (also die gedachte Uhrzeit in der Simulation) und die gegenwärtig laufende Zeit nur in einer Weise (Richtung) differieren dürfen, nämlich daß die Simulationsuhr schneller läuft als die reale Zeit. Die Abläufe im simulierenden System dürfen also nicht länger dauern als die Prozesse im simulierten (also im realen) System. Der Sinn einer solchen Simulationsrechnung ist, daß man die Simulationsergebnisse zum Steuern des realen Systems verwenden möchte. *Fuss*

Echtzeitbearbeitung. Bearbeitung, bei der das Programm synchron zum →Prozeß abläuft. Echtzeit- oder Real-Time-Bearbeitung ist ein Kennzeichen für →Prozeßrechner. Sie müssen dabei nicht nur Rechenoperationen durchführen, sondern auch durch die Prozeßdynamik bestimmte Zeitforderungen zwischen der Datenaufnahme und der Ausgabe der zu bearbeitenden Daten einhalten. Um diese Aufgaben erfüllen zu können, ist einerseits ein Echtzeit-Betriebssystem und zum andern eine für Echtzeitanwendungen geeignete Programmiersprache erforderlich, wie z. B. PROZESS-FORTRAN oder PEARL.

Im Gegensatz zur E. steht die Stapelbearbeitung der kommerziellen Datenverarbeitungsanlagen (→Anwenderprogramm). *Strohrmann*

Ecke. Endpunkt einer Kante oder Strecke. Punkt, 0-Zelle, Knoten werden synonym mit E. gebraucht. Gewöhnlich wird ein isolierter Punkt nicht als E. bezeichnet. Es ist auch eine Bezeichnung für den Punkt, der zwei Geraden gemeinsam ist, die einen →Winkel bilden (Scheitel); im Fall von Polyedern auch der Punkt, in denen unebene Kanten zusammenstoßen.

Benachbarte E.: Zwei Ecken eines Graphen G, wenn sie Endpunkte einer und derselben Kante in G sind.

Schnitt-E.: Sei G ein zusammenhängender separabler →Graph. Dann existiert definitionsgemäß mindestens ein Teilgraph G_s, der nur eine E. β_c mit seinem Komplement gemeinsam hat; β_c ist eine Schnitt-E. Ein Graph G ist nicht separabel genau dann, wenn er keine Schnitt-E. besitzt.

Grad einer E.: Anzahl der Kanten, die in der E. zusammenstoßen.

End-E., Endknoten: Die E. der letzten Kante einer Kantenfolge, die nicht zugleich E. einer vorausgehenden Kante ist.

Anfangs-E., Anfangsknoten: Die E. der ersten Kante einer Kantenfolge, die nicht zugleich E. der zweiten Kante ist.

Innere E., innerer Knoten: Eine E. einer Kantenfolge, die weder Anfangs- noch End-E. ist.

Körperliche E.: Drei in einem Punkt P des 3-dimensionalen euklidischen Raums sich schneidende Ebenen zerlegen den Raum in 8 Bereiche. Jeder dieser Bereiche heißt körperliche E.

Polyeder-E.: Die Endpunkte der zum Polyeder gehörenden Kanten.

Polygon-E.: Die Endpunkte der Strecken, deren System das Polygon bildet.

E. im simplizialen Komplex: Die 0-dimensionalen Simplexe eines simplizialen Komplexes (→Graph). *W. L. Fischer*

Edelgase. Unter den irdischen E.n sind He und Ar weitgehend radiogenen Ursprungs, während Ne, Kr, Xe und die nicht radiogenen Ar-Isotope primordial sind und bei der Akkretion der Erde eingeschlossen wurden.

In der Atmosphäre sind Edelgase selten. Die Gehalte betragen in % des Volumens: He 0,0005; Ne 0,002; Ar 0,93; Kr 0,0001; Xe 0,000009. He wird ständig durch α-Zerfall (→Alpha-Zerfall) in den natürlichen Zerfallsreihen produziert. Dieses zunächst in Kristallen eingeschlossene He entweicht während metamorpher Vorgänge. Erdmantel und Erdkruste emanieren He. Wegen seiner geringen Masse wird es nicht im Gravitationsfeld der Erde gehalten; es entweicht ins Weltall. Der Ne-Gehalt in der Atmosphäre ist sehr gering. Ar bildet sich über radioaktiven →Zerfall aus ^{40}K. Das atmosphärische Argon ist weitgehend radiogenen Ursprungs. Es verbleibt in der Atmosphäre und hat seinen Anteil kontinuierlich aufgebaut (99,6 % ^{40}Ar). Kr und Xe sind wie Ne sehr selten.

Die Häufigkeitsverteilung der Elemente in der Erdkruste, Hydro- und Atmosphäre weist gegenüber der in solarer Materie ein erhebliches Defizit an Edelgasen auf. Dies zwingt zu der Annahme, daß die Erde zu einem sehr frühen Zeitpunkt ihren ererbten Anteil an solaren Edelgasen durch ein globales Ereignis verloren hat. Lediglich die radiogenen Gase He und Ar konnten im Laufe der Zeit höhere Gehalte aufbauen. *Möller*

Effekt, innerer lichtelektrischer. Bei →Absorption von Lichtquanten ausreichender Energie in einem Halbleiter können Elektronen vom Valenz- in das Leitungsband gehoben werden. Dadurch nimmt die →Leitfähigkeit zu, der →Widerstand nimmt ab. Dieser i. l. E. wird ausgenutzt z. B. in Selen, Cadmium-Selenid, Cadmium-Sulfid, Germanium und Silicium zum Bau von Photosensoren (Photowiderstand, Photoelement und Photodiode). Die einzelnen Sensoren unterscheiden sich dabei in ihrer statischen, dynamischen und spektralen Empfindlichkeit (Bild). *Schrüfer*

Effekt, thermoelektrischer. Ein Material A sei mit dem Material B an der Stelle I und das Material B sei mit dem Material A an der Stelle II verlötet oder verschweißt (Bild). Die Temperaturen der Verbindungsstellen sind T_1 und T_2. Unterscheiden sich

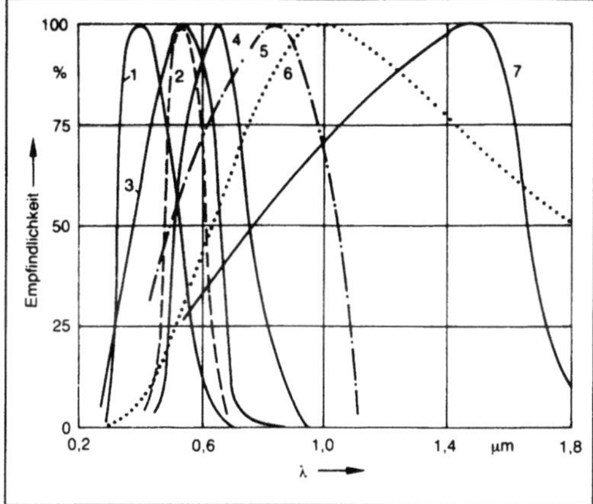

Effekt, innerer lichtelektrischer: Normierte spektrale Empfindlichkeit einiger optoelektrischer Meßgrößenumformer.

1 Photozelle mit Sb-Cs-Kathode, 2 Augenempfindlichkeit, 3 Se-Photoelement, 4 CdS-Photowiderstand, 5 Si-pin-Photodiode, 6 spektrale Emission einer Glühlampe, 7 Ge-Photodiode

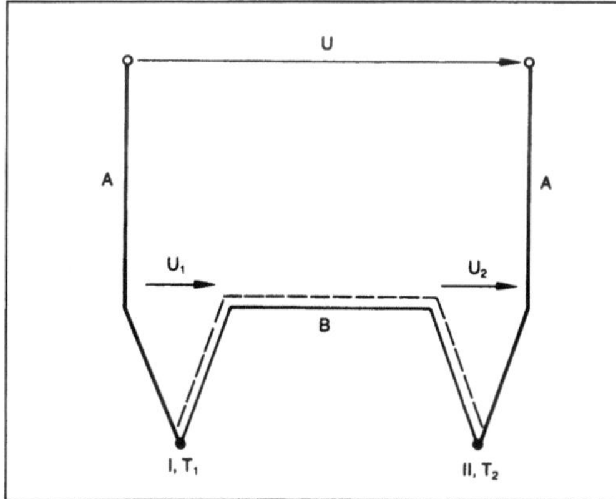

Effekt, thermoelektrischer: Skizze zur Verdeutlichung des t. E.

diese, so entsteht in dem Kreis eine Spannung U, die sog. Thermospannung (t. E., *Seebeck-Effekt*). An der Berührungsstelle zweier Metalle treten Elektronen von einem in das andere über. Maßgebend für diesen Vorgang ist die Austrittsarbeit der Elektronen. Das Metall mit der geringeren Austrittsarbeit gibt Elektronen ab und wird positiv. Dadurch bildet sich an der Grenzfläche ein elektrisches →Feld. Es entsteht ein Gleichgewichtszustand zwischen den Elektronen, die von A nach B diffundieren und denen, die infolge des elektrischen Feldes von B nach A gezogen werden. An der Berührungsstelle I bildet sich die Kontaktspannung U_1, die nach der *Boltzmann*-Verteilung der dort herrschenden Temperatur T_1 und dem Verhältnis der Elektronenzahl-

dichten n_A und n_B in den beiden Materialien proportional ist:

$$U_1 = \frac{kT_1}{e_o} \ln \frac{n_A}{n_B} = \left(\frac{k}{e_o} \ln \frac{n_A}{n_B}\right) T_1 \,.$$

In dieser Gleichung bedeutet k die *Boltzmann*-Konstante und e_o die Elementarladung. Auf der rechten Seite lassen sich die in der Klammer stehenden Terme zu einer Materialkonstanten k_{AB} zusammenfassen, wodurch die Gleichung übergeht in

$$U_1 = k_{AB}T_1 \,.$$

Entsprechend bildet sich an der Lötstelle II die Spannung $U_2 = k_{BA}T_2$.

Die Summe der beiden Kontaktspannungen U_1 und U_2 ergibt die Thermospannung U. Aus der Maschengleichung des Thermoelements und aus der Beobachtung, daß bei Temperaturgleichheit $T_1 = T_2$ keine Thermospannung auftritt, folgt $U_1 = -U_2$ und

$$k_{AB} = - k_{BA} \,.$$

Mit dieser letzten Beziehung ergibt sich die Thermospannung U zu

$$U = U_1 + U_2 = k_{AB} (T_1 - T_2) \,.$$

Die entstandene Thermospannung hängt von den Werkstoffen A und B ab und wächst mit der Temperaturdifferenz $T_1 - T_2$ zwischen den Verbindungsstellen I und II.

Um den Proportionalitätsfaktor k_{AB} nicht für alle möglichen Werkstoffkombinationen angeben zu müssen, wurden die Empfindlichkeiten der einzelnen Materialien gegenüber Platin ermittelt. Die Ergebnisse sind in der thermoelektrischen →Spannungsreihe zusammengestellt.

Genutzt wird der t. E. zur →Temperaturmessung bei den Thermoelementen (DIN IEC 584). Die von diesen gelieferte Thermospannung entspricht nur in erster Näherung den obigen Gleichungen. Bei genauen Messungen und bei Messungen über einen größeren Temperaturbereich sind noch höhere Potenzen von $(T_1 - T_2)$ zu berücksichtigen. *Schrüfer*

Effektivwert. Quadratischer →Mittelwert U_{eff} bzw. I_{eff} einer →Wechselspannung u(t) oder eines Wechselstromes i(t) im Zeitintervall T (→Periodendauer):

$$U_{eff} = \sqrt{\frac{1}{T}\int_0^T u^2(t)\,dt}\,; \quad I_{eff} = \sqrt{\frac{1}{T}\int_0^T i^2(t)\,dt}\,.$$

Handelt es sich um sinusförmige Spannungen und Ströme mit der Amplitude U_1 bzw. I_1 so berechnen sich die Effektivwerte zu

$$U_{eff} = \frac{U_1}{\sqrt{2}}\,; \quad I_{eff} = \frac{I_1}{\sqrt{2}}\,.$$

Setzt sich die Zeitabhängigkeit aus mehreren sinusförmigen Komponenten mit den Amplituden U_n bzw. I_n zusammen, so sind die Effektivwerte der einzelnen Komponenten quadratisch zu addieren:

$$U_{eff} = \sqrt{\sum_n \frac{U_n^2}{2}}; \quad I_{eff} = \sqrt{\sum_n \frac{I_n^2}{2}}.$$

Die →Leistung P an einem Verbraucher berechnet sich mit den Effektivwerten wie im Fall von Gleichströmen zu

$$P = U_{eff}^2\, G \quad \text{oder} \quad P = I_{eff}^2\, R.$$

G ist der →Wirkleitwert, R der →Wirkwiderstand des Verbrauchers. Sind Strom und Spannung in Phase, so kann man die Leistung auch aus

$$P = U_{eff}\, I_{eff}$$

berechnen.

Effektivwerte lassen sich bei geeigneter Eichung direkt mit Meßinstrumenten bestimmen, bei denen der Ausschlag dem Quadrat des Stromes bzw. der Spannung proportional ist, und die träge genug sind, um nur einen zeitlichen Mittelwert anzuzeigen. Gebräuchlich sind dafür Hitzdrahtinstrumente, Weicheiseninstrumente und Dynamometer (Drehspulinstrumente, bei denen die Magnetfeldspule und die Drehspule vom gleichen Meßstrom durchflossen werden). Verwendung finden auch gewöhnliche Drehspulinstrumente mit vorgeschaltetem Gleichrichter, die jedoch nur bei der Stromform richtig anzeigen, für die sie geeicht sind (meist Sinusform). *Claassen*

Effektivwertmessung. Der →Effektivwert einer beliebigen periodischen Funktion, z. B. einer →Wechselspannung u(t), ist definiert als ihr quadratischer →Mittelwert

$$u_{eff} = \sqrt{\frac{1}{T} \int_0^T u^2(t)\,dt}.$$

Bei rein sinusförmiger Wechselspannung

$$u(t) = \hat{u} \sin \omega t \text{ beträgt } u_{eff} = \frac{1}{\sqrt{2}}\, \hat{u} = 0{,}707\, \hat{u}.$$

Wenn verschiedene periodische Wechselgrößen (Spannung, Strom) in einem →Widerstand gleiche Wärmeleistung hervorrufen, haben sie den gleichen Effektivwert (u_{eff}, i_{eff}), der mit der entsprechenden Gleichgröße (Gleichspannung U, Gleichstrom I) identisch ist: $u_{eff} = U$, $i_{eff} = I$.

Zur Messung des Effektivwerts gibt es eine Reihe von Verfahren. Bei bekannter Kurvenform kann man den Gleichrichtwert oder den Scheitelwert ermitteln und erhält durch Multiplikation mit einem konstanten Faktor den Effektivwert (→Meßgleichrichter). Soweit wegen nicht bekannter Kurvenform der Effektivwert ermittelt werden muß, geht man von

der obigen Definitionsgleichung aus und führt nach Quadrierung des Signals eine Mittelung und Radizierung aus. Bessere Ergebnisse als dieser direkte Weg liefern integrierte Schaltungen, in denen Signale logarithmiert und rückgekoppelt werden. Hier werden Toleranzen von 0,1 % bei Signalfrequenzen bis 100 kHz erreicht. Mittels eines Thermoumformers kann man die E. auch auf eine elektrische →Leistungsmessung zurückführen. Dabei wird die Erwärmung eines Widerstandsdrahts mit Hilfe eines Thermoelements gemessen. Man kann die Temperatur auch über die Temperaturabhängigkeit von Si-Transistor-Kennlinien messen (→Temperaturmessung). Thermische Effektivwertmesser gibt es als integrierte Schaltungen mit Toleranzen von 0,05 % bis 100 kHz und 2 % bei 10 MHz. Grenzfrequenzen > 1 GHz sind möglich. *Hammerschmidt*

Eichgesetz. Das Gesetz über Meß- und Eichwesen – EichG – i. d. F. vom 23. März 1992 (BGBl. I S. 712) begründet im 1. Abschn. eine Eichpflicht und andere Maßnahmen zur Gewährleistung der Meßsicherheit von Meßgeräten, die im geschäftlichen Verkehr (z. B. für Längen- und Flächenmeßgeräte, Abfüllmaschinen, Gas-, Wasser-, Stromzähler-, Wegestreckenmesser, Gewichte und Waagen) oder im amtlichen Verkehr, im Gesundheitsschutz, Arbeitsschutz, Umweltschutz, →Strahlenschutz oder im Verkehrswesen verwendet werden. Die Eichfähigkeit eines Meßgerätes ist gegeben, wenn die Bauart richtige Meßergebnisse und eine ausreichende Meßbeständigkeit erwarten läßt. Die Meßwerte müssen in gesetzlichen →Einheiten angezeigt werden. Der 2. Abschn. des Gesetzes betrifft alle vorverpackten Verbrauchsgüter des täglichen Bedarfs, die nach Gewicht oder Volumen verkauft werden, sowie Vorschriften über Schankgefäße. Wer gewerbsmäßig Fertigpackungen in den Verkehr bringt, hat die Füllmenge nach Gewicht und Volumen auf der Basis des Grundpreises für 1 kg oder 1 Liter des Erzeugnisses anzugeben. Das Eichgesetz enthält ferner u. a. Vorschriften über Wäger an öffentlichen Waagen, über Zuständigkeiten, Kostenregelung sowie Bußgeldvorschriften.

Eine wichtige Rechtsverordnung zum Eichgesetz mit zusammenfassenden Angaben über Eichpflicht und Ausnahmen und technischen Detailforderungen ist die Eichordnung in der F. vom 12. August 1988, BGBl. I S. 1657; Änderung der Eichordnung bis voraussichtlich III. Quartal 1992). *W. Hoffmann*

Eigenfrequenz. Bei einem ungedämpften linearen freien →Schwinger mit der Masse m und Federn mit der Federsteifigkeit c ändern sich die Zustandsgrößen sinusförmig mit der E. f_0; es gilt:

$$f_0 = \frac{1}{2\,\pi} \sqrt{\frac{c}{m}} \;\; [\text{Hz}]$$

Bei einem schwachgedämpften linearen Schwinger, bei dem der →Dämpfungskoeffizient $k < 2\sqrt{mc}$ ist, ist es üblich, die Eigenfrequenz f_d wie folgt zu definieren (obwohl der Vorgang nicht mehr periodisch ist):

$$f_d = f_o \sqrt{1 - \left(\frac{\delta}{\omega_o}\right)^2} = f_o \sqrt{1 - \frac{k^2}{4\,mc}}$$

In dieser Beziehung wird f_o auch Kennfrequenz genannt. ω_o bezeichnet die Eigenkreisfrequenz des ungedämpften linearen freien Schwingers. Die Größe $\delta = \dfrac{k}{2\,m}$ heißt →Abklingkoeffizient.   *Splittgerber*

Eigenfrequenz. →Frequenz ω_o, bei der ein elektrisches Zweipolnetzwerk die →Impedanz $Z(\omega_o)$ null oder unendlich erreicht. Im ersten Fall kann sich bei dieser Frequenz eine Stromeigenschwingung aufbauen, wenn man den Zweipol kurzschließt, also mit der Spannung $u = 0$ (Bild a); im zweiten Fall entsteht eine Spannungseigenschwingung des leerlaufenden Zweipols mit dem Strom $i = 0$ (Bild b). Bei verlustbehafteten Zweipolen kann die Bedingung $Z(\omega_o) = 0$ oder $Z(\omega_o) = \infty$ allerdings nicht für reelle Frequenzen erreicht werden, sondern nur für komplexe Frequenzen mit positivem Imaginärteil, für die die →Exponentialfunktion

$$e^{j\omega_o t} = e^{j(\omega_r + j\omega_i)t} = e^{j\omega_r t}\, e^{-\omega_i t}$$

einer gedämpften →Schwingung entspricht (→Eigenwert; →Schwingungsart).   *Claassen*

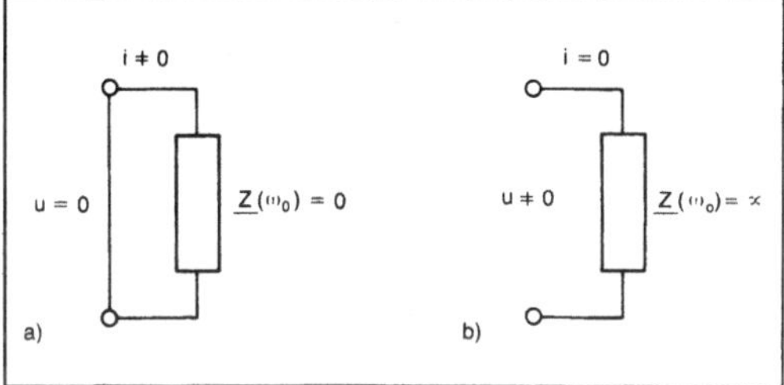

Eigenfrequenz: Eigenschwingungen eines Zweipolnetzwerks bei der Eigenfrequenz ω_o, bei der die Impedanz (a) null und (b) unendlich ist.

Eigenschaften, innere. Ein Begriff der →Differentialgeometrie. Ist eine Mannigfaltigkeit M gegebener Struktur (z. B. Riemannsche Mannigfaltigkeit) in eine Mannigfaltigkeit höherer Dimension eingebettet, so nennt man diejenigen E. von M, die lediglich von der Struktur von M abhängen und nicht von der Art der Einbettung, die i. E. von M. Die Lehre von den i. E. heißt innere Geometrie. Die Untersuchung der innere Geometrie von Flächen im Raum geht auf *C. F. Gauß* zurück. Innergeometrische Größen einer Fläche sind dadurch gekennzeichnet, daß sie sich durch Messungen in der Fläche

bestimmen lassen. Von zentraler Bedeutung für die innere Geometrie sind die metrischen Fundamentalgrößen g_{ij} einer Fläche. Da sie selbst allein durch Messungen in der Fläche bestimmbar sind, werden Größen, die sich in Termen der g_{ij} und ihrer Ableitungen ausdrücken lassen, der inneren Geometrie einer Fläche zugeordnet. Innergeometrische Größen sind z. B. die geodätische →Krümmung und die Gauß-Krümmung einer Fläche. Letzteres hat *Gauß* in seinem berühmten *„theorema egregium"* (1826) gezeigt. Die innere Geometrie einer Fläche bestimmt deren Gestalt im Raum nicht vollständig; ihre innergeometrischen Größen bilden daher kein vollständiges Invariantensystem. Beispielsweise sind die inneren Geometrien auf einander abwickelbarer Flächen identisch. Man kann also durch Messungen in der Fläche allein nicht entscheiden, ob eine Ebene oder eine andere Torse vorliegt (Krümmung).   *W. L. Fischer*

Literatur: *Gromoll, D., u. W. Klingenberg, W. Meyer:* Riemannsche Geometrie im Großen. Springer 1968. – *Kreyszig, E.:* Differentialgeometrie. Leipzig 1968. – *Laugwitz, D.:* Differentialgeometrie. Stuttgart 1960.

Eigenschwingung. E. sind Bewegungen eines sich selbst überlassenen Schwingers.

Bei ihnen findet ein ständiger Energieaustausch statt, wobei potentielle und kinetische Energie wechselseitig ineinander übergehen. Dieser periodische Energieaustausch heißt E. Bleibt die während der →Schwingung ausgetauschte Energie im Verlauf der Bewegung erhalten, sind die Schwingungen ungedämpft; man nennt sie auch konservativ. Beim einfachen →Schwinger wird der Kehrwert der →Periodendauer T_o, nach der die Zustandsgrößen immer wieder die gleichen Werte annehmen, als →Eigenfrequenz f_o des Schwingers bezeichnet. Bei mehrläufigen Schwingern und bei schwingenden Kontinua treten in der Regel mehr als eine E., bei schwingenden Kontinua unendlich viele E. auf. Bei der Einwirkung von Erschütterungen auf Bauwerke und auf Bauteile, deren Auswirkungen mit den Methoden der Baudynamik untersucht werden, interessiert in aller Regel nur die niedrigste E. des betroffenen Systems. Dabei ist zur Verminderung von Erschütterungen anzustreben, →Resonanz zu vermeiden, also die Übereinstimmung der →Erregerfrequenz mit der Eigenfrequenz. Wirken auf Bauwerke und Bauteile dynamische Lasten mit relativ hohen Erregerfrequenzen ein, so muß die Anzahl der zu ermittelnden E. und Eigenfrequenzen grundsätzlich so groß gewählt werden, daß die höchste berechnete Eigenfrequenz mindestens noch oberhalb der Erregerfrequenz liegt.   *Splittgerber*

Literatur: DIN 1311, Schwingungslehre – Einfacher Schwinger. Blatt 2, 12/1974. – ISO 2041: Vibration and shock – Vocabulary. 2nd Ed. 1990. – *Klotter, K.:* Technische Schwingungslehre. Berlin–Heidelberg–New York 1978.

Eigenschwingung (Akustik). Die Bewegung eines schwingungsfähigen Gebildes wird in der Mechanik durch die zugehörigen Bewegungsgleichungen beschrieben (→Schwingung, mechanische). Löst man die Bewegungsgleichung für den Fall ohne Einwirkung einer äußeren Kraft, so erhält man die Eigenfrequenzen (ihre Anzahl ist gleich der Anzahl der Freiheitsgrade des Systems) und als Lösung für die Eigenfrequenzen die zugehörigen E. Bei äußerer einwirkender Kraft werden im Resonanzfall immer eine (oder mehrere) E. angeregt. Die E. flächenhaft und räumlich ausgedehnter Gebilde sind i. a. außerordentlich komplizierte Schwingungsformen, die in einzelnen Fällen auch experimentell sichtbar gemacht werden können (Chladni-Klangfigur). *Helbig*

Eigensicherheit von Meßeinrichtungen. Die in der chemischen Industrie und in verwandten Betrieben bestehende Explosionsgefahr erfordert besondere Vorkehrungen bei der Auslegung von Meßeinrichtungen. Die notwendige Sicherheit zu schaffen besteht darin, alle in die gefährdeten Räume führenden Stromkreise eigensicher zu dimensionieren. Die in diesen Stromkreisen vorhandene elektrische Energie wird so begrenzt, daß die Stromkreise weder im Normalbetrieb noch im Störfall (z. B. Leerlauf, Kurzschluß) in der Lage sind, explosionsfähige Gemische zu zünden. *Hammerschmidt*

Eigenspannung →Zug und Druck

Eigenwert. Es sei A ein linearer Operator, der einen Vektorraum V über einem Körper K in sich abbildet. Jedes Element $\lambda \in K$, für das die Gleichung $Ax = \lambda x$ eine Lösung $x \neq 0$ in V besitzt, heißt ein E. des Operators A, und x heißt zugehöriger Eigenvektor, im Falle eines Funktionsraumes V auch speziell Eigenfunktion. Die Menge aller zu λ gehörenden Eigenvektoren bildet einen Unterraum von V, den *Eigenraum* von λ.

Sei E die identische Abbildung von V in sich, d. h. $Ex = x$ für alle $x \in V$. Dann ist für einen E. λ die Gleichung $(A - \lambda E)x = 0$ nicht eindeutig lösbar, da sie sowohl durch den zugehörigen Eigenvektor als auch durch den Nullvektor gelöst wird. Allgemeiner bezeichnet man die Menge aller λ, für die die Abbildung $A - \lambda E$ nicht umkehrbar eindeutig ist, als das Spektrum von A. Insbesondere gehören die E. zum Spektrum; sie bilden das Punktspektrum. Daneben kann das Spektrum noch weitere Elemente enthalten, die man selbst in zwei Klassen einteilt: das *kontinuierliche* und das *residuale Spektrum*.

Durch sein Spektrum wird die Struktur eines Operators weitgehend charakterisiert. Ein Operator heißt kompakt, wenn für jede beschränkte Menge M seines Definitionsbereiches die abgeschlossene Hülle des Bildes von M kompakt ist. Das Spektrum eines kompakten Operators A eines *Banach*-Raumes besteht nur aus E.

Die linearen Operatoren eines endlich dimensionalen Raumes lassen sich durch Matrizen beschreiben.

In der mathematischen Physik treten E.-Probleme bei Differential- und Integraloperatoren auf. Die Wurzeln der E. haben hier häufig die Bedeutung von kritischen Frequenzen, bei denen das betrachtete physikalische System in Resonanz gerät und sich selbst zerstören kann. *Schmeißer*

Literatur: *Brieskorn, E.:* Lineare Algebra und analytische Geometrie I und II. Braunschweig 1983 u. 1985. – *Gantmacher, F. R.:* Matrizentheorie. Berlin–Heidelberg 1986. – *Gröbner, W.:* Matrizenrechnung. Mannheim 1967. – *Großmann, S.:* Funktionalanalysis (2 Bde.). Wiesbaden 1975. – *Heinhold, J. u. B. Riedmüller:* Lineare Algebra und Analytische Geometrie (2 Bde.). München 1975 u. 1973. – *Heuser, H.:* Funktionalanalysis. Stuttgart 1975. – *Pflaumann, E. u. H. Unger:* Funktionalanalysis (2 Bde.). Mannheim 1968 u. 1974. – *Pullmann, N. J.:* Matrixtheory and its applications. New York 1976. – *Wloka, J.:* Funktionalanalysis und Anwendungen. Berlin 1971.

Eigenwert (Mechanik). Oft werden Gleichungssysteme, die ein Problem beschreiben, durch triviale Lösungen erfüllt, bei denen z. B. die gesuchten Werte oder Funktionen identisch verschwinden. Darüber hinaus gibt es in vielen technisch interessanten Fällen weitaus verwickeltere Lösungen, wenn nur bestimmte freie Parameter des Systems sehr spezielle Werte annehmen. Welche dieser Möglichkeiten sich tatsächlich einstellt, ist meistens eine Stabilitätsfrage. Man ist deshalb daran interessiert, die Werte zu ermitteln, die solche freien Parameter einnehmen müssen, damit die nichttrivialen Lösungen möglich werden. Diese sind häufig nicht eindeutig, sondern liegen nur bis auf einen beliebigen Faktor fest. In solchen Fällen nennt man sie Eigenformen, die Parameterwerte sind dann E. des Systems.

Die skizzierte zweiläufige Schwingerkette (Bild 1) wird z. B. durch die Matrizengleichung

$$\begin{bmatrix} 2c & -c \\ -c & c \end{bmatrix} \cdot \begin{bmatrix} x_1 \\ x_2 \end{bmatrix} + \begin{bmatrix} m & 0 \\ 0 & m \end{bmatrix} \cdot \begin{bmatrix} \ddot{x}_1 \\ \ddot{x}_2 \end{bmatrix} = \begin{bmatrix} 0 \\ 0 \end{bmatrix}$$

beschrieben. Harmonische Schwingungen des Systems mit $x_1 = \hat{x}_1 \cos \omega t$ und $x_2 = \hat{x}_2 \cos \omega t$ sind neben der trivialen Lösung $x_1 \equiv x_2 \equiv 0$ möglich, wenn die Gleichung

$$\left(\begin{bmatrix} 2c & -c \\ -c & c \end{bmatrix} - \omega^2 \begin{bmatrix} m & 0 \\ 0 & m \end{bmatrix} \right) \cdot \begin{bmatrix} \hat{x}_1 \\ \hat{x}_2 \end{bmatrix} = \begin{bmatrix} 0 \\ 0 \end{bmatrix}$$

nichttriviale Lösungen zuläßt. Das ist bei den beiden Eigen(kreis)frequenzen $\omega = \omega_1$ und $\omega = \omega_2$ der

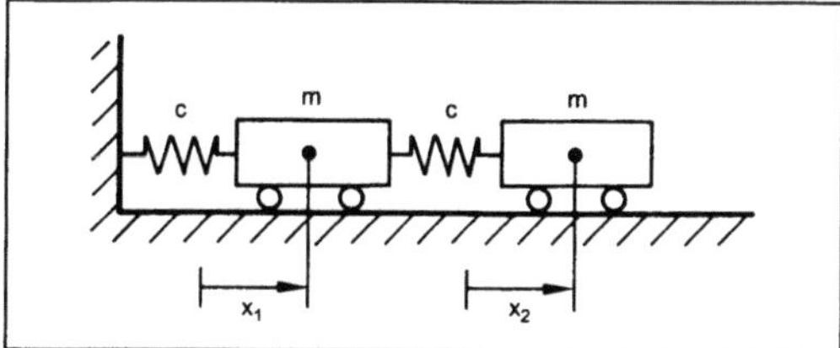

Eigenwert 1: Zweiläufige Schwingerkette.

Fall, deren Quadrate die E. des Matrizenpaares sind.

Das skizzierte Problem der elastischen →Stabilität (Bild 2) führt auf die Gleichungen $EI\,w_1'' + F\,w_1 = F\,w_o$ und $EI\,w_2'' = F\,w_o\,(1 - x_2/L)$ mit $w_o \equiv w_1\,(0)$ und den Randbedingungen

$$w_1\,(L) = 0;\ w_1'\,(L) = w_2'\,(0);\ w_2\,(0) = 0;\ w_2\,(L) = 0.$$

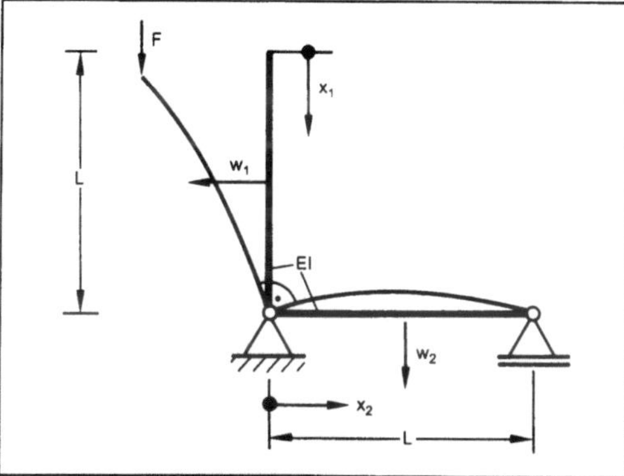

Eigenwert 2: Elastische Stabilität.

Für das Problem existieren nichttriviale Lösungen: Auslenkungen „beliebiger" Größe sind bei $F = F_{krit} = \lambda^2\,EI/L^2$ mit $\lambda\,\tan\lambda = 3$ möglich, dann erfüllt die Lösung (C beliebig) $w_1 = C\,(\sin\lambda - \sin\,(\lambda x_1/L))$ und

$$w_2 = C\left[-\frac{x_2}{L}\,\lambda\cos\lambda + \left(\frac{x_2^2}{2} - \frac{x_2^3}{6L}\right)\frac{\lambda^2}{L^2}\,\sin\lambda \right]$$

alle Gleichungen. *Besdo*

Eigenwerte und Eigenvektoren von Matrizen.
Es sind zahlreiche numerische Verfahren bekannt, um E. u. E. einer quadratischen →Matrix A der Ordnung n näherungsweise zu berechnen. Entsprechend ihrer mathematischen Begründung lassen sie sich folgendermaßen einteilen:
□ Matrixreduktion und Nachbehandlung. Es ist naheliegend, aus den Elementen einer Matrix zunächst das zugehörige charakteristische →Polynom zu berechnen und auf dieses dann Algorithmen zur Berechnung der Nullstellen von Polynomen anzuwenden. Einen Zugang zum charakteristischen Polynom findet man nach *Krylow* folgendermaßen:

Für einen beliebigen →Vektor $\mathbf{x}^{[0]}$ des n-dimensionalen euklidischen Raumes bildet man nacheinander

$$\mathbf{x}^{[0]},$$
$$\mathbf{x}^{[1]} := A\mathbf{x}^{[0]},$$
$$\mathbf{x}^{[2]} := A\mathbf{x}^{[1]} = A^2\mathbf{x}^{[0]}, \ldots,$$
$$\mathbf{x}^{[m]} := A\mathbf{x}^{[m-1]} = A^m\mathbf{x}^{[0]}. \tag{1}$$

Da mehr als n Vektoren eines n-dimensionalen Raumes linear abhängig sind, muß es ein $k \leq n$ und Koeffizienten c_j ($j = 0,1 \ldots,k$) geben, so daß

$$\left(\sum_{j=0}^{k} c_j A^j \right) \mathbf{x}^{[0]} = 0$$

gilt. Man weiß, daß dann das Polynom

$$P(\lambda) := c_0 + c_1\lambda + c_2\lambda^2 + \ldots + c_k\lambda^k$$

ein Teiler des charakteristischen Polynoms von A ist. Es wurden besondere Methoden entwickelt, um die Koeffizienten c_j oder direkt Auswertungen des Polynoms $P(\lambda)$ bequem berechnen zu können.

Die Bestimmung des charakteristischen Polynoms läßt sich auch als Ähnlichkeitstransformation von A auf die Frobeniussche Normalform (Normalformenproblem)

$$\begin{pmatrix} F_1 & & & \bigcirc \\ & F_2 & & \\ & & \cdot & \\ & & & \cdot \\ \bigcirc & & & \cdot \\ & & & & F_k \end{pmatrix} \tag{2}$$

mit quadratischen Kästchen der Gestalt

$$F_j = \begin{pmatrix} o & \cdot & \cdot & \cdot & \cdot & \cdot & o* \\ 1 & \cdot & & & & & \cdot & * \\ & \cdot & \cdot & & & & \cdot & \cdot \\ & & \cdot & \cdot & & & \cdot & \cdot \\ & & & \cdot & \cdot & & \cdot & \cdot \\ & & & & \cdot & \cdot & \cdot & \cdot \\ \bigcirc & & & & & \cdot & 0* \\ & & & & & & 1 * \end{pmatrix}$$

deuten (Begleitmatrix).

Allgemeiner kann man durch Ähnlichkeitstransformationen eine Matrix auf eine Standardform bringen, für die sich die Eigenwerte leichter berechnen lassen. Als Standardform erweist sich dabei die *Hessenberg*-Gestalt

$$H = \begin{pmatrix} h_{11} & h_{12} & \cdot & \cdot & \cdot & \cdot & \cdot & \cdot & \cdot & \cdot & h_{1n} \\ h_{21} & h_{22} & \cdot & \cdot & \cdot & \cdot & \cdot & \cdot & \cdot & \cdot & h_{2n} \\ & h_{32} & \cdot & \cdot & \cdot & \cdot & \cdot & \cdot & \cdot & \cdot & h_{3n} \\ & & \cdot & & & & & & & & \\ & & & \cdot & \cdot & & & & & & \\ & & & & \cdot & \cdot & & & & & \\ \bigcirc & & & & & & \cdot & & h_{n,n-1} & h_{nn} \end{pmatrix}$$

als zweckmäßig, bei der alle Elemente h_{jk} mit $j > k+1 \geq 2$ verschwinden. Übrigens ist auch die Matrix (2) von Hessenberg-Gestalt, besitzt jedoch noch zusätzliche Nullen, die bei der Matrix H nicht gefordert werden. Für die →Transformation von A auf Hessenberg-Gestalt stehen verschiedene numerische Verfahren zur Verfügung. Bei den besten Verfahren wächst der Rechenaufwand mit n wie ca. $\frac{5}{6}n^3$ an. Für Einzelheiten sei auf die unten angegebene Spezialliteratur verwiesen. Die Nachbehandlung einer Hessenberg-Matrix geschieht nach *Hyman* folgendermaßen: Es sei $h_{2\,1}\ h_{3\,2} \cdots h_{n,n-1} \neq 0$. (Andernfalls zerfällt die Hessenberg-Matrix in kleinere Hessenberg-Matrizen, die für sich behandelt werden können.) Nun setzt man $h_{10} := 1, x_n := 1$ und berechnet für ein λ rekursiv

$$x_{n-i} := \frac{1}{h_{n-i+1,\,n-i}} \cdot$$

$$\left(\lambda x_{n-i+1} - \sum_{j=n-i+1}^{n} h_{n-i+1,j} x_j \right) \ (i=1,2,...,n). \quad (3)$$

Dann ist $(-1)^n x_0 h_{21} H_{32} \ldots h_{n,n-1} =: \varphi(\lambda)$ der Wert des charakteristischen Polynoms an der Stelle λ. →Differentiation der Formel (3) nach λ ergibt eine Formel zur Berechnung von $\varphi'(\lambda)$. Damit sind alle Größen zugänglich, die man z. B. benötigt, um die Nullstellen des charakteristischen Polynoms nach dem →Newton-Verfahren zu berechnen. Ist λ bereits ein →Eigenwert von H, so ist übrigens der nach (3) gewonnene Vektor $(x_1, x_2, \ldots, x_n)^T$ ein zugehöriger Eigenvektor.

Die Transformation auf Hessenberg-Gestalt und Nachbehandlung hat sich in der Praxis sehr bewährt. Bei hermiteschen Matrizen empfiehlt es sich, unter Ausnutzung der Symmetrie auf die Tridiagonalgestalt, ein Spezialfall der Hessenberg-Gestalt, zu transformieren.

□ Ähnlichkeitstransformation auf Dreiecks- oder Diagonalform. Das Eigenwertproblem für eine Matrix A ist gelöst, wenn wir eine zu A ähnliche Dreiecks- oder Diagonalmatrix angeben können. Aus algebraischen Gründen ist dies i. allg. nicht mit Hilfe von nur endlich vielen rationalen Rechenoperationen möglich. Man kann bestenfalls eine unendliche →Folge ähnlicher Matrizen konstruieren, die gegen eine Dreiecks- oder Diagonalmatrix konvergiert.

Ein historisch interessantes Verfahren dieser Art für reelle symmetrische Matrizen stammt von *Jacobi* (1846). Dabei wird durch eine unendliche Folge von elementaren orthogonalen Ähnlichkeitstransformationen die Summe der Quadrate der außerhalb der Hauptdiagonale stehenden Elemente fortlaufend kleiner gemacht, so daß man →Konvergenz gegen eine Diagonalmatrix erhält.

Heutzutage ist das LR-Verfahren von *Rutishauser* (1958) gebräuchlicher. Dabei setzt man $A^{[1]} := A$, zerlegt nacheinander für $k = 1, 2, \ldots$ die Matrix $A^{[k]}$ in ein Produkt, bestehend aus einer unteren und einer oberen Dreiecksmatrix, etwa nach dem Verfahren von *Crout,* und gewinnt daraus $A^{[k+1]}$ durch Vertauschung der Faktoren; d. h.

$$A^{[k]} = L^{[k]} \cdot R^{[k]} \ \text{(Zerlegung)},$$

$$A^{[k+1]} := R^{[k]} \cdot L^{[k]} \ \text{(Vertauschung)}$$

Wegen $A^{[k+1]} = (L^{[k]-1} \cdot A^{[k]} \cdot L^{[k]}$ sind alle so entstehenden Matrizen ähnlich zu A. Unter geeigneten Voraussetzungen über A konvergiert die Folge der Matrizen $A^{[k]}$ gegen eine Dreiecksmatrix. Bei positiv definiten Matrizen ist es zweckmäßig, die Dreieckzerlegung nach *Cholesky* vorzunehmen. Dann ist immer Konvergenz gegen eine Diagonalmatrix gesichert.

Als Weiterentwicklung des LR-Verfahrens kann das QR-Verfahren angesehen werden, bei dem man nacheinander in ein Produkt bestehend aus einer unitären Matrix Q und einer oberen Dreiecksmatrix R zerlegt und vertauscht. Es gilt also

$$A^{[k]} = Q^{[k]} \ R^{[k]} \ \text{(Zerlegung)},$$

$$A^{[k+1]} := R^{[k]} \ Q^{[k]} \ \text{(Vertauschung)}.$$

Dieses Verfahren besitzt einen etwas größeren Anwendungsbereich als das LR-Verfahren und erweist sich als stabiler. In der Praxis wendet man beide Verfahren nur für reduzierte Matrizen wie Hessenberg-Matrizen, Tridiagonal-Matrizen und Bandmatrizen an. Dabei hat allerdings das LR-Verfahren den Vorteil, daß es Bandstrukturen besser erhält. Bei beiden Verfahren läßt sich die Konvergenzgeschwindigkeit der Dialagonalelemente gegen die Eigenwerte durch eine Spektralverschiebung

$$A \rightarrow A - cE$$

$$(c \ \varepsilon \ \mathbb{R}, \ E \ \text{Einheitsmatrix})$$

beeinflussen und für einzelne Eigenwerte erheblich steigern.

□ Das teilweise Eigenwertproblem. Ist man nur an gewissen Eigenwerten interessiert, will man z. B. den Spektralradius einer Matrix A bestimmen, so erweisen sich die bisherigen Verfahren als zu aufwendig.

Besitzt A genau einen einfachen Eigenwert λ_1 von größtem Betrag und ist $x^{[0]}$ ein Vektor, der nicht senkrecht auf dem zu λ_1 gehörigen Eigenvektor steht, so gilt für die Folge (1) mit dem Skalarprodukt

$$(\mathbf{x},\mathbf{y}) = \sum_{v=1}^{n} x_v \bar{y}_v$$

$$\lim_{m \to \infty} \frac{\langle \mathbf{x}^{[m]}, \mathbf{x}^{[m+1]} \rangle}{\langle \mathbf{x}^{[m]}, \mathbf{x}^{[m]} \rangle} = \lambda, \quad (4)$$

(Potenzmethode nach *von Mises*). Sind die hier verwendeten Voraussetzungen nicht erfüllt, so gelten noch verschiedene modifizierte Aussagen. Leider ist die Konvergenzgeschwindigkeit der Potenzmethode etwas langsam.

Besitzt A die Eigenwerte λ_v, so besitzt $(A - \lambda E)^{-1}$, wobei E die Einheitsmatrix gleicher Ordnung bezeichnet, die Eigenwerte $k_v := \dfrac{1}{\lambda_v - \lambda}$ ($v = 1, 2, \ldots, n$). Berechnet man nun für einen geeigneten Startvektor $\mathbf{x}^{[0]}$ die Vektoren $\mathbf{x}^{[1]}$, $\mathbf{x}^{[2]}$, ... rekursiv aus der Gleichung

$$\mathbf{x}^{[k-1]} = (A - \lambda E)\mathbf{x}^{[k]} \quad k = 1, 2, \ldots, \tag{5}$$

so führt (4) zu κ_v von größtem Betrag, d. h. man bekommt denjenigen Eigenwert λ_v in den Griff, der λ am nächsten liegt (inverse →Iteration von *Wieland*). Zur Auflösung des Gleichungssystems (5) ist das Verfahren von *Crout* zu empfehlen. Bei guter Näherung λ ergibt sich eine zufriedenstellende Konvergenzgeschwindigkeit.

Ist für eine Matrix A der Ordnung n ein Eigenwert λ mit zugehörigem Eigenvektor $\mathbf{w}$ bekannt, so läßt sich die Ordnung der Matrix um eins reduzieren (Deflation). Dazu führt man im n-dimensionalen euklidischen Raum durch eine Transformationsmatrix T eine neue Basis ein, die $\mathbf{w}$ als ersten Basisvektor enthält. Dann besitzt die zu A ähnliche Matrix $B := TAT^{-1}$ die Gestalt

$$B = \begin{pmatrix} \lambda & *\cdots\cdots* \\ O & \\ \vdots & A_{11} \\ O & \end{pmatrix},$$

wobei die Matrix A_{11} von der Ordnung $n-1$ ist und außer λ dieselben Eigenwerte wie A besitzt. Aus den Eigenvektoren der Matrix A_{11} lassen sich leicht die von B gewinnen.

Ist ein Eigenwert bekannt, so erhält man die zugehörigen Eigenvektoren durch Lösen eines linearen Gleichungssystems. Die meisten Verfahren liefern jedoch mit den Eigenwerten auch schon einen einfacheren Zugang zu den Eigenvektoren. *Schmeißer*

Literatur: *Bunse, W.* u. *A. Bunse-Gerstner:* Numerische lineare Algebra. Stuttgart 1985. – *Durand, E.:* Solutions numériques des équations algébriques. Tome II. Paris 1961. – *Gastinel, E.:* Lineare numerische Analysis. Braunschweig. 1972. – *Householder, A. S.:* The theory of matrices in numerical analysis. New York 1964. – *Schmeißer, G.* u. *H. Schirmeier:* Praktische Mathematik. Berlin 1976. – *Schwarz, H. R., H. Rutishauser* u. *E. Stiefel:* Numerik symmetrischer Matrizen (2. Aufl.) Stuttgart 1972. – *Stoer, J.* u. *R. Bulirsch:* Einführung in die Numerische Mathematik II. Berlin–Heidelberg 1973. – *Werner, H.:* Praktische Mathematik I. Berlin–Heidelberg 1970. – *Wilkinson, J. H.:* The algebraic eigenvalue problem. Oxford 1965. – *Wilkinson, J. H.* and *C. Reinsch:* Linear algebra (Handbook for automatic computation, Vol. II). Berlin–Heidelberg 1971.

Ein-Massen-Schwinger. Der E.-M.-S. ist ein im Raum beweglicher starrer Körper mit bis zu sechs Freiheitsgraden. Ist der Körper frei beweglich, hat er sechs Freiheitsgrade. Seine Lage und die Bewegungen können z. B. durch die drei Kartesischen →Koordinaten des Schwerpunkts und die drei Drehwinkel um die Koordinatenachsen gekennzeichnet werden. Durch Führungen des Körpers werden die Freiheitsgrade des E.-M.-S. eingeschränkt.

Ein Beispiel für einen E.-M.-S. ist ein auf Federn gelagertes Maschinenfundament. Der Fundamentblock ist als starr im Vergleich zur elastischen Verformung der Federn anzusehen. Wird das Fundament an den Seiten geführt, oder durch eine vertikale, in der Schwerpunktlinie wirkende dynamische Last P(t) erregt (idealisierter Fall), hat der E.-M.-S. nur einen →Freiheitsgrad. Wesentliche Schwingungseigenschaften des E.-M.-S. können an diesem einläufigen →Schwinger gezeigt werden. Wird diesem E.-M.-S. keine Erregung zugeführt, heißt er freier Schwinger. Enthält er Elemente, die dem System bei der Schwingung Energie entziehen, z. B. durch Umwandlung in Wärme oder durch Abstrahlung, heißt er gedämpfter E.-M.-S. Ein einläufiger E.-M.-S., bei dem die gewählte Zustandsgröße x einer Differentialgleichung der Form

$$m\ddot{x} + k\dot{x} + cx = 0$$

gehorcht, heißt gedämpfter linearer Schwinger (Bild 1). Für die →Eigenfrequenz des ungedämpften einläufigen E. gilt:

$$f_o = \frac{1}{2\pi} \sqrt{\frac{c}{m}} \ [\text{Hz}]$$

Für die Eigenfrequenz des schwach gedämpften Schwingers gilt:

$$f_d = f_o \sqrt{1 - \left(\frac{\delta}{\omega_o}\right)^2} = f_o \sqrt{1 - \frac{k^2}{4\,mc}}$$

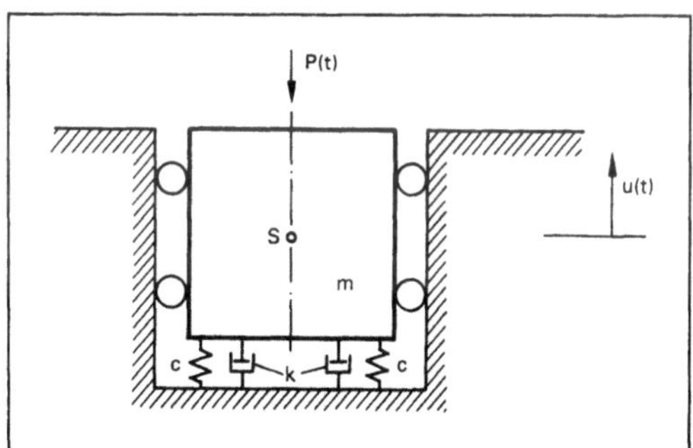

Ein-Massen-Schwinger 1: Schematische Darstellung des einläufigen E.-M.-S. mit der Masse m, den Federn mit der Federsteifigkeit c und Dämpfern mit dem Dämpfungskoeffizienten K.

u(t)) Schwingwege, S) Schwerpunkt

Für den →Abklingkoeffizienten δ gilt:

$$\delta = \frac{k}{2\,m}$$

ω_0 ist die Eigenkreisfrequenz des ungedämpften E.-M.-S. Wirkt auf den E.-M.-S. eine dynamische Last P(t) mit der Erregerkreisfrequenz Ω ein, werden die dadurch verursachten Schwingungen im stationären Zustand erzwungene Schwingungen genannt. Wirkt eine sinusförmige Last P(t) = $P_0 \sin\Omega t$ auf den linearen gedämpften E.-M.-S. ein, so erhält man für die Schwingwegamplitude u_0 die Beziehung:

$$u_0 = u_{stat}\, \frac{1}{\sqrt{(1 - \eta^2)^2 + 4\,D^2\,\eta^2}}$$

darin bedeuten:

$u_{stat} = \dfrac{P_0}{c}$: statische Auslenkung des E.-M.-S. bei Belastung durch P_0

$D = \dfrac{\delta}{\omega_0}$: Dämpfungsgrad

$\eta = \dfrac{\Omega}{\omega_0}$: Frequenzverhältnis (Abstimmung)

Das in Bild 2 dargestellte Verhältnis

$$V = \frac{u_0}{u_{stat}} = \frac{1}{\sqrt{(1 - \eta^2)^2 + 4\,D^2\,\eta^2}}$$

wird als Vergrößerungsfaktor (Vergrößerungsfunktion) bezeichnet. Wenn η gegen 1 geht, erreicht V bei kleinen Werten des Dämpfungsgrads D beträchtliche Werte. Diese Erscheinung wird als →Resonanz bezeichnet. Zur Vermeidung von unzumutbaren Erschütterungsimmissionen sind Resonanzzustände zu vermeiden.

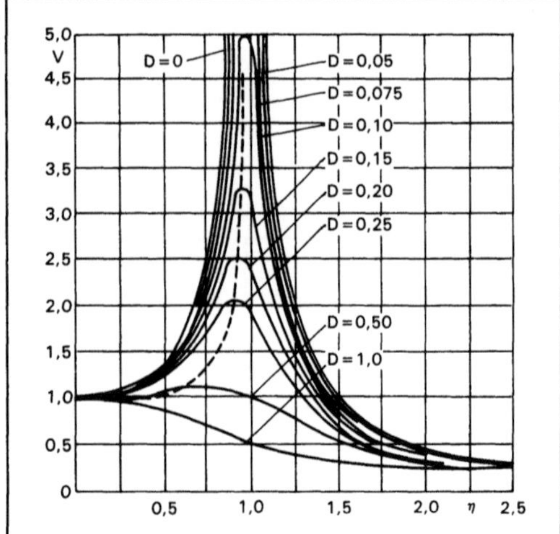

Ein-Massen-Schwinger 2: Vergrößerungsfunktion V in Abhängigkeit vom Frequenzverhältnis η für den linearen gedämpften E.-M.-S. bei sinusförmiger Erregung.

Bei einer Erregung P(t) = $P_0 \sin\Omega t$ des einläufigen E.-M.-S. erfolgen die Schwingungsbewegungen u(t) = $u_0 \sin(\Omega t - \varphi)$ zeitlich verzögert. Die Abhängigkeit des Phasenverschiebungswinkels φ vom Frequenzverhältnis ist aus dem Diagramm (Bild 3) ersichtlich.

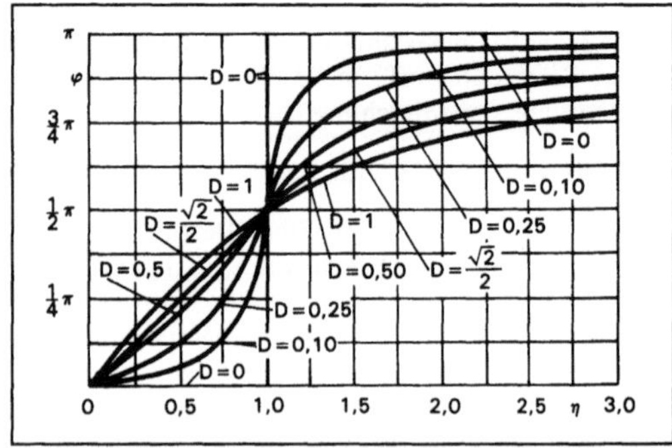

Ein-Massen-Schwinger 3: Phasenverschiebungswinkel φ in Abhängigkeit vom Frequenzverhältnis η bei sinusförmiger Erregung.

Auch bei der Schwingungsisolierung von Maschinen durch elastische Gründung des Maschinenfundaments kann die erreichbare Isolierwirkung häufig bereits mit Hilfe von Berechnungen des einläufigen E. zumindest abgeschätzt werden. *Splittgerber*

Literatur: DIN 1311, Bl. 2: Einfache Schwinger 12/1974 – VDI 2062. Bl. 1: Begriffe und Methoden. 1/1976.

Ein-Massen-System →Ein-Massen-Schwinger.

Einbruchmelder. E. melden Einbruchversuche in gesicherte Räume und Bereiche und bestehen aus den eigentlichen Meldern, der Meldezentrale und entsprechenden Alarmgeräten. An Türen und Fenstern können elektromechanische Melder angebracht werden, wie z. B. Magnetschalter und Erschütterungskontakte. Erstere werden in verschiedenen Formen zum Einlassen in Holz oder zur Oberflächenmontage bei Metall- und Kunststofffenstern angeboten. Sie sprechen auf Öffnen an. Glasbruchmelder werden mit Spezialklebern auf die zu überwachende Scheibe geklebt und reagieren nur auf bestimmte Frequenzen, die bei Glasbruch und beim Splittern von Glas auftreten. Tretmelder lösen beim Betreten Alarm aus und bestehen aus Kontakten aus Edelstahl in verschweißten PVC-Matten.

Räume lassen sich mittels elektronischer Bewegungsmelder überwachen. Der passive Infrarot-Bewegungsmelder mißt die infrarote Ausstrahlung von Menschen und Gegenständen. Mit Hilfe von Spiegeln, in deren Brennpunkt ein empfindlicher Infrarotdetektor sitzt, wird ein Raum in empfindliche und unempfindliche Zonen aufgeteilt. Bewegt sich nun eine Person im Raum so, daß er von einer empfindlichen Zone in eine unempfindliche wechselt oder umgekehrt, so wird durch den im →Sensor festgestellten Wechsel im Infrarotbereich der Alarm ausgelöst.

Beim Ultraschall-Bewegungsmelder wird in einem breiten Abstrahlwinkel →Ultraschall mit konstanter Frequenz ausgesandt. Das reflektierte →Signal ändert sich bei Bewegung eines Eindringlings und löst dadurch Alarm aus. Radar-Bewegungsmelder arbeiten nach dem Doppler-Effekt. Sind die Sicherheitsansprüche hoch und sollen insbesondere Fehlalarme vermieden werden, so bietet sich eine Kombination der vorstehend beschriebenen Prinzipien an, so gibt es z. B. Bewegungsmelder mit integriertem Infrarot- und Radarwellen-Sensor. Mittels aktiver Infrarottechnik lassen sich (unsichtbare) Lichtschranken aufbauen zur Zugangskontrolle. Bei diesen sendet ein Infrarotsender einen modulierten Infrarotlichtstrahl aus, der auf einen Empfänger auftrifft. Dieser Lichtstrahl wird beim Durchschreiten unterbrochen und löst damit Alarm aus. Bei kapazitiven Meldern wird ein elektrisches →Feld durch die eindringende Person verändert. Die Signale der einzelnen Melder werden über Leitungen oder auch per Funk zur Meldezentrale übertragen. Dabei werden mehrere Melder zu Meldelinien zusammengefaßt. Die Meldezentrale überwacht die einzelnen Meldelinien und steuert ggf. die angeschlossenen Alarmgeräte an. Bei Alarmmeldungen oder auch Leitungsstörungen leuchten die den betroffenen Meldelinien zugeordneten Kontrollampen so lange auf, bis sie von Hand zurückgesetzt werden. An Alarmgeräten stehen akustische, optische und/oder stille Signalgeber zur Verfügung. Bei akustischen Signalgebern wie elektronische Summer, Motorsirenen, Druckkammer-Lautsprecher, Starkton-Horn muß die Alarmzeit begrenzt werden. Bei Blitzleuchten und beim Einschalten der (Außen-)Beleuchtung wird Daueralarm gegeben. Mit stillen Alarmgebern kann man über Telefonwählgeräte den Alarm an Polizei und/oder Bewachungsgesellschaften weitergeben. Wichtig sind auch die Scharfschalte-Einrichtungen, durch die nach Verlassen des gesicherten Bereiches die Überwachung eingeschaltet werden kann. Hier reichen die Möglichkeiten vom Blockschloß über Schlüsselschalter bis zu elektronischen Codierschaltern, bei denen mittels 6-stelliger Codezahl eine Geheimnummer eingestellt werden kann. *F. Schneider*

Einheiten des SI. Das Internationale Einheitensystem wurde 1960 festgelegt. In der Folgezeit wurde das SI unter Mitarbeit der internationalen Normungsgremien vervollkommnet. Das SI ist inzwischen in über 100 Staaten verbindlich eingeführt. (Man spricht nicht vom SI-System, da das S bereits für System steht!)

Das SI kennt sieben Basisgrößen, für die sieben Basiseinheiten festgelegt sind (Tabelle 1). Die Definitionen der sieben SI-Basiseinheiten sind in Tabelle 2 zusammengestellt. Aus den Basisgrößen wurde eine Vielzahl von Größen abgeleitet. Die zugehörigen abgeleiteten Einheiten wurden im SI durch Multiplikation und/oder Division aus den Basiseinheiten gebildet. Dabei hat man für jede Größe nur eine einzige bevorzugte Einheit vorgesehen. Abgeleitete SI-Einheiten enthalten außer den Basiseinheiten nur noch den Zahlenfaktor 1; man nennt sie deshalb kohärent (zusammenhängend) abgeleitete Einheiten.

Für 21 häufig gebrauchte abgeleitete SI-Einheiten wurden eigene Namen festgelegt (Zusammenstellung Tabelle 3, Definitionen Tabelle 4), für andere nicht. Zusammen mit den SI-Basiseinheiten bilden diese ein kohärentes Einheitensystem. Mit kohärenten Einheitensystemen läßt sich sehr leicht rechnen, da die Umrechnung von Einheiten nicht erforderlich ist.

Grundsätzlich könnte man überall in Wissenschaft und Technik mit SI-Einheiten auskommen. Allerdings würden sich dann vielfach recht unhandliche Zahlenwerte ergeben (Beispiel 0,000001 m = 1 μm). Deshalb wurde es gesetzlich zugelassen, durch dezimale Vorsätze Vielfache oder Teile von SI-Einheiten als neue Einheiten zu bilden (Tabelle 5 auf Seite 195). Die so gebildeten Einheiten sind nicht mehr kohärent zu den SI-Einheiten, damit also keine SI-Einheiten.

Einheiten des SI. Tabelle 1: Basisgrößen und Basiseinheiten des SI.

SI-Basisgrößen		SI-Basiseinheiten	
Name	Zeichen	Name	Zeichen
Länge	l	das Meter	m
Masse	m	das Kilogramm	kg
Zeit	t	die Sekunde	s
elektrische Stromstärke	I	das Ampere	A
thermodynamische Temperatur	T	das Kelvin	K
Stoffmenge	n	das Mol	mol
Lichtstärke	I_v	die Candela	cd

Einheiten des SI. Tabelle 2: Definitionen der SI-Basiseinheiten.

Meter	Das Meter ist die Länge der Strecke, die das Licht im Vakuum während der Dauer von (1/299 792 458) Sekunden durchläuft (17. Generalkonferenz für Maß und Gewicht, 1983)
Kilogramm	Das Kilogramm ist die Masse des Internationalen Kilogrammprototyps (1. Generalkonferenz für Maß und Gewicht, 1889). Dieser Internationale Kilogrammprototyp aus Platin-Iridium wird im Internationalen Büro für Maß und Gewicht unter den 1889 festgelegten Bedingungen aufbewahrt.
Sekunde	Die Sekunde ist das 9 192 631 770fache der Periodendauer der dem Übergang zwischen den beiden Hyperfeinstrukturniveaus des Grundzustandes von Atomen des Nuklids Cs 133 entsprechenden Strahlung (13. Generalkonferenz für Maß und Gewicht, 1967)
Ampere	Das Ampere ist die Stärke eines zeitlich unveränderlichen elektrischen Stroms, der durch zwei im Vakuum parallel im Abstand 1 m voneinander angeordnete, geradlinige, unendlich lange Leiter von vernachlässigbar kleinem, kreisförmigem Querschnitt fließend, zwischen diesen Leitern je 1 m Leiterlänge elektrodynamisch die Kraft $0{,}2 \cdot 10^{-6}$ N hervorrufen würde (9. Generalkonferenz für Maß und Gewicht, 1948).
Kelvin	Das Kelvin ist der 273,16te Teil der thermodynamischen Temperatur des Tripelpunktes des Wassers (13. Generalkonferenz für Maß und Gewicht, 1967). Anmerkung: Auch Temperaturintervalle und Temperaturdifferenzen werden in Kelvin angegeben. Neben der thermodynamischen Temperatur (Formelzeichen T) wird auch die Celsius-Temperatur (Formelzeichen t) benutzt, die durch die Gleichung $t = T - T_0$ definiert ist, wobei $T_0 = 273{,}15$ K per definitionem ist. *Grad Celsius* ist ein spezieller Name anstelle der Einheit *Kelvin*, wenn die Celsius-Temperatur angegeben wird. Ein Celsius-Temperaturintervall oder eine Celsius-Temperaturdifferenz darf auch in Grad Celsius angegeben werden.
Mol	Das Mol ist die Stoffmenge eines Systems bestimmter Zusammensetzung, das aus ebenso vielen Teilchen besteht, wie Atome in (12/1000) kg des Nuklids C 12 enthalten sind. Bei Benutzung des Mol müssen die Teilchen spezifiziert werden. Es können Atome, Moleküle, Ionen, Elektronen usw. oder eine Gruppe solcher Teilchen genau angegebener Zusammensetzung sein (14. Generalkonferenz für Maß und Gewicht, 1971).
Candela	Die Candela ist die Lichtstärke in einer bestimmten Richtung einer Strahlungsquelle, die monochromatische Strahlung der Frequenz $540 \cdot 10^{12}$ Hertz aussendet und deren Strahlstärke in dieser Richtung (1/683) Watt durch Steradiant beträgt (16. Generalkonferenz für Maß und Gewicht, 1979)

Einheiten des SI. Tabelle 3: Abgeleitete SI-Einheiten mit besonderen Einheitennamen.

Abgeleitete Größe im SI	SI-Einheit		Beziehung zu	
	Name	Zeichen	SI-Basiseinheiten	andere SI-Einheiten
ebener Winkel	Radiant	rad	$= m^1 m^{-1}$	
Raumwinkel	Steradiant	sr	$= m^2 m^{-2}$	
Frequenz	Hertz	Hz	$= s^{-1}$	
Aktivität	Becquerel	Bq	$= s^{-1}$	
Kraft	Newton	N	$= m\ kg\ s^{-2}$	
Druck/mechanische Spannung	Pascal	Pa	$= m^{-1} kg\ s^{-2}$	$= N/m^2$
Energie, Arbeit, Wärmemenge	Joule	J	$= m^2 kg\ s^{-2}$	$= Nm$
Leistung, Wärmestrom	Watt	W	$= m^2 kg\ s^{-3}$	$= J/s$
Energiedosis	Gray	Gy	$= m^2\ s^{-2}$	$= J/kg$

Einheiten des SI. Noch Tabelle 3: Abgeleitete SI-Einheiten mit besonderen Einheitennamen.

Abgeleitete Größe im SI	SI-Einheit		Beziehung zu	
	Name	Zeichen	SI-Basiseinheiten	andere SI-Einheiten
Äquivalentdosis	Sievert	Sv	$= m^2\,s^{-2}$	$= J/kg$
elektrische Ladung	Coulomb	C	$= s\,A$	
elektrische Spannung	Volt	V	$= m^2 kg\,s^{-3}\,A^{-1}$	$= W/A$
elektrische Kapazität	Farad	F	$= m^{-2}kg^{-1}\,s^4\,A^2$	$= C/V$
elektrischer Widerstand	Ohm	Ω	$= m^2 kg\,s^{-3}\,A^{-2}$	$= V/A$
elektrischer Leitwert	Siemens	S	$= m^{-2}kg^{-1}\,s^3\,A^2$	$= A/V$
magnetischer Fluß	Weber	Wb	$= m^2 kg\,s^{-2}\,A^{-1}$	$= V\,s$
magnetische Flußdichte	Tesla	T	$= kg\,s^{-2}\,A^{-1}$	$= Wb/m^2$
Induktivität	Henry	H	$= m^2 kg\,s^{-2}\,A^{-2}$	$= Wb/A$
Celsius-Temperatur	Grad Celsius	°C	$= 1\,K$	
Lichtstrom	Lumen	lm	$= m^2 m^{-2}\,cd$	$= cd\,sr$
Beleuchtungsstärke	Lux	lx	$= m^2 m^{-4}\,cd$	$= lm/m^2$

Einheiten des SI. Tabelle 4: Definitionen der abgeleiteten SI-Einheiten mit besonderen Einheitennamen.

Radiant	Ein Radiant ist gleich dem ebenen Winkel, der als Zentriwinkel eines Kreises vom Halbmesser 1 m aus dem Kreis einen Bogen von 1 m Länge ausschneidet.
Steradiant	Ein Steradiant ist gleich dem räumlichen Winkel, der als gerader Kreiskegel mit der Spitze im Mittelpunkt einer Kugel vom Halbmesser 1 m aus der Kugeloberfläche eine Kalotte der Fläche 1 m² ausschneidet.
Hertz	Ein Hertz ist gleich der Frequenz eines periodischen Vorgangs der Periodendauer 1 s.
Becquerel	Ein Becquerel als Einheit der Aktivität einer radioaktiven Substanz ist gleich der Aktivität einer Menge eines radioaktiven Nuklids, in der der Quotient aus dem statistischen Erwartungswert für die Anzahl der Umwandlungen oder isomeren Übergänge und der Zeitspanne, in der diese Umwandlungen oder Übergänge stattfinden, bei abnehmender Zeitspanne dem Grenzwert 1/s (Bq) zustrebt.
Newton	Ein Newton ist gleich der Kraft, die einem Körper der Masse 1 kg die Beschleunigung 1 m/s² erteilt.
Pascal	Ein Pascal ist gleich dem auf eine Fläche gleichmäßig wirkenden Druck, bei dem senkrecht auf die Fläche 1 m² die Kraft 1 N ausgeübt wird.
Joule	Ein Joule ist gleich der Arbeit, die verbraucht wird, wenn der Angriffspunkt der Kraft 1 N in Richtung der Kraft um 1 m verschoben wird.
Watt	Ein Watt ist gleich der Leistung, bei der während der Zeit 1 s die Energie 1 J umgesetzt wird.
Gray	Ein Gray ist gleich der Energiedosis, die bei Übertragung der Energie 1 J auf Materie der Masse 1 kg durch ionisierende Strahlung räumlich konstanter Energieflußdichte entsteht.
Sievert	Ein Sievert ist gleich der Äquivalentdosis, die bei Übertragung der Energie 1 J auf Materie der Masse 1 kg durch ionisierende Strahlung räumlich konstanter Energieflußdichte entsteht.
Coulomb	Ein Coulomb ist gleich der Elektrizitätsmenge, die während der Zeit 1 s bei einem zeitlich unveränderlichen elektrischen Strom der Stärke 1 A durch den Querschnitt eines Leiters fließt.

Einheiten des SI. Noch Tabelle 4: Definitionen der abgeleiteten SI-Einheiten mit besonderen Einheitennamen.

Volt	Ein Volt ist gleich der Spannung oder elektrischen Potentialdifferenz zwischen zwei Punkten eines fadenförmigen homogenen und gleichmäßig temperierten metallischen Leiters, in dem bei einem zeitlich unveränderlichen Strom der Stärke 1 A zwischen den beiden Punkten die Leistung 1 W umgesetzt wird.
Farad	Ein Farad ist gleich der elektrischen Kapazität eines Kondensators, der durch die Elektrizitätsmenge 1 C auf die elektrische Spannung 1 V aufgeladen wird.
Ohm	Ein Ohm ist gleich dem elektrischen Widerstand zwischen zwei Punkten eines fadenförmigen, homogenen und gleichmäßig temperierten elektrischen Leiters, durch den bei der elektrischen Spannung 1 V zwischen den beiden Punkten ein zeitlich unveränderlicher elektrischer Strom der Stärke 1 A fließt.
Siemens	Ein Siemens ist gleich dem elektrischen Leitwert eines Leiters vom elektrischen Widerstand 1 Ohm.
Weber	Ein Weber ist gleich dem magnetischen Fluß, bei dessen gleichmäßiger Abnahme während der Zeit 1 s auf null in einer ihn umschlingenden Windung die elektrische Spannung 1 V induziert wird.
Henry	Ein Henry ist gleich der Induktivität einer geschlossenen Windung, die, von einem elektrischen Strom der Stärke 1 A durchflossen, im Vakuum den magnetischen Fluß 1 Wb umschlingt.
Tesla	Ein Tesla ist gleich der Flächendichte des homogenen magnetischen Flusses 1 Wb, der die Fläche 1 m^2 senkrecht durchsetzt.
Grad Celsius	Ein Grad Celsius ist gleich 1 Kelvin bei der Angabe der Celsius-Temperatur $t = T - T_0$ mit T = thermodynamische Temperatur in K und T_0 = 273,15 K sowie bei der Angabe von Celsius-Temperaturdifferenzen.
Lumen	Ein Lumen ist gleich dem Lichtstrom, den eine punktförmige Lichtquelle mit der Lichtstärke 1 cd gleichmäßig nach allen Richtungen in den Raumwinkel 1 sr aussendet.
Lux	Ein Lux ist gleich der Beleuchtungsstärke, die auf einer Fläche herrscht, wenn auf 1 m^2 der Fläche gleichmäßig verteilt der Lichtstrom 1 lm fällt.

Deshalb ist dem Benutzer zu empfehlen:

□ Für Berechnungen sollte man möglichst nur SI-Einheiten einsetzen. Vorteil: Man braucht die Einheiten bei der Berechnung nicht besonders zu beachten und kann mit ihrer Hilfe die formale Richtigkeit der verwendeten Größengleichung ohne Mühe überprüfen.

□ Zur Angabe einzelner Größenwerte kann man zusätzlich auch noch die durch dezimale Vorsätze erweiterten SI-Einheiten benutzen, um gut handhabbare Zahlenwerte (etwa zwischen 0,1 und 1000) zu erhalten. Beispiele: Entfernung 13 km statt 13 000 m; Kapazität 1 μF statt 0,000001 F.

□ Alle anderen zulässigen Einheiten sollte man vermeiden. Beispiel: Einen Massenstrom von 54 t/h gibt man besser als 15 kg/s an.   *Hammerschmidt*

Literatur: DIN 1301 Teil 1: Einheiten; Einheitennamen, Einheitenzeichen. Berlin 1985. – *Rümcker, B.:* SI-Einheiten/ Gesetzliche Einheiten und ihre Anwendungspflicht in der Praxis. 3. Aufl. Kissing 1978. – SI: Das Internationale Einheitensystem. Hrsg.: Amt für Standardisierung, Meßwesen und Warenprüfung, Deutsche Demokratische Republik. Bundesamt für Eich- und Vermessungswesen, Österreich. Eidgenössisches Amt für Maß und Gewicht, Schweiz. Physikalisch-Technische Bundesanstalt, Bundesrepublik Deutschland. Braunschweig 1982.

Einheiten, gesetzliche. Durch das Gesetz über Einheiten im Meßwesen vom 2. Juli 1969 und die Ausführungsverordnung dazu ist die Anwendung der SI-Einheiten (→Einheiten des SI) für den geschäftlichen und amtlichen Verkehr vorgeschrieben. Alle SI-Einheiten sind – von unwesentlichen Einschränkungen abgesehen – auch g. E. Dies gilt auch für die durch dezimale Vielfache oder Teile erweiterten SI-Einheiten.

Leider hat man auch noch eine Reihe weiterer Einheiten gesetzlich zugelassen, die SI-fremd und meist auch nicht kohärent sind. Keine dieser zusätz-

Einheiten des SI. Tabelle 5: SI-Vorsätze für dezimale Vielfache und Teile von Einheiten.

| Bedeutung | Vorsatz | | Faktor als Zehnerpotenz |
	Name	Zeichen	
Trillionstel	Atto ...	a ...	10^{-18}
Billiardstel	Femto ...	f ...	10^{-15}
Billionstel	Piko ...	p ...	10^{-12}
Milliardstel	Nano ...	n ...	10^{-9}
Millionstel	Mikro ...	μ ...	10^{-6}
Tausendstel	Milli ...	m ...	10^{-3}
Hunderstel	Zenti ...	c ...	10^{-2}
Zehntel	Dezi ...	d ...	10^{-1}
Zehnfache	Deka ...	da ...	10
Hundertfache	Hekto ...	h ...	10^2
Tausendfache	Kilo ...	k ...	10^3
Millionenfache	Mega ...	M ...	10^6
Milliardenfache	Giga ...	G ...	10^9
Billionenfache	Tera ...	T ...	10^{12}
Billiardenfache	Peta ...	P ...	10^{15}
Trillionenfache	Exa ...	E ...	10^{18}

Hinweise: Wenn an ein mit einem SI-Vorsatz versehenes Einheitenzeichen ein Potenzexponent angefügt ist, so gilt dieser Exponent auch für den Vorsatz: z. B. 1 cm^3 = (10^{-2} m)^3 = 10^{-6} m^3.
Hintereinandersetzen mehrerer SI-Vorsätze ist unzulässig: z. B. nicht 1 mμm, sondern 1 nm.

lichen Einheiten ist unbedingt notwendig, die meisten ließen sich bequem durch SI-Einheiten ausdrücken. Soweit diese Einheiten einen eigenen Namen haben, sind sie in der Tabelle auf Seite 196 zusammengestellt.

Kombinationen der in der Tabelle angegebenen Einheiten untereinander und auch mit SI-Einheiten sind ebenfalls gesetzlich zulässig. Die so entstandenen Einheiten dürfen auch noch mit den dezimalen SI-Vorsätzen versehen werden (Bild).

Hinweis: Bisher gebräuchliche Einheiten mit besonderem Einheitennamen, die weder zu den SI-Einheiten gehören noch in der Tabelle enthalten sind, sind für den geschäftlichen und amtlichen Verkehr unzulässig. *Hammerschmidt*

Literatur: DIN 1301 Teil 3: Einheiten; Umrechnungen für nicht mehr anzuwendende Einheiten. Berlin/Köln 1979.

Einheitssignal. Signalbereich der pneumatischen oder elektrischen →Hilfsenergie zum Übertragen von Meß- und Stellwerten, der durch Normen festgelegt ist. E. ermöglichen es, Einrichtungen unterschiedlicher Hersteller zu kombinieren. In Prozeßleitsystemen werden international bevorzugt die Signalbereiche 0,2 bis 1,0 bar, 4 bis 20 mA, 0 bis 20 mA und 0 bis 10 V angewandt. *Strohrmann*

Einschaltverknüpfung →Einschaltverriegelung

Einschaltverriegelung. Verknüpfung von Bedingungen, die bei Anstehen von Fehlsignalen das Einschalten einer verfahrenstechnischen Einrichtung (Verdichter, Pumpe, Heizofen usw.) verbieten sollen. Diese Bedingungen können z. B. sein, daß die zugehörigen Stellgeräte die zum Einschalten vorgesehenen Endstellungen haben. Die E. ist unwirksam, wenn die verfahrenstechnische Einrichtung in Betrieb ist. *Strohrmann*

Einschwingvorgang. Bei Schwingungssystemen wird der nach dem Aufbringen (Einschalten) der Erregung sich einstellende Vorgang E. genannt. Der nach Beseitigen (Ausschalten) der Erregung sich anschließende Vorgang heißt Ausschwingvorgang. Diese Vorgänge bestehen immer aus freien Schwingungen des Schwingers. Der E. kann bei linearen Schwingern aus erzwungenen Schwingungen und freien Schwingungen zusammengesetzt werden. Durch vorhandene →Dämpfung nimmt der Anteil der freien Schwingungen bei linearen Schwingern während des E. exponentiell ab. Bei erzwungenen Schwingungen mit Erregerfrequenzen oberhalb der →Eigenfrequenz des Schwingungssystems sind je nach den Werten dieser Frequenzen, nach der Art der Anfangsbedingungen und nach der Größe der vorhandenen Dämpfung während der Ein- und Ausschwingzeit außerordentlich viele Typen von Schwingungen möglich. Die Zeit, die benötigt wird, damit der erzwungene Schwingungszustand erreicht wird und die freien Schwingungen praktisch abgeklungen sind, nennt man Einschwingzeit. Bei der Schwingungsisolierung von Maschinen mit periodischer Erregung kann durch den Einbau von Dämpfern die Dämpfung so variiert und durch ein möglichst schnelles An- und Abfahren der Maschine erreicht werden, daß beim Durchfahren der →Resonanz die auftretenden Schwingungsamplituden in vertretbaren Grenzen bleiben. Bei der Einwirkung von Erschütterungen auf Menschen sind beim menschlichen Körper als biomechanisches Schwingungssystem E. bedeutsam, besonders wenn kurzzeitige transiente Erschütterungen, z. B. Pulse, einwirken. Es wird angenommen, daß die einwirkenden Erschütterungsreize erst nach einer bestimmten Einwirkungsdauer gleich groß wie andauernd vorliegende Erschütterungsreize wahrgenommen werden. *Splittgerber*

Literatur: *Klotter, K.*: Technische Schwingungslehre, Bd. 1. Berlin–Heidelberg–New York 1978.

Einstellregeln. Die E. dienen dem Techniker vor Ort zur Einstellung der Reglerkennwerte aufgrund von einfachen Messungen am →Regelkreis oder an der →Regelstrecke. In diesem Zusammenhang kommen nur drei Reglertypen in Frage, und zwar solche mit P-, PI- und PID-Übertragungsverhalten.

Einheiten, gesetzliche. Tabelle: SI-fremde gesetzliche Einheiten mit besonderem Einheitennamen.

Größe	Einheit		Beziehung zu SI-Einheiten
	Name	Zeichen	
ebener Winkel	Sekunde	''[1]	$= (\pi/648\,000)\text{rad}$
	Minute	'[1]	$= (\pi/10\,800)\text{rad}$
	Gon	gon	$= (\pi/200)\text{rad}$
	Grad	°[1]	$= (\pi/180)\text{rad}$
	Vollwinkel	[3]	$= 2\pi\ \text{rad}$
Brechwert von optischen Systemen	Dioptrie	dpt[7]	$= \text{m}^{-1}$
Fläche	Ar[2]	a	$= 100\ \text{m}^2$
	Hektar[2]	ha[1]	$= 10^4\ \text{m}^2$
	Barn[8]	b	$= 10^{-28}\ \text{m}^2$
Volumen	Liter	l, L	$= 0{,}001\ \text{m}^3 = 1\ \text{dm}^3$
Masse	Karat[4]	Kt[7]	$= 0{,}0002\ \text{kg}$
	Gramm	g	$= 10^{-3}\ \text{kg}$
	Tonne	t	$= 10^3\ \text{kg}$
	atomare Masseneinheit[8]	u	$= 1{,}6605655 \cdot 10^{-27}\ \text{kg}$
Massenbehang	Tex[6]	tex	$= 0{,}000001\ \text{kg/m}$
Zeit	Minute	min[1]	$= 60\ \text{s}$
	Stunde	h[1]	$= 3\,600\ \text{s}$
	Tag	d[1]	$= 86\,400\ \text{s}$
Druck	Bar	bar	$= 10^5\ \text{Pa}$
	Millimeter-Quecksilbersäule[5]	mmHg[1]	$= 133{,}322\ \text{Pa}$
Energie	Elektronvolt[8]	eV	$= 1{,}6021892 \cdot 10^{-19}\ \text{J}$
elektrische Blindleistung	Var	var	$= \text{W}$

[1] nicht mit Vorsätzen verwenden
[2] nur bei Grundstücken und Flurstücken zulässig
[3] ein Einheitenzeichen fehlt bisher
[4] nur bei Edelsteinen zulässig
[5] nur für Blutdruck und Druck anderer Körperflüssigkeiten in der Medizin zulässig
[6] nur bei Textilfasern und Garnen zulässig
[7] nicht international genormt
[8] nur in der Atom- und Kernphysik zulässig

Für das erste Verfahren wird der Regelkreis mit P-Regler in Betrieb genommen, d. h. der I- und D-Anteil des Reglers werden zu Null gesetzt. Die Verstärkung K_R des Reglers wird so lange erhöht, bis der Kreis anfängt zu schwingen. Dann muß $K_R = K_K$ so eingestellt werden, daß die Schwingung mit konstanter Amplitude bestehen bleibt. Wenn diese Schwingung innerhalb des P-Bereichs liegt ($\rightarrow$Regler), arbeitet der Kreis an der Stabilitätsgrenze. Die kritische Reglerkonstante K_K und die kritische $\rightarrow$Schwingungsdauer T_K sind Grundlage zu Einstellregeln nach *Ziegler-Nichols*. Tabelle 1 enthält als Beispiel einen Satz möglicher Kennwerte für eine $\rightarrow$Festwertregelung.

Beim zweiten Verfahren wird die $\rightarrow$Übergangsfunktion der Regelstrecke bezüglich ihres Steuerverhaltens aufgenommen. Nach dem Wendetangen-

Einstellregeln. Tabelle 1: E. mit Kennwerten aus der Stabilitätsgrenze.

Reglertyp	K_R	T_n	T_v
P	$0{,}5\ K_k$	—	—
PI	$0{,}45\ K_k$	$0{,}85\ T_k$	—
PID	$0{,}6\ K_k$	$0{,}5\ T_k$	$0{,}12\ T_k$

tenverfahren ermittelt man die Übertragungskonstante K_s, die Ausgleichszeit T_g und die Verzugszeit T_u. In Tabelle 2 sind als Beispiel je ein Satz Reglerkennwerte für eine Festwert- und eine $\rightarrow$Folgeregelung mit aperiodischem Einschwingverhalten zusammengestellt. Das Verhältnis T_g/T_u geht in die

196

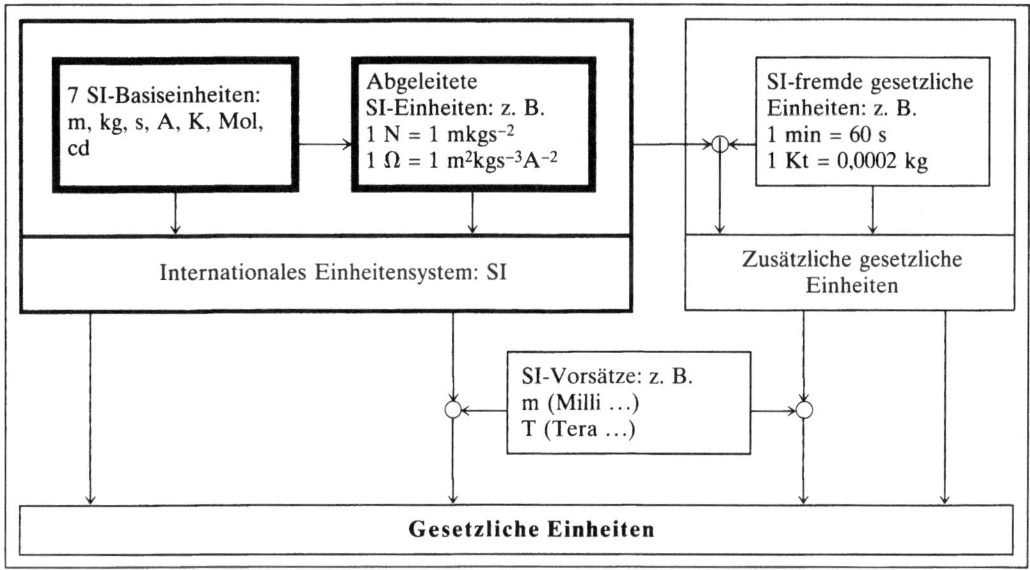

Einheiten, gesetzliche: Funktioneller Aufbau der g. E.

Einstellregeln. Tabelle 2: E. mit Kennwerten aus dem Wendetangentenverfahren.

Reglertyp	Kennwerte	Störverhalten		Führungsverhalten	
P	K_R	$\dfrac{0{,}3}{K_S}$	$\dfrac{T_g}{T_u}$	$\dfrac{0{,}3}{K_S}$	$\dfrac{T_g}{T_u}$
PI	K_R	$\dfrac{0{,}6}{K_S}$	$\dfrac{T_g}{T_u}$	$\dfrac{0{,}35}{K_S}$	$\dfrac{T_g}{T_u}$
	T_n	4	T_u	1,2	T_g
PID	K_R	$\dfrac{0{,}95}{K_S}$	$\dfrac{T_g}{T_u}$	$\dfrac{0{,}6}{K_S}$	$\dfrac{T_g}{T_u}$
	T_n	2,4	T_u		T_g
	T_V	0,42	T_u	0,5	T_u

Übertragungskonstante K_R des Reglers ein. Je größer es ist, ein desto größeres K_R kann eingestellt werden. Daher wird dieses Verhältnis als ein Maß für die Regelbarkeit der Strecke angesehen. Für Werte größer als 10 ist die Strecke gut regelbar, und für Werte kleiner als 3 ist sie schlecht regelbar. *Böttiger*

Literatur: *Unbehauen, H.:* Regelungstechnik I. Braunschweig 1982.

Eitelwein-Gleichung →Reibung

Elastizitätsmodul. Bei einem durch Zug- oder Druckkräfte belasteten Stab ist in dem Bereich, in dem die Spannungen linear von den Dehnungen abhängen (*Hookesches* Gesetz), der Elastizitätsmodul der Quotient aus der auf den Anfangsquerschnitt des Stabes bezogenen →Kraft (Spannung σ) und der auf die Meßlänge bezogenen Längenänderung ε_{el}.

Es gilt:

$$E = \frac{\sigma}{\varepsilon_{el}}$$

Bei linear elastischem Verhalten ergibt sich aus der →Elastizitätstheorie folgender Zusammenhang zwischen dem →Schubmodul G, der →Querkontraktionszahl ν und dem Elastizitätsmodul E:

$$E = 2 \, (1+\nu) \, G$$

Zur Ermittlung des dynamischen Verhaltens von Bauwerken und Bauteilen aus Stahlbeton, Mauerwerk oder ähnlichen Materialien, z. B. zur Ermittlung der Eigenfrequenzen, wird der dynamische E.-Modul benötigt. Das gilt auch für das Verhalten bei Böden (→Stoffgesetze der Elastizitätstheorie, →Zug und Druck). *Splittgerber*

Elastizitätstheorie. Die E. befaßt sich mit (Systemen von) Körpern, die sich rein elastisch verhalten. Im engeren Sinn versteht man darunter die Beschäftigung mit zwei- oder dreidimensionalen Problemen bei linear-elastischem Verhalten und geometrischer Linearität; aber es gibt auch eine nichtlineare E. (→Stoffgesetze der Elastizitätstheorie).

Die lineare E. geht von dem Zusammenhang

$$\underline{\sigma} = \underset{\approx}{\mathbf{C}} \cdot\cdot \, \underline{\varepsilon} \, ,$$

meist für isotropes Material, aus und befaßt sich u. a. mit Platten, Scheiben, Schalen, Torsionstheorie, aber auch mit rotationssymmetrischen (in Zylinderkoordinaten hängt nichts von der Umfangskoordinate ab) oder axialsymmetrischen (Teilchen eines Längsschnitts verlassen diesen nie) Problemen. →Torsion von rotationssymmetrischen Körpern gehört zur Rotations-, nicht jedoch zur Axialsymmetrie.

Weitere Problemkreise sind der ebene Formänderungszustand mit Verschiebungen, die in geeigneten →Koordinaten

$$\vec{u} = u_x\,\vec{e}_x + u_y\,\vec{e}_y = \vec{u}(x,\,y)$$

erfüllen, und der ebene Spannungszustand, für den $\sigma_{zx} = \sigma_{zy} = \sigma_{zz} = 0$ gilt.

Tradierte Lösungsansätze gehen auf die →Differentialgleichungen zurück. Diese sind hier oft vom Typ einer Potential- oder Bipotialgleichung

$$\Delta\,f = \ldots \quad \text{oder} \quad \Delta\Delta\,f = \ldots$$

Mit ihnen wurden zunächst Lösungen für Einzelkräfte auf Ganzräumen oder Halbräumen (die Lösung klingt mit großem Abstand vom Nullpunkt ab; das Gebiet, für das die Lösung gilt, ist völlig unbegrenzt oder der einseitig durch eine Ebene begrenzte Teil des unendlichen Raums) erzeugt. Als Einzellast kann ein Teil einer Flächenlast fungieren, so daß man durch Integration zu allgemeineren Aussagen gelangt. Hinzu kommt, daß man durch konforme Abbildung solche Lösungen auf andere Geometrien überträgt.

Moderne Methoden gehen oft von Integral-Extremal- oder Variations-Prinzipen (Minimum der potentiellen Energie, virtuelle Verrückungen) aus, vor allem von der →Finite-Elemente-Methode, während die Randelemente-Methode Lösungsansätze der Gleichungen verwendet.

Lineare Theorien höherer Ordnung berücksichtigen die Wirkung der Verschiebung auf die Statik, so daß auch Verzweigungsprobleme betrachtet werden (→Mechanik-Einteilung). *Besdo*

Elektrizitätszähler →Arbeitsmessung, elektrische

Elektroblech →weichmagnetische Werkstoffe

Elektrochemie. Die E. ist die Sparte der physikalischen Chemie, die sich mit den Eigenschaften geladener Teilchen beschäftigt. Dazu gehören erstens der Transport solcher Teilchen in Festkörpern, Flüssigkeiten und Gasen, zweitens die gegenseitige Umwandlung von chemischer und elektrischer Energie und drittens die Kinetik von Elektrodenprozessen.

Luigi Galvani und *Alessandro Volta,* die am Ende des 18. Jahrhunderts erste Experimente über die Erzeugung und Wirkung elektrischer Ströme ausführten, kann man als Begründer der E. als Wissenschaft ansehen. *William Nicholson* und *Anthony Carlisle* führten im Jahre 1800 mit der elektrochemischen Wasserzersetzung die erste Elektrolyse durch. 33 Jahre später fand *Michael Faraday* den quantitativen Zusammenhang zwischen den chemischen Veränderungen als Folge der Elektrolyse und dem geflossenen Strom. Er postulierte die Existenz von positiv und negativ geladenen Teilchen, den Kationen und Anionen. *Johann Wilhelm Hittorf* zeigte 1853, daß Kationen und Anionen als getrennte Teilchen existieren und daß sie in Lösung im elektrischen →Feld mit unterschiedlicher Geschwindigkeit wandern. 1887 postulierte *Swante Arrhenius,* daß gelöste Salze spontan in Ionen dissoziieren. *Peter Debye* und *Ernst Hückel* veröffentlichten 1923 eine Theorie, die die Wirkung der zwischen den Ionen herrschenden Coulomb-Kräfte auf ihr Verhalten beschreibt. Bereits 1882 hatte *Hermann v. Helmholtz* den Zusammenhang zwischen der elektromotorischen Kraft (EMK) galvanischer Ketten und der freien Energie gefunden. *Walther Nernst* entwickelte dann 1889 eine umfassende osmotische Theorie der galvanischen Elemente.

Elektrische →Leiter lassen sich den vorliegenden Ladungsträgern entsprechend in zwei Gruppen einteilen, in die Elektronenleiter und Ionenleiter. Die Metalle und Stoffe wie Germanium oder Silicium sind typische Vertreter der Elektronenleiter. Ionenleiter sind geschmolzene Salze und Lösungen von Säuren, Basen und Salzen. Die Elektronenleiter gliedert man noch auf in die metallischen Leiter und die elektronischen Halbleiter. Bei den ersteren ist die Konzentration an Ladungsträgern unabhängig von der Temperatur, bei letzteren nimmt sie mit der Temperatur zu.

Manche Stoffe, wie nicht stöchiometrisch zusammengesetzte Oxide, weisen sowohl Elektronen- als auch Ionenleitung auf.

Bei einem Elektronenleiter ist der Stromfluß mit keinem nach außen hin sichtbaren Massetransport verknüpft, wohl aber bei einem Ionenleiter. Der Übergang von der Elektronen- zur Ionenleitung in einem Stromkreis ist stets mit chemischen Veränderungen an der Phasengrenze, d. h. an den Elektroden verknüpft, die durch Oxidations- oder Reduktionsreaktionen zustande kommen.

Eine elektrolytische Lösung enthält eine äquivalente Menge an positiv und negativ geladenen Teilchen; deshalb herrscht Elektroneutralität. Unter dem Einfluß eines Potentialgradienten bewegen sich die Kationen und Anionen in entgegengesetzten Richtungen und entsprechend ihren elektrischen Beweglichkeiten mit unterschiedlichen Geschwindigkeiten. Sie transportieren dabei unterschiedliche Anteile am Gesamtstrom, was sich durch die Überführungszahlen ausdrückt. Die →Leitfähigkeit eines Elektrolyten hängt von zahlreichen Einflußgrößen ab: von der Größe der Ionen, dem Ausmaß ihrer Hydratation, ihrer Ladung, von der Dielektrizitätskonstanten und der Viskosität des Lösungsmittels und dadurch auch von der Temperatur.

Dividiert man die Leitfähigkeit durch die herrschende Konzentration an Elektrolyt, so sollte man eine konzentrationsunabhängige Größe erwarten. Doch zeigt sich, daß diese molare Leitfähigkeit mit zunehmender Konzentration abnimmt. Bei den schwachen Elektrolyten ist die Abnahme sehr groß. Sie hat ihre Ursache in der Konzentrationsabhängigkeit des Dissoziationsgrads (Ostwald-Verdünnungsgesetz). Nicht dissoziierte Teilchen sind nicht geladen und leiten den Strom nicht. Bei den starken Elektrolyten liegt zwar vollständige Dissoziation vor. Doch ist gerade dadurch die Konzentration an Ionen so hoch, daß sie sich durch Coulombkräfte gegenseitig in ihrer Bewegung behindern (Ionenwolke, Debye-Hückel-Onsager-Theorie, Kohlrausch-Quadratwurzelgesetz).

Die selbst in verdünnten Lösungen beobachtbare interionische Wechselwirkung zwingt dazu, bei thermodynamischen Berechnungen an Stelle der vorliegenden Konzentrationen effektive Ionenkonzentrationen einzuführen, die Aktivitäten a_i. Man erhält sie durch Multiplikation der Konzentrationen c_i mit einem konzentrationsabhängigen Aktivitätskoeffizienten y_i, der sich nach der Debye-Hückel-Theorie berechnen läßt.

Die Verknüpfung der E. mit der Thermodynamik gelingt mit Hilfe der Beziehung

$$\Delta G = -zFE \qquad (1),$$

wobei ΔG die freie Reaktionsenthalpie, z die Ladungszahl der elektrochemischen Reaktion, F die Faraday-Konstante und E die elektromotorische Kraft (EMK) der galvanischen Zelle bedeuten. Nimmt man noch die Van't-Hoff-Reaktionsisotherme ($\rightarrow$ Thermodynamik, chemische) hinzu

$$\Delta G = \Delta G^\circ + RT \cdot \ln \Pi a_i^{\nu_i} \qquad (2),$$

so erhält man unmittelbar die Nernst-Gleichung

$$E = E_0 - \frac{RT}{zF}\ln \Pi a_i^{\nu_i} \qquad (3).$$

Die Standard-EMK E° ergibt sich aus der Spannungsreihe. Gl. (1) zeigt, daß eine galvanische Zelle, bei der chemisches Gleichgewicht herrscht ($\Delta G = O$) keinen Strom liefern kann, da auch die EMK E null ist. Da Gl. (1) auch für die Standardzustände (ΔG°, E°) gilt, kann man auf elektrochemischem Wege sehr gut Gleichgewichtskonstanten ermitteln. Gleiches gilt wegen

$$(\partial E^\circ/\partial T)_p = - (1/zF)(\partial \Delta G^\circ/\partial T)_p = (1/zF)\Delta S^\circ \qquad (4)$$

auch für die Standard-Reaktionsentropie ΔS°, die aus der Temperaturabhängigkeit der Standard-EMK E° folgt.

Nur bei einer unter sehr niedrigen Stromdichten durchgeführten Elektrolyse, der Umkehr der Stromerzeugung in einer galvanischen Kette, nähert sich die für den Ablauf der Elektrolyse notwendige Elektrodenspannung in der Größe den reversiblen EMK-Werten an, weicht von diesen allerdings etwas ab wegen eines Spannungsabfalls in der Lösung und einer möglichen Konzentrationspolarisation. Die Konzentration an der Elektrode kann von der im Innern der Lösung verschieden sein. Für hohe Stromdichten überschreitet die zur Elektrolyse erforderliche Spannung die reversible EMK. Diese zusätzliche Spannung ist als Überspannung bekannt und hat ihren Ursprung in Energiebarrieren an der Elektrode. Dies ist das Gebiet der Elektrodenkinetik.

Die E. findet weite Anwendung in Wissenschaft und Technik. Viele analytische Verfahren und zahlreiche technische Prozesse basieren auf elektrochemischen Vorgängen. *Wedler*

Literatur: *Hamann, C. H.,* u. *W. Vielstich:* Elektrochemie I. 2. Aufl. Weinheim 1984. – *Hamann, C. H.,* u. *W. Vielstich:* Elektrochemie II. Weinheim 1979. – *Kortüm, G.:* Lehrb. Elektrochemie. 5. Aufl. Weinheim 1972. – *Wedler, G.:* Lehrb. Physikalische Chemie. 3. Aufl. Weinheim 1987.

Elektrodynamik. Beschreibung der Maxwell-Gleichungen und der aus ihnen folgenden elektromagnetischen Wellen in einer Form, die gegenüber einem Wechsel von einem bewegten $\rightarrow$ Koordinatensystem in ein anderes invariant bleibt.

Eine Wellengleichung der Form

$$\frac{\partial^2 \varphi}{\partial x^2} = \frac{1}{c^2}\frac{\partial^2 \varphi}{\partial t^2}$$

mit der Lösung $\varphi = A \sin \omega(t - x/c)$ ist gegenüber der einfachen in der klassischen $\rightarrow$ Mechanik verwendeten Galilei-Transformation $x' = x - vt$ nicht invariant. Nachdem sich elektromagnetische Wellen jedoch unabhängig von der Geschwindigkeit des Beobachters in jeder Richtung mit der gleichen Geschwindigkeit c ausbreiten, mußte eine andere $\rightarrow$ Transformation gefunden werden, die die Wellengleichung unverändert läßt. Diese Transformation heißt Lorentz-Transformation und transformiert nicht nur die Ortskoordinate x, sondern auch die Zeit t

$$x' = \frac{x - vt}{\sqrt{1 - v^2/c^2}}; \quad t' = \frac{t - \dfrac{vx}{c^2}}{\sqrt{1 - v^2/c^2}}.$$

Durch die Lorentz-Transformation bleibt die Wellengleichung zwar erhalten, die Maxwell-Gleichungen verändern sich jedoch derart, daß sich elektrisches und magnetisches →Feld gegenseitig beeinflussen.

$$E'_x = E_x; \quad E'_y = \frac{E_y - vB_z}{\sqrt{1 - v^2/c^2}}; \quad E'_z = \frac{E_z + vB_y}{\sqrt{1 - v^2/c^2}};$$

$$B'_x = B_x; \quad B'_y = \frac{B_y + \frac{v}{c^2}E_z}{\sqrt{1 - v^2/c^2}}; \quad B'_z = \frac{B_z - \frac{v}{c^2}E_y}{\sqrt{1 - v^2/c^2}}.$$

Diese Transformationen zeigen, daß die Zerlegung des elektromagnetischen Feldes in ein elektrisches und ein magnetisches Feld nur in Bezug auf ein bestimmtes Koordinatensystem möglich ist. Es erscheint daher wünschenswert, elektrische und magnetische Felder durch eine gemeinsame übergeordnete elektromagnetische Feldgröße auszudrücken, die bei der Lorentz-Transformation erhalten bleibt, und auf diese die Maxwell-Gleichungen anzuwenden.

Dieses ist möglich im vierdimensionalen Minkowski-Raum, in dem jeder Punkt durch die vier Koordinaten

$$x_1 = x; \quad x_2 = y; \quad x_3 = z; \quad x_4 = jct$$

bestimmt ist $(j = \sqrt{-1})$. Die Ausbreitung einer Phasenfront einer Kugelwelle mit Lichtgeschwindigkeit, ausgedrückt durch

$$x^2 + y^2 + z^2 - c^2t^2 = x'^2 + y'^2 + z'^2 - c^2t'^2 = r^2$$

(r ist der Abstand der Phasenfront vom Koordinatenursprung zur Zeit $[t=0]$) wird im Minkowski-Raum zu

$$x_1^2 + x_2^2 + x_3^2 + x_4^2 = x_1'^2 + x_2'^2 + x_3'^2 + x_4'^2 = r^2,$$

d. h. zu dem Abstand des Punktes in dem pseudo-Euklidischen Minkowski-Raum (eine Koordinate imaginär), der die Phasenfront beschreibt. Der Abstand bleibt bei der Lorentz-Transformation erhalten, so daß diese im vierdimensionalen Raum einer Drehung um den Ursprung entspricht, die sich im allgemeinen Fall in einer Matrixform beschreiben läßt.

$$x'_i = \sum_{k=1}^{4} l_{ik}\, x_k;$$

mit

$$((l_{ik})) = \begin{bmatrix} 1 + \dfrac{v_x^2}{\gamma^2} & \dfrac{v_x v_y}{\gamma^2} & \dfrac{v_x v_z}{\gamma^2} & \dfrac{j\, v_x}{c\sqrt{1 - v^2/c^2}} \\[2ex] \dfrac{v_x v_y}{\gamma^2} & 1 + \dfrac{v_y^2}{\gamma^2} & \dfrac{v_y v_z}{\gamma^2} & \dfrac{j\, v_y}{c\sqrt{1 - v^2/c^2}} \\[2ex] \dfrac{v_x v_z}{\gamma^2} & \dfrac{v_y v_z}{\gamma^2} & 1 + \dfrac{v_z}{\gamma^2} & \dfrac{j\, v_z}{c\sqrt{1 - v^2/c^2}} \\[2ex] \dfrac{-j\, v_x}{c\sqrt{1 - v^2/c^2}} & \dfrac{-j\, v_y}{c\sqrt{1 - v^2/c^2}} & \dfrac{-j\, v_z}{c\sqrt{1 - v^2/c^2}} & \dfrac{1}{\sqrt{1 - v^2/c^2}} \end{bmatrix}$$

wobei

$$\gamma^2 = \frac{v^2\sqrt{1 - v^2/c^2}}{1 - \sqrt{1 - v^2/c^2}}$$

In gleicher Weise wie der Ortsvektor $\underline{x}$ wird auch jeder andere →Vektor im vierdimensionalen Raum transformiert. In der Elektrodynamik können beispielsweise die Bestimmungsgleichungen für das Vektorpotential $\underline{A}$

$$\Delta\underline{A} - \frac{1}{c^2}\frac{\partial^2 A}{\partial t^2} = -\rho\underline{v}\mu_o$$

und für das Skalarpotential φ

$$\Delta\varphi - \frac{1}{c^2}\frac{\partial^2\varphi}{\partial t^2} = -\rho/\epsilon_o$$

zu einer Gleichung für das vierdimensionale Vektorpotential $\underline{\Phi}$ zusammengefaßt werden:

$$\sum_{k=1}^{4} \frac{\partial^2\Phi_i}{\partial x_k^2} = -\underline{J}_i\,\mu o,$$

mit $\Phi_1 = A_x; \; \Phi_2 = A_y; \; \Phi_3 = A_z; \; \Phi_4 = \dfrac{j\varphi}{c}$

und $J_1 = J_x; \; J_2 = J_y; \; J_3 = J_z; \; J_4 = j\rho c$

($\underline{J}$ = Stromdichte, ρ = Raumladung).

Die magnetische →Induktion und das elektrische Feld findet man aus den Potentialen entsprechend

$$\underline{B} = \text{rot}\ \underline{A} \quad \text{und} \quad \underline{E} = -\text{grad}\ \varphi - \frac{\partial A}{\partial t}.$$

Definiert man einen elektromagnetischen Feldtensor $\underline{\underline{F}}$ derart, daß

$$F_{ik} = \frac{\partial\Phi_k}{\partial x_i} - \frac{\partial\Phi_i}{\partial x_k};$$

so enthält er sämtliche Komponenten des elektrischen Feldes und der magnetischen Induktion und kann als übergeordnete physikalische Größe aufgefaßt werden, die beides in höherer Einheit zusammenfaßt:

$$\underline{\underline{F}} = \begin{bmatrix} O & B_z & -B_y & \dfrac{-jE_x}{c} \\[2ex] -B_z & O & B_x & \dfrac{-jE_y}{c} \\[2ex] B_y & -B_x & O & \dfrac{-jE_z}{c} \\[2ex] \dfrac{jE_x}{c} & \dfrac{jE_y}{c} & \dfrac{jE_z}{c} & O \end{bmatrix}$$

Der →Tensor läßt sich ähnlich wie die Vektoren transformieren:

$$F'_{ik} = \sum_{m=1}^{4} l_{im} \sum_{n=1}^{4} l_{kn}\, F{mn}.$$

Dadurch zeigt sich, daß der Wert eines Elementes des Tensors, der eine Komponente des elektrischen oder magnetischen Feldes bedeutet, durch alle Elemente des Feldtensors im anderen Koordinatensystem bei der Transformation ausgedrückt werden muß. Das bedeutet, daß jede Komponente des elektrischen und des magnetischen Feldes in einem Koordinatensystem durch alle elektrischen und magnetischen Feldkomponenten des anderen Koordinationssystems beeinflußt wird.

Die Maxwell-Gleichungen können nun mit Hilfe des elektromagnetischen Feldtensors in eine Form zusammengefaßt werden, in der sie gegenüber der Lorentz-Transformation invariant sind. Aus

$$\text{rot } \underline{B} = \mu_o \underline{J} + \frac{1}{c^2} \frac{\partial E}{\partial t}$$

und

$$\text{div. } \underline{E} = \frac{\varrho}{\epsilon_o}$$

wird damit

$$\frac{\partial F_{ik}}{\partial x_k} = \mu_o J_i;$$

sowie aus

$$\text{rot } \underline{E} = -\frac{\partial B}{-\partial t}$$

und

$$\text{div } \underline{B} = O$$

wird

$$\frac{\partial F_{ik}}{\partial x_h} + \frac{\partial F_{kh}}{\partial x_i} + \frac{\partial F_{hi}}{\partial x_k} = O$$

mit h, i, k = 1, 2, 3, 4.   *Claassen*

Elektromagnetismus. Magnetische Wirkung eines elektrischen Stroms, 1820 von *Oersted* in Kopenhagen entdeckt. Jeder stromdurchflossene →Leiter umgibt sich mit einem →Magnetfeld, wobei die magnetischen Feldlinien in sich geschlossene Linien um den Leiter bilden. Die Richtung des magnetischen Feldes ist dabei so, daß die Stromrichtung mit der Richtung des umgebenden Magnetfelds eine Rechtsschraube bilden.

Maxwell ist es gelungen, den Zusammenhang zwischen Stromstärke und magnetischer →Feldstärke allgemeingültig zu formulieren. Ist L die Randkurve einer beliebigen Fläche A, durch die elektrischer Strom hindurchtritt (in Form einzelner elektrischer Leiter oder auch als verteilte Stromdichte j), so ist das Linienintegral der magnetischen Feldstärke über die Randkurve gleich dem Flächenintegral der Stromdichte über die von der Kurve umschlossene Fläche, d. h. gleich der Gesamtheit der vom Integrationsweg umfaßten Ströme (→Durchflutungsgesetz):

$$\oint_L \underline{H} \, d\underline{l} = \int_A \underline{j} \, d\underline{A}.$$

Wählt man bei einem geradlinigen, vom Strom I durchflossenen Leiter als Integrationsweg einen Kreis mit Radius r um die Leiterachse in einer zum Leiter senkrechten Ebene, so ist aus Symmetriegründen das Magnetfeld auf dem Integrationsweg konstant. Das Magnetfeld hat dann die Stärke

$$H = I/2\pi\, r.$$

Bei komplizierteren Leiteranordnungen wendet man das Biot-Savart-Gesetz an.

Bringt man einen stromdurchflossenen Leiter in ein äußeres Magnetfeld, dann kommt es durch die Wechselwirkung zwischen dem äußeren Magnetfeld der Flußdichte $\underline{B}$ und dem vom Strom hervorgerufenen Magnetfeld zu einer →Kraftwirkung auf den Leiter. Diese Kraft wirkt senkrecht zur Stromrichtung und senkrecht zum äußeren Feld. Sie ist in differentieller Form durch die Beziehung

$$d\underline{F} = I \cdot d\underline{l} \times \underline{B}$$

gegeben. Dabei bedeutet $d\underline{F}$ die auf ein differentielles Leiterelement der Länge $d\underline{l}$ (Richtung von $d\underline{l}$ ist die Stromflußrichtung) wirkende differentielle Kraft. Auf diesem Prinzip beruht beispielsweise der Elektromotor oder das Drehspulgalvanometer.   *Claassen*

Elektronenstrahl-Oszilloskop. (EO) Elektronisches →Meßgerät, welches als „Zeiger" einen trägheitsarmen Elektronenstrahl benutzt, der auf einen Leuchtschirm trifft. Es ermöglicht die visuelle Beobachtung und photographische Aufzeichnung von (meist periodisch) veränderlichen elektrischen Spannungen und anderen elektrisch abbildbaren Größen mit Frequenzen von 0 Hz bis über 1000 MHz.

Ein EO besteht aus der Elektronenstrahlröhre (oder Kathodenstrahlröhre), dem Trigger- und Zeitablenkgerät und verschiedenen Verstärkern (Verstärkerschaltungen) (Bild 1).

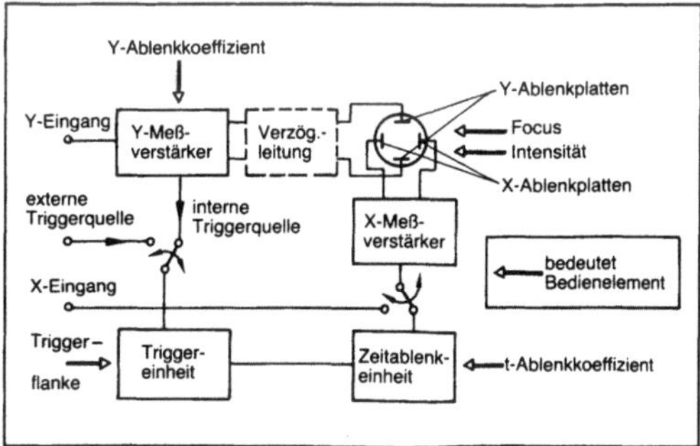

Elektronenstrahl-Oszilloskop 1: Blockschaltbild.

Für eine Abbildung auf dem Bildschirm des EO werden drei Signale benötigt:
- Spannung für die Y-Ablenkung (Vertikal-Ablenkung),
- Spannung für die X-Ablenkung (Horizontal-Ablenkung),
- Spannung für die Z-Modulation (Helligkeitssteuerung).

Diese Signale werden durch die im folgenden kurz beschriebenen Bausteine bereitgestellt.

□ Ablenkung und Triggerung: Zur Ablenkung des Strahls sind an den Ablenkplatten Spannungen bis ca. 100 V nötig, die durch getrennte Meßverstärker für die vertikale (Y) und die horizontale (X) Ablenkung erzeugt werden. Die Anforderungen an die Meßverstärker sind sehr hoch. Sie müssen über einen großen Frequenzbereich eine amplituden- und phasentreue Verstärkung sicherstellen.

Mit geeigneten Spannungen an den X- und Y-Eingängen können nun beliebige Funktionen $(Y = f(X))$ dargestellt werden; üblicherweise in rechtwinkeligen →Koordinaten. Man spricht dann vom X-Y-Betrieb des EO.

Für die Vielzahl der Fälle, in denen die unabhängige Variable die Zeit t ist, erzeugt eine kalibrierte Zeitablenkeinheit die zeitproportionale Auslenkung in X-Richtung (Sägezahn). In dieser Betriebsart ist der X-Eingang abgeschaltet. Man spricht dann vom Y-t-Betrieb.

Damit bei periodischen Y-Signalen ein stehendes Bild erscheint, muß der Sägezahn immer an der gleichen Stelle des Y-Signals gestartet werden. Diese Aufgabe übernimmt die Trigger-Einheit (Bild 2). Ihr Eingangssignal kann entweder vom

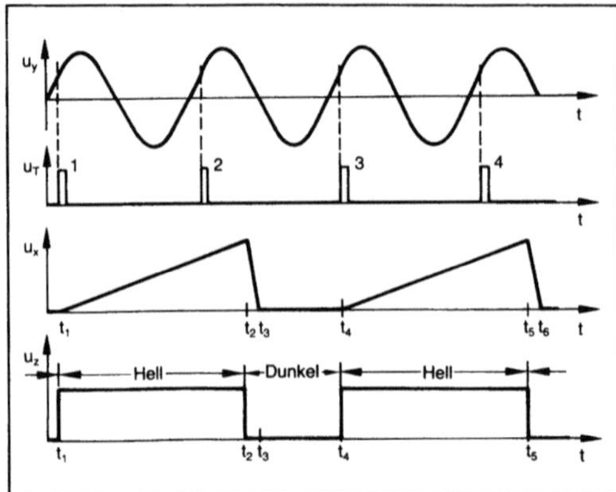

Elektronenstrahl-Oszilloskop 2: Arbeitsweise der Triggereinheit.

Bei den eingestellten Werten von u_y wird zum Zeitpunkt t_1 die Zeitablenkung gestartet. Zwischen t_2 und t_3 läuft der Elektronenstrahl zum Anfangspunkt zurück. Zum Zeitpunkt t_4 beginnt ein neuer Ablenkvorgang. Die Kurvenstücke t_1 bis t_2 und t_4 bis t_5 werden übereinander geschrieben. Helltastung (über u_z) erfolgt jeweils nur zwischen t_1 und t_2, t_4 und t_5 usw.

Y-Meßverstärker (intern) oder von außen (extern) zugeführt werden. Während des Strahlrücklaufs vom rechten zum linken Bildrand wird über den Z-Anschluß der Elektronenstrahlröhre der Elektronenstrahl unterdrückt (Dunkelsteuerung), ebenso in der Wartezeit bis zum nächsten Schreibvorgang.

Aufwendige Oszilloskope enthalten zwei Zeitablenkeinheiten, mit deren Hilfe man Details eines Signalverlaufs mit besonders großer zeitlicher Auflösung untersuchen kann.

Soll ein Oszilloskop für die Wiedergabe sehr steiler Impulsflanken geeignet sein, so muß das Y-Signal, nachdem es die Triggereinheit angestoßen hat, um rd. 50 ns verzögert werden, bevor es die Y-Ablenkplatten erreicht. Diese Zeit ist notwendig, um die Zeitablenkung zu starten und den Elektronenstrahl hell zu steuern. Ohne die Verzögerungsleitung, die sich zwischen Y-Verstärker und Röhre befindet, würden die ersten 50 ns des Impulses am Bildschirm nicht zu sehen sein.

Sind quantitative Messungen mit dem EO durchzuführen, kann man die Auslenkung des Strahls in cm bestimmen und aus der eingestellten Ablenkempfindlichkeit die außen anliegende Spannung ermitteln.

Der Grenzwert für die Y-Ablenkempfindlichkeit liegt bei etwa $1 \, cm/\mu V$, bei der Zeitablenkung erreicht man etwa $1 \, cm/200 \, ps$. Die →Impedanz der Y-Eingänge beträgt üblicherweise $1 \, M\Omega$ parallel mit etwa 20 pF.

□ Mehrkanalbetrieb. Im Y-t-Betrieb besteht häufig der Wunsch, nicht nur eine, sondern mehrere Variable abhängig von der Zeit darzustellen. Zum Beispiel wird oft die gleichzeitige Beobachtung von Strom und Spannung gewünscht, oder es sollen mehrere Meßpunkte den Zustand einer logischen Schaltung aufzeigen. Diese Aufgabe erfüllen Mehrkanaloszilloskope und Logikanalysatoren. Grundsätzlich besteht die Möglichkeit, in eine Röhre mehrere Elektronenstrahlsysteme einzubauen. Aus Platzgründen werden solche Röhren aber mit höchstens zwei Systemen hergestellt, und auch nur im Frequenzbereich bis 400 MHz.

Für EO mit größerem Frequenzbereich, für Low-cost-Ausführungen und für Logikanalysatoren verzichtet man auf Mehrstrahlsysteme. In solchen Fällen werden die verschiedenen Y-Eingänge über Vorverstärker geführt, deren Ausgangssignale dann über einen elektronischen Umschalter abwechselnd dem Y-Meßverstärker zugeführt werden. Für die Steuerung des elektronischen Umschalters stehen zwei Möglichkeiten offen:
- Die Umschaltfrequenz liegt wesentlich höher als die Sägezahnfrequenz der Zeitablenkeinheit. In diesem Fall spricht man von Chopperbetrieb (*engl. chopper*, Zerhacker).
- Die Sägezahnfrequenz steuert den Umschalter. In diesem Fall spricht man von einem alternierenden Betrieb.

□ Ausführungsformen und Anwendungsbeispiele. Heutige EO haben je nach Aufwand recht unterschiedliche meßtechnische Eigenschaften. Ein wesentliches Merkmal ist die Bandbreite der eingesetzten Verstärker, insbesondere der Y-Meßverstärker.

Standard-Oszilloskope haben zwei Kanäle und eine Bandbreite von 20 MHz. Bild 3 zeigt die Frontplatte eines solchen Oszilloskops, das zusätzlich über die unten erwähnte Möglichkeit der Digitalspeicherung verfügt. Spitzenprodukte können bis zu acht Kanäle gleichzeitig darstellen, ihre Bandbreite reicht bis 1 GHz. Sollen noch schnellere periodische Vorgänge erfaßt werden (bis über 10 GHz), geht man zur Sampling-Methode über. Ein Sampling-Oszilloskop entnimmt einer Reihe aufeinanderfolgender Perioden eines Meßsignals jeweils zeitlich verschobene Abschnitte und setzt diese zu einer langsameren Kurve derselben Form auf dem Bildschirm zusammen. Das Verfahren entspricht der stroboskopischen Messung eines Bewegungsvorgangs (→Stroboskop).

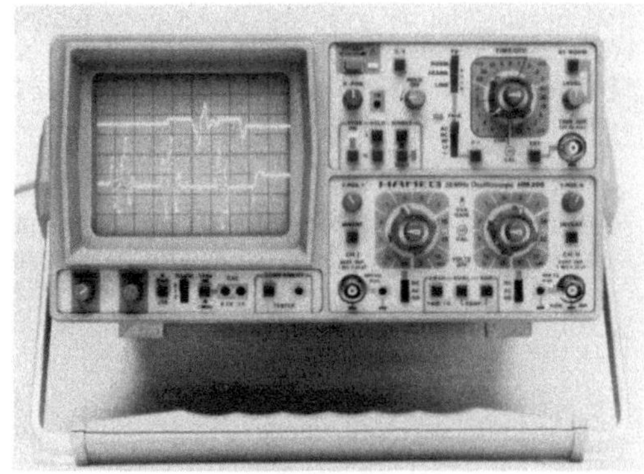

Elektronenstrahl-Oszilloskop 3: 20-MHz-Oszilloskop mit Digitalspeicher. (Quelle: Hameg GmbH)

Zur Darstellung von einmaligen, statistischen oder mit niedrigerer Folgefrequenz ablaufenden Vorgängen dient das Analog-Speicheroszilloskop. Dieses ist mit einer Speicherröhre ausgestattet, die die Beobachtung eines einmal aufgenommenen Oszillogramms über Minuten bis Stunden gestattet. Derartige Oszilloskope werden mit Grenzfrequenzen bis 500 MHz und Speichergeschwindigkeiten bis 40 m/µs ausgeführt. Eine neue Bauart des Speicheroszilloskops ist das Digital-Oszilloskop, bei dem die Meßsignale in Y- und t-Richtung quantisiert und digital gespeichert werden. Sie lassen sich dann beliebig oft und beliebig lange auf dem Bildschirm darstellen. Gute Digital-Oszilloskope ermöglichen durch ihre eingebauten Rechner (Bild 4) ein sehr komfortables Arbeiten. Abtastraten bis ca. 1 GHz sind derzeit möglich.

Ähnlich wie bei Transientenspeichern kann man hier auch Teile des Signalverlaufs *vor* dem Triggerzeitpunkt betrachten.

Logikanalysatoren sind spezielle Oszilloskope, bei denen mittels eines elektronischen Umschalters acht oder 16 Kanäle mit logischen Signalen gleichzeitig auf einem Bildschirm dargestellt werden. Sie dienen der Untersuchung digitaler (logischer) Schaltungen. *Hammerschmidt*

Literatur: *Schrüfer, E.:* Elektrische Meßtechnik. München 1992.

Elektronik. Bezeichnung für alle Vorgänge, die auf den Eigenschaften von Elektronen und Ionen beruhen. E. läßt sich also durch das Verhalten von Ladungsträgern in Vakuum, Festkörpern, Flüssigkeiten und in Gasen charakterisieren.

Nach einer zu Beginn des 19. Jahrhunderts einsetzenden experimentellen Vorphase in der die halbleitenden Eigenschaften von Festkörpern, die Ionisierung von Gasen und das Verhalten von Elektronen im Vakuum untersucht wurde, kann die erste

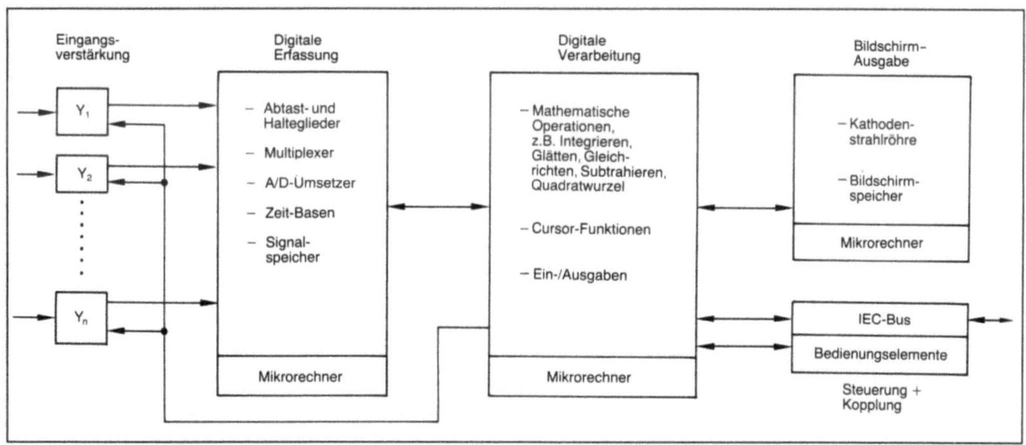

Elektronenstrahl-Oszilloskop 4: Funktionen eines Digital-Oszilloskops mit umfangreicher Ausstattung.

Basisinnovation zur praktischen Einführung der E. in die Industrie auf die Zeit um 1885 datiert werden. *Edison* wies 1884 Elektronen über einem Glühfaden nach, *Fleming* baute die erste Vakuumdiode, von Lieben bzw. *de Forest* fügten die dritte Elektrode als Steuerung hinzu. Sie stellten damit das erste technisch brauchbare verstärkende elektronische Bauelement der E., die Triode her. Etwa zur selben Zeit wurde durch Braun die erste Kathodenstrahlröhre gebaut und damit die Grundlage für die Displaytechnik gelegt.

Der entscheidende Meilenstein für die Mikroelektronik ist die Erfindung des Transistors durch *Bardeen, Brattain* und *Shockley* im Jahre 1948. Diese Basisinnovation der Halbleitertechnik entwickelte sich seither mit gleichbleibender Geschwindigkeit.

Die Mikroelektronik bildet die Grundlage der heutigen Kommunikationstechnologie, sie hat fast alle Teilgebiete der Wirtschaft beeinflußt, eine Grenze ihres Wachstums ist noch nicht absehbar.

Für die Prozeßtechnik bleibt Silicium das wichtigste Grundmaterial, es ist der Planartechnik am besten angepaßt. Die Prozeßschritte Lithographie, Ätztechnik, Schichtabscheideverfahren erlauben derzeit die Herstellung von kleinsten Strukturen bis zu 0,2 μm für die Bauelemente und Integrationsdichten von mehr als 10^8 Komponenten pro Bauelement (Chip). Absehbar sind kleinste Strukturen von >0,1 μm und Integrationsdichten bis zu 10^{10} Komponenten pro Chip.

Neben Silicium erhalten die Verbindungshalbleiter zunehmende Bedeutung, besonders in der Optoelektronik und in der Anwendung der Mikroelektronik für höchste Frequenzen bzw. Bitraten unter Nutzung der Effekte der Quantenelektronik. (Beispiel HEMT-Strukturen für Höchstfrequenzverstärker).

Zu erwähnen ist ferner die Bauelemente-Technologie für tiefe Temperaturen (Josephson-Bauelemente).

Mikroelektronische Bauelemente und Bauelementfamilien sind die Grundlagen der Systeme der Kommunikationstechnik. Solange nur Vakuumröhren als Verstärkerelemente zur Verfügung standen, waren elektronische Systeme weitgehend mit analogen Schaltungstechniken aufgebaut. Die Mikroelektronik erlaubt wegen ihres geringeren Leistungsverbrauchs und wegen ihrer hohen Packungsdichte den Übergang zur Digitaltechnik für komplexe Systeme. Da unsere Umwelt vorwiegend analoge Signale generiert, muß zu ihrer Verarbeitung eine entsprechende analoge bzw. analog-digitale Schaltungstechnik beibehalten und weiterentwickelt werden. Beispiele sind A/D-Wandler und Sensortechnik. Dementsprechend läßt sich die Gesamtheit der Mikroelektronikbauelemente in folgende Funktionsgruppen einteilen:
- analoge und analog-digitale Komponenten
- digitale Bauelementfamilien

- Speicherbausteine
- Logikbausteine wie Mikrocomputer und Signalprozessoren

Mikroelektronische Bauelemente haben eine physikalisch und gehäusetechnisch bedingte Leistungsgrenze von weniger als 50 W/Gehäuse. Oberhalb dieser Grenze stellt die Siliciumtechnik Leistungsbauelemente bis zu einer Grenze von 50–100 kW (Thyristoren) zur Verfügung. Im unteren Leistungsbereich ist der Übergang zum reinen Leistungsbauelement fließend, die Smart-Power-Technik erlaubt die Integration von Leistungstransistoren und →Signalverarbeitung auf einem Chip.

Frequenzbereiche oberhalb 200 MHz bei einigen kW Hochfrequenzleistung bleiben die Domäne der vakuumelektronischen Komponenten. Klystrons und verwandte Bauelemente mit max. 800 Mhz Betriebsfrequenz und 500 kW Leistung sind auf dem Markt.

Der Vakuumelektronik vorbehalten bleiben ferner die Bereiche der Röntgenröhren und der Gaslaser.

Darüber hinaus hat die Gruppe der elektronenoptischen Systeme der Vakuumelektronik große Bedeutung. Hierzu gehören Elektronenstrahlmikroskope und in jüngerer Zeit als Gerät für die Mikroskopie im atomaren Bereich das Rastertunnelmikroskop.

Für die Herstellung der Masken für die Planartechnik sind Elektronenstrahlschreiber mit einer Auflösung bis in den Nanometerbereich (10^{-9} m) wichtige Werkzeuge. Das Potentialkontrastverfahren stellt für die Untersuchung mikroelektronischer Schaltungen unter Verwendung einer modifizierten Technik der Elektronenmikroskopie ein wichtiges Werkzeug dar.

Großgeräte der Vakuumelektronik werden voraussichtlich in der Lithographie der Planartechnik eine Rolle spielen. Ein Vertreter dieser Geräteklasse ist das Synchrotron zur Erzeugung weicher Röntgenstrahlung hoher Intensität für die Röntgenlithographie für die Fertigung mikroelektronischer Bauelemente mit kleinsten Abmessungen bis zu 0,1 μm. Die Fortschritte der Lichtoptik haben allerdings den Einsatz der Röntgenlithographie eingeschränkt.

Schließlich sind die Geräte zur Ionenimplantation wichtigster Bestandteil der Dotierungstechnik innerhalb der Planartechnik.

Passive Bauelemente wandeln ohne Verstärkung (im Gegensatz zu aktiven signalverstärkenden Bauelementen) elektrische Signale um. Hierzu gehören Kondensatoren und Widerstände, Induktivitäten (→Spulen) und Transformatoren (Wandler). Die technische Entwicklung auf diesem Gebiet verläuft – verglichen zur Mikroelektronik – weniger stürmisch. Der Schaltungstechnik stehen jedoch eine Vielzahl in Aufbau und Funktion unterschiedliche passive Bauelemente zur Verfügung.

Eine besondere Rolle innerhalb dieser Gruppe spielen die elektromechanischen Wandler, wie Quarze und piezokeramische Bauelemente.

Die gemeinsame Anwendung der Mikroelektronik und der Quarztechnologie haben zu einem drastischen Wandel in der Uhren- und Zeitmeßtechnik geführt.

Mit den noch zu erwartenden Fortschritten der Mikroelektronik werden voraussichtlich Speicher mit bis zu 10^9 Bit pro Chip herstellbar sein. Datenverarbeitungssysteme und Systeme der Kommunikationstechnik und der Unterhaltungselektronik benötigen jedoch darüber hinausgehende Speichertechniken. Hierzu gehören die konventionellen magnetischen Aufzeichnungsverfahren wie Magnetbänder, Floppy Disks und Magnetplatten. Ihre Weiterentwicklung geht in Richtung höhere Bitdichten.

Eine stark zunehmende Bedeutung haben optische Speicher, deren bekanntester Vertreter die Compact Disk darstellt. Nach ihrem Prinzip arbeitende magnetooptische Techniken wie die CD-ROM-Datenmengen von mehr als 10^{12} Bit können gespeichert werden. Das entspricht dem Inhalt einer großen Bibliothek auf einigen wenigen Speicherplatten.

Ein wichtiger Bestandteil elektronischer Systeme sind die Anzeigetechniken. Von wirtschaftlich und technisch immer noch großer Bedeutung sind die Bildröhren vor allem wegen ihrer breiten Anwendung im Farbfernsehen, aber auch als Bildschirme mit höherer Auflösung bei Produkten wie Displays für Personal Computern. Die Farbbildröhre wird trotz wachsender Konkurrenz anderer Displaytechniken in absehbarer Zukunft ihre technisch-wirtschaftliche Position beibehalten. Weiterentwicklungen der Bildröhre erfolgen in Richtung hochauflösende Bildschirme (HDTV).

Eine Anwendung der Gasentladungstechnik für Displays sind Plasmadisplays. Sie finden – verglichen zu Kathodenstrahlröhren – wegen ihrer geringeren Bautiefe eine beschränkte Anwendung in der Datenverarbeitung. Dies gilt auch für Lumineszenzbildschirme und für Lumineszenzdiodenarrays.

Die bisher beschriebenen Displays sind aktive Displays, d. h. die Bildschirme werden durch Elektronen oder Ionen zur Lichtemission angeregt.

Im Gegensatz hierzu sind passive Displays zu sehen, die einfallendes oder reflektiertes Licht modulieren. Wichtigste Vertreter dieser Technik sind die Flüssigkristall-Anzeigen (LCDs). Ihre erste Anwendung fanden sie als kostengünstige Anzeigen in der Uhrentechnik oder für Ziffernanzeigen. Inzwischen können sehr großflächige Anzeigeelemente mit großer Auflösung gefertigt werden. Farbtüchtige LCD-Displays werden in der Unterhaltungselektronik angewandt. Ob und wann LCDs die Elektronenstrahlröhre als flacher Bildschirm vollständig ablösen werden ist eine noch offene Frage.

Schließlich können magnetooptische Effekte für den Bau von Displays verwendet werden. Vorteil dieser Technik ist die Erzeugung eines selbstspeichernden Bilds. Wegen der relativ hohen Kosten haben magnetooptische Displays bisher wenig Verbreitung gefunden.

Hochkomplexe Digitalsysteme setzen sich in vielen Anwendungsbereichen durch. Sie verarbeiten wie z. B. in der Kfz-Elektronik externe Signale, also Druck oder Temperatur. Diese meist analogen Signale müssen in elektrische Signale gewandelt den Systemen möglichst in digitaler Form zur Verfügung gestellt werden. Diese Aufgaben leisten die Sensoren.

Es gibt eine große Anzahl von Wandlerprinzipien. Eines der bekanntesten ist der piezoelektrische Effekt. Daneben gibt es eine Vielzahl von Sensorprinzipien zur Bereitstellung elektrischer Signale für die chemische Zusammensetzung von Flüssigkeiten und Gasen.

Silicium als Grundmaterial spielt für die Sensorik eine wesentliche Rolle. Für die Herstellung von Gassensoren sind aber auch Oxidhalbleiter von Bedeutung. Für optoelektronische Sensoren werden neben Silicium eine Vielzahl von Materialien aus dem Bereich der Verbindungshalbleiter verwendet. Die Kombination von Sensorik und Mikroelektronik – häufig auf einem gemeinsamen Chip – findet in Form der Mikrosystemtechnik einen schnell wachsenden Markt.

Die Technik der Telekommunikation ist weitgehend von der Analog- zur Digitaltechnik fortgeschritten, verbunden mit einer drastischen Erweiterung der angebotenen Dienste. Das erfordert eine wesentliche Erhöhung von Bandbreiten und Datenraten der Übertragungskanäle. Die wichtigste Basistechnik zur Erfüllung dieser Aufgaben ist die Optoelektronik. Ihr Grundelement zur Signalübertragung ist die Glasfaser mit ihrer um den Faktor 1 000 höheren Übertragungsgeschwindigkeit, verglichen zum herkömmlichen Kupferkabel.

Weitere optoelektronische Komponenten sind Sende- und Empfangselemente in Form von →Lasern und hochempfindlichen, schnellen Photodioden.

Forschungsergebnisse zum Thema nichtlineare optische Effekte und Komponenten eröffnen die Möglichkeit die Signalverarbeitung rein optisch vorzunehmen. Ob sich für optische Computer ein breites Anwendungsfeld finden wird, ist eine noch ungeklärte Frage.

Die Lasertechnologie spielt auch außerhalb der Optoelektronik, also z. B. in der Medizin und in der industriellen Verarbeitungstechnik eine wachsende Rolle. Es gibt eine Fülle von Materialien im festen, flüssigen und gasförmigen Aggregatzustand für die

Darstellung von Lasereffekten. Die Eigenschaften der aus ihnen hergestellten Laser variieren in Bezug auf →Wellenlänge, Ausgangsleistung und geometrische Dimensionen. Damit lassen sich für spezifische Anwendungen spezielle Laser bauen.

Elektronische Bauelemente werden durch Aufbau- und Verbindungstechniken zu Gesamtsystemen zusammengefügt. Bei wachsender Komplexität der Systeme muß auch die Verbindungstechnik immer komplexer werden.

Leiterplattentechniken und die mit ihnen verbundenen Montageverfahren sind besonders die Oberflächenmontage (SMD-Technik) und die Hybridtechniken. Deren Keramiksubstrate haben bis zu 16 Verdrahtungsebenen mit wachsender Tendenz.

Hybridtechniken erlauben die Verbindung von auf keramische Substrate gedruckte Widerstände und Kondensatoren mit komplexen Chips zu Gesamtsystemen.

Elektromechanische Bauelemente dienen als passive Komponenten in Form von Steckverbindern zur Verknüpfung der Leiterplattensysteme untereinander. Zur klassischen Form des Schalters gehören die →Relais, die in weiterentwickelter Form wegen ihres nahezu idealen Schaltverhaltens immer noch einige Anwendungsfelder besetzen.

Zu erwähnen sind schließlich die Aktoren. Sie dienen in Form von Stellgliedern und Stellmotoren als Gegenstücke zu den Sensoren zur Umwandlung elektrischer Signale in mechanische Größen z. B. in Robotern oder zur Steuerung von Flüssigkeits- oder Gasströmen. Die Mikromechanik beginnt im Rahmen der Mikrosystemtechnik ein wichtiger Bestandteil der Aktorik zu werden. Sie bedient sich vorwiegend der in der Planartechnik erarbeiteten Verfahren.

Zusammenfassend läßt sich feststellen, daß die E. einer der wichtigsten Industriezweige geworden ist. Schon heute stellt die Elektronikindustrie für alle denkbaren Anwendungszweige eine Fülle geeigneter Komponenten und Systeme zur Verfügung. Die zu erwartenden Weiterentwicklungen, besonders in der Mikroelektronik werden für eine Fortsetzung der dynamischen Entwicklung der Elektronikindustrie sorgen. *Sautter*

Elektrotechnik. Die E. ist der Zweig der Ingenieurwissenschaften und Technik, der sich mit den physikalischen Grundlagen der Elektrizitätslehre und darauf aufbauend mit deren technischen Anwendungen beschäftigt.

Die Erforschung der Elektrizitätslehre begann im Jahre 1600, als *W. Gilbert* die Anziehungskraft des Bernsteins als selbständige Naturerscheinung erkannte und sie nach dem griechischen Wort *elektron* (für Bernstein) *elektrische Kraft* nannte. Darüber hinaus entdeckte er weitere Stoffe, die sich *elektrisch*, also bernsteinartig, verhalten. Erste Versuche

mit einer elektrischen Maschine machte *O. von Guericke* im Jahre 1663, als er eine rotierende Schwefelkugel mit der flachen Hand rieb und dabei die Anziehung leichter Körper sowie ein Leuchten der Kugel beobachtete. In der Folgezeit wurden in Einzelexperimenten elektrische Erscheinungen und Phänomene entdeckt und beschrieben. So erfand z. B. *E. J. von Kleist* im Jahre 1745 den Kondensator, der auf Grund seiner Gestalt als *Leidener Flasche* bekannt wurde. *B. Wilson* entdeckte, daß die auf einer Leidener Flasche angesammelte *Elektrizitätsmenge* der Fläche der Beläge direkt und der Dicke der Isolierschicht umgekehrt proportional ist.

Die mathematische Durchdringung der Elektrizität begann im Jahre 1785, als *Ch. A. Coulomb* das nach ihm benannte Gesetz aufstellte. Damit erlangt die Elektrizitätslehre die Anerkennung als eigentliche Wissenschaft. Es folgten weitere Gesetzmäßigkeiten, die heute in aller Regel nach ihren Entdeckern (z. B. *M. Faraday, G. S. Ohm*) benannt sind, bis schließlich im Jahre 1865 *J. C. Maxwell* die Theorie des →Elektromagnetismus formulierte, mit deren Hilfe alle elektrischen und magnetischen Erscheinungen makroskopischer Art beschrieben werden können. Bestätigt wurde die Maxwellsche Theorie von *H. Hertz* im Jahre 1888, als er den Nachweis der elektromagnetischen Wellen erbrachte. Heute sind den Pionieren der Elektrotechnik größtenteils →SI-Einheiten gewidmet; neben den bereits erwähnten *Ch. A. Coulomb, M. Faraday, G. S. Ohm* und *H. Hertz* sind vor allem noch *J. Watt, A. Volta, A. Ampere, W. E. Weber, J. Joule, J. Henry, W. von Siemens* und *N. Tesla* anzuführen.

Bei den ersten Anwendungen der Erkenntnisse der Elektrizitätslehre, also bei den ersten elektrischen Geräten, ging die Entwicklung der Elektrotechnik eng einher mit der Entwicklung des Maschinenbaus. Deshalb stand die Elektrotechnik, obwohl sehr bald als eigenständige Wissenschaft anerkannt, von ihren Anfängen bis in die jüngste Zeit im engen Zusammenhang mit dem Maschinenbau.

Als gegen Ende des 19. Jahrhunderts die Anwendungsmöglichkeiten der Elektrotechnik immer vielfältiger wurden, begann man die Elektrotechnik in die Teilgebiete *Starkstromtechnik* und *Schwachstromtechnik* einzuteilen. Als maßgebendes Unterscheidungsmerkmal wurde also zunächst die Größe der Stromstärke angesehen. Das Teilgebiet der *Starkstromtechnik* umfaßte die Erzeugung elektrischer →Energie, deren Fortleitung und Anwendung in elektrischen Maschinen, wohingegen das Teilgebiet *Schwachstromtechnik* insbesondere die Erzeugung, Übertragung und Verarbeitung von Informationen in Form elektrischer Signale sowie die Anfänge der elektrischen →Meßtechnik umfaßte. Im Laufe der Zeit entwickelte sich die elektrische Meßtechnik als eigenständiges Teilgebiet der Elektrotechnik, der etwa gegen Mitte des 20. Jahrhunderts die →Regelungstechnik als selbständiges Teilgebiet folgte. Die Begriffe Starkstromtechnik und Schwachstromtechnik wurden von den aussagekräftigeren Bezeichnungen *Elektrische Energietechnik* und *Nachrichtentechnik* abgelöst.

In jüngster Vergangenheit führte die Entwicklung in der Halbleiter- und der Nachrichtentechnik zur Entstehung der Elektronik als eigenem Teilgebiet der Elektrotechnik. Darüber hinaus sind neuerdings starke Bestrebungen im Gange, den gesamten Bereich der Informationstechnik gleichberechtigt neben der Elektrotechnik als eigenständigen Zweig der Ingenieurwissenschaften zu sehen. Dieser Entwicklung wird dadurch Rechnung getragen, daß der Meß- und Regelungstechnik, der Elektronik sowie der Informatik und Kommunikationstechnik ein eigener Wissenschaftsbereich gewidmet wird. Damit verbleiben im Wissenschaftsbereich Elektrotechnik neben den theoretischen Grundlagen der Elektrotechnik vor allem diejenigen Bereiche, die mit →Analogtechnik beschrieben werden können.

□ Elektrische Maschinen und Geräte kommen in der gesamten Flußkette elektrischer Energie von ihrer Erzeugung über ihre Übertragung und Verteilung bis hin zu ihrer Anwendung zum Einsatz. Die wichtigsten elektrischen Maschinen sind die Gleichstrommaschine, die Asynchronmaschine und die Synchronmaschine. Sie können grundsätzlich motorisch und generatorisch betrieben werden, jedoch werden in der Praxis aus verschiedenen Gründen zur Stromerzeugung vornehmlich Synchronmaschinen eingesetzt, wohingegen das Haupteinsatzgebiet der Gleichstrommaschine und der Asynchronmaschine in der Energieanwendung liegt. Umfassender als bei den elektrischen Maschinen ist die Vielfalt bei den Geräten, bei denen mit dem Stromrichter, dem →Transformator, der Drosselspule, dem Kondensator und dem →Akkumulator nur einige wichtige genannt sind.

□ Elektrische Anlagen und Netze besorgen die Übertragung und Verteilung elektrischer Energie. Sie umfassen das gesamte Freileitungs- und Kabelnetz einschließlich der erforderlichen Schaltanlagen. Das elektrische Übertragungs- und Verteilungsnetz wird in verschiedene Spannungsebenen eingeteilt: das Niederspannungsnetz (bis 1 kV), das Mittelspannungsnetz (1 kV bis 60 kV), das Hochspannungsnetz (60 kV bis 150 kV) und das Höchstspannungsnetz (über 150 kV). Im Nieder- und Mittelspannungsnetz erfolgt die Energieübertragung hauptsächlich über Kabel, im Hoch- und im Höchstspannungsnetz über Freileitungen.

Die wichtigsten Fachgebiete bei der Anwendung der elektrischen Energie sind die elektrische Antriebstechnik, die Elektrowärmetechnik und die Lichttechnik.

□ Die elektrische Antriebstechnik beschäftigt sich mit dem Einsatz von elektrischen Maschinen zur Deckung von mobilem und stationärem Kraftbedarf. Dabei geht sie von gegebenen Anforderungen an das Drehmoment/Drehzahl-Verhalten aus und umfaßt dementsprechend unter Berücksichtigung wirtschaftlicher Aspekte die Auswahl von geeigneten Maschinen sowie die Auslegung von Steuerungen und Regelungen einschließlich der dazugehörigen Logiken. Das Hauptanwendungsgebiet der elektrischen Antriebstechnik im Bereich des mobilen Kraftbedarfs sind die elektrischen Bahnen, im Bereich des stationären Kraftbedarfs die Antriebe in Industrie und Gewerbe.

Eng verknüpft mit der elektrischen Antriebstechnik, aber auch anderen Anwendungstechniken, ist die *Leistungselektronik* zum Schalten, Steuern und Umformen elektrischer Energie. Man unterscheidet in der Leistungselektronik den Leistungsteil und den Steuer- und Regelteil. In allen Teilbereichen werden überwiegend elektronische Bauelemente auf der Basis monokristallinen Halbleitermaterials (Silicium) eingesetzt: im Leistungsteil Siliciumdioden, Thyristoren und Leistungstransistoren, im Steuer- und Regelteil Dioden, Transistoren und integrierte Schaltkreise. Da die Ansprüche an →Steuerbarkeit und Umformung elektrischer Energie immer größer werden, gewinnt die Leistungselektronik eine ständig wachsende Bedeutung.

□ Die Elektrowärmetechnik umfaßt die Umwandlung elektrischer Energie in Wärme für Raumheizung oder Wärmeprozesse. Dabei kann hinsichtlich des Ortes der Umwandlung zwischen unmittelbarer und mittelbarer Erwärmung unterschieden werden. Bei der unmittelbaren Erwärmung erfolgt die Umwandlung der elektrischen Energie in Wärme innerhalb des zu erwärmenden Gutes, während bei der mittelbaren Erwärmung die elektrische Energie außerhalb des Gutes in Wärme umgewandelt wird, die über Konvektion, Wärmestrahlung, →Wärmeleitung oder eine Kombination davon auf das Gut übertragen wird. Gegenüber der Wärmeerzeugung aus Brennstoffen ist die Wärmeerzeugung aus elektrischer Energie in verschiedenster physikalischer Art möglich und daher mit etlichen spezifischen Vorteilen verbunden.

□ Die Lichttechnik befaßt sich, aufbauend auf den Grundlagen der physikalischen und der physiologischen Optik, mit der Bewertung, Messung, Erzeugung und Anwendung des Lichtes. Die Lichtbewertungstechnik beschäftigt sich mit der visuellen Bewertung der sichtbaren Strahlung, auf deren Basis die Lichtmessung oder Photometrie auf einem eigenen System lichttechnischer Grundgrößen und Einheiten aufbaut. Die Lehre von der *Erzeugung* des Lichtes wird Lichttechnik genannt, die Lehre von der *Anwendung* des Lichtes Beleuchtungstechnik.

Weitere Fachgebiete der Elektrotechnik außerhalb der elektrischen Energietechnik sind die Elektroakustik, die Hochfrequenz- und Mikrowellentechnik, die elektronische Bildverarbeitung und die Werkstoffkunde der Leiter-, Kontakt- und Isolierwerkstoffe. *Schaefer*

Elektrozulassungs-Bergverordnung (ElZul-BergV). Die Bergverordnung über die allgemeine Zulassung schlagwettergeschützter und explosionsgeschützter elektrischer Betriebsmittel gehört zu den Rechtsvorschriften, die aufgrund des Bundesberggesetzes erlassen wurden. Derzeit gilt die Fassung vom 21. Dezember 1983.

Ihr Anwendungszweck erstreckt sich auf die allgemeine Zulassung von schlagwettergeschützten elektrischen Betriebsmitteln sowie eigensicheren elektrischen Anlagen und deren Zubehör, die zur Verwendung in Grubenbauen und sonstigen durch Grubengas gefährdeten Bereichen des Steinkohlenbergbaus oder in explosionsgefährdeten Bereichen des Nichtsteinkohlenbergbaus bestimmt sind.

Voraussetzung für die allgemeine Zulassung der verschiedenen elektrischen Betriebsmittel ist die Konformität mit den im Bundesanzeiger bekanntgemachten harmonisierten Normen und eine Baumusterprüfung durch eine anerkannte Prüfstelle.

Mit der ElZulBergV vom 21. Dezember 1983 sind die Richtlinien 76/117/EWG (Richtlinie über elektrische Betriebsmittel zur Verwendung in explosibler Atmosphäre) und 82/130/EWG (Richtlinie über elektrische Betriebsmittel zur Verwendung in explosionsgefährdeten Bereichen in grubengasführenden Bergwerken) umgesetzt worden.

In einer Anlage zu § 3 Abs. 1 Nr. 3 der ElZulBergV werden zusätzliche, über DIN VDE 0170 hinausgehende Anforderungen für die schlagwettergeschützten elektrischen Betriebsmittel und eigensicheren elektrischen Anlagen, von denen die Zündschutzart „Eigensicherheit" abhängig ist, genannt.

Zugelassene elektrische Betriebsmittel müssen ein in der jeweiligen EG-Richtlinie festgelegtes Prüfkennzeichen tragen. *W. Hoffmann*

Element, künstliches →Radioelement

Element, radioaktives →Radioelement

Elementverteilungsmuster →Normierung (Spurenelementverteilung)

Ellipse. Ein Kegelschnitt, bei dem die Schnittebene E so liegt, daß die zu ihr parallele Ebene E′ durch die Spitze des Kegels mit dem Kegel nur die Spitze gemeinsam hat (Bild 1).

Die E. ist der Ort aller Punkte P, für die die Summe ihrer Abstände r_1, r_2 von zwei fest vorgege-

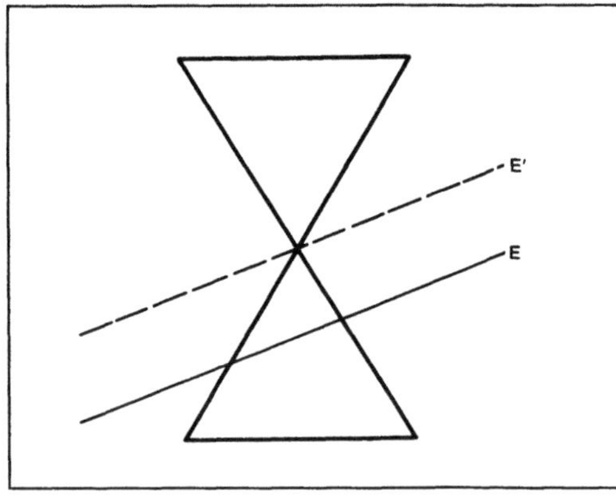

Ellipse 1: Lage der möglichen Schnittebenen am Kegel.

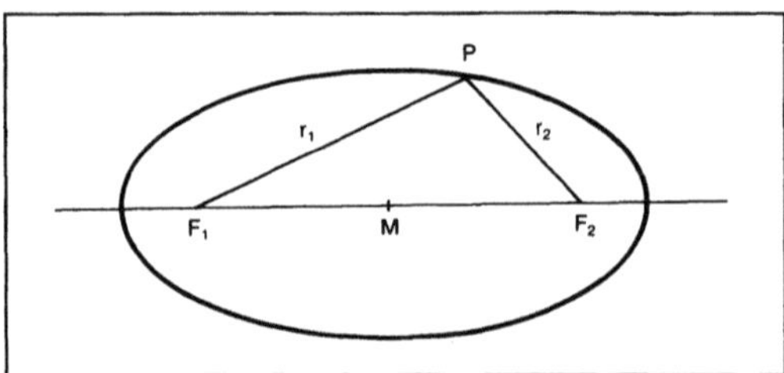

Ellipse 2: Brennstrahlen – Brennpunkte.

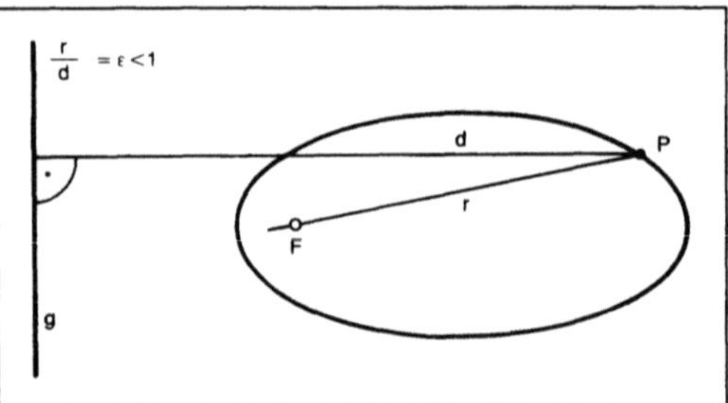

Ellipse 3: Direktrix.

benen Punkten F_1, F_2, den Brennpunkten, einen konstanten Wert hat (Gärtnerkonstruktion): $r_1 + r_2 = 2a$, wobei a die Länge der großen Halbachse ist (Bild 2).

Die E. ist auch charakterisiert als der Ort aller Punkte P, für die das Verhältnis der Abstände zu einem fest vorgegebenen Punkt F (einem Brennpunkt) und einer Geraden g (der Direktrix oder Leitlinie) (F ∉ g) einen konstanten Wert $\varepsilon < 1$ hat (Bild 3).

Die E. ist das affine Bild eines Kreises (Abbildung des Kreises mittels →Parallelprojektion, interpretierbar als schräger Schnitt eines geraden Kreiszylinders).

E. als Ort der Mittelpunkte aller Kreise, die einen gegebenen →Kreis (Leitkreis) von innen berühren und durch einen festen Punkt F (Brennpunkt) gehen.

Die Figur der E. hat zwei zueinander senkrechte Symmetrieachsen und ist zentralsymmetrisch.

Analytische Darstellung: In der Standardlage fällt der Mittelpunkt der E. mit dem Ursprung des Koordinatensystems zusammen. Die große Achse 2a liegt auf der x-Achse, die kleine Achse 2b liegt auf der y-Achse. Ihre Gleichung lautet (Bild 4):

$$\frac{x^2}{a^2} + \frac{y^2}{b^2} = 1 \text{ (Mittelpunktsform).}$$

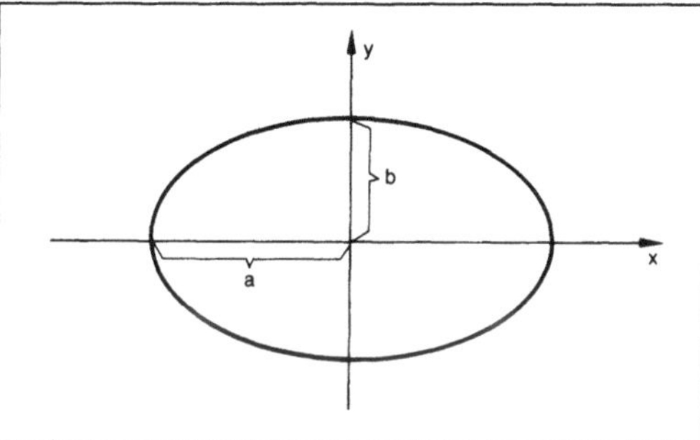

Ellipse 4: Halbachsen.

Der Abstand $\overline{OF_1} = \overline{OF_2}$ vom Mittelpunkt O zu den Brennpunkten $(F_1 F_2)$ heißt lineare Exzentrizität $e = \sqrt{a^2 - b^2}$. Die numerische Exzentrizität ist gegeben durch: $\varepsilon = \frac{e}{a} \cdot p = \frac{b^2}{a}$ heißt Parameter der E.

Die Gleichungen für die Leitlinien sind

$$x = \pm \frac{a^2}{e}.$$

Der Abstand eines E.-Punkts P zu einem der Brennpunkte ist die Länge des Brennstrahls r_1 bzw. r_2. Für ihre Summe gilt: $r_1 + r_2 = 2a$ (s. Bild 2 und Bild 3).

Polargleichung der E.:

$$r = \frac{p}{1 \pm \varepsilon \cos \Theta},$$

falls der eine Brennpunkt als Pol und die große Achse als Polarachse gewählt wird.

Parameterdarstellung: $x = a \cos \Theta$, $y = b \sin \Theta$.

Scheitelgleichung: $y^2 = 2\,px - \frac{p}{a}x^2$;

Scheitelkrümmungskreise: $r_a = \frac{b^2}{a}$; $r_b = \frac{a^2}{b}$;

konjugierte Durchmesser (Richtungen m, m'):

$$m \cdot m' = -\frac{b^2}{a^2}.$$

Die Gleichung für die →*Evolute* einer E. ist $X^{2/3} + Y^{2/3} = 1$, wo $X = \frac{ax}{e^2}$ und $Y = \frac{by}{e^2}$ sind. Sie ist ähnlich in der Gestalt einer Astroide.

Der *Flächeninhalt* der E. ist $A = ab\pi$. Ist die Länge der beiden Halbachsen gleich $(a = b)$, so ergibt sich der Kreis als Spezialfall der E.

Der *Umfang* einer E. beträgt: $U = 4aE(k)$; dabei ist $k = 1 - \left(\frac{b^2}{a^2}\right)$ und $E(k)$ das vollständige elliptische Integral der 1. Art. Dies ergibt eine Approximation des Umfangs zu $U = 2\pi \sqrt{\frac{a^2 + b^2}{2}}$ (Kegelschnitt).

W. L. Fischer

Emissionsgrenzwerte. E. sind Grenzwerte, die den Ausstoß von Schadstoffen aus einer Anlage bei ihrem bestimmungsgemäßen Betrieb begrenzen. E. sind sowohl schadstoff- als auch anlagenbezogen festgelegt. Die im Genehmigungsbescheid einer Anlage festgelegten Grenzwerte werden Emissionsbegrenzungen genannt. Sie beruhen auf den in der TA Luft aufgeführten Emissionswerten.

Emissionsbegrenzungen sind die im Genehmigungsbescheid vorgeschriebenen
– zulässigen Massenkonzentrationen (MK) von Luftverunreinigungen im Abgas. Die Anlage ist so auszurüsten, daß dieser Wert MK von sämtlichen Tagesmittelwerten nicht überschritten wird, daß 97% aller Halbstundenmittelwerte $^6/_5$ dieses Wertes MK und daß alle Halbstundenmittelwerte das zweifache dieses Wertes nicht überschreiten;
– zulässigen Massenverhältnisse; das ist das Verhältnis der Masse der emittierten Stoffe zur Masse der erzeugten oder verarbeiteten Stoffe;
– zulässigen Emissionsgrade; das ist das Verhältnis der im Abgas emittierten Masse eines Schadstoffs zu der mit den Brenn- oder Einsatzstoffen zugeführten Masse;
– zulässigen Massenströme; das ist die Masse der emittierten Stoffe bezogen auf die Zeit;
– einzuhaltenden Geruchsminderungsgrade;
– sonstigen Aufforderungen zur Vorsorge gegen schädliche Umwelteinwirkungen durch Luftverunreinigungen.

Die Begrenzung richtet sich dabei einerseits nach der Toxizität der Schadstoffe, andererseits nach dem Stand der Technik zur Emissionsminderung. So sind krebserzeugende Stoffe unter Beachtung des Grundsatzes der Verhältnismäßigkeit so weit wie möglich zu begrenzen. Die krebserzeugenden Stoffe sind in drei Klassen eingeteilt, für die in der TA Luft jeweils ein Grenzwert festgelegt ist, der auch bei Vorhandensein mehrerer Stoffe derselben Klasse nicht überschritten werden darf. So ist z. B. für Asbest als Feinstaub in Klasse I ein Grenzwert von 0,1 mg/m³ vorgeschrieben. Arsen- und Chromverbindungen sind in Klasse II mit einem Grenzwert von 1 mg/m³ angegeben. Des weiteren sind Grenzwerte erlassen für den Gesamtstaub, für staubförmige anorganische Stoffe, für staubförmige

Emissionen bei Aufbereitung, Herstellung, Transport, Be- und Entladung sowie Lagerung staubender Güter, für dampf- oder gasförmige anorganische und organische Stoffe. Für geruchsintensive Stoffe ist zwar kein absoluter Grenzwert festgelegt worden, wohl aber Regeln zur Geruchsminderung.

Daneben gibt es Emissionswerte für bestimmte Anlagenarten. Bei diesen sind anlagenspezifisch und schadstoffspezifisch Grenzwerte festgelegt. Die aufgeführten Anlagenarten überstreichen praktisch die gesamte Industrie, angefangen vom Bergbau über die Chemie bis hin zur Abfallbehandlung. Die zum Prüfen der Emissionsbegrenzungen erforderlichen Messungen sind nach Meßverfahren auszuführen, die in den Richtlinien des VDI-Handbuches „Reinhaltung der Luft" aufgeführt sind. Nur für Anlagen mit kleinen Masseströmen sind Einzelmessungen zulässig, für alle Anlagen mit Emissionsbegrenzungen sind dagegen kontinuierliche Messungen vorzusehen mit entsprechender automatisierter Auswertung. *F. Schneider*

Literatur: Technische Anleitung zur Reinhaltung der Luft (TA Luft) vom 27. Februar 1986. Köln, Berlin, Bonn, München.

Endlagervorausleistungsverordnung (EndlagerVlV). Durch die Verordnung über Vorausleistungen für die Errichtung von Anlagen des Bundes zur Sicherstellung und zur Endlagerung radioaktiver Abfälle vom 28. April 1982 (zuletzt geändert durch BGBl I Nr. 35 vom 21. 7. 1990) werden Inhaber kerntechnischer Anlagen und sonstige Betreiber von Anlagen, die nuklearen Abfall erzeugen, verpflichtet, schon jetzt Vorausleistungen auf später noch festzulegende Beiträge zu den Errichtungskosten der Anlagen zu entrichten. Vorausleistungspflichtig sind nicht nur Inhaber bereits bestehender atomrechtlicher Genehmigungen, sondern auch Antragsteller für die Errichtung von Wiederaufarbeitungsanlagen. Der durch die Vorausleistungen zu deckende Aufwand bezieht sich auf die anlagenbezogene Forschung und Entwicklung, den Erwerb von Grundstücken und Rechten, die Planung sowie die Errichtung, die Erweiterung und die Erneuerung der Anlagen des Bundes. Zuständig für die Erhebung der Beiträge ist das Bundesamt für Strahlenschutz (BfS) aufgrund seines Auftrages, für den Bund die Anlagen zur Sicherstellung und Endlagerung radioaktiver Abfälle zu errichten und zu betreiben. Diese EndlagerVlV basiert auf einer entsprechenden Ermächtigung im →Atomgesetz. *W. Hoffmann*

Energie.

Elektrisches Feld. Gespeicherte elektrische Energie in einem mit einem elektrischen Feld erfüllten Raum. Ein felderfüllter Raum besitzt die →Energiedichte w_e

$$w_e = \frac{1}{2} \underline{D} \cdot \underline{E} = \frac{1}{2} \epsilon_o \epsilon_r \; | \underline{E} |^2.$$

Hierin ist $\underline{D}$ die dielektrische Verschiebung, $\underline{E}$ das elektrische Feld, ϵ_o die elektrische →Feldkonstante und ϵ_r die relative Permittivität des Mediums. Für die gesamte →Feldenergie ist über den gesamten felderfüllten Raum zu integrieren. Diese Energie entspricht der, die aufgewendet werden muß, um einen solchen Feldzustand zu erzeugen, also z. B. der Energie, die benötigt wird, um eine bestimmte Ladungsverteilung zu erzeugen. Die Energie ist bei einem einzelnen geladenen Körper

$$W = \frac{1}{2} q \varphi,$$

wobei q die Ladung und φ das Potential des Körpers nach dem Aufladen ist (Elektrostatik), bzw.

$$W = \frac{1}{2} C \varphi^2,$$

wobei C die →Kapazität des geladenen Körpers darstellt. Entsteht das Feld, wie bei einem →Kondensator, zwischen zwei Körpern, die entgegengesetzte Ladung tragen, so ist die Feldenergie

$$W = \frac{1}{2} C U^2.$$

Hierin ist C die Kapazität und U die Potentialdifferenz oder die Spannung zwischen den zwei Körpern. *Claassen*

Magnetisches Feld. Gespeicherte magnetische Energie in einem mit einem magnetischen Feld erfüllten Raum. Ein magnetfelderfüllter Raum besitzt die →Energiedichte

$$w_m = \frac{1}{2} \underline{B} \cdot \underline{H} = \frac{1}{2} \mu_o \mu_r \; | \underline{H} |^2.$$

Hierin ist $\underline{B}$ die magnetische Flußdichte, $\underline{H}$ das magnetische Feld, μ_o die →Permeabilität des freien Raums und μ_r die Permeabilitätszahl oder die relative Permeabilität des Mediums. Die gesamte magnetische →Feldenergie ist über den gesamten felderfüllten Raum zu integrieren. Diese Energie entspricht der Energie, die aufgewendet werden muß, um einen solchen Feldzustand zu erzeugen, also z. B. der Energie, die benötigt wird, um einen entsprechenden Strom in einer Magnetspule zu erzeugen. Diese Energie ergibt sich aus

$$W = \frac{1}{2} L i^2,$$

wobei L die →Selbstinduktion der →Spule ist und i die benötigte Stromstärke. *Claassen*

Energie, freie. Die freie E. ist durch

$$F := U - TS$$

definiert. (U = innere →Energie, T = thermostatische Temperatur, S = →Entropie).

Als thermodynamisches Potential hängt F vom Satz der Gleichgewichtsvariablen $(\underline{a}, \underline{n}, T)$ ab $(\underline{a}$ = Arbeitsvariable, $\underline{n}$ = Molzahlen). Das Differential von F ist

$$dF = \underline{A} \cdot d\underline{a} + \underline{\mu} \cdot d\underline{n} - SdT$$

$(\underline{A}$ = generalisierte Kräfte (→Arbeit), $\underline{\mu}$ = chemische Potentiale).

Daher ist das Arbeitsdifferential gleich der Änderung der freien Energie bei konstanter Temperatur und konstanten Molzahlen:

$$(dF)_{T,\underline{n}} = \underline{A} \cdot d\underline{a} = dW$$

Weiter gilt:

$$\underline{A} = (\partial F/\partial \underline{a})_{T,\underline{n}},$$

$$- S = (\partial F/\partial T)_{\underline{a},\underline{n}},$$

$$\underline{\mu} = (\partial F/\partial \underline{n})_{T,\underline{a}}.$$

Da sich in der Gasphase die Arbeitsvariablen $\underline{a}$, insbesondere das Volumen, leicht kontrollieren lassen, ist für isochore Prozesse die freie Energie eine geeignete Zustandsfunktion. *Muschik*

Energie, innere. Nach dem →ersten Hauptsatz gibt es einen Zustandsraum, in dem die →Arbeit an adiabatischen Systemen wegunabhängig ist. Dadurch wird in diesem Zustandsraum eine Zustandsfunktion $U(\underline{Z})$ definiert, die innere E. genannt wird.

In abgeschlossenen Systemen ist die innere Energie eine Erhaltungsgröße, d. h. sie hängt allein vom thermodynamischen Zustand $\underline{Z}$ des Systems ab. Daher setzt sich die innere E. aus der mikroskopischen kinetischen E. aller Moleküle und ihrer Wechselwirkungen zusammen. *Muschik*

Energie, mechanische. Ein adiabatisches →System steht mit seiner Umgebung nur über Arbeitsaustausch in Wechselwirkung (→Arbeit). Nach dem ersten Hauptsatz folgt, daß dieser Arbeitsaustausch vom Wege unabhängig ist, so daß gilt:

$$\int_A^B \dot{U}\, dt = \int_A^B \dot{W}\, dt = U_B - U_A;$$

(A = Anfangszustand, B = Endzustand, U = innere Energie).

Für adiabatische Systeme ist aber die Änderung ihrer inneren E. gleich der zugeführten mechanischen E. oder Arbeit. *Muschik*

Energiebilanz (Wärmelehre). Aus der allgemeinen Form einer →Bilanzgleichung folgen die Bilanzgleichungen

für die *kinetische Energie:*

$$\partial(\rho\underline{v}^2/2)/\partial t + \nabla \cdot (\rho\underline{v}^2\, \underline{v}/2 + \underline{\underline{P}}^T \cdot \underline{v}) = \underline{\underline{P}} : \nabla\underline{v} + \rho\underline{f}\cdot\underline{v};$$

(ρ = Massendichte, $\underline{v}$ = →Geschwindigkeitsfeld, $\underline{\underline{P}}$ = Drucktensor (→Druck), $\underline{f}$ = →Feld der Massenkraft, ^{T} = transponiert);

für die *innere Energie:*

$$\partial\,(\rho\epsilon)/\partial t + \nabla \cdot (\rho\epsilon\underline{v} + \underline{q}) = - \underline{\underline{P}} : \nabla\underline{v} + r;$$

(ϵ = spezifische innere Energie, $\underline{q}$ = →Wärmestromdichte, r = Strahlungsabsorptionsdichte, ∇ = Gradient) und

für die →*Gesamtenergie,* die aus der Addition der beiden vorstehenden Bilanzgleichungen entsteht:

$$\partial\,(\rho e)/\partial t + \nabla \cdot (\rho\, e\underline{v} + \underline{q} + \underline{\underline{P}}^T \cdot \underline{v}) = \rho\underline{f}\cdot\underline{v} + r$$

mit der spezifischen Gesamtenergie

$$e = \epsilon + \underline{v}^2/2.$$

Für die Komponenten in einer Mischung gelten entsprechende Partialbilanzen.

Die Energiebilanz für diskrete Systeme wird →erster Hauptsatz genannt. *Muschik*

Energiedichte (elektromagnetisches Feld). Die in einem elektromagnetischen Feld enthaltene →Energie wird durch die räumliche Energiedichte

$$w = w_e + w_m = \frac{1}{2}\underline{D}\cdot\underline{E} + \frac{1}{2}\underline{B}\cdot\underline{H}$$

$$= \frac{1}{2}\epsilon_0\epsilon_r\,|\,\underline{E}\,|^2 + \frac{1}{2}\mu_0\mu_r\,|\,\underline{H}\,|^2$$

beschrieben. Hierin ist w_e die elektrische und w_m die magnetische Energiedichte, $\underline{D}$ die dielektrische Verschiebung, $\underline{E}$ das elektrische Feld, $\underline{B}$ die magnetische Flußdichte und $\underline{H}$ das magnetische Feld, ϵ_0 ist die elektrische und μ_0 die magnetische →Feldkonstante, ϵ_r die relative Permittivität und μ_r die relative →Permeabilität. Um die in einem Volumen enthaltene elektromagnetische →Feldenergie zu erhalten, muß man über dieses Volumen integrieren. *Claassen*

Energiedosisleistung →Dosimetrie

Energieeinsparungsgesetz. Unter dem Eindruck der ersten Ölkrise wurde am 22. Juli 1976 (BGBl. I S. 1873) das „Gesetz zur Einsparung von Energie in Gebäuden – Energieeinsparungsgesetz" erlassen, das am 20. Juni 1980 (BGBl. I S. 701) novelliert wurde. Das Gesetz enthält die grundlegenden Anforderungen an den energiesparenden Wärmeschutz bei zu errichtenden Gebäuden und an die Errichtung und den Betrieb von heiz- und raumlufttechnischen Anlagen und Brauchwasseranlagen hinsichtlich der Energieeinsparung. Zur Frage der

Betriebskosten und deren Verteilung auf die Energienutzer hat die Novelle von 1980 der Bundesregierung die Ermächtigung zum Erlaß einer entsprechenden Rechtsverordnung gegeben. Diese Ermächtigung wurde durch die *Heizkosten-Verordnung* umgesetzt. Auch für die Ausfüllung der grundlegenden Anforderungen an Errichtung und Betrieb der Anlagen sind Ermächtigungen zum Erlaß von Rechtsverordnungen vorgesehen; diesen wurde durch Veröffentlichung der *Heizungsanlagen-Verordnung* entsprochen.

Das Gesetz enthält ferner eine Generalklausel über die technische Erfüllbarkeit (Stand der Technik) und die wirtschaftliche Vertretbarkeit der Anforderungen. Grundsätzlich angesprochen ist ebenfalls die Frage der Überwachung der aus Gesetz und seinen Rechtsverordnungen festgelegten Anforderungen: Für eine Regelung der Überwachung der Maßnahmen bei der Errichtung erhalten die zuständigen Landesregierungen, für die der Überwachung des Betriebes die Bundesregierung die Ermächtigung. Die Übertragung der Überwachung auf Fachvereinigungen oder Sachverständige ist zugelassen. *W. Hoffmann*

Energiesatz. Für jede Teilmenge V eines strömenden Fluids ist die Energiebilanz gleich der Leistung (Kraft · Geschwindigkeit) der äußeren Kräfte. Die Teilmenge V denkt man sich durch eine geschlossene „Kontrollfläche" F markiert, die raumfest sein oder im →Geschwindigkeitsfeld $u(x,t)$ mitschwimmen kann.

Zur Energiebilanz $d(E_u + E_{th})/dt + Q$ tragen in der Zeitspanne dt die Änderungen dE_u und dE_{th} der kinetischen und der inneren (thermischen) Energie und die Energie $Q \cdot dt$ bei, die V über die Kontrollfläche F abgibt ($Q > O$) oder aufnimmt ($Q < O$). Gegebenenfalls tragen Wärmeleitung und -strahlung zum Energiestrom Q bei. Ist V raumfest, so werden zusätzlich die Energien E_u und E_{th} mit der Strömung durch F in V hinein oder aus V heraus transportiert.

Zur Leistung $\int u(x,t) \cdot dK$ tragen die Flächenkräfte $dK_F = \tau \cdot dF$ auf die Elemente dF von F (Spannungstensor τ) und die Volumenkräfte dK_v (in vielen Fällen die Schwere $\rho g \cdot dV$) auf die Elemente dV von V bei.

Wählt man für V ein infinitesimales Volumenelement dV, dann nimmt der E. die Form einer Differentialgleichung an. Gemeinsam mit den Bilanzgleichungen für die Masse $dM = \rho \cdot dV$ und den Impuls $\rho u \cdot dV$ gehört er zu den Bewegungsgleichungen (Geschwindigkeitsfeld). Er lautet dann:

$$\rho \cdot d(u^2/2 + e) / dt + \mathrm{div}\; q$$
$$= \mathrm{div}\; (\tau \cdot u) + \rho g \cdot u_x \qquad (1).$$

Hier ist e (innere Energie/Masse) als Funktion der Dichte ρ und der Temperatur T gegeben. Die Wärmeleitfähigkeit λ bestimmt die →Wärmestromdichte $q = -\lambda \cdot \mathrm{grad}\; T$ (Energie/(Fläche · Zeit)); $\tau = -p + \sigma$ setzt sich aus dem Druck p und den Reibungsspannungen σ zusammen (newtonsches Fluid). Die „substantielle Ableitung" $d/dt = \partial/\partial t + u \cdot \mathrm{grad}$ differenziert nach der Zeit t entlang der Bahn eines Massenpunkts.

Wenn Reibung σ und Wärmeleitung q vernachlässigt werden können, ist bei stationärer Strömung $\mathrm{div}(\tau \cdot u)/\rho = -d(p/\rho)/dt$. Daher gilt auf jeder Stromlinie

$$d\;(u^2/2 + e + p/\rho - g \cdot x)\;/\;dt = 0 \qquad (2).$$

Diese auch für kompressible Strömungen gültige Gleichung verallgemeinert die →Bernoulli-Gleichung; $h = e + p/\rho$ wird als →Enthalpie bezeichnet. Für ideale Gase ist $h = c_p \cdot T$, c_p ist die spezifische Wärme bei konstantem Druck (Wärmekapazität je Masse); (→Arbeits- und Energiesatz). *Vogel*

Energiesicherungs-Gesetz. Die Mitte der 70er Jahre eingetretene Versorgungskrise mit Rohöl hat auch in der Bundesrepublik zu umfangreichen ordnungspolitischen Maßnahmen geführt. Hierzu gehört das vom 19. Dezember 1979 (BGBl. I S. 2305) novellierte „Gesetz zur Sicherung der Energieversorgung bei Gefährdung oder Störung der Einfuhr von Erdöl, Erdölerzeugnissen oder Erdgas – Energiesicherungs-Gesetz". Wesentlicher Gedanke des Gesetzes ist die Ermächtigung für die Bundesregierung, in bestimmten Situationen Rechtsverordnungen auch ohne Zustimmung des Bundesrates erlassen zu können, um die Deckung des lebenswichtigen Bedarfs mit Energie und die Erfüllung öffentlicher und internationaler Verpflichtungen zu sichern. Die Verordnungen können insbesondere Vorschriften enthalten über Produktion, Transport, Lagerung, Verteilung, Abgabe, Bezug und Verwendung von festen, flüssigen und gasförmigen Energieträgern und von elektrischer Energie sowie über Nachweis- und Meldepflichten. Bund, Länder und Gemeinden werden verpflichtet, die personellen, materiellen und organisatorischen Voraussetzungen zum Vollzug der Rechtsverordnungen zu schaffen. Weitere Regelungen des Gesetzes betreffen die Pflicht zur Erteilung von Auskünften gegenüber den zuständigen Behörden und Entschädigung bzw. Härteausgleich. *W. Hoffmann*

Energieumwandlung (Wärmelehre). Nach dem →ersten Hauptsatz ist →Energie in verschiedene Formen umwandelbar. Wenn also von Energieerzeugung gesprochen wird, so ist gemeint, daß aus einer Energieform eine andere durch Umwandlung „erzeugt" wird.

Dazu dienen Maschinen, vorzugsweise solche, die einen →Kreisprozeß durchlaufen. Hinsichtlich ihrer Umwandlung durch solche Kreisprozesse zeigen unterschiedliche Energieformen verschiedenartiges Umwandlungsverhalten, das durch den Zweiten Hauptsatz bedingt ist (thermodynamische Diagramme): So läßt sich mechanische →Arbeit durch einen Kreisprozeß vollständig als →Wärmeübergang einem Wärmereservoir zuführen. Umgekehrt dagegen ist es nicht möglich, durch einen Kreisprozeß den aus einem Reservoir entnommenen Wärmeübergang vollständig in (mechanische) Arbeit umzuwandeln. Daher sind nicht alle Energieformen ineinander unbeschränkt umwandelbar.

Da die Energie als innere Energie durch den ersten und nicht durch den zweiten Hauptsatz eingeführt wird, ist der Energiebegriff ungeeignet, die beschränkte Umwandelbarkeit der Energieformen untereinander zu beschreiben. Dies leistet die →Exergie, die grob als jener Energieanteil bezeichnet werden kann, der unter Mitwirkung einer vorgegebenen Umgebung sich vollständig in jede andere Energieform umwandeln läßt. *Muschik*

Energiewirtschaftsgesetz. Das Gesetz zur Förderung der Energiewirtschaft aus dem Jahr 1935 befaßt sich mit Unternehmen, die andere mit elektrischer Energie oder Gas versorgen (Energieversorgungsunternehmen). Sie unterliegen einer besonderen staatlichen Aufsicht, die sich insbesondere auf die Errichtung und den Betrieb der Anlagen, die der Erzeugung, Fortleitung und Abgabe von Elektrizität und Gas dienen, erstreckt.

Die obersten Wirtschaftsbehörden der Länder vollziehen die Energieaufsicht. Den Energieversorgungsunternehmen obliegt eine allgemeine Anschluß- und Versorgungspflicht; sie ergibt sich auch aus der kartellrechtlich zulässigen Zuordnung fester Versorgungsgebiete mit der ausschließlichen Befugnis, dort Leitungen zu verlegen. Die Allgemeinen Tarife der Energieversorgungsunternehmen müssen öffentlich bekannt gemacht werden; die Tarifbildung muß besonderen Rechtsvorschriften entsprechen.

Sollten Energieversorgungsunternehmen außerstande sein, Versorgungsaufgaben zu erfüllen, kann die Aufsichtsbehörde ein anderes Energieversorgungsunternehmen mit der Übernahme der Versorgungsaufgabe beauftragen.

Das Gesetz ermächtigt, Vorschriften und Anordnungen über technische Beschaffenheit, Betriebssicherheit, Installation von Energieanlagen und von Energieverbrauchsgeräten und deren Überwachung zu erlassen. Danach müssen die Anlagen und Geräte den anerkannten Regeln der Technik entsprechen; als solche gelten die Bestimmungen des Verbandes Deutscher Elektrotechniker e. V. (VDE) sowie des Deutschen Vereins des Gas- und Wasserfaches e. V. (DVGW). *W. Hoffmann*

Enthalpie. Die E. H ist eine Zustandsgröße eines diskreten thermodynamischen Systems, die von den generalisierten Kräften $\underline{A}$ (Arbeit), den Molzahlen $\underline{n}$ und der Temperatur T abhängt:

$$H(\underline{A}, \underline{n}, T) := U - \underline{A} \cdot \underline{a};$$

U innere Energie, $\underline{a}$ Arbeitsvariable.

Wird an Stelle von T die →Entropie S als Zustandsvariable benutzt, so wird die Enthalpie ein thermodynamisches Potential. Prozesse konstanter E. heißen *isenthalpisch* (Joule-Thomson-Effekt). *Muschik*

Enthalpie, freie. Die freie E. ist durch

$$G := F - \underline{A} \cdot \underline{a}$$

definiert (F = freie Energie, $\underline{A}$ = generalisierte Kräfte (→Arbeit), $\underline{a}$ = Arbeitsvariable).

Als thermodynamisches Potential hängt G vom Satz der Gleichgewichtsvariablen $(\underline{a}, \underline{n}, T)$ ab; $(\underline{n}$ = Molzahlen, T = thermostatische Temperatur). Das Differential von G ist

$$dG = -\underline{a} \cdot d\underline{A} + \underline{\mu} \cdot d\underline{n} - SdT;$$

$(\underline{\mu}$ = chemische Potentiale, S = →Entropie).

Für isotherme und isobare Prozesse ist die Änderung von G allein von der Änderung der Molzahlen abhängig:

$$(dG)_{T,\underline{A}} = \underline{\mu} \cdot d\underline{n}$$

Weiter gilt:

$$-\underline{a} = (\partial G/\partial \underline{A})_{T,\underline{n}},$$
$$-S = (\partial G/\partial T)_{\underline{A},\underline{n}},$$
$$\underline{\mu} = (\partial G/\partial \underline{n})_{T,\underline{A}}.$$

Muschik

Entladung statischer Elektrizität. Eine besondere Gefahr für die elektronischen Bauelemente liegt in der E. s. E. (*engl.* ESD electrostatic discharge). Der Mensch ist Träger von elektrostatischen Ladungen. Je nach Art der Kleidung und des Fußbodenbelags kann sich eine bewegende Person auf Spannungen bis zu 40 000 V aufladen (Bild). Die Berührung eines auf einem tieferen Potential liegenden Halbleiters oder auch allein das zu diesem aufgebaute elektrische →Feld kann dann im Halbleiter zu einer →Entladung führen, die diesen schädigt oder zerstört. Diese Art des Ausfalls tritt nicht nur bei MOS-ICs, sondern auch bei bipolaren Schaltungen auf. Untersuchungen an ausgefallenen bipolaren Operationsverstärkern z. B. ergaben als häufigste Ursache für den Ausfall die E. s. E. *Schrüfer*

Literatur: Einsatzbedingungen Elektromagnetische Verträglichkeit, Entwurf DIN IEC 65[CO]28 [1983]).

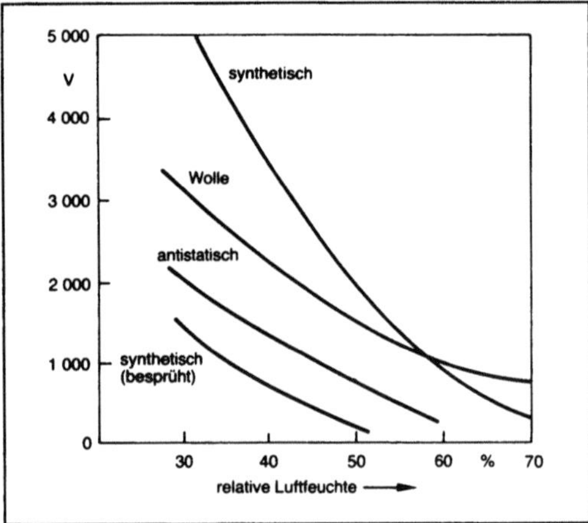

Entladung statischer Elektrizität: Elektrostatische Spannung, auf die sich eine Person beim Gehen über Teppiche verschiedener Stoffe aufladen kann.

Entropie.

statistische Physik. Von *R. Clausius* 1865 phänomenologisch eingeführter und in der statistischen Physik und Thermodynamik grundlegender Begriff.

In der statistischen Physik ist die E. wahrscheinlichkeits- oder informationstheoretisch begründet. Die E. S ist allgemein (in der Quantenstatistik) als Erwartungswert des natürlichen Logarithmus eines statistischen Operators ρ definiert:

$$S[\rho] = -kOln(\rho)P = -k\ Sp(\rho ln(\rho)),$$

k ist die Boltzmann-Konstante, Sp(.) bedeutet die Summation der Diagonalelemente des Operators $\rho ln(\rho)$. Im klassischen Grenzfall bedeutet ρ die →Phasendichte und Sp(.) eine Integration über den Gamma-Raum. Diese E.-Definition für den klassischen Fall geht auf *J. W. Gibbs* (1902) zurück. *Gibbs* definierte die E. als den Durchschnittswert des Logarithmus der Phasendichte einer kanonischen Gesamtheit von klassischen Systemen. Daher nennt man die E. in der statistischen Physik auch die Gibbs-E. Die Formulierung mit dem statistischen Operator im Rahmen der Quantentheorie stammt von *J. v. Neumann* (1932).

Die Bedeutung der Logarithmusfunktion bei der statistischen E. liegt darin begründet, daß sie für multiplikative (stochastisch unabhängige) Verteilungsfunktionen additiv ist. Dadurch ist garantiert, daß diese E.-Definition die Eigenschaften der thermodynamischen E. hat. Ferner besitzt diese E.-Definition charakteristische Extremaleigenschaften, Maximum-E.-Prinzip. Die Eigenwerte des statistischen Operators sind definitionsgemäß die Wahrscheinlichkeiten p_i, $1 \geqq p_i \geqq 0$ für die zufälligen quantentheoretischen Zustände eines Gemisches. Daher ist es möglich in der Quantentheorie, wegen der Existenz diskreter Zustände und diskreter

Wahrscheinlichkeitsverteilungen die E. auch folgendermaßen zu schreiben

$$S = -k\sum_i p_i\ ln(p_i),$$

wobei der Summationsindex die zufälligen Zustände im statistischen Gemisch zählt. Diese E.-Darstellung ist formal völlig analog zur Informations-E.

Die Darstellung der E. als Erwartungswert des Logarithmus eines statistischen Operators zählt heute zu den Grundpostulaten der statistischen Theorie der Materie. Diese Darstellung ist auch geeignet, Nichtgleichgewichtsprozesse zu beschreiben. Die E. in der statistischen Physik ist zunächst nicht eindeutig, da sie vom statistischen Operator abhängt.

Wie schon erwähnt hat diese logarithmische E.-Definition Extremaleigenschaften: Ist z. B. ρ' ein vergröberter (Coarse-Graining) statistischer Operator, z. B. kann er eine Gibbs-Gesamtheit darstellen, dann kann gezeigt werden, daß

$$S[\rho] \leqq S[\rho']$$

gilt. Informationstheoretisch heißt das, daß der statistische Operator ρ' eine größere Unbestimmtheit beinhaltet als ρ. Der Unterschied von ρ' und ρ hat praktisch keinen Einfluß auf die Berechnung der Erwartungswerte; jedoch sind große Unterschiede zwischen Oln(ρ)P und Oln(ρ')P vorhanden. Die Größe ρ' ist der relevante Teil des vollständigen statistischen Operators ρ (der vollständige statistische Operator ρ genügt der mikroskopischen Dynamik, jedoch ρ' nicht) und hängt von den gewählten makroskopischen Observablen ab; ρ' ist bez. einer makroskopischen Beobachtungsebene (Satz von Observablen) festgelegt.

Die statistischen Gleichgewichtsgesamtheiten (Gibbssche Gesamtheiten) haben alle die Eigenschaft (klassisch und quantisch), daß sie die E. $S[\rho]$ maximieren, was im Einklang mit der informationstheoretischen Deutung der statistischen E. steht. Die maximale E. ist per Definition immer die thermodynamische E. (→Boltzmann-Prinzip). Die Extremaleigenschaft der statistischen E. ist die mikroskopische Wurzel der thermodynamischen Gleichgewichtsverteilungen und beschreibt die Zunahme der E. (Unbestimmtheit) bei irreversiblen Prozessen. Wahrscheinlichkeitstheoretisch bedeutet das, daß die Systeme während der Zeit immer von einem geordneten oder strukturierten (unwahrscheinlichen) nach einem mehr ungeordneten weniger strukturierten (wahrscheinlicheren) mikroskopischen Zustand übergehen. Liegt Gleichwahrscheinlichkeit vor, d. h. die Unbestimmtheit ist maximal, ist auch die E. maximal. Jeder Eingriff in das System reduziert die Unbestimmtheit bzw. die E., hinterläßt aber bleibende Veränderungen in der Umgebung.

Der Gleichgewichtszustand ist ein Zustand mit maximaler E. und wahrscheinlichster Zustand. Es ist absolut nicht sicher, daß die E. immer ansteigt, weil spontane Fluktuationen stattfinden können. Die E. kann auch abnehmen, d. h. die Verteilung könnte zufällig sehr unwahrscheinlich werden. Die E.-Zunahme nach dem →zweiten Hauptsatz der Thermodynamik bedeutet statistisch lediglich, daß nur die wahrscheinlichsten Prozesse ablaufen, nicht aber die einzig möglichen. Der E.-Satz ist eines der allgemeinsten Naturgesetze der Physik.

Die statistische E. dient ferner mit entsprechenden Nebenbedingungen zur Konstruktion von makroskopisch präparierten statistischen Operatoren für das Gleichgewicht wie auch für das Nichtgleichgewicht. *Wodarzik*

Literatur: *Brenig, W.:* Statistische Theorie der Wärme. Hochschultext. Berlin, Göttingen, Heidelberg 1975. – *Fick, F.,* u. *G. Sauermann:* Quantenstatistik dynamischer Prozesse. Bd. I: Generelle Aspekte. Frankfurt a. M. 1983. – *Subarew, D. N.:* Statistische Thermodynamik des Nichtgleichgewichts. Berlin 1976.

Wärmelehre. Aus dem ersten Teil des →zweiten Hauptsatzes folgt die Existenz einer Zustandsgröße für Quasiprozesse, die E. S genannt wird. Sie ist eine Funktion der Arbeitsvariablen $\underline{a}$, der inneren Energie U und der Molzahlen $\underline{n}$:

$$S = S\,(\underline{a},\, U,\, \underline{n}).$$

In adiabatischen Systemen kann die E. nicht abnehmen. Für Nichtgleichgewichte ist die E. neu zu definieren (→Thermodynamik).
Für die E. des idealen Gases ergibt sich:

$$S = n\,(R\,\ln V + \overline{C}_v\,\ln T + S_o);$$

n Molzahl, R →Gaskonstante, V Volumen, $\overline{C}_v$ molare Wärme bei konstantem Volumen, T thermostatische Temperatur, S_o E.-Konstante.
Dieser aus der Thermostatik folgende Ausdruck ist inkorrekt, weil unter seiner Verwendung das Gibbs-Paradoxon auftritt. Der korrekte aus der statistischen Physik folgende Ausdruck für die E. eines idealen Gases ist die Formel von *Sackur* und *Tetrode* (1912):

$$S = n\,(R\,\ln\,(V/n) + \overline{C}_v\,\ln T + S'_o),$$

mit

$$S'_o = (\tfrac{3}{2})\ln\,(2\pi\,mk/h^2) - R\,\ln N_L + \tfrac{5}{2};$$

m Masse der Gasmoleküle, k Boltzmann-Konstante, h Planck-Wirkungsquantum, N_L Loschmidt-Zahl.
Der Ausdruck von *Sackur* und *Tetrode* vermeidet das Gibbs-Paradoxon. *Muschik*

Entropiebilanz. In der Kontinuumsthermodynamik wird der →zweite Hauptsatz durch die →Bilanzgleichung für die →Entropie berücksichtigt (Dissipationsungleichung).
Wie jede Bilanzgleichung enthält die Entropiebilanz drei charakteristische Nichtgleichgewichtsgrößen: Die spezifische Entropies s, die Entropiestromdichte $\underline{\Phi}$ und die spezifische →Entropieproduktion σ:

$$\partial\,(\rho s)/\partial t + \nabla \cdot (\rho s\underline{v} + \underline{\Phi}) = \sigma \geqq 0.$$

Diese →Ungleichung stellt eine Formulierung des zweiten Hauptsatzes dar, und zwar in lokaler Form. Eine globale Formulierung wird durch die Carnot-Clausius-Ungleichung gegeben. Die Bedeutung der Entropiebilanz besteht darin, daß durch sie Einschränkungen für die Materialgleichungen entstehen. *Muschik*

Entropieproduktion. Ein Maß für die Irreversibilität von Prozessen ist ihre E. Für adiabatische Prozesse zwischen zwei Gleichgewichtszuständen (→Gleichgewicht) ist die Änderung der →Entropie durch die E. des Prozesses verursacht, ohne daß eine Nichtgleichgewichtsentropie längs des Prozesses definiert sein muß.
In der Kontinuumsthermodynamik ist die Entropieproduktion eine Materialgleichung (Dissipationsungleichung). *Muschik*

Entropiestromdichte. Die E. beschreibt in der →Entropiebilanz, wie →Entropie mit der Umgebung ausgetauscht wird. Die Entropiestromdichte Φ steht mit der →Wärmestromdichte $\underline{q}$ im Zusammenhang. Oft wird der Ansatz

$$\underline{\Phi} = \underline{q}/T$$

benutzt (T = Temperatur) (→Thermodynamik). In der Kontinuumsthermodynamik wird Φ durch eine von $\underline{q}$ unabhängige Materialgleichung bestimmt. *Muschik*

Entsorgung, nukleare. Ziel der nuklearen Entsorgung ist die Überführung der radioaktiven Abfälle aus kerntechnischen Anlagen in eine möglichst stabile lagerfähige Form und die sichere Endlagerung dieser Abfälle.
Radioaktive Abfälle fallen bei den einzelnen Schritten der Gewinnung und Herstellung von nuklearen Brennstoffen an, bei der Fabrikation von Brennstoffelementen, beim Betrieb von Kernreaktoren und bei der →Wiederaufarbeitung von Kernbrennstoffen. Die größten Mengen an radioaktiven Stoffen bilden sich in den Brennstoffelementen infolge der →Kernspaltung und der anderen in den Brennstoffelementen ablaufenden Kernreaktionen (→Kernreaktion). Kleinere Mengen an radioaktiven Abfällen treten auf bei der Anwendung von Radionukliden in der Nuklearmedizin sowie in

anderen Bereichen der Wissenschaft und der Technik.

Bei der Gewinnung von →Uran aus Uranerzen fallen die langlebigen Folgeprodukte des Urans in Form radioaktiver Rückstände an, z. B. ^{210}Pb und ^{226}Ra als Sulfate, ^{230}Th als Hydroxid. Bei den folgenden Schritten, der Reinigung der bei der Uranerzaufbereitung erhaltenen Urankonzentrate und der chemischen Verarbeitung der Uranverbindungen zu Urandioxid (UO_2) bzw. Uranhexafluorid (UF_6) oder zu metallischem Uran (→Brennstoffkreislauf, nuklearer) sowie bei der Brennstofffertigung (→Brennstoffelement), entstehen nur verhältnismäßig kleine Mengen an radioaktiven Abfällen, die, soweit es sich um uranhaltige Abfälle handelt, in die Uranverarbeitung zurückgeführt werden können.

In Kernreaktoren wird das Kühlwasser zur Entfernung der darin enthaltenen Spalt- bzw. Aktivierungsprodukte laufend in Ionenaustauschern gereinigt, die als Abfall niedriger →Aktivität (LAW) anfallen und gelagert werden müssen.

Die Brennstoffelemente selbst sind nach ihrem Abbrand als hochaktiver Abfall (HAW) einzustufen. Ihre Aktivität wird in erster Linie durch die Spaltprodukte verursacht, die durch die Kernspaltung entstehen (→Spaltprodukt), an zweiter Stelle durch die Actiniden, die aus dem →Kernbrennstoff als Folge des Neutroneneinfangs gebildet werden. Die abgebrannten Brennstoffelemente stehen wegen ihrer hohen →Radioaktivität im Mittelpunkt der nuklearen Entsorgung. Der Brennstoff in den abgebrannten Brennelementen aus einem Leichtwasserreaktor, die einen anfänglichen Gehalt von 3,3 % ^{235}U hatten, besteht nach einem Abbrand von 34 000 MWd pro Tonne Uran und einer Lagerungszeit von 1 Jahr zu etwa 95,4 % aus Uran (etwa 94,2 % ^{238}U und 0,75 % ^{235}U), zu etwa 3,6 % aus Spaltprodukten (3,0 % stabile Spaltprodukte) und zu etwa 0,91 % aus →Plutonium (0,53 % ^{239}Pu).

Bezüglich der Weiterbehandlung der abgebrannten Brennelemente gibt es mehrere Möglichkeiten: Endlagerung, langfristige Zwischenlagerung mit dem Ziel der späteren Weiterverarbeitung und Wiederaufarbeitung nach einer Zwischenlagerung von etwa einem Jahr. Die direkte Endlagerung der abgebrannten Brennstoffelemente erfordert eine sichere Verpackung, welche den Austritt der Spaltprodukte verhindert und gegebenenfalls eine Kühlung. Bei der Wiederaufarbeitung der Kernbrennstoffe wird das nicht verbrauchte Uran zurückgewonnen, ebenso das Plutonium. Die hochradioaktiven Spaltprodukte werden abgetrennt. Mit der Wiederverwendung des zurückgewonnenen Urans wird der Brennstoffkreislauf geschlossen (Brennstoffkreislauf). Die Abfälle, die bei der Wiederaufarbeitung anfallen, unterteilt man in drei Gruppen: hochradioaktive Abfälle (HAW, wobei W für „waste" steht), Abfälle mittlerer Aktivität (MAW) und Abfälle niedriger Aktivität (LAW). Der hochradioaktive Abfall enthält die Spaltprodukte sowie an Actiniden →Neptunium und Transplutoniumelemente. Bei der Wiederaufarbeitung nach dem Purex-Verfahren erhält man den hochaktiven Abfall als salpetersaure Lösung.

Der Abfall mittlerer Aktivität aus der Wiederaufarbeitung besteht aus den Hülsen der Brennstoffelemente, dem bei der Auflösung des Kernbrennstoffs anfallenden Klärschlamm (Wiederaufarbeitung) und organischen und wässrigen Abfällen aus den Prozeßlösungen der Wiederaufarbeitung.

Die Abfälle niedriger Aktivität stammen überwiegend aus Prozeßlösungen, die bei der Reinigung von Uran und Plutonium anfallen. Aus den Abfällen niedriger Aktivität trennt man weitgehend die Radionuklide ab, z. B. durch Fällung, und gibt die so angereicherten Radionuklide zum Abfall mittlerer Aktivität.

Der hochaktive Abfall wird nach einer mehr oder weniger langen Lagerungszeit in eine feste Form überführt, wobei man bestrebt ist, das Abfallvolumen im Hinblick auf die Lagerung möglichst klein zu halten. Bevorzugt wird die Weiterverarbeitung zu Glas (Vitrifikation), wozu verschiedene Verfahren entwickelt wurden. Das flüssige Glas wird in korrosionsbeständige Behälter aus Stahl eingefüllt. Diese Behälter werden zur Lagerung in geeigneten geologischen Formationen vorbereitet. Zur Diskussion stehen, je nach Verfügbarkeit, Salzstöcke, Tuff, Ton oder Granit.

Im Hinblick auf die langen Halbwertzeiten einiger Radionuklide, die im Abfall enthalten sind, z. B. ^{99}Tc (Spaltausbeute 6,13 %, →Halbwertzeit $2,13 \cdot 10^5$ a), ^{129}I (Spaltausbeute 0,65 %, Halbwertzeit $1,57 \cdot 10^7$ a) und ^{135}Cs (Spaltausbeute 6,6 %, Halbwertzeit $3,0 \cdot 10^6$ a), und die Halbwertzeiten der im hochaktiven Abfall vorhandenen Actiniden, z. B. ^{237}Np (Halbwertzeit $2,14 \cdot 10^6$ a), muß die Endlagerung eine sehr langfristige Sicherheit bieten. Dies gilt in gleichem Maße für die Lagerung der abgebrannten Brennstoffelemente ohne Wiederaufarbeitung, als auch für die Lagerung des bei der Wiederaufarbeitung anfallenden hochaktiven Abfalls. Solange in einem solchen Endlager kein Wasser vorhanden ist, kann eine Freisetzung und Migration der Radionuklide ausgeschlossen werden. Bei Zutritt von Wasser kann sich folgendes Szenario abspielen: Die Stahlbehälter, die den Abfall enthalten, beginnen zu korrodieren und nach Verlauf von etwa 100 Jahren kann das Wasser mit dem radioaktiven Abfall in Berührung kommen. Damit beginnt die Auslaugung durch das Wasser, die bei Glas sehr langsam erfolgt. Wenn keine Strömung des Wassers vorhanden ist, erfolgt der Transport der Radionuklide nur durch lokale Konvektion bzw. durch →Diffusion. Strömt das Wasser durch das Lager hindurch, so können gelöste Radionuklide mitgeführt werden; sie werden jedoch in dem vom Wasser durchströmten Medium in mehr oder weniger großem Umfang durch Sorption zurückgehalten. Somit ergeben sich im Falle eines Wasserzutritts folgende Barrieren: Korrosion des Behälters, Auslaugung der Radionuklide und →Migration im Deckgebirge des Endlagers. Die Untersuchung dieser Vorgänge ist für die Beurteilung der langfristigen Sicherheit eines Endlagers wichtig. Die radioaktiven Abfälle mittlerer Aktivität werden vorzugswcise in größeren Betonblöcken einbetoniert oder auch in Bitumen verfestigt. *Lieser*

Literatur: *Baumgärtner, F.* (Hrsg.): Chemie der nuklearen Entsorgung I und II. München: Karl Thiemig 1978. – Nukleare Entsorgung. (Hrsg. F. Baumgärtner, K. Ebert, E. Gelfort, K. H. Lieser), Weinheim: VCH-Verlagsgesellschaft Bd. 1: 1981, Bd. 2: 1983, Bd. 3: 1986.

Enveloppe. (auch Einhüllende). Hüllkurve bzw. Hüllfläche (bzw. Hüllhyperfläche) einer einparametrigen Kurvenschar (bzw. einer einparametrigen Schar von Hyperflächen in einer n-dimensionalen Mannigfaltigkeit) ist eine →Kurve (Hyperfläche), die alle Kurven (Hyperflächen) der Schar berührend trifft und die in jedem ihrer Punkte von einer Kurve (Hyperfläche) der Schar berührt wird.

Ist allgemein die Schar durch $F(x,y,c)=0$ gegeben, so wird die Einhüllende durch Elimination des Scharparameters gewonnen aus: $F(x,y,c)=0$ und $F_c=0$, in der Form: $x=\varphi\,(c)$, $y=\psi\,(c)$. Hinreichende Bedingung für die Existenz einer Einhüllenden in hinreichender Nähe einer Stelle (x_0,y_0,c_0) ist, daß für $F(x,y,c,)$ die partiellen Ableitungen F_x, F_y, F_c, F_{cx}, F_{cy}, F_{cc} im Wertebereich ihrer Argumente existieren und stetig sind und daß für die betreffende Stelle außerdem $F_x F_{cy} - F_y F_{cx} \neq 0$ und auch $F_{cc} \neq 0$ ist.

Beispiel: Die Schar der Ellipsen mit $\dfrac{x^2}{c^2 r^2} + \dfrac{c^2 y^2}{r^2}$

$- 1 = 0$ hat als E. die Hyperbeln $xy = \pm \dfrac{r^2}{2}$ (Bild 1).

Die Menge der kubischen Parabeln $(x-c)^3 - y = 0$ $(-\infty < c < +\infty)$ hat als E. die x-Achse (Bild 2). *Fischer*

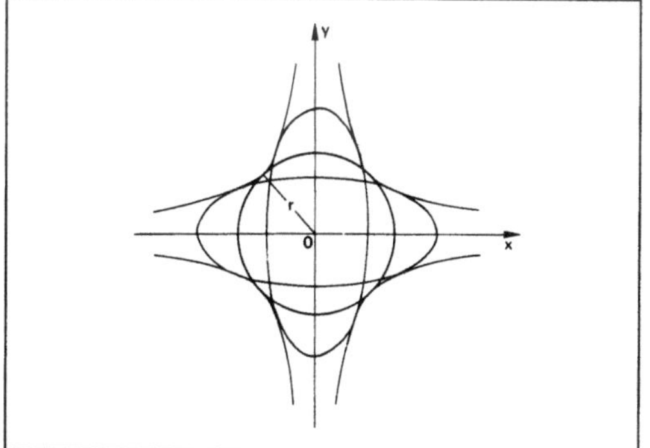

Enveloppe 1: Beispiele.

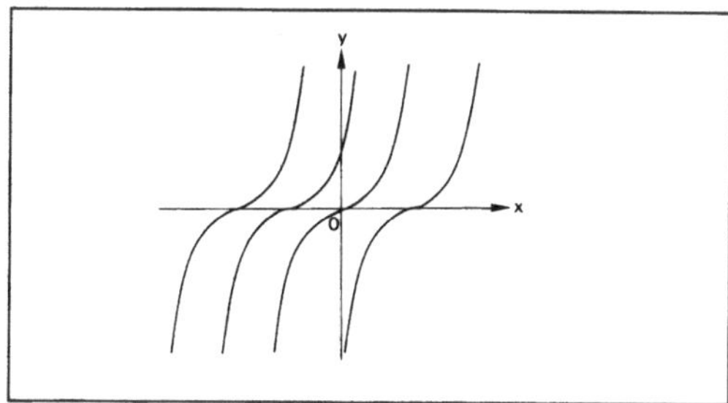

Enveloppe 2: Beispiele.

Epizykloide. Ein beweglicher Kreis rolle auf einem festen Kreis ab. Ein mit dem rollenden Kreis fest verbundener, in seiner Ebene liegender Punkt Q beschreibt dabei eine Kurve. Diese ist eine Epitrochoide bzw. Hypotrochoide, wenn der rollende Kreis außerhalb bzw. im Inneren des festen Kreises auf dessen Umfang abrollt. Liegt der Punkt auf dem Umfang des rollenden Kreises ($d=r$), so spricht man von einer E. bzw. Hypozykloide, liegt er außerhalb ($d>r$) bzw. innerhalb ($d<r$) des rollenden Kreises, so nennt er sich verlängerte E. oder Hypozykloide (Bild 1) bzw. verkürzte E. bzw. Hypozykloide (Bild 2).

Die Kurven schließen sich, wenn der Umfang (Radius) des rollenden Kreises ein ganzzahliges Vielfaches vom Umfang (Radius) des festen Kreises ist (Bild 3).

In Parameterform erhält man im Anschluß an die Rollbedingung $Rt = r\tau$

Epitrochoide:

$x = m\,r\cos t - d\cos mt,$
$y = m\,r\sin t - d\sin mt,$
mit $(R+r):r = m$.

Epizykloide ($d=r$),
$x = b\,(m\cos t - \cos mt),$
$y = b\,(m\sin t - \sin mt);$

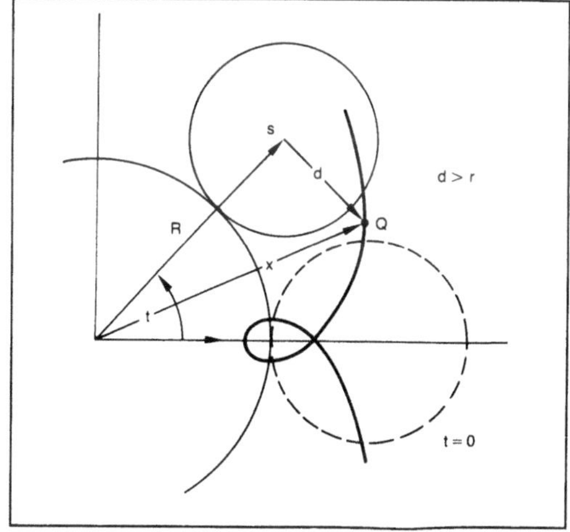

Epizykloide 1: Verlängerte E. (verschlungen).

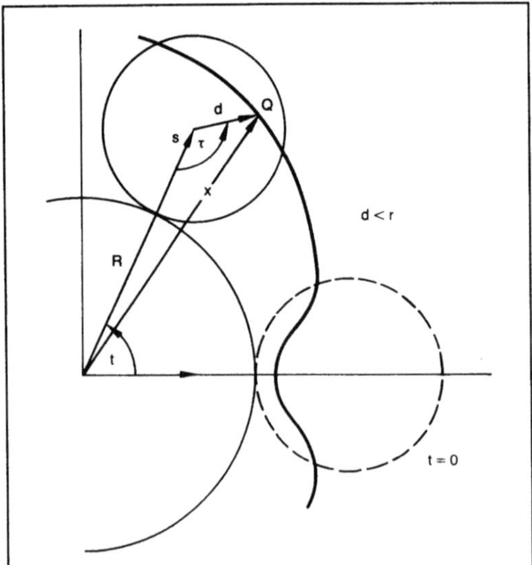

Epizykloide 2: Verkürzte E. (gedehnt).

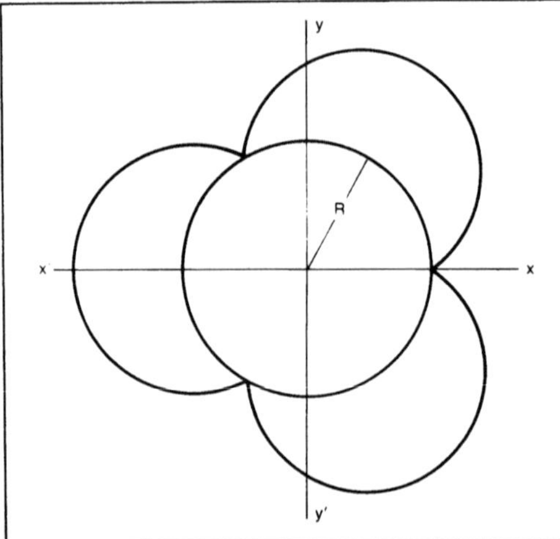

Epizykloide 3: Für r=d sitzen die Spitzen auf dem festen Kreis auf.

Hypotrochoide (mit $R-r=mr$),
$x = mr\cos t + d\cos mt$,
$y = mr\sin t - d\sin mt$;
Hypozykloide ($d=r$),
$x = r(m\cos t + \cos mt)$,
$y + b(m\sin t - \sin mt)$.

Sonderfälle der Epitrochoide: Für $R=r$, $m=2$ (zwei gleiche Kreise) die →Pascal-Schnecke. Sonderfall der E.: Für $R=r=d$ die →Kardioide.

Sonderfall der Hypotrochoide: Für $R=2r$ eine →Ellipse. Ist der große Kreis ein Zahnrad mit Innenzahnkranz, der kleine ein Zahnrad mit Außenzahnkranz, so heißt die Anordnung ein Planetengetriebe.

Die →Evolute einer E. ist eine ähnliche E. Rollt eine E. auf einer Gerade ab, so ist der Ort des Mittelpunkts des festen Kreises eine Ellipse.

Sonderfälle der Hypozykloide: Für $R=4r$, $m=3$ eine vierspitzige Hypozykloide, die Astroide. Für $R=3r$, $m=2$, die dreispitzige Hypozykloide, die Steiner-Kurve (Rollkurve). *W. L. Fischer*

Literatur: *Schmidt, H.*: Ausgewählte höhere Kurven. Wiesbaden 1949.

Erde, elektrische. Metallischer →Leiter mit Erdpotential, der mittels großflächiger vergrabener Metallplatten mit der Erde leitend verbunden ist. Wo keine direkte Erdverbindung möglich oder wünschenswert ist, z. B. bei Fahrzeugen, bezeichnet man auch einen besonders ausgeprägten Leiter (Chassis, Gehäuse), auf den alle übrigen Potentiale bezogen sind, als Erde. Statt Erde gebraucht man dann auch den Begriff *Masse*.

Bei Zwei- oder Dreidraht-Gleichstromanlagen und bei Einphasen-Wechselstromanlagen ist immer ein Anschluß geerdet. Bei Dreiphasen-Wechselstromanlagen verbindet man dagegen den neutralen Mittelleiter mit Erde. Die Erdung von Starkstromanlagen erfüllt hauptsächlich Aufgaben des Personenschutzes. Eine gemeinsame Erdschiene verbindet die Gehäuse aller elektrischen Maschinen, Instrumente und Schalter sowie Stahlkonstruktionsteile der Gebäude. Dadurch erreicht man auch im Falle eines Kurzschlusses gleiches Potential für alle nicht berührungsgeschützten Metallteile, an denen anderenfalls aufgrund der hohen Kurzschlußströme gefährliche Potentialunterschiede auftreten könnten.

Bei nachrichtentechnischen Geräten wird durch Erdung der Gehäuse vor allem eine →Abschirmung gegen Streufelder von außerhalb erreicht. *Claassen*

Erdgas, synthetisches. Als s. E. wird ein künstlich produziertes Gas mit relativ hohem Heizwert bezeichnet, das in seinen Eigenschaften als Brennstoff gut mit E. vergleichbar ist.

Man kann zwischen zwei Klassen unterscheiden:
□ Schwachgase mit Heizwerten von 15 000–22 000 kJ/m³ (Normzustand),
□ Starkgase, Rohrleitungsgas genannt, mit Heizwerten von 35 000–39 000 kJ/m³ (Normzustand).

S. E. kann man aus Kohle, Erdölfraktionen und Abfallprodukten herstellen. Zu den vorgeschlagenen Verfahren, die Kohle als Rohstoffbasis verwenden, gehören das Lurgi-, das Hygas-, das Bigas-, das CO₂-Akzeptor-, das Hydrane-, das Synthane- und das Cogas-Verfahren sowie die In-Situ-Vergasung von Kohle.

Der Rohstoff zum Erzeugen von s. E. hängt von der Verfügbarkeit und dem Preis ab. Hinzu kommen eine Reihe von Faktoren, die von der energiepolitischen Situation und der geographischen Lage bestimmt sind.

Nachfolgend seien einige Verfahren zum Herstellen von s. E. vorgestellt.

Katalytisches Starkgas-Verfahren (Catalytic Richgas CRG): Kohlenwasserstoffe des Naphtha-Schnitts werden mit Wasserdampf zu Methan, Wasserstoff und Kohlendioxid umgewandelt. Bei Temperaturen unterhalb von 500–550 °C verläuft die Gesamtreaktion exotherm, bei höheren Temperaturen endotherm.

Ein typisches Starkgas aus dem CRG-Reaktor hat folgende Zusammensetzung (Stoffmengenanteil; Molprozent):

$$\left.\begin{array}{ll} CO_2 & 23{,}0\,\% \\ CO & 0{,}7\,\% \\ H_2 & 12{,}8\,\% \\ CH_4 & 63{,}5\,\% \end{array}\right\} 100{,}0\,\%$$

Heizwert 25 500 kJ/m³ (Normzustand).

Höhere Kohlenwasserstoffe sind nur in vernachlässigbaren Mengen vorhanden. Bild 1 zeigt ein typisches Fließbild des CRG-Verfahrens.

Methan-Starkgas-Verfahren (MRG): Aus Kohlenwasserstoffen wie Naphtha, Flüssiggas und Raffineriegas wird Methangas hergestellt. Die grundlegenden Reaktionen des MRG-Verfahrens beruhen auf drei Stufen:

□ Entfernung der Schwefelverbindungen im Einsatzstoff Wasserstoffentschwefelung (Hydrodesulfurisation),

□ Reformieren (Vergasung) der entschwefelten Kohlenwasserstoffe mit Dampf bei niedrigen Temperaturen,

□ Methanisierungsreaktion zwischen Wasserstoff und CO_2.

Der Heizwert des Produktgases kann in weiten Grenzen eingestellt werden, z. B. 23 000–39 400 kJ/m³ (Normzustand). Der Betrieb bei niedrigen Temperaturen und hohen Drücken ermöglicht je nach Einsatzstoff thermische Wirkungsgrade von 92–96 %.

COMFLUX-Verfahren (Methanisierung in der Wirbelschicht): Aus Kohle gewonnenes Synthesegas wird durch eine einstufige kombinierte Methanisierung und Konvertierung von kohlenmonoxidreichen Gasen in s. E. umgewandelt. Die Katalysatorteilchen schweben in einer Wirbelschicht, die eine bessere Abführung der Reaktionswärme ermöglicht.

Wasserstoffkracken-Wasserstoffvergasung: Aus einer Erdölfraktion im Bereich des Dieselöls kann durch Hydrokracken ohne Katalysator bei erhöhten Drücken (35–100 bar) und erhöhten Temperaturen (592–760 °C) ein methanreiches Gas mit ca. 30 % Volumenanteil in Wasserstoff und 10 % Ethan gewonnen werden. Durch Entschwefeln und Methanisieren kann man dieses Gas zu Rohrleitungsgas aufarbeiten.

Vergasung ohne Katalysator mittels partieller Oxidation: Mit Hilfe der partiellen Oxidation oder teilweisen Verbrennung von Kohlenwasserstoffen können insbesondere schwerflüchtige schwefelhaltige Rückstandsöle und schwere Erdöle in Wasserstoff und Kohlenmonoxid, vermischt mit Inertgasen, überführt werden. Öl und Luft (bzw. Sauerstoff) werden durch einen besonders konstruierten Brenner in einen geschlossenen Verbrennungsraum eingespritzt, wo eine Verbrennung unter Sauerstoff-

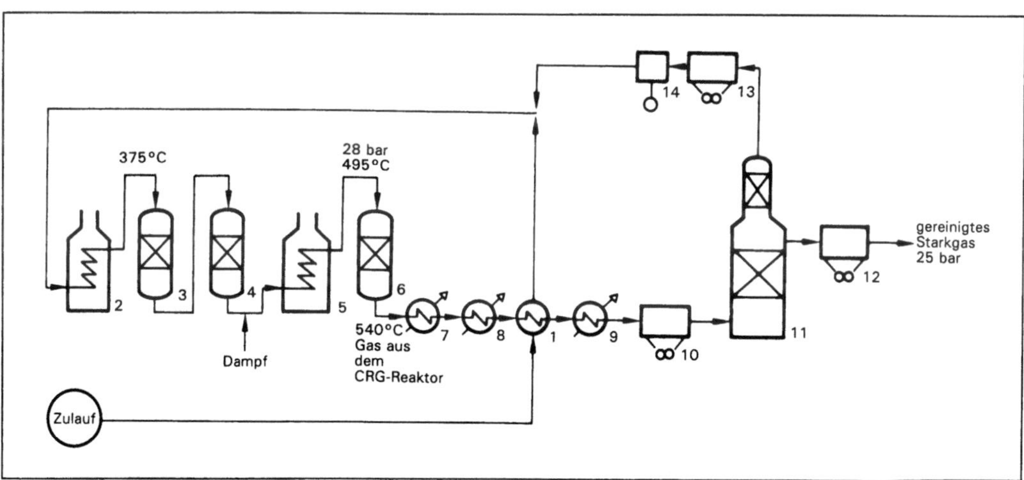

Erdgas, synthetisches 1: Fließbild einer Gaserzeugung nach dem CRG-Verfahren.

1 Naphtha-Vorwärmer, 2 Naphtha-Verdampfer, 3 Schwefelwasserstoff-Reaktor, 4 Schwefel-Absorber, 5 Überhitzer, 6 CRG-Reaktor, 7 Abhitzekessel, 8 Speisewasservorwärmer, 9 Kohlenwasserstoff-Vorwärmer, 10 Kühler, 11 CO_2-Absorber, 12 Kühler, 13 Kühler, 14 Kompressor

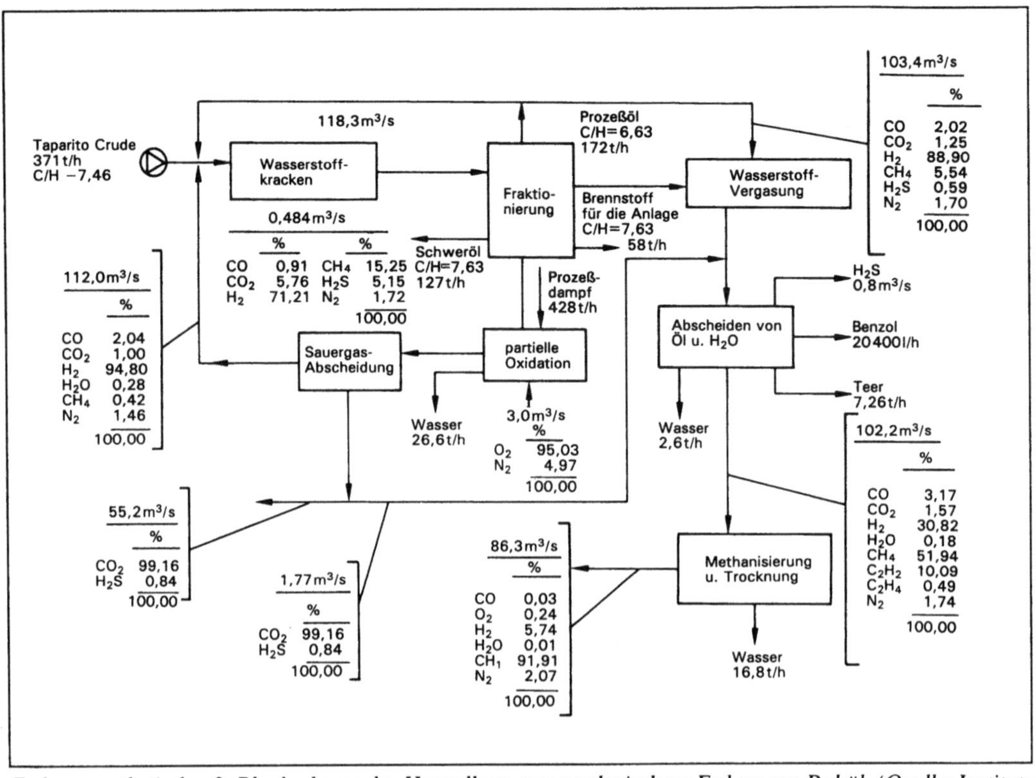

Erdgas, synthetisches 2: Blockschema der Herstellung von synthetischem Erdgas aus Rohöl. (Quelle: Institute of Gas Technology)

mangel bei Temperaturen von ca. 1300 °C abläuft. Mit Luftzufuhr erhält man wegen des Stickstoffs ein Gas mit einem geringen Heizwert von ca. 4500 kJ/m³ (Normzustand). Eine Vergasung mit Sauerstoff liefert ein Gas mit einem mittleren Heizwert von ca. 11 200 kJ/m³ (Normzustand).

Bild 2 zeigt ein Blockschema zur Herstellung von s. E. aus Rohöl.

Gas aus festen Abfallstoffen: Ein Verfahren zum Erzeugen von Gas aus Abfall besteht darin, daß kommunaler Müll am Kopf eines senkrechten Ofens aufgegeben und auf dem Weg durch den Ofen pyrolysiert wird. Dazu wird Sauerstoff in die Feuerung durch Einlaßöffnungen nahe am Boden eingeblasen; er strömt durch die 1400–1650 °C heiße Verbrennungszone nach oben. Das gewonnene Heizgas hat nach einer Reinigung einen Heizwert von etwa 11 200 kJ/m³ (Normzustand) und eine Flammentemperatur, die etwa der des E. entspricht.

Methanol aus s. E.: E., Flüssiggas, Naphtha, Rückstandsöle, Asphalt, Schieferöle und Kohle werden als primäre Ausgangsstoffe für Methanol angesehen, während Holz und Abfälle aus der Landwirtschaft als weitere Rohstoffquellen in Betracht kommen. Zum Herstellen von Methanol wird aus den Einsatzstoffen durch Dampfreformieren, partielle Oxidation oder Vergasung ein Gemisch aus Wasserstoff und Kohlenmonoxid (Synthesegas) hergestellt. Dieses Gemisch wird über einen geeigneten Katalysator (→Katalyse) zu Methanol umgewandelt (Kohleveredelung). *Dohrn*

Literatur: *Keim, W., A. Behr u. G. Schmitt:* Grundlagen der industriellen Chemie. Frankfurt a. M. 1986. – *Lommerzheim, W.:* Entwicklung des COMFLUX-Verfahrens – Ein Beitrag zur Erzeugung von SNG aus Kohle. Gaswärme International 29 (1980) Nr. 4, S. 171. – Ullmanns Enzyklopädie der technischen Chemie. 4. Aufl. Weinheim 1972.

Erg. Energieeinheit im CGS-System. Einheitenzeichen erg. 1 erg = 10^{-7} J (→Einheiten des SI). In Deutschland im geschäftlichen und amtlichen Verkehr nicht mehr zugelassen. *Hammerschmidt*

Erhaltungssatz. Zu den Grundlagen der Kontinuumsmechanik gehören E., die die Massen-, die Impuls-, die Drall- und die Energieerhaltung oder -bilanz enthalten. In der analytischen Mechanik werden sie aus der Hamilton-Funktion H gefolgert.

Erhaltung der Energie bedeutet dann Unveränderlichkeit der Funktion H im Laufe der Zeit.

Impuls- und Drallerhaltung entspricht der Unveränderlichkeit von H bei einer →Translation des Bezugssystems bzw. bei dessen Rotation. *Besdo*

Ericson-Prozeß. Ein Kreisquasiprozeß von einem Gleichgewichtszustand 1 ausgehend über 2, 3 und 4 nach 1 zurückkehrend heißt E.-Prozeß, wenn gilt:
von 1 nach 2: isotherme Kompression,
von 2 nach 3: isobare Erwärmung,
von 3 nach 4: isotherme Expansion,
von 4 nach 1: isobare Abkühlung.

Für den Teilprozeß von j nach $j+1$, $j = 1, \ldots, 4$ mit 5 T 1, sind $Q_{j,j+1}$ die Wärmeübergänge (Bild). Dabei ist

$$Q_{23} = -Q_{41},$$

so daß diese Wärmeübergänge im Inneren des Systems durch Wärmetauscher erzwungen werden können. Mit der Umgebung des Systems werden Q_{12} und Q_{34} ausgetauscht, und zwar Q_{12} mit einem Wärmereservoir der thermostatischen Temperatur T_1, Q_{34} mit einem der Temperatur T_4, $T_1 < T_4$, die beide die Isothermie der Teilprozesse erzwingen. Daher verläuft der E.-Prozeß zwischen zwei äußeren Wärmereservoiren und hat deshalb den gleichen →Wirkungsgrad wie der →Carnot-Prozeß zwischen den gleichen Reservoiren (→Carnot-Wirkungsgrad):

$$\eta = \eta_c = 1 - T_1/T_4.$$

Der Ericson-Prozeß ist ein Vergleichsprozeß für Gasturbinen mit innerem →Wärmeübergang. *Muschik*

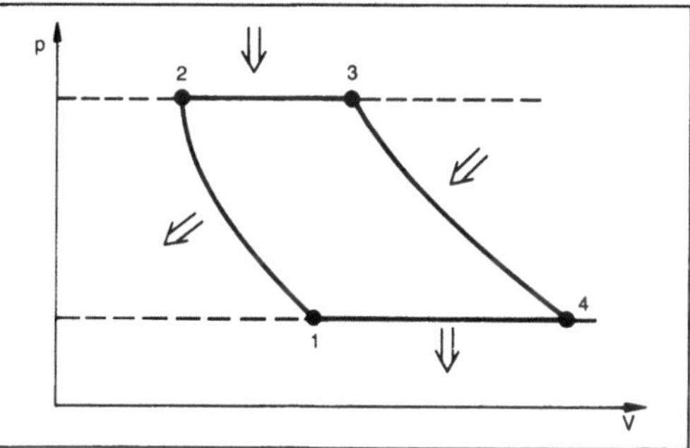

Ericson-Prozeß: p/V-Diagramm. Die Doppelpfeile kennzeichnen den Wärmeübergang im jeweiligen Takt.

Ermüdung. Die →Festigkeit eines Baustoffs wird bei dynamischer Beanspruchung herabgesetzt; diese Erscheinung bezeichnet man als Ermüdung des Baustoffs. Bei „unendlich" vielen Lastspielwechseln führt sie zu einer verringerten Grenztragfähigkeit, der →Dauerschwingfestigkeit. *Splittgerber*

Ermüdungsfestigkeit →Dauerschwingfestigkeit

Erregerfrequenz. Ist ein →Schwinger einer äußeren Einwirkung (Erregung) ausgesetzt, so heißt er fremderregter Schwinger. Ist die Erregung sinusförmig, heißt ihre →Frequenz E. Häufig ist die E. gleich der Betriebsfrequenz der Maschine. Eine periodische Erregung kann aus einer Summe von harmonischen (sinusförmigen) Erregungen zusammengesetzt werden. Die niedrigste Erregerfrequenz wird Grundfrequenz genannt und entspricht meistens der Betriebsfrequenz. Die Teilschwingungen mit Vielfachen der Grundfrequenz heißen 1. bis n-ter Oberton. Bei periodischer Erregung werden die Teilschwingungen auch als 1. bis n-te Harmonische bezeichnet. *Splittgerber*

Ersatzschaltbild. Der Zusammenhang zwischen →Strom und Spannung an einer elektrischen Leitung mit dem →Induktivitätsbelag L', dem →Kapazitätsbelag C', dem Widerstandsbelag R' und dem Ableitungsbelag G' wird durch die Leitungsgleichungen beschrieben (Leitung). Für eine kurze Leitung, bei der die Länge l klein gegenüber der →Wellenlänge ist, läßt sich das Verhalten durch ein Ersatzschaltbild darstellen, in dem die Leitungsbeläge als konzentrierte Elemente wirken (Bild 1).

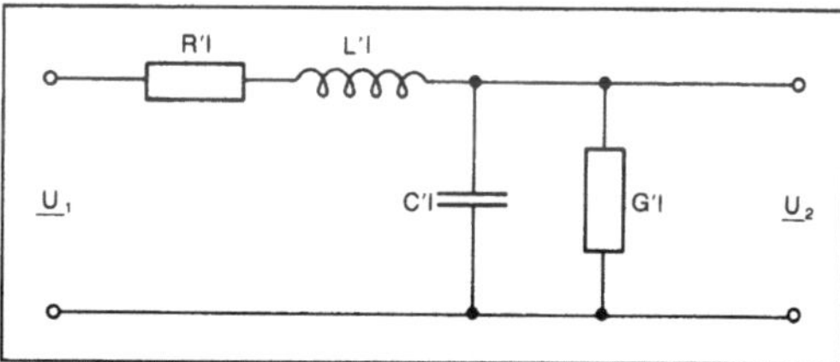

Ersatzschaltbild 1: Schaltbild einer kurzen Leitung.

Die elektrisch lange Leitung ist dadurch charakterisiert, daß die Dämpfung αl größer als etwa zwei bis drei ist, wobei α der Realteil des Übertragungsmaßes γ ist:

$$\gamma = \alpha + j\beta = \sqrt{(R' + j\omega L')\,(G' + j\omega C')}.$$

(ω ist die Winkelfrequenz und $j = \sqrt{-1}$ die imaginäre Einheit).

Der Eingangswiderstand der Leitung ist dann gleich dem →Wellenwiderstand $\underline{Z}_w$:

$$\underline{Z}_w = \sqrt{\frac{R' + j\omega L'}{G' + j\omega C'}}.$$

Strom und Spannung am Ausgang der Leitung können in diesem Fall so berechnet werden, als ob der Verbraucher an einen Generator angeschlossen wäre, der eine →Leerlaufspannung

$$\underline{U}_{20} = 2\underline{U}_1\, e^{-\gamma l}$$

und einen Innenwiderstand entsprechend dem Wellenwiderstand $\underline{Z}_W$ besitzt (Bild 2). *Claassen*

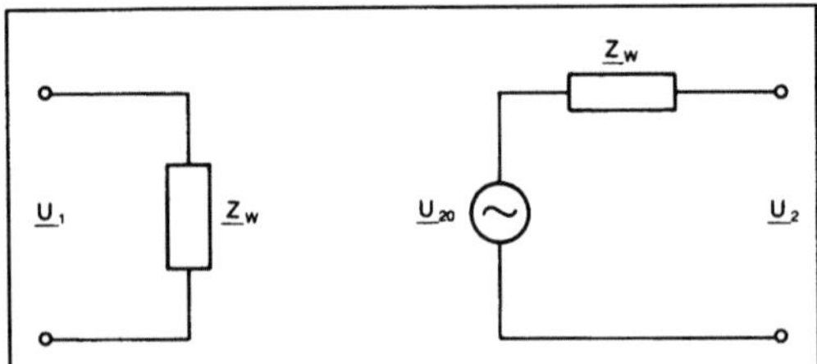

Ersatzschaltbild 2: Schaltbild einer langen Leitung.

Ersatzschaltkreis. Elektrischer Schaltkreis, der gleiches oder ähnliches Verhalten zeigt wie ein anderer (komplizierterer) Schaltkreis oder wie ein anderes dynamisches (z. B. mechanisches) →System. Der E. gehorcht einem Differentialgleichungssystem, das dem des zu untersuchenden Gebildes entspricht. Die Lösung kann in dem E. mit Hilfe der Netzwerktheorie erheblich einfacher gefunden und meist auch anschaulicher dargestellt werden als in dem ursprünglichen System. Oft ist dies die einzige Möglichkeit, überhaupt eine Lösung zu erhalten.

E. verwendet man in der Nachrichtentechnik häufig zur Untersuchung von Transistorschaltungen und anderen Kreisen mit elektronischen Bauelementen. Das Verhalten der Bauelemente wird dazu im Arbeitspunkt linearisiert und in äquivalenten Stromquellen, Widerständen, Kapazitäten und Induktivitäten ausgedrückt. Damit kann eine Kleinsignalanalyse durchgeführt werden, die die Antwort auf kleine Wechselstromsignale oder auf geringe Änderungen des Arbeitspunktes angibt. Diese Lösung ist häufig bereits ausreichend. In anderen Fällen dient sie als erste Näherung für genauere Untersuchungen. *Claassen*

Erschütterungen. Mit E. werden alle Schwingungsarten der beim Betrieb technischer ortsfester oder mobiler Anlagen oder bei der Anwendung technischer Verfahren (z. B. Sprengungen), aber auch durch natürliche Vorgänge (z. B. Erdbeben) verursachten unerwünschten mechanischen Schwingungen von festen Körpern bezeichnet, die in der Umgebung der Erschütterungsquelle, auf dem Ausbreitungsweg und beim Einwirken in baulichen Anlagen auftreten.

Sie sind häufig aus harmonischen Schwingungen mit mehreren Frequenzen und unregelmäßig schwankenden Amplituden zusammengesetzt. Die Begriffe E. und Schwingungen werden auch synonym verwendet. Im Umweltschutz, hier beim Schutz vor E., (Immissionsschutz) interessieren häufig die mechanischen Schwingungen mit Frequenzen von etwa 1 Hz bis 80 Hz, in seltenen Fällen auch die bis zu etwa 300 Hz.

Bei der Einwirkung auf Sachgüter z. B. auf Bauwerke sowie auf erschütterungsempfindliche Anlagen und Geräte, können E. Schäden oder Nachteile bewirken. Bei der Einwirkung auf Menschen sind E. subjektiv wahrnehmbare, störende, belästigende oder gar gesundheitlich gefährdende mechanische Schwingungen. E. werden haptisch (*griech.* haptein = berühren) wahrgenommen.

E. können durch Naturkräfte wie Erdbeben und Seegang hervorgerufen werden.

E. können klassifiziert werden in determinierte und nichtdeterminierte, d. h. zufallsbedingte mechanische Schwingungen. In Bezug auf die Einwirkungsdauer können E. stationär, d. h. zeitlich länger andauernd auftreten oder zeitlich vorübergehend (transient) einmalig oder wiederholt mit mehr oder weniger großen Pausen zwischen den einzelnen Ereignissen.

Durch anthropogene Vorgänge verursachte E. gehen von technischen Anlagen aus, z. B. beim Betrieb von Schmiedehämmern, Fallwerken, Rammen, Rüttlern, Pressen, Webmaschinen, Sägegattern, Zentrifugen, Kompressoren beim Betrieb von Verkehrsfahrzeugen oder bei Sprengungen.

Haben Schwingungen nicht nur zeitlichen sondern auch räumlichen Charakter, werden sie als Wellen bezeichnet. E. werden durch feste elastische Kontinua übertragen. Übertragungsmedien sind insbesondere der Erdboden und bauliche Anlagen. Die sich im Boden in Form von Wellen ausbreitenden E. werden an geologischen Schichtgrenzen, am Grundwasserspiegel und anderen Inhomogenitäten im Boden reflektiert und refraktiert. Die Berechnung der Erschütterungsausbreitung ist deshalb sehr komplex. Bei Untersuchungen von E.-Problemen hat sich die im Bild dargestellte Unterteilung des Systems in die drei Bereiche Emission, Transmission und Immission bewährt.

E. gehören nach dem →Bundesimmissionsschutzgesetz (BImSchG) zu den zu beachtenden Emissionen und Immissionen.

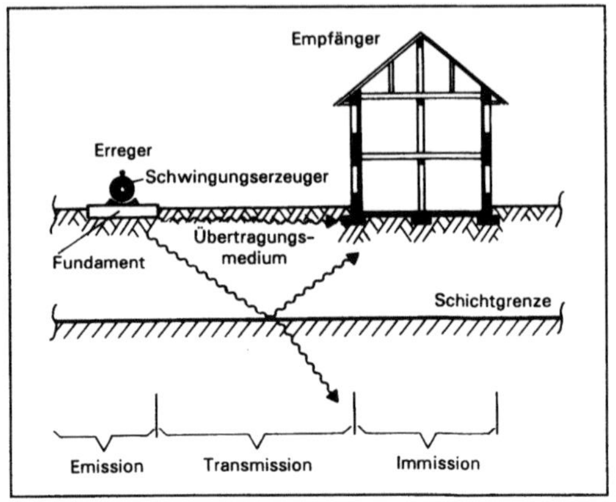

Erschütterung: System zur Untersuchung von Erschütterungen. Es werden drei Bereiche unterschieden: Emission, Transmission und Immission.

Die Erschütterungsemission kennzeichnet die für die betrachteten Wirkungen wesentlichen physikalischen Größen, die von einer Erschütterungsquelle ausgehen und an die Umgebung (Erdboden, Bauteile) abgegeben werden. Um die Emission der jeweiligen Erschütterungsquelle möglichst zutreffend zu erfassen und zu charakterisieren, ist wegen der oft vorliegenden Vielfalt der erregenden Kräfte und ihrer möglichen unterschiedlichen Wirkungsrichtungen im Raum die Art der Maschine oder Anlage und der Mechanismus der Erschütterungserregung zu beachten. Anders als in der →Akustik ist es bei einer auf dem Boden gegründeten Maschine nicht möglich, die kennzeichnenden Schwingungsgrößen und damit die durch eine Hüllfläche hindurchtretende Schwingungsenergie zu messen, da die Hüllfläche nur an der Erdoberfläche zugänglich ist. Es besteht nur die Möglichkeit, die Erschütterungsemission durch Schwingungsgrößen in definierten Entfernungen vom Maschinenfundament bzw. von den Anlagen an der Bodenoberfläche zu erfassen. Dabei wird jedoch das komplizierte dynamische System Maschine-Fundament-Baugrund nur unzureichend erfaßt.

Der Begriff Erschütterungsimmission bezeichnet den Übertritt von Schwingungsenergie bzw. der für die betrachteten Wirkungen verwendeten physikalischen Größen aus einer Umgebung, z. B. dem Boden oder einem Bauwerk, zu einem Empfänger, d. h. zu dem Objekt, auf das die E. einwirken. Das sind meistens Gebäude oder Bauteile, aber auch Menschen, die sich in Gebäuden aufhalten. Zweck der Messungen von Erschütterungsimmissionen ist es, Daten für die Beurteilung der möglichen Schädlichkeit von E. bei baulichen Anlagen oder der Belastung für Menschen in Gebäuden zu liefern. Messungen der Erschütterungsimmissionen werden überwiegend in Gebäuden durchgeführt. Bei Messungen auf dem Erdboden, die dann notwendig sind, wenn die Erschütterungswirkungen auf geplante, aber noch nicht vorhandene Bauwerke abgeschätzt werden sollen, ergeben sich Unsicherheiten durch die Übertragungsbedingungen vom Erdboden in das Bauwerk.

E. werden wegen der physikalischen Verwandtschaft und der zum Teil gleichartigen Probleme in engem Zusammenhang zum Lärm gesehen.

Beim Betrieb von technischen Anlagen an Aufstellungsorten, die mit betroffenen Bauwerken über feste Körper, z. B. über den Erdboden oder über Bauteile, verbunden sind, können durch →Körperschall sog. Sekundärgeräusche auftreten. Dabei wird durch die Bauteile, die durch E. dynamisch erregt werden, die angrenzende Luft in Räumen zu hörbarem →Schall angeregt.

Die möglichen Wirkungen von E. auf Menschen sind nicht nur von physikalischen, sondern auch von psychologischen und soziologischen Faktoren, den sog. Moderatoren, abhängig. Zu den letzteren gehören u. a. die Umgebungssituation, die persönliche Einstellung zum Erschütterungserzeuger, der Gesundheitszustand der Betroffenen sowie die Tätigkeit während der Erschütterungseinwirkung.

Bei den Einwirkungen von E. auf Gebäude und auf Bauteile werden zusätzlich zu den vorhandenen, aus statischen Belastungen herrührenden Spannungen, dynamische Spannungen verursacht. Werden dabei Bruchspannungen überschritten, treten Schäden in Form von Rissen auf. Bei Einwirkungen von E. auf den Baugrund können Setzungen oder Sackungen auftreten.

Zu den Maßnahmen zur Minderung von E. gehören die Entwicklung von erschütterungsarmen Verfahren und Technologien sowie Isoliermaßnahmen an der Erschütterungsquelle, im Ausbreitungsmedium und am betroffenen Objekt.

Im Umweltschutz sind E. meist nur bis zu einigen hundert Metern von der Erschütterungsquelle von Bedeutung. Auftretende und als nicht zumutbar beurteilte E. lassen sich nachträglich oft nur mit großem Aufwand mindern. E. sollten deshalb bereits bei der Planung von technischen Anlagen, von Baugebieten und von Verkehrsanlagen beachtet werden. Bedingt durch den enger werdenden Lebensraum rücken Erschütterungserreger, z. B. Verkehrsanlagen, und schutzbedürftige Objekte, z. B. Wohngebiete, immer näher zusammen. Dadurch werden die Probleme des Erschütterungsschutzes zunehmend bedeutsamer. *Splittgerber*

Literatur: *Splittgerber, H.*: Erschütterungen, Erschütterungsemissionen und -immissionen. In Haupt, W. (Hrsg.): Bodendynamik. Braunschweig 1986. – *Splittgerber, H.*: Wirkung von Erschütterungen. In Dreyhaupt, F. J. (Hrsg.): Handbuch für Immissionsschutzbeauftragte. Köln, 1978.

Erschütterungsausbreitung. Bei der Ausbreitung von Erschütterungen unterscheidet man drei Bereiche:
– den Bereich um die Erschütterungsquelle (Nahfeld)
– die Ausbreitung (Transmission) im Ausbreitungs- bzw. Übertragungsmedium, besonders im Boden
– den Bereich um den „Empfänger", z. B. Gebäude (Boden-Bauwerk-Wechselwirkung).

Im Umweltschutz sind Probleme der Ausbreitung von Erschütterungen im Planungsstadium, z. B. bei der Planung neuer Anlagen oder von Baugebieten in der Nähe von Erschütterungsquellen im Rahmen der Prognose von großer Bedeutung. Die üblichen Reichweiten von technisch erregten Erschütterungen, bis zu denen nachteilige Einwirkungen auftreten können, erstrecken sich bis zu einigen hundert Metern von der Quelle. Eine theoretische Behandlung des kompliziert aufgebauten mechanischen Ausbreitungssystems (Erdboden) und seines dynamischen Verhaltens mit Hilfe physikalisch-mathematischer Modelle ist praktisch nicht möglich. Für die E. interessiert im Umweltschutz der Boden bis zu Schichtdicken von wenigen Metern bei Maschinen- und Verkehrserschütterungen und bis zu erheblich größeren Tiefen bei der Ausbreitung von Sprengerschütterungen. Die Schwingungsamplituden von Erschütterungen, die sich im Boden ausbreiten, nehmen in der Regel mit zunehmendem Abstand von der Erschütterungsquelle ab, weil sich die eingeleitete →Energie auf größere Flächen verteilt. Dieser Einfluß wird auch als geometrische Ausbreitungsdämpfung bezeichnet (Bodendämpfung). Eine zusätzliche Abnahme der Schwingungsamplituden wird durch die Absorption im Boden (→Materialdämpfung) bewirkt. Die von einer Erschütterungsquelle in den Erdboden eingeleitete Schwingungsenergie breitet sich in verschiedenen →Wellenarten aus. Es treten Raumwellen und Oberflächenwellen auf, die je nach der Art der Erschütterungsquelle unterschiedlich stark angeregt werden. Bei der E. hängt die Abnahme der Schwingungsamplituden von der Form der Quelle und der Wellenart ab (Bild).

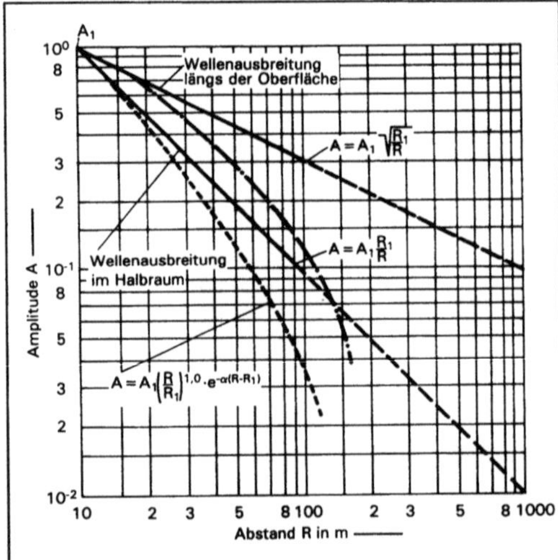

Erschütterungsausbreitung: Beispiel für die Abnahme der Erschütterungsamplitude A mit Abstand R von einer punktförmigen Erschütterungsquelle.

Das Regelwerk DIN 4150, Teil 1, enthält Hinweise zur Berechnung der E. Die dort genannten Ansätze und semiempirische Formeln beruhen auf theoretischen Grundlagen, die mittels experimentell ermittelter Daten eine praktische Anwendung ermöglichen.   *Splittgerber*

Literatur: *Splittgerber, H.:* Einflüsse auf die Stärke von Erschütterungen bei Gewinnungssprengungen. Schriftenreihe der Landesanstalt für Immissionsschutz des Landes NRW, Hrsg.: Landesanstalt für Immissionsschutz. Essen 1977. – *Studer, J.* und *A. Ziegler:* Bodendynamik, Grundlagen, Kennziffern, Probleme. Berlin–Heidelberg–New York 1986.

erster Hauptsatz. Der e. H. sagt aus: Für diskrete adiabatische Systeme in Ruhe ist die dem System zugeführte Arbeit vom Weg unabhängig. Dabei ist der Weg ein Prozeß, d. h. eine Trajektorie in einem das System beschreibenden Zustandsraum.

Sei also $\underline{Z}$ ein Zustand des Systems, $\underline{Z}(t)$ ein Prozeß in diesem Zustandsraum, so ist nach dem e. H. insbesondere für alle geschlossenen Wege (Kreisprozesse) die zwischen dem adiabatischen System und seiner Umgebung ausgetauschte Arbeit (oder Leistung) gleich null:

$$\oint \dot{W}\,(\underline{Z}(t))\, dt = 0$$

oder für nicht geschlossene Wege C zwischen den Zuständen $\underline{Z}_1 \equiv 1$ und $\underline{Z}_2 \equiv 2$ das Integral (die ausgetauschte Arbeit)

$$C \int_1^2 \dot{W}\,(\underline{Z}(t))\, dt = : U_2 - U_1$$

unabhängig von C.

Dadurch wird die rechte Seite der vorstehenden Gleichung, die nur von $\underline{Z}_1$ und $\underline{Z}_2$ abhängt, definiert. Sie wird als Änderung der inneren Energie $U(\underline{Z})$ des Systems bezeichnet. Differentiell schreibt sich diese Gleichung

$$\dot{W} = \dot{U}\,(\underline{Z}) \tag{1},$$

($\cdot$ pro Zeiteinheit), die nur für adiabatische Systeme gilt. Dabei ist $\dot{W}$ keine Zustandsgröße, weil der Leistungsaustausch auch von der Umgebung des Systems abhängt. Betrachtet man nun ein geschlossenes System, d. h. wird neben dem Arbeitsaustausch auch der Wärmeaustausch mit der Umgebung zugelassen, so gilt Gl.(1) wegen der Aufhebung der Adiabasie nicht mehr:

$$0 = \dot{U}\,(\underline{Z}) - \dot{W} = : \dot{Q} \tag{2}.$$

Vielmehr wird durch die Differenz zwischen der zeitlichen Änderung der inneren Energie $\dot{U}$ und des Leistungsaustausches $\dot{W}$ der →Wärmeübergang $\dot{Q}$ je Zeit definiert. Wie $\dot{W}$ ist auch $\dot{Q}$ i. a. keine Zustandsgröße, weil $\dot{Q}$ von der Umgebung des Systems abhängt: „kalte" Umgebungen erzeugen einen anderen Wärmeaustausch als „heiße" Umgebungen, wenn alle anderen Größen konstant gehalten werden. Wird nun das System auch für Stoffaustausch geöffnet, so gilt Gl. (2) nicht mehr:

$$0 = \dot{U}\,(\underline{Z}) - \dot{W} - \dot{Q} = : \underline{H} \cdot \underline{\dot{n}}^e;$$

$\underline{H}$ partielle molare Enthalpien, $\underline{\dot{n}}^e$ externe Molzahländerungen je Zeit (→Molzahl).

Vielmehr wird durch die linke Seite der Gleichung der Energieaustausch durch Stofftransport zwischen dem System und seiner Umgebung definiert. Für ein diskretes offenes System konstanten

Drucks und konstanter Temperatur ohne chemische Reaktionen gilt für die →Enthalpie:

$$\dot{H} = \underline{H} \cdot \dot{\underline{n}}^e = (U + pV)^{\cdot} = \dot{U} + p\dot{V}.$$

Mit der →Volumenarbeit je Zeit

$$\dot{W} = -p\dot{V}$$

ergibt sich aus den beiden letzten Gleichungen

$$\dot{Q} = 0,$$

d. h. der Energieaustausch durch Stofftransport ist für offene Systeme so definiert, daß bei konstantem Druck und konstanter Temperatur des Systems der Stoffaustausch nicht zum Wärmeübergang beiträgt.

Wird die vom System aufgenommene Leistung $\dot{W}$ durch die Leistung L der äußeren Kräfte und durch die kinetische Energie E_{kin} ersetzt, so lautet der e. H.:

$$\dot{Q} + L + \underline{H} \cdot \dot{\underline{n}}^e = \dot{U} + \dot{E}_{kin}.$$

Existiert nun eine potentielle Energie E_{pot}, so läßt sich L in eine Änderung dieser potentiellen Energie und einen potentiallosen Anteil L' zerlegen. Damit wird der e. H. für offene diskrete Systeme

$$\dot{Q} + L' + \underline{H} \cdot \dot{\underline{n}}^e = \dot{E}$$

mit der →Gesamtenergie

$$E := U + E_{kin} + E_{pot}$$

oder in einer anderen Form

$$\dot{Q} + \dot{W} + \dot{E}_{kin} + \dot{E}_{pot} + \underline{H} \cdot \dot{\underline{n}}^e = \dot{E}.$$

Speziell wird aus dieser Formulierung des e. H. für ein Einkomponentensystem im Schwerefeld mit einem Einlaß 1 und einem Auslaß 2 (Bild) im stationären Betrieb pro Zeiteinheit und Mol

$$\Delta q + \Delta w = H_2 - H_1 + (v_2^2 - v_1^2)/2 + g(z_2 - z_1);$$

v Geschwindigkeit, g Schwerebeschleunigung, z Höhe.

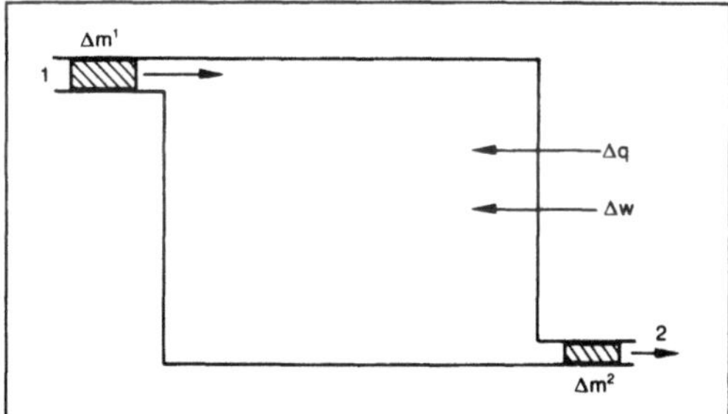

erster Hauptsatz: Reaktionsbehälter mit einem Einlaß (1) und einem Auslaß (2). Der Massendurchsatz (für ein Einkomponentensystem) ist im stationären Betrieb $\Delta m^1 = -\Delta m^2$. Der Wärmeaustausch zwischen dem Reaktionsbehälter und seiner Umgebung ist Δq, der Arbeitsaustausch Δw.

In der Kontinuumsthermodynamik wird der e. H. durch die →Bilanzgleichung für die spezifische innere Energie beschrieben. Sie lautet für die k-te Komponente:

$$\rho^k \dot{\varepsilon}^k + \nabla \cdot \underline{q}^k = -\underline{\underline{P}}^k : \nabla \underline{v}^k + \omega^k;$$

ρ^k Partialmassendichte, $\dot{\varepsilon}^k$ substantielle Zeitableitung der spezifischen inneren Partialenergie, $\underline{q}^k$ Partial-Wärmestromdichte, $\underline{\underline{P}}^k$ Partialdrucktensor, $\underline{v}^k$ Partialgeschwindigkeitsfeld, ω^k Produktionsterm für die innere Partialenergie.

Nach der Mischungstheorie (→Mischung) addieren sich die Partialbilanzen zur Gesamtbilanz auf:

$$\rho\dot{\varepsilon} + \nabla \cdot \underline{q} = \underline{\underline{P}} : \nabla\underline{v} + r$$

(r Strahlungsabsorptionsdichte). Dabei gilt

$$\rho = \sum_k \rho^k, \quad \rho\underline{v} = \sum_k \rho^k, \underline{v}^k,$$

$$\rho\varepsilon = \sum_k \rho^k (\varepsilon^k + 0{,}5((\underline{v}^k)^2 - \underline{v}^2)),$$

$$\underline{q} = \sum_k (\underline{q}^k + \rho^k(\varepsilon^k + 0{,}5(\underline{v}^k - \underline{v})^2)(\underline{v}^k - \underline{v}) + \underline{\underline{P}}^{kT} : (\underline{v}^k - \underline{v})),$$

$$\underline{\underline{P}} = \sum_k (\underline{\underline{P}}^k + \rho^k(\underline{v}^k - \underline{v})(\underline{v}^k - \underline{v})). \qquad \textit{Muschik}$$

erstes Integral. Es sei

$$\dot{\underline{x}} = \underline{f}(\underline{x}) \tag{1}$$

ein eindeutig lösbares autonomes System mit einer stetigen Abbildung $\underline{f}: M \to \mathbb{R}^n$ definiert auf einem Gebiet $M \subset \mathbb{R}^n$. Eine stetig differenzierbare Funktion $F: M \to \mathbb{R}$ heißt ein e. I. von Gl. (1), wenn $F(\underline{x}(t))$ für jede Lösung $\underline{x}(t)$ von Gl. (1) konstant ist. Der etwas irreführende Name ist historisch bedingt. Eine äquivalente Definition, die gleichzeitig bei der Suche nach e. I. nützlich sein kann, lautet: Eine stetig differenzierbare Funktion $F: M \to \mathbb{R}$ ist genau dann ein e. I. von Gl. (1), wenn für jeden nicht kritischen Punkt $\underline{x} \in M$ die Richtungsableitung von F nach $\underline{f}(\underline{x})$ verschwindet, also

$$\langle \mathrm{grad}\, F, \underline{f} \rangle = 0$$

gilt.

Die konstante Funktion F = konst ist ein völlig nutzloses e. I. Nicht konstante e. I. müssen nicht immer existieren. Wenn sie jedoch existieren, können sie eine wertvolle Vorinformation über die Lösungen von Gl. (1) liefern. Wir betrachten dazu die durch die Lösungen $\underline{x}(t)$ in Parameterdarstellung gegebenen Kurven in M, genannt *Orbits*. Jeder solcher Orbit muß auf einer der Niveauflächen

$$F^{-1}(c) := \{\underline{x} \in M : F(\underline{x}) = c\}, \ c \in \mathbb{R}$$

liegen. Kennt man mehrere voneinander unabhängige e. I. $F_1, F_2, \ldots, F_j$, so wird durch die Schnittgebilde

$$F_1^{-1}(c_1) \cap F_2^{-1}(c_2) \cap \ldots \cap F_j^{-1}(c_j)$$
$$(c_1, c_2, \ldots, c_j \in \mathbb{R})$$

die Lage der Orbits weiter eingegrenzt, für $j = n - 1$ bereits genau bestimmt.

Bei Problemen aus der Physik lassen sich häufig aus den Erhaltungssätzen e. I. gewinnen. Beispiel: Die Pendelgleichung $\ddot{\Theta} = -k \sin \Theta$ für den Auslenkwinkel Θ wird durch $x_1 := \Theta$, $x_2 := \dot{\Theta}$ in das autonome System

$$\dot{x}_1 = x_2, \qquad \dot{x}_2 = -k \sin x_1$$

übergeführt. Potentielle und kinetische Energie berechnen sich zu

$$E_{\text{kin}} = \gamma \frac{x_2^2}{2}, \qquad E_{\text{pot}} = \gamma (1 - k \cos x_1)$$

mit einer geeigneten Konstanten $\gamma \neq 0$. Energieerhaltung verlangt

$$F(x_1, x_2) := E_{\text{kin}} + E_{\text{pot}}$$
$$= \gamma \left(\frac{x_2^2}{2} + (1 - k \cos x_1) \right) = \text{konst.}$$

Die Niveaulinien

$$\{p(x_1, x_2) \in \mathbb{R}^2 : F(x_1, x_2) = cb\}, \ c \in \mathbb{R}$$

sind hier ($n = 2$) bereits Orbits. Sie liefern das gesamte Phasenporträt. Die Orientierung der Orbits muß man dabei aus dem physikalischen Sachverhalt erschließen (Bild).

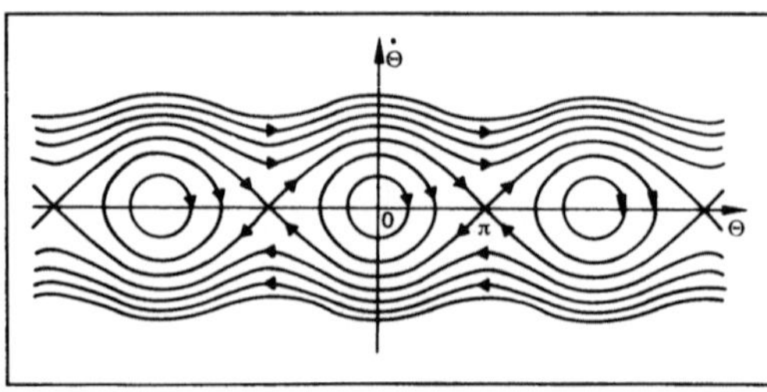

erstes Integral: Phasenporträt der Pendelgleichung.

Im Fall der nicht geschlossenen Orbits ist die →Gesamtenergie bereits so groß, daß das Pendel um seinen Aufhängepunkt rotiert. *Schmeißer*

Literatur: *Arnold, V. I.:* Gewöhnliche Differentialgleichungen. Berlin 1980. – *Jänich, K.:* Analysis für Physiker und Ingenieure. Berlin 1983.

Erzeugende →Transformation, kanonische

Euler-Darstellung. Man kennt in der Strömungsphysik zwei unterschiedliche Methoden zum Beschreiben eines Strömungsfelds: die E.-D. und die Lagrange-D. Während die letztere für das Formulieren der Grundgleichung der Strömungsmechanik und allgemein der Kontinuumsmechanik häufig vorteilhaft ist, dominiert die erstere bei der Lösung praktischer Probleme.

Die E.-D. fragt: Wie verhalten sich die Strömungsgrößen (Druck, Dichte, Geschwindigkeit) an einem festen Ort, d. h. für feste E.-Koordinaten, als Funktion der Zeit? Da in der Strömungsmechanik homogene Fluide vorausgesetzt werden, Fluide, die aus identischen Teilchen bestehen, stört es nicht, daß man bei dieser Betrachtungsweise ständig wechselnde individuelle Fluidteilchen betrachtet. Die Grundgleichungen in der E.-D. sind die Kontinuitätsgleichung und die Navier-Stokes-Differentialgleichungen.

Im Gegensatz hierzu fragt die Lagrange-D.: Wie ändern sich die Strömungsgrößen eines individuellen Fluidteilchens, d. h. für feste Lagrange-Koordinaten, in Abhängigkeit von der Zeit? Die Lage eines Fluidteilchens wird durch die Bahnlinie $\underline{x} = \underline{x}(\underline{x}_0, t)$ beschrieben ($\underline{x}_0$ Lagrange-Koordinate des Fluidteilchens). Die Bewegungsgleichungen für die einzelnen Komponenten des Ortsvektors eines Teilchens lauten:

$$\sum_{i=1}^{3} \rho, \left\{ \frac{\partial^2 x^i}{\partial t^2} - f^i \right\} = \frac{\partial x^i}{\partial x_0^i} = -\frac{\partial p}{\partial x_0^i}, \ i, = 1, 2, 3,$$

während die Kontinuitätsgleichung durch

$$\frac{\rho_0(\underline{x}_0, t_0)}{\rho(\underline{x}, t)} = \frac{\partial(x^1, x^2, x^3)}{\partial(x_0^1, x_0^2, x_0^3)}$$

beschrieben wird; ρ_0 und ρ sind die Dichten des gleichen Fluidteilchens zu den Zeiten t_0 bzw. t, p der Druck, $\underline{f} = \{ f^1, f^2, f^3 \}$ äußere Kräfte, z. B. Schwerkraft, und $\dfrac{\partial(x^1, x^2, x^3)}{\partial(x_0^1, x_0^2, x_0^3)}$ ist die Funktionaldeterminante für die Transformation von den E. zu den Lagrange-Koordinaten. Hinsichtlich der praktischen Handhabung wirft die Lagrange-D. größere mathematische Probleme auf als die E.-D. Vorteile ergeben sich aber u. a. bei einigen speziellen Fragestellungen eindimensionaler instationärer Strömungsfelder. *Obermeier*

Euler-Formel. Die von *Leonhard Euler* (1707 bis 1783) entdeckte Identität

$$\cos x + i \sin x \equiv e^{ix}$$

mit $i^2 = -1$ (imaginäre Einheit). Sie ist von großer Bedeutung in Naturwissenschaft und Technik, da sie es ermöglicht, einfache periodische Vorgänge unter Verwendung kompexer Zahlen durch Potenzen zu beschreiben. Ein Beweis kann mit Hilfe der Taylor-Reihen der Cosinus-, Sinus- und Exponentialfunktion erfolgen. Für $x = \pi$ ergibt sich

$$e^{i\pi} + 1 = 0,$$

eine Gleichung, die insofern beachtlich ist, als sie fünf der wichtigsten Zahlen der Mathematik, nämlich 0, 1, e, π und i, miteinander verknüpft. *Schmeißer*

Literatur: *Heinzl, J.:* Mathematik für Naturwissenschaftler. Stuttgart 1977. – *Le Lionnais, F.:* Les nombres remarquables. Paris 1983.

Euler-Gleichung.

Mathematik. In der Variationsrechnung sucht man (im einfachsten Fall) eine Funktion y, für die ein Funktional der Gestalt

$$I[y]: = \int_{x_1}^{x_2} F(x,y(x),y'(x))dx$$

extremal wird. Nach *Euler* (1744) gewinnt man die Lösung aus der Differentialgleichung zweiter Ordnung

$$\frac{\partial F}{\partial y} - \frac{d}{dx}\frac{\partial F}{\partial y'} = 0$$

oder ausführlicher geschrieben

$$y'' \frac{\partial^2 F}{\partial(y')^2} + y' \frac{\partial^2 F}{\partial y \partial y'} + \frac{\partial^2 F}{\partial x \partial y} - \frac{\partial F}{\partial y} = 0.$$

Dabei wird vorausgesetzt, daß F genügend oft differenzierbar ist. *Schmeißer*

Strömungsmechanik. Sie beschreibt in differentieller Form die Impulserhaltung für ein reibungsfreies Fluid. Die E.-G. ergibt sich aus der Navier-Stokes-Differentialgleichung durch Vernachlässigung der Reibungsterme:

$$\rho \frac{\partial \underline{u}}{\partial t} + (\underline{u}. \text{ grad}) \underline{u} = - \text{ grad } p + \rho\underline{f};$$

hier bedeuten ρ Dichte, $\underline{u}$ Geschwindigkeit, p Druck, $\underline{f}$ äußere Kräfte pro Masseneinheit (z. B. Schwerkraft), $\frac{\partial}{\partial t}$ lokale Beschleunigung, $(\underline{u}. \text{ grad}) \underline{u}$ konvektive Beschleunigung. Praktische Anwendung findet die E.-G. häufig in der Aerodynamik und in der Gasdynamik. *Obermeier*

Euler-Knickfälle →Knickung

Euler-Zahl →Kennzahlen

EUREKA. Zwischenstaatlicher Rahmen für technologische und wissenschaftliche Zusammenarbeit in Europa.

Die auf eine deutsch-französische Initiative zurückgehende Technologieaktion EUREKA (ursprünglich: European Research Coordination Agency) wurde am 17. Juli 1985 in Paris ins Leben gerufen. Am 5. und 6. November 1985 legte eine Ministerkonferenz in Hannover in einer Grundsatzerklärung ihre Ziele sowie Schwerpunkte, Kriterien und Organisation der Projekte fest.

Ziel von EUREKA ist es, grenzüberschreitend Projektzusammenarbeit von Unternehmen und Forschungsinstituten zu verstärken, damit eine europäische Technologiegemeinschaft entsteht und die Wettbewerbsfähigkeit Europas auf dem Weltmarkt der Hochtechnologien gestärkt wird. EUREKA-Projekte der industriellen Kooperation sollen auf die Entwicklung von Produkten, Verfahren und Dienstleistungen mit einem weltweiten Marktpotential ausgerichtet sein. Forschungs- und Entwicklungsvorhaben sollen darüber hinaus die technischen Voraussetzungen für eine moderne Infrastruktur schaffen oder darauf abzielen, grenzüberschreitende Probleme (etwa im Umweltschutz) zu lösen.

EUREKA ist ein offener Rahmen für die Initiativen von Unternehmen und Forschungseinrichtungen, aus denen grenzüberschreitende Kooperationsprojekte entstehen. Mit der Zustimmung der Regierungen der Länder, aus denen die Partner kommen, werden diese zu EUREKA-Vorhaben. Entscheidendes Kriterium ist, daß die Zusammenlegung finanzieller und personeller Ressourcen aus mehreren Ländern Vorteile gegenüber rein nationalen Projekten erwarten läßt. Die Finanzierungsbeiträge werden ohne zentrale Projektbudgets besorgt.

An einem EUREKA-Projekt müssen jeweils Unternehmen und/oder Forschungseinrichtungen aus mindestens zwei EUREKA-Mitgliedstaaten beteiligt sein. Auch Partner aus anderen Staaten können an einem Projekt teilnehmen, wenn die Beteiligten aus den Mitgliedstaaten zustimmen und die Entwicklungsarbeiten überwiegend in den Mitgliedstaaten durchgeführt werden. 1990 wurde die Öffnung für Beteiligungen aus Mittel- und Osteuropa beschlossen und 1991 mit dem „Hague Statement" erweitert.

Bis zur 9. EUREKA-Ministerkonferenz am 19. Juni 1991 in Den Haag waren 470 Projekte mit einem Gesamtvolumen von 17 Mrd. DM angemeldet: Umweltforschung und -technologie 102 Projekte, 10,1 % des Finanzvolumens; Fertigungstechnik 91 Projekte, 15,1 %; Biotechnologie, Medizinforschung 88 Projekte, 10,3 %; Informationstechnik 60 Projekte, 22,0 %; Materialforschung 46 Projekte, 3,8 %; Kommunikationstechnik 30 Projekte, 18,6 %; Transport- und Verkehrstechnologie 20 Projekte, 8,9 %; Energieforschung und -technologie 18 Projekte, 6,9 %; Lasertechnik 15 Projekte, 4,2 %. Die deutschen Beiträge belaufen sich auf ein Finanzvolumen von ca. 2,5 Mrd. DM zu 161 Projekten.

Von den 2 639 an den EUREKA-Projekten Beteiligten waren 436 mittelständische Unternehmen, 1 153 Forschungseinrichtungen, 150 andere Organisationen.

Mitglieder von EUREKA sind 20 Staaten: Belgien, Deutschland, Dänemark, Finnland, Frankreich, Griechenland, Großbritannien, Irland, Island, Italien, Luxemburg, Niederlande, Norwegen, Österreich, Portugal, Schweden, Schweiz, Spanien, Türkei, Ungarn sowie die Kommission der Europäischen Gemeinschaften.

Organe: Ministerkonferenz mit turnusmäßigem Wechsel des Vorsitzes unter den Mitgliedern, Gruppe der Hohen Repräsentanten als politisches Entscheidungsgremium zwischen den Ministerkonferenzen, nationale Koordinierungsstellen als ausführende Organe (i. d. R. die für EUREKA zuständigen Referate in den federführenden Regierungsstellen, in Deutschland: EUREKA-Referat des BMFT, unterstützt vom EUREKA-Büro bei der DLR), EUREKA-Sekretariat (Leitung ab 1. Juli 1992: Dr. *Reinhard Loosch*) als Dienstleistungszentrum (mit Projektdatenbank).

Periodische Publikationen: EUREKA-News und Jahresbericht über die Projekte beim EUREKA-Sekretariat Brüssel, deutsche Dokumentation beim EUREKA-Büro des BMFT.

(EUREKA-Sekretariat, Avenue des Arts 19 H, Bte 3, B-1040 Brüssel. – EUREKA-Büro des BMFT bei der DLR Köln). *Altenmüller*

Europäisches Patent. Seit dem 1. Juni 1978 kann für eine Erfindung mit einer einzigen europäischen P.-Anmeldung, die in deutscher, englischer oder französischer Sprache abgefaßt sein muß, P.-Schutz in einer größeren Anzahl westeuropäischer Staaten erreicht werden. Mitgliedstaaten sind nach dem gegenwärtigen Stand in der Reihenfolge der Ratifizierung: Deutschland, Großbritannien, Frankreich, Italien, Niederlande, Schweden, Schweiz mit Liechtenstein, Belgien, Österreich, Luxemburg, Spanien, Griechenland, Dänemark, Portugal, Monaco.

Die europäische P.-Anmeldung wird beim Europäischen Patentamt in 80331 München, Erhardtstr. 27, oder bei seiner Zweigstelle in Den Haag eingereicht. In der Anmeldung müssen nicht alle Staaten benannt werden, sondern es kann eine Auswahl getroffen werden. Das für diese Anmeldungen geltende „Gesetz" ist das *Europäische Patentübereinkommen EPÜ* (L).

Wird in drei oder mehr der obengenannten westeuropäischen Staaten P.-Schutz gewünscht, so ist eine europäische P.-Anmeldung preiswerter und weniger arbeitsaufwendig als einzelne nationale P.-Anmeldungen. Allerdings entstehen nach der Erteilung eines E. P. noch erhebliche Kosten, da das E. P. in jedem einzelnen Staat wie ein nationales P. wirkt und damit für jeden einzelnen Staat regelmäßig Jahresgebühren gezahlt werden müssen. Einfacher und voraussichtlich preiswerter wird das zukünftige Gemeinschaftspatent sein, das in allen EG-Staaten übernational als einheitliches Recht wirksam sein wird.

Gegen das E. P. kann beim Europäischen P.-Amt durch Einspruch innerhalb von neun Monaten nach der Bekanntmachung des Hinweises auf die Erteilung des E. P. vorgegangen werden. Nichtigkeitsklagen können dagegen nur in den einzelnen benannten Staaten eingereicht werden und richten sich nach dem jeweiligen nationalen Recht.

Für eine Erfindung konnte vor Inkrafttreten des EPÜ P.-Schutz nur territorial, d. h. für jeden einzelnen Staat erreicht werden. Es mußten damit in unterschiedlichen Sprachen P.-Anmeldungen bei den jeweiligen nationalen P.-Ämtern eingereicht werden, und es mußten die verschiedenen nationalen P.-Gesetze beachtet und ein Anwalt pro Staat beauftragt werden.

Eine P.-Anmeldung für mehrere Staaten kann ferner durch eine internationale P.-Anmeldung vorgenommen werden, die mit einer europäischen P.-Anmeldung kombiniert werden kann. *Cohausz*

Literatur: *Beier, Haertel, Schricker:* Europäisches Patentübereinkommen (Münchner Gemeinschaftskomment.). – Europäisches Patentrecht (Hrsg. Patentanwaltskammer).

Europäisches Patentamt. Das E. P. (EPA) hat seinen Sitz in 80331 München, Erhardtstr. 27, und erteilt Europäische Patente auf Grund des *Europäischen Patentübereinkommens EPÜ*. Es hat eine Zweigstelle in Den Haag, die die Formal- und Eingangsprüfungen und die Recherchen zu den eingereichten Patentanmeldungen durchführt. Alle anderen darauffolgenden Arbeiten (sachliche Prüfung der Erfindung, Beschwerde, Einspruch) werden beim Europäischen Patentamt in München durchgeführt. *Cohausz*

Literatur: Der Weg zum Europäischen Patent. Leitfaden für Anmelder. Informationsschr. des Europäischen Patentamtes.

Evolute. Die E. einer gegebenen Kurve C sind diejenigen Kurven, deren Tangenten zugleich die Normalen von C sind. Ist C eine ebene Kurve, so gibt es zu C nur eine einzige ebene E. Sie ist der Ort der Krümmungsmittelpunkte von C oder die Einhüllende der Normalen von C.

Analytisch sei in der XY-Ebene eine Kurve C in der Parameterform $x = \zeta(t)$, $y = \psi(t)$, $\alpha \le t \le \beta$ gegeben. Weiter seien die folgenden Voraussetzungen erfüllt:

□ ζ und ψ seien im →Intervall $[\alpha, \beta] = J$ wenigstens zweimal differenzierbar und die Ableitungen stetig.

□ $\zeta'\psi'' - \psi'\zeta'' \ne 0$.

□ Je zwei verschiedene Kurvenpunkte haben verschiedene Krümmungsmittelpunkte.

Dann bildet die Menge der zu den einzelnen Punkten von C gehörenden Krümmungsmittelpunkte ein Jordanisches Kurvenstück. Die Parameterdarstellung der E. ist:

$$x = \varphi(t) - \psi'(t)\,\frac{[\varphi'(t)]^2 + [\psi'(t)]^2}{\varphi'(t)\psi''(t) - \varphi''(t)\psi'(t)},$$

$$y = \psi(t) - \varphi'(t)\,\frac{[\varphi'(t)]^2 + [\psi'(t)]^2}{\varphi'(t)\psi''(t) - \varphi''(t)\psi'(t)}.$$

Sind außerdem die 3. Ableitungen von φ und ψ in J vorhanden und setig, so kann C (als Evolvente) aus seiner E. durch Ab- oder Aufwicklung eines vollkommen biegsamen, aber unausdehnbaren und gespannt bleibenden Fadens gewonnen werden.

Beispiel: Die E. der Ellipse $\dfrac{x^2}{a^2} + \dfrac{y^2}{b^2} = 1$

bzw. $x = a \cos t$, $y = b \sin t$ $(0 \leq t \leq 2\pi)$ hat die

Parameterdarstellung: $x = \dfrac{a^2 - b^2}{a} \cos^3 t$, $y = \dfrac{a^2 - b^2}{b} \sin^3 t$.

W. L. Fischer

Evolution. Entwicklung der Erdkruste mit ihrer charakteristischen chemischen Zusammensetzung; Sauerstoffentwicklung und Karbonatsedimentation sind die letzten großen chemischen Veränderungen im Antlitz der Erde.

Die schon sehr früh einsetzende Trennung von Erdkern und Erdmantel führte zur Bildung einer Protokruste, von der vermutlich nichts mehr erhalten geblieben ist. Die stoffliche Differenzierung im Erdmantel führte dazu, daß kieselsäurereiche Schmelzen geringer Dichte aufstiegen. Bedingt durch ihre Eigenart, inkompatible Elemente in komplexierter Form mitzuführen, wurden sie in der Erdkruste angereichert. Die Protokruste wurde sicher durch häufige magmatische Eruptionen zerstört, wieder aufgeschmolzen und assimiliert. Aber der stete Trend, SiO_2-reiche Schmelzen mit ihrem geringeren →Schmelzpunkt aufsteigen zu lassen, führte mit der Zeit dazu, daß sich eine immer dickere, heute im Mittel granodioritische Kruste gebildet hat. Die unterschiedliche Entwicklung von $^{143}Nd/^{144}Nd$-Isotopenverhältnisse im Erdmantel und in der Erdkruste belegt, daß vor $3 \cdot 10^9$ Jahren die chemische Differenzierung von Erdkruste und Erdmantel bereits chemisch erkennbar ist. Die Kruste wurde durch Anschweißen von metamorphen Sedimenten in den Faltengebirgszonen stetig verdickt und vergrößert.

Im Gegensatz zur kontinentalen Erdkruste ist die ozeanische Kruste äußerst dünn und vergänglich. Auf Grund der bekannten Drift-Raten hat die älteste heute noch zugängliche aktuelle ozeanische Kruste nur ein Alter von $2 \cdot 10^8$ Jahren.

Älteste Sedimente belegen, daß vor $3{,}8 \cdot 10^9$ Jahren bereits eine Hydrosphäre und damit auch Atmosphäre vorlag. Die Atmosphäre wird zunächst aus vulkanischen Gasen bestanden haben, wie sie heute noch in Magmen enthalten sind: CO_2, SO_2, H_2O, CO, N_2, HCl, H_2, S_2 sowie Spuren anderer Gase. Dies entspricht auch der Zusammensetzung der Atmosphäre der uns nächsten Planeten Mars und Venus. Erst durch die Entwicklung der Photosynthese wurde freier Sauerstoff zugänglich, der zunächst von den in der Hydrosphäre vorliegenden und bei der Verwitterung freigesetzten Fe^{2+}-Ionen sofort gebunden wurde. Seit etwa $2 \cdot 10^9$ Jahren treten leicht oxidierbare Minerale nicht mehr in Metasedimenten auf. Eisen wird als Fe^{3+}-Oxid (Itabirite, red beds) abgelegt. Eine wesentliche Veränderung im CO_2-Haushalt der Atmosphäre trat mit dem Auftreten von Organismen mit $CaCO_3$-Skeletten auf. Mit ihrer massenhaften Zunahme wurde der CO_2-Partialdruck in Hydrosphäre und Atmosphäre gesenkt, da nach ihrem Absterben das CO_2 nicht mehr in die Atmosphäre zurückgeführt, sondern als Karbonatsediment abgelagert wurde.

Möller

Literatur: McElhinny, M. W.: The earth: its origin, structure and evolution, Academic Press 1979.

Evolvente. Sind die Tangenten an eine Kurve C die Normalen der Kurve C', so heißt C' E. oder Involute von C, und C ist eine Evolute von C'.

Bezüglich einer Fläche F betrachtet man ein einfach unendliches System von geodätischen Linien auf F. Zieht man in jedem Punkt P von F die Tangenten an diejenige geodätische Linie der Familie, die durch P verläuft und wählt man auf dieser Tangente einen Punkt Q so, daß der Abstand $\overline{PQ}$ konstant ist, dann ist der Ort von Q eine Fläche F', die die Involute der Fläche F genannt wird. Die Fläche selbst heißt wiederum die Evolute der Fläche F'.

Beispiel: Die Kreis-E. Ihr entspricht auch die Bahn des Endpunkts eines Fadens, der gespannt von einem Kreis abgerollt wird: $x = r(\cos\varphi + \varphi\sin\varphi)$, $y = r(\sin\varphi - \varphi\cos\varphi)$ (Evolute).

Anwendung als häufigste Zahnform für innen- und außenverzahnte Stirnräder, Kegelräder Schnecken und Schneckenräder (Bild 1 und 2). Praktisch wird dann die evolventische Zahnform als

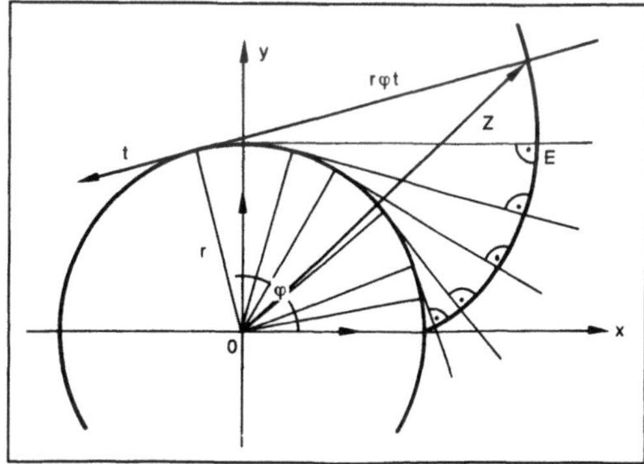

Evolvente 1: Kreisevolvente.

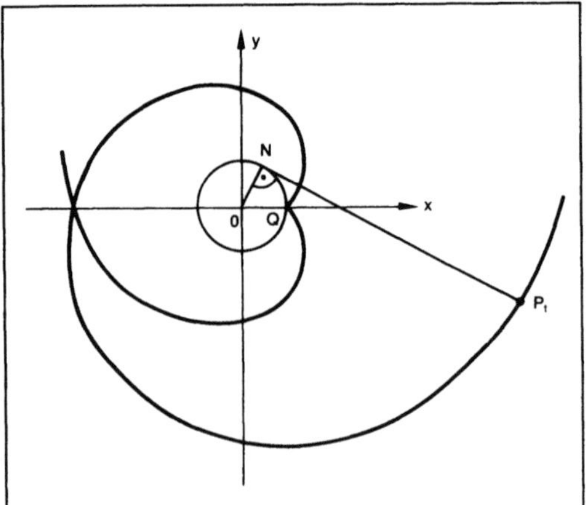

Evolvente 2: Kreisevolvente nach zwei Richtungen.

Hüllschnitt einer am Teilkreis abrollenden Tangente (geradflankiges Bezugsprofil) oder einer Gegen-E. (Stoßrad zur Herstellung von Innenverzahnungen) erzeugt (Bild 3). *W. L. Fischer*

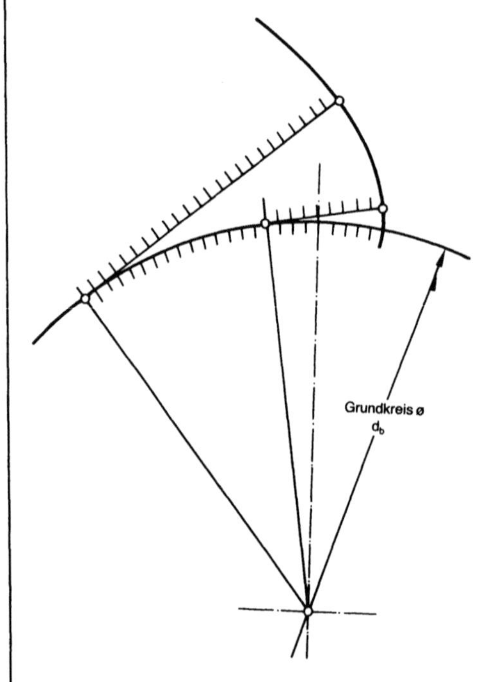

Evolvente 3: Konstruktion.

Exergie. Ein geschlossenes thermodynamisches →System ohne Molzahländerungen stehe im thermischen und arbeitsmäßigen Austausch mit einem Nutzbereich (Heizung, Kühlung, Maschinen, gekennzeichnet durch ') und mit der atmosphärischen Umgebung ($_U$).

Das System durchlaufe einen →Prozeß Z vom Zustand 1 zum Zustand 2. Aus dem →ersten und →zweiten Hauptsatz ergibt sich:

$$- W'_{12} = W^U_{12} + Z \int_1^2 (1 - (T_U/T')) \dot{Q}' dt$$
$$+ T_U (S_2 - S_1) - (U_2 - U_1) - T_U \Delta S_{12};$$

(W_{12} = ausgetauschte →Arbeit längs Z zwischen 1 und 2, T = Temperatur, $\dot{Q}$ = →Wärmeübergang, S_j = →Entropie im Systemzustand j, U_j = innere →Energie im Zustand j, ΔS_{12} = nichtnegative →Entropieproduktion).

Die Exergie E_{12} ist als die technische Arbeit definiert, die längst eines reversiblen Prozesses (Quasiprozeß) vom Zustand 1 zum Zustand 2 zwischen dem System und dem Nutzbereich ausgetauscht wird, also das Maximum von $-W'_{12}$ ist die Exergie:

$$E_{12} := \max_{\Delta S_{12}} (- W'_{12}) = - W'_{12} + T_U \Delta S_{12}.$$

Diese Definition läßt sich auch auf offene Systeme übertragen.

□ Ebenso wie die E. den maximalen Gewinn an technischer Arbeit darstellt, werden die unvermeidbaren Verluste durch die →Anergie definiert. Beide Größen sind weder Zustandsfunktionen, noch sind sie im allgemeinen Differenzen von Zustandsfunktionen.

Für spezielle Prozeßführungen (→Wärmeübertragung allein an die Umgebung, Arbeitsaustausch allein mit dem Nutzbereich) sind E. und Anergie als Differenzen von Zustandsgrößen darstellbar. Für Kreisprozesse läßt sich ein exergetischer →Wirkungsgrad definieren. Entropieproduktion durch Irreversibilität läßt sich als →Exergieverlust darstellen. *Muschik*

Literatur: *Muschik, W.:* Einheitliche Definitionen von Exergie und Anergie verschiedener Energieformen. Brennstoff-Wärme-Kraft 30 (1978) S. 410.

Exergieverlust. Weil für einen zusammengesetzten →Prozeß von 1 über 2 in den Umgebungszustand ($_U$) die Entropieerzeugungen und die →Arbeit am Nutzbereich additiv sind, gilt gemäß der Definition der →Exergie:

$$E_{1U} - E_{2U} = - W'_{12} + T_U \Delta S_{12} = E_{12}.$$

Ist für den Teilprozeß von 1 nach 2 die Nutzarbeit

$$- W'_{12} \gneqq 0, \text{ so folgt}$$

$$E_{1U} \geqq E_{2U},$$

d. h. es tritt ein Exergieverlust ein, der gleich der Exergie des Teilprozesses von 1 nach 2 ist. Das →System hat in diesem Teilprozeß wegen der abgegebenen Nutzarbeit an Exergie verloren. *Muschik*

Explosion. Unter E. versteht man eine schlagartige Reaktion zwischen Gemischen aus reaktionsfähigen Gasen, Dämpfen oder Stäuben. Meist handelt es sich dabei um Oxidationsreaktionen. Durch das Entstehen der Verbrennungsgase und/oder den Temperaturanstieg kommt es zu einer starken Druck- und Volumenzunahme; darauf ist die zerstörende Wirkung der Explosion zurückzuführen.

Man unterscheidet 2 Arten von E.:

□ *Thermische* E.: Sie treten bei stark exothermen Reaktionen auf. Kann die beim Reaktionsablauf freiwerdende Wärme nicht schnell genug durch Leitung oder Strahlung abgeführt werden, so tritt ein Wärmestau im reagierenden System auf, die Temperatur nimmt zu und als Folge davon auch die Reaktions-Geschwindigkeits-Konstante. Temperatur und Reaktionsgeschwindigkeit steigern sich gegenseitig, und die Umsetzung kann beliebig schnell werden: Es kommt zur E.

□ *Kettenverzweigungs*-E.: Sie tritt bei Radikalreaktionen auf, wenn sich bei der sog. Kettenfortpflanzung eine Vermehrung der Radikale (Verzweigung) ergibt. So sind wichtige Teilschritte der Knallgas-Reaktion, d. h. der Umsetzung

$2\,H_2 + O_2 \to 2\,H_2O,$

der Kettenstart $H_2 + O_2 \to HO_2{}^{\cdot} + H^{\cdot}$ und die Kettenfortpflanzung, bei der u. a. die Teilreaktionen

$H_2 + HO_2{}^{\cdot} \to HO^{\cdot} + H_2O,$

$H_2 + HO^{\cdot} \to H^{\cdot} + H_2O,$

$H^{\cdot} + O_2 \to HO^{\cdot} + O^{\cdot},$

$^{\cdot}O^{\cdot} + H_2 \to HO^{\cdot} + H^{\cdot}$

eine Rolle spielen. Die beiden letzteren Reaktionen ergeben eine Kettenverzweigung, die zur E. führt. Ein Abbruch der Reaktion ist nur durch Rekombination von Radikalen zu Molekülen möglich. Diese Reaktion kann jedoch nur als Dreierstoß oder als Wandreaktion ablaufen, weil durch einen zusätzlichen Partner die bei der Rekombination freiwerdende Energie abgeführt werden muß.

Ob ein an und für sich explosionsfähiges Gemisch tatsächlich explodiert, hängt von den durch Druck p und Temperatur T gegebenen äußeren Bedingungen ab. Bei Erhöhung des Drucks nimmt die Wahrscheinlichkeit für das Auftreten von Dreierstößen sehr zu, bei sehr niedrigem Druck verschiebt sich das Verhältnis von Stößen im Volumen zu Stößen mit der →Wand zugunsten der letzteren. Bei einer gegebenen Temperatur T_l sollte ein explosionsfähiges Gemisch, das nach einer Kettenreaktion mit Verzweigung reagiert, deshalb nur innerhalb eines gewissen Druckbereichs $p_u < p < p_o$ explo-

dieren können. Die untere E.-Grenze p_u sollte durch die Dimensionen des Reaktionsgefäßes beeinflußbar sein, die obere (p_o) durch die Zunahme der Dreierstöße bestimmte Grenze dagegen mehr von der Temperatur abhängen. Bei weiterer Erhöhung des Drucks kommt man bei p_{th} schließlich in das Gebiet der thermischen E. *Wedler*

Literatur: *Wedler, G:* Lehrb. Physikalische Chemie. 3. Aufl. Weinheim 1987.

Exponentialfunktion. Für positives a bezeichnet man die Funktion $x \mapsto a^x$ als E. Sie ist durch die Funktionalgleichung

$$f(x+y) = f(x) \cdot f(y), \qquad f(1) = a \qquad (1)$$

(für alle $x, y \in \mathbb{R}$)

eindeutig festgelegt. Wegen

$$a^x = e^{x\,\ln a}$$

genügt es, die spezielle E. exp: $x \to e^x$ genauer zu betrachten. Sie ist Lösung des Anfangswertproblems

$$f'(x) = f(x),\ f(0) = 1 \qquad (2),$$

womit eine für Anwendungen sehr wichtige Eigenschaft dieser Funktion hervorgehoben ist.

Die Differentialgleichung (2) besagt, daß zu jedem Zeitpunkt x die Wachstumsgeschwindigkeit $f'(x)$ proportional zur vorhandenen Größe $f(x)$ ist. Deshalb nennt man die E. auch die Funktion des natürlichen Wachsens und erahnt ihre überragende Bedeutung für Biologie, Chemie, Physik und Wirtschaftswissenschaften.

Von Interesse sind ferner die Gleichungen

$$\exp(x) = \lim_{n \to \infty} \left(1 + \frac{x}{n}\right)^n,$$

$$\exp(x) = \sum_{n=0}^{\infty} \frac{x^n}{n!} \qquad (3)$$

und die Zusammenhänge mit den trigonometrischen Funktionen

$$\sin x = \frac{1}{2i}\left(\exp(ix) - \exp(-ix)\right),$$

$$\cos x = \frac{1}{2}\left(\exp(ix) + \exp(-ix)\right),$$

wobei i die imaginäre Einheit bezeichnet.

Mit der Reihe Gl. (3) läßt sich die E. in der ganzen komplexen Ebene (→Zahl, komplexe) erklären. Sie ist dann eine ganze Funktion vom exponentiellen Typ 1, periodisch mit der Periode $2\pi i$ und nimmt außer der Null alle Zahlen aus C als Werte an. *Schmeißer*

Literatur: *Abramowitz, M.,* u. *I. A. Stegun:* Handb. of mathematical functions. Washington, D. C. 1964. – *Bronstein, I. N.,* u. *K. A. Semendjajew:* Taschenb. der Mathematik. Frankfurt

a. M. 1968. – *Forster, O.:* Analysis 1. Braunschweig 1983. – *Gradshteyn, I. S.,* u. *I. M. Ryzhik:* Table of integrals, series, and products. New York 1980. – *Hainzl, J.:* Mathematik für Naturwissenschaftler. 2. Aufl. Stuttgart 1977. – *Heuser, H.:* Lehrb. der Analysis. Tl. 1. 4. Aufl. Stuttgart 1986. – *Kneser, H.:* Funktionentheorie. Göttingen 1958.

extensiv →Zustandsgröße

F

Fachwerk. Systeme aus Stäben, die ausschließlich an ihren Enden miteinander verbunden sind, allein dort Kräfte aufnehmen (Gewichte sind auf die Enden zu verteilen; die Wirkung auf den Stab selbst geht verloren) und allein durch Fest- und Loslager (Auf- und Zwischenlager) gestützt sind, heißen Stabwerke oder – vor allem im ebenen Fall – F. Sie sind oft vereinfachendes Modell für Systeme verschweißter, über Knotenbleche vernieteter oder durchlaufender Träger, wie sie bei Brückenkonstruktionen, Kranen usw. vorkommen (Bild 1). Die Verbindungsgelenke werden Knoten genannt. Unbekannte einer Rechnung sind die Lagerreaktionen sowie die Stabkräfte. Deswegen gibt es zur Klärung der statischen Bestimmtheit auch eine besondere Abzählregel:

$$D = \Sigma\, a + s - \begin{Bmatrix} 2 \\ 3 \end{Bmatrix} k.$$

Als Rechenverfahren eignet sich die Methode, die Gelenke (Bolzen der Gelenke) freizuschneiden, jeweils (eben) 2 oder (räumlich) 3 Kräftegleichgewichte aufzustellen und das System dieser Knoten-gleichgewichte zu lösen. Meist kann man solche Systeme – nachdem man durch globale Gleichgewichte Auflagerreaktionen kennt – von einer zur anderen Seite des F. sukzessiv lösen. Diese Methode versagt z. B. bei dem skizzierten Dachbinder (Bild 2):

Bei ihm kann man mit Lagerreaktionen und paarweisen Bestimmungen von Stabkräften durch je ein Knotengleichgewicht nur die Stabkräfte der gestrichelt angelegten Stäbe ermitteln. Dann sind an jedem weiteren Knoten 3 oder mehr Kräfte unbekannt.

Zur Berechnung solcher Kräfte wie S_0 oder allgemein bestimmter Stabkräfte innerhalb eines Stabwerks dient der Ritter-Schnitt, bei dem man quer durch das ganze System einen Schnitt führt. Damit legt man die gesuchte Stabkraft derartig frei, daß sie aus den globalen Gleichgewichtsbedingungen eines Teilsystems berechenbar wird (rechte Seite in Bild 2). Es kommt vor, daß man eine Stabkraft erst nach zwei solchen Schnitten bestimmen kann, wenn nämlich mit dem Stab stets drei andere geschnitten werden, deren Achsen nicht durch einen Punkt verlaufen. *Besdo*

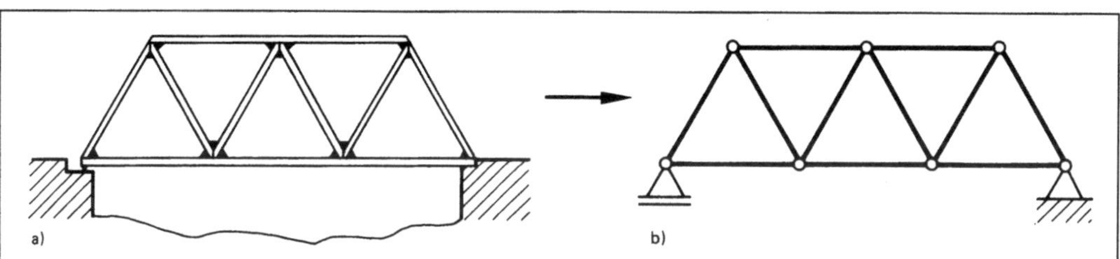

Fachwerk 1: Fachwerkbrücke:
a) Reales System
b) Zur mechanischen Behandlung vereinfachtes System.

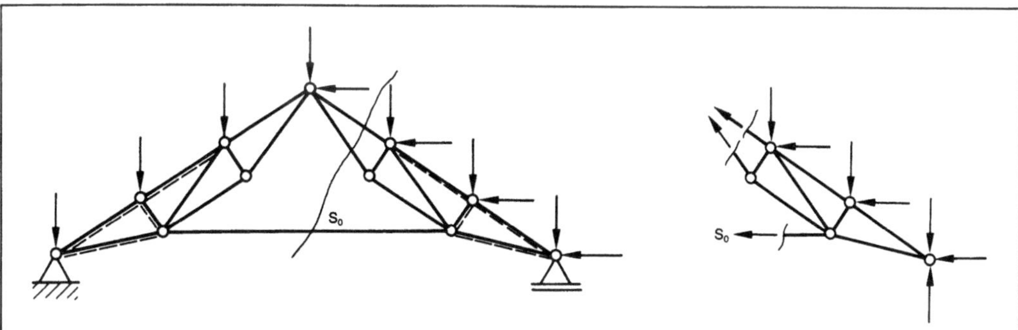

Fachwerk 2: Spezielles Dachbinder-Fachwerk mit Ritter-Schnitt.

Fahrenheitskala. In den englischsprachigen Ländern bislang verwendete Temperaturskala. Einheitenzeichen für Grad Fahrenheit: °F.
Umrechnungen: →Temperaturskale.

Hammerschmidt

Fail-Safe-Schaltung. Fehlersichere Schaltung; Schaltung mit sicherheitsgerichteten Ausfällen; Schaltung, die nicht unerkennbar ausfallen kann (Ausfalleffektanalyse).

Die Fail-Safe-Geräte sind Komponenten eines Sicherheitssystems, das eine definierte Aufgabe hat. Die fehlersicheren Geräte sind so ausgelegt, daß auch bei einem Geräteausfall die Schutzfunktion immer ausgelöst wird. Dies kann z. B. durch die Verwendung dynamischer Signale erreicht werden (→Signal, dynamisches). *Schrüfer*

Farad. SI-Einheit der elektrischen →Kapazität, benannt nach *M. Faraday* (1791–1867). Einheitenzeichen F. $1F = 1\,m^{-2}kg^{-1}s^4A^2$. In der Praxis häufiger vorkommende Kapazitätswerte liegen in den Größenordnungen pF, nF, μF (→Einheiten des SI). *Hammerschmidt*

Faraday-Käfig. Maschengitterförmige Anordnung von elektrisch leitend miteinander verbundenen Leitern, die einen Raum vollständig umgeben.

Die Ladungen auf den Leitern verschieben sich dabei so auf der Oberfläche, daß der innere Raum vollständig feldfrei bleibt (elektrostatische →Abschirmung). Die Abschirmung kann auch durch metallische Wände erfolgen, die Öffnungen besitzen können (z. B. Fahrzeugkarosserie). Im Bereich der Öffnungen haben elektrostatische Felder eine Eindringtiefe, die mit der Größe der Öffnungen vergleichbar ist. Elektromagnetische Wellen können dagegen vollständig eindringen, wenn ihre halbe →Wellenlänge kleiner als die größte Abmessung einer Öffnung ist. *Claassen*

Farbtemperatur. Als Farbtemperatur T_F eines Körpers wird jene Temperatur eines schwarzen Körpers (→Strahlung) bezeichnet, der die gleiche „Farbe" wie der betrachtete Körper hat. Dabei ist die Farbe durch die mittlere →Frequenz ν definiert:

$$\bar{\nu}(T) := \int_0^\infty \nu E(\nu,T)d\nu/E(T);$$

($E(\nu,T)$ = spektrales Emissionsvermögen, $E(T)$ = Gesamtemissionsvermögen).

Somit gilt für die Farbtemperatur:

$$\bar{\nu}(T) = \bar{\nu}^S(T_F);$$

(T = wahre Temperatur des Körpers).

Mit dem Kirchhoffschen Gesetz (Strahlung), dem Schwärzungsgrad $\alpha(T)$ (→Strahlungstemperatur) und dem *spektral gewichteten Schwärzungsgrad*:

$$\beta(T)E^S(T) := \int_0^\infty \nu\,A(\nu,T)E^S(\nu,T)d\nu;$$

($A(\nu,T)$ = spektrales Absorptionsvermögen); ergibt sich:

$$\bar{\nu}(T) = \beta(T)/\alpha(T) = \bar{\nu}^S(T_F).$$

Wird die Größe

$$B(\nu,T) := (A(\nu,T) - \alpha(T))/\alpha(T)E^S(T)$$

als Abweichung des spektralen Absorptionsvermögens vom *grauen Körper* definiert, der durch $B(\nu,T)\,T0$ charakterisiert ist, so folgt:

$$\bar{\nu}(T_F) = \bar{\nu}^S(T) + \int_0^\infty \nu B(\nu,T)E^S(\nu,T)d\nu.$$

Daraus folgt, daß für graue Körper die Farbtemperatur gleich der wahren Temperatur ist. Dies ist für die Pyrometrie (→Temperaturmessung) von Körpern wichtig, die grauen Körpern ähnlich sind. *Muschik*

Feder. Eine F. im Sinne der →Mechanik ist ein elastisches Element, z. B. in Form einer Schrauben-, einer Spiral-, einer Blatt- oder einer Teller-F. (Bild 1), meist aus hochfestem Stahl, manchmal – etwas anders geformt – aus Gummi hergestellt. Stahl läßt sich an sich nur wenig elastisch dehnen oder scheren. Deshalb sind Stahl-F. so konstruiert, daß sich viele Verformungsanteile aufsummieren. Bei der Schrauben-F. sind es hauptsächlich Torsionsverformungen, also Scherungen, bei der Blatt-F. ist es die →Biegung mit den Dehnungen der Längsfasern. Spiral-F. sind mit Zwischenräumen aufgewickelte Blatt-F. Etwas weniger einfach ist die Verformung einer Teller-F. zu analysieren.

Von Interesse ist oft ein möglichst linearer Zusammenhang zwischen der Federkraft F und der Verschiebung des Kraftangriffspunkts. Über recht große Wege ist dies bei Schrauben-F. erreicht, weshalb sie auch als Federwaage (mit Skala) zum →Messen von Kräften herangezogen werden. Es gilt dann das Hookesche Gesetz $F \sim \Delta\ell = \ell - \ell_0$ (ℓ Länge mit F, ℓ_0 Ausgangslänge) oder

$$F = c \cdot (\ell - \ell_0),$$

mit der →Federkonstanten c, die die →Steifigkeit beschreibt. Bei den anderen F. ist das Verhalten mehr oder weniger nichtlinear: $F = F(x)$. Für kleine Werte von x läßt sich jedoch mit $c = dF/dx|_{x=0}$ eine Federkonstante definieren.

Bei Spiral-F. werden durch Winkeländerungen Momente hervorgerufen.

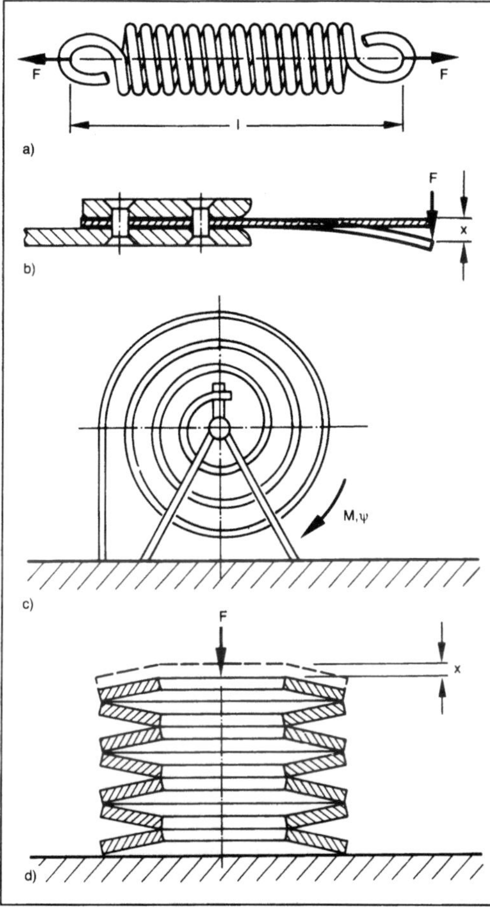

Feder 1: Federarten.
a) Schraubenfeder
b) Blattfeder
c) Spiralfeder
d) Tellerfeder.

In Systembildern der Mechanik taucht oft das in Bild 2 dargestellte Symbol auf. Mit ihm wird angedeutet, daß sich zwischen den Punkten A und B eine F. befindet, von der dann idealisierend angenommen wird, daß sie sich linear verhält (Federkonstante c) und daß sie selbst keine Masse besitzt, die man in Dynamik-Rechnungen berücksichtigen müßte. *Besdo*

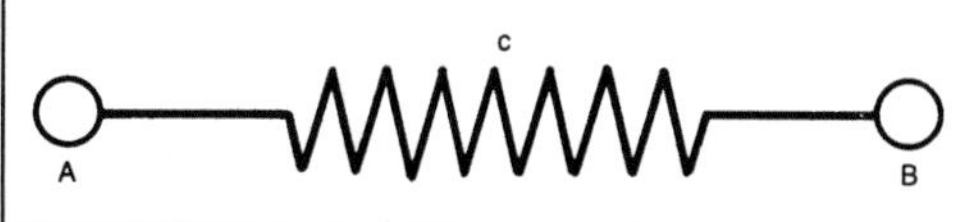

Feder 2: Feder-Symbol.

Federkonstante. Für die Aufgaben der Schwingungsisolierung genügt es häufig, die schwingungstechnischen Berechnungen an sehr einfachen Ersatzsystemen durchzuführen. Das sind idealisierte Darstellungen, die nur die schwingungstechnisch wichtigen Eigenschaften des wirklichen Schwingungssystems einschließlich seiner Umgebung enthalten. Oft genügt es, das Ersatzsystem aus wenigen Bauelementen aufzubauen, und zwar aus:
– starren Körpern (idealisiert als Punktmassen und Trägheitsmomente); sie wirken nur durch ihre Trägheit;
– masselosen Bindungen, gekennzeichnet durch Federn und/oder →Dämpfer; diese wirken nur durch ihre Verformbarkeit (→Feder).

Federn verformen sich bei einer Belastung und speichern dabei Energie. Bei der Entlastung geht die Verformung unter Abgabe der gespeicherten Arbeit zurück. Die Verformungskennwerte der Federn sind oft von der Größe der Verformungsgeschwindigkeit und von Umgebungseinflüssen, z. B. der Temperatur, abhängig. Die Verformbarkeit von Federn wird mit Hilfe von Federkraftkennlinien dargestellt (Bild). Die Federkonstante c ist definiert als die Steigung der Federkennlinie; es gilt:

$$c = \frac{dF}{dq}$$

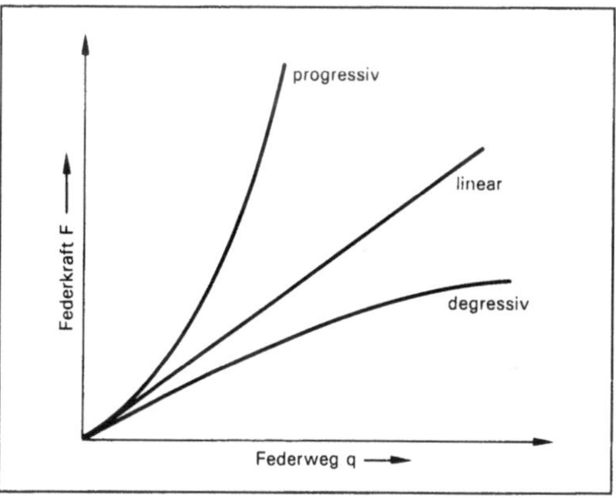

Federkonstante: Federkraftkennlinien.

Für ein lineares Kraft-Verformungs-Verhalten gilt:

$$F = c\,q$$

Man nennt eine Federkraftkennlinie progressiv, wenn mit zunehmender Federkraft F die Federwege q weniger stark zunehmen, d. h. die Federkonstante c nimmt zu. Sie heißt degressiv, wenn mit gleichem Zuwachs der Federkraft F die Zuwächse der Federwege q größer werden, d. h. die Federkonstante c nimmt ab.

Die Federkonstante wird auch als Federzahl oder Federrate bezeichnet. Die F. ist ein Maß für die →Steifigkeit der Feder; sie wird daher auch als Federsteifigkeit bezeichnet. Die F. ist die zur Erzeugung der Verformungseinheit notwendige →Kraft. Dimension: N/m für Translationsbewegungen, Nm für Drehbewegungen. Der Kehrwert der Federkonstante c wird →Nachgiebigkeit n genannt. Es gilt:

$$n = 1/c$$ *Splittgerber*

Federkraft →Feder, →Kraftgesetz

Federsteifigkeit →Federkonstante

Feed-back-Control. *Engl.* für Regelung, ein Vorgang, bei dem die zu regelnde Größe fortlaufend erfaßt, mit der Führungsgröße verglichen und im Sinne einer Angleichung an die Führungsgröße beeinflußt wird.   *Strohrmann*

Feed-forward-Control. *Engl.* für Steuerung, ein Vorgang, bei dem eine oder mehrere Größen als Eingangsgrößen andere Größen als Ausgangsgrößen aufgrund der dem System eigentümlichen Gesetzmäßigkeiten beeinflussen.   *Strohrmann*

Fehler (Statistik). In der →Statistik versteht man unter F. die Abweichung eines gemessenen vom wahren oder erwarteten Wert.

Man unterscheidet zwischen zufälligen und systematischen F. Zufällige F. entstehen durch Zufallsschwankungen, z. B. des untersuchten Materials, systematische F. z. B. durch falsch eingestellte Meßapparatur.

Wenn die Meßwerte x einer Normalverteilung mit Erwartungswert μ und Streuung σ^2 genügen, dann gibt

$$\frac{1}{\sqrt{2\pi}\,\sigma} \int_a^b \exp\left\{-\frac{1}{2}\left(\frac{x-\mu}{\sigma}\right)^2\right\} dx = \int_a^b f(x)dx$$

die →Wahrscheinlichkeit an, daß $a \leq x \leq b$.

$$F(x) = \int_{-x}^{x} f(t)dt$$

heißt Gauß-F.-Funktion (error function erf (x)).

In der Testtheorie wird für einen Parameter der Gesamtheit auf Grund einer Stichprobe
□ eine Punktschätzung,
□ eine Intervallschätzung
angegeben. Diese ist ein Vertrauensintervall, innerhalb dessen der Parameter der Gesamtheit mit einer bestimmten Wahrscheinlichkeit liegt. Man unterscheidet nach *Neyman* und (E. S.) *Pearson* F. erster und zweiter Art. Falls auf Grund eines statistischen Tests eine Hypothese H_0 zurückgewiesen wird, obgleich diese Hypothese richtig ist, so nennt man den begangenen F. einen F. 1. Art. Die Wahrscheinlichkeit, mit der ein solcher F. auftritt, kann durch geeignete Wahl von Annahme- bzw. Rückweisebereichen festgelegt werden. Falls dagegen eine

Hypothese H_1 angenommen wird, obgleich sie falsch ist, so liegt ein F. 2. Art vor.   *Schneeberger*

Fehler, transienter. Funktionelle Auswirkungen beliebiger Ursachen, die zu vorübergehendem nicht aufgabengerechtem Verhalten von Leitsystemen führen. Die Dauer der Einwirkungen ist bei t. F. im allgemeinen so kurz, daß der Fehler wohl zu erkennen, nicht aber ohne besondere Maßnahmen zu orten ist (→Fehlererkennung; →Fehlerortung).   *Strohrmann*

Fehlerbaum. Der F. ist die Darstellung der logischen Verknüpfungen von Basisereignissen, die zu dem Ereignis *Fehler* (→Ausfall) führen. Der F. ist der negierte Erfolgsbaum.

Die zeichnerische Wiedergabe der F. soll mit den Bildzeichen der DIN 25 424 erfolgen (Bild 1). Zu seiner Aufstellung ist zunächst das unerwünschte Ereignis (top event) als Spitze zu definieren. Die Ursachen werden als Boole-Variable aufgefaßt und konjunktiv oder disjunktiv verknüpft. Dabei werden die zunächst relativ grob formulierten Ereignisse von Stufe zu Stufe immer mehr aufgelöst, bis schließlich die Basis- oder Elementarereignisse erreicht sind. Der F. zeigt dann die Wege, die von den Basisereignissen zur Spitze führen.

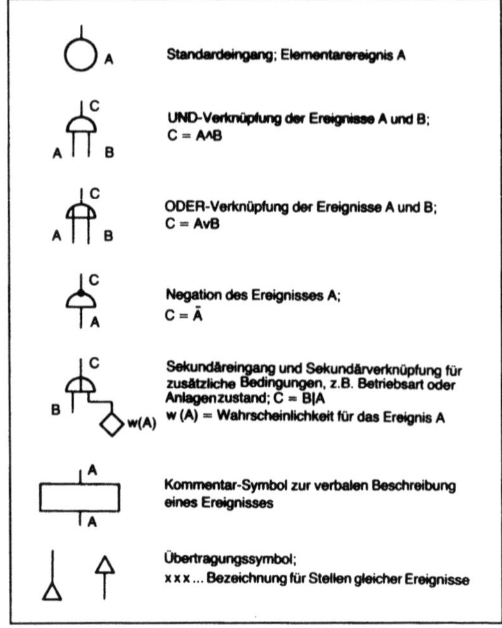

Fehlerbaum 1: Bildzeichen nach DIN 25.424.

In dem Beispiel von Bild 2 ereignet sich das Ereignis A, wenn die Bedingungen B und C erfüllt sind:

$$A = B \wedge C.$$

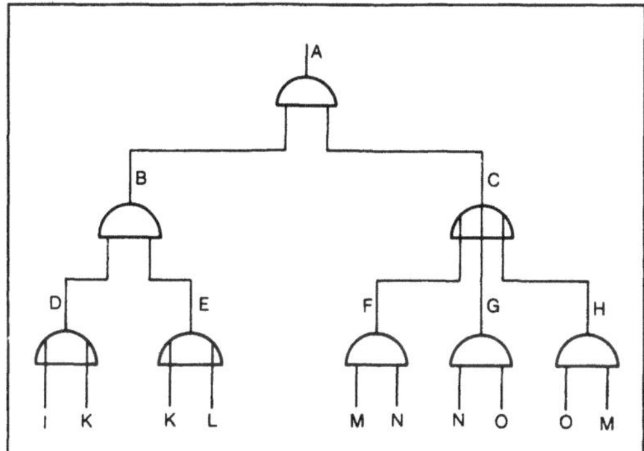

Fehlerbaum 2: Ereignisabhängigkeiten.

Das Ereignis B hängt von D und E ab; C von F, G und H:

$B = D \wedge E$,
$C = F \vee G \vee H$.

Wird schließlich die Spitze des F. bis auf die Elementarereignisse zurückverfolgt, so entsteht

$$A = [D \wedge E] \wedge [F \vee G \vee H]$$
$$= [(I \vee K) \wedge (K \vee L)]$$
$$\wedge [(M \wedge N) \vee (N \wedge O) \vee (M \wedge O)].$$

Sobald die Ereignisse definiert sind, sind in einem zweiten Schritt die Wahrscheinlichkeiten zu bestimmen. Dazu wird von den Ausfallwahrscheinlichkeiten oder Nichtverfügbarkeiten der Basisereignisse ausgegangen. Bei der Verknüpfung von Ereignissen ist Vorsicht geboten. Hier sind insbesondere die Idempotenz- und Absorptionsgesetze zu berücksichtigen. In der obenstehenden Boole-Funktion sind z. B. in der ersten eckigen Klammer (Ereignis B) die Ereignisse D und E nicht unabhängig voneinander, da jedes Ereignis das Basisereignis K enthält. In diesem Fall ist die Boole-Funktion für das Ereignis B zunächst zu minimieren. Aus

$B = (I \vee K) \wedge (K \vee L)$ entsteht $B = K \vee (I \wedge L)$.

Der Ausdruck für C läßt sich nicht weiter vereinfachen. Die Abhängigkeit der Ereignisse F, G und H stört hier nicht, da sie nur disjunktiv verknüpft sind.

Bei Unabhängigkeit der Ereignisse B und C errechnet sich damit die →Wahrscheinlichkeit für das Topereignis A zu

$$w(A) = w(B) \cdot w(C),$$
$$\text{mit } w(B) = w(K) + w(I)w(L) - w(I)w(K)w(L)$$
$$\text{und } w(C) = w(M \wedge N) + w(N \wedge O) + w(O \wedge M)$$
$$- 2 \cdot w(M \wedge N \wedge O)$$
$$= w(M)w(N) + w(N)w(O) + w(O)w(M)$$
$$- 2\, w(M)w(N)w(O).$$

Bei F., die dem Einzelfehler-Kriterium genügen, gibt es keine Ausfallursache, die für sich allein,

ohne in Kombination mit einer anderen, das unerwünschte Ereignis auslöst. Für den Ausfall eines derartigen Systems sind also mindestens zwei unabhängige Basisausfälle erforderlich (F.-Analyse). *Schrüfer*

Fehlererkennung. Erkennen von funktionellen Auswirkungen in der →Leittechnik, die zu vorübergehendem oder dauerndem fehlerhaften Verhalten von Leitsystemen führen. Im Echtzeitbetrieb arbeitende Leitsysteme müssen einen hohen Grad von Funktionsfähigkeit haben, und es ist unbedingt erforderlich, fehlerhaftes Arbeiten im On-line-Betrieb so rechtzeitig zu erkennen, daß Maßnahmen eingeleitet werden können, den Betrieb in einem bestimmungsgemäßen Zustand zu halten.

Fehlerhaftes Arbeiten kann mit Hard- oder Softwaremaßnahmen erkannt werden. Hardwaremäßig realisierbare Fehlererkennungsmöglichkeiten sind z. B.: Überwachung des Taktgenerators des Prozessors, Paritätskontrollen der Speicher, der Prozeß- und Standard-Ein/Ausgabegeräte oder die Erkennung nicht interpretierbarer Befehle. Softwaremäßig realisierbar sind: Überwachung des Zeitgebers mittels Watchdog, Einlesen von Konstantspannungen, die hinter dem →Analog/Digital-Umsetzer invertierte Binärmuster haben oder Rückkopplung von Rechnerausgängen auf Eingänge und Vergleich von ausgegebenen und wieder eingelesenen Prüfsignalen.

Ein sehr schnelles Erkennen von Fehlern ist bei Doppelrechnersystemen möglich, besonders, wenn sie im Synchronbetrieb arbeiten: Eine Vergleichereinheit kann dann →Bit für Bit die Ausgangssignale beider Einheiten überprüfen und innerhalb weniger Mikrosekunden fehlerhaftes Arbeiten feststellen und Gegenmaßnahmen einleiten (→Fehlerortung). *Strohrmann*

Literatur: VDI/VDE 3553: Erkennung und Ortung von Hardware- und Softwarefehlern in Prozeßrechnersystemen. Ausg. Mai 1977.

Fehlerortung. Lokalisieren von funktionellen Auswirkungen, die zu vorübergehendem oder dauerndem fehlerhaften Verhalten von Leitsystemen führen. Moderne Systeme haben Prüfroutinen, mit denen sie ein Großteil der Hardwarefehler finden. Das geschieht hardwaremäßig im Mikrosekundenbereich, z. B. durch Überwachung von Takt- oder Quittierungszeiten, des Ausfalls angeschlossener Geräte sowie durch Paritätskontrolle. Mit Softwareroutinen lassen sich Speicher, Busse, Prozessoren oder Peripheriegeräte prüfen. Dies kann teilweise im On-line-Betrieb geschehen, für aufwendige Überprüfungen muß das System vom Prozeß getrennt werden. Zur Ortung der oft sehr schwer erkennbaren transienten Fehler müssen auf das Erscheinungsbild des Fehlers angepaßte Softwareroutinen in das Programm eingefügt werden. Bei Verdacht auf einen transienten Hardwarefehler ist es oft am einfachsten, durch Auswechseln wenigstens die fehlerhafte Komponente zu lokalisieren (→Fehlererkennung).　　*Strohrmann*

Literatur: VDI/VDE 3553: Erkennung und Ortung von Hardware- und Softwarefehlern in Prozeßrechnersystemen. Ausg. Mai 1977.

Fehlersuche. Die Auffindung der Fehlerursache, des Fehlerorts und des verursachenden Bauelements, um eine Reparatur eines defekten Prüflings vornehmen zu können.

Da eine manuelle F. z. T. sehr aufwendig ist, sind verschiedene Methoden zur Automatisierung z. T. implizit in den Prüfverfahren im Einsatz.

Bei der Verdrahtungsprüfung werden serielle Einzelprüfungen vorgenommen, weshalb beim Auftreten eines Fehlers sofort die fehlerhafte Verbindung oder Isolation bekannt ist. Die Bauelementeprüfung erfordert keine F., da Bauelemente im allgemeinen nicht reparierbar sind.

Beim In-Circuit-Test von Baugruppen werden die Bauelemente einzeln nacheinander überprüft, so daß der Fehlerort ebenfalls sofort gefunden ist.

Am schwierigsten ist die F. bei der →Funktionsprüfung, bei der die Auswirkung des Fehlers sich an anderer Stelle in der Schaltung zeigen kann. Für die Anwendung automatisierter, rechnerunterstützter Verfahren gelten hier grundsätzlich die Forderungen

□ gute Beschreibbarkeit des Aufbaus und der Wirkungsweise der Schaltung,

□ wenige verschiedene Meßgrößen zur Beurteilung des Soll-Verhaltens und

□ Einteilung in kleine rückwirkungsfreie Schaltungseinheiten (Bild).

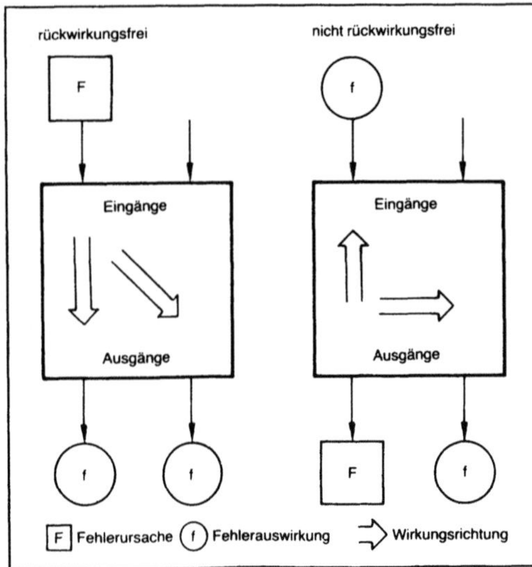

Fehlersuche: Rückwirkungsfreiheit von Schaltungseinheiten.

Diese Forderungen sind bei Digitalschaltungen am besten erfüllt.

Zwei Verfahren haben sich einzeln oder in Kombination miteinander durchgesetzt, die Pfadverfolgung und die Fehlerbibliothek.

Für Analogschaltungen gibt es keine brauchbaren automatisierten Fehlersuchverfahren, weshalb meist der In-Circuit-Test verwendet wird.　*Mettler*

Feld, elektrisches. Die auf eine elektrische Ladung q wirkende →Kraft $\underline{K}$, bezogen auf diese Ladung:

$$\underline{E} = \underline{K} / q.$$

Elektrische Felder können von elektrischen Ladungen herrühren (Coulomb-Gesetz, Elektrostatik) oder durch →Induktion hervorgerufen werden (Faraday-Induktionsgesetz).

Die Arbeit, die geleistet werden muß, um eine Ladung q vom Punkt 1 zum Punkt 2 zu transportieren, wiederum bezogen auf die Ladung, entspricht dem Integral über die →Feldstärke längs des Weges s und wird als die Spannung U zwischen den Punkten bezeichnet:

$$U_{12} = \int_1^2 \underline{E} \, d\underline{s}.$$

Über die Maxwell-Gleichungen sind elektrische und magnetische Wechselfelder miteinander verkoppelt. Die Gesamtheit nennt man die *elektromagnetischen* Felder. Sie breiten sich mit Lichtgeschwindigkeit aus (→Elektrodynamik).　*Claassen*

Feld, magnetisches. Beschreibung der Kraftwirkungen von stromführenden Leitern. Ein stromdurchflossener Leiter umgibt sich mit einem magnetischen Feld, das sich nach dem *Biot-Savart*-Gesetz berechnen läßt.

Die magnetischen Feldlinien sind immer in sich geschlossene Linien. Theoretisch ist das magnetische Feld die Kraft, die auf eine isolierte magnetische Ladung wirkt, bezogen auf diese Ladung. Tatsächlich gibt es jedoch keine magnetischen Monopole, sondern nur Dipole, bezüglich der Kraftwirkungen auf magnetische Dipole. Die Stärke des magnetischen Feldes ist so definiert, daß das Integral über eine geschlossene Linie direkt den gesamten Strom ergibt, der durch eine Fläche tritt, die durch die Linie aufgespannt wird (→Durchflutungsgesetz).

Magnetische Dipole und damit verbundene magnetische Felder können jedoch auch ohne Stromtransport in Verbindung mit fester Materie auftreten (Dauermagnete). Ursache hierfür sind die Elektronenbewegungen um die Atomkerne und insbesondere die Elektronenspins (Rotation um eine eigene Achse), die wie Kreisströme wirken und ebenfalls mit magnetischen Feldern entsprechend einem magnetischen Dipolmoment verbunden sind. *Claassen*

Feldbus. In der →Leittechnik das System zum in der Regel zeitlich sequentiellen Übertragen digitaler Daten zwischen dem zentralen Leitsystem und mehreren Einrichtungen im Feld (Meßumformer, Stellgeräte usw.) über ein gemeinsames Leitungssystem linienförmiger Struktur. Im Gegensatz zu der weitgehend verbreiteten sternförmigen Verbindung eignet sich der F. besonders für das Zusammenwirken mit Feldgeräten mit peripherer Intelligenz, z. B. wenn neben einem analogen Durchflußwert noch mengenwertige Impulse, Summenwerte sowie Grenz- und Statussignale zu übertragen sind. Neben dem hohen Informationsgehalt ist ferner vorteilhaft, daß durch die Übertragung von Digitalsignalen geringe Störempfindlichkeit und praktisch unbegrenzte Übertragungsgenauigkeit gegeben ist und sich wegen bidirektionaler Übertragung und der Mehrfachnutzung des Kabels der Verdrahtungsaufwand verringert. Von Nachteil ist dagegen, daß wegen fehlender Standardisierung Geräte verschiedener Hersteller sich nicht problemlos verbinden lassen, daß sich die →Hilfsenergie im allgemeinen nicht über den Bus übertragen läßt und daß sich wegen der zeitmultiplexen Arbeitsweise nur mittlere Reaktionszeiten einstellen, was für schnelle Regelstrecken dynamisch ungünstig sein kann. Schließlich ergibt sich bei nicht redundanter Auslegung des F. eine geringere Verfügbarkeit als beim Sternverbund. *Strohrmann*

Feldenergie, elektromagnetische. Die in einem elektromagnetischen →Feld enthaltene Energie wird durch die räumliche →Energiedichte

$$w = \frac{1}{2}\,\epsilon\,E^2 + \frac{1}{2}\,\mu H^2$$

charakterisiert. Hierin ist ϵ die dielektrische Permittivität und μ die →Permeabilität des Mediums, E die elektrische und H die magnetische →Feldstärke. Um die in einem Volumen enthaltene elektromagnetische Feldenergie zu erhalten, muß man die Energiedichte w über das gesamte Volumen integrieren. *Claassen*

Felder, stationäre. Elektrische und magnetische Felder, die auf ruhende elektrische Ladungen bzw. magnetische Dipole oder stromdurchflossene Leiter zeitlich konstante mechanische Kräfte oder Momente ausüben. Sie werden durch die Gesetze der Elektrostatik bzw. der Magnetostatik beschrieben. *Claassen*

Feldgleichung. Partielle →Differentialgleichung der mathematischen Physik, die allgemein im Rah-

men der Feldtheorie beschreibt, in welcher Weise sich die Werte einer Feldgröße Φ (x, y, z, t) ändern, wenn der Ort, an dem die Feldgröße betrachtet wird, oder die Zeit variieren, d. h. wie die relativen Änderungen der Feldgröße mit den Raum- und Zeitkoordinaten verknüpft sind und von den geometrischen Eigenschaften des Raums sowie von den Quellen abhängen. Die allgemeine Form solcher Beziehungen ist durch die Gruppentheorie festgelegt.

Jede Feldtheorie wird durch einen speziellen Satz von Feldgleichungen charakterisiert, wobei jede Klasse im wesentlichen durch einen Gleichungstyp beherrscht wird. Diese Gleichungen können jeweils auf eine der folgenden Standardformen gebracht werden,

$$\Delta\Phi - \frac{1}{V^2}\frac{\partial^2\Phi}{\partial t^2} = F \tag{1}$$

$$\Delta\Phi - \frac{1}{D}\frac{\partial\Phi}{\partial t} = F \tag{2}$$

$$\Delta\Phi \qquad\qquad = F \tag{3}$$

wobei Δ der Laplace-Operator $\Delta = \partial^2/\partial x^2 + \partial^2/\partial y^2 + \partial^2/\partial z^2$ ist, v = Geschwindigkeit, D = Diffusionskonstante, F = Funktion von x, y, z, t sowie von Φ und höchstens deren erste partielle Ableitung, sind.

Von der mathematischen Struktur ist (1) eine *hyperbolische*, (2) eine *parabolische* und (3) eine *elliptische* partielle Differentialgleichung. Falls die Feldgröße mehrere Komponenten besitzt, kann man für jede ihrer Komponenten eine Feldgleichung herleiten, die im wesentlichen vom selben Typ ist, obwohl es schwierig oder unmöglich sein mag, für jede einzelne Komponente eine unabhängige Feldgleichung zu erhalten.

Die Klassifikation physikalischer Phänomene entsprechend dem Typ der sie beschreibenden Feldgleichungen erlaubt eine gemeinsame Behandlung von Erscheinungen aus unterschiedlichen Disziplinen mit den Methoden der mathematischen Physik. In dieser nennt man eine Feldgleichung vom Typ (1) eine Wellengleichung, eine vom Typ (2) eine Wärmeleitungsgleichung und eine vom Typ (3) eine Potential- oder Laplace-Gleichung. Das Studium der mathematischen Eigenschaften dieser Typen von Feldgleichungen liefert eine vollständige Information über alle durch sie beschriebenen physikalischen Phänomene.

Ein Beispiel ist die Maxwell-Theorie der elektromagnetischen Erscheinungen. Das System der Maxwell-Gleichungen, das die Komponenten des elektrischen Feldes $\underline{E}$ und des magnetischen Feldes $\underline{H}$ (bzw. der magnetischen →Induktion $\underline{B}$) miteinander verknüpft sowie mit ihren Quellen in Beziehung setzt, weist zwar nicht unmittelbar eine der genannten Standardformen auf. Die Maxwell-Gleichungen nehmen jedoch die Struktur der Wellengleichung an, wenn man die elektrodynamischen Potentiale einführt, bestehend aus einem skalaren Potential Φ und einem Vektorpotential $\underline{A}$, die die elektromagnetischen Felder eindeutig bestimmen. Die Funktion F steht dann für die Verteilung elektrischer Ladungen und Stromdichten. Im Vakuum ergibt sich daher eine Wellengleichung mit $F = O$, die für das elektrische und das magnetische →Feld getrennt in gleicher Form angegeben werden kann und die Ausbreitung der elektromagnetischen Wellen beschreibt. Hängen die Potentiale nicht von der Zeit ab, so reduziert sich die Wellengleichung auf die Laplace-Gleichung. Damit lassen sich dann die Felder der Elektrostatik und der Magnetostatik beschreiben. *Claassen*

Feldkonstante, elektrische. Anderer Begriff für die Permittivität oder die →Dielektrizitätskonstante des Vakuums

$$\epsilon_o = 8{,}8542 \cdot 10^{-12} \, \frac{As}{Vm}.$$

Die elektrische Feldkonstante tritt als Proportionalitätskonstante im Coulomb-Gesetz auf und verbindet im praktischen Maßsystem elektrische und mechanische Größen. Im materiefreien Raum stellt sie auch das Verhältnis von dielektrischer Verschiebung und elektrischem →Feld dar. *Claassen*

Feldkonstante, magnetische. Verhältnis von magnetischer →Induktion und magnetischem →Feld im materiefreien Raum. Sie wird auch als →Induktionskonstante oder als →Permeabilität des Vakuums bezeichnet. Ihr Wert entspricht

$$\mu_o = 4\pi \cdot 10^{-7} \, \frac{Vs}{Am} \approx 1{,}2566 \cdot 10^{-6} \, \frac{Vs}{Am}.$$

Durch den so festgelegten Wert für die magnetische Feldkonstante ist das Ampère als Einheit der Stromstärke im praktischen Maßsystem definiert. *Claassen*

Feldmultiplexer. Funktionseinheit, die über einen oder einige wenige Nachrichtenkanäle mit dem →Prozeßleitsystem verbunden ist und in wechselseitigem Zusammenwirken mit diesem im Feld Signalverteilung und -verarbeitung durchführt. Es werden sowohl Signale einer größeren Zahl (10–60, typisch 30) von Eingangskanälen aufgenommen, aufbereitet und an das Prozeßleitsystem weitergeleitet als auch vom Prozeß kommende Signale aufbereitet, z. B. in Analogsignale umgeformt, und einer größeren Anzahl von Ausgangskanälen zugeteilt.

F. können besonders in räumlich ausgedehnten Anlagen Einsparungen an Verkabelungsaufwand bringen. In Chemieanlagen ist meist Explosionsschutz erforderlich, und wegen der dort weitgehend mit pneumatischer →Hilfsenergie betriebenen

Stellgeräte ist es vorteilhaft, wenn der F. auch pneumatische Stellsignale ausgeben kann. Wegen der Mehrfachnutzung zentraler Komponenten und der Nachrichtenkanäle wird im allgemeinen eine redundante Auslegung des F. erforderlich sein, um Verfügbarkeitsforderungen erfüllen zu können. *Strohrmann*

Feldstärke. Dichte der Feldlinien in einem Vektorfeld, die dem Betrag des Vektors an einem Ort des Vektorfeldes entspricht. Der Begriff wird vor allem bei elektrischen, magnetischen und Gravitationsfeldern benutzt. Im elektrischen →Feld beschreibt die F. die Größe der →Kraft, die auf eine ruhende Einheitsladung wirkt. Die Empfangsfeldstärke beschreibt in der Funktechnik die elektrische Wechselfeldstärke am Ort der Empfangsantenne. Das in der Antenne induzierte →Signal ist der Empfangsfeldstärke proportional. Die Gravitationsfeldstärke ist nichts anderes als der Betrag der Erdbeschleunigung g. *Claassen*

Feldstärke, induzierte. Auf eine bewegte Ladung der Größe q wirkt im →Magnetfeld die →Kraft $\underline{K}$

$$\underline{K} = q \, (\underline{v} \times \underline{B}).$$

Hierin ist $\underline{v}$ die Geschwindigkeit der Ladung und $\underline{B}$ die magnetische →Induktion. Bezieht man diese Kraft auf die Ladung – wie bei den elektrostatischen Kräften –, um die elektrische →Feldstärke zu erhalten, so erhält man auch in diesem Fall eine Feldstärke, die man als induzierte Feldstärke bezeichnet:

$$\underline{E} = \frac{\underline{K}}{q} = \underline{v} \times \underline{B}.$$

Die induzierte Feldstärke wirkt auch in einem Leiter, der im Innern bewegliche Ladungen enthält, wenn man ihn durch ein Magnetfeld bewegt. Sie bewirkt damit zwischen den Enden des Leiters eine induzierte Spannung, die beispielsweise in einem Generator dazu ausgenutzt werden kann, um aus mechanischer →Energie elektrische zu erzeugen.

In einem Nichtleiter (Isolator) ergibt sich bei Bewegung in einem Magnetfeld durch die induzierte Feldstärke eine Polarisation wie in einem elektrischen →Feld.

Die Gleichung für die induzierte Feldstärke stellt eine spezielle Form des Faraday-Induktionsgesetzes dar und kann aus diesem abgeleitet bzw. in dieses übergeführt werden. *Claassen*

Fernbedienung →Strahlenschutz

Fernmessung. Die F. ist eine Messung, bei der der Meßort und die Meßwertanzeige/Meßwertverarbeitung räumlich voneinander getrennt sind. Heute werden unter F. folgende zwei Arten verstanden:

□ direkte Übertragung und Anzeige von Meßwerten in eine Warte in Industrieanlagen,

□ Übermittlung von Meßwerten unter Verwendung nachrichtentechnischer Mittel zu einer Zentrale als Teil der Fernwirktechnik.

Die Überwachung des Betriebszustands räumlich entfernter Betriebsmittel geschieht mittels Fernüberwachen, die Übermittlung des Werts gemessener Mengen, die über einen spezifischen Parameter, z. B. über eine Zeitspanne integriert werden, mittels Fernzähler. Schließlich bedeutet Fernanzeigen das Fernüberwachen von Zuständen, wie z. B. Alarmzuständen, Schalterstellungen, Schieberstellungen usw. F. (im Sinne der Fernwirktechnik), Fernüberwachen, Fernanzeigen und Fernzählen sind zusammengenommen die Melderichtung der Fernwirktechnik.

Die F. im ursprünglichen Sinne bestand darin, daß man die am Meßort eingebauten (mechanischen) Meßgeräte mit elektrischen Zusatzeinrichtungen versah, durch die eine Weitermeldung des Ausschlags an einen zentralen Ort erfolgte. Nach diesem Prinzip arbeitet der (auch heute noch eingesetzte) Widerstandsferngeber (Bild). Demgegenüber haben sich seit langer Zeit Normsignale für die (analoge) F. durchgesetzt, durch die einerseits die Störbeeinflussung, andererseits die Entfernungsabhängigkeit und die Gerätevielfalt drastisch reduziert werden können. Allgemein wird heute die 0–20 mA-Schnittstelle in (verfahrenstechnischen) Industrieanlagen verwendet. Hierzu ist es erforderlich, daß die Ausgangsgröße des Meßaufnehmers in ein elektrisches Signal umgewandelt und entsprechend verstärkt wird. Dies geschieht mit Hilfe von Meßumformern, die zunächst das nichtelektrische Signal in ein elektrisches Signal umwandeln (z. B. Druck über einen Waagebalken in einen Strom), dieses im Meßverstärker verstärken und ggf. in einem →Trennverstärker galvanisch entkoppeln. Um Störbeeinflussungen zu vermeiden, werden die Meßumformer in der Betriebsmeßtechnik in der Nähe der Meßaufnehmer montiert und sind daher den gleichen (rauhen) Umgebungsbedingungen unterworfen wie die Aufnehmer.

Da bei großen Industrieanlagen der Verkabelungsaufwand für die vielen Meßwerte beträchtlich ist, sind Bestrebungen im Gange, mit Hilfe der immer billiger werdenden Mikroelektronik den Verkabelungsaufwand durch serielle Busübertragung drastisch zu reduzieren. Hierzu ist es erforderlich, mittels eines „intelligenten Mikrosensors" das →Meßsignal zu verstärken, zu digitalisieren und es auf Anforderung durch eine Meßstation seriell auf einen Bus zu übertragen. Die hierfür erforderliche Normung der digitalen Übertragung wird z. Z. versucht, und zwar unter dem Namen „→Feldbus".   *F. Schneider*

Ferromagnetismus. F. nennt man die spontane Parallel-Ausrichtung der magnetischen Elementarmagnete in Festkörpern. Die Erscheinung ist nach dem Eisen benannt, dem bekanntesten ferromagnetischen Stoff. Die vorwiegend vom Spin der Elektronen herrührenden Elementarmagnete besitzen in den Ferromagnetika eine starke Wechselwirkung, die sie parallel auszurichten trachten, und die – wie zuerst *Heisenberg* erkannte – auf die quantenmechanische Austauschwechselwirkung zurückzuführen ist.

Unterhalb einer kritischen Temperatur, der Curietemperatur T_c, setzt sich die Tendenz zur Ausrichtung gegen die thermische Unordnung durch. Es entsteht eine spontane →Magnetisierung, die unterhalb T_c steil ansteigt, um am absoluten Nullpunkt ihren größten Wert, die absolute Sättigung, anzunehmen. Die bei endlichen Temperaturen unterhalb T_c beobachtete spontane Magnetisierung, die auch technische Sättigungsmagnetisierung J_s genannt wird, ist kleiner als die absolute Sättigung, da wellenförmige thermische Anregungen, die Spinwellen, die absolute Ordnung verhindern.

Die genaue statistische Theorie dieses Ordnungsvorgangs ist bis heute nicht vollständig gelöst. Man benutzt einfache Modelle der Wechselwirkung, wie z. B. das *Heisenberg*-Modell, bei dem die Wechselwirkung nur vom Winkel zwischen benachbarten Magnetisierungsrichtungen abhängt, die Magnetisierungsvektoren selbst aber frei drehbar sind. Ein anderes Modell ist das *Ising*-Modell, bei dem die Momente auf eine einzige Achse festgelegt sind und die Wechselwirkung nur vom relativen Vorzeichen der Nachbarmomente abhängt. Selbst für diese vereinfachten Modelle gelingt eine Lösung nur mit großem Aufwand. (Berühmt geworden ist die Lösung des Ising-Modells in zwei Dimensionen durch *Onsager*).

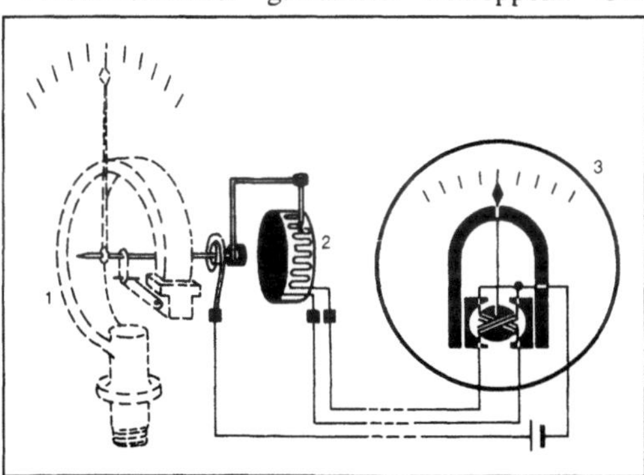

Fernmessung: Widerstands-Winkelaufnehmer zur Fernübertragung eines Druckmeßwerts. (Quelle: Hartmann & Braun)

1 Druckgeber, 2 Widerstands-Winkelaufnehmer, 3 Quotientenmesser

Da die elementare Wechselwirkung sich nur jeweils auf die unmittelbaren Nachbarn eines Atoms bezieht, müssen größere Körper nicht unbedingt homogen magnetisiert sein. Im allgemeinen teilt sich ein makroskopischer Ferromagnet in magnetische Domänen oder Bereichsstrukturen auf, die jeweils in sich gesättigt sind, aber verschiedener Magnetisierungsrichtung sind, so daß sich die magnetische Wirkung nach außen ganz oder teilweise aufhebt. Getrennt sind die Domänen durch die Blochwände, die in einem magnetischen →Feld in der Regel leicht verschoben werden können. Diese leichte Magnetisierbarkeit der Ferromagnete ist die Grundlage für vielfältige technische Anwendungen (→magnetische Werkstoffe).

Bei Raumtemperatur ferromagnetisch sind die Elemente Eisen, Kobalt, Nickel und Gadolinium, bei tiefen Temperaturen auch noch Dysprosium, Holmium, Terbium und Erbium sowie dazu viele Legierungen der genannten Elemente, darüber hinaus einige Verbindungen wie CrO_2 und EuO sowie einige intermetallische Verbindungen und Legierungen, die keines der ferromagnetischen Elemente enthalten. Die meisten magnetischen Verbindungen, insbesondere die Oxide, sind dagegen ferrimagnetisch. In ihnen sind benachbarte Elementarmagnete antiparallel ausgerichtet, wobei eine Sorte überwiegt, wodurch eine resultierende Magnetisierung wie bei den Ferromagneten entsteht. Die Ursache für die Erscheinung des Ferrimagnetismus liegt im umgekehrten Vorzeichen der Austauschwechselwirkung.

Die ferromagnetische Ordnung ist nicht an die kristalline Struktur gebunden. Auch amorphe

Ferromagnetismus. Tabelle: Die Grundeigenschaften ferromagnetischer Substanzen.

Stoff	T_c [°C]	J_s [Tesla]
Fe	770	2,15 (bei 20 °C)
Co	1 121	1,76 (bei 20 °C)
Ni	358	0,68 (bei 20 °C)
Gd	20	2,52 (bei 0 K)
Tb	− 33	1,72 (bei 0 K)
Dy	−186	2,33 (bei 0 K)
Ho	−253	2,87 (bei 0 K)
Er	−253	2,93 (bei 0 K)
$Fe_{65}Co_{35}$	920	2,45 (bei 20 °C)
$Fe_{80}B_{20}$ (amorph)	375	1,6 (bei 20 °C)
MnBi	360	0,78 (bei 20 °C)
CrO_2	127	0,62 (bei 20 °C)
EuO	−195	2,3 (bei 20 K)

T_c Curiepunkt, J_s Sättigungsmagnetisierung

metallische Gläser, wie z. B. $Fe_{80}B_{20}$, sind ferromagnetisch. Selbst Schmelzen könnten im Prinzip ferromagnetisch sein, jedoch wurden hierfür bisher noch keine Beispiele gefunden. (Die als magnetische Flüssigkeiten bekannten Substanzen sind kolloidale Suspensionen fester magnetischer Partikel.)

Den höchsten Curiepunkt aller Ferromagnetika besitzt das Kobalt mit 1121°C, die höchste Sättigungsmagnetisierung bei Raumtemperatur die Legierung $Fe_{65}Co_{35}$ mit 2,45 →Tesla. *Hubert*

Literatur: *Chikazumi, S.:* Physics of Magnetism. New York 1964. – *Kneller, E.:* Ferromagnetismus. Berlin 1962. – *Martin, D. H.:* Magnetism in Solids. Cambridge 1967.

Festbett. Unter einem F. versteht man in der Verfahrenstechnik eine Schüttung aus Festkörpern oder auch Anordnungen technischer Gebilde wie Füllkörper, Drahtgewebe in einem Gefäß. Letztere werden oft als Packungen bezeichnet, die in regelloser Form als Schüttungen oder geordnet in wohldefinierter Form eingebracht werden. F. verwendet man für Wärme- und Stofftransportvorgänge sowie chemische Reaktionen, an denen fluide Phasen und eine feste Phase beteiligt sind. Die feste Phase bildet in Form der Festkörper das F. Das F., auch als disperse Phase bezeichnet, wird von der fluiden Phase, auch als kontinuierliche Phase bezeichnet, durchströmt. Bei einer Strömungsführung von oben nach unten bleibt das F. bei allen Strömungsgeschwindigkeiten erhalten. Bei einer Durchströmung von unten nach oben bleibt das F. nur bis zur Lockerungsgeschwindigkeit erhalten, bei der das F. in ein Fließbett oder in eine Wirbelschicht übergeht, sofern nicht eine mechanische Abdeckung eine Ausdehnung des F. verhindert. Das F. kennzeichnet sich durch den Leervolumenanteil ε, der sich aus dem nicht vom Feststoff ausgefüllten Volumen $v-v_s$, bezogen auf das Gesamtvolumen v, ergibt. Bei porösen Feststoffen kann man noch unterscheiden nach dem makroskopischen Leerraum, der als Lückenvolumen bezeichnet wird und dem mikroskopischen Leerraum, der Porosität, die den Leerraumanteil im Innern der Festkörper wiedergibt,

$$\varepsilon = \frac{V - V_s}{V}.$$

Den Druckverlust Δp des Fluids beim Durchströmen kann man durch Größen der Schüttung wie folgt ausdrücken:

$$\Delta p = \xi \cdot \frac{1 - \varepsilon}{\varepsilon} \cdot \frac{H}{d_p} \cdot \frac{w^2 \cdot \rho}{2},$$

mit ξ Widerstandskoeffizient (Bild 1),
H Festbetthöhe,
w Leerrohrgeschwindigkeit des Fluids,
ρ Dichte des Fluids,
d_p geeigneter Partikeldurchmesser, z. B. Sauter-Durchmesser.

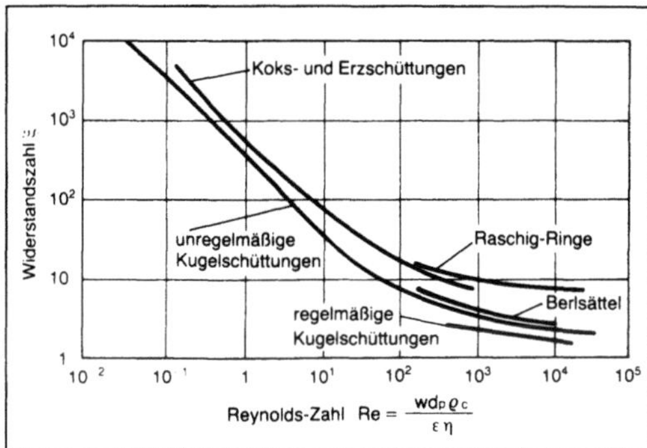

$$\text{Reynolds-Zahl } Re = \frac{w d_P \varrho_c}{\varepsilon \eta}$$

Festbett 1: Widerstandskoeffizient von Festbetten aus unterschiedlichen Schüttmaterialien. (Quelle: Hersmann a. a. O.)

F. setzt man für chemische Reaktionen, vor allem als Katalysatorträger (heterogene →Katalyse) ein. In der thermischen Verfahrenstechnik spielen sie neben ihrer Verwendung als Stoffaustauschvorrichtung zum Erzeugen von Stoffaustauschfläche dann eine Rolle, wenn Substanzen aus Feststoffen oder mit Hilfe von Feststoffen aus fluiden Mischungen abgetrennt werden sollen. Beispiele hierfür sind die Feststoffextraktion (Herstellung von Kaffee-Extrakt mit heißem Wasser zum Erzeugen von löslichem Kaffee nach Sprühtrocknung), die Trocknung von Feststoffen, die →Adsorption (Trocknen von Luft durch Adsorption von Wasser an Silicagel) und der Ionentausch (Enthärten von Wasser). Auch gepackte Trennsäulen für die Chromatographie gehören hierzu.

F. haben endliche →Kapazität. Beispielsweise ist die Kapazität eines Ionentauschers nach Austausch aller funktionellen Gruppen erschöpft. Bei der Extraktion von Zucker aus einem F. aus Rübenschnitzeln erschöpft sich der Zuckergehalt. Dies hat den Nachteil, daß die F. nach Erschöpfung ausgetauscht und/oder regeneriert werden müssen, was i. a. zu einer Unterbrechung des Betriebs führt. Um hinsichtlich des Fluids kontinuierlich arbeiten zu können, sind mindestens 2 F. nötig.

Bei F. wird die feste Phase nicht vermischt. Dies führt zu dem Vorteil, daß das Verteilungsgleichgewicht immer durch den unbeladenen Feststoff bestimmt wird. So kommt z. B. feuchte Luft so lange mit wasserfreiem Silicagel in Kontakt, bis das F. aus Silicagel praktisch vollständig in seiner Aufnahmekapazität für Wasser erschöpft ist, da sich das Silicagel von Anfang des F. Schicht für Schicht bis zum Ende des F. belädt (Bild 2). Da die Beladung mit einer für den speziellen Adsorptionsvorgang charakteristischen Verzögerung erfolgt, ergibt sich eine gewisse Breite der adsorbierenden Schicht. Diese kann am Auslauf des F. in Form einer Durchbruchkurve gemessen werden. Die Durchbruchkurve zeigt, wie sich das Bett örtlich und zeitlich fortschreitend belädt (Bild 2).

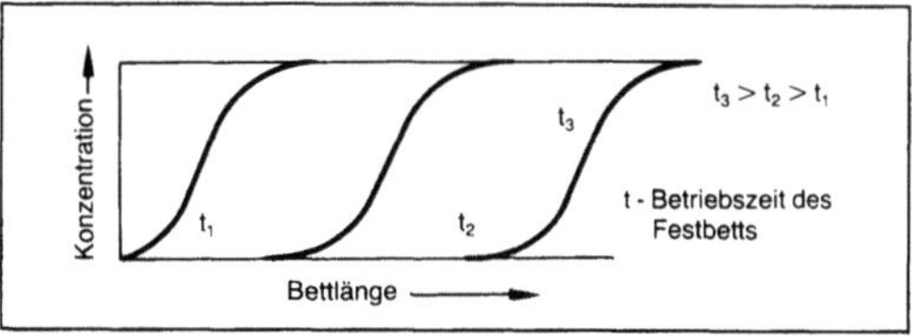

Festbett 2: Durchbruchkurve.

Um die Kapazität eines Adsorberbetts voll nutzen zu können, werden häufig 2 Adsorber-F. in Reihe geschaltet.

Analoges gilt für die Desorption, die Regenerierung von Ionentauschern und die Extraktion aus Feststoffen.

Sind die Beladungs- oder Durchbruchkurven sehr flach, kann man durch Hintereinanderschalten mehrerer F. und entsprechender Führung der fluiden Phase dennoch eine weitgehend vollständige Nutzung der Kapazität erreichen. Dies entspricht einer Gegenstromführung in mehreren Stufen. *Brunner*

Literatur: *Hersmann, A.:* Thermische Verfahrenstechnik. Berlin. Heidelberg. New York 1980.

Festigkeit. Feste Körper haben durch innere Zusammenhaltkräfte eine beständige Form und setzen der Verformung durch äußere Kräfte und dem Bruch einen Widerstand entgegen. Den Widerstand gegen Trennbruch nennt man Festigkeit gegen Trennen oder Reißen, den gegen Gleitbruch Gleit- oder Schubfestigkeit. Das Festigkeitsverhalten ist vom Werkstoff und der Art der Beanspruchung abhängig.

Die F. (Dimension: N/mm^2) von Körpern bei Belastungen durch Schwingungen hängt vom Werkstoff sowie von der geometrischen Form der Körper bzw. der Bauteile und der Ausführung ihrer Randschichten (Kerben, Rauhtiefe der Oberfläche) ab. Bei Versuchen zur Ermittlung der *Wöhler*-Linien werden verschiedene Arten von Schwingfestigkeiten festgestellt. Wechselbeanspruchungen werden mit der Schwingbreite von dynamischen Belastungen $\pm\sigma_a = \frac{1}{2}(\sigma_o - \sigma_u)$ durchgeführt. (σ_o: obere Spannungsspitze; σ_u: untere Spannungsspitze). Zusätzlich kann eine statische Belastung mit einer Mittelspannung $\sigma_m = \frac{1}{2}(\sigma_o + \sigma_u)$ vorhanden sein. Man unterscheidet verschiedene Arten von Festigkeiten, z. B.:

– Wechsel-F. $\pm\sigma_w$: sie kennzeichnet die Schwingbreite der dynamischen Spannungen, die bei einer vorgegebenen Lastspielzahl N bei $\sigma_m = 0$ ertragen werden kann. Die Wechselfestigkeit, die ein Körper *unendlich* oft ertragen kann, nennt man →Dauerschwingfestigkeit, genauer Dauerschwingwechselfestigkeit.

– →Dauerfestigkeit $\pm\sigma_D$: sie gibt diejenige Schwingbreite der Belastungen an, die bei vorgegebener Lastspielzahl N mit einer statischen Vorspannung, d. h. bei $\sigma_m\pm\sigma_a$ ertragen werden kann.

– Zug-Schwellfestigkeit σ_{zsch}: sie gibt diejenige Schwingbreite der dynamischen Spannungen an, die ein Körper zwischen einer Oberspannung σ_o und einer Unterspannung $\sigma_u=0$ bei vorgegebener Lastspielzahl N ertragen kann. Die Schwingbreite bei der Grenzlastspielzahl, von der an der Körper die dynamischen Spannungen *unendlich* oft ertragen kann, nennt man Dauerschwingschwellfestigkeit.

Man bezeichnet die Schwingbreiten der dynamischen Belastungen, die bestimmte Lastspielzahlen im Bereich $5\cdot 10^3<N<10^6$ liegen, als Zeitfestigkeiten. *Splittgerber*

Literatur: DIN 50 100: Dauerschwingversuch.

Festigkeitslehre. Unter dem Begriff der F. faßt man alle in der Praxis sehr wichtigen Berechnungsmethoden zusammen, die sich mit Ermittlungen von Spannungen und, wenn notwendig, Verformungen für meist schlanke Bauteile befassen, um die Haltbarkeit der Bauteile festzustellen.

Exaktheit ist weniger wichtig als die Frage, ob das System sicher den Belastungen standhält. Der Ingenieur will im Zweifelsfall „auf der sicheren Seite" liegen. Deshalb werden auch Sicherheitsfaktoren benutzt, um die man die berechneten Spannungen erhöht.

In diesem Sinne gehören zur F. u. a. die Stichwörter Balkenlehre, elementare, →Biegung, Cotteril-Castigliano-Sätze, Formänderungsarbeiten-Verfahren, →Knickung, Querkontraktion, →Schub, →Torsion, virtuelle Verrückungen (Balkensysteme), →Zug und Druck und zusammengesetzte Beanspruchung, daneben auch →Flächenpressung, Formänderungsarbeiten, Kesselformeln, →Mohr-Kreis, Bruchhypothesen (→Mechanik-Einteilung). *Besdo*

Festkörpermechanik. Frühere Bezeichnung für den Teil der Festkörperphysik, der hauptsächlich das Atomgitter und die von ihm wesentlich bestimmten mechanischen Eigenschaften des Festkörpers behandelt (→Mechanik-Einteilung). *Heinz*

Festwertregelung. Die F. wird eingesetzt zur Verbesserung des Störverhaltens einer Anlage (→Regelstrecke), die an einem fest eingestellten Betriebspunkt arbeiten soll.

Diese Regelungsaufgabe (→Regelung) läßt sich folgendermaßen beschreiben. Für eine Anlage ist ein fester Arbeitspunkt X_A vorgegeben, er soll unabhängig von Störeinflüssen eingehalten werden. Man denke sich als Regelstrecke einen elektrischen

Gleichstromantrieb, dessen Nenndrehzahl X_A bei Nennlast Z_A über die Nennankerspannung Y_A eingestellt ist. Eine Laständerung Δz (Störgröße) verursacht eine Drehzahlabweichung Δx. Die gestrichelte Linie in der Abbildung zeigt den zeitlichen Verlauf der Drehzahlabsenkung bei sprungartiger Belastungszunahme. Danach kann man das →Störverhalten der Regelstrecke durch ein P-T_1-Glied mit dem Übertragungsfaktor K_L und der →Zeitkonstante T_L annähernd darstellen (→Verzögerungsglied, →Übertragungsglied erster Ordnung). Das Steuerverhalten der Regelstrecke läßt sich durch sprungartige Änderung der Ankerspannung, der →Stellgröße Δy, ermitteln. Der Antrieb ist eine Regelstrecke mit Ausgleich, und es genügt, nur eine Zeitkonstante zu berücksichtigen (Übertragungsfaktor K_S, Zeitkonstante $T_S\simeq T_L$).

Durch eine Regelung soll nun die bleibende Abweichung Δx_L reduziert werden. Dazu muß man den →Regelkreis über einen →Regler schließen. Wählt man den einfachsten Regler, nämlich einen mit →P-Übertragungsverhalten (Übertragungsfaktor K_P), so läßt sich die bleibende Abweichung auf Δx_R reduzieren. Der Regler wurde mit $K_P=4/K_S$ so eingestellt, daß der Regelfaktor $r=\Delta x_R/\Delta x_L=0,2$ ist. Der Endwert wird dann fünf mal schneller erreicht als ohne Regelung (Verlauf P-R in der Abbildung). Dazu muß die →Führungsgröße w am Regler auf den Sollwert $W_A=(X_A+r\,K_L Z_A)/(1-r)$ eingestellt werden.

Gibt man dem Regler →I-Übertragungsverhalten mit der →Übertragungsfunktion $F_R\,(s)=K_I/s$. dann muß im stationären Zustand der Reglereingang verschwinden: $e(t\rightarrow\infty)=0$. Dazu gehört die Sollwerteinstellung $W_A=X_A$; und der Regelfaktor ist $r=0$ (Verlauf I-R in der Abbildung). Der Regelkreis kann nun zum Schwingen neigen (Übertragungsglied zweiter Ordnung). Für ein aperiodisches Verhalten mit dem Dämpfungsgrad $d=1$ muß $K_I=1/(4\,K_S T_S)$ eingestellt werden. Das Einschwingen dauert dann sehr lange. Nach etwa zwei Zeitkonstanten ist die maximale Abweichung von gut $0,7\,\Delta x_L$ erreicht, und man muß eine Dauer von etwa 15 Zeitkonstanten abwarten, bis der Störeinfluß abgeklungen ist. Für die F. an einer Regelstrecke mit Ausgleich gilt daher folgende Aussage:

Ein P-Regler ist statisch ungenau aber dynamisch schnell; ein I-Regler ist statisch genau aber dynamisch langsam.

Die Vorteile jedes Reglers lassen sich durch Einsatz eines PI-Reglers mit der Übertragungsfunktion $F_R\,(s)=K_R\,(1+1/T_n\,S)$ ausnützen (→PI-Übertragungsverhalten). Mit dem Übertragungsfaktor K_R und der →Nachstellzeit T_n hat man nun zwei Kenngrößen, um das Schwingungsverhalten einzustellen. Der Kreis soll bei gleichem Dämpfungsgrad $d=1$ fünfmal so schnell einschwingen. Mit $K_R=4/K_S$ und $T_n=0,64\,T_S$ wird dies erreicht (Verlauf PI-R in der Abbildung). Die maximale Abweichung wird dann auf $1/5$ reduziert.

Ein zusätzlicher D-Anteil ($\rightarrow$D-Übertragungsverhalten) in einem PD- oder PID-Regler lohnt sich für solch eine einfache Regelung nicht. Bei diesem Beispiel würden die hochfrequenten Schwingungen, die dem $\rightarrow$Signal aus dem Drehzahlgeber überlagert sind, noch verstärkt. Ein D-Anteil (oft durch Messung der zeitlichen Änderung der Regelgröße realisiert) dient zur $\rightarrow$Dämpfung der Eigenbewegung oder zur Stabilisierung.   *Böttiger*

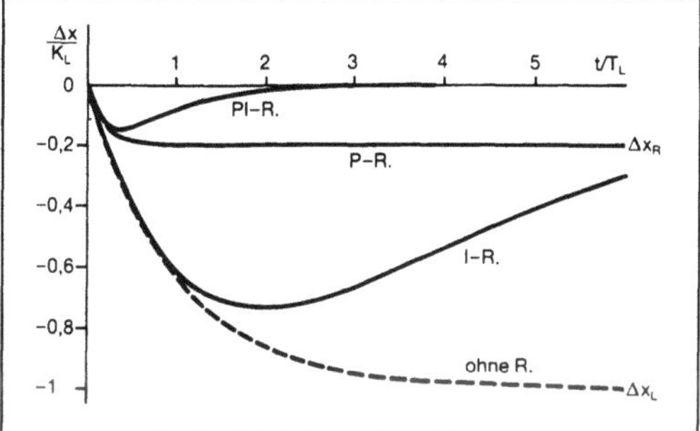

Festwertregelung: Störsprungantworten.

Literatur: *Böttiger, A.:* Regelungstechnik. München 1988.

Feuchtemessung. Die Feuchte gibt den Wasserdampfgehalt in Luft oder Gasen an. Man unterscheidet die absolute und die relative Feuchte. Die absolute Feuchte f_a ist gleich der Masse des Wasserdampfs m_w bezogen auf das Volumen V, in dem sich dieser befindet:

$$f_a = \frac{m_w}{V} \text{ in } \frac{g}{m^3}.$$

Ihre Kenntnis ist notwendig, um Trockenvorgänge zu steuern und Wärmebilanzen durchführen zu können. Die relative Feuchte f_r ist das Verhältnis aus der absoluten Feuchte f_a und der maximal möglichen Feuchte $f_{a,max}$; sie ist eine dimensionslose Zahl:

$$f_r = \frac{f_a}{f_{a,\,max}}.$$

Sie ist von Bedeutung, wenn Stoffe gelagert oder verarbeitet werden, die mit der umgebenden Luft im Feuchteausgleich stehen.

Die Luft (oder ein Gas) kann bei einer bestimmten Temperatur nur eine bestimmte Menge Wasserdampf aufnehmen. Diese Sättigungsfeuchte ist im Bild in Abhängigkeit von der Temperatur dargestellt. Enthält die Luft mehr Wasserdampf, als es dieser Kurve entspricht, so wird der Taupunkt unterschritten, und ein Teil des Wasserdampfes kondensiert. Die Temperatur, bei der die Luft mit Wasserdampf gesättigt ist, wird Taupunkt-Temperatur genannt. Bei 50 °C z. B. können in 1 m³ Luft

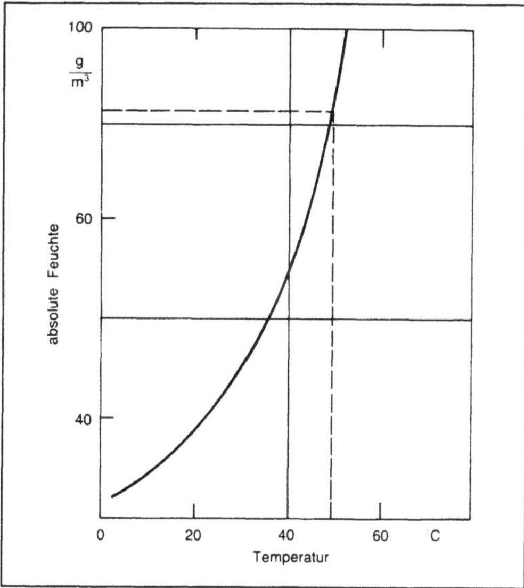

Feuchtemessung: Sättigungsfeuchte der Luft.

maximal 83 g Wasserdampf enthalten sein. Ist bei dieser Temperatur der tatsächliche Wasserdampfgehalt 50 g/m³, so hat die Luft eine relative Feuchte von 50/83 = 0,60.

Für den Wassergehalt fester oder flüssiger Stoffe gibt es drei Definitionen. Am gebräuchlichsten ist die Feuchte f (in %):

$$f = 100 \cdot \frac{m_w}{m_{tr} + m_w},$$

mit m_w Masse des eingelagerten Wassers,
m_{tr} Masse der darrtrockenen Substanz.

In der Holz- und Zellstoffindustrie ist die Feuchteangabe f_{tr} (in %) üblich:

$$f_{tr} = 100 \cdot \frac{m_w}{m_{tr}}.$$

Daneben gibt es noch den sog. Trockengehalt TG (in % Atro, d. h. absoluter Trockenheit):

$$TG = 100 \cdot \frac{m_{tr}}{m_{tr} + m_w}.$$

Schon *Leonardo da Vinci* (um 1500) baute Hygrometer. Heutzutage gibt es eine große Anzahl von Verfahren zur F., und zwar für die relative und absolute Feuchte in Luft und in anderen Gasen bzw. zum Bestimmen des Feuchtegehalts in festen oder flüssigen Stoffen.

□ Luftfeuchtemeßverfahren: Beim Taupunkthygrometer wird ein kleiner Metallspiegel im Meßgasstrom durch Peltierelemente stets so gekühlt, daß die regelnden Photozellen gerade einen Tau- oder Eisniederschlag auf dem Spiegel feststellen. Die mit Thermoelementen gemessene Spiegeltemperatur ist etwa die Taupunkttemperatur. Die Einstellzeit beträgt nur wenige Sekunden; es wird kontinuierlich gemessen.

Beim LiCl-Feuchtemeßgeber wird zum Bestimmen der Feuchte die Umwandlungstemperatur einer Lithiumchlorid-Lösung in Lithiumchlorid-Salz ausgenutzt. Beim (belüfteten) Psychrometer wird die Abkühlung durch Verdunsten als Differenz zwischen der Lufttemperatur ϑ und der Temperatur eines befeuchteten und folglich abgekühlten Thermometers ϑ_f gemessen. Damit läßt sich die absolute Feuchte auf $\pm 0,3$ K Taupunkt und die relative Feuchte auf $\pm 2\%$ genau messen. Beim Haarhygrometer wird die über den relativen Luftfeuchtebereich um etwa 25 % betragende Längsquellung von Haaren mechanisch übersetzt und angezeigt.

Beim kapazitiven Feuchtemesser verwendet man einen speziellen Kunststoff als →Dielektrikum, bei dem ein eindeutiger Zusammenhang zwischen der relativen Feuchte der Luft und dem durch den Kunststoff molekular aufgenommenen Wasser besteht. Infolge der hohen Dielektrizitätszahl von Wasser ($\varepsilon_r = 81$) läßt sich aus der gemessenen →Kapazität die relative Feuchte der umgebenden Luft bestimmen.

□ Materialfeuchtemeßverfahren: Die Dörr-Wäge-Methode, bei der eine Probe thermisch getrocknet und vorher und hinterher gewogen wird, ist die klassische Feuchtigkeitsbestimmungsmethode. Die Calciumcarbid- und die Karl-Fischer-Methode gehören zu den chemischen Wasserbestimmungsmethoden, bei denen eine Probe des feuchten Meßguts mit Chemikalien zusammengebracht wird, die mit dem Wassergehalt der Probe reagieren. Das Reaktionsprodukt ist der Probenfeuchte mengenproportional. Kleine Wassergehalte lassen sich auch gaschromatographisch bestimmen. Die elektrische Leitfähigkeitsmessung nimmt bei der Feuchtebestimmung einen bevorzugten Platz ein, wenn es sich um Stoffe handelt, die in trockenem Zustand nichtleitend, die aber hygroskopisch sind. Zwischen der Feuchte und der elektrischen →Leitfähigkeit besteht ein logarithmischer Zusammenhang. Auch die Änderung der Dielektrizitätszahl durch Feuchtigkeit (→Aufnehmer, kapazitiv) läßt sich zur F. verwenden. Ist die Feuchte von festen, nichtleitenden Stoffen, wie z. B. Getreide, Textilien, Holz oder Kohle, festzustellen, so werden diese Stoffe durch die Platten eines Kondensators geführt. Aus der gemessenen Kapazität wird dann auf den in diesen Stoffen enthaltenen Wassergehalt geschlossen. *F. Schneider*

Literatur: *Lück, W.:* Feuchtigkeit. Grundlagen, Messen, Regeln. München 1964. – *Schrüfer, E.:* Elektrische Meßtechnik. 3. Auflage. München, Wien 1988.

Feuermeldeanlage. F. sind Gefahrenmelde-Anlagen zur Sicherung von Leben und Sachwerten. Sie dienen zum Alarmieren Hilfe leistender Kräfte (Feuerwehr) bei Brandausbrüchen sowie Not- und Katastrophenfällen. Sie bestehen aus einer Zentrale in der Feuerwache und einer Anzahl öffentlich zugänglicher Melder an Straßen und Plätzen des der Feuerwache zugeordneten Gebiets (Hauptmeldeanlage).

Im Alarmfall wird die Feuermeldung meist durch Einschlagen einer Glasscheibe und Betätigen eines Druckknopfs am Melder ausgelöst. Bei Meldern mit Sprecheinrichtung besteht nach der Meldungsabgabe Sprechmöglichkeit mit der Feuerwache.

Feuermelder einer Hauptmelde-Anlage können auch von automatischen F. (Nebenmeldeanlagen) fernausgelöst werden. Diese, meist im privaten Bereich eingesetzten, selbsttätig arbeitenden Anlagen werden in der Fachsprache als Brandmelde-Anlagen bezeichnet.

Öffentliche Hauptmeldeanlagen können als
- Schleifensysteme oder als
- Liniensysteme (Radialsysteme)
aufgebaut sein.

Beim herkömmlichen, noch weit verbreiteten Schleifensystem sind die Melder in Reihe in eine einadrige Leitungsschleife geschaltet, die in der Zentrale beginnt und endet (Bild 1).

Bei den moderneren Liniensystemen (Bild 2) ist jeder Melder über eine eigene Zweidraht-Leitung an die Zentrale angeschlossen. Eine besondere Identifizierung des Melders erübrigt sich daher. Bei den meisten Liniensystemen ist nach der Meldungsabgabe eine Sprechverbindung zwischen dem Meldenden und der Zentrale möglich. Als Meldelinien können gemietete Postleitungen verwendet werden. Sämtliche Meldeleitungen sind ständig auf Drahtbruch und Kurzschluß überwacht. Das Auftreten solcher Störungen wird signalisiert.

Einrichtungen zur selbsttätigen Erkennung von Bränden: →Brandmelder. *Hammerschmidt*

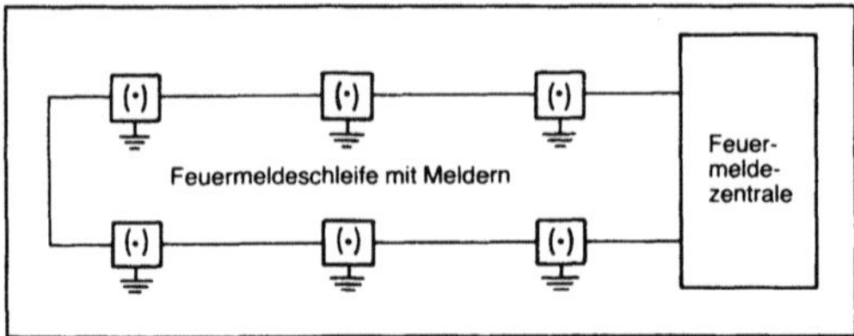

Feuermeldeanlage 1: Nach dem Schleifensystem.

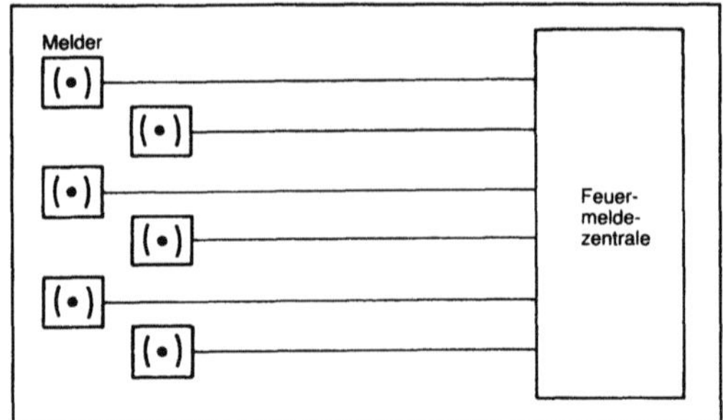

Feuermeldeanlage 2: Nach dem Liniensystem.

Literatur: DIN 14675 (Jan. 1984). – DIN 57833 (VDE 0833), Teil 1 und 2 (Aug. 82).

Filmdosimeter. Die Filmdosimetrie hat sich seit etwa 30 Jahren zum Messen der Personendosis, d. h. der Dosis an der Körperoberfläche der Beschäftigten im →Strahlenschutz, weltweit durchgesetzt. Allein in der Bundesrepublik Deutschland wurden 1991 monatlich über 300 000 Personen mit dieser Methode überwacht.

Bei dem F. besteht zunächst das Problem, daß das in der photographischen Emulsion als aktive Substanz vorhandene Silbernitrat eine vom menschlichen Gewebe abweichende effektive Ordnungszahl besitzt und damit in Abhängigkeit von der Energie die →Strahlung anders absorbiert als Gewebe. Diese Energieabhängigkeit photographischer Emulsion läßt sich dabei entweder mit der Kompensationsfiltermethode oder dem filteranalytischen Verfahren berücksichtigen (Bild 1).

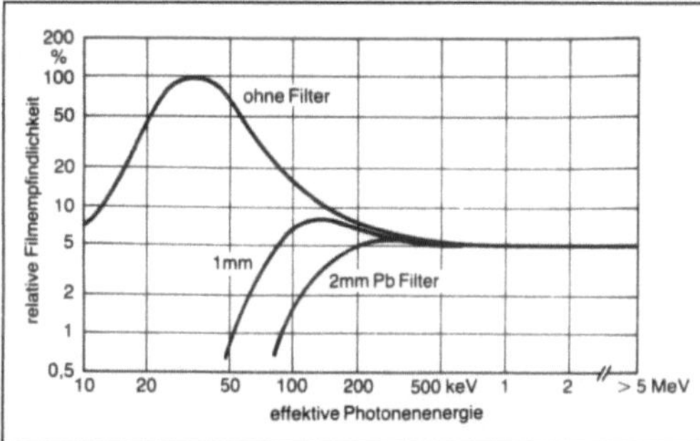

Filmdosimeter 1: Energieabhängigkeit photographischer Emulsionen ohne und mit Kompensationsfilter.

Bei der Kompensationsfiltermethode wird die höhere Empfindlichkeit der Filmemulsion bei energiearmen Photonen dadurch unterdrückt, daß man vor den Film ein Filter von etwa 1 mm Blei setzt, in dem die weichen, auf den Film stärker wirkenden Strahlungen entsprechend geschwächt werden. Mit der Kompensationsfiltermethode läßt sich Photonenstrahlung über 80 keV Quantenenergie (Röhrenspannung etwa 100 kV) annähernd energieunabhängig bestimmen. Der Nachteil dieser Methode ist, daß sich weichere Strahlen unterhalb dieser Energie praktisch überhaupt nicht mehr messen lassen (Bild 2).

Bei dem filteranalytischen Verfahren werden dem Film Filter unterschiedlicher Dicke aus verschiedenen Materialien (z. B. Kupfer, Blei) vorgesetzt. Aus dem Verhältnis der Schwärzungen hinter den verschiedenen Filtern läßt sich die Energie der Strahlung ermitteln, die auf den Film eingewirkt hat. Bei Vorliegen von Mischstrahlungen kann man näherungsweise auch die der verschiedenen Strahlenanteile bestimmen. Unter Berücksichtigung der

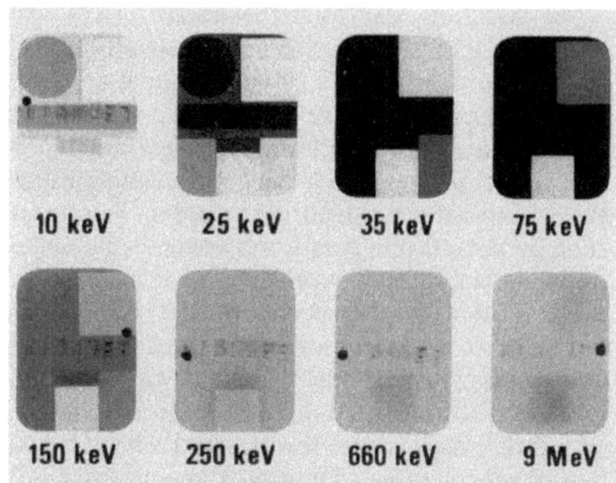

Filmdosimeter 2: Bei der Anwendung der filteranalythode mit Strahlungen verschiedener Photonenenergie, aber immer gleicher Dosis belichtete Dosismeßfilme.

Strahlenenergie – bzw. bei Vorliegen von Mischstrahlung der Strahlenenergie der einzelnen Komponenten der Strahlung – läßt sich die Dosis, die auf dem Film eingewirkt hat, angenähert richtig bestimmen.

Der Meßbereich der Filmdosimetrie hängt von der Empfindlichkeit der verwendeten Filme, d. h. insbesondere vom Silbergehalt der Emulsion, ab. Praktisch werden in der Bundesrepublik Deutschland von den amtlichen Personendosismeßstellen zwei übereinandergelegte, doppelt beschichtete Filme benützt, deren Empfindlichkeiten sich ungefähr um den Faktor 30 voneinander unterscheiden. Um mit diesen Filmen auch noch höhere Dosen messen zu können, besteht die Möglichkeit, von dem wenig empfindlichen Film eine Emulsion abzuschaben und dadurch den Meßbereich nochmals etwa um den Faktor 50 nach oben zu erweitern (vgl. Bild 2). Damit wird der für die Personendosisüberwachung interessierende Dosisbereich von 200 µGy bis 10 Gy für alle vorkommenden Strahlenqualitäten gut abgedeckt.

Außer Photonenstrahlung, d. h. Röntgen- und Gammastrahlen, können mit Hilfe der Filmdosimetrie in bestimmten Grenzen auch →Beta-Strahlen und schnelle Elektronen oberhalb etwa 300 keV Energie erkannt werden. Bei Neutronen können, neben der Kernspurmessung, Aussagen über die Anwesenheit thermischer Neutronen gemacht werden.

Bei längerer Zeit zwischen Exposition der Filme und Entwicklung – die Überwachungsperioden sind meist ein Monat lang – muß man mit einem Rückgang des latenten Bilds, dem sog. Fading rechnen. Dies ist besonders groß, wenn die Filme nach der Exposition großer Luftfeuchtigkeit ausgesetzt werden; unter Normalbedingungen ist es zu vernachlässigen.

Die Messung der Filmschwärzung erfolgt mit handelsüblichen Photometern. In Auswertungsstellen, die monatlich viele 1 000 Filmdosimeter auszuwerten haben, sind diese Photometer mit elektronisch arbeitenden Einrichtungen so gekoppelt, daß die auftretenden Dosen und Strahlenqualitäten gleich automatisch ausgedruckt werden. Voraussetzung ist, daß für die gerade verwendete Filmemulsion eine Kalibrierung vorliegt.

Ein Vorteil der Filmdosimetrie ist, daß sie wie kein anderes Verfahren außer der Angabe der Dosis und Strahlenqualität auch Hinweise auf die Strahleneinfallsrichtung, Art der Exposition (einmalig oder fraktioniert) oder eine eventuelle Kontamination zu geben vermag. Diese zu kennen ist u. U. für das Abstellen unbefriedigender Strahlenschutzverhältnisse wichtiger als übermäßige Genauigkeitsansprüche. Schließlich aber bietet die Filmdosimetrie die Möglichkeit, Fälschungsabsichten zu erkennen sowie die, das Meßergebnis zu dokumentieren.

Die an der Körperoberfläche gemessenen Personendosen genügen noch nicht, die Strahlengefährdung der Träger der Dosimeter einzuschätzen. Es müssen vielmehr aus den Personendosen unter Berücksichtigung der mit ihrer Hilfe ermittelten Strahlenart und Energie von den zuständigen Strahlenschutzbeauftragten die Körper- und Organdosen berechnet werden. *Wachsmann*

Literatur: Berechnungsgrundlage für die Ermittlung von Körperdosen bei äußerer Strahlenexposition. (Bundesminister d. Innern. Red.: *G. Schnepel*). Stuttgart, New York. – DIN 6816: Filmdosimetrie nach dem filteranalytischen Verfahren zur Strahlenschutzüberwachung. Hrsg. Dt. Inst. f. Normung. Ausg. 1984. – *Fischer:* Veröffentlichungen der Strahlenschutzkommission. Bd. 3. 1986.

Finite-Elemente-Methode (FEM). Es sei B ein beschränkter Bereich des n-dimensionalen euklidischen Raums und V ein Vektorraum von Funktionen mit Definitionsbereich B. Als FEM bezeichnet man Verfahren, bei denen B zunächst in Teilbereiche B_j, finite Elemente, die höchste Randpunkte gemeinsam haben, zerlegt wird und dann nur noch solche Funktionen aus V betrachtet werden, die über jedem finiten Element B_j durch ein →Polynom $P_j(x_1, x_2, \ldots, x_n)$ von vorgeschriebenem Höchstgrad darstellbar sind. Dadurch wird aus dem evtl. unendlich dimensionalen Vektorraum V ein endlich dimensionaler Unterraum $\tilde{V}$ ausgesondert, der sich numerisch leichter handhaben läßt. Dieses Vorgehen ist vor allem bei Variationsproblemen von Interesse, die näherungsweise gelöst werden, indem man an Stelle der Funktionen von V nur noch Funktionen von $\tilde{V}$ zur Konkurrenz zuläßt. Die FEM verallgemeinert die Idee der Splinefunktionen. Ist B ein →Intervall (n = 1), so enthält $\tilde{V}$ Splinefunktionen.

Beispiel (n = 2). Ein Rechteck B der Ebene werde in Dreiecke D_j zerlegt (Bild 1).

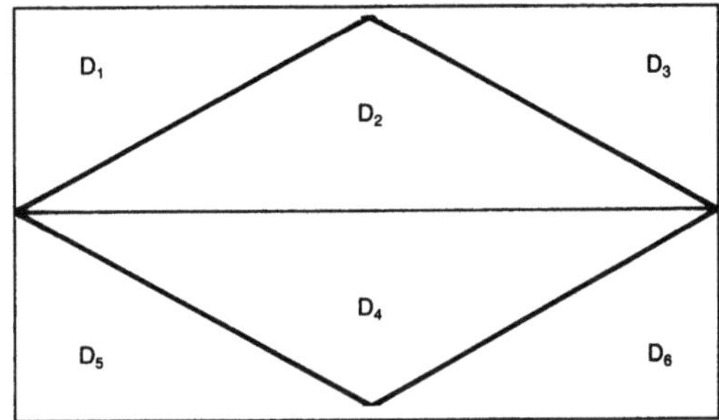

Finite-Elemente-Methode 1: Rechteck in Dreiecke zerlegt.

$\tilde{V}$ bestehe etwa aus allen stetigen Funktionen, die in jedem Dreieck D_j linear in x und y sind, dort also die Gestalt $P_j(x, y) = a_j + b_j x + c_j y$ besitzen ($j = 1, 2, \ldots, k$). Jede solche Funktion beschreibt eine stückweise aus Dreiecken zusammengesetzte Fläche im Raum (Bild 2) – ein zweidimensionales Analogon zum stetigen Streckenzug.

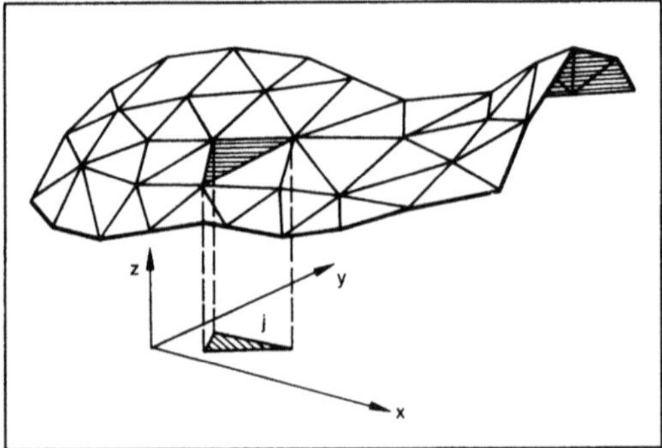

Finite-Elemente-Methode 2: Aus Dreiecken zusammengesetzte Fläche im Raum.

Jede Funktion aus $\tilde{V}$ ist durch ihre Werte in den Ecken aller Dreiecke bereits eindeutig festgelegt, denn die drei Werte in den Ecken von D_j bestimmen jeweils die drei Koeffizienten von $P_j(x, y)$ (lineares Gleichungssystem für die Unbekannten a_j, b_j, c_j). Wählt man also die Ecken der Dreiecke als Knoten, so ist das Lagrange-Interpolationsproblem mit Funktionen aus $\tilde{V}$ eindeutig lösbar. Indem man auf den Dreiecken auch Polynome höheren Grades zuläßt und nach Einführung weiterer Knoten geeignete hermitesche Interpolationsbedingungen stellt, erhält man differenzierbare Lösungen des Interpolationsproblems.

Für praktische Anwendungen ist es zweckmäßig, eine Basis von $\tilde{V}$ bestehend aus solchen Funktionen zu konstruieren, die auf möglichst vielen finiten Elementen B_j identisch null sind. Im Fall der linearen Funktionen über Dreieckselementen ergeben sich dann Pyramidenfunktionen (Bild 3). *Schmeißer*

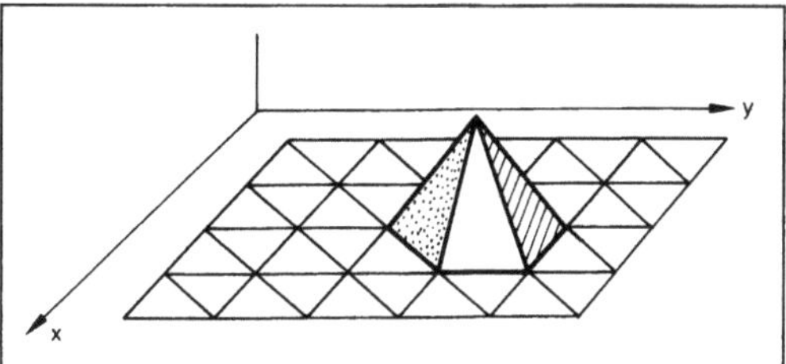

Finite-Elemente-Methode 3: Pyramidenfunktion.

Literatur: *Akin, J. E.:* Application and implementation of finite element methods. New York 1982. – *Davies, A. J.:* The finite element method: A first approach. Oxford 1980. – *Fairweather, G.:* Finite element Galerkin methods for differential equations. New York 1978. – *Gallagher, R. H.:* Finite-Element-Analysis. Berlin 1976. – *Mitchell, A. R., u. R. Wait:* The finite element method in partical differential equations. New York 1977. – *Norrie, D. H., u. G. de Vries:* The finite element method. New York 1973. – *Oden, J. T., u. J. N. Reddy:* An introduction to the mathematical theory of finite elements. New York 1976. – *Reddy, J. N.:* An introduction to the finite element method. New York 1984. – *Richter, W.:* Numerische Lösung partieller Differentialgleichungen mit der Finite-Elemente-Methode. Braunschweig 1986. – *Robinson, J.:* Integrated theory of finite element methods. New York 1973. – *Schwarz, H. R.:* Methode der finiten Elemente. Stuttgart 1980. – *Schwarz, H. R.:* Fortran-Programme zur Methode der finiten Elemente. Stuttgart 1981. – *Strang, G., u. G. J. Fix:* An analysis of the finite element method. Englewood Cliffs, N. J. 1973. – *Whiteman, J. R.:* A bibliography for finite elements. New York 1975. – *Zienkiewicz, O. C.:* Methode der finiten Elemente. München 1975.

Finite-Elemente-Methode (Mechanik). Die FEM ist das z. Z. am weitesten verbreitete Berechnungsverfahren der →Mechanik. Es wird sowohl im Bereich der →Statik elastischer, plastischer und sonstiger verformbarer Medien als auch in der →Kinetik (Dynamik) angewandt.

Die FEM ist ein Näherungsverfahren: Integrale von Extremal- oder zumindest Variationsprinzipen, die nach den Methoden der Variationsrechnung auf alle beschreibenden →Differentialgleichungen führen, werden in einem durch einen Ansatz festgelegten Unterraum des Lösungsraums stationär oder extremal gemacht. Als Prinzipe eignen sich Schrankensätze (Extremalprinzipe) wie diejenigen der linearen →Elastizitätstheorie oder der →Plastomechanik oder Variationsprinzipe von der Art des Prinzips der virtuellen Verrückungen, der virtuellen Leistungen oder des Hamilton-Prinzips.

Im Unterschied zu z. B. Reihenansätzen wird kein Versuch unternommen, durch einen geschlossenen Ansatz für das ganze Lösungsgebiet zum Ziel zu gelangen. Vielmehr wählt man für abgeschlossene Teilgebiete (Abschnitte des Trägers, Dreiecke in einer Ebene usw.) Ansatzformen, die kaum mehr als die notwendigen Stetigkeitsforderungen erfüllen, und legt die Funktionsverläufe im Innern dieser finiten Elemente durch deren Werte in Knoten-

punkten auf dem Rand zum nächsten solchen Element – manchmal liegen zusätzliche Knotenpunkte im Innern – als Parameter oder Knotenvariable fest. Auf diese Weise wird erreicht, daß

□ Übergänge so stetig wie möglich sind (Klaffungen müßten durch Zusatzterme oder Straffunktionen berücksichtigt werden),

□ das von einem Parameter beeinflußte Gebiet recht klein ist, denn es umfaßt nur die an den Knoten grenzenden Elemente,

□ viele Parameter sich gar nicht gegenseitig beeinflussen, so daß das entstehende System der Variationsgleichungen Bandstruktur besitzt.

Eine →Konvergenz zur „wahren" Lösung entsteht durch die Vielzahl der Elemente. Im Grunde stellen diese Ansätze sehr wohl einen Ritzansatz mit Funktionen für das ganze Gebiet dar. Allerdings verschwindet jede Ansatzfunktion im größten Teil des Gebiets identisch und existiert nur um den Knotenpunkt der Variablen herum als von null verschieden.

Typische Elemente sind Balkenabschnitte mit Verschiebungen und Verdrehungen an den Enden als Knotenvariablen (kubischer Ansatz), Dreiecke mit Verschiebungen der Dreieckspunkte TRIM 3 (linearer Ansatz). Dreiecke mit 6 Knotenpunkten in den Ecken und den Seitenmitten (TRIM 6). Diese können isoparametrisch sein, d. h. der Zusammenhang zwischen einer Dreieckskoordinate und den wirklichen Orten wird mit ebensolchen Ansatzfunktionen hergestellt wie bei den gesuchten Verschiebungen oder sonstigen Größen auch. So werden gekrümmte Elementränder möglich. Der Aufwand wird dadurch wenig erhöht, weil die nötigen Integrationen oft ohnehin als Gaußpunktintegration (Bildung der zu integrierenden Funktionswerte in geeigneten Gaußpunkten und Multiplikation mit bestimmten Faktoren) ausgeführt wird.

Die Variation des Funktionals im Extremal- oder Variationsprinzip erzeugt ein Gleichungssystem, das in nichtlinearen Fällen iterativ zu lösen ist.

Nachteil des Verfahrens ist, daß es über Unstetigkeits- und Polstellen „hinweggättet", wenn der Ansatz solche Möglichkeiten nicht ausdrücklich vorsieht. Vorteil ist die Variabilität der Geometrie und die hohe Robustheit der Lösungsalgorithmen für die Gleichungssysteme, denn diese enthalten oft sehr hohe Zahlen von Variablen. Mehrere Tausend sind keine Seltenheit mehr, vor allem, wenn man Unterbereiche durch eine Substrukturtechnik zusammenfaßt (Kondensation). *Besdo*

Finite-Elemente-Methode für plastische Medien. Bei plastischen Medien wird die FEM in der gleichen Form wie sonst verwendet, wenn es sich um elastisch-plastische und somit kompressible Medien handelt. Sie können im Spannungs- oder im Dehnungsraum beschrieben sein; angewandt wird das Prinzip der virtuellen Verrückungen.

Anders ist es mit starr-viskoplastischen oder starr-plastischen Medien. Für diese gibt es eigene Prinzipe (Schrankensätze).

Der für starr-plastische Medien gebräuchlichste Weg geht vom Satz von der oberen Schranke in der Fassung des Markov-Prinzips aus:

$$\overline{P}_{in}\,(\sigma\,(\lambda),\,\lambda) - \overline{P}_{ex}\,(\hat{F},v) \stackrel{\delta'v}{\Longrightarrow} \min .$$

Das geschätzte Geschwindigkeitsfeld v mit dem zugehörigen Formänderungsgeschwindigkeitsfeld λ hält wie immer die Verträglichkeit ein, aber hier auch die →Inkompressibilität ($\delta'v$ eingeschränkte Variation von $\vec{v}$). Das ist über Stromfunktionen möglich, aber kaum wünschenswert, weil dabei keine Aussage über den hydrostatischen Spannungszustand entsteht. So nimmt man lieber das Variationsprinzip

$$P_{in}\,(\sigma\,(\lambda),\,\lambda) - P_{ex}\,(\hat{F},v) \,{}^{G}\!\!\int \sigma_m\,(\mathrm{div}\,\vec{v})\,dV \stackrel{\delta v,\delta\sigma_m}{\Longrightarrow} >$$
stat .

Auch bei der Berücksichtigung von →Reibung ist Vorsicht geboten. *Besdo*

Finite Geometrie →Geometrie, endliche

Fläche, abwickelbare →Abwickelbarkeit

Flächenpressung. Werden zwei Körper mit jeweils (ursprünglich) unterschiedlich gekrümmter Oberfläche aufeinander gepreßt, dann platten sie sich gegenseitig derart ab, daß sie eine gemeinsame Oberfläche erhalten, bis die Preßkraft durch die zugehörigen Spannungen in der Trennfuge übertragen wird. Diese F. hängt stark von den ursprünglichen Krümmungen ab. Die Zusammenhänge wurden von *Hertz* intensiv untersucht. Man spricht deshalb von *Hertz*scher Pressung. *Besdo*

Flächensatz →Drall

Flammen-Ionisationsdetektor. Der F. ist ein Gerät zum Nachweis von Kohlenwasserstoffen in Luft.

Das zu analysierende Gasgemisch (Meßgas) wird einer H_2-Flamme zugeführt, in der die im Meßgas enthaltenen Kohlenwasserstoffe verbrennen (Bild). Der für die Oxidation notwendige Sauerstoff wird von der Raumluft geliefert. Vor der Brennerdüse befindet sich eine gitterförmige Auffang-Elektrode. Brennerdüse und Auffang-Elektrode bilden die Elektroden einer Ionisationskammer. Bei Anlegen einer Spannung fließt zwischen den Elektroden ein Strom proportional zur Konzentration der Kohlenwasserstoffe im Meßgas. Die Nachweisgrenze liegt bei etwa 10^{-12} g/s. *Schrüfer*

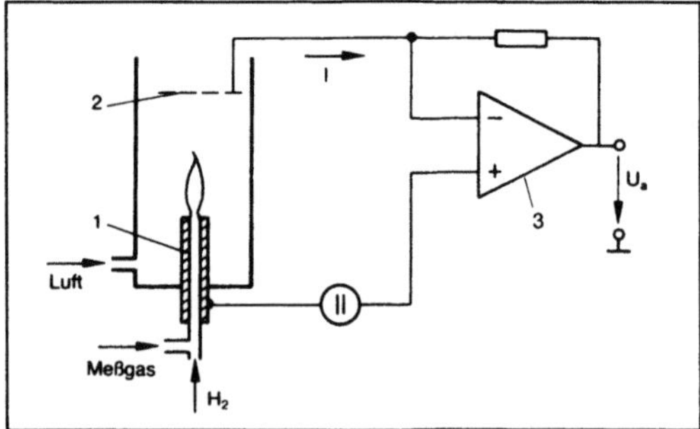

Flammen-Ionisationsdetektor: Die Ausgangsspannung U_a des Verstärkers ist proportional der Konzentration an Kohlenwasserstoffen im Meßgas.

1 Brennerdüse, 2 Auffang-Elektrode, 3 Stromverstärker.

Flammenwächter. →Grenzsignalgeber zur Überwachung von Flammen. Sie sollen verhindern, daß Flammen von Brennern durch vorübergehenden Brennstoffmangel nicht unversehens verlöschen und anschließend wieder eintretender Brennstoff sich dann an heißen Ofenwänden oder -einbauten oder an Rußpartikeln explosionsartig entzündet. Die Überwachung der Brenner geschieht photoelektrisch. Die Geräte müssen zwischen der Strahlung der Flamme und der Strahlung der Ofeneinbauten unterscheiden können. Das läßt sich dadurch erreichen, daß die Geräte nur ultraviolette Strahlung oder nur Strahlung wechselnder Intensität (Flackerlicht) als Gutzustand erkennen, denn beide Strahlungsarten können nur von Flammen, nicht aber von den Ofeneinbauten emittiert werden. *Strohrmann*

Fließbett. Ein F., auch Wirbelschicht genannt, entsteht, wenn eine →Schüttung feiner Feststoffteilchen von einem aufwärts gerichteten gasförmigen oder flüssigen Stoffstrom angehoben wird und die Anströmgeschwindigkeit größer als die sog. Lockerungsgeschwindigkeit ist. Das Verhalten von F. entspricht weitgehend dem von Flüssigkeiten. F. können u. a. als Reaktor, zur Verbrennung und zur Erwärmung bzw. zum Trocknen von Feststoffen verwendet werden. *Dohrn*

Fließbilddarstellung, Videobilder. Darstellungsform für die →Prozeßführung über Bildschirme, in der sich mit vorprogrammierten Bildelementen die notwendigen Informationen und Eingriffsmöglichkeiten sowie deren Ort, Form und Farbe anlagenspezifisch – auch in Window-Technik – in Videobildern kombinieren lassen.

Die anlagenspezifische F. wird oft hierarchisch aufgebaut. Eingriffsmöglichkeiten bieten vor allem die unteren Hierarchieebenen oder Windows, die Ausschnitte aus dem Gesamtbild darstellen. Der Übergang zu anderen Ausschnitten kann durch

Bildanwahl, durch Blättern oder durch Rollen geschehen. Beim Blättern erscheint Seite um Seite, beim Rollen läßt sich der Ausschnitt über das Gesamtbild horizontal und vertikal verschieben. Die anlagenspezifische Darstellung bringt besonders bei Chargenprozessen Vorteile. Das Bild zeigt in F. die Prozeßinformationen der Gas-, Luft- und Abgasströme eines Industrieofens (→Informationsdarstellung auf Bildschirmen).   *Strohrmann*

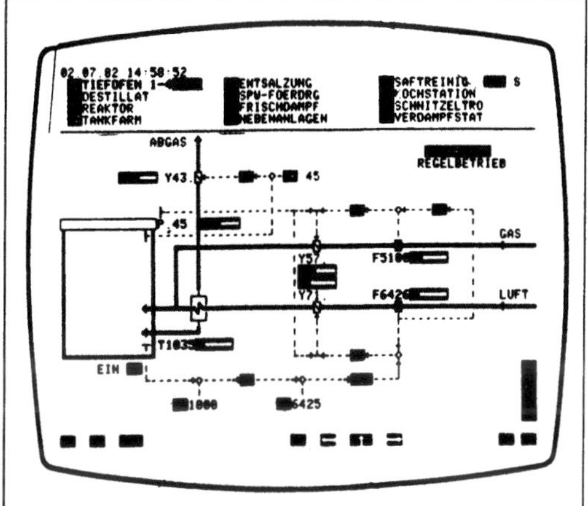

Fließbilddarstellung: Gruppenbild in F. Zum Bedienen ist mit einem Lichtgriffel zunächst die betreffende Komponente (Pumpe, Ventil) anzutippen und dann über die virtuellen Tasten in der unteren Bildzeile der Stellvorgang einzuleiten. (Quelle: Siemens)

Fließkriterium. Das F., auch Fließbedingung genannt, entscheidet in der Plastomechanik, ob der Spannungszustand die für plastisches Fließen erforderliche Intensität erreicht hat. Es wird in der Regel für eine Eulersche Betrachtungsweise (Kontinuumsmechanik) in Cauchyspannungen $\underline{\underline{\sigma}}$ (→Spannung, mechanische) ausgedrückt und ist eine skalare →Funktion von $\underline{\underline{\sigma}}$ und der Formänderungsfestigkeit Y:

$$f = f\left(\underline{\underline{\sigma}}, Y\right) \begin{cases} < 0 : \text{elastisches oder starres Verhalten.} \\ = 0 : \text{Fließen möglich.} \end{cases}$$

Weil meist das v. Misessche Potentialgesetz (Fließregel) sowie plastische →Inkompressibilität vorausgesetzt wird, ist f als Funktion der Deviatorspannungen $\underline{\underline{\sigma}}'$ zu formulieren. Im 6- oder 9-dimensionalen Raum der Spannungskoordinaten, dem Spannungsraum, grenzt $f \leq 0$ ein durch die mit $f = 0$ beschriebene Hyper-Fließfläche begrenztes zulässiges Gebiet von einem unerreichbaren ab. Das zulässige ist konvex, d. h., jede Verbindungsgerade zweier Punkte des Gebiets verläuft innerhalb des Gebiets.

Für isotrope Medien wird das entsprechende Bild im 3-dimensionalen Raum der Hauptspannungen σ_J

$(J = I, II, III, \rightarrow Mohr\text{-}Kreis)$ verwendet, das in der Regel einen Zylinder mit der Raumdiagonalen als Achse darstellt (Bild 1). Er ist durch seinen Querschnitt völlig beschrieben, den man in einer (im Bild schraffierten) Oktaederebene sieht, die selbst durch drei vom Punkt $\sigma_J = 0$ gleich weit entfernte Punkte der σ_J-Achsen verläuft.

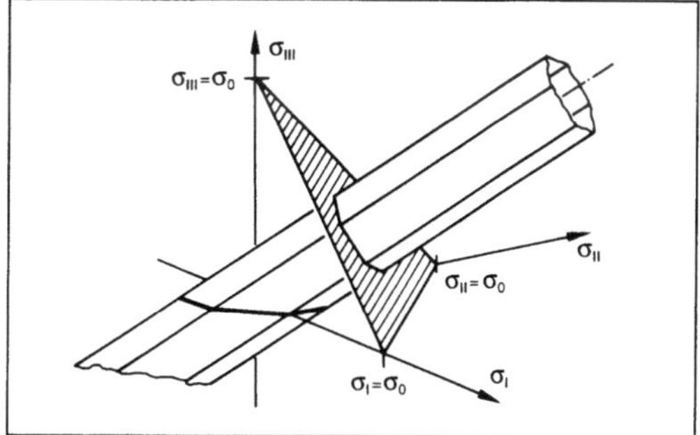

Fließkriterium 1: Fließfläche im Hauptspannungsraum bei Isotopie.

Bei allen plastisch isotropen Medien sind die durchgezogenen Achsen des Fließflächenquerschnitts dessen Symmetrieachsen, bei gleichem Verhalten gegenüber →Zug und Druck – dies wird meist vorausgesetzt – kommen noch die gestrichelt angedeuteten hinzu (Bild 2). Dann bedingen Konvexität und Isotropie, daß alle Querschnitte von Fließflächen zwischen den beiden eingezeichneten Sechsecken liegen. Das innere ist das *Tresca*-Sechseck, das man auch in einer verzerrten Darstellung als Schnitt mit der σ_I, σ_{II}-Ebene findet. Es gehört zum Tresca-Kriterium $f\left(\underline{\underline{\sigma}}, Y\right) = \sigma_{Jmax} - \sigma_{Jmin} - Y$, das als Schubspannungs-Bruchhypothese bekannt ist. Das umhüllende Sechseck hat wenig Bedeutung. Alle Meßpunkte liegen (praktisch) zwischen dem inneren Sechseck und dem Kreis, der zu einem nach *Huber, Mises* und *Hencky* benannten HMH-Kriterium $f = \underline{\underline{\sigma}}' \cdot \cdot \underline{\underline{\sigma}}' - \frac{2}{3} Y^2$ gehört und oft Mises-Kreis

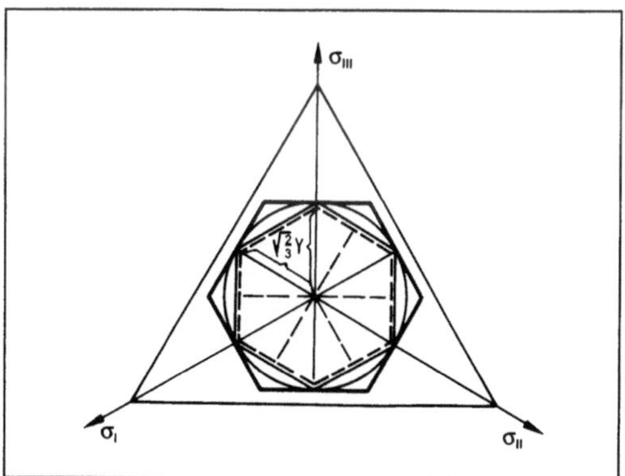

Fließkriterium 2: Fließflächenquerschnitte in der Oktaederebene.

genannt wird. Er beschreibt die Wirkung der Gestaltänderungsarbeits-Hypothese.

An Versuchen, Zwischenkriterien zwischen dem Trescaschen und dem HMH-Kriterium einzuführen, hat es nicht gefehlt. In geschlossener Form wurde es mit den 2. und 3. Invarianten von $\underline{\underline{\sigma}}$s versucht, doch der Übergang zum Tresca-Kriterium gelingt besser, wenn man gemäß Besdo sechs bereichsweise glatte und glatt anschließende Kegelschnitts-Stücke verwendet.

Im Fall des Tresca-Kriteriums wird manchmal der Fall, daß zwei der Hauptspannungen gleich sind, durch die Bezeichnungen Haar-v. Kármán-Kriterium oder vollplastischer Zustand hervorgehoben. *Besdo*

Fluglärm. F. ist der von Flugzeugen erzeugte, von den Menschen am Boden als Lärm empfundene →Schall. Bei Flugzeugen mit Strahltriebwerken tragen hauptsächlich der Düsenstrahl, die Turbine, der Verdichter und der Bläser („Fan") zur Schallabstrahlung bei. Welchen Anteil diese Komponenten an der Schallerzeugung haben, hängt im wesentlichen vom Nebenstromverhältnis des Triebwerks und vom Lastzustand ab. Bei Flugzeugen mit Kolbenmotoren wird der Lärm hauptsächlich vom Motor und vom Propeller erzeugt. Flugzeuge mit Propellerturbinen nehmen eine Mittelstellung zwischen Flugzeugen mit Strahltriebwerken und solchen mit Kolbenmotoren ein. Die hauptsächlichen Schallquellen des Hubschraubers sind die Rotoren und die Rotortriebwerke. Bei den STOL- bzw. VTOL-Flugzeugen (short bzw. vertical take-off and landing) lassen sich generelle Aussagen nur schwer machen (→Strömungsakustik).

Zur Abschätzung der Störwirkung von Flugzeugen auf die Bevölkerung in der Umgebung eines Flughafens kann man den Zeitverlauf des von jedem Flugzeug erzeugten Schallpegels auf den maximalen Vorbeiflugpegel und die Geräuschdauer reduzieren. Kennt man diese Größen für alle Flugzeuge, die an einem Beobachtungspunkt während einer (genügend langen) Beobachtungszeit vorbeifliegen, so läßt sich ein äquivalenter Dauerschallpegel L_{eq} berechnen, der ein gebräuchliches Maß für die Störwirkung ist. So wird z. B. im deutschen „Gesetz zum Schutz gegen Fluglärm", Bundesgesetzbl., Tl. I, 2. April 1971 verfahren.

Zum F. gehört auch der Überschallknall oder Flugzeugknall, den ein mit Überschallgeschwindigkeit fliegendes Flugzeug am Boden erzeugt. Er wird durch ein System von Kompressionswellen in der Nähe des Rumpf- und Flügelvorderteils sowie des Rumpf- und Flügelhinterteils mit einem dazwischen liegenden Fächer von Expansionswellen hervorgerufen. Während des Überflugs mit Überschallgeschwindigkeit ist in einem Streifen am Boden bei-

derseits der Projektion der Flugbahn ein Flugzeugknall zu hören. Im einfachsten Fall besteht er aus zwei Einzelknallen, die im Abstand von ca. 100–400 ms aufeinanderfolgen. Die Druckspitzen liegen bei 100 N/m². Wenn Fokussierungen auftreten, können sie höhere Werte annehmen. Den Streifen am Boden, in dem der Flugzeugknall auftritt, nennt man „Knallteppich". Er kann beträchtliche Breiten erreichen (z. B. in der Größenordnung von 50 km). Diese Breite wird bei einer bestimmten Flughöhe durch Wind- und Temperatureinflüsse begrenzt. *E.-A. Müller*

Literatur: *Müller, E.-A.,* u. *K. Matschat:* Fluglärm. Taschenb. Technische Akustik (Hrsg. *M. Heckl u. H. A. Müller).* Berlin, Heidelberg, New York 1975, S. 278/306.

Fluidik. Bezeichnet das Gebiet der Strömungsgeräte, die als Verstärker oder Schalter ohne mechanisch bewegte Teile in der Hydraulik verwendet werden. Alle F.-Elemente basieren auf der Ablösung von Kanalströmungen von Wänden oder der Strahlsteuerung. Oft wird bei diesen Elementen der Coanda-Effekt genutzt. Dieser bewirkt, daß ein mittels einer Düse gebildeter Strahl an einer Wand oder Berandung als sog. Halbstrahl haften bleibt. Dadurch sind bistabile Schaltelemente realisierbar (Flip-Flop).

Man unterscheidet analoge und digitale F.-Elemente, je nachdem ob kontinuierliche oder bistabile Veränderung der Zustände erfolgt. Das Bild zeigt ein digitales F.-Element mit drei Schaltzuständen in einer Prinzipskizze. Wenn die Steuerdüsen beide Medium führen oder nicht führen, wird der Hauptstrahl, aus der Zuflußdüse austretend, nicht abgelenkt. Wenn nur aus einer Steuerdüse Medium austritt, wird der Hauptstrahl zur gegen-

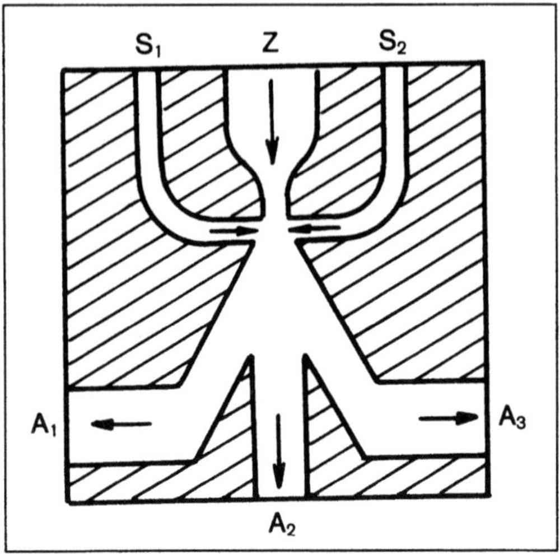

Fluidik: Fluidikelement (Schnittbild).

Z Zufluß, S Steuerleitungen, A Austrittskanäle.

überliegenden Wand der Strahlkammer abgelenkt und erzeugt einen Mediumsfluß in dem zugeordneten Austrittskanal. *G. E. A. Meier*

Fluidmechanik →Mechanik-Einteilung

Fluß, elektrischer. Flächenintegral über die dielektrische Verschiebung (Verschiebungsdichte) $\underline{D}$. Der elektrische Fluß ist gleich der Anzahl der Verschiebungslinien, die durch die Fläche treten.

In der Elektrostatik gehen die Verschiebungslinien von Ladungen aus und enden wieder auf Ladungen. Der elektrische Fluß in einem Bündel von Verschiebungslinien ist gleich der Ladung, von der das Bündel ausgeht oder auf der das Bündel endet. Wählt man als Fläche für die →Integration eine Hüllfläche, so ist der durch diese Fläche tretende elektrische Fluß gleich der durch die Hüllfläche eingeschlossenen Ladung Q:

$$\oint \underline{D}\, d\underline{A} = Q. \qquad \textit{Claassen}$$

Fluß, magnetischer. Flächenintegral über die magnetische →Induktion (Induktionsflußdichte) $\underline{B}$. Der magnetische Fluß durch eine Hüllfläche ist in der Magnetostatik immer gleich null.

Die zeitliche Änderung des magnetischen Flusses ist nach dem Faraday-Induktionsgesetz gleich der längs der Berandung der Fläche induzierten Spannung.

Der magnetische Fluß Φ im Kern mit der →Permeabilität μ einer →Spule der Länge l und der Querschnittsfläche F mit n Windungen, die vom Strom I durchflossen werden, ist

$$\Phi = \mu\, \frac{n\,I\,F}{l}. \qquad \textit{Claassen}$$

Folge, arithmetische. Eine Folge von Zahlen a_n ($n = 1,2,3,\ldots$) heißt eine a. F. (oder a. Progression) erster Ordnung, wenn die Differenz zweier aufeinanderfolgender Glieder nicht von n abhängt, also $a_{n+1} - a_n = d$ für alle n gilt. Setzt man $a_1 = a$, so ist

$$a_k = a + (k-1)d, \quad a_k = \frac{a_{k-1} + a_{k+1}}{2}.$$

Eine arithmetische Reihe erster Ordnung entsteht durch Summation der Anfangsglieder einer a. F. erster Ordnung. Dabei besteht die Summenformel

$$a_1 + a_2 + \ldots + a_k = \frac{a_1 + a_k}{2} = \frac{k}{2}(2a + (k-1)d).$$

Eine Folge von Zahlen a_n ($n = 1,2,3,\ldots$) heißt a. F. (oder -Progression) zweiter Ordnung, wenn die Differenzen $d_n := a_{n+1} - a_n$ eine a. F. erster Ordnung bilden. Die Summe der Anfangsglieder einer a. F. zweiter Ordnung heißt eine arithmetische Reihe

zweiter Ordnung. So fortfahrend definiert man a. F. und Reihen beliebig hoher Ordnung. Die Partialsummen $s_k = a_1 + a_2 + \ldots + a_k$ ($k = 1,2,\ldots$) einer a. F. n-ter Ordnung bilden dabei eine a. F. $(n+1)$-ter Ordnung. Das allgemeine Glied a_k einer a. F. n-ter Ordnung läßt sich darstellen als

$$a_k = \alpha_1 + \alpha_2 k + \ldots + \alpha_n k^n \quad (k = 1,2,3,\ldots),$$

wobei $\alpha_1, \alpha_2, \ldots, \alpha_n$ geeignete Zahlen sind.
Schmeißer

Literatur: *Gradshteyn, I. S.* u. *I. M. Ryzhik:* Table of integrals, series, and products. New York 1980. – *von Mangoldt, H.* u. *K. Knopp:* Einführung in die höhere Mathematik, Bd. I (15. Aufl.). Stuttgart 1974. – *Strubecker, K.:* Einführung in die Höhere Mathematik, Bd. I. München–Wien 1956.

Folge, geometrische. Die Folge $(q^n)_{n \geq 0}$ heißt g. F. Sie konvergiert für $|q| < 1$ gegen Null, für $q = 1$ gegen 1 und divergiert für $q = -1$ und $|q| > 1$. Für die aus ihren Gliedern gebildete endliche Reihe besteht die Summenformel

$$\sum_{k=0}^{n} q^k = \frac{1 - q^{n+1}}{1 - q}.$$

Für $|q| < 1$ konvergiert deshalb die unendliche geometrische →Reihe, und es gilt

$$\sum_{k=0}^{\infty} q^k = \frac{1}{1 - q}. \qquad \textit{Schmeißer}$$

Literatur: *Forster, O.:* Analysis 1. Braunschweig 1983.

Folgeregelung. Bei einer F. soll die Regelgröße x(t) einer beliebigen Führungsgröße w(t) möglichst genau folgen, d. h. der Unterschied zwischen beiden Funktionen, die Regeldifferenz e(t), soll innerhalb gegebener Grenzen bleiben. Der →Regelkreis muß ein gutes Folge- oder Führungsverhalten haben.

In dieser →Regelung ist die →Regelstrecke ein Nachführsystem und daher ohne Ausgleich. Der →Regler liefert dazu eine Stellgröße y, so daß sein Eingangssignal, die Regeldifferenz e, sehr klein wird oder verschwindet.

Bei einem Folgeradarsystem beispielsweise ist die Führungsgröße w der Azimutwinkel des zu verfolgenden Zieles; die Regelgröße x ist der Azimutwinkel von der Mittellinie des Radarschirmes.

Im Regler wird die Differenz gebildet und entsprechend P- oder →PI-Übertragungsverhalten des Stellsignals z. B. als Spannungsänderung für den elektrischen Antrieb abgegeben. (Für den Elevationswinkel des Folgeradarsystems ist ein entsprechender Regelkreis erforderlich). Der Antrieb selbst kann als →Übertragungsglied erster Ordnung (→Verzögerungsglied) angenähert werden, d. h. als $P\text{-}T_1$-Glied. Da aber nicht die Drehzahl sondern der Winkel der Antriebs- bzw. der Getriebewelle interessiert, kommt noch ein I-Anteil (→I-Übertragungsverhalten) hinzu, so daß die Regelstrecke ein I-T$_1$-Glied ist (Übertragungskonstante K$_I$, →Zeitkonstante T$_S$).

Eine F. soll mindestens eine Anstiegsfunktion, d. h. eine Führungsgröße mit konstanter Geschwindigkeit V, gut nachführen können (Systemantwort).

Bei einem P-Regler ist die Stellgröße y proportional der Regeldifferenz e. Da die Regelgröße x durch den Antrieb verzögert wird, kommt sie der Führungsgröße nicht nach (Bild: Verlauf P-R. w(t) gestrichelt). Es bleibt ein konstanter Schleppfehler (Folge-, Führungsverhalten), nämlich der Geschwindigkeitsfehler e$_v$. Wenn man den Übertragungsfaktor des Reglers mit K$_P$ = 1/(K$_I$T$_S$) so einstellt, daß der Dämpfungsgrad des Kreises d = 0,5 ist, dann wird e$_v$ = V T$_S$.

Ein I-Regler kommt wegen der notwendigen Stabilität des Kreises (*Nyquist*-Kriterium) nicht in Frage. Ein PI-Regler kann wegen seines zusätzlichen I-Anteils eine Verbesserung gegenüber dem P-Regler bringen. Die Rechnung weist nach, daß der Geschwindigkeitsfehler verschwindet, e$_v$ = 0. Man erkennt beim Verlauf PI-R (Bild), daß es jedoch ziemlich lange dauert bis der Radarschirm exakt am Ziel „festhängt". Hier wurde der Regler nach dem Symmetrischen Optimum so eingestellt, daß der Kreis ein ähnliches Einschwingverhalten hat wie mit dem P-Regler (d = 0,5).

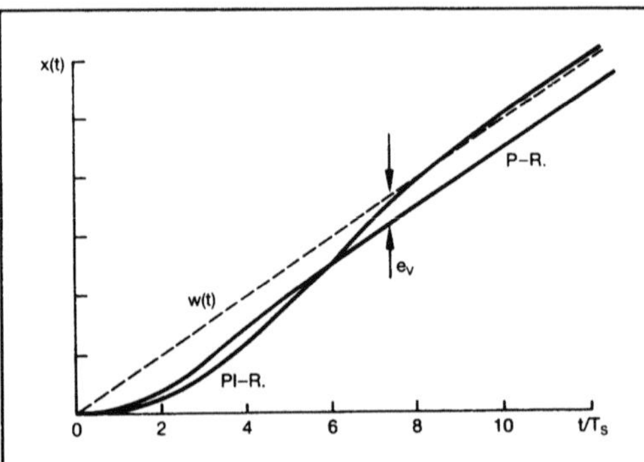

Folgeregelung: Anstiegsantworten bei einer F.

Bei mechanischen Systemen, bei denen Führungs- und Regelgröße Winkel oder Positionen sind, wie hier beim Folgeradar, wird häufig der Begriff →Nachlaufregelung verwendet. Die Bezeichnung F. ist allgemeiner, es muß sich nicht um mechanische Bewegungen handeln. Fernmessungen oder Systeme zum Aufzeichnen von Meßgrößen enthalten Folgeregelkreise. *Böttiger*

Literatur: *Böttiger, A.:* Regelungstechnik. München 1988.

Folgeverhalten, Führungsverhalten. Bei der Untersuchung des F. oder Führungsverhaltens eines Regelkreises wird festgestellt, wie gut die Regel-

größe x der Führungsgröße w folgt. Der Unterschied zwischen Führungs- und Regelgröße, die Regeldifferenz e = w – x, ist ein Maß für die Qualität des Führungsverhaltens. Bei beliebigen Funktionen w(t) spricht man vom Schleppfehler e(t). Er wird mittels der Fehlerübertragungsfunktion

$$F_e(s) = \frac{E(s)}{W(s)} = \frac{1}{1 + F_0(s)}$$

bestimmt, wobei F$_0$(s) die →Kreisübertragungsfunktion des Regelkreises ist. Um die Eigenschaften einer solchen →Folgeregelung besser beschreiben zu können, wählt man Führungsfunktionen w(t) mit eindeutigen stationären Eigenschaften (Systemantworten). Mit Hilfe der *Laplace*-Transformation und ihres Endwertsatzes definiert man entsprechende stationäre Folgefehler

$$e = \lim_{t \to \infty} e(t) = \lim_{s \to 0} [s \, E(s)] = \lim_{s \to 0} [s \, F_e(s) \, W(s)]$$

☐ Der Positionsfehler e$_p$ wird bestimmt für eine konstante Führungsgröße mit der Position P, d. h. ihre Laplace-Transformierte ist W(s) = P/s (→Sprungantwort, →Übergangsfunktion).

☐ Der Geschwindigkeitsfehler e$_v$ ergibt sich für eine Führungsgröße mit konstanter →Geschwindigkeit V, so daß W(s) = V/s^2. Nach Beendigung des Einschwingens bleibt die Position x um den Schleppfehler e$_v$ hinter der Führungsgröße w zurück (Anstiegsantwort).

☐ Beim Beschleunigungsfehler e$_A$ hat die Führungsgröße eine konstante →Beschleunigung A, und es ist W(s) = A/s^3. Stationär läuft dann die Regelgröße um den Schleppfehler e$_A$ der Führungsgröße nach.

Im allgemeinen wird von einer Folge- oder →Nachlaufregelung verlangt, daß e$_v$ = 0 ist. Bei einfachen Servosystemen genügt meist e$_P$ = 0. *Böttiger*

Literatur: *Böttiger, A.:* Regelungstechnik. München 1988

Formänderung. Der Begriff F. beschreibt zunächst den Vorgang, durch den ein fester Körper eine andere Form erhält, Starrkörperdrehungen zählen dabei nicht.

Die tensoriellen Größen, die solch einen Vorgang beschreiben und hier (→Deformation) als Deformationsmaße vorgestellt werden, heißen manchmal auch F., vor allem die Dehnungen und Scherungen der linearen →Elastizitätstheorie:

$$\varepsilon_{ij} = u_{(i|j)}.$$

Die Dehnung eines Zugstabes der Ausgangslänge l$_0$ und der aktuellen Länge l wird als ε = (l – l$_0$)/l$_0$ zwar eindeutig, aber nicht bezüglich →Zug und Druck symmetrisch beschrieben, vor allem nicht bei großen F., denn ε = +1 bedeutet eine Längenverdopplung und ist in der Umformtechnik denkbar, ε = –1 läßt dagegen das Material völlig verschwinden. Das logarithmische Dehnungsmaß φ, auch F. genannt, ist dagegen praktisch symmetrisch:

$\varphi = \ln(l/l_o)$.

Manchmal wird diese Art der Darstellung auch auf mehrachsige Vorgänge angewandt. Man erhält bei festen Hauptachsen der Deformation die →Koordinaten des Hencky-Tensors.

F. φ ändern sich mit der Zeit gemäß

$\lambda = \dot{\varphi} = \dot{l}/l$ (Vergleich: $\dot{\varepsilon} = \dot{l}/l_o$).

Die F.-Geschwindigkeit λ ist bei einem Zugstab über $p_{in} = \boldsymbol{\sigma} \cdot\cdot \boldsymbol{\lambda} = \sigma \cdot \lambda$ mit der inneren Leistung verbunden. Durch Vergleich dieser Leistungen gemäß

$$Y\overline{\lambda} = p_{in} = \boldsymbol{\sigma} \cdot\cdot \boldsymbol{\lambda}$$

findet man aus Koordinaten des Tensors $\boldsymbol{\lambda}$ – je nach →Stoffgesetz unterschiedlich – eine Vergleichs-formänderungsgeschwindigkeit $\overline{\lambda}$, die wiederum über $\overline{\lambda} = \dot{\overline{\varphi}}$ mit einer Vergleichs-F. $\overline{\varphi}$ verknüpft wird, die als Abzissenwert der Fließkurve zum Festlegen von Y dienen kann.

Spezielle Vergleichsformänderungsgeschwindigkeiten sind:

Tresca-Stoffgesetz: $\quad \overline{\lambda} = |\lambda_J|_{\max}$,

HLMH-Stoffgesetz: $\overline{\lambda} = \sqrt{\frac{2}{3}(\lambda_{ij}\lambda_{ij})} \equiv \sqrt{\frac{2}{3}\boldsymbol{\lambda}\cdot\cdot\boldsymbol{\lambda}}$.

Besdo

Formänderungsarbeit. Die F. ist die während des Verformungsvorgangs am Material verrichtete Arbeit, das Zeitintegral der inneren Leistung. Sie wird global für einen Körper oder ein System von Körpern, lokal je Massen- oder je Volumeneinheit der Bezugskonfiguration angegeben. In geometrisch nichtlinearen Theorien wäre je Volumeneinheit der Ausgangskonfiguration

$$w_{in} = \int_{t_0}^{t} p_{in}\, dt = \int_0^{\gamma} \boldsymbol{T}\cdot\cdot\, d\boldsymbol{\gamma}$$

($\boldsymbol{T}$ 2. Piola-Kirchhoff-Tensor Spannungen) zu verwenden.

Meist wird der Begriff der F. jedoch bei linearelastischen Formänderungen benutzt. Dann gilt:

$$w_{in} = \frac{1}{2}\,\boldsymbol{\sigma}\cdot\cdot\boldsymbol{\varepsilon} = \frac{1}{2}\,\boldsymbol{\varepsilon}\cdot\cdot\,{}^4\boldsymbol{C}\cdot\cdot\boldsymbol{\varepsilon} =$$

$$= \frac{1}{2}\,\boldsymbol{\sigma}\cdot\cdot\,{}^4\boldsymbol{S}\cdot\cdot\boldsymbol{\sigma}\,,$$

bei isotropem Verhalten:

$$w_{in} = G\left\{\boldsymbol{\varepsilon}\cdot\cdot\boldsymbol{\varepsilon} + \frac{\nu}{1-2\nu}(\boldsymbol{\varepsilon}\cdot\cdot\boldsymbol{E})^2\right\}$$

$$= \frac{1}{2\,E}\left\{(1+\nu)\,\boldsymbol{\sigma}\cdot\cdot\boldsymbol{\sigma} - \nu\,(\boldsymbol{\sigma}\cdot\cdot\boldsymbol{E})^2\right\}\,.$$

Im Zugstab oder im Biegebalken geht dies über in

$$w_{in} = \frac{1}{2}\,E\,\varepsilon^2 = \frac{1}{2}\,\sigma\varepsilon = \frac{1}{2}\,\sigma^2/E\,.$$

Dies erweitert um die Scherarbeit infolge Querkraft und →Torsion wird zur Basis der F.-Verfahren einschl. der Cotteril-Castigliano-Sätze usw.

Die Volumendehnung ε_v wird aus den ε_{ij} gemäß

$$\varepsilon_v = \varepsilon_s = g^{ij}\varepsilon_{ij} = \varepsilon_{aa} = \boldsymbol{E}\cdot\cdot\boldsymbol{\varepsilon} = \frac{1-2\nu}{E}\boldsymbol{E}\cdot\cdot\boldsymbol{\sigma}$$

gebildet. Bei reiner Volumendehnung gilt:

$$\boldsymbol{\varepsilon} = \frac{1}{3}\,\varepsilon_v\,\boldsymbol{E} \text{ und } \boldsymbol{\sigma} = \frac{E}{3\,(1-2\nu)}\,\boldsymbol{E}\,\varepsilon_v \text{ sowie}$$

$$w_{in} = \frac{E}{6\,(1-2\nu)}\,\varepsilon_v^2.$$

Einer beliebigen →Formänderung kann man also eine Volumenänderungsarbeit

$$w_v = \frac{E}{6\,(1-2\nu)}(\boldsymbol{E}\cdot\cdot\boldsymbol{\varepsilon})^2 = \frac{1-2\nu}{6E}(\boldsymbol{E}\cdot\cdot\boldsymbol{\sigma})^2$$

zuordnen. Der Rest von w_{in} muß die Gestaltänderungsarbeit sein:

$$w_G = G\left\{\boldsymbol{\varepsilon}\cdot\cdot\boldsymbol{\varepsilon} - \frac{1}{3}(\boldsymbol{E}\cdot\cdot\boldsymbol{\varepsilon})^2\right\} =$$

$$= \frac{1}{4G}\left\{\boldsymbol{\sigma}\cdot\cdot\boldsymbol{\sigma} - \frac{1}{3}(\boldsymbol{\sigma}\cdot\cdot\boldsymbol{E})^2\right\}\,.$$

Ausgedrückt mit den Deviatoren $\boldsymbol{\sigma}'$, und $\boldsymbol{\varepsilon}'$ lautet sie

$$w_G = G\,\boldsymbol{\varepsilon}'\cdot\cdot\boldsymbol{\varepsilon}' = \frac{1}{4G}\,\boldsymbol{\sigma}'\cdot\cdot\boldsymbol{\sigma}'\,. \qquad \textit{Besdo}$$

Formänderungsarbeit-Verfahren. Die →Formänderungsarbeit wird zur Basis von Rechenverfahren, wenn $\boldsymbol{\sigma}$ linear von $\boldsymbol{\varepsilon}$ abhängt, denn dann entsteht mit $\boldsymbol{\varepsilon}_o = \boldsymbol{O}$ (G Gebiet, das der Körper einnimmt):

$$W_{in} = {}^G\!\!\int \frac{1}{2}(\boldsymbol{\sigma}\cdot\cdot\boldsymbol{\varepsilon})\, dV\,.$$

Im Fall des linear-elastischen Bernoulli-Balkens (→Biegung) mit Saint-Venant-Torsion (→Torsion) wird hieraus (L gesamte Länge des Balkens, s Bogenlänge, y, z Querschnittskoordinaten):

$$W_{in} = \frac{1}{2}\,{}^L\!\!\int \left\{(EA)\,\varepsilon_0^2 + (EI_{yy})\,\kappa_y^2 + (EI_{zz})\,\kappa_z^2 - \right.$$

$$-2(EI_{yz})\,\kappa_z\kappa_y + (GI_t)\vartheta^2\} \, ds$$

oder ausgedrückt mit den Beanspruchungsgrößen:

$$W_{in} = \frac{1}{2}\,{}^L\!\!\int \left\{\frac{N^2}{(EA)} + \right.$$

$$+ \frac{m_{by}^2\,(EI_{zz}) - 2\,M_{by}\,M_{bz}\,(EI_{yz}) + M_{bz}^2\,(EI_{yy})}{(EI_{yy})\,(EI_{zz}) - (EI_{yz})^2} +$$

$$+ \frac{M_t^2}{GI_t}\} \ ds \ ;$$

bei gerader Biegung beträgt sie

$$W_{in} = \frac{1}{2}\, {}^L\!\!\int \{ \frac{N^2}{(EA)} + \frac{M_b^2}{(EI)} + \frac{M_t^2}{(GI_t)} \} \ ds \ .$$

Wie die virtuelle Leistung erfüllt P_{in} ständig $P_{in} = P_{ex}$. Also gilt mit ($\vec{u}_F$ Verschiebung des Angriffspunktes der Kraft $\vec{F}_{ex}$ usw.)

$$W_{ex} = \frac{1}{2}\, \{ (\Sigma)\, \vec{F}_{ex} \cdot \vec{u}_F + (\Sigma)\, \vec{M}_{ex} \cdot \vec{\psi}_M \}$$

$$W_{in} = W_{ex} \ .$$

Diese Aussagen lassen sich als Prinzip oder Methode der aktiven Formänderungsarbeiten benutzen, um die Verschiebung eines Kraftangriffspunkts beim Aufbringen eben dieser Kraft zu bestimmen (oder die Verdrehung an einem Momentenangriffspunkt). Nachteil ist, daß man lediglich eindeutige Aussagen für die Verschiebung des Angriffspunkts einer Kraft in deren Richtung erhält, wenn sie als einzige am System angreift. Das schränkt die Anwendbarkeit erheblich ein.

Besser ist in diesem Sinn die Methode der passiven Formänderungsarbeiten, die man vorwiegend bei Balkensystemen einsetzt. Sie beruht auf der Aussage:

$$\overline{W}_{in} = \overline{W}_{ex},$$

wobei hier gilt:

$$\overline{W}_{ex} = (\Sigma)\, \vec{F}_{ex} \cdot \vec{u}_F + (\Sigma)\, \vec{M}_{ex} \cdot \vec{\psi}_M,$$

$$\overline{W}_{in} = \frac{1}{2}\, {}^L\!\!\int \{ \frac{N\,\overline{N}}{(EA)} + \frac{M_{by}\overline{M}_{by}\,(EI_{zz})}{(EI_{yy})\,(EI_{yy}) - (EI_{yz})^2} -$$

$$- \frac{(M_{by}\overline{M}_{bz} + M_{bz}\overline{M}_{by})(EI_{yz}) + M_{bz}\overline{M}_{bz}(EI_{yy})}{(EI_{yy})\,(EI_{yy}) - (EI_{yz})^2} +$$

$$+ \frac{M_t\overline{M}_t}{(GI_t)}\} \ ds \ .$$

Die äußeren Kräfte $\vec{\overline{F}}_{ex}$ und Momente $\vec{\overline{M}}_{ex}$ sind hier virtuell. Man kann sich vorstellen, daß sie vor dem Aufbringen der realen Kräfte vorhanden waren, deshalb mitbewegt werden und dabei „passiv" eine Arbeit verrichten. Die virtuellen Beanspruchungsgrößen $\overline{N}$, $\overline{M}_{by}$, $\overline{M}_{bz}$ und $\overline{M}_t$ müssen eindeutig aus den äußeren Lasten folgen, d. h. das System muß statisch bestimmt sein. Trotzdem wendet man die passive Formänderungsarbeit besonders gern zum Berechnen statisch unbestimmter Systeme an, nachdem man diese durch Entfernen von Lagern mit Freilegen unbekannter Reaktionen statisch bestimmt gemacht hat. Die Methode wird dann verwendet, um die im unbestimmten System gültigen Verschiebungs-Bedingungen zu erfüllen.

Ähnlich in der Wirkung sind die Sätze von *Cotteril* und *Castigliano*, die ebenfalls Formänderungsarbeiten verwenden, aber auf einer anderen Denkweise beruhen.

Die Methode der passiven Formänderungsarbeiten sei nun an zwei Beispielen mit gerader Biegung und Längsverformungen (Bernoulli-Balken) erläutert:

Es sei erwähnt, daß die Anwendung in der Praxis durch Integraltafeln erleichtert wird. Typische Fragestellung ist die nach einer Verschiebung oder Verdrehung an einer bestimmten Stelle, nicht nach einer Biegelinie (Bild 1).

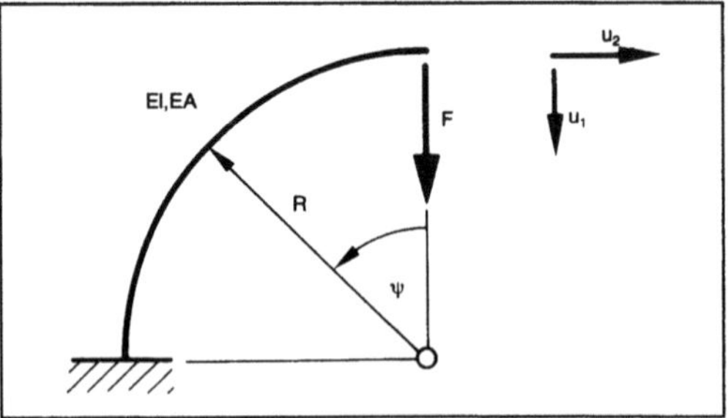

Formänderungsarbeit-Verfahren 1: Gekrümmter Träger, Verschiebung des Endpunkts.

☐ Statisch bestimmter gekrümmter Träger, Verschiebung des Endpunkts (Bild 1).

Die Verschiebung des Angriffspunkts der äußeren Kraft F sei zu bestimmen. Der Träger sei von vornherein zu einem Viertelkreis geformt. Das System ist statisch bestimmt. In Abhängigkeit von der Winkelkoordinate ψ erhält man die hier interessierenden Beanspruchungsgrößen

$$N(\psi) = -F\,\sin\psi \quad \text{und} \quad M_b(\psi) = FR\,\sin\psi.$$

Um die Verschiebungen des Endpunkts zu ermitteln, führt man dort zweimal je eine virtuelle Kraft ein (Bild 2):

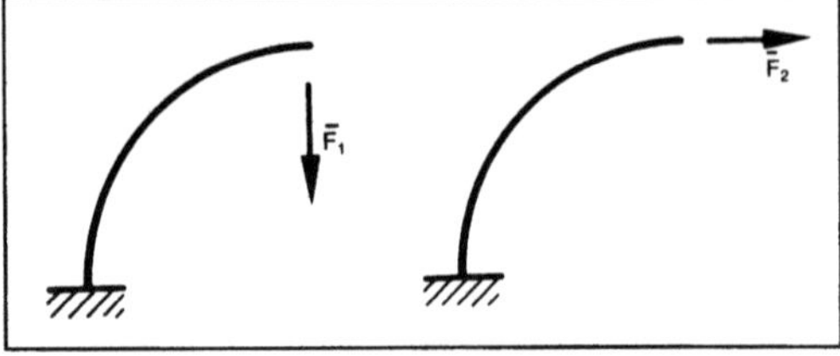

Formänderungsarbeit-Verfahren 2: Virtuelle Kräfte für das System von Bild 1.

Mit Hilfe von $\overline{F}_1$ wird später u_1, mit $\overline{F}_2$ wird u_2 ermittelt. Die →Statik für die beiden virtuellen Kraftsysteme ergibt

für $\overline{F}_1$: $\overline{N}_1 = -\overline{F}_1\,\sin\psi$; $\overline{M}_{b1} = \overline{F}_1 R\,\sin\psi$,
für $\overline{F}_2$: $\overline{N}_2 = \overline{F}_2\,\cos\psi$; $\overline{M}_{b2} = \overline{F}_2 R\,(1 - \cos\psi)$.

Die Anwendung des Prinzips für den ersten Fall ergibt mit $ds = R\,d\psi$:

$$\overline{F}_1\, u_1 = \int_0^{\frac{\pi}{2}} \left\{ \frac{F\overline{F}_1 \sin^2\psi}{EA} + \frac{F\overline{F}_1 R^2 \sin^2\psi}{EI} \right\} R\,d\psi .$$

Nach dem Kürzen der virtuellen Kraft $\overline{F}_1$, das stets möglich ist, erhält man so

$$u_1 = \frac{\pi}{4} \frac{FR}{EA} + \frac{\pi}{4} \frac{FR^3}{EI} .$$

Entsprechend liefert das virtuelle Kraftsystem mit $\overline{F}_2$:

$$\overline{F}_2\, u_2 = \int_0^{\frac{\pi}{2}} \left\{ \frac{-F\overline{F}_2 \sin\psi\cos\psi}{EA} + \frac{FR^2\overline{F}_2}{EI} \right.$$
$$\left. \sin\psi\,(1 - \cos\psi) \right\} R\,d\psi$$

und

$$u_2 = \frac{1}{2} \frac{FR}{EA} + \frac{1}{2} \frac{FR^3}{EI} .$$

□ Statisch unbestimmter, bereichsweise gerader Träger (Bild 3).

In diesem Fall seien alle Verformungen außer der Biegung vernachlässigt. Gesucht ist die Verdrehung des Systems im Lager A. Ehe man diese ausrechnen kann, muß man zuerst das System statisch bestimmt machen, d. h. eine Lagerbedingung entfernen (hier: einfach statisch unbestimmt), die Lagerreaktion freilegen und diese geeignet bestimmen (Bild 4).

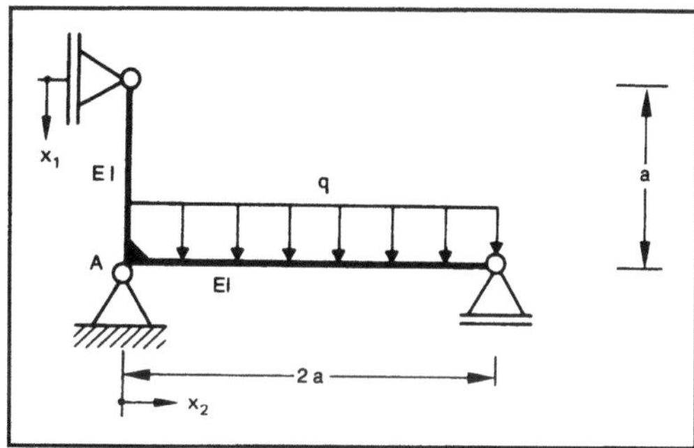

Formänderungsarbeit-Verfahren 3: Statisch unbestimmter Träger.

Die Biegemomentenverläufe sind:

$$M_b\,(x_1) =$$
$$= -F\,x_1 \;;\; M_b\,(x_2) = -F\left[a - \frac{x_2}{2}\right] + q\left[ax_2 - \frac{x_2^2}{2}\right] ,$$

$$\overline{M}b\,(x_1) = -\overline{F}\,x_1 \;;\; \overline{M}_b\,(x_2) = -\overline{F}\left[a - \frac{x_2}{2}\right] .$$

So entsteht

$$\overline{F}\,u_F = \frac{1}{EI} \left\{ \int_0^a F\overline{F}\,x_1^2\,dx_1 + \right.$$
$$\left. + \int_0^{2a} -\overline{F}\left(a - \frac{x_2}{2}\right) \right\} \left[-F\left(a - \frac{x_2}{2}\right) + \left(ax_2 - \frac{x_2^2}{2}\right) \right] dx_2 ,$$

also

$$0 \overset{!}{=} u_F = \frac{1}{EI} \left\{ Fa^3 - \frac{1}{3} q\,a^4 \right\} ,$$

somit

$$F = \frac{1}{3} qa .$$

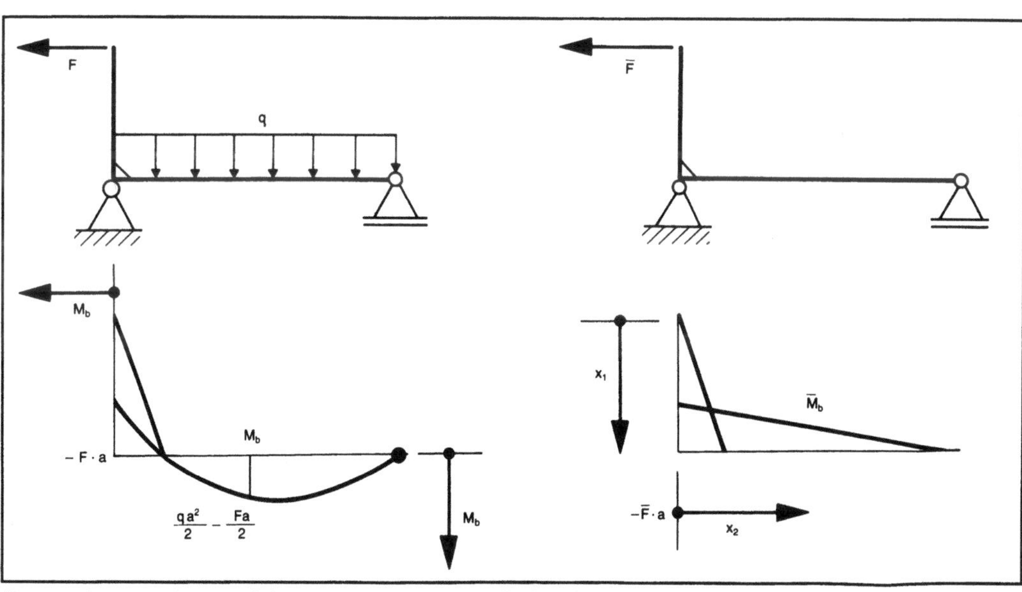

Formänderungsarbeit-Verfahren 4: Reale und virtuelle Kraftsysteme für das System von Bild 3.

Das statisch bestimmte System mit q und $F = \frac{1}{3}$ qa ist dem ursprünglichen unbestimmten bei der gegebenen Belastung völlig gleichwertig. Somit kann man an ihm das für die Verdrehungsberechnung notwendige virtuelle →Moment anbringen (Bild 5). Zu diesem gehören

$$\overline{M}_b (x_1) = 0 \text{ und } \overline{M}_b (x_2) = -\overline{M} + \frac{\overline{M}}{2a} x_2 .$$

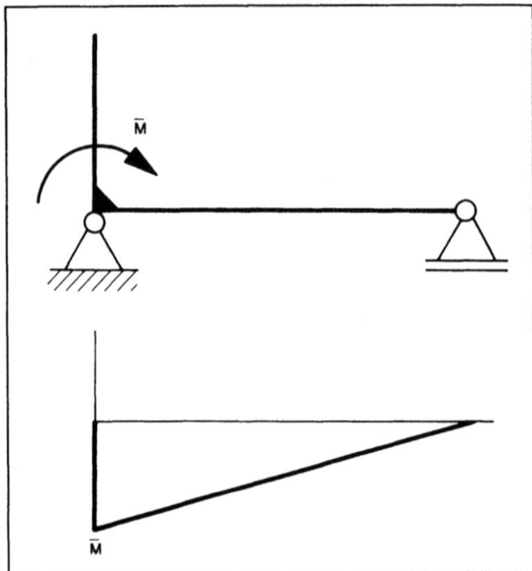

Formänderungsarbeit-Verfahren 5: Virtuelles Kraftsystem zur Verdrehungsberechnung zu Bild 3.

Das Prinzip liefert für einen Verdrehwinkel ψ_M in Richtung von $\overline{M}$:

$$\overline{M} \; \psi_M = \frac{1}{EI} \left\{ 0 + \int_0^{2a} + \overline{M} \left[1 - \frac{x_2}{2a} \right] \left[\ldots \right] M(x_2) \; dx_2 \right\}$$

und schließlich

$$\psi_M = \frac{1}{EI} \left\{ - \frac{2}{3} Fa^2 + \frac{1}{3} qa^3 \right\} = \frac{1}{9} \frac{qa^3}{EI} . \qquad \textit{Besdo}$$

Formänderungsgeschwindigkeit. Die Einführung der F. kann aus der Axiomatik der Kontinuumsmechanik heraus erfolgen. Dort gilt: Die an das Material weitergegebene innere →Leistung p_{in} beträgt

$$p_{in} = \underset{\sim}{\sigma} \cdot \cdot (\nabla \underset{\sim}{\otimes} \vec{v}) = \sigma^{ij} \, v_{i|j} .$$

Sie ist unabhängig von der Bewegung des Bezugssystems. Man kann sie als

$$p_{in} = \underset{\sim}{\sigma} \cdot \cdot \underset{\sim}{\lambda}$$

mit einem →Tensor $\underset{\sim}{\lambda}$ der F. ausdrücken, dessen symmetrischer Teil mit demjenigen von $\nabla \otimes \vec{v}$ übereinstimmen muß, während der antisymmetrische im Produkt wegen $\underset{\sim}{\sigma} = \underset{\sim}{\sigma}^T$ beliebig ist. Sinnvoll sind natürlich allein F., die selbst bei überlagerten

Starrkörperdrehungen mit $\nabla \otimes \vec{v} = {}^3\underset{\sim}{\varepsilon} \cdot \vec{\omega}$ verschwinden; also entfällt der antisymmetrische Anteil. Man verwendet sinnvoll als Tensor der F.:

$$\underset{\sim}{\lambda} = \frac{1}{2} [\nabla \underset{\sim}{\otimes} \vec{v}) + (\nabla \underset{\sim}{\otimes} \vec{v})^T] \text{ mit } \lambda_{ij} = v_{(i|j)} .$$

Beim Zugstab ist $\lambda = \dot{\ell} / \ell$ ein sinnvolles Maß für die F. (Bild).

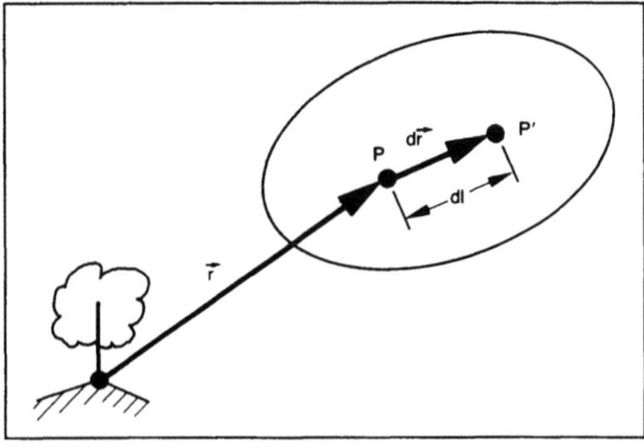

Formänderungsgeschwindigkeit: Einführung eines Nachbarpunkts.

In einem Punktkontinuum berücksichtigt das Material ausschließlich Änderungen ($d\dot{\ell}$) von Abständen $d\ell$ zwischen dem betrachteten Punkt P und seinen Nachbarpunkten P'. Mit $dr = \vec{e} d\ell$ und $(\vec{dr}) \cdot (\vec{dr}) = (dl)^2$ sowie $(\dot{\vec{dr}}) \cdot (\vec{dr}) + (\vec{dr}) \cdot (\dot{\vec{dr}}) = 2(d\ell)(d\dot{\ell})$ bildet man

$$\lambda = (d\dot{l} / dl) = (\dot{\vec{dr}}) \cdot (\vec{dr})/(dl)^2 = \vec{e} \cdot (\nabla \underset{\sim}{\otimes} \vec{v}) \cdot \vec{e} .$$

Jedes mit einem Nachbarpunkt gebildete $\lambda = (d\dot{\ell})/d\ell$ hängt also von dem Richtungsvektor $\vec{e}$ und von $\nabla \otimes \vec{v}$, speziell wegen der Form $\vec{e} \cdot (\nabla \otimes \vec{v}) \cdot \vec{e}$ jedoch nicht vom antisymmetrischen Teil von $\nabla \otimes \vec{v}$ ab. Also gilt mit $\underset{\sim}{\lambda}$ wie oben:
$$\lambda = \vec{e} \cdot \underset{\sim}{\lambda} \cdot \vec{e} = \lambda \, (\vec{e}, \underset{\sim}{\lambda}) .$$

Die F. λ ist bei einem Zugstab über $P_{in} = \underset{\sim}{\sigma} \cdot \cdot \underset{\sim}{\lambda} = \sigma \cdot \lambda$ mit der inneren Leistung verbunden. Durch Vergleich dieser Leistungen gemäß

$$Y\overline{\lambda} = p_{in} \underset{\sim}{\sigma} \cdot \cdot \underset{\sim}{\lambda}$$

findet man aus →Koordinaten des Tensors $\underset{\sim}{\lambda}$ – je nach →Stoffgesetz unterschiedlich – eine Vergleichs-F. $\overline{\lambda}$, die wiederum über $\overline{\lambda} = \dot{\overline{\varphi}}$ mit einer Vergleichsformänderung $\overline{\varphi}$ verknüpft wird, die als Abzissenwert der Fließkurve zur Festlegung von Y dienen kann.

Spezielle Vergleichs-F. sind:

Tresca-Stoffgesetz: $\overline{\lambda} = |\lambda_J|_{\,max}$,

HLMH-Stoffgesetz: $\overline{\lambda} = \sqrt{\frac{2}{3} (\lambda_{ij} \lambda_{ij})} \equiv \sqrt{\frac{2}{3} \underset{\sim}{\lambda} \cdot \cdot \underset{\sim}{\lambda}} \cdot$

Besdo

Formfaktor →Meßgleichrichter

Forschungsanstalt der Bundeswehr für Wasserschall- und Geophysik (FWG). Einziges amtseigenes Forschungsinstitut des Bundesministers für Verteidigung (BMVg). Anwendungsbezogene Forschungsarbeiten für die Marine.

Die FWG berät den Verteidigungsbereich speziell in der maritimen Überwachung und Aufklärung: Untersuchungen neuer Ortungsverfahren und Methoden zur Einsatzoptimierung. Sie betreut anderweitig vergebene Forschungsvorhaben und nimmt an internationalen Vorhaben (NATO) teil. Ihre Arbeitsschwerpunkte sind:

◻ Wasserschall (Ortungsverfahren, Vorhersagemethoden für Ortungsleistung),

◻ maritime Geophysik (Bewertungs- und Vorhersageverfahren für Seegang, Meeresschichtung, Meeresboden),

◻ Detektionsverfahren (speziell für die Abwehr von Unterseebooten, Minen und Torpedos),

◻ Emission von Schiffen (Reduktion akustischer und nichtakustischer Störemission).

Struktur: Abteilungen Forschung und Technik. Laborgebäude in Kiel, Wehrforschungsschiff Planet, Mitbenutzung der Forschungsplattform Nordsee.

Ressourcen: 142 Beschäftigte, 16 Mill. DM (Soll 1991).

(Forschungsanstalt der Bundeswehr für Wasserschall- und Geophysik, Klausdorfer Weg 2–24, 24148 Kiel). *Altenmüller*

Forschungsinstitut der Deutschen Bundespost. Eigenständige Organisationseinheit beim Fernmeldetechnischen Zentralamt (FTZ) der Deutschen Bundespost. Einrichtung im Geschäftsbereich des Bundesministers für die Post und die Telekommunikation. Anwendungsbezogene Forschung auf dem Gebiet der Telekommunikation.

Das F. ist Nachfolger der 1937 gebildeten Forschungsanstalt der Deutschen Reichspost, in der alle wissenschaftlichen Arbeiten – vor allem des Telegraphenversuchsamtes und des Telegraphentechnischen Reichsamtes – zusammengefaßt wurden. 1947 entstand das Forschungsinstitut der Reichspostoberdirektion der Britischen Besatzungszone. 1951 wurde die Postforschung als Abteilung in das FTZ in Darmstadt integriert, seit 1973 bildet das Institut eine eigenständige Organisationseinheit beim FTZ.

Die Deutsche Bundespost betreibt in ihrem Institut Forschung, um auf dem Gebiet der modernen Nachrichtentechnik eigene wissenschaftliche Kompetenz und firmenunabhängiges Urteilsvermögen möglichst frühzeitig verfügbar zu haben. Es ist in vier Forschungsbereiche gegliedert:

◻ Nachrichtenverarbeitung (Schwerpunkte: Sprachverarbeitung und digitale Codier- und Übertragungsverfahren;

◻ Übertragungsverfahren und leitergebundene Medien (herkömmliche und Glasfasersysteme);

◻ Antennen und Wellenausbreitung (Spiegel- und phasengesteuerte Gruppenantennen);

◻ Festkörperelektronik (quaternäre Halbleiterschichten, integrierte Techniken für digitale Breitband-Nachrichtenübertragung, Optoelektronik);

◻ Vermittlung und Netze (Strukturen künftiger Vermittlungssysteme, Optimierung vorhandener Netze und Systemanalyse/-synthese des digitalen optischen Teilnehmeranschlusses).

Dazu kommen wissenschaftliche Servicefunktionen. Drei Forschungsgruppen befinden sich in der Außenstelle Berlin.

Organe: Forschungsrat als Fachaufsicht, Leiter des Forschungsinstituts.

Ressourcen: 335 Beschäftigte, 63,0 Mio DM (Soll 1989).

(Forschungsinstitut der Deutschen Bundespost beim Fernmeldetechnischen Zentralamt, Am Kavalleriesand 3, 6100 Darmstadt). *Altenmüller*

Forschungszentrum Jülich GmbH (KFA). Großforschungseinrichtung mit den Schwerpunkten Stoffeigenschaften und Materialforschung; Grundlagenforschung zur Informationstechnik; Gesundheit, Umwelt, Biotechnologie; Energieforschung und -technik; Kernfusion; nukleare Grundlagenforschung; Analysen, Daten, Methoden.

Die Kernforschungsanlage Jülich GmbH (KFA) ist 1968 als Nachfolgeinstitution der 1956 vom Lande Nordrhein-Westfalen gegründeten Gesellschaft zur Förderung der Kernphysikalischen Forschung e. V. gegründet worden. Seit 1.1. 1990 trägt sie den jetzigen Namen. Gesellschafter sind die Bundesrepublik Deutschland und das Land Nordrhein-Westfalen. Im wissenschaftlichen Spektrum der KFA, das von der Grundlagenforschung bis zur techniknahen anwendungsorientierten Forschung reicht, stehen jetzt als Programmschwerpunkte Umwelt- und Materialforschung sowie Grundlagen der Informationstechnik im Vordergrund. Zusammen mit dem Deutschen Elektronensynchrotron (DESY) und der Gesellschaft für Mathematik und Datenverarbeitung (GMD) wird ein Höchstleistungsrechenzentrum betrieben. Charakteristika der KFA sind Interdisziplinarität und enge Kooperation mit →Hochschulen. Forschungseinheiten der KFA sind

◻ im Bereich Koordination und Langfristplanung: Programmgruppen Systemforschung und technologische Entwicklung, Technologiefolgenforschung sowie Mensch, Umwelt, Technik;

◻ im Bereich Informationstechnik und physikalische Grundlagenforschung: Institute für Festkörperforschung, Schicht- und Ionentechnik, Grenzflächenforschung und Vakuumphysik, Kernphysik, biologische Informationsverarbeitung;

□ im Bereich Energie und Umwelt: Institute für Reaktorwerkstoffe, angewandte Werkstofforschung, Energieverfahrenstechnik, Sicherheitsforschung und Reaktortechnik, chemische Technologie, Plasmaphysik, Chemie, Medizin, Biotechnologie, Radioagronomie, Projektleitung Hochtemperaturreaktor-Anlagen und -Brennstoffkreislauf, Arbeitsgruppe theoretische Ökologie.

Bei der KFA liegen die Projektträgerschaften im Auftrag der Bundesminister für Forschung und Technologie sowie für Wirtschaft für: Biologie, Energie, Ökologie; Material- und Rohstofforschung; Hochtemperaturreaktor, Erforschung kondensierter Materie und neue Technologien in den Geisteswissenschaften; außerdem die Koordinierungsstelle Rationelle Energieverwendung, Arbeitsgemeinschaft Solar im Auftrag der Minister für Wissenschaft und Forschung sowie für Wirtschaft, Mittelstand und Technologie des Landes Nordrhein-Westfalen.

Großgeräte: Forschungsreaktor, Fusionsversuchsanlage TEXTOR, Isochron-Zyklotron, Kompaktzyklotron, Cooler-Synchrotron COSY.

Organe: Gesellschaftsversammlung, Aufsichtsrat (Vorsitz: Bundesvertreter), Wissenschaftlich-Technischer Rat mit zwölfköpfiger Hauptkommission, vierköpfiger Vorstand.

Ressourcen (1991): 4 784 Mitarbeiter, davon 3 249 im Stellenplan, 713 Mill. DM, davon je rd. 10 % Projektförderung und eigene Erträge.

(Forschungszentrum Jülich, Postfach, 52428 Jülich.) *Altenmüller*

Fourier-Reihe. Unter einer F.-R. versteht man eine Reihe der Gestalt

$$\frac{a_0}{2} + \sum_{n=1}^{\infty} (a_n \cos nx + b_n \sin nx) \tag{1}.$$

Konvergiert diese Reihe für alle x des Intervalls $[-\pi, \pi)$, so konvergiert sie für alle reellen x und stellt eine periodische Funktion f(x) mit der Periode 2π dar. Sind die Folgen (a_n) und (b_n) beschränkt und ist f integrierbar, so gelten die Euler-Fourier-Formeln

$$a_n = \frac{1}{\pi} \int_{-\pi}^{\pi} f(x) \cos nx \, dx \qquad (n = 0, 1, 2, \ldots)$$

$$\tag{2}.$$

$$b_n = \frac{1}{\pi} \int_{-\pi}^{\pi} f(x) \sin nx \, dx \qquad (n = 1, 2, \ldots)$$

Sehr viel schwieriger ist die Frage, wann sich umgekehrt eine vorgegebene periodische Funktion f mit Periode 2π in eine F.-R. gem. Gl. (1) entwickeln läßt. Sobald f integrierbar ist, kann man jedenfalls a_n und b_n nach Gl. (2) berechnen und

$$S_k(x) = \frac{a_0}{2} + \sum_{j=1}^{k} (a_j \cos jx + b_j \sin jx) \tag{3}$$

bilden. Dann ist

$$\lim_{k \to \infty} \int_{-\pi}^{\pi} (f(x) - S_k(x))^2 \, dx = 0 \tag{4},$$

d. h. $S_k(x)$ strebt im quadratischen Mittel gegen f(x); keinesfalls muß jedoch punktweise

$$\lim_{k \to \infty} S_k(x) = f(x)$$

gelten. Gl. (4) besteht bereits, wenn nur f quadratisch integrierbar auf $[-\pi, \pi]$ ist. Im Fall des Riemann-Integrals bedeutet dies, daß sich $[-\pi, \pi]$ in endlich viele Teilintervalle $[x_v, x_{v+1}]$ zerlegen läßt, f in jedem Teilintervall $[\chi_v, \chi_{v+1}]$ mit $x_v < \chi_v < \chi_{v+1} < x_{v+1}$ integrierbar ist und

$$\int_{-\pi}^{\pi} (f(x))^2 \, dx \quad \text{als uneigentliches} \to \text{Integral existiert.}$$

Von *Dirichlet* stammt die für quadratisch integrierbares f gültige Formel

$$S_k(x) = \frac{2}{\pi} \int_0^{\pi/2} \frac{f(x+2t) + f(x-2t)}{2} \cdot \frac{\sin(2k+1)t}{\sin t} dt \tag{5}.$$

Sie zeigt, daß die punktweise $\to$ Konvergenz von $S_k(x)$ nur vom Verhalten von f in einer Umgebung von x abhängt. Aus Gl. (5) läßt sich eine Reihe von Konvergenzkriterien herleiten, von denen nur die Dirichlet-Regel erwähnt sei: Existiert

$$s(\chi) := \lim_{t \to 0} \frac{1}{2} \Big(f(\chi + 2t) + f(\chi - 2t) \Big) \tag{6}$$

und ist die durch

$$\xi(t, \chi) := \frac{1}{2} \Big(f(\chi + 2t) + f(\chi - 2t) \Big) - s(\chi)$$

erklärte Funktion $\xi(., \chi)$ in einer Umgebung des Nullpunkts von beschränkter Schwankung, so gilt

$$\lim_{k \to \infty} S_k(\chi) = s(\chi).$$

Dabei heißt eine auf [a, b] erklärte Funktion g von beschränkter Schwankung, wenn es eine Konstante K gibt, so daß für alle möglichen Zerlegungen $a = x_0 < x_1 < \ldots < x_n = b$ (n beliebig) stets

$$\sum_{v=1}^{n} | g(x_v) - g(x_{v-1}) | \leq K$$

bleibt.

Ist f nur stetig, so strebt $S_k(x)$ für $k \to \infty$ i. a. nicht gegen f(x). *Fejér* bewies jedoch, daß dann die Mittel

$$\sigma_k(x) = \frac{S_0(x) + S_1(x) + \ldots + S_{k-1}(x)}{k}$$

für $k \to \infty$ sogar gleichmäßig gegen f(x) konvergieren ($\to$ Limitierung). Für Anwendungen genügt es häufig zu wissen, daß eine stückweise stetig differenzierbare Funktion f eine konvergente F.-R. mit $\lim_{k \to \infty} S_k(\chi) = s(\chi)$ nach Gl. (6) besitzt. Ist f zudem auf dem ganzen →Intervall $[-\pi, \pi]$ stetig, so konvergiert diese F.-R. sogar absolut und gleichmäßig. *Schmeißer*

Literatur: *Edwards, R. E.:* Fourier series. 2 Bde. New York 1967. – *Hardy, G. H.,* u. *W. W. Rogosinski:* Fourier series. Cambridge 1968. – *Kufner, A.,* u. *J. Kadlec:* Fourier series. London 1971. – *Rogosinski, W.:* Fouriersche Reihen. Berlin 1930. – *Titchmarsh, E. C.:* The theory of functions. 2. Aufl. Oxford 1939. – *Tolstow, G. P.:* Fourierreihen. Ost-Berlin 1955. – *Zygmund, A.:* Trigonometric series. Cambridge 1968.

Fraunhofer-Gesellschaft zur Förderung der angewandten Forschung e. V. (FhG). Am Markt operierende Trägerorganisation für Einrichtungen der angewandten Forschung. Vertragsforschung für Wirtschaft und öffentliche Hand, wissenschaftliche Dienstleistungen, verteidigungsbezogene Forschung.

Die FhG wurde 1949 in München als Fördereinrichtung für angewandte Wissenschaft von 150 Vertretern aus Wissenschaft, Wirtschaft und Staat gegründet. Sie trägt den Namen von *Joseph von Fraunhofer* (1787–1826), der u. a. die Grundlagen der Münchener optischen Industrie und der Spektralanalyse geschaffen hatte. 1953 begannen die Gründungen eigener Fraunhofer-Institute (FhI), zunächst vor allem für verteidigungsorientierte Forschung. Seit 1974 werden die zivilen Vertragsforschungsinstitute institutionell von Bund und Ländern gefördert, z. Z. rd. 30% der Aufwendungen. In derzeit 37 Forschungs- und Dienstleistungseinrichtungen und einer Außenstelle in 9 alten sowie 9 Fh-Einrichtungen und 10 Außenstellen in 5 neuen Bundesländern wird marktorientierte Vertragsforschung für Wirtschaft und Staat sowie zunehmend für die EG betrieben. Schwerpunkte sind FuE für mittelständische Unternehmen, multidisziplinäre Lösung komplexer Aufgaben sowie Verbundforschung innerhalb der FhG, mit Wirtschaftsunternehmen und anderen Forschungseinrichtungen.

In den neuen Bundesländern werden seit Beginn 1992 befristete Wissenschaftliche Einrichtungen (BWE) der FhG in 3 verschiedenen Organisationsformen und Zielen eingerichtet: ab 1. 7. 1994 ein eigenständiges FhI, Teil-FhI oder Institut eines Fh-Verbundes; dauerhaft als Außenstelle eines bestehenden FhI; zunächst Außenstelle, die später in das Mutter-FhI integriert wird.

Die Einrichtungen der FhG sind 9 Fachbereichen zugeordnet (mit aktuellen Änderungen und einigen Mehrfachzuordnungen; bei Wiederholungen werden nur die Abkürzungen, die Außenstellen nur einmal genannt):

□ „Fraunhofer-Verbund Mikroelektronik": alte Bundesländer 1990 815 Mitarbeiter in 10 Einrichtungen, neue Bundesländer 1992 146 Mitarbeiter in

2 Einrichtungen. Fertigungstechniken von integrierten Schaltungen auf Si- und GaAs-Basis, innovative anwendungsspezifische Schaltkreise und Mikrosysteme.

FhI für Angewandte Festkörperphysik (IAF), Freiburg; Integrierte Schaltungen (IIS), Erlangen, mit Außenstelle für Automatisierung des Schaltkreis- und Systementwurfs, Dresden; Festkörpertechnologie (IFT), München; Mikroelektronische Schaltungen und Systeme (IMS), Duisburg und Dresden; Physikalische Meßtechnik (IPM), Freiburg; Produktionstechnik und Automatisierung (IPA), Stuttgart; Naturwissenschaftlich-Technische Trendanalysen (INT), Euskirchen; Siliziumtechnologie (ISit), in Gründung, Itzehoe, derzeit Berlin; Fh-Arbeitsgruppe für Integrierte Schaltungen – Bauelementtechnologie (AIS), Erlangen; BWE für Zuverlässigkeit und Mikrointegration (IZM), Berlin.

□ Informationstechnik: 405 in 8 und 210 Mitarbeiter in 6 Einrichtungen. Komplexe, vernetzte und rechnergestützte Automatisierungssysteme; Mustererkennung und automatische Bildauswertung; hochleistungsfähige Graphiksysteme zum Erzeugen von Fest- und Bewegtbildern.

FhI für Informations- und Datenverarbeitung (IITB), Karlsruhe, mit Außenstellen für Prozeßoptimierung, Berlin, und für Prozeßsteuerung, Dresden; Arbeitswirtschaft und Organisation (IAO), Stuttgart; Produktionsanlagen und Konstruktionstechnik (IPK), mit Außenstellen für Robotersystemtechnik und für Bildverarbeitung, Berlin; Systemtechnik und Innovationsforschung (ISI), Karlsruhe; Graphische Datenverarbeitung (IGD), Darmstadt, mit Außenstelle Rostock; IPM, IMS, IFT; BWE für Software- und Systemtechnik (ISST), Berlin.

□ Produktionsautomatisierung: 645 in 9 und 145 Mitarbeitern in 5 Einrichtungen. Ganzheitliche Ansätze unter Berücksichtigung konstruktiver, produktionsorientierter, logistischer, organisatorischer und personeller Aspekte.

FhI für Materialfluß und Logistik (IML), Dortmund; Produktionstechnologie (IPT), Aachen; Lasertechnik (ILT), Aachen; BWE für Angewandte Optik und Feinmechanik (IOF), Jena; Fabrikbetrieb und -automatisierung (IFF), Magdeburg; Technologie-Entwicklungsgruppe (TEG-S), Stuttgart; IITB, IAO, IPK, IPA, IPM.

□ Fertigungstechnologien: rd. 360 in 7 und 357 Mitarbeitern in 7 Fh-Einrichtungen. Bearbeitung metallischer und Faserverbund-Werkstoffe, Glas, Keramiken und spezielle Legierungen.

FhI für Schicht- und Oberflächentechnik (IST), Braunschweig; Werkstoffmechanik (IWM), Freiburg, mit Außenstelle für Mikrostruktur von Werkstoffen und Systemen, Halle; angewandte Materialforschung (IfaM), Bremen, mit Außenstellen für

Polymerverbunde, Teltow, sowie für Pulvermetallurgie und Verbundwerkstoffe, Dresden; Betriebsfestigkeit (LBF), Darmstadt; BWE für Elektronenstrahl- und Plasmatechnik (FEP), Dresden; Keramische Technologien und Sinterwerkstoffe (IKTS), Dresden; Umformtechnik und Werkzeugmaschinen (IUW), Chemnitz; IPT, ILT, IPA; Forschungsgruppe für Hydroakustik (FHAK), Ottobrunn.

□ Werkstoffe und Bauteile: rd. 540 Mitarbeiter in 10 Einrichtungen. Charakterisierung von Werkstoff- und Bauteileigenschaften mit den Zielen einer optimalen konstruktiven Auslegung, guter Gebrauchseigenschaften und wirtschaftlicher, ökologischer Fertigungsverfahren.

FhI für zerstörungsfreie Prüfverfahren (IzfP), Saarbrücken; Kurzzeitdynamik „Ernst-Mach-Institut" (EMI), Freiburg; Silicatforschung (ISC), Würzburg; Fh-Arbeitsgruppe für Holzforschung „Wilhelm-Klauditz-Institut" (WKI), Braunschweig; BWE für angewandte Polymerforschung (IAP), Teltow-Seehof; Werkstoffphysik und Schichttechnologie (IWS), Dresden; IWM, IfaM, LBF, IST, IPT, IKTS, FHAK.

□ Verfahrenstechnik: rd. 480 Mitarbeiter in 7 Einrichtungen. Verbesserung von Funktionalität, Nutzungsqualität mit geschlossenen Kreisläufen für Zwischenprodukte und Energie sowie der Entsorgungsfähigkeit der Produkte, life-cycle engineering.

FhI für Lebensmitteltechnologie und Verpackung (ILV), München; Grenzflächen- und Bioverfahrenstechnik (IGB), Stuttgart; Chemische Technologie (ICT), Pfinztal; ISC, WKI, ISI, IAP.

□ Energie- und Bautechnik: rd. 230 Mitarbeiter an 4 Instituten. Solarenergie, Energieeinsparung.

FhI für Bauphysik (IBP), Stuttgart; Solare Energiesysteme (ISE), Freiburg; EMI, ISI.

□ Umwelt und Gesundheit: rd. 400 Mitarbeiter an 6 und 15 an einer Einrichtung. Interdisziplinäre Vorsorgeforschung in den Bereichen Meßtechnik, Risikobeurteilung, Wirkungsforschung, integrierte Systeme zur Emissionsüberwachung.

FhI für Toxikologie und Aerosolforschung (ITA) mit 2 Teilinstituten, Hannover; Umweltchemie und Ökotoxikologie (IUCT), Schmallenberg, mit Außenstelle für biochemische Ökotoxikologie, Bergholz-Rehbrücke; Atmosphärische Umweltforschung (IFU), Garmisch-Partenkirchen; IzfP, ISI.

□ Technisch-Wirtschaftliche Studien, Fachinformation: rd. 250 Mitarbeiter an 4 Einrichtungen; technisch-wirtschaftliche Studien im öffentlichen Auftrag, Bauinformationsdienste, Betreuung von Patenten.

Informationszentrum Raum und Bau (IRB), Stuttgart; Patentstelle für die Deutsche Forschung (PST), München; ISI, INT.

Im Leistungsbereich Verteidigungsforschung arbeiteten 1991 6 FhI: IAF, ICT, EMI, IfaM, INT

sowie die FHAK. Es ist geplant, die FHAK mit der Forschungsanstalt der Bundeswehr für Wasserschall und Geophysik, Kiel, zusammenzulegen. Das IfaM ist seit 1. 1. 1992 ein überwiegend ziviles Vertragsforschungsinstitut der FhG.

Organe, Gremien: Mitgliederversammlung (1991: 650 Mitglieder), Senat (Grundzüge der Forschungspolitik, Forschungs- und Ausbauplanung, Errichtung bzw. Auflösung der Institute), Vorstand (Präsident und 2 weitere Vorstandsmitglieder), Hauptverwaltung, Wissenschaftlich-Technischer Rat (Mitglieder der Institutsleitungen und Vertreter der technisch-wissenschaftlichen Mitarbeiter), Institutskuratorien.

Ressourcen (1991): Aufwand 821 Mill. DM, davon 72 % eigene Erträge aus der Auftragsforschung, 28 % Grundfinanzierung (90 % Bundesministerium für Forschung und Technologie, 10 % aus 8 Ländern). Aufwand 1992 in den neuen Ländern rd. 200 Mill. DM, davon 10 % eigene Erträge. Aufwand für die 6 FhI im Leistungsbereich Verteidigungsforschung (76 Mill. DM) zu 80 % institutionell vom Bundesministerium der Verteidigung, zu 20 % aus Projekten für dieses Ministerium finanziert. 4 195 Mitarbeiterinnen und Mitarbeiter als Stammpersonal, darunter 1 935 Wissenschaftler; dazu 2 903 studentische und wissenschaftliche Hilfskräfte sowie Aushilfskräfte und Praktikanten. Neue Länder ab 1. 1. 1992 rd. 1 100 Mitarbeiterinnen und Mitarbeiter.

(Fraunhofer-Gesellschaft zur Förderung der angewandten Forschung e. V., Leonrodstraße 54, 80636 München). *Altenmüller*

Freigrenze →Strahlenschutz

Freiheitsgrad.
Mathematik. Die Anzahl der F. ν einer Stichprobenfunktion ist definiert als die Anzahl der Variablen, die frei variieren können, oder die Anzahl der unabhängigen Variablen.

So können im Falle

$$(x_1 - \bar{x})^2 + (x_2 - \bar{x})^2 + \ldots + (x_n - \bar{x})^2 = c,$$

wobei c eine Konstante und $\bar{x}$ gegeben ist als

$$\bar{x} = \frac{1}{n} \Sigma x_i, \text{ nur } n - 1 \text{ Werte } x_i - \text{sagen wir}$$

$x_1, \ldots, x_{n-1}$ – frei gewählt werden; der letzte Wert, das x_n, ergibt sich automatisch.

Folglich hat die χ^2-verteilte Stichprobenfunktion

$$\sum_{i=1}^{n} (x_i - \bar{x})^2/\sigma^2$$

$\nu = n - 1$ F. In Verallgemeinerung gehört zu einer F.-verteilten Stichprobenfunktion ein Paar (ν_1, ν_2)

von F.; ν_1 bezieht sich dabei auf den (χ^2-verteilten) Zähler, ν_2 auf den (χ^2-verteilten) Nenner.

Schneeberger

Schwingungen. Mit F. wird die Anzahl der Verschiebungsgrößen bezeichnet, die zur Beschreibung des Schwingungszustandes eines Systems erforderlich sind. Diese Zahl ist stets gleich der Zahl derjenigen →Koordinaten, die notwendig sind, die Bewegungen eines Schwingers in eindeutiger Weise zu beschreiben. Das Bild zeigt schematisch die Darstellung des einfachsten Schwingers, des Ein-Massen-Schwingers mit der in sich starr angenommenen Masse m, dem elastischen Element c und dem →Dämpfer k. Die Bewegung dieses Schwingers in Abhängigkeit von der Zeit t kann durch eine einzige Verschiebungsgröße, die mit u(t) bezeichnete Verschiebung der Masse in Richtung der y-Koordinate, beschrieben werden.

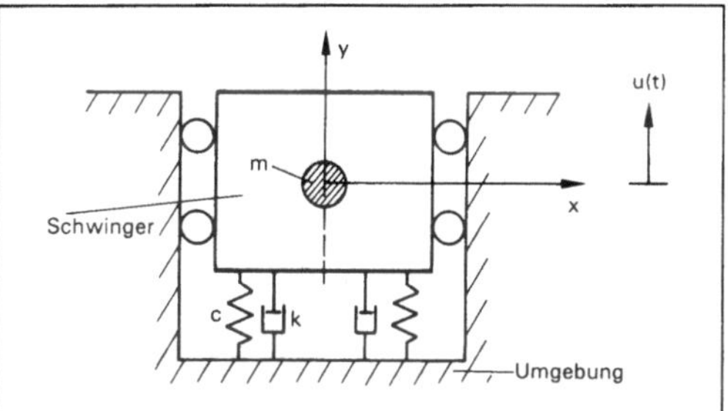

Freiheitsgrad (Schwingungen): Ein-Massen-Schwinger.

Der →Ein-Massen-Schwinger wird deshalb als ein System mit einem Freiheitsgrad bezeichnet. Die wesentlichen Verfahren der Schwingungslehre und des Schwingungsverhaltens von Bauteilen, Maschinenfundamenten und Bauwerken lassen sich bereits an Schwingern mit nur einem Freiheitsgrad erkennen. Müssen zur Beschreibung des Schwingungszustands eines Systems n Verschiebungsgrößen (Verschiebungen und/oder Verdrehungen) angegeben werden, so hat das System n Freiheitsgrade. Berücksichtigt man die endlichen Abmessungen eines elastisch gelagerten Körpers und vernachlässigt seine Verformungen gegenüber den Verformungen der elastischen Elemente (starr angenommener Körper), so sind drei Verschiebungskomponenten und drei Verdrehungskomponenten (Drehwinkel) zur Beschreibung des Schwingungszustands erforderlich; das System hat sechs Freiheitsgrade.

Wie weit man z. B. bei Schwingungsuntersuchungen von Bauteilen, Bauwerken und Maschinenfundamenten einzelne Verschiebungsgrößen vernachlässigen und damit die Anzahl von Freiheitsgraden einschränken kann, muß von Fall zu Fall entschieden werden. Bei symmetrischen Schwingungssystemen mit symmetrischer Belastung können häufig Freiheitsgrade vernachlässigt werden.

Zur Beschreibung des dynamischen Verhaltens von Systemen mit stetiger Massenverteilung sind für sämtliche Massenteilchen des Systems Verschiebungsgrößen anzugeben. Solche Systeme haben unendlich viele Freiheitsgrade.

Splittgerber

Literatur: *Klotter, K.:* Technische Schwingungslehre. Berlin–Heidelberg–New York 1978.

Thermodynamik. Die Anzahl f der intensiven Zustandsvariablen eines Systems, die im →Gleichgewicht frei gewählt werden können, heißen die *thermodynamischen Freiheitsgrade* des Systems. Ihre Anzahl wird durch die Gibbsche →Phasenregel bestimmt.

Am →Tripelpunkt eines Einkomponentensystems ist f=0, d. h. am Tripelpunkt liegen alle intensiven Zustandsvariablen des Systems fest. Dieses Gleichgewicht heißt *invariant.* Ist f=1, so wird es als *univariant* bezeichnet. Wird z. B. in einem heterogenen Einkomponentensystem, in dem Dampf und Flüssigkeit miteinander im Gleichgewicht sind, die Temperatur gewählt, so liegt der Dampfdruck eindeutig fest (→Clausius-Clapeyron-Gleichung). Für f=2 heißt das Gleichgewicht bivariant. Das einfachste Beispiel für ein solches Gleichgewicht ist ein einphasiges Einkomponentensystem, dessen Gleichgewichtszustand durch zwei unabhängig wählbare, intensive Zustandsvariable, wie Dichte und Temperatur, bestimmt wird.

Komplizierter sind die bivarianten Gleichgewichte, wenn in einem Zweikomponentensystem eine flüssige und eine dampfförmige Mischphase koexistieren.

Muschik

Frequenz.
Allgemein. Bei periodischen Schwingungsvorgängen der Periodendauer T ist die F. f die Anzahl der Schwingungsperioden pro Zeiteinheit, d. h. gleich dem Reziprokwert der Periodendauer:

$$f = \frac{1}{T}.$$

Die SI-Einheit der F. s^{-1} wird →Hertz genannt (Einheitenzeichen Hz).

Bei sinus- und kosinusförmigen Schwingungsvorgängen verwendet man häufig auch die Winkel-F. $\omega = 2\pi f$, um sich den Faktor 2π in den Winkelfunktionen zu ersparen.

Komplexe F. $p = \sigma + j\omega$ treten als Rechengrößen in der Netzwerktheorie und bei der Laplace-Transformation auf. Mit positivem σ wird eine zeitlich anwachsende →Sinusschwingung dargestellt, mit negativem σ eine abklingende Sinusschwingung.

Der Begriff Augenblick-F. wird z. B. bei der F.-Modulation gebraucht. Sie ist die zeitliche Ableitung des Arguments in der Sinus- oder Kosinusfunktion einer modulierten Schwingung geteilt durch 2π (→System, schwingungsfähiges).

Claassen

Erschütterungen. Die F. ist bei einer periodischen →Schwingung die Anzahl der in der Zeiteinheit (1 Sekunde) durchlaufenen Perioden. Die SI-Einheit s⁻¹ wird →Hertz [Hz] genannt. Die F. ist der reziproke Wert der →Periodendauer T, die auch →Schwingungsdauer genannt wird. Für F. gilt:

$$f = \frac{1}{T} \; [Hz].$$

Bei schwingungstechnischen Berechnungen wird oft das 2π-fache der F. verwendet und als Kreisfrequenz bezeichnet (Formelzeichen: ω). Bei Erschütterungsimmissionen interessieren in aller Regel Schwingungen im Frequenzbereich von 1 Hz bis 80 Hz, in einzelnen Fällen bis zu etwa 300 Hz. Bei der Beurteilung der Einwirkung von Erschütterungen auf bauliche Anlagen nach dem Regelwerk DIN 4150, Teil 3, Ausg. Mai 1986, sind die Anhaltswerte zur Beurteilung von kurzzeitigen Bauwerkserschütterungen, z. B. von Sprengerschütterungen, frequenzabhängig. Für die Einordnung in die Frequenzbereiche muß jene Frequenz zugrunde gelegt werden, die im Bereich der maßgebenden Schwinggeschwindigkeitswerte auftritt, wobei auf die Erfassung der niedrigen Frequenzen besondere Sorgfalt zu verwenden ist. Bei diesem Vorgehen handelt es sich nicht um eine schwingungstheoretisch einwandfreie Ermittlung der Frequenz, sondern um ein Schätzverfahren. *Splittgerber*

Frequenz, natürliche. In einem schwingungsfähigen →System (physikalisches System, Regelsystem, Übertragungssystem, Rückkopplungssystem o. ä.), dessen →Übertragungsverhalten durch eine lineare →Differentialgleichung zweiter Ordnung der Art

$$\frac{d^2x}{dt^2} + 2\lambda\omega_n \frac{dx}{dt} + \omega_n^2 x = e(t)$$

beschrieben wird, nennt man ω_n die natürliche Frequenz und γ den Dämpfungsfaktor. Wenn die →Dämpfung zu gering ist, können bei der natürlichen Frequenz Eigenschwingungen auftreten. *Claassen*

Frequenzanalyse.
Meßtechnik. Die F. ermittelt mit Hilfe der Fourier-Transformation die in einem in Abhängigkeit von der Zeit aufgenommenen →Signal enthaltenen Frequenzen und deren Amplituden (harmonische Analyse, Fourier-Analyse, Signalanalyse, digitale Signalanalyse, Spektralanalyse). Das hinsichtlich seines Frequenzinhalts auszuwertende Signal f(t) kann z. B. von einem Beschleunigungsaufnehmer, Wegaufnehmer, Druckaufnehmer, optoelektronischen →Aufnehmer oder auch von einem Oszillator stammen.

Kontinuierliche Fourier-Transformation eines zeitbegrenzten Signals. Kann das Meßsignal in Form eines geschlossenen mathematischen Ausdrucks angegeben werden, wie z. B. in Bild 1 a), so kann mit Hilfe der Fourier-Transformation die Fourier-Transformierte F(jω) berechnet werden aus (Bild 2 a))

$$F(j\omega) = \int_{-\infty}^{+\infty} f(t)\, e^{-j\omega t}\, dt \qquad (1).$$

Diskrete Fourier-Transformation eines zeitbegrenzten Signals. In der Mehrzahl der Fälle kann das Meßsignal jedoch nicht analytisch angegeben werden. In diesem Fall wird es abgetastet und mit Hilfe eines Analog/Digital-Umsetzers digitalisiert. Mit der Abtastfrequenz f_a, dem Abtastintervall $T_a = 1/f_a$ und einem Zählparameter n entsteht aus dem kontinuierlichen Signal f(t) der Abtastsatz, der die zu den diskreten Zeitpunkten nT_a gewonnenen abgetasteten Werte $f(nT_a)$ enthält. Dieser Abtastsatz (Bild 1 b)) mit insgesamt N Meßwerten wird in einen Rechner eingelesen, der dann für diskrete Frequenzen ω_k die zugehörigen Amplituden $F_d(j\omega_k)$ mit Hilfe des Algorithmus der diskreten Fourier-Transformation (DFT) berechnet:

$$F_d(j\omega_k) = \sum_{n=o}^{N-1} f(nT_a)\, e^{-j\omega_k nT_a} \qquad (2).$$

Die diskrete Fourier-Transformierte nach Gl. (2) unterscheidet sich dabei von der kontinuierlichen

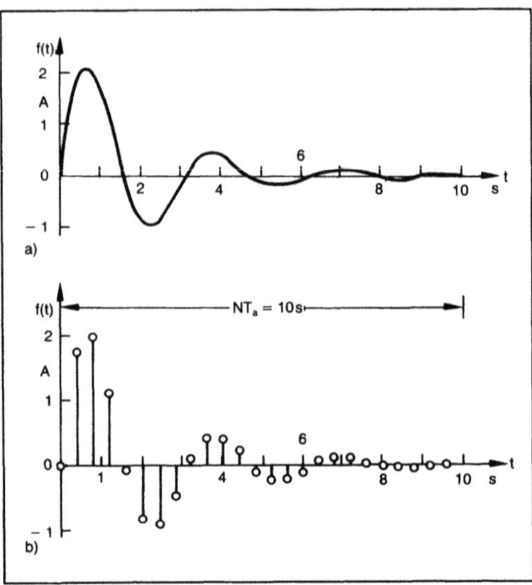

Frequenzanalyse 1: Die transiente Zeitfunktion $f(t)=3e^{-t/T}\sin 2\pi f t$ mit der Dämpfungszeitkonstante $T=2$ s und der Frequenz $f=\frac{1}{\pi}$ s⁻¹.

a) Zeitlicher Verlauf

b) Abtastsatz (Abtastintervall $T_a=0,4$ s)

Anzahl der Abtastpunkte N = 25, gesamte Meßzeit $NT_a = 10$ s

Fourier-Transformierten nach Gl. (1) hauptsächlich in den folgenden Punkten:

☐ Bei der DFT werden die Amplituden nur für diskrete Frequenzen ω_k bzw. f_k berechnet.

☐ Das diskrete Spektrum wiederholt sich periodisch bei den Frequenzen $z \cdot 2\pi f_a$, bzw. bei $z \cdot f_a$.

☐ Die Amplituden der DFT sind erst nach Multiplikation mit dem Abtastintervall T_a der Größe und der Einheit nach gleich der Amplitude der kontinuierlichen Fourier-Transformation:

$$|F_d(j\omega)| \cdot T_a = |F(j\omega)|.$$

Die diskreten Amplituden liegen im Abstand

$$\omega_{k+1} - \omega_k = \frac{2\pi}{NT_a}, \text{ bzw. } f_{k+1} - f_k = \frac{1}{NT_a}.$$

Je größer also die gesamte Meßzeit NT_a ist, desto besser ist das Auflösungsvermögen, desto schärfer lassen sich benachbarte Frequenzen trennen.

Die sich periodisch fortsetzenden diskreten Spektren sollen sich nicht überlappen (Bild 2 b) und 2 c)). Dies ist nicht der Fall, falls die Abtastfrequenz f_a größer ist als das doppelte der maximalen im Signal enthaltenen Frequenzkomponente f_{max}. Das Abtast-

theorem der kontinuierlichen Fourier-Transformation ist also auch bei der diskreten einzuhalten.

Diskrete Fourier-Transformation eines nicht zeitbegrenzten Signals. Bei einer F. werden die Meßwerte nur während der Meßzeit NT_a abgetastet. In Bild 1 ergeben sich keine Schwierigkeiten, da das betrachtete Meßsignal außerhalb des Meßfensters nicht vorhanden ist. Im allgemeinen Fall sind jedoch die Amplituden des Meßsignals vor und nach dem Meßfenster von null verschieden. Der Rechner kennt aber nur die abgetasteten Werte und nicht die außerhalb des Zeitfensters liegenden. Mathematisch läßt sich dieser Sachverhalt berücksichtigen, indem die Meßwerte $f(nT_a)$ mit einer Fensterfunktion $w(nT_a)$ multipliziert werden. Beim Rechteckfenster ist $w=0$ vor und nach der Messung und $w=1$ innerhalb des Meßfensters. Diese Multiplikation der beiden Funktionen im Zeitbereich führt zu einer Faltung ihrer Spektren im Frequenzbereich. Das bedeutet, die DFT liefert nicht das Spektrum des interessierenden Meßsignals für sich allein, sondern immer gefaltet mit dem Spektrum des Fensters. Dies wirkt sich aus in einer Verbreiterung des Spektrums. Die scharfen Kanten des Rechteckfensters sind in dieser Beziehung besonders ungünstig. So wird eine Reihe anderer Datenfenster eingesetzt, die den Amplitudensprung am Anfang und am Ende vermeiden.

Die F. wird häufig angewendet, so z. B. bei der Schwingungsüberwachung und beim Fourier-Spektrometer. *Schrüfer*

Literatur: *Beauchamp, K. G.,* u. *C. K. Yuen:* Digital Methods for Signal Analysis. London 1979. – *Rabiner, L. R.,* u. *B. Gold:* Theory and Application of Digital Signal Processing. Prentice Hall Inc. – *Schrüfer, E.:* Signalverarbeitung. München 1990. – *Schüßler, H. W.:* Digitale Systeme zur Signalverarbeitung. Berlin 1973. – *Stearns, D. D.:* Digitale Verarbeitung analoger Signale. München 1979.

Schwingungen. Die F. ist eine Methode zur Beschreibung von Schwingungen. Diese können nicht nur als Funktion der Zeit t beschrieben werden, sondern mit Hilfe der F. auch in Abhängigkeit von der →Frequenz und als Spektrum dargestellt werden. Eine Beschreibung der →Schwingung im Frequenzbereich wird ihre Spektraldarstellung genannt. Die F. wird besonders bei komplizierteren Schwingungen, z. B. bei periodischen Schwingungen, bei Pulsschwingungen (Puls), bei Schwingungen mit begrenzter Dauer (transienten Schwingungen) und bei stochastischen Schwingungen angewendet. Die F. stützt sich auf das mathematische *Fourier*-Theorem, das aussagt, daß jede periodische Schwingung F(t) als Überlagerung einzelner Sinusschwingungen betrachtet werden kann.

$$F(t) = x_0 + x_1 \sin (\omega t + \varphi_1) + x_2 \sin (2\omega t + \varphi_2) + \dots$$
$$\dots x_n \sin (n\omega t + \varphi_n)$$

Je mehr Glieder diese Reihe aufweist, bei manchen Schwingungsarten bis zu unendlich vielen,

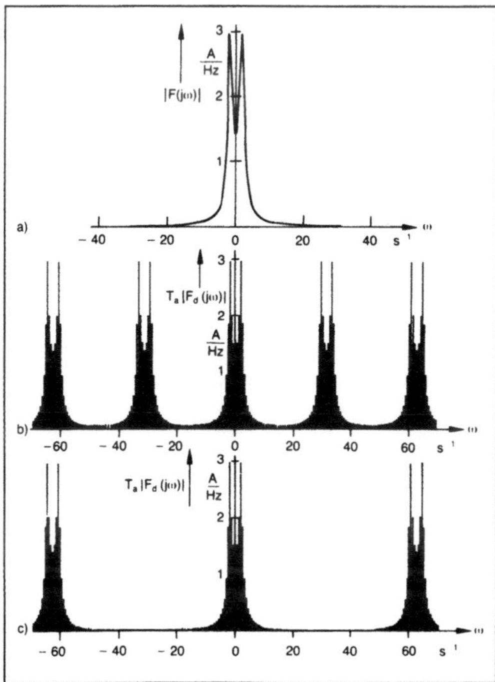

Frequenzanalyse 2: Spektrum der Zeitfunktion von Frequenzanalyse 1.

a) Fourier-Transformierte nach Gl. (1)

b) Diskrete Fourier-Transformierte bei einem Abtastintervall $T_a = 0,2$ s

c) Diskrete Fourier-Transformierte bei einem Abtastintervall $T_a = 0,1$ s

desto besser wird der Schwingungsvorgang F(t) angenähert. Die Auftragung der Amplituden x_n der Teilschwingungen über ihrer Frequenz heißt Amplitudenspektrum. Die Auftragung der Phasenwinkel $\mathscr{S}_w$ über der Frequenz heißt Phasenspektrum. Die Gewinnung dieser Diagramme wird vereinfachend auch als F. bezeichnet. Für viele Zwecke der Beurteilung von Erschütterungen oder der Schwingungsisolierung von Maschinen ist die Kenntnis des Amplitudenspektrums ausreichend. Das Amplitudenspektrum von periodischen Schwingungen weist diskrete Linien auf, und zwar bei der ersten Teilschwingung (Grundschwingung) und bei Teilschwingungen als Vielfache der Grundschwingung. Regellose (stochastische) Schwingungen weisen dagegen kontinuierliche Amplitudenspektren auf. *Splittgerber*

Literatur: *Bendat, J. S.* und *Piersol*: Random Data-Analysis and Measurement Procedures. New York 1971. – DIN 1311, Bl. 1: Kinematische Begriffe. 2/1974.

Frequenzbewertung. Die F. ist eine von der →Frequenz abhängige Änderung des Meßsignals.

Bei der Beurteilung der Einwirkung mechanischer Schwingungen auf den Menschen dient die F. dazu, diese entsprechend der frequenzabhängigen Wirkung zu bewerten und in ihrer Bandbreite zu begrenzen. Da die frequenzabhängige Wirkung abhängt von der jeweiligen Einleitungsstelle der Schwingungen, von der Körperhaltung und von der →Schwingungsrichtung, sind verschiedene F.-Kurven festgelegt worden. Im Regelwerk VDI 2057, Bl. 2, sind für die verschiedenen Einwirkungsmöglichkeiten auf den menschlichen Körper folgende F. definiert:

– Bewertung der Einwirkung im Sitzen und Stehen
– Bewertung der Einwirkung im Liegen
– Bewertung der Einwirkung bei nicht vorgegebener Körperhaltung
– Bewertung der Einwirkung über das Hand-Arm-System.

Das aus den Schwingungsgrößen (Schwingweg, Schwinggeschwindigkeit oder Schwingbeschleunigung) durch F. gebildete →Signal wird als Bewertete Schwingstärke K bezeichnet. Für die F. werden derzeit zwei Methoden angewendet: Die F. des Gesamtsignals einschließlich der Bandbegrenzung mit elektronischen Bewertungsfiltern und die rechnerische Ermittlung aus Terzspektren.

Im Zusammenhang mit der Beurteilung der Einwirkung von Erschütterungen auf Menschen in Gebäuden wird als F. diejenige bei nicht vorgegebener Körperhaltung angewendet. Sie gilt für Schwingungseinwirkungen über den Fußboden in Gebäuden und im Freien, bei denen keine endgültige Aussage über Körperhaltung und Einleitungsstelle in den Körper möglich ist oder häufiger Wechsel

auftritt. Sie gilt z. B. auch an Bord von Schiffen während einer längeren Reise. Für derartige Situationen ist die Bewertete Schwingstärke KB vorgesehen, die sich aus Elementen der F. für die Einwirkung im Stehen und Sitzen zusammensetzt. Die Kurven gleicher Bewerteter Schwingstärken KB (Bild) sind daher keine Kurven gleicher Wahrnehmung, sondern stellen Bezugskurven dar. Im Regelwerk, Vornorm, DIN 4150, Teil 2, werden die KB-Werte als Bauwerksbezogene Wahrnehmungsstärken KB bezeichnet. Die Bewertete Schwingstärke KB ist in der VDI 2057, Bl. 2, als Polygonzug definiert (Bild). In der Vornorm DIN 4150, T. 2, und auch in der Neufassung der Norm DIN 4150, T. 2, Ausg.: Dez. 1992, ist der Polygonzug näherungsweise durch eine Kurve ersetzt worden. Im Regelwerk DIN 45 669, T. 1, ist das KB-Signal durch eine F. des Schwinggeschwindigkeitssignals definiert. Die dargestellte Größe wird in dieser Norm mit $v_{KB}(t)$ bezeichnet. Der KB-Wert ist der Zahlenwert des Effektivwerts des KB-bewerteten Signals $v_{KB}(t)$ in mm/s. *Splittgerber*

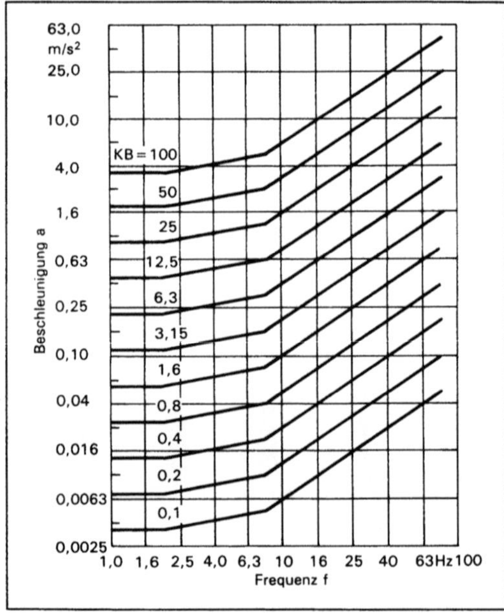

Frequenzbewertung: Kurven gleicher Bewerteter Schwingstärken KB in Abhängigkeit von Frequenz und Schwingbeschleunigung bei nicht vorgegebener Körperhaltung.

Frequenzgang.

Regelungstechnik. Der F. als komplexe →Funktion der Kreisfrequenz beschreibt die Beziehung zwischen sinusförmigem Eingangs- und sinusförmigem Ausgangssignal eines linearen Übertragungsgliedes im eingeschwungenen Zustand.

Das Referenzsignal am Eingang komplex angesetzt ist $u(t) = \hat{u} \exp(j\omega t)$. Das stationäre Ausgangssignal ist dann $v(t) = \hat{v} \exp(j\omega t + \varphi)$. Dabei sind Amplitude $\hat{v}$ und Phasenlage φ abhängig von der anregenden Kreisfrequenz $\omega = 2\pi f$. Für die Ableitungen nach der Zeit gilt dann $d^n v(t)/dt^n = (j\omega)^n v(t)$. Geht man mit diesem Ansatz in die das →Übertragungsverhalten beschreibende →Differentialgleichung, so erhält man analog wie bei der Aufstellung der →Übertragungsfunktion den F.

$$F(j\omega) = \frac{b_0 + b_1\, j\omega + b_2\, (j\omega)^2 + \ldots + b_m\, (j\omega)^m}{v)^2 + \ldots + a_n\, (j\omega)^n}$$

d. h. der Operator s in der Übertragungsfunktion $F(s)$ wird durch den Faktor $j\omega$ ersetzt, um den F. $\underline{F}(j\omega)$ zu erhalten. Für regelungstechnische Untersuchungen wird die komplexe Funktion zerlegt nach Betrag und Phase $\underline{F}(j\omega) = A(\omega)\, e^{j\varphi(\omega)}$

Der Betrag $A(\omega)$ gibt an, wie stark die Ausgangsamplitude $\hat{v}(\omega)$ im Vergleich zur Eingangsamplitude $\hat{u}$ abhängig von der Kreisfrequenz ω verstärkt oder gemindert wird: $\hat{v}(\omega) = A(\omega)\hat{u}$. Die →Schwingung am Ausgang eilt der Eingangsschwingung um den Phasenwinkel $\varphi(\omega)$ vor bzw. nach; positiver Winkel bedeutet Voreilung, negativer Winkel Nacheilung.

Die Zerlegung nach Betrag und Phase erleichtert die Produktbildung aus mehreren F., z. B. aus Regler- und Streckenfrequenzgang für einen →Regelkreis.

Zur Stabilitätsuntersuchung oder Reglerauslegung verwendet man die graphische Darstellung des F. entweder als Ortskurve in der komplexen Ebene oder als Frequenzkennlinien. Für letztere werden der Betrag $A(\omega)$ als Amplitudengang und die Phase $\varphi(\omega)$ als Phasengang über der Kreisfrequenz ω aufgetragen (→Bode-Diagramm). *Böttiger*

Literatur: *Böttiger, A.:* Regelungstechnik. München 1988. – *Unbehauen, H.:* Regelungstechnik I. Braunschweig 1982.

Schwingungen. Allgemein wird als F. die Änderung irgendeiner Kenngröße einer →Schwingung mit der →Frequenz bezeichnet.

Wird z. B. ein einfacher linearer →Schwinger harmonisch erregt, ist also die *Eingangsfunktion* x_e sinusförmig, ist auch die *Ausgangsfunktion* x_a nach Abklingen von Einschwingvorgängen sinusförmig. Unter Verwendung der komplexen Schreibweise kann man in diesem Fall setzen:

$$x_e = e^{j\Omega t}; \quad x_a = V e^{j(\Omega t - \vartheta)} = V e^{-j\vartheta}\, e^{j\Omega t}$$

Die komplexe Größe

$$F = \frac{x_a}{x_e} = V \cdot e^{-j\vartheta}$$

wird als Übertragungsfaktor des Schwingers bezeichnet. Sie ist im allgemeinen von der Frequenz Ω der Erregung (Eingangsfunktion) abhängig und wird auch →Übertragungsfunktion genannt. Man nennt $V(\Omega)$ den Amplituden-Frequenzgang und $\varphi(\Omega)$ den Phasen-Frequenzgang

und entsprechend $F(\Omega)$ den (komplexen) Frequenzgang des Schwingers. Im Zusammenhang mit Erschütterungsimmissionen ist der F. bei Erschütterungsmeßeinrichtungen zum Vermeiden von Meßfehlern bedeutsam und auch bei der Schwingungsisolierung von Maschinen. *Splittgerber*

Literatur: ISO 2041: Vibration and shock – Vocabulary, 2nd edition 1990 – *Magnus, K.:* Schwingungen. Stuttgart 1961 – VDI 2062, Blatt 1: Begriffe und Methoden. 1/1976

Frequenzmessung. Gemäß Definition entspricht die →Frequenz f_x der Anzahl N_x der Schwingungen oder Ereignisse, die in einer bestimmten Zeitdauer T auftreten, dividiert durch diese Zeit: $f_x = N_x/T$. Setzt man T in Sekunden ein, ergibt sich die Frequenz in der SI-Einheit →Hertz (Hz).

Diese Definition ist direkt in den elektronischen Digitalzählern verwirklicht (→Zähler). Das Prinzip ergibt sich aus dem Bild. Die mit f_x periodische elektrische Größe wird durch einen Impulsformer in eine Rechteckschwingung umgewandelt und auf einen elektronischen Schalter gegeben. Ein Quarzgenerator erzeugt eine hochgenaue Normalfrequenz f_N von z. B. 1 MHz, deren relative Abweichung 10^{-4} und weniger betragen kann (Zeitmessung). Die Frequenz f_N wird über einen Teiler mit dem Teilerfaktor N_T von z. B. 10^6 geteilt, so daß f_T z. B. dann noch 1 Hz beträgt, woraus sich eine Torzeit $T = 1/f_T = 1\,s$ ergibt. Nach dem Start wird die Steuerlogik das Tor für die Zeit T, d. h. nach obigem Beispiel für 1 s schließen, so daß dann $N_x = T f_x$ Impulse im Zähler erfaßt werden und die Frequenz direkt in Hz angezeigt wird. Als Torzeiten sind auch 10 ms, 0,1 s und 10 s üblich.

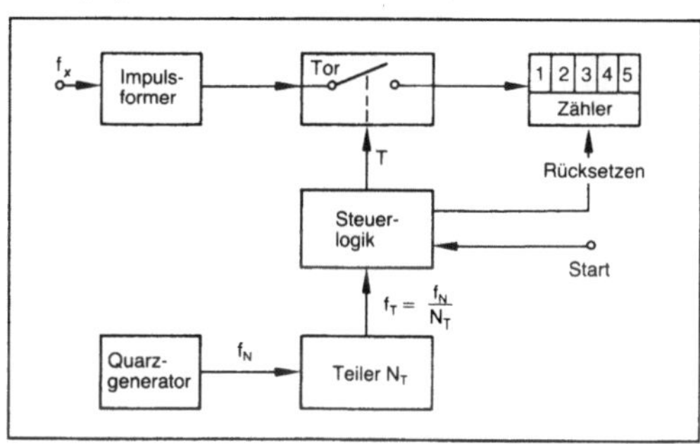

Frequenzmessung: Digitale Frequenzmessung.

N_x	Zählerstand
N_T	Teilerfaktor
f_x	unbekannte Frequenz
f_N	Normalfrequenz
f_T	geteilte Normalfrequenz
T	Meß- oder Torzeit

$$N_x = T \cdot f_x \qquad (1)$$

$$T = \frac{1}{f_T} = N_T \cdot \frac{1}{f_N} \qquad (2)$$

aus Gl. (1) und Gl. (2)

$$f_x = \frac{N}{t} = \frac{f_N}{N_T} \cdot N_x = \text{konst} \cdot N_x$$

Für die Meßunsicherheit ergibt sich hier lediglich ± 1 Schritt in der letzten Stelle von N_x. Dazu kommt der Fehler der Normalfrequenz f_N, der aber sehr klein gehalten werden kann. Nach diesem Prinzip sind direkte F. für Frequenzen bis über 10 GHz möglich. Um zu Meßzeiten von unter 1 s zu kommen und trotzdem eine Auflösung von 1 Hz zu erreichen, führt man in der Praxis eine Multi-Periodendauermessung durch und errechnet daraus die Frequenz. Mit Zusatzeinrichtungen (Frequenzvervielfacher, Mischer) lassen sich Frequenzen bis über 100 GHz indirekt digital messen. Für Messungen von Frequenzen f_x unter 10 kHz wird das direkte Verfahren bei den üblichen Meßzeiten zu ungenau. Will man eine Verlängerung der Meßzeit vermeiden, vertauscht man in der Schaltung (Bild) Meßfrequenz und Normalfrequenz und mißt mit dem digitalen Universalzähler die →Periodendauer $T_x = 1/f_x$. Diese Zähler enthalten zwei komplette Zählkanäle. Über Schalter können verschiedene Betriebsarten gewählt werden, z. B. auch die digitale →Messung der Differenz oder des Quotienten zweier Frequenzen sowie die Messung von Zeitintervallen, Impulsbreiten und Periodendauern.

Mit dem →Elektronenstrahl-Oszilloskop ist bei kalibrierter Zeitablenkung eine ungefähre Frequenzbestimmung möglich, indem man die Periodendauer T_x des dargestellten Signals abliest und die Frequenz $f_x = 1/T_x$ berechnet. Eine genauere Messung ist möglich, wenn man in Zweikanaldarstellung eine Normalfrequenz zusätzlich schreibt. Gibt man die unbekannte Frequenz f_x auf den Y-Eingang und die einstellbare Normalfrequenz f_N auf den X-Eingang (XY-Betrieb), erhält man als Schirmbild einen Kreis, wenn $f_N = f_x$ gemacht wird, die Amplituden an beiden Ablenkplattenpaaren gleich groß sind und die Phasenverschiebung 90° beträgt. Ist die Phasenverschiebung $\neq$ 90°, erhält man Ellipsen, aus denen man die Größe der Phasenverschiebung errechnen kann. Diese Schirmbilder werden Lissajous-Figuren genannt. Auch dann, wenn $f_x/f_N = n/m$ ist, wobei n und m kleine ganze Zahlen sind, erhält man wieder stillstehende, auswertbare Lissajous-Figuren.

Bei sehr hohen Frequenzen, insbes. bei Mikrowellenschaltungen, kann man zur F. auch Wellenleiter, z. B. Lecher-Leitungen, einsetzen, auf denen man aus dem Abstand der Spannungsmaxima die →Wellenlänge λ bestimmt. Die Frequenz ist dann $f_x = c/\lambda$, mit c als Lichtgeschwindigkeit. Resonanzverfahren, bei denen man die Daten der Schwingkreisglieder so ändert, daß die unbekannte Frequenz →Resonanz hervorruft, arbeiten im Mikrowellenbereich mit abstimmbaren Topfkreisen und Hohlraumresonatoren.

Die verschiedenen analog arbeitenden F. mit Skalenanzeige, die aber durch die digitalen Verfahren kaum noch praktische Bedeutung haben, nutzen entweder die Frequenzabhängigkeit von Scheinwiderständen aus, oder sie beruhen auf der periodischen Ladung und Entladung eines Kondensators.

Auch die Meßbrücke nach *Wien-Robinson* kann als Frequenzmeßgerät verwendet werden, da ihr Abgleich frequenzabhängig ist.

Zungen-Frequenzmesser (Vibrationsmeßwerke) besitzen eine Anzahl abgestimmter Stahlzungen, die durch einen Wechselstrom mit der Frequenz f_x elektromagnetisch zu Resonanzschwingungen angeregt werden. Es schwingt diejenige Zunge in Vollresonanz, deren →Eigenfrequenz $2f_x$ beträgt. Auch Zwischenwerte sind ablesbar. Anwendung im Frequenzbereich 15–1000 Hz. *Hammerschmidt*

Literatur: *Schrüfer, E.:* Elektrische Meßtechnik. München 1992. – *Stöckl, M., u. K. H. Winterling:* Elektrische Meßtechnik. Stuttgart 1982.

Froude-Zahl →Kennzahlen

Führungsgröße →Regelkreis; →Folgeregelung; →Folgeverhalten

Führungsverhalten →Folgeverhalten

Füllstandmessung. Messung der Füllhöhe von Feststoffen oder Flüssigkeiten in Behältern. Bei nicht transparenten Stoffen kann man den Füllstand durch gestaffelt angebrachte Lichtschranken messen, wobei die gewünschte Auflösung und der Meßbereich die Anzahl der Lichtschranken bestimmen.

Ein Ultraschallsensor ermittelt über eine Laufzeitmessung den Abstand zwischen Sensor und Oberfläche des Füllgutes.

In einem nicht unter Druck stehenden Behälter erzeugt eine Flüssigkeit der Dichte ϱ und der Füllhöhe h bei der Erdbeschleunigung g den Bodendruck $p_h = \varrho \cdot g \cdot h$. Da p_h proportional zu h ist, läßt sich h über eine →Druckmessung ermitteln. Wenn ein Behälter unter Druck steht, führt eine Messung des Differenzdruckes zu einem Meßwert für h.

Ein kapazitives Meßverfahren zur F., bei der das Füllgut Teil eines Kondensators ist: →Längen- und Winkelmessung mit kontinuierlichen Verfahren.

Die Überfüllsicherung bei Heizöltanks bedient sich eines Kaltleiters, dessen elektrischer →Widerstand deutlich abnimmt, wenn er vom ansteigenden Öl umspült wird. *Hammerschmidt*

Füllstandregelung. Regelung des Höhenstandes von Flüssigkeiten und Schüttgütern oder der Trennschicht zwischen zwei nicht vollständig mischbaren Flüssigkeiten unterschiedlicher Dichte. Meist geschieht die Regelung durch Stellen des zu- oder ablaufenden Füllgutes. Füllstandregelstrecken sind häufig Strecken ohne Ausgleich, die den Einsatz von Reglern mit reinem Integralverhalten verbieten.

Bei F. kommt es häufig nicht auf Einhalten eines bestimmten Höhenstandes in einem Behälter an. Der Füllstand soll vielmehr dazu dienen, Produktionsschwankungen oder -störungen abzupuffern. Bild 1 zeigt eine F., welche die Leistung einer Kreiselpumpe im Zulauf einer Destillationskolonne dem Lastzustand anpassen soll.

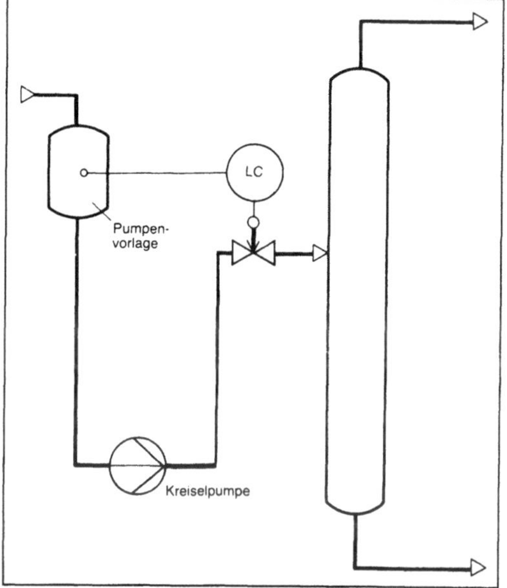

Füllstandregelung 1: F. einer Pumpenvorlage im Zulauf einer Destillationskolonne.

Dynamisch problematisch kann die Standregelung von Dampftrommeln sein. Abhilfe kann in diesen Fällen eine →Drei-Komponenten-Regelung schaffen. Neben dem Stellen des zu- oder ablaufenden Füllgutes sind auch indirekte F. möglich. Bild 2 zeigt eine Sumpfstandregelung einer Destillationskolonne durch Stellen des Dampfes zum Verdamp-

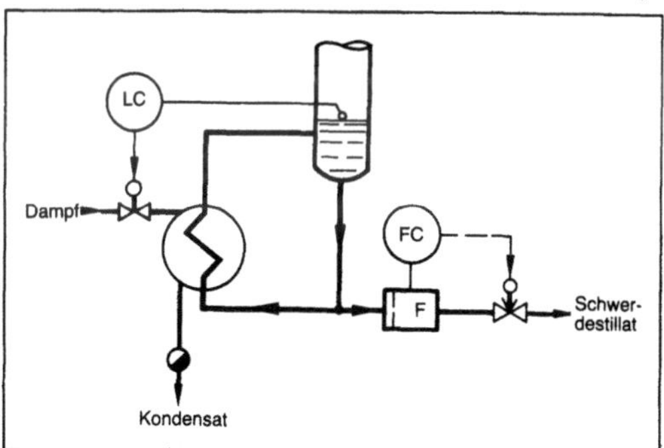

Füllstandregelung 2: Indirekte F. In besonderen Fällen kann ein Vertauschen der Stellgröße vorteilhaft sein.

fer. Diese Regelschaltung ermöglicht es, das Sumpfprodukt in konstantem Strom abzuziehen. Sie ist besonders dann angebracht, wenn relativ geringe Mengen an Sumpfprodukt anfallen (→Niveauwächter).   *Strohrmann*

Literatur: *Strohrmann, G.:* Automatisierungstechnik, Bd. 1 Grundlagen, analoge und digitale Prozeßleitsysteme. 3. Aufl. München–Wien 1992.

Funkenentladung. Kurze nichtstationäre Gasentladung mit Licht- und Schallentwicklung, die meist aus einem →Kondensator gespeist wird. Die mit Hilfe einer Funkenentladung angeregten Emissionsspektren enthalten verstärkt die Spektrallinien von ionisierten angeregten Atomen, zum Unterschied von den durch Bogenentladung erzeugten Spektren, die vorzugsweise die Spektrallinien neutraler angeregter Atome zeigen.   *Claassen*

Funkenstrecke. Anordnung von zwei meist kugelförmigen Elektroden, deren Abstand sich beispielsweise mit einer Mikrometerschraube genau einstellen läßt. Die F. dient zur Messung von Hochspannungen, indem man den Elektrodenstand so lange verringert, bis zwischen den Elektroden ein Funken überspringt.

Als Funken bezeichnet man Bogenentladungen, die kurz nach dem Zünden wieder erlöschen (→Funkenentladung). Bei gegebener Form und gegebenem Abstand der Elektroden sowie konstantem Gasdruck ist die Spannung, die zur Zündung eines Funkens erforderlich ist, sehr genau definiert.   *Claassen*

Funktion, algebraische. *Motivation und Definition.* Die Umkehrung der rationalen Funktionen führt zu (gewissen) a. F. Allgemeiner noch betrachtet man ein →Polynom

$$\Phi(z, w) := \sum_{\mu = 0}^{m} p_\mu(z)\, w^\mu, \quad p_m(z) \neq 0 \qquad (1),$$

wobei $p_0(z), \ldots, p_m(z)$ Polynome mit komplexen Koeffizienten sind, und möchte die Gleichung

$$\Phi(z, w) = 0 \qquad (2)$$

nach w auflösen. Zu einem $z_0 \in C$ gebe es m verschiedene Werte $w_\mu \in C$, die die Gl. (2) erfüllen (Fundamentalsatz der →Algebra). In einer kleinen Umgebung U von z_0 existieren dann m holomorphe F.

$$f_\mu : U \to \mathbb{C}, \quad \text{mit} \quad f_\mu(z_0) = w_\mu$$

und

$$\varphi(z, f_\mu(z)) = 0 \text{ für alle } z \in U, \ \mu = 1, \ldots, m.$$

Zwischen den F.-Elementen (f_μ, U), $\mu = 1, \ldots, m$, können jedoch „Verwandtschaften" bestehen. Sie sind zunächst längs jedes Weges γ in C analytisch fortsetzbar, der diejenigen Punkte υ meidet, in denen $\Phi(v, w)$ weniger als m verschiedene Nullstellen besitzt. Die Fortsetzungen erfüllen nach dem Identitätssatz holomorpher F. automatisch die Gl. (2). Setzt man nun etwa (f_1,U) längs eines bei z_0 beginnenden und dort wieder endenden solchen Weges analytisch fort, so gelangt man wieder zu einem der F.-Elemente (f_μ,U), jedoch nicht notwendig zu (f_1, U). Folglich können verschiedene F.-Elemente, etwa ($f_{\mu 1}$,U), ($f_{\mu 2}$,U), ..., ($f_{\mu k}$,U) mit $\mu_1, \ldots, \mu_k \in \{1, \ldots, m\}$, einer gemeinsamen analytischen F. angehören. Die Gl. (2) definiert also eine oder mehrere analytische F. Jede so gewonnene analytische F. heißt eine a. F. Das zu einer a. F. gehörende Polynom, Gl. (1), ist nicht eindeutig bestimmt, jedoch existiert bis auf einen konstanten Faktor genau eines von kleinstem Grad m bez. w, bei dem auch $p_m(z)$ kleinsten Grad bez. z besitzt. Es heißt ein zugehöriges Primpolynom.

Elementare Behandlung. Summe, Differenz und Produkt zweier a. F. ebenso wie das Reziproke einer nicht identisch verschwindenden a. F. sind wieder a. F. Die Gesamtheit der a. F. bildet einen Körper.

Zur Behandlung der Mehrdeutigkeit a. F. gibt es zwei konträr aussehende, jedoch leicht miteinander verbindbare Wege:

□ Methode 1: Man schneidet die komplexe Ebene ($\rightarrow$Zahl, komplexe) so zu einem Gebiet G auf, daß jede Fortsetzung eines F.-Elements in G zu einer auf ganz G holomorphen F. führt. So entstehen aus der a. F. i. a. mehrere holomorphe F. auf G, genannt die Zweige.

□ Methode 2: Statt den Definitionsbereich auf G einzuschränken, versucht man umgekehrt, ihn durch ein größeres Gebilde F zu ersetzen, auf dem sich die gesamte a. F. als (eindeutige) Abbildung $F \rightarrow \mathbb{C}$ erklären läßt. Dieses Vorgehen führt zu den Riemann-Flächen.

Ein einfaches Beispiel diene zur Erläuterung: Durch die Gleichung $w^2 - z = 0$ werden auf Grund der Zweideutigkeit der Quadratwurzel in Umgebungen aller Punkte $z \neq 0$ zwei F.-Elemente definiert. Schneidet man nun die komplexe Ebene längs eines vom Nullpunkt ausgehenden Strahls (etwa längs des negativen Teils der reellen Achse) auf, so entsteht ein Gebiet G, auf dem sich $\sqrt{z}$ auf genau zwei Arten als holomorphe F. f_1 bzw. f_2 erklären läßt (Methode 1). Diese beiden Zweige der Wurzel-F. sind durch $f_1(1) = 1$ und $f_2(1) = -1$ bereits eindeutig festgelegt. Das Gebiet G ist ein maximaler Definitionsbereich der Zweige, denn analytische Fortsetzung von f_1 über die Schnittlinie hinweg zu einem Punkt z^* ergibt $f_2(z^*)$ statt $f_1(z^*)$ und umgekehrt. Die Zweige vertauschen sich. Diese Eigenschaft kann man für Methode 2 benutzen. Man denke sich nun zwei Exemplare von G, genannt Blätter, übereinandergelegt (Bild 1). Das obere sei der Definitionsbereich von f_1, das untere der von f_2.

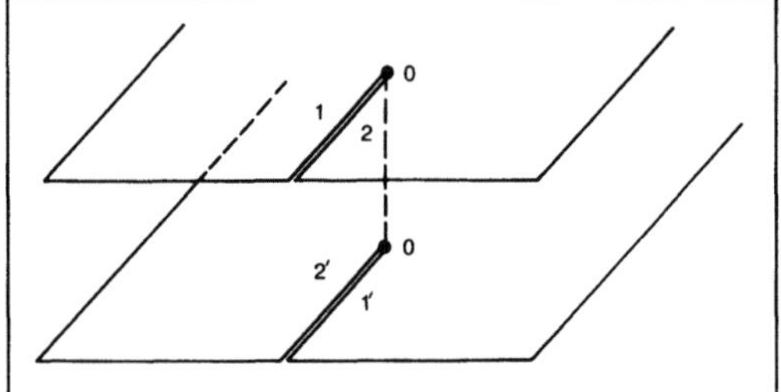

Funktion, algebraische 1: Übereinandergelegte Blätter.

Wenn man nun die Schnittkanten kreuzweise verheftet (Bild 1, Ufer 1 verheftet mit 1', 2 verheftet mit 2'), so erhält man eine (sich durchdringende) Fläche F auf der sich $\sqrt{z}$ als (eindeutige) F. erklären läßt, wobei auch alle durch analytische Fortsetzung in der Ebene erreichbaren F.-Elemente mit erfaßt werden. Ein zweidimensionales Modell dieser Fläche ist eine zweiblättrige Ebene, die vom Nullpunkt aus geschlitzt ist, wobei Überschreiten des Schlitzes stets Wechsel des Blatts bedeutet. Der Nullpunkt heißt hier *Verzweigungspunkt.* Je nachdem, ob man den Schlitz als Sperrlinie oder als Verbindungslinie zwischen Blättern auffaßt, ist man bei Methode 1 oder 2.

Im allgemeinen Fall einer a. F. läßt sich der Definitionsbereich F bei Methode 2 beschreiben als eine aus m Blättern gebildete Ebene mit k Schlitzen, wobei an jedem Schlitz angegeben wird, welche **Verbindungen zwischen** den verschiedenen Blättern bestehen. So erhält man eine Riemann-Fläche im naiven Sinn. Die Ausgangspunkte der Schlitze heißen Verzweigungspunkte. Es sind Stellen z, an denen das Primpolynom $\Phi(z, w)$ mehrfache Nullstellen besitzt.

Die in Bild 2 dargestellte Riemann-Fläche besteht aus drei Blättern mit zwei Verzweigungspunkten a und b. Die an den Ufern der Schlitze stehenden Zahlen geben die Verbindungen zwischen den Blättern an. Der gestrichelte Weg z. B. führt beim Überschreiten des oberen Schlitzes von Blatt 1 kommend nach Blatt 3, von 2 kommend nach 1 und

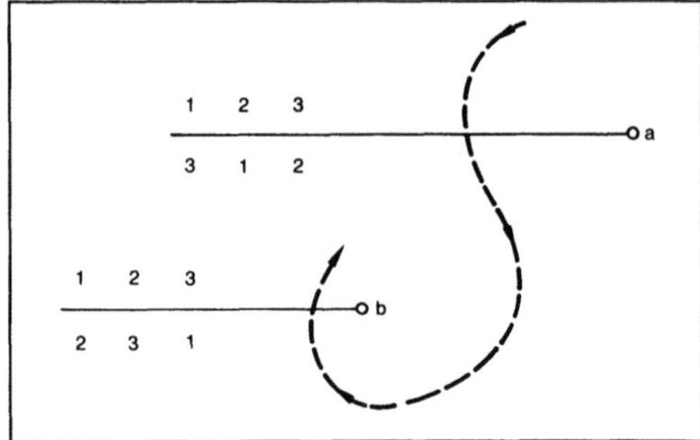

Funktion, algebraische 2: Riemann-Fläche.

von 3 kommend nach 2. Sein Verlauf ist also durch Bild 2 eindeutig bestimmt, sobald man das Blatt kennt, auf dem der Ausgangspunkt liegt. Faßt man die Schlitze als Sperrlinien auf, so entsteht wieder ein Gebiet $G \subset \mathbb{C}$, auf dem holomorphe Zweige der zugehörigen a. F. exitieren (Methode 1).

Vertiefte Behandlung. Bei weiterführenden Untersuchungen wird der Punkt ∞ mit einbezogen, was modellhaft durch Übergang von Ebenen zu Kugeloberflächen geschehen kann ($\rightarrow$Zahl, komplexe). Dann wird jede a. F. zu einer meromorphen F. auf einer kompakten Riemann-Fläche F. Eine nicht konstante a. F. nimmt auf F jeden Wert gleich oft an. Die Riemann-Fläche F besitzt die topologische Struktur einer Kugeloberfläche, der evtl. noch einige Henkel angesetzt sind (Geschlecht einer Fläche). Die Kompaktheit der Riemann-Fläche ist sogar kennzeichnend für a. F. Auch jede abstrakt vorgegebene kompakte Riemann-Fläche ist Riemann-Fläche einer a. F. *Schmeißer*

Literatur: *Artin, E.:* Algebraic numbers and algebraic functions. New York 1967. – *Behnke, H.,* u. *F. Sommer:* Theorie der analytischen Funktionen einer komplexen Veränderlichen. 3. Aufl. Berlin 1976. – *Bliss, G. A.:* Algebraic functions. New York 1933. – *Eichler, M.:* Einführung in die Theorie der algebraischen Zahlen und Funktionen. Basel 1963. – *Hille, E.:* Analytic function theory. Bd. II. New York 1973. – *Kneser, H.:* Funktionentheorie. Göttingen 1958.

Funktion, charakteristische. Sie taucht in der $\rightarrow$Statistik und $\rightarrow$Mathematik auf. Sei F(x) eine Wahrscheinlichkeitsverteilungsfunktion. Dann heißt

$$\Phi(t) = \int_{-\infty}^{\infty} e^{itx}\, dF(x)$$

die zugehörige c. F.; $\Phi(t)$ ist eine momenterzeugende F. Es gilt

$$\Phi(t) = \sum_{r=0}^{\infty} \mu_r' \cdot \frac{(it)^r}{r!},$$

wobei μ_r' das r-te Moment (also $E(X^r)$) von F(x) um den Nullpunkt ist.

Durch eine c. F. $\Phi(t)$ ist eindeutig eine Verteilungs-F. F(x) über folgende Formel gegeben:

$$F(x) - F(0) = \frac{1}{2\pi} \int_{-\infty}^{\infty} \Phi(t) \cdot \frac{1 - e^{-ixt}}{it}\, dt.$$

Der Begriff der c. F. ist verallgemeinerbar auf mehrdimensionale Verteilungs-F. Von großer Bedeutung ist der folgende Satz: Die c. F. der Summe zweier unabhängiger Zufallsvariablen ist gleich dem Produkt ihrer c. F. *Schneeberger*

Funktion, hyperbolische. Kombinationen von Termen $e^{\pm z}$, deren Eigenschaften formal denen der

trigonometrischen F. sehr ähnlich sind. Sie sind (für reelles und komplexes Argument) definiert durch

$$\sinh z = \frac{e^z - e^{-z}}{2} = z + \frac{z^3}{3!} + \frac{z^5}{5!} + \ldots \text{ (sinus hyperbolicus),}$$

$$\cosh z = \frac{e^z + e^{-z}}{2} = 1 + \frac{z^2}{2!} + \frac{z^4}{4!} + \ldots \text{ (cosinus hyperbolicus),}$$

$$\tanh z = \frac{\sinh z}{\cosh z} \text{ (tangens hyperbolicus), (Bild 1 und Bild 2),}$$

$$\coth z = \frac{1}{\tanh z} \text{ (cotangens hyperbolicus) (Bild 3).}$$

Weniger gebräuchlich sind die F. $\operatorname{sech} z = 1/\cosh z$ (secans hyperbolicus) und $\operatorname{csch} z = 1/\sinh z$ (cosecans hyperbolicus).

Ist n eine positive ganze Zahl, so gilt mit $i^2 = -1$ ($i = \sqrt{-1}$) und $u = n\pi i$:

$$\sinh u = \tanh u = o;\ \cosh u = (-1)^n,$$
$$\sinh (z + u) = (-1)^n \sinh z,$$
$$\cosh (z + u) = (-1)^n \cosh u.$$

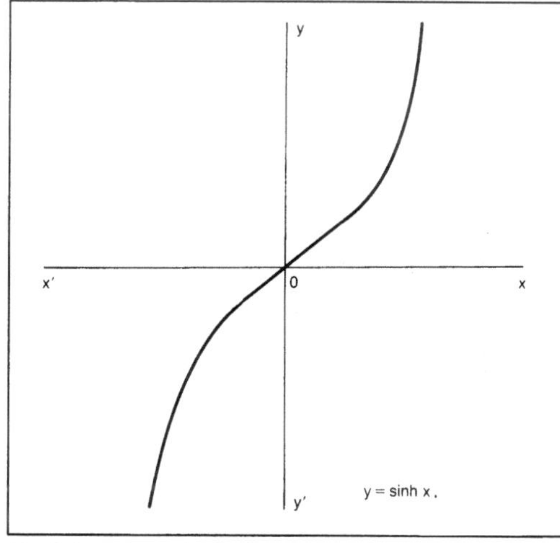

Funktion, hyperbolische 1: Graph von sinh z.

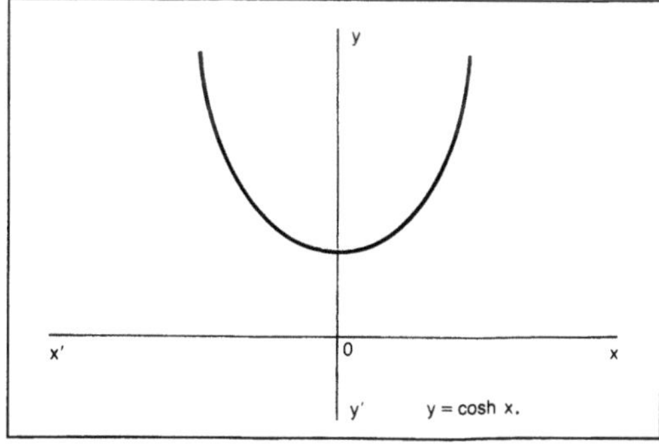

Funktion, hyperbolische 2: Graph von cosh z.

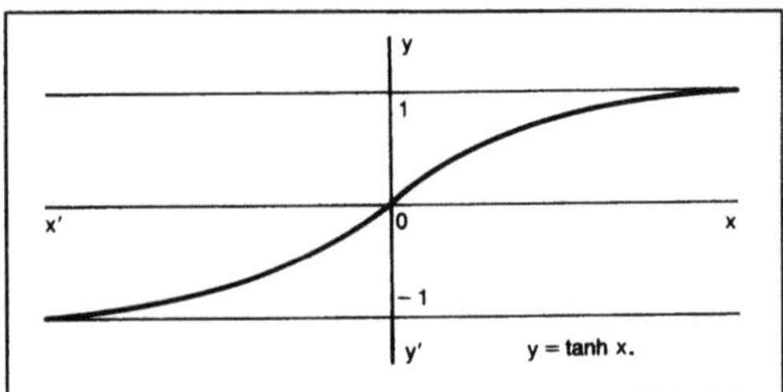

Funktion, hyperbolische 3: Graph von tanh z.

Für reelles z (=t) stehen die h. F. zur →Hyperbel in der gleichen Weise in Beziehung wie die trigonometrischen F. zum →Kreis. Ist $x^2 \pm y^2 = a^2$ die Gleichung eines Kreises mit Radius a oder – mit dem Minuszeichen – die Gleichung einer gleichseitigen Hyperbel, so lauten die Parametergleichungen:

$$x = a \cos \Phi, \quad y = \alpha \sin \Phi \text{ bzw.}$$
$$x = a \cosh t, \quad y = a \sinh t.$$

Die Gleichungen $x = a \cdot \sec \Phi$, $y = a \cdot \tan \Phi$ beschreiben ebenfalls die Hyperbel. Durch Vergleich erhält man $\cosh t = \sec \Phi$; $\sinh z = \tan \Phi$, wobei $-\frac{\pi}{2} < \Phi < \frac{\pi}{2}$. Weitere Beziehungen ergeben sich unmittelbar aus der Definition der Hyperbel-F.: $\operatorname{sech} t = \cos \Phi$, $\operatorname{csch} t = \cot \Phi$, $\tanh t = \sin \Phi$ und $\coth t = \csc \Phi$. Die Gleichung $\sinh t = \tan \Phi$ beschreibt eine umkehrbar eindeutige Beziehung zwischen den Argumenten t und Φ. Man nennt $\Phi = \tan^{-1} \sinh t = \operatorname{gd} t$ die Hyperbelamplitude oder den Gudermann-(Winkel) von t.

Zwischen h. und trigonometrischer F. besteht im Komplexen der folgende Zusammenhang: $\sinh iz = i \sin z$, $\cosh iz = i \cos z$, $\tanh iz = i \tan z$.

Die Additionstheoreme ähneln sehr den aus der →Trigonometrie vertrauten Formeln. Es gilt z. B.

$$\cosh^2 z - \sinh^2 z = 1, \quad 1 - \tanh^2 z = \operatorname{sech}^2 z,$$
$$\cosh^2 z + \sinh^2 z = \cosh 2z,$$
$$2 \sinh z \cosh z = \sinh 2z.$$

Die Umkehr-F. der Hyperbel-F. werden →Area-F. genannt. Die Bezeichnungsweise rührt daher, daß sie für relle Argumente als Fläche eines Hyperbelsektors gedeutet werden können. Ist z. B. $y = \sinh t$, so ist t der Flächeninhalt jenes Hyperbelsektors, dessen hyperbolischer Sinus y ist; kurz $t = \sinh^{-1} y = \operatorname{ar} \sinh y$ (area sinus hyperbolicus). Entsprechendes gilt für die übrigen Umkehr-F. Da die h. F. mit der Exponential-F. zusammenhängen, stehen die Area-F. mit der Logarithmus-F. wie folgt in Beziehung:

$$\operatorname{ar} \sinh z = \ln (z + \sqrt{z^2 + 1}),$$
$$\operatorname{ar} \cosh z = \ln (z + \sqrt{z^2 - 1}),$$
$$\operatorname{ar} \tanh z = \tfrac{1}{2} \ln \frac{1 + z}{1 - z},$$
$$\operatorname{ar} \tanh z = \tfrac{1}{2} \ln \frac{z + 1}{z - 1}.$$

Für den Hauptwert des Logarithmus erhält man die Hauptwerte der Area-F. (→Hyperbel).

W. L. Fischer

Funktion, trigonometrische. Weitere Bezeichnungsweisen lauten goniometrische F., Winkel-F. Die t. F. gehören zu der Klasse der elementaren transzendenten F.

Geometrische Definition. Für einen →Winkel t, $0 \leq t \leq 2\pi$, sind die t. F. sin t (Sinus), cos t (Kosinus), tan t (Tangens), cot t (Kotangens), sec t (Sekans) und cosec t (Kosekans) am Einheitskreis (Radius r der Länge l) wie folgt erklärt (Bild 1):

$$\sin t = \frac{y}{r} = y; \quad \cos t = \frac{x}{r} = x,$$
$$\tan t = \frac{y}{x} = \frac{\sin t}{\cos t} \text{ für } t \neq \frac{\pi}{2}, t \neq \frac{3}{2}\pi,$$
$$\cot t = \frac{x}{y} = \frac{\cos t}{\sin t} \text{ für } t \neq 0, t \neq \pi, t \neq 2\pi.$$

Die Betrachung der F. am Einheitskreis bedeutet keine Einschränkung, da die Strahlensätze der Elementargeometrie gelten. Durch Anwendung der Sätze folgt unmittelbar, daß $u = \tan t$, $v = \cot t$ (Bild 1) gilt. Für das rechtwinklige →Dreieck $\triangle OQP$ ergibt sich die Definition der t. F. für spitze Winkel in der bekannten Weise durch

$$\sin t = \frac{\text{Gegenkathete}}{\text{Hypotenuse}}, \quad \cos t = \frac{\text{Ankathete}}{\text{Hypotenuse}},$$
$$\tan t = \frac{\text{Gegenkathete}}{\text{Ankathete}}, \quad \cot t = \frac{\text{Ankathete}}{\text{Gegenkathete}},$$
$$\sec t = \frac{\text{Hypotenuse}}{\text{Ankathete}}, \quad \operatorname{cosec} t = \frac{\text{Hypotenuse}}{\text{Gegenkathete}}.$$

Weiterhin entnimmt man aus Bild 1 die Identitäten:

$$\sin^2 t + \cos^2 t = 1,$$
$$\tan t \cdot \cot t = 1, \quad \sec t \cdot \cos t = 1, \quad \operatorname{cosec} t \cdot \sin t = 1.$$

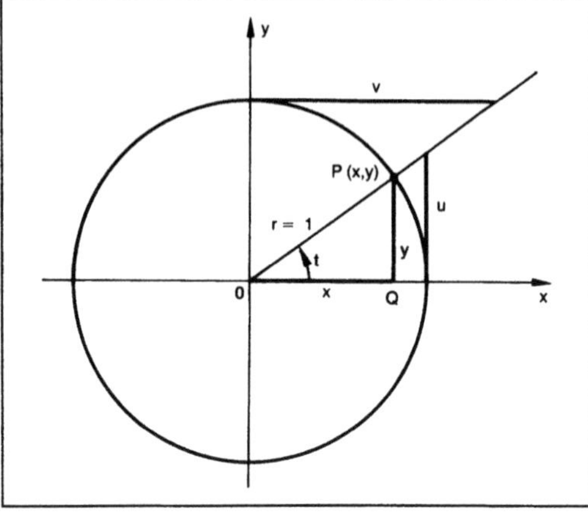

Funktion, trigonometrische 1: Definition am Einheitskreis.

Wird der Winkel t ($\rightarrow$Winkelmaß) entgegen dem Uhrzeigersinn positiv gezählt, so sind durch periodische Fortsetzung die t. F. auf den reellen Zahlen erklärt, d. h. es gilt für k, n = 0, ± 1, ± 2, ...:

$$\sin(t + 2\,k\pi) = \sin t, \quad \cos(t + 2k\pi) = \cos t,$$

$$\tan t = \tan(t + k\pi) \text{ für } t \neq \frac{\pi}{2} + n\pi,$$

$$\cot t = \cot(t + k\pi) \text{ für } t \neq n\pi.$$

Die F. sin t, cos t, tan t, cot t sind also periodisch mit der Periode 2π bzw. π. Aus der anschaulichen Definition der F. am Einheitskreis folgt, daß cos t eine gerade F. und sin t, tan t, cot t ungerade F. sind, d. h.

$$\cos(-t) = \cos t, \qquad \sin(-t) = -\sin t,$$
$$\tan(-t) = -\tan t, \qquad \cot(-t) = -\cot t.$$

Weitere Beziehungen entnimmt man Tabelle 1.

Funktion, trigonometrische. Tabelle 1: Beziehungen.

	$\frac{\pi}{2} \pm t$	$\pi \pm t$	$\frac{3}{2}\pi \pm t$	$2\pi \pm t$
sin	cos t	$\mp$ sin t	$-$ cos t	$\pm$ sin t
cos	$\mp$ sin t	$-$ cos t	$\pm$ sin t	cos t
tan	$\mp$ cot t	$\pm$ tan t	$\mp$ cot t	$\pm$ tan t

In Tabelle 2 sind einige bei Berechnungen häufig auftretende Werte der t. F. zusammengefaßt. Sie erweisen sich auch als nützlich zur graphischen Darstellung der Winkel-F. (Bild 2 bis 5).

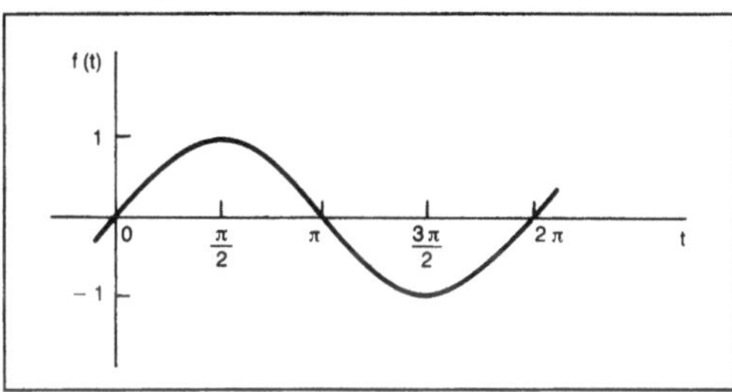

Funktion, trigonometrische 2: Graph von $f(t) = \sin t.$

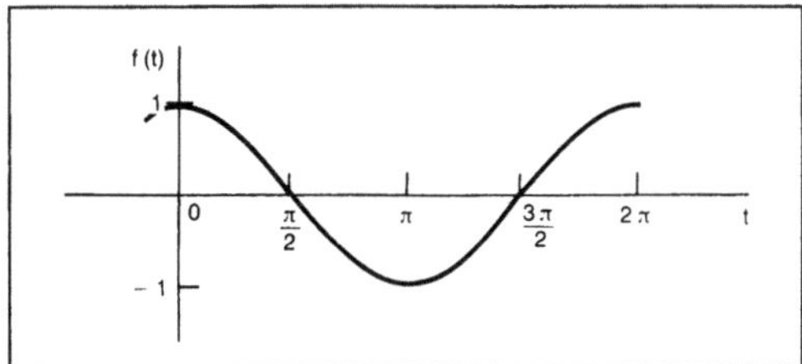

Funktion, trigonometrische 3: Graph von $f(t) = \cos t.$

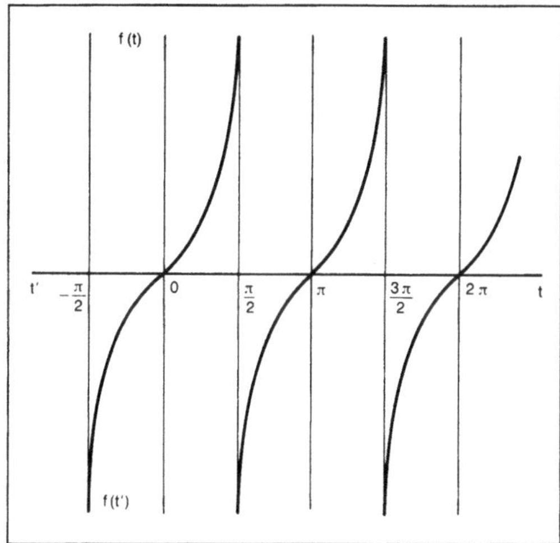

Funktion, trigonometrische 4: Graph von $f(t) = \tan t.$

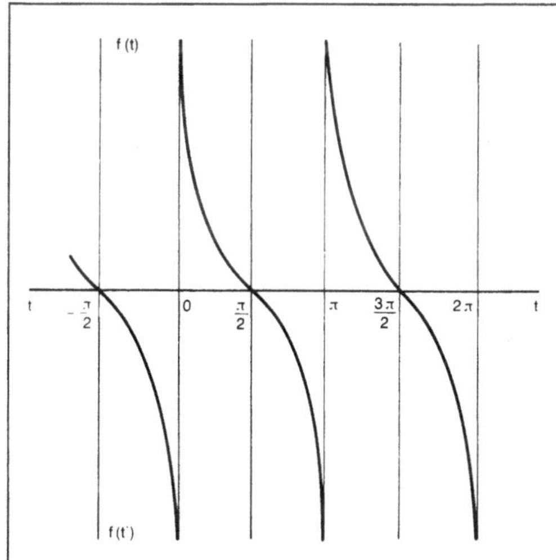

Funktion, trigonometrische 5: Graph von $f(t) = \cot t.$

Funktion, trigonometrische. Tabelle 2: Spezielle Werte.

	0	$\frac{\pi}{6}$	$\frac{\pi}{4}$	$\frac{\pi}{3}$	$\frac{\pi}{2}$
sin	0	$\frac{1}{2}$	$\frac{1}{2}\sqrt{2}$	$\frac{1}{2}\sqrt{3}$	1
cos	1	$\frac{1}{2}\sqrt{3}$	$\frac{1}{2}\sqrt{2}$	$\frac{1}{2}$	0
tan	0	$\frac{1}{\sqrt{3}}$	1	$\sqrt{3}$	$\pm\infty$
cot	$\mp\infty$	$\sqrt{3}$	1	$\frac{1}{\sqrt{3}}$	0

Für t. F. verschiedener Argumente gelten zahlreiche Beziehungen, die gemeinhin als goniometrische Formeln bezeichnet werden:

□ Additionstheoreme

$$\sin(x \pm y) = \sin x \cos y \pm \cos x \sin y,$$

$$\cos(x \pm y) = \cos x \cos y \mp \sin x \sin y,$$

$$\tan(x \pm y) = \frac{\tan x \pm \tan y}{1 \mp \tan x \tan y},$$

$$\cot(x \pm y) = \frac{\cot x \cot y \mp 1}{\cot y \pm \cot x}.$$

Daraus und mit den Identitäten $x = y$ folgen weitere Formeln:

□ F. des doppelten Arguments:

$$\sin 2x = 2 \sin x \cos x = \frac{2 \tan x}{1 + \tan^2 x},$$

$$\cos 2x = \cos^2 x - \sin^2 x = \frac{1 - \tan^2 x}{1 + \tan^2 x},$$

$$\tan 2x = \frac{2 \tan x}{1 - \tan^2 x}, \quad \cot 2x = \frac{\cot^2 x - 1}{2 \cot x}.$$

□ F. des halben Arguments:

$$\sin^2 \frac{x}{2} = \frac{1}{2}(1 - \cos x),$$

$$\cos^2 \frac{x}{2} = \frac{1}{2}(1 + \cos x).$$

$$\tan \frac{x}{2} = \frac{\sin x}{1 + \cos x},$$

$$\cot \frac{x}{2} = \frac{\sin x}{1 - \cos x}.$$

□ Summe und Differenz der F.:

$$\sin x + \sin y = 2 \sin \frac{x + y}{2} \cos \frac{x - y}{2},$$

$$\sin x - \sin y = 2 \cos \frac{x + y}{2} \sin \frac{x - y}{2},$$

$$\cos x + \cos y = 2 \cos \frac{x + y}{2} \cos \frac{x - y}{2},$$

$$\cos x - \cos y = - 2 \sin \frac{x + y}{2} \sin \frac{x - y}{2},$$

$$\tan x \pm \tan y = \frac{\sin(x \pm y)}{\cos x \cos y},$$

$$\cot t \pm \cot y = \frac{\sin(y \pm x)}{\sin x \sin y}.$$

Analytische Definition. Für reelles oder komplexes z werden die F. $\sin z$ und $\cos z$ durch die beständig konvergenten Potenzreihen erklärt:

$$\sin z = z - \frac{z^3}{3!} + \frac{z^5}{5!} - \frac{z^7}{7!} + - \ldots$$

$$= \sum_{k=0}^{\infty} (-1)^k \frac{z^{2k+1}}{(2k+1)!} \tag{1},$$

$$\cos z = 1 - \frac{z^2}{2!} + \frac{z^4}{4!} - \frac{z^6}{6!} + - \ldots$$

$$= \sum_{k=0}^{\infty} (-1)^k \frac{z^{2k}}{(2k)!}.$$

Weiterhin setzt man

$$\tan z = \frac{\sin z}{\cos z},$$

$$\cot z = \frac{\cos z}{\sin z}$$

für alle z, für die $\cos z$ bzw. $\sin z$ nicht gleich 0 ist. Für reelles z stimmen die so definierten F. mit denen von Gl. (1) formal überein.

Der Zusammenhang der Sinus- bzw. Kosinus-F. mit der Exponential-F. wird durch die Euler-Formeln beschrieben:

$$e^{iz} = \cos z + i \sin z, \qquad e^{-iz} = \cos z - i \sin z,$$

$$\cos z = \tfrac{1}{2}(e^{iz} + e^{-iz}), \qquad \sin z = \frac{1}{2i}(e^{iz} - e^{-iz}) \tag{2}.$$

Der Formelapparat der →Goniometrie (Additionstheoreme) bleibt auch für komplexes Argument z gültig. Des weiteren bleiben die Periodizitätseigenschaften erhalten. Die aus dem Reellen bekannten Nullstellen sind auch im Komplexen die einzigen. Für reelles $t = z$ lassen sich wegen Gl. (2) die reellen stetigen Funktionen $t \rightarrow \sin t$ bzw. $t \rightarrow \cos t$ erklären durch:

$$\cos t = R(e^{it}) \ (R \text{ Realteil}),$$
$$\sin t = I(e^{it}) \ (I \text{ Imaginärteil}).$$

Weiterhin sind wegen Gl. (1) die F. $\sin t$ und $\cos t$ differenzierbar, und es gilt:

$$\frac{d}{dt} \sin t = \cos t, \quad \frac{d}{dt} \cos t = - \sin t.$$

Die Umkehr-F. der t. Da die oben (analytische F.) erklärten t. F. periodisch sind, folgt die Vieldeutigkeit der zugehörigen inversen F. (arcus sinus usw.) $\sin^{-1} z = \text{arc} \sin z$, $\cos^{-1} z = \text{arc} \cos z$, $\tan^{-1} z = \text{arc} \tan z$ und $\cot^{-1} z = \text{arc} \cot z$. Durch geeignete Nebenbedingungen erhält man die Hauptwerte der Arcus-F. oder zyklometrischen F., die somit wie folgt erklärt werden können:

$$\text{arc} \sin z = z + \frac{1}{2} \cdot \frac{z^3}{3} + \frac{1 \cdot 3}{2 \cdot 4} \frac{z^5}{5} + \ldots, \ |z| < 1,$$

$$\text{arc} \tan z = z - \frac{z^3}{3} + \frac{z^5}{5} - \ldots, \ |z| < 1.$$

Für die F. arc cos z bzw. arc cot z gelten die Beziehungen:

$$\text{arc sin } z + \text{arc cos } t = \frac{\pi}{2},$$

$$\text{arc tan } z + \text{arc cot } z = \frac{\pi}{2}.$$

Für reelles $z = t$ sind die Hauptwerte der F. $x = $ arc sin t, $x = $ arc tan t ($|t| < 1$) bzw. $x = $ arc cos t, $x = $ arc cot t durch die Nebenbedingungen

$$-\frac{\pi}{2} \leq x \leq \frac{\pi}{2}, \quad -\frac{\pi}{2} < x < \frac{\pi}{2} \quad \text{bzw.} \quad 0 \leq x \leq \pi, \quad 0 < x < \pi$$

gekennzeichnet. Es werden durch die Zeichen arc sin t, arc cos t, arc tan t, arc cot t die Hauptwerte der entsprechenden zyklometrischen F. dargestellt. Die Graphen dieser F. erhält man aus den Graphen der jeweiligen t. F. durch Spiegelung an der Achse $t = x$ (Bild 6 bis 8).

Da die t. F. ($\rightarrow$ Trigonometrie) mit der Exponential-F. verknüpft sind, lassen sich die zyklometrischen F. durch die Logarithmus-F. ausdrücken:

$$\text{arc sin } z = \frac{1}{i} \ln (iz + \sqrt{1 - z^2}),$$

$$\text{arc cos } z = \frac{1}{i} \ln (z + i\sqrt{1 - z^2}),$$

$$\text{arc tan } z = \frac{1}{2i} \ln \frac{1 + iz}{1 - iz},$$

$$\text{arc cot } z = \frac{1}{2i} \ln \frac{1 + i}{z - i}.$$

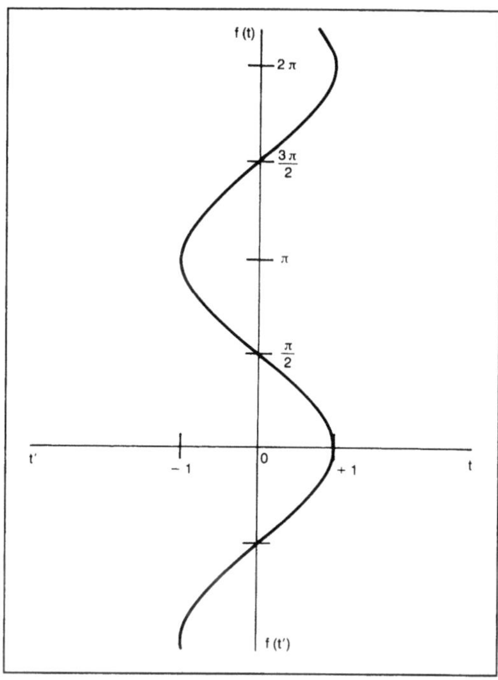

Funktion, trigonometrische 7: Graph von $f(t) = arc\ cos\ t$.

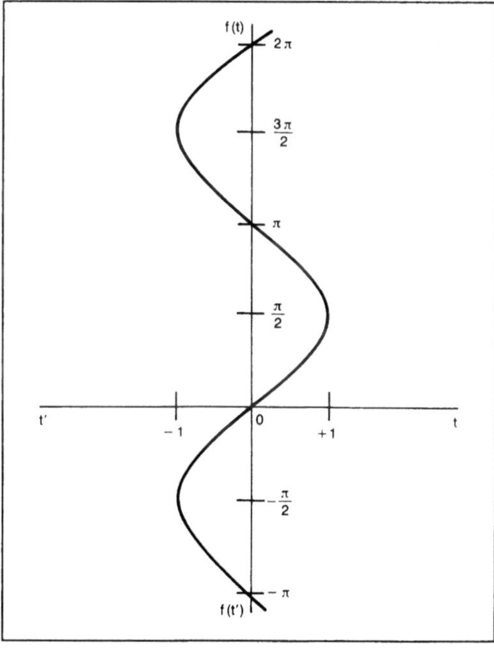

Funktion, trigonometrische 6: Graph von $f(t) = arc\ sin\ t$.

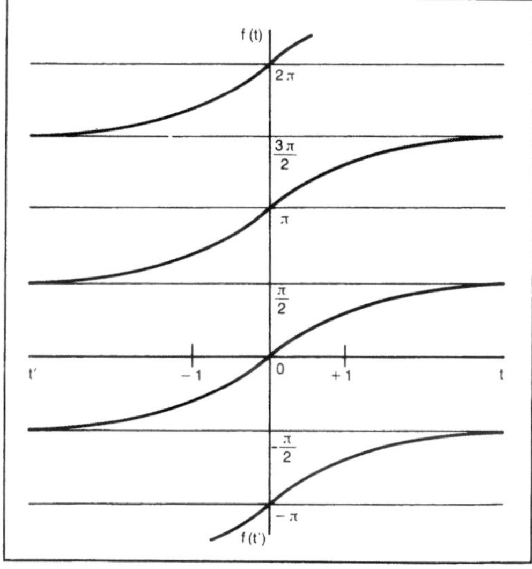

Funktion, trigonometrische 8: Graph von $f(t) = arc\ tan\ t$.

Die Ableitungen der zyklometrischen F. sind

$$\frac{d}{dz} \text{arc sin } z = \frac{1}{\sqrt{1 - z^2}},$$

$$\frac{d}{dz} \text{arc tan } z = \frac{1}{\sqrt{1 + z^2}}.$$

W. L. Fischer

Literatur: *v. Mangold/Knopp:* Einführung in die höhere Mathematik. Bd. 1–3. Stuttgart 1967, 1968, 1971. – *Peschl, E.:* Funktionentheorie. Mannhein 1927. – *Rottmann, K.:* Mathematische Formelsammlung. Mannheim 1960. – *Strubecker, K.:* Einführung in die höhere Mathematik. Bd. 1. München 1966.

Funktionsprüfung. Prüfung der Funktion von Bausteinen oder Baugruppen, also ihrer Reaktion auf vorgegebene Eingangssignale, wie sie beim realen Betrieb vorkommen im Gegensatz z. B. zum Parametertest, wo die Qualität einzelner Signale untersucht wird.

Im Gegensatz zum In-Circuit-Test wird bei der Baugruppen-F. neben den einzelnen Bausteinfunktionen auch das Zusammenwirken einzelner Bausteine untereinander und ggf. auch zusammen mit der auf der Baugruppe vorhandenen Software überprüft (Bild).

Die F. erfordert eine Nachbildung der Eingangssignale und auch der notwendigen Beschaltung des Prüflings durch den Prüfautomaten oder durch den Adapter (z. B. Widerstände, Kondensatoren, Induktivitäten). Die Vorgabe der Ausgangssignale entspricht dabei dem tatsächlichen Verhalten des Prüflings. Bei der F. wird darüber hinaus versucht, im späteren Einsatz vorkommende variierende Umweltbedingungen (unterschiedliche Betriebs-

spannungen, Einsatz bei unterschiedlichen Temperaturen, Eingangssignale mit verändertem Zeitverhalten) zu berücksichtigen.

Die F. ist am vollständigsten unter allen Testverfahren, benötigt jedoch erheblichen Programmieraufwand und zusätzlich im Fehlerfall aufwendige Verfahren zur Lokalisierung von Fehlern (Pfadverfolgung). In der Regel, insbes. im digitalen Bereich, kann die Programmerstellung für die F. nur noch mit Rechnerunterstützung (Simulatoren, Prüfsimulation) durchgeführt werden. *K. Winter*

Funktionstastatur. Tastatur mit fester Zuordnung einer Funktion zu einer bestimmten Taste (Bild). Jedem der von der Tastatur zu bedienenden acht Regelkreise ist ein eigener Tasterblock zugeordnet. Links sieht man Tasten für die Betriebsarten Hand (MAN), →Regler (AUT) und Rechner (COM). Daneben sind Tasten angeordnet für schnelles und für langsames Betätigen des Stellgerätes in beide Richtungen. Mit dem rechten Block lassen sich die Sollwerte für die acht Kreise vorgeben. Dazu ist zusätzlich eine der Tasten 1 bis 8 zu betätigen.

F., besonders wenn sie auf einer Pultfläche verschiebbar angeordnet sind, bieten eine größere Flexibilität in der Position des Bedieners als die →Lichtgriffelbedienung: Eine Sitzhaltung ist zur gelegentlichen Bedienung nicht erforderlich. *Strohrmann*

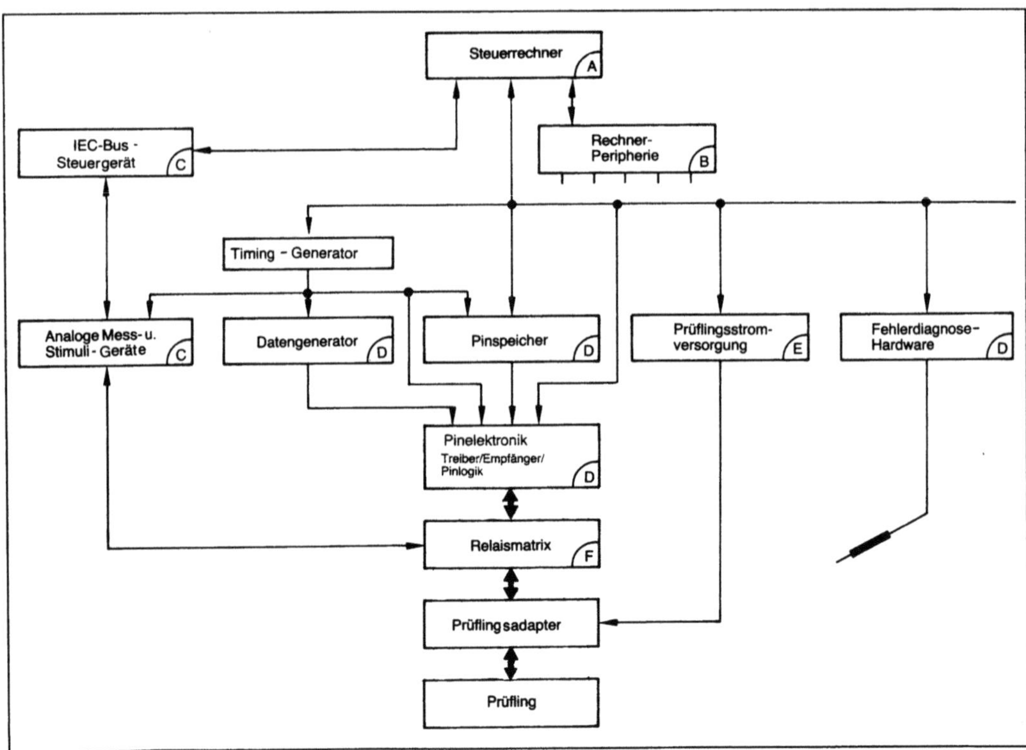

Funktionsprüfung: Blockschaltbild eines Baugruppen-Funktionstesters.

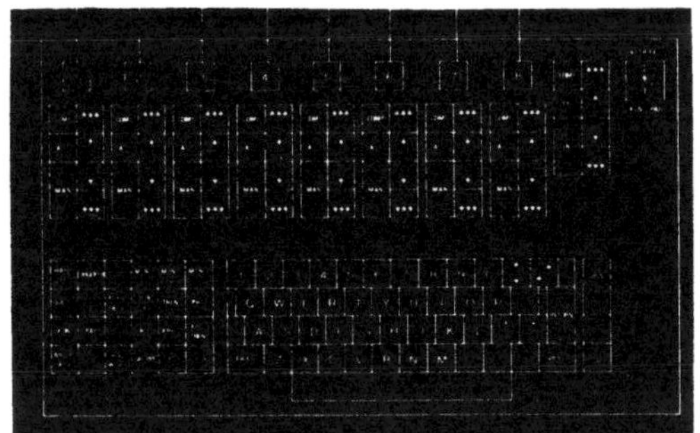

Funktionstastatur: Beispiel. (Quelle: Eckardt)

Fusion →Kernfusion

Fuzzy. Ein von *L. A. Zadeh* (1965) eingeführtes Konzept. Eigenschaften, die nur mit einer gewissen Unschärfe definierbar sind, heißen „fuzzy". Beispiele: Die Menge aller schönen Frauen; die Menge der kleinen natürlichen Zahlen. – Ist E eine nichtleere Menge und $x \in E$, dann ist eine F.-Teilmenge A von E eine Menge von Paaren $\{(x/\mu_A(x)) \mid x \in E\}$. $\mu_A(x)$ ist der Grad der Zugehörigkeit von x zu A, und ist z. B. erklärt als Abbildung: $\mu_A: E \to [0,1]$. Ein Element x von E kann zu A gehören: $\mu_A(x) = 1$, ziemlich zu A gehören: $\mu_A(x)$ nahe bei 1, . . ., wenig zu A gehören: $\mu_A(x)$ nahe bei 0, nicht zu A gehören $\mu_A(x) = 0$.

Beispiel: Sei $E = \mathbb{N} = \{1,2,3, \ldots\}$ und A die F.-Menge der „kleinen natürlichen Zahlen". $\mu_A(x)$ $(x \in \mathbb{N})$ kann subjektiv etwa so gewählt werden:

A = {(1/1), (2/0,8), (3/0,6), (4/0,4), (5/0,2), (6/0), (7/0) . . .}

In anderer Form:

$\mathbb{N}$	1	2	3	4	5	6	7	…
$_A(x)$	1	0,8	0,6	0,4	0,2	0	0	0

Neben der Theorie der F.-Mengen gibt es heute die Theorie der F.-Relationen und eine F.-Logik. Die letztere ist z. B. für die mathematische Behandlung von Problemen in elektrischen Schaltkreisen (Siebketten) von Bedeutung. Weitere Anwendungen: Probleme der Algorithmen, der Automatentheorie, formaler Sprachen, Mustererkennung und Musterklassifizierung, Entscheidungstheorie, →Wahrscheinlichkeitstheorie. Praktische Anwendung hat die Fuzzy-Logik in der automatischen Steuerung von Maschinen und Geräten (z. B. Autofocus-Kamera) gefunden. *Fischer*

G

G-Wert →Strahlenchemie

galvanomagnetischer Effekt. Effekt, der auf dem Zusammenwirken eines magnetischen Feldes mit einem elektrischen Strom beruht. Grundlage aller galvanomagnetischen Erscheinungen ist die Ablenkung eines Elektrons in einem →Magnetfeld durch die *Lorentzkraft:*

$$K = e\,(v \times B) \tag{1}$$

Hierbei ist e die Ladung des Elektrons, v seine Geschwindigkeit und B die magnetische →Induktion. Die direkte Folge der Lorentzkraft ist der *Halleffekt:* Legt man senkrecht zu einem elektrischen Strom ein Magnetfeld an, dann entsteht ein elektrisches →Feld senkrecht und proportional zu beiden, das sich in folgender Form darstellen läßt:

$$E_H = R_H\,(j \times B) \tag{2}$$

j = Stromdichte, B = magnetische Induktion.

Die Spannung $U_H = E_H \cdot d$ (Bild) heißt die Hallspannung. R_H ist die Hallkonstante und der Winkel ϑ, welchen das elektrische Feld mit der Stromrichtung bildet, heißt der Hallwinkel. Es gilt $\tan \vartheta = R_H B/\sigma$, σ = elektrische →Leitfähigkeit.

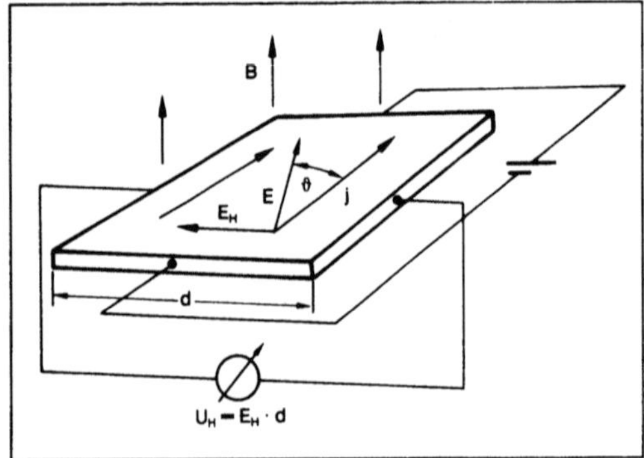

galvanomagnetischer Effekt: Schema des Halleffektes.

Wird der Strom durch eine Ladungsträgerart der Ladung e und der Dichte n hervorgerufen, dann folgt aus j = env durch Vergleich mit der Formel für die Lorentzkraft die einfache Beziehung

$$R_H = 1/ne. \tag{3}$$

Die Hallkonstante gibt also unmittelbar Auskunft über das Vorzeichen und die Dichte der Ladungs-träger. Analog zum Halleffekt ist der *Ettingshausen-Nernst*-Effekt, nur daß an Stelle der elektrischen →Feldstärke ein Temperaturgradient erzeugt wird.

Zusätzlich zu diesen beiden in B linearen Effekten gibt es quadratische Effekte, nämlich die magnetische Widerstandsänderung und die magnetisch induzierte Änderung der →Wärmeleitfähigkeit. In beiden Fällen ist noch der longitudinale und der transversale Effekt zu unterscheiden, je nach der Orientierung des Magnetfeldes relativ zum Strom. Die Effekte sind in Metallen i. a. klein und erst in extrem großen Magnetfeldern merklich. Lediglich in ferromagnetischen Stoffen können kleine äußere Felder schon zu Widerstandsänderungen in der Größe einiger Prozent führen, wenn dabei die Magnetisierungsrichtung um 90° gedreht wird. Dieser Effekt wird zum Auslesen der Information in magnetischen Speichern genutzt (Magnetoresistive Sensoren). Um Größenordnungen stärkere Effekte ergeben sich in Halbleitern. Halleffekt-Bauelemente auf Halbleiterbasis (InSb, InAs) dienen zur Messung magnetischer Felder, und auch die magnetische Widerstandsänderung in Indiumantimonid kann diesem Zweck dienen, wenn man den dabei störenden Halleffekt durch eingelagerte leitende Nadeln aus Nickelantimonid neutralisiert (Feldplatte).

Wesentlich stärkere g. E. zeigen sich in reinen Metallen bei tiefen Temperaturen, wenn die freie Weglänge der Elektronen so groß wird, daß sie im Magnetfeld einen vollen Umlauf ohne Streuung durchlaufen können. In diesem Bereich treten auch Quanteneffekte auf, von denen der bekannteste der *De-Haas-van-Alphen*-Effekt ist. *Hubert*

Literatur: *Weiß, H.:* Physik und Anwendung galvanomagnetischer Bauelemente. Braunschweig 1969.

Galvanometer. Hochempfindliches →Meßgerät für sehr kleine Spannungen und Ströme. Einsatz vorzugsweise im Nullzweig von Meßbrücken und Kompensatoren (Kompensations-Meßverfahren). Für diese Meßaufgaben ist die sehr große Empfindlichkeit der G. wichtiger als der zu erwartende →Meßfehler. Heute vielfach ersetzt durch elektronische Verstärker. Eine Sonderform mit sehr kleiner Fehlerkonstante und sehr kleiner →Dämpfung, das ballistische G., erlaubt die Messung des Zeitintegrals impulsförmig verlaufender elektrischer Größen. *Hammerschmidt*

Gamma-Quelle →Strahlenquelle

Gamma-Spektrometrie. Die G.-S. dient zur Identifizierung und zur Messung von Radionukliden mit Hilfe der von diesen Nukliden ausgesandten γ-Strahlung. Voraussetzung ist, daß man einen →Detektor hinreichend hoher Auflösung zur Verfügung hat, der es erlaubt, die γ-Strahlung hinsichtlich ihrer Energie zu sortieren. Mit einem Szintillationszähler als Detektor erreicht man zwar eine verhältnismäßig hohe innere Zählausbeute von etwa 10 bis 30 % für γ-Strahlung, aber nur eine schlechte Energieauflösung, die im allgemeinen lediglich für die Messung einfacher γ-Spektren ausreichend ist. Die meisten γ-Spektrometer sind heute mit Halbleiterdetektoren ausgerüstet, mit denen eine sehr gute Energieauflösung erreicht wird, allerdings unter Verzicht auf hohe innere Zählausbeuten (Messung radioaktiver →Strahlung).

Als Halbleiterdetektoren für die Messung energiereicher γ-Strahlung (E > 0,1 MeV) verwendet man bevorzugt Germanium, das mit Lithium gedriftet ist, und für die Messung energiearmer γ-Strahlung (und für Röntgenstrahlung) Silicium, ebenfalls mit Lithium gedriftet. Diese Detektoren müssen auf tiefe Temperaturen gekühlt werden (im allgemeinen auf die Temperatur von flüssigem Stickstoff), weil sonst ihre Halbleitereigenschaften verloren gehen. Die in den Detektoren durch die γ-Strahlung ausgelösten Impulse werden verstärkt und in einem Vielkanalimpulshöhenanalysator hinsichtlich ihrer Energie sortiert. Auf diese Weise erhält man ein γ-Spektrum, in dem die Anzahl der Impulse als Funktion der Kanalnummer registriert ist. Mit Hilfe einer Eichung kann man jede Kanalnummer einer bestimmten Energie zuordnen. Die gesamte Anordnung, bestehend aus Detektor mit Kühlung, Verstärker, Vielkanalimpulshöhenanalysator, Speicher und Bildschirm bzw. Drucker, hat als γ-Spektrometer breite Anwendung gefunden. Mit Hilfe eines Rechners kann man die Spektren auswerten und bei entsprechender Eichung die Aktivitäten der vorhandenen Radionuklide ausdrucken.

Da γ-Strahlung nur in geringem Umfang absorbiert wird, bringt man die Präparate meist ohne Vorbehandlung zur Messung. Besondere Bedeutung hat die G.-S. im Rahmen der →Aktivierungsanalyse, weil man im Anschluß an die →Aktivierung durch Messung des γ-Spektrums, d. h. auf instrumentellem Wege ohne chemische Aufarbeitung (zerstörungsfrei), eine große Anzahl von Elementen gleichzeitig bestimmen kann (Multielementanalyse). *Lieser*

Literatur: *Bächmann, K.:* Messung radioaktiver Nuklide. Weinheim: Verlag Chemie 1970. – *Bücker, H.:* Theorie und Praxis der Halbleiterdetektoren für Kernstrahlung. Berlin: Springer-Verlag 1971. – *Crouthansel, C. E.:* Applied Gamma-Ray Spectroscopy. Oxford: Pergamon Press 1970. – *Erdtmann, G. u. W. Soyka:* The Gamma Rays of the Radionuclides. Weinheim: Verlag Chemie 1979. – *Quittner, P.:* Gamma-Ray Spectroscopy with Particular Reference to Detector and Computer Evaluation Techniques. London: Hilger 1972.

Gamma-Strahlung. Sie wird beim radioaktiven →Zerfall von den Atomkernen emittiert, wenn diese sich im Anschluß an eine vorausgehende radioaktive Umwandlung (z. B. α- oder β-Zerfall) in einem angeregten Zustand befinden.

Die Lebensdauer dieser angeregten Zustände beträgt im allgemeinen nur etwa 10^{-16} bis 10^{-13} s. Die Anregungsenergie wird in Form von einem oder mehreren γ-Quanten ganz bestimmter Energie abgegeben, die für das betreffende →Nuklid charakteristisch ist. Oft zeichnet man die angeregten Zustände der Atomkerne und γ-Übergänge in Form von Energiediagrammen auf. Mit Hilfe der γ-Spektren untersucht man die Energiezustände der Atomkerne (Kernspektroskopie).

Zur Deutung der Emission von Gamma-Strahlung verwendet man das Modell eines elektromagnetischen Multipols, der sein elektrisches oder magnetisches →Moment durch Aussendung elektromagnetischer Strahlung ändern kann. Man unterscheidet zwischen elektrischer und magnetischer Multipolstrahlung. In beiden Fällen kann sich die Drehimpulsquantenzahl des Kerns um eine oder mehrere Einheiten ändern, wobei das γ-Quant einen entsprechenden →Drehimpuls $L = \frac{h}{2}$ mitnimmt (L = 1, 2, 3, ...).

Gamma-Strahlung und Röntgenstrahlung unterscheiden sich nur hinsichtlich ihrer Herkunft (Gamma-Strahlung aus dem Atomkern, Röntgenstrahlung aus der Atomhülle), nicht bezüglich ihrer Natur. Der Energiebereich der Röntgenstrahlung ist von der Größenordnung 100 eV bis 100 keV (Wellenlängenbereich 10 nm bis 0,01 nm), der Energiebereich der Gamma-Strahlung von der Größenordnung 10 keV bis 10 MeV (Wellenlängenbereich 0,1 nm bis 10^{-7} nm). Wenn sehr energiereiche Elektronen (E > 10 MeV) auf Substanzen mit hoher Ordnungszahl auftreffen, so entsteht eine sehr energiereiche (harte) Bremsstrahlung, die wegen ihrer hohen Energie ebenfalls als Gamma-Strahlung bezeichnet wird. Diese harte Bremsstrahlung wird meist mit Hilfe von Elektronenbeschleunigern erzeugt. Ein solches Gerät entspricht im Prinzip einer Röntgenröhre. Die Bremsstrahlung hat im Gegensatz zu der monoenergetischen Gamma-Strahlung aus den Atomkernen eine kontinuierliche Energieverteilung. Die Maximalenergie entspricht der Energie der auftreffenden Elektronen.

Die Wechselwirkung von Gamma-Strahlung mit Materie ist gering. γ-Quanten geben ihre Energie meist in einem einzigen Absorptionsprozeß ab, im Gegensatz zur Absorption von Partikeln (α- und β-Strahlung), die ihre Energie in einer Vielzahl von aufeinanderfolgenden Zusammenstößen verlieren. Die Absorption von monoenergetischer Gamma-Strahlung erfolgt nach einem exponentiellen Gesetz $I = I_o\, e^{-\mu d}$; I ist die Intensität bzw. die →Impulsrate der Gamma-Strahlung, μ der Absorptionskoeffizient und d die Schichtdicke. Als Absorber für Gamma-Strahlung verwendet man meist Blei. Aus einer Absorptionskurve (Absorption radioaktiver Strahlung) kann man die Halbwertsdicke $d_{1/2}$ entnehmen: $d_{1/2} = \ln2/\mu$. Durch 10 Halbwertsdicken wird die Intensität der Strahlung auf rund 0,1 % reduziert. Die Halbwertsdicke dient auch als Maß für die Energie der Gamma-Strahlung. Für den praktischen →Strahlenschutz gilt, daß die Intensität einer Gamma-Strahlung von 1 MeV Energie durch 5 cm Blei oder durch 25 cm Beton auf etwa 1 % herabgesetzt wird. *Lieser*

Literatur: *Lieser, K. H.*: Einführung in die Kernchemie. 3. Aufl. Weinheim: VCH-Verlag 1991.

Gamma-Zerfall. Unter Gamma-Zerfall versteht man den Übergang eines Nuklids von einem angeregten Zustand des Atomkerns in den Grundzustand oder in einen Zustand niedrigerer Anregungsenergie. Die Energiedifferenz ΔE wird in Form von Photonen (γ-Quanten) emittiert:

$\Delta E = E_\gamma = h\nu$. E_γ ist die Energie der Photonen, h die Plancksche Konstante und ν die →Frequenz.

Die Lebensdauer angeregter Kernzustände ist in den meisten Fällen sehr klein (10^{-16} bis $^{-13}$ s). Deshalb erfolgt die Emission der γ-Quanten meistens unmittelbar nach einem vorausgehenden Alpha-Zerfall, Beta-Zerfall oder Elektroneneinfang. Die Untersuchung der γ-Energien, die als Folge von vorausgehenden Zerfallsprozessen oder als Folge einer Anregung mit →Gamma-Strahlung auftreten, vermittelt einen Einblick in die Energiestruktur der Atomkerne (Kernspektroskopie). Die beim radioaktiven Zerfall auftretenden γ-Energien werden in Energiediagrammen aufgezeichnet. Die Theorie des Gamma-Zerfalls basiert auf dem Modell eines elektromagnetischen Multipols, der sein elektrisches oder magnetisches →Moment durch Aussendung elektromagnetischer →Strahlung ändern kann. Man unterscheidet elektrische und magnetische Multipolstrahlung. Je größer die Änderung der Quantenzahl für den →Bahndrehimpuls, desto größer ist die →Halbwertzeit für den Gamma-Zerfall.

Kurz vor Erreichen der magischen Zahlen (→Nuklide) mit Ordnungszahlen Z bzw. Neutronenzahlen N = 50, 82 und 126 findet man angeregte Energiezustände mit niedrigen Anregungsenergien, die sich in ihrem Kernspin sehr stark vom Grundzustand unterscheiden und deshalb sehr hohe Halbwertzeiten für den Gamma-Zerfall zeigen.

Solche metastabilen angeregten Zustände bezeichnet man als Kernisomere und charakterisiert sie durch „m" hinter der Massenzahl. Wenn man den Grundzustand kennzeichnen will, fügt man „g" an. Der erste Fall der Kernisomere wurde 1921 von *Hahn* gefunden, der auf chemischem Wege nachwies, daß das ^{234}Pa in zwei isomeren Zuständen auftritt. Beide Kernisomere entstehen aus ^{234}Th. ^{234m}Pa geht zu 99,87 % durch Beta-Zerfall direkt in ^{234}U über und nur zu 0,13 % durch isomere Umwandlung (I.U., englisch I.T. = „isomeric transition") in den Grundzustand ^{234}Pa. Bei der isomeren Umwandlung wird die Anregungsenergie in Form von γ-Quanten abgegeben. Die Halbwertzeiten für die isomere Umwandlung variieren von Bruchteilen von Sekunden bis zu vielen Jahren.

Ein Nuklid, das sich in einem angeregten Zustand befindet, kann seine Anregungsenergie auch durch direkte Wechselwirkung an ein Elektron der Atomhülle abgeben. Diesen Vorgang nennt man innere Konversion. Konversionselektronen (Symbol e^-) sind im Gegensatz zur β^--Strahlung monoenergetisch. Ihre Energie ist gleich der Anregungsenergie des Kerns, abzüglich der Bindungsenergie des Elektrons. Die Gesamtwahrscheinlichkeit λ für den Übergang eines Nuklids von einem angeregten Zustand in den Grundzustand oder einen Zustand niedrigerer Anregungsenergie ist gleich der Summe der Wahrscheinlichkeiten für die Aussendung von γ-Quanten, λ_γ, und für die Aussendung von Konversionselektronen, λ_e: $\lambda = \lambda_\gamma + \lambda_e$. Das Verhältnis der beiden partiellen Zerfallskonstanten λ_e und λ_γ nennt man Konversionskoeffizient α:

$\alpha = \dfrac{\lambda_e}{\lambda_\gamma}$ und unterscheidet ferner die partiellen Konversionskoeffizienten für die innere Konversion von Elektronen der K-Schale, L-Schale usw.:

$$\alpha = \alpha_K + \alpha_L + \ldots$$

Verhältnismäßig hohe Konversionskoeffizienten werden beobachtet, wenn die Ordnungszahl Z groß und die Anregungsenergie der Kerne klein ist ($< 0,2$ MeV). Im Anschluß an die Aussendung eines Konversionselektrons wird charakteristische Röntgenstrahlung emittiert, ähnlich wie beim Elektroneneinfang, und durch inneren Photoeffekt können Auger-Elektronen entstehen (→Beta-Zerfall). *Lieser*

Literatur: *Lieser, K. H.*: Einführung in die Kernchemie. 3. Aufl. Weinheim: VCH-Verlag 1991.

Gangpolbahn →Momentanpol

Ganzkörperdosis →Strahlenschutz

Gas (Herkunft). Materie in einem →Aggregatzustand, in dem die zwischenmolekularen Kräfte so schwach sind, daß die Materie weder eine Form-

noch eine Volumenbeständigkeit besitzt. Das G. füllt jedes vorgegebene Volumen gleichmäßig aus. Infolgedessen bestimmen äußere Begrenzungen sein Volumen und seine Dichte.

Den thermodynamischen Zustand eines G. charakterisieren die drei Zustandsgrößen Dichte ρ, Druck p und Temperatur T, die durch eine thermische $\rightarrow$ Zustandsgleichung $f(\rho, p, T) = 0$ miteinander verbunden sind. Als ideale G. bezeichnet man G., bei denen die intermolekularen Wechselwirkungen gänzlich vernachlässigt werden dürfen. Die thermische Zustandsgleichung nimmt dann die besonders einfache Form $p = \rho R T$ an, wie in der kinetischen G.-Theorie bewiesen wird. Diese Gleichung ist für alle G. universell gültig, wenn sie jeweils auf ein $\rightarrow$ Mol eines G. bezogen wird. In diesem Fall ist $R = 8,3$ Ws/K die universelle $\rightarrow$ Gaskonstante. Vollkommene oder auch kalorisch ideale G. sind solche, die der idealen G.-Gleichung genügen und deren spezifische Wärmen unabhängig von der Temperatur sind. Für die innere Energie kalorisch idealer G. bedeutet dies, daß sie nur linear von der Temperatur T abhängt. Wirkliche G. genügen nur bei hinreichend hohen Temperaturen und hinreichend kleinen Dichten der idealen G.-Gleichung. Bei tieferen Temperaturen und größeren Dichten werden Abweichungen von der idealen G.-Gleichung wesentlich. Man nennt diese G. reale G. In einer thermischen Zustandsgleichung wurden solche Abweichungen erstmals von *van der Waals* (Van-der-Waals-Zustandsgleichung) erfaßt. Häufig ist die thermische Zustandsgleichung realer G. aber nur in Form experimentell aufgenommener Zustandsdiagramme verfügbar.

Hinsichtlich strömungsmechanischer Eigenschaften unterscheidet sich ein G. in vielen Fällen nicht von einer Flüssigkeit. Beide werden daher auch unter dem Oberbegriff Fluid zusammengefaßt. *Obermeier*

Gas, ideales. Ein Gas heißt ideal, falls seine $\rightarrow$ Zustandsgleichung sich in der Form

$$pV/n = f(\theta),$$

mit positivem und streng monotonem f darstellen läßt; ($p = \rightarrow$ Druck, V = Volumen, n = $\rightarrow$ Molzahl, θ = empirische Temperatur). Für hinreichend hohe Temperaturen und geringe Massendichte erfüllen alle Gase die Bedingung der Idealität. Für tiefe Temperaturen treten Abweichungen von der Zustandsgleichung des idealen Gases auf (reale Gase). Ideale Gase zeigen keine intermolekulare Wechselwirkung.

Besondere Formen der Zustandsgleichung idealer Gase sind für isochore Prozesse das Charles-Gesetz, für isotherme Prozesse das $\rightarrow$ Boyle-Mariotte-Gesetz und für isobare Prozesse das Gay-Lussac-Gesetz. *Muschik*

Gas, reales. Die thermischen Zustandsgleichungen realer Gase weichen von der des idealen Gases dadurch ab, daß das Produkt aus $\rightarrow$ Druck p und Volumen V nicht unabhängig vom Druck oder vom Volumen ist, wie das für das ideale Gas zutrifft:

$$pV = f(T,p), \quad pV = g(T,V)$$

(T = thermostatische Temperatur).

Beide Formen der thermischen $\rightarrow$ Zustandsgleichung lassen sich durch eine Reihenentwicklung darstellen, die *Virialentwicklung*, die empirische Koeffizienten, genannt Virialkoeffizienten A, A' ..., B, B', ..., enthält:

$$pV = nRT(1 + A/V + A'/V^2 + \ldots)$$
$$pV = n \, (RT + Bp + B'p^2 + \ldots)$$

(R = $\rightarrow$ Gaskonstante).

Für hinreichend große Volumina oder für hinreichend kleine Drücke nähern sich die Virialentwicklungen der Zustandsgleichung des idealen Gases an, so daß sich reale Gase für große V oder für kleine p wie ideale Gase verhalten. Mit dem Ansatz von *Callendar* für den zweiten Virialkoeffizienten:

$$B = b - (a/RT^\lambda)$$

(a, b, λ = empirische Konstanten) erhält man:

$$pV = nRT + np(b - a/RT^\lambda)$$

als thermische Zustandsgleichung. *Muschik*

Gas, verdünntes. Sei λ die mittlere freie Weglänge zwischen den Zusammenstößen von Gasmolekülen und l die lineare Abmessung des Gefäßes, das das G. enthält, so zeigt die Druckabhängigkeit der $\rightarrow$ Wärmeleitfähigkeit κ und der Zähigkeit η des Gases mit λ/l einen charakteristischen Verlauf:

	Druck Pa	κ, η
$l \gg \lambda$	$10^5 - 10^2$	druckunabhängig
$l > \lambda$	$10^2 - 10^{-1}$	abhängig von der Gefäßform
$l < \lambda$	$10^{-1} - 10^{-5}$	proportional zum Druck
$l \ll \lambda$	$< 10^{-6}$	Größen undefiniert

Als Bereich des *verdünnten Gases* (Knudsen-Gas) wird jener bezeichnet, in dem κ und η proportional zum Druck sind. In diesem Bereich wird die Zähigkeit des Gases durch die Impulsänderung der Moleküle bei Wandstößen verursacht. Die Wärmeleitfähigkeit erfolgt durch den Energietransport der Gasmoleküle zwischen verschieden temperierten Gefäßwänden. Sind zwei Gefäße mit verdünnten Gasen unterschiedlicher Anzahldichte und unterschiedlicher Temperatur durch eine Kapillare verbunden, so gilt für den stationären Zustand (Knudsen-Effekt):

$$p_1/p_2 = \sqrt{T_1}/\sqrt{T_2};$$

(p_j = Druck im j-ten Gefäß, T_j = absolute Temperatur).

Dies folgt aus der Stationaritätsbedingung im Knudsen-Bereich $n_1\bar{v}_1 = n_2\bar{v}_2$ (n_j = Anzahldichte im j-ten Gefäß, $\bar{v}_j$ = mittlere Geschwindigkeit). Da $n \sim p/T$ und $\bar{v} \sim \sqrt{T}$ ist, folgt aus der Stationaritätsbedingung die obige Gleichung für den Knudsen-Effekt. *Muschik*

Gas, vulkanisches. Gasförmige Exhalationen von Vulkanen in deren Umfeld. Sie bestehen hauptsächlich aus H_2O mit geringen Anteilen an CO_2, CO, H_2, CH_4, H_2S, SO_2, CS_2, He, Ar, N_2, HCl, HF.

Die chemische Zusammensetzung von vulkanisch geförderten Gasen und Exhalationen ist sehr verschieden von der der Atmosphäre. Im Umfeld der Vulkane treten als Ausdruck vulkanischer wie auch postvulkanischer Tätigkeit Gase und Dämpfe aus Spalten aus. Fumarolen fördern Gase, die bis zu 99,5 % Volumengehalt aus H_2O bestehen. Daneben enthalten die Gase noch CO_2, HCl, H_2S, HF, Borsäure und andere Verbindungen bei Temperaturen zwischen 200 und 800 °C.

Niedrig temperierte Gasexhalationen, die schwefelhaltige Wasserdämpfe abgeben, werden als Solfatare (*solfo,* ital. für Schwefel), CO_2-reiche, kühle vulkanische Exhalationen als Mofetten bezeichnet (neapolitanischer Ausdruck; z. B. Hundsgrotte in den phlegräischen Feldern bei Neapel). Das weltgrößte Gebiet mit Fumarolentätigkeit ist das „valley of the ten thousand smokes" nahe dem Katmaivulkan in Alaska. Trotz des geringen Anteils an HCl (0,1 %) und HF (0,03 %) wurde für 1919 die Förderung von $1,2 \cdot 10^9$ kg HCl und $2 \cdot 10^8$ kg HF abgeschätzt. Bekannt sind die Fumarolen des Yellowstone-Parks in den USA. Fumarolen dienen auch als Heißdampfquellen für die Energiegewinnung in Island, Neuseeland und Italien. *Möller*

Gasdynamik. Sie beschreibt die →Mechanik kontinuierlicher Strömungen unter besonderer Berücksichtigung relativer Dichteunterschiede im strömenden Fluid. Der Name G. weist darauf hin, daß strömende Fluide mit Dichteänderungen häufig Gase sind.

Man unterscheidet drei Unterdisziplinen in der Strömungsmechanik, in denen die Berücksichtigung der Dichteänderungen von Bedeutung ist:

□ Akustik, hier die Lehre von der Ausbreitung kleiner Druck- und Dichtestörungen mit zeitlich relativ schnell oszillierenden Amplituden in einem Kontinuum. Zum Beschreiben genügen die linearisierten Bewegungsgleichungen und Zustandsglei-

chungen der Strömungsmechanik, die sich zu einer linearen Wellengleichung (z. B. für das Druckfeld) reduzieren lassen. Ausbreitungsgeschwindigkeit der Druck- und Dichtestörungen ist die →Schallgeschwindigkeit. Charakteristische Strömungsgeschwindigkeiten – man spricht von Schallschnelle – sind klein gegen die Schallgeschwindigkeit.
□ Dynamische Metereologie.
□ G. im engeren Sinne: Relative Dichteänderungen in einem Strömungsfeld müssen berücksichtigt werden, wenn charakteristische Strömungsgeschwindigkeiten größer als etwa ein Drittel der Schallgeschwindigkeit werden. Die Dichteänderungen werden entscheidend für das Strömungsfeld, wenn die Strömungsgeschwindigkeit die Schallgeschwindigkeit erreicht oder übertrifft. Die für die G. relevante Kennzahl ist die Mach-Zahl, d. h. das Verhältnis von Strömungsgeschwindigkeit zur Schallgeschwindigkeit.

Die G. grenzt sich zur Hydro- und →Aerodynamik dadurch ab, daß neben den Grundgleichungen für Massen- bzw. Impulserhaltung (Kontinuitätsgleichung und Navier-Stokes-Differentialgleichung bzw. Euler-Gleichung) auch die Grundgleichungen der Thermodynamik berücksichtigt werden müssen. Dies sind der Energiesatz (→erster Hauptsatz der Thermodynamik), der Entropiesatz (→zweiter Hauptsatz der Thermodynamik) und eine thermische →Zustandsgleichung zwischen Druck, Dichte und Temperatur (z. B. ideales Gasgesetz). Bei vielen Fragestellungen in der G. können Reibung und Wärmeleitung in der →Strömung vernachlässigt werden. Wesentlichen Einfluß auf die Strömung haben diese Effekte nur in unmittelbarer Wandnähe (→Haftbedingung an der Wand) und für die Struktur von Verdichtungsstößen (Unstetigkeitsflächen). Die Navier-Stokes-Differentialgleichung läßt sich bei Vernachlässigen der Reibung durch die Euler-Gleichung ersetzen, und im Energiesatz kann der Wärmeaustausch mit der Umgebung unberücksichtigt bleiben (adiabatische Strömungen). Kann zusätzlich Entropiekonstanz entlang Stromlinien vorausgesetzt werden, so spricht man von isentropen Strömungen, bei Entropiekonstanz schlechthin von homentropen Strömungen.

Von praktischer Bedeutung sind Strömungsfelder, die in einem körperfesten (d. h. mitbewegten) Koordinatensystem weitgehend als stationär anzusehen sind. Sind in einer solchen stationären Strömung alle charakteristischen Geschwindigkeiten niedriger als die Schallgeschwindigkeit (Mach-Zahl <1), so bezeichnet man diese Strömung als Unterschallströmung. Mathematisch wird sie bei Vernachlässigung der Reibung durch →Differentialgleichungen vom elliptischen Typ beschrieben. Sie besitzt noch weitgehende Ähnlichkeit mit entsprechenden inkompressiblen Strömungsfeldern und wird (z. B. im Fall der Umströmung schlanker

Profile) vermöge affiner Transformationen (Prandtl-Regel) auch auf diese zurückgeführt. Infolgedessen können zur theoretischen Behandlung dieser Strömung potentialtheoretische Methoden angewendet werden. Treten Geschwindigkeiten größer als die Schallgeschwindigkeit auf (Mach-Zahl >1), so verändert sich das gesamte Erscheinungsbild des Strömungsfelds gegenüber der Unterschallströmung. Während sich in letzterer Störungen im gesamten Strömungsbereich ausbreiten können, breiten sie sich in Überschallströmungen nur längs der Charakteristiken (→Mach-Welle) aus. Das ist bei der mathematischen Behandlung von entscheidender Bedeutung. Der Typ der Differentialgleichungen ist hyperbolisch. Überschallströmungen unterschiedlicher Mach-Zahlen um schlanke Körper lassen sich ebenfalls durch affine Transformationen ineinander überführen. Man bezeichnet das Verfahren hier als Prandtl-Glauert-Analogie.

Den Zwischenbereich, in dem sowohl Unterschall- als auch Überschallströmungen auftreten (Mach-Zahl ≈1), bezeichnet man als Transsonik (transsonische Strömung). Theoretisch (auch experimentell) ist dieser Bereich besonders schwer zu erfassen, da die Bewegungsgleichungen vom gemischten Typ sind und nicht linearisiert werden dürfen. Sind schließlich die Strömungsgeschwindigkeiten groß gegenüber der Schallgeschwindigkeit (Mach-Zahl >5), so bezeichnet man diese Strömungen als Hyperschallströmungen. Bei ihnen wird das Strömungsfeld weniger durch Änderungen der Strömungsgeschwindigkeit als vielmehr durch thermische Zustandsänderungen bestimmt. Eine praktische Bedeutung besitzen Hyperschallströmungen in der Raumfahrt. *Obermeier*

Literatur: *Becker, E.:* Gasdynamik. Stuttgart 1966. – *Oswatitsch, K.:* Grundlagen der Gasdynamik. Berlin, Heidelberg, Wien 1976. – *Zierep, J.:* Theoretische Gasdynamik. Karlsruhe 1976.

Gaskonstante. Wird 1 Mol (→Molzahl) eines Gases um 1 °C bei konstantem Druck erwärmt, so wird nach der →Zustandsgleichung des idealen Gases (absolute →Temperatur)

$$pV = nRT$$

die Arbeit

$$p\Delta V = R$$

geleistet. Diese Arbeit wird *universelle G.* genannt. Ihr Wert ist

$$R = 8,3143 \pm 0,0012 \text{ J mol}^{-1} \text{ K}^{-1}.$$

Wird R durch die Molmasse (Molzahl) des Gases geteilt, so heißt die entstehende Größe *spezielle G.*

Eine andere Möglichkeit der Definition von R ist wie folgt: Bringt man ein Gasthermometer gefüllt mit einem idealen Gas auf die Temperatur des Tripelpunktes von Wasser

$$T_t = 273,16 \text{ K}$$

(→Kelvin-Skala), so bestimmen die meßbaren Größen p, V und n die Gaskonstante. *Muschik*

Gauß. Einheit der magnetischen Flußdichte im elektromagnetischen CGS-System. Einheitenzeichen G. 1 G = 10^{-4}T (→Einheiten des SI). In Deutschland im geschäftlichen und amtlichen Verkehr nicht zugelassen. *Hammerschmidt*

Gauß-Fehlerfortpflanzungsgesetz. Das G.-F. ermöglicht den Fehler Δy einer berechneten Größe y aus den Fehlern Δx_i der gemessenen Größen x_i zu ermitteln.

□ Rechnen mit den Standardabweichungen: Die Größen x_i sind jeweils mehrmals gemessen. Ihre Meßwerte sind normalverteilt mit den Mittelwerten oder Erwartungswerten $\bar{x}_i$ und den Standardabweichungen s_i. Die Standardabweichungen s_i der Größen x_i werden dabei auch als mittlere quadratische Abweichung der Meßwerte oder auch als mittlere quadratische Fehler der Meßwerte bezeichnet. Aus den gemessenen Größen x_i wird eine Größe y berechnet, $y = f(x_i)$. Würde die Größe y aus allen Kombinationen der gemessenen Werte der Größen x_i berechnet, so ergäben sich verschiedene y-Werte. Diese wären normalverteilt mit dem Erwartungswert $\bar{y}$ und der Standardabweichung s_y. Das G. liefert die Rechenvorschrift zur Ermittlung dieser Größen.

Der Erwartungswert $\bar{y}$ ergibt sich, indem in die Formel zur Berechnung von y die Erwartungswerte $\bar{x}_i$ eingesetzt werden,

$$\bar{y} = f(\bar{x}_i).$$

Die Standardabweichung s_y bzw. der mittlere quadratische Fehler des berechneten Wertes y wird erhalten, indem die Standardabweichungen der gemessenen Größen mit den an den Stellen $\bar{x}_i$ genommenen partiellen Ableitungen multipliziert und geometrisch addiert wird. Der Schätzwert s_y für die Standardabweichung der y-Werte errechnet sich dementsprechend zu

$$s_y = \sqrt{\sum_{i=1}^{n}\left(\frac{\partial f}{\partial x_i}\right)^2 s_i^2}.$$

□ Rechnen mit den Geräte-Fehlergrenzen: In der Praxis sind häufig nicht die Standardabweichungen der Meßgrößen, sondern die Fehlergrenzen G_i der Meßgeräte bekannt. Aus der Fehlergrenze G_i und dem Meßbereichsendwert X_i berechnet sich die Unsicherheit Δx_i aus

$$\Delta x_i = X_i G_i$$

Auch hier entsteht die Frage, zu welcher Unsicherheit Δy einer berechneten Größe $y = f(x_i)$ die Unsicherheiten Δx_i der gemessenen Größen führen. Dabei wird zwischen der maximal möglichen Unsicherheit Δy^* und der wahrscheinlichen Unsicherheit Δy^{**} unterschieden.

– Maximal mögliche Unsicherheit Δy^*; lineare Addition der Beträge der Fehlergrenzen: Hier wird mit den Beträgen der Geräte-Fehlergrenzen gerechnet und für den Meßbereichsendwert wird die maximal mögliche Unsicherheit des y-Wertes angesetzt als

$$\Delta y^* = \sum \left| \frac{\partial f}{\partial x_i} \Delta x_i \right| = \sum \left| \frac{\partial f}{\partial x_i} X_i G_i \right|.$$

Der Meßwert wird dann angegeben als

$$y_w = y \pm \Delta y^* = y \left(1 \pm \frac{\Delta y^*}{y} \right).$$

Die durch $\pm \Delta y^*$ abgesteckten Grenzen werden als maximale oder sichere Ergebnis-Fehlergrenzen bezeichnet. Die so berechneten Unsicherheiten sind sehr unwahrscheinlich. Es ist nicht zu erwarten, daß eine der Meßgrößen x_i um den vollen Wert der Fehlergrenze G_i falsch ist. Noch unzutreffender ist die der Gleichung zugrunde liegende Annahme, daß jede Einzelgröße x_i ihren maximal möglichen Fehler hat und daß alle Einzelfehler in dieselbe Richtung wirken. Realistischer ist, die statistischen oder wahrscheinlichen Fehlergrenzen zu ermitteln.

– Wahrscheinliche Unsicherheit Δy^{**}; geometrische Addition der Fehlergrenzen: Hier besteht zunächst die Schwierigkeit, daß die Verteilung der Fehler innerhalb der Fehlergrenze eines Geräts meistens nicht bekannt ist. So kann eine wahrscheinliche Fehlergrenze nicht mathematisch begründet angegeben werden. Des weiteren unterscheidet sich die Garantiefehlergrenze G_i als äußerste Abweichung vom wahren Wert von der Standardabweichung s_i als mittlere Abweichung der einzelnen Meßwerte untereinander. Trotzdem ist es üblich, die oben angegebene Rechenvorschrift zur Ermittlung der Standardabweichung für die Bestimmung der statistischen oder wahrscheinlichen Fehlergrenze Δy^{**} zu übernehmen. Diese ergibt sich für den Meßbereichsendwert zu

$$\Delta y^{**} = \sqrt{\left(\frac{\partial f}{\partial x_i} \Delta x_i \right)^2} = \sqrt{\left(\frac{\partial f}{\partial x_i} X_i G_i \right)^2}.$$

Die durch diese Gleichung definierte wahrscheinliche Unsicherheit wird durch praktische Erfahrungen weitgehend bestätigt. Darin kommt zum Ausdruck, daß in der Natur und in der Technik statistisch unabhängige Einflußgrößen zu normalverteilten Merkmalen führen.

Das Meßergebnis wird angegeben als

$$y_w = y \pm \Delta y^{**} = y \left(1 \pm \frac{\Delta y^{**}}{y} \right).$$

Schrüfer

Literatur: DIN 1319: Grundbegriffe der Meßtechnik, Bl. 3: Begriffe für die Fehler beim Messen. – VDE/VDI 2620 Bl. 1 u. 2: Fortpflanzung von Fehlergrenzen bei Messungen.

Gauß-Gesetz. Das G.-G. beschreibt zwei Aussagen über elektromagnetische Felder, die zu dem System der *Maxwell-Gleichungen* gehören und sich unter Verwendung des *Gauß-Satzes* der →Vektoranalysis ableiten lassen:

$$\oint \underline{D} \, d\underline{A} = q \qquad (1)$$
$$\oint \underline{B} \, d\underline{A} = 0 \qquad (2)$$

Gl. (1) in Worten: Das über eine geschlossene Hüllfläche gebildete →Integral über die *dielektrische Verschiebungsdichte* $\underline{D}$ ist gleich der durch die Hüllfläche eingeschlossenen Ladung q, die die Quelle für die Verschiebungsdichte darstellt. Gl. (2) in Worten: Das über eine geschlossene Hüllfläche gebildete Integral über die *magnetische* →*Induktion* $\underline{B}$ ist gleich null, da es keine Quellen für die magnetische Induktion gibt. – In differentieller Form lautet das G.-G.

$$\text{div } \underline{D} = \varrho$$

$$\text{div } \underline{B} = 0.$$

mit ϱ als Raumladungsdichte.

Claassen

Gauß-Verteilung. Auch Normal-V. genannt, ist die wichtigste und am meisten gebrauchte stetige Wahrscheinlichkeits-V. in der →Wahrscheinlichkeitstheorie, mathematischen →Statistik, statistischen Physik und in vielen Anwendungen. Viele Zufallsvariablen in Natur und Technik sind annähernd normalverteilt. So sind z. B. die folgenden Zufallsgrößen annähernd normalverteilt: Die Lebensdauer einer elektrischen Glühbirne oder eines elektronischen Bauelements, die Blattgröße an Bäumen, die Körpergröße oder das Gewicht von Menschen, die Länge von Werkstücken, ferner die Reaktionszeiten von Menschen. Die Treffer einer Zielscheibe sind normalverteilt, ebenso der Intelligenzquotient einer „normalen" Schulklasse. Eine begabte Schulklasse ist tatsächlich nicht normalverteilt.

Die Normal-V. wird auch als Fehlergesetz (engl. error function) bezeichnet, weil die zufälligen Fehler von Meßergebnissen normal verteilt sind.

Die G.- oder Normal-V. ist von *C. F. Gauß* (1777 bis 1859) im Rahmen seiner Theorie der zufälligen Beobachtungsfehler 1809 und 1816 entdeckt worden. *A. de Moivre* (1667–1754) fand die Normal-V. bereits 1733 durch Approximation der Binomial-V.

Die allgemeine Form der G.-Wahrscheinlichkeitsdichte ist definiert durch

$$f(x): = \frac{1}{\sigma\sqrt{2\pi}} \cdot \exp\left[-1/2\left(\frac{x-\mu}{\sigma}\right)^2\right], \quad -\infty<x<\infty,$$

wobei μ der Erwartungswert ($\rightarrow$ Mittelwert) und σ^2 die Varianz ($\sqrt{\sigma^2}$ ist die Standardabweichung) ist. Die dazugehörige V.-Funktion ist

$$F(x): = \frac{1}{\sigma\sqrt{2\pi}} \cdot \int_{-\infty}^{x} \exp\left[-1/2\left(\frac{v-\mu}{\sigma}\right)^2\right] dv.$$

Eine $\rightarrow$ Zufallsvariable X, die diesem V.-Gesetz genügt, nennt man normalverteilte Zufallsvariable mit reellen Werten x. Die Funktion f(x) hat die Form einer Glockenkurve (G.-Glockenkurve), ist symmetrisch und besitzt ein Maximum an der Stelle $x=\mu$ und Wendepunkte an den Stellen $x=\mu\pm\sigma$ (Bild 1). Die Abszissenachse ist ihre Asymptote für $x\rightarrow\pm\infty$. Je kleiner die Standardabweichung σ (Streuung oder $\rightarrow$ Schwankung um den Erwartungswert μ) ist, desto größer das Maximum. Die Werte einer normalverteilten Zufallsvariablen konzentrieren sich um den Erwartungswert (Mittelwert) μ; f(x)dx gibt definitionsgemäß die Wahrscheinlichkeit an, daß die Zufallsvariable X Werte im Intervall (x, x + dx) annimmt.

Eine gebräuchliche Bezeichnung der allgemeinen Normal-V. ist N(x; μ, σ) oder kurz N (μ, σ); dabei sind μ und σ die die V. charakterisierenden Parameter.

Unter der Standardnormal-V. versteht man die N(0,1)-V. Sie folgt aus der Variablentransformation $y=(x-\mu)/\sigma$. Die Wahrscheinlichkeitsdichte der N(0,1)-V. geht durch diese $\rightarrow$ Transformation über in (mit einer Umbenennung der unabhängigen Variablen)

$$f(x) = N(x; 0,1) = (1/\sqrt{2\pi}) \cdot \exp\left(-\frac{1}{2}x^2\right),$$

mit dem Erwartungswert 0 und der Standardabweichung 1. Die dazugehörige Standardnormal-V. (Bild 2) ist definiert durch

$$G(x): = \int_{-\infty}^{x} f(y)\, dy.$$

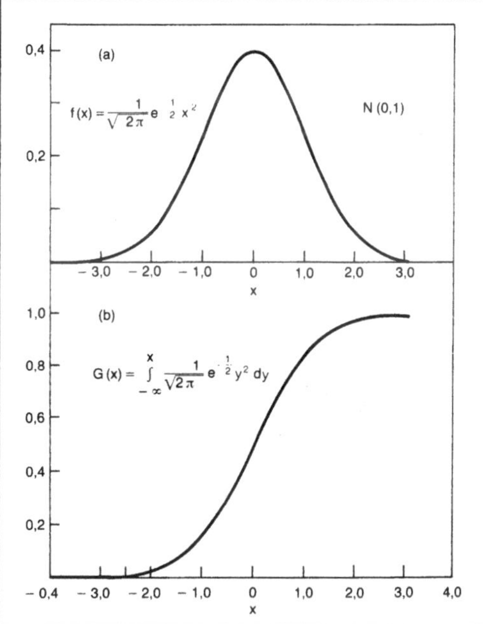

Gauß-Verteilung 2: Wahrscheinlichkeitsdichte f(x) und Verteilungsfunktion G(x) der Standardnormalverteilung mit dem Mittelwert 0 und der Varianz 1.

Die Werte der Funktion G(x) sind in der einschlägigen Literatur tabelliert, da G(x) nicht elementar integrierbar ist. G(x) gibt das Maß der Fläche unter der Glockenkurve f(x) von $-\infty$ bis x an.

Die große theoretische Bedeutung der G.-V. in der Statistik folgt aus dem zentralen Grenzwertsatz der Wahrscheinlichkeitstheorie. Dieser besagt, daß die „Universalität" des Normalgesetzes dadurch erklärt wird, daß jede Zufallsgröße annähernd normalverteilt ist, die sich als Summe einer großen Anzahl unabhängiger Zufallsgrößen darstellen läßt (wie es in der Natur und Technik tatsächlich ist), von

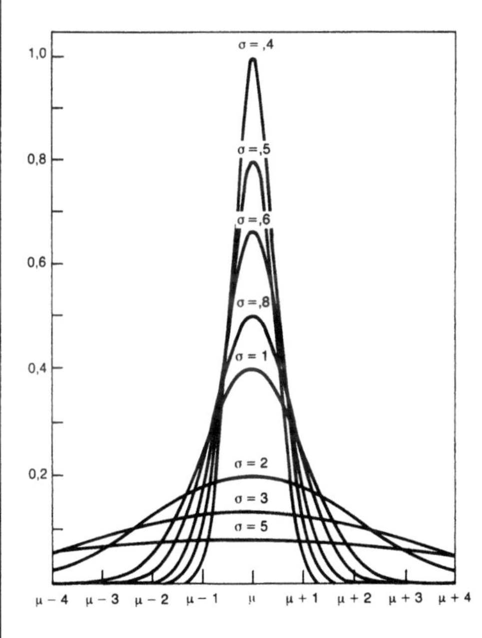

Gauß-Verteilung 1: Allgemeine Wahrscheinlichkeitsdichte f(x) für verschiedene Werte der Standardabweichung σ.

denen jede auf die Summe nur einen unbedeutenden Einfluß hat. Mit einfachen Worten bedeutet das, daß fast jede beliebige V. asymptotisch in die G.-V. übergeht.

Eine sehr einfache Version des zentralen Grenzwertsatzes ist der Grenzwertsatz von *Moivre-Laplace*, der besagt, daß die Binomial-V. durch die G.-V. approximiert werden kann. Sehr gut kann man die Normalverteilung experimentell erzeugen mit Hilfe des Zufallapparats von *F. Galton* (1822–1911).   *Wodarzik*

Literatur: *Fisz, M.:* Wahrscheinlichkeitsrechnung und mathematische Statistik. Ost-Berlin 1971. – *Kreyszig, E.:* Statistische Methoden und ihre Anwendungen. Göttingen 1975.

Gebrauchsmuster. Das G. ist ein dem →Patent verwandtes technisches Schutzrecht. Durch ein G. werden Erfindungen mit Ausnahme von Verfahren auf Grund des G.-Gesetzes gegen Nachahmung geschützt. Die maximale Laufzeit des G. ist mit 10 Jahren kürzer als beim Patent mit maximal 20 Jahren. Eine Prüfung auf Neuheit und auf einen erfinderischen Schritt erfolgt im Eintragungsverfahren bei G. im Gegensatz zu Patenten nicht. G.-Anmeldungen müssen beim →Deutschen Patentamt in 80331 München, Zweibrückenstr. 12, schriftlich eingereicht werden.

Entdeckungen, wissenschaftliche Theorien, Pläne, Regeln und Verfahren für gedankliche Tätigkeiten, für Spiele oder für geschäftliche Tätigkeiten sowie Computerprogramme sind durch G. nicht schützbar. Offenkundige Vorbenutzungshandlungen sind nur dann als Stand der Technik von Bedeutung, wenn sie im Inland erfolgt sind. Für die Beurteilung der Neuheit eines G. bleiben Beschreibungen oder Benutzungshandlungen innerhalb von 6 Monaten vor dem Anmeldetag des G. außer Betracht, sofern sie auf der Ausarbeitung des Anmelders oder seines Rechtsvorgängers beruhen. Somit gilt die früher auch bei Patentanmeldungen vorgesehene 6-monatige Neuheitsschonfrist bei G. immer noch. Gegen ein eingetragenes G. können Dritte im Löschungsverfahren vorgehen. *Cohausz*

Literatur: *Benkard, G.:* Patentgesetz (Kommentar auch zum Gebrauchsmustergesetz). 8. Aufl. 1988. – *Bühring:* Gebrauchsmustergesetz (Komment.). 3. Aufl. 1989. – Gesetz zur Stärkung des Schutzes des geistigen Eigentums und zur Bekämpfung der Produktpiraterie vom 7. März 1990.

Gefrierpunkterniedrigung. Die G. gehört zu den kolligativen Eigenschaften. Der Gefrierpunkt einer Lösung ist i. a. niedriger als der des reinen Lösungsmittels. Für hinreichend verdünnte (ideale) Lösungen ist die Erniedrigung proportional zur Anzahl der in der Masseneinheit des Lösungsmittels gelösten Teilchen.

Ist T_m der Gefrierpunkt der Lösung, T_m^* der des reinen Lösungsmittels, m_G die molale Konzentration (mol Gelöstes/1 000 g Lösungsmittel), dann gilt:

$$T_m - T_m^* = - K_o m_G;$$

K_o ist die kryoskopische Konstante,

$$K_o = RT_m^{*2} M_L / \Delta_m H;$$

dabei bedeuten R die →Gaskonstante, T_m^* die Schmelztemperatur des reinen Lösungsmittels in K, M_L die Molmasse des Lösungsmittels, $\Delta_m H$ die molare Schmelzenthalpie des Lösungsmittels.

Sinn der Messung der G. wie auch der übrigen kolligativen Eigenschaften ist es, die tatsächlich vorliegende auf Teilchenzahlen bezogene Molalität zu ermitteln. So läßt sich bei bekannter Masse des Gelösten seine Molmasse, bei bekannter Masse und Molmasse sein Dissoziations- oder Assoziationsgrad bestimmen.

Es gibt verschiedene Methoden zum Messen der G. Bei der Beckmann-Methode werden die Gefrierpunkte des reinen Lösungsmittels und der Lösung nacheinander mit einem speziellen, sehr empfindlichen Thermometer, dem Beckmann-Thermometer, gemessen. Dieses Thermometer ist nicht zum Messen von Temperaturen, sondern von Temperaturdifferenzen bestimmt. Der Meßbereich umfaßt etwa 5 K, die Ablesegenauigkeit wenige Tausendstel Grad. Eine besondere Vorrichtung gestattet es, die Quecksilbermenge zu variieren und das Thermometer damit für unterschiedliche Temperaturbereiche einzustellen. Das Lösungsmittel bzw. die Lösung mit einer durch die Einwaage bekannten Masse des Gelösten befindet sich in einem doppelwandigen Glasgefäß, das in eine Kältemischung gesetzt wird. Diese soll eine nicht mehr als 5 K unter dem Gefrierpunkt der Lösung liegende Temperatur haben. Unter kräftigem Rühren setzt schließlich die Kristallisation ein, wenn die Flüssigkeit um etwa 0,5 K unterkühlt ist. Die Temperatur steigt dann wieder auf den Gefrierpunkt an. Durch das Auskristallisieren eines geringen Teils des reinen Lösungsmittels wird die molale Konzentration ein wenig verfälscht. Diese Schwierigkeit umgeht man, wenn man zwar eine größere Menge des Lösungsmittels auskristallisieren läßt, so daß sich das Schmelzgleichgewicht richtig einstellen kann, dann aber nach dem Messen des Gefrierpunkts mittels einer bereits zu Beginn des Versuches eingetauchten Pipette eine bestimmte Menge der Lösung zur Analyse entnimmt.   *Wedler*

Literatur: *Försterling, H. D.,* u. *H. Kuhn:* Praxis der Physikalischen Chemie. 2. Aufl. Weinheim 1985. – *Wedler, G.:* Lehrb. Physikalische Chemie. 3. Aufl. Weinheim 1987.

Gegeninduktion. Bezeichnung für den Vorgang der gegenseitigen induktiven Beeinflussung zweier elektrischer Stromkreise. Der im Stromkreis 1 fließende elektrische Strom I_1 erzeugt im Stromkreis 2 eine Induktionsspannung U_{2ind}, welche der zeitlichen Änderung des durch I_1 im Kreis 2 erzeugten magnetischen Flusses proportional ist:

$$U_{2ind} = - \frac{d}{dt}(M_{21} I_1). \tag{1}$$

Ganz entsprechend ruft auch ein im Kreis 2 fließender, sich zeitlich ändernder Strom I_2 im Kreis 1 eine Induktionsspannung hervor:

$$U_{1ind} = - \frac{d}{dt}(M_{12} I_2). \tag{2}$$

Die Koeffizienten M_{21} und M_{12} werden als Gegeninduktivitäten bezeichnet. In nicht-ferromagnetischen Medien gilt außerdem $M_{21} = M_{12}$. Sehr häufig ist auch $dM_{21}/dt = dM_{12}/dt = 0$, so daß in den Gln. (1) und (2) nur nach den Strömen zu differenzieren ist.

Der Begriff der Gegeninduktion spielt z. B. bei Transformatoren eine wichtige Rolle. *Claassen*

Gegeninduktivität. Verhältnis M_{21} des magnetischen Flusses Φ_{21}, der von einem Strom i_1 in einem Stromkreis 1 herrührt, und der von einem zweiten Stromkreis 2 umschlossen wird, zu dem erzeugenden Strom i_1:

$$M_{21} = \Phi_{21}/i_1.$$

Eine zeitliche Änderung des Stromes i_1 oder der Gegeninduktivität M_{21} führt zu einer Änderung des Flusses Φ_{21} und induziert damit im Stromkreis 2 eine Spannung ($\rightarrow$ Gegeninduktion). *Claassen*

Gegeninduktivitätsbelag. Größe zur Beschreibung der gegenseitigen Beeinflussung einzelner Leiter bei Mehrfachleitungen. Zur Definition wird ein Leiter der Mehrfachleitung als Bezugsleiter bestimmt. Als Gegeninduktivitätsbelag M_{ik} zwischen dem Leiter i und dem Leiter k bezeichnet man dann das Verhältnis des magnetischen Flusses, der von dem Stromkreis umschlossen wird, der durch den Leiter i und den Bezugsleiter gebildet wird; und zwar dann, wenn durch den Leiter k ein Strom i_k hin und durch den Bezugsleiter zu dem erzeugenden Strom i_k zurückfließt, bezogen auf die Leitungslänge. *Claassen*

Gegenstrom. Beim G. fließen zwei Stoffströme, die Wärmeenergie oder stoffliche Komponenten austauschen sollen, in entgegengesetzter Richtung durch den Apparat.

Bei im G. betriebenen Wärmeübertragern kann ein zu kühlender Stoffstrom auf eine Temperatur gekühlt werden, die kälter als die Austrittstemperatur des Kühlmediums ist. Entsprechendes gilt für zu erwärmende Stoffströme (Bild 1).

Werden mehrstufige Stofftrennapparate im G. geschaltet, lassen sich im Vergleich zu Kreuz- und

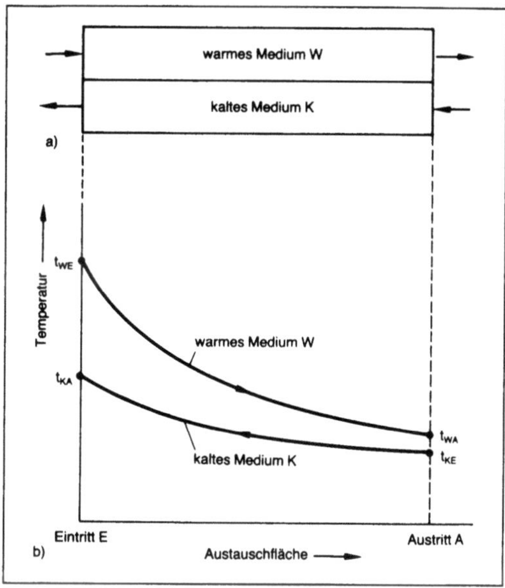

Gegenstrom 1: Gegenstrom bei Wärmeübertragern.
a) Stoffstromführung
b) Temperaturverlauf.

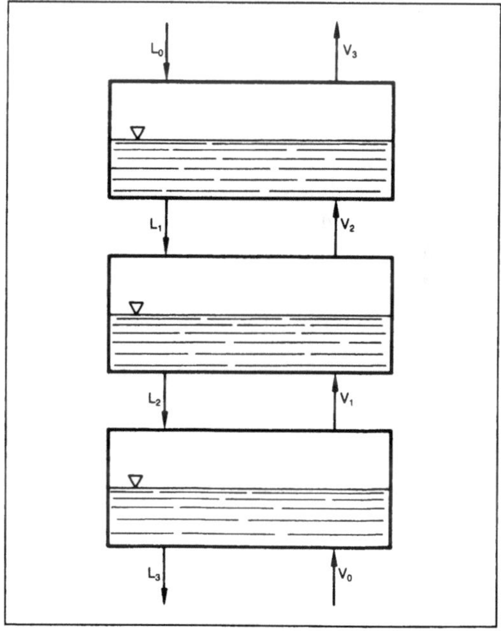

Gegenstrom 2: Gegenstrom bei einem dreistufigen Stofftrennprozeß.

Gleichstrom die höchsten Anreicherungen und somit die besten Trennwirkungen erreichen (Bild 2).

Außerdem ist der Verbrauch von Trennhilfsmitteln (z. B. Extraktionsmittel oder Heizdampf) vergleichsweise gering. Aus diesen Gründen werden die meisten mehrstufigen Trennapparate im G. oder in einem angenäherten G. geschaltet (z. B. Extraktionskolonnen, Absorptionstürme, Destillationskolonnen). *Dohrn*

Literatur: *King, C. J.*: Separation Processes. New York 1980.

Gegentaktstörung. Störsignal, das mit der Nutzspannung in Reihe geschaltet auf die Eingänge eines Gerätes einwirkt. Der Einfluß von G. (*engl.* differential mode voltages) läßt sich durch Abschirmen und Verdrillen der Leitungen unterdrücken (→Gleichtaktstörung). *Strohrmann*

Literatur: *Strohrmann, G.*: Automatisierungstechnik, Bd. 2: Stellgeräte, Strecken, Projektabwicklung. 2. Aufl. München–Wien 1991. – VDI/VDE 3551: Empfehlungen zur Störsicherheit der Signalübertragung beim Einsatz von Prozeßrechnern. Ausg. Okt. 1976.

Genauigkeit (Mathematik). Ein Näherungswert $\bar{r}$ einer Zahl r heißt auf k Dezimalstellen genau, wenn $|r - \bar{r}| \leq \frac{1}{2} \cdot 10^{-k}$ gilt. Der G. numerischer Rechnungen sind sowohl durch das numerische Verfahren (Abbruchfehler) als auch durch die verwendete Rechenmaschine (Rundungsfehler) Grenzen gesetzt. Rechenmaschinen können in ihren Speichern nur Zahlen mit endlich vielen Ziffern aufnehmen. Komfortabel programmierte Rechenmaschinen erlauben es jedoch, auf Wunsch zwei oder drei „normale" Zahlenspeicher zur Darstellung einer einzigen Zahl heranzuziehen, wodurch die doppelte oder dreifache Anzahl von Ziffern aufgenommen werden kann. Man spricht dann von Rechnen in doppelter bzw. dreifacher G. *Schmeißer*

Genauigkeit (Messen). Mit diesem Begriff wird gelegentlich die Qualität eines Meßgeräts oder eines Meßergebnisses gekennzeichnet. In Verbindung mit Zahlenangaben sollte dieser nicht exakt definierte Begriff jedoch nicht verwendet werden. An seine Stelle sollten je nach Anwendungsfall die Begriffe Meßabweichung, Vertrauensbereich, Meßunsicherheit, Fehlergrenzen und Toleranz treten (→Meßfehler). *Hammerschmidt*

Generator, magnetohydrodynamischer. Lineare elektrische Maschine, die ohne mechanisch bewegte Teile die thermische und kinetische Energie eines ionisierten Gases hoher Temperatur unter Ausnutzung des Hall-Effektes in elektrische Energie umwandelt (abgekürzt MHD-Generator). Dabei wird das thermisch ionisierte Gas mit hohem Druck und hoher Geschwindigkeit durch einen Kanal gepreßt, in dem sich ein transversales →Magnetfeld befindet (Bild 1). Durch den Hall-Effekt wird senkrecht zur Gasgeschwindigkeit und zum Magnet-

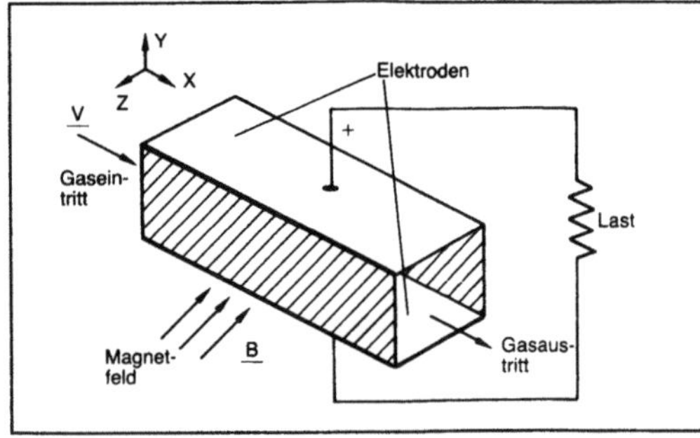

Generator, magnetohydrodynamischer 1: Prinzipieller Aufbau eines MHD-Generators (stark vereinfacht).

feld eine Spannung induziert, die mit Hilfe von Elektroden an den Kanalwänden abgegriffen werden kann.

Die spezifische Energiewandlung (elektrische Nutzleistung je Volumeneinheit) ist proportional zur →Leitfähigkeit κ des ionisierten Gases und zum Quadrat des Produktes aus Gasgeschwindigkeit v und magnetischer →Induktion B:

$$P = \kappa \, v^2 B^2 K (1 - K).$$

Dabei ist K ein Lastfaktor

$$K = \frac{R_a}{R_i + R_a}$$

mit R_a = äußerer Lastwiderstand und R_i = innerer →Widerstand zwischen den Elektroden.

Aufgrund des Stromflusses senkrecht zur Kanalachse wird außerdem ein axiales elektrisches →Feld, das sog. *Hall-Feld*, induziert, das einen Wert von einigen tausend Volt pro Meter erreichen kann. Dieses Feld bewirkt einen Stromfluß längs der Elektroden, der zu hohen ohmschen Verlusten führen würde. Um das zu vermeiden, unterteilt man die Elektroden in Kanalrichtung in einzelne schmale Segmente (über 100 bei größeren MHD-Generatoren), die gegeneinander isoliert sind (Bild 2). Die elektrische Last kann dann entweder aufgeteilt und so an die einzelnen Elektrodensegmentpaare angeschlossen werden, daß kein axialer Strom fließen

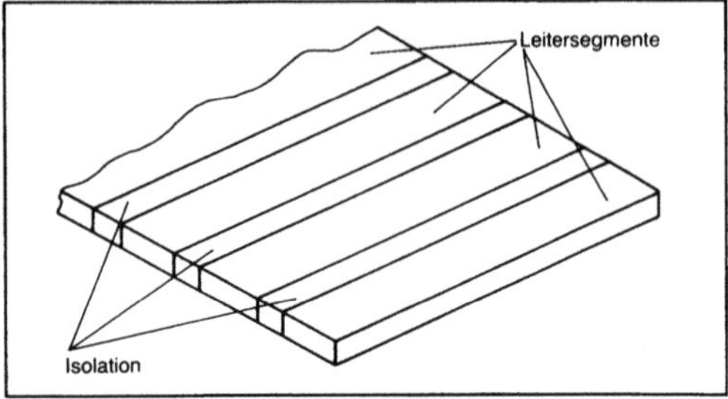

Generator, magnetohydrodynamischer 2: In einzelne Segmente aufgeteilte Hall-Elektrode.

kann (Faraday-Generator Bild 3 a). Dann wirkt jedes Segmentpaar als separater MHD-Generator. Oder die einzelnen Segmentpaare werden in sich kurzgeschlossen, so daß sich kein transversales elektrisches Feld aufbauen kann. Die Last wird dann zwischen die erste und die letzte Elektrode geschaltet, so daß zur Leistungserzeugung nur das axiale Hallfeld ausgenutzt wird (Bild 3 b).

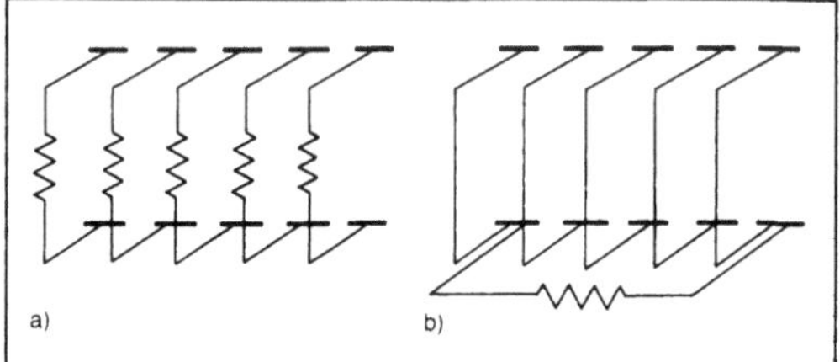

Generator, magnetohydrodynamischer 3: Lastanordnungen bei segmentierten Hall-Elektroden: Aufteilung der Last an die einzelnen Segmentpaare (a) oder Kurzschluß der Segmentpaare und Ausnutzung des axialen Hall-Feldes (b).

Als Arbeitsmittel werden →Erdgas, Verbrennungsgase und →Edelgase im Temperaturbereich zwischen 1 000 °C und 3 000 °C verwendet. Unterhalb 1 000 °C wird die elektrische Leitfähigkeit und damit die spezifische elektrische Energieumwandlung zu klein.

Bei den Verbrennungsgas-MHD-Generatoren werden in einer Brennkammer fossile Brennstoffe bis zu etwa 3 000 °C mit Luftvorwärmung durch direkte Verbrennung aufgeheizt. Das heiße Gas wird mit großem Druck und hoher Geschwindigkeit durch den Generatorkanal getrieben und danach entweder in einem nachgeschalteten herkömmlichen Kraftwerk verwertet oder die Restwärme der Wärmequelle wieder zugeführt. Damit kann im Vergleich zu konventionellen Kraftwerken eine bessere Nutzung des Hochtemperaturanteils der thermischen Energie erreicht und der →Wirkungsgrad von thermischen Kraftwerken von etwa 40 % auf etwa 50 bis 55 % gesteigert werden.

Zur Verbesserung der Leitfähigkeit werden dem Arbeitsmittel leicht ionisierbare Saatmittel, wie z. B. Caesium oder Kalium, zugesetzt, die zur Gewährleistung eines wirtschaftlichen Betriebes wiedergewonnen werden müssen.

Mit Edelgas als Arbeitsmittel betriebene MHD-Generatoren müssen stets in einem geschlossenen Kreislauf arbeiten.

Die erforderlichen hohen Magnetfeldstärken können mit supraleitenden Magneten erzeugt werden.

An MHD-Kraftwerkprojekten wird in der Bundesrepublik in Garching (Edelgas), in England, Frankreich, Japan, den USA und der ehem. UdSSR gearbeitet. Mit dem Ziel, die vorhandenen Erdgas-

vorkommen zu nutzen, unternimmt vor allem die ehem. UdSSR große Anstrengungen auf diesem Gebiet. In Moskau arbeitet ein 25-MW-Versuchskraftwerk mit einem dem Dampfturbinengenerator vorgeschalteten MHD-Generator.

Der Anreiz für die beschleunigte Entwicklung von MHD-Generatoren ist trotz einiger Vorteile – besserer Wirkungsgrad kombinierter Anlagen, schnelle Reaktionsfähigkeit auf Laständerungen – gering. Die Investitionskosten sind hoch. Die große Zahl der in Reihen- und Parallelschaltung zu betreibenden Einheiten des Generators bildet ein Problem für die Betriebssicherheit. Die Notwendigkeit der Rückgewinnung der Saatmittel zwingt zu umfangreichen Gasreinigungsanlagen. Außer dem besseren thermischen Wirkungsgrad und damit geringerer Abwärmemengen zur Einleitung in Gewässer oder Umluft bietet der MHD-Generator auch ökologisch keine Vorteile: Die Stickoxidproduktion wird größer wegen der höheren Verbrennungstemperaturen, die Schwefeldioxidproduktion ist annähernd gleich groß wie bei konventionellen Kraftwerken gleichen Brennstoffeinsatzes.

Nach wie vor bereiten Wände und Elektroden große Werkstoffsorgen, sowohl wegen der hohen Temperatur als auch wegen der starken Erosion durch die fast auf Schallgeschwindigkeit beschleunigten Verbrennungsgase. *Claassen*

Literatur: *Bohn, Th.* u. *E. A. Niekisch:* Magneto-Hydrodynamische Generatoren. Thiemig-Taschenbuch Energie-Direktumwandlung. Thiemig-Verlag. München 1967. – *Sejndlin, A. E.* u. *V. D. Dzekson:* Entwicklung von MHD-Energie. Bericht Nr. 3, Elektrotechn. Weltkongreß Moskau 1977. – *Bödefeld, Th.* u. *H. Sequenz:* Elektrische Maschinen. Springer-Verlag, Wien, New York 1971.

Geochemie. Geowissenschaftliche Disziplin, die sich mit der chemischen und isotopenchemischen Entwicklung der Zusammensetzung des Planeten Erde und seiner Geosphären sowie mit Prozessen der Stoffumwandlung und -trennung in natürlichen festen und fluiden Phasen befaßt; G. umfaßt den gesamten Bereich der Chemie in den Erdwissenschaften.

Den Begriff G. prägte *C. F. Schönbein* (1799 bis 1868) für den Teilbereich der Geowissenschaften, der sich mit der Ermittlung der erdgeschichtlichen Entwicklung und der gegenwärtigen Zusammensetzung der Erde als Ganzes, der Hydrosphäre, Atmosphäre und Erdkruste, des Erdmantels und Erdkerns, der Gesteine und Minerale sowie den chemischen Veränderungen in den genannten Systemen als →Folge von Änderungen des Druckes, der Temperaturen und der chemischen Zusammensetzung kontaktierender Phasen (→Alteration) befaßt. Im einzelnen sind die Aufgaben der Geochemie folgende:
□ Bestimmung der Elementhäufigkeiten in den Geosphären;

□ Ermittlung von Gesetzmäßigkeiten für die Verteilung und →Migration der Elemente und ihrer Isotope;

□ Suche nach Prozessen für die abiogene Entstehung von organischen Substanzen (Biogeochemie);

□ Erforschung der physiko-chemischen und chemischen Ursachen für den Stofftransport in und auf der Erde;

□ Rekonstruktion der chemischen Entwicklung der Erde von der Akkretion solaren Staubes bis hin zu ihrem heutigen Erscheinungsbild; zu Vergleichszwecken wird extra-terrestrisches Material von Meteoriten, kosmischem Staub und Mond in die Untersuchung einbezogen (Kosmochemie);

□ in neuerer Zeit auch Untersuchungen über Auswirkungen antropogener Einflüsse auf die chemische Zusammensetzung der Atmosphäre, Hydrosphäre und Sedimente.

Die G. leistet Beiträge zur

□ Aufklärung über die Bildung und Umwandlung von Mineralen, Gesteinen, Sedimenten und organischer Materie unter weitgefächerten P-T-X-Bedingungen;

□ Durchführung von radiometrischen Datierungen;

□ Aufklärung von Elementkreisläufen, Zyklus, geochemischer;

□ Aufklärung von Isotopenfraktionierungen und damit die Entwicklung von genetischen Indikatoren;

□ Prospektion auf verdeckte Lagerstätten und

□ Entwicklung von Konzeptionen zum Umweltschutz, wie z. B. Anlagen von Deponien chemisch resistenter Giftstoffe und Industrieabfälle aller Art und die Langzeitlagerung radioaktiver Abfälle.

Das Ziel der G. ist es, die Entwicklung quantitativer Zusammenhänge zwischen allen wichtigen geochemischen Prozessen und ihren P-T-X-Abhängigkeiten sowie die Entwicklung der Erde in ihren Teilbereichen in der Vergangenheit zu verstehen, um zuverlässige Prognosen für die Beeinflussung unserer Umwelt durch anthropogenes Handeln zu erstellen und frühzeitig auf großräumige Veränderungen in der Umwelt aufmerksam zu machen. Hierfür sind Kenntnisse notwendig über

– die gesetzmäßigen Zusammenhänge, mit denen die Element- und Isotopenverteilungen in geochemischen Prozeßabläufen quantitativ beschreibbar sind;

– die Umsatzraten der Elemente im geochemischen Zyklus und

– die quantitative Kopplung aller umweltrelevanten Elementzyklen.

Voraussetzung für die verantwortungsbewußte Behandlung aller geochemisch relevanten Probleme einer Industriegesellschaft, des Landbaus (regionaler Eingriff in die Natur) und der Viehwirtschaft

sowie der in ihnen anfallenden Abfallstoffe, ist eine profunde Kenntnis über den räumlichen und zeitlichen Ablauf von geochemischen Prozessen und der sie steuernden Parameter.

Das weitgesteckte Aufgabengebiet der Geochemie wird in wechselseitiger Beziehung zu Mineralogie, Petrologie, Hydrologie, Geologie, Lagerstättenforschung, Bodenkunde, anorganischer, organischer und physikalischer Chemie, Biologie und in jüngster Zeit der Umweltforschung bearbeitet. Je nach dem Forschungsbezug gliedert sich die G. thematisch in die Teilgebiete Lithogeochemie (Chemie der Erdkruste), Petrogeochemie (Gesteinsgeochemie), Pedogeochemie (Bodengeochemie), Hydrogeochemie (G. des Wassers), Biogeochemie (G. der Biosphäre), Chemie der Atmosphäre, Chemie des Erdmantels und Umweltgeochemie. Zwischen allen Teilbereichen gibt es viele thematische Überschneidungen und Wechselbeziehungen.

Methodisch läßt sich die Geochemie gliedern in:

Isotopengeochemie: Sie behandelt die Fraktionierung der stabilen Isotope des H, He, C, O, S, Se, N, Si, B, Li, K, Mg, Ca;

Isotopenthermometrie (Geobarothermometrie);

Isotopengeochronologie: Sie nutzt den radioaktiven →Zerfall zur Bestimmung des „Alters" einer Gesteinsprobe (radiometrische Datierung);

analytische Geochemie (Haupt-, Neben-, Spurenelementgeochemie): Sie untersucht die Verteilung der Elemente zwischen den zugänglichen Geosphären, während der Magmendifferention, zwischen kogenetischen Mineralen sowie Mineralen und fluiden Phasen und vergleicht diese Ergebnisse mit experimentellen Aussagen der Petrologie. Aus dem gesammelten Datenmaterial wird das Verhalten der Haupt-, Neben- und →Spurenelemente und ihrer Verbindungen in den verschiedenen geochemischen Prozessen abgeleitet.

Experimentelle Geochemie: Sie prüft Modelle und Konzeptionen geochemischer Prozesse; z. B. Entstehung organischer Substanzen unter UV-Strahlung oder kinetische Untersuchungen zur Mineralumwandlung. Viele Prozesse laufen nur in geologischen Zeiträumen ab. Sie sind daher unter natürlichen P-T-X-Bedingungen schwierig experimentell zu simulieren. Damit unterscheidet sich die G. ganz wesentlich von der klassischen Chemie, in der sich im Prinzip alle Vorstellungen über den Ablauf von chemischen Vorgängen experimentell überprüfen lassen. Die Einflußnahme verschiedener Prozeßkontrollierender Parameter kann in der klassischen Chemie immer durch geschickte Versuchslenkung untersucht werden. Dies wird in der G. wegen der Vielzahl der Parameter nur selten möglich sein. Die Vielfalt an Mineralen und den sich daraus aufbauenden Gesteinen, die inhomogene Verteilung der Elemente in den Geosphären wie auch in zonar aufgebauten Kristallen, die Anreicherung von Elementen in wirtschaftlich interessanten Lagerstätten, die vielfältig zusammengesetzten Wässer und der heterogene Aufbau der Atmosphäre sind das Ergebnis von großräumigen, langzeitigen und oft zyklisch wiederholten geochemischen Vorgängen. Diese laufen unter extremen Drücken und Temperaturen ab: z. B. die Ozonbildung in der Thermosphäre bei niedrigen Drücken (10 mPa) und Temperaturen um 400 K, oder die Magmendifferentiation bei Temperaturen oberhalb 1 300 K und Drücken von 3 GPa entsprechend 100 km Erdtiefe. Das Verhalten der chemischen Elemente und ihrer Verbindungen in den angegebenen P-T-X-Bereichen wird aus experimentell zugänglichen Ergebnissen abgeleitet. Bedingt durch die große Anzahl von Einflußgrößen und das daher notwendige empirische Vorgehen bei der Ermittlung ihres Einflusses ist die G. bisher nicht über die Formulierung von Regeln hinausgekommen. Es wird daher noch ein langer Weg sein, bis globale Zusammenhänge bei Prozeßabläufen gesetzmäßig erkannt und quantitativ wiedergegeben werden können. Die zu untersuchenden geochemischen Prozesse werden von einer außerordentlich großen Zahl von Parametern beeinflußt. Daher lassen sich auch nur aus einer Vielzahl von Beobachtungen im Zusammenspiel mit Hypothesen geochemische Modelle zusammenfügen. Es ist eine der wesentlichen Aufgaben des Geochemikers, in Zusammenarbeit mit anderen geowissenschaftlichen und chemischen Disziplinen diese Modelle auf ihre innere Widerspruchsfreiheit zu überprüfen.

Eine nicht zu unterschätzende Schwierigkeit der geochemischen Forschung besteht darin, daß es oft sehr aufwendig bis unmöglich ist, geeignetes Probenmaterial für entsprechende Untersuchungen zu erhalten. So sind häufig die an der Erdoberfläche zugänglichen Gesteine nach ihrer Entstehung unter dem Einfluß supergener fluider Phasen chemisch und isotopisch verändert worden. Sie geben daher nur noch bedingt die primäre Zusammensetzung wieder. Probenmaterial aus größerer Erdtiefe der oberen Erdkruste (Tiefbohrungen), der Hydrosphäre (Tauchfahrt) und der Atmosphäre (Raumfahrt) sind heute prinzipiell zugänglich. Diese genannten Geosphären machen jedoch weniger als 0,7 % Massenanteil der Erde aus. Sie stellen zwar den differenziertesten Teil, aber eben nur einen sehr geringen Stoffanteil unseres Planeten dar. Die Untersuchung des Erdmantels ist auf Xenolithe angewiesen, die durch Tiefenvulkanismus gefördert werden. Ihre Entstehung und auch Herkunftstiefe sind meist nicht bekannt. *Möller*

Literatur: *Krauskopf, K. B.*: Introduction to geochemistry, Mc-Graw-Hill 1967. – *Mason, B.* u. *C. B. Moore*: Grundzüge der Geochemie. Stuttgart: F. Enke-Verlag 1985. – *Möller, P.*: Anorganische Geochemie. Berlin, Heidelberg, Wien: Springer Verlag 1986. – *Schroll, E.*: Analytische Geochemie, 2 Bände. Stuttgart: F. Enke-Verlag. 1976. – *Wedepohl, K. H.*: (Hrsg.): Handbook of Geochemistry. 2 Bände. Berlin, Heidelberg, Wien: Springer Verlag 1969.

Geometrie. Als Lehre von den Eigenschaften von Punkten, Geraden, Winkeln, Flächen, Körpern und deren Beziehungen zueinander hat die G. ihren Ursprung in der räumlichen Erfahrung. Einfache geometrische Tatsachen waren schon früh bekannt. So kommen elementare geometrische Figuren sowohl auf Zeichnungen wie in Rechnungen babylonischer Texte vor. Unter den Griechen wurde die G. zum Vorbild der Wissenschaften. *Euklid* gab um 300 v. Chr., gestützt auf Arbeiten verschiedener Vorläufer wie *Theaitetos* (ca. 410–368 v. Chr.) und *Eudoxos* (ca. 418–355 v. Chr.), in seinen „Elementen" den ersten logisch streng geordneten Aufbau jenes Zweigs der G., der heute als elementare oder Euklid-G. bezeichnet wird. Die Methode *Euklids* (später „mos geometricus" genannt) läßt sich wie folgt kennzeichnen: Es werden einige Grundannahmen (Axiome) gemacht über Punkte, Geraden, Ebenen und gewisse Relationen zwischen ihnen. Sodann werden Schlüsse nach den Regeln der formalen Logik gezogen. *Euklid* verwendete allerdings nicht nur die Regeln der Logik, sondern führte auch Beweise auf Grund anschaulicher Evidenz. Erst *D. Hilbert* (1862–1943) gab 1899 in seinem Buch „Grundlagen der Geometrie" ein lückenloses System von Axiomen für die Euklid-G. der Ebene und des Raums, klärte die Tragweite der einzelnen Axiome und führte Untersuchungen zur Vollständigkeit und Unabhängigkeit des Euklid-Axiomensystems durch.

Gegenstand der 2 Jahrtausende während Auseinandersetzung mit dem Werk *Euklids* war das *Parallelenaxiom:* In einer Ebene gibt es zu einer Geraden durch einen nicht auf ihr gelegenen Punkt genau eine Nichtschneidende. Bis in das 19. Jahrhundert reichen die Versuche, das Parallelenpostulat *Euklids* aus den übrigen Axiomen herzuleiten.

C. F. Gauß (1777–1855) erkannte 1816 die Unbeweisbarkeit des Parallelenaxioms. Die ersten Veröffentlichungen eines konsequenten Aufbaus der nichteuklidischen G. stammen um 1830 von *J. von Bolyai* (1802–1860) und *N. I. Lobatschewsky* (1793 bis 1856). Die von *Gauß, Bolyai* und *Lobatschewsky* unabhängig voneinander entwickelte G. heißt *hyperbolische G.* Die ebene hyperbolische G. erhält man, wenn im Axiomensystem der ebenen Euklid-G. das Parallelenaxiom durch folgendes ersetzt wird: Zu einer Geraden gibt es durch einen nicht auf ihr gelegenen Punkt mindestens zwei Geraden, die die gegebene Gerade nicht schneiden.

Eine andere nichteuklidische G., die *elliptische G.* oder *Riemann-G.*, wurde von *B. Riemann* (1826 bis 1866) entwickelt. Diese G. läßt sich nicht aus dem

Axiomensystem der Euklid-G. durch Ersatz oder Weglassen eines einzigen Axioms entwickeln. Ein Modell für die ebene elliptische G. entsteht aus der sphärischen G. Als elliptische Ebene betrachtet man die Oberfläche einer → Kugel, die elliptischen Geraden sind die Großkreise, ein elliptischer Punkt ist ein Paar sich diametral gegenüberliegender Kugelpunkte.

Die Sätze und Konstruktionen der Euklid-G., die unabhängig vom Parallelenpostulat begründet werden können, gelten sowohl in der Euklid- wie in der nichteuklidischen G. *Bolyai* bezeichnete dieses geometrische System als *absolute G.*

Der Entdeckung der nichteuklidischen G. folgten (später vor allem angestoßen durch *Hilbert*) zahlreiche Untersuchungen über die Grundlagen der G. *Pasch* (1882) *Peano* (1889), *Hilbert* (1889), *Veblen* (1904), *Forder* (1927), *Birkhoff* (1932), *Robinson* (1940), und *Levi* (1960) und andere formulierten Axiomensysteme für Euklid- bzw. nichteuklidische G. Ihr gemeinsames Anliegen war zunächst, die Struktur der Euklid-G. auf ein möglichst einfaches Fundament zu stellen, d. h. eine minimale Anzahl undefinierter Elemente und Relationen zu wählen sowie ein Axiomensystem, das gestattet, das Satzgefüge der Euklid-G. logisch-deduktiv und ohne weitere Berufung auf die Anschauung zu gewinnen.

Im Jahre 1872 veröffentlichte *F. Klein* (1848 bis 1925) sein Programm zum Eintritt in die Philosophische Fakultät der Universität Erlangen, das später als „Erlanger Programm" weltweite Bedeutung erlangte. In ihm wird der Begriff der Transformationsgruppe zum ordnenden Prinzip der G. *F. Klein* sagt: „Es ist eine Mannigfaltigkeit und in derselben eine Transformationsgruppe gegeben; man soll die der Mannigfaltigkeit zugehörigen Gebilde hinsichtlich solcher Eigenschaften untersuchen, die durch die Transformationen der Gruppe nicht geändert werden."

Nach *Klein* gehört zu jeder in der Grundmannigfaltigkeit M gewählten Transformationsgruppe G eine spezielle G. Jede Untergruppe G_1 der Transformationsgruppe G liefert eine speziellere G., wobei alle Invarianten in M bezüglich G auch solche bezüglich G_1 sind. Aus dieser Sicht umfaßt z. B. die *projektive G.* alle Figuren, Sätze und Eigenschaften, die bei den Transformationen der projektiven Gruppe des betreffenden projektiven Raums invariant sind.

Die projektive G. handelt von jenen Eigenschaften geometrischer Figuren der Ebene, die bei → Zentralprojektion invariant bleiben. Eine der projektiven Invarianten ist das Doppelverhältnis von 4 Punkten einer Geraden. Durch Zusammensetzen von Zentralprojektionen erhält man projektive Abbildungen der Ebene. Zur Sicherung der eindeutigen Umkehrbarkeit projektiver Abbildungen ist die Ebene durch eine uneigentliche Gerade

(Ferngerade) abzuschließen; daraus entsteht eine projektive Ebene: *G. Desargues* (1591–1661), *B. Pascal* (1623–1662), *J. V. Poncelet* (1788–1867), *J. Steiner* (1796–1863), *Chr. v. Staudt* (1798–1867).

Die *affine G.* handelt von jenen Eigenschaften ebener Figuren, die bei Parallelprojektionen invariant bleiben. Affine Invarianten sind u. a. der Parallelismus von Geraden, das Teilverhältnis von 3 Punkten einer Geraden. Da Parallelprojektionen Sonderfälle von Zentralprojektionen sind, ist jede affine Abbildung zugleich eine projektive Abbildung. Insbesondere ist jede projektive Invariante eine affine Invariante.

Die *darstellende G.* ist für Zeichner wie Mathematiker von Interesse. Sie hat die Aufgabe, räumliche Gebilde nach Gestalt, Größe und Lage zeichnerisch zu bestimmen. Ihre Anwendungen liegen naturgemäß vorwiegend im Bereich der Technik. Der französische Mathematiker *Gaspard Monge* (1746–1818) schuf die mathematische Basis der darstellenden G.

Der Aufbau der G. von *Euklid* ist seinem Verfahren nach synthetisch. Es werden lediglich geometrische Begriffe wie Punkt, Gerade, Verbinden, Schneiden usw. verwendet.

Die analytische G., entwickelt von *R. Descartes* (1595–1650) und *P. Fermat* (1601–1655), beschreibt geometrische Begriffe durch Verwenden von Zahlen und Gleichungen. Die algebraischen Methoden und Hilfsmittel der analytischen G. werden im 19. Jahrhundert u. a. von *A. Moebius* (1790–1868) und *J. Plücker* (1801–1868) durch die Einführung der homogenen affinen und projektiven → Koordinaten, von *H. Graßmann* (1809–1877) und *W. Hamilton* (1805–1865) durch die Konstitution der Vektorrechnung und später durch Verfahren der linearen → Algebra, ausgebaut. Die algebraische Auffassung der G. ließ die Betrachtung mehrdimensionaler Räume zu.

Die *Differential-G.* verwendet Methoden der Differential- und Integralrechnung (Analysis) zum Studium von Kurven und Flächen oder allgemein von mehrdimensionalen Mannigfaltigkeiten. Die Grundlagen der Flächentheorie hat *Gauß* in seinen „Disquisitiones generales circa superficies curvas" gelegt. Auf *Riemann* geht die Entwicklung der Riemann-G. zurück. In seinem Habilitationsvortrag „über die Hypothesen, welche der Geometrie zugrunde liegen" weitet *Riemann* die differentialgeometrischen Betrachtungen auf Mannigfaltigkeiten beliebiger Dimension aus. Die für Riemann-G. adäquaten analytischen Methoden, das Tensorkalkül, wurden von *E. Christoffel* (1829–1900) und *G. Ricci-Curbastro* (1853–1925) entwickelt.

Riemann stieß einen neuen Zweig der G. an, die „Analysis situs", später nach *Listing* Topologie genannt. Die Topologie untersucht jene Eigenschaften geometrischer Gebilde, die bei umkehrbar eindeutigen und stetigen Änderungen (Homöomorphismen) ihrer Gestalt ungeändert bleiben. Entwikkelt wurde die Topologie u. a. von *Poincaré* (kombinatorische Topologie), *Fréchet* (abstrakte Topologie), *Brouwer* (mengentheoretische Topologie). Die Verwendung gruppentheoretischer und algebraischer Hilfsmittel kennzeichnet die algebraische Topologie. Weitere geometrische Entwicklungen: Homotopie und Kohomologie, Theorie der Faserräume, endliche Geometrie u. a. (→Abbildungsgeometrie). *W. L. Fischer*

Literatur: *Behnke, H.:* Grundzüge der Mathematik. Bd. II A u. B. Göttingen 1967 u. 1971. – *Klein, F.:* Vorlesungen über nicht-euklidische Geometrie. Berlin 1968. – *Klingenberg, W.:* Grundlagen der Geometrie. BI (746/746 a). – *Meschkowski, H.:* Nichteuklidische Geometrie. Braunschweig 1965. – *Strubekker, K.* (Hrsg.): Geometrie. WBG Darmstadt 1972.

Geometrie, analytische. Die a. G. wurde begründet von *Pierre Fermat* (1601–1655) und *René Descartes* (1596–1650). In ihr werden algebraische Methoden zum Lösen geometrischer Fragestellungen eingesetzt dadurch, daß geometrische Punktmengen und ihre Eigenschaften (Figuren) auf algebraische Gebilde abgebildet werden. Die Zuordnung wird durch Einführung von Koordinatensystemen erreicht, die es gestatten, Punkte durch Zahlen-Tupel $(x_1, x_2, \ldots, x_n)$ darzustellen. Die a. G. im engeren Sinn benutzt die Begriffsbildungen und Methoden der linearen →Algebra: lineare und quadratische Gleichungen, Vektoren, Matrizen, Determinanten, lineare und bilineare Abbildungen. Allgemeiner ist die a. G. ein Teilgebiet der algebraischen G. *W. L. Fischer*

Literatur: *Behnke, H.* (Hrsg.): Grundzüge der Mathematik. Bd. II B. Göttingen 1971. – *Blaschke, W.:* Analytische Geometrie. Basel, Stuttgart 1954. – *Brieskorn, E.:* Lineare Algebra und analytische Geometrie I, II. Braunschweig, Wiesbaden 1985. – *Koecher, M.:* Lineare Algebra und Analytische Geometrie. Berlin, Heidelberg, New York, Tokio 1983. – *Pickert, G.:* Analytische Geometrie. Leipzig 1964. – *Sperner, E.:* Einführung in die analytische Geometrie I, II. Göttingen 1961. – *Tietz, H.:* Lineare Geometrie. Göttingen 1973.

Geometrie, darstellende. Die d. G. wurde von *Gaspard Monge* (1746–1818) begründet. Sie ist eine unentbehrliche Grundlage, Probleme in vielen Zweigen der Technik, der bildenden Kunst und Architektur zu lösen. Ihre Aufgabe ist es, von räumlichen (i. a. dreidimensionalen) Objekten mit geometrischen Methoden zweidimensionale (i. a. ebene) Bilder herzustellen und an den Bildern Fragestellungen über die Maßgrößen und Beziehungen ihrer Teile durch Konstruktion (graphisch) zu klären.

Die Abbildung erfolgt durch Projektion: durch allgemeine (schiefe) →Parallelprojektion, durch orthogonale (senkrechte) Parallelprojektion oder durch →Zentralprojektion. Um am Bild eines Körpers durch zeichnerische Verfahren Aufgabenstellungen bezüglich des Originals lösen zu können, muß die Zeichnung (das Bild) das Original eindeutig bestimmen. Keine der genannten Projektionsarten liefert eine solche umkehrbar eindeutige Zuordnung zwischen Original- und Bildpunkten. Zu einem Bildpunkt gehören zunächst alle Punkte des durch ihn verlaufenden Projektionsstrahls als (mögliche) Originalpunkte. Methoden zum Erzielen einer umkehrbaren Eindeutigkeit der Abbildung sind bei der Parallelprojektion: die kotierte Projektion, die Axonometrie, die Zweitafelprojektion, bei der Zentralprojektion: die Auszeichnung der Standebene oder die perspektive Axonometrie. Diese verschiedenen Abbildungsverfahren unterscheiden sich hinsichtlich ihrer Wirkung (Anschaulichkeit des Bilds), hinsichtlich der Komplexität ihrer Konstruktionsverfahren und hinsichtlich ihrer Anwendungsbereiche. Der Verlust einer Dimension im Bild zwingt in jedem Fall zu einem Kompromiß: Je anschaulicher das Bild des Originals, um so schwieriger ist es, aus dem Bild (Zeichnung) auf die Maßverhältnisse des Originals zu schließen und umgekehrt.

Die d. G. hat auch Methoden entwickelt, um räumliche Objekte räumlich darzustellen (Reliefperspektive). Sie umfaßt weiter die Abbildung dreidimensionaler Objekte auf irgendwelche zweidimensionale (d. h. auch gekrümmte) Bildflächen. Es ist ihr schließlich auch möglich, von vierdimensionalen Objekten zweidimensionale Bilder herzustellen. *W. L. Fischer*

Literatur: *Graf, U.:* Darstellende Geometrie. Heidelberg 1953. – *Haack, W.:* Darstellende Geometrie. Berlin 1954. – *Rehbock, F.:* Darstellende Geometrie. Berlin 1957. – *Reutter, F.:* Darstellende Geometrie I, II. Karlsruhe 1953, 1948. – *Strubekker, K.:* Vorlesungen über Darstellende Geometrie. Göttingen 1958. – *Wunderlich, W.:* Darstellende Geometrie I, II. Mannheim, Wien, Zürich 1966, 1967.

Geometrie, endliche. Wir nennen eine Geometrie endlich, wenn die Trägermengen der Punkte, der Geraden, . . . jeweils endliche Mengen sind. Sie geht aus von endlichen Inzidenzstrukturen, nämlich von Tripeln $\underline{S} = (\mathfrak{P}, \mathfrak{B}, I)$, wo $\mathfrak{P}, \mathfrak{B}$ endliche Mengen sind mit $\mathfrak{P} \cap \mathfrak{B} = \varnothing$ und $I \subseteq \mathfrak{P} \times \mathfrak{B}$. Die Elemente von $\mathfrak{P}$ heißen Punkte, diejenigen von $\mathfrak{B}$ Blöcke und die von I Flaggen.

Die Theorie der endlichen affinen, projektiven Inzidenzebenen ist ein Teilgebiet der Kombinatorik in geometrischer Sprache. Im Falle z. B. eines affinen Punktraumes der Dimension 2 über einen kommutativen Körper K ($\triangleq$ Pappossche affine Ebene) kann K ein Galoisfeld GF (p^m) sein. Man erhält damit Ebenen mit nur endlich vielen Punkten und Geraden. Die beiden einfachsten affinen Ebenen enthalten 4 bzw. 9 Punkte und 6 bzw. 12 Geraden. Das Bild 1 zeigt ein Modell dieser einfachsten

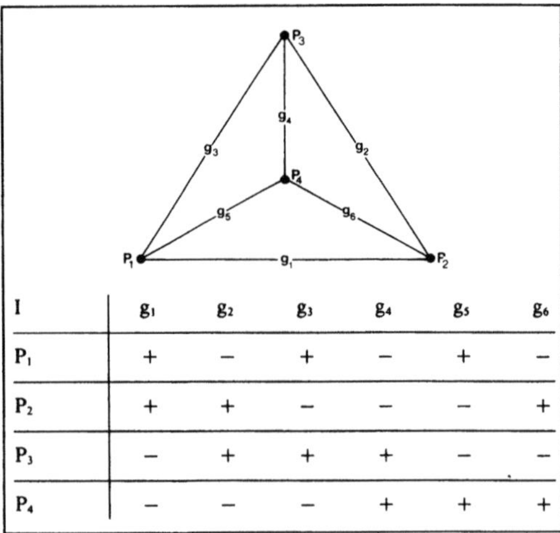

I	g_1	g_2	g_3	g_4	g_5	g_6
P_1	+	−	+	−	+	−
P_2	+	+	−	−	−	+
P_3	−	+	+	+	−	−
P_4	−	−	−	+	+	+

Geometrie, endliche 1: Minimalmodell einer affinen Ebene und Tabelle der angehörigen Inzidenzrelation zwischen Punkten und Geraden.

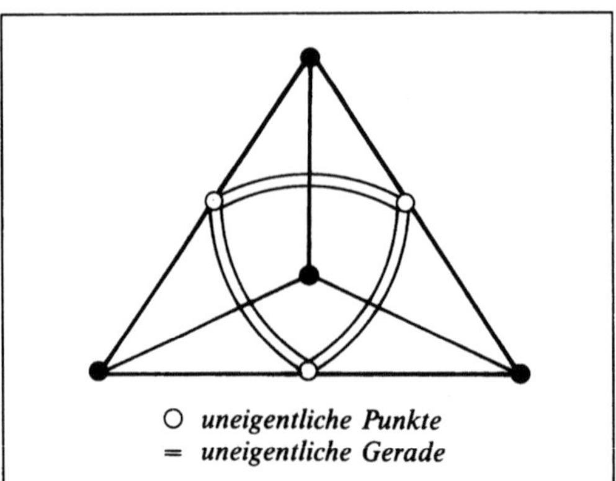

Geometrie, endliche 2: Minimalmodell der projektiven Ebene.

Ebene. Dabei deuten die Strecken und Kurven an, welche (der je 2 bzw. 3) Punkte zu einer Geraden zusammengeschlossen sind.

Das Minimalmodell der projektiven Ebene hat die Form gemäß Bild 2.

Allgemein gilt z. B. für endliche affine dreidimensionale Räume: Zu jeder Primzahlpotenz n gibt es im wesentlichen (d. h. bis auf Isomorphie) genau einen dreidimensionalen affinen Raum, in dem eine Gerade mit genau n mit ihr inzidierenden Punkten existiert. In diesem Raum gibt es genau n^3 Punkte, $n^2(n^2+n+1)$ Geraden und $n(n^2+n+1)$ Ebenen und jede Gerade besteht aus genau n Punkten. Im Sonderfall n = 2 erhält man eine affine Geometrie mit 8 Punkten, 28 Geraden, 14 Ebenen. Als Modell (Bild 3) kann ein →Würfel dienen mit seinen 8 Eckpunkten, den 28 Verbindungsgeraden von je zwei dieser Punkte und den 6 Seitenflächen,

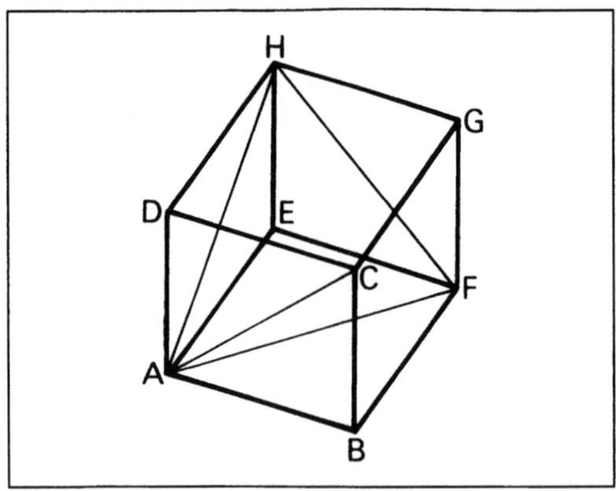

Geometrie, endliche 3: Würfelmodell.

den 6 Diagonalebenen und den beiden eingeschriebenen Tetraedern (als Ebenen). *Fischer*

Literatur: *Dembowski, P.:* Finite Geometries, New York 1968. – *Lüneburg, H.:* Kombinatorik, Basel–Stuttgart 1971. – *Pickert, G.:* Einführung in die endliche Geometrie, Stuttgart 1974.

Geometrie, nichteuklidische. Im engeren (klassischen) Sinne versteht man hierunter eine G., deren Axiomensystem mit dem der euklidischen G. mit Ausnahme des Parallelenaxioms völlig übereinstimmt. An die Stelle des Parallelenaxioms in der euklidischen G. tritt in der n. G. die logische Negation oder äquivalente Formulierungen, etwa H: Zu jeder Geraden g und einem nicht auf ihr gelegenen Punkt P gibt es mindestens zwei verschiedene Geraden durch P, die g nicht schneiden (hyperbolisches Axiom).

Das so entstandene Axiomensystem ist unabhängig und widerspruchsfrei. Modelle der G. heißen hyperbolische Räume (Ebenen); die G. nennt sich *hyperbolische G.* Das gemeinsame Fundament der euklidischen wie der n. G. ist die *absolute G.* Es hat sich gezeigt, daß die absolute G. nur im Parallelenaxiom oder im hyperbolischen Axiom fortgesetzt werden kann; insbes. ist jede (stetige) absolute Ebene entweder euklidisch oder hyperbolisch. Ein weiteres fundamentales Ergebnis sagt aus, daß alle Darstellungen (Deutungen) der klassischen n. G. isomorph sind, d. h. das Axiomensystem ist monomorph (vollständig).

Modelle der hyperbolischen G. wurden von den Mathematikern *F. Klein* und *H. Poincaré* gefunden und tragen deren Namen.

Die (eigentlichen) Punkte des Klein-Modells sind die Punkte innerhalb der Einheitskugel E des reellen euklidischen Raums. Hyperbolische Geraden bzw. hyperbolische Ebenen sind die innerhalb von E gelegenen Stücke euklidischer Geraden bzw. Ebenen. Jede Ebene dieses (räumlichen) Modells kann als Darstellung der ebenen hyperbolischen Geometrie aufgefaßt werden. Auch die Punkte des

Poincaré-Modells liegen im Inneren der Einheitskugel E. Geraden bzw. Ebenen sind jetzt allerdings Kreisbögen bzw. Kugelhauben im Inneren von E, die die Kugelfläche von E senkrecht schneiden.

Es sei noch erwähnt, daß sich die euklidische und n. G. auf die projektive G. gründen und sich somit unabhängig voneinander als mathematische Disziplinen entwickeln lassen.

Im weiteren Sinne wird auch die *elliptische G.* ($\rightarrow$ Geometrie) zu den n. G. gezählt. Das ist historisch begründet, jedoch inkonsequent, da sich diese G. nicht nur im Parallelenaxiom von der euklidischen G. unterscheidet. Man kennt heute eine Vielzahl n. G., die aus dieser Sicht zu nennen sind, die jedoch i. a. unter anderen Gesichtspunkten zusammengefaßt werden.   *W. L. Fischer*

Literatur: *Baldus, R.,* u. *F. Löbell:* Nichteuklidische Geometrie. Berlin 1964. – *Lenz, H.:* Nichteuklidische Geometrie. Mannheim 1967. – *Nöbeling, G.:* Einführung in die nichteuklidische Geometrie. Berlin 1976.

Geometrie, sphärische.

Unter s. G. versteht man die G. der $\rightarrow$ Kugel. Einen besonders wichtigen Teil der s. G. bildet die $\rightarrow$ Trigonometrie der s. Dreiecke.   *W. L. Fischer*

Literatur: *Athen, H.:* Ebene und sphärische Trigonometrie. Wolfenbüttel 1948. – *Lietzmann, W.:* Elementare Kugelgeometrie. Göttingen 1949.

Gerade.

Synthetisch: In den Grundlagen der Geometrie werden die Grundbegriffe (Punkt, Gerade usw.) implizit durch die zwischen ihnen bestehenden Relationen definiert. So wird für G. keine Erklärung gegeben. Sie ist daher mannigfacher Deutungen fähig. G. sind z. B. „Geodätische" einer Riemann- (metrischen) Geometrie, gewisse endliche Punktmengen (Punktreihen) einer endlichen Geometrie, orientierte Kreise (Zykel) in der Laguerre-Kreisgeometrie oder Geradenspiegelungen in der Spiegelungsgeometrie.

In der euklidischen, äquiformen, affinen oder projektiven Geometrie sind G. die entsprechenden Räume der Dimension 1.

Analytisch: Ist in der reellen Zahlenebene ein System rechtwinkliger Parallelkoordinaten x, y gegeben, so läßt sich jede G. der Ebene durch Gleichungen der Form (Parameterdarstellung) darstellen:

$$x = a + a't, \qquad y = b + b't;$$

dabei sind a, a', b, b' geeignete Konstanten mit $(a')^2 + (b')^2 > 0$, t eine reelle Variable (Parameter).

Eliminiert man aus der Parameterdarstellung einer G. G die Variable t, so läßt sich G durch eine Gleichung ersten Grades

$$A x + B y + C = 0 \quad (A^2 + B^2 > 0)$$

darstellen. Verläuft G nicht parallel zur y-Achse, also $B \neq 0$, so erhält man auf genau eine Weise die Darstellung (Richtungsgleichung):

$$y = mx + n,$$

wobei $m = \tan \varphi$ die Richtungskonstante (Steigung), φ der $\rightarrow$ Winkel zwischen positiver Richtung der x-Achse und einer der beiden Richtungen der G., n die Ordinate des Schnittpunkts von G mit der y-Achse ist.

Achsenabschnittsgleichung: G schneidet die x-Achse im Punkt (a, 0) bzw. die y-Achse in (0, b):

$$\frac{x}{a} + \frac{y}{b} = 1.$$

Zweipunktegleichung: G ist durch zwei Punkte (x_1, y_1) und (x_2, y_2) der Ebene festgelegt:

$$(y_2 - y_1)(x - x_1) - (x_2 - x_1)(y - y_1) = 0.$$

Punkt-Richtungsgleichung: Liegen die beiden Punkte (x_1, y_1) und (x_2, y_2) nicht auf einer Parallelen zur y-Achse (oder der y-Achse selbst), so läßt sich die Zweipunktegleichung in der Form

$$y - y_1 = m(x - x_1)$$

darstellen, wobei $m = \dfrac{y_2 - y_1}{x_2 - x_1}$ die Richtungskonstante von G ist.

Hesse-Normalform: Jede orientierte G. G läßt sich in der Form

$$x \cdot \cos \varphi + y \cdot \sin \varphi - p = 0$$

darstellen; dabei ist p der (positive oder negative) Abstand des Koordinatenursprungs von G und φ der Winkel zwischen der x-Achse und der positiven Normalenrichtung von G. Der (positive oder negative) Abstand d eines Punkts $P = (x_0, y_0)$ von der G. G ergibt sich aus

$$x_0 \cdot \cos \varphi + y_0 \cdot \sin \varphi - p = d.$$

Ist $Ax + By + C = 0$ $(A^2 + B^2 > 0)$ die allgemeine G.-Gleichung der G. G, so liefern die Beziehungen

$$\sin \varphi = \frac{B}{\sqrt{A^2 + B^2}}, \quad \cos \varphi = \frac{A}{\sqrt{A^2 + B^2}},$$

$$p = - \frac{C}{\sqrt{A^2 + B^2}}$$

die Hesse-Normalform von G.

Ist eine G. G bezüglich eines dreidimensionalen rechtwinkligen Koordinatensystems durch die Punkte (x_1, y_1, z_1) und (x_2, y_2, z_2) gegeben, so lauten die Gleichungen

$$x = x_1 + (x_2 - y_1)t,$$

$$y = y_1 + (y_2 - y_1)t,$$

$$z = z_1 + (z_2 - z_1)t,$$
t Parameter.

Jede G. des Raums läßt sich auch als Schnitt-G. zweier Ebenen darstellen, also durch zwei Gleichungen:

$$A x + B y + C z + D = 0,$$
$$A' x + B' y + C' z + D' = 0. \quad \left(\text{Rang} \begin{pmatrix} A & B & C \\ A' & B' & C' \end{pmatrix} = 2\right)$$

W. L. Fischer

Gerätesicherheitsgesetz (GSG). Mit dem Gesetz über technische Arbeitsmittel ist das Arbeitsschutzsystem in der Bundesrepublik Deutschland wesentlich ergänzt worden. Neben dem Arbeitgeber, der für die Unfallsicherheit der von ihm beschafften und eingesetzten technischen Geräte entsprechend dem geltenden Arbeitsschutzrecht Sorge zu tragen hat, haben nach dem GSG zusätzlich der Hersteller, Importeur und in gewissem Maße der Händler die Verantwortung für die Sicherheit der in den Verkehr gebrachten oder ausgestellten Geräte zu tragen. Damit besteht ein weiteres wichtiges Instrument für den vorgreifenden Gefahrenschutz.

Der Geltungsbereich des Gesetzes ist weitreichend. Er umfaßt alle verwendungsfertigen technischen Arbeitsmittel und Arbeitseinrichtungen, vor allem Werkzeuge, Arbeitsgeräte, Arbeits- und Kraftmaschinen, Hebe- und Fördereinrichtungen sowie Beförderungsmittel. Einbezogen sind ferner die persönlichen Schutzausrüstungen, wie z. B. Schutzhelme, Sicherheitsschuhe, Atemschutzausrüstungen und Geräte zur Beheizung, Kühlung, Be- und Entlüftung sowie zur Beleuchtung. Mit dem Gesetz soll ferner der Unfallbekämpfung nicht nur im gewerblichen Bereich, sondern auch im privaten und im Freizeitbereich gedient werden. Somit sind alle Geräte in den privaten Haushalten, Sportgeräte, Bastelgeräte und Spielzeug in den Geltungsbereich einbezogen. Die Sicherheit von medizinisch-technischen Geräten ist sowohl im GSG als auch ergänzend hierzu in der Medizingeräteverordnung (MedGV) geregelt.

Das GSG stellt auf die Anwendung der allgemein anerkannten Regeln der Technik sowie der Arbeitsschutz- und Unfallverhütungsvorschriften ab. Das Gesetz dient ausschließlich dem Gefahrenschutz und hat nicht den Zweck, einen bestimmten Gebrauchswert der Geräte zu gewährleisten.

Die Durchführung des Gesetzes liegt bei den zuständigen Landesbehörden (i. a. die Gewerbeaufsicht). Auf dem Wege der Untersagungsverfügung kann die Behörde Geräte aus dem Markt nehmen, wenn ihr bekannt geworden ist, daß diese einen Mangel in der Beschaffenheit aufweisen, durch den Leben oder Gesundheit des Besitzers oder Dritter bei bestimmungsgemäßer Verwendung gefährdet werden, oder wenn bei der Benutzung eines Geräts ein Unfall eingetreten ist und begründeter Verdacht besteht, daß der Unfall auf einen Mangel des technischen Arbeitsmittels zurückzuführen ist.

Um das zu verhindern, kann der Hersteller, Einführer oder Händler das Gerät hinsichtlich seiner Bauart von einer anerkannten Prüfstelle überprüfen lassen. Ein solches Gerät darf dann bei positiver Prüfung mit dem amtlichen GS-Zeichen (geprüfte Sicherheit) versehen werden. Das GS-Zeichen kann jedoch nur im Zusammenhang mit dem Identifikationszeichen der Prüfstelle vergeben werden. Der Mißbrauch des GS-Zeichens wird als Ordnungswidrigkeit geahndet.

Die Anerkennung der Prüfstellen sowie die Aufgabenbereiche (Prüfbereiche) der Prüfstellen sind in der Gerätesicherheits-Prüfstellenverordnung (GS-PrüfV) geregelt. *W. Hoffmann*

Geräusch. Nach dem jetzt gültigen (DIN 1320 von 1969) Sprachgebrauch versteht man darunter alle Schallvorgänge, die nicht absichtlich erzeugte Signale sind, sondern als unbeabsichtigte, oft unerwünschte Nebenerscheinungen auftreten. Es besteht daher ein Unterschied zwischen G. und Lärm. Lärm ist unerwünschter →Schall und hängt sehr vom Hörenden ab (z. B. Nachbarn bei zu lautem Radio). Früher wurde versucht, den Begriff G. über das Frequenzspektrum zu definieren, das einen kontinuierlichen Anteil haben sollte. Der zugehörige Schwingungsvorgang wäre dann völlig unperiodisch (Bild). *Helbig*

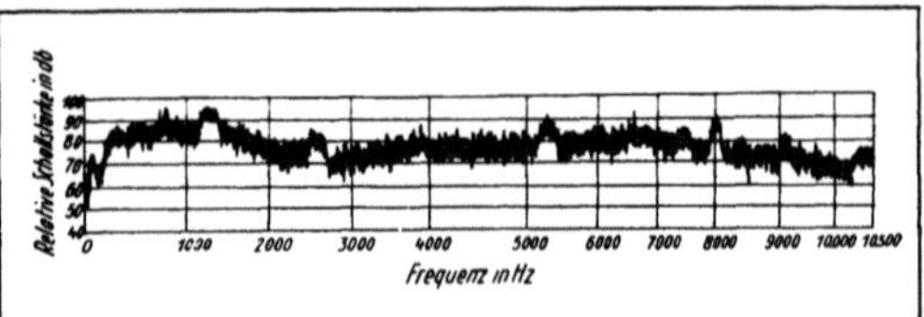

Geräusch: Frequenzspektrum einer Bohrmaschine. (Quelle: W. Reichardt a. a. O.)

Literatur: *Reichardt, W.:* Grundlagen d. Elektroakustik.

Gesamtenergie. Ist die →Beschleunigung $\underline{f}$ (Massenkraft) durch ein zeitunabhängiges Potential $\Phi(\underline{x})$ darstellbar

$$\underline{f} = - \nabla\Phi(\underline{x}),$$

so ist die Produktionsdichte (→Bilanzgleichung) in der Bilanz der Gesamtenergie (→Energiebilanz) als

$$\rho \underline{f} \cdot \underline{v} = - \rho\underline{v} \cdot \nabla\Phi = - \partial(\rho\Phi)/\partial t - \nabla \cdot \rho\Phi\underline{v}$$

darstellbar; (ρ = Massendichte, $\underline{v}$ = →Geschwindigkeitsfeld).

Die Gesamtenergiebilanz ist dann

$$\partial(\rho e)/\partial t + \nabla \cdot (\rho e \underline{v} + \underline{q} + \underline{\underline{P}}^T \cdot \underline{v}) = r$$

mit der spezifischen Gesamtenergie

$$e = \epsilon + \underline{v}^2/2 + \Phi;$$

(ϵ = spezifische innere →Energie, q = →Wärmestromdichte, $\underline{P}$ = Drucktensor (→Druck), T = transponiert, r = Strahlungsabsorptionsdichte). Die *Gesamtenergie* eines Systems entsteht durch →Integration:

$$E = \int_G \rho e\, dV = U + K + \varphi$$

mit der inneren Energie

$$U := \int_G \rho e\, dV,$$

der kinetischen Energie

$$K := \int_G (\rho \underline{v}^2/2)\, dV,$$

und der potentiellen Energie des Systems

$$\varphi := \int_G \rho \Phi\, dV. \qquad\qquad \textit{Muschik}$$

Geschlecht einer Fläche. Als Rückkehrschnitt einer Fläche F bezeichnet man eine geschlossene stetige Kurve auf F, die F nicht in zwei Gebiete zerlegt. Die Kugel (gemeint ist ihre Oberfläche) besitzt z. B. keine Rückkehrschnitte, auf dem →Torus dagegen gibt es welche. Die maximale Anzahl der zueinander fremden, die Fläche nicht zerlegenden Rückkehrschnitte bezeichnet man als das Geschlecht von F. Das Geschlecht ist eine topologische Invariante, die auch mit Mitteln der algebraischen Topologie definiert werden kann. Die Kugel besitzt das Geschlecht 0, der Torus das Geschlecht 1. Eine Fläche vom Geschlecht p läßt sich durch eine topologische Abbildung auf eine Kugel mit p angesetzten Henkeln abbilden (Bild). *Schmeißer*

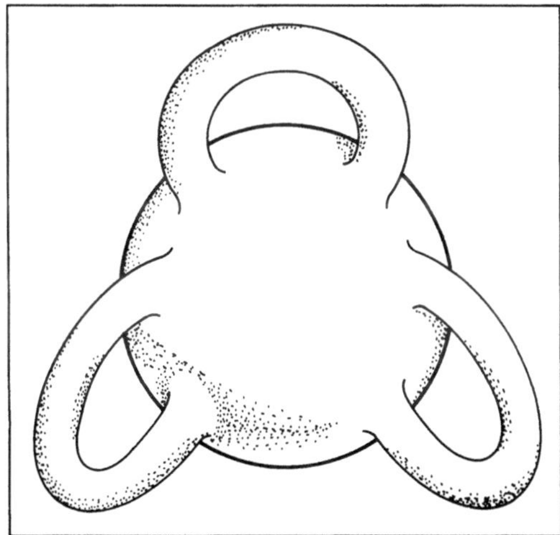

Geschlecht einer Fläche: Geschlecht 3.

Literatur: *Behnke, H.,* u. *F. Sommer:* Theorie der analytischen Funktionen einer komplexen Veränderlichen. 3. Aufl. Berlin 1976. – *Seiffert, H.,* u. *W. Threlfall:* Lehrb. der Topologie. Leipzig 1934.

Geschmacksmuster. Durch ein G. wird die ästhetische Gestaltung (Design) eines Gegenstands (Modells) oder einer Fläche (Muster) geschützt. Voraussetzung für den Schutz ist, daß das Design ein neues und eigentümliches Erzeugnis ist (§ 1 G.-Gesetz). Gegenstand des Schutzes kann z. B. die äußere Gestaltung von Gegenständen des täglichen Bedarfs, aber auch das Äußere von Maschinen oder Fahrzeugen sein. Flächenmuster sind z. B. Stoff- oder Tapetenmuster. Das Modell oder Muster muß eigentümlich sein und damit auf einer individuellen, selbständigen Leistung beruhen. Es muß neu sein, d. h. zur Zeit der Anmeldung den beteiligten Verkehrskreisen nicht bekannt sein. Ferner muß es im Gewerbe verwertbar und damit gewerblich herstellbar und verwendbar sein. Die Gestaltung des Musters oder Modells darf nicht allein durch die Technik oder den Gebrauchszweck bedingt sein.

Entsprechend den Neuregelungen im Rahmen der G.-Novelle, die seit 1. Juli 1988 gelten, erfolgt die zentrale Anmeldung und Registrierung unter Festlegung der zugehörigen Warenklasse beim Musterregister des →Deutschen Patentamtes. Die gegenständliche Hinterlegung der zum Schutz angemeldeten Muster oder Modelle ist nur noch im Ausnahmefall zugelassen und wird durch Darstellungen in Form von Zeichnungen oder Photographien ersetzt, die im G.-Blatt nach der jeweiligen Warenklasse geordnet bekanntgemacht werden. Es kann gewählt werden zwischen einer Einzelanmeldung und einer Sammelanmeldung. Letztere kann bis zu 50 verschiedene Muster derselben Warenklasse enthalten und bietet eine Gebührenermäßigung. Wenn noch nicht feststeht, welches Muster oder Modell sich auf dem Markt durchsetzen wird, kann eine maximal 18 Monate aufgeschobene Bekanntmachung beantragt werden (§ 8b GeschmMG).

Auf Grund der am 1. Juli 1988 in Kraft getretenen Neuregelung kann eine 6-monatige Neuheitsschonfrist zugunsten des Anmelders oder seines Rechtsvorgängers (ähnlich wie auf dem Gebiet des für →Gebrauchsmuster anzuwendenden Rechts) in Anspruch genommen werden (§ 7a GeschmMG). Der G.-Schutz gilt zunächst 5 Jahre. Er ist auf maximal 20 Jahre verlängerbar und besteht darin, daß allein der Urheber die ausschließliche Befugnis hat, das G. nachzubilden und zu verbreiten (§ 5). Das G.-Musterrecht ist vererblich und kann beschränkt oder unbeschränkt übertragen werden (§ 3). Rechtsverletzungen ziehen Unterlassungs-/Schadensersatzansprüche (§ 14a) sowie Strafe (§ 14) nach sich. Auslandsanmeldungen können unter Beanspruchung einer 6-monatigen Priorität der Erstanmeldung vorgenommen werden. Nach dem Haager Musterabkommen kann durch eine einzige Anmeldung Schutz in mehreren Ländern erreicht werden. *Cohausz*

Literatur: *Furler, Bauer, Loschelder:* Geschmacksmustergesetz. 4. Aufl. 1985. – *Gerstenberg, E.:* Geschmacksmustergesetz (Kommentar). 2. Aufl. 1988.

Geschwindigkeit. Im täglichen Gebrauch wird gemäß Bild 1 die in einem Zeitraum Δt zurückgelegte Strecke Δs, durch Δt geteilt, als (mittlere) G. bezeichnet. Im Sinn der →Mechanik ist der Grenzwert dieses Quotienten für kleine Δt die Bahngeschwindigkeit (→Bahn) $v = \pm \dot{s} \equiv ds/dt$. Die G. selbst hat außer dem Wert eine Richtung, ist also ein „Geschwindigkeitsvektor" $\vec{v}$ tangential zur Bahn, der die Bedingungen $\vec{v} = \dot{\vec{r}} \equiv d\vec{r}/dt$, $\vec{e}_v = \pm \vec{e}_t$ und $|v| = |\vec{v}|$ erfüllt. Die englischen Bezeichnungen „speed" für v und „velocity" für $\vec{v}$ halten die Begriffe besser als die deutschen Ausdrücke auseinander.

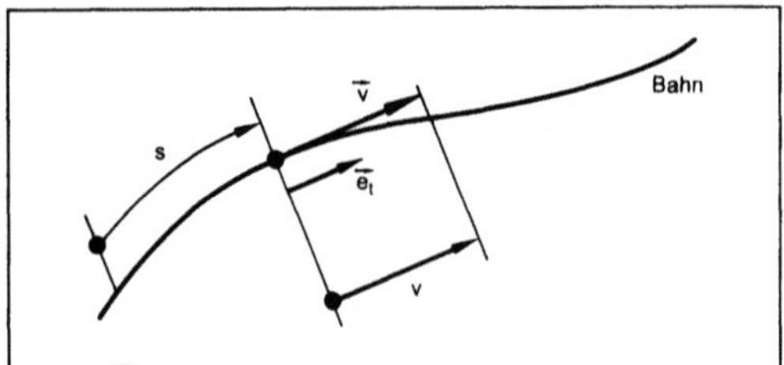

Geschwindigkeit 1: G. längs einer festen Bahn.

Alle G.en eines Körpers bilden sein →Geschwindigkeitsfeld. Es wird in starren Körpern durch die G. $\vec{v}_B$ eines Bezugspunktes B und einen Winkelgeschwindigkeitsvektor $\vec{\omega}$ für einen bestimmten Augenblick eindeutig festgelegt, weil für jeden Punkt P des starren Körpers $\vec{v}_P = \vec{v}_B + \vec{\omega} \times \vec{r}_P^{(B)}$ gilt (Bild 2 und 3). Die Glieder $\vec{\omega} \times \vec{r}_P^{(B)}$ haben den Betrag $|\omega| l_P$ (vergleiche Skizze), sie sind Tangenten an Kreise um Punkte einer durch B verlaufenden $\vec{\omega}$-Achse.

Speziell in der ebenen →Kinematik gilt der Satz von *Burmester;* „Trägt man in mehreren Punkten eines (ebenen) starren Körpers in irgendeinem Maßstab die Geschwindigkeitsvektoren an, so bilden die Spitzen der Vektoren eine geometrische

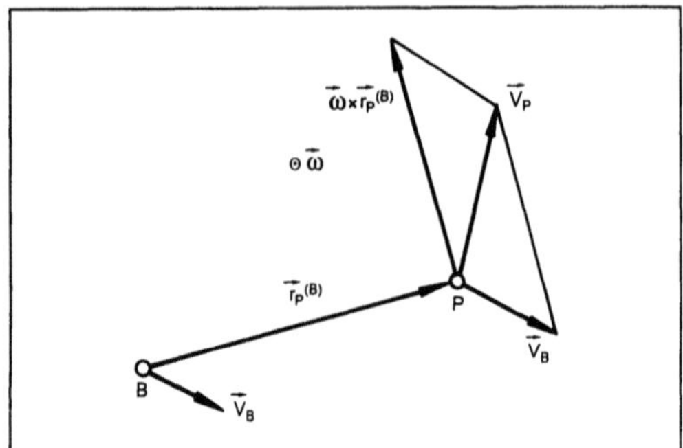

Geschwindigkeit 2: Geschwindigkeitsanteile im ebenen Fall.

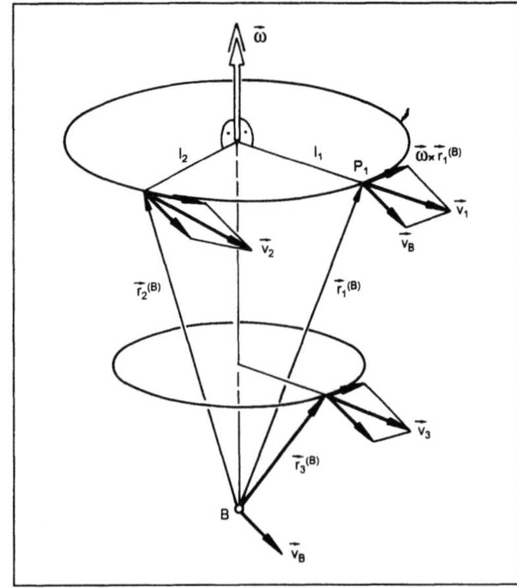

Geschwindigkeit 3: Geschwindigkeitsanteile im räumlichen Fall.

Figur, die derjenigen der Körperpunkte ähnlich ist." Als Sonderfall gilt das auch von Geschwindigkeitsvektoren, die in einem Punkt angetragen werden und den Hodographen bilden. – In Bild 4 liegen folgende ähnliche Dreiecke vor: Δ ABC, ΔA′ B′ C′ und ΔA″ B″ C″. *Besdo*

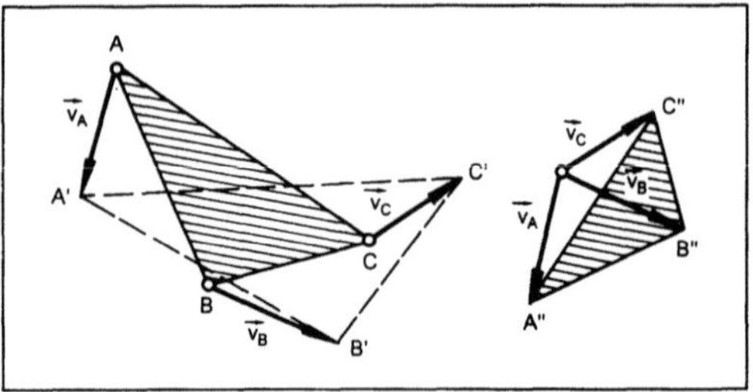

Geschwindigkeit 4: Zum Satz von Burmester.

Geschwindigkeitsfeld. Das Feld $\mathbf{u}(x,t)$ der Geschwindigkeitsvektoren $\mathbf{u}$ zu einem festen Zeitpunkt t an allen Punkten x des Strömungsgebiets, z. B. außerhalb eines umströmten Tragflügels oder innerhalb eines durchströmten Rohrs. Es gehört zu den Angaben, die in diesem Zeitpunkt t den Bewegungszustand des Fluids kennzeichnen. Es läßt sich durch (genügend kleine und trägheitslose) Schwebeteilchen sichtbar machen: Man photographiert sie zur Zeit t mit der kleinen Belichtungszeit Δt. Auf dem Photo sieht man dann die Projektion eines Felds von Strichen der Länge und Richtung $\mathbf{u}(x,t) \cdot \Delta t$.

Bei räumlich und zeitlich konstanter Dichte eines newtonschen Fluids wird das Strömungsfeld durch das G. vollständig beschrieben, d. h. seine zeitliche Weiterentwicklung ist durch Bewegungsgleichungen und Randbedingungen (z. B. Haften des Fluids an Wänden) vorausbestimmt. Anderenfalls werden zusätzlich die Felder Druck $p(x,t)$ und Temperatur $T(x,t)$ und bei nichtnewtonschen Fluiden oder bei Mischungen u. U. weitere Felder benötigt. Die Gesamtheit dieser Felder ist das Strömungsfeld. Diese Art der Beschreibung einer Strömung (z. B. durch Wetterkarten) ist als Euler-Darstellung bekannt.

Mit dem G. $u(x,t)$ verbindet man die Vorstellung eines Kontinuums von Massenpunkten. Ihnen ordnet die Lagrange-Darstellung Felder zu. Ihre Bahnlinien lassen sich z. B. durch Schwebeteilchen sichtbar machen, die man mit einer langen Belichtungszeit photographiert. Bahnlinien sind die Lösungen $x(t)$ der →Differentialgleichungen (in kartesischen →Koordinaten)

$$dx_i/dt = u_i(x,t).$$

In einer instationären Strömung (d. h. bei zeitlich veränderlichem G.) sind von den Bahnlinien die Stromlinien zu unterscheiden. Stromlinien folgen in jedem festen Zeitpunkt t überall der momentanen Richtung der Geschwindigkeit $u(x,t)$. Mathematisch ausgedrückt sind sie zur Zeit t Lösungen $x(\tau,t)$ der Differentialgleichungen

$$dx_i/d\tau = u_i(x,t).$$

In stationären Strömungen $u(x)$ stimmen Bahn- und Stromlinien überein.

Flüssige oder materielle Linien sind experimentell oder nur gedanklich markierte Massenpunkte in einem Fluid, die in jedem Augenblick eine Linie bilden und im Strömungsfeld mitschwimmen. Von großer Bedeutung sind geschlossene flüssige Linien im Zusammenhang mit den Helmholtz-Wirbelsätzen. Eine Streichlinie ist eine flüssige Linie, die in einem Punkt räumlich fixiert ist. Sie wird sichtbar, wenn man in diesem Punkt eine zeitlang ständig Tinte oder Rauch einleitet, ohne die Strömung merklich zu stören. Bei stationärer Strömung folgt auch sie den Stromlinien. In einer instationären (z. B. turbulenten) Strömung ist es sehr schwierig und oft irreführend, aus beobachteten Streich- oder Bahnlinien die Stromlinien zu erschließen.

Massenpunkte und ihre Bahnlinien sind Abstraktionen der Physik kontinuierlicher Stoffe. Moleküle eines Gases, die sich zur Zeit $t=0$ in der Umgebung eines Punkts P befinden, werden im Laufe der Zeit $t>0$ durch thermische Bewegung von der Bahnlinie $x(P,t)$ wegdiffundieren. Die lokale Geschwindigkeit $u(x,t)$ ist der Impuls je Masse, der sich durch Mitteilung aus den Impulsen der Moleküle in der Umgebung von x ergibt. Dies ist Gegenstand der kinetischen Gastheorie. *Vogel*

Geschwindigkeitsmessung. Die Geschwindigkeit v ist der Quotient aus Länge (Weg) s und Zeit t: $v = s/t$. Die SI-Einheit der Geschwindigkeit ist Meter durch Sekunde (Einheitenzeichen m/s). Ebenfalls gebräuchlich, aber keine SI-Einheit, ist Kilometer durch Stunde (km/h). Diese Definition ist ähnlich wie die der →Drehzahl (Umdrehungsfrequenz). Wenn man eine Linearbewegung mittels eines angekoppelten Rades in eine Drehbewegung umsetzt, kann man die G. in einfacher Weise auf eine →Drehzahlmessung zurückführen. Der Drehzahlmesser kann dann so kalibriert werden, daß er die Geschwindigkeit in der gewünschten Einheit anzeigt. Industrielle G. beruhen vielfach auf dieser Vorgehensweise. Beispiele: Überwachung der Transportgeschwindigkeit von Förderbändern, G. in Fahrzeugen, Messung der Ablaufgeschwindigkeit von Textilfäden in der Produktion, Messung der Geschwindigkeit strömender Gase (z. B. Wind) oder Flüssigkeiten mittels Meßturbinen (Anemometer).

Wenn an der Strecke, an der die Geschwindigkeit gemessen werden soll, ein äquidistant geteiltes Wegraster angebracht ist, kann man die Geschwindigkeit auch durch Abtasten dieses Rasters messen, in dem man die in einer bestimmten Zeit einlaufenden Impulse abzählt (→Längen- und Winkelmessung, →Frequenzmessung).

Auch ohne ein besonders angebrachtes Wegraster kann man wegen der Unregelmäßigkeiten der Oberflächen die Geschwindigkeit z. B. von durchlaufendem Warmwalzgut oder von Papierbahnen berührungslos messen. Das Meßprinzip beruht auf der Korrelation (Korrelationsmeßtechnik) zweier Meßsignale. Die Eigenstrahlung des vorbeilaufenden warmen Walzguts ändert sich ständig entsprechend dem jeweiligen Oberflächengefüge. Diese Strahlung wird von zwei Infrarot-Sensoren (→Pyrometer) im Meßfühler erfaßt, die im Abstand L voneinander entfernt angeordnet und je mit einer schmalen Blende versehen sind. Beide Sensoren registrieren mit einer bestimmten zeitlichen Verschiebung dasselbe Signal. Das Zeitintervall T zwischen den beiden Signalen ist ein Maß für die Laufgeschwindigkeit v des Walzguts. Es wird gemessen, indem das Signal des ersten Sensors durch ein Schieberegister so weit verzögert wird, bis beide Signalbilder zur Deckung gebracht sind. Die Verzögerung des Schieberegisters entspricht dann dem Zeitintervall, und daraus läßt sich die Geschwindigkeit $v = \dfrac{L}{T}$ bestimmen.

Kaltes Material, z. B. eine Papierbahn, gibt keine Eigenstrahlung ab und muß deshalb beleuchtet werden. Die reflektierte Strahlung wird dann wie beschrieben von den Sensoren erfaßt und zur Ermittlung der Geschwindigkeit oder Länge herangezogen. Entsprechende Versuche wurden auch gemacht, um Geschwindigkeiten von Straßenfahrzeugen zu messen.

Weiterhin kann man Geschwindigkeiten über die durch den Doppler-Effekt entstehende Frequenzverschiebung messen. Als Beispiel sei das Laser-Doppler-Anemometer (→Anemometer) genannt. Auch bei Schallwellen treten Doppler-Verschiebungen auf (→Schall, →Ultraschall), aus denen sich die Geschwindigkeit errechnen läßt, mit der sich der Abstand von Schallsender und -empfänger ändert.

Zum Messen von Schwinggeschwindigkeiten haben elektrische Aufnehmer mit elektrodynamischem Meßsystem eine große Bedeutung erlangt. Durch elektronische Integration oder Differentiation der Meßspannung können diese Aufnehmer auch zum Messen von Schwingwegen oder Schwingbeschleunigungen verwendet werden (→Schwingungsmessung). *Hammerschmidt*

Gesetz über die Beförderung gefährlicher Güter. Dieses Gesetz vom 6. August 1975 gilt für die Beförderung gefährlicher Güter mit Eisenbahn-, Straßen-, Wasser- und Luftfahrzeugen. Gefährliche Güter im Sinne des Gesetzes sind Stoffe und Gegenstände, von denen auf Grund ihrer Natur, ihrer Eigenschaft oder ihres Zustandes im Zusammenhang mit der Beförderung Gefahren für die öffentliche Sicherheit oder Ordnung, insbesondere für die Allgemeinheit, für wichtige Gemeingüter, für Leben und Gesundheit von Menschen sowie für Tiere oder andere Sachen ausgehen können. Zu diesen Stoffen und Gegenständen gehören:
□ Sprengstoffe, Munition und Feuerwerkskörper,
□ Gase,
□ entzündbare flüssige und feste Stoffe,
□ selbstentzündliche Stoffe,
□ Stoffe, die in Berührung mit Wasser entzündliche Gase entwickeln,
□ Entzündend (oxidierend) wirkende Stoffe und organische Peroxide,
□ giftige Stoffe,
□ ekelerregende und ansteckungsgefährliche Stoffe,
□ radioaktive Stoffe,
□ ätzende Stoffe.

Die Beförderung gefährlicher Güter ist infolge der Entwicklung von Wirtschaft und Technik in einer ständigen Zunahme begriffen. Gefährliche Güter, insbesondere als Vor- und Zwischenprodukt der Industrie, werden heute in einem Ausmaß befördert, wie es noch vor einiger Zeit unbekannt war. Die Beförderung gefährlicher Stoffe und Gegenstände bringt für die Industriestaaten im nationalen und, wegen der internationalen Verflechtung der Wirtschaft, auch im grenzüberschreitenden Verkehr eine Problematik mit sich, die eine ständige Auseinandersetzung erfordert. Einerseits muß, wenn die wirtschaftlich-technische Entwicklung nicht gehemmt

werden soll, die Beförderung gefährlicher Güter zu tragbaren Bedingungen möglich sein, andererseits erfordert es das Interesse der Allgemeinheit, daß das Risiko, das mit solchen Transporten verbunden ist, so gering wie möglich gehalten wird.

Das Gesetz schafft für das Gebiet der Beförderung gefährlicher Güter eine einheitliche Rechtsgrundlage. Das Gesetz enthält nur die grundsätzlichen Vorschriften, da die komplizierten und umfangreichen Einzelregelungen durch verhältnismäßig kurzfristig erfolgende Revisionen dauernd weiterentwickelt werden müssen. Es trifft aber im Gegensatz zum bisherigen Rechtszustand für die Beförderung gefährlicher Güter für alle Verkehrsmittel einheitliche Regelungen, und zwar für den nationalen und, soweit dies möglich ist, auch für den internationalen Verkehr.

Für Einzelregelungen, für den Erlaß von Rechtsverordnungen, schafft das Gesetz eine einheitliche, umfassende und sichere Rechtsgrundlage. Bei den auf Grund des Gesetzes erlassenen Verordnungen handelt es sich im wesentlichen um
□ Verordnungen wie Gefahrgutverordnung Straße, Gefahrgutverordnung Eisenbahn, Gefahrgutverordnung See und Gefahrgutverordnung Binnenschiffahrt,
□ Ausnahmeverordnungen wie Straßen-Gefahrgutausnahmeverordnung und Eisenbahn-Gefahrgutausnahmeverordnung.

Das Gesetz gibt auch die Möglichkeit zum Erlaß von Sofortmaßnahmeverordnungen. Damit können im Einzelfall Maßnahmen der Gefahrenabwehr getroffen werden, die aus dringenden Erfordernissen der Praxis schon vor einer entsprechenden Änderung der Rechtsverordnungen eingeführt werden müssen. *W. Hoffmann*

Gewerbeordnung. Die seit 1869 bestehende und seitdem laufend den geänderten Verhältnissen angepaßte Gewerbeordnung – die letzte Neufassung datiert vom 1. Januar 1987, zuletzt geändert durch Gesetz vom 9. November 1990 (BGBl. I S. 2442) – richtet sich an die gewerbetreibende Wirtschaft. Die Gewerbeordnung trifft ordnungspolitische, sicherheitstechnische und arbeitsrechtliche Festlegungen; insbesondere
□ konstatiert sie den *Grundsatz der Gewerbefreiheit* und enthält allgemeine Erfordernisse (Anzeigepflicht, Anbringung von Namen und Firma u. a.);
□ schreibt sie die Überwachung bestimmter gewerblicher Anlagen (überwachungsbedürftige Anlagen) vor;
□ regelt sie die Konzession bestimmter Gewerbetreibender;
□ trifft sie Regelungen für das Reisegewerbe sowie für Messen, Ausstellungen und Märkte;
□ regelt sie die Rechte gewerblicher Arbeitnehmer;

□ enthält sie einschlägige Straf- und Bußgeldvorschriften;

□ schreibt sie die Einrichtung und Nutzung eines Gewerbezentralregisters vor.

Der Arbeitssicherheit – Schutz Beschäftigter und Dritter vor Gefahren durch Anlagen, die mit Rücksicht auf ihre Gefährlichkeit einer besonderen Überwachung bedürfen (überwachungsbedürftige Anlagen) – sind die § 24 und 25 der Gewerbeordnung gewidmet.

§ 24 Abs. 1 ermächtigt die Bundesregierung, nach Anhörung der beteiligten Kreise durch Rechtsverordnung

□ die Errichtung, den Betrieb und die Vornahme von Änderungen von einer Anzeige oder einer Erlaubnis abhängig zu machen

□ bestimmte Anforderungen insbesondere an die Errichtung, die Herstellung, die Bauart, die Werkstoffe, die Ausrüstung, die Unterhaltung sowie den Betrieb zu stellen

□ Prüfungen vor Inbetriebnahme, regelmäßig wiederkehrende Prüfungen und Prüfungen aufgrund behördlicher Anordnung vorzuschreiben

□ Gebühren und Auslagen für die vorgeschriebenen oder behördlich angeordneten Prüfungen festzusetzen.

§ 24 Abs. 2 enthält gewisse Erweiterungen und Einschränkungen des Absatzes 1.

§ 24 Abs. 3 definiert die überwachungsbedürftigen Anlagen, und zwar als

1) Dampfkesselanlagen;

2) Druckbehälteranlagen außer Dampfkesseln;

3) Anlagen zur Abfüllung von verdichteten, verflüssigten oder unter Druck gelösten Gasen;

4) Leitungen unter innerem Überdruck für brennbare, ätzende oder giftige Gase, Dämpfe oder Flüssigkeiten;

5) Aufzugsanlagen;

6) elektrische Anlagen in besonders gefährdeten Räumen;

7) Getränkeschankanlagen und Anlagen zur Herstellung kohlensaurer Getränke;

8) Acetylen-Anlagen und Kalziumkarbidlager;

9) Anlagen zur Lagerung, Abfüllung und Beförderung von brennbaren Flüssigkeiten;

10) Medizinisch-technische Geräte;
wobei zu den in den Nummern 2, 3 und 4 bezeichneten überwachungsbedürftigen Anlagen nicht die Energieanlagen im Sinne des § 2 Abs. 1 des *Energiewirtschaftsgesetzes* gehören.

§ 24 Abs. 4 regelt die Einsetzung, die Aufgaben und die Zusammensetzung technischer Ausschüsse zur Beratung des Gesetzgebers und die Zusammenarbeit mit dem Technischen Ausschuß für Anlagensicherheit (TAA) und § 31 a Abs. 1 BimSchG' hinsichtlich der Erstellung Technischer Regeln nach dem Stand der Technik.

§ 24 Abs. 5 ermöglicht der Bundesregierung die Übertragung der Ermächtigung nach Abs. 1 ganz oder teilweise auf den zuständigen Bundesminister.

§ 24 Abs. 6 schreibt die Zustimmung des Bundesrates für die zu erlassenden Rechtsverordnungen vor.

§ 24a berechtigt die zuständige Behörde, im Einzelfall die erforderlichen Maßnahmen zur Durchführung der durch die Rechtsverordnungen auferlegten Pflichten anzuordnen.

§ 24b verpflichtet die Betreiber von überwachungsbedürftigen Anlagen, den Sachverständigen, denen die Prüfung der Anlagen obliegt, die Anlagen zugänglich zu machen, die Prüfungen zu gestatten und die dafür erforderlichen Hilfen zu geben.

Die Prüfungen der überwachungsbedürftigen Anlagen durch Sachverständige sind im § 24c der Gewerbeordnung geregelt. Sofern die nach § 24 Abs. 1 erlassenen Rechtsverordnungen nichts anderes bestimmen, werden die Prüfungen von amtlichen oder amtlich für diesen Zweck anerkannten Sachverständigen vorgenommen, die in technischen Überwachungsorganisationen zusammenzufassen sind. Anlagen der Deutschen Bundespost werden jedoch von den vom Bundesminister für das Post- und Fernmeldewesen bestimmten Stellen vorgenommen. Der Bundesminister für Arbeit und Sozialordnung ist berechtigt, durch Verwaltungsvorschriften die Anforderungen zu bestimmen, denen die Sachverständigen hinsichtlich ihrer beruflichen Ausbildung und Erfahrung in der technischen Überwachung genügen müssen. Er wird außerdem ermächtigt, Vorschriften über die Sammlung und Auswertung der Erfahrungen der Sachverständigen sowie über deren Weiterbildung zu erlassen. (In beiden Fällen hat der Bundesminister bisher auf eigene Regelungen verzichtet, da die Technischen Überwachungs-Vereine zusammen mit ihrer Dachorganisation, der Vereinigung der Technischen Überwachungs-Vereine, die notwendigen sachlichen und organisatorischen Festlegungen selbst getroffen haben.) § 24c der Gewerbeordnung sieht weiter vor, daß die Landesregierungen die Organisation der technischen Überwachung, die Aufsicht über sie sowie die Durchführung der Überwachung regeln.

§ 24d der Gewerbeordnung weist die Aufsicht über die Ausführung der nach § 24 Abs. 1 erlassenen Rechtsverordnungen den Gewerbeaufsichtsbehörden zu, sofern es sich nicht um Anlagen, die der Bundesverwaltung unterstehen, oder um Anlagen an Bord von Seeschiffen handelt; in diesen Fällen bestimmt die Bundesregierung die Aufsichtsbehörde.

Nach § 25 der Gewerbeordnung kann die zuständige Behörde die Stillegung oder Beseitigung einer Anlage anordnen, wenn diese ohne Erlaubnis oder

Sachverständigenprüfungen errichtet, betrieben oder geändert wird. In bestimmten Fällen kann die zuständige Behörde den Betrieb der Anlage untersagen, z. B. wenn Gefahren für die zu schützenden Personen entstehen. *W. Hoffmann*

gewerblicher Rechtsschutz →Rechtsschutz, gewerblicher

Gleichgewicht.

1. Gleichgewichtszustände makroskopischer Systeme bilden eine Teilmenge aller zeitunabhängigen (stationären) Systemzustände (Zustandsraum), den sogenannten Gleichgewichtsteilraum. Dabei ist die Definition dieses Teilraums je nach Disziplin unterschiedlich. So unterscheidet man mechanisches, thermodynamisches, chemisches G. und Phasengleichgewicht. Thermisches und lokales G. sind weitere spezielle Gleichgewichtsdefinitionen. Gleichgewichte werden durch Gleichgewichtsbedingungen beschrieben, die ebenso vielfältig wie ihre Definitionen sind.

Mikroskopisch betrachtet zeigen Systemzustände infolge der zufälligen Bewegung ihrer Teilchen Schwankungen um einen Durchschnittswert, der gerade dem makroskopischen Systemzustand entspricht. Gleichgewichtszustände sind also stationäre makroskopische Systemzustände, die weiteren Gleichgewichtsbedingungen genügen. Statistisch sind Gleichgewichtszustände dadurch gekennzeichnet, daß diese ein Maximum an mikroskopischen Realisierungsmöglichkeiten besitzen. Gleichgewichtszustände können stabil, indifferent oder instabil (labil) sein.

Sie heißen stabil (instabil), wenn unter unveränderten makroskopischen Randbedingungen aus jedem beliebig benachbarten Zustand ein Prozeß in den (vom) Gleichgewichtszustand zurückführt (wegführt). Indifferente Gleichgewichtszustände sind unter unveränderten makroskopischen Randbedingungen nur von Gleichgewichtszuständen umgeben. *Muschik*

2. chemisches G. Ein reaktionsfähiges Gemisch verschiedener Stoffe befindet sich im c. G., wenn im geschlossenen System im isothermen und isochoren Fall die freie →Energie A, im isothermen und isobaren Fall die freie →Enthalpie G des Systems ein Minimum angenommen hat. Es treten dann keine makroskopisch wahrnehmbaren, stofflichen Veränderungen mehr auf.

Die →Gleichgewichtsbedingung für geschlossene Systeme im isothermen Fall lautet

$$dA_{V,T} = 0, \qquad (1)$$

wenn das Volumen konstant gehalten wird, und

$$dG_{p,T} = 0, \qquad (2)$$

wenn der Druck konstant bleibt. Der letztere Fall ist für die Chemie der interessantere.

In geschlossenen Systemen sind die Stoffmengenänderungen nicht frei wählbar, sondern durch die Stöchiometrie der Umsätze miteinander gekoppelt, z. B. in der Reaktion

$$|\nu_A| A + |\nu_B| B \rightleftharpoons |\nu_C| C + |\nu_D| D. \qquad (3)$$

Die Stoffmengenänderungen dn_i sind über die stöchiometrischen Faktoren ν_i mit der →Reaktionslaufzahl ξ verknüpft:

$$dn_i = \nu_i d\xi. \qquad (4)$$

Die Gibbs'sche Fundamentalgleichung lautet deshalb

$$dG = -SdT + Vdp + \Sigma \nu_i \mu_i d\xi, \qquad (5)$$

mit der →Entropie S, der Temperatur T, dem Volumen V, dem Druck p und den chemischen Potentialen μ_i der Komponenten i.

Daraus folgt für den Fall, daß $dT = 0$ und $dp = 0$ unter Berücksichtigung von Gl. (2), daß die freie Reaktionsenthalpie ΔG im Gleichgewicht null ist:

$$\Delta G = (\delta G/\delta \xi)_{p,T} = \Sigma \, \nu_i \mu_i = 0. \qquad (6)$$

Das chemische Potential in der Mischphase ist

$$\mu_i(p,T) = \mu_i^O (p,T) + RT \ln a_i, \qquad (7)$$

wobei sich μ_i^O auf einen Standardzustand bezieht, a_i die Aktivität der Komponente i ist. Die Kombination der Gl. (6) und (7) liefert

$$\Delta G = \Sigma \, \nu_i \, \mu_i^O + RT \, \Sigma \, \nu_i \ln [a_i] = \Delta G^O +$$
$$RT \, \Pi \, [a_i]^{\nu i} = 0, \qquad (8)$$

wobei die eckigen Klammern auf Gleichgewichtsaktivitäten hinweisen. Es folgt

$$\ln \Pi \, [a_i]^{\nu i} = \Delta G^O/RT = \ln K. \qquad (9)$$

Das ist die allgemeine Formulierung des Massenwirkungsgesetzes

$$K = \Pi \, [a_i]^{\nu i}. \qquad (10)$$

Sie gibt zugleich den Zusammenhang zwischen der Gleichgewichtskonstanten K und der freien Standard-Reaktionsenthalpie ΔG^O.

Die Differentiation der Gl. (9) nach der Temperatur liefert die Temperaturabhängigkeit der Gleichgewichtskonstanten, die sog. van't-Hoff'sche Reaktionsisobare

$$(\delta \ln K/\delta T)_p = \Delta H^O/RT^2, \qquad (11)$$

(vgl. auch thermodynamisches G.). *Wedler*

Literatur: *Kortüm, G.* u. *H. Lachmann:* Einführung in die chemische Thermodynamik. Weinheim 1981. – *Wedler, G.:* Lehrbuch der Physikalischen Chemie. Weinheim 1987.

3. radioaktives G. Wenn mehrere Radionuklide sich in einer Folge von Zerfallsprozessen ineinander umwandeln (→Radioaktivität), so kann sich zwischen diesen Radionukliden ein r. G. einstellen:

→Nuklid 1 → Nuklid 2 → Nuklid 3 …

Solche aufeinanderfolgenden Umwandlungen findet man z. B. in den natürlichen radioaktiven Zerfallsreihen. Um die genetische Beziehung der →Nuklide zu charakterisieren, spricht man von Mutternuklid und Tochternuklid. Das Tochternuklid 2 bildet sich durch →Zerfall des Mutternuklids 1. Daraus folgt für die Bildungsrate von 2:

$$\frac{dN_2}{dt} = - \frac{dN_1}{dt} = \lambda_1 N_1.$$

Andererseits zerfällt das Nuklid 2 in das Nuklid 3 mit der Zerfallsrate

$$- \frac{dN_2}{dt} = \lambda_2 N_2 \,,$$

und man erhält für die Nettobildungsrate von 2

$$\frac{dN_2}{dt} = \lambda_1 N_1 - \lambda_2 N_2;$$

als Lösung dieser Differentialgleichung erhält man

$$N_2 = \frac{\lambda_1}{\lambda_2 - \lambda_1} N_1 \left(1 - e^{-(\lambda_2 - \lambda_1)\,t}\right).$$

Das r. G. wird asymptotisch erreicht, wenn $e^{-(\lambda_2-\lambda_1)t}$ gegen 0 geht, d. h. wenn $(\lambda_2-\lambda_1)t$ sehr groß wird. Wenn $\lambda_1 \gg \lambda_2$ ist, so erfolgt die Gleichgewichtseinstellung verhältnismäßig rasch; wenn λ_1 nur ein wenig kleiner ist als λ_2, so nimmt die Gleichgewichtseinstellung sehr lange Zeit in Anspruch, und wenn $\lambda_1 > \lambda_2$ ist, so stellt sich kein radioaktives Gleichgewicht ein, weil das Mutternuklid rascher zerfällt als das Tochternuklid.

Die zeitliche Änderung der Aktivitäten $A_1 = \lambda_1 N_1$ und $A_2 = \lambda_2 N_2$ im Anschluß an eine chemische Trennung von Mutter- und Tochternuklid zur Zeit $t = 0$ ist in den Bildern 1 u. 2 als Funktion der auf die →Halbwertzeit des Tochternuklids $t_{1/2}(2)$ normierten Zeit für die beiden Fälle $\lambda_1 \ll \lambda_2$ und $\lambda_1 > \lambda_2$ aufgezeichnet.

Im ersten Falle, $\lambda_1 \ll \lambda_2$ bzw. $t_{1/2}(1) \gg t_{1/2}(2)$, stellt sich ein sog. säkulares radioaktives Gleichgewicht ein, und für die Aktivitäten gilt $A_1 = A_2$. Im zweiten Fall, $\lambda_1 < \lambda_2$ bzw. $t_{1/2}(1) > t_{1/2}(2)$, spricht man von einem transienten radioaktiven Gleichgewicht, und für die Aktivitäten gilt die Beziehung

$$\frac{A_1}{A_2} = 1 - \frac{t_{1/2}(2)}{t_{1/2}(1)};$$

d. h. in diesem Fall ist die Aktivität des Tochternuklids stets ein wenig größer als diejenige des

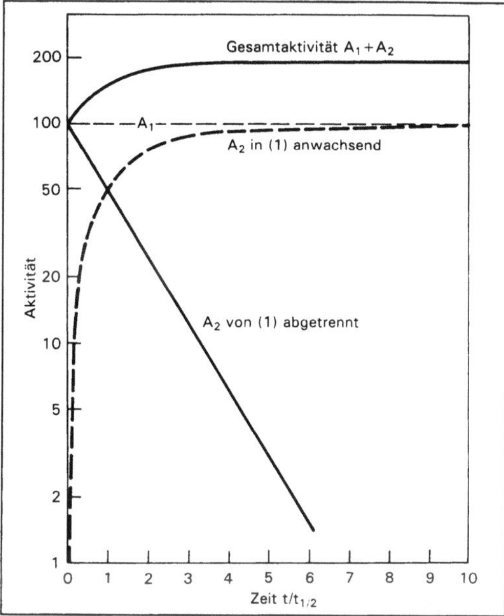

radioaktives Gleichgewicht 1: Säkulares radioaktives Gleichgewicht – Gesamtaktivität $A_1 + A_2$ und Einzelaktivitäten als Funktion der Zeit.

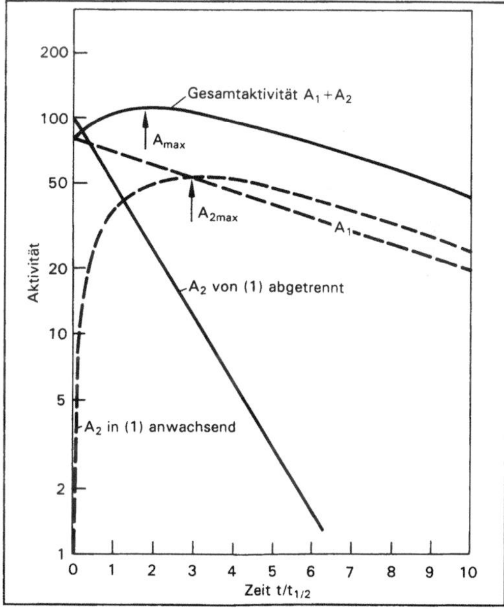

radioaktives Gleichgewicht 2: Transientes radioaktives Gleichgewicht. – Gesamtaktivität $A_1 + A_2$ und Einzelaktivitäten als Funktion der Zeit ($t_{1/2}(1)/t_{1/2}(2) = 5$).

Mutternuklids. Im Gegensatz zum thermodynamischen Gleichgewicht ist das r. G. nicht reversibel, das transiente r. G. ist auch nicht stationär.

Wenn r. G. vorliegt, so ergeben sich einige praktische Anwendungen: Bei Kenntnis der Halbwertzeiten kann man die Mengen aller Folgeprodukte eines langlebigen Mutternuklids berechnen (z. B. die Menge an Radium in einem Uranerz). Umgekehrt kann man aus den Mengenverhältnissen die Halbwertzeiten berechnen. Dies ist wichtig für die Bestimmung großer Halbwertzeiten von Radionukliden, bei denen man den zeitlichen Abfall der Radioaktivität nicht verfolgen kann (z. B. ^{238}U oder ^{232}Th).

Ferner kann man aus der Aktivität eines im r. G. vorliegenden Folgeprodukts die Menge der Muttersubstanz ermitteln (z. B. die Menge →Uran in einem Uranerz aus der Aktivität an ^{234m}Pa, das verhältnismäßig gut meßbar ist). Schließlich kann man durch Wägen einer bestimmten Menge einer langlebigen Muttersubstanz die absolute Aktivität eines Tochternuklids vorgeben. Wägt man z. B. 10 mg ^{238}U ein, so erhält man ein Standardpräparat, das im r. G. die β⁻-Strahlung des ^{234m}Pa aussendet (7 400 β⁻-Teilchen mit einer Maximalenergie von 2,30 MeV pro Sekunde). Durch Auflegen eines dünnen Aluminiumbleches wird die α-Strahlung des ^{238}U und die schwache β⁻-Strahlung des ^{234}Th absorbiert.   *Lieser*

Literatur: *Lieser, K. H.:* Einführung in die Kernchemie. 3. Aufl. Kap. 5, Weinheim: VCH-Verlag 1991.

4. thermodynamisches G. Zeitunabhängige Zustände (Zustandsraum) abgeschlossener thermodynamischer Systeme werden als thermodynamische Gleichgewichtszustände bezeichnet. Diese sind von den stationären (zeitunabhängigen) Zuständen zu unterscheiden, die den Abschluß des Systems nicht voraussetzen. Beispiel: Stationäre →Wärmeleitung in einem Metallstab stellt kein thermodynamisches Gleichgewicht dar.   *Muschik*

Gleichgewicht (Mathematik). Ein zentrales Kräftesystem (gemeinsamer Anfangspunkt) befindet sich im G., wenn die (vektorielle) Summe aller Kräfte verschwindet.

Ein allgemeines Kräftesystem befindet sich hinsichtlich eines Bezugspunkts (Bezugssystems) im G., wenn die resultierende Kraft (Vektorsumme der Kräfte) verschwindet und das resultierende Drehmoment (Vektorsumme der einzelnen Drehmomente) mit dem Nullvektor übereinstimmt.

Besitzen die wirkenden Kräfte ein Potential $V = V(q_1, q_2, \ldots, q_n)$ (konservative Systeme), so sind die G.-Lagen durch die Gleichungen

$$\frac{\partial V}{\partial q_1} = 0, \ \ldots \ \frac{\partial V}{\partial q_n} = 0$$

definiert. Hat die Potentialfunktion V in einer G.-Lage ein Minimum, so ist die G.-Lage stabil.

Die Untersuchung von G.-Zuständen von Körpern (mechanischen Systemen) gehört zu den Hauptaufgaben der →Statik, einer Teildisziplin der (technischen) →Mechanik. Allgemein werden G.-Bedingungen für Körper (mechanische Systeme) aus dem „Prinzip der virtuellen Arbeit" gewonnen.

Gewisse Aufgaben der Statik können zeichnerisch gelöst werden. Liegt z. B. ein zentrales Kräftesystem vor, so befindet sich das System im G., wenn die zeichnerische Addition (Kräfteparallelogramm) der Einzelkräfte ein geschlossenes Krafteck liefert (Bild 1). Das G. eines starren Körpers wird nicht gestört, wenn man die an ihm angreifenden Kräfte

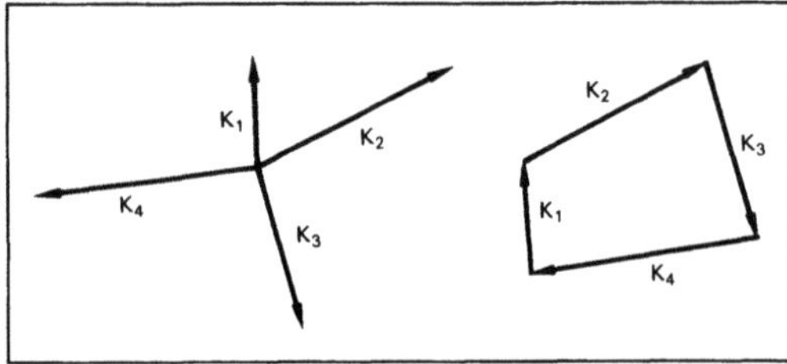

Gleichgewicht (Mathematik) 1: G. bei geschlossenem Krafteck.

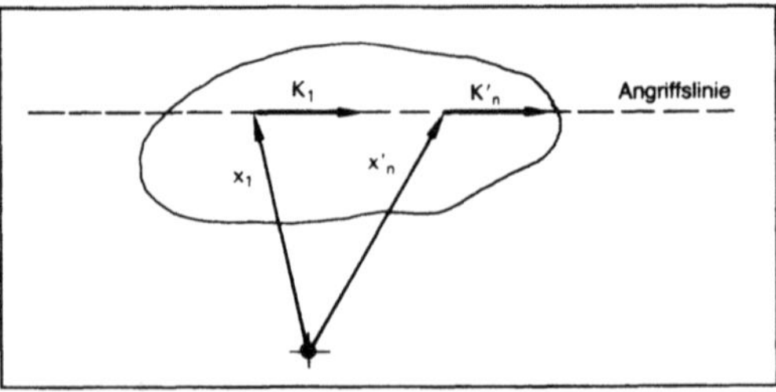

Gleichgewicht (Mathematik) 2: Verschiebung einer Kraft R_n längs ihrer Angriffslinie.

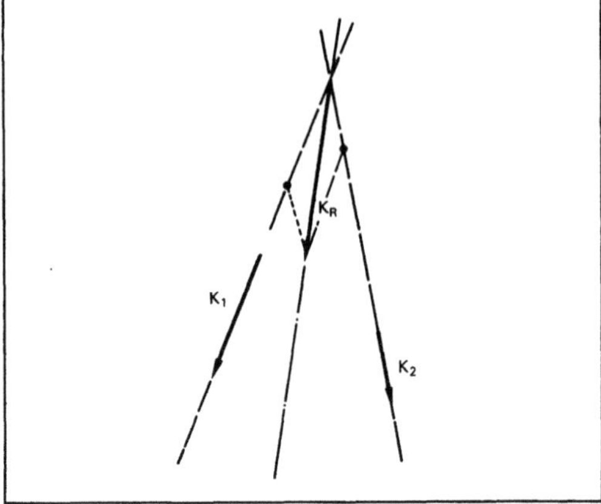

Gleichgewicht (Mathematik) 3: Zusammensetzen zweier Kräfte K_1 und K_2 mit nichtparallelen Angriffslinien zu einer Resultierenden K_R.

längs ihrer Angriffslinien verschiebt (Bild 2). Dies wird angewandt, um Kräfte eines gegebenen (allgemeinen) Kräftesystems schrittweise (graphisch) zusammenzusetzen (Bild 3). Jedes Kräftesystem an einem starren Körper läßt sich somit auf eine Kraft R und ein Kräftepaar (Bild 4) mit Drehmoment m (dessen Achse in die Richtung von R fällt) zurückführen. Das G. ergibt sich nun durch eine Zusatzkraft R und ein Zusatzdrehmoment m.

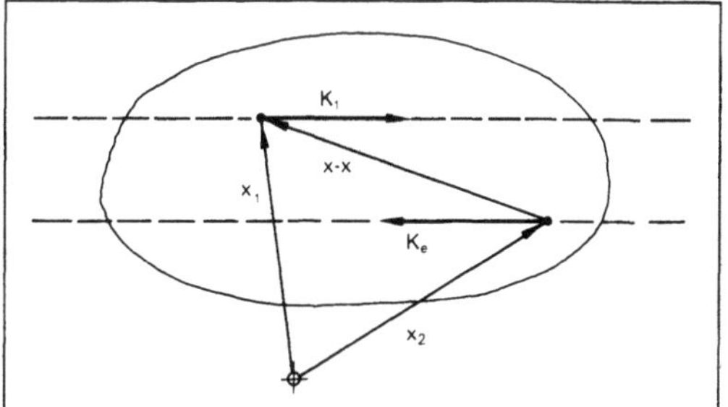

Gleichgewicht (Mathematik) 4: Kräftepaar an einem starren Körper ($|K_1| = |K_2|$).

Das schrittweise Zusammensetzen von Kräften kann sehr umständlich werden, wenn eine größere Anzahl von Kräften an dem Körper angreift. Hier empfiehlt es sich, andere Verfahren der Statik anzuwenden, etwa die Methode des Seilecks. *W. L. Fischer*

Literatur: *Macke, W.:* Mechanik der Teilchen, Systeme und Kontinua. Leipzig 1967. – *Pestel, E.:* Technische Mechanik I. Mannheim 1969.

Gleichgewicht (Thermodynamik). In einem abgeschlossenen →System herrscht G., wenn die Entropie ein Maximum eingenommen hat, im geschlossenen System, wenn im isothermen und isochoren Fall die freie →Energie, im isothermen und isobaren Fall die freie →Enthalpie minimal ist.

Für die Chemie sind im besonderen Maße die Phasen-G., die chemischen G. und in etwas geringerem Umfang die Grenzflächen-G. von Interesse.

Aus der Forderung, daß im G. alle Phasen gleiche Temperatur und gleichen Druck aufweisen müssen und daß das chemische Potential μ_i einer Komponente i in jeder Phase den gleichen Wert haben muß, folgt die Gibbs-Phasenregel

$$F = K - P + 2 \qquad (1),$$

die eine Beziehung zwischen der Anzahl der thermodynamischen Freiheitsgrade F, der Anzahl der Komponenten K und der Anzahl der Phasen P herstellt.

Für Einkomponentensysteme läßt sich aus der Bedingung für währendes G. zwischen den Phasen α und β

$$d\mu_i^\alpha = d\mu_i^\beta \qquad (2)$$

die →Clausius-Clapeyron-Gleichung

$$(\partial p / \partial T)_{koex} = \Delta H / T \Delta V \qquad (3)$$

gewinnen, die die Temperaturabhängigkeit des Schmelz-, Dampf- und Sublimationsdrucks aus der Umwandlungsenthalpie ΔH und dem Umwandlungsvolumen ΔV zu berechnen gestattet.

Für Zweikomponentensysteme, bei denen eine Phase als reine Phase vorliegt, ergeben sich die kolligativen Eigenschaften mit
dem Raoult-Gesetz zur Beschreibung der →Dampfdruckerniedrigung

$$(p_1^* - p_1)/p_1^* = x_2 \qquad (4),$$

p_1^* und p_1 bedeuten dabei die Dampfdrücke des reinen Lösungsmittels bzw. des Lösungsmittels in der Mischphase, x_2 den →Molenbruch des Gelösten,

der Siedepunkterhöhung

$$T_s - T_s^* = RT_s^{*2}x_2/\Delta_v H \qquad (5),$$

der Gefrierpunkterniedrigung

$$T_m - T_m^* = -RT_m^{*2}x_2/\Delta_m H \qquad (6),$$

mit dem Siede- bzw. Gefrierpunkt von reinem Lösungsmittel (*) und Lösung sowie den Umwandlungsenthalpien ΔH, und schließlich
dem osmotischen Druck Π

$$\Pi = (RT/v_1)x_2 \qquad (7),$$

wobei v_1 das molare Volumen des reinen Lösungsmittels ist. Alle kolligativen Eigenschaften lassen sich zum Bestimmen der molaren →Masse oder auch des Dissoziations- oder Assoziationsgrades des Gelösten verwenden.

Die Phasen-G. in Zweistoffsystemen zwischen Flüssigkeit und Dampf (Dampfdruckdiagramme und Siedediagramme) bilden die Grundlage für die destillative Trennung von Flüssigkeitsgemischen.

Phasen-G. zwischen Flüssigkeit und Feststoff (Schmelzdiagramme) sind gleichermaßen von Bedeutung für die Stofftrennung durch Kristallisation wie für werkstoffkundliche Fragen.

Die Bedingungen für das chemische G. lassen sich aus der Van't Hoff-Reaktionsisotherme

$$\Delta G = \Delta G° + RT \ln \Pi a_i^{\nu_i} \qquad (8)$$

herleiten; ΔG ist dabei die freie Reaktionsenthalpie, $\Delta G°$ bezieht sich auf einen Standardzustand, R ist die →Gaskonstante, a_i die →Aktivität der Komponente i, ν_i deren stöchiometrischer Faktor. Im G. ist bei p, T = konst

$$\Delta G = 0 \qquad (9),$$

und es folgt das →Massenwirkungsgesetz

$$K = \Pi[a_i]^{\nu_i} \qquad (10),$$

wobei die eckigen Klammern auf G.-Aktivitäten hinweisen.

Für die Temperaturabhängigkeit der G.-Konstanten folgt die Van't Hoff-Reaktionsisobare

$$(\partial \ln K/\partial T)_p = \Delta H^\circ/RT^2 \qquad (11)$$

mit der Standard-Reaktionsenthalpie. Für die Druckabhängigkeit der G.-Konstanten ergibt sich

$$(\partial \ln K/\partial p)_T = - (1/RT)\Delta V^\circ \qquad (12),$$

mit ΔV° als Volumenänderung je Formelumsatz bei Standardzuständen.

Üblicherweise spielen Grenzflächeneffekte in der Chemie eine untergeordnete Rolle, weil die Anzahl der an einer Phasengrenze befindlichen Moleküle verschwindend klein ist im Vergleich zur Anzahl der Moleküle im Phaseninnern. Erzeugt man jedoch Systeme mit großer Oberfläche (Seifenblase, hochporöse Stoffe), so hängt die freie Enthalpie der Systeme außer von der Temperatur und dem Druck auch von der Oberfläche ab. Die Abhängigkeit der freien Enthalpie von der Oberfläche A bei konstanter Temperatur und konstantem Druck p

$$(\partial G/\partial A)_{p,T} = \sigma \qquad (13)$$

bezeichnet man als Oberflächenspannung σ. Sie spielt eine große Rolle bei der Benetzung und damit bei Prozessen wie Waschen und Kleben. Zu den Grenzflächen-G. gehört auch das weite Gebiet der Adsorption und der Kolloidchemie. *Wedler*

Literatur: *Kortüm, G.*, u. *H. Lachmann:* Einführung in die chemische Thermodynamik. 7. Aufl. Weinheim 1981. – *Wedler, G.:* Lehrb. Physikalische Chemie. 3. Aufl. Weinheim 1987.

Gleichgewichtsbedingung. In der →Mechanik werden die für einen ganzen Körper geltenden Gleichungen, die festlegen, daß er als Starrkörper im Gleichgewicht ist oder wäre, G. genannt, jedoch auch die für ein Partikel des Kontinuums geltenden Beziehungen zwischen den Spannungen, der Volumenkraft, der Dichte und der →Beschleunigung, die man dann wie in der →Kinetostatik sieht:

In der Stereostatik nutzt man die Aussagen eines Axioms der Statik nach der Lastreduktion zu $\vec{F}_{res}$ und $\vec{M}_{res}^{(B)}$ aus (Bild). Sie verlangen: $\vec{F}_{res} = \vec{0}$ und $\vec{M}_{res}^{(B)} = \vec{0}$ oder

$$\vec{F}_{res} = \sum_i \vec{F}_i = \vec{0} \, ,$$

$$\vec{M}_{res}^{(B)} = \sum_i \vec{r}_i^{(B)} \times \vec{F}_i + \sum_J \vec{M}_J = \vec{0} \, .$$

Sie bilden in den Koordinaten 6 Gleichungen, die ein Starrkörper im Gleichgewicht erfüllen muß. Im Fall der ebenen Statik reduzieren sie sich zu 3 Gleichungen. Wichtig sind die Versatzmomente $\vec{r}_i^{(B)} \times \vec{F}_i$, die man in diesem Zusammenhang gern →Moment der →Kraft $\vec{F}_i$ um den Punkt B, im ebenen Fall

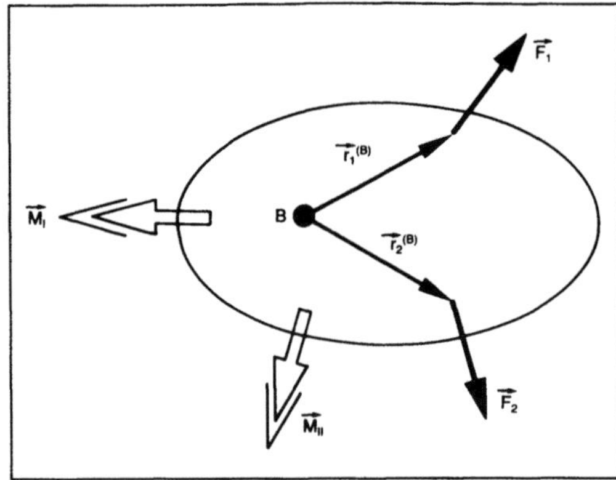

Gleichgewichtsbedingung: Lastsystem.

durch einen Drehpfeil gekennzeichnet nennt. Sie werden mit den Ortsvektoren $\vec{r}_i^{(B)}$ als Kreuzprodukt oder mit Hilfe der Anschauung als Kraft mal Hebelarm gebildet.

Die drei Zeilen der Gleichung $\vec{F}_{res} = \vec{0}$ werden auch Kräftegleichgewichte, die drei anderen Momentengleichgewichte genannt.

Besondere Gleichgewichts-Kraftsysteme sind:
□ ein zentrales Kräftesystem: Alle Kraftwirkungslinien verlaufen durch einen Punkt P, und Momente $\vec{M}_J$ treten nicht auf. Man muß nur noch $\sum \vec{F}_i = \vec{0}$ erfüllen, denn $\vec{M}_{res}^{(P)} = \vec{0}$ gilt ohnedies.
□ Körper mit zwei Kraftangriffspunkten (z. B. Stäbe): Wenn an einem Körper an nur zwei Stellen (eine kann der →Schwerpunkt sein, wenn das Gewicht zu berücksichtigen ist) Kräfte und nirgends Momente angreifen, dann müssen diese Kräfte gleich groß und entgegengesetzt gerichtet sein. Ihre Wirkungslinie verläuft durch beide Punkte.
□ Körper mit drei Kraftangriffspunkten: Wenn an einem Körper nur an drei Stellen (ggf. einschl. des Schwerpunkts) Kräfte und nirgends Momente angreifen, müssen diese für ein Gleichgewicht ein ebenes zentrales Kräftesystem in der Ebene der drei Punkte bilden.

Die G. der Kontinuumsmechanik werden bei einer Eulerschen Betrachtungsweise mit Cauchy-Spannungen als

$$\nabla \cdot \boldsymbol{\sigma} + \vec{f} = \rho \, \vec{a} \text{ und } \boldsymbol{\sigma} = \boldsymbol{\sigma}^T$$

und bei Lagrangescher Betrachtungsweise mit 1. Piola-Kirchhof-Spannungen $\mathbf{T} = \tilde{\mathbf{T}} \cdot \mathbf{F}$ ($\tilde{\mathbf{T}}$ 2. Piola-Kirchhof-Spannungen) als

$$\tilde{\nabla} \cdot \mathbf{T} + \vec{f} = \tilde{\rho} \, \vec{a} \text{ und } \tilde{\mathbf{T}} = \tilde{\mathbf{T}}^T$$

ausgedrückt. Die ersten der Gleichungen sind die lokalen Formen des Kräftegleichgewichts, die anderen diejenigen des Momentengleichgewichts, das in der Statik mit deren Axiomen beweisbar ist, sonst ein eigenes Axiom, das man nach *Boltzmann* benennt. *Besdo*

Gleichrichter →Meßgleichrichter

Gleichstrom-Schaltkreis. Elektrischer →Stromkreis, bestehend aus Widerständen und elektromotorischen Kräften, der einen gleichbleibenden Stromfluß erzeugt. Die Ströme und Spannungen der einzelnen Stromzweige lassen sich mit Hilfe der Kirchhoffschen Gesetze berechnen. Bei einer Serienschaltung von Widerständen entsprechend Bild 1 ergibt sich

$$U = (R_1 + R_2 + R_3 + R_4)\,I,$$

d. h. der →Widerstand einer Serienschaltung von Widerständen ist gleich der Summe der Einzelwiderstände. In ähnlicher Weise erhält man mit Hilfe der Kirchhoffschen Gesetze für eine Parallelschaltung von Widerständen entsprechend Bild 2

$$I = U\left(\frac{1}{R_1} + \frac{1}{R_2} + \frac{1}{R_3} + \frac{1}{R_4}\right).$$

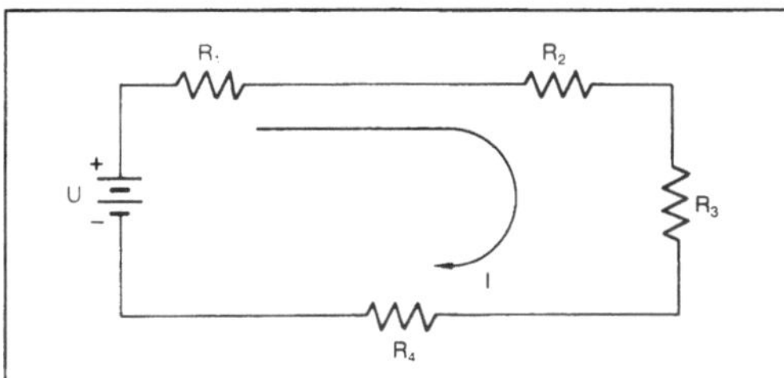

Gleichstrom-Schaltkreis 1: Serienschaltung von Widerständen.

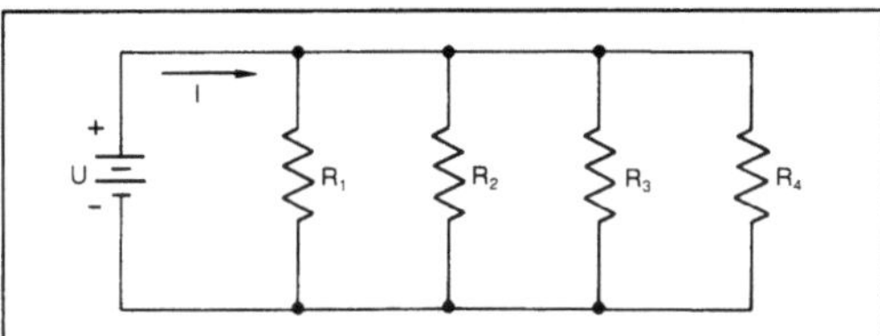

Gleichstrom-Schaltkreis 2: Parallelschaltung von Widerständen.

Hier ist der →Leitwert der Parallelschaltung (d. h. der Reziprokwert des resultierenden Widerstands) gleich der Summe der einzelnen Leitwerte. Komplizierte Netzwerke lassen sich mit der Maschengleichungsmethode oder der Knotenpunktsmethode (Kirchhoffsche Gesetze) analysieren. *Claassen*

Gleichtaktstörung. Störsignal, das mit gleicher Phase und gleicher Amplitude auf beide Eingänge eines Gerätes einwirkt. Der Einfluß von G. (*engl.* common mode voltages) läßt sich mit Differenzverstärkern weitgehend unterdrücken (→Gegentaktstörung). *Strohmann*

Literatur: *Strohrmann, G.:* Automatisierungstechnik, Bd. 2: Stellgeräte, Strecken, Projektabwicklung. 2. Aufl. München–Wien 1991. – VDI/VDE 3551: Empfehlungen zur Störsicherheit der Signalübertragung beim Einsatz von Prozeßrechnern. Ausg. Okt. 1976.

Gleichung, magnetohydrodynamische. Die zeitabhängigen Gleichungen, die das Verhalten eines Plasmas im →Magnetfeld beschreiben, wobei das Plasma als kompressible Flüssigkeit angenommen wird und der Plasmadruck P als →Skalar. Diese Gleichungen lauten

$$\varrho\,\frac{dV}{dt} = j \times B + q \cdot E - \nabla P + \varrho g \tag{1}$$

$$\nabla \cdot (\varrho v) = -\frac{\partial \varrho}{\partial t} \tag{2}$$

$$E + v \times B = \frac{1}{\sigma}\,(j - qv) \tag{3}$$

$$\frac{1}{P}\frac{dP}{dt} = \frac{\gamma}{\rho}\frac{d\rho}{dt} \tag{4}$$

$$\nabla \times B = \mu_0 \cdot j + \frac{1}{c^2}\frac{\partial E}{\partial t} \tag{5}$$

$$\nabla \cdot B = 0 \tag{6}$$

$$\nabla \times E = -\frac{\partial B}{\partial t} \tag{7}$$

$$\nabla \cdot E = \frac{q}{\epsilon_0} \tag{8}$$

Dabei bedeuten ϱ die Massendichte, q die Ladungsdichte, σ die spezifische →Leitfähigkeit und γ das Verhältnis der spezifischen Wärmen des Plasmas. (1) ist die Bewegungsgleichung, die auch die Gravitation enthält. (2) ist die Gleichung für die Massenerhaltung, (3) entspricht dem Ohmschen Gesetz. (4) drückt die adiabatischen Bedingungen für die Bewegung aus. (5) bis (8) sind die üblichen Maxwell-Gleichungen, wobei zwischen B und H sowie D und E kein Unterschied gemacht wird, da alle Ströme und Ladungen explizit behandelt werden. *Claassen*

Gleichung, quadratische. Eine algebraische G. zweiten Grades in einer oder mehreren Unbekannten. Die Wurzeln der q. G. einer Unbekannten

$$ax^2 + bx + c = 0 \tag{1}$$

werden durch die Formel

$$2ax = -b \pm \sqrt{b^2 - 4ac}$$

gegeben, die den griechischen Mathematikern des Altertums bereits bekannt war, da sie sich in geometrischer Interpretation in den „Elementen" des *Euklid* (ca. 300 v. Chr.) findet. Die zu Gl. (1) gehörige Diskriminante lautet $D := b^2 - 4ac$. Sind a, b, c reell, so besitzt Gl. (1) für D > 0 zwei verschiedene reelle Wurzeln, für D = 0 eine doppelte reelle Wurzel und für D < 0 zwei verschiedene konjugierte komplexe Wurzeln.

Die allgemeine Form einer q. G. in zwei Unbekannten lautet:

$$ax^2 + by^2 + cxy + dx + ey + f = 0.$$

Die Lösung beschreibt in der (x, y)-Ebene einen Kegelschnitt. Die Art des Kegelschnitts läßt sich mit Hilfe der Größen

$$A := \begin{vmatrix} f & d/2 & e/2 \\ d/2 & a & c/2 \\ e/2 & c/2 & b \end{vmatrix},$$

$B := ab - c^2/4$, $C := af - d^2/4$, $D := bf - e^2/4$ bestimmen. Im Fall reeller Koeffizienten $a, b, \ldots, f$ gibt es die in der Tabelle genannten Möglichkeiten:

Gleichung, quadratische. Tabelle: Affine Typen von Kegelschnitten.

A	B	Zusatz-bedingung	affiner Typ
≠ 0	> 0	aA < 0	Ellipse
		aA > 0	leere Menge
	< 0	—	Hyperbel
	= 0	—	Parabel
= 0	< 0	—	zwei sich schneidende Geraden
	> 0	—	Punkt
	= 0	C + D < 0	a + b ≠ 0 zwei parallele Geraden a + b = 0 Gerade
		C + D > 0	leere Menge
		C + D = 0	a + b + f ≠ 0: a + b ≠ 0 Gerade a + b = 0 leere Menge
			a + b + f = 0 Ebene

Eine q. G. in drei Unbekannten besitzt als Lösung eine Fläche zweiter Ordnung.

Allgemein nennt man die Lösung einer q. G. in n Unbekannten, geschrieben als

$$\sum_{j=1}^{n} \sum_{k=1}^{n} a_{jk} x_j x_k + \sum_{i=1}^{n} b_i x_i + c = 0,$$

eine Hyperfläche zweiter Ordnung oder eine Quadrik. Die Klassifikation der Quadriken für beliebiges $n \geq 2$ geschieht nach demselben Prinzip, das im Spezialfall n = 3 bei den Flächen zweiter Ordnung beschrieben wurde. *Schmeißer*

Literatur: *Fischer, G.:* Analytische Geometrie. Braunschweig 1978. – *Hainhold, J.,* u. *B. Riedmüller:* Lineare Algebra und Analytische Geometrie. Tl. 2. München 1973. – *Kowalsky, H.-J.:* Lineare Algebra. 2. Aufl. Berlin 1965. – *Peschl, E.:* Analytische Geometrie. Mannheim 1961.

Gleiten → Reibung

Gleitlager. G. sind die älteste Form der Verbindung von rotierenden Teilen (Rad) und feststehender Tragekonstruktion (Achse). Die meisten einfachen Vorrichtungen, die Drehbewegungen ausführen, enthalten G. Beispiele sind alle einfachen Fahrzeuge, Werkzeuge, wie Schere und Zange, mechanische Uhren und Drehknöpfe aller Art. Viele dieser einfachen G. sind durch Fett oder Öl geschmiert, andere durch besondere Werkstoffpaarungen schmierungsfrei. Im Gegensatz zu Kugellagern und Rollenlagern wird der Widerstand von G. durch die Gleitreibungszahl bestimmt.

In der Technik werden G. eingesetzt, wenn hohe Laufruhe gefordert ist, bei höchsten Drehzahlen und höchsten Ansprüchen an die Genauigkeit, bei starken Erschütterungen oder wenn geteilte Lager oder geringe radiale Baugröße erwünscht sind und bei großen Durchmessern wegen ihres einfachen, kostengünstigen Aufbaus. Nachteilig können sein ihr hoher Schmierstoffbedarf und die aufwendige Schmierstofführung, die erforderliche Einlaufprozedur, die große axiale Baulänge und ihre ungünstige Charakteristik bei häufigem Anfahren (nicht bei hydrostatischen Gleitlagern).

Bei einwandfreiem Schmierfilm ist die Lebensdauer der Gleitlager nahezu unbegrenzt. Der Schmierfilm wird entweder durch einen sich verengenden Spalt (Keilwirkung) und die Gleitgeschwindigkeit hydrodynamisch selbst erzeugt, oder er muß durch Hilfspumpen hydrostatisch aufgebracht werden.

Bild 1 zeigt den Schmierdruckaufbau beim hydrodynamischen Radial-G. Hierbei wird der Schmierstoff wegen seiner Haftung an der Welle mitgerissen und in den sich keilförmig verengenden Spalt gepreßt, so daß die Welle auf dem Schmierfilm aufschwimmt bis zum Gleichgewicht zwischen Belastung und Schmierdruck. Beim Anlauf eines hydrodynamischen G. werden verschiedene Schmierzustände durchlaufen. Die Stribeck-Kurve in Bild 2 zeigt den mit steigender Geschwindigkeit rasch vom Ruhereibwert (Festkörperreibung) im Gebiet der Mischreibung absinkenden Reibwert bis zum Minimum (Übergangsdrehzahl). Im Gebiet der Flüssigkeitsreibung steigt er auf Grund der Schmier-

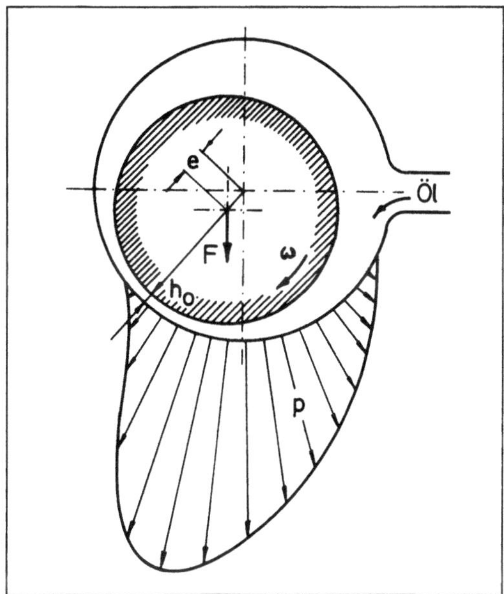

Gleitlager 1: Schmierdruck im hydrodynamischen Radialgleitlager.

e Exzentrizität, F Radialkraft, h_o engster Schmierspalt, p Schmierdruck, ω Winkelgeschwindigkeit.

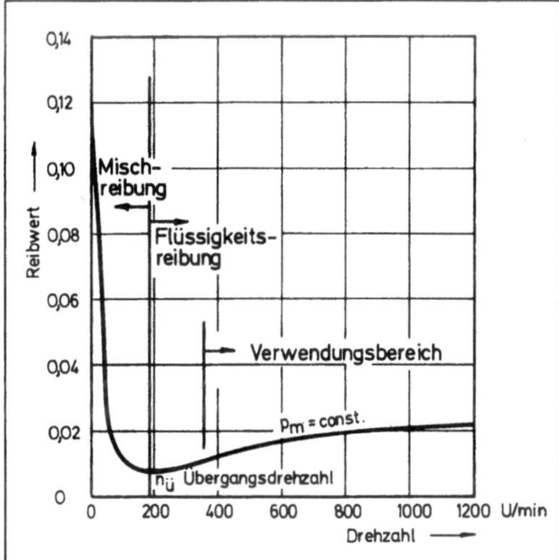

Gleitlager 2: Beispiel einer Stribeck-Kurve.

mittelzähigkeit wieder leicht an. Hier ist ein verschleißfreier Betrieb bei völliger Trennung der Oberflächen zu erwarten.

Bei Radiallagern wird der Keilspalt durch das Lagerspiel zwischen Welle und Lagerbüchse gebildet. Mehrere Keilspalte für einen zentrischen Lauf bei hohen Drehzahlen und niedrigen Belastungen werden bei Zitronenspiellagern oder Mehrflächen-G. angewendet. Bei Axiallagern ermöglichen feste

Keilnuten oder Kippsegmente unterschiedlicher Konstruktion den Aufbau eines tragenden Schmierfilms.

Als Werkstoffe setzt man für einfache Lager Grauguß, sonst meist unterschiedliche Bronzen ein. Oft wird auch die innerste Schicht der Lagerbüchse als weiche, bettungsfähige Weißmetallschicht ausgeführt, die sehr gute Einlauf- und Notlaufeigenschaften aufweist, darunter eine Bronze und schließlich die tragende Stahlstützschale (Dreistofflager). Sintermetalle mit Schmierstoff getränkt und Kunststofflager (Polyamide, Polytetrafluorethylen) ermöglichen einen Lauf ohne Schmiermittel; dabei ist bei Kunststoffen die schlechte Wärmeleitung zu beachten. Hohe Kühlmittelzufuhr (auch Wasser) oder Verbundlager mit einer in eine Stahlstützschale eingegossenen Kunststoffauskleidung kleiner Dicke (minimal etwa 0,5 mm) schaffen hier Abhilfe.

Die Auslegung der Lager erfolgt nach der zulässigen →Flächenpressung des Lagerwerkstoffs sowie der erwarteten Reibleistung, Betriebstemperatur, Betriebsviskosität, minimalen Schmierfilmdicke und Betrieb im Bereich der Flüssigkeitsreibung. Als dimensionslose Lagerkenngröße gilt die Sommerfeld-Zahl So = $\bar{p} \cdot \psi^2/(\eta \cdot \omega)$ mit der mittleren Flächenpressung $\bar{p}$ = F/(b·d) (Kraft je projizierte Lagerfläche), dem relativen Lagerspiel ψ=s/d (Lagerspiel je Lagernenndurchmesser), der dynamischen Ölviskosität η und der →Winkelgeschwindigkeit ω. Nach *Vogelpohl* unterscheidet man den Schwerlastbereich (So>1) und den Schnellaufbereich (So<1).

Hydrostatische Lager arbeiten im Gegensatz zu den hydrodynamischen in allen Bereichen verschleißfrei bei höchster Laufgenauigkeit, hoher →Steifigkeit und hoher Belastbarkeit. Sie werden insbes. bei der Lagerung von Werkzeugmaschinenspindeln hoher →Drehzahl und hoher Präzision verwendet. Nachteilig ist der große Aufwand für die Drucközersorgung. Schwere Turbinenläufer großer Abmessungen werden oft beim Anlauf hydrostatisch hochgehoben bis zur Übergangsdrehzahl, um dann im Betrieb hydrodynamisch weiterzulaufen. Für niedrigste Reibungszahlen werden aerostatische oder aerodynamische G. mit Luft als Schmierstoff betrieben (Radsatz). *G. E. A. Meier*

Literatur: VDI 2201: Gestaltung von Gleitlagern, Einführung in die Wirkungsweise. Hrsg. Verein Dt. Ingenieure. Ausg. Okt. 1975. – VDI 2204: Gleitlagerberechnung. Hrsg. Verein Dt. Ingenieure. Ausg. Aug. 1968. – *Vogelpohl, G.:* Betriebsichere Gleitlager. Bd. 1. Berlin, Göttingen, Heidelberg. 1967.

Gleitmodul. Der →Schubmodul wird auch als G. bezeichnet (Formelzeichen: G; →Stoffgesetze der Elastizitätstheorie). *Splittgerber*

Gleitreibwinkel →Reibung

Gleitreibzahl →Reibung

Gleitschuh. Ein G. ist ein Führungselement im Bereich des Maschinenbaus, das der Führung von Maschinenelementen auf bestimmten Bahnen und der Übertragung von Führungskräften auf die Stützkonstruktion dient. Der G. läuft oft auf prismatischen Schienen, um auch eine seitliche Führung zu gewährleisten. Besondere Materialpaarungen oder Schmierung sollen die Gleitreibung vermindern. *G. E. A. Meier*

Glimmentladung. Gasentladungen mit nicht zu geringem Entladungsstrom (Größenordnung mA bis einige A) sind mit intensiven Leuchterscheinungen verbunden. Eine solche Entladung wird daher als G. bezeichnet. Bei hohem Gasdruck nehmen der Strom und die Leuchterscheinung noch erheblich zu. Die G. geht dann in die Bogenentladung über. *Claassen*

Goniometrie. Die Lehre von der Winkelmessung. Als mathematische Disziplin ein Teil der →Trigonometrie. *W. L. Fischer*

Grad. *Alt-G.:* Man ordnet dem Vollwinkel die Meßzahl 360 zu. Der 360. Teil dieses Winkels wird als ein Grad (Alt-Grad) bezeichnet; abgekürzt 1°. Die weitere Unterteilung erfolgt in (Winkel-)Minuten und (Winkel-)Sekunden, wobei

$$1° = 60' = 3600''$$

und ' bzw. '' die Abkürzungen für →Minute bzw. Sekunde sind.

Neu-G.: Die Maßeinheit 1 Neu-G. oder 1 Gon ergibt sich bei Unterteilung des Vollwinkels in 400 Teile als 400. Teil dieses Winkels; Zeichen 1^g. Ein Gon wird in 100 Neuminuten (Zeichen^c), eine Neuminute in 100 Neusekunden (Zeichen^{cc}) unterteilt.

Bogenmaß: Für eine Reihe von Anwendungen (z. B. in der Analysis) ist es zweckmäßig, dem Vollwinkel die Maßzahl 2π zuzuordnen. Da an einem →Kreis mit Radius r die Proportion

Kreisumfang geteilt durch Kreisbogen = Vollwinkel geteilt durch Zentriwinkel

oder

$$2\pi r : b = 360° : \alpha°$$

erfüllt ist, kann der Kreisbogen (die Länge b) als Maß für den Zentriwinkel verwendet werden. Man definiert daher das Bogenmaß arc $\alpha°$ eines Winkels von $\alpha°$ am Einheitskreis (r = 1) durch

$$\text{arc } \alpha° = b = \frac{\alpha°}{360°} 2\pi.$$

Definitionsgemäß ist das Bogenmaß eine dimensionslose Größe. Auf Grund von Vereinbarung wird dem Winkel im Bogenmaß die Benennung „Radiant" (abgekürzt rad) zugeteilt. 1 rad ist demnach der Winkel, der aus dem Einheitskreis einen Bogen der Länge 1 ausschneidet. Als Beziehung zwischen den einzelnen Winkelmaßen ergibt sich

$$1 \text{ rad} = 57° \, 17' \, 45'' = 63,6620 \text{ gon.}$$
$$1° = 0,0174533 \text{ rad} \qquad \textit{W. L. Fischer}$$

Grad Celsius. Besonderer Name für SI-Basiseinheit →Kelvin (Einheitenzeichen K) bei der Angabe von Celsiustemperaturen. Einheitenzeichen C. Nach *A. Celsius* (1701–1744) benannt. Celsiustemperatur: $t/°C = (T - T_0)/K$ mit der Kelvin-Temperatur T und $T_0 = 273,15$ K. Differenzen von Celsiustemperaturen können in °C oder in K angegeben werden, z. B. $\Delta t = 27\,°C - 17\,°C = 10\,°C = 10$ K (→Einheiten des SI, →Temperaturskale). *Hammerschmidt*

Gradient. Es sei v eine differenzierbare →Funktion, erklärt auf einer Teilmenge des n-dimensionalen euklidischen Raumes. Dann heißt der →Vektor

$$\left(\frac{\partial v}{\partial x_1}, \frac{\partial v}{\partial x_2}, \ldots, \frac{\partial v}{\partial x_n} \right)$$

der G. von v, in Zeichen grad v oder auch ∇ v (Nabla). In jedem Punkt des Definitionsbereichs von v gibt grad v die Richtung und Größe der stärksten Änderung von v an. In jedem Punkt der Fläche

$$\{(x_1, x_2, \ldots, x_n) : v(x_1, x_2, \ldots, x_n) = \text{const.}\}$$

gibt grad v die Richtung der zugehörigen Normalen an (→Vektoranalysis). *Schmeißer*

Literatur: *Barner, M.* u. *F. Flohr:* Analysis II. Berlin 1983. – *Heuser, H.:* Lehrbuch der Analysis, Teil 2 (2. Aufl.), Stuttgart 1983. – *Kowalsky, H.-J.:* Vektoranalysis I. Berlin 1974.

Gramm. Gesetzliche Einheit für Masse. Einheitenzeichen g. 1 g = 10^{-3} kg; keine SI-Einheit (→Einheiten, gesetzliche). *Hammerschmidt*

Graph.

1. G. einer Funktion. Der G. einer →Funktion f, die eine Menge X in eine Menge Y abbildet, ist die als Punktmenge gedeutete Menge $G_f = \{(x, f(x)) | x \varepsilon X\} \subseteq X \times Y$. Liegt eine reelle Funktion einer reellen Variablen vor, so entspricht G_f der durch die Funktion f definierten Kurve in der x,y-Ebene.

2. Graphentheorie. Formal ein geordnetes Paar (V,E) disjunkter Mengen V und E, wobei E eine Teilmenge der Menge der ungeordneten Paare von Elementen aus V ist. Die Elemente x,y, ... aus V heißen Ecken, die Paare (x,y) aus E sind die Kanten des G. G = (V,E). Man sagt, die Kante (x,y) verbindet die beiden Ecken x und y bzw. x und y sind benachbart.

Anschaulich ist ein G. eine geometrische Figur, die aus einer Anzahl ausgezeichneter Punkte und gewissen Verbindungslinien zwischen diesen Punkten besteht.

Ist zugelassen, daß in der Kantenmenge E eines G. Kanten (x,y) mehrfach auftreten (Mehrfachkanten), so liegt ein Multigraph vor. Insbesondere kann ein Multigraph Schlingen (Kanten der Form (x,x)) einfach oder mehrfach enthalten. Nimmt man für die Kantenmenge E eines G. $G = (V,E)$ eine Familie von geordneten Paaren von Eckpunkten aus V, so heißt G ein gerichteter G. oder gerichteter Multigraph.

G. und Multigraphen treten häufig unter anderen Namen auf, etwa Soziogramme (Psychologie), Simplexe (Topologie), elektrische Netzwerke, Stammbäume usw.

□ Darstellung. Ein topologischer G. G heißt Darstellung eines G. G′, wenn G′ zu G isomorph ist. G., die sich im dreidimensionalen euklidischen Raum $\mathbb{R}$ darstellen lassen, enthalten höchstens kontinuumviele Ecken. Umgekehrt läßt sich jeder G. mit kontinuum-vielen Ecken in $\mathbb{R}$ sogar geradlinig darstellen.

□ Dualgraph. Ein G. G_2 heißt Dualgraph des G. G_1, wenn gilt:

– Es gibt eine umkehrbar eindeutige Beziehung zwischen den Kanten von G_1 und denen von G_2.

– Ist H_1 ein Teilgraph von G mit zu G gleicher Eckenzahl, und $\bar{H}_2$ das Komplement des H_1 in G_2 entsprechenden Graphen H_2, dann gilt:

$$(\bar{H}_2) = k(G_2) - \lambda(H_1),$$

wobei $k(\bar{H}_2)$ bzw. $k(G_2)$ der Schnittrang von $\bar{H}_2$ bzw. G_2 und $\lambda(H_1)$ der Kreisrang von H_1 ist. (Siehe Schnittrang bzw. Kreisrang).

Aus der Definition des Dualgraphen ergeben sich mit vorstehenden Bezeichnungen einige einfache Konsequenzen:
(a) $k(G_1) = \lambda(G_2)$;
(b) $k(G_2) = \lambda(G_1)$;
(c) ist G_2 der Dualgraph von G_1, so gilt auch das umgekehrte.

Zwei bedeutsame Ergebnisse für Dualgraphen besagen, daß der Dualgraph eines nicht-separierbaren G. wieder nicht-separierbar ist, und daß ein topologischer G. genau dann planar ist, wenn er einen Dualgraphen besitzt.

Das übliche geometrische Verfahren zur Auffindung des Dualgraphen eines planaren Graphen G vollzieht sich in drei Schritten

– Wähle eine Menge fundamentaler Kreise.

– Setze eine Verzweigung (Mehrfachknotenpunkt) in jeden dieser Kreise und eine Verzweigung außerhalb des G.

– Verbinde je zwei auf gegenüberliegenden Seiten eines Zweiges (Weg, dessen einzige Verzweigungs-

punkte die Endpunkte sind) gelegene Verzweigungspunkte durch ein Geradenstück.

Als Ergebnis erhält man den Dualgraphen von G. (Bild 1).

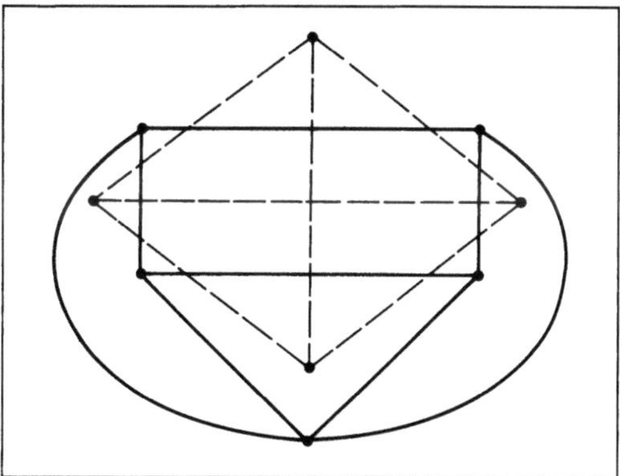

Graph 1: Dualgraph (gestrichelt).

□ G., bewerteter. Jeder G. $G = (V, E)$ kann zu einem bewerteten G. $G = (V, E, d)$ gemacht werden. Dazu erhält jede Kante $e \in E$ eine Bewertung $d(e)$. In der Praxis ist $d(e)$ eine reelle, nicht negative Zahl, oder $+\infty$. Damit kann d als Funktion $d : E \rightarrow \mathbb{R}$ aufgefaßt werden. – Die wichtigsten Beispiele für Bewertungen sind:

– $d(e)$ ist die Länge der Kante e, mit anderen Worten $d(e)$ ist die Distanz der Endpunkte von e.

– $d(e)$ ist die Kapazität der Kante e (Rohrnetz, Verkehrsfluß).

– $d(e)$ ist die Wahrscheinlichkeit, daß die Kante e benützt werden kann (Telefonverkehr).

Bewertete G. werden u. a. angewendet bei der Bestimmung der kürzesten Wege in einem Verkehrsnetz, oder bei der Ermittlung des max. Fluß zwischen zwei Knoten.

□ G., bipartiter. Die Knotenmenge eines bipartiten G. zerfällt in zwei disjunkte Teilmengen, alle Kanten verlaufen zwischen den beiden Mengen, innerhalb der Mengen existieren keine Kanten.

□ G., endlicher. Ein endlicher G. enthält nur endlich viele Kanten und Ecken.

□ G., ebener. Ein topologischer G., dessen Ecken und Kanten in der (euklidischen) Ebene liegen.

□ G., homöomorpher. Zwei G. G und G′ heißen homöomorph, wenn es eine umkehrbar eindeutige und in beiden Richtungen stetige Abbildung der G. aufeinander gibt.

□ G., isolierter. Der isolierte G. besitzt Knoten, aber keine Kanten. Das Gegenstück, ein G. mit Kanten ohne Knoten, existiert nicht, da zu jeder Kante stets ihre Endpunkte hinzugenommen werden.

□ G., isomorpher. Zwei G. G und G′ heißen isomorph, wenn es eine umkehrbar eindeutige Abbildung gibt, die die Ecken von G auf die Ecken von G′ und die Kanten von G auf die Kanten von G′

abbildet derart, daß die Nachbarschaftsbeziehungen erhalten bleiben. Inzidieren also eine Ecke α und eine Kante ε in G, so trifft dies auch für die entsprechenden Bilder α' und ε' in G' zu.

□ G.-Komplement. Das Komplement G' eines G. G ist derjenige G. G', in dem zwei verschiedene Ecken genau dann durch eine Kante verbunden sind, wenn sie in G nicht verbunden sind.

□ G.-Komponente. Eine Komponente eines G. G ist ein maximaler, zusammenhängender Teilgraph von G. Die Zerlegung eines G. in seine Komponenten ist eindeutig.

□ G.-Kreisrang. Der Kreisrang (die zyklomatische Zahl) eines G. G ist eine nicht-negative ganze Zahl $\lambda(G)$. Nach Definition gilt $\lambda(G) = m - n + K$, wobei n die Anzahl der Ecken, m die Anzahl der Kanten und K die Zahl der (Zusammenhangs-)Komponenten von G ist. Der Kreisrang eines G. G kann als Maß für den Zusammenhang von G aufgefaßt werden. Der Kreisrang eines Baumes ist null, der eines Kreises ist eins.

□ G., leerer. Der leere G. besitzt weder Knoten noch Kanten.

□ G., orientierter. Ein G. ist orientiert, wenn für jede seiner Kanten eine Orientierung (Durchlaufsinn) ausgezeichnet ist. Gemeinhin spricht man von einem orientierten G., wenn je zwei Ecken durch höchstens eine gerichtete Kante verbunden sind.

□ G., planarer. Ein G. heißt plättbar oder planar, wenn er kreuzungsfrei in die Ebene eingebettet werden kann. Kreuzungsfrei in die Ebenen einbetten bedeutet, den G. so auf ein Blatt Papier zeichnen, daß sich keine zwei Kanten überschneiden. Wird die Einbettung eines G. in die Ebene explizit angegeben, dann spricht man auch von einem geplätteten G. Ein G. ist genau dann plättbar, wenn er einen Dualgraphen besitzt. Jeder Teilgraph eines plättbaren G. ist ebenfalls plättbar. Jeder G., der einen nicht plättbaren G. als Teilgraphen enthält, ist nicht plättbar. Ein Ergebnis von *Kuratowski* besagt, daß ein endlicher Graph G genau dann planar ist, wenn er keinen zu einem der in Bild 2 dargestellten Graphen homöomorphen Teilgraphen enthält. – Durch stereographische Projektion kann jedem endlichen geplätteten G. ein Polyeder zugeordnet werden (umgekehrt liefert jedes Polyeder einen geplätteten G.). Daher gilt für einen planaren G. G

(V, E) der Euler'sche Polyedersatz $|V| - |E| + |A| = 2$. Dabei ist $|A|$ die Anzahl der Flächen, in welche die Ebene durch G zerlegt wird. – Für planare G. gilt der Vierfarbensatz.

□ G., regulärer. Beim regulären G. vom Grad d münden in jeder seiner Knoten genau d Kanten ein. Z. B. ist jeder vollständige G. mit n Knoten (n-1)-regulär.

□ G.-Schnittrang. Der Schnittrang (die kozyklomatische Zahl) k(G) eines G. G wird als Anzahl der Kanten eines aufspannenden Waldes von G erklärt. Ist n die Anzahl der Ecken und K die Zahl der Komponenten von G, so ist $k(G) = n - K$.

□ G., topologischer. Ein G. G heißt topologischer G, wenn

– jede Ecke von G ein Punkt eines topologischen Raumes und jede Kante von G eine Jordan-Kurve ist, und

– keine zwei Kanten von G einen gemeinsamen Punkt besitzen, der nicht Eckpunkt von G ist.

Es wurden hier G. formal und ohne geometrische Signifikanz betrachtet. Jeder G. G (mit höchstens kontinuum-vielen Ecken) läßt sich jedoch als Konfiguration im dreidimensionalen euklidischen Raum interpretieren.

□ G., vollständiger. Ein G. G, wobei je zwei verschiedene Ecken die Endpunkte einer Kante in G sind (Bild 3). Enthält ein vollständiger G. n Ecken, so ist $N = n^{n-2}$ die Gesamtzahl verschiedener Bäume mit n nummerierten Ecken (Cayley). Der G. des vorliegenden Beispiels hat 16 Bäume.

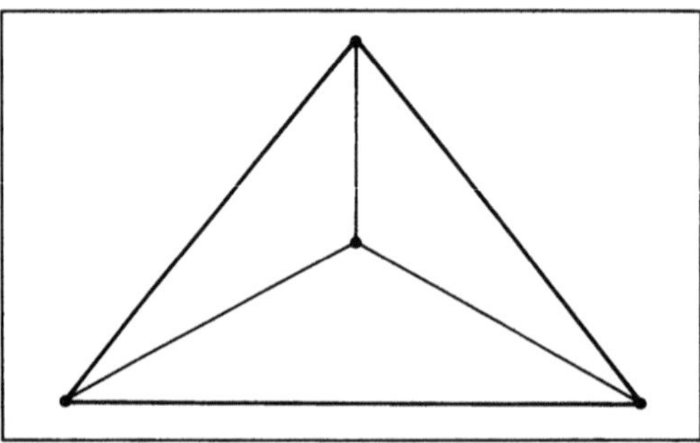

Graph 3: Vollständiger G. mit 4 Ecken.

□ G., zusammenhängender. Ein G. G = (V,E) heißt zusammenhängend, wenn je zwei verschiedene Ecken x, y aus V durch einen Weg

$$((x = x_1, x_2), (x_2, x_3) \ldots (x_{l-1}, x_l = y), \quad x_i \in V, \quad 1 \le i \le l)$$

verbunden werden können.

□ Stern. Ein G. mit p Kanten, die alle in einem Knoten zusammenlaufen, heißt p-Stern.

□ G.-Grad. Der Grad eines Knotens ist die Anzahl der Kanten, die in ihm zusammenlaufen.

□ Teilgraph. Ein G. G1 heißt Teilgraph eines G. G, wenn er aus G durch Weglassen von Kanten und/oder

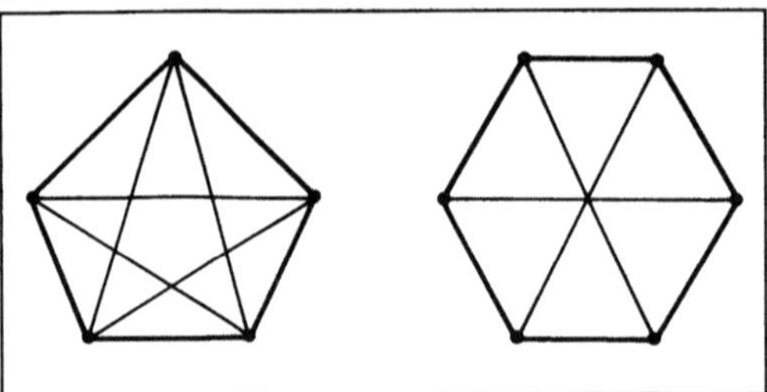

Graph 2: Kuratowski-Graphen.

durch Weglassen von Knoten und den damit inzidierenden Kanten gebildet werden kann. Ein vollständiger Teilgraph von G mit k Knoten heißt k-Clique.

☐ G.-chromatische Zahl. Man färbe die Knoten eines G. so, daß Knoten gleicher Farbe nie durch eine Kante verbunden sind. Die Mindestzahl der benötigten Farben heißt chromatische Knotenzahl des G. Die chromatische Kantenzahl ist analog definiert.

☐ Matching, Paarung, Verkettung. Eine Teilmenge von Kanten heißt matching, wenn die Anfangs- und Endpunkte der Kanten alle verschieden sind. Ein matching heißt maximal, wenn es kein matching mit größerer Kantenzahl gibt. Ein matching heißt vollständig, wenn es alle Knoten des G. enthält. Nur G. mit gerader Knotenzahl können ein vollständiges matching besitzen.

In der Informatik wird ein G. mit Hilfe einer Adjazenzmatrix in maschinenlesbarer Form gespeichert. Die Adjazenzmatrix eines G. mit n Knoten ist eine n x n-Matrix, die im Schnittpunkt der Zeile i und der Spalte j eine 1 enthält, falls zwischen Knoten Nr. i und Knoten Nr. j eine Kante vorhanden ist, und eine 0, falls diese Kante fehlt. Bei G. mit vielen Knoten und wenigen Kanten ist die Adjazenzmatrix dünn besetzt und daher unwirtschaftlich. In diesem Fall verwendet man besser eine Liste der vorhandenen Kanten oder indexsequentielle Speicherung. *Knödel*

Literatur: *Berge, Cl.:* Graphs and Hypergraphs. North-Holland (1976). – *Bollobas, B.:* Graph theory. Springer (1979). – *Bollobas, B.:* Random Graphs. Academic Press (1985). – *Harary, F.:* Graphentheorie, Oldenbourg 1974 – *Nishizeki-Chiba:* Planar Graphs, North-Holland 1988 – *Tinhofer, G.:* Methoden der angewandten Graphentheorie. Springer (1976). – *Wagner, K.:* Graphentheorie, BI (1970).

Grashof-Zahl →Kennzahlen

Gray. SI-Einheit der Energiedosis (ionisierender →Strahlung), nach *L. H. Gray* (1905–1965) benannt. Einheitenzeichen Gy. 1 Gy = 1 J/kg = 1 m² s⁻² (→Einheiten des SI; →Dosimetrie). *Hammerschmidt*

Grenzschicht (Strömungsmechanik). Wird ein beliebiger Körper umströmt (z. B. Tragflügel) oder durchströmt (z. B. Kanal), so wird wegen des Haftens (→Haftbedingung) des Fluids am Körper eine dünne Schicht nahe der Oberfläche durch Reibung abgebremst. Diese Schicht wird nach *L. Prandtl* G. genannt. In ihr ändert sich die Geschwindigkeit vom Wert u = 0 an der Körperoberfläche auf den Wert u = U_∞ der Außenströmung. Als G.-Dicke δ wird meist der Abstand von der Körperoberfläche definiert, für den u = 0,99 U_∞ ist, also die Geschwindigkeit u nur noch um 1 % von der der Außenströmung abweicht. Außerhalb der G. treten keine großen Geschwindigkeitsgradienten mehr auf, weshalb hier die Reibungskräfte gegen die Trägheitskräfte (Na-

vier-Stokes-Differentialgleichung) vernachlässigt werden dürfen (Potentialströmung). Das Bild zeigt den einfachsten Fall einer G., die Umströmung einer Platte (Platten-G.). Zur Vereinfachung ist nur die obere Hälfte dargestellt. Bei einer laminaren G. ist der Zusammenhang zwischen G.-Dicke δ, Entfernung x von der Plattenvorderkante, Anströmgeschwindigkeit U_∞ und kinematischer Zähigkeit v des Fluids durch die Beziehung δ ≈ 5 $\sqrt{v\, x/U_\infty}$ gegeben. Die G.-Dicke nimmt mit der Entfernung x zu, aber mit zunehmender Anströmgeschwindigkeit U_∞ ab. Bei gleicher Geschwindigkeit ist sie in Wasser an derselben Stelle x wegen der geringeren kinematischen Zähigkeit v kleiner als in Luft.

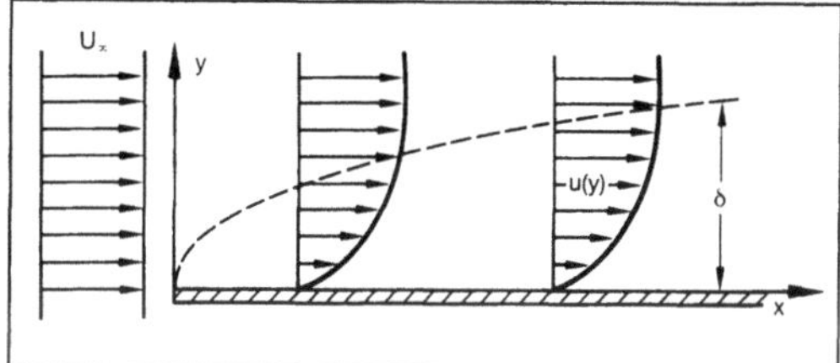

Grenzschicht (Strömungsmechanik): Plattengrenzschicht.

Infolge der Geschwindigkeitsverminderung innerhalb der G. kommt es bei gleichem Gesamtmassenfluß zu einer Art Abdrängen der Strömung vom Körper. Die Verdrängungsdicke δ_1 ist die Entfernung, um die die Stromlinien der Außenströmung gegenüber einer Potentialströmung gleicher Anströmgeschwindigkeit U_∞ vom Körper abgedrängt werden. Sie ist definiert durch die Gleichung

$$U_\infty\, \delta_1 = \int\limits_0^\infty (U_\infty - u(y))\, dy.$$

Ganz entsprechend läßt sich eine Impulsverlustdicke δ_2 über den in der G. verminderten Impulsfluß

$$U_\infty\, \delta_2 = \int\limits_0^\infty u(y)\, (U_\infty - u(y))\, dy$$

und eine Energieverlustdicke δ_3 über den in der G. verminderten Energiefluß

$$U_\infty^2\, \delta_3 = \int\limits_0^\infty u^2(y)\, (U_\infty - u(y))\, dy$$

einführen.

Die Plattenströmung ist bei laminarer Außenströmung innerhalb der G. zuerst laminar, wird aber nach Überschreiten einer kritischen Länge $x_k > 3,5 \cdot 10^5\, \dfrac{v}{U_\infty}$ turbulent. Infolge der turbulenten Mischbewegung wird mehr Fluid als im laminaren

Fall abgebremst, wodurch die G.-Dicke jetzt mehr anwächst.

Wenn bei der Um- oder Durchströmung eines Körpers ein Gebiet mit Druckanstieg auftritt (→Diffusor), also auch das Fluid in der Außenströmung abgebremst wird, so kann das in der G. befindliche Fluid wegen seiner geringen kinetischen Energie nicht allzuweit gegen den steigenden Druck anströmen. Es kommt zur Ruhe und strömt schließlich, dem äußeren Druckgradienten folgend, in umgekehrter Richtung wie die Außenströmung, wodurch diese vom Körper abgedrängt wird. Es kommt zu einer Ablösung der G. vom Körper. *Eckelmann*

Literatur: *Schlichting, H.:* Grenzschicht-Theorie. Karlsruhe 1982.

Grenzsignalgeber. G. vergleichen die Werte von Prozeßgrößen mit fest eingestellten oder veränderlichen Grenzwerten. Werden die Grenzwerte über- oder unterschritten, so ändern sich die binären Ausgangssignale, die Grenzsignale.

Zu unterscheiden ist zwischen direkt wirkenden G., also solchen, die die Meßgröße ohne Zwischenschaltung eines Meßumformers verarbeiten können, und zwischen G., deren Eingangsgröße das →Einheitssignal eines Meßumformers ist. Zu unterscheiden ist weiter zwischen anzeigenden und nichtanzeigenden G.

Die Arbeitsweise eines direkt wirkenden, anzeigenden G. (Bild 1): Mit dem Zeiger des Meßwerks ist die Steuerfahne, ein kleiner Metallstreifen, fest verbunden. Wenn diese in den Kopf des Abgriffsystems eintaucht, ändert sich der Schaltzustand des nachgeschalteten Verstärkers. Der Abgriffkopf ist konzentrisch zur Zeigerachse schwenkbar, so daß er sich so einstellen läßt, daß sich das Ausgangssignal des G. dann ändert, wenn die Meßgröße den Grenzwert erreicht hat.

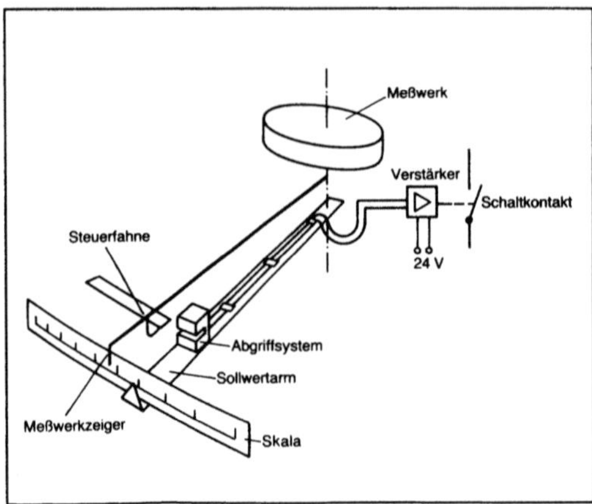

Grenzsignalgeber 1: Flachprofilgerät mit induktivem Abgriff.

Dieses oder ähnliche Prinzipien der Wegeabgriffe lassen sich in G. für viele Meßgrößen verwirklichen. Die meisten Geräte sind mit induktiven Abgriffen ausgerüstet. Die Steuerfahne bedämpft beim Eintauchen in den Abgriffkopf dabei einen Transistor-Oszillator, unterbricht dessen Schwingungen, und ein nachgeschaltetes Relais fällt ab (Bild 2). Die relativ einfache Grundschaltung läßt sich ohne sehr großen Aufwand zu bauteilfehlersicheren Schaltungen erweitern, die den Vorteil bieten, alle als möglich angesehenen Fehler aus dem Schaltzustand sofort erkennen zu können.

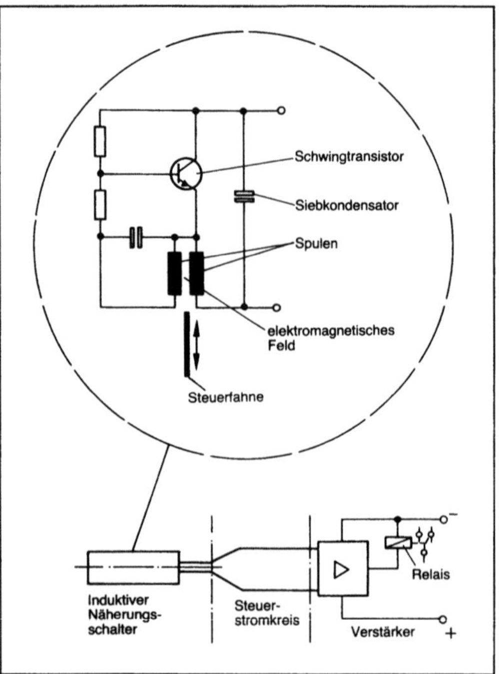

Grenzsignalgeber 2: Prinzipschaltung eines induktiven Abgriffes. Oben ist die Innenschaltung und unten der gesamte Stromkreis dargestellt.

Die kleinsten Abgriffköpfe haben Abmessungen von 8 mm × 8 mm × 11 mm. Der zum Durchschalten erforderliche Weg beträgt etwa 0,1 mm, und auf das Meßsystem wirkt eine kaum bestimmbare Kraft von 10^{-10} N.

Stehen größerer Raum, größere Schaltwege und größere Betätigungskräfte zur Verfügung, so werden auch Mikroschalter, Reed-Kontakte oder pneumatische Abgriffe eingesetzt.

Geringere Bedeutung haben optische oder kapazitive Abgriffsysteme. An Bedeutung verloren haben die vor Jahren gebräuchlichen Fallbügelabgriffe, die Quecksilber-Ringrohre, die Magnetspringkontakte und die offenen Kontakte.

Grenzwerte elektrisch erfaßbarer Größen, z. B. bei Temperaturmessungen mit Widerstandsthermometern und Thermoelementen, oder Grenzwerte elektrischer Einheitssignale lassen sich auch rein elektronisch, etwa über Brückenschaltungen, bilden.

Von besonderer Bedeutung sind G. für
□ Druck (Druckwächter, →Kontaktmanometer),
□ Füllstand (→Niveauwächter, Überfüllsicherungen),
□ Temperatur (Thermostate),
□ Durchfluß (Strömungswächter),
□ Flammen (→Flammenwächter).

Von den Möglichkeiten der Bauteilfehlersicherheit und der selbsttätigen Prüfung wird weitgehend Gebrauch gemacht, um die Verfügbarkeit der Geräte zu erhöhen. *Strohmann*

Literatur: *Strohmann, G.:* Anlagensicherung mit Mitteln der MSR-Technik. München, Wien 1983.

Grenzwert.

□ Zahlenfolge. Eine →Folge $(s_n)_{n \in \mathbb{N}}$ von Zahlen besitzt den G. oder Limes s, wenn es zu jedem $\varepsilon > 0$ eine natürliche Zahl N gibt, so daß für alle $n \geq N$ stets $|s - s_n| < \varepsilon$ gilt.

Eine solche Folge wird konvergent gegen s genannt, in Zeichen

$$\lim_{n \to \infty} s_n = s \text{ oder } s_n \to s \text{ für } n \to \infty$$

Ist insbesondere $s = 0$, so heißt $(s_n)_{n \in \mathbb{N}}$ eine Nullfolge. Existiert kein G., so wird die Folge als divergent bezeichnet. Eine Zahl h mit der Eigenschaft, daß zu jedem $\varepsilon > o$ die →Ungleichung $|h - s_n| < \varepsilon$ für unendlich viele n erfüllt ist, heißt ein Häufungswert der Folge $(s_n)_{n \in \mathbb{N}}$. Eine Folge kann in $\mathbb{R}$ keinen, einen oder auch mehrere Häufungswerte besitzen. Existiert ein größter Häufungswert G (bzw. ein kleinster Häufungswert k), so wird dieser Limes superior (bzw. Limes inferior) genannt, in Zeichen

$$G = \lim_{n \to \infty} \sup s_n \text{ (bzw. } k = \lim_{n \to \infty} \inf s_n).$$

Zahlenfolgen werden mit folgenden Attributen versehen: Eine Folge $(s_n)_{n \in \mathbb{N}}$ von reellen Zahlen heißt
– nach oben (bzw. nach unten) beschränkt, wenn es eine reelle Zahl K gibt, so daß $s_n < K$ (bzw. $s_n > K$) für alle n gilt.
– beschränkt, wenn sie sowohl nach oben als auch nach unten beschränkt ist.
– monoton wachsend oder isoton (bzw. monoton fallend oder antiton), wenn $s_{n+1} \geq s_n$ (bzw. $s_{n+1} \leq s_n$) für alle n gilt.

Eine beschränkte Zahlenfolge besitzt immer mindestens einen Häufungswert (Satz von *Bolzano-Weierstraß*). Eine monoton wachsende nach oben beschränkte oder eine monoton fallende nach unten beschränkte Zahlenfolge besitzt immer einen G., ist also konvergent. Eine beschränkte Zahlenfolge ist

dann und nur dann konvergent, wenn sie genau einen Häufungswert besitzt.
□ Reihen. Alle für Zahlenfolgen angegebenen Begriffe und Ergebnisse lassen sich auf Reihen

$$\sum_{n=1}^{\infty} a_n \text{ übertragen, indem man } s_n := \sum_{v=1}^{n} a_v \text{ setzt}$$

und die so entstandene Folge $(s_n)_{n \in \mathbb{N}}$ betrachtet.
□ Funktionen. Eine Funktion $f : D \to \mathbb{R}$ definiert auf einer Menge $D \subset \mathbb{R}$ besitzt im Punkte ξ den G. oder *Limes* a, wenn für *alle* Folgen $(x_n)_{n \in \mathbb{N}}$ von Punkten aus D mit $\lim_{n \to \infty} x_n = \xi$ stets $\lim_{n \to \infty} f(x_n) = a$ gilt.

Man schreibt dann

$$\lim_{x \to \xi} f(x) = a \text{ oder } f(x) \to a \text{ für } x \to \xi$$

Der Fall $\xi = \pm \infty$ wird mit eingeschlossen. Analog hierzu werden Häufungswerte für $x \to \xi$ sowie $\lim_{x \to \xi} \sup f(x)$ und $\lim_{x \to \xi} \inf f(x)$ erklärt. Von Interesse ist ferner der *rechtsseitige* (bzw. *linksseitige*) G. oder *Limes*.

So bedeutet

$$\lim_{x \to \xi+} f(x) = a \text{ (bzw. } \lim_{x \to \xi-} f(x) = a),$$

daß für alle Folgen $(x_n)_{n \in \mathbb{N}}$ von Punkten des Definitionsbereichs mit $\lim_{n \to \infty} x_n = \xi$ und $x_n > \xi$ (bzw. $x_n < \xi$) für alle n stets $\lim_{n \to \infty} f(x_n) = a$ gilt. Für die Heaviside-Funktion H mit

$$H(x) = \begin{cases} 0 & \text{für } x < 0 \\ {}^{1}/_{2} & \text{für } x = 0 \\ 1 & \text{für } x > 0 \end{cases}$$

folgt z. B.

$$\lim_{x \to 0+} H(x) = 1 \text{ und } \lim_{x \to 0-} H(x) = 0.$$

□ G. in topologischen Räumen. Der bisher nur in $\mathbb{R}$ eingeführte G.-Begriff läßt sich erheblich erweitern. Eine Folge $(s_n)_{n \in \mathbb{N}}$ von Elementen eines topologischen Raumes X besitzt den G. oder Limes $s \in X$, wenn in jeder Umgebung von s fast alle Glieder der Folge liegen. Eine solche Folge wird wieder konvergent gegen s genannt. Ist X sogar ein metrischer Raum mit Metrik d (.,.) oder ein normierter Raum mit Norm $\| \cdot \|$, so konvergiert $(s_n)_{n \in \mathbb{N}}$ genau dann gegen s, wenn für jedes $\varepsilon > o$ die Ungleichung

$$(*) \quad d(s, s_n) < \varepsilon \text{ bzw. } \| s - s_n \| < \varepsilon$$

für fast alle $n \in \mathbb{N}$ gilt. Zur Definition eines Häufungswertes ersetzt man „fast alle" durch „unendlich viele".

In einem normierten Raum X kann auch die →Konvergenz einer Reihe $\sum_{v=1}^{\infty} a_v$ mit $a_v \in X$ erklärt werden.

Sind X und Y topologische Räume und f:D→Y eine Abbildung mit D⊂X, so ist klar, was man unter dem G. von f in a ε X versteht. Im häufig auftretenden Fall, daß X=$\mathbb{R}^n$ und Y=$\mathbb{R}^k$ ist, kann der Grenzwertbegriff wie in (*) mit einer Norm beschrieben werden. Oft verwendet man die euklidische Norm

$$\| \underline{x} \|_2 := \left(\sum_{\nu=1}^{n} x_\nu^2 \right)^{1/2} \text{ für } \underline{x} = (x_1, \ldots, x_n) \in \mathbb{R}^n$$

und schreibt auch kurz $|\mathbf{x}| := \|\mathbf{x}\|_2$. Wegen der Äquivalenz aller Normen eines endlich dimensionalen Vektorraums ist Konvergenz im $\mathbb{R}^n$ eindeutig festgelegt. In unendlich dimensionalen Vektorräumen ist es dagegen möglich, daß ein und dieselbe Folge je nach Art der Norm konvergiert oder divergiert. *Schmeißer*

Literatur: *Barner, M. u. F. Flohr:* Analysis (2 Bde.). Berlin. 1974 u. 1983. – *Forster, O.:* Analysis 1 u. 2. Braunschweig 1983 (4. Aufl. von Bd. 1) und 1979. – *Franz, W.:* Topologie I. Berlin 1960. – *Heuser, H.:* Lehrbuch der Analysis, Teil 1 u. 2 (4. bzw. 3. Aufl.). Stuttgart 1986. – *Schubert, H.:* Topologie (3. Aufl.). Stuttgart 1971.

Grundoperation. Unter G., Grundverfahren, versteht man die Teilvorgänge oder Verfahrensschritte in einem Produktionsverfahren, die durch physikalische und physikalisch-chemische Vorgänge gekennzeichnet sind.

Die sehr große Anzahl von Produktionsverfahren läßt sich in Teilschritte unterteilen, die Grundoperationen, die gleichartige Änderungen, wie z. B. das Destillieren, bewirken. Dieses Konzept wurde 1915 von *A. D. Little* vorgeschlagen und ermöglichte die sehr erfolgreiche wissenschaftliche Durchdringung verfahrenstechnischer Prozesse. Neuerdings wird verstärkt an der weiteren Verallgemeinerung auf der Basis gemeinsamer naturwissenschaftlicher Gesetzmäßigkeiten (Fluiddynamik, Phasengleichgewichte) und gleichartiger Durchführungsweisen (einstufig, mehrstufig; Gleichstrom, Gegenstrom) gearbeitet.

Eine Systematik der G. läßt sich nach verschiedenen Gesichtspunkten durchführen (thermische →Verfahrenstechnik). Die wichtigsten G. der thermischen Verfahrenstechnik sind:
→Kondensation, →Verdampfung, Kristallisation, Trocknung, Destillation, Extraktion, →Absorption, →Desorption, →Adsorption, Gaspermeation, Ultrafiltration, Umkehrosmose. *Brunner*

Gründung. Unter G. von Bauwerken, Baukörpern, usw. versteht man die Arbeiten, die mit der Herstellung und Konstruktion des Unterbaus, der Fundamente, zusammenhängen. Die G. hat die Aufgabe, die Lasten des Bauwerks sicher und ohne schädliche Setzungen auf den Baugrund zu übertragen. Die Wahl der G. ist von der Beschaffenheit des Baugrunds, dessen Tragfähigkeit, der Tiefenlage der tragfähigen Bodenschichten, der Höhe des Grundwasserstands, der Art der aufzunehmenden Lasten, z. B. der statischen und dynamischen Lasten, abhängig. Bevor man sich für ein bestimmtes Gründungssystem entscheidet, muß auch die Art des zu gründenden Bauwerks beachtet werden. Weiche Bauwerke, z. B. Rahmen ohne Ausfachung, sind im Hinblick auf Gründungen weniger empfindlich als steife. Große starre Mauerwerksscheiben reißen z. B. leicht bei unterschiedlichen Setzungen.

Bei der Gründung von Maschinenfundamenten ist das Ziel ein möglichst ruhiger und schadenfreier Lauf der Maschine. Oft soll bei der Gründung auch, z. B. durch Wahl eines entsprechend großen steifen Fundaments, die Übertragung von dynamischen Kräften in den Baugrund weitgehend vermieden werden, um Erschütterungen in der Umgebung des Aufstellungsortes zu verhindern. Die Art der G. von Bauwerken, z. B. die geometrische Form und die →Steifigkeit der Fundamente (starr oder biegeweich), haben auch Einfluß auf die Übertragungsbedingungen der Erschütterungen vom Boden in das Bauwerk und umgekehrt. Man unterscheidet verschiedene Arten von G., z. B. Flachgründungen, Tiefgründungen und besondere Arten von G. wie Schwimmkastengründung, Senkkastengründung und Gefriergründung. *Splittgerber*

Literatur: *Klöckner, W.:* Gründungen. In: Beton-Kalender. Band II. Berlin 1971.

Gruppensteuerungsebene. Ebene eines hierarchisch strukturierten →Prozeßleitsystems, das Funktionseinheiten zum Führen zusammenhängender Teilprozesse umfaßt. Die G. ist den zugehörigen Einzel- und Antriebssteuerungen übergeordnet und kann einer Leitsteuerung untergeordnet sein. *Strohrmann*

Gütebestätigung. Bestätigung durch eine vom Hersteller unabhängige Prüfstelle, daß das Produkt nach geprüften Spezifikationen gefertigt ist und die zugesicherten Daten aufweist.

Für den Anwender ist es vorteilhaft, nach einheitlichen Richtlinien gefertigte und geprüfte Bauelemente gleichbleibender Qualität von verschiedenen Herstellern beziehen zu können. In den USA ist dieses Ziel durch das Military Specification System (MIL) erreicht. Im europäischen zivilen Bereich fehlten entsprechende firmen- und länderübergreifende Normen. So einigten sich 1968 Großbritannien, Frankreich und die Bundesrepublik Deutschland, ein gemeinsames System der G. für die Bauelemente der Elektronik auszuarbeiten. Die Durchführung ist dem europäischen Komitee für die elektrotechnische →Normung Comité Européen de Normalisation Électrotechnique (CENELEC) übertragen. Vereinbart wurde das CECC-System (CENELEC Electronic Components Committee), dem sich inzwischen mehrere Länder angeschlossen haben.

Die Elemente dieses G.-Systems sind:

□ die zwischen den einzelnen Ländern harmonisierten Normen,

□ die Anerkennung der Hersteller, der Prüflaboratorien und der Auslieferungsläger,

□ die Bauartzulassung und die Prüfung der Bauelemente in Übereinstimmung mit den harmonisierten Normen,

□ die Aufzeichnung der Prüfergebnisse.

In Deutschland nimmt die VDE-Prüfstelle in Offenbach die Funktion einer nationalen Überwachungsstelle wahr. Sind die Qualifikationsprüfungen bestanden, so wird das Produkt in die Liste der zugelassenen Erzeugnisse der CECC aufgenommen und darf das VDE-Elektronik-Prüfzeichen tragen. Das CECC-Gütebestätigungssystem schließt keine Lebensdaueruntersuchungen ein und gibt keine Ausfallraten an. *Schrüfer*

Literatur: *Becker, P.:* Das europäische Gütebestätigungssystem für Bauelemente der Elektronik. Elektronik (1976) Nr. 1, S. 57/60. – *Hofmann, D.:* Handb. Meßtechnik und Qualitätssicherung. Braunschweig 1983, Ost-Berlin 1980. – ZVEI: CECC-Gütebestätigungssystem für Bauelemente der Elektronik. ZVEI-Bauelemente-Symposium 1983. Berlin, Offenbach.

H

Haftbedingung. Bei der Lösung der Grundgleichungen der →Strömungsphysik (Massen-, Impuls- und Energieerhaltung) sind Randbedingungen zu erfüllen. Üblicherweise wird dazu vorausgesetzt, daß ein Fluid aufgrund seiner Zähigkeit an einer Wand haftet. Die kinetische Gastheorie zeigt, daß die Zähigkeit eines Gases als Übertragung des Impulses der Moleküle durch gegenseitige Stöße aufgrund ihrer Eigenbewegung angesehen werden kann. Berücksichtigt man daher die atomare Struktur des Gases, dann ist die Randbedingung zu relativieren. Die auf eine Wand auftreffenden Atome oder Moleküle eines strömenden Gases haben vor der Reflexion bezüglich der Wand immer eine mittlere Tangentialgeschwindigkeit, während sie sich nach der Reflexion zunächst vollkommen regellos bewegen. Infolgedessen besitzen sie insgesamt an der Wand eine mittlere Geschwindigkeit in Strömungsrichtung. Man sagt daher, ein Gas gleitet an der Wand entlang. Die Größe dieses Effekts ist abhängig von der freien Weglänge der Moleküle im Gas. Bei Normaldruck ist diese Länge so klein, daß der Gleiteffekt vernachlässigbar ist, bei stark verdünnten Gasen muß er dagegen bei der Formulierung der Randbedingungen berücksichtigt werden. In Flüssigkeiten ist die H. immer erfüllt. *Obermeier*

Haftreibkegel →Reibung

Halbleiterdetektor →Detektor

Halbleiterwerkstoff. Die wichtigste Eigenschaft der Halbleiter für die Anwendung ist die Tatsache, daß sich ihre an sich geringe elektronische →Leitfähigkeit durch Zusätze und andere Einflüsse (Licht, elektrische Felder, Ladungsträger-Injektion) um viele Zehnerpotenzen erhöhen läßt. Die moderne Festkörperelektronik, die von der Erfindung des Transistors (1949) ihren wesentlichen Anstoß erhielt, basiert vor allem auf dieser Möglichkeit. Für die Nutzbarkeit eines H. sind daher die Dotierbarkeit und die richtigen Eigenschaften der Elektronen in der Nähe der Energielücke entscheidend.

Aus der großen Vielfalt halbleitender Substanzen haben sich für die Praxis fast ausschließlich Elemente und Verbindungen von einem einzigen Gittertyp durchgesetzt: So z. B. die Elemente Silicium und Germanium, die im Diamantgitter kristallisieren, und die III-V-Verbindungen, die im dazu analogen Zinkblende-Gitter auftreten (GaAs, InSb etc.). Die ersten Transistoren wurden aus Germanium gefertigt. Heute beherrscht Silicium über 90 % des Halbleitermarktes in der Elektronik. Das hat vor allem drei Gründe:

☐ Silicium besitzt eine größere Energielücke als Germanium. Deshalb kann Silicium noch bei höheren Temperaturen (150°C) eingesetzt werden als Germanium (75°C), ohne daß thermisch angeregte Elektronen alle Dotierungsstrukturen überschwemmen.

☐ Die Reinigung und Kristallzüchtung (s. u.) werden sicher beherrscht, was natürlich dadurch begünstigt wird, daß nur ein Element beteiligt ist.

☐ Silicium verfügt über ein chemisch und elektrisch außerordentlich stabiles Oxid, das SiO_2, welches bei hohen Temperaturen als dichte isolierende Schicht auf den Kristall aufwächst. Ohne dieses natürliche Oxid wäre die integrierte Silicium-Technologie undenkbar.

Es gibt Anwendungsbereiche, in denen Silicium aus physikalischen Gründen Beschränkungen aufweist. Nur in diesen Bereichen werden andere Halbleiter eingesetzt: Germanium für spezielle Anwendungen vor allem bei sehr hohen Frequenzen, Verbindungshalbleiter für Anwendungen in der Optik, →Meßtechnik und Mikrowellentechnik. Wichtigster Vertreter der Verbindungshalbleiter ist das Galliumarsenid GaAs, das sich von Silicium und Germanium durch eine höhere Bandlücke und vor allem durch die Tatsache auszeichnet, daß der Bandübergang vom Valenzband zum Leitungsband ein direkter Übergang ist. Das bedingt einen hohen Wirkungsgrad bei der Lichtemission, weshalb Galliumarsenid allein und in Mischungen mit GaP in der Optoelektronik unentbehrlich ist. Galliumarsenid spielt auch in der Mikrowellentechnik eine Rolle, einerseits wegen der gegenüber Silicium erhöhten Elektronenbeweglichkeit, andererseits wegen bestimmter, mit der Struktur des Leitungsbandes zusammenhängender nichtlinearer Effekte (Gunn-Effekt). Die höhere Elektronenbeweglichkeit ist auch der Grund für die Entwicklung schneller integrierter digitaler und analoger Schaltungen auf der Grundlage des Galliumarsenids.

Andere III-V-Halbleiter, wie InSb und InAs, dienen zum Nachweis magnetischer Felder, wobei besonders die im Vergleich zu Silicium sehr hohe Elektronenbeweglichkeit zum Tragen kommt. Isomorph zu den III-V-Halbleitern sind die II-VI-Halbleiter (ZnS, CdS usw.), jedoch haben sie bisher vor allem wegen Schwierigkeiten bei der Dotierung zu keinen vergleichbaren technischen Anwendungen geführt.

Alle genannten H. lassen sich dadurch dotieren, daß in sie im Periodensystem benachbarte Elemente mit unterschiedlicher Wertigkeit eingebaut werden. Bringt man z. B. ein fünfwertiges Atom wie Phosphor in ein Siliciumgitter, dann werden für die Bindungen nur vier Elektronen gebraucht. Das fünfte Elektron tritt durch Wärmeanregung ins Leitungsband über und wird dort frei beweglich. Phosphor wirkt deshalb im Silicium als Donator, das dreiwertige Bor entsprechend als Akzeptor. In analoger Weise lassen sich III-V-Halbleiter durch zweiwertige und sechswertige Atome dotieren.

Die für aktive Bauelemente eingesetzten H. müssen in der Regel in Form hochreiner Einkristalle hergestellt werden. Bei der Reinigung ist denjenigen Verunreinigungen besondere Aufmerksamkeit zu widmen, die elektrisch wirksam sind. Es sind dies zunächst die gleichen Elemente, die auch zur Dotierung dienen können. Daneben sind aber auch solche Störstellen zu beachten, die Elektronen einfangen oder abgeben können, energetisch aber so weit von den Bandkanten entfernt sind, daß sie thermisch nicht ionisiert werden. Solche Fehler nennt man Rekombinationszentren, da mit ihrer Hilfe Elektronen und Löcher sich gegenseitig annihilieren können. Im Silicium wirken vor allem Übergangsmetalle als Rekombinationszentren, außerdem aber auch Versetzungen, weshalb auch plastische Deformationen bei der Kristallzüchtung so weit wie irgend möglich unterdrückt werden müssen.

Im Fall des Siliciums erfolgt die Kristallzüchtung bei höchsten Ansprüchen, bevorzugt durch die Methode des tiegelfreien Zonenziehens im Vakuum. Normales Halbleiter-Silicium läßt sich mit dem etwas weniger aufwendigen Czochralski-Verfahren (Kristallzüchtung) herstellen. Verbindungshalbleiter bereiten i. a. größere Schwierigkeiten bei der Kristallzüchtung als Elementhalbleiter, da die Löslichkeit der eigenen Bestandteile in der Verbindung beim Schmelzpunkt in der Regel so hoch ist, daß es nicht gelingt, stabile stöchiometrische Verhältnisse an der Erstarrungsfront einzustellen. Der hohe Dampfdruck von Komponenten, wie z. B. Phosphor und Arsen, bedingt zudem besondere Vorkehrungen in Form von Überdruckbehältern und flüssigen Deckschichten, was die Reinheit und Perfektion der gebildeten Kristalle ebenfalls einschränkt. Aus der Schmelze gezogene Kristalle dienen aus den genannten Gründen oft nur als

Halbleiterwerkstoff. Tabelle: Daten der wichtigsten H.

Material	Bandlücke [eV]	Beweglichkeit [m²/Vs] elektr.	Löcher	Schmelzpunkt [°C]	Herstellungsverfahren (Kristallzüchtung)	Anwendung
Si	1,12 (i)	0,15	0,06	1 420	Czochralski-V. tiegelfr. Zonenziehen	Dioden, Transistoren, integr. Schaltungen, Thyristoren, Solarzellen usw.
Ge	0,66 (i)	0,39	0,19	937	Czochralski, Zonenziehen	Hochfrequenz-Transistoren, γ-Detektoren
GaAs	1,40 (d)	0,85	0,04	1 238	Czochralski, Epitaxie	Leuchtdioden, Laser, Gunn-Dioden, HF-Transistoren, sehr schnelle integrierte Schaltungen
GaP	2,3 (i)	0,011	0,0075	1 467	Czochralski, Epitaxie	Leuchtdioden
InSb	0,18 (d)	7,7	0,1	523	horizontales Zonenziehen	Magneto-Widerstände („Feldplatte")
InAs	0,34 (d)	3	0,05	940	horizontales Zonenziehen	Hall-Generatoren
CdS	2,5 (d)	0,03	0,005	1 750	meist polykrist. oder durch Gasphasenreaktion	Photowiderstände, Solarzellen
β-SiC	3,0 (i)	0,04	0,005	2 600	meist polykrist. oder durch Sublimation	Heizleiter, Varistoren, Leuchtdioden für blaues Licht

i, d: indirekter, direkter Bandübergang

Substrat für bei geringeren Temperaturen epitaktisch aufgebrachte perfektere Schichten.

Halbleiter werden auch als Widerstandswerkstoffe (→Leiterwerkstoff) eingesetzt und in diesen Fällen meist auf konventionellem Wege keramisch oder als dünne Schicht, also polykristallin, hergestellt. Genannt seien in diesem Zusammenhang das SiC als →Heißleiter, $BaTiO_3$ als →Kaltleiter, verschiedene Oxide als Heißleiter und Masse-Widerstände oder Varistoren, CdS und PbS sowie amorphes Selen als Photoleiter. Ebenfalls polykristallin ist das Selen im klassischen Selen-Gleichrichter. Chemisch abgeschiedenes und mit Wasserstoff gesättigtes amorphes Silicium wird als Grundmaterial in preisgünstigen Solarzellen eingesetzt. Ebenfalls amorph ist die photoleitfähige Schicht im elektrostatischen Kopierverfahren (Xerox-Verfahren), das aus einem Glas auf Selenbasis besteht. *Hubert*

Literatur: *Hadamovsky, H. F.* (Hrsg): Halbleiterwerkstoffe. Leipzig 1972. – *Harth, W.:* Halbleitertechnologie. Stuttgart 1972. – *Sze, S. M.:* Physics of Semiconductor Devices. New York 1969.

Halbwertzeit. Unter der H. $t_{1/2}$ versteht man die Zeit, nach der die →Aktivität eines Radionuklids auf die Hälfte ihres Wertes abgefallen ist. Die H. ist der Zerfallskonstanten λ umgekehrt proportional: $\lambda \cdot t_{1/2} = \ln 2$. Dies ergibt sich unmittelbar aus dem Gesetz für den radioaktiven →Zerfall (Zerfallsgesetz):

$$N = N_o e^{-\lambda t} \quad \text{(N ist die Zahl der Atome)}$$

bzw. $A = A_o e^{-\lambda t}$ (A ist die Aktivität)

und der Definition der Halbwertzeit.

Führt man in das Zerfallsgesetz die Halbwertzeit ein, so erhält man

$$N = N_o \left(\frac{1}{2}\right)^{t/t_{1/2}} \text{ bzw. } A = A_o \left(\frac{1}{2}\right)^{t/t_{1/2}}.$$

Die H. ist eine für das betreffende →Radionuklid charakteristische Größe, die man meist direkt durch Aufnahme der →Zerfallskurve ermittelt, bei langlebigen Nukliden aus der Menge der stabilen Zerfallsprodukte oder aus der Menge der im radioaktiven →Gleichgewicht vorhandenen instabilen Folgeprodukte.

Die Halbwertzeiten der bekannten Radionuklide variieren zwischen etwa 0,1 μs und 10^{16} a. Schwierig ist die Bestimmung sehr kleiner Halbwertzeiten <1 ms und sehr großer Halbwertzeiten >10^{15} a. Deshalb ist es auch bei einigen in der Natur vorkommenden Nukliden sehr schwer, eindeutig zu entscheiden, ob sie radioaktiv sind oder nicht. Die →Wahrscheinlichkeit für den Zerfall eines Radionuklids und damit auch seine H. wird durch die Energieschwelle bestimmt, die beim Zerfall über-

wunden werden muß, wobei der Tunneleffekt eine wichtige Rolle spielt.

Die Halbwertzeit ist nur in Ausnahmefällen abhängig von den äußeren Bedingungen, wie Druck, Temperatur, Aggregatzustand oder Bindungszustand. So hat man kleine Variationen in der H. für den Elektroneneinfang des ^7Be und für die innere Konversion des ^{99m}Tc in Abhängigkeit vom Bindungszustand festgestellt. Dies beruht darauf, daß sowohl beim Elektroneneinfang als auch bei der inneren Konversion Elektronen der Atomhülle beteiligt sind, so daß sich Änderungen in der Elektronendichte infolge der chemischen Bindung auf die Halbwertzeit des Zerfalls auswirken können. *Lieser*

Literatur: *Lieser, K. H.:* Einführung in die Kernchemie. 3. Aufl. Weinheim: VCH-Verlag 1991.

Hall-Effekt →galvanomagnetischer E.

Handelshemmnis, technisches. Die t. H. sind eine besondere Form der nichttarifären H. Es werden darunter sowohl Rechtsnormen mit technischem Bezug, als auch technische Regeln (z. B. technische Normen) verstanden, die besondere Anforderungen an die Beschaffenheit, Produktion, Verwendung usw. von Waren stellen und sich wegen ihrer unterschiedlichen nationalen (länderspezifischen) oder regionalen Ausgestaltung nachteilig (hemmend) auf den freien Warenverkehr auswirken.

Dem Abbau t. H. dienen die weltweiten Harmonisierungsbestrebungen, insbes. auf den Gebieten der technischen Regelsetzung. *Krieg*

Literatur: Handb. Normung, Innerbetriebliche Normungsarbeit. Bd. 1.: Grundlagen der Normungsarbeit. 7. Aufl. Berlin 1989. – Europäische Normen für 1992. Ein Leitfaden des DIN. Berlin 1989.

Hauptinduktivität. Gemeinsame →Induktivität im Eingangs- und Ausgangskreis eines Transformators in dem die Streuverluste berücksichtigenden →Ersatzschaltbild (Bild). Neben der Hauptinduktivität L_{h1} enthält das Ersatzschaltbild noch die Streuinduktivitäten L_{s1} und L_{s2} von Primär- und Sekundärseite sowie die Wicklungswiderstände R_1

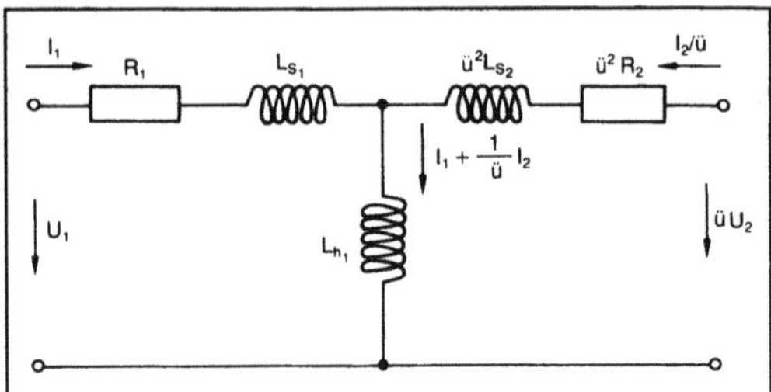

Hauptinduktivität: Streuverluste berücksichtigendes Ersatzschaltbild eines Transformators.

und R$_2$, die zu den Kupferverlusten des Transformators führen. Ummagnetisierungsverluste im Eisenkern können durch einen Parallelleitwert zur Hauptinduktivität L$_{h_1}$ berücksichtigt werden. ü ist das Übertragungsverhältnis (die Übersetzung) des Transformators. *Claassen*

Hauptleiter. In Mehrphasen-Wechselstromschaltungen, bei denen die einzelnen Stränge jeweils an einem Ende zusammengeschaltet sind ($\rightarrow$Sternschaltung), nennt man die von den anderen Strangenden wegführenden Leiter Hauptleiter oder $\rightarrow$Außenleiter. Der vom gemeinsamen Verbindungspunkt wegführende Leiter heißt $\rightarrow$Sternpunktleiter oder $\rightarrow$Mittelpunktleiter. *Claassen*

Hauptnormale. Die $\rightarrow$Gerade durch einen Punkt P einer Raumkurve $\underline{x}(s)$ (s Bogenlänge) in Richtung des H.-Vektors $\underline{v}(s) = \dfrac{\underline{x}''(s)}{|\underline{x}''(s)|}$. Der Einheitsvektor $\underline{v}(s)$ existiert in jedem Punkt der nicht geradlinigen $\rightarrow$Kurve, in dem $\underline{x}''(s) \neq 0$ ist. *W. L. Fischer*

Hauptsätze der Thermodynamik. Die H. d. T. sind die auf der Erfahrung beruhenden Axiome der $\rightarrow$Thermodynamik. Der $\rightarrow$nullte H. macht Aussagen zum thermischen $\rightarrow$Gleichgewicht und zum Zustandsraum der Thermostatik.

Der $\rightarrow$erste H. postuliert Existenz und Bilanzierbarkeit der inneren Energie. Der $\rightarrow$zweite H. begründet das Clausius- und das Thomson-Verbot, formuliert durch Dissipationsungleichungen und die Existenz der $\rightarrow$Entropie im thermodynamischen Gleichgewicht. Aus dem $\rightarrow$dritten H. folgt, daß der absolute Nullpunkt der Kelvin-Temperatur nicht erreichbar ist.

Die H. lassen sich analytisch sowohl für diskrete als auch für kontinuierliche thermodynamische Systeme formulieren. Letztere Formulierungen sind die Bilanzgleichungen für innere Energie und Entropie. *Muschik*

Heißleiter. Ein H. ist ein kugel-, scheiben- oder zylinderförmiger Sensor zur Temperaturmessung. Er besteht aus einem halbleitenden Material, dessen Eigenleitfähigkeit mit der Temperatur zunimmt. Dadurch nimmt der elektrische $\rightarrow$Widerstand mit zunehmender Temperatur ab. H. haben einen negativen Temperaturkoeffizienten. Sie werden auch als NTC-Widerstände (negative temperature coefficient resistors), Thermistoren oder Thernewids bezeichnet. Hergestellt sind sie aus Oxiden von Schwermetallen oder seltenen Erden.

R(T)-Kennlinie. Der elektrische Widerstand R (Ohm) eines H. hängt näherungsweise von seiner Temperatur T (K) wie folgt ab (Bild 1):

$$R(T) = R_0 e^{b\left(\frac{1}{T} - \frac{1}{T_0}\right)}.$$

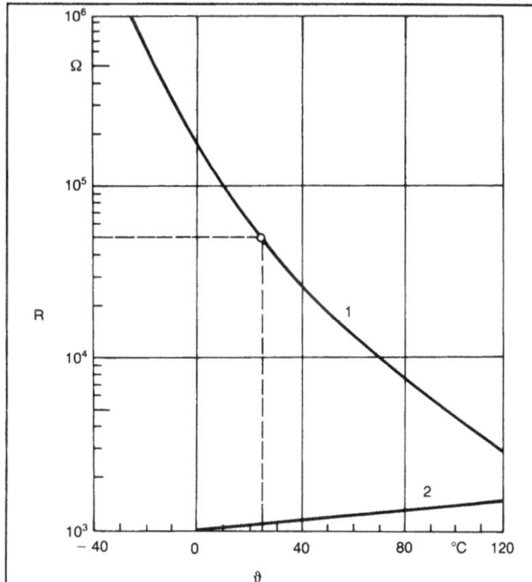

Heißleiter 1: Widerstand eines Heißleiters 1 (Nennwiderstand 50 kΩ) und eines Platin-Widerstandsthermometers 2 (Nennwiderstand 1 000 Ω) in Abhängigkeit von der Temperatur ϑ.

In dieser Gleichung ist b eine Materialkonstante, und R$_0$ ist der Widerstand bei der Temperatur T$_0$. Mit $K_0 = R_0 e^{-b/T_0}$ läßt sich die Gleichung umformen in

$$R(T) = K_0 e^{b/T}.$$

Der Temperaturkoeffizient α des H. ist negativ. Er nimmt mit steigender Temperatur ab:

$$\alpha(T) = -\frac{b}{T^2}.$$

Er hat bei Raumtemperatur den Betrag von etwa $4 \cdot 10^{-2}$ K^{-1}. Damit ist er 10mal größer als der eines Platin-Widerstandsthermometers.

U(I)-Kennlinie. Wird durch den H. ein Strom geschickt und der zugehörige Spannungsabfall gemessen (Bild 2), so wird zunächst eine strenge Proportionalität zwischen durchfließendem Strom I und abfallender Spannung U gefunden. Die zugeführte elektrische Leistung ist in diesem Bereich so gering, daß keine Eigenerwärmung auftritt. Der Kaltwiderstand des H. wird nur von der Umgebungstemperatur T$_U$ bestimmt. Mit zunehmendem Strom erwärmt sich der H., sein Widerstand nimmt ab, und die Spannung steigt damit weniger schnell als der zugehörige Strom. In einem kleinen Bereich wird die Stromzunahme durch eine Widerstandsabnahme kompensiert. Die Spannung bleibt ungefähr konstant, bis schließlich die Widerstandsabnahme größer als die Stromzunahme wird und die Spannung wieder fällt. Wird die Kennlinie bei einer höheren Umgebungstemperatur aufgenommen, so

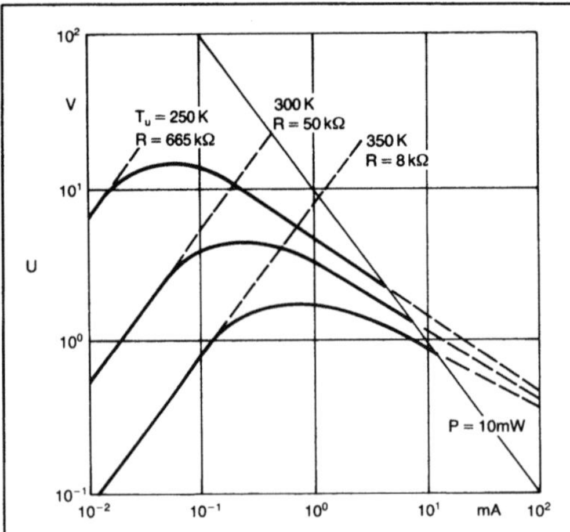

Heißleiter 2: Spannungsabfall U an einem Heißleiter in Abhängigkeit vom durchgehenden Strom I. Parameter ist die Umgebungstemperatur T_u.

ist der Widerstand des H. niedriger, und die Erwärmung beginnt erst bei höheren Strömen.

Temperaturmessungen sind nur in dem ohmschen Bereich der Kennlinie möglich. Nur dort ist der Widerstand des H. ein Maß für die Temperatur seiner Umgebung.

Anwendung. Eingesetzt werden die H. in der Haustechnik, in Kraftfahrzeugen und in Verbrauchsgütern als kostengünstige, mit einer einfachen →Signalverarbeitung auskommende Temperatursensoren. Sie werden z. B. in Fieberthermometern, Kühlgeräten, Warmwasser- und Heißwasser-Geräten, Waschmaschinen, Geschirrspülautomaten, in Heiz- und Bügelgeräten und generell in der Heizungs- und Klimatechnik verwendet. *Schrüfer*

Heizkosten-Verordnung. Die Verordnung gilt für die Verteilung der Kosten des Betriebes zentraler Heizungsanlagen und zentraler Warmwasserversorgungsanlagen sowie für die Kosten der Lieferung von Fernwärme und Fernwarmwasser durch den Gebäudeeigentümer auf die Nutzer der mit Wärme oder Warmwasser versorgten Räume. Ihre Neufassung (Verordnung über die verbrauchsabhängige Abrechnung der Heiz- und Warmwasserkosten) wurde am 5. April 1984 (BGBl. I, S. 592) auf Grund der im →Energieeinsparungsgesetz enthaltenen Ermächtigung bekanntgemacht. Der Gebäudeeigentümer hat dabei zum Zwecke der anteiligen Verbrauchsermittlung die Räume mit Einrichtungen zur anteiligen Verbrauchserfassung (Wärmezähler, Warmwasserzähler nach den anerkannten Regeln der Technik) zu versehen. Für das Verfahren der verbraucherabhängigen Kostenverteilung für Wärme und Warmwasser durch den Gebäudeeigentümer enthält die Verordnung detaillierte Vor-

schriften. Sie beziehen sich auf die verbrauchsabhängigen und verbrauchsunabhängigen Kosten (Kosten für den Betrieb der zentralen Heizungs- und/oder Warmwasserversorgungsanlage) und auf die Wahl der Abrechnungsmaßstäbe und -zeiträume. Ausnahmeregelungen gelten u. a. für Härtefälle, Heime, Raumheizungen mittels Solar- oder Wärmepumpenanlagen oder für ältere Gebäude. *W. Hoffmann*

Heizungsanlagenverordnung. Basis für die am 20. Januar 1989 (BGBl. I S. 121) erschienene Verordnung ist das →Energieeinsparungsgesetz. Sie gilt für Heiz- und Brauchwassererwärmungsanlagen und -einrichtungen mit einer Nennwärmeleistung von mehr als 4 kW und enthält energiesparende Anforderungen an derartige Anlagen und Einrichtungen. Hierzu gehören Anforderungen an Einbau und Aufstellung, Betriebsbereitschaft, Wärmedämmung und an Einrichtungen zur Steuerung und Regelung. Dabei orientieren sich diese Anforderungen ausdrücklich an den entsprechenden anerkannten Regeln der Technik, die vom Bundesminister für Raumordnung, Bauwesen und Städtebau im Bundesanzeiger bekanntgemacht werden. Überwachungsmaßnahmen werden nicht gefordert. Z. Zt. wird ein Referentenentwurf einer Verordnung zur Änderung der Heizungsanlagen-VO diskutiert (Stand Mai 1992). *W. Hoffmann*

Hektar. Gesetzliche Flächeneinheit nur für die Angabe der Fläche von Grundstücken und Flurstükken. Einheitenzeichen ha. 1 ha = 100 a = 10^4 m² (→Einheiten, gesetzliche). *Hammerschmidt*

Helix →Schraubenlinie

Hertz. SI-Einheit der →Frequenz, nach *H. R. Hertz* (1857–1894) benannt. Einheitenzeichen Hz. 1 Hz = $1\,s^{-1}$ (→Einheiten des SI). *Hammerschmidt*

Hertz-Pressung →Flächenpressung

Hessenberg-Verfahren. *Hessenberg* hat 1941 ein Verfahren angegeben, um eine quadratische →Matrix durch endlich viele Ähnlichkeitstransformationen in die nach ihm benannte Hessenberg-Gestalt überzuführen (→Eigenwerte und Eigenvektoren von Matrizen; →numerische Mathematik). Später wurden weitere Methoden entwickelt, die dasselbe Ziel auf effektiverem Weg erreichen (z. B. Givens 1953, Householder 1958, Wilkinson 1959). Heute bezeichnet man oft als H.-V. jedes numerische Verfahren zur Berechnung der Eigenwerte von Matrizen, bei dem auf Hessenberg-Gestalt transformiert wird. *Schmeißer*

Literatur: *Wilkinson, J. H.:* The algebraic eigenvalue problem. Oxford 1965.

Hilfsenergie, elektrische. E. H. für leittechnische Einrichtungen sind Gleich- oder Wechselspannungen meist von 24 oder 220 V. Der Signalbereich leittechnischer Feldgeräte liegt im allgemeinen zwischen 4 und 20 mA, in Einzelfällen auch zwischen 0 und 20 mA. Geräte mit dem Life-Zero-Signal benötigen keine gesonderte Energieversorgung (Zweileitertechnik), Geräte mit dem 0- bis 20-mA-Signal müssen über gesonderte Leitungen versorgt werden (Vierleitertechnik). Wartengeräte arbeiten häufig mit Gleichspannungssignalen von 0 bis 10 V.

Vorteile der elektrischen gegenüber der pneumatischen →Hilfsenergie sind:
– hohe Übertragungsgeschwindigkeit der Signale und kaum eingeschränkter Aktionsradius,
– hohe Leistungsfähigkeit der mit e. H. arbeitenden Geräte, besonders der digitalen, bezüglich Rechengenauigkeit, Datenaufbereitung für die Bildschirme und flexiblem Anpassen an die Aufgabenstellung des Prozesses.

Korrosionsschutz wird erreicht durch Abkapselung, Vergießen und meist auch noch durch eine geringe Eigenerwärmung, die eine Kondensation korrosiver Nebel auf den Geräten erschwert. Gegen elektromagnetische Einstreuungen schützen Verdrillung und →Abschirmung der Leiter. Explosionsschutz der Feldgeräte ist meist in der Zündschutzart „Eigensicherheit" realisiert. In räumlich ausgedehnten Anlagen sind Vorkehrungen gegen Überspannungen durch Blitzeinwirkungen zu treffen, die besonders Komponenten digital arbeitender Geräte zerstören können.

Ein Zusammenschalten von Geräten unterschiedlicher Hersteller ist meist problembehaftet und die Betreiber ziehen den Bezug von Systemen dem einzelner Geräte vor (→Einheitssignal; →Hilfsenergieversorgung, elektrische). *Strohrmann*

Literatur: *Strohrmann, G.:* Automatisierungstechnik, Bd. 2: Stellgeräte, Strecken, Projektabwicklung. 2. Aufl. München–Wien 1991.

Hilfsenergie, pneumatische. P. H. für leittechnische Einrichtungen ist öl-, wasser- und verunreinigungsfreie Druckluft mit Drücken von 1,4 bar für die →Signalverarbeitung und von bis 6 bar für die Stellantriebe. Die Signale haben einen Life-Zero. Ihr Bereich liegt – international genormt – zwischen 0,2 und 1,0 bar, praktisch gleich dem (noch gebräuchlichen) angloamerikanischen Bereich von 3–15 psi. Kondensation von Wasser in pneumatischen Geräten ist unbedingt zu vermeiden, und der Taupunkt der Druckluft muß deshalb unter –25 °C liegen. In Sonderfällen, z. B. in Gasfernleitungen, können auch andere Gase als Hilfsenergie dienen. Vorteile der pneumatischen gegenüber der elektrischen Hilfsenergie sind in leittechnischen Anlagen:

– Hohes Arbeitsvermögen sowie hohe Kompensations- und Stellkräfte der Meßumformer, →Regler und →Stellantriebe. Wegen des hohen Arbeitsvermögens und der hohen Stellkräfte werden auch in Prozeßleitsystemen, die mit elektrischer Hilfsenergie arbeiten, meist pneumatische Stellantriebe eingesetzt.
– →Korrosionsschutz. Durch Eigenluftverbrauch stellt sich eine Luftspülung mit innerem Überdruck ein, der korrosive Stoffe am Eindringen in die Geräte hindert.
– Übersichtliche Installationen und problemloses Verknüpfen pneumatischer Einrichtungen. Die Verrohrung geschieht einpolig und die Geräte haben unendlich hohen Eingangswiderstand. Die Systeme sind unempfindlich gegen elektromagnetische Einstreuungen und Blitzeinwirkungen.

Nachteile der pneumatischen gegenüber der elektrischen Hilfsenergie sind:
– Geringer Aktionsradius von maximal 300 bis 400 m durch Signalübertragungsgeschwindigkeiten, die unter der Schallgeschwindigkeit liegen.
– Beschränkte →Genauigkeit pneumatischer Rechenglieder,
– Keine der Prozeßführung über Bildschirme entsprechende zentrale Kommunikationsmöglichkeit (→Hilfsenergieversorgung, pneumatische). *Strohrmann*

Literatur: *Strohrmann, G.:* Automatisierungstechnik, Bd. 2: Stellgeräte, Strecken, Projektabwicklung. 2. Aufl. München–Wien 1991.

Hilfsenergieversorgung, elektrische. Die zur Versorgung leittechnischer elektrischer Geräte erforderlichen Umspann-, Glättungs-, Puffer- und Umschalteinrichtungen können entweder zentral

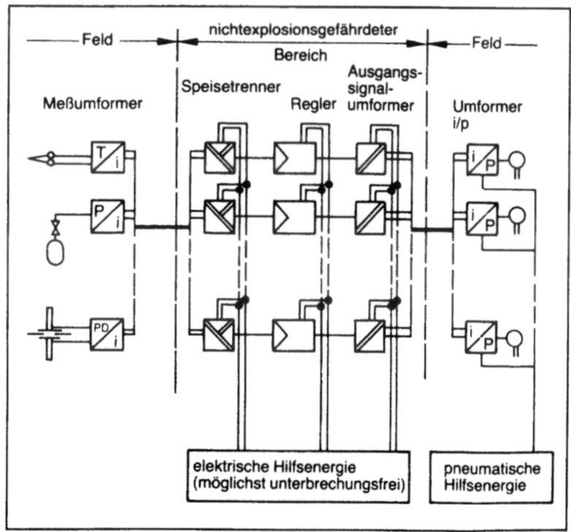

Hilfsenergieversorgung, elektrische: Aufbau eines Versorgungsnetzes für analoge elektrische Meßumformer, Regler und elektropneumatische Umformer.

für alle Geräte gemeinsam oder dezentral für kleinere Funktionseinheiten angeordnet werden. Unerläßlich ist – besonders für digitale Prozeßleitsysteme – eine unterbrechungsfreie Versorgung. Die zulässigen Toleranzen sind oft relativ groß: z. B. für Gleichspannungsversorgung ±15%, manchmal ±25% und für Wechselspannungsversorgung −15 bis +10% bei Frequenzen zwischen 48 und 62 Hz.

In Systemen, die mit Zweileitertechnik arbeiten, werden alle Geräte vom Schaltraum aus gespeist (Bild). Die Verbindung zwischen Schaltraum und den Feldgeräten geschieht über vieladrige verseilte und abgeschirmte Kabel mit Querschnitten von etwa 1 mm².

Geräte in Systemen, die mit Vierleitertechnik arbeiten, müssen örtlich mit Hilfsenergie versorgt werden (→Hilfsenergie, elektrische). *Strohmann*

Literatur: *Strohmann, G.:* Automatisierungstechnik, Bd. 2: Stellgeräte, Strecken, Projektabwicklung. 2. Aufl. München–Wien 1991.

Hilfsenergieversorgung, pneumatische. Der Versorgung leittechnischer pneumatischer Geräte mit Hilfsenergie dient ein ausreichend dimensioniertes, ausschließlich diesem Zwecke vorbehaltenes Luftnetz. Abscheider und Filter halten tropfbare Flüssigkeit bzw. Stäube aus dem Werksdruckluftnetz zurück. Sicherheitsventile schützen die MSR-Geräte vor Überdruck, wenn eine Reduzierstation versagt. Ist die Luft im Werksdruckluftnetz nicht zentral getrocknet, so ist eine Lufttrocknung, z. B. mit Kieselgel-Adsorbern, vorzusehen. Die Druckluft kann entweder zentral (A) oder örtlich (B) auf

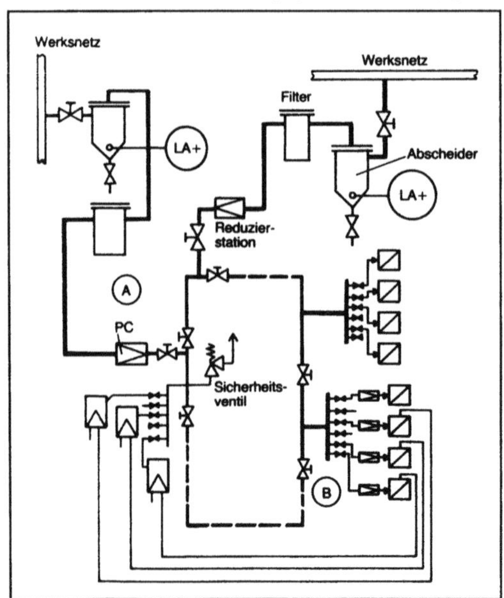

Hilfsenergieversorgung, pneumatische: Hilfsenergie-Versorgungsnetz für pneumatische Geräte.

den Versorgungsdruck der Geräte (→Hilfsenergie, pneumatische) reduziert werden (Bild). Zweckmäßig ist eine redundante Einspeisung, um eine unterbrechungsfreie Versorgung zu garantieren, sowie eine Ringstruktur des Netzes, um bei erforderlich werdenden Reparaturen, Änderungen oder Ergänzungen nicht das gesamte Netz abstellen zu müssen. Im Bild sind rechts die im Feld montierten Meßumformer und links die in der Warte befindlichen →Regler gezeigt. Die Abscheider haben →Niveauwächter, um den Betrieb vor einem bei Störungen oder Fehlbedienungen möglichen Anfall größerer Wassermengen zu warnen. *Strohmann*

Literatur: *Strohmann, G.:* Automatisierungstechnik, Bd. 2: Stellgeräte, Strecken, Projektabwicklung. 2. Aufl. München–Wien 1991.

Hitzdraht. Zum Messen von Geschwindigkeitsschwankungen, z. B. in einer turbulenten →Strömung, werden H.-Sonden eingesetzt. Der empfindliche Teil der Sonde, der H., ist ein nur wenige Mikrometer dicker und etwa 1 mm langer Platin- oder Wolframdraht (Bild), der mittels eines elektrischen Stroms auf etwa 200 °C aufgeheizt wird. Wird der H. angeströmt, so wird Wärme vom Draht an das Fluid abgegeben. Die dabei abgegebene Wärmemenge ist ein Maß für die Strömungsgeschwindigkeit. Auf Grund seiner kleinen Masse kann der H. Schwankungen der Strömungsgeschwindigkeit bis zu einigen hundert Hertz trägheitslos folgen. Es sind zwei Betriebsarten gebräuchlich. Im ersten Fall wird der Strom durch den H. mit Hilfe eines großen Vorwiderstands konstant gehalten und die durch die Abkühlung hervorgerufene Widerstandsänderung gemessen (Konstant-Strom-Methode). Im zweiten Fall sorgt ein elektrischer →Regelkreis dafür, daß der H.-Widerstand und damit seine Temperatur konstant gehalten wird (Konstant-Temperatur-Methode). Der Heizstrom ist dann ein Maß für die Geschwindigkeit.

Wenn die mechanische Festigkeit des H. nicht ausreicht (z. B. in Flüssigkeiten) oder das H.-Mate-

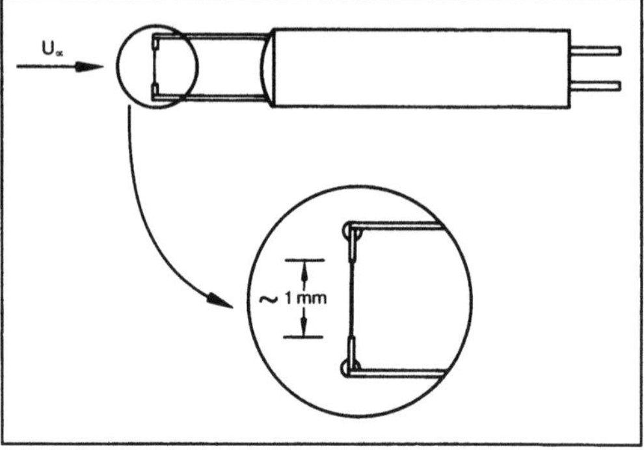

Hitzdraht: Hitzdrahtsonde.

rial für das Strömungsmedium ungeeignet ist, kommen Heißfilmsonden ohne oder mit Quarzbeschichtung zum Einsatz. *Eckelmann*

Hitzdraht-Anemometer →Anemometer

Hochschule. Vorwiegend staatliche Einrichtung des tertiären Bildungsbereichs zur Pflege und Entwicklung der Wissenschaften und der Künste durch Forschung, Lehre und Studium.

Mit Ausnahme einiger weniger privater sind die H. in Deutschland nach dem Hochschulrahmengesetz (HRG) des Bundes „Körperschaften des öffentlichen Rechts und zugleich staatliche Einrichtungen" der Bundesländer. 1991 gab es insgesamt 264 H., davon 90 mit Universitätsrang. In den westlichen Ländern bestanden außerdem mit unterschiedlichem rechtlichen Status 84 Fach-H., 29 H. für Kunst und Musik, 8 Philosophisch-Theologische bzw. Kirchliche H.

In der ehemaligen DDR gab es 1989 insgesamt 53 öffentliche H., davon 6 Universitäten, 3 Technische Universitäten, 12 Technische H., 3 Ingenieur-H., 2 H. für Wirtschaft, 2 H. für Landwirtschaft, 3 Medizinische →Akademien, 8 Pädagogische H., 1 Sport-H., 1 H. für Staats- und Rechtswissenschaft, 12 Kunst- und Musik-H. Der →Wissenschaftsrat hat 1991 für die 1992/93 zu vollziehende Neuordnung u. a. 12 Universitäten/Technische H. und 20 Fach-H. empfohlen.

Die H. dienen laut HRG „der Pflege und der Entwicklung der Wissenschaften und der Künste durch Forschung, Lehre und Studium. Sie bereiten auf berufliche Tätigkeiten vor, die die Anwendung wissenschaftlicher Erkenntnisse und wissenschaftlicher Methoden oder die Fähigkeit zu künstlerischer Gestaltung erfordern". Die Universitäten sind die wichtigsten Stätten der Grundlagenforschung. „Die Forschung in den H. dient der Gewinnung wissenschaftlicher Erkenntnisse sowie der wissenschaftlichen Grundlegung und Weiterentwicklung von Lehre und Studium". „Mitglieder der H. sind die an der H. hauptberuflich tätigen Angehörigen des öffentlichen Dienstes und die eingeschriebenen Studenten." Sie wirken nach gesetzlich bestimmten Abstufungen an der Selbstverwaltung der H. mit. Jeder Deutsche ist zu dem von ihm gewählten H.-Studium berechtigt, wenn er dazu notwendige Qualifikationen nachweist. Zulassungsbeschränkungen (Numerus clausus) bestehen in solchen Fächern, in denen die Anzahl der Studienbewerber die Ausbildungskapazität einer oder mehrerer H. übersteigt. Die Zulassungszahlen werden durch Landesrecht festgesetzt. In bestimmten Fällen werden die Studienplätze nach einem festgelegten Verfahren von der Zentralen Stelle für die Vergabe von Studienplätzen (ZVS) in Dortmund vergeben. Forschung und Lehre sind nach Art. 5 des Grundgeset-

zes frei. Die H. haben das Recht der Selbstverwaltung. Das Land übt die Rechtsaufsicht aus. Im Rahmen der Gesetze geben sich die H. Grundordnungen.

Organisation und Verwaltung: Leitung: Rektor oder Rektorat (Rektoratsverfassung) oder Präsident bzw. Präsidialkollegium (Präsidialverfassung), zentrale Kollegialorgane (absolute Mehrheit für die Professoren), Gliederung in Fakultäten oder Fachbereiche.

Im Studienjahr 1991/92 waren an den H. in Deutschland insgesamt 1 781 600 Studierende (davon 1 645 200 oder 92,3 % im früheren Bundesgebiet) immatrikuliert, davon 1 327 000 an Universitäten und Gesamt-H., 397 000 an Fach-H. einschl. Verwaltungsfach-H., jeweils 29 000 an Kunst-H. oder an pädagogischen und theologischen H.

An den wissenschaftlichen H. der westlichen Bundesländer waren 1990 rd. 108 600 hauptberufliche Lehrpersonen tätig, davon 30 800 Professoren, 73 300 wissenschaftliche und künstlerische Mitarbeiter, 4 500 Lehrkräfte für besondere Aufgaben. 26 200 (25,5 %) hauptberufliche Lehrpersonen waren in Mathematik und Naturwissenschaften, 23 700 (23,1 %) in Humanmedizin, 17 800 (17,4 %) in Ingenieurwissenschaften tätig. Außerdem gab es 54 600 nebenberufliche Lehrpersonen.

In der ehemaligen DDR waren im selben Jahr 13 639 Personen in FuE der H. beschäftigt, davon 7 791 Wissenschaftler und Ingenieure, 2 685 Techniker und 3 163 sonstiges Personal. Diese Zahlen wurden im Zuge der Gestaltung einer gesamtdeutschen Forschungslandschaft drastisch reduziert. In den alten Bundesländern gaben 1991 Bund, Länder und Gemeinden für die H. rd. 29 Mrd. DM aus, über 90 % davon allein die Länder.

Die Anzahl der Fachbereiche (Fakultäten) an den wissenschaftlichen H. im engerem Sinne (Universitäten) ist unterschiedlich groß und nach Fächern unterschiedlich differenziert. Zu den Technischen Universitäten gehören auch natur-, geistes- und sozialwissenschaftliche Fachbereiche, an mehreren Universitäten werden auch technische Fachrichtungen gepflegt. Die H. mit Universitätsrang sind (nach Ländern geordnet; N Neugründung nach 1960, T mit technischen Fachrichtungen):
□ Baden-Württemberg: Universitäten Freiburg, Heidelberg, Hohenheim (insbes. Landwirtschaft), Karlsruhe (T, ehem. Technische H.), Konstanz (N), Mannheim, Stuttgart (T, ehem. Technische H.), Tübingen, Ulm (N, T), 8 Pädagogische H.;
□ Bayern: Universitäten Augsburg (N), Bamberg (N), Bayreuth (N), Katholische Universität Eichstätt, Universitäten Erlangen-Nürnberg (T), München, Technische Universität München (T), Universität der Bundeswehr München, Universitäten Passau (N), Regensburg (N), Würzburg;

□ Berlin: Freie Universität Berlin, Humboldt-Universität Berlin (T), Technische Universität Berlin (T);

□ Brandenburg: Technische Universität Cottbus (T), Universitäten Frankfurt/Oder, Potsdam (alle seit 1991);

□ Bremen: Universität Bremen (N, T);

□ Hamburg: Universität Hamburg, Technische Universität Hamburg-Harburg (N, T), Universität der Bundeswehr Hamburg, H. für Wirtschaft und Politik Hamburg;

□ Hessen: Technische H. Darmstadt (T), Universitäten Frankfurt am Main, Gießen, Gesamt-H. Kassel (N, T), Universität Marburg;

□ Mecklenburg-Vorpommern: Universitäten Greifswald, Rostock (T);

□ Niedersachsen: Technische Universitäten Braunschweig (T), Clausthal (T), Universitäten Göttingen, Hannover (T, ehem. Technische H.), Medizinische H. Hannover, Tierärztliche H. Hannover, Universitäten Hildesheim (N), Lüneburg (N), Oldenburg (N), Osnabrück (N);

□ Nordrhein-Westfalen: Technische H. Aachen (T), Universitäten Bielefeld (N), Bochum (N, T), Bonn, Dortmund (N, T), Fernuniversität-Gesamt-H. Hagen (N, T), Universität Köln, Deutsche Sport-H. Köln, Universität Münster, Universitäten-Gesamt-H. Duisburg (N, T), Essen (N, T), Paderborn (N, T), Siegen (N, T), private Universität Witten/Herdecke GmbH (N), Universität-Gesamt-H. Wuppertal (N, T);

□ Rheinland-Pfalz: Universitäten Kaiserslautern (N, T), Koblenz-Landau (N, vorher Erziehungswissenschaftliche Hochschule Rheinland-Pfalz), Wissenschaftliche H. für Unternehmensführung Koblenz (freie Trägerschaft), Universität Mainz, H. für Verwaltungswissenschaften Speyer, Universität Trier (N);

□ Sachsen: Technische Universitäten Chemnitz (T), Dresden (T), Bergakademie Freiberg (T), Universität Leipzig (T);

□ Sachsen-Anhalt: Universität Halle-Wittenberg (T), Medizinische Akademie Magdeburg, Technische Universität Magdeburg (T);

□ Saarland: Universität des Saarlands (Saarbrücken und Homburg/Saar);

□ Schleswig-Holstein: Universität Kiel, Medizinische Universität Lübeck, 2 Pädagogische H.;

□ Thüringen: Medizinische Akademie Erfurt, Technische Hochschule Ilmenau (T), Universität Jena (T). *Altenmüller*

Hodographenmethode. Bei der theoretischen Diskussion eines Strömungsproblems werden die Orts- und Zeitkoordinaten als unabhängige Variablen und die Strömungsgrößen Druck, Dichte, Geschwindigkeit usw. als abhängige Variablen angesehen. Letztere lassen sich aber ebenfalls als

unabhängige Variablen benutzen. Die aus diesem Vorgehen folgende Methode zum Behandeln strömungsphysikalischer Probleme heißt H. Wesentliche Vorteile erwachsen durch Anwenden dieser Methode bei der Behandlung stationärer, kompressibler, ebener Potentialströmungen. Die Transformation, die jedem Punkt der Ortsebene (x,y) einen Punkt der Geschwindigkeitsebene (u,v), der Hodographenebene, zuordnet, transformiert auch Stromlinien (und damit Körperkonturen) und Potentiallinien der Ortsebene auf solche der Geschwindigkeitsebene. Dabei zeigt sich, daß die →Differentialgleichungen für die Stromfunktion und für das Strömungspotential in der Hodographenebene linear sind. Daher können komplizierte Geschwindigkeitsfelder durch lineare Superposition einfacherer Partikularlösungen bestimmt werden. Dieser Vorteil hat insbes. bei der Behandlung transsonischer Strömungsfelder eine erhebliche Bedeutung, da die Bewegungsgleichungen in der Ortsebene für transsonische Strömungen auch bei nur schwach gestörten Parallelströmungen nicht linear sind. Ein Nachteil der H. liegt darin, daß sich Randbedingungen nicht in einfacher Weise von der Ortsebene in die Hodographenebene transformieren lassen. Mit der Entwicklung immer leistungsfähigerer Rechenanlagen hat dieser Nachteil jedoch seit einigen Jahren an Bedeutung verloren. *Obermeier*

Höhenformel, barometrische. Unter den (unrealistischen) Voraussetzungen, daß die Erdatmosphäre die einheitliche absolute Temperatur T besitzt und aus einem einheitlichen Gas mit der relativen Molekülmasse M besteht, läßt sich eine Formel für die Abhängigkeit des Gasdrucks p von der Höhe h angeben:

$$p = p_0 \exp\left(-\frac{Mgh}{RT}\right);$$

darin bedeutet p_0 den Gasdruck in der Höhe h = 0, g die Erdbeschleunigung, R die universelle →Gaskonstante. Das Auftreten der relativen Molekülmasse M des Gases zeigt, daß eine derartige Formel nur für ein reines Gas, nicht für Gasgemische (z. B. Luft) gilt. Für Gasgemische muß man den Gesamtdruck als Summe der Partialdrücke der einzelnen Komponenten des Gemischs und die einzelnen Partialdrücke unter Beachtung der verschiedenen relativen Molekülmassen nach der obigen Gleichung berechnen. *Kuiper*

Holographie. Ein zweistufiges Verfahren zur Aufzeichnung und Wiedergabe von Bildern (D. Gabor 1948). In der ersten Stufe wird diejenige Interferenzfigur (Hologramm) aufgezeichnet, die entsteht, wenn die vom Objekt reflektierte (oder durchgelassene) Lichtwelle mit einem dazu kohärenten Referenzlichtbündel interferiert (Bild 1).

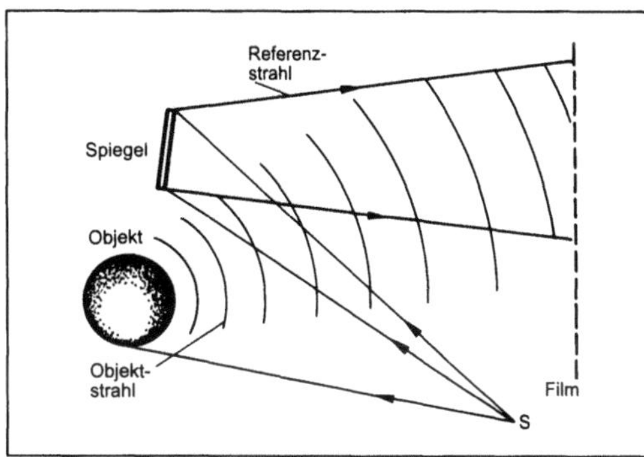

Holographie 1: Erzeugung eines Hologramms.

Als Interferenzfigur besitzt das Hologramm keine Ähnlichkeit mit dem zur Herstellung benutzten Objekt. In der zweiten Stufe des Verfahrens wird mit Hilfe einer kohärenten Wiedergabewelle (Referenzwelle) und dem Hologramm das vom Objekt ausgegangene Wellenfeld rekonstruiert und kann als Bild betrachtet werden. Analog zur +1. und −1. Beugungsordnung eines Gitters entsteht dabei ein reeller und ein virtueller Bildpunkt (Bild 2):

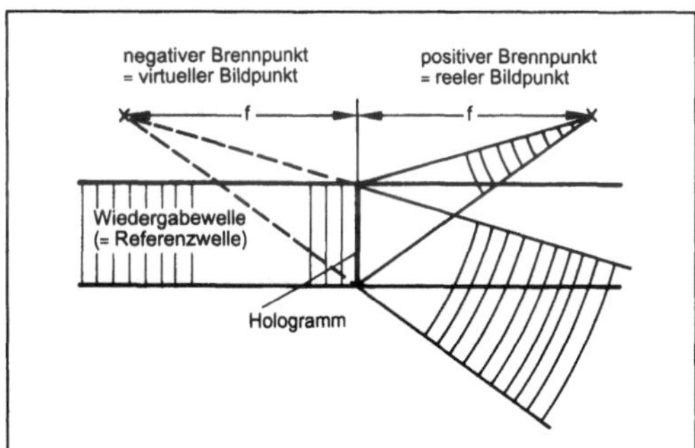

Holographie 2: Rekonstruktion eines Gegenstandspunktes aus einem Hologramm.

Da bei der Wiedergabe das Wellenfeld des Objektes rekonstruiert wird (daher wird die H. auch als Wellenfrontrekonstruktion bezeichnet) liegt ein echtes dreidimensionales Bild vor, mit allen Eigenschaften, die man erwartet: man sieht von verschiedenen Beobachtungsrichtungen verschiedene Seiten des Objektes und bei verschiedenen Entfernungen ergibt sich eine Änderung der Perspektive. Benutzt man für Aufnahme und Wiedergabe gleichzeitig verschiedenfarbige kohärente Lichtquellen (→Laser), so daß deren Summe weiß (Farbe) ergibt, kann man auch die Farbeindrücke wiedergeben.

Die H. wird durch das Huyghenssche Prinzip ermöglicht, nach dem aus der Kenntnis der Wellenfront in einer Ebene das Lichtwellenfeld im ganzen Raum konstruiert werden kann.

Anwendungen der H. ergaben sich erst nach der Entwicklung leistungsfähiger kohärenter Lichtquel-len, den Lasern (1960). Eine reale Anordnung zur Aufnahme eines Hologramms zeigt Bild 3, bei der Linsen (Mikroskopobjektive) zur Aufweitung des Laserstrahles und Lochblenden (zur räumlichen Filterung) für die Bildverbesserung benutzt werden. Wird nicht auf besondere Anordnungen zurückgegriffen, muß die Photoplatte für die Aufzeichnung des Hologramms etwa 1 000 Linien/mm auflösen. Da solche Platten relativ unempfindlich sind, muß entweder mit langen Belichtungszeiten gearbeitet werden, wobei die Anordnung entsprechend stabil und schwingungsfrei aufgestellt werden muß, oder es müssen gepulste Hochleistungslaser verwendet werden.

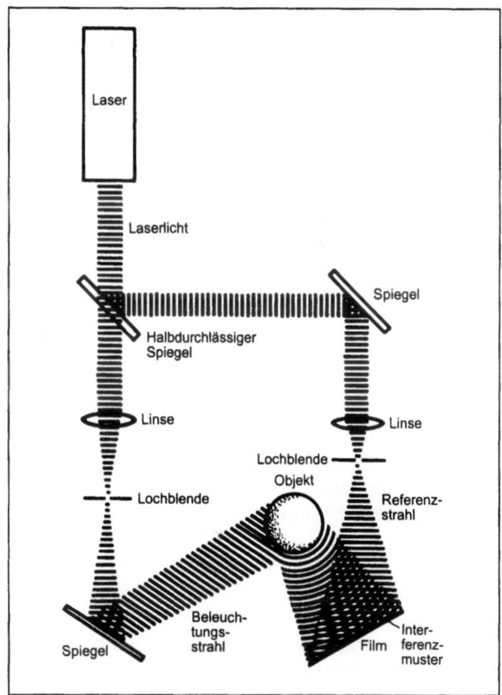

Holographie 3: Laseranordnung zur Herstellung eines Hologramms.

Eine gewisse technische Bedeutung hat die holographische Interferometrie gewonnen, bei der zuerst das Hologramm eines Gegenstandes hergestellt wird, dann wird der Gegenstand z. B. deformiert und nochmals ein Hologramm auf die gleiche Platte aufgenommen. Bei der Rekonstruktion ergibt sich dann ein holographisches Interferogramm, bei dem das Bild des Objektes von Interferenzstreifen durchzogen ist, die z. B. Linien gleichen Abstandes entsprechen.   *Helbig*

Literatur: *Collier, R. J., C. B. Burckhardt, L. H. Lin:* Optical Holography. New York 1971. – *Kienle, H., R. Röss:* Einführung in die Technik der Holographie. Frankfurt 1969. – *Klein, M. V.:* Optics. New York 1970.

Holographie (graphische Datenverarbeitung).
(von *griech.* holos = insgesamt, vollständig und
griech. graphein = schreiben). Eine auf Untersuchungen von *D. Gabor* (1947, Nobelpreis für Physik
1971) zurückgehende photographische Technik, bei
der neben der Lichtamplitude auch die Phase der
Lichtwellen aufgezeichnet wird.

Dadurch sieht der Betrachter ein dreidimensionales Bild des Motivs, das bei Veränderung des
Betrachterstandpunkts auch unter einem entsprechend veränderten Blickwinkel erscheint.

Zur Erzeugung eines Hologramms wird normalerweise monochromatisches, kohärentes Licht
benötigt, wie es ein Laserstrahl (→Laser) liefert; die
Kohärenz ist wichtig, um eine definierte Referenzphase zu erhalten. Man spaltet den Strahl in zwei
Teile auf, den Objektstrahl zur Beleuchtung des
Motivs und den Referenzstrahl, der direkt auf die
Photoplatte gelenkt wird. Durch die Überlagerung
des vom Objekt reflektierten Lichts mit dem Referenzstrahl entsteht ein Interferenzmuster auf der
Photoplatte, das die vollständige Bildinformation
enthält; eine Fokussierungslinse wie bei der konventionellen Photographie entfällt. Die Tiefeninforma-
tion ist in der Phase enthalten, da diese (bei
vorgegebener Referenzphase) die Entfernung von
der Lichtquelle angibt.

Die entstehenden Interferenzmuster sind scheinbar gestaltlos. Erst bei der Beleuchtung (Reflexions-
holographie) oder Durchleuchtung (Transmissions-
holographie) mit gleichem, kohärentem Laserlicht
tritt das dreidimensional wirkende Bild hervor. Bei
Verwendung langwelligeren Lichts erscheint das
Bild vergrößert, bei kurzwelligerem Licht hingegen
verkleinert.

Neuere Methoden erlauben die Rekonstruktion
des Bildes mit nicht-kohärentem, weißen Licht; die
Voraussetzung dafür ist jedoch eine Reduktion des
Gehalts an dreidimensionaler Information. Eingesetzt werden derartige Hologramme beispielsweise,
um möglichst schwer fälschbare Ausweise oder
Kreditkarten herzustellen.

Auch in Bruchstücken eines Hologramms ist die
gesamte Bildinformation enthalten. Bei der Betrachtung eines Teilhologramms verkleinert sich
lediglich das Beobachterfenster, und das Bild wird
kontrastschwächer.

In der Datenverarbeitung verspricht man sich von
der H. zweierlei: Zum einen sind sehr schnelle und
große Speicher möglich (z. B. ein 1 000 Seiten
umfassendes Buch in einem einzigen KBr-Kristall
beim Holdor-Verfahren [*engl.* holographic data
storage]). Zum anderen kann damit eine echt dreidimensionale Ausgabe erzeugt werden mit einer
räumlichen Auflösung, die alle anderen Techniken
zur dreidimensionalen Darstellung übertrifft.

Einige Probleme verhinderten allerdings bis jetzt
den Einsatz graphischer Ausgabegeräte auf holographischer Basis. Wichtigster Grund ist neben den
Kosten der Rechenzeitaufwand bei der Erzeugung
eines Hologramms: Für einen Bildschirm mit einer
Auflösung von x·y sind anstelle von x·y Pixeln bei
konventioneller Darstellung x·y·z Bildpunkte bei
einem Hologramm zu berechnen, wenn z die
gewünschte Tiefe angibt.

Vereinfachungen sind allerdings möglich für
„weit entfernte" Objekte. Da diese praktisch invariant sind gegenüber Änderungen des Beobachter-
standpunkts, werden sie vom Betrachter nicht mehr
als echt dreidimensional wahrgenommen und können daher durch gewöhnliche Abbildungen ersetzt
werden. Beispielsweise braucht ein weit im Hintergrund liegender Teil einer Landschaft nicht dreidimensional modelliert zu werden, sondern kann
durch ein zweidimensionales Bild in einer einzigen
Ebene ersetzt werden. Welche Objekte als „weit
entfernt" gelten, hängt neben der noch in Kauf
genommenen Toleranz bei der Wiedergabetreue
hauptsächlich von der Geometrie der Szenerie ab,
d. h. dem Abstand des Objekts vom Beobachter
sowie der durch den Bildausschnitt vorgegebenen
maximalen Parallaxe.

Bewegtbilder, also Sequenzen von Hologram-
men, sind derzeit noch weit jenseits des Machbaren,
da sich der Aufwand zur Berechnung dabei nochmals drastisch erhöht.   *P. Baumann/Encarnação*

Hooke-Gesetz →Zug und Druck

Hüllengeometrie. Der H. liegt ein von der Inzi-
denzgeometrie völlig verschiedener Ansatz zum
Aufbau der Geometrie zugrunde. Sie geht aus von
der Beobachtung, daß Punkte geometrische Räume
„aufspannen". So spannen zwei Punkte eine →Ge-
rade auf; drei Punkte spannen eine Ebene auf, wenn
sie nicht auf ein und derselben Geraden liegen.

Das Aufspannen von Räumen durch Punkte kann
durch einen Hüllenoperator beschrieben werden:
Sei P eine nicht-leere Menge (von Punkten) und [ ]:
$\mathfrak{P}(P) \to \mathfrak{P}(P)$ eine Abbildung der Potenzmenge
von P in sich. Das Bild $[\mathfrak{X}]$ einer Teilmenge $\mathfrak{X}$ von P
heißt Hülle von $\mathfrak{X}$. $[\mathfrak{X}]$ ist der kleinste Raum, der von
$\mathfrak{X}$ aufgespannt wird und der enthält.

Wir nennen (P, [ ]) eine H., wenn folgende
Axiome gelten:
(G1): Der Hüllenoperator ist idempotent, d. h.:
Für alle Teilmengen $\mathfrak{X}$ von P gilt

$$\mathfrak{X} \subseteq [\mathfrak{X}] = [[\mathfrak{X}]].$$

(G2): Die Hülle eines Punktes ist der Punkt selbst,
d. h. für alle a∈P gilt

$$[a] = a.$$

(G3): Die Hülle der leeren Menge ist die leere
Menge, d. h.

$$[\varnothing] = \varnothing.$$

(G4): Der Hüllenoperator ist monoton, d. h. für alle Teilmengen $\mathfrak{X}$ und $\mathfrak{Y}$ von P gilt:

$$\mathfrak{X} \subseteq \mathfrak{Y} \rightarrow [\mathfrak{X}] \subseteq [\mathfrak{Y}]$$

(G5): Die Hülle $[\mathfrak{X}]$ einer Menge $\mathfrak{X}$ von Punkten wird bereits von endlich vielen Punkten aus $\mathfrak{X}$ aufgespannt, d. h.: Zu jeder nichtleeren Teilmenge $\mathfrak{X}$ von P gibt es ein $N\in\mathbb{N}$ und $x_1, x_2, \ldots, x_N$ mit

$$[\mathfrak{X}] = [x_1, x_2, \ldots, x_N]. \qquad \textit{Fischer}$$

Literatur: *Maeda, F.:* Lattice theoretic characterization of abstract geometries. J. Sci. Hiroshima Univ., Ser. A 15 (1951), S. 87.

Hüllfläche →Enveloppe

Hüllkurve →Enveloppe

Hüllrohr →Brennstoffelement

Hydraulik. In der Physik versteht man unter H. die näherungsweise eindimensionale Behandlung (Fadenströmung) inkompressibler Strömungen newtonscher Fluide, insbes. Wasser, in Rohren und offenen Gerinnen. Spielen mehrere Raumrichtungen eine Rolle, so verwendet man die Bezeichnung →Hydrodynamik. Die durch einen Stromfaden fließende Flüssigkeitsmenge Q ist gleich dem Produkt aus konstanter Dichte ρ_0, Fadenquerschnitt F und über den Querschnitt gemittelter Geschwindigkeit $\overline{w}$: $Q = \rho_0\,F\,\overline{w}$. Der Druck an einer beliebigen Stelle des Stromfadens wird mit der →Bernoulli-Gleichung

$$p + \frac{\rho_0}{2}\cdot\overline{w}^2 + \rho_0\cdot g\cdot z = \text{konst}$$

berechnet; g ist die Fallbeschleunigung, z beschreibt die Höhendifferenz in Schwererichtung). Diese Gleichung wird entsprechend der Gestalt des Stromfadens (Krümmer, Abzweig u. ä.) durch mehr oder weniger empirisch ermittelte Zusatzterme zur Beschreibung von Strömungsverlusten, z. B. durch Reibung, turbulente Durchmischung und Strömungsablösung, erweitert (→Druckverlust).

In der Technik versteht man dagegen unter H. oft verallgemeinernd ölhydraulische Systeme, in denen Bewegungen in Maschinen erzeugt werden. Diese Systeme benutzen zur Leistungsübertragung Hydrauliköl, das in Rohren oder Schläuchen von einer Pumpe zu einem Zylinder oder Motor fließt. Da typische Druckwerte bei 200–300 bar liegen und Geschwindigkeiten bis zu 8 m/s üblich sind, lassen sich auch in dünnen Rohrquerschnitten große Leistungen übertragen. Bild 1 zeigt Prinzipskizzen dreier häufiger Bauformen von H.-Pumpen. Bild 2 zeigt einen doppelt wirkenden H.-Zylinder im Schnittbild. Beide Kolbenseiten lassen sich mit Druck beaufschlagen. Dadurch wird eine Arbeitsbe-

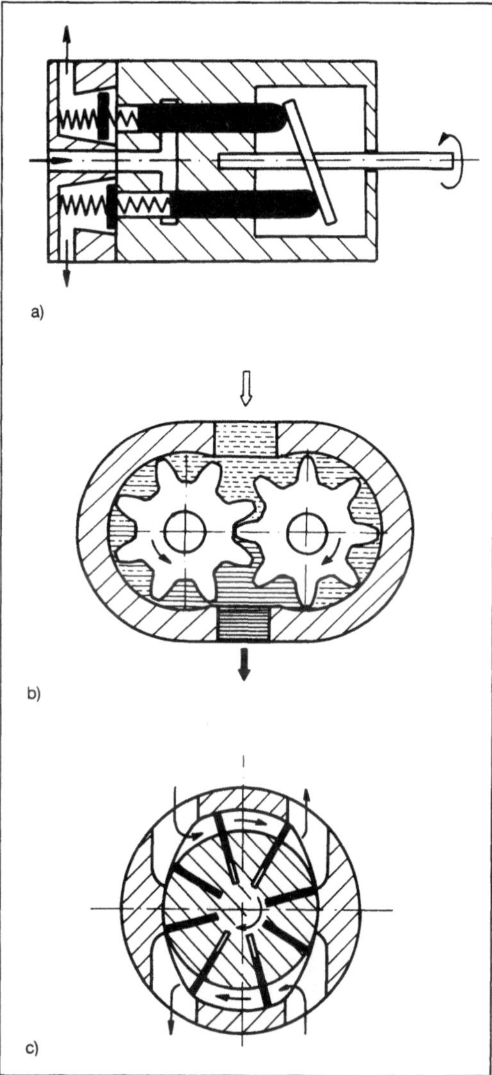

Hydraulik 1: Hydraulikpumpen (Schnittbild).
a) Kolbenpumpe
b) Zahnradpumpe
c) Drehschieberpumpe.

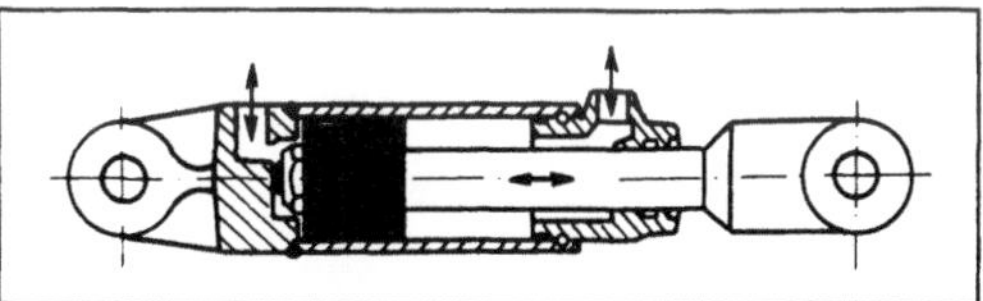

Hydraulik 2: Hydraulikzylinder (Schnittbild).

wegung in beide Richtungen möglich. Besonders vorteilhaft ist für die H.-Systeme, daß sich durch Vergrößern des Zylinderquerschnitts beliebig große Kräfte erzeugen lassen. Anwendungen sind in Baumaschinen, Hebebühnen und Pressen zu finden. Eine der wichtigsten Anwendungen sind die Bremssysteme in Kraftfahrzeugen, bei denen die H.-Pumpe ebenfalls ein Zylinder mit Kolben ist, der durch das Bremspedal bewegt wird. *Obermeier*

Literatur: *Hutarew, G.:* Einführung in die technische Hydraulik. Berlin, Heidelberg, New York 1973.

Hydrodynamik. Der Begriff H. wird nicht einheitlich benutzt. Zum einen wird er als Synonym für die →Strömungsphysik verwandt. Zum anderen versteht man darunter ein Spezialgebiet der Strömungsphysik, das die räumlichen Strömungsfelder einer inkompressiblen Flüssigkeit beschreibt. Die Vernachlässigung von Dichteänderungen ist gerechtfertigt, solange typische Strömungsgeschwindigkeiten klein sind im Vergleich zur Schallgeschwindigkeit in der Strömung. Für Flüssigkeiten ist diese Forderung fast immer erfüllt. Ein Spezialgebiet der H. ist die →Hydraulik (eindimensionale Rohrströmungen).

Wegen der konstanten Dichte ist die Kontinuitätsgleichung hier sehr einfach:

$$\operatorname{div} \underline{u} = 0,$$

u →Geschwindigkeit. Kann man zusätzlich in einer inkompressiblen Strömung die innere Reibung vernachlässigen, so bieten sich zum Beschreiben dieser Strömung Stromlinien an. Die Integration der zugehörigen →Euler-Gleichung entlang einer Stromlinie liefert bei Vernachlässigung von Massenkräften die Bernoulli-Gleichung:

$$\int \frac{\partial \underline{u}}{\partial t} \cdot \mathrm{d}s + \frac{|\underline{u}|^2}{2} + \frac{p}{\rho_0} = \text{konst},$$

ρ_0 konstante Dichte, p Druckverteilung entlang der Stromlinie. Ist die Integrationskonstante für alle Stromlinien gleich, so spricht man von Potentialströmungen. Diese sind dadurch gekennzeichnet, daß sie ein Geschwindigkeitspotential Φ besitzen, dessen Gradient das Geschwindigkeitsfeld beschreibt: $\underline{u}$ = grad Φ. Potentialströmungen lassen sich näherungsweise realisieren in Fluiden mit sehr kleiner innerer Reibung, indem man diese Strömung aus der Ruhe heraus entstehen läßt (→Mechanik-Einteilung). *Obermeier*

Literatur: *Eck, B.:* Technische Strömungslehre I und II. Berlin, Göttingen, Heidelberg 1978 und 1981. – *Prandtl, L,* et al.: Führer durch die Strömungslehre. Wiesbaden 1984. – *Schlichting, H.:* Grenzschichttheorie. Karlsruhe 1982.

Hydrolyse. Unter H. versteht man die Reaktion mit →Wasser, bei der das Wasser entweder als Base oder als Säure wirkt, bei der aber weder die Oxidationsstufe des Wasserstoffs noch die des Sauerstoffs verändert wird. Wichtige Beispiele sind die H.-Reaktionen von Salzen oder von Estern, die schwache Säuren oder schwache Basen bzw. Säure und Alkohol bilden. Je schwächer der Elektrolyt ist, von dem sich das Ion herleitet, um so mehr unterliegt es der H. Ionen, die sich von starken Säuren oder Basen herleiten (z. B. Na^+ oder Cl^-) hydrolysieren nicht. *Wedler*

Hydrostatik →Mechanik-Einteilung

Hyperbel. Ein →Kegelschnitt (→Kurve 2. Ordnung), den man als Schnitt einer Ebene mit beiden Mantelflächen einer Kegelfläche (Doppelkegel oder Kegel 2. Ordnung) erhält. In der Ebene die Menge (der geometrische Ort) derjenigen Punkte, deren Abstände r_1, r_2 von zwei fest gegebenen Punkten (den Brennpunkten) F_1, F_2 eine Differenz 2a besitzen, die dem Absolutbetrage nach konstant ist (Bild).

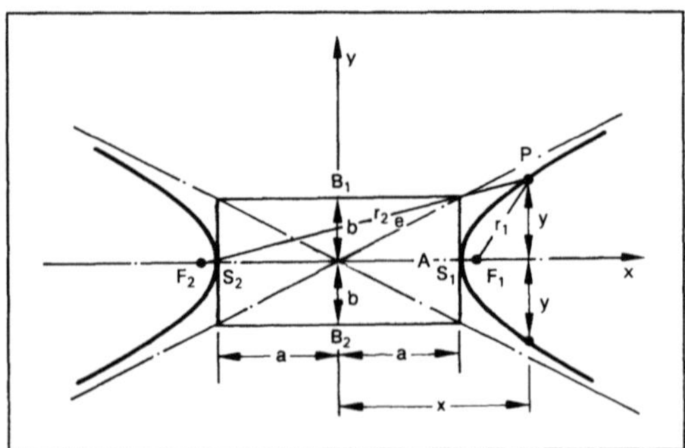

Hyperbel: Parameter der Hyperbel.

Die →Gerade g_1 (Hauptachse) durch die Brennpunkte F_1 und F_2 sowie die Mittelsenkrechte g_2 (Nebenachse) der Strecke $\overline{FF'}$ sind die Symmetrieachsen der H. Der Schnittpunkt M von g_1 und g_2 ist Symmetriezentrum und heißt Mittelpunkt (Zentrum) der H. Für jeden Punkt P der H. erfüllen die Entfernungen r_1 und r_2 (die Brennstrahlen oder Radiusvektoren) von den Brennpunkten F_1 und F_2 die Beziehung: $|r_1 - r_2| = 2a$. Wählt man ein kartesisches →Koordinatensystem, so daß der Mittelpunkt mit dem Koordinatenursprung, g_1 mit der x-Achse und g_2 mit der y-Achse zusammenfallen, so spricht man von einer H. in Normallage. Für sie lautet die kanonische Gleichung (Mittelpunktsgleichung):

$$\frac{x^2}{a^2} - \frac{y^2}{b^2} = 1.$$

Die beiden H.-Äste schneiden die Hauptachse in den Scheiteln S_1 und 2. Die Strecke $\overline{S_1 S_2}$ heißt reelle Achse und besitzt die Länge 2a. Der Abstand jedes Brennpunkts vom Mittelpunkt der H. beträgt $e = \sqrt{a^2 + b^2}$; e ist die Brennweite oder lineare Exzentrizität. Die beiden Asymptoten der H. schneiden die Senkrechten in den Scheiteln S_1 und S_2 im

Abstand b von der Hauptachse. Die Parallelen zur Hauptachse im Abstand b schneiden die Nebenachse in den Punkten B_1 und B_2. Die Strecke $\overline{B_1 B_2}$ hat die Länge 2b und heißt imaginäre Achse der H. In Normallage sind die Gleichungen der Asymptoten durch $y = \pm \dfrac{b}{a} x$ gegeben. Nimmt man die Asymptoten als Achsen eines Koordinatensystems, so hat die Gleichung der H. *(Asymptotengleichung)* die Gestalt:

$$xy = \frac{a^2 + b^2}{4} = \frac{e^2}{4} = \text{konst.}$$

Für a = b stehen die Asymptoten senkrecht aufeinander, und die Asymptotengleichung nimmt die Form $xy = \dfrac{a^2}{2}$ an. Sie ist Studenten der physikalischen Chemie als Boyle-Gesetz vertraut.

Die H. wird auch als Menge derjenigen Punkte P der Ebene definiert, für die das Verhältnis des Abstands |PF| von einem Punkt F (Brennpunkt) zu dem Abstand d von einer Geraden L (Leitlinie) einen konstanten Wert $\varepsilon > 1$ hat.

ε heißt die numerische Exzentrizität und hat den Wert e/a, $\varepsilon > 1$. Die beiden Leitlinien (Symmetrie) haben von der Nebenachse jeweils den Abstand a/ε. Ihre Gleichungen (Normallage) sind daher durch $x = \pm a\varepsilon$ gegeben.

Die Polargleichung der Hyperbel lautet:

$$r = \frac{a(\varepsilon^2 - 1)}{(\varepsilon \cos \Theta - 1)}.$$

Ihre Parametergleichungen sind $x = a \cosh u$, $y = b \sinh u$ oder $x = a \sec \phi$, $y = b \tan\phi$. Für die →Evolute der H. gilt:

$x^{2/3} - y^{2/3} = 1$, wobei $x = \dfrac{ax}{\varepsilon^2}$, $y = \dfrac{by}{\varepsilon^2}$.

Der Vergleich mit den Parametergleichungen der H. ergibt, daß der Parameter u als Flächeninhalt eines H.-Sektors interpretiert werden kann. Hieraus erklärt sich eine Bezeichnungsweise der inversen hyperbolischen Funktionen als →Area-Funktionen (→Funktion, hyperbolische; →Kegelschnitt).

W. L. Fischer

Hyperboloid. Eine Fläche 2. Ordnung (Quadrik), in deren Gleichung ein oder zwei Terme mit negativen Vorzeichen versehen sind. Mit nur einem negativen Term lautet seine (kanonische) Gleichung:

$$\frac{x^2}{a^2} + \frac{y^2}{b^2} - \frac{z^2}{c^2} = 1.$$

Man bezeichnet diese Fläche als einschaliges H. (Bild 1). Ebenenschnitte parallel zur x,z-Ebene bzw. y,z-Ebene liefern als Schnittkurven Hyperbeln, sol-

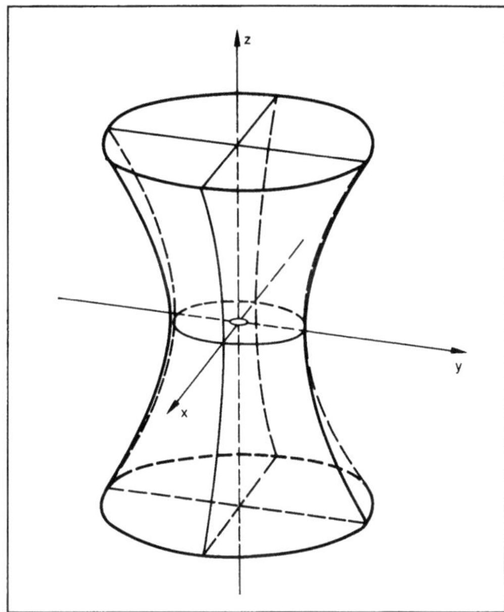

Hyperboloid 1: Einschaliges Hyperboloid.

che parallel zur x,y-Ebene ergeben Ellipsen. Für a = b liegt ein einschaliges Rotations-H. vor, dessen Mantelfläche von Ebenen z = konst in Kreisen geschnitten wird. Diese Fläche entsteht durch Drehung der →Hyperbel mit der Gleichung

$$\frac{x^2}{a^2} - \frac{z^2}{c^2} = 1$$

um die z-Achse. Durch jeden Punkt des einschaligen H. gehen zwei Geraden, die mit der Fläche inzidieren. Die Geraden sind die Erzeugenden. Das einschalige H. ist demnach eine Regelfläche. Werden die Erzeugenden in den Ursprung parallel verschoben, so bilden sie den Asymptotenkegel des H. Die Gleichung des Kegels ist:

$$\frac{x^2}{a^2} + \frac{y^2}{b^2} - \frac{z^2}{c^2} = 0.$$

Mit zwei negativen Ausdrücken, also

$$\frac{x^2}{a^2} - \frac{y^2}{b^2} - \frac{z^2}{c^2} = 1,$$

ist das H. zweischalig. Die Schnittkurven für Ebenen parallel zur x,y-Ebene bzw. x,z-Ebene sind Hyperbeln. Parallel zur y,z-Ebene ergeben sich Ellipsen (|x| > a). Für b = c liegt ein zweischaliges Rotations-H. vor (Bild 2). Hier sind die Schnitte mit Ebenen x = konst (|x| > a) Kreise, und die Fläche wird durch Drehung der Hyperbel

$$\frac{x^2}{a^2} - \frac{y^2}{c^2} = 1$$

um die z-Achse erzeugt.

W. L. Fischer

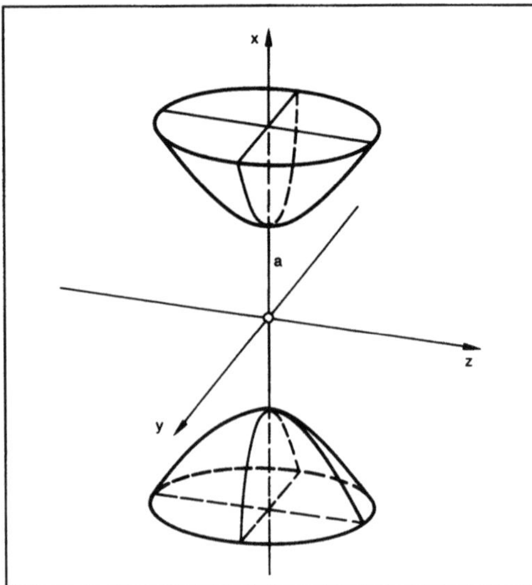

Hyperboloid 2: Zweischaliges Hyperboloid.

Hyperschallströmung. Die H. ist ein Sonderfall der Überschallströmung, bei dem die Strömungsgeschwindigkeit mehrfache Schallgeschwindigkeit er-reicht (Mach-Zahl Ma > 4). Das bedeutet für ein Flugobjekt, daß seine Geschwindigkeit mehr als viermal größer ist als die lokale Schallgeschwindigkeit des Mediums. Gegenüber der Überschallströmung ergeben sich einige Besonderheiten: Durch die kleinen Stoßfrontwinkel der schiefen Verdichtungsstöße (Unstetigkeitsfläche) bleiben die Richtung und der Betrag der Strömungsgeschwindigkeit nahezu gleich, während z. B. die Temperatur sehr erhöht wird. Druck- und Widerstandsbeiwerte (→Strömungswiderstand) sind für die H. konstant. H. treten auf bei sehr schnellen Geschossen, bei Raketen, Satelliten, Meteoriten und bei Ausströmungsvorgängen aus Düsen ins Vakuum. *G. E. A. Meier*

Hyperzykloide. Eine ebene →Kurve mit der (kanonischen) Gleichung

$$\frac{s^2}{a^2} - \frac{\varrho^2}{b^2} = -1,$$

wobei a,b →Konstanten, s die Bogenlänge und ϱ der Krümmungsradius der Kurve sind. *W. L. Fischer*

Hypozykloide →Epizykloide

I

I-Übertragungsverhalten. Bei einem →Übertragungsglied mit I-Verhalten ist das Ausgangssignal $v(t)$ proportional dem →Integral des Eingangssignals $u(t)$ über der Zeit. Es wird auch als I-Glied bezeichnet.

Mit dem Integralbeiwert K_I lautet die zugehörige →Differentialgleichung

$$\dot{v}(t) = K_I u(t)$$

mit dem Lösungsansatz

$$v(t) = v(t_0) + K_I \int_{t_0}^{t} u(\tau)\, d\tau$$

Die →Übergangsfunktion ist somit eine Rampe oder Anstiegsfunktion (Anstiegsantwort, Systemantwort). Bei der Übertragung von sinusförmigen Signalen erzeugt das I-Glied eine Nacheilung von 90°, und die Ausgangsamplitude ist umgekehrt proportional der →Frequenz. Dies ergibt sich aus dem →Frequenzgang mit dem Betrag $A(\omega) = K_I/\omega$ und der Phase $\varphi(\omega) = -90°$. Im →Bode-Diagramm bildet der Amplitudengang eine mit -20 dB/Dekade oder der Neigung -1 abfallende Gerade. *Böttiger*

Immissionsgrenzwerte. I. sind Grenzwerte, die die zulässige Konzentration von Schadstoffen in der Luft an den betrachteten Orten begrenzen. Je nach Aufgabenstellung und Einwirkungsort gibt es eine Reihe verschiedener I.:
- Maximale Arbeitsplatzkonzentration (MAK-Wert); dieser gibt die höchst zuzulässige Konzentration eines Arbeitsstoffs als Gas, Dampf oder Schwebstoff in der Luft am Arbeitsplatz an, bei der nach gegenwärtigem Stand der Kenntnis auch bei wiederholter und langfristiger Einwirkung die Gesundheit der Beschäftigten i. a. nicht beeinträchtigt wird und bei der die dadurch hervorgerufene Belästigung nicht unangemessen hoch ist. Man geht dabei von einer täglich 8stündigen Einwirkung aus bei max. 42 h/Woche.

Für eine Reihe krebserzeugender und erbgutändernder Stoffe können MAK-Werte nicht festgelegt werden, da hierfür der Kenntnisstand der Zusammenhänge nicht ausreicht. Statt dessen werden sog. technische Richtkonzentrationen (TRK) angegeben; diese orientieren sich an den aktuellen technischen Möglichkeiten. Die MAK- und TRK-Werte werden jährlich in Form von Mitteilungen der Senatskommission zur Prüfung gesundheitsschädlicher Arbeitsstoffe durch die Deutsche Forschungsgemeinschaft bekanntgegeben.
- Maximale Immissionskonzentration (MK-Wert); dieser ist definiert als die Konzentration des Schadstoffs in bodennahen Schichten, unterhalb derer nach heutigem Wissensstand Mensch, Tier, Pflanze und Sachgüter geschützt sind. Weil dabei sowohl akute als auch chronische Schäden zu berücksichtigen sind, gibt es Grenzwerte für halbstündige, 24stündige und jährliche Einwirkung. Sie sind in der Richtlinie VDI 2310 enthalten, sind rein wirkungsbezogene, wissenschaftlich begründete oder aus praktischer Erfahrung gewonnene Werte mit medizinischer oder naturwissenschaftlicher Indikation, die aber keine rechtliche Wirkung haben.
- Immissionswerte. Dies sind Grenzwerte, die der Gesetzgeber mit dem →Bundesimmissionsschutzgesetz (BImSchG) bzw. mit der TA Luft festgelegt hat; sie sind in der Umgebung einer Anlage einzuhalten. Es wird unterschieden zwischen Immissionswerten für Langzeiteinwirkungen IW1 und für Kurzzeiteinwirkungen IW2. Der Immissionswert IW1 wird mit dem arithmetischen Mittelwert aller Meßwerte (= Halbstundenwert bei gasförmigen Verunreinigungen) verglichen, der Immissionswert IW2 mit dem 98%-Wert der Summenhäufigkeitsverteilung aller Meßwerte. Diese müssen von den Behörden bei der Genehmigung neuer Anlagen oder bei Erweiterungen eingehalten werden. Die Immissionswerte beziehen sich, mit Ausnahme von Staub mit einer Korngröße unter 10 μm und Schwefeldioxid, deren gleichzeitiges Auftreten in Betracht gezogen ist, auf die alleinige Wirkung der jeweiligen luftverunreinigenden Stoffe. *F. Schneider*

Immissionskonzentration, maximale (MIK-Wert) →Immissionsgrenzwerte

Immissionsmessung. Die I. dient der Messung luftverunreinigender Stoffe bei ihrem Übertritt aus der Atmosphäre in den Umgebungsbereich von Mensch, Tier, Pflanze oder anderen Sachen, um damit den Grad der Luftverschmutzung objektiv beurteilen zu können. Die Hauptaufgaben der I. sind:
- Ermitteln der Vorbelastung in der Umgebung einer geplanten industriellen Anlage im Rahmen

des Genehmigungsverfahrens. Nur wenn die Kenngrößen für die Gesamtbelastung, die aus den Kenngrößen für die Vorbelastung und für die Zusatzbelastung durch die zu genehmigende Anlage ermittelt werden, niedriger sind als die in der TA Luft festgelegten Immissionswerte, kann man eine Anlage genehmigen.

– Ermitteln der Gesamtbelastung in der Umgebung von bestehenden Anlagen im Beschwerdefall, für die Sanierung von Altanlagen und zur Erkennung anlagenspezifischer Schadstoffe.

– Erfassen der Immissionssituation in Belastungsgebieten nach dem Vorsorgeprinzip. Gemäß § 44 Abs. 2 des Bundes-Immissionsschutzgesetzes (BImSchG) sind Belastungsgebiete definiert als Gebiete, in denen Luftverunreinigungen auftreten oder zu erwarten sind, die wegen der Häufigkeit und Dauer ihres Auftretens, ihrer hohen Konzentration oder der Gefahr des Zusammenwirkens verschiedener Luftverunreinigungen in besonderem Maße schädliche Umwelteinwirkungen hervorrufen können. Die Ausweisung von Belastungsgebieten ist Angelegenheit der Bundesländer nach Kriterien, die vom Länderausschuß für Immissionsschutz aufgestellt werden. So ist beispielsweise das gesamte Gebiet von (West-) Berlin als Belastungsgebiet ausgewiesen, während es in Bayern acht Gebiete sind, die 4,2 % der Gesamtfläche betragen.

– Erkennen von Smogsituationen zur Einleitung von Warn-, Vorsorge-, Schutz- und Abhilfemaßnahmen. Hier werden mit Hilfe der Smog-Verordnungen der einzelnen Bundesländer bei Überschreiten festgelegter Grenzwerte Maßnahmen in verschiedenen Stufen in Kraft gesetzt, die von der einfachen Vorwarnung bis hin zum Verbot des Individualverkehrs mit Autos und zum Abschalten von Industrieanlagen reichen.

– Grundlagenermittlung zur lufthygienischen Planung;

– Feststellen der Wirkung von lufthygienischen Maßnahmen und Trendbeobachtungen.

Für das Messen in der Umgebung von Industrieanlagen ist die Stichprobenmessung geeignet. Das Meßnetz ist radial (in Hauptwindrichtung) um den (die) Emittenten angeordnet, die Messungen werden mit Meßfahrzeugen durchgeführt. Das Ergebnis ist die flächenhafte Verteilung der Immissionen.

Der zeitliche Verlauf der Immissionskonzentrationen kann nur durch Dauermessungen erfolgen. Das Meßnetz ist in einem 4-km-Raster angeordnet; die Messung wird mit ortsfesten Meßstationen oder -containern durchgeführt. Will man zusätzlich in Belastungsgebieten die flächenhafte Verteilung der Immissionsbelastung ermitteln, so erfolgt dies mittels zusätzlicher Stichprobenmessungen. Die Dauermessungen werden mit rechnergesteuerten, automatischen Meßnetzen zur Luftüberwachung durchgeführt.

Während bei den Stichprobenmessungen in der Umgebung industrieller Anlagen die zu messenden Komponenten von der Art der Anlage abhängen, werden bei den Dauermessungen folgende Komponenten gemessen:
Schwefeldioxid (SO_2),
(Schwefelwasserstoff [H_2S]),
(Gesamtschwefel),
Kohlenmonoxid (CO),
Kohlenwasserstoffe (C_mH_n) einschließlich oder ausschließlich Methan,
Stickoxide (NO, NO_2, NO_x),
Ozon (O_3),
Staubkonzentration,
Staubniederschlag.

Hinzu kommt, zumindest an ausgewählten Orten, die Erfassung meteorologischer Daten wie Windrichtung und -geschwindigkeit, Lufttemperatur und -feuchte, Strahlungsbilanz, Niederschlag und pH-Wert.

Gemessen werden die Immissionen als
– Masse der luftverunreinigenden Stoffe bezogen auf das Volumen der (verunreinigten) Luft im Normzustand (0 °C; 1013 HPa) als Massenkonzentration in den Einheiten mg/m^3 oder g/m^3;
– bei Gasen: Volumen der luftverunreinigenden Stoffe bezogen auf das Volumen der (verunreinigten) Luft als Volumenkonzentration in den Einheiten cm^3/m^3 (ppm = parts per million) oder mm^3/m^3 (ppb = parts per billion);
– bei Staub: Anzahl der Staubpartikel bezogen auf das Volumen der verunreinigten Luft als Staubkonzentration in der Einheit $1/m^3$;
– bei Staub als Staubniederschlag: Masse des niedergeschlagenen Staubs bezogen auf die Auffangfläche und auf die Meßzeit als zeitbezogene Massenbedeckung in den Einheiten $g/(m^2 \cdot d)$ oder $mg/(m^2 \cdot d)$.

Die zu messende Luft wird am Meßort über das sog. Probenahmesystem entnommen und den einzelnen Meßgeräten für die verschiedenen Komponenten (ggf. über Filter) zugeführt. Die Meßgeräte nützen sehr unterschiedliche physikalische oder chemische Effekte zum Erfassen der Meßgröße aus.

Allen gemeinsam ist, daß sie ein elektrisches Ausgangssignal besitzen, das über einen Analog/Digital-Umsetzer leicht digitalisiert werden kann. Die folgenden Meßverfahren für die Einzelkomponenten sind als Beispiele zu verstehen. Zum Messen von Kohlenmonoxid (CO) wird ein nichtdispersives Infrarot-Fotometer (NDIR) eingesetzt. Hierbei macht man sich die Strahlungsabsorption von Gasen zunutze. Dazu dient ein thermischer Detektor, der in den Absorptionskammern eine Druckdifferenz hervorruft, die mittels Membrankondensator in ein elektrisches →Signal umgesetzt wird. Gesamtkohlenwasserstoff (C_mH_n) einschl. Methan kann mit Hilfe eines Flammenionisationsdetektors (FID) bestimmt werden. In einer Wasserstoffflamme von 2 500–2 800 K werden die vorhandenen Kohlenwasserstoffe ionisiert. Wird nun eine Saugspannung von 100 . . . 300 V an zwei isolierten Elektroden im Gas angelegt, so kann der Sättigungsionisationsstrom als Maß für die Konzentration mit Hilfe eines empfindlichen Stromverstärkers mit extrem hohem Eingangswiderstand gemessen werden.

Gesamtkohlenwasserstoff ohne Methan wird wegen seiner geringen Konzentration und zum Trennen vom Methan durch einen Chromatographen geschickt und dort angereichert. Nach dem anschließenden Austreiben durch Aufheizen auf 300–400° C in wenigen Sekunden lassen sich die angereicherten Kohlenwasserstoffe wiederum mittels Flammenionisationsdetektors bestimmen. Zu beachten ist hier, daß Meßwerte nur diskontinuierlich anfallen und elektrisch gespeichert werden müssen. Zum Messen des Stickoxids (NO) wird die Chemielumineszenz verwendet. Wird dem Stickoxid z. B. mittels UV-Licht erzeugtes Ozon zugemischt, so entsteht (zu ca. 10 %) angeregtes Stickdioxid, das unter Abgabe von Licht im Bereich von 600–3 200 nm in den Grundzustand zurückfällt. Dieses Licht, dessen Intensität proportional der Konzentration der Reaktionspartner ist, kann mit Hilfe eines Photomultipliers gemessen werden. Soll nicht nur NO, sondern die Summe $NO_x = NO + NO_2$ gemessen werden, so muß das Stickstoffdioxid mit Hilfe eines thermischen oder thermisch-katalytischen Konverters quantitativ zu NO reduziert werden.

Auch zum Messen von Ozon wird die Chemilumineszenz verwendet, hier allerdings wird als Reaktionspartner Ethylen (C_2H_4) benutzt. Beim Bestimmen des Schwefeldioxids (SO_2) wird die Fluoreszenz verwendet. Durch Bestrahlen der verunreinigten Luft mit UV-Licht entsteht angeregtes SO_2, das unter Abgabe von (längerwelliger) →Strahlung wieder in den Grundzustand zurückfällt. Diese Strahlung läßt sich wiederum mittels Photomultiplier oder Sekundärelektronenvervielfacher in ein elektrisches Signal umwandeln.

Staubniederschlag läßt sich durch Sammeln in Auffanggefäßen oder mit Haftflächen messen. Das Bergerhoff-Gerät, das zur ersten Gruppe gehört, ist in Deutschland Standardgerät. Die Expositionszeit beträgt 30 Tage, man kann nur im Labor auswerten.

Die Staubkonzentration läßt sich über die β-Strahlenabsorption von Filtern bestimmen. Hierzu wird mit einer Vergleichskammer die Absorption vor der Exposition und mit der Meßkammer während der Exposition gemessen. Bei konstantem Luftstrom ist die Schwächung der β-Strahlung direkt abhängig von der durchstrahlten Flächenmasse (Lenard'sches Gesetz).

Die von den verschiedenen Meßgeräten gelieferten Meßdaten werden zu Halbstundenmittelwerten aufsummiert. Diese Halbstundenwerte bilden die Grundlage für alle weiteren Auswertungen. Es werden daraus gebildet:
– Mittelwerte über Tag, Monat, Jahr, Höchstwerte über Tag, Monat, Jahr (= höchster Halbstundenwert des betrachteten Zeitraums),
– Häufigkeitsverteilungen über Monat, Jahr. Hier wird üblicherweise die Summenhäufigkeit angegeben, z. B. der 98 %-Wert.

Die daraus ermittelten Kenngrößen werden mit bestimmten Immissionsgrenzwerten verglichen. *F. Schneider*

Literatur: *Birkle, M.:* Meßtechnik für den Immissionsschutz. München, Wien 1979. – Technische Anleitung zur Reinhaltung der Luft (TA Luft) vom 27. Februar 1986. Köln, Berlin, Bonn, München.

Impedanz. Verhältnis von komplexer Spannungsamplitude an einem linearen elektrischen Zweipol zur komplexen Stromamplitude, auch *komplexer* →*Widerstand* genannt. Der Kehrwert wird als →*Admittanz* bezeichnet. Als gemeinsamer Oberbegriff für Impedanz und Admittanz wird auch der Begriff der *Immittanz* gebraucht.

Spannungen und Ströme mit sinusförmiger Zeitabhängigkeit, z. B.

$$u(t) = U \cos(\omega t + \varphi_u)$$

lassen sich durch komplexe Größen der Form

$$\underline{u}(t) = \underline{U} e^{j\omega t}$$

beschreiben ($j = \sqrt{-1}$), deren Realteil die tatsächliche Zeitfunktion darstellt.

Die komplexe Amplitude $\underline{U}$, die auch als *Phasor* bezeichnet wird, ist dabei durch

$$\underline{U} = U e^{j\varphi_u}$$

gegeben. Bei linearen Operationen, wie Addition, Multiplikation mit konstanten Faktoren, →Differentiation und →Integration sind die Durchführung der Operation und die Zerlegung in Real- und Imaginärteil vertauschbar. Das vereinfacht insbesondere die Differential- und Integraloperation. Differentiation und Integration der Funktion $e^{j\omega t}$ bedeuten lediglich eine Multiplikation mit dem Faktor $j\omega$ bzw. mit $1/j\omega$.

Wird eine zeitabhängige Größe aus einer anderen durch eine Kombination linearer Operationen gewonnen, so unterscheiden sich die sie beschreibenden komplexen Größen nur durch einen konstanten komplexen Faktor. Bei den elektrischen Größen Spannung und Strom an einem Zweipol bezeichnet man diesen Faktor, d. h. das Verhältnis, als Impedanz.

Für eine Serienschaltung eines Widerstandes R und einer →Induktivität L gilt beispielsweise

$$u(t) = i(t) \cdot R + L \cdot \frac{di}{dt},$$

in komplexer Schreibweise:

$$\underline{U} e^{j\omega t} = \underline{I} \cdot R \cdot e^{j\omega t} + j\omega L \, \underline{I} \, e^{j\omega t}.$$

Als Impedanz $\underline{Z}$ ergibt sich

$$\underline{Z} = \frac{\underline{U}}{\underline{I}} = R + j\omega L.$$

Die zeitabhängige Spannung errechnet sich aus dem Strom

$$i(t) = I \cdot \cos(\omega t + \varphi_i) = \mathrm{Re}\left\{ \underline{I} \, e^{j\omega t} \right\}$$

zu

$$u(t) = \mathrm{Re}\left\{ \underline{Z} \cdot \underline{I} \cdot e^{j\omega t} \right\} = \mathrm{Re}\left\{ \underline{U} \, e^{j\omega t} \right\}.$$

Das ergibt eine Spannungsamplitude von

$$U = |\underline{U}| = I \sqrt{(R^2 + \omega^2 L^2)}$$

und eine Phase

$$\varphi_u = \varphi_i + \arctan\left(\frac{\omega L}{R}\right).$$

Der Realteil der komplexen Impedanz wird als →*Wirkwiderstand* bezeichnet. Er ergibt sich auch aus dem Verhältnis der Spannungskomponente zum Strom, die mit dem Strom in Phase ist, d. h. die mit dem Strom →Wirkleistung erzeugt. Der Imaginärteil der komplexen Impedanz heißt →*Blindwiderstand*, da er nur die Spannungskomponente im Verhältnis zum Strom enthält, die zum Strom um 90° außer Phase ist, die also keine Wirkleistung erzeugt. Der Betrag der komplexen Impedanz ist das Verhältnis der gesamten Spannungsamplitude zur Stromamplitude und wird *Scheinwiderstand* genannt. Der Winkel der Impedanz in der komplexen Ebene entspricht dem Phasenwinkel zwischen Spannung und Strom (→Wechselstromschaltkreis). *Claassen*

Impedanzwandler →Spannungsfolger

Impuls. Integriert man das →Newton-Grundgesetz $\vec{F} = m\vec{a}$ über die Zeit, erhält man den I.-Satz für eine einzelne Punktmasse:

$$\vec{I}_1^2 \equiv \int_{t_1}^{t_2} \vec{F} \, dt = (m\vec{v})_2 - (m\vec{v})_1 \, ;$$

darin ist $\vec{I}_1^2$ zweifellos ein I., auch ein Kraft-I. Der Ausdruck $m\vec{v}$ ist ein Maß für die Intensität der Bewegung, eine Bewegungsgröße also. In der Physik und der analytischen Mechanik nennt man $m\vec{v}$ ebenfalls I. So wird dieser Begriff sehr schillernd (I. = Änderung des I.?).

Auch für Punkthaufen und starre Körper lassen sich I.-Sätze aufstellen, die man dort meist Schwerpunktsätze nennt. *Besdo*

Impuls (Erschütterungen). Im Zusammenhang mit der Benennung von zeitabhängigen Größen ist der I. ein Vorgang mit beliebigem →Zeitverlauf, dessen Momentanwerte nur innerhalb einer begrenzten Zeitdauer Werte aufweisen, die von null verschieden sind. Man spricht auch von impulsförmigen Vorgängen. Für Prüfzwecke werden determinierte I., sogenannte Elementarsignale, wie z. B. der Rechteckimpuls oder der Dreieckimpuls, verwendet. Impulse, deren Momentanwerte während der gesamten Zeitdauer keinen Richtungswechsel erfahren, sind einseitige Impulse. Der einseitige I. wird auch als →Stoß bezeichnet. Ein I., dessen Momentanwerte während der Zeitdauer des Impulses einen Richtungswechsel erfährt, heißt zweiseitiger I. Bei Erschütterungen treten in aller Regel keine idealen I. auf, sondern kurzzeitige Vorgänge, die als transiente Schwingungen bezeichnet werden. Sprengerschütterungen sind z. B. derartige nichtdeterminierbare unregelmäßige kurzzeitige Erschütterungen. Mit Hilfe des Scheitelfaktors kann die Stoßhaltigkeit von transienten Schwingungen gekennzeichnet werden.

Eine charakteristische Eigenschaft transienter Schwingungen ist, daß das Frequenzspektrum nicht in Form eines Linienspektrums dargestellt werden kann.

In der Mechanik wird als I. das Zeitintegral eines Kraftverlaufs K(t) bezeichnet:

$$J = \int_{0}^{t_e} K(t) \, dt$$

Darin bedeutet t_e die Dauer des I. *Splittgerber*

Literatur: *Bendat, J. S.* und *Piersol*: Random Data-Analysis and Measurement Procedures. New York 1971. – DIN 5488: Zeitabhängige Größen, Benennung der Zeitabhängigkeit. 1/1969. – ISO 2041: Vibration an shock, Vocabulary. 2nd Ed., 1990.

Impulsfolge. Eine zeitliche Folge von Impulsen heißt I. Ein Vorgang mit einer Folge von gleichen Impulsen mit bestimmter →Periodendauer heißt periodische I.

Häufig wird bei der Benennung der Impulse, die auch Pulse genannt werden, auf die Form der Pulse Bezug genommen, z. B. Rechteckimpulsfolge, Sinuspulsfolge. Beim Betrieb von Schmiedehämmern, Pressen und Rammen treten zeitlich nacheinander Impulse in mehr oder weniger gleich großen Zeitabständen auf. Die durch diese Erschütterungsquellen verursachten I. sind als nichtstationäre Zufallsschwingungen zu charakterisieren. Für die Beurteilung derartiger Erschütterungsimmissionen sind im

Regelwerk, Vornorm, DIN 4150, Teil 2, Anhaltswerte für ständig vorhandene und mit Unterbrechungen wiederholt auftretende Erschütterungen angegeben. *Splittgerber*

Literatur: DIN 5488: Zeitabhängige Größen, Benennungen der Zeitabhängigkeit. 1/1969.

Impulsrate. Während die →Aktivität A einer radioaktiven Substanz eine Stoffgröße ist, ist die Impulsrate I eine Meßgröße, die mit der Aktivität durch die Beziehung $I = \eta A + u$ verknüpft ist.

η ist die Gesamtzählausbeute der Meßanordnung und u die Untergrundimpulsrate, die durch die →Strahlung aus der Umgebung und die kosmische Strahlung verursacht wird. Die Gesamtzählausbeute η setzt sich aus mehreren Faktoren zusammen:

$$\eta = H(1-s)\, g(1-a)\, \eta_D(1+r)\, (1-t).$$

H ist die Häufigkeit, mit der das betreffende →Radionuklid beim →Zerfall diejenige Strahlung emittiert, die mit der Meßanordnung gemessen wird. s ist die Selbstabsorption im Präparat. Sie hängt von der Dicke des Präparats ab und ist für α-Strahlung und energiearme β-Strahlung verhältnismäßig groß.

g ist der Geometriefaktor. Er gibt den Anteil der Strahlung an, die auf den →Detektor auftrifft; er ist gegeben durch den →Raumwinkel zwischen Detektor und Präparat. a berücksichtigt die →Absorption der Strahlung auf dem Weg vom Präparat zum Detektor und im Fenster des Detektors, hängt von der Dicke des Detektorfensters ab und ist für α-Strahlung und energiearme β-Strahlung verhältnismäßig groß. Zur Messung von α-Strahlung und energiearmer β-Strahlung verwendet man deshalb Detektoren ohne Fenster.

η_D ist die innere Zählausbeute (Ansprechwahrscheinlichkeit) des Detektors. Sie gibt an, in wie vielen Fällen der Detektor anspricht, wenn ein α-Teilchen, β-Teilchen oder ein γ-Quant in den Detektor eintritt. So ist z. B. die Ansprechwahrscheinlichkeit von Geiger-Müller-Zählrohren für γ-Strahlung nur von der Größenordnung von etwa 0,01.

r berücksichtigt die Rückstreuung der Strahlung von der Unterlage. Im Falle der Messung von β-Strahlung steigt r mit der Ordnungszahl der Unterlage und der Energie der β-Strahlung an.

t ist die Totzeitkorrektur. Sie berücksichtigt, daß während der Totzeit des Detektors kein Ereignis gezählt wird. Zum Beispiel ist bei Geiger-Müller-Zählrohren die Totzeit verhältnismäßig hoch, was zur Folge hat, daß bei sehr hohen Aktivitäten keine Impulse mehr gezählt werden, weil immer wieder neue Totzeiten ausgelöst werden.

Die in einem radioaktiven Präparat gemessene Impulsrate hängt somit von einer Vielzahl von Faktoren ab, insbesondere von der Art und der Energie der Strahlung, der Meßanordnung und der Wahl des Detektors. Deshalb führt man meist nur Vergleichsmessungen aus, d. h. man mißt das gleiche Radionuklid unter den gleichen Bedingungen, so daß die Gesamtzählausbeute η konstant ist. Wenn man Absolutmessungen von Aktivitäten durchführen will, muß man entweder alle Faktoren, welche die Gesamtzählausbeute beeinflussen, genau kennen oder mit Standardproben bekannter Aktivität arbeiten, mit deren Hilfe man die Gesamtzählausbeute η für das zu messende Radionuklid bzw. die zu messende Strahlung und die Meßanordnung ermittelt. *Lieser*

Literatur: *Lieser, K. H.:* Einführung in die Kernchemie. 3. Aufl. Weinheim: VCH-Verlag 1991.

Impulssatz →Impuls

Induktion, magnetische. Vektorielle Feldgröße $\underline{B}$, die mit dem magnetischen →Feld $\underline{H}$ verbunden ist. Sie ist für die elektromagnetische Induktion, die durch das →Induktionsgesetz ausgedrückt wird, verantwortlich (Faraday-Induktionsgesetz). Der Begriff ist gleichbedeutend mit dem der *Induktionsflußdichte* oder der *magnetischen Flußdichte*. Im materiefreien Raum besteht eine exakte Proportionalität zwischen magnetischer Induktion und magnetischer →Feldstärke:

$$\underline{B} = \mu_0\, \underline{H}.$$

Die Proportionalitätskonstante heißt →Induktionskonstante oder magnetische →Feldkonstante und hat den Wert

$$\mu_0 = 4\pi \cdot 10^{-7}\, \frac{\text{Vs}}{\text{Am}}.$$

In nicht ferromagnetischen Materialien gilt die Proportionalität zwischen $\underline{B}$ und $\underline{H}$ ebenfalls. Die Proportionalitätskonstante μ ist in diesem Fall eine Materialeigenschaft und wird als →Permeabilität bezeichnet. Sie ist nur wenig größer oder kleiner als μ_0.

Bei ferromagnetischen Materialien kann das Verhältnis von $\underline{B}$ zu $\underline{H}$ wesentlich größer sein als μ_0. Der Zusammenhang ist dann nicht mehr linear und zeigt Hystereseverhalten (→Ferromagnetismus). *Claassen*

Induktions-Drehzahlgeber →Drehzahlmessung

Induktions-Durchflußmesser. Der I. verwendet als Meßprinzip das →Induktionsgesetz. Im Fluid vorhandene Ladungsträger (Ionen) mit der Ladung q werden durch ein senkrecht zur Bewegungsrichtung liegendes →Magnetfeld mit der Kraft $F_m =$

$q \cdot v \cdot B$ zur Seite abgelenkt (Bild). Dadurch entsteht ein elektrisches $\rightarrow$ Feld E, das auf die Ladungsträger die Kraft $F_e = q \cdot E$ ausübt und an zwei senkrecht zum Magnetfeld angebrachten Elektroden (im Abstand des Rohrdurchmessers D) als Spannung U abgegriffen werden kann. Ist die Strömungsgeschwindigkeit v konstant, so läßt sich der Durchfluß Q als Produkt dieser Geschwindigkeit und dem Rohrquerschnitt berechnen. Es ergibt sich

$$Q = \frac{\pi}{4} \cdot \frac{D}{B} \cdot U,$$

d. h. ein linearer Zusammenhang zwischen abgegriffener Spannung und Durchfluß. Die Spannung U liegt in der Größenordnung von einigen mV. Erschwerend kommt hinzu, daß I. hochohmige Quellen sind, so daß der nachfolgende Meßverstärker einen sehr großen Eingangswiderstand besitzen muß. Ist das Magnetfeld ein Gleichfeld, so überlagern sich der induzierten Meßspannung Polarisationsspannungen, die u. U. ein Mehrfaches des Nutzsignals betragen können. Zum Ausschalten dieser Störsignale verwendet man neben Wechselfeldern getaktete, umgeschaltete Gleichfelder, deren $\rightarrow$ Periodendauer groß ist gegenüber der Netzfrequenz, aber kurz genug, daß noch keine Polarisationsspannungen auftreten. Ferner wird die Meßzeit so gewählt, daß die während des Umschaltens auftretenden Störspannungen vorher abgeklungen sind. Neben der Linearität hat der I. den Vorteil, daß kein $\rightarrow$ Druckverlust durch Blenden oder Düsen eintritt. Die Meßgenauigkeit ist hoch ($<1\%$ vom angezeigten Wert zwischen 10 und 100% des Meßbereichs). Besonders hervorzuheben ist die Möglichkeit, auch stark verschmutzte Flüssigkeiten, Flüssigkeiten mit hohen Festkörperanteilen, Pasten, Säuren und Basen zu messen (so lange sie eine Mindestleitfähigkeit von ca. $0{,}05$ µS/cm nicht unterschreiten). *F. Schneider*

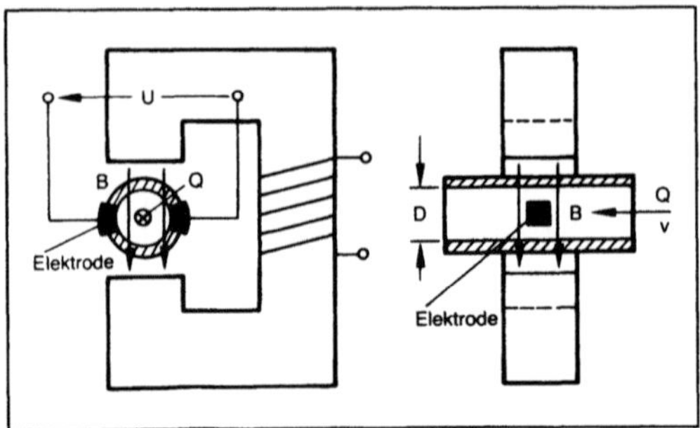

Induktions-Durchflußmesser: Prinzipieller Aufbau.

Induktionsfluß. Flächenintegral über die magnetische $\rightarrow$ Induktion B. Der Induktionsfluß Φ durch eine Leiterschleife ist beispielsweise das Flächenintegral der magnetischen Induktion über eine belie-

bige von der Leiterschleife aufgespannte Fläche A:

$$\Phi = \int_A \underline{B} \, d\underline{A}.$$

Dabei wird dem Flächenelement $d\underline{A}$ die Richtung der Flächennormalen zugeordnet, so daß der Induktionsfluß eine skalare Größe darstellt. Die zeitliche Änderung des Induktionsflusses induziert in der Leiterschleife eine Spannung (Faraday-Induktionsgesetz). Für den Induktionsfluß ist auch der Begriff magnetischer $\rightarrow$ Fluß gebräuchlich. *Claassen*

Induktionsgesetz. Die in einer Leiterschleife durch ein magnetisches $\rightarrow$ Feld induzierte Spannung U entspricht der zeitlichen Änderung des von der Leiterschleife umschlossenen magnetischen Flusses Φ:

$$U = \frac{d\Phi}{dt}.$$

Die Richtung der im Leiter induzierten Spannung ist der Änderung des magnetischen Flusses entsprechend einer Linksschraube zugeordnet (Faraday-Induktionsgesetz). *Claassen*

Induktionskonstante. Verhältnis von magnetischer $\rightarrow$ Induktion und magnetischem $\rightarrow$ Feld im materiefreien Raum. Sie wird auch als magnetische $\rightarrow$ Feldkonstante oder als $\rightarrow$ Permeabilität des Vakuums bezeichnet und hat den definitionsgemäß festgelegten Wert

$$\mu_o = 4\,\pi \cdot 10^{-7} \frac{Vs}{Am}.$$

Durch diese Festlegung ist das Ampère als Einheit der Stromstärke im praktischen Maßsystem definiert. *Claassen*

Induktivität. Das Verhältnis L von magnetischem $\rightarrow$ Induktionsfluß Φ, der von einem Stromkreis umschlossen wird, zu dem ihn erzeugenden Strom i:

$$L = \frac{\Phi}{i}.$$

Rührt der Induktionsfluß vom $\rightarrow$ Magnetfeld des Stromes in demselben Kreis her, so spricht man von $\rightarrow$ Selbstinduktivität. Wird der Induktionsfluß dagegen durch einen Strom in einem anderen Stromkreis erzeugt, so bezeichnet das Verhältnis die $\rightarrow$ *Gegeninduktivität* zwischen den beiden Kreisen.

Bei einer Änderung der Stromstärke in einem Kreis ändert sich gleichzeitig der durch den Strom hervorgerufene Induktionsfluß. Dadurch wird in dem Kreis eine Spannung u induziert, die nach der

→Lenz-Regel so gerichtet ist, daß sie der Änderung des Stromes entgegenwirkt:

$$u = \frac{d\Phi}{dt} = L\,\frac{di}{dt}.$$

Die Selbstinduktivität eines Kreises verhindert also sprungartige Stromänderungen und glättet den Strom. Diese Eigenschaft nutzt man bei Induktionsspulen (Induktivitäten) aus. In Spulen wird der Induktionsfluß des Stromes durch eine größere Anzahl von Windungen verstärkt und gleichzeitig die Induktionsspannung zusätzlich dadurch erhöht, daß sich die vom magnetischen →Fluß in jeder Windung induzierten Spannungen addieren. Für eine zylindrische Luftspule der Länge l, der Querschnittsfläche $A \ll l^2$ und der Windungszahl n erhält man beispielsweise die Selbstinduktivität

$$L = \mu_o\, n^2\, \frac{A}{l}.$$

Hierin ist μ_o die magnetische →Feldkonstante (→Permeabilität) des freien Raums.

Bei einer →Spule auf ferromagnetischem Kern ist die Induktivität aus Gründen der Sättigung des Kerns und wegen der Hysterese keine Konstante, sondern vom Strom und vom Arbeitspunkt abhängig. In diesem Fall pflegt man die →*Reaktanz* X der Spule zu messen (Wechselstromkreise) und L aus der Beziehung

$$L = \frac{X}{2\pi f}$$

zu bestimmen, wobei f die →Frequenz des verwendeten Wechselstroms bedeutet. Wenn eine Spule mit ferromagnetischem Kern mit Gleichstrom gespeist wird, dem ein Wechselstrom überlagert ist, so ist die effektive Induktivität der Spule in bezug auf ihr Wechselstromverhalten von der Stärke des Gleichstroms, genauer: von der Gleichstromvormagnetisierung, abhängig. Die effektive Induktivität ist stets kleiner als die Induktivität ohne Gleichstrom und ist im übrigen auch von der Wechselstromamplitude abhängig. *Claassen*

Induktivitätsbelag. Auf die Leitungslänge bezogene →Selbstinduktivität der Leiter einer elektrischen Leitung. Mit der Leitungslänge multipliziert stellt er ein Element im →Ersatzschaltbild eines kurzen (z. B. infinitesimalen) Leitungsstücks dar. *Claassen*

Infinitesimalrechnung. Der Hauptsatz besagt, daß →Differentiation und →Integration oder geometrisch gesprochen Tangenten- und Flächenbestimmung zueinander inverse Operationen sind.

Es sei [a,b] ein →Intervall von positiver Länge. Dann läßt sich der Hauptsatz durch die folgenden beiden Aussagen ausdrücken:

I. Für jede stetige Funktion $f:[a,b]\to\mathbb{R}$ ist das Riemann-Integral eine differenzierbare Funktion der oberen Grenze, und es gilt

$$\frac{d}{dx} \int_a^x f(t)dt = f(x) \quad \text{für alle } x \in [a,b] \tag{1},$$

d. h. durch

$$F(x) := \int_a^x f(t)dt \tag{2}$$

wird eine Stammfunktion F von f gegeben.

II. Für jede stetig differenzierbare Funktion $F:[a,b]\to\mathbb{R}$ gilt

$$\int_a^x F'(t)dt = F(x) - F(a) \quad \text{für alle } x \in [a,b] \tag{3},$$

d. h. für jede Stammfunktion F einer stetigen Funktion f besteht die Gleichung

$$\int_a^x F'(t)dt = F(x) - F(a) \tag{4}.$$

Damit lassen sich oft Integrale bequem berechnen (Integration).

Ohne →Stetigkeit von f ist die Aussage I nicht mehr richtig, selbst wenn das →Integral und die Ableitung auf der linken Seite von Gl. (1) existieren. Zum Beispiel ist die unstetige Funktion $f:[0,1]\to\mathbb{R}$ mit

$$f(x) := \begin{cases} 0, & \text{falls } x = 0 \text{ oder } x \text{ irrational} \\ \dfrac{1}{q}, & \text{falls } x = \dfrac{p}{q} \text{ mit } p, q \in \mathbb{N} \text{ teilerfremd} \end{cases}$$

im Riemannschen Sinn integrierbar (kurz R-integrierbar), und es gilt

$$\int_0^x f(t)\, dt = 0 \text{ für alle } x \in [0, 1];$$

folglich ist Gl. (1) verletzt. Diese Funktion f hat keine Stammfunktion.

Ist f nur als R-integrierbar vorausgesetzt, so besitzt das Integral, Gl. (2), für alle x, in denen f stetig ist, eine Ableitung, wobei Gl. (1) gilt. Nach dem Lebesgue-Integrierbarkeitskriterium für das Riemann-Integral ist dann Gl. (1) fast überall in [a, b] erfüllt.

Gl. (3) gilt bereits, wenn F' existiert und R-integrierbar ist. Die Existenz von F' allein genügt noch nicht. Zum Beispiel ist die Funktion $F:[0,1]\to\mathbb{R}$ mit

$$F(x) := \begin{cases} x^2 \sin \dfrac{1}{x^2}, & \text{falls } x \neq 0 \\ 0, & \text{falls } x = 0 \end{cases}$$

differenzierbar auf [0, 1]. Gl. (3) macht für sie jedoch keinen Sinn, da F' auf [0, 1] unbeschränkt und folglich nicht integrierbar ist.

Legt man das Lebesgue-Integral zugrunde, so gilt Gl. (1) schon fast überall in [a, b], wenn nur f auf [a,b] im Lebesgueschen Sinne integrierbar ist. Ferner gilt Gl. (3), sobald F absolutstetig ist. Dafür genügt bereits, das F' existiert und auf [a,b] beschränkt bleibt. Umgekehrt ist für jede im Lebesgueschen Sinne integrierbare Funktion f die durch Gl. (2) definierte Funktion F absolut stetig. Folglich gilt Gl. (3) im Fall des Lebesgue-Integrals genau für die absolut stetigen Funktionen.

Eine Erweiterung von Gl. (3) auf Funktionen von mehreren Veränderlichen liefert der allgemeine Integralsatz von *Stokes*. *Schmeißer*

Literatur: *Gelbaum, B. R.*, u. *J. M. H. Olmsted:* Counterexamples in analysis. 2. Aufl. San Francisco 1965. – *Heuser, H.:* Lehrb. der Analysis. 2 Tle. 4. Aufl. Stuttgart 1986. – *Natanson, I. P.:* Theorie der Funktionen einer reellen Veränderlichen. Frankfurt a. M. 1975. – *Riesz, F.*, u. *B. Sz.-Nagy:* Vorlesungen über Funktionalanalysis. Ost-Berlin 1956.

Influenzmaschine. Zwei gegeneinander rotierende Hartgummischeiben auf einer gemeinsamen Achse, die mit einer Metallisierung (Stanniol) belegt sind. Durch →Induktion im elektrischen →Feld werden auf den Belegungen Ladungen entgegengesetzten Vorzeichens erzeugt, die durch die Drehung getrennt werden. Über Spitzenkämme werden die Ladungen von den Scheiben abgenommen und isolierten Metallkugeln zugeführt. Damit lassen sich hohe Spannungen bis einige 100 000 V erzeugen. *Claassen*

Informationsdarstellung auf Bildschirmen. Darstellung von zur Führung eines Prozesses momentan wichtigen, meist hierarchisch oder in Windowtechnik strukturierten Informationen in – im allgemeinen farbigen – Videobildern. Das Prozeßgeschehen läßt sich sowohl in vorgestalteter Form als auch in Fließbildform (→Fließbilddarstellung) darstellen. Hierarchisch strukturiert können für beide Formen Anlagen-, Bereichs-, Gruppen- und Kreisbilder vorgesehen sein. Aktiv läßt sich auf den Prozeß nur von den unteren Hierarchieebenen oder von Windows über Leitfelder einwirken. In oder neben den Leitfeldern stehen ausführliche aktuelle Informationen über den jeweils angewählten, kleineren Prozeßabschnitt. Um bei der Führung dieser Prozeßabschnitte nicht den Überblick über den Gesamtprozeß zu verlieren, ist im oberen Teil der Videobilder meist eine Bereichsübersicht oder ein Meldefeld angeordnet. Da auch der Dialog mit dem Prozeß vom Bildschirm gestützt oder mittels virtueller Tasten gar über ihn geführt wird, ist entsprechender Platz für Dialogzeilen vorgesehen, und die Videobilder sind meist in Meldefeld oder Bereichsübersicht, Darstellungsfeld und Dialogzeile (Bild) gegliedert.

Neben der eigentlichen Führung des Prozesses kann über den gleichen oder über einen parallelen Bildschirm auch das →Prozeßleitsystem konfiguriert werden. Geschieht das on-line, so bleibt auf

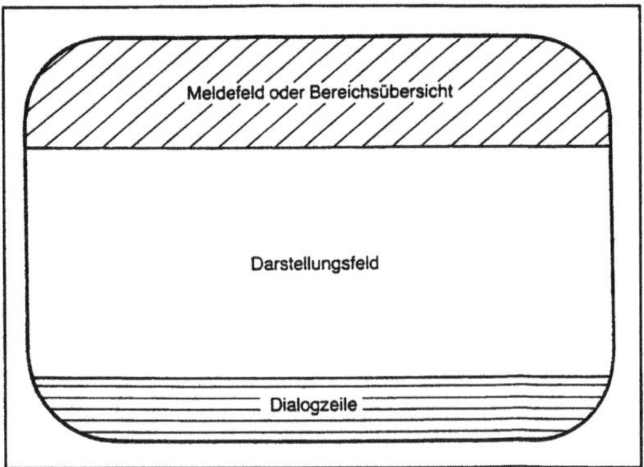

Informationsdarstellung auf Bildschirmen: Aufteilung von Videobildern auf Bildschirmen. In der Dialogzeile werden Eingabedaten dargestellt, um sie vor der Übernahme in das Prozeßleitsystem noch einmal überprüfen zu können.

dem Bildschirm die Bereichsübersicht oder das Meldefeld eingeblendet, um bei Grenzwertüberschreitungen oder anderen Meldungen rechtzeitig zum Bedienungsdialog zurückschalten und der Störung entgegenwirken zu können. *Strohrmann*

Inhalt. Das Hilbert-I.-Maß von Polygonen führt man auf das I.-Maß von →Dreiecken zurück.

Hierzu wird für Dreiecke ABC ein Umlaufsinn ausgezeichnet (z. B. ABC positiv und CBA negativ). Da für jedes Dreieck das halbe Produkt aus Grundlinie und Höhe (Streckenrechnung) von der Wahl der Grundlinie unabhängig ist, erweist sich das Produkt als eine für das Dreieck ABC charakteristische (freie, gerichtete) Strecke a. Nach *Hilbert* ist nun die positive Strecke a das I.-Maß des positiv umlaufenen Dreiecks ABC.

Das I.-Maß eines positiv umlaufenen Polygons ist als Summe der I.-Maße aller positiv umlaufenen Dreiecke bez. einer Zerlegung des Polygons (in Dreiecke) definiert. Es ist von der Wahl der Zerlegung unabhängig und somit durch das Polygon eindeutig bestimmt. Weiterhin gilt, daß ergänzungs- und zerlegungsgleiche Polygone gleiches I.-Maß besitzen.

Von der rein geometrischen Festlegung des I.-Maßes eines Polygons gelangt man zum üblichen Flächen-I. des Polygons, wenn in geeigneter Weise ein Funktional erklärt wird, das jedem Polygon in eindeutiger Weise eine nicht negative reelle Zahl zuordnet. Damit ist der Flächen-I. eines Dreiecks das halbe Produkt der Maßzahlen von Grundlinie und Höhe. Der Flächen-I. von Polygonen ergibt sich als Summe der Flächen-I. der Dreiecke einer Zerlegung in Analogie zum Hilbert-I.-Maß.

Der Mathematiker *M. Dehn* hat gezeigt, daß für den Raum-I. von Polyedern keine zum Hilbert-I.-Maß analoge Begründung möglich ist.

Hier müssen andere Hilfsmittel herangezogen werden.   *W. L. Fischer*

Literatur: *Hilbert, D.:* Grundlagen der Geometrie. Stuttgart 1968. – *Meschkowski, H.:* Euklidische Geometrie. Mannheim 1974.

Inkompressibilität. Es gibt Medien, die im Vergleich zu ihren sonstigen Verformungsmöglichkeiten nur sehr geringe Änderungen ihres Volumens zulassen. Hierzu gehören Flüssigkeiten sowie Gummi und Metalle während großer plastischer Formänderungen. Man betrachtet sie dann idealisierend als „inkompressibel", d. h., Volumenänderungen treten auch bei höchsten Drücken nicht auf. Der Spannungszustand, den man dadurch ohne jede Verformung aufbringen darf, ist durch

$$[\sigma_{ab}] = \begin{bmatrix} -p & o & o \\ o & -p & o \\ o & o & -p \end{bmatrix} \leftrightarrow \underline{\underline{\sigma}} = -p\,\underline{\underline{E}}$$

mit dem hydrostatischen Druck p beschrieben. $\underline{\underline{\sigma}}$ ist der Cauchy-Spannungstensor (Kräfte je Flächeneinheiten der aktuellen Konfiguration). Solche Zustände bestimmen die →Hydrostatik; deswegen werden sie allgemein danach benannt. Inkompressible Bewegungen erfüllen div $\vec{v}$ = 0. Wegen div (rot $\vec{h}$) ≡ 0 kann man diese Bedingung durch $\vec{v}$ = rot $\vec{h}$ identisch erfüllen, $\vec{h}$ ist darin eine Stromfunktion, die man kalibrieren kann, da nur zwei ihrer drei Komponenten von Interesse sind. Dies wird viel bei ebenen Bewegungen angewandt, bei denen eine skalare Stromfunktion ausreicht.

Sollte eine Volumenänderung zu brücksichtigen sein, beschreibt man sie bei insgesamt kleinen Formänderungen durch $\varepsilon_v \equiv \varepsilon_s = \underline{\underline{E}} \cdot\cdot \underline{\underline{\varepsilon}} = \varepsilon_{aa}$. Bei großen Deformationen muß man det $(\underline{\underline{F}})$ – 1 oder det $(\underline{\underline{C}})$ – 1 verwenden. Der zugehörige zweite *Piola-Kirchhoff*-Spannungstensor hat dann die Form $\underline{\underline{T}} = -p\,\underline{\underline{C}}^{-1}$.   *Besdo*

Integral.
Kurvenintegral. Es sei

$$\gamma:[a,b] \to \mathbb{R}^n$$

eine rektifizierbare Kurve, $\Gamma := \gamma([a,b])$ und

$$s:[a,b] \to \mathbb{R}$$

die Kurvenlängenfunktion, d. h. s(t) ist die Bogenlänge des Kurvenstücks von $\gamma(a)$ bis $\gamma(t)$. Ferner seien zwei Funktionen $f,g:\Gamma \to \mathbb{R}$ gegeben, von denen f stetig und g von beschränkter Variation ist. Dann heißt das Riemann-Stieltjes-I. (→Integral-(Stieltjes-Integral))

$$\int_a^b f \circ \gamma \, ds \qquad (1)$$

das Kurven-I. erster Art von f längs γ und wird als

$$\int_\gamma f \, ds$$

geschrieben. Ferner heißt das Riemann-Stieltjes-I.

$$\int_a^b f \circ \gamma \, d\,(g \circ \gamma) \qquad (2)$$

ein Kurven-I. zweiter Art von f längs γ und wird als

$$\int_\gamma f \, dg$$

geschrieben. Die Voraussetzungen können noch so abgeschwächt werden, daß die Stieltjes-I., Gl. (1) und (2), wenigstens im Lebesgueschen Sinne existieren. In Anwendungen treten meist solche Kurven-I. zweiter Art auf, bei denen g eine Projektion auf eine Koordinatenachse ist, etwa

$$g:\underline{x} = (x_1, \ldots, x_n) \mapsto x_i.$$

Bei der →Integration längs geschlossener Kurven wird das I.-Zeichen oft als $\oint$ geschrieben. Kurven-I. werden auch Weg-I. genannt.

Ist $G \subset \mathbb{R}^n$ ein Gebiet und

$$\underline{f} = (f_1, \ldots, f_n):G \to \mathbb{R}^n$$

eine stetige Abbildung, so bedeutet

$$\int_\gamma (\underline{f}, d\underline{x}) \qquad (3)$$

die Summe

$$\int_\gamma (f_1\,dx_1 + \ldots + f_n\,dx_n)$$

von n Kurven-I. zweiter Art. Das I., Gl. (3), heißt wegunabhängig, wenn es für jede in G verlaufende stückweise stetig differenzierbare Kurve nur von deren Anfangs- und Endpunkt abhängt, insbes. für geschlossene Kurven null ist. Genau dann ist Gl. (3) wegunabhängig, wenn es eine stetig differenzierbare Funktion

$$\xi:G \to \mathbb{R}$$

mit $\underline{f} = \text{grad } \xi$ gibt (→Vektoranalysis).
Physikalische Beispiele: Eine Kurve $\gamma = (\gamma_1, \gamma_2, \gamma_3)$ sei mit Masse, gegeben durch eine Dichtefunktion ϱ belegt. Dann ist

$$M = \int_\gamma \varrho \, ds \qquad (4)$$

die Gesamtmasse.

Ein Teilchen wird längs γ durch ein Kraftfeld $\underline{F} = (F_1, F_2, F_3)$ bewegt. Dann muß die Arbeit

$$A = \int_\gamma (\underline{F}, d\underline{x})$$

$$= \int_\gamma (F_1\,dx_1 + F_2\,dx_2 + F_3\,dx_3) \qquad (5)$$

verrichtet werden.

Ist $\underline{\gamma}$ stetig differenzierbar mit Ableitung $\underline{\dot{\gamma}}$, so lassen sich die I., Gl. (4) und (5), durch die Riemann-I.

$$\int_a^b \varrho\,(\underline{\gamma}\,(t))\,\sqrt{\dot{\gamma}_1^2(t) + \dot{\gamma}_2^2(t) + \dot{\gamma}_3^2(t)}\;dt$$

und

$$\int_a^b (F_1\,(\underline{\gamma}(t))\dot{\gamma}_1\,(t) + F_2\,(\underline{\gamma}(t))\dot{\gamma}_2\,(t) + F_3\,(\gamma(t))\dot{\gamma}_3(t))\;dt$$

ausdrücken. *Schmeißer*

Literatur: *Fichtenholz, G. M.:* Differential- und Integralrechnung III. Ost-Berlin 1964. – *Heuser, H.:* Lehrb. der Analysis. Tl. 2. 2. Aufl. Stuttgart 1983.

Oberflächenintegral. Es sei B ein nichtleerer kompakter, Jordan-meßbarer, ebener Bereich, der ganz in einem Gebiet $B^* \subset \mathbb{R}^2$ liegt, und

$$\underline{\Phi} = (\xi,\,\zeta,\,\psi) : B^* \to \mathbb{R}^3$$

eine stetig differenzierbare Abbildung. Man nennt die Restriktion von $\underline{\Phi}$ auf B auch Fläche und $\underline{F}: = \Phi(B)$ ein Flächenstück. Ferner seien eine stetige Abbildung

$$f\colon \underline{F} \to \mathbb{R}$$

und stetig differenzierbare Abbildungen

$$g_i\colon \underline{F} \to \mathbb{R}\ (i = 1,\,2)$$

gegeben. Es bedeute $|\cdot|$ die euklidische $\to$Norm von Vektoren des $\mathbb{R}^n$ und $\dfrac{\partial\,(\ldots)}{\partial\,(\ldots)}$ die Jacobi-Determinante (Jacobi-Matrix $\to$Differentiation). Dann heißt

$$\int_{\underline{\Phi}} f\,d\sigma : = \iint_B \underline{f}\,(\underline{\Phi}\,(u,\,v))\,\left|\frac{\partial\underline{\Phi}}{\partial u} \times \frac{\partial\underline{\Phi}}{\partial v}\right|\,dudv$$

das Oberflächen-I. erster Art von f über $\underline{\Phi}$ und

$$\int_{\underline{\Phi}} f\;dg_1 \wedge dg_2 : =$$
$$\iint_B \underline{f}\,(\underline{\Phi}\,(u,v))\,\frac{\partial(g_1\,(\Phi\,(u,v)),\,g_2\,(\Phi\,(u,v)))}{\partial\,(u,v)}\;dudv$$

ein Oberflächen-I. zweiter Art von f über $\underline{\Phi}$.

Diese I. sind weitgehend unabhängig von der Darstellung des Flächenstücks $\underline{F}$ durch $\underline{\Phi}$. Sie ändern sich z. B. nicht, wenn man $\underline{\Phi}$, B, B^* durch $\underline{\zeta}$, C, C^* ersetzt, wobei $\underline{\zeta} = \underline{\Phi} \circ g$ (Komposition) gilt, mit einer injektiven, stetig differenzierbaren Abbildung

$$g : C^* \to B^*,$$

für die $g(C) = B$ und deren Jacobi-Determinante nirgends null ist. Deshalb schreibt man statt $\int_{\underline{\Phi}}$ auch $\int_{\underline{F}}$.

Dann darf man allerdings im Fall des Oberflächen-I. zweiter Art $\underline{F}$ nicht mehr als reine Punktmenge auffassen, sondern muß es mit einer Orientierung (durch $\underline{\Phi}$ festgelegt) versehen. Mit den Bezeichnungen und Voraussetzungen bei Flächeninhalt (krumme Flächen) gilt für die Oberflächen-I. erster Art auch

$$\int_{\underline{F}} f\,d\sigma =$$
$$\iint_B f\,(\xi\,(u,\,v),\,\zeta\,(u,\,v),\,\psi\,(u,\,v)\,\sqrt{a^2 + b^2 + c^2}\;dudv$$
$$= \iint_B f\,(\xi\,(u,\,v),\,\zeta\,(u,\,v),\,\psi\,(u,\,v)\,\sqrt{EG - F^2}\;dudv.$$

In Anwendungen treten vorwiegend solche Oberflächen-I. zweiter Art auf, bei denen die Abbildungen g_i Projektionen auf eine der Koordinatenachsen sind, etwa

$$g_i : \underline{x} = (x_1,\,x_2,\,x_3) \mapsto x_i \qquad (i = 1,\,2).$$

Dann schreibt man

$$\int_{\underline{\Phi}} f\;dx_1 \wedge dx_2 : =$$
$$\iint_B f\,(\underline{\Phi}\,(u,\,v))\,\frac{\partial\,(\xi(u,\,v),\,\zeta\,(u,\,v))}{\partial\,(u,\,v)}\;dudv.$$

Die Voraussetzungen über f und $\underline{\Phi}$ können bei beiden Typen von Oberflächen-I. noch etwas abgeschwächt werden. Es genügt z. B. zu fordern, daß f und die Ableitung von $\underline{\Phi}$ beschränkt und fast überall stetig sind.

Physikalische Beispiele. Ein Flächenstück $\underline{F}$ sei mit Masse der Flächendichte ϱ belegt. Dann ist

$$M = \int_{\underline{F}} \varrho d\sigma$$

die Gesamtmasse.

Im $\mathbb{R}^3$ sei ein stetiges Vektorfeld $\underline{f} = (f_1,\,f_2,\,f_3)$ gegeben, das eine stationäre $\to$Strömung beschreibt. Das Flächenstück $\underline{F}$ besitze in jedem Punkt einen eindeutig bestimmten Normalenvektor $\underline{n}$ der Länge 1, der stetig von diesem Punkt abhängt und eine Orientierung von $\underline{F}$ festlegt. Dann gibt

$$\int_{\underline{F}} \langle\underline{f},\,\underline{n}\rangle\;d\sigma =$$
$$\int_{\underline{F}} f_1 dx_2 \wedge dx_3 + f_2 dx_3 \wedge dx_1 + f_3 dx_1 \wedge dx_2$$

den Gesamtfluß durch $\underline{F}$ pro Zeiteinheit an.

Schmeißer

Literatur: *Barner, M.,* u. *F. Flohr:* Analysis II. Berlin 1983. – *Courant, R.:* Vorlesungen über Differential- und Integralrechnung. Bd. II. 3. Aufl. Berlin 1955. – *Fichtenholz, G. M.:* Differential- und Integralrechnung. Bd. III. 10. Aufl. Ost-Berlin 1982. – *Heuser, H.:* Lehrb. Analysis. Tl. 2. 3. Aufl. Stuttgart 1986. – *von Mangoldt, H.,* u. *K. Knopp:* Einführung in die höhere Mathematik. Bd. III. 14. Aufl. Stuttgart 1978. – *McShane, E. J.:* Unified integration. New York 1983. – *Ostrowski, A.:* Vorlesungen über Differential- und Integralrechnung. Bd. III. Basel 1962.

Stieltjes-Integral. Es seien f und g reellwertige Funktionen, die auf einem →Intervall [a,b] erklärt und dort beschränkt sind. Für jede Zerlegung Z des Intervalls durch Teilpunkte x_j mit a = $x_0 < x_1 < \ldots < x_{k-1} < x_k$ = b werden beliebige Punkte $\chi_j \in [x_{j-1}, x_j]$ gewählt und

$$S_Z := \sum_{j=1}^{k} f(\chi_j)\,(g(x_j) - g(x_{j-1}))$$

gesetzt. Konvergieren nun für alle Folgen (Z_n) von Zerlegungen, bei denen die maximale Länge der Teilintervalle $[x_{j-1}, x_j]$ gegen null strebt, alle möglichen Folgen (S_{Z_n}) stets gegen ein und denselben Grenzwert I, so heißt dieser das *Riemann-Stieltjes-I.* von f bezüglich g, in Zeichen

$$I = \int_a^b f(x)dg(x) \qquad (1).$$

Ferner wird f der Integrand und g der Integrator genannt. Für g(x) ≡ x ergibt sich das gewöhnliche Riemannsche I.

Eine Funktion f heißt von beschränkter Schwankung, wenn es eine Zahl K > 0 gibt, so daß für alle möglichen Zerlegungen Z stets

$$\sum_Z |f(x_j) - f(x_{j-1})| \leq K$$

bleibt, wodurch j mit 1 beginnend die Indizes der Teilpunkte von Z durchläuft.

Das Riemann-Stieltjes-I., Gl. (1), existiert, wenn z. B.

□ f stetig und g von beschränkter Schwankung ist, insbes. wenn

□ f stetig ist und g monoton wächst oder

□ f stetig ist und g eine integrierbare Ableitung besitzt.

Dann gilt:

$$\int_a^b f(x)dg(x) = \int_a^b f(x)g'(x)dx.$$

Existiert $\int_a^b f(x)dg(x)$, so auch $\int_a^b g(x)df(x)$, und es gilt

$$\int_a^b f(x)dg(x) + \int_a^b g(x)df(x) = f(b)g(b) - f(a)g(a).$$

Die Abbildungen

$$f \mapsto \int_a^b f(x)dg(x)$$

und

$$g \mapsto \int_a^b f(x)dg(x)$$

sind beide linear.

Das Riemann-Stieltjes-I. existiert sicher nicht, wenn f und g in einem Punkt $x^* \in$]a,b[eine gemeinsame Sprungstelle besitzen. Anders als beim Riemann-I. kann es vorkommen, daß das Riemann-Stieltjes-I. auf den Intervallen [a,c] und [c,b] existiert, aber nicht auf [a,b]. Umgekehrt hat jedoch auch hier die Existenz des I. auf [a,b] seine Existenz auf jedem Teilintervall [c,d] zur Folge. *Schmeißer*

Literatur: *Fichtenholz, G. M.:* Differential- und Integralrechnung. Bd. III. 10. Aufl. Ost-Berlin 1982. – *Heuser, H.:* Lehrb. Analysis. Tl. 1. 4. Aufl. Stuttgart 1986. – *von Mangoldt, H.,* u. *K. Knopp:* Einführung in die höhere Mathematik. Bd. III. 14. Aufl. Stuttgart 1978. – *Natanson, I. P.:* Theorie der Funktionen einer reellen Veränderlichen. Frankfurt a. M. 1975. – *Pesin, I. N.:* Classical and modern integration theorems. New York 1970.

Integration. Die Berechnung eines →Integrals

$$\int_a^x f(x)dx.$$

Eine mögliche Lösung dieses Problems besteht bei stetigem f darin, eine Stammfunktion F von f anzugeben, womit

$$F(x) - F(a) = \int_a^x f(t)dt$$

für alle x des Definitionsbereichs von f gilt. Bei der Suche nach einer solchen Funktion sind die folgenden drei Methoden von besonderem Interesse:

□ *Partielle I.:* Sind f und g stetig differenzierbare Funktionen, so gilt

$$\int_a^x f(t)g'(t)dt = f(t)g(t)\Big|_a^x - \int_a^x f'(t)g(t)dt$$

$$= f(x)g(x) - f(a)g(a) - \int_a^x f'(t)g(t)dt.$$

□ *Substitution:* Ist f stetig auf dem →Intervall [a, b] und ξ eine stetig differenzierbare, streng monotone Abbildung, deren Bildbereich das Intervall [a,b] enthält, so gilt

$$\int_a^x f(t)dt = \int_{\xi^{-1}(a)}^{\xi^{-1}(x)} f(\xi(u))\xi'(u)du, \quad x \in [a, b],$$

wobei ξ^{-1} die Umkehrabbildung von ξ bezeichnet.

□ →*Partialbruchzerlegung der rationalen Funktionen:* Jede beliebige rationale Funktion mit reellen Koeffizienten läßt sich in eine Summe von rationalen Funktionen der Gestalt

$$\frac{Ax + B}{(Cx^2 + Dx + E)^k}$$

zerlegen, wobei k eine natürliche Zahl ist und einige der Koeffizienten A, B, C, D, E auch null sein können. Nun werden schrittweise folgende Formeln benutzt:

$$\int_a^x \frac{At + B}{(Ct^2 + Dt + E)^k}\, dt =$$

$$- \frac{A}{2(k-1)C} \cdot \frac{1}{(Ct^2 + Dt + E)^{k-1}}\Big|_a^x +$$

$$\left(B - \frac{AD}{C}\right) \int_a^x \frac{dt}{(Ct^2 + Dt + E)^k},$$

$$\int_a^x \frac{dt}{(Ct^2 + Dt + E)^k} =$$

$$\frac{1}{(k-1)(4CE-D^2)} \cdot \frac{2Ct+D}{(Ct^2 + Dt + E)^{k-1}}\Big|_a^x +$$

$$+ \frac{2(2k-3)C}{(k-1)(4CE-D^2)} \int_a^x \frac{dt}{(Ct^2+Dt+E)^{k-1}}$$

für $D^2 \neq 4CE$,

$$= 2\frac{(4C)^{k-1}}{2k-1} \cdot \frac{1}{(2Ct+D)^{2k-1}}\Big|_a^x$$

für $D^2 = 4CE$,

bis man zum Integral

$$\int_a^x \frac{dt}{Ct^2+Dt+E}$$

gelangt, für dessen Integrand $(Cx^2+Dx+E)^{-1}$ die Stammfunktion

$$\frac{2}{\sqrt{4CE-D^2}} \arctan\left(\frac{2Cx+D}{\sqrt{4CE-D^2}}\right), \quad \text{falls } D^2-4CE < 0.$$

$$-\frac{2}{2Cx+D}, \qquad \text{falls } D^2=4CE,$$

$$\frac{1}{\sqrt{D^2-4CE}}\ln\left|\frac{2Cx+D-\sqrt{D^2-4CE}}{2Cx+D+\sqrt{D^2-4CE}}\right|,$$

falls $D^2-4CE > 0$

existiert.

Bezeichnet P(x) ein beliebiges →Polynom und R(x) bzw. R(x, y) eine beliebige rationale Funktion in x bzw. x und y, so läßt sich z. B. für alle Funktionen f(x) der Gestalt

$$R\left(x\left(\frac{Ax+B}{Cx+D}\right)^{1/k}\right) \quad \text{(k natürliche Zahl)},$$

$$R\left(x,\sqrt{Ax^2+Bx+C}\right), R(e^x), R(\sin x, \cos x), R(\sinh x, \cosh x),$$

$P(x)e^{Ax}\sin(Bx+C)$, $P(x)e^{Ax}\cos(Bx+C)$,
$P(x)\sinh(Bx+C)$ und $P(x)\cosh(Bx+C)$

mit Hilfe der drei genannten Integrationsmethoden eine Stammfunktion angeben. Diesem Vorgehen werden dadurch Grenzen gesetzt, daß die Stammfunktionen einer elementaren Funktion häufig keine elementaren Funktionen sind. Dann versucht man, den Wert des (bestimmten) Integrals direkt ohne Rückgriff auf eine Stammfunktion zu bestimmen. Eine Möglichkeit dazu, die besonders bei uneigentlichen Integralen von Interesse ist, liefert manchmal das

Residuenkalkül der Funktionentheorie. Damit lassen sich z. B. Integrale der folgenden Gestalt berechnen:

$$\int_0^\infty R(x)\ln x\, dx \quad (R(x) \text{ rationale Funktion mit}$$

$$\lim_{x \to +\infty} xR(x) = 0),$$

$$\int_0^\infty \frac{R(x)}{x^\alpha}\, dx \quad (0 < \alpha < 1, R(x) \text{ rationale Funktion}$$
$$\text{mit } \lim_{x \to +\infty} R(x) = 0)$$

und

$$\int_{-\infty}^\infty f(x)\, e^{ix}\, dx,$$

wobei f bis auf endliche viele Pole in der oberen Halbebene holomorph sei und dort $\lim_{|z| \to \infty} |f(z)| = 0$ gelte (Residuensatz).

Führt auch das Residuenkalkül nicht zum Ziel, so bleiben häufig nur noch numerische Methoden (→numerische Mathematik).   *Schmeißer*

Literatur: *Cartan, H.:* Elementare Theorie der analytischen Funktionen einer oder mehrerer komplexen Veränderlichen. Mannheim 1966. – *Gradshteyn, I. S., u. I. M. Ryzhik:* Tables of integrals, series, and products. New York 1980. – *Gröbner, W., u. N. Hofreiter:* Integraltafeln. Bd. I: Unbestimmte Integrale. Bd. II. Bestimmte Integrale. Wien 1949 u. 1950. – *Heuser, H.:* Lehrb. Analysis. Tl. 1. 4. Aufl. Stuttgart 1986. – *von Mangoldt, H. u. K. Knopp:* Einführung in die höhere Mathematik. Bd. III. 14. Aufl. Stuttgart 1978. – *Ostrowski, A.:* Vorlesungen über Differential- und Integralrechnung. Bd. III. Basel 1962. – *Prudnikov, A. P., u. A. Brychkov, O. I. Marichev:* Integrals and series. 2 Bde. New York 1986.

Integrationsverstärker. Der I. ist ein Meßverstärker (invertierender Operationsverstärker) mit einer →Kapazität C in der Gegenkopplung (Bild), so daß seine Ausgangsspannung u_a proportional dem über die Zeit integrierten Eingangsstrom i_e bzw. der über die Zeit integrierten Eingangsspannung u_e ist:

$$u_a = -\frac{1}{C} \int_0^t i_e dt,$$

$$u_a = -\frac{1}{RC} \int_0^t u_e dt.$$

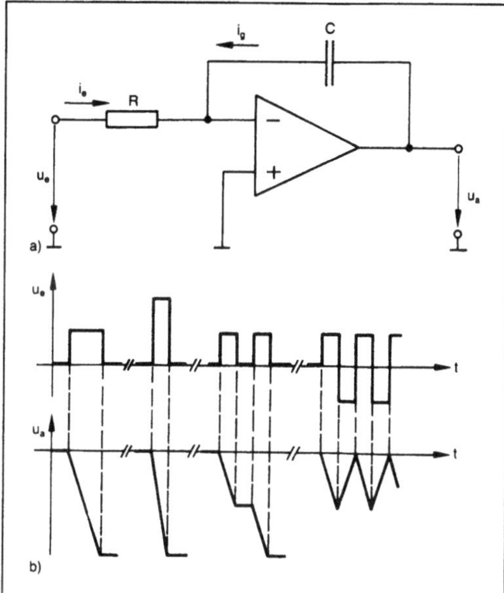

Integrationsverstärker: Integrieren mit dem Umkehr-verstärker.
a) Schaltung und
b) Signale.

Da das Produkt aus Strom und Zeit eine Ladung ergibt, wird der Integrierer auch als ladungsempfindlicher Verstärker oder Ladungsverstärker bezeichnet.
Schrüfer

intensiv →Zustandsgröße

internationale Patentanmeldung. Seit dem 1. Juni 1978 können i. P. nach dem Patentzusammenarbeitsvertrag (Patent Cooperation Treaty – PCT) u. a. in deutscher Sprache beim →Deutschen Patentamt und beim →Europäischen Patentamt eingereicht werden. Es können in der i. P. folgende Staaten von einiger industrieller oder wirtschaftlicher Bedeutung gewählt werden: Australien, Barbados, Belgien, Brasilien, Bulgarien, Dänemark, Deutschland, Finnland, Frankreich, Griechenland, Großbritannien, Italien, Japan, Kamerun, Kongo, Demokratische Volksrepublik Korea, Republik Korea, Luxemburg, Madagaskar, Mali, Malawi, Monaco, Mauretanien, Niederlande, Norwegen, OAPI-Staaten mit Gabun, Österreich, Polen, Rumänien, Schweden, Schweiz und Liechtenstein, Senegal, Sowjetunion, Spanien, Sri Lanka, Sudan, Togo Tschad, Tschechoslowakei, Ungarn, Vereinigte Staaten von Amerika, Zentralafrikanische Republik. Die Staaten des Europäischen Patentübereinkommens können wie ein „Staat" gewählt werden, so daß auf dem PCT-Weg auch ein Europäisches Patent erreichbar ist.

Auf eine i. P. wird kein internationales Patent erteilt, sondern sie stellt die Vorstufe nationaler bzw. regionaler Erteilungsverfahren dar. Während des Anmeldeverfahrens werden eine internationale Recherche und auf Antrag eine internationale vorläufige Prüfung der Erfindung durchgeführt. Diese Vorarbeiten werden von den einzelnen nationalen Patentämtern und vom Europäischen Patentamt genutzt. Besondere Bedeutung hat die i. P. für die Staaten, in denen die Patentämter P. nicht auf Neuheit und erfinderische Tätigkeit prüfen.

Für den Anmelder bietet das PCT-System dadurch besondere Vorteile, daß es möglich ist, kurz vor Ablauf der Prioritätsfrist in einer einzigen Sprache für eine größere Zahl von Staaten Anmeldungen unter Beanspruchung der Priorität der Ursprungsanmeldung vorzunehmen. Ein weiterer Vorteil ist, daß das PCT-System im Gegensatz zur nationalen Anmeldung einen zusätzlichen Aufschub der Entscheidung ermöglicht, in welchen Staaten der Patentschutz endgültig erlangt werden soll, also die entsprechenden Folgekosten für das nationale bzw. regionale Erteilungsverfahren aufzuwenden sind.
Cohausz

Literatur: *Hallmann, U.:* PCT-Vertrag über die internationale Zusammenarbeit auf dem Gebiet des Patentwesens (Textausg.). 2. Aufl. 1981. – PCT-Leitfaden für Anmelder. Hrsg. Deutsches Patentamt. 2. Aufl. 1986. – Taschenb. des gewerblichen Rechtsschutzes. 23. Lieferung 1991.

Internationales Einheitensystem →Einheiten des SI

Interpolation. *Grundlagen.* Von einer reellen Funktion f sei eine Wertetabelle

$$(x_v, f(x_v)), \quad v = 0, 1, \ldots, n \tag{1}$$

bekannt. Ein Verfahren, das es gestattet, für eine beliebige Stelle $\chi \notin \{x_0, x_1, \ldots, x_n\}$ des Definitionsbereichs von f den Funktionswert $f(\chi)$ mit Hilfe der vorliegenden Information, Gl. (1), näherungsweise zu bestimmen, heißt I., wenn χ zwischen zwei der Stellen x_v liegt, und andernfalls *Extrapolation.* Da beide Fälle sich in der Theorie kaum unterscheiden, schließt man häufig unter dem Begriff I. die Extrapolation mit ein. Ein I.-Verfahren ergibt sich dadurch, daß man in einer gewissen Vorratsmenge V_{n+1} von „gewohnten" Funktionen eine Funktion ξ_n, genannt Interpolierende, mit der Eigenschaft

$$f_n(x_v) = f(x_v), \quad v = 0, 1, \ldots, n \tag{2}$$

bestimmt und $\xi_n(\chi)$ als Näherung von $f(\chi)$ ansieht. In Verallgemeinerung dieses Vorhabens stellt man das Hermite-I.-Problem (*Charles Hermite* 1822 bis 1901): Es gehöre f dem Vektorraum $C^m(I)$ der m-mal stetig differenzierbaren Funktionen auf einem →Intervall I an. Aus I seien $k+1$ paarweise verschiedene Punkte x_j gegeben, denen natürliche Zahlen $n_j \leqq m+1$ zugeordnet sind, wobei

$$\sum_{j=0}^{k} n_j =: n + 1$$

gesetzt wird. Weiter sei $V_{n+1}(I)$ eine Teilmenge von $C^m(I)$ bestehend aus einer $(n+1)$-parametrigen Schar von Funktionen. Dann ist eine solche Funktion $\xi_n \in V_{n+1}(I)$ gesucht, für die

$$\xi_n^{(i)}(x_j) = f^{(i)}(x_j),$$

$$j=0, \ldots, k; \; i=0, \ldots, n_j-1 \qquad (3)$$

gilt. Die Punkte x_j heißen Stützstellen oder Knoten mit Vielfachheiten n_j. Der wichtige Spezialfall $k=n$ und $n_0=n_1=\ldots=n_k=1$, bei dem sich Gl. (3) zu Gl. (2) reduziert, heißt Lagrange-I.-Problem (*Joseph Louis Lagrange* 1736–1813).

Bei einer gewählten Funktionsklasse $V_{n+1}(I)$ stellen sich folgende Fragen:

a) Existenz und Eindeutigkeit: Ist das Lagrange- oder allgemeiner das Hermite-I.-Problem eindeutig lösbar?

b) Algorithmus: Wie berechnet man ξ_n möglichst günstig?

c) Restglied: Wie sehr weicht ξ_n auf I von f ab?

d) →Konvergenz: Man läßt die Anzahl der Stützstellen wachsen. Konvergiert dann die →Folge der zugehörigen Interpolierenden ξ_n für $n \to \infty$ gegen f?

Auch die Fragen c) und d) sind in den Anwendungen wichtig, denn von einer I. wünscht man in der Praxis immer, daß sie eine möglichst gute Approximation liefert. Eine allgemeine Antwort zu a) lautet: Bildet $V_{n+1}(I)$ einen $(n+1)$-dimensionalen Unterraum von $C^m(I)$, so ist das Hermite-I.-Problem genau dann bei beliebiger Verteilung der Stützstellen immer eindeutig lösbar, wenn $V_{n+1}(I)$ die Haarsche Bedingung in verschärfter Form erfüllt. Die Forderungen, Gl. (3), führen dabei auf ein lösbares lineares Gleichungssystem. Bestimmt man für $j=0$, $1, \ldots, k$ und $i=0, 1, \ldots, n_j-1$ Funktionen $\xi_{ij} \in V_{n+1}(I)$ mit

$$\xi_{ij}^{(\mu)}(x_\lambda) = \delta_{i\mu}\delta_{j\lambda}, \; \lambda=0, 1, \ldots, k; \; \mu=0, 1, \ldots, n_\lambda-1,$$

wobei $\delta_{i\mu}$ und $\delta_{j\lambda}$ das Kronecker-Symbol bedeuten, so läßt sich die Lösung des Hermite-I.-Problems schreiben als

$$\xi_n(x) = \sum_{j=0}^{k} \sum_{i=0}^{n_j-1} f^{(i)}(x_j) \xi_{ij}(x).$$

Die Funktionen ξ_{ij} heißen Fundamentalfunktionen der Hermite-I.

Spezielle Funktionenklassen. In Anwendungen werden benutzt:

□ *Polynome:* Die Menge aller Polynome vom Grad höchstens n bildet einen Vektorraum der Dimen-

sion $n+1$, der auf jedem Intervall die Haarsche Bedingung in verschärfter Form erfüllt. Deshalb ist das Hermite-I.-Problem immer eindeutig lösbar. Für den Fall des Lagrange-I.-Problems werden mit dem Verfahren von *Aitken-Neville* sowie der Lagrange- und der Newton-I.-Formel die obigen Fragen b) und c) befriedigend beantwortet. Leider fällt die Antwort auf die Frage d) negativ aus. Wie auch immer man eine Folge von Stützstellen

$$x_{00}$$
$$x_{10}, \; x_{11}$$
$$x_{20}, \; x_{21}, \; x_{22}$$
$$\vdots$$

wählt, so gibt es nach *Faber* stets eine stetige Funktion f, für die die durch

$$\xi_n(x_{n\nu}) = f(x_{n\nu}), \; \nu=0, 1, \ldots, n$$

bestimmte Folge von I.-Polynomen ξ_n nicht gegen f konvergiert. Das liegt daran, daß die Interpolierenden oszillieren können, wobei sie zwischen den Stützstellen stark von f abweichen. Besonders ungünstig sind äquidistante Stützstellen. Als noch relativ günstig erweist sich dagegen die Wahl

$$x_{n\nu} := \frac{b-a}{2} \cos\left(\frac{\pi}{2} \cdot \frac{2\nu+1}{n+1}\right) + \frac{b+a}{2}$$

für $I=[a, b]$. Auch mehrfache Stützstellen, so z. B. bereits $n_0=n_1=\ldots=n_k=2$, verbessern die Situation wesentlich. Dennoch kann man aus Stabilitätsgründen nur mit Polynomen kleinen Grades arbeiten, etwa $n \leqq 10$.

□ *Trigonometrische Polynome:* Die trigonometrischen Polynome vom Grad kleiner oder gleich l bilden einen Vektorraum der Dimension $n=2l+1$, der auf jedem Intervall der Länge kleiner als 2π die Haarsche Bedingung in verschärfter Form erfüllt. Von Interesse ist besonders das Lagrange-I.-Problem für eine 2π-periodische Funktion f mit äquidistanten Stützstellen in $\left[0, 2\pi\frac{n-1}{n}\right]$. Die Bestimmung der Interpolierenden ξ_n führt dann auf diskrete Fourier-Transformation. Auch Restgliedabschätzung und Konvergenz werden im Rahmen der Fourier-Entwicklung behandelt.

□ *Splinefunktionen:* Die Menge aller Splinefunktionen vom Grad l mit k festen Knoten bildet einen Vektorraum der Dimension $n=l+k+1$, der jedoch nicht die Haarsche Bedingung erfüllt. Damit I.-Probleme lösbar sind, müssen zwischen den Knoten der Splinefunktionen und den Stützstellen gewisse Lagebedingungen erfüllt sein. Man darf jedoch immer die Knoten selbst als Stützstellen verwenden. In diesem Fall sind Splinefunktionen eine wichtige und vielleicht die am meisten benutzte Funktionenklasse in der I. Sie liefern eine ausgezeichnete

Approximation, besitzen hervorragende Konvergenzeigenschaften und lassen sich zumindest für den Grad $l=3$ leicht berechnen.

□ *Rationale Funktionen:* Die rationalen Funktionen $r(x) = p(x)/q(x)$ mit Polynomen $p(x)$ vom Grad höchstens l bzw. k bilden (z. B. bei Normierung des Koeffizienten der höchsten auftretenden →Potenz in $p(x)$ zu 1) mit $n := l+k+1$ eine n-parametrige Schar, jedoch keinen Vektorraum. Dadurch wird die Behandlung des I.-Problems schon von der Theorie her schwieriger. Dennoch kennt man auch hier leistungsfähige Algorithmen. I. mit rationalen Funktionen ist dann von Interesse, wenn die Funktion f Pole besitzt, da die Funktionen $r(x)$ Pole „nachahmen" können.

□ *Exponentialsummen:* In manchen Anwendungen, z. B. beim radioaktiven →Zerfall, sind interpolierende Funktionen der Gestalt

$$\xi(x) = \sum_{j=1}^{k} a_j e^{\lambda_j x}$$

mit Konstanten $a_j, \lambda_j \in \mathbb{R}$ ($j=1, 2, \ldots, j$) gewünscht. Dies ist offenbar eine 2k-parametrige Schar, die jedoch keinen Vektorraum bildet. Zu der hier sehr schwierigen Existenz- und Eindeutigkeitsfrage liegen Ergebnisse vor. Wenn eine Interpolierende existiert, so erfordert ihre Berechnung aufwendige numerische Methoden.

□ *Ganze Funktionen vom exponentiellen Typ:* Die Menge der ganzen Funktionen vom exponentiellen Typ $\tau > 0$ bildet einen Vektorraum unendlicher Dimension. Die Funktion

$$\text{sinc } z := \begin{cases} \dfrac{\sin \pi z}{\pi z} & \text{für } z \neq 0 \\ 1 & \text{für } z = 0 \end{cases}$$

ist eine ganze Funktion vom exponentiellen Typ π, die an allen ganzen Zahlen $m \neq 0$ den Wert null annimmt. Konvergiert die Reihe

$$\xi(z) := \sum_{n=-\infty}^{\infty} f\left(\frac{n\pi}{\tau}\right) \text{sinc}\left(\frac{\tau}{\pi} z - n\right)$$

gleichmäßig auf den kompakten Teilmengen von $\mathbb{C}$, so stellt sie eine ganze Funktion vom exponentiellen Typ τ mit

$$\xi\left(\frac{n\pi}{\tau}\right) = f\left(\frac{n\pi}{\tau}\right), \qquad n = 0, \pm 1, \pm 2, \ldots$$

dar.

Sie löst also das Lagrange-I.-Problem für eine Wertetabelle von abzählbarer Länge. Diese I. ist für Funktionen, deren Definitionsbereich ganz $\mathbb{R}$ ist, von Interesse. Sie besitzt viele günstige Eigenschaften und wird in der Nachrichtentechnik zur näherungsweisen Rekonstruktion von Signalen aus Abtastwerten verwendet (Abtastsatz). Restgliedabschätzungen und Konvergenzuntersuchungen liegen vor.

Mehrdimensionale I. ist ein sehr viel schwierigeres Problem. In manchen Fällen kann man jedoch auf den eindimensionalen Fall zurückgreifen: Für eine Funktion f von zwei Variablen sei eine Wertetabelle

$$((x_\nu, y_\mu), f(x_\nu, y_\mu)), \quad \nu = 0, \ldots, n; \ \mu = 0, \ldots, m$$

bekannt. In einer vorgegebenen Klasse V_{n+1} bzw. V_{m+1} von Funktionen einer Variablen bestimme man die Fundamentalfunktionen ξ_ν bzw. ζ_μ des eindimensionalen Lagrange-I.-Problems für die Stützstellen $x_0, \ldots, x_n$ bzw. $y_0, \ldots, y_m$, d. h.

$$\xi_\nu(x_j) = \delta_{\nu j}, \qquad \nu, j = 0, 1, \ldots, n$$
$$\zeta_\mu(y_k) = \delta_{\mu k}, \qquad \mu, k = 0, 1, \ldots, m.$$

Dann ist

$$\xi(x,y) = \sum_{\nu=1}^{n} \sum_{\mu=1}^{m} f(x_\nu, y_\mu)\, \xi_\nu(x)\, \zeta_\mu(y)$$

eine Funktion von zwei Variablen mit der Eigenschaft

$$\xi(x_\nu, y_\mu) = f(x_\nu, y_\mu), \qquad \nu = 1, \ldots, n; \\ \mu = 1, \ldots, m.$$

Man nennt dieses Konstruktionsprinzip die Tensorproduktbildung. Sie ist auf Funktionen von beliebig vielen Variablen ausdehnbar. *Schmeißer*

Literatur: *Braess, D.:* Nonlinear approximation theory. Berlin 1986. – *Butzer, P. L.:* The Shannon sampling theorem and some of its generalizations. An overview. In: Constructive function theory '81. Hrsg. Bl. Sendov et al. Sofia 1983. – *Davis, J. P.:* Interpolation and approximation. New York 1963. – *Schmeißer, G.,* u. *H. Schirmeier:* Praktische Mathematik. Berlin 1976. – *Schönhage, A.:* Approximationstheorie. Berlin 1971. – *Steffensen, J. F.:* Interpolation. Baltimore 1927. – *Stoer, J.:* Einführung in die Numerische Mathematik I. Berlin 1972. – *Timan, A. F.:* Theory of approximation of functions of a real variable. Oxford 1963. – *Werner, H.,* u. *R. Schaback:* Praktische Mathematik II. 2. Aufl. Berlin 1979.

Intervall. Es seien a und b reelle Zahlen mit $a < b$. Im folgenden bezeichne $\{x: \ldots\}$ die Menge aller reellen Zahlen x, die die nach dem Doppelpunkt angegebene Bedingung erfüllen. Damit wird vereinbart:

$$[a,b] := \{x: a \leq x \leq b\} \tag{1}$$

heißt abgeschlossenes I.;

$$]a,b[:= \{x: a < x < b\} \tag{2}$$

heißt offenes I.;

$$]a,b] := \{x: a < x \leq b\} \tag{3}$$

und

$$[a,b[:= \{x: a \leq x < b\} \tag{3'}$$

heißen halboffene I. Alle diese I. sind beschränkt, ihre Länge ist $b-a$; die Zahlen a und b heißen Randpunkte. In (1) ist auch $a=b$ zulässig. Auch die leere Menge sieht man oft als I. der Länge Null an.

Darüber hinaus werden folgende unbeschränkte abgeschlossene oder offene *uneigentliche I.* erklärt:

$$]-\infty,b]:=\{x:x\le b\}, \tag{4}$$

$$]-\infty,b[:=\{x:x<b\}, \tag{5}$$

$$[a,+\infty[:=\{x:a\le x\}, \tag{6}$$

$$]a,+\infty[:=\{x:a<x\}, \tag{7}$$

$$]-\infty,+\infty[:=\text{Menge aller reellen Zahlen.} \tag{8}$$

Ferner verwendet man die Bezeichnungen

$$\mathbb{R}_+:=[0,+\infty[\quad\text{und}\quad \mathbb{R}_+^*:=]0,+\infty[.$$

In der Literatur wird manchmal bei offenen und halboffenen I. anstelle der umgekehrten eckigen Klammer eine runde Klammer verwendet, also z. B. (a,b) bzw. (a,b] für]a,b[bzw.]a,b] geschrieben. – Ein cartesisches Produkt von n I. heißt auch I. des $\mathbb{R}^n$. *Schmeißer*

Literatur: *Barner, M.,* u. *F. Flohr:* Analysis I. Berlin 1974. – *Forster, O.:* Analysis 1 (4. Aufl.). Braunschweig. 1983. – *Heuser, H.:* Lehrbuch der Analysis, Teil 1 u. 2. Stuttgart. 1986.

Ionendosis →Dosimetrie

Ionisations-Rauchmelder →Brandmelder

Ionisationskammer →Detektor

ISO. Kurzform für *engl.* International Organisation for Standardization (Internationale Normenorganisation); →Normung. : *Krieg*

Isolierstoff. Andere Bezeichnung für Dielektrika (→Dielektrikum), mit der Betonung auf der isolierenden, den Stromfluß verhindernden Eigenschaft, vgl. Tabelle. Abgesehen vom Vakuum gibt es keine absoluten Isolatoren. Praktische I. weisen spezifische Widerstände von 10^6 bis 10^{18} Ωcm auf. Die Dielektrizitätszahl ist bei Isolierstoffen relativ klein (bis 10). Stark polare Substanzen dienen nicht als Isolatoren, sondern primär als Dielektrika in Kondensatoren. Der dielektrische Verlustwinkel $\tan\delta$ reicht von 10^{-4} für ausgezeichnete Isolatoren bis zu 10^{-1} für Isolierstoffe, die weniger elektrisch belastet werden und dafür mechanische Funktionen erfüllen müssen. Gute Werte im Verlustwinkel erreicht man, wenn der Isolator keine beweglichen Ionen enthält. Für Keramiken bedeutet das primär, daß der Alkaligehalt gering sein muß. Die günstigsten Kunststoffe sind diejenigen, die rein kovalente Bindungen aufweisen und keinen polaren Charakter besitzen.

Die Durchschlagfestigkeit liegt meist bei 100–200 kV/cm; hochwertige Isolierstoffe, wie Elektroporzellan und Polyethylen, erreichen 500 kV/cm. Wesentlich größer wird die Durchschlagfestigkeit für dünne Folien und Schichten (>1–10MV/cm). Man gewinnt daher an elektrischer Festigkeit, wenn man Isolationen geschichtet ausführt, eventuell mit leitenden Zwischenschichten zur Feldglättung. Der schwache Punkt massiver Isolatoren bei hohen Spannungen sind nämlich Hohlräume, in denen Gasentladungen auftreten können, die den Isolator erhitzen und zerstören können. Die klassische Isolationstechnik mit ölgetränktem Papier vermeidet diese Gefahr und ist daher vor allem für Kabel auch heute noch verbreitet.

Isolierstoff. Tabelle: Eigenschaften von Isolierstoffen für die Hochspannungstechnik.

	Durchschlagsfestigkeit E_d [kV/mm]	spezifischer Widerstand ρ [Ωcm]	Verlustfaktor $\tan\delta$ (1 MHz)	Wärmeleitfähigkeit λ [W/K m]	Dielektrizitätszahl $\varepsilon/\varepsilon_0$	Dichte [g/cm^3]
Luft	3,2*	>10^{17}	~0	25,6	1	$1{,}2\cdot10^{-3}$
SF$_6$	8,9*	>10^{17}		18,8	1	$6{,}2\cdot10^{-3}$
Mineralöl	25	10^{14}	10^{-3}	0,14	2,2	0,9
Clophen	20	10^{14}	10^{-3}	0,1	5,5	1,5
Glimmer	16...32	$(1...10000)\cdot10^9$	$(2...100)\cdot10^{-3}$	0,4	4,5 — 5,5	1,8...2,7
Glas	10...20	$(1...100)\cdot10^{12}$	$(1...10)\cdot10^{-3}$	0,7...1,1	4...7	2,2...2,6
Porzellan	20...40	10^{12}	$5\cdot10^{-3}$	1,5...2,5	6	2,3
Papier/Öl	10	10^{14}	$2\cdot10^{-3}$	0,5	4	1,4
PE/VPE	75...100	$5\cdot10^{17}$	$2\cdot10^{-3}$	0,3...0,4	2,3	0,95
PVC	10...30	10^{14}	$(2...10)\cdot10^{-2}$	0,17	3...5,5	1,2...1,4
EP	15	10^{14}	10^{-2}	0,8	4	1,9
PUR	15	10^{13}	$2\cdot10^{-2}$	0,24	4	1,2

*) bei 10 mm Schlagweite

Die Vielfalt der I. ist groß. Das Spektrum reicht von den natürlichen mineralischen Stoffen wie Glimmer und Asbest, über synthetische Keramiken wie Porzellan, über Kunststoffe wie Polyethylen bis zu organischen Naturstoffen wie Holz oder Mineralöl. Die Entwicklung ist durch eine langsame Verdrängung der Naturstoffe und der keramischen Isolierstoffe durch Kunststoffe gekennzeichnet.

Keramische Isolierstoffe sowie Glas sind in einigen Bereichen unentbehrlich:
□ bei Freileitungsisolatoren wegen ihrer Beständigkeit und Festigkeit;
□ in Fällen, in denen Temperaturen über 300°C auftreten, also z. B. in der Elektrowärmetechnik, als Sicherungskörper, in Schaltern;
□ in allen Fällen, in denen besondere Zuverlässigkeit und Stabilität gefordert wird, also z. B. als Substrat vieler integrierter Schaltungen.

Ein wichtiges Kriterium für die Auswahl eines Isolierstoffs ist seine Kriechstromfestigkeit, die Beständigkeit eines Isolators gegenüber Oberflächen-Kriechströmen. Vor allem organische I. können unter der Wirkung eines etwa durch Verschmutzung bedingten Kriechstroms verkohlen und so einen leitenden Pfad ausbilden, der zum Kurzschluß führt. Die Kriechstromfestigkeit wird nach genormten Verfahren bewertet und durch eine Klasseneinteilung beschrieben. Keramische I. werden durch Kriechströme oder Überschläge nicht zersetzt und sind daher kriechstromfest.

Wo es irgend geht, zieht man jedoch die elektrisch keineswegs höherwertigen, aber weniger spröden Kunststoffe vor. Normale Leitungsisolierungen (und viele andere Teile) werden heute vorwiegend aus thermoplastischen Kunststoffen gefertigt, bevorzugt aus dem auch für höhere Frequenzen geeigneten Polyethylen (PE), für niedrigere Frequenzen auch aus dem strapazierfähigeren polaren Polyvinylchlorid (PVC). Silicon- und Teflonisolierungen sind auch für höhere Temperaturen (bis 300°C) geeignet. Die Temperaturbeständigkeit der Isolierwerkstoffe ist ein wichtiges Kriterium. Der normale Öl-Lack der Kupfer-Lackdrähte kann z. B. bis 120°C belastet werden; für höhere Temperaturen wurden spezielle Kunststoffe wie die Polyimide entwickelt, die über 250°C aushalten und also auch durch den Lötvorgang nicht geschädigt werden.

Harze (Duroplaste) werden vor allem für elektrisch weniger belastete Bauteile und Gehäuse verwendet, in Form der Gießharze auch zum Einbetten von Bauelementen in Gehäusen. Besonders hervorzuheben ist die Beständigkeit der Duroplaste bei hohen Temperaturen.

Transformatoren, Kabel und Schalter hoher Leistungen werden vorzugsweise durch Konvektion gekühlt, und dazu dienen gasförmige oder flüssige I.

Am verbreitetsten sind besonders gereinigte, wasserfreie Mineralöle. Siliconöle und das Gas Schwefelhexafluorid (SF_6) sind Alternativen, die den Vorteil der Unbrennbarkeit besitzen. Die früher bevorzugten chlorierten Biphenyle (Chlophen) werden wegen ihrer gravierenden Umweltgefährlichkeit heute nicht mehr eingesetzt.

Der Nachteil der mechanischen Sprödigkeit, den die oxidischen und keramischen Werkstoffe in massiver Form besitzen, entfällt bei dünnen Schichten. In der Dünnschichttechnik und in der integrierten Halbleitertechnik werden fast ausschließlich anorganische Schichten als Isolatoren verwendet, vor allem SiO_2 und Si_3N_4. *Hubert*

Literatur: *Brinkmann, C.:* Die Isolierstoffe der Elektrotechnik. Berlin 1975. – *Oburger, W.:* Die Isolierstoffe der Elektrotechnik. Wien 1957.

Isolierung. Alle Arbeiten, Bauteile und Vorrichtungen im Zusammenhang mit der Aufgabe, die Übertragung von dynamischen Lasten, mechanischen Schwingungen und/oder Erschütterungen von einer Anlage in die Umgebung oder von der Umgebung auf eine schutzbedürftige Anlage zu vermindern, werden allgemein als I., als →Dämmung oder auch als →Abschirmung, zutreffender als Schwingungsisolierung bezeichnet.

Die Maßnahmen und Verfahren zur I. bestehen darin, durch den Einbau von federnden und gegebenenfalls auch dämpfenden Bauteilen, den Isolierelementen, die als Federn und →Dämpfer oder auch als entsprechende Baueinheiten (z. B. Federkörper) verwendet werden, die Übertragung von dynamischen Kräften oder von Schwingungsenergie zu vermindern. Eine vollständige I. läßt sich nicht erreichen, weil wegen der stets vorhandenen statischen oder quasi-statischen Lasten und Momente durch Eigengewicht, Bedienungs- und Anschlußkräfte eine völlige mechanische Trennung des Objekts von seiner Umgebung nicht möglich ist. Bei der I. besteht die Aufgabe darin, einen geeigneten Kompromiß zwischen einem möglichst großen Isolierfaktor und der Standsicherheit des elastisch gelagerten Objekts zu finden. Die Optimierung zwischen der Isolierwirkung und der Standsicherheit kann durch die Wahl und die Anordnung der Isolatoren und durch die Abstimmung verbessert werden sowie durch eine entsprechende Dimensionierung der Schwingfundamente.

Lineare Isolierelemente, d. h. Federn mit linearer Federkennlinie und schwinggeschwindigkeitsproportionale Dämpfer, haben den Vorteil der einfachen Berechnung; ihre Kennwerte sind von den Vorlasten und die Wirkung der I. ist von Vorspannungen unabhängig. Nichtlineare Isolatoren, z. B. progressive oder degressive Federn oder Reibungsdämpfer, bedürfen einer genauen Anpassung an die gegebenen Betriebsverhältnisse. Die Isolierwirkung wird durch die →Übertragungsfunktion des gewählten Ersatzsystems beschrieben. *Splittgerber*

Literatur: VDI 2062, Blatt 1: Begriffe und Methoden. 1/1986.

Isotop →Nuklide

Isotopenaustausch.
Unter I. versteht man den Austausch von isotopen Nukliden (→Nuklide) zwischen zwei verschiedenen chemischen Spezies (Molekülarten) AX und AY:

$$AX + {}^*AY \rightleftharpoons {}^*AX + AY.$$
$$(1) \quad (2) \quad (1) \quad (2)$$

A und *A sind die isotopen Nuklide oder Atomgruppen, welche diese isotopen Nuklide enthalten. Bei Isotopenaustauschreaktionen ist die Reaktionsenthalpie $\Delta H = 0$, wenn man von den Isotopieeffekten absieht. Die Triebkraft der Reaktion ist nur durch die Reaktionsentropie ΔS gegeben, so daß für die Gibbs'sche freie →Energie der Reaktion gilt:

$$\Delta G \approx - T \, \Delta S.$$

Die Reaktion ist solange erkennbar, bis eine Gleichverteilung der markierten Atome bzw. Atomgruppen *A zwischen den beiden Spezies AX und AY vorliegt. Die Untersuchung von Isotopenaustauschreaktionen vermittelt somit einen vertieften Einblick in den Ablauf chemischer Reaktionen und insbesondere in das chemische →Gleichgewicht, in dem sich Hinreaktion und Rückreaktion die Waage halten. Wenn eine Spezies (oder beide) mehrere austauschfähige Atome enthalten, so muß man unterscheiden, ob diese Atome chemisch gleichwertig sind oder nicht. Zum Beispiel sind in dem System AlCl$_3$/CCl$_4$ die drei Chloratome im AlCl$_3$ und die vier Chloratome im CCl$_4$ jeweils untereinander gleichwertig, und es liegt eine einfache Austauschreaktion vor mit einer Geschwindigkeitskonstanten. Wenn die am Austausch beteiligten Atome oder Atomgruppen nicht gleichwertig sind, erhält man eine komplexe Austauschreaktion mit mehreren Geschwindigkeitskonstanten.

Die Untersuchung homogener Isotopenaustauschreaktionen in Systemen RX/*X$^-$ (RX = organisches Halogenid, *X$^-$ = radioaktiv markiertes Halogenidion) durch *Ingold* und *Hughes* lieferte die Grundlage für die Vorstellungen vom Ablauf von Substitutionsreaktionen in der organischen Chemie. Ähnliche Untersuchungen in der anorganischen Chemie vermittelten ein Bild zum Ablauf von Substitutionsreaktionen an anorganischen Komplexverbindungen und von den Bindungsverhältnissen in diesen Verbindungen. In der heterogenen Reaktionskinetik hat das Studium von Isotopenaustauschreaktionen viel zum Verständnis der an den Phasengrenzflächen ablaufenden Reaktionen beigetragen. *Lieser*

Literatur: *Haissinsky, M.:* Nuclear Chemistry and its Applications, Addison-Wesley-Publishing Comp. Inc., Reading 1964. – *Lieser, K. H.:* Einführung in die Kernchemie. 3. Aufl. Kap. 15, Weinheim: VCH-Verlag 1991. – *Wahl, A. C. u. N. A. Bonner:* Radioactivity Applied to Chemistry. New York: John Wiley 1951.

Isotopentrennung.
Die Isotope eines Elements kann man mit Hilfe überwiegend physikalischer oder überwiegend chemischer Verfahren anreichern bzw. trennen.

Zu den physikalischen Verfahren zählen die Gasdiffusion, die Thermodiffusion, die Druckdiffusion, die elektromagnetische Trennung, die Trennung in der Ultrazentrifuge, die Destillation, die Elektrolyse, die Trennung durch Ionenwanderung und die Trennung im Atomstrahl durch Impulsübertragung. Zu den chemischen Verfahren zählt man die Austauschverfahren, die auf Isotopieeffekten bei Isotopenaustauschgleichgewichten beruhen, den Ionenaustausch und die optischen Verfahren, die auf der Isotopen-selektiven Anregung bzw. Dissoziation von Molekülen beruhen.

Die charakteristische Größe einer einzelnen Trennoperation ist der Trennfaktor

$$\alpha = \frac{x'(1-x)}{x(1-x')},$$

worin x und x$'$ die Molenbrüche des betreffenden Isotops vor bzw. nach der Trennoperation sind. $\alpha - 1$ ist der Anreicherungsfaktor. Da die mit einer einzelnen Trennoperation erreichbaren Trennfaktoren im allgemeinen nur wenig größer als 1 sind, muß man mehrere Trennoperationen stufenweise hintereinander schalten, um eine höhere Anreicherung oder eine Isotopentrennung zu erzielen. Verwendet man s Stufen, so beträgt der Gesamttrennfaktor $A = \alpha^s$. Meist verwendet man Trenneinheiten gleicher Größe, die nebeneinander und hintereinander geschaltet werden. Da der Stoffdurchsatz mit wachsender Anreicherung geringer wird, ergibt sich eine kaskadenförmige Anordnung der Trenneinheiten (Trennkaskade).

Bei der Isotopentrennung durch Gasdiffusion macht man Gebrauch von der Abhängigkeit der Diffusionsgeschwindigkeit D von Gasmolekülen durch eine Membran von der Molmasse M:

$$D \sim \sqrt{\frac{1}{M}}.$$

Der Trennfaktor, der in einer Gasdiffusionsanlage maximal erreicht werden kann, beträgt

$$\alpha_{max} = \sqrt{\frac{M_2}{M_1}} \; (M_2 > M_1).$$

Voraussetzung ist dabei, daß die mittlere freie Weglänge der Moleküle größer ist als der Porendurchmesser der Membran. Dies bedeutet die Anwendung kleiner Drucke und verhältnismäßig großer Volumina. Durch Gasdiffusion wurden 1932 erstmals die Neonisotope getrennt. Technische

Bedeutung hat die Gasdiffusion für die Trennung der Uranisotope ^{235}U und ^{238}U. Dabei wird das →Uran in Form des leicht flüchtigen Uranhexafluorids (UF$_6$) eingesetzt. Aus den Molmassen von ^{235}UF$_6$ und ^{238}UF$_6$ errechnet man für den maximalen Trennfaktor $\alpha_{max} = 1{,}0043$.

Um eine Gesamtanreicherung des Urans von der natürlichen Isotopenzusammensetzung (0,72 Molprozent ^{235}U) auf 3 % für die Verwendung des Urans in Reaktoren oder gar auf 90 % (hoch angereichertes Uran) zu erreichen, benötigt man viele Trennstufen. Entsprechend groß sind die Anlagen zur Urananreicherung durch Gasdiffusion.

Bei der Thermodiffusion arbeitet man in einem Temperaturgefälle, das in einem Trennrohr zwischen einer heißen und einer kalten Wand aufrechterhalten wird. Meist verwendet man in der Achse des Trennrohrs einen heißen Draht und kühlt die Außenwand mit Wasser. Zwischen dem heißen und dem kalten Bereich stellt sich eine Thermodiffusion ein, der schwere Bestandteil reichert sich im kälteren Bereich an. Außerdem strömt die Substanz durch Konvektion an der heißen Wand nach oben und an der kalten Wand nach unten.

Somit reichert sich die schwerere Komponente unten im Trennrohr an. Die Geschwindigkeit des Konvektionsstroms darf dabei nicht größer sein als diejenige des Thermodiffusionsstroms; dadurch ist der Querschnitt des Trennrohrs begrenzt, bei Gastrennungen auf etwa 5 mm. Ein solches Trennrohr wurde erstmals von *Clusius* und *Dickel* 1939 für die Trennung von Gasgemischen eingesetzt. Die Thermodiffusion im Trennrohr hat als Laboratoriumsmethode Bedeutung für die Isotopentrennung von Gasen. Für Trennungen in der flüssigen Phase hat die Methode keine Bedeutung, weil der Abstand zwischen der heißen und der kalten Wand nur etwa 0,1 mm betragen darf.

Bei der Druckdiffusion läßt man ein gasförmiges Isotopengemisch aus einer Düse mit Schallgeschwindigkeit in einen evakuierten Raum austreten. Durch die Zusammenstöße der Moleküle in dem Gasstrahl werden bevorzugt die leichteren Moleküle aus ihrer Richtung abgelenkt und reichern sich deshalb im Außenbereich des Gasstrahles an. Der Gasstrahl trifft auf eine Blende, an der bevorzugt die leichteren Moleküle abgestreift werden. Die Anordnung wird als Trenndüse bezeichnet. Prototyp-Anlagen zur Trennung von Isotopen durch Druckdiffusion in Trenndüsen sind seit 1970 im Betrieb *(Becker)*.

Bei der elektromagnetischen Trennung arbeitet man nach dem Prinzip eines Massenspektrometers. Der aus der Ionenquelle austretende Ionenstrom wird im elektrischen →Feld beschleunigt und beschreibt im magnetischen Feld eine Kreisbahn mit dem Radius $r \sim \sqrt{\dfrac{1}{M}}$. Dabei ist m die Masse der Ionen, Z ihre Ladung und e die Elementarladung.

Während man in einem Massenspektrometer µg-Mengen trennen kann, sind Massenseparatoren für die Trennung von mg-Mengen ausgelegt. Dabei müssen die Schwierigkeiten überwunden werden, die sich aus den hohen Ionenströmen und den Ionenraumladungen ergeben. Die elektromagnetische Trennung größerer Substanzmengen im mg-Maßstab gelang erstmals 1944 in Berkeley, Californien.

In einer Ultrazentrifuge mit dem Radius r und der Winkelgeschwindigkeit ω stellt sich folgendes Druckverhältnis zwischen den Komponenten 1 und 2 ein:

$$\frac{p_1(r)}{p_1(r)} = \frac{p_1(0)}{p_2(0)}\, e^{-(M_1 - M_2)\frac{\omega^2 r^2}{2RT}} ;$$

p(r) sind die Partialdrucke im Abstand r von der Achse, p(0) die Partialdrucke im Abstand 0, M die Molmassen, R die →Gaskonstante und T die absolute Temperatur. Die Besonderheit der Ultrazentrifuge besteht darin, daß die Differenz der Molmassen eingeht; deshalb ist dieses Verfahren vor allem bei großen Massenzahlen vorteilhaft. Für eine Massendifferenz $M_2 - M_1 = 1$, $\omega r = 300$ m s^{-1} und 25 °C berechnet man

$$\alpha_{max} = \frac{p_1(r)}{p_2(r)} \Big/ \frac{p_1(0)}{p_2(0)} = 1{,}0183 \; .$$

Die Verwendung der Ultrazentrifuge zur Isotopentrennung wurde 1939 von *Beams* vorgeschlagen. Anlagen zur Trennung der Uranisotope sind in Betrieb.

Die Isotopentrennung durch Destillation beruht auf den Dampfdruckunterschieden von Molekülen, die isotope →Nuklide enthalten. Einige Dampfdruckverhältnisse sind in Tabelle 1 zusammengestellt. Der maximale Trennfaktor einer Trennoperation ist durch das Dampfdruckverhältnis gegeben:

$$\alpha_{max} = \frac{p(\text{leicht})}{p(\text{schwer})} .$$

Er ist besonders groß bei der Tieftemperaturdestillation von →Wasserstoff ($p_{H2}/p_{HD} = 1{,}60$ bei 23 K). Verwendet man eine größere Kolonne mit 20 theoretischen Böden, so erreicht man eine Anreicherung von etwa 64 Molprozent HD. Schaltet man eine kleinere Kolonne mit ebenfalls etwa 20 theoretischen Böden nach, die mit einem Katalysator für die Reaktion

$$2\,HD \rightleftharpoons H_2 + D_2$$

gekoppelt ist, so erhält man →Deuterium in einer Reinheit von 99,9 Molprozent. Für die Trennung anderer Isotope ist die Destillation von geringem Interesse.

Wenn man eine verdünnte Lösung eines Alkalihydroxids lange Zeit elektrolysiert, so reichert sich

Isotopentrennung. Tabelle 1:   Dampfdruckverhältnisse von Molekülen, die Isotope enthalten.

Moleküle	Temperatur in K	Dampfdruckverhältnis p (leicht) / p (schwer)
H_2/HD	23,0	1,60
H_2O/HDO	273,2	1,12
	293,2	1,076
	313,2	1,059
	333,2	1,046
	353,2	1,035
	373,2	1,026
H_2O/D_2O	373,2	1,052
NH_3/ND_3	330,3	1,11
$^{12}CH_4$/$^{13}CH_4$	90,2	1,005
	156,2	1,003
$^{16}O^{16}O$ / $^{16}O^{18}O$	90,2	1,0054

das Deuterium im zurückbleibenden Wasser merklich an, weil die Wanderungsgeschwindigkeit der H^+-Ionen größer ist als diejenige der D^+-Ionen; deshalb ist der an der Kathode gebildete Wasserstoff ärmer an Deuterium als der Elektrolyt. Wenn man in einer Stufe das Volumen des Wassers durch Elektrolyse auf etwa $^1/_{10}$ einengt, so erreicht man dabei einen Gesamttrennfaktor von etwa 6,5. Um hochprozentiges D_2O zu gewinnen, sind fünf bis sieben Stufen dieser Art erforderlich. Das Verfahren ist deshalb sehr aufwendig und teuer. Man verwendet die Elektrolyse zur Anreicherung von →Tritium in Wasser, wenn man z. B. die kleinen Gehalte an Tritium in natürlichem Wasser bestimmen will.

Die Isotopentrennung durch Austauschverfahren beruht auf den Isotopieeffekten bei Isotopenaustauschgleichgewichten. Der Trennfaktor ist gegeben durch den Austauschkoeffizienten, der bei einfachen Isotopenaustauschreaktionen mit der Gleichgewichtskonstanten der Isotopenaustauschreaktion identisch ist. Einige im Hinblick auf die Isotopentrennung näher untersuchte Isotopengleichgewichte

sind in Tabelle 2 zusammengestellt. Die Gleichgewichtskonstanten nehmen stets mit steigender Temperatur ab. Um kontinuierliche Verfahren zu ermöglichen, arbeitet man entweder nach dem Prinzip der Phasenumkehr oder bei zwei verschiedenen Temperaturen.

Auch der Ionenaustausch in einem Harzaustauscher oder einem anorganischen Austauscher kann zur Isotopentrennung eingesetzt werden. Der elementare Trennfaktor hängt von der Gleichgewichtskonstanten des Austauschgleichgewichts der isotopen Ionen ab. Als erste versuchten *Tayler* und *Urey* 1938 die Trennung der Lithiumisotope durch Ionenaustausch.

Die optischen Verfahren der Isotopentrennung beruhen auf der Isotopen-selektiven Anregung von Atomen oder Molekülen. Dabei müssen folgende Voraussetzungen erfüllt sein: das Spektrum muß Absorptionslinien enthalten, die für eine Isotopen-selektive Anregung geeignet sind; das anregende Licht muß streng monochromatisch sein und hinsichtlich der Wellenlänge einer für die Isotopen-selektiven Anregung geeigneten Linie im Absorp-

Isotopentrennung. Tabelle 2:   Gleichgewichtskonstanten von Isotopenaustauschgleichgewichten.

Isotopenaustauschgleichgewicht	Temperatur in °C	Gleichgewichtskonstante
$HD(g) + H_2O(fl) \rightleftharpoons H_2(g) + HDO(fl)$	80	≈ 3
$HDS(g) + H_2O(fl) \rightleftharpoons H_2S(g) + HDO(fl)$	5	2,52
	25	2,34
	100	1,92
$^{15}NH_3(g) + {}^{14}NH_4^+ (aq) \rightleftharpoons {}^{14}NH_3(g) + {}^{15}NH_4^+ (aq)$	25	1,035
$H^{12}CN(g) + {}^{13}CN^- (aq) \rightleftharpoons H^{13}CN(g) + {}^{12}CN^- (aq)$	18	1,026
$^{13}CO_2(g) + H^{12}CO_3^- (aq) \rightleftharpoons {}^{12}CO_2(g) + H^{13}CO_3^- (aq)$	25	1,017
$C^{16}O_2(g) + H_2^{18}O(fl) \rightleftharpoons C^{16}O^{18}O + H_2^{16}O(fl)$	25	1,046
$^{34}SO_2(g) + H^{32}SO_3^- (aq) \rightleftharpoons {}^{32}SO_2(g) + H^{34}SO_3^- (aq)$	25	1,012

tionsspektrum entsprechen; die Selektivität muß bei den auf die Anregung folgenden Prozessen erhalten bleiben, sofern diese für die Trennung wichtig sind. Die erstgenannte Voraussetzung ist im allgemeinen nur bei gasförmigen Substanzen erfüllt. Druck und Temperatur dürfen nicht zu hoch sein, weil sonst eine Verbreiterung der Absorptionslinien eintritt. Die Auswahl geeigneter Absorptionslinien für eine Isotopen-selektive Anregung ist bei Atomen und kleinen Molekülen, die aus wenigen Atomen bestehen, meist gut möglich. Wenn die Moleküle dagegen aus vielen Atomen bestehen, sind die Schwingungsrotationsbanden sehr linienreich, und die Auswahl geeigneter Linien für eine Isotopen-selektive Anregung ist schwierig.

Die Isotopentrennung in einem Atomstrahl durch Einstrahlung von Laserlicht beruht darauf, daß die Atome des Isotops, welche die Lichtquanten absorbieren, einen kleinen Impuls erhalten, so daß sie ein wenig aus ihrer Bahn abgelenkt werden. Wenn der Laserstrahl hohe Intensität besitzt, wird auf diese Atome eine Vielzahl von aufeinanderfolgenden Impulsen übertragen, so daß sie in merklichem Umfang aus ihrer Bahn abgelenkt werden und abgetrennt werden können. Um die Ablenkung zu verstärken, läßt man den Laserstrahl zwischen zwei Spiegeln hin- und herlaufen. Bei hoher Laserintensität werden die angeregten Zustände weitgehend besetzt, und es wird auch die Emission stimuliert, was einen zusätzlichen Ablenkungseffekt zur Folge hat. Der durch Impulsübertragung abgelenkte Atomstrahl wird getrennt aufgefangen.

Die Isotopen-selektive Photoionisation von Atomen führt zur Bildung von Ionen des betreffenden Isotops, die im elektrischen oder magnetischen Feld abgetrennt werden können. Diese Ionen sind aber auch zu chemischen Reaktionen befähigt, und man kann die dabei gebildeten Produkte abtrennen. Einen ähnlichen Weg geht man bei der elektronischen Anregung von Atomen oder Molekülen oder der einstufigen oder mehrstufigen Schwingungsanregung von Molekülen, wobei man den angeregten Atomen oder Molekülen die Möglichkeit bietet, mit anderen Molekülen zu reagieren und wiederum die Folgeprodukte abtrennt. Schließlich erhält man durch Isotopen-selektive Photodissoziation Molekülbruchstücke, die ebenfalls nach Reaktion mit anderen Molekülen abgetrennt werden können. Daraus ergeben sich vielseitige Verfahren zur photochemischen Isotopentrennung. *Lieser*

Literatur: *Becker, E. W.:* Die Technik der Urananreicherung. Atomwirtschaft 21, 402 (1976). – *Becker, E. W.:* Heavy Water Production. International Atomic Energy Agency, Wien 1962. – *Brodsky, A. E.:* Isotopenchemie. Kap. 3, Berlin: Akademie-Verlag 1961. – *Fricke, J.:* Isotopentrennung, Tl. 2 Optische Verfahren, Physik in uns. Zeit 6, 118 (1975). – *Higatsberger, M. J. u. F. P. Viehböck:* Electromagnetic Separation of Radio-active Isotopes. Berlin–Heidelberg–New York: Springer-Verlag 1961. – *Lieser, K. H.:* Einführung in die Kernchemie. 3. Aufl. Kap. 4, Weinheim: VCH-Verlag 1991. – *Treml, K.:* Isotopentrennung, Tl. 1 Klassische Methoden, Physik in uns. Zeit 6, 110 (1975).

Isotopenverhältnis. I. ist das Verhältnis der Zahl der Atome von zwei Isotopen in einem →Element. Meist gibt man die Isotopenhäufigkeit an. Dies ist die relative Zahl der Atome des betreffenden Isotops in einem Element in Atomprozent.

In der Isotopenhäufigkeit treten bei den einzelnen Elementen auf der Erdoberfläche Schwankungen auf, bedingt durch Gleichgewichtsisotopieeffekte, kinetische Effekte und Transportvorgänge. Man wählt jeweils einen Standard aus und gibt die relative Abweichung im Isotopenverhältnis I.V.

Isotopenverhältnis. Tabelle: Isotopenverhältnis von Sauerstoff-, Kohlenstoff- und Schwefelisotopen in verschiedenen Proben.

Herkunft der Probe	$^{16}O/^{18}O$
frisches Wasser	488,95
Ozeanwasser	484,1
Wasser aus dem Toten Meer	479,37
atmosphärische Luft	474,72
O_2 aus der Photosynthese	486,04
CO_2 aus der Luft	470,15
Carbonate	470,61
	$^{12}C/^{13}C$
atmosphärisches CO_2	91,5
Kalkstein	88,8 — 89,4
Schalen von Seetieren	89,5
Seewasser	89,3
Meteorite	89,8 — 92,0
Kohle, Holz	91,3 — 92,2
Petroleum, Pech	91,3 — 92,8
Algen, Sporen	92,8 — 93,1
	$^{32}S/^{34}S$
Meerwassersulfate	21,5 — 22,0
vulkanischer Schwefel	21,9 — 22,2
magnetisches Gestein	22,1 — 22,2
Meteorite	21,9 — 22,3
Lebewesen	22,3
Petroleum, Kohle	21,9 — 22,6

Werte aus:
S. R. Silverman: Geochim. Acta 2, 26 (1951)
B. F. Murphey, A. O. Nier: Physic Rev. 59, 772 (1941)
E. K. Gerling, K. G. Rik, zit. v. A. P. Vinogradov: Bull. Acad. Sci. USSR, Serie Geol., Nr. 3, 3 (1954)

zwischen einer Probe und dem Standard als δ-Wert in Promille an:

$$\delta = \frac{\text{I.V. (Probe)} - \text{I.V. (Standard)}}{\text{I.V. (Standard)}} \times 1000.$$

Die stärksten Variationen im I. findet man bei den beiden stabilen Wasserstoffisotopen H und D, weil bei diesen die relative Massendifferenz am größten ist. Als Standard verwendet man meist die mittlere Isotopenhäufigkeit von D und H im Meerwasser (0,0156 Atomprozent D). In natürlichem →Wasser variiert δD zwischen etwa +6 und −200. I. für Kohlenstoffisotope, Sauerstoffisotope und Schwefelisotope in verschiedenen Proben sind in der Tabelle zusammengestellt. Für Messungen des Isotopenverhältnisses verwendet man meist Massenspektrometer.

Isotopenaustauschgleichgewichte zwischen Mineralen und Wasser sind von der Temperatur abhängig; deshalb kann man aus dem I. auf die Entstehungstemperatur der Minerale (z. B. $CaCO_3$) schließen (geochemisches Isotopen-Thermometer). Die Bestimmung des Isotopenverhältnisses der Schwefelisotope erlaubt Aussagen über die Entstehungsbedingungen und die Entstehungstemperatur von sulfidischen Erzen. In den meisten Fällen werden in Meteoriten die gleichen I. gefunden wie auf der Erde; dies bedeutet, daß während der Entstehung des Sonnensystems zwar in gewissem Umfang eine Trennung der Elemente, aber keine Trennung der Isotope stattgefunden hat. *Lieser*

Literatur: *Brodsky, A. E.:* Isotopenchemie. Berlin: Deutscher Verlag der Wissenschaften 1961. – *Hoefs, J.:* Stable Isotope Geochemistry. Berlin–Heidelberg–New York: Springer-Verlag 1973. – *Krumbiegel, P.:* Isotopieeffekte. Braunschweig: Vieweg 1970. – *Roginski, S. S.:* Theoretische Grundlagen der Isotopenchemie.

Iteration. Viele Probleme der praktischen Mathematik können auf das Lösen einer →Gleichung der Gestalt

$$\underline{x} = F(\underline{x}) \tag{1}$$

zurückgeführt werden, wobei F eine Abbildung eines Banach-Raums B in sich bezeichnet. Jede Lösung von Gl. (1) heißt ein Fixpunkt von F. Zur Bestimmung von Lösungen ist I. naheliegend. Ausgehend von einem Startwert $\underline{x}_0 \in B$ berechnet man sukzessive

$$\underline{x}_{n+1} := F(\underline{x}_n), \quad n = 0, 1, 2, \ldots . \tag{2}$$

Unter gewissen Voraussetzungen konvergiert dann die →Folge $(\underline{x}_n)_{n \in \mathbb{N}}$ gegen einen Fixpunkt $\underline{x}^*$ von F. →Konvergenz für jedes beliebige $\underline{x}_0 \in B$ und Eindeutigkeit des Fixpunkts $\underline{x}^*$ sind z. B. dann gesichert, wenn F eine kontrahierende Abbildung ist, d. h. eine →Ungleichung

$$\|F(\underline{u}) - F(\underline{v})\| \leqq L \cdot \|\underline{u} - \underline{v}\| \tag{3}$$

mit L < 1 für alle $\underline{u}, \underline{v} \in B$ erfüllt (Fixpunktsatz von Banach). Ferner gilt unter dieser Bedingung

$$\|\underline{x}^* - \underline{x}_n\| \leqq \frac{L^{n-v}}{1-L} \|\underline{x}_{v+1} - \underline{x}_v\| \tag{4}$$

für alle $0 \leqq v \leqq n \in \mathbb{N}_0$.

Die Ungleichung, Gl. (4), liefert für $v = 0$ eine Apriori-Abschätzung, die die Genauigkeit $\|\underline{x}^* - \underline{x}_n\| \leqq \varepsilon$ garantiert, sobald

$$n \geqq \frac{\ln(1-L) + \ln \varepsilon - \ln \|\underline{x}_1 - \underline{x}_0\|}{\ln L}$$

gewählt wird. Außerdem liefert Ungleichung, Gl. (4), für $v = n - 1$ eine A-posteriori-Abschätzung für $\|\underline{x}^* - \underline{x}_n\|$ bei Abbruch der I. nach Berechnung von $\underline{x}_n$. Eine I. mit einer kontrahierenden Abbildung F besitzt die erfreuliche Eigenschaft, daß sie selbstkorrigierend in bezug auf Rechenfehler, insbes. →Rundungsfehler, ist. Hat man statt $\underline{x}_n$ einen fehlerhaften Wert $\tilde{x}_n$, so führt die Fortsetzung der I. mit $\tilde{x}_n$ ebenfalls zum Fixpunkt $\underline{x}^*$. Durch Fehler kann höchstens die Konvergenzgeschwindigkeit etwas herabgesetzt werden.

Leider ist die Bedingung, Gl. (3), häufig nicht global, also für alle $\underline{u}, \underline{v} \in B$, erfüllt. Trifft Gl. (3) wenigstens für alle $\underline{u}, \underline{v}$ aus einer Umgebung

$$U_\varepsilon := \{\underline{y} \in B : \|\underline{y} - \underline{x}^*\| < \varepsilon\}, \quad \varepsilon > 0$$

eines Fixpunkts $\underline{x}^*$ zu, so heißt $\underline{x}^*$ anziehend oder attraktiv. Die Folge $(\underline{x}_n)$ konvergiert dann zumindest für jedes $\underline{x}_0 \in U_\varepsilon$ gegen $\underline{x}^*$. Dabei gilt auch die Abschätzung, Gl. (3). Das Auffinden einer solchen Umgebung U_ε kann jedoch in der Praxis sehr schwierig sein.

Konvergenz unter der zumindest lokal gültigen Bedingung, Gl. (3), führt zu

$$\|\underline{x}^* - \underline{x}_{n+1}\| \leqq L \|\underline{x}^* - \underline{x}_n\| \quad n = 0,1,2,\ldots$$

Somit nimmt der Abstand der jeweiligen Näherung vom Fixpunkt $\underline{x}^*$ pro I. mindestens um den Faktor L < 1 ab. Ein solches I.-Verfahren heißt von der Konvergenzordnung mindestens 1. Die Konvergenzordnung beträgt mindestens $\alpha > 1$, wenn sogar die Ungleichung

$$\|\underline{x}^* - \underline{x}_{n+1}\| \leqq c \|\underline{x}^* - \underline{x}_n\|^\alpha, \quad n = 0,1,2,\ldots$$

mit einer Konstanten c > 0 besteht. Zur Untersuchung auf Konvergenz und Bestimmung der Konvergenzordnung sind die folgenden Aussagen nützlich: Ist F stetig differenzierbar und gilt $\|F'(\underline{x}^*)\| < 1$, so konvergiert Gl. (2) lokal von mindestens erster Ordnung gegen $\underline{x}^*$. Ist F wenigstens k-mal stetig differenzierbar und gilt $F'(\underline{x}^*) = F''(\underline{x}^*) = \ldots = \ldots\ldots$ $F^{(k-1)}(\underline{x}^*) = 0$, so konvergiert Gl. (2) lokal von mindestens k-ter Ordnung gegen $\underline{x}^*$.

Beispiele: I. im $\mathbb{R}^1$. Eine Gleichung $f(x) = 0$ mit einer reellen Funktion f besitzt dieselbe Lösungsmenge wie

$$x = x - m(x)f(x) \qquad (5),$$

wenn m eine Funktion ohne Nullstellen bezeichnet. Auf Gl. (5) ist die I., Gl. (2), mit

$$F(x) := x - m(x)f(x)$$

und dem Betrag als Norm anwendbar. Die Wahl $m(x) = 1/f'(x)$ führt auf das →Newton-Verfahren. Im $\mathbb{R}^1$ kann man die Wirkungsweise eines I.-Verfahrens gut veranschaulichen und Konvergenz für $|F'(x^*)| < 1$ (anziehender Fixpunkt) bzw. Divergenz für $|F'(x^*)| > 1$ (abstoßender Fixpunkt) erkennen (Bild 1 und 2).

I. im $\mathbb{R}^n$. Das Gesamt- und Einzelschrittverfahren für lineare Gleichungssysteme sind Beispiele für I. im $\mathbb{R}^n$. Mit einer geeigneten →Matrix $\underline{B} \in \mathbb{R}^{n \times n}$ und einem Vektor $\underline{c} \in \mathbb{R}^n$ lassen sich beide Verfahren schreiben als

$$\underline{x}_{n+1} = \underline{B}\,\underline{x}_n + \underline{c} =: F(\underline{x}_n).$$

Bezüglich einer Norm des $\mathbb{R}^n$ ist die Ungleichung, Gl. (3), global erfüllt, sobald für eine verträgliche Matrixnorm (Operatornorm) $||\underline{B}|| < 1$ gilt. Für Konvergenz genügt bereits, daß der Spektralradius von $\underline{B}$ kleiner als 1 ist. Besonders wichtig sind I.-Verfahren bei Auflösung eines Systems von k nichtlinearen Gleichungen mit k Unbekannten. Ausführlich geschrieben lautet die I., Gl. (2), in einem solchen Fall

$$x_1^{[n+1]} = f_1(x_1^{[n]}, \ldots, x_k^{[n]})$$
$$ \cdot \cdot$$
$$ \cdot \cdot n = 0,1,\ldots,$$
$$ \cdot \cdot$$
$$x_k^{[n+1]} = f_k(x_1^{[n]}, \ldots, x_k^{[n]}),$$

wobei hier der I.-Index hoch gestellt wurde.

I. in Funktionenräumen. I. kann auch dazu dienen, eine durch eine Gleichung festgelegte Funktion zu bestimmen. Das Anfangswertproblem

$$y' = f(x, y), \; y(x_0) = y_0 \qquad (6)$$

mit stetiger Funktion $f: [a, b] \times \mathbb{R} \to \mathbb{R}$ besitzt nach Umformung in die Integralgleichung

$$y(x) = y_0 + \int_{x_0}^{x} f(t, y(t))\,dt$$

die Gestalt, Gl. (1), mit

$$F: h(x) \mapsto y_0 + \int_{x_0}^{x} f(t, h(t))\,dt$$

und der Funktion y an Stelle von x. Erfüllt f eine Lipschitz-Bedingung mit Konstante $\bar{K}$, so kann F als kontrahierende Abbildung eines Banach-Raums von Funktionen h auf einem →Intervall I mit der Norm

$$||h|| := \sup_{t \in I} |h(t)\,e^{-2\bar{K}t}|$$

aufgefaßt werden. Folglich liefert

$$y_{n+1}(x) := y_0 + \int_{x_0}^{x} f(t, y_n(t))\,dt, \qquad n = 0,1,\ldots$$

eine Folge von Funktionen $y_n(\cdot)$, die gegen die Lösung von Gl. (6) konvergiert (Picard-I.-Verfahren →Differentialgleichung (Lösbarkeit)).

I.-Theorie. Bisher wurde die I. als ein Verfahren der praktischen Mathematik vorgestellt. Die moderne Theorie der I. berührt jedoch viele andere Gebiete innerhalb und außerhalb der Mathematik. Für einen Startwert $\underline{x}_0$ kann man die n-te Iterierte $\underline{x}_n$ auch als

$$\underline{x}_n = F^n(\underline{x}_0)$$

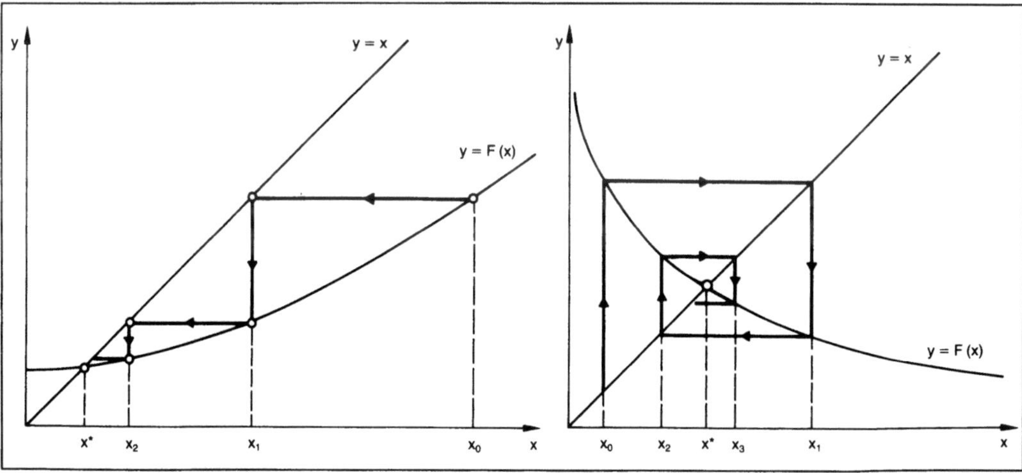

Iteration 1: Anziehende Fixpunkte.

355

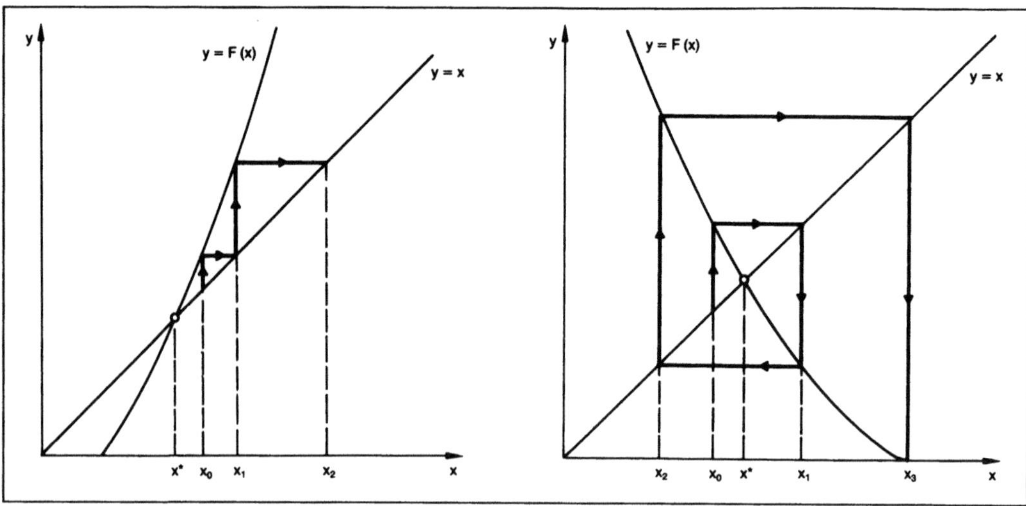

Iteration 2: Abstoßende Fixpunkte.

schreiben, wobei F^n die n-fache Hintereinanderschaltung (Komposition) von F bedeutet. Die Abbildung

$$\xi: (n, \underline{x}) \rightarrow F^n(\underline{x})$$

ist die diskrete Form eines Flusses, wie er bei der Beschreibung vieler Vorgänge der Natur auftritt. In diesem Zusammenhang erheben sich folgende Fragen:

☐ Es sei $\underline{x}^*$ ein attraktiver Fixpunkt. Wie sieht dann der Einzugsbereich $A(\underline{x}^*)$ von $\underline{x}^*$, d. h. die Menge aller $\underline{x}$ mit

$$\lim_{n \to \infty} F^n(\underline{x}) = \underline{x}^*,$$

aus?

☐ Wie ist die Menge J aller derjenigen Punkte des Definitionsbereichs von F beschaffen, die keinem Eingangsbereich eines attraktiven Fixpunktes angehören?

☐ Welcher Art ist die Divergenz für ein $\underline{x} \in J$? Es könnte z. B. $F^k(\underline{x}) = \underline{x}$ mit $k > 1$ gelten oder wenigstens $\lim\limits_{n \to \infty} F^{kn}(\underline{x})$ existieren. Im ersten Fall läge ein Zyklus der Länge k vor, im zweiten würde $F^n(\underline{x})$ asymptotisch einen solchen Zyklus anstreben. Die Folge $F^n(\underline{x})$ könnte sich aber auch völlig unregelmäßig („chaotisch") verhalten.

Das Studium dieser Fragen hat das Verständnis für viele Phänomene der Naturwissenschaften (z. B. Ausbreitung von Epidemien, Phasenübergänge in der Physik, Turbulenzen in der Meteorologie) gefördert. *Schmeißer*

Literatur: *Collatz, L.:* Funktionalanalysis und numerische Mathematik. Berlin 1964. – *Collet, P.,* u. *J.-P. Eckmann:* Iterated maps on the interval as dynamical systems. Boston 1980. – *Hageman, L. A.,* u. *D. M. Young:* Applied iterative methods. New York 1981. – *Ortega, J. M.,* u. *W. C. Rheinboldt:* Iterative solution of nonlinear equations in several variables. New York 1970. – *Ostrowski, A.:* Solution of equations in Euklidean and Banach spaces. New York 1973. – *Potra, F.-A.,* u. *V. Ptak:* Nondiscrete induction and iterative processes. Boston 1984. – *Schmeißer, G.,* u. *H. Schirmeier:* Praktische Mathematik. Berlin 1976. – *Targonski, G.:* Topics in iteration theory. Göttingen 1981. – *Traub, J. F.:* Iterative methods for the solution of equations. Englewood Cliffs (N. J.) 1964.

J

JET. Abk. für *(engl.)* Joint European →Torus, bisher größtes →Plasmaexperiment im Rahmen der Fusionsforschung (→Kernfusion); Standort in Culham bei Oxford, Großbritannien. Inbetriebnahme 1983. JET arbeitet nach dem Tokamak-Prinzip. Die toroidale Plasmasäule hat einen elliptischen Querschnitt mit horizontalem und vertikalem Radius $a = 1,25$ m und $b = 2,1$ m. Die Magnetfeldstärke beträgt maximal $B = 3,5$ T. Das Plasma wird vor allem durch Neutralteilcheneinschuß und Ionenzyklotronheizung aufgeheizt (→Plasmaaufheizung). Zur Zeit erzielte Plasmaparameter sind: mittlere Elektronendichte $\overline{n_e} \sim 5 \times 10^{13}$ cm^{-3}, Plasmatemperatur $T \sim 10$ keV $\simeq 5 \times 10^8$ K. Ziel des Experiments ist das Erreichen von Plasmabedingungen, die thermonukleare Zündung erlauben (→Lawson-Kriterium). *Biskamp*

Joule. SI-Einheit der Energie (bzw. Arbeit, Wärmemenge), nach *J. P. Joule* (1818–1889) benannt. Einheitenzeichen J. 1 J $= 1$ W s $= 1$ m^2 kg s^{-2} $= 1$ Nm (→Einheiten des SI). *Hammerschmidt*

Joule-Wärme. Die J.-W. ist entsprechend dem *Joule-Gesetz* die in einem →Widerstand in →Wärme umgesetzte elektrische →Energie. Sie entsteht – wie auch in jedem nicht supraleitenden →Leiter – dadurch, daß die aufgrund der elektrischen →Feldstärke beschleunigten Ladungsträger bei Zusammenstößen mit Gitteratomen einen Teil ihrer kinetischen Energie abgeben. Die Gitteratome werden dadurch zu verstärkten Wärmeschwingungen angeregt. *Claassen*

K

Kalorie. Frühere Einheit für →Energie bzw. →Wärmemenge. Einheitenzeichen cal. 1 cal = 4,1868 J. Seit dem 1. 1. 1978 in Deutschland im geschäftlichen und amtlichen Verkehr nicht mehr zugelassen (→Einheiten des SI). *Hammerschmidt*

Kalorimetrie. Unter K. versteht man die Messung von Wärmemengen. Sie dient zum Bestimmen von kalorischen Daten, die für thermodynamische Berechnungen sehr wichtig sind, wie von Wärmekapazitäten oder Reaktionsenthalpien.

Zwischen der Wärmemenge Q, der Wärmekapazität C und der Temperaturänderung ΔT besteht die Beziehung

$$Q = C \cdot \Delta T \tag{1}.$$

Auf ihr beruht im Prinzip jede kalorimetrische Messung: Bei konstanter Wärmekapazität des Kalorimeters läßt sich durch Messen der bei einem Prozeß aufgetretenen Temperaturänderung die umgesetzte Wärmemenge ermitteln. Ist die Wärmemenge bekannt, kann man aus der Temperaturänderung die Wärmekapazität berechnen. Koppelt man schließlich einen Wärme verbrauchenden mit einem Wärme liefernden Prozeß derart, daß keine Temperaturänderung auftritt, so müssen die aufgenommenen und abgegebenen Wärmemengen einander gleich sein.

Da die mit dem Ablauf eines Prozesses verknüpfte Wärmemenge der →Stoffmenge der umgesetzten Substanz proportional ist, bezieht man die Wärmemenge zweckmäßigerweise auf die Einheit der Stoffmenge n:

$$(Q/n)_p = \Delta H \tag{2},$$

$$(Q/n)_V = \Delta U \tag{3}.$$

Dabei berücksichtigt man noch, ob der Vorgang isobar oder isochor abgelaufen ist, und kommt so zu den Reaktionsenthalpien ΔH bzw. den Reaktionsenergien ΔU. Entsprechendes gilt für die Wärmekapazitäten:

$$(Q/\Delta T)_p = C_p = nc_p \tag{4},$$

$$(Q/\Delta T)_v = C_v = nc_v \tag{5},$$

so daß man Wärmekapazitäten bei konstantem Druck (C_p) oder konstantem Volumen (C_V) und die entsprechenden molaren Wärmekapazitäten c_p und c_V unterscheidet.

Es gibt eine Vielzahl unterschiedlicher Kalorimetertypen, die der jeweils vorliegenden Aufgabe angepaßt sind. Ein für die Bestimmung von Reaktionsenergien oder -enthalpien geeignetes Kalorimeter besteht aus vier Teilen:

□ 1. einem Reaktionsgefäß, in dem die Reaktion abläuft,

□ 2. einem Behälter, der sowohl das Reaktionsgefäß als auch eine abgemessene Menge →Wasser für die Aufnahme der freigesetzten Wärme und einen Rührer aufnimmt, der die Einstellung des thermischen Gleichgewichts beschleunigt,

□ 3. einem Mantel, der das innere Gefäß gegen Wärmeübergänge von oder nach außen schützt, und

□ 4. einem Kalorimeterthermometer, zweckmäßigerweise einem Beckmann-Thermometer, für die Messung der Temperaturänderung im inneren Gefäß.

Man unterscheidet isotherme und adiabatische Systeme. Bei den ersteren bleibt die Manteltemperatur konstant, während die Temperatur im inneren Gefäß ansteigt. Bei den letzteren wird die Temperatur im Mantel so gesteuert, daß sie während der gesamten Messung gleich der Temperatur des inneren Gefäßes ist. Das Bild zeigt das Schema eines adiabatischen Kalorimeters. Im inneren Gefäß G befinden sich das Reaktionsgefäß B, ein Rührer R, ein Thermometer Th, ein Temperaturfühler T_1 und eine Wassermenge W, die ausreicht, das Reaktionsgefäß ganz zu umschließen. Das innere Gefäß steht in keinem direkten thermischen Kontakt mit dem äußeren Mantel M. Dieser enthält ebenfalls einen Temperaturfühler T_2. Eine Regeleinrichtung Re sorgt dafür, daß das mit der Pumpe P im Mantel und Deckel D umgepumpte Wasser stets die gleiche Temperatur hat, wie sie der Meßfühler T_1 anzeigt. Bei einem solchen adiabatischen Kalorimeter kommt es wegen der Temperaturgleichheit von Innengefäß und Mantel zu keinem das Meßergebnis verfälschenden Wärmeübergang zwischen beiden. Solche adiabatischen Kalorimeter sind deshalb genauer, aber auch aufwendiger und damit teurer als die isothermen, bei denen die Manteltemperatur nicht geregelt wird.

Der Aufbau des Reaktionsgefäßes ist bestimmt von der Art der durchzuführenden Reaktion. Bei Reaktionen zwischen Flüssigkeiten oder gelösten Stoffen beispielsweise enthält es eine Vorrichtung, die es gestattet, die beiden Komponenten miteinan-

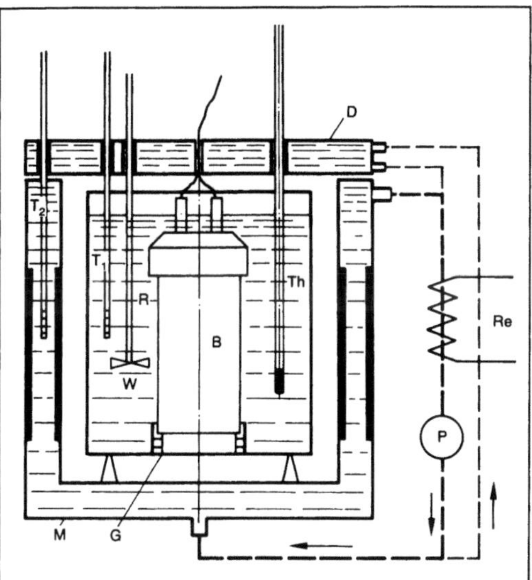

Kalorimetrie: Adiabatisches Kalorimeter (schematischer Aufbau).

B Reaktionsgefäß, D Deckel, G inneres Gefäß, M Mantel, P Pumpe, R Rührer, Re Regeleinrichtung, Th Thermometer, T_1, T_2 Temperaturfühler, W Wassermenge

der zu vereinigen, sobald sich vor der Reaktion Temperaturkonstanz eingestellt hat.

Zum Bestimmen von Verbrennungswärmen benutzt man meist eine sog. kalorimetrische Bombe. Das ist ein fest verschraubtes Stahlmantelgefäß, in dem eine Probe bekannter Stoffmenge oder Masse unter einem hohen Sauerstoffdruck verbrannt wird. Da in einem solchen Bombenkalorimeter das Volumen des Reaktionsraums konstant bleibt, mißt man primär Reaktionsenergien ΔU. Steht das Reaktionsgemisch, wie in dem weiter oben beschriebenen Fall, stets unter Atmosphärendruck, so ermittelt man Reaktionsenthalpien ΔH.

Für spezielle Zwecke gibt es eine Reihe weiterer Kalorimetertypen. Beim Bunsen-Kalorimeter führt man die zu messende Wärmemenge festem Eis zu, das dadurch zu einem bestimmten Teil schmilzt. Die Wärmemenge ergibt sich sehr einfach aus der spezifischen Schmelzwärme des Eises ($333{,}7$ $\mathrm{Jg^{-1}}$), multipliziert mit der Masse des geschmolzenen Eises. Beim Verdampfungskalorimeter wird die Wärmemenge einer auf konstanter Siedetemperatur gehaltenen Flüssigkeit zugeführt und aus der volumetrisch oder gravimetrisch bestimmten Menge verdampfter Substanz und deren Verdampfungsenthalpie ermittelt. Nach einem entsprechenden Prinzip läßt sich auch ein Kondensationskalorimeter bauen. *Wedler*

Literatur: *Försterling, H. D., u. H. Kuhn:* Praxis der Physikalischen Chemie. 2. Aufl. Weinheim 1985. – *Kohlrausch, F.:* Praktische Physik. Bd. 1. 23. Aufl. Stuttgart 1984.

Kaltleiter. Der K. ist ein Temperatursensor aus einem halbleitenden und ferroelektrischen Material. Im kalten Zustand ist der Widerstand relativ niedrig und zeigt den negativen Temperaturkoeffizienten der →Heißleiter. Oberhalb einer von der Stoffzusammensetzung abhängenden Temperatur wird der Effekt der Ferroelektrizität wirksam. Die vorher einheitliche Ausrichtung der einzelnen Kristallite löst sich auf. Dies führt in einem schmalen Temperaturbereich zu einem exponentiellen Anstieg des Widerstands, zu einem hohen positiven Temperaturkoeffizienten (Bild 1). Wegen dieser Widerstandszunahme werden K. auch als PTC-Widerstände (positive temperature coefficient resistors) bezeichnet.

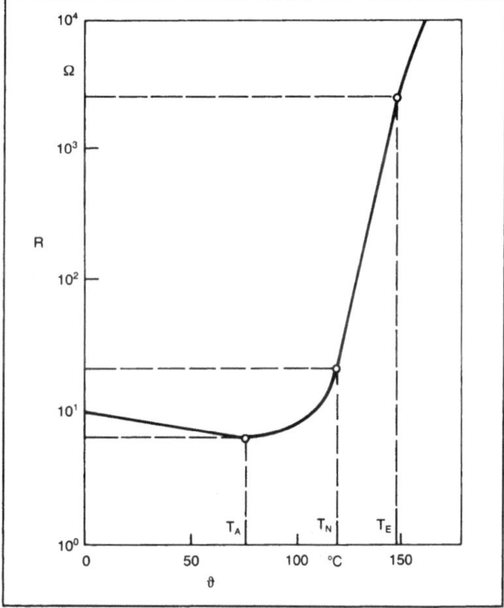

Kaltleiter 1: Widerstand eines Kaltleiters in Abhängigkeit von der Temperatur.

T_A Temperatur, bei der der Temperaturkoeffizient positiv wird, T_N Nenntemperatur, Beginn des steilen Widerstandsanstiegs, T_E Endtemperatur, Ende des steilen Widerstandsanstiegs

R(T)-Kennlinie. Im Gebiet des steilen Widerstandsanstiegs hängt der Widerstand (Ohm) von der Temperatur (K) gemäß der folgenden Beziehung ab:

$$R = R_o e^{b(T-T_o)};$$

in dieser Gleichung bedeutet b eine Materialkonstante in $\mathrm{K^{-1}}$, und R_o ist der Widerstand in Ohm bei der Temperatur T_o. Der Temperaturkoeffizient α ist unabhängig von der Temperatur und gleich der Materialkonstanten b:

$$\alpha = b.$$

Der Betrag des Temperaturkoeffizienten α ist mit ungefähr 0,25 K^{-1} 5mal größer als der von Heißleitern. Damit sind die K. sehr empfindliche Temperaturfühler. Nachteilig ist jedoch die große Streuung der Materialkonstanten und die noch nicht befriedigende Meßdauerhaftigkeit.

I(U)-Kennlinie. Wird an den K. eine niedrige Gleichspannung gelegt (Bild 2), so steigt der durch den Fühler fließende Strom zunächst mit der Spannung an.

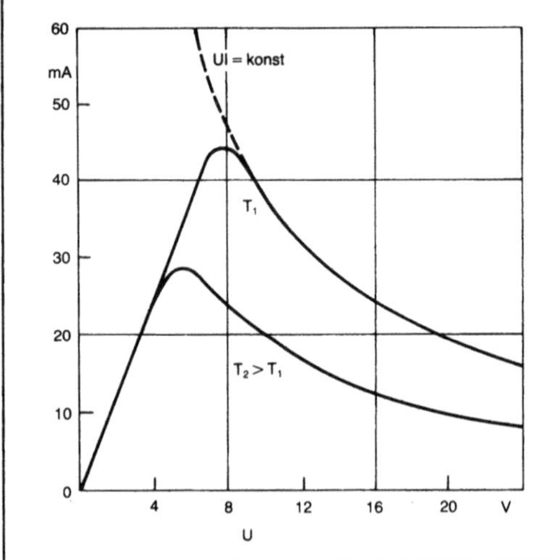

Kaltleiter 2: Höhe des durch einen Kaltleiter fließenden Stroms in Abhängigkeit von der angelegten Spannung bei verschiedenen Umgebungstemperaturen.

Der Strom durch den K. erwärmt ihn, sein Widerstand nimmt zu und wirkt so einem weiteren Stromanstieg entgegen. Bei noch weiter steigender Spannung werden Temperatur und Widerstand des K. so groß, daß der Strom nach einem Maximum schließlich wieder abnimmt. Die Kennlinie läuft in Form einer →Hyperbel aus. Wird sie bei einer höheren Umgebungstemperatur aufgenommen, so führt schon ein niedrigerer Strom zur Erwärmung des K., und die Kennlinie liegt dann entsprechend tiefer.

Anwendung: Die Bauformen der K. entsprechen denen der Heißleiter, und auch die Anwendungsgebiete sind ähnlich. K. werden hauptsächlich für die einfacheren, keine besondere Präzision erfordernden Überwachungsaufgaben eingesetzt. Sie wirken infolge des steil ansteigenden Widerstands ähnlich wie Schalter und schützen elektrische Verbraucher (z. B. Motoren, Heizgeräte) vor Übertemperatur. Darüber hinaus dienen sie auch zur Überwachung solcher verfahrenstechnischer Größen, die mit der Temperatur korreliert sind (Heizöl-Überfüllsicherung). *Schrüfer*

Kapazität.

→Adsorption. Die Aufnahmefähigkeit eines Adsorptionsapparates, z. B. zur Gasreinigung, ist von einer Reihe von Einflußgrößen abhängig.

Die Kapazität hängt von den geometrischen Größen des Adsorberbettes ab. Bei konstantem Adsorbensvolumen ist ein hohes Bett mit einem geringen Durchmesser günstiger als ein niedriges breites Bett. Dies liegt am Verlauf der →Durchbruchskurve, die nie eine Sprungfunktion darstellt, sondern schräg verläuft. Das bedeutet, daß nicht gereinigtes Gas den Adsorber verläßt, obwohl noch aufnahmefähiges Adsorbens am Rand des Bettes zur Verfügung steht. Bei einem hohen schlanken Bett ist dieser Effekt geringer als bei einem niedrigen breiten, so daß die Adsorption erst später abgebrochen werden muß und das Adsorbens besser ausgenutzt wird.

Die notwendige K. hängt weiterhin von der Eintrittskonzentration des Fluids und von der geforderten Austrittskonzentration ab, bei deren Erreichen die Adsorption abgebrochen und auf ein regeneriertes Bett umgeschaltet wird.

Die Aufnahmefähigkeit des Adsorbens hängt von der →Restbeladung nach der Regeneration, von der Temperatur und vom →Partialdruck der zu adsorbierenden Komponente ab. Eine erhöhte Temperatur senkt die Aufnahmefähigkeit, weshalb üblicherweise die freiwerdende →Sorptionswärme abgeführt wird, um einen Temperaturanstieg zu verhindern. Wird die Adsorption bei einem erhöhten Druck durchgeführt, läßt sich die Adsorptionswärme besser abführen. Die Kapazität kann nachteilig durch die Adsorption anderer Komponenten beeinflußt werden. So sinkt beispielsweise die Aufnahmefähigkeit von Silicagel und Molekularsieben durch die bevorzugte Adsorption von Wasser. Kleinere Partikel erhöhen zwar die Kapazität, verursachen aber einen größeren Druckverlust. *Dohrn*

Literatur: *Mersmann, A.:* Thermische Verfahrenstechnik. Berlin, Heidelberg, New York 1980.

Akkumulatoren. In einem galvanischen Element bzw. einer →Batterie bei Nennspannung enthaltene Ladungsmenge. Diese wird in der Batterietechnik in Amperestunden (Ah) angegeben.

Als Nenn-K. wird die Ladungsmenge bezeichnet, die bei einer bestimmten, genormten Entladung entnommen werden kann. Das Entladen der Nenn-K. erfolgt bei vorgeschriebener Temperatur, vorgeschriebener Zeit und festgelegtem Entladestrom bis zu einer genormten Entladeschlußspannung. Außerdem sind für die jeweiligen Akkumulatortypen die Elektrolytdichten genormt. Die in der Praxis entnommenen Ladungsmengen weichen meist erheblich von der Nenn-K. ab. Bei Entladen mit höherem Strom als dem festgelegten gibt die Batterie weniger als die Nenn-K. ab, bei Entladen mit kleinerem Strom kann mehr als die Nenn-K. entnommen werden. Die bei einem gewählten Strom entnommene Ladungsmenge heißt Entlade-K. oder Amperestunden-K. Je nach Entladezeit in Stunden wird sie als K_{10}, K_5 usw. bei zehnstündiger, fünfstündiger usw. Entladezeit bezeichnet.

Die K. eines galvanischen Elementes wird durch die Fläche und die Dicke der Elektroden, ihre Form sowie durch die Ausnutzung der elektrochemisch reagierenden Substanzen (aktive Massen) bestimmt, die in oder auf den Elektroden untergebracht sind. Bei vollständigem Umsatz der aktiven Massen würde sich die K. aus deren Gewicht und dem theoretischen elektrochemischen Äquivalent ergeben, das die in einem Gramm aktiver Masse gespeicherte Ladungsmenge (g/Ah) angibt. Der Ausnutzungsgrad hängt von der Entladestromdichte ab. Seine Abhängigkeit vom Strom ist für die verschiedenen Akkumulatortypen unterschiedlich groß. Bei Bleiakkumulatoren beträgt der Ausnutzungsgrad im Mittel 40–60%, je nach Bauart der Elektroden und Entladestrom, während die Nutzung der aktiven Massen bei Nickel-Cadmium- und Silber-Zink-Akkumulatoren zwischen 80 und 90% betragen kann. *Gross*

Elektrizität. Das Verhältnis von Ladung und Potential eines elektrischen Ladungsspeichers oder differentiell das Verhältnis von Ladungsänderung und damit verbundener Potentialänderung. Aufgrund der Ähnlichkeit elektrischer, strömungsmechanischer und thermodynamischer Transportvorgänge wurde der Begriff auch auf andere Bereiche übertragen (z. B. pneumatische Kapazität = gespeicherte Gasmenge / Druck und Wärmekapazität = gespeicherte Wärmemenge / Temperaturdifferenz).

Obige Definition für die Kapazität eines elektrisch leitenden Körpers, der von der Umgebung isoliert ist, gilt allerdings nur, wenn der Körper genügend weit von allen übrigen Leitern einschließlich der Erde entfernt ist, so daß die Ladung nicht durch Influenzladungen beeinflußt wird. Dann hängt die Kapazität C nur von der Form des Körpers ab und hat beispielsweise für eine leitende Kugel mit dem Radius R die Größe

$$C = \varepsilon_0\, 4\pi\, R.$$

Hierin ist ε_0 die Permittivität des freien Raums. Praktisch hat die Kapazität eines leitenden Körpers jedoch eine wesentlich größere Bedeutung, wenn er sich in der Nähe anderer Leiter befindet. Dann wird die Ladung jedoch von allen anderen Leitern mitbestimmt, in deren Feld sich der Körper befindet. Dieser Einfluß wird durch gegenseitige Kapazitäten (*Teilkapazitäten*) zwischen den leitenden Körpern dargestellt (vgl. Bild), die jeweils das Verhältnis von induzierter Ladung zur Spannung (Potentialdiffe-

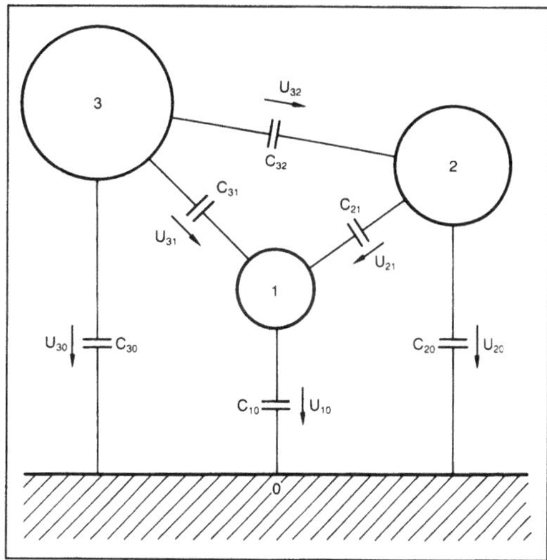

Kapazität: Teilkapazitäten zwischen drei gegeneinander isolierten Körpern 1, 2 und 3 sowie der Umgebung 0.

renz) zwischen den Leitern angeben. Die Ladungen auf den drei Leitern ergeben sich dann zu

$$Q_1 = C_{10}\cdot U_{10} - C_{21}\cdot U_{21} - C_{31}\cdot U_{31}\,;$$
$$Q_2 = C_{20}\cdot U_{20} + C_{21}\cdot U_{21} - C_{32}\cdot U_{32}\,;$$
$$Q_3 = C_{30}\cdot U_{30} + C_{31}\cdot U_{31} + C_{32}\cdot U_{32}\,.$$

Häufig überwiegt jeweils eine der in Frage kommenden Teilkapazitäten, so daß für die Bestimmung nur die Form und gegenseitige Lage von zwei Leitern von Bedeutung ist:

Kapazität zwischen zwei *parallelen Platten* im Abstand d mit der Fläche $A \gg d^2$ und der Permittivität ε zwischen den Platten (gilt auch bei gekrümmten Elektroden, z. B. Wickelkondensator, wenn d klein ist gegen den Krümmungsradius):

$$C = \frac{\varepsilon A}{d}.$$

Kapazität zwischen zwei *konzentrischen Kugeln* mit den Radien r_1 und r_2:

$$C = \frac{4\pi\varepsilon r_1 r_2}{r_1 - r_2}.$$

Kapazität zwischen zwei *konzentrischen Zylindern* (Koaxialkabel) der Länge l:

$$C = \frac{2\pi\varepsilon l}{\ln (r_1/r_2)}.$$

Kapazität zwischen zwei *parallelen Zylindern* gleichen Radius r (Zweidrahtleitung) mit Achsenabstand d:

$$C = \frac{\pi\varepsilon l}{\ln \left(\dfrac{d}{2r} + \sqrt{\dfrac{d^2}{4r^2} - 1} \right)}.$$

Bauelemente, die eine erhöhte Kapazität zwischen zwei Leitern erzeugen, nennt man Kondensator. Die Kapazität wird in Farad (F) angegeben (1 F = 1 As/V) bzw., da dies eine recht große Einheit ist, in Mikrofarad (1 μF = 10^{-6} F) oder in Pikofarad (1 pF = 10^{-12} F).

Bei Leitungen, auf denen die Wellenlänge bei der Signalfrequenz nicht mehr groß ist gegenüber der Leitungslänge, spricht man von *verteilter Kapazität*, da die Leitungseigenschaften dann nicht mehr durch eine konzentrierte Kapazität dargestellt werden können, sondern nur noch durch einen *Kapazitätsbelag*, das ist die Kapazität pro Leitungslänge.

Als *Streukapazitäten* bezeichnet man unbeabsichtigte oder unerwünschte Kapazitäten von Leitungen oder Schaltungsteilen, meist gegenüber Masse. *Claassen*

Kapazitätsbelag. Auf die Leitungslänge bezogene →Kapazität zwischen den einzelnen Leitern einer elektrischen Leitung. Er wird aus dem elektrostatischen →Feld zwischen den Leitern als Kapazität pro Längeneinheit berechnet. Mit der Leitungslänge multipliziert stellt er ein Element im →Ersatzschaltbild eines kurzen (z. B. infinitesimalen) Leitungsstücks dar. *Claassen*

Kapazitätsmessung. →Messen eines kapazitiven Blindwiderstands. Verfahren ähnlich wie beim induktiven →Blindwiderstand (Induktivitätsmessung, →Meßbrücke, LC-Oszillator, RC-Oszillator). *Hammerschmidt*

Karat. Nur zur Angabe der →Masse von Edelsteinen in Deutschland zugelassene Einheit. Einheitenzeichen Kt. Keine SI-Einheit. 1 Kt = $2 \cdot 10^{-4}$ kg = 200 mg (→Einheiten, gesetzliche). *Hammerschmidt*

kardanisch →Kreisel, momentfreier

Kardioide. Die K. (Herzkurve) ist eine höhere ebene →Kurve, ein Spezialfall der →Pascal-Schnecke. Der Name bezieht sich auf die herzförmige Gestalt der Kurve. Zieht man durch einen Punkt O des Umfangs eines Kreises vom Durchmesser a eine →Sehne OQ und trägt auf dieser bzw. ihrer Verlängerung nach beiden Seiten die Strecken $QP_1 = QP_2 = a$ ab, so beschreiben bei Drehung der Sehne um O die Punkte P_1 und P_2 die K. (Bild 1).

Die Polargleichung der Kurve lautet:

$$r = a (1 + \cos \varphi) \text{ bzw.}$$

$$r = 2a \cos^2 \frac{\varphi}{2}.$$

Die Einführung kartesischer →Koordinaten führt zur Gleichung:

$$a^2 (x^2 + y^2) = (x^2 + y^2 - ax^2).$$

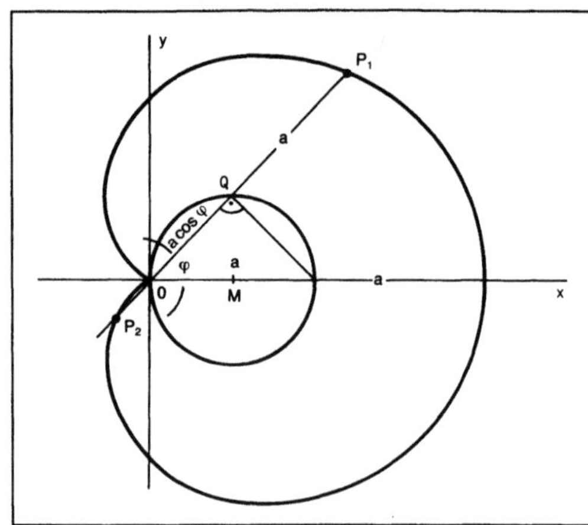

Kardioide 1: Erzeugung der Kardioide.

Die K. ist auch als spezielle →Epizykloide zu erhalten, nämlich als Bahn eines markierten Umfangspunkts eines Kreises, der außen auf einem festen Kreis von gleichem Radius b abrollt. Die Gleichung der K. in der Lage, wie sie in Bild 1 gegeben ist, lautet in Parameterform:

$$x = b (2 \cos t + \cos 2t),$$
$$y = b (2 \sin t + \sin 2t).$$

Für die um 180° gedrehte Lage in Bild 2 lautet die Parameterdarstellung:

$$x = b (2 \cos t - \cos 2t),$$
$$y = b (2 \sin t - \sin 2t).$$

Die K. läßt sich in mehrfacher Weise als Einhüllende einer Geradenschar erhalten. Eine dieser Formen spielt als katakaustische Linie in der Optik eine Rolle (Bild 2); (→Epizykloide). *W. L. Fischer*

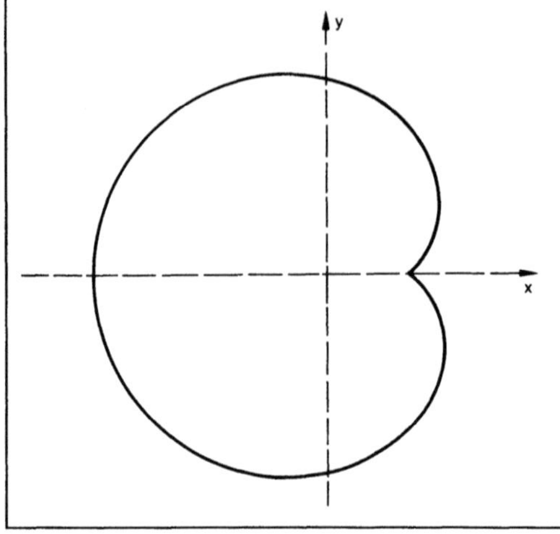

Kardioide 2: Katakaustische Linie.

Kármán-Wirbelstraße. Wird ein Kreiszylinder vom Durchmesser d senkrecht zu seiner Längsachse mit der Geschwindigkeit U angeströmt, so beobachtet man bis zu Reynolds-Zahlen Re = U d/v < 50 einen stationären Nachlauf (v kinematische Zähigkeit des Fluids). Im Reynolds-Zahlenbereich 50 < Re < 160 bildet sich eine sehr regelmäßige Anordnung von rechts- und linksdrehenden Wirbeln hinter dem Zylinder (Bild), die K.-W. genannt wird. Für Re > 160 wird die W. unregelmäßig und zeigt schließlich für Re > 300 einen turbulenten Charakter (→Turbulenz; →Kennzahlen).

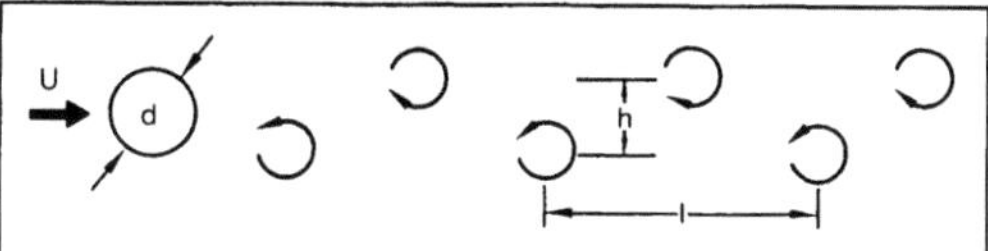

Kármán-Wirbelstraße.

Th. v. Kármán konnte zeigen, daß Wirbelanordnungen mit h/l = 0,281 (Bild) stabil sind. Die W. bewegt sich mit einer Geschwindigkeit, die etwas kleiner als die Anströmgeschwindigkeit des Zylinders ist.

Die Wirbelfolgefrequenz der K.-W. führt, wenn sie im Hörbereich unseres Ohres liegt, zu einem deutlich wahrnehmbaren Ton. Dieser Ton ist als Singen der Telegraphendrähte oder auch als Äolsharfe bekannt. *Eckelmann*

Literatur: *v. Kármán, Th.:* Nachr. Akad. Wiss. Göttingen. Math. Phys. Kl. (1911), S. 509/17; 1912, S. 547/56.

Kaskadenregelung. Für eine K. werden zwei oder mehrere →Regler hintereinandergeschaltet, so daß ein verschachtelter →Regelkreis entsteht. Die Regler bilden sozusagen eine Kaskade.

Der innere Regelkreis (Bild) regelt die Hilfsregelgröße x_2, um den Einfluß der Störgröße z_2 am Störort zu kompensieren, so daß er sich im äußeren Regelkreis nur wenig auswirkt. Der äußere Regelkreis als Hauptregelkreis muß den durch die Führungsgröße w_1 vorgegebenen Arbeitspunkt einhalten (→Festwertregelung). Die Stellgröße y_1 ist die Führungsgröße für den inneren Kreis, der eine →Folgeregelung darstellt. Eine Führungsgröße w_2 wird nur dann vorgegeben, wenn eine Begrenzung für x_2 notwendig ist.

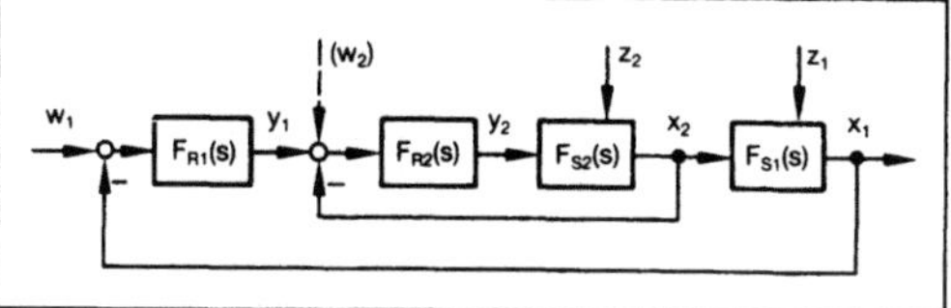

Kaskadenregelung: Wirkungsplan einer zweistufigen Kaskadenregelung.

K. findet man überwiegend in der Verfahrenstechnik und der elektrischen Antriebstechnik. Für einen elektrischen Antrieb ist x_1 die →Drehzahl, und somit ist der Hauptregler mit der →Übertragungsfunktion $F_{R1}(s)$ der Drehzahlregler. Der innere Regelkreis ist der Stromregelkreis mit $F_{R2}(s)$ als Stromregler und Stellglied (Thyristor). Über w_2 kann man den Strom x_2 begrenzen.

Folgende Vorteile kann man einer K. zuschreiben:

☐ Durch Unterteilung der →Regelstrecke in einfachere Teilabschnitte (F_{S1} und F_{S2}) wird das Entwurfsproblem erleichtert – man geht von innen nach außen vor – (einfachere Regler, einfachere Einstellungen).

☐ Störgrößen, die im inneren Teilabschnitt angreifen (z_2), werden bereits dort ausgeregelt. Ihre Auswirkung auf die Hauptregelgröße (x_1) wird reduziert.

☐ Wesentliche Zwischengrößen (x_2), denen ein eigener Regler (F_{R2}) zugeordnet ist, können auf einfache Weise über die zugehörige Führungsgröße (w_2) begrenzt werden.

☐ Die Auswirkung von Nichtlinearitäten im inneren Kreis wird eingegrenzt.

☐ Die Regelung kann schrittweise von innen nach außen in Betrieb genommen werden. Durch Fehlschaltungen hervorgerufene Gefahren werden dadurch reduziert. *Böttiger*

Literatur: *Leonhard, W.:* Regelung in der elektrischen Antriebstechnik. Stuttgart 1974. – *Leonhard, W.:* Einführung in die Regelungstechnik. Braunschweig 1981

Katalyse. Unter K. versteht man den Vorgang der Beschleunigung der Reaktionsgeschwindigkeit einer chemischen Reaktion durch die Gegenwart einer Substanz, die man Katalysator nennt und die bei der Reaktion chemisch nicht verändert wird.

Im allgemeinen gelten für alle katalytischen Vorgänge folgende Regeln:

☐ Der Katalysator hat zu Beginn und am Ende einer Reaktion die gleiche Zusammensetzung.

☐ Eine geringe Katalysatormenge kann die Umwandlung einer nahezu beliebig großen Menge der reagierenden Stoffe bewirken.

☐ Kein Katalysator kann eine chemische Reaktion in Gang setzen; er kann nur die Geschwindigkeit der Reaktion verändern.

☐ Der Katalysator hat keinen Einfluß auf die Lage des Gleichgewichts (bei einer Vorwärts- und einer Rückreaktion).

☐ Die Geschwindigkeit zweier entgegengesetzt ablaufender Reaktionen wird von einem Katalysator im gleichen Maß beeinflußt.

Bei einer homogenen K. findet die chemische Reaktion in einer einzigen →Phase, meist einer flüssigen Phase, statt.

Bei einer heterogenen K. findet der Vorgang in einem Mehrphasensystem statt, meist in einer gasförmigen Umgebung, wobei ein fester Katalysator entweder unverdünnt oder an der Oberfläche einer inerten Trägersubstanz vorhanden ist.

Ein Katalysator muß aktiv sein, selektiv wirken und chemisch und physikalisch stabil sein. Ist die Aktivität eines Katalysators der Fähigkeit proportional, die reagierenden Komponenten zu adsorbieren, steigt die Aktivität mit der Oberfläche.

Das Modell der K. durch die Protonensäure (Wasserstoffion) und der entsprechenden Base (Hydroxilion) hat sich bei der Diskussion der heterogenen K. als anwendbar herausgestellt, wobei der Mechanismus als der Transfer eines Protons vom Katalysator zum Reaktanden angesehen wird (Säure-K.) oder vom Reaktanden zum Katalysator (basische K.). Eine Reihe unterschiedlicher Katalysatoren verhält sich wegen ihrer sauren Natur gleich, z. B. Mineralsäuren, Friedel-Crafts-Katalysatoren, Kieselsäure-Aluminium-Katalysatoren und Zeolith-Katalysatoren.

In den letzten Jahren wurde auch das Elektronenmodell der Feststoffe zur Erläuterung der katalytischen Wirkung herangezogen. Heterogene Katalysatoren lassen sich auf Grund ihrer Elektroneneigenschaften in verschiedene Gruppen einteilen. Beispielsweise können Metalle (elektrische →Leiter) als Katalysatoren bei der Hydrierung, Dehydrierung und der Hydrolyse verwendet werden. Metalloxide oder -sulfide (Halbleiter) können bei der Oxidation, der Reduktion, Dehydrierung oder Zyklisierung eingesetzt werden. Salze oder Säurekatalysatoren (Nichtleiter) können beim Kracken (→Krackverfahren), Dehydrieren, Isomerisieren, Polymerisieren, Alkylieren, Dehalogenieren, Halogenieren und beim Wasserstofftransfer Verwendung finden.

Im allgemeinen muß ein geeigneter Katalysator für ein neues Verfahren gesondert entwickelt oder bei einem bestehenden Verfahren entsprechend den gesteckten Zielen modifiziert werden. Dabei kann der Katalysator nicht für sich allein, sondern nur im Rahmen des Gesamtprozesses betrachtet werden. Neben der genauen Beschaffenheit des Katalysators sind nämlich der Reaktionsmechanismus, Einzelheiten des Verfahrens und das Herstellungsverfahren des Katalysators von Bedeutung. Die Tabelle zeigt eine Auswahl katalytischer Reaktionen. Katalysatoren werden in großen Mengen hergestellt. Bei Krackverfahren, in denen sehr schwerflüchtige Kohlenwasserstoffe, z. B. der Rückstand bei der Vakuumdestillation von Erdöl, zu Heizöl und Benzin umgewandelt werden, beläuft sich der Verbrauch von Kieselsäure, Aluminiumoxid, Tonerden und Zeolith-Katalysatoren auf mehr als 100 000 t/a mit einem Wert von mehr als 100 Mill. DM. Bei Isomerisierungsreaktionen (Stereochemie), in denen geradkettige Alkanmoleküle zu verzweigten Molekülen umgelagert werden, um die Oktanzahl der Benzine zu erhöhen, werden mehr als 1,5 Mill. t Aluminiumchlorid mit einem Wert von mehr als 200 Mill. DM verbraucht. Bei Alkylierungsreaktionen, bei denen ein Alkylradikal durch Addition oder Substitution in ein Molekül eingebunden wird, um Benzine (Erdöl), Antioxidationsmittel, Farbstoffe, Aromastoffe u. a. herzustellen, wird Schwefelsäure als Katalysator mit einem Wert von jährlich 60 Mill. DM eingesetzt. *Dohrn*

Katalyse. Tabelle: Katalytische Reaktionen (Auswahl). (Quelle: Catalyst Development Corporation)

Reaktion und Produkt	Katalysator	Reaktanden	Ausbeute
Behandlung mit Ammoniak			
Amine	$Al_2O_3(Co)$	Alkohole und Ammoniak	90+
Behandlung mit Ammoniak und Sauerstoff			
Acrylnitril	Bi-Mo-P, CuO, SbSn	Propylen + O_2 + NH_3	60–80
Benzonitril	V_2O_5-Sb	Toluol + O_2 + NH_3	90+
Phtalonitril	V_2O_5	o-Xylol + O_2 + NH_3	90+
Chlorierung			
Chlorbenzol	Fe	Benzol + Cl_2	70–75
Chloressigsäure	roter Phosphor	Essigsäure + Cl_2	90
Benzoylchlorid	UV-Licht	Toluol + Cl_2	95+
Hydratisieren			
Acetaldehyd	Hg_2SO_4	Acetylen + H_2O	95
Ethanol (Alkohole)	H_3PO_4, WO_3	Ethylen + H_2O	95

noch: Katalyse. Tabelle: Katalytische Reaktionen (Auswahl). (Quelle: Catalyst Development Corporation)

Reaktion und Produkt	Katalysator	Reaktanden	Ausbeute
Dehydratisieren			
Styrol	TiO_2	Methylethylcarbinol	80+
Ethylen (Olefine)	Al_2O_3, ThO_2	Ethanol (Alkohole)	90+
Acrylnitril	Al_2O_3	Ethylencyanhydrin	90+
Hydrierung			
Anilin	Fe-HCl, Cu-SiO_2	Nitrobenzol	90–95
Butanol	Co, Ni-SiO_2	Butyraldehyd	98+
Cyclohexan	Ni-Al_2O_3, PtO_2	Benzol	96+
Ethylen	Fe, Ni, Cu, Pd-$BaSO_4$	Acetylen	99
Methanol	ZnO-CrO_3, Ni-Co	Kohlenmonoxid	60
Dehydrierung			
Acetaldehyd	Cu, Ag, $FeMoO_4$	Ethanol + H_2	85–95
Benzol	Nu/Al_2O_3, Pt-Al_2O_3	Cyclohexan	95+
Butadien	Fe, Cr, K, $CaNiPO_4$	Butene	75–85+
Buten	Cr_2O_3-Al_2O_3	Butan	
Methylethylketon	ZnO-ZnCu	Sek.-Butanol	85–90
Styrol	$ZnCrO_2$-Fe-MgO, $CaNiPO_4$	Ethylbenzol	86–92
Styrol	TiO_2	Phenylmethylcarbinol	80+
Oxidation			
Acetaldehyd	$PdCl_2$-MgO-Cu	Ethylen	95+
Essigsäure	Mn^{++}	Acetaldehyd	88–95
Essigsäure	Co, Bi	Butan	20–40
Essigsäureanhydrid	Cu, Co	Acetaldehyd	70–75
Aceton	Cu, Ag, ZnO	Isopropanol	85–90
Adipinsäure	Cu-Mn, V-Cu	Cyclohexanon	70–90
Benzoesäure	Co^{++}	Toluol	90
Benzoesäure	Cu	Phenol	90
Benzaldehyd	UO_2-MoO_3-Cu	Toluol	30–50
Ethylenoxid	Ag, AgO	Ethylen	70
Propylenoxid	Mo, W, Ti, V	Propylen	90
Phthalsäureanhydrid	V_2O_5-K_2SO_4	Naphthalin, o-Xylol	70–80
Maleinsäureanhydrid	Mo-V-P-Na	Benzol	85
Maleinsäureanhydrid	V-P	Buten	60
Terephthalsäureanhydrid	Mn-Co	p-Xylol	90+
reduzierendes Dehydratisieren			
Butan	Ni-Al_2O_3	Butanol + H_2	90+
Reformieren			
Aromaten	Mo-Al_2O_3 Pt-Al_2O_3-Halide	Naphthene + H_2	
Entschwefelung			
Butan	Co-Mo-Al_2O_3	Thiophen + H_2S + H_2	

Literatur: Forschung und Entwicklung zur Sicherung der Rohstoffversorgung. Programmstudie „Chemische Technik", Rohstoffe, Prozesse und Produkte. Bd. 2. Katalyse. Erarbeitet von der DECHEMA. Bundesministerium für Forschung und Technologie (Hrsg.). Bonn 1976. – *Krabetz, R., u. W. D. Mross:* Katalyse, heterogene und Katalysatoren. In: Ullmanns Enzyklopädie der technischen Chemie. Weinheim 1977.

Katastrophentheorie. Die K. kann der Theorie dynamischer Systeme zugeordnet werden. In ihr wird der Zustand eines Systems durch einen Zustandsvektor der Form

$$q = (q_1(t), q_2(t), \ldots, q_N(t)) \tag{1}$$

beschrieben; dabei sind $q_1, \ldots, q_N$ die zeitabhängigen Komponenten dieses Zustandsvektors. Im Vordergrund der Untersuchung der K. stehen Bewegungsgleichungen der Form

$$\dot{q} = -\,\mathrm{grad}\ V \tag{2};$$

dabei hängt die Potentialfunktion V von q und weiteren sog. Kontrollparametern α ab:

$$V = V(q, \alpha) \tag{3}.$$

Wie in der →Synergetik gezeigt wird, kann man Gl. (2) als die Gleichung für die Bewegung eines Teilchens mit →Koordinaten $q_1, \ldots, q_N$ in einem N-dimensionalen Raum auffassen, das unter dem Einfluß des Potentials V eine überdämpfte Bewegung ausführt. Dies erlaubt es dann, die stabilen Punkte mit $\dot{q} = 0$ als Minima dieses Potentials V zu identifizieren. Ein wichtiges Anliegen der K. ist es, die qualitativen Änderungen dieser Minima zu untersuchen, wenn Kontrollparameter α geändert werden, und diese Änderungen zu klassifizieren. Ein wichtiges hier verwendetes Konzept ist ferner das der Transversalität. Nach diesem schneiden sich z. B. zwei Kurven in der Ebene im generischen, d. h. im allgemeinen oder typischen, Fall transversal. Zum Beispiel zeigt Bild 1 zwei Kurven (ausgezogen bzw. gestrichelt), die eine zweite Kurve, nämlich die q-Achse, durchsetzen. Die gestrichelte Kurve schneidet die q-Achse transversal, ist also der generische Fall, während die ausgezogene Linie die

q-Achse im Nullpunkt tangential berührt und somit nicht generisch schneidet. Ist eine Potentialkurve V(q) in der ausgezogenen Weise vorgegeben, so muß diese nach *R. Thom* in die gestrichelte Kurve entfaltet werden. Für die Entfaltung werden nun in Abhängigkeit von der Dimension von q und von der Anzahl der Kontrollparameter verschiedene Normalformen in der K. aufgestellt.

So lautet zu der in Bild 1 (ausgezogene Linie) angegebenen Potentialkurve die Entfaltung in ihrer Normalform

$$V(q) = q^3 + uq \tag{4}.$$

Die Entfaltung eines Potentials, das im Sinne der K. äquivalent zu $V = q^4$ ist, ist durch

$$V = q^4/4 + uq^2/2 + vq \tag{5}$$

gegeben; dabei treten zwei Kontrollparameter u und v auf. Für verschiedene Werte für u und v hat das Potential gem. Bild 2 verschiedene Tiefen der Minima. In Bild 3 trennt die ausgezogene Linie Regionen mit einem Potentialminimum von solchen mit zwei Potentialminima. Die ausgezogene Linie stellt im Sinne von *Thom* die katastrophische Menge von Bifurkationspunkten dar. Die gestrichelte Linie bezieht sich auf den Fall, wo zwei Minima den gleichen Wert haben. Diese Linie ist nach *Thom* der katastrophische Satz von Konfliktpunkten. Für $V = q^5$ ist die Entfaltung durch

$$V = q^5/5 + uq^3/3 + vq^2/2 + wq \tag{6}$$

gegeben. Der u,v,w-Raum zerfällt jetzt in Regionen, die durch Flächen katastrophischer Mengen getrennt werden, wo jeweils die Anzahl der Potentialminima

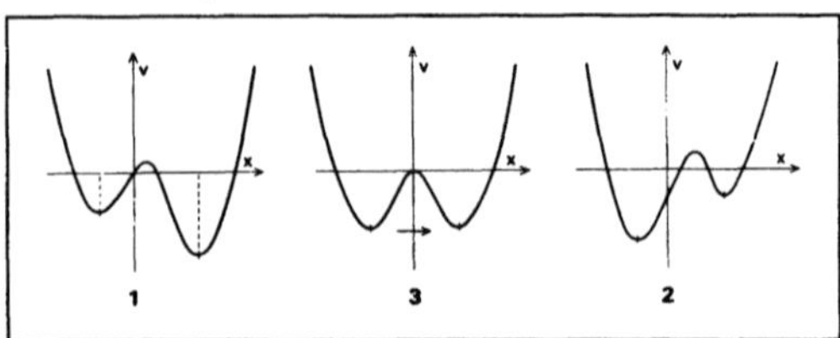

Katastrophentheorie 2: Entfaltung (Gl. (5)) für verschiedene Parameterwerte von u und v.

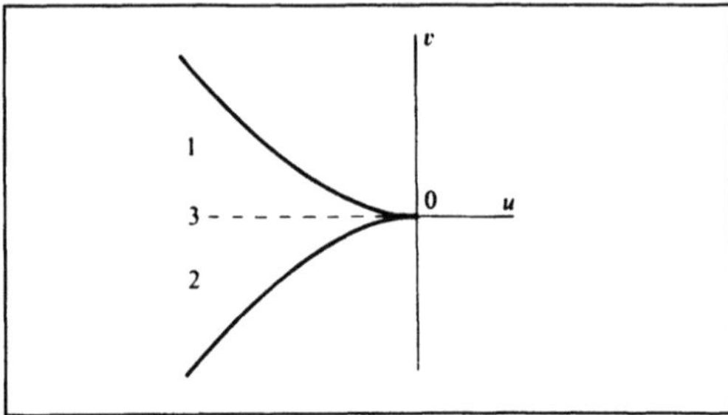

Katastrophentheorie 3: Regionen mit einem bzw. zwei Potentialminima im Parameterraum.

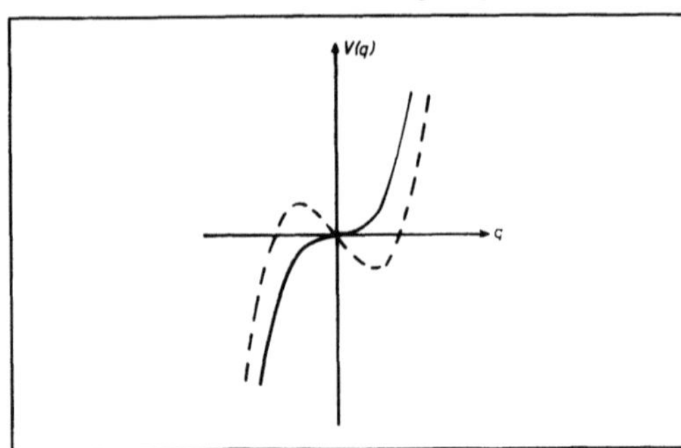

Katastrophentheorie 1: Die gestrichelte Kurve zeigt die Entfaltung (Gl. (4)) der ausgezogenen Kurve $V = q^3$.

wechselt. Die Oberflächen, die Regionen mit einem Minimum von solchen mit zwei Minima trennen, haben die Form von Schwalbenschwänzen (Bild 4). Schließlich kann auch der Fall $V = q^6$ entfaltet werden, was mit vier Kontrollparametern möglich ist.

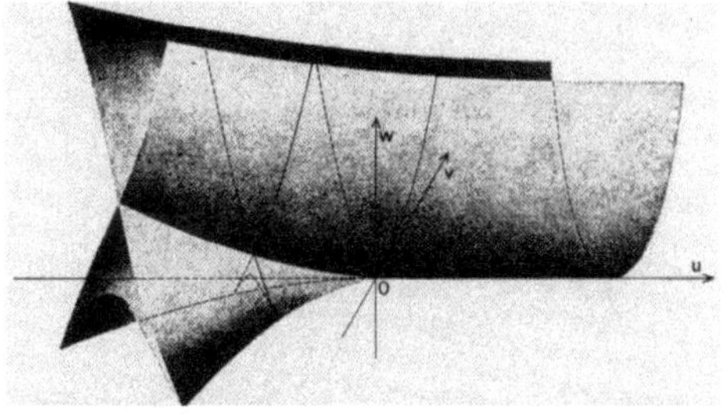

Katastrophentheorie 4: Oberflächen im Parameterraum, die Regionen mit einem Minimum von solchen mit zwei Minima trennen (Gl. (6)).

Im zweidimensionalen Fall $q = (q_1, q_2)$ ist ein wichtiges Beispiel durch den hyperbolischen Nabel, den elliptischen Nabel und den parabolischen Nabel mit den Normalformen

$$V = q_1^3 + q_2^3 + wq_1q_2 - uq_1 - vq_2 \qquad (7),$$

$$V = q_1^3 - 3q_1q_2^2 + w(q_1^2 + q_2^2) - uq_1 - vq_2 \qquad (8),$$

$$V = q_1^2q_2 + q_2^2 + tq_2^3 - uq_1 - vq_2 + \frac{1}{4}(q_1^4 + q_2^4) \qquad (9)$$

gegeben. Die universellen Entfaltungen des hyperbolischen Nabels, umgeben von den lokalen Potentialen in den Regionen 1, 2 und 3 und an der Kante (Cusp C), sind in Bild 5 dargestellt. Im allgemeinen eindimensionalen Fall läßt sich die Potentialfunktion durch geeignete Koordinatentransformationen (Foliation) aufspalten in einen unkritischen Teil und einen kritischen Teil, der wieder qualitative Änderungen von Minima beinhaltet. Der Vorzug der K.

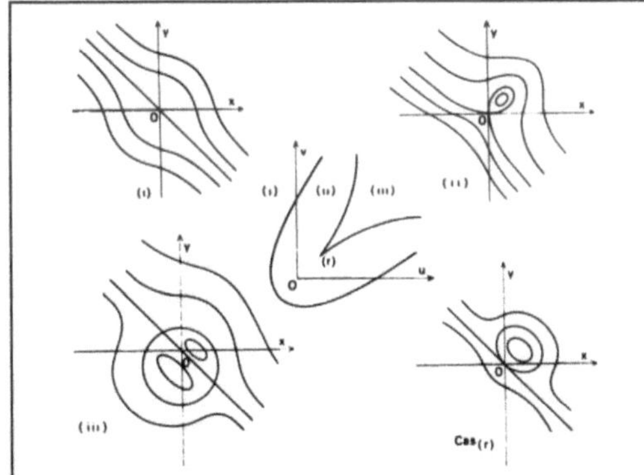

Katastrophentheorie 5: Außen: Universelle Entfaltungen des Nabels. Mitte: Die entsprechenden Regionen im Parameterraum.

ist es, daß sie mit sehr schwachen Voraussetzungen über die Eigenschaften der Funktion V auskommt und zeigt, daß die Glieder höherer Ordnung, die im vorangegangenen weggelassen worden sind, streng weggelassen werden können. Bei praktischen Anwendungen hat sich die K. besonders dann bewährt, wenn es sich um die Untersuchung der Änderungen von Stabilität handelt (z. B. bei Schiffen). Ebenfalls wurde das optische Problem von Kaustiken erfolgreich mit der K. behandelt. Anwendungen der K. hingegen auf soziale Phänomene, z. B. auf die Vorhersage von Revolutionen in Gefängnissen, wo es sich im übertragenen Sinne auch um Änderungen von Stabilitäten handelt, sind hingegen auf Kritik gestoßen. *Haken*

Literatur: *Arnold, V. I.:* Catastrophe Theory. Berlin, Heidelberg, New York 1986. – *Thom, R.:* Structural Stability and Morphogenesis. Reding (Mass.) 1975. – *Zeeman, E. C.:* Catastrophe Theory. New York 1977.

Kathodenfall. Gebiet hoher →Feldstärke vor der Kathode einer Gasentladungsstrecke. Die von den auf die Kathode auftreffenden positiven Ionen ausgelösten Sekundärelektronen gewinnen hier soviel Energie, daß sie die Gasatome in der Kathodenschicht durch Stöße zum Leuchten anregen können. *Claassen*

Kavitation. Tritt beim Entstehen von Dampfblasen in einer Flüssigkeitsströmung auf. Sie bilden sich, wenn an irgendeiner Stelle der Dampfdruck unterschritten wird, der von der Temperatur der Flüssigkeit abhängt. Je nachdem, wieviel Gas (Luft) in der Flüssigkeit gelöst ist, kann infolge der Druckabsenkung gleichzeitig Gas freigesetzt werden. Die Bildung der Dampfblasen evtl. mit Gasanteilen beeinflußt die →Strömung ungünstig, weil örtlich der Volumenstrom stark anwächst. Zu befürchten ist aber vor allem der plötzliche Zusammenfall der Dampfblasen durch →Kondensation bei einem nachfolgenden Druckanstieg: Die Flüssigkeit um die Blase wird spontan zum Zentrum beschleunigt, beim Zusammenprall der aufeinander zustrebenden Flüssigkeitsmassen kommt es zu hohen Druckspitzen. Waren die Blasen an einer Wand z. B. der Schaufeloberfläche angelagert, übertragen sich die hohen lokalen Drücke auf die Wand. Dadurch ermüdet der Werkstoff und bricht an der Oberfläche zu sog. K.-Grübchen aus: Der Bauteil wird geschwächt, die Strömung durch die aufgerauhte Oberfläche beeinträchtigt. *Dibelius*

Kavitationszahl →Kennzahlen

Kegel. Ein Körper, der von einer K.-Fläche mit geschlossener Leitkurve k und einer Ebene begrenzt wird, die den Scheitel S der K.-Fläche nicht enthält; der Punkt S heißt Spitze des K. Die K.-Fläche schneidet aus der Ebene die Grundfläche G aus. Das von der Spitze S auf die Ebene der Grundfläche gefällte Lot ist die Höhe h des K. Der K.-Mantel ist der Teil der K.-Fläche zwischen S und G. Die zwischen S und G gelegenen Geradenstücke der Geraden, die S mit den Punkten von k verbinden, heißen die Mantellinien des K.

Doppel-K. Wird die K.-Fläche von zwei parallelen Ebenen auf verschiedenen Seiten von S geschnitten, so entsteht ein Doppel-K.

K.-Stumpf. Eine zur Ebene der Grundfläche parallele Ebene zerlegt den K. in zwei Teile, einen weiteren K. und den K.-Stumpf. Ein gerader (Kreis-)K.-Stumpf ist Teil eines geraden Kreis-K. (Bild 1 und 2).

Kreis-K. Ein K., dessen Grundfläche von einer Kreislinie mit Mittelpunkt M begrenzt wird. Liegt die Spitze des K. auf der in M errichteten Senkrechten l, so ist der Kreis-K. gerade; sonst heißt er schief. Da ein gerader Kreis-K. eine rotationsgeometrische Figur bez. der Achse l ist, bezeichnet man ihn auch als Rotations-K.

□ Mantelfläche m:

gerader Kreis-K.: $m = \pi\, rs$,

gerader Kreis-K.-Stumpf: $m = (r + r')\pi\, s'$;

□ Oberfläche O eines geraden Kreis-K.:

$O = m + G = r\pi\,(r + s)$;

□ →Rauminhalt V:

– beliebiger K.: $V = \frac{1}{3}\, G \cdot h$,

– beliebiger K.-Stumpf: $V = \frac{1}{3} h'\,(G + \sqrt{GG'} + G')$,

– gerader Kreis-K.: $V = \frac{1}{3}\, \pi\, r^2 h$,

– gerader K.-Stumpf: $V = \frac{1}{3} h'\, \pi\,(r^2 + rr' + r'^2)$,

wobei G(G') den Inhalt der unteren (oberen) Basisfläche des K.-Stumpfes bzw. G den Inhalt der Grundfläche des K. bezeichnet. Die übrigen

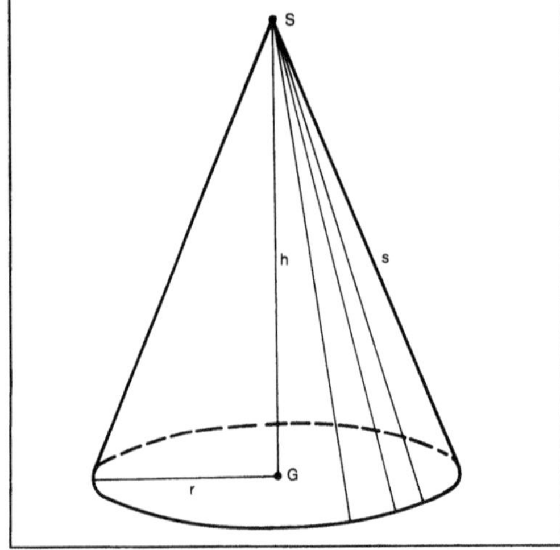

Kegel 1: Gerader Kreiskegel.

Bezeichnungen sind aus Bild 1 und 2 zu entnehmen (→Kegelschnitt).

W. L. Fischer

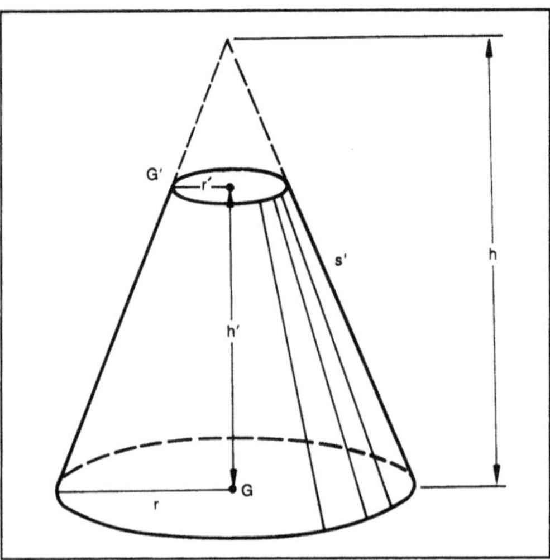

Kegel 2: Gerader Kreiskegelstumpf.

Kegelschnitt. Schnitte einer Ebene E mit einem Kreiskegel K (Kegelfläche). Enthält die Ebene E den Scheitel S des Kegels K nicht, so sind die Schnittfiguren eine →Ellipse, eine →Hyperbel oder eine →Parabel je nachdem, ob die Ebene zu keiner Erzeugenden, zu zwei Erzeugenden oder zu einer Erzeugenden parallel ist. Geht die Ebene durch den Scheitel S der Kegelfläche, so spricht man von einem entarteten K. Zu den entarteten K. gehören ein Paar sich schneidender Geraden (zwei Erzeugende), eine →Gerade (E berührt K) und ein Punkt (Scheitel S). Steht die Achse des Kegels senkrecht auf E und enthält E den Scheitel S nicht, so erhält man als Spezialfall einen →Kreis als Schnittfigur. Der französische Ingenieur *G. P. Dandelin* (1794–1847) hat erstmals Kugeln (Dandelin-Kugeln) zum Herleiten der Eigenschaften von K. benutzt.

Ist E parallel zur Erzeugenden s_0, so gibt es nur eine Dandelin-Kugel, die E in dem Punkt F und den Kegel in einem Kreis K' berührt. Ihr Durchmesser ist der Abstand der Geraden s_0 von der Ebene E (Bild 1). Die Schnittkurve von E mit dem Kegel ist eine Parabel mit Brennpunkt F und Leitkurve L (Ellipse), wobei L die Schnittgerade der Ebene E mit der Ebene durch den Kreis K' ist.

Ist E zu keiner Erzeugenden parallel, so existieren zwei Dandelin-Kugeln, die E in je einem Punkt F_1 und F_2 und den Kegel in je einem Kreis K_1 und K_2 berühren. Die Schnittkurve ist eine Ellipse bzw. eine Hyperbel je nachdem, ob E nur eine oder beide Mantelflächen des Kegels schneidet. Die Ebenen der Kreise K_1 und K_2 schneiden die Ebene E in den Leitlinien des K. Die Ebene senkrecht zu den Leitlinien und durch die Achse des Kegels schneidet E in der Achse des K. (Bild 2 und 3, nächste Seite).

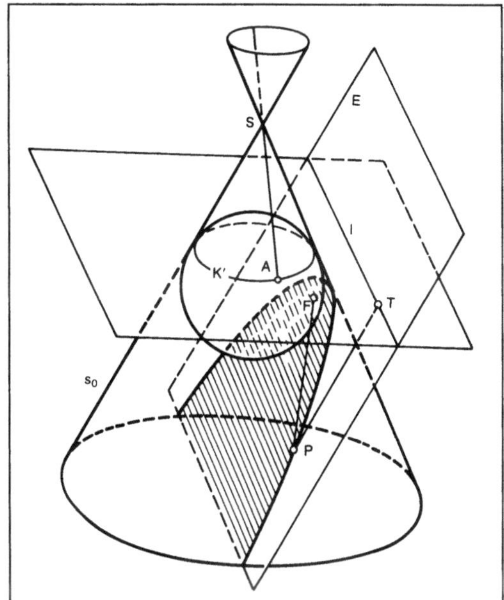

Kegelschnitt 1: Parabel.

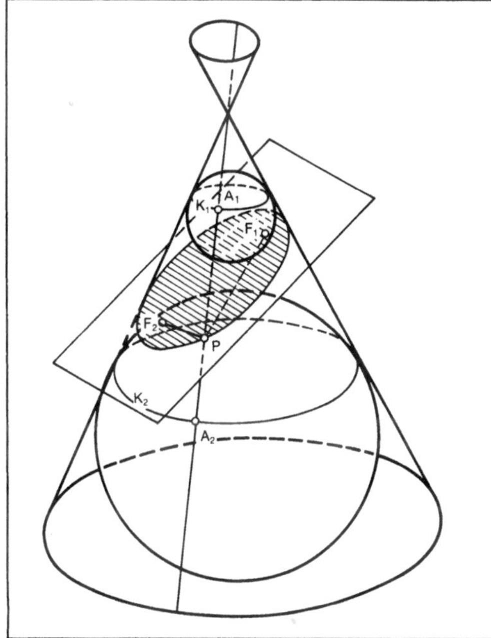

Kegelschnitt 2: Ellipse.

Analytisch ist ein K. eine →Kurve 2. Ordnung, die allgemein durch eine Gleichung zweiten Grades $Ax^2 + Bxy + Cy^2 + Dx + Ey + F = 0$ gegeben ist. Der Kurvenverlauf ist durch die Koeffizienten A bis F festgelegt. Dabei treten gewisse Grenzfälle auf, die ausgearteten K.: ein Punkt, eine oder zwei Geraden, ein Kreis sowie imaginäre Gebilde (z. B. imaginäre Ellipse,

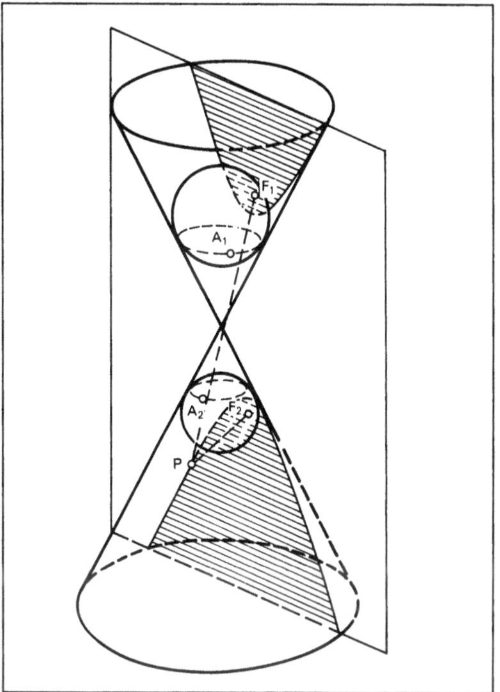

Kegelschnitt 3: Hyperbel.

imaginäres Geradenpaar). Die Größen, die das Auftreten der möglichen Fälle bestimmen, sind die Invarianten I und Δ der Gleichung, mit $I = (B^2 - 4AC)$ und

$$\Delta := \frac{1}{2} \begin{vmatrix} 2A & B & D \\ B & 2C & E \\ D & E & 2F \end{vmatrix}.$$

Die Ergebnisse der Klassifikation der Kurven 2. Ordnung (K.) sind in Tabelle 1 und 2 zusammengefaßt.

Kegelschnitt. Tabelle 1: Diskussion der Kegelschnittsgleichung.

I	Δ	Kurve
0	$A\Delta < 0$	Ellipse; Kreis für $B = 0$, $A = C$
	$A\Delta > 0$	imaginäres Gebilde
	0	Punkt
< 0	$\neq 0$	Hyperbel
	0	zwei sich schneidende Geraden
> 0	$\neq 0$	Parabel
	0	$A \neq 0$; $H = D^2 - 4AF = 0$, eine Gerade $H > 0$, zwei parallele Gerade $H < 0$ Imaginäre Gebilde $A = 0$; $J = E^2 - 4CF = 0$, eine Gerade $J > 0$, zwei parallele Gerade $J < 0$, imaginäres Gebilde

Kegelschnitt. Tabelle 2: Klassifikation der Kurven 2. Ordnung nach ihrer Gleichung (nach Koordinatentransformation).

elliptische Kurven	hyperbolische Kurven	parabolische Kurven
$\dfrac{x^2}{a^2} + \dfrac{y^2}{b^2} = 1$ reelle Ellipse oder reeller Kreis	$\dfrac{x^2}{a^2} - \dfrac{y^2}{b^2} = 1$ Hyperbel	$y^2 = 2px$ Parabel
$\dfrac{x^2}{a^2} + \dfrac{y^2}{b^2} = -1$ imaginäre Ellipse		$\dfrac{x^2}{a^2} = 1$ paralleles Geradenpaar
$\dfrac{x^2}{a^2} + \dfrac{y^2}{b^2} = 0$ Punkt (imaginäres Geradenpaar mit reellem Schnittpunkt)	$\dfrac{x^2}{a^2} - \dfrac{y^2}{b^2} = 0$ Paar sich schneidender Geraden	$\dfrac{x^2}{a^2} = -1$ paralleles imaginäres Geradenpaar
		$\dfrac{x^2}{a^2} = 0$ Gerade (Doppelgerade)

Ein K. kann auch definiert werden als die Menge aller Punkte, für die gilt: Das Verhältnis der Abstände von einem festen Punkt, dem Brennpunkt, und einer festen Geraden, der Leitlinie, ist konstant ε (numerische Exzentrizität). Ist p der Abstand des Brennpunkts von der Leitlinie, liegt der Pol im Brennpunkt und steht die Polarachse senkrecht zur Leitlinie, so ergibt sich die Gleichung eines K. in Polarkoordinaten (r, Θ) durch

$$r = \frac{e \cdot p}{(1 - e \cos \Theta)}.$$

Ist der K. symmetrisch bezüglich eines festen Punkts der Ebene der Kurve, so heißt er zentralsymmetrisch. Der Punkt heißt das Zentrum des K. und kann als Ursprung des (kartesischen) Koordinatensystems gewählt werden. In diesem Fall enthält die Gleichung keine Terme ersten Grades in x und y. Zentralsymmetrische K. sind die Hyperbel und Ellipse. Die Parabel ist nicht zentralsymmetrisch, da ihr Zentrum im Unendlichen liegt.

Ein System von K. mit demselben Brennpunkt heißt ein System konfokaler K. Ein System von zwei konfokalen K. hat die kanonische Gleichung $x^2/(A-q) + y^2/(B-q) = 1$, wobei $A > B$ und q ein Parameter ist. Ist q kleiner als B oder negativ, so sind beide Terme auf der linken Seite der Gleichung positiv, und die entstehenden Kurven sind Ellipsen. Für $A > q > B$ sind die Kurven Hyperbeln, und für $q < A$ ergeben sich imaginäre Kurven.

Die zwei Scharen von K. haben denselben Brennpunkt, denn der Abstand des Zentrums vom Brennpunkt ist in beiden Fällen $\sqrt{(A-q)-(B-q)} = \sqrt{A-B}$. Durch jeden Punkt der Ebene gehen zwei Kurven, die dort zueinander senkrecht sind. Wird der Schnittpunkt der Kurven durch zwei reelle Wurzeln der quadratischen Gleichung in q beschrieben, so ist er durch diese Zahlen in einem zweidimensionalen krummlinigen $\rightarrow$Koordinatensystem festgelegt.

Ein ausgearteter Fall von Scharen von K. ist ein System zweier Mengen entgegengesetzt geöffneter Parabeln. Da diese Kurven paarweise senkrecht zueinander sind, können sie auch als krummliniges Koordinatensystem (zweidimensional) verwendet werden. Man erhält dreidimensionale parabolische Koordinaten durch Rotation der Parabeln um ihre gemeinsame Achse ($\rightarrow$Kegel).   *W. L. Fischer*

Literatur: *Hajós, G.:* Einführung in die Geometrie. Leipzig 1970.

Kelvin. SI-Basiseinheit der Temperatur, nach *Lord Kelvin,* vorher *William Thomson* (1824–1907) benannt. Einheitenzeichen K, °K unzulässig! ($\rightarrow$Einheiten des SI).   *Hammerschmidt*

Kelvin-Skala. Die K.-S. ist eine Temperaturskala, die wie folgt geeicht wird: Dem $\rightarrow$Tripelpunkt des Wassers mit natürlicher Isotopenzusammensetzung wird die absolute Temperatur $T_t = 273{,}16$ K (Kelvin) exakt zugeordnet. Dann ergibt sich mit einem mit idealem Gas gefüllten Gasthermometer die absolute Kelvin-Temperatur zu

$$T = 273{,}16 \, \frac{pV}{p_t V_t} \, K;$$

p_t, V_t $\rightarrow$Druck und Volumen, abgelesen am Gasthermometer am Tripelpunkt des Wassers, $p_t = 0{,}006112$ bar.   *Muschik*

Kennzahlen.

Strömungsphysik. K. sind reine Zahlenwerte. Sie treten in den entdimensionalisierten Grundgleichungen der Physik als Verhältnisgrößen auf und charakterisieren die Bedeutung der verschiedenen Einflüsse auf einen physikalischen Vorgang. Zwei Vorgänge heißen ähnlich, wenn sie in ihrer Anordnung geometrisch ähnlich sind und in ihren K. übereinstimmen. Von erheblicher praktischer Bedeutung sind K. z. B. für die Übertragung der Ergebnisse eines Modellversuches auf die Großausführung (Flugzeugmodell im →Windkanal und Übertragung der dort gewonnenen Ergebnisse auf das Flugzeug in Originalgröße). Die wichtigsten K. in der →Strömungsphysik sind im folgenden beschrieben.

□ *Euler-Zahl* (Eu)

$$\text{Eu} = \frac{\Delta p}{\varrho w^2}$$

gibt das Verhältnis von Druckkräften zu Trägheitskräften an (Δp Druckdifferenz, ϱ →Dichte des Fluids, w typische Geschwindigkeit).

□ *Froude-Zahl* (Fr)

$$\text{Fr} = \frac{w^2}{gl} \quad \text{bzw. Fr} = \frac{w}{\sqrt{gl}}$$

gibt das Verhältnis von Trägheitskräften zur Schwerkraft an (w Geschwindigkeit, l Länge, g Erdbeschleunigung). Sie ist bedeutsam z. B. für die durch Schiffe erzeugten Gravitationswellen und den hiermit verbundenen Wellenwiderstand sowie für Flachwasserströmungen. Sie besitzt hier eine Analogie zur *Mach-Zahl* gasdynamischer Strömungen. Ist Fr < 1, so spricht man von strömender Bewegung, ist Fr > 1, von schießender Bewegung. In diesem Fall können sich Oberflächenstörungen aufsteilen und zu Unstetigkeiten in der Oberfläche führen (→Wehr).

□ *Grashof-Zahl* (Gr)

$$\text{Gr} = \frac{g\, l^3\, \beta \Delta T}{\nu^2}$$

gibt das Verhältnis des hydrostatischen Auftriebs zu den Zähigkeitskräften an (g Erdbeschleunigung, β Wärmeausdehnungskoeffizient, $\Delta T = T - T_W$ Temperaturdifferenz, T_W Wandtemperatur, ν kinematische Zähigkeit). Sie ist bedeutsam für die Charakterisierung des Wärmeübergangs in Strömungen mit temperaturabhängiger Dichteverteilung (Konvektion).

□ *Kavitationszahl* (Ka). Sinkt in einer Flüssigkeit der →Druck unter den Dampfdruck dieser Flüssigkeit – dies kann z. B. auf der Saugseite einer Schiffsschraube geschehen – so kann es in Gegenwart von Kondensationskeimen zur Hohlraumbildung oder →Kavitation kommen. Die Kavitationszahl

$$\text{Ka} = 2\,\frac{p_0 - p_D}{\varrho_0\, w^2}$$

ist eine diesen Vorgang charakterisierende Kennzahl. Hierbei sind p_0 statischer Druck, p_D Dampfdruck, $\frac{1}{2}\varrho_0 w^2$ dynamischer Druck, ϱ_0 Dichte der Flüssigkeit und w typische Strömungsgeschwindigkeit.

□ *Knudsen-Zahl* (Kn) ist das Verhältnis der freien Weglänge λ der Moleküle bzw. Atome in einem Fluid zu den typischen geometrischen Abmessungen l einer Strömung. Aus der kinetischen Gastheorie ist für stark verdünnte Gase bekannt, daß der Koeffizient μ der inneren Reibung proportional zu der Dichte ϱ, der mittleren freien Weglänge λ und der mittleren Molekülgeschwindigkeit

$$\bar{v} = \sqrt{\frac{1}{N}\sum_{i=1}^{N}\overline{v_i^2}}$$

(N Anzahl der Moleküle) ist:

$$\mu \sim \varrho \cdot \bar{v} \cdot \lambda\,.$$

Da die Geschwindigkeit $\bar{v}$ näherungsweise gleich der →Schallgeschwindigkeit a ist, findet man

$$\text{Kn} = \frac{\lambda}{l} \sim \frac{\text{Ma}}{\text{Re}}$$

mit der Mach-Zahl $\text{Ma} = \frac{w}{a}$ und der Reynolds-Zahl

$\text{Re} = \frac{\varrho w l}{\mu}$ (w charakteristische Strömungsgeschwindigkeit). Ist in einer Strömung Kn < 0,01, so kann das Fluid dieser Strömung als ein Kontinuum behandelt werden; 0,01 < Kn < 0,1 gilt in Verdichtungsstößen; 0,1 < Kn < 10 heißt Übergangsbereich, man spricht von Gleitströmung, d. h. Haftbedingung kann nicht mehr erfüllt werden; Kn > 10 heißt Knudsenströmung.

□ *Mach-Zahl* (Ma)

$$\text{Ma} = \frac{w}{a}$$

gibt das Verhältnis der Strömungsgeschwindigkeit w zur Schallgeschwindigkeit a an; bedeutsam in der →Gasdynamik.

□ *Nußelt-Zahl* (Nu)

$$\text{Nu} = \frac{\alpha\, l}{\lambda}$$

charakterisiert in Strömungen mit stationärem →Wärmeübergang das Verhältnis von gesamter Wärmeübertragung zur Wärmeübertragung durch →Wärmeleitung (α Wärmeübergangszahl, λ →Wärmeleitfähigkeit, l geometrische Länge).

□ *Péclet-Zahl* (Pe)

$$\text{Pe} = \frac{\varrho\, w\, l\, c_p}{\lambda}$$

charakterisiert das Verhältnis zwischen den Wärmemengen, die durch Konvektion und durch Wärmeleitung transportiert werden. Pe kann auch als Produkt von Reynolds-Zahl und Prandtl-Zahl geschrieben werden (ϱ Dichte, w charakteristische Geschwindigkeit, l Länge, c_p spezifische Wärme bei konstantem Druck, λ Wärmeleitfähigkeit).

□ *Prandtl-Zahl* (Pr)

$$Pr = \frac{\nu\, c_p\, \varrho}{\lambda} = \frac{\nu}{k}$$

mißt das Verhältnis der in der Strömung durch innere Reibung erzeugten Wärme zur abgeleiteten Wärme (ν kinematische Zähigkeit, c_p spezifische Wärme bei konstantem Druck, $k = \lambda/c_p\varrho \rightarrow$ Temperaturleitfähigkeit, ϱ Dichte).

□ *Rayleigh-Zahl* (Ra) wird definiert für eine Fluidschicht der Dicke d mit einem überlagerten Temperaturgradienten $(T_1 - T_2)/d$:

$$Ra = \frac{\beta\, (T_1 - T_2)\, g\, d^2}{\nu\, k}$$

β Wärmeausdehnungskoeffizient, g Erdbeschleunigung, ν kinematische Zähigkeit, k thermische Leitfähigkeit. Die Rayleigh-Zahl charakterisiert den Einsatz der freien Konvektion.

□ *Reynolds-Zahl* (Re)

$$Re = \frac{\varrho\, w\, l}{\mu}$$

gibt das Verhältnis der Reibungskräfte zu den Trägheitskräften an (ϱ Dichte, w charakteristische Geschwindigkeit, l Länge, μ dynamische Zähigkeit). Sie charakterisiert den Übergang von laminaren zu turbulenten Strömungen.

□ *Schmidt-Zahl* (Sc)

$$Sc = \frac{\nu}{D}$$

charakterisiert in einer Strömung das Verhältnis zwischen dem Stoffaustausch durch Mischbewegung und dem durch $\rightarrow$ Diffusion (ν kinematische Zähigkeit, D Diffusionskonstante).

□ *Strouhal-Zahl* (St)

$$St = \frac{fl}{w}$$

gibt das Verhältnis einer charakteristischen Strömungsfrequenz f zur Frequenz, gebildet aus der Strömungsgeschwindigkeit w und einer Länge l, an; bedeutsam z. B. bei Ablösefrequenz von Wirbeln hinter umströmten Zylindern ($\rightarrow$ Kármán-Wirbelstraße).

□ *Weber-Zahl* (We)

$$We = \frac{\varrho\, w^2\, d}{\sigma}$$

Kennzahlen (Verfahrenstechnik). Tabelle.

Archimedes-Zahl	$Ar = \dfrac{g \cdot l^3}{\nu^2} \cdot \dfrac{\Delta\rho}{\rho}$
Biot-Zahl	$Bi = \dfrac{a \cdot l}{\lambda}$
Bodenstein-Zahl	$Bo = \dfrac{w \cdot l}{D}$
Euler-Zahl	$Eu = \dfrac{\Delta p}{\rho w^2}$
Fourier-Zahl	$Fo = \dfrac{a \cdot t}{l^2}$
Froude-Zahl	$Fr = \dfrac{w^2}{g \cdot l}$
Galilei-Zahl	$Ga = \dfrac{g \cdot l^3}{\nu^2}$
Grashof-Zahl	$Gr = \dfrac{g \cdot l^3 \gamma \cdot \Delta T}{\nu^2}$
Knudsen-Zahl	$Kn = \dfrac{\lambda}{l}$
Lewis-Zahl	$Le = \dfrac{a}{D}$
Mach-Zahl	$Ma = \dfrac{w}{c}$
Newton-Zahl	$Ne = \dfrac{F \cdot t}{m \cdot w}$
Nußelt-Zahl	$Nu = \dfrac{\alpha \cdot l}{\lambda}$
Péclet-Zahl	$Pe = \dfrac{w \cdot l}{a}$
Prandtl-Zahl	$Pr = \dfrac{\nu}{a}$
Reynolds-Zahl	$Re = \dfrac{w \cdot l}{\nu}$
Schmidt-Zahl	$Sc = \dfrac{\nu}{D}$
Sherwood-Zahl	$Sh = \dfrac{\beta \cdot l}{D}$
Stanton-Zahl	$St = \dfrac{\beta}{w}$
Weber-Zahl	$We = \dfrac{\rho w^2 \cdot l}{\sigma}$

a	Temperaturleitfähigkeit	w	Strömungsgeschwindigkeit
c	Schallgeschwindigkeit	α	Wärmeübergangskoeffizient
D	Diffusionskoeffizient	β	Stoffübergangskoeffizient
F	Kraft	γ	Wärmeausdehnungskoeffizient
g	Erdbeschleunigung		
l	kennzeichnende Länge	Λ	mittlere freie Wellenlänge
m	Masse	ν	kinematische Zähigkeit
t	Zeit	ρ	Dichte
T	Temperatur	σ	Oberflächenspannung

gibt das Verhältnis zwischen dem Trägheitsdruck $\frac{\varrho}{2} w^2$ und dem Druck $\sigma/2d$, der in einem Flüssigkeitsstrahl vom Durchmesser d durch die Oberflächenspannung σ erzeugt wird, an (ϱ Dichte der Flüssigkeit, w Strahlgeschwindigkeit). Eine alternative Definition bezieht den Schweredruck auf die Oberflächenspannung:

$$We = \frac{2 \varrho g h d}{\sigma}$$

(g Erdbeschleunigung, h Druckhöhe). *Obermeier*

Verfahrenstechnik. Die Ähnlichkeitstheorie ermöglicht es, Versuchsergebnisse oder Zusammenhänge komplexer Vorgänge so auszuwerten, daß verallgemeinerbare Gesetzmäßigkeiten erkennbar sind. Dies basiert auf der Erkenntnis, daß sich jedes Gesetz durch dimensionslose Größen, sog. K., ausdrücken läßt. Aus →Differentialgleichungen kann man, ohne sie zu lösen, K. herleiten, deren gesetzmäßiger Zusammenhang vom Maßstab unabhängig ist und es gestattet, eine Gruppe ähnlicher Aufgaben gleichzeitig zu lösen. Der funktionelle Zusammenhang aller Meßgrößen wird in Form einer Potenzfunktion der K. $\Pi_1, \Pi_2, \Pi_3, \ldots \Pi_n$ dargestellt:

$$\Pi_1 = C \cdot \Pi_2{}^m \cdot \Pi_3{}^n \ldots \Pi_n{}^q \cdot$$

Die Zahl der dimensionslosen K. ist nach dem Π-Theorem durch die Differenz zwischen der Zahl der Meßgrößen und der Anzahl der darin enthaltenen Grunddimensionen gegeben (Modellgesetz).

Gebräuchliche K. in der Verfahrenstechnik sind in der Tabelle zusammengestellt. *Brunner*

Kennzeichnungsrecht. Zu den K. zählen
□ der Name einer natürlichen Person, z. B. „Klaus Mustermann" (§ 12 BGB, § 16 Abs. 1 UWG, § 24 WZG),
□ der Name einer juristischen Person, z. B. „Volkswagen AG" (§ 12 BGB, § 16 Abs. 1 UWG, § 24 WZG, § 17 HGB),
□ der Name, unter dem ein Kaufmann seine Geschäfte betreibt, z. B. die Firma „Dieter Müller" (§ 17, 19 und 37 HGB, § 16 Abs. 1 UWG, § 24 WZG),

□ die Bezeichnung eines Geschäfts, z. B. „Adler-Apotheke" (§ 16 Abs. 1 UWG),
□ die Bezeichnung insbes. der Titel einer Schrift, eines Buches, Bildes, Musikstücks, Bühnenwerks, Films, z. B. „Vom Winde verweht" (§ 16 Abs. 1 UWG),
□ die Geschäftsabzeichen und sonstige unterscheidende Einrichtungen eines Geschäfts, z. B. farbliche Gestaltungen der Betriebs- und Arbeitsmittel eines Unternehmens (§ 16 Abs. 3 UWG),
□ das Warenzeichen und die Dienstleistungsmarke, d. h. das Kennzeichen einer Ware oder einer Dienstleistung, z. B. „Persil" oder „Lufthansa" (§ 1 WZG),
□ die Ausstattung, d. h. die Aufmachung zu einer Ware oder Dienstleistung, z. B. die farbliche oder plastische Gestaltung (§ 25 WZG).

Entstehung und Schutzbereich dieser Rechte sind sehr unterschiedlich. Durch Anmelden und Eintragen in die Warenzeichenrolle des Deutschen Patentamts entstehen das Warenzeichenrecht und die Dienstleistungsmarke mit Schutzwirkung für die gesamte Bundesrepublik Deutschland, durch Verkehrsgeltung im örtlichen Bereich die Ausstattung und das Geschäftsabzeichen und durch Ingebrauchnahme die übrigen Rechte, aber wiederum nur im örtlichen Bereich. *Cohausz*

Literatur: *Nirk:* Gewerblicher Rechtsschutz. 1981. – *Baumbach/Hefermehl:* Warenzeichenrecht und Internationales Wettbewerbs- und Zeichenrecht (Kommentar). 12. Aufl. 1985.

Kerbspannung →Zug und Druck

Kernbrennstoff. K.e zeichnen sich dadurch aus, daß sie mit hoher Ausbeute durch thermische Neutronen gespalten werden.

In der Tabelle sind für einige schwere Kerne die Halbwertzeiten, die Energiebarrieren für die Spaltung, die Bindungsenergien für ein zusätzliches Neutron und die Wirkungsquerschnitte für die Spaltung durch thermische Neutronen $\sigma_{n,f}$ zusammengestellt. Man sieht daraus, daß für die g, u-Kerne (→Nuklide) ^{233}U, ^{235}U und ^{239}Pu die Bindungsenergie für ein zusätzliches Neutron größer ist als die

Kernbrennstoff. Tabelle: Eignung von schweren Nukliden als Kernbrennstoffe.

Nuklid	Halbwertzeit (a)	Bindungsenergie für ein zusätzl. Neutron (MeV)	Energiebarriere für die Spaltung (MeV)	Wirkungsquerschnitt $\sigma_{n,\,f}$ für thermische Neutronen (b)	
Th-232	$1{,}41 \cdot 10^{10}$	5,4	7,5	0,00004	—
U-233	$1{,}59 \cdot 10^5$	7,0	6,0	531	Kernbrennstoff
U-235	$7{,}04 \cdot 10^8$	6,8	6,5	582	Kernbrennstoff
U-238	$4{,}47 \cdot 10^9$	5,5	7,0	0,0005	—
Pu-239	$2{,}44 \cdot 10^4$	6,6	5,0	743	Kernbrennstoff

Energiebarrieren für die Spaltung, nicht aber für die g,g-Kerne ^{232}Th und ^{238}U.

Deshalb sind die Wirkungsquerschnitte für die Spaltung (→Kernreaktion) im Falle von ^{233}U, ^{235}U und ^{239}Pu besonders groß. Dies sind die wichtigsten K.e. ^{235}U kommt in der Natur vor, und zwar mit einem Anteil von 0,72 % im natürlichen →Uran. Dieser Anteil kann durch →Isotopentrennung erhöht werden. Für Leichtwasser-moderierte Reaktoren verwendet man Uran als K., in dem ^{235}U auf etwa 3 % angereichert ist (→Kernreaktor). Uran natürlicher Isotopenzusammensetzung läßt sich als Kernbrennstoff nur in Schwerwasser-moderierten Reaktionen verwenden. Die Kernbrennstoffe ^{239}Pu und ^{233}U entstehen durch folgende Kernreaktionen in Kernreaktoren:

$$^{238}\text{U}(n, \gamma)\ ^{239}\text{U} \xrightarrow[23,5\ \text{min}]{\beta^-}\ ^{239}\text{Np} \xrightarrow[2,35\ \text{d}]{\beta^-}\ ^{239}\text{Pu},$$

$$^{232}\text{Th}(n, \gamma)\ ^{233}\text{Th} \xrightarrow[22,3\ \text{min}]{\beta^-}\ ^{233}\text{Pa} \xrightarrow[27,0\ \text{d}]{\beta^-}\ ^{233}\text{U}.$$

^{239}Pu wird in allen Reaktoren gebildet, die ^{238}U enthalten. ^{239}Pu und ^{233}U werden gezielt in Brutreaktoren oder Konvertern erzeugt. Wenn das Verhältnis der Zahl der neu gebildeten spaltbaren Atome zu der Zahl der gespaltenen Atome >1 ist, spricht man von einem Brüter (Nettogewinn an Kernbrennstoff), wenn es < 1 ist, von einem Konverter. Erzeugung, Besitz und Verwendung von K.en (spaltbarem Material) unterliegen den Kontrollen der internationalen Atomenergiebehörde (IAEA) bzw. der Europäischen Gemeinschaft, soweit sich die Länder diesen Kontrollen unterwerfen. *Lieser*

Literatur: *Lieser, K. H.*: Einführung in die Kernchemie. 3. Aufl. Kap. 11, Weinheim: VCH-Verlag 1991.

Kernenergie. Unter K. versteht man die Energie, die bei der →Kernspaltung oder bei der →Kernfusion freigesetzt wird.

Die Aufzeichnung der mittleren Bindungsenergie der Nukleonen (Protonen und Neutronen) in den Atomkernen der →Nuklide (Nuklide) als Funktion der Massenzahl A zeigt, daß diese Bindungsenergie für Nuklide mit Massenzahlen in der Umgebung von A=60 am größten ist. Bei der Spaltung schwerer Kerne (z. B. →Uran oder →Plutonium) oder bei der Verschmelzung leichter Kerne (z. B. Kernfusion von →Wasserstoff oder Helium) wird somit Energie frei. Im Mittel teilt sich die Energie der Kernspaltung von ^{235}U folgendermaßen auf: kinetische Energie der Spaltprodukte: 167 MeV; kinetische Energie der bei der Spaltung entstehenden Neutronen: 5 MeV; Energie der bei der Kernspaltung auftretenden γ-Strahlung (prompte γ-Strahlung): 6 MeV; Energie des β-Zerfalls der Spaltprodukte: 8 MeV; Energie des γ-Zerfalls der Spaltprodukte (verzögerte γ-Strahlung): 6 MeV; Energie des Neutrinos: 12 MeV.

Sieht man von der Energie der Neutrinos ab, so ist pro Spaltung eines Atoms ^{235}U eine Energie von 192 MeV nutzbar. Dazu kommt die Bindungsenergie, die beim Einfang der Neutronen innerhalb eines Kernreaktors freigesetzt und im wesentlichen in Form von γ-Quanten abgegeben wird. Rechnet man mit 2,4 Neutronen und einem Mittelwert von 5,0 MeV pro Neutron, dann beträgt der zusätzliche Beitrag durch Absorption der Neutronen 12 MeV, und die nutzbare Energie pro Spaltung eines Atoms ^{235}U erhöht sich auf 204 MeV. In der Praxis wird allerdings nur etwa 40 % der Energie der γ-Strahlung genutzt und man erhält als realistischen Wert für die nutzbare Energie pro Spaltung von einem Atom ^{235}U rund 190 MeV. Dies entspricht einer Energie von 758 MWd durch quantitative Spaltung von 1 kg ^{235}U. Bei der Verbrennung von 1 kg Kohlenstoff werden 9,4 kWh freigesetzt. Somit ist die Energie, die durch Spaltung von Kernbrennstoffen gewonnen werden kann, etwa um den Faktor $2\cdot10^6$ größer als die Energie, die durch Verbrennung der gleichen Menge Kohle gewonnen wird.

Bei der →Fusion von Wasserstoff zu Helium nach der Reaktion

$$4\,^1\text{H} \rightarrow\ ^4\text{He} + 2\ e^+ + 2\ \nu_e$$

wird eine Energie von 24,69 MeV frei. Zu diesem Betrag kommt noch die aus der Vernichtungsstrahlung $e^+ + e^- \rightarrow 2h\nu$ herrührende Energie ($2\cdot1,02$ MeV) hinzu, während die Energie, die von den Elektronneutrinos mitgenommen wird (etwa 0,5 MeV) wegen der geringen Wechselwirkung der Neutrinos mit ihrer Umgebung praktisch verlorengeht. Die insgesamt freiwerdende Energie beträgt somit 26,2 MeV oder rund 6,5 MeV pro Nukleon.

Dieser Energiebetrag ist erheblich höher als die Energie, die bei der Kernspaltung pro Masseneinheit frei wird (0,8 MeV pro →Nukleon). Für die Fusion von 1 kg Wasserstoff (^{1}H) zu ^{4}He berechnet man 6 140 MWd. Dieser Wert ist um etwa den Faktor $1,6\cdot10^7$ größer als die Energie, die durch Verbrennung der gleichen Menge Kohle gewonnen wird. Durch Fusion von Wasserstoff wird die Energie in der Sonne und in vielen Fixsternen erzeugt. Bei der Fusion von Wasserstoff zu Helium spricht man auch von Wasserstoff-Verbrennung. Diese Wasserstoff-Verbrennung in der Sonne erstreckt sich über einen Zeitraum von etwa 10^{10} Jahren. Bei höheren Dichten kommt es zur Helium-Verbrennung, zur Kohlenstoff-Verbrennung und zur Sauerstoff-Verbrennung. Fusionsreaktionen sind somit die wesentlichen Energiequellen im Sonnensystem und im Weltraum. *Lieser*

Literatur: *Lieser, K. H.*: Einführung in die Kernchemie. 3. Aufl. Weinheim: VCH-Verlag 1991. – *Michaelis, H.*: Kernenergie. München: Deutscher Taschenbuch-Verlag, Wissenschaftliche Reihe 1977.

Kernforschungszentrum Karlsruhe GmbH (KfK). Großforschungseinrichtung mit den Forschungsbereichen Umweltforschung, Energieforschung sowie Mikrosystemtechnik und Grundlagenforschung.

Die 1956 gegründete Kernreaktor Bau- und Betriebsgesellschaft mbH (Bund, Land Baden-Württemberg, Wirtschaft) wurde 1959 als Gesellschaft für Kernforschung mbH (GfK) vom Bund übernommen. Seit 1963 ist das Land Baden-Württemberg Mitgesellschafter. 1978 wurde die GfK in Kernforschungszentrum Karlsruhe GmbH umbenannt.

Das Schwergewicht der FuE-Arbeiten des KfK hat sich mit dem Programmbudget 1992 von der historischen Gründungsaufgabe – Entwicklung nuklearer Techniken im Vorfeld industrieller Anwendung – verlagert auf 3 Bereiche mit künftig ungefähr gleicher finanzieller Ausstattung:

□ Umweltforschung: schadstoff- und abfallarme Verfahren, Energie- und Stoffumsetzungen in der Umwelt (1992: 19% der Mittel),

□ Energieforschung: →Kernfusion, nukleare Sicherheit und →Entsorgung, →Supraleitung (47%),

□ Mikrosystemtechnik und Grundlagenforschung: Mikrotechnik, Handhabungstechnik, Werkstoffe und Grenzflächen, physikalische Grundlagenforschung, sonstige Forschungsvorhaben (34%).

Dazu kommen Projektträgerschaften für Fertigungstechnik, Wassertechnologie, Entsorgung, Wasser-Abfall-Boden, Projektleitungen Europäisches Forschungszentrum für Maßnahmen zur Luftreinhaltung sowie Umwelt und Gesundheit, der Aufgabenbereich Technologietransfer und die Abteilung für Angewandte Systemanalyse (AFAS) mit dem Büro für Technikfolgen-Abschätzung des Deutschen Bundestages und der Informationsstelle Umweltforschung zur Unterstützung des BMFT.

Die 14 Institute, 12 Projektleitungen und -trägerschaften sowie 11 wissenschaftlich-technischen Labors oder Hauptabteilungen des KfK sind 5 Vorstandsbereichen zugeordnet.

Großgeräte: Isochronzyklotron, Kompaktzyklotron, Leichtionenbeschleuniger;

Organe: Gesellschafterversammlung (Bund und Land Baden-Württemberg), Aufsichtsrat (Vorsitz: Bundesvertreter), Wissenschaftlich-Technischer Rat, fünfköpfiger Vorstand.

Ressourcen (1992): rd. 4200 Mitarbeiter, 588 Mill. DM öffentliche Mittel, 132 Mill. DM eigene Erträge.

(Kernforschungszentrum Karlsruhe, Leopoldshafener Allee, 76344 Eggenstein-Leopoldshafen).

Altenmüller

Kernfusion. Grundlage für die Energiegewinnung durch kontrollierte K. sind in erster Linie die exothermen Kernreaktionen der Wasserstoffisotope Deuterium D und Tritium T,

$$2\,D + 2\,D \rightarrow He_3 + n + T + p + 3{,}65\ MeV$$
$$D + T \rightarrow He_4 + n + 17{,}6\ MeV,$$

von denen die letztere wegen ihres größeren Wirkungsquerschnitts die weitaus bedeutendere ist. Da zum Zustandekommen einer Fusionsreaktion die positiv geladenen Atomkerne sehr nahe zusammenkommen und dabei die abstoßend wirkende Coulombkraft überwinden müssen, muß ihre Ausgangsenergie ausreichend groß sein, etwa 10–100 keV. Diese Energie kann als gerichtete Energie (Teilchenstrahl) oder thermische Energie vorliegen. Nur die letzte Möglichkeit kann im Prinzip zu einer wirtschaftlichen Energiegewinnung ausgenutzt werden. Sie entspricht dem Konzept der *thermonuklearen Fusion*. Bei den erforderlichen Temperaturen $(10\ keV \simeq 10^8\ K)$ befindet sich das Wasserstoffgas im Plasmazustand (→Plasmaphysik) und kann nur in einem Magnetfeld mit geeigneter Konfiguration von materiellen Wänden thermisch isoliert werden. Die zentrale Aufgabe in der Fusionsforschung ist es, ein Wasserstoffplasma mit hinreichend hoher Temperatur und Dichte solange einzuschließen, daß durch Fusionsprozesse mehr Energie freigesetzt als zur Erzeugung und Aufrechterhaltung des Plasmazustands verbraucht wird (Lawson-Kriterium). Die dabei auftretenden plasmaphysikalischen Probleme beziehen sich vor allem auf die *Stabilität* der Plasmasäule, die Plasma*wärmeverluste* und die Plasma-*kontamination*.

Da die Fusionsleistungsdichte W ganz wesentlich vom Plasmadruck p abhängt, $W \propto p^2$, sollte dieser möglichst hoch sein. Der Grenzwert für den erreichbaren Druck ist durch das Auftreten von Plasmainstabilitäten bestimmt. Ausgedrückt durch $\beta = 2p/B^2$, dem Verhältnis von Plasmadruck zu magnetischer Energiedichte, gilt in einem Tokamakplasma (→Plasmaexperiment) näherungsweise $\beta < 0{,}5\ a/Rq$, R = großer Torusradius, a = Radius der Plasmasäule, q = sog. Sicherheitsfaktor. Da aus technischen Gründen R/a > 4, aus Gründen der Plasmastabilität q > 2 sein müssen, ist β auf 4–5% begrenzt, was eine einschneidende Beschränkung für die Wirtschaftlichkeit eines Fusionsreaktors darstellt. In Stellaratorplasmen können im Prinzip etwas höhere β-Werte erreicht werden.

Die Energieverluste eines Plasmas in einer geschlossenen magnetischen Konfiguration entstehen vor allem durch *Wärmetransport* quer zum Magnetfeld. Die beobachteten Werte des Wärmeleitungskoeffizienten liegen weit über dem klassischen, d. h. durch Teilchenstöße verursachten. Man spricht daher von anomalem Transport. Er wird wahrscheinlich durch Mikroturbulenz (Plasmaturbulenz), d. h. kurzwellige, im Plasma vorhandene Dichte- und Feldfluktuationen hervorgerufen. Der genaue Mechanismus ist noch nicht bekannt. Starke Plasmaaufheizung, die zum Erreichen thermonuklearer Zündung notwendig ist, kann die Energieeinschlußeigenschaften zusätzlich verschlechtern und damit das Einsetzen von Zündung erschweren. In den großen Plasmaexperimenten JET und TFTR, die Plasmabedingungen bis nahe an den thermonuklearen Bereich erzeugen können, sind daher Untersuchungen des anomalen Transports von zentraler Bedeutung.

Plasmakontamination, d. h. Verunreinigung durch Fremdionen, führt i. a. zu intensiver Plasmastrahlung und damit zu erhöhten Plasmaenergieverlusten. Eine Hauptquelle für Verunreinigungen bilden metallische Teile (Limiter, Antennen zur Hochfrequenzheizung, Vakuumgefäß), die sich in der Nähe des Plasmarandes befinden und aus denen durch Bogenentladung oder Zerstäubung durch energiereiche Ionen Metallatome herausgelöst werden und ins Plasma gelangen können. Der Effekt der Einwärtsdiffusion führt dann zu einer besonders schädlichen Konzentration von Verunreinigungsionen im Plasmazentrum. Eine erfolgreiche Methode, Plasmakontamination wesentlich zu reduzieren, besteht darin, die magnetischen Feldlinien am Plasmarand in bestimmter Form vom Plasma wegzuführen (→Divertor) und damit die Entstehung von Fremdatomen innerhalb des Vakuumgefäßes zu verhindern.   *Biskamp*

Literatur: *Dolan, T. J.*: Fusion Research. Vol. I, New York: Pergamon Press 1982.

Kernreaktion. Man unterscheidet mononukleare und binukleare Reaktionen. Alle radioaktiven Zerfallsprozesse sind mononukleare Reaktionen vom Typ: Nuklid A → Nuklid B + Teilchen x (→Zerfall, radioaktiver). Unter K.en im engeren Sinn versteht man die binuklearen Reaktionen vom Typ: Nuklid A + Teilchen x Nuklid B + Teilchen y. Die Kurzschreibweise für diese Reaktionen ist A(x,y)B. Die Summen der Massenzahlen und der Ordnungszahlen vor und nach einer Kernreaktion sind gleich, z. B.

$$\,^{14}_{7}N + \,^{1}_{0}n \rightarrow \,^{14}_{6}C + \,^{1}_{1}H,$$

Kurzschreibweise $^{14}N(n,p)^{14}C$. Außer der Zahl der Nukleonen und der elektrischen Ladung bleiben bei K.en auch der →Impuls, der Drehimpuls und die Parität erhalten sowie die →Energie unter Einbeziehung des Energieäquivalents E der Ruhemassen m, $E = mc^2$ (c = Lichtgeschwindigkeit). Das Nuklid A wird in Form eines Targets vorgelegt. Der Produktkern B kann stabil oder instabil (radioaktiv) sein.

Ähnlich wie chemische Reaktionen meist über einen Übergangszustand (aktivierten Komplex) verlaufen, tritt bei K.en in vielen Fällen ebenfalls

eine instabile Zwischenstufe auf, die man als Compound-Kern bezeichnet:

$$A + x \rightarrow (C) \rightarrow B + y.$$

Während die →Wahrscheinlichkeit für eine mononukleare Reaktion (d. h. für den radioaktiven Zerfall) durch die →Zerfallskonstante λ gegeben ist, sind für den Ablauf einer binuklearen Reaktion zwei Wahrscheinlichkeiten maßgebend, und zwar die Wahrscheinlichkeit für den 1. Teilschritt der Bildung eines Compound-Kerns: $A + x \rightarrow (C)$ und die Wahrscheinlichkeit für den 2. Teilschritt des Zerfalls des Compound-Kerns in dem gewünschten Sinn unter Bildung eines Nuklids B: $(C) \rightarrow B + y$. Meist gibt es mehrere Möglichkeiten für den Zerfall des Compound-Kerns (mehrere Zerfallskanäle).

Auch die Streuprozesse an Atomkernen gehören zu den Kernreaktionen. Bei der elastischen Streuung wird keine Energie übertragen ($A + x \rightarrow A + x$), bei der unelastischen Streuung überträgt das gestreute Teilchen einen Teil seiner Energie auf das Nuklid A ($A + x \rightarrow A^* + x$). Die Messung der Energiedifferenz ΔE der Teilchen x vor und nach einer inelastischen Streuung erlaubt die Aufstellung eines Energiediagramms für das Nuklid A, in dem die angeregten Zustände aufgezeichnet sind.

Die Zeitdauer einer K. hängt vom Reaktionsmechanismus ab und bewegt sich zwischen etwa 10^{-23} und 10^{-13} s. Der untere Grenzwert ist gegeben durch die Zeit, welche ein mit Lichtgeschwindigkeit fliegendes Teilchen benötigt, um einen Atomkern zu durchqueren, während der obere Grenzwert für langsame Reaktionen gilt, wie sie z. B. beim Einfang eines thermischen Neutrons ablaufen.

Die Energie ΔE einer K. ergibt sich aus der Massendifferenz der Atomkerne vor und nach der Reaktion und der Einsteinschen Beziehung: $\Delta E = \Delta m \cdot c^2$. Für eine Kernreaktion vom Typ $A + x \rightarrow B + y$ erhält man:

$$\Delta E = (M_A + M_x - M_B - M_y)\, c^2.$$

ΔE wird auch als Q-Wert einer Kernreaktion bezeichnet. M sind die Nuklidmassen, und c ist die Lichtgeschwindigkeit. Der Umrechnungsfaktor c^2 beträgt 931,5 MeV, wenn man die Nuklidmassen in atomaren Masseneinheiten u einsetzt. Wenn ΔE positiv ist, spricht man von einer exoenergetischen oder exoergischen Reaktion; wenn ΔE negativ ist, von einer endoenergetischen oder endoergischen Reaktion. Bei endoergischen Reaktionen muß das Geschoßteilchen x die für den Ablauf der Reaktion erforderliche Energie ΔE mitbringen. Da das Geschoßteilchen einen Teil seiner kinetischen Energie nach dem Impulssatz auf den Compound-Kern überträgt, beträgt die Anregungsenergie des Compound-Kerns

$$E = E_x \frac{M_A}{M_A + M_x}.$$

Somit ist die Schwellenenergie des Teilchens x, die zur Auslösung einer endoergischen K. erforderlich ist,

$$E_x(S) = -\Delta E \left(1 + \frac{M_x}{M_A}\right).$$

Nur solche Teilchen, die mindestens diese Schwellenenergie besitzen, können die Kernreaktion auslösen.

Als Geschosse für K.en haben Neutronen die größte Bedeutung gewonnen. Da sie neutral sind, können sie ungehindert von Coulombschen Abstoßungskräften in einen Atomkern eindringen; außerdem stehen sie in Kernreaktoren in verhältnismäßig hohen Konzentrationen bzw. Flußdichten zur Verfügung. Freie Neutronen sind instabil und zerfallen mit einer →Halbwertzeit von 10,6 min

$$n \longrightarrow p + e^- + \bar{\nu}_e.$$

$\bar{\nu}_e$ ist ein Elektronantineutrino. Die Zerfallsenergie beträgt 0,782 MeV. Nach ihrer Energie unterscheidet man thermische Neutronen ($<0,1$ eV), langsame Neutronen (0,1–100 eV), mittelschnelle Neutronen (0,1–100 keV) und schnelle Neutronen ($>0,1$ MeV). Die kinetische Energie thermischer Neutronen entspricht dem Bereich normaler Temperaturen. Langsame oder thermische Neutronen entstehen aus schnellen Neutronen durch Zusammenstöße. Bei Energien von der Größenordnung 1 eV beobachtet man Resonanzeffekte, weil viele Atomkerne in diesem Bereich Absorptionsmaxima für Neutronen zeigen.

Geladene Teilchen (Protonen, Deuteronen, α-Teilchen, mittelschwere und schwere Ionen) werden als Geschosse für Kernreaktionen meist aus einem Beschleuniger entnommen. Sie müssen eine Mindestenergie besitzen, damit sie die Coulombsche Abstoßung überwinden können. Die Höhe der Potentialschwelle beträgt näherungsweise für kleine Ordnungszahlen von A und x:

$$U \approx \frac{Z_A \cdot Z_x}{A_A^{1/3} + A_x^{1/3}}.$$

Daraus berechnet man z. B. für die Reaktion ^{12}C + p: $U \approx 1,8$ MeV. Wenn der Zusammenstoß nicht zentral erfolgt, muß man bei den Reaktionen mit geladenen Teilchen auch berücksichtigen, daß ein →Bahndrehimpuls übertragen wird, der ein ganzzahliges Vielfaches von $h/2\pi$ beträgt. Dies bewirkt eine zusätzliche Potentialschwelle, die als Zentrifugalschwelle V bezeichnet wird. Für die erforderliche Mindestenergie eines geladenen Teilchens erhält man $E = U + V$. Allerdings besteht auch bei K.en die Möglichkeit eines Tunneleffekts, sodaß auch solche Teilchen reagieren können, deren Energie $E < U + V$ ist. Von den geladenen Teilchen werden Protonen am häufigsten als Geschosse für K.en verwendet. Eine große Bedeutung haben aber auch mittelschwere und schwere Ionen, weil man mit ihnen in einem Schritt eine Vielzahl von Nukleonen übertragen und damit z. B. auch Transuranelemente mit sehr viel höheren Ordnungszahlen herstellen kann.

Photonen (γ-Quanten) können ebenso wie Neutronen ungehindert in Atomkerne eindringen und Kernreaktionen bewirken, wenn sie auf den Kern eine Anregungsenergie übertragen, die größer ist als die Bindungsenergie eines Neutrons, Protons oder α-Teilchens. K.en, die durch Photonen ausgelöst werden, bezeichnet man auch als Kernphotoreaktionen. Ein einfaches Beispiel für eine solche Kernphotoreaktion ist die Spaltung des Deuterons d(γ, n)p. Die Schwellenenergie für diese Reaktion beträgt 2,225 MeV. Sie ist gegeben durch die Bindungsenergie zwischen Proton und Neutron im Deuteron. Noch niedriger ist die Schwellenenergie für die Reaktion ^{9}Be(γ,n)2α; sie beträgt 1,665 MeV. Beide Reaktionen können zur Erzeugung von Neutronen dienen.

Bild 1 gibt eine Übersicht über die Umwandlung von Nukliden durch Kernreaktionen; in dem Schema der Nuklidkarte sind die Produkte von K.en eingezeichnet. Wenn ein stabiles Nuklid vorgelegt wird, so erhält man im allgemeinen durch (n, γ)-, (n,p)- und (d,p)-Reaktionen β⁻-aktive Nuklide bzw. durch (p,n)-, (n,2n)-, (γ,n)-, (d,n)- und (p,γ)-Reaktionen β⁺-aktive Nuklide oder Nuklide, die sich durch Elektroneneinfang umwandeln. Durch (n,γ)-, (d,p)-, (n,2n)- und (γ,n)-Reaktionen erhält man isotope Nuklide; d. h. die Reaktionsprodukte haben die gleichen chemischen Eigenschaften wie das im Target vorgelegte Nuklid. Eine chemische Abtrennung der Reaktionsprodukte ist nur möglich, wenn man die chemischen Effekte der Kernreaktionen ausnutzt.

Mit steigender Energie der Geschoßteilchen wird die Zahl der Reaktionsmöglichkeiten größer, und es werden in steigendem Maße mehrere Teilchen

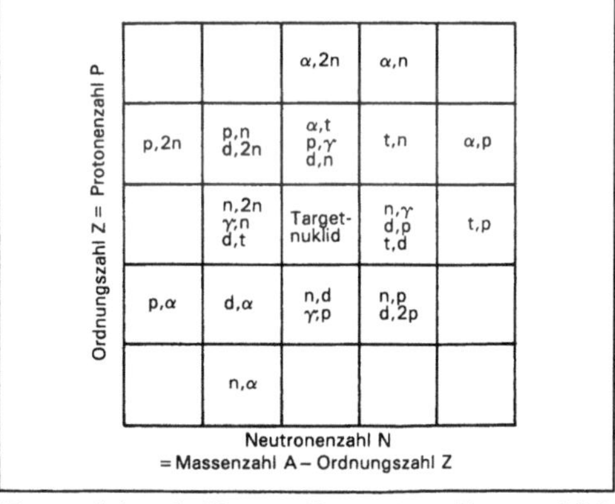

Kernreaktion 1: Umwandlung eines Targetnuklids durch verschiedene Kernreaktionen.

emittiert. Mit anderen Worten, die Zahl der Reaktionskanäle wird größer. Da die Bindungsenergie eines Nukleons zwischen etwa 6 und 8 MeV liegt, kann man abschätzen, welche Energien notwendig sind, um mehrere Nukleonen aus dem Kern zu „verdampfen". Bei sehr hohen Energien der Geschoßteilchen (>100 MeV) wird nicht mehr die Gesamtheit der Nukleonen angeregt (d. h. es entsteht kein Compound-Kern), sondern die einfallenden Teilchen reagieren direkt mit einzelnen Nukleonen.

Der Wirkungsquerschnitt einer Kernreaktion ist ein Maß dafür, mit welcher Wahrscheinlichkeit die Reaktion abläuft. Für eine binukleare Reaktion vom Typ $A + x \rightarrow B + y$ gilt $\frac{dN_B}{dt} = \sigma\phi N_A$. N_A und N_B sind die Zahlen der Atome der Nuklide A bzw. B, t ist die Zeit, $\frac{dN_B}{dt}$ die Bildungsrate von B, σ der Wirkungsquerschnitt für diese binukleare Reaktion und ϕ die Flußdichte der Geschoßteilchen x pro s und m^2. Der Wirkungsquerschnitt hat somit die Dimension einer Fläche (m^2). Da der Querschnitt eines Atomkerns von der Größenordnung 10^{-28} m^2 ist, wählt man als Einheit für den Wirkungsquerschnitt 1 barn (abgekürzt 1 b) = 10^{-28} m^2. Die Wirkungsquerschnitte (Anregungsfunktionen) für (n,γ)-Reaktionen zeigen einen Verlauf, wie er in Bild 2 aufgezeichnet ist; d. h. $\sigma_{n,\gamma}$ fällt umgekehrt proportional zur Geschwindigkeit der Neutronen ab (1/v-Gesetz) bzw. umgekehrt proportional mit der Wurzel aus der Energie. Bei bestimmten Energien (Resonanzenergien) werden besonders hohe Wirkungsquerschnitte beobachtet. Die Anregungsfunktionen für die Reaktionen mit geladenen Teilchen beginnen dagegen erst bei einer Schwellenenergie und verlaufen über ein Maximum (Bild 3). Dabei laufen meist mehrere Reaktionen nebeneinander ab, und ihre relativen Anteile sind stark von der Energie abhängig, wie Bild 3 erkennen läßt. Der Absorptions- oder Einfangquerschnitt σ_a^A für bestimmte Teilchen, z. B. für Neutronen, ist gleich der Summe der Wirkungsquerschnitte aller Reaktionen, bei denen die betreffenden Teilchen durch das Nuklid A absorbiert werden. Der totale Wirkungsquerschnitt σ_t^A (Gesamtwirkungsquerschnitt) ist die Summe aller partiellen Wirkungsquerschnitte σ_i^A des Nuklids A: $\sigma_t^A = \Sigma\sigma_i^A$.

Die Flußdichte ϕ der Geschoßteilchen kann sich durch Absorptions- und Streuprozesse im Target ändern und ist nur für dünne Targets konstant. Bei dicken Targets muß man den Verlauf der Flußdichte im Target kennen.

Wenn das durch die K. gebildete Nuklid B radioaktiv ist, so muß man neben seiner Bildungs-

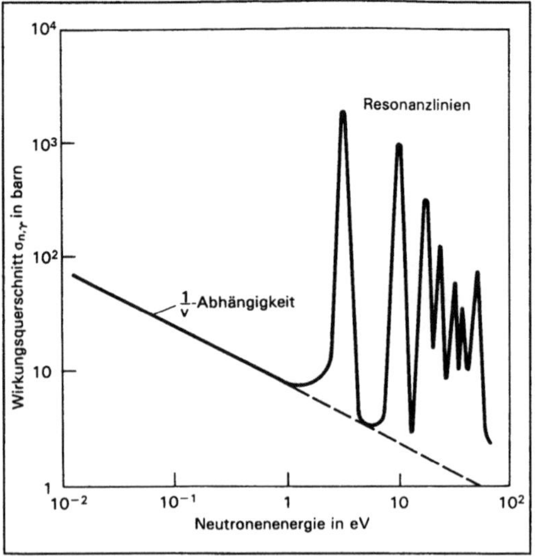

Kernreaktion 2: *Wirkungsquerschnitt für (n,γ)-Reaktionen als Funktion der Energie (schematisch).*

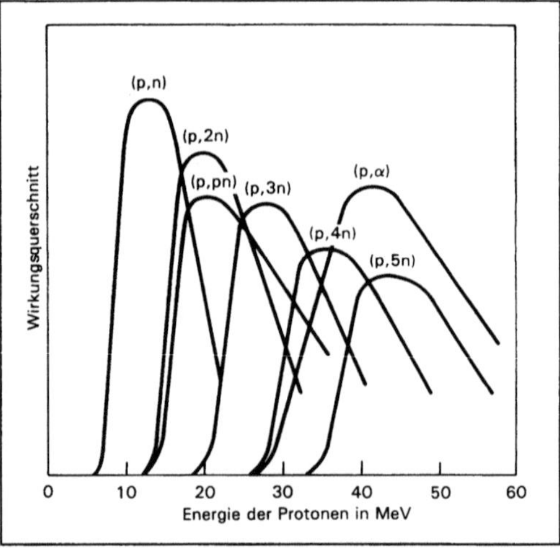

Kernreaktion 3: *Wirkungsquerschnitte für Kernreaktionen von Protonen mit mittelschweren Nukliden als Funktion der Energie (schematisch; der Verlauf der Anregungsfunktionen variiert von Nuklid zu Nuklid).*

rate $\frac{dN_B}{dt} = \sigma\phi N_A$ auch die $\rightarrow$Zerfallsrate $-\frac{dN_B}{dt} = \lambda N_B$ berücksichtigen. Aus der Differenz erhält man die Nettobildungsrate

$$\frac{dN_B}{dt} = \sigma\phi N_A - \lambda N_B$$

und durch Integration

$$N_{B(t)} = \frac{\sigma\phi N_A}{\lambda}(1 - e^{-\lambda t})$$

bzw. für die →Aktivität A des Nuklids B nach der Bestrahlungszeit t (in →Becquerel, abgekürzt Bq = s⁻¹):

$$A = \lambda N_{B(t)} = \sigma\phi N_A \left(1 - e^{-\lambda t}\right).$$

Diese Gleichung wird auch als Aktivierungsgleichung bezeichnet. Die durch eine Kernreaktion erzeugte Aktivität eines Radionuklids hängt somit von 4 Größen ab: dem Wirkungsquerschnitt σ für die betreffende Kernreaktion, der Flußdichte ϕ an Geschoßteilchen, der Zahl der im Target vorgelegten Atome N_A und der Bestrahlungszeit t. Wenn 3 dieser 4 Größen bekannt sind, kann man die vierte bestimmen. So werden mit Hilfe der Aktivierungsgleichung Wirkungsquerschnitte bei bekannten Flußdichten ermittelt oder umgekehrt. Die unbekannte Zahl von Atomen N_A in einem Target bzw. die Menge m des betreffenden Elements in einer Probe können durch →Aktivierungsanalyse bestimmt werden, wobei σ und ϕ durch gleichzeitige Bestrahlung eines Standards erfaßt werden. Die Bestrahlungszeit t geht im Verhältnis zur Halbwertzeit $t_{1/2}$ ein, was deutlich wird, wenn man die Aktivierungsgleichung in der Form schreibt:

$$A = \sigma\phi N_A \left(1 - \left(\frac{1}{2}\right)^{t/t_{1/2}}\right).$$

Die Abhängigkeit der Aktivität von der Bestrahlungszeit ist in Bild 4 aufgetragen. Ein praktisch wichtiges Beispiel ist die Erzeugung von ¹⁴C (Halbwertzeit 5730 a). Selbst bei einer Bestrahlungszeit von 1a beträgt der Faktor $\left(1 - \left(\frac{1}{2}\right)^{t/t_{1/2}}\right)$ nur $1{,}2 \cdot 10^{-4}$.

Bestrahlt man Nuklide, die sich sowohl durch mononukleare als auch durch binukleare Reaktionen ineinander umwandeln nach dem allgemeinen Schema (Bild 5), so erhält man als allgemeine Lösung für die Zahl der Atome $N_{n(t)}$ eines beliebigen Nuklids n in dieser Reihe nach einer Bestrahlungszeit t

$$N_n(t) = C_1 e^{-\Lambda_1 t} + C_2 e^{-\Lambda_2 t} + \ldots + C_n e^{-\Lambda_n t}$$

mit den Koeffizienten

$$C_1 = \frac{\Lambda_1^* \, \Lambda_2^* \ldots \Lambda_{n-1}^*}{(\Lambda_2 - \Lambda_1)(\Lambda_3 - \Lambda_1 \ldots (\Lambda_n - \Lambda_1)} N_1^{\circ}$$

usw. In den Größen Λ_i sind alle Terme enthalten, die zur Abnahme des Nuklids i führen, z. B. $\Lambda_1 = \lambda_1 + \sigma_1\phi_1 + \sigma_{12}\,\phi_{12}$, in den Größen Λ_i^* dagegen nur die Terme, die zur Bildung des folgenden Nuklids i+1 in der Reaktionskette führen, z. B. $\Lambda_1^* = \lambda_1 + \sigma_{12}\,\phi_{12}$. Die Gleichungen sind für alle Berechnungen von Kernreaktionen anwendbar.

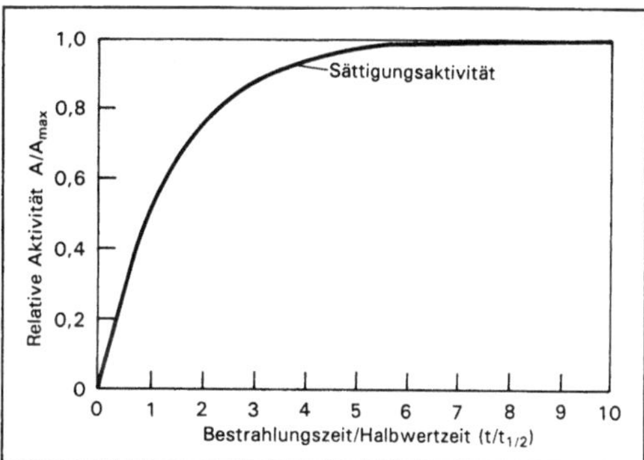

Kernreaktion 4: Aktivität als Funktion der Bestrahlungszeit.

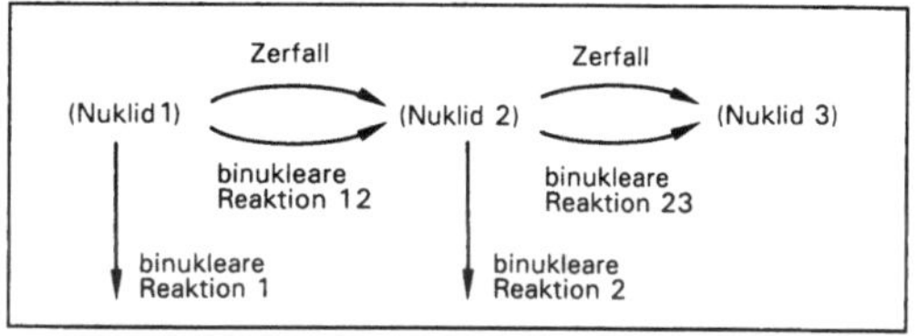

Kernreaktion 5: Bestrahlung von Nukliden, die sich durch Kernreaktionen ineinander umwandeln.

Bei den Kernreaktionen unterscheidet man Niederenergie-Kernreaktionen (d. h. Kernreaktionen, die durch Teilchen mit Energien bis zu etwa 100 MeV ausgelöst werden), →Kernspaltung, Hochenergie-Kernreaktionen (d. h. Kernreaktionen, die durch Teilchen mit Energien oberhalb von etwa 100 MeV ausgelöst werden), Schwerionenreaktionen und Fusionsreaktionen. *Lieser*

Literatur: *Lieser, K. H.:* Einführung in die Kernchemie, 3. Aufl. Weinheim: VCH-Verlag 1991.

Kernreaktor. K.en können nach folgenden Gesichtspunkten unterteilt werden:
□ nach dem Verwendungszweck (Forschungsreaktoren und Leistungsreaktoren);
□ nach der Art des Brennstoffs (z. B. Natururan, angereichertes →Uran, →Plutonium);
□ nach der Art des Moderators (z. B. Graphit, schweres Wasser, leichtes Wasser);
□ nach der Verteilung von →Brennstoff und Moderator (homogene Reaktoren: Moderator und Brennstoff in einer Phase; heterogene Reaktoren: Brennstoff und Moderator getrennt);
□ nach der Art des Kühlmittels (z. B. gasgekühlte Reaktoren, wassergekühlte Reaktoren, natriumgekühlte Reaktoren).

Der erste Kernreaktor wurde von *Fermi* und Mitarbeitern unter der Tribüne eines Stadions in Chicago aus Graphitblöcken, Uranklötzen und Urandioxid aufgebaut und war am 2. 12. 1942 kritisch. →Strahlenschutz und Kühlung waren nicht vorhanden, die Wärmeleistung betrug nur 2 W. Anschließend wurde der erste große Graphit-Forschungsreaktor in Oak Ridge (USA) errichtet. Er enthielt 54 t Uranmetall in Form stabförmiger Brennstoffelemente, die in einem aus Graphitblökken aufgebauten Graphitwürfel untergebracht waren. Die Wärmeleistung dieses Reaktors betrug 3,8 MW. Nachdem man gefunden hatte, daß in einem solchen Reaktor große Mengen Plutonium entstehen, wurden in Hanford (USA) mehrere größere wassergekühlte mit Natururan betriebene graphitmoderierte Reaktoren zur Erzeugung von Plutonium aufgebaut. Für Forschungszwecke und zur Erprobung von Reaktorwerkstoffen wurden zahlreiche weitere kleinere und größere Reaktoren errichtet. Zunächst stand die Waffenproduktion (Erzeugung von Plutonium) im Vordergrund; der Gedanke der wirtschaftlichen Nutzung der Wärmeenergie setzte sich erst allmählich durch. 1956 wurde das erste Kernkraftwerk in Calder Hall (Großbritannien) in Betrieb genommen. Seit dieser Zeit werden in steigendem Maße Kernkraftwerke zur Energieerzeugung eingesetzt.

Forschungsreaktoren sind Reaktoren mit verhältnismäßig kleiner Leistung, die nicht zur Energieerzeugung genutzt werden. Sie dienen als Neutronenquellen für Bestrahlungsexperimente, zur Entwicklung neuer Reaktorkonzepte oder zur Ausbildung. Da es auf die Nutzung der Wärme nicht ankommt, werden Forschungsreaktoren bei möglichst niedriger Energie betrieben. Oft genügen Reaktoren mit sehr kleiner Leistung (Nullenergiereaktoren). Für Bestrahlungsexperimente werden Bestrahlungseinrichtungen eingebaut, z. B. Bestrahlungskanäle, Rohrpostanlagen, Neutronenfenster, thermische Säulen, Urankonverter, Kristallfilter. Die Neutronenflußdichte variiert in K.en in breiten Grenzen, etwa zwischen 10^{11} und 10^{16} cm^{-2}s^{-1}. Die Leistung bewegt sich zwischen etwa 10 kW und 100 MW. Für die Materialprüfung werden hohe Neutronenflußdichten benötigt. Einige Forschungsreaktoren sind in Tabelle 1 zusammengestellt. Reaktoren vom Typ Triga, die meist als Schwimmbadreaktoren aufgebaut sind, können auch im Pulsbetrieb eingesetzt werden: Beim Herausnehmen der Regelstäbe steigt die Leistung innerhalb von etwa 0,1 s auf den tausendfachen Wert an; dann schaltet sich der Reaktor infolge des negativen Temperaturkoeffizienten der Reaktivität, der durch die Zirkoniumhydrid-haltigen Brennstoffelemente bedingt ist, von selbst ab. Die Dauer eines solchen Pulses ist von der Größenordnung 10 ms.

Die wichtigste Aufgabe der Leistungsreaktoren ist die Energieerzeugung (Kernkraftwerke). Der thermodynamische Nutzeffekt ist um so größer, je höher die Betriebstemperatur im Reaktor ist. Diese hängt von der Art des Brennstoffs und der Brennstoffelemente ab. In den ersten Leistungsreaktoren vom Calder-Hall-Typ werden stabförmige Brennstoffelemente aus Uranmetall mit Hüllrohren aus einer Magnesiumlegierung verwendet. Als Kühlmittel dient Kohlendioxid, als Moderator Graphit. Die Betriebstemperatur beträgt bis zu 400 °C. Verschiedene Typen von Leistungsreaktoren sind in Tabelle 2 zusammengestellt.

Seit 1960 werden in vielen Ländern bevorzugt Siedewasserreaktoren und Druckwasserreaktoren gebaut mit einer thermischen Leistung bis zu etwa 3 600 MW und einer elektrischen Leistung bis zu etwa 1 300 MW. Das Schema eines Druckwasserreaktors ist im Bild aufgezeichnet. Die im Primärkreislauf erzeugte Wärme wird im Dampferzeuger an einen Sekundärkreislauf abgegeben, in dem die Turbinen angetrieben werden. Ein Druckwasserreaktor enthält etwa 100 t Uran in Form von Urandioxid-Pellets in etwa 200 Brennstoffelementen. Die Urananreicherung beträgt etwa 2,3 bis 3,2 %. Jedes →Brennstoffelement hat $16 \times 16 = 256$ Positionen für Brennstäbe, wovon 236 besetzt sind und 20 zur Führung von Steuerungsstäben dienen. Die Brennstäbe sind etwa 4 m lang, und die Hüllrohre sind aus Zircaloy-4 gefertigt. Im Primärkreislauf befinden sich etwa 400 m^3 Kühlwasser, die mit Hilfe der Hauptkühlmittelpumpen in vier Kühlkreisläufen durch die Dampferzeuger (Rohrbündelwärmeübertrager) gepumpt werden (etwa 18 000 m^3 pro Stunde und Pumpe). Es wird Borsäure zugesetzt, um die Überschußreaktivität zu kompensieren. Die Borsäurekonzentration beträgt bei frischer Ladung mit Brennstoff bis zu etwa 0,2 % und wird mit wachsendem Abbrand langsam herabgesetzt. Der pH-Wert wird bei 25 °C mit ^{7}LiOH auf 9 eingestellt, um eine möglichst niedrige Löslichkeit der als Korrosionsprodukte entstehenden Metalloxide zu erreichen. Außerdem wird in kleinen Mengen Wasserstoff zugesetzt, um die Zersetzung des Wassers durch →Radiolyse zu unterdrücken. Zur Reinigung des Kühlwassers im Primärkreislauf wird eine Teilmenge (etwa 10 %) abgezweigt, abgekühlt, entgast, durch Ionenaustauscher geleitet und nach Einstellung des gewünschten Wasserstoffpartialdrucks sowie Überprüfung der Borsäurekonzentration und des pH-Werts wieder zurückgeführt. Im Sekundärkreislauf werden für die Kühlung des Kondensators etwa 190 000 m^3 Kühlwasser pro Stunde benötigt.

Hochtemperaturreaktoren sind bisher nur vereinzelt im Betrieb. Als Kühlmittel wird Helium verwendet, als Moderator Graphit. Als Brennstoff dienen bevorzugt beschichtete Teilchen, die hochangereichertes Urandioxid sowie als Brutstoff Thoriumdioxid enthalten. Aus →Thorium wird durch Neutroneneinfang ^{233}U erzeugt (→Kernbrennstoff), so daß diese Reaktoren als Brutreaktoren oder Konverter dienen. In einem Kugelhaufenreaktor werden kugelförmige Brennstoffelemente aus Graphit verwendet, die mit den beschichteten Teilchen gefüllt

Kernreaktor. Tabelle 1: Forschungsreaktoren in Deutschland (Beispiele).

Reaktortyp	Standort	Brennstoff	Moderator (Kühlmittel)	thermische Leistung in MW	maximaler thermischer Neutronenfluß in $cm^{-2} s^{-1}$	Jahr der Inbetriebnahme
Schwimmbadreaktor FRM	Garching b. München	angereichertes Uran (20%) 4 kg U-235	H_2O (H_2O)	4	$4 \cdot 10^{13}$	1957
Schwimmbadreaktor mit 2 Reaktorkernen FRG 1 bzw. FRG 2	Geesthacht/ Elbe	angereichertes Uran (20 bzw. 90%) 5,4 kg + 5,4 kg U-235	H_2O (H_2O)	5 bzw. 15	$1 \cdot 10^{14}$ bzw. $3 \cdot 10^{14}$	1958 bzw. 1963
Schwimmbadreaktor MERLIN FRJ 1	Jülich	angereichertes Uran ($> 80\%$) 2,7 kg U-235	H_2O (H_2O)	10	$8,8 \cdot 10^{13}$	1962
Schwerwasser-Tankreaktor DIDO FRJ 2	Jülich	angereichertes Uran ($> 90\%$) 1,1 kg U-235	D_2O (D_2O)	23	$1,7 \cdot 10^{14}$	1962
Tankreaktor PTB-Meßreaktor	Braunschweig	angereichertes Uran (90%) 5,8 kg U-235	H_2O (H_2O)	1	$6 \cdot 10^{12}$	1967
Triga-Pulsreaktor FRMZ	Mainz	angereichertes Uran (20%) 2,2 kg U-235	Zirkoniumhydrid (H_2O)	0,1 Puls (10 ms) 250	$4 \cdot 10^{12}$ Puls $8 \cdot 10^{15}$	1965
Schwimmbadreaktor BER II	Berlin	angereichertes Uran ($> 80\%$) 2,7 kg U-235	H_2O (H_2O)	5	$1 \cdot 10^{14}$	1973

sind. Da das gesamte System fast ausschließlich aus keramischem Material besteht und Helium keine chemischen Reaktionen eingeht, kann dieser Reaktor bei hohen Temperaturen betrieben werden und hat dementsprechend einen hohen thermischen →Wirkungsgrad.

Schnelle Brutreaktoren arbeiten mit schnellen Neutronen. Sie erlauben es, 60 bis 70% der Spaltungsenergie beider Uranisotope, ^{235}U und ^{238}U, freizusetzen, wobei ^{238}U in größerem Umfang in leicht spaltbares ^{239}Pu umgewandelt wird (Kernbrennstoff). Als Kühlmittel und Wärmeübertrager wird Natrium eingesetzt. Für einen schnellen Brüter

mit 2 000 MW elektrischer Leistung werden etwa 6 t Plutonium als Spaltstoff und etwa 100 t ^{238}U als Brennstoff benötigt. Abgereichertes Uran, das in Isotopentrennanlagen als Abfall anfällt, ist als Brennstoff gut geeignet. Das vorgelegte Plutonium wird zwar verbraucht, aber andererseits wird aus dem zugesetzten ^{238}U eine größere Menge an Plutonium erzeugt. Wenn man berücksichtigt, daß ^{235}U im natürlichen Uran nur zu 0,72% enthalten ist, so bedeutet dies eine um etwa den Faktor 100 höhere Ausnutzung des Urans.

Zu den Leistungsreaktoren gehören auch die Reaktoren für Schiffsantriebe, wie sie z. B. in dem

Kernreaktor. Tabelle 2: Verschiedene Typen von Leistungsreaktoren (Beispiele).

Reaktortyp	Brennstoff	Moderator (Kühlmittel)	Kühlmittel-temperatur in °C	Betriebs-druck in bar	Standort (Jahr der Inbetriebnahme)	Leistung in MW thermisch (elektrisch)
Gasgekühlte Reaktoren (GCR = gas cooled reactor; AGR = advanced gas cooled reactor)	Natururan	Graphit (CO_2)	340	8	Calder Hall, Großbritannien (1956)	268 (60)
	UO_2 ($\approx$ 2% angereichert)	Graphit (CO_2)	675	35	Dungeness B, Großbritannien (1975)	1 480 (640)
	UO_2 ($\approx$ 2% angereichert)	Graphit (CO_2)	407	30	Fessenheim 1, Frankreich (1975)	2 660 (930)
Siedewasser-reaktoren (BWR = boiling water reactor)	UO_2 (1,5% angereichert)	H_2O (H_2O)	286	71	Dresden 1, USA (1959)	700 (210)
	UO_2 (2,5% angereichert) + PuO_2	H_2O (H_2O)	286	71	VAK Kahl, BRD (1961)	60 (16)
	UO_2 (2,2% angereichert)	H_2O (H_2O)	286	71	KRB Grund-remmingen, BRD (1966)	801 (250)
	UO_2 (2,3% angereichert)	H_2O (H_2O)	286	71	KKB Bruns-büttel, BRD (1976)	2 292 (805)
Druckwasser-reaktoren (PWR = pres-surized water reactor)	UO_2 (2—3% angereichert)	H_2O (H_2O)	296	147	Shippingport, USA (1957)	525 (150)
	UO_2 (2,5—3,1% angereichert)	H_2O (H_2O)	312	140	KWO Obrigheim, BRD (1969)	1 050 (345)
	UO_2 (2,2—3,2% angereichert)	H_2O (H_2O)	317	158	Biblis A, BRD (1974)	3 517 (1 200)
	UO_2 (2,3—3,2% angereichert)	H_2O (H_2O)	317	158	Biblis B, BRD (1976)	3 588 (1 300)
Hochtemperaturre-aktoren (HTGR = High temperature gas-cooled reactor)	UO_2 (93% angereichert) + ThO_2 („coated particles")	Graphit (He)	750	20	Dragon, Großbritannien (1964)	20 (—)
	UO_2 (93% angereichert) + ThO_2 („coated particled")	Graphit (He)	850	11	AVR, Jülich BRD (1966)	46 (15)
Schnelle Brutreaktoren (FBR = fast breeder reac-tor)	U-Mo (75% angereichert)	— (Na:K = 70 : 30)	350	2,5	DFR Dounray, Schottland (1959)	60 (15)
	UO_2 + PuO_2	— (Na)	560	1	Phénix, Mar-coule, Frankreich (1973)	563 (250)
	UO_2 + PuO_2	— (Na)	580	1	BN-600 Swerdlowsk, ehem. UdSSR (1975)	— (630)
Schwerwasser-reaktoren (HWR = heavy water reactor bzw. PHWR = pressurized heavy water reactor)	UO_2 (1,5% angereichert)	D_2O (D_2O)	230	29	Halden, Norwegen (1959)	20 (—)
	UO_2 (nat.)	D_2O (D_2O)	299	112	Bruce, Kanada (1976)	2 515 (788)

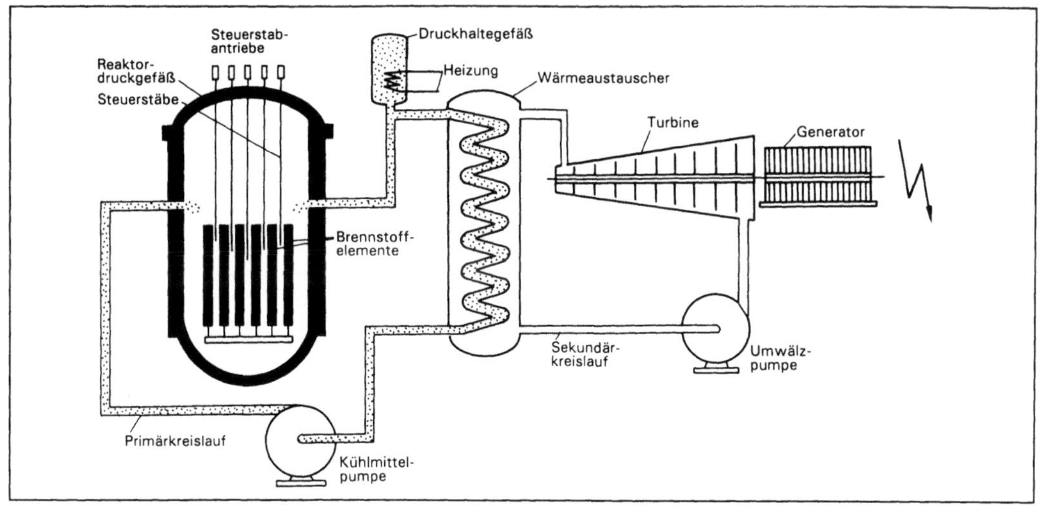

Kernreaktor: Schema eines Druckwasserreaktors.

russischen Eisbrecher „Lenin", dem amerikanischen U-Boot „Nautilus" und dem deutschen Handelsschiff „Otto-Hahn" eingesetzt wurden. Weitere Einsatzmöglichkeiten von Leistungsreaktoren wurden mehrfach diskutiert, haben sich aber nicht durchgesetzt. *Lieser*

Literatur: *Bedenig, D.:* Gasgekühlte Hochtemperaturreaktoren, Karl Thiemig, München 1972. – *Häfele, W., D. Faude, E. A. Fischer, H. J. Laue:* Fast Breeder Reactors, Ann. Rev. Nucl. Sci. 20, 393 (1970). – *Oldekop, W.:* Einführung in die Kernreaktor- und Kernkraftwerkstechnik. Teil I und Teil II, München: Karl Thiemig-Verlag 1975. – *Perry, A. M.* u. *A. M. Weinberg:* Thermal Breeder Reactors. Ann. Rev. Nucl. Sci. 22, 317 (1972). – *Smidt, D.:* Reaktortechnik. Bd. 1 und 2, Karlsruhe: G. Braun-Verlag 1976.

Kernreaktor-Fernüberwachungssystem (KFÜ).
Ein KFÜ dient zur betreiberunabhängigen staatlichen Überwachung von Kernkraftwerken in zwei Bereichen:
– Normalbetriebsüberwachung. Überwachung der radioaktiven Ableitungen im bestimmungsgemäßen Betrieb sowie EDV-unterstützte Verdichtung, Aufbereitung und Darstellung von strahlenschutzbedeutsamen Daten,
– Störfallüberwachung. Frühzeitiges Erkennen von Störfällen oder betrieblichen Unregelmäßigkeiten sowie Bereitstellung von Daten über radioaktive Emissionen und deren Auswirkungen auf die Umgebung als Entscheidungshilfe für evtl. zu veranlassende Notfallschutzmaßnahmen.

Aufbau des Meßnetzes: An bestimmten Punkten in einem Kernkraftwerk und in seiner Umgebung befinden sich Detektoren, deren Meßsignale über Satellitenstationen zur Subzentrale im Kernkraftwerk weitergeleitet werden. Dort werden die Meßsignale vorverarbeitet und zwischengespeichert. Die Meßnetzzentrale fragt über Datenfernübertragung (z. B. DATEX-L oder DATEX-P) zyklisch die einzelnen Subzentralen ab und verarbeitet und speichert die Meßwerte.

Meßwerterfassung: Die Meßstellen sind teilweise Bestandteil des KFÜ, teilweise werden die Signale von Betreibermeßstellen (Betriebsparameter) mitverwendet. Gemessen wird insbesondere die Ableitung radioaktiver Stoffe im Fortluftkamin. Dies sind
– Edelgasaktivitätskonzentration,
– Aerosolaktivitätskonzentration,
– Jodaktivitätskonzentration,
– Hochdosisleistung.

Die Abwasserüberwachung erfolgt mit betreibereigenen Meßgeräten und umfaßt die Messung der →Aktivität nach dem Abgabebehälter und im Kühlwasserrücklaufkanal sowie die dazu gehörigen Wassermengen.

Weiterhin sind an das KFÜ eine Reihe ausgewählter Betreibermeßgrößen angeschlossen wie z. B. Generatorschalter Ein/Aus, γ-Dosisleistung im Reaktorgebäude usw.

Neben diesen Emissionsmessungen werden auf dem Gelände des Kernkraftwerks die γ-Dosisleistung und in der nächstgelegenen Ortschaft die γ-Dosisleistung und die Aerosolaktivität betreiberunabhängig gemessen (Immissionen). Schließlich wird, insbesondere für die Ausbreitungsrechnung, der meteorologische Zustand erfaßt (Bild).

Satellitenstation und Subzentrale: Alle eingesetzten Meßgeräte müssen von einem (Mikro-)Rechner ansteuerbar sein und liefern neben dem eigentlichen Meßwert weitere Statussignale über ihren Zustand. Die Verbindung zwischen Meßgerät und Datenverarbeitungsanlage erfolgt über eine standardisierte Schnittstelle, die neben dem eigentlichen Meßwert (analog oder digital) weitere Signale zur Meßgerä-

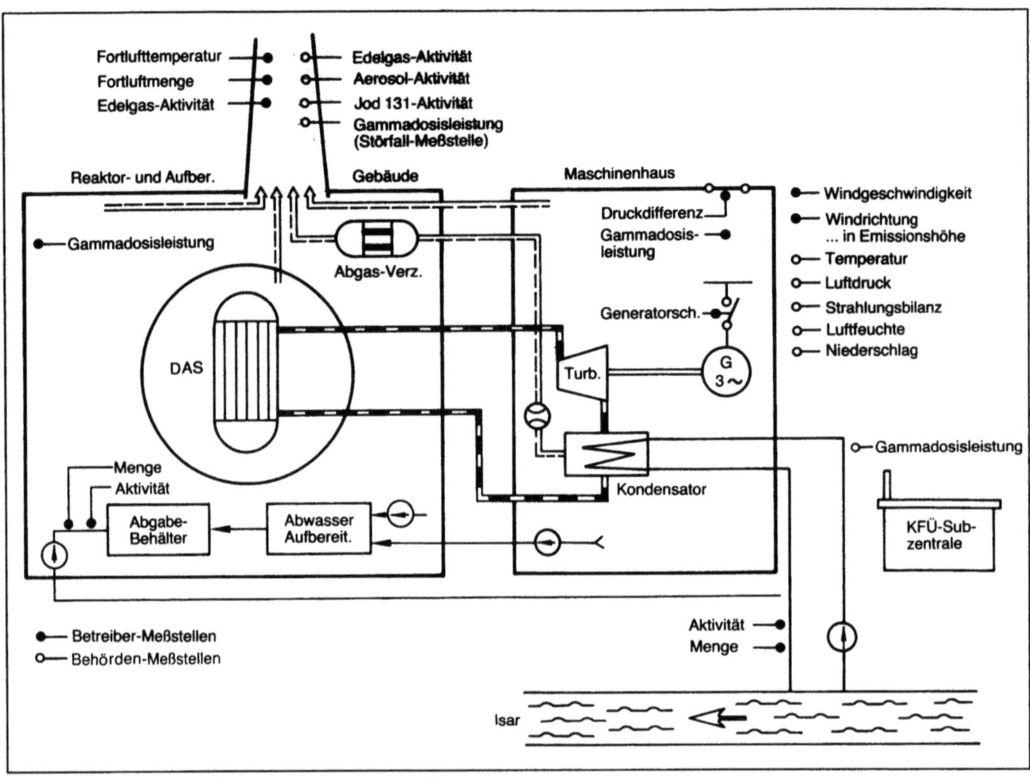

Kernreaktor-Fernüberwachungssystem (KFÜ): Anordnung der Meßstellen im Kernkraftwerk Isar.

teerkennung, zur Statusabfrage und als Steuerkommandos zur Verfügung stellt.

Von Meßgeräten, die in räumlicher Nähe der Subzentrale angeordnet sind, werden die Daten parallel über ein Interface an den Rechner in der Subzentrale übergeben, bei größerer Entfernung wird in der Satellitenstation parallel/seriell umgesetzt und über Datenfernübertragung (DFÜ) angeschlossen. Die Subzentrale übernimmt die automatische Ablaufsteuerung der Meßwerterfassung, verarbeitet die eingelesenen Meßwerte vor und speichert sie bis zum Abruf durch die Zentrale. Weiterhin stellt sie auf Anforderung durch die Zentrale die angeforderten Datenblöcke zusammen und übermittelt sie über Datenfernübertragung an die Zentrale. Treten Grenzwertüberschreitungen auf, so kann auch die Subzentrale spontan eine Datenfernübertragung veranlassen. Weiterhin überwacht sie die angeschlossenen Meßgeräte auf ordnungsgemäße Funktion.

Zentrale: Diese besteht aus einem größeren →Prozeßrechner, der mit umfangreichen Magnetplattenspeichern und Datensichtgerätesystemen ausgestattet ist. Die Hauptaufgabe liegt im Erfassen, Verarbeiten und Speichern der Meßdaten. Insbesondere die Darstellung der Ergebnisse in graphischer und tabellarischer Form ist für das Beurteilen

einer aktuellen Emissionssituation von Bedeutung. Mittels On-line-Ausbreitungsrechnung lassen sich im Normalbetrieb Abschätzungen über Langzeit-Strahlenbelastungen erstellen. In Störfällen kann der gefährdete Bereich berechnet werden. Da ein Ausfall der Zentrale das Meßnetz komplett lahm legt, ist es erforderlich, daß für diesen Fall Vorsorge getroffen wird, z. B. durch Verdoppelung der Meßnetzzentrale. *F. Schneider*

Literatur: *Eder, E., G. Gietl u. H. Starke:* Das Kernreaktor-Fernüberwachungssystem in Bayern (KFÜ) (2. Aufbauphase). Schriftenreihe Bayerisches Landesamt für Umweltschutz, H. 47 München 1981.

Kernspaltung. Die K. wurde 1938 von *O. Hahn* und *F. Strassmann* entdeckt im Rahmen von Experimenten, die mit dem Ziel durchgeführt wurden, durch Einwirkung von Neutronen auf →Uran Transuranelemente herzustellen. Dabei fanden sie Radionuklide, die erheblich leichter waren als Uran und deshalb nur durch eine Kernspaltung entstanden sein konnten.

Die Kurzschreibweise für die K. mit Neutronen ist (n, f), wobei f für „fission" steht. Z. B. bedeutet die Gleichung $^{235}U(n, f)\,^{140}Ba$, daß bei der K. von ^{235}U mit Neutronen ^{140}Ba entsteht. Die K. kann durch Neutronen, Protonen, Deuteronen, α-Teilchen oder schwere Ionen ausgelöst werden. Man unterscheidet zwischen niederenergetischer und hochenergetischer Kernspaltung. Von niederenergetischer Kernspaltung spricht man, wenn die Geschosse, welche die Spaltung auslösen, eine Energie bis zu etwa 10 MeV haben. Am wichtigsten ist die K. mit thermischen Neutronen (thermische Kernspaltung),

die als Kettenreaktion in Kernreaktoren abläuft. In Anlehnung an die allgemeine Gleichung für eine →Kernreaktion kann die niederenergetische K. mit Neutronen folgendermaßen formuliert werden:

Nuklid A + n → Nuklid B + Nuklid D + νn + ΔE

(durch Spaltung des schweren Nuklids A entstehen zwei Bruchstücke und außerdem mehrere Neutro-

Kernspaltung. Tabelle: Wirkungsquerschnitte $\sigma_{n,f}$ für die Kernspaltung mit thermischen Neutronen (Energie der Neutronen 0,025 eV).

Nuklid	$\sigma_{n,f}$ in barn	durchschnittliche Zahl der je Spaltung frei werdenden Neutronen ν	Nuklid	$\sigma_{n,f}$ in barn	durchschnittliche Zahl der je Spaltung freiwerdenden Neutronen ν
Th-227	≈200		Am-241	3,15	
228	< 0,3		242	2 900	3,22 ± 0,04
229	31		242m₁	6 600	
230	≤ 0,0012	2,08 ± 0,02	243	<0,07	3,26 ± 0,02
232	0,00004		244	2 300	
233	15		244m	1 600	
234	< 0,001				
			Cm-242	<5	2,65 ± 0,09
Pa-230	1 500		243	600	
231	≈ 0,010		244	1,2	3,43 ± 0,05
232	≈ 700		245	2 020	
233	< 0,1		246	170	3,83 ± 0,03
234	<5 000		247	90	
234 m	500		248	340	
			249	1,6	
U-230	≈ 25				
231	≈ 400		Bk-250	960	
232	75				
233	531	3,13 ± 0,06	Cf-249	1 660	
235	582	2,432 ± 0,066	250	<350	
238	< 0,0005		251	4 300	
239	≈ 14		252	32	3,86 ± 0,07
			253	1 300	
Np-234	≈900				
236	2 500		Es-254	2 900	
237	0,019		254 m	1 840	
238	2 070				
239	< 1		Fm-255	3 400	
			257	2 950	
Pu-236	165	2,30 ± 0,19			
237	2 400				
238	17	2,33 ± 0,08			
239	743	2,874 ± 0,138			
240	≈ 0,03	2,884 ± 0,007			
241	1 009	2,969 ± 0,023			
242	<0,2	2,91 ± 0,02			
243	96				

nen). ν bewegt sich zwischen etwa 2 und 3. Die Energie, die bei der K. frei wird, beträgt rund 200 MeV ($\rightarrow$Nuklide). Einige Wirkungsquerschnitte für die Kernspaltung mit thermischen Neutronen sind in der Tabelle zusammengestellt. Für g,u-Kerne wie ^{233}U, ^{235}U, ^{239}Pu und ^{241}Pu ist die Bindungsenergie eines zusätzlichen Neutrons besonders groß, sodaß die Energieschwelle für die Spaltung nach Einfang eines Neutrons leicht überschritten wird. Das bedeutet, daß die Wirkungsquerschnitte für die Kernspaltung mit thermischen Neutronen für diese Nuklide sehr groß sind ($\sigma_{n,f}$ zwischen etwa 500 und 1 000 b), und die Durchführung einer Kettenreaktion möglich ist.

Die K. durch thermische Neutronen verläuft ähnlich wie die $\rightarrow$Spontanspaltung. Ein schwerer Atomkern, z. B. ein Urankern, ist im Grundzustand eiförmig deformiert. Bei der Absorption eines Neutrons wird dessen Bindungsenergie in Höhe von etwa 6 MeV frei, die sich als Anregungsenergie auf den Kern verteilt; d. h. es bildet sich ein Compound-Kern, ähnlich wie bei anderen Niederenergie-Kernreaktionen. Der angeregte Kern führt Deformationsschwingungen aus und ändert seine Gestalt, ähnlich wie ein schwingender Wassertropfen. Die Kernkräfte, deren Wirkung mit der Oberflächenspannung eines Wassertropfens vergleichbar ist, veranlassen den Kern immer wieder, in seine ursprüngliche Form zurückzukehren. Erst wenn eine kritische Deformation erreicht wird, was nach Absorption des Neutrons etwa 10^{-15} s dauert, wird der Kern instabil. Die weiteren Vorgänge laufen sehr rasch ab. Der Kern gelangt innerhalb von etwa 10^{-20} s zum Zerreißpunkt, an dem er sich in zwei stark angeregte Spaltfragmente aufteilt, die sich infolge ihrer hohen Kernladung stark abstoßen und mit steil ansteigender Geschwindigkeit auseinanderfliegen. Bereits nach weiteren 10^{-20} s haben die Spaltfragmente etwa 90 % ihrer vollen kinetischen Energie erreicht. Ihre Anregungsenergie geben die Spaltfragmente in zwei Stufen ab, zunächst nach etwa 10^{-16} s durch Emission (Abdampfen) von Neutronen (prompte Neutronen) und dann nach etwa 10^{-11} s durch Aussenden von γ-Strahlung (prompte γ-Strahlung). Die jetzt vorliegenden Nuklide nennt man primäre Spaltprodukte. Durch eine Folge von β^-- und γ-Umwandlungen bilden sich sekundäre Spaltprodukte. Die Reihe von Nukliden, die sich auf diese Weise ineinander umwandeln, bezeichnet man als Spaltketten. Am Ende einer solchen Folge von Umwandlungen stehen stets stabile Nuklide. Ein kleiner Bruchteil (einige Promille) der freiwerdenden Neutronen wird erst nach einer β^--Umwandlung, d. h. mit einer Verzögerungszeit von etwa 0,1 bis 100 s nach der Spaltung, emittiert (verzögerte Neutronen).

Eine wichtige Besonderheit der niederenergetischen K. ist, daß bevorzugt unsymmetrische Spaltprodukte entstehen ($\rightarrow$Spaltprodukt). Der hohe Neutronenüberschuß der Spaltprodukte beruht auf dem Neutronenüberschuß der schweren Kerne, wie aus dem Bild ersichtlich ist. Da bei der Folge von β-Umwandlungen die Massenzahl konstant bleibt, ist es sinnvoll, die Spaltausbeute als Funktion der Massenzahl aufzutragen, wobei man für jede Spaltkette eine charakteristische Spaltausbeute erhält. Erhöht man die Energie der Neutronen, so steigt der Anteil der symmetrischen Spaltung. Auch bei der Spaltung von Nukliden mit niedrigerer Ordnungszahl erhöht sich der Anteil der symmetrischen Spaltung, die bei Ordnungszahlen Z < 85 überwiegt. Bei der K. treten gelegentlich auch α-Teilchen hoher Energie auf, und zwar etwa ein α-Teilchen auf 300 bis 500 Spaltungen. Man spricht auch von ternärer Kernspaltung im Gegensatz zu binärer Kernspaltung, bei der neben den beiden Spaltfragmenten nur Neutronen frei werden. Neben α-Teilchen treten bei der K. manchmal auch andere leichte Teilchen auf, aber mit sehr viel geringeren Ausbeuten, z. B. t, d, p, ^{3}He sowie Li-, Be-, B-, C-, N- und O-Isotope. Drei schwere Bruchstücke bilden sich bei der Spaltung mit thermischen Neutronen sehr selten, etwa in einem Fall auf 10^5 bis 10^6 binäre Spaltungen. Bei höheren Anregungsenergien steigt der Anteil der ternären Spaltungen stark an. Eine ternäre Spaltung in drei etwa gleich schwere Bruchstücke kann in zwei Mechanismen verlaufen: als echte ternäre Spaltung, wobei unmittelbar drei Bruchstücke entstehen, oder als Kaskadenspaltung, wobei sich eines der bei der binären Spaltung entstehenden Bruchstücke sofort nochmals spaltet.

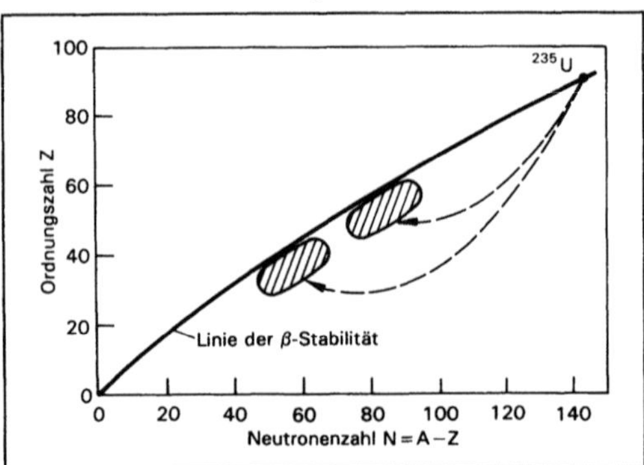

Kernspaltung: Neutronenüberschuß der bei der K. entstehenden Spaltprodukte.

Durch Geschosse höherer Energie (insbesondere Protonen) lassen sich auch Kerne spalten, die erheblich leichter sind als Uran, wobei sich das Spektrum der Produkte mit wachsender Energie der Geschoßteilchen stark ändert. Dabei beobachtet man neben der Kernspaltung auch sogenannte Spallationsreaktionen, wobei eine große Zahl von Bruchstücken entsteht. *Lieser*

Literatur: *Herrmann, G.*: Kernspaltung gestern und heute. Chemiker-Ztg. 102, 409 (1978). – *Lieser, K. H.*: Einführung in die Kernchemie. 3. Aufl. Weinheim: VCH-Verlag 1991. – *Vandenbosch, R.* u. *J. R. Huizenga*: Nuclear Fission. New York: Academic Press 1973.

Kernstruktur. Ein Atomkern der Ordnungszahl Z und der Massenzahl A ist aus Z Protonen und $N = A - Z$ Neutronen zusammengesetzt, insgesamt also aus A Nukleonen. Diese Nukleonen werden durch die (kurzreichweitigen) Kernkräfte zusammengehalten, ganz ähnlich, wie die Moleküle in einem Flüssigkeitstropfen durch kurzreichweitige intermolekulare Kräfte zusammengehalten werden. Ein Maß für die Stärke der Bindung in einem aus Z Protonen und N Neutronen zusammengesetzten Kern ist die Bindungsenergie $B(Z,N)$.

Sei nun $m(Z,N)$ die →Masse des zu diesem Kern gehörenden Atoms, sowie m_H die Masse eines Wasserstoffatoms und m_n die Neutronenmasse, dann ist die Bindungsenergie definiert durch

$$B(Z,N) = c^2 \, [Z \, m_H + N \, m_n - m(Z,N)] = c^2 \Delta m, \qquad (1)$$

wobei c die Lichtgeschwindigkeit darstellt. Es ist eine bemerkenswerte Tatsache, daß die durch Gl.(1) definierte Größe $B(Z,N)$ nicht gleich null, sondern für alle bekannten →Nuklide stets positiv ist: Ein Nuklid, welches aus Z Protonen und N Neutronen zusammengesetzt ist, besitzt stets eine geringere Masse als die Summe der Massen von Z freien Protonen und N freien Neutronen. Die in Gl. (1) auftretende Massendifferenz Δm nennt man den Massendefekt. Die zunächst paradox erscheinende Existenz eines Massendefektes ist nichts anderes als eine zwingende Konsequenz aus der von *Einstein* entdeckten Masse-Energie-Äquivalenz: Die Bindungsenergie $B(Z,N)$ ist eben genau jene Energie, die erforderlich ist, um den aus Z Protonen und N Neutronen zusammengesetzten Kern in seine Einzelnukleonen zu zerlegen.

Auf Grund der obigen Definition enthalten die in Gl.(1) auftretenden Massen m_H und $m(Z,N)$ auch noch Z Elektronenmassen sowie die elektronischen Bindungsenergien. In der Definition Gl. (1) der Kern-Bindungsenergie heben sich zwar die Elektronenmassen, nicht jedoch die elektronischen Bindungsenergien vollständig heraus. Da die elektronischen Bindungsenergien im Vergleich zur Kern-Bindungsenergie gering sind, pflegt man diesen kleinen Beitrag zu vernachlässigen. Der Grund, weshalb man mit atomaren Massen statt mit Kernmassen rechnet, liegt in der Art ihrer Messung: Sie werden überwiegend massenspektroskopisch, d. h. an Atomionen gewonnen, die den größten Teil ihrer Elektronenhülle mit sich tragen.

Ein wichtiger Sachverhalt ist die näherungsweise Proportionalität von $B(Z,N)$ und A; damit ist näherungsweise $B(Z,N)/A \approx \text{konst.} \approx 8$ MeV. Hieraus ergibt sich der Sättigungscharakter der Kernkräfte.

Eine mehr ins einzelne gehende Diskussion der Kernstruktur wird nachfolgend im Zusammenhang mit den verschiedenen Kernmodellen gegeben.

□ *Kernmodell.* Ein Kernmodell beschreibt quantitativ einen Teilaspekt des Kernaufbaus:
– Tropfenmodell,
– Schalenmodell,
– Nilsson-Modell,
– BCS-Modell,
– Kurbelmodell,
– selbstkonsistentes Einteilchenmodell.

□ *Tropfenmodell.* Der Sättigungscharakter der Kernkräfte legt die Analogie zu einem inkompressiblen Flüssigkeitstropfen nahe, wobei Sättigung bedeutet, daß jedes →Nukleon nur mit seinen nächsten Nachbarn bis zum Abstand r_0 in Wechselwirkung steht. Diese Tatsache führt dazu, daß die Bindungsenergie $B(Z,N)$ in guter Näherung proportional zur Massenzahl A ist. Außerdem folgt, daß die Materiedichte und die Energiedichte im Kern konstant sind und das Kernvolumen proportional zur Massenzahl A ist. Bei diesen Überlegungen ist vernachlässigt, daß die Nukleonen an der Kernoberfläche weniger nächste Nachbarn im oben erläuterten Sinn haben. Dies wiederum führt dazu, daß eine Verringerung der Bindungsenergie erfolgt, die proportional zur Kernoberfläche, also zu $A^{2/3}$, ist. Die Kernoberfläche ist, besonders bei schweren Kernen, nur wenig diffus. Man kann also einen recht genauen Kernradius angeben:

$$R_A = r_0 \cdot A^{1/3} \quad r_0 = 1{,}2 \, [\text{fm}] \, .$$

Aus dem bis jetzt Gesagten kann man eine semi-empirische Massenformel angeben:

$$B(N,Z) = a_v \, A + a_s \, A^{2/3} + a_c \, \frac{Z^2}{A^{1/3}} + a_I \, \frac{(N-Z)^2}{A}$$
$$+ \, \delta(A) \, .$$

Dabei ist der dritte Term die Coulomb-Energie einer homogen geladenen Kugel vom Radius R_A. Der vierte Term trägt der Tatsache Rechnung, daß bei Abwesenheit der Coulomb-Energie Kerne mit $N = Z$ besonders stabil sind, was bei leichten Kernen auch durch das Experiment belegt wird. Der letzte Term schließlich berücksichtigt in empirischer Weise die Unterschiede von Kernen mit gerader und ungerader Neutronen- bzw. Protonenzahl. Zu betonen ist, daß die letzten beiden Terme nicht im Rahmen des Tröpfchenmodells wirklich begründet werden. Allgemein ist zu sagen, daß dieses Modell und seine Verfeinerungen nur auf kollektive Phänomene, d. h. bei denen viele Nukleonen zusammenwirken, angewendet werden können.

□ *Schalenmodell.* Das Schalenmodell kann als das komplementäre Modell zum Tröpfchenmodell angesehen werden, weil es auf die Ein-Teilchen-

Freiheitsgrade der Kerne abhebt. Ausgangspunkt für die Formulierung des Modells war die Entdeckung sog. magischer Zahlen 2, 8, 20, 28, 50, 82, 126. Diese Zahlen beziehen sich auf Protonen und Neutronen, mit der Ausnahme von 126, das nur bei Neutronen vorkommt. Auffallend ist, daß jeweils das Nukleon nach der magischen Zahl besonders schwach gebunden ist; das dritte Neutron oder Proton ist überhaupt nicht gebunden (^{5}He und ^{5}Li). Bei einer magischen Nukleonenzahl ist die Zahl der stabilen Isotope besonders groß. So hat z. B. Zinn $Z = 50$ zehn natürlich vorkommende Isotope; ähnliches gilt für Blei $Z = 82$. Magische Kerne haben eine besonders stabile Nukleonenkonfiguration. All dies deutet darauf hin, daß die magischen Zahlen als Schalenabschlüsse gedeutet werden müssen. Dazu ist zweierlei notwendig: Zum ersten muß man plausibel machen, daß die Kerndynamik in guter Näherung durch ein gemeinsames mittleres Potential beschrieben werden kann. Zum zweiten muß dieses Potential die experimentell gefundenen magischen Zahlen, d. h. Schalenabschlüsse, liefern. Beide Forderungen können erfüllt werden. Letztlich rechtfertigt jedoch der Erfolg den Ansatz. Ein Potential, das die magischen Zahlen reproduziert, ist durch

$$V(r) = \frac{m\omega^2}{2}\, r^2 + d \cdot \frac{(\hbar\omega)^2}{2mc^2}\, (\vec{\ell} \cdot \vec{s}) \text{ gegeben.}$$

Dabei ist m die Nukleonmasse, ω die klassische →Frequenz des Oszillators und d eine dimensionslose Konstante, welche die Stärke der Spin-Bahn-Kopplung festlegt. Die aus der Atomphysik bekannte Relation für die Radiusabhängigkeit der Spin-Bahn-Kopplung

$$V_{ls} = \left(\frac{\hbar c}{2mc^2}\right)^2 \frac{1}{r}\frac{d}{dr}\, V(r), \quad V(r) = \frac{e^2}{r},$$

kann man hier nicht anwenden.

Setzt man nämlich das Oszillatorpotential

$$\frac{m\omega^2}{2}\, r^2$$

ein, so bekommt man eine viel zu schwache Spin-Bahn-Kopplung. Diese Schwierigkeit wird erst gelöst, wenn man ein Schalenmodell mittels der Dirac-Gleichung formuliert. Deswegen wurde stets eine dimensionslose Konstante, hier d genannt, eingeführt, um die experimentellen Daten zu erklären. Es war der Verdienst von *M. Goeppert-Mayer* und *J. H. D. Jensen,* zu zeigen, daß die Einführung einer starken Spin-Bahn-Kopplung mit dem umgekehrten Vorzeichen wie in der Atomphysik die empirischen Schalenabschlüsse und die Ordnung der Energieniveaus innerhalb der Schalen richtig beschreibt.

An dieser Stelle sei bemerkt, daß das Schalenmodell es nicht erlaubt, die Bindungsenergie eines Kerns zu berechnen. Nur Energiedifferenzen, d. h. Anregungsenergien, können angegeben werden.

□ *Nilsson-Modell.* Im Jahre 1955 erweiterte *S. G. Nilsson* das Schalenmodell für deformierte Kerne, d. h. für Kerne von Ellipsoidform. Das Potential für dieses Modell hat die Form

$$\frac{m\omega^2}{2}\, r^2 + d\, \frac{(\hbar\omega)^2}{2mc^2}\, \vec{\ell} \cdot \vec{s} + \beta\, \frac{m\omega^2}{2}\, r^2\, Y_2^0(\vartheta, \varphi).$$

Die Flächen konstanten Potentials sind Rotationsellipsoide. Solche Kerne zeigen in ihren Spektren nicht nur Einteilchenanregungen, sondern auch kollektive Rotations- und Vibrationsanregungen. An diesem Punkt findet man wieder den Anschluß an das Tröpfchenmodell, in dem solche Anregungszustände die einzig möglichen sind. Für deformierte Kerne mit gerader Neutronen- und Protonenzahl dominieren die gerade genannte Anregungstypen →Rotation und Vibration, während bei Kernen mit ungerader Neutronen- oder Protonenzahl die kollektiven Anregungen sich auf den Einteilchenzuständen aufbauen, was zu komplexen Spektren führt. Falls Neutronen- und Protonenzahl ungerade sind, wird die Situation noch komplexer: wegen der Vielfalt von Kombinationsmöglichkeiten der Zustände von ungeradem Neutron und Proton, vor allem bei deformierten Kernen. Eine wesentliche Größe ist der Deformationsparameter, der neben den Energieniveaus auch das elektrische und das Massenquadrupolmoment bestimmt. *Nilsson* hat gezeigt, daß sich der Deformationsparameter β durch Variation der Energie E (β), d. h. aus der Gleichung

$$\frac{\partial E(\beta)}{\partial \beta} = 0$$

bestimmen läßt. Damit ist ein zunächst willkürlicher Parameter durch die Dynamik festgelegt.

□ *BCS-Modell.* Es ist bekannt, daß die Nukleon-Nukleon-Wechselwirkung generell anziehend ist und dann besonders stark, wenn sich zwei gleichartige Nukleonen (p,p) (n,n) in einem Zustand mit →Bahndrehimpuls und Spin gleich null befinden. Eine Konsequenz davon ist, daß alle Kerne mit geradem N und Z, sog. g-g-Kerne, im Grundzustand den Gesamtdrehimpuls Null haben. Von dieser Regel gibt es keine Ausnahme. Man sieht sofort, daß hier der Bahndrehimpuls l die gleiche Rolle wie der →Impuls p im Supraleiter spielt. Man kann den Formalismus übernehmen und bekommt ohne Schwierigkeiten eine Energielücke zwischen dem Grundzustand O$^+$ und den angeregten Zuständen 2$^+$ 4$^+$ 6$^+$. Die Energielücke ist groß gegen die Aufspaltung der Zustände 2$^+$ 4$^+$ 6$^+$ . . .

□ *Kurbelmodell.* Dieses Modell geht auf *D. Inglis* zurück und gibt eine semi-klassische Beschreibung der Kernrotation. Dabei wird der Drehimpuls nur im Mittel erhalten. Der Hamilton-Operator hat die Form

$$H' = H - \omega\, J_x;$$

ω Drehfrequenz, J_x Drehimpulsoperator.

Die Schrödinger-Gleichung wird gelöst mit der →Nebenbedingung

$$\langle J_x \rangle = J;$$

J ganz- od. halbzahlig. Das Trägheitsmoment Θ folgt dann aus $\Theta = \dfrac{J}{\omega}$. Die Nebenbedingung $\langle J_x \rangle = J$ wird mit Hilfe des Lagrange-Parameters ω erfüllt.

Wird der Hamilton-Operator als der des Schalenmodells (deformiert) gewählt, findet man für das Trägheitsmoment Θ den Wert des starren Kreisels, was nicht mit dem Experiment übereinstimmt. Werden jedoch Paarkorrelationen berücksichtigt, kommt man in Übereinstimmung mit den experimentellen Resultaten. In diesem Fall zeigen alle Trägheitsmomente eine beträchtliche Variation mit dem Drehimpuls J. Der Grund ist die starke Corsolis-Wechselwirkung, welche die Paarkorrelationen aufbricht. Die ursprünglich parallel zur Symmetrieachse liegenden Einteilchendrehimpulse werden partiell in die dazu senkrechte Richtung des Drehimpulses J_x ausgerichtet.

□ *Selbstkonsistentes Einteilchenmodell.* Es besteht kein Zweifel, daß man die beschriebenen Modelle aus einer Theorie, die auf die Nukleon-Nukleon-Wechselwirkung zurückgeht, herleiten müßte, etwa in Analogie zur Hartree-Fock-Methode in der Atomphysik. Dies ist wegen der im Vergleich zur Coulomb-Wechselwirkung sehr viel komplexeren N-N-Wechselwirkung bis jetzt nicht gelungen. Was bis jetzt erreicht wurde, ist eine Lösung mit sog. Modellkräften, die nur die wesentlichen Züge der wirklichen Wechselwirkung enthalten. Wegen der starken Paarkraft zwischen gleichartigen Nukleonen ist die Hartree-Fock-Methode nicht ausreichend. Sie liefert nur das mittlere oder Schalenmodellpotential. Man hat die Hartree-Fock-Bojoljubov-Methode anzuwenden, die die Hartree-Fock- und BCS-Methode zusammenfaßt. Damit wird den beiden wichtigsten Aspekten der Kernkräfte (mittleres Potential und Paarkorrelationen) Rechnung getragen. *Mang*

Literatur: *Mang, H. J.:* Annual Review of Nuclear Science. Vol. 14 (1964).

Kerntechnik. Die K. beschäftigt sich mit der technischen Nutzung der →Kernenergie. Dazu gehören vor allem die Entwicklung und der Betrieb von Kernreaktoren (→Kernreaktor), die Herstellung von Kernbrennstoffen (→Kernbrennstoff) und die Fertigung von Brennstoffelementen (→Brennstoffelement) sowie die Handhabung, Weiterverarbei-

tung und Lagerung der beim Betrieb von Kernreaktoren anfallenden radioaktiven Abfälle.

Ein wichtiges Teilgebiet der Weiterverarbeitung ist die →Wiederaufarbeitung der abgebrannten Brennstoffelemente, wodurch der →Brennstoffkreislauf geschlossen wird. Beim Betrieb von Brutreaktoren ist die Wiederaufarbeitung notwendig, um den in diesen Reaktoren erzeugten Kernbrennstoff zu gewinnen.

In Anlehnung an den Brennstoffkreislauf kann man die in der Kerntechnik verwendeten kerntechnischen Anlagen folgendermaßen unterteilen:

□ Anlagen zur Uranerzverarbeitung. Diese Anlagen befinden sich im allgemeinen am Ort der Uranerzgewinnung. Die Produkte sind Urankonzentrate, z. B. Ammoniumdiuranat (ADU).

□ Anlagen zur Herstellung von reinen Uranverbindungen und von Kernbrennstoffen. Hier handelt es sich meist um zentrale Fabriken, in denen die Urankonzentrate zu reinem Uranhexafluorid (UF_6) verarbeitet werden, das zur →Isotopentrennung $^{235}U/^{238}U$ an Isotopentrennanlagen weitergeleitet wird. In den gleichen Fabriken erfolgt meist auch die Weiterverarbeitung des angereicherten Urans zu Kernbrennstoffen, wie Urandioxid-Pellets oder Stäben aus metallischem →Uran. In diesen Fabrikationsanlagen kann auch das Uran aus der Wiederaufarbeitung der abgebrannten Brennstoffelemente verarbeitet werden sowie parallel dazu in weiteren Fabrikationsanlagen das bei der Wiederaufarbeitung gewonnene →Plutonium. Bei der Verarbeitung von hoch angereichtem Uran oder von Plutonium sind besondere Vorsichtsmaßnahmen im Hinblick auf die Kritikalität erforderlich, was bedeutet, daß immer nur begrenzte Mengen umgesetzt bzw. gelagert werden dürfen, um die Auslösung einer Kettenreaktion zu vermeiden. Kernbrennstoffe können aus Uran, Uranverbindungen, aus Plutoniumverbindungen oder aus Mischungen von Uran- und Plutoniumverbindungen (z. B. Mischoxide) hergestellt werden (→Kernbrennstoff).

□ Isotopentrennanlagen. In diesen Anlagen werden die Uranisotope ^{235}U und ^{238}U getrennt bzw. angereichert. Für die Verwendung in Leichtwassergekühlten Leistungsreaktoren reichert man im allgemeinen auf einen Gehalt von etwa 3 % ^{235}U an (das natürliche Uran enthält 0,72 % ^{235}U). Für spezielle Forschungsreaktoren (Kernreaktor) benötigt man eine Anreicherung auf etwa 90 % ^{235}U (hoch angereichertes Uran). Für die Isotopentrennung des Urans in technischem Maßstab verwendet man meist Diffusionsanlagen (→Diffusion von gasförmigem UF_6) oder Ultrazentrifugen, die ebenfalls mit gasförmigem UF_6 arbeiten (→Isotopentrennung).

□ Anlagen zur Brennelementfertigung. Diese Anlagen sind meist mit den Anlagen zur Herstellung von

Kernbrennstoffen kombiniert. Die Kernbrennstoffe werden dabei so verarbeitet, daß sie in Kernreaktoren eingesetzt werden können (→Brennstoffelement). Z. B. werden Urandioxid oder Mischoxide aus Urandioxid und Plutoniumdioxid zu kompakten Tabletten (Pellets) von etwa 1 cm Durchmesser und 1 cm Höhe verarbeitet und in Röhren von mehreren Metern Länge gefüllt, die dann in Form eines Bündels zu einem Brennelement montiert werden.

□ Kernreaktoren. Im Mittelpunkt aller kerntechnischen Anlagen stehen die Kernreaktoren (Kernreaktor). Ihr Zweck ist die Energiegewinnung. Die Kernbrennstoffe werden in Form von Brennelementen zugeführt. Die bei der →Kernspaltung freiwerdende thermische Energie (Kernenergie) wird durch ein Kühlmittel als Energieträger abgeführt (Primärkreislauf) und entweder direkt oder indirekt über Wärmeübertrager und einen Sekundärkreislauf in einer Turbine mit Generator in elektrische Energie umgesetzt. Gegebenenfalls kann die thermische Energie auch direkt genutzt werden. Im Primärkreislauf des Reaktors finden chemische Reaktionen statt (→Reaktorchemie). In Wasser-moderierten Reaktoren wird das als Kühlmittel verwendete Wasser laufend konditioniert und in Ionenaustauschern gereinigt. Diese Ionenaustauscher fallen als Abfall mit verhältnismäßig niedriger →Aktivität an. Die Brennstoffelemente werden nach einer Betriebszeit von etwa 3 Jahren entnommen und in einem Zwischenlager in der Nähe des Kernreaktors unter Wasser vorübergehend gelagert, bis die kurzlebigen Radionuklide zerfallen sind. Anschließend werden die abgebrannten Brennstoffelemente an eine Wiederaufarbeitungsanlage oder zur weiteren Lagerung weitergegeben.

□ Wiederaufarbeitungsanlagen. In den Wiederaufarbeitungsanlagen werden die abgebrannten Brennstoffelemente zerlegt, der Brennstoff wird aufgelöst, und Uran und Plutonium werden in möglichst reiner Form abgetrennt. Sie können in die Brennstofffertigung zurückgeführt werden (→Wiederaufarbeitung, nuklearer →Brennstoffkreislauf). Die Spaltprodukte fallen als hochradioaktive Abfälle an (HAW), außerdem werden Abfälle mittlerer Aktivität (MAW) und niedriger Aktivität (LAW) erhalten. Diese radioaktiven Abfälle werden in weiteren Anlagen zu stabilen lagerfähigen Produkten verarbeitet.

□ Anlagen zur Weiterverarbeitung radioaktiver Abfälle. Diese Anlagen sind meist mit Wiederaufarbeitungsanlagen kombiniert. Der hochradioaktive Abfall (HAW) wird in eine beständige Form überführt, die langfristig gelagert werden kann, vorzugsweise in Glas. Die Abfälle mittlerer Aktivität (MAW) werden, soweit möglich, in ihrem Volumen reduziert und ebenfalls in eine stabile lagerfähige Form überführt, vorzugsweise durch Einbetonieren oder Einrühren in Bitumen. Die Abfälle niedriger Aktivität (LAW) werden vorzugsweise durch Fällungsverfahren aufgearbeitet, um die darin enthaltenen Radionuklide abzutrennen und diese dann mit dem Abfall mittlerer Aktivität vereinigen zu können. Wenn man die abgetrennten Brennstoffelemente nicht aufarbeitet, muß man sie ebenfalls so verarbeiten bzw. verpacken, daß sie langfristig gelagert werden können.

□ Auch die Lager für radioaktive Abfälle gehören zu den kerntechnischen Anlagen. Bevorzugt wird die Lagerung unter Tage, für die man geeignete geologische Formationen aussuchen muß, z. B. Salzstöcke. Diese Lager müssen sorgfältig ausgewählt, für die Lagerung hergerichtet und laufend überprüft werden. Eine Lagerung über Tage wird im allgemeinen nur als eine Übergangslösung angesehen.

Die Nutzung der Fusionsenergie (→Kernenergie) in Fusionsreaktoren ist technisch noch nicht möglich. Ein wichtiger Zweig der Fusionsreaktortechnologie ist die Tritiumtechnologie, weil die Fusion von →Tritium am leichtesten realisierbar ist. Hierbei steht die Erzeugung und Handhabung von großen Mengen Tritium im Mittelpunkt. In Fusionsreaktoren fallen im Gegensatz zu Kernreaktoren keine Spaltprodukte und keine Actiniden an (→Spaltprodukt), sondern nur Aktivierungsprodukte, insbesondere solche, die durch Neutroneneinfang aus dem Wandmaterial der Fusionsreaktoren entstehen. Die Probleme der nuklearen →Entsorgung gestalten sich deshalb bei Fusionsreaktoren einfacher. Allerdings muß man dem Tritium besondere Aufmerksamkeit schenken. *Lieser*

Literatur: *Adam, H.:* Einführung in die Kerntechnik. München und Wien: Oldenbourg 1967. – *Oldekop, W.:* Einführung in die Kernreaktor- und Kernkraftwerkstechnik. Teil I und Teil II, München: Karl Thiemig-Verlag 1975. – *Rietzler, W. u. W. Walcher:* Kerntechnik. Stuttgart: Teubner-Verlag 1958. – *Smidt, D.:* Reaktortechnik. Bd. 1: Grundlagen, Bd. 2: Anwendungen, 2. Aufl. Karlsruhe: G. Braun Verlag 1976.

Kesselformel. Mit Hilfe zweier K. werden Spannungen in der Wand zylindrischer Hohlkörper in Längs- und Umfangsrichtung ermittelt, wenn der Körper (Rohr oder Kessel-Mittelteil) durch einen Innendruck p_i beaufschlagt wird. Auch der Außendruck spielt eine Rolle. Die exakten Formeln für ein Rohr mit dem Außenradius r_a und dem Innenradius r_i für die Mittelwerte $\bar{\sigma}$ der Spannungen lauten:

$$\text{Längsspannung:} \quad \bar{\sigma}_{zz} = \frac{p_i r_i^2 - p_a r_a^2}{r_a^2 - r_i^2} \quad \text{und}$$

$$\text{Umfangsspannung:} \quad \bar{\sigma}_{\psi\psi} = \frac{p_i r_i - p_a r_a}{r_a - r_i}.$$

Sie werden meist für $r_a \approx r_i \approx r$ und $r_a - r_i = s$ vereinfacht zu

$$\sigma_{zz} \approx \frac{(p_i - p_a)\, r}{2\, s} \text{ und } \sigma_{\psi\psi} \approx \frac{(p_i - p_a)\, r}{s}. \qquad Besdo$$

Kettenbruch. Ein K. ist ein Ausdruck der Form

$$b_0 + \cfrac{a_1}{b_1 + \cfrac{a_2}{b_2 + \cfrac{a_3}{b_3 + \ \dots}}} \qquad (1),$$

der entweder nach einem Glied b_k abbricht oder formal unendliche viele Glieder besitzt. Aus Gründen der Platzersparnis schreibt man für den K., Gl. (1), abkürzend

$$b_0 + \frac{a_1|}{|b_1} + \frac{a_2|}{|b_2} + \frac{a_3|}{|b_3} + \dots$$

Sind alle a_ν gleich 1, so wird auch die Schreibweise

$$[b_0, b_1, b_2, b_3, \dots]$$

verwendet. Bricht man einen K. nach dem Glied $\frac{a_k}{b_k}$ ab, so entsteht ein k-ter Näherungsbruch. Sein Zähler A_k und sein Nenner B_k sind ganze rationale Funktionen der Elemente a_ν, b_ν ($\nu \leq k$). Sie lassen sich mit Hilfe der Formeln

$$A_{-1} := 1, \ A_0 := b_0, \ B_{-1} := 0, \ B_0 := 1,$$
$$A_\nu := b_\nu A_{\nu-1} + a_\nu A_{\nu-2},$$
$$B_\nu := b_\nu B_{\nu-1} + a_\nu B_{\nu-2} \quad (\nu = 1, 2, 3, \dots)$$

rekursiv gewinnen. Ferner besteht die →Gleichung

$$A_\nu B_{\nu-1} - A_{\nu-1} B_\nu = (-1)^{\nu-1}\, a_1 a_2 \dots a_\nu.$$

Ein unendlicher K. heißt konvergent, wenn die →Folge seiner Näherungsbrüche konvergiert. Sind die Elemente Funktionen einer Variablen und konvergiert die Folge der Näherungsbrüche gleichmäßig bez. dieser Variablen, so heißt der K. gleichmäßig konvergent. Konvergieren alle K.

$$b_\nu + \frac{a_{\nu+1}|}{|b_{\nu+1}} + \dots \quad (\nu = 0, 1, 2, \dots),$$

so heißt der K., Gl. (1), unbedingt konvergent. Zahlreiche Konvergenzkriterien wurden aufgestellt. Sind alle a_ν gleich 1 und alle b_ν positiv, so konvergiert der K., Gl. (1), dann und nur dann, wenn die

$$\rightarrow \text{Reihe } \sum_{\nu=0}^{\infty} b_\nu \text{ divergiert.}$$

Gilt $|b_j| \geq |a_j| + 1$ für $j = 1, 2, \dots$, so konvergiert der K., Gl. (1), und besitzt einen Grenzwert vom Betrag höchstens 1.

K. spielen bei der Untersuchung der Struktur von Zahlen, bei der rationalen Approximation von Zahlen und Funktionen, bei der analytischen Fortsetzung und bei der Lösung von →Differentialgleichungen zweiter Ordnung eine wichtige Rolle:

Jede reelle irrationale Zahl läßt sich durch einen K., Gl. (1), darstellen, bei dem b_0 eine ganze Zahl, alle a_ν gleich 1 und alle b_ν ($\nu \geq 1$) natürliche Zahlen sind. Diese Darstellung ist eindeutig. Die Näherungsbrüche sind in einem gewissen Sinn beste rationale Näherungen. Ein K. der Form

$$c_0 + \frac{a_1 x^{r_1}|}{|\,1} + \frac{a_2 x^{r_2}|}{|\,1} + \frac{a_3 x^{r_3}|}{|\,1} + \dots \qquad (2)$$

mit einer Konstanten c_0, einer Variablen x, den Koeffizienten a_ν und den ganzzahligen positiven Exponenten r_ν heißt ein C-K. Zu jedem unendlichen K. dieser Art gibt es eine (eindeutig bestimmte) korrespondierende Potenzreihe

$$P(x) = c_0 + c_1 x + c_2 x^2 + c_3 x^3 + \dots,$$

so daß die Näherungsbrüche $A_k(x)/B_k(x)$ des K., Gl. (2), mit wachsendem k bis zu immer höheren Potenzen von x mit P(x) übereinstimmen und umgekehrt. (Ist der K. endlich, bricht er etwa nach a_n ab, so hat die →Taylor-Reihe von $A_n(x)/B_n(x)$ als Potenzreihe P(x) für $k \leq n$ diese Eigenschaft.) Für die Potenzreihe der aus der Gaußschen hypergeometrischen Funktion gebildeten Funktion

$$\frac{F(\alpha, \beta+1, \gamma+1; z)}{F(\alpha, \beta, \gamma; z)} \qquad (3)$$

lautet der korrespondierte C.-K.

$$\frac{1|}{|1} + \frac{a_1 z|}{|\,1} + \frac{a_2 z|}{|\,1} + \dots,$$

mit

$$a_{2\nu} = -\frac{(\beta+\nu)(\gamma-\alpha+\nu)}{(\gamma+2\nu-1)(\gamma+2\nu)},$$
$$a_{2\nu+1} = -\frac{(\alpha+\nu)(\gamma-\beta+\nu)}{(\gamma+2\nu)(\gamma+2\nu+1)}.$$

Schneidet man die z-Ebene von 1 nach $+\infty$ auf, so gilt für alle z, die nicht dem Schnitt angehören, bis auf Pole

$$\frac{F(\alpha, \beta+1, \gamma+1; z)}{F(\alpha, \beta, \gamma; z)} = \frac{1\ |}{|\,1} + \frac{a_1 z|}{|\,1} + \frac{a_2 z|}{|\,1} + \dots,$$

wobei unter dem linken Ausdruck die analytische Fortsetzung der Funktion, Gl. (3), zu verstehen ist, die in der aufgeschnittenen z-Ebene existiert.

Für eine homogene lineare Differentialgleichung zweiter Ordnung

$$y = Q_0(x) y' + P_1(x) y''$$

mit analytischen Funktionen Q_0 und P_1 berechnet man rekursiv

$$Q_\nu := \frac{Q_{\nu-1} + P'_\nu}{1 - Q'_{\nu-1}}, \qquad P_{\nu+1} := \frac{P_\nu}{1 - Q'_{\nu-1}}.$$

Dann gilt unter gewissen Voraussetzungen

$$y/y' = Q_0 + \frac{P_1|}{|Q_1} + \frac{P_2|}{|Q_2} + \dots \qquad \textit{Schmeißer}$$

Literatur: *Henrici, P.:* Applied and computational complex analysis. Bd. 2. New York 1977. – *Jones, W. B., u. W. J. Thron:* Continued fractions. London 1980. – *Khovanskii, A. N.:* The application of continued fractions and their generalizations to problems in approximation theory. Groningen (NL) 1963. – *Perron, O.:* Die Lehre von den Kettenbrücken. 2 Bde. Stuttgart 1954 und 1957. – *Wall, H. S.:* Analytic theory of continued fractions. New York 1948.

Kettenlinie.

Mathematik. Eine ebene →Kurve, die sich als Gleichgewichtsform eines biegsamen Seils (einer Kette) bei Aufhängung zwischen zwei festen Punkten einstellt (*Jakob Bernoulli* 1691). Ihre Gleichung ist gegeben durch

$$y = \frac{a}{2}\left(e^{\frac{x}{a}} + e^{-\frac{x}{a}}\right),$$

wobei $(0, a)$ der Scheitelpunkt ist.

Die Kurve liegt symmetrisch zur y-Achse. Sie kann als die Rollkurve des Brennpunkts einer →Parabel gewonnen werden, die auf einer Geraden abrollt. Die Involute der K. ist die Traktrix (Bild). *W. L. Fischer*

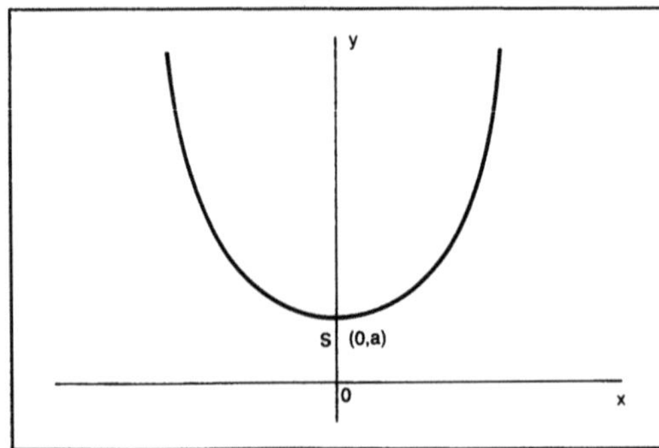

Kettenlinie (Mathematik).

Mechanik. Als K. (Bild) wird die Gestalt bezeichnet, die ein Seil oder eine als homogenes Kontinuum behandelte Kette unter Wirkung des Eigengewichts, das wie eine konstante Streckenlast q je Element der Bogenlänge s wirkt, einnimmt. Sie ist dadurch bestimmt, daß der Horizontalanteil S $\cos\alpha$ der Seilkraft S(s) konstant sein und die Differenz zweier Vertikalanteile q $\cdot$ Δs entsprechen muß:

S $\cos\alpha$ = S_0 = Seilkraft bei α = 0, d(S $\sin\alpha$) = q ds.

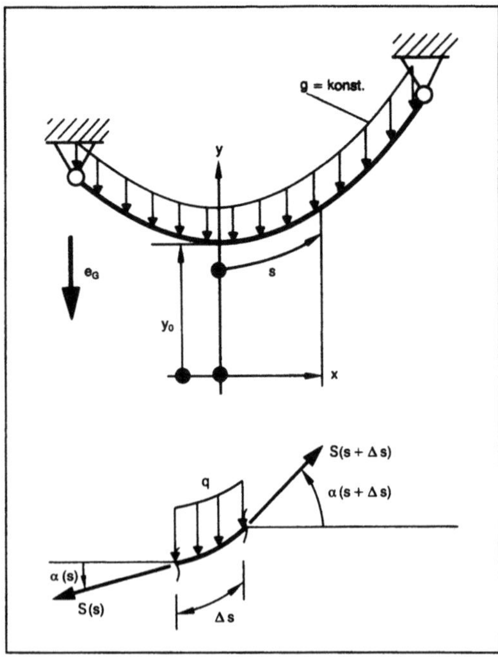

Kettenlinie (Mechanik): Form und Kräfte.

Man erhält zunächst dα/ds = (q/S_0)$\cos^2\alpha$ und damit (s = 0 bei α = 0) : s = (S_0/q)tanα = (S_0/q)y'(x) und schließlich:

y = y_0 cosh (x/y_0) mit y_0 = S_0/q. *Besdo*

Kilogramm. SI-Basiseinheit der Masse. Einheitenzeichen kg (→Einheiten des SI). *Hammerschmidt*

Kinematik. Die K. beschäftigt sich mit der Beschreibung von Bewegungen, ohne deren Ursache zu untersuchen. Es werden vor allem Zusammenhänge zwischen Orten und deren Veränderungen, Geschwindigkeiten und Beschleunigungen hergestellt und in kinematischen Diagrammen abgebildet. Dabei spielt die Bahn des Punkts eine Rolle.

Bei der Beschreibung der Bewegung ausgedehnter Körper wird in der K. im engeren Sinn die Bewegung starrer Körper behandelt, wobei die Begriffe →Winkellage, →Winkelgeschwindigkeit, →Winkelbeschleunigung und Bezugspunkt wichtig werden. Bei der Geschwindigkeitsverteilung vor allem für den Fall der ebenen K. sind →Momentanpol und -schraube von Bedeutung. Bewegungen sind z. T. Translationen und Rotationen. Ein Körper kann rollen (→Rollen) oder gleiten.

Betrachtet man Punkte oder Körper von Bezugssystemen aus, die sich selbst bewegen, entsteht die Relativ-K., für die die Euler-Differentiationsregeln entscheidend sind.

Die K. von Kontinua ist zunächst wie die einzelner Punkte zu sehen. Alle Größen sind jedoch Funktionen des Orts, an dem sich der Körper in einer Bezugskonfiguration befindet. Auch wird es erforderlich, die Deformationen zu beschreiben. Dazu gehören auch die Formänderungen, die Formänderungsgeschwindigkeiten und die Drehungen ($\rightarrow$Mechanik-Einteilung). *Besdo*

Kinematik, ebene. Die e. K. beschreibt die technisch wichtigen Bewegungen, bei denen alle Geschwindigkeiten parallel zu einer (x,y-)Ebene gerichtet sind und ausschließlich von den $\rightarrow$Koordinaten dieser Ebene und der Zeit abhängen, z. B. also:

$$\vec{v} = v_x \, \vec{e}_x + v_y \, \vec{e}_y = \vec{v}\,(t,\,x,\,y).$$

Von Ortsvektoren verwendet man meist allein ihre Projektionen auf die x,y-Ebene.

Die Winkelgeschwindigkeits- und -beschleunigungsvektoren besitzen im Fall der e. K. nur eine z-Komponente:

$$\vec{\omega} = \omega \, \vec{e}_z;\ \ \dot{\vec{\omega}} = \dot{\omega}\, \vec{e}_z.$$

Die Winkelgeschwindigkeiten und -beschleunigungen werden dann meist durch Drehpfeile gekennzeichnet. *Besdo*

Kinetik des Massenpunkts. Die Kinetik stellt den Zusammenhang zwischen der Bewegung, wie sie die $\rightarrow$Kinematik beschreibt, und den sie verursachenden Kräften her. Sie entstand in der heutigen Form mit dem $\rightarrow$Newton-Grundgesetz zunächst für Körper, deren Drehungen eine untergeordnete Rolle spielten, weil sie in Anbetracht der Entfernungen relativ klein waren; nämlich Planeten, die um die Sonne kreisten. Sie waren im Sinn dieser Mechanik Punkte, denen Masse zugeordnet wurde, also Massenpunkte oder Punktmassen. Für diese – einzeln oder als Punkthaufen – wurde die Kinetik weit entwickelt.

Von Bedeutung sind Begriffe wie $\rightarrow$Arbeit und Energie, Arbeits- und Energiesatz, $\rightarrow$Drall, $\rightarrow$Impuls, $\rightarrow$Leistung und Masse. Auf der Seite der Kräfte benötigt man die Kraftgesetze, um Bewegungsgleichungen aufstellen zu können. Wichtige Basis waren historisch die Kepler-Gesetze der Planetenbewegung. Heute spielen in der Raumfahrt die Fluchtgeschwindigkeit und ähnliche Grenzwerte eine Rolle. Traditionelle Elemente der Kinetik sind $\rightarrow$Wurf einschl. des freien Falls und schiefe Ebene ($\rightarrow$Mechanik-Einteilung). *Besdo*

Kinetik des starren Körpers. Von der $\rightarrow$Kinetik des Massenpunkts gelangt man über dichtgepackte Punkthaufen oder als Grenzfall der Kontinuumsmechanik zur K. d. s. K., in der man dem $\rightarrow$Drallsatz in seinen vielen Formulierungen (Drallsätze für starre Körper) und dem $\rightarrow$Massenmittelpunkt erhebliche

Bedeutung zumessen muß. Der Arbeits- und Energiesatz wird ebenso modifiziert. Vor allem wird die kinetische Energie wie der $\rightarrow$Drall mit Hilfe von Massenträgheitsmomenten ausgedrückt. In einer formalen Übersetzung durch die Einführung von Trägheitskräften wird die Kinetik zur $\rightarrow$Kinetostatik. Solche Trägheitskräfte treten auch in den bewegten Bezugssystemen der $\rightarrow$Relativkinetik auf. Unter voller Nutzung der Gesetze der Kinetik unter Einbeziehung (konservativer) rücktreibender Kräfte entstehen schließlich schwingungsfähige Systeme.

Typische Anwendungen der K. d. s. K. sind die Kreiselmechanik sowie ein großer Teil der Maschinen- und der Systemdynamik. *Besdo*

Kinetostatik. Nach einer Idee von *d'Alembert* kann man das $\rightarrow$Newton-Grundgesetz $\vec{F} = m\vec{a}$ auch als

$$\vec{F} - m\vec{a} = \vec{0}$$

sehen und $-m\vec{a}$ als Trägheitskraft deuten, die man in einer $\rightarrow$Statik einschl. dieser Kräfte in die Gleichgewichtsbedingungen einbringt. Man muß bei Körpern und Systemen von Massenpunkten selbstverständlich deren Wirkungslinien beachten. Bei starren Körpern trägt man $-m\vec{a}_c$ im $\rightarrow$Massenmittelpunkt an, bei Kontinua verwendet man die zusätzliche Volumenkraft $-\rho\vec{a}$.

Speziell bei starren Körpern hat man auch die Wirkung des Drallsatzes zu übertragen. Hier geht man von der stets gültigen Form

$$\vec{M}_{ex}{}^{(c)} = \dot{\vec{L}}{}^{(c)}$$

aus und berücksichtigt $-\dot{\vec{L}}{}^{(c)}$ als Trägheitsmoment. Davon unberührt bleibt, daß man $\vec{L}^{(c)}$ aus $^{(c)} = \mathbf{J}^{(c)} \cdot \vec{\omega}$ oft unter Benutzung der Eulerschen Differentiationsregel bildet.

Den Umgang mit Trägheitsmomenten kann man vermeiden, wenn man auch bei starren Körpern Trägheits-Volumenkräfte $-\rho\vec{a}$ oder (bei Balken) Trägheits-Streckenlasten $-\rho A\vec{a}$ usw. einführt. So ermittelt man auch die durch die Kinetik bedingten Beanspruchungsgrößen. *Besdo*

Klang, musikalischer. $\rightarrow$Schall, der einer beliebigen nichtsinusförmigen, aber periodischen Schwingung entspricht. Durch harmonische Analyse kann man eine K.-Analyse durchführen, bei der sich zeigt, daß der tiefste Teilton ($\rightarrow$Ton) die subjektiv empfundene K.-Höhe bestimmt (Grundton). Die übrigen Frequenzen sind ganzzahlige Vielfache des Grundtons. Das unterscheidet den K. vom Tongemisch ($\rightarrow$Geräusch), das aus Tönen beliebiger $\rightarrow$Frequenz besteht. Durch die Anzahl und relative Intensität der Obertöne unterscheiden sich die verschiedenen Musikinstrumente (Bild 1). Sie bestimmen das K.-Spektrum (K.-Farbe).

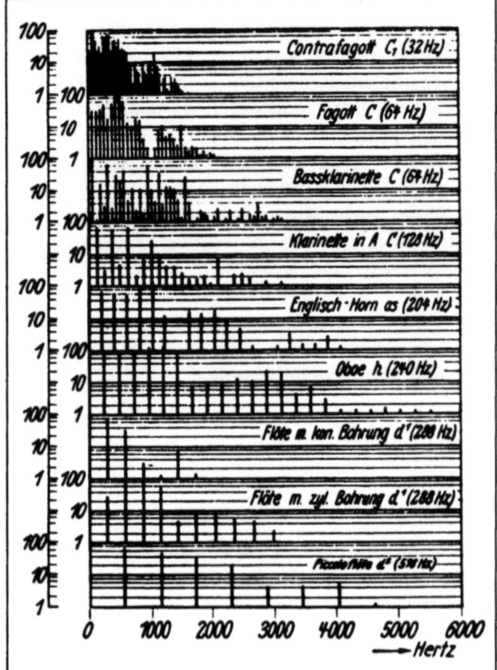

Klang, musikalischer 1: Frequenzspektrum von Holzblasinstrumenten. (Quelle: Meyer und Buchmann)

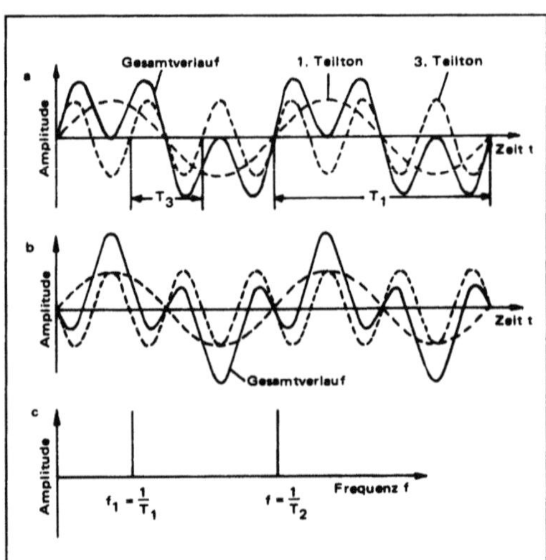

Klang, musikalischer 2: Zur Unabhängigkeit der Klangfarbe von der Phasenlage der Teiltöne.
a) Zeitverlauf zweier Schwingungen der Perioden T_1 und $T_3 = \frac{1}{3}\,T_1$ mit gleicher Phasenlage bei $t = 0$ und deren Resultierende bei Überlagerung.
b) Zeitverlauf zweier Schwingungen wie bei a) mit entgegengesetzter Phase bei $t = 0$ und deren Resultierende bei Überlagerung.
c) Zugehöriges Klangspektrum.

Der subjektiv durch das menschliche Ohr wahrgenommene K. ist unabhängig von der Phasenlage der Obertöne untereinander und zum Grundton. Es gibt daher unendlich viele verschiedene Formen von Schwingungen, die die gleiche K.-Farbe besitzen (Bild 2). *Helbig*

Klassengenauigkeit →Meßgerät, elektrisches

Klassifikation der Elemente. Ordnung der chemischen Elemente nach ihrer Verteilung in der Atmosphäre (atmophil) und Biosphäre (biophil) sowie verschiedener Bereiche des Erdkörpers (sidero-, chalko- und lithophil).

Der geochemische Charakter eines Elementes hängt weitgehend von der Elektronenkonfiguration der Atome ab. Daraus erklärt sich auch die chemische Verwandtschaft von im Periodensystem benachbarten Elementen. Nach *V. M. Goldschmidt* (1923) ist der geochemische Charakter eines Elementes das Ergebnis seiner Affinität zu metallischem Eisen (siderophil), Schwefel (chalkophil) und Sauerstoff (lithophil, Bildung von Silikaten und Oxiden). Atmophile Elemente sammeln sich in der Atmosphäre, biophile in organischer Materie. *H. Washington* (1920) unterschied metallogene (Sulfidbildner) und petrogene (Oxid-, Silikatbildner) Elemente. *K. K. Rankama* und *Th. Sahama* (1950) sprechen von sulfophilen und oxiphilen Elementen.

Siderophil: Fe, Co, Ni; Ru, Rh, Pd; Os, Ir, Pt; Au; Ge, Sn, (Pb); C, P, (As); Mo, (W); Re;

Chalkophil: Cu, Ag; Zn, Cd, Hg; Ga, In, Tl; (Ge), (Sn), Pb; As, Sb, Bi; (Mo); S, Se, Te; Fe, (Co), (Ni); (Ru), (Pd), (Pt);

Lithophil: Li, Na, K, Rb, Cs; Be, Mg, Ca, Sr, Ba; (Zn), (Cd); B, Al, Sc, Y; La, Ce, Pr, Nd, Sm, Eu, Gd, Tb, Dy, Ho, Er, Tm, Yb, Lu; Th, U; Ga, (In), (Tl); C, Si, Ti, Zr, Hf; (Ge), (Sn), (Pb); V, Nb, Ta; P, As; O, Cr, W, Mn, (Fe), (Co), (Ni); H, F, Cl, Br, I;

Atmophil: H, C, N, O, I, Hg, He, Ne, Ar, Kr, Xe;

Biophil: H, C, N, O, P, S, Cl, (Na), (Mg), (K), (Ca), (Fe), (B), (F), (Si), (Mn), (Cu), (I). *Möller*

Literatur: *Rösler, H. J.* u. *H. Lange:* Geochemische Tabellen. Stuttgart: F. Enke-Verlag 1976.

Klassifizierung leittechnischer Einrichtungen. Einteilung der leittechnischen Einrichtungen analog VDI/VDE 2180, Blatt 3, in die Klassen
– MSR-Betriebseinrichtungen,
– MSR-Überwachungseinrichtungen (→Überwachungseinrichtung) und
– MSR-Schutzeinrichtungen (→Schutzeinrichtung),
um sie aufgabengerecht und mit wirtschaftlich angemessenem Aufwand auslegen und betreiben sowie

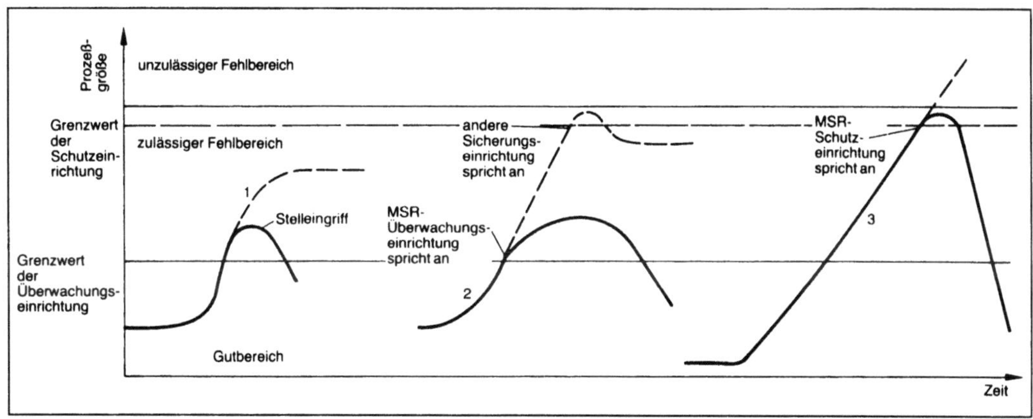

Klassifizierung leittechnischer Einrichtungen: Schematische Darstellung der Wirkungsweise von Überwachungs- und Schutzeinrichtungen (nach VDI/VDE 2180, Blatt 3). Der Grenzwert der Schutzeinrichtung ist unter Berücksichtigung der Dynamik der Prozeßgröße so einzustellen, daß diese den unzulässigen Fehlbereich nicht erreicht.

Verantwortlichkeiten klar abgrenzen zu können. Besondere Bedeutung hat das Unterscheiden zwischen Überwachungs- und Schutzeinrichtungen: Von – in größeren Unternehmen in die Tausende gehenden – Sicherungseinrichtungen sind, um die Instandhaltungsanforderungen glaubhaft machen zu können, die wenigen wirklich wichtigen auszuwählen.

Das Bild zeigt schematisch die unterschiedliche Wirkungsweise von MSR-Überwachungs- und MSR-Schutzeinrichtungen. Nach VDI/VDE 2180 wird zwischen Gutbereich, zulässigem und unzulässigem Fehlbereich unterschieden. Schutzeinrichtungen sind nur solche, die die Prozeßgröße davor bewahren, den unzulässigen Fehlbereich zu erreichen (Bild, Kurve 3). Kann die Prozeßgröße den unzulässigen Fehlbereich verfahrensbedingt nicht erreichen (Bild, Kurve 1) oder ist die leittechnische Einrichtung einer anderen Schutzeinrichtung, z. B. einem Sicherheitsventil, vorgeschaltet (Bild, Kurve 2), ist die leittechnische Einrichtung als Überwachungseinrichtung zu klassifizieren (→ Anlagensicherung). *Strohrmann*

Literatur: VDI/VDE 2180 Blatt 3: Sicherung von Anlagen der Verfahrenstechnik mit Mitteln der Meß-, Steuerungs- und Regelungstechnik. Klassifizierung von Meß-, Steuerungs- und Regelungseinrichtungen. Ausg. Dez. 1984.

kleinstes gemeinsames Vielfaches. Für ganze von null verschiedene Zahlen a_1, a_2, ..., a_n heißt die kleinste natürliche Zahl d, für die alle a_v ($v = 1, 2, ...,$ n) Teiler sind, das k. g. V. Durch Zerlegung von a_v in Primfaktoren

$$a_v = \pm \prod_{j \in \mathbb{N}} p_j^{\alpha_{vj}},$$

wobei p_j die j-te → Primzahl bezeichnet und α_{vj} nichtnegative ganzzahlige Exponenten sind, findet man

$$d = \prod_{j \in \mathbb{N}} p_j^{\delta_j}$$

mit $\delta_j = \max \{\alpha_{1j}, \alpha_{2j}, ..., \alpha_{nj}\}$. *Schmeißer*

Klothoide. Ebene Spiralkurve (Bild) mit der Parameterdarstellung

$$x = \int_0^s \cos \frac{1}{2} \pi \, \Theta^2 d\,\Theta, \quad y = \int_0^s \sin \frac{1}{2} \pi \, \Theta^2 d\,\Theta.$$

Die → Krümmung dieser → Kurve in einem Punkt P ist $\pi \cdot s$, wobei s die Länge der Kurve vom Ursprung bis P ist. Die K. wird auch erhalten dadurch, daß man die *Fresnel*-Integrale C(t) als Abzisse und S(t) als Ordinate aufträgt. Die Kurve ist in der

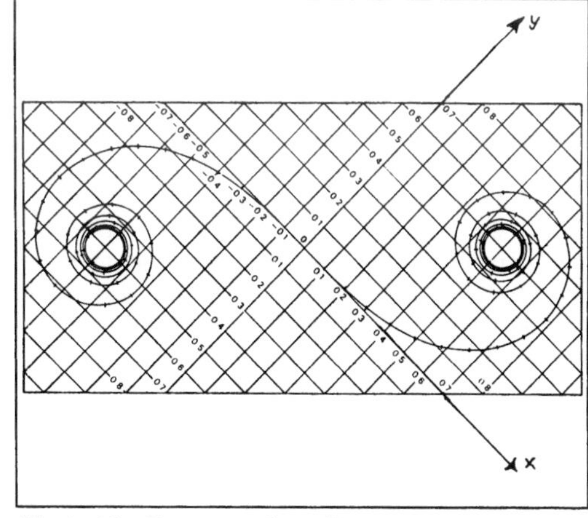

Klothoide: Parameterdarstellung.

klassischen Optik im Zusammenhang mit Problemen der Lichtbeugung von Interesse. Abstände auf dieser Kurve werden bei der Berechnung von Intensitäten des Musters verwendet, das aus der Fresnelschen Beugung resultiert (Fresnel-Integral). *Fischer*

Knicklänge →Knickung

Knickung. Das Problem der K. ist ein Spezialfall der elastischen →Stabilität. Bei ihr werden gerade Stäbe längs auf Druck belastet. Dadurch entsteht eine Normalkraft $N = -F$ (Bild). Durch kleine Störungen, auch durch Imperfektionen der Geometrie, nimmt der Träger statt der geraden Form des Druckstabs, in der er – das sei vorausgesetzt – theoretisch in Ruhe ist, zunächst kurzfristig eine andere Stellung ein. Für Kräfte F oberhalb einer bestimmten kritischen Last oder Knicklast $F = F_{krit}$ reicht die potentielle Energie (→Arbeit und Energie) in der neuen Stellung nicht mehr aus, um den durch Verschiebung der Last eingetretenen Verlust an deren potentieller Energie wettzumachen. Bei $F = F_{krit}$ ist der Körper auch in der neuen Stellung mit kleinen Durchsenkungen w im Gleichgewicht. Für $F > F_{krit}$ entsteht kinetische Energie, das System geht zu Bruch, wenn es nicht wegen der Nichtlinearitäten eine andere Ruhestellung findet. Dieser Vorgang heißt K. und begrenzt die Tragfähigkeit des Druckstabs unabhängig von der zulässigen Spannung (→Bruchhypothese).

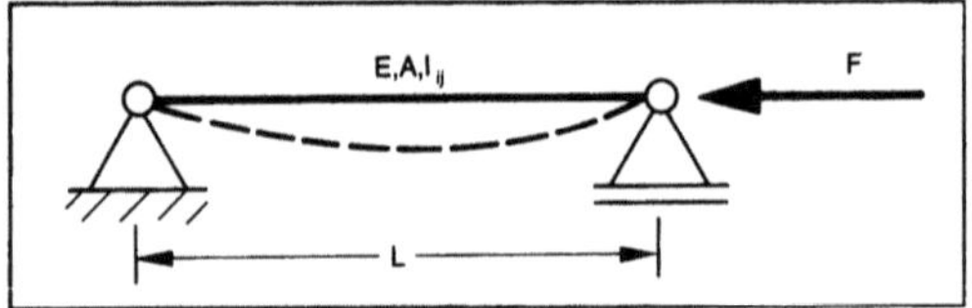

Knickung: Erster Euler-Fall.

Zur Berechnung der Knicklasten kommt man auf drei Wegen:

☐ Man benutzt das Prinzip vom Minimum der potentiellen Energie, sieht in der geraden Stellung die triviale Lösung einer Eigenwert-Aufgabe und sucht nach Werten des Parameters F, für die die 2. Variation nicht mehr positiv ist.

☐ Man sucht alle Gleichgewichtslösungen für das Problem, findet die Knicklast als Last des Verzweigungsproblems und fragt nach deren Stabilität.

☐ In beiden obigen Fällen treten an der Grenze nichttriviale Nachbarlösungen auf, die man von vornherein gezielt mit Hilfe einer die Auslenkungen w berücksichtigenden linearen Theorie 2. Ordnung suchen kann.

Als Ergebnis findet man für vier nach *Euler* benannte Euler-Knickfälle die kritischen Lasten F_{krit} als

$$F_{krit} = \alpha \, \frac{\pi^2 EI}{L^2} \, .$$

Für den skizzierten Fall gilt $\alpha = 1$, in den anderen $\alpha = \frac{1}{4}$, $\alpha = 2{,}047 \ldots$ und $\alpha = 4$. In dem Fall mit $\alpha = 2{,}047$ (3. Euler-Fall) wird ein Vorfaktor, der wenig mit π^2 zu tun hat, künstlich in die Form $\alpha\pi^2$ gebracht.

Statt der unterschiedlichen Formeln $\alpha \to \frac{1}{4}$; 1; 2,047; 4 kann man auch eine einheitliche Formel

$$F_{krit} = \pi^2 EI / \ell_k^2$$

mit der Knicklänge $\ell_k \to 2L$, L, $L/\sqrt{2{,}047}$, $L/2$ benutzen.

Die K. muß mit Sicherheit vermieden werden. Deswegen erniedrigt man den für den Knickstab zulässigen Grenzwert für F durch Division von F_{krit} durch einen Sicherheitsfaktor S_k, meist als 2,5 gewählt. Oft gibt man auch F_{krit}/F als Knicksicherheit an.

Ein Druckstab muß sowohl gegen plastisches Fließen als auch gegen K. sicher ausgelegt sein. Im Grenzbereich beider Versagensarten treten durch die Plastizierung bedingte Erniedrigungen der Knicklast (Engesser- und Tetmajer-Knickung) auf. Die K. erfolgt bei Stäben in diejenige Richtung, für die die Biegesteifigkeit besonders gering ist.

Alles das berücksichtigt das ω-Verfahren (Name: vom benutzten Formelzeichen her):

Mit dem Querschnitt A und den Hauptflächenträgheitsmomenten (→Biegung) I_I, I_{II} bildet man die Trägheitsradien

$$i_I = \sqrt{I_I / A} \quad \text{und} \quad i_{II} = \sqrt{I_{II} / A}.$$

Die Lagerung darf im Rahmen dieses Verfahrens keine schiefe Biegung erzwingen, darf aber für jede der beiden Hauptachsen unterschiedlich sein. Man sucht die beiden Knicklängen ℓ_{kI} und ℓ_{kII} und bildet den Schlankheitsgrad $\lambda = \max(\ell_{kI}/i_I, \ell_{kII}/i_{II})$.

☐ Aus materialabhängigen Tabellen dimensionsloser Zahlen λ und $\omega(\lambda)$ wird $\omega(\lambda)$ abgelesen. Mit ω wird

$$\sigma^* = \omega |N| / A$$

gebildet. Es muß $\sigma^* \leq \sigma_{zul}$ erfüllen.

Hintergrund dieses Vorgehens ist, daß man F_{krit} auch als $\sigma_{krit} \cdot A$ sehen kann. *Besdo*

Knoten. Einheit zur Angabe der Schiffsgeschwindigkeit. Einheitenzeichen kn. 1 kn = 1 Seemeile pro Stunde = 1,852 km/h = 0,514 m/s. In Deutschland keine gesetzliche Einheit. *Hammerschmidt*

Knudsen-Zahl →Kennzahlen

Koerzitivfeldstärke. Stärke des magnetischen Gegenfeldes, das notwendig ist, um einen vorher gesättigten Magneten wieder zu entmagnetisieren (Hystereseschleife). Die Koerzitivfeldstärke ist unabhängig von der Form des Magneten und stellt daher eine Werkstoffkenngröße dar. Weich- und hartmagnetische Werkstoffe unterscheiden sich vor allem in der Koerzitivfeldstärke. *Claassen*

Kohleteer. Bei der Verkokung von 1 t Kohle erhält man etwa 700 kg Koks, 300 m³ Koksofengas und 45 l K., wobei Gas und Teer Nebenprodukte sind. Nach DIN 55946 sind Teere flüssige bis halbfeste Stoffgemische, die durch zersetzende thermische Behandlung organischer Stoffe gewonnen werden.

Rohen Teer, der von Ammoniak und anderen Gasen befreit ist, kann man durch Destillieren in unterschiedliche Fraktionen trennen: Leichtöl, Carbolöl, Naphthalinöl, Waschöl und Anthracenöl. Der Rückstand, Pech, macht ungefähr 50% des K. aus. K. enthält ca. 5000–10 000 Verbindungen, von denen nur ein Teil (ca. 400) identifiziert ist.

Das durch eine Teerdestillation gewonnene Pech hat einen Erweichungspunkt zwischen 63 und 73 °C und wird als Bindemittel bei der Herstellung von Steinkohlebriketts, von Kunststoffelektroden und von Graphit- und Kunstkohleformkörpern sowie zur Anfertigung von Gußkernen in der Gießereitechnik verwendet.

Das *Anthracenöl* (20–30% des Ausgangsmaterials) wird durch Kristallisation in Ruß, Anthracen und Öle aufgetrennt. Letztere werden nach einer Mischung mit anderen Steinkohleteerkomponenten zu Steinkohlenteeröle und Teerprodukten verarbeitet. Aus dem Anthracen lassen sich Anthrachinon-Farbstoffe herstellen.

Waschöl siedet zwischen 230 und 290 °C und besteht vor allem aus Naphthalinhomologen und etwas Naphthalin. Waschöl wird zum → Auswaschen von Rohbenzol aus Kokereigasen und in technischen Teerölen und Teeren als Schwerölanteil verwendet.

Naphthalinöl besteht zum größten Teil aus Naphthalin, das mit 10% Anteil am K. die größte Einzelkomponente ist.

Carbolöl siedet zwischen 180 und 215 °C und enthält 25–35% Phenole, Kresole, Xylenole und höhere Homologe. Diese sog. Teersäuren werden durch Extraktion mit wäßrigen Alkalilösungen gewonnen.

Das *Leichtöl* wird zusammen mit dem vom Naphthalin und Phenolen befreiten Carbolöl, dem Neutralöl, aufgearbeitet. Es werden u. a. verschiedene Benzolfraktionen sowie Pyridin, Anilin und deren Homologe gewonnen. *Dohrn*

Literatur: Ullmanns Enzyklopädie der techn. Chemie. 4. Aufl. Weinheim 1972.

Kohleveredelung. Zur Erhöhung des Nutzens von Rohkohle gibt es eine Vielzahl von Veredelungsverfahren. Bild 1 zeigt einen Überblick über die wichtigsten Verfahren.

Zur Aufbereitung gehört u. a. das Abtrennen von Gesteinsbrocken (z. B. durch hydraulische Trennung, Trennung mit schweren Flüssigkeiten oder mit Hilfe von Hydrozyklonen) sowie das Zerkleinern und Klassieren.

In der zweiten Hälfte des 19. Jahrhunderts und bis weit ins 20. Jahrhundert hinein wurde aus Kohle und Koks erzeugtes Gas zum Heizen, zu Kochzwecken und zur Beleuchtung verwendet. Wegen der leichten Verfügbarkeit und der in früheren Jahren unbegrenzt erscheinenden Vorräte an Erdgas wurde künstlich erzeugtes Gas, insbes. in den USA, rasch verdrängt. Die neuen Technologien zur Kohlevergasung wurden in Europa entwickelt (→ Erdgas, synthetisches).

Eine grundlegende Reaktion der Kohleumwandlung ist die Umsetzung von Kohle mit Wasserdampf. Die wichtigsten simultanen Reaktionen sind:

$$C + H_2O = CO + H_2, \quad H^R = +118,4 \text{ kJ/mol},$$
$$CO + H_2O = CO_2 + H_2.$$

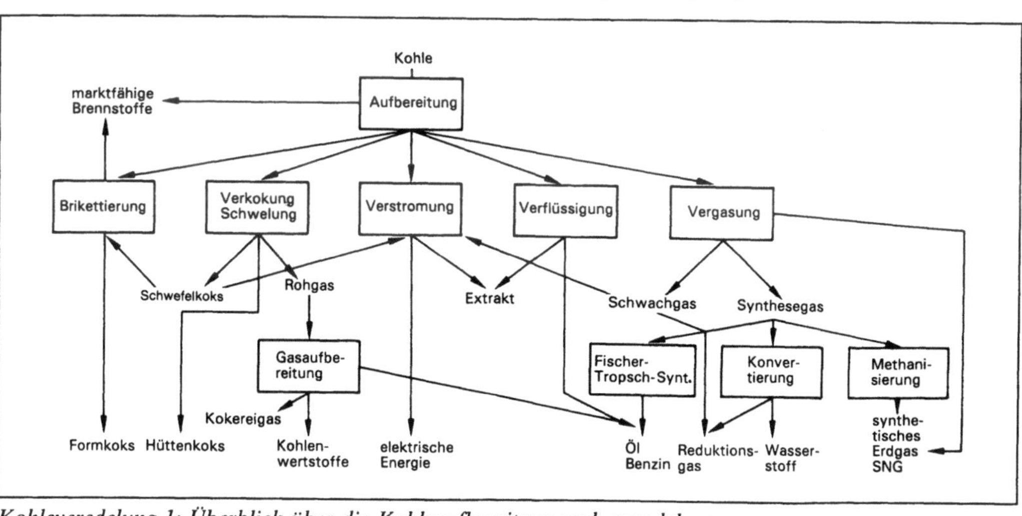

Kohleveredelung 1: Überblick über die Kohleaufbereitung und -veredelung.

Die Zusammensetzung des bei der Wasserdampfvergasung von Kohle entstehenden Gases ist in Abhängigkeit von der Temperatur bei Normaldruck in Bild 2 wiedergegeben. Mit zunehmender Temperatur steigt der Anteil an Kohlenmonoxid und Wasserstoff. Bild 3 zeigt die wichtigsten Bestandteile einer Kohlevergasungsanlage. Im folgenden seien einige Vergasungsverfahren näher erläutert.

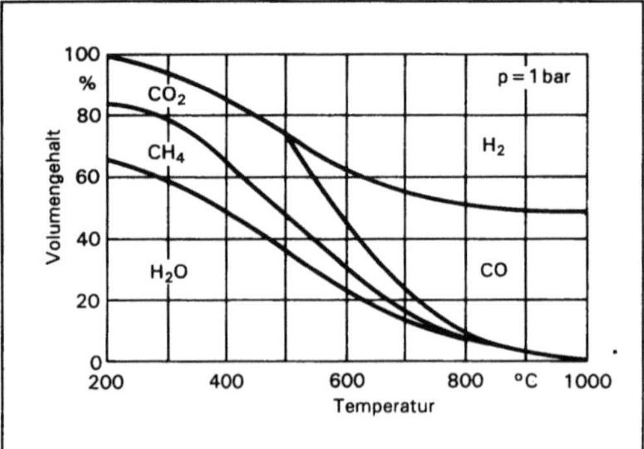

Kohleveredelung 2: Zusammensetzung des bei der Wasserdampfvergasung von Kohle entstehenden Gases bei Normaldruck in Abhängigkeit von der Temperatur.

Beim *Lurgi-Verfahren* wird Kohle unter Druck (35 bar) und unter Zufuhr von Wasserdampf und Sauerstoff bei Temperaturen von 1000–1300 K vergast. Die heute verwendeten Gaserzeuger eignen sich für alle Kohlearten und liefern 35 000 bis 50 000 m³ (Normzustand) trockenes Rohgas. 86 % der dem Vergaser zugeführten Kohle wird vergast.

der Rest in der Verbrennungszone mit Sauerstoff verbrannt. Das Rohgas verläßt den Vergasungsapparat mit einer Temperatur zwischen 370 und 600 °C je nach der eingesetzten Kohle. Es enthält Teer, Öl, Naphtha, Phenole und Ammoniak sowie Spuren von Kohle und staubförmiger Asche. Dieses Rohgas wird in einen Skrubber geführt, in dem es mit Kreislaufflüssigkeit gewaschen und abgekühlt wird, so daß schwerflüchtige Bestandteile kondensieren.

Es folgt eine Rectisolwäsche, eine physikalische →Absorption bei niedrigen Temperaturen (0 bis 60 °C), nach der das Synthesegas aus Kohlenmonoxid, Kohlendioxid und Wasserstoff besteht. Durch eine katalytische Reaktion wird dieses Gas zum größten Teil in Methan umgewandelt (Methanisierung).

Beim *Koppers-Totzek-Verfahren* erfolgt die Vergasung der Kohle in einer Flugstaubwolke bei Atmosphärendruck. Durch Zugabe relativ hoher Sauerstoffmengen werden sehr hohe Temperaturen (T > 1 800 K) erreicht, so daß die Umsatzgeschwindigkeit hoch und die erforderliche Verweilzeit klein ist. Das Rohgas enthält einen hohen Anteil an Kohlenmonoxid (ca. 58 %).

Das *Winkler-Verfahren* arbeitet bei Atmosphärendruck und Temperaturen von 1300–1500 K. Im Winkler-Generator lassen sich nur mäßig backende Kohlen verarbeiten.

Beim *Hygas-Verfahren* führt man gemahlene Kohle in einem Ölbrei dem Vergasungsreaktor zu, in dem in einer wasserstoffreichen Atmosphäre (70 bar, 650–930 °C) zwei Drittel des Methans, das im Endprodukt enthalten ist, gebildet werden. Das im Wasserstoffvergaser erzeugte Gas wird gereinigt

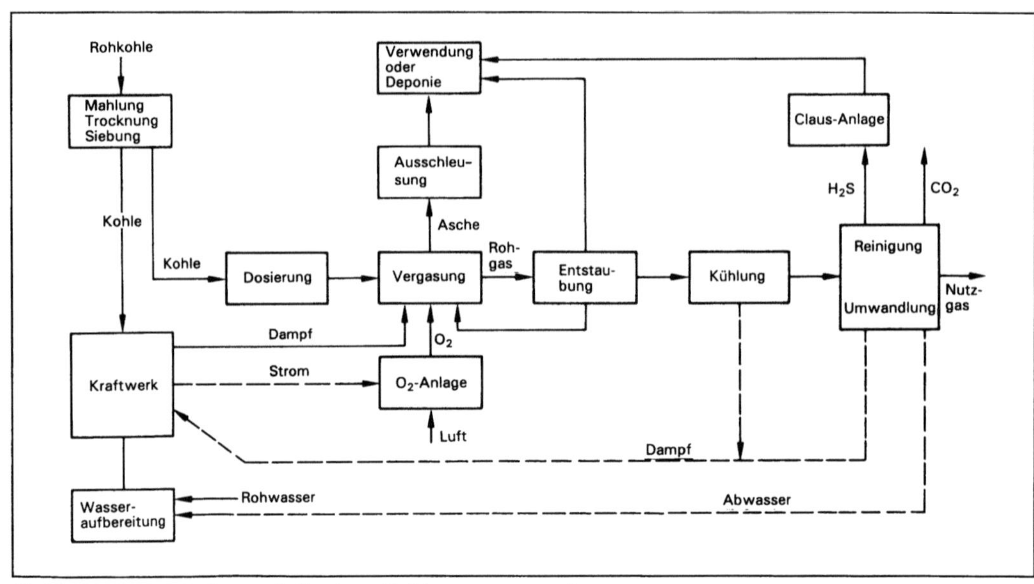

Kohleveredelung 3: Bestandteile einer Kohlevergasungsanlage.

und durch katalytische Methanisierung auf die Qualität von Rohrleitungsgas gebracht. Den Rückstand der Wasserstoffvergasung verwendet man zur Erzeugung.

Weitere Vergasungsverfahren sind das Bi-Gas-Verfahren, das Kohlendioxid-Akzeptor-Verfahren, das Hydrane-Verfahren, das Synthane-Verfahren, das Shell-Vergasungsverfahren, die partielle Vergasung (VEW), das Coed- und das Cogas-Verfahren.

Bei der In-Situ-Kohlevergasung wird Luft, Sauerstoff oder mit Sauerstoff angereicherte Luft und Wasserdampf durch ein Bohrloch in eine unterirdische Kohlelagerstätte eingebracht und über ein zweites Bohrloch das Rohgas entnommen. Bei den bisherigen Verfahren liegen die Ausbeuten nur bei 14–20%, was z. T. an unterirdischen Gasverlusten auf Grund von Porositäten liegt.

Zur *Kohleverflüssigung* wird seit 1981 von der Ruhrkohle AG und der Veba Oel AG eine Pilotanlage mit einer Kapazität von 200 t Kohle pro Tag in Bottrop betrieben. Die Kohle wird gemahlen, angemischt und zusammen mit Wasserstoff in den Hydroreaktor gepumpt. Die Hydrierung findet bei einem Druck von 300 bar und einer Temperatur von 475–485 °C statt. Dabei entsteht ein Gemisch aus flüssigen und gasförmigen Kohlenwasserstoffen. Das Rohprodukt wird in mehreren Stufen aufgearbeitet. Die gewonnenen Ölfraktionen sind Vorprodukte für die Erzeugung von Treibstoffen, Heizöl oder Rohstoffen für die chemische Industrie. Aus 200 t Einsatzkohle lassen sich 20 t Heizgas, 20 t Flüssiggas, 30 t Leichtöl und 70 t Mittelöl erzeugen.

1972 wurde in Wilsonville, Alabama (USA), eine Versuchsanlage zur Kohleverflüssigung gebaut, die seit 1976 von der Regierung und seit 1983 von der Fa. Amoco finanziell unterstützt wird. 1986 lieferte der Prozeß 65% Massenanteil destillierbare Flüssigkeiten und 7% Massenanteil Kohlenwasserstoffgase bei Versuchsbedingungen von 190 bar und 440 °C. Durch die Verringerung des Wasserstoffverbrauchs konnte man den rechnerischen Preis des flüssigen Produkts auf 35 $/Barrel reduzieren.

Weitere Forschungsaktivitäten auf dem Gebiet der Kohleverflüssigung werden in Japan von der NEDO (New Energy Development Organisation) unternommen. In Großbritannien wird in Point of Ayr (Wales) eine Pilotanlage mit einer Tageskapazität von 2,5 t Kohle errichtet. *Dohrn*

Literatur: *Franke, F. H.:* Zum Stand der Kohlevergasung. Chem. – Ing.-Techn. 50 (1978). – *Lumpkin, Robert E.:* Recent Progress in the Direct Liquefaction of Coal. Science 239 (1988), S. 873/77. – Ullmanns Enzyklopädie der techn. Chemie. 4. Aufl. Weinheim 1972.

Koinzidenzschaltung. Schaltung, um die Gleichzeitigkeit von Ereignissen zu erkennen.

In bestimmten Anwendungsfällen, wie z. B. in der Strahlungsmeßtechnik, ist es wichtig zu wissen, ob die von verschiedenen Detektoren gelieferten Impulse gleichzeitig auftreten. Dazu werden die Impulse normiert und einem UND-Gatter zugeführt (Bild). Dessen Ausgang ist nur für die Zeit mit einer logischen 1 belegt, während der die beiden Impulse sich überlappen. Das UND-Gatter liefert nur dann einen Ausgangsimpuls, wenn die beiden Impulse koinzident sind, d. h. wenn sie zusammentreffen. *Schrüfer*

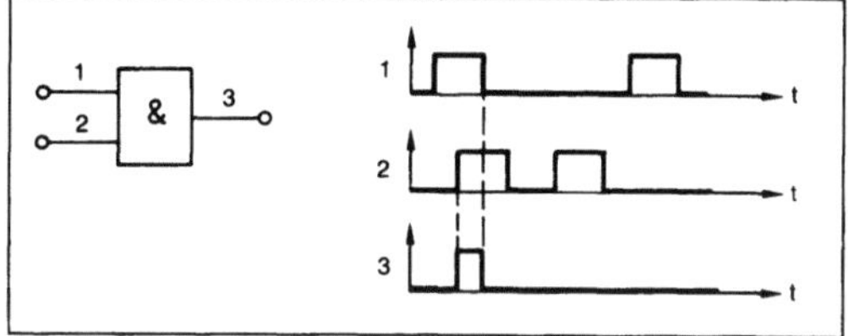

Koinzidenzschaltung: Ausführung mit UND-Gatter.

1, 2 Eingangssignale, 3 Ausgangssignal.

Kolloid. Partikel mit einer Teilchengröße von 10^{-4} bis 10^{-7} cm in feinster (kolloidaler) Verteilung in wäßrigen Lösungen.

Kolloidale Systeme zeigen verstärkte chemische und physikalische Reaktionen, die durch die extrem große festflüssige Phasengrenze gegeben sind. Kolloidale Teilchen sind elektrisch geladen und dadurch mit einer Schicht entgegengesetzt geladener Ionen in der Lösung umgeben. Die gleichsinnig aufgeladenen Partikel stoßen sich elektrostatisch ab, was ihre relative Stabilität bewirkt. Viele kolloidale Systeme zeigen, daß die Teilchen eine Oberflächenladung mit reversiblem Zeichen tragen, die vom pH-Wert der Lösung abhängig ist. Die gleiche Verbindung vermag bei verschiedenen pH-Werten unterschiedlich zu reagieren. Z. B. FeOOH trägt bei niedrigem pH-Wert eine positive, bei höheren eine negative Oberflächenladung. Daher wird FeOOH bei niedrigen pH-Werten bevorzugt Anionen, bei hohen dagegen Kationen adsorbieren. Flockt ein Kolloid aus, so wird es als Gel bezeichnet. Gele haben große Adsorptionseigenschaften und sind in der Lage, andere Oxidhydrate aus Lösungen zu binden. Dies ist ein wichtiger Prozeß bei der Gewinnung von Trinkwasser aus Oberflächenwasser.

Die Bildung vieler Mineralisationen beginnt mit dem kolloformen Absatz von Verbindungen, die erst später kristallisieren. *Möller*

Kommunikation, offene. Möglichkeit eines durchgängigen Datenaustauschs zwischen unterschiedlichen digitalen Systemen. O. K. ist eine Voraussetzung zur Integration der Computeraktivitäten eines ganzen Unternehmens zu CIM (*engl.* Computer

Integrated Manufacturing) mit den Untergruppen Unternehmensplanung, Auftragsabwicklung, Produktionsplanung, CAD (Computer Aided Design), CAP (Computer Aided Planning), CAQ (Computer Aided Quality Control) und CAM (Computer Aided Manufacturing).

O. K. läßt sich technisch realisieren durch einen standardisierten Datenverkehr, z. B. OSI (Open Systems Interconnection), LAN (Local Area Networks), MAP (Manufacturing Automation Protocol), TOP (Technical and Office Protocol) oder durch Übertragungsbaugruppen zwischen Systemen mit unterschiedlichen Datenübertragungsstrukturen. Diese Baugruppen werden meist als Gateways bezeichnet. *Strohrmann*

Komparator. Ein nichtlinearer Verstärker, mit dem man feststellen kann, ob der Informationsparameter eines Signals, z. B. die Signalspannung, größer oder kleiner als eine Bezugsgröße ist. K. haben nur zwei mögliche Ausgangszustände, die man in der Digitaltechnik häufig auch mit logisch „0" und logisch „1" bezeichnet. Wenn beim idealen K. die Eingangsgröße die Bezugsgröße erreicht bzw. durchfährt, nimmt der K. den jeweils anderen Ausgangszustand an. K. werden durch elektronische Verstärker mit hoher Verstärkung und hoher Nullpunktstabilität realisiert. Wenn man einen Operationsverstärker ohne Gegenkopplung betreibt, hat man bereits einen K. (Bild). Falls die Umschaltzeit eines solchen K. mit ca. 10 μs zu groß sein sollte,

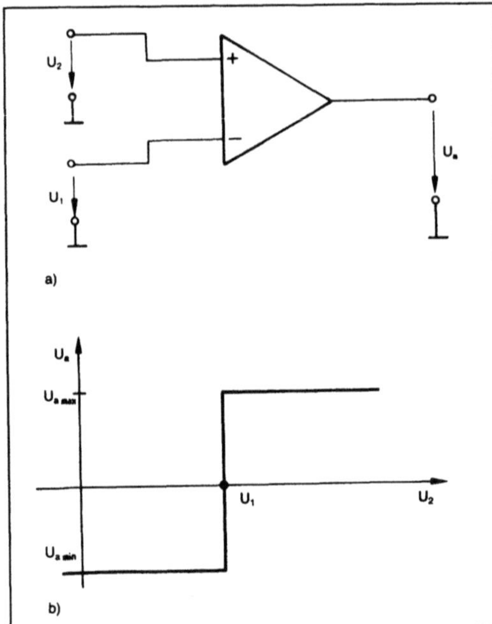

Komparator: Operationsverstärker.
a) Schaltung
b) Kennlinie.

kann man auf spezielle integrierte K.-Verstärker mit Umschaltzeiten von 1 μs bis 0,2 ns zurückgreifen.

Bei praktisch ausgeführten K. kann es vorkommen, daß die Umschaltung bei ansteigender Eingangsgröße nicht exakt bei der gleichen Bezugsgröße stattfindet wie bei abfallender Eingangsgröße. Diese Eigenschaft des K. nennt man Hysterese (→Meßgerät, elektrisches).

Anwendung z. B. beim →Analog/Digital-Umsetzer.

Ebenfalls als K. werden digitale Schaltungen zum Vergleich zweier Digitalwörter bezeichnet.

K. werden auch zur genauen →Längenmessung eingesetzt. Dabei wird der zu messende Gegenstand mit Hilfe zweier Meßmikroskope mit einem Strichmaßstab hoher Genauigkeit verglichen.

Hammerschmidt

Kompensationsdose →Thermoelement

Komplexbildung. Bildung gelöster chemischer Komplexe durch häufige in natürlichen Systemen enthaltene Liganden. Komplexbildung kontrolliert die Verteilung der chemischen Elemente zwischen fluiden und festen Phasen (Diadochie) und damit die Mobilität der Elemente.

In wäßrigen Phasen sind die OH^--, Cl^--, F^--, SO_4^{2-}-, PO_4^{3-}-, HCO_3^-- und CO_3^{2-}-Ionen neben organischen Substanzen die wichtigsten komplexierenden Anionen. Lösungen mit hoher Salinität vermögen beim Durchdringen von permeablen Gesteinsformationen Metallionen in komplexierter Form abzuführen und Lagerstätten-bildenden Prozessen zuzuführen.

K. in Schmelzen erfolgt über die Silikat- und Alumosilikat-Anionen. Höher geladene Kationen umgeben sich mit einem Sauerstoff-Polyeder. Je kleiner die zentralen Kationen sind, umso höher ist das Ausmaß der Verzerrung der Si-O-Si-Bindungswinkel. Diese Komplexe sind daher weniger stabil als vergleichbare Komplexe großer Kationen.

K. ist ein wesentlicher Migrationsfaktor (→Migration). Das Ausmaß der K. in Lösungen steigt häufig mit zunehmender Temperatur. Dadurch bewirkt sie die Mobilisierung von Ionen während metamorpher Prozesse. *Möller*

Kondensation (Keim, Stoß). Übergang aus dem dampf- oder gasförmigen in den flüssigen- oder festen Zustand. Die K. ist die Umkehrung der Verdampfung oder →Sublimation (→Dampfdruckkurve). Die meist mit Tröpfchen-(Nebel-) oder Taubildung verbundene K. wird durch Druck- oder Temperaturänderungen ausgelöst.

Ein Dampf kondensiert – sofern Wände oder genügend große und viele K.-Keime vorhanden sind –, sobald sein →Partialdruck (Teildruck) p_v einen von der Temperatur T abhängigen Gleichgewichtswert $P_v(T)$ überschreitet (p_v/P_v Übersättigung) oder wenn die Dampftemperatur T unter den →Taupunkt C (p_v) sinkt. Die Kurve des Taupunkts C (p_v) ist die Umkehrfunktion der Dampfdruckkurve $P_v(T)$. Eine technisch wichtige Rolle spielt die K. in allen Dampfturbinen, bei denen sie oft die mögliche Entspannung des Wasserdampfes begrenzt, da die Wassertropfen zerstörend auf die Turbinengitter einwirken (Erosion). Das Kondensat wird in Dampfkraftwerken hauptsächlich im Kondensator gesammelt. Ein Beispiel für K. in expandierenden Strömungen findet sich auch bei aufsteigenden Luftmassen in der Atmosphäre, in denen sich die Schönwetterwolken bilden. Eine wichtige Anwendung erfährt die K. in der Destillation.

In schnellen Strömungen ohne Energieaustausch bleibt die Entropie pro Masse konstant (adiabatische Zustandsänderung). Es ist zu beachten, daß Wasserdampf unter solchen Bedingungen durch Expansion (Druckerniedrigung) übersättigt wird und ggf. kondensiert, während dies bei Benzin und anderen Dämpfen aus großen Dampfmolekülen durch Kompression erreicht wird (retrograde K.).

Spontane K. liegt vor, wenn sich spontan aus den Dampfmolekülen sehr kleine Keime bilden (schnelle Expansion in Überschallströmungen um Ecken und in Düsen), während bei heterogener K. Fremdkeime vorhanden sind (Partikel der radioaktiven Strahlen in der Wilson-Nebelkammer, feste Partikel bei der Bildung von Nebeln und Wolken in der Atmosphäre).

Die K.-Wärme kann auf strömende Luft (z. B. Überschallexpansionen) trotz der meist geringen Dampfmasse eine große Wirkung haben und u. a. stoßähnliche Schwingungen hervorrufen. In Luft von 0 °C entspricht sie der Bewegungsenergie von etwa 9 700 J/kg Luft $= \frac{1}{2} \cdot (140 \text{ m/s})^2$, obwohl die Masse des Dampfes nur 3,9‰ der Luftmasse beträgt. *G. E. A. Meier*

Kondensator (Elektrotechnik). Elektrische Leiteranordnung in einem isolierenden Medium, die geeignet ist, elektrische Ladungen aufzunehmen. Das Verhältnis von aufgenommener Ladung Q zu notwendiger Ladespannung u bezeichnet man als →Kapazität $C = Q/u$ des Kondensators und mißt sie in →Farad (1 F = 1 As/V = 10^6 μF = 10^{12} pF). Dabei speichert der Kondensator eine elektrische →Energie der Größe $W = \frac{1}{2} Cu^2$. Ein Kondensator besteht in der Regel aus zwei großflächigen Leitern in geringem Abstand, zwischen denen sich ein Isolator hoher Permittivität und Durchschlagfestigkeit befindet. Häufige Formen sind Metallfolien mit Wachspapier (Papierkondensator), mit Polystyrol- (Styroflex-) oder Teflonfolie, mit Glimmer- oder Keramikisolation, Metallplatten in Luft, Vakuum oder Gasatmosphäre sowie Aluminium- und Tantal-Elektrolytkondensatoren.

Kondensatoren sind *dämpfungsarm*, wenn die Stromverluste in den Metallfolien durch Mehrfachzuführungen vermindert sind, *induktivitätsarm*, wenn durch bifilare Zuführungen die →Induktivität der Stromzuleitung reduziert ist, *kontaktsicher*, wenn durch Verlöten oder Verschweißen der Übergangswiderstand zwischen Anschlüssen und Metallfolien auch bei sehr kleinen Spannungen genügend klein ist, *selbstheilend*, wenn die im Kondensator gespeicherte Energie ausreicht, um eine Durchbruchstelle im Isolator durch Verdampfen der Metallfolie in der Umgebung unschädlich zu machen. *Claassen*

Kondensieren.

Physik. Werden Dämpfe oder Gase in die flüssige Phase überführt, so heißt ein solcher Prozeß *kondensieren*. Die →Kondensation ist somit der Umkehrprozeß der Verdampfung. Während also beim Verdampfen die →Dampfdruckkurve in der Richtung von der flüssigen zur dampfförmigen Phase überschritten wird, ist es beim K. entgegengesetzt. Analog zur positiven Verdampfungswärme tritt eine Kondensationswärme auf, die als negativer →Wärmeübergang abgeführt werden muß.

An glatten, netzenden Oberflächen tritt *Filmkondensation* auf, bei der ein Flüssigkeitsfilm die abscheidende Oberfläche bedeckt. Verunreinigungen bewirken ein Zerreißen des Oberflächenfilms in Tropfen bei erhöhten Wärmeübergängen. Diese Art des Kondensierens, deren Mechanismus im einzelnen nicht voll geklärt ist, heißt *Tropfenkondensation*. Oft liegen beide Arten der Kondensation als *Mischkondensation* nebeneinander vor. *Muschik*

Verfahrenstechnik. K. ist das Verflüssigen von Dämpfen reiner Stoffe, von Dampfgemischen oder von Dämpfen aus Gas-Dampf-Gemischen.

Ein Dampf kondensiert an einer Oberfläche, wenn die Oberflächentemperatur unterhalb der Sättigungstemperatur liegt. Der kondensierte Dampf, das Kondensat, schlägt sich entweder in Form von Tropfen (Tropfenkondensation) oder als zusammenhängender Film (Filmkondensation) nieder. Die Tropfenkondensation, bei der die Wärmeübergangszahlen größer als bei der Filmkondensation sind, tritt nur auf, wenn die Wand nicht benetzt wird. In den meisten Fällen ist mit einer Filmkondensation zu rechnen, für die es eine Reihe von empirischen Beziehungen zur Berechnung des Wärmeüberganges gibt.

Kondensatoren werden häufig als Rohrbündelkondensatoren gebaut, die sich von Rohrbündelwärmeübertragern kaum unterscheiden. Meistens wird das Kühlwasser durch die Rohre und der zu kondensierende Dampf durch den Rohrraum geführt (Bild). Kondensatoren können auch als Einspritzkondensator oder Luftkühler gebaut werden. *Dohrn*

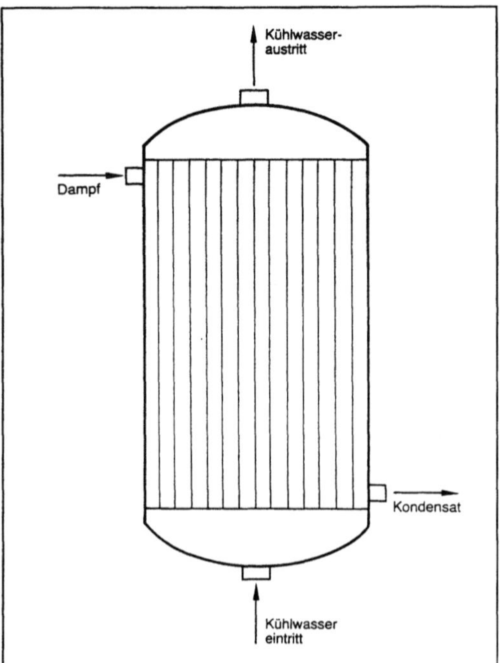

Kondensieren (Verfahrenstechnik): Schematischer Aufbau eines Rohrbündelkondensators.

Literatur: *Grassmann, P., u. F. Widmer:* Einführung in die thermische Verfahrenstechnik. Berlin 1974.

Konfigurierung. Auswahl und Verknüpfen vorprogrammierter (dedizierter) Programmbausteine, z. B. für PID-Regelung, Grenzwertüberwachung, Bildschirmdarstellungen und für Formate von Protokolldruckern, zum Anwenderprogramm, das auf die in Programmbausteinen vorliegenden Funktionen eingeschränkt ist. Manche Systeme sehen neben den fest vorprogrammierten auch freiprogrammierbare Programmbausteine vor, die in das konfigurierte Programm eingebunden werden und so den Funktionsvorrat anwendungsbezogen erweitern können, ohne auf die wesentlichen Vorteile der K. verzichten zu müssen.

Zum Konfigurieren sind im allgemeinen keine Softwarekenntnisse erforderlich. Die durch Konfigurieren zusammengesetzte Programme sind – weil die Programmbausteine ausgetestet sind – weitgehend fehlerfrei (→Programmbaustein, dedizierter; →Programmpaket). *Strohrmann*

konforme Abbildung. Es seien R und T euklidische Räume, G ein Gebiet in R und f eine Abbildung von G in T. Dann heißt f lokal konform, wenn f in jeder hinreichend kleinen Umgebung eines Punktes von G differenzierbar, umkehrbar, winkeltreu und orientierungserhaltend ist (Bild 1).

Schneiden sich in $z \in G$ zwei Bögen unter einem Winkel α, so schneiden sich die Bilder dieser Bögen im Punkt f(z) ebenfalls unter dem Winkel α. Die Orientierung der Winkel bleibt dabei erhalten. Eine lokal k. A. f heißt konform, wenn sie auf G jeden ihrer Werte nur einmal annimmt, also eine injektive →Funktion ist.

□ Komplexe Ebene. Besonders genau untersucht wurde der Fall, daß R und T die euklidische Ebene $\mathbb{R}^2$ ist, die durch die umkehrbar eindeutige Zuordnung

$$\mathbb{R}^2 \leftrightarrow \mathbb{C} \text{ mit } (x,y) \leftrightarrow x + iy$$

als komplexe Zahlenebene gedeutet werden kann. Dann gilt folgende einfache Aussage: Eine Abbildung f von einem Gebiet $G \subset \mathbb{C}$ in $\mathbb{C}$ ist genau dann lokal konform, wenn f auf G holomorph ist und die Ableitung f' auf G nirgends den Wert Null annimmt. Das Bild G' von G ist dabei immer ebenfalls ein Gebiet. Dieses kann jedoch bei der Abbildung überlappt werden, wie das Beispiel in Bild 2 zeigt.

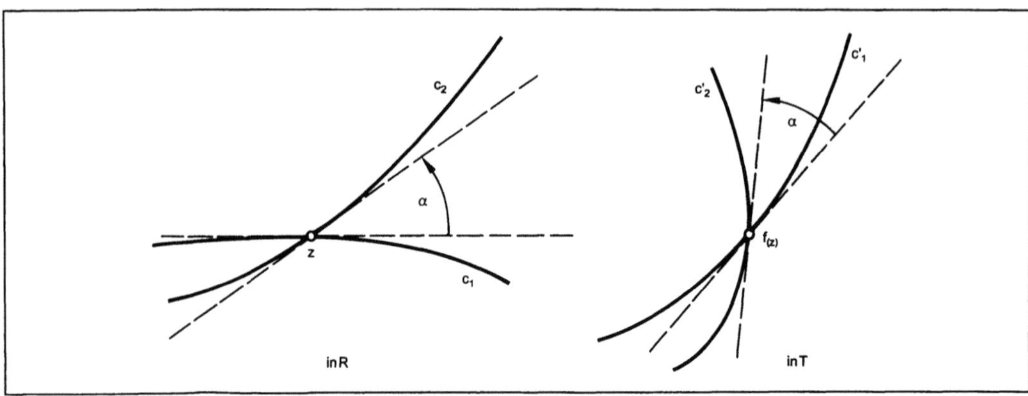

konforme Abbildung 1: Lokal k. A.

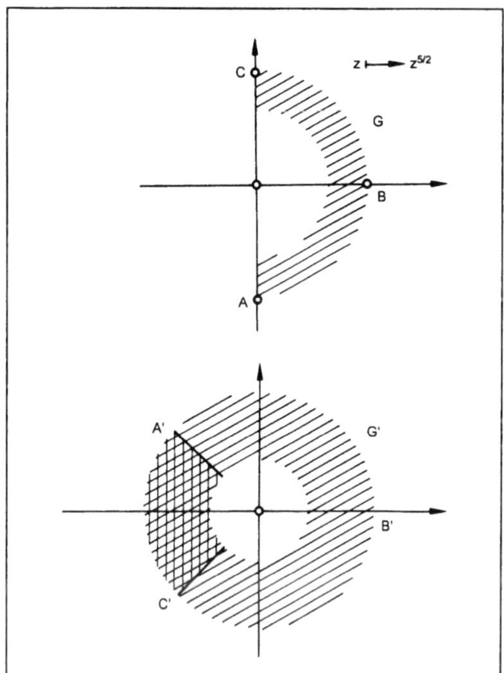

konforme Abbildung 2: Überlappung bei einer komplexen Ebene.

Der stark schraffierte Bereich wird überlappt

Um eine auf G (global) k. A. zu erhalten, muß man noch fordern, daß die holomorphe Funktion $f: G \to \mathbb{C}$ injektiv ist. Man nennt dann f auch eine schlichte Funktion oder biholomorphe Abbildung. Oft ist es wünschenswert, den Punkt ∞ zuzulassen. Die →Winkelmessung in ∞ wird dazu mit Hilfe der Abbildung $z \mapsto 1/z$ auf Winkelmessung im Nullpunkt zurückgeführt. Dann erweist sich eine Abbildung $f : G \to \overline{\mathbb{C}}$ eines Gebiets $G \subset \overline{\mathbb{C}}$ als konform, wenn sie auf G meromorph und injektiv ist.

Die k. A. eines Gebietes G auf sich bilden mit der Komposition als Verknüpfung eine Gruppe, genannt die Automorphismengruppe von G. Ferner wird durch k. A. eine Äquivalenzrelation für Gebiete definiert. Dabei heißen zwei Gebiete äquivalent, wenn sie konform aufeinander abbildbar sind. Die Frage nach allen k. A. eines beliebigen Gebietes G läßt sich daher auf die folgenden beiden Teilprobleme reduzieren:
– Bestimmung der Äquivalenzklasse von G unter Angabe eines möglichst einfachen Repräsentanten G_0;
– Bestimmung der Automorphismengruppe von G_0.

Sind G und G′ zwei konform äquivalente Gebiete, so ergeben sich alle k. A. von G nach G′ als

$f = \psi \circ h \circ \varphi^{-1}.$

Dabei ist φ bzw. ψ irgendeine fest gewählte k. A. von G_0 nach G bzw. G′ und h durchläuft alle Automorphismen von G_0. Es zeigt sich, daß zwei Gebiete höchstens dann konform äquivalent sein können, wenn sie dieselbe Zusammenhangszahl besitzen. Die einfach zusammenhängenden Gebiete von $\overline{\mathbb{C}}$ zerfallen in drei Äquivalenzklassen:

(i) $\overline{\mathbb{C}}$ selbst. Die zugehörige Automorphismengruppe wird von den Möbius-Transformationen

$$f(z) = \frac{az+b}{cz+d} \text{ mit } a,b,c,d \in \mathbb{C}$$

und $ad - bc \neq 0$ gebildet.

(ii) Die Gebiete von $\overline{\mathbb{C}}$ mit einem einzigen Randpunkt. Repräsentant ist z. B. $\mathbb{C}$ mit Randpunkt ∞. Die Automorphismengruppe wird dann von

$$f(z) = az + b, \quad a,b \in \mathbb{C}, a \neq 0 \text{ gebildet.}$$

(iii) Die einfach zusammenhängenden Gebiete von $\overline{\mathbb{C}}$ mit mindestens zwei Randpunkten. Repräsentant ist z. B. die Einheitskreisscheibe

$$E := \{z \in \mathbb{C} : |z| < 1\}.$$

Die Automorphismengruppe von E wird von den Möbius-Transformationen

$$f(z) = e^{i\lambda} \frac{z - \xi}{1 - \bar{\xi}z} \quad \text{mit} \quad \lambda \in [0, 2\pi[, \xi \in E$$

gebildet.

Die Aussage (iii) beinhaltet den berühmten *Riemann*schen Abbildungssatz, wonach jedes einfach zusammenhängende Gebiet G mit mindestens zwei Randpunkten konform auf die Einheitskreisscheibe abgebildet werden kann und die Abbildung f bis auf drei reelle Parameter eindeutig festliegt. Man kann z. B. für ein $z_0 \in G$ vorschreiben, daß $f(z_0) = 0$ und $\arg f'(z_0) = 0$, d. h. $f'(z_0) > 0$, gilt. Bei zweifach zusammenhängenden Gebieten gibt es bereits überabzählbar viele Äquivalenzklassen. Zwei Kreisringe sind z. B. dann und nur dann konform äquivalent, wenn bei ihnen das Verhältnis von äußerem und innerem Radius gleich ist.

□ Anwendung. Durch eine k. A.

$$f : \begin{cases} G & \to & G' \\ z = x + iy & \mapsto & w = u + iv = f(z) \end{cases} \quad (1)$$

wird eine auf G definierte Funktion φ in eine auf G′ definierte Funktion ϕ transformiert, so daß

$$\phi(u,v) = \varphi(x,y)$$

gilt. Dabei transformiert sich der zweidimensionale Laplace-Operator wie folgt

$$\frac{\partial^2 \varphi}{\partial x^2} + \frac{\partial^2 \varphi}{\partial y^2} = |f'(z)|^2 \cdot \left(\frac{\partial^2 \phi}{\partial u^2} + \frac{\partial^2 \phi}{\partial v^2}\right).$$

Insbesondere bleibt also die Laplace-Gleichung unter k. A. invariant. Darauf beziehen sich viele

Anwendungen, z. B. in der numerischen Behandlung von →Differentialgleichungen, aber auch in der Elektrostatik und der Strömungslehre. Man transformiert ein durch die Laplace- oder →Poisson-Gleichung beschriebenes Problem auf einen exakt lösbaren Spezialfall, löst ihn und findet durch Rücktransformation die ursprünglich gesuchte Lösung. Physikalische Probleme sind zwar dreidimensional; sie reduzieren sich jedoch auf den zweidimensionalen Fall, wenn eine zylindrische Situation vorliegt, bei der jeder Schnitt senkrecht zur dritten Koordinatenachse zum selben Ergebnis führt. *Schmeißer*

Literatur: *Betz, A.:* Konforme Abbildung. (2. Aufl.). Berlin–Heidelberg 1964. – *Carathéodory, C.:* Conformal representation. Cambridge. 1932. – *Gaier, D.:* Konstruktive Methoden der konformen Abbildung. Berlin–Heidelberg 1964. – *Golusin, G. M.:* Geometrische Funktionentheorie. Berlin 1957. – *Henrici, P.:* Applied and computational complex analysis. (3 Bde.). New York 1974, 1977 und 1985. – *Kantorowitsch, L. M.* u. *W. I. Krylow:* Näherungsmethoden der höheren Analysis. Berlin 1956. – *v. Koppenfels, W.* u. *F. Stallmann:* Praxis der konformen Abbildung. Berlin–Heidelberg 1959. – *Nehari, Z.:* Conformal mapping. New York 1952. – *Pommerenke, Ch.:* Boundary behaviour of conformal mappings. In: Aspects of contemporary complex analysis. Editors D. A. Brannan and J. G. Clunie. London 1980, p. 313–331.

Kongruenz. Eine zweistellige →Relation auf der Menge der Figuren (Punktemengen) einer Geometrie. Es genügt, die K.-Relation zunächst für Punktepaare (A, B) einer Geometrie zu erklären. Dabei heißt eine Relation T eine K.-Relation, wenn die folgenden Axiome erfüllt sind. A1: T ist eine Äquivalenzrelation. A2: Für alle Punkte A, B mit $A \neq B$ gilt: $(A, B) T (B, A)$. Interpretiert man die Punktepaare als Strecken, so ist durch die K.-Relation die Strecken-K. erklärt. Man erhält auf diese Weise Äquivalenzklassen paarweise zueinander kongruenter Strecken (freie Strecken). Insbesondere ergeben sich Äquivalenzklassen kongruenter Figuren. Dabei sind zwei Figuren der Geometrie kongruent, wenn sie durch die kongruenzerhaltenden Transformationen (Bewegungen) der Geometrie aufeinander abgebildet (zur Deckung gebracht) werden können. Wird auf der Geometrie eine Metrik eingeführt, so läßt sich die Länge einer Strecke erklären, indem der die Strecke enthaltenden Äquivalenzklasse in eindeutiger Weise eine reelle Zahl zugeordnet wird. In einer solchen Geometrie sind kongruente Figuren isometrisch, d. h. es gibt eine Isometrie (Bewegungen), die die Figuren aufeinander abbildet. Angeordnete Geometrien, für die ein K.-Begriff eingeführt ist, der (hinsichtlich Inzidenz und Anordnung) bestimmten Verträglichkeitsbedingungen genügt, heißen absolute Geometrien. Im Spezialfall der euklidischen Geometrie sind die K. durch weitere Axiome spezialisiert, die die Möglichkeit der Streckenübertra-

gung gewährleisten. In der euklidischen Ebene gelten insbes. die bekannten K.-Sätze für Dreiecke (SSS, SWS, WSW, S Seite, W →Winkel), wobei der K.-Begriff für Winkel auf die Strecken-K. zurückgeführt wird (K. entsprechender Transversalen). *W. L. Fischer*

Literatur: *Behnke, H.,* u. a.: Grundzüge der Mathematik II. Tl. A. Göttingen 1967. – *Karzel, Sörensen* u. *Windelberg:* Einführung in die Geometrie. Göttingen 1973.

konjugiert.

1. Zahlen. Zwei algebraische Zahlen heißen k. über einem Körper K, wenn sie Wurzeln derselben irreduziblen Gleichung mit Koeffizienten aus K sind. Z. B. sind die komplexen Zahlen $a+ib$ und $a-ib$ (mit a, b reell) über dem Körper der reellen Zahlen k., da sie Wurzeln der irreduziblen Gleichung $x^2 - 2ax + (a^2 + b^2) = 0$ sind. Als Konjugation bezeichnet man dementsprechend die Abbildung $a+ib \mapsto a-ib$ und benutzt die Schreibweise $\overline{a+ib} := a-ib$.

2. Funktionen. Ist $u(x,y)$ der Realteil einer holomorphen Funktion, so heißt der zugehörige Imaginärteil $v(x,y)$ eine zu $u(x,y)$ k. harmonische Funktion. Diese ist bis auf eine Konstante eindeutig bestimmt und kann z. B. mit Hilfe der Cauchy-Riemannschen →Differentialgleichungen gewonnen werden. Liegt $u(x,y)$ bezüglich Polarkoordinaten ($z = x + iy = re^{i\varphi}$) als →Fourier-Reihe

$$\sum_{\nu=0}^{\infty} r^\nu (a_\nu \cos(\nu\varphi) + b_\nu \sin(\nu\varphi))$$

vor, so ergeben sich die konjugierten harmonischen Funktionen, auch k. trigonometrische Reihen genannt, zu

$$c + \sum_{\nu=0}^{\infty} r^\nu (-b_\nu \cos(\nu\varphi) + a_\nu \sin(\nu\varphi))$$

(c reelle Konstante).

3. Elemente. In einer Gruppe G heißen zwei Elemente der Gestalt a und bab^{-1} mit $a, b \in G$ k. Elemente. Für festes $b \in G$ ist die Abbildung $G \rightarrow G$ mit $x \mapsto bxb^{-1}$ ein Automorphismus von G, genannt innerer Automorphismus. Diejenigen Untergruppen, die von allen inneren Automorphismen in sich übergeführt werden, heißen *Normalteiler* oder invariante Untergruppen. *Schmeißer*

Literatur: *Behnke, H.* u. *F. Sommer:* Theorie der analytischen Funktionen einer komplexen Veränderlichen (3. Aufl.). Berlin–Heidelberg 1976. – *Hornfeck, B.:* Algebra (2. Aufl.). Berlin 1973.

Konstante, allgemeine. Wichtige Naturkonstanten sind in der Tabelle verzeichnet. *Hammerschmidt*

Konstante, allgemeine. Tabelle: Wichtige Naturkonstanten.

Name	Zeichen	Größe
Avogadro-Konstante	N_A	$6{,}022045 \cdot 10^{23}$ mol⁻¹
Basis der natürlichen Logarithmen	e	$2{,}718282$
Boltzmann-Konstante	k	$1{,}380662 \cdot 10^{-23}$ J K⁻¹
Elektronenladung	e	$1{,}6021892 \cdot 10^{-19}$ C
Fallbeschleunigung, normale	g_n	$9{,}80665$ m/s²
Faraday-Konstante	F	$9{,}648456 \cdot 10^{4}$ Cmol⁻¹
Feldkonstante, elektrische	ε_0	$8{,}85418782 \cdot 10^{-12}$ Fm⁻¹
Feldkonstante, magnetische	μ_0	$4\pi \cdot 10^{-7}$ Hm⁻¹
Gaskonstante, universelle	R_0	$8{,}31441$ J mol⁻¹K⁻¹
Gravitationskonstante	f	$6{,}6720 \cdot 10^{-11}$ Nm²kg⁻²
Lichtgeschwindigkeit im Vakuum	c	$2{,}99792458 \cdot 10^{8}$ ms⁻¹
Ludolfsche Zahl	π	$3{,}1415926536$
Normdruck	p_n	101325 Pa
Normtemperatur	T_n	$273{,}15$ K
Planck-Strahlungskonstanten	c_1	$3{,}741832 \cdot 10^{-16}$ Wm²
	c_2	$1{,}438786 \cdot 10^{-2}$ K·m
Planck-Wirkungsquantum	h	$6{,}626176 \cdot 10^{-34}$ J Hz⁻¹
Ruhmasse des Elektrons	m_e	$9{,}109534 \cdot 10^{-31}$ kg
Ruhmasse des Neutrons	m_n	$1{,}6749543 \cdot 10^{-27}$ kg
Ruhmasse des Protons	m_p	$1{,}6726485 \cdot 10^{-27}$ kg
Stefan-Boltzmann-Konstante	σ	$5{,}67032 \cdot 10^{-8}$ Wm⁻² K⁻⁴
stoffmengenbezogenes Normvolumen des idealen Gases bei 273,15 K und 101325 Pa	V_0	$22{,}41383 \cdot 10^{-3}$ m³ mol⁻¹
Wien-Verschiebungskonstante	A	$2{,}8978 \cdot 10^{-3}$ K·m

Konstruktion, geometrische. Konkrete g. K.: Unter einer konkreten g. K. versteht man die (zeichnerische) Lösung der Aufgabe, mit Hilfe vorgegebener K.-Mittel aus gegebenen g. Figuren (Punkt, →Gerade, →Kreis usw.) gesuchte g. Figuren zu ermitteln. Die Bezeichnung K.-Mittel wird dabei als Oberbegriff für die drei zur Durchführung einer konkreten K. erforderlichen materiellen Hilfsmittel verwendet:

□ Zeichenfläche, z. B. Papierbogen, Wandtafel;

□ Zeichengerät, z. B. Bleistift, Reißnadel, Tafelkreide;

□ K.-Instrumente, z. B. Lineal, Zirkel, Winkeldreieck.

Zur Lösung einer K.-Aufgabe dürfen die vorgegebenen K.-Mittel nur entsprechend der sie definierenden Gebrauchsregeln eingesetzt werden (Theorie der g. K.). So sind insbes. für den Gebrauch der K.-Instrumente gewisse Elementaroperationen als zulässig erklärt.

Theorie der g. K.: Zur mathematischen Behandlung von g. K.-Aufgaben sind Idealisierungen der wirklichen Bedingungen (die bei einer konkreten K.-Aufgabe vorliegen) erforderlich.

Es wird angenommen, daß die Zeichenfläche bezüglich der auf ihr gezeichneten Punkte, Geraden, Kreise bzw. sonstigen Kurven ein idealisiertes Modell einer mathematischen Struktur ist. Diese Struktur wird als euklidische Ebene gedacht. Man hat sich jedoch auch mit K. in nichteuklidischen Ebenen, auf Kugeloberflächen u. ä. beschäftigt. Weiterhin wird die beschränkte Ausdehnung realer Zeichenflächen vernachlässigt, d. h. es wird angenommen, daß alle bei einer g. K. entstehenden Schnittpunkte auf der Zeichenfläche liegen. Mit der Ausführbarkeit von g. K. in beschränkten Teilen der euklidischen Ebene befaßt sich ein spezieller Zweig der Theorie der g. K.

Für die Zeichengeräte wird gefordert, daß die mit ihnen gezeichneten Punkte ausdehnungslos (0-dimensional), die gezeichneten Kurven eindimensional sind und sich ihre Schnittpunkte exakt bestimmen lassen. Bezüglich der K.-Instrumente wird angenommen, daß die mit ihrer Hilfe gezeichneten Gebilde Kurven im mathematischen Sinne sind (z. B. Geraden, Kreise).

In der Theorie der g. K. wird nun gefragt nach der Reichweite der K.-Mittel und danach, welche K.-Mittel zur Lösung gegebener K.-Aufgaben führen. Speziell ist es die Aufgabe der Theorie zu prüfen, ob eine g. K.-Aufgabe unter den vorgegebenen Bedingungen überhaupt eine Lösung besitzt, bzw. zu ermitteln, unter welchen Voraussetzungen eine oder auch mehrere Lösungen existieren. Die Theorie der g. K. arbeitet meist mit algebraischen Hilfsmitteln.

Ein Zweig der Theorie der g. K. untersucht speziell die klassischen K. mit Zirkel und Lineal. Hierunter versteht man die Aufgabe, aus n (n ≥ 1) gegebenen Punkten der Ebene allein mit Hilfe von Zirkel und Lineal in genau vorgeschriebener Weise neue Punkte zu konstruieren. Dabei werden für die K.-Instrumente folgende (Elementar-)Operationen zugelassen:

□ Lineal: Das Verbinden zweier gegebener oder ermittelter Punkte durch eine Gerade.

□ Zirkel: Das Beschreiben eines Kreises um einen gegebenen (ermittelten) Punkt mit gegebener (ermittelter) Zirkelöffnung.

Man kann weitere Punkte als Schnittpunkte zweier Geraden, eines Kreises mit einer Geraden und als Schnittpunkt zweier Kreise ermitteln.

Alle Operationen dürfen nur in einer endlichen Anzahl vorgenommen werden.

Führt man in der Zeichenebene ein kartesisches →Koordinatensystem ein, so lassen sich gegebene wie gesuchte Punkte durch →Koordinaten repräsentieren. Ein Punkt der Ebene erweist sich nun genau dann mit Zirkel und Lineal konstruierbar, wenn sich seine Koordinaten aus den Koordinaten der gegebenen Punkte durch endlich oftmalige Anwendung rationaler Operationen (Addition, Substraktion, Multiplikation, Division) und durch Quadratwurzelziehen berechnen lassen.

Dieses Kriterium zur Lösung einer K.-Aufgabe mit Zirkel und Lineal läßt sich auch auf die folgenden klassischen K.-Probleme anwenden:

Das Delische Problem der Kubusverdoppelung wie die Trisektion des Winkels führen auf (irreduzible) Gleichungen 3. Grades. Daher sind diese Aufgaben mit Zirkel und Lineal allein nicht lösbar. Die Quadratur des Kreises führt auf die K. der Zahl π. Ihre Unmöglichkeit wird dadurch nachgewiesen, daß man zeigt, daß π keiner algebraischen Gleichung genügt, also transzendent ist.

Die Menge der mit Zirkel und Lineal erfaßbaren Punkte der Zeichenebene wird weder erweitert noch eingeengt, wenn man statt Zirkel und Lineal den Zirkel allein (Mohr-Mascheroni-K.) oder das Lineal allein und einen in der Zeichenebene gegebenen Kreis (Poncelet-Steiner-K.) als Hilfsmittel zuläßt. Die Theorie der g. K. weist nach, daß es noch weitere K.-Instrumente (Parallellineal, Winkellineal, normiertes Lineal) gibt, die im genannten Sinne mit den Hilfsmitteln Zirkel und Lineal als gleichwertig anzusehen sind.　　　　*W. L. Fischer*

Literatur: *Adler, A.:* Theorie der geometrischen Konstruktionen. Leipzig 1906. – *Bieberbach, L.:* Theorie der geometrischen Konstruktionen. Basel 1952. – *Lietzmann, W.:* Experimentelle Geometrie. Stuttgart 1959. – *Naas, J.,* u. *H. L. Schmid:* Mathematisches Wörterb. Stuttgart 1972. – *Schreiber, P.:* Theorie der geometrischen Konstruktionen. Ost-Berlin 1975. – *Van der Waerden:* Algebra I. Berlin 1971.

Kontakt, elektrischer. Zwischen elektrischen Leitern läßt sich durch Berühren ein elektrischer Kontakt herstellen, der den Fluß des elektrischen Stromes von einem Leiter zum anderen gestattet. Die Ausbildung dieser Kontakte stellt ein umfangreiches Arbeitsgebiet der Elektrotechnik dar. Man unterscheidet:

□ feste Kontakte, wie z. B. den Lötkontakt;

□ Steckkontakte, wie die gewöhnlichen Haushaltsstecker oder die Steckerleisten in der Elektronik;

□ Schaltkontakte in Schaltern, →Relais oder Schaltschützen;

□ Gleitkontakte, z. B. in Form der Kommutatoren oder der Stromabnehmer.

Jeder Kontakt weist einen →Widerstand, den Kontaktwiderstand, auf, der durch die genaue Geometrie der Kontaktstelle und durch eventuelle Fremdschichten (Oxide usw.) bestimmt ist. Ein Kontakt kann sich deshalb erwärmen, er kann auch korrodieren oder sich durch Verformung lösen. Die mit Kontakten unvermeidlich verbundenen Probleme begünstigten daher wesentlich das rasche Vordringen der integrierten Schaltungen, die nur durch wenige Kontakte mit der Außenwelt verbunden sind.

Im Bereiche der festen Kontakte oder Verbindungen unterscheidet man Löt-, Schweiß- und Klebeverbindungen. Die verbreiteten Quetsch- und Draht-Wickel-Verbindungen gehören zur Klasse der Schweißverbindungen, da bei ihnen die Leiter unter Druck lokal verschweißt werden. Klebeverbindungen nutzen mit leitfähigen Partikeln gefüllte Kleber und werden vor allem dann eingesetzt, wenn thermische und mechanische Belastungen nicht auftreten können oder dürfen. Die Herstellung fester elektrischer Verbindungen mikroelektronischer Bauelemente mit den nach außen führenden Kontakten oder Leiterbahnen wird Kontaktierung genannt. Eine bewährte Methode besteht darin, feine Golddrähte bei erhöhter Temperatur durch Druck auf den Leiterbahnen des Bauelements einerseits und den Kontaktstiften andererseits festzuschweißen (Bild).

Bei einem anderen Kontaktierungsverfahren werden die Anschlüsse einer integrierten Schaltung

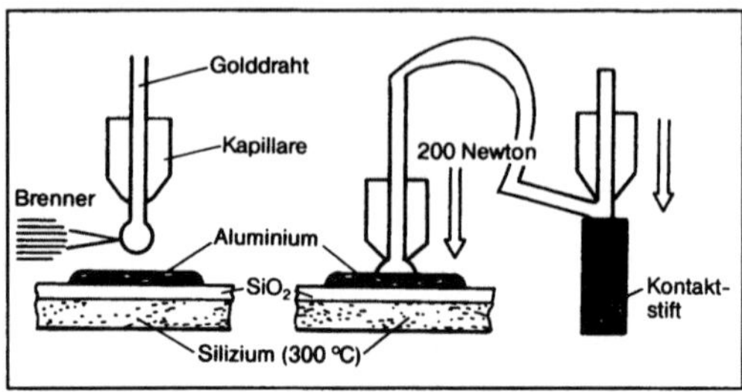

Kontakt, elektrischer: Schematische Darstellung des sog. Nagelkopf-Verfahrens zur Kontaktierung einer integrierten Schaltung.

so herausgeführt und präpariert, daß sie in einem Arbeitsgang an die Kontaktstifte angelötet werden können. Die Zuverlässigkeit und Automatisierbarkeit sind die wichtigsten Kriterien für die verschiedenen Kontaktierungsverfahren.

Bei niedrigen Spannungen und Leistungen liegt die Problematik der beweglichen Kontakte vorwiegend im Schließvorgang, also in der Herstellung der elektrischen Verbindung. Fremdschichten (Oxide, Sulfide, organische Beläge) können den Kontakt verhindern. Abhilfe ist auf drei Wegen möglich:
– Manche Edelmetalle (vor allem Gold) weisen nur so dünne Oxidschichten auf, daß die Elektronen vermöge des Tunneleffektes die nicht leitende Schicht durchdringen können. Vor allem bei Steckkontakten in der Niederspannungstechnik werden Goldkontakte bevorzugt, wobei eine sehr dünne Goldauflage genügt, um die erwünschte Wirkung zu erzielen.
– Die zweite Möglichkeit besteht darin, durch mechanischen Druck und durch Reibung die Fremdschicht zu zerstören. Die Wirksamkeit von Schaltern und Steckern im Haushaltsbereich beruht vorwiegend auf diesem Effekt.
– Schließlich kann die Fremdschicht auch noch bei entsprechend hoher Spannung durch einen elektrischen Durchschlag beseitigt werden.

Im Bereich der Hochspannungs- und Energietechnik liegen die Probleme mehr beim Öffnen des Kontaktes. In der Regel entsteht dabei ein Lichtbogen, der bei Wechselstrom in dem Moment gelöscht wird, in dem die Stromstärke durch Null geht. Entscheidend für die Haltbarkeit des Kontakts ist seine Festigkeit gegen die starke lokale Erhitzung durch den Lichtbogen. Eine technische Lösung besteht z. B. in einem Verbundwerkstoff, einem Chrom- oder Wolframschwamm, der zur Erhöhung der →Leitfähigkeit mit Kupfer getränkt ist.

Als Hilfsmittel zum Löschen des Lichtbogens dienen je nach den Umständen Zusätze im Kontaktwerkstoff mit einer hohen Verdampfungswärme, wie z. B. CdO in Silber, oder spezielle Gase oder Öle, welche Elektronen auffangen, oder auch Druckluft oder – sehr häufig – magnetische Felder. Spezielle Probleme entstehen bei Gleichstromkontakten, wenn beim Öffnen des Kontaktes Material von der einen Elektrode zur anderen übergeht. Durch geeignete Werkstoffwahl muß diese Materialwanderung auf ein Minimum beschränkt werden.

Gleitkontakte beruhen meist auf den gleichzeitig schmierenden und elektrisch leitenden Eigenschaften des Graphits, weshalb die Kontaktstücke elektrischer Maschinen auch Kohlen genannt werden.

Beim Berühren verschiedener Metalle erfolgt ein Ladungsausgleich und damit die Ausbildung einer Kontaktspannung. Die Temperaturabhängigkeit der Kontaktspannung wird als Thermospannung technisch genutzt. Kontakte zwischen Metallen und Halbleitern weisen vielfach eine gleichrichtende Wirkung auf (Schottky-Kontakt). Kontakte zwischen Supraleitern können widerstandsfrei, also ohne Kontaktwiderstand sein. Dies gilt sogar dann, wenn eine dünne, nicht-metallische Fremdschicht vorhanden ist (Josephson-Effekt). Anwendungen derartiger Kontakte finden sich in den Quanten-Interferometern zur höchstempfindlichen Messung magnetischer und elektrischer Felder.　　*Hubert*

Literatur: *Holm, R.* u. *E. Holm:* Electric contacts. Berlin 1967. – *Keil, A.:* Werkstoffe für elektrische Kontakte. Berlin 1960.

Kontaktfläche →Stoffübergang in Kolonnen

Kontaktkorrosion. Als K. (auch galvanische →Korrosion) bezeichnet man bei Metallkombinationen die bevorzugte Korrosion des unedleren Metalles gegenüber dem edleren Metall. Sie entsteht beim elektrisch leitenden Kontakt artverschiedener Metalle bzw. von Metallen mit elektronenleitenden Festkörpern (z. B. Graphit, halbleitendes Carbid oder Oxid) in einer Elektrolytlösung, in der die Partner unterschiedliche Ruhepotentiale haben.

Durch das Vorliegen eines galvanischen Elementes (Kontaktelement) mit dem →Kurzschlußstrom, dem Elementstrom I_e, wird die Korrosionsgeschwindigkeit des unedleren Metalles (→Anode) in der Nähe der Kontaktstelle erhöht. Der Elementstrom kann zur Bewertung der K. herangezogen werden. Er verschiebt das Potential der Anode zu positiveren Werten und erhöht damit den anodischen Teilstrom der Metallauflösung. Anzumerken ist, daß die Eigenkorrosion dabei nicht berücksichtigt wird.

Der Elementstrom ist eine komplexe Größe, die von der geometrischen Anordnung und dem Flächenverhältnis von Kathode zur Anode, der Differenz der beiden Ruhepotentiale im jeweiligen Korrosionsmedium, den spezifischen Polarisationswiderständen der beiden Elektroden und dem Elektrolytwiderstand abhängt (DIN 50919). Wird die K. im wesentlichen nur durch die Geschwindigkeit der kathodischen Teilreaktion (z. B. Sauerstoffkorrosion) bestimmt, so ist in diesem Grenzfall der Elementstrom proportional zur Kathodenfläche und der anodische Teilstrom der Metallauflösung proportional zum Flächenverhältnis von Kathode zu Anode (Flächenregel).

Kontaktkorrosionsschäden werden durch die Paarung artverschiedener Metalle (Mischbauweise) und ein großes Flächenverhältnis von Kathode zu Anode gefördert. Typische Beispiele sind Niet- und Schraubverbindungen aus einem unedleren Metall gegenüber dem zu verbindenden Grundmetall. K. bei Mischbaukonstruktion kann durch elektrische Isolierung (Isolier-Scheiben, -Hülsen, -Binden,

-Pasten) zwischen den Metallen vermieden werden. *Wendler-Kalsch*

Kontaktmanometer. Direkt wirkende anzeigende →Grenzsignalgeber für →Druck. Früher mit Quecksilberringrohren oder Magnetspringkontakten ausgerüstet, haben sie heute fast ausschließlich induktive Abgriffe (Bild). Chemie-Einheitsmanometer mit diesen Abgriffen lassen sich durch die robuste Ausführung, durch große Korrosionsbeständigkeit, durch eine weite Auswahl an Meßbereichen und durch die Möglichkeit, Schwingungsbelastungen durch eine Flüssigkeitsfüllung zu mindern, weitgehend allen Sicherungsaufgaben für Druck anpassen. *Strohrmann*

Kontaktmanometer: Chemie-Einheitsmanometer mit Induktivabgriff. (Quelle: Wiegand)

Kontinuitätsgleichung. Wegen des physikalischen Gesetzes von der Erhaltung der Masse kann sich die Masse in einem gegebenen Volumen eines Fluids nur durch Zu- oder Abströmung über die Oberfläche des Volumens ändern. Bei Anwendung dieser Überlegungen auf sehr kleine Volumen erhält man als lokale Bedingung für die Massenerhaltung die K.

$$\frac{\partial \rho}{\partial t} + \operatorname{div}(\rho \underline{u}) = 0,$$

ρ Dichte, $\underline{u}$ Geschwindigkeit. Die K. ist eine der wichtigsten Feldgleichungen der Kontinuumsphysik, insbes. der →Strömungsphysik. Sie gilt in der angegebenen Form unabhängig von Materialeigenschaften des betrachteten Fluids.
Mit Hilfe der substantiellen Zeitableitung

$$\frac{d}{dt} = \frac{\partial}{\partial t} + (\underline{u}.\ \operatorname{grad})$$ läßt sich die K. auch in der Form

$$\frac{1}{\rho}\frac{d\rho}{dt} + \operatorname{div} \underline{u} = 0$$

schreiben. Strömungen heißen inkompressibel, wenn die substantielle Zeitableitung der Dichte verschwindet. Diese Strömungen sind durch die kinematische Bedingung div $\underline{u}$ = 0 gekennzeichnet. Dies heißt jedoch nicht, daß die Dichte ρ schlechthin konstant ist, sondern nur, daß sich die Dichte eines beliebigen Fluidteilchens nicht ändert; sie bleibt teilchenfest. Man spricht in diesem Fall auch von einer volumenbeständigen Strömung. *Obermeier*

Kontiprozeß. Kontinuierlich ablaufender verfahrenstechnischer Prozeß. In Konti- oder Fließprozessen überwiegen Regelungen gegenüber Steuerungen. Bei den Steuerungen handelt es sich meist um Verknüpfungssteuerungen und nicht – wie beim Chargenprozeß – um Ablaufsteuerungen. *Strohrmann*

Kontrollbereich →Strahlenschutz

Kontrollpunktregelung →Temperaturregelung an Destillationskolonnen im Übergangsgebiet zweier siedender Stoffe. Mit der K. läßt sich die Stofftrennung führen. Wie das Bild zeigt, wirkt einer Temperaturerhöhung, die ein Zeichen dafür ist, daß das höher siedende →Sumpfprodukt nach oben steigt, ein Zurücknehmen des Heizgasdurchflusses entgegen. K. sind meist dynamisch sehr anspruchsvoll, und die im Bild dargestellte Schaltung ist noch zu ergänzen und zu modifizieren. So gibt es spezielle Rechnerprogramme, welche die K. in die gesamte Regelstrategie der Kolonne optimal einbinden. Mit Erfolg wird bei Kontrollpunktregelaufgaben auch von der modalen Regelung Gebrauch gemacht. *Strohrmann*

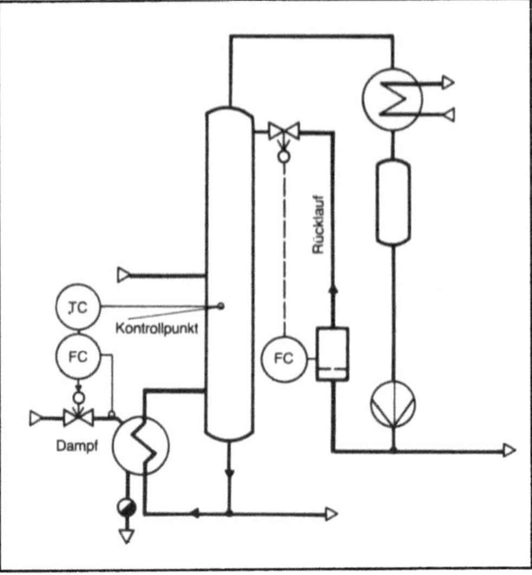

Kontrollpunktregelung: K. einer Destillationskolonne.

Konvergenz.

□ *Folgen.* Eine →Folge konvergiert, wenn sie einen Grenzwert besitzt, andernfalls divergiert sie.

Eine Folge von reellwertigen Funktionen f_n mit Definitionsbereich D konvergiert gleichmäßig auf D gegen eine Grenzfunktion f: $D \to \mathbb{R}$ wenn es zu jedem $\varepsilon > 0$ eine natürliche Zahl n_0 gibt, so daß $|f(x) - f_n(x)| < \varepsilon$ für alle $n \geq n_0$ und alle $x \in D$ gilt.

□ *Reihen.* Die K. einer unendlichen →Reihe

$$\sum_{n=0}^{\infty} a_n \qquad (1)$$

wird erklärt als K. der Folge ihrer Partialsummen

$$s_n := \sum_{\nu=0}^{n} a_\nu.$$

Sind die Glieder einer Reihe Funktionen, so läßt sich entsprechend die gleichmäßige K. von Reihen definieren. Ferner heißt eine konvergente Reihe (1) absolut konvergent, wenn sogar die Reihe $\sum_{n=0}^{\infty} |a_n|$ konvergiert, andernfalls wird sie als bedingt konvergent bezeichnet. Zahlreiche Kriterien zur Untersuchung einer Reihe auf Konvergenz sind bekannt (Cauchy-Verdichtungssatz; Leibniz-Kriterium; partielle Summation; Quotientenkriterium; Raabe-Kriterium; Wurzelkriterium).

□ *Produkte.* Die K. eines unendlichen Produktes

$$\prod_{n=0}^{\infty} (1 + a_n) \qquad (2)$$

wird erklärt als K. der Folge der Partialprodukte $s_n := \prod_{\nu=0}^{n} (1 + a_\nu)$. Dabei wird jedoch das Produkt (2) auch dann als divergent bezeichnet, wenn es ein $m \in \mathbb{N}$ gibt, so daß die Folge der Produkte

$$t_k := \prod_{\nu=m}^{m+k} (1 + \alpha_\nu)$$

gegen Null konvergiert, obwohl alle t_k von Null verschieden sind. Bei K.-Untersuchungen zieht man gerne unendliche Reihen zum Vergleich heran. Zum Beispiel kann man durch Logarithmieren von (2)

$$\ln \prod_{n=0}^{\infty} (1 + a_n) = \sum_{n=0}^{\infty} \ln(1 + a_n)$$

zu einer unendlichen Reihe gelangen. Das Produkt (2) heißt absolut konvergent, wenn sogar

$$\prod_{\nu=0}^{\infty} (1 + |a_n|)$$

konvergiert. Jedes absolut konvergente Produkt ist auch konvergent.

Einige nützliche K.-Kriterien sind die folgenden:
– Gilt entweder $a_n \geq 0$ für alle n oder $a_n \leq 0$ für alle n, so konvergiert (2) dann und nur dann, wenn die Reihe (1) konvergiert.

– Das Produkt (2) konvergiert dann und nur dann absolut, wenn die Reihe (1) absolut konvergiert.

– Das Produkt (2) konvergiert (bei reellen Zahlen a_n mit beliebigem Vorzeichen) sicher dann, wenn neben der Reihe (1) auch noch die Reihe

$$\sum_{n=0}^{\infty} a_n^2$$

konvergiert. *Schmeißer*

Literatur: *Apostol, T. M.:* Mathematical analysis (2. Aufl.). Reading, Mass. 1974. – *Heuser, H.:* Lehrbuch der Analysis (2 Teile). Stuttgart 1986. – *Hirschman, I. I.:* Infinite series. New York 1962. – *Knopp, K.:* Theorie und Anwendung der unendlichen Reihen. Berlin–Heidelberg 1947. – *von Mangoldt, H. u. K. Knopp:* Einführung in die höhere Mathematik, Bd. II (14. Aufl.). Stuttgart 1976. – *Meschkowski, H.:* Unendliche Reihen. Mannheim 1962. – *Rainville, E. D.:* Infinite series. New York 1967.

Koordinate. *K. (baryzentrische):* Sind drei →Körper der Masse λ_0, λ_1, λ_2 mit $\lambda_0 + \lambda_1 + \lambda_2 = 1$ gegeben, deren Massenzentrum jeweils durch $\underline{e}_0 = (x_0, y_0, z_0)$, $\underline{e}_1 = (x_1, y_1, z_1)$, $\underline{e}_2 = (x_2, y_2, z_2)$ bestimmt ist, so liegt das Massenzentrum der drei Körper im Punkt

$$\begin{aligned} \underline{e} &= \lambda_0 \underline{e}_0 + \lambda_1 \underline{e}_1 + \lambda_2 \underline{e}_2 \\ &= (\lambda_0 x_0 + \lambda_1 x_1 + \lambda_2 x_2, \ \lambda_0 y_0 + \lambda_1 y_1 + \lambda_2 y_2, \\ &\quad \lambda_0 z_0 + \lambda_1 z_1 + \lambda_2 z_2). \end{aligned}$$

Davon ausgehend kann man allgemein für einen Punkt $\underline{x}$ des $\mathbb{R}^n$ K. einführen: Seien $n + 1$ Punkte $\underline{e}_0$, $\underline{e}_1, \ldots, \underline{e}_n$ des n-dimensionalen euklidischen Raumes $\mathbb{R}^n$, die nicht alle in einer Hyperebene von $\mathbb{R}^n$ liegen. Bezüglich ihrer besitzt jeder Punkt $\underline{x}$ des Raums genau eine Darstellung der Form

$$\underline{x} = \lambda_0 \underline{e}_0 + \lambda_1 \underline{e}_1 + \ldots + \lambda_n \underline{e}_n, \text{ mit}$$
$$\lambda_0 + \lambda_1 + \ldots + \lambda_n = 1.$$

Der Punkt $\underline{x}$ ist definitionsgemäß der Schwerpunkt (das Massenzentrum) des Systems der Punktmassen $\lambda_0, \ldots, \lambda_n$ an den Raumstellen $\underline{e}_0$, $\underline{e}_1 \ldots, \underline{e}_n$. Die reellen Zahlen $\lambda_0, \ldots, \lambda_n$ sind die baryzentrischen K. von $\underline{x}$.

K., bipolare: Wähle zwei Punkte $\pm a$ auf der X-Achse eines rechtwinkligen K.-Systems. Jeder Punkt der XY-Ebene kann dann in jedem der beiden Polar-K.-Systeme dargestellt werden, deren Pole bei $x = \pm a$ liegen. Die Polarachse in beiden Systemen ist die X-Achse; die zwei Polarwinkel sind Θ_1 und Θ_2; die zwei Radiusvektoren sind r_1 und r_2 (Bild 1).

Definiert man die Parameter $\xi = \theta_1 - \theta_2$ und $\eta = \ln \dfrac{r_2}{r_1}$ und mit den Parametern

$$x = \frac{a \sinh \eta}{\cosh \eta - \cos \xi}, \qquad y = \frac{a \sinh \xi}{\cosh \eta - \cos \xi},$$

so erhält man für $\xi = $ konst bzw. $\eta = $ konst Scharen von Kreisen längs der X- bzw. Y-Achse. Verschie-

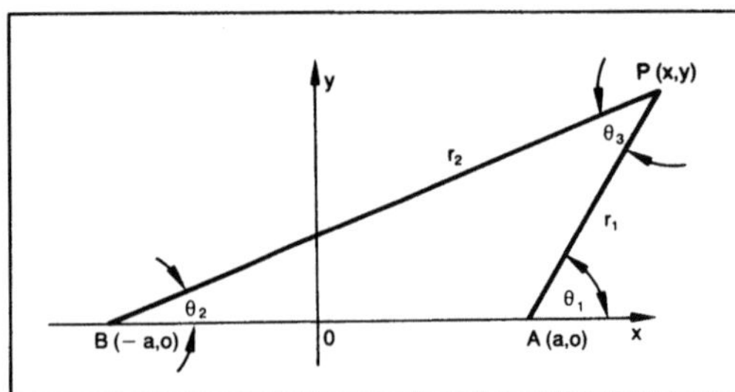

Koordinate 1: Bipolare Koordinaten 1.

bung dieser Kreise längs der Z-Achse liefert ein krummliniges System von K. im Raum, das System der b. K. Die K.-Flächen sind zwei Scharen von geraden Kreiszylinderflächen mit Mittelpunkten auf der Y- bzw. X-Achse (für ξ bzw. η = konst $0 \leq \xi \leq 2\pi$, $-\infty \leq \eta \leq \infty$) und Ebenen, die zur Z-Achse senkrecht stehen, z = konst (Bild 2).

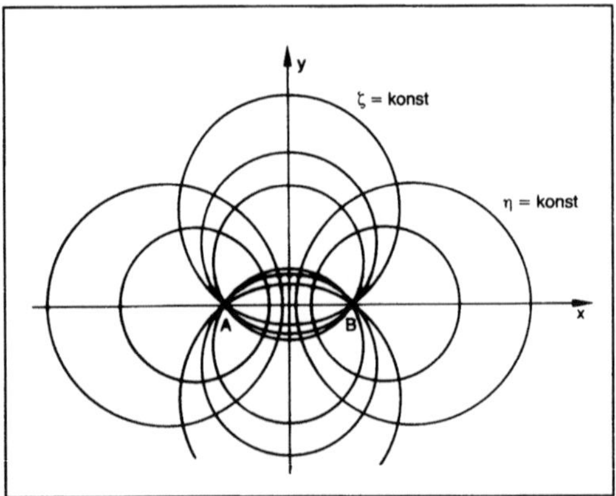

Koordinate 2: Bipolare Koordinaten 2.

B. K. finden in der Hydrodynamik und in der Elektrizitätslehre Verwendung (K.-System).

K., elliptische: Ein K.-System, das in der Ebene auf konfokalen Kegelschnitten, im dreidimensionalen Raum auf konfokalen Flächen 2. Ordnung basiert. Sind λ, μ, ν die 3 reellen Wurzeln einer kubischen Gleichung in einer Parameterdarstellung solcher Quadriken, dann legen sie auch die Lage eines Punkts im Raum (in der Ebene) fest, denn drei aufeinander senkrechte Flächen 2. Ordnung schneiden sich in einem Punkt.

Wählt man Konstante a>b>c, so sind die Flächen

Ellipsoide: λ = konst, $c^2 > \lambda - \infty$ (1),

einschalige Hyperboloide: μ = konst,
$b^2 > \mu > c^2$ (2),

zweischalige Hyperboloide: ν = konst,
$a^2 > \nu > b^2$ (3).

Die Beziehungen zwischen kartesischen K. und den e. K. ($\rightarrow$Kegelschnitt) eines Punkts sind gegeben durch

$$x^2 = \frac{(a^2 - \lambda)(a^2 - \mu)(a^2 - \nu)}{(b^2 - a^2)(c^2 - a^2)},$$

$$y^2 = \frac{(b^2 - \lambda)(b^2 - \mu)(b^2 - \nu)}{(a^2 - b^2)(c^2 - b^2)},$$

$$z^2 = \frac{(c^2 - \lambda)(c^2 - \mu)(c^2 - \nu)}{(a^2 - c^2)(b^2 - c^2)}.$$

Da x, y, z in diesen Beziehungen als Quadrate auftreten, ergeben sie 8 Punkte, die im kartesischen System symmetrisch liegen. Es muß dann eine Konvention eingeführt werden für die Verteilung der Vorzeichen, um die Lage eines Punkts eindeutig festzulegen (K.-System).

K., galaktische: In der Stellarastronomie verwendete K. bez. eines speziellen astronomischen K.-Systems (K.-System). Es dient zum Beschreiben der Sternverteilung innerhalb der Milchstraße. Der Grundkreis dieses Systems ist derjenige Großkreis der Himmelskugel, dem sich die Milchstraße am besten anschmiegt (g. Äquator). Die g. Länge α wird vom aufsteigenden Knoten des g. Äquators auf dem Himmelsäquator von 0° bis 360° gezählt, die g. Breite δ nach Norden und Süden von 0° bis $\pm 90°$.

Der aufsteigende Knoten ist als derjenige Schnittpunkt der beiden Großkreise (Himmelsäquator, g. Äquator) zu verstehen, von dem aus ein auf dem g. Äquator im positiven Sinne laufender Punkt beim Passieren des Himmelsäquators die Halbkugel erreicht, in der der Nordpol des Himmelsäquators liegt.

K., homogene. Bezüglich eines K.-Systems bis auf einen von null verschiedenen Faktor festgelegte K. eines Punkts. Sind die K. durch den Punkt eindeutig bestimmt, so heißen sie inhomogen.

Für kartesische K. x, y einer Ebene E läßt sich die Einführung h. K. x_0, x_1, x_2 $\left(x = \dfrac{x_1}{x_0},\ y = \dfrac{x_2}{x_0}\right)$ wie folgt geometrisch deuten: Es seien x_1, x_2, $x_0 = x_3$ die kartesischen K. eines Raums R. In R betrachten wir die Ebene E $x_3 = 1$ und setzen dort $x = x_1$, $y = x_2$. Die Einführung h. K. bedeutet die Abbildung der Ebene E auf das sie vom Ursprung O projizierende Strahlenbündel S (Bild 3). Die h. K. eines Punkts von E sind die Raum-K. der Punkte des ihn projizierenden Strahls dieses Bündels. Jedem ebenen Bündel von Strahlen aus S entspricht eine Gerade in E und umgekehrt. Dem Bündel von Strahlen aus S, die in der Ebene $x_3 = 0$ liegen, wird die „unendlich ferne Gerade" zugeordnet.

Es sei P (V) ein n-dimensionaler projektiver Raum unter einem (n + 1)-dimensionalen K-Vektorraum V (K Körper). Bezüglich einer Basis des

410

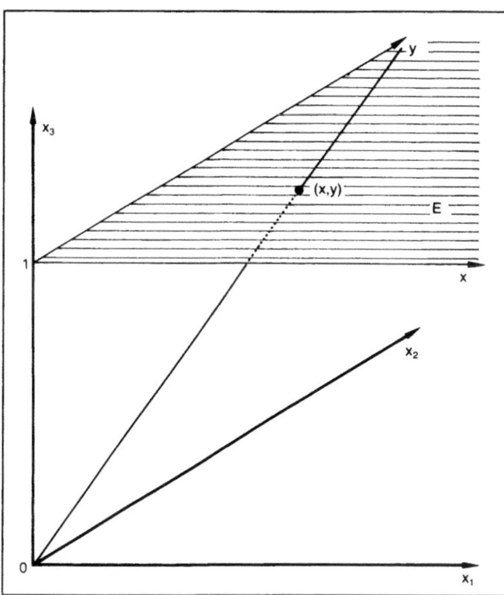

Koordinate 3: Homogene Koordinaten.

Vektorraums V ist jede Familie $(\lambda_i)_{1 \le i \le n+1}$ ($\lambda_i \ne 0$ für mindestens ein i) von Skalaren aus K eine Familie h. K. eines Punkts P aus P (V). Ist $(\alpha_i)_{1 \le i \le n+1}$ eine weitere Familie von Skalaren und gilt $\alpha_i = \varrho \lambda_i$ für jedes i und einen von null verschiedenen →Skalar ϱ, so ist $(\alpha_i)_{1 \le i \le n+1}$ ebenfalls eine Familie h. K. des Punkts P.

Ist umgekehrt $(E_0, E_1, \ldots E_n, E)$ ein (projektives) K.-System ($E_0, \ldots, E_n$ Grundpunkte, E Einheitspunkt) des projektiven Raums P(V), so wird jedem Punkt $P \in P(V)$ ein bis auf einen von null verschiedenen Faktor eindeutig bestimmtes (n+1)-Tupel $(\lambda_0, \ldots, \lambda_n) \ne (0, \ldots, 0)$ h. K. ($\lambda_i \in K$, $0 \le i \le n$) zugeordnet. Die Grundpunkte besitzen die K. $(1, 0, \ldots, 0), \ldots, (0, \ldots, 0, 1)$. Der Einheitspunkt besitzt die K. $(1, \ldots, 1)$.

Für einen n-dimensionalen projektiven Raum $\mathscr{P}$, der durch Hinzunahme einer uneigentlichen Hyperebene aus einem n-dimensionalen affinen Raum A entsteht, bestimmt jedes affine K.-System $\mathscr{R}$ eindeutig ein projektives K.-System $\overline{\mathscr{R}}$. Sind $(\lambda_1, \ldots, \lambda_n)$ die affinen K. eines Punkts P bez. $\mathscr{R}$, so sind $(1, \lambda_1, \ldots, \lambda_n)$ die h. K. von P bez. $\overline{\mathscr{R}}$. Sind umgekehrt $(\overline{\lambda}_0, \ldots, \overline{\lambda}_n)$ die h. K. eines Punkts $P' \in \mathscr{P}$, so ist P' ein uneigentlicher Punkt genau dann, wenn $\overline{\lambda}_0 = 0$ ist. Ist P' ein eigentlicher Punkt, so sind

$$\left(\frac{\overline{\lambda}_1}{\overline{\lambda}_0}, \ldots \frac{\overline{\lambda}_n}{\overline{\lambda}_0}\right) \text{ die affinen K. von P'.}$$

Es sei $\mathscr{P}$ die reelle projektive Ebene. Sind x, y die projektiven (inhomogenen) K. eines eigentlichen Punkts $P \in \mathscr{P}$, so erhält man die h. K. (Verhältnis-K.) von P als Tripel (x_0, x_1, x_2) dreier nicht gleichzeitig

verschwindender reeller Zahlen der Eigenschaft $x = \frac{x_1}{x_0}$, $y = \frac{x_2}{x_0}$. Ist $P\infty$ ein uneigentlicher Punkt, so sind seine h. K. (x_0, x_1, x_2) wie folgt festgelegt: $x_0 = 0$, wenigstens eine der Zahlen x_1, x_2 ist von null verschieden und für jede Gerade $Ax + By + C = 0$ durch $P\infty$ genügen x_1 und x_2 der Beziehung: $Ax_1 + Bx_2 = 0$. Auf Grund der Konstruktion erfüllen die h. K. (x_0, x_1, x_2) jedes Punkts P der Geraden $Ax + By + C = 0$ die Gleichung (*) $Ax_1 + Bx_2 + Cx_0 = 0$; (*) heißt die Gleichung der Geraden in h. K.

K., kartesische: Auf ein K.-System mit paarweisen zueinander senkrechten Achsen bezogenc K. eines Punkts P. Ist P ein Punkt des dreidimensionalen Raums, so ist sein Ort durch die Angabe eines Zahlentripels x_0, y_0, z_0 eindeutig bestimmt. Ist das K.-System so orientiert, daß die positive x-Achse die positive y-Achse und die positive z-Achse eine Rechtsschraube bilden, d. h. wie Daumen, Zeigefinger und Mittelfinger der rechten Hand aufeinander folgen, so heißt das System rechtshändig, ein Rechtssystem. Bei umgekehrter Orientierung nennt man es linkshändig, ein Linkssystem (Bild 4).

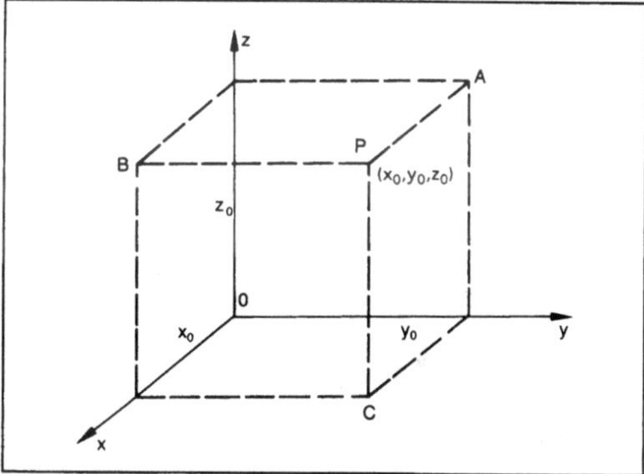

Koordinate 4: Kartesische Koordinaten.

Kegel-K.: Ein bez. eines elliptischen K.-Systems ausgeartetes System krummliniger K. Für kartesische K. x, y, z gelten die Transformationsgleichungen

$$x^2 = \frac{u^2\, v^2\, w^2}{b^2\, c^2},$$

$$y^2 = \frac{u^2\, (v^2 - b^2)\, (w^2 - b^2)}{b^2\, (b^2 - c^2)},$$

$$z^2 = \frac{u^2\, (v^2 - c^2)\, (w^2 - c^2)}{c^2\, (c^2 - b^2)},$$

wobei $c^2 > v^2 > b^2 > w^2$ sind.

Die K.-Flächen sind

u = konst: Kugeln mit konstanten Radien um den Ursprung,

v = konst: Kegelflächen mit der z-Achse als Achse und dem Scheitel im Ursprung, w = konst: Kegelflächen mit der x-Achse als Achse und dem Scheitel im Ursprung.

K., kontravariante und kovariante: Sind $\underline{e}_1$, $\underline{e}_2$, $\underline{e}_3$ Basisvektoren, die nicht in einer Ebene liegen, so sind die kontravarianten K. x^1, x^2, x^3 eines Vektors $\underline{x}$ durch $\underline{x} = x^1\underline{e}_1 + x^2\underline{e}_2 + x^3\underline{e}_3$ gegeben. Die kovarianten K. von $\underline{x}$ erhält man durch die Vorschrift

$$x_1 = \underline{x}\underline{e}_1, \quad x_2 = \underline{x}\underline{e}_2, \quad x_3 = \underline{x}\underline{e}_3.$$

Somit sind die kovarianten K. von $\underline{x}$ die senkrechten Projektionen auf die K.-Achsen (Bild 5).

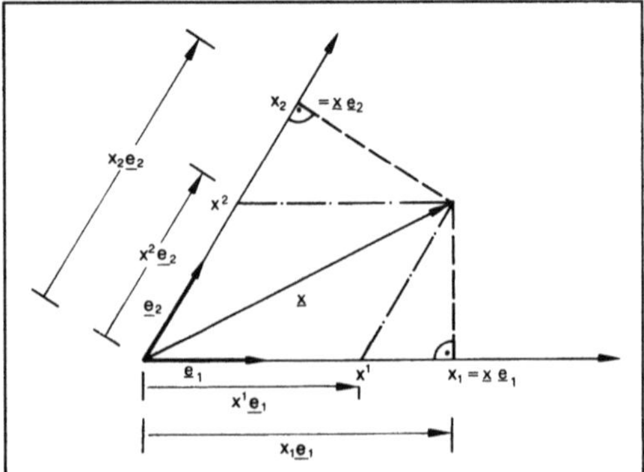

Koordinate 5: Kovariante und kontravariante Koordinaten des Vektors $\underline{x}$ in der Ebene.

K., krummlinige: Für die Behandlung mancher mathematischer Probleme (z. B. in der →Differentialgeometrie) ist es sinnvoll, sich nicht auf rechtwinklige (schiefwinklige) K. zu beschränken, sondern zu k. K. u^1, u^2, . . ., u^n überzugehen. Der Übergang von kontravarianten K. x^1, x^2, . . ., x^n zu k. K. wird durch Gleichungen der Form $x^k = x^k (u^1, . . ., u^n)$ beschrieben. Dabei sind die Funktionen x^k in einem Bereich des Raums der u^j als stetig differenzierbar vorausgesetzt. Außerdem sei die zugehörige Jacobi-Determinante von null verschieden. Jedem n-Tupel $(u^1, . . ., u^n)$ entspricht sodann ein Punkt des Raums der K. x^k. Die Größen u^j heißen k. K. eines Punkts P. Für einen dreidimensionalen Raum heißen die Flächen u^j = konst (für jeweils ein j) die K.-Flächen. Die Schnittkurven von je zwei K.-Flächen aus verschiedenen Scharen heißen K.-Linien.

Die Hochstellung der Indizes bedeutet, daß man die K. u^i als kontravariante Maßzahlen eines kovarianten Systems von Basisvektoren $\underline{a}_1$, $\underline{a}_2$, . . ., $\underline{a}_n$ auffaßt. Der i-te Basisvektor des n-Beins $\underline{a}_1$, . . ., $\underline{a}_n$ im Punkt P ergibt sich als Tangente an die durch P gehende Schnittkurve der Räume u^l − konst (l = 1, 2, . . ., n, l ≠ i). Ist der Ort des Punkts P durch $\underline{x}$ gegeben, so gilt

$$\underline{a}_1 = \frac{\partial\underline{x}}{\partial u^1}, \quad \underline{a}_2 = \frac{\partial\underline{x}}{\partial u^2}, \quad \cdots \quad \underline{a}_n = \frac{\partial\underline{x}}{\partial u^n}.$$

Für das totale Differential $d\underline{x}$ gilt dann

$$d\underline{x} = \frac{\partial\underline{x}}{\partial u^1}\, du^1 + \ldots + \frac{\partial\underline{x}}{\partial u^n}\, du^n.$$

Da $|d\underline{x}| = ds^2$ (ds Bogenelement), folgt

$$ds^2 = \sum_{i,k} \underline{a}_i \cdot \underline{a}_k \, du^i du^k = \sum_{i,k} g_{ik} d^i du^k.$$

K. K. sind z. B. Kugel-K., Zylinder-K. usw. Für Zylinder-K. r, φ, z setze man $r = u^1$, $\varphi = u^2$, $z = u^3$, und es ergeben sich als Transformationsgleichungen:

$$x^1 = u^1 \cos u^2,$$
$$x^2 = u^1 \sin u^2,$$
$$x^3 = u^3.$$

Die K.-Flächen (u^1 = konst bzw. u^2 = konst bzw. u^3 = konst) sind senkrecht zueinander und erzeugen ein Netz von K.-Linien (Schnittkurven der Flächen), die sich in einem rechten Winkel schneiden.

Für eine Fläche $\underline{x}$ (u^1, u^2) (Parameterdarstellung) im dreidimensionalen Raum heißen die Parameter u^1, u^2 die *Gauß-K.* der Fläche x. Die Parameterlinien u^1 = konst, u^2 = konst sind die K.-Linien (i. a. krummlinig) dieser K.

Kugel-K.: Bezugssystem für die Kugel-K. ist eine Ebene (x, y-Ebene, Äquator-, Horizontebene) mit einem darin gelegenen Strahl (positive x-Achse, senkrechte Projektion des Nullmeridians, Nordrichtung), dessen Anfangspunkt 0 der Nullpunkt ist. In Kugel-K. wird die Lage eines Punkts P durch seinen Abstand r vom Nullpunkt und durch die Richtung (ϑ, φ), in der er vom Nullpunkt aus gesehen wird, angegeben (Bild 6). Dabei ist ϑ der Polabstand (bez. der Einheitskugel) und φ das Azimut (geographische Länge), gemessen von einem Nullmeridian aus (meist x,z-Ebene). Sind x, y, z die kartesischen K. von P, so lauten die Transformationsgleichungen:

$$x = r \sin \vartheta \cos \varphi, \qquad r = \sqrt{x^2 + y^2 + z^2},$$
$$y = r \sin \vartheta \sin \varphi, \qquad \vartheta = \text{arc cos} \frac{z}{\sqrt{x^2 + y^2 + z^2}},$$
$$z = r \cos \vartheta, \qquad \varphi = \text{arc tan} \frac{y}{z}.$$

Die K.-Flächen sind
r = konst: konzentrische Kreise um O,
ϑ = konst: Kreiskegel mit der Spitze in O und z-Achse als Achse,
φ = konst: (Meridian-)Ebenen durch die z-Achse.
Die K.-Linien sind
r-Linien: die Strahlen von O ausgehend,
ϑ-Linien: die Meridiankreise der Kugeln um O,
φ-Linien: die Parallelkreise der Kugeln um O.
Das Bogenelement ds ist durch $ds^2 = dr^2 + r^2d\vartheta^2 + r^2\sin^2\vartheta d\varphi^2$ und das Raumelement dV durch $dV = r^2 \sin\vartheta dr d\vartheta d\varphi$ gegeben.
Für Kugel-K. ist auch die Bezeichnung räumliche Polar-K. (sphärische Polar-K.) üblich.

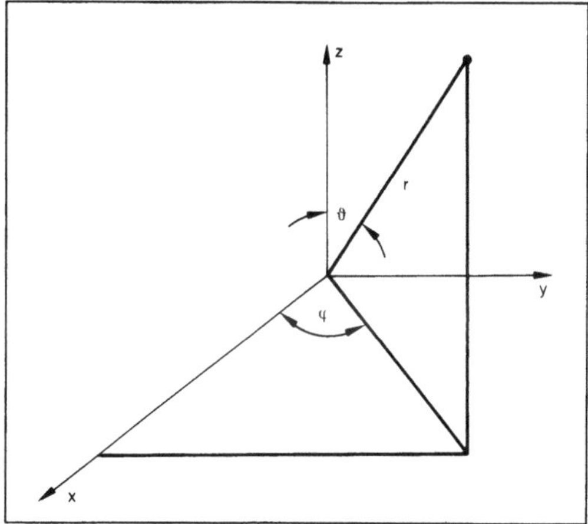

Koordinate 6: Kugelkoordinate.

Polar-K.: In (ebenen) Polar-K. (Bild 7) wird der Ort eines Punkts P durch seinen Abstand $r(>0)$ von O und seinem Winkel φ zu einem von O ausgehenden Strahl (x-Achse) bestimmt. O heißt Pol, die x-Achse Polarachse. Für kartesische K. x, y gelten die Transformationsgleichungen

$$x = r \cos \varphi, \qquad r = \sqrt{x^2 + y^2},$$
$$y = r \sin \varphi, \qquad \operatorname{tg} \varphi = \frac{y}{x}.$$

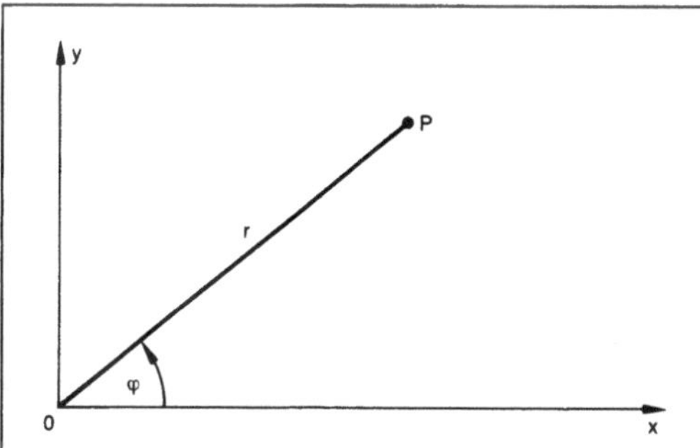

Koordinate 7: Polarkoordinate.

Torus-K.: Rotiert ein Kreis um eine in seiner Ebene gelegenen Achse (die ihn nicht schneidet), so entsteht eine Ringfläche (der →Torus). Für bestimmte mathematische Berechnungen ist es sinnvoll, K. zu wählen, in denen Torusflächen K.-Flächen sind.

Zylinder-K.: Verwendet man in der x,y-Ebene Polar-K., so ergeben sich für einen Punkt $P = (x, y, z)$ als Zylinder-K. die Systeme r, φ, z (Bild 8). Für kartesische K. x, y, z lauten die Transformationsgleichungen:

$$x = r \cos \varphi, \qquad r = \sqrt{x^2 + y^2},$$
$$y = r \sin \varphi, \qquad \varphi = \arctan \frac{y}{x},$$
$$z = z, \qquad z = z.$$

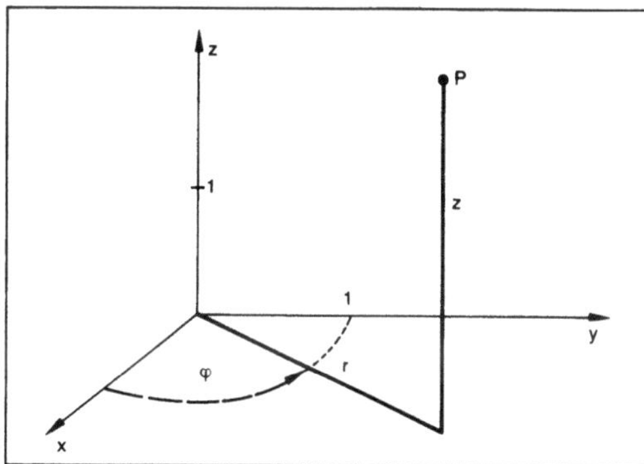

Koordinate 8: Zylinderkoordinate.

Die K.-Flächen sind
r = konst: Drehzylinder um die z-Achse,
φ = konst: Ebenen durch die z-Achse,
z = konst: Ebenen senkrecht zur z-Achse.
Die K.-Linien sind
r-Linien: Strahlen senkrecht von der z-Achse weg,
φ-Linien: horizontale Kreise um die z-Achse,
z-Linien: Geraden parallel zur z-Achse.

Das Bogenelement ds ist durch $ds^2 = dr^2 + r^2 d\varphi^2 + dz^2$ und das Volumenelement durch $dV = r\,dr\,d\varphi\,dz$ gegeben. *W. L. Fischer*

Literatur: *Becker, F.:* Einführung in die Astronomie. Mannheim 1966. – *Efimow, N. W.:* Höhere Geometrie. Leipzig 1960. – *Hughes, D. R.,* u. *F. C. Piper:* Projective planes. Berlin, Heidelberg, New York 1972. – *Klein, F.:* Elementarmathematik vom höheren Standpunkt aus. Berlin 1925. – *Kowalsky, H.-J.:* Lineare Algebra. Berlin 1970. – *Margenau-Murphy:* Die Mathematik für Physik und Chemie. Frankfurt, Zürich 1965. – *Naas, J.,* u. *H. L. Schmid:* Mathematisches Wörterbuch. Stuttgart 1972.

Koordinatengeometrie. Der Begriff wird synonym für analytische Geometrie gebraucht. K. sind Gegenstand der analytischen Geometrie. Für K. lassen sich in einfacher Weise Koordinatensysteme auszeichnen, wobei die →Koordinaten Elemente des jeweiligen Koordinatenkörpers sind. Der Vorzug des analytischen Standpunkts liegt darin, daß sich geometrische Probleme in die Sprache der (linearen) →Algebra einkleiden lassen und somit wohlbekannten und in weiten Bereichen elementaren algebraischen Methoden zugänglich werden. Es hat sich gezeigt, daß sich für mehr als zwei Dimensionen die affinen und projektiven Räume diesem Standpunkt unterordnen lassen, d. h. sie sind als K. deutbar. Daher ist für diese Räume der analytische wie synthetische (synthetisch-axiomatische) Standpunkt gleichermaßen einnehmbar (je nach Bedarf). Die ebenen affinen und projektiven Geometrien gestatten daneben eine Vielzahl von Modellen, denen kein Koordinatenkörper (keine K. über einen Körper) zugeordnet werden kann. Auch diese Geometrien lassen sich algebraisieren. Man erhält jedoch nach Einführung von Koordinaten eine weitgehend allgemeinere algebraische Struktur, den Ternärkörper, der sich jedoch unhandlicher als die Koordinatenkörper erweist. Die Antwort auf die Frage, welchen projektiven bzw. affinen Ebenen ein Koordinatenkörper zugeordnet werden kann, hängt von der Gültigkeit gewisser Schließungssätze in den jeweiligen Geometrien ab (Koordinatisierung).

K., affine: Eine Geometrie (P, G, I), Inzidenzstruktur, deren Punktemenge P, Geradenmenge G und Inzidenzrelation I wie folgt erklärt sind. Für einen Linksvektorraum V über einen Körper K sei $P := V$ und $G := \{\underline{a} + K\underline{b} | \underline{a}, \underline{b} \in V, \underline{b} \neq 0\}$, wobei die $\rightarrow$ Gerade $\underline{a} + K\underline{b}$ der eindimensionale Teilraum von V ist, der die Vektoren $\underline{a} + \lambda\underline{b}$ $(\lambda \in K)$ enthält. Ein Punkt $\underline{v} \in V$ inzidiert mit einer Geraden $G = \underline{a} + K\underline{b}$, falls $\underline{v}$ sich in der Form $\underline{a} + \lambda\underline{b}$ mit einem geeigneten $\rightarrow$ Skalar $\lambda \in K$ darstellen läßt. Dann ist $A(V) := (P, G, I)$ ein a. Raum, der a. Koordinatenraum über V. $A(V)$ ist ein Modell einer a. K. Die Bedeutung dieser Geometrien liegt darin, daß sich alle a. Räume der Dimension größer als 2 als K. darstellen lassen. Insbesondere sind alle desarguesschen (papposschen) a. Ebenen als ebene K. darstellbar.

K., projektive: Eine Geometrie (P, G, I), die wie folgt erklärt ist. Für einen mindestens dreidimensionalen Linksvektorraum V über einen Körper K sei

$$V^* := V / \{0\}. \qquad V^*/K^* := \{K^*\underline{x}/\underline{x} \in V^*\}.$$
$$K^* := K / \{0\}.$$

$$\varphi: \begin{cases} V \rightarrow V/K \\ \underline{x} \rightarrow K\underline{x} \end{cases} \text{ die kanonische Abbildung}$$

und L_2 die Menge aller zweidimensionalen Unterräume von V. Dann ist $\Pi(V) := (P, G, I)$ mit $P := V^*/K^*$ und $G := \{\varphi(L\backslash\{0\}) | L \in L_2\}$ ein p. Raum, der p. Koordinatenraum über V. In Analogie zur affinen Geometrie lassen sich alle mehr als dreidimensionalen p. Räume als p. K. darstellen. Insbesondere ist jede desarguessche (pappossche) p. Ebene als ebene K. darstellbar.
W. L. Fischer

Literatur: *Karzel, Sörensen, Windelberg:* Einführung in die Geometrie. Göttingen 1973. – *Lingenberg, R.:* Grundlagen der Geometrie. Mannheim 1976.

Koordinatensystem. Allgemein die eindeutige Zuordnung der Punkte $(x_1, \ldots, x_n)$ einer Teilmenge N der Punktemenge eines n-dimensionalen Zahlenraums zu einer Teilmenge M der Punkte eines Raums R. Die Zuordnung braucht nicht den gesamten Raum R zu erfassen (lokale $\rightarrow$ Koordinaten); sie muß insbes. nicht eindeutig sein (homogene Koordinaten). Im allgemeinen ist jedoch die Abbildung der beiden Mengen N und M aufeinander eineindeutig, d. h. ein n-Tupel $(x_1, \ldots, x_n)$ von Zahlen $x_1, \ldots, x_n$ (die Koordinaten) bestimmt in eindeutiger Weise den Punkt P aus M (bzw. R) und umgekehrt.

Die Einführung von Koordinaten geschieht meist relativ zu einer besonders ausgezeichneten Figur, meist einem System von (orientierten) Achsen und Flächen, das ebenfalls als K. bezeichnet wird. Das kartesische K. im dreidimensionalen Raum ist ein System dreier paarweise zueinander senkrechter Geraden (die Koordinatenachsen), die sich in einem Punkt O, dem Ursprung, schneiden. Die positiven Halbachsen OX, OY und OZ werden im Rechtssystem so gerichtet, daß sie eine Rechtsschraube definieren (kartesische Koordinaten). Legen die Achsen eine Linksschraube fest, so spricht man von einem Linkssystem. Bezüglich einer (frei wählbaren) Einheitsstrecke werden auf den positiven (und negativen) Halbachsen des Systems die Punkte mit Einheitsabstand zum Ursprung markiert. Auf diese Weise ist der Ort eines Punkts des dreidimensionalen Raums durch ein Zahlentripel (x, y, z) die kartesische Koordinate des Punkts eindeutig bestimmt. Ist eine Koordinate gleich null, so liegt der Punkt in einer der drei durch den Ursprung gehenden Koordinatenebenen. Sind zwei Koordinaten gleich null, so liegt er auf der Schnittgeraden zweier Koordinatenebenen, einer Koordinatenachse (Koordinatenlinie). Für ebene Punktmengen verwendet man als ebenes K. meist die X, Y-Koordinatenebene. Die horizontale Koordinate heißt hier Abszisse, die vertikale Koordinate heißt Ordinate.

Für viele Betrachtungen ist es notwendig, allgemeinere K. einzuführen. So beschränkt man sich nicht auf drei Dimensionen. Allgemein heißen K. rechtwinklig, wenn die Koordinatenebenen aufeinander senkrecht stehen; sonst heißt das System schiefwinklig. Sind die Koordinaten durch Scharen paralleler Geraden (eben oder räumlich) festgelegt, so spricht man von Parallelkoordinaten. Krummlinige K. werden von Scharen von Kurven bzw. von Scharen von Flächen und deren Schnittkurven (Koordinaten) erzeugt. Sie finden ihre Anwendung z. B. zur Lösung partieller $\rightarrow$ Differentialgleichungen.

Zur Algebraisierung affiner und projektiver Räume werden affine und projektive K. eingeführt (Koordinatisierung).

Für astronomische K. betrachtet man das Himmelsgewölbe als eine Hohlkugel, in deren Mittelpunkt sich der Beobachter befindet. Auf diese Hohlkugel werden die Bewegungen der Gestirne projiziert. Zur Bestimmung des Orts eines Punkts der Hohlkugel (Sphäre) verwendet man sphärische K. (Kugelkoordinaten), die festgelegt sind durch einen Großkreis (Grundkreis) und diejenige Achse durch den Kugelmittelpunkt, die auf der Ebene des Grundkreises senkrecht steht und die Kugel in den beiden Polen trifft. Dabei ist der nördliche Pol wie folgt definiert: Ein Beobachter, der auf der Innenseite des Grundkreises in Blickrichtung auf den Mittelpunkt fortschreitet und dessen Richtung mit der Drehrichtung der Erde übereinstimmt, hat den

Nordpol zur Rechten. Gebräuchliche Systeme sind das Horizontalsystem, das äquatoriale K. und das galaktische K. *W. L. Fischer*

Literatur: *Becker, F.:* Einführung in die Astronomie. Mannheim 1966. – *Courant, Hilbert:* Methoden der mathematischen Physik I, II. Berlin 1968. – *Naas, J.,* u. *H. L. Schmid:* Mathematisches Wörterbuch. Stuttgart 1972. – *Sauer, R.,* u. *I. Szabó:* Mathematische Hilfsmittel des Ingenieurs. Berlin 1967.

Körper. Beschränkte zusammenhängende Punktmengen im n-dimensionalen Raum ($n \geq 3$). Spezialfall: Polyeder (Vielflache), begrenzt von Polygonen (Vielecken), z. B. Würfel, Quader, Prisma, Pyramide. Andere Körper: Zylinder, →Kegel, →Kugel.

Regelmäßiger K. (platonischer Körper): Sämtliche Seitenflächen sind regelmäßige, paarweise kongruente Vielecke. Es gibt 5 regelmäßige Körper: Tetraeder, Hexaeder, Oktaeder, Ikosaeder, Pentagondodekaeder.

Halbregelmäßiger K.: Verallgemeinerung des Begriffs der regelmäßigen oder platonischen K. (Vielflache) durch *Archimedes:* Vielflache, deren Begrenzungsflächen verschiedene Arten regelmäßiger Vielecke sind. Es gibt zehn K., die von je zwei verschiedenen Arten regelmäßiger Vielecke, und drei K., die von je drei verschiedenen Arten regelmäßiger Vielecke begrenzt werden. *W. L. Fischer*

Körperschall. Mit K. bezeichnet man mechanische Schwingungen und Wellen in festen Körpern mit Frequenzen im Hörbereich, d. h. zwischen etwa 16 Hz und 16 kHz, wenn der durch die Schwingungen angeregte Luftschall in Betracht steht. K. unterscheidet sich von →Schall in Gasen und Flüssigkeiten dadurch, daß in festen Körpern auch Schubspannungen und Schubdeformationen auftreten können und daher nicht nur Kompressionswellen bzw. Longitudinalwellen, sondern mehrere →Wellenarten wirksam sind. Als Maß zur Beschreibung des K. verwendet man den Effektivwert der Schnelle v der schwingenden Oberfläche des Körpers. Für den Schnellepegel L_v gilt:

$$L_v = 20 \lg \frac{v}{v_0} \text{ in dB.}$$

Die Bezugsschnelle $v_0 = 5 \cdot 10^{-8}$ m/s wurde so gewählt, daß der Schnellepegel einer Wand und der durch Abstrahlung erzeugte Schalldruckpegel unmittelbar vor der Wand zahlenmäßig gleich groß sind, wenn die Fläche konphas schwingt. Die →Körperschallerregung kann durch eine Vielzahl von Mechanismen erfolgen. Der sich in den Strukturen, Bauteilen usw. ausbreitende K. wird von den Oberflächen als Luftschall abgestrahlt. Die Entstehung von Luftschall aus K. erfolgt besonders durch Biegewellen. Die Ausbreitung von K. in Gebäuden ist sehr kompliziert, weil sich ein Gebäude aus zahlreichen platten- und stabförmigen Bauteilen mit mannigfaltigen K.-Kopplungen zusammensetzt. Eine spezielle Art des K. ist der Trittschall, der beim Gehen auf Decken entsteht. Der von schwingenden Raumbegrenzungsflächen abgestrahlte K. wird als sekundärer Luftschall (Sekundärschall) bezeichnet. Nach der Beurteilung der Einwirkung von Erschütterungen auf Menschen in Gebäuden nach dem Regelwerk DIN 4150, Teil 2, gehört der sekundäre Luftschall zu den Sekundäreffekten, die Einfluß auf die Belästigung des Menschen durch Erschütterungen haben. Der sekundäre Luftschall selbst wird nach Geräusch-Richtlinien beurteilt. Bei der Schwingungsisolierung von Maschinen (→Aktivisolierung) und bei der →Passivisolierung von schutzbedürftigen Objekten, z. B. bei Gebäudeisolierungen, wird bei sehr weichelastischer Federung auf Stahlfedern und viskosen Dämpfern, d. h. bei sehr tiefer Abstimmung, bereits für Erschütterungen mit verhältnismäßig niedrigen Frequenzen und auch für K. eine Isolierung erzielt. Dabei ist darauf zu achten, daß bei den Isolatoren keine Einbrüche durch Resonanzen bei der Isolierung von K. mit höheren Frequenzen auftreten. Die Ober- und Unterteile der Isolierelemente werden daher häufig mit Dämmschichten versehen. Bei Federfundamenten ist darauf zu achten, daß auch kein K. über Schwingungsbrücken übertragen wird. Das Vermeiden von abgestrahltem K. hat bei Schienenverkehrserschütterungen sehr große Bedeutung, besonders bei in Tunneln geführten Strecken und nahe zum Tunnel gelegenen Gebäuden. Die über das Gleis rollenden Räder eines Fahrzeugs erzeugen K., der über die Schienen in den Oberbau, von dort über das Tunnelbauwerk in den Boden und von dort über die Fundamente in anliegende Gebäude eingeleitet wird. Bei Vorbeifahrten ist der Luftschall oft mit dominierenden Frequenzen im Bereich von etwa 20–120 Hz hörbar. *Splittgerber*

Literatur: *Cremer, L.* und *M. Heckl:* Körperschall. Berlin-Heidelberg-New York 1982. – VDI 3727, Bl. 1: Physikalische Grundlagen und Abschätzungsverfahren. 2/1984.

Körperschalldämmung. Bei der →Dämmung (Isolierung) von →Körperschall wird Schwingungsenergie durch Reflexionen in der Richtung der Ausbreitung geändert, aber nicht in andere Energieformen überführt. Der Körperschall wird an Diskontinuitätsstellen zum Teil reflektiert und somit an einer Weiterleitung gehindert. Diskontinuitäten können sein Materialwechsel, Querschnittssprünge und/oder Umlenkungen. K. wird auch durch den Einbau von elastischen Schichten (Dämmschichten) zwischen dem dynamisch erregten und Körperschall leitenden System und den Stützflächen zur Umgebung erreicht. Manchmal wird auch der Mechanismus der Abnahme des Körperschalls mit zunehmendem Abstand vom Körperschallerreger zur K.

gerechnet, weil sich die Energiedichte durch Verteilung auf ein immer größeres Gebiet verkleinert, ohne daß dabei eine Umwandlung in eine andere Energieform stattfindet.

Durch Querschnittssprünge sind in der Regel keine großen Körperschalldämmwerte zu erzielen. Im Vergleich dazu können durch weiche Dämmschichten (Gummi, Kork), die beim Betrieb von Maschinen in Gebäuden zwischen der Maschinengrundplatte und der Gebäudedecke eingebaut werden, sehr hohe Werte für die K. erzielt werden. Die Dämmung ist umso größer, je größer das Verhältnis aus den Erregerfrequenzen zur →Eigenfrequenz der elastisch aufgestellten Maschine ist. Die unter der elastischen Schicht befindliche Konstruktion muß dabei wesentlich steifer als die Dämmschicht sein. *Splittgerber*

Literatur: *Cremer, L.* und *M. Heckl*: Körperschall. Berlin–Heidelberg–New York 1982.

Körperschalldämpfung.

Mit K. bezeichnet man den Teil der Schwingungsenergie, der bei der Ausbreitung von →Körperschall in festen Körpern in Wärme umgewandelt wird. Durch →Materialdämpfung (→Absorption) und durch Reibungseffekte an Kontaktflächen (Strukturdämpfung) wird K. erreicht. Große Materialdämpfung ist durch Verwendung von Materialien mit möglichst hoher innerer →Dämpfung (z. B. hochpolymere Kunststoffe, Sand) zu erreichen. Eine große K. haben auch Konstruktionen, die mit Entdröhnungsbelägen versehen sind. Bei der Ausbreitung von Körperschall in festen Körpern wird die Dämpfung (→Absorption) durch den Verlustfaktor gekennzeichnet. Der Verlustfaktor d (oft auch η benannt) wird nach DIN 53 440, T. 2, als Relativmaß für die Energieverluste bei der →Schwingung im Vergleich zur wiedergewinnbaren Energie definiert. *Splittgerber*

Literatur: VDI 2062, Bl. 1: Begriffe und Methoden. 1/1976. – VDI 3727, Bl. 1: Physikalische Grundlagen und Abschätzungsverfahren. 2/1984.

Körperschallerregung.

Die Erregung von →Körperschall kann durch eine Vielzahl von Mechanismen erfolgen, z. B. durch kurzzeitige Schläge und Stöße, durch zeitlich wechselnde Kräfte (z. B. Unwuchten, Zahnwechselkräfte in Getrieben), durch elektromagnetische Kräfte, durch Rollvorgänge beim Rad-Schiene-System und durch selbsterregte Schwingungen (Quietschen von Bremsen oder von Rädern und Schienen bei Kurvenfahrten von Schienenfahrzeugen).

In der Regel erzeugen die genannten Anregungsmechanismen Körperschall durch die dynamischen Kräfte in den im Kraftfluß liegenden Strukturen oder Bauteilen. Derart erregter Körperschall wird als „krafterregt" bezeichnet. Krafterregter Körperschall regt aber auch angeschlossene, nicht von den Erregerkräften beanspruchte Strukturen zu Körperschallschwingungen an, indem an den Befestigungs- bzw. Anschlußstellen ein Schwingweg, eine Schwinggeschwindigkeit (Schnelle), den angeschlossenen Bauteilen aufgeprägt wird. Diese Anregung von Körperschall nennt man geschwindigkeitserregt. *Splittgerber*

Literatur: VDI 3727, Blatt 1: Physikalische Grundlagen und Abschätzungsverfahren. 2/1984.

Körperschallmessung.

Unter Körperschall werden Schwingungen fester Körper verstanden. Dabei können unterschiedliche Schwingungsmoden auftreten. Die Analyse ist i. a. recht kompliziert und erfordert einen großen mathematischen Aufwand.

Gemessen wird der Körperschall mit Absolutweggebern (Beschleunigungsaufnehmer, seismische Geber, Schwingungsüberwachung), die an die Außenwand der zu überwachenden Rohrleitungen oder Behälter aufgeschraubt, aufgeschweißt oder magnetisch festgehalten werden. Die überwachten Frequenzen gehen bis zu 10 kHz.

Eingesetzt wird die K. zur Detektion abgelöster oder gelockerter Konstruktionselemente. Diese losen, von einem strömenden Medium mitgerissenen oder die noch ortsfesten, aber schwingenden oder vibrierenden Teile erzeugen beim Anschlagen an die Wände den Körperschall. Die Einzelschallereignisse in Form von abklingenden Schwingungen (Bursts) überlagern sich dem normalen Hintergrundgeräusch und lassen sich auf Grund ihrer größeren Amplitude erkennen. Die Interpretation ist jedoch nicht ganz einfach, da auch im bestimmungsgemäßen Betrieb (z. B. bei Ein- und Ausschaltvorgängen) ähnliche Bursts wie bei schlagenden Teilen auftreten können.

Die Körperschallsignale pflanzen sich mit einer frequenzabhängigen Ausbreitungsgeschwindigkeit fort, so daß sich ihre Form verändert. Über eine zeitliche Korrelation und die Form der Impulse läßt sich ggf. der Entstehungsort lokalisieren. Dies gelingt um so besser, je ausführlicher die Inbetriebnahmemessungen durchgeführt wurden. Dabei werden mit Hilfe definierter Schläge Körperschallsignale an verschiedenen Stellen des Rohrleitungssystems erzeugt. Die Ausbreitungsgeschwindigkeit und die Form der Signale werden dokumentiert. Diese Ergebnisse sind dann die Grundlage für die Interpretation der später im Betrieb evtl. auftretenden Bursts. *Schrüfer*

Korrelation.

Statistik. Die K. mißt die Abhängigkeit zweier oder mehrerer Variablen.

Im Fall zweier metrischer Merkmale x, y ist das Maß für diesen Zusammenhang der K.-Koeffizient von *Pearson*

$$r = \frac{\sum^n (x_i - \bar{x})(y_i - \bar{y})}{\sqrt{\sum(x_i - \bar{x})^2}\ \sqrt{\sum(y_i - \bar{y})^2}};$$

r kann Werte im →Intervall $-1 \leq r \leq 1$ annehmen.

Im Fall $r = +1(-1)$ nennt man x und y stark positiv (negativ) korreliert, im Fall $r = 0$ unkorreliert. Wenn x und y unabhängig sind, folgt daraus ihre Unkorreliertheit. Die Umkehrung ist nur richtig im Fall der zweidimensionalen Normalverteilung.

Für nichtmetrische, aber geordnete Daten existiert ein Rang-K.-Koeffizient.

Den partiellen K.-Koeffizienten bei mehr als zwei Variablen erhält man, wenn man alle Variablen bis auf zwei festhält und mit diesen den Pearson-K.-Koeffizienten bildet.

Der multiple K.-Koeffizient ist der Quotient

$$\frac{\Sigma^n (\hat{y}_i - \bar{y})^2}{\Sigma(y_i - \bar{y})^2};$$

hierbei ist $\bar{y} = \frac{1}{n} \Sigma^n y_i$, $\hat{y}_i = b_0 + b_1 x_{li} + \ldots + b_p x_{pi}$

die Regressionsschätzung $\hat{y}$ von y an der Stelle $(x_{li}, \ldots, x_{pi})$, Rangkorrelation.   *Schneeberger*

statistische Physik. Wechselbeziehung (lat.) statistischer Ereignisse. Drückt eine Beziehung der →Schwankung zweier Zufallsgrößen aus und ist für die Untersuchung wechselwirkender Vielteilchensysteme in der statistischen Physik von großer Bedeutung.

Die statistischen Schwankungen (Schwankung physikalischer Größen) stehen miteinander in Wechselbeziehung; sie korrelieren miteinander. Die K. zwischen zwei Zufallsvariablen A und B mit den Erwartungswerten $\langle A \rangle$ und $\langle B \rangle$ ist definiert durch

$$K_{AB}: = \langle (A - \langle A \rangle) \cdot (B - \langle B \rangle) \rangle = \langle AB \rangle - \langle A \rangle \cdot \langle B \rangle.$$

Das letzte Gleichheitszeichen folgt aus der Linearität des Erwartungswerts. Das Schwankungsquadrat ist die K. der Zufallsvariablen mit sich selbst, die Auto-K.-Funktion $K_{AA}: = \langle (A - \langle A \rangle)^2 \rangle$.

Die K. zweier Zufallsvariablen ist ein Maß für ihre statistische Abhängigkeit, d. h. die gegenseitige Abhängigkeit der Schwankungen von A und B. Sie verschwindet, wenn die Schwankungen von A und B statistisch unabhängig sind, denn dann gilt die Faktorisierung $\langle AB \rangle = \langle A \rangle \cdot \langle B \rangle$. Statistisch unabhängige Größen besitzen eine verschwindende K. Die Umkehrung dieses Satzes gilt i. a. nicht.

Das ist z. B. auf elementare Weise der Fall, wenn in einem Würfelexperiment mit zwei Würfeln A die Augenzahl des ersten und B die Augenzahl des zweiten bedeutet. Sind jedoch die beiden Würfel „magnetisch geladen", d. h. sind es „falsche" Würfel, so sind die Augenzahlen der Würfel korreliert. Der eine Wurf beeinflußt durch seine Wechselwirkung den anderen und umgekehrt.

Mit dem statistischen Konzept der K. lassen sich K.-Funktionen definieren, die in der statistischen Physik der Vielteilchensysteme Anwendung finden.

Man unterscheidet räumliche und zeitliche K. Ein Maß für die räumlichen K. (z. B. Dichte-K.) ist die K.-Länge. Hierbei spielt die Paar-K. zwischen zwei Teilchen eine große Rolle. Zeitliche K. sind bei der Analyse des zeitlichen Verlaufs von Fluktuationen wichtig. Bedeutsam ist für diesen Fall das Wiener-Chintschin-Theorem.

Wegen der großen Bedeutung der räumlichen K. sei dieses Konzept genauer erläutert. In einem homogenen, isotropen Medium (Gas oder Flüssigkeit) nimmt nur dann jedes Teilchen alle möglichen Lagen im Raum mit der gleichen →Wahrscheinlichkeit ein, wenn alle restlichen Teilchen beliebige Lagen annehmen können. Wegen der Wechselwirkung zwischen den Teilchen existieren K. Wenn man z. B. gleichzeitig zwei Teilchen betrachtet, dann werden bei beliebiger Lage eines Teilchens die verschiedenen Lagen der anderen nicht gleichwahrscheinlich sein. Diese Tatsache führt auf den in der statistischen Physik wichtigen Begriff der Paar-K. (Paar-K.-Funktion). Bei Systemen mit geladenen Teilchen (Plasma, Elektrolyten) sind die Paar-K. maßgebend (Debye-Hückel-Theorie). Die Paar-K. hängen eng mit Streuphänomenen zusammen. Mit der elastischen Streuung von elektromagnetischen Wellen (Licht) durch eine Flüssigkeit kann die Paar-K.-Funktion experimentell ermittelt werden. Die räumlichen K. (z. B. der Dichteschwankungen) erklären die Entstehung des blauen Himmels durch Streuung des Sonnenlichts an der Luft.

In einem idealen Gas existiert keine K. der Lagen der Teilchen, weil es keine Wechselwirkung zwischen den Teilchen gibt. In der Quantenstatistik der idealen Gase allerdings entsteht eine K. infolge der indirekten Wechselwirkung der Teilchen wegen des Prinzips der Symmetrie der Wellenfunktionen. Die Paar-K. für Bosonen bzw. Fermionen zeigt folgende Eigentümlichkeit: Bei einem Bose-Gas vergrößert die Anwesenheit eines Teilchens in einem bestimmten Punkt des Raums die Wahrscheinlichkeit, dafür ein anderes Teilchen in der Nähe dieses Punktes zu finden, d. h. die Teilchen erfahren eine Anziehung bzw. bei einem Fermi-Gas eine Abstoßung zwischen den Teilchen.

Weitere Beispiele für K. sind die Luftfeuchtigkeit und der Luftdruck, die Anzahl der Arbeitsunfälle und Lärmbelästigung, das elektronische Leitungsvermögen, die Anzahl der Ionisierungsstöße in einem Plasma usw.   *Wodarzik*

Korrelation, tetrachorische. Es seien X_1, X_2 Zufallsvariablen, die bivariat normalverteilt sind mit K.-Koeffizienten $\rho = \varrho(X_1, X_2)$. Unterteilt man den zweidimensionalen Bereich der Realisationen von (X_1, X_2) in vier Quadranten, so ist ρ eindeutig bestimmt durch die Wahrscheinlichkeiten, die in jeden der Quadranten fallen.

Hat man also eine 2×2-Kontingenztafel (bzw. Vierfeldertafel) vorliegen, so kann man unter der Annahme einer bivariaten Normalverteilung aus den vier Wahrscheinlichkeiten der Tafel eine Schätzung von ρ bestimmen, indem man Tabellen der bivariaten Normalverteilung mit benützt. Eine solche Schätzung nennt man t. K. *Schneeberger*

Korrelationsmeßtechnik. Die K. ermittelt den Zusammenhang zwischen zwei oder mehreren Meßreihen, ohne daß im deterministischen Sinn die eine Meßreihe als eine Funktion der anderen betrachtet werden könnte. Die Meßreihen werden also nicht als unabhängig und abhängig angesehen, sondern als gleichwertig betrachtet. Im Fall der →Kreuzkorrelation stammen die Meßreihen von unterschiedlichen Meßstellen. Bei der Autokorrelation werden die zeitverschobenen Meßwerte einer einzigen Größe untersucht.

Ist $f(t)$ die eine gemessene Größe und $g(t)$ die andere, so ist die Kreuzkorrelationsfunktion (KKF) Φ_{fg} in Abhängigkeit von der Verzögerungszeit τ erklärt durch

$$\Phi_{fg}(\tau) = \lim_{T \to \infty} \frac{1}{2T} \int_{-T}^{+T} f(t)\, g(t-\tau)\, dt \qquad (1).$$

Um sie zu erhalten, sind also die folgenden Operationen durchzuführen (Bild):

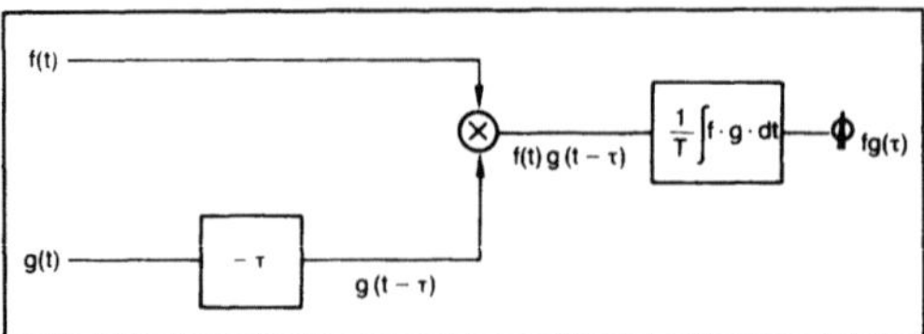

Korrelationsmeßtechnik: Operationen beim Bilden der Kreuzkorrelationsfunktion Φ_{fg}.

□ das Signal $g(t)$ ist um die Zeit τ zu verzögern,
□ die beiden Signale $f(t)$ und $g(t-\tau)$ sind miteinander zu multiplizieren,
□ der →Mittelwert über diese Produkte ist zu bilden.

Die so entstandene Kreuzkorrelationsfunktion ist dann nicht mehr eine Funktion der Zeit t, sondern der Verzögerungszeit τ.

Dem Stand der Technik entsprechend werden die gemessenen Signale zu diskreten Zeitpunkten im Abstand T_a abgetastet, ins digitale Datenformat umgesetzt, und die KKF wird aus den diskreten, zu den Zeitpunkten nT_a gewonnenen Meßwerten $f(nT_a)$ berechnet. Die Verzögerungszeit kT_a wird ebenfalls als ein Vielfaches des Abtastintervalls ausgedrückt. Für diese diskreten Werte geht das obige Integral in eine Summe über mit

$$\Phi_{fg}(k) = \frac{1}{N} \sum_{n=1}^{N} f(nT_a)\, g([n-k]T_a) \qquad (2).$$

Die vorstehend genannten Rechenvorschriften lassen sich auch auf eine einzige Funktion $f(t)$ anwenden, indem sie mit ihrem zeitverzögerten Wert $f(t-\tau)$ multipliziert wird. In diesem Fall entstehen die Autokorrelationsfunktionen (AKF) Φ_{ff} mit

$$\Phi_{ff}(\tau) = \lim_{T \to \infty} \frac{1}{T} \int_{-T}^{+T} f(t)\, f(t-\tau)\, dt \qquad (3),$$

$$\Phi_{ff}(k) = \frac{1}{N} \sum_{n=1}^{N} f(nT_a)\, f([n-k]T_a) \qquad (4).$$

Spektraldarstellung der Korrelationsfunktionen: Die Systemtheorie zeigt, daß im Zeitbereich und im Frequenzbereich die folgenden Funktionen über die Fourier-Transformation oder über die inverse Fourier-Transformation miteinander korrespondieren:

□ Die Spektralfunktion $F(j\omega)$ ist die Fourier-Transformierte der Zeitfunktion $f(t)$.

Korrelationsmeßtechnik. Tabelle: Spektraldarstellung der Korrelationsfunktionen.

	Zeitbereich		Frequenzbereich
1 a	$f(t)$	1 b	$F(j\omega)$
2 a	$f(t) = \dfrac{1}{2\pi} \displaystyle\int_{-\infty}^{+\infty} F(j\omega)\, e^{j\omega t}\, d\omega$	2 b	$F(j\omega) = \displaystyle\int_{-\infty}^{+\infty} f(t)\, e^{-j\omega t}\, dt$
3 a	$\Phi_{ff}(\tau) = \dfrac{1}{2\pi} \displaystyle\int_{-\infty}^{+\infty} S_{ff}(j\omega)\, e^{j\omega\tau}\, d\omega$	3 b	$\lvert S_{ff}(j\omega)\rvert = \dfrac{\lvert F(j\omega)\rvert^2}{2T}$
4 a	$\Phi_{ff}(\tau) = \lim_{T \to \infty} \dfrac{1}{2T} \displaystyle\int_{-T}^{T} f(t)\, f(t-\tau)\, dt$	4 b	$S_{ff}(j\omega) = \displaystyle\int_{-\infty}^{+\infty} \Phi_{ff}(\tau)\, e^{-j\omega\tau}\, d\tau$

□ Das Autoleistungsdichtespektrum (ALDS), Auto Power Spectral Density (APSD), $S_{ff}(j\omega)$ ist die Fourier-Transformierte der →Autokorrelationsfunktion Φ_{ff}.

□ Das Kreuzleistungsdichtespektrum (KLDS), Cross Power Spectral Density (CPSD), $S_{fg}(j\omega)$ ist die Fourier-Transformierte der Kreuzkorrelationsfunktion Φ_{fg}.

Über die inverse Fourier-Transformation kann dann aus der Spektralfunktion wieder die zugehörige Zeitfunktion berechnet werden. Es gelten also die Beziehungen der Tabelle.

Während früher häufig aus der Zeitfunktion f(t) zunächst die Autokorrelationsfunktion Φ_{ff} und aus dieser die Spektralfunktion S_{ff} berechnet wurde (Sequenz 1 a → 4 a → 4 b), wird heute meistens aus der Zeitfunktion f(t) zunächst die Spektralfunktion F(jω) berechnet, aus dieser das Autoleistungsdichtespektrum S_{ff} als quadriertes Amplitudenspektrum gewonnen und dann erst auf die Autokorrelationsfunktion Φ_{ff} übergegangen (Sequenz 1 a → 2 b → 3 b → 3 a). Auf diesem indirekten Weg läßt sich, mit den zur Verfügung stehenden leistungsfähigen Algorithmen der Fast-Fourier-Transformation, die Korrelationsfunktion i. a. schneller bestimmen. *Schrüfer*

Literatur: *Bendat, J. S.,* u. *A. G. Piersol:* Random Data. London 1971. – *Lange, F. H.:* Korrelationselektronik. Ost-Berlin. – *Schrüfer, E.:* Signalverarbeitung. München 1990. – *Wehrmann, W.:* Korrelationstechnik. Grafenau 1977.

Korrosion (Grundlagen). Der Begriff K. kommt us dem Lateinischen corrodere und bedeutet zerfressen, zernagen. Nach DIN 50900, Tl. 1, versteht man unter K. die Reaktion eines metallischen Werkstoffs mit seiner Umgebung, die eine meßbare Veränderung des Werkstoffs bewirkt und zu einer Beeinträchtigung der Funktion eines metallischen Bauteils oder eines ganzen Systems führen kann.

Diese Definition betrachtet die K. zunächst wertneutral als eine Reaktion des metallischen Werkstoffs mit seiner Umgebung, die zwar zu einem K.-Schaden führen kann, aber nicht zwangsläufig zu einer Beeinträchtigung des K.-Systems führen muß. Ein K.-Schaden liegt somit nur dann vor, wenn eine Beeinträchtigung der Funktion eines Bauteils oder des gesamten Systems Werkstoff/Medium stattgefunden hat. Grundsätzlich kann auch eine Schädigung der Umgebung, d. h. des Mediums eintreten, so z. B. die Kontamination von Trinkwässern und Betriebsmedien durch K.-Produkte. K.-Reaktionen können auch erwünscht sein, so z. B. die Ausbildung von Passivschichten, die elektrochemische Metallbearbeitung oder das →Beizen von Metallen.

Ursache aller K.-Reaktionen ist die thermodynamische Instabilität von Metallen gegenüber Oxidationsmitteln wie Luft oder wäßrige Medien. Metallische Werkstoffe haben die Tendenz, unter Freisetzung der Energie, die bei ihrer Gewinnung durch Reduktion von Erzen aufgewendet wurde, wieder in den thermodynamisch stabileren Zustand zurückzukehren. Die meisten Gebrauchsmetalle, mit Ausnahme einiger Edelmetalle, sind in Gegenwart von Luftsauerstoff schon bei Raumtemperatur thermodynamisch instabil, d. h. sie können unter Energieabgabe mit Sauerstoff reagieren, sofern die Reaktion nicht kinetisch gehemmt ist.

Die Reaktionen von Werkstoffen mit ihrer Umgebung sind i. a. Phasengrenzreaktionen. In besonderen Fällen können die Reaktionen auch im Werkstoffinneren ablaufen. Je nach den Eigenschaften der Reaktionspartner kann es sich hierbei um chemische oder elektrochemische Reaktionen oder auch um metallphysikalische Vorgänge handeln.

Zur chemischen K. gehören die Auflösungsvorgänge von nicht-elektronenleitenden Werkstoffen bzw. von Werkstoffen in nicht-ionenleitenden Flüssigkeiten. Als Beispiele sind zu nennen die Auflösungsvorgänge nichtmetallischer Werkstoffe wie Glas und Keramik in Alkalien, von Kunststoffen in organischen Lösungsmitteln sowie die Reaktionen von unedlen Metallen wie Aluminium und Magnesium mit halogenierten Kohlenwasserstoffen, die charakteristischen Merkmalen radikalischer Reaktionen im Sinne metallorganischer Umsetzungen entsprechen.

Zum Typus der chemischen K. gehören auch die äußere und innere Hydridbildung von Sondermetallen (Ti, Zr, Ta), die weniger zu einem Werkstoffabtrag führen, als vielmehr die mechanischen Eigenschaften mit Neigung zu spröden Brüchen beeinträchtigen.

Auch der Druckwasserstoffangriff, d. h. die Reaktion von absorbiertem Wasserstoff mit carbidischen Gefügebestandteilen im Werkstoffinneren von unlegierten und niedriglegierten Stählen bei Temperaturen oberhalb 200 °C, kann den chemischen K.-Reaktionen zugeordnet werden (Druckwasserstoffschädigung).

Unter elektrochemischer K. versteht man die K., bei der elektrochemische Vorgänge stattfinden. Sie laufen ausschließlich in Gegenwart einer ionenleitenden Elektrolytphase (Elektrolytlösung oder Salzschmelze) ab. Kennzeichnend für die elektrochemische K. ist die Abhängigkeit der Korrosionsvorgänge vom Elektrodenpotential bzw. von einem →Strom, der durch die Phasengrenze Werkstoff/Medium fließt.

Es handelt sich bei der elektrochemischen K. um die Oxidation eines Metalls unter Reduktion eines Oxidationsmittels, wobei sich ein →Stromkreis, bestehend aus einem Elektronenstrom im Metall und einem Ionenstrom im K.-Medium, ausbildet (Säure-K., Sauerstoff-K.). Alle flüssigen Medien mit endlicher elektrolytischer →Leitfähigkeit können elektrochemische K. verursachen. Anzumerken ist, daß die K. nicht unmittelbar durch einen elektrolytischen Metallabtrag bewirkt werden muß und auch durch Reaktion mit einem elektrolytisch erzeugten Zwischenprodukt (z. B. atomarer Wasserstoff) ausgelöst werden kann (wasserstoffinduzierte K.).

Zu den physikalischen K.-Vorgängen zählen u. a. Diffusionsvorgänge entlang der Korngrenzen von Metallen, die mit Flüssigmetallen in Kontakt stehen und interkristalline K. hervorrufen. Metallphysikalische K. wird aber auch durch →Absorption von Wasserstoff in Metallen bei niedrigen Temperaturen, vorzugsweise bei Raumtemperatur, hervorgerufen. Bei diesen Vorgängen geht der Wasserstoff keine chemische Reaktion ein, sondern wirkt wie ein Legierungselement. Wie bei der K. durch Metallschmelzen (Lötbruch) stehen auch hier wesentliche Beeinträchtigungen der mechanischen Eigenschaften im Vordergrund (wasserstoffinduzierte K.).

Die meisten K.-Vorgänge sind elektrochemischer Natur. Voraussetzung für den Ablauf einer elektrochemischen K.-Reaktion ist die Fähigkeit des K.-Systems, →Arbeit zu leisten, wobei unter Energieabgabe der metallische Werkstoff oxidiert und ein entsprechendes Oxidationsmittel reduziert wird. Die Arbeitsfähigkeit eines K.-Systems, die als freie Reaktionsenthalpie ΔG bezeichnet wird, ergibt sich zu

$$\Delta G = z \cdot F \cdot U,$$

wobei F die Faraday-Konstante, z die Anzahl der pro Formelumsatz ausgetauschten Elektronen und U die reversible Zellspannung bedeuten (→Thermodynamik). Das Potential-pH-Diagramm (Pourbaix-Diagramm) gibt wichtige Informationen hinsichtlich der thermodynamischen Zustandsfelder für die Immunität eines Metalls, die aktive K. unter Bildung von Metallionen und die Passivität unter Bildung von Oxidfilmen wieder.

Zu den thermodynamischen Einflußgrößen gehören neben der Konzentration der korrosionsaktiven Spezies auch die Temperatur und der Druck des angreifenden Mediums sowie das Elektrodenpotential des entsprechenden K.-Systems.

Entscheidend für den Ablauf einer elektrochemischen K.-Reaktion ist jedoch nicht nur die thermodynamische Möglichkeit eines Reaktionsablaufes, sondern die kinetische Hemmung der ablaufenden K.-Reaktion, so z. B. der Abtransport der entstandenen Reaktionsprodukte in das angreifende Medium und der Antransport aggressiver Bestandteile aus dem Medium an die Metalloberfläche durch Diffusion, Ad- oder Absorptionsvorgänge auf der Metalloberfläche und die Bildung oder die Ausscheidung von festen Reaktionsprodukten, die zur Deckschichtbildung führen.

Wenn die an sich teilweise unedlen und damit leicht korrodierbaren metallischen Werkstoffe trotzdem in der Praxis eingesetzt werden können, so beruht dies darauf, daß die ablaufenden K.-Reaktionen unter bestimmten Bedingungen nur äußerst langsam ablaufen, da sie kinetisch gehemmt sind.

Erschwerend kommt allerdings hinzu, daß es sich beim K.-Ablauf nicht um einen Einzelprozeß, sondern vielmehr um Phasengrenzreaktionen handelt, denen mehrere homogene oder heterogene Reaktionsschritte vor- und nachgelagert sein können, wobei der langsamste Teilschritt letztendlich die K.-Geschwindigkeit bestimmt (K.-Größe).

Die K.-Geschwindigkeit bezeichnet die Reaktionsgeschwindigkeit der elektrochemischen K. Das Ziel der K.-Forschung ist, diese wichtige K.-Größe zu bestimmen und Aussagen über ihre Beeinflussung (Werkstoffzusammensetzung, Medium, Konzentration, Temperatur, Elektrodenpotential) zu erhalten. Die K.-Geschwindigkeit läßt sich am einfachsten durch Feststellung des Substanzverlustes (flächenbezogene Massenverlustrate, Abtragungsgeschwindigkeit) ermitteln. Mit befriedigender Genauigkeit kann sie auch aus dem Polarisationswiderstand abgeschätzt werden.

Das wichtigste Hilfsmittel zur Untersuchung des K.-Verhaltens metallischer Werkstoffe ist die Stromdichte-Potential-Kurve. Da der elektrolytische Metallabtrag sich aus der anodischen Metall-Metallionen-Reaktion ergibt, lassen sich aus der Summenstromdichte-Potential-Kurve jedoch i. a. keine Rückschlüsse auf die K.-Geschwindigkeit ziehen. Diesbezügliche Aussagen sind nur möglich, wenn die kathodische Teilstromdichte bekannt ist (z. B. durch Messen des entwickelten Wasserstoffs) oder falls sich das Stromdichte-Potentialverhalten durch sog. Tafelgeraden beschreiben läßt, wobei sich die K.-Stromdichte durch Extrapolation der anodischen und kathodischen Tafelgeraden ergibt.

Kennzeichnend für die elektrochemische K. ist die Abhängigkeit der K.-Vorgänge vom Elektrodenpotential. Entsprechend dem Werkstoffverhalten im vorliegenden wäßrigen K.-Medium sowie beim vorherrschenden Elektrodenpotential wird die elektrochemische K. unterteilt in die aktive, passive und transpassive K.

Bei passivierbaren Metallen können an Hand der Kurvenform der Stromdichte-Potential-Kurve die Potentialbereiche der genannten Zustände unterschieden werden (Bild). Im aktiven Zustand der Werkstoffoberfläche läuft die K. ohne besondere Reaktionshemmung ab. Als Beispiel ist die Säure-K. zu erwähnen. Bei Bildung der passivitätserzeugenden Deckschicht tritt ein deutlicher Abfall des K.-Stroms ein (Passivierung). Zwischen den Grenzpotentialen des Passivierungs- und Aktivierungspotentials liegt der Aktiv-Passiv-Übergang. Der Passivbereich, der sich über einen größeren Potentialbereich erstreckt, ist im Vergleich zur Aktiv-K. durch eine äußerst geringe passive Reststromdichte gekennzeichnet. Die geringfügige elektrolytische K.

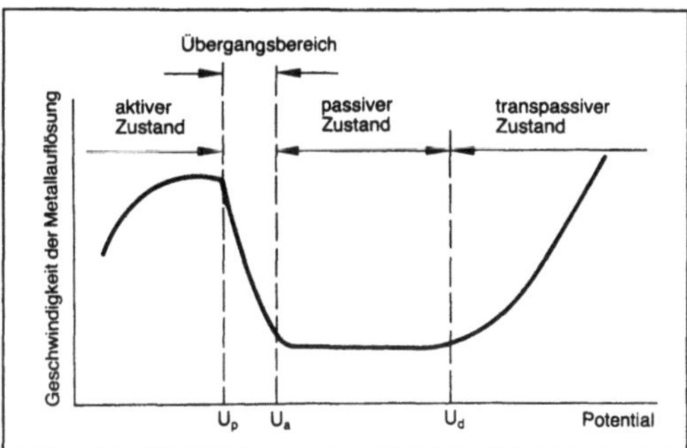

Korrosion (Grundlagen): Potentialbereiche für den aktiven, passiven und transpassiven Zustand eines passivierbaren Metalles (schematisch).

U_p Passivierungspotential, U_a Aktivierungspotential, U_d Durchbruchspotential

im passiven Zustand der Werkstoffoberfläche wird durch die reaktionshemmende Wirkung der Passivschicht bewirkt. Der Passivbereich wird anodisch vom transpassiven Bereich begrenzt, dessen Beginn durch Wiederansteigen des anodischen Auflösungsstroms angezeigt ist (Transpassivität).

Die K.-Geschwindigkeit, die ein Maß für die K.-Anfälligkeit darstellt, hängt also maßgeblich davon ab, ob sich der metallische Werkstoff im aktiven, passiven oder transpassiven Zustand befindet.

Die K.-Beständigkeit ist definiert als die reziproke lineare K.-Geschwindigkeit und wird häufig in h/mm angegeben. Sie ist ein Maß für die Lebensdauer eines Werkstoffs, falls die K. gleichmäßig abtragend erfolgt. Es werden sechs Beständigkeitsstufen unterschieden (Tabelle).

Entsprechend der Tatsache, daß es sich bei der K. um Grenzflächenvorgänge handelt, die entweder zwischen einer festen und einer flüssigen bzw. zwischen einer festen und einer gasförmigen Phase ablaufen, ergibt sich sowohl eine praktische als auch eine nach dem Mechanismus begründete Einteilung in die elektrolytische K. und die Hochtemperaturkorrosion.

Unter atmosphärischer K., die einen Spezialfall der elektrolytischen K. darstellt, versteht man die Reaktion von Metallen mit Luftsauerstoff in Gegenwart von Wasserdampf und von hygroskopischen Verunreinigungen. Ein wohlbekanntes Beispiel hierfür ist das gewöhnliche Rosten des Eisens (Rost), das die verbreitetste K.-Art überhaupt ist. Bei diesem Vorgang reagiert Eisen mit dem Sauerstoff der Luft und Wasser unter Bildung von Eisenhydroxid. Die Rolle des Wasserdampfes besteht darin, daß er beim Überschreiten seines Sättigungsdampfdrucks auf der Metalloberfläche kondensiert und einen mehr oder weniger dünnen Wasserfilm bildet. Die Existenz des Wasserfilms, der den umgebenden Luftsauerstoff leicht zu lösen vermag, ist eine notwendige Bedingung für das Auftreten der atmosphärischen K., da diese in extrem trockener Luft erfahrungsgemäß verschwindet. Abgesehen von Regenperioden ist aber das Erreichen des Sättigungsdampfdrucks von Wasser, das einer relativen Luftfeuchte von 100 % entspricht, zumindest in den gemäßigten Klimazonen ein relativ seltenes Ereignis, das für die atmosphärische K. nicht allein verantwortlich gemacht werden kann. Im übrigen ergeben Experimente, daß die atmosphärische K. praktisch ausbleibt, wenn die umgebende Luft außer Wasserdampf keine weiteren Verunreinigungen enthält. Es bedarf folglich des Zusammenspiels von Wasserdampf und von Luftverunreinigungen, um atmosphärische K. hervorzurufen. Genauere Untersuchungen hierzu zeigen, daß jene Luftverunreinigungen besonders wirksam sind, die zur Bildung von hygroskopischen Salzen auf der Metalloberfläche führen. Über den Lösungen dieser Salze ist der Sättigungsdampfdruck des Wassers stets kleiner als über reinem Wasser. Ihre primäre Wirkung beruht somit darauf, daß sie eine →Kondensation von Wasserdampf bei einer relativen Luftfeuchte ermöglichen, die deutlich kleiner ist als 100 %. Für den Zusammenhang zwischen atmosphärischer K. und relativer Luftfeuchte gelten dementsprechend folgende Erfahrungswerte:

Korrosion (Grundlagen). Tabelle: Beständigkeitsstufen für Stahl.

Beständigkeitsstufe	h/mm	g/m² h	mm/a
I vollkommen beständig (passiv)	>262 ·10³	<0,03	<0,033
II beständig	78 bis 262 ·10³	0,03 bis 0,1	0,033 bis 0,011
III verwendbar	26 bis 78 ·10³	0,1 bis 0,3	0,11 bis 0,33
IV bedingt verwendbar	7,8 bis 26 ·10³	0,3 bis 1	0,33 bis 1,1
V wenig beständig (unbrauchbar)	2,6 bis 7,8·10³	1 bis 3	1,1 bis 3,3
VI unbeständig	<2,6·10³	>3	>3,3

relative Luftfeuchte		Korrosionsgeschwindigkeit
weniger als	60 %	vernachlässigbar klein
mehr als	60 %	klein
	80 %	deutlich ansteigend
mehr als	80 %	sehr groß

Selbstverständlich hängt die Geschwindigkeit der atmosphärischen K. von der Natur des hygroskopischen Salzes ab, so daß die angegebenen Werte nicht absolut gelten. Ein gutes Beispiel hierfür ist das Rosten des Eisens in Gegenwart von Magnesiumchlorid, das erst unterhalb einer relativen Luftfeuchte von ca. 35 % verschwindet.

Eine zweite, nicht minder wichtige Wirkung der hygroskopischen Salze besteht darin, daß sie mit dem adsorbierten Wasserfilm auf der Metalloberfläche eine Elektrolytlösung bilden. Erst dadurch werden K.-Vorgänge ermöglicht, die mit den Vorgängen bei der elektrolytischen K. vergleichbar sind.

Die Luftverunreinigungen, die die atmosphärische K. begünstigen, lassen sich grob schematisch in die Gruppen säurebildende Gase, Salze und Alkalien einteilen.

Zu den säurebildenden Gasen gehören neben Kohlendioxid, Chlorwasserstoff, Stickoxiden, Schwefelwasserstoff und verschiedenen Karbonsäuren vor allem das Schwefeldioxid. In der Hauptsache rühren diese Gase von der Verfeuerung fossiler Brennstoffe her. Größte Bedeutung hat dabei das Schwefeldioxid, dessen Wirkung auf die atmosphärische K. wahrscheinlich darauf beruht, daß es nach Lösung in dem dünnen Feuchtigkeitsfilm auf der Metalloberfläche zu aggressiver Schwefelsäure aufoxidiert wird. Im Falle des Rostens von Eisen führt letztere zur Bildung von hygroskopischem Eisensulfat, das seinerseits den Elektrolytfilm durch →Hydrolyse ansäuert, so daß Schwefeldioxid das Rosten gewissermaßen katalysiert. Im Vergleich dazu ist die stimulierende Wirkung der anderen Gase auf die atmosphärische K. kleiner. Sehr wichtig ist der Einfluß von H_2S auf das Anlaufen von Metallen, die wie Kupfer, Nickel und Silber gute Sulfidbildner sind.

Salze, insbes. Chloride, sind u. a. ein aktiver Bestandteil der Atmosphäre in Küstengebieten. Marines Klima ist daher durchweg aggressiver als ländliches, städtisches oder tropisches Klima. Die Wirkungsweise der Salze besteht ebenfalls in einer Förderung der Elektrolytbildung bei niedrigen Werten der relativen Luftfeuchte. Zu beachten ist dabei die Möglichkeit der Hydrolyse von Salzen starker Säuren und schwacher Basen, die zu einem Ansäuern des Elektrolytfilms führt.

Alkalien treten ausschließlich in Industrieklimaten auf und üben einen gewissen Einfluß auf die atmosphärische K. von amphoteren Metallen wie Al und Zn aus.

Nicht zu unterschätzen ist auch die schädliche Wirkung von Staub, die insbes. für die Anfangsphase der atmosphärischen K. nachgewiesen ist. Außerdem wird gewissen oxidierenden Substanzen wie Ozon und verschiedenen Peroxiden i. a. eine schädliche Wirkung zugeschrieben.

Die elektroyltische K. der Metalle unterscheidet sich von der atmosphärischen K. nur dadurch, daß die Elektrolytlösung nicht mehr aus einem dünnen Oberflächenfilm besteht, sondern ein sehr viel größeres Volumen einnimmt. Die atmosphärische K. ist daher als ein Spezialfall der elektrolytischen K. anzusehen. Für beide K.-Formen gelten somit dieselben physikalisch-chemischen Gesetzmäßigkeiten. Von grundsätzlicher Bedeutung ist besonders die Tatsache, daß die gleichmäßige K. reiner, homogener Metalle elektrolytischer Natur ist bzw. durch eine unabhängige Überlagerung einer anodischen und einer kathodischen Teilreaktion zustandekommt. Im Verlaufe der anodischen Teilreaktion geht dabei ein Metall Me nach dem Schema

$$Me \rightarrow Me^{z+} + ze^-$$

unter Bildung positiv geladener Ionen in Lösung und hinterläßt in der Metallphase Elektronen. Diese werden in einer kathodischen Teilreaktion dazu verbraucht, ein Oxidationsmittel zu reduzieren. In sauren Lösungen sind dies neben dem Luftsauerstoff vor allem Wasserstoffionen, die nach der Reaktionsgleichung

$$2\,H^+ + 2e^- \rightarrow H_2$$

zu Wasserstoff reduziert werden. Dieser entweicht entweder in die Gasphase oder wird vom korrodierenden Metall teilweise gelöst, wo er eine als Wasserstoffversprödung bezeichnete schädliche Wirkung auf die mechanischen Eigenschaften ausübt.

Im Gegensatz zu dieser „Säurekorrosion" dominiert in neutralen Lösungen die Reduktion von gelöstem Luftsauerstoff, die z. B. durch die Reaktionsgleichung

$$O_2 + 2\,H_2O + 4\,e^- \rightarrow 4\,OH^-$$

beschrieben werden kann (Sauerstoffkorrosion).

Zur elektrolytischen K. zählen auch Korrosionsvorgänge, die an metallischen Werkstoffen in heißen Salzschmelzen ablaufen, was auf der Ionenleitfähigkeit dieser Medien beruht. Analog zur elektrolytischen K. in wäßrigen Elektrolytlösungen finden in heißen Salzschmelzen elektrochemische Korrosionsreaktionen mit anodischer Metallauflösung und kathodischer Reduktion eines Oxidationsmittels statt.

Die Hochtemperaturkorrosion bezeichnet die Reaktion metallischer Werkstoffe bei hohen Temperaturen in gas- oder dampfförmigen Medien, und die Verzunderung (Zunder) die Reaktion mit Luft oder sauerstoffhaltigen Gasen. Die Oxidation eines Metalls und die Reduktion des Oxidationsmittels finden an der inneren oder äußeren Phasengrenze einer auf der Metalloberfläche befindlichen, mehr oder weniger gasdichten Deckschicht statt.

Die Grundbegriffe der K. metallischer Werkstoffe lassen sich sinngemäß auch auf nichtmetallische Werkstoffe übertragen.

Die K. der meist wenig anfälligen Polymerwerkstoffe beruht neben physikalischen Vorgängen vorwiegend auf chemischen Reaktionen. Im Unterschied zu den Metallen treten keine elektrochemischen Prozesse auf. Bei Kunststoffen wirken sich hauptsächlich thermische und chemische Einflüsse im Sinne einer Alterung schädlich aus. Unter K. wird eine durch chemischen Angriff entstehende Veränderung des Materials verstanden. Polymerwerkstoffe sind gegenüber bestimmten organischen Lösungsmitteln unbeständig. Unter besonderen Bedingungen können jedoch auch in Wasser, sauren oder alkalischen Medien K.-Vorgänge ablaufen. Die wesentlichen Reaktionen sind hier die Hydrolyse und die Oxidation durch oxidierende Säuren, Salzlösungen und Sauerstoff sowie vor allem Ozon. Risse in Polymerwerkstoffen werden je nach dem, ob ein physikalischer oder chemischer Vorgang beteiligt ist, als Spannungsrißbildung oder als Spannungsriß-K. bezeichnet. An glasfaserverstärkten Kunststoffen (GFK) können durch Einwirkung schwacher Säuren die tragenden Glasfasern angegriffen werden und Rißbildung bewirken.

Glas und keramische Werkstoffe wie Porzellan, Steinzeug und Oxidkeramik gelten i. a. als äußerst korrosionsbeständige Materialien. Die K. erfolgt bei dieser Werkstoffgruppe hauptsächlich durch chemische Vorgänge. Als Beispiel ist der chemische Angriff von Gläsern in Flußsäure und Ätzalkalien anzuführen. Durch eine herausragende K.-Resistenz zeichnen sich insbes. oxidkeramische Werkstoffe (Al_2O_3, ZrO_2) selbst bei hohen Temperaturen aus. Das K.-Verhalten der Oxidkeramiken hängt weitgehend vom Reinheitsgrad und von der Zusammensetzung der Zuschlagstoffe ab. Enthält die Oxidkeramik, beispielsweise Al_2O_3, silikatische Glasphasen als Zuschlagstoffe, so wird diese Glasphase durch chemischen Angriff bevorzugt korrodiert, wobei die Wirksamkeit als Bindemittel verlorengeht. *Wendler-Kalsch*

Korrosionsschutz. Korrosionsschäden treten in allen Bereichen der Technik auf und verursachen hohe Kosten, die sich nicht nur auf das Ersetzen geschädigter Teile beschränken, sondern in erheblichem Umfang durch den damit verbundenen Produktionsausfall bedingt werden. Die Vermeidung von Korrosionsschäden ist in erster Linie auch aus Sicherheitsgründen zu gewährleisten. Korrosionsschäden an Rohren und Behältern, die bei hohen Temperaturen und Drücken arbeiten, können zu Leckagen führen oder das Zerbersten von Hochdruckkesseln zur Folge haben.

Die Vermeidung oder ausreichende Verminderung der → Korrosion metallischer Werkstoffe kann einerseits durch beanspruchungsgerechte Werkstoffauswahl und korrosionsschutzgerechte Konstruktion und zum anderen durch Anwendung geeigneter Schutzverfahren erfolgen. Die Korrosionsschutzmaßnahmen lassen sich in zwei Gruppen unterteilen, in die aktiven und passiven Schutzverfahren.

Der aktive K. greift direkt in den Korrosionsprozeß ein. Beim passiven K. wird der Werkstoff vom Angriffsmittel durch eine schützende Zwischenschicht getrennt.

Der K. beginnt bereits bei der Planung einer Anlage durch die Werkstoffauswahl. Dabei ist zu berücksichtigen, ob das Bauteil neben einer chemischen auch einer thermischen oder mechanischen Beanspruchung ausgesetzt ist. Es steht eine Vielzahl technischer Werkstoffe zur Verfügung, um die geeignete Werkstoffauswahl zu treffen. Als Beispiele sind zu erwähnen: nichtrostende und säurebeständige Chrom- und Chrom-Nickel-Stähle, hitzebeständige Stähle, Aluminiumwerkstoffe im Flugzeugbau, Kupferbasislegierungen für Wärmeübertrager und Nickelbasiswerkstoffe bzw. die hochkorrosionsresistenten Sondermetalle (Ti, Zr, Ta) im Chemieapparatebau.

Aus wirtschaftlichen Gesichtspunkten oder auch aus Gründen der Festigkeit werden vielfach unlegierte und niedriglegierte Stähle eingesetzt, die je nach Anwendungsbereich eines geeigneten K. bedürfen.

Passiver K. Als passive Korrosionsschutzverfahren werden angewendet: organische Beschichtungen bzw. Auskleidungen mit Polymerwerkstoffen (Gummierung, Thermoplaste, Duromere, Elastomere, fluorierte Kunststoffe), nichtmetallische anorganische Überzüge (Email, Keramik, Zement), Umwandlungsschichten, die durch Reaktion des Grundwerkstoffes mit einem Medium an der Oberfläche gebildet werden (Phosphatieren, Chromatieren, Anodisieren), Diffusionsüberzüge, bei denen durch Eindiffusion metallischer Elemente eine Oberflächenvergütung erfolgt (Sheradisieren, Alitieren, Inchromieren) und metallische Überzüge. Die metallischen Überzüge können durch chemische oder elektrolytische Metallabscheidung (Galvanotechnik), im Schmelztauchverfahren (Feuerverzinken, -verzinnen, -aluminieren, -verbleien) oder mittels Metallspritztechnik aufgebracht werden. Außerdem eignen sich metallische Verbundwerkstoffe, die durch Plattierung (Walz-, Schweiß-, Sprengplattierung) eines korrosionsbeständigeren

Metalls oder einer Legierung auf dem zu schützenden Trägermetall hergestellt werden.

Die metallischen Überzüge können edler oder unedler als der Grundwerkstoff sein. Überzüge mit edleren Metallen schützen nur solange, wie die metallische Schicht vollkommen dicht und porenfrei ist, da sich bei Verletzungen ein galvanisches Element ausbildet, das den Grundwerkstoff verstärkt angreift. Bei Überzügen, die unedler als das Grundmetall sind, können dagegen Bedingungen auftreten, die an Poren oder Verletzungen geringeren Ausmaßes zu einer kathodischen Schutzwirkung des Grundmetalls führen (verzinkter Stahl).

Praktische Bedeutung haben metallische Überzüge aus Nickel, Zinn, Chrom, Zink und Chrom-Nickel-Stahl. Verzinkter Stahl hat einen weiten Anwendungsbereich.

Der temporäre K., der gleichfalls zu den passiven Schutzmaßnahmen zu rechnen ist, umfaßt den K. gegen atmosphärische Korrosion von zeitlich begrenzter oder vorübergehender Wirksamkeit. Er wird in den Zwischenstufen der Bearbeitung und zur Konservierung von Blechen, Rohren, Bauteilen und Apparaten während der Lagerhaltung und des Versandes angewendet.

Die meisten temporären Korrosionsschutzmaßnahmen beruhen auf den filmbildenden Eigenschaften organischer Stoffe, die ggf. noch Inhibitoren enthalten können. Beispiele sind Mineral- und Naturöle, Wachse, Vaseline, Wollfette, Paraffine und Kunstharz-Klarlacke. Eine besondere Form des temporären Schutzes stellen Dampf-Phasen-Inhibitoren dar. Dies sind mit einem flüchtigen organischen Inhibitor getränkte Papiere, wobei der Inhibitor langsam verdampft und auf der Metalloberfläche einen schützenden Film bildet.

Aktiver K. Zu den aktiven Korrosionsschutzmaßnahmen gehören in erster Linie die elektrochemischen Schutzverfahren (kathodischer und anodischer Schutz); ferner die Anwendungen von Inhibitoren, die durch →Adsorption an der Metalloberfläche die Korrosionsgeschwindigkeit herabsetzen.

Beim kathodischen K. (Bild), der ein technisch wichtiges und vielseitiges Schutzverfahren darstellt, wird die Korrosion metallischer Werkstoffe durch einen von außen aufgeprägten kathodischen Strom praktisch völlig unterbunden. Man unterscheidet den kathodischen Schutz durch Fremdstrom und den durch galvanische Anoden, je nachdem ob der erforderliche Schutzstrom von einer äußeren Gleichstromquelle stammt oder durch Auflösung der unedleren galvanischen →Anode (Opferanode), die in metallisch leitendem Kontakt mit dem zu schützenden Werkstoff steht, erzeugt wird.

Die Schutzwirkung galvanischer Anoden ist um so größer, je unedler die Opferanode gegenüber dem Schutzobjekt ist. Als Anodenmaterial kommen in erster Linie Magnesium und Magnesiumlegierun-

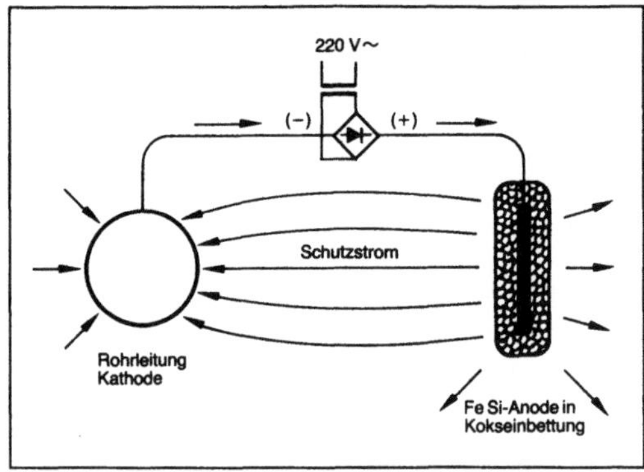

Korrosionsschutz: Kathodischer Schutz mit Fremdstrom.

gen (z. B. Mg91Al6Zn3), daneben aber auch Zink und Aluminium, zur Anwendung. Galvanische Anoden haben sich beispielsweise zum Schutz metallischer Werkstoffe in Meerwasser (Zn- und Al-Anoden) und in Warmwasserbehältern der Hausinstallation (Mg-Anode) bewährt.

Bei Fremdstromschutzanlagen wird der Schutzstrom aus einer Gleichstromquelle oder – was häufiger der Fall ist – als gleichgerichteter Wechselstrom der öffentlichen Stromversorgung entnommen. Die Polung hat so zu erfolgen, daß das zu schützende Objekt zur Kathode und die erforderliche Hilfselektrode (Fremdstromanode) zur Anode wird.

Der kathodische Schutz mit Fremdstrom findet hauptsächlich Anwendung bei Rohrleitungen und Lagerbehältern im Erdboden, bei Stahlkonstruktionen im Meerwasser (Off-Shore-Anlagen, Wehren, Schleusen), aber auch zum Innenschutz von Behältern. Es ist anzumerken, daß der kathodische Schutz erdverlegter Rohre zusätzlich zum passiven Schutz mit Schutzumhüllungen (Bitumen, Kunststoff) angewendet wird und daher meistens geringe Schutzströme erforderlich sind. Als Fremdstromanoden im Erdboden eignen sich Silicium-Gußeisen (FeSi), Graphit oder Magnetit (Fe_3O_4). Zur Erhöhung der Lebensdauer wird das Anodenmaterial in Koks eingebettet. Fremdstromgespeiste Schutzanlagen können in beliebiger Größe erstellt werden, so daß es möglich ist, Rohrstrecken über 50 km zu schützen.

Der anodische K. besteht darin, bei passivierbaren Metallen, die sich nicht von selbst passivieren, die Passivität durch Aufprägung eines anodischen Stromes zu erzwingen. Beim aktiven Zustand eines Metalles ist dazu eine ständige und beim metastabilen Zustand eine zeitweise Aufrechterhaltung des anodischen Schutzstromes erforderlich.

Beim anodischen K. unterscheidet man drei Verfahren: die Anwendung eines anodischen Fremdstromes, die Ausbildung von Lokalkathoden und den Einsatz passivierender Inhibitoren (Passivatoren).

Der anodische Schutz von Metallen mit Lokalkathoden eignet sich für Werkstoffe, an deren Oberfläche die kathodische Teilreaktion (Wasserstoffabscheidung oder Sauerstoffreduktion) stark gehemmt ist. Durch Kontakt des zu schützenden Werkstoffes mit einem Metall geringerer Übergangsspannung für die kathodische Teilreaktion wird das Potential in den Passivbereich verschoben. Von der Möglichkeit des anodischen K. durch Legieren mit kathodisch wirksamen Elementen wird beispielsweise bei Titanwerkstoffen mit 0,2 % Palladiumzusatz Gebrauch gemacht.

Der anodische Schutz mit Fremdstrom setzt eine genaue Kenntnis des Potentialbereiches der Passivität und der Lage kritischer Grenzpotentiale in Abhängigkeit von der Konzentration, Temperatur und Strömungsgeschwindigkeit des Angriffsmittels voraus. Bei Systemen mit spontaner Aktivierung nach Abschalten des anodischen Schutzstromes muß der Schutzstrom potentiostatisch geregelt werden. Das anodische Fremdstromverfahren wird vorwiegend zum Innenschutz von Apparaten, Behältern und Rohren eingesetzt. Anwendungsbeispiele sind der anodische K. von unlegiertem Stahl in Salpetersäure und Schwefelsäure sowie der Schutz von nichtrostenden Chrom- und Chrom-Nickel-Stählen in konzentrierter Schwefelsäure. In Alkalilaugen lassen sich unlegierte und niedriglegierte Stähle durch das anodische Fremdstromverfahren vor →Spannungsrißkorrosion schützen. *Wendler-Kalsch*

Literatur: *v. Baeckmann, W.,* u. *W. Schwenk:* Handb. des kathodischen Korrosionsschutzes. Weinheim 1980. – DIN 50 927: Planung und Anwendung des elektrochemischen Korrosionsschutzes für die Innenflächen von Apparaten, Behältern und Rohren. – DIN 50 928: Prüfung und Beurteilung des Korrosionsschutzes beschichteter metallischer Werkstoffe bei Korrosionsbelastung durch wässrige Korrosionsmedien. – DIN 55 928: Korrosionsschutz von Stahlbauten durch Beschichtungen und Überzüge. – *Gräfen, H.,* u. a.: Die Praxis des Korrosionsschutzes. Grafenau 1981. – *Herbsleb, G.:* Korrosionsschutz von Stahl. Düsseldorf 1977.

Kostenschätzmethode. Methodik, die Kosten für Leitsysteme im Ablauf der Projektabwicklung mit zunehmender Genauigkeit abschätzen zu können. In der ersten Phase der Projektabwicklung lassen sich überschlägig die Kosten für ein Leitsystem anteilig zu den Gesamtkosten eines Projektes ermitteln: Für verschiedene Prozeßtypen, wie Verarbeitungsmaschinen, Kontiprozesse, Chargenprozesse, sowie für verschiedene Anlagengrößen haben Planungsingenieure anteilige Kosten des Leitsystems an den Gesamtkosten abgerechneter Projekte ermittelt, die dann auf Neuprojekte übertragen werden. Bei Verfahrensanlagen kann dieser anteilige Wert z. B. zwischen 10 und 20 %, bei Anlagen mit sehr kleinen Apparaten aber noch wesentlich höher liegen.

Im weiteren Projektfortschritt lassen sich Erfahrungswerte heranziehen, die mit signifikanten Komponenten des Leitsystems oder des Prozesses gewonnen wurden. Zum Beispiel gibt es Zahlen für die Kosten pro Regelkreis oder pro Stellventil, die dadurch gewonnen wurden, daß die Gesamtkosten für ein abgerechnetes Leitsystem durch die Zahl der Regelkreise bzw. der Stellventile dividiert wurden. Wenn z. B. ein Regelkreis etwa DM 40 000,– kostet, dann kostet ein Leitsystem mit 20 Regelkreisen DM 800 000,–. Auf die Komponenten des Prozesses bezogen lassen sich Erfahrenswerte für das Ausrüsten dieser Komponenten (z. B. Destillationskolonne, Rührkesselreaktor, Verdichter) mit Leiteinrichtungen sammeln, die dann auf das neue Projekt übertragen werden. Nach Vorliegen der ersten Detailpläne läßt sich dann der gerätetechnische Aufwand überschlägig ermitteln. Die Kosten für die Planung und für die Montage müssen dabei meist wieder auf Grund von Erfahrungswerten anteilig zum Geräteaufwand geschätzt werden.

In ganz grober Näherung teilen sich die Kosten für Leitsysteme so auf: 50 % für Geräte, 20 % für Montagematerial und 30 % für Montagelohnkosten. Dazu kommen noch 10–20 % der Gesamtkosten des Leitsystems für das Engineering. Im weiteren Projektablauf lassen sich dann Angebote einholen und die Gerätekosten relativ früh recht genau ermitteln. Weniger genau ist das meist bci den Montagekosten, besonders wenn nicht pauschal, sondern nach Aufwand abgerechnet wird. *Strohrmann*

Literatur: *Hengstenberg, J., K. H. Schmitt, B. Sturm* und *O. Winkler:* Messen, Steuern und Regeln in der Chemischen Technik. 3. Aufl., Bd. V. Berlin–Heidelberg–New York–Tokyo 1985. *Strohrmann, G.:* Automatisierungstechnik, Bd. 2: Stellgeräte, Strecken, Projektabwicklung. 2. Aufl. München–Wien 1991.

Kostenverordnung zum Atomgesetz (AtKostV). Wenn auch das →*Atomgesetz* selbst bereits eingehend Kosten (Gebühren und Auslagen) und Beiträge für Genehmigungen und sonstige Amtshandlungen regelt, legt die Kostenverordnung zum Atomgesetz (AtKostV) vom 17. Dezember 1981 nach den Grundsätzen des Verwaltungskostengesetzes weitere Einzelheiten fest. Insbesondere werden Sachverhalte wie Höhe der Gebühren, Gebührenbemessung, Berücksichtigung sonstiger Gebühren, Kosten der Aufsicht, Befreiung und Ermäßigung, persönliche Gebührenbefreiung und Verjährung geregelt. Mit dieser AtKostV wurde die frühere AtKostV vom 24. März 1971 abgelöst. *W. Hoffmann*

Krackverfahren. Das Kracken ist eine chemische Reaktion, bei der ein Kohlenwasserstoffmolekül in zwei oder mehrere kleinere Bruchstücke zerbrochen wird. Als K. kommen hauptsächlich das
□ thermische Kracken,
□ katalytische Kracken,

□ Kracken in Wasserstoffatmosphäre (Hydrocrakking) in Betracht.

Unter *thermischem Kracken* versteht man die Aufspaltung von höhersiedenden Erdölbestandteilen in leichter flüchtige Produkte unter Anwendung hoher Temperaturen. Von den thermischen K. sind bei der Erdölaufbereitung das Verkoken und das Visbreaking (Verminderung der Viskosität) von Bedeutung.

Da die leichten Krackprodukte einen höheren Wasserstoffgehalt haben als das Ausgangsmaterial, ist eine Anreicherung von stark kohlenstoffhaltigen Komponenten im Krackrückstand nicht zu vermeiden. Während beim Visbreaking eine Abscheidung dieser Komponenten in Form von Koks unerwünscht ist, wird bei Verkokungsverfahren ein hoher Koksanfall bewußt in Kauf genommen oder zur Herstellung von Petrolkoks sogar angestrebt.

Beim thermischen Verkoken werden schwere Rückstände aus der atmosphärischen oder der Vakuumdestillation in Gas, Benzin, Destillate und Koks umgewandelt. Das thermische Verkoken wird entweder als ein zyklisches, halbkontinuierliches Verfahren, als verzögertes Verkoken bezeichnet, oder als kontinuierliches fluides Verkoken durchgeführt.

Beim verzögerten Verkoken wird das Einsatzmaterial von leichtflüchtigen Bestandteilen befreit, in einem Ofen auf ca. 480 °C erwärmt und in einen thermisch isolierten Behälter, eine Kokstrommel, gebracht, in dem auf Grund der mitgeführten Wärmeenergie die Krackung stattfindet. Die Krackprodukte verlassen den Behälter gasförmig und werden destillativ aufgetrennt. Wenn der Koks in der Trommel eine bestimmte Grenzmarke erreicht hat, wird sie mit Wasserdampf regeneriert. Mehrere parallel geschaltete Trommeln werden wechselseitig zur Verkokung verwendet oder regeneriert.

Das fluide Verkoken ähnelt dem katalytischen Kracken. Vakuumrückstände werden in einem Wirbelbett bei Temperaturen bis 560 °C unter Atmosphärendruck in flüchtige Kohlenwasserstoffe und Koks gespalten.

Beim Visbreaking führt man den Einsatzstoff durch einen ringförmigen Ofenraum. Die nur wenig gekrackten Produkte werden destillativ in Gas, Benzin, leichtes Destillat und einen Heizölrückstand getrennt, der jedoch eine erheblich geringere Viskosität als das Ausgangsmaterial aufweist.

Das *katalytische Kracken* wird vor allem zum Erzeugen von Benzin, C_3/C_4-Alkenen und von Isobutan verwendet, wobei sich schwere Destillate an speziellen Katalysatoren selektiv zersetzen. Das entstehende Benzin enthält erhebliche Mengen an hochoktanigen Kohlenwasserstoffen, darunter Aromaten, verzweigte Alkane und Alkene.

Bild 1 zeigt, daß die Produktverteilung beim katalytischen Kracken im Vergleich zum thermi-

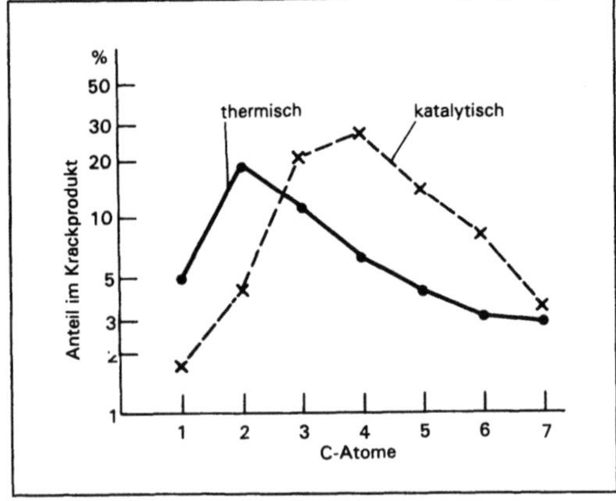

Krackverfahren 1: Produktverteilung beim thermischen und katalytischen Kracken von Cetan.

schen Kracken zu höheren C-Atomzahlen verschoben ist, was an einem anderen chemischen Mechanismus liegt.

Ein Fließschema einer Anlage zur katalytischen Krackung ist in Bild 2 (nächste Seite) dargestellt. Das erwärmte Einsatzmaterial trifft auf heißen, regenerierten Katalysator. Gasförmiges Öl und der Katalysator strömen in dem Steigrohr nach oben, wodurch sich die Katalysatorteilchen direkt in einer verdünnten Phase befinden. In diesem Steigrohr findet der größte Teil der Krackung statt. Im Reaktor setzt sich der Katalysator zu einer Schüttung ab, bei deren Durchströmung die Kohlenwasserstoffe weiter gekrackt werden. Die Katalysatorteilchen werden von den Gasen in Zyklonen abgetrennt und einem Regenerator zugeführt. Die Krackgase werden in einer Haupttrennkolonne in die angegebenen Seitenströme zerlegt.

Das *Wasserstoffkracken* (Hydrocracking) kann als spaltende Hydrierung angesehen werden. Beim Kracken in einer Wasserstoffatmosphäre entstehen keine Alkene. Die Betriebsbedingungen liegen meist bei Temperaturen unter 480 °C und bei Drükken zwischen 50 und 250 bar. Katalysatoren können als feste oder fluidisierte Schüttungen verwendet werden. Das Wasserstoffkracken hat den Vorteil, daß schwere und weniger saubere Einsatzstoffe verwendet werden können als bei den anderen Verfahren. *Dohrn*

Literatur: Ullmanns Enzyklopädie der techn. Chemie. 4. Aufl. Bd. 10. Weinheim 1975. – *Riediger, B.:* Die Verarbeitung des Erdöls. Berlin 1971.

Kraft. Eine K. ist weder sichtbar noch hörbar. Sie ist allenfalls spürbar und wird durch ihre Wirkungen festgestellt: Sie beschleunigt Körper oder verformt diese, während sie aufgebracht wird. Die Verformungs-K. wirkt in dem Meßinstrument Federwaage (→Feder). Die K. hat eine Größe und eine Rich-

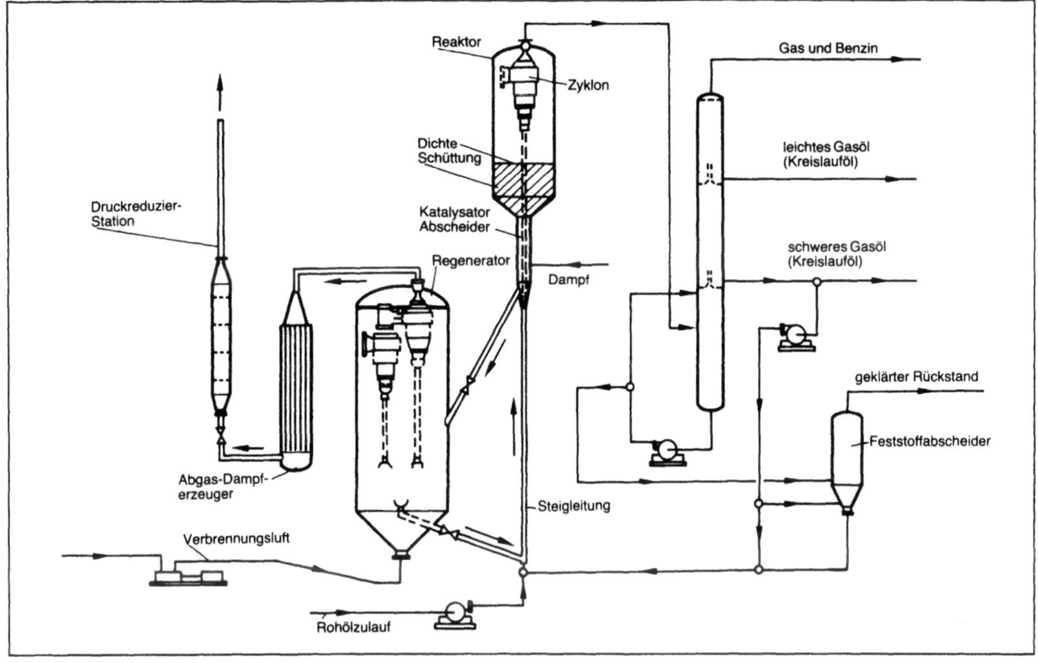

Krackverfahren 2: Fließschema einer Anlage für das katalytische Kracken (UOP).

tung, ist also durch einen K.-Vektor zu beschreiben.

Einzelne K. können an keinem Körperpunkt wirklich angreifen, denn sie würden dessen Umgebung bis zum Versagen deformieren. Dennoch wird – als Fiktion oder als Näherung für eine Verteilung des Angriffs auf engem Raum – jeder K. ein K.-Angriffspunkt zugeordnet. Bei starren Körpern kann er durch jeden beliebigen Punkt der Wirkungslinie, das ist die in Richtung der K. durch ihren Angriffspunkt verlaufende Gerade, ersetzt werden. Man sagt: Die K. ist längs ihrer Wirkungslinie verschieblich. Das gilt in der →Statik wie in der →Kinetik, aber nicht bei verformbaren Körpern und bei Stabilitäts-Untersuchungen.

Die Wirkung zweier an einem Punkt A angreifender K. $\vec{F}_1$, $\vec{F}_2$ ist die der vektoriellen Summe der K. Diese Aussage wird durch das Kräfteparallelogramm graphisch gedeutet (Bild 1).

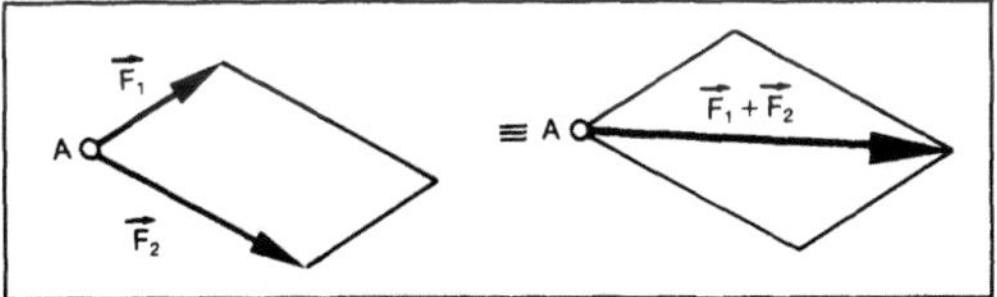

Kraft 1: Kräfteparallelogramm.

Für mehrere an einem Punkt angreifende K. kann man aus Kräfteparallelogrammen im Lageplan auch reine K.-Ecke zur Konstruktion der resultierenden K. $\vec{F}_{res} = \sum_i \vec{F}_i$ heranziehen. Solch eine Resultierende

hat – falls sie existiert – bei allgemeinen K.-Systemen auch eine bestimmte Wirkungslinie, die es in einem Lageplan zu konstruieren oder rechnerisch zu ermitteln gilt (Bild 2; →Mechanik – Einteilung). *Besdo*

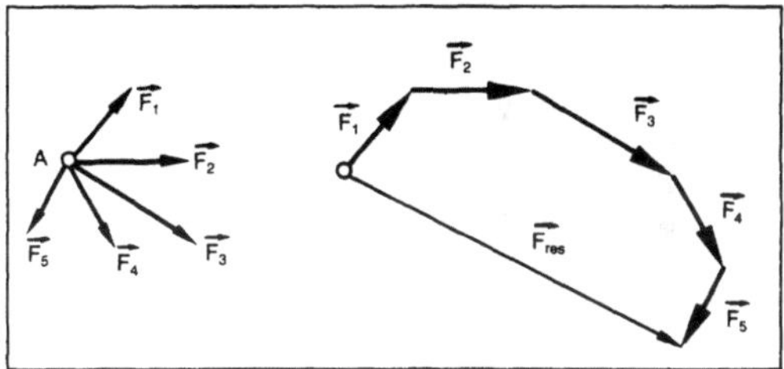

Kraft 2: Summation von Kräften.

Kraft, elektromotorische (EMK). Sie bezeichnet die Klemmenspannung unbelasteter Stromquellen. Die EMK oder *Urspannung* einer Stromquelle ist definiert als die Summe der inneren und äußeren Spannung. Die an einem äußeren →Widerstand liegende Spannung ist also kleiner als die Urspannung der Stromquelle, nähert sich ihr aber um so mehr, je kleiner der Innenwiderstand gegenüber dem Außenwiderstand ist. Bei sehr großen äußeren Widerständen, d. h. exakt im unbelasteten Zustand der Stromquelle, ist die Klemmenspannung gleich der elektromotorischen Kraft der Stromquelle. Unter EMK versteht man also diejenige Spannung, die vorherrscht, wenn eine rotierende Maschine außen erfährt noch einen nach außen bewirkt, was bildhaft gesprochen den Übergangszustand zwi-

427

schen einem Generator und einem Motor darstellt.

Nach Inbetriebnahme der Stromerzeuger (Element, Generator) ist die Klemmenspannung um den durch den Innenwiderstand verursachten Spannungsabfall kleiner als die EMK. Bei Stromverbrauchern (Motor, →Akkumulator, Ladung) ist dagegen die Klemmenspannung um den Betrag der inneren Gegenkraft größer als die EMK (Kirchhoffsche Gesetze).

Unter *effektiver* Klemmenspannung versteht man den effektiven Wert einer zeitlich veränderlichen Klemmenspannung. Läßt sich die zeitliche Änderung der Spannung mathematisch beschreiben, dann kann ihr →Effektivwert als Funktion des Maximalwertes angegeben werden. Für eine sinusförmige Beziehung ergibt sich beispielsweise

$$E_{eff} = \frac{E_{max}}{\sqrt{2}}.$$ *Claassen*

Kraft, magnetische. Mechanische Kraftwirkung im magnetischen →Feld. Eine solche Kraftwirkung findet statt auf bewegte Ladungen, auf einen stromdurchflossenen →Leiter, auf magnetische Dipole und an Grenzflächen zwischen Medien unterschiedlicher →Permeabilität.

Auf eine im →Magnetfeld der →Induktion $\underline{B}$ mit der Geschwindigkeit $\underline{v}$ bewegte Ladung der Größe q wirkt die Lorentz-Kraft

$$\underline{K} = q\,\underline{v} \times \underline{B}.$$

Bei einem vom Strom I durchflossenen Leiter wirkt auf jedes infinitesimale Leiterstück $d\underline{l}$, wobei die Richtung von $d\underline{l}$ der Stromflußrichtung in dem Leiterstück zugeordnet ist, im Magnetfeld der Induktion $\underline{B}$ die →Kraft

$$d\underline{K} = -I \cdot \underline{B} \times d\underline{l}.$$

Für die Gesamtkraft auf den Leiter ist über die Leiterlänge zu integrieren.

Zwischen zwei parallelen vom gleichen Strom durchflossenen Leitern wirkt die Kraft

$$K = \mu\,\frac{I^2 l}{2\pi d}.$$

Hierin ist μ die Permeabilität des umgebenden Mediums, l die Länge und d der Abstand der Leiter. Die Kraft ist bei gleicher Stromrichtung anziehend, bei entgegengesetzter Stromrichtung abstoßend.

Ein magnetischer Dipol mit dem Dipolmoment $\underline{m}$ erfährt im Magnetfeld ein mechanisches Drehmoment $\underline{M}$ der Größe

$$\underline{M} = \underline{m} \times \underline{B}.$$

Es versucht die Richtung des Dipolmoments in die Richtung des Magnetfelds zu drehen. In einem inhomogenen magnetischen Feld wirkt auf den Dipol außerdem die Kraft $\underline{K}$, deren Komponenten in den drei Raumrichtungen x, y und z gegeben sind durch

$$K_{x,y,z} = \underline{m}\,\mathrm{grad}\,B_{x,y,z}.$$

An den Grenzflächen zwischen Medien unterschiedlicher Permeabilität, d. h. vor allem an der Oberfläche von ferromagnetischen Körpern, wirken schließlich noch Grenzflächenkräfte. Diese führen ebenfalls nur im inhomogenen Magnetfeld zu Kraftwirkungen auf den Körper. *Claassen*

Kraftgesetz. Wenn man nach den Gesetzen der →Kinetik Bewegungsgleichungen aufstellen will, muß man vor allem wissen, wie die auftretenden Kräfte von Orten, Geschwindigkeiten und der Zeit abhängen, in seltenen Fällen auch von der →Beschleunigung selbst. Solche Regeln heißen K.e. Die innerhalb der →Mechanik wichtigsten seien aufgeführt.

□ Gravitation (Massenanziehung). Zur Deutung der Keplerschen Gesetze benötigte Newton zwei wesentliche Ideen: sein Grundgesetz sowie die Beschreibung der Gravitation oder Massenanziehung (Massenattraktion). Die Kraft F gemäß Bild 1 mit der sich zwei (Punkt-)Massen, die einen Abstand r haben, gegenseitig anziehen, ist – dies ist eigentlich sehr erstaunlich – von den Massen m_1 und m_2 sowie von dem Abstand r abhängig und wirkt auf der Verbindungsgeraden. Das Gravitationsgesetz verknüpft diese Größen mit der Gravitationskonstanten Γ zu

$$F = \Gamma\,\frac{m_1\,m_2}{r^2}.$$

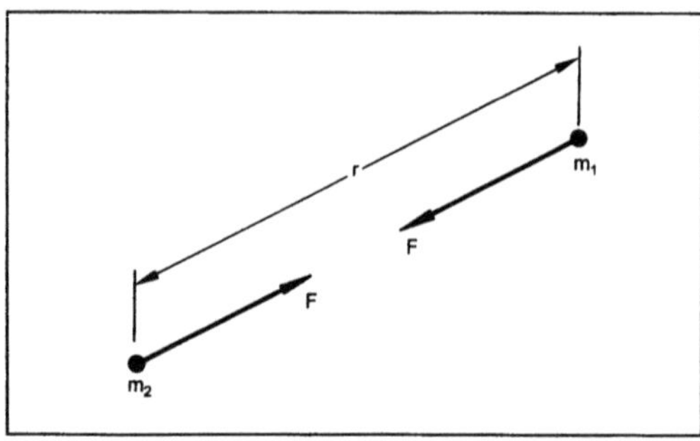

Kraftgesetz 1: Gravitation.

□ Schwerkraft. Die Schwerkraft, auch Erdanziehung genannt, ist ein Sonderfall der Gravitationskraft. Massenanziehung herrscht zwischen der Erde und einem Körper. Dieser sei gemäß Bild 2 als Massenpunkt der Masse m anzusehen. Dann gilt zwischen ihm und jedem Partikel der Erde $dm_E = \rho_E dV$ (mit ρ_E als der Dichte der Erde) das Gravitationsgesetz. Jedes trägt mit einem dF zur gesamten Kraft $\vec{F}$ bei, die auf das Partikel wirkt und aus Symmetriegründen (in guter Näherung) zum Erdmittelpunkt weist. Integriert man alle diese Kräfte zunächst für eine (homogene) Kugelschale der Gesamtmasse m_K, so stellt sich heraus, daß die von ihr auf m ausgeübte Kraft F_K

$$F_K = \begin{cases} \Gamma \dfrac{m\, m_K}{r^2} & \text{(m außerhalb der Schale)} \\ O & \text{(m in der Schale)} \end{cases}$$

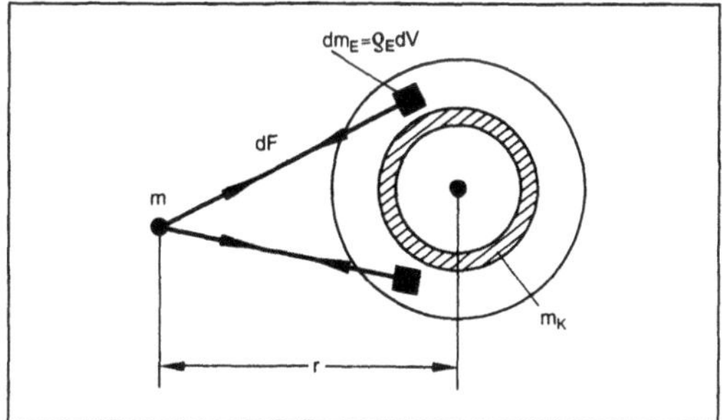

Kraftgesetz 2: Schwerkraft.

erfüllt (r ist der Abstand der Masse m von der Kugel-Mitte). Die Gesamtkraft, welche die Erde auf einen Körper ausübt, entspricht also der Anziehung eines Massenpunktes im Mittelpunkt der Erde, der die Masse aller zur Erde gehörenden Kugelschalen hat, die m nicht umschließen. Solange sich m oberhalb der Erdoberfläche befindet, gilt also

$$F = \Gamma \frac{m\, m_E}{r^2}.$$

Sobald man in die Erde eindringt, ist nur noch ein Teil von m_E einzusetzen, der – grob gesagt – proportional r^3 ist, so daß F nach innen hin abnimmt. Der an der Erdoberfläche geltende Wert

$$F = m\, \Gamma \frac{m_E}{R_E^2}$$

ist das Gewicht, das man mit

$$g = \Gamma \frac{m_E}{R_E^2} \text{ als } F = mg \rightarrow G$$

ausdrückt. Da g beim freien Fall zur Beschleunigung wird, nennt man g Erdbeschleunigung, obwohl sie an sich ein Gewichtsfaktor ist.

□ Federkraft. Eine →Feder erzeugt eine von der Verformung abhängige Federkraft, meist von der Art $F = c\,(\ell - \ell_o)$. ℓ_o ist die Länge der entspannten Feder, manchmal auch ein Moment (Bild 3).

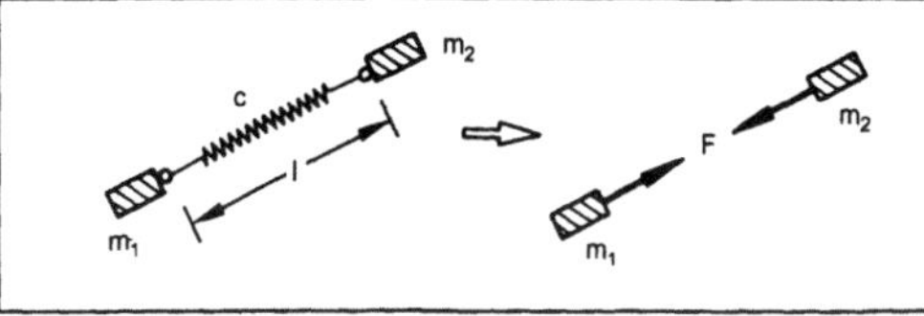

Kraftgesetz 3: Federkraft.

□ Reibkraft. Zur Festlegung der Reibkräfte, die stets so gerichtet sind, daß sie (Relativ-)Bewegungen behindern (was man oft ausnutzt), sei auf das Stichwort →Reibung verwiesen.

□ Luftwiderstand. Der Luftwiderstand wird von der Luft auf einen bewegten Körper ausgeübt. Meist nimmt man an, daß er der Bewegung entgegen gerichtet und dem Geschwindigkeitsquadrat proportional ist.

□ Dämpferkraft. Als →Dämpfer wird von seiner Wirkung auf Schwingungen her eine Vorrichtung gemäß Bild 4 genannt, in der die Reibung einer Flüssigkeit in einem Spalt zwischen einem Zylinder und einem Stempel ausgenutzt wird, um eine (mehr oder weniger) geschwindigkeitsproportionale Kraft zu erzeugen: $F = b\,(\dot{x}_1 - \dot{x}_2)$. *Besdo*

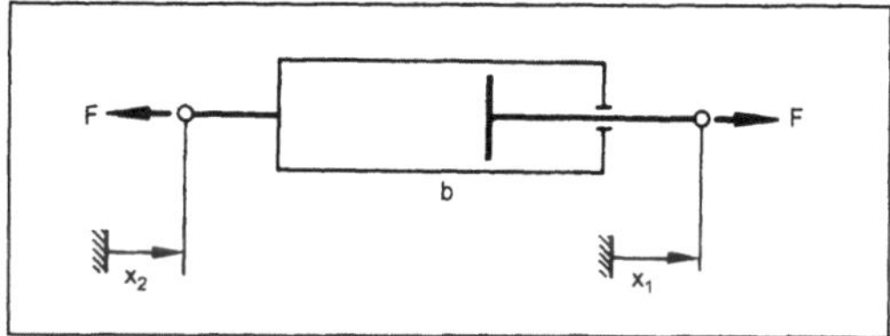

Kraftgesetz 4: Dämpferkraft.

Kraftlinie, elektrische. Linie im elektrischen →Feld, die in jedem Punkt der Richtung des elektrischen Feldes folgt. Zur Beschreibung des elektrischen Feldes durch Kraftlinien, die auch Feldlinien genannt werden, zeichnet man jeweils so viele Kraftlinien ein, daß ihre Dichte der Stärke des elektrischen Feldes entspricht. In einem elektrostatischen Feld in einem Raum konstanter Permittivität stellen die Kraftlinien immer Verbindungen von positiven und negativen Ladungen dar. Sie enden nie frei im Raum, bilden keine geschlossenen Linien und schneiden sich nicht. *Claassen*

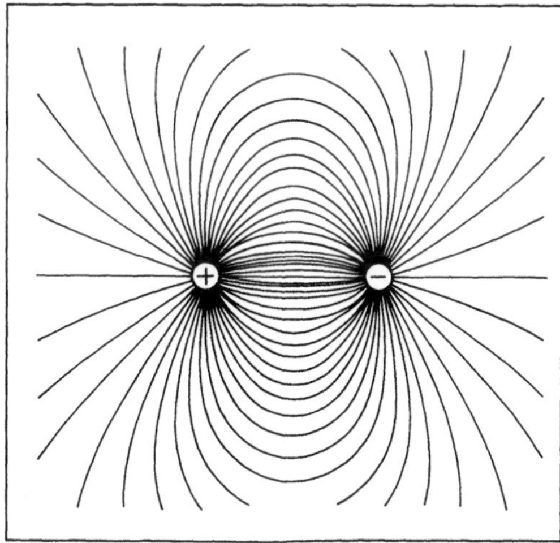

Kraftlinie: Elektrische Kraftlinien eines Dipols.

Kraftmessung. Die →Kraft ist eine abgeleitete Größe im Internationalen Einheitensystem (→Einheiten des SI) und hat die Einheit →Newton (N). Ein Newton ist gleich der Kraft, die einem Körper mit der →Masse 1 kg die →Beschleunigung 1 m/s² erteilt:

$$1 \text{ N} = 1 \text{ kgms}^{-2} \ (\approx 0{,}102 \text{ kp}).$$

K.en kommen im täglichen Leben, in Technik und Handel eine erhebliche Bedeutung zu, insbesondere weil bei vielen Wägevorgängen die Aufgabe der Bestimmung einer Masse auf eine K. zurückgeführt wird.

Zum Messen von Kräften nutzt man verschiedene physikalische Effekte aus, bei denen ein definierter und möglichst linearer Zusammenhang zwischen der Kraft und einer anderen Größe besteht, z. B. Elastizität, →Druck, Piezoelektrizität, →Magnetostriktion. Am weitesten verbreitet ist die Ausnutzung der Verformung von Federkörpern, soweit diese elastisch erfolgt, also dem Hookeschen Gesetz genügt. Kraft F und →Dehnung ε bzw. Längenänderung Δl sind dann proportional:

$$F = k \cdot \frac{\Delta l}{l} = k \cdot \varepsilon.$$

Die Dehnung ε bzw. die Längenänderung Δl werden mit den nachstehend beschriebenen Verfahren erfaßt.

Rein mechanische Kraftaufnehmer werden einerseits für grobe Messungen angewendet (z. B. Federwaage), andererseits haben sie im Eich- und Prüfwesen noch eine gewisse Bedeutung. Im letzten Fall werden die elastischen Verformungen des Verformungskörpers mit Meßuhren oder optischen Verfahren erfaßt, Meßunsicherheiten von 2% bis <0,1% vom Nennwert sind erreichbar. Nennkräfte bis 10 MN serienmäßig.

Hydraulische Kraftaufnehmer bestehen aus einem allseitig umschlossenen Druckvolumen und einem Anzeigegerät (Druckmesser). Die Meßunsicherheiten liegen bei 1 bis 2% vom Nennwert. Nennkräfte 200 N bis 20 MN.

Elektrische Kraftaufnehmer sind für die vielfältigsten Einsatzfälle entwickelt worden. Besonders in der Wägetechnik haben sie eine erhebliche Bedeutung erlangt, seitdem ihre Meßunsicherheit so klein gemacht werden konnte, daß diese Kraftaufnehmer für Waagen eichfähig wurden.

Wichtigste Vertreter der elektrischen Kraftaufnehmer sind die DMS-Kraftaufnehmer. Im einfachsten Fall werden auf einen elastischen Hohlzylinder vier →Dehnungsmeßstreifen (DMS) geklebt, (Bild 1). Wird der Zylinder durch eine Belastung gestaucht, verändern sich die Widerstände der DMS (Dehnungsmeßstreifen). Die vier DMS werden in einer Wheatstone-Brücke (→Meßbrücke) zusammengeschaltet. Für höhere Nennkräfte werden

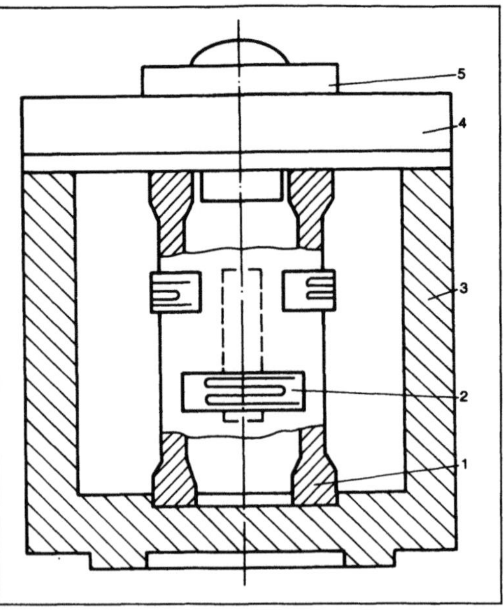

Kraftmessung 1: Kraftmeßdose mit DMS (schematischer Aufbau).

1 Hohlzylinder, 2 Dehnungsmeßstreifen, 3 Gehäuse, 4 Deckel, 5 Druckstück

rohrförmige anstelle von stabförmigen Verformungskörpern eingesetzt.

Bei kleinen Nennkräften nimmt man auch Biegekörper, um einen höheren Meßeffekt zu erhalten. DMS-Kraftaufnehmer lassen sich mit Meßunsicherheiten unter 0,1% vom Nennwert herstellen. Sie eignen sich für statische und für dynamische Messungen. Nennkräfte von 5 N bis 20 MN. Man kann zur Addition oder Subtraktion von Einzelkräften auch mehrere DMS-Kraftaufnehmer in Serie schalten. Auf diese Weise kann man z. B. die Belastung einer von vier Aufnehmern getragenen Plattform einer elektromechanischen Waage unabhängig von der Lastverteilung bestimmen.

Bei induktiven Kraftaufnehmern wird die Abstandsänderung zwischen zwei Punkten eines Verformungskörpers infolge Krafteinwirkung gemessen, und zwar mittels eines induktiven Aufnehmers für den Weg. Nennkräfte von etwa 10 mN bis 1 MN. Induktive Kraftaufnehmer werden mit einem Trägerfrequenzmeßverstärker betrieben.

Der magnetoelastische Kraftaufnehmer beruht auf dem magnetoelastischen Effekt von ferromagnetischen Materialien, deren →Permeabilität sich unter Krafteinwirkung ändert (Bild 2). Die sich durch die Krafteinwirkung ergebende Induktivitätsänderung ändert den angezeigten →Strom I. Meßverstärker sind hier nicht erforderlich. Einsatz besonders für robuste Betriebsmessungen.

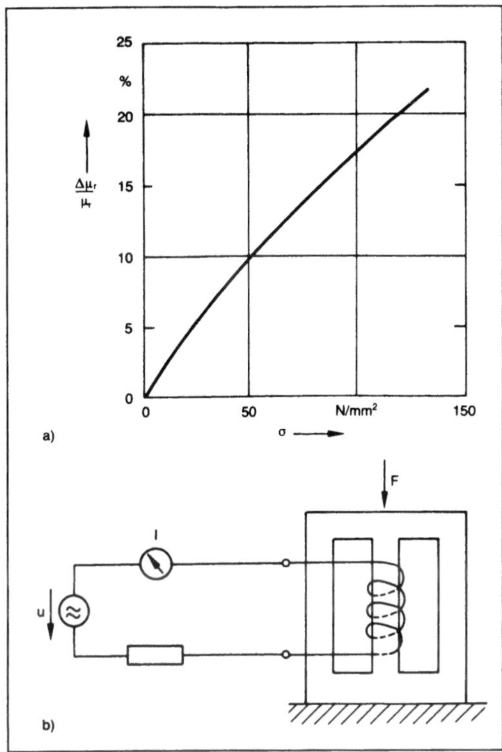

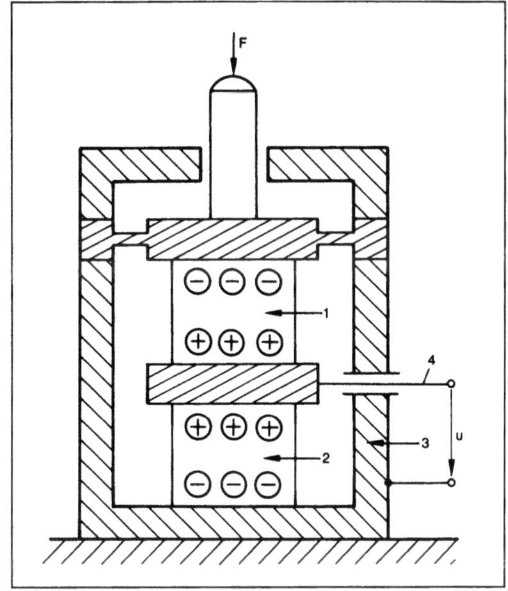

Kraftmessung 2: Magnetoelastische Kraftmeßdose.
a) Änderung der Permeabilität einer Nickel-Eisen-Legierung in Abhängigkeit von der Normalspannung σ,
b) Prinzipschema.

Grundlage für die piezoelektrische K. ist der piezoelektrische →Effekt, nach dem auf bestimmten Kristallen Ladungen auftreten, wenn diese mechanisch beansprucht werden. Quarzkristalle (SiO_2) haben die höchste Konstanz ihrer Eigenschaften und die beste Isolation, weshalb sie für Meßzwecke am besten geeignet sind. Den Aufbau einer piezoelektrischen Kraftmeßdose zeigt Bild 3. Dabei wirkt die Kraft F auf zwei Piezo-Kristalle, die mechanisch hintereinander, elektrisch aber parallel liegen. Auf diese Weise kann man die erforderliche Isolierung der mittleren Elektrode ohne weiteren Aufwand nur mittels der beiden Piezo-Kristalle erreichen. Piezoelektrische Kraftaufnehmer sind sehr steif und verformen sich bei Belastung nur um wenige μm. Die Ausgangsgröße des piezoelektrischen Kraftaufnehmers ist eine Ladung, die von einem Ladungsverstärker (Ladungsmessung) in eine entsprechende Spannung umgewandelt wird. Da die Isolation des Gesamtsystems nicht unendlich gut sein kann, fällt die infolge einer konstanten Kraft entstandene Ladung langsam ab. Daraus ersieht man, daß eine statische K. mit diesem Aufnehmer

Kraftmessung 3: Piezoelektrische Kraftmeßdose.

1,2 Quarzkristalle, 3 Metallgehäuse, 4 Abgriff von der isolierten Elektrode

$$U = \frac{Q}{C_{ges}} = k\,F$$

C_{ges} = Kapazität der Anordnung einschließlich Verstärker

nicht möglich ist. Das Haupteinsatzgebiet der piezoelektrischen Kraftaufnehmer liegt deshalb bei schnellen dynamischen Messungen, bei denen es auf kleine Baugröße bzw. auf Unempfindlichkeit gegenüber Temperaturschwankungen ankommt. Es gibt z. B. spezielle Zündkerzen mit eingebauten Kraftaufnehmern, mit denen man den Kraft- bzw. Druckverlauf im Innern von Verbrennungsmaschinen messen kann. Weitere Merkmale der piezoelektrischen Kraftaufnehmer sind: Grenzfrequenz für dynamische K. bis über 100 kHz, sehr gute Auflösung (bis 10^{-6}), Meßunsicherheit ca. 1 % vom Nennwert. *Hammerschmidt*

Kraftwirkung, elektromagnetische. Gesamtheit der mechanischen Kraftwirkungen im elektromagnetischen →Feld. Das elektrische Feld übt eine Kraftwirkung auf elektrische Ladungen aus (Elektrostatik) sowie auf Grenzflächen zwischen Medien unterschiedlicher Permittivität. Im magnetischen Feld gibt es Kraftwirkungen auf bewegte Ladungen, stromdurchflossene →Leiter, magnetische Dipole und an Grenzflächen zwischen Medien unterschiedlicher →Permeabilität (→Kraft, magnetische). *Claassen*

Kreis. *Elementargeometrie:* Die Menge der Punkte einer Ebene E, die von einem festen Punkt M aus E einen konstanten Abstand r>0 haben. M ist der

K.-Mittelpunkt und r der Radius des K. Um die von einem K. begrenzte K.-Fläche von der K.-Linie zu unterscheiden, nennt man den K. auch K.-Peripherie oder K.-Umfang.

Jede Verbindungsstrecke l zweier Punkte der K.-Peripherie liegt im Inneren des K. und heißt →Sehne. Sehnen durch den K.-Mittelpunkt heißen Durchmesser.

Sekanten sind Geraden, die mit der K.-Peripherie zwei Punkte gemein haben. Berührt eine Gerade die K.-Linie, d. h. hat sie mit ihr genau einen Punkt P gemein, so heißt sie eine →Tangente an den K. im Punkt P (Bild 1).

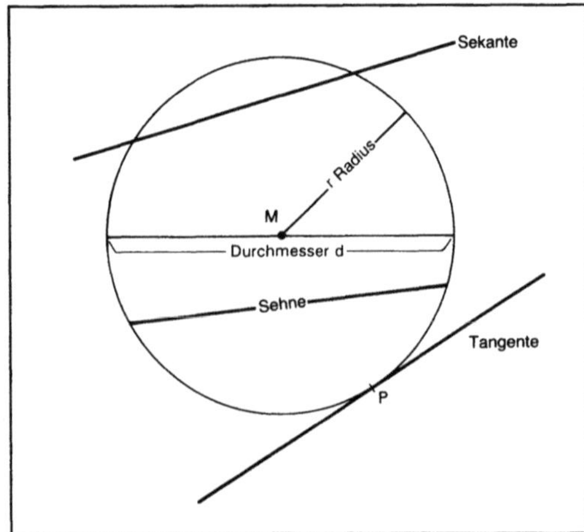

Kreis 1: Begriffe zum Kreis.

Peripherie- oder Umfangswinkel sind →Winkel, deren Scheitelpunkt ein Punkt der K.-Peripherie ist und deren Schenkel Sekanten sind. Der Scheitel eines Zentri- oder Mittelpunktwinkels fällt mit dem Mittelpunkt des K. zusammen. Jeder Zentriwinkel schneidet aus der K.-Peripherie einen K.-Bogen aus. Ein K.-Sektor ist derjenige Teil der K.-Fläche, der von den Schenkeln eines Zentriwinkels und dem zugehörigen K.-Bogen begrenzt wird. Jede Sehne teilt die K.-Fläche in zwei K.-Segmente. Insbesondere wird jeder K.-Sektor durch die Verbindungsstrecke der Schnittpunkte der Schenkel des zugehörigen Zentriwinkels mit der K.-Linie in eine Dreiecksfläche und ein →Segment zerlegt (Bild 2).

Der Umfang U eines K. ist die Länge der K.-Linie. Ist d der Durchmesser des K., so wird das Verhältnis U:d mit dem griechischen Buchstaben π bezeichnet. Die Wahl des Symbols erinnert an die Bemühungen der griechischen Mathematik, einen exakten Wert für π zu ermitteln.

Der Versuch der griechischen Mathematiker, der Lösung des Problems mit den Methoden der elementaren Geometrie näherzukommen, führte zur sog. Quadratur des K. Man suchte, mit Hilfe von

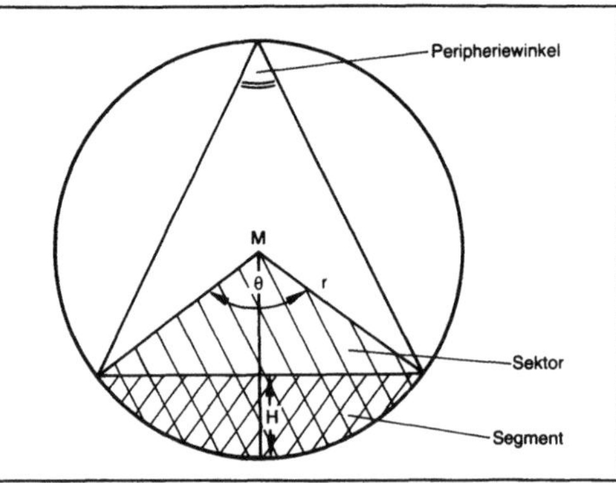

Kreis 2: Winkel am Kreis.

Zirkel und Lineal ein Quadrat und einen K. gleicher Fläche zu konstruieren. Die Unmöglichkeit der Konstruktion wurde erst im 19. Jahrhundert bewiesen (Transzendenz der Zahl π). Näherungswerte für π hat schon der griechische Mathematiker *Archimedes* (ca. 287–212 v. Chr.) angegeben. Er fand bei seinen Untersuchungen von ein- bzw. umbeschriebenen n-Ecken (bis n=96):

$3\frac{10}{71} < \pi < 3\frac{10}{70}$ oder $3{,}14084507 > \pi > 3{,}14285714$. Gebräuchliche Näherungswerte für π sind $\pi \approx 3{,}14$ oder $\pi \approx 3\frac{1}{7}$ auf zwei Stellen genau oder $\pi \approx 3{,}14159$ auf fünf Stellen genau. Zur Darstellung von π werden vielfach Reihen herangezogen. Eine der gebräuchlichsten ist $\pi = 4(1 - \frac{1}{3} + \frac{1}{5} - \frac{1}{7} \ldots)$.

Für einen K. mit Radius r gelten die folgenden Beziehungen (Bild 1 bis 3):

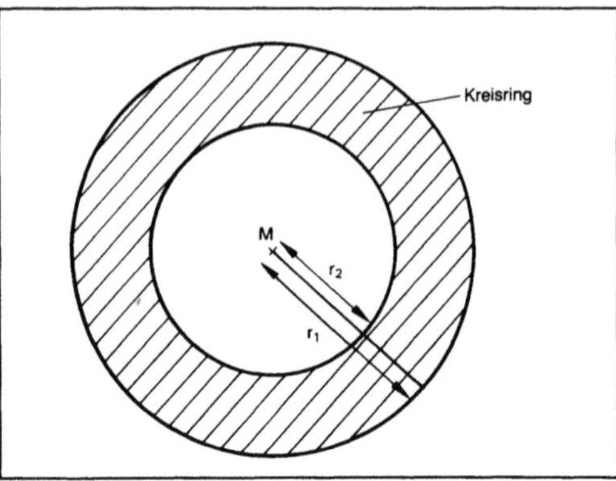

Kreis 3: Kreisring.

Umfang U des K.: $U = 2\pi r = \pi d$,

Fläche F des K.: $F = \pi r^2 = \frac{1}{4}\pi d^2$,

Länge des K.-Bogens b: $b = r\,\Theta = \frac{1}{2}d\Theta$,

Fläche F eines K.-Sektors: $F = \frac{1}{2}r\,b = \frac{1}{2}r^2\,\Theta$ (Θ in rad),

Fläche F eines Segments: $F = \frac{1}{2} r^2 (\Theta - \sin\Theta)$

$= r^2 \text{ arc cos } (r - \frac{H}{r}) - (r - H) \sqrt{2rH - H^2}$,

Fläche F eines K.-Rings: $F = \pi (r_1 + r_2)(r_1 - r_2)$, Bild 3.

Analytisch: Ein K., die Menge der Punkte der Ebene (eine ebene →Kurve), deren rechtwinkelige →Koordinaten die allgemeine Gleichung

$$x^2 + y^2 + 2Ax + 2By + C = 0$$

erfüllen, wobei $D := A^2 + B^2 - C > 0$, die A, B, C Konstante sind. Der Radius des K. ergibt sich mit $\sqrt{D}$, und der K.-Mittelpunkt hat die Koordinaten $x = -A$ und $y = -B$. Ist $D \leq 0$, so erhält man einen ausgearteten K.; für $D = 0$ einen Punkt und für $D < 0$ einen imaginären K. Da die K.-Gleichung drei Parameter (A, B, C) enthält, ist ein K. durch Angabe von drei Bedingungen eindeutig bestimmt. Insbesondere bestimmen drei Punkte des K. diesen eindeutig. Fällt der Mittelpunkt eines K. mit dem Koordinatenursprung zusammen, so ergibt sich die kanonische K.-Gleichung durch $x^2 + y^2 = r^2$. Die Parametergleichungen des K. sind $x = r \cos\phi$, $y = \sin\phi$. In Polarkoordinaten lautet deren Gleichung $r^2 - 2rr_1 \cos(\Theta - \Theta_1) + r_1^2 = a^2$, wobei der Mittelpunkt durch die Koordinaten (r_1, Θ_1), der Radius durch a gegeben ist und (r, Θ) ein Punkt der K.-Peripherie ist. *W. L. Fischer*

Kreis, magnetischer →magnetischer Kreis

Kreisel, momentfreier. Ein K. wird als momentfrei (kräftefrei) bezeichnet, wenn die Summe der äußeren Momente um seinen →Massenmittelpunkt verschwindet (Bild 1 und 2). Herstellbar ist das als reibungsfreie Spitzenlagerung im →Schwerpunkt (Bewegungsmöglichkeiten eingeschränkt) oder durch eine kardanische Aufhängung, die Drehungen um jede Achse erlaubt. Die Aufhängung selbst müßte allerdings masselos sein. Auch ein frei fliegender Körper ist natürlich – wenn man von Luftreibung absieht – momentfrei.

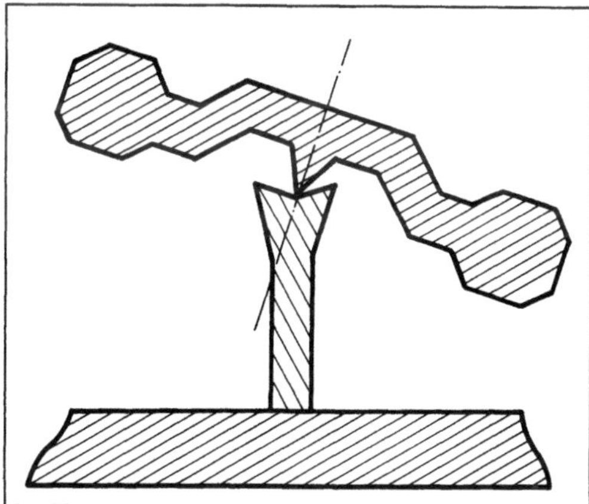

Kreisel, momentfreier 1: Spitzenlagerung.

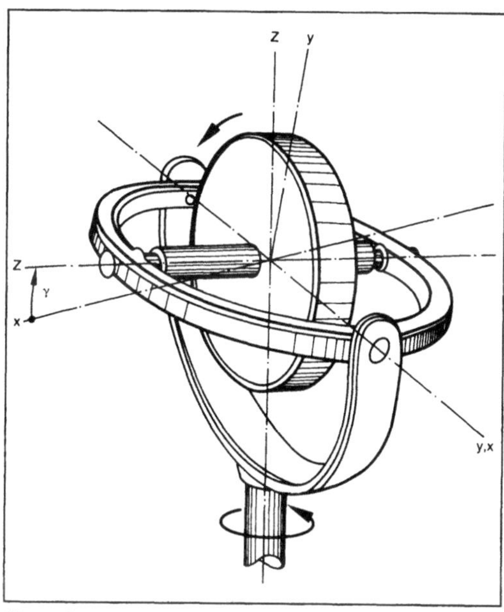

Kreisel, momentfreier 2: Kardanische Lagerung.

Die allgemeine Bewegung eines m. K. wird durch $\vec{L}^{(c)} = \overrightarrow{\text{konst}}$ und $T = $ konst gekennzeichnet. Das führt auf eine Deutung nach *Poinsot* (Poinsot-Bewegung): Mit $\vec{v}_c = \vec{0}$ gilt $T = \frac{1}{2} \vec{\omega} \cdot \vec{L}^{(c)} = $ konst Der →Vektor $\vec{\omega}$ hat in Richtung von $\vec{L}^{(c)}$ stets den gleichen Anteil, und $\vec{L}^{(c)}$ selbst ist konstant. Die Spitze des Vektors $\vec{\omega}$ wandert deshalb in einer festen, zu $\vec{L}^{(c)}$ senkrechten Ebene E. Dort berührt das Energieellipsoid gerade die Ebene mit einem Punkt seiner Polkurve, das ist die Schnittlinie des Drall- und des Energieellipsoids, auf der $\vec{\omega}$ vom Körper aus gesehen wandert. Das (im Schwerpunkt gehaltene) Energieellipsoid rollt also auf E ab und berührt diese in einer Spurkurve.

Die Polkurven selbst sehen bei drei ungleichen trägheitsmomenten wie in Bild 3 aus. Um zwei der Hauptachsen verlaufen geschlossene Kurven, während sich auf der dritten zwei Teile einer Separatrix schneiden. Drehungen um diese Achse (mittleres Haupt-Massenträgheitsmoment) sind instabil, Drehungen um die anderen Hauptachsen stabil. Von *Euler* wurde die K.-Bewegung berechnet. Das führt auf elliptische Integrale.

Bei symmetrischen K. geht die Polkurve in einen Kreis um die Figurenachse über. Die Spurkurve ist ebenfalls ein Kreis. Somit rollt ein Polkegel auf einem Spurkegel ab (Spitzen in C).

Die so entstehende Bewegung der Figurenachse, die bei auch konstruktiv rotationssymmetrischen K. leicht erkennbar ist, heißt →Nutation. Die Anordnung des raumfesten Drallvektors $\vec{L}^{(c)}$, des Winkelgeschwindigkeitsvektors $\vec{\omega}$, in C angetragen, und der

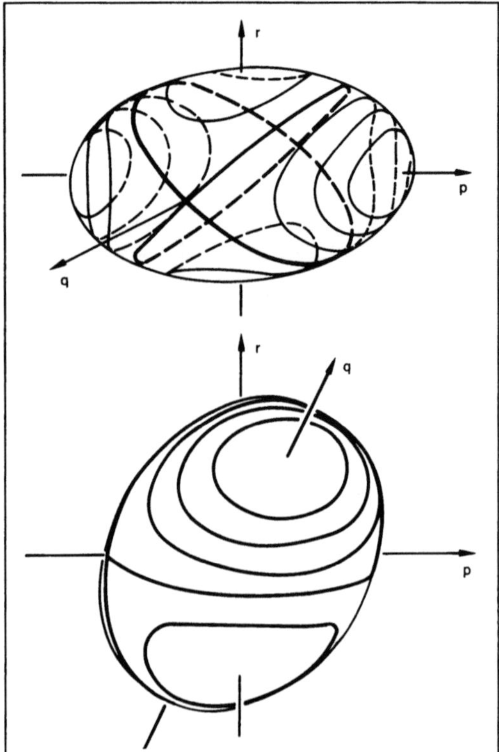

Kreisel, momentfreier 3: Polkurven auf dem Energie-ellipsoid.

Figurenachse ($\vec{e}_{III}$) richtet sich nach dem Verhältnis $J_{III}^{(c)} : J_{I}^{(c)}$ (Bild 4).   *Besdo*

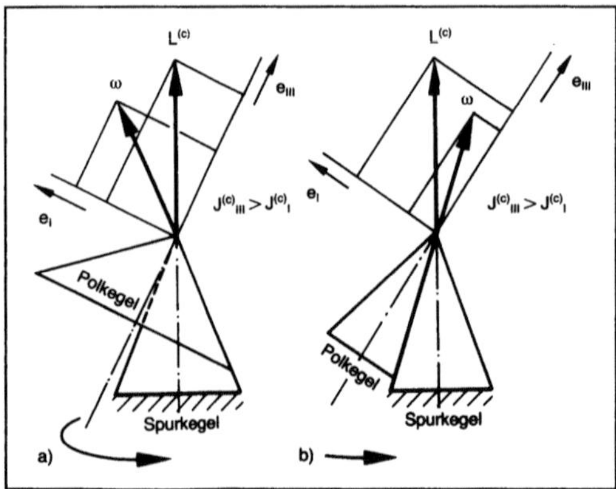

Kreisel, momentfreier 4: Nutation.
a) Abgeplatteter Kreisel
b) Gestreckter Kreisel.

Kreisel, schwerer. Als s. K. wird ein K. bezeichnet, wenn auf ihn, bezogen auf seinen →Massenmittelpunkt C, Momente einwirken, d. h. wenn er nicht in C gelagert ist. Die Lagerung kann also eine Spitzen-Lagerung außerhalb von C sein. Auch der bei K.,

momentfreier, skizzierte kardanisch aufgehängte Kreisel kann durch Zusatzgewichte zum schweren Kreisel werden.

Die allgemeine Bewegung eines beliebig geformten und gelagerten K. konnte bisher nicht berechnet werden. Lösungen gibt es nach *Lagrange* und *Poisson* für symmetrische K., die auf der Figurenachse gelagert sind, sowie für $J_{I}^{(A)} = J_{II}^{(A)} = 2\,J_{III}^{(A)}$ mit C in der I,II-Ebene nach *Kovalevskaja* für beliebige Anfangsbedingungen (Bild).

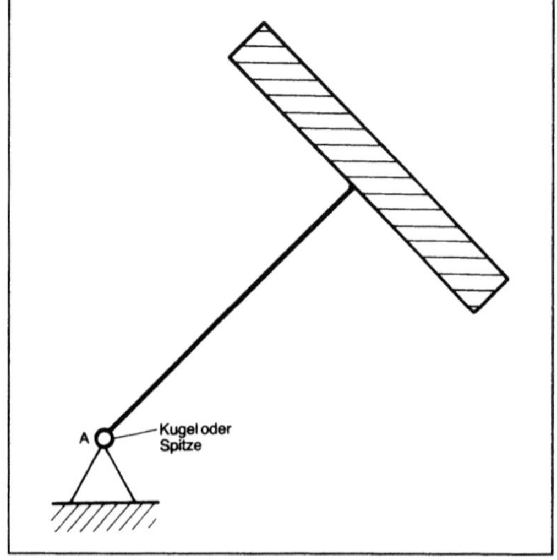

Kreisel, schwerer: Lagrange-Poisson-Kreisel.

Praktisch interessant ist vor allem der erste dieser beiden Fälle. Hier treten wie bei der allgemeinen Bewegung des momentfreien K. elliptische Integrale auf. Die Bewegung selbst wird durch eine Präzession mit überlagerter →Nutation dargestellt.

Bei s. K. interessiert sehr die →Stabilität von Drehungen um eine seiner Hauptachsen.

Anwendungsformen gibt es in der Technik. Besonders bekannt ist der K.-Kompaß. Große Bedeutung haben K. jedoch auch als Spielgerät (Spiel-K.).   *Besdo*

Kreiselgerät. Bei technischen Anwendungen von Kreiseln nutzt man verschiedene physikalische Effekte:

– Der →Drall bei kräftefreien Kreiseln ist konstant: Anwendung bei Kurskreiseln und künstlichen Horizonten.

– Geeignet rotierende stehende →Kreisel können stabil sein: Anwendung bei der Stabilisierung von Fahrzeugen durch direkt wirkende Kreisel.

– Ein Kreisel kann nur durch deutlich meßbare Momente gedreht werden: Anwendung bei Wendekreiseln und Trägheitsplattformen mit Hilfsantrieben.

– Ein Kreisel reagiert mit einer gegenüber dem Träger schwenkbaren Achse auf Drehungen des Trägers durch Schwenken der Achse: Anwendung bei Stellkreiseln.

Ein sehr bemerkenswertes Gerät ist der Kurvenkreisel. Er ist ein abgeplatteter, symmetrischer, an sich momentenfreier Kreisel mit einem reibenden Stiel in Richtung der Figurenachse (Bild). Lehnt man diesen Stiel gegen einen Körper, so rollt er ständig auf dessen Kontur ab, weil er die nötige Normalkraft als Reaktion auf die durch das Rollen bedingte Drehung selbst aufbringt.

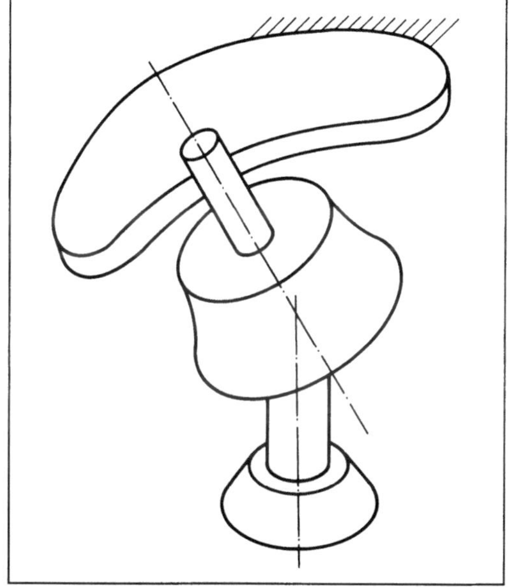

Kreiselgerät: Kurvenkreisel.

Das wohl bekannteste K. ist der Kreiselkompaß: Ein Kreisel, auf den ein Moment $\vec{M} = \vec{M}\vec{e}$ einwirkt, kann nur in einem mit $\vec{\omega}_F$ drehenden Bezugssystem ruhen, wenn $\vec{\omega}_F$ und $\vec{e}$ senkrecht zueinander stehen. Als $\vec{\omega}_F$ dient die Erddrehung; $\vec{e}$ wird konstruktiv – mit dem Kreisel selbst verbunden – vorgegeben und weist in Ost- oder Westrichtung. Schwierigkeiten entstehen durch das langsame Einschwingen sowie die Fahr- und Schlingerfehler, weil sich $\vec{\omega}_F$ durch die Fahrzeugbewegung verändert. *Besdo*

Kreisprozeß. Ein Prozeß, der im Zustandsraum durch eine in sich geschlossene Trajektorie dargestellt wird, heißt *Kreisprozeß*. K.e sind für theoretische wie auch für technische Betrachtungen von großer Wichtigkeit: Zur analytischen Formulierung des zweiten Hauptsatzes werden Dissipationsungleichungen verwendet, die in ihrer ursprünglichen Formulierung Linienintegrale über K. sind (Carnot-Clausius-Ungleichung).

K.e, die insbesondere zwischen nur zwei Wärmereservoiren verlaufen, lassen sich durch thermodynamische Diagramme veranschaulichen. Alle periodisch arbeitenden Maschinen werden durch K. beschrieben. Dabei durchläuft die Arbeitssubstanz unter Wärme- und Arbeitsaustausch mit der Umgebung (thermodynamisches →System) selbst einen Kreisprozeß. Häufig findet auch ein Stoffaustausch mit der Umgebung statt (Verbrennungsmotor). Leistet bei einem K. das System →Arbeit an seine Umgebung (W<0), so wird dieser als Rechtsprozeß bezeichnet, sonst als Linksprozeß (W>0).

Die Kreisquasiprozesse (Quasiprozeß), oft auch als reversible Kreisprozesse bezeichnet (zweiter →Hauptsatz), sind für technische Maschinen wichtige Vergleichsprozesse, mit denen maximale Wirkungsgrade abgeschätzt werden können. Aus dem Vergleich der maximalen mit den tatsächlichen Wirkungsgraden lassen sich Rückschlüsse auf die Güte der Maschine ziehen (exergetischer →Wirkungsgrad). Für die unterschiedlichsten Maschinen gibt es Kreisquasivergleichsprozesse, die oft nach den Konstrukteuren der Maschinen benannt werden: Prozeß von *Ackeret-Keller, Brayton, Carnot, Clausius-Rankine, Diesel, Ericson, Joule, Linde, Otto, Seiliger, Stirling, Trinkler-Sabate.* Daneben gibt es auch für den Heißluftprozeß und die Wärmepumpe solche Vergleichsprozesse. *Muschik*

Kreisübertragungsfunktion. Die K. ist das Produkt aller Einzelübertragungsfunktionen eines Kreises, sie ist die Gesamtübertragungsfunktion der Kettenschaltung des aufgeschnittenen Kreises.

Für einen →Regelkreis, der nur den →Regler mit der →Übertragungsfunktion $F_R(s)$ und die →Regelstrecke mit $F_S(s)$ enthält, ist die K. $F_0(s) = F_R(s)F_S(s)$. Wird in die →Rückführung noch ein Meßglied mit $F_M(s)$ hinzugefügt, dann ist $F_0(s) = F_R(s)F_S(s)F_M(s)$. Die K. ist wichtig zur Aufstellung der charakteristischen Gleichung und zur Untersuchung der →Stabilität des Regelkreises. *Böttiger*

Kreisverstärkung. Die K. ist das Produkt aller Einzelverstärkungen eines Kreises bzw. die Verstärkung (oder der Verstärkungsfaktor) des aufgeschnittenen Kreises.

Für einen →Regelkreis, dessen →Regler den Verstärkungsfaktor K_R und dessen →Regelstrecke den Verstärkungsfaktor K_S hat, ist die K. $K_0 = K_R K_S$ (→Kreisübertragungsfunktion). *Böttiger*

Kreuzkorrelation. Die K. wird zur Lösung schwieriger Meßaufgaben herangezogen (→Korrelationsmeßtechnik), bei denen direktere Methoden versagen. Einige wenige Anwendungen sind im folgenden kurz erläutert.

Extraktion korrelierter (Unterdrückung nicht korrelierter) Signalanteile. Bild 1 zeigt als Beispiel für die Unterdrückung nicht korrelierter Signalanteile ein Nutzsignal x(t), das in 2 parallelen Kanälen verstärkt wird. In diesen Kanälen überlagert sich das Rauschen $s_1(t)$ bzw. $s_2(t)$ dem Nutzsignal, so daß an den Verstärkerausgängen die Signale f(t) und g(t) anstehen:

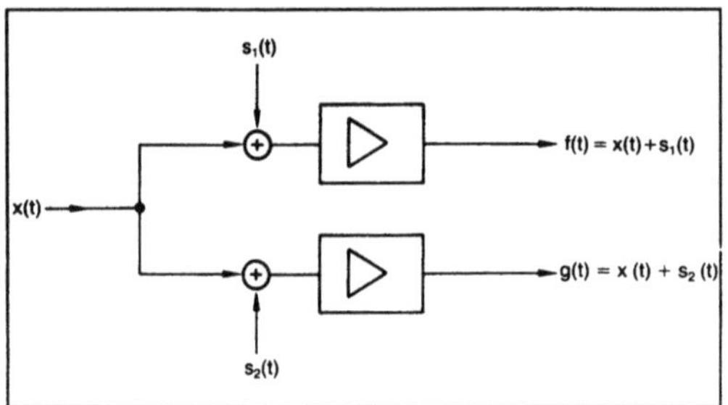

Kreuzkorrelation 1: Zweikanalige Verstärkung des Signals x(t). Dem Nutzsignal x(t) überlagern sich die Störsignale $s_1(t)$ und $s_2(t)$.

$f(t) = x(t) + s_1(t); g(t) = x(t) + s_2(t).$

Unter der Annahme, daß die beiden Rauschsignale voneinander statistisch unabhängig, d. h. nicht korreliert sind, verschwinden in der K.-Funktion Φ_{fg} (KKF) wegen der zeitlichen Mitteilung die Rauschanteile. Die KKF Φ_{fg} ist identisch mit der →Autokorrelationsfunktion Φ_{xx} (AKF) des Nutzsignals

$\Phi_{fg}(\tau) = \Phi_{xx}(\tau).$

Die AKF liefert bei der Verzögerungszeit $\tau = 0$ das Quadrat des Effektivwerts, der damit störungsfrei gemessen wird.

Geschwindigkeitsmessung. In Strömungsrichtung eines Mediums liegen versetzt 2 Meßfühler, so daß das Medium erst den Fühler 1 und dann den Fühler 2 passiert (Bild 2). Die →Aufnehmer messen eine Stoffeigenschaft, wie z. B. Temperatur, Dichte, Reflexion oder Absorption. Diese Größen ändern sich in geringem Maße, so daß z. B. eine Stelle geringerer Dichte (Luftblase) zunächst das →Signal f(t) des Fühlers 1 und dann das Signal g(t) des Fühlers 2 beeinflußt. Die beiden Signale werden korreliert, und es ergibt sich die KKF Φ_{fg} als die um die Laufzeit T verschobene AKF Φ_{ff} des Aufnehmers 1:

$\Phi_{fg}(\tau) = \Phi_{ff}(T-\tau).$

Die Laufzeit T läßt sich aus der Lage des Maximums der KKF ermitteln. Der Abstand l der beiden Aufnehmer ist bekannt, so daß die Geschwindigkeit v des Mediums aus

$v = \dfrac{l}{T}$

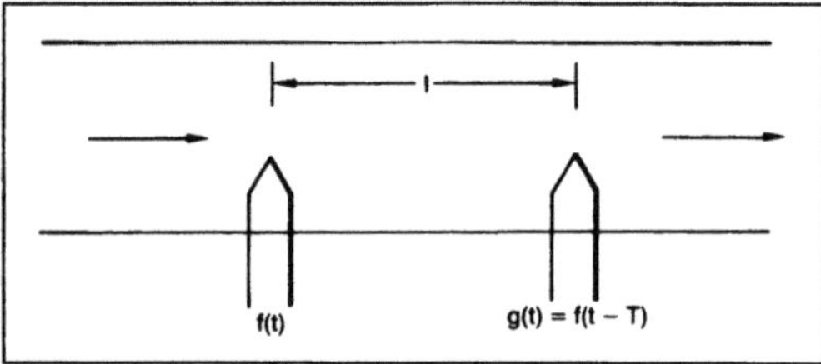

Kreuzkorrelation 2: Rohrleitung mit 2 im Abstand l eingebauten Thermoelementen. Der Transport der Wärmeballen vorbei an den Thermoelementen führt zu einem korrelierten Signalanteil, aus dem sich die Strömungsgeschwindigkeit v bestimmen läßt.

bestimmt werden kann. Ein Vorteil dieses Verfahrens ist, daß die Geschwindigkeit berührungslos, z. B. über eine optische Abtastung, gemessen wird.

Entfernungsmessung. Zum Zweck der Ortung wird ein Signal abgestrahlt und von einem Objekt, dessen Position bestimmt werden soll, als f(t) reflektiert (Bild 3). Dasselbe Signal wird auf einem zweiten Weg um die Zeit τ verzögert mit $g(t) = f(t-\tau)$. Die KKF Φ_{fg} der beiden Signale hat ihr Maximum bei der Laufzeit T des Signals. Die Geschwindigkeit v des Signals ist bekannt, so daß Entfernung des gesuchten Objekts aus der ermittelten Laufzeit T ergibt zu

$l = \dfrac{v}{T}.$

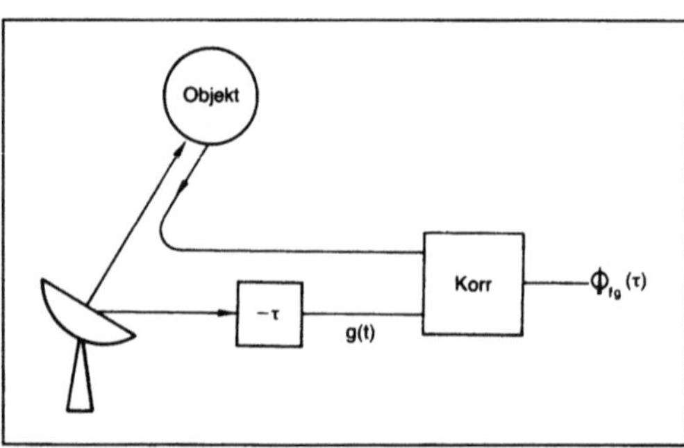

Kreuzkorrelation 3: Das von einem Objekt reflektierte Signal f(t) wird mit dem um die Zeit τ verzögerten formgleichen Signal g(t) korreliert.

Nach derselben Methode lassen sich in Rohrleitungen über Körperschallmessungen z. B. Leckstellen finden.

Lärmanalyse. Mit Hilfe der KKF können die Wege festgestellt werden, auf denen von einem oder mehreren Störern Vibrationen oder Geräusche zu einem bestimmten Ort übertragen werden. Dadurch lassen sich Lärmschutzmaßnahmen begründet einsetzen, und ihre Wirksamkeit läßt sich überprüfen.

Bestimmung der Übertragungsfunktion. Die Übertragungsfunktion $H(j\omega)$ eines Geräts mit dem Eingangssignal $f(t)$ und dem Ausgangssignal $g(t)$ läßt sich aus den zugehörigen Spektralfunktionen (Fourier-Transformierten) $F(j\omega)$ und $G(j\omega)$ bestimmen aus

$$H(j\omega) = \frac{G(j\omega)}{F(j\omega)}.$$

Sind die Zeitsignale verrauscht, so werden die Spektralfunktionen – nur mit größeren Unsicherheiten – gewonnen, die sich in die Übertragungsfunktion fortpflanzen. In diesem Fall ist es vorteilhaft, die Übertragungsfunktion $H(j\omega)$ aus der Fourier-Transformierten der KKF und der Fourier-Transformierten der AKF zu ermitteln (Bild 4). Mit dem entsprechenden Kreuzleistungsdichtespektrum S_{fg} und dem Autoleistungsdichtespektrum S_{ff} ergibt sich

$$H(j\omega) = \frac{S_{fg}(j\omega)}{S_{ff}(j\omega)}.$$

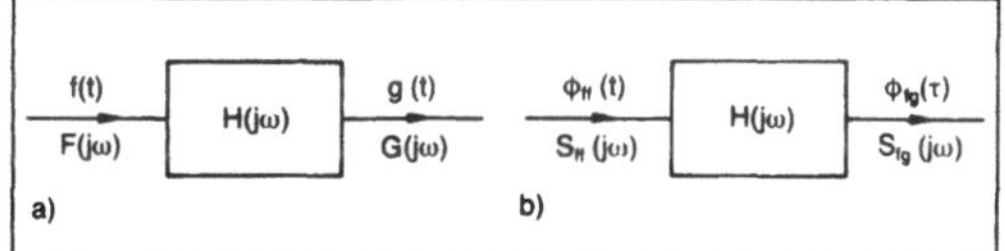

Kreuzkorrelation 4: Die Übertragungsfunktion $H(j\omega)$ läßt sich bestimmen aus a) den Spektralfunktionen $F(j\omega)$ und $G(j\omega)$ oder b) den Dichtespektren $S_{ff}(j\omega)$ und $S_{fg}(j\omega)$.

Diese Methode ist unempfindlicher gegen Störungen. Besonders einfach wird die Messung, wenn das Gerät mit weißem Rauschen stimuliert wird, dessen Autoleistungsdichtespektrum unabhängig von der Frequenz ist: $S_{ff}=k$. *Schrüfer*

Kreuzstrom. Wird ein mehrstufiger Stofftrennprozeß im K. betrieben, so wird jeder Stufe ein Stoffstrom L zugeführt, der dann an- oder abgereichert den Prozeß verläßt, während der zweite Stoffstrom V alle Trennstufen durchläuft und auf diese Weise mehrfach hintereinander mit dem Strom L in Stoffaustausch tritt (Bild). Die Ströme L_1–L_3 brauchen nicht die gleiche Zusammensetzung zu besitzen.

Im K. betriebene Anlagen liegen in ihrer Trennleistung und im Trennhilfsmittelverbrauch (z. B. Extraktionsmittel, Energie) zwischen einer einstufigen Apparatur (bzw. Gleichstrom) und einer im →Gegenstrom betriebenen Apparatur. Nachteilig ist, daß Ströme L' mit unterschiedlichen Zusammensetzungen entstehen. *Dohrn*

Krümmung. *Raumkurve.* Für eine nach der Bogenlänge s parametrisierte Raumkurve $\underline{x}(s)$ (→Kurve) heißt $\underline{x}''(s)$ der K.-Vektor der Kurve im Punkt $\underline{x}(s)$; $\underline{x}''(s)$ läßt sich als Änderungsgeschwindigkeit des Einheitsvektors der →Tangente (→Kurventheorie) bei Durchlaufen der Kurve mit gleichförmi-

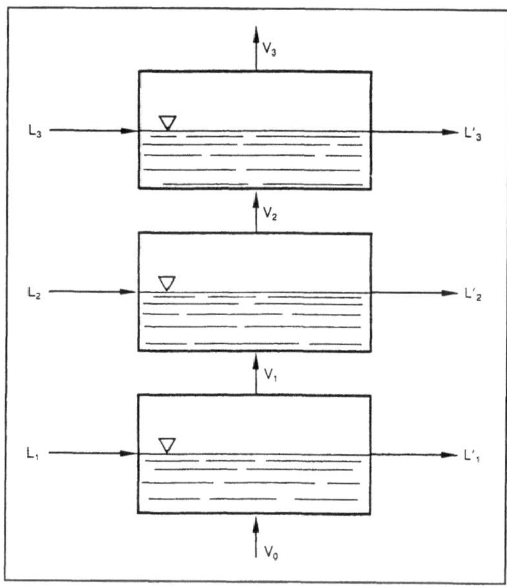

Kreuzstrom: Kreuzstrom in einem dreistufigen Stofftrennprozeß (z. B. Absorption).

ger Bahngeschwindigkeit deuten. Die Größe $\kappa(s) := |\underline{x}''(s)|$ mißt daher die Abweichung der Kurve vom geradlinigen Verlauf. Die Geraden sind durch $\kappa(s) = 0$ für jeden Punkt $\underline{x}(s)$ gekennzeichnet; $\kappa(s)$ heißt die K. der Kurve im Punkt $\underline{x}(s)$. Ist die Raumkurve durch $\underline{x}(t)$ dargestellt, so gilt

$$\kappa(t) = \frac{\sqrt{(\dot{\underline{x}}\dot{\underline{x}})(\ddot{\underline{x}}\ddot{\underline{x}}) - (\dot{\underline{x}}\ddot{\underline{x}})^2}}{(\dot{\underline{x}}\dot{\underline{x}})^{3/2}}.$$

Der reziproke Wert $\varrho(s) = \dfrac{1}{\kappa(s)}$ heißt der K.-Radius der Kurve im Punkt $\underline{x}(s)$. Die Einführung des K.-Radius beruht auf einer geometrischen Deutung der K. einer Raumkurve; $\rho(s)$ ist der Radius eines Kreises der Schmiegebene (die vom Tangentenvektor und Hauptnormalenvektor aufgespannte Ebene) an die Kurve im Punkt $\underline{x}(s)$, der die Kurve im Punkt $\underline{x}(s)$ von mindestens 2. Ordnung berührt, d. h. die Kurve in diesem Punkt gut annähert. Der Kreis heißt K.-Kreis; sein Mittelpunkt wird K.-Mittelpunkt genannt.

Fläche. Zum Kennzeichnen von (lokalen) K.-Eigenschaften einer Fläche im dreidimensionalen Raum werden Flächenkurven herangezogen. Ist $\underline{x}(s) = \underline{x}(u^i(s))$ eine auf die Bogenlänge bezogene Flächenkurve einer Fläche $x(u^1, u^2)$, so läßt sich der K.-Vektor $\underline{x}''(s)$ bez. der Flächennormalen in jedem Punkt in einen normalen und in einen tangentiellen Anteil zerlegen. Der Normalanteil κ_n des K.-Vektors heißt Normal-K., der tangentielle Anteil κ_g heißt geodätische K. Die geodätische K. κ_g ist eine Größe der inneren Geometrie einer Fläche. Flächenkurven, deren geodätische K. in jedem Punkt der Kurve verschwindet, sind die geodätischen

Linien. Die Normal-K. κ_n hängt ausschließlich von der Flächenrichtung ab. Insbesondere besitzen alle Flächenkurven, die in einem gemeinsamen Punkt die gleiche Tangente haben, in diesem Punkt auch gleiche Normal-K. Aus diesem Grund gibt die Gesamtheit der Normal-K. in einem Punkt Aufschluß über das K.-Verhalten der Fläche in einer Umgebung dieses Punkts. Man stellt fest, daß in jedem Flächenpunkt zwei zueinander senkrechte Richtungen (die Haupt-K.-Richtungen) existieren, in denen die Normal-K. Extremwerte annimmt. Die beiden Normal-K. κ_1 und κ_2 der Haupt-K.-Richtungen heißen die Haupt-K. der Fläche in einem Flächenpunkt. Das arithmetische Mittel $\frac{\kappa_2 + \kappa_2}{2}$ ist die mittlere K., das Produkt $G = \kappa_1 \cdot \kappa_2$ ist die Gauß-K. der Fläche in einem Flächenpunkt. Eine Flächenkurve, deren Normal-K. in jedem Punkt eine Haupt-K. ist, heißt Haupt-K.-Linie. Der Mathematiker *Gauß* hat eine geometrische Deutung der Gauß-K. G gegeben, indem er eine (kleine) Umgebung eines Flächenpunkts auf die Einheitskugel abgebildet hat (sphärisches Normalenbild). Es zeigt sich, daß G als Grenzwert des Verhältnisses der Fläche des sphärischen Bilds zur Fläche der Umgebung interpretiert werden kann (die Umgebung schrumpft zu einem Punkt). Ein weiterer bedeutender Satz von *Gauß* besagt, daß die Gauß-K. eine Größe der inneren Geometrie der Fläche ist. Die Bedeutung der Gauß-K. liegt u. a. auch darin, daß sich Flächen durch sie charakterisieren lassen. So sind z. B. Torsen Flächen konstanter Gauß-K. $G = 0$, Kugeln sind Flächen konstanter positiver K. $G > 0$.

Für allgemeinere differentialgeometrische Objekte (z. B. Riemann-Mannigfaltigkeiten) wird der Begriff der Gauß-K. in allgemeiner Form eingeführt ($\rightarrow$ Differentialgeometrie; $\rightarrow$ Kurve). *W. L. Fischer*

Literatur: *Klingenberg, W.:* Eine Vorlesung über Differentialgeometrie. Berlin 1973. – *Kreyszig, E.:* Differentialgeometrie. Leipzig 1968. – *Kobyashi, S.,* u. *K. Nomizu:* Foundations of Differential Geometry. New York 1963. – *Laugwitz, D.:* Differentialgeometrie. 1960.

Krümmung von Flächen. In der Schalentheorie spielt die K. v. F. eine große Rolle. Man kann sie durch die Veränderung des Flächen-Normaleneinheitsvektor $\vec{n}$ mit den beiden die Fläche beschreibenden Ortskoordinaten ϑ_i wiedergeben. Dabei sind „$\rightarrow$ Biegung" von „$\rightarrow$ Torsion" der Fläche unterscheiden, wobei man in geeigneten Koordinatenrichtungen stets nur Biegungen findet.

Eine andere Bedeutung hat die *Gauß*sche K. Sie entscheidet, ob eine Fläche zur Ebene abwickelbar ist. Dazu ist erforderlich, daß die Gaußsche Krümmung überall verschwindet. Sie wird wie der in der Flächengeometrie mit ihr verbundene *Riemann-Christoffel*sche Krümmungstensor – ein $\rightarrow$ Tensor 4. Stufe in nur zwei Flächenkoordinaten (bei nicht-

Euklidischer Geometrie auch im Mehrdimensionalen sinnvoll) – aus geeigneten Kombinationen von $\rightarrow$ Koordinaten des die K. der Fläche beschriebenen Tensors gebildet. Zylindermantelflächen sind z. B. gekrümmt, aber ohne Gaußsche K., dagegen existiert diese bei Kugelflächen. *Besdo*

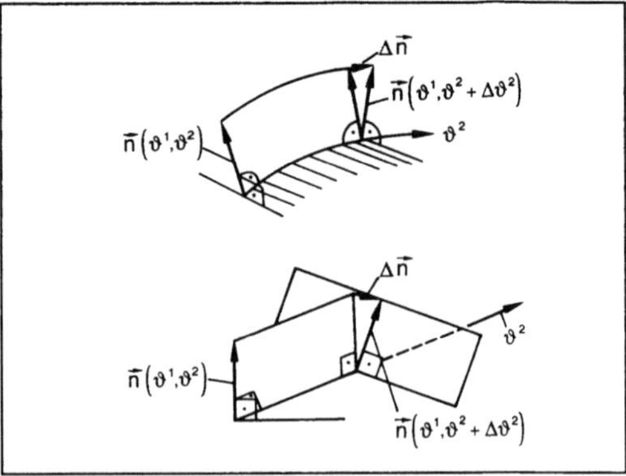

Krümmung von Flächen: Unterschied „Biegung" und „Torsion".

Kugel. *Elementargeometrisch.* Die Menge der Punkte P des Raums, deren Abstand $\overline{MP}$ von einem festen Raumpunkt M (dem Mittelpunkt) einen gegebenen Wert $r > 0$ (r Radius) nicht überschreitet. Punkte Q einer K. der Eigenschaft $\overline{MQ} = r$ bilden eine K.-Fläche (die K.-Oberfläche); sie wird durch Rotation (Drehung) eines Kreises mit Mittelpunkt M und Radius r um einen seiner Durchmesser erzeugt. Häufig versteht man unter einer K. den von einer K.-Fläche begrenzten $\rightarrow$ Körper. Ist r der Radius der K., V das Volumen und O der Flächeninhalt der zur K. gehörigen K.-Fläche, so gelten die Beziehungen $O = 4\pi r^2$ und $V = \frac{4}{3}\pi r^3$.

Die Schnittkurven von Ebenen mit der K.-Fläche einer K. sind Großkreise, sofern die Ebenen den K.-Mittelpunkt enthalten; sonst entstehen Kleinkreise. Die Durchmesser der Großkreise sind die K.-Durchmesser.

Schneidet eine Ebene die K., so entstehen zwei K.-Abschnitte (K.-Segmente). Der Schnitt der Ebene mit der K.-Fläche ergibt zwei K.-Kappen (K.-Hauben, Kalotten). Der in der Schnittebene gelegene $\rightarrow$ Kreis ist der Grundkreis der beiden Kalotten. Die vom Kreis berandete Kreisfläche ist die Grundfläche der K.-Abschnitte. Der durch den Mittelpunkt der Grundfläche gehende K.-Durchmesser wird durch sie in zwei Abschnitte zerlegt, den Höhen der jeweiligen K.-Abschnitte bzw. Kalotten. Ist r der Radius der K., h die Höhe und V(F) der $\rightarrow$ Rauminhalt (Flächeninhalt) eines K.-Abschnitts (einer Kalotte), so gilt:

$$V = \frac{1}{3}\pi\, h^2\,(3r - h), \quad F = 2\pi r h.$$

Schneiden zwei zueinander parallele Ebenen die K. (K.-Fläche), so bildet der zwischen den Ebenen gelegene Teil der K. (K.-Fläche) eine K.-Schicht (K.-Zone). Der Abstand der beiden Ebenen ist die Höhe der K.-Schicht (K.-Zone). Die in den Schnittebenen gelegenen Kreisflächen (Kreise) sind die Grundflächen (Grundkreise) der K.-Schicht (Zone). Sind r_1, r_2 die Radien der beiden Grundflächen (die Radien der Grundkreise) und ist h die Höhe einer K.-Schicht (Zone), so ergibt sich das Volumen V (die Fläche F) der K.-Schicht (der Zone) durch

$$V = \frac{\pi h}{6} (3 r_1{}^2 + 3 r_2{}^2 + h^2),$$

$$F = 2 \pi r h.$$

Bewegt man einen K.-Radius längs eines Kleinkreises (als Leitkurve) auf der K.-Fläche, so schneidet die so erzeugte Kegelfläche aus der K. einen K.-Sektor aus. Ist die Leitkurve insbes. ein Großkreis, so entartet der K.-Sektor zu einer Halb-K. Ein K.-Sektor zerfällt bei einem Ebenenschnitt mit der Ebene der Leitkurve in zwei Teile, einen →Kegel und einen K.-Segment. Ist r der Radius einer K., h die Höhe und r_1 der Radius der Grundfläche eines zu einem K.-Sektor der K. gehörigen K.-Segments, so gelten für die Oberfläche O sowie den Rauminhalt V des Sektors die Beziehungen

$$V = \frac{2}{3} \pi r^2 h, \quad O = \pi r(2h + r_1).$$

Zwei Ebenen durch den K.-Mittelpunkt teilen die K. in vier K.-Keile, die K.-Fläche in vier K.-Zweiecke (→Geometrie, sphärische).

Analytisch (K.-Fläche). Eine Fläche, deren (kartesische) →Koordinaten die allgemeine Gleichung

$$x^2 + y^2 + z^2 + Gx + Hy + Kz + L = O$$

erfüllen (G, H, K, L Konstanten). Liegt das Zentrum (der Mittelpunkt) der K.-Fläche im Ursprung des Koordinatensystems, so ergibt sich mit r als Radius die kanonische Gleichung der K.-Fläche durch $x^2 + y^2 + z^2 = r^2$.

Metrischer Raum. Für einen metrischen Raum E mit Abstandsfunktion δ die Menge $K_r(m)$ aller Punkte x aus E mit der Eigenschaft $\delta(x,m) \leq r$, wobei m ein fest gewählter Punkt von E und $r > 0$ eine reelle Zahl ist. $K_r(m)$ heißt auch abgeschlossene Voll-K. um m mit Radius r in E. Die Punkte im Inneren von $K_r(m)$ ($\delta(x,m) < r$) bilden die offene Voll-K. $K_r(m)$ um m. Die Menge $S_r(m)$ der Punkte x mit $\delta(x,m) = r$ heißt Sphäre um m mit Radius r (die Oberfläche der K. $K_r(m)$). *W. L. Fischer*

Kugelhaufenreaktor →Kernreaktor

Kugelmeßsystem. Das K. ermöglicht, Stahlkugeln in den Kern eines Leistungsreaktors pneumatisch ein- und auszuführen (→Neutronenflußmessung). Im Reaktorkern werden die Kugeln aktiviert. Außerhalb des Kerns wird ihre Aktivität ausgemessen. Die Meßwerte dienen

□ zur Bestimmung der dreidimensionalen Leistungsdichteverteilung im Reaktorkern und

□ zur Kalibrierung der fest installierten Leistungsverteilungs-Detektoren, deren Empfindlichkeit sich infolge Abbrands mit der Zeit ändert.

Die Kugeln werden im Reaktorkern zu Säulen, entsprechend der aktiven Kernhöhe aufgeschichtet. Sie haben einen Durchmesser von z. B. 1,7 mm und bestehen aus einem kohlenstoffarmen, rostfreien Stahl mit etwa 1,5 % Vanadium als Indikatormaterial. Im Neutronenfluß entsteht aus dem Vanadium-51 durch einen (n, γ)-Prozeß das Vanadium-52. Dieses ist nicht stabil, sondern zerfällt mit einer Halbwertszeit von 3,7 min unter Aussendung von Beta- und Gammastrahlen in das stabile Chrom-52. Die 1,43 MeV-Gammastrahlung wird, nachdem die Kugeln aus dem Kern wieder heraustransportiert sind, mit Halbleiterdetektoren gemessen. Sie ist ein Maß für den bei der →Aktivierung aufgetretenen Neutronenfluß. Die Aktivierungszeit im Kern beträgt dabei etwa 2 min.

Der mechanische Teil des K. besteht zunächst aus den Kugelführungsrohren, in denen die Kugelsäulen zwischen einem Meßtisch und dem Reaktorkern hin und her transportiert werden (Bild 1). Das dazu benötigte Treibgas (Stickstoff) wird bis zum Reaktordeckel in getrennten Rohren zugeführt, wobei durch Magnetventile die Kugeln in beiden Richtungen bewegt werden können. Innerhalb des Reaktors sind die beiden Stickstoffrohre zu einer konzentrisch aufgebauten Kugelmeßsonde zusammengefaßt (Bild 2), die sich in einem freien Regelstabführungsrohr eines Brennelements befindet. Drei bis vier solcher Führungsrohre bilden zusammen mit einem Rohr zur Aufnahme fest installierter Neutronenflußdetektoren, eine Mehrfingerlanze.

Die Mehrfingerlanzen bestehen aus dem am Kernrand befindlichen Schaft, dem am oberen Kerngerüst aufliegenden Joch und den an diesem Joch befindlichen Fingern zur Aufnahme der Kugelmeßsonden. Der Meßtisch besteht aus 8 Meßbalken von der Länge einer Kugelsäule. An der Unterseite eines Balkens befinden sich 4 Kugeltransportrohre. Ein Balken enthält an 30 Stellen im Abstand von etwa 10 cm einen Ausblendkanal, dessen kegelförmige Innenbohrung mit dem die Gammastrahlung messenden Halbleiter-Strahlungsdetektor abschließt. Durch Bleileisten sind die einzelnen Kugelsäulen voneinander abgeschirmt.

Die Steuerung des K. und die Auswertung der Messungen erfolgen rechnergestützt. Der Steuerungsrechner übernimmt die Steuerung, Meßwer-

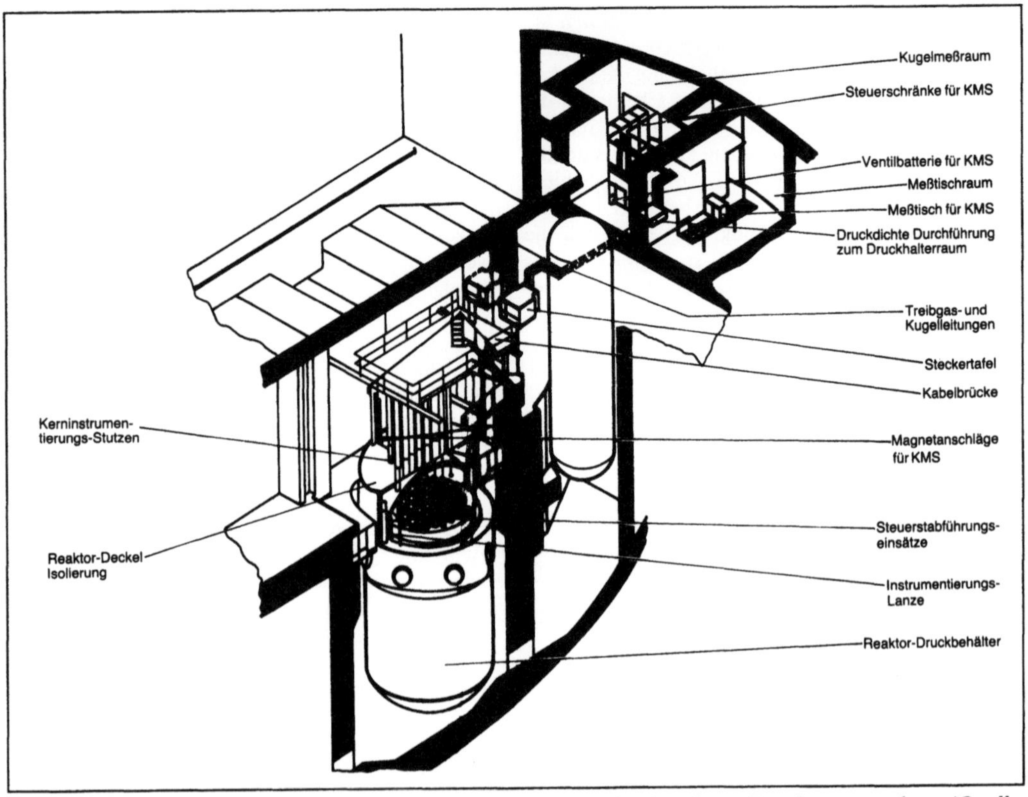

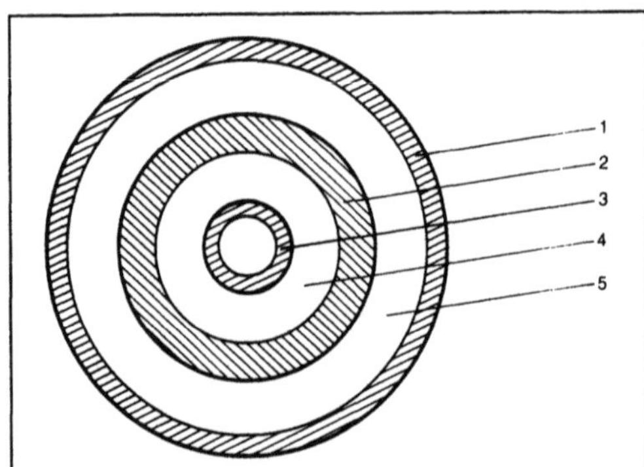

Kugelmeßsystem 1: Räumliche Anordnung des K. in einem Kernkraftwerk mit Druckwasserreaktor. (Quelle: Kraftwerk Union AG, Mülheim)

Kugelmeßsystem 2: Querschnitt durch das Kugelsäulen-Leitrohr einer Mehrfingerlanze.

1 Leitrohr, 2 Druckrohr, 3 Führungsrohr für die Kugeln, 4 Zuführung der Druckluft beim Herausschießen der Kugeln, 5 Zwischenraum zwischen dem Leitrohr und dem Druckrohr, gefüllt mit dem Reaktorkühlmittel

terfassung und Vorkorrektur der Meßwerte und leitet die Daten an den Überwachungsrechner weiter, der dann noch umfangreiche nukleare Kernberechnungen durchführt. *Schrüfer*

Literatur: Das Kugelmeßsystem mit Steuerungsrechner. Produktinformation K-10506 der Siemens AG, UB KWU.

Kühlmittel im Kernreaktor →Kernreaktor

Kurbelbetrieb. Von erheblicher technischer Bedeutung ist der K., der Dreh- und Hin-und-her-Bewegungen mit Hilfe einer Kurbel R und eines

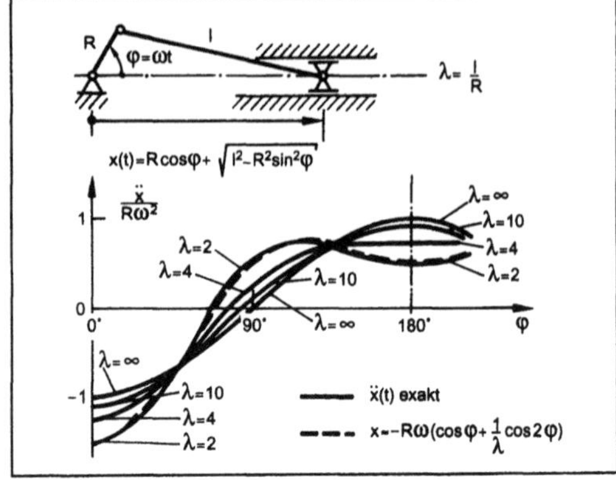

Kurbelbetrieb: Funktionsweise, schematisch, und ẍ(t)-Verlauf.

Pleuels (Länge ℓ) ineinander umsetzt (Bild). Falls sich die Kurbel mit der konstanten →Drehzahl n (Anzahl der Umdrehungen pro Zeiteinheit), also mit der →Winkelgeschwindigkeit $2\pi n$ dreht, wird die Hin-und-her-Bewegung durch x(t) = $R\cos\omega t$ + $\sqrt{1^2 - R^2 \sin^2 \omega t}$ beschrieben und die besonders wichtige →Beschleunigung $\ddot{x}(t)$ durch $\ddot{x}(t) \approx -R\omega^2$ ($\cos\omega t$ + $(R/\ell)\cos^2 \omega t$) gut angenähert. Das Bild des $\ddot{x}(t)$-Verlaufes zeigt dies für $\lambda = \dfrac{\ell}{R}$ = 2; für größere Pleuelstangenverhältnisse ($\lambda = 4, 10, \infty$) ist die Näherung zeichnerisch nicht vom exakten Wert zu unterscheiden. *Besdo*

Kurve. (Stetige) Bahn eines Punkts, d. h. der Ort eines Punkts, der einen Freiheitsgrad besitzt. Unter diesem Gesichtspunkt lassen sich verschiedene K.-Begriffe definieren.

Stetige K.: Die Menge aller Punkte im $\mathbb{R}^2$ (ebene K.) bzw. $\mathbb{R}^3$ (Raum-K.), die das Bild eines abgeschlossenen Intervalls [a, b] W$\mathbb{R}$ unter einer stetigen Abbildung sind. Das Bild von a heißt Anfangspunkt, das von b Endpunkt der K. Fallen die Bilder von a und b zusammen, so heißt die K. geschlossen.

Ebene K.: Ebene stetige K. in der XY-Ebene (→Graph): $x = \varphi(t)$ und $y = \psi(t)$ mit $a \le t \le b$ bei stetigen Funktionen $\varphi(t)$ und $\psi(t)$. In der →Differentialgeometrie (K.-Theorie) setzt man diese Funktionen als mindestens zweimal stetig differenzierbar voraus. Sonderfall: $t = x$, der Graph von $y = f(x)$ mit stetigem, differenzierbarem f auf [a, b].

Ebene K. können auf vielfache Art klassifiziert werden. Die vielleicht einfachste, aber bei weitem nicht wichtigste Klassifizierung ist die nach der Ordnung der K., nämlich nach dem Grad der die K. definierenden Gleichung in kartesischen →Koordinaten. Eine algebraische K. der Ordnung 1 ist eine →Gerade, eine der Ordnung 2 ein →Kegelschnitt oder einer seiner ausgearteten Fälle, wie z. B. ein →Kreis. K. höherer Ordnung werden durch algebraische Gleichungen F(x,y) = 0 mit einem →Polynom vom Grade n > 2 oder durch eine transzendente Gleichung beschrieben. K. höherer Ordnung sind z. B. die archimedische →Spirale, die Astroide, die Zissoide, die Konchoide, die →Klothoide, zyklische K., die Cassini-K. usw. Die Exponentialfunktionen, die Logarithmusfunktion und die trigonometrischen Funktionen lassen sich ebenfalls zu den höheren K. rechnen.

Die analytische →Geometrie ist meist mit den einfachsten Typen der ebenen K. befaßt, während sich die Differentialgeometrie und andere Disziplinen der Mathematik mit spezielleren K.-Typen und deren Eigenschaften beschäftigen. Die ebene (elementare) Geometrie untersucht vornehmlich bestimmte geschlossene K. wie →Dreieck, Viereck, Polygon und Kreis.

Raum-K.: Analog sind im n-dimensionalen Raum ($n \ge 2$) stetige K. gegeben durch ein System von n-stetigen Funktionen $x_\nu = \varphi_\nu(t)$ ($\nu = 1, 2, \ldots, n$) auf $a \le t \le b$. Durch die Parameterdarstellung $x_\nu = \varphi_\nu(t)$ mit $a \le t \le b$ ist jedem K.-Stück bzw. der K. zugleich eine Orientierung gegeben. Wieder setzt man in der Differentialgeometrie diese Funktionen als mindestens zweimal differenzierbar voraus.

Entsprechen verschiedenen Werten von t verschiedene K.-Punkte, so heißt die K. einfach. Strebt die Gesamtlänge eines eingeschriebenen Polygonzugs einem endlichen Grenzwert zu, während die Länge der einzelnen Polygonkanten gegen 0 geht, so heißt die K. rektifizierbar. Fraktale K. sind nicht rektifizierbar. Die Bogenlänge s einer Raum-K. ist gewöhnlich über ihre Parameterdarstellung gegeben: Die Bogenlänge zwischen den Punkten t_0 und t_1 beträgt:

$$S = \int_{t_0}^{t_1} (\varphi_1{'}(t)^2 + \varphi_2{'}(t)^2 + \ldots + (\varphi_n{'}(t)^2)^{1/2} dt .$$

Jordankurve, Jordan-K.-Stück. Jordanbogen, einfache K., Bogen: Eine stetige K. derart, daß verschiedene Parameter t aus [a, b] verschiedene K.-Punkte an-K. ist das eineindeutige und umkehrbar stetige, d. h. topologische Bild einer Strecke. Sie ist der Strecke [0, 1] homöomorph. – Eine geschlossene Jordan-K. oder einfach geschlossene K. ist das topologische Bild eines Kreises.

Allgemeiner Kurvenbegriff im Sinne von *Menger* und *Urysohn:*

Eine Teilmenge K eines topologischen Raums X, die eindimensionales mehrpunktiges Kontinuum ist. *W. L. Fischer*

Kurventheorie. Eine Teildisziplin der →Differentialgeometrie, die differential-geometrische Eigenschaften von Raumkurven (ebenen Kurven) untersucht.

□ Lokale K. (Kurven im Kleinen). Sie untersucht die lokale Gestalt von Raumkurven, d. h. die geometrischen Eigenschaften wie →Krümmung und Windung der →Kurve in der Umgebung eines Kurvenpunktes (Raumpunktes). Die Eigenschaften der Kurve sollen nur von ihr selbst abhängen, d. h. sie müssen unter Koordinaten- und Parametertransformationen invariant sein. Jeder Raumkurve kann in jedem Kurvenpunkt ein Tripel von Einheitsvektoren (das begleitende Dreibein) zugeordnet werden (→Vektor).

Ist $\underline{x}(s)$ die auf den Parameter s (s Bogenlänge) bezogene Raumkurve, so gewinnt man 3 Einheitsvektoren $\underline{v}_1, \underline{v}_2, \underline{v}_3$ durch

$$\underline{v}_1(s) = \underline{x}', \quad \underline{v}_2(s) = \frac{\underline{x}''}{|\underline{x}''|}, \quad \underline{v}_3(s) = \underline{v}_1 \times \underline{v}_2 .$$

Die drei Vektoren $\underline{v}_1$, $\underline{v}_2$, $\underline{v}_3$ bilden ein orthonormiertes System von Einheitsvektoren und heißen Einheitsvektoren der $\rightarrow$ Tangente, der $\rightarrow$ Hauptnormale und der Binormale. Das Dreibein ist nur für Kurvenpunkte der Eigenschaft $\underline{x}''(s) \neq 0$ definiert. Existieren Punkte mit $\underline{x}''(s) = 0$, so beschränkt man sich auf die Betrachtung der dazwischenliegenden Kurvenstücke (stückweise glatte Kurven).

Sind $\kappa(s)$ und $\tau(s)$ die Krümmung und die Windung ($\rightarrow$ Torsion) der Raumkurve im Punkt $\underline{x}(s)$, so wird die Änderung der Vektoren des Dreibeins längs der Raumkurve durch folgende Gleichungen (Frenetsche Formeln) beschrieben:

$$\underline{v}'_1 = \kappa \, \underline{v}_2$$
$$\underline{v}'_2 = \kappa \, \underline{v}_1 + \tau \underline{v}_3$$
$$\underline{v}'_3 = -\tau \underline{v}_2$$

Diese Ableitungsgleichungen beherrschen die Theorie der Raumkurven insofern, als man zeigt, daß sie eine Kurve bis auf ihre Lage im Raum eindeutig festlegen (Fundamentalsatz). Insbesondere sind sie invariant unter Bewegungen und unter Parametertransformationen; sie bilden daher ein Invariantensystem für Raumkurven.

Anhand der *Frenet*-Formeln lassen sich die Krümmung $\kappa(s)$ und die Windung $\tau(s)$ einer Kurve geometrisch deuten.

Ist $\tau(s) = 0$ für jedes s, so ist $\underline{v}_3(s)$ ein konstanter Vektor und $\underline{x}(s)$ eine ebene Kurve. $\tau(s)$ beschreibt in jedem Kurvenpunkt die Abweichung der Kurve von der Ebene (Schmiegebene). Die Krümmung $\kappa(s)$ mißt hingegen die Abweichung der Kurve vom geradlinigen Verlauf, d. h. die Abweichung von der Tangente.

□ Globale K. (Kurven im Großen). Die globale K. untersucht Eigenschaften von Raumkurven, die den Gesamtverlauf der Kurven betreffen. Einer der zentralen Sätze über Kurven im Großen ist z. B. der Vierscheitelsatz. Er besagt, daß jede Eilinie mindestens vier Scheitel besitzt. Dabei ist eine Eilinie $\underline{x}(s)$ eine konvexe, geschlossene glatte ebene Kurve, die sich in jedem Punkt positiv krümmt ($\kappa(s) > 0$) (Spezialfall: $\rightarrow$ Kreis); der Scheitel einer glatten ebenen Kurve $\underline{x}(t)$ ist ein Element t_0 im Inneren des Definitionsintervalles I von $\underline{x}$ mit $\kappa KV'(t_0) = 0$. Weiterhin gilt die isoperimetrische $\rightarrow$ Ungleichung $L^2 - 4 \pi F \geq 0$ des Kreises, wobei L die Länge einer einfach geschlossenen ebenen Kurve $\underline{x}$ und F die Fläche des von $\underline{x}$ eingeschlossenen Gebietes ist. Die Gleichheit gilt in dieser Beziehung nur dann, wenn $\underline{x}$ ein Kreis ist. Andere Ergebnisse gestatten Aussagen über die Umlaufzahl und die Totalkrümmung geschlossener Kurven.

□ Als Teilgebiet der Topologie. Dort wird eine Kurve als eindimensionales Kontinuum definiert. *Fischer*

Literatur: *Klingenberg, W.:* Eine Vorlesung über Differentialgeometrie. Berlin–Heidelberg 1973. – *Laugwitz, D.:* Differentialgeometrie, Stuttgart 1960.

Kurzschlußstrom. Eine Strom- oder Spannungsquelle kann man entweder durch eine Reihenschaltung einer elektromotorischen Kraft EMK ($\rightarrow$ Kraft, elektromotorische) mit einem Innenwiderstand R_i darstellen oder gleichbedeutend durch eine Parallelschaltung einer idealen Stromquelle, die den Kurzschlußstrom

$$I_k = EMK/R_i$$

liefert, und einem Parallelleitwert

$$G_i = 1/R_i. \qquad \textit{Claassen}$$

Kurzschlußstrom.

L

Lagerung, elastische. Man nennt Maschinen, Bauteile, Gebäude oder sonstige technische Anlagen elastisch gelagert, wenn diese Objekte auf elastisch nachgiebigen Elementen in Form von einzelnen Federn, Federisolatoren oder auf federnden Schichten, z. B. Dämmschichten in Form von Matten oder Platten aus Elastomeren, gelagert sind. Bei der Aufstellung einer Maschine auf dem Hallenflur oder auf einer Geschoßdecke – mit zwar grundsätzlich auch federnden Eigenschaften – oder bei der Gründung eines Maschinenfundaments direkt auf dem Baugrund, der ebenfalls Federungseigenschaften (Bodenfederung) aufweist, spricht man dagegen nicht von einer e. L., sondern von einer unmittelbaren festen Aufstellung bzw. Gründung.

Eine e. L. von Maschinen oder Gebäuden wird gewählt, um eine Schwingungsisolierung zu erreichen. Bei der e. L. darf die Beweglichkeit des abgefederten Objekts nicht eingeschränkt werden; Schwingungsbrücken sind zu vermeiden. In Rohrleitungen, die vom abgefederten Objekt abgehen, sind, wenn nötig, Kompensatoren einzubauen.

Bei der e. L. von ausgedehnten Körpern ist zu beachten, daß das Schwingungssystem sechs Freiheitsgrade haben kann. Oft ist es bei der federnden Lagerung von Maschinen möglich, besonders bei symmetrischer Anordnung der Maschine auf dem Federfundament und bei symmetrischer Anordnung der Federisolatoren unter dem Fundament, daß nur die Schwingungsrichtungen betrachtet werden müssen, in der die wesentlichen Erregungen auftreten. Stützen sich bei e. L. einer Maschine die Isolierelemente selbst auf einer elastisch nachgiebigen Unterlage ab, z. B. bei der Aufstellung auf einer Geschoßdecke, auf Trägern oder auf einer Platte, muß die Federsteifigkeit der e. L. deutlich kleiner sein als die Federsteifigkeit der Unterlage, damit eine Isolierung erreicht wird.

Durch eine e. L. wird in aller Regel der von der Maschine direkt in den Maschinenraum abgestrahlte Luftschall selbst nicht vermindert. Beim Aufstellen von Maschinen auf leichten Geschoßdecken läßt sich durch eine e. L. jedoch das Mitschwingen der Decke vermindern und dadurch der Luftschallpegel bei tiefen Frequenzen etwas reduzieren. *Splittgerber*

Literatur: *Splittgerber, H.:* Über die federnde Aufstellung von Blechbearbeitungsmaschinen. Bänder, Bleche, Rohre, 7 1966.

Lagrange-Gleichungen 1. und 2. Art. Wird eine Punktmasse m durch p Kräfte $\vec{F}_i$ beaufschlagt, aber durch q holonome skeronome Nebenbedingungen $g_j(\vec{r}) = 0$ in der Bewegung eingeschränkt, dann erzeugen die Nebenbedingungen je eine dem Wert λ_i nach unbekannte Zwangskraft $\vec{Z}_j = \lambda_j$ grad g_j mit grad $g_j \equiv (\partial g_j/\partial x_a)\vec{e}_a$. Es gilt dann

$$\sum_{i=1}^{p} \vec{F}_i + \sum_{j=1}^{q} \lambda_j \text{ grad } g_j = m\vec{a}.$$

Dies ist die L. G. 1. Art für einen einzelnen Massenpunkt. Sie ist auf Punktsysteme übertragbar.

Bei den bekannteren L. G. 2. Art verwendet man die Lagrange-Funktion $L = T - U = L(q_k, \dot{q}_k, t)$ mit der generalisierten Koordinate q_k, mit deren Zeitableitungen $\dot{q}_k$ sowie der Zeit t zur Beschreibung von Systemen von Punkten und Starrkörpern gemäß

$$\frac{d}{dt}\left(\frac{\partial L}{\partial \dot{q}_k}\right) - \frac{\partial L}{\partial q_k} = Q_k^{rest}.$$

Dies gilt immer, wenn sich ein solches L angeben läßt, mit den generalisierten Kräften Q_k^{rest}, berechnet aus den nicht in U enthaltenen Restkräften. *Besdo*

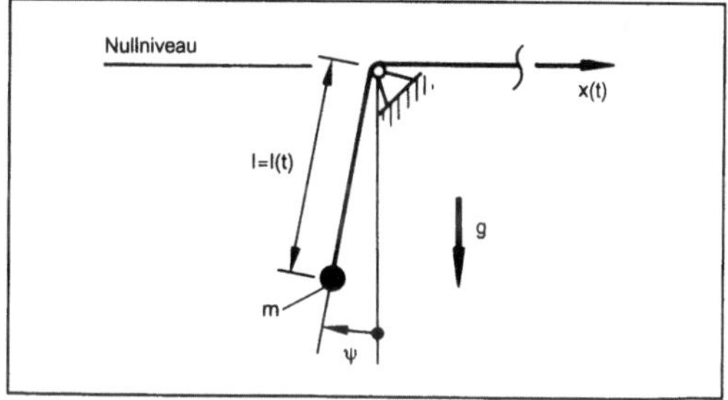

Lagrange-Gleichungen 1. und 2. Art: Pendel mit veränderlich vorgegebener Länge.

$$L = \frac{1}{2} m (l^2 \dot{\psi}^2 + \dot{l}^2) + mg\, l \cos\psi$$

$$\frac{\partial L}{\partial \psi} = -mg\, l \sin\psi; \frac{\partial L}{\partial \dot{\psi}} = m\, l^2 \dot{\psi}; Q\psi = 0$$

$$m (2l\, \dot{l}\, \dot{\psi} + l_2\, \ddot{\psi}) + mg\, l \sin\psi = 0$$

Lagrange-Interpolationsformel. Es sei $(x_\nu, f(x_\nu))$ mit $\nu = 0, 1, \ldots, n$ eine Wertetabelle einer →Funktion f zu paarweise verschiedenen Punkten $x_0, x_1, \ldots,$

x_n. Nun bildet man die nicht von f abhängenden sog. Lagrangeschen Fundamentalpolynome (nach *Joseph Louis Lagrange* 1736–1813).

$$L_j(x) = \frac{(x-x_0) \cdot \ldots \cdot (x-x_{j-1}) \cdot (x-x_{j+1}) \cdot \ldots \cdot (x-x_n)}{(x_j-x_0) \cdot \ldots \cdot (x_j-x_{j-1}) \cdot (x_j-x_{j+1}) \cdot \ldots \cdot (x_j-x_n)}.$$

Offenbar gilt

$$L_j(x_k) = \begin{cases} 1 & \text{für } j = k \\ 0 & \text{für } j \neq k. \end{cases}$$

Deshalb erfüllt das →Polynom

$$P(x) := f(x_0)L_0(x) + f(x_1)L_1(x) + \ldots + f(x_n)L_n(x),$$

genannt Lagrangesches Interpolationspolynom, die Lagrangeschen Interpolationsbedingungen

$$P(x_j) = f(x_j) \qquad (j = 0, 1, \ldots, n).$$

Ist ferner f mindestens $(n+1)$-mal stetig differenzierbar, so besteht die L.-I.

$$f(x) - P(x) = \frac{(x-x_0) \cdot (x-x_1) \cdot \ldots \cdot (x-x_n)}{(n+1)!} f^{(n+1)}(\xi),$$

wobei ξ eine von x und f abhängende Zahl ist, die im kleinsten →Intervall liegt, das $x_0, x_1, \ldots, x_n$ und x enthält (→Interpolation). *Schmeißer*

Literatur: *Davis, P. J.:* Interpolation and approximation. New York 1963. – *Nörlund, N. E.:* Vorlesungen über Differenzenrechnung. Berlin–Heidelberg 1924. – *Steffensen, J. F.:* Interpolation. Baltimore 1927. – Ferner Literatur zur numerischen Mathematik.

Laguerre-Näherungsverfahren. Ein →Polynom $P(x)$ vom Grad n mit lauter einfachen reellen Nullstellen besitzt eine Darstellung

$$P(x) = a \prod_{\nu=1}^{n} (x - \xi_\nu)$$

mit $a \neq 0$ und

$$\xi_1 < \xi_2 < \ldots < \xi_n \, .$$

Zur numerischen Berechnung der Nullstellen eines solchen Polynoms hat *Laguerre* (1834–1886) die →Iteration

$$x_{k+1} := x_k - \frac{nP(x_k)}{P'(x_k) \pm \sqrt{(n-1)\,H(x_k)}}$$

mit

$$H(x) := (n-1)\,(P'(x))^2 - nP(x)P''(x)$$

vorgeschlagen. Dieses Verfahren besitzt die Konvergenzordnung drei und kann als Verbesserung des Newton-Verfahrens gedeutet werden. Besonders bemerkenswert ist seine globale →Konvergenz.

Ist n gerade, so konvergiert die →Folge $(x_x)_{k \in \mathbb{N}}$ für jeden reellen Startwert und jede feste Wahl des Vorzeichens der Wurzel gegen eine →Nullstelle. Ist n ungerade, so kann sie höchstens dann divergieren, wenn das Vorzeichen der Wurzel verschieden vom Vorzeichen von a gewählt wird.

Allgemein gelten die folgenden Aussagen: Liegt x_0 zwischen zwei aufeinanderfolgenden Nullstellen, etwa

$$\xi_j < x_0 < \xi_{j+1} \, ,$$

so konvergiert die Folge $(x_k)_{k \in \mathbb{N}}$ immer gegen diejenige Nullstelle $\eta \in \{\xi_j, \xi_{j+1}\}$, für die $aP'(\eta)$ dasselbe Vorzeichen wie die Wurzel besitzt. Liegt x_0 außerhalb des Intervalls $[\xi_1, \xi_n]$, so konvergiert die Folge gegen diejenige Nullstelle $\eta \in \{\xi_1, \xi_n\}$, für die wieder $aP'(\eta)$ dasselbe Vorzeichen wie die Wurzel besitzt. Liegt diese Eigenschaft sowohl für ξ_1 als auch für ξ_n vor, so konvergiert die Folge gegen diejenige der beiden Nullstellen, die näher an x_0 liegt. Nur bei ungeradem n läßt sich das Vorzeichen der Wurzel auch so wählen, daß es verschieden von dem von $aP'(\xi_1)$ und $aP'(\xi_n)$ ist. Dann und nur dann tritt Divergenz ein.

Im Falle mehrfacher Nullstellen ist das L.-N. ebenfalls anwendbar, besitzt dann jedoch nur die Konvergenzordnung eins. *Schmeißer*

Literatur: *Durand, E.:* Solutions numériques des équations algébriques. Tome I: Paris 1960. – *Obreschkoff, N.:* Verteilung und Berechnung der Nullstellen reeller Polynome. Berlin 1963.

Lambert-Cosinus-Gesetz. Die von der Fläche A eines vollständig diffusen Strahlers (Loch im Strahlungshohlraum, Schirm mit sedimentiertem Magnesiumoxid) ausgehende Strahlstärke I_0 (in Watt · sr^{-1}) ist proportional zu cos Θ, wobei Θ der Winkel zwischen Flächennormale und Ausstrahlungsrichtung ist:

$$I = L_e \, A \, \cos \Theta$$

(L_e = Strahldichte in W·sr^{-1}·m^{-2}). An Stelle der strahlungsphysikalischen →Einheiten Strahlstärke und Strahldichte können auch die lichttechnischen Einheiten Lichtstrom (in Lumen) und Leuchtdichte (in candela·m^{-2}) verwendet werden (Photometrie). Da die Projektion der leuchtenden Fläche auf eine zur Beobachtungsrichtung senkrechte Ebene ebenfalls proportional cos Θ ist, erscheint die Fläche unabhängig von ihrer Orientierung zur Beobachtungsrichtung stets in gleicher Strahldichte (Leuchtdichte). Ein Beispiel für einen nicht lambertschen Strahler ist für Röntgenlicht die Antikathode einer Röntgenröhre; durch perspektivische Verkürzung erhält man hier einen Brennfleck hoher Strahldichte („Strichfokus"). *Helbig*

Längen- und Winkelmessung mit diskontinuierlichen Verfahren. Oft besteht die Aufgabe, ein Meßsignal für eine Länge oder einen Winkel möglichst direkt in eine digitale Darstellung zu überführen.

Bei einem inkrementalen Meßsystem wird die zu messende Größe, eine Länge oder ein Winkel, in gleichgroße Teilstücke Δx (Inkremente) unterteilt. Ein solcher Rastermeßstab setzt sich dann aus Teilstücken unterschiedlicher physikalischer Eigenschaften zusammen, bei optischen Systemen z. B. aus hellen und dunklen oder durchsichtigen und undurchsichtigen Flächen. Der Abstand zweier gleichartiger Teilstücke wird Teilungsperiode $T = 2 \cdot \Delta x$ genannt (Bild 1). Rastermaßstäbe werden hauptsächlich optisch (Photodetektor) oder magnetisch (Hall-Sonde, Wiegand-Sensor, Feldplatte) abgetastet. Wenn sich ein Rastermaßstab um die Strecke $l = n \cdot T$ am Abtaster vorbeibewegt, wird dieser n Impulse liefern, die nach Impulsformung digital gezählt werden und somit die Lageinformation vermitteln. Sobald sich die Bewegungsrichtung des Rasters ändert, muß dafür gesorgt werden, daß sich auch die Zählrichtung im $\rightarrow$Zähler ändert. Dazu bringt man zwei um $T/4$ versetzte Abtaster an, aus deren Signalen die Richtungsinformation gewonnen wird, welche dann den Zähler steuert. Mit acht Abtastelementen kann durch besondere Schaltungen eine Auflösung erreicht werden, die $T/16$ entspricht.

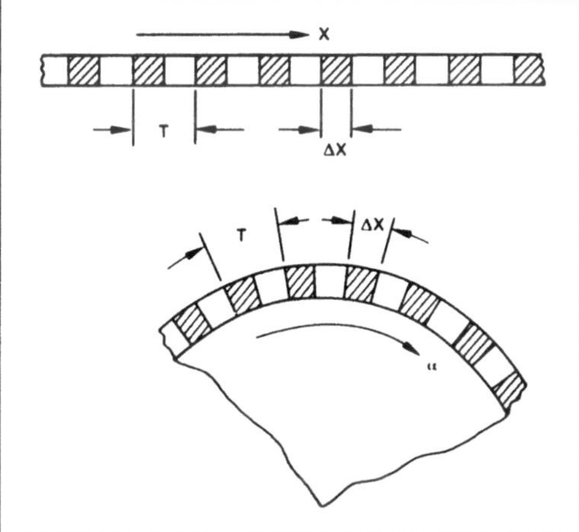

Längen- und Winkelmessung mit diskontinuierlichen Verfahren 1: Raster zur inkrementalen Längen- und Winkelmessung.

Beim Längengeber nach Bild 2 wird optisch abgetastet. Im Strahlengang liegt zwischen der Lichtquelle und dem Photodetektor das Raster mit seinen lichtdurchlässigen und lichtundurchlässigen Segmenten. Die Ausgangsspannung des Detektors ändert sich bei einer Bewegung des Rasters in Abhängigkeit von der Beleuchtung ungefähr dreieckförmig. Sie wird in einem $\rightarrow$Komparator mit einem vorgegebenen Schwellwert verglichen und in ein binäres Signal umgesetzt. Die dabei entstehende Folge von rechteckförmigen Impulsen wird auf

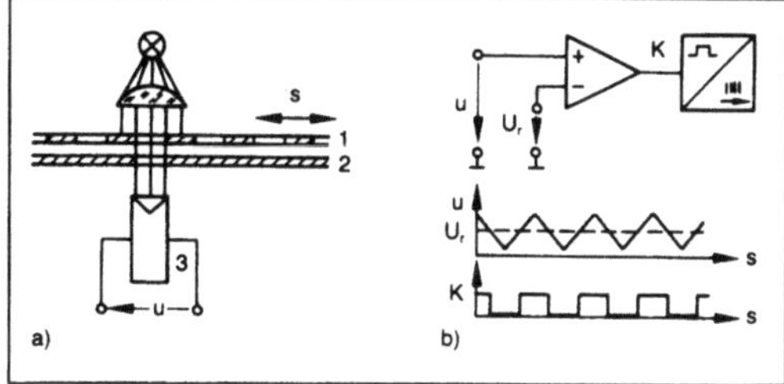

Längen- und Winkelmessung mit diskontinuierlichen Verfahren 2: Optischer inkrementaler Längengeber.
a) Schema
b) Signale.

1 Raster, 2 Blende, 3 spannungliefernder Photodetektor

einen Zähler gegeben, der z. B. die ansteigenden Flanken erfaßt. Der Zählerstand ist dann ein Maß für die Strecke, die das Werkstück zurückgelegt hat. Durch Nullstellen des Zählers kann der Anfangspunkt der Messung beliebig innerhalb des Meßbereichs verschoben werden.

Inkremental geteilte Maßstäbe mit optischer Abtastung gibt es mit folgenden Eigenschaften: Meßlängen bis zu mehreren Metern, Rasterabstand bis herab zu $1\,\mu m$, Auflösung (durch elektronische Vervielfachung) bis zu $0,05\,\mu m$, Toleranz der Maßstäbe je nach Länge bis herab zu $\pm 0,5\,\mu m$. Bei inkrementalen Winkelgebern lauten die Grenzdaten für die Auflösung $0,00001°$ und die Toleranz $\pm 0,00006°$.

Zu den inkrementalen Verfahren zählt auch das Laser-Interferometer (Bild 3), das auf dem Michelson-Interferometer basiert und als monochromatische Lichtquelle einen $\rightarrow$Laser benutzt. Wenn sich das Meßobjekt mit dem an ihm angebrachten Spiegel in Pfeilrichtung bewegt, so ergeben sich beim Strahl 3 durch Interferenz der Strahlen 1' und 2' abwechselnd Lichtverstärkungen oder -auslöschungen, die ein Beobachter oder ein Photodetektor

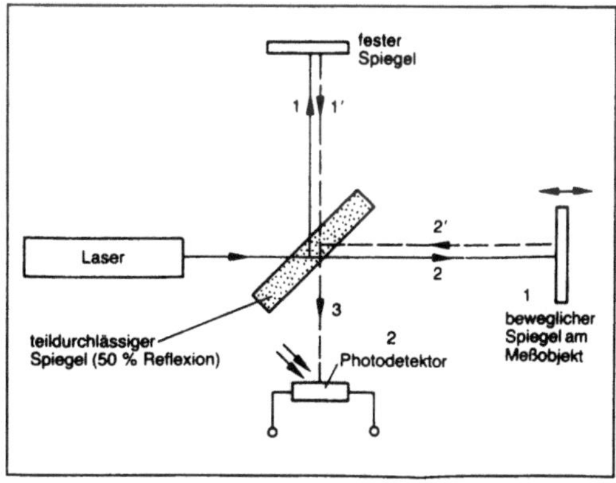

Längen- und Winkelmessung mit diskontinuierlichen Verfahren 3: Prinzip des Laser-Interferometers.

registrieren kann. Ein voller Zyklus der Lichthelligkeit entsteht, wenn sich das Meßobjekt lediglich um eine halbe Lichtwellenlänge bewegt. Die Messung des zurückgelegten Weges erfolgt durch Abzählen der vom Photodetektor gelieferten Impulse. Auflösungen bis unter 10^{-6} m sind möglich. Weiterentwikkelte Laser-Interferometer benutzen einen Zweifrequenz-Laser und berücksichtigen automatisch die von Luftdruck, -temperatur und -feuchte verursachten Veränderungen der tatsächlichen Lichtwellenlänge.

Die inkrementalen Aufnehmer zählen evtl. auch Störimpulse und „vergessen" bei Netzausfall den Meßwert. Deshalb gibt es auch absolut codierte Maßstäbe für Absolutaufnehmer, bei denen jeder Schritt über die volle Lage- bzw. Winkelinformation verfügt (Bild 4). Nach einem Netzausfall ist die absolute Lage sofort wieder bekannt.

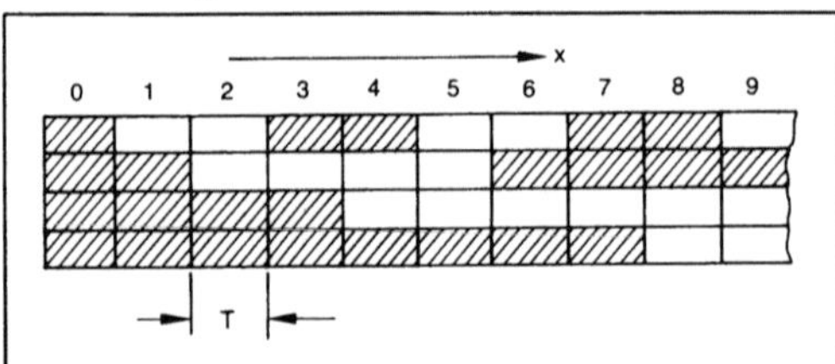

Längen- und Winkelmessung mit diskontinuierlichen Verfahren 4: Raster zur absolut codierten Längenmessung (Gray-Code).

Neue Möglichkeiten für Längen- und Winkelaufnehmer ergeben sich zum einen durch faseroptische Aufnehmer und Übertragungsstrecken, zum anderen durch optoelektronische Positionsdetektoren, die linear und diskret (Diodenzeile, Diodenarray) arbeiten. *Hammerschmidt*

Literatur: *Schrüfer, E.:* Elektrische Meßtechnik. 3. Aufl. München 1992.

Längen- und Winkelmessung mit kontinuierlichen Verfahren. Meßaufgaben, bei denen das Meßergebnis in den SI-Einheiten Meter (m) oder →Radiant (rad) angegeben werden kann, sind Messungen von Längen und Winkeln. Dabei kann sich insbes. die L. auch darstellen (oft abhängig davon, ob sich das Meßobjekt bewegt oder nicht) als Messung von Wegen, Abständen, Positionen, Lagen, Dicken, Schichtdicken, Füllständen, Breiten, Durchmessern usw. Mit geeigneten Einrichtungen kann man geradlinige Bewegungen in Drehbewegungen und umgekehrt überführen. Man wird in der Praxis die jeweils günstigste Lösung wählen.

Beim Potentiometer-Aufnehmer (Potentiometer) wird der Ort des Schleifers auf einer Widerstandsbahn (gerade oder kreisförmig angeordnet) elektrisch erfaßt. Durch Anlegen einer Spannung an das Potentiometer erhält man eine wegabhängige Spannungsteilung.

Beim Potentiometer-Aufnehmer können Schwierigkeiten auftreten durch den Übergangswiderstand des Schleifers sowie durch Verschleiß der Widerstandsbahn. Der induktive Wegaufnehmer (Meßaufnehmer, induktiver) hat diese Probleme nicht. In seiner einfachsten Form besteht ein induktiver Wegaufnehmer aus einer Spule, in die ein verschiebbarer Eisenkern eingetaucht ist (Tauchankergeber), Bild 1.

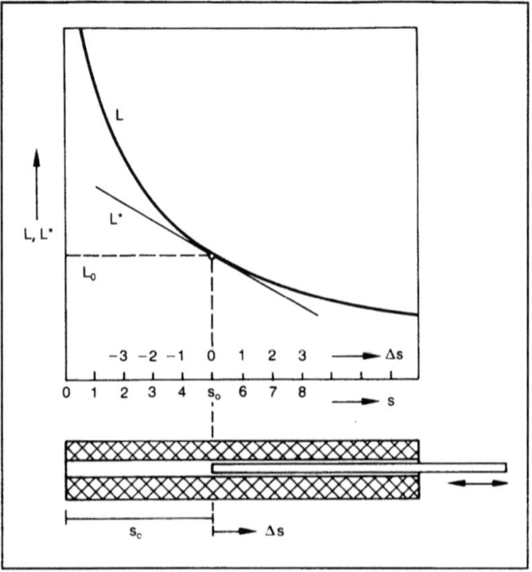

Längen- und Winkelmessung mit kontinuierlichen Verfahren 1: Tauchankergeber.

Aufbau und Kennlinie L = f (Δs), Tangente L* = f (Δs) im Punkt s_0 eingezeichnet

Der Zusammenhang zwischen der Verschiebung Δs und der →Induktivität L ist aus Bild 1 ersichtlich. Die Auswertung von L erfolgt in einer Viertelbrücke (→Meßbrücke). Nur in einem engen Bereich um den Arbeitspunkt s_0 herum darf man angenähert Proportionalität zwischen Δs und L unterstellen. Diesen Nachteil hat der Differential-Tauchankergeber nicht, der aus zwei getrennten Spulen mit einem gemeinsamen Eisenkern besteht. Für die Messung kleiner Wege werden vorwiegend Queranker-Aufnehmer benutzt. Einige Anwendungsbeispiele für die beschriebenen induktiven Längen- (Dicken-) Aufnehmer zeigt Bild 2.

Ein anderes, induktives Verfahren zur Messung kleiner Abstände (Millimeterbereich) erzeugt in einer leitenden Ebene des Meßobjekts Wirbelströme, deren Rückwirkung die Induktivität der induzierenden Spule oder die Kopplung zweier Spulen verändert. Nach Weiterverarbeitung und Linearisierung erhält man ein dem Abstand proportionales Signal.

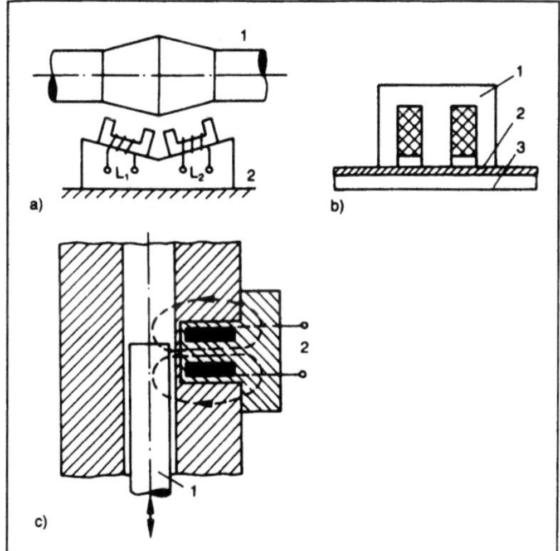

Längen- und Winkelmessung mit kontinuierlichen Verfahren 2: Anwendungen induktiver Längenaufnehmer.

a) Messung der Relativdehnung zwischen Turbinenwelle und Gehäuse.

1 Turbinenwelle, 2 Gehäuse

b) Messung der Dicke von nichtmagnetischen Schichten.

1 Drossel, 2 nichtmagnetische Komponente (Folie, Lackschicht), 3 Eisenkern

c) Messung der Ventilstellung in einer Hochdruck-Dampfleitung.

1 Ventilstange, 2 Anschlüsse der Spule

Der Differential-Transformator zur Wegmessung beruht auf dem →Induktionsgesetz. Er besteht aus einer Primärspule und zwei Sekundärspulen, die auf einer Hülse sitzen (Bild 3). Gekoppelt sind die Spulen über einen in der Hülse verschiebbaren Kern. Wird der Kern verfahren, nimmt die Ausgangsspannung der einen Spule zu, die der anderen ab, und die Differenz wächst streng linear mit der Verschiebung s. Mit dem Differential-Transformator kann ohne einen mechanischen Kontakt zwischen Kern und Spule ein Weg in eine Spannung umgeformt werden. Oft werden diese Aufnehmer auch mit der Abkürzung LVDT (Linear Variable Differential Transformer) bezeichnet.

Auch mit kapazitiven Aufnehmern kann man verschleißfrei Längen und Winkel messen. Bei einem Plattenkondensator läßt sich die →Kapazität beeinflussen durch Änderung des Plattenabstands, der Plattenfläche sowie der Verschiebung oder Veränderung des Dielektrikums. Anwendungsbeispiel: Messung der Füllhöhe (des Füllstands) einer Flüssigkeit nach Bild 4. In einem Fall befindet sich eine elektrisch leitende Flüssigkeit im Behälter. Die

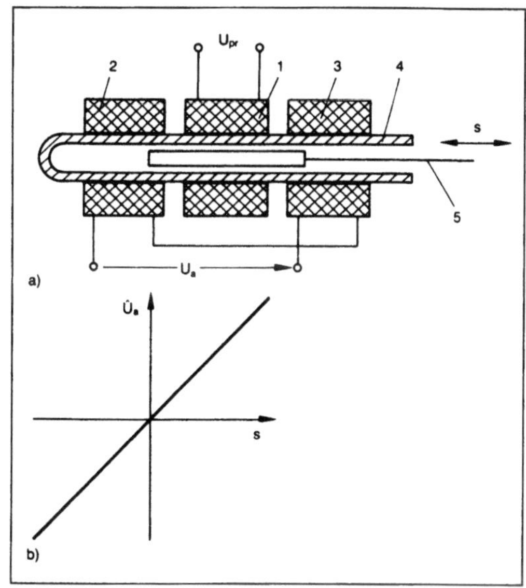

Längen- und Winkelmessung mit kontinuierlichen Verfahren 3: Differential-Transformator.

1 Primärspule, 2, 3 Sekundärspulen, 4 Hülse, 5 verschiebbarer Kern

a) Aufbau
b) Kennlinie.

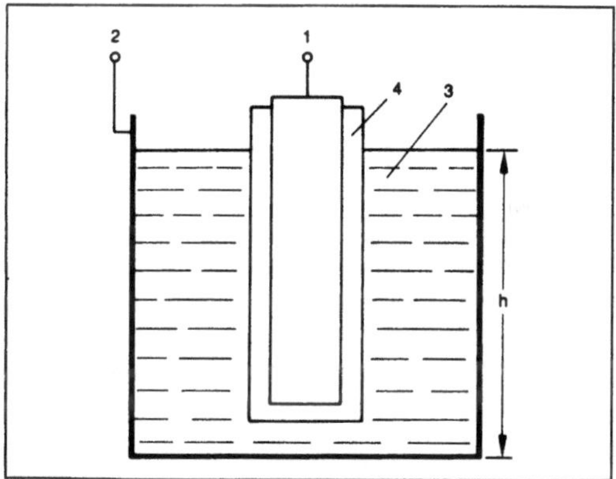

Längen- und Winkelmessung mit kontinuierlichen Verfahren 4: Kapazitive Füllstandsmessung.

1 Elektrode, 2 Gegenelektrode, 3 Prüfmedium mit leitender Flüssigkeit bzw. mit isolierendem Füllgut ($\varepsilon_r > 1$), 4 Isolationsschicht

Elektrode 1 und die leitende Flüssigkeit bilden die Kapazität mit der Isolationsschicht 4 als →Dielektrikum. Die Kapazität C dieses Kondensators ist proportional zum Füllstand h. Im anderen Fall befindet sich ein nichtleitendes Material (Flüssigkeit oder Schüttgut) im Behälter; die Isolationsschicht 4 kann entfallen. Es handelt sich hier um einen →Kondensator, der entsprechend der

Füllhöhe h mit einem Dielektrikum ausgefüllt ist. Auch hier besteht Proportionalität zwischen h und C.

Als kapazitiver Winkelaufnehmer eignet sich auch der früher in Rundfunkgeräten unentbehrliche Drehkondensator ($C = f(\alpha)$).

Mittels Laufzeitauswertung von →Ultraschall ist eine berührungslose Abstandsmessung über mehrere Meter möglich, was z. B. zum automatischen Fokussieren von Photokameras angewendet wird. Das gleiche Prinzip läßt sich auch mittels Laufzeitauswertung von Licht verwirklichen.

Ein Verfahren zum Messen von Geschwindigkeit und Länge von durchlaufendem Warmwalzgut bedient sich zweier Infrarotsensoren, die in geringem Abstand hintereinander in Bewegungsrichtung angeordnet sind und die Eigenstrahlung des Walzguts aufnehmen. Diese Strahlung ist örtlich nicht konstant, sondern hängt vom jeweiligen Oberflächengefüge ab. Der Verlauf der Strahlung, die in den ersten Sensor eintritt, wird mit einem kleinen zeitlichen Versatz auch auf den zweiten Sensor treffen. Der Zeitunterschied zwischen den beiden Signalen läßt sich durch Korrelationsverfahren ermitteln und ist bei konstantem Sensorabstand der Geschwindigkeit proportional. Durch zeitliche Integration der Geschwindigkeit ist die Bandlänge bestimmbar. Das Verfahren kann mit entsprechenden Sensoren auch bei nichtstrahlenden Oberflächen (z. B. Papierbahnen oder Straßenbelägen) eingesetzt werden, die man dann beleuchtet. Bestimmung von Geschwindigkeit und Länge bzw. zurückgelegter Strecke erfolgen wie oben beschrieben.

Die Messung von relativen Längenänderungen ist mit →Dehnungsmeßstreifen möglich. Meßverfahren für Dicke und Schichtdicke beruhen auf verschiedenen Prinzipien. Beim Kondensatorverfahren wird die Veränderung der Kapazität eines Plattenkondensators erfaßt. Weitere magnetische Verfahren basieren auf der Beeinflussung des Magnetfelds oder des magnetischen Flusses durch das Meßobjekt. Da Ultraschall an Grenzflächen reflektiert wird, kann das Laufzeitprinzip auch hier eingesetzt werden.

Bei bewegten Meßobjekten, wie z. B. bei Papier- oder Textilbahnen oder bei Aluminiumbändern, mißt man deren Dicke vielfach auch mittels →Absorption von Röntgenstrahlung oder radioaktiver Strahlung, wobei ein exponentieller Zusammenhang zwischen Dicke und Intensität der durchgelassenen Strahlung besteht (→Strahlungsmessung). *Hammerschmidt*

Längsinduktivität. Induktives Schaltelement im →Ersatzschaltbild einer kurzen Leitung, das den Einfluß der Leitungsinduktivität beschreibt. *Claassen*

Längswiderstand. →Widerstand in Signalflußrichtung im →Ersatzschaltbild einer kurzen Leitung, der den Einfluß des Leitungswiderstandes beschreibt. *Claassen*

Lanthaniden. Die Oxide der Elemente La, Ce, Pr, Nd, Sm, Eu, Gd, Dy, Tb, Ho, Tm, Yb, Lu und Y kommen in ihrer Gesamtheit zu 0,02 % in der Erdkruste vor. L. sind damit gar nicht so selten, wie ihr Name Seltenerd-Elemente vermuten läßt. Ihre Verteilung ist weit gestreut, da sie diadoch in Ca-, Mg- und Fe-Mineralen eingebaut werden können. Das führt dazu, daß ihre Konzentrationen in gesteinsbildenden Mineralen in der Summe meist unter 1 000 ppm liegen und somit die Bildung eigener Mineralphasen häufig unterbleibt. In wäßrigen Lösungen zeigen die L. eine große Tendenz, Ca^{2+}-Ionen zu substituieren, was mit der guten Übereinstimmung ihrer Ionenradien zusammenhängt. In magmatischen und metamorphen Mineralen werden eben Ca^{2+} auch Mg^{2+} und Fe^{2+} substituiert.

Die Reihe der L. zeigt meist eine aperiodische Änderung chemischer und physiko-chemischer Eigenschaften, was mit der L.-Kontraktion erklärt wird. Verteilungen der L. nehmen bei der genetischen Betrachtung von Magmen eine Schlüsselfunktion ein. Die Fraktionierung der L. gibt einen guten Einblick in die wichtigsten Prozesse der Magmenentwicklung. So werden in partiellen Schmelzen die leichten L. gegenüber den schweren stark angereichert, was mit einer höheren Komplexstabilität der leichten in der Schmelzphase erklärt wird. Dementsprechend sind in magmatischen Restphasen die leichten gegenüber den schweren verarmt. So zeigen alkalibasaltische Schmelzen einen höheren, die MOR-Basalte dagegen einen geringeren Gehalt an leichten L. (Bild 1). Erhöhte Gehalte an SiO_2 und volatilen Bestandteilen (Löslichkeit von H_2O) verändern die Struktur der Schmelzen und damit spezifische komplexbildende Eigenschaften (→Komplexbildung). Ausgehend von basischen Schmelzen werden die L. in sauren angereichert. Werden die sauren Schmelzen H_2O-reich, so verarmen sie an L., da die Komplexbildung durch Depolymerisation des SiO_4-Netzwerkes abgebaut wird.

Die L. verteilen sich auf gesteinsbildende Minerale und Akzessorien. Glimmer und Amphibole sind reich an L., Feldspäte dagegen arm. Allen Gesteinen gemeinsam ist, daß die Feldspäte immer eine positive Eu-Anomalie im L.-Verteilungsmuster (→Normierung) aufweisen, während andere Minerale entsprechend eine negative führen. Ursache für die Ausbildung dieser Eu-Anomalie ist die höhere Stabilität des Silikato-Eu(II)-Komplexes gegenüber dem Silikato-Eu(III)-Komplex und damit allen anderen übrigen dreiwertigen L.-Komplexen. Der Silikato-Eu(II)-Komplex mit seiner vermutlichen Doppelringstruk-

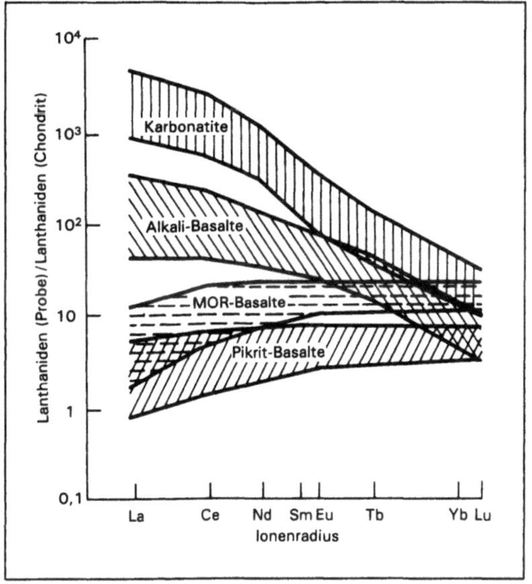

Lanthaniden 1: L.-Verteilungsmuster in Gesteinen, die aus Mantelmagmen hervorgegangen sind. Gesteine partieller Schmelzen zeigen den Abfall der Muster von La bis Lu. Ihnen stehen die Schmelzen gegenüber, die aus dem Residualbestand durch vollständiges Aufschmelzen hervorgegangen sind (MORB (engl. Mid Ocean Ridge Basalt).

tur entspricht einer strukturellen Untereinheit des Feldspatgitters und kann somit bei der Kristallisation der Feldspäte als Ganzes eingebaut werden. Das Eu^{2+}-Ion wird dabei passiv mitgeschleppt.

Die Verteilungskoeffizienten für die L. zwischen verschiedenen Mineralen und ihren magmatischen Schmelzen sind sehr unterschiedlich und variieren über viele Größenordnungen (Bild 2).

In nicht-magmatischen Prozessen ist die Fraktionierung der L. stark ausgeprägt. Hier wirkt sich die sehr verschiedene Komplexbildung mit Liganden aus Lösungen aus. Fluorit und Calcit zeigen unterschiedliche L.-Verteilungsmuster. Die Mitfällung der L. mit Ca-Mineralen wird wesentlich durch die Komplexbildung in der fluiden Phase bestimmt. Obwohl der Koeffizient für die Verteilung der dreiwertigen L. sehr groß sein sollte, wird er durch Komplexbildung modifiziert und in die Nähe von 1 gebracht. Dies führt dazu, daß selbst über lange Kristallisationsprozesse hinweg in allen Stadien noch L. für die Mitfällung verfügbar sind. Bei Remobilisation treten extreme Fraktionierungen auf. Sie sind gekennzeichnet durch die Abnahme der leichten L. bei gleichzeitiger Zunahme der schweren (Bild 3).   *Möller*

Literatur: *Henderson, P.:* Rare earth geochemistry. Amsterdam: Elsevier 1984. – Gmelins Handbuch: Sc, Y, La-Lu, Geochemie. Weinheim: Verlag Chemie 1981.

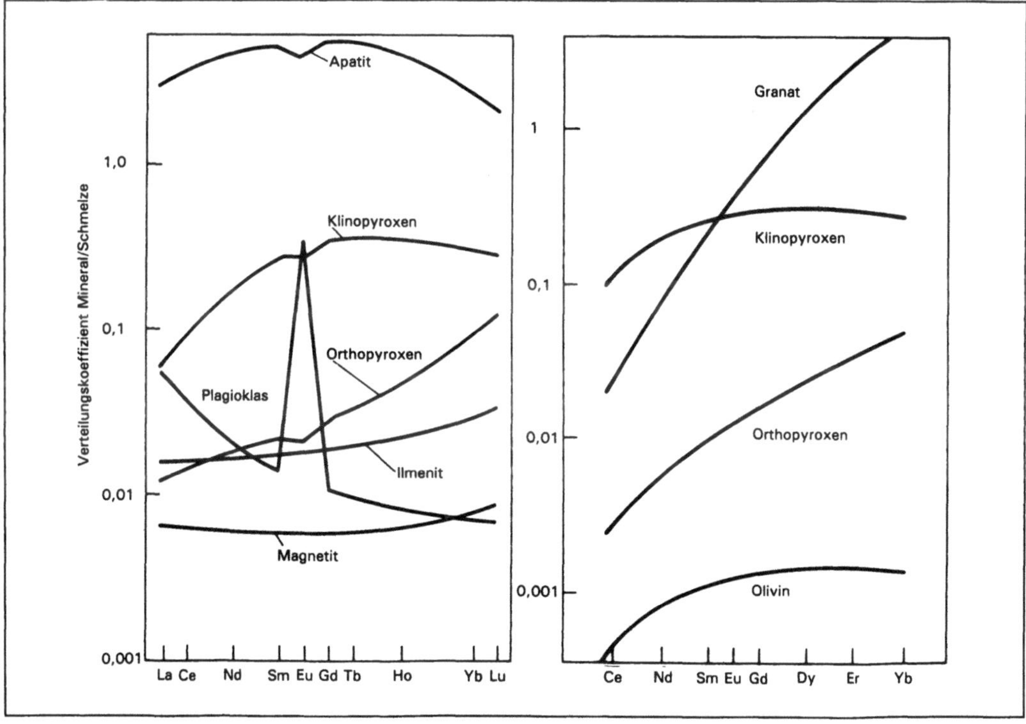

Lanthaniden 2: Verteilungskoeffizienten der L. im System Mineral – gabbroide Schmelze.

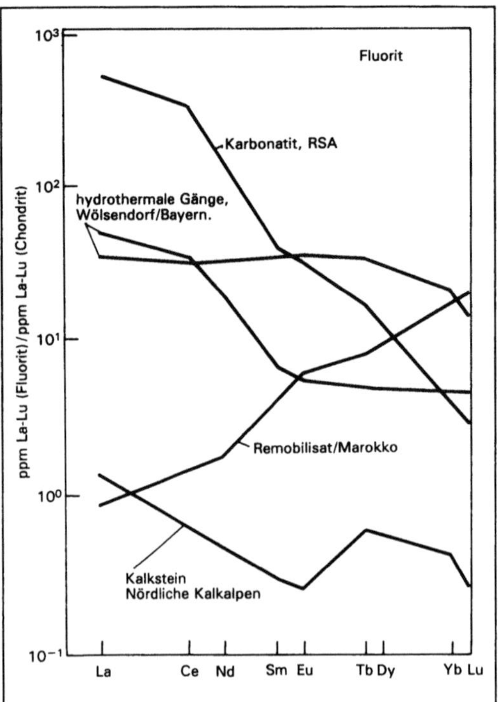

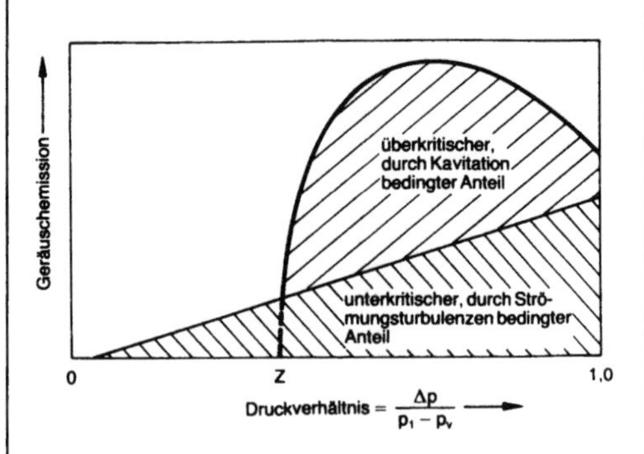

Lärmschutzmaßnahme 1: Geräuschemission bei der Entspannung von Flüssigkeiten. Δp Druckabfall am Ventil, p_1 Vordruck, p_v Siededruck der Flüssigkeit.

Lanthaniden 3: L.-Verteilungsmuster in Fluorit verschiedener Genese.

Lärmschutzmaßnahme. Konstruktives Gestalten der Stellglieder zu geräuscharmer Entspannung und Vermeiden unnötiger Druckabfälle durch richtiges verfahrenstechnisches Auslegen der Anlagen als primäre sowie der Einsatz von Schalldämpfern und Schallisolierungen als sekundäre Maßnahme. Stellgeräte können unter bestimmten kritischen Betriebsbedingungen sehr lärmintensive Geräuschquellen sein. Die wesentlichen Ursachen sind:

□ Mechanische Vibrationen der beweglichen Innenteile der Stellglieder wie Ventilkegel, Ventilstange oder Klappenscheibe. Die Geräuschentwicklung ist besonders stark, wenn Resonanzerscheinungen auftreten. Die Schwingungen liegen dabei im Frequenzbereich von 2–7 kHz und können auch zu mechanischen Zerstörungen führen.

□ →Kavitation bei der Entspannung von Flüssigkeiten. Bild 1 zeigt die Abhängigkeit der Geräuschemission vom Druckverhältnis: Bei niedrigen Druckverhältnissen wird der Schallpegel im wesentlichen durch die mit der Strömungsgeschwindigkeit zunehmenden →Turbulenz bestimmt. Bei einem bestimmten, von der Stellgliedkonstruktion abhängigen Druckverhältnis z fällt der Druck im engsten Drosselquerschnitt bis zum Siededruck der Flüssigkeit ab und eine teilweise Verdampfung setzt ein. In der nachfolgenden Querschnittserweiterung steigt der Druck wieder an, und die Dampfblasen fallen schlagartig zusammen. Die typischen damit verbundenen Kavitationsgeräusche erreichen bei weiterem Anstieg des Druckverhältnisses ein Maximum und fallen dann wegen der Dämpfung durch größere Dampfanteile wieder ab.

□ Aerodynamische Geräusche bei der Entspannung von Gasen und Dämpfen durch Turbulenzen und Strahllärm. Unterschreitet der Druck im engsten Querschnitt ungefähr den halben Vordruck, so wird Schallgeschwindigkeit, bei düsenähnlichen Drosselungen auch Überschallgeschwindigkeit erreicht und es treten zusätzlich starke Stoßwellengeräusche auf.

Neben einer mit nicht zu hohen Sicherheitszuschlägen behafteten Berücksichtigung der dynamischen Widerstände der Anlagenkomponenten und einer gut angepaßten Auslegung der Verdichter-, Gebläse- und Pumpenleistungen, die unnötige Druckabfälle an den Stellgliedern vermeiden, steht als weitere primäre Maßnahme zur Lärmminderung eine geeignete Gestaltung der Stellgliedinnenteile. Reihen- und Parallelschaltungen von mehreren festen und variablen Drosselstellen verwirbeln das Fluid im Stellglied und vermeiden damit, daß der Druck im engsten Querschnitt zu sehr absinkt und daß sich Freistrahlen ausbilden.

Bild 2 zeigt häufig angewandte Realisierungen: Ein Stellventil mit stufenweisem Druckabbau verhindert, daß sich Kavitation oder Schallgeschwindigkeit einstellt (Bild 2, a). Mit dieser Anordnung sind Schallpegelminderungen von 15–20 dB(A) zu erreichen. Einstufige Ventile mit Lochkegeln (Bild 2, b) teilen den Freistrahl in viele Einzelstrahlen auf und mindern die Pegel bis zu 10 dB(A) bei Flüssigkeiten und 20 dB(A) bei Gasen. Die wirksamste Methode zur geräuscharmen Entspannung von Gasen und Dämpfen ist eine Kombination von Strömungsteilung und stufenweisem Druckabbau in Ventilen mit regelbaren labyrinthartigen Strömungswiderständen (Bild 2, c). Es ergeben sich

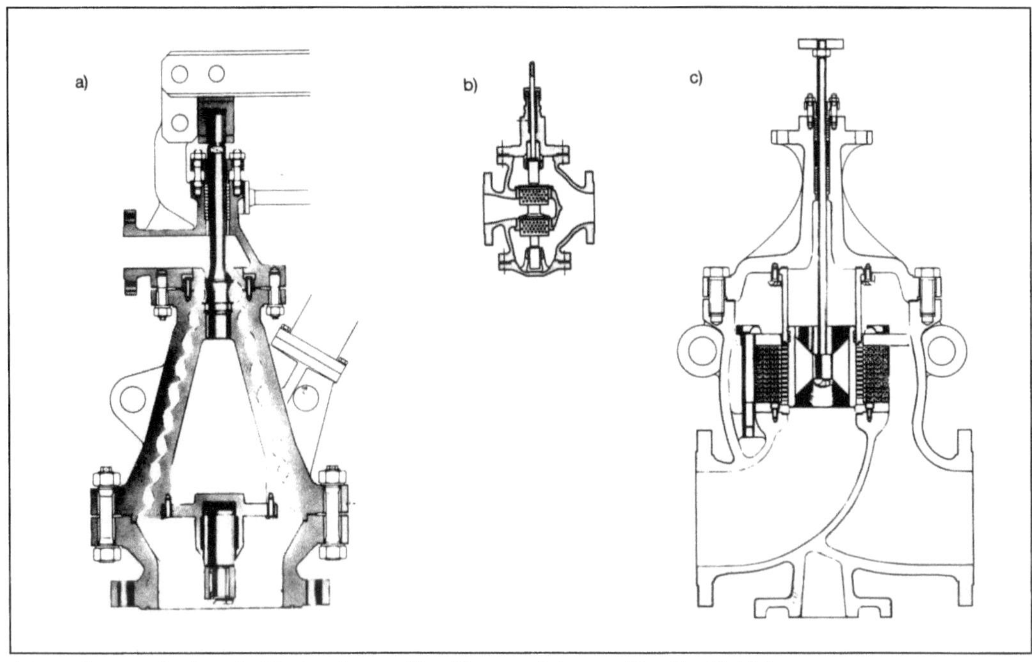

Lärmschutzmaßnahme 2: Geräuscharme Ventilkonstruktionen. (Quelle: Gulde).

(Beschreibung a) bis c) im Text)

Schallpegelminderungen bis 30 dB(A) gegenüber den Standardventilen. Viele geräuscharme Stellgliedkonstruktionen haben zusätzliche integrierte oder nachgeschaltete feste Strömungswiderstände. Diese festen Widerstände sind nur für einen bestimmten Anlagenzustand optimal wirksam und können die Betriebskennlinie (→Durchflußkennlinie) ungünstig beeinflussen.

Als sekundäre Maßnahmen bieten sich an der Einbau von Schalldämpfern möglichst unmittelbar hinter dem Stellglied sowie eine schalldämmende Isolierung des Stellgliedes und der benachbarten schallabstrahlenden Rohrleitungsteile.

Der Einsatz geräuscharmer Stellgliedkonstruktionen kann mit folgenden Nachteilen verbunden sein: geringer K_{vs}-Wert, komplizierter Innengarnituraufbau, Verstopfungsgefahr, ungünstige Kennlinie und hohe Kosten. Maßnahmen zur Lärmminderung müssen deshalb gezielt angesetzt werden. Die dafür erforderliche Berechnung der zu erwartenden Lärmemission aus den Betriebs- und Stellglieddaten kann ungefähr nach dem VDMA-Einheitsblatt 24 422 oder nach Rechnerprogrammen der Hersteller geschehen. Eine andere Möglichkeit ist, daß die Hersteller nur die Schalleistung der Stellglieder angeben, und Schallexperten daraus und aus der Rohrleitungsgeometrie die Schallemission des Stellgliedes und der vor- und nachgestalteten Rohrleitungsteile berechnen. (→Stellhahn; →Stellklappe; →Stellventil). *Strohrmann*

Literatur: *Dümmler, S.:* Lärmschutz. In Ullmanns Encyklopädie der technischen Chemie, 4. Aufl. Weinheim 1981. – *Hoffmann, H.:* Neuere Entwicklungen bei geräuscharmen Stellventilen. Automatisierungstechnische Praxis **29** (1987), Nr. 6, S. 253–259.

Laser. Abkürzung für *(engl.)* Light Amplification by Stimulated Emission of Radiation, Lichtverstärkung durch induzierte Strahlungsemission. Andere Bezeichnungen sind optischer Maser (Maser), Lichtverstärker, Quantenverstärker, Quantengenerator (in der sowjetischen Literatur gebräuchlich). Der L. ist ein Verstärker und Generator von elektromagnetischen Wellen mit Frequenzen in sichtbaren und angrenzenden Spektralbereichen. Seine Funktionsweise beruht auf der Wechselwirkung von Lichtquanten mit einem quantenmechanisch zu beschreibenden System. In dieser Hinsicht unterscheidet sich der L. von klassischen Verstärkern, deren Funktionsweise durch klassische Felder und Ströme beschrieben wird. Wird das im L. vorhandene aktive Medium in einer Rückkopplungsschaltung (Resonator) verwendet, so entsteht der Laseroszillator, der zur Schwingungserzeugung (Lichtquelle) verwendet wird. Das von einem L.-Oszillator erzeugte Licht zeichnet sich durch große Monochromasie (d. h. geringe Bandbreite $\Delta\nu$) und hohen Kohärenzgrad (d. h. große Kohärenzzeit und große Kohärenzlänge) aus (Tabelle 1).

Grundlagen der Funktionsweise: die Möglichkeit zur Verstärkung von Licht beruht auf dem Vorgang

Strahlungsquelle	Bandbreite $\Delta v[s^{-1}]$	Kohärenzzeit $\Delta t[s]$	Kohärenzlänge $l_k = 2 \cdot c\Delta t[cm]$
Sonne	$5 \cdot 10^{14}$	$3 \cdot 10^{-16}$	$2 \cdot 10^{-5}$
Interferenzfilter ($\Delta\lambda = 10\,\text{Å}$)	$5 \cdot 10^{11}$	$3 \cdot 10^{-13}$	$2 \cdot 10^{-2}$
Spektrallampe	10^9	$1,5 \cdot 10^{-10}$	10
Fabry-Perot-Interferometer	10^8	$1,5 \cdot 10^{-9}$	10^2
Laser	10^3	$1,5 \cdot 10^{-4}$	10^7

der induzierten Emission, der 1917 von *Einstein* bei seiner Ableitung des Planckschen Strahlungsgesetzes (schwarzer Körper) eingeführt wurde. Zur Erläuterung betrachte man eine große Zahl von quantenmechanischen Systemen (Atome, Moleküle, Ionen in Kristallen u. a.), von denen jedes zwei stationäre Energieniveaus E_1 und E_2 ($E_1 < E_2$) hat. Im thermischen Gleichgewicht wird die Zahl der Systeme N_1 im Zustand E_1 größer sein als die Zahl der Systeme im Zustand N_2 ($N_1 < N_2$), und aus einem einfallenden Strahlungsfeld wird Energie der Frequenz $v_{12} = \dfrac{E_2 - E_1}{h}$ mit einer Rate von

$$\frac{dU}{dt}\bigg|_{\text{Absorption}} = N_1 B_{12}\, U(v_{12})$$

absorbiert, wobei $U(v_{12})$ die spektrale Energiedichte des Strahlungsfeldes ist. Systeme, die im energiereicheren Zustand E_2 sind, können unter Emission von Strahlung in den Zustand E_1 übergehen. Dafür gibt es zwei Möglichkeiten: die spontane Emission, die ohne erkennbare äußere Ursachen erfolgt und die induzierte Emission, bei der die Energiedichte $U(v_{12})$ des Strahlungsfeldes den Emissionsprozeß hervorruft, die Emissionsrate ist

$$\frac{dU}{dt}\bigg|_{\text{Emission}} = \underbrace{B_{12}N_2(v_{12})}_{\substack{\text{induzierte}\\\text{Emission}}} + \underbrace{A\, N_2\, U(v_{12})}_{\substack{\text{spontane}\\\text{Emission}}}$$

(B_{12} und A sind Konstanten)

Die Verstärkung eines Signals der Energiedichte $U(v_{12})$ und der Frequenz v_{12} ist daher nur möglich, wenn $N_2 > N_1$ ist. Im thermischen Gleichgewicht kann diese Bedingung nicht erfüllt werden, da nach der Boltzmann-Verteilung

$$\frac{N_1}{N_2} = e^{(E_2 - E_1)/kT}$$

ist. Für verschiedene Systeme ist es jedoch möglich, durch Einwirkung von Anregungsleistung (Pumpleistung) Nichtgleichgewichtszustände mit $N_2 > N_1$ herzustellen. Man spricht dann von einem aktiven Medium, das auch als Medium mit negativer Besetzungstemperatur beschrieben werden kann. Der Verstärkungsprozeß wird durch spontane Emission gestört, die eine Ursache für das Rauschen des Verstärkungsvorganges darstellt. Bei den verschiedenen Laserarten wird das aktive Medium auf unterschiedliche Weise hergestellt. Unterschiede ergeben sich auch aus der „Beschaltung" des aktiven Mediums, d. h. die Anordnung, in der das Strahlungsfeld und das aktive Medium miteinander gekoppelt werden.

Zur Verstärkung eines Lichtsignals ist es nur notwendig, Lichtbündel durch das passende aktive Material zu schicken, der Verstärkungsfaktor G ergibt sich aus der Länge L des aktiven Materials, dem Besetzungsunterschied $\Delta N = N_1 - N_2$ und Wirkungsquerschnitt σ für den optischen Übergang zu

$$G = e^{-\Delta N \cdot \sigma \cdot L}.$$

Zur Erhöhung der Verstärkung ist es zweckmäßig (wie auch in der HF-Technik), einen Teil des Ausgangssignals rückzukoppeln. Durch die Rückkopplung kann der Laserverstärker zum Laseroszillator (Lasergenerator) werden (Selbsterregung) (Bild 1). Die Rückkopplung wird im allgemeinen dadurch erreicht, daß das aktive Material in einen Resonator gebracht wird, z. B. in ein *Fabry-Perot-Interferometer*.

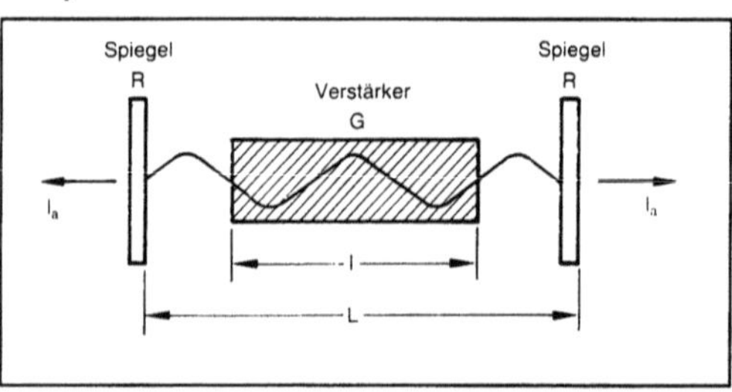

Laser 1: Laseroszillator durch Rückkopplung des Strahlungsfeldes in einem Resonator.

Die Verstärkung G für einen Durchgang durch das aktive Material muß größer sein als Reflexionsverluste R und die sonstigen Verluste V (z. B. durch Auskoppelung), es gilt die Selbsterregungsformel

$$G \cdot R \cdot V > 1.$$

Wegen der Kleinheit der Lichtwellenlänge im Vergleich zu den Resonatordimensionen können dabei viele axiale Eigenschwingungen (Moden) des Resonators angeregt werden (Beispiel: Resonatorlänge L = 10 cm, dann ist der Frequenzabstand zweier stehender Wellen im Resonator $v = \dfrac{c}{2\,L} =$ $1,5 \cdot 10^9$ Hz, das Emissionsmaximum der Rubinfluoreszenz liegt bei $4{,}32 \cdot 10^{16}$ Hz, also wird der Resonator etwa in der 10^6-ten Oberwelle angeregt. Die Halbwertsbreite der Rubinfluoreszenz ist ca. $3 \cdot 10^{10}$ Hz und damit können 20 verschiedene stehende Wellen im Resonator angeregt werden. Neben den axialen Eigenschwingungen des Resonators, die allein nur im Fall unendlich großer Spiegeldurchmesser auftreten würden, gibt es wegen der endlichen Spiegelgröße noch transversale Moden, die sich durch ihre Intensitätsverteilung über der Spiegeloberfläche unterscheiden; nur die transversale Grundmode (TEM_{00}) hat eine kreisförmige Intensitätsverteilung bezüglich der Resonatorachse. Durch geeignete Maßnahmen, wie z. B. Verwendung gekrümmter Resonatorspiegel bezüglich der transversalen Moden und Hinzufügen eines zweiten Resonators hoher Güte (z. B. Fabry-Perot-Etalon) bezüglich der axialen Moden, läßt sich die Schwingung des Laseroszillators in nur einer Mode erreichen. Der Öffnungswinkel des aus dem Resonator austretenden Laserlichtes ist durch die Beugung an der Spiegelbegrenzung gegeben. Bei nachfolgender Fokussierung mit Hilfe einer Linse kann die gesamte Laserleistung im Grenzfall (TEM_{00}) auf einen Fleck vom Durchmesser der Lichtwellenlänge abgebildet werden. Es können so Leistungsdichten von 10^{15} Watt/cm^2 (Vergleich: fokussiertes Sonnenlicht $\approx 5 \cdot 10^2$ Watt/cm^2) erreicht werden.

Erzeugung kurzer Lichtimpulse durch L.: Die einfachste Methode, um mit dem L. kurze Lichtimpulse herzustellen, ist die Modulation der Anregungsleistung für das aktive Medium (Tabelle 2).

Laser. Tabelle 2: Überblick über Leistung und Pulsdauer von mit Lasern erzeugten Lichtimpulsen.

Verfahren	Spitzenleistung P_{max}[Watt]	Pulsdauer Δt[s]
kontinuierliche Laser	10^3	∞
gepulster Laser	10^3–10^5	10^{-5}–10^{-7}
Q-switch	10^6–10^8	10^{-7}–10^{-8}
Modenkopplung	10^7–10^{10}	10^{-9}–10^{-12}

Kürzere Zeiten und höhere Leistungen lassen sich mit der Methode der Q-Schaltung (Gütemodulation, Q-switch) erreichen (Bild 2).

Dabei wird in den Resonator ein Güte-Schalter (elektrooptischer Kristall, mechanischer Drehspiegel, selbstbleichender Absorber) eingebracht, mit dem die Güte des Resonators zeitlich gesteuert werden kann. Bei undurchlässigem Schalter wird durch die Anregungsleistung ein Besetzungsunterschied erreicht, der weit über dem Wert für Selbsterregung im Resonator bei offenem Schalter liegt. Dann wird der Güte-Schalter geöffnet, innerhalb

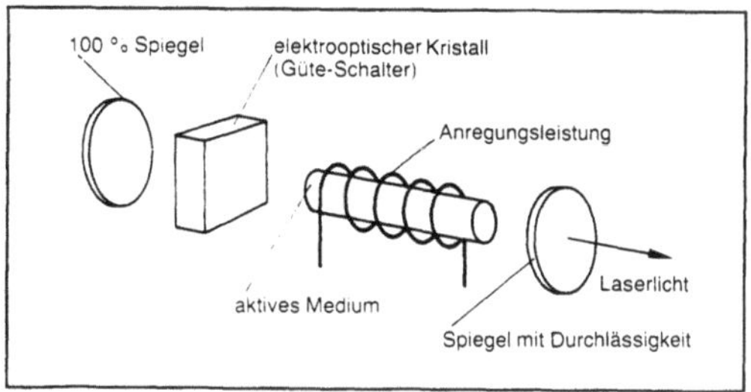

Laser 2: Laseroszillator mit Q-Schaltung (Gütemodulation)

kürzester Zeit wird die gespeicherte Anregungsenergie durch induzierte Emission in Strahlungsenergie umgewandelt, wobei zum Schluß der Besetzungsunterschied im Medium unter den Wert sinkt, der für die Selbsterregung notwendig ist.

In dem Bereich der Picosekunden (10^{-12} s) für die Dauer der Lichtimpulse stößt man durch die Koppelung von Schwingungsmoden (mode-Locking) im Resonator vor. Werden n Moden eines Resonators mit gleicher Phase überlagert, so entsteht ein Lichtimpuls der Dauer

$$t = \frac{T}{n}, \text{ wobei } T = \frac{2L}{c}$$

(c = Lichtgeschwindigkeit, L = Resonatorlänge)

die doppelte Laufzeit des Lichtes durch den Resonator ist. Experimentell besteht die Schwierigkeit, die einzelnen Moden mit gleicher Phase anzuregen, dies wird u. a. durch einen periodisch arbeitenden Güte-Schalter im Resonator möglich, der z. B. durch eine stehende Ultraschallwelle in einem Quarzblock realisiert werden kann.

Beispiele für Laseroszillatoren, Laserarten:
☐ Optische gepumpte Festkörperlaser: Zwischen zwei Energieniveaus E_1 und E_2 läßt sich durch →Absorption von Licht der →Frequenz $v_{12} = \dfrac{E_2 - E_1}{t}$ höchstens Gleichbesetzung erreichen. Die für Laserbetrieb erforderliche Inversion erreicht man durch optische Absorption z. B. in einem Dreiniveausystem, wie es für die Chromionen im Saphir (= Rubin) der Fall ist (Bild 3).

Wird ein Rubinkristall mit blauem und/oder grünem Licht bestrahlt, so wird das Licht von den Chromionen absorbiert, sie gehen dabei vom Grundzustand E_1 in die beiden angeregten stark verbreiterten Energiezustände E_3 über. Von dort können die Chromionen in den Grundzustand zurückkehren (Übergangszeit $= 3 \cdot 10^{-6}$ s) oder in den Energiezustand E_2 (Übergangszeit $= 10^{-9}$ s); d. h. von 1 000 angeregten Chromionen kehren drei in den Grundzustand zurück, die anderen unter Abgabe von Wärmeschwingungen in den Zustand E_2. Im Zustand E_2 haben die Chromionen eine lange Lebensdauer ($3 \cdot 10^{-3}$s), d. h. die

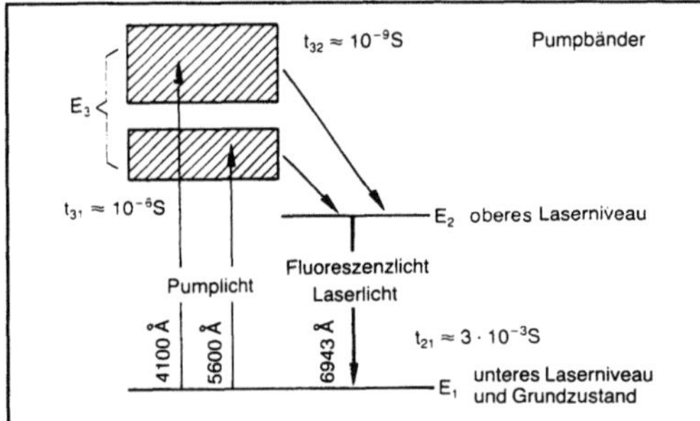

Laser 3: Vereinfachtes Schema eines Dreiniveau-Lasers (Chromionen im Saphir-Rubin)

Chromionen werden schneller nach E_2 befördert als sie in den Grundzustand zurückkehren. Bei hinreichend intensivem Pumplicht kann daher Inversion erreicht werden (Zahl der Chromionen im Zustand $E_2 >$ Zahl der Chromionen im Zustand E_1), und es liegt ein aktives Medium vor (Bild 4).

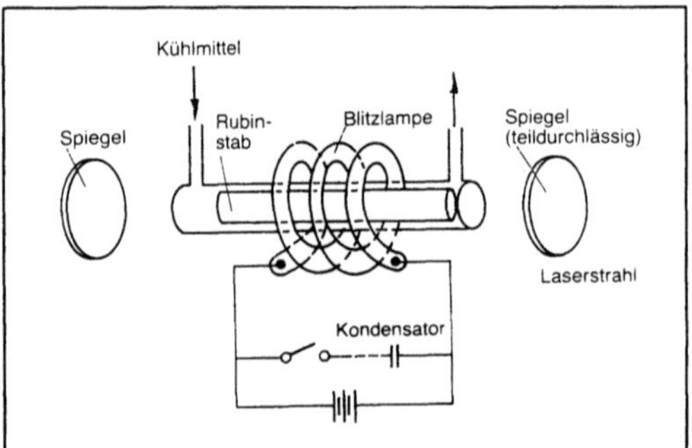

Laser 4: Anordnung eines optisch gepumpten Festkörperlasers (Rubin-Laser).

Mit geringerer Pumpleistung kann ein Vierniveausystem betrieben werden, bei dem die induzierte Emission nicht zwischen Grundzustand und oberem Niveau, sondern zwischen oberem Niveau E_2 und einem dicht über dem Grundzustand liegendem Niveau E_1 erfolgt; ein Beispiel dafür ist der Neodym-Glas-Laser.

□ Gaslaser: Die →Anregung erfolgt beim Gaslaser durch Elektronenstoß in einer Gasentladung.

Dabei kann es vorteilhaft sein, eine Mischung verschiedener Gase zu verwenden, da in dem nicht laserwirksamen Gas Anregungsenergie gespeichert wird und durch Stöße 2. Art auf das wirksame Gas übertragen werden kann (He/Ne-Laser). Neben dem He/Ne-Laser (Emissionswellenlängen: 0,6328 μm; 1,15 μm; 3,39 μm) sind die Edelgaslaser mit Argon (Emissionswellenlängen: 514,5 nm, 488 nm, 476 nm) und Krypton (Emissionswellenlängen: 752 nm, 647 nm, 530 nm, 413 nm), CO_2-Laser (Emissionswellenlänge: 10,6 μ) wegen der hohen Gesamtausgangsleistung (bis einige 10^4 Watt), von Bedeutung.

□ Farbstofflaser: Als aktives Medium werden hier Farbstoffmoleküle mit sehr großer Molekülmasse (z. B. Rhodamin, Na-fluorescein u. a.) verwendet, die in Wasser, Alkohol oder anderen Lösungsmitteln gelöst werden. Die Anregung erfolgt mit Hilfe einer Blitzlampe oder kontinuierlich arbeitenden anderen L. (z. B. Argon-L.). Wegen der zahlreichen Schwingungszustände des Moleküls ist die Emission eine breite Bande, deswegen kann der Farbstofflaser über einen größeren Wellenlängenbereich ($\approx 10^{-8}$ m) abgestimmt werden, das geschieht z. B. durch Ersetzen des einen Resonatorspiegels durch ein Beugungsgitter. Der Resonator wird dann durch Änderung der Gitterstellung auf die verschiedenen Wellenlängen abgestimmt.

□ Halbleiterlaser: Die Möglichkeit, in einem Halbleiterkristall durch Dotierung mit Fremdatomen verschiedene Leitfähigkeitstypen (Elektronen- und Löcherleitung) zu erzeugen, schafft eine neue bequeme Möglichkeit zur Anregung und Erzeugung eines aktiven Mediums. Wird ein p-n-Übergang in Flußrichtung belastet, so werden Elektronen und Löcher durch die angelegte Spannung aufeinander zugetrieben und können unter Aussendung eines Lichtquants strahlend rekombinieren.

Um Laserbetrieb (Inversion) zu erreichen, muß mindestens bei der einen Seite des p-n-Übergangs so starke Dotierung vorliegen, daß das zugehörige Ferminiveau in einem Band liegt.

Anwendungen: L. haben sich in der Technik bei zahlreichen Anwendungen durchgesetzt:
– in der Optoelektronik als schnell modulierbare Lichtquelle für die Nachrichtenübertragung;
– im Vermessungswesen als Justierhilfe und bei der Entfernungsmessung;
– bei der Materialbearbeitung (Bohren, Trennen, Abtragen).

In der →Meßtechnik werden L. aller Wellenlängen als intensive, monochromatische Lichtquellen, z. B. in Verbindung mit den verschiedenen Spektrometern, benutzt. L. ermöglichen erst zahlreiche Kurzzeituntersuchungen und die Aufnahme holographischer Bilder. Die Möglichkeiten der Nutzung von Hochleistungslasern bei der →Kernfusion über den Trägheitseinschluß werden intensiv untersucht. *Helbig*

Literatur: *Bergman-Schaefer:* Lehrbuch der Experimentalphysik Bd. 3, Berlin 1978. – *Haaken, H.:* Handbuch d. Physik Bd. XXV/2c, Berlin 1970. – *Lengyel, B. A.:* Introduction to Laser Physics, New York 1966. – *Mollwo, E.* und *W. Kaule:* Maser und Laser, Hochschultaschenbücher 71/79a, Mannheim 1966. – *Röss, D.:* Laser, Lichtverstärker und -Oszillatoren, Frankfurt/M. 1966. – *Yariv, A.:* Quantum Electronics, New York 1975.

Laserfusion → Kernfusion

Lastwechselzahl. Die durch dynamische Vorgänge in Strukturen oder Prüfkörpern hervorgerufene

Anzahl von Belastungen (Spannungszyklen) nennt man L. oder auch Anzahl der Lastspiele. Bei der Ermittlung der →Dauerschwingfestigkeit und bei der Durchführung der sogenannten *Wöhler*-Versuche zur Ermittlung der *Wöhler*-Linien werden für die verschiedenen Arten von Schwingfestigkeiten, z. B. für die →Zeitfestigkeit oder die →Dauerfestigkeit, die Schwingbreiten der dynamischen Beanspruchungen in Abhängigkeit von der L. angegeben. *Splittgerber*

Laufzeit →Worst-Case-Analyse

Lavaldüse. Es ist eine Düse mit einem sich in Strömungsrichtung zunächst verjüngenden, dann sich wieder erweiternden Querschnitt. Mit solchen Düsen wird bei entsprechendem Druckunterschied ein durchströmendes Gas im Erweiterungsteil auf Überschallgeschwindigkeit beschleunigt. Im engsten Querschnitt stellt sich Schallgeschwindigkeit als Strömungsgeschwindigkeit ein. Daher lassen sich L. auch zur exakten Durchflußregelung benutzen, sofern der Ruhedruck des eintretenden Gases konstant ist.

Die Hauptanwendung haben L. als Raketendüsen und in Dampfturbinen zum Erzeugen von Überschallgasstrahlen. Für die Anwendung in Dampfturbinen sind sie durch den Schweden *de Laval* 1883 bekanntgemacht worden. Der deutsche Erfinder *E. Körting* hat sie jedoch schon 1878 benutzt, um Überschalldampfstrahlen zu erzeugen. *G. E. A. Meier*

Lawson-Kriterium. Notwendige Bedingung für einen Nettoenergiegewinn in einem thermonuklearen Wasserstoffplasma (→Kernfusion). Die durch Kernfusionsprozesse entstehende Leistung muß größer sein als die zur Aufrechterhaltung der notwendigen Plasmatemperatur aufzubringende. Die Fusionsleistungsdichte ist $n_1 n_2 [\sigma v] \epsilon$, $n_{1,2}$ = Konzentrationen der reagierenden Ionen, $[\sigma v]$ = mittlere Reaktionsrate, ϵ = Reaktionsenergie. Die Heizleistungsdichte dagegen ist $3nkT/\tau$, n = Plasmadichte, T = Plasmatemperatur, τ = durch Wärmeverluste bestimmte Plasmaenergieeinschlußzeit. Für ein Deuterium-Tritium-Plasmagemisch mit $n_1 = n_2 = \dfrac{n}{2}$ ergibt sich das L.-K. (in der einfachsten Form)

$$n\tau > 12 \frac{kT}{[\sigma v]\epsilon} \sim 10^{14} \ \text{s cm}^{-3}$$

bei einer Plasmatemperatur $T \sim 10^8$ K. *Biskamp*

Leerlaufspannung. Spannung an einem Zweipol, wenn über diesen kein Strom fließt. Jede Strom- oder Spannungsquelle läßt sich darstellen als Reihenschaltung aus einer idealen (stromunabhängigen) Spannungsquelle mit der Leerlaufspannung U_0 und einem →Widerstand R_i, der dem Innenwiderstand der Spannungsquelle entspricht (Bild). Die Leerlaufspannung wird auch als elektromotorische →Kraft (EMK) bezeichnet (→Kurzschlußstrom). *Claassen*

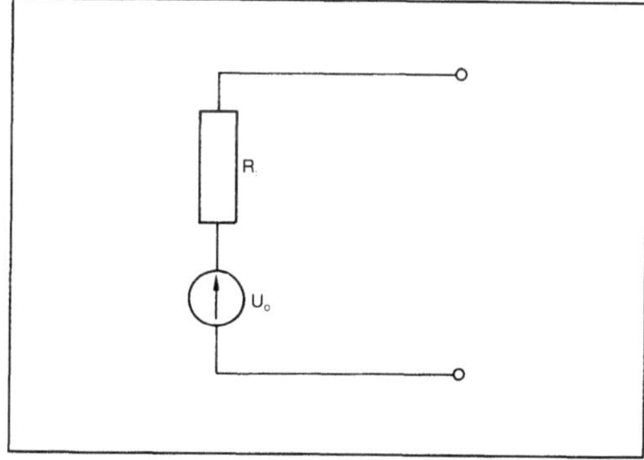

Leerlaufspannung: Ersatzschaltbild einer Spannungsquelle mit Leerlaufspannung U_0 und Innenwiderstand R_i.

Lehrsatz, binomischer. Der b. L. besagt, daß für jede natürliche Zahl n und reelle (oder einem kommutativen Ring angehörende) Größen a,b die →Gleichung

$$(a + b)^n = \sum_{k=0}^{n} \binom{n}{k} a^k b^{n-k}$$

besteht, wobei $\binom{n}{k}$ die Binomialkoeffizienten bezeichnet.

Als Verallgemeinerung des b. L. wird die für beliebiges reelles α geltende Gleichung

$$(1 + x)^\alpha = \sum_{k=0}^{\infty} \binom{\alpha}{k} x^k, \quad |x| < 1$$

mit der sog. Binomialreihe angesehen. Diese →Reihe konvergiert für $|x| < 1$ absolut; ist $\alpha > -1$, so konvergiert sie auch noch für $x = 1$ und besitzt dort den Wert 2^α; ist $\alpha \geq 0$, so konvergiert sie für $|x| \leq 1$ stets absolut und besitzt für $x = -1$ den Wert 0 (→Taylor-Reihe). *Schmeißer*

Literatur: *Barner, M.* u. *F. Flohr:* Analysis I. Berlin 1974. – *Heuser, H.:* Lehrbuch der Analysis, Teil 1 (4. Aufl.). Stuttgart 1986. – *v. Mangoldt, H.,* u. *K. Knopp:* Einführung in die höhere Mathematik, Bd. I (15. Aufl.) u. Bd. II (14. Aufl.). Stuttgart 1974 u. 1976.

Leistung. Als L. P wird das innere Produkt aus →Kraft $\vec{F}$ und Geschwindigkeit $\vec{v}$ eingeführt:

$$P = \vec{F} \cdot \vec{v}.$$

Sie ist mit $\vec{v}$ vom Bezugs-Inertialsystem abhängig. Man spricht von der L., die die Kraft $\vec{F}$ an dem mit $\vec{v}$

bewegten Massenpunkt oder Punkt eines Körpers verrichtet. Die L. mehrerer Kräfte und u. U. an mehreren Punkten ist die Summe (ggf. ein Integral) der Einzel-L.

Für Punktmassen m gilt:

$$P = \dot{T}, \text{ mit } T = \frac{1}{2} mv^2 \equiv \frac{1}{2} m\, \vec{v} \cdot \vec{v};$$

T ist die kinetische →Energie, die Beziehung $P = \dot{T}$ wird L.-Satz genannt und ist die Basis der Arbeits- und Energiesätze. Die Übertragung des Satzes auf Systeme von Punkten oder gar Kontinua muß mit Vorsicht geschehen, weil äußere und innere L. zu unterscheiden sind.   *Besdo*

Leistung in Mehrphasenstromschaltungen. Zur Berechnung der Leistungsaufnahme oder -abgabe in Mehrphasenstromschaltungen geht man unabhängig von der tatsächlichen Schaltungsart von einer hypothetischen →Sternschaltung aus. Die L. berechnet sich dann als Summe aus den Produkten von Außenleiterstrom $\underline{I}$ und entsprechender →Sternspannung $\underline{U}_{st}$ (Spannung zwischen →Hauptleiter und →Sternpunkt) in jedem Strang.

Für eine symmetrische Dreiphasen-Wechselstromschaltung (Drehstromschaltung) ergibt sich die gesamte L. zu

$$\underline{P} = 3\, \underline{U}_{st}\, \underline{I}.$$

Sie setzt sich zusammen aus der →Wirkleistung

$$P_w = 3\, U_{st}\, I \cos\varphi = \sqrt{3}\, U\, I \cos\varphi$$

und der →Blindleistung

$$P_B = 3\, U_{st}\, I \sin\varphi = \sqrt{3}\, U\, I \sin\varphi;$$

hierin sind U_{st}, U und I die Effektivwerte der Sternspannung, der →Außenleiterspannung und des Außenleiterstroms sowie φ die Phase zwischen Strom und Spannung in einem Strang unabhängig von der Schaltungsart.

Die →Scheinleistung ist $P_s = 3\, U_{st}\, I = \sqrt{3}\, U\, I.$

Den Phasenfaktor $\cos\varphi = P_w/P_s$ bezeichnet man auch als Leistungsfaktor.   *Claassen*

Leistung, äußere. Als ä. L. P_{ex} wird bei Punkthaufen wie bei Kontinua, als Grenzfall auch bei Starrkörpern, die L. der äußeren Kräfte an diesen Systemen bezeichnet (Punkthaufen).

Bei Starrkörpern und Balken ist in P_{ex} u. U. auch die L.

$$P_M = \vec{M} \cdot \vec{\omega}$$

eines Moments enthalten. Für umlaufende Maschinenteile wird hieraus $P_M = \omega M = 2\pi n\, M.$

Bei Kontinua ist sie eine Summe aus zwei Integralen, in die Volumenkräfte $\vec{f}$, Spannungsvektoren $\vec{s}$ und Geschwindigkeiten $\vec{v}$ eingehen (Bild):

$$P_{ex} = \int\limits^{G} \vec{f} \cdot \vec{v}\; dV + \oint\limits^{R} \vec{s} \cdot \vec{v}\; dA. \qquad \textit{Besdo}$$

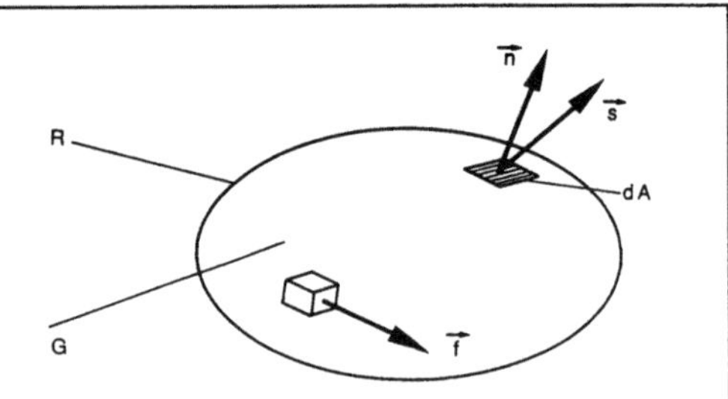

Leistung, äußere: Betrachtete Größen.

Leistung, elektrische. Produkt aus dem Strom I und der Spannung U an einem Zweipol:

$$P = I \cdot U.$$

Fließt der Strom im Zweipol vom positiven zum negativen Spannungspol, so wird von dem Zweipol e. L. aufgenommen, bei umgekehrter Stromrichtung wird e. L. abgegeben. Bei zeitlich veränderlichen Werten von Strom und Spannung wird die L. selbst eine Zeitfunktion und kann auch das Vorzeichen wechseln. Es ist dann meistens zweckmäßig, eine mittlere e. L. einzuführen:

$$P_w = \overline{P(t)} = \frac{1}{T} \int\limits_0^T P(t)\, dt, \qquad (1).$$

wobei T die Periodendauer darstellt, falls U(t) und I(t) periodisch von der Zeit t abhängen. Für nichtperiodische Vorgänge bezeichnet T die Gesamtdauer des Vorgangs.

Hängen Spannung und Strom sinusförmig von der Zeit ab (→Wechselstrom) gemäß

$$U(t) = U_o \sin \omega t,$$
$$I(t) = I_o \sin(\omega t - \varphi),$$

wobei ω die Kreisfrequenz und φ die Phasenverschiebung des Stroms gegenüber der Spannung darstellt, so folgt aus Gl. (1):

$$P_w = \frac{1}{2} U_o I_o \cos\varphi. \qquad (2).$$

Es ist üblich, statt der Scheitelwerte U_o und I_o mit den Effektivwerten

$$U_{eff} = U_o/\sqrt{2}, \qquad I_{eff} = I_o/\sqrt{2}$$

zu rechnen, so daß sich insbes. bei ohmscher Last ($\varphi = 0$) für die mittlere Wechselstrom-L. aus Gl. (2) ergibt:

$$P_w = U_{eff} \cdot I_{eff}.$$

Aus diesem Grunde sind Wechselstrommeßinstrumente für Strom und Spannung stets in Effektivwerten geeicht.

Sind Strom und Spannung nicht in Phase, so wechselt die L. zwischen positiven und negativen Werten, d. h. es gibt einen periodischen Wechsel von L.-Aufnahme und L.-Abgabe. Man definiert dann als Wirk-L. den zeitlichen →Mittelwert der L. Zur Wirk-L. trägt nur die Komponente des Stroms bei, die mit der Spannung in Phase ist. Die Stromkomponente, die um 90° außer Phase ist, erzeugt dagegen keine Wirk-L., sondern bewirkt nur ein Hin- und Herpendeln von Energie. Dieser sich im zeitlichen Mittel kompensierende L.-Fluß wird als Blind-L. bezeichnet. Die Wurzel aus der Summe der Quadrate von Wirk- und Blind-L. nennt man →Schein-L. *Claassen*

Leistung, innere. Bei Systemen von Massenpunkten (Punkthaufen) und bei Körpern (Kontinua) muß man beachten, daß auch innere Kräfte L. verrichten. Bei Punkthaufen sind das die Wechselwirkungskräfte $\vec{F}_{ij}$, $\vec{F}_{ik}$, $\vec{F}_{ji}$ usw., die $\vec{F}_{ij} = -\vec{F}_{ji}$ erfüllen (Bild). Ihre Gesamtleistung ist

$$P^* = \sum_i \left[\sum_j \vec{F}_{ij} \cdot \vec{v} \right] = \frac{1}{2} \sum_i \sum_j \vec{F}_{ij} \cdot \left[\vec{v}_i - \vec{v}_j \right],$$

die wegen $\vec{F}_{ij} \parallel (\vec{r}_i - \vec{r}_j)$ verschwindet, wenn $\Delta\vec{v} = \vec{v}_j - \vec{v}_i$ auf $\Delta\vec{r} = \vec{r}_j - \vec{r}_i$ senkrecht steht. Das trifft bei starren Verbindungen zu, sonst jedoch nicht.

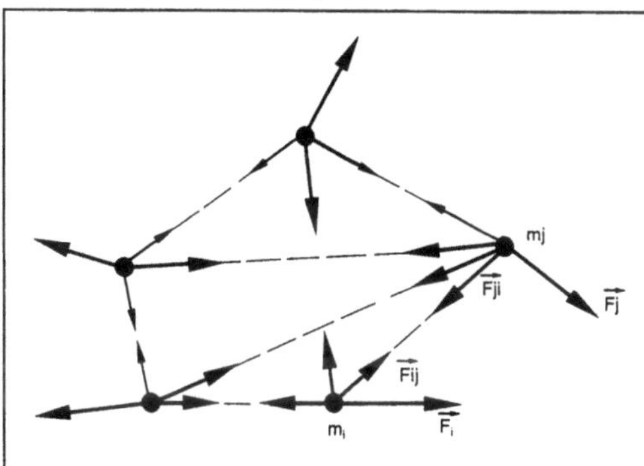

Leistung, innere: Punkthaufen mit äußeren Kräften $(\vec{F}_i, \vec{F}_j)$ und inneren Kräften $(\vec{F}_{ij}, \vec{F}_{ji})$.

Als i. L. wird allerdings nicht P* bezeichnet. Das ist die L. der inneren Kräfte, die an den Massenpunkten angreifen. Vielmehr stellt man sich ein Kraftübertragungssystem (Stangen, Federn, Reibelemente usw.) vor, von dem diese Kräfte ausgehen. An ihm greifen die Gegenkräfte an, deren L. −P* beträgt; diese wird als i. L.

$$P_{in} = -\sum_i \sum_j \vec{F}_{ij} \cdot \vec{v}_i$$

bezeichnet. Sie erfüllt bei Punkthaufen $P_{ex} - P_{in} = \dot{T}$. In Anlehnung daran tritt die i. L. in der Axiomatik der Kontinuumsmechanik auf und wird als

$$P_{in} = \int^G p_{in} \, dV, \text{ mit } p_{in} = \underset{\sim}{\sigma} \cdot\cdot \underset{\sim}{\lambda},$$

identifiziert. *Besdo*

Leistungsanpassung. Die Eingangsimpedanz einer elektrischen Schaltung wird so eingestellt, daß sie maximale →Wirkleistung aufnimmt. Dazu muß die Eingangsimpedanz gleich der Spiegelimpedanz (d. h. der konjugiert komplexen →Impedanz) der Quelle (Signalquelle, Spannungsquelle, Stromquelle) sein. *Claassen*

Leistungserzeugung, magnetohydrodynamische. Direkte Erzeugung elektrischer →Leistung aus thermischer →Energie ohne mechanisch bewegte Teile unter Ausnutzung des Hall-Effekts in ionisierten Gasen. In einem magnetohydrodynamischen Generator (MHD-Generator) wird thermisch ionisiertes Gas mit hoher Geschwindigkeit durch einen engen Kanal gepreßt, in dem sich ein transversales →Magnetfeld befindet. Aufgrund der Ablenkung der Ionen durch die Lorentz-Kraft wird dabei senkrecht zur Geschwindigkeit und zum Magnetfeld eine Spannung induziert.

Die für die magnetohydrodynamische Leistungserzeugung benötigte Wärme kann durch fossile Brennstoffe oder von Kernreaktoren gewonnen werden. Besonders wirkungsvoll sind MHD-Generatoren, wenn das heiße Gas nach Passieren des Generators noch zur Dampferzeugung für einen konventionellen turbinengetriebenen Generator verwendet wird. Damit kann im Vergleich zu konventionellen Kraftwerken eine bessere Nutzung des Hochtemperaturanteils der thermischen Energie erreicht werden, die den →Wirkungsgrad von thermischen Kraftwerken von etwa 40 % für konventionelle Anlagen auf etwa 50 % bis 55 % steigern kann.

Ein weiterer Vorteil von MHD-Generatoren ist, daß sie sehr schnell (in Bruchteilen von Sekunden) auf Laständerungen reagieren können und damit besonders zum Ausgleich kurzer Lastspitzen und den damit verbundenen Phasenschwankungen im Netz geeignet sind. Die hohen Investitionskosten stehen heute jedoch noch einer breiten Nutzung der magnetohydrodynamischen Leistungserzeugung entgegen. *Claassen*

Leistungsmessung, elektrische. Die Leistung ist der Differentialquotient aus Arbeit (Energie) W und Zeit t:

$$P = \frac{dW}{dt}.$$

Soweit W keine Funktion der Zeit t ist, kann man auch schreiben:

$$P = \frac{W}{t}.$$

Für die elektrische Leistung ergibt sich zunächst für Gleichstrom $P = U \cdot I = I^2 \cdot R = U^2/R$. Bei Wechselstrom ist die Leistung zeitabhängig. Man gibt daher ihren zeitlichen Mittelwert über eine Periode an: Mittelwert einer periodischen Zeitfunktion. Allgemein gilt hier:

$$S = P + jQ,$$

mit

$S = U \cdot I$ ($\rightarrow$Scheinleistung),
$P = U \cdot I \cos\varphi$ ($\rightarrow$Wirkleistung),
$Q = U \cdot I \sin\varphi$ ($\rightarrow$Blindleistung);

U und I sind die Effektivwerte von Spannung und Strom, φ ist der Phasenwinkel zwischen U und I. Maßgebend für den Energieumsatz ist die Wirkleistung P. Ihre SI-Einheit ist das $\rightarrow$Watt (W). Die Blindleistung Q beschreibt den Strombedarf (nicht Energiebedarf) für den Blindanteil des Verbraucherwiderstands. Die Scheinleistung $S = U \cdot I = \sqrt{P^2 + Q^2}$ faßt beide Anteile zusammen. Sie ist ein Maß für den technischen Aufwand, da die Spannung U eine bestimmte Isolation, der Strom I einen bestimmten Leiterquerschnitt erfordert.

Die vorstehenden Gleichungen zeigen, daß man zur L. zwei Größen miteinander multiplizieren muß, wobei U und I im Falle von Wechselstrom zeitveränderlich sind. Hierzu bieten sich folgende Möglichkeiten:
□ Getrennte Messung von U und I und anschließende Produktbildung, bei Gleichstrom und bei Wechselstrom mit Verbraucher ohne Blindanteil ($\rightarrow$Spannungsmessung, elektrische, $\rightarrow$Strommessung, elektrische).
□ Wenn der $\rightarrow$Widerstand R des Verbrauchers bekannt ist: Messung entweder von U oder von I und Berechnung von P aus U^2/R oder $I^2 \cdot R$.
□ Einsatz eines Multiplizierers. Dabei ist zu bemerken, daß alle $\rightarrow$Multiplizierer, die die Momentanwerte von Spannung und Strom miteinander multiplizieren und anschließend den Mittelwert über eine Periode bestimmen, die Gleichung $P = U \cdot I \cdot \cos\varphi$ realisieren, also die evtl. vorhandene Phasenverschiebung zwischen Spannung und Strom berücksichtigen und somit die Wirkleistung liefern. Auch bei nichtsinusförmigen Spannungen und Strömen wird die Wirkleistung ermittelt.

Im einzelnen seien hier für Zwecke der L. folgende Multiplikationsverfahren genannt:
□ Elektrodynamisches Meßwerk (elektrisches $\rightarrow$Meßgerät). Prinzip: Multiplikation über magnetische Wirkungen des elektrischen Stroms, Mittel-

wertbildung für Frequenzen >10 Hz durch mechanische Trägheit des beweglichen Organs. Anwendung von 10 Hz bis etwa 10 kHz.
□ Hall-Generator (Hall-Sonde). Prinzip: Ausnutzung des Hall-Effekts bei Halbleitern, Mittelwertbildung über angeschlossenes Drehspulinstrument (Multiplizierer).
□ Thermischer Leistungsmesser. Multiplikation mittels Thermoumformer, einer Kombination von Heizdraht und $\rightarrow$Thermoelement. Mittelwertbildung erfolgt durch thermische Trägheit der Thermoumformer. Anwendungen für Frequenzen von 5 Hz bis über 400 kHz.
□ Ausnutzung des logarithmischen Zusammenhangs zwischen Spannungsabfall und Durchlaßstrom von Silicium-Diodenstrecken (Bild 1).

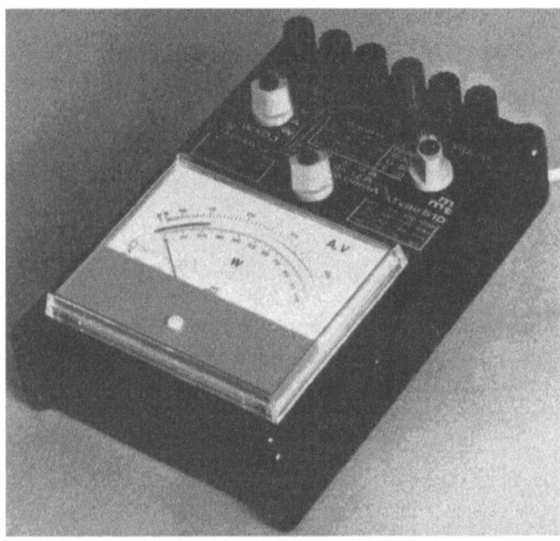

Leistungsmessung, elektrische 1: Leistungsmesser mit analogem Multiplizierer. (Quelle: Marek)

Zur Wirkleistungsmessung bei Wechselstrom kann man die Schaltungen nach Bild 2a) benutzen. Es ist hier für den Leistungsmesser jeweils das Schaltzeichen für ein elektrodynamisches Meßwerk eingesetzt, obwohl sich auch die anderen angeführten Multiplikationsverfahren zur L. verwenden lassen. Bei der Schaltung (gem. Bild 2a) fließt durch den Leistungsmesser der gleiche Strom wie durch den Verbraucher Z. Dagegen ist die am Leistungsmesser anliegende Spannung um den Spannungsabfall im Strompfad des Leistungsmessers U_I größer als die Spannung U am Verbraucher. Vom Verbraucher Z aus gesehen ist die Schaltung (gem. Bild 2a) „stromrichtig". Die angezeigte Leistung P_a ist größer als die in Z umgesetzte Leistung P. Ob der entsprechende Fehler korrigiert werden muß, hängt von U_I und damit vom Widerstand des Strompfads ab. Ähnliche Überlegungen gelten für die „spannungsrichtige" Schaltung nach Bild 2b). Für Spannungen über etwa 1 kV und Ströme über etwa 10 A

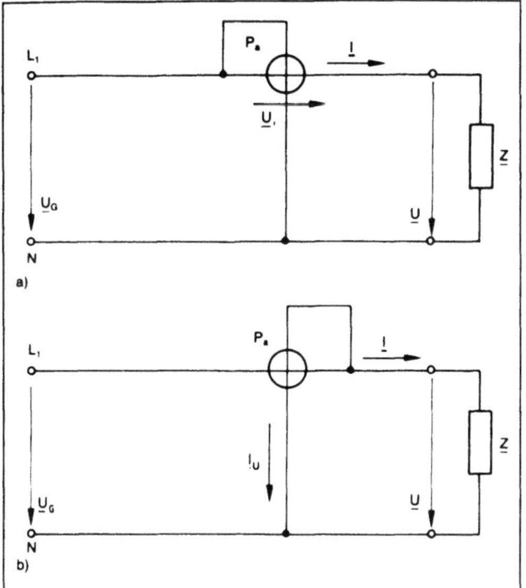

Leistungsmessung, elektrische 2: Leistungsmesserschaltungen, vom Verbraucher Z aus gesehen.
a) Stromrichtig
b) Spannungsrichtig.

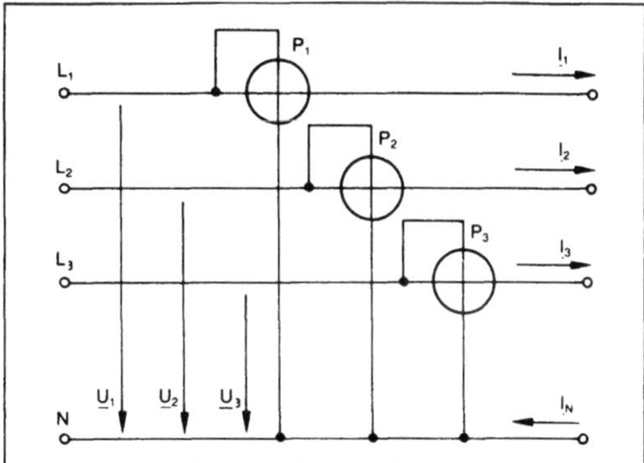

Leistungsmessung, elektrische 3: Wirkleistungsmessung für Vierleitersystem und beliebig belasteten Phasen.

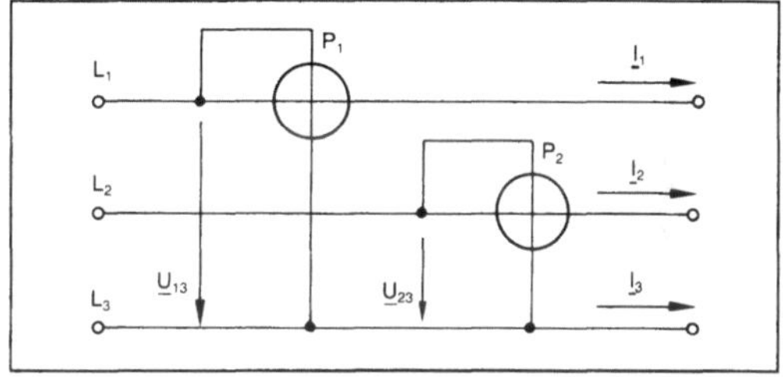

Leistungsmessung, elektrische 4: Wirkleistungsmessung für Dreileitersystem mit beliebig belasteten Phasen (Aronschaltung).

Literatur: *Schrüfer, E.:* Elektrische Meßtechnik. München 1992.

schaltet man →Spannungswandler und →Stromwandler vor die Leistungsmesser.

Zur Blindleistungsmessung bei Wechselstrom muß der durch den Spannungspfad des Leistungsmessers fließende Strom gegenüber der ihn verursachenden Spannung um 90° phasenverschoben sein. Diese erreicht man durch Zwischenschaltung spezieller Phasenschieberschaltungen, z. B. der Hummelschaltung.

Will man die Scheinleistung bestimmen, muß man die Phasenverschiebung zwischen U und I eliminieren. Man formt dann die Effektivwerte in Gleichströme um und zeigt die Scheinleistung z. B. auf einem elektrodynamischen Meßwerk an.

Zur Wirkleistungsmessung bei →Drehstrom benötigt man drei Leistungsmesser, wenn es sich um ein Vierleitersystem mit beliebig belasteten Phasen handelt (Bild 3). Bei einem Dreileitersystem sind zwei Leistungsmesser erforderlich (Bild 4). Ist ein Drehstromsystem symmetrisch belastet, genügt nur ein Leistungsmesser, dessen Anzeige man verdreifacht.

Zur Blindleistungsmessung bei Drehstrom braucht man keine gesonderten Phasenschieberschaltungen. Man nutzt hier die 90°-Phasenverschiebung zwischen den Sternspannungen und den entsprechenden Dreieckspannungen des Drehstromsystems aus.

Abschließend sei noch erwähnt, daß man auch nichtelektrische Leistungen (mechanisch, thermisch) auf elektrische bzw. elektronische Weise messen kann. *Hammerschmidt*

Leiter, elektrischer. Material, in dem ein →Strom durch elektrischen Ladungstransport fließen kann. Die besten Leiter sind die Metalle (Silber, Kupfer, Gold, Aluminium). In ihnen findet der Stromtransport durch die quasi freien Elektronen statt, die bei der metallischen →Bindung das Elektronengas bilden. Die →Leitfähigkeit steigt mit zunehmender Reinheit der Metalle und nimmt mit der Temperatur ab. Bei einigen Metallen und metallähnlichen Verbindungen verschwindet der →Widerstand des Leiters bei Unterschreiten einer kritischen Temperatur vollständig (→Supraleitung).

Ionenleiter sind gelöste oder geschmolzene Verbindungen aus Ionen (z. B. Salze), die dabei in ihre ionischen Bestandteile zerfallen. Die positiven und negativen Ionen können sich bei Anlegen eines elektrischen Feldes in der Flüssigkeit bewegen und so Ladung transportieren. Ionische Festkörper besitzen dagegen nur eine sehr geringe elektrische Leitfähigkeit aufgrund von Ionen, die ihren Platz im Gitter wechseln. Dazu sind Gitterleerstellen erforderlich.

Auch in Gasen kommt es zu einem Stromtransport durch Ionen, die thermisch, durch →Strahlung oder durch →Stoßionisation entstehen können. Daneben können bei der Ionisation auch freie Elektronen entstehen, die gleichfalls zum Stromtransport beitragen.

Weitere Festkörper, die einen Strom leiten können, sind die Halbleiter (→Halbleiterwerkstoff). *Claassen*

Leiterwerkstoff. Im engeren Sinne die Metalle mit hoher elektrischer →Leitfähigkeit, deren wesentliche Funktion ein möglichst verlustarmer Transport elektrischer Energie ist. Im weiteren Sinne zählen zu den L. auch die Widerstandslegierungen, die Heizleiter, die Werkstoffe der elektrischen Kontakte, schließlich alle in der Praxis zum Zweck der Stromleitung eingesetzten Stoffe.

Während fast alle metallischen Elemente und viele Nichtmetalle in der einen oder anderen Form der Elektrizitätsleitung dienen, ist der Bereich der eigentlichen hochleitfähigen Metalle und Legierungen relativ eng begrenzt (Tabelle). Kupfer und Aluminium sind die bei weitem wichtigsten L. Während Kupfer (nach Silber) die höchste Leitfähigkeit, also den geringsten →Widerstand bei gegebener Leiterform besitzt, zeichnet sich Aluminium durch einen geringeren Widerstand bei gegebenem Leitergewicht aus. (Aus den Werten der Tabelle

Leiterwerkstoff. Tabelle: L., insbesondere hochleitfähige Elemente und Legierungen.

Werkstoff	spez. Leit-fähigkeit [10^6 S/m] bei 20°C	Dichte [t/m^3]	Zug-festigkeit [10^6 N/m²] (max.)
Silber	62,6	10,5	~400
Kupfer (rein)	59,3	8,9	–
E–Cu (≥ 99,9)	57–58	~8,9	~45
hartgezogen	56		
Aluminium (rein)	36,9	2,7	–
E–Al (≥ 99,5%)	35–36	2,7	~220
Gold	45,8	19	300
Zink	17	6,9	~50
Eisen	10,3	7,9	~850
Natrium	21,2	0,97	–
CuBe 0,6%	30	8,8	~1000
CuBe 2%	14	8,3	~1500
Aldrey (AlMgSi)	~32	2,69	~360
Messing (58 CuZn)	18	8,4	~700

ergibt sich, daß ein Aluminiumleiter nur halb so schwer wie ein gleichwertiger Kupferleiter ist.) Auch der Preis bei gegebenem Leitungswiderstand ist bei Aluminium in der Regel geringer. Noch günstiger in bezug auf Gewicht und Preis wäre das Alkalimetall Natrium, jedoch ist es nicht gelungen, aus diesem niedrigschmelzenden Metall für die Praxis stabile Kabel herzustellen.

Die Vorteile des Kupfers gegenüber dem Aluminium liegen neben der höheren Leitfähigkeit in der größeren Korrosionsbeständigkeit, vor allem beim Kontakt mit anderen Metallen und in der Unempfindlichkeit gegenüber plastischen Verformungen. Man verwendet daher auch heute noch bevorzugt Kupfer bei allen offenliegenden und beweglichen Leitungen der Niederspannungs- und der Nachrichtentechnik. Hochspannungskabel und geschlossene Starkstromkabel werden dagegen fast ausschließlich aus Aluminium gefertigt, wobei der Übergang zu den Kupferleitungen besonders geschützt werden muß.

Die übrigen in der Tabelle aufgeführten L. spielen nur in Randbereichen eine Rolle: Gold wegen seiner besonderen Korrosionsbeständigkeit in elektrischen Kontakten und bei der Kontaktierung von mikroelektronischen Bauteilen, Silber z. B. als Überzug über Kupferdrähten in der Hochfrequenztechnik, Eisen (Stahl) als tragender Bestandteil der Hochspannungskabel und als stromführende Schienen bei elektrischen Verkehrsmitteln.

Die Festigkeitseigenschaften von Kupfer und Silber lassen sich durch geringe Legierungszusätze wesentlich verbessern, wenn diese Zusätze in Form von Ausscheidungen die plastische Verformung behindern. Die Leitfähigkeit wird durch solche ausgeschiedenen Partikel kaum verringert. Die Tabelle zeigt einige solcher Legierungen, die z. B. für Gleitkontakte und Kontaktfedern eine Rolle spielen.

Eine nützliche Anwendungsform der L. stellen die Leitlacke dar, mit leitfähigen Partikeln (Silber, Kupfer, Graphit) gefüllte Lacke oder Harze, die nach dem Trocknen oder Aushärten einen leitfähigen Überzug bilden. Leitlacke dienen z. B. zur elektrostatischen →Abschirmung von Kunststoffgehäusen, zum Schutz vor elektrostatischer Aufladung und zur Herstellung elektrischer Verbindungen, wenn die zu verbindenden Werkstoffe nicht gelötet werden können oder wenn Löten wegen der thermischen Belastung nicht möglich ist.

Elektrische Widerstände werden aus einer Vielzahl verschiedener Werkstoffe gefertigt. Neben speziellen Legierungen finden Halbleiter und Halbmetalle sowie inhomogene Widerstandsmassen Verwendung.

Die Widerstandslegierungen zeichnen sich durch besondere Konstanz und Stabilität des Widerstandswertes aus. Die Konstanz bei Temperaturerhöhung beruht auf speziellen reversiblen Vorgängen (Ordnungs-Unordnungs-Umwandlungen) im Gefüge dieser Werkstoffe, welche die normale Erhöhung des spezifischen Widerstands der Metalle mit der Temperatur in einem bestimmten Temperaturbereich kompensieren. So besitzt die bekannte Widerstandslegierung Manganin ($CuMn_{12}Ni_{12}$) einen Temperaturkoeffizienten des Widerstands von weniger als 10^{-6} pro Grad.

Es gibt zwei Bauformen der Legierungswiderstände, nämlich Draht- und Schichtwiderstände. Widerstandsdrähte werden aus massivem Material gezogen. Sie besitzen die höchste Konstanz und Stabilität. Schichtwiderstände werden mit Dünnschichtverfahren (dünne Schichten) hergestellt, sie erreichen höhere Nennwerte bei noch guter Stabilität. Metallegierungen sind jedoch nicht für alle Anwendungen von Widerständen geeignet. Eine grundsätzliche Beschränkung liegt in der Höhe des erreichbaren Widerstandswertes, des „Nennwertes". Mit Metallschichten sind Widerstände mit mehr als 2 MΩ nicht praktikabel. Für höhere Nennwerte kommen nur noch Werkstoffe mit einem höheren spezifischen Widerstand in Frage.

Sehr verbreitet sind Schichtwiderstände auf der Basis von Kohle- und Metalloxid-Schichten. Der Vorteil dieser Schichtwiderstände liegt in der kompakten Bauweise. In Kauf zu nehmen sind höhere Temperaturkoeffizienten und geringere Stabilität. Auch zeigen alle Widerstandswerkstoffe außer den Legierungen einen unerwünschten Effekt, das sogenannte Stromrauschen. Es besteht in einer temperaturabhängigen Fluktuation des Widerstandswertes, welche auf Änderungen des Strompfades in den mehr oder weniger inhomogenen Werkstoffen zurückzuführen ist. Das gleiche gilt in verstärktem Maße für die Widerstandsmassen, die aus Partikeln hoher Leitfähigkeit in einer Matrix geringerer Leitfähigkeit bestehen. Beispiele für Massewiderstände sind die Metallglasurwiderstände, die aus in einer Glasmasse gebundenen Metallteilchen bestehen.

Eine besondere Form der Widerstandswerkstoffe sind die Heizleiter, die zur Erzeugung von Elektrowärme dienen. Entscheidendes Kriterium ist die Temperaturbeständigkeit des Werkstoffs. Für Einsatztemperaturen unterhalb etwa 1300°C haben sich Ni-Fe-Cr- und Al-Fe-Cr-Legierungen bestens bewährt. Diese Legierungen bilden festhaftende Oxidschichten, die den Leiter vor weiteren Angriffen der Atmosphäre schützen. Höhere Temperaturen erfordern entweder keramische Heizstäbe wie SiC (bis 1500°C) oder $MoSi_2$ (bis 1700°C), oder den Einsatz hochschmelzender Metalle wie Mo (bis 1500°C) oder W (bis 1700°C), die allerdings im Wasserstoff oder im Vakuum betrieben werden müssen, da sie an Luft schnell verzundern. In nicht oxidierender Atmosphäre läßt sich schließlich auch Graphit als Heizleiter einsetzen, und zwar für Arbeitstemperaturen bis zu 3000°C.

Eine spezielle Form der Heizleiter sind die Glühdrähte der Glühlampen. An Stelle des ursprünglich von *Edison* benutzten Kohlefadens wird heute fast ausschließlich Wolfram (Schmelzpunkt 3410°C) eingesetzt. Die 0,01–0,02 mm dicken gewendelten Fäden bilden sich bei der Herstellung als meterlange Einkristalle heraus. Korngrenzen würden die Lebensdauer der Drähte beträchtlich verkürzen, da an ihnen lokal verstärktes Verdampfen und Verspröden auftreten würde. Gegen das Abdampfen des Metalls schützt eine Edelgasatmosphäre (Argon oder Krypton). Die Glühtemperatur beträgt 2400–2500°C. In der Halogenlampe wird zusätzlich durch die chemische Reaktion mit Jod das abgedampfte Wolfram von der Glaskolbenwand zurück zum heißen Glühdraht transportiert, wodurch die Schwärzung des Kolbens verhindert wird und somit eine noch höhere Glühdrahttemperatur und ein besserer Wirkungsgrad oder, alternativ, eine höhere Lebensdauer möglich wird.

Zu den Widerständen mit besonderen Eigenschaften zählen die Varistoren, spannungsabhängige Widerstände, die vor allem zum Schutz gegen Überspannungen verwendet werden. Varistoren bestehen aus keramischen, also polykristallinen Halbleitermassen vor allem auf Siliciumkarbid- und Zinkoxid-Basis. Zwischen den durch entsprechende Dotierung gutleitenden Kristallkörnern bilden sich schlechtleitende Sperrschichten aus, die den Widerstand bestimmen. Dieser bricht bei erhöhter Spannung jedoch aufgrund elektronischer Durchbruchserscheinungen zusammen, der Widerstand ist also spannungsabhängig. Das Phänomen ist demjenigen in einer Zenerdiode verwandt, nur daß die Varistorkennlinie unabhängig vom Vorzeichen der Spannung ist. (Ein Varistor entspricht also in etwa zwei gegeneinander geschalteten Zenerdioden.)

Die nichtlineare Kennlinie eines Varistors läßt sich in guter Näherung durch die Formel $U = c|I|^\beta$ darstellen. Je kleiner β ist, um so steiler ist der Übergang vom isolierenden zum leitenden Zustand. Während β bei SiC-Varistoren bei etwa 0,3 liegt, zeichnen sich ZnO-Varistoren durch eine sehr steile Kennlinie ($\beta = 0,03$) und zugleich durch eine sehr kurze Ansprechzeit im Bereich von 30 ns aus, was sie besonders zum Schutz elektronischer Schaltungen geeignet macht.

Widerstände mit negativem Temperaturkoeffizienten des elektrischen Widerstands werden →Heißleiter genannt (oder auch NTC-Widerstände, *engl.* negative temperature coefficient resistors). Als Werkstoffe dienen halbleitende Oxide der Übergangsmetalle Fe, Ti, Ni u. a. in verschiedenen Kombinationen. Im Einsatzbereich von 0 bis 150°C sinkt der Widerstand exponentiell um mehr als einen Faktor 100. Anwendungen liegen in der

→Temperaturmessung, -regelung und -kompensation sowie in vielfältigen Schutz- und Steuereinrichtungen.

Die Kaltleiter sind Widerstände, die in einem bestimmten Temperaturbereich einen stark zunehmenden spezifischen Widerstand aufweisen (daher auch PTC-Widerstände, *engl.* positive temperature coefficient resistors). Es handelt sich um dotierte, halbleitende ferroelektrische Keramiken (Bariumtitanat), die an den Korngrenzen Sperrschichten ausgebildet haben. Solange das Material ferroelektrisch ist, wirkt sich die Sperrschicht dank der hohen Dielektrizitätszahl des Ferroelektrikums nicht aus. Oberhalb des Curiepunkts (meist zwischen 80–120°C) steigt der mittlere Widerstand um mehr als den Faktor 1000. Kaltleiter werden ähnlich wie die Heißleiter in Schutz- und Regeleinrichtungen genutzt, als Überhitzungsschutz in Motoren und als Tank-Flüssigkeitsstandanzeiger. *Hubert*

Leitfähigkeit, elektrische. Legt man an einen würfelförmigen Körper von 1 cm Kantenlänge eine Spannung von 1 Volt, und fließt daraufhin ein Strom von mehr als einem Mikroampere, dann spricht man von einem mehr oder weniger guten elektrischen →Leiter. Ist der Strom geringer, dann spricht man von einem mehr oder weniger guten Isolator.

Man unterscheidet elektronische Leiter und ionische Leiter. Zu den elektronischen Leitern gehören die Metalle einschließlich der Legierungen und Metallschmelzen, die Halbleiter, aber auch viele Oxide der Schwermetalle und sogar einige organische Verbindungen. Auch Graphit ist ein elektronischer Leiter.

Zu den ionischen Leitern gehören die elektrolytischen Lösungen einschließlich des gewöhnlichen Wassers und des feuchten Erdreichs, die Salze und Salzschmelzen sowie die ionisierten Gase (Plasmen). Die elektrische Leitfähigkeit der Materie umfaßt einen sehr weiten Bereich. Schon bei Raumtemperaturen werden vom besten metallischen Leiter, dem Silber mit $63 \cdot 10^6$ S/m, über die Elektrolyte mit maximal 80 S/m bis zu den besten Isolatoren mit weniger als 10^{-17} S/m 25 Zehnerpotenzen umspannt (Bild 1).

Die elektrische Leitfähigkeit ist definiert durch die lineare Beziehung:

$$j = \sigma E, \tag{1}$$

wobei j die Stromdichte, gemessen in A/m², und E die elektrische →Feldstärke, gemessen in V/m, bedeutet. Die Dimension der Leitfähigkeit ist also A/Vm = 1/Ωm = S/m. Das Inverse der Leitfähigkeit $\rho = 1/\sigma$ wird als spezifischer →Widerstand bezeichnet, mit der Dimension Ωm (oder häufig auch Ωcm).

Das Ohmsche Gesetz (1) gilt stets nur bis zu einer Grenzfeldstärke, oberhalb der eine unkontrollierte Erhitzung und lawinenartige Prozesse auftreten

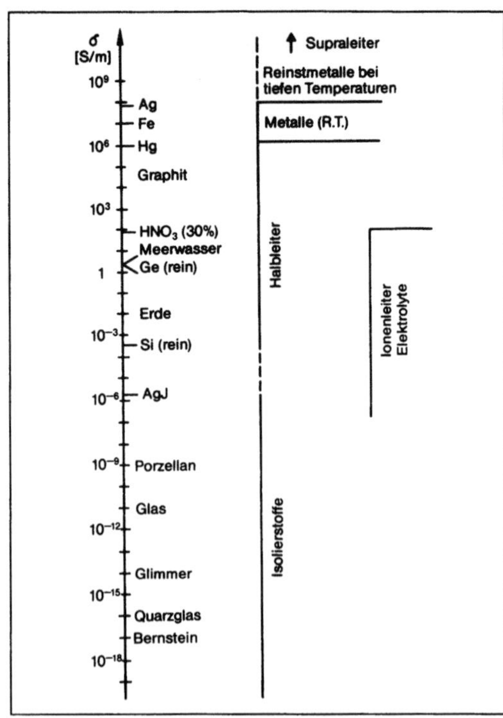

Leitfähigkeit, elektrische 1: Übersicht über die L. einiger Stoffe.

(Durchschlag). Materialien oder Bauelemente, die Abweichungen vom linearen Ohmschen Gesetz zeigen, werden als nichtlinear bezeichnet. Hierzu gehören manche Halbleiter und insbesondere Bauelemente, wie Dioden, Transistoren, Elektronenröhren, Gasentladungsröhren und Lichtbögen. In diesem Zusammenhang ist auch der Begriff heiße Elektronen zu nennen, welcher Elektronen bezeichnet, die im →Feld eine höhere Energie als das umgebende Gitter aufgenommen haben. Derartige Erscheinungen treten in III-V-Halbleitern auf und sind ebenfalls durch Nichtlinearitäten in der j(E)-Beziehung gekennzeichnet.

Für manche Körper ist die obige Beziehung durch eine Tensorbeziehung

$$j_i = \sum_k \sigma_{ik} E_k \tag{2}$$

zu ersetzen, weil die Leitfähigkeit anisotrop, d. h. in verschiedenen Richtungen verschieden groß ist. Dies gilt für Kristalle mit geringerer als kubischer Symmetrie, aber auch für texturierte Verbundwerkstoffe wie z. B. Holz.

Die Höhe des spezifischen Widerstands bestimmt die Ohmschen Verluste, die in einem Körper beim Durchgang eines Stromes in Form von Wärme frei werden:

$$V = \rho j^2/2 = \sigma E^2/2 . \tag{3}$$

Mikroskopisch läßt sich die Leitfähigkeit auf die Bewegung bestimmter Ladungsträger zurückführen. Es gilt:

$$\sigma = \Sigma \; n_i \; e_i \; \mu_i \; . \tag{4}$$

Dabei ist n_i die Dichte der i-ten Ladungsträgerart, e_i deren Ladung (z. B. $-1,6 \cdot 10^{-19}$ →Coulomb für Elektronen) und μ_i deren Beweglichkeit. Die Beweglichkeit ist definiert durch die Beziehung

$$v_D = \mu E, \tag{5}$$

wobei v_D die Driftgeschwindigkeit der Ladungsträger im Feld E ist, also deren Durchschnittsgeschwindigkeit in Feldrichtung. Die Dimension der Beweglichkeit ist also m^2/Vs. Die Driftgeschwindigkeit ist zu unterscheiden von der wirklichen Geschwindigkeit der Teilchen, die zum Teil viel größer, aber ungerichtet ist.

In den Metallen gibt es nur eine Ladungsträgerart, die Elektronen (Die Summation in Gl.(4) fällt also weg). Die Anzahl der am Leitungsprozeß beteiligten Elektronen entspricht für viele Metalle derjenigen der Atome, sie ist damit weitgehend unabhängig von der Temperatur. Die Beweglichkeit der Elektronen wird durch die Dichte der Störungen des Kristallgitters bestimmt. In einem perfekten Gitter könnten sich die Elektronen ungestört, also ohne Widerstand bewegen; sie werden also nicht schon durch die regelmäßigen Gitterbausteine gestreut und behindert. Dieser auf den ersten Blick überraschende Befund ist eine direkte Folge der Wellennatur der Elektronen, wie sie durch die Quantentheorie beschrieben wird. In der einfachsten Näherung läßt sich die Beweglichkeit der Elektronen auf folgende Weise darstellen:

$$\mu = e\lambda/(4\pi \; \varepsilon_0 \; m^* \; v_F), \tag{6}$$

wobei λ die mittlere freie Weglänge der Elektronen zwischen zwei Stößen, m^* die (effektive) Masse der Elektronen im Kristallgitter und v_F die Geschwindigkeit der beteiligten Elektronen, die Fermigeschwindigkeit, ist. Der Quotient $\lambda/v_F = \tau$ kann als die mittlere Zeit zwischen zwei Stößen der Elektronen mit den Gitterfehlern, also die Stoßzeit, interpretiert werden. Zur Veranschaulichung die Werte für Kupfer bei Raumtemperatur: $v_F = 1,6 \cdot 10^6$ m/s, $\lambda = 4,3 \cdot 10^{-8}$ m, $\tau = 2,7 \cdot 10^{-14}$ s.

Die statistische Theorie ergibt nun die wichtige Aussage, daß die reziproke Stoßzeit, die Stoßrate, bei verschiedenen Streumechanismen additiv zur Gesamtstoßrate zusammengesetzt werden kann:

$$1/\tau = 1/\tau_1 + 1/\tau_2 + \; ...... \tag{7}$$

Zwei Streumechanismen sind in jedem Metall beteiligt:
□ die Streuung an Baufehlern des Gitters wie Fremdatomen, Leerstellen, Zwischengitterautomaten, Versetzungen, Korngrenzen, Stapelfehlern usw.;
□ die Streuung an den thermischen Schwingungen des Gitters, die man auch als Phononen bezeichnet.

Da der erste Beitrag kaum von der Temperatur abhängt, der zweite aber kaum von den Gitterfehlern, ergibt sich aus der Additivität der Streuraten (7) die Regel von *Matthiessen:*

$$\rho = \rho_s + \rho_T(T). \tag{8}$$

In Worten: Der spezifische Widerstand eines Metalls setzt sich additiv zusammen aus dem temperaturunabhängigen Anteil der Gitterfehler ρ_s und dem temperaturabhängigen Anteil der Gitterschwingungen. ρ_T steigt bei hohen Temperaturen linear mit der Temperatur an (Bild 2 für Cu). (Dieser lineare Anstieg des spezifischen Widerstands ist kennzeichnend für Metalle.)

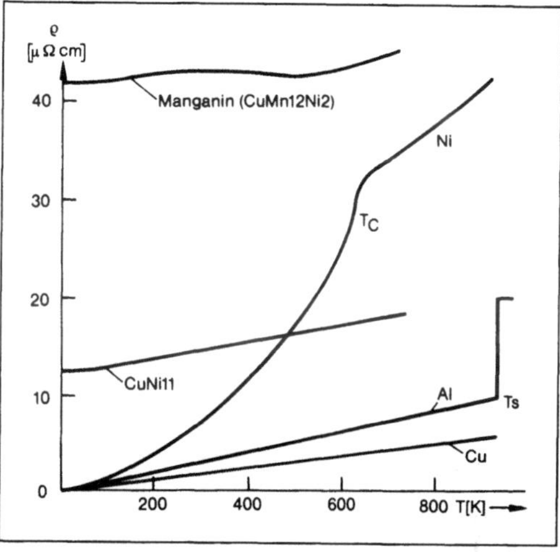

Leitfähigkeit, elektrische 2: Spezifischer Widerstand verschiedener Metalle als Funktion der Temperatur.

T_C Curiepunkt, T_S Schmelzpunkt.

Bei niedrigen Temperaturen verschwindet der Phononenbeitrag zum Widerstand mit der fünften Potenz der Temperatur. Der Übergang zwischen beiden Bereichen liegt bei etwa $0,17 \; \Theta$, wenn Θ die Debye-Temperatur ist (Θ ist definiert durch $k\Theta = h\nu$, wobei ν die maximale →Frequenz im Spektrum der Gitterschwingungen ist). Da Θ für die meisten Metalle zwischen 200 und 400 K liegt, mißt man bei 4,2 K, der Temperatur des flüssigen Heliums, praktisch nur noch den ersten Beitrag in (8), der deshalb Restwiderstand genannt wird. Das Verhältnis des spezifischen Widerstands bei Raumtemperatur zu demjenigen bei 4,2 K heißt Restwiderstandsverhältnis. Für hochreine Einkristalle kann das Restwiderstandsverhältnis Werte um 10 000 annehmen, während es für Legierungen meist in der Nähe von Eins liegt. Das Restwiderstandsverhältnis ist ein Maß für die Gitterperfektion, es dient daher in der For-

463

schung zur Charakterisierung von Materialien und deren Baufehlern. In der Technik läßt sich der in hochreinen Leitern um den Faktor 1000 geringere Widerstand bei tiefen Temperaturen zum Bau von Hochleistungs-Magneten und -Kabeln nutzen.

Ganz unabhängig von der hohen Leitfähigkeit hochreiner Metalle bei tiefen Temperaturen ist das Phänomen der Supraleitfähigkeit, das bei vielen Metallen und Legierungen unterhalb ca. 20 K auftritt.

Einige Stoffklassen zeigen Besonderheiten in der Temperaturabhängigkeit des spezifischen Widerstands, also Abweichungen von der *Matthiessen*-Regel.

☐ In magnetischen Metallen tragen ungeordnete Spins zur Streuung der Leitungselektronen bei. Kennzeichnend ist ein Anstieg des elektrischen Widerstands im Bereich des Curiepunkts eines ferromagnetischen Werkstoffs (Bild 2, Ni).

☐ In speziellen Legierungen (Bild 2, Manganin) führen Kristall-Ordnungsphänomene zu temperaturabhängigen Effekten, die in einzelnen Temperaturbereichen sogar einen negativen Temperaturkoeffizienten des elektrischen Widerstands ergeben. Diese Erscheinung liegt den Widerstandslegierungen (→Leiterwerkstoff) zugrunde.

☐ Eine andere Anomalie des magnetischen Widerstands in verdünnten magnetischen Legierungen beschreibt der *Kondo*-Effekt, einem auf lokalisierten Spins beruhendem Widerstandsminimum bei tiefen Temperaturen.

Die Wechselstromleitfähigkeit $\sigma(\omega)$ (ω = Kreisfrequenz) weicht von der Gleichstromleitfähigkeit $\sigma = \sigma(0)$ stark ab, wenn die →Schwingungsdauer $T = 2\pi/\omega$ die Stoßzeit τ erreicht oder unterschreitet, d. h. wenn $\omega\tau \geq 1$ wird. Dann findet während einer Wechselstromperiode praktisch kein Stoß mehr statt, sondern im Mittel erst nach vielen Perioden. Es resultiert eine frequenzabhängige Phasenverschiebung zwischen elektrischem Feld und Stromdichte. Sie ergibt sich aus der komplexen Leitfähigkeit:

$$\sigma(\omega) = \sigma(0)\,(1 + i\omega\tau)/(1 + \omega^2\tau^2) \qquad (9)$$

($i = \sqrt{-1}$). Man erkennt, daß sich für kleine Frequenzen ($\omega\tau \ll 1$) die Gleichstromleitfähigkeit ergibt. Das gilt auch noch für Mikrowellenfrequenzen. Für kürzere Wellen nimmt die Leitfähigkeit langsam ab, ist aber noch bei optischen Frequenzen für den Glanz der Metalle verantwortlich.

In Halbleitern ist das Gewicht der einzelnen Beiträge in Gleichung (4) grundlegend anders als in Metallen. Halbleiter sind eigentlich Isolatoren, da sie am absoluten Nullpunkt keine beweglichen Ladungsträger besitzen ($n = 0$). Erst mit zunehmender Temperatur, unterstützt durch geeignete Dotierungen, werden Ladungsträger freigesetzt, die dann eine hohe, nur wenig temperaturabhängige Beweglichkeit μ haben. Es ist eine Besonderheit der

Halbleiter, daß sowohl die Elektronen als auch die zurückgelassenen Defektelektronen oder Löcher beweglich werden. Im Halbleiter ist also Gl. (4) über die Elektronen und über die Löcher zu summieren, wobei die beiden Ladungsträgerarten entgegengesetzte Ladungen e_i und unterschiedliche Beweglichkeiten μ_i besitzen (Bild 3).

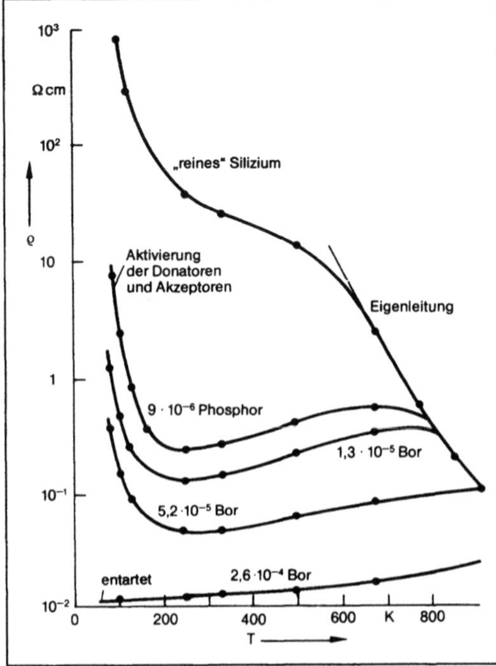

Leitfähigkeit, elektrische 3: Spezifischer Widerstand des Halbleiters Silicium mit verschiedenen Zusätzen (Dotierungen).

Den Metallen und den Halbleitern ist gemeinsam, daß die Elektronen, wenn sie einmal beweglich sind, sich im Gitter im wesentlichen frei bewegen können und nur durch Gitterstörungen behindert werden. Im Gegensatz dazu steht eine weite Stoffklasse, in denen sich die Ladungsträger nur thermisch aktiviert, also gewissermaßen „hüpfend" bewegen können. Sie müssen bei der Bewegung eine Energieschwelle überwinden, mit der Folge, daß die Beweglichkeit selbst exponentiell von der Temperatur abhängt:

$$\mu \sim \exp(\varepsilon/kT). \qquad (10)$$

Alle festen und flüssigen ionischen Leiter gehören in diese Kategorie, aber ebenso einige Oxide und spezielle Halbleiter, in denen lokalisierte Elektronen sich nur hüpfend und nicht fließend bewegen können. Manche Stoffe zeigen bei kritischen Temperaturen einen Übergang vom hüpfenden zum fließenden Leitungsmechanismus, also vom lokalisierten zum delokalisierten Elektronenzustand.

Man spricht dann von einem Metall-Nichtmetall-Übergang.

In den flüssigen Elektrolyten hängt die Beweglichkeit mit der Viskosität zusammen, die ebenfalls exponentiell mit der Temperatur abnimmt. Die Konzentration der Ladungsträger ist in diesem Fall durch die Menge der gelösten Salze (und deren Dissoziationsgrad) gegeben. Man definiert daher die Äquivalenzleitfähigkeit als Verhältnis von Leitfähigkeit und Konzentration. Diese Äquivalenzleitfähigkeit stellt nach Gleichung (4) unmittelbar die Summe der Beweglichkeiten der beteiligten Ionen dar, die für stark verdünnte Elektrolyte charakteristisch für die einzelnen Ionenarten sind. In Elektrolyten höhere Konzentration treten Abweichungen auf Grund von Wechselwirkungen zwischen den Ionen auf. Starke Abweichungen zeigen sich auch in nicht vollständig dissoziierten schwachen Elektrolyten.

Auch Isolatoren besitzen stets eine nicht verschwindende Leitfähigkeit, die daher rührt, daß sich die Existenz beweglicher Ladungsträger nie ganz vermeiden läßt. So beruht die geringe Leitfähigkeit der Luft auf der Ionisierung von Gasatomen oder Gasmolekülen durch natürliche radioaktive →Strahlung oder Höhenstrahlung. Bei höheren Temperaturen kann auch die thermische Bewegung der Moleküle zur Ionisation führen (Plasma). Bei genügend hoher Spannung können sich die Ladungsträger durch Stöße mit anderen Molekülen oder mit den Elektroden vervielfachen (Durchschlag; Gasentladung; Lichtbogen).

Besonders bei hohen Stromdichten ist mit der elektrischen Leitung manchmal auch ein Transport neutraler Materie verbunden. Im Fall der ionischen Leitung nennt man dieses Phänomen Elektrophorese, im Fall der Elektronenleitung Materialwanderung (*engl.* electromigration). Die Materialwanderung ist nur bei extrem hohen elektrischen Stromdichten (10^4–10^5 A/mm^2), wie sie in den Leiterbahnen integrierter Schaltungen auftreten, von Bedeutung. Bei niedrigen Temperaturen konzentriert sich der Prozeß auf die Korngrenzen. Tritt zur Materialwanderung irgendeine Inhomogenität innerhalb des Leiters (sei es in der Temperatur, in der Zusammensetzung oder in der Korngröße), dann besteht die Gefahr der Bildung von Hohlräumen auf der einen Seite und Auswüchsen auf der anderen Seite. Es zeigt sich, daß die Erscheinung durch die Wahl gewisser Legierungszusätze (z. B. 4% Cu im Al) günstig beeinflußt werden kann.

Bei Halbleitern läßt sich die elektrische Leitfähigkeit durch die Einstrahlung von Licht (Photoleitung) und durch magnetische Felder (galvanomagnetische Effekte) beeinflussen. Ein anderer Einfluß wird durch elastische Verzerrungen hervorgerufen. Auch elektrische Felder vermögen die Leitfähigkeit zu beeinflussen. So beruht das wichtigste Bauelement der modernen Elektronik, der Feldeffekt-Transistor, auf einer Steuerung der Elektronen oder Löcherdichte und damit der Leitfähigkeit durch ein elektrisches Feld.   *Hubert*

Literatur: *Gerritsen, A. N.:* Metallic Conductivity. Handbuch der Physik. Bd. XIX. Berlin–Wien–New York 1956. – *Jones, H.:* Theory of electrical and thermal conductivity in metals. Handbuch der Physik. Bd. XIX. Berlin–Wien–New York 1956. – *Justi, E.:* Leitungsmechanismus und Energieumwandlung in Festkörper. Göttingen 1986. – *MacDonald, D. K. C.:* Electrical conductivity of metals and alloys at low temperatures. Handbuch der Physik. Bd. XIV. Berlin–Wien–New York 1956. – *Suchet, J. P.:* Electrical Conduction in Solid Materials. Oxford 1975.

Leitgerät. Gerät, das die zur Führung von Meß-, Steuer- und Regelkreisen (MSR-Kreisen) erforderlichen Informations- und Eingriffselemente zusammenfaßt. Leitstationen und L. haben im allgemeinen Analog- oder Digitalanzeigen für Ist-, Soll- und Stellwerte, Anzeigen der Betriebsart (Hand, Automatik, Kaskade), Schalter zum Wählen der Betriebsarten und Einsteller für die Soll- und Stellwerte. Unter Leitstation versteht man eine mikrorechnergestützte Einheit aus Bildschirm und zugehörigem Tastenfeld, mit der eine größere Zahl von MSR-Kreisen geführt werden kann (→Informationsdarstellung auf Bildschirmen; →Funktionstastatur). Ein L. ist dagegen zur Führung eines einzelnen analog instrumentierten MSR-Kreises geeignet. Die Kombination von L. mit zugehörigem →Regler heißt Kompaktregler (Bild). *Strohrmann*

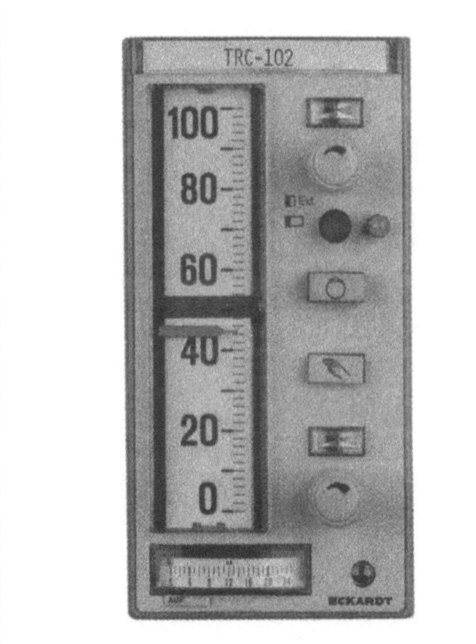

Leitgerät: Frontansicht eines Kompaktreglers. Die Frontseite des Kompaktreglers zeigt das L., über das sich der angeschlossene Regelkreis führen läßt. (Quelle: Eckardt)

Leitstation →Leitgerät

Leitsteuerungsebene. Ebene eines hierarchisch strukturierten Prozeßleitsystems, das die Funktionseinheiten zum Führen des Gesamtprozesses umfaßt. Die Leitsteuerung kann zugehörigen Gruppensteuerungen übergeordnet sein (→Gruppensteuerungsebene). *Strohrmann*

Leittechnik. Nach DIN 19222 sinngemäß die Gesamtheit aller technischen Mittel, die einen im Sinne festgelegter Ziele erwünschten Ablauf eines technischen Prozesses bewirken. Die technischen Mittel umfassen alle für die Aufgabe des Leitens verwendeten Geräte und Programme sowie im weiteren Sinne auch Anweisungen und Vorschriften. Im Hinblick auf die zu erreichenden Ziele können z. B. Sollwerte, Sollzustände, deren Verläufe oder ein Gütekriterium festgelegt werden. Der im Sinne dieser Ziele erwünschte Prozeßablauf läßt sich durch Eingangs-, Zustands- und Ausgangsgrößen und deren Beziehung untereinander beschreiben. Unter technischen Prozessen ist z. B. zu verstehen: Die Erzeugung elektrischer Energie in einem Kraftwerk, die Verteilung von Energie, die Erzeugung von Roheisen in einem Hochofen, die Raffinierung verschiedener Kohlenwasserstoffe aus Erdöl, die Fertigung eines Getriebes, der Transport von Stückgütern in einem Container-Frachtsystem oder die Durchführung eines Fluges.

Zum Leiten gehören die Aufgaben: →Messen, Zählen, Steuern, Regeln (→Druckregelung, →Durchflußregelung, →Füllstandregelung, Temperaturregelung), Stellen (→Stellventil), Optimieren, Überwachen, Sichern (Anlagensicherung), Schützen, Auswerten, Anzeigen, Melden, Aufzeichnen, Registrieren (→Linienschreiber), Protokollieren, Eingreifen, Datenerfassen, Datenübertragen, Datenausgeben und Dateneingeben.

Neben dem Begriff L. werden in ähnlichem Sinne die Begriffe Automatisierungstechnik und MSR-Technik (Meß-, Steuerungs- und →Regelungstechnik) gebraucht.

Die L. hat in den letzten 50 Jahren eine durch moderne Technologien beeinflußte Entwicklung erfahren. Ursprünglich geschah das Messen weitgehend dezentral mit direkt – d. h. ohne Zwischenschaltung einer →Hilfsenergie – messenden Manometern, Berührungsthermometern, Standrohren und Schaugläsern sowie U-Rohren und Ringwaagen für Durchflußmessungen. Auch das Regeln, Steuern und Stellen geschah weitgehend dezentral unter Zwischenschaltung des Menschen, der auf Grund der Meßergebnisse per Hand auf die Stellgeräte einwirkte. In den 50er Jahren führten dann mit pneumatischer und elektrischer Hilfsenergie betriebene Meß-, Steuerungs- und Regelungsgeräte zu einer Zentralisierung der Prozeßführung verbunden

mit einer Entlastung des Menschen von untergeordneten Tätigkeiten. Die Prozeßleitwarten konnten frei von Meß- und Stellstoffen gehalten werden. Zunächst herrschten mit der selbsttätigen Regelung und Steuerung einzelner Kreise voll parallele Strukturen vor. In den 60er Jahren begann zögernd der Einsatz der ersten zentralen →Prozeßrechner für eine weitergehende Automatisierung. Ab Ende der 70er Jahre setzten sich dann sehr schnell dezentrale Automatisierungssysteme (→Automatisierungssystem, dezentrales) und speicherprogrammierbare Steuerungen zur Prozeßautomatisierung durch.

Der Anteil der Kosten für die Prozeßautomatisierung stieg von anfänglich einigen Prozent der Gesamtkosten für die Produktionsanlage bis zu Anteilen von 20 % und noch wesentlich mehr bei kleineren Anlagen mit geringen Apparatekosten. *Strohrmann*

Literatur: DIN 19222: Messen Steuern Regeln, Leittechnik, Begriffe. Hrsg. Dt. Inst. für Normung. Ausg. März 1985. – *Strohrmann, G.:* Automatisierungstechnik. Bd. 1: Grundlagen, analoge und digitale Prozeßleitsysteme. München, Wien 1992. *Strohrmann, G.:* Automatisierungstechnik. Bd. 2: Stellgeräte, Strecken, Projektabwicklung. München, Wien 1991.

Leitwert. Kehrwert eines Widerstandes, d. h. Verhältnis von Strom zu Spannung an einem Zweipol. Die Einheit ist das →*Siemens*, Einheitenzeichen S. $1 S = 1 A/V = 1/\Omega$. *Claassen*

Lenz-Regel. Die durch die Änderung eines magnetischen Flusses induzierte elektromotorische →Kraft (EMK) (Faraday-Induktionsgesetz) ist stets so gerichtet, daß sie einen Stromfluß bewirken kann, dessen →Magnetfeld der magnetischen Flußänderung entgegenwirkt. Wird die Änderung des magnetischen Flusses durch eine mechanische Bewegung hervorgerufen (wie beispielsweise in einem Generator), so erzeugt der durch die induzierte EMK hervorgerufene Strom eine Kraft (Lorentz-Kraft), die der mechanischen Bewegung entgegenwirkt. Es muß also mechanische →Arbeit geleistet werden, um elektrische →Leistung zu erzeugen. *Claassen*

LET-Wert →Strahlenchemie

Lichtgriffelbedienung. Betätigen virtueller Anwahl-, Tasten- oder Leitfelder eines Bildschirmes mit einem Lichtgriffel, um sich Informationen ausgeben zu lassen oder Stell- und Schaltglieder zu verstellen. Die L. beansprucht wegen ihrer Sinnfälligkeit den Bediener kognitiv geringer als bei Bedienung mit einer →Funktionstastatur, verlangt aber eine bestimmte Position des Bedieners zum Bildschirm, im allgemeinen eine Sitzhaltung. *Strohrmann*

Lignin (Chemie). L. ist ein komplexer, hochpolymerer Naturstoff mit einer Molmasse von 5 000 bis 10 000 kg/kmol, der zusammen mit Cellulose ein Hauptbestandteil von Holz ist (ca. 15–40 % des Trockengewichts). L. ist weiß oder gelblich und hat eine Dichte zwischen 1300 und 1400 kg/m^3, schwimmt also nicht auf Wasser.

In der Strukturformel des L. tauchen wiederholt Benzolringe mit OH-Gruppen auf, die über Alkyl- oder Etherbrücken miteinander verbunden sind.

Nur ca. 15 % des anfallenden L. wird zu Alkohol, Zucker und Eiweiß verarbeitet. Der Rest wurde früher in Flüsse und Seen geleitet und wird heute getrocknet und verbrannt.　　　　*Dohrn*

Limitierung. L.-Verfahren dienen dazu, gewissen divergenten Folgen oder Reihen einen Grenzwert zuzuordnen. Eine solche Zielsetzung ist z. B. dann sinnvoll, wenn die →Folge oder →Reihe als Entwicklung einer Funktion auftritt und dabei die Divergenz indirekt als „technischer Defekt" entsteht (z. B. Divergenz der Reihe

$$\frac{1}{1-z} = \sum_{n=0}^{\infty} z^n$$

für $|z| > 1$ wegen eines Pols in $z = 1$). Ein L.-Verfahren kann immer auch als Approximationsmethode gedeutet werden.

Die Betrachtungen beschränken sich von nun an auf die L. einer Folge $(s_n)_{n \in \mathbb{N}_0}$, womit auch jede Reihe durch die Folge ihrer Partialsummen mit erfaßt wird. Von zwei L.-Verfahren A und B heißt A stärker als B, wenn jeder Folge, der B einen Grenzwert s zuweist, durch A ebenfalls der Grenzwert s zugewiesen wird. Man wünscht sich, daß ein L.-Verfahren stets stärker ist als die herkömmliche Limesbildung, also jeder konvergenten Folge ihr tatsächlicher Grenzwert zugeordnet wird. Ist dies der Fall, so heißt das Verfahren regulär oder permanent. Solche Verfahren sind auch in der numerischen Mathematik von Interesse, falls sie eine Erhöhung der Konvergenzgeschwindigkeit einer langsam konvergenten Folge ermöglichen. Die beiden wichtigsten Typen von Verfahren sind Matrixverfahren und stetige Verfahren.

Matrixverfahren. Es sei $A = (\alpha_{mn})$ eine →Matrix mit unendlich vielen Zeilen und Spalten. Weiter existiere

$$t_m := \sum_{n=0}^{\infty} \alpha_{mn} s_n \quad (m = 0,1,2,\ldots).$$

Die Folge $(t_m)_{m \in \mathbb{N}_0}$ wird A-transformierte von $(s_n)_{n \in \mathbb{N}_0}$ genannt. Existiert auch $\lim_{m \to \infty} t_m =: s$, so heißt die Folge $(s_n)_{n \in \mathbb{N}_0}$ nach dem A-Verfahren limitierbar mit Grenzwert s, in Zeichen

$$A - \lim_{n \to \infty} s_n = s.$$

Ist s_n die n-te Partialsumme einer Reihe, so sagt man statt limitierbar auch summierbar.

Beispiele: Es sei $(p_v)_{v \in \mathbb{N}_0}$ eine Folge von nicht negativen Zahlen mit $p_0 > 0$ und

$$Q_n = p_0 + p_1 + \ldots + p_n.$$

Dann ergibt die Transformation

$$t_m := \frac{p_m s_0 + \ldots + p_0 s_m}{Q_m}$$

bzw.

$$t_m := \frac{p_0 s_0 + \ldots + p_m s_m}{Q_m}$$

das Nørlund-Verfahren (N, p_n) bzw. das Riesz-Verfahren (R, p_n). Die zugehörige Matrix A besitzt die Elemente

$$\alpha_{mn} = \begin{cases} p_{m-n}/Q_m, & \text{falls } n \leq m, \\ 0, & \text{falls } n > m. \end{cases}$$

bzw.
CV

$$\alpha_{mn} = \begin{cases} p_n/Q_m, & \text{falls } n \leq m, \\ 0, & \text{falls } n > m. \end{cases}$$

Das Nørlund-Verfahren bzw. das Riesz-Verfahren ist genau dann regulär, wenn

$$\lim_{n \to \infty} \frac{p_n}{Q_n} = 0 \quad \text{bzw.} \quad \lim_{n \to \infty} \frac{1}{Q_n} = 0$$

gilt. Ein Spezialfall regulärer Nørlund-Verfahren sind die Cesàro-Verfahren (C,k), die unter Benutzung der Binominalkoeffizienten durch

$$t_m^{[k]} := \frac{\binom{m+k-1}{k-1} s_0 + \binom{m+k-2}{k-1} s_1 + \ldots + \binom{k-1}{k-1} s_m}{\binom{m+k}{k}}$$

gegeben werden. Die Spezialfälle $k = 1$ und $k = 2$ lauten

$$t_m^{[1]} = \frac{1}{m+1}(s_0 + s_1 + \ldots + s_m),$$

und

$$t_m^{[2]} = \frac{(m+1) s_0 + m s_1 + \ldots + s_m}{\frac{1}{2}(m+1)(m+2)}.$$

Das $(C,1)$-Verfahren ist bei Fourier-Reihen von Interesse. Für jedes k ist das $(C,k+1)$-Verfahren stärker als das (C,k)-Verfahren.

Stetige Verfahren. Es sei $A = (\alpha_n)_{n \in \mathbb{N}}$ eine Folge von stetigen Funktionen definiert auf einem →Intervall I mit Endpunkt χ. Existiert dann für $x \in I$

$$t(x) := \sum_{n=0}^{\infty} \alpha_n(x) s_n$$

und

$$\lim_{\substack{x \to \chi \\ x \in I}} t(x) =: s,$$

so heißt $(s_n)_{n \in \mathbb{N}_0}$ ebenfalls nach dem A-Verfahren limitierbar mit Grenzwert s. Man kann ein solches Verfahren auch als Verallgemeinerung eines Matrixverfahrens $A = (\alpha_{mn})$ ansehen, wobei für den Index m reelle, nicht notwendig ganzzahlige Werte zugelassen werden.

Beispiele:

□ Das durch

$$t(x) := (1 - x) \sum_{n=0}^{\infty} s_n \, x^n$$

und

$$s := \lim_{x \to 1-} t(x)$$

gegebene stetige Verfahren wird nach *Abel* benannt. Der Abel-Grenzwertsatz für Potenzreihen besagt, daß es stets regulär ist.

□ Bezeichnet

$$J(z) := \sum_{n=0}^{\infty} p_n \, z^n$$

eine für alle $z \in \mathbb{C}$ konvergente Potenzreihe mit nichtnegativen Koeffizienten, die kein $\to$ Polynom ist, so wird durch

$$t(z) := \frac{\displaystyle\sum_{n=0}^{\infty} p_n \, s_n \, z^n}{\displaystyle\sum_{n=0}^{\infty} p_n \, z^n}$$

und

$$s := \lim_{z \to \infty} t(z)$$

ein J-Verfahren definiert. Diese Verfahren sind immer regulär. Sie spielen für die analytische Fortsetzung holomorpher Funktionen eine Rolle. Der Spezialfall $p_n := 1/n!$ wird nach *Borel*, der Spezialfall $p_n := (\ln(n+2))^{-n}$ nach *Mittag-Leffler* benannt.

Die bisher beschriebenen Verfahren bezeichnet man als linear, weil sie folgende Eigenschaften besitzen: Sind $(s_n)_{n \in \mathbb{N}_0}$ und $(s_n')_{n \in \mathbb{N}_0}$ mit einem dieser Verfahren limitierbar mit Grenzwerten s und s', so ist für beliebige komplexe Zahlen α und β auch die Folge $(\alpha \, s_n + \beta \, s_n')_{n \in \mathbb{N}_0}$ nach demselben Verfahren limitierbar mit Grenzwert $\alpha s + \beta s'$. Daneben sind auch nichtlineare L.-Verfahren von Interesse.

Zur L. von Funktionen werden in analoger Weise Integraltransformationen verwendet. Existiert z. B.

$$t(x) := \int_{0}^{+\infty} A(x, \chi) \, s(\chi) \, d\chi$$

und

$$\lim_{x \to \infty} t(x) := s,$$

so schreibt man

$$A - \lim_{x \to \infty} s(x) = s. \qquad \textit{Schmeißer}$$

Literatur: *Hardy, G. H.:* Divergent series. Oxford 1949. – *Petersen, G. M.:* Regular matrix transformations. London 1966. – *Zeller, K.,* u. *W. Beekmann:* Theorie der Limitierungsverfahren. 2. Aufl. Berlin 1970. – *Powell, R. E.,* u. *S. M. Shah:* Summability theory and its applications. New York 1972.

Linde-Verfahren. Das nach *Carl von Linde* benannte Verfahren dient zum Verflüssigen von Gasen im kontinuierlichen Betrieb. Der Linde-

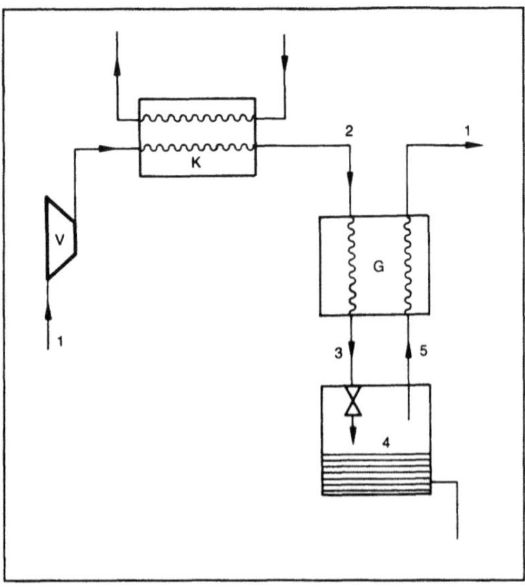

Linde-Verfahren 1: Beim Linde-Verfahren wird durch einen Verdichter V und einen Kühler K komprimierte Luft bei Außentemperatur erzeugt (Takt 1–2), die im Gegenströmer G unter die Inversionstemperatur des Joule-Thomson-Prozesses abgekühlt wird (Takt 2–3). Dadurch tritt bei Drosselung teilweise Verflüssigung ein (Takt 3–4). Das kalte Gas wird im Gegenströmer zur Vorkühlung benutzt.

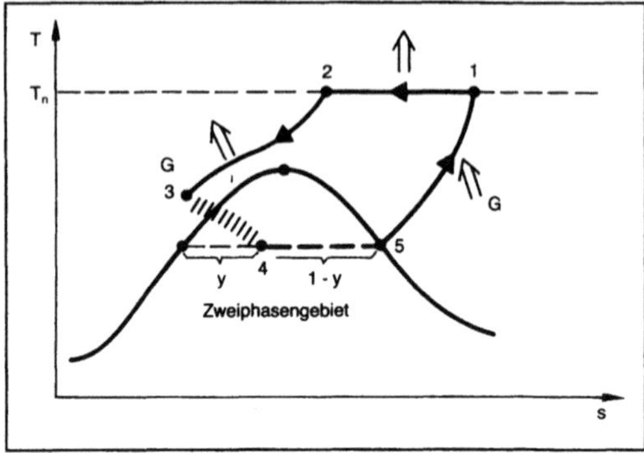

Linde-Verfahren 2: T, s-Diagramm. Die Doppelpfeile kennzeichnen die Wärmeübergänge in den einzelnen Takten; y ist der Massenbruch der flüssigen Phase. Der Takt 3–4 (Drosselung) ist irreversibel und daher im T, s-Diagramm nicht darstellbar.

Prozeß besteht aus folgenden Teilprozessen (Bild 1 und 2):

von 1 nach 2: isotherme Kompression durch Verdichter und Kühler;

von 2 nach 3: isobare Abkühlung im Gegenströmer;

von 3 nach 4: Joule-Thomson-Effekt unterhalb der Inversionstemperatur mit teilweiser Verflüssigung;

von 5 nach 1: isobare Erwärmung im Gegenströmer. *Muschik*

Linienschreiber. Geräte, die den zeitlichen Werteverlauf von Größen kontinuierlich als Linienzug aufzeichnen. Mit einem L. lassen sich bis zu vier analoge Größen in unterschiedlicher Farbe registrieren. Es ist für jede Größe ein eigenes, meist servogetriebenes Meßwerk erforderlich. Eingangsgrößen für L. in Prozeßleitwarten sind i. a. elektrische oder pneumatische Einheitssignale.

Die L. passen sich in den Abmessungen und in der Informationsdarstellung dem Systemkonzept an. Da sich für die Kompaktregler und -anzeiger eine senkrechte Zeigerbewegung durchgesetzt hat, wurden dazu passende Schreiber mit waagerechter Papierführung entwickelt. Für Tafeleinbau werden aber auch noch Schreiber der herkömmlichen, technisch günstigeren Kombination: waagerechte Zeigerbahn mit senkrechter Papierführung geliefert. Die Frontrahmenmaße sind entweder 144 mm × 144 mm oder 72 mm Breite und 144 mm Höhe.

Das Bild zeigt Frontansicht und Innenschaltung eines auch für viele ähnliche Geräte charakteristischen 72 mm breiten L. mit drei servogetriebenen Meßwerken. Die Registrierung geschieht mit Faserschreibern, die Fehlergrenze ist ±0,5 % des Skalenendwerts. Das schmale sichtbare Stück des Diagramms läßt sich durch Herausziehen des Einschubs auf 190 mm verlängern. Wie aus der Innenschaltung zu ersehen, hat jedes Meßsystem einen eigenen Meßsatz und Verstärker. Die Schrittmotore für die

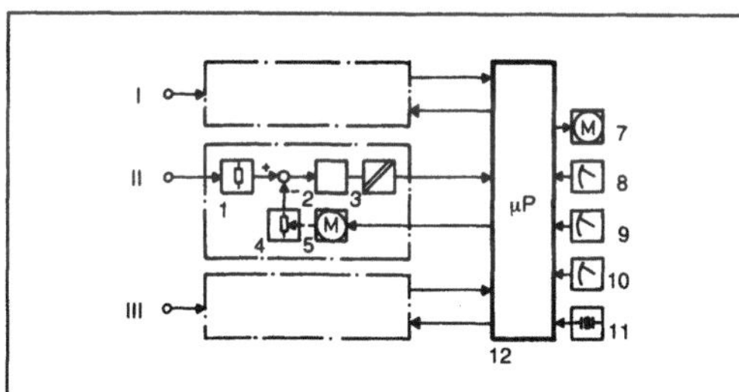

Linienschreiber: Frontansicht und Innenschaltung eines L. (Quelle: Philips)

1 Meßsatz, 2 Polaritätsdiskriminator, 3 galvanische Trennung, 4 Potentiometer für Stellungsrückmeldung, 5 Servo-Schrittmotor, 6 Schrittmotor für Papiervorschub, 7 Schalter für Papiervorschub, 8 Faktorumschaltung für Papiervorschub, 9 Schalter für Einstellzeit, 10 Quarzoszillator, 11 Mikroprozessor

Servoantriebe und den Schrittmotor für den Papiervorschub steuert ein Mikroprozessor. Zeitbasis ist ein Quarzoszillator. Der Mikroprozessor steuert die Servoantriebe solange, bis sich Eingangs- und Stellungsrückmeldesignale angeglichen haben. Seilzüge übertragen die Stellung der Schrittmotoren auf die zugehörigen Anzeige- und Schreibwerke. (→Punktdrucker). *Strohrmann*

Literatur: *Strohrmann, G.:* Automatisierungstechnik. Bd. 1: Grundlagen, analoge und digitale Prozeßleitsysteme. München, Wien 1992.

Liter. Gesetzliche Volumeneinheit, keine SI-Einheit. Einheitenzeichen l. 1 l = 10^{-3} m³. *Hammerschmidt*

Lizenz. Durch eine L. gibt der Inhaber eines Rechtes einem anderen die Erlaubnis, sein Recht ganz oder z. T. gegen eine L.-Gebühr oder kostenlos zu nutzen. Grundlage von L.-Verträgen sind entweder gewerbliche Schutzrechte wie →Patent, →Gebrauchsmuster, →Geschmacksmuster, Warenzeichen oder Rechte am Know-how oder →Urheberrecht. Der Inhaber des Rechts kann eine ausschließliche L. an einen einzigen L.-Nehmer vergeben, so daß allein diesem L.-Nehmer das Recht zusteht. Alternativ kann der L.-Geber aber auch einfache L. an mehrere L.-Nehmer vergeben. Unter-L. kann nur der Nehmer einer ausschließlichen L. vergeben, soweit nicht eine andere Regelung vertraglich vereinbart ist. L. sind in § 15 Patentgesetz, § 13 Gebrauchsmustergesetz, § 3 Geschmacksmustergesetz und § 31 Urhebergesetz in verhältnismäßig pauschaler Weise geregelt.

Ein L.-Vertrag kann nach dem Kartellrecht der Bundesrepublik Deutschland dem L.-Nehmer Beschränkungen hinsichtlich Art, Umfang, Menge, Gebiet oder Zeit der Ausübung eines Schutzrechts auferlegen. Werden aber Beschränkungen auferlegt, die über den Inhalt des Schutzrechts hinausgehen, so verstößt der L.-Vertrag gegen das Kartellrecht (§ 20 Gesetz gegen Wettbewerbsbeschränkungen, GWB). So ist es unzulässig, L.-Gebühren über die Laufzeit oder den territorialen Geltungsbereich des Schutzrechts hinaus zu vereinbaren. L.-Verträge sind der Kartellbehörde zur Prüfung vorzulegen, wenn die Möglichkeit besteht, daß sie gegen das Kartellrecht verstoßen. Neben § 20 GWB ist auch das europäische Kartellrecht zu beachten. Nach der Gruppenfreistellungsverordnung gem. Art. 85 EWGV sind nur bestimmte Arten von L.-Verträgen und deren Zusatzvereinbarungen von den Verboten des Art. 85 EWGV freigestellt. Beispielsweise ist in gewissem Umfang zulässig, die L. auf bestimmte Anwendungsbereiche oder territorial zu beschränken.

Nach § 24 Patentgesetz kann von dem Inhaber eines Patents oder Gebrauchsmusters eine Zwangs-L. gefordert werden, wenn dies im öffentlichen Interesse liegt. *Cohausz*

469

Literatur: *Lindstaedt:* Muster für Patentlizenzverträge. Heidelberg. – *Stumpf, Hesse:* Der Lizenzvertrag. Heidelberg 1984. – *v. Gamm, O.:* Kartellrecht (Kommentar). 2. Aufl. 1990.

Logarithmus. Es sei b eine positive, von 1 verschiedene reelle Zahl. Unter dem L. zur Basis b von einer positiven Zahl x versteht man diejenige reelle Zahl y, für die $b^y = x$ gilt, in Zeichen $y = {}^b\log x$ oder auch $y = \log_b x$. Der L. besitzt folgende Eigenschaften:

$$
\begin{aligned}
{}^b\log 1 &= 0, \qquad {}^b\log b = 1, \\
{}^b\log (xy) &= {}^b\log x + {}^b\log y, \\
{}^b\log \left(\frac{x}{y}\right) &= {}^b\log x - {}^b\log y, \\
{}^b\log x^k &= k \cdot {}^b\log x \qquad (1).
\end{aligned}
$$

Hierbei sind x und y positive Zahlen, und k ist eine beliebige reelle Zahl. Die Formeln, Gl. (1), fanden bei dem früher von Ingenieuren viel benutzten Rechenschieber Anwendung, denn sie besagen, daß auf einer logarithmisch geteilten Skala die Multiplikation bzw. Division von Zahlen durch Addition bzw. Substraktion von Strecken erfolgen kann. Für die Umrechnung von einer Basis b in eine Basis c gilt die Formel

$$
{}^c\log x = \frac{{}^b\log x}{{}^b\log c} \qquad (2).
$$

Drei Basen sind von besonderem Interesse:
□ Der gewöhnliche oder dekadische oder Briggs.-L. (nach *Henry Briggs* 1561–1630) mit der Basis 10, bezeichnet mit log oder auch lg. Er ist unserem Dezimalsystem besonders angepaßt. Schreibt man nämlich eine positive reelle Zahl a als $\alpha \cdot 10^k$ mit einer Mantisse α, die $\frac{1}{10} \leq \alpha < 1$ erfüllt, und einem ganzzahligen Exponenten k, so gilt $\log a = k + \log \alpha$. Man beherrscht also alle gewöhnlichen L., wenn man nur die des Intervalls $\left[\frac{1}{10}, 1\right]$ kennt. Der gewöhnliche L. wird vor allem in Naturwissenschaft und Technik benutzt.
□ Der L. dualis mit der Basis 2, oft bezeichnet mit ld. Er ist der in entsprechender Weise dem Dualsystem angepaßte L. und findet vor allem dort Anwendung, wo in diesem Zahlensystem gearbeitet wird.
□ Der natürliche oder Napier-L. (nach *John Napier* 1550–1617) mit der transzendenten Basis $e = 2{,}718281828\ldots$, bezeichnet mit ln oder auch log. Er ist besonders bequem für mathematische Untersuchungen, weshalb der Mathematiker unter *dem* L. immer den natürlichen versteht und oft dafür nur log schreibt.

Für die Umrechnung des natürlichen L. in den dekadischen und umgekehrt nach der Formel, Gl. (2), benötigt man die Faktoren

$$
\lg e = 0{,}43429448190325\ldots,
$$
$$
\ln 10 = 2{,}30258509299404\ldots
$$

Viele Rechenaufgaben konnten früher nur unter Benutzung von L.-Tabellen erledigt werden. Wegen der heute existierenden leistungsfähigen Taschenrechner hat jedoch das Rechnen mit L. sehr an Bedeutung verloren. *Schmeißer*

Literatur: *Abramowitz, M.,* u. *I. A. Stegun:* Handb. of mathematical functions. Washington, D. C. 1964. – *Strubecker, K.:* Einführung in die höhere Mathematik. Bd. I. München 1956.

Logarithmus, dekadischer. Der L. zur Basis 10. Er wird häufig mit $\log_{10}$ oder lg bezeichnet und für positives x folgendermaßen erklärt: Es ist $y = \lg x$ genau dann, wenn $10^y = x$ gilt.

Obwohl bei abstrakten mathematischen Betrachtungen weniger bequem als der natürliche L. wird der d. L. viel in Naturwissenschaft und Technik benutzt, da seine Basis mit der des Dezimalsystems übereinstimmt. *Schmeißer*

Logarithmus, natürlicher →Logarithmus

Logarithmusfunktion. Eine Abbildung $x \to {}^b\log x$ mit einer positiven, von 1 verschiedenen Basis b.
Wegen

$$
{}^b\log x = \frac{\ln x}{\ln b}
$$

unterscheiden sich alle L. nur um einen Faktor von der des natürlichen Logarithmus, weshalb es genügt, die letztere zu betrachten. Zunächst ist die L. nur für positives x definiert. Als Umkehrfunktion der →Exponentialfunktion läßt sie sich jedoch auch für komplexe Argumente erklären.

Ist $z = re^{i\xi}$ mit $r > 0$, $0 \leq \xi < 2\pi$, so wird

$$
\ln z = \ln r + i(\xi + k2\pi),
$$

wobei k jede beliebige ganze Zahl sein darf. Die L. ist im Komplexen also mehrdeutig. Um diesen Mangel zu beseitigen, kann man z. B. die komplexe Ebene (komplexe Zahl) entlang der reellen Geraden von 0 nach $-\infty$ aufschneiden. In dem so entstehenden Gebiet ist dann die L. holomorph. Man kann auch als Definitionsbereich die Riemann-Fläche F mit unendlich vielen Blättern und Verzweigungspunkt im Nullpunkt nehmen und so die L. zu einer auf F holomorphen Funktion machen.

Als Hauptwert der L. bezeichnet man

$$
\ln z := \ln r + i\xi,
$$

wobei $z = re^{i\xi}$ $(r > 0)$ und ξ so festgelegt ist, daß $-\pi < \xi \leq \pi$ gilt.

Auch die Differentiationsformel

$$
\frac{d}{dz}\ln z = \frac{1}{z}
$$

kann zur Definition der L. verwendet werden. Das

→Integral

$$\int\limits_{1}^{z} \frac{1}{t}\, dt = : \ln z$$

hängt vom speziellen Verlauf des von 1 nach z führenden Integrationsweges ab, womit sich wiederum die obengenannte Mehrdeutigkeit ergibt.

Schließlich sei noch die für $|z| < 1$ konvergente Potenzreihe

$$\underline{\ln}\,(1+z) = \sum_{n=1}^{\infty} (-1)^{n+1}\,\frac{z^n}{n}$$

genannt. *Schmeißer*

Literatur: *Abramowitz, M.,* u. *I. A. Stegun:* Handb. mathematical functions. Washington. D. C. 1964. – *Behnke H.,* u. *F. Sommer:* Theorie der analytischen Funktionen einer komplexen Veränderlichen. 3. Aufl. Berlin 1976. – *Bronstein, I. N.,* u. *K. A. Semendjajew:* Taschenb. Mathematik. Frankfurt a. M. 1968. – *Gradshteyn, I. S.,* u. *I. M. Ryzhik:* Table of integrals, series, and products. New York 1980. – *Peschl, E.:* Funktionentheorie I. Mannheim 1967. – *Remmert, R.:* Funktionentheorie I. Berlin 1984.

Lösung, hydrothermale. Heiße Lösungen (Wässer) aus der oberen Erdkruste magmatischen, metamorphen oder meteorischen Ursprungs.

Austretende h. L. sind so schnell aufgestiegen, daß sie sich nicht in ein thermisches →Gleichgewicht mit dem Nebengestein setzen konnten. Ihre Temperatur ist immer höher als die des Umgebungsgesteins. Erhitzte meteorische Wässer (geothermale Wässer) treten als heiße Quellen aus: Adamello/Italien, Wairaiki/Neuseeland, Krafla/Island, Yellowstone/USA. Dabei werden auch erhebliche Mengen von gelösten Substanzen mitgeführt. Beim Abkühlen bzw. Verdampfen der Lösungen wird die Lösungsfracht (Kieselsäure, Carbonate, Borate, Gips) abgesetzt, und es bilden sich pittoreske Landschaftsformen. Das Erwärmen kann durch Abkühlen von Intrusiva oder durch Aufnahme der aus dem radioaktiven →Zerfall freigesetzten Energie erfolgen.

Hydrothermale Lösungen führen u. a. zum Absatz von hydrothermalen Vererzungen. Verbindungen mit positivem Löslichkeits-Temperaturkoeffizienten werden aus aufsteigenden Lösungen mit fallender Temperatur ausgeschieden: Baryt, Fluorit, Sulfide. Die in h. L. oft erhöhte Löslichkeit von wenig bis schwerlöslichen Mineralen wird meist durch chemische →Komplexbildung hervorgerufen, z. B. Calcit, der sich nach CO_2-Entgasung absetzt. *Möller*

M

Mach-Welle. Wird ein ruhendes oder ein strömendes Fluid an irgendeiner Stelle schwach gestört, dann breiten sich diese Störungen relativ zum Fluid in Form von Kugelwellen nach allen Seiten mit der lokalen →Schallgeschwindigkeit a aus. Der Radius R dieser Kugelwellen nimmt mit $R = a(t - t_0)$ zu (t momentane Zeit, t_0 Zeitpunkt der Erzeugung der Störung). Wird der Störkörper zusätzlich mit der →Geschwindigkeit -u relativ zum Fluid bewegt, dann breiten sich die Störungen relativ zum Störkörper mit der Geschwindigkeit $a\underline{n} + \underline{u}$ aus ($\underline{n}$ Einheitsvektor in beliebige Raumrichtung). Es sind nun zwei Fälle zu unterscheiden: Der Störkörper bewegt sich mit Unterschallgeschwindigkeit ($|\underline{u}| < a$); der Störkörper bewegt sich mit Überschallgeschwindigkeit ($|\underline{u}| > a$). Im ersten Fall nehmen die Vektoren $a\underline{n} + \underline{u}$ jede beliebige Richtung im Raum an. Die Störungen können sich infolgedessen relativ zur Quelle im gesamten Raum ausbreiten (Bild 1). Im zweiten Fall liegen alle Vektoren $a\underline{n} + \underline{u}$ innerhalb eines Kegels mit dem Öffnungswinkel 2α ($\sin\alpha = \frac{a}{|\underline{u}|}$). Jetzt können sich die Störungen nur innerhalb dieses Kegels ausbreiten (Bild 2). Werden fortlaufend Störungen erzeugt, dann ist die →Enveloppe der sich ausbreitenden Störungen identisch mit der Oberfläche des genannten Kegels, und man bezeichnet die Kegelfläche als M.-W. Bei zweidimensionalen Störungen zerfällt die M.-W. in zwei M.-Linien. Der Kegel selbst heißt M.-Kegel, sein halber Öffnungswinkel M.-Winkel und das Verhältnis der Geschwindigkeit $|\underline{u}|$ zur Schallgeschwindigkeit a M.-Zahl (→Kennzahlen). Benannt wurden diese Begriffe nach *Ernst Mach* (1838–1916), der sich als erster der Schlierenmethode für die Beobachtung

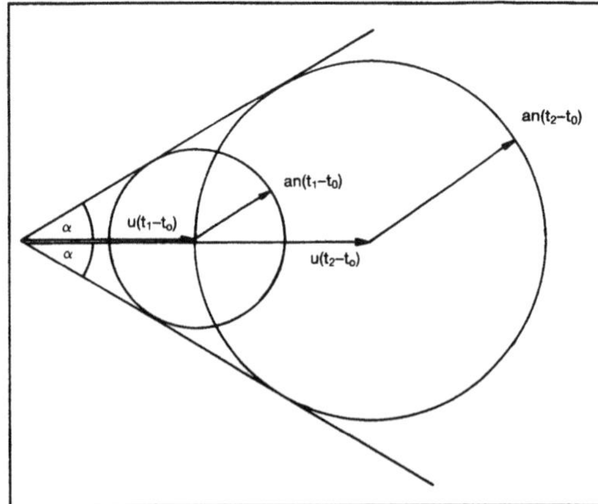

Mach-Welle 2: $|u| > a$, $t_2 > t_1 > t_0$.

von Strömungsvorgängen bei Überschallgeschwindigkeiten bediente. *Obermeier*

Mach-Zahl →Kennzahlen

Magnet. Anordnung oder Gerät zur Erzeugung eines magnetischen Feldes. Vier verschiedene Arten von M. unterscheiden sich in der erreichbaren Luftspaltinduktion und in dem dazu notwendigen Energiebedarf:

☐ Dauermagnete bis ca. 1 Tesla, ohne Energiebedarf;

☐ Elektromagnete mit Eisenjoch, bis ca. 3 Tesla, mit mäßigen Energiebedarf;

☐ eisenlose Elektromagnete (Solenoide). Mit solchen M. lassen sich Induktionen bis zu 60 Tesla erzeugen, wozu aber dann meist ein eigenes Kraftwerk erforderlich wird.

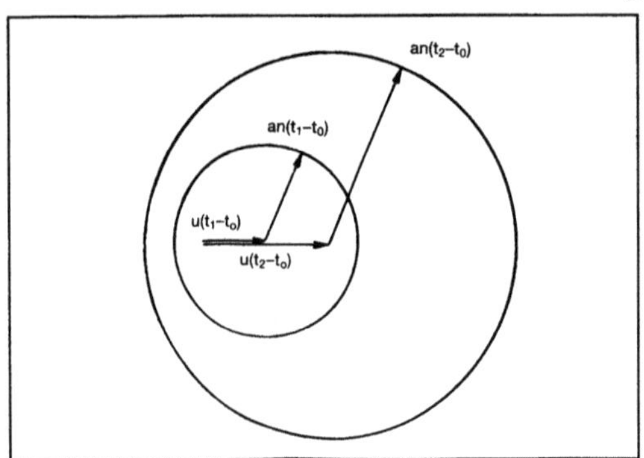

Mach-Welle 1: $|u| < a$, $t_2 > t_1 > t_0$.

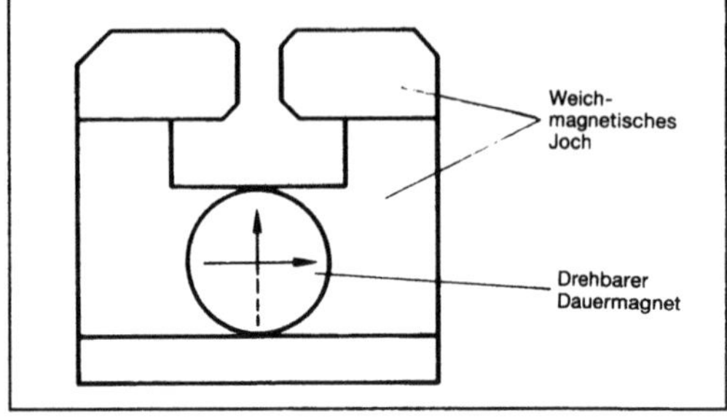

Magnet: Konstruktionsprinzip eines mechanisch umschaltbaren M.

□ Supraleitende M., bis 15 Tesla, geringer Energiebedarf nur für die Kühlung des M. auf die Temperatur des flüssigen Heliums.

Elektromagnete lassen sich natürlich sehr leicht regeln. Dauermagnete sind im Normalfall nicht zu regeln; es gibt jedoch Konstruktionen, die mechanisch oder auch elektrisch aus- bzw. umzuschalten sind (Bild). Die Regelung supraleitender Magnete ist nicht unproblematisch, wird aber heute beherrscht. *Hubert*

Literatur: *Schnell, G.:* Magnete. München 1973.

Magnetfeld. Feldgröße zur Beschreibung der →Kraftwirkung stromdurchflossener →Leiter (→Feld, magnetisches). *Claassen*

Magnetfeldmessung. Kennzeichnende Größe für ein Magnetfeld ist die magnetische Flußdichte oder →Induktion B mit der SI-Einheit →Tesla: 1 T = 1 Vs/m².

Die Induktion B_0 im Vakuum ergibt sich aus der magnetischen →Feldstärke H (SI-Einheit A/m) über die magnetische →Feldkonstante μ_0:
$B_0 = \mu_0 \cdot H$ mit $\mu_0 = 4\pi \cdot 10^7$ Vs/Am.
Bei Anwesenheit eines Stoffs im Magnetfeld verändert sich die Induktion von B_0 auf $B = \mu_r \cdot B_0$. Darin ist μ_r die Permeabilitätszahl.

Man kann unterscheiden:
- Stoffe mit $\mu_r \gg 1$ sind ferromagnetisch,
- Stoffe mit $1 < \mu_r < 2$ sind paramagnetisch,
- Stoffe mit $\mu_r < 1$ sind diamagnetisch.

Besondere praktische Bedeutung haben die ferromagnetischen Materialien mit ihrem besonders großen, aber nicht konstanten μ_r. Der Zusammenhang zwischen H und B wird durch die Hystereseschleife (Bild 1) beschrieben, aus der man alle wesentlichen magnetischen Eigenschaften des Materials entnehmen kann, wie z. B. die →Koerzitivfeldstärke H_c, die

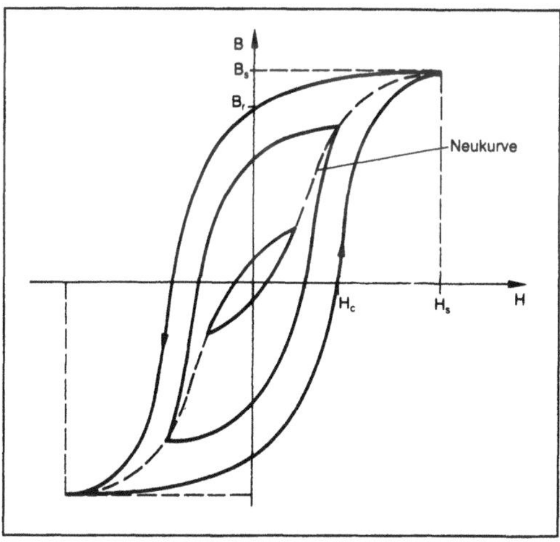

Magnetfeldmessung 1: Hystereseschleife.

Sättigungsinduktion B_s und die nach Wegnehmen der magnetischen Feldstärke verbleibende Remanenz-Induktion B_r. Mit einer Meßeinrichtung nach Bild 2 kann man die Hystereseschleife einer ferromagnetischen Materialprobe direkt auf dem Schirmbild eines Elektronenstrahl-Oszilloskops (EO) darstellen. Ist das Magnetfeld im ganzen (Ring-)Kern räumlich konstant, so läßt sich die Feldstärke H mit Hilfe des Durchflutungsgesetzes aus dem Strom i durch die Erregerwicklung errechnen:

$$H(t) \cdot l_e = i(t) \cdot N_E;$$

l_e mittlere Eisenweglänge des Kerns, N_E Windungszahl der Erregerspule.

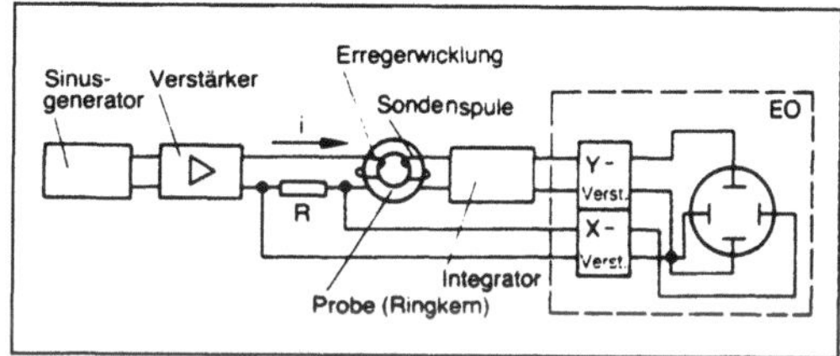

Magnetfeldmessung 2: Meßschaltung zum Darstellen der Hystereseschleife auf dem Bildschirm eines Elektronenstrahl-Oszilloskops (EO).

Der Spannungsabfall an R ist zu i und damit zu H proportional und wird nach Verstärkung als U_x an die X-Platten des EO angelegt.

Die in der Sondenspule induzierte Spannung u_i ergibt sich nach dem →Induktionsgesetz zu

$$u_i(t) = - N_s \cdot A \cdot \frac{dB(t)}{dt};$$

N_s Windungszahl der Sondenspule, A Fläche, die von der Induktion B durchsetzt ist.

Aus $u_i(t)$ ermittelt der Integrator B(t):

$$B(t) = - \frac{1}{N_s \cdot A} \int u_i(t) \, dt.$$

Die Ausgangsspannung des Integrators wird verstärkt und als U_Y an die Y-Platten des EO angelegt. Bei entsprechender Veränderung des mit f periodischen Stroms i durch die Erregerspule kann man alle Teilkurven in Bild 1 am Bildschirm des EO sichtbar machen.

Bei einem rechnergestützten Meßplatz, der auf dem gleichen Prinzip beruht, ergeben sich u. a. folgende Modifizierungen: Steuerung der Erregung vom Rechner aus, Erfassung des Erregerstroms und der induzierten Spannung über Analog/Digital-Umsetzer, Integration der induzierten Spannung im Rechner, Ausgabe auf Bildschirm oder Plotter, Daten beliebig speicherbar.

Wenn nicht wie vorstehend die Eigenschaften eines Ferromaterials, sondern lediglich ein Magnetfeld wie in Bild 3 erfaßt werden soll, bieten sich verschiedene Meßaufnehmer an.

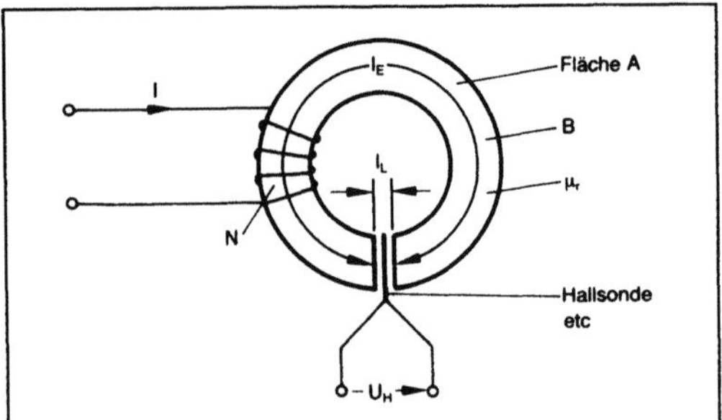

Magnetfeldmessung 3: Messung der Induktion B.

Eine Spannung im mV-Bereich proportional zu B liefert die Hallsonde. Bei der Feldplatte (magneto-resistiver →Sensor) hängt der elektrische →Widerstand ungefähr quadratisch von B ab. Mit der Feldplatte läßt sich demnach zunächst nicht die Richtung eines Magnetfelds feststellen. Ist dies erforderlich, kann man die Feldplatte durch einen Dauermagneten magnetisch vorspannen. Wenn das zu messende Magnetfeld seine Richtung wechselt, ändert sich das Vorzeichen des resultierenden Magnetfelds nicht und ermöglicht so eine eindeutige Messung. Neben der direkten Bestimmung von Magnetfeldern werden Feldplatten hauptsächlich als Endlagenschalter (Positionserkennung) und zur kontakt- und berührungslosen →Längen- und Winkelmessung eingesetzt.

Die in Bild 3 enthaltene Anordnung Sondenspule und Integrator ist natürlich auch allgemein zum Messen der magnetischen Induktion geeignet.

Wenn man einer unbekannten magnetischen Feldstärke H_x eine einstellbare bekannte Feldstärke H_1 so entgegenschaltet, daß sich die Wirkungen gegenseitig aufheben (B = 0, z. B. über Hallgenerator zu messen), so ist $H_x = H_1$ (Kompensations-Meßverfahren).

Die Weiterentwicklung einer Magnetfeldsonde nach dem Sättigungskernprinzip (*Förster*sonde) unter Verwendung weichmagnetischer amorpher Metalle führte zu einem miniaturisierten Low-cost-Magnetfeldsensor mit extrem hoher Empfindlichkeit (ab ca. 10 nT). Messung kleinster Magnetfelder (bis herab zu 10^{-10} T).

Käufliche Meßgeräte erfassen je nach Typ magnetische Induktionen zwischen ca. 100 nT und ca. 10 T.   *Hammerschmidt*

magnetischer Kreis. Anordnung von hart- oder weichmagnetischen Komponenten in Analogie zu einem elektrischen Stromkreis. Ein Beispiel eines m. K. ist im Bild dargestellt.

Die Gesetze, die für ihn gelten, folgen unmittelbar aus den Maxwellschen Gleichungen:

1. Aus rotH = j, H = Magnetfeldstärke, j = Stromdichte, folgt, daß für einen geschlossenen Umlauf (gestrichelt)

$$\sum_i H_i l_i = n \cdot I$$

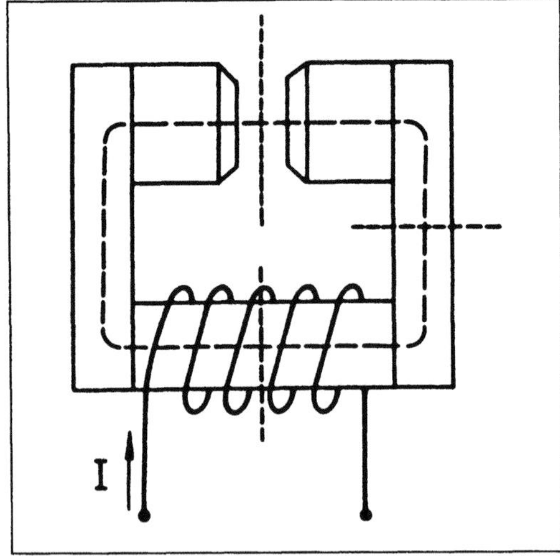

magnetischer Kreis: Beispiel.

gelten muß, wobei H_i die Feldstärken in den Abschnitten der Länge l_i sind, n die Windungszahl einer Spule und I der in ihr fließende Strom. In Analogie zur elektrischen Spannung bezeichnet man daher das Produkt $H \cdot l$ als magnetische Spannung. nI ist die magnetische Erregung, analog zu einer elektromotorischen Kraft.

2. Aus div B = 0, B = magnetische Flußdichte oder Induktion, folgt als zweite Bedingung für jeden beliebigen Querschnitt:

$$\sum_i B_i A_i = \text{konst.},$$

wobei B_i die Flußdichte in dem Flächenelement der Fläche A_i ist. Der magnetische Fluß $B \cdot A$ ist also analog zum elektrischen Strom. Kennt man den Zusammenhang zwischen B und H für den jeweiligen Werkstoff, dann kann man den magnetischen Kreis berechnen, also etwa das Feld im Luftspalt als Funktion der Stromstärke angeben. Für Luft gilt B = μ_oH, für weichmagnetische Werkstoffe kann man in der Regel B = $\mu\mu_o$H setzen und meist sogar μ gegen Unendlich gehen lassen. Eventuell muß man μ feldabhängig ansetzen, um die Möglichkeit der Sättigung zu berücksichtigen. Für Dauermagnete ist in jedem Fall die Hystereseschleife (→Meßtechnik) zur Beschreibung des Zusammenhangs zwischen B und H heranzuziehen. Unter Umständen kann man sich jedoch auf einen Zweig derselben beschränken und ein Verhalten der Form

$$B = B_o + \mu_p\mu_o H$$

zugrundelegen.

Die Rechenmethode des m. K. ist dazu geeignet, schnell Überschlagswerte für die Funktion einer magnetischen Anordnung zu berechnen. Genaue Rechnungen sind auf Grund eines entscheidenden Unterschieds zum elektrischen Analogon nur schwer zu erhalten: Es gibt nämlich keine magnetischen Isolatoren. Magnetische Flüsse beschränken sich nicht auf die als Leiter wirkenden hochpermeablen Komponenten, sondern sie füllen vor allem in der Umgebung des Luftspalts auch den gesamten Luftraum. Man muß also stets viele parallele Flußpfade für den Streufluß mit einrechnen, und aus dem selben Grunde kann man das magnetische Feld in größeren Abschnitten nicht als homogen betrachten. Heute geht man mehr und mehr zu Computer-Berechnungen magnetischer Kreise über, die mit einer so großen Zahl von Elementen arbeiten, daß die gewünschte Genauigkeit zuverlässig erreicht wird.   *Hubert*

magnetische Werkstoffe. Werkstoffe mit einer spontanen magnetischen Polarisation, welche zu einem spezifisch magnetischen Zweck hergestellt wurden. (Eisen als Kernblech in einem Motor ist ein m. W., das gleiche Eisen als Feinblech ist nicht als m. W. anzusprechen). Man unterscheidet zunächst die ferromagnetischen Legierungen, die vorwiegend Eisen, Kobalt und Nickel enthalten, und die nichtleitenden, ferrimagnetischen Oxide (Ferrite), die vorwiegend Fe_2O_3 in Kombination mit anderen Übergangsmetall-Oxiden enthalten. Nach den Eigenschaften der Werkstoffe unterscheidet man die Dauermagnetwerkstoffe, welche ihre →Magnetisierung möglichst unabhängig von äußeren Feldern beibehalten, und die weichmagnetischen Werkstoffe, deren Magnetisierung einem äußeren →Feld möglichst ohne Verluste folgen soll. Dazwischen liegen die umschaltbaren Speicher-Werkstoffe. Sonderanwendungen des →Magnetismus im Zusammenhang mit Anwendungen der →Magnetostriktion, der magnetooptischen Effekte, des Invar-Effekts oder der thermomagnetischen Effekte verlangen jeweils spezielle Werkstoffe.

Die m. W. sind in mindestens fünf Anwendungsbereichen in der Technik unentbehrlich:

☐ Die magnetischen Anziehungs- und Abstoßungskräfte (zwischen Magneten sowie zwischen Magneten und Stromschleifen) sind die einzigen auf der Erde leicht und sicher manipulierbaren Fernwirkungskräfte. Auf dieser Eigenschaft beruhen Elektromotoren, Lautsprecher, Magnetschalter sowie alle mechanischen Anwendungen des Magnetismus (Haft- und Hubmagnete, magnetische Trenntechnik, magnetische Lager und Kupplungen usw.). Dauermagnete werden besonders in diesem Bereich eingesetzt.

☐ Allein die Verstärkung durch den Eisenkern macht das →Induktionsgesetz bei niedrigen Frequenzen praktisch nutzbar. Generatoren und Transformatoren und mit ihnen die gesamte elektrische Energietechnik wären ohne Magnetwerkstoffe unwirtschaftlich. Das gleiche Argument gilt, wenn auch in abnehmendem Maße, für höhere Frequenzen (→weichmagnetische Werkstoffe).

☐ Die Hystereseeigenschaften der Magnetwerkstoffe führen zu ihrer Anwendung als leicht umschaltbare, aber sehr dauerhafte magnetische Speicher.

☐ Nur mit Hilfe weichmagnetischer Werkstoffe lassen sich statische oder langsam veränderliche magnetische Felder abschirmen.

☐ M. W. gestatten in der Mikrowellentechnik die Konstruktion nicht-reziproker Bauelemente.

Darüber hinaus werden immer wieder neuartige Anwendungen von m. W. entwickelt. Genannt seien als Beispiele die Verwendung metallischer Gläser in Sensoren, der Einsatz magnetischer Druckfarben in der Kopiertechnik und von magnetischen Granatschichten als optische Modulatoren und Schalter.   *Hubert*

Literatur: *Cedighian, S.:* Die magnetischen Werkstoffe. Düsseldorf 1973. – *Cullity, B. D.:* Introduction to Magnetic Materials. Reading 1972. – *Heck, C.:* Magnetische Werkstoffe und ihre technische Anwendung. Heidelberg 1975. – *Wohlfarth, E. P.* (Hrsg.): Ferromagnetic Materials I–III. Amsterdam 1982.

Magnetisierung. Das in einer Materie beim Anlegen eines Magnetfeldes erzeugte magnetische Dipolmoment je Volumeneinheit. Ist $\underline{H}$ das magnetische →Feld, so verstärkt sich die magnetische →Induktion $\underline{B}$ durch die Magnetisierung $\underline{M}$ entsprechend

$$\underline{B} = \mu_o\,(\underline{H} + \underline{M}),$$

wobei μ_o die magnetische →Feldkonstante darstellt. Die Magnetisierung ergibt sich aus dem magnetischen Feld nach

$$\underline{M} = \kappa \underline{H},$$

wobei die magnetische Suszeptibilität κ eine Materialeigenschaft darstellt.   *Claassen*

Magnetisierungskurve. Die Kennlinie eines Magnetwerkstoffs, auf Grund ihres irreversiblen Charakters auch Hystereseschleife genannt (Bild 1). Kennzeichnend für das hysteretische Verhalten ist, daß die Kennlinie von der Vorgeschichte abhängt. In Magnetwerkstoffen ist das Haften der Bloch-Wände an Strukturfehlern aller Art für die Hysterese verantwortlich, jedoch kann in speziellen Fällen auch die Keimbildung der Bloch-Wände zu Hystereseerscheinungen Anlaß geben.

Die äußere Hystereseschleife bezieht sich auf den Fall einer Ummagnetisierung von Sättigung zu Sättigung. Magnetisiert man nicht bis zur Sättigung, sondern kehrt schon vorher die Feldrichtung wieder um, so läßt sich auch jeder Punkt innerhalb der Hystereseschleife erreichen. Insbesondere kann man eine Probe entmagnetisieren, wenn man sie einem →Wechselfeld abnehmender Amplitude aussetzt.

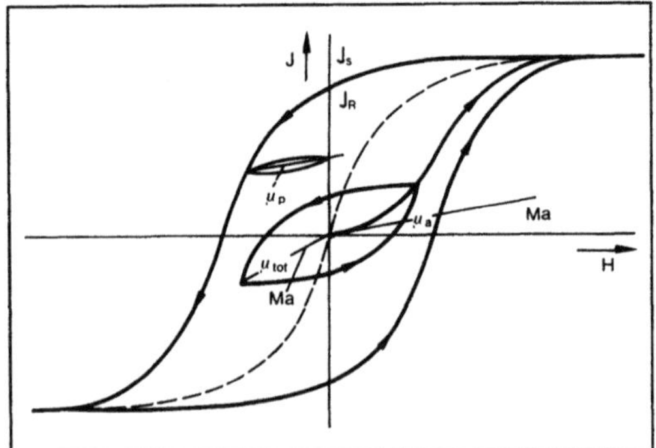

Magnetisierungskurve 1: Kenngrößen einer magnetischen Hystereseschleife. Stark angezogen: jungfräuliche Kurve, gestrichelt: anhysteretische Kurve.

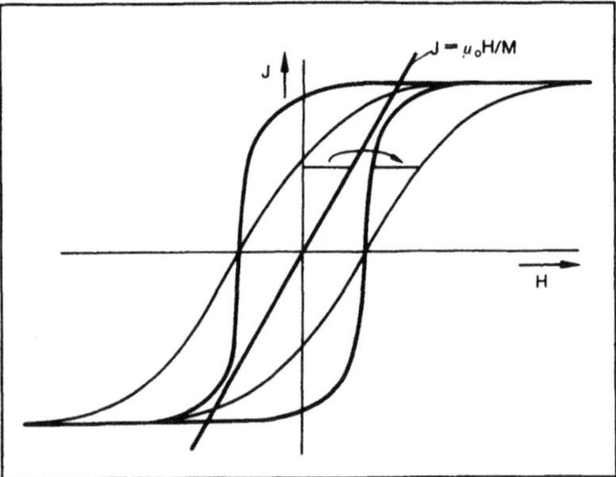

Magnetisierungskurve 2: Gescherte Hysterese für einen offenen Kern.

Die →Koerzitivfeldstärke bezeichnet diejenige →Feldstärke, die nötig ist, um die →Magnetisierung, von der Sättigung kommend, zu Null zu machen. Mikroskopisch entspricht sie näherungsweise der Feldstärke, die notwendig ist, um die Blochwände von ihren Haftstellen loszureißen.

Die Remanenz ist die Magnetisierung, die nach vorheriger Sättigung zurückbleibt, wenn man das Feld abschaltet. Sie wird durch die Anisotropien bestimmt, welche dem jeweiligen gesättigten Zustand entgegenwirken. Beginnt man mit dem unmagnetischen Zustand und sättigt die Probe, dann durchläuft man die jungfräuliche oder Neukurve. Erhöht man das Gleichfeld schrittweise und überlagert bei jedem Schritt ein in der Amplitude abnehmendes Wechselfeld, dann ergibt sich die idealisierte oder anhysteretische Kurve. Man unterscheidet verschiedene Permeabilitäten (Bild 1), so die Anfangspermeabilität μ_a, die totale Permeabilität μ_{tot}, die permanente Permeabilität μ_p.

Die Hystereseschleife hängt wesentlich von der äußeren Form einer Probe ab. Geht man von einem geschlossenen Magnetkern zu einem Körper mit dem Entmagnetisierungsfaktor N über, dann wird die Hystereseschleife geschert (Bild 2): Der Magnetisierungszustand J, der ohne Entmagnetisierung das Feld H erforderte, braucht mit Entmagnetisierungseffekt das höhere Feld $H + NJ/\mu_0$. Die Koerzitivfeldstärke, die Sättigungsmagnetisierung und der Ummagnetisierungsverlust bleiben bei der Scherungstransformation invariant.

Von ein und derselben Zusammensetzung ausgehend, lassen sich durch verschiedene Magnetfeldglühungen Rechteck-Werkstoffe, Werkstoffe mit geringer Remanenz oder Werkstoffe mit minimalen Verlusten einstellen. Diese Effekte beruhen auf induzierten Anisotropien, die durch diffusionsbedingte Platzwechsel der Atome in dem Werkstoff erklärt werden können. Ähnlich wie durch Magnetfeldglühung können sich magnetische Anisotropien beim Wachstum eines Kristalls (wachstumsindu-

zierte Anisotropien) und bei der plastischen Verformung (verformungsinduzierte Anisotropien) bilden.

Eine unsymmetrische, in Magnetfeldrichtung verschobene Hystereseschleife gilt als Kennzeichen der sog. Austauschanisotropie. Sie tritt auf, wenn ein ferromagnetischer Stoff in Austauschkopplung mit einem antiferromagnetischen Stoff steht. Das Antiferromagnetikum ist durch das äußere Feld nicht zu beeinflussen und prägt dem Ferromagnetikum eine durch die Vorgeschichte bestimmte Vorzugsrichtung auf. Die Vorzugsrichtung kann nur dadurch verändert werden. daß man das Antiferromagnetikum über den Néel-Punkt erhitzt (→Magnetismus). Effekte der Austauschanisotropie treten z. B. bei oxidierten Partikeln des Legierungsbereiches Fe-Co-Ni auf.

Untersucht man die M. eines magnetischen Stoffes bei hoher Auflösung und bei einer geringen →Frequenz, dann entdeckt man irreversible, sprunghafte Prozesse, die sich z. B. mit Hilfe einer Induktionsspule und eines Tonverstärkers unmittelbar hörbar machen lassen (*Barkhausen* 1919). Ursprünglich interpretierte man das Barkhausen-Geräusch als „Umklappen" der Weißschen Bezirke. Heute weiß man, daß es sich dabei um Sprünge der Bloch-Wände handelt, die sich unter der Wirkung des angelegten Feldes von Hindernissen im Kristallgefüge losreißen. Der Barkhausen-Effekt ergibt einen wertvollen Aufschluß über die Magnetisierungsprozesse. In der technischen Anwendung ist er durch geeignete Ausbildung der Gefüge und der Domänen so weit wie möglich zu unterdrücken.

Magnetische Nachwirkung wird die Erscheinung genannt, daß die nach einer Entmagnetisierung gemessene Anfangspermeabilität im Laufe der Zeit abnimmt. Man spricht daher auch von magnetischer Alterung oder Desakkommodation. Ursache der Nachwirkung ist in der Regel eine Relaxation von Gitterfehlern im magnetischen Polarisationsfeld, welche die Bewegung der Blochwände behindert. Das am besten studierte Beispiel betrifft Kohlenstoff auf den Zwischengitterplätzen des Eisengitters. Der Kohlenstoff sitzt in den Oktaederlücken, und diese besitzen jeweils eine Symmetrieachse, welche auf verschiedenen Plätzen im Gitter in verschiedene Richtungen zeigt. Da eine Wechselwirkung zwischen der lokalen Magnetisierungsrichtung und der Achse der Kohlenstoffplätze besteht, wird sich die Verteilung des Kohlenstoffs auf die verschiedenen Plätze bei einer Änderung der Magnetisierung ändern, und zwar durch thermisch aktivierte Sprünge des Kohlenstoffs auf entsprechende Nachbarplätze. Dieser Prozeß gibt Anlaß zur Nachwirkung. Um die Nachwirkung zu vermeiden, muß Eisen für magnetische Zwecke sorgfältig entkohlt werden. Das gleiche gilt für andere Zwischengitterverunreinigungen wie Sauerstoff und Stickstoff.

Das Haften der Bloch-Wände und die beim Abreißen auftretenden Barkhausen-Sprünge tragen ebenso wie die Nachwirkung zu den Ummagnetisierungsverlusten bei. Dazu treten bei dynamischer Belastung die mit Wirbelströmen verbundenen Verluste. In jedem Fall sind diese Verluste durch die Fläche der Hystereseschleife gegeben. Die Reduzierung der Ummagnetisierungsverluste stellt eine wichtige Aufgabe der Werkstofforschung dar. *Hubert*

Magnetismus. Lehre von den magnetischen Erscheinungen im Vakuum und in der Materie. Die Beschreibung des M. benutzt zwei vektorielle Feldgrößen H und B. H nennt man die magnetische →Feldstärke (Einheit A/m), B die magnetische Kraftflußdichte oder →Induktion (Einheit $Vs/m^2 = Tesla$).

Wir betrachten die magnetische Feldstärke als die Ursache der magnetischen Erscheinungen und die magnetische Kraftflußdichte als deren Folge. (Andere Bezeichnungen und Interpretationen der Feldgrößen H und B kommen in der Literatur vor, seien aber hier, um Verwirrung zu vermeiden, nicht diskutiert). Allgemein kann man den Beitrag der Materie zur Kraftflußdichte abtrennen:

$$B = \mu_0 H + J, \quad \mu_0 = 4\pi \cdot 10^{-7} \ Vs\,/Am. \tag{1}$$

J ist die magnetische Polarisation der Materie, also die Dichte der durch H verursachten oder spontan vorhandenen magnetischen Momente. (Eine solche kontinuumstheoretische Beschreibung, die eine räumlich gemittelte Dipoldichte benutzt, wird natürlich in atomaren Dimensionen sinnlos.)

Die Feldstärke H und die Kraftflußdichte B sind über die *Maxwell*schen Gleichungen mit den entsprechenden elektrischen Größen verknüpft:

$$\text{rot } H = j + \dot{D}; \tag{2}$$

$$\text{rot } E = -\dot{B}; \tag{3}$$

Die erste Gleichung besagt, daß eine elektrischer Strom j (und damit gleichwertig eine sich verändernde elektrische Verschiebungsdichte D) ein magnetisches →Feld erzeugt (*Oersted* 1820). Die zweite Gleichung formuliert das *Faradaysche* →Induktionsgesetz (1831), nach dem eine sich ändernde magnetische Flußdichte ein elektrisches Feld E induziert. Die Symmetrie der beiden Gleichungen wird gestört durch das Fehlen eines magnetischen Stromes in der zweiten Gleichung. Das liegt daran, daß es keine magnetische Ladungen gibt. (Jedenfalls hat man bisher keine dieser hypothetischen magnetischen Monopole gefunden.) Daher gilt auch

$$\text{div} B = 0 \tag{4}$$

im Gegensatz zu $\text{div} D = \rho$ im elektrischen Fall. Die elementare Quelle der magnetischen Erscheinungen sind also keine Ladungen, sondern die magnetischen (Dipol-)Momente. Magnetische Felder können nicht nur durch elektrische Ströme erzeugt werden, sondern bekanntlich auch durch Dauermagnete, deren Polarisation Quellen und Senken, also Pole besitzen. Wir sehen das, wenn wir Gleichung (1) in (4) einsetzen:

$$\text{div} H = -1/\mu_0 \ \text{div} J.$$

Senken der Polarisation sind also Quellen eines magnetischen Feldes und umgekehrt. Dieses Feld nennt man das entmagnetisierende Feld oder →Streufeld.

Die Ausbildung einer magnetischen Polarisation als Reaktion auf ein magnetisches Feld ist eine allgemeine Eigenschaft der Materie. In allen Stoffen induziert das angelegte Feld in den abgeschlossenen Elektronenschalen eine negative, diamagnetische Polarisation (Diamagnetismus). Existieren auch nicht abgeschlossene Schalen, also magnetische Momente, dann ergibt sich eine positive, paramagnetische Polarisation auf Grund der Ausrichtung dieser Dipole (Paramagnetismus). Dies gilt allerdings nur, wenn die Momente thermisch ungeordnet sind. Existiert eine Wechselwirkung zwischen den Elementarmomenten, die stärker ist als die thermische Anregungsenergie, dann ergibt sich ein magnetisch geordneter Zustand. →Ferromagnetismus, Ferrimagnetismus und Antiferromagnetismus sind verschiedene Arten magnetischer Ordnung.

Nach *L. Néel* (1923) wird ein Zustand der Materie antiferromagnetisch genannt, wenn er eine geordnete Anordnung magnetischer Elementardipole enthält, ohne daß in größeren Bereichen ein magnetisches →Moment resultiert. Wie bei den Ferromagnetika (Curie-Temperatur) gibt es eine Ordnungstemperatur, den Néel-Punkt. Charakteristisch für Antiferromagnetika ist, daß die magnetische Suszeptibilität nach einem scharfen Maximum am Néel-Punkt zu tieferen Temperaturen wieder abfällt. Der Nachweis der antiferromagnetischen Ordnung gelang mit Hilfe der Neutronenbeugung. Es gibt eine große Vielzahl antiferromagnetischer Spinanordnungen; einige Beispiele sind in der Tabelle angedeutet.

Magnetismus. Tabelle: Antiferromagnetische Spinanordnungen.

Substanz	$T_N[K]$	Kristallklasse
MnO	122	kubisch
FeO	185	kubisch
CoO	291	kubisch
NiO	515	kubisch
Cr_2O_3	307	rhomboedrisch
α-Fe_2O_3	950[1]	rhomboedrisch
FeS	613	hexagonal
Tb	230	hexagonal
Cr	308	kubisch
Mn	100	kubisch

[1] verkantet oberhalb 263 K

Mikroskopisch wird der Antiferromagnetismus auf ein negatives Vorzeichen der elementaren Austauschwechselwirkung zurückgeführt. So ist z. B. die durch Sauerstoffionen vermittelte Superaustauschwechselwirkung antiferromagnetischen Charakters, weshalb viele magnetische Oxide antiferromagnetisch sind. Aber auch die durch Leitungselektronen vermittelte indirekte **Austauschwechselwirkung** führt z. B. in den Metallen der seltenen Erden zu komplizierten antiferromagnetischen Strukturen. Eine antiferromagnetische Substanz, die in einem starken Magnetfeld in die ferromagnetische Ordnung überführt werden kann, wird als metamagnetisch bezeichnet. Besteht, durch die Kristallsymmetrie bedingt, zwischen den Magnetisierungsrichtungen der Untergitter eines Antiferromagneten eine kleine Abweichung von der antiparallelen Ausrichtung, dann spricht man vom verkanteten Antiferromagnetismus oder vom schwachen Ferromagnetismus.

Der Ferrimagnetismus ist ein magnetischer Ordnungszustand, bei dem die atomaren Momente wie beim Antiferromagneten antiparallel ausgerichtet sind, die magnetischen Untergitter sich aber auf Grund unterschiedlicher Stärke oder Anzahl der beteiligten Momente nicht kompensieren, so daß ein resultierendes magnetisches Moment entsteht. Ein Ferrimagnet verhält sich demnach nach außen wie ein Ferromagnet, lediglich die Größe der Sättigungsmagnetisierung ist meist kleiner und die Temperaturabhängigkeit der Sättigung ist stärker. In bestimmten Fällen gibt es eine Temperatur, bei der sich die Magnetisierungen der beiden Untergitter gerade aufheben (Kompensationstemperatur). Beim Durchtritt durch diese Temperatur kehrt sich

die remanente M. eines Stoffes ohne Einwirkung eines äußeren Feldes um. Praktisch alle oxidischen Magnetwerkstoffe, insbesondere die Ferrite und die magnetischen Granate, sind ferrimagnetisch, darunter auch alle in der Natur vorkommenden magnetischen Substanzen wie z. B. der Magnetit.

Im Fall der Ferro- und Ferrimagnetika ist der Zusammenhang zwischen Polarisation und Feldstärke i. a. nichtlinear und von der Vorgeschichte abhängig (→Magnetisierungskurve). Der Spinglaszustand stellt einen zwar ungeordneten, aber magnetisch erstarrten Zustand der Materie dar, der auf einander widersprechenden, fluktuierenden Wechselwirkungen beruht. Der superparamagnetische Zustand schließlich ist durch sehr kleine, magnetisch voneinander isolierte Teilchen gekennzeichnet, die in sich magnetisch geordnet sind, ihre Magnetisierungsrichtung jedoch thermisch aktiviert verändern. Es resultiert eine lineare Magnetisierungskurve wie bei einem Paramagneten, nur mit stark erhöhter Suszeptibilität. Auch magnetische Flüssigkeiten verhalten sich superparamagnetisch.

Magnetische Erscheinungen spielen nicht nur in der Materialwissenschaft, sondern auch in vielen anderen Bereichen der Wissenschaft und der Technik eine Rolle. Die Messung der magnetischen Momente der Elementarteilchen und die Erzeugung magnetisch polarisierter Teilchenstrahlen sind wichtige Aspekte der Elementarteilchen-Physik. Bewegte ionisierte Gase (Plasmen) sind mit magnetischen Feldern nicht verträglich: Das Magnetfeld würde die verschieden geladenen Teilchen in verschiedene Richtungen ablenken und so die Ladungen trennen. Als Folge verdrängen sich Magnetfelder und Plasmaströme gegenseitig. Die Wechselwirkungen zwischen Magnetfeldern und Plasmen sind daher das zentrale Thema der →Plasmaphysik. In diesem Zusammenhang sind Versuche, auf der Erde durch Einschluß eines Plasmas in ein Magnetfeld eine kontrollierte nukleare Fusion (→Kernfusion) zu erzielen, ebenso zu nennen, wie der Bereich der Astrophysik, wo magnetische Felder (zum Teil ungeheurer Stärke) das Erscheinungsbild bestimmter Sterne ebenso bestimmen wie die Struktur ganzer Galaxien. Das Magnetfeld der Erde bildet einen Schutzschirm gegen die aus dem Weltall einströmende Strahlung, ohne den das Leben in der heutigen Form auf der Erde kaum möglich wäre. Es ist daher wichtig, den Ursprung und die Eigenschaften des Erdmagnetfelds (→Erde) zu erforschen. Dazu gehört auch das Studium der Erdgeschichte anhand des in den Gesteinen eingeprägten remanenten M. (Paläomagnetismus), der zum Beispiel Auskunft über die Entstehung der Meere und die Bewegung der Kontinente gibt. Die Wirkung magnetischer Felder auf Lebewesen ist sicherlich sehr schwach (obwohl viele bis heute vom Gegenteil überzeugt sind). Es gibt aber wissenschaftlich erwiesene biologische Reaktionen auf Magnetfelder, so z. B. bei Zugvögeln, Insekten, Schnecken und Bakterien. Schwache magnetische Felder werden andererseits auch durch biologische Aktivitäten etwa des Herzens oder des Gehirns erzeugt, und sie können ähnlich wie das Elektro-Enzephalogramm oder das Elektro-Kardiogramm zu Diagnosenzwecken dienen. Die Entstehung magnetischer Momente in den Atomen, Molekülen und im Kristallverband ist eine zentrale Frage der Atom- und Festkörperphysik, also der theoretischen und experimentellen Erforschung der Elektronenstruktur der Materie. So sind die chemischen Bindungen und Valenzen eng mit magnetischen Erscheinungen verknüpft, was z. B. darin zum Ausdruck kommt, daß Moleküle mit unabgesättigten chemischen Bindungen (freie Radikale) an ihrem magnetischen Moment zu erkennen sind.

Magnetische Substanzen bilden auch ein bevorzugtes Modell für das theoretische und experimentelle Studium von Phasenübergängen. Die →Supraleitung kann durch magnetische Felder oder magnetische Verunreinigungen unterdrückt werden; umgekehrt können Supraleiter zur Erzeugung starker Magnetfelder dienen. Schließlich sei der weite Bereich des →Elektromagnetismus genannt, der von der Hochfrequenztechnik bis zu den aktuellen Versuchen reicht, mit Hilfe elektrodynamischer Kräfte getragene Verkehrsmittel zu konstruieren (Magnetschwebetechnik). *Hubert*

Literatur: *Chikazumi, S.:* Physics of Magnetism, New York 1964. – *Kneller, E.:* Ferromagnetismus. Berlin 1962. – *Martin, D. H.:* Magnetism in Solids. Cambridge (Mass.) 1967. – *Morrish, A. H.:* The Physical Principles of Magnetism. New York 1965.

Magnetohydrodynamik. Die M., abgekürzt MHD, ist die theoretische Grundlage zur Beschreibung von elektrisch leitfähigen fluiden Medien (Flüssigkeiten und Gasen), vor allem von Plasmen (→Plasmaphysik) und flüssigen Metallen. Der gegenüber der →Hydrodynamik für gewöhnliche nichtleitende fluide Medien wichtigste zusätzliche Effekt ist die Wechselwirkung mit dem →Magnetfeld. In der für die meisten Anwendungen gültigen Näherung lauten die MHD-Gleichungen

$$\frac{\partial \rho}{\partial t} + \nabla \cdot \rho \vec{v} = 0 \tag{1}$$

$$\frac{\partial p}{\partial t} + \vec{v} \cdot \nabla p + \gamma p \nabla \cdot \vec{v} = 0 \tag{2}$$

$$\frac{\partial \rho \vec{v}}{\partial t} + \nabla \cdot \rho \vec{v}\,\vec{v} = -\nabla p + \frac{1}{c}\rho\, \vec{j} \times \vec{B} + \nu \nabla^2 \vec{v} \tag{3}$$

$$\frac{1}{c}\frac{\partial B}{\partial t} = -\nabla \times \vec{E} \tag{4}$$

$$\vec{E} = \frac{-1}{c}\vec{v} \times \vec{B} + \eta \vec{j} \tag{5}$$

$$\vec{j} = \frac{c}{4\pi} \nabla \times \vec{B} \tag{6}$$

Gleichungen (1) bis (3) entsprechen den hydrodynamischen Erhaltungssätzen von →Masse, →Energie und →Impuls. Gleichung (1) ist die →Kontinuitätsgleichung für die Massendichte ρ, Gleichung (2) beschreibt adiabatische, d. h. lokal thermisch isolierte Änderungen des Drucks p mit dem Adiabatenkoeffizienten τ. Gleichung (3) ist die Bewegungsgleichung für den Massenstrom $\rho\vec{v}$; der Term $\vec{j} \times \vec{B}$ beschreibt die magnetische →Kraft und resultiert aus der Lorentz-Kraft auf Ionen und Elektronen. Gleichungen (4) bis (6) bestimmen die elektromagnetischen Größen. Gleichung (4) ist das →Induktionsgesetz. Das elektrische →Feld folgt aus dem verallgemeinerten Ohmschen Gesetz (5). Die Stromdichte $\vec{j}$ wird in Gleichung (6) durch $\vec{B}$ allein gegeben, da der Verschiebungsstrom und die Raumladungsdichte verschwinden. Daher können $\vec{j}$ und $\vec{E}$ in (3) und (4) eliminiert werden. Die MHD-Gleichungen in der üblichen Form sind dann Gleichungen (1) bis (4) für $\rho, p, \vec{v}, \vec{B}$. Die magnetische Kraft läßt sich auch mit Hilfe des (anisotropen) magnetischen Drucks in einer zu ∇p analogen Weise schreiben. Wenn die Transportkoeffizienten, die Viskosität ν und der spezifische →Widerstand η vernachlässigbar sind, d. h. bei sehr großen kinetischen und magnetischen Reynolds-Zahlen, nennt man die Gleichungen (1) bis (6) die ideale MHD-Theorie. Als wichtigste Eigenschaft folgt in diesem Fall die Erhaltung des magnetischen Flusses $\Phi = \int_F \vec{B} \cdot d\vec{F}$ innerhalb einer Flußröhre mit der Querschnittsfläche F. Unter Flußröhre versteht man das von den magnetischen Feldlinien, die durch die Randpunkte eines beliebigen Flächenstücks F laufen, umschlossene Volumen. Durch die Bewegung des Medium werden im allgemeinen zwar Lage und Form der Flußröhre verändert, nicht aber Φ. Aus der Flußerhaltung folgt das Bild der im Medium eingefrorenen und mit ihm mitgeführten Feldlinien, die als Flußröhren mit verschwindend kleinem Querschnitt eine physikalisch wohldefinierte Identität bekommen.

Von besonderer Bedeutung in der Plasmaphysik sind MHD-Gleichgewichtszustände. In diesem Fall reduzieren sich die MHD-Gleichungen auf die Kraftbilanz aus Gleichung (3)

$$\nabla p = \frac{1}{c}\vec{j} \times \vec{B}.$$

Eine Folge dieser Beziehung ist, daß der Druck p entlang einer magnetischen Feldlinie nicht variieren kann. Für geschlossene Magnetfeldkonfigurationen, die in der Fusionsforschung (→Kernfusion) besonders wichtig sind, muß jede Feldlinie in ihrem gesamten Verlauf auf einer Fläche liegen, d. h. diese aufspannen. Solche Flächen heißen magnetische Flächen. Daher ist der Druck auf magnetischen Flächen konstant. Plasmagleichgewichte mit verschwindendem Druck $p=0$ nennt man kraftfrei, da die magnetische Kraft verschwindet, $\vec{j} \times \vec{B} = 0$, d. h. $\vec{j}$ muß parallel zu $\vec{B}$ sein. Diese Eigenschaft ist oft in extraterrestrischen Plasmen erfüllt.

MHD-Gleichgewichte können allerdings nur dann realisiert werden, wenn sie stabil sind, d. h. wenn kleine unvermeidbare Störungen sich nicht verstärken, sondern abklingen. Im anderen Fall spricht man von instabilem Verhalten. Die meisten Lösungen der Gleichgewichtsgleichung sind in der Tat instabil (Plasmainstabilitäten). Eine wichtige Aufgabe in der Plasmatheorie sind daher Stabilitätsuntersuchungen mit dem Ziel, stabile Gleichgewichte mit bestimmten Eigenschaften anzugeben.

Bei dynamischen Vorgängen in leitfähigen fluiden Medien ist der spezifische Widerstand η von fundamentaler Bedeutung, auch wenn sein numerischer Wert klein ist; denn die exakte Flußerhaltung der idealen MHD Theorie (d. h. für $\eta = 0$) wäre für die Bewegungsmöglichkeit des Mediums sehr einschränkend. Großräumige oder turbulente Bewegungen erfordern fast immer, daß die Kopplung mit dem Magnetfeld nicht streng gilt, so daß dieses, besonders an bestimmten Stellen, durch das Medium diffundieren kann. Magnetische Feldlinien verlieren dadurch ihre strikte Identität. Sie können, bildlich gesprochen, geschnitten und auf andere Weise wieder verknüpft werden (magnetische Rekonnektion).

Die MHD-Gleichungen beschreiben auch die Bewegungen im als flüssig angenommenen Erdkern, die nach heutigen Vorstellungen das Magnetfeld der Erde erzeugen (Dynamotheorie). Weitere Anwendungen sind MHD-Generatoren sowie die Strömung von flüssigem Natrium als Kühlmittel in schnellen Brutreaktoren. *Biskamp*

Literatur: *Batemann, G.*: MHD Instabilities. The MIT Press. Cambridge, Mass., 1978. – *Biskamp, D.*: Nonlinear Magnetohydrodynamics, Cambridge University Press, Cambridge, 1993.

Magnetostriktion. Die spontane Längen- oder Formänderung magnetischer Substanzen bei einer Änderung der Magnetisierungsachse. Die M. ist unabhängig vom Vorzeichen der →Magnetisierung, kann jedoch von der Magnetisierungsrichtung in komplizierter Weise abhängen. So ist z. B. beim Eisen die Längenänderung bei Magnetisierung längs einer Würfelkante der Elementarzelle positiv, bei Magnetisierung längs einer Würfeldiagonale aber negativ, jeweils relativ zu einem unmagnetischen Zustand. Die Größenordnung der relativen Längenänderungen beträgt 10^{-5}–10^{-6}, für spezielle Selten-Erd-Legierungen auch bis 10^{-3}. Trotz dieser geringen Größenordnung ist z. B. das Brummgeräusch der Transformatoren fast ausschließlich auf Magnetostriktion zurückzuführen.

Es gibt Legierungen und Ferritzusammensetzungen, in denen die M. verschwindet. Wenn gleichzeitig die magnetischen Anisotropie verschwindet, weisen diese Werkstoffe besonders gute weichmagnetische Eigenschaften auf, weil Gitterverzerrungen keinen Einfluß auf den Magnetisierungsprozeß nehmen können. Technisch läßt sich die M. zum Bau leistungsstarker Ultraschallsender ausnutzen. Dazu werden Werkstoffe mit besonders hoher Magnetostriktion wie reines Nickel, Eisen-Aluminium- oder Terbium-Eisen-Legierungen verwendet.

Man muß unterscheiden zwischen der Materialkonstante der Sättigungsmagnetostriktion eines Werkstoffs ($\frac{2}{3}$ der Längenänderung eines Werkstoffs bei Sättigung in zwei senkrecht aufeinander stehenden Richtungen) und der M. im Verlauf des Magnetisierungsprozesses. Ein ideales Transformatorblech, welches nur durch 180°-Wandverschiebungen ummagnetisiert wird, zeigt keinerlei Längenänderung im Betrieb, auch wenn die Sättigungsmagnetostriktion dieses Materials relativ groß ist. Der Verlauf der M. bei der Ummagnetisierung ist also ein Maß dafür, inwieweit Abweichungen von dem idealen Magnetisierungsverhalten vorhanden sind.

Die Umkehrung der Erscheinung der M. ist der *Villari*-Effekt: Ist eine Probe bereits vormagnetisiert, dann kann eine mechanische Deformation die Magnetisierung ändern. *Hubert*

Magnus-Effekt. In einem reibungsbehafteten Fluid erzeugt ein rotierender Zylinder durch Mitnahme von Fluidteilchen eine Zirkulation um den Zylinder. Wird diesem Strömungsfeld eine Parallelströmung senkrecht zur Zylinderachse überlagert, so resultiert daraus das im Bild (S. 479) dargestellte Strömungsfeld. Oberhalb der x-Achse addieren sich die Geschwindigkeiten der beiden Ausgangsströmungen, unterhalb subtrahieren sie sich. Infolgedessen herrscht oberhalb der x-Achse auf der Zylinderwand ein niedrigerer Druck als unterhalb, wie aus der →Bernoulli-Gleichung gefolgert werden kann. Dieser Druckunterschied bewirkt eine Querkraft auf den Zylinder senkrecht zur Anströmrichtung. Eine entsprechende Kraft tritt auch bei anderen rotierenden Körpern auf, z. B. beim angeschnittenen Tennisball. Nach ihrem Entdecker *Magnus* (1852) heißt die Erscheinung M.-E. Versuche, an Stelle von Segeln rotierende Zylinder zum Antrieb von Schiffen zu benutzen (Flettner-Rotor, 1924), waren prinzipiell erfolgreich. Wirtschaftlich gesehen ist der übliche Schraubenantrieb dem Rotorenantrieb überlegen. *Obermeier*

Manometer. M. ist ein Druckmeßgerät (Transducer) für gasförmige oder flüssige Medien. Der Bereich für Druckmessungen reicht von 10^{-7} Pa

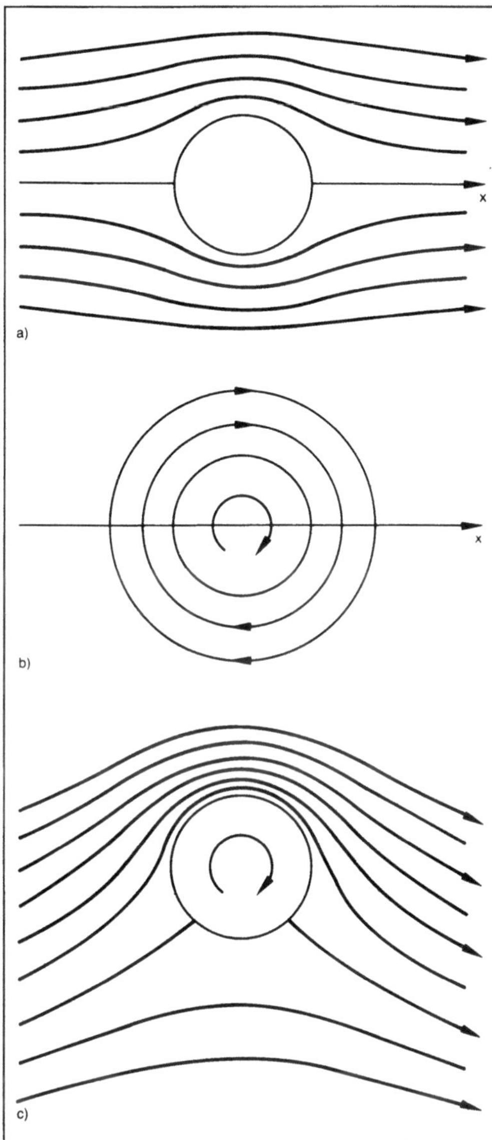

Magnus-Effekt: Strömungsfeld.
a) Zylinder in Parallelströmung
b) Zylinder in Potentialwirbelströmung
c) Zylinderströmung, erzeugt durch Überlagerung von Parallel- und Potentialwirbelströmung.

(Höchstvakuum) bis 10^{-11} Pa. Dementsprechend unterschiedlich sind die technischen Ausführungen von M. Die M. zum Messen von Drücken kleiner als 10^3 Pa werden als Vakuummeter bezeichnet. Geräte, die den Druck in eine elektrische Meßgröße umwandeln, werden Transducer (Druckwandler) genannt. Als Folge der Automatisierung verdrängen die Druckwandler zunehmend die direktanzeigenden M.

Flüssigkeits-M. leiten sich vom bekannten U-Rohr-M. ab (Bild 1). Bei diesem wird aus der Höhendifferenz Δh der Flüssigkeitsspiegel (Meniskus) in einem U-förmigen Rohr auf die Druckdifferenz Δp an den Rohrenden zurückgeschlossen. Bei bekannter Dichte ρ der Sperrflüssigkeit berechnet sich mit der Fallbeschleunigung g die Druckdifferenz $\Delta p = \rho \cdot g \cdot \Delta h$. Oft wird diese Rechnung unterlassen und die Druckdifferenz je nach Sperrflüssigkeit in mm H_2O (Wasser) oder mm Hg (Quecksilber) angegeben. Durch Neigung der Rohre gegen das Lot läßt sich die Empfindlichkeit vergrößern (Schrägrohr-M.).

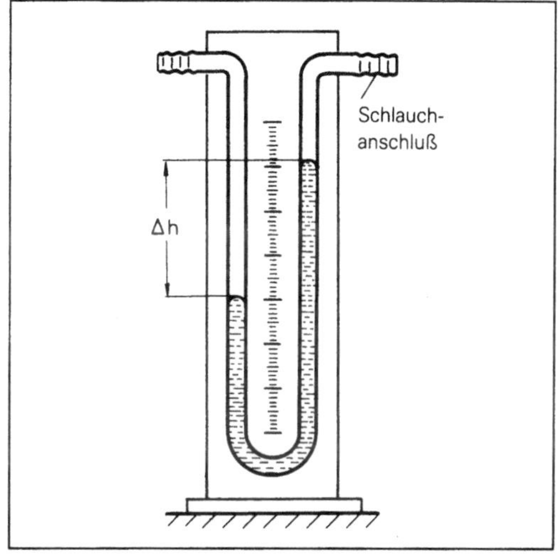

Manometer 1: U-Rohr-Manometer.

Verschiedene Verfahren sind angewandt worden, um die Lage der Flüssigkeitsmenisken mittels Schwimmern durch elektrische oder optische Abtastung einfacher ablesen zu können. Die bekannteste Anordnung ist das Projektions-M. nach *Betz* (Bild 2).

Der Meßbereich der Flüssigkeits-M. ist aus konstruktiven Gründen auf etwa 1 bar begrenzt. Beim Einsatz von Quecksilber als Sperrflüssigkeit ergibt sich für 1 bar Druckdifferenz eine Höhendifferenz von 750 mm (→Barometer).

Kolben-M. oder Druckwaagen messen den Differenzdruck Δp auf einen Kolben mittels der auf die beiden Flächen F ausgeübten Kraft K nach der Beziehung $K = \Delta p \cdot F$ (Bild 3). Sie werden für einen sehr großen Druckbereich ($0{,}1$–10^8 Pa) hergestellt. Je nach Meßbereich und Genauigkeitsforderungen unterscheiden sich die Ausführungsformen. Ein Hauptproblem ist das Vermeiden von Fehlern durch Reibung des Kolbens im Zylinder.

Bei den Geräten mit freiem Kolben wird eine Durchströmung des Kolbenspalts in Kauf genommen, um die Reibung zu minimieren. Bei den Axialkolben-M. wird der Kolben durch Federn oder

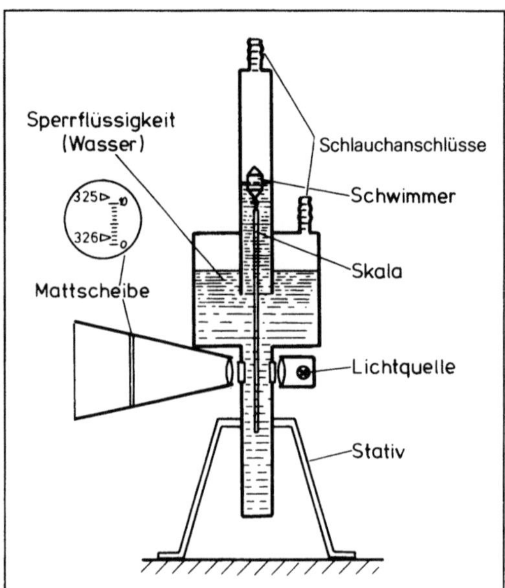

Manometer 2: Projektionsmanometer. (Quelle: Betz)

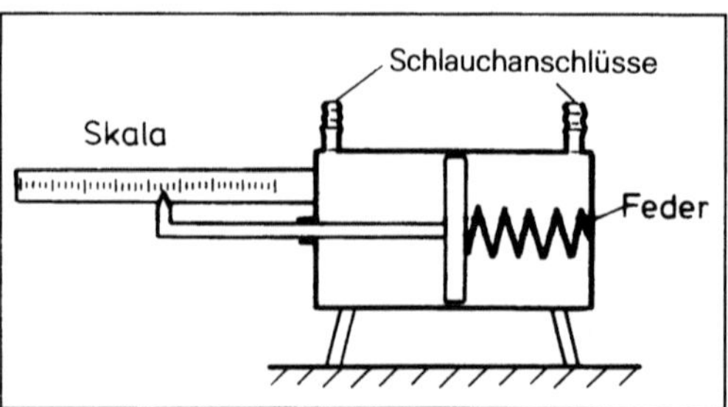

Manometer 3: Kolbenmanometer (Prinzipskizze).

Luftlager geradlinig geführt. Oft wird durch Doppelkolben mit unterschiedlicher Fläche eine Druckverstärkung oder -verminderung erzielt (Bild 4). Besonders bei extrem niedrigen oder hohen Drücken erhält man so bequem meßbare Werte, die im Verhältnis der Kolbenflächen F geändert sind: $p_1 \cdot F_1 = p_2 \cdot F_2$. Bei den Ringkolben-M. wird der Kolben torusförmig ausgebildet, um die Axialbewegung zu einer Drehbewegung mit vereinfachter Lagerung und Führung mittels einer Drehachse zu machen. Die bekannteste Ausführungsform ist die Ringwaage (Bild 5), bei der als Kolben eine Trennwand im Inneren des Hohltorus dient. Dabei trennt eine Sperrflüssigkeit die beiden Kammern und erzeugt eine druckabhängige Einstellkraft über einen Höhenunterschied. Ein Gewicht erzeugt die Rückstellkraft. Für sehr kleine Druckdifferenzen (1 Pa Vollausschlag) wird eine Druckwaage nach *Reichardt* benutzt, bei der ein Ringkolben an einem Draht aufgehängt ist (Bild 6). Durch die Tor-

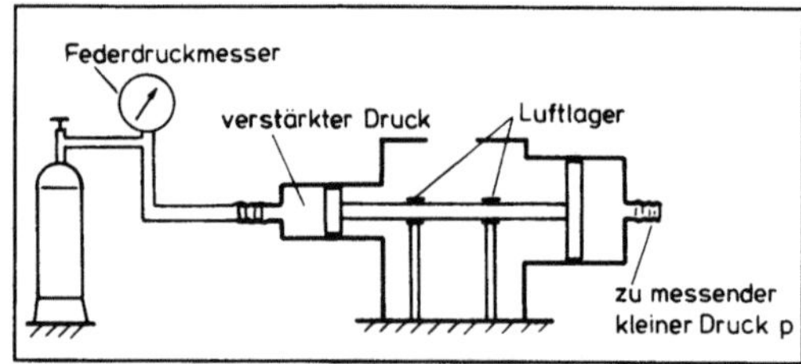

Manometer 4: Kolbenmanometer mit Druckverstärkung und Federdruckmesser zur Anzeige (Prinzipskizze).

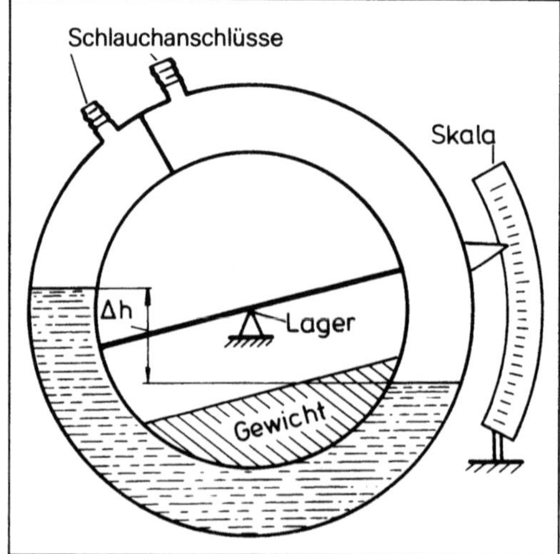

Manometer 5: Ringwaage.

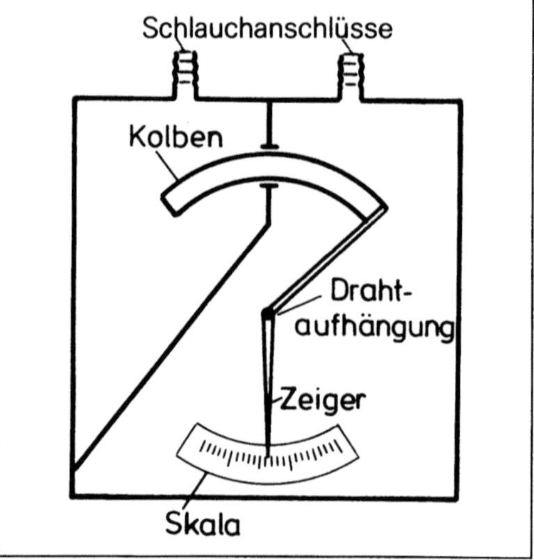

Manometer 6: Druckwaage. (Quelle: Reichardt)

sion des Drahts wird hier die Gegenkraft zu der auf den Kolben wirkenden Druckkraft hervorgerufen.

Feder-M. haben aus elastischen Hohlkörpern gebildete Meßelemente, deren Verformung unter einer Druckdifferenz zwischen innen und außen angezeigt wird. Das Bourdon-M. (Röhrenfeder-M.) ist das meist benutzte M. (Bild 7). Die Wirkung beruht darauf, daß ein gekrümmtes Rohr unter der Einwirkung eines erhöhten Innendrucks gestreckt wird. Die Bewegung des Rohrendes wird mittels einer mechanischen Übersetzung auf einen Zeiger übertragen. Das Bourdon-Rohr wird meist aus einem elastischen Material wie Bronze gefertigt. Beim Präzisionsröhrenfeder-M. ist die Röhrenfeder aus vielen Windungen Quarzrohr gefertigt. Die Drehung des freien Spiralendes bei Druckänderung

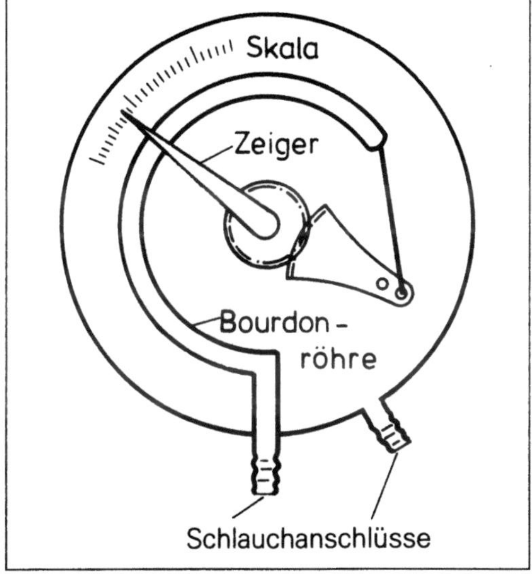

Manometer 7: Bourdon-Manometer (Prinzipskizze).

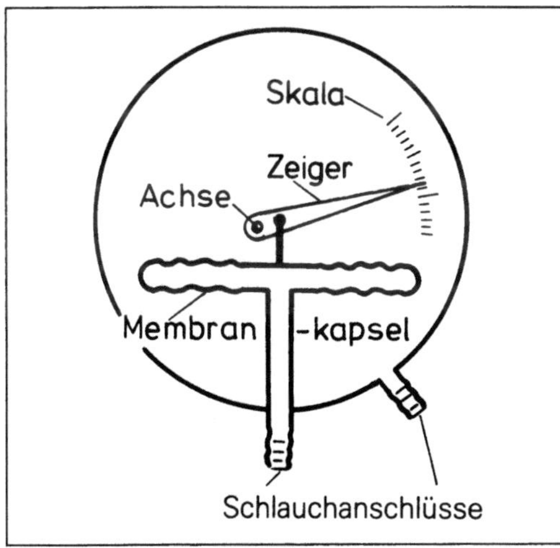

Manometer 8: Membran-Manometer (Prinzipskizze).

wird an einem Spiegel über einen Lichtzeiger berührungslos abgetastet. Die Membran-M. (Kapsel-M. oder Plattenfeder-M.) enthalten als druckempfindliches Element eine Kapsel mit gewellten Membranen als Deckel (Bild 8). Durch Erhöhung des Innendrucks wölbt sich die Kapsel auf. Diese Bewegung wird auf den Zeiger übertragen. Der Bezugsdruck ist jeweils der von außen auf die Membran einwirkende Druck, bei offenen Gehäusen also der Atmosphärendruck. Wird die Kapsel evakuiert, zeigt ein solches M. die Veränderungen des Luftdrucks (→Barometer). *G. E. A. Meier*

Masse.

Mechanik. Die heute als Grundgröße akzeptierte M. wurde erst durch *Newton* in ihrer Wichtigkeit erkannt. Sie tritt mit zwei völlig unterschiedlichen Bedeutungen auf, wobei keineswegs selbstverständlich ist, daß nicht zwei Massenbegriffe nötig sind:

□ Als träge M. erscheint sie im →Newton-Grundgesetz $\vec{F}=m\vec{a}$, im Energie- und im →Drallsatz. Zu ihrer Beschleunigung sind Kräfte nötig. Dadurch wird sie Träger der kinetischen Energie.

□ Als schwere M. erscheint sie im Gravitationsgesetz der Massenanziehung und erzeugt so u. a. das Gewicht mg eines Körpers, das selbst der Antrieb von Bewegungen ist.

Durch diese Doppelrolle läßt sie sich aus vielen Bewegungsgleichungen kürzen, vor allem auch aus der des freien Falls, wodurch erst der Name Fallbeschleunigung für g sinnvoll wird. *Besdo*

Schwingungen. Die trägen und schweren Eigenschaften eines Körpers werden als M. bezeichnet. Wirkt eine →Kraft F auf einen →Körper ein, bestimmt seine träge Masse m_t die →Beschleunigung a, die der Körper gemäß dem *Newtonschen Gesetz* erfährt: $F = m_t a$. Die schwere Masse M_s eines Körpers beschreibt dagegen seine Wechselwirkung mit dem Gravitationsfeld.

Mechanische Schwingungen sind an das Vorhandensein von M. und Federung gebunden. Bei Ersatzsystemen (idealisierte Darstellungen des wirklichen Gebildes, die nur die schwingungstechnisch wichtigen Eigenschaften des Gebildes enthalten) bildet die M. ein Bauelement des Schwingungssystems. Bei einfachen Schwingern wird z. B. die starre Masse eines Körpers als Punktmasse (englisch: deadweight, pure mass, lumped mass) idealisiert. Bei Schwingungssystemen mit stetig verteilten Masse- und Federungseigenschaften, z. B. bei Stäben, Balken und Platten wird die M. als Massebelegung in die Berechnungen eingeführt. In Schwingungssystemen wird die M. bei Schwingungen beschleunigt und verzögert. Die M. ist zur Speicherung von kinetischer →Energie fähig. Bei der Schwingungsisolierung von Maschinen kann durch die M. des abgefederten Systems die Größe der Schwingungsamplituden und bei →Stoßerregung die Nachschwingweite beeinflußt werden. Die M. des Fundaments wird als „Beruhigungsmasse" so groß gewählt, daß die Schwingungsamplituden genügend klein bleiben. *Splittgerber*

Literatur: DIN 1311, Blatt 2: Einfache Schwinger. 12/1974 – *Klotter, K.:* Technische Schwingungslehre, Bd. 1. Berlin–Heidelberg 1978. – VDI 2062, Blatt 1: Begriffe und Methoden. 1/1976.

Masse, molare. Die m. M. (oft auch Mol-M. genannt) ist der Quotient aus M. und →Stoffmenge, d. h. die M. eines Mols der betrachteten (reinen) Substanz.

Die m. M. hat gegenüber der spezifischen M., d. h. gegenüber der Dichte, den Vorteil, daß sie sich bei unterschiedlichen Stoffen stets auf die gleiche Anzahl von Elementarindividuen bezieht.

Zur experimentellen Bestimmung der m. M. bieten sich zahlreiche Methoden an:

Handelt es sich um gasförmige oder niedrig siedende Stoffe, so läßt sich die Mol-M. M mit Hilfe der →Zustandsgleichung des idealen Gases ermitteln:

$$pV = nRT = (m/M)RT \qquad (1),$$

wobei p den Druck, V das Volumen, n die Stoffmenge, R die →Gaskonstante, T die absolute Temperatur und m die M. bedeuten. Je nach der angewandten Methode *(Dumas, Landsberger, Menzies, Viktor Meyer* oder *Regnault)* sind von den vier Variablen p,V,m,T drei durch die experimentellen Bedingungen vorgegeben, während die vierte sich beim Versuch einstellt. Bei höheren Anforderungen an die Genauigkeit ist es notwendig, Korrekturen für das Abweichen vom idealen Verhalten zu berücksichtigen. Es reicht i. a. aus, dafür den zweiten Term des Virialansatzes

$$pV = nRT + nBp + nCp^2 + \ldots = (m/M)RT + (m/M)Bp + \ldots \qquad (2)$$

zu verwenden.

Bei festen, löslichen Substanzen stehen zur Mol-M.-Bestimmung die Methoden zur Verfügung, die sich auf die kolligativen Eigenschaften stützen, d. h. →Dampfdruckerniedrigung, →Gefrierpunkterniedrigung, →Siedepunkterhöhung und osmotischen →Druck. Für niedermolekulare Substanzen empfehlen sich besonders die Gefrierpunkterniedrigung und die Siedepunkterhöhung, während für hochmolekulare Stoffe die Messung des osmotischen Drucks die geeignete Methode ist.

Neben diesen thermodynamischen Verfahren stehen zahlreiche Varianten der Massenspektrometrie zur Verfügung. Hier werden die Moleküle zunächst ionisiert, dann elektrostatisch beschleunigt und schließlich durch Wechselwirkung der gebildeten Ionen mit magnetischen und/oder elektrischen Feldern oder auf Grund ihrer Flugzeit massenselektiv detektiert. *Wedler*

Literatur: *Eucken, A.,* u. *R. Suhrmann:* Physikalisch-chemische Praktikumsaufgaben. 6. Aufl. Leipzig 1964. – *Kohlrausch, F.:* Praktische Physik. Bd. 1. 22. Aufl. Stuttgart 1968. – *Wedler, G.:* Lehrb. Physikalische Chemie. 3. Aufl. Weinheim 1987.

Masse-Feder-System. →Schwinger, die aus mehreren Massen bestehen und durch Federn miteinander gekoppelt sind, nennt man Schwingerketten oder auch M.-F.-S.. Man spricht auch von gekoppelten Schwingungsgebilden. Diese haben mehr als einen →Freiheitsgrad. Auch bei Maßnahmen zur Schwingungsabwehr am Erschütterungserreger ist bei der Schwingungsisolierung von Maschinen in manchen Fällen als Rechenmodell für die schwingungstechnischen Untersuchungen das wirkliche System als M.-F.-S. abzubilden, um die für die Lösung der Aufgabenstellung wesentlichen Eigenschaften zu erfassen. Zum Beispiel besitzt ein zur Zeichenebene symmetrisch ausgebildetes Maschinenfundament (Bild) drei Freiheitsgrade (lineare Verschiebungen in x- und y-Richtung und Drehung um die zur Zeichenebene senkrechte Achse durch den →Schwerpunkt S). Da die Masse der Maschine federnd auf dem Maschinenfundament gelagert ist, jedoch gegenüber dem Maschinenfundament nur relativ drehbar, hat dieses M.-F.-S. vier Freiheitsgrade. *Splittgerber*

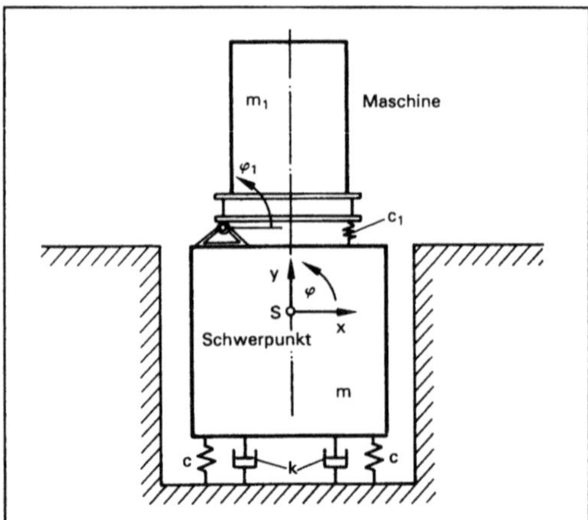

Masse-Feder-System: M.-F.-S. bestehend aus der Fundamentmasse m, der Maschinenmasse m_1, den Fundamentfedern mit der Federsteifigkeit c, Dämpfern mit dem Dämpfungskoeffizienten k und den Federn unter der Maschine mit der Federsteifigkeit c_1.

Literatur: *Klotter, K.:* Technische Schwingungslehre. Bd. 2: Schwinger von mehreren Freiheitsgraden (Mehrläufige Schwinger). Berlin–Heidelberg 1980.

Massenausgleich. In der Maschinendynamik werden mit M. die Maßnahmen bezeichnet, bei Maschinen mit rotierenden und/oder hin- und herbewegten Maschinenteilen die bewegten Maschinenteile so anzuordnen und ihre Bewegungen so zu steuern und/oder Zusatzmassen (Unwuchten, Gegengewichte) so anzubringen, daß der Gesamtschwerpunkt der Maschine im Betrieb möglichst in Ruhe bleibt. Durch M. soll erreicht werden, daß die Stützstellen der Maschine keine dynamischen Kräfte in den Aufstellungsort übertragen, durch die Erschütterungen in der Umgebung verursacht werden können. Der M. zählt zu den Minderungsmaßnahmen, durch die an der Maschine selbst eine Verminderung der von der Maschine in die Umgebung eingeleiteten dynamischen Kräfte ohne eine Schwingungsisolierung erreicht wird. Bei auftretenden Erschütterungen ist als Minderungsmaßnahme der M. zuerst in Betracht zu ziehen, weil u. U. ohne eine →Aktivisolierung der Maschine bereits eine ausreichende Verminderung der Erschütterungen zu erreichen ist. Durch einen M. wird außerdem in aller Regel auch die Maschine selbst weniger dynamisch beansprucht (geringerer Verschleiß, längere Wartungsintervalle).

Bei Rotationsmaschinen erfolgt der M. durch →Auswuchten. Bei Maschinen mit rotierenden und hin- und herbewegten Massen kann der M. erreicht werden durch Massenausgleichsapparate bzw. -getriebe, wie sie z. B. bei Sägegattern angewendet werden, durch Mehrzylinderanlagen (gegenseitiger Ausgleich der einzelnen Triebwerke) bei Motoren und Kolbenkompressoren und durch Anordnung von Gegengewichten bei Kolbenmaschinen. Bei Schmiedehämmern wird ein M. durch Konstruktion von Gegenschlaghämmern an Stelle von Fallhämmern erzielt. *Splittgerber*

Literatur: *Krämer, E.*: Maschinendynamik. Berlin–Heidelberg 1984.

Massenbruch. Seien $m_1, m_2, \ldots, m_N$ die Partialmassen von N Komponenten. Dann heißt

$$y_k = m_k/m, \quad k = 1, \ldots, k$$

mit

$$m = \sum_k m_k$$

der M. der k-ten Komponente. Der M. ist ein Konzentrationsmaß.

Mit den Partialdichten $\rho^1, \rho^2, \ldots, \rho^K$ wird

$$y_k = \rho^k/\rho, \quad \rho = \Sigma_k \rho^k.$$

Es gilt $\Sigma_k y_k = 1.$ *Muschik*

Massenmittelpunkt. Der M. tritt u. a. beim Punkthaufen auf. Er wird C genannt, sein Ort $\vec{r}_C$ ist über

$$m \, \vec{r}_C = \sum_i m_i \, \vec{r}_i \ \text{mit} \ m = \sum_i m_i$$

festgelegt. Er erfüllt in jedem Punkthaufen, gleichgültig, welche Art von inneren Kräften wirken:

$$m \, \vec{a}_C = \sum_i \vec{F}_{ex_i} \, ,$$

d. h. er bewegt sich wie ein Massenpunkt der Gesamtmasse m, auf den alle äußeren Kräfte wirken. Dieser M. ist als

$$m \, \vec{r}_C = \int^B \vec{r} \, dm \ \text{mit} \ m = \int^G \rho \, dV, \ dm = \rho \, dV$$

auch in Kontinua, besonders auch in starren Körpern, zu finden. Das →Koordinatensystem, in dem bei der Berechnung von $\vec{r}_C$ alle $\vec{r}$ ausgedrückt werden, ist beliebig, darf also bei einem starren Körper mit diesem fest verbunden sein. Dann erkennt man sofort, daß C ein körperfester Punkt ist, dessen →Beschleunigung $\vec{a}_C$ ebenfalls die vorgenannte Gleichung erfüllt. Sie ist die differentielle Form des Impulssatzes:

$$\vec{F}_{ex} \equiv \sum_i \vec{F}_{ex_i} = \dot{\vec{B}} \ \text{mit} \ \vec{B} = m \, \vec{v}_C$$

mit $\vec{B}$ als Bewegungsgröße oder auch →Impuls (vgl. Diskussion bei Impuls), für den auch die integrierte Form

$$\int_{t_1}^{t_2} \vec{F}_{ex} \, dt = \vec{B}_2 - \vec{B}_1$$

als eigentlicher Impulssatz bekannt ist. Solange ein Körper oder ein System einen sinnvollen →Schwerpunkt (Gewicht) hat (Erdnähe), fällt er mit dem M. zusammen; den M. gibt es jedoch stets (z. B. für Erde und Mond) zusammen. Manchmal versucht man – etwas künstlich –, beide Punkte zu unterscheiden. Aus diesen Gründen wird der M. oft Schwerpunkt genannt, der Impulssatz für Punkthaufen und Körper heißt dann Schwerpunktsatz. *Besdo*

Massenträgheitsmoment. Bei der Festlegung des Dralls (→Drallsatz für starre Körper) und der kinetischen Energie (→Arbeits- und Energiesatz) tritt ein vom gewählten Bezugspunkt B auf dem Körper abhängiger →Tensor $\underset{\sim}{\mathbf{J}}^{(B)}$ des M., auch (Massen-)Trägheitstensor genannt, auf. Er ist durch

$$\underset{\sim}{\mathbf{J}}^{(B)} = \int^B [\mathbf{E} \, (\vec{r} \cdot \vec{r}) - \vec{r} \otimes \vec{r}] \, dm$$

($\vec{r}$ ist hier (!) identisch mit $\vec{r}^{(B)}$) festgelegt (Bild). Seine →Koordinaten sind in einem in B befestigten kartesischen x,y,z-Koordinatensystem:

$$J_{xx}^{(B)} = \int^B (y^2 + z^2) \, dm \ ; \ J_{yz}^{(B)} = J_{zy}^{(B)} = -\int^B yz \, dm \, ,$$

$$J_{yy}^{(B)} = \int^B (z^2 + x^2) \, dm \ ; \ J_{zx}^{(B)} = J_{xz}^{(B)} = -\int^B zx \, dm \, ,$$

$$J_{zz}^{(B)} = \int^B (x^2 + y^2) \, dm \ ; \ J_{xy}^{(B)} = J_{yx}^{(B)} = -\int^B yx \, dm \, .$$

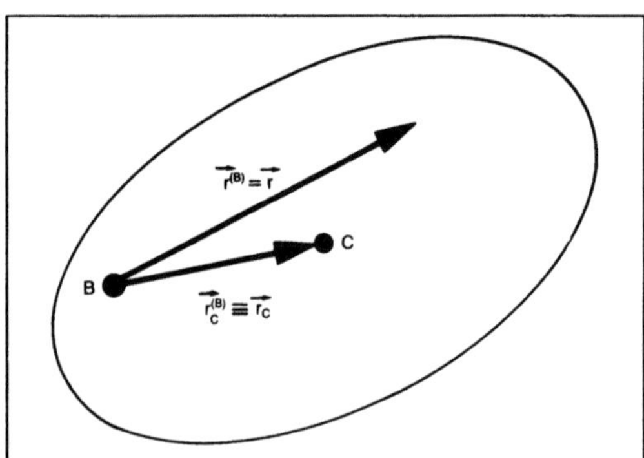

Massenträgheitsmoment: Ortvektoren vom Bezugspunkt aus.

Die $J_{ij}^{(B)}$ mit $i \neq j$ heißen auch Deviationsmomente und verschwinden in einem durch eine Hauptachsentransformation stets auffindbaren neuen Koordinatensystem mit den Hauptträgheitsachsen als Grundrichtungen. Die mit zwei gleichen Indizes versehenen $J_{ij}^{(B)}$ nennt man dann Hauptträgheitsmomente, genauer Haupt-M.

Die Hauptachsen werden meist als $\vec{e}_I$, $\vec{e}_{II}$ und $\vec{e}_{III}$ o. ä. bezeichnet, die Hauptträgheitsmomente (mit nur einem Index) als

$$A \equiv J_I^{(B)}, \; B \equiv J_{II}^{(B)}, \; C \equiv J_{III}^{(B)}.$$

M. $J_{ij}^{(B)}$ sind additiv, wenn sie bereits für den gleichen Bezugspunkt B gebildet wurden.

Zur Umrechnung von einem Punkt B_1 auf einen anderen Punkt B_2 benötigt man die Beziehung ($\vec{r}_1^{(2)}$ = Vektor von B_2 nach B_1, $\vec{r}_c^{(1)}$ = Vektor von B_1 zum →Massenmittelpunkt C)

$$\underset{\sim}{J}^{(B_2)} = \underset{\sim}{J}^{(B_1)} + \underset{\sim}{E} \, m \, [2 \, \vec{r}_c^{(1)} + r_1^{(2)}] \cdot \vec{r}_c^{(2)} -$$
$$- m \, [\vec{r}_c^{(1)} \otimes \vec{r}_1^{(2)} + \vec{r}_1^{(2)} \otimes \vec{r}_c^{(1)} + \vec{r}_1^{(2)} \otimes \vec{r}_1^{(2)}].$$

Man verwendet diese allgemeine Form fast nie, sondern die aus ihr für $B_2 = B$, $B_1 = C$ folgenden Steiner-Sätze (in x,y,z-Koordinaten):

$$J_{xx}^{(B)} = J_{xx}^{(C)} + m \, [y_C^2 + z_C^2] \text{ usw. sowie}$$

$$J_{yz}^{(B)} = J_{yz}^{(C)} - m \, y_C \, z_C \text{ usw.} \qquad \textit{Besdo}$$

Massenwirkungsgesetz. Das M. gibt den Zusammenhang zwischen den Aktivitäten, Partialdrücken, Konzentrationen oder Molenbrüchen der einzelnen Partner einer chemischen Reaktion für den Fall, daß sich Gleichgewicht eingestellt hat.

Hat sich in einem reaktionsfähigen System, bei dem sich $|v_A|$ mol der Substanz A mit $|v_B|$ mol der Substanz B zu $|v_C|$ mol der Substanz C und $|v_D|$ mol der Substanz D umsetzen können, chemisches Gleichgewicht eingestellt, gilt also

$$|v_A|A + |v_B|B \rightleftharpoons |v_C|C + |v_D|D,$$

dann besagt das M., daß

$$\Pi_i a_i{}^{v_i} = (a_C)^{|v_C|}(a_D)^{|v_D|}/p(a_A)^{|v_A|}(a_B)^{|v_B|}b = K_{(a)};$$

dabei bedeuten a_i die Aktivitäten der Komponenten i im Gleichgewicht, v_i deren stochiometrische Faktoren und $K_{(a)}$ die auf die Aktivitäten bezogene Gleichgewichts- oder Massenwirkungskonstante.

Meist wird für praktische Zwecke nicht die Aktivität, sondern der →Partialdruck p_i, die Konzentration c_i oder der →Molenbruch x_i als Konzentrationsmaß verwendet. Für den speziellen Fall des Ammoniak-Bildungsgleichgewichts

$$\tfrac{1}{2} N_2 + \tfrac{3}{2} H_2 \rightleftharpoons NH_3$$

kann dann das M. formuliert werden als

$$p(NH_3)/pp(N_2)^{1/2}p(H_2)^{3/2}b = K_{(p)},$$
$$c(NH_3)/pc(N_2)^{1/2}c(H_2)^{3/2}b = K_{(c)},$$
$$x(NH_3)/px(N_2)^{1/2}x(H_2)^{3/2}b = K_{(x)}.$$

Die Gleichgewichtskonstanten $K_{(a)}$, $K_{(p)}$, $K_{(c)}$ und $K_{(x)}$ haben unterschiedliche Werte und Dimensionen. Alle sind temperaturabhängig; $K_{(x)}$ ist zusätzlich abhängig vom Gesamtdruck.

Die Angabe einer Gleichgewichtskonstanten ist nur sinnvoll, wenn gleichzeitig die Reaktionsgleichung mit angegeben wird. So kann man das „Ammoniak-Gleichgewicht" formulieren als

$$\tfrac{1}{2} N_2 + \tfrac{3}{2} H_2 \rightleftharpoons NH_3 \qquad \text{mit } K_{(p)}',$$
$$N_2 + 3 H_2 \rightleftharpoons 2 NH_3 \qquad \text{mit } K_{(p)}''$$

oder

$$NH_3 \rightleftharpoons \tfrac{1}{2} N_2 + \tfrac{3}{2} H_2 \qquad \text{mit } K_{(p)}'''.$$

Der Zusammenhang zwischen den Gleichgewichtskonstanten ist dann

$$K_{(p)}' = K_{(p)}''^{1/2} = (K_{(p)}''')^{-1}. \qquad \textit{Wedler}$$

Literatur: *Wedler*, G.: Lehrb. Physikalische Chemie. 3. Aufl. Weinheim 1987.

Massenzahl →Nuklide

Maßnahme, sicherheitsgerichtete / nichtsicherheitsgerichtete. Eine eindeutig sicherheitsgerichtete M. ist eine M., die bei Fehlauslösung keine andere für die Sicherheit notwendige M. verhindern kann.

Eine nicht eindeutig sicherheitsgerichtete M. ist eine M., die bei Fehlauslösung eine andere für die Sicherheit notwendige M. verhindern kann.

M.n, die einen Prozeß in den energielosen, ungefährlichen Zustand überführen (z. B. durch eine

Abschaltung), sind sicherheitsgerichtet. In der Praxis sind aber häufig auch Schalthandlungen durchzuführen, die je nach dem Betriebszustand der technischen Anlage entweder als gefährlich oder ungefährlich angesehen werden müssen. In diesen Fällen werden M.n ergriffen, die im Fehlerfall andere Schutzaktionen blockieren und verhindern. Diese Fehlauslösungen sind dann nicht sicherheitsgerichtet. *Schrüfer*

Materialdämpfung. Die M. ist eine Art der →Dämpfung. Bei der M. bzw. Werkstoffdämpfung wird sie durch verschiedene Vorgänge im Innern des Werkstoffs wie Verschiebungen, Gleitungen oder atomare Umordnungen verursacht.

Bei der Beschreibung der Ersatzsysteme (Rechenmodelle) zur Berechnung von Schwingern muß zwischen Stoffkennwerten, Bauteilkennwerten und Systemkennwerten unterschieden werden. Die M. gehört zu den Stoffkennwerten. *Splittgerber*

Literatur: *Krämer, E.*: Maschinendynamik. Berlin–Heidelberg–New York 1984. – VDI 2062, Bl. 1: Begriffe und Methoden. 1/1976.

Mathematik. Die M. entsprang dem praktischen Bedürfnis zu rechnen, konstruieren, messen und Erkenntnisse aus Naturbeobachtungen zu gewinnen. Anstöße kamen z. B. vom Handel, der Baukunst, der Landvermessung und der Suche nach einem Kalender. Auch bei der künstlerischen Gestaltung von Gebrauchsgegenständen durch Symmetrien und Ausschmückung mit Ornamenten wurde mathematisches Denken geweckt oder gefördert.

Beachtliche mathematische Kenntnisse, die z. B. die Entwicklung einer Zahlendarstellung, das Rechnen mit Brüchen, Lösen von linearen und quadratischen Gleichungen sowie Flächen- und Rauminhaltsberechnungen für einfache geometrische Figuren bzw. Körper einschließen, findet man bei den Babyloniern (2000–200 v. Chr.) und zum Teil bei den Ägyptern (2000–500 v. Chr.). Für die Zeit von 3000–500 v. Chr. existieren auch Zeugnisse hochstehender mathematischer Leistungen der Inder, Chinesen und Maya.

Erst mit den Griechen entwickelte sich die M. ab ca. 400 v. Chr. zu einer eigenständigen Wissenschaft, die nach Erkenntnis um ihrer selbst willen sucht.

Bis in das 16. Jh. hinein gelangte die M. nur spärlich über den Stand des antiken Griechenland hinaus. Gewisse Fortschritte kamen allenfalls von den Indern mit der Erfindung des dezimalen Positionssystems, neuen zahlentheoretischen Erkenntnissen und Aufbau der →Trigonometrie, den Muslimen mit Näherungsformeln für geometrische Probleme und Wurzeln von Gleichungen sowie Weiterentwicklung der Trigonometrie und der italienischen Renaissance mit Lösungsformeln für die kubische und biquadratische →Gleichung. Ansonsten bewahrte man das griechische Erbe. Insgesamt blieb es bei den beiden Teilgebieten →Algebra (mit →Arithmetik und Zahlentheorie) und →Geometrie.

Erst im 16. u. 17. Jh. erwachte die M. aus ihrem Dornröschenschlaf, als im Abendland ein Sturm von Kreativität ausbrach, der – zunächst unter Verzicht auf griechische Strenge – eine Abnabelung von der antiken Überlieferung ermöglichte und zu der Analysis führte. Die großartige revolutionäre Idee war der Grenzwertbegriff, mit dessen Hilfe sich aus Algebra und Geometrie das neue Teilgebiet zunächst als Infinitesimalrechnung herauskristallisierte und heute als Analysis breitesten Raum in der Mathematik einnimmt.

Im 19. Jh. setzte ein starkes Bedürfnis nach scharfen Definitionen, klaren Axiomen und logisch zwingenden Beweisen ein, das selbst das der antiken Griechen übertraf. Der damit eingeleitete Prozeß führte nicht nur zu einer Sicherung der bisherigen Inhalte der M., sondern bewirkte auch eine enorme Ausweitung der Analysis und die Entstehung von neuen Disziplinen. Mit *G. Cantor* (1845–1918) beginnt die Mengenlehre, die durch *E. Zermelo* (1871–1953) und *A. Fraenkel* (1891–1965) axiomatisiert wurde. Aus Fragestellungen der Geometrie, bei denen allein Lagebezeichnungen eine Rolle spielen, die unter stetigen Abbildungen invariant bleiben, entwickelte sich die Topologie, die mit *F. Hausdorff* (1868–1942) unter Heranziehung von Mengenlehre und Abstraktionen des Grenzwertbegriffes zu einem eigenen Teilgebiet wurde. Das Streben nach festen Fundamenten nahm um die Jahrhundertwende die Gestalt einer selbständigen Disziplin an, die als mathematische Logik und Grundlagenforschung der abstrakten Mengenlehre nahesteht aber auch der Philosophie zugeordnet werden kann. Die →Wahrscheinlichkeitstheorie und →Statistik oder Stochastik reicht in ihren Anfängen bis in das 17. Jh. zurück. Erst in unserem Jahrhundert gelang es jedoch, ihr mit Hilfe des Mengenbegriffes, der Topologie und der abstrakten Analysis, insbesondere der Maßtheorie jene strenge Grundlegung zu geben, die sie als selbständiges mathematisches Teilgebiet qualifiziert.

Einige mathematische Fragestellungen haben sich im Laufe von Jahrzehnten so sehr ausgeweitet, daß sie sich nicht mehr auf eine der bisher beschriebenen Disziplinen eingrenzen lassen, aber auch kein neues Teilgebiet im Sinne einer eigenen Axiomatik bilden. Beispiele sind die Kombinatorik und die Optimierung.

In unserer Zeit hat sich nicht nur in den klassischen Nachbargebieten Physik, Astronomie und Ingenieurswissenschaften die Nachfrage nach M. weiter verstärkt, vielmehr ist die M. in alle Zweige der Naturwissenschaften, insbesondere in die Chemie und Biologie eingedrungen. Die Informatik besteht zu einem großen Teil aus M. Die mathematische Linguistik bildet einen Zweig der allgemeinen Sprachwissenschaft. In der Ökonomie hat die M. stark Fuß gefaßt. In der Medizin beginnt sie eine Rolle zu spielen. Zur Kunst, wo schon ein bißchen M. zuhause war (Symmetrie, Perspektive, goldener Schnitt), gibt es neue Beziehungen. Schließlich sei darauf hingewiesen, daß die M. mit Logik und Grundlagenforschung auch einen gewissen Teil der Philosophie ausmacht.

Angesichts dieser Situation mag sich die Frage erheben, ob denn die M. überhaupt eine eigene Wissenschaft ist oder eher eine Wissenschaftsmethode, die in zahlreichen Wissenschaften mehr oder weniger erfolgreich eingesetzt werden kann. Die Antwort fällt zugunsten der M. als Wissenschaft aus, wenn man bedenkt, daß die Vielfalt der Anwendungen zwar die Zahl der Mathematiker in die Höhe treibt, aber doch nur einen kleinen Teil der Gesamtsubstanz M. betrifft. In ihrem Wesen ist die Mathematik das geblieben was sie unter Euklid geworden war.

Um die heutige M. kurz zu beschreiben, könnte man von der üblichen Einteilung in Reine und Angewandte M. ausgehen. Ein etwas differenzierteres Bild ergibt sich, wenn wir uns an den folgenden drei Hauptmotiven mathematischer Forschung orientieren, die eine gewisse – nicht vollkommen disjunkte – Einteilung der Mathematiker nach ihren Zielen ermöglichen: Innerer Ausbau der M., Lösen hervorstechender Probleme, Verbindung zur Außenwelt (Anwendungen).

Eine Beziehung der M. zu anderen Wissenschaften oder allgemeiner zur Außenwelt kommt dadurch zustande, daß man dort gewisse Grunderfahrungen idealisiert und wie Axiome behandelt. So entwirft man ein mathematisches Modell mit dem Ziel, weitere, insbesondere zukünftige Erfahrungen auf streng mathematischem Weg ableiten und damit vorhersagen zu können. Ein Modell für eine in einen Rahmen eingespannte Membran führt z. B. auf ein Eigenwertproblem für eine Randwertaufgabe einer partiellen →Differentialgleichung. Mit der Lösung dieses Problems möchte man für beliebige Rahmenformen die Eigenfrequenzen der Membran vorhersagen können. *Schmeißer*

Literatur: *Baule, B.:* Mathematik des Naturforschers und Ingenieurs (2 Bde.). Frankfurt a. M. 1979. – *Berendt, G.* u. *E. Weimar:* Mathematik für Physiker (2 Bde.). Weinheim: Physik Verlag 1980 u. 1983. – *Blume, J.:* Statistische Methoden für Ingenieure und Naturwissenschaftler (2 Bde.). Düsseldorf 1970 und 1974. – *Dreszer, J.:* Mathematik Handbuch für Technik und Naturwissenschaften. Harri Deutsch, Frankfurt–Zürich 1975. – *Jeffrey, A.:* Mathematik für Naturwissenschaftler und Ingenieure (2 Bde.). Weinheim 1973 und 1975. – *Jordan-Engeln, G.* u. *F. Reutter:* Numerische Mathematik für Ingenieure. Mannheim–Wien–Zürich 1972. – *Laugwitz, D.:* Ingenieur-Mathematik I–V (3 Bde.). Mannheim 1964.

Matrix (Mathematik). Unter einer M. A versteht man ein rechteckiges Schema von Zahlen oder allgemeiner von Elementen eines Körpers K:

$$A = \begin{pmatrix} a_{11} & a_{12} & \cdots & a_{1n} \\ a_{21} & a_{22} & & a_{2n} \\ \cdot & \cdot & & \cdot \\ \cdot & \cdot & & \cdot \\ a_{m1} & a_{m2} & \cdots & a_{mn} \end{pmatrix} \qquad (1).$$

Die Größen $a_{\mu\nu}$ ($\mu = 1, 2, \ldots, m$; $\nu = 1, 2, \ldots, n$) heißen die Elemente von A. Man bezeichnet i. a. eine M. mit großen lateinischen Buchstaben und ihre Elemente mit dem zugehörigen kleinen lateinischen Buchstaben. Eine M. mit m Zeilen und n Spalten wird eine $(m \times n)$-M. genannt. Die Menge aller solcher M. sei mit $K^{m \times n}$ bezeichnet. Zur Vereinfachung schreibt man statt Gl. (1) auch

$$A = (a_{\mu\nu})_{\substack{\mu = 1, \ldots, m \\ \nu = 1, \ldots, n}} \qquad \text{oder} \qquad A = (a_{\mu\nu}) \in K^{m \times n}.$$

Die Bedeutung der M. besteht darin, daß sie zur Darstellung der linearen Abbildungen zwischen zwei endlich-dimensionalen Vektorräumen dienen können.

Ist V bzw. W ein n- bzw. m-dimensionaler Vektorraum über K mit einer Basis $\{\underline{b}_1, \ldots, \underline{b}_n\}$ bzw. $\{\underline{c}_1, \ldots, \underline{c}_m\}$, so wird durch

$$\begin{aligned} y_1 &= a_{11}x_1 + a_{12}x_2 + \ldots + a_{1n}x_n \\ y_2 &= a_{21}x_1 + a_{22}x_2 + \ldots + a_{2n}x_n \\ &\ \ \vdots \\ y_m &= a_{m1}x_1 + a_{m2}x_2 + \ldots + a_{mn}x_n \end{aligned} \qquad (2)$$

jedem →Vektor

$$\underline{x} = x_1\underline{b}_1 + \ldots + x_n\underline{b}_n \in V$$

ein Vektor

$$\Phi\underline{x} := y_1\underline{c}_1 + \ldots + y_m\underline{c}_m \in W$$

zugeordnet. Die so erklärte Abbildung

$$\Phi : V \rightarrow W \qquad (3)$$

ist eine lineare. Umgekehrt kann auch zu jeder vorliegenden linearen Abbildung, Gl. (3), eine M. A angegeben werden, die Φ bez. fester Basen in der eben beschriebenen Weise darstellt. Ein und dieselbe M. A stellt bez. verschiedener Basen von V oder W i. a. unterschiedliche lineare Abbildungen dar. Nur bei festgelegten Basen kann A mit einer linearen Abbildung identifiziert werden. Im Fall des Raums K^n der n-Tupel von Elementen aus K nimmt man oft stillschweigend an, daß die kanonische Basis zugrunde gelegt ist, bei der der i-te Basisvektor $(0 \ldots, 1, \ldots 0)$ an der i-ten Stelle eine Eins und sonst lauter Nullen besitzt.

Aus ihren Beziehungen zu linearen Abbildungen ergeben sich für M. die folgenden Rechenregeln:

Zwei $(m \times n)$-M. A und B sind gleich, wenn $a_{\mu\nu} = b_{\mu\nu}$ für alle Indizes μ und ν gilt. Zwei $(m \times n)$-M.

A und B werden addiert bzw. subtrahiert, indem man elementweise addiert bzw. subtrahiert, d. h. für $A, B \in K^{m \times n}$ gilt

$$A \pm B = (a_{\mu\nu} \pm b_{\mu\nu}) \in K^{m \times n}.$$

Das Produkt einer M. $A \in K^{m \times n}$ mit einem Element $c \in K$ wird erklärt durch

$$c \cdot A = (c \cdot a_{\mu\nu}) \in K^{m \times n}.$$

Entsprechend der Komposition linearer Abbildungen kann jede M. $A \in K^{k \times n}$ mit jeder M. $B \in K^{n \times m}$ multipliziert werden. Das Ergebnis $A \cdot B$ ist eine M. $C \in K^{k \times m}$, deren Elemente durch

$$c_{\lambda\mu} = \sum_{\nu=1}^{n} a_{\lambda\nu} b_{\nu\mu} \quad (\lambda = 1,2,\ldots,k; \ \mu = 1,2,\ldots,m)$$

gegeben sind.

Identifiziert man $K^{n \times 1}$ mit K^n, faßt also die Elemente von K^n als Spalten-n-Tupel

$$\underline{x} = \begin{pmatrix} x_1 \\ x_2 \\ \vdots \\ x_n \end{pmatrix}$$

auf, so können die Gln. (2) als

$$\underline{y} = A \cdot \underline{x}$$

geschrieben werden, wobei das rechts stehende Produkt durch M.-Multipliation von $A \in K^{m \times n}$ mit $\underline{x} \in K^{n \times 1}$ zu bilden ist.

Unter der Transposition einer M. A versteht man die Vertauschung aller Elemente $a_{\mu\nu}$ mit $a_{\nu\mu}$. Die Transponierte der M. (1), bezeichnet mit A^T, besitzt also die Gestalt

$$A^T = \begin{pmatrix} a_{11} & a_{21} & \ldots & a_{m1} \\ a_{21} & a_{22} & \ldots & a_{m2} \\ \vdots & \vdots & & \vdots \\ a_{1n} & a_{1n} & \ldots & a_{mn} \end{pmatrix} \in K^{n \times m},$$

Es gilt die Rechenregel $(A \cdot B)^T = B^T \cdot A^T$.

Ersetzt man bei einer M. A mit komplexen Elementen diese alle durch die jeweils konjugierten Zahlen, so heißt das Ergebnis die Konjugierte von A, bezeichnet mit $\bar{A}$. Für $\overline{A^T}$ schreibt man häufig auch A^*. Das gewöhnliche Skalarprodukt zweier Spalten n-Tupel $\underline{x}$ und $\underline{y}$ von komplexen Zahlen kann man unter Benutzung dieser Bezeichnungen auch als M.-Produkt

$$(\underline{x}, \underline{y}) = \sum_{\nu=1}^{n} x_\nu \bar{y}_\nu = \bar{\underline{y}}^T \cdot \underline{x} = \underline{y}^* \cdot \underline{x}$$

auffassen.

Von besonderem Interesse sind quadratische M. Bei ihnen ist die Zeilenzahl gleich der Spaltenzahl, und diese Zahl heißt Ordnung der M. Die Menge aller quadratischen M. fester Ordnung bildet einen Ring mit Einselement E. Das neutrale Element bez. der Addition ist die Null-M. O, deren sämtliche Elemente null sind. Das neutrale Element E bez. der Multiplikation heißt Einheits-M. Diese besitzt in der Hauptdiagonalen (von oben links nach unten rechts verlaufend) lauter Einsen und sonst nur Nullen. Die M.-Multiplikation ist i. a. nicht kommutativ.

Matrix (Mathematik). Tabelle: Quadratische Matrizen.

Matrix	Eigenschaft der Elemente	Name
$A = A^T \in \mathbb{R}^{n \times n}$	$a_{\mu\nu} = a_{\nu\mu}$	symmetrisch
$A = -A^T \in \mathbb{R}^{n \times n}$	$a_{\mu\nu} = -a_{\nu\mu}$	schiefsymmetrisch
$A = A^* \in C^{n \times n}$	$a_{\mu\nu} = \bar{a}_{\nu\mu}$	hermitesch
$A = -A^* \in C^{n \times n}$	$a_{\mu\nu} = -\bar{a}_{\nu\mu}$	schiefhermitesch
$A = \bar{A}$	$a_{\mu\nu} = \bar{a}_{\mu\nu}$	reell
$A^T = A^{-1} \in \mathbb{R}^{n \times n}$	$\sum_j a_{\mu j} a_{\nu j} = \delta_{\mu\nu}$ $\sum_j a_{j\mu} a_{j\nu} = \delta_{\mu\nu}$	orthogonal
$A^* = A^{-1} \in C^{n \times n}$	$\sum_j a_{\mu j} \bar{a}_{\nu j} = \delta_{\mu\nu}$ $\sum_j a_{j\mu} \bar{a}_{j\nu} = \delta_{\mu\nu}$	unitär
$A = (\searrow) \in K^{n \times n}$	$a_{\mu\nu} = 0$ für alle $\mu > \nu$	obere Dreiecksmatrix
$A = (\searrow) \in K^{n \times n}$	$a_{\mu\nu} = 0$ für alle $\nu > \mu$	untere Dreiecksmatrix
$A = (\diagdown) \in K^{n \times n}$	$a_{\mu\nu} = \delta_{\mu\nu} a_{\mu\nu}$	Diagonalmatrix
$A \in \mathbb{R}^{n \times n}, A \geq 0$	$a_{\mu\nu} \geq 0$	nichtnegative Matrix
$A \in \mathbb{R}^{n \times n}, A > 0$	$a_{\mu\nu} > 0$	positive Matrix

Eine quadratische M. heißt singulär, wenn ihre →Determinante gleich null ist, andernfalls nichtsingulär oder regulär.

Die Menge aller nichtsingulären (quadratischen) M. fester Ordnung bildet eine Gruppe bez. der M. Multiplikation.Die zu A reziproke oder inverse M. wird mit A^{-1} bezeichnet, d. h. $A \cdot A^{-1} = A^{-1} \cdot A = E$. Es gilt die Rechenregel $(A \cdot B)^{-1} = B^{-1} \cdot A^{-1}$.

Viele Typen von quadratischen M. besitzen spezielle Namen (Tabelle).

Wenn nicht anders spezifiziert, soll hierbei die Gleichung in der zweiten Spalte für alle Indizes μ und ν gelten. Weiter bezeichnet $\delta_{\mu\nu}$ stets das Kronecker-Symbol. *Schmeißer*

Literatur: *Aitken, A. C.:* Determinants and matrices. Edinburgh 1958. – *Bellmann, R.:* Introduction to matrix analysis. New York 1960. – *Fischer, G.:* Lineare Algebra. Braunschweig 1975. – *Franklin, J. N.:* Matrix theory. Englewood Cliffs, (N. J.:) 1968. – *Gantmacher, F. R.:* Matrizentheorie. Berlin 1986. – *Golub, G. H.,* u. *C. F. van Loan:* Matrix computations. Oxford 1983. – *Gröbner, W.:* Matrizenrechnung. Mannheim 1966. – *Heinhold, J.,* u. *B. Riedmüller:* Lineare Algebra und Analytische Geometrie. 2 Bde. München 1972 u. 1973. – *Householder, A. A.:* The theory of matrices in numerical analysis. New York 1964. – *Kochendörffer, R.:* Determinanten und Matrizen. Leipzig 1963. – *Kowalsky, H. J.:* Lineare Algebra. 2. Aufl. Berlin 1965. – *Lancaster, P.,* u. *M. Tismenetsky:* The theory of matrices. New York 1985. – *Neiß, F.,* u. *H. Liermann:* Determinanten und Matrizen. 8. Aufl. Berlin 1975. – *Pearl, M.:* Matrix theory and finite mathematics. New York 1973. – *Pease, M. C.:* Methods of matrix algebra. New York 1965. – *Pullmann, N. J.:* Matrix theory and its applications. New York 1976. – *Varga, R. S.:* Iterative matrix analysis. Englewood Cliffs, (N. J.) 1962. – *Zurmühl, R.:* Matrizen und ihre technischen Anwendungen. 4. Aufl. Berlin 1964.

Matrizenmethode. Viele numerische Verfahren der →Mechanik führen auf Gleichungssysteme, die sich mit Hilfe von z. T. sehr großen Matrizen darstellen lassen. In besonders günstigen Fällen sind die Gleichungen linear und erfordern lediglich die Auflösung des Systems oder die Inversion der Matrix. Dies ist vor allem bei den Methoden der linearen →Elastizitätstheorie der Fall. Bei guten Algorithmen besitzt eine solche Matrix zudem eine ausgeprägte Band- oder Kammstruktur und ist nach Möglichkeit positiv definit. So etwas erzeugt man z. B. in den Finite-Elemente- und Rand-Elemente-Verfahren. Bei nichtlinear-elastischem oder inelastischem Verhalten des Materials treten solche Matrizen in jedem einzelnen Iterationsschritt auf.

Bei Verzweigungsproblemen und in der Schwingungslehre wird nicht allein eine Lösung des Systems gesucht, weil z. B. eine triviale Lösung (alle Werte verschwinden) existiert, sondern man sucht die speziellen Werte irgendwelcher, manchmal durchaus nichtlinear in die Matrix eingehender Variabler (Eigenwerte in einem weiteren Sinn), für die das System andere als die triviale Lösung besitzt, sowie diese nichttriviale Lösung selbst, weil sie die Eigenform beschreibt.

Bei dynamischen Problemen mit diskreten (Punkt-)Massen oder mit durch Ansätze diskretisierten Kontinua führen Energiebilanzen auf drei typische Matrizen: Die Trägheitswirkung wird durch eine Massenmatrix $\underset{\approx}{M}$, die Wirkung der elastischen Elemente durch eine Steifigkeitsmatrix $\underset{\approx}{C}$ und die Wirkung der Energie verzehrenden Dämpfung (auch von Anfachungen: mit anderem Vorzeichen) in einer Dämpfungsmatrix $\underset{\approx}{D}$ wiedergegeben. Im Zusammenhang mit je einem Vektor von Freiheiten $\underline{x}$ und vorgegebenen Werten $\underline{r}(t)$ entsteht die Matrizengleichung

$$\underset{\approx}{M} \cdot \underline{\ddot{x}} + \underset{\approx}{D} \cdot \underline{\dot{x}} + \underset{\approx}{C} \cdot \underline{x} = \underline{r}(t)$$

mit im einfachsten Fall konstanten symmetrischen Matrizen $\underset{\approx}{M}$, $\underset{\approx}{D}$, $\underset{\approx}{C}$. Die Symmetrie erzeugt man – wenn sie überhaupt möglich ist – durch Anwendung der →Lagrange-Gleichungen zweiter Art oder ähnlicher Ansätze. Sie wird bei Anwesenheit rotierender Teile jedoch durch antisymmetrische gyroskopische Glieder in $\underset{\approx}{D}$ gestört.

Schwingungen ohne Dämpfungsmatrix $\underset{\approx}{D}$ und $\underline{r}$ sind mit Eigen-Kreisfrequenzen ω möglich, die als Eigenwerte aus dem Matrizenpaar $\underset{\approx}{M}$, $\underset{\approx}{C}$ hervorgehen:

$$(\underset{\approx}{C} - \omega^2 \underset{\approx}{M}) \cdot \underline{\ddot{x}} = \underline{O} \quad .$$

Die Eigenformen (Moden) $\underline{\hat{x}}$ können als neue Basis einer transformierten Darstellung des Problems gewählt werden. Bei einer solchen modalen Darstellung werden $\underset{\approx}{C}$ und $\underset{\approx}{M}$ zu reinen Diagonalmatrizen. Häufig werden allgemeine Schwingungsprobleme dadurch vereinfacht, daß man von $\underset{\approx}{D}$ voraussetzt, daß es nach →Transformation von $\underline{x}$ auf die neuen →Koordinaten ebenfalls Diagonalmatrix ist. Man spricht dann von modaler Dämpfung. Im Zusammenhang hiermit steht auch die Modalanalyse, das Auffinden von Eigenformen vorwiegend bei gemessenen Schwingungen.

Während die Auflösung von Gleichungssystemen der Art $\underset{\approx}{C} \cdot \underline{x} = \underline{r}$ für statische Probleme heute kaum noch Probleme bietet, lassen sich Eigenwerte sehr großer Systeme nicht so leicht ermitteln. Deshalb verkleinert man das System gern durch Annahmen darüber, wie einige (unwesentliche) der in $\underline{x}$ stehenden Variablen durch die wesentlichen x_i auszudrücken sind. Dies nennt man Kondensation oder Reduktion des Systems. Man unterscheidet die statische von der dynamischen Kondensation, bei der auch die Wirkung der Trägheit in den Zusammenhängen zwischen wesentlichen und unwesentlichen Variablen näherungsweise berücksichtigt wird.

Auf weniger große Matrizen führt das Übertragungsverfahren. Es ist jedoch ebenfalls nicht problemlos. *Besdo*

Max-Planck-Gesellschaft zur Förderung der Wissenschaften e. V. (MPG). Selbstverwaltungsorganisation der Wissenschaft. Träger von über 60 Forschungsinstituten und zahlreichen anderen Einrichtungen vorwiegend der Grundlagenforschung in Natur- und Geisteswissenschaften.

Die MPG wurde 1948 gegründet als Nachfolgerin der Kaiser-Wilhelm-Gesellschaft (KWG, gegründet 1911 als Ergänzung zur Forschung an den →Hochschulen). Sie trägt den Namen von *Max Planck,* Präsident der KWG 1930–1937 und 1945/46. Als gemeinnützige Organisation des privaten Rechts fördert die MPG Wissenschaften im Dienste der Allgemeinheit. Sie betreibt dazu eigene Forschungsinstitute (Max-Planck-Institute, MPI) und andere Einrichtungen. Sie widmen sich insbes. neuen Aufgaben, die für die Hochschulen noch nicht reif oder weniger geeignet sind. Schwerpunkte liegen im medizinisch-biologischen Bereich, in verschiedenen physikalischen und chemischen Arbeitsrichtungen sowie in den vergleichenden Rechtswissenschaften. Einige MPI erfüllen auch Service-Funktionen für die Hochschulen. Externe Forscher können besonders aufwendige Einrichtungen und Geräte mitbenutzen. In zunehmendem Maße werden an Universitäten MPG-Arbeitsgruppen eingerichtet.

Die MPG hat sich frühzeitig in den neuen Bundesländern engagiert mit zunächst 2 MPI, 29 Arbeitsgruppen an Universitäten, der Außenstelle eines MPI und – über eine Tochtergesellschaft – der Betreuung von 7 geisteswissenschaftlichen Forschungszentren.

Gemessen an den Anteilen an den Gesamtausgaben ergibt sich folgende Reihenfolge der Forschungsbereiche in der MPG (1991): Physik 32,0 %, biologisch orientierte Forschung 23,5 %, Astronomie und Astrophysik 11,5 %, Chemie 9,6 %, medizinisch orientierte Forschung 9,5 %, atmosphärische Wissenschaften/Geowissenschaften 4,7 %, Rechtswissenschaften 3,4 %, Psychologie 1,8 %, Geschichtswissenschaft 1,1 %, Soziologie 1,0 %, Informatik 0,9 %, Mathematik 0,4 %, Linguistik und Erziehungswissenschaft je 0,3 %.

Die MPI, deren Existenz in besonderer Weise nicht nur an den Bedürfnissen der betreffenden Forschungsrichtung, sondern auch daran hängt, ob sich für eine aussichtsreiche wissenschaftliche Aufgabe eine geeignete Forscherpersönlichkeit gewinnen läßt, sind über die ganze Bundesrepublik Deutschland mit Schwerpunkten in Baden-Württemberg und Bayern verteilt und 3 Sektionen zugeteilt. Die Instituts- und Abteilungsnamen lassen nicht immer die aktuelle Forschungsthematik erkennen.

□ Biologisch-Medizinische Sektion:
– MPI für Biochemie, Martinsried: Abteilungen (Abt.) Bindegewebsforschung, Membranbiochemie, molekulare Biologie der Genwirkungen, Struktur-, Viroid-, Virusforschung, Zell-, molekulare

Struktur-, Molekularbiologie; Nachwuchsgruppen (NG) intrazellulärer Membrantransport, molekulare Biologie von infektiösen Erregern; Gentechnologische AG (vom BMFT finanziert, mit Universitätsgruppen im Münchener Genzentrum), AG Proteindynamik (Hamburg);
– Biologie, Tübingen: Abt. Immungenetik, Infektions-, Mikrobiologie, Membranbiochemie; Max-Planck-Haus;
– Biophysik, Frankfurt a. Main: Abt. Physiologie, Zellphysiologie, molekulare Membranbiologie;
– experimentelle Endokrinologie, Hannover: u. a. Steroidhormone;
– Entwicklungsbiologie, Tübingen: Abt. Biochemie, Genetik, physikalische, Molekular-, Zellbiologie;
– Ernährungsphysiologie, Dortmund: Nichtlineare Dynamik chemischer und biochemischer Prozesse, Dynamik molekularer Transportprozesse;
– molekulare Genetik, Berlin: 3 Abt.: u. a. DNA-Replikation, – Synthese, Ribosomen, Proteinbiosynthese; Otto-Warburg-Laboratorium: 3 selbständige AG: RNA;
– Hirnforschung, Frankfurt a. Main: Abt. Neuroanatomie, -chemie, -physiologie;
– Immunbiologie, Freiburg: 3 Abt. zelluläre, molekulare Immunologie, Entwicklungsbiologie; Hans-Spemann-Laboratorium: Onkogene; 3 NG: Viren, Onkogenzellen, Leukozyten; AG: Onkogene;
– biologische Kybernetik, Tübingen: 4 AG: u. a. Lichtsinneszellen, Informationsaufnahme und -verarbeitung, Großhirnrinde, Neuronenverbände;
– Limnologie, Plön/Holstein: Arbeitsbereiche: N. N. mit limnologischer Flußstation Schlitz, Ökophysiologie; AG Tropenökologie; Außenstelle Manaus (Brasilien);
– experimentelle Medizin, Göttingen: Abt. Physiologie, Immunchemie, molekulare Neuronendokrinologie;
– medizinische Forschung, Heidelberg: Abt. organische Chemie, Biophysik, Zellphysiologie; AG Zytoskelett, Hamburg;
– marine Mikrobiologie, Bremen (im Aufbau);
– terrestrische Mikrobiologie, Marburg (im Aufbau);
– neurologische Forschung, Köln: Abt. allgemeine, experimentelle Neurologie;
– physiologische und klinische Forschung, W. G.-Kerckhoff-Institut, Bad Nauheim: Abt. Physiologie, experimentelle Kardiologie; Kerckhoff-Klinik;
– Psychiatrie (Deutsche Forschungsanstalt für Psychiatrie), München: Theoretisches Institut: molekulare Neurobiologie, Neuromorphologie, -physiologie, -chemie, -immunologie mit NG: molekulare Genetik, Zellbiologie der Hirngefäße; Klinisches Institut.
– Psycholinguistik, Nijmwegen (Niederlande): Sprachentwicklung, -verstehen, -produktion; NG:

Computermodellierung; Forschungsgruppe (FG): kognitive Anthropologie;
– Systemphysiologie, Dortmund: Abt. Physiologie I, II, u. a. Austausch Sauerstoff, Funktion von Epithelien;
– Verhaltensphysiologie, Seewiesen: 4 Abt., u. a. Neuroethologie, Kybernetik der Raumorientierung, Evolution, Öko-Soziologie; Vogelwarte Radolfzell;
– Zellbiologie, Ladenburg: 2 Abt. u. a. circadiane Periodik, Protein-, Nukleinsäuresynthese;
– Züchtungsforschung (Erwin-Baur-Institut), Köln: Abt. Genetische Grundlagen der Pflanzenzüchtung, molekulare Pflanzengenetik, Biochemie, Pflanzenzüchtung und Ertragsphysiologie;
– Klinische AG für Blutgerinnung und Trombose, Gießen;
– AG für strukturelle Molekularbiologie, Hamburg: Proteindynamik, Ribosomenstruktur, Zytoskelett;
– Klinische AG Biologische Regulation der Wirt-Tumor-Interaktion, Göttingen;
– AG für Rheumatologie, Erlangen-Nürnberg: Bindegewebsforschung, Immunologie;
– Friedrich-Miescher-Laboratorium in der MPG, Tübingen (für besonders qualifizierte jüngere Wissenschaftler): 5 AG: u. a. Zellmotilität im Nervengewebe, Hirnrinde, Ubiquitin-System, Zellzyklus-Regulation, Tumorimmunologie;
– Forschungsstelle für Humanethologie in der MPG, Andechs, u. a. stammesgeschichtliche Anpassungen;
– Max-Delbrück-Laboratorium in der MPG, Köln: 6 AG: Molekulargenetik, Gentechnologie;
– AG an Universitäten im Aufbau: Berlin: Zellteilungsregulation und Gensubstitution; Erfurt: Molekulare und zelluläre Physiologie; Halle: Enzymologie der Peptidbindung; Jena: Regulation der DNA-Replikation bei bacillus subtilis, Modulation der Signalübertragung von Wachstumsfaktoren, Pharmakologische Hämostaseologie.
□ Chemisch-Physikalisch-Technische Sektion:
– MPI für Aeronomie, Katlenburg-Lindau: 2 Abt.: u. a. Physik des Sonnensystems, Ionosphäre;
– Astronomie, Heidelberg: u. a. Geräte, Stellarastronomie, extragalaktische Forschung, extraterrestrische Astronomie; Außenstellen: Deutsches Astronomisches Zentrum, Calar Alto Observatorium, Almeria (Spanien);
– Astrophysik, Garching: u. a. Galaxien;
– Chemie (Otto-Hahn-Institut), Mainz: Geo-, Kosmochemie, Chemie der Atmosphäre und Biogeochemie; AG: Kernphysik;
– biophysikalische Chemie (Karl-Friedrich-Bonhoeffer-Institut), Göttingen-Nikolausberg: Spektroskopie, Laserphysik, Kinetik der Phasenbildung, experimentelle Methoden, molekulare Biologie, biochemische Kinetik, Biochemie, Neurobiologie,

Membranbiophysik, molekulare Genetik, Zellbiologie, Entwicklungsbiologie; AG: Biomedizinische NMR;
– Eisenforschung, Düsseldorf: Metallurgie, Werkstoffkunde, Umformtechnik, angewandte Metallkunde, physikalische Metallkunde, physikalische Chemie;
– Festkörperforschung, Stuttgart: je 3 Abt. Theoretische Physik, Chemie fester Stoffe; 4 Abt. Experimentalphysik, Außenstelle Hochfeld-Magnetlabor Grenoble (Frankreich);
– Fritz-Haber-Institut der MPG, Berlin: Elektronenmikroskopie, Grenzflächenreaktionen, Oberflächenphysik, physikalische Chemie, Theorie;
– Gmelin-Institut für Anorganische Chemie und Grenzgebiete der MPG, Frankfurt a. Main: Handbuch, Datenbank;
– MPI für Informatik, Saarbrücken: Abt. Datenstrukturen und Algorithmen, Logik der Programmierung;
– Kernphysik, Heidelberg: Kern- und Teilchen-, Kosmophysik;
– Kohlenforschung, Mülheim a. d. Ruhr (selbständige rechtsfähige Stiftung von MPG, Kohlenbergbau und Stadt Mülheim): metallorganische Chemie, Chemie der Kohle, Stofftrennung, Analysenmethoden;
– Mathematik, Bonn: hauptsächlich für Gastforscher;
– Metallforschung, Stuttgart: Institute für Physik, Werkstoffwissenschaft; Außenstellen: Pulvermetallurgisches Laboratorium (Stuttgart), Laboratorium für Reinststoffanalytik (Dortmund);
– Meteorologie, Hamburg: Physik des Meeres und Klimadynamik, Physik der Atmosphäre;
– Physik (Werner-Heisenberg-Institut), München: 2 experimentelle, 1 theoretische Abt.: Quanten-, Gravitationstheorie, Vielteilchensysteme;
– extraterrestrische Physik, Garching: erdnaher Weltraum und Sonnensystem, Infrarot- und Submilimeter-, Röntgen-, Gamma-Astronomie, Labor-Astrophysik;
– Plasmaphysik, Garching (IPP, Großforschungseinrichtung); Grundlagen für einen Fusionsreaktor: 3 Abt. Experimentelle Plasmaphysik, 2 Abt. Theorie; Tokamak-, Oberflächenphysik, Technologie, Informatik; Außenstelle Berlin (im Aufbau);
– Polymerforschung, Mainz: präparative makromolekulare Chemie, Festkörperchemie der Polymere, Physik der Polymere, Polymerspektroskopie;
– Quantenoptik, Garching: Laserspektroskopie, Laserchemie, Laserphysik, Laserplasma und Hochleistungslaser;
– Radioastronomie, Bonn: Betrieb der Radiosternwarte Effelsberg, Rechen-, Auswertezentrum;
– Strahlenchemie, Mülheim a. d. Ruhr: DNA-S., Photobiochemie, Photobiologie, Photochemie, Photophysik;

– Strömungsforschung, Göttingen: Abt. Dynamik kompressibler Medien, Atom- und Molekülphysik, molekulare Wechselwirkungen, Reaktionskinetik;
– Forschungsstelle Gottstein in der MPG, Starnberg: Grenzbereich zwischen Wissenschaft und Politik;
– MPI für Mikrostrukturphysik, Halle (in Gründung);
– Kolloid- und Grenzflächenforschung, Berlin-Adlershof/Teltow-Seehof/Freiberg (in Gründung);
– AG an Universitäten im Aufbau: Berlin: Theorie dimensionsreduzierter Halbleiter, Quantenchemie, nichtklassische Strahlung, Röntgenbeugung an Schichtsystemen, algebraische Geometrie und Zahlentheorie; Dresden: Mechanik heterogener Festkörper, Theorie komplexer und korrelierter Elektronensysteme; Halle: Synthese, Struktur und Eigenschaften von flüssigkristallinen Systemen; Jena: CO_2-Chemie, Röntgenoptik, Gravitationstheorie, Staub in Sternentstehungsgebieten; Leipzig: zeitaufgelöste Spektroskopie; Potsdam: fehlertolerantes Rechnen, partielle Differentialgleichungen und komplexe Analysis, nichtlineare Dynamik in der Astrophysik; Rostock: Komplexkatalyse, asymmetrische Katalyse, theoretische Vielteilchensysteme.
□ Geisteswissenschaftliche Sektion:
– Bibliotheca Hertziana – MPI –, Rom: Kunst- und Kulturgeschichte;
– MPI für Bildungsforschung, Berlin: Bildung/ Arbeit/gesellschaftliche Entwicklung, Entwicklung/ Sozialisation, Psychologie/Humanentwicklung, Schule/Unterricht;
– psychologische Forschung, München: Kognitions-, Motivations-, Entwicklungspsychologie;
– Geschichte, Göttingen: Germania Sacra, Bibliographien, Pfalzen, gesellschaftliche Entwicklungen Mittelalter und frühe Neuzeit, EDV-Methoden;
– Gesellschaftsforschung, Köln: Interaktion Staat-Gesellschaft in Gesundheitswesen, Forschung, Telekommunikation; Steuerungschancen des politisch-administrativen Systems;
– ausländisches und internationales Patent-, Urheber- und Wettbewerbsrecht, München;
□ Privatrecht, Hamburg,
□ Strafrecht, Freiburg: FG Strafrecht, Kriminologie;
– europäische Rechtsgeschichte, Frankfurt a. Main;
– ausländisches öffentliches Recht und Völkerrecht, Heidelberg;
– AG an Universitäten im Aufbau: Berlin: strukturelle Grammatik, Transformationsprozesse in den neuen Bundesländern; Halle: Umweltrecht; Potsdam: Ostelbische Gutsherrschaft als sozialgeschichtliches Phänomen;
– Förderungsgesellschaft Wissenschaftliche Neuvorhaben mbH: Betreuung von 7 wissenschaftlichen

Forschungsschwerpunkten in den neuen Bundesländern: zeithistorische Studien, Wissenschaftsgeschichte und -theorie, europäische Aufklärung; moderner Orient, allgemeine Sprachwissenschaft/ Sprachtypologie/sprachliche Universalienforschung, Literaturforschung, Geschichte und Kultur Ostmitteleuropas.
□ Weitere Einrichtungen: BESSY – Berliner Elektronenspeicherring-Gesellschaft für Synchrotronstrahlung mbH, Berlin (Mitgesellschafter); Bibliothek und Archiv zur Geschichte der MPG, Berlin; EISCAT – European Incoherent Scatter Scientific Association, Kiruna/Schweden (Beteiligung an Stiftung), geophysikalische Forschungseinrichtung; Garching-Instrumente – Gesellschaft zur industriellen Nutzung von Forschungsergebnissen mbH, München (Alleingesellschafter), Technologietransferstelle; Gesellschaft für wissenschaftliche Datenverarbeitung mbH, Göttingen (MPG und Niedersachsen); IRAM – Institut für Radioastronomie im Millimeterwellenbereich, Grenoble (MPG und Centre National de la Recherche Scientifique, Frankreich); Minerva Gesellschaft für die Forschung mbH, München (Alleingesellschafter), Betrieb von Hilfseinrichtungen, Wissenschaftsbeziehungen zu Israel; Kerckhoff-Klinik Bad Nauheim; Deutsches Klimarechenzentrum GmbH, Hamburg (zusammen mit Stadt Hamburg und GKSS); Tagungsstätten Max-Planck-Haus Heidelberg, Schloß Ringberg.

Organisation: eingetragener Verein, Hauptversammlung, Senat (zentrales Entscheidungsgremium), Präsident, Verwaltungsrat, Generalverwaltung mit Generalsekretär, Wissenschaftlicher Rat (zentrales wissenschaftliches Gremium).

Finanz-Ressourcen (1991): 1 037 Mill. DM (Bund und Länder je 50 %), einschl. Projektförderung und IPP 1,34 Mrd. DM. Personal (1992): 8 700 Planstellen, einschl. Gastwissenschaftler, Stipendiaten und Projektmitarbeiter rd. 13 000 Personen.

(Max-Planck-Gesellschaft, Residenzstraße 1 a, 80333 München).   *Altenmüller*

Maximal-Auswahl-Gerät. Gerät oder Softwaremaßnahme, das aus mehreren analogen Signalen dasjenige auswählt, das den höchsten Wert hat. Die Auswahl pneumatischer Signale geschieht mit mechanischen Geräten, die Auswahl analoger elektrischer Signale durch Diodennetzwerke, und bei digitaler Signalverarbeitung leiten bedingte Sprungbefehle eine Auswahl ein. Das Bild (S. 494) zeigt, wie Dioden die Signale mit dem niedrigeren Pegel so absperren, daß nur das jeweils höchste →Analogsignal durch das Netzwerk läuft.   *Strohrmann*

Maximum und Minimum. Eine →Funktion $f: B \to \mathbb{R}$, definiert auf einem metrischen Raum B,

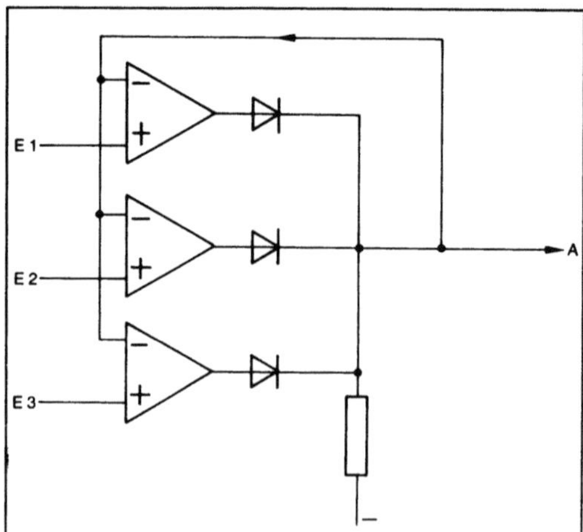

Maximal-Auswahl-Gerät: Netzwerk aus Operations-
verstärkern und Dioden zur Auswahl des Analogsi-
gnales mit dem höchsten Signalpegel.

besitzt in einem Punkt $\xi \in B$ ein Maximum bzw.
Minimum, wenn

$$f(\xi) \geq f(x) \quad \text{bzw.} \quad f(\xi) \leq f(x) \qquad (1)$$

für alle $x \in B$ gilt. Eine stetige Funktion f nimmt auf
einer kompakten Menge B stets ein Maximum und
ein Minimum an. Ist ξ ein innerer Punkt von B und
gilt (1) wenigstens für alle x aus einer Umgebung
$U \subset B$ von ξ, so besitzt f in ξ ein lokales Maximum
bzw. Minimum. Ein solches heißt isoliert, wenn für
alle $x \in U \setminus \{\xi\}$ sogar die $\rightarrow$ Ungleichung

$$f(\xi) > f(x) \quad \text{bzw.} \quad f(\xi) < f(x)$$

besteht. Der Oberbegriff für M. u. M. ist Extremum.
Ein lokales Extremum wird auch relatives Extremum genannt.

Eine stetige Funktion $f: [a,b] \rightarrow \mathbb{R}$, die auf $\mathring{I} :=]a,b[$
differenzierbar ist, nimmt ein Maximum bzw. Mini-
mum entweder in einem der Randpunkte a,b an
oder in einem Punkt $\xi \in \mathring{I}$, für den dann $f'(\xi) = 0$ gilt.
Bestehen für alle x_1, x_2 aus einer Umgebung U von
$\xi \in \mathring{I}$ die Ungleichungen

$$f'(x_1) > f'(\xi) = 0 > f'(x_2)$$

falls $x_1 < \xi < x_2$ bzw. $x_2 < \xi < x_1$ gilt, so besitzt f in ξ ein
isoliertes lokales Maximum bzw. Minimum. Ist f in
$\xi \in \mathring{I}$ sogar zweimal differenzierbar, so sind auch die
Bedingungen

$$f'(\xi) = 0, \quad f''(\xi) < 0.$$

bzw.

$$f'(\xi) = 0, \quad f''(\xi) > 0$$

hinreichend für das Auftreten eines isolierten lokalen Maximums bzw. Minimums in ξ. Die Bedingung
$f'(\xi) = 0$ ist stets notwendig für ein relatives Extremum in $\xi \in \mathring{I}$.

Gilt für eine mehrfach differenzierbare Funktion f
in $\xi \in \mathring{I}$

$$f'(\xi) = f''(\xi) = \ldots = f^{(k-1)}(\xi) = 0$$

und

$$f^{(k)}(\xi) < 0 \quad \text{bzw.} \quad f^{(k)}(\xi) > 0,$$

so liegt in ξ bei geradem k ein isoliertes lokales
Maximum bzw. Minimum vor, bei ungeradem k ein
sog. Wendepunkt, wobei dann für hinreichend nahe
bei ξ gelegene Punkte x_1, x_2 mit $x_1 < \xi < x_2$ die Ungleichungen

$$f(x_1) > f(\xi) > f(x_2) \quad \text{bzw.} \quad f(x_1) < f(\xi) < f(x_2)$$

erfüllt sind. *Schmeißer*

Literatur: *Barner, M.* u. *F. Flohr:* Analysis (2 Bde.). Berlin 1974
u. 1983. – *Forster, O.:* Analysis 1 u. 2. Braunschweig 1983 u.
1984. – *Heuser, H.:* Lehrbuch der Analysis, Teil 1 u. 2 (4. bzw.
3. Aufl.). Stuttgart 1986.

Maxwell-Verteilung. Nach *J. C. Maxwell* 1859
benannte Verteilung für die $\rightarrow$ Geschwindigkeit eines
aus N Molekülen bestehenden verdünnten Gases im
thermodynamischen $\rightarrow$ Gleichgewicht, auch Maxwellsche Geschwindigkeitsverteilung genannt.

Die M.-V. zählt zu den wichtigsten Resultaten der
kinetischen Gastheorie.

Die M.-V. kann heute aus den allgemeinen Prin-
zipien der statistischen $\rightarrow$ Mechanik hergeleitet werden. Dazu betrachtet man ein einatomiges Molekül
als eine unterscheidbare Größe (diese Tatsache
charakterisiert die Moleküle als klassische Teilchen,
im Gegensatz zu den quantenmechanischen Teilchen) und als ein eigenständiges sog. Einteilchensy-
stem im Wärmereservoir der restlichen Teilchen mit
der Temperatur T. Unter diesen Voraussetzungen
kann eine geeignete Gibbs-Gesamtheit verwendet
werden. Das heißt also, daß alle restlichen Moleküle
als ein Wärmereservoir mit der Temperatur T
angesehen werden. Die Gasdichte sei klein, und
ferner seien die Wechselwirkungen zwischen den
Molekülen vernachlässigbar. Alle Moleküle befinden sich in einem Volumen V, und es herrschen
keine äußeren Kräfte. Die Energie eines Moleküls
beträgt dann $E = 1/2 \cdot m\vec{v}^2 = 1/2 \cdot \vec{p}^2/m$, m ist die
Molekülmasse und $\vec{p} = m\vec{v}$ der $\rightarrow$ Impuls.

Die $\rightarrow$ Wahrscheinlichkeit $F(\vec{p})d\vec{p}$ dafür, daß das
Molekül unabhängig von seinem Ort einen Impuls
(bzw. Geschwindigkeit) im Bereich zwischen $\vec{p}$ und
$\vec{p} + d\vec{p}$ besitzt, ist:

$$F(\vec{v})\,d\vec{v}) = C\exp\left(-\frac{m\,\vec{v}^2}{2\,KT}\right)d\vec{v};$$

K ist die Boltzmann-Konstante und T die Temperatur des Reservoirs. Die Konstante C ist eine Nor-
mierungskonstante. Ihre Berechnung liefert:

$$F(\vec{v})\,d\vec{v} = n\left(\frac{m}{2\pi\,KT}\right)^{\frac{3}{2}} \cdot \exp\left(-\frac{m\vec{v}^2}{2\,KT}\right)d\vec{v};$$

n: = N/V ist die Gesamtzahl der Moleküle je Volumeneinheit.

Die Verteilung der Geschwindigkeitsbeträge $v = \| \vec{v} \|$ im Bereich v und v+dv

$$f(v)\,dv = 4\,\pi\,n \left(\frac{m}{2\,\pi\,K \cdot T} \right)^{\frac{3}{2}} \cdot v^2 \cdot \exp\left(-\frac{m\,v^2}{2\,K \cdot T} \right) dv$$

liefert die mittlere Anzahl von Molekülen je Volumeneinheit mit der Geschwindigkeit v zwischen v und v+dv. Diese Verteilung ist in der Literatur als die Maxwellsche Geschwindigkeitsverteilung bekannt. Wenn v zunimmt, wird der Exponentialfaktor kleiner, das Volumen des dem Molekül zur Verfügung stehenden Phasenraumes ist jedoch v^2 proportional. Diese Tatsache liefert ein ausgeprägtes Maximum von f(v), welches nur durch die Masse des Moleküls oder/und die Temperatur modifiziert wird.

Die Geschwindigkeit, bei der f(v) ein Maximum besitzt, heißt die wahrscheinlichste Geschwindigkeit, $v_w = (2KT/m)^{1/2}$. Für Stickstoff bei Zimmertemperatur beträgt sie rd. 420 m/s. Das entspricht in etwa der →Schallgeschwindigkeit in diesem Gas.

Der →Mittelwert der Geschwindigkeit ist wegen $v \geq 0$

$$\bar{v} = \frac{1}{n} \int_0^{\infty} f(v)\,v\,dv = \sqrt{\frac{8\,K \cdot T}{\pi\,m}} = \sqrt{\frac{8\,p}{\varrho\,\pi}}$$

mit der aus der kinetischen Gastheorie bekannten →Zustandsgleichung p=nkT, ϱ=nm ist die Gasdichte.

Eine weitere Geschwindigkeit im Zusammenhang mit der Maxwellschen Geschwindigkeitsverteilung ist die Wurzel aus dem mittleren Geschwindigkeitsquadrat $\sqrt{\langle v^2 \rangle}^{1/2} = (3KT/m)^{1/2}$. Alle diese Geschwindigkeiten sind proportional zu $(KT/m)^{1/2}$. Deshalb sind die Moleküle bei hohen Temperaturen schneller als bei niedrigen Temperaturen.

Die Maxwellsche Geschwindigkeitsverteilung zeigt ferner, daß bei hohen Temperaturen das Maximum sich nach rechts verschiebt und abflacht. Daraus folgt, daß bei hoher Temperatur mehr Moleküle eine große Geschwindigkeit haben als bei niedrigen Temperaturen. Je höher demnach die Gastemperatur, desto größer ist die →Gesamtenergie des Systems aus N Teilchen, und desto gleichmäßiger verteilen sich die Moleküle über alle Geschwindigkeiten bzw. Energien.

Damit kann die Frage beantwortet werden, wie viele Gasmoleküle genügend viel Energie haben, um z. B. eine endotherme chemische Reaktion auszulösen, eine →Stoßionisation in Gang zu setzen oder ein Teilchen (Atom) zum Strahlen anzuregen.

Bei sehr hohen Temperaturen muß an Stelle der M.-V. die relativistische Geschwindigkeitsvertei-lung, die sog. Maxwell-Jüttner-Verteilung, herangezogen werden.

Experimentell ist die M.-V. eindeutig durch sog. Molekularstrahlapparate nachgewiesen worden. Dabei benutzt man das Phänomen der Effusion. Hierbei handelt es sich um den folgenden Vorgang: In einem Gasbehälter befindet sich ein hinreichend kleines Loch (Schlitz), Lochdurchmesser groß gegenüber der mittleren freien Weglänge, aus dem das Gas entweichen kann. Das Gasgleichgewicht wird durch das kleine Loch kaum gestört. Die Anzahl der Moleküle, die durch das Loch entweichen, ist genau so groß wie die Anzahl der Moleküle, die bei nicht vorhandenem Loch auf die Lochfläche stoßen würden. Man nennt diese Art der Strömung *Effusion*. Im Gegensatz dazu nennt man das Ausströmen aus Öffnungen, wo der Lochdurchmesser groß ist gegenüber der freie Weglänge, *hydrodynamische Strömung*.

Die M.-V. hat große Bedeutung in der Statistischen Mechanik im Zusammenhang mit der →Boltzmann-Gleichung. Wie *Boltzmann* 1871 zeigte, ist die M.-V. eine Gleichgewichtslösung seiner Gleichung. Mit dieser Tatsache wurde die M.-V. auch physikalisch begründet.　　*Wodarzik*

Literatur: *Reif, F.:* Statistische Physik, Berkeley Physik, Kurs 5. Wiesbaden: Fr. Vieweg u. Sohn Verlagsgesellschaft 1981.

McCabe-Thiele-Diagramm. *McCabe* und *Thiele* entwickelten 1925 ein graphisches Verfahren zur Bestimmung der theoretischen Stufen (Trennstufen) von verfahrenstechnischen Gegenstromtrennprozessen (Destillation). Im M.-T.-D. werden die Konzentrationen x und y der flüssigen und der gegeneinanderströmenden Phasen für den Gleichgewichtszustand und für Querschnitte senkrecht zur Kolonne aufgetragen (Bild, S. 496). Die Gleichgewichtsdaten werden experimentell bestimmt, aus Stoffdatensammlungen (z. B. Datenbanken) übernommen oder mit Modellen berechnet.

Aus den Massenbilanzen des Verstärkungs- und Abtriebsteils der Kolonne erhält man die Gleichungen für die Verstärkungs- und die Abtriebsgerade. Die Anzahl der Trennstufen ermittelt man graphisch, indem man, an einem Ende der Trennkaskade beginnend, einen Treppenzug zwischen der Gleichgewichtskurve und den Bilanzgeraden einzeichnet.　　*Dohrn*

Mechanik, statistische. Teilgebiet der theoretischen Physik und eine Theorie der Gleichgewichtszustände makroskopischer Systeme und daher wesentlicher Bestandteil der statistischen Physik.

Die s. M. geht von der atomistischen Struktur der Materie aus. Jedes makroskopische System besteht aus einer endlichen Anzahl von mikroskopischen Bestandteilen (Atome, Moleküle, Elektronen,

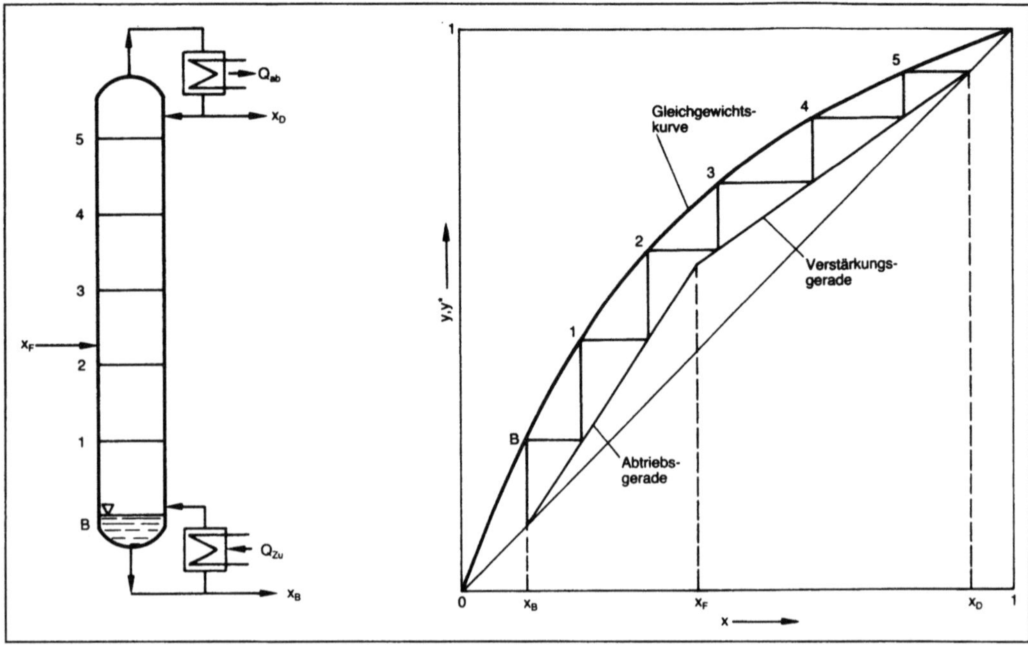

McCabe-Thiele-Diagramm: Diagramm mit Stufenkonstruktion für eine Destillationskolonne mit fünf Böden bzw. sechs Trennstufen.

x	Molanteil in der flüssigen Phase	B	Blase, Sumpf
y	Molanteil in der Gasphase	F	Feed, Zulauf
y*	Gleichgewichtsmolanteil	D	Destillat

Spins usw.), summarisch mit Teilchen bezeichnet. Die Teilchen unterliegen den klassischen Bewegungsgesetzen (Hamilton-Gleichung) oder den quantenmechanischen Gesetzen (Schrödinger-Gleichung).

Das Hauptproblem der s. M. bzw. der statistischen Physik liegt in der Beziehung zwischen der mikroskopisch-(quanten)mechanischen Beschreibung des Systems und der makroskopischen Beschreibung des gleichen Systems im Rahmen der →Thermodynamik.

Ein makroskopischer Körper (Gas, Flüssigkeit oder Festkörper) ist ein Vielteilchensystem, bestehend aus etwa 10^{23} Teilchen/cm³. Die Bewegungsgleichungen nebst Anfangsbedingungen für eine derart kolossale Anzahl anzugeben ist praktisch unmöglich und für die Zwecke der s. M. auch nicht erforderlich. Man ist nur an wenigen makroskopischen Observablen wie Dichte, Druck, Temperatur und Entropie interessiert. Diese Größen werden als Erwartungswerte über geeignete statistische Gesamtheiten, repräsentatives Ensemble aufgefaßt.

Hierbei ist die fundamentale Gibbs-Methode maßgebend. Grundlegende Begriffe sind die Gibbs-Gesamtheit, kanonische Gesamtheit, kanonische Verteilung nach *J. W. Gibbs* (1902), dem Begründer der s. M.

Das mittlere Verhalten eines Ensembles von Vielteilchensystemen wird identifiziert mit dem Verhalten des wirklichen Systems. In diesem Zusammenhang ist das Ergodenproblem von theoretischer Bedeutung. Die Gibbs-Methode ist allgemein und hat den Vorteil, daß die Wechselwirkungen zwischen den Teilchen, wie kompliziert sie auch sein mögen, von Anfang an berücksichtigt werden. Sie hat Gültigkeit in der klassischen M. wie in der quantentheoretischen Beschreibung von Vielteilchensystemen. Erwähnenswert ist, daß bei der quantenmechanischen Behandlung eines Problems auf die in der Quantentheorie schon prinzipiell vorhandenen →Statistik (Zustandbeschreibung durch Wellenfunktionen und die Heisenberg-Unschärferelation) eine weitere (wie die in der klassischen Statistik) durch die Gibbs-Methode erforderliche hinzukommt. Das Konzept des statistischen Operators von *J. von Neumann* (1932) berücksichtigt diese Tatsache. In der klassischen Theorie ist der statistische Operator die →Phasendichte im Gammaraum.

Mit der Methode der statistischen Gesamtheiten kann die gesamte Thermostatik (Existenz der Temperatur, →erster Hauptsatz und →zweiter Hauptsatz) mikroskopisch begründet werden. Erforderlich ist nur die Kenntnis der Mikrozustände und die

Auswertung der Zustandsumme. Durch die s. M. erfährt auch der Entropiebegriff eine tieferliegende statistische Deutung bzw. Begründung. Charakteristisch für die s. M. ist, daß bei sehr großen Teilchenzahlen neue, eigenartige Gesetzmäßigkeiten auftreten. Diese sog. statistischen Gesetzmäßigkeiten können auf keiner Stufe auf rein mechanische Gesetzmäßigkeiten zurückgeführt werden. Obgleich die Bewegung von Systemen mit einer riesigen Anzahl von Freiheitgraden den gleichen Gesetzen der (Quanten)-M. unterworfen ist wie die Bewegung von Systemen mit einer kleinen Teilchenzahl, führt die Existenz einer großen Anzahl von Freiheitgraden zu qualitativ neuen Gesetzmäßigkeiten.

Die Bedeutung der s. M. für andere Zweige der theoretischen Physik wird dadurch bestimmt, daß man in der Natur ständig auf makroskopische Körper (Vielteilchensysteme) stößt, deren Verhalten nicht einzig und allein durch rein mechanische Methoden beschrieben werden kann (kooperierende Phänomene, →Synergetik, kritische Phänomene).

Die s. M. ermöglicht ferner die explizite Berechnung von materialspezifischen Größen (spezifische Wärme, Dielektrizitätskonstante, Wärmeleitfähigkeit usw.) mit geeigneten mikroskopischen Modellen (Wechselwirkungspotentiale zwischen den Teilchen). Bei wechselwirkenden Systemen werden allerdings die mathematischen Schwierigkeiten sehr groß, so daß man meistens auf Näherungsmethoden angewiesen ist.

Bei der s. M. des Gleichgewichts sind bestimmte Axiome erforderlich, um die statistischen Gesamtheiten unter den herrschenden physikalischen Bedingungen auszuwählen bzw. zu konstruieren. Hauptaxiome sind das der A-priori-Gleichwahrscheinlichkeit und die Existenz von Mikrozuständen. Vielen verschiedenen Mikrozuständen ist ein Makrozustand zugeordnet. Die Methoden der s. M. lassen sich mit Zusatzüberlegungen, wie in der statistischen Physik gezeigt wird, mit der Informationstheorie (Informationsentropie) auch für Nichtgleichgewichtsprozesse verwenden.

Zusammenfassend kann gesagt werden, daß die s. M. die Thermodynamik in dreierlei Hinsicht erweitert: Erstens liefert sie eine tiefere statistische Begründung der Hauptsätze der Thermodynamik; zweitens eröffnet sie den Weg zur expliziten zahlenmäßigen Erfassung der thermodynamischen Zustandsfunktionen aus den Eigenschaften und Wechselwirkungen der das System aufbauenden Teilchen; drittens macht sie statistische Aussagen über mikroskopische Situationen, die bereits bez. der Fragestellung außerhalb des Begriffssystems der Thermodynamik liegen. Mit dem dritten Aspekt sind unmittelbar die Untersuchungen der statistischen Schwankungen oder Fluktuationen physikalischer Größen verbunden (Schwankungs-Dissipa-

tions-Theorem). Zur Begründung der Thermodynamik gehört auch der Nachweis, daß bei makroskopischen Systemen Schwankungen um die Erwartungswerte wegen der großen Teilchenzahl i. a. vernachlässigbar klein sind.

Die moderne Theorie der kritischen Phänomene bei kontinuierlichen Phasenübergängen ist ein großes Anwendungsgebiet der s. M. Hier sind Modellüberlegungen (→Spin-System), wie sie z. B. am Ising-Modell zur Erklärung des →Ferromagnetismus geführt werden, von zentraler Bedeutung.

Wenn die Teilchen in einem sehr heißen Gas hohe Geschwindigkeiten erreichen, ist die relativistische M. heranzuziehen. Ausschlaggebend hierfür ist, ob die Ruheenergie der Teilchen mit den thermischen Energien der Teilchen größenordnungsmäßig vergleichbar ist.

Die statistische Behandlung von Teilchen eines idealen Quantengases führt wegen der Symmetrie der Wellenfunktion der Teilchen entweder zur Bose-Einstein-Statistik oder wegen des Pauli-Prinzips zur Fermi-Dirac-Statistik.

Grundlegende Begriffe und Konzepte der s. M., wie z. B. der Begriff der Makroobservablen, sind noch nicht abschließend geklärt (Theorie der Makroobservablen). Ferner ist der klassische Problemkreis um die Ergodenhypothese immer noch ein Forschungsgegenstand im Bereich der Gleichgewichtstheorie. *Wodarzik*

Literatur: *Brenig, W.:* Statistische Theorie der Wärme. Hochschultext. Berlin, Göttingen, Heidelberg 1975. – *Huang, K.:* Statistische Mechanik I, II, III. BI-Hochschultaschenb. Mannheim, Wien, Zürich 1964. – *Kubo, R.:* Statistical Mechanics. Amsterdam 1965. – *Lenk, R.:* Einführung in die Statistische Mechanik. Ost-Berlin 1978. – *Mohling, F.:* Statistical Mechanics. New York 1982. – *Pathria, R. K.:* Statistical Mechanics. Oxford 1972. – *Weidlich, W.:* Thermodynamik und Statistische Mechanik. Wiesbaden 1976.

Mechanik-Einteilung. Die Mechanik ist dasjenige Teilgebiet der Physik, das sich ausschließlich mit Vorgängen befaßt, die durch die Grundgrößen Länge, Zeit und →Masse, deren Rolle in der technischen Mechanik oft die →Kraft spielt, beschrieben werden:

□ Längen werden ℓ, L, h, x, y, z usw. genannt und in der Einheit Meter m gemessen.

□ Die Zeit heißt meist t und wird in Jahren a, Tagen d, Stunden h, Minuten min oder Sekunden s angegeben.

□ Massen m werden in Gramm g angegeben und u. U. als Dichte ρ auf das Volumen bezogen.

□ Kräfte, meist als F bezeichnet, werden durch das →Newton-Grundgesetz zu abgeleiteten Größen mit der Maßeinheit Newton ($1\,N = 1\,kg\,m\,s^{-2}$). Früher war in der Technik die Einheit Kilopond ($1\,kp = 9{,}81\,N$) gebräuchlich.

Allen Maßeinheiten können vergrößernde (nicht bei der Zeit) oder verkleinernde (bei der Zeit nur bei s) Faktoren vorangestellt werden: $10^6 = M$, $10^3 = k$, $10^2 = h$, $10 = da$, $10^{-1} = d$, $10^{-2} = c$, $10^{-3} = m$, $10^{-6} = \mu$, $10^{-9} = n$.

Die Bedeutung der Kraft als Quasi-Grundgröße rührt daher, daß oft ruhende oder durch die Bewegung nur wenig beanspruchte Körper auf ihre Haltbarkeit zu prüfen sind. Dann ist der Begriff der Beschleunigung sinnlos, aber Kräfte treten auf (Bild).

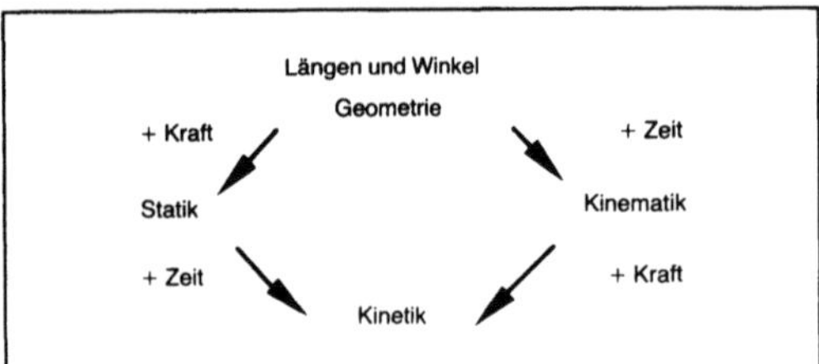

Mechanik-Einteilung.

Im als Basis verwendeten Teilgebiet der Mathematik Geometrie verwendet man Längen und (dimensionslose) Winkel. Durch Hinzunahme des Begriffs Kraft kann man zeitunabhängige Probleme mit Kräften klären. Das Teilgebiet heißt →Statik. Ohne Kräfte, aber mit dem Begriff Zeit lassen sich Bewegungen beschreiben. Dies geschieht bis hin zu Geschwindigkeiten und Beschleunigungen in der →Kinematik. Die Bewegung unter der Wirkung von Kräften untersucht man in der →Kinetik.

In dieser Darstellung fehlt der verbreitete Begriff der Dynamik, weil er vom Wortursprung mit dem Begriff der Kraft verknüpft ist, also Statik und Kinetik umfassen müßte, meist aber mit Bewegungen verbunden wird, vor allem in der angelsächsischen Literatur. Dessenungeachtet tritt er in Maschinendynamik, Systemdynamik, Strukturdynamik, Hydrodynamik usw. als Synonym für Kinetik auf.

Neben der Einteilung der Mechanik nach Grundgrößen in Statik, Kinematik und Kinetik (Dynamik) gibt es je nach Art und Aggregatzustand eines Mediums sehr unterschiedliche Fachgebiete:

Mit fließfähigen Stoffen, den Fluiden, befaßt sich die Fluidmechanik. Sie umfaßt die Bewegung, das Strömen der Strömungsmechanik oder – unter Einbeziehung von thermodynamischen Aspekten – der Strömungslehre wie den Ruhezustand der inkompressiblen (Hydrostatik) oder kompressiblen Fluide (Aerostatik). Bei Untersuchungen des Bewegungszustands spricht man von der Mechanik inkompressibler oder kompressibler Strömungen, von Hydromechanik und →Hydrodynamik sowie von Gas- oder →Aerodynamik. In der Gasdynamik befaßt man sich vornehmlich mit Rohrströmungen u. ä. Strömungen. Zur Aerodynamik zählt vorwiegend die Umströmung von Tragflügeln und Gebäuden.

Die strömenden Medien werden in diesen Abarten der Fluidmechanik als newtonsche Fluide vorausgesetzt. Dem stehen die nicht-newtonschen Fluide der Rheologie gegenüber, bei denen Schubspannungen und Schergeschwindigkeiten nicht streng proportional sind. Die Rheologie bildet das Übergangsgebiet zur →Plastomechanik und zur Viskoelastizität der festen Stoffe.

Feste Körper sind zwar ebenfalls verformbar. Sie kehren jedoch nach begrenzten Belastungen bei Entlastung mehr oder weniger exakt in ihre alte Form zurück. Sie verhalten sich bei kleinen Verformungen elastisch. Das beschreibt die Elastomechanik oder die →Elastizitätstheorie, unter Einbeziehung thermischer Effekte die Thermoelastizität.

Bei Erreichen bestimmter materialabhängiger Grenzen brechen anfangs elastische Materialien plötzlich spröde oder gehen in einen plastischen Zustand über, bei dem bleibende Verformungen entstehen, die durch Entlastung nicht mehr rückgängig gemacht werden können. Hierzu gehört die Plastomechanik oder Plastizitätstheorie. Haben Geschwindigkeiten der Verformung einen Einfluß, gelangt man zur Viskoelastizität oder zur Viskoplastizität bis hin zu Kombinationen wie Thermo-Visko-Elasto-Plastizität.

Alle bisher genannten Teilgebiete der Mechanik behandelten den Körper als deformierbares Kontinuum, Spannungen und Verschiebungen als Funktionen des Ortes und ggf. der Zeit. Die letzten waren dennoch je eine Mechanik fester Körper. Von diesem Begriff ist die →Festkörpermechanik, die sich mit Kristallen, Kristalliten, Versetzungen usw. befaßt, sehr wohl zu unterscheiden.

Eine große theoretische wie praktische Bedeutung besitzt der fiktive Aggregatzustand des starren Körpers oder Starrkörpers, der in der Mechanik starrer Körper (auch Starrkörpermechanik oder Stereomechanik genannt) im Mittelpunkt steht. Die Mechanik der Systeme betrachtet vorwiegend Systeme starrer Körper (mit elastischen Elementen).

Neben den recht systematischen Einteilungen der Mechanik nach Grundgrößen und nach Materialien gibt es Untergebiete der Mechanik, die Teile der dort genannten Gebiete zu neuen Komplexen zusammenfassen:

□ Die Schwingungslehre behandelt alle Arten von Körpern, die Schwingungen ausführen, sich also um eine Ruhestellung hin und her bewegen. Notwendig sind die Massen des Körpers und die Rückstellkräfte elastischer Elemente oder des Körpers selbst.

□ Treten Schwingungen oder andere wichtige Effekte der Dynamik in Maschinen auf, heißt das Fachgebiet Maschinendynamik. Wichtiges Einzelteil der Maschine ist der Rotor mit der Rotordynamik.

□ Strukturen aus mehreren Teilkörpern, die häufig verformbar sind, erfaßt die Strukturmechanik oder Strukturdynamik.

□ Werden Wind- oder andere Strömungskräfte zu Erregern von Schwingungen elastischer Strukturen, beschreibt dies die Aeroelastizität oder Fluidelastizität.

□ Die →Festigkeitslehre klärt die Haltbarkeit von Bauteilen unter gegebenen Lasten. Sie benutzt die Gesetze der Elastomechanik, häufig mit bewährten Vereinfachungen, vorrangig die für schlanke Bauteile, und fragt über Bruchhypothesen ab, ob die eintretenden Spannungszustände zulässig sind.

□ Nicht hiermit zu verwechseln ist die Bruchmechanik als Mechanik von Rissen im Material.

Ein Begriff besonderer Art ist die technische Mechanik. Er bezeichnet vor allem die Blickrichtung, aus der heraus diese Art von Mechanik betrieben wird: Mechanik als Hilfswissenschaft des Ingenieurs, der entscheiden soll, ob eine Maschine funktioniert, ob das Bauteil tragfähig genug ist, ob es zu sehr oder gerade richtig schwingt usw. Als wichtiger Unterschied zur analytischen Mechanik, deren Methoden man manchmal durchaus anwendet, ist der Gebrauch des Schnittprinzips weit verbreitet, weil die im Innern vorhandenen Kräfte (Spannungen) sehr interessieren.

Kaum noch als Teilgebiet anzusprechen ist die Baumechanik. Sie umfaßt die Mechanik, wie sie im Bauwesen benötigt wird. Dazu gehören fast alle Teilgebiete. Es geht wieder um die Blickrichtung. Als Materialien spielen Mauerwerk, Beton, Fels und Böden mit ihren speziellen Eigenschaften eine beträchtliche Rolle. Tragwerke als Elemente der Statik stehen im Mittelpunkt, häufig auch ihre durch Wind oder Erdbeben angeregten Schwingungen. Die Größe behandelter Formänderungen liegt beträchtlich unter dem, was man z. B. in der Umformtechnik zuläßt. *Besdo*

Mega… SI-Vorsatz für Einheiten im Meßwesen. Abk. M. Bezeichnet das 10^6fache der jeweiligen Einheit. *Hammerschmidt*

Mehrkomponentenabsorption →Vielstoffabsorption

Mehrphasenstrom. Meist sinusförmiger →Wechselstrom, der in mehreren Strängen so erzeugt wird, daß zwischen den einzelnen Strängen eine Phasenverschiebung besteht, in der Regel so, daß die Phasendifferenz bei n Strängen $2\pi/n$ ist, also bei Dreiphasenwechselstrom beispielsweise 120° (→Drehstrom). Die Erzeugung von Mehrphasenstrom geschieht durch →Rotation eines Magnetfeldes (gleichstromerregter Läufer) in einem Ständer, in dem die Wicklungen für die einzelnen Stränge so räumlich gegeneinander versetzt sind, daß das rotie-

rende Magnetfeld jeweils entsprechend der Phasendifferenz verzögert durch die entsprechende Wicklung tritt. Die in den einzelnen Strängen induzierten Spannungen haben dann jeweils gleiche Amplitude und →Frequenz.

Zur Übertragung des Mehrphasenstroms von der Erzeugung zum Verbraucher benötigt man doppelt so viele Leitungen wie Stränge, wenn man jeden Strang einzeln verbindet. Durch geeignete Verkettung der Stränge kann man jedoch mit weniger Leitern auskommen. So benötigt man bei der →Sternschaltung für n Stränge nur n+1 Leiter, wenn man den →Sternpunkt mit verbindet, bzw. n Leitungen ohne Mittelpunktsleiter. Bei einer Ringschaltung (→Dreieckschaltung) braucht man n Leiter. Der wichtigste Mehrphasenstrom ist der Dreiphasenwechselstrom oder Drehstrom, der fast ausschließlich für die Erzeugung und Verteilung von elektrischer Energie hoher Leistung Verwendung findet. *Claassen*

Meile. Längeneinheit, die nur noch in den angelsächsischen Ländern in Gebrauch ist. 1 Meile = 1609 m. *Hammerschmidt*

Meldesystem. System, das eingehende Grenzsignale (→Signal) und andere binäre Signale zu Meldesignalen aufbereitet. Es warnt über Sicht- und Hörmelder die Apparatefahrer vor Fehlzuständen und informiert über den Anlagenzustand und besonders über Zustandsänderungen. Über Signalregistrierer kann der zeitliche Einlauf eingehender Meldungen festgehalten werden.

Technisch sind M. entweder modular in Relais- oder Halbleitertechnik als Hardware realisiert (Bild 1), oder ihre Funktionen können als Firm- oder Software in Prozeßrechnern und dezentralen Prozeßleitsystemen programmiert werden.

Funktionell ist es Aufgabe der M., die Signale einer Vielzahl (bis zu einigen Tausend) von Grenzsignal- und anderen Signalgebern so aufzubereiten und zu verarbeiten, daß es der Bedienungsmannschaft leicht möglich wird, die einlaufenden Meldungen zu erkennen, ihre Bedeutung fehlerfrei zu interpretieren und die erforderlichen Konsequenzen zu ziehen. Das hat besonders bei kritischen Prozeßzuständen Bedeutung, bei denen Fehlsignale in sehr schneller Folge einlaufen können.

Die M. haben dazu insbesondere
- neu hinzukommende Grenzwertüberschreitungen hervorzuheben, (Neuwertmeldung);
- die zeitliche Reihenfolge mehrerer Fehlsignale auch dann aufzulösen, wenn diese innerhalb eines sehr kurzen Intervalles eingelaufen sind, (Erstwertmeldung) und
- den zeitlichen Verlauf von Signalzuständen zu registrieren, (→Signalregistrierung).

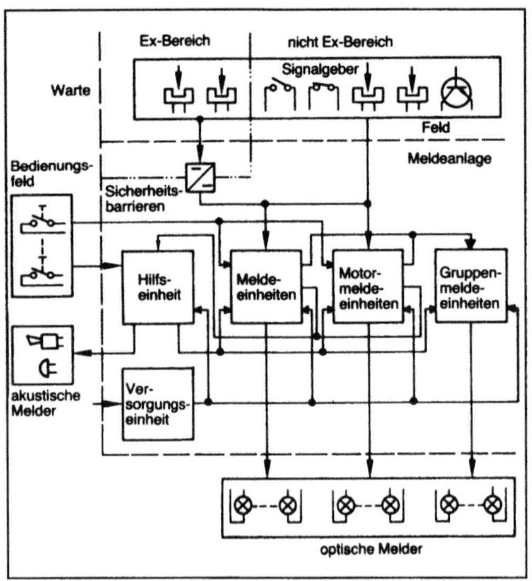

Meldesystem 1: Modularer Aufbau einer Meldeanlage.

Erfaßte Signale sind zu quittieren, um volle Aufmerksamkeit neuen Störungen widmen zu können.

Grundsätzlich läuft eine Grenzwertmeldung so ab: Bei Änderung des Grenzsignales vom Gut- zum Fehlzustand werden gleichzeitig Sicht- und Hörmeldungen ausgelöst. Die Hörmeldung weist den Apparatefahrer darauf hin, daß irgendein Fehlsignal eingelaufen ist. Sie soll ihn veranlassen, mit Hilfe des Sichtmelders denjenigen Kanal herauszufinden, dessen Signal sich geändert hat, um daraus den Zustand des Prozesses zu beurteilen. Um das möglich zu machen, sind die Sichtmelder beschriftet oder in einem →Schaufließbild angeordnet.

Sowohl die Hör- als auch die Sichtmeldungen müssen quittiert werden. Dabei wird die Hörmeldung abgeschaltet. Nach dem Quittieren zeigt der Sichtmelder den Fehlzustand an, solange das Fehlsignal ansteht. Er erlischt beim Quittieren, wenn das Fehlsignal innerhalb der Erkennungszeit abgeklungen ist. Das Festhalten des Meldezustandes des Sichtmelders bis zum Quittieren ist erforderlich, um auch kurzzeitige Grenzwertüberschreitungen zu erkennen. Sicht- und Hörmelder können gemeinsam oder getrennt quittiert werden.

Zu meldender Betriebszustand							
Sichtmelder	Anzeige	⊗	●	⊗	●	●	⊗
	Quittierung			■		■	
Zentraler Melder (z.B. Hörmelder)	Anzeige	◨	◨	◨	◨	◨	
	Quittierung		■		■		

Meldesystem 2: Funktionsdiagramm für Meldung mit Dauerlicht (nach DIN 19235).

Bild 2 zeigt den zeitlichen Verlauf der Melderzustände der Meldeart: Meldung mit Dauerlicht bei Grenzsignaländerungen (→Anlagensicherung). *Strohrmann*

Literatur: DIN 19235: Steuerungstechnik, Meldung von Betriebszuständen. Ausg. Juli 1983. – *Strohrmann, G.:* Anlagensicherung mit Mitteln der MSR-Technik. München–Wien 1983.

Mengenmessung. Eine auch im Alltagsleben häufig vorkommende Messung ist die M. Die dazu eingesetzten Meßgeräte wie Wasserzähler, Gasuhren, Elektrizitätszähler, Benzinuhren an Zapfsäulen dienen zum Verrechnen der verbrauchten Mengen. In der Industrie werden sie außer zur Verrechnung auch zum genauen Dosieren einzelner Komponenten eingesetzt. Die Menge wird in Masseeinheiten (z. B. in Tonnen) bestimmt. Aber auch Volumeneinheiten (z. B. m³) sind üblich (Gaswirtschaft Normkubikmeter, Wasserzähler m³).

Eng verwandt zur M. ist die →Durchflußmessung, denn der Durchfluß ist die auf die Zeiteinheit bezogene Menge bzw. die Menge der über die Zeit aufsummierte (Masse-)Durchfluß. Daher sind auch die Meßverfahren z. T. gleich.

Für die M. strömender Gase und Flüssigkeiten kommen bevorzugt Volumenzähler zum Einsatz. Um daraus die Menge zu ermitteln, muß die Dichte und insbes. bei Gasen Druck und Temperatur bekannt sein. Können diese Größen nicht konstant gehalten werden, so sind sie zu messen. Mit Gleichungen oder Tabellen läßt sich die Menge bestimmen.

Drehkolbengaszähler, Ringkolbenzähler und Ovalradzähler sind unmittelbare Volumenzähler und arbeiten nach dem gleichen Prinzip. Beim Ovalradzähler werden die Ovalräder, zwei Zahnräder mit etwa elliptischem Querschnitt, durch den Produktstrom angetrieben (Bild 1). Ihre Drehzahlen liegen zwischen 400 min⁻¹ für große Zähler und 1 250 min⁻¹ für kleine Zähler. Die Ovalräder fördern bei jeder Umdrehung vier zwischen dem Ovalrad und der Meßkammer abgegrenzte Teilvolumen durch den Zähler. Über Magnetkupplungen wird die →Drehzahl der Ovalräder auf mechanische Zählwerke übertragen oder über einen induktiven Abgriff in elektrische Impulse umgewandelt.

Beim Turbinenradzähler (Bild 2) wird das Volumen nicht unmittelbar in abgeschlossenen Portionen durch den Zähler gefördert, sondern aus der

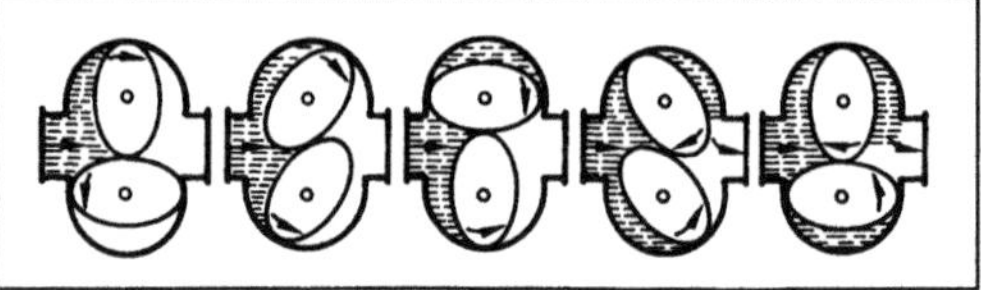

Mengenmessung 1: Wirkungsweise eines Ovalradzählers.

Messung der Strömungsgeschwindigkeit durch ein propellerartiges Laufrad mittelbar bestimmt. Da ein linearer Zusammenhang zwischen Strömungsgeschwindigkeit und Drehgeschwindigkeit besteht, ergibt sich auch ein linearer Zusammenhang zwischen gefördertem Volumen und Drehzahl. Woltmann-Zähler (Bild 3) sind Turbinenradzähler, die zum Messen größerer Mengen kalten oder heißen Wassers eingesetzt werden. Sie haben ein örtliches Zählwerk, das ein Turbinenrad mechanisch antreibt.

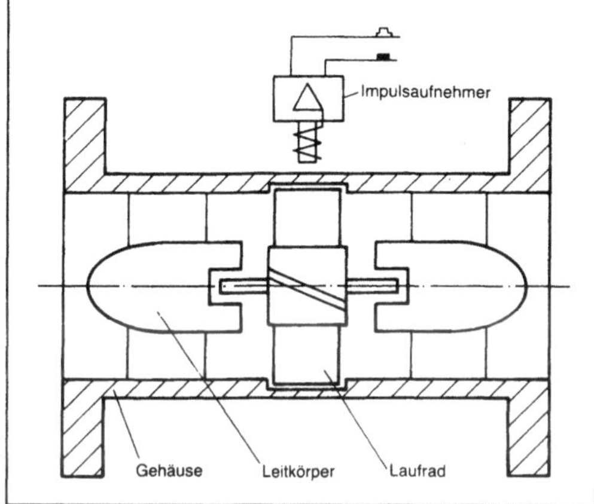

Mengenmessung 2: Prinzipbild eines Turbinenradzählers für Flüssigkeiten.

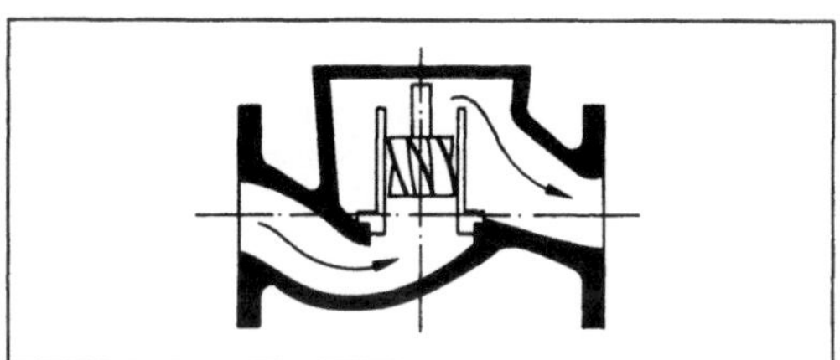

Mengenmessung 3: Woltmann-Zähler mit vertikaler Achse. (Quelle: Bopp & Reuther)

Beim Flügelradzähler wird das Flügelrad durch den Flüssigkeitsstrom tangential beaufschlagt und in Drehung versetzt. Ein Zählwerk zählt die Anzahl der Umdrehungen. Die bekannteste Anwendung des Flügelradzählers ist die Wasseruhr.

Gaszähler der öffentlichen Gasversorgung werden als trocken arbeitende Membransysteme oder auch als nasse Gaszähler mit einer Sperrflüssigkeit gebaut. Beim trockenen Gaszähler werden abwechselnd zwei membranbegrenzte Kammern gefüllt, die nach Umschaltung entleert werden. Die Membranhübe treiben einerseits das Steuergetriebe; andererseits zählt ein Rollenzählwerk ihre Anzahl.

Beim nassen Gaszähler oder Trommelzähler (Bild 4) strömt das Gas durch die zentrale Öffnung in eine von vier Kammern des trommelartigen

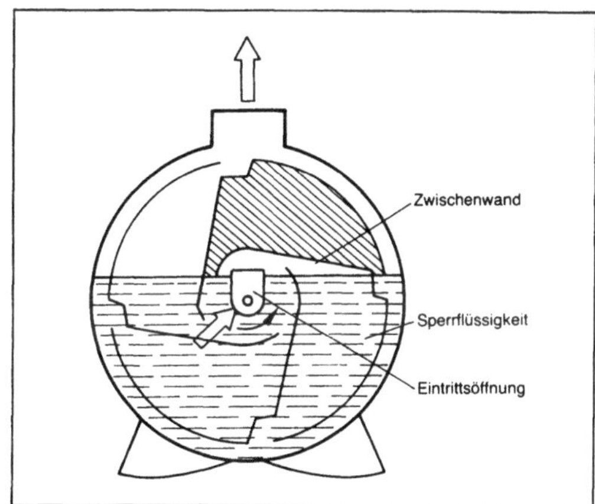

Mengenmessung 4: Prinzip eines Trommelgaszählers.

Meßsystems. Die vier Zwischenwände sind so ausgebildet, daß sich die Trommel dabei dreht. Die Sperrflüssigkeit, meistens Wasser, sorgt für dichten Abschluß des Kammervolumens. Beim Weiterdrehen der Trommel verdrängt die Sperrflüssigkeit das Gasvolumen, das durch die Austrittsöffnung abströmt.

Drallmengenmesser haben keine beweglichen Teile und sind zum Messen von Flüssigkeiten und Gasen geeignet. Leitschaufeln versetzen das Fluid in rotierende Bewegung. Es entsteht ein Wirbelkern, der sich spiralförmig mit der Grundströmung stromabwärts bewegt. Durch die Wirbel entstehen kleine Druck- und Geschwindigkeitsänderungen. Die Impulse werden mittels Piezoelementen bzw. Thermistoren erfaßt. Jeder dabei gemessene Impuls entspricht einem bestimmten Teilvolumen, das zur Menge aufsummiert wird.

Der Wirbel-Mengenmesser arbeitet nach demselben Prinzip wie der Wirbelfrequenz-Durchflußmesser.
F. Schneider

Literatur: *Strohrmann, G.:* Einführung in die Meßtechnik im Chemiebetrieb. München 1980.

Meßbrücke. M. dienen dem meßtechnischen Erfassen von Widerständen, Induktivitäten, Kapazitäten und gelegentlich auch Frequenzen sowie von Änderungen der vorstehenden Größen gegenüber einem Bezugswert. In der Grundstruktur einer M. (Bild 1) werden aus einer gemeinsamen Spannungs- oder Stromquelle die jeweils in Reihe geschalteten Impedanzen Z_1 und Z_2 sowie Z_3 und Z_4 gespeist. Die Spannung U_d zwischen den Punkten A und B wird auch Spannung im Nullzweig oder in der Brückendiagonalen genannt. Sie ist für die leistungslose Messung, d. h. $I_d = 0$, bei Speisung der Brücke mit eingeprägter Spannung U_s bzw. mit eingeprägtem Strom I_s angegeben.

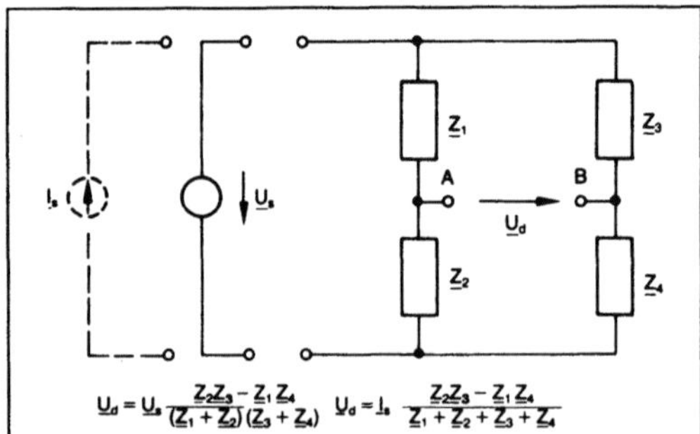

$$U_d = U_s \frac{Z_2 Z_3 - Z_1 Z_4}{(Z_1 + Z_2)(Z_3 + Z_4)} \qquad U_d = I_s \frac{Z_2 Z_3 - Z_1 Z_4}{Z_1 + Z_2 + Z_3 + Z_4}$$

Meßbrücke 1: Grundstruktur.

Bei Brücken unterscheidet man zwei Betriebsarten. Wenn man die Impedanzen Z_1 bis Z_4 so abgleicht, daß der im Nullzweig eingesetzte Nullindikator $U_d = 0$ anzeigt, kann man durch Auswerten von $Z_2 Z_3 - Z_1 Z_4 = 0$ die gewünschte Größe ermitteln, z. B. eine unbekannte →Impedanz (Abgleichbrücke). Im Gegensatz dazu verwendet man in der industriellen Meßtechnik sehr häufig Brückenschaltungen, bei denen in mindestens einem Brückenzweig Meßaufnehmer eingeschaltet sind, die einer Impedanzänderung unterliegen. Nur im Ruhezustand ist die M. abgeglichen. Wirkt nun eine Meßgröße, so ist die Brücke nicht mehr im Abgleich, und das im Diagonalzweig eingesetzte Meßgerät wird ausschlagen (Ausschlagbrücke). Der Ausschlag ist der Meßgröße genau oder näherungsweise proportional.

Abgleichbrücke für Gleichstrom. Nachstehend werden einige wichtige Abgleichbrücken dargestellt. Setzt man in der M. nach Bild 1 für Z_1 bis Z_4 ohmsche Widerstände R_1 bis R_4 ein, so erhält man die Wheatstone-Brücke. Wenn $R_2 = R_x$ ein unbekannter →Widerstand ist und bei R_1 ein einstellbarer Widerstand sowie bei R_3 und R_4 konstante Widerstände eingesetzt werden, erhält man bei Abgleich ($U_d = 0$):

$$R_x = R_1 \cdot \frac{R_3}{R_4}.$$

Abgleich ist auch möglich für konstantes R_1, wenn das Verhältnis R_3/R_4 variabel ist. Bei entsprechend kleinen Fehlergrenzen von R_1 und R_3/R_4 und großer Empfindlichkeit des Nullindikators sind mit der Wheatstone-Brücke sehr genaue Widerstandsmessungen möglich. Für Präzisionsmessungen an Widerständen unter etwa $10\,\Omega$ setzt man statt der Wheatstone- die Thomson-Brücke ein, die es erlaubt, den Einfluß des Widerstands der Anschlußleitungen bei der Messung zu eliminieren.

Abgleichbrücken für Widerstandsmessungen im Betrieb und im Labor werden vielfach durch digitale elektronische Meßgeräte verdrängt.

Abgleichbrücke für →Wechselstrom. Die bisher beschriebenen Abgleichbrücken werden meist mit Gleichstrom betrieben. Zum Messen von Impedanzen wird eine Brücke gem. Bild 1 mit Wechselspannung bzw. Wechselstrom gespeist. Für die abgeglichene Brücke gilt:

$$\frac{\underline{Z}_1}{\underline{Z}_2} = \frac{\underline{Z}_3}{\underline{Z}_4}.$$

Nach den Gesetzen für die komplexe Rechnung folgt daraus für die Beträge:

$$\frac{Z_1}{Z_2} = \frac{Z_3}{Z_4}$$

und für die Phasenwinkel:

$$\varphi_1 - \varphi_2 = \varphi_3 - \varphi_4.$$

Jede der beiden Gleichungen muß für sich erfüllt werden, so daß man mindestens zwei veränderliche Brückenelemente benötigt, die man abwechselnd in Richtung auf den Abgleich betätigt.

Aus der Vielzahl von M. für Impedanzen sollen hier einige Beispiele gebracht werden. Die Induktivitäts-M. nach *Maxwell* und *Wien* (Bild 2) besitzt neben zwei Widerständen R_2 und R_3 eine feste Vergleichskapazität C_4 mit Parallelwiderstand R_4. Bei Abgleich gilt für die unbekannte verlustbehaftete →Induktivität:

$$L_x = R_2 R_3 C_4,$$

$$R_x = R_2 \frac{R_3}{R_4}.$$

Vertauscht man in der Schaltung nach Bild 2 die Brückenzweige 2 und 4 miteinander (Bild 3), kann man statt L_x und R_x eine verlustbehaftete →Kapazität (Parallelschaltung von C_x und R_x) ausmessen. Die Abgleichbedingungen lauten hier:

$$C_x = C_2 \frac{R_4}{R_3},$$

$$R_x = R_2 \frac{R_3}{R_4}.$$

Weitere Wechselstrom-M. werden eingesetzt z. B. zum Messen von Gegeninduktivitäten, bei Elektrolytkondensatoren, zur Verlustfaktormessung bei Hochspannungseinrichtungen (Schering-Brücke), zum Fehlerortbestimmen bei Kabelfehlern, zum Frequenzmessen (Wien-Robinson-Brücke), zum Bestimmen von Impedanzunterschieden.

Ausschlagbrücke. Wichtigster Einsatzbereich für Ausschlagbrücken sind industrielle Meßumformer (→Meßgerät). Viele Meßgrößen lassen sich über Widerstands-, Induktivitäts-, Kapazitäts- und manchmal auch Frequenzänderungen mittels einer Ausschlagbrücke in eine Brückendiagonalspannung umformen. Von den Meßaufnehmern, die auf einer Widerstandsänderung beruhen, seien der →Dehnungsmeßstreifen (DMS) und das Widerstandsther-

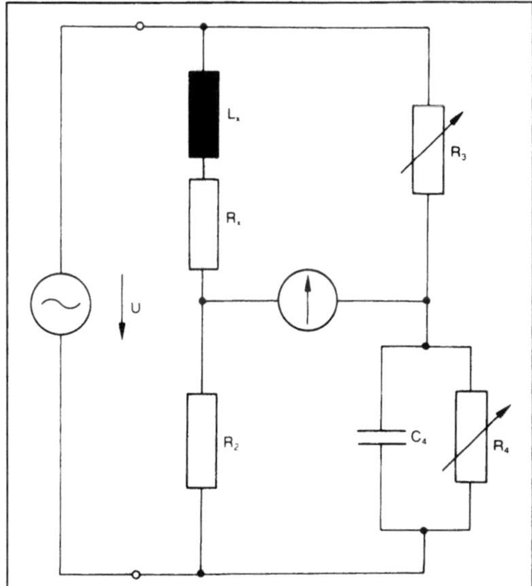

Meßbrücke 2: Induktivitäts-Meßbrücke nach Maxwell *und* Wien.

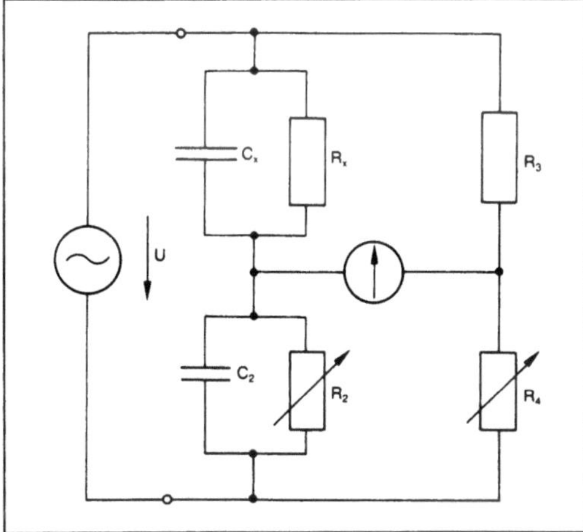

Meßbrücke 3: Kapazitäts-Meßbrücke nach Wien.

mometer genannt. Wenn nur einer der vier Brückenwiderstände (Viertelbrücke) von der Meßgröße x (z. B. Dehnung oder Temperatur) gemäß

$$R = R_0 (1 + \alpha x) = R_0 + \Delta R$$

abhängt, ergibt sich die Brückendiagonalspannung unter der Voraussetzung, daß $Z_1 = R$ und $Z_2 = Z_3 = Z_4 = R_0$ (Bild 1), zu

$$U_d \approx \frac{1}{4} U_s \frac{\Delta R}{R_0} \quad \text{bzw.} \quad U_d \approx \frac{1}{4} I_s \, \Delta R.$$

Bei Dehnungsmessungen schaltet man mehr als einen DMS in die Brücke. Wenn es gelingt, den ersten DMS einer Dehnung und einen zweiten einer Stauchung auszusetzen (z. B. bei Biegebalken), hat

man gegenüber der Viertelbrücke den doppelten Meßeffekt und außerdem störende Temperatureinflüsse eliminiert (Bild 4):

$$U_d = \frac{1}{2} U_s \frac{\Delta R}{R_0} \quad \text{bzw.} \quad U_d = \frac{1}{2} I_s \, \Delta R.$$

Vier passend geschaltete DMS ergeben eine Vollbrücke. Bei allen Ausschlagbrücken ist wichtig, daß Speisespannung bzw. Speisestrom sehr genau konstant gehalten werden, da sie direkt in die Diagonalspannung U_d eingehen. Weiterhin soll die Diagonalspannung leistungslos ($I_d = 0$) abgenommen werden, was z. B. mit Meßverstärkern möglich ist. Die Ausgangssignale von Meßaufnehmern (induktive und kapazitive) werden ebenfalls mit Hilfe von Ausschlagbrücken erfaßt. *Hammerschmidt*

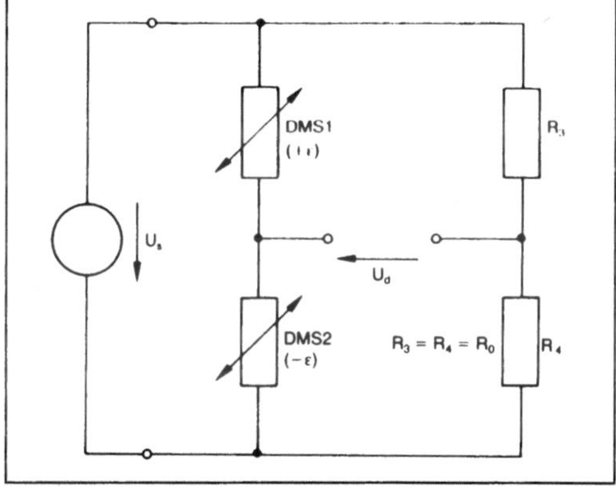

Meßbrücke 4: DMS-Halbbrücke.

Meßeinrichtung. Die Aufgabe einer M. ist die Aufnahme einer den Meßwert repräsentierenden physikalischen Größe, deren Weiterleitung und Umformung und die Ausgabe des gesuchten Meßwerts. Eine M. besteht aus einem →Meßgerät oder mehreren zusammenhängenden Meßgeräten mit zusätzlichen Einrichtungen, die ein Ganzes bilden (Bild).

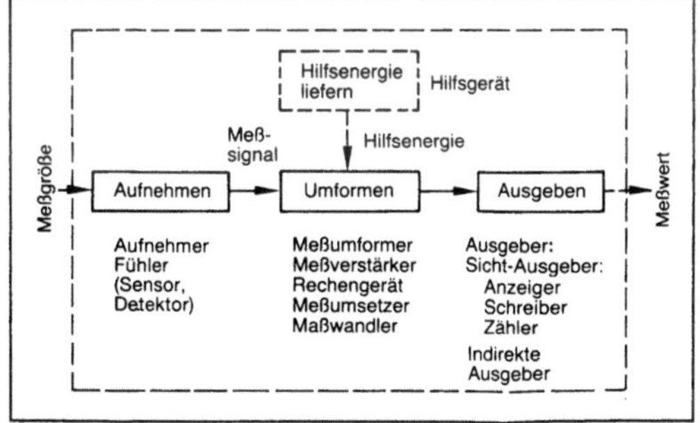

Meßeinrichtung: Benennung von Meßgeräten nach Aufgaben im Rahmen der Meßeinrichtung. (Quelle: VDI/VDE 2600, Bl. 3)

Das erste Glied in einer M. wird oft Meßaufnehmer (Aufnahmewandler) genannt. Es wandelt die zu messende physikalische Größe in ein →Meßsignal um. Dabei wird derjenige Teil des Aufnehmers, der die Meßgröße unmittelbar erfaßt und auf diese empfindlich ist, Fühler genannt. Gelegentlich werden Fühler auch als Detektoren oder Sensoren bezeichnet. Das letzte Glied heißt Ausgabegerät oder Ausgeber und kann ein direkter Ausgeber (z. B. ein anzeigendes Meßgerät oder ein →Schreiber) oder ein indirekter Ausgeber (z. B. Speichergerät) sein.

Die Übertragungsglieder jeder Art zwischen Aufnehmer und Ausgeber bilden die wesentlichen Teile der Übertragungsstrecke. Sie heißen Meßumformer. Sie haben die Aufgabe, die Information über den Meßwert durch vorhandene Meßsignale in andere geeignete Meßsignale umzuformen und bis zum ausgebenden (oder weiterverarbeitenden) Gerät weiterzuleiten. Die Information über den Meßwert muß dabei eindeutig und unverfälscht erhalten bleiben.

Meßumsetzer (Codeumsetzer) sind Meßgeräte, die im Ein- und Ausgang verschiedene Signalstruktur (analog-digital; digital-analog) oder nur digitale Signalstruktur haben.

Eine M. wird als ein System, das vor allem aus Aufnehmer, in Kette geschalteten Übertragungsgliedern (Meßumformer) und Ausgeber zusammengesetzt ist, auch Meßkette genannt.

Eine Meßanlage umfaßt mehrere, voneinander unabhängige M., die in räumlichem oder funktionalem Zusammenhang stehen.   *Hammerschmidt*

Literatur: VDI/VDE 2600: Richtlinien Metrologie (Meßtechnik). Hrsg. Verein Dt. Ing. Ausg. Nov. 1973.

Messen. (→Meßgerät, →Meßgerät, elektrisches, →Meßtechnik). M. ist der experimentelle Vorgang, durch den ein spezieller Wert (Meßwert) einer physikalischen Größe (Meßgröße) als Vielfaches einer Einheit oder eines Bezugswerts ermittelt wird. Der Meßwert wird als Produkt aus Zahlenwert und Einheit der Meßgröße angegeben, z. B. 3,156 m. Die Meßabweichung (früher Fehler) ist die Differenz zwischen dem Meßwert und einem festgelegten Bezugswert. Das Meßergebnis wird i. a. aus mehreren Meßwerten einer einzelnen Meßgröße oder aus Meßwerten verschiedener Meßgrößen mit Hilfe einer vorgegebenen eindeutigen Beziehung erhalten. Im einfachsten Fall kann ein einzelner Meßwert bereits das Meßergebnis darstellen. Für jedes Meßergebnis sind die physikalischen und sonstigen Bedingungen, unter denen es zustande kam (z. B. Druck, Temperatur, Anzahl der Einzelmeßwerte) anzugeben, soweit sie von Einfluß sind. Zum Meßergebnis gehört die Angabe der Meßunsicherheit oder der Fehlergrenzen (→Meßfehler).

Beispiel: Die Länge eines Stabes bei 20 °C ist l = 1,284 m ±0,001 m.

Meßprinzip heißt die charakteristische physikalische Erscheinung, die bei der Messung benutzt wird.

Beispiele siehe Tabelle 1.

Messen: Tabelle 1.

Meßgröße	Meßprinzip
Länge	Lichtinterferenz Kapazitätsänderung
Temperatur	Längenausdehnung thermoelektrischer Effekt Änderung des elektrischen Widerstandes

Einen Überblick über zur Signalwandlung benutzte physikalische und/oder chemische Vorgänge gibt die Tabelle 2.

Die praktische Anwendung eines Meßprinzips führt auf ein Meßverfahren, wobei man direkte und indirekte Meßverfahren unterscheidet. Bei den direkten Meßverfahren (Vergleichsverfahren oder relative Meßverfahren) wird der gesuchte Meßwert einer Meßgröße durch unmittelbaren Vergleich mit einem Bezugswert derselben Meßgröße gewonnen.

Beispiele:

Es kann gemessen werden
– eine Masse durch Vergleich mit geeichten Gewichtstücken,
– der elektrische Widerstand durch Vergleich mit einem Normalwiderstand.

Bei den indirekten Meßverfahren wird der gesuchte Meßwert einer Meßgröße auf andersartige physikalische Größen zurückgeführt und aus diesen unter Verwendung physikalischer Zusammenhänge ermittelt.

Beispiele:

Es kann gemessen werden
– die Dichte aus Masse und Volumen,
– der elektrische Widerstand aus Stromstärke und Spannung.

Weiterhin unterscheidet man zwischen analogen und digitalen Meßverfahren.

Man nennt ein Meßverfahren *analog*, ein Meßgerät und eine →Meßeinrichtung analog arbeitend, wenn der Eingangsgröße (Meßgröße) eine Ausgangsgröße zugeordnet wird, die mindestens im Idealfall eine eindeutig umkehrbare Abbildung der Meßgröße ist.

Man nennt ein Meßverfahren *digital*, ein Meßgerät und eine Meßeinrichtung digital arbeitend, wenn der Meßgröße durch das Verfahren, das Gerät oder die Einrichtung eine Ausgangsgröße zugeordnet wird, die eine mit fest gegebenen Schritten quanti-

Messen. Tabelle 2: Meßeffekte.

		Meßgrößen					
		mechanisch (Kraft, Masse, Weg)	thermisch (Temperatur, Enthalpie)	magnetisch (magn. Feldstärke)	elektrisch (Spannung, Strom usw.)	optisch (Lichtintensität usw.)	molekular (Konzentration usw.)
Ausgangsgrößen	mechanisch	Hebelwirkung Massenträgheit Gravitation Elastizität	Wärmedehnung Dampfdruck	Kraftwirkung im magnetischen Feld Magnetostriktion	Kraftwirkung im elektrischen Feld Elektrostriktion piezoelektr. Effekt	Strahlungsdruck	Sorption Quellung Osmose
	thermisch	adiabat. Zustandsänderung Coulombsche Reibung Flüssigkeitsreibung (Zähigkeit)	Zustandsänderung bei konstantem Volumen	Wirbelstrom-Verlustwärme	Joulesche Wärmeerzeugung dielektr. Verlustwärme Peltier-Effekt	Strahlungsabsorption	spez. Wärme Wärmeleitfähigkeit exotherme Reaktionen
	magnetisch	Magnetostriktion	Curie-Weiss-Effekt	Dia-, Para-, Ferromagnetismus Hysterese Influenz	Elektromagnetismus		Verhalten paramagnet. Gase im Magnetfeld Kernresonanz
	elektrisch	Induktion kapazitiver Effekt piezoelektr. Effekt piezoresist. Effekt Lenard-Effekt	Temperaturabhängigkeit des elektrischen Widerstands Seebeck-Effekt pyroelektr. Effekt (Widerstandsrauschen)	Induktion Hall-Effekt Thomson-Effekt Wiegand-Effekt	elektr. Strom in Festkörpern, Flüssigkeiten, Gasen Influenz	Photoeffekt Photowiderstand Photoionisation	galvanische Zelle elektrolyt. Leitung Elektrophorese Polarisation Kontakt- bzw. Konzentrations-Potential Oberflächenreaktionen
	optisch	Interferenz Triboluminszenz Photoelastizität Reflexion Brechung	Wärmestrahlung Thermoluminszenz	Faraday-Effekt (opt. Drehung) magnetoptischer Kerr-Effekt Zeeman-Effekt (Spektrallinienspaltung)	elektroopt. Kerr-Effekt Elektroluminszenz Laser Flüssigkristall	nichtlineare Optik Luminszenz Fluoreszenz	Dispersion Absorption Spektren
	molekular	Abhängigkeit chem. Reaktionen von mechan. Spannung Umkehrosmose	Thermofarbeneffekte Temperaturabhängigkeit chemischer Reaktionen		galvanotechn. Effekte Flüssigkristall	photochem. Effekte	chemische Reaktionen

sierte, zahlenmäßige Darstellung der Meßgröße ist.

Beispiele:

– M. der elektrischen Spannung mit einem Spannungsmesser mit Zeiger und Skale (analoges Meßverfahren mit →Skalenanzeige; →Meßgerät, elektrisches).

– M. der elektrischen Spannung mit einem Digital-Spannungsmesser (digitales Meßverfahren mit Ziffernanzeige; →Analog/Digital-Umsetzer).

Kontinuierlich arbeitende Meßverfahren können zu jedem Zeitpunkt einen neuen Meßwert liefern, während diskontinuierlich arbeitende Verfahren nur zu bestimmten, oft äquidistanten Zeitpunkten einen Meßwert abgeben. Eine solche Meßeinrichtung enthält mindestens ein diskontinuierlich arbeitendes Gerät, das nur zu diskreten Zeitpunkten arbeitet. Man spricht hier auch von Abtastsystemen. Zwischen den Abtastzeitpunkten wird die Meßgröße nicht erfaßt. Deshalb muß die Häufigkeit der Abtastungen der erwarteten Änderungsgeschwindigkeit der Meßgröße angepaßt werden. Alle digitalen Meßverfahren sind auch diskontinuierlich. Auch bei ansonsten analogen Verfahren ist eine diskontinuierliche Ausgabe der Meßwerte z. B. über einen →Punktdrucker (→Registriergerät) möglich.

Eine weitere grundlegende Unterscheidung ist zwischen Ausschlag- und Kompensationsverfahren möglich.

Zählen ist das Ermitteln der Anzahl von Elementen oder von Ereignissen (z. B. Personen oder Dingen, elektrischen Impulsen, Umdrehungen, Partikeln beim radioaktiven Zerfall), die bei dem zu untersuchenden Vorgang in Erscheinung treten. Die Meßtechnik bedient sich mehr und mehr des Zählens zum Ermitteln eines Meßwerts (→Analog/Digital-Umsetzer).

Prüfen heißt feststellen, ob der Prüfgegenstand (Probekörper, Probe, Meßgerät) eine oder mehrere vereinbarte oder vorgeschriebene oder erwartete Bedingungen erfüllt, insbesondere ob vorgegebene Fehlergrenzen oder Toleranzen eingehalten werden. Mit dem Prüfen ist daher immer der Vergleich mit vorgegebenen Bedingungen verbunden.

Beispiele:

– Der Meßkolben hat einen Riß (subjektiv durch Sicht- und Hörprüfung).

– Der Widerstand liegt in den vorgeschriebenen Fehlergrenzen von $2,00\,\Omega \pm 0,01\,\Omega$ (objektiv mit Prüfgerät).

Justieren (Abgleichen) heißt, ein Meßgerät so einzustellen oder abzugleichen, daß die Meßabweichungen möglichst klein werden oder daß die Abweichungen innerhalb der Fehlergrenzen bleiben. Das Justieren erfordert also einen Eingriff, der das Meßgerät oft bleibend verändert.

Beispiele:

– Justieren eines Widerstands auf seinen richtigen Wert durch Ändern der Drahtlänge.

– Justieren eines Elektrizitätszählers auf eine gewünschte Anzahl von Umdrehungen je Kilowattstunde.

Kalibrieren (Einmessen) im Bereich der Meßtechnik heißt, die Meßabweichungen am fertigen Meßgerät feststellen. Beim Kalibrieren erfolgt kein technischer Eingriff am Meßgerät.

Beispiel:

– Ermitteln der Meßabweichung der Anzeige eines Strommessers von den richtigen Werten der Stromstärke.

Das (amtliche) *Eichen* eines Meßgeräts umfaßt die von der zuständigen Eichbehörde nach den Eichvorschriften vorzunehmenden Prüfungen und die Stempelung. Durch Prüfen wird festgestellt, ob das vorgelegte Meßgerät den Eichvorschriften entspricht, d. h. ob es den an seine Beschaffenheit und seine meßtechnischen Eigenschaften zu stellenden Anforderungen genügt, insbesondere, ob es die Eichfehlergrenzen einhält. Durch Stempeln wird beurkundet, daß das Meßgerät im Zeitpunkt der Prüfung diesen Anforderungen genügt hat und daß zu erwarten ist, daß es bei einer Handhabung entsprechend den Regeln der Technik innerhalb der Nacheichfrist „richtig" bleibt. Welche Meßgeräte der Eichpflicht unterliegen und welche davon befreit sind, ist gesetzlich geregelt.

Beispiele:

– Eichen von Waagen. Gewichtsstücken. Fieberthermometern.

Eichen sollte man nur in diesem Sinne verwenden und nicht, wie vielfach üblich, Justieren oder Kalibrieren. *Hammerschmidt*

Literatur: DIN 1319: Grundbegriffe der Meßtechnik. Tl. 1 (Ausg. Juni 1985). – *Profos, P.:* Meßfehler. Stuttgart 1984.

Meßfehler (auch Meßabweichung). Es ist das Ziel jeder →Messung, den wahren Wert einer Meßgröße zu ermitteln. Doch wird jedes Meßergebnis verfälscht durch Unvollkommenheiten des Meßgegenstands, der Meßgeräte und der Meßverfahren; außerdem durch Einflüsse der Umwelt wie auch des Beobachters sowie durch zeitliche Veränderungen bei allen derartigen Fehlerquellen.

Einflußgrößen sind veränderliche physikalische Größen, die auf die Verknüpfung von Eingangs- und Ausgangsgrößen in Meßgeräten von außen einwirken. Wichtige Einflußgrößen sind: Temperatur, Feuchte, Luftdruck, Lage des Meßgeräts, Erschütterungen und Stöße, elektrisches Rauschen, elektrische und magnetische Störfelder, Hilfsenergie, Störspannungen, Belastung des Meßgeräts, Fremdlicht.

Man muß stets mit Meßabweichungen rechnen (hier nur Abweichungen genannt; früher auch mit

Fehler bezeichnet). Dabei unterscheidet man systematische und zufällige Abweichungen. Wenn man Abweichungen nach Betrag und Vorzeichen angeben kann, handelt es sich um bekannte systematische Abweichungen, die man durch Korrektionen ausschalten sollte, denn sonst würde das Ergebnis unrichtig. Es gibt auch systematische Abweichungen, die auf Grund experimenteller Erfahrungen vermutet oder deutlich werden, deren Betrag und Vorzeichen aber nicht eindeutig angegeben werden können. Solche unbekannten systematischen Abweichungen können in vielen Fällen abgeschätzt werden. Nicht beherrschbare, nicht einseitig gerichtete Einflüsse während mehrerer Messungen am selben Meßobjekt innerhalb einer Meßreihe führen zu einer Streuung der Meßwerte um den Mittelwert einer Meßreihe und damit zu zufälligen Abweichungen der Meßwerte vom wahren Wert. Sie machen das Meßergebnis unsicher. Wegen der verschiedenen Einflüsse gibt es keine Möglichkeit, den wahren Wert x_w zu finden. Man geht deshalb gedanklich davon aus, daß die bei mehreren Einzelmessungen einer Meßreihe erhaltenen Werte, die Meßwerte x_i, Realisierungen einer Zufallsgröße X sind. Diese Zufallsgröße X folgt einer Wahrscheinlichkeitsverteilung, die insbes. durch die beiden Parameter Erwartungswert μ und Standardabweichung σ gekennzeichnet ist. Bei Abwesenheit von systematischen Abweichungen stimmt der Erwartungswert μ mit dem wahren Wert x_w der Meßgröße überein. Die Standardabweichung σ ist ein Streuungsmaß für die zufällige Abweichung eines einzelnen Meßwerts vom Erwartungswert der Meßgröße.

Die Parameter μ und σ der Wahrscheinlichkeitsverteilung sind i. a. nicht bekannt. Es besteht die Aufgabe, aus einer Meßreihe Schätzwerte für sie zu ermitteln. Üblicherweise werden der arithmetische Mittelwert $\bar{x}$ als Schätzwert für μ und die (empirische) Standardabweichung s der Meßreihe als Schätzwert für σ benutzt:

$$\bar{x} = \frac{1}{n} \sum_{i=1}^{n} x_i \qquad (1),$$

$$s = \sqrt{\frac{1}{n-1} \sum_{i=1}^{n} (x_i - \bar{x})}$$

$$= \sqrt{\frac{1}{n-1} \left[\sum_{i=1}^{n} x_i^2 - \frac{1}{n} \left(\sum_{i=1}^{n} x_i \right)^2 \right]} \qquad (2).$$

Weil die Meßwerte Realisierungen einer Zufallsgröße sind, werden x von μ und s von σ zufällig abweichen. Geht man von einer Annahme über den Verteilungstyp der Meßwerte aus (DIN 1319, Tl. 3, setzt Normalverteilung voraus), so läßt sich mit Hilfe von x und s ein Vertrauensbereich angeben, der mit einer vorgegebenen Wahrscheinlichkeit,

dem Vertrauensniveau $(1-\alpha)$, den Erwartungswert μ überdeckt. Durch diesen Vertrauensbereich wird der Einfluß der zufälligen Abweichungen auf das Meßergebnis . erfaßt. Wenn nichts anderes vereinbart ist, soll das Vertrauensniveau $1- \alpha$ = 95% benutzt werden. Mit 95% Wahrscheinlichkeit liegt dann der Erwartungswert μ je nach der Anzahl n der Einzelmeßwerte in dem Vertrauensbereich

$$\bar{x} - \frac{t}{\sqrt{n}} s \leq \mu \leq \bar{x} + \frac{t}{\sqrt{n}} s,$$

mit $\frac{t}{\sqrt{n}}$ nach folgender Tabelle und μ sowie s nach Gl. (1) und Gl. (2):

n	2	5	10	50	> 200
$\frac{t}{\sqrt{n}}$	8,98	1,24	0,71	0,28	$\frac{1,96}{\sqrt{n}}$

Man sieht, daß man bei unbekanntem σ und kleinem n einen weiten Vertrauensbereich in Kauf nehmen muß. Ist die Standardabweichung σ aus früheren Messungen ausreichend bekannt, so ergibt sich für das Vertrauensniveau 95% folgender Vertrauensbereich:

$$\bar{x} - \frac{1,96 \, \sigma}{\sqrt{n}} \leq \mu \leq \bar{x} + \frac{1,96 \, \sigma}{\sqrt{n}}.$$

Rechnet man statt mit 1,96 σ mit dem glatten Wert 2 σ, so beträgt das Vertrauensniveau 95,5%.

Das endgültige Meßergebnis x_w aus einer Meßreihe ist der um die bekannten systematischen Abweichungen berichtigte Mittelwert $\bar{x}_E$, verbunden mit einem Intervall, dessen Grenzen um ±u um $\bar{x}_E$ herumliegen: $x_w = \bar{x}_E \pm u$. Dabei beträgt die Meßunsicherheit u i. a. die Hälfte des angegebenen Vertrauensbereichs, der erweitert ist um einen Zuschlag für die unbekannten systematischen Abweichungen. Dieser Zuschlag sollte nach Erfahrungen bzw. Herstellerangaben festgelegt werden.

Fehlergrenzen sind vereinbarte Höchstbeträge für (positive oder negative) Abweichungen der Anzeige oder Ausgabe von Meßgeräten. Fehlergrenzen werden im Hinblick auf systematische Abweichungen der Meßwerte vom richtigen oder einem anderen festgelegten vereinbarten Wert der Meßgröße vorgegeben. Sie dürfen auch durch zufällige Abweichungen nicht überschritten werden. Häufig sind obere und untere Fehlergrenze gleich. Man spricht dann von symmetrischen Fehlergrenzen. Fehlergrenzen dürfen in Einheiten der betreffenden Größe oder bezogen auf den Endwert des Meßbereichs oder bezogen auf einen anderen Wert angegeben werden. Die relative Angabe erfolgt meist in %, beispielsweise in % des Endwerts des Meßbereichs eines elektrischen Meßgeräts. Die

Angabe 1,5 bedeutet z. B., daß der angezeigte Meßwert um ±1,5% des Endwerts vom wahren Wert abweichen darf.

Bei Meßgeräten mit Ziffernanzeige kommt hier noch der Quantisierungsfehler hinzu (±1 in der letzten Stelle der Anzeige). Eichfehlergrenzen sind durch den Gesetzgeber in der Eichordnung vorgeschrieben. *Hammerschmidt*

Literatur: DIN 1319. Tl. 3: Grundbegriffe der Meßtechnik. Hrsg. Dt. Inst. für Normung. Aug. 1983. – VDI/VDE 2600. Bl. 1 bis 6: Richtlinien Metrologie (Meßtechnik). Hrsg. Verein Dt. Ing. Ausg. Nov. 1973.

Meßgerät. M. sind die im Signalfluß liegenden Geräte einer →Meßeinrichtung. Die zwischen den M. ausgetauschten Meßsignale enthalten die Information über die zu messende Größe. Beispiele für nichtelektrische M. sind Meterstab und Waage, für elektrische bzw. elektronische M. der häusliche Elektrizitätszähler bzw. eine Quarzuhr.

Die meßtechnischen Eigenschaften eines M. werden durch sein statisches und dynamisches Verhalten sowie durch die Größe der unvermeidlichen Meßabweichungen charakterisiert.

Der stationäre Zustand (oder Beharrungszustand) eines M. ist bei zeitlicher Konstanz aller Eingangsgrößen nach Ablauf aller Ausgleichsvorgänge erreicht. Für diesen Zustand beschreibt die Kennlinie (Bild 1) die Abhängigkeit des Ausgangssignals x_a vom Eingangssignal x_e:

$$x_a = f(x_e)$$

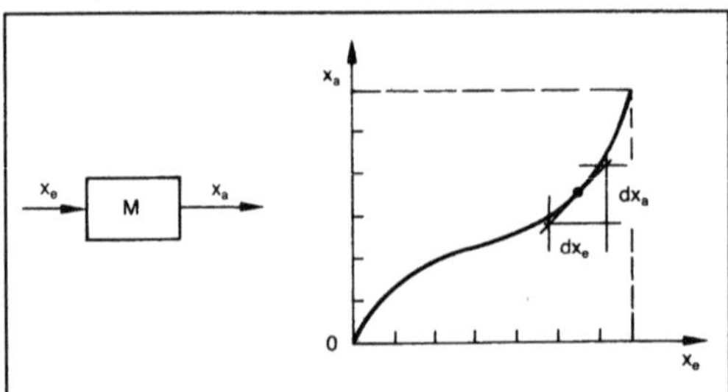

Meßgerät 1: Kennlinie.

M Meßgerät

Aus der Kennlinie ergibt sich die Empfindlichkeit E eines M. Sie ist der Quotient aus einer beobachteten Änderung des Ausgangssignals (oder der Anzeige) dx_a und der sie verursachenden kleinen Änderung des Eingangssignals (oder der Meßgröße) dx_e:

$$E = \frac{dx_a}{dx_e}.$$

Ein M. hat eine lineare Kennlinie und eine konstante Empfindlichkeit, wenn der Zusammenhang zwischen der Eingangsgröße und der Ausgangsgröße durch eine →Gerade (lineare →Funktion) dargestellt wird. Dabei werden lineare Maßstäbe auf Abszisse und Ordinate vorausgesetzt. Eine Kennlinie ist nichtlinear, wenn sie keine Gerade darstellt.

Bei M. mit Skalenanzeige ist die Empfindlichkeit E der Quotient aus der Änderung ΔL der Anzeige und der sie verursachenden Änderung ΔM der Meßgröße, also $E = \Delta L/\Delta M$.

Beispiel: Ein Fieberthermometer, dessen Quecksilbersäule bei 38 °C um 9 mm länger ist als bei 37 °C, hat eine Empfindlichkeit E = 0,9 mm/K.

Bei M. mit Ziffernanzeige ist die Empfindlichkeit E der Quotient aus der Anzahl ΔZ der Ziffernschritte, um die sich die Anzeige ändert, und der sie verursachenden Änderung ΔM der Meßgröße, also $E = \Delta Z/\Delta M$.

Der Quotient aus einem ersten deutlich erkennbaren Unterschied der Anzeige und der sie verursachenden Änderung der Meßgröße ist keine Empfindlichkeit im vorstehend definierten Sinn, sondern wird als Ansprechschwelle bezeichnet. In manchen Bereichen der Meßtechnik benutzt man bevorzugt den Kehrwert der Ansprechschwelle und bezeichnet diesen als Auflösung. Die Auflösung ist die erforderliche Änderung der Eingangsgröße, um eine festgelegte geringe Änderung der Anzeige zu bewirken. Bei Geräten mit Ziffernanzeige versteht man unter Auflösung oft den Ziffernschritt.

Beispiel: Ein Strommesser mit vierstelliger Ziffernanzeige und einem Anzeigebereich bis 2 A kann Änderungen des zu messenden Stroms bis zu 1 mA herab erkennen. Die Auflösung beträgt hier also 1 mA pro Ziffernschritt. Es sei hier ausdrücklich **darauf** verwiesen, daß diese Auflösung nicht zu verwechseln ist mit der →Genauigkeit oder Meßunsicherheit der hier vorgenommenen Messung. Der →Meßfehler, der bei Messungen mit dem beschriebenen Gerät gemacht wird, hängt von den Eigenschaften des Geräts und den Einsatzbedingungen ab und kann wesentlich größer als 1 mA sein.

Das dynamische Verhalten oder Zeitverhalten kennzeichnet den zeitlichen Verlauf der Ausgangsgröße bei einem vorgegebenen Verlauf der Eingangsgröße. In der Meßtechnik werden zur Kennzeichnung des Zeitverhaltens vorwiegend sprungförmige oder sinusförmige Änderungen der Eingangsgrößen verwendet, die mathematisch ineinander überführbar sind. Viele M. benötigen nach einer sprungförmigen Änderung des Werts der Eingangsgröße eine gewisse Einstellzeit, bis der Wert der Ausgangsgröße dauernd innerhalb vorgegebener Grenzen eingeschwungen ist (Bild 2). Diese Einstellzeit ist bei Messungen abzuwarten.

Beispiel: Ein Thermometer mag zeitlich konstante Temperaturen relativ genau erfassen können. Infolge seiner Trägheit kann es aber einer rasch veränderlichen Temperatur nur ungenau folgen.

Bei abtastenden (diskontinuierlichen) Verfahren können Abweichungen dadurch entstehen, daß die

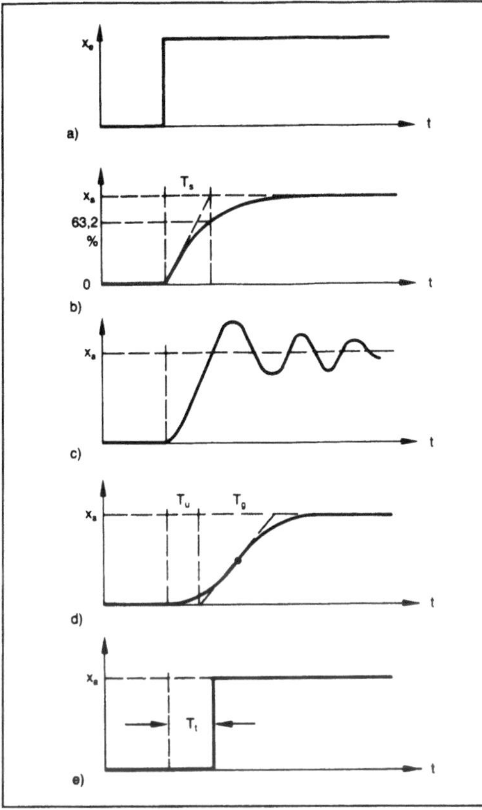

Meßgerät 2: Sprungantworten.
a) Sprungförmig sich änderndes Eingangssignal x_e
b) Ausgangssignal x_a eines Meßgeräts mit Zeitverhalten erster Ordnung

T_s Zeitkonstante

c) Ausgangssignal x_a eines Meßgeräts mit Zeitverhalten höherer Ordnung; schwingende Annäherung an den neuen Endwert
d) Ausgangssignal x_a eines Meßgeräts mit Zeitverhalten höherer Ordnung; kriechende Annäherung an den neuen Endwert
e) Ausgangssignal x_a eines Meßgeräts mit der Totzeit T_t.

T_u Verzugszeit, T_g Ausgleichszeit

Abtastrate nicht der Änderungsgeschwindigkeit der Meßgröße angepaßt ist.

Meßgeräte mit direkter Ausgabe (Sichtausgeber). Von einem anzeigenden M. kann der Meßwert unmittelbar abgelesen oder abgenommen werden.

Ein registrierendes M. zeichnet einzelne Meßwerte oder den Verlauf, und zwar meist den zeitlichen Verlauf, von Meßwerten auf (→Schreiber, Drucker, →Registriergerät).

Ein zählendes M. (z. B. Stückzähler, Meßeinrichtung zum Zählen von Alphateilchen) gibt als Meß-

wert eine Anzahl aus, oder es gehört zu den meist ebenfalls →Zähler genannten, eine Meßgröße über die Zeit integrierenden M. (z. B. Elektrizitätszähler, Gasdurchfluß-Integratoren).

Bei den M. mit Skalenanzeige (Bild 3 a)) stellt sich eine Marke (z. B. eine bestimmte Stelle eines körperlichen Zeigers oder eines Lichtzeigers) meist kontinuierlich auf eine Stelle der Skale (Teilung) des Geräts ein, oder die Skale wird darauf eingestellt (elektrisches M.).

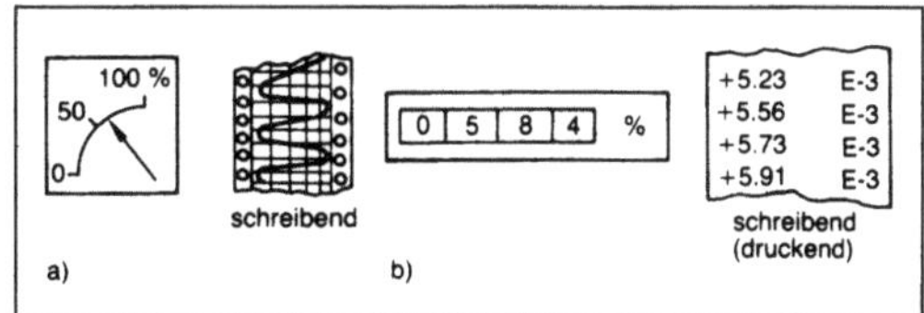

Meßgerät 3: Direkte Meßwertausgabe.
a) Meßwertausgabe mit Skalenanzeige
b) Meßwertausgabe mit Ziffernanzeige.

Bei den M. mit Ziffernanzeige ist die Ausgangsgröße eine mit fest gegebenem kleinsten Schritt quantisierte zahlenmäßige Darstellung der Meßgröße. Der Meßwert erscheint diskontinuierlich als Summe von Quantisierungseinheiten oder als Summe von Impulsen, z. B. in einer Ziffernfolge. Solche M. haben daher keine stetig ablesbare Skale (Bild 3b)).

Maßverkörperungen sind M., die bestimmte, i. a. unveränderliche einzelne Werte oder auch eine Folge von Werten einer Meßgröße verkörpern (z. B. Endmaße, Meßkolben, Gewichtstücke, Widerstandsnormale). Sie haben keine während der Messung beweglichen Marken.

Anzeigebereich, Meßbereich. Der Anzeigebereich ist der Bereich aller Werte der betrachteten Meßgröße, die an einem M. abgelesen werden können. Bestimmte M. (z. B. Thermometer mit Erweiterungen) können mehrere Teilanzeigebereiche haben.

Der Meßbereich ist derjenige Bereich von Meßwerten der Meßgröße, in dem vorgegebene, vereinbarte oder garantierte Fehlergrenzen nicht überschritten werden.

Bei M. mit mehreren Meßbereichen können für die einzelnen Bereiche unterschiedliche Fehlergrenzen gelten. *Beispiel:* Mehrbereich-M.

Der Meßbereich wird durch seine Grenzen (Meßanfang und Meßende) angegeben. Die Differenz zwischen Meßende und Meßanfang heißt Meßspanne (Bild 4).

Bei anzeigenden M. ist der Meßbereich ein Teil des Anzeigebereichs. Er kann den ganzen Anzeigebereich umfassen, wird aber oft nur aus einem oder mehreren Teilen des Anzeigebereichs bestehen. *Hammerschmidt*

Literatur: *Schrüfer, E.:* Elektrische Meßtechnik. München 1992. – VDI/VDE 2600: Richtlinien Metrologie (Meßtechnik). Hrsg. Verein Dt. Ing. Ausg. Nov. 1973.

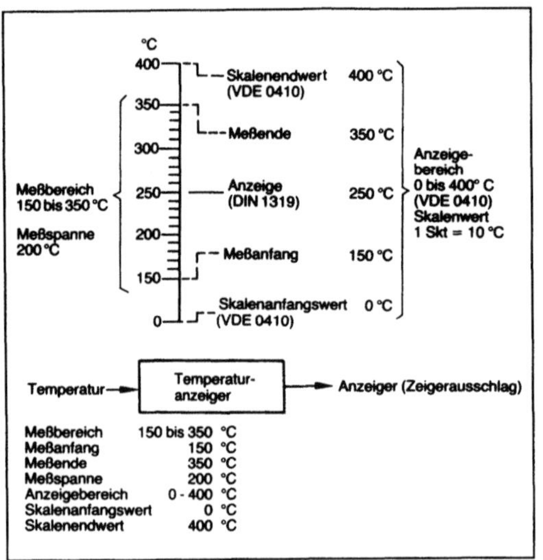

Meßgerät 4: Beispiel für ein Meßgerät mit Skalenanzeige.

Meßgerät, elektrisches. Wenn die Eingangs- und/oder Ausgangssignale von M. durch elektrische Größen dargestellt werden, spricht man von e. M. Soweit dabei auch elektronische Bauelemente eingesetzt sind, deren Eigenschaften bestimmend für die Funktion des Geräts werden, handelt es sich um elektronische M. (Bild 1).

Als e. M. versteht man die klassischen M., d. h. jene Bauarten zum Messen von Gleich- und Wechselstromgrößen, die über ein elektromechanisches Meßwerk verfügen, das feinwerktechnisch gefertigt ist. Ein Meßwerk besteht aus den eine Bewegung erzeugenden Teilen (z. B. →Magnet, →Spule) und dem beweglichen Organ (z. B. Spulen, Eisenteile, Zeiger), dessen Lage von dem Wert der Meßgröße abhängt. Die feststehenden Teile tragen üblicherweise die Skale, während das bewegliche Organ den Zeiger oder den Drehspiegel für eine Lichtzeigeranordnung trägt. Das bewegliche Organ wird durch Spiralfedern oder Torsionsbänder (bei der Spannbandlagerung) in seine Ruhelage gebracht. Beim ausgelenkten beweglichen Organ sind elektrisch erzeugtes Drehmoment und das durch die Federn aufgebrachte Rückstellmoment im eingeschwungenen Zustand gleich groß. Um Schwingungen beim Einstellvorgang klein zu halten, muß man die Bewegung dämpfen. Zum Schutz gegen den Einfluß magnetischer Fremdfelder kann man die Meßwerke mit einer →Abschirmung aus hochpermeablem Nickeleisenblech umgeben.

Die wichtigsten in klassischen M. eingesetzten Meßwerke werden nachfolgend kurz beschrieben.

Drehspulmeßwerke enthalten einen feststehenden Dauermagneten (Magnete), dessen Pole man häufig so ausbildet, daß sich ein radialhomogenes

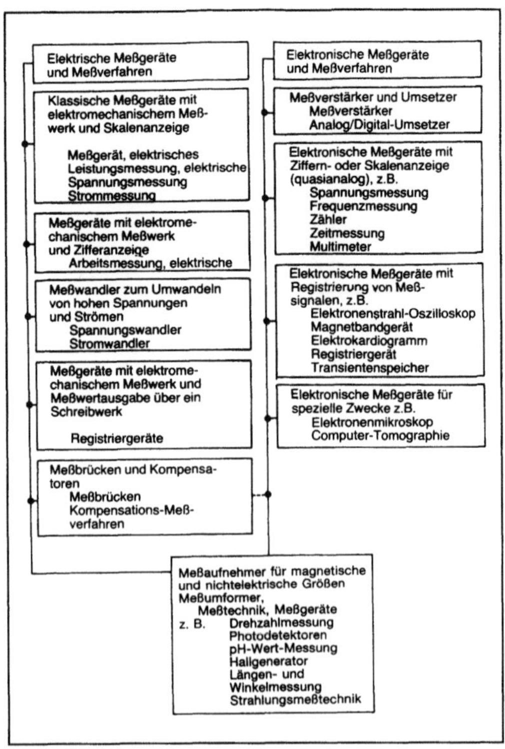

Meßgerät, elektrisches 1: Übersicht.

→Magnetfeld ergibt. In diesem Magnetfeld ist eine rahmenförmige Drehspule angeordnet, in die der Meßstrom über zwei Spiralfedern oder zwei Spannbänder geleitet wird (Bild 2). Bei linearer Charakteristik der Federn ist der Ausschlag dem Mittelwert des durchfließenden Stroms proportional. Die Skale kann linear geteilt sein.

Man wendet Drehspulmeßwerke zur →Spannungsmessung, →Strommessung bei Gleichstrom, in Verbindung mit Gleichrichtern auch bei →Wechselstrom an. Die handelsüblichen Vielfachinstrumente mit Skalenanzeige enthalten Drehspulmeßwerke, umschaltbare Vor- und Nebenwiderstände sowie →Gleichrichter, so daß sich eine Vielzahl von Meßbereichen für Gleichspannung, Gleichstrom, →Wechselspannung und Wechselstrom ergibt.

Drehmagnetmeßwerke haben einen drehbar gelagerten Dauermagneten, der im Magnetfeld feststehender Spulen ausgelenkt wird. Sie sind sehr robust, weil sie keine bewegliche Stromzuführung benötigen.

Drehspulquotientenmeßwerke (Kreuzspulmeßwerke) haben zwei gekreuzte, starr miteinander verbundene Drehspulen. Das Magnetfeld ist durch entsprechende Gestaltung der Polschuhe inhomogen ausgeführt. Rückstellfedern sind nicht vorhanden (Bild 3). Bei Stromdurchgang durch die beiden Drehspulen entstehen zwei entgegengesetzt gerich-

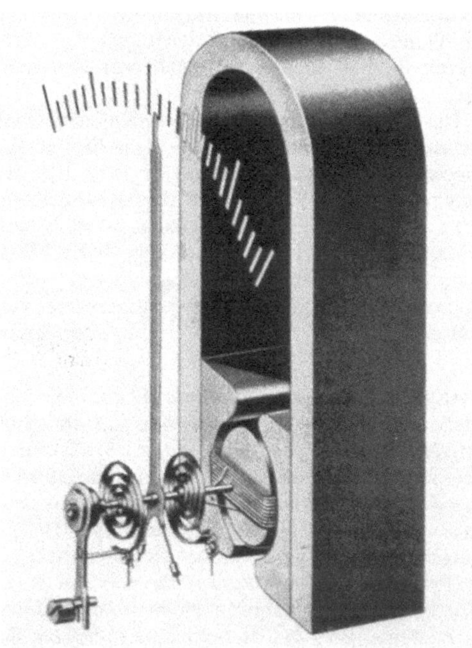

Meßgerät, elektrisches 2: Drehspulmeßwerk mit Außenmagnet. (Quelle: H & B)

tete Drehmomente. Der Zeigerausschlag hängt vom Quotienten der beiden Ströme ab. Anwendung zur Widerstandsmessung.

Das Prinzip des *elektrodynamischen Meßwerks* ist gleich dem des Drehspulmeßwerks, wenn der Permanentmagnet durch einen Elektromagneten er-

Meßgerät, elektrisches 3: Kreuzspulmeßwerk. (Quelle: H & B)

setzt wird. Der Ausschlag ist proportional dem Produkt der beiden Ströme, die durch die Drehspule bzw. den Elektromagneten fließen. Mit diesem Meßwerk kann man z. B. die elektrische →Leistung ($P = U \cdot I \cdot \cos \alpha$) messen. Bei entsprechender Beschaltung läßt sich auch der quadratische Mittelwert einer zeitveränderlichen elektrischen Größe bestimmen (→Effektivwertmessung).

Beim *Dreheisenmeßwerk* (Rundspulausführung) sind in einer ringförmigen Spule zwei Eisenbleche angeordnet. Fließt ein Strom durch die Spule, entsteht zwischen den Eisenblechen eine abstoßende Kraft, die proportional dem Quadrat des Stroms ist. Das eine Eisenblech wird fest, das andere drehbar angebracht. Das Instrument ist für Gleich- und für Wechselstrom geeignet. Bei Wechselstrom ist der Ausschlag dem quadratischen Mittelwert (→Effektivwert) des durchfließenden Stroms proportional.

Das *Bimetallmeßwerk* beruht auf der thermischen Wirkung des zu messenden Stroms. Ein Bimetallstreifen (zwei fest miteinander verbundene Metallstreifen mit unterschiedlichen Wärmeausdehnungskoeffizienten) krümmt sich durch die Erwärmung. Die Ausdehnung ist ein Maß für den quadratischen Mittelwert eines Stroms über einen Zeitraum in der Größenordnung von 10 min.

Beim *Thermoumformer-Meßwerk* wird die vom Stromfluß erzeugte Erwärmung eines Meßwiderstands mit Hilfe eines Thermoelements gemessen und auf einem Drehspulinstrument angezeigt. Die Thermospannung liegt in der Größenordnung von 10 mV und ist ein Maß für den quadratischen Mittelwert des fließenden Meßstroms. Anwendung: Messung des Effektivwerts von Wechselspannungen und Wechselströmen im Frequenzbereich bis weit über 1 MHz.

Eine Übersicht über Sinnbilder für elektrische Meßinstrumente gibt Bild 4.

Die Bedeutung der klassischen e. M. nimmt durch das Vordringen der elektronischen, digital arbeitenden Meßgeräte (Bild 1) mit Skalen- und Ziffernanzeige ab. Gründe dafür sind höherer Bedienungskomfort und geringerer Aufwand beim Herstellen elektronischer M. (z. B. →Multimeter).

In der elektronischen Meßtechnik werden die Eigenschaften der M. durch den Einsatz elektronischer Bauelemente geprägt. Dadurch ergeben sich viele Vorteile gegenüber der klassischen Meßtechnik:

□ Übertragen von Meßwerten über große Entfernungen,

□ Messen kleinster Signale durch den Einsatz von Meßverstärkern,

□ Einsatzmöglichkeit preisgünstiger Sensoren für eine Vielzahl von Meßgrößen,

□ leistungsarme bzw. leistungslose Meßwertaufnahme (z. B. Kompensations-Meßverfahren),

511

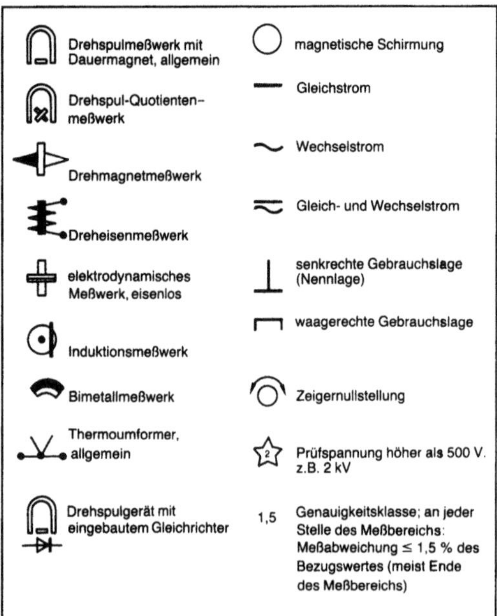

Meßgerät, elektrisches 4: Sinnbilder und Zeichen für Meßwerke nach VDE 0410.

□ berührungslose Meßwertaufnahme (z. B. Photodetektoren, Feldplatte),

□ fast trägheitslose Aufzeichnung von Schwingungen (z. B. →Elektronenstrahl-Oszilloskop),

□ Meßwertverarbeitung in Prozeßrechnern, wobei nach der Analog/Digital-Umsetzung die Fehler sehr klein gehalten werden können,

□ Meßwertspeicherung in Digitalrechnern und mittels analoger und digitaler Magnetbandgeräte.

Die Bedeutung der elektronischen Meßtechnik wird deshalb für die gesamte Technik, die Naturwissenschaften, die Medizin und die Biologie weiterhin zunehmen. *Hammerschmidt*

Literatur: *Profos, P.:* Handb. industrielle Meßtechnik. Essen 1984. – *Schrüfer, E.:* Elektrische Meßtechnik. München 1992. – *Stöckl, M.,* u. *K. H. Winterling:* Elektrische Meßtechnik. Stuttgart 1978.

Meßgerät für Immissionsmessungen →Immissionsmessung

Meßgerät für magnetische Größen →Magnetfeldmessung

Meßgerät für mechanische Größen. Es sind alle Geräte und →Aufnehmer für mechanische Größen, angefangen von den Basisgrößen des SI, Länge, Masse und Zeit, bis hin zu den unterschiedlichsten hergeleiteten SI-Größen. Hierbei spielt das →Messen dieser nichtelektrischen Größen mit Hilfe elektrischer Methoden eine herausragende Rolle, da für die Weiterverarbeitung und Übertragung von Meßwerten diese als elektrische Signale vorliegen müssen.

Die →Längenmessung, →Mengenmessung (Masse) und Zeitmessung dient dem Messen der mechanischen Basisgrößen des SI. Von den abgeleiteten SI-Größen sei auf die →Winkelmessung, →Geschwindigkeitsmessung, Beschleunigungsmessung, →Drehzahlmessung, →Kraftmessung, →Druckmessung, Dehnungsmessung, →Frequenzmessung und →Schwingungsmessung verwiesen. *F. Schneider*

Meßgerät für optische Größen. Hierzu zählen die Meßgeräte und →Aufnehmer für die optischen Größen des SI, insbesondere zur Lichtstärkemessung, Lichtstrommessung und Beleuchtungsstärkemessung. Es sei ferner auf Photodiode, Phototransistor und Photodetektor verwiesen. Der Belichtungsmesser mißt in der Photometrie die Belichtung als Produkt aus Beleuchtungsstärke und Zeit (lx·s). Von besonderer Bedeutung sind heute Bildaufnehmersysteme. Bei einer Fernsehkamera besteht die Wandlerschicht aus einer Vielzahl (mehrere Millionen) voneinander isolierter Mosaikzellen auf einem transparenten Metallfilm. Jede Mosaikzelle ist ein kleiner →Kondensator, dessen Ladung vom auffallenden Licht abhängt. Durch einen Elektronenstrahl wird die Wandlerschicht entsprechend der Fernsehnorm mit 625 Zeilen abgetastet. Weitere Bildsensoren sind die ladungsgekoppelten Halbleiter (charged coupled devices, CCD). Bildsensoren werden zur Mustererkennung, zur Lage- und Positionsbestimmung (von Werkstücken) und insbesondere in Montagesystemen eingesetzt. In faseroptischen Sensoren wird das Licht zum Übertragen und/oder Erfassen der gewünschten Meßgröße verwendet. *F. Schneider*

Meßgerät für thermische Größen →Temperaturmessung, →Wärmemengenmessung, →Thermoelement, →Widerstandsthermometer, →Pyrometer, →Thermographie

Meßgleichrichter. Für sinusförmige Wechselspannungsgrößen (Bild 1) gibt es verschiedene Kennwerte. Diese Kennwerte sind wie folgt definiert:

Linearer →Mittelwert: $\bar{u} = \dfrac{1}{T} \int\limits_{0}^{T} \hat{u} \sin \omega t \, dt \; [= 0]$,

Gleichrichtwert: $\overline{|u|} = \dfrac{1}{T} \int\limits_{0}^{T} |\hat{u} \sin \omega t| \, dt$

$$\left[= \frac{2}{\pi} \cdot \hat{u} = 0{,}637 \, \hat{u} \right]$$

512

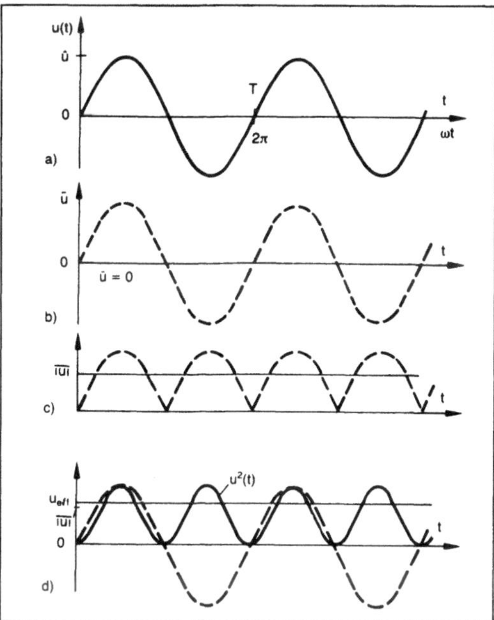

Meßgleichrichter 1: Wechselspannungsgrößen.
a) Augenblickswert u(t) = û sinωt (û = Scheitelwert)
b) linearer Mittelwert ū
c) Gleichrichtwert $\overline{|u|}$
d) Quadratischer Mittelwert u²(t) und Effektivwert u_eff.

Effektivwert: $u_{eff} = \sqrt{\dfrac{1}{T}\int_0^T (û\,\sin\,ωt)^2\,dt}$

$$\left[= \dfrac{û}{\sqrt{2}} = 0{,}707 \right.$$

$$\left. û = 1{,}11 \cdot \overline{|u|} \right]$$

Die eingeklammerten Zahlenwerte 0, 0,637, 0,707 und 1,11 gelten nur für Sinusform. Das Verhältnis

$k = \dfrac{u_{eff}}{\overline{|u|}}$ von periodischen Spannungen wird mit

Kurvenformfaktor bezeichnet.

Elektromechanische Meßwerke (→Meßgerät, elektrisches) können schon bei niedrigen Frequenzen den Augenblickswerten von Wechselspannungen nicht mehr folgen und zeigen so nur gemittelte Werte an. Meist ist dies der lineare Mittelwert ū. Bei einer reinen Sinusspannung wäre ū = 0 (Bild 1b), das Meßwerk würde nichts anzeigen. Um zu einer Anzeige zu kommen, muß man mittels M. dafür sorgen, daß dem Meßwerk ein →Signal zugeführt wird, dessen Mittelwert von 0 verschieden und proportional zur Meßgröße ist. Dies geschieht bei der Einweggleichrichtung (Bild 2b) durch Unterdrücken z. B. der negativen Halbwellen mittels einer Diode D. Die Vollweggleichrichtung mit vier Dio-

den (Bild 2c) legt den Betrag oder Gleichrichtwert $\overline{|u|}$ (Bild 1c) an das Meßwerk, woraus sich ein doppelt so großer Ausschlag wie beim Einweggleichrichter ergibt. Man nennt diese Anordnung von vier Gleichrichterdioden auch *Graetz*-Schaltung. Die Kennlinien (Bild 2a) gelten nur für ideale Dioden. Reale Si-Dioden mit ihrer Durchlaßspannung von ca. 0,6 V verursachen bei der Messung kleinerer Spannungen erhebliche Abweichungen von der Proportionalität zwischen Meßgröße und Anzeige, denen man durch eine nichtlineare Skale teilweise begegnen kann. Eleganter löst man dieses Problem durch Verwendung eines Meßverstärkers mit eingeprägtem Ausgangsstrom nach Bild 3. Hier spielen die Diodendurchlaßspannungen keine Rolle mehr. Eine besondere Ausführung dieses Präzisionsgleichrichters erlaubt es, das Meßgerät einpolig an Masse zu legen.

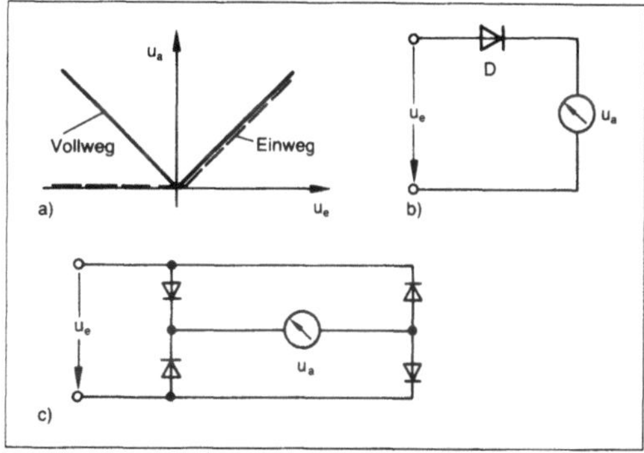

Meßgleichrichter 2: Einweg- und Vollweggleichrichter.
a) Kennlinien
b) Einweggleichrichter
c) Vollweggleichrichter.

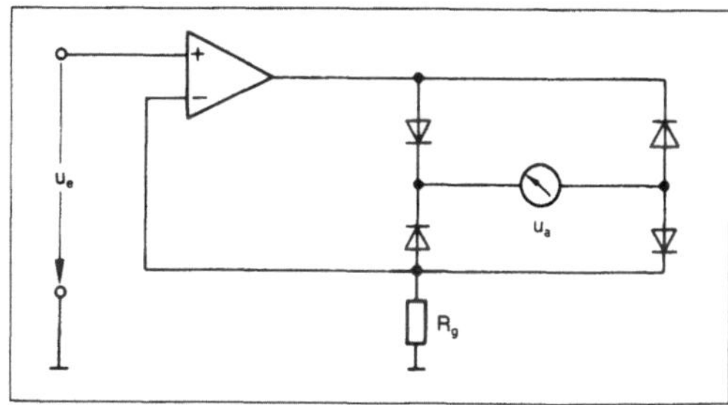

Meßgleichrichter 3: Präzisionsgleichrichter mit Verstärker.

Da nach obigen Angaben der Scheitelwert û einer sinusförmigen Spannung in einem festen Verhältnis zu den Mittelwerten steht, ist auch die Erfassung von û meßtechnisch sinnvoll. Im einfachsten Fall läßt sich der Scheitelwert auf einem →Kondensator C speichern, der über eine Diode D aufgeladen wird (Bild 4a). Durch Einsatz eines Verstärkers läßt sich

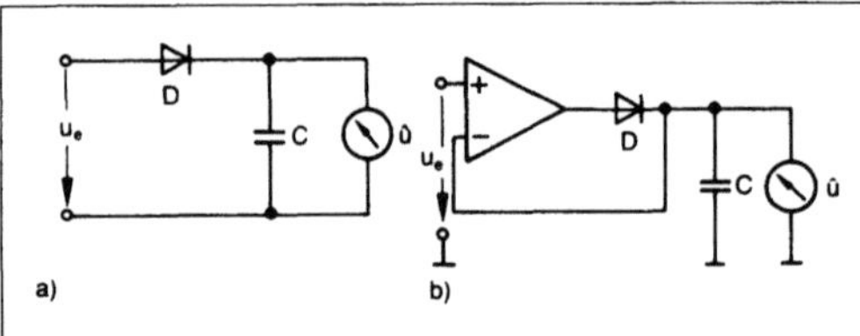

Meßgleichrichter 4: Scheitelwertgleichrichter.
a) Diode und Kondensator
b) Verstärker mit eingeprägtem Ausgangsstrom.

auch hier der Einfluß der Diodendurchlaßspannung eliminieren (Bild 4 b). Praktisch ausgeführte Scheitelwertmesser enthalten weitere Komponenten. Bei den Verfahren, die auf der Speicherung des Scheitelwerts beruhen, erhält man je Periode maximal zwei Meßwerte für $\hat{u}$. Dies kann für regeltechnische Anwendungen zu wenig sein. Deshalb differenziert man fortlaufend elektronisch das Signal $\hat{u}(t) = \hat{u}$ $\sin\omega t$ und faßt bei bekannter →Frequenz die beiden Signale $u(t)$ und $u'(t)/\omega$ wie folgt zusammen:

$$\sqrt{u^2(t) + (u'(t)/\omega)^2} = \sqrt{\hat{u}^2 \sin^2\omega t + \hat{u}^2 \cos^2\omega t} = \hat{u}.$$

Nach diesem Prinzip arbeitende Schaltungen liefern am Ausgang kontinuierlich eine Spannung, die dem jeweiligen Scheitelwert der angelegten →Sinusschwingung entspricht.

Auch den Effektivwert einer sinusförmigen →Wechselspannung kann man über die Messung des Gleichrichtwerts (multipliziert mit k = 1,11) oder des Scheitelwerts (dividiert durch $\sqrt{2}$) ermitteln. Bei vielen handelsüblichen Meßgeräten ist bei den Skalen für Wechselgrößen der Kurvenformfaktor 1,11 berücksichtigt. Es ergeben sich dann bei nicht sinusförmigen Meßgrößen in Abhängigkeit von der Kurvenform folgende Abweichungen:
– Gleichstrom, Rechteck: +11 %,
– Dreieck: –4 %,
– weißes Rauschen: –11 %.

Bei diesen und anderen Kurvenformen kann man auch zur echten →Effektivwertmessung übergehen (→Leistungsmessung, elektrische).

Wenn die zu messende Wechselspannung aus einer →Meßbrücke oder aus einem Trägerfrequenzverstärker (Meßverstärker) kommt, enthält sie in ihrer Phasenlage (bezogen auf die Speisewechselspannung) das Vorzeichen der zugrundeliegenden Meßgröße (z. B. Dehnung, kleine Gleichspannung), egal ob diese positiv oder negativ ist. Die bisher besprochenen Gleichrichtverfahren können die Phasenlage nicht erkennen, sind also nur für Meßgrößen mit einer Polarität geeignet. Synchrongleichrichter oder phasenselektive Gleichrichter arbeiten synchron mit der Speisespannung und haben diesen Nachteil nicht.   *Hammerschmidt*

Literatur: *Tietze, U. u. Ch. Schenk:* Halbleiter-Schaltungstechnik. 8. Aufl. Berlin 1986.

Meßsignal. Ein M. ist das zwischen den Geräten einer Meßeinrichtung ausgetauschte →Signal, das die Information über die gemessene Größe trägt (→Meßtechnik, elektrische). Dabei werden insbes. die folgenden Signalarten oder Datenformate benutzt:
☐ Amplitudenanaloges Signal: Die Amplitude des Signals ist proportional dem Meßwert.
☐ Digitales Signal: Der Meßwert wird codiert durch parallele oder serielle Binärsignale geliefert.
☐ Zeitanaloges Signal: Die Zeitdauer eines Impulses ist proportional dem Meßwert.
☐ Frequenzanaloges Signal: Die →Frequenz einer periodischen oder stochastischen →Impulsfolge ist proportional dem Meßwert.

Diese Signale unterscheiden sich zunächst hinsichtlich der Werte, die sie annehmen können. Die analogen Signale sind wertkontinuierlich. Innerhalb des Definitionsbereichs führt jeder Wert der Eingangsgröße zu einem eigenen Wert der Ausgangsgröße (Bild 1). Das digitale Signal hingegen ist wertdiskret. Die Kennlinie eines derartigen Geräts verläuft treppenförmig. Innerhalb einer Stufe ist verschiedenen Werten der Eingangsgröße ein einziger Wert der Ausgangsgröße zugeordnet.

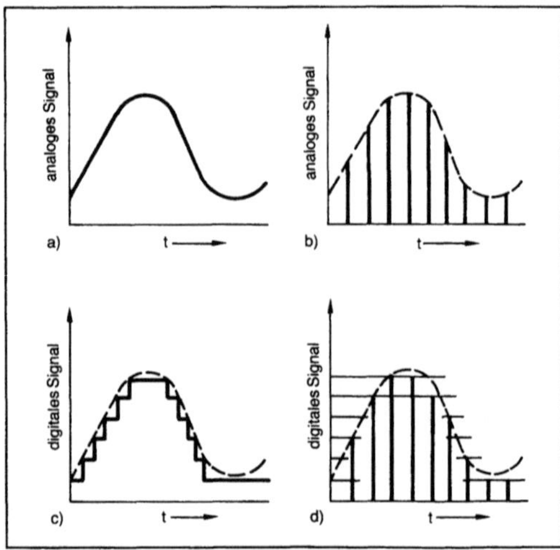

Meßsignal 1: Einteilung der Signale.
a) Wert- und zeitkontinuierliches Signal
b) Wertkontinuierliches, zeitdiskretes Signal
c) Wertdiskretes, zeitkontinuierliches Signal
d) Wert- und zeitdiskretes Signal.

Weitere Unterschiede liegen im Zeitverhalten. Die amplitudenanalogen Signale stehen jederzeit zur Verfügung; sie sind zeitkontinuierlich. Dasselbe gilt für die digitalen Signale, die von direkt codierten Umsetzern geliefert werden. Bei den zeitanalogen Signalen hingegen wird die zu messende Größe als Zeitintervall dargestellt, dessen Dauer erst noch auszuzählen ist (→Analog/Digital-Umsetzer). Ähnlich ist auch eine gewisse Zeit erforderlich, um die Frequenz eines frequenzanalogen Signals zu erfassen. Dementsprechend kann der Wert eines Zeitintervalls oder einer Frequenz nur zu diskreten Zeitpunkten angegeben werden.

Einige weitere, für die Meßtechnik wichtige Signaleigenschaften sind in der Tabelle angesprochen. Die meisten →Aufnehmer liefern und sehr viele Meßgeräte verarbeiten amplitudenanaloge Signale. Vorteilhaft sind das erreichbare hohe Auflösungsvermögen und die zeitkontinuierliche Darbietung des Signals. Bei der Weiterverarbeitung und Übertragung des Signals kann eine Amplitude allerdings durch verschiedene Effekte, wie z. B. induktive und kapazitive Einstreuungen, oder durch Änderungen der Leitungseigenschaften verfälscht werden. Nachteilig ist weiterhin, daß die amplitudenanalogen Signale nur mit größerem Aufwand galvanisch getrennt und nur unter Zwischenschaltung eines A/D-Umsetzers auf einem Rechner weiterverarbeitet werden können.

Das digitale Datenformat kann zwar direkt in einen Rechner eingegeben werden, steht aber nur bei wenigen Aufnehmern zur Verfügung. Die digitalen Schaltkreise arbeiten sehr schnell, so daß schon kurze Störimpulse, die die viel langsameren Geräte der →Analogtechnik nicht beeinflussen würden, zu Fehlschaltungen führen.

Eine Zwischenstellung nehmen die zeit- und frequenzverschlüsselten Signale ein. Bei deren Verarbeitung interessiert nicht die Amplitude des übertragenen Signals, sondern nur dessen Nulldurchgänge. Das Meßgerät ist solange unempfindlich gegen Einstreuungen und Störimpulse, solange die Frequenz des Signals nicht geändert wird. Vorteilhaft ist weiterhin, daß unter Verwendung eines Zählers Impulsbreiten und Frequenzen leicht als Zahlen dargestellt und in digitalen Systemen weiterverarbeitet werden können.

In Abhängigkeit vom informationstragenden Parameter werden die M. auch als amplitudenmodulierte, pulscodemodulierte, impulsbreitenmodulierte und frequenzmodulierte charakterisiert. Die amplitudenmodulierten Signale stellen an die Bandbreite des Übertragungskanals die geringsten Forderungen. Schnellere Geräte sind für impulsbreitenmodulierte Signale notwendig. Hier muß die

Meßsignal. Tabelle: Eigenschaften.

	amplitudenanaloges Signal	digitales Signal parallel codiert	digitales Signal seriell codiert	zeitanaloges Signal	frequenzanaloges Signal
Auflösungsvermögen	theoretisch unbegrenzt	begrenzt	begrenzt	theoretisch unbegrenzt	theoretisch unbegrenzt
Meßunsicherheit	am Ende des Meßbereichs gering	im ganzen Meßbereich gering	im ganzen Meßbereich gering	gering	gering
Zeitverhalten des Signals	kontinuierlich	kontinuierlich	diskret	diskret	diskret
Empfindlichkeit gegen äußere Störungen	vorhanden	vorhanden	vorhanden	gering	gering
Empfindlichkeit gegen Änderungen der Leitungsparameter	vorhanden	nicht vorhanden	nicht vorhanden	nicht vorhanden	nicht vorhanden
erforderliche Bandbreite bei der Signalverarbeitung	gering	gering	mittel	groß	mittel
galvanische Trennung	aufwendig	weniger aufwendig	einfach	einfach	einfach
Anpassung an einen Rechner	aufwendig über A/D-Umsetzer	vorhanden	vorhanden	einfach über Zähler	einfach über Zähler

Anstiegs- und Abfallzeit der Impulse klein gegenüber ihrer Dauer bleiben. Weniger anspruchsvoll ist dagegen die Übertragung der frequenz- oder pulscodemodulierten Signale.

Die speziellen Vorteile der einzelnen Signale haben zur Folge, daß innerhalb einer Meßeinrichtung häufig von einem Datenformat auf das andere übergegangen wird (Bild 2). So können amplitudenanaloge Größen mit direktvergleichenden A/D-Umsetzern oder über die Umformung in ein Zeitintervall oder eine Frequenz und deren digitale Messung numerisch dargestellt werden. Auch die Umsetzung in umgekehrter Richtung ist jeweils möglich. *Schrüfer*

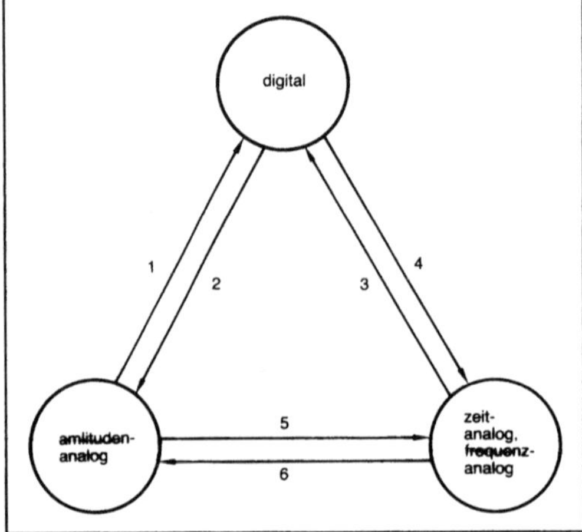

Meßsignal 2: Signalumsetzung.

1 direktvergleichender A/D-Umsetzer, 2 D/A-Umsetzer, 3 Zähler, 4 spannungsgesteuerter Oszillator, 5 Spannung/Zeit-Umsetzer oder Spannung/Frequenz-Umsetzer, 6 Tiefpaß- oder Zählraten-Umsetzer

Meßsignalverarbeitung. Zur M. zählen alle die Operationen, die notwendig sind, um aus dem Eingangssignal eines Meßkreises die Information über die zu messende Größe in der gewünschten Form zu gewinnen (→Meßtechnik, elektrische). Im Hinblick auf die Art der behandelten Signale wird die analoge →Signalverarbeitung von der digitalen unterschieden.

Die analoge Signalverarbeitung ist von großer Bedeutung, da die meisten →Aufnehmer zunächst analoge Meßsignale liefern. Bei den ohmschen, induktiven und kapazitiven Aufnehmern sind umfangreiche Anpasserschaltungen, wie z. B. Brückenschaltungen, notwendig. Praktisch immer müssen die Meßsignale verstärkt, evtl. auch kompensiert oder gefiltert werden. Die verarbeiteten analogen Meßsignale werden dann mit einer →Skalenanzeige ausgegeben oder aufgezeichnet (→Meßgerät, elektrisches) oder in analogen Reglern direkt weiterverarbeitet.

Die digitale Signalverarbeitung gewinnt mit den Fortschritten der Mikroelektronik zunehmend an Bedeutung. In den Fällen, in denen zunächst analoge Signale vorliegen, werden diese mittels Analog/Digital-Umsetzern ins digitale Datenformat umgesetzt. In dieser Form lassen sich besonders effektiv Rechnungen durchführen wie z. B. zur

- Festlegung des Meßbereichs,
- Linearisierung der Kennlinie,
- Korrektur von Störgrößen,
- digitalen Filterung,
- Selbstüberwachung und →Plausibilitätskontrolle,
- Selbstkalibrierung,
- Bildung von Grenzwerten,
- Berechnung nicht direkt meßbarer Größen.

Des weiteren lassen sich im digitalen Datenformat die Meßwerte einfacher speichern als im analogen.

Besonders umfangreich ist die M., wenn z. B. eine Amplitudenverteilung gewonnen oder eine Spektralanalyse durchgeführt werden soll. In diesen Fällen wird, wie auch in der →Korrelationsmeßtechnik, die Verarbeitung jeweils mit Hilfe von Rechnern vorgenommen. *Schrüfer*

Literatur: *Arnolds, F.:* Elektronische Meßtechnik. Stuttgart 1976. – *Kronmüller, H.:* Digitale Signalverarbeitung. Berlin 1991.– *Müseler, H. u. T. Schneider.:* Elektronik-Bauelemente und Schaltungen. München 1981. – *Oppenheim, A. V., Willsky, A. S.:* Signale und Systeme. Weinheim 1989.– *Schrüfer, E.:* Elektrische Meßtechnik. München 1992. – *Schrüfer, E.:* Signalverarbeitung. München 1992. – *Schüßler, H. W.:* Digitale Signalverarbeitung. Berlin 1988. – *Seifart, M.:* Analoge Schaltungen und Schaltkreise. Ost-Berlin 1980. – *Seifart, M.:* Digitale Schaltungen und Schaltkreise. Heidelberg 1982. – *Steudel, E. u. P. Wunderer:* Gleichstromverstärker kleiner Signale. Frankfurt/M. 1967. – *Tietze, U. u. C. Schenk:* Halbleiterschaltungstechnik. Berlin.

Meßstellenumschalter. Eine Anordnung von Analogschaltern zur Auswahl eines von mehreren Analogsignalen. Multiplexer (MUX) oder Meßstellenumschalter werden vielfach angewendet, um mehrere anstehende Meßsignale nacheinander auf einen Verstärker mit nachfolgendem →Analog/Digital-Umsetzer zu schalten (Bild 1). Es lassen sich Komponenten bzw. Übertragungsleitungen in Systemen zur Meßdatenverarbeitung einsparen. Die Steuereinrichtung bewirkt die Durchschaltung der Kanäle, wobei jeder Kanal ein Schaltelement bzw. zwei Schaltelemente bei erdfreier Eingangsschaltung (Differentialeingang) erfordert. Die Reihenfolge der Abfragen oder Abtastungen ergibt sich aus einem in der Steuereinrichtung vorhandenem Programm, oder sie wird durch den steuernden Rechner festgelegt. Weiterhin sorgt die Steuereinrichtung dafür, daß die Analog/Digital-Umsetzung erst nach Ablauf der jeweils notwendigen Einschwingzeit begonnen wird. Als Schaltelemente sind die verschiedenen elektromechanischen und elektronischen Analogschalter (Bild 2) einsetzbar. Die wichtigsten Forderungen an M. beziehen sich auf →Genauigkeit, Abtastrate und Übersprechen zwischen den Kanälen. Bei Differentialeingängen kommt noch die Gleichtaktunterdrückung hinzu, d. h. Unempfindlichkeit der Ausgangsspannung gegenüber gleichsinniger Aussteuerung an den beiden Eingangsklemmen.

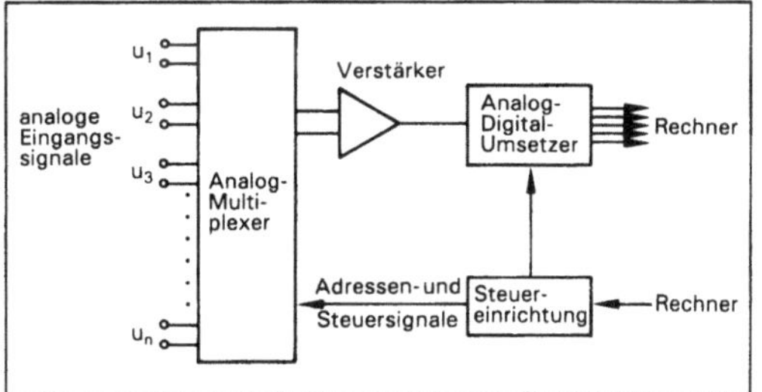

Meßstellenumschalter 1: M. in einer analogen Eingabe.

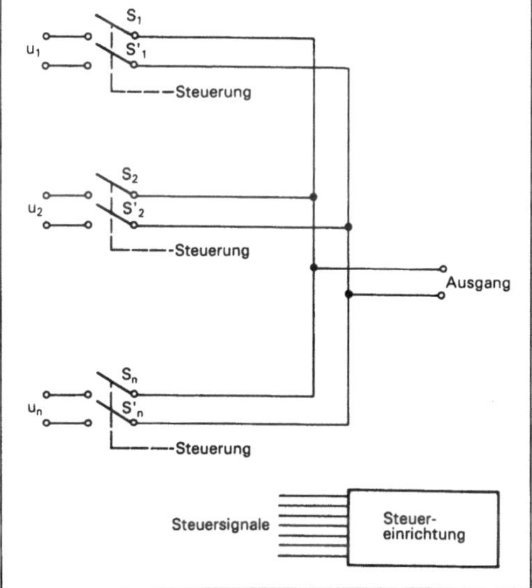

Meßstellenumschalter 2: Prinzip des Meßstellenschalters.

Analogeingabe. Die Abtastrate hängt in erster Linie vom verwendeten Schaltelement ab und kann bis zu 250/s bei elektromechanischen und über eine Mill/s bei elektronischen Schaltern gehen. Elektronische Meßstellenumschalter werden als Hybridschaltungen oder als LSI-Schaltkreise angeboten. Eine andere Anwendung eines M. liegt vor, wenn ein Punktdrucker (→Registriergerät) den zeitlichen Verlauf mehrerer Meßgrößen aufschreiben soll. Der Punktdrucker steuert dann einen M., der die Meßsignale einzeln auf das Meßwerk durchschaltet. *Hammerschmidt*

Meß- und Automatisierungstechnik. Um elektrische oder auch nichtelektrische Größen messen zu können, ist die interessierende Größe zunächst in ein elektrisches Signal umzuformen (→Aufnehmer). Dieses Signal ist i. a. noch zu verarbeiten, bis die gewonnene Information ausgegeben werden kann. Dabei geht es nicht nur um die Darstellung der gesuchten Größe nach Zahl und Einheit, sondern die →Meßtechnik schließt auch die Gewinnung abgeleiteter oder berechneter Größen und auch die Extraktionen von Kennwerten oder Mustern ein.

Eine spezielle Anwendung findet die Meßtechnik in der Prüftechnik auf dem Gebiet des automatischen Testens (ATE). Dabei soll während der Fertigung von elektrischen, elektronischen oder auch mechanischen Komponenten ein defektes Teil möglichst frühzeitig erkannt werden, um evtl. Reparaturkosten zu vermeiden oder wenigstens zu minimieren. Getestet wird in jeder Stufe der Fertigung. Wichtig ist, daß bei dem Entwurf und der Entwicklung der Geräte schon auf die Prüfbarkeit geachtet wird. Die Prüftechnik hilft, Produkte gleichbleibend guter Qualität zu liefern.

Die Meßtechnik wird nicht nur im wissenschaftlichen Laboratorium und im Prüffeld eingesetzt, sondern in einem noch größeren Umfang zur Prozeßkontrolle. Zusammen mit der Steuerungstechnik, der Regelungstechnik und der Prozeßrechnertechnik bildet sie das Gebiet der Prozeßleittechnik und der Automatisierungstechnik.

Kennzeichen der Steuerung (Open-Loop-Control) ist der offene, nicht geschlossene Steuerkreis ohne Rückführung des Ausgangssignals an den Eingang. Bei der Verknüpfungssteuerung werden die Steuerbefehle auf Grund von logischen Verknüpfungen der binären Eingangssignale gewonnen. Im Unterschied dazu ist die Ablaufsteuerung zeitgeführt. Die Steuerbefehle werden schrittweise in einer bestimmten Reihenfolge gebildet. Gerätetechnisch lassen sich die Steuerkreise verdrahtungsprogrammiert mit Hilfe von Relais, Schützen, elektronischen Gattern, Logikarrays oder auch speicherprogrammiert mit Hilfe von Mikroprozessor-Systemen realisieren.

Bei einer Regelung (Closed-Loop-Control) wird die zu regelnde Größe erfaßt (gemessen), mit einer Führungsgröße (Soll-Wert) verglichen und in Richtung einer Angleichung an den Soll-Wert beeinflußt. Der sich dabei ergebende Wirkungsablauf findet in einem geschlossenen Kreis, dem Regelkreis, statt. Die dynamischen Eigenschaften der Strecke und das Regelverhalten werden mit Hilfe des Frequenzganges, der Übertragungsfunktion oder der Systemantwort beschrieben.

Die Automatisierungssysteme müssen nun nicht nur die Funktionen des Messens, Steuerns, Regelns und Rechnens erfüllen; sie müssen diese Funktionen auch zuverlässig erledigen. Diesem Gesichtspunkt

der →Zuverlässigkeit und →Verfügbarkeit ist
schon bei dem Entwurf, der →Auslegung und der
Fertigung Rechnung zu tragen. Die erreichte Zuverlässigkeit kann bei Bauelementen und Komponenten mit Hilfe der Ausfallrate, bei Geräten und
Systemen mit Hilfe einer Ausfalleffektanalyse oder
einer Fehlerbaumanalyse zahlenmäßig angegeben
werden. Grundlage des Aufbaus fehlertoleranter
Systeme ist die Ausfallerkennung. Bei einer geeigneten Struktur des Systems (→Redundanz) ist die
Verfügbarkeit des Systems besser als die der für das
System benutzten Komponenten.

Die Automatisierungstechnik hilft, z. B. in der
Verfahrens- und Energietechnik, in der Fertigungs-
technik und im Verkehrswesen, die Prozesse so zu
steuern oder zu regeln, daß der Energie- und
Materialeinsatz minimiert wird. Dadurch werden
die Ressourcen geschont. Gleichzeitig wird die
Entstehung unerwünschter Nebenprodukte verrin-
gert. Damit wird die Umwelt weniger belastet. In der
→Verfahrenstechnik und in der Chemie entfallen
etwa 20 % der Kosten für Neuinvestitionen auf die
Prozeßleittechnik. Im Jahre 1985 wurden in
Deutschland etwa 12 Mrd. DM auf dem Gebiet der
Automatisierungstechnik ausgegeben. *Schrüfer*

Messung radioaktiver Strahlung. Die Auswahl
von Meßanordnungen für die M. r. S. richtet sich
nach der Art und der Energie der Strahlung. Sie ist
außerdem abhängig von dem Aggregatzustand, in
dem die radioaktiven Präparate vorliegen.

Verschiedene Anordnungen zur M. r. S. sind im
Bild zusammengestellt. α-Strahlung (→Alpha-
Strahlung) wird sehr leicht absorbiert und deshalb
vorzugsweise in der Weise gemessen, daß das Präparat in den →Detektor eingeschleust wird. Besonders vorteilhaft für die Messung der α-Strahlung
fester Präparate ist ein Proportionalzähler oder – für
die Aufnahme eines Energiespektrums – ein Silicium-Sperrschichtzähler. Dabei ist es wichtig, daß
das Präparat sehr dünn ist, weil sonst ein Großteil
der Strahlung bereits im Präparat absorbiert und
auch das Spektrum unscharf wird. Gasförmige
α-Strahler kann man in einer Ionisationskammer
messen, flüssige Präparate bzw. Lösungen mit flüssigen Szintillatoren. Wenn man prüfen will, ob ein
Präparat α-Strahlung aussendet oder nicht, so mißt
man zweckmäßigerweise im α-Plateau eines Proportionalzählers oder man verwendet ein Geiger-Müller-Zählrohr mit sehr dünnem Fenster und erhöht
den Abstand zwischen Präparat und Zählrohr kontinuierlich. Wenn das Präparat α-Strahlung emittiert, springt die →Impulsrate bei einem bestimmten Abstand, der durch die Reichweite der α-
Strahlung gegeben ist, auf einen deutlich niedrigeren Wert.

Energiereiche β-Strahlung (>1 MeV) (→Beta-
Strahlung) fester Präparate mißt man zweckmäßi-

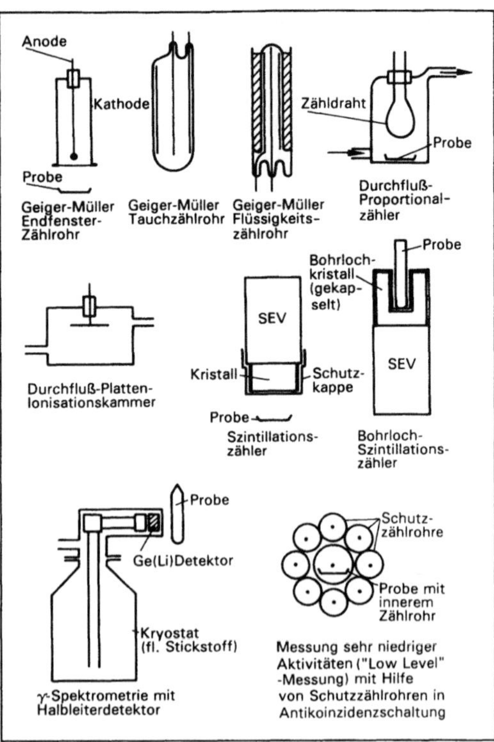

*Messung radioaktiver Strahlung: Verschiedene An-
ordnungen für die M. r. S.*

gerweise mit einem Geiger-Müller-Zählrohr oder
einem Proportionalzähler, wobei man in einem
Durchflußzähler einen hohen Geometriefaktor
erreicht. Man kann auch einen Szintillationszähler
mit einem organischen Kristall als Szintillator einsetzen, doch bringt dies keine Vorteile. β-Spektren
kann man mit einem Silicium-Sperrschichtzähler
aufnehmen. Da die β-Strahlung eine kontinuierliche
Energieverteilung hat, muß die Maximalenergie
durch Extrapolation ermittelt werden. Für die Messung energiereicher β-Strahlung flüssiger Präparate
bzw. Lösungen verwendet man meist Flüssigkeitszählrohre, mit denen man einen hohen Geometriefaktor erreicht. Auch flüssige Szintillatoren können
eingesetzt werden. Energiereiche und energiearme
β-Strahlung gasförmiger Präparate kann man in
Gaszählrohren messen. Energiearme β-Strahlung
(<0,5 MeV) läßt sich mit Geiger-Müller-Endfenster-
zählrohren nur schlecht erfassen, da ein Großteil der
Strahlung im Fenster des Zählrohrs absorbiert wird.
Deshalb verwendet man für die Messung energiearmer β-Strahlung bevorzugt flüssige Szintillatoren.
Wenn es sich um feste Präparate handelt, bringt man
sie in Lösung.

Für die Aufnahme von Spektren kann man auch
Silicium-Sperrschichtzähler verwenden, muß dann
aber mit dünnen Präparaten und ohne Fenster

arbeiten. Im Falle von β^+-Strahlung (Positronen-strahlung) kann man auch die Vernichtungsstrahlung messen, die aus 2 γ-Quanten mit einer Energie von 0,511 MeV besteht ($\rightarrow$ Beta-Strahlung). Auf Grund einer Energiemessung kann man die β^+-Strahlung identifizieren. Um eine hohe Ausbeute an Vernichtungsstrahlung zu erzielen, ist es wichtig, daß die β^+-Strahlung ihre Energie möglichst vollständig abgibt. Da die beiden γ-Quanten unter einem Winkel von 180° emittiert werden, ergibt sich die Möglichkeit, zwei Detektoren unter einem Winkel von 180° anzuordnen und nur diejenigen Impulse zu messen, die in beiden Detektoren gleichzeitig registriert werden ($\rightarrow$ Koinzidenzschaltung). Auf diese Weise wird nur die β^+-Strahlung gemessen. Außerdem kann man auf Grund dieser Winkelverteilung einen Positronenstrahler lokalisieren.

Energiereiche γ-Strahlung ($>0,1$ MeV) ($\rightarrow$ Gamma-Strahlung) mißt man mit Szintillationszählern oder mit Halbleiterdetektoren. Mit Szintillationszählern erhält man eine verhältnismäßig hohe innere Zählausbeute, aber keine gute Energieauflösung (Detektor). Als Halbleiterdetektoren für die Messung von energiereicher γ-Strahlung verwendet man Lithium-gedriftete Germanium-Detektoren, mit denen man eine sehr gute Energieauflösung, aber nur eine verhältnismäßig niedrige innere Zählausbeute erreicht. Flüssige Präparate bzw. Lösungen mißt man zweckmäßigerweise in Bohrloch-Szintillationszählern, wobei man den Vorteil eines hohen Geometriefaktors hat. Ionisationsdetektoren (Ionisationskammern, Proportionalzähler und Geiger-Müller-Zählrohre) sind zur Messung von energiereicher γ-Strahlung nicht vorteilhaft, weil die innere Zählausbeute dieser Detektoren für hochenergetische γ-Strahlung sehr niedrig ist (Größenordnung 1%). Energiearme γ-Strahlung ($<0,1$ MeV) und Röntgenstrahlung kann man mit Proportionalzählern, Geiger-Müller-Zählern, Szintillationszählern oder Halbleiterdetektoren messen. Bei Verwendung von Proportionalzählern und Geiger-Müller-Zählern erreicht man mit abnehmender Energie der Strahlung sowie durch Verwendung höherer Gasdrücke und Füllungen mit schweren Edelgasen höhere innere Zählausbeuten. Günstig ist die Verwendung von Szintillationszählern und Lithium-gedrifteten Silicium-Halbleiterdetektoren. Letztere eignen sich wegen der guten Energieauflösung auch zur Energiebestimmung.

Für die Messung von Protonen und Deuteronen gelten ähnliche Überlegungen wie für die Messung von α-Strahlung. Sie bewirken ebenfalls eine hohe spezifische Ionisation, haben aber bei gleicher Energie eine größere Reichweite. Die Messung von Neutronen erfolgt auf indirektem Wege, weil sie neutral sind und deshalb keine Ionisationsprozesse auslösen, sofern ihre Energie niedrig ist. Zum Nachweis von Neutronen verwendet man vor allen Dingen die $\rightarrow$ Kernreaktion ^{10}B(n,α)^{7}Li, die mit sehr guter Ausbeute verläuft (Wirkungsquerschnitt 3836 b). Das Bor wird als gasförmiges Bortrifluorid oder als Wandbelag in eine Ionisationskammer, einen Proportionalzähler oder einen Geiger-Müller-Zähler eingebracht. Die Reaktionsprodukte, insbesondere die α-Teilchen, lösen Ionisationsvorgänge aus und liefern einen $\rightarrow$ Impuls. Energiereiche Neutronen erzeugen in Wasserstoff-haltigen Substanzen durch Zusammenstöße freie Protonen, die ihrerseits Ionisationsvorgänge auslösen. Auf diese Weise können energiereiche Neutronen direkt gemessen werden. Wenn man energiereiche Neutronen mit einem Borzähler messen will, muß man sie zuerst abbremsen. Dazu verwendet man vorzugsweise Paraffin. Schließlich kann man energiereiche und energiearme Neutronen durch Verwendung von Absorbern aus Cadmium unterscheiden, das energiearme (thermische) Neutronen erheblich stärker absorbiert als Neutronen höherer Energie.

Für die Messung sehr niedriger Aktivitäten verwendet man sogenannte „low-level-counter", in denen man den Einfluß des Untergrunds möglichst niedrig hält. Dazu verwendet man eine Anordnung wie sie im Bild skizziert ist. Meßzähler und Schutzzähler sind so geschaltet, daß kein Impuls gezählt wird, wenn beide gleichzeitig ansprechen (Antikoinzidenzschaltung), d. h. wenn die Strahlung von außen einfällt. Statt eines Kranzes von Schutzzählern kann man auch einen einzigen Zähler einsetzen. Die Anordnung wird außerdem sorgfältig von der von außen einwirkenden Strahlung abgeschirmt, z. B. durch ein Gehäuse aus Blei bzw. Stahl. In solchen „low-level"-Meßplätzen kann man Impulsraten unterhalb von 1 Impuls pro Minute (1 ipm) messen.

Wenn man aus der mit einem Detektor gemessenen Impulsrate die $\rightarrow$ Aktivität eines radioaktiven Präparats in Bequerel (Bq) ermitteln will, muß man alle Faktoren berücksichtigen, welche die Impulsrate beeinflussen (Impulsrate). Absolutbestimmungen von Aktivitäten sind bei entsprechender Eichung möglich, sofern man diese Faktoren genau kennt. Für die Messung der durch radioaktive Strahlung erzeugten Strahlendosis verwendet man Dosisleistungsmeßgeräte, die für die betreffende Strahlung geeicht sind ($\rightarrow$ Dosimetrie).

Alle Messungen radioaktiver Strahlung sind mit einem statistischen Fehler behaftet ($\rightarrow$ Zerfall, radioaktiver). Den statistischen Fehler charakterisiert man durch die Standardabweichung σ, die näherungsweise durch die Wurzel aus der Zahl der gemessenen Impulse x gegeben ist: $\sigma \approx \sqrt{x}$. σ^2 wird Varianz genannt. Somit nimmt der Fehler einer Messung mit der Wurzel aus der Meßzeit ab. Nach den Gesetzen der $\rightarrow$ Statistik beträgt die $\rightarrow$ Wahrscheinlichkeit dafür, daß das Ergebnis einer Messung innerhalb der Standardabweichung liegt,

68,3 %. Mit einer Wahrscheinlichkeit von 95,5 % liegt das Ergebnis innerhalb von $\pm 2\sigma$ und mit einer Wahrscheinlichkeit von 99,9 % innerhalb von $\pm 3\sigma$. *Lieser*

Literatur: *Bächmann, K.:* Messung radioaktiver Nuklide. Weinheim: Verlag Chemie 1970. – *Herforth, L.* u. *H. Koch:* Praktikum der Radioaktivität und der Radiochemie. Berlin: Deutscher Verlag der Wissenschaften 1986.

Meßtechnik, digitale. Ihr Kennzeichen ist die Verarbeitung wertdiskreter Signale (→Meßtechnik, elektrische). Die notwendige Quantisierung der Meßsignale kann dabei am Anfang, innerhalb einer Meßkette oder an ihrem Ende erfolgen. Nur wenige →Aufnehmer wie z. B. die codierten und inkrementalen Längenaufnehmer liefern schon diskrete Signale. Hier kann die gesamte →Meßeinrichtung digital aufgebaut werden. In den meisten Fällen jedoch liegen zunächst analoge Signale vor, die mit Hilfe von Analog/Digital-Umsetzern in diskrete Signale umzusetzen sind, bevor der Meßwert als Zahl dargestellt und ausgegeben werden kann. Die Digitaltechnik läßt sich so nicht nur für die Messung einiger spezieller Größen, sondern allgemein einsetzen. Besonders geeignet ist sie für Meßaufgaben, bei denen die Tätigkeit des Zählens erforderlich ist oder angewendet werden kann.

In der digitalen Meßtechnik werden die schon erwähnten A/D-Umsetzer, die üblichen Komponenten der digitalen Schaltungstechnik wie Gatter, Kippstufen, Register, Taktgeber, und vor allen Dingen Digitalvoltmeter, →Zähler und Mikroprozessoren benutzt. In dem Maße, in dem die Produkte der Mikroelektronik immer leistungsfähiger, preiswerter und zuverlässiger geworden sind, wurde auch die digitale →Signalverarbeitung mehr und mehr eingesetzt (→Meßsignalverarbeitung). *Schrüfer*

Meßtechnik, elektrische. Die e. M. ist die Disziplin, die sich mit
– der Gewinnung des elektrischen Meßsignals (elektrische/elektrische Umformung und nichtelektrische/elektrische Umformung),
– der Struktur der →Meßeinrichtung,
– den Eigenschaften der Meßsignale,
– der Übertragung und Verarbeitung der Meßsignale,
– der Ausgabe und Darstellung der gewonnenen Information
befaßt.

Die e. M. mißt (→Messen) oder verarbeitet (→Meßsignalverarbeitung) elektrische Größen, wie z. B.
– Spannung;
– Ladung, →Strom;
– Widerstand, Induktivität, →Kapazität;
– Phasenwinkel;
– →Frequenz.

Dabei kann die zu messende Größe nur selten direkt auf einem Instrument angezeigt werden. Oft müssen die Meßsignale galvanisch getrennt, entkoppelt, übertragen und fast immer auch verarbeitet werden, wie z. B. verstärkt, kompensiert, umgeformt, umgesetzt, gefiltert, gespeichert, umgerechnet, linearisiert, bevor das Meßergebnis auf einer
– Skalen-, Ziffern- oder Bildschirmanzeige ausgegeben,
– mittels eines Schreibers oder Druckers festgehalten und dokumentiert, oder auch
– direkt zur Überwachung, Steuerung oder →Regelung eines Prozesses benutzt werden kann.

Meßgeräte sind die im Signalfluß liegenden Geräte einer Meßeinrichtung, die die Qualität eines Meßergebnisses, wie z. B. →Genauigkeit und die Anzeigegeschwindigkeit, beeinflussen. Sie müssen nicht, wie in Bild 1, in Reihe geschaltet sein (Kettenstruktur), sondern können auch andere Strukturen bilden (Parallelstruktur, Kreisstruktur). Die zwischen den Meßgeräten ausgetauschten Meßsignale enthalten die Information über die zu messende Größe. Diese Information kann z. B. in der Amplitude oder Frequenz einer elektrischen Größe stecken oder auch quantisiert in Form eines codierten Signals vorliegen.

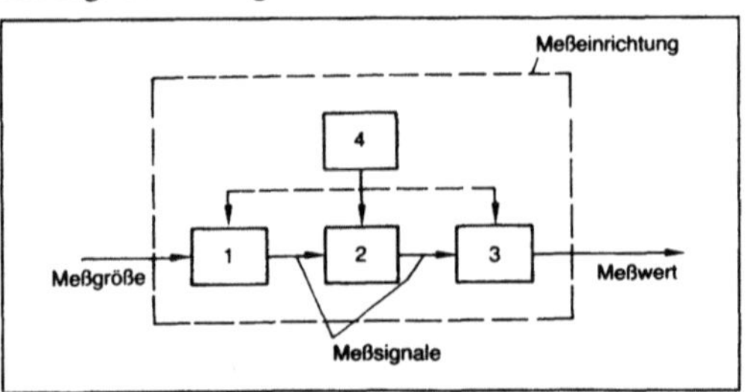

Meßtechnik, elektrische 1: Meßeinrichtung.

1, 2, 3 Meßgeräte, 4 Hilfsgerät zur Lieferung der Hilfsenergie

Das elektrische Messen hat seine große Bedeutung vor allem dadurch gewonnen, daß es gelungen ist, über verschiedene physikalische Effekte nichtelektrische Größen in elektrische umzuformen. Die dafür benötigten →Aufnehmer, Sensoren, Detektoren, Fühler sind für sehr viele zu messende Größen verfügbar (Bild 2), so daß praktisch jede physikalische Größe als elektrisches →Signal dargestellt und dann mit den Methoden der elektrischen Meßsignalverarbeitung weiterbehandelt werden kann.

Aufgabe des Meßtechnikers ist, jeweils den geeigneten Aufnehmer auszuwählen, die Struktur zu entwerfen, die Signalform festzulegen, um die hinsichtlich der Genauigkeit (→Meßfehler) und Störsicherheit kostengünstigste Ausführung zu erhalten.

Die e. M. ist dabei anderen Verfahren insbesondere überlegen durch

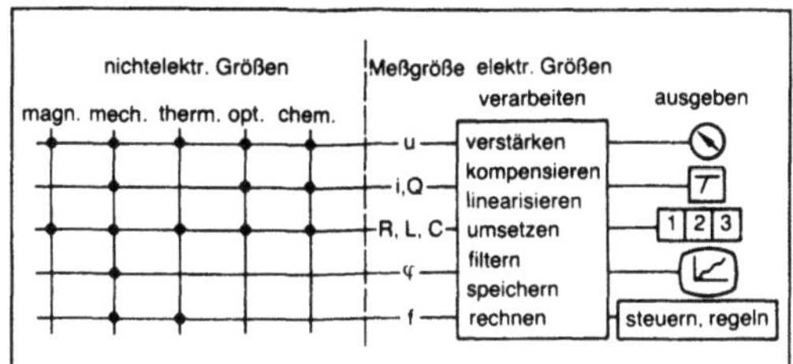

Meßtechnik, elektrische 2: Mit Hilfe von Sensoren oder Aufnehmern werden nichtelektrische Größen in elektrische umgeformt und damit der elektrischen Messung zugänglich.

– das leistungsarme bis leistungslose Erfassen von Meßwerten,
– das hohe Auflösungsvermögen,
– das gute dynamische Verhalten,
– die stete Meßbereitschaft,
– die bequeme Übertragbarkeit über weite Entfernungen,
– die leichte Verarbeitung der Meßdaten. *Schrüfer*

Literatur: *Arnolds, F.:* Elektronische Meßtechnik. Stuttgart 1976. – *Bergmann, K.:* Elektrische Meßtechnik. Braunschweig 1981. – *Grave, H. F.:* Elektrische Messung nichtelektrischer Größen. Frankfurt/M. 1965. – *Hartmann & Braun* (Hrsg.): Meßtechnik; Einführung, Anwendung, L 3350. Frankfurt/ Main. – *Jüttemann, H.:* Grundlagen des elektrischen Messens nichtelektrischer Größen. Düsseldorf 1974. – *Hofmann, D.:* Handbuch der Meßtechnik und Qualitätssicherung. Ost-Berlin 1986. – *Kronmüller, H.:* Methoden der Meßtechnik. Karlsruhe 1979. – *Kronmüller, H.; B. Zehner:* Prinzipien der Prozeßmeßtechnik I und II. Karlsruhe. – *Niebuhr, J.:* Physikalische Meßtechnik; Bd. I: Aufnehmer und Anpasser; Bd. II: Meßprinzipien und Meßverfahren. München, Wien 1977. – *Profos, P.* (Hrsg.): Handbuch der industriellen Meßtechnik. Essen 1978. – *Richter, W.:* Grundlagen der elektrischen Meßtechnik. Ost-Berlin 1985. – *Rohrbach, C.:* Handbuch für elektrisches Messen mechanischer Größen. Düsseldorf 1967. – *Samal, E.:* Elektrische Messung von Prozeßgrößen. AEG-Telefunken-Handbücher Band 17. Berlin 1974. – *Schrüfer, E.:* Elektrische Meßtechnik. München 1988. – Siemens: Messen in der Prozeßtechnik. Berlin, Siemens AG 1972. – *Stöckl, M.; K. H. Winterling:* Elektrische Meßtechnik. Stuttgart.

Metall. Elementsubstanz mit meist sehr hoher (metallischer) elektrischer →Leitfähigkeit und →Wärmeleitfähigkeit, großem optischen Reflexions- und Absorptionsvermögen und hoher atomarer Packungsdichte, wobei Kristallgitter großer Symmetrie und Koordinationszahl auftreten.

Der Festkörperverband der Metallatome resultiert aus der metallischen →Bindung (Bindungsenergie), die allerdings nur bei den Alkalimetallen (Li, Na, K, Rb, Cs, Fr) dominiert und i. A. noch von kovalenten Bindungen überlagert wird. Jedes Atom gibt (näherungsweise) ein Elektron an den Gesamtfestkörper ab, wodurch die hohe freie Ladungsträgerdichte (ca. 10^{23} cm^{-3}) mit der entsprechend hohen Leitfähigkeit entsteht (typisch 10^4 bis 10^6 Ω^{-1} cm^{-1}), die infolge der

Elektron-Phonon-Streuung mit steigender Temperatur abnimmt (→Leitfähigkeit, elektrische). Das Ohmsche Gesetz gilt bis zu hohen Stromdichten. Bei tiefen Temperaturen besitzen M. einen endlichen Restwiderstand und werden bei Annäherung an den absoluten Nullpunkt meist supraleitend (→Supraleitung). Bei hohen Temperaturen emittieren sie Elektronen (Glühemission). *Heinz*

Meter. SI-Einheit der Länge. Einheitenzeichen m (→Einheiten des SI). *Hammerschmidt*

metrisches System. Als m. S. wird ein Einheiten- oder Maßsystem bezeichnet, das von der Längeneinheit Meter ausgeht und bei dem die Einheiten dezimal geteilt werden. Mit der weltweiten Einführung des internationalen Einheitensystems (SI) hat die rund zweihundertjährige Entwicklung des m. S. ihren vorläufigen Abschluß gefunden (→Einheiten des SI). *Hammerschmidt*

MFDT Mean Failure Detection Time. Die mittlere für die →Ausfallerkennung benötigte Zeit ergibt sich als Kehrwert der Ausfallerkennungsrate ε:

$$MFDT = 1/\varepsilon.$$ *Schrüfer*

Migration (Geochemie). Stofftransport von Elementen, Ionen und ihren Verbindungen mit dem Ergebnis der Dispersion oder Konzentrierung in der Erdkruste.

Die geochemische Verteilung der Elemente führte infolge ihrer unterschiedlichen M. zu individuellen Verteilungspfaden. Die M. wird kontrolliert von
– unabhängigen Eigenschaften der Atome, Ionen und ihrer Verbindungen, d. h. den internen atomaren Faktoren;
– den Gegebenheiten, denen Atome, Ionen und ihre Verbindungen ausgesetzt sind, den externen, umweltgesteuerten Faktoren. Die externen Migrationsfaktoren haben sich im Laufe der geologischen Entwicklung der Erde geändert. Interne und externe Migrationsfaktoren bestimmen die geochemische Verteilung der Elemente (Diadochie, geochemische Zyklen). Aus der Vielzahl der möglichen Kombinationen der Elemente und ihrer Ionen sind nur etwa 2 000 als Minerale in der äußeren Geosphäre anzutreffen. Dies ist die Folge unterschiedlicher thermodynamischer Stabilität der möglichen chemischen Elementkombinationen im Druck-Temperatur-System der Erde.

Im Bereich der Sedimente wird die M. der Elemente auch von der Bildung metastabiler Verbindungen bestimmt, z. B. Tonminerale und Oxidhydrate. Die M. von Flüssigkeiten und Gasen erfolgt auf Spalten, Frakturen und in Poren permeabler Gesteine oder Sedimente. *Möller*

Military Handbook 217. Das MIL-HDBK-217 wird vom Department of Defense, Washington DC, herausgegeben. Es ist eine äußerst detaillierte Sammlung von Ausfallraten, die auf Grund der bei den militärischen Stellen und bei der NASA angefallenen Betriebserfahrungen ermittelt wurden. Die erste Ausgabe erschien 1962, die Fassung D 1982 und die Version E 1986. Die Ausfallraten des MIL-HDBK-217 sind herstellerübergreifend, d. h. sie beziehen sich nicht auf die Produkte eines einzigen Lieferanten. Darüber hinaus sind im Handbuch Rechenmodelle für die →Ausfallrate entwickelt. Diese Modelle werden für viele firmenspezifische Ausfallratensammlungen übernommen.

Die Ausfallrate λ eines integrierten Schaltkreises für lineare oder digitale Schaltungen errechnet sich z. B. aus dem folgenden Ansatz:

$$\lambda_p = \pi_Q \, \pi_L \, [C_1 \, \pi_T \, \pi_V + (C_2 + C_3) \, \pi_E] \text{ Ausfälle}/10^6 \text{ h};$$

darin bedeuten π_Q Qualitätsfaktor, π_L Lernfaktor, π_T Temperaturfaktor, π_V Spannungsfaktor, π_E Umgebungsfaktor, C_1, C_2 Integrationsgrad-Faktoren, C_3 Gehäusefaktor.

Die in der obigen Gleichung stehenden Faktoren sind im Handbuch tabelliert. In der eckigen Klammer werden zwei Terme additiv verknüpft. Der erste steht für die Ausfallmechanismen, die von der Temperatur (π_T Temperaturfaktor) oder von der Spannung (π_V Belastungsfaktor) abhängen. Der zweite Term berücksichtigt die Ausfallursachen, die direkt oder indirekt auf mechanische Beanspruchungen zurückgehen (π_E →Umweltfaktor).

Die Ausfallraten des MIL-HDBK-217 beziehen sich auf Bauelemente, die nach MIL-Spezifikationen gefertigt und geprüft sind. Demgegenüber sind die im europäischen zivilen Bereich verwendeten Bauelemente in den meisten Fällen nicht nach MIL-Spezifikationen, sondern nach firmenspezifischen Richtlinien hergestellt. Ohne eine zusätzliche Begründung können die MIL-Ausfallraten auf diese Komponenten nicht angewendet werden. *Schrüfer*

Literatur: US Department of Defense: Military Handb. 217, Ausg. D, Washington DC 1982.

Milli . . .. SI-Vorsatz für Einheiten im Meßwesen, bezeichnet das 10^{-3}fache der jeweiligen Einheit. Abk. m. *Hammerschmidt*

Minimal-Auswahl-Gerät. Gerät oder Softwaremaßnahme, das aus mehreren analogen Signalen dasjenige auswählt, das den niedrigsten Wert hat. Die Auswahl pneumatischer Signale geschieht mit mechanischen Geräten, die Auswahl analoger elektrischer Signale durch Diodennetzwerke, und bei digitaler Signalverarbeitung leiten bedingte Sprungbefehle eine Auswahl ein (→Maximal-Auswahl-Gerät). *Strohrmann*

Minute.
1. Gesetzliche Einheit für ebene →Winkel, keine SI-Einheit. Einheitenzeichen '. 1' = 1°/60 = $\pi/10\,800$ rad (→Einheiten, gesetzliche).
2. Gesetzliche Zeiteinheit, keine SI-Einheit. Einheitenzeichen min. 1 min = 60 s (→Einheiten, gesetzliche). *Hammerschmidt*

Mischadsorption. Wird nicht nur eine Komponente, sondern werden mehrere adsorbiert, liegt M. vor (→Adsorption). Das →Sorptionsgleichgewicht ist dann von dem →Partialdruck der einzelnen Komponenten abhängig. Bei zwei zu adsorbierenden Komponenten läßt sich das Gleichgewicht in einem Dreiecksdiagramm, in einem x, y-Diagramm (Molanteil y der leichter flüchtigen Komponente in der Gasphase gegen Molanteil x an der Festphase unter Vernachlässigung des Adsorbens) graphisch darstellen. Zusätzliche Informationen über die Beladung der Festphase (kg Adsorptiv pro kg Adsorbens) erhält man von einem Diagramm, bei dem der Kehrwert der Beladung gegen die Molanteile x und y aufgetragen wird (→Sorptionsgleichgewicht).

Wie bei Gas-Flüssig-Systemen können Azeotrope auftreten, d. h. der →Molenbruch an der festen Phase ist gleich dem Molenbruch in der Gasphase. Durch die Veränderung von Druck und Temperatur läßt sich das Azeotrop verschieben bzw. zum Verschwinden bringen.

Bei bestimmten Trennaufgaben treten z. B. durch Verunreinigungen Stoffe in der Gasphase auf, die ungewollt adsorbiert werden. Das kann die Kapazität des Adsorbers erheblich beeinträchtigen. *Dohrn*

Literatur: *Perry, R. E.,* u. *D. W. Green:* Perry's Chemical Engineers' Handb. 6. Aufl. New York 1984.

Mischreibung →Reibung

Mischung. Eine Phase, die aus verschiedenen Komponenten besteht, wird M. genannt. Eigenschaften der M. wie →Dampfdruckkurve, →Siedepunkt, →Schmelzpunkt, Zusammensetzung des Dampfes, Bildung von azeotropischen Gemischen (Siedediagramme) hängen von der Zusammensetzung der M. ab, und dies i. a. nichtlinear in den Molenbrüchen. Als ideale M. wird definiert, wenn sich die Eigenschaften der M. gerade additiv aus denen der Komponenten ergeben, z. B. wenn für den Dampfdruck p der M. gilt:

$$p = \sum_k x^k p^k;$$

x^k →Molenbruch der k-ten Komponente, p^k Dampfdruck der k-ten reinen Komponente.

Eigenschaften idealer M. sind kolligative Eigenschaften. Im allgemeinen jedoch sind Siedediagramme und Schmelzdiagramme von M. individuell je nach den in ihr enthaltenen Komponenten verschieden. Eine befriedigende M.-Theorie steht noch aus. In der Kontinuumsthermodynamik sind Ansätze für eine solche M.-Theorie vorhanden.

Die Bilanzgleichungen der Kontinuumsthermodynamik für M. bestehen aus 2 Klassen: aus den Bilanzgleichungen für die Komponenten und aus denen für die M. als ganzes. Letztere unterscheiden sich nicht von den Bilanzgleichungen eines Einkomponentensystems. Für Mehrkomponentensysteme $k = 1,2,\ldots, K$ hat eine lokale Bilanzgleichung die allgemeine Form:

$$\partial(\rho^k a^k)/\partial t + \nabla \cdot (\rho^k a^k \underline{v}^k + \underline{J}^{ak}) = \sigma^{ak};$$

ρ^k Partialmassendichte, a^k spezifische Bilanzgröße für die k-te Komponente, $\underline{v}^k$ Geschwindigkeitsfeld der k-ten Komponente, $\underline{J}^{ak}$ Flußdichte von a^k, σ^{ak} Zufuhr- und Produktionsdichte von a^k. Die speziellen Bilanzgleichungen entstehen aus der allgemeinen Form durch spezielle Wahl von a^k, $\underline{J}^{ak}$ und σ^{ak}:

Partial-bilanz	a^k	$\underline{J}^{ak}$	σ^{ak}
Masse	1	$\underline{0}$	τ^k
Impuls	$\underline{v}^k$	$\underline{\underline{P}}^{kT}$	$\rho^k \underline{f}^k + \underline{m}^k$
kinetische Energie	$(\underline{v}^k)^2/_2$	$\underline{\underline{P}}^{kT}\cdot\underline{v}^k$	$\underline{\underline{P}}^k{:}\nabla\underline{v}^k + \rho^k\underline{f}^k \cdot \underline{v}^k + \underline{m}^k \cdot \underline{v}^k$
innere Energie	ε^k	$\underline{q}^k$	$-\underline{\underline{P}}^k{:}\nabla\underline{v}^k + \omega^k$
Gesamt-energie	e^k	$\underline{q}^k + \underline{\underline{P}}^{kT}\cdot\underline{v}^k$	$\rho^k\underline{f}^k\cdot\underline{v}^k + l^k$
Entropie	s^k	$\underline{\Phi}^k$	σ^k

Hierbei sind $\underline{\underline{P}}^k$ der Partialdrucktensor ($\rightarrow$Druck), $\underline{f}^k$ das eingeprägte spezifische Kraftfeld für die k-te Komponente, ε^k die spezifische innere Partialenergie, $\underline{q}^k$ das Feld der Partialwärmestromdichte, $e^k = \varepsilon^k + (\underline{v}^k)^2/_2$ die spezifische Partialgesamtenergie, s^k spezifische Partialentropie, $\underline{\Phi}^k$ Partialentropiestromdichte, σ^k Partialentropiedichteproduktion, τ^k Partialdichteproduktion durch chemische Reaktionen, $\underline{m}^k$ Partialimpulsdichteproduktion, ω^k Produktion der inneren Partialenergie, l^k Partialgesamtenergieproduktion.

Um von den Partialbilanzgleichungen zu den Bilanzgleichungen der M. zu kommen, muß über die Komponenten summiert werden. Dabei gilt:

Gesamtdichte: $\rho = \sum_k \rho^k$;

baryzentrische Geschwindigkeit: $\underline{v} = \sum_k \rho^k\underline{v}^k/\rho$;

Massenerhaltung: $0 = \sum_k \tau^k$.

Damit wird aus der Partialmassenbilanz

$$\partial\rho^k/\partial t + \nabla \cdot \rho^k\underline{v}^k = \tau^k$$

die Massenbilanz $\partial\rho/\partial t + \nabla\cdot\rho\underline{v} = 0$.

Weiter sind der Drucktensor

$$\underline{\underline{P}} = \sum_k |\underline{\underline{P}}^k + \rho^k(\underline{v}^k - \underline{v})(\underline{v}^k - \underline{v})|,$$

die Resultierende der Massenkräfte

$$\underline{f} = \sum_k \rho^k\underline{f}^k/\rho$$

und die Impulserhaltung

$$\underline{0} = \sum_k \underline{m}^k.$$

Damit wird aus der Partialimpulsbilanz

$$\partial(\rho^k\underline{v}^k)/\partial t + \nabla\cdot(\rho^k\underline{v}^k\underline{v}^k + \underline{\underline{P}}^{kT}) = \rho^k\underline{f}^k + \underline{m}^k$$

die Impulsbilanz

$$\partial(\rho\underline{v})/\partial t + \nabla \cdot (\rho\underline{v}\,\underline{v} + \underline{\underline{P}}^T) = \rho\underline{f}.$$

Die Dichte der Gesamtenergien wird als additiv vorausgesetzt:

$$\rho e = \sum_k \rho^k e^k,$$

was für die Dichte der inneren Energie nicht gilt:

$$\rho\varepsilon = \sum_k \rho^k(\varepsilon^k + (\underline{v}^k - \underline{v}) \cdot (\underline{v}^k + \underline{v})/2).$$

Für die innere Energie der M. gilt dann die Bilanzgleichung:

$$\partial(\rho\varepsilon)/\partial t + \nabla \cdot (\rho\varepsilon\underline{v} + \underline{q}) = -\underline{\underline{P}} : \nabla\underline{v} + r,$$

wobei die $\rightarrow$Wärmestromdichte $\underline{q}$ der M. durch

$$\underline{q} = \sum_k (\underline{q}^k + \rho^k (\varepsilon^k + (\underline{v}^k - \underline{v})^2/2) (\underline{v}^k - \underline{v}) - \underline{\underline{P}}^{kT} \cdot (\underline{v}^k - \underline{v}))$$

bestimmt ist.

Für die Strahlungsabsorptionsdichte r gilt:

$$r = \sum_k \omega^k,$$

und die Partialimpulsdichteproduktionen $\underline{m}^k$ erfüllen neben dem Impulserhaltungssatz die Bedingung

$$\sum_k (\rho^k\underline{f}^k + \underline{m}^k) \cdot (\underline{v}^k - \underline{v}) = 0.$$

Für M. existieren i. a. keine Partialentropiebilanzen mit positiver $\rightarrow$Entropieproduktion. Die $\rightarrow$Entropiebilanz der M. erhält man mit

$$\rho s = \sum_k \rho^k s^k + \eta(\rho^1, \ldots, \rho^K),$$

wobei η die M.-Entropie (Gibbs-Paradoxon) mit den folgenden Eigenschaften ist:

$$\eta \geqq 0, \quad \eta(0, \ldots, 0, \rho^j, 0, \ldots, 0) = 0.$$

Eine spezielle M.-Entropie ist

$$\eta = -c \sum_k y_k \ln y_k;$$

$y_n \rightarrow$ Massenbruch der k-ten Komponente, c positive Konstante der Dimension $\rightarrow$ Entropie pro Volumen.

Als Beispiel werde ein diskretes System aus zwei Teilsystemen 1 und 2 gleichen Volumens V, gleicher Temperatur T mit den Partialmassendichten ρ^1 und ρ^2 betrachtet. Die Gesamtentropie des Systems ist

$$S = \int \rho s \, dV = \int (\rho^1 s^1 + \rho^2 s^2 + \eta(\rho^1, \rho^2)) dV.$$

Sind die Komponenten in den Teilsystemen räumlich getrennt, so gilt mit $\eta(\rho^1, 0) = \eta(0, \rho^2) = 0$:

$$S = S^1 + S^2.$$

Sind die beiden Komponenten gleichmäßig gemischt, so gilt mit dem Ausdruck für die M.-Entropie:

$$S = S^1 + S^2 + 2c \, V \ln 2.$$

Die Gesamtentropiestromdichte ist:

$$\underline{\Phi} = \sum_k (\underline{\Phi}^k + \rho^k s^k (\underline{v}^k - \underline{v})) - \underline{v}\eta$$

und die Entropiedichteproduktion:

$$\sigma = \sum_k \sigma^k + \partial\eta/\partial t \geqq 0.$$

Diese Ungleichung ist eine Formulierung des zweiten Hauptsatzes für die M.   *Muschik*

Literatur: *Müller, W. H., u. W. Muschik:* Bilanzgleichungen offener mehrkomponentiger Systeme. J. Non-Equilib. Thermodyn. 8 (1983) Nr. 29 u. 47.

Mischventil. $\rightarrow$ Stellventil, das zwei eingehende Stoff- oder Energieströme A und B vermischt. Die Zusammensetzung des abfließenden Produktstromes ist eine Funktion des Stellhubes: In den Endstellungen kann jeweils nur die Komponente A oder B das Ventil durchströmen. In den Zwischenstellungen werden beide Teilströme mehr oder weniger stark so gedrosselt, daß sich die gewünschte Produktzusammensetzung im abfließenden Strom einstellt. Das Bild zeigt ein Doppelsitzventil für Produktmischungen. Die K_{vs}-Werte beider Sitz-Kegel-Garnituren sind in solchen Ventilen meist gleich oder doch nicht sehr unterschiedlich. Haben die einlaufenden Produktströme sehr unterschiedliche Stärke oder sehr unterschiedliche Drücke, so läßt sich die Aufgabe der Produktmischung besser mit zwei Durchgangsventilen lösen. Die Wirkungsweise

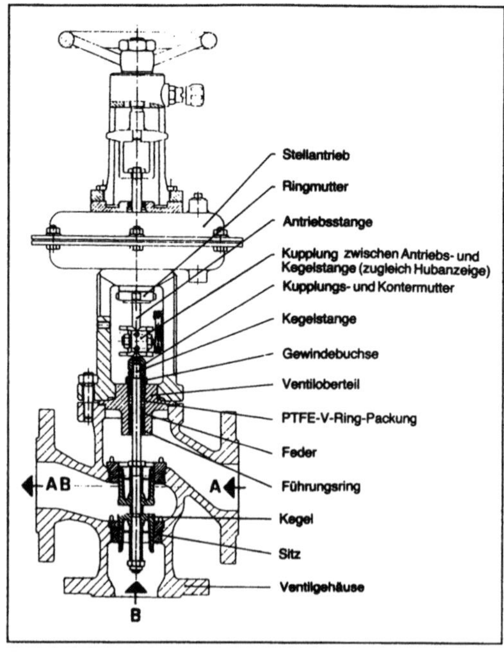

Mischventil: Dreiwege-Stellventil mit Sitz-Kegel-Anordnung für Mischbetrieb. (Quelle: Samson)

ist so zu wählen, daß ein Ventil mit steigendem Stellsignal öffnet, das andere schließt (Verteilerventil).   *Strohrmann*

Mittel, arithmetisches. Das a. M. einer Anzahl von Beobachtungen $x_i (i = 1, \ldots, n)$ ist der einfache Durchschnitt $\bar{x} = \sum x_i/n$, der üblicherweise einfach als Mittel oder $\rightarrow$ Mittelwert bezeichnet wird.

Das a. M. ist der Parameter der zentralen Lage mit der größten praktischen Bedeutung. Sind die x_i Stichprobenwerte aus einer normalverteilten Gesamtheit, so ist das a. M. ein effizienter und suffizienter Schätzwert für den Mittelwert der Gesamtheit. Bei nicht normalverteilten Gesamtheiten können andere Schätzwerte geeigneter sein. Wenn $\bar{x}$ der Mittelwert einer Stichprobe aus einer endlichen Gesamtheit vom Umfang N ist, ist $N \cdot \bar{x}$ eine unverzerrte Schätzung für den Gesamtwert

$$X = \sum_{i=1}^N x_i. \qquad \textit{Schneeberger}$$

Mittelpunktleiter. In Mehrphasen-Wechselstromschaltungen, bei denen die Stränge jeweils an einem Ende (X, Y und Z) miteinander verbunden sind ($\rightarrow$ Sternschaltung), nennt man den vom gemeinsamen Verbindungspunkt wegführenden Leiter Mittelpunktsleiter (M_p) oder $\rightarrow$ Sternpunktleiter. Die von den anderen Strangenden (U, V und W) wegführenden Leiter heißen $\rightarrow$ Außenleiter oder

→Hauptleiter. Bei Dreiphasen-Wechselstrom (→Drehstrom) werden sie mit R, S und T bezeichnet.

Darstellung →Außenleiter und →Drehstrom-Vierleiternetz. *Claassen*

Mittelwert. Es sei $\mathbf{a} = (a_1, \ldots, a_n)$ ein n-Tupel von positiven reellen Zahlen. Dann heißen

$$A(\mathbf{a}) := \frac{a_1 + a_2 + \ldots + a_n}{n}$$

das arithmetische,

$$G(\mathbf{a}) := (a_1 a_2 \ldots a_n)^{1/n}$$

das geometrische und

$$H(\mathbf{a}) := \left(\frac{a_1^{-1} + a_2^{-1} + \ldots + a_n^{-1}}{n}\right)^{-1}$$

das harmonische Mittel von $a_1, a_2, \ldots, a_n$. Es gilt stets

$$\min\{a_1, \ldots, a_n\} \leqq H(\mathbf{a}) \leqq G(\mathbf{a}) \leqq A(\mathbf{a}) \leqq \max\{a_1, \ldots, a_n\}.$$

Tritt an einer Stelle dieser Kette das Gleichheitszeichen auf, so tritt es überall auf und alle a_ν ($\nu = 1, \ldots, n$) sind gleich.

Es bestehen die Gleichungen

$$A(\mathbf{a} + \mathbf{b}) = A(\mathbf{a}) + A(\mathbf{b})$$

und

$$G(\mathbf{a}\, \mathbf{b}) = G(\mathbf{a}) \cdot G(\mathbf{b}).$$

Dabei sind hier und im folgenden Operationen mit n-Tupeln gliedweise auszuführen, d. h.

$$\mathbf{a}\, \mathbf{b} := (a_1 b_1, \ldots, a_n b_n)$$

und

$$f(\mathbf{a}) := (f(a_1), \ldots, f(a_n)).$$

Das arithmetische Mittel wird verallgemeinert durch

$$M_r(\mathbf{a}) := \left(\frac{1}{n} \sum_{\nu=1}^{n} a_\nu^r\right)^{1/r}$$

mit einer reellen Zahl $r \neq 0$. Offenbar gilt

$$A(\mathbf{a}) = M_1(\mathbf{a}), \quad H(\mathbf{a}) = M_{-1}(\mathbf{a})$$

und

$$M_r(\mathbf{a}) = (A(\mathbf{a}^r))^{1/r}$$
$$G(\mathbf{a}) = \exp(A(\ln \mathbf{a}))$$
$$M_{-r}(\mathbf{a}) = (M_r(1/\mathbf{a}))^{-1}$$
$$M_{rs}(\mathbf{a}) = (M_s(\mathbf{a}^r))^{1/r}.$$

Eine weitere Verallgemeinerung sind gewichtete Mittel. Für ein n-Tupel $\mathbf{p} := (p_1, \ldots, p_n)$ von positiven reellen Zahlen definiert man

$$M_r(\mathbf{a}, \mathbf{p}) := \left(\left(\sum_{\nu=1}^{n} p_\nu a_\nu^r\right) / \left(\sum_{\nu=1}^{n} p_\nu\right)\right)^{1/r},$$

$$G(\mathbf{a}, \mathbf{p}) := \left(\prod_{\nu=1}^{n} a_\nu^{p_\nu}\right)^{1/\sum_{\nu=1}^{n} p_\nu}$$

und nennt

$$q_\nu := p_\nu / \sum_{j=1}^{n} p_j$$

das relative Gewicht von a_ν. Bei Gleichgewichtung mittels

$$\mathbf{e} := (1, 1, \ldots, 1),$$

gilt offenbar

$$M_r(\mathbf{a}, \mathbf{e}) = M_r(\mathbf{a}) \quad \text{und} \quad G(\mathbf{a}, \mathbf{e}) = G(\mathbf{a}).$$

Nützliche Ungleichungen sind

$$M_r(\mathbf{a}, \mathbf{p}) \leqq M_r(\mathbf{b}, \mathbf{p})$$

falls $a_\nu \leqq b_\nu$ ($\nu = 1, \ldots, n$),

$$\sum_{j=1}^{k} G(\mathbf{a}_j) \leqq G\left(\sum_{j=1}^{k} \mathbf{a}_j\right) \tag{1}$$

$$\sum_{j=1}^{k} M_r(\mathbf{a}_j, \mathbf{p}) \geqq M_r\left(\sum_{j=1}^{k} \mathbf{a}_j, \mathbf{p}\right) \text{ für } r > 1 \tag{2}$$

und

$$\sum_{j=1}^{k} M_r(\mathbf{a}_j, \mathbf{p}) \leqq M_r\left(\sum_{j=1}^{k} \mathbf{a}_j, \mathbf{p}\right) \text{ für } r < 1. \tag{3}$$

Gleichheit tritt in (1)–(3) genau dann ein, wenn die n-Tupel

$$\mathbf{a}_j := (a_{j1}, \ldots, a_{jn}) \quad (j = 1, 2, \ldots, k)$$

positiver Zahlen paarweise proportional sind, d. h. es gibt λ_j ($j = 1, \ldots, k-1$) mit

$$a_{j,\nu} = \lambda_j\, a_{j+1,\nu} \quad (\nu = 1, \ldots, n).$$

Für $r < s$ mit $r, s \in \mathbb{R} \backslash \{0\}$ besteht die Kette von Beziehungen

$$\min\{a_1, \ldots, a_n\} = \lim_{t \to -\infty} M_t(\mathbf{a}, \mathbf{p}) \leqq M_r(\mathbf{a}, \mathbf{p}) \leqq$$
$$M_s(\mathbf{a}, \mathbf{p}) \leqq \lim_{t \to +\infty} M_t(\mathbf{a}, \mathbf{p}) = \max\{a_1, \ldots, a_n\}. \tag{4}$$

Außerdem gilt

$$\lim_{r \to 0} M_r(\mathbf{a}, \mathbf{p}) = G(\mathbf{a}, \mathbf{p}).$$

Tritt in einer der $\leqq$ Relationen in (4) das Gleichheitszeichen auf, so tritt es überall auf und alle a_ν ($\nu = 1, \ldots, n$) sind gleich.

Man kann bei der Definition von $M_r(\mathbf{a}, \mathbf{p})$ und $G(\mathbf{a}, \mathbf{p})$ auch zulassen, daß Komponenten von $\mathbf{a}$ Null sind, wenn dann

$$M_r(\mathbf{a}, \mathbf{p}) = 0 \text{ für } r < 0$$

vereinbart wird. Damit ergeben sich weitere Fälle für das Auftreten des Gleichheitszeichens in obigen Ungleichungen.

In Analogie zu $M_r(\mathbf{a},\mathbf{p})$ führt man für eine meßbare nichtnegative Funktion f: $]a,b[\to \mathbb{R}$, eine meßbare positive Funktion p: $]a,b[\to \mathbb{R}$, genannt Gewichtsfunktion, und eine reelle Zahl $r \neq 0$ das gewichtete Mittel von f als

$$M_r(f, p) := \left(\left(\int_a^b p(x)\, f^{\,r}(x)\, dx \right) \Big/ \left(\int_a^b p(x)\, dx \right) \right)^{1/r}$$

ein, wobei noch vorausgesetzt wird, daß die Integrale im Lebesgueschen Sinne existieren und

$$0 < \int_a^b p(x)\, dx < +\infty$$

gilt. Für a und b sind auch $-\infty$ und $+\infty$ zulässig. Das gewichtete geometrische Mittel von f wird definiert durch

$$G(f, p) := \exp \left(\int_a^b p(x) \ln f(x)\, dx \right) \Big/ \left(\int_a^b p(x)\, dx \right).$$

Die obigen Beziehungen zwischen M. von n-Tupeln lassen sich weitgehend auf M. von Funktionen übertragen. Ist f stetig auf einem kompakten $\to$Intervall [a,b], so gilt

$$\lim_{r \to \infty} M_r(f, p) = \max_{a \leq x \leq b} f(x)$$

$$\lim_{r \to -\infty} M_r(f, p) = \min_{a \leq x \leq b} f(x),$$

andernfalls geben die links stehenden Grenzwerte das wesentliche Supremum und das wesentliche Infimum von f an.   *Schmeißer*

Literatur: *Beckenbach, E. F.* u. *R. Bellman:* Inequalities. Berlin–Heidelberg 1961. – *Hardy, G. H., J. E. Littlewood* u. *G. Pólya:* Inequalities. London 1973. – *Mitrinović, D. S.:* Elementary inequalities. Groningen 1964.

Mittelwert einer periodischen Zeitfunktion. Der lineare $\to$Mittelwert einer periodischen Zeitfunktion u(t) mit der $\to$Periodendauer T ist definiert zu

$$\bar{u} = \frac{1}{T} \int_0^T u(t)\,dt,$$

der lineare Mittelwert des Betrags |u(t)| der Zeitfunktion ergibt sich zu

$$\overline{|u|} = \frac{1}{T} \int_0^T |u(t)|\,dt$$

und wird Gleichrichtwert genannt.

Der quadratische Mittelwert einer periodischen Zeitfunktion u(t) ist

$$u_{\text{eff}} = + \sqrt{\frac{1}{T} \int_0^T u^2(t)\,dt}$$

und wird auch als $\to$Effektivwert bezeichnet.

Wenn eine periodisch zeitveränderliche Spannung u(t) in einem ohmschen $\to$Widerstand die gleiche Wärmeleistung entwickelt wie eine Gleichspannung U, so entspricht ihr Effektivwert dieser Gleichspannung:

$U_{\text{eff}} = U.$

Der Effektivwert ist der praktisch wichtigste Mittelwert für alle elektrischen Wechselgrößen.

Bei sinusförmigen Wechselgrößen mit der Amplitude $\hat{u}$ gelten folgende Beziehungen:

$\bar{u} = 0,$

$$\overline{|u|} = \frac{2}{\pi} \cdot \hat{u} \approx 0{,}637\, \hat{u},$$

$$u_{\text{eff}} = \frac{1}{\sqrt{2}}\, \hat{u} \approx 1{,}11\, \overline{|u|}\,.$$

Wenn man eine Netzspannung mit 220 V angibt, so meint man damit den Effektivwert; der Scheitelwert (die Amplitude) ist um den Faktor $\sqrt{2}$ (Scheitelfaktor) größer. ($\to$Meßgerät, elektrisches; $\to$Spannungsmessung; $\to$Strommessung; $\to$Meßgleichrichter; $\to$Effektivwertmessung).   *Hammerschmidt*

Mittelwertsatz.
□ Differentialrechnung. Ist eine reelle $\to$Funktion f auf einem $\to$Intervall [a,b] stetig und im Inneren dieses Intervalls differenzierbar, so gibt es nach dem ersten M. der Differentialrechnung ein $\xi \in\,]a,b[$ mit

$$\frac{f(b)-f(a)}{b-a} = f'(\xi).$$

Geometrisch heißt dies, daß es auf der von den Graphen von f gebildeten $\to$Kurve einen Punkt mit Abszisse ξ gibt, in dem die $\to$Tangente parallel zur $\to$Sehne durch die Punkte (a,f(a)) und (b,f(b)) verläuft. Ist f eine reelle differenzierbare Funktion von n Veränderlichen und sind dementsprechend $\mathbf{a}$ und $\mathbf{b}$ gewisse n-Tupel von Zahlen, so gilt für ein $\Theta \in\,]0,1[$

$$f(\mathbf{b})-f(\mathbf{a}) = \langle \mathbf{b}-\mathbf{a},\ \text{grad } f(\mathbf{a}+\Theta(\mathbf{b}-\mathbf{a})) \rangle$$

falls mit $\mathbf{a}$ und $\mathbf{b}$ auch die Verbindungsstrecke im Definitionsbereich von f liegt.

Sind die reellen Funktionen f und g stetig auf [a,b] und im Inneren dieses Intervalls differenzierbar, so gibt es nach dem zweiten M. der Differentialrechnung ein $\xi \in\,]a,b[$ mit

$$g'(\xi)(f(b)-f(a)) = f'(\xi)(g(b)-g(a)).$$

□ Integralrechnung. Der erste M. der Integralrechnung besagt, daß es zu jeder auf [a,b] stetigen rellen Funktion f ein $\xi \in [a,b]$ gibt mit

$$\int_a^b f(x)\, dx = f(\xi)\,(b-a).$$

Ist weiter g eine stetige Funktion ohne Vorzeichenwechsel auf [a, b], so gilt allgemeiner

$$\int_a^b f(x)\,g(x)\,dx = f(\xi) \int_a^b g(x)\,dx$$

mit einem $\xi \in [a,b]$.

Ist f integrierbar auf [a,b] und g dort monoton, so gibt es nach dem zweiten M. der Integralrechnung ein $\xi \in [a,b]$ mit

$$\int_a^b f(x)\,g(x)\,dx = g(a) \int_a^\xi f(x)\,dx + g(b) \int_\xi^b f(x)\,dx$$

Für eine nichtnegative und abnehmende bzw. zunehmende Funktion g gilt sogar

$$\int_a^b f(x)\,g(x)\,dx = g(a) \int_a^\xi f(x)\,dx$$

bzw.

$$\int_a^b f(x)\,g(x)\,dx = g(b) \int_\xi^b f(x)\,dx,$$

wobei jedesmal ξ aus [a,b] ist. *Schmeißer*

Literatur: *Apostol, T. M.:* Mathematical analysis (2. Aufl.). Reading, Mass. 1974. – *Barner, M. u. F. Flohr:* Analysis I u. II. Berlin 1974 u. 1983. – *Erwe, F.:* Differential- und Integralrechnung I u. II. Mannheim 1962. – *Heuser, H.:* Lehrbuch der Analysis (2 Teile, 4. bzw. 3. Aufl.). Stuttgart 1986. – *v. Mangoldt, H. u. K. Knopp:* Einführung in die höhere Mathematik, Bd. II u. III (14. Aufl.). Stuttgart 1976 u. 1978.

mittlerer quadratischer Fehler. Mit t als dem statistischen Schätzer für den Parameter Θ einer Gesamtheit ist der m. q. F. definiert als $MQF = E(t - \Theta)^2$; hierbei bezeichnet E den Erwartungswert. Große Bedeutung hat der MQF bei verzerrten Schätzern t. Dann ist der MQF die Summe aus der Varianz von t und dem Quadrat der Verzerrung $E(t - \Theta)$. *Schneeberger*

Mobilität der Elemente. In der →Geochemie die Wanderung der Elemente, ihrer Ionen und/oder Verbindungen mit fluiden Phasen unter dem Einfluß von Konzentrations- und Druckgradienten.

Die unterschiedliche Affinität der Elemente zu Sauerstoff führt dazu, daß mit steigendem Ionenpotential und zunehmender Elektronegativität innerhalb der Perioden des Periodensystems die Tendenz zur Bildung von Kationen ab- und zur Bildung von Oxo-Anionen zunimmt. Alkalien und Erdalkalien bilden in wäßrigen Lösungen einfache Ionen, während drei- und vierwertige Ionen zur Bildung von Oxid-Hydraten neigen. Fünf-, sechs- und siebenwertige Ionen bilden stabile Oxokomplexe. Die höchste Beweglichkeit weisen die Alkalien auf, da sie am wenigsten adsorbiert (→Adsorption) bzw. am ehesten verdrängt werden. Mit steigender Ionenladung nimmt die Tendenz zur Adsorption zu und damit die Beweglichkeit ab. Oxidhydrate bilden häufig Filme auf Mineralen, die eine starke Tendenz haben, andere Oxidhydrate zu binden (Scavenging-Effekt). Die Oxokomplexe der höherwertigen Ionen sind anionischer Natur (CO_3^{2-}, PO_4^{3-}, SO_4^{2-}); sie weisen eine hohe Mobilität auf, wenn nicht gleichzeitig Kationen zugegen sind, mit denen sie schwer lösliche Verbindungen bilden. *Möller*

Modellbildung. Alle Berechnungen mit Methoden der →Mechanik enthalten mehr oder weniger starke Vereinfachungen gegenüber dem realen Vorgang. Zunächst muß man festlegen, ob man Verformungen berücksichtigen will (muß) oder mit den Mitteln der Starrkörpermechanik genügend zutreffende Aussagen erhält. Wenn man Verformungen berücksichtigt, bleibt die Frage, ob die elastischen Deformationen ausreichen und welche Erweiterung ggf. nötig ist. Selbst rein elastische Körper dürfen nur manchmal als linienförmige Balken oder flächenartige Gebilde (Membranen, Scheiben, Platten, Schalen) modelliert werden.

Nach der Entscheidung über das zu berücksichtigende Materialverhalten stehen Fragen der Modellgenauigkeit an. Viele Details müssen für Rechnungen mit vertretbarem Aufwand vernachlässigt werden (auch noch heute). Bei Schwingungen muß man z. B. klären, wie viele Freiheitsgrade des Systems man berücksichtigen will, ob und wie man das System reduzieren kann und wieviel Eigenfrequenzen man benötigt. Manchmal ist es sinnvoll, schon beim Modell zu beachten, in welchem Bereich die Frequenzen interessieren.

Zur M. gehört auch die Übersetzung in Systembilder mit den gängigen Symbolen wie →Feder, Balken, Stab, Lager, →Dämpfer usw.

Am Ende steht zu alledem noch die Entscheidung über die Präzision des Rechenverfahrens.

Man findet häufig Begründungen für die Güte eines Verfahrens von der Art: „Es erzeugt bessere Ergebnisse als die zum mathematischen Modell gehörige strenge Lösung, weil sie glatter sind (z. B. keine Sprünge enthalten), und Sprünge gibt es doch in der Natur nicht." Aber so läuft man Gefahr, daß die Fehler der Theorie sich ergänzen, indem man sie durch Ungenauigkeiten verdeckt. *Besdo*

Moderator →Kernreaktor

Mohr-Kreis. Für alle symmetrischen Tensoren zweiter Stufe $\mathbf{T} = \mathbf{T}^T$ gelten beim Übergang von einer Basis $\vec{e}_x, \vec{e}_y, \vec{e}_z$ zu einer Basis $\vec{e}_X, \vec{e}_Y, \vec{e}_Z$, die durch Drehung um die z-Achse aus der ersten hervorgeht

($\vec{e}_Z = \vec{e}_z$), die folgenden Transformationsbeziehungen:

$$T_{XX} = \frac{1}{2}(T_{xx}+T_{yy})+\frac{1}{2}(T_{xx}-T_{yy})\cos 2\alpha + T_{xy}\sin 2\alpha,$$
$$T_{YY} = \frac{1}{2}(T_{xx}+T_{yy})-\frac{1}{2}(T_{xx}-T_{yy})\cos 2\alpha - T_{xy}\sin 2\alpha, \quad \Bigg\} \; (1),$$
$$T_{XY} = T_{YX} = \qquad -\frac{1}{2}(T_{xx}-T_{yy})\sin 2\alpha + T_{xy}\cos 2\alpha,$$

$$T_{XZ} = T_{ZX} = T_{xz}\cos\alpha + T_{yz}\sin\alpha,$$
$$T_{YZ} = T_{ZY} = -T_{xz}\sin\alpha + T_{yz}\cos\alpha,$$
$$T_{ZZ} = T_{zz}.$$

Die Beziehungen, Gl. (1), lassen sich mit Hilfe einer rein geometrischen Konstruktion, die auf die gleichen Beziehungen führt, graphisch deuten. Die Figur heißt M.-K. Die Methode wird oft auf Spannungen als Spannungskreis, auf (geometrisch lineare) Deformationsmaße als Dehnungskreis und auf Massen- und Flächenträgheitsmomente als Trägheitskreis angewandt. Sie gilt jedoch ganz allgemein bei symmetrischen Dyaden (Bild).

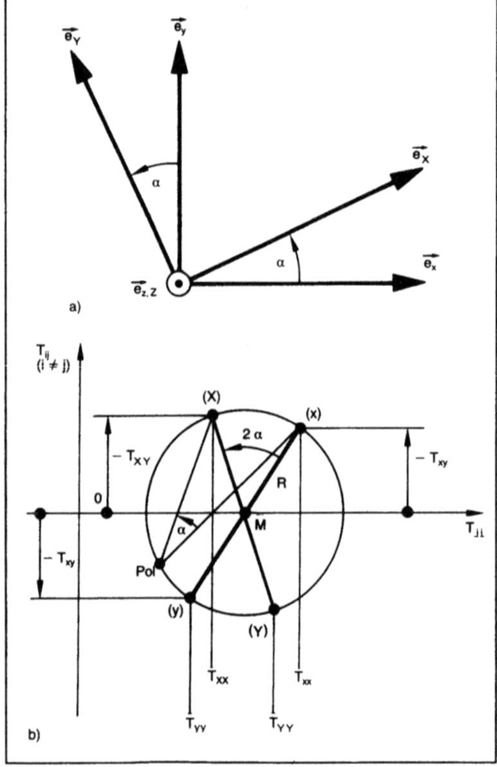

Mohr-Kreis: Zur Erläuterung.
a) Gedrehte Basen
b) Bildpunkte und Mohrkreis.

Man trägt T_{xx} und T_{yy} nach rechts auf, dann an diesen Stellen T_{xy} mit folgender Vorzeichenregel: T_{xy} zählt bei T_{xx} nach unten, bei T_{yy} nach oben positiv. So erhält man Bildpunkte (x) und (y). Sie

sind die Enden eines Durchmessers des M.-K. mit dem Mittelpunkt M auf der T_{ii}-Achse und dem Radius R. Auf diesem Kreis liegen alle entsprechenden Punkte (X), (Y) für andere Basen. Die Durchmesser des M.-K. sind um 2α im gleichen Sinne gegen (x)-(y) gedreht wie $\vec{e}_X$ gegenüber $\vec{e}_x$. Von „Polen" auf dem Umfang aus sieht man den Winkel α selbst. *Besdo*

Mol. SI-Basiseinheit der →Stoffmenge. Einheitenzeichen mol (→Einheiten des SI). *Hammerschmidt*

Molekularsieb. Natürliche und künstliche Zeolithe mit starkem Adsorptionsvermögen für Gase, Dämpfe und gelöste Stoffe. Ihr Kristallgitter weist regelmäßige Räume zwischen einzelnen Gitterbausteinen auf. Die Porendurchmesser liegen in der Größenordnung der meisten Moleküle. Die Sieb- bzw. Adsorptionswirkung der M. beruht darauf, daß sie nur solche Substanzen adsorbieren, deren Moleküle in die Poren der Zeolithe eindringen können. So werden beispielsweise geradkettige Kohlenwasserstoffe (z. B. n-Alkane) adsorbiert, während verzweigte (z. B. Cycloalkane, Aromaten) nicht aufgenommen werden.

Zeolithe sind Alkali- und Erdalkalialuminiumsilicate der Struktur $Na_{12}((AlO_2)_{12}(SiO_2)_{12}) \cdot 27H_2O$ oder mit ähnlichen Strukturen. Wichtig sind Zeolithtypen mit Porenweiten von 0,3 nm (K), 0,4 nm (Na), 0,5 nm (Ca), 0,7 nm (Ca) und 0,8 nm (C, Na oder NH_4).

M. werden als Kugeln von 1–5 mm Dmr. hergestellt. Die Schüttdichte liegt zwischen 650 und 900 kg/m³. Die spezifische Oberfläche beträgt 500–1 000 m²/g.

M. werden zum Trocknen von Gasen und Flüssigkeiten (Entfernung von Wasser), zur isomeren Trennung (z. B. p-, m-, und o-Xylol; Fructose und Glucose), zur Entfernung von CO_2 und H_2O aus Schutzgasen, zum Entfernen von Thiolen und H_2S eingesetzt (Silicagel, Aktivkohle). *Dohrn*

Literatur: Römpps Chemie Lexikon. 8. Aufl. Stuttgart 1985.

Molenbruch. Seien n_1, n_2, . . ., n_N die Molzahlen von K Komponenten (Partialmolzahlen). Dann heißt

$$x_k = n_k/n, \; k = 1, \ldots, K \text{ mit}$$

$$n = \sum_k n_k$$

der M. der k-ten Komponente. Der M. ist ein Konzentrationsmaß. *Muschik*

Mollier-Diagramm. Alle Phasen-D., die die spezifische →Enthalpie h als Variable verwenden, werden als M.-D. bezeichnet. Es gibt eine Reihe von M.-D., die eine große Bedeutung für die Praxis haben: Das h, s-D. wird für Wärmekraftmaschinen, das log p, h-Diagramm für Kaltdampfmaschinen benutzt.

Zustandsänderungen feuchter Luft lassen sich übersichtlich im h,x-D. darstellen (x →Massenbruch, Masse der feuchten Luft/Masse der trockenen Luft). Zur besseren Ausnutzung der D.-Fläche werden schiefwinklige h, x-D. benutzt. *Muschik*

Literatur: *Elsner, N.:* Grundlagen der Technischen Thermodynamik. Ost-Berlin 1973.

Molvolumen. Sei v das spezifische Volumen, definiert durch die reziproke Massendichte

$$v : = 1/\rho \ (cm^3\ g^{-1}),$$

so ist das Molvolumen

$$\overline{V} : = Mv = V/n$$

(M = Molmasse, V = Volumen, n = →Molzahl). Die molare Volumenkonzentration ist:

$$c : = n/V = 1/\overline{V}$$

(Konzentrationsmasse). Für die k-te Komponente ergibt sich als Konzentration

$$c_k : = n_k/V = c\ x_k,\ \sum_k c_k = c.$$

(x_k = →Molenbruch) *Muschik*

Molzahl. Die M. n mit der Dimension mol ist ein Maß für die →Stoffmenge. Definitionsgemäß enthält 1 mol $6{,}0220943 \cdot 10^{23}$ Moleküle. Daher ist die Anzahl der Moleküle in n mol

$$N = n\ N_L,$$

wobei

$$N_L = 6{,}0220943 \cdot 10^{23} \pm 6{,}3 \cdot 10^{17}\ mol^{-1}$$

die Loschmidt-Zahl ist. Ist m die Masse von n mol, so heißt

$$M = m/n\ kgmol^{-1}$$

die Molmasse (molare Masse, stoffmengenbezogene Masse; DIN 1345).

Neben der Molmasse wird die dimensionslose relative Molekülmasse

$$M_r : = 12\ m_0/m_0(^{12}C)$$

(veraltet das Molekulargewicht) als Stoffmengenmaß benutzt (m_0 Masse eines Moleküls, $m_0(^{12}C)$ Masse des ^{12}C-Moleküls).

Da ein →Mol des Isotops ^{12}C 12 g Masse enthält:

$$12\ gmol^{-1} = m_0(^{12}C)\ N_L,$$

ergibt sich:

$$M_r = m_0\ N_L\ molg^{-1} = M\ molg^{-1},$$

d. h. die relative Molekülmasse ist zahlenmäßig gleich der Molmasse, falls diese in $gmol^{-1}$ angegeben wird.

Ein Mol eines idealen Gases nimmt unter Normalbedingungen das Volumen

$$V_{m.0} = 22{,}41383 \pm 7{,}0 \cdot 10^{-5}\ l$$

ein (DIN 1343). *Muschik*

Moment. Die an einem Körper angreifenden Kräfte kann man am Angriffspunkt vektoriell zusammenfassen und auf Wirkungslinien verschieben, wenn man starre Körper betrachtet oder das Erstarrungsprinzip heranzieht. Kräfte in einer Ebene lassen sich so zu resultierenden Kräften vereinigen, solange sie nicht entgegengesetzt gleich groß sind und auf unterschiedlichen (parallelen) Wirkungslinien angreifen. Dann jedoch sind sie ein Kräftepaar, a) im Bild.

Man kann es durch folgende Operationen in ein anderes Kräftepaar der gleichen Ebene verwandeln, b) im Bild, nicht aber in eine resultierende Kraft:
□ Zufügen zweier Kräfte, nämlich $\vec{F}^*$ und $-\vec{F}^*$ in A,
□ Verschieben von $-\vec{F}^*$ nach B,
□ Zusammenfassen von $\vec{F}$ und $\vec{F}^*$ zu $\vec{F}^{**}$ sowie von $-\vec{F}$ und $-\vec{F}^*$ zu $-\vec{F}^{**}$.

Auch andere zur Ebene des ursprünglichen Kräftepaars parallele Ebenen kann man erreichen. Bei diesen Operationen bleiben erhalten:
□ die Normalenrichtung zu der Ebene, in der sich das Kräftepaar befindet,
□ die von $\vec{F}$ und $-\vec{F}$ aufgespannte Fläche,
□ der →Drehsinn des Kräftepaars.

Das wird exakt durch das im Starrkörper frei verschiebliche M., genauer durch einen Momentenvektor, c) im Bild,

$$\vec{M} = \vec{r} \times \vec{F}$$

wiedergegeben, der mit dem vom Angriffspunkt der Kraft $-\vec{F}$ zum Angriffspunkt von $\vec{F}$ weisenden Ortsvektor $\vec{r}$ gebildet wird.

Gibt es in einem Starrkörper zwei Kräftepaare mit den M. $\vec{M}_1$ und $\vec{M}_2$, so kann man sie durch Grundoperationen in Kräftepaare aus Kräften in zwei gemeinsamen Punkten umwandeln (auf der Schnittgeraden zweier zu $\vec{M}_1$ und $\vec{M}_2$ senkrechter Ebenen). Dann entsteht wieder ein Kräftepaar mit $\vec{F} = \vec{F}_1 + \vec{F}_2$ und so $\vec{M} = \vec{M}_1 + \vec{M}_2$. Momentenvektoren dürfen also addiert werden.

Zur Deutung dieser Vektorbeziehungen, d) im Bild, sei ein Kräftepaar innerhalb der Zeichenebene betrachtet: Der bei M. als Doppelpfeil symbolisierte Vektor $\vec{M} = \vec{r} \times \vec{F}$ steht auf der Ebene senkrecht. Er gibt den Drehsinn gem. der Rechte-Faust-Regel wieder: Zeigt der Daumen der rechten Hand in die Richtung von $\vec{M}$, deuten deren gekrümmte Finger in Richtung des Drehsinns. Der Betrag von $\vec{M}$ ist $|\vec{F}|L,$

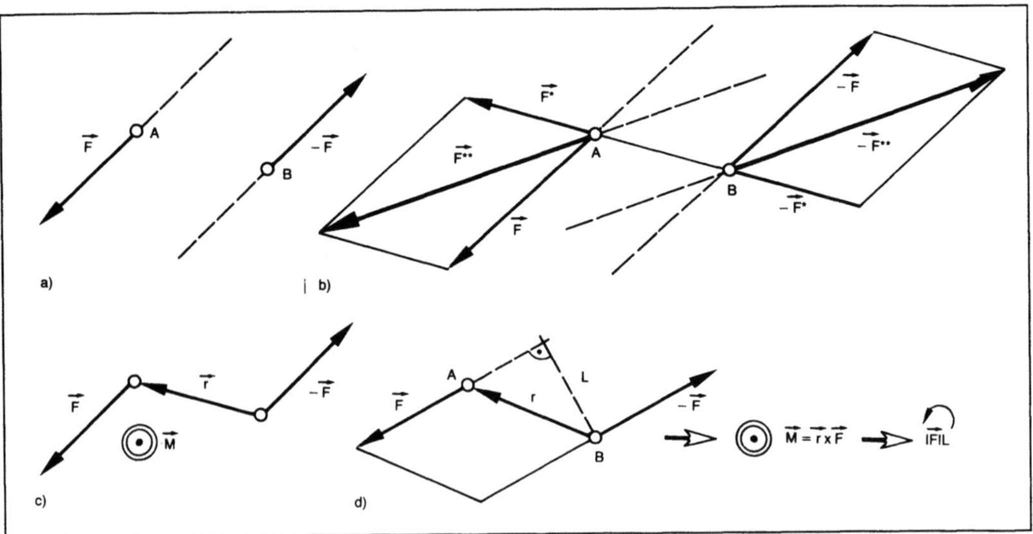

Moment: Angreifende Kräfte und Wirkungslinien.
a) Das Kräftepaar
b) Veränderung des Kräftepaares
c) Kräftepaar und gleichwertiges Moment
d) gleichwertige Systeme.

mit dem Abstand L der Wirkungslinien, den man auch als Hebelarm der Kraft $\vec{F}$ um den Angriffspunkt B der Kraft $-\vec{F}$ deuten kann. Statt durch einen Momentenvektor $\vec{M}$ symbolisiert man bei festliegender Ebene des Kräftepaars oder Achsrichtung des M. dieses auch durch einen Drehpfeil mit einer Betrags ($\geqq 0$)- oder Wert ($\leqq 0$)-Angabe. Solche M. nennt man dann gern verstärkend Dreh-M. Dieser Name wird vor allem bei umlaufenden Wellen verwendet. *Besdo*

Moment, magnetisches. → Vektor $\underline{m}$ zur Beschreibung magnetischer Wechselwirkungen. Bei einem Magneten definiert man die Größe des m. M. durch

$$|\underline{m}| = \frac{\Phi d}{\mu},$$

wobei Φ der gesamte aus dem Magneten austretende magnetische → Fluß ist, d der Abstand der beiden Pole (bzw. die Länge des Magneten) und μ die → Permeabilität des umgebenden Mediums. Die Richtung des m. M. zeigt vom magnetischen Südpol zum magnetischen Nordpol.

Für eine vom → Strom I durchflossene → Spule mit n Windungen berechnet sich das m. M. zu

$$|\underline{m}| = nIA,$$

wobei A die Querschnittsfläche der Spule darstellt. Dieser Zusammenhang gilt mit n = 1 auch für eine einzelne Leiterschleife. Die Richtung des m. M.

bildet mit der Stromumlaufrichtung ein Rechtsschraubensystem.

Auch die Elektronenbahnen um einen Atomkern und die Elektronenspins besitzen ein m. M. Es ist in diesen Fällen gequantelt (→ Magnetismus). *Claassen*

Momentanpol. Solange sich ein Körper bei einer ebenen Bewegung (→ Kinematik, ebene) überhaupt dreht ($\omega \neq 0$), existiert irgendwo in der beschreibenden (x,y-)Ebene ein augenblicklich geschwindigkeitsfreier Punkt Q. Er ist vom Bezugspunkt B aus durch $\vec{r}_Q^{(B)} = \vec{\omega} \times \vec{v}_B / \omega^2$ festgelegt und heißt M.

Die Bedeutung des Punkts liegt darin, daß sich das momentane Feld der Geschwindigkeiten als Drehung um diesen Punkt deuten läßt (Bild 1). Jede Geschwindigkeit des Körpers ist durch

$$\vec{v}_P = \vec{\omega}_K \times \vec{r}_P^{(QK)}$$

festgelegt: Die Geschwindigkeit des Körpers K im Punkt P ist gleich dem Kreuzprodukt aus dem Vektor $\vec{\omega}_K$ der → Winkelgeschwindigkeit des Körpers und dem Ortsvektor vom M. des Körpers zum Punkt P.

Dadurch stehen alle Geschwindigkeiten von Punkten der x,y-Ebene senkrecht auf den Polstrahlen. Dies sind Geraden durch den Pol Q und sind dem Abstand r proportional: v = rω. Die Umkehrung dieser Aussage liefert Konstruktionsvorschriften für den M. Wenn man insbes. in zwei Punkten eines Körpers die Richtung der Geschwindigkeiten

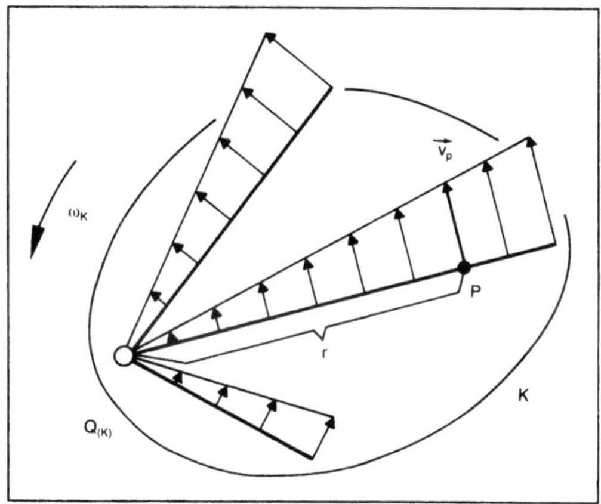

Momentanpol 1: Geschwindigkeitsverteilung und Momentanpol Q.

(Vorzeichen unwichtig) kennt, muß Q der Schnittpunkt der Senkrechten zu diesen Richtungen sein, Bild 2a). Sind diese beiden Polstrahlen parallel und

fallen nicht zusammen, sagt man: Der M. liegt im Unendlichen. Das bedeutet: Der Körper bewegt sich momentan translatorisch (→Translation).

Die Orte, die der M. im Laufe der Bewegung einnimmt, bilden Polbahnen. Dabei ist die Menge aller M. im Inertialsystem ($\vec{e}_a$, 0) als Rastpolbahn, b in Bild 2b), von der auf ihr abrollenden Gangpolbahn, a in Bild 2b), zu unterscheiden, bei der die M. vom bewegten Körper selbst aus betrachtet werden.

Der Satz von den gedrehten Geschwindigkeiten besagt: Dreht man die zu einer Geraden des Körpers gehörenden Geschwindigkeiten, Bild 2c), um 90° auf den jeweiligen Polstrahl, so liegen die neuen Pfeilspitzen auf einer zur Körper-Geraden parallelen Geraden (in Bild 2d): A′E′ ∥ AE). *Besdo*

Monte-Carlo-Methode. Dies ist eine Simulations-M. zum Lösen von Problemen aus den Gebieten von →Mathematik, →Statistik und →Operations Research durch Verwenden von Zufallsstichproben. So sei es z. B. mit den klassischen Verfahren der

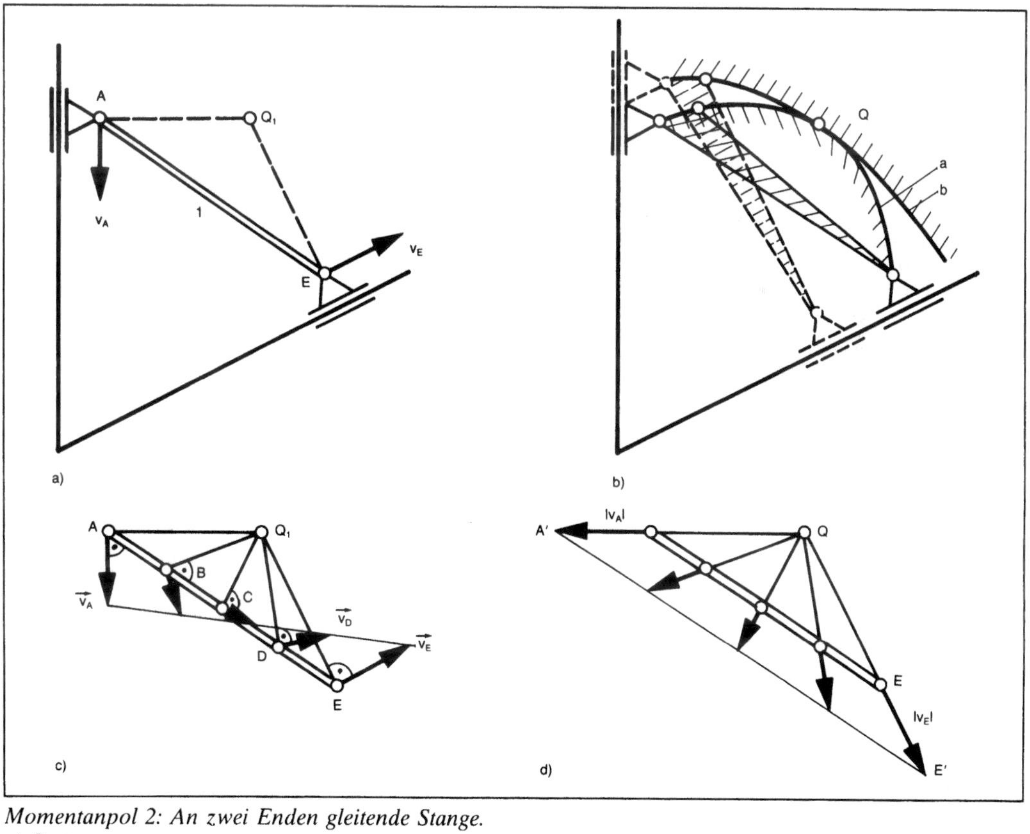

Momentanpol 2: An zwei Enden gleitende Stange.
a) System
b) Sich berührende Gangpolbahn a und Rastpolbahn b
c) Geschwindigkeiten
d) Gedrehte Geschwindigkeiten.

531

Mathematik unmöglich, für ein spezielles Integral der Form $I = \int_a^b f(x)dx$ einen expliziten numerischen Wert anzugeben. Wird nun aus dem zulässigen Bereich von a bis b eine Zufallsstichprobe vom Umfang n bestimmt (z. B. mit Zufallszahlengeneratoren) und zu jedem ihrer Elemente $x_i (i = 1, \ldots, n)$ die zugehörige Dichtefunktion $f(x_i)$ berechnet, dann geht das arithmetische Mittel der Produkte, gebildet aus der halben Intervallbreite von x_{i-1} bis x_{i+1} und $f(x_i)$, mit wachsendem n gegen I. Deutlicher treten die Vorteile der M. jedoch bei statistischen Anwendungen hervor, bei denen die Form des Integrals oder der Summationsvorschrift nicht explizit angegeben werden kann. So sind z. B. viele Stichprobenverteilungen einer Schätzgröße t nicht in einer handhabbaren Form anzugeben. Hier kann man zu einer empirischen Schätzung der Verteilung von t gelangen, indem man wiederholt Zufallsstichproben aus der möglichen Gesamtheit entsprechend deren →Wahrscheinlichkeit zieht und die diskrete Verteilung der erhaltenen Ergebnisse für t als Schätzung der Dichtefunktion von t ansieht.

Entsprechendes Vorgehen findet man bei der Untersuchung von Systemen, bei denen zwar die Bestimmungsgleichungen oder -ungleichungen zur Systembeschreibung vorliegen, explizite Lösungen aber nicht berechnet werden können. Das Verhalten solcher Systeme kann simuliert werden, indem wiederholt mit neuen Startwerten unter Verwendung der Bestimmungsgleichungen neue Zwischen- oder Endzustände des Systems erzeugt werden. Solche Startwerte lassen sich zufällig oder auch systematisch wählen.   *Schneeberger*

MTBF. (Mean Time Between Failures). Die mittlere Betriebszeit ist bei Komponenten mit wiederholten Erneuerungen die mittlere Zeit zwischen zwei Ausfällen. Sie berechnet sich als Kehrwert der Geräteausfallrate λ (Reparaturwahrscheinlichkeit, →Verfügbarkeit):

$$MTBF = 1/\lambda. \qquad \textit{Schrüfer}$$

MTTFF. (Mean Time To First Failure). Die mittlere Zeit bis zum ersten →Ausfall ist bei Komponenten ohne Reparatur identisch mit der mittleren Lebensdauer. Sie ergibt sich aus dem Kehrwert der Komponentenausfallrate λ (Exponentialverteilung):

$$MTTFF = 1/\lambda. \qquad \textit{Schrüfer}$$

MTTR. (Mean Time To Repair). Die mittlere Reparaturzeit ist bei Komponenten mit wiederholten Erneuerungen die mittlere für die Reparatur benötigte Zeit. Sie berechnet sich als Kehrwert der Reparaturrate μ (Reparaturwahrscheinlichkeit):

$$MTTR = 1/\mu. \qquad \textit{Schrüfer}$$

Multimeter. Elektronisches Vielfachmeßgerät mit einer größeren Anzahl von Meßbereichen für Spannung, Strom, Widerstand und manchmal auch für Temperatur, das digital arbeitet und über eine elektronische Ziffernanzeige verfügt. Infolge vielfältiger Vorteile bei der Herstellung und Anwendung verdrängen die Digital-M. (DMM) diese die elektromechanischen Meßgeräte für die gleichen Zwecke (→Meßgerät, elektrisches; →Spannungsmessung).

Vorzüge sind große Meßempfindlichkeit bei mechanischer Unempfindlichkeit, hohe →Zuverlässigkeit, gute Ablesbarkeit, weitgehende Wartungsfreiheit und minimale Betriebskosten. Der Anzeigeumfang der DMM reicht von 0—1999 („3^1/$_2$-stellig") bis 0 bis >10 000 000. Auflösungen bis 10 nV, 100 pA und 10 μΩ werden bei teuren Geräten erreicht. Wesentlicher Bestandteil eines DMM ist der Analog/Digital-Umsetzer samt entsprechend genauer Referenzspannungsquelle. Bei komfortablen Geräten werden verschiedene Funktionen wie z. B. Nullpunkt-Korrektur und Mittelung bei gestörten Meßwerten von einem eingebauten Mikrorechner erledigt (Bild).

Multimeter: System-M. (Quelle: Prema GmbH)

An weiteren Funktionen, über die nicht jedes DMM verfügt, wären zu nennen: Echte →Effektivwertmessung, d. h. Effektivwertmessung bei nichtsinusförmigen Signalverläufen, Messen von Kapazitäten, Messen von Frequenzen und Zeitintervallen sowie Messen der Wirkleistung. Wenn viele Meßgrößen von einem einzigen DMM erfaßt werden sollen, kann man einen →Meßstellenumschalter vorschalten, der die Meßgrößen nacheinander oder nach einem Programm zum Meßgerät schaltet. Verfügt ein DMM über eine geeignete Schnittstelle am Ausgang, läßt es sich zusammen mit anderen Meßgeräten in eine rechnergesteuerte Meßanlage einbeziehen, in der die einzelnen Komponenten durch einen sog. Bus (z. B. IEC-Bus) miteinander verbunden sind.   *Hammerschmidt*

Multiplizierer. Die wichtigste nichtlineare Operation bei der Verknüpfung von (Meß)-Signalen ist die Multiplikation. Sie wird z. B. bei der →Leistungsmessung benötigt. Von den analogen Multiplikationsverfahren sollen hier folgende genannt werden:

□ Hall-M.: Direkte multiplikative Verknüpfung über den →Hall-Effekt bei Halbleitern. Anwendungsbeispiel zur Leistungsmessung s. Bild 1.

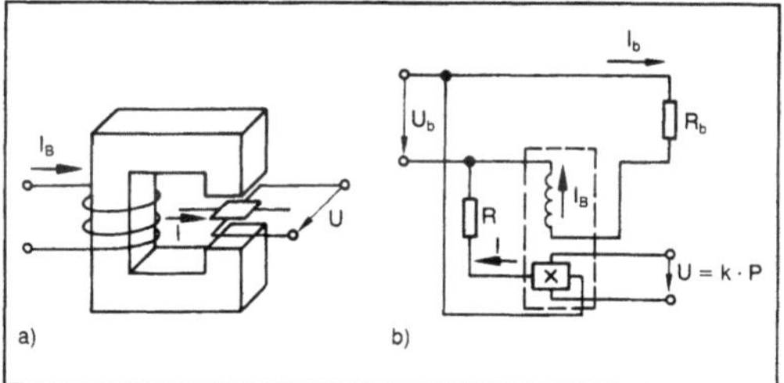

Multiplizierer 1: Hall-Multiplizierer.
a) Aufbau zur Leistungsmessung,
b) Anwendung zur Leistungsmessung.

□ Zwei-Parabel-M. (Analogrechner). Prinzip: Zwei Größen x und y werden gemäß folgender Gleichung multipliziert:

$$x \cdot y = \frac{1}{4}[(x+y)^2 - (x-y)^2].$$

Summe und Differenz von x und y werden mittels zweier aus Diodennetzwerken bestehender Parabeln quadriert und anschließend subtrahiert (Bild 2).

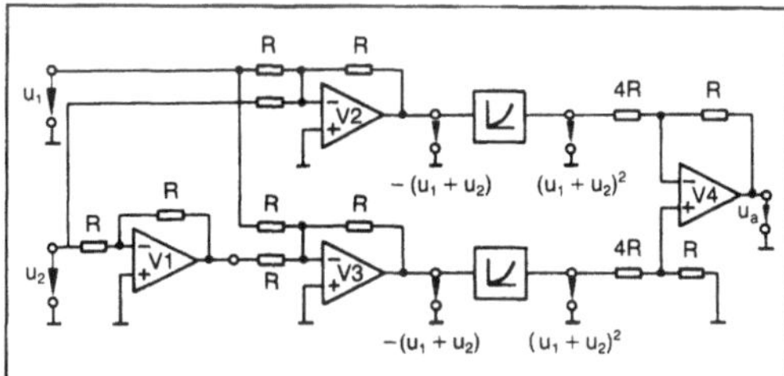

Multiplizierer 2: Parabel-Multiplizierer.

□ Thermischer M. Prinzip: Hier liegt dieselbe Gleichung wie beim Zwei-Parabel-M. zugrunde. Das Quadrieren wird aber mittels Thermoumformern durchgeführt. Thermoumformer sind eine Kombination von Heizdraht und →Thermoelement. Die Temperaturerhöhung und damit die entstehende Thermospannung ist dem Quadrat des durch den Heizdraht fließenden Stroms proportional. In der Schaltung (Bild 3) ist bei entsprechender Dimensionierung von R_0, R_1 und R_2 die Spannung U_{Th} dem Produkt von U und I proportional: $U_{Th} = k \cdot U \cdot I$.

Mittelwertbildung erfolgt durch die thermische Trägheit der Thermoumformer. Anwendung für Frequenzen von 5 Hz bis über 400 kHz.

□ Zeitteilungs-M. (Time-Division-M.). Prinzip: Bei diesem Modulationsverfahren wird die eine der zu multiplizierenden Größen mit einer Modulations-

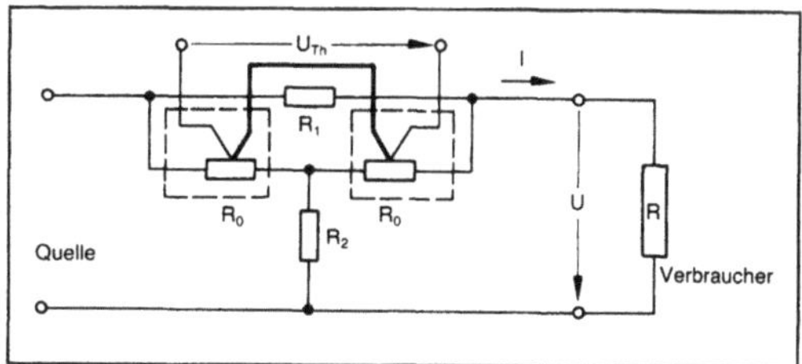

Multiplizierer 3: Leistungsmeßglied mit Thermoumformern.

frequenz f_0 in eine symmetrische (Quasi-)Rechteckschwingung umgewandelt, deren Tastverhältnis von der anderen Größe gesteuert wird. Mittelwertbildung bei der dem Produkt entsprechenden Ausgangsspannung über einen Tiefpaß. Die höchsten Frequenzanteile in den zu multiplizierenden Signalen müssen wesentlich kleiner als f_0 sein.

□ Multiplikation über Logarithmen. Ausnutzung des logarithmischen Zusammenhangs zwischen Spannungsabfall und Durchlaßstrom von Silicium-Diodenstrecken. Die Multiplikation bzw. Division geht dann in eine leicht realisierbare Addition bzw. Subtraktion über. Nach Delogarithmierung erhält man das gewünschte Ergebnis:

$$\frac{x \cdot y}{z} = e^{(\ln x + \ln y - \ln z)}$$

für x,y,z > 0.

M. dieser Art sind als integrierte Schaltungen erhältlich. Abbildung eines Meßgeräts nach diesem Prinzip →Leistungsmessung, elektrische.

□ Steilheits-M. (*engl.* transconductance amplifier). Die Steilheit eines Bipolartransistors ist proportional zum Kollektorruhestrom. Die Änderung des Kollektorstroms ist demnach proportional zum Produkt aus Eingangsspannungsänderung und Kollektorruhestrom. Diese Eigenschaft liegt den sog. Steilheits-M. zugrunde, die ebenfalls als monolithisch integrierte Schaltungen erhältlich sind.

Die Verfahren arbeiten zunächst nur dann, wenn beide Eingangsgrößen positiv sind (Einquadranten-M.).

Mit entsprechenden Maßnahmen, z. B. Betragsbildung und separates Verarbeiten der Vorzeichen, können die Vorzeichen beider Eingangsgrößen beliebig sein (Vierquadranten-M.).

Wird der M. in der →Rückführung eines Meßverstärkers betrieben, erhält man einen Dividierer (Bild 4). Ein Quadrierer entsteht, wenn eine einzige Eingangsgröße an beide Eingänge gelegt wird. Durch einen Quadrierer in der Rückführung eines Meßverstärkers ergibt sich ein Radizierer.

Die Multiplikation ist auch mittels vollintegrierter digitaler M. möglich. Prinzip: Die Momentanwerte der zu multiplizierenden Größen werden hinreichend oft abgetastet und auf Analog/Digital-Umset-

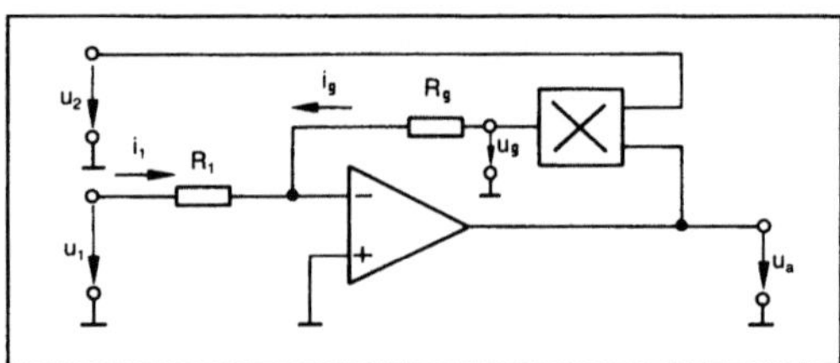

Multiplizierer 4: Dividierer.

zer gegeben. Die Multiplikation der digitalen Momentanwerte geschieht im M. Die Ausgabe des Produkts erfolgt digital oder über Digital/Analog-Umsetzer. *Hammerschmidt*

Literatur: *Tietze, U.* u. *C. Schenk:* Halbleiterschaltungstechnik. Berlin 1986. – *Schrüfer, E.:* Elektrische Meßtechnik. München 1992.

(zu Bild 4): $u_a = - \dfrac{R_g}{R_1} \dfrac{u_1}{u_2}$

N

Nachgiebigkeit. Anstelle der Federkonstanten c kann man auch ihren Kehrwert, die N. n benutzen:

n = 1/c

Die N. ist ein Maß für die N. der Feder; Dimension: m/N für die Translationsbewegung. Größen mit dieser Dimension kommen in der →Festigkeitslehre häufig vor; man nennt sie auch Einflußzahlen. *Splittgerber*

Nachlaufregelung. Eine N. ist eine mechanische →Folgeregelung. Die Regelgröße x läuft als →Winkel oder Position der Führungsgröße w nach.

Das Folgeradarsystem als Beispiel einer Folgeregelung enthält je einen Nachlaufregelkreis für den Azimut- und den Elevationswinkel.

Bei Werkzeugmaschinen findet man häufig eine N.: z. B. liegt die Form des zu fertigenden Werkstückes als Zeichnung vor (Führungsgröße), so tastet ein →Sensor die Kontur ab, und der Nachlaufregelkreis führt das bearbeitende Werkzeug nach.

Als einfache N. sind Servosysteme zu nennen. Bei einer Servolenkung beispielsweise wird der Radeinschlag entsprechend dem Einschlag des Lenkrades nachgeführt. Jedoch kommt es weniger auf die →Genauigkeit als auf die schwingungsfreie schnelle Nachführung sowie auf die Kraftverstärkung an. Der Fahrer soll viel weniger Kraft aufwenden müssen, als zur Lenkung nötig ist. Die Rudermaschinen im Flugzeug oder Schiff arbeiten auch nach diesem Prinzip (hydraulisch). *Böttiger*

Nachstellzeit →PI-Übertragungsverhalten; →PID-Übertragungsverhalten

Nachverbrennung, katalytische. Durch k. N. lassen sich Abgase mit verhältnismäßig geringem Gehalt an organischen Stoffen, insbes. auch Abgase aus Verbrennungskraftmaschinen mit geringen Mengen unvollständig verbrannter Kraftstoffbestandteile durch Überführen in unschädliche Verbindungen reinigen. Abgase aus Lackierereien, Imprägnierbetrieben, der Herstellung von Isoliermaterial und Linoleum sowie aus petrochemischen Betrieben werden auf diese Weise behandelt.

Bei Automobilen besteht der katalytische Nachverbrenner aus einem in das Abgassystem integrierten Bauteil, das den Katalysator enthält. Als Katalysator kommen Edelmetalle oder Oxide unedler Metalle in Betracht, die auf einem Trägermaterial aufgebracht sind. Das Trägermaterial kann in Form eines starren Körpers, netz-, stab- oder bandförmig, als Strangpreßling oder als Schüttling von Pellets (Körner) vorliegen. Der Katalysator bewirkt bei Temperaturen von 250–750 °C, daß Kohlenmonoxid und Kohlenwasserstoffe vollständig zu Kohlendioxid und Wasser umgewandelt werden. Der Nachverbrenner ist möglichst nahe am Motor angebracht, um den Wärmeinhalt der Abgase beim Kaltstart für eine möglichst kurze Anlaufphase bis zum Erreichen der Betriebstemperatur bestmöglich auszunutzen.

Für einen 8-Zylinder-Benzinmotor werden für einen Edelmetallkatalysator ca. 1,5 g Platin und 1 g Palladium benötigt. Die Lebensdauer eines solchen Katalysators beträgt etwa 80 000 Betriebskilometer. Edelmetallkatalysatoren erfordern die Verwendung von unverbleitem Kraftstoff, da der Katalysator durch die in den Abgasen enthaltenen Bleiverbindungen in seiner Wirksamkeit geschädigt wird.

Bei Dieselmotoren findet eine k. N. dort Anwendung, wo Fahrzeuge in geschlossenen Räumen betrieben und eine Beeinträchtigung der Umgebung durch die unverbrannten Bestandteile der Auspuffgase vermieden werden soll. *Dohrn*

Literatur: *Shelef, M., K. Otto,* u. *N. C. Otto:* Poisoning of Automotive Catalysts. In: Adv. in Catalysis. *D. D. Ely, H. Pines,* u. *P. B. Weisz* (Hrsg.). New York 1978.

Nano.... SI-Vorsatz für →Einheiten im Meßwesen, bezeichnet das 10^{-9}fache der jeweiligen Einheit. Abk. n. *Hammerschmidt*

Nebelkammer. Unter N. versteht man ein Gefäß, das Luft oder ein anderes Gas enthält, das mit Wasserdampf gesättigt ist. Bei Abkühlung durch eine plötzliche Expansion bilden sich Nebeltröpfchen an Staubteilchen oder anderen Kondensationskeimen.

Daß auch Ionen als Kondensationskeime wirken können, selbst wenn kein Staub zugegen ist, wurde experimentell zuerst von *C. T. R. Wilson* gezeigt, nach dem die N. auch oft benannt wird. Der erzeugte Nebel ist besonders intensiv, wenn das Gas durch irgendwelche ionisierende Strahlung wie Röntgen- oder α-Strahlung durchsetzt wird. *Sir J. J. Thomson* benutzte diesen Effekt bei seinen frühen Messungen der elektrischen Ladung. Besonders geeignet erwies sich die Wilson-N. zum Nachweis einzelner ionisierender Teilchen. Läßt man α- oder β-Strahlen unmittelbar vor der Expansion durch das Gas treten, so äußert sich die Bahn eines jeden Teilchens durch eine deutlich erkennbare weiße Nebelspur, die oft mehrere Zentimeter lang ist, bald diffus wird und dann verschwindet. Die Untersuchung der photographischen Aufnahmen solcher Nebelbahnen hat viel Informationen über die Natur und die Bewegung der Teilchen geliefert, die die Nebelbahnen erzeugen, und über die Wechselwirkung zwischen Strahlung und Teilchen. *Wedler*

Nebenbedingung. N. schränken die Variationsmöglichkeiten eines Variationsprinzips ein. So ist z. B. der Ort der skizzierten Punktmasse (Bild) m über

$$g\,(\vec{r}) = x^2 + y^2 + z^2 - \ell^2 = 0$$

mit ℓ verknüpft. Eine Variation der →Koordinaten x,y,z muß diese N. beachten. $g(\vec{r})$ ist mit ℓ = const. eine skleronome N., weil sie nicht von der Zeit t abhängt; mit $\ell = \ell(t)$ wird sie rheonom: $g(\vec{r},t) = 0$. Weiterhin unterscheidet man holonome N., die sich allein durch $\vec{r}$ und t ausdrücken lassen, von nichtholonomen, auch in- oder anholonome genannt, in denen Geschwindigkeiten auftreten, wie dies bei rollenden Rädern (Winkel und $\vec{v}$ hängen zusammen) vorkommt.

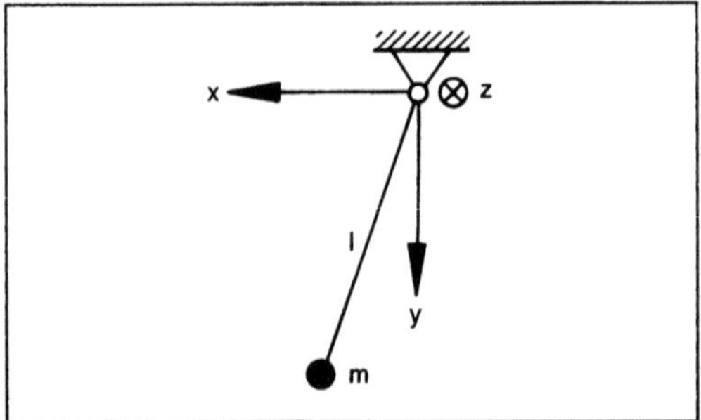

Nebenbedingung: Darstellung am Beispiel einer Punktmasse.

N. werden direkt, durch Beschränkungen der Variation, oder durch Einbau in das Prinzip $\delta F = 0$ über $\delta\,(F - \lambda\,g) = 0$ mit einem selbst zu variierenden Lagrangeschen Multiplikator λ eingehalten. Der Faktor λ wird dabei in der Regel zu einer Zwangskraft. *Besdo*

negative Zahl. Eine reelle Zahl, die kleiner als null ist. *Schmeißer*

Neptunium. N. ist das erste Transuranelement und gehört zur Gruppe der Actiniden. Die Ordnungszahl ist 93, das chemische Symbol Np. N. wurde 1940

von *McMillan* und *Abelson* bei der Untersuchung der Spaltprodukte des Urans entdeckt. ^{239}Np entsteht durch die Reaktionsfolge:

$$^{238}\mathrm{U}(\mathrm{n},\gamma)\ ^{239}\mathrm{U}\ \underset{23{,}5\mathrm{m}}{\overset{\beta^-}{\rightarrow}}\ ^{239}\mathrm{Np}.$$

Das langlebigste →Isotop des Neptuniums ist ^{237}Np (→Halbwertzeit $2{,}14\cdot10^6$ a). Es entsteht als Abfall in Kernreaktoren und zwar durch die Kernreaktionen $^{235}\mathrm{U}(\mathrm{n},\gamma)\ ^{236}\mathrm{U}(\mathrm{n},\gamma)\ ^{237}\mathrm{U}\ \underset{6{,}75\mathrm{d}}{\overset{\beta^-}{\rightarrow}}\ ^{237}\mathrm{Np}$ und $^{238}\mathrm{U}(\mathrm{n},2\mathrm{n})\ ^{237}\mathrm{U}\ \underset{6{,}75\mathrm{d}}{\overset{\beta^-}{\rightarrow}}\ ^{237}\mathrm{Np}$. Wegen seiner Langlebigkeit reichert sich ^{237}Np in den abgebrannten Brennelementen von Kernreaktoren an (etwa 0,5 kg pro Tonne →Uran in Brennelementen von Leichtwasserreaktoren bei einer Anfangsanreicherung von 3,3% und einem Abbrand von 34 000 MWd/t). ^{237}Np ist das Mutternuklid der →Neptunium-Zerfallsreihe.

Die Elektronenkonfiguration des Neptuniums im Gaszustand ist (Radon) $5\mathrm{f}^5 7\mathrm{s}^2$ bzw. (Radon) $5\mathrm{f}^4 6\mathrm{d}7\mathrm{s}^2$. N. tritt in den Wertigkeitsstufen +3 bis +7 auf. Die stabilste Wertigkeitsstufe in wäßrigen Lösungen in Gegenwart von Luft ist +5 in Form von Neptunylionen $\mathrm{NpO_2}^+$ (Actiniden). Diese disproportionieren im Unterschied zu $\mathrm{UO_2}^+$ und $\mathrm{PuO_2}^+$ nur in stark sauren Lösungen. Sie werden unter reduzierenden (anaeroben) Bedingungen zu Np^{4+} reduziert und unter stark oxidierenden Bedingungen zu $\mathrm{NpO_2}^{2+}$ aufoxidiert. $\mathrm{NpO_2}^+$-Ionen neigen sehr viel weniger zur →Hydrolyse als $\mathrm{NpO_2}^{2+}$- oder Np^{4+}-Ionen und sind deshalb in der Hydro- und Geosphäre verhältnismäßig mobil. *Lieser*

Literatur: *Gmelin:* Handbuch der Anorganischen Chemie. Weinheim: Verlag Chemie und Berlin–Heidelberg–New York: Springer-Verlag. – *Keller, C.:* The Chemistry of the Transuranium Elements. Weinheim: Verlag Chemie 1971. – *Seaborg, G. T.:* Man-Made Transuranium Elements. New Jersey: Prentice-Hall 1963.

Neptunium-Zerfallsreihe. Das Mutternuklid der Neptunium-Zerfallsreihe ist das künstliche →Radioelement ^{237}Np (→Halbwertzeit $2{,}14\cdot10^6$ a). Bei der Entstehung der Elemente vor etwa $5\cdot10^9$ Jahren wurde wahrscheinlich auch ^{237}Np gebildet und ist inzwischen wegen seiner im Vergleich zu ^{238}U, ^{235}U und ^{232}Th kurzen Halbwertzeit praktisch vollkommen zerfallen. Glieder der Neptunium-Zerfallsreihe sind in der Tabelle angegeben. Alle →Nuklide, die in dieser Zerfallsreihe auftreten, haben eine →Massenzahl A = 4 n + 1, wobei n eine ganze Zahl ist. Als langlebige Nuklide treten in dieser Zerfallsreihe das ^{233}U (Halbwertzeit $1{,}59\cdot10^5$ a) und das ^{229}Th (Halbwertzeit $7{,}34\cdot10^3$ a) auf, eine Verzweigung findet bei ^{213}Bi statt, und das stabile Endprodukt ist ^{209}Bi. *Lieser*

Neptunium-Zerfallsreihe. Tabelle: Übersicht (A = 4 n + 1).

Nuklid	Halbwertzeit	Zerfallsart	maximale Energie der Strahlung in MeV
^{237}Np	$2{,}14 \cdot 10^6$ a	α (sf)	4,79
^{233}Pa	27,0 d	β^-	0,25
^{233}U	$1{,}592 \cdot 10^5$ a	α	4,82
^{229}Th	$7{,}34 \cdot 10^3$ a	α	5,05
^{225}Ra	14,8 d	β^-	0,32
^{225}Ac	10,0 d	α	5,83
^{221}Fr	4,9 min	α	6,34
^{217}At	0,032 s	α	7,07
^{217}Rn	$0{,}54 \cdot 10^{-3}$ s	α	7,74
^{213}Bi	45,59 min	α, β^-	α: 5,87; β^-: 1,42
^{213}Po	$4{,}2 \cdot 10^{-6}$ s	α	8,38
^{209}Tl	2,20 min	β^-	1,83
^{209}Pb	3,25 h	β^-	0,64
^{209}Bi	stabil	—	—

Literatur: *Lieser, K. H.:* Einführung in die Kernchemie. 3. Aufl. Kap. 5, Weinheim: VCH-Verlag 1991.

Netz, logarithmisches. Ein Netz zweier zueinander senkrechter Geradenscharen. Man erhält es durch Skalierung zweier zueinander orthogonaler Geraden. Wird eine →Gerade gleichmäßig, die andere logarithmisch unterteilt, so entsteht ein halblogarithmisches (einfachlogarithmisches, Exponential-) Netz. Sind beide Geraden logarithmisch geteilt, so ergibt sich ein doppeltlogarithmisches Netz. Logarithmenpapiere tragen l. N. und finden ihre Verwendung bei graphischen Darstellungen funktionaler Zusammenhänge. Für die →Konstanten k und a wird im halblogarithmischen Papier die →Funktion $y = k \cdot a^x$ und im doppellogarithmischen Papier $y = k \cdot x^a$ als Gerade dargestellt. Anwendungen z. B. bei Zinseszinsberechnungen, Wachstums- und Zerfallsprozessen. *Fischer*

Netzplantechnik. Verfahren zur optimalen Planung und Überwachung von Projekten. Ein Projekt setzt sich dabei aus einzelnen Tätigkeiten (Vorgängen) zusammen, die in einer gegebenen Reihenfolge abzuarbeiten sind. Ein Vorgang heißt kritisch, wenn die Verlängerung seiner Dauer eine gleich große Verlängerung der kürzesten Projektdauer bewirkt. Die Pufferzeit eines Vorgangs ist die maximale Zeitspanne, um die ein Vorgang hinausgeschoben werden kann, ohne einen vorgegebenen Projektendtermin zu verletzen. Die Terminplanung für ein Projekt umfaßt dann die folgenden für die Projektüberwachung wichtigen Größen:

□ kürzeste Projektdauer,
□ kritische Vorgänge,
□ Anfangs- und Endtermine aller Vorgänge,
□ Pufferzeiten aller Vorgänge.

Bekannte Verfahren zur Berechnung dieser Größen sind CPM (Critical Path Method) und PERT (Project Evaluation and Review Technique), die beide der Terminplanung einen gerichteten Graphen zuordnen, dessen Knoten durch die Vorgänge und dessen Kanten durch die gegebene Bearbeitungsreihenfolge repräsentiert werden. Zur Anwendung gelangen kürzeste Wege-Algorithmen (kürzeste Wege-Probleme) und dynamische Optimierungsmethoden. *Bachem*

Netzwerkfluß. Spezielle lineare Programmierungsprobleme zum Bestimmen von optimalen Flüssen in Netzwerken, wie z. B. Verkehrsnetze (Transport- und Umladeprobleme), Leitungsnetze oder Stromkreise.

Ein Netzwerk ist ein gerichteter, zusammenhängender Graph (je zwei Knoten lassen sich durch eine Kantenfolge miteinander verbinden), in dem zwei Knoten, die Quelle s und die Senke t, ausgezeichnet sind. Ein Fluß χ vom Wert υ ist ein Vektor mit Komponenten χ_{ij} für jede Kante (i, j) des Netzwerks, der den Flußerhaltungsregeln entspricht.

Alles, was in Knoten i hineinfließt, fließt auch wieder hinaus, d. h. $\Sigma_j \chi_{ij} - \Sigma_j \chi_{ji} = 0$ für jeden Knoten i außer s und t.

Aus der Quelle s und in die Senke t fließen υ Einheiten, d. h. $\Sigma_j \chi_{ij} - \Sigma_j \chi_{ji} = -\upsilon$ für i = s und $\Sigma_j \chi_{ij} - \Sigma_j \chi_{ji} = \upsilon$ für i = t. Der Fluß χ genügt zusätzlich den Kantenkapazitäten

$$0 \leq \chi_{ij} \leq u_{ij}.$$

Ist W eine Kantenfolge von s nach t, so heißen Kanten in W vorwärtsgerichtet, wenn sie von s nach t und rückwärtsgerichtet, wenn sie von t nach s zeigen.

Die Idee aller N.-Algorithmen beruht auf der Konstruktion eines zu einem gegebenen Fluß χ flußverbessernden Weges W, der auf allen vorwärtsgerichteten Kanten noch Flußeinheiten aufnehmen ($\chi_{ij} \leq u_{ij}$) und auf allen rückwärtsgerichteten Kanten Flußeinheiten abgeben ($\chi_{ij} > 0$) kann. Sind alle Daten des Problems ganzzahlig, so kann der Fluß entlang eines flußverbessernden Weges stets um mindestens eine Einheit verbessert werden, und das Verfahren endet nach endlich vielen Schritten mit einer optimalen Lösung genau dann, wenn es keinen flußverbessernden Weg mehr im Netzwerk gibt.

Eine Partition der Knotenmenge V des Netzwerks in Knotenmengen S und T mit $s \epsilon S$ und $t \epsilon T$ heißt Schnitt. Der Wert eines Schnitts ist die Summe aller Kapazitäten u_{ij} auf den Kanten zwischen S und T. Der Dualitätssatz der linearen Programmierung zeigt, daß der Wert eines maximalen Flusses stets gleich dem Wert eines minimalen Schnitts ist und wird deshalb auch als Max-Flow-Min-Cut-Theorem bezeichnet.

Das Problem, zu einem gegebenen Fluß einen (oder alle) flußverbessernden Weg zu bestimmen, kann durch Schichtung des Netzwerks in Ebenen verschiedener von s erreichbarer Knoten mit Depth First Search-Techniken sehr effizient gelöst werden. Solche Algorithmen benötigen höchsten $O(|V|^3)$, d. h. viele Elementarschritte, um einen maximalen Fluß zu bestimmen.

Ist das Netzwerk noch zusätzlich mit Kosten c_{ij} für eine Flußeinheit in der Kante (i, j) ausgestattet, so bezeichnet man das Problem, zu vorgegebenem Flußwert v einen Fluß χ mit minimalen Kosten $\Sigma_{i,j} c_{ij} \cdot \chi_{ij}$ zu bestimmen, als das kostenminimale Flußproblem. Zur Lösung gelangen primale Verfahren (Spezialisierungen des Simplexverfahrens für Netzwerke unter Ausnutzung der Tatsache, daß Ecklösungen des Netzwerks aufspannenden Bäumen entsprechen), die heute gegenüber primal dualen Verfahren, wie z. B. dem Out-of-Kilter-Algorithmus, in besseren Implementierungen existieren.

Besonders interessante Spezialisierungen des kostenminimalen Flußproblems sind das Transportproblem und das Zuordnungsproblem. Beim Zuordnungsproblem sollen z. B. n Aufträge auf n Prozessoren aufgeteilt werden. Die Bearbeitungszeit eines Auftrags i auf dem Prozessor j betrage c_{ij} Zeiteinheiten. Das Zuordnungsproblem sucht nun nach einer Aufteilung der Aufträge auf die Prozessoren mit minimaler Gesamtbearbeitungszeit, das Engpaßzuordnungsproblem z. B. nach einer Aufteilung, so daß die Bearbeitungszeit des längsten Auftrags minimal wird. Lineare Zuordnungsprobleme können mit einer speziellen Variante (*Tomizawa, Dorhout*) des kürzesten Wege-Algorithmus von *Dijkstra* sehr effizient gelöst werden.

Das Problem einer Fluggesellschaft, mit einer minimalen Anzahl von Fluggeräten ihrer Flotte die Fluglinien eines gegebenen Flugplans zu bedienen, ist ein Beispiel für ein kostenminimales Flußproblem mit zusätzlichen unteren Schranken $l_{ij} \leq \chi_{ij}$ auf den Kanten des Netzwerks. *Bachem*

Neutralteilchenstrahl. Strahl von neutralen Atomen oder Molekülen. Hochenergetische Neutralstrahlen werden vor allem zur Aufheizung von magnetisch eingeschlossenen Plasmen verwendet ($\rightarrow$Plasmaaufheizung), da neutrale Teilchen nicht von einem Magnetfeld abgelenkt werden und somit tief in das Plasma eindringen können, wo sie auf Grund von Stößen mit den Plasmateilchen ionisiert werden. Die Erzeugung eines Neutralteilchenstrahls geschieht in drei Phasen: Zunächst wird aus einer Plasmadiode (Ionenquelle) ein intensiver Ionenstrahl extrahiert, dieser wird durch ein starkes elektrisches $\rightarrow$Feld beschleunigt und schließlich in einer Gasstrecke durch Umladung neutralisiert. Die energiereichsten und intensivsten Neutralstrahlgeneratoren wurden für die großen Tokamak-Experimente JET (Joint European $\rightarrow$Torus) und TFTR entwickelt. Sie haben eine Strahlleistung von mehr als 1 MW bei einer Teilchenenergie von 120 keV. *Biskamp*

Neutronenaktivierung $\rightarrow$Aktivierung

Neutronenemission. Neutronen werden emittiert bei der $\rightarrow$Spontanspaltung und bei einer Reihe von binuklearen Reaktionen ($\rightarrow$Kernreaktion). Da schwere Kerne einen hohen Neutronenüberschuß A–2 Z aufweisen, haben auch die Produkte, die bei ihrer Spaltung entstehen, einen hohen Überschuß an Neutronen.

Ein Teil des Neutronenüberschusses der Spaltprodukte wird unmittelbar nach der $\rightarrow$Kernspaltung abgegeben und zwar innerhalb einer Zeit bis zu etwa 10^{-14} s (prompte Neutronen). Ein kleiner Teil der bei der Kernspaltung freiwerdenden Neutronen (zwischen 0,1 und 1 %) wird erst nach einer gewissen Verzögerungszeit emittiert, die zwischen etwa 0,1 und 100 s liegt (verzögerte Neutronen). Die mittlere Zahl der bei der Spontanspaltung emittierten Neutronen steigt mit der $\rightarrow$Massenzahl an und bewegt sich zwischen etwa 2,0 bei ^{238}U und 4,0 bei ^{257}Fm. Die Energie dieser Neutronen variiert zwischen 0 und etwa 10 MeV, der Mittelwert liegt bei einigen MeV.

Ähnlich wie bei der Spontanspaltung verläuft die Neutronenemission bei der binuklearen Kernspaltung mit thermischen Neutronen, welche die Grundlage für die Energiegewinnung in Kernreaktoren ist. Die Zahl der pro Kernspaltung emittierten Neutronen bewegt sich ebenfalls zwischen etwa 2 und 4. Bei den als Kernbrennstoffe verwendeten Nukliden

^{235}U, ^{239}Pu und ^{233}U beträgt sie 2,43 bzw. 2,87 bzw. 3,13. Weitere Kernreaktionen, bei denen Neutronen emittiert werden, sind (α,n)-, (p,n)-, (d,n)-, (t,n)-, (γ,n)-Reaktionen u. a. Diese Kernreaktionen werden zur Erzeugung von Neutronen in Neutronenquellen oder Neutronengeneratoren eingesetzt. Bei thermonuklearen Reaktionen zwischen Deuteronen (D-D-Reaktionen), Deuteronen und Tritonen (D-T-Reaktionen) und Tritonen (T-T-Reaktionen) werden ebenfalls Neutronen emittiert. Diese Reaktionen sollen in Fusionsreaktoren zur Energieerzeugung Verwendung finden. Unkontrolliert verlaufen diese Reaktionen in Wasserstoffbomben und Neutronenbomben. Schließlich werden Neutronen auch bei den Kernreaktionen erzeugt, die in der Atmosphäre unter der Einwirkung der kosmischen →Strahlung ablaufen, welche primär überwiegend aus energiereichen Protonen besteht. *Lieser*

Literatur: *Lieser, K. H.:* Einführung in die Kernchemie. 3. Aufl. Weinheim: VCH-Verlag 1991.

Neutronenflußmessung. In den Urankernen der Forschungs- und Leistungsreaktoren ist die Zahl der Spaltungen proportional dem dort herrschenden Neutronenfluß. Dieser Neutronenfluß wird gemessen, um jederzeit, d. h. bei abgeschaltetem und betriebenem →Kernreaktor, über den Zustand des Kerns informiert zu sein.

Bei abgeschaltetem Reaktor beträgt der Neutronenfluß weniger als 10^{-10} des Flusses bei Vollast. Das bedeutet, daß der Neutronenfluß über den weiten Bereich von mehr als zehn Zehnerpotenzen gemessen werden muß. Dies ist nicht mit einem einzigen →Detektor möglich. Das Meßsystem, das auf den Vollastbereich ausgelegt ist, ist für den abgeschalteten Reaktor zu unempfindlich, und umgekehrt müssen die Detektoren, die schon die Messung niedriger Neutronenflüsse gestatten, im Leistungsbereich aus den Gebieten hoher Neutronenflüsse herausgefahren werden, um nicht infolge Abbrands ihre Empfindlichkeit zu schnell zu verlieren. Die N. wird also auf verschiedene Bereiche, z. B. den Anfahr-, Übergangs- und Leistungsbereich aufgeteilt und wird mit Hilfe der entsprechenden Meßkanäle realisiert. Ein Meßkanal besteht dabei aus dem Neutronendetektor und den zugehörigen Baugruppen zur analogen und digitalen →Signalverarbeitung. Die Detektoren werden dabei hinsichtlich ihrer Neutronenempfindlichkeit, Gamma-Empfindlichkeit, ihrem Abbrand, ihrer Anzeigegeschwindigkeit und selbstverständlich auch im Hinblick auf die Umgebungsbedingungen am Meßort (Temperatur, Druck, Medium) ausgewählt.

Im Hinblick auf die Unterbringung der Neutronendetektoren wird die Außeninstrumentierung (die Detektoren befinden sich außerhalb des Reaktordruckgefäßes) von der Inneninstrumentierung oder Incore-Instrumentierung (die Detektoren befinden sich innerhalb des Reaktordruckgefäßes im Reaktorkern) unterschieden (Bild 1, 2). Bei gleicher Reaktorleistung ist der Neutronenfluß außerhalb des Reaktordruckgefäßes um etwa einen Faktor 30 000 geringer als im Reaktorkern.

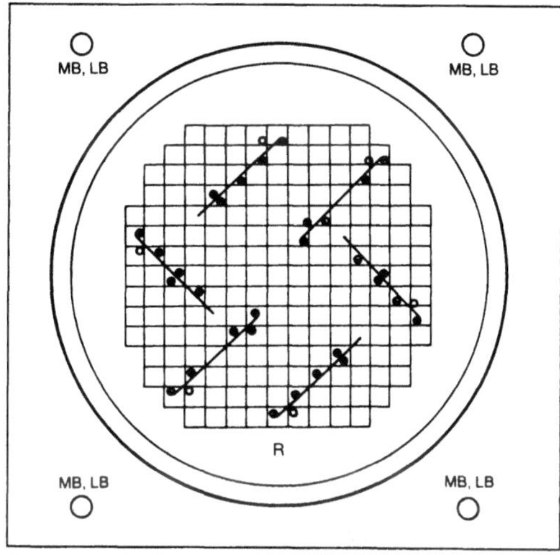

Neutronenflußmessung 1: Neutronenflußmeßpositionen eines 1300-MW-Druckwasserreaktors.

R Reaktordruckgefäß, MB Mittelbereichs-Detektor, LB Leistungsbereichs-Detektor

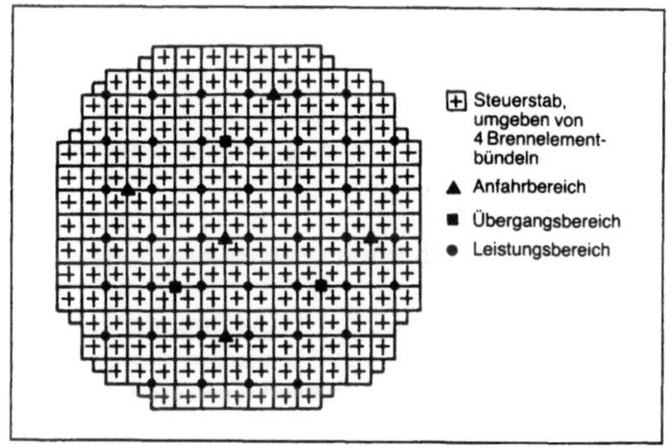

Neutronenflußmessung 2: Neutronenflußmeßpositionen im Kern eines 1300-MW-Siedewasserreaktors (Incore-Messung).

Ein Anfahrkanal verwendet in der Regel ein BF_3-Zählrohr oder eine impulsliefernde Spaltkammer als Neutronendetektor. Die von Gammaquanten ausgelösten Impulse lassen sich mit Hilfe eines Diskriminators unterdrücken, so daß die Zählrate der Detektoren ein Maß für den Neutronenfluß ist. Oft wird auch die Zählrate nach der Zeit differenziert. Damit ergibt sich ein Maß für die Änderungsgeschwindigkeit des Neutronenflusses, d. h. ein Maß für die Reaktorperiode.

Der Übergangs- oder Weitbereichskanal mißt den Neutronenfluß etwa zwischen 10^{-6} und 10%

Reaktornennleistung. Als Detektoren werden Bor-Ionisationskammern oder Spaltkammern benutzt. Die Messung erfolgt entweder mit logarithmischer Kennlinie oder mit einem linearen Verstärker, der in seiner Empfindlichkeit umschaltbar ist. Im ersten Fall wird der sich über sieben Zehnerpotenzen erstreckende Neutronenfluß ohne Umschaltung auf einer Skala angezeigt. Oft wird, wie bei den Anfahrkanälen, die Reaktorperiode ermittelt.

Bei den stromliefernden Ionisationskammern des Übergangsbereichs ist die Kompensation des auf die →Gamma-Strahlung zurückgehenden Signalanteils schwieriger, als bei den impulsliefernden Detektoren des Anfahrkanals. Um sie zu erreichen, sind z. B. elektrisch oder mechanisch kompensierte Ionisationskammern zu verwenden.

Eine weitere Möglichkeit zur Reduzierung der Gamma-Empfindlichkeit bietet die sog. Wechselstrommessung. Der Ausgangsstrom einer Bor-Ionisationskammer oder einer Spaltkammer ist ein Gleichstrom mit einem überlagerten stochastischen Anteil. Dieser resultiert aus der →Statistik der physikalischen Prozesse. Bei der üblichen Gleichstrommessung wird der stochastische Anteil weggefiltert und nur der lineare →Mittelwert des Ionisationskammersignals wird verwertet. Es läßt sich nun zeigen, daß auch der quadratische Mittelwert allein des stochastischen Signals proportional dem Neutronenfluß ist. Um diesen quadratischen Mittelwert zu bestimmen, wird der Gleichstromanteil des Ionisationskammersignals über einen Kondensator abgeblockt. Das übrigbleibende stochastische →Signal (→Wechselstrom) wird verarbeitet. Der quadratische Mittelwert wird z. B. mit Hilfe der →Korrelationsmeßtechnik gewonnen und als Maß für den Neutronenfluß genommen (noise amplifier, Campbelling neutron detection system). Der Vorteil dieser Methode liegt darin, daß über die Quadrierung der von Neutronenprozessen herrührende Signalanteil, gegenüber dem aus Gammaprozessen stammenden, stärker bewertet wird. Infolge dessen lassen sich bei gleicher Gamma-Dosisleistung mit dem Wechselstromkanal noch etwa 1 000- bis 10 000mal kleinere Neutronenflüsse als bei der Gleichstrommessung spezifisch messen.

Im Leistungsbereich ist der Neutronenfluß so groß, daß die Gamma-Strahlung nicht mehr stört. Als Detektoren finden Bor-Ionisationskammern und Spaltkammern Verwendung.

Eine zusätzliche Meßaufgabe entsteht bei räumlich ausgedehnten Reaktorkernen dadurch, daß die örtliche Leistungsverteilung möglichst direkt zu messen ist. Zu diesem Zweck werden Neutronenfluß-Meßlanzen an ausgewählten Positionen in die Spalte zwischen den Brennelement-Kästen eingesetzt. Die Lanzen enthalten mehrere übereinander sitzende Neutronenflußdetektoren, wie z. B. Spaltkammern oder →Self-Powered-Detektoren.

Diskontinuierlich läßt sich die Leistungsverteilung mit Hilfe des Kugelmeßsystems oder des Fahrkammersystems bestimmen. Die letztgenannten Systeme werden auch benötigt, um die stationär eingebauten Detektoren zu kalibrieren. Insgesamt liefern die fest eingebauten Leistungsverteilungsdetektoren, das →Kugelmeßsystem oder das Fahrkammersystem, die Eingangsdaten für die nukleare Kernberechnung, welche axiale und radiale Leistungsprofile, Heizflächenbelastungen, den Abbrand und die Konzentration an Spaltprodukten ermitteln.

Generell dienen die Neutronenflußmeßkanäle nicht nur zur Anzeige. Von den Signalen werden Regel- und Steuer-Befehle abgeleitet, um den Reaktor innerhalb vorgegebener Grenzen zu betreiben. Gegebenenfalls löst die N. auch eine Reaktorschnellabschaltung aus. *Schrüfer*

Literatur: *Kaiser, G.* u. a.: Reaktorinstrumentierung; Berlin, Offenbach 1983. – *Schrüfer, E.* u. a.: Strahlung und Strahlungsmeßtechnik in Kernkraftwerken; Berlin 1974.

Newton. SI-Einheit der Kraft, nach *Sir Isaac Newton* (1643–1727) benannt. Einheitenzeichen N. $1\ N = 1\ kgm/s^2$ ($\approx 1/9{,}81$ kp); (→Einheiten des SI). *Hammerschmidt*

Newton-Grundgesetz. Die moderne →Mechanik beruht weitgehend auf den Gesetzen, die *Newton* aufgestellt hat. Als das Grundgesetz der Mechanik bezeichnet man den für Punktmassen gültigen Zusammenhang

$$\vec{F} = \dot{\vec{B}},$$

mit $\vec{B} = m\vec{v}$: Kraft $\vec{F}$ = Änderung der Bewegungsgröße $\vec{B}$, die selbst mit dem Faktor Masse m der Geschwindigkeit $\vec{v}$ proportional ist.

Erst dadurch, daß m sich (in der klassischen Mechanik im Gegensatz zur relativistischen) mit der Zeit nicht ändert, entsteht die bekannte Gleichung

$$\vec{F} = m\,\vec{a},$$

die man gemeinhin unter dem N.-G. versteht und durch die die Kraft zur abgeleiteten Größe wird. *Besdo*

Newton-Reihe. Eine →Reihe der Gestalt

$$a_0 + \sum_{n=1}^{\infty} a_n \frac{(z-1)\ldots(z-n)}{n!} = \sum_{n=0}^{\infty} a_n \binom{z-1}{n}. \quad (1)$$

Sie entsteht z. B. formal aus einem Interpolationspolynom in Newtonscher Darstellung, wenn man dort $x_\nu = \nu + 1$ setzt und den Grad des Polynoms gegen Unendlich laufen läßt.

Konvergiert die Reihe (1) für ein z_0 der komplexen Ebene, so konvergiert sie auch für alle z mit

Re $z > \mathrm{Re}\, z_0$ und stellt für diese eine holomorphe →Funktion f von höchstens exponentiellem Wachstum dar. Falls f nicht identisch null ist, gilt genauer

$$\limsup_{r\to\infty} \frac{\ln |f(re^{i\Theta})|}{r} \leq k(\Theta) \ \text{für} \ |\Theta| < \pi/2 \qquad (2)$$

mit

$$k(\Theta) = (\cos \Theta)\cdot\ln(2 \cos \Theta) + \Theta \sin \Theta.$$

Analog zum Konvergenzkreis der Potenzreihen besitzen N.-R. eine Konvergenzhalbebene der Gestalt $H(\sigma_b) := \{z \in \mathbb{C} : \mathrm{Re}\, z > \sigma_b\}$. Dabei heißt σ_b die Konvergenzabszisse. Anders als bei Potenzreihen gibt es jedoch N.-R., die in ihrer Konvergenzhalbebene die Nullfunktion darstellen, ohne daß sämtliche Koeffizienten a_n verschwinden. Das Gebiet absoluter →Konvergenz ist eine Halbebene $H(\sigma_a)$ mit $\sigma_b \leqq \sigma_a \leqq \sigma_b + 1$. Die Reihe (1) zeigt hinsichtlich gewöhnlicher und absoluter Konvergenz das gleiche Verhalten wie die *Dirichlet*-Reihe

$$\sum_{n=1}^{\infty} \frac{(-1)^n}{n^z}\, a_n.$$

Damit gelten auch die dort angegebenen Formeln zur Berechnung von σ_b und σ_a.

In Anwendungen stellt sich die Frage wieweit eine holomorphe Funktion mit der Wachstumsbedingung (2) in eine N.-R. entwickelbar ist. Eine Antwort findet man in [2]. Interessant ist die Leistungsfähigkeit der N.-R. bei ganzen Funktionen vom exponentiellen Typ. Ist f ganz und vom exponentiellen Typ $\tau < \ln 2$, so gilt

$$f(z) = \sum_{n=0}^{\infty} \Delta^n f(0) \binom{z}{n} \qquad (3)$$

mit

$$\Delta^n f(0) := (-1)^n \sum_{\nu=0}^{n} \binom{n}{\nu} (-1)^\nu f(\nu).$$

Die Reihe konvergiert gleichmäßig auf jeder kompakten Teilmenge von $\mathbb{C}$. Für $\tau < \pi$ läßt sich die N.-R. (3) immerhin noch mit der Methode von *Mittag-Leffler* gegen f summieren (→Limitierung), d. h. es gilt

$$\lim_{w\to\infty} \frac{\displaystyle\sum_{n=0}^{\infty} d_n\, s_n\, w^n}{\displaystyle\sum_{n=0}^{\infty} d_n\, w^n} = f(z), \qquad (4)$$

wobei

$$s_n := \sum_{\nu=0}^{n} \Delta^\nu f(0) \binom{z}{\nu} \quad (n = 0, 1, 2, \ldots)$$

n-te Partialsumme der Reihe (3) bezeichnet und

$$d_n := (\ln (n+2))^{-n}$$

ist.

Die Darstellungen (3) und (4) mit f(z) ersetzt durch f(−z) sind auch in der Nachrichtentechnik von Interesse. Beachtet man den Zusammenhang zwischen bandbegrenzten Funktionen und ganzen Funktionen vom exponentiellen Typ, so zeigt (3) bzw. (4) wie ein →Signal f, dessen Frequenzband durch $\tau < \ln 2$ bzw. $\tau < \pi$ beschränkt ist, schon aus den Abtastwerten f(0), f(−1), f(−2), ... der Vergangenheit für die Zukunft vorhergesagt werden kann.   *Schmeißer*

Literatur: *Boas, R. P.:* Entire functions. New York 1954. – *Gelfond, A. O.:* Differenzenrechnung. Berlin 1958. – *Nörlund, N. E.:* Vorlesungen über Differenzenrechnung. Berlin 1926.

Newton-Verfahren. Ein Iterationsverfahren zur Auflösung einer (nichtlinearen) →Gleichung, benannt nach *Isaac Newton* (1642–1727).

Es sei f eine differenzierbare →Funktion, die eine einfache →Nullstelle x* besitzt. Zur numerischen Berechnung von x* bestimmt man zunächst einen Näherungswert x_0 und berechnet rekursiv

$$x_{n+1} := x_n - \frac{f(x_n)}{f'(x_n)} \quad (n = 0, 1, 2, \ldots). \qquad (1)$$

Bei hinreichend guter Nährung x_0 konvergiert die so gewonnene →Folge $(x_n)_{n=0,1,\ldots}$ gegen x* und die Konvergenzordnung (→Iteration) beträgt (unter schwachen Voraussetzungen an f) mindestens zwei. Geometrisch bedeutet der Iterationsschritt (1), daß man den Graphen von f durch die Tangente im Punkte $(x_n, f(x_n))$ ersetzt und deren Nullstelle als neue Näherung x_{n+1} verwendet (Bild).

Das N.-V. läßt sich auch auf den Fall mehrfacher Nullstellen ausdehnen. Die Konvergenzordnung kann durch verschiedene Modifikationen erhöht werden.

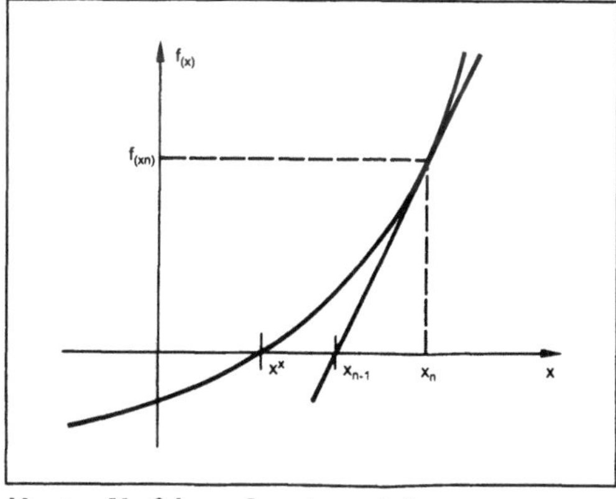

Newton-Verfahren: Iterationsschritt.

Von großem praktischen Interesse ist die Erweiterung des N.-V. zur Auflösung eines Systems von nichtlinearen Gleichungen der Gestalt

$$f_1(x_1, x_2, \ldots, x_k) = 0,$$
$$f_2(x_1, x_2, \ldots, x_k) = 0,$$
$$\vdots$$
$$f_k(x_1, x_2, \ldots, x_k) = 0.$$

Der (1) entsprechende Iterationsschritt lautet dann

$$\begin{pmatrix} x_1^{[n+1]} \\ x_2^{[n+1]} \\ \vdots \\ x_k^{[n+1]} \end{pmatrix} := \begin{pmatrix} x_1^{[n]} \\ x_2^{[n]} \\ \vdots \\ x_k^{[n]} \end{pmatrix} - J_n^{-1} \begin{pmatrix} f_1(x_1^{[n]}, \ldots, x_k^{[n]}) \\ f_2(x_1^{[n]}, \ldots, x_k^{[n]}) \\ \vdots \\ f_k(x_1^{[n]}, \ldots, x_k^{[n]}) \end{pmatrix}. \quad (2)$$

Hierbei wurde der Index der Iteration in eckigen Klammern hochgestellt; weiter bezeichnet J_n^{-1} die Inverse der Jacobi-Matrix von

$$f : (x_1, \ldots, x_k) \mapsto \begin{pmatrix} f_1(x_1, \ldots, x_k) \\ \vdots \\ f_k(x_1, \ldots, x_k) \end{pmatrix},$$

ausgewertet an der Stelle $(x_1^{[n]}, x_2^{[n]}, \ldots, x_k^{[n]})$. Für die praktische Rechnung multipliziert man die Gleichung (2) mit J_n. Dann ist in jedem Iterationsschritt statt der Invertierung der →Matrix J_n nur ein lineares Gleichungssystem zu lösen.

Eine wesentliche Voraussetzung für die →Konvergenz des N.-V. ist immer die Kenntnis eines hinreichend guten Startwertes. Während man im eindimensionalen Fall (1) einen brauchbaren Startwert auf graphischem Weg bestimmen kann, steht man im mehrdimensionalen Fall (2) vor einem erheblichen Problem. Oft hilft nur umfangreiches Probieren, bis sich Konvergenz einstellt.

Das N.-V. wird, vor allem in der angelsächsischen Literatur, auch nach *Raphson* benannt. *Schmeißer*

Literatur: *Collatz, L.:* Funktionalanalysis und numerische Mathematik. Berlin–Heidelberg 1964. – *Ortega, J. M.* u. *W. C. Rheinboldt:* Iterative solution of nonlinear equations in several variables. New York 1970. – *Ostrowski, A. M.:* Solution of equations in Euclidean and Banach spaces. New York 1973. – *Potra, F.-A.,* u. *V. Ptak:* Nondiscrete induction and iterative processes. Boston 1984. – *Schmeißer, G.* u. *H. Schirmeier:* Praktische Mathematik. Berlin 1976. – *Stoer, J.:* Einführung in die Numerische Mathematik I. Berlin–Heidelberg 1972. – *Traub, J. F.:* Iterative methods for the solution of equations. Englewood Cliffs, N. J. 1964.

Nichtverfügbarkeit. Die N. ist die →Wahrscheinlichkeit, daß eine Komponente ausgefallen, für den Betrieb nicht verfügbar ist (→Verfügbarkeit). *Schrüfer*

Niveauwächter. →Grenzsignalgeber für Füllstand. N. sollen das Überfüllen oder Leersaugen von Behältern verhindern. Von besonderer Bedeutung sind N. als Überfüllsicherung für Behälter für die Lagerung brennbarer Flüssigkeiten und für Behälter für die Lagerung nicht brennbarer wassergefährdender Flüssigkeiten. Diese Geräte müssen gemäß den Technischen Regeln für brennbare Flüssigkeiten (TRbF) bzw. nach dem Wasserhaushaltsgesetz (WHG) zugelassen werden. *Strohrmann*

Nomogramm. Rechentafel. Die Bezeichnungsweise geht auf die griechischen Wörter nomos (Gesetz) und graphein (schreiben) zurück. In N. werden gesetzmäßige Zusammenhänge zwischen n Variablen (Größen) graphisch dargestellt. Durch eine Ablesevorschrift läßt sich der Wert einer Variablen aus den n—1 restlichen (gegebenen) Werten ermitteln. Die Anfänge einer Nomographie als Lehre von den Verfahren zur Herstellung von N. führen bis in das Altertum zurück. Heute ist die Nomographie ein Zweig der praktischen Mathematik. Nomographische Verfahren sind:

□ *Funktionspapier:* Teilt man die Achsen eines kartesischen Koordinatensystems nicht gleichmäßig, sondern mittels der Funktionen u(x) und v(y) und geeigneter Maßeinheiten E_x, E_y gemäß

$$X = u(x) \cdot E_x \quad Y = v(y) \cdot E_y \quad (1),$$

so entsteht durch die Koordinatenparallelen ein Funktionspapier (z. B. ein logarithmisches Netz). Jede →Gleichung $z(x,y) = 0$, die sich für →Konstanten a,b,c und a,b≠0 auf die Form

$$a \cdot u(x) + b \cdot v(y) + c = 0 \quad (2)$$

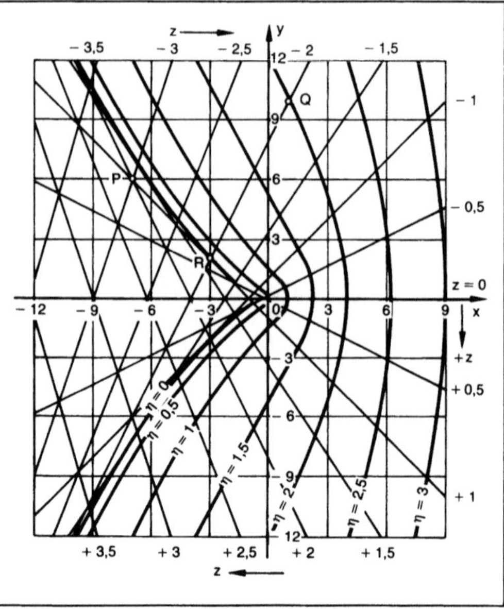

Nomogramm 1: Netztafel der reduzierten kubischen Gleichung $z^3 + xz + y = 0$.

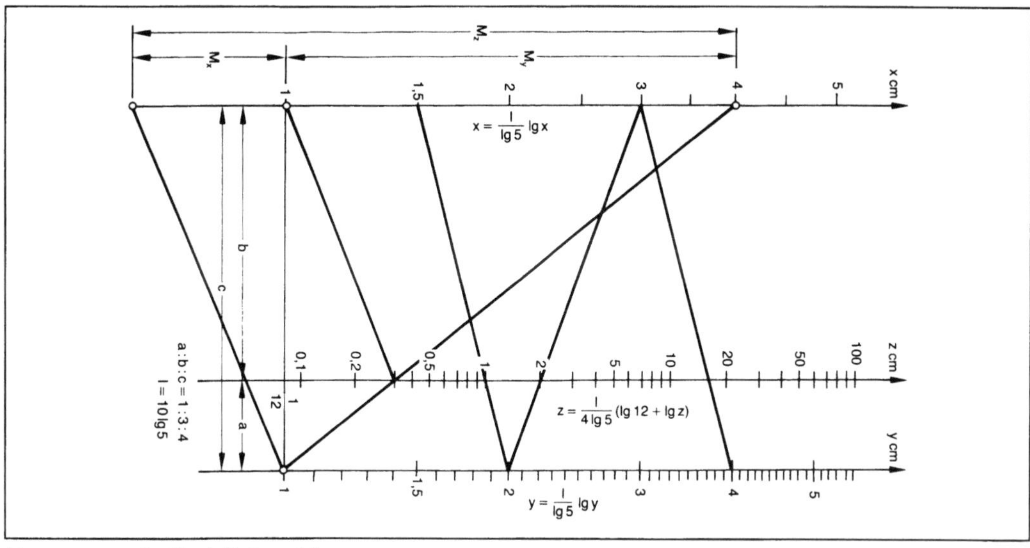

Nomogramm 2: Fluchtlinientafel.

bringen läßt, wird durch eine →Gerade darge-stellt.

□ *Netztafel:* Setzt man in Gl. (2) für die Konstanten a, b oder c Funktionen einer Variablen z ein, so ergibt sich in dem durch Gl. (1) beschriebenen Funktionspapier als Darstellung der entstehenden Funktionen ein System von Geraden z = konst, die zusammen mit dem Netz der Koordinatenlinien x = konst und y = konst eine geradlinige Netztafel bilden. Enthält die Netztafel in der (X,Y)-Ebene außer dem Netz, Gl. (1), noch eine beliebige dritte Geradenschar der Gestalt

$$A(z) \cdot X + B(z) \cdot Y + C(z) = 0,$$

so stellt sie eine Beziehung der Form

$$a(z) \cdot u(x) + b(z)\, v(y) + c(z) = 0 \qquad (3)$$

dar. Es können nur Gleichungen f(x,y,z)=0 bez. Gl. (1) als Netztafeln dargestellt werden, die sich auf die Form, Gl. (3), bringen lassen (Bild 1).

□ *Fluchtlinientafel:* In ihnen werden die einer funktionalen Beziehung $\Phi(x,y,z)=0$ genügenden Wertetripel (x,y,z) durch drei in gerader Linie (in einer „Flucht") liegende Punkte einer x-, y- und z-Leiter aufgezeigt. Das folgende Beispiel (Bild 2) zeigt die Fluchtlinien-tafel für das äquatoriale Trägheitsmoment $z = \dfrac{1}{12}\, xy^3$ eines Rechtecks mit der Breite x und der Höhe y (bez. der waagerechten Symmetrieachse).

Die in Bild 2 gezeigten Leitern müssen nicht parallel und nicht geradlinig sein. Weitere Verfahren sind kombinierte Fluchtlinien-Leitertafeln u. a. *W. L. Fischer*

Literatur: *Behmke, Bertram, Sauer:* Grundzüge der Mathematik IV. Göttingen 1960.

Norm. Eine N. ist das veröffentlichte Ergebnis der Normungsarbeit (→Normung, technische, →DIN-Norm, →Normenwerk). *Krieg*

Norm, technische. Eine t. N. ist das herausgegebene Ergebnis der Normungsarbeit (→Normung, technische; →DIN-Norm; →DIN Deutsches Institut für Normung e. V.). *Krieg*

Normalkraft →Beanspruchungsgröße

Normalverteilung. Die wichtigste Verteilung der →Statistik. Die Verteilungsdichte der normalverteilten Zufallsgröße x lautet:

$$f(x) = \frac{1}{\sqrt{2\pi}\sigma} \exp\left\{ -\frac{1}{2}\left(\frac{x-\mu)}{\sigma}\right)^2 \right\}$$

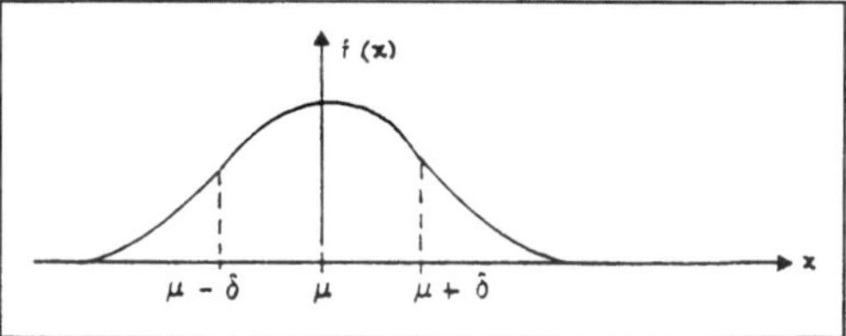

Normalverteilung: Normalverteilungskurve.

Viele Variablen in der Praxis sind näherungsweise normalverteilt oder lassen sich durch eine Merkmalstransformation in eine näherungsweise normalverteilte Variable überführen.

Die Verteilung wurde ursprünglich von *Gauß* und *Laplace* eingeführt. *Pearson* gab ihr den Namen N. Die theoretische Bedeutung der N. basiert auf dem zentralen Grenzwertsatz, der besagt, daß die Verteilung einer großen Anzahl von statistischen Schätzern für große n gegen eine N. strebt. Diese Tatsache erlaubt Vertrauensaussagen für die Parameter einer Gesamtheit, die nicht normalverteilt zu sein braucht.

Die Verallgemeinerung der (eindimensionalen) N. ist die p-dimensionale N. mit der Dichte

$$f(x_1, \ldots, x_p) \approx$$

$$\exp\left\{-\tfrac{1}{2} \cdot \sum_{i \cdot j = 1}^{p} \alpha_{ij}(x_i - \mu_i)(x_j - \mu_j)\right\},$$

wobei die quadratische Form im Exponenten positiv definit ist. *Schneeberger*

Normalverteilung, logarithmische. Eine Zufallsgröße X heißt logarithmisch normal verteilt, falls die Zufallsgröße $Z = \log X$ oder $Z = \ln X$ normal verteilt ist.

In der Zuverlässigkeitstechnik sind manchmal Werte einer Zufallsgröße X zu ordnen, die über Zehnerpotenzen streuen. In den Fällen, in denen die →Zufallsvariable nur positive Werte annimmt (z. B. Abmessungen von Werkstücken, Lebensdauer von Bauteilen), läßt sich der Logarithmus $\log X$ oder $\ln X$ der Merkmale bilden, und es läßt sich untersuchen, ob die Größen $\log X$ oder $\ln X$ evtl. normal verteilt sind. In diesem Fall gehört zu jedem der beobachteten Werte x_i ein Wert z_i mit

$$z_i = \ln x_i = \frac{1}{\log e} \cdot \log x_i.$$

Sind die z-Werte normal verteilt, so sind Erwartungswert $\bar{z}$ und Median z_{50} gleich mit

$$z_{50} = \bar{z} = \frac{1}{n} \Sigma z_i = \frac{1}{n} \Sigma \ln x_i.$$

Ihre Varianz σ_z^2 errechnet sich zu

$$\sigma_z^2 = \frac{1}{n-1} \Sigma (z_i - \bar{z})^2 = \frac{1}{n-1} \Sigma (\ln x_i - \bar{z})^2.$$

Damit sind die eine N. bestimmenden Parameter bekannt, und die Summenfunktion der l. N. wird

$$F(x) = \frac{1}{\sigma_z \sqrt{2\pi}} \int\limits_{v=-\infty}^{\ln x} e^{-\frac{1}{2}\left(\frac{v-\bar{z}}{\sigma_z}\right)^2} dv.$$

Kennwerte: Die Dichtefunktion f(x) der l. N. verläuft asymmetrisch (Bild 1), wobei die wenigen großen x-Werte den →Mittelwert nach rechts verschieben. So sind zu unterscheiden:

□ der wahrscheinlichste Wert oder Modalwert

$$x_w = e^{\bar{z} - \sigma_{2z}},$$

□ der Median

$$x_{50} = e^{\frac{1}{n} \Sigma \ln x_i} = \sqrt[n]{\pi x_i},$$

□ der Erwartungswert oder Mittelwert

$$\bar{x} = e^{\bar{z} + 0{,}5\sigma_z^2}.$$

Bei technischen Systemen ist $\sigma_z \neq 0$ und $\sigma_z^2 > 0$.

Damit entsteht die Ungleichung

$$x_w < x_{50} < \bar{x}.$$

Der wahrscheinlichste Wert ist kleiner als der Median, und dieser wiederum wird vom Mittelwert übertroffen.

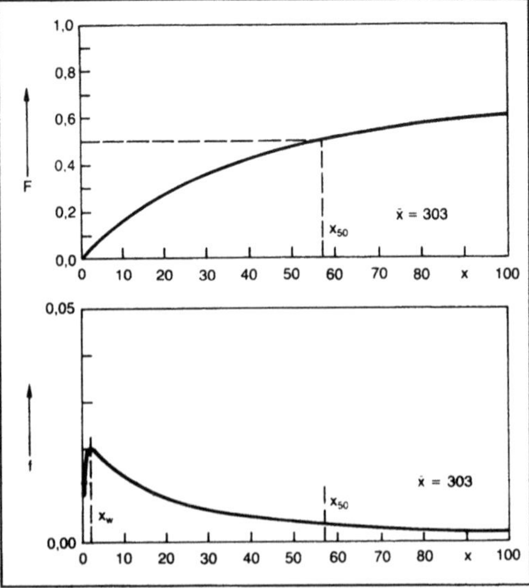

Normalverteilung, logarithmische 1: Dichtefunktion f(x) und Summenfunktion F(x) mit den Werten der Tabelle.

Bei den z-Werten ist die Differenz zwischen der 84%-Fraktile und dem Median gleich der Standardabweichung σ_z:

$$z_{84} - z_{50} = \sigma_z.$$

Das bedeutet, daß die 84%-Fraktile der x-Werte e^{σ_z}-mal so groß ist wie der Median der x-Werte:

$$\ln \frac{x_{84}}{x_{50}} = \sigma_z ; \quad \frac{x_{84}}{x_{50}} = e^{\sigma_z}.$$

Graphische Ermittlung von Mittelwert und Standardabweichung: Werden die Werte x_i einer logarithmisch normalverteilten Größe auf Wahrscheinlichkeitspapier mit logarithmisch geteilter Merkmalsachse aufgetragen, so können sie durch eine →Gerade ausgemittelt werden. Dazu bekommt bei insgesamt n Meßwerten der i-te Wert die Ordinate

$$\frac{100}{2 \cdot n} + (i-1) \frac{100}{n}.$$

Normalverteilung, logarithmische. Tabelle: Logarithmisch normalverteilte Zufallsvariable X.

i	1	2	3	4	5	6
x_i	5	12	50	80	220	700
$z_i = \ln x_i$	1,6094	2,4849	3,9120	4,3820	5,3936	6,5511
$F(x_i) = \dfrac{100}{2 \cdot 6} + (i{-}1)\,\dfrac{100}{6}$	8,5	25	42	58	75	91,5

In Bild 2 sind die Daten der Tabelle entsprechend behandelt. Der Median der x-Werte liegt offensichtlich in dem Intervall zwischen 55 und 60, das den berechneten Wert $x_{50} = 57,71$ einschließt. Das Verhältnis x_{84}/x_{50} bzw. x_{50}/x_{16} ergibt sich zu

$$\frac{360}{57} \approx \frac{57}{9,3} \approx 6.$$

Schrüfer

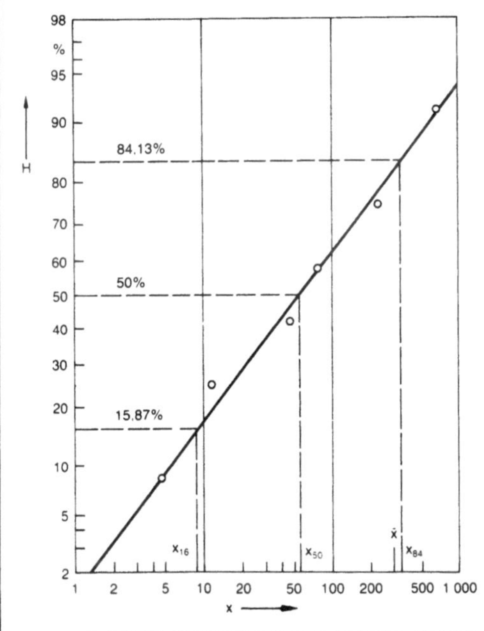

Normalverteilung, logarithmische 2: Darstellung der Meßwerte der Tabelle auf Wahrscheinlichkeitspapier; Median $x_{50} \approx 58$, Mittelwert $\bar{x} \approx 303$.

Literatur: Deutsche Risikostudie Kernkraftwerke. Studie im Auftrag des Bundesministeriums für Forschung und Technologie, 1979. – *Schrüfer, E.:* Zuverlässigkeit von Meß- und Automatisierungseinrichtungen. München 1984.

Normblende →Drosselgerät

Normdüse →Drosselgerät

Normenausschuß. Ein Normenausschuß (NA) im DIN Deutsches Institut für Normung e. V. ist ein Arbeitsgremium des DIN, das die Normung (Normung, technische, Normungsarbeit) auf seinem Fach- und Wissensgebiet verantwortlich trägt.

Die fachliche Arbeit im Rahmen der nationalen Normung wird in Arbeitsausschüssen bzw. Komitees, einer Untergliederung eines NA, das für die Normungsarbeit auf dem ihm zugewiesenen Teil eines Fachgebiets verantwortlich ist, durchgeführt. Für eine bestimmte Normungsaufgabe ist jeweils nur ein Arbeitsausschuß bzw. ein Komitee zuständig, der (das) zugleich diese Aufgaben auch in den regionalen (CEN/CENELEC) und internationalen Normungsorganisationen (ISO/IEC) wahrnimmt.

In der Regel sind mehrere Arbeitsausschüsse zu einem Normenausschuß im DIN zusammengefaßt (Bild), der die Normung seines Fachgebiets verantwortlich trägt und als Träger auf der →Norm erscheint.

Die fachliche Arbeit in den einzelnen Gremien des NA wird von ehrenamtlichen Mitgliedern geleistet, die dabei von hauptamtlichen Bearbeitern (z. B. dem Geschäftsführer) des DIN unterstützt werden.

Die ehrenamtlichen Mitarbeiter sind Fachleute aus den interessierten Kreisen (z. B. Anwender, Behörden, Berufsgenossenschaften, Berufs-, Fach- und Hochschulen, Handel, Handwerkswirtschaft, industrielle Hersteller, Prüfinstitute, Sachversicherer, selbständige Sachverständige, Technische Überwacher, Verbraucher, Wissenschaft). Die ehrenamtlichen Mitarbeiter müssen von den sie entsendenden Stellen für die Arbeit in den Arbeits- und Lenkungsgremien autorisiert und entscheidungsbefugt sein. Bei der Zusammensetzung der Arbeitsausschüsse ist der Grundsatz zu berücksichtigen, daß die interessierten Kreise in einem angemessenen Verhältnis vertreten sind. Für die Planung, Koordinierung, Finanzierung und für Grundsatzentscheidungen bildet der Normenausschuß einen Beirat, der auch Lenkungsausschuß genannt werden kann (Bild).

Der NA setzt sich auch für die Einführung der Deutschen Normen (DIN-Normen) seines Fachgebietes in den davon berührten Lebensbereichen ein und wirkt bei der Bearbeitung von Zertifizierungsaufgaben mit (Normenkonformität,

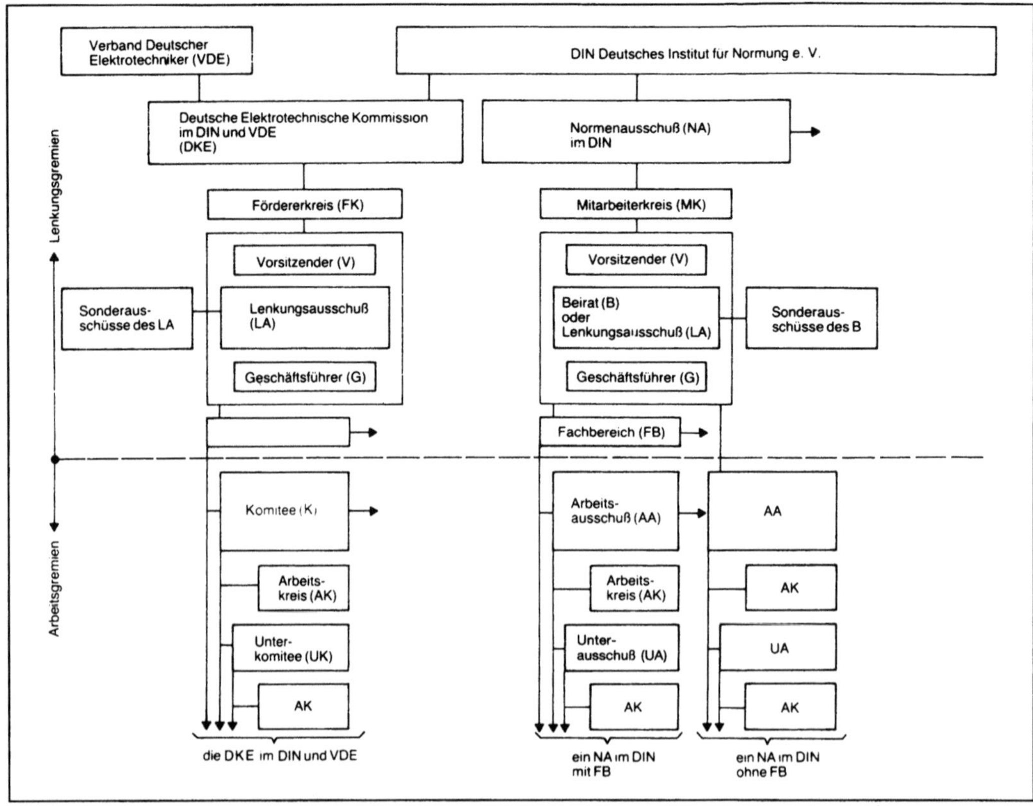

Normenausschuß: Arbeitsausschüsse.

Deutsche Gesellschaft für Warenkennzeichnung, DGWK). *Krieg*

Literatur: DIN 820. Tl. 1. Normungsarbeit, Grundsätze. – Richtlinie für Normenausschüsse im DIN. Ausg. Juni 1990. – Satzung des DIN Deutsches Institut für Normung e. V. – Alles enthalten in: Normenheft 10: Grundlagen der Normungsarbeit des DIN. 5. Aufl. Berlin 1987.

Normenwerk. Ein N. ist die Gesamtheit der von einer internationalen, regionalen oder nationalen Normungsorganisation herausgegebenen technischen Normen.

Die in der ISO (internationale Normung) organisierten Mitgliedskörperschaften (nationale Normungsorganisationen) lassen sich auf Grund des Zustandekommens und der Rechtsverbindlichkeit ihrer Normenwerke in vier Gruppen unterscheiden:

□ Die erste Gruppe ist die der Länder mit einer zentralen Planwirtschaft. Die Normung hat dort den Charakter einer Werknormung (Werknorm) in einem Großkonzern. Die Anwendung der Normen ist für jedermann verbindlich. Die Normen erarbeitenden Gremien sind weisungsgebundener Teil der staatlichen Wirtschaftsverwaltung.

□ Die zweite Gruppe bilden die Länder der dritten Welt und die Schwellenländer. Hier ist die Normung eines der Mittel, um die Industrialisierung unter gleichzeitiger Wahrung eines bestimmten Qualitätsniveaus zu forcieren. Die Normeninstitute gehören zur allgemeinen staatlichen Wirtschaftsverwaltung im Rahmen einer teils staatlichen, teils privaten Wirtschaftsordnung. Sie sind in der Regel mit einer Prüfanstalt, dem Eichamt und Ämtern für die Exportförderung und die Warenkennzeichnung (Normenkonformität) gekoppelt. Beispiele hierfür sind die KS-Normen aus Kenia, die NIS-Normen aus Nigeria und die GB-Normen aus der Volksrepublik China.

□ Die dritte Gruppe bilden kleinere, seit langem industrialisierte Staaten Westeuropas, z. B. die Niederlande, Dänemark, Österreich. Sie besitzen in der Regel eigene Normeninstitute, sind jedoch entscheidend auf die Normungsarbeit der internationalen Normungsorganisationen und derjenigen der großen Industrienationen angewiesen. Sie stellen teilweise überhaupt keine eigenen Normen auf oder übernehmen in großem Umfang die Normen Dritter in einem Übernahmeverfahren (DIN-Normen werden z. B. in der Schweiz und in Österreich angewendet). Beispiele sind die ÖNORM aus Österreich, die DS-Normen aus Dänemark und die NEN-Normen aus den Niederlanden.

□ Die vierte Gruppe bilden die großen Industrieländer. Hier sind die Normenorganisationen Selbstverwaltungsorgane der Wirtschaft mit einer unterschiedlich festen Anbindung an den Staat. Beispiele sind die DIN-Normen in Deutschland, die BS-Normen aus Großbritannien und die NF-Normen aus Frankreich. In dieser Gruppe bilden die USA und Kanada wegen der extremen Zersplitterung ihrer Normungsorganisationen Ausnahmen. *Krieg*

Literatur: *Becker, K.:* Normung in Afrika. DIN-Mitt. 61 (1982) Nr. 8, S. 458/61. – *Kaiser, T.-C.:* 50 Jahre technische Normung in Argentinien. DIN-Mitt. 65 (1986) Nr. 1, S. 46/47. – *Kaiser, T.-C.:* Technische Normung in Korea. DIN-Mitt. 66 (1987) Nr. 4, S. 202/05. – Normung, Zertifizierung, Zulassungsverfahren in Japan. DIN-Normungskunde 19. (1984). – Industrielle Normung in der Volksrepublik China im Rahmen der Modernisierungspolitik 1978/1983. DIN-Normungskunde 24 (1985). – *Oberheiden, W.,* u. *R. Winckler* Neue britische Normenpolitik. DIN-Mitt. 62 (1983) Nr. 4, S. 201/02. – *Peyton, D. L., USA:* Normung, Prüfung und Zertifizierung in den Vereinigten Staaten von Amerika – Ein persönlicher Ausblick. DIN-Mitt. 69 (1990) Nr. 3, S. 141/43. – *Schulz, K.-P.:* BSI schließt mit britischer Regierung Normenvertrag ab. DIN-Mitt. 62 (1983) Nr. 4, S. 202/03. – *Schulz, K.-P.,* u. *R. Trotier:* Neue französische Rechtsverordnung über Normung. DIN-Mitt. 63 (1984) Nr. 5, S. 255/58. – *Wachter, Th.:* Neue Impulse für die Normungsarbeit in Frankreich. Übersetzung aus Enjeux. Nr. 49. Juli/August 1984, S. 3/6. DIN-Mitt. 63 (1984) Nr. 11, S. 610/12.

Normierung (Geochemie). Graphische Darstellung der Spurenelementverteilung relativer Elementgehalte für eine Vielzahl von Elementen in einem Mineral oder Gestein. Geeignetes Hilfsmittel zum Erkennen von stofflichen Veränderungen in Mineralen oder Gesteinen während geochemischer Prozesse.

Im Gegensatz zu den Hauptbestandteilen ist die Anzahl und Variationsbreite der möglichen →Spurenelemente in Mineralen und Gesteinen sehr groß. Die graphische Wiedergabe der Elementgehalte über einer Anordnung von Elementen führt wegen der naturgegebenen starken Variation häufig zu einer sehr unruhigen Kurve. Typisch ist die Zick-Zack-Verteilung von Elementen mit gerad- und ungeradzahliger Ordnungszahl. N. der Elementgehalte in der Probe mit denen in einem geeigneten Bezugsmineral oder Gestein führt meist zu geglätteten Kurven, den Elementverteilungsmustern. Abweichungen vom Wert „eins" für alle Elemente charakterisiert Anreicherung oder Verarmung der entsprechenden Elemente gegenüber den Normierungswerten. Die normierte Wiedergabe der Spurenelementverteilung ist ein einfaches, graphisches Hilfsmittel, um Unterschiede in der Elementverteilung von geochemisch ähnlichen oder genetisch verwandten Proben zu erkennen.

In der geochemischen Literatur sind verschiedene N. üblich: C1-Chondrit-Normierung bei der Darstellung der →Lanthaniden (Bild); nordamerikanischer Tonschiefer (NASC) für Sedimente und Metamorphite; primordiale Erdmantelzusammensetzung für Mantelmagmatite. *Möller*

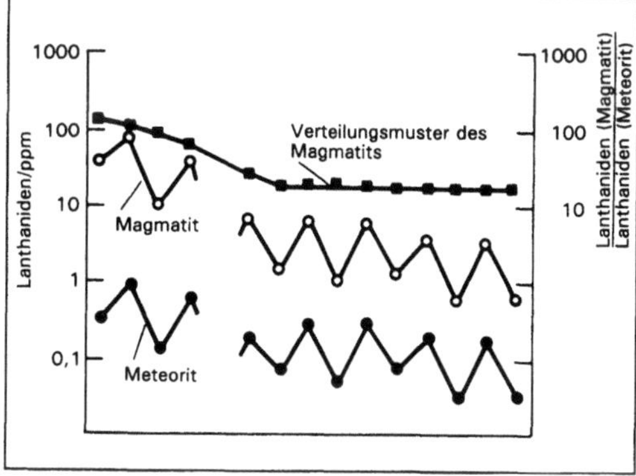

Normierung: N. der Lanthanidengehalte in einem Magmatit auf die mittlere Zusammensetzung der C1-Chondrite.

Normung, technische. N. ist ganz allgemein ein Mittel zur Ordnung und Grundlage für ein sinnvolles Zusammenarbeiten und Zusammenleben.

Die t. N. bietet Lösungen für immer wiederkehrende Aufgaben unter Berücksichtigung der neuesten Erkenntnisse aus Wissenschaft und Technik; dies unter Beachtung der wirtschaftlichen Gegebenheiten und vor dem Hintergrund der jeweiligen Wertordnungen und sozialen Tatbestände.

N. ist die planmäßige, durch interessierte Kreise (Normenausschuß) gemeinschaftlich durchgeführte Vereinheitlichung von materiellen und immateriellen Gegenständen zum Nutzen der Allgemeinheit. Sie darf nicht zu einem wirtschaftlichen Sondervorteil einzelner führen.

Sie fördert die Rationalisierung und Qualitätssicherung in Wirtschaft, Technik, Wissenschaft und Verwaltung. Sie dient der Sicherheit von Menschen und Sachen sowie der Qualitätsverbesserung in allen Lebensbereichen.

Sie dient außerdem einer sinnvollen Ordnung und der Information auf dem jeweiligen Normungsgebiet.

Die N. wird auf nationaler, regionaler und internationaler Ebene durchgeführt (→DIN Deutsches Institut für Normung e. V.).

Diese Definition entspricht dem neuesten Stand der N. Sie berücksichtigt die Zuwendung der N. zu immateriellen Gütern wie den Problemen des Umweltschutzes. Eine der ersten Definitionen der N., von *Kienzle,* ist noch ganz auf die Anfänge der N. ausgerichtet, also auf den technisch-industriellen Bereich. Er definierte die N. im Gegensatz dazu:

□ N. ist das einmalige Lösen einer sich wiederholenden technischen und/oder organisatorischen Aufgabe unter Mitarbeit möglichst aller Beteiligten mit dem Ergebnis einer den jeweiligen Stand der Technik/Organisation auswertenden zeitlich begrenzten Bestlösung.

Diese unterschiedlichen Definitionen zeigen deutlich die Erweiterung der Ziele der N. (N.-Prozeß) im Laufe der Zeit.

Auch die heutige t. N. enthält als wesentlichen Bestandteil starke Elemente des Rationalen. Rationalisierung, als Bestlösung sich wiederholender technischer und/oder organisatorischer Aufgaben, ist nach wie vor das wichtigste Ziel, das durch die N. angestrebt wird. Der Begriff Rationalisierung muß allerdings aus seiner betriebswirtschaftlichen Einengung herausgelöst werden, so daß er als die Optimierung verschiedener Zielwerke, wie Materialeinsatz, Arbeitseinsatz, Energieeinsatz, Sicherheit, Gesundheit und natürliche Umwelt, verstanden werden kann. Dieser Rationalisierungsbegriff beinhaltet dabei auch das Ziel der Wirtschaftlichkeit.

Die t. N., die ein Spiegelbild der Geisteshaltung ihrer Zeit ist, tendiert damit immer mehr zu einer ganzheitlichen Erfassung aller Lebensbedingungen und Umstände.

Seitdem der technische Fortschritt auch als Bedrohung empfunden wird, sind technische Normen zu einer Vertrauen schaffenden Grundlage des Gebrauches der Technik geworden. Ihre Festlegungen sollen vor unerwünschten und schädigenden Folgen der Technik schützen. Sicherlich nicht zuletzt aus diesem Grunde haben z. B. die DIN-Normen für den Verbraucherschutz, den Arbeitsschutz, den Unfallschutz, den Datenschutz und den Umweltschutz eine besondere Bedeutung gewonnen.

Die t. N. hat z. B. als nationale (DIN), europäische, internationale N. (CEN/CENELEC, ISO/IEC) oder als Werk-N. (Werknorm) beim methodischen und rationellen Konstruieren in Systemen eine große Bedeutung. Dabei steht die lösungsbeschränkende Zielsetzung der N. in keinem Gegensatz zu der eine Lösungsvielfalt anstrebenden Konstruktionsmethodik, da die N. sich im wesentlichen auf die Festlegung einzelner Elemente, Teillösungen, Werkstoffe, Berechnungsverfahren, Prüfvorschriften u. dgl. konzentriert. Die Lösungsvielfalt und Lösungsoptimierung kann durch eine geschickte Kombination bzw. Synthese bekannter Elemente und Gegebenheiten erreicht werden. Die N. ist also nicht nur eine wichtige Ergänzung, sondern sogar eine Voraussetzung für die bausteinartig vorgehende Methodik.

Weitere wichtige Vorteile der t. N. bzw. N.-Arbeit sind u. a. die Verbesserung der Eignung von Erzeugnissen, Verfahren und Dienstleistungen für ihren geplanten Zweck, die Vermeidung von Handelshemmnissen und die Erleichterung der technischen Zusammenarbeit.

In Deutschland ist die t. N. eine Aufgabe der Selbstverwaltung der an der N. interessierten Kreise unter Einschluß des Staats. Das DIN Deutsches Institut für Normung e. V. ist hierbei der runde Tisch, an dem sich Hersteller, Handel, Gewerkschaften, Verbraucher, Wissenschaft, technische Überwachung und Staat, jedermann, der ein Interesse an der N. hat, zusammensetzen, um den Stand der Technik zu ermitteln und in nationalen technischen Normen, hier DIN-Normen, niederzuschreiben (N.-Arbeit).

Auf Grund ihres Status als Normen, ihrer öffentlichen Erarbeitungsverfahren und Zugänglichkeit sowie ihrer laufenden Anpassung an den sich wandelnden Stand der Technik werden internationale, regionale und nationale Normen als anerkannte Regeln der Technik (technische Regel) angesehen. Rechtlich werden sie häufig als antizipiertes Sachverständigengutachten betrachtet. *Krieg*

Literatur: Handb. Normung. Bd. 1/3. Berlin 1989. – *Kienzle, O.:* Normung und Wissenschaft. Z. VDI. (1943) Nr. 5, S. 68/76. – *Kienzle, O.:* Grenzen der Normung. VDI-Z. 92 (1950) Nr. 22, S. 622/27. – Normenheft 10: Grundlagen der Normungsarbeit des DIN. 5. Aufl. Berlin 1987.

Nukleon →Nuklide

Nuklid, radioaktives →Radionuklid

Nuklide. N. ist ein Sammelbegriff für alle Atomsorten, die sich hinsichtlich ihrer Massenzahl oder ihrer Ordnungszahl voneinander unterscheiden.

Die Ordnungszahl Z ist gegeben durch die Zahl P der Protonen im Kern (Z = P), die Massenzahl A ist gleich der Zahl der Nukleonen (Protonen und Neutronen) im Kern (A = P + N, Proton-Neutron-Modell der Atomkerne). Die Ordnungszahl gibt die Stellung im Periodensystem der Elemente an; d. h. jede Ordnungszahl entspricht einem bestimmten chemischen Symbol, z. B. H (Z = 1), He (Z = 2), C (Z = 6), O (Z = 8), U (Z = 92). Um die N. zu charakterisieren, schreibt man oben links an das chemische Symbol die Massenzahl A, z. B. ^{12}C oder ^{14}C. Gelegentlich schreibt man auch die Massenzahl mit Bindestrich hinter das Symbol oder den Namen des Elements, z. B. He-3 oder Helium-3. Man unterscheidet stabile und instabile (radioaktive) Nuklide. Die letzteren heißen Radionuklide (→Radionuklid).

In der Nuklidkarte trägt man alle bekannten N. ein, wobei man meist die Zahl der Protonen als Ordinate und die Zahl der Neutronen als Abszisse verwendet (Bild 1). Nuklide, die in waagerechten Reihen nebeneinander stehen, haben die gleiche Ordnungszahl Z und heißen Isotope; Nuklide, die in senkrechten Reihen untereinander stehen, haben die gleiche Neutronenzahl N und heißen Isotone;

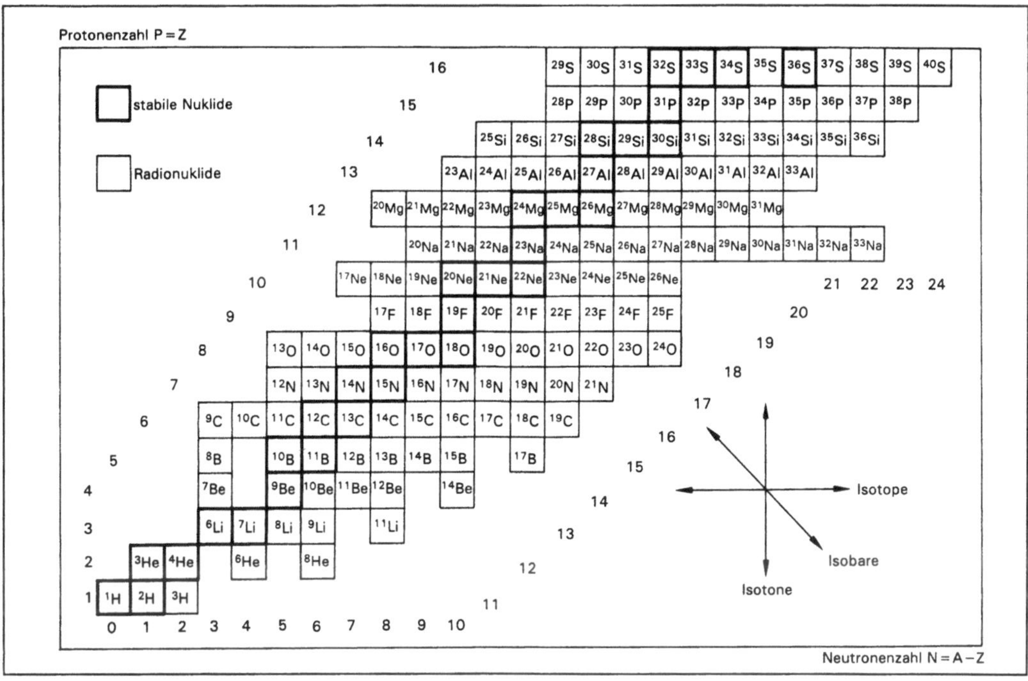

Nuklide 1: Ausschnitt aus der Nuklidkarte.

Nuklide, die in Diagonalreihen stehen und die gleiche Massenzahl A haben, heißen Isobare (Bild 1). Insgesamt sind heute etwa 2 000 N. bekannt, die sich auf 109 verschiedene Elemente verteilen; 267 dieser N. sind stabil. Außerdem findet man etwa 66 Radionuklide in der Natur, wobei bei einigen dieser N. wegen ihrer außerordentlich geringen Zerfallswahrscheinlichkeit die Frage der →Radioaktivität noch nicht mit Sicherheit entschieden ist. Von den 66 natürlichen Radionukliden treten 46 in den radioaktiven Zerfallsreihen des Urans, Thoriums und Actiniums auf, während die anderen über das Periodensystem der Elemente verteilt und zum Teil sehr langlebig sind.

Oft findet man bei dem gleichen N. (d. h. bei gleicher Zahl von Protonen und Neutronen) unterschiedliche physikalische Eigenschaften (→Halbwertzeit, Zerfallsart, →Energie der →Strahlung). Dabei handelt es sich um verschiedene Energiezustände desselben Nuklids, die man als Isomere bezeichnet (Kernisomerie). Neben dem Grundzustand tritt das N. in einem oder auch in mehreren angeregten metastabilen Zuständen auf, die ihrerseits verschiedene Halbwertzeiten aufweisen. Der isomere Kern kann entweder durch Aussendung eines γ-Quants in den Grundzustand übergehen (Isomere Umwandlung), oder er kann sich direkt durch α- oder β-Zerfall in ein anderes Nuklid umwandeln. Der angeregte (metastabile) Zustand wird durch den Buchstaben m hinter der Massenzahl

gekennzeichnet. Wenn man herausheben will, daß es sich um den Grundzustand handelt, setzt man den Buchstaben g hinter die Massenzahl, z. B. ^{24m}Na (Halbwertzeit 20 ms) und ^{24g}Na (Halbwertzeit 15 h). Wenn zwei metastabile Zustände bekannt sind, so unterscheidet man diese durch m_1 bzw. m_2.

Vergleicht man die Protonenzahlen P und die Neutronenzahlen N der stabilen N., so findet man bei den leichten N. für das Verhältnis N:P überwiegend Werte in der Nähe von 1, während bei den schweren N. das Verhältnis N:P zunehmend größer wird. Die Differenz A−2Z nennt man Neutronenüberschuß. Verbindet man in der Nuklidkarte die stabilen N. durch eine gemittelte Linie (Linie der β-Stabilität), so steigt diese zunächst unter einem Winkel von 45° an, verläuft aber mit steigender Ordnungszahl zunehmend flacher.

Die Kombination P gerade, N gerade (g,g-Kerne) ist bei den stabilen N. besonders häufig vertreten, die Kombinationen P gerade, N ungerade (g,u-Kerne) und P ungerade, N gerade (u,g-Kerne) findet man mit mittlerer Häufigkeit und die Kombination P ungerade, N ungerade (u,u-Kerne) sehr selten. Die „Gerade-ungerade-Regel" besagt, daß bei g,g-Kernen mehrere stabile Nuklide auftreten, bei g,u- und u,g-Kernen höchstens zwei und bei u,u-Kernen keine. Die große Häufigkeit der g,g-Kerne spricht für ihre hohe Stabilität, bedingt durch eine paarweise Absättigung von Protonen bzw. Neutronen. Die Mattauchsche Regel lautet: Es gibt

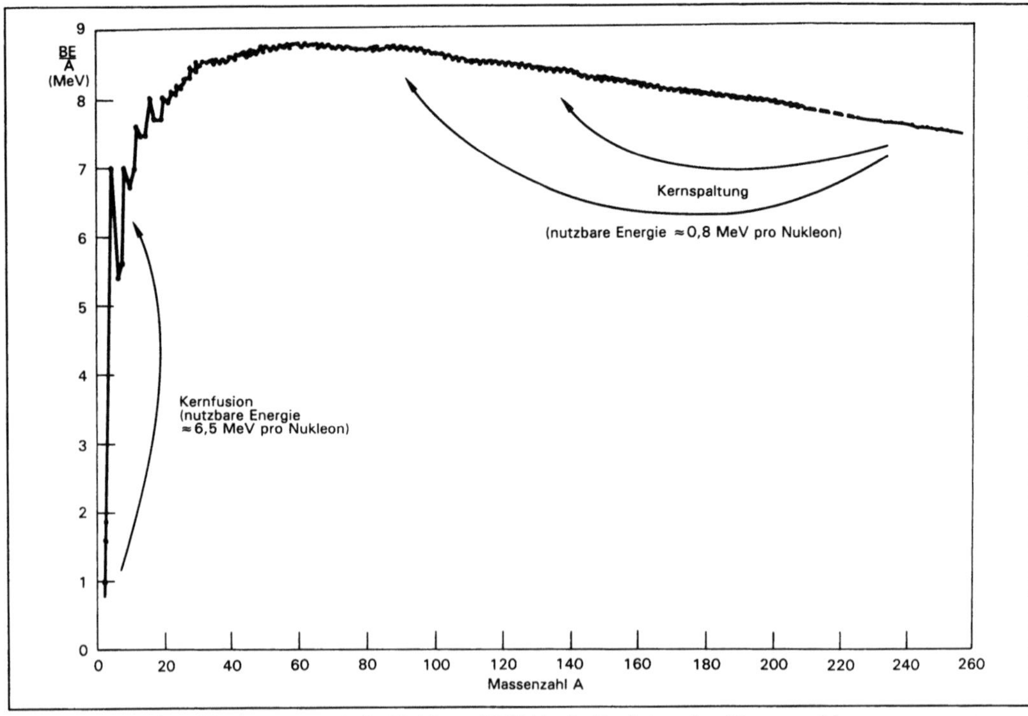

Nuklide 2: Mittlere Bindungsenergie je Nukleon (BE/A) als Funktion der Massenzahl.

keine benachbarten stabilen Isobaren. **Man kann damit die Radioaktivität** vieler in der Natur vorkommender Radionuklide und die Instabilität der Elemente mit den Ordnungszahlen 43 (→Technetium) und 61 (Promethium, →Radioelement) erklären. Bei P bzw. N = 2, 8, 20, 28, 50 und 82 (magische Zahlen) treten besonders stabile, z. T. auch besonders viele stabile Nuklide auf. Dies wird durch den schalenförmigen Aufbau der Atomkerne erklärt (Schalenmodell des Atomkerns).

Während die Massenzahl A gleich der Zahl der Nukleonen im Kern ist (also stets eine ganze Zahl), gibt die Nuklidmasse M die wahre Masse der Nuklide in atomaren Masseneinheiten u an. Die Einheit der Nuklidmasse ist auf das Kohlenstoffisotop ^{12}C bezogen M(^{12}C) = 12,000000 u. Eine atomare Masseneinheit u ist $(1,660566 \pm 0,000009) \cdot 10^{-24}$ g. Im Massenspektrometer lassen sich die relativen Nuklidmassen mit einer Genauigkeit von etwa 10^{-8} bestimmen. Aus der Äquivalenz von Masse m und Energie E ($E = m \cdot c^2$, c = Lichtgeschwindigkeit) folgt, daß 1 u einer Energie von 931,5 MeV entspricht. Nach dem Proton-Neutron-Modell des Atomkerns berechnet man für die Masse eines Nuklids

$$M = Z \cdot M_H + N \cdot M_n - \delta M;$$

M_H ist die Nuklidmasse eines Wasserstoffatoms (Proton + Elektron), M_n die Nuklidmasse eines Neutrons und δM der Massendefekt, welcher der

Bindungsenergie der Nukleonen im Kern entspricht. Die mittlere Bindungsenergie pro Nukleon

$$\frac{BE}{A} = (Z \cdot M_H + N \cdot M_n - M) \frac{c^2}{A}$$

ist in Bild 2 als Funktion der Massenzahl A aufgezeichnet. Man erkennt daraus, daß die mittlere Bindungsenergie pro Nukleon bei steigender Massenzahl zunächst mit der Zahl der Nukleonen steil ansteigt, dann bei etwa A = 60 (d. h. bei den Elementen in der Nähe des Eisens) ein Maximum erreicht und anschließend abfällt. Aus dieser Kurve entnimmt man, daß bei der Spaltung eines Urankerns (A = 325) in zwei Bruchstücke eine Energie von etwa 200 MeV frei wird (→Kernspaltung) und bei der Verschmelzung von vier Wasserstoffatomen zu einem Heliumatom eine Energie von etwa 28 MeV (→Kernfusion). Die Energie der Kernspaltung wird in Kernreaktoren genutzt, die Energie der Fusion von Wasserstoff zu Helium wird in der Sonne und in Fixsternen frei, während die kontrollierte Fusion in Fusionsreaktoren technisch noch nicht realisiert ist. *Lieser*

Literatur: *Lieser, K. H.:* Einführung in die Kernchemie. 3. Aufl. Weinheim: VCH-Verlag 1991. – *Seelmann-Eggebert, W., G. Pfennig* u. *H. Münzel:* Karlsruher Nuklidkarte. 5. Aufl., München: Verlag Gersbach u. Sohn 1981. – Table of Radioactive Isotopes (Authors: E. Browne, R. B. Firestone, Ed.: V. S. Shirley), New York: John Wiley 1986.

Nullstelle. Ein Punkt a des Definitionsbereiches einer →Funktion f mit f(a)=0. *Schmeißer*

nullter Hauptsatz. Über das thermische →Gleichgewicht ist die thermostatische Temperatur von Gleichgewichtssystemen definiert. Die Existenz der thermostatischen Temperatur wird oft als n. H. bezeichnet. Besser ist es, die folgende Aussage als n. H. zu bezeichnen:

Gleichgewichte diskreter thermodynamischer Systeme, die thermisch homogen sind (d. h. die keine adiabatischen Wände im Inneren besitzen), werden durch Arbeitsvariable, Molzahlen und durch die thermostatische Temperatur beschrieben. *Muschik*

numerische Mathematik. In der n. M. werden Verfahren entwickelt, um Probleme der angewandten M. näherungsweise, durch Berechnung einer oder mehrerer Zahlen, lösen zu können. Dabei beschränkt man sich auf die Behandlung gewisser Grundaufgaben, die die Bausteine bilden, um auch komplizierte Probleme lösen zu können.

Als Grundaufgaben werden üblicherweise angesehen: numerische Behandlung von Gleichungen mit besonderer Berücksichtigung der Nullstellen von Polynomen, Auflösung linearer Gleichungssysteme, lineare Optimierung, Eigenwerte und Eigenvektoren von Matrizen, →Interpolation, →Differentiation (numerische), numerische →Integration, →Differentialgleichungen (numerische Behandlung).

Häufig rechnet man auch die Analyse des Rundungsfehlers und Konvergenzbeschleunigungsprozesse zu den Grundaufgaben.

Die Behandlung von linearen Integralgleichungen läßt sich bereits auf die Grundaufgaben „numerische Integration" und „Auflösung linearer Gleichungssysteme" zurückführen. Ähnlich kann z. B. die Approximation von Funktionen und die Berechnung konformer Abbildungen mit Hilfe mehrerer Grundaufgaben bewerkstelligt werden. Auch die Behandlung von Differentialgleichungen ist im Prinzip keine Grundaufgabe. Wegen der enormen Bedeutung der Differentialgleichungen erweist es sich jedoch zweckmäßig, für diese eigene Methoden zu entwickeln.

Dem forschenden Mathematiker geht es in erster Linie darum, Verfahren anzugeben, die einen möglichst breiten Anwendungsbereich besitzen und dabei hohe Genauigkeit mit möglichst geringem Aufwand an Rechenzeit verbinden. Der Ingenieur kann dann für seine speziellen Probleme ein solches Verfahren hernehmen und es rezeptmäßig anwenden. Andererseits ist es möglich, für jede ganz spezielle Situation ein Verfahren zu entwickeln, das hier allen bekannten Verfahren überlegen ist, jedoch nur einen sehr engen Anwendungsbereich besitzt. Damit ergibt sich für den praktisch tätigen Mathematiker ein reichhaltiges Arbeitsgebiet. *Schmeißer*

Literatur: *Finck von Finckenstein, Karl Graf:* Einführung in die numerische Mathematik. 2 Bde. München 1977 und 1978. – *Henrici, P.:* Elements of numerical analysis. New York 1964. – Dt. Elemente der numerischen Analysis. 2 Bde. Mannheim 1972. – *Isaacson, E.,* u. *H. B. Keller:* Analysis of numerical methods. New York 1966. – Dt. Analyse numerischer Verfahren. Frankfurt a. M. 1973. – *Meinardus, G.,* u. *G. Merz:* Praktische Mathematik. 2 Bde. Mannheim 1979 u. 1982. – *Mennicken, R.,* u. *E. Wagenführer:* Numerische Mathematik. 2 Bde. Braunschweig 1977. – *Reimer, M.:* Grundlagen der Numerischen Mathematik. 2 Bde. Wiesbaden 1980 u. 1982. – *Schmeißer, G.,* u. *H. Schirmeier:* Praktische Mathematik. Berlin 1976. – *Stiefel, E.:* Einführung in die numerische Mathematik. 5. Aufl. Stuttgart 1976. – *Stoer, J.:* Einführung in die numerische Mathematik I u. II. Bd. II mit *R. Bulirsch.* Berlin 1972 u. 1973. – *Stummel, F.,* u. *K. Hainer:* Praktische Mathematik. Stuttgart 1971. – *Törnig, W.:* Numerische Mathematik für Ingenieure und Physiker. 2 Bde. Berlin 1979. – *Werner, H.:* Praktische Mathematik I u. II. Bd. II mit *R. Schaback.* Berlin 1970 u. 1979. – *Willers, F. A.:* Methoden der praktischen Analysis. 4. Aufl. Berlin 1971. – *Zurmühl, R.:* Praktische Mathematik. 5. Aufl. Berlin 1965.

Nußelt-Zahl. Die N.-Z. ist eine dimensionslose Kennzahl für den →Wärmeübergang bei freier Konvektion inkompressibler Flüssigkeiten. Sie ist definiert durch

$$Nu = \alpha d/\lambda;$$

dabei bedeuten Nu die N.-Z., α den Wärmeübergangskoeffizienten, d eine charakteristische Länge und λ den Wärmeleitfähigkeitskoeffizienten des strömenden Mediums. Der Wärmeübergangskoeffizient ist der Quotient aus dem Wärmeleitfähigkeitskoeffizienten des strömenden Mediums und der Dicke der an die Wand angrenzenden ruhenden Grenzschicht (→Kennzahlen). *Wedler*

Nutation. Als N. werden die periodischen Bewegungen eines momentfreien →Kreisels allgemeiner

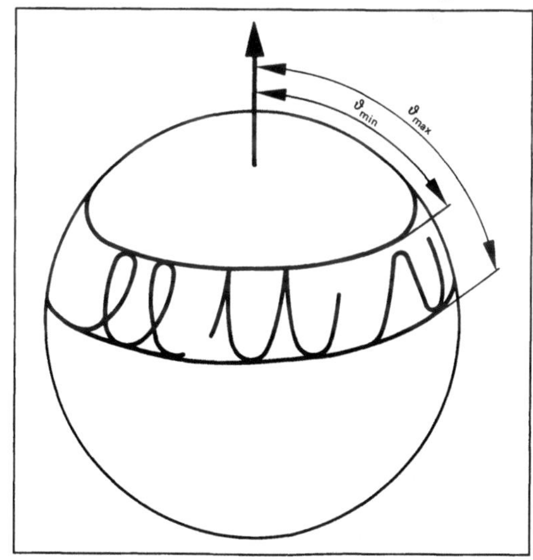

Nutation: Mögliche Bahnen der Kreiselachse auf der Einheitsstengel.

Form sowie die ähnlichen Bewegungsanteile des symmetrischen schweren Kreisels bezeichnet, die der Präzession überlagert sind.

Beim momentfreien reibungslosen Kreisel mit drei unterschiedlichen Haupt-Massenträgheitsmomenten A, B, C erfüllen die zugehörigen Winkelgeschwindigkeits-Koordinaten p, q, r (Euler-Kreiselgleichungen) mit geeigneten Abkürzungen a^2, b^2, c^2, d^2

$$p^2 = a^2 - c^2 q^2, \quad r^2 = b^2 - d^2 q^2$$

und die →Differentialgleichung

$$B\dot{q} = \pm (C - A) \sqrt{(a^2 - c^2 q^2)(b^2 - d^2 q^2)} \, ,$$

zu deren Lösung elliptische Integrale benötigt werden, die auf verallgemeinerte Sinus- und Kosinus-Funktionen $sn_k(\omega t)$, $cn_k(\omega t)$ sowie ein $dn_k(\omega t)$ führen.

Die gleiche Art von Differentialgleichungen tritt auch bei der Integration der Bewegungsgleichung für die Winkelabweichung ζ der Figurenachse des schweren symmetrischen Kreisels von der Vertikalen auf. Diese schwankt gemäß

$$u = \cos \vartheta = u_1 + (u_2 - u_1)\, sn_k^2(\omega(t - t_o))$$

zwischen festen Grenzen. Auf einer Kugeloberfläche durchläuft die Achse eine der im Bild angedeuteten regelmäßigen Figuren. *Besdo*

O

Oberfläche.

□ Die Summe der Flächeninhalte aller Begrenzungsflächen eines Körpers bzw. der Inhalt einer Fläche.

□ Die Vereinigung der Begrenzungsflächen eines räumlich ausgedehnten geometrischen Gebildes (Körpers). Ein mathematisches Modell einer O. läßt sich wie folgt gewinnen:

Für eine natürliche Zahl $n \geqq 3$ bezeichne D_n die Einheitskreisscheibe ($x^2 + y^2 \leqq 1$) im zweidimensionalen euklidischen Raum $\mathbb{R}^2$ mit den ausgezeichneten Ecken e_k, gekennzeichnet durch die →Koordinaten $2\pi k/n$ ($k = 0, 1, \ldots, n-1$). Man denke sich D_n durch die stetige Injektion p in den $\mathbb{R}^3$ eingebettet; also $p: D_n \to \mathbb{R}^3$. Eine O. O ist dann ein zusammenhängender Teilraum des $\mathbb{R}^3$ zusammen mit einer Familie $(p_i)_{i=1,\ldots,s}$ von stetigen Injektionen $p_i: D_{n(i)} \to O$ und den Eigenschaften:
O ist die Vereinigung der Flächenstücke $p_i(D_{n(i)})$,
– je zwei Flächenstücke haben höchstens ein berandendes (jordansches) Kurvenstück (Kante) oder eine Ecke (Bild einer Ecke von $D_{n(i)}$ unter p_i) gemeinsam,
– keine Kante gehört mehr als zwei Flächenstücken an,
– die Vereinigung aller Flächenstücke, die eine Ecke gemeinsam haben, ist homöomorph zu einer geeignet gewählten D_n. *W. L. Fischer*

Literatur: *Griffiths, H. B.:* Surfaces. New York 1976.

Oberschwingung. Periodische Wechselspannungen und -ströme lassen sich durch Fourier-Reihen darstellen:

$$u(t) = U_o + U_1 \sin(\omega t + \varphi_1) + U_2 \sin(2\omega t + \varphi_2) + U_3 \sin(3\omega t + \varphi_3) + \ldots$$

Dabei ist U_o der zeitliche →Mittelwert der →Funktion u (t) und

$$\omega = 2\pi f = \frac{2\pi}{T}$$

die Kreisfrequenz der Grundschwingung, T ihre →Periodendauer und f die zugehörige →Frequenz.

Die Anteile der →Schwingung mit einem Vielfachen der Grundschwingungsfrequenz $U_2 \sin(2\omega t + \varphi_2)$, $U_3 \sin(3\omega t + \varphi_3)$ usw. bezeichnet man als die Oberschwingungen der periodischen →Wechselspannung. Den *Oberwellengehalt* einer Schwingung beschreibt man (besonders bei nur wenig von der Sinusform abweichenden Schwingungen) durch den *Klirrfaktor* k, der das Verhältnis des Effektivwerts der Oberschwingungen zum →Effektivwert der Gesamtschwingung darstellt:

$$k = \frac{\sqrt{U_2^2 + U_3^2 + \ldots}}{\sqrt{U_1^2 + U_2^2 + U_3^2 + \ldots}} \qquad \textit{Claassen}$$

Offset (Strom- und Spannungsmessung). Bei der Inbetriebnahme werden die Operationsverstärker (Meßverstärker) so abgeglichen, daß ohne eine Eingangsspannung auch keine Ausgangsspannung auftritt. Dieser Abgleich ist leider nicht von Dauer. Die intern im Verstärker fließenden Ströme verschieben seinen Nullpunkt (Drift), so daß er schon ohne eine Eingangsspannung eine Ausgangsspannung liefert.

□ Offsetspannung U_{os} (*engl.* input offset voltage): Sie ist als die Spannung definiert, die an den Eingang angelegt werden muß, damit die Ausgangsspannung zu null wird. Zu Nullpunktsfehlern führt dann die O.-Spannungsdrift ΔU_{os}, die die Änderung der O.-Spannung in Abhängigkeit von der Temperatur ϑ, der Versorgungsspannung U_v und der Zeit t beschreibt:

$$\Delta U_{os} = \frac{\partial U_{os}}{\partial \vartheta} \Delta \vartheta + \frac{\partial U_{os}}{\partial U_v} \Delta U_v + \frac{\partial U_{os}}{\partial t} \Delta t \,.$$

Von diesen Einflußgrößen ist die Temperatur die wichtigste.

□ Eingangsruhestrom und Offsetstrom: Der Eingangsruhestrom I_b (input bias current) ist der →Mittelwert aus dem Strom I_p am p-Eingang und dem Strom I_n am n-Eingang,

$$I_b = \frac{I_p + I_n}{2}\,.$$

Die Differenz dieser Ströme führt zum Eingangsoffsetstrom I_{os} (input offset current)

$$I_{os} = I_p - I_n;$$

$$U_a(U_{os}) = \frac{R_1 + R_2}{R_2} U_{os}\,.$$

Diese Ströme fließen über die an den Eingängen liegenden Widerständen und führen zu Spannungsabfällen, die wie zusätzliche O.-Spannungen wirken. Auch die Eingangsströme ändern sich mit der Temperatur, der Betriebsspannung und der Zeit.

□ →Ersatzschaltbild: Um den Einfluß der O.-Größen auf die Ausgangsspannung zu ermitteln, sind in dem Schaltbild des Verstärkers die Quellen U_{os}, I_p und I_n eingeführt.

Bei der →Spannungsmessung (Bild 1) bleibt im wesentlichen die Wirkung der O.-Spannungen übrig, die, wie die zu messende Eingangsspannung, verstärkt wird:

$$U_a(U_{os}) = \frac{R_1 + R_2}{R_2} U_{os}.$$

Bei der →Strommessung (Bild 2) ist im allgemeinen der Einfluß der O.-Spannung zu vernachlässigen. Die Wirkung der Ströme wird reduziert, wenn der p-Eingang über den gestrichelt gezeichneten →Widerstand R_p an Masse gelegt wird. Die O.-Ströme führen dann zur Ausgangsspannung

$$U_a(I_p,I_n) = R_g(I_p - I_n).$$

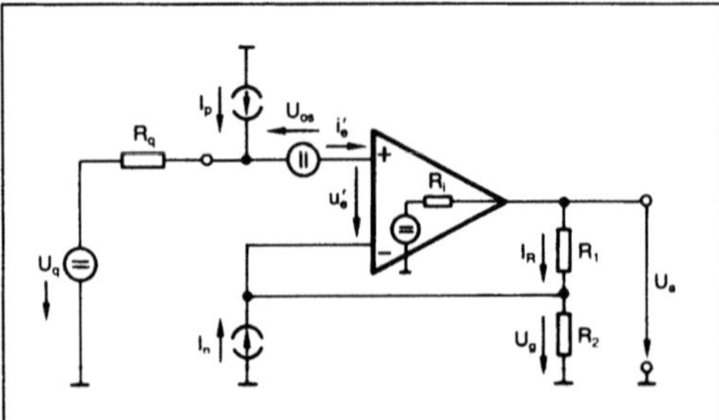

Offset (Strom- und Spannungsmessung). 1: Offsetgrößen bei einer Spannungsmessung.

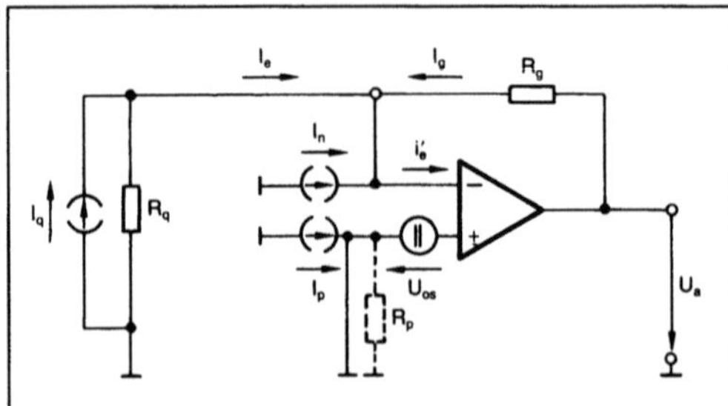

Offset (Strom- und Spannungsmessung). 2: Offsetgrößen bei einer Strommessung; der p-Eingang kann über den Widerstand R_p an Masse gelegt werden.

Sie verschwindet für $I_p = I_n$.

□ Operationsverstärker mit automatischem Nullabgleich: Um die Wirkung der O.-Spannungs- und O.-Stromdrift möglichst gering zu halten, empfiehlt sich ein häufiger Nullabgleich. Dieser läßt sich automatisieren und dann entsprechend oft durchführen. Ein derartiger Operationsverstärker mit automatischem Nullabgleich ist zweikanalig aufgebaut. Der entsprechende integrierte Schaltkreis enthält zwei Verstärker mit einer Steuereinrichtung und einem

Umschalter. Er verarbeitet die zu messende Spannung abwechselnd in beiden Kanälen. Während der eine Verstärker nach außen hin aktiv ist, wird die O.-Spannung des anderen ermittelt und gespeichert. Nach Umschaltung auf den zweiten Kanal wird die O.-Spannung von der zu messenden Spannung abgezogen und letztere ohne Nullpunktfehler angezeigt.

□ Verstärkerrauschen: Werden die Nullpunktfehler beherrscht, so liegt die Meßungenauigkeit in einem Spannungsbereich, der durch das Rauschen des Verstärkers geprägt ist. Die Bilder 1 und 2 können als Ersatzschaltbilder dienen, wenn jetzt die Quellen U_{os}, I_p und I_n als Rauschquellen interpretiert werden. Die Rauschspannungen und -ströme wirken ähnlich wie die O.-Größen und die vorstehend angestellten Überlegungen gelten weiter. Die Rauschspannung wird bei der Spannungsmessung direkt verstärkt, während der Rauschstrom I_p erst über den Quellwiderstand R_q zu einer störenden Spannung wird.

Die Tabelle gibt typische Drift- und Rauschwerte für einige Operationsverstärker an. Bei niederohmigen Signalquellen ist das Spannungsrauschen maßgebend, bei hochohmigen Quellen das Stromrauschen. Die Tabelle zeigt weiterhin, daß die Typen mit automatischem Nullabgleich zwar eine geringe O.-Spannungsdrift, aber keine besseren Rauschwerte als die stabilisierten Verstärker haben. In der Praxis kann das Rauschen noch wesentlich größere Werte als die in der Tabelle mitgeteilten typischen erreichen. *Schrüfer*

Ohm. SI-Einheit des elektrischen Widerstands, nach *G. S. Ohm* (1789–1854), benannt. Einheitenzeichen $1\,\Omega = 1\,V/A = 1\,m^2\,kg\,s^{-3}A^{-2}$ (→Einheiten des SI). *Hammerschmidt*

Ohm-Gesetz.

Akustik. Neben dem Gesetz über den elektrischen Widerstand hat *G. S. Ohm* (1789–1854) auch das zweite Ohmsche Gesetz gefunden. Es besagt, daß die vom Menschen empfundene Klangfarbe eines Schalls (→Klang) unabhängig ist von der Phasenlage der Teiltöne, aus denen sich der Klang zusammensetzt. *Helbig*

Elektrizität. Von *Georg Simon Ohm* 1827 aufgestellt. Es besagt, daß der →Strom I in einem aus metallischen Leitern bestehenden Schaltkreis der angelegten Spannung U proportional ist: $I = GU$. Die Proportionalitätskonstante G heißt der →Leitwert des Kreises. Der Reziprokwert wird als →Widerstand R bezeichnet, den der →Stromkreis dem Stromfluß entgegensetzt.

Das Ohmsche Gesetz kann durch mathematische Umformung in verschiedener Weise ausgedrückt werden. Die gebräuchlichste Form ist

$$U = R \cdot I.$$

Offset (Strom- und Spannungsmessung). Tabelle: Drift- und Rauschdaten von Operationsverstärkern (typische Werte).

Typ	Eingangs-offset-spannungs-drift $\mu V/°C$	Eingangs-ruhe-strom pA	Rausch-spannung u_{ss} in μV f = 0,1..10 Hz	Rausch-strom i_{ss} in pA f = 0,1..10 Hz	Rausch-strom-dichte $fA/\sqrt{Hz}$ bei 10 Hz	Verstär-kungs-Band-breite-Produkt MHz	Bemerkungen
OP-07 A	0,2	700	0,35	14		0,6	bipolar
OPA 27 EZ	0,2	10 000	0,08	50		8	bipolar
OPA 111 BM	0,5	0,5	1,2	0,01		2	FET-Eingang
MAX 420 C	0,02	10	1,1		10	0,5	CMOS-Opera-tionsverst. mit automatischem Nullpunktab-gleich
ICL 7652 CPA	0,01	15	0,7		10	0,45	
ICL 7650	0,01	1,5	2		10	2	
LTC 1052 C	0,01	1	1,5		0,6	1,2	
LT 1012 C	0,2	30	0,5	0,14		1	niedriger Versor-gungsstrom
AMP-01E	0,1	1 000	0,2			0,57	instrumentation amplifier

Es gilt auch für den Spannungsabfall U an einem Teilzweig eines Schaltkreises mit dem Widerstand R, in dem der Strom I fließt. Die Gleichung wird häufig auch auf Stromzweige angewandt, in denen der Spannungsabfall nicht dem Strom proportional ist. Sie dient dann zur Definition des nichtlinearen Widerstands $R(I) = U(I)/I$ oder des *differentiellen (dynamischen) Widerstandes* $R_d = dU/dI$.

In Wechselstromkreisen mit Induktivitäten und/oder Kapazitäten tritt anstelle des Widerstands die komplexe →Impedanz, die das Amplitudenverhältnis und die Phasendifferenz von →Wechselstrom und →Wechselspannung angibt. *Claassen*

Ölschiefer (Verarbeitung). Ö. sind Sedimentgesteine, die unterschiedliche Mengen organischer Stoffe enthalten. Beim Erhitzen auf 250–550 °C erhält man beträchtliche Mengen Flüssigkeit und Gas (40–550 l/t Gestein), die zu Produkten verarbeitet werden können, die den aus Erdöl gewonnenen vergleichbar sind. Die riesigen Vorkommen und ihre verhältnismäßig weite Streuung lassen den Ö. als interessanten Rohstoff für die Erzeugung von Energie und als Ausgangsstoff für die chemische Industrie erscheinen.

Ö. kann verschiedenartig genutzt werden. Bei der Verbrennung entsteht als Produkt Wärme, aus der Dampf bzw. Strom gewonnen werden kann. Eine Vergasung liefert ein Rohgas, aus dem Methan, Wasserstoff bzw. ein Reduktionsgas gewonnen werden kann. Bei der Schwelung (Pyrolyse) von Ö. erhält man ein flüssiges Rohprodukt, aus dem sich Kraftstoffe und chemische Grundstoffe herstellen lassen.

Die Verfahren zur Schwelung von Ö. lassen sich in 2 Gruppen einteilen, nämlich in die In-Situ-Verfahren, die den Ö. unter der Erdoberfläche, also in der Lagerstätte, schwelen, und in die Retortenverfahren, die das Öl in einem Reaktor über Tage schwelen. Verfahren beider Gruppen laufen in 4 Stufen ab: Vorwärmung des Ö., Schwelung, Verbrennung des restlichen Kohlenstoffs und Wärmerückgewinnung aus dem ausgebrannten Ö.

Nach dem in Bild 1 dargestellten Verfahrensprinzip wurde eine Reihe von Schwelverfahren entwickelt. Zu ihnen gehören das Gas-Combustion-, das Kiviter-, das Paraho-, das Petrosix-, das Union-Oil-, das Dravo- und das Superior-Verfahren. All diese Verfahren arbeiten bei atmosphärischem Druck. Die Schweltemperatur liegt zwischen 480 °C und 550 °C. Die gewünschten Schwelprodukte werden gas- bzw. dampfförmig ausgetragen. Die Ausbeute ist oft geringer als bei der genormten Fischer-Schwelung (TGL 15 385, ASTM D-3904, ISO 647).

Die Produktzusammensetzung entspricht ungefähr der Fischer-Analyse. Etwa die Hälfte der flüssigen Produkte geht über Kopf der Normaldruckdestillation. Die Energieversorgung erfolgt autotherm durch Verbrennung des ausgeschwelten Schiefers. Als Wärmeträger dient ein Gas oder ein Feststoff.

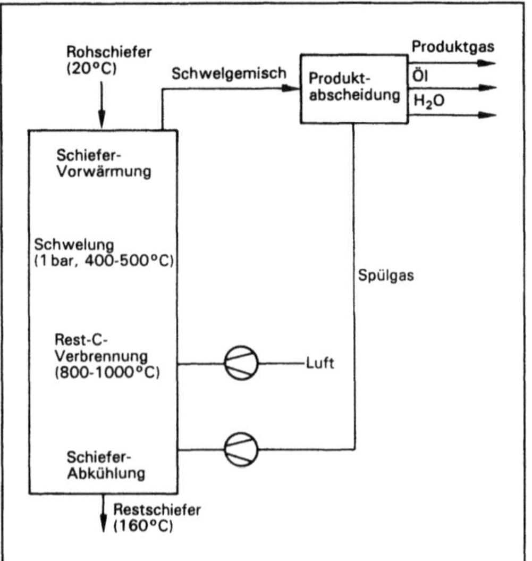

Ölschiefer (Verarbeitung) 1: Schwelung (Pyrolyse) von Ölschiefer in der Retorte (Schemaskizze).

Beim Lurgi-Ruhrgas-Verfahren wird als Reaktor eine Schnecke verwendet. Der Reaktordurchmesser liegt bei 1,3 m. Als Wärmeträger dient der ausgeschwelte Schiefer. Für eine Anlage mit einer Kapazität von 15 000–20 000 t/d sind in den USA und Australien bereits alle Komponenten getestet worden.

Durch Zusatz von Wasserstoff, Wasserdampf und/oder Produktgas kann man im Schwelreaktor eine hydrierende Atmosphäre erzeugen, die die Ausbeute an flüssigem Produkt steigert. Dieser Erfahrung folgt das Hytort-Verfahren des Institute of Gas Technology (IGT) in Chicago, das bei 35 bar Wasserstoffdruck arbeitet. In der Tabelle sind charakteristische Daten für einige Verfahren dargestellt.

In Schweden wurde in den 40er Jahren die In-Situ-Schwelung großtechnisch durchgeführt. Dabei betrug die Ölausbeute 60 % des Fischer-Werts und der thermische Wirkungsgrad 16 %. Nach vielen, wenig Erfolg versprechenden Versuchen mit In-Situ-Schwelverfahren hat ab 1975 ein modifizierter In-Situ-Schwelprozeß zunehmende Beachtung gefunden (→Kohleveredelung).

Bei diesem Verfahren wird durch Abbau unter Tage ein Hohlraum von z. B. 40 m × 40 m × 90 m geschaffen. Der darüberliegende Ö. wird dann so durch Sprengung zerkleinert, daß eine gleichmäßige

Schüttung von bis zu 150 m entsteht, die dann in dem unterirdischen Reaktor verschwelt wird. Dazu wird die Kammer verschlossen und gezündet (Bild 2). Vor der Front der Verbrennungszone wird Öl erzeugt und fließt in den Sumpf. Von dort wird es zur Oberfläche gepumpt. Es sollen Ölausbeuten von 60–70 % und derselbe thermische Wirkungsgrad wie bei der Schwelung über Tage erreicht werden. *Dohrn*

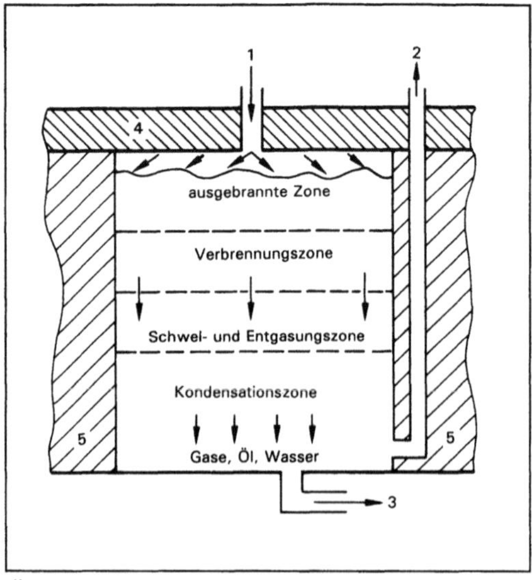

Ölschiefer (Verarbeitung) 2: Schema eines modifizierten In-Situ-Schwelverfahrens (Schaffung eines unterirdischen Reaktors).

Literatur: *Hoffmann, R.:* Die thermische Umwandlung von Ölschiefer unter dem Einfluß gasförmiger und flüssiger Stoffe. Diss. TU Hamburg-Harburg 1985. – *Lutz, H.-G.:* Vergleich verschiedener Möglichkeiten zur Gewinnung von Energieträgern aus Ölschiefer. Dipl.-Arb. FH Heilbronn 1984. – *Shih, C. C., u. J. E. Cotter:* Technological overview reports. Cincinnati (Ohio) 1979.

Operation, rationale. Addition, →Subtraktion, Multiplikation und Division bezeichnet man als die r. O. Sie können, wenn man die Null als Divisor ausschließt, in jedem Körper ausgeführt werden. Körper sind abgeschlossen gegenüber r. O. Die r. O. im Körper der rationalen, reellen oder komplexen Zahlen nennt man auch die vier Grundrechenoperationen der →Arithmetik. Moderne Computer können als Rechenmaschinen eingesetzt primär nur r. O. durchführen. Alle komplizierteren Operationen wie Wurzel ziehen oder andere Funktionsauswertungen werden intern in einem Unterprogramm mit Hilfe von r. O. näherungsweise bewerkstelligt. *Schmeißer*

Operations Research. Sein Aufgabengebiet erstreckt sich auf die Lösung schwieriger und komple-

Ölschiefer (Verarbeitung). Tabelle: Charakteristika verschiedener Schwelverfahren (Quelle: Hoffmann a. a. O.).

	in der Retorte						in situ
	Normaldruck					erhöhter Druck	Normaldruck
	Lurgi-Ruhrgas	Petrosix	Paraho	Kiviter	Tosco II	Hytort	Occidental modified
Reaktor-Typ	Schnecke	Schacht-ofen	Schacht-ofen	Schacht-ofen	Drehrohr-ofen	Schacht-ofen	in situ
Wärmeträger	ausge-schwelter Schiefer	Spülgas	Spülgas	Spülgas	Keramik-bzw. Alu-minium-kugeln	Spülgas H_2-haltig	Rauchgas
Ölausbeute bezogen auf Fischer-Ausbeute Massengehalt in %	100–125	90–100	97	75–85	100	115–200**)	28
bisher betriebene Größe in t Ölschiefer/d	220 8 000–10 000*)	2 200	20	250	1 000	1,4 (1 000 kalt)	660
nächste zu untersuchende Größe in t Ölschiefer/d	8 000–10 000	5 600	970	1 000	10 000	16 800 ****)	660
querschnittbezogener Durchsatz in t Ölschiefer/h m² Reaktor	48	1,0	0,36	0,59	k. A.	10–15	0,02
Anzahl der Stränge für eine großtechnische Anlage, falls der Reaktordurchmesser in m***) beträgt:	40 1,3	43 10	93 10	69 10	k. A. k. A.	17–25 3	180 41

*) laufende Projekte in USA und Australien; alle Komponenten für eine 15 000–20 000t/d – Anlage bereits getestet
**) abhängig von dem Anteil des Kerogens, das die Fischerschwelung bereits umsetzte
***) Basis: Ölschiefer mit Fischer-Ausbeute 100 l/t; Ölschiefer mit hydrierender Ausbeute 133 l/t
****) verlangt einen Reaktordurchmesser von 9,1 m (bei 40 bar!)
k. A. keine Angabe

xer betriebswirtschaftlicher Planungs- bzw. Koordinationsaufgaben mit Hilfe spezieller Entscheidungsmodelle unter Verwendung mathematischer Verfahren und EDV-technischer Unterstützung.

Folgende Arbeitsschritte müssen bei der Lösungsfindung durchgeführt werden:
- verbale Problemformulierung,
- Entwicklung eines mathematischen Modells,
- Ableitung einer auf dem Modell basierenden Lösung,
- Prüfung von Modell und Lösung,
- permanente Kontrolle der Lösung während ihrer Anwendung.

Die Bearbeitung der Schritte erfolgt vielfach durch ein Team (Betriebswirte, Statistiker, Mathematiker, Ingenieure, Soziologen usw.), wobei die Unternehmensleitung für die Problemformulierung und Ergebniskontrolle zuständig ist. Damit werden seitens der Unternehmensleitung keine mathematischen Spezialkenntnisse erforderlich. Jedoch muß ein Überblick über das verfügbare Instrumentarium und seine Leistungsfähigkeit vorhanden sein.

Darüber hinaus muß die Unternehmensleitung die personellen und organisatorischen Voraussetzungen für eine wirkungsvolle Teamarbeit schaffen, so daß die Ergebnisse der Verfahren für die Arbeitsweise des Unternehmens nutzbar werden.

Man unterscheidet folgende Verfahren des O. R.:

□ Die *lineare Programmierung* bildet die bedeutendste Methode zur Lösung von Problemen, deren Struktur sich durch ein System linearer Gleichungen und bzw. oder Ungleichungen darstellen läßt. Die Lösung erfolgt in der Regel durch ein numerisch iteratives Simplex-Verfahren.

□ *Warteschlangenmodelle* dienen zur Dimensionierung von Engpässen, wenn beliebige Objekte in regelmäßiger oder zufälliger Folge an einem Bediensystem mit einem oder mehreren Abfertigungskanälen eintreffen und mit bestimmter oder unregelmäßiger Abfertigungszeit bedient werden. Hier ist ein Kompromiß zwischen den Unterhaltskosten des Bediensystems und den Wartekosten der abzufertigenden Objekte zu finden.

□ *Lagerhaltungsmodelle* zielen auf die Abstimmung der Bestell- oder Lagermengen mit den dazugehörigen Kosten unter Berücksichtigung der Lagerzugänge und der voraussichtlichen Abgänge. Sie beinhalten außerdem die Organisation der Bestandskontrolle und des Bestellwesens.

□ Die →*Spieltheorie* bestimmt rationale Verhaltensweisen in Konfliktsituationen durch Entscheidungsmodelle, wobei den eigenen Strategien Handlungsmöglichkeiten der Gegner oder Zufallseinflüsse gegenüberstehen.

□ Die *Netzplantechnik* ermöglicht die Planung und Ablaufsteuerung komplexer Projekte mit einer größeren Anzahl interdependenter Arbeitsvorgänge. Die Vorgänge und ihre Start- und Endzeitpunkte werden übersichtlich in ihrer logischen Folge im Netzplan graphisch dargestellt, so daß eine zeitliche Projektuntersuchung möglich ist.

□ *Ersatzmodelle* dienen zur Ermittlung der günstigsten Ersatzzeitpunkte für Investitionsgüter, die in größerer Zahl eingesetzt sind und deren Funktionsdauer nicht vorhersehbar ist. Dabei bestehen Alternativen aus dem sofortigen Ersatz jedes ausgefallenen Teils oder aus einem turnusmäßigen Gesamtaustausch, der auch intakte Teile betrifft.

□ Die *dynamische Programmierung* setzt sich aus Rechenverfahren zur Optimierung mehrstufiger Prozesse zusammen, wobei die Entscheidung in einer Stufe die Ausgangssituation der folgenden Stufe beeinflußt. Die Bearbeitung erfolgt gewöhnlich rekursiv.

□ *Simulationsverfahren* zählen zu den experimentellen Methoden, die durch Parametervariation eine Näherungslösung anstreben. Damit wird die Berechnung komplexer Probleme umgangen, für die keine exakten Modelle existieren.

Die Grenzen der O. R.-Verfahren liegen in der Beschaffung der notwendigen Daten, die vielfach auf Abschätzungen basieren und zur Erfassung in mathematischen Modellen quantifizierbar sein müssen.

Auch die Sicherheit der Ergebnisse wird durch die modellhafte Darstellung vieler Probleme, die die realen Zusammenhänge oft stark vereinfacht, verringert. Weiterhin können mathematische Modelle auf Grund ihrer streng kausalen Beziehungen für Probleme, die im wesentlichen auf menschlicher Entscheidungsfreiheit basieren, nicht eingesetzt werden.

Die Anwendbarkeit von O. R.-Methoden ist auch durch die vorhandenen Lösungsverfahren beschränkt, die nicht immer eine eindeutige exakte Lösung liefern. Das wichtigste Kriterium, das den Einsatz von O. R.-Verfahren bestimmt, ist die Wirtschaftlichkeitsfrage, die eine Abwägung zwischen verursachten Kosten und erzielbaren Einsparungen mit Hilfe von O. R.-Methoden verlangt.

Die Methoden des O. R. werden jedoch immer stärker eingesetzt, da die bekannten Verfahren durch neue Forschungsergebnisse und zunehmenden Rechnereinsatz laufend verbessert werden. *Eversheim*

Literatur: *Hartung, J.,* u. *B. Elpelt:* Multivariate Statistik. 2. Aufl. München, Wien 1986. – *Wöhe, G.:* Einführung in die allgemeine Betriebswirtschaftslehre. München 1987.

Ordnung. Vielseitig gebrauchter Begriff der Mathematik.

Gruppentheorie: Eine Gruppe mit n Elementen heißt von der O. n. Ein Element a einer Gruppe besitzt die O. k, wenn k die kleinste natürliche Zahl ist, für die a^k das neutrale Element der Gruppe ergibt.

Matrizen: Eine →Matrix mit n Zeilen und Spalten heißt von der O. n.

Asymptotisches Wachstum: Eine reelle →Funktion g wächst (fällt) bei Annäherung an den Punkt χ von höchstens (mindestens) gleicher O. wie f bzw. von geringerer (höherer) O. als f, wenn

$$\lim_{\substack{x \to \chi \\ x \neq \chi}} \sup \left| \frac{g(x)}{f(x)} \right| < \infty \text{ bzw. } \lim_{\substack{x \to \chi \\ x \neq \chi}} \frac{g(x)}{f(x)} = 0 \text{ gilt.}$$

Funktionentheorie:

□ *Nullstellen:* Eine reell- oder komplexwertige Funktion f besitzt im Punkte χ ihres Definitionsbereichs die O. k, wenn χ eine k-fache →Nullstelle ist. Insbesondere bedeutet dabei O. null, daß $f(\chi) \neq 0$ gilt.

□ *Pole:* Ein Punkt χ ist ein Pol der O. k von f, wenn l/f im Punkte χ durch stetige Fortsetzung erklärbar ist und dort die O. k im Sinne von Nullstellen besitzt.

□ *Algebraische Funktionen:* Eine algebraische Funktion nimmt jeden Wert gleich oft an, und diese Anzahl heißt ihre O.

□ *Ganze Funktionen:* Für eine ganze Funktion f sei

$$M_f(r) := \max_{|z| = r} |f(z)|.$$

Dann heißt

$$\varrho := \lim_{r \to \infty} \sup \frac{\ln \ln M(r)}{\ln r}.$$

die O. von f. Ist $\varrho < \infty$, so gilt also für vorgegebenes $\varepsilon > 0$

$$|f(z)| \le \exp(|z|^{\varrho + \varepsilon}),$$

wenn nur $|z|$ hinreichend groß ist. Die O. ϱ kann auch 0 oder ∞ sein.   *Schmeißer*

Orientierung (Mathematik).
□ Einer Strecke. Eine Strecke AB ist orientiert (gerichtet), wenn der eine ihrer Endpunkte als Anfangspunkt, der andere als Endpunkt ausgezeichnet wird.
□ Einer Geraden. Die O. der gerichteten Strecke AB stimmt mit der O. der Halbgeraden $g_A(B)$ überein. Jede Halbgerade legt somit eine orientierte Richtung fest. Für Geraden gibt es offenbar genau zwei (entgegengesetzte) O. Ist in einem affinen Raum eine →Gerade durch die Parameterdarstellung $x = a + \lambda\,\underline{b}$ (λ →Skalar) gegeben, so wird jedem Punkt P der Geraden ein Wert des Skalars λ eindeutig zugeordnet. Man orientiert die Gerade dadurch, daß man die Anordnung des Skalarenkörpers auf die Gerade überträgt: Punkt P_1 liegt vor Punkt P_2, wenn $\lambda_1 < \lambda_2$. Die gegebene O. nennt man positiv, die entgegengesetzte negativ.
□ Bei einem →Winkel.
□ Bei einer Ebene. In der Ebene gibt es zwei Möglichkeiten, eine Halbgerade um ihren Anfangspunkt zu drehen. Man spricht von den beiden Drehsinnen. Da es prinzipiell möglich ist, eine Ebene von zwei Seiten aus zu betrachten, reicht die Vergabe eines Drehsinnes streng genommen zur O. der Ebene nicht aus. Blickt man auf eine (durch eine Normalenrichtung ausgezeichnete) Seite der Ebene, so ist die Ebene positiv orientiert, wenn für sie ein Drehsinn entgegengesetzt dem Uhrzeigersinn existiert (Bild 1).

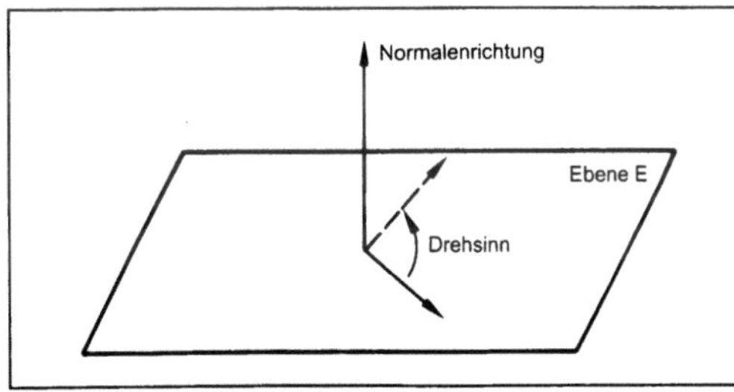

Orientierung 1: Positiv orientierte Ebene E.

□ Bei einem n-dimensionalen affinen Raum. Es sei A(n,V) ein n-dimensionaler affiner Raum mit zugehörigem Vektorraum V. Zwei Koordinatensysteme $(O, E_1, \ldots, E_n)$ und $(O', E_1', \ldots, E_n')$ bestimmen die gleiche O. für A(n,V), wenn für die entsprechenden

Basen $\{\underline{e}_1, \ldots, \underline{e}_n\}$ und $\{\underline{e}_1' \ldots, \underline{e}_n'\}$ in V gilt: Die →Determinante der Transformationsmatrix der Basistransformation $\{\underline{e}_1, \ldots, \underline{e}_n\} \to \{\underline{e}_1' \ldots, \underline{e}_n'\}$ ist positiv. Im anderen Fall spricht man von entgegengesetzter O. Die Beziehung „bestimmen die gleiche O." ist eine Äquivalenzrelation. Die Gesamtheit der Koordinatensysteme verfällt somit in zwei Klassen. A(n,V) ist orientiert, wenn eine der Klassen als positiv orientiert ausgezeichnet wird (→Koordinate; →Koordinatensystem).
□ Einer Fläche. In Analogie zur Ebene ist eine Fläche positiv orientiert, wenn für sie eine Normalenrichtung in Richtung des Flächennormalenvektors und ein Drehsinn (entgegen dem Uhrzeigersinn) ausgezeichnet sind.

Nicht alle Flächen sind orientierbar. Verschiebt man auf dem Möbiusband, ausgehend von einem Punkt P_0, den Flächennormalenvektor in P_0 längs der geschlossenen Kurve C (Bild 2) stetig in den Ausgangspunkt P_0 zurück, so hat sich die Richtung der Normalen umgekehrt. Entsprechendes gilt für den Drehsinn. Flächen, die keine geschlossenen Kurven gestatten, längs deren eine stetige Verschiebung des Flächennormalenvektors in den Ausgangspunkt zurück die Normalenrichtung umkehrt, heißen orientierbar.   *Fischer*

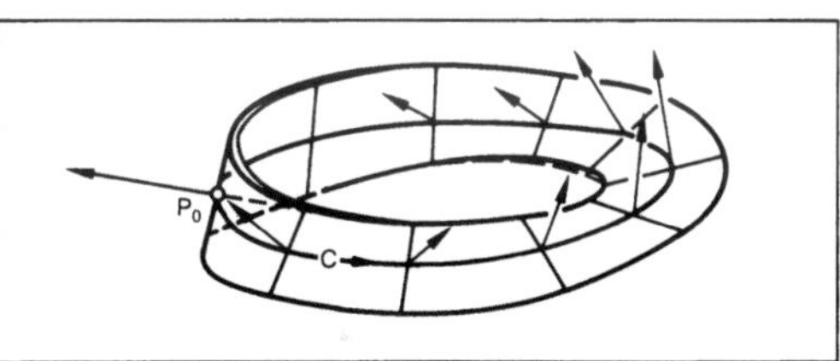

Orientierung 2: Möbiusband.

Literatur: *Behnke, H.:* Grundzüge der Mathematik. Bd. II. Göttingen 1971. – *Hajós, G.:* Einführung in die Geometrie. Leipzig 1970. – *Kreyszig, E.:* Differentialgeometrie. Leipzig 1968.

Oval, kartesisches. Ein k. O. ist der Ort aller Punkte, für die gilt: Die Summe je konstanter Vielfache der Abstände ϱ_1 und ϱ_2 von zwei festen Punkten F_1 und F_2 ist konstant (Bild 1):

$$\alpha\,\varrho_1 + \beta\,\varrho_2 = \text{konst.}$$

Wählt man F_1 als Pol und demnach $\varrho_1 = r$, so ergibt sich die Polargleichung:

$$r^2 - r(a + b\,\cos y) + d^2 = 0$$

mit $a = \dfrac{2\alpha c}{\alpha^2 - \beta^2}$, $b = \dfrac{-4e\beta^2}{\alpha^2 - \beta^2}$, $d^2 = \dfrac{c^2 - 4e^2\beta^2}{\alpha^2 - \beta^2}$.

In kartesischen →Koordinaten ergibt sich:

$$a\,\sqrt{x^2 + y^2} = bx - x^2 - y^2 - d^2.$$

Die Schnittlinie zweier Rotationskegel mit parallelen Achsen projiziert sich auf eine zu diesen

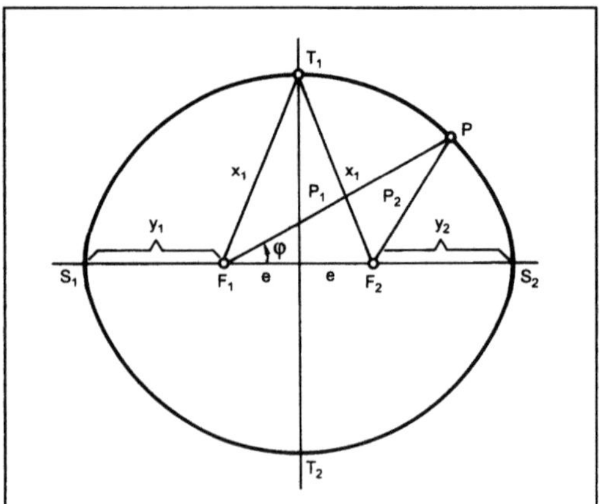

Oval, kartesisches 1: Schematische Darstellung.

Achsen senkrechten Ebene in einem k. O. (Bild 2).

Sonderfälle der k. O. sind die →*Pascal*-Schnecke und die →Kardioide. *Fischer*

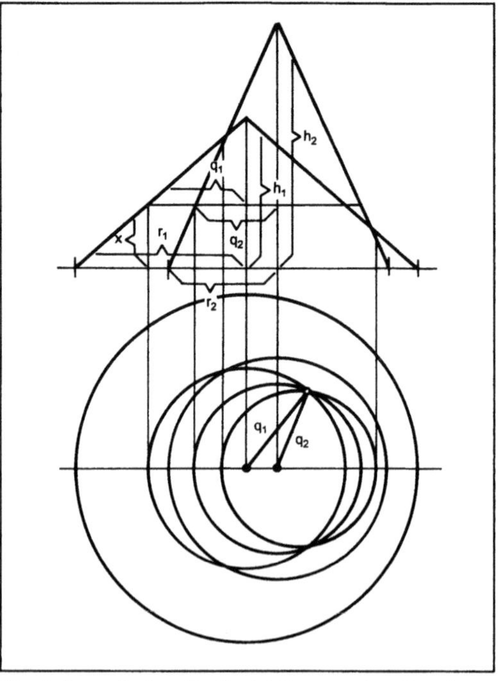

Oval, kartesisches 2: Projektion zweier Rotations-kegel.

P

P-Bereich, Proportionalitätsbereich →Regler

P-Übertragungsverhalten. Bei einem →Übertragungsglied mit P-Verhalten ist das Ausgangssignal v(t) proportional dem Eingangssignal u(t). Es wird daher kurz als P-Glied bezeichnet.

Mit dem Proportionalbeiwert K_P ist

$$v(t) = K_P\, u(t)\,.$$

Ein →Regler mit P-Verhalten heißt entsprechend P-Regler. *Böttiger*

Parabel. Ein →Kegelschnitt, bei dem die Schnittebene E parallel zu einer Ebene E' liegt, die durch die Spitze S des Kegels verläuft und mit dem →Kegel eine Erzeugende gemeinsam hat (Bild 1).

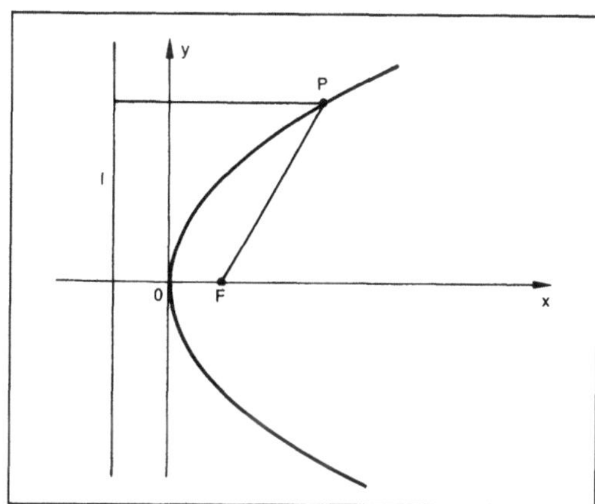
Parabel 2: Brennpunkt.

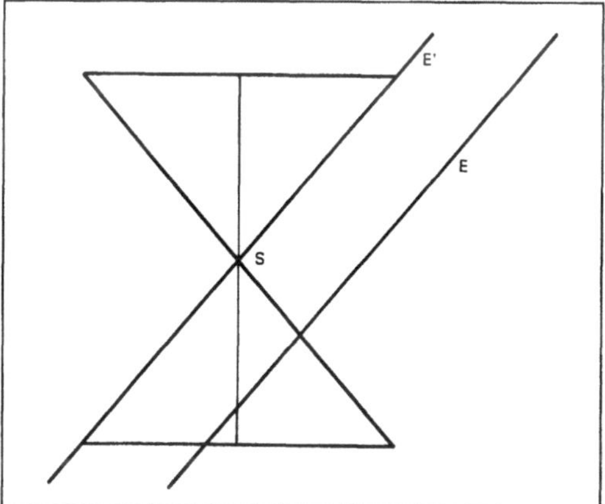
Parabel 1: Kegelschnitt.

□ Die P. ist der Ort aller Punkte, für die der Abstand von einem festen Punkt, dem Brennpunkt F, gleich ist dem Abstand von einer festen Geraden l, der Leitlinie (Direktrix). Das Verhältnis beider Abstände heißt numerische Exzentrizität ε. Es ist $\varepsilon = 1$ (Bild 2).

□ Die P. ist der Ort für die Mittelpunkte aller Kreise, die die Leitlinie berühren und durch den Brennpunkt verlaufen (Bild 3). Die P. ist achsensymmetrisch. Der Punkt, in dem sie die Symmetrieachse schneidet, heißt Scheitel.

Analytische Darstellung. In der Standardlage fällt der Scheitel mit dem Koordinatenursprung zusammen, die Symmetrieachse mit der X-Achse. Die P. ist

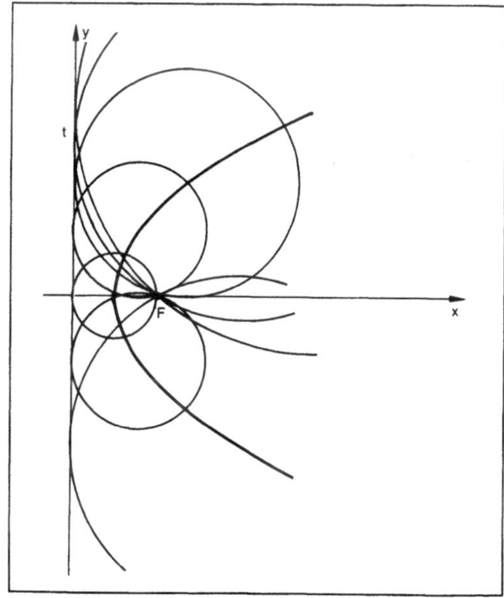
Parabel 3: Scheitelpunkt.

zur positiven X-Achse geöffnet. Ihre Gleichung lautet: $y^2 = 2px$; p heißt Parameter der P.

Für jeden P.-Punkt P gilt, daß die Länge des Brennstrahls $\overline{PF} = r = \pi/2 + x$ ist. Die →Koordinaten des Brennpunkts F sind ($\pi/2$, 0), die Gleichung der Direktrix: $x = -\pi/2$.

Gleichung in Polarkoordinaten: $r = p/(1 \pm \cos \varphi)$; Plus- oder Minuszeichen, je nachdem die Polarachse vom Brennpunkt zum Scheitel hin oder entgegengesetzt gerichtet ist.

Gleichung der →Tangente im Punkt (x_0, y_0):
$y_0 y = p(x_0 + x)$.

Die →Evolute der P. ist eine semikubische P.

Flächeninhalt eines P.-Segments (Bild 4):
$A = 2/3\ sh$.

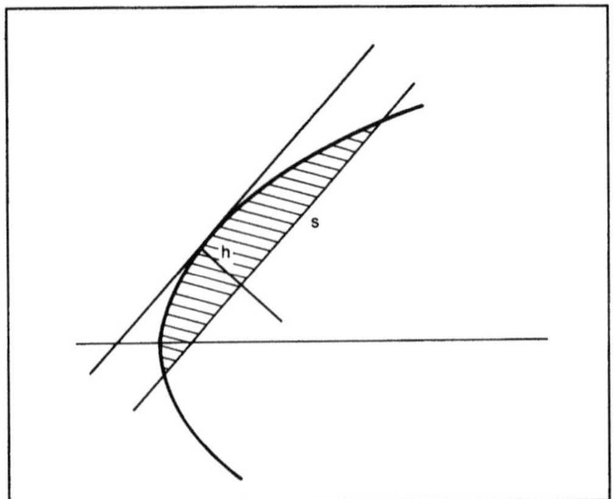

Parabel 4: Flächeninhalt des Parabelsegments.

Parallel zur Achse verlaufende Strahlen werden sämtlich durch den Brennpunkt F und parallel reflektiert. Diese Eigenschaft findet Anwendungen in den Parabolspiegeln (Bild 5).

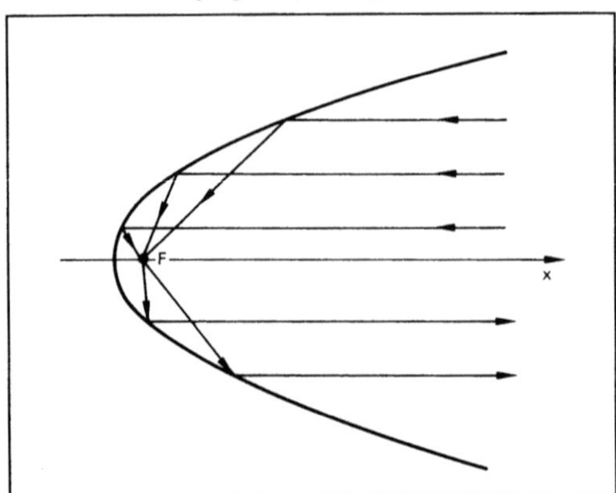

Parabel 5: Reflexion paralleler Strahlen.

Kubische Parabel. Eine höhere ebene Kurve, dargestellt durch die Gleichung $y = ax^3$. Die Kurve hat im Ursprung des Koordinatensystems einen Wendepunkt. Die X-Achse ist Tangente an die Kurve in diesem Punkt (Bild 6).

Semikubische oder *Neilsche Parabel.* Eine höhere ebene Kurve mit der Gleichung $y^2 = ax^3$. Sie hat im Ursprung des Koordinatensystems eine Spitze (einen Rückkehrpunkt). Dort ist die X-Achse doppelte Tangente. Die Kurve ist die Evolute einer gewöhnlichen P. (Bild 7). *W. L. Fischer*

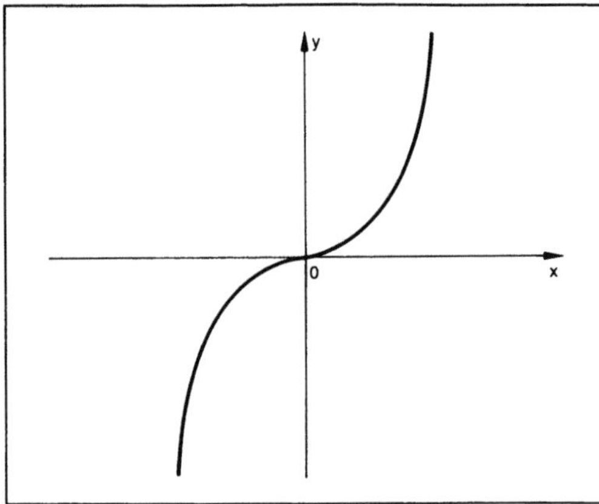

Parabel 6: Kubisch.

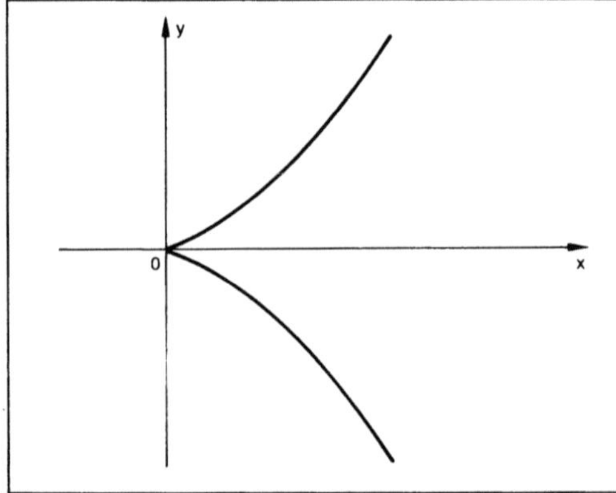

Parabel 7: Semikubisch.

Parallelprojektion. Affine Abbildung (→Abbildungsgeometrie) einer Punktmenge (Figur) im dreidimensionalen Raum $\mathbb{R}^3$ auf eine feste Ebene (Bildebene) durch Parallelstrahlen gegebener Richtung. Stehen diese Projektionsstrahlen senkrecht (orthogonal) zur Bildebene, so heißt die P. senkrecht oder orthogonal, andernfalls spricht man von schiefer P. Entsprechende Bestimmungen kann man auf die Ebene übertragen (→Geometrie, darstellende). *W. L. Fischer*

Parallelschaltung (Verfahrenstechnik). Wird ein Zulaufstrom aufgeteilt, so daß er gleichzeitig in mehrere verfahrenstechnische Apparate bzw. Maschinen gleicher Funktion fließt, so sind die Apparate bzw. Maschinen parallel geschaltet. Mehrstufige Verdampferanlagen können parallel geschaltet werden. Die Brüden der Stufe 1 dienen zum Beheizen der Stufe 2 usf.; aber allen Verdampfern wird der gleiche Zulauf zugeführt. Durch eine P. läßt sich die Durchsatzmenge erhöhen. Dafür kann aber bei einer Reihenschaltung eine größere Produktreinheit erzielt werden. *Dohrn*

Parametrierung (Prozeßleitsysteme). P. bedeutet, den Bausteinen eines Prozeßleitsystems solche Werte ihrer Kenngrößen zuweisen, die ein gewünschtes Verhalten bewirken. Parametrieren ist z. B. die Eingabe von Soll-, Grenz- und Stellwerten, Regelparametern sowie – in Chargenprozessen – von Rezepturen. Die P. geschieht im laufenden Betrieb und ist sowohl Aufgabe des Anlagenfahrers als auch des Personals der für die Automatisierung zuständigen Fachabteilungen. *Strohrmann*

Partialbruchzerlegung. Es sei

$$R(z) = \frac{P(z)}{Q(z)} \qquad (1)$$

eine rationale →Funktion mit Polynomen P(z) vom Grad n und Q(z) vom Grad m, die keine gemeinsamen Nullstellen besitzen. Ist $n > m$, so erreicht man durch →Division mit Rest eine Darstellung

$$R(z) = S(z) + \frac{T(z)}{Q(z)},$$

wobei S(z) ein →Polynom vom Grad $n-m$ und T(z) ein Polynom vom Grad kleiner m ist. Im folgenden genügt es deshalb anzunehmen, daß in Gl. (1) der Grad von P(z) kleiner als der von Q(z) ist und die →Potenz z^m in Q(z) den Koeffizienten 1 besitzt. Gilt dann

$$Q(z) = \prod_{j=1}^{k} (z - \alpha_j)^{m_j} \qquad (2),$$

mit

$$m_1 + m_2 + \ldots + m_k = m$$

und paarweise verschiedenen Nullstellen $\alpha_1, \alpha_2, \ldots, \alpha_k$, so existiert eine P.

$$R(z) = \sum_{j=1}^{k} \sum_{v=1}^{m_j} \frac{A_{vj}}{(z-\alpha_j)^v} \qquad (3)$$

mit Konstanten A_{vj}. Die Darstellung, Gl. (2), ist nach dem Fundamentalsatz der Algebra immer möglich, wenn Q(z) reelle oder komplexe Koeffizienten besitzt und als α_j auch komplexe Zahlen zugelassen sind.

Besitzen die Polynome P(z) und Q(z) ausschließlich reelle Koeffizienten, so möchte man gern das Auftreten komplexer Zahlen vermeiden. Da sich Q(z) dann in der Form

$$Q(z) = \prod_{j=1}^{k} (z-\alpha_j)^{m_j} \cdot \prod_{j=1}^{l} (z^2+\beta_j z+\gamma_j)^{n_j} \qquad (4),$$

mit

$$\prod_{j=1}^{k} m_j + 2 \sum_{j=1}^{l} n_j = m$$

und reellen Zahlen α_j, β_j, γ_j, darstellen läßt, existiert eine P.

$$R(z) = \sum_{j=1}^{k} \sum_{v=1}^{m_j} \frac{A_{vj}}{(z-\alpha_j)^v} + \sum_{j=1}^{l} \sum_{v=1}^{n_j} \frac{B_{vj}z + C_{vj}}{(z^2+\beta_j z+\gamma_j)^v} \qquad (5),$$

bei der alle auftretenden Konstanten α_j, β_j, γ_j, A_{vj}, B_{vj}, C_{vj} reelle Zahlen sind.

Ist die Faktorzerlegung, Gl. (2) bekannt, so kann man die für die Partialbruchzerlegung, Gl. 3, gewünschten Koeffizienten A_{vj} nacheinander durch Grenzübergänge gewinnen:

$$A_{m_j \cdot j} = \lim_{z \to \alpha_j} R(z) (z-\alpha_j)^{m_j},$$

$$A_{m_j-1 \cdot j} = \lim_{z \to \alpha_j} \left(R(z) - \frac{A_{m_j j}}{(z - \alpha_j)^{m_j}} \right)(z - \alpha_j)^{m_j-1} \text{ usw.}$$

Eine andere Möglichkeit ergibt sich, indem man die rechte Seite von Gl. (3) auf den gemeinsamen Nenner Q(z) bringt und für die Zähler beider Seiten Koeffizientenvergleich durchführt. Ähnlich gelangt man von Gl. (4) nach Gl. (5). Eine dritte Methode besteht darin, daß man in Gl. (3) bzw. Gl. (5) nacheinander soviele spezielle (natürlich von den Nullstellen der Nenner verschiedene) Werte für z einsetzt, wie es unbekannte Koeffizienten zu bestimmen gibt. Lösen des so entstehenden linearen Gleichungssystem führt zum Ziel.

Die P. findet bei der →Integration rationaler Funktionen Anwendung. *Schmeißer*

Literatur: *Henrici, P.*: Applied and computational complex analysis. Bd. I. New York 1974. – *von Mangoldt, H.*, u. *K. Knopp*: Einführung in die höhere Mathematik. Bd. III. 11. Aufl. Stuttgart 1958. – *Ostrowski, A.*: Vorlesungen über Differential- und Integralrechnung. 3 Bde. 2. Aufl. Basel 1965, 1961 und 1962.

Partialdruck. Der P. einer Komponente der →Mischung idealer Gase ist als der →Druck p^k definiert, den die Komponente des Gemisches allein bei gleichem Volumen V und gleicher Temperatur T wie die Mischung hätte:

$$p^k = n^k RT/V;$$

(n^k = Partialmolzahl). *Muschik*

Partialvolumen. Das P. einer Komponente der →Mischung idealer Gase ist als das Volumen V^k definiert, das die Komponente des Gemisches allein bei gleichem →Druck p und gleicher Temperatur T wie die Mischung hätte:

$$V^k = n^k RT/p;$$

(n^k = Partialmolzahl). *Muschik*

partielle Differentialgleichungen. Gleichungen, in die eine →Funktion von mehreren Veränderlichen und einige ihrer partiellen Ableitungen eingehen, symbolisch geschrieben als

$$F(x_1, x_2, \ldots x_n, u_{x_1}, \ldots u_{x_2}, u_{x_n}, \ldots u_{x_i x_j}, \ldots$$
$$u_{x_{j_1} x_{i_2}} \cdots x_{i_k}, \ldots) = 0$$

In der mathematischen Physik treten vorwiegend *semilineare* p. D. zweiter Ordnung auf. Sie besitzen die Gestalt

$$\sum_{i,j=1}^{n} a_{ij}(\mathbf{x}) \frac{\partial^2 u}{\partial x_i \partial x_j} + \Phi(\mathbf{x}, u, \text{grad } u) = 0. \qquad (1)$$

Hierbei steht $\mathbf{x}$ für das Zeilen-n-Tupel $(x_1, x_2, \ldots, x_n)$. Mit *semilinear* wird hervorgehoben, daß nur für den die partiellen Ableitungen zweiter Ordnung enthaltenden Anteil Linearität gefordert wird. Ist Φ bei festgehaltenem $\mathbf{x}$ als Funktion von u und den in grad u steckenden partiellen Ableitungen erster Ordnung eine affine Abbildung, so heißt die →Differentialgleichung (1) *linear*. Sie läßt sich dann schreiben als

$$\sum_{i,j=1}^{n} a_{ij}(\mathbf{x}) \frac{\partial^2 u}{\partial x_i \partial x_j} + \sum_{k=1}^{n} b_k(\mathbf{x}) \frac{\partial u}{\partial x_k} + c(\mathbf{x})u = f(\mathbf{x}). \qquad (2)$$

Zu jedem Punkt $\mathbf{x}_0$ gibt es, ähnlich wie bei der Klassifikation der Flächen zweiter Ordnung, eine Koordinatentransformation

$$y_1 = x_1 c_{11} + x_2 c_{21} + \ldots + x_n c_{n1}$$
$$y_2 = x_1 c_{12} + x_2 c_{22} + \ldots + x_n c_{n2}$$
$$\vdots \qquad\qquad \vdots$$
$$y_n = x_1 c_{1n} + x_2 c_{2n} + \ldots + x_n c_{nn},$$

d. h. $\mathbf{y} = \mathbf{x}C$, mit einer nichtsingulären Matrix $C = (c_{\mu\nu})$, die gleich dem Produkt einer orthogonalen Matrix mit einer Diagonalmatrix ist, so daß (1) im Punkte $\mathbf{y}_0 = \mathbf{x}_0 C$ mit $v(\mathbf{y}) := u(\mathbf{y}C^{-1})$ die Gestalt

$$\sum_{j=1}^{r} \frac{\partial^2 v}{\partial y_j^2} - \sum_{j=r+1}^{m} \frac{\partial^2 v}{\partial y_j^2} + \hat{\Phi}(\mathbf{y}_0, v, \text{grad } v) = 0 \qquad (3)$$

annimmt. Damit läßt sich folgende Klassifikation durchführen: Die semilineare p. D. (1) heißt im Punkte $\mathbf{x}_0$

a) *elliptisch*, wenn $m = n$ und $r = 0$ oder $r = n$ gilt, d. h. alle partiellen Ableitungen zweiter Ordnung besitzen gleiches Vorzeichen.

b) *hyperbolisch*, wenn $m = n$ und $1 \le r \le n-1$ gilt; normal hyperbolisch, wenn $r = 1$ oder $r = n-1$ ist.

c) *parabolisch*, wenn $m < n$ gilt; normal parabolisch, wenn $m = n-1$ und $r = 0$ oder $r = m$ ist.

Der Zusatz „im Punkte $\mathbf{x}_0$" entfällt, wenn (1) für alle Punkte des Definitionsbereichs zur gleichen Klasse (a) oder (b) oder (c) gehört. Dies ist insbesondere der Fall, wenn die Koeffizienten a_{ij} alle Konstanten sind.

Schreibt man im Spezialfall $\mathbf{x} = (x, y)$ die Gleichung (1) als

$$a_{11}(x,y)u_{xx} + 2a_{12}(x,y)u_{xy} + a_{22}(x,y)u_{yy}$$
$$+ \Phi(x, y, u_x, u_y, u) = 0, \qquad (4)$$

dann ist diese Differentialgleichung mit

$$Q(x,y) := a_{11}(x,y)a_{22}(x,y) - (a_{12}(x,y))^2$$

im Punkte $\mathbf{x} = (x, y)$

elliptisch für $\quad Q(x,y) > 0$,
hyperbolisch für $\quad Q(x,y) < 0$,
parabolisch für $\quad Q(x,y) = 0$.

Die drei Typen elliptisch, hyperbolisch und parabolisch unterscheiden sich sowohl in ihrer theoretischen als auch in ihrer numerischen Behandlung wesentlich.

Hyperbolische Differentialgleichungen beschreiben einen Ausbreitungsvorgang. Eine entscheidende Rolle bei ihrer Untersuchung spielt der Begriff der Charakteristiken. Dies sind zwei Scharen von Kurven in der (x, y)-Ebene, die den Definitionsbereich G der hyperbolischen Differentialgleichung überziehen derart, daß durch jeden Punkt von G genau zwei Kurven verlaufen. Sie sind dadurch gekennzeichnet, daß auf ihnen die Differentialgleichung (4) nach Vorgabe von u, u_x und u_y die zweiten partiellen Ableitungen u_{xx}, u_{xy} und u_{yy} nicht mehr eindeutig festlegt. Physikalisch bedeutet dies, daß der Ausbreitungsvorgang (x Ortskoordinate, y Zeitkoordinate) auf den Charakteristiken Unstetigkeiten in den zweiten Ableitungen besitzen kann *(Wellenfront)*. Die Charakteristiken schränken auch die freie Wahl eines Gitters bei Differenzenverfahren stark ein. Andererseits leisten sie wertvolle Hilfe bei der Frage nach Existenz und Konstruktion von Lösungen. Zum Beispiel ist ein dem *Picardschen* Verfahren analoges Iterationsverfahren möglich. Damit rücken hyperbolische Differentialgleichungen etwas in die Nähe der gewöhnlichen.

Elliptische Differentialgleichungen beschreiben einen Gleichgewichtszustand. Für sie existieren keine (reellen) Charakteristiken. Dafür gilt (unter gewissen Voraussetzungen) ein Maximumprinzip, das eine entscheidende Rolle bei ihrer Behandlung spielt, z. B. bei Eindeutigkeitsfragen und bei der Fehlerabschätzung für numerische Verfahren.

Parabolische Differentialgleichungen können als Grenzfall zwischen elliptischen und hyperbolischen angesiedelt werden. Sie besitzen nur eine Schar von Charakteristiken, die jedoch in ihrer Theorie keine besondere Bedeutung hat. Dafür gilt wie bei elliptischen Differentialgleichungen unter gewissen Voraussetzungen ein Maximumprinzip, das wertvolle Dienste bei ihrer Behandlung leistet.

Zur Spezifizierung einer Lösung sind p. D. auf einem Gebiet G zu erfüllen, wobei die gesuchte Funktion u auf dem Rand C von G noch gewissen Nebenbedingungen genügen muß.

Nur in wenigen Fällen können Lösungen explizit angegeben werden. Vorwiegend ist man auf numerische Methoden angewiesen (Differentialgleichungen, numerische Behandlung).

Beispiele:

□ Die *Poisson*-Gleichung $\Delta u = f(\mathbf{x})$ ist eine elliptische lineare Differentialgleichung. Sie tritt wie auch andere elliptische Differentialgleichungen immer als Randwertproblem auf, und zwar als

Dirichlet-Problem oder erste Randwertaufgabe mit der →Nebenbedingung $u(\mathbf{x}) = g(\mathbf{x})$ auf C,

als

Neumann-Problem oder zweite Randwertaufgabe mit der Nebenbedingung

$$\frac{\partial}{\partial n} u(\mathbf{x}) = g(\mathbf{x}) \text{ auf C,}$$

wobei $\frac{\partial}{\partial n}$ die Normalenableitung bezeichnet,

als

Churchill-Problem oder dritte Randwertaufgabe mit einer Nebenbedingung der Gestalt

$$\frac{\partial}{\partial \mathbf{n}} u(\mathbf{x}) + \alpha\, u(\mathbf{x}) = g(\mathbf{x}) \text{ auf C}$$

oder als

gemischtes Problem, wobei $C = C_1 \cup C_2$ gilt und $u(\mathbf{x}) = \varphi(\mathbf{x})$ auf C_1

sowie

$$\frac{\partial}{\partial \mathbf{n}} u(\mathbf{x}) = \psi(\mathbf{x}) \text{ auf } C_2,$$

zu erfüllen ist.

Hierbei sind g, φ und ψ vorgegebene Funktionen.

Ist im zweidimensionalen Fall, d. h. $\mathbf{x} = (x,y)$, der Rand C gleich dem Einheitskreis, so liefert die *Poissonsche* Integralformel eine Lösung für das Dirichlet-Problem der *Laplace*-Gleichung. Daraus läßt sich eine Lösung für alle Gebiete G konstruieren, die konforme Bilder des Einheitskreisgebiets sind und eine geschlossene *Jordan*-Kurve als Rand besitzen (konforme Abbildung).

Die Funktion v, gegeben durch

$$v(\mathbf{x}) := \int\limits_{G} \int f(\mathbf{t})\, \ln |\mathbf{t} - \mathbf{x}|\, d\sigma d\tau \qquad (5)$$

mit $\mathbf{t} = (\sigma, \tau)$ und $|\mathbf{t} - \mathbf{x}| = ((\sigma - x)^2 + (\tau - y)^2)^{1/2}$

erfüllt $\Delta v = f(\mathbf{x})$ in G. Somit ergibt sich die Lösung des zweidimensionalen Dirichlet-Problems der →Poisson-Gleichung als $u = v + w$ mit der Funktion (5) und w als Lösung des Dirichlet-Problems der Laplace-Gleichung $\Delta w = 0$ in G, $w(\mathbf{x}) = g(\mathbf{x}) - v(\mathbf{x})$ auf C. Dabei wären allerdings noch Existenzfragen zu klären. Ein ähnliches Vorgehen ist für das Neumann-Problem und für höhere Dimensionen möglich.

□ Die eindimensionale Wellengleichung oder Schwingungsgleichung

$$\frac{\partial^2 u}{\partial t^2} - c^2 \frac{\partial^2 u}{\partial x^2} = 0 \quad (c \neq 0,\ x \in\,] -\infty, \infty\, [,\ t > 0)$$

mit der Ortsvariablen x und der Zeitvariablen t ist eine hyperbolische lineare Differentialgleichung.

Eine mögliche Nebenbedingung, und zwar eine Anfangsbedingung, lautet

$$u(x,0) = g(x),\ \frac{\partial}{\partial t} u(x,0) = h(x) \text{ für } -\infty < x < \infty. \qquad (6)$$

Die Lösung läßt sich nach *d'Alembert* (*Jean Baptiste le Rond* 1717–1783) darstellen als

$$u(x,t) = \frac{1}{2}\, (g(x + ct) + g(x - ct)) + \frac{1}{2c} \int\limits_{x-ct}^{x+ct} h(\zeta) d\zeta.$$

Ähnliche, jedoch etwas kompliziertere Formeln existieren in höheren Dimensionen.

Gehört x nur einem endlichen Intervall an, etwa $]a, b[$, so ist neben (6) noch eine Randbedingung der Gestalt

$$u(a,t) = \varphi(t), \quad u(b,t) = \psi(t) \quad \text{für alle } t > 0 \qquad (7)$$

zu erfüllen. Es liegt ein Anfangsrandwertproblem vor.

□ Die n-dimensionale Wärmeleitungsgleichung oder Diffusionsgleichung

$$\frac{\partial u}{\partial t} - c^2 \left\| \frac{\partial^2 u}{\partial x_1^2} + \frac{\partial^2 u}{\partial x_i^2} + \ldots + \frac{\partial^2 u}{\partial x_n^2} \right\| = 0$$

für $t > 0$ und $-\infty < x_j < \infty$ $(j = 1, 2, \ldots, n)$

ist eine parabolische lineare Differentialgleichung. Für die Anfangsbedingung

$$u(\mathbf{x}, 0) = g(\mathbf{x}) \qquad (8)$$

lautet ihre Lösung

$$u(\mathbf{x},t) = \int\limits_{-\infty}^{\infty}\!\!\int \ldots \int\limits_{-\infty}^{\infty} g(\mathbf{y})\, \frac{\exp\left(\dfrac{|\mathbf{x} - \mathbf{y}|^2}{4c^2 t} \right)}{(2c\sqrt{\pi t})^n}\, dy_1\, dy_2 \ldots dy_n$$

mit

$$|\mathbf{x} - \mathbf{y}|^2 = (x_1 - y_1)^2 + (x_2 - y_2)^2 + \ldots + (x_n - y_n)^2.$$

Gehört $\mathbf{x}$ nur einem beschränkten Gebiet an, so kommt zur Anfangsbedingung (8) noch eine Randbedingung hinzu, womit wiederum ein Anfangsrandwertproblem vorliegt. *Schmeißer*

Literatur: *Carrier, G. F.* and *C. E. Pearson:* Partial differential equations. New York 1976. – *Courant, R.* u. *D. Hilbert:* Methoden der Mathematischen Physik, Bd. II (3. Aufl.). Berlin 1968. – *Friedman, A.:* Partial differential equations. New York 1969. – *Garabedian, P. R.:* Partial differential equations. New York 1964. – *Hackbusch, W.:* Theorie und Numerik elliptischer Differentialgleichungen. Stuttgart 1986. – *Hellwig, G.:* Partielle Differentialgleichungen. Stuttgart 1960. – *John, F.:* Partial differential equations (3. Aufl.). New York 1978. –

Kamke, E.: Differentialgleichungen II: Partielle Differential-gleichungen. Leipzig 1962. Nachdruck. New York 1974. – *Leis, R.:* Vorlesungen über partielle Differentialgleichungen zweiter Ordnung. Mannheim 1967. – *Leis, R.:* Initial boundary value problems in mathematical physics. Stuttgart u. New York 1986. – *Myint-U. Tyn:* Partial differential equations in mathematical physics. New York 1973. – *Schechter, M.:* Modern methods in partial differential equations. New York 1977. – *Smirnov, M. M.:* Second-order partial differential equations. Groningen (Netherlands) 1966. – *Sobolev, S. L.:* Partial differential equations of mathematical physics. Oxford 1966. – *Treves, F.:* Basic linear partial differential equations. New York 1975. – *Tychonoff, N. A.* u. *A. A. Samarski:* Differentialgleichungen der mathematischen Physik. Berlin 1959. – *Vladimirov, V. S.:* Equations of mathematical physics. New York 1971.

Pascal. SI-Einheit des Drucks, nach *Blaise Pascal* (1623–1662) benannt. Einheitenzeichen Pa. 1 Pa = $1\,N/m^2 = 1\,kg\,m^{-1}\,s^{-2} = 10^{-5}$ bar $(=1/98\,066{,}5\;kp/cm^2)$ ($\rightarrow$ Einheiten des SI). *Hammerschmidt*

Pascal-Dreieck. Da die Binomialkoeffizienten der Formel

$$\binom{n}{k} + \binom{n}{k+1} = \binom{n+1}{k+1}$$

genügen, kann man alle durch sukzessive Additionen erhalten. Am anschaulichsten geschieht dies in dem folgenden dreieckigen Schema, das bereits der Mathematiker *Blaise Pascal* (1623–1662) entdeckte.

```
            1   1
          1   2   1
        1   3   3   1
      1   4   6   4   1
    1   5  10  10   5   1
  1   6  15  20  15   6   1
1   7  21  35  35  21   7   1
1   8  28  56  70  56  28   8   1
1   9  36  84  126 126  84  36   9   1
1  10  45  120 210 252 210 120  45  10   1
```

Hier stehen in der n-ten Zeile die Binomialkoeffizienten in der Reihenfolge

$$1 = \binom{n}{0}, \binom{n}{1}, \binom{n}{2}, ..., \binom{n}{n} = 1.$$

Indem man in der (n+1)-ten Zeile links mit 1 beginnt, dann nacheinander je zwei benachbarte Zahlen der n-ten Zeile addiert und mit 1 aufhört, bekommt man alle Binomialkoeffizienten

$$1 = \binom{n+1}{0}, \binom{n+1}{1}, \binom{n+1}{2}, ..., \binom{n+1}{n+1} = 1.$$

Dieses Vorgehen wird auch programmiert, um Binomialkoeffizienten auf modernen Rechenmaschinen mit möglichst geringem Zeitaufwand zu gewinnen. *Schmeißer*

Literatur: *Gardner, M.:* Mathematischer Karneval. Berlin 1975. – *Jacobs, K.:* Einführung in die Kombinatorik. Berlin 1983. – *Strubecker, K.:* Einführung in die Höhere Mathematik. Bd. I. München–Wien 1956.

Pascal-Schnecke. Eine höhere ebene $\rightarrow$ Kurve, die die Form einer S. hat (nach *Etienne Pascal*).

□ Als *Kreiskonchoide:* Ort aller Punkte auf allen von einem bestimmten Punkt eines gegebenen Kreises vom Durchmesser b ausgehenden Sehnen, die vom zweiten Schnittpunkt der Sehnen mit dem Kreis gleichweit (= a) entfernt sind (Bild 1).

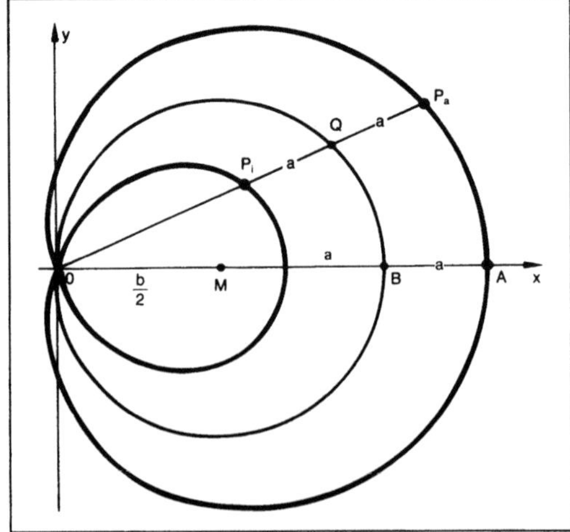

Pascal-Schnecke 1: P.-S. als Kreiskonchoide.

□ Als *Fußpunktkurve:* Nimmt man auf einem Durchmesser eines Kreises vom Radius a einen Punkt Q an, der vom Mittelpunkt den Abstand b hat, so ist die Fußpunktkurve von Q eine P.-S.

Gleichung in Polarkoordinaten: $r = a + b\cos\varphi$.
Gleichung in kartesischen Koordinaten:

$$a^2(x^2+y^2) - (x^2+y^2-bx)^2 = 0.$$

Die Kurve ist geschlossen und symmetrisch zur x-Achse. Für $a < b$ hat sie im Ursprung einen inneren Knotenpunkt, und die Kurve heißt hyperbolisch. Für $a > b$ verschwindet die Schleife; die Kurve heißt elliptisch (Bild 2). Für $a = b$ liegt der Spezialfall einer $\rightarrow$ Kardioide mit einer Spitze im Ursprung vor. Verschiedene Typen der Kurve lassen sich auch als Spezialfälle des kartesischen Ovals interpretieren. *W. L. Fischer*

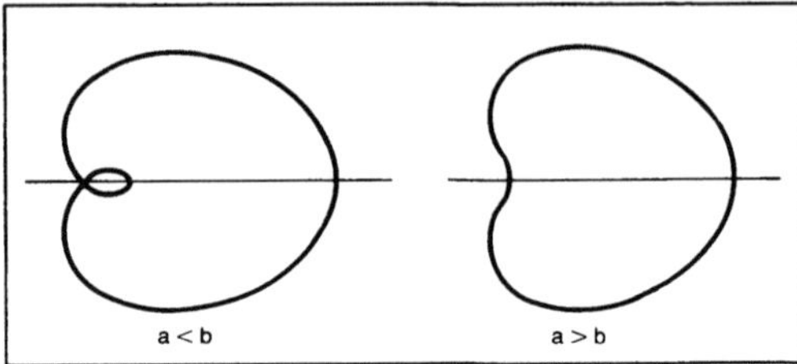

Pascal-Schnecke 2: Hyperbolische elliptische P.-S.

Passivisolierung. Das Ziel der P. besteht darin, bei gegen Erschütterungen empfindlichen Anlagen,

z. B. Präzisionswaagen, Spektrometern, Elektronenmikroskopen, Präzisionswerkzeugmaschinen oder auch bei Gebäuden, eine Schwingungsisolierung durchzuführen, um die am Aufstellungsort vorhandenen Erschütterungen von der Anlage bzw. den Gebäuden fernzuhalten. Es soll eine → Abschirmung der Anlagen gegen die Einleitung von Erschütterungen erreicht werden. Zur passiven Entstörung der Anlage wird diese auf Federelemente gelagert (Bild 1). Dadurch kann erreicht werden, daß die Schwingungsbewegungen kleiner sind als die am Aufstellungsort vorhandenen Schwingungsbewegungen. Voraussetzung dafür ist eine entsprechende Dimensionierung der elastisch gelagerten Anlage, um die erforderliche Abstimmung und damit den angestrebten Isolierfaktor zu erreichen. Dazu muß die → Frequenz bzw. das Frequenzspektrum der am Aufstellungsort vorhandenen Schwingungen oder Erschütterungen bekannt sein.

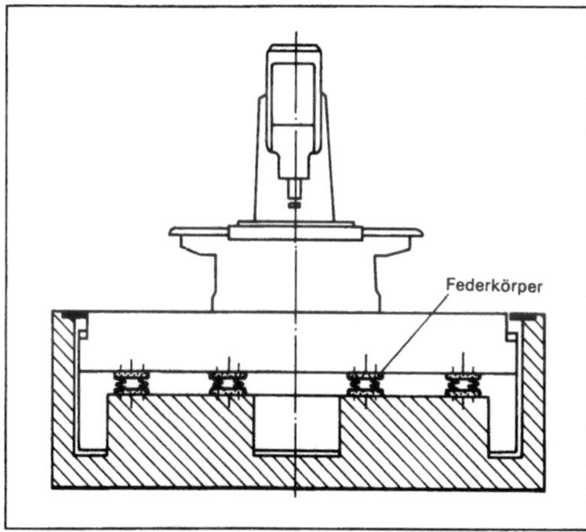

Passivisolierung 1: P. einer Präzisionswerkzeugmaschine.

Zur Beurteilung der Wirksamkeit von P. darf man oft das Schwingungssystem, das aus der Masse der zu schützenden Anlage, gfs. einschließlich des Fundaments, sowie den Federelementen und den Dämpfern gebildet wird, als → Schwinger mit einem → Freiheitsgrad betrachten (Bild 2). Die Erregung dieses Systems soll durch eine harmonische → Schwingung u(t) = U sin(Ωt) erfolgen.

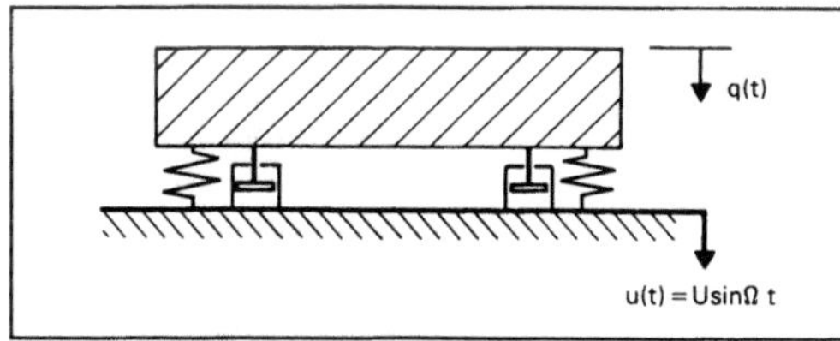

Passivisolierung 2: Schwingungssystem mit einem Freiheitsgrad auf Federn und Flüssigkeitsdämpfern, durch den Aufstellungsplatz erregt.

Treten am Aufstellungsort Schwingungsbewegungen mit verschiedenen, aber bestimmten Frequenzen auf, muß die Forderung nach hinreichender Abstimmung im ganzen in Betracht stehenden Frequenzbereich erfüllt werden. Bei einer P. wird die Dimensionierung des Fundaments wesentlich davon beeinflußt, ob der Schwingweg, die Schwinggeschwindigkeit oder die Schwingbeschleunigung klein gehalten werden soll. Ist die abzuschirmende Größe ein Schwingweg oder eine Schnelle, so hat man – gleiche Schwingungsamplituden der Störungen vorausgesetzt – die Berechnung der Störung mit der kleinsten Frequenz zugrunde zu legen. Wenn eine P. durch ein einfaches Feder-Masse-System nicht zum gewünschten Erfolg führt, kann man u. U. mit einem Zwei-Massen-System, das heißt einer Hauptmasse und einem → Tilger, eine bessere Abschirmung erzielen.

Die P. wird auch angewendet, wenn z. B. in der Nähe von Schienenverkehrswegen, Tunnelstrecken von U-Bahnen usw. die bei Vorbeifahrten von Fahrzeugen auftretenden Schienenverkehrserschütterungen von Gebäuden ferngehalten werden sollen. Dazu wird nicht die herkömmliche Art der Gründung durchgeführt, sondern das ganze Gebäude wird elastisch gelagert. Je nach der → Steifigkeit der eingebauten Federelemente und der dadurch und durch die Masse des abgefederten Systems bedingten → Eigenfrequenz wird nur eine Abschirmung der Erschütterungen mit den höheren Frequenzanteilen erzielt, d. h. eine Abschirmung gegen → Körperschall, wenn verhältnismäßig steife Elemente aus Gummi oder Polymeren eingebaut werden. Bei weich-elastischer Lagerung mit relativ niedriger Eigenfrequenz des abgefederten Gebäudes wird auch eine Abschirmung gegen störende Erschütterungen mit niedrigeren Frequenzen erreicht. *Splittgerber*

Literatur: *Bayer-Helms, F.* und *J. Steinert:* Schwingungsisolation für stoßempfindliche Meßgeräte. Meßtechnik (1970) 4. – *Benz, G., H. Heidenheim* und *F. Weidenhammer:* Abschirmung mechanischer Schwingungen durch federnde Fundamente. Frequenz 12 (1958) Nr. 4 – *Brüssau, H.:* Schwingfundamente für Präzisionswerkzeugmaschinen. TZ für praktische Metallbearbeitung 57 (1963) – *Wietlake, K. H.:* Körperschallisolierte Gründung eines Wohnhauses oberhalb einer U-Bahn-Trasse. Bauingenieur 60 (1985).

Passungsrost. An Paßflächen von Eisenwerkstoffen durch → Reibkorrosion entstandener → Rost. *Wendler-Kalsch*

Patent. Durch ein P. wird auf Grund des P.-Gesetzes eine technische Erfindung gegen Nachahmung geschützt. Die maximale Laufzeit eines P. beträgt 20 Jahre ab dem Anmeldetag. Eine beim Deutschen Patentamt, 80331 München, Zweibrückenstraße 12, schriftlich angemeldete Erfindung wird nach Stellung eines entsprechenden

Antrags auf Neuheit und erfinderische Tätigkeit geprüft. Eine P.-Anmeldung muß einen Antrag auf Erteilung eines P., eine Beschreibung der Erfindung, P.-Ansprüche und ggf. Zeichnungen enthalten. Auch ist eine Anmeldegebühr zu entrichten. Nicht schutzfähig sind Entdeckungen, wissenschaftliche Theorien, Pläne, Regeln und Verfahren für gedankliche oder geschäftliche Tätigkeiten und für Spiele sowie Computerprogramme.

Wird nach Stellung des Prüfungsantrags die angemeldete Lehre zum technischen Handeln vom Prüfer des P.-Amts für neu und erfinderisch gehalten, so erfolgt die Erteilung eines P. Nach der P.-Erteilung können Dritte gegen das P. innerhalb von 3 Monaten ab ihrer Veröffentlichung schriftlich Einspruch einlegen. Dritte können beim →Bundespatentgericht gegen das P. eine Nichtigkeitsklage erheben. *Cohausz*

Literatur: *Benkard, G.,* et al.: Patentgesetz, Gebrauchsmustergesetz (Komment.). 8. Aufl. 1988. – *Fischer, F. B.:* Grundzüge des gewerblichen Rechtsschutzes. 2. Aufl. 1986. – *Schulte, R.:* Patentgesetz (Komment.). 4. Aufl. 1987.

Patentanwalt. Der P. übt einen freien Beruf aus und ist wie der Rechtsanwalt ein unabhängiges Organ der Rechtspflege. Der P. bearbeitet alle Angelegenheiten bei der Erlangung, Aufrechterhaltung, Verteidigung und Anfechtung von Patenten, Gebrauchsmustern, Warenzeichen, Geschmacksmustern, Sortenschutz- und Halbleiterschutzrechten. Er vertritt dabei seine Auftraggeber vor dem Deutschen Patentamt, dem Bundessortenamt, dem →Bundespatentgericht, dem Europäischen Patentamt und anderen nationalen und internationalen Behörden. Er wirkt außerdem in allen Verfahren, bei denen Fragen des gewerblichen Rechtsschutzes betroffen sind, vor den ordentlichen Gerichten mit. Er berät auf den Gebieten der →Lizenz und des Arbeitnehmererfinderrechts.

Voraussetzung für den Beruf des P. ist ein abgeschlossenes technisches und/oder naturwissenschaftliches Universitätsstudium. An dieses Studium schließt sich eine mindestens einjährige praktische Tätigkeit in der Industrie, beispielsweise als Diplom-Ingenieur, an. Schließlich ist eine dreijährige juristische Ausbildung zu durchlaufen, die mit einer 12-monatigen Ausbildungszeit beim Deutschen Patentamt und beim Bundespatentgericht endet und mit dem Patentassessorexamen abschließt. *Cohausz*

Literatur: Blätter zur Berufskunde. Patentanwalt. Hrsg. Bundesanstalt für Arbeit. – Patente, Marken, Designs, Wirkungsbereiche des Patentanwalts. Hrsg. Bundesverband Deutscher Patentanwälte e. V.

Patentklassifikation. P. teilen das gesamte Gebiet der Technik durch Symbole ein. Die deutsche P. wurde am 7. Oktober 1975 durch die Internationale

P. (IPC) abgelöst, die nicht nur vom Deutschen Patentamt, sondern auch von ausländischen Patentämtern verwendet wird, um den Inhalt einer Patentschrift einheitlich zu bezeichnen. So ist z. B. für einen Handfeuerlöscher das Symbol A 62 C 13/00 vorgesehen. A 62 C für die Feuerbekämpfung und 13/00 für das Untergebiet der tragbaren Feuerlöscher.

P. erleichtern u. a. Recherchen nach dem Stand der Technik, um Neuheit und erfinderische Tätigkeit zu Forschungs- und Entwicklungs-Ergebnissen feststellen zu können. *Cohausz*

Literatur: Internationale Patentklassifikation. 4. Ausg. 1984.

Patentverwertung. Das wirtschaftliche Nutzen von Erfindungen bringt für Anbieter und Verwerter erhebliche Probleme. Bereits bei innerhalb eines Unternehmens entstandenen Erfindungen fällt es oft schwer, technische Ideen zutreffend zu bewerten. Noch größer sind die Schwierigkeiten bei der Verwertung von Erfindungen, die im Unternehmen nicht benutzt werden und anderen Unternehmen angeboten werden sollen. Mit diesen Verwertungsschwierigkeiten sind auch freie Erfinder konfrontiert.

Die erste Stufe nach Vorliegen eines Forschungs- oder Entwicklungs-Ergebnisses ist die Bewertung der neuen technischen Idee. Es muß geprüft werden die technische Durchführbarkeit, die wirtschaftliche Verwertbarkeit und die Möglichkeit, eigene Schutzrechte (→Patent, →Gebrauchsmuster, →Geschmacksmuster) zu erhalten oder fremde Schutzrechte zu verletzen. Hierzu sind ausführliche Recherchen notwendig. Auch ist die Wertanalyse ein hilfreiches Mittel. Erst danach sollten Mittel für Prototypen und Produktion aufgewendet werden.

Bei der Verwertung freier Erfindungen sind Patentwirtschaftler und verschiedene Institutionen behilflich:

☐ Die Patentstelle für die Deutsche Forschung der Fraunhofer Gesellschaft, Leonrodstr. 68, 80636 München, verwertet Erfindungen, wenn die Prüfung ergibt, daß ein Markt besteht und ein rechtsbeständiges Schutzrecht (Patent und/oder Gebrauchsmuster) erhalten werden kann. Auch übernimmt diese Stelle in bestimmten Fällen die Kosten für Patent- und Gebrauchsmusteranmeldungen.

☐ Die zuständige Industrie- und Handelskammer bietet über den Deutschen Industrie- und Handelstag (DIHT) der Industrie Erfindungen an, indem diese in eine Computer-Datenbank aufgenommen und in einer Broschüre ausgedruckt werden. Dieser Dienst ist kostenlos.

☐ Das Rationalisierungskuratorium der Deutschen Wirtschaft (RKW) e. V., 65760 Eschborn, veröffentlicht Erfindungen kostenlos in deren Verbandszeitschriften.

☐ Das Erfinderzentrum Norddeutschland, Friesenstr. 14, 30161 Hannover, ist behilflich, falls Wohnsitz oder Niederlassung in Norddeutschland bestehen. *Cohausz*

Literatur: *Borrmann:* Erfindungsverwertung. 4. Aufl. 1973. – IHK Hannover Hildesheim: Verwertungsführer für technologische Neuentwicklungen. (In diesem Führer sind Adressen der Stellen enthalten, die Erfindungen in Deutschland anbieten.)

PD-Übertragungsverhalten. Durch Parallelschaltung von zwei linearen Übertragungsgliedern mit P- und →D-Übertragungsverhalten entsteht ein PD-Glied. Mit anderen Worten: Das Eingangssignal u(t) wird gleichzeitig auf ein P- und ein D-Glied gegeben, die Summe der Ausgangssignale bildet das Ausgangssignal v(t) des PD-Gliedes. Somit lautet die →Differentialgleichung

$$v(t) = K_P\, u(t) + K_D\, \dot u(t) = K_P[u(t) + T_v \dot u(t)] .$$

Die Vorhaltzeit $T_v = K_P/K_D$ könnte im menschlichen Bereich als Maß für das „Vorausschauen" oder „Vorausdenken" angesehen werden. Da der Vorhalt (der D-Anteil) mindestens eine einfache Verzögerung enthält, muß auch für das reale PD-Glied eine Verzögerung berücksichtigt werden. Für dieses PD-T_1-Glied wird obige Differentialgleichung mit $T\dot v$ ergänzt, so daß

$$v(t) + T\dot v(t) = K_P[u(t) + T_v \dot u(t)] .$$

Man erhält als →Übergangsfunktion (Bild 1)

$$v(t) = h(t) = K_P[1 + (T_v/T - 1)\, e^{-t/T}]\, \sigma(t) .$$

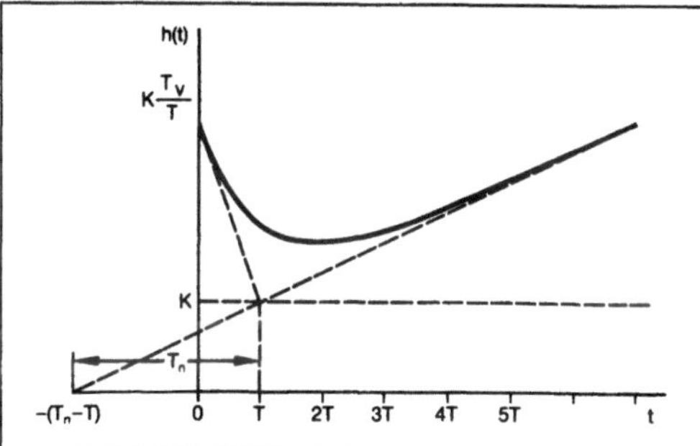

PD-Übertragungsverhalten 1: Übergangsfunktion für das PD-T_1-Glied (——) und das PP-T_1-Glied (---).

Die ausgezogene Linie gilt für $T_v > T$ die gestrichelte für $T_v < T$. Der echte Vorhalt gilt nur für den ersten Fall, weil anfangs eine starke Reaktion eintritt, die dann auf den P-Anteil abklingt.

Für $T_v < T$ kommt zunächst eine schwache Reaktion, die sich verzögert auf den stationären Endwert aufbaut. In diesem Fall spricht man von einem PP-T_1-Glied, weil es aus einer Parallelschaltung von P- und P-T_1-Gliedern entsteht.

Der →Frequenzgang mit dem Amplitudengang $A(\omega) = K_P\sqrt{1 + \omega^2 T_v^2}/\sqrt{1 + \omega^2 T^2}$ und dem Phasengang $\varphi(\omega) = \arctan(\omega T_v) - \arctan(\omega T)$ zeigt Entsprechendes (→Bode-Diagramm) (Bild 2). Beim echten PD-Verhalten mit $T_v > T$ ist mit steigender Kreisfrequenz ω zunächst die Eckfrequenz des Zählers wirksam, so daß die Amplitude zunimmt. Der Phasengang zeigt die Phasenanhebung. Dagegen kommt beim PP-T_1-Verhalten (gestrichelte Linie) zuerst der Einfluß der Eckfrequenz des Nenners mit einer Amplitudenabnahme und einer Phasenabsenkung.

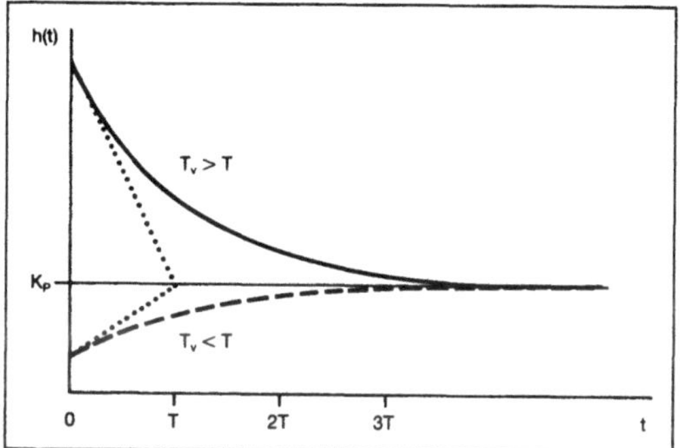

PD-Übertragungsverhalten 2: Bode-Diagramm für das PD-T_1-Glied (——) und das PP-T_1-Glied (---).

Ein PD-Regler ist ein PD-T_1-Glied, dessen Vorhaltzeit größer als die Zeitkonstante ist. *Böttiger*

Péclet-Zahl →Kennzahlen

Peltier-Effekt. Von dem franz. Uhrmacher *J. Ch. A. Peltier* 1834 entdeckter →thermoelektrischer Effekt. An die Enden eines Metallstabes B sind zwei Stäbe aus einem anderen Metall A gelötet. Wenn man durch ABA einen Strom schickt, kühlt sich die eine Lötstelle ab, die andere erwärmt sich, und zwar viel stärker als durch die →Joule-Wärme allein. Die Wärmeleistung in der Kontaktstelle ist proportional zur Stromstärke. *Hubert*

Periodendauer. Die Periodendauer T ist der kürzeste Zeitabschnitt, nach dem sich ein Schwingungsvorgang periodisch vollständig wiederholt. Der Kehrwert der Periodendauer T heißt →Frequenz f. Ein Vorgang, bei dem eine schwingende Größe x einen periodischen →Zeitverlauf hat, für den gilt

$$x(t) = x(t + nT)$$

(t: Zeit, n: ganze Zahl), heißt periodische →Schwingung. Periodische Schwingungen lassen sich aus einer Summe von Sinusschwingungen mit den Periodendauern

$$T_n = \frac{T_1}{n}$$

(n: ganze Zahl) zusammensetzen, bzw. der Frequenzen $f_n = nf_1$. Die Periodendauer T_1 heißt Grundschwingung, die zugehörige Frequenz Grundfrequenz. *Splittgerber*

Periodendauermessung →Frequenzmessung

Peripherik. Sammelbegriff für die Komponenten im →Feld, die den Materialfluß in einen Informationsfluß (Sensoren) und den Informationsfluß wieder in einen Materialfluß (Aktoren) umformen (Sensorik und Aktorik). *Strohrmann*

Permeabilität.

Magnetismus. Verhältnis von magnetischer →Induktion $\underline{B}$ und magnetischem →Feld $\underline{H}$ in materieerfülltem Raum:

$$\underline{B} = \mu \underline{H}.$$

Außer in ferromagnetischen Stoffen sind $\underline{B}$ und $\underline{H}$ proportional mit der Permeabilität μ als materialabhängigem Faktor. Die Permeabilität läßt sich als Produkt aus der magnetischen Feldkonstanten μ_o und der relativen Permeabilität oder Permeabilitätszahl μ_r beschreiben:

$$\mu = \mu_o \cdot \mu_r.$$

Die relative Permeabilität ist dabei (außer bei Ferromagnetika) nur wenig größer oder kleiner als eins.
In ferromagnetischen Stoffen kommt es bei der →Magnetisierung zu stark nichtlinearem Verhalten zwischen $\underline{B}$ und $\underline{H}$ mit Sättigungsverhalten und Hystereseneigenschaften (Hysterese). Hier hängt das Verhältnis von $\underline{B}$ und $\underline{H}$ u. a. von der Vorgeschichte ab. Auf der Neukurve, die durchlaufen wird, wenn man eine Probe aus dem unmagnetischen Zustand bis in die Sättigung magnetisiert, unterscheidet man die Anfangspermeabilität (am Nullpunkt der Kurve) und die Maximalpermeabilität. Bei sinusförmiger Aussteuerung mit einem →Wechselfeld bezeichnet man als Amplitudenpermeabilität das Verhältnis der Amplituden von $\underline{B}$ und $\underline{H}$.
Die Verluste beim Ummagnetisieren kann man im Rahmen der komplexen Wechselstromrechnung bei sinusförmigen Wechselfeldern durch eine *komplexe Permeabilität*

$$\underline{\mu} = \mu' - j\mu''$$

mit berücksichtigen. Man erhält damit ein Nacheilen der magnetischen Induktion $\underline{B}$ gegenüber dem magnetischen Feld $\underline{H}$ um einen Phasenwinkel δ_μ, den man aus

$$\tan \delta_\mu = \frac{\mu''}{\mu'}$$

erhält. Der $\tan \delta_\mu$ wird als *Permeabilitätsverlustfaktor* bezeichnet und gibt das Verhältnis von Verlustleistung zu induktiver →Blindleistung an. *Claassen*

Werkstoffe – 1. Durchlässigkeit: Die Eigenschaft von Zellwänden, Folien, Tonzylindern, Metallblechen, Gesteinen u. a. Trennflächen, Gase oder gelöste Moleküle, Ionen oder Atome durchtreten zu lassen; z. B. ist Palladium für Wasserstoff permeabel, Zellwände sind permeabel für Wassermoleküle (Osmose). In der Bodenkunde ist P. Wasserdurchlässigkeit und -leitfähigkeit des Bodens. In der Biochemie lassen sich fast alle Stofftransporte durch Membranen mit Hilfe der P. erklären. Der Stoffaustausch funktioniert i. d. R. in beiden Richtungen, wobei jener in Richtung niedriger Konzentration bevorzugt wird. Ist eine Trennfläche nur in einer Richtung durchlässig, wird sie als semipermeabel bezeichnet.
2. Magnetische Werkstoffe. Die P. μ ist in magnetisch isotropen Stoffen der Proportionalitätsfaktor zwischen der magnetischen →Induktion B und der magnetischen →Feldstärke H. $B = \mu \cdot H = \mu_o \cdot \mu_r \cdot H$. μ_o stellt hierbei die →Induktionskonstante und μ_r die Permeabilitätszahl dar. Die P. μ ist demnach das Produkt aus der werkstoffbedingten Permeabilitätszahl und der Induktionskonstanten (im leeren Raum ist $\mu_r = 1$). In magnetisch anisotropen Stoffen hat sie die Form eines Tensors 2. Ordnung.
$\mu_r = \mu/\mu_o$ ist die P. eines Stoffes bezogen auf μ_o, daher wird μ_r auch relative P. genannt. Mit der magnetischen Suszeptibilität m hängt μ_r gemäß $\mu_r = \chi_m + 1$ zusammen. Für diamagnetische ($\mu_r > 1$) und paramagnetische ($\rho > 1$) Stoffe ist μ_r nur wenig von 1 verschieden, bei Ferromagnetika liegt ihr Wert bei $\mu_r \approx 10^3$ bis 10^4 und ist stark von der Feldstärke und der magnetischen Vorbehandlung abhängig.
3. Zerstörungsfreie Prüfung. Die Kenntnis der Permeabilitätswerte ist bei verschiedenen Prüfverfahren (Wirbelstromprüfung, magnetische Streuflußprüfung, mikromagnetische Prüfverfahren), um quantitative Aussagen treffen zu können, Voraussetzung.
Bei der Wirbelstromprüfung an ferromagnetischen Bauteilen bestimmen, je nach Wechselfeldamplituden ΔH und je nach Arbeitspunkt auf der ferromagnetischen Hysterese, unterschiedliche P. (Anfangs-P., Amplituden-P., Überlagerungs-P., remanente P.) die gemessenen Wirbelstromimpedanzwerte einer Prüfspule. Bei impulsartiger →Magnetisierung muß entsprechend die Impuls-P. genutzt werden.
Wird die ferromagnetische Hysterese durchsteuert und die Überlagerungs-P. μ_Δ gemessen, so können aus dem $\mu_\Delta(H)$-Kurvenverlauf z. B. die →Koerzitivfeldstärke bestimmt und somit in der Aufsatztechnik gemessen werden. Die Überlage-

rungs-P. kann außerdem zur Eigenspannungsmessung und zur Charakterisierung von Randschichtgefügezuständen (Schleifen, Einsatzhärten, Laserhärten) genutzt werden. *Gräfen*

Literatur: *Theiner, W. A. u. I. Altpeter, R. Kern:* Untersuchungen von Gefügeparametern mit zerstörungsfreien magnetischen und magnetoelastischen Verfahren. Sonderbände der praktischen Metallographie. Bd. 16, 1985, S. 52–61. – *Theiner, W. A. und R. Kern, R. Conrad:* Determination of Surface Integrities by Ferromagnetic Quantities. First International Conferences on Surface Engineering, Brighton, England, 26–28 Januar 1985.

Personenbeförderungsgesetz. Das Gesetz vom 21. März 1961 (BGBl. I, 241) mit späteren Änderungen regelt die entgeltliche oder geschäftsmäßige Beförderung von Personen mit Straßenbahnen, O-Bussen und Kraftfahrzeugen. Für die Personenbeförderung mit öffentlichen Eisenbahnen gilt die Eisenbahn-Verkehrsordnung vom 8. September 1938 (RGBl. II, 663) mit zahlreichen Änderungen, für die Beförderung mit Luftfahrzeugen die Luftverkehrsordnung in der Fassung vom 14. November 1969 (BGBl. I, 2118). Nach dem Gesetz bedürfen der Betrieb von Straßenbahnen und O-Bussen sowie die Personenbeförderung mit Kraftfahrzeugen im Linienverkehr oder im Gelegenheitsverkehr (Kraftdroschken, Ausflugfahrten und Ferienzielreisen, Mietomnibusse und Mietwagen) der Genehmigung. Ausgenommen sind Mitfahrerzentralen und die Beförderungen mit Bussen der Bundespost. Die Genehmigung ist davon abhängig, daß die Sicherheit und Leistungsfähigkeit des Betriebes sowie die Zuverlässigkeit des Antragstellers gegeben sind.

Bei Straßenbahnen, O-Bussen und Kfz-Linienverkehr müssen Verkehrssicherheit sowie die Eignung der in Betracht kommenden Straßen vorhanden sein. Der beantragte Verkehr darf die öffentlichen Verkehrsinteressen nicht beeinträchtigen (Bedürfnisprüfung). Bei Kraftdroschken darf das örtliche Droschkengewerbe durch die Zulassung in seiner Existenz nicht bedroht werden. Der Antragsteller muß seine Sachkunde durch eine mindestens dreijährige Berufserfahrung in nicht untergeordneter Stellung oder durch eine Prüfung vor der IHK nachweisen. Die Genehmigung begründet eine Betriebs- und Beförderungspflicht. Das Gesetz regelt ferner den Auslandsverkehr, das Rechtsmittelverfahren, Straf- und Ordnungswidrigkeitentatbestände. Es enthält eine Ermächtigung an den Bundesminister für Verkehr, Rechtsverordnungen über den Bau und Betrieb von Straßenbahnen und O-Bussen sowie den Betrieb von Kraftfahrunternehmen zu erlassen. Das Gesetz wird ergänzt durch die Verordnung über den Betrieb von Kraftfahrunternehmen im Personenverkehr (BO Kraft vom 21. Juni 1975 – BGBl. I, 1573), durch die Verordnung über die Befreiung bestimmter Beförderungsfälle

von den Bestimmungen des Personenbeförderungsgesetzes (FreistellungsVO vom 30. August 1962 – BGBl. I, 602) und die Verordnung mit den allgemeinen Beförderungsbedingungen (VO vom 27. Februar 1970 – BGBl. I, 230). *W. Hoffmann*

Personendosis →Strahlenschutz

Phase. Kontinuierliche Teilsysteme eines heterogenen Systems heißen P. Eine P. kann gasförmig, flüssig oder fest sein (→Aggregatzustand). Zwei nicht mischbare Flüssigkeiten bilden zwei flüssige Phasen. →Dampf im →Gleichgewicht mit seiner Flüssigkeit bildet zwei Phasen, eine gasförmige und eine flüssige. Am →Tripelpunkt stehen drei Phasen miteinander im Gleichgewicht. Wie die Anzahl der Phasen mit der Anzahl der Komponenten eines thermodynamischen Systems im Gleichgewicht miteinander zusammenhängen, wird durch die Gibbssche →Phasenregel gegeben. *Muschik*

Phasendiagramm.
Physik. Phasengleichgewichte werden in P. dargestellt. Dabei spannen die Freiheitsgrade f des Systems (*Gibbs*-Phasenregel) den Raum auf, in dem das P. aufgetragen wird. Systeme aus einer Komponente lassen sich in einem zweidimensionalen Raum darstellen, weil der maximale →Freiheitsgrad solcher Systeme f = 2 ist (p-V-Diagramm, H-S-Diagramm, Dampfdruckkurve). Diese Diagramme entstehen durch Projektion der Zustandsfläche (→Zustandsgleichung, thermische) auf die entsprechenden zweidimensionalen Ebenen.

Als Beispiel zeigt Bild 1 das P. des Schwefels mit zwei festen Phasen (rhombisch und monoklin), der

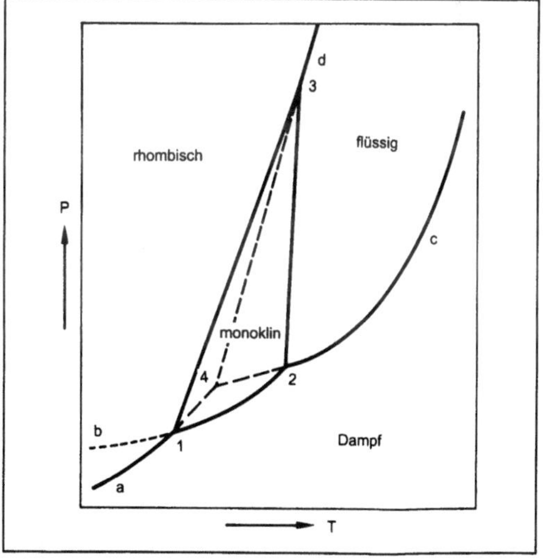

Phasendiagramm 1: P. des Schwefels mit drei Tripelpunkten 1, 2, 3. (a12 = Sublimationskurve, c = Dampfdruckkurve, 23d = Schmelzkurve).

flüssigen und der dampfförmigen Phase. Es gibt drei Tripelpunkte. Die Kurve zwischen den Gebieten der gasförmigen und der flüssigen Phase heißt Dampfdruckkurve, die zwischen den Gebieten der gasförmigen und den festen Phasen heißt Sublimationskurve (→Sublimation) und die zwischen den festen und der flüssigen Phase →Schmelzkurve. Andere P. sind die Siedediagramme unbeschränkt mischbarer Flüssigkeiten. Bild 2 zeigt das P. des Systems Cu-Mg, das zwei Verbindungen Cu₂Mg und CuMg₂ bildet. Das Beispiel zweier beschränkt mischbarer Flüssigkeiten ist im Bild 3 dargestellt.   *Muschik*

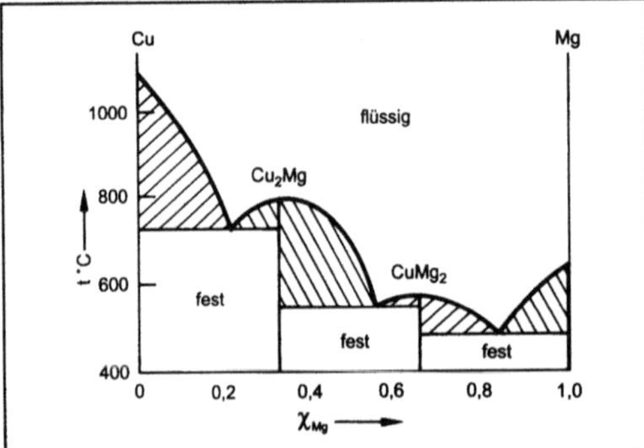

Phasendiagramm 2: P. des Systems Cu-Mg: Temperatur über Molenbruch des Mg aufgetragen. Zweiphasengebiete sind schraffiert.

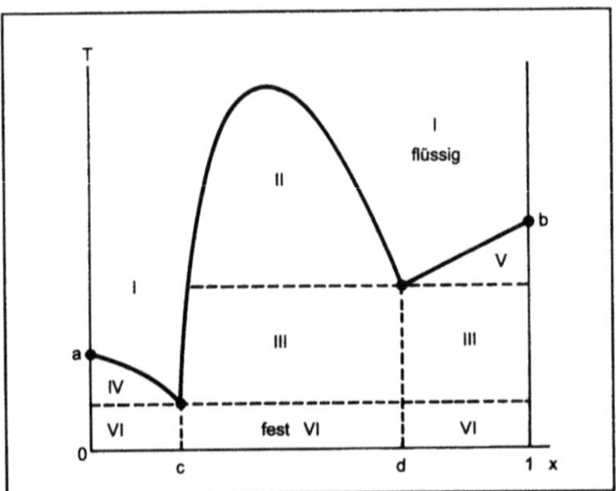

Phasendiagramm 3: P. bei beschränkter Mischbarkeit.

a und b sind die Schmelzpunkte der reinen Stoffe A (x=0) und B (x=1). I ist das Gebiet der unbeschränkten Mischbarkeit beider Schmelzen. Es existieren zwei nur beschränkt mischbar flüssige Phasen, deren Zusammensetzung durch c und d gegeben ist und die im Gebiet II koexistieren. Die flüssige Phase der Zusammensetzung c koexistiert mit dem festen Stoff B im Gebiet III. In Gebiet IV koexistiert der feste Stoff A mit der Phase c und in V der feste Stoff B mit der Phase d. In VI gibt es eine feste Mischphase.

Statistik. Hierunter versteht man im einfachsten Fall die graphische Darstellung der Zeitreihen zweier Variablen x_1 und x_2, wobei die eine als Abszisse, die andere als Ordinate dargestellt wird. Die Verbindung der so erhaltenen Punkte ergibt z. B., wenn die Variablen einem stationären Prozeß entstammen, Muster ähnlich den *Lissajous*-Figuren. Arbeitet man bei der Analyse der wechselseitigen Beziehungen zweier Zeitreihen mit spektralanalytischen Methoden, so stellt das P. die Abhängigkeit des Phasenwinkels (des „Lag" oder des „Lead") dar zwischen den beiden Zeitreihen in Abhängigkeit von der →Frequenz.   *Schneeberger*

Phasendichte. Der mechanische Zustand eines klassischen Vielteilchensystems wird in der statistischen →Mechanik durch einen einzelnen Punkt im Gammaraum charakterisiert. Obwohl in der klassischen Mechanik die genaue Bewegung eines N-Teilchensystems vollständig durch die Anfangsbedingungen bestimmt ist, ist es praktisch unmöglich, eine exakte Lösung der Bewegungsgleichung für hochdimensionale Systeme (große Teilchenzahl bzw. große Anzahl von Freiheitsgraden) zu berechnen. Die Berechnung der Bewegung von 10^{23} Teilchen in einem Gasvolumen ist de facto unmöglich, weil die Anfangsbedingungen nicht bekannt sind. Die Energie einer bestimmten Gasmenge kann beispielsweise gemessen werden, niemals jedoch die Anfangskoordinaten und -geschwindigkeiten eines jeden Moleküls.

Man ist andererseits auch gar nicht an eine mikroskopisch detaillierte Beschreibung der Bewegung einzelner Moleküle des Systems interessiert. Das Ziel ist vielmehr, Voraussagen über bestimmte mittlere Eigenschaften des Systems zu machen, indem man die Eigenschaften einer großen Anzahl identischer Vielteilchensysteme untersucht. Dazu führt man statistische Gesamtheiten ein. Die gewünschten physikalischen Eigenschaften des wirklich vorhandenen Systems werden berechnet, indem man die Mittelwerte über die statistische Gesamtheit bildet.

Da sich ein physikalisches System stets in irgendeinem Mikrozustand befindet, entspricht jedes System der Gesamtheit genau einem Punkt im Gammaraum. Die Gesamtheit wird daher durch einen Punktschwarm im Gammaraum repräsentiert. Man drückt die Information, die man über das System zu einem bestimmten Zeitpunkt t hat, durch eine Wahrscheinlichkeitsdichte $\rho(q_i, p_i, t)$ im Gammaraum, die Phasendichte (der Gammaraum wird auch Phasenraum genannt), aus. Dabei sind q_i und p_i die →Koordinaten des Gammaraums, $i=1,\ldots,f$; f ist die Anzahl der Freiheitsgrade des Systems.

Die P. wichtet die Gammaraumpunkte nach den jeweils vorliegenden makroskopischen Bedingungen (Gibbs-Gesamtheiten). Die P. gibt demnach die →Wahrscheinlichkeit dafür an, daß sich das betrachtete System in einem Phasenpunkt (q_i, p_i) zur Zeit t befindet.

Die zeitliche Entwicklung der P. wird durch die Liouville-Gleichung beschrieben. *Wodarzik*

Phasengang →Bode-Diagramm

Phasenmessung. Feststellung des Phasenunterschieds einer →Wechselspannung gegenüber einer Bezugswechselspannung gleicher oder harmonischer →Frequenz. Wenn die beiden Wechselspannungen nicht miteinander synchronisiert sind, ist der Phasenunterschied nicht konstant.

Mit Hilfe eines Zweikanaloszilloskops (→Elektronenstrahl-Oszilloskop) läßt sich der Phasenunterschied zwischen zwei Wechselspannungen (Bild) direkt beobachten. Durch „gechoppten" Betrieb oder durch externe Triggerung mit der Bezugswechselspannung muß man dabei sicherstellen, daß nicht die zeitliche Zuordnung der beiden Spannungen verfälscht wird.

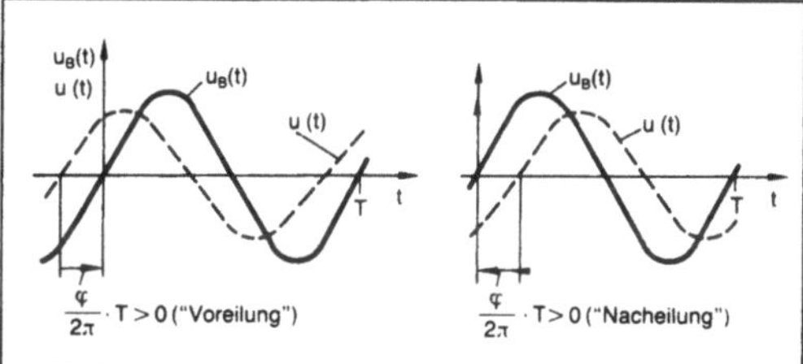

Phasenmessung: P. mit dem Elektronenstrahl-Oszilloskop.

$u_B(t) = \hat{u}_B \sin 2\pi f t$ (Bezugsspannung)
$u(t) = \hat{u} \cdot \sin(2\pi f t + \varphi)$

Auch mit Hilfe der am Elektronenstrahl-Oszilloskop darstellbaren Lissajous-Figuren (→Frequenzmessung) lassen sich Phasenunterschiede messen.

Den Cosinus des Phasenwinkels (cos φ) zwischen Spannung U und Strom I eines komplexen Verbrauchers kann man ermitteln über die separate Messung von U und I sowie der →Wirkleistung P (→Leistungsmessung, elektrische). Der cos φ ist das Verhältnis von Wirkleistung P zu →Scheinleistung $U \cdot I$:

$$\cos \varphi = \frac{P}{U\,I}.$$

Es gibt auch besondere Meßgeräte, die den cos φ direkt anzeigen. Weiterhin läßt sich mittels phasenselektiver Gleichrichtung (→Meßgleichrichter) der cos φ zwischen Signalspannung und Bezugsspannung messen.

Ein Digitalzähler mit zwei Kanälen (→Zähler) ermöglicht es, die P. auf eine Zeitmessung zurückzuführen, indem man z. B. das Zeitintervall zwischen vergleichbaren Nulldurchgängen von Signalspannung u(t) und Bezugsspannung $u_B(t)$ digital erfaßt. *Hammerschmidt*

Phasenregel. Die auf *Gibbs* zurückgehende Phasenregel gibt die Anzahl F von intensiven Variablen an, die in einem im Gleichgewicht befindlichen System willkürlich festgelegt werden können. F bezeichnet man auch als thermodynamische Freiheitsgrade.

Die Anzahl dieser Freiheitsgrade ist gegeben durch

$$F = (K' - R) - P + 2 \tag{1};$$

dabei bedeuten K' die Anzahl der Komponenten, R die Anzahl der voneinander unabhängigen chemischen Reaktionen zwischen den Komponenten und P die Anzahl der miteinander im Gleichgewicht stehenden Phasen.

Sind chemische Reaktionen zwischen den Komponenten ausgeschlossen, liegen also nur K voneinander unabhängige Komponenten vor, so vereinfacht sich Gl. (1) zu

$$F = K - P + 2 \tag{2}.$$

Ist F = 0, so nennt man das System invariant. Man kann weder Druck noch Temperatur noch Zusammensetzung frei wählen. In einem Einkomponentensystem kann Gleichgewicht dann nur bei einer einzigen Temperatur und einem einzigen Druck vorliegen. Ein Beispiel dafür ist der →Tripelpunkt einer reinen Substanz, die gleichzeitig im festen, flüssigen und dampfförmigen Zustand vorliegen soll.

Ist F = 1, so heißt das System univariant. Wählt man beispielsweise bei einem Einkomponentensystem, bei dem →Dampf und Flüssigkeit im Gleichgewicht sind, die Temperatur, so ist der zugehörige Sättigungsdampfdruck (→Clausius-Clapeyron-Gleichung) eindeutig festgelegt. Wählt man einen bestimmten Sättigungsdampfdruck, so ergibt sich eine dazugehörige Siedetemperatur.

Ist F = 2, so spricht man von einem divarianten System. Innerhalb gewisser Grenzen kann man zwei Variable (z. B. Temperatur und Druck) unabhängig voneinander wählen. Ein solcher Fall liegt beispielsweise bei einem Einkomponentensystem vor, wenn nur eine Phase existent ist. Bei einem Zweikomponentensystem wäre dieser Fall gegeben, wenn zwei Phasen koexistent sind (z. B. eine flüssige und eine dampfförmige Mischphase). Ein Beispiel dafür sind die Siedediagramme. Wählt man einen Druck willkürlich aus, dann hat man noch die Möglichkeit, den die Zusammensetzung charakterisierenden →Molenbruch zu wählen, und man findet dazu eine bestimmte Siedetemperatur.

Liegen in einem System Komponenten vor, die durch chemische Reaktionsgleichungen miteinander verknüpft sind, so ist Gl. (1) anzuwenden. Als Beispiel sei das System H_2, Br_2, J_2, HBr, HJ, BrJ betrachtet. Es existieren dafür drei voneinander unabhängige Reaktionsgleichungen:

$$H_2 + Br_2 \rightleftharpoons 2\ HBr \qquad (3),$$

$$H_2 + J_2 \rightleftharpoons 2\ HJ \qquad (4),$$

$$Br_2 + J_2 \rightleftharpoons 2\ BrJ \qquad (5).$$

Zwar kann man weitere Reaktionsgleichungen aufstellen, z. B.

$$HBr + HJ \rightleftharpoons H_2 + BrJ \qquad (6);$$

jedoch geht Gl. (6) schon aus der Kombination der Gl. (3) bis (5) hervor. Gl. (6) ist also nicht unabhängig. Für das genannte System ist damit $K' = 6$ und $R = 3$. *Wedler*

Phasenschieber. Elektronische Schaltung oder sonstige Anordnung (z. B. Wellenleiterschaltung, Schaltung mit reaktiven und resistiven Komponenten), die einen gewünschten, meist frequenzabhängigen (u. U. einstellbaren) Phasenunterschied zwischen elektrischen Eingangsgrößen ($\rightarrow$Wechselstrom, $\rightarrow$Wechselspannung) und Ausgangsgrößen erzeugt. In der elektrischen Energietechnik dienen Phasenschieber zur **Kompensation der** $\rightarrow$**Blind**leistung auf Leitungen, in der Nachrichtentechnik zum Ausgleich von Phasenverzerrungen oder Laufzeitunterschieden bzw. zur phasenrichtigen Überlagerung von Signalen (Synchronphasenschieber). *Claassen*

Phasenübergang. Chemisch reine Stoffe zeigen Phasenumwandlungen wie $\rightarrow$Sieden, Schmelzen, $\rightarrow$Sublimation, Kondensieren, Erstarren. Neben diesen P., die mit einer Änderung des Aggregatzustands verbunden sind, gibt es solche, bei denen sich z. B. die Kristallform ohne Änderung des Aggregatzustands umwandelt.

Weitere solcher P. sind die Umwandlung eines Ferromagnetikums in einen paramagnetischen Stoff, der Übergang eines Normalleiters in einen Supraleiter und die Umwandlung einer Normalflüssigkeit in eine Supraflüssigkeit. Im Zweiphasengebiet – das ist das Gebiet im Gleichgewichtsteilraum, in dem 2 Phasen im $\rightarrow$Gleichgewicht miteinander koexistieren (Phasengleichgewicht) – wird das System durch drei unabhängige Zustandsvariable beschrieben: $\rightarrow$Druck p oder Temperatur T, die beide über die stoffabhängige Koexistenzkurve (z. B. die $\rightarrow$Dampfdruckkurve) eindeutig voneinander abhängen, das molare Volumen $\overline{V}$ des Zweiphasengemischs (molare Größen) und seine $\rightarrow$Molzahl n.

Aus der Temperatur (oder auch aus dem Druck) bestimmen sich stoffabhängig die $\rightarrow$Molvolumen $\overline{V}_1(T)$ und $\overline{V}_2(T)$ beider Phasen. Es gilt (Konzentrationsmaß):

$$\overline{V} = x_1 \overline{V}_1 (T) + (1-x_1)\overline{V}_2 (T);$$

$x_1 \rightarrow$Molenbruch der Phase 1; daraus folgt der Molenbruch $x_1 = f(T,\overline{V})$ als Funktion von $\overline{V}$ und T. Mit der Gesamtmolzahl n ergeben sich daraus die Molzahlen n_1 und n_2 der beiden Phasen.

Ist also die thermische $\rightarrow$Zustandsgleichung $p = p(T,\overline{V},n)$ des Stoffs nicht bekannt, so wird das System im Zweiphasengebiet durch fünf Zustandsgrößen beschrieben:

$$(p,T,\overline{V}_1,\overline{V}_2,n_1).$$

Im Zweiphasengebiet fallen Isothermen und Isochoren zusammen. Wird ein Zweiphasengemisch eines Stoffes isotherm komprimiert (Bild), so erhöht sich bei gleichbleibendem Druck die Molzahl der dichteren Phase. Es gilt also im Zweiphasengebiet

$$(\delta p/\delta \overline{V})_T^{2-Ph} = 0, \quad (\delta T/\delta \overline{V})_p^{2-Ph} = 0.$$

Da keine Abhängigkeit von $\overline{V}$ besteht, stellt sich das Zweiphasengebiet im p,T-Diagramm als Linie $p = p(T)$ dar, die als Koexistenzkurve beider Phasen bezeichnet wird. Spezielle Beispiele solcher Koexistenzkurven sind die Dampfdruckkurve, die im kritischen Punkt endet, die $\rightarrow$Schmelzkurve und die Sublimationskurve, die einen gemeinsamen Schnittpunkt, den $\rightarrow$Tripelpunkt, haben.

Die Gleichgewichtsbedingung, die zu vorgegebenem Druck und vorgegebener Temperatur gehört, ist durch die Extremaleigenschaft der freien $\rightarrow$Enthalpie gegeben ($\rightarrow$Potential, thermodynamisches). Aus ihr folgt, falls die Oberflächenspannung der Phasengrenzfläche zu vernachlässigen ist, die Druckgleichheit $p_1 = p_2 = p_S$ in beiden Phasen und eine

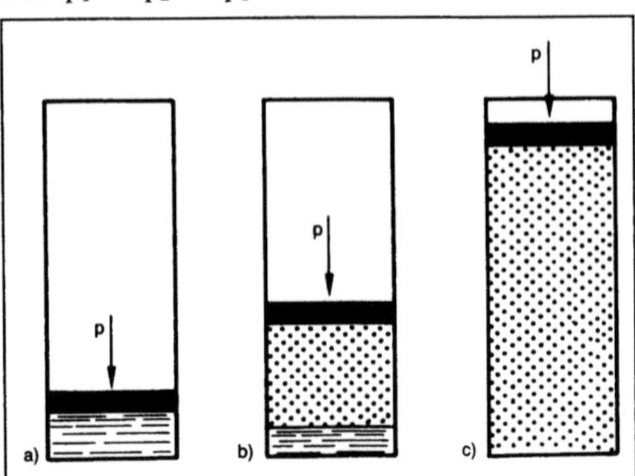

Phasenübergang: Wird ein Zweiphasengemisch eines Stoffes (b) komprimiert, so erhöht sich die Molzahl der dichteren Phase bei gleichbleibendem Druck, bis die Dampfphase verschwunden ist (a). Wird das Volumen ausgehend von (b) erhöht, so verdampft die Flüssigkeit bei gleichbleibendem Druck, bis sie verschwunden ist (c).

Abhängigkeit dieses Drucks von der Übergangstemperatur T_S $p_S = p(T_S)$, die gerade die Koexistenzkurve beschreibt. Ihre Steigung dp/dT ist durch die →Clausius-Clapeyron-Gleichung gegeben.

Betrachtet man die Ableitungen der molaren freien Energie, so lassen sich P. nach *P. Ehrenfest* (1933) wie folgt klassifizieren:

Sei k die kleinste Zahl, bei der die Ableitung $\partial^k \overline{G}/\partial^l p \partial^m T$ beim P. unstetig ist, so heißt k die Ordnung des P. Somit gilt für P. erster Ordnung, daß $\partial \overline{G}/\partial p = \overline{V} > 0$ und $\partial \overline{G}/\partial T = -\overline{S}$ unstetig sind, d. h. für die beiden Phasen 1 und 2 gilt für $T = T_S$:

$$\overline{V}_1 \neq \overline{V}_2, \ \overline{S}_1 \neq \overline{S}_2,$$

d. h. das molare Volumen und damit die Massendichte sowie die molare →Entropie ändern sich beim P. erster Ordnung unstetig. Damit existiert die Steigung dp/dT der Koexistenzkurve (Clausius-Clapeyron-Gleichung). Aus der Unstetigkeit der molaren Entropie folgt die Existenz einer Umwandlungswärme $l_{12} = T_S (\overline{S}_2 - \overline{S}_1)$.

P. zweiter Ordnung zeigen definitionsgemäß keine Umwandlungswärme und keine Dichteänderungen. Für diese Übergänge sind

$$\delta^2 \overline{G}/\delta p^2 = \delta \overline{V}/\delta p = -V_o k,$$
$$\delta^2 \overline{G}/\delta p \delta T = \delta \overline{V}/\delta T = V_o \alpha,$$
$$\delta^2 \overline{G}/\delta T^2 = -\delta \overline{S}/\delta T = -\overline{C}_p/T;$$

unstetig, d. h. die Kompressibilität, der →Ausdehnungskoeffizient und die spezifische Wärme erleiden beim P. zweiter Ordnung eine sprunghafte Änderung. Weiter gilt die Ehrenfest-Gleichung:

$$\frac{dp}{dT} = -\frac{(\delta \overline{V}/\delta T)_p^{(2)} - (\delta \overline{V}/\delta T)_p^{(1)}}{(\delta \overline{V}/\delta p)_T^{(2)} - (\delta \overline{V}/\delta p)_T^{(1)}},$$

die die Steigung der Koexistenzkurve für Phasenumwandlungen zweiter Ordnung angibt.

Ein Beispiel für einen P. zweiter Ordnung ist die Umwandlung eines Supraleiters in einen Normalleiter bei verschwindendem äußeren →Magnetfeld, denn die Übergangswärme verschwindet, und die Molwärme $\overline{C}_H$ bei konstantem Magnetfeld H erleidet einen Sprung, der durch die Rutger-Formel gegeben ist:

$$\overline{C}_H^{sup} - \overline{C}_H^{nor} = (\overline{V}_{sup} T/4\pi) (dH_{kr}/dT)^2_{H=0};$$

$H_{kr}(T)$ Magnetfeld längs der Koexistenzkurve für den Übergang supraleitend – normalleitend.

Seien $\overline{G}_j(p,T)$, $j = 1,2$, die molaren freien Enthalpien der beiden Phasen, die für (p_S, T_S) koexistieren:

$$\overline{G}_1(p_S, T_S) = \overline{G}_2 (p_S, T_S) \rightarrow p_S = p(T_S).$$

Außerhalb der Koexistenzlinie sind die beiden molaren freien Enthalpien verschieden:

$$\overline{G}_1(p, T) \neq \overline{G}_2 (p, T) \text{ für } p \neq p_S \text{ oder } T \neq T_S.$$

Die stabile Phase ist durch die Gleichgewichtsbedingung minimaler freier Enthalpie gekennzeichnet:

$$\overline{G}_{stabil}(p, T) \leq \overline{G}_{instabil} (p, T),$$

wobei die Gleichheit nur für das Zweiphasengebiet gilt. Wegen der →Stabilitätsbedingungen $\partial^2 \overline{G}/\partial p^2 < 0$ und wegen $\partial \overline{G}/\partial p > 0$ sind die Kurven $\overline{G}_j(p,T = \text{konst.})$, $j = 1,2$, monoton steigend und nach unten gekrümmt. *Muschik*

Phasenübergang (statistische Physik). P. werden im Rahmen der statistischen Physik als universelle Erscheinungen von Vielteilchensystemen aufgefaßt und treten meistens zusammen mit kritischen Phänomenen auf. Dabei sind die Wechselwirkungen der Systembestandteile (Teilchen, Spins usw.) maßgebend.

P. sind eine weitverbreitete natürliche Erscheinung. Von einigen Ausnahmen abgesehen kommt jede Substanz in drei Aggregatzuständen vor: Festkörper, Flüssigkeit oder Gas. Am bekanntesten sind die P. zwischen Wasser und Wasserdampf sowie zwischen Wasser und Eis. Die Koexistenz dieser drei Phasen (Eis, Wasser und Dampf) und die Übergänge zwischen ihnen regulieren Klima und Wetter auf der Erde. Eine bekannte und technisch wichtige Anwendung eines P. ist die Dampferzeugung in Kraftwerken. Allerdings reicht die obige Einteilung noch nicht aus, um die verschiedenen Zustandsformen (Phasen) der Materie zu klassifizieren (Bild 1).

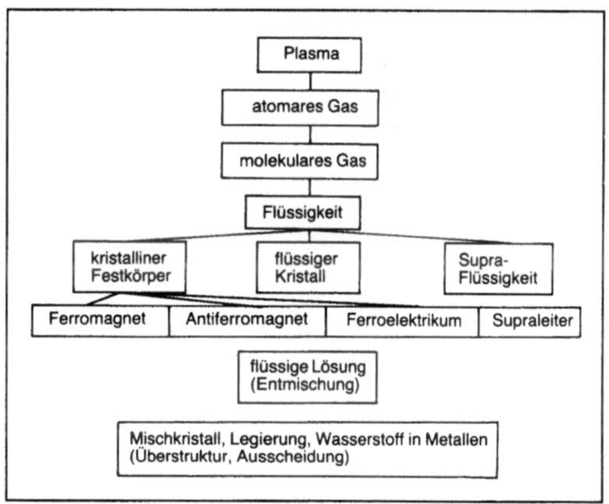

Phasenübergang (statistische Physik) 1: In der Natur vorkommende Phasen. (Quelle: Brenig a. a. O.)

Bei sehr hohen Temperaturen und nicht zu hohen Drücken sind alle Atome ionisiert. Die Atome, Ionen und Elektronen befinden sich im gasförmigen Zustand, dem Plasmazustand. Bei sinkender Temperatur verschiebt sich das chemische Gleichgewicht zugunsten der neutralen Atome oder bei noch tieferen Temperaturen zugunsten von Molekülen.

Wird die Temperatur unter einer kritischen Temperatur T_c gesenkt, so erhält man je nach der Größe des Drucks Dampf oder Flüssigkeit, Gas-Flüssigkeits-System (Bild 2).

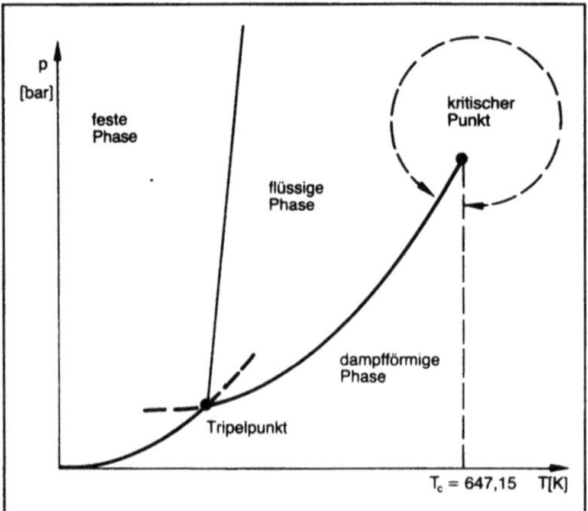

Phasenübergang (statistische Physik) 2: Zustandsdiagramm, Phasen von Wasser im P,T-Diagramm (schematisch).

In Bild 3 ist zum Vergleich das Phasendiagramm für Helium 4 dargestellt.

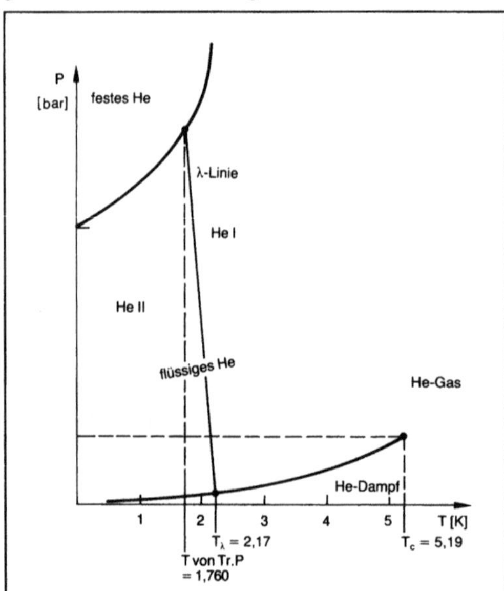

Phasenübergang (statistische Physik) 3: Phasen von Helium im P,T-Diagramm.

Bei weiterer Temperaturerniedrigung oder Drucksteigerung erreicht man normalerweise den festen Zustand (Kristalle). Die meisten festen Stoffe haben verschiedene feste Phasen, die sich in einer Modifikation ihrer Kristallstrukturen, ihren elektrischen (Para/Ferro-Elektrikum) und magnetischen (Para/Ferro-Magnetikum) Eigenschaften unterscheiden. Ferner gibt es flüssige Kristalle. Das sind Substanzen mit höherer relativer Molekülmasse und axialer Form der Moleküle, bei denen sich oberhalb des Schmelzpunkts zunächst „flüssige Kristalle" bilden, ehe sie bei noch höherer Temperatur in isotrope Flüssigkeiten übergehen. Diese verschiedenen Phasen flüssiger Kristalle (nematische, smektische und cholsterische Phasen), die erst in den 60er Jahren bekannt wurden, unterscheiden sich von der homogenen isotropen Flüssigkeit dadurch, daß die Moleküle infolge ihrer Struktur eine geordnete Orientierung besitzen. Flüssigkristalle werden heute technisch zur Anzeige in Uhren, Taschenrechnern und in Monitoren für Personalcomputer verwendet. In der Zukunft wird vermutlich der sog. LCD (Liquid-Cristal-Display)-Bildschirm die Brownsche Röhre verdrängen.

Wichtige P., die auf Quanteneffekten beruhen, sind das Verschwinden des elektrischen Widerstands bei der →Supraleitung, der Übergang beim flüssigen He 4 von der normalfluiden- zur suprafluiden Phase; ferner die Metall-Isolator-Übergänge.

In Mehrstoffsystemen (Legierungen und Lösungen) kann man noch weitere Phasen unterscheiden, zwischen denen Übergänge durch Entmischen (Ausscheiden bei Legierungen) möglich sind. In **Legierungen** bilden sich auch geordnete Überstrukturen.

Grundsätzlich ist ein P. mit einem nichtanalytischem Verhalten der freien Energie F verknüpft (im thermodynamischen Limes). Es werden z. B. die zweiten Ableitungen $C_p = -T(\partial^2 F/\partial T^2)_p$, mit $F = -kT \ln Z$, k Boltzmann-Konstante, T Temperatur, Z Zustandssumme und C_p spezifische Wärme bei konstantem Druck p, für bestimmte Temperaturen $T = T_c$ singulär. Modellsysteme, wie z. B. das Isingmodell (→Spin-System) bestätigen diese Aussage. Nur für bestimmte Temperaturen kann F Singularitäten besitzen, die einen P. darstellen bzw. mathematisch beschreiben. Daher sind mit den Methoden der statistischen →Mechanik die P. auch tatsächlich beschreibbar, wie zuerst *C. N. Yang* und *T. D. Lee* 1952 zeigten.

Allgemein kann man nach *P. Ehrenfest* die P. folgendermaßen klassifizieren: Ein P. heißt n-ter Ordnung, wenn erstmalig bei der n-ten Ableitung des natürlichen thermodynamischen Potentials Unstetigkeiten auftreten. Die wichtigsten P. sind die zweiter Ordnung. Sie werden auch als kontinuierliche P. bezeichnet. Am Beispiel des bekannten Gas-Flüssigkeits-Systems sei ein kontinuierlicher P. erläutert.

Beim Gas-Flüssigkeits-System endet die Koexistenzkurve für das Phasengleichgewicht in der P,T-Ebene in einem bestimmten Punkt (Bild 2). Dieser Punkt heißt kritischer Punkt. Für H_2O z. B. sind die kritischen Daten: kritische Temperatur

$T_c = 647,15$ K, Druck $p_c = 22,06$ MPa, Dichte $\rho_c = 0,329$ g/cm^3. Existiert ein kritischer Punkt, so kann zwischen zwei beliebigen Zuständen einer Substanz ein kontinuierlicher P. stattfinden, bei dem zu keinem Zeitpunkt eine Trennung in zwei Phasen vorliegt. Dazu muß man den Zustand längs irgendeiner Kurve ändern, die den kritischen Punkt umläuft und nirgendwo die Koexistenzkurve schneidet. Die um den kritischen Punkt gestrichelt eingezeichnete Kurve (Bild 2) deutet einen kontinuierlichen P. von der flüssigen zur gasförmigen Phase und umgekehrt an. Es entsteht keine Umwandlungswärme wie bei einem P. erster Ordnung. Für Temperaturen $T > T_c$ ist eine Verflüssigung durch Druckerhöhung nicht möglich. He 4 (^{4}He) kann nicht verflüssigt werden, wie hoch auch der Druck ist, wenn nicht die Temperatur unterhalb der kritischen Temperatur $T_c = 5,19$ K gesenkt wird. Ferner wird Helium nur unter extremen Bedingungen fest (Bild 3).

Der P. gas-flüssig läßt sich experimentell gut mit flüssigem Kohlendioxid (CO_2) in einem Reagenzglas demonstrieren. Das Reagenzglas, das halb mit Flüssigkeit gefüllt ist, wird in einem Wasserbad langsam durch Erwärmen des Wassers aufgeheizt. Wenige Grade unter $T_c = 304,19$ K (Zimmertemperatur) treten bereits →Schlieren in der flüssigen Phase auf. Am kritischen Punkt T_c verschwindet der Meniskus. Eine neblig-milchige Trübung wird sichtbar (kritische Opaleszenz), die bei weiterer Temperaturerhöhung sofort wieder verschwindet. Die berühmte Entdeckung des kritischen Punkts von CO_2 und damit die Möglichkeit eines kontinuierlichen P. erfolgte bereits 1869 durch *Th. Andrews*. Die kritische Opaleszenz entdeckte *M. Avenarius* kurze Zeit später, 1874. Die erste genauere Untersuchung des P. beim Gas-Flüssigkeits-System wurde 1873 von *J. D. van der Waals* mit seiner Theorie der realen

Gase durchgeführt, und im Jahre 1907 untersuchte *P. Weiss* magnetische P.

Allgemein erfolgt bei einem kontinuierlichen P. ein abrupt qualitativer, symmetriebrechender und kritischer Übergang von einer Phase in eine andere mit verschwindender latenter Wärme. Dabei ändert sich die Ordnung des Vielteilchensystems, was sich makroskopisch durch das spontane Erscheinen von sog. Ordnungsparametern manifestiert.

Unterschreitet man bei magnetischen Systemen mit dem →Magnetfeld $H = 0$ die kritische Temperatur T_c (Curie-Temperatur), so tritt eine spontane →Magnetisierung M neu auf (ferromagnetische Phase). Wird bei einem realen Gas, z. B. CO_2, die kritische Temperatur T_c erreicht, so zerfällt das vorher homogene System spontan in zwei Phasen (Meniskusbildung). Die Flüssigkeits- und Gasphase bilden bei diesem System eine neue Variable durch den Dichteunterschied $\rho_{fl} - \rho_G$; ρ_{fl} ist die Dichte der Flüssigkeit und ρ_G ist die Dichte der Gasphase. Beim magnetischen System ist der Ordnungsparameter die Magnetisierung M, und beim Gas-Flüssigkeits-System ist der Ordnungsparameter der Dichteunterschied $\rho_{fl} - \rho_G$ bzw. $\rho - \rho_c$; ρ_c ist die kritische Dichte.

Eine Zusammenstellung ausgewählter P. mit Angabe der kritischen Temperatur und der Ordnungsparameter sind in der Tabelle zu finden.

Man beachte, daß für Helium zwei P.-Temperaturen T_λ und T_c existieren, (Bild 3). Sehr oft gilt die Regel, daß die Tieftemperaturphase den höheren Ordnungsgrad besitzt. In der Nähe des kritischen Punkts T_c werden bestimmte thermodynamische Größen, wie z. B. die spezifische Wärme, die isotherme Kompressibilität oder die isotherme Suszeptibilität („Reizbarkeit") kritisch, d. h. sie divergieren, wenn die Temperatur T_c erreicht wird. Das Divergieren bei Annäherung an den kritischen

Phasenübergang (statistische Physik). Tabelle: Ausgewählte Beispiele.

System	Ordnungsparameter	Beispiel	kritische Temperatur T_c in K
Flüssigkeit-Gas	Differenz zur kritischen Dichte $\rho - \rho_c$	H_2O CO_2	647,15 304,19
Ferromagnet Ferroelektrikum strukturelle Phasenübergänge	Magnetisierung elektrische Polarisation Amplitude der weichen Normalschwingung	Fe $BaTiO_3$ $SrTiO_3$	1 044 (Curie-Punkt) 463 105
Supraleiter	Energielückenparameter $\sim$ (Anzahl der Cooper-Paare)$^{1/2}$	Pb	7,19 (Sprungtemperatur)
Suprafluid	Wellenfunktion des suprafluiden Kondensats $\sim$ (Dichte des Suprafluids)$^{1/2}$	^{4}He	5,19 2,17 (λ-Punkt)

Punkt erkennt man an der Isothermenschar für das Gas-Flüssigkeits- bzw. für das magnetische System (Bild 4 und 5): Beim Gas-Flüssigkeits-System wird bei $p = p_c$ die isotherme Kompressibilität $\kappa_T^{-1} = \rho(\partial p/\partial \rho)_T = 0$ oder $\kappa_T \to \infty$, und bei $H = 0$ wird die isotherme Suszeptibilität $\chi_T^{-1} = (\partial H/\partial M)_T = 0$ oder $\chi_T \to \infty$ für das magnetische System. Im Zusammenhang mit der Divergenz der thermodynamischen Größen κ_T und χ_T in der Nähe von T_c werden erhebliche thermische Dichteschwankungen bzw. Fluktuationen der Magnetisierung beobachtet, die zu einer besonders intensiven Lichtstreuung führen können, („kritische Opaleszenz").

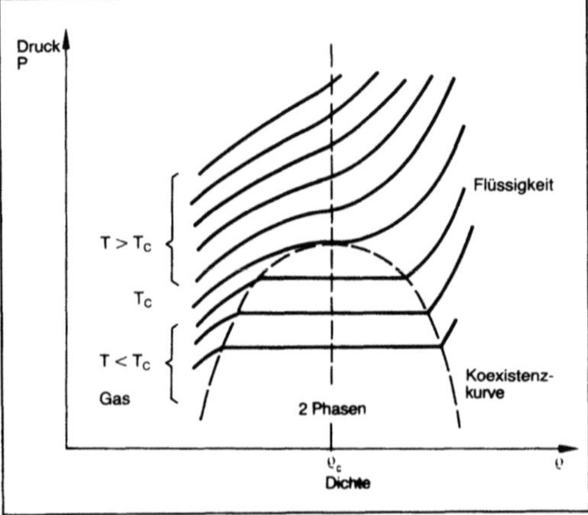

Phasenübergang (statistische Physik) 4: Schematische Darstellung der P,ρ-Isothermen eines Gas-Flüssigkeits-Systems.

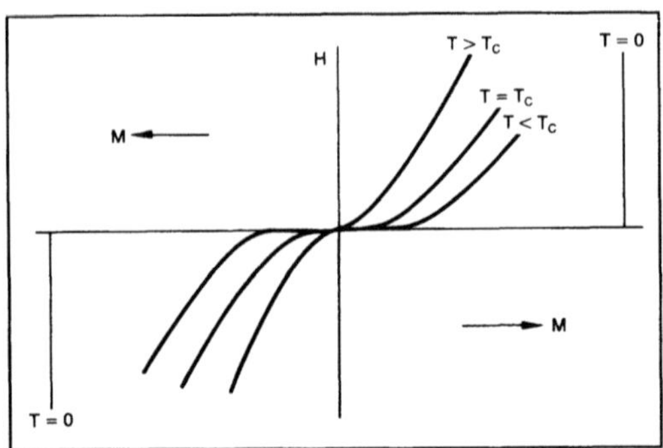

Phasenübergang (statistische Physik) 5: Schematische Darstellung der H-M-Isothermen eines magnetischen Systems. Magnetisierung M eines idealen Ferromagneten als Funktion der Feldstärke H.

Das Phänomen der kontinuierlichen P. nebst kritischer Erscheinungen existiert in vielen Gebieten der Physik, so daß man sich um ein grundsätzliches, von den Eigenheiten des speziellen Systems befreites Verständnis bemüht hat. Beim P. liegt eine systeminhärente Struktureigenschaft vor, die uni-

versell ist, d. h. bei sehr verschiedenartigen Systemen auf eine im Prinzip gleichartige Weise zustande kommt. In der Nähe von T_c, dem kritischen Temperaturbereich, in dem das Temperaturverhalten des Systems nur von den Singularitäten (dem nichtanalytischen Verhalten der freien Energie, d. h. der Zustandssumme) verschiedener Größen (Suszeptibilität, spezifische Wärme usw.) dominiert wird (Potenzgesetze mit den kritischen Exponenten), hat sich eine weitgehende Universalität herausgestellt. Diese ist durch die moderne Theorie, die Renormierungsgruppentheorie der kritischen Phänomene von *K. G. Wilson*, begründet. Es lassen sich bei den verschiedenen P. analoge Größen finden, zwischen denen im kritischen Bereich exakte Beziehungen (Skalengesetze) gelten.

Grundsätzlich liegt bei jedem P. die folgende Situation vor: In einem thermodynamischen Vielkomponentensystem (Komponenten: Teilchen, Spins usw.) stehen immer zwei entgegengesetzte und konkurrierende Einflußbereiche untereinander im Wettbewerb: Einerseits gibt es die durch die natürliche thermische Bewegung hervorgerufenen freien Fluktuationen und Bewegungen der Subsysteme. Andererseits herrscht zwischen diesen oft eine kooperative Wechselwirkung (atomare- oder intermolekulare Anziehungskräfte, Spin-Spin-Wechselwirkungen usw.), die dann, wenn sie sich durchsetzen zu anderen, zu neuen Gleichgewichtszuständen größerer Ordnung, aber geringerer Symmetrie bzw. weitergehender Bindung (Kondensation) führt (kooperative Erscheinungen). Da Zustände größerer Ordnung i. a. solche geringerer →Gesamtenergie sind (z. B. Eiskristalle im Gegensatz zu Wasserdampf) wird die größere Ordnung i. a. bei sinkender Temperatur (Tieftemperaturphase) auftreten.

In letzter Zeit sind auch P. im Nichtgleichgewicht bei Transportphänomenen untersucht worden. Der P. macht sich in den dynamischen Größen ebenso wie bei den statischen durch charakteristische Divergenz thermodynamischer Größen bemerkbar. Insbesondere divergieren bei Annäherung an T_c die für Relaxations- und Transportvorgänge maßgeblichen Zeiten, bzw. bestimmte Frequenzen gehen gegen null. Ein sehr prominenter Nichtgleichgewichts-P. in der Hydrodynamik ist der Umschlag von der laminaren zur turbulenten →Strömung in Flüssigkeiten, der aber noch nicht vollständig verstanden ist; ferner das Einsetzen der kohärenten Strahlung eines Lasers an der Laserschwelle.

Die Theorie der Phasenumwandlung ist derzeit ein sehr aktuelles Forschungsgebiet der Vielteilchenphysik, d. h. der statistischen Physik. Die Bedeutung der Theorie geht weit über die Physik der kondensierten Materie hinaus und reicht bis an die fundamentalen Fragen der Elementarteilchenphysik und der Kosmologie. *Wodarzik*

Literatur: *Brenig, W.:* Statistische Theorie der Wärme. Hochschultext. Berlin, Göttingen, Heidelberg 1975. – *Gebhardt, W.,* u. *U. Krey:* Phasenübergänge und kritische Phänomene. Braunschweig 1980. – *Landau, L. D.,* u. *E. M. Lifschitz:* Statistische Physik. Tl. 1. Ost-Berlin 1979. – *Stanley, H. E.:* Introduction to Phase Transitions and Critical Phenomena. Oxford 1971. – *Stumpf, H.,* u. *A. Rieckers:* Thermodynamik. Bd. 1. Braunschweig 1976. – *Weidlich, W.:* Thermodynamik und statistische Mechanik. Wiesbaden 1976.

Phon. Einheit des subjektiv ermittelten Lautstärkepegels (→Akustik).   *Hammerschmidt*

Physik. In Anlehnung an das griechische Wort φυσιϰοσ (*physikos,* die Natur betreffend), war P. ursprünglich die Wissenschaft, die alle natürlichen Phänomene untersucht. In diesem allgemeinen Sinne wurde sie bis etwa 1800 auch verstanden und war eng mit der Naturphilosophie verknüpft.

Vom 19. Jahrhundert bis etwa zur Mitte des 20. Jahrhunderts erschien es jedoch sinnvoll, sich im Rahmen der P. auf das Studium derjenigen Vorgänge in der Natur zu beschränken, bei denen sich die chemische Zusammensetzung der beteiligten Substanzen nicht ändert. Damit schien eine Abgrenzung zur Chemie und zur Biologie eindeutig sichergestellt zu sein. Heute hat man jedoch die starre Definition aufgegeben und ist wieder zu dem allgemeineren und grundlegenderen Konzept früherer Zeiten zurückgekehrt. Danach stellt sich die P. die Aufgabe, die Bestandteile der Materie und ihre Wechselwirkungen miteinander zu untersuchen. Mittels dieser Wechselwirkungen werden der Aufbau, die Eigenschaften und die Veränderungen der Stoffe erklärt. Ziel der physikalischen Forschung ist die Entwicklung möglichst grundlegender und allgemeiner Prinzipien und Gesetze, die das Verständnis einer Vielzahl von Phänomenen ermöglichen.

Wegen ihres grundlegenden und übergreifenden Charakters bildet die P. ein unentbehrliches Fundament für andere Naturwissenschaften (z. B. Chemie) und für die Ingenieurwissenschaften (z. B. Elektrotechnik und Maschinenbau). Die praktische Anwendung der Grundlagen der P. und der Chemie hat zu den verschiedenen Zweigen der Technik und zur Entwicklung der Technologien geführt, die den zivilisatorischen Fortschritt ganzer Epochen geprägt haben.

Die Ära der ersten Industrialisierung im 18. Jahrhundert ist beispielsweise verknüpft mit der Technologie der Dampfmaschine (*J. Watt* 1769). Deren Funktion beruht wiederum auf den physikalischen Gesetzen von den Zustandsänderungen der Gase (*R. Boyle* 1660 u. a.). Heutzutage wäre die epochemachende Entwicklung und Anwendung der Mikroelektronik undenkbar ohne die vorangegangene physikalische Erforschung der Leitungseigenschaften von Halbleitern und die Erfindung des Transistors (*J. Bardeen, W. H. Brattain, W. Shockley* 1948).

Die P. bildet auch für die Biologie und schließlich für die Medizin eine wesentliche Grundlage, denn auch lebende Materie und Stoffe, die in lebenden Organismen umgesetzt werden, sind den Gesetzen der P. unterworfen. Die Biophysik ist eine mittlerweile eigenständige Wissenschaft im Grenzbereich zwischen P. und Biologie und befindet sich in stürmischer Entwicklung.

Einerseits liefert die P. die grundlegenden begrifflichen und theoretischen Grundlagen, auf denen die anderen Naturwissenschaften und die Technik aufbauen. Andererseits liegt ihre überragende Bedeutung aber auch darin, daß ihre Methoden auf fast jedem Gebiet der reinen und angewandten Forschung verwendet werden. Geologen beispielsweise bedienen sich der Methoden der Akustik, Gravimetrie, Kernphysik und Festkörpermechanik. Astronomen verwenden das Instrumentarium physikalischer Optik, der Spektroskopie, der Radio- und der Röntgenwellentechnik. Kaum eine Forschungsrichtung – Geschichte, Archäologie, Paläontologie und Kunst nicht ausgenommen – kann ohne moderne physikalische Methoden auskommen. Die Erfolge der Medizin beruhen mehr und mehr auf der Anwendung physikalischer Methoden in der Diagnose und in der Therapie. Interdisziplinarität ist somit ein Wesenszug der heutigen P. und kennzeichnet auch das Berufsbild des Physikers.

Die klassischen Gebiete der P. lassen sich teilweise auf die Empfindungen der menschlichen Sinnesorgane als grundlegende Informationsquellen zurückführen: Optik als Wissenschaft, die mit Licht und dem Sehvorgang in Verbindung steht; Akustik als Lehre von den mechanischen Schwingungen in Form von Schall und seiner Empfindung beim Hörvorgang; Wärmelehre in Assoziation mit der Temperaturempfindung des Tastsinns. Darüberhinaus bildet die Bewegung als weitverbreitetes und unmittelbar beobachtbares Phänomen die Grundlage der Mechanik. Sie entwickelte sich sogar früher als alle anderen Zweige der P. (*I. Newton* 1687) und galt bis zum 19. Jahrhundert als ihre Grundlage. Ihre Anwendungen reichen von der Punktmechanik der Planetenbewegung bis zur Hydromechanik kontinuierlicher Massenverteilungen in Gasen und Flüssigkeiten.

Die P. der Elektrizität und ihrer Erscheinungen, die nicht unmittelbar mit einer Sinnesempfindung in Beziehung zu bringen sind, erhielt erst im 19. Jahrhundert als unabhängiges Gebiet der klassischen P. überragende Bedeutung (*J. C. Maxwell* 1855) und gipfelte in der Theorie und dem Nachweis der elektromagnetischen Wellen (*H. Hertz* 1886).

Seit Ende des 19. Jahrhunderts fand jedoch eine tiefgreifende Erweiterung des physikalischen Fächerkanons um die Disziplinen der modernen P.

statt. Die Bewegungsgesetze der klassischen Mechanik erwiesen sich dabei als Grenzfall der speziellen Relativitätstheorie (*A. Einstein* 1905). Sie sind nur gültig für Bewegungen, die langsam im Vergleich zur Lichtgeschwindigkeit verlaufen. In den Rahmen der allgemeinen Relativitätstheorie fügt sich *Newtons* Himmelsmechanik als Näherung für schwache Gravitationsfelder ein.

Die Quantisierung der elektromagnetischen Wellen (*M. Planck* 1900) erweiterte insbesondere die Optik und die Physik der Wärmestrahlung um eine neue Modellvorstellung. Der Dualismus Teilchen (Quant)-Welle ist seither zum festen Bestandteil des physikalischen Denkens geworden und prägt die moderne Betrachtungsweise der Phänomene in vielen Teilbereichen der P. Dies betrifft insbesondere die Atomphysik und die Kernphysik, deren Entwicklung im Mittelpunkt des Interesses während der ersten Hälfte des 20. Jahrhunderts stand.

In mikrophysikalischen Systemen ist die Wellennatur der Materie zu berücksichtigen (*L. de Broglie* 1924). Infolgedessen ist bei der Charakterisierung von Zuständen mit prinzipieller Unschärfe zu rechnen (*W. Heisenberg* 1927). An die Stelle scharf definierter Aussagen der deterministischen klassischen P. treten die Wahrscheinlichkeitsaussagen der Wellenmechanik (*E. Schrödinger* 1926). Andererseits erfolgen Zustandsänderungen quantenhaft, d. h. in wohldefinierten, diskontinuierlichen Schritten. Ein angeregtes Atom z. B. gibt seine Energie in Form von Lichtquanten bei festen Frequenzen ab (*N. Bohr* 1913), während die klassische Elektrodynamik ein kontinuierliches Spektrum vorhersagt.

Ausgehend von den neuen quantenphysikalischen Erkenntnissen fand auch eine stürmische Entwicklung der P. der Vielteilchensysteme statt, deren Fundierung eines der Hauptziele der gegenwärtigen physikalischen Forschung ist. Von besonderer Bedeutung ist dabei die P. der Vielelektronensysteme, die z. B. in der Quantenchemie der Moleküle oder in der Festkörperelektronik der Metalle und Halbleiter ein breites Anwendungsfeld findet. Dazu gehören Phänomene wie Supraleitung, Ferromagnetismus, Störleitung und quantisierter Hall-Effekt, die längst auch Bedeutung in der Technik erlangt haben.

Die moderne Festkörpermechanik behandelt ebenfalls unter Berücksichtigung von Quanteneffekten die Statik und Dynamik von Atomen, Molekülen oder Ionen im festen Aggregatzustand. Auf der Grundlage der Mechanik perfekter Kristallgitter mit harmonischen Wechselwirkungen (*M. Born* 1912) versucht man heute einerseits anharmonische Kristalle und ihre Instabilitäten (Ferroelektrizität, inkommensurable Strukturen usw.) zu verstehen. Andererseits widmet sich die Forschung, wie übrigens auch in der Festkörperelektronik, in zunehmendem Maße strukturell oder chemisch ungeordneten Systemen.

In der Plasmaphysik werden gasförmige Systeme geladener Teilchen, Ionen und Elektronen, untersucht. Sie ist von zentraler Bedeutung bei der Erforschung der kontrollierten Kernfusion, die zukünftig den Energiebedarf der Menschheit sicherstellen könnte. Die Laserphysik ist gekennzeichnet durch kohärente Zustände elektromagnetischer Wellen von großer Energiedichte in Wechselwirkung mit angeregter Materie. Sie hat die moderne Optik auf vielen Gebieten der Grundlagenforschung und der Anwendungen entscheidend bereichert.

Bei allen Untersuchungen der Vielteilchensysteme finden neben den Prinzipien der Quantenmechanik die Methoden und Erkenntnisse der statistischen P. Anwendung. Von weittragender Bedeutung ist dabei die Entdeckung, daß es in der Natur zwei Klassen quantenmechanischer Teilchen gibt: Fermionen und Bosonen. Sie unterscheiden sich in charakteristischer Weise in ihrem Eigendrehimpuls (Spin) und in ihrem statistischen Verhalten. Es regelt in prinzipieller Weise z. B. die Verteilung der Elektronen im Atom (*W. Pauli* 1925) oder die Nukleonenstruktur der Kerne. Von aktuellem Interesse sind heute die kollektiven Phänomene, die als Phasenübergänge zwischen verschiedenen Ordnungszuständen in vielen Bereichen der Natur auftreten. Die Suprafluidität des Heliums, Ferromagnetismus oder Laseraktivität werden unter einheitlichen Gesichtspunkten als kritische Phänomene gedeutet.

Zunehmende Bedeutung gewinnt auch die Untersuchung offener Systeme fern vom thermischen Gleichgewicht. Die Synergetik als Lehre vom Zusammenwirken beschäftigt sich in interdisziplinärer Weise mit der Selbstorganisation der Materie, wobei Themenstellungen von der Evolution biologischer Makromoleküle bis zum gruppendynamischen Verhalten einer Bevölkerung berücksichtigt werden.

Die fundamentale Frage der P. nach den Grundkomponenten der Materie und ihren Wechselwirkungen hat sich im Laufe des 20. Jahrhunderts von der Atom- über die Kernphysik auf das Gebiet der Hochenergiephysik verlagert. Diese hat sich insbesondere nach 1950 sehr erfolgreich entwickelt und liefert gegenwärtig eine Vielzahl neuer Erkenntnisse über die Natur der Elementarteilchen. Mit verfeinerten Untersuchungsmethoden und immer aufwendigeren Maschinen (z. B. Teilchenbeschleuniger, Kernreaktoren) wurden neben den seit langem bekannten Elektronen, Protonen und Neutronen zunächst sehr viele weitere Teilchen gefunden. Die meisten dieser Teilchen scheinen jedoch eine innere Struktur zu besitzen (*Quarks*).

So vermutet man, daß unsere Umwelt aus einer ersten Generation von elementaren Teilchen aufgebaut ist. Sie besteht aus zwei Leptonen (Elektron und zugehöriges Neutrino) und aus zwei Quarks (up und down), die genügen, um Protonen und Neutronen und damit auch Atomkerne aufzubauen. Weitere Teilchengenerationen sind an Beschleunigern entdeckt worden. Bei der Erforschung der Wechselwirkungen zwischen den Teilchen und ihrer vereinheitlichten Darstellung sind in den letzten Jahren beachtliche Fortschritte erzielt worden.

Von besonderer Faszination und grundsätzlicher Bedeutung ist die Astrophysik, deren Ziel die Beobachtung und die Erklärung der Strukturen und Vorgänge im Weltall ist. Die physikalischen Gesetze, die aus dem Verhalten des irdischen Teilsystems abgeleitet werden, erlauben Hypothesen über das Weltall als Ganzes. Astronomische Beobachtungen und Messungen mit verfeinernten Methoden und Geräten (z. B. extraterrestrische Teleskope in Satelliten und Raumschiffen) liefern bis in jüngste Zeit neue und überraschende Erscheinungen (z. B. Pulsare, Quasare, schwarze Löcher). Deren Einordnung in ein plausibles Modell des Universums und dessen Entwicklung von der Zeit der Schöpfung („Urknall") bis in ferne Zukunft werfen noch viele ungelöste Fragen auf. So hängt die Entscheidung über die universelle Dynamik (offenes oder geschlossenes Weltall) unter anderem davon ab, wie groß die mittlere Massendichte des Weltalls ist, und ob kosmische Neutrinos eine endliche Ruhmasse und Protonen eine endliche Lebensdauer besitzen. Erkenntnisse der Mikro- und Makrophysik – von der Hochenergiephysik bis zur Gravitationstheorie – werden benötigt, um das Weltall zumindest aus irdischer Sicht widerspruchsfrei zu beschreiben und dessen zukünftiges Verhalten zu extrapolieren.

Wie alle reinen und angewandten Wissenschaften muß sich auch die P. auf Beobachtungen und Versuche stützen, um ihre Ziele zu erreichen. Beobachtungen bestehen in der sorgfältigen und kritischen Untersuchung eines Phänomens unter Berücksichtigung aller Begleitumstände, die es beeinflussen können. Vielfach ist es nützlich, wenn der Beobachter die Phänomene unter sorgfältig kontrollierten Bedingungen selbst in Gang setzt. Er kann auf diese Weise im gezielten Versuch die Bedingungen willkürlich verändern und erkennt leichter ihren Einfluß auf die Vorgänge.

Experimente in der Natur oder im Labor bilden daher die wesentliche Grundlage jeglicher physikalischen Erkenntnis. Durch systematisches Ordnen des experimentellen Beobachtungsmaterials, durch die gedankliche Durchdringung mit den Methoden der Mathematik und durch die Einordnung der Ergebnisse in schon bekannte Zusammenhänge lassen sich schließlich allgemeingültige physikalische Gesetze formulieren. Dabei hilft ein planvoll entwickeltes System von physikalischen Größen, für das eine spezielle Nomenklatur und ein vereinheit-

lichtes Maßsystem mit Symbolen und Einheiten entwickelt wurde.

Da der Wahrheitsgehalt aller physikalischen Lehrsätze allein auf ihrer Übereinstimmung mit der Wirklichkeit beruht, ist die P. vorwiegend eine induktiv arbeitende Wissenschaft. Die induktive Methode besteht darin, daß aus einer Fülle von Einzelbeobachtungen durch logische Schlußfolgerung die allgemeinen Gesetzmäßigkeiten aufgedeckt und in Theorien zusammengefaßt werden. Gelegentlich können gewisse Gesetzmäßigkeiten noch nicht sicher als endgültige Erkenntnisse eingestuft werden. In diesem Fall sucht man zunächst mit der Aufstellung einer Hypothese eine vorläufige Erklärung. Hypothesen müssen verworfen werden, wenn sie in Widerspruch zu den Tatsachen geraten.

Grundlage einer Hypothese ist häufig ein Modell, das für die jeweils untersuchte physikalische Situation vorgeschlagen wird. Unter Verwendung bereits früher abgeleiteter allgemeingültiger Sätze werden logische deduktive Überlegungen am Modell angestellt. Mit Hilfe mathematischer Methoden werden sodann aus den Eigenschaften des Modells neue Einzelerkenntnisse und Erscheinungen vorausgesagt. Diese theoretischen Vorhersagen erfordern schließlich die Überprüfung in gezielten Experimenten. Erst deren Ergebnis kann die Grenzen der Gültigkeit des theoretischen Modells und der daraus abgeleiteten Aussagen festlegen. Die Vernetzung zwischen Versuchsdurchführung und Theorie gestattet einen stetigen und wohlfundierten Fortschritt. Die so gefundenen Gesetze bilden in ihrer Gesamtheit ein komplexes System von Naturerkenntnissen, das sich im Rahmen der Forschung einerseits in zunehmendem Maße erweitert, andererseits aber auch an innerer Geschlossenheit gewinnt. *Kleemann*

Literatur: *Bohr, N.:* Atomphysik und menschliche Erkenntnis. Braunschweig 1958. – *Bondi, H.:* Mythen und Annahmen der Physik. Göttingen 1971. – *Einstein, A.; E. Infeld:* Die Evolution der Physik. Hamburg 1956. – *Gerthsen, C.,* und *H. O. Kneser; H. Vogel:* Physik. Berlin–Heidelberg–New York 1992. – *Haken, H.:* Synergetik, Berlin–Heidelberg–New York 1982. – *Harrison, E. R.:* Kosmologie, Darmstadt 1984. – *Heisenberg, W.:* Das Naturbild der heutigen Physik. Hamburg 1955. – *Hering, E., Martin R., Stohrer, M.:* Physik für Ingenieure, Düsseldorf 1988. – *Kneubühl, F. K.:* Repetitorium der Physik. Stuttgart 1982. – *Landau, L. D.* und *E. M. Lifschitz:* Lehrbuch der Theoretischen Physik. Bd. I–IX. Berlin 1963–1981. – *Newton, I.:* Mathematische Prinzipien der Naturlehre (Nachdruck). Darmstadt 1963. – *Oppenheimer, J. R.:* Wissenschaft und allgemeines Denken. Hamburg 1955. – *Sambursky, S.* (Hrsg.): Der Weg der Physik – 2 500 Jahre physikalischen Denkens. München 1978. – *Stierstadt K.:* Physik der Materie, Weinheim 1989.

Physik, statistische. Die s. P. ist eine physikalische Theorie makroskopischer Systeme und hat die Aufgabe, eine theoretische Beschreibung und Deutung aller physikalischen Vorgänge auf einer einheitlichen atomistischen und statistischen Grundlage zu geben.

Nachdem man etwa um die Jahrhundertwende den mikrophysikalischen, d. h. atomistischen Feinbau der Materie in allen Aggregatzuständen erkannt hatte, wurde die qualitative und quantitative Erklärung des Verhaltens und der Eigenschaften der Materie im makroskopischen Bereich aus den Eigenschaften und Wechselwirkungen der mikroskopischen Bausteine (Atome, Moleküle, Spins, Elektronen usw.) zu einer der vordringlichsten Aufgaben der modernen P.

In der s. P. wird diese Aufgabe dadurch bewältigt, daß man wahrscheinlichkeitstheoretische und statistische Prinzipien mit den klassischen oder quantenmechanischen Bewegungsgesetzen der mikroskopischen Teilchen kombiniert. Im wesentlichen sind hier zwei Zielsetzungen zu nennen: die Begründung der phänomenologischen →Thermodynamik aus den mikroskopischen Gesetzen und die Berechnung materialspezifischer Größen aus mikroskopischen Modellen. Damit wird die s. P. zu einer zentralen und eigenständigen Disziplin der theoretischen P., die vor allem auf der Quanten(feld)theorie und Elementen der →Wahrscheinlichkeitstheorie aufbaut und zu einem vertieften Verständnis der makroskopischen Vorgänge der Materie führt. Inhalt der Thermodynamik ist die Beschreibung der makroskopischen Eigenschaften, wie z. B. Druck, Dichte, →Magnetisierung, spezifische Wärme und insbes. die Temperatur und →Entropie makroskopischer Systeme. Eine mikroskopische Begründung bzw. Berechnung dieser Parameter ist Aufgabe der s. P. Eines der wichtigsten Resultate der statistischen Theorie ist die statistische Begründung der Entropie in der P.

Makroskopische Systeme werden als Ansammlung sehr vieler mikroskopischer Bestandteile, Atome, Moleküle, Spins, Elektronen, Photonen usw. (summarisch mit Teilchen bezeichnet) betrachtet (ca. 10^{23} Teilchen/cm^3, Größenordnung der Loschmidt-Zahl), die den Gesetzen der klassischen oder der quantischen →Mechanik unterliegen. Makroskop-Systeme sind daher atomistisch betrachtet Massenerscheinungen, so daß statistische Methoden verwendet werden.

Infolge der enorm großen Teilchenzahl der makroskopischen Körper (Vielteilchensysteme) liegt praktisch (a posteriori) nie die erforderliche Information (in Form von Anfangsbedingungen) zur Lösung der mikroskopischen Bewegungsgleichungen vor. Man ist auf wahrscheinlichkeitstheoretische bzw. statistische Methoden angewiesen, da es sich hierbei um Massenerscheinungen handelt.

Die axiomatische Basis der s. P. besteht daher im Prinzip aus zwei Teilen, den mikroskopischen Grundgleichungen (Hamilton- bzw. Schrödinger-Gleichung) und einem geeigneten sog. statistischen Operator. Die Gleichungen für den statistischen Operator in der Mechanik (in der klassischen Mechanik die →Phasendichte im Gammaraum) sind die Liouville-Gleichung für klassische Systeme und die Von-Neumann-Gleichung für quantische Systeme. Der mangelnden Information bezüglich der Anfangsbedingungen wird durch ein Postulat aus der Wahrscheinlichkeitstheorie begegnet, das der A-priori-Gleichwahrscheinlichkeit. Da die klassische Mechanik durch Korrespondenzprinzipien aus der Quantenmechanik folgt, ist die Quantentheorie (Quantenfeldtheorie) die grundlegende mikroskopische Theorie, auf der die s. P. aufbaut.

Vielteilchensysteme sind (Quanten-)Gase, (Quanten-)Flüssigkeiten, Festkörper (kondensierte Materie); ferner Plasmen, Hadronenmaterie oder die Sterne in einer Milchstraße. Auch biologisch-chemische Systeme werden mit den Methoden der s. P. behandelt. Als neuerer Forschungszweig in Deutschland ist hier die →Synergetik zu nennen. Dieser Zweig befaßt sich neben statistisch-physikalischen Problemen auch mit wirtschafts- und gesellschaftswissenschaftlichen Fragestellungen.

Die s. P. ist das am intensivsten behandelte Gebiet der P. neben der Elementarteilchenphysik und der Kosmologie. Die statistische Theorie für das thermodynamische Gleichgewicht ist im engeren Sinn die statistische Mechanik (Ergodenproblem). In der Literatur werden oft die s. P. und die statistische Mechanik in synonymer Weise betrachtet.

Allgemein werden die statistisch-physikalischen Theorien unterschieden in →Statistik der Gleichgewichtssysteme und Statistik der irreversiblen Prozesse (Nichtgleichgewichtssysteme). Der Zusammenhang der verschiedenen Gebiete der s. P. ist im Prinzip als Blockdiagramm darstellbar (Bild). Die Anordnung der Blöcke von oben nach unten entspricht abnehmender Allgemeinheit der Gebiete. Auf der linken Seite des Blockdiagramms stehen die

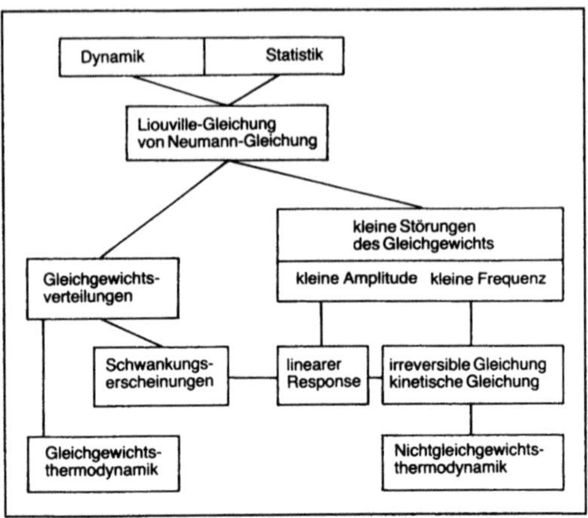

Physik, statistische: Zusammenhängende Gebiete. (Quelle: Brenig *a. a. O.)*

Gleichgewichtserscheinungen, rechts die Nichtgleichgewichtserscheinungen. Die Brücke zwischen den beiden Gebieten wird durch die Theorie der Schwankungen und die Lineare-Antwort(Response)-Theorie geschlagen.

Sowohl beim linearen Response als auch bei den irreversiblen und kinetischen Gleichungen, handelt es sich nur um die Behandlung von kleinen Störungen des Gleichgewichts.

Die statistische Theorie zur Behandlung der Vielteilchensysteme (makroskopisches →System) wurde in voller Allgemeingültigkeit und Wirksamkeit durch die grundlegenden Beiträge von *J. W. Gibbs* (1839 bis 1903) entwickelt. Die s. P. basiert daher methodisch auf dem Ensemble-Konzept der statistischen Gesamtheiten von *J. W. Gibbs* (1902), die durch den statistischen Operator mathematisch beschrieben werden. Obwohl das Aufkommen der Quantentheorie viele prinzipiell neue Einsichten und Erkenntnisse gebracht hat, ist das grundlegende Gerüst der modernen statistischen Theorie immer noch das von *Gibbs* angegebene.

Grundsätzlich werden die Vielteilchensysteme in wechselwirkende und nichtwechselwirkende unterschieden und mit der Gibbs-Methode der Gesamtheiten behandelt. Zu den nichtwechselwirkenden Systemen zählen die idealen (Quanten-)Gase, Quantenstatistik, Bose-Einstein- und Fermi-Dirac-Statistik. Wechselwirkende Systeme sind schwierig zu behandeln wegen der großen Teilchenzahl. Zum Verständnis der sog. kooperativen oder kritischen Phänomene bei kontinuierlichen Phasenübergängen sind die herrschenden Wechselwirkungen der mikroskopischen Bausteine maßgebend (Phasenübergang [statistische Physik]). Hier sind in den letzten Jahren große Fortschritte erzielt worden, die dahin gehen, die große Anzahl der Freiheitsgrade der Systeme zu reduzieren. Zu nennen ist hier die Renormierungsgruppentheorie von *K. G. Wilson* (1971). Bei den Theorien liegt das Konzept der „Reduktion der Beschreibung" zugrunde. Dadurch wird irrelevante Information eliminiert und das Problem traktierbar, d. h. berechenbar. Die gesamte mikroskopische Information ist auch nicht erforderlich zum Verständnis makroskopischer Vorgänge. Um z. B. zu verstehen, warum und wie sich plötzlich ein Gas bei einer ganz bestimmten Temperatur (Phasenübergangstemperatur) zum flüssigen Zustand kondensiert, ist es nicht notwendig, alle Orte und Impulse der Teilchen zu kennen. Hier sind kollektive Effekte maßgebend. „Das Ganze ist eben mehr als die Summe der Bestandteile".

Die s. P. der Nichtgleichgewichtszustände untersucht die →Kinetik von Transport- und Relaxationsvorgängen (irreversible Ausgleichsprozesse) in Vielteilchensystemen. Obwohl mit der kinetischen Gastheorie und der →Boltzmann-Gleichung im Zusammenhang mit dem H-Theorem solche Untersuchungen historisch am Beginn der Entwicklung der statistischen Theorie der Materie insgesamt stehen, existiert eine allgemeine Nichtgleichgewichtsstatistik trotz zahlreicher Ansätze und intensiver, auch erfolgreicher Bemühungen auf Teilgebieten (Ausbau der kinetischen Gleichungen, Mastergleichungen, Maximum-Entropie-Prinzip, Theorie der irreversiblen Thermodynamik) z. Z. noch nicht. Die Gründe dafür liegen einerseits in den enormen mathematischen Schwierigkeiten bei der Berücksichtigung der mikroskopischen Wechselwirkungen in Vielteilchensystemen, aber andererseits auch in den prinzipiellen und konzeptionellen Unsicherheiten gegenüber dem natürlichen Phänomen der Irreversibilität und Dissipation im Verhalten makroskopischer Systeme. Auch das Problem der P. der Zeitrichtung, Erklärung des Zeitpfeils des Naturgeschehens ist an dieser Stelle zu nennen.

Die grundlegenden Fragen der Entstehung der Irreversibilität des makroskopischen Geschehens aus der mikroskopischen reversiblen Dynamik ist immer noch Gegenstand der Grundlagenforschung (Herleitung und Begründung von Mastergleichungen). Es existieren hierzu verschiedene Auffassungen, und jede hat ihre eigene Berechtigung.

Die Herausstellung des allgemeinen, in der Informationstheorie gefundenen und auch für Nichtgleichgewichtszustände anwendbaren statistischen Entropiebegriffs ist eine Auffassung, die im Prinzip auf *Boltzmann* (→Boltzmann-Prinzip) und *Gibbs* zurückgeht. Dieses fundamentale Prinzip bringt den thermodynamischen Entropiebegriff mit der →Wahrscheinlichkeit zusammen (Entropie-Logarithmus der thermodynamischen Wahrscheinlichkeit). Dieses Prinzip gehört zu dem gesichertsten Ergebnis naturwissenschaftlicher Forschung des 19. und 20. Jahrhunderts im Rahmen der s. P.

Im Jahr 1950 erkannte *I. Prigogine* die konstruktive Rolle der Zunahme der Entropie bei irreversiblen Prozessen. Er erkannte, im scheinbaren Widerspruch zum Boltzmann-Ordnungsprinzip, daß zur Aufrechterhaltung bzw. Entstehung von Ordnung und Struktur die Dissipation von Energie und daher die Zunahme der Entropie erforderlich ist.

Alle makroskopischen Systeme der Natur sind empfindlich temperaturabhängig. Die Temperaturskala reicht vom nichtrealisierbaren absoluten Nullpunkt $T = 0$ bis zu extrem hohen Temperaturen, bei denen relativistische Effekte relevant werden (Ruheenergie der Teilchen ~ thermische Energie, d. h. $mc^2 \sim kT$; m Masse der Teilchen, c Lichtgeschwindigkeit, k Boltzmann-Konstante, T absolute Temperatur). Die Existenz einer maximalen Temperatur von ca. $T_{max} = 10^{12}$ K kann durch Untersuchungen der Hadronenmaterie (hochenergetische Stoßprozesse bei Elementarteilchen) mit gewissen Annahmen begründet werden. Jedoch ist hier die Forschung noch im Fluß, auch im Zusammenhang mit kosmologischen Fragen (extremer materieller Zustand beim Urknall). Zwischen diesen extremen Temperaturen liegen die „irdischen Temperaturbereiche" und die kritischen Temperaturen T_c, $0 < T_c < T_{max} < \infty$, die bei kontinuierlichen Phasenübergängen mit kritischen Phänomenen auftauchen.

Seit den 50er Jahren des 20. Jahrhunderts sind in der s. P. große Fortschritte erzielt worden vor allem durch Verfahren und Methoden, die bei quantenmechanischen Vielteilchenproblemen entwickelt wurden. Eine Reihe von Erscheinungen konnte man auf diese Weise erklären, d. h. atomistisch deuten. Es entstanden z. B. die Theorien der Halbleiter, Supraleiter (z. Z. sehr aktuell im Zusammenhang mit der Möglichkeit von Hochtemperatursupraleiter), der Suprafluidität des flüssigen Heliums bei tiefen Temperaturen. Weitere neuartige Phänomene im festen Körper, wie z. B. der Quantenhalleffekt, wurden 1980 entdeckt.

Es gibt heute allerdings noch viele Erscheinungen, die nicht oder nicht vollständig atomistisch erklärt worden sind, wie z. B. der Quantenhalleffekt und die Mechanismen, die bei „heißen" Supraleitern eine Rolle spielen. Ferner zählen zur aktuellen Forschung die mikroskopische Theorie der kritischen Phänomene bei Phasenübergängen, die mikroskopische Theorie von Fluiden und Plasmen, die Theorie der irreversiblen Prozesse u. a. *Wodarzik*

Literatur: *Balescu R.:* Equilibrium and Nonequilibrium Statistical Mechanics. New York 1975. – *Becker, R.:* Theorie der Wärme. Berlin, Göttingen, Heidelberg 1975. – *Brenig, W.:* Statistische Theorie der Wärme. Hochschultext. Berlin, Göttingen, Heidelberg 1975. – *Fick, E.,* u. *G. Sauermann:* Quantenstatistik dynamischer Prozesse. Bd. I. Frankfurt a. M. 1983. – *Forster, D.:* Hydrodynamic Fluctuations, Broken Symmetry, and Correlation Functions. London 1975. – *Glansdorff, P.,* u. *I. Prigogine:* Thermodynamic Theory of Structure, Stability and Fluctuations. New York 1971. – *Haken, H.:* Synergetik. Berlin, Heidelberg, New York 1982. – *Huang, K.:* Statistische Mechanik I, II, III. B-I Hochschultaschenb. 1964. – *Kittel, C.:* Physik der Wärme. Frankfurt a. M. 1973. – *Kreuzer, H. J.:* Nonequilibrium Thermodynamics and its Statistical Foundations. Oxford 1981. – *Kubo, R.:* Statistical Mechanics. Amsterdam 1965. – *Landau, L. D.,* u. *E. M. Lifschitz:* Statistische Physik. Tl. I. Bd. V. Ost-Berlin 1979. – *Landau, L. D.,* u. *E. M. Lifschitz:* Statistische Physik. Tl. II. Bd. IX. Ost-Berlin 1980. – *Landau, L. D.,* u. *E. M. Lifschitz:* Physikalische Kinetik. Bd. X. Ost-Berlin 1983. – *Lenk, R.:* Einführung in die statistische Mechanik. Ost-Berlin 1978. – *Mohling, F.:* Statistical Mechanics. New York 1982. – *Münster, A.:* Statistical Thermodynamics. Bd. I. Berlin, Göttingen, Heidelberg 1969. – *Münster, A.:* Statistical Thermodynamics. Bd. II. Berlin, Göttingen, Heidelberg 1974. – *Pathria, R. K.:* Statistical Mechanics. Oxford 1972. – *Prigogine, I.:* Vom Sein zum Werden, Zeit und Komplexität in den Naturwissenschaften. München 1980. – *Reichl, L. E.:* A Modern Course in Statistical Physics. *E. Arnold* (Hrsg.) London 1980. – *Reif, F.:* Statistische Physik und Theorie der Wärme. Bearb. *W. Muschik.* Berlin 1985. – *Résibois, P.,* u. *M. de Leener:* Classical kinetic Theory of Fluids. New York 1977. – *Schrödinger, E.:* Statistische Thermodynamik. Leipzig 1952. – *Schröter, J.:* The Microscopic Background of Thermodynamics. J. Non-Equilib. Thermodyn. 11 (1986), S. 315/26. – *Subarew, D. N.:* Statistische Thermodynamik des Nichtgleichgewichts. Ost-Berlin 1976. – *Stumpf, H.,* u. *A. Rieckers:* Thermodynamik. Bd. 1 u. 2. Braunschweig 1976, 1977. – *Terletskii, YA. P.:* Statistical Physics. Amsterdam 1971. – *Tolman, R.:* The Principles of Statistical Mechanics. Oxford 1938. – *Weidlich, W.:* Thermodynamik und Statistische Mechanik. Wiesbaden 1976.

Physikalisch-Technische Bundesanstalt (PTB). Bundesoberbehörde im Geschäftsbereich des Bundesministers für Wirtschaft. Nationales metrologisches Staatsinstitut, zuständig für die Einheitlichkeit der Maße.

Die PTB ist Nachfolgerin der 1887 in Berlin gegründeten Physikalisch-Technischen Reichsanstalt (PTR), des ersten derartigen Staatsinstituts der Erde.

Aus den in den Westen verlagerten Einrichtungen der PTR entstand 1950 die PTB der Bundesrepublik Deutschland in Braunschweig, zu der die 1953 in Berlin-Charlottenburg die dorthin vorhandenen PTR-Einheiten kamen. Die nach Thüringen verlagerten Laboratorien der PTR waren auf dem Gebiet der ehemaligen DDR Grundlage für das Deutsche Amt für Maße und Gewichte (1946), aus dem 1973 das Amt für Standardisierung, Meßwesen und Warenprüfung in Berlin-Friedrichshagen wurde. Von diesem übernahm die PTB 1990 einige Aufgaben. Neben ihrem Hauptsitz Braunschweig hat die PTB Institute in Berlin-Charlottenburg und Berlin-Friedrichshagen.

Als deutsches wissenschaftliches Staatsinstitut für Physik und Technik sowie als Technische Oberbehörde für das Meßwesen und für Teile der Sicherheitstechnik schafft die PTB die Grundlagen für das wissenschaftliche, technische und gesetzliche Meßwesen und übt Kontrollaufgaben auf dem Gebiet des Meßwesens sowie der Sicherheitstechnik aus. Sie stellt die gesetzlichen →Einheiten im Meßwesen dar, prüft Meßgeräte und -einrichtungen, wirkt in Fachgremien und gesetzgebenden Körperschaften mit, die sich mit Fragen des Meß-, Norm- und Prüfwesens, der Qualitätssicherung und der Sicherheitstechnik befassen, und betreibt Forschungs- und Entwicklungsarbeiten, besonders auf dem Gebiet des Meßwesens. Wichtigste Grundlagen ihrer gesetzlichen Aufgaben sind das Gesetz über die Einheiten im Meßwesen, das Gesetz über die Zeitbestimmung und das →Eichgesetz.

Die PTB ist in 10 Abteilungen gegliedert:
□ Mechanik und Akustik (Gruppen: Masse, Kraft und Beschleunigung, Fluidmechanik, physikalische Akustik, Hörakustik, Geschwindigkeitsmeßtechnik);
□ Elektrizität (elektrische Einheiten, Hochfrequenzmeßtechnik, elektrische Energiemeßtechnik, Elektrophysik, meßtechnische Dienste);

□ Thermodynamik (thermodynamische Grundlagen, thermophysikalische Stoffeigenschaften, chemische Physik, Grundlagen der physikalischen Sicherheitstechnik, Explosionsschutz elektrischer Betriebsmittel);

□ Optik (Licht und Strahlung, Bild- und Wellenoptik, Länge, Zeit/Frequenz);

□ Fertigungsmeßtechnik (Mikrometrologie, Längenmeßtechnik, Meßgerätetechnik, industrielle Meßtechnik);

□ Atomphysik (Ionen-, Elektronen- und Röntgenstrahlen, Strahlenschutzmetrologie, Radioaktivität, Photonen- und Elektronendosimetrie);

□ Neutronenphysik (Neutronenerzeugung, Neutronenmetrologie, Neutronendosimetrie, Physik der kondensierten Materie, Theorie und Prozeßdatenverarbeitung);

□ Technisch-Wissenschaftliche Dienste (physikalische Grundlagen, technische Dienste, technisch-wissenschaftliche Referate, Datenverarbeitung, technische Zusammenarbeit);

□ Temperatur und Synchrotronstrahlung (Wärmemeßtechnik und Vakuumphysik, Thermometrie und Strahlung, Tieftemperaturphysik);

□ Medizinphysik und Informationstechnik (medizinische Meßtechnik, Biosignale, Grundlagen der metrologischen Informationstechnik, rechnerintegrierte Meßdatenverarbeitung).

Leitung: Präsident, Kuratorium.

Ressourcen (1991): rd 2 000 Mitarbeiter, 238 Mill. DM.

(Physikalisch-Technische Bundesanstalt, Bundesallee 100, 38116 Braunschweig.) *Altenmüller*

PI-Übertragungsverhalten. Das PI-Verhalten entsteht durch die Parallelschaltung von zwei linearen Übertragungsgliedern mit P- und I-Übertragungsverhalten.

Die Beziehung zwischen dem Eingang u(t) und dem Ausgang v(t) wird beschrieben durch die Differentialgleichung des PI-Gliedes $\dot{v}(t) = K_P \dot{u}(t) + K_I u(t)$ oder integriert

$$v(t) = v(t_0) + K_P[u(t) + \frac{1}{T_n} \int_{t_0}^{t} u(\tau)d_\tau]$$

mit der Nachstellzeit $T_n = K_P/K_I$.

Die →Übergangsfunktion setzt sich daher zusammen aus einer Sprungfunktion mit der Sprunghöhe K_P und einer Anstiegsfunktion mit der Steigung K_I bzw. K_P/T_n

$$v(t) = h(t) = K_P(1 + t/T_n)\sigma(t).$$

Man kann sie auch als reine Rampe betrachten, die um die Nachstellzeit T_n vor Einsetzen des Eingangssprunges begonnen hat.

Der →Frequenzgang $F(j\omega) = K_P(1 + 1/j\,\omega T_n)$ zeigt entsprechend kombiniertes Verhalten. Für niedrige Kreisfrequenzen $\omega \ll 1/T_n$ verhält sich das PI-Glied wie ein I-Glied, für hohe Kreisfrequenzen $\omega \gg 1/T_n$ wie ein P-Glied. An der Eckkreisfrequenz $\omega_0 = 1/T_n$ ist der Betrag

$A(\omega_0) = \sqrt{2}\,K_P$ und der Phasenwinkel $\varphi(\omega_0) = -45°$.

PI-Glieder kommen überwiegend als PI-Regler vor (→Regler, Regeleinrichtung). *Böttiger*

PID-Übertragungsverhalten. Das PID-Ü. entsteht durch die Parallelschaltung von linearen Übertragungsgliedern mit P-, I- und →D-Übertragungsverhalten. Das PID-Glied wird überwiegend als PID-Regler eingesetzt.

Wegen der unvermeidlichen Verzögerung des D-Anteils (D- und →PD-Übertragungsverhalten) muß im Ansatz der Differentialgleichung wenigstens eine →Zeitkonstante T berücksichtigt werden:

$$v(t) + T\,\dot{v} = v(t_0) + K\,[u(t) + \frac{1}{T_n} \int_{t_0}^{t} u(\tau)d\tau + T_v\,\dot{u}\,(\tau)]$$

Die Übertragungskonstante K kennzeichnet den P-Anteil, die Nachstellzeit T_n den I-Anteil (→PI-Übertragungsverhalten) und die Vorhaltzeit T_v den D-Anteil oder Vorhalt (Bild). (→PD-Übertragungsverhalten, →Regler). *Böttiger*

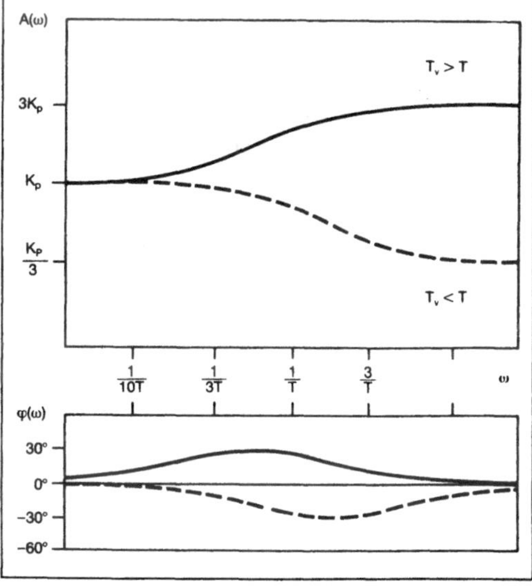

PID-Übertragungsverhalten: Übergangsfunktion eines realen PID- bzw. PID-T_1-Gliedes.

Piezoelektrizität →Druckmessung

Pinch-Effekt. Kontraktion einer stromführenden Plasmasäule. Beruht auf der Anziehungskraft zwischen parallel zueinander fließenden Strömen, wobei man sich den kontinuierlich über den Säulenquerschnitt verteilten Strom aus einzelnen Stromfäden aufgebaut vorstellt. Der mit zunehmender Einschnürung der Entladungssäule wachsende Plasmadruck kann den Pincheffekt kompensieren und zu einem Gleichgewichtszustand führen (Pinch-Konfiguration, →Plasmaexperiment). *Biskamp*

Planck-Konstante. Die P.-K. (auch P.-Wirkungsquantum genannt) zeigt die kleinste, überhaupt beobachtbare Wirkung. Der Wert ist

$$h = 6{,}6256 \cdot 10^{-34}\,\text{Js} \pm 0{,}0005 \cdot 10^{-34}\,\text{Js}.$$

Die Wirkungsgröße eines Naturvorgangs (die Dimension der Wirkung ist Energie × Zeit) hat, gleichgültig, ob er mechanischer, elektromagnetischer oder chemischer Natur ist, keinen beliebigen Wert, sondern ist ein ganzzahliges Vielfaches von h. *Wedler*

Planetengetriebe →Epizykloide

Plasmaaufheizung. Die Plasmaerzeugung, d. h. Ionisation eines Gases, ist zwar in der Regel auch mit einer gewissen Heizung verbunden. Um jedoch hohe Plasmatemperaturen im Labor zu erreichen (→Plasmaexperiment), oder deren Existenz in astrophysikalischen Plasmen, z. B. in der Sonnenkorona, zu erklären, bedarf es gezielter Aufheizungsverfahren bzw. Mechanismen.

Aufheizung durch einen Plasmastrom nutzt den elektrischen Widerstand des Plasmas aus *(Ohmsche Heizung)*. Der Strom wird entweder durch eine an zwei Metallelektroden angelegte Spannung erzeugt (Gasentladungen, Z-Pinch) oder wie in den größeren Plasmaexperimenten, z. B. im Tokamak, durch eine →Spule oder ein Spulensystem induziert, wobei das Plasma wie die Sekundärwindung eines Transformators wirkt. Da der Plasmawiderstand R mit zunehmender Elektronentemperatur T_e sinkt, $R \propto T_e^{-3/2}$, muß bei konstant gehaltener Heizleistung $W = RI^2$ der Plasmastrom I zunehmen. Da dieser jedoch aus Stabilitätsgründen nicht zu groß werden darf (→Plasmainstabilität), ist die dem Plasma durch Ohmsche Heizung zuführbare Leistung begrenzt. Auch das induzierte, den Strom treibende elektrische →Feld sollte nicht zu groß sein. Übersteigt dies einen kritischen Wert, dann wird der Strom in zunehmendem Maß von schnellen Elektronen getragen (Runaway-Effekt). Da diese sich wegen der mit zunehmender Geschwindigkeit stark abnehmenden Stoßfrequenz zwischen geladenen Teilchen (Coulombstöße) praktisch reibungsfrei durch das Plasma bewegen, wird der Widerstand und damit (bei gegebener Stromstärke) die Heizleistung sehr klein.

Wegen der Leistungsbegrenzung der Ohmschen Heizung müssen i. a. effektivere Aufheizungsverfahren angewandt werden, um hohe Plasmatemperaturen zu erreichen. In den großen Plasmamaschinen der Fusionsforschung (→Kernfusion) sind dies vor allem *Hochfrequenzheizung* und *Neutralteilcheneinschuß*. Bei der Heizung mit hochfrequenten Wellen nutzt man in erster Linie die natürlichen Plasmaresonanzen aus (Wellen im Plasma). Dies sind lokalisierte Bereiche im Plasma, in denen die →Frequenz der eingestrahlten elektromagnetischen →Welle mit einer der Resonanzfrequenzen (vor allem Ionen- und Elektronenzyklotronfrequenz) übereinstimmt. Hier wird die Ausbreitungsgeschwindigkeit klein und die Wellenamplitude entsprechend groß, was zu starker lokalisierter P. führt, da die absorbierte Leistungsdichte proportional zu $\nu \tilde{E}^2$ ist (ν Stoßfrequenz, $\tilde{E}$ elektrische Feldamplitude der Welle).

Die Wellen werden für niedrige Frequenz durch speziell geformte Antennen innerhalb des Plasmagefäßes, aber außerhalb der Plasmasäule erzeugt, für hinreichend hohe Frequenz von außerhalb mit Hohlleitern eingespeist. Die erforderlichen Hochleistungssender für Frequenzen unterhalb 30 GHz entsprechen konventioneller Technik, Neuentwicklung findet noch bei Hochleistungsgyratrons für Frequenzen oberhalb von etwa 100 GHz statt.

Die Wellenheizung von Plasmen bei großen Leistungsdichten ist nicht problemlos. Die hohen elektrischen Felder, die in der Nähe der Antenne am Plasmarand herrschen, können energiereiche Ionen erzeugen, die durch Zerstäubung Wandatome freisetzen. Diese dringen als Verunreinigungen in die Plasmasäule ein und entziehen durch intensive Linienstrahlung dem Plasma unter Umständen mehr Energie als ihm durch die Wellenheizung zugeführt wird. Zum anderen können die Wellenfelder auf verschiedene Weise den →Plasmaeinschluß verschlechtern. So haben z. B. die in den Resonanzbereichen aufgeheizten Plasmateilchen in der Regel eine stark anisotrope Druckverteilung, die zu Mikroinstabilitäten führen kann. In verschiedenen Tokamakplasmen sind mit Hochfrequenzheizung signifikante Temperaturerhöhungen erzielt worden, jedoch bei spürbarer Degradierung der Plasmaeigenschaften.

Die andere technisch sehr weit entwickelte Methode der P. ist der Einschuß von hochenergetischen Neutralteilchen. Diese werden in speziellen Ionenquellen erzeugt, auf Energien von ~100 keV beschleunigt und dann in einer Gasstrecke durch Umladung neutralisiert, so daß sie tief in das Plasma eindringen können, bevor sie wieder ionisiert und damit in dem das Plasma einschließenden Magnetfeld gefangen werden. Es gibt heute Teilchenstrahlgeneratoren im MW-Leistungsbereich. Da die Energiedeposition von Neutralstrahlen im Plasma nicht so stark lokalisiert ist und nicht so viele energiereiche Ionen auf die Gefäßwände treffen wie bei den typischen Verfahren der Hochfrequenzplasmaaufheizung, ist das Plasmaeinschlußverhalten i. a. günstiger. Neutralteilcheneinschuß ist die bisher am häufigsten angewandte und am besten verstandene Methode, Plasmen über die durch Ohmsche Heizung erreichbaren Temperaturen hinaus aufzuheizen.

Plasmakompression führt im Gegensatz zu den oben beschriebenen quasistatischen Verfahren zu einer schnellen Veränderung der magnetischen Konfiguration und kann bei Laborplasmen i. a. nur einmal angewandt werden. Sie eignet sich daher vor allem zur Heizung von Plasmen mit kurzer Entladungsdauer, z. B. Pinchentladungen. *Adiabatische Kompression* ist wie in der →Gasdynamik hinreichend langsam, verglichen mit internen Ausgleichsprozessen, z. B. mit der Laufzeit von Schall- oder Alfvénwellen, aber schnell genug, um das Plasma inzwischen thermisch zu isolieren und größere Verluste zu vermeiden. Für die Temperaturerhöhung gilt

$$T_e/T_a = (V_a/V_e)^{\gamma-1},$$

$T_{a,e}$, $V_{a,e}$ Ausgangs- und Endtemperatur bzw. Volumen, γ Adiabatenkoeffizient = $(N+2)/N$, N Zahl der bei Kompression beeinflußten Freiheitsgrade, $N = 3$ für stoßdominierte, $N = 2$ für quasi-stoßfreie magnetisierte Plasmen.

Stoßwellenheizung nutzt die dissipativen Eigenschaften einer Kompressionswelle großer Amplitude aus. Durch Aufsteilen bildet sich eine scharfe Wellenfront, in der irreversible Heizung stattfindet. In Pinchexperimenten wird eine Stoßwelle normalerweise durch einen magnetischen Kolben erzeugt (ein durch eine Spule sehr niedriger →Induktivität sehr schnell am Plasmarand aufgebautes Magnetfeld). Im Gegensatz zu einer gasdynamischen Stoßwelle, bei der die Dissipation in der Wellenfront durch Teilchenstöße geschieht, sind diese in Plasmen oft so selten, daß kollektive Effekte die Prozesse in der Wellenfront bestimmen. Zweistrominstabilität bewirkt einen anomalen elektrischen Widerstand, Ionenstrahlinstabilität eine anomale Viskosität (→Plasmainstabilität). Die Stoßfrontdicke ist i. a. von der Ordnung des Ionengyrotionsradius. Diese sog. stoßfreien Stoßwellen sind auch in astrophysikalischen Plasmen von großer Bedeutung. Das bekannteste Beispiel ist die Bugwelle (bow-shock), die durch den mit Überschallgeschwindigkeit anströmenden Sonnenwind vor der Magnetosphäre der Erde erzeugt wird. Stoßwellen sind auch ein möglicher Mechanismus der Aufheizung der Sonnenkorona. *Biskamp*

Literatur: *Dolan, T. J.:* Fusion Research, Vol. I New York; Pergamon Press Inc. 1982. – *Krall, N. A. u. A. W. Trivelpiece:* Principles of Plasma Physics. New York: McGraw-Hill 1973.

Plasmadiffusion. Plasmatransport quer zum Magnetfeld (→Plasmaphysik). Wird verursacht durch Stöße zwischen den Plasmateilchen (klassische →Diffusion) und durch kollektive elektrische Feldfluktuationen (Mikroturbulenz), die in einem Plasma spontan auftreten können (anomale Diffusion). In den meisten Plasmaexperimenten wird anomale Diffusion beobachtet. Während klassische Diffusion eine untere Grenze für die Stärke der P. ist, scheint Bohmdiffusion eine obere darzustellen. *Biskamp*

Plasmaeinschluß. Die wirkungsvollste Möglichkeit, ein Plasma in einem bestimmten Volumen einzuschließen und einen direkten Kontakt mit materiellen Wänden zu verhindern, bietet ein Magnetfeld von hinreichender Stärke und geeigneter Konfiguration. Diese Methode wird *magnetischer Einschluß* genannt. Je nachdem, ob die magnetischen Feldlinien in ihrem Verlauf materielle Teile durchstoßen oder vollständig in einem abgeschlossenen Volumen verlaufen, spricht man von offenen (z. B. Spiegelmaschine) oder geschlossenen (z. B. Tokamak) Konfigurationen. Ohne einschließendes Magnetfeld expandiert ein Plasma auf Grund der nicht kompensierten Druckkraft. Plasmaverdünnung und Abkühlung geschehen jedoch nicht augenblicklich, da sich das Plasma nur mit Schallgeschwindigkeit ausdehnen kann, d. h. es wird auf Grund seiner Trägheit eine gewisse Zeit lang zusammengehalten. Man spricht daher von *Trägheitseinschluß* (→Kernfusion). *Biskamp*

Plasmaexperiment. P.e dienen vor allem zur Untersuchung des Verhaltens von Plasmen unter verschiedenen Bedingungen (→Plasmaphysik, →Kernfusion), aber auch als Strahlungsquelle in der Spektroskopie, zum Studium der Wechselwirkung zwischen Plasma und materiellen Oberflächen und für eine Reihe von direkten technischen Anwendungen. Diese Experimente unterscheiden sich voneinander durch die Art der Erzeugung und Aufrechterhaltung des Plasmas, durch Temperatur und Dichte des Plasmazustands, durch die geometrische Anordnung und durch das Plasmavolumen, welches die Größe der experimentellen Apparatur wesentlich bestimmt.

Die einfachsten P.e sind Gasentladungen. Das Plasma wird durch einen hinreichend großen Strom, der durch die Entladungsstrecke zwischen zwei Metallelektroden fließt, aufrechterhalten. Bei Niedrigdruckentladungen (Glimmentladungen, Ionisationsgrad ~1%) wird die Plasmasäule durch das Glasgefäß begrenzt, bei Hochdruckentladungen (Bogenentladung, Ionisationsgrad 10–100%) darf wegen der hohen Energiedichten kein ständiger Kontakt des Plasmas mit dem Glasgefäß stattfinden, die Ausdehnung der Plasmasäule wird durch Elektrodenform und -abstand bestimmt. Gasentladungsplasmen sind vor allem in der Beleuchtungstechnik von Interesse.

In einer *Q-Maschine* (von *engl.* quiescent = ruhig) werden durch Kontaktionisation von Alkalimetallatomen, vor allem Cäsium, relativ kalte (T $\approx 10^3$ K), aber vollständig ionisierte Plasmen mit Elektronendichten $n_e \approx 10^9$–10^{13} cm^{-3} erzeugt. Die Plasmasäule hat eine Ausdehnung vergleichbar mit einer →Glimmentladung, ist aber durch ein starkes axiales Magnetfeld von der Wand isoliert. In Q-Maschinen werden eine Reihe von grundlegenden Erscheinungen in Plasmen untersucht, z. B. →Plasmadiffusion, Driftwellen, strahlgetriebene Plasmainstabilitäten und Plasmarandschichteffekte.

In einer *Spiegelmaschine* wird der Effekt ausgenutzt, daß geladene Teilchen bei der Bewegung entlang eines Magnetfelds zunehmender Stärke abgebremst und unter Umständen reflektiert werden (magnetische Spiegel). Ein Bereich schwächeren Magnetfelds B_0 wird auf beiden Seiten durch solche stärkeren Feldes B_1 begrenzt. Das Spiegelverhältnis $R = B_1/B_0$ gibt ein Maß für die Güte des Einzelteilcheneinschlusses. Dieser ist aber selbst bei großem R für den Einschluß des Plasmas nicht ausreichend, da kollektive, im Plasma auftretende elektrische Felder (→Plasmainstabilität) i. a. zu raschem radialen Plasmaverlust führen. Die einfache Spiegelmaschine (Bild 1), ist in den Bereichen mit nach außen gekrümmten Magnetfeldlinien instabil, erst die Kombination mit zusätzlichen Magnetfeldern bewirkt weitgehende Stabilisierung. Die axialen oder Endverluste (durch Mikroinstabilitäten in den Spiegelbereichen und Teilchenstöße) können durch eine kompliziertere Struktur der Spiegelenden (Doppelspiegel, thermische Barriere durch lokale Elektronenheizung) weiter reduziert werden. Plasmen in Spiegelmaschinen sind gut geeignet zur Untersuchung von stoßfreien Plasmen. Im Rahmen der Fusionsforschung wurden sehr große Spiegelmaschinen gebaut. Ihr wesentlicher Vorteil liegt dabei in der relativen Einfachheit der geometrischen Anordnung, als offene magnetische Konfiguration haben sie jedoch ein gegenüber den weiter unten aufgeführten toroidalen Anordnungen ungünstigeres Plasmaeinschlußverhalten.

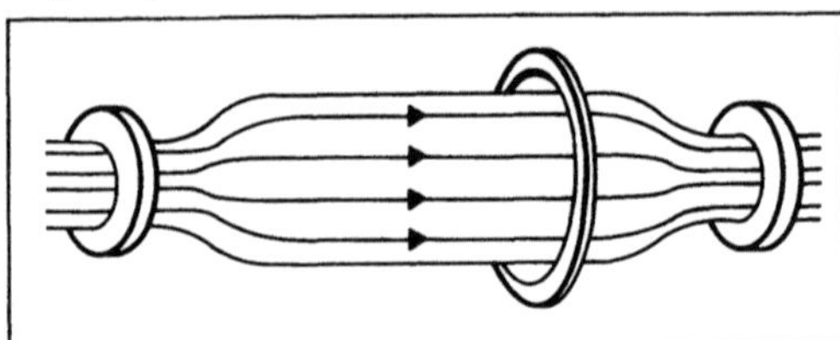

Plasmaexperiment 1: Prinzip der Spiegelmaschine.

In einer *Pinchentladung* (→Pinch-Effekt) können Plasmen von hoher Temperatur (T $\lesssim 10^4$eV, 1eV $\approx 10^4$ K) und Dichte ($n_e \approx 10^{16}$ cm^{-3}) erzeugt werden. Der Plasmadruck p wird durch einen ent-

sprechenden nach innen gerichteten magnetischen Druck $B^2/2$ kompensiert, wobei das Magnetfeld im wesentlichen durch den im Plasma induzierten Strom erzeugt wird. Pinchplasmen sind daher Hoch-β-Plasmen (β $\approx$ 1), wobei β = 2p/B^2 das Verhältnis von thermischen zu magnetischen Druck ist. Je nach Richtung des Plasmastroms, entweder in axialer (Z)-Richtung zwischen zwei Elektroden oder in poloidaler (Θ)-Richtung spricht man von Z- oder Θ-Pinch. Durch die Art der Erzeugung, in der Regel durch Entladung einer Kondensatorbatterie, und die hohen Verlustprozesse (axiale →Wärmeleitung in Θ-Pinch und schnelle MHD-Instabilitäten im Z-Pinch) haben diese Plasmen eine sehr kurze Lebensdauer von $\tau \lesssim 10$ µs. Pinchexperimente, die zunächst als der natürliche Weg zur kontrollierten Kernfusion betrachtet und in vielen Laboratorien durchgeführt wurden, haben inzwischen wegen ihrer schlechten Plasmaeinschlußeigenschaften gegenüber den toroidalen Maschinen, insbesondere *Tokamak* und *Stellarator,* an Bedeutung verloren.

Bei toroidalen Konfigurationen verlaufen die das Plasma einschließenden magnetischen Feldlinien vollständig im Inneren eines Torusgefäßes. Plasmaverluste können daher nur quer zum Magnetfeld erfolgen. Der in der Fusionsforschung am weitesten fortgeschrittene Typ von Plasmaexperimenten ist der *Tokamak* (Abk. aus d. Russ.), Bild 2, der, in den sechziger Jahren in der UdSSR entwickelt, seit 1970 auch in den meisten westlichen Plasmalaboratorien in einer Vielzahl von Varianten mit immer zunehmender Größe untersucht wird. Der Tokamak ist im Prinzip ein toroidaler Z-Pinch (Strom in Richtung der Torusseele) mit einem starken, von äußeren Spulen erzeugten toroidalen Feld B_t. Die Plasmasäule ist charakterisiert durch ihren Radius a und den Radius der Torusseele R, R/a = A wird Aspektverhältnis genannt. Plasmastabilität verlangt $(2\pi/\mu_0)$ B_ta/AI > 1 (I Plasmastrom), d. h. bei gegebenem B_t ist der Plasmastrom begrenzt. Während das toroidale Feld vor allem der Plasmastabilität dient, geschieht der →Plasmaeinschluß im wesentlichen durch das vom Plasmastrom erzeugte poloidale Feld. Außerdem bewirkt der Strom eine Aufheizung des Plasmas, wodurch der kontinuierlich auftretende Wärmeverlust ausgeglichen werden kann. Zusammen mit Gasnachfüllung zum Ausgleich der Teilchendiffusionsverluste kann eine quasi-stationäre Entladung über eine Zeit, die lang gegenüber der Plasmaeinschlußzeit (= Abklingzeit der Plasmadichte ohne Nachfüllung) ist, aufrecht erhalten werden. Da der Wärmeverlust auf Grund von Mikroturbulenz (Plasmainstabilität) und →Plasmastrahlung gegenüber dem klassischen (von Teilchenstößen verursachten) Wärmetransport stark erhöht ist (anomaler Transport), wird dem Plasma in den meisten Tokamakexperimenten noch zusätzlich Energie zugeführt (→Plasmaaufheizung). Der Plas-

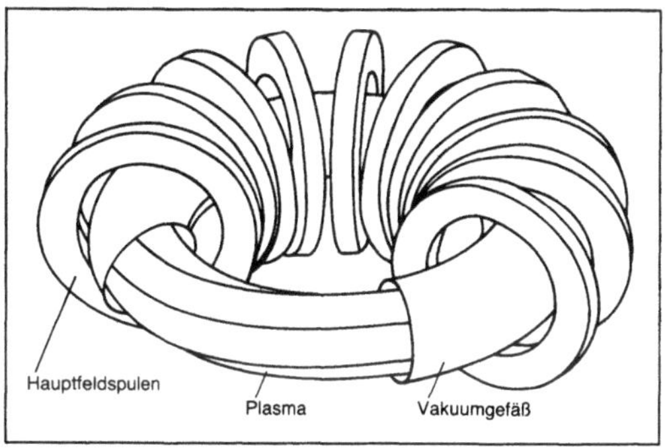

Plasmaexperiment 2: Tokamak-Konzept.

mastrom bestimmt auch den maximal erreichbaren Wert von β ($\beta \simeq$ einige Prozent, daher Niedrig-β-Plasma), der für die →Energiebilanz in einem Fusionsreaktor von entscheidender Bedeutung ist. Wenn die Grenzwerte für I oder β überschritten werden, reagiert das Plasma mit plötzlichem Abbruch der Entladung (Abbruchinstabilität), der bei großen Maschinen erhebliche Schäden verursachen kann.

Typische Plasmaparameter in heutigen Tokamaks sind Elektronendichte $n_e \approx 10^{13}$–10^{14} cm^{-3}, Temperatur $T \approx 1$–5 keV, Plasmaeinschlußzeit $\tau \approx 50$–500 ms, Entladungsdauer 1–10 s. Auf Grund der Wechselwirkung der heißen Plasmateilchen mit dem metallischen, das Plasma umgebenden Vakuumgefäß, werden durch Zerstäubung Metallionen freigesetzt. Diese können als sog. Verunreinigungen in den zentralen Plasmabereich diffundieren und durch Linienstrahlung zu starker Strahlungskühlung des Plasmas führen. Durch einen besonderen mit Hilfe zusätzlicher äußerer Spulen bewirkten Verlauf der magnetischen Feldlinien im Plasmarandbereich (→Divertor) kann die Plasmaenergiedichte an der Wand und damit die Zerstäubungsrate wesentlich herabgesetzt werden. Spektroskopische Untersuchungen der Verunreinigungsstrahlung sowie der Beobachtung von Veränderung von Materialoberflächen durch Wechselwirkung mit schnellen Plasmateilchen sind wichtige Punkte bei Tokamakexperimenten. Die größte bisher gebaute Tokamakanlage ist JET (Joint European Torus) in England mit dem Torusradius $R \simeq 3$ m und mittlerem Plasmaradius $a \simeq 1{,}5$ m (→Torus).

Mit dem Begriff *Stellarator* bezeichnet man toroidale Plasmaexperimente, bei denen das Magnetfeld ganz von äußeren Leitern erzeugt wird. Dies geschieht in der Regel mit einem doppelten Spulensatz, den Toroidal- oder Hauptfeldspulen (wie beim Tokamak), und helikale (spiralenförmige um das Torusgefäß laufende) Spulen, die die für den Plasmaeinschluß wichtige poloidale Magnetfeldkomponente erzeugen. Eine Stellaratormaschine ist daher aufwendiger als ein Tokamak, hat aber den Vorzug,

im Prinzip stationäre Plasmaentladungen und einen höheren Wert von β zu erlauben. Die Eigenschaften von Stellaratorplasmen sind ähnlich denen in Tokamaks.

Lasererzeugte Plasmen stellen in der Fusionsforschung eine Alternative zur Tokamak-Stellarator-Linie dar. Durch Bestrahlung von i. a. festen Targets (Folien oder Kugeln, *engl.* pellets) durch intensives Laserlicht (auch Elektronen- oder Ionenstrahlen) werden Plasmen erzeugt, komprimiert und aufgeheizt. Da diese Plasmen nicht magnetisch eingeschlossen sind, können sie nur auf Grund ihrer Trägheit eine gewisse (sehr kurze) Zeit bestehen (Trägheitseinschluß), bevor sie sich durch Expansion rasch verdünnen und abkühlen. Diese Plasmen haben sehr viel größere Dichten als typische magnetisch eingeschlossene ($n_e \gtrsim 10^{22}$ cm^{-3}). Licht kann jedoch nur bis zur kritischen Dichte n_c, bei der die Lichtfrequenz ω gleich der lokalen Plasmafrequenz ω_p ist, ins Plasma eindringen. Daher findet die Lichtabsorption bei den heute meistens verwendeten Lasertypen (CO_2-Laser, $n_e \simeq 10^{19}$ cm^{-3}, Nd-Laser, $n_c \simeq 10^{21}$ cm^{-3}) in den dünnen äußeren Plasmaschichten statt, was zu anomal hohen Rückstreuungsverlusten durch parametrische Instabilitäten und ungünstiger Energieverteilung (nicht thermische Verteilungsfunktionen) führt. Diese Schwierigkeiten können durch Verwendung von Elektronen- oder Ionenstrahlen an Stelle der Laserstrahlung vermieden werden, bei denen jedoch die Strahlführung selbst Schwierigkeiten bereitet. *Biskamp*

Literatur: *Dolan, T. J.:* Fusion Research, Vol. I. New York: Pergamon Press 1982. – *Rutsch, A.* u. *H. Deutsch:* Plasmatechnik. München, Wien: Carl Hanser Verlag 1984.

Plasmainstabilität. In Plasmen (→Plasmaphysik) treten verschiedene Typen von Instabilitäten auf. Unter Instabilität versteht man dabei die Eigenschaft eines Gleichgewichtszustands, gewisse kleine Störungen spontan zu verstärken (i. a. exponentielles Anwachsen der Störungsamplitude). Ein anschauliches mechanisches Analogon ist die instabile Lage einer Kugel auf einer Kuppe im Gegensatz zur stabilen Lage in einer Mulde. Da in der Regel solche Störungen unvermeidbar sind, kann ein instabiler Zustand nicht über längere Zeit aufrecht erhalten werden. Es ist daher eine wesentliche Aufgabe der Plasmatheorie, besonders im Rahmen der Fusionsforschung (kontrollierte →Kernfusion), Plasmazustände auf ihr Stabilitätsverhalten hin zu untersuchen und (möglichst) stabile Konfigurationen anzugeben.

Instabile Plasmabewegungen werden durch das spontane Anwachsen der Amplitude von bestimmten Wellen oder Moden (Wellen im Plasma) beschrieben. Sie sind charakterisiert durch →Wellenlänge λ, bzw. Wellenzahl $k = 2\pi/\lambda$, →Frequenz ω und Anwachsrate γ der instabilen Moden, die einer

i. a. komplexen Dispersionsrelation folgen. Um eine Übersicht über die verschiedenen Instabilitätsformen zu erhalten, ist es nützlich, zwischen solchen mit großer Wellenlänge, den *Makroinstabilitäten,* und solchen mit kurzer Wellenlänge, den *Mikroinstabilitäten,* zu unterscheiden.

Zu den Makroinstabilitäten zählen in erster Linie magnetohydrodynamische Instabilitäten, die zu globalen Verformungen und Zerstörung einer Plasmakonfiguration führen. Die wichtigsten Instabilitätstypen lassen sich am Beispiel eines Plasmazylinders oder Pinchs (→Pinch-Effekt), dem Prototyp einer großen Klasse von Plasmagleichgewichten, zeigen. Der sog. Z-Pinch, in dem der Strom in Richtung der Zylinderachse fließt (Z-Richtung eines Zylinder-Koordinatensystems) und das Magnetfeld nur in poloidaler Richtung verläuft, ist gegenüber Verformungen entlang der Achse instabil, was zur Einschnürung bzw. Ausbeulung (Sausage-Instabilität) oder einem seitlichen Ausbrechen (Kink-Instabilität) führt (Bild a u. b). Der andere Extremfall, der sog. Θ-Pinch (Strom in poloidaler Richtung), dessen Magnetfeld parallel zur Zylinderachse verläuft, ist vor allem gegenüber Querschnittsverformungen, die entlang des Magnetfelds konstant sind, instabil. Diese entsprechen einem Platztausch von äußeren Plasmabereichen mit weiter innen liegenden und heißen daher *Austausch*-Instabilität. Das Magnetfeld hat auf diese Plasmabewegung keinen Einfluß, der Instabilitätsmechanismus ist ähnlich der Rayleigh-Taylor-Instabilität einer geschichteten Flüssigkeit. Da dabei der Plasmazylinder eine Form annimmt, die an eine kannelierte Säule erinnert, spricht man auch von *Rillen-* oder *Flute*-Instabilität (Bild c). Der allgemeine Plasmazylinder, in dem das Magnetfeld sowohl eine poloidale als auch eine hinreichend große axiale Komponente hat, die Feldlinien sich also spiralförmig um die Zylinderachse winden, ist zwar gegenüber den starken Instabilitäten a)–c) im wesentlichen stabil, es können aber mildere, d. h. langsamer anwachsende instabile Moden auftreten, bei denen der im allgemeinen zwar kleine, aber nicht verschwindende elektrische Widerstand eine wichtige Rolle spielt. Magnetische Feldlinien sind dann nicht mehr streng an das Plasma gekoppelt, was den stabilisierenden Einfluß des Magnetfelds schwächt und dem Plasma mehr Bewegungsmöglichkeiten einräumt. Das Auftreten dieser *Widerstands*instabilitäten hängt vor allem von der Verteilung der Stromdichte über den Plasmaquerschnitt ab. Im allgemeinen führen makroskopische Instabilitäten zu einer wesentlichen Veränderung der Plasmakonfiguration. Sie scheinen für schnelle eruptive Ereignisse verantwortlich zu sein, die sowohl in Laborplasmen (Disruptionen in Tokamakplasmen, →Plasmaexperiment) als auch in astrophysikalischen Plasmen (Sonneneruptionen) beobachtet werden.

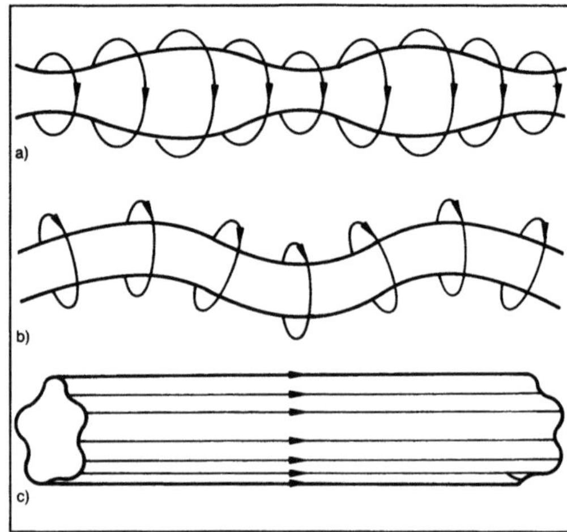

Plasmainstabilität:
a) Sausage-Instabilität
b) Kink-Instabilität
c) Rillen- oder Flute-Instabilität.

Mikroskopische Instabilitäten werden nicht von den globalen Eigenschaften einer Plasmakonfiguration hervorgerufen, sondern von starken, räumlich begrenzten Abweichungen der Geschwindigkeitsverteilung vom thermischen Gleichgewicht, d. h. von der Maxwellschen Verteilungsfunktion. Solche Abweichungen können in stoßfreien Plasmen auftreten, in denen Stöße zwischen den einzelnen Teilchen selten sind. Es handelt sich hier um

□ Verschiebungen der Elektronen- gegenüber der Ionenverteilungsfunktion, z. B. in magnetischen Grenzschichten mit hoher elektrischer Stromdichte;

□ einen zusätzlichen hochenergetischen, d. h. überthermischen, Beitrag in der Elektronen- oder Ionenverteilung, z. B. durch einen Elektronenstrahl im Plasma;

□ →Anisotropie der jeweiligen Verteilungsfunktion, was unterschiedlichen Temperaturen $T_\perp$, $T_{||}$ senkrecht und parallel zum Magnetfeld entspricht, z. B. in einem magnetischen Spiegel.

Wenn diese Abweichungen gewisse Werte überschreiten, treten Instabilitäten auf. Das Stabilitätsverhalten wird dabei vor allem durch die Wechselwirkung der →Welle mit den Teilchen bestimmt, die ungefähr dieselbe Geschwindigkeit haben wie die Phasengeschwindigkeit ω/k der Welle (Landau-Dämpfung). Mikroinstabilitäten führen zur schnellen →Anregung eines in der Regel turbulenten Spektrums von Moden, das die Verteilungsfunktionen dem thermischen Gleichgewicht wieder annähert. Man kann diese Prozesse näherungsweise durch anomale Transportkoeffizienten beschreiben. Die Zahl der verschiedenen bisher vor allem theoretisch untersuchten Mikroinstabilitäten ist sehr groß. Sie können nach der oben angegebenen Art der Abweichung vom thermischen Gleichgewicht eingeteilt werden in

☐ Zweistrominstabilitäten, die die Relativbewegung zwischen Ionen und Elektronen reduzieren und daher einem anomalen elektrischen Widerstand entsprechen;

☐ strahlgetriebene Instabilitäten, die zu einem raschen Abbau des Strahles und entsprechender →Plasmaaufheizung führen und einem anomalen Reibungskoeffizienten entsprechen;

☐ Anisotropieinstabilitäten, die eine Angleichung von $T_\perp$, und $T_\parallel$ bewirken.

Mikroinstabilitäten führen dazu, daß nahezu stoßfreie Plasmen in Wirklichkeit immer ein gewisses, weit über dem thermischen Rauschen liegendes Fluktuationsniveau aufweisen (→Plasmaturbulenz). *Biskamp*

Literatur: *Bateman, G.:* MHD Instabilities. Cambridge, Mass/USA: The MIT Press 1978. – *Krall, N. A. u. A. W. Trivelpiece:* Principles of Plasma Physics. New York: McGraw-Hill 1973.

Plasmaphysik. Unter einem Plasma versteht man in der Physik ein Gas, in dem ein mehr oder weniger großer Teil der Atome ionisiert, d. h. in Elektronen und Ionen aufgespalten ist. Der Übergang in den Plasmazustand, den man als vierten →Aggregatzustand der Materie ansehen kann, findet in einem bestimmten Temperaturbereich statt, der von der Ionisationsenergie W_I der Gasatome abhängt. Für $kT > 0{,}2\ W_I$ (T Temperatur in K, k Boltzmann-Konstante), ist das Gas auf Grund von Stößen vollständig ionisiert; für die meisten Elemente ist dies für $T > 10^4$ K der Fall. Relativ kalte und daher schwach ionisierte Plasmen findet man in Leuchtstoffröhren u. ä., während ein Kohlebogen ein wesentlich heißeres und stärker ionisiertes Plasma darstellt. Im Weltraum befindet sich mehr als 90 % der Materie im Plasmazustand. Derzeit wichtigste Anwendung der Plasmaphysik ist die kontrollierte →Kernfusion (→Plasmaexperiment).

Ein Plasma ist im Mittel elektrisch neutral, d. h. die Zahl der Elektronen ist gleich der Zahl der Ionen mal ihrer Ladungszahl. Nichtneutrale Ansammlungen von geladenen Teilchen, z. B. die Raumladungswolke in einer Elektronenröhre, stellen daher kein Plasma dar. Wegen der Diskretheit der Ladungsträger und ihrer thermischen Bewegung gibt es in einem Plasma lokale Schwankungen der Ladungsdichte, die aber auf Bereiche kleiner als die Debyelänge $\lambda_D = \sqrt{kT/4\pi e^2 n_e}$ begrenzt sind (e Elementarladung, n_e Elektronendichte). Über Entfernungen größer als λ_D werden lokal auftretende elektrische Raumladungen durch eine Ladungswolke mit umgekehrtem Vorzeichen abgeschirmt.

Das Verhalten eines Plasmas wird durch die Bewegung der geladenen Teilchen in den im Plasma herrschenden elektrischen und magnetischen Feldern bestimmt. Die Kraft auf ein Teilchen mit der Ladung q und der Geschwindigkeit $\vec{v}$ ist gegeben durch $q(\vec{E} + \frac{1}{c}\vec{v} \times \vec{B})$ mit c als Lichtgeschwindigkeit. In einem magnetisch eingeschlossenen Plasma ist i. a. der $\vec{v} \times \vec{B}$-Term, die Lorentz-Kraft, dominierend, was dazu führt, daß ein Teilchen eine schraubenförmige Bahn um eine magnetische Feldlinie durchläuft mit einer →Frequenz $\Omega_c = qB/mc$, der Zyklotronfrequenz des Teilchens (m Teilchenmasse), und einem Radius $r_c = v_\perp/\Omega_c$, dem Larmorradius, mit $v_\perp$ Teilchengeschwindigkeit senkrecht zum →Magnetfeld. Wenn der Larmorradius hinreichend klein ist, was für viele Plasmen zutrifft, kann man das Teilchenverhalten durch die Bewegung des sog. Führungszentrums, des Mittelpunkts des Larmorkreises, beschreiben, also als Quasiteilchen mit der Ladung q und einem magnetischen →Moment $\mu = mv_\perp^2/2B$, das sich im wesentlichen entlang einer Feldlinie bewegt. Auf Grund des magnetischen Moments erfährt das Führungszentrum bei einer Verstärkung des Magnetfeldes entlang einer Feldlinie eine abstoßende Kraft, die seine Bewegungsrichtung umkehren kann. Eine magnetische Anordnung, bei der das Magnetfeld an den Enden stärker ist als in der Mitte, kann Plasmateilchen einschließen (Spiegelmaschine, →Plasmaexperiment).

Charakteristisch für das dynamische Verhalten eines Plasmas ist, daß es im wesentlichen von kollektiven, d. h. von vielen Plasmateilchen gleichzeitig erzeugten elektrischen und magnetischen Feldern bestimmt wird und weniger von der Wechselwirkung zwischen einzelnen Teilchen, d. h. von Stößen im gaskinetischen Sinn. Das Verhältnis von kollektiver Wechselwirkung zu Stoßeffekten wird bestimmt durch die Zahl N_D von Elektronen im Volumen einer Kugel mit dem Radius λ_D (Debyekugel). Für $N_D \gg 1$ sind die Stöße zwischen individuellen Teilchen schwach. Sie resultieren aus kleinen Ablenkungen der Teilchen von ihrer Flugbahn (Kleinwinkelstreuung). N_D nimmt zu mit steigender Temperatur und abnehmender Dichte und ist für viele Plasmen sehr groß, z. B. $N_D = 10^8$ für Plasmen in der Kernfusion.

Die einfachste selbstkonsistente Beschreibung eines Plasmas liefert die →Magnetohydrodynamik. Das Plasma wird dabei als elektrisch leitfähige Flüssigkeit behandelt, die mit äußeren und durch Plasmaströme erzeugten Magnetfeldern in Wechselwirkung steht. Wegen des kleinen elektrischen Widerstands kann sich ein im Plasma vorhandenes Magnetfeld nicht schnell ändern; denn jede Änderung erzeugt nach dem →Induktionsgesetz einen Strom, der diese praktisch wieder aufhebt, so daß sich das Magnetfeld nur mit dem Plasma zusammen bewegen kann. Man sagt, das Magnetfeld ist im Plasma eingefroren. Bewegungen eines Plasmas sind bestimmt durch die an seinen Volumenelementen angreifenden Kräfte. Diese setzen sich zusammen aus

□ der thermischen Druckkraft, d. h. der Differenz des an den gegenüberliegenden Seiten eines Volumenelements wirkenden Drucks p wie in einem gewöhnlichen Gas; in den meisten Fällen ist die Plasmadichte so klein, daß für den Druck das ideale Gasgesetz $p = 2nkT$ gilt;

□ der magnetischen Kraft $\vec{j} \times \vec{B}$ ($\vec{j}$ Stromdichte); dies ist dieselbe Kraft, die auf die stromdurchflossenen Spulenwindungen im Magnetfeld eines Elektromotors wirkt. Die magnetische Kraft kann auch durch den magnetischen Druck $B^2/2$ beschrieben werden, allerdings ist dieser nicht isotrop, wie der thermische Druck p, sondern wirkt nur senkrecht zum Magnetfeld als Druck, parallel dazu als Spannung.

Wenn sich die einzelnen Kraftbeiträge in jedem Volumenelement gegenseitig aufheben, ist die Plasmakonfiguration im Gleichgewicht. Die Bestimmung von *Plasmagleichgewichten* ist sowohl in der Astrophysik als auch für die kontrollierte Kernfusion von großer Bedeutung. Die einfachste Gleichgewichtskonfiguration stellt eine ebene Plasmaschicht dar, Bild 1, wie sie z. B. im geomagnetischen Schweif der Erde (extraterrestrische Plasmen) verwirklicht ist. In dem Maß, wie der Plasmadruck nach außen hin abnimmt, wächst der magnetische Druck, so daß die Summe $p + B^2/2$ konstant bleibt. Zylindersymmetrische Konfigurationen sind in Bild 2 angegeben. In Bild 2a wird das Magnetfeld, das um die Zylinderachse läuft, von einem Plasmastrom j in Richtung der Zylinderachse erzeugt, in Bild 2b ist dieser Konfiguration noch ein außerhalb des Plasmas erzeugtes Feld in Richtung der Zylinderachse überlagert, so daß die Feldlinien schraubenförmig um die Achse laufen. Wenn man die Anordnung in 2b biegt und die Enden zusammenfügt, erhält man die Tokamakkonfiguration, die heute in der Kernfusion die wichtigste Rolle spielt. Der Vorteil einer solchen geschlossenen Anordnung besteht darin, daß die magnetischen Feldlinien vollständig in dem Torusvolumen verlaufen, ohne materielle Wände zu durchstoßen, und daher das heiße Plasma, das sich frei entlang der Feldlinien bewegt, nicht durch direkten Kontakt mit solchen Wänden abgekühlt wird. Eine nützliche

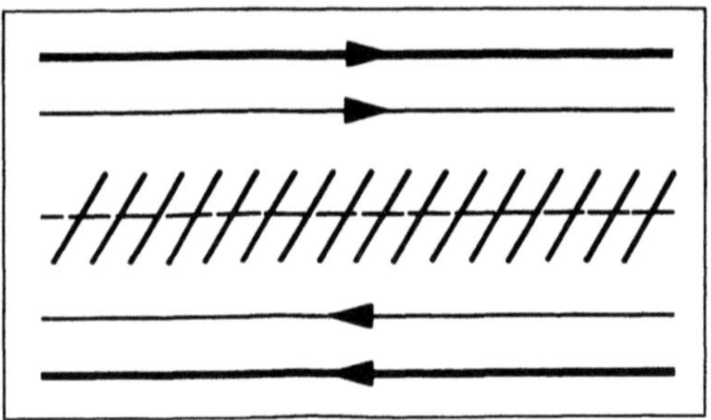

Plasmaphysik 1: Ebene Plasmaschicht.

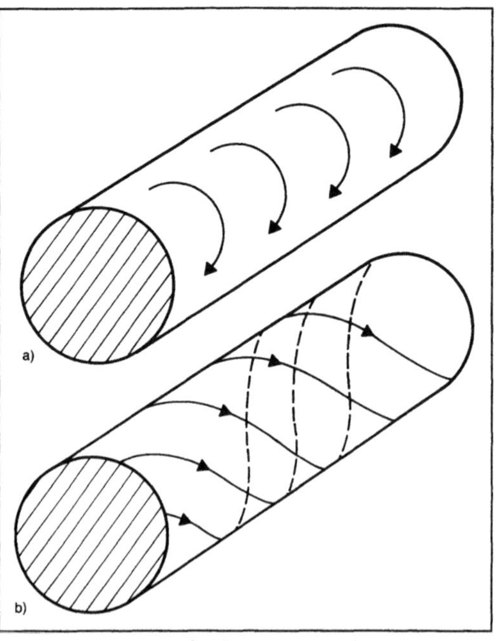

Plasmaphysik 2: Zylindersymmetrische Plasmakonfigurationen.
a) Plasmastrom in Richtung Zylinderachse
b) Überlagerung des Plasmafelds.

Größe zur Charakterisierung von Plasmakonfigurationen ist das Verhältnis von Plasma zu Magnetfelddruck $\beta = 2p/B^2$. Es beschreibt den Einfluß des Magnetfeldes auf das Plasma. Für $\beta \gg 1$ ist dieser klein, während für $\beta \ll 1$ das Plasmaverhalten wesentlich vom Magnetfeld bestimmt wird.

Kleine Störungen eines Plasmagleichgewichts führen zur Ausbreitung von magnetohydrodynamischen Wellen (Plasmawellen). Man unterscheidet dabei im wesentlichen zwei verschiedene Typen, Alfvén-Wellen und Schallwellen. Alfvén-Wellen sind transversale magnetische Schwingungen (transversal = → Schwingungsrichtung der Plasmateilchen senkrecht zur Ausbreitungsrichtung), die sich entlang der Magnetfeldlinien fortpflanzen. Die Ausbreitungsgeschwindigkeit ist die Alfvén-Geschwindigkeit $c_A = \sqrt{B^2/4\pi\rho}$ mit ρ als Massendichte des Plasmas. Schallwellen sind longitudinale Kompressionsschwingungen (longitudinal = Schwingungsrichtung in Ausbreitungsrichtung). Entlang der Feldlinien verhalten sie sich wie Schallwellen in einem neutralen Gas mit der Schallgeschwindigkeit $c_S = \sqrt{\gamma p/\rho}$, ($\gamma$ Adiabatenkoeffizient), während bei Ausbreitung senkrecht zum Magnetfeld, wo sich der magnetische Druck zum thermischen addiert, die Geschwindigkeit größer ist, nämlich $\sqrt{c_A^2 + c_S^2}$ (magnetosonische Welle). Störungen eines Plasmagleichgewichts können sich auch spontan verstärken, d. h. in der Amplitude anwachsen, was schließlich zu einer mehr oder weniger großen Veränderung oder gar Zerstörung der ursprünglichen Konfiguration führt. Man nennt dieses Verhalten →Plasmainstabilität. Ein Zustand kann nur dann über längere Zeit bestehen bleiben, wenn er stabil ist. Daher sind Stabilitätsuntersuchungen von zentraler Bedeutung in der Plasmatheorie. *Biskamp*

Plasmastrahlung. Ein Plasma emittiert ein breites Spektrum elektromagnetischer →Strahlung. Die wesentlichen Strahlungsarten sind Bremsstrahlung, Zyklotronstrahlung und Emission auf Grund von atomaren Übergangsprozessen. Bremsstrahlung entsteht in erster Linie durch Wechselwirkung der Elektronen mit dem Coulombfeld der Ionen. Das Bremsstrahlungsspektrum hat sein Maximum bei einer →Frequenz ν_{max}, die der Elektronentemperatur T_e entspricht, $\nu_{max} \sim kT_e/h$ (h →Planck-Konstante). Zyklotronstrahlung wird durch die Gyrationsbewegung der Elektronen im Magnetfeld erzeugt. Die Frequenz liegt im Bereich der Elektronenzyklotronfrequenz und ist i. a. sehr viel niedriger als die der Bremsstrahlung. Atomare Strahlungsprozesse, die besonders bei nicht vollständig ionisierten Atomen höherer Ladungszahl auftreten, sind Linienstrahlung durch Übergänge gebundener Elektronen und (kontinuierliche) Rekombinationsstrahlung beim Einfang eines freien Elektrons. Welche Strahlungsart dominiert, hängt von Plasmadichte, Temperatur, Magnetfeldstärke und Plasmazusammensetzung ab. In den meisten Laborplasmen (→Plasmaexperiment) überwiegt die Linienstrahlung von Fremdatomen (Verunreinigungsstrahlung). Das Strahlungsspektrum hängt auch wesentlich davon ab, ob die erzeugte Strahlung das Plasma ungestört durchlaufen kann (optisch dünnes Plasma) oder ob innerhalb des Plasmas Reabsorption stattfindet (optisch dickes Plasma). Im letzteren Fall emittiert das Plasma näherungsweise die seiner Temperatur entsprechende Schwarzkörperstrahlung, z. B. die Photosphäre der Sonne. *Biskamp*

Plasmatransport →Plasmadiffusion

Plasmaturbulenz. Ein Plasma kann auf Grund seiner geringen Viskosität leicht in turbulenten Zustand versetzt werden, z. B. als Folge von →Plasmainstabilität. Man unterscheidet zwischen Makro- und Mikroturbulenz je nach der →Wellenlänge der turbulenten Wirbel verglichen mit der Ausdehnung der Plasmakonfiguration. Während Makroturbulenz eine Plasmasäule schnell zerstört, führt Mikroturbulenz bei einem ruhigen Plasmaverhalten nur zu erhöhten Transportprozessen (anomale →Plasmadiffusion). *Biskamp*

Plasma-Wand-Wechselwirkung. Unter P.-W.-W. versteht man die verschiedenartigen Prozesse, die beim Kontakt eines Plasmas mit materiellen Wänden auftreten. Sie führen einerseits zur Schädigung der Wandoberfläche, vor allem durch lokales Abschmelzen und Erosion auf Grund von Zerstäubung, andererseits zu Plasmakontamination durch Ionen des Wandmaterials. Besonders schwerwiegend sind diese Prozesse bei den heißen und dichten Plasmen, die bei der thermonuklearen Fusion auftreten und zu ernsthaften Materialproblemen führen.

Daher bilden Untersuchungen der Plasmawandwechselwirkung einen Schwerpunkt in der Fusionsforschung (→Kernfusion). *Biskamp*

Plastizitätstheorie →Mechanik-Einteilung

Plastomechanik. Die P., je nach Grad des Aufwandes auch Plastizitätstheorie genannt, beschäftigt sich mit dem Verformungsbereich, der nicht mehr durch die Elastomechanik beschrieben wird (→Mechanik-Einteilung), weil bleibende Formänderungen entstehen, als Grenzgebiet auch mit dem Kriechen und der Viskoplastizität. Um den Aufwand zu begrenzen, wird das Materialverhalten z. T. stark idealisiert. Besonders schwierig ist die sehr häufig auftretende →Anisotropie zu erfassen.

Das Stoffverhalten wird durch Stoffgesetze der P. beschrieben, die man in der Regel auf ein →Fließkriterium, ausgedrückt in Spannungen, also im Spannungsraum, gründet und durch eine Fließregel vervollständigt. Es gibt aber auch die Darstellung mit Deformationsmaßen in einer Konsistenzbedingung, also im Dehnungsraum. In alle diese Gesetze gehen als Fließkurven gemessene Materialwerte ein, die vor allem die durch die Verformung hervorgerufene Verfestigung beschreiben.

Berechnungsverfahren gibt es für kleine Formänderungen in der Form der Traglastverfahren, die eine einmalige Plastizierung durchaus zulassen, wenn das Einspielen möglich ist. Für Walz-, Zieh-, Schmiede- und Preßvorgänge wird gern die Elementare Theorie angewandt. Für genauere Rechnungen stehen traditionell die Gleit- und Hauptlinienverfahren, in neuerer Zeit auch eine spezielle, auf Schrankensätzen der P. beruhende →Finite-Elemente-Methode für plastische Medien zur Verfügung. Als ein Vorgang besonderer Art ist die bei →Torsion mögliche Verlängerung oder Verkürzung der Probe, der Poynting-Effekt, anzusehen. *Besdo*

Plausibilitätskontrolle. Die P. ist eine Prüfung, ob verschiedene, auf Grund theoretischer Überlegungen zusammenhängende Signale miteinander verträglich sind.

Bei vielen Prozessen hängen die einzelnen Größen in einer definierten Weise voneinander ab. Bei

Sattdampf z. B. sind die Temperatur und der Druck über die Siedekurve gekoppelt. Hier läßt sich kontrollieren, ob gemessene Temperatur- und Druckwerte zueinander passen oder ob eine der beiden Meßstellen gestört ist.

Die P. zur →Ausfallerkennung läßt sich insbes. dann anwenden, wenn Komponenten oder Teilsysteme mit Hilfe eines mathematischen Modells nachgebildet werden können. Dieses Modell wird einem →Prozeßrechner zur Verfügung gestellt, der prozeßgekoppelt die Meßwerte auf ihre Plausibilität, d. h. ihre Verträglichkeit mit dem Modell hin überprüfen kann. Dabei können nicht nur gleichartige Größen, sondern auch unterschiedliche und nicht nur direkt gemessene Größen, sondern auch berechnete verglichen werden.

Die P. hilft auch in Ausnahmesituationen zu entscheiden, ob ungewöhnliche Meßsignale vertrauenswürdig sind und damit ungewöhnliche Betriebsbedingungen anzeigen.

Die Vorgehensweise bei der P. soll am Bild verdeutlicht werden. Der gezeigte Kreislauf besteht aus einer Rohrleitung mit Pumpe und einem Wärmeübertrager, durch den das Kühlmittel gepumpt wird. Gemessen werden die Förderhöhe H als Differenzdruck und die Durchflußmenge Q. Bekannt sind weiterhin die Kennlinie P der Pumpe (große Fördermenge bei kleiner Förderhöhe) und die Kennlinie R der Rohrleitung (großer Widerstand bei großem Durchfluß). Der Nennbetriebspunkt mit der Fördermenge Q_o und der Förderhöhe H_o ergibt sich als Schnittpunkt der beiden Kennlinien, b) im Bild. Die gemessenen Werte sind die Durchflußmenge Q_m und die Förderhöhe H_m.

Bei bestimmungsgemäßem Betrieb wird der Nennbetriebspunkt erreicht, $Q_m = Q_o$ und $H_m = H_o$. Weichen die gemessenen Werte von den gespeicherten Kennlinien ab, so lassen sich folgende Störungen identifizieren:

□ Fehlerhafte Durchflußmessung: Das Wertepaar H_m, Q_m paßt zu keiner Kennlinie. Der Vergleich der gemessenen und berechneten Werte identifiziert mit $H_m - H_o = 0$ und $Q_m - Q_o \neq 0$ die Durchflußmessung als gestört.

□ Fehlerhafte Differenzdruckmessung: Das Wertepaar H_m, Q_m liegt wieder außerhalb der Kennlinie. Mit $Q_m - Q_o = 0$ und $H_m - H_o \neq 0$ wird die gestörte Differenzdruckmessung gefunden.

□ Pumpenversager: Die Kennlinie der Pumpe ist in Richtung niedrigerer Förderhöhen verschoben. Die gemessene Fördermenge Q_m ist kleiner als Q_o; das Wertepaar Q_m und H_m liegt auf der ursprünglichen Rohrleitungskennlinie.

□ Leck der Rohrleitung: Die Kennlinie der Rohrleitung ist in Richtung niedrigerer Strömungswiderstände verschoben. Die gemessene Fördermenge Q_m ist größer als Q_o. Das Wertepaar Q_m und H_m liegt auf der ursprünglichen Kennlinie der Pumpe. Eine Verschiebung der Rohrleitungskennlinie in Richtung höherer Differenzdrücke weist auf eine verschmutzte Rohrleitung hin. *Schrüfer*

Literatur: *Hawickhorst, W.:* Ein neues rechnergestütztes Konzept für die Inspektion der technischen Sicherheitseinrichtungen in Kernkraftwerken. Diss. TU München 1977. – *Schrüfer, E.:* Zuverlässigkeit von Meß- und Automatisierungseinrichtungen. München 1984.

Plutonium. P. ist das zweite Transuranelement und gehört zur Gruppe der Actiniden. Die Ordnungszahl ist 94, das Symbol Pu. Plutonium wurde 1940 von *Seaborg* bei der Bestrahlung von →Uran mit 16 MeV Deuteronen im Zyklotron entdeckt, wobei es durch die Reaktionsfolge

$$^{238}\text{U}(d,2n)\ ^{238}\text{Np} \xrightarrow[2,12\,d]{\beta^-} {}^{238}\text{Pu}$$

entstand. Das langlebigste Isotop des Plutoniums ist ^{244}Pu (→Halbwertzeit $8,26 \cdot 10^7$ a). Dieses Plutoniumisotop wurde 1971 von *Hoffman* auch in dem Mineral Bastnäsit gefunden, wo es in Mengen von etwa 10^{-18} g/g vorhanden ist. Das wichtigste Plutoniumisotop ist ^{239}Pu, das in größeren Mengen aus ^{238}U in Kernreaktoren gebildet wird und ebenso wie ^{235}U ein Kernbrennstoff ist. Es entsteht durch die Reaktionsfolge

$$^{238}\text{U}(n,\gamma)\ ^{239}\text{U} \xrightarrow[23,5\,m]{\beta^-} {}^{239}\text{Np} \xrightarrow[2,36\,d]{\beta^-} {}^{239}\text{Pu}.$$

Da ^{239}Pu mit hohem Wirkungsquerschnitt durch thermische Neutronen gespalten wird (→Kernbrennstoff), trägt es zur Energiegewinnung in

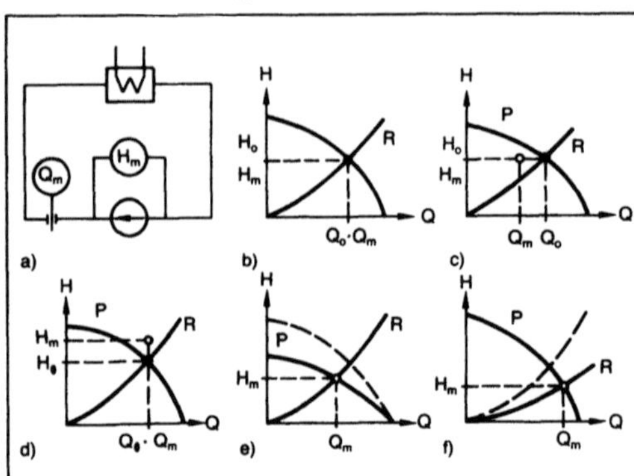

Plausibilitätskontrolle: Kühlkreislauf mit einer Differenzdruckmessung H_m und einer Durchflußmessung Q_m
a) Schema
b) Kennlinie im ungestörten Betrieb
c) Fehlerhafte Durchflußmessung
d) Fehlerhafte Differenzdruckmessung
e) Pumpenversagen
f) Leck der Rohrleitung.

Leichtwasserreaktoren bei. Durch Neutroneneinfang entstehen aus ^{239}Pu auch die schwereren Plutoniumisotope ^{240}Pu, ^{241}Pu und ^{242}Pu. Insgesamt sind in den Brennstoffelementen von Leichtwasserreaktoren bei einer Anfangsanreicherung von 3,3 % und einem Abbrand von 34 000 MWd/t etwa 9 kg Plutonium pro Tonne Uran vorhanden. In den schnellen Brütern spielt das Plutonium als Brennstoff die wichtigste Rolle ($\rightarrow$Kernreaktor). Bei der $\rightarrow$Wiederaufarbeitung wird das Plutonium aus den bestrahlten Kernbrennstoffen abgetrennt.

Die Elektronenkonfiguration des Plutoniums im Gaszustand ist (Radon) $5f^6 7s^2$. Plutonium tritt in den Oxidationsstufen +3 bis +7 auf. Die wichtigsten Oxidationsstufen sind +3 und +4. Wichtige Verbindungen sind PuO_2 (als Brennstoff einsetzbar, auch in Form von Mischoxiden UO_2/PuO_2), PuF_6 (flüchtig, aber weniger stabil als UF_6) sowie in Lösungen die Verbindungen von Pu^{3+} und Pu^{4+}.   *Lieser*

Literatur: *Cleveland, J. M.:* The Chemistry of Plutonium. New York: Gordon and Breach 1970. – Gmelin, Handbuch der Anorganischen Chemie. Weinheim: Verlag Chemie, und Berlin–Heidelberg–New York: Springer Verlag. – *Keller, C.:* The Chemistry of the Transuranium Elements. Weinheim: Verlag Chemie 1971. – *Seaborg, G. T.:* Man-Made Transuranium Elements. New Jersey: Prentice-Hall 1963.

Poisson-Gleichung. Grundgleichung der Elektrostatik zur Berechnung der Potentialverteilung in raumladungsbehafteten Feldbereichen. Sie stellt eine partielle $\rightarrow$Differentialgleichung für das elektrostatische Potential φ dar, wenn sich in dem zu untersuchenden Bereich eine Raumladung ρ befindet:

$$\Delta\varphi = -\frac{\rho}{\varepsilon}.$$

Hierin ist Δ der Laplace-Operator $\partial^2/\partial x^2 + \partial^2/\partial y^2 + \partial^2/\partial z^2$ und ε die Permittivität des Mediums. Im raumladungsfreien Fall wird aus der *Poisson*-Gleichung die *Laplace*-Gleichung

$$\Delta\varphi = 0.$$

Mit der Beziehung

$$\underline{E} = - \text{ grad } \varphi$$

für das elektrische $\rightarrow$Feld $\underline{E}$ und

$$\underline{D} = \varepsilon\underline{E}$$

für die dielektrische Verschiebung $\underline{D}$ wird aus der Poisson-Gleichung die vierte *Maxwell*-Gleichung

$$\text{div}\underline{D} = \rho,$$

die auch eine Gleichung des $\rightarrow$*Gauß*-Gesetzes darstellt.   *Claassen*

Poisson–Konstante. Bei einem durch Zug- oder Druckkräfte belasteten Stab tritt nicht nur eine $\rightarrow$Dehnung bzw. $\rightarrow$Stauchung in Richtung der Kräfte auf, sondern auch quer dazu. Es zeigt sich, daß die Querdehnungen den Längsdehnungen im Gültigkeitsbereich des *Hookeschen Gesetzes* proportional sind. Den Proportionalitätsfaktor nennt man P.-K. m; es gilt:

$$m = \frac{\varepsilon}{\varepsilon_q}$$

ε: Längsdehnung
ε_q: Querdehnung

Der reziproke Wert der P.-K. ist die $\rightarrow$Querkontraktionszahl ν oder auch Querdehnzahl; es gilt:

$$\nu = \frac{1}{m}$$

Die Querkontraktionszahl wird manchmal auch Poisson-Zahl genannt. Nach den Gesetzen der $\rightarrow$Elastizitätstheorie besteht ein Zusammenhang zwischen dem $\rightarrow$Elastizitätsmodul, dem $\rightarrow$Schubmodul und der P.-K.   *Splittgerber*

Polarität. Eine $\rightarrow$Korrelation π der Ordnung zwei (π^2 = Identität). Dabei ist eine Korrelation eine eineindeutige Abbildung eines projektiven Raumes $\mathfrak{P}$ (V) in sich, welche die Inzidenz (Enthaltenseinsbeziehung) umkehrt, d. h., sind E und F Elemente von $\mathfrak{P}$ (V), so enthält E das Element F genau dann, wenn π (F) das Element π (E) enthält. Insbesondere bildet π Punkte, Geraden, Ebenen eines dreidimensionalen projektiven Raumes auf Ebenen, Geraden und Punkte ab.   *Fischer*

Polynom, charakteristisches. Es sei A eine quadratische $\rightarrow$Matrix der Ordnung n. Die Suche nach einem Vektor $\mathbf{x} \neq 0$ für welchen eine durch A dargestellte lineare Abbildung eine Streckung oder Stauchung bewirkt, führt auf eine Gleichung der Gestalt $A\mathbf{x} = \lambda\mathbf{x}$, wobei λ ein Element des Grundkörpers ist. Bezeichnet E die Einheitsmatrix der Ordnung n, so können wir umformen zu

$$(A - \lambda E)\mathbf{x} = \mathbf{0}. \tag{1}$$

Eine solche Gleichung mit $\mathbf{x} \neq \mathbf{0}$ kann nur dann bestehen, wenn die $\rightarrow$Determinante von $A - \lambda E$ verschwindet, also

$$\det (A - \lambda E) = 0 \tag{2}$$

gilt. Diese Determinante ist ein Polynom vom Grad n in λ der Gestalt

$$\det (A - \lambda E) = (-1)^n \lambda^n + c_{n-1}\lambda^{n-1} + \ldots + c_0 \tag{3}$$

welches c. P. genannt wird. Die Gleichung (2) selbst heißt charakteristische Gleichung oder Säulargleichung. Die Koeffizienten $c_0, c_1, \ldots, c_{n-1}$ des c. P. lassen sich durch die Elemente der Matrix A ausdrücken, insbesondere gilt

$$c_{n-1} = (-1)^{n-1}\text{spur } A, \quad c_0 = \det A.$$

Ein Satz von *Cayley* und *Hamilton* besagt, daß jede quadratische Matrix ihre charakteristische Gleichung erfüllt, d. h.: Ersetzt man auf der rechten Seite von (3) die Größe λ durch die Matrix A und bildet die Potenzen von A nach den Gesetzen der Matrizenmultiplikation, so entsteht die Nullmatrix. Gehören die Elemente der Matrix A einem algebraisch abgeschlossenen Körper K an, so besitzt die Gleichung (2) genau n Wurzeln λ_1, λ_2, ..., λ_n in K, genannt Eigenwerte der Matrix A. Mehrfache Wurzeln sind dabei entsprechend ihrer Vielfachheit wiederholt aufgeführt. Zu jedem λ_j existiert mindestens ein Vektor $\mathbf{x}_j \neq 0$, genannt zugehöriger Eigenvektor, so daß das Paar λ_j, $\mathbf{x}_j$ die Gleichung (1) erfüllt. Eigenvektoren sind jedoch nicht eindeutig festgelegt. Tatsächlich bildet die Gesamtheit aller Vektoren $\mathbf{x}$, die für $\lambda = \lambda_j$ der Gleichung (1) genügen, einen mindestens eindimensionalen Vektorraum, den Eigenraum zu λ_j.

Genau dann, wenn es n linear unabhängige Eigenvektoren

$$\mathbf{x}_1 = \begin{pmatrix} x_{11} \\ x_{21} \\ \vdots \\ x_{n1} \end{pmatrix}, \ \mathbf{x}_2 = \begin{pmatrix} x_{12} \\ x_{22} \\ \vdots \\ x_{n2} \end{pmatrix}, \ ..., \ \mathbf{x}_n = \begin{pmatrix} x_{1n} \\ x_{2n} \\ \vdots \\ x_{nn} \end{pmatrix},$$

gibt, ist die Matrix A zu einer Diagonalmatrix ähnlich, und es gilt

$$X^{-1}A\,X = (\lambda_j \delta_{kj}), \tag{4}$$

wobei δ_{kj} das Kroneckersymbol bezeichnet und die Matrix $X = (x_{kj})$ die Eigenvektoren als Spalten besitzt. Insbesondere weiß man, daß die Diagonalisierung (4) gewiß dann möglich ist, wenn keine mehrfachen Eigenwerte auftreten ($\rightarrow$Eigenwert; $\rightarrow$Eigenwerte und Eigenvektoren von Matrizen (Numerische Methoden) Jordansche Normalform; Normalformenproblem). *Schmeißer*

Literatur: *Brieskorn, E.:* Lineare Algebra und analytische Geometrie (2 Bände). Braunschweig 1983 u. 1985. – *Fischer, G.:* Lineare Algebra. Braunschweig 1975. – *Gantmacher, F. R.:* Matrizentheorie. Berlin–Heidelberg 1986. – *Gröbner, W.:* Matrizenrechnung. Mannheim 1966. – *Heinhold, J.* u. *B. Riedmüller:* Lineare Algebra und Analytische Geometrie (2 Bände). München 1975 u. 1973. – *Kochendörfer, R.:* Determinanten und Matrizen. Leipzig 1963. – *Kowalsky, H.-J.:* Lineare Algebra (2. Aufl.). Berlin 1965. – *Neiß, F.* u. *H. Liermann:* Determinanten und Matrizen (8. Aufl.). Berlin–Heidelberg 1975.

Positionssensor. $\rightarrow$Sensor zur Ermittlung der Ortskoordinaten eines Gegenstandes. Zur Anwendung kommen verschiedene Prinzipien:
□ optische Verfahren: Erfassung des Gegenstandes mit einem Bildsensor, CCD-Sensor u. a. und Auswertung des Bilds bezüglich der Position.
□ magnetische Verfahren: Die Gegenstände sind entweder selbst magnetisch aktiv, oder sie sind mit magnetisch aktiven Markierungen versehen. In beiden Fällen ändern sie in vorbestimmbarer Weise das $\rightarrow$Magnetfeld in der Umgebung eines Magnetsensors.

Für spezielle Anwendungen gibt es eine Vielzahl weiterer Verfahren. Kann der Gegenstand durch einen kleinen Lichtfleck (z. B. Laserstrahl) repräsentiert werden, dann können Silicium-P. (PSD Photosensitive Detector) eingesetzt werden (Bild). Auf einer photoempfindlichen Fläche kann durch Addition, Subtraktion und Division der an den vier Seitenkanten des PSD abgegriffenen Signale die Position des Lichtflecks elektronisch ermittelt werden. *Schaumburg*

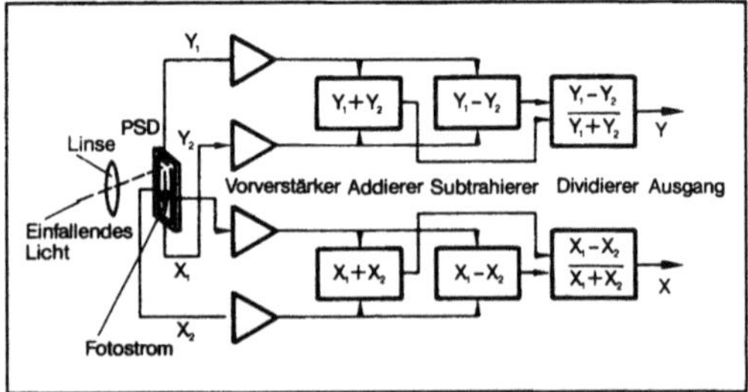

Positionssensor: Zweidimensionale Positionsmessung mit einem PSD. (Quelle: Schanz a. a. O.)

Literatur: *Schanz, G. W.:* Sensoren. Heidelberg 1986.

Potential, thermodynamisches. T. P. sind Zustandsfunktionen auf dem Gleichgewichtsteilraum ($\rightarrow$Gleichgewicht). Sie haben die Eigenschaft, thermodynamische Größen des betrachteten Systems durch ihre partiellen Ableitungen nach den Zustandsvariablen darzustellen. Je nach den gewählten Gleichgewichtsvariablen definiert man spezielle t. P. Aus der Gibbs-Fundamentalgleichung ergibt sich für den speziellen Variablensatz im Gleichgewicht $(\underline{a}, \underline{n}, S)$:

$$dU = \underline{A} \cdot d\underline{a} + \underline{\mu} \cdot d\underline{n} + TdS,$$

mit dem t. P. innere Energie:

$$U = U(\underline{a}, \underline{n}, S);$$

$\underline{a}$ Arbeitsvariable, $\underline{n}$ Molzahl, S $\rightarrow$Entropie, $\underline{A}$ generalisierte Kräfte ($\rightarrow$Arbeit), $\underline{\mu}$ chemisches P., T thermostatische Temperatur. Es gilt:

$$\underline{A} = (\delta U/\delta \underline{a})_{\underline{n},\,S}, \ \underline{\mu} = (\delta U/\delta \underline{n})_{\underline{a},\,S},$$
$$T = (\delta U/\delta S)_{\underline{a},\,\underline{n}}.$$

Das t. P. für den Variablensatz $(\underline{a}, \underline{n}, T)$

$$F(\underline{a}, \underline{n}, T): = U - TS$$

heißt freie Energie oder Helmholtz-Energie. Ihr Differential ist

$$dF = \underline{A} \cdot d\underline{a} + \underline{\mu} \cdot d\underline{n} - SdT.$$

Für andere Variablensätze ergibt sich folgendes:
$(\underline{A}, \underline{n}, S)$:
$H(\underline{A}, \underline{n}, S)$: $= U - \underline{A} \cdot \underline{a}$
$\rightarrow$Enthalpie,
$dH = -\underline{a} \cdot d\underline{A} + \underline{\mu} \cdot d\underline{n} + TdS$.
$(\underline{A}, \underline{n}, T)$:
$G(\underline{A}, \underline{n}, T)$: $= H - TS$
freie Enthalpie oder Gibbs-Energie,
$dG = - \underline{a} \cdot d\underline{A} + \underline{\mu} \cdot d\underline{n} - SdT$.
$(\underline{a}, \underline{\mu}, T)$:
$\Omega(\underline{a}, \underline{\mu}, T)$: $= F - \underline{\mu} \cdot \underline{n}$
großes P.
$d\Omega = \underline{A} \cdot d\underline{a} - \underline{n} \cdot d\underline{\mu} - SdT$.

Alle aufgeführten t. P. gehen auseinander durch Legendre-Transformationen hervor. Wie für U angeführt, gibt es nun zahlreiche partielle Ableitungen, z. B.:

$$\underline{\mu} = (\delta G/\delta \underline{n})_{\underline{A}, T}, \quad T = (\delta H/\delta S)_{\underline{A}, \underline{n}}.$$

Da G nur die Molzahl als extensive Variable enthält, folgt:

$$G = (\delta G/\delta \underline{n})_{\underline{A}, T} \cdot \underline{n} = \underline{\mu} \cdot \underline{n},$$

und damit folgt:

$$\Omega = \underline{A} \cdot \underline{a}.$$

Weitere thermodynamische Funktionen sind die Massieus-Funktionen.

Das Guggenheim-Schema

S	H	p
U		G
V	F	T

zeigt die Abhängigkeit der Potentiale U, H, F und G bei konstanter Molzahl von den Variablen S, V, p und T. Neben den P. stehen die Variablen unter dem Differential, wobei jene aus der ersten Zeile ein Pluszeichen, jene aus der dritten Zeile ein Minuszeichen tragen. Den Differentialen diagonal gegenüber stehen die Faktoren vor den Differentialen.

Wird die Molzahländerung $d\underline{n}$ in die externe $d\underline{n}^e$ durch Stoffaustausch und in die interne $d\underline{n}^i$ durch chemische Reaktionen zerlegt:

$$d\underline{n} = d\underline{n}^e + d\underline{n}^i = d\underline{n}^e + \underline{\underline{v}} \cdot d\underline{\xi}$$

(v Matrix der stöchiometrischen Koeffizienten, $\underline{\xi}$ Reaktionslaufzahlen), so wird das Differential der inneren Energie:

$$dU = \underline{A} \cdot d\underline{a} + \underline{m} \cdot d\underline{n}^e + TdS - \underline{\alpha} \cdot d\underline{\xi};$$

$\underline{\alpha}$ Affinitäten.

Diese Zerlegung überträgt sich auf die anderen P. So ergibt sich für die freie Enthapie:

$$dG = -\underline{a} \cdot d\underline{A} + \underline{\mu} \cdot d\underline{n}^e - SdT - \underline{\alpha} \cdot d\underline{\xi},$$

und damit gilt z. B.

$$\underline{a} = - (\delta G/\delta \underline{\xi})_{\underline{A}, T}.$$

Die Darstellung der Differentiale der t. P. mit der $\rightarrow$Reaktionslaufzahl gestattet eine einfache Formulierung der Gleichgewichtsbedingungen für das thermodynamische Gleichgewicht: Da in abgeschlossenen Systemen im Gleichgewicht die Entropie maximal wird, folgt aus dem Differential für die innere Energie:

$$TdS = \underline{\alpha} \cdot d\underline{\xi} \geqq 0.$$

Daraus folgt für
$d\underline{a} = 0$, $d\underline{n}^e = 0$, $dT = 0$ (kein Arbeitsaustausch, kein Stoffaustausch, System im Wärmebad)
$dF \leqq 0$, $d^2F > 0$
und für
$d\underline{A} = 0$, $d\underline{n}^e = 0$, $dS = 0$ (System im Druckbehälter, kein Stoffaustausch, kein Wärmeaustausch)
$dH \leqq 0$, $d^2H > 0$
und für
$d\underline{A} = 0$, $d\underline{n}^e = 0$, $dT = 0$ (System im Druckbehälter, kein Stoffaustausch, System im Wärmebad)
$dG = \leqq 0$, $d^2G > 0$,
d. h. für die angegebenen Nebenbedingungen werden F, H, und G im Gleichgewicht minimal. *Muschik*

Potentialströmung. Die (kinematische) Bedingung der Wirbelfreiheit eines Strömungsfelds (Geschwindigkeitsfeld) u: rot u = 0 ist notwendig und hinreichend für die Existenz eines Geschwindigkeitspotentials Φ mit u = grad Φ. Ist das Strömungsfeld auch inkompressibel: div u = 0 (Kontinuitätsgleichung), so gilt für Φ die Potentialgleichung

$$\Delta\Phi = 0 \tag{1}.$$

Strömungsfelder mit diesen Eigenschaften heißen daher auch P. (im engeren Sinne).

Umgekehrt ist die Bedingung der $\rightarrow$Inkompressibilität div u = 0 hinreichend und notwendig für die Existenz eines Vektorfelds ψ, der Stromfunktion, mit u = rot ψ. Ohne Beschränkung der Allgemeinheit läßt sich div $\psi = 0$ fordern. Für wirbelfreie Strömungsfelder gilt dann wegen rot rot $\psi = -\Delta\psi$ auch für die Stromfunktion die Potentialgleichung $\Delta\psi = 0$.

Speziell im Fall der ebenen $\rightarrow$Strömung, wenn nur 2 (kartesische) Raumkoordinaten (x, y) und zwei Geschwindigkeitskomponenten (u, v) verbleiben, reduziert sich ψ auf die skalare Stromfunktion ψ. Dann ist

$$F(z) = \Phi + i\psi$$

eine analytische Funktion der komplexen Variablen $z = x + iy$, und es gilt

$$\frac{dF}{dz} = u - iv.$$

Damit hat man für den Fall ebener P. die weitreichenden Hilfsmittel der Funktionentheorie zur Hand.

Im allgemeinen Fall der Potentialgleichung $\Delta\Phi = 0$ gilt nun für das unendlich ausgedehnte Medium, daß die einzige nichtsinguläre Lösung $\Phi = \text{konst}$ ist. Dies ist der triviale Fall des ruhenden Mediums. Nichttriviale Lösungen erhält man nur, wenn man Singularitäten zuläßt. Sind Körper vorhanden, erfüllt also das strömende Medium nicht den ganzen Raum, so kann man die Singularitäten in das Innere der Körper oder auf deren Rand legen, wo sie das Strömungsfeld nicht stören. Singularitäten im Strömungsfeld liegen entweder im Unendlichen, wo sie die An- oder Abströmung beschreiben, oder im Endlichen. Im letzteren Fall sind sie singuläre, d. h. punktförmige, linien- oder flächenhafte, also auf Teilbereiche des Volumens null beschränkte Verletzungen der Bedingung der Inkompressibilität $\text{div } u = 0$ oder der Wirbelfreiheit $\text{rot } u = 0$. Man spricht dann von Quellen und Senken ($\rightarrow$ Quellströmung) bzw. Potentialwirbeln (Wirbelströmung).

In Strömungen mit innerer $\rightarrow$ Reibung hat die Geschwindigkeit an festen Begrenzungen des Strömungsfelds die Bedingungen Normalkomponente gleich null (Undurchströmbarkeit) und Tangentialkomponente gleich null ($\rightarrow$ Haftbedingung) zu erfüllen. Mit Lösungen der Potentialgleichung läßt sich nur eine dieser Bedingungen erfüllen. Dabei hat man aus physikalischen Gründen die fundamentalere Normalkomponentenbedingung zu **wählen**. Also P. können nur in reibungsfreien Medien auftreten, obwohl bei der Herleitung der Potentialgleichung, Gl. (1), Reibungsfreiheit nicht vorausgesetzt zu werden brauchte. Die Auflösung dieses scheinbaren Widerspruchs besteht darin, daß sich in reibungsbehafteter Strömung an Körperoberflächen immer eine stark wirbelbehaftete Grenzschicht ausbildet. Eine P. existiert also allenfalls in einiger Entfernung von umströmten Körpern, während die Strömung in deren unmittelbarer Nähe immer eine Grenzschichtströmung ist, für die die P. die äußeren Randbedingungen liefert.

Die Reduktion eines Strömungsproblems auf die lineare und weitgehend erforschte Potentialgleichung ist eine wesentliche Vereinfachung dieses Problems. Die Strömungsdifferentialgleichung, d. h. die Euler-Gleichung, dient dann nur noch zur nachträglichen Bestimmung des Drucks p.

Die Zeit t tritt in der Potentialgleichung nicht auf. Ein instationäres Verhalten kann für P. daher nur über die Randbedingungen, nicht aber durch zeitabhängige Volumenkräfte erzeugt werden.

Die P. sind von großer praktischer Bedeutung, z. B. in der Unterschallaerodynamik zur Berechnung von Tragflügelumströmungen und damit zur Bestimmung von optimalen Tragflügelformen.

Für kompressible P. ($\text{rot } u = 0$, $\text{div } u \neq 0$) führen die strömungsphysikalischen Grundgleichungen auf eine nichtlineare Differentialgleichung für das Geschwindigkeitspotential Φ. Für stationäre Strömungen lautet diese Differentialgleichung:

$$(a^2 - \Phi_x^2)\,\Phi_{xx} + (a^2 - \Phi_y^2)\,\Phi_{xx} + (a^2 - \Phi_z^2)\,\Phi_{zz}$$
$$- 2(\Phi_x\Phi_y\Phi_{xy} + \Phi_x\Phi_z\Phi_{xz} + \Phi_y\Phi_z\Phi_{yz}) = 0 \qquad (2);$$

$$\Phi_x = \frac{\partial\Phi}{\partial x} \text{ usw.}$$

Hierbei ist die Schallgeschwindigkeit a eine Funktion der Strömungsgeschwindigkeit. Speziell für ideale Gase ergibt sich $a^2 = a_0^2\,\dfrac{\kappa - 1}{2}\,|\text{grad }\Phi|^2$, mit κ als Quotient der spezifischen Wärmen und a_0 als Ruheschallgeschwindigkeit.

Analytische Lösungen von Gl. (2) sind nur für spezielle Strömungsfelder bekannt. Für ebene Strömungsfelder wird Gl. (1) durch geeignete Transformationen in die Hodographenebene (u, v unabhängige, x, y abhängige Variable, Hodographenmethode) exakt linearisiert.

Zum Beschreiben kompressibler Strömungen um schlanke und nur schwach angestellte Körper findet die näherungsweise gültige linearisierte Potentialgleichung

$$(1 - M_\infty^2)\,\Phi_{xx} + \Phi_{yy} + \Phi_{zz} = 0 \qquad (3)$$

Anwendung (M_∞ Mach-Zahl in der Anströmung). Diese Gleichung ist vom elliptischen Typ für Unterschallströmungen ($M_\infty < 1$), für die sie auf Gl. (1) zurückgeführt werden kann, und vom hyperbolischen Typ für Überschallströmungen ($M_\infty > 1$).

Zur Beschreibung schwacher, instationärer Störungen in einem kompressiblen Fluid wird die linearisierte, instationäre Potentialgleichung

$$\Phi_{tt} - a_0^2\,(\Phi_{xx} + \Phi_{yy} + \Phi_{zz}) = 0$$

verwandt ($\rightarrow$ Akustik). *Vogel*

Potentialwirbel. P. sind gerade Wirbelröhren (Wirbelströmung) verschwindender Dicke, aber endlicher Zirkulation Γ. Sie induzieren in ihrer Umgebung eine wirbelfreie Strömung ($\rightarrow$ Potentialströmung). Fern von Wänden besteht diese aus kreisförmigen, konzentrischen Stromlinien (Radius r) mit den Geschwindigkeiten $v = \Gamma/(2\pi r)$. Ihr Drehsinn wird durch die Richtung des Wirbelflusses Γ festgelegt; Γ und v sind miteinander wie elektrische Stromstärke I und magnetische $\rightarrow$ Feldstärke H verknüpft.

Das gleiche $\rightarrow$ Geschwindigkeitsfeld induzieren auch gerade Wirbelröhren endlicher Dicke, wenn ihr Querschnitt kreisförmig ist (Stabwirbel). In einem verallgemeinerten Sinne sind Potentialwirbel Röhren, in denen ein Wirbelfluß Γ konzentriert ist, während außen eine wirbelfreie Zirkulationsströmung induziert wird. Durch Einrollen von Wirbelschichten beim Abströmen an Kanten entstehen Stab- oder Ringwirbel, die dieser Abstraktion nahe kommen.

Bei reibungsloser Strömung und konstanter Dichte des Fluids ist der Wirbelfluß fest mit den Fluidteilchen verbunden (Helmholtz-Wirbelsatz). In diesem Fall bewegt sich jedes Wirbelelement durch die gemeinsame Induktionswirkung aller anderen Elemente derselben (→Selbstinduktion) und ggf. anderer Wirbelröhren. Die Nahewirkung der Fluidelemente läßt sich ersetzen durch die Wechselwirkung der Wirbel (Biot-Savart-Gesetz).

Beispiele: Zwei gerade, gleichgerichtete Stabwirbel der Zirkulation Γ im Abstand d „tanzen" mit der Geschwindigkeit $\Gamma/(\pi d)$ um ihren gemeinsamen Mittelpunkt. Antiparallele Stabwirbel bewegen sich geradlinig mit der Geschwindigkeit $\Gamma/(2\pi d)$. Geradlinig bewegt sich auch ein Ringwirbel, jedoch mit einer Geschwindigkeit, die auch von der Verteilung der Wirbelstärke im Innern der Wirbelröhre abhängt (→Kármán-Wirbelstraße).

Ein Bündel von P. parallel zur z-Achse eines kartesischen Koordinatensystems wird durch seine Schnittpunkte mit einer Ebene z=konst charakterisiert. Bereits vier solcher „Punktwirbel" etwa in einem Feld mit kreisförmigem Rand – ein Problem von rein theoretischem Wert – bewegen sich auf sehr verwickelten Bahnen. Ihre Bewegungsgesetze haben viel mit wechselwirkenden Massenpunkten in dieser Ebene gemeinsam. Durch den Ansatz einer zusätzlichen Zufallsbewegung einer größeren Anzahl solcher Wirbel ist versucht worden, die Wirbeldiffusion und damit die innere →Reibung eines newtonschen Fluids zu simulieren. *Vogel*

Potenz. Ist a eine reelle Zahl und n eine natürliche Zahl, so heißt das Produkt

$$\underbrace{a \cdot a \cdot \ldots \cdot a}_{\text{n-Faktoren}}$$

die n-te P. von a, geschrieben als a^n. Dabei wird a die Basis und n der Exponent genannt. Es gelten die Rechenregeln:

$$a^n \cdot a^m = a^{n+m},$$

$$\frac{a^n}{a^m} = \begin{cases} a^{n-m} & \text{für } n > m \\ \dfrac{1}{a^{m-n}} & \text{für } n < m \text{ und } a \neq 0, \end{cases}$$

$$(a^n)^m = a^{n \cdot m},$$
$$(a \cdot b)^n = a^n \cdot b^n.$$

Weiter vereinbart man $a^0 = 1$ und $a^{-n} = 1/a^n$ für $a \neq 0$.

Die Potenz a^n ist in entsprechender Weise auch erklärt, wenn a Element einer Halbgruppe und n eine natürliche Zahl oder a Element einer Gruppe und n eine ganze Zahl ist. *Schmeißer*

Prandtl-Staurohr. Es ist eine nach *L. Prandtl* benannte Sonde zur gleichzeitigen Messung von Gesamtdruck und statischem Druck in einer →Strömung. Ähnlich wie beim Pitot-Rohr wird der Gesamtdruck durch eine Öffnung am Ende des zylindrischen Sondenkörpers aufgenommen. Der statische Druck wird durch seitlich angebrachte Öffnungen gemessen (Bild). Aus der Differenz von statischem Druck p und Gesamtdruck p_G läßt sich nach der →Bernoulli-Gleichung bei Kenntnis der Dichte ρ des Mediums die Geschwindigkeit v der Strömung berechnen:
$$v = \sqrt{2(p_G - p)/\rho}.$$

Daher werden die beiden Anschlüsse des P.-S. nur mit einem einzigen, den Differenzdruck anzeigenden →Manometer (U-Rohr) verbunden, wenn nur die Geschwindigkeit bestimmt werden soll. In dieser Weise wird das P.-S. oft bei Flugzeugen und in Windkanälen zur Geschwindigkeitsmessung benutzt. *G. E. A. Meier*

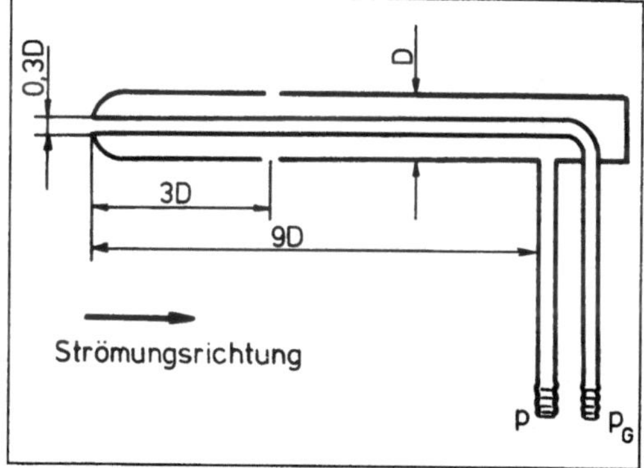

Prandtl-Staurohr.

Prandtl-Zahl →Kennzahlen

Primzahl. Eine natürliche Zahl, die von 1 verschieden ist und außer 1 und sich selbst keine anderen natürlichen Zahlen als Teiler besitzt, heißt P. Die kleinste und gleichzeitig die einzige gerade P. ist 2. Auf sie folgen 3, 5, 7, 11, 13, 17, 19, 23, 29, 31, ... Schon *Euklid* (um 300 v. Chr.) konnte zeigen, daß es unendlich viele P. gibt. *Eratosthenes* (um 246 v. Chr.) gab eine Methode an, um zu einer beliebigen natürlichen Zahl n alle P. aufzufinden, die kleiner oder gleich n sind. Der Fundamentalsatz der elementaren Zahlentheorie besagt, daß jede natürliche Zahl n>1 eine eindeutige Darstellung

$$n = p_1^{n_1} p_2^{n_2} \ldots p_k^{n_k}$$

hat mit natürlichen Zahlen $k, n_1, \ldots, n_k$ und Primzahlen p_j $(j = 1, \ldots, k)$ angeordnet als

$$p_1 < p_2 < \ldots < p_k.$$

Die schon vom Laien erkennbare große Unregelmäßigkeit in der Verteilung der P. war seit jeher eine große Herausforderung für hervorragende Mathematiker und ist auch noch heute Gegenstand mathematischer Forschung. Während sich z. B. leicht beweisen läßt, daß zwei aufeinanderfolgende P. beliebig großen Abstand haben können, weiß man dagegen bis heute noch nicht, ob der für P. größer als 3 kleinstmögliche Abstand 2 unendlich oft auftritt. Paare von P., die den Abstand 2 haben, heißen Zwillinge. Beispiele sind (3,5), (5,7), (11,13), (17,19), (29,31), (41,43), (71,73). Sehr eingehend untersucht wurde das asymptotische Verhalten der Funktion $\pi(x)$, die die Anzahl aller P. angibt, die kleiner oder gleich x sind. *Schmeißer*

Literatur: *Hua, L.-K.:* Additive Primzahltheorie. Leipzig 1959. – *Huxley, M. N.:* The distribution of prime numbers. Oxford 1972. – *Landau, E.:* Primzahlen. 2. Bde. New York 1953. – *Pieper, H.:* Zahlen aus Primzahlen. Basel 1984. – *Prachar, K.:* Primzahlverteilung (Reprint). Berlin 1978. – *Schwarz, W.:* Einführung in die Methoden und Ergebnisse der Primzahltheorie. Mannheim 1969. – *Trost, E.:* Primzahlen. Basel 1953. – *Zagier, D. B.:* Die ersten fünfzig Millionen Primzahlen. Basel 1977.

Prinzip, cavalierisches →Cavalierisches Prinzip

Programmbaustein, dedizierter. Vorprogrammierter, ausgetesteter Baustein für eine Funktion der →Leittechnik, wie Meßwertverarbeitung,

Steuerung, →Regelung oder Überwachung. Aus Programmbausteinen läßt sich durch Konfigurieren das Anwenderprogramm generieren. D. P. sind in dezentralen Automatisierungssystemen meist als Firmware vorhanden. Sie arbeiten mit Schreib-Lese-Speichern für Konfigurierdaten, Parameter und Variable zusammen. In vielen Systemen ist auch das Einbinden freiprogrammierbarer Bausteine möglich. Das Bild zeigt die Struktur eines Programmbausteines für stetige Regelung. Der wie für eine Analogregelung dargestellte Signalfluß wird softwaremäßig realisiert. Vorzugeben ist noch, welche Funktionen in den Einzelblöcken durchlaufen werden sollen, für den Block „Verarbeitung Regelgröße" z. B., ob die Regelgröße linearisiert, geglättet oder radiziert werden soll, ob sie auf Grenzwertüberschreitung zu überwachen ist usw. *Strohrmann*

Programmpaket. Vom Systemhersteller für bestimmte Aufgaben fertig programmierte, modular aufgebaute Software, die der Anwender durch Konfigurierung und →Parametrierung seiner Aufgabenstellung anpassen kann, ohne über Programmierkenntnisse verfügen zu müssen. Eine typische Aufgabe, für welche die P. zur Verfügung stehen, ist die Automatisierung kontinuierlicher und diskontinuierlicher Prozesse. Besonders für die vielfältigen

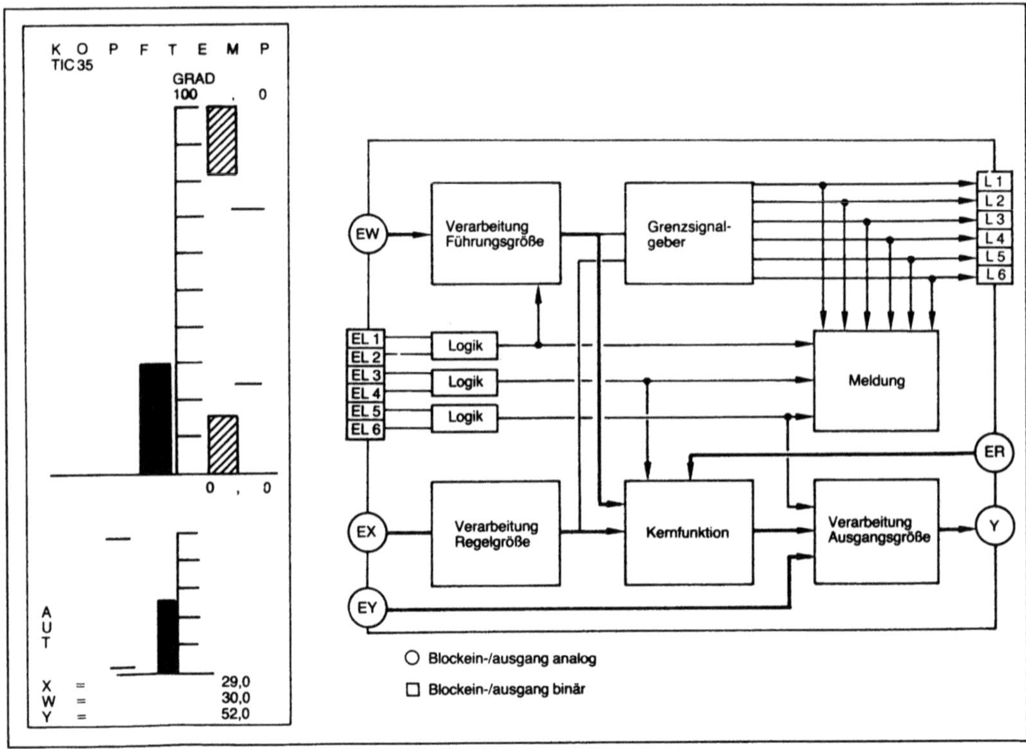

Programmbaustein, dedizierter: Struktur eines Programmbausteins für stetige Regelung. (Quelle: Eckardt)

und oft komplexen Aufgaben rezeptgeführter Ablaufsteuerungen sind P. ein wirkungsvolles Hilfsmittel zur Erstellung der Anwenderprogramme.

P.e setzen sich aus Programm-Moduln für die einzelnen Grundfunktionen zusammen. Solche Module gibt es z. B. für Meßwertverarbeitung, →Regelung oder Grenzwertmeldung, aber auch für die Grundfunktionen von Chargenprozessen wie Inertisieren, Dosieren, Mischen, Heizen oder Entleeren. In der Projektierungsphase wird zunächst die Automatisierungsaufgabe als Kombination von den Programm-Moduln entsprechenden Grundfunktionen dargestellt. Aus diesen Angaben wird dann das P. generiert. Es enthält neben den Moduln noch Listen, in denen Speicherplätze für die Parameter zur Anpassung an die speziellen Prozeßzustände vorhanden sind (→Anwenderprogramm). *Strohrmann*

Proportionalzählrohr. Bei dem P. ist die Anzahl der zur Messung gelangenden Ionen proportional der Zahl der primär erzeugten. Damit hängt sie von der Art und Energie der sie auslösenden Strahlung ab. Die P. sind daher zum →Messen der auftretenden Energiedosen und der →Aktivität von Radionukliden geeignet.

Bei dem Messen von Teilchen kleiner Reichweite lassen sich mit P. Ansprechwahrscheinlichkeiten von nahezu 100 % erreichen. Bei Röntgen- und Gammastrahlung liegt der Wirkungsgrad dagegen in der Größenordnung von wenigen Prozent, bei hohen Energien sogar bei 0,1 %. Deshalb werden P. vielfach durch den Szintillationsmeßkopf verdrängt, der ihnen durch größeres Ansprechvermögen und bessere Zeitauflösung überlegen ist.

Die Bauart der P. kann dem Verwendungszweck gut angepaßt werden. Für Strahlenschutzzwecke finden Großflächen-P. mit 2π-Geometrie in Kontaminationsmonitoren Verwendung. Zur Absolutbestimmung von Aktivitäten benützt man P. mit 4π-Geometrie, bei denen die Meßprobe in das P. selbst eingebracht wird.

Auch die Gasfüllung der P. wird dem jeweiligen Verwendungszweck entsprechend gewählt. So werden z. B. die P. zum Messen schneller Neutronen mit Wasserstoff und die zum Messen thermischer Neutronen vorzugsweise mit BF_3 gefüllt (Neutronen-Dosismessung).

Die Lebensdauer von P. ist infolge irreversibler Vorgänge im Zählgas auf etwa 10^{12} Impulse begrenzt. *Wachsmann*

Protactinium. P. ist ein →Radioelement und gehört zur Gruppe der Actiniden. Die Ordnungszahl ist 91, das chemische Symbol Pa.

Protactinium tritt auf als Zerfallsprodukt des Urans sowie außerdem in der →Neptunium-Zerfallsreihe. P. wurde 1917 von *Hahn* und *Meitner* bei der Untersuchung der natürlichen radioaktiven Zerfallsreihen entdeckt. Das langlebigste Isotop des P. ist ^{231}Pa (→Halbwertzeit $3,28 \cdot 10^4$ a), das sich beim →Zerfall des ^{235}U bildet. Außerdem bildet sich ^{231}Pa bei der Verwendung von ^{232}Th als Brutstoff in thermischen Brütern durch die Reaktionsfolge

$$^{232}\text{Th}(n,2n)\ ^{231}\text{Th} \xrightarrow[25,5\,\text{h}]{\beta^-}\ ^{231}\text{Pa}.$$

^{231}Pa fällt als Abfallprodukt bei der Aufarbeitung von Uranerzen an, in denen es in einer Menge von 0,33 mg pro kg Uran enthalten ist, und außerdem bei der →Wiederaufarbeitung von Thorium-haltigen Brutstoffelementen.

Die Elektronenkonfiguration von P. im Gaszustand ist (Radon)$5f^26d7s^2$ bzw. (Radon)$5f^16d^27s^2$. Die bevorzugte Oxidationsstufe des Protactiniums ist +5, unter reduzierenden Bedingungen tritt es auch in der Oxidationsstufe +4 auf und unter stark reduzierenden Bedingungen in der Oxidationsstufe +3. Im Gegensatz zu den folgenden Elementen →Uran, →Neptunium, →Plutonium und →Americium bildet P. in der Oxidationsstufe +5 keine -ylionen MO_2^+ und hydrolysiert demzufolge in wäßrigen Lösungen sehr stark; Pa^{5+} kann nur durch starke Säuren oder durch Komplexbildner in Lösung gehalten werden. *Lieser*

Literatur: Handbook on the Physics and Chemistry of the Actinides (A. J. Freeman, C. Keller, Eds.), North Holland, Amsterdam 1984ff. – *Palshin, E. S.* u. *B. F. Myasoedov:* Analytical Chemistry of Protactinium. Ann Arbor Publ., Ann Arbor 1970. – *Seaborg, G. T.* u. *J. J. Katz:* The Actinide Elements. New York: McGraw-Hill 1954.

Prozeß.
Adiabatischer P. Ein P., bei dem kein →Wärmeübergang stattfindet ($\dot{Q} = 0$), heißt *adiabatisch*. Für ein ideales Gas lautet die Adiabate

$$pV^\kappa = \text{konst.}$$

(p = Druck, V = Volumen). Dabei ist

$$\kappa = C_p/C_V$$

der *Adiabatenexponent* (C_p spezifische →Wärme bei konstantem Druck, C_V spezifische Wärme bei konstantem Volumen).

Für ein ideales Gas gilt längs des adiabatischen P., daß die spezifische Wärme verschwindet (polytroper P.).

Isobarer P. Ein P. heißt *isobar*, wenn der Druck während des P. konstant bleibt.

Isochorer P. Ein P. heißt *isochor*, wenn das Volumen des Systems während des P. konstant bleibt.

Isothermer P. Ein bei konstanter Temperatur ablaufender P. heißt *isotherm* (→Boyle-Mariotte-Gesetz).

Stationärer P. Ein P. heißt *stationär*, wenn die Zustandsvariablen zeitunabhängig sind. In abgeschlossenen Systemen sind stationäre Zustände definitionsgemäß Gleichgewichtszustände (→Gleichgewicht). In nicht-abgeschlossenen Systemen sind stationäre Zustände im allgemeinen durch zeitunabhängigen Transport von Stoff, →Arbeit und Wärme sowohl im →System als auch über dessen Wände zur Umgebung gekennzeichnet (*Fließgleichgewicht*). *Muschik*

Stochastischer P. Durch einen s. P. wird eine Gruppe von Variablen X_t bezeichnet, wobei t bestimmte Werte in einem →Intervall T annehmen kann. Üblicherweise bezeichnet X_t eine Beobachtung zum Zeitpunkt t, die innerhalb des gesamten Beobachtungszeitraums T liegt. Seltener bezeichnet t eine Verteilung in einem Raum. Für t sind sowohl stetige wie auch diskrete Werte möglich.

Ein stetiger s. P. von X_t liegt vor, wenn für die Werte t, $t+h_1$, $t+h_2$ ... die Größe h_n gegen null strebt, wenn n gegen unendlich geht, so daß ein Grenzwert

$$\lim_{n \to \infty} X_{t+h_n} = X$$

im Sinne einer stochastischen →Konvergenz existiert. Ähnlich spricht man bei der Existenz eines Grenzwerts

$$\lim \frac{X_{t+h_{na}} - X_t}{h_n}$$

im Sinne einer stochastischen Konvergenz vom Vorliegen eines stochastisch differenzierbaren P. Existiert schließlich für ein Intervall $a \le t \le b$ das Riemann-Integral

$$\int_a^b X_t dt$$

im Sinne einer stochastischen Konvergenz, so spricht man von einem stochastisch integrierbaren P. *Schneeberger*

Prozeß (Automatentheorie). Eine zeitliche Aufeinanderfolge von Zuständen und Zustandsübergängen eines Automaten oder eines Systems. Im einfachen Fall der totalen Ordnung eine Kette von Zuständen und Zustandsübergängen, im allgemeineren Fall der Nebenläufigkeiten und parallelen Abläufe eine Halbordnung, ein Netz (Petri-Netz). Ein P. ist eine (evtl. die einzige) Realisation des möglicherweise breiteren Spektrums von Verhaltensformen eines Systems, und zwar die gegenwärtig ablaufende, eine gewesene oder die einzig angestrebte.

Einfachstes Beispiel für einen P. ist eine funktionierende Uhr (das bloße Uhrwerk ist das zugrundeliegende System, die tickende Uhr sein in dem Gehäuse ablaufender Prozeß). Sie schreitet von Zustand zu Zustand fort. Die Systemzustände bilden eine, die einzig mögliche Kette.

Bei der Abwicklung können jedoch in manchen Systemen Situationen eintreten, von denen aus mehrere Systemzustände möglich sind. Welcher der möglichen Zustände angenommen wird, ist bedingt durch die Struktur und die Eigenarten des Systems, seinen Anfangszustand und die während des Ablaufs eingegangenen Wirkungen. Ein Beispiel hierfür: ein Fahrkartenautomat, der ja auf verschiedene Knopfdrücke des Publikums verschieden reagieren soll. Alle Alternativen des Systems werden beim Prozeßablauf entschieden (im Beispiel: die Wahl der Fahrkarte, die zum Bezahlen vom Kunden in Zusammensetzung und Reihenfolge gewählten Münzen, Irrtumstaste, usw.) Systemtheoretisch betrachtet ist dieser P. ein Pfad durch den Zustandsgraph.

Bei räumlich oder organisatorisch verteilten Systemen ist der Begriff Zustand nicht definiert, da er wegen der endlichen Signallaufzeiten nicht vollständig bekannt sein kann (Zustands/Ereignis-Struktur), auch wenn er in einem idealisierten Sinne existieren mag. Wohldefiniert sind dagegen (nur) die Zustände der Komponenten (Subsysteme). Allerdings sind auch sie nicht über die unmittelbare Nachbarschaft hinaus bekannt. Deshalb behält hier auch der Prozeßbegriff etwas von der Verteiltheit. Systemtheoretisch betrachtet ist der P. eine Abwicklung des Systemnetzes, und dem Voranschreiten des P. im System entspricht das Weiterschieben eines (vollständigen) Schnitts durch das Prozeßnetz. Ins Auge fallende Eigenschaften des Prozeßnetzes sind Konfliktfreiheit und Zyklenfreiheit, ersteres wegen des eindeutigen Ablaufs der Geschehnisse, letzteres wegen der stets voranschreitenden Zeit, gleichbedeutend mit dem eindeutigen Richtungszusammenhang von Ursache und Wirkung.

Beispiele für solch verteilte P. sind die Kommunikation in einem genügend großen Fernsprechnetz, der Personentransport auf dem Autobahnnetz oder die (verteilte) Fertigung von Gütern in einem Produktionsprozeß.

Die →Simulation von Systemen und ihren P. muß den Aspekt der Ordnungsrelation unter den Zuständen im Auge behalten, insbesondere Systeme/Prozesse der drei angeführten Klassen (Kette, Kette mit Alternativen, parallel ablaufendes Netz) nur durch Systeme/Prozesse derselben Art darstellen, um nicht schwere strukturelle Mißverhältnisse zu schaffen. *Fuss*

Literatur: *Schnieder, E.*: Prozeßinformatik. Wiesbaden 1986.

Prozeßführung. Führung verfahrenstechnischer Prozesse durch Einsatz von selbsttätigen Reglern, von Verknüpfungs- und Ablaufsteuerungen, von dezentralen Automatisierungssystemen und von Prozeßrechnern. In unterschiedlichen Hierarchiestufen wird damit die P. rationalisiert und das Betriebspersonal von Routineaufgaben entlastet. In der untersten Hierarchieebene liegen Festwertregelungen, Einzel- oder Antriebssteuerungen, in der nächsten Kaskaden-, Verhältnis- und Auswahlregelungen sowie Verknüpfungs- und Ablaufsteuerungen verfahrenstechnischer Teilprozesse (Gruppensteuerungsebene), und schließlich läßt sich mit rezeptgeführten Ablaufsteuerungen und Optimierungsrechnern der Gesamtprozeß führen (→Leitsteuerungsebene).

Zur technischen Realisierung dieser Rationalisierungsmöglichkeiten bieten sich unterschiedlich strukturierte Leitsysteme an (→Strukturen von Leitsystemen). Sie sind zwar alle grundsätzlich in der Lage, die Anforderungen der Hierarchiestufen zu erfüllen, der Aufwand, sie besonders für die höheren Ebenen aufzurüsten, ist aber sehr unterschiedlich: Die voll parallelen Systeme eignen sich besonders für die Aufgaben der Einzelsteuerungsebene, speicherprogrammierbare Steuerungen und dezentrale Automatisierungssysteme auch für die Gruppensteuerungsebene, während für die Aufgaben der Leitsteuerungsebene im allgemeinen freiprogrammierbare →Prozeßrechner erforderlich sind (→Struktur, hierarchische). *Strohrmann*

Prozeßinterface. Weitgehend synonym gebrauchter Begriff zu →Prozeßperipherie. *Strohrmann*

Prozeßleitebene →Leitsteuerungsebene

Prozeßleitsystem. System, das Meß-, Steuerungs-, Regelungs- und Automatisierungsaufgaben in technischen Prozessen erfüllt sowie Sicherungsaufgaben, wenn diese mit Mitteln der →Prozeßleittechnik realisiert werden. Es ist zu unterscheiden zwischen
- voll parallelen pneumatisch oder elektrisch instrumentierten P.,
- dezentralen P. und
- zentralen P.
Für Systeme mit pneumatischen oder elektrischen Kompaktreglern ist allerdings der Begriff P. weniger gebräuchlich. Die dezentralen und zentralen Systeme werden auch Automatisierungs- oder Prozeßrechnersysteme genannt, abhängig davon, ob sie mit vorprogrammierter oder freiprogrammierbarer Software arbeiten (→Automatisierungssystem, dezentrales; →Strukturen von Leitsystemen). *Strohrmann*

Literatur: *Strohrmann, G.:* Automatisierungstechnik, Bd. 1 Grundlagen, analoge und digitale Prozeßleitsysteme. 3. Aufl. München–Wien 1991.

Prozeßleittechnik. Teilgebiet der Ingenieurtechnik, das sich mit der Meß-, Steuerungs-, Regelungs- und Automatisierungstechnik verfahrenstechnischer Prozesse befaßt. Die Bearbeitung sicherheitstechnischer Aufgaben gehört im allgemeinen nur soweit zur P., wie dabei die technischen Mittel der P. zum Einsatz kommen. Zur Abgrenzung von der Fertigungstechnik wird das Gebiet neuerdings auch Verfahrensleittechnik genannt. Synonym werden weiter die Begriffe MSR-Technik (Meß-, Steuerungs- und Regelungtechnik) sowie Automatisierungstechnik gebraucht (→Leittechnik). *Strohrmann*

Prozeßperipherie. Komponenten eines Prozeßrechners oder eines Automatisierungssystems zum Austausch von Daten zwischen den Sensoren und Aktoren im Feld einerseits und den zentralen Einheiten und Speichern des Systems andererseits. Die P. besteht aus den Komponenten →Signalformer, Multiplexer; →Analog/Digital- und →Digital/Analog-Umsetzer, Interface sowie aus Haltegliedern. Die P. bereitet damit eingangsseitig aus dem Prozeß kommende analoge, binäre, digitale und Impulsfolge-Signale auf, speichert sie und leitet sie als digitale Signale an den Rechner weiter. Sie nimmt andererseits vom Rechner kommende digitale Signale auf, speichert sie, formt sie um und gibt sie als analoge, digitale oder binäre Stell- und Schaltsignale aus.

In dezentralen Automatisierungssystemen ist die P. oft Teil einer →Prozeßstation, die zusätzlich zu den Aufgaben der P. auch Regelungs-, Steuerungs- und Sicherungsfunktionen durchführt.

Der Begriff P. wird manchmal auch synonym zum Begriff →Peripherik gebraucht. Dann werden die Komponenten des Prozeßrechners oder Automatisierungssystems zum Datenaustausch zwischen den peripheren Geräten und den zentralen Einheiten und Speichern des Systems als Prozeßinterface bezeichnet. *Strohrmann*

Prozeßrechner. Frei programmierbarer →Digitalrechner, der über die →Prozeßperipherie Daten mit den peripheren Sensoren und Aktoren eines technischen Prozesses direkt austauschen kann und der mit dem Prozeß eingangsseitig direkt gekoppelt ist, also „on-line" arbeitet. Es ist zu unterscheiden zwischen offener und geschlossener Prozeßkopplung.

Bei offener Prozeßkopplung (On-line-open-loop-Betrieb) ist der P. eingangsseitig mit der Sensorik verbunden und erfaßt die Prozeßzustände im Echtzeitbetrieb (→Echtzeitbearbeitung), greift aber nicht direkt auf den Prozeß ein. Das geschieht vielmehr aufgrund der Informationen des Rechners ausschließlich durch das Betriebspersonal. Stehen noch rechnerunabhängige Informationen zum Führen des Prozesses in ausreichendem Maße zur Verfügung, so führt ein Rechnerausfall in dieser Betriebsart nicht zu einer Unterbrechung der Produktion.

Bei geschlossener Prozeßkoppelung (On-line-closed-loop-Betrieb) ist der P. auch ausgangsseitig über die Aktorik mit dem Prozeß verbunden und greift direkt auf den Prozeß ein. Bei dieser Betriebsart muß der Rechner den Einsatzbedingungen angemessene, oft sehr hohe Anforderungen an →Verfügbarkeit und →Zuverlässigkeit erfüllen, die oft nur durch redundante Einrichtungen realisiert werden können.

Im Unterschied zu universellen Rechenanlagen (z. B. in Rechenzentren) steht bei den P. die Ausstattung mit Geräten zur Meßwerterfassung (Analog-Digital-Umsetzer) und eine schnelle Reaktion auf asynchrone Ereignisse (Unterbrechungswerk) im Vordergrund. P. werden auch meist mit speziellen Programmiersprachen programmiert. *Strohrmann/Bode*

Prozeßrechnersystem, verteiltes. System, in dem mehrere →Prozeßrechner für beliebige leittechnische Funktionen über Datenwege miteinander verbunden sind. Sie sind so wenig vorkonfektioniert, daß eine weitgehend individuelle Projektierung und Programmierung möglich ist. Im Gegensatz zu dezentralen Automatisierungssystemen ist sowohl auf der Ebene der Prozeßstationen als auch auf der Ebene der Leitstationen die volle Prozeßrechnerintelligenz vorhanden. Sie läßt sich besonders dann vorteilhaft nutzen, wenn über den in den Automatisierungssystemen meist reichlich vorhandenen Funktionsvorrat hinausgegangen werden muß. Das kann z. B. bei der Integration komplexer, rezeptgeführter Ablaufsteuerungen in das gesamte Automatisierungskonzept der Fall sein, besonders bei der Gestaltung der Videobilder zur →Prozeßführung (→Automatisierungssystem, dezentrales). *Strohrmann*

Prozeßstation. Autarke, prozeßnahe Funktionseinheit dezentraler Automatisierungssysteme, auch PNK, prozeßnahe Komponente genannt. Sie bereitet analoge Signale von Aufnehmern (Meßumformer, →Widerstandsthermometer, →Thermoelemente usw.) sowie binäre Signale von Grenzwertgebern und Schaltern auf, vergleicht sie mit von Leitstationen vorgegebenen Soll- und Grenzwerten und gibt Stell- und Schaltsignale aus.

P. haben unterschiedlichen Bearbeitungsumfang. Er liegt etwa zwischen acht und 100 Regelkreisen und bietet damit unterschiedliche Möglichkeiten zur Strukturierung des Prozeßleitsystems. Da die Mensch-Prozeß-Kommunikation allgemein über zentral angeordnete Leitstationen geschieht, die über Busverbindungen mit den P. verbunden sind,

haben P. zwar keine oder nur eingeschränkte Kommunikationsmöglichkeiten, können aber bei Ausfall der Busverbindungen ihre Aufgaben mit den zuletzt gültigen Soll- und Grenzwerten für eine begrenzte Zeit autark weiterführen (→Automatisierungssystem, dezentrales). *Strohrmann*

Prüfgas. P. werden in der →Umweltmeßtechnik (→Immissionsmessung) benötigt, um die Richtigkeit der Meßergebnisse und die Funktionstüchtigkeit der Meßgeräte sicherzustellen. Diese Prüfung der Kalibrierung kann vor, nach und ggf. zwischen den Messungen erfolgen. Bei kontinuierlichen Messungen in Luftüberwachungsmeßnetzen wird die Kalibrierfunktion in festen Zeitabständen (z. B. einmal täglich) geprüft. Da die meisten der heute verwendeten Meßgeräte eine lineare oder linearisierte Kennlinie haben, beschränkt man diese Prüfung auf eine Kontrolle von zwei Punkten der Kalibriergeraden mittels zweier P. bekannter Zusammensetzung.

P. für Immissionsmeßeinrichtungen weisen normalerweise Konzentrationen der Meßkomponenten von 1 ppm und weniger auf. Die Herstellung derartig niederer Konzentrationen bedeutet daher Zudosierung geringer Mengen der Meßkomponenten in einen Trägergasstrom bzw. entsprechendes Verdünnen der Meßkomponenten mit Trägergas. Daher unterscheidet man zwischen statischen Verdünnungsmethoden und dynamischen Herstellungsverfahren.

Statische Verdünnungsmethoden: Bei den statischen Verdünnungsmethoden werden die Gasgemische volumetrisch, manometrisch oder gravimetrisch in einem geschlossenen System hergestellt. Als handelsübliche Prüfgasgemische kommen Gasgemische in Druckflaschen in Betracht. Die Praxis hat gezeigt, daß bei den geforderten niedrigen Konzentrationen Fehler durch Absorptionseffekte an den Wänden der Druckgasflaschen auftreten können, so daß nur für relativ inerte Gase kommerziell erhältliche P. mit ausreichender Stabilität einsetzbar sind. Die vom Markt angebotenen P. werden auf Wunsch mit entsprechenden Prüfzertifikaten geliefert. Die Haltbarkeitsgarantie erstreckt sich je nach Komponente auf Zeiten zwischen 3 und 12 Monaten.

Um Fehler durch druck- und temperaturabhängige Wandeffekte zu vermeiden, empfiehlt es sich, die P.-Flaschen in einer thermostatisierten Umgebung zu lagern und die Druckflaschen nicht ganz zu entleeren. Die Flaschen werden mit einem Überdruck zwischen 150 und 200 bar geliefert. Sie sollten etwa bei einem Restdruck von 15 bar spätestens ausgewechselt werden.

Dynamische Herstellungsverfahren: Bei den dynamischen Herstellungsverfahren wird kontinuierlich oder diskontinuierlich eine bestimmte Menge der Meßkomponente einem Trägergasstrom beigemischt. Die wichtigsten Dosiermöglichkeiten zum Herstellen von P.-Gemischen für Immissionsmeßverfahren sind:

□ Dosieren über Kapillaren und Blenden: Dabei wird das Gas durch einen bestimmten Druck über eine kleine Öffnung, wie z. B. eine Glaskapillare, gedrückt. Man kann damit fast alle Gase dosieren. Für Immissionskonzentrationen ist meist eine mehrstufige Verdünnung nötig.

□ Dosieren mittels chemischer Umwandlung: Aus stabilen Ausgangsgasen wird mit Hilfe einer chemischen oder photochemischen Umwandlung eine bestimmte Konzentration der Meßkomponenten im Trägergas erzeugt. Von Bedeutung für die Immissionsanalytik sind hier vor allem photochemische Prozesse. So lassen sich z. B. durch Bestrahlen entsprechender Ausgangsgasgemische Spuren von O_3 oder NO erzeugen oder durch Reaktion von NO mit photochemisch erzeugtem O_3 Spuren von NO_2 herstellen.

□ Mechanische Dosierungssysteme: Unter diese Gruppe fallen alle Dosiersysteme, bei denen volumetrisch oder durch Verdrängung eines Gases dosiert wird. Beispiele sind der Einsatz von Drehküken, Dosierpumpen, Motorinjektionsspritzen u. dgl. Derartige Dosiersysteme eignen sich hauptsächlich für den Laborbetrieb.

□ Dosieren durch Permeation: Dies beruht auf der zeitabhängigen Diffusion der im Permeationsröhrchen vorliegenden Meßkomponente in das Trägergas. Dazu werden die Permeationsröhrchen in thermostatisierten Behältern auf bestimmten Betriebstemperaturen gehalten und mit einem Trägergasstrom gespült. Die Konzentration des P. errechnet sich aus der Permeationsrate und der eingestellten Trägergasmenge.

Die Permeationsrate, d. h. die pro Zeiteinheit permeierende →Stoffmenge, wird durch die zur Verfügung stehende Wandfläche, Wanddicke und die Art des Wandmaterials des Röhrchens bestimmt. Diese Parameter liegen für die einzelnen Permeationsröhrchen fest. *F. Schneider*

Literatur: *Birkle, M.:* Meßtechnik für den Immissionsschutz. München 1979.

Prüftechnik. Aufgabe der P. für elektrische/elektronische Produkte ist es, sicherzustellen, daß die spezifizierten elektrischen Eigenschaften des Produkts mit geeigneten Prüfmitteln zuverlässig nachgewiesen werden. Zusätzlich muß sie im Fehlerfall eine Analyse ermöglichen, worauf die erkannten Abweichungen von der Spezifikation zurückzuführen sind (Fehlerverfolgung, Fehlerlokalisierung) und wie die Fehlerursachen ggf. beseitigt werden können (Erstellen einer ausführlichen Reparaturanleitung im Idealfall). Die P. muß das Umfeld für die Prüfung vorbereiten (Prüfvorbereitung) und darüber hinaus dazu beitragen, die bei der Prüfung gewonnenen Erkenntnisse in die Verbesserung von Entwicklung (design for testability), Bauteilbeschaffung (Wareneingangsprüfung) und Produktionsverfahren (Produktionstest) eines Produkts einfließen zu lassen, um auf diesem Wege zu insgesamt fehlerfreien und ausfallsicheren Produkten zu kommen (Qualitätsdatenmanagement). Die Aufgaben der Prüftechnik sind dabei auch unter dem Aspekt der wirtschaftlich akzeptablen Gesamtaufwände für Entwicklung, Fertigung und Qualitätssicherung eines Produkts zu sehen.

Die Objekte, bei denen die P. Anwendung findet, sind: passive Bauelemente (Widerstände, Kondensatoren, Spulen), aktive Bauelemente (Transistoren, Thyristoren, Operationsverstärker usw.), Wafer, hochintegrierte elektronische Bauelemente einschl. Mikroprozessorkomponenten, unbestückte Leiterplatten bzw. deren Einzellagen, bestückte Leiterplattenbaugruppen, Kabel, komplette Geräte und Systeme, z. T. in Verbindung mit den passenden Sensoren und Aktoren.

Entsprechend vielfältig ist die Palette unterschiedlicher teils speziell angepaßter Prüfgeräte oder auch universell einsetzbarer Prüfautomaten wie manuell bedienter Meßplätze, Bausteintester für Wafer und Bausteine, Leiterplattentester, Baugruppentester für analoge, digitale oder gemischt bestückte Leiterplattenbaugruppen, Kabeltester (Kabelprüfung), Dauertesteinrichtungen (Dauertest) oder spezieller Geräte für den Systemtest.

Der hohe Automatisierungsgrad, den die P. bereits erreicht hat, zeigt sich in den komplexen Softwareprogrammen, die die Prüfautomaten steuern (Prüfautomatenbetriebssystem, Diagnoseverfahren), die Erstellung von Prüfprogrammen erleichtern oder sogar automatisieren (Prüfprogrammgenerator, Datenkomprimierung, Lernverfahren), Prüfprogramme kompilieren (Prüfsprachencompiler) und letztlich auch die Kommunikation zur Fertigungsteuerung in einer Fabrik oder zu Hilfsmitteln für die Qualitätsüberwachung (Prüfstatistik, Qualitätsdatenmanagementsystem) herstellen.

Die Art des Prüfobjekts bestimmt das Prüfverfahren, nämlich zunächst die Messung elementarer elektrischer Grundgrößen wie Spannung, Strom, Widerstand, Kapazität, Zeit, Frequenz und die Interpretation dieser Größen bez. Vorgaben in einem Prüfprogramm. Auf diesen elementaren Prüfungen basieren komplexere Prüfungen unter Verwendung zusätzlicher Hardwarefunktionen oder unter Zuhilfenahme entsprechender Softwarefunktionen als Teil des Prüfautomatenbetriebssystems wie Isolationsprüfung, Durchgangsprüfung, →Analogprüfung und Digitalprüfung in Form von Prescreening, In-Circuit-Test oder →Funktionsprüfung bis hin zu hochkomplexen parametrierbaren Prüfungen, wie z. B. Kurzschlußprüfung, Bustest, Prozessortest, Speicherprüfung, Systemtest.

Die P. wird in den verschiedensten Stufen des Entwicklungs- und Fertigungsprozesses eingesetzt, nämlich zur Verifikation (Verifier) und Spezifikation bei der Entwicklung, beim Wareneingang (Wareneingangskontrolle), in den verschiedenen Fertigungsstufen, beim Dauertest, bei der Endkontrolle und bei der Reparatur. Die P. gilt somit nicht als letzte Kontrollinstanz nach Abschluß der Fertigung, sondern sie ist in alle Stufen des Entwicklungs- und Fertigungsprozesses eines elektronischen Produkts voll integriert.

Bereits in der Entwicklungsphase müssen Prüfbelange berücksichtigt werden, indem durch Modifikationen in den Schaltungen (design for testablity) oder durch Zusatzschaltungen (boundary scan, built-in-selftest) die Voraussetzungen für eine exakte und wirtschaftliche Prüfung geschaffen werden. Dies gilt z. B. auch im Hinblick auf die zur Verfügung stehenden Prüfautomaten (Prüfautomaten-Regelprüfer).

Ein erheblicher Rationalisierungseffekt besteht darin, daß aus den beim Design entstehenden Daten Prüfprogramme (Prüfprogrammgenerator) und z. B. Adapterkonstruktionsdaten (Adapterdatengenerierung) automatisch abgeleitet werden können. Durch den Produktionstest werden Fertigungsparameter automatisch beeinflußt. Die Auswertung der Prüfstatistik bestimmt das Investment in Fertigungs- und Prüfmittel und die ausgewählte Prüfstrategie für ein bestimmtes Produkt.

Die Aufwände für die Prüfung eines elektronischen Produkts beanspruchen heute einen immer größer werdenden Anteil an den Gesamtentwicklungs- und Herstellkosten. Viele Produkte könnten heute ohne eine aufwendige P. überhaupt nicht mehr wirtschaftlich hergestellt werden. Dies führt zwangsläufig zu immer größeren Aufwänden hinsichtlich der Automatisierung des Prüfprozesses, und zwar von der Automatisierung beim Design bis hin zur robotergesteuerten Prüfung, zur →Fehlersuche und Fehlerlokalisierung bei Leiterplattenbaugruppen und z. B. zur automatisierten Reparatur bei hochkomplexen Bausteinen. Die P. ist von einem offensichtlich notwendigen teuren Übel zu einem bestimmenden Faktor im modernen Produktionsprozeß geworden. *Winter*

Literatur: *Köcher, D.:* Einführung in das automatische Testen bestückter Leiterplatten. München 1979. – Prüfung von Leiterplattenbaugruppen LPBG. Empfehlungen der VDI-Gesellschaft Feinwerktechnik. München, Wien 1990. – *Stover, A. C.:* TE-Automatic Test Equipment. New York 1984. – Tester-Kompendium. Firmeninformation Rhode & Schwarz München.

Puffersystem, chemisches. Chemische Gleichgewichtssysteme, in denen bei Zusatz größerer Mengen an Säuren oder Laugen nur minimale Änderungen des pH-Wertes erfolgen.

Gepufferte Systeme – meist Mischungen von Kohlensäure und ihren Verbindungen – sind in der Natur häufig, z. B. Meerwasser, Porenlösungen, Flußwasser, magmatische Schmelzen. Gepufferte Systeme ändern ihren pH-Wert bei Zugabe von Säuren oder Basen nur wenig. Als Pufferkapazität von Lösungen wird die Menge einer starken Säure oder Base verstanden, die benötigt wird, um den pH-Wert um den differentiellen Betrag d(pH) zu verändern.

Den Verlauf der Pufferkapazität β als Funktion des pH-Wertes für gelöste Kohlensäure im offenen sowie im geschlossenen System zeigt das Bild. Im offenen System ist die Pufferkapazität bei etwa pH 5,5 am geringsten, während im geschlossenen

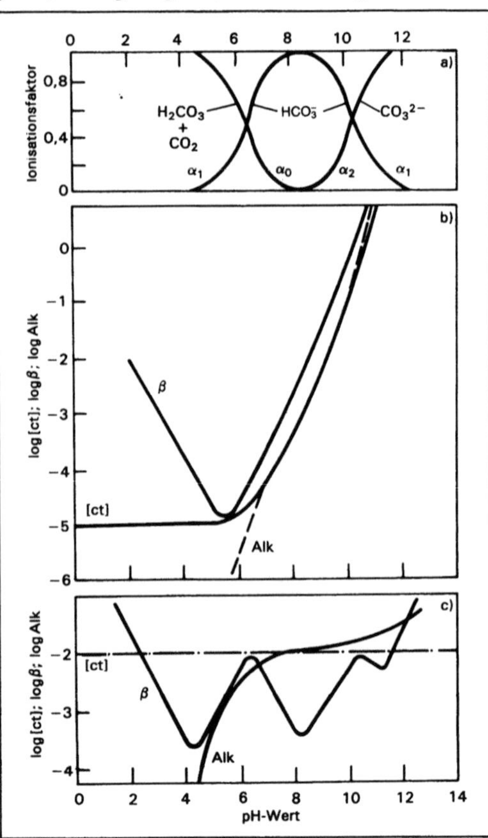

Puffersystem, chemisches: $HCO_3^- \ CO_3^{2-}/CO_2$. (Quelle: Möller *a. a. O.)*
a) Dissoziation der Kohlensäure
b) Verlauf der Gesamtkohlensäure [ct], Pufferkapazität β und Alkalinität Alk im offenen System bei 25 °C und $p_{CO_2}=30$ Pa
c) Verlauf der Pufferkapazität β und Alkalinität Alk bei konstanter Gesamtkohlensäure [ct] = 10^{-2} mol/kg im geschlossenen System bei 25 °C

System die beiden wesentlichen Minima bei pH 4 und 8 vorliegen. *Möller*

Literatur: *Möller, P.:* Anorganische Geochemie. Berlin, Heidelberg, Wien: Springer-Verlag 1986. – *Stumm, W.,* u. *J. J. Morgan:* Aquatic chemistry. John Wiley and Sons 1981.

Pumpgrenzregelung. Regelung, die das „Pumpen" von Turboverdichtern bei Verminderung des Fördervolumens oder bei Erhöhung des Förderdruckes vermeiden soll. Abhängig von einer aus Fördervolumen und Förderdruck zusammengesetzten Funktion als Regelgröße wird vor Erreichen der Pumpgrenze ein Gasstrom von der Druckseite zur Saugseite des Verdichters zurückgeführt. Pumpen ist die Bezeichnung eines instabilen Betriebszustandes eines Turboverdichters. Es kommt dabei zu periodischen Unterbrechungen des Förderstromes. Diese Erscheinung ist mit starken Geräuschen sowie mit thermischen und mechanischen Wechselbeanspruchungen der Maschine verbunden, die zu einer Beschädigung oder gar Zerstörung führen können, wenn nicht eingegriffen wird. *Strohrmann*

Literatur: *Strohrmann, G.:* Automatisierungstechnik, Bd. 2: Stellgeräte, Strecken, Projektabwicklung. 2. Aufl. München–Wien 1991.

Punktdrucker. Geräte, die den zeitlichen Werteverlauf von Größen als dichte Folge einzelner Punkte darstellen. Voraussetzung ist, daß sich die Werte relativ zum Abtastzyklus, der meist zwischen 120 und 24 s liegt, langsam ändern. Mit einem, im

Punktdrucker: Frontansicht eines Thermoschreibers. Die Frontabmessungen sind 144×144 mm. (Quelle: Hartmann & Braun)

allgemeinen servogetriebenen Meßwerk lassen sich bis zu 32 Größen registrieren, die sequentiell an das Meßwerk gelegt werden. Unterschieden wird durch Farbe, Punktform und Beschriftung. Eingangsgrößen sind neben Einheitssignalen auch Widerstands- und Thermoelementmessungen sowie Qualitätsmeßgrößen.

P. werden weniger in direkter Kombination mit Kompaktreglern wie die →Linienschreiber eingesetzt, sondern mehr getrennt in Tafeln montiert. Die Frontabmessungen gehen von 144 mm mal 144 mm bis zu 360 mm mal 288 mm. Die kleineren →Schreiber haben Fehlergrenzen von ±0,5 %, die größeren von ±0,25 %. Das Bild zeigt einen P. mit mikroprozessorgesteuertem feststehenden Druckkopf mit 250 Punkten für Thermoregistrierpapier von 100 mm Schreibbreite. Sechs Meßstellen können versatzfrei alle 20 bis 50 ms gedruckt werden. Mit Digitalanzeige und Tastatur lassen sich die Geräte programmieren. Durch die für einen P. sehr schnelle Punktfolge, die auch Spitzen wiedergibt, entstehen ähnliche Kurvenzüge wie bei Linienschreibern. *Strohrmann*

Literatur: *Strohrmann, G.:* Automatisierungstechnik, Bd. 1 Grundlagen, analoge und digitale Prozeßleitsysteme. 3. Aufl. München–Wien 1992.

Purex-Verfahren →Wiederaufarbeitung (Kernchemie)

Pyrometer. Strahlungsthermometer (auch Strahlungs-P. genannt) benutzen die von jedem Körper ausgesandte Temperaturstrahlung zum Messen seiner Temperatur.

Jede Oberfläche mit einer absoluten Temperatur $T > 0\,K$ sendet elektromagnetische Strahlung im Wellenlängenbereich $0,1 < \lambda < 1000\,\mu m$ aus, die Temperaturstrahlung. Trifft ein solcher Strahlungsfluß auf eine andere Oberfläche, so wird er teilweise reflektiert, absorbiert oder durchgelassen. Ein Körper, der weder Strahlung durchläßt noch reflektiert, sondern die ganze einfallende Strahlung absorbiert, hat den Absorptionsgrad $\alpha = 1$ und wird als schwarzer Körper bezeichnet. Er ist technisch in guter Näherung realisierbar durch einen Hohlraum mit kleiner Öffnung. Ein solcher Körper emittiert auch Strahlung und wird daher auch als schwarzer Strahler bezeichnet. Die spektrale spezifische (auf →Wellenlänge und Oberfläche bezogene) Strahlungsleistung $M_{\lambda s}(T)$ eines schwarzen Strahlers bei der Temperatur T ergibt sich aus dem Planck-Strahlungsgesetz und ist in Bild 1 dargestellt (Infrarot). Dabei steht der Index s für schwarzer Strahler. Ein beliebiger Temperaturstrahler $(\alpha < 1)$ hat eine spektrale spezifische Strahlungsleistung

$$M_\lambda(T) = \varepsilon(\lambda, T) \cdot M_{\lambda s}(T);$$

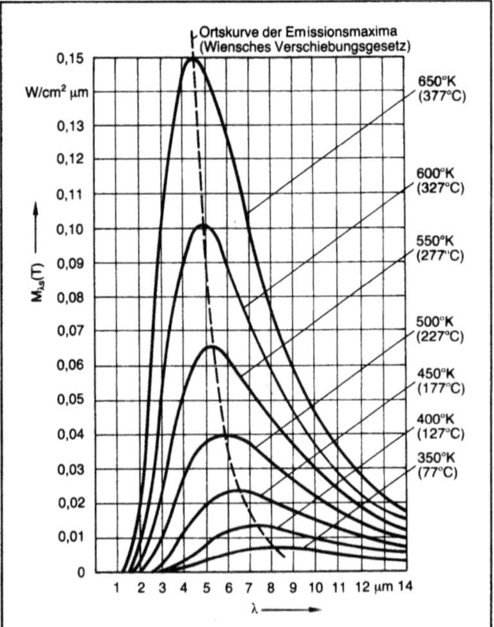

Pyrometer 1: Spektrale spezifische Strahlungsleistung $M_{\lambda s}(T)$ in Abhängigkeit von der Wellenlänge λ für unterschiedliche Temperaturen.

darin ist ε (λ, T) der von λ und T abhängige Emissionsgrad des betrachteten Strahlers. Für den schwarzen Strahler gilt:

$\varepsilon_s(\lambda, T) = 1$.

Nach dem Kirchhoff-Gesetz ist für jeden Strahler der Emissionsgrad ε gleich dem Absorptionsgrad α:
$\varepsilon(\lambda, T) = \alpha(\lambda, T)$.

Integriert man $M_\lambda(T)$ bei konstantem T über λ, so erhält man die gesamte spezifische (flächenbezogene) Strahlungsleistung $M(T)$ bei der Temperatur T:

$M(T) = \varepsilon_g \cdot \sigma \cdot T^4$.

Dies ist das Stefan-Boltzmann-Strahlungsgesetz mit dem Gesamtemissionsgrad $\varepsilon_g \leq 1$ $(\varepsilon_{gs} = 1)$ und der Stefan-Boltzmann-Konstante $\sigma = 5{,}670 \cdot 10^{-8}$ W/m^2K^4.

Aus Bild 1 ersieht man, daß die spektrale spezifische Strahlungsleistung des schwarzen Strahlers ein Maximum hat, das sich mit abnehmender Temperatur T zu längeren Wellenlängen λ hin verschiebt.

Nach dem Wien-Verschiebungsgesetz liegt das Maximum bei

$$\lambda_{max} = \frac{2896 \; \mu m \; K}{T}.$$

Bei einem Menschen mit einer Oberflächentemperatur von 35 °C (308 K) ist $\lambda_{max} \approx 9{,}4 \, \mu m$.

Für Strahlungs-P. ergeben sich aus den Strahlungsgesetzen drei prinzipielle Realisierungsmöglichkeiten:

□ Erfassen der gesamten Strahlungsleistung M(T), d. h. der Fläche unter einer Kurve mit T = konst, Bild 1 (Gesamtstrahlungs-P.),

□ Messen der Strahlungsleistung $M_\lambda(T)$ in einem bestimmten Wellenlängenband $\lambda_1 \ldots \lambda_2$ (Band- oder Teilstrahlungs-P.),

□ Messen der Strahlungsleistungen $M_{\lambda K}(T)$ und $M_{\lambda L}(T)$ für zwei verschiedene Wellenlängenbänder (Farben) λ_K und λ_L und Bilden des Quotienten (Farb-P.).

Hier sollen nur solche Verfahren behandelt werden, bei denen die Temperatur mittels eines Detektors unmittelbar aus der Strahlungsleistung (Strahldichte) ermittelt wird, nicht aber Verfahren, die auf einem subjektiven Vergleich mit Hilfe des Auges beruhen.

Vorteile der →Temperaturmessung mit P.:

□ Das Messen erfolgt berührungslos; daher kein Energieentzug und keine Störung des Temperaturfelds durch das Messen, im Gegensatz zu Berührungsthermometern (→Thermoelement, →Widerstandsthermometer).

□ Die Messung kann an bewegten Teilen oder an schlecht zugänglichen Orten durchgeführt werden.

□ Die Einstellzeit ist kürzer als bei den meisten Berührungsthermometern.

□ Auch sehr hohe Temperaturen (>3000 °C) lassen sich erfassen.

Als Nachteile sind zu nennen:

□ Wenn der Emissionsgrad ε nicht genau genug bekannt oder zu niedrig ist oder wenn er sehr schwankt, ist die Meßunsicherheit relativ groß. Einige Beispiele für den Emissionsgrad ε verschiedener Materialien zeigt die Tabelle.

□ Niedrige Temperaturen lassen sich nicht gut erfassen.

Voraussetzung für die berührungslose Temperaturmessung ist, daß die Luft mit den enthaltenen Kohlendioxiden, Stickoxiden und Wasserdampf in einigen Bereichen, den sog. atmosphärischen Fenstern, gut durchlässig ist für Infrarotstrahlung.

Ein Strahlungs-P. besteht aus drei Hauptteilen: der Optik, dem strahlungsempfindlichen →Detektor und dem Gehäuse, das Optik und Detektor mechanisch und thermisch schützt.

Folgende Detektoren werden eingesetzt (→Sensoren):

□ thermische Detektoren (messen ein breites Wellenband):

– Thermoelement, einzeln oder in Serie (Thermosäule),

– Bolometer (→Widerstandsthermometer, Thermistor),

– pyroelektrische Empfänger, die durch Wärme polarisiert werden, z. B. PVDF (Polyvinylidendifluorid)-Folie,

– Bimetallempfänger und pneumatische Empfänger;

Pyrometer. Tabelle: Emissionsgrad ε für verschiedene Materialien.

Metalle	ε	sonstige Stoffe	ε
Metalle, blank poliert	0,03—0,05	Papier, Holz	0,80
Aluminiumblech, roh	0,07	Schamotte	0,85
Nickel, matt	0,11	Ziegel, unverputzt	0,88
Messing, matt	0,22	Email, Lacke	0,91
Stahl, blank geschmirgelt	0,24	Porzellan, glasiert	0,92
Zink, grau oxidiert	0,26	Mörtel, Putz	0,93
Blei, grau oxidiert	0,28	Glas, glatt	0,93
Aluminium, gesandstrahlt	0,40	schwarzer Mattlack	0,93–0,98
Kupfer, oxidiert	0,60	Wasser, Eis	0,96
Stahl, rot angerostet	0,61	Asbestschiefer	0,96
Stahlblech, Walzhaut	0,77	menschliche Haut	0,98
Stahl, stark verrostet	0,85	schwarzer Körper	1,00

□ photoelektrische Detektoren (schmalbandig):
- Photozellen (äußerer lichtelektrischer Effekt),
- Photowiderstände,
- Photoelemente, -dioden, -transistoren.

Durch die Konstruktion wird dafür gesorgt, daß das elektrische Ausgangssignal proportional der vom Detektor absorbierten Strahlungsleistung ist, nicht aber von der Meßentfernung abhängt. Beim Verwenden von Linsen kann man auch in größeren Entfernungen die Temperaturen kleiner Flächen messen. Bei üblichen P. ist der Meßfelddurchmesser 1/10-1/200 der Meßentfernung. Dem Hauptproblem der Pyrometrie, daß der Emissionsgrad ε freistrahlender Körper von der Temperatur, der Wellenlänge, vom Material und von der Oberflächenbeschaffenheit abhängt und deshalb i. a. mehr oder weniger vom idealen Wert 1 des schwarzen Strahlers abweicht, begegnet man bei ausgeführten P. auf verschiedene Weise.

Beim Gesamtstrahlungs-P. wird das gesamte Spektrum der vom Meßobjekt ausgehenden Strahlungsleistung M(T) erfaßt. Man kann so die Temperatur T ermitteln, falls der Körper schwarz strahlt. Diese Voraussetzung schränkt die Strahlungspyrometrie nicht so sehr ein, wie es zunächst scheint. Bringt man nämlich einen Körper mit beliebigem Emissionsgrad in einen Hohlraum, so strahlt eine kleine Öffnung darin ebenfalls schwarz. Dem Hohlraumstrahler kommen in der Praxis viele technische Öfen recht nahe. Bei jedem Körper, der sich nicht in einem Hohlraumstrahler befindet, weicht der Emissionsgrad von 1 ab. Wenn der Emissionsgrad bekannt ist, läßt sich dieser Einfluß korrigieren. Gesamtstrahlungs-P. verwenden als Detektoren z. B. Thermosäulen oder Bolometer. Mit solchen P.

lassen sich Temperaturen von –40 bis 800 °C und höher messen.

Ein Bandstrahlungs-P. wertet die Strahlungsleistung eines Wellenbands aus. Bei dem P. nach Bild 2 wird die einfallende Strahlung durch die Objektivlinse auf eine Elffach-Thermosäule konzentriert. Um den Einfluß der Gehäusetemperatur auf die Anzeige zu kompensieren, ist ein temperaturabhängiger Widerstand parallel zum Strahlungsempfänger geschaltet; Meßbereiche von 0 bis ca. 2000 °C, eingeteilt in mehrere Intervalle.

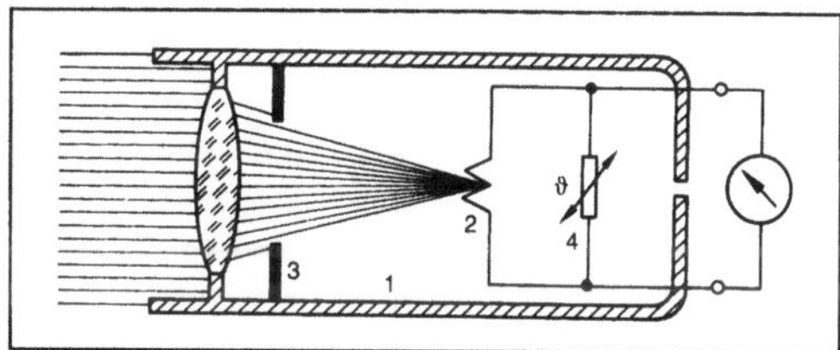

Pyrometer 2: Schematische Darstellung eines Bandstrahlungspyrometers. (Quelle: Ardometer, Siemens AG)

1 Gehäuse, 2 Thermosäule, 3 Blende, 4 Temperatur-Kompensationswiderstand

Beim Teilstrahlungs-P. wird die Strahlung eines schmalen Wellenlängenbereichs registriert. Bild 3 zeigt den prinzipiellen Aufbau eines Intensitäts-P. Durch die spektrale Empfindlichkeit des Photoelements wird automatisch nur ein Teilbereich der ausgesandten Strahlung zum Messen verwendet. Der vom Photoelement abgegebene Kurzschlußstrom ist ein Maß für die Temperatur des Strahlers. Ein Vorteil der Teilstrahlungs-P. in den bekannten

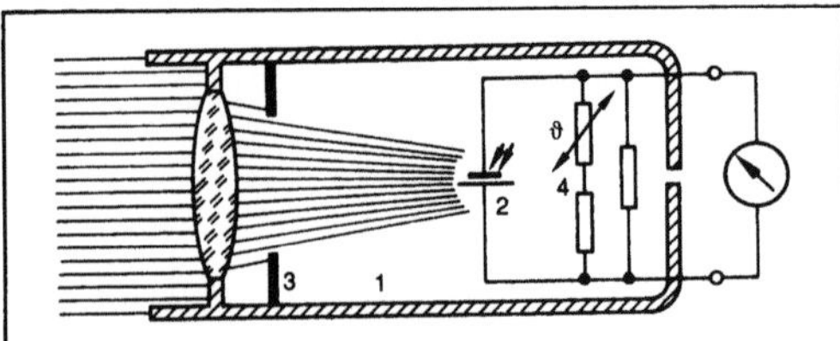

Pyrometer 3: Schematische Darstellung eines Teilstrahlungspyrometers. (Quelle: Ardofot, Siemens AG)

1 Gehäuse, 2 Photoelement, 3 Blende, 4 Temperatur-Kompensationswiderstand

technischen Ausführungen den Gesamtstrahlungs-P. gegenüber ist die bessere Kenntnis des Emissionsgrads $\varepsilon(\lambda, T)$ bei einer Wellenlänge λ oder in einem schmalen Wellenlängenbereich. Die ausgeführten Meßbereiche liegen im Temperaturbereich zwischen 200 °C und 1800 °C.

Wesentlicher Nachteil der beschriebenen P. ist, daß sie ohne Korrektur zu wenig anzeigen, wenn $\varepsilon < 1$ ist. Das Meßergebnis verfälschen außerdem absorbierende Teilchenschichten (z. B. Rauch, Wasserdampf usw). Diesen Fehlern begegnet in gewissen Grenzen das Farb-P. Bei ihm nützt man das Plancksche Strahlungsgesetz aus. Der Quotient der Strahlungsleistungen $M_{\lambda K}(T)$ und $M_{\lambda L}(T)$ bei zwei Wellenlängen λ_K und λ_L hängt von der Temperatur T ab, denn die Strahlungsleistung bei den kleineren Wellenlängen ändert sich stärker mit der Temperatur als bei größeren Wellenlängen. Da ein solches Verhalten im sichtbaren Gebiet als Farbänderung zum Ausdruck kommt, nennt man die das Intensitätsverhältnis messenden Geräte Farb-P. Man kann nachweisen, daß der Quotient der Strahlungsleistungen unabhängig wird vom Emissionsgrad des Strahlers und somit ein Maß für die wahre Temperatur ist, wenn das Meßobjekt und u. U. vorgelagerte Teilchenschichten zumindest in den beiden Wellenlängen gleichen Emissionsgrad haben. Bild 4 zeigt die grundlegende Schaltung des Farb-P. Ardocol. Durch die (leider geringfügig temperaturabhängige) Eigenschaft des Indiumphosphidfilters, im wesentlichen Licht der Wellenlänge um $\lambda_2 = 1,0\,\mu m$ durchzulassen und Licht der Wellenlänge $\lambda_1 = 0,9\,\mu m$ zu reflektieren, wird die Spannung $U_{\lambda 2}$ des einen Photoelements von der Strahldichte der Wellen-

länge λ_2, die Spannung $U_{\lambda 1}$ des zweiten Photoelements von der Strahldichte der Wellenlänge λ_2 abhängig. Die Division erfolgt elektronisch. Es lassen sich Temperaturen bis über 3000 °C messen.

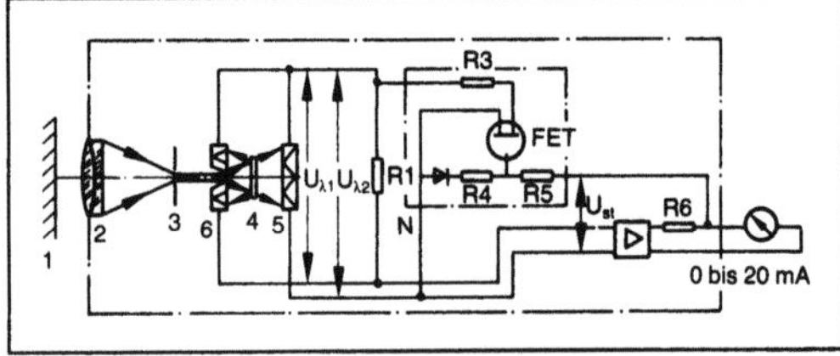

Pyrometer 4: Schematische Darstellung eines Farbpyrometers mit eingebautem Meßumformer. (Quelle: Ardocol, Siemens AG)

1 Strahler, 2 Objektiv, 3 Lichtleitstab, 4 Indiumphosphidfilter, 5, 6 Silicium-Photoelement, $U_{\lambda 1}$, $U_{\lambda 2}$ Photoelement-Spannungen, N Netzwerk (thermostatisiert), U_{St} Gegenkopplungsspannung, FET Feldeffekttransistor

Eine spezielle Ausführung mißt die Strahldichte bei ca. acht verschiedenen Wellenlängen. Aus dem so entstehenden überbestimmten Gleichungssystem lassen sich die Temperatur T und der Emissionsgrad ε der strahlenden Oberfläche errechnen.

Mit Hilfe der pyroelektrischen PVDF-Folie läßt sich einfach ein Passiv-Infrarot-Detektor aufbauen. Ein gegenüber der Umgebung wärmerer oder kälterer Körper erzeugt auf der PVDF-Folie eine Ladung, die elektrisch erfaßt werden kann. Dieser Sensor funktioniert nur, wenn er mit Temperaturänderungen beaufschlagt wird. Für das Messen gleichbleibender Temperaturen ist er wegen der elektrischen Ausgangsgröße-Ladung nicht geeignet. Anwenden läßt sich ein Passiv-Infrarot-Detektor, um Licht (im Treppenhaus oder in Wohnräumen), Wasserarmaturen oder Händetrockner ein- und auszuschalten. Auch für Türöffner, Liftsteuerungen und Alarmanlagen ist er geeignet. (Zum berührungslosen Messen der Temperaturverteilung auf Oberflächen →Thermographie, →Temperaturmessung.) *Hammerschmidt*

Literatur: *Liebler, E.,* u. *R. Plesch:* Lexikon der Analysen-, Meß- und Regelungstechnik. Hrsg. Siemens. Berlin, München 1980. – *Lieneweg, F.:* Handb. technische Temperaturmessung. Braunschweig 1976. – *Walter, L.,* u. *D. Gerber:* Infrarotmeßtechnik. Berlin 1983.

Q

Quadrat, kleinstes. Sind im $(x_1,\ldots,x_p,y)$-Raum n Punkte gegeben und sollen für den Ansatz $\eta = f(x_1,\ldots,x_p)$ die Parameter geschätzt werden, so ist dies mit Hilfe der Methode der k. Q. möglich, wenn n größer als die Anzahl der Parameter des Ansatzes ist. Hierbei wird $\sum\limits^{n} (y_i - \eta_i)^2$ minimiert.

Falls $f(x_1,\ldots,x_p) = \beta_0 + \beta_1 x_1 + \ldots + \beta_p x_p$, also ein linearer Ansatz vorliegt und die Abweichungen $y_i - \eta_i = \varepsilon_i$ normalverteilt sind mit dem Erwartungswert 0, so sind die nach der Methode der k. Q. erhaltenen Schätzer $\hat{\beta}_i$ von β_i beste lineare unverzerrte Schätzer. Beste Schätzer sind solche, deren Varianz kleiner ist als die vergleichbarer Schätzer. *Schneeberger*

quadratische Form. Eine Form vom Grad 2 in n Variablen, darstellbar als

$$Q(x) = \sum_{j,k=1}^{n} a_{jk}\, x_j x_k$$

mit Koeffizienten aus einem kommunativen Ring. Eine q. F. mit reellen Koeffizienten heißt positiv semidefinit, wenn für alle n-Tupel x von reellen Zahlen $Q(x) \geq 0$ und positiv definit, wenn sogar $Q(x) > 0$ für $x \neq 0$ gilt. Zur Untersuchung von q. F. ist die Matrizendarstellung zweckmäßig. Setzt man für alle Indizes j,k

$$b_{jk} := \frac{a_{jk} + a_{kj}}{2},$$

und führt die $\rightarrow$Matrix

$$B := (b_{jk})$$

ein, so gilt

$$Q(x) = x^T B\, x. \tag{1}$$

Im Falle reeller Koeffizienten ist B eine symmetrische Matrix mit lauter reellen Eigenwerten. Sind diese alle positiv, so ist die quadratische Form positiv definit, sind sie alle nichtnegativ, so ist die quadratische Form zumindest positiv semidefinit. Die Anzahl n_+ der positiven n_- der negativen Eigenwerte von B ist eine affine Invariante der q. F. Unterwirft man nämlich $Q(x)$ einer affinen Koordinatentransformation, so ändern sich n_+ und n_- nicht. Dieses Phänomen heißt Trägheitsgesetz der q. F. oder Trägheitssatz von Sylvester.

Im Falle komplexer Koeffizienten sind anstelle der quadratischen Formen die hermiteschen Formen von Interesse. Ihre zu (1) analoge Darstellung lautet

$$Q(x) = \bar{x}^T H\, x,$$

wobei H eine hermitesche Matrix und x ein beliebiges n-Tupel komplexer Zahlen bezeichnet. Da dann $Q(x)$ immer reell ist, können die Begriffe „positiv semidefinit" und „positiv definit" analog erklärt werden. *Schmeißer*

Literatur: *Cassels, J. W. S.:* Rational quadratic forms. New York 1978. – *Gregory, J.:* Quadratic form theory and differential equations. New York 1980. – *Lam, T. Y.:* The algebraic theory of quadratic forms. Reading, Mass. 1973. – *O'Meara, O. T.:* Introduction to quadratic forms. Berlin–Heidelberg 1963. – *Petersson, H.:* Modulfunktionen und quadratische Formen. Berlin–Heidelberg 1982. – *Scharlau, W.:* Quadratic and hermitian forms. Berlin–Heidelberg 1985.

quadratisches Mittel. Für n reelle oder komplexe Zahlen $a_1, a_2, \ldots a_n$ heißt

$$c := \left(\frac{1}{n} \sum_{\nu=1}^{n} |a_n|^2\right)^{1/2}$$

und für eine quadratisch integrierbare $\rightarrow$Funktion f auf einem $\rightarrow$Intervall $[a,b]$ heißt

$$\varphi := \left(\frac{1}{b-a} \int_a^b |f(x)|^2\, dx\right)^{1/2}$$

das q. M. (im letzten Fall genauer: auf $[a,b]$). Offenbar gilt

$$\min_{1 \leq \nu \leq n} |a_\nu| \leq c \leq \max_{1 \leq \nu \leq n} |a_\nu|$$

und

$$\inf_{a \leq x \leq b} |f(x)| \leq \varphi \leq \sup_{a \leq x \leq b} |f(x)|.$$

Mit dem q. M. wird im Vektorraum der n-Tupel von Zahlen bzw. dem der quadratisch integrierbaren Funktionen auf einem Intervall $[a,b]$ eine Norm erklärt. *Schmeißer*

Quellströmung. Die inkompressible $\rightarrow$Strömung in der Umgebung einer atmenden Kugel, die hinreichend weit von anderen Körpern entfernt ist (idealisiert: im unendlich ausgedehnten, ansonsten ungestörten Medium), ist eine Potentialströmung vom

Typ der Q. Eine atmende Kugel ist dabei eine Kugel mit räumlich festem Mittelpunkt, deren Radius sich zeitlich nach vorgegebener Gesetzmäßigkeit $R = R$ (t) ändert. Das resultierende Geschwindigkeitsfeld hat nur eine radiale Komponente (bezogen auf den Kugelmittelpunkt)

$$u_r = \left(\frac{R}{r}\right)^2 \frac{dR}{dt}(t) = \frac{1}{4\pi r^2}\frac{dV}{dt}(t);$$

r Abstand vom Kugelmittelpunkt, $V = \frac{4}{3}\pi R^3$ momentanes Kugelvolumen.

Das Geschwindigkeitsfeld wird offenbar weniger vom Radius der Kugel, als vielmehr von ihrer Verdrängungswirkung (bzw. Ansaugwirkung) dV/dt bestimmt. In Idealisierung kann man sich daher das Strömungsfeld der atmenden Kugel auch durch eine punktförmige Massenquelle erzeugt denken. Dies rechtfertigt die Bezeichnung Q.

Am Ort der Massenquelle ist dabei allerdings die für Potentialströmungen (im engeren Sinne) notwendige Inkompressibilitäts- bzw. Massenerhaltungsbedingung div u = 0 (u Geschwindigkeitsfeld) verletzt. Man sagt, das Geschwindigkeitsfeld habe dort einen singulären Punkt. In Verallgemeinerung werden dann alle Potentialströmungen, die aus Verletzungen der Bedingung div u = 0 an singulären Punkten entspringen, als Q. bzw. Senkenströmungen bezeichnet. Ein weiteres Beispiel einer solchen Strömung erhält man, wenn man zwei im Gegentakt atmende Kugeln unmittelbar nebeneinander setzt. Das Strömungsfernfeld dieser atmenden Kugel erhält man auch, wenn man eine einzelne starre Kugel in einer vorgegebenen Richtung hin und her schwingen läßt. *Vogel*

Quenchen. Plötzliches Abkühlen von heißen Stoffen durch Zumischen einer kalten Flüssigkeit (z. B. Öl oder Wasser) oder eines kalten Gases, um eine chemische Reaktion zum Stillstand zu bringen.

Q. ist eine direkte →Wärmeübertragung, bei der der zu kühlende Stoffstrom direkt mit dem Kühlmedium in Kontakt gebracht wird. Die Abkühlung tritt auf diese Weise wesentlich schneller ein als bei einer indirekten Wärmeübertragung (z. B. in einem Plattenwärmeübertrager). Q. läßt sich aber nur anwenden, wenn eine Vermischung im Rahmen des Gesamtprozesses wirtschaftlich ist.

Beispiele für das Q. sind das Delayed Coking zur Erdölaufbereitung, wo kaltes Öl die Krackreaktion (→Krackverfahren) stoppt, und Pyrolyseprozesse zur Olefingewinnung, bei denen die Pyrolysegase mit Öl und Wasser gekühlt werden. *Dohrn*

Querkapazität. Kapazitives Schaltelement im →Ersatzschaltbild einer kurzen Leitung, das den Einfluß der →Kapazität zwischen den Leitern beschreibt. *Claassen*

Querkontraktionszahl. Die Q. ist der reziproke Wert der →Poisson-Konstanten. Sie wird auch Querdehnzahl, manchmal auch Poisson-Zahl v genannt. Der Wert der Q. liegt für kristalline Stoffe bei etwa 0,3, für amorphe Stoffe etwa bei 0,25 und für poröse Materialien und Zell-Stoffe (wie Holz oder Kork) im Bereich zwischen 0–0,2. Für eine Poisson-Zahl von $v = 0,5$ liegt ein inkompressibles Material vor. Die Q. wird in der Regel durch Messen bestimmt. Sie kann nur im Bereich kleiner Verformungen als konstant angesehen werden. Bei großen Verformungen ist die Q. vermutlich eine Funktion der Verformung.

In vielen Fällen der Bodendynamik sind die Gesamtverformungen im Boden, z. B. bei der Ausbreitung von Erschütterungen so klein, daß der Boden mit guter Näherung als linear elastisches, mit →Dämpfung versehenes Material betrachtet werden kann. Zur Kennzeichnung von Böden dienen der dynamische →Schubmodul und die Q. Mit Hilfe der Messung der Ausbreitungsgeschwindigkeit der Kompressionswelle und der Transversalwelle kann die Q. rechnerisch bestimmt werden. In nichtbindigen Böden liegt die Poisson-Zahl etwa im Bereich von 0,2–0,35, für Schluff, je nach Sand- und Tongehalt, bei etwa 0,35–0,45 (→Stoffgesetze der Elastizitätstheorie; →Zug und Druck). *Splittgerber*

Literatur: *Haupt, W.*: Dynamische Bodeneigenschaften und ihre Ermittlung. In Haupt, W. (Hrsg.): Bodendynamik, Grundlagen und Anwendung. Braunschweig 1986.

Querkraft →Beanspruchungsgröße

Querleitwert. →Widerstand quer zur Signalflußrichtung im →Ersatzschaltbild einer kurzen Leitung, der den Einfluß der endlichen →Leitfähigkeit der Isolation zwischen den Leitern beschreibt. *Claassen*

Quersteifigkeit. Bei Federn, besonders bei Stahlfedern und Luftfedern, bezeichnet die Q. die Federsteifigkeit quer zur hauptsächlich vorgesehenen Richtung der Belastung der →Feder. Die Kenntnis des Verhaltens von Federn unter dem Einfluß auftretender Querkräfte hat immer dann Bedeutung, wenn eine Führung der Federn unerwünscht oder nicht möglich ist. Das Verhältnis der Federsteifigkeit quer zur Hauptbelastungsrichtung zur Federsteifigkeit in der Hauptbelastungsrichtung (meistens in axialer Richtung der Feder) wird als Steifeverhältnis bezeichnet. *Splittgerber*

R

Radiant. SI-Einheit des ebenen Winkels. Einheitenzeichen rad. 1 rad = 1 m/m = $180°/\pi \approx 57{,}3°$. (Definition →Einheiten des SI.) *Hammerschmidt*

Radioaktivität. R. ist eine Stoffeigenschaft, die im Jahre 1896 von *Becquerel* an Uranverbindungen entdeckt wurde. Die in radioaktiven Stoffen enthaltenen instabilen Atomkerne wandeln sich unter Aussendung radioaktiver →Strahlung in andere Atome um.

Die nähere Untersuchung der R. von →Uran durch das Ehepaar *Curie* führte zur Entdeckung mehrerer Radioelemente (→Radioelement). Die wichtigsten in der Natur vorkommenden radioaktiven Stoffe sind Kalium, →Thorium und seine Folgeprodukte, Uran und seine Folgeprodukte sowie →Tritium und Kohlenstoff-14. Für die R. des Kaliums ist das ^{40}K verantwortlich, ein β^-- und γ-Strahler mit einer →Halbwertzeit von $1{,}28 \cdot 10^9$ a, das mit einer Häufigkeit von 0,0117 % im natürlichen Kalium vertreten ist. ^{232}Th zerfällt mit einer Halbwertzeit von $1{,}41 \cdot 10^{10}$ a, ^{238}U mit einer Halbwertzeit von $4{,}47 \cdot 10^9$ a und ^{235}U mit einer Halbwertzeit von $7{,}04 \cdot 10^8$ a. Tritium und ^{14}C entstehen unter der Einwirkung der kosmischen Strahlung in der Atmosphäre. Neben diesen gibt es noch eine Reihe weiterer Radionuklide in der Natur, die aber nur wenig zur natürlichen Radioaktivität beitragen. Eine große Zahl weiterer Radionuklide wird seit etwa 1932 künstlich hergestellt. Insbesondere entstehen bei der →Kernspaltung in Kernreaktoren radioaktive Stoffe in großen Mengen (Spaltprodukte und Actiniden).

Zum Nachweis der von radioaktiven Stoffen ausgesandten radioaktiven Strahlung benötigt man Detektoren (→Messung radioaktiver Strahlung). Diese Detektoren sprechen auch auf die kosmische Strahlung an, die aus dem Weltraum kommt. Die Messung der natürlichen R. ist ein wichtiges Hilfsmittel für Altersbestimmungen.

In großen Mengen werden radioaktive Stoffe (→Uran und →Plutonium) als Kernbrennstoffe in Kernreaktoren und für die Herstellung von Kernwaffen verwendet. Außerdem finden radioaktive Stoffe Anwendung in der Nuklearmedizin für diagnostische und therapeutische Zwecke, für wissenschaftliche Untersuchungen sowie in Radionuklidbatterien. *Lieser*

Literatur: *Lieser, K. H.:* Einführung in die Kernchemie. 3. Aufl. Weinheim: VCH-Verlag 1991.

Radioanalytik. Unter R. versteht man die Anwendung radiochemischer (kernchemischer) Methoden in der Analyse.

Dabei nutzt man die hohe Nachweisempfindlichkeit für Radionuklide aus sowie bei einigen Anwendungen auch die Möglichkeit der Markierung. Man unterscheidet folgende Arbeitsgebiete der R.: Analyse auf Grund inhärenter →Radioaktivität, →Aktivierungsanalyse, Verdünnungsanalyse und andere Indikatormethoden.

Die Analyse auf Grund inhärenter Radioaktivität betrifft vor allem die natürlich radioaktiven Stoffe (z. B. die Elemente Kalium, →Uran, →Thorium, Radium, →Radon, Actinium), aber auch künstliche Radioelemente (z. B. →Technetium, →Neptunium, →Plutonium). Alle diese Elemente können auf Grund ihrer Radioaktivität quantitativ bestimmt werden, sei es durch Messung der →Aktivität der Elemente selbst oder ihrer radioaktiven Folgeprodukte, die mit ihnen im radioaktiven →Gleichgewicht stehen. Praktische Anwendung hat vor allem die Bestimmung des Kaliums in Kalisalzen durch Messung des ^{40}K gefunden, das im natürlichen Kalium mit einer Häufigkeit von 0,0117 % vertreten ist. Geht man davon aus, daß 0,1 Bq bestimmt werden können, so beträgt die Nachweisgrenze für Kalium 3 mg. Uran bestimmt man meistens über die Tochternuklide ^{234}Th oder ^{234m}Pa, Radium vorzugsweise durch Messung der Aktivität des im radioaktiven Gleichgewicht vorhandenen ^{222}Rn.

Die Aktivierungsanalyse beruht auf der Erzeugung von Radionukliden durch Kernreaktionen (→Kernreaktion) und hat eine sehr breite Anwendung gefunden, vor allem in der Materialforschung, in der Umweltanalytik und in der Medizin. Für die durch →Aktivierung hervorgerufene Aktivität gilt die Aktivierungsgleichung:

$$A = \sigma\phi N_A (1 - e^{-\lambda t}) \text{ bzw.}$$

$$A = \sigma\phi N_A \left(1 - \left(\frac{1}{2}\right)^{t/t_{1/2}}\right)$$

σ ist der Wirkungsquerschnitt der Kernreaktion, ϕ die Flußdichte der für die Kernreaktion verwendeten Geschoßteilchen, N_A die Zahl der Atome, in denen die betreffende Kernreaktion stattfindet, λ die Zerfallskonstante des entstehenden Radionuklids, $t_{1/2}$ seine →Halbwertzeit und t die Bestrahlungszeit. Die Nachweisbarkeit eines Elements hängt somit ab vom Wirkungsquerschnitt σ, der Flußdichte ϕ und dem Verhältnis $t/t_{1/2}$. Bei großen Werten von $t/t_{1/2}$ wird Sättigung erreicht.

Die breiteste Anwendung hat die Neutronenaktivierungsanalyse in Kernreaktoren. Da Neutronen in Kernreaktionen in hohen Flußdichten zur Verfügung stehen und die Wirkungsquerschnitte für (n,γ)-Reaktionen verhältnismäßig hoch sind, werden für viele Elemente sehr niedrige Nachweisgrenzen erreicht (Aktivierungsanalyse). Wegen der niedrigen Nachweisgrenzen ist die Aktivierungsanalyse eine Methode zur Bestimmung von Nebenbestandteilen, die in niedrigen Konzentrationen vorliegen, bzw. von Spurenelementen. Die Aktivierungsanalyse wird im allgemeinen als Vergleichsmethode eingesetzt, d. h. die zu bestimmende Probe und eine Probe mit bekanntem Gehalt werden gemeinsam unter den gleichen Bedingungen bestrahlt. Die chemische Aufarbeitung der Probe nach der Bestrahlung kann entfallen, wenn die γ-Linien der Radionuklide in einem γ-Spektrometer simultan gemessen werden können (γ-Spektrometrie). Man spricht dann von instrumenteller Aktivierungsanalyse.

Wenn unbekannte radioaktive Verunreinigungen vorhanden sind oder die Auflösung der γ-Linien im Spektrometer nicht möglich ist, so ist eine chemische Trennung erforderlich (radiochemische Aktivierungsanalyse). Im Unterschied zu anderen Verfahren der Spurenelementanalyse stören bei der Aktivierungsanalyse Verunreinigungen in den Reagentien, die nach der Bestrahlung für die chemische Trennung verwendet werden, nicht.

Die Verdünnungsanalyse wird vor allem dann angewendet, wenn eine quantitative Abtrennung des gesuchten Elements bzw. der gesuchten Verbindung nicht möglich ist. Weitere Indikatormethoden beruhen auf dem →Isotopenaustausch (Isotopenaustauschverfahren) oder auf der Freisetzung von Radionukliden infolge einer chemischen Umsetzung. Bei der radiometrischen Titration wird der Endpunkt dadurch bestimmt, daß man die vorgelegte Lösung, welche die Probe enthält, oder die Titrationslösung oder einen Indikator mit einem →Radionuklid markiert. Dieses bzw. die markierte Verbindung nimmt an der Reaktion teil, oder sie erfahren bei Erreichen des Endpunkts eine Veränderung. Das Reaktionsprodukt wird in eine andere Phase überführt, und die Abnahme oder die Zunahme der Aktivität in einer der beiden Phasen wird gemessen. *Lieser*

Literatur: *Coomber, D. I.:* Radiochemical Methods in Analysis. London: Plenum Press 1975. – *Elving, Ph. J.* (Ed.), Treatise on Analytical Chemistry, 2nd Ed., Part I, Vol. 14, Section K: Nuclear Activation and Radioisotopic Methods of Analysis. New York: John Wiley 1986. – *Gilmore, G. R.* u. *G. W. A. Newton:* Radioanalytical Chemistry. In: Radiochemistry, Vol. 2. Specialist Periodical Reports. London: The Chemical Society 1975. – *Lieser, K. H.:* Einführung in die Kernchemie. 3. Aufl. Kap. 15, Weinheim: VCH-Verlag 1991. – *Tölgyessy, J., S. Varga, V. Krivan* (Vol. I, II), *M. Kyrs* (Vol. II), *J. Krtil* (Vol. III): Nuclear Analytical Chemistry. Vol. I, II, III, Baltimore: University Park Press 1971, 1972, 1974.

Radioelement. Als R.e bezeichnet man diejenigen Elemente, die nur in radioaktiver Form auftreten. Die Tabelle auf Seite 615 gibt einen Überblick über die R.e.

Man unterscheidet natürliche und künstliche R.e. Zu den natürlichen gehören →Thorium und →Uran sowie diejenigen R.e, die durch radioaktiven →Zerfall aus ihnen entstehen, also →Protactinium, Actinium, Radium, Francium, →Radon, Astat und Polonium; d. h. alle Elemente mit den Ordnungszahlen $Z = 84$ (Polonium) bis $Z = 92$ (Uran) sind natürliche Radioelemente. Die ersten Untersuchungen mit natürlichen R.en stellten *M.* und *P. Curie* an, wobei sie die Elemente Polonium und Radium entdeckten.

Künstliche R.e sind solche, die im wesentlichen durch Kernreaktionen hergestellt werden. Dazu gehören →Technetium ($Z = 43$), das leichteste R., Promethium ($Z = 61$) aus der Gruppe der →Lanthaniden sowie die Transuranelemente. Bekannt sind heute Transuranelemente mit den Ordnungszahlen $Z = 93$ bis $Z = 109$. Die Elemente →Neptunium ($Z = 93$) bis Lawrencium ($Z = 109$) gehören zu den →Actiniden. Die Mehrzahl der Transuranelemente wurde in Berkeley (USA) entdeckt, viele davon von *Seaborg* und Mitarbeitern. Die Actinidenelemente Neptunium, →Plutonium, →Americium und →Curium entstehen in Kernreaktoren in größeren bis mittleren Mengen aus dem →Kernbrennstoff Uran. Plutonium wird bei der →Wiederaufarbeitung abgetrennt. Die schwereren Elemente mit den Ordnungszahlen $Z = 99$ bis $Z = 103$ kann man nur in kleinen Mengen durch Kernreaktionen herstellen, die Elemente mit den Ordnungszahlen $Z = 106$ bis $Z = 109$ schließlich nur mit Ausbeuten von etwa 1 Atom pro Experiment. Inzwischen weiß man, daß viele der erstmals durch Kernreaktionen hergestellten R.e auch in der Natur vorhanden sind, allerdings in sehr kleinen Mengen, sei es infolge der Spaltung von Uran, wie Technetium und Promethium, oder infolge Neutroneneinfang durch Uran, wie Neptunium und Plutonium. Das langlebige ^{244}Pu (→Halbwertzeit $8,26 \cdot 10^7$ a) wurde ebenfalls in der Natur gefunden. *Lieser*

Literatur: *Bagnall, K. W.:* Chemistry of the Rare Radioelements. London: Butterworths 1957. – *Haissinsky, M.* u. *J. P. Adloff:* Radiochemical Survey of the Elements. Elsevier Amsterdam: 1965. – *Lieser, K. H.:* Einführung in die Kernchemie, 3. Aufl. Weinheim: VCH-Verlag 1991.

Radiolyse. Unter R. versteht man die Zersetzung von Substanzen unter der Einwirkung von →Strah-

Radioelement. Tabelle: Übersicht über die Radioelemente.

Ord- nungs- zahl	Name des Elements (Symbol)	langlebigstes Nuklid	Entdeckung
a) natürliche Radioelemente			
84	Polonium (Po)	^{209}Po (102 a)	1898 (P. u. M. Curie)
85	Astat (At)	^{210}At (8,1 h)	1940 (Corson, Mckenzie u. Segrè)
86	Radon (Rn)	^{222}Rn (3,82 d)	1900 (Rutherford u. Soddy)
87	Francium (Fr)	^{223}Fr (21,8 min)	1939 (Perey)
88	Radium (Ra)	^{226}Ra (1 600 a)	1898 (P. u. M. Curie)
89	Actinium (Ac)	^{227}Ac (21,8 a)	1899 (Debierne)
90	Thorium (Th)	^{232}TH (1,41 · 10^{10} a)	1828 (Berzelius)
91	Protactinium (Pa)	^{231}Pa (3,28 · 10^4 a)	1917 (Hahn u. Meitner)
92	Uran (U)	^{238}U (4,47 · 10^9 a)	1789 (Klaproth)
b) künstliche Radioelemente			
43	Technetium (Tc)	^{98}Tc (4,2 · 10^6 a)	1937 (Perrier u. Segrè)
61	Promethium (Pm)	^{145}Pm (17,7 a)	1947 (Marinsky, Glendenin u. Coryell)
93	Neptunium (Np)	^{237}Np (2,14 · 10^6 a)	1940 (Mcmillan u. Abelson)
94	Plutonium (Pu)	^{244}Pu (8,26 · 10^7 a)	1940/41 (Seaborg u. a.)
95	Americium (Am)	^{243}Am (7 380 a)	1944/45 (Seaborg u. a.)
96	Curium (Cm)	^{247}Cm (1,56 · 10^7 a)	1944 (Seaborg u. a.)
97	Berkelium (Bk)	^{247}Bk (1 380 a)	1949 (Thompson, Ghiorso u. a.)
98	Californium (Cf)	^{251}Cf (898 a)	1950 (Thompson, Ghiorso u. a.)
99	Einsteinium (Es)	^{252}Es (1,29 a)	1952 (Thompson, Ghiorso u. a.)
100	Fermium (Fm)	^{257}Fm (100,5 d)	1953 (Thompson, Ghiorso u. a.)
101	Mendelevium (Md)	^{258}Md (55 d)	1955 (Ghiorso u. a.)
102	Nobelium (No)	^{259}No (1,00 h)	1958 (Ghiorso u. a.)
103	Lawrencium (Lr)	^{260}Lr (3,0 min)	1961 (Ghiorso u. a.)
104	Kurtschatovium (Ku) Rutherfordium (Rf)	^{261}104 (65 s)	1964 (Flerov u. a.) 1969 (Ghiorso u. a.)
105	Hahnium (Ha)	^{262}Ha (40 s)	1968 (Flerov u. a.); 1970 (Ghiorso u. a.)
106	—	^{263}106 (0,9 s)	1974 (Ghiorso u. a., Flerov u. a.)
107	Niehlsbohrium (Ns)	^{262}Ns ($\approx$ 0,12 s)	1981 (Münzenberg, Armbruster u. a.)
108	Hassium (Hs)	^{265}Hs ($\approx$ 1,8 ms)	1984 (Münzenberg, Armbruster u. a.)
109	Meitnerium (Mt)	^{266}Mt ($\approx$ 3,5 ms)	1982 (Münzenberg, Armbruster u. a.)

lung. Ein bekanntes Beispiel ist die Radiolyse des Wassers unter dem Einfluß ionisierender Strahlung (→Strahlenchemie).

Bereits 1901 wurde in Lösungen von Radiumsalzen von *Soddy* und *Curie* eine Gasentwicklung festgestellt. Bei der R. des Wassers entstehen als Reaktionsprodukte →Wasserstoff und Wasserstoffperoxid. Die als Zwischenprodukte auftretenden ·H- und ·OH-Radikale können mit gelösten Ionen oder Molekülen ebenfalls reagieren. So beobachtet man insbesondere Redoxreaktionen, so daß sich eine Vielfalt von Reaktionsmöglichkeiten ergibt. Bei der Radiolyse von organischen Verbindungen entstehen neben Wasserstoff Verbindungen mit niedrigerer und höherer Molmasse. Ungesättigte Kohlenwasserstoffe liefern geringere Mengen an

Wasserstoff und größere Mengen an höhermolekularen Produkten (Polymeren). Bei der R. von organischen Halogenverbindungen wird bevorzugt Halogen oder Halogenwasserstoff abgespalten, weil die Kohlenstoff-Halogen-Bindung die niedrigste Bindungsenergie hat. Bei Alkoholen, Aldehyden, Ketonen, Carbonsäuren und Ethern werden hauptsächlich die der funktionellen Gruppe benachbarten Bindungen gespalten, z. B. tritt Decarboxylierung von Carbonsäuren ein. Die Anwesenheit von reaktionsfähigen Substanzen, wie Sauerstoff, oder von Radikalfängern, spielt für den Ablauf von R.-Reaktionen eine wichtige Rolle. *Lieser*

Literatur: *Henglein, A., W. Schnabel, J. Wendenburg:* Einführung in die Strahlenchemie. Weinheim: Verlag Chemie 1969.

Radionuklid. R. ist ein Sammelbegriff für alle radioaktiven (instabilen) →Nuklide (→Radioaktivität). Sie wandeln sich unter Aussendung von radioaktiver →Strahlung in einem oder in mehreren Schritten in stabile Nuklide um.

R.e werden durch ihre →Halbwertzeit sowie Angaben über die Art und die →Energie der ausgesandten Strahlung charakterisiert. Viele Radionuklide findet man in der Natur. Beispiele sind ^{3}H (→Tritium) und ^{14}C, die in der Atmosphäre durch die Einwirkung der kosmischen Strahlung erzeugt werden; ^{40}K, das die Radioaktivität des Elements Kalum verursacht; ^{232}Th und seine radioaktiven Folgeprodukte; ^{238}U und seine radioaktiven Folgeprodukte, wie ^{226}Ra und ^{222}Rn, und ^{235}U und seine radioaktiven Folgeprodukte. Die genannten R. liefern den wesentlichen Beitrag zur natürlichen Radioaktivität auf der Erde. Eine Übersicht über die in der Natur vorkommenden R.e gibt die Tabelle.

Radionuklid. Tabelle: In der Natur vorkommende R.e mit Halbwertzeiten > 1 Tag.

Radionuklid	Halbwertzeit	Strahlung	Isotopenhäufigkeit in %	
U-238	$4{,}47 \cdot 10^9$ a	α, γ, e^- (sf)	99,2745	Uran-Zerfalls-reihe
U-234	$2{,}45 \cdot 10^5$ a	α, γ, e^- (sf)	0,0055	
Th-234	24,10 d	β^-, γ, e^-		
Th-230	$7{,}54 \cdot 10^4$ a	α, γ (sf)		
Ra-226	1 600 a	α, γ		
Rn-222	3,825 d	α, γ		
Po-210	138,38 d	α, γ		
Bi-210	5,013 d	β^-, γ (α)		
Pb-210	22,3 a	β^-, γ, e^- (α)		
U-235	$7{,}037 \cdot 10^8$ a	α, γ (sf)	0,7200	Actinium-Zerfalls-reihe
Th-231	25,52 h	β^-, γ		
Pa-231	$3{,}276 \cdot 10^4$ a	α, γ		
Th-227	18,72 d	α, γ, e^-		
Ac-227	21,77 a	β^-, γ, e^- (α)		
Ra-223	11,43 d	α, γ		
Th-232	$1{,}405 \cdot 10^{10}$ a	α, γ, e^- (sf)	100	Thorium-Zerfalls-reihe
Th-228	1,913 a	α, γ, e^-		
Ra-228	5,75 a	β^-, γ, e^-		
Ra-224	3,66 a	α, γ		
Pt-190	$6{,}0 \cdot 10^{11}$ a	α	0,013	
Os-186	$2 \cdot 10^{15}$ a	α	1,6	
Re-187	$4{,}6 \cdot 10^{10}$ a	β^-	62,60	
Hf-174	$2{,}0 \cdot 10^{15}$ a	α	0,18	
Lu-176	$3{,}59 \cdot 10^{10}$ a	β^-, γ, e^-	2,6	
Gd-152	$1{,}08 \cdot 10^{14}$ a	α	0,20	
Sm-147	$1{,}06 \cdot 10^{11}$ a	α	15,0	
Sm-148	$7 \cdot 10^{15}$ a	α	11,2	
Nd-144	$2{,}1 \cdot 10^{15}$ a	α	23,9	
La-138	$1{,}06 \cdot 10^{11}$ a	$\varepsilon, \beta^-, \gamma$	0,09	
Te-123	$1{,}3 \cdot 10^{13}$ a	ε	0,87	
In-115	$4{,}41 \cdot 10^{14}$ a	β^-	95,7	
Cd-113	$9{,}3 \cdot 10^{15}$ a	β^-	12,3	
Rb-87	$4{,}80 \cdot 10^{10}$ a	β^-	27,83	
K-40	$1{,}277 \cdot 10^9$ a	β^- $\beta^-, \varepsilon, \beta^+, \gamma$	0,0118	
C-14	5 730 a	β^-	—	entstehen in der Atmosphäre durch kosmische Strahlung
Be-10	$1{,}6 \cdot 10^6$ a	β^-	—	
Be-7	53,29 d	ε, γ	—	
H-3	12,33 a	β^-	—	

Eine sehr große Zahl von R.en hat man erstmals durch Kernreaktionen hergestellt (→Kernreaktion). Heute sind insgesamt rund 1 700 Radionuklide bekannt, während die Zahl der stabilen Nuklide 267 beträgt. Eine verhältnismäßig große Zahl von R. entsteht bei der →Kernspaltung (→Spaltprodukt). Während die kurzlebigen radioaktiven Spaltprodukte durch radioaktiven →Zerfall mehr oder weniger schnell verschwinden, bedürfen die langlebigen einer langfristigen sicheren Aufbewahrung (→Brennstoffkreislauf, nuklearer). Tritium wird für die Verwendung in Fusionsreaktoren und für die Herstellung von nuklearen Waffen produziert (Tritium). Einige R.e werden für den Betrieb von Radionuklidbatterien hergestellt. Eine größere Zahl von R.en wird für die Verwendung in der Nuklearmedizin erzeugt und in Form von markierten Verbindungen eingesetzt. Dabei verwendet man bevorzugt kurzlebige R.e, wie ^{11}C, ^{18}F, ^{75}Br, ^{99m}Tc und ^{123}I. Einige davon gewinnt man in R.-Generatoren. Andere R.e dienen als Strahlenquellen (→Strahlenquelle) oder zur Lösung verschiedener Aufgaben in Forschung und Technik (→Radionuklidtechnik). *Lieser*

Literatur: *Lieser, K. H.:* Einführung in die Kernchemie. 3. Aufl. Weinheim: VCH-Verlag 1991.

Radionuklidtechnik. Unter dem Stichwort R. faßt man die Methoden der Anwendung von Radionukliden zusammen. Die vielseitigsten Anwendungen ergeben sich durch die Anwendung von Radionukliden als Indikatoren. Dabei nutzt man sowohl die niedrigen Nachweisgrenzen für Radionuklide als auch die Möglichkeit, Elemente oder Verbindungen mit Radionukliden zu markieren, um damit chemische Reaktionen oder Transportvorgänge im Detail verfolgen zu können. Auf Grund dieser Vorteile haben die Methoden der R. in der Chemie, in Biologie, Medizin und Landwirtschaft, in den Geowissenschaften und in der Technik breitere Anwendung gefunden. Ein weiterer Zweig der Radionuklidtechnik ist die Ausnutzung der Absorption oder der Streuung radioaktiver →Strahlung.

Die Absorption der Strahlung von Radionukliden wird in der Produktionsüberwachung häufig für die Dickenmessung oder die Werkstoffprüfung eingesetzt. Dabei verwendet man je nach der Dicke des Materials β-Strahler oder γ-Strahler. Die Dickenmessung kann auch nach der Rückstrahlmethode erfolgen, z. B. wenn die Dicke einer Auflage von Gold oder Platin auf einem Metall niedrigerer Ordnungszahl bestimmt werden soll; die Rückstreuung der β-Strahlung ist bei Elementen höherer Ordnungszahl erheblich größer. Mit Hilfe einer Eichkurve kann die Dicke der Auflage bestimmt werden. Mit einer Radionuklidquelle für γ-Strahlung und einem →Detektor kann man auch die Dichte von Substanzen messen, weil die Absorption

von γ-Strahlung höherer Energie in erster Linie von der Elektronendichte des Materials und damit näherungsweise von der Masse pro Flächeneinheit, d. h. bei konstanter Schichtdicke von der Dichte der Probe abhängig ist. Eine weitere Anwendung ist die Messung der Füllhöhe in geschlossenen Behältern. Die Absorption von γ-Strahlen ermöglicht auch analytische Anwendungen, z. B. wenn in Prozeßströmen im wesentlichen nur der Gehalt an Schwermetallen variiert (Beispiel: Blei in einem Flotationsstrom oder Blei in Benzin).

Von besonderem Interesse ist die Verwendung von Radionukliden für die Röntgenfluoreszenzanalyse, weil die emittierte Röntgen- oder γ-Strahlung im Gegensatz zu der Röntgenstrahlung aus einer Röntgenröhre frei von Bremsstrahlung ist. Außerdem ist man im Falle einer Radionuklidquelle unabhängig von einer Hochspannungsversorgung, so daß sich Radionuklidquellen für den mobilen Einsatz (z. B. für Feldanalysen) eignen. Als Quellen für Röntgenstrahlung verwendet man vorzugsweise ^{55}Fe oder ^{109}Cd, die beim Elektroneneinfang die charakteristische Röntgenstrahlung der Tochternuklide emittieren, als Quellen für γ-Strahlung ^{57}Co oder ^{241}Am. Setzt man γ-Strahlung höherer Energie ein, so kann man mit guter Ausbeute die Röntgen-K-Strahlung schwerer Elemente, wie →Uran oder →Plutonium, anregen, was mit Röntgenröhren nicht möglich ist. *Lieser*

Literatur: *Graul, E. H.:* Fortschritte der angewandten Radioisotopie und Grenzgebiete. 2 Bde. Heidelberg: Hüthig-Verlag 1957. – *Hanle, W.:* Isotopentechnik. 2. Aufl. München: Thiemig Verlag 1976. – *Lieser, K. H.:* Einführung in die Kernchemie. 3. Aufl. Kap. 15, Weinheim: VCH-Verlag 1991.

Radiotoxizität →Strahlenschutz

Radon. R. ist ein →Radioelement, ebenso wie Radium, woraus es in der Natur durch α-Zerfall entsteht.

^{222}Rn (→Halbwertzeit 3,82 d), das wichtigste und langlebigste →Isotop des Radons, entsteht aus ^{226}Ra, ^{220}Rn (Halbwertzeit 55,6 s) aus ^{232}Th und ^{219}Rn (Halbwertzeit 3,96 s) aus ^{235}U. Entdeckt wurde das Radium 1898 von *M.* und *P. Curie.* Als Edelgas entweicht ein Teil des im Boden gebildeten R. in die Luft und gelangt so in die Atemwege, wo sich ein großer Teil der durch →Zerfall des Radons entstehenden Folgeprodukte absetzt und zur natürlichen Strahlenbelastung wesentlich beiträgt. Hohe Konzentrationen an ^{222}Rn treten in der Nähe von Uranerzlagern auf. Radoninhalationen wendet man in der Medizin an, z. B. in Radonstollen für die Behandlung von Erkrankungen der Bronchien. In der Nuklearmedizin hat man früher ^{222}Rn zur Behandlung von Tumoren eingesetzt, wobei man z. B. Kapseln aus Gold benutzte, die mit ^{222}Rn gefüllt waren.

R. ist ein Edelgas und läßt sich leicht aus festen radiumhaltigen Präparaten oder aus radiumhaltigen Lösungen abtrennen. Solche Präparate bezeichnet man auch als Emanationsquellen. Die Neigung, Verbindungen mit anderen Elementen einzugehen, insbesondere mit elektronegativen Elementen, wie Fluor oder Sauerstoff, ist bei Radon stärker ausgeprägt als beim Xenon. Allerdings hat man die Edelgasverbindungen des Radons wegen der kurzen Halbwertzeit der Radonisotope nicht näher untersucht. *Lieser*

Literatur: *Gmelin:* Handbuch der Anorganischen Chemie. Weinheim: Verlag Chemie und Berlin–Heidelberg–New York: Springer Verlag.

Rauhigkeit. Bei turbulenten Strömungen ($\rightarrow$Turbulenz) an rauhen Wänden werden außer der durch die Zähigkeit des Fluids hervorgerufenen Schubspannung $\mu\, d\,\overline{U}/dy$ (y: Koordinate senkrecht zur Wand; $\overline{U}(y)$: mittlere Geschwindigkeit in Hauptströmungsrichtung; μ: dynamische Zähigkeit) auch noch Tangentialkräfte übertragen, die von hydromechanischen Drucken herrühren, die auf die Rauhigkeitserhebungen wirken. Diese Druckkräfte, die viel größer als die Zähigkeitskräfte werden können, bilden zusammen mit den Zähigkeitskräften die resultierende Wandschubspannung τ_w. Ob eine gegebene Wandrauhigkeit auf eine Strömung einen Einfluß hat, hängt ab vom Verhältnis der mittleren Rauhigkeitserhebung k zur viskosen Länge v/u_τ ($v = \mu/\rho$: kinematische Zähigkeit; ρ: Dichte; $u_\tau = \sqrt{\tau_w/\rho}$: Schubspannungsgeschwindigkeit) ab. Systematische Untersuchungen an Rohren, die innen mit Sand unterschiedlicher Korngröße beklebt waren, ergaben für $k < 5\ v/u_\tau$ keinen Einfluß der Sandrauhigkeit auf die Strömung. In diesem Fall wird die Wand als hydraulisch glatt bezeichnet. Wenn $k > 70\ v/u_\tau$ ist, nennt man eine Wand vollkommen rauh. Der Rohrwiderstand entsteht dann zum überwiegenden Teil aus den Formwiderständen der einzelnen Rauhigkeitselemente. In dem zwischen den beiden Grenzfällen liegenden Übergangsbereich entsteht der Zusatzwiderstand gegenüber dem glatten Rohr im wesentlichen durch den Formwiderstand der in die turbulente $\rightarrow$Grenzschicht hineinragenden Rauhigkeitselemente. *Eckelmann*

Rauminhalt. Ein Quader mit Kanten der Länge a, b und c besitzt den R. oder das Volumen $a\cdot b\cdot c$. Schwierig ist es dagegen für eine beliebige beschränkte Punktmenge M des dreidimensionalen euklidischen Raumes $\mathbb{R}^3$ einen R. zu erklären. Zunächst ist folgendes Vorgehen sinnvoll: Wir denken uns den $\mathbb{R}^3$ durch Scharen von parallelen Ebenen im Abstand 2^{-k} senkrecht zu den Achsen in lauter Würfel der Kantenlänge 2^{-k} zerlegt. Nun bezeichne $N_1(k)$ die Anzahl der Würfel, die nur aus Punkten von M bestehen und $N_2(k)$ die Anzahl der Würfel, die mindestens einen Punkt von M enthalten. Dann ist es geometrisch evident, daß eine Zahl V, die den R. von M angeben soll, den Ungleichungen

$$N_1(k)\cdot 2^{-3k} \leq V \leq N_2(k)\cdot 2^{-3k}$$

genügen muß. Es ist leicht einzusehen, daß die Grenzwerte

$$\underline{V} := \lim_{k\to\infty} N_1(k)2^{-3k} \quad \text{und} \quad \overline{V} := \lim_{k\to\infty} N_2(k)2^{-3k}$$

existieren. Gilt $\underline{V} = \overline{V}$, so bezeichnet man diesen gemeinsamen Wert als den R. oder das Volumen von M. Dieser Weg, der sich mit Hilfe des $\rightarrow$Cavalierischen Prinzips noch etwas variieren läßt, liefert für viele in der elementaren Geometrie betrachteten Körper einen R. V.

Beispiele: Für einen Kreiszylinder mit Radius r und Höhe h gilt $V = \pi r^2 h$, für einen geraden Kreiskegel mit Radius r und Höhe h gilt $V = \frac{1}{3}\pi r^2 h$, für eine $\rightarrow$Kugel mit Radius r gilt $V = \frac{4}{3}\pi r^3$.

Zahlreiche weitere Beispiele findet man in Formelsammlungen.

Ist M ein Bereich, dessen Rand in einer gewissen Weise durch stetige Funktionen beschrieben wird, so läßt sich das Volumen von M durch ein mehrdimensionales Integral ausdrücken.

Es ist jedoch nicht schwierig, Mengen anzugeben, für die mit der eingangs beschriebenen Methode kein R. erklärt werden kann. Zu einem leistungsfähigeren Volumenbegriff gelangt man im Rahmen der Maßtheorie. *Schmeißer*

Literatur: *Bronstein, I. N. u. K. A. Semendjajew:* Taschenbuch der Mathematik. Frankfurt/M. 1968. – *Fichtenholz, G. M.:* Differential- und Integralrechnung, Bd. III (10. Aufl.). Berlin 1982. – *Heuser, H.:* Lehrbuch der Analysis, Teil 2 (3. Aufl.). Stuttgart 1986. – *von Mangoldt, H. u. K. Knopp:* Einführung in die höhere Mathematik, Bd. III (14. Aufl.). Stuttgart 1978. – *Ostrowski, A.:* Vorlesungen über Differential- und Integralrechnung, Bd. III. Basel 1962. – *Rottmann, K.:* Mathematische Formelsammlung. Mannheim 1960.

Raumwinkel. Gegeben sei eine im Raum gelegene einfach geschlossene ebene $\rightarrow$Kurve Ψ und ein nicht in der Ebene von Ψ gelegener Punkt S. Die Menge aller Punkte im Inneren des von S und Ψ bestimmten Kegels heißt R. Ein Maß für diesen R. ergibt sich durch den Schnitt des R. mit der Einheitskugel um S, nämlich als der Inhalt des Teils der (Einheits-)Kugeloberfläche, der vom $\rightarrow$Kegel ausgeschnitten wird. Spezialfall: Polygonwinkel (Ψ ist ein Polygon), Dreikant ($\rightarrow$Winkel, $\rightarrow$Winkelmaß). *Fischer*

Reaktanz. Imaginärteil der komplexen $\rightarrow$Impedanz eines elektrischen Zweipols bei sinusförmigem Wechselstrombetrieb. Die R. ist gleich dem $\rightarrow$Blindwiderstand eines elektrischen Energiespeichers ($\rightarrow$Spule, $\rightarrow$Kapazität), d. h. das Verhältnis der Spannungsamplitude zur Stromamplitude. Der Begriff R. wird jedoch auch für den Energiespeicher selbst benutzt. *Claassen*

Reaktionskonstante. Die Massenwirkungskonstante ($\rightarrow$Massenwirkungsgesetz) wird gelegentlich auch als R. bezeichnet. Dieser Ausdruck findet auch auf die Reaktionsgeschwindigkeitskonstante Anwendung. *Muschik*

Reaktionslaufzahl. Die stöchiometrischen Gleichungen für R chemische Reaktionen zwischen Z Komponenten schreiben sich

$$\sum_{k}^{Z} \nu_r^k M^k = 0, \quad k = 1, 2, \ldots, Z; r = 1, 2, \ldots, R;$$

(ν_r^k stöchiometrischer Koeffizient für die k-te Komponente in der r-ten Reaktion, M^k Molmasse der k-ten Komponente ($\rightarrow$Molzahl)).

Ein Beispiel für $R = 2$ und $Z = 5$ ist:

$$2H_2 \quad + O_2 \quad - 2H_2O \rightleftharpoons 0,$$
$$CH_4 + 2O_2 - CO_2 - 2H_2O \rightleftharpoons 0.$$

Hier ist z. B. $\nu_1^1 = 2$, $\nu_1^4 = 0$, $\nu_2^4 = -1$.

Die Dimensionen der eingeführten Größen sind:

$$[M^k] = g\,mol^{-1}, \quad [\nu_r^k] = mol.$$

Um die Reaktionsumsätze je Zeit anzugeben, wird die stöchiometrische Gleichung der r-ten Reaktion mit der *Reaktionsgeschwindigkeit* $\zeta_r\,s^{-1}$ multipliziert, so daß

$$\sum_{rk} \dot{\xi}_r \nu_r^k M^k = 0$$

folgt. ξ_r heißt *Reaktionslaufzahl* der r-ten Reaktion.

Die Molzahländerung der k-ten Komponente je Zeit, verursacht durch alle R chemischen Reaktionen, ist

$$\dot{n}^k := \sum_{r} \dot{\xi}_r \nu_r^k \text{ oder } \dot{n} = \underline{\underline{\nu}} \cdot \underline{\dot{\xi}}.$$

Damit schreibt sich die Massenerhaltung bei chemischen Reaktionen zu

$$\sum_{k} \dot{n}^k M^k = 0. \quad\quad\quad Muschik$$

Reaktor $\rightarrow$Kernreaktor

Reaktorchemie. Unter R. versteht man die chemischen Vorgänge in Kernreaktoren. Ein Teil dieser Vorgänge wird durch die Spaltprodukte hervorgerufen, ein weiterer Teil durch Neutronen sowie durch die γ- und β-Strahlung, und schließlich finden Korrosionsvorgänge statt.

Die Reichweite der Spaltbruchstücke ist sehr gering (in Wasser ungefähr 25 μm, in Urandioxid ungefähr 8 μm). Wegen ihrer hohen Ladung (im Mittel ungefähr +20) und ihrer hohen kinetischen Energie erzeugen sie jedoch längs ihres Weges sehr viele Ionen und Fehlstellen und bewirken Volumenvergrößerung, Härtezunahme, erhöhte Reaktionsfähigkeit und Deformationen. Die gasförmigen Spaltprodukte wandern im Temperaturgefälle zum Inneren des Brennstoffs, wo es heißer ist, und erzeugen dort Hohlräume. In homogenen Reaktoren ($\rightarrow$Kernreaktor) erzeugen die Spaltprodukte im Kühlmittel Radikale, was zu Zersetzungsreaktionen führt. Die Neutronen erzeugen in Festkörpern durch elastische und unelastische Streuung an Atomen ebenfalls Fehlstellen und Deformationen, jedoch nicht in so hoher lokaler Konzentration wie die Spaltprodukte.

Darüber hinaus können die Neutronen in den Bestandteilen eines Kernreaktors, einschließlich Kühlmittel bzw. Moderator und Reaktorwerkstoffen, Kernreaktionen auslösen. Dabei entstehen Rückstoßatome und Aktivierungsprodukte ($\rightarrow$Kernreaktion). Die intensive primäre γ-Strahlung bei der $\rightarrow$Kernspaltung, die sekundäre γ-Strahlung der Spaltprodukte, die γ-Strahlung aus (n,γ)-Reaktionen (Kernreaktion) und die β^--Strahlung der Spaltprodukte lösen strahlenchemische Reaktionen in den Kernreaktoren aus ($\rightarrow$Strahlenchemie). Am wichtigsten ist dabei die strahlenchemische Zersetzung des Wassers in homogenen und heterogenen Reaktoren, in denen Wasser als Moderator oder Kühlmittel verwendet wird. Sie führt zur Bildung von Wasserstoff, Wasserstoffperoxid und Sauerstoff. In geschlossenen Reaktoren, die Wasser enthalten, ist deshalb eine Anlage zur Rekombination von Wasserstoff und Sauerstoff eingebaut, oder es wird Wasserstoff zugesetzt, um die Bildung von Sauerstoff zu unterdrücken, z. B. in Druckwasserreaktoren. Die im Wasser gelösten Stoffe können die Menge der Radiolyseprodukte stark beeinflussen. Außerdem werden gelöste Stoffe durch die Neutronen aktiviert. Es ist deshalb wichtig, das Kühlwasser von Kernreaktoren fortlaufend von Verunreinigungen zu befreien. Dazu wird ein Teil des Kühlwassers kontinuierlich über Ionenaustauscher geleitet.

Auch die Korrosionsvorgänge in Kernreaktoren, z. B. in den Dampferzeugern, spielen im Rahmen der Reaktorchemie eine wichtige Rolle. Einerseits werden die Korrosionsvorgänge durch die in Kernreaktoren herrschende intensive $\rightarrow$Strahlung (Neutronen, β^--Strahlung, γ-Strahlung) stark beeinflußt, andererseits setzen sich die durch Kernreaktoren im Kühlkreislauf erzeugten radioaktiven $\rightarrow$Nuklide zum Teil in den Korrosionsprodukten ab und können somit zu recht hohen Aktivitäten in den Dampferzeugern führen. Auch in den graphit-moderierten, mit Kohlendioxid gekühlten Reaktoren spielen sich unter dem Einfluß der Strahlung chemische Reaktionen ab (z. B. zwischen Kohlendioxid und Graphit), die zu einem Transport von Graphit führen können. *Lieser*

Literatur: *Dawson, J. K.* u. *R. G. Snowdon:* Chemical Aspects of Nuclear Reactors. 3 Bde. London: Butterworths 1963. – *Lieser, K. H.:* Einführung in die Kernchemie. 3. Aufl. Kap. 11, Weinheim: VCH-Verlag 1991. – *Oldekop, W.:* Einführung in die Kernreaktor- und Kernkraftwerkstechnik. München: Thiemig-Verlag 1975. – *Smidt, D.:* Reaktortechnik. 2 Bde., 2. Aufl. Karlsruhe: G. Braun-Verlag 1976.

Reaktorschutzsystem (Zuverlässigkeit). Das R. ist der Teil des Sicherheitssystems, welcher die für die Sicherheit der Reaktoranlage und Umgebung wesentlichen Prozeßvariablen zur Vermeidung von unzulässigen Beanspruchungen und zur Erfassung von Störfällen überwacht, verarbeitet und Schutzaktionen auslöst, um den Zustand der Reaktoranlage in sicheren Grenzen zu halten (Sicherheitstechnische Regel des Kerntechnischen Ausschusses KTA 3501).

Die Auslegung des R. erfolgt auf Grund einer Störfallanalyse (Ereignisablauf-Analyse), wobei z. B. Störungen der Leistungserzeugung, der Leistungsabfuhr und der Kühlmittelversorgung angenommen werden. Dabei sind die
□ Kriterien des Bundesministers des Innern (BMI-Kriterien),
□ Leitlinien der Reaktorsicherheitskommission (RSK-Leitlinien) und die
□ Sicherheitstechnische Regel des Kerntechnischen Ausschusses KTA 3501
zu beachten.

Das R. wird so ausgeführt, daß es seine Aufgabe auch bei Eintreten der folgenden versagensauslösenden Ereignisse noch erfüllt:
□ versagensauslösende Ereignisse innerhalb des R. (z. B. Zufallsausfälle von Komponenten oder gleichzeitig oder kurzfristig aufeinanderfolgende systematische Ausfälle in Untersystemen des R.),
□ versagensauslösende Ereignisse innerhalb der Reaktoranlage (z. B. Brände, Wassereinbruch, schlagende Rohrleitungen oder auch Fehler bei der Bedienung und Wartung des R. durch das Personal),
□ versagensauslösende Ereignisse außerhalb der Reaktoranlage (z. B. Ereignisse wie Überflutung, Blitz und Sturm).

Bei diesen versagensauslösenden Ereignissen werden
□ der Zufallsausfall,
□ der systematische Ausfall,
□ Folgeausfälle und
□ der Instandhaltungsfall (Inspektion, Wartung, Instandsetzung)
betrachtet. Das R. läßt einen Geräteausfall und einen Reparaturfall zu, ohne daß die sicherheits-

technische Funktion unzulässig beeinträchtigt wird.

Das R. muß von Betriebssystemen so unabhängig sein, daß bei bestimmungsgemäßem Betrieb und bei versagensauslösenden Ereignissen in Betriebssystemen die Funktion des Reaktorschutzsystems erhalten bleibt.

Der Aufbau eines R. gliedert sich gewöhnlich in die Teile
□ Messung der Prozeßvariablen (Anregeebene),
□ Grenzwertbildung und logische Verknüpfung (Logikebene, Auswahlschaltungen),
□ Gewinnung der Auslösesignale (Steuerebene).

Die Prozeßvariablen oder Sicherheitsvariablen werden dreifach gemessen und verarbeitet (Redundanz als Schutz gegen zufällige Ausfälle). Darüber hinaus werden grundsätzlich zur Erkennung jeden Störfalls mindestens zwei Sicherheitsvariable ausgewählt (Diversität als Schutz gegen systematische Ausfälle; →Ausfall, abhängiger). Sind zwei zueinander diversitäre physikalische Meßgrößen nicht vorhanden (z. B. bei der Füllstandmessung im Reaktordruckbehälter), so müssen bei der Meßwerterfassung der einen physikalischen Meßgröße unterschiedliche Meßverfahren, unterschiedliche Meßgeräte und verkürzte Prüfzyklen oder gleichwertige Maßnahmen vorgesehen werden. In allen Fällen werden die Meßkanäle kontinuierlich durch Vergleicher auf etwaige Fehler hin überwacht.

Die Grenzwertbildung und logische Verknüpfung erfolgt ausfallsicher (fehlererkennend) unter Verwendung dynamischer Signale.

Die Auslösesignale werden
□ für die Aktivierung der Reaktorschnellabschaltung und
□ zur Steuerung der aktiven Komponenten in den Sicherheitseinrichtungen benötigt.

Die Reaktorschnellabschaltung ist als Ruhestromsystem ausgeführt. Die aktiven Sicherheitseinrichtungen, wie z. B. Antriebe, Pumpen und Armaturen, werden u. U. auch für betriebliche Steuerungen benötigt. In diesen Fällen ist durch eine Vorrangschaltung die Priorität der Signale des R. vor den betrieblichen Signalen sichergestellt. Die Ansteuerung der aktiven Sicherheitseinrichtungen ist während des Betriebs der Anlage prüfbar.

Die Tabelle informiert über die den denkbaren Störfällen zugeordneten Gegenmaßnahmen (Schutzaktionen). Eine derartige Schutzaktion ist sicherheitsgerichtet, kann aber auch nicht eindeutig sicherheitsgerichtet sein. Des weiteren können die Maßnahmen richtig oder auch fehlerhaft ausgelöst sein (Fehlanregung). Auch bei einer Fehlauslösung einer nicht eindeutig sicherheitsgerichteten Schutzteilaktion müssen die noch verbleibenden Schutzteilaktionen die erforderliche sicherheitstechnische Aufgabe erfüllen.

Reaktorschutzsystem (Zuverlässigkeit). Tabelle: Zuordnung zwischen Störfällen und Maßnahmen bei einem Druckwasserreaktor.

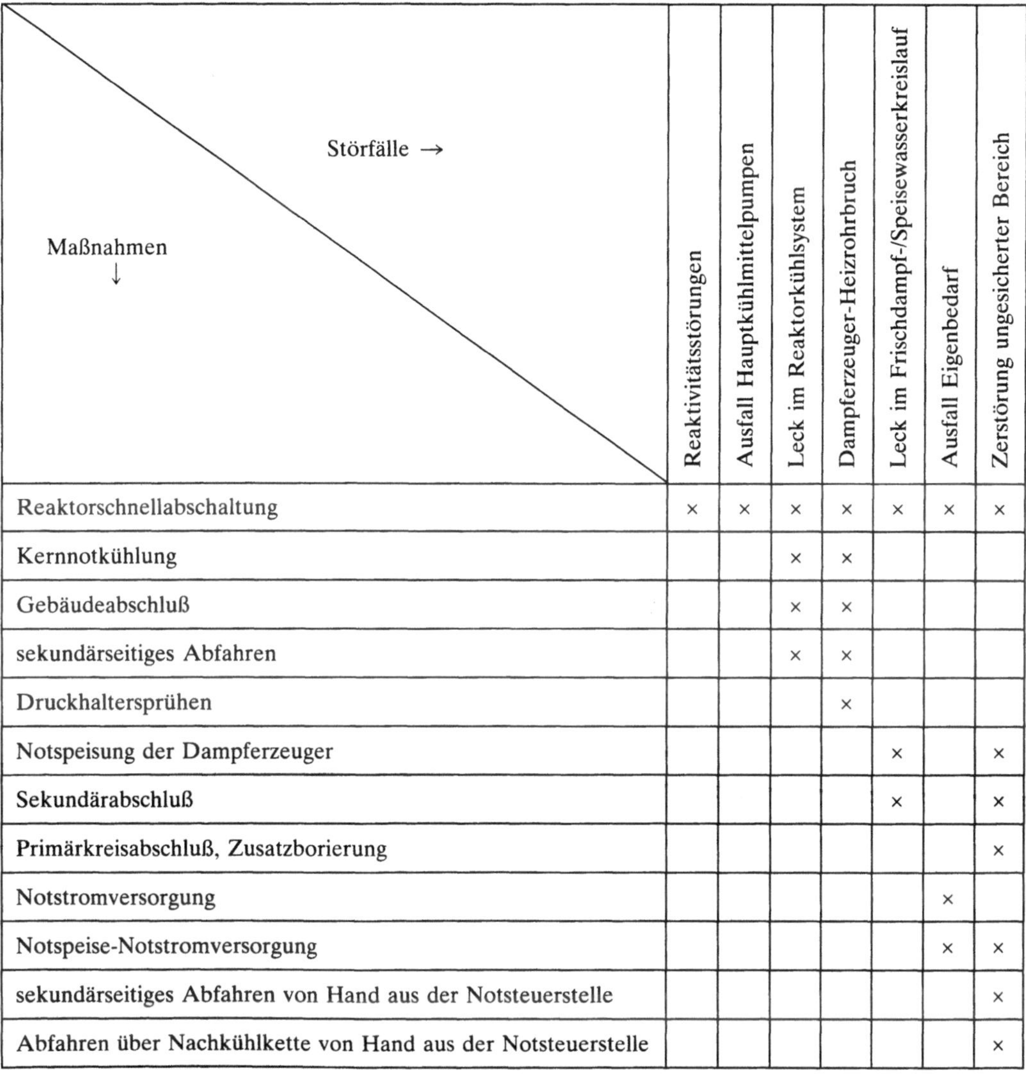

Maßnahmen ↓ \ Störfälle →	Reaktivitätsstörungen	Ausfall Hauptkühlmittelpumpen	Leck im Reaktorkühlsystem	Dampferzeuger-Heizrohrbruch	Leck im Frischdampf-/Speisewasserkreislauf	Ausfall Eigenbedarf	Zerstörung ungesicherter Bereich
Reaktorschnellabschaltung	×	×	×	×	×	×	×
Kernnotkühlung			×	×			
Gebäudeabschluß			×	×			
sekundärseitiges Abfahren			×	×			
Druckhaltersprühen				×			
Notspeisung der Dampferzeuger					×		×
Sekundärabschluß					×		×
Primärkreisabschluß, Zusatzborierung							×
Notstromversorgung						×	
Notspeise-Notstromversorgung						×	×
sekundärseitiges Abfahren von Hand aus der Notsteuerstelle							×
Abfahren über Nachkühlkette von Hand aus der Notsteuerstelle							×

Zum Schutz gegen Einwirkungen von außen ist bei neueren Kernkraftwerken das R. zum großen Teil in einem gegen Einwirkungen von außen gesicherten Bereich untergebracht. Im nicht gegen Einwirkungen von außen gesicherten Bereich befindet sich lediglich der Teil des R., der die eindeutig sicherheitsgerichteten Signale für die Reaktorschnellabschaltung bildet.

Im gesicherten Bereich ist eine Notsteuerstelle vorhanden, die bei Störfällen durch Einwirkungen von außen einen Überblick über die automatisch vom R. eingeleiteten Maßnahmen gibt. Darüber hinaus besteht die Möglichkeit, auch von Hand Schutzaktionen einzuleiten.

In dem R. eines 1300-MW-Druckwasserreaktors werden ca. 250 analoge Meßsignale verarbeitet. Über 400 Reaktorschutz-Auslösesignale steuern 900 Komponenten in den Sicherheitseinrichtungen an. Die hierfür benötigten Geräte der Logikebene füllen etwa 80 Elektronikschränke.   *Schrüfer*

Literatur: *Bachmann, G.,* u. *W. Sych:* Aufgaben und Konzept des Reaktorschutzsystems. atw (1987), S. 134/38. – *Preusche, G.:* Verfahrenstechnische Auslegung des Reaktorschutzes in Kernkraftwerken, erläutert am Beispiel eines Kraftwerkes mit Siedewasserreaktor. Energie und Technik 25 (1973) Nr. 9. – *Schrüfer, E.:* Zuverlässigkeit von Meß- und Automatisierungseinrichtungen. München 1984. – *Smidt, D.:* Reaktor-Sicherheitstechnik. Berlin 1979.

Reaktorwerkstoff →Kernreaktor

Real-Time-Bearbeitung →Echtzeitbearbeitung

Rechtsschutz, gewerblicher. Begriff für den Schutz gewerblich-geistiger Leistungen. Hierzu gehören das Patent-, Gebrauchsmuster-, Geschmacksmuster-, Halbleiterschutz-, Sortenschutz- und Warenzeichenrecht sowie Teile des Wettbewerbsrechts. Diese Rechte gelten jeweils nur national. Der internationale g. R. wird durch eine größere Anzahl von Verträgen, u. a. durch die Pariser Übereinkunft zum Schutz des gewerblichen Eigentums, PVÜ, durch das Madrider Markenabkommen (Warenzeichen), durch das Haager Musterabkommen (→Geschmacksmuster), durch das Europäische Patentübereinkommen (Europäisches →Patent), durch das Gemeinschaftspatentübereinkommen (Gemeinschaftspatent) und durch den Vertrag über die internationale Zusammenarbeit auf dem Gebiet des Patentwesens, PCT (internationale Patentanmeldung), geregelt. *Cohausz*

Literatur: *Fischer, F. B.:* Grundzüge des gewerblichen Rechtsschutzes. 2. Aufl. 1986. – *Nirk, R.:* Gewerblicher Rechtsschutz. 1981.

Redundanz. R. ist in der Informationstheorie die Bezeichnung für das Vorhandensein von an sich überflüssigen Elementen in einer Nachricht, die keine zusätzlichen Informationen liefern, sondern lediglich die beabsichtigte Grundinformation stützen.

R. ist das Vorhandensein von mehr funktionsbereiten technischen Mitteln, als zur Erfüllung der vorgesehenen Funktion notwendig ist (Definition des Kerntechnischen Ausschusses KTA 3501).

In einem System läßt sich der Zufallsausfall eines Geräts beherrschen, wenn Reservegeräte die Funktion des ausgefallenen übernehmen. Die Reservegeräte, die im Überfluß vorhanden sind, werden als redundant bezeichnet. Bei der aktiven R. sind die Ersatzeinheiten dauernd eingeschaltet und in Betrieb, bei der passiven R. wird die Reserveeinheit erst nach Ausfall der Originaleinheit aktiviert.

Die aktive R. wird gewöhnlich durch parallel geschaltete Kanäle realisiert. Gebräuchlich sind Auswahlschaltungen (Bild). Ein Kontakt genügt zum Schalten der Spannung; der andere parallel

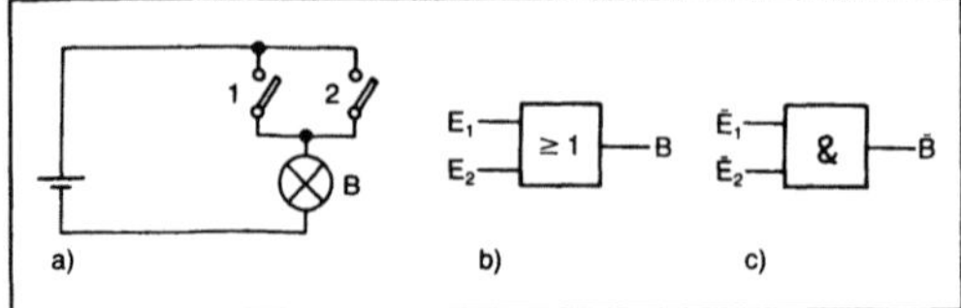

Redundanz: Beispiel eines (1 von 2)-Systems. Parallelschaltung a) mit Erfolgsbaum b) und Fehlerbaum c).

liegende ist redundant. Die notwendige Funktion wird auch dann noch erbracht, wenn einer der als unabhängig angenommenen Kontakte versagen würde.

Bei der im Bild gezeigten Schaltung fließt ein Strom über die Lampe (Ereignis B), wenn entweder der Schalter 1 oder der Schalter 2 oder beide geschlossen sind. Diese Ereignisse E_i haben die →Wahrscheinlichkeit $w(E_i)$.

E_i: Der Kontakt i schaltet.

$\bar{E}_i$: Der Kontakt i schaltet nicht.

$B = E_1 \vee E_2$: Die Lampe brennt.

$\bar{B} = \bar{E}_1 \wedge \bar{E}_2$: Die Lampe brennt nicht.

$w(E_i) = 1-p$: Wahrscheinlichkeit, daß der Kontakt i schaltet.

$w(\bar{E}_i) = p$: Wahrscheinlichkeit, daß der Kontakt i nicht schaltet.

In einer Schaltung mit 2 Komponenten ist die Wahrscheinlichkeit für den Erfolg

$$w(B) = 1-p^2$$

und die für den Ausfall

$$w(\bar{B}) = w(\bar{E}_1) \cdot w(\bar{E}_2) = p \cdot p = p^2.$$

Die Wahrscheinlichkeit für den Erfolg nimmt, da p eine Zahl <1 ist, mit der Zahl der Komponenten zu.

In der obigen Gleichung wurden die Wahrscheinlichkeiten $w(\bar{E}_i)$ für den Ausfall der Komponenten multipliziert. Dies ist nur bei unabhängigen Ereignissen richtig. Sind die Ereignisse E_i nicht unabhängig, so ist mit bedingten Wahrscheinlichkeiten zu rechnen. In diesem Fall wird bei einer völligen Abhängigkeit der beiden Kontakte mit $w(\bar{E}_2|\bar{E}_1) = 1$ die letzte Gleichung lauten:

$$w(\bar{B}) = w(\bar{E}_1) \cdot w(\bar{E}_2|\bar{E}_1) = p \cdot 1 = p.$$

Die R. schützt also nicht gegen die abhängigen Ausfälle. Zur Beherrschung dieser Common Mode Failures, dieser Ausfälle, die auf Grund einer einzigen gemeinsamen Ursache entstehen, sind andere Maßnahmen, wie z. B.

□ Diversität,

□ räumliche Trennung,

□ elektrische Entkopplung,

notwendig.

Redundante Schaltungen ermöglichen eine Ausfallerkennung durch den Vergleich der Ergebnisse (→Ausfallerkennung durch Redundanz). *Schrüfer*

Regelalgorithmus. Der R. ist eine Rechenvorschrift für einen digitalen →Regler, nach der er aus Eingangssignalen ein oder mehrere Stellsignale berechnet.

Solch ein Algorithmus liegt meistens in Form von Differenzengleichungen vor, die in ein Rechner-Programm umgesetzt werden können (→Regler, digitaler). *Böttiger*

Regeldifferenz, Regelabweichung →Regelkreis, →Folgeverhalten

Regeleinrichtung →Regler

Regelfaktor →Regelkreis, →Festwertregelung

Regelgröße →Regelkreis

Regelkreis. In einem R. wird eine →Regelung durchgeführt. Der R. besteht aus dem vorhandenen Prozeß (oder der Anlage) und der Regeleinrichtung, die meist folgende Elemente enthält: Regelgrößenaufnehmer, Meßumformer, →Regler mit Führungsgrößeneingabe oder Sollwerteinsteller, Stellgerät, bestehend aus →Stellantrieb und Stellglied (Bild 1) (nach DIN 19225).

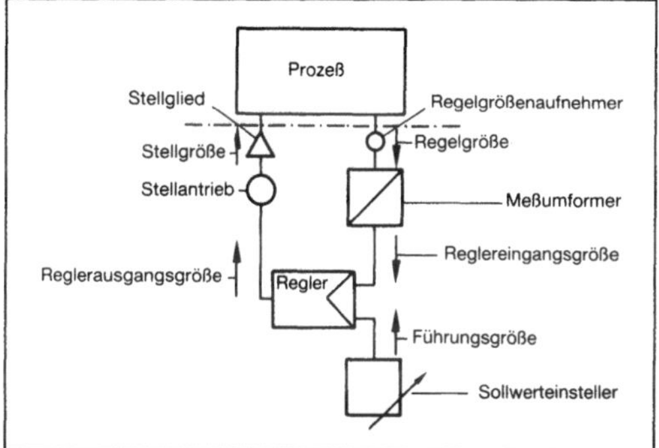

Regelkreis 1: R., bestehend aus dem Prozeß und der Regeleinrichtung (DIN 19225).

Zur Untersuchung des R. werden die Elemente zu den wichtigsten Blöcken zusammengefaßt, so daß der Wirkungsplan (Bild 2) entsteht. Die Zusammenfassung ist meist gerätetechnisch bedingt. Im allgemeinen bilden das Stellglied mit dem Prozeß, dem Regelgrößenaufnehmer und dem Meßumformer die →Regelstrecke. Der Stellantrieb wird als Bestandteil des Reglers betrachtet. Der Vergleich von Regel- und Führungsgröße, der im Regler vorgenommen wird, wird als wichtiges Element des R. herausgezogen. So wird erkennbar gemacht, daß die →Rückführung als Gegenkopplung zu schalten ist. (Falls eines der Übertragungsglieder eine Vorzeichenumkehr bewirkt, muß diese herausgezogen

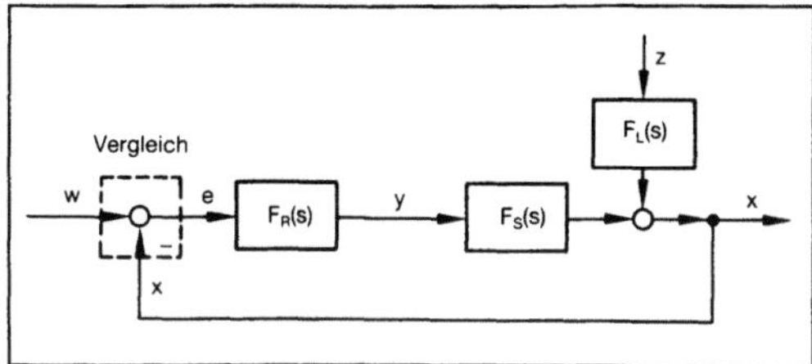

Regelkreis 2: Vereinfachter Wirkungsplan.

werden). Aus dem Vergleich der Regelgröße x mit der Führungsgröße w ergibt sich die Regeldifferenz e = w − x. Aus ihr bildet der Regler durch seine →Übertragungsfunktion $F_R(s)$ die Stellgröße y, mit der er die Regelstrecke über ihre Steuerübertragungsfunktion $F_S(s)$ steuert. Meist wird die Regelstrecke durch ihre Umgebung belastet. Der Einfluß solch einer Störgröße z wird durch die Übertragungsfunktion $F_L(s)$ charakterisiert.

Bezogen auf die mögliche Anregung des R. durch Stör- oder Führungsgröße wird er auf sein →Störverhalten oder sein Führungs- bzw. →Folgeverhalten hin untersucht. Dazu wird entweder die Störübertragungsfunktion

$$F_z(s) = \frac{\triangle X(s)}{\triangle Z(s)} = \frac{F_L(s)}{1 + F_0(s)}$$

angesetzt, die angibt, wie eine Störgrößenänderung Δz auf die Regelgröße mit Δx wirkt, oder die Führungsübertragungsfunktion

$$F_w(s) = \frac{X(s)}{W(s)} = \frac{F_0(s)}{1 + F_0(s)},$$

die angibt, wie gut die Regelgröße der Führungsgröße folgt. $F_0(s) = F_R(s)\,F_S(s)$ ist die →Kreisübertragungsfunktion (Ketten- und Kreisschaltung im linearen →Übertragungsglied). Die Abweichung vom theoretischen Idealverhalten wird mit der Fehlerübertragungsfunktion

$$F_e(s) = \frac{1}{1 + F_0(s)}$$

untersucht (→Folgeregelung, →Nachlaufregelung). Stationär, d. h. für t →∞ wird sie als Regelfaktor r bezeichnet, der dann als Quotient von „bleibender Abweichung mit Regelung durch bleibende Abweichung ohne Regelung" definiert ist, oder analytisch

$$r = \frac{1}{1 + F_0(s)} \Big|_{s=0}.$$

Der Regler ist so auszulegen, daß der Regelfaktor möglichst klein wird oder ganz verschwindet (→Festwertregelung).

Alle Übertragungsfunktionen haben denselben Nenner $1 + F_0(s)$, gelegentlich auch als „Effekt der Regelung" bezeichnet. Er bestimmt die Dynamik des R. Als charakteristische Gleichung $1 + F_0(s) = 0$ des Kreises dient der Ausdruck zur Untersuchung der →Stabilität und darauf aufbauend z. B. durch Polvorgabe zur Reglerauslegung. *Böttiger*

Literatur: *Böttiger, A.:* Regelungstechnik. München 1988.

Regelsetzer, technischer. Ein t. R. ist eine Körperschaft (Körperschaften sind Organisationen, Behörden, Firmen und Stiftungen), die auf dem Gebiet der technischen Regelsetzung (Erstellung von technischen Regeln) anerkanntermaßen tätig ist. Die Rechtsformen reichen von privatrechtlichen technisch-wissenschaftlichen Vereinigungen bis zu öffentlich-rechtlichen Körperschaften.

Unter technischen Regeln werden nicht nur DIN-Normen und Veröffentlichungen anderer privater R. (Regelwerkersteller) verstanden, sondern auch rechtsverbindliche Vorschriften (Gesetze, Verordnungen usw.) mit technischen Festlegungen. Die Vielfalt der technischen Regeln spiegelt sich allein schon in den sehr unterschiedlichen Bezeichnungen wider, die die R. für die von ihnen herausgegebenen technischen Regeln gewählt haben. Beispiele dafür sind: Normen, Richtlinien, Arbeitsblätter, Merk- und Betriebsblätter, Einheitsblätter, Prüf- und Sicherheitsregeln, Bestimmungen, Schriften, Vorschriften, Verordnungen usw.

Der DIN-Katalog für technische Regeln, herausgegeben vom Deutschen Informationszentrum für technische Regeln (DITR) im DIN Deutsches Institut für Normung e. V. (das einzige Gesamtverzeichnis für technische Regeln in Deutschland), weist rd. 50 000 technische Regeln nach. Insgesamt sind in Deutschland etwa 130 verschiedene R. tätig. Im allgemeinen läßt sich weder aus der Bezeichnung noch aus dem Inhalt einer technischen Regel auf deren faktische oder rechtliche Bedeutung schließen. Als R. treten in **Deutschland** z. B. folgende Organisationen auf:
□ privatrechtliche Organisationen,
□ öffentlich-rechtliche Körperschaften, Behörden und Dienststellen,
□ technische Ausschüsse gem. § 24 →Gewerbeordnung (im Bereich überwachungsbedürftiger Anlagen),
□ Träger der gesetzlichen Unfallversicherungen.

Die privatrechtlichen Organisationen geben die weitaus meisten technischen Regeln heraus.

Die Arbeitsgemeinschaft Druckbehälter (AD) bei der Vereinigung der Technischen Überwachungs-Vereine (VdTÜV) legt in ihren AD-Merkblättern sicherheitstechnische Anforderungen, Berechnungsverfahren, Prüfungen und Werkstoffe, auch für Sonderfälle im Druckbehälterbau fest. Abwasser- und Abfalltechnik stehen im Mittelpunkt des ATV/VKS-Regelwerks. R. sind die Abwassertechnische Vereinigung e. V. und der Verband Kommunaler Städtereinigungsbetriebe.

Das vom DIN Deutsches Institut für Normung e. V. herausgegebene Deutsche Normenwerk (DIN-Normen, technische Normung) ist mit Abstand das größte und hinsichtlich seiner Einbindung in die internationale und europäische Normung sowie auf Grund seines hohen Einführungsgrads auch wichtigste technische Regelwerk.

Das vom DVGW Deutscher Verein des Gas- und Wasserfaches e. V. erstellte DVGW-Regelwerk beinhaltet neben den selbst erstellten Arbeitsblättern, Merkblättern usw. auch einschlägige DIN-Normen. Es befaßt sich in erster Linie mit Fragen der technischen Sicherheit und Hygiene bei Anlagen der Gas- und Wasserversorgung.

Der Deutsche Verband für Schweißtechnik e. V. (DVS) erarbeitet in enger Verbindung mit dem DIN im Vorfeld der Normung DVS-Merkblätter und -Richtlinien für die speziellen Belange auf dem Gebiet der Schweißtechnik. Die vom Verein Deutscher Ingenieure (VDI) herausgegebenen VDI-Richtlinien geben Empfehlungen auf Gebieten der Technik, die noch nicht normungsfähig bzw. normungswürdig sind. Viele VDI-Richtlinien werden nach Bewährung in der Praxis in DIN-Normen überführt.

Beispiele für öffentlich-rechtliche Körperschaften, Behörden und Dienststellen, die als t. R. in Erscheinung treten, sind: die Bundesanstalt für Straßenwesen (BAST-Empfehlungen und technische Bestimmungen), das Bundesbahn-Zentralamt der Deutschen Bundesbahn (z. B. Bundesbahn-Normenwerk, technische Lieferbedingungen), das Fernmeldetechnische Zentralamt der Deutschen Bundespost Telekom (FTZ-Spezifikationen) und der Kerntechnische Ausschuß (KTA-Regeln auf dem Gebiet der Kerntechnik).

Beispiele für technische Ausschüsse gem. § 24 Gewerbeordnung sind: DAA Deutscher Aufzugsausschuß (Technische Regeln für Aufzüge TRA), DDA Deutscher Dampfkesselausschuß (Technische Regeln für Dampfkessel TRD) und DGA Deutscher Druckgasausschuß (Technische Regeln für Druckgase und Druckbehälter TRG). Die amtliche Bekanntmachung dieser technischen Regeln (TR) wird vom Bundesminister für Arbeit und Sozialordnung im Bundesarbeitsblatt vorgenommen.

Beispiele für die vom Träger der gesetzlichen Unfallversicherungen herausgegebenen technischen Regeln sind die Unfallverhütungsvorschriften (UVV) der Bundesarbeitsgemeinschaft der Unfallversicherungsträger der öffentlichen Hand e. V. (BAGUV), des Bundesverbands der landwirtschaftlichen Berufsgenossenschaften e. V. und des Hauptverbands der gewerblichen Berufsgenossenschaften e. V., dessen VBG-Vorschriften sowie die ZH-1-Schriften ebenfalls in diesen Bereich der technischen Regeln fallen.

Innerhalb des Systems der technischen Regelsetzung in Deutschland nimmt das DIN Deutsches Institut für Normung e. V. eine zentrale Stellung ein. Dies hat verschiedene Gründe:
□ die Funktion des Deutschen Normenwerks als Nahtstelle zur internationalen und europäischen Normung,
□ die Tatsache, daß nach der DIN-Norm zur Gestaltung technischer Regeln sich praktisch alle technischen Regelsetzer richten,

□ die Anerkennung des DIN durch die Bundesregierung als die zuständige Normungsorganisation in Deutschland,

□ das Deutsche Informationszentrum für technische Regeln im DIN (DITR) ist sowohl für das Inland als auch für das Ausland die zentrale Informationsstelle für alle zu beachtenden technischen Regeln. Darüber hinaus ist das DIN mit dem ihm angeschlossenen Beuth Verlag auch gleichzeitig die zentrale Bezugsquelle für diese Regeln (DIN Deutsches Institut für Normung e. V.). Ein wesentlicher Grund ist auch darin zu sehen, daß sich die internationale und europäische Harmonisierung technischer Regeln ausschließlich über das DIN vollzieht. Auf Grund seiner zentralen Funktionen ist das DIN darum bemüht, daß die technische Regelsetzung in Deutschland durch die privaten und öffentlichen Institutionen keine Doppelarbeit und Widersprüchlichkeit erzeugt.

Es betreibt daher seit Jahren eine konsequente Politik der Abstimmung und des Ausgleichs mit anderen Regelsetzern. Dies insbes. auch unter dem Aspekt, daß die Gesamtheit der deutschen Regelungen in die weltweite Harmonisierung mit einbezogen werden muß. *Krieg*

Literatur: *Bachof, O.:* Teilrechtsfähige Verbände des öffentlichen Rechts. Die Rechtsnatur der Technischen Ausschüsse des § 24 Gewerbeordnung. In: Archiv des öffentlichen Rechts. Bd. 83 (1958), S. 208/79. – DIN-Katalog für technische Regeln. Berlin. – *Götz/Lukes, R.:* Zur Rechtsstruktur der Technischen Überwachungs-Vereine. Heidelberg 1975; S. 55f. Handb. Normung. Bd. 1/3. Berlin 1989. – *Leßmann, H.:* Die öffentlichen Aufgaben und Funktionen privatrechtlicher Wirtschaftsverbände. Schr. zum Wirtschafts-, Handels-, Industrierecht. Bd. 13. Köln, Berlin, Bonn, München 1976. – *Nicklisch, F., D. Schottelius* u. *H. Wagner* (Hrsg.): Die Rolle des wissenschaftlich-technischen Sachverstandes bei der Genehmigung chemischer und kerntechnischer Anlagen. Heidelberg 1982.

Regelstrecke. Die R. als Teil des Regelkreises repräsentiert die gegebene Anlage (bzw. den Prozeß), deren Ausgangssignal, die Regelgröße x, die im Bereich des Arbeitspunktes verharren oder einen bestimmten Funktionsverlauf haben soll, unabhängig von Störungen, gekennzeichnet als Störgröße z.

Um die genannten Bedingungen einzuhalten, muß eine Steuerung mit der Stellgröße y als Ausgang des Reglers möglich sein. Die R. kann durch zwei Übertragungsfunktionen dargestellt werden (Bild).

□ Die Störübertragungsfunktion $F_L(s)$ beschreibt den Einfluß der Störgröße z auf die Regelgröße x bei konstanter Stellgröße y.

□ Die Steuerübertragungsfunktion $F_S(s)$ beschreibt den Einfluß der Stellgröße y auf die Regelgröße x bei konstanter Störung (meist Belastung).

Man unterscheidet zwei Arten von R.:

– Die R. mit Ausgleich hat stationär ein P-Übertragungsverhalten, d. h. zu einer konstanten Stell-

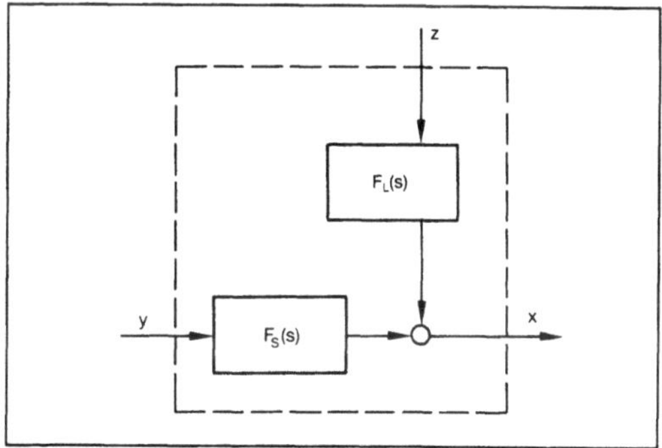

Regelstrecke: Darstellung der R. durch Steuer- und Störübertragungsfunktion.

größe y gehört eine konstante Regelgröße x (im allgemeinen gilt Entsprechendes für die Störgröße z). Beispiel: ein elektrischer Antrieb hat bei konstanter Ankerspannung als Stellgröße eine konstante Drehzahl als Regelgröße; wesentliche Störgröße ist das Lastmoment (Wendetangentenverfahren).

– Die R. ohne Ausgleich hat stationär ein I-Übertragungsverhalten, d. h. zu einer konstanten Stellgröße y gehört eine konstante Geschwindigkeit $\dot{x}$ der Regelgröße. Beispiel: ein Behälter mit dem Zufluß y und dem Pegel x. In Nachlaufregelkreisen haben die Regelstrecken keinen Ausgleich. *Böttiger*

Regelung. Die R. ist ein Vorgang, bei dem die zu regelnde Größe (Regelgröße) fortlaufend erfaßt, mit einer anderen Größe, der Führungsgröße, verglichen und im Sinne einer Angleichung an die Führungsgröße beeinflußt wird (DIN 19226 Teil 1).

Im wesentlichen lassen sich drei Grundprobleme unterscheiden, die eine R. erfordern:

□ Verbesserung des Störverhaltens: Die →Drehzahl eines Antriebs fällt ab, wenn seine Belastung zunimmt. Um diesen Störeinfluß zu reduzieren, wird die Drehzahl gemessen und das →Signal einem →Regler zugeführt. Dieser vergleicht es mit einem gegebenen Sollwert und erzeugt ein Stellsignal zur Steuerung des Antriebs (z. B. über Gashebel oder Steuerspannung) (→Festwertregelung).

□ Verbesserung des Folgeverhaltens (Führungsverhalten): Bei einem Folgeradar soll die Mittellinie des Schirmes auf das zu verfolgende bewegliche Ziel zeigen. Dazu werden die gemessenen Zieldaten mit den Stellungswerten des Schirmes in einem Regler verglichen. Aus der Differenz bildet er Stellsignale, die den Schirm nachführen (→Folgeregelung).

□ Verbesserung der →Stabilität: Beim Prinzip des elektromagnetischen Schwebens, wie es für die Magnetschwebebahn angewendet wird, „hängt" der Magnet unter der Schiene. Aufgrund der Anziehungskräfte soll ein konstanter Abstand gehalten werden. Das geht nur, wenn der Strom in der Magnetspule abhängig vom Abstand gesteuert wird. Ohne Regelung würde der Magnet vollständig angezogen oder hinunterfallen; diese →Regelstrecke ist instabil.

In der Praxis treten die drei Probleme oft kombiniert auf. Neben dem zweiten und/oder dem ersten Problem ist das dritte, die Stabilität, immer zu berücksichtigen, und sei es nur, um starke Schwingungen zu dämpfen.

Aus allen drei Beispielen ergibt sich als Kennzeichen einer R. (DIN 19226, Teil 1): Kennzeichen einer R. ist der geschlossene Wirkungsablauf, bei dem die Regelgröße im Wirkungsweg des Regelkreises fortlaufend sich selbst beeinflußt.

Allen Regelungsaufgaben gemeinsam ist die Forderung nach größtmöglicher Genauigkeit und Schnelligkeit, d. h. der Störeinfluß soll so schnell wie möglich verschwinden, oder die Regelgröße soll möglichst schnell gleich der Führungsgröße sein.

Im allgemeinen sind folgende Schritte zum Entwurf einer R. üblich:
- Analyse: Beschreibung der Regelstrecke durch ihr Steuerverhalten und – wenn erforderlich – durch ihr →Störverhalten (Identifizierung);
- Synthese: Berechnung des Reglers oder eines Regelungskonzeptes aufgrund von Forderungen an die R. (Dimensionierung);
- Konstruktion des Reglers als Gerät (Realisierung).

Oft liefert die Synthese eine Reglerfunktion, die sich nur mit sehr großem Aufwand oder überhaupt nicht realisieren läßt. Deshalb ersetzt man diesen Schritt, vor allem, wenn ein konventioneller Regler konzipiert wird, durch die Auswahl des „besten" Reglers aus einer Gruppe von verfügbaren Reglern (solchen mit →P-, →PI- oder →PID-Übertragungsverhalten) und Festlegung seiner Kennwerte, d. h. statt Synthese erneute Analyse mit dem gewählten Regler.

In diesem Fall erübrigt sich der letzte Schritt, die Realisierung, weil die konventionellen Regler im Handel erhältlich sind, z. B. als elektrische oder digitale Regler.   *Böttiger*

Literatur: *Böttiger, A.: Regelungstechnik. München 1988.*

Regelung, adaptive. Ein adaptiver →Regler paßt sein →Übertragungsverhalten den sich ändernden Eigenschaften des zu regelnden Prozesses (→Regelstrecke) oder seiner Signale an. Er wird dann eingesetzt, wenn sich die Parameter des Prozesses mit der Zeit (z. B. durch Alterung) oder abhängig von der Umgebung (z. B. mit dem Luftdruck, mit der Temperatur) verändern, oder wenn sie unbekannt sind. Manchmal kann ein adaptiver Regler bei einer nichtlinearen Regelstrecke ein besseres Regel-

kreisverhalten bewirken als ein konstanter Regler.

In der Literatur werden im wesentlichen drei Konzepte der a. R. genannt:
□ Beim *Gain-Scheduling* (Bild a) werden die Reglerparameter r_i anhand einer Parameter-Liste (r_i-Liste) in Abhängigkeit von Hilfsgrößen des zu regelnden Prozesses verstellt. Letztere enthalten Informationen über Änderungen der Prozeßdynamik. Für dieses Konzept müssen die physikalischen Zusammenhänge des Prozesses gut bekannt sein. Ursprünglich war das Ziel, die →Kreisverstärkung (*engl.* gain = Verstärkung) konstant zu halten. Scheduling (*engl.* scheduling = Zeit- oder Ablaufplan) schreibt die Abhängigkeit zwischen Hilfsgrößen und Reglerparametern vor. Der Begriff Gain-Scheduling wurde dann auch für andere Anpassungen beibehalten, z. B. bezüglich →Frequenz und Amplitude eines Grenzzyklus. Kommerzielle adaptive Regler, vor allem digitale Regler, geben in gewissen Abständen, wenn gerade keine Regelung abläuft, ein Testsignal auf die Regelstrecke (z. B. eine Sprungfunktion) und werten die Antwort zur

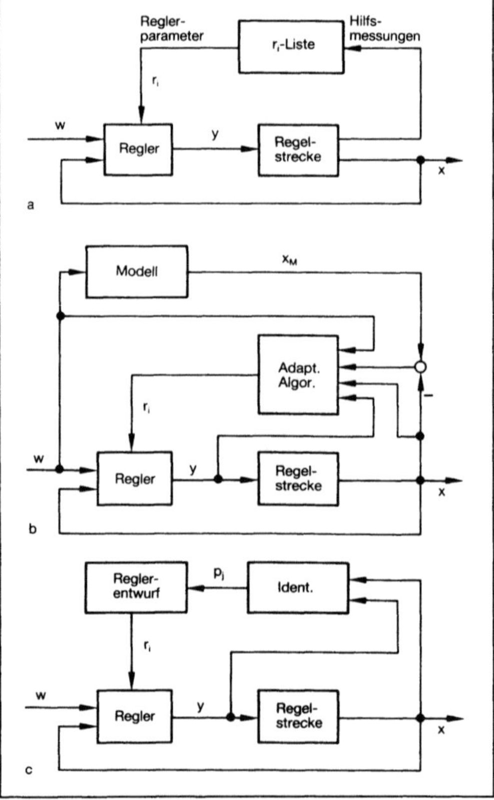

Regelung, adaptive:
a) mit Gain-Scheduling
b) nach dem Modell-Referenz-Verfahren (MRAS)
c) nach dem Self-Tuning-Verfahren (STR).

Einstellung der Reglerkennwerte aus. Beim Gain-Scheduling handelt es sich um einen fest vorgegebenen Zusammenhang ohne Kontrolle und damit um eine gesteuerte a. R.

□ Für das *Modell-Referenz-Verfahren* (*engl.* MRAS, model reference adaptive system) wird das gewünschte Verhalten des Regelkreises, das Führungsverhalten (Bild b), als Modell vorgegeben. Aus dem Unterschied zwischen Modellregelgröße x_M und Prozeßregelgröße x werden über einen adaptiven Algorithmus die Reglerkennwerte r_i berechnet und eingestellt. Das Modell kann als Gerät aufgebaut werden (z. B. als elektrisches Analog) oder auf dem →Prozeßrechner softwaremäßig dargestellt werden. Das ganze System besteht aus zwei Schleifen: der ursprüngliche →Regelkreis und der übergeordnete Kreis zur Anpassung des Reglers. Diese Struktur erschwert die Überprüfung der →Stabilität.

□ Beim *Self-Tuning-Verfahren* (*engl.* STR, self tuning regulator = selbsteinstellender Regler) werden aus Stell- und Regelgröße mittels eines Identifikations-Algorithmus Prozeßparameter p_j geschätzt und aus ihnen in einem Entwurfs-Algorithmus die Reglerkennwerte r_i ermittelt (Bild c). Man bezeichnet dieses Konzept als explizites oder indirektes Verfahren im Gegensatz zu einem vereinfachten, dem impliziten oder direkten Verfahren, bei dem die Reglerparameter direkt geschätzt werden. Auch hier sind zwei Regelkreise verkoppelt, wodurch Stabilitätsprobleme entstehen können.

Diese drei Verfahren werden auf Mehrgrößensysteme übertragen, indem man die Regelgröße durch den Zustandsvektor $\underline{x}$ (ggf. durch den Ausgangsvektor $\underline{v}$), die Stellgröße durch den Steuervektor $\underline{u}$ und die Führungsgröße durch den Führungsvektor $\underline{w}$ ersetzt (→Zustandsregelung).

In der Praxis werden diese Verfahren auch kombiniert angewendet. Ganz allgemein sind zur Regleranpassung drei Schritte erforderlich:
– Erkennen oder Identifikation des Prozesses, seiner Parameter oder von Änderungen in der Prozeßdynamik,
– Entscheidung (*engl.* decision) über die Anpassung des Reglers,
– Durchführung oder Modifikation, d. h. Einstellung des Reglers.

Zur Entscheidung über die Regleranpassung dienen Kriterien. Als Festwertkriterium ist die Vorgabe von Amplituden- und Phasenrand (Frequenzbereich) denkbar oder die Forderung nach einem bestimmten Dämpfungsgrad oder einer Überschwingweite (Zeitbereich). Es kann auch die Pol-Nullstellen-Konfiguration (→Übertragungsfunktion) vorgeschrieben werden. Häufig wird als Kriterium ein Güteindex definiert, der durch die Anpassung einen Extremwert (meist einen Minimalwert) annehmen muß. Man spricht dann von Extremwertregelung.

Verfahren der a. R. werden angewendet in der Luft- und Raumfahrt. Denn bei Flugzeugen und Raketen ändert sich das dynamische Verhalten mit Treibstoffverbrauch, Beladung, Geschwindigkeit, Höhe, Beschaffenheit der Luft und anderen Faktoren. Ebenso findet man a. R. bei chemischen Prozessen und Kernreaktoren, da ihre Eigenschaften z. B. von Temperaturänderungen oder Änderungen der Katalysatoraktivität beeinflußt werden. *Böttiger*

Literatur: *Aström, K. J.:* Theory and Applications of Adaptive Control – A Survey. Automatica 19 (1983) Nr. 5, S. 471–480. – *Böcker, J.* und *I. Hartmann, Ch. Zwanzig:* Nichtlineare und adaptive Regelungssysteme. Berlin 1986. – *Unbehauen, H.:* Regelungstechnik III. Braunschweig 1985. – *Unbehauen, H.* (Hrsg.): Methods and Applications in Adaptive Control. Berlin 1980. – *Weber, W.:* Adaptive Regelungssysteme. München 1971.

Regelung, direkte digitale. Auch direkte digitale Steuerung genannt (*engl.* DDC, direct digital control). Diese Bezeichnung wurde eingeführt, als man anfing, die zu regelnden Anlagen direkt mit dem →Prozeßrechner anzusteuern.

Da inzwischen die →Digitalrechner immer kleiner und leistungsfähiger geworden sind, und viele Einzelregler (Kompaktregler) Mikroprozessoren enthalten, spricht man nur noch von einer digitalen Regelung oder einem digitalen →Regler. Ein Prozeßrechner wird eingesetzt zur Regelung mehrerer Prozesse oder Anlagen, und er muß zusätzlich Überwachungs- und Dokumentationsaufgaben übernehmen. *Böttiger*

Regelungstechnik. R. ist die Wissenschaft von der gezielten Beeinflussung dynamischer Prozesse während des Prozeßablaufs (unabhängig von der speziellen Natur des Prozesses) und von der Anwendung der hierbei entwickelten Methoden zur Systembeschreibung und -untersuchung (*O. Föllinger*, Karlsruhe). Sie ist die Grundlage zur Automatisierung (→Regelung, →Regelkreis). *Böttiger*

Registriergerät. Registrierende oder schreibende Meßgeräte gehören zu den Ausgabegeräten einer →Meßeinrichtung (→Meßgerät). Sie zeichnen den Verlauf einer Meßgröße als Funktion der Zeit oder einer anderen Größe fortlaufend auf. Im praktischen Einsatz befinden sich häufig →Schreiber mit elektrischer oder pneumatischer Eingangsgröße. Andere Meßgrößen werden durch geeignete Meßaufnehmer oder Meßumformer zweckmäßig in elektrische oder pneumatische Meßsignale umgeformt und sind so ebenfalls registrierbar. Die von schreibenden Meßgeräten gelieferten Diagramme oder Schriebe dokumentieren den Ablauf z. B. von Laborversuchen, Betriebsvorgängen und Betriebsstörungen. Für die verschiedenen Anwendungsfälle gibt es eine Vielzahl von Gerätearten, die sich insbes. unterscheiden bez. der Meßsysteme und der Schreibsysteme. Nachstehend sollen wegen ihres universellen Einsatzes bevorzugt schreibende Meßgeräte mit elektrischer Eingangsgröße behandelt werden.

Meßsysteme. Langsam veränderliche Größen lassen sich kostengünstig mit Meßwerkschreibern registrieren. Diese Geräte besitzen ein klassisches Meßwerk (z. B. Drehspule, elektrisches →Meßgerät), auf dessen Zeiger eine Schreibeinrichtung montiert ist. Der Vorschub des Registrierpapiers erfolgt senkrecht zur Achse der Drehspule durch ein Federwerk oder einen Synchronmotor. Es ergibt sich ein fortlaufender oder punktförmiger Kurvenzug. Die Meßgröße wird als Funktion der Zeit dargestellt. Dabei ist für eine Aufzeichnung in rechtwinkligen Koordinaten eine mechanische Geradführung (z. B. Ellipsenlenker, Koppellenker) erforderlich, die den Winkelausschlag des Meßwerks in eine möglichst lineare, geradlinige Bewegung der Schreibfeder umsetzt.

Ein Kompensationsschreiber ist ein automatisierter Gleichspannungskompensator (Bild 1), der mit einer Servoeinrichtung selbsttätig den Abgleich herbeiführt (Kompensations-Meßverfahren). Die Meßspannung U_y wird mit einer Kompensationsspannung U_K verglichen. Die Spannungsdifferenz ΔU wird verstärkt und auf einen Meßmotor M gegeben, der z. B. über ein Schleifdraht-Potentiometer die Kompensationsspannung so lange verändert, bis die Differenz zu null geworden ist. Die Stellung des Schleifers am Potentiometer ist ein Maß für die Meßspannung. Auf der Motorachse ist eine Seilscheibe befestigt. Ein von ihr angetriebenes Seil zieht einen Schlitten mit der Schreibeinrichtung auf einer Führungsschiene. Diese Seilgeradführung

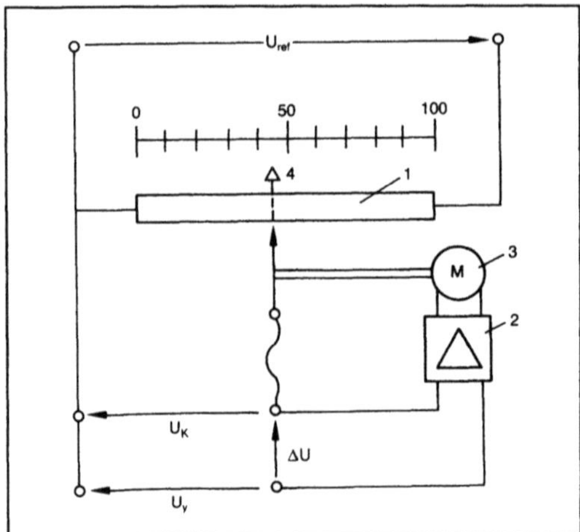

Registriergerät 1: Prinzipschaltung eines Kompensationsschreibers.

1 Meßpotentiometer, 2 Differenzverstärker, 3 Meßmotor, 4 Schreibwerk

arbeitet fehlerfrei, so daß sich eine nahezu lineare Kennlinie ergibt. In Bild 1 sind der Abgriff eines linearen Potentiometers und das Schreibsystem direkt miteinander verbunden. Als Stellungsabgriffe werden neben Potentiometern auch verschleißfreie Meßaufnehmer eingesetzt. Zusammen mit linearen Stellungsabgriffen sind als Meßmotoren auch Linearmotoren möglich. Durch das hohe Drehmoment bzw. die hohe Zugkraft des Meßmotors läßt sich gegenüber den Meßwerkschreibern eine höhere Schreibgeschwindigkeit und wegen der größeren bewegbaren Massen ein robusterer Aufbau des Schreibsystems erreichen. Ebenfalls günstig ist der große Eingangswiderstand des Servosystems, so daß die Meßspannung nahezu ideal erfaßt wird. Erkauft werden diese Vorteile mit einem höheren technischen Aufwand und – besonders bei Potentiometerabgriffen – mit einer gewissen Störanfälligkeit des Abgriffsystems. Moderne Kompensationsschreiber verdrängen mehr und mehr die klassischen Meßwerkschreiber.

Servosysteme mit Schrittmotor benötigen kein Meßpotentiometer. Hier wird das Eingangssignal in einen Digitalwert umgesetzt (→Analog/Digital-Umsetzer). Der Meßmotor wird dann um die Anzahl von Schritten weitergedreht, die der Differenz zwischen dem momentanen und dem vorhergehenden Digitalwert entspricht. Bei diesem Verfahren können Zählfehler auftreten, die einer Korrektur bedürfen. Ein anderes Verfahren mit Schrittmotor stellt die Stellung des Schreibsystems mit Hilfe eines absolut codierten Maßstabs fest (→Längen- und Winkelmessung), so daß sich eine Zählfehlerkontrolle erübrigt. Diese Systeme sind besonders geeignet für jene Ausgabegeräte von Digitalrechnern, auf denen Kurven ausgegeben und beschriftet werden (Plotter, Zeichengerät).

Schreibsysteme, Schreiberbauarten. Die technische Ausführung des Schreibsystems wird wesentlich dadurch bestimmt, wieviele langsam- oder schnellveränderliche Meßgrößen vorliegen, ob die Registrierung kontinuierlich (→Linienschreiber) oder nur zu bestimmten Zeitpunkten (Punktschreiber) erfolgt.

Linienschreiber. Ein Großteil aller Schreiber für Frequenzbereiche unter 1 Hz ist mit einem Tintensystem (Röhrenfeder und Tintentank) oder mit einem Faserstiftsystem ausgestattet. Das Aufbauprinzip eines Schreibers mit Kompensationsmeßwerk für den Einsatz in Labor oder Betrieb ist in Bild 2 dargestellt. Üblich sind bei derartigen Schreibern bis zu zehn parallele Kanäle, bis zu 250 mm Schreibbreite und mit den eingebauten Meßverstärkern empfindliche Meßbereiche bis unter 0,5 mV bei voller Schreibbreite.

Wenn jeder der n parallelen Kanäle die ganze Schreibbreite überstreichen kann, ergäbe sich bei gleichzeitiger direkter Registrierung der verschiede-

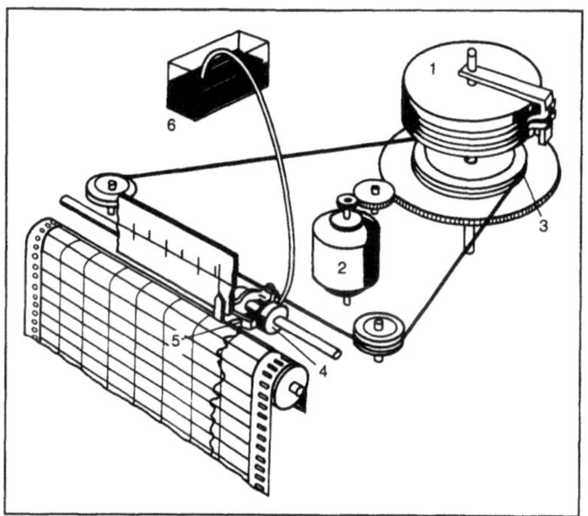

Registriergerät 2: Kompensations-Linienschreiber Kompensograph, Aufbauprinzip. (Quelle: Siemens AG)

1 Meßpotentiometer, 2 Meßmotor, 3 Seilscheibe, 4 Schreibwagen, 5 Schreibfeder, 6 Tintentank

nen Kanäle ein zeitlicher Versatz der einzelnen Schriebe. Deshalb gibt es Schreiber mit n-1-Zwischenspeichern, die n-1-Meßsignale so lange verzögern, bis das bewegte Papier unter der jeweiligen Feder angekommen ist.

Zum kontinuierlichen Aufzeichnen schnellveränderlicher Meßgrößen eignen sich Tintenstrahl-, Thermo- und Lichtschreiber. Bei einem Tintenstrahlschreiber wird eine Schreibflüssigkeit unter hohem Druck durch eine feine Spritzdüse (ca. 10 µm), die mit dem Meßwerkzeiger verbunden ist, auf den Registrierstreifen gespritzt. Der Schreibarm üblicher Schreiber ist hier also durch einen Tintenstrahl ersetzt. Bei einem Thermoschreiber bewegt sich ein beheizter Schreibstift über ein chemisch präpariertes Papier, wodurch der Kurvenzug entsteht. Die beiden letztgenannten Schreibertypen werden in der Regel als Meßwerkschreiber (mit einem besonderen Kompensationssystem) für Grenzfrequenzen bis zu einigen 100 Hz gebaut. Bei Lichtschreibern (Lichtstrahloszillograph, Galvanometerschreiber) wird die Aufzeichnung mit Hilfe eines vom Meßwerk gesteuerten Lichtstrahls auf lichtempfindlichem Papier vorgenommen. Das Licht einer Quecksilber-Höchstdrucklampe fällt auf einen am Meßwerk (→ Galvanometer) angebrachten Spiegel und wird dort entsprechend abgelenkt. Das Meßwerk, ein Schleifenschwinger (nur eine Windung) oder Spulenschwinger, wird nur durch den Spiegel belastet; der Lichtzeiger selbst ist trägheitslos. Deshalb lassen sich sehr kurze Einstellzeiten erzielen, so daß schnellveränderliche Vorgänge mit Frequenzen bis zu mehreren kHz registriert werden können.

Die bisher behandelten Linienschreiber registrieren Meßsignale jeweils als Funktion der Zeit. Für den Laboreinsatz benötigt man jedoch auch Schreiber, die eine oder mehrere Größen über einer anderen Größe aufzeichnen, die nicht zeitproportional ist. Diese XY-Schreiber oder Koordinatenschreiber haben für die X-Achse und jeden Y-Eingang getrennte Servosysteme. Übliche Schreibflächen haben die Größe DIN A4 oder DIN A3. Mit einem besonderen Papierantrieb lassen sich XY-Schreiber auch als Zeitschreiber einsetzen.

Linienschreiber ohne elektrischen Netzanschluß werden eingesetzt z. B. zur fortlaufenden Registrierung von Temperatur- und Luftfeuchte in Räumen. Sie enthalten nichtelektrische Meßwerke. Das Registrierpapier wird mittels Federwerk oder über einen batteriegespeisten Motor an den Schreibwerken vorbeibewegt.

Zum Registrieren sehr schneller periodischer Vorgänge dient das Elektronenstrahl-Oszilloskop. Bei schnellen nichtperiodischen Vorgängen kann man das Schirmbild des Oszilloskops photographieren, ein Oszilloskop mit Speicherröhre oder ein Digital-Oszilloskop einsetzen.

Punktschreiber. Mit herkömmlichen Punktschreibern können die Meßwerte mehrerer Meßstellen auf einem gemeinsamen Registrierstreifen aufgezeichnet werden, wenn es sich um relativ langsam veränderliche Vorgänge handelt. Durch einen Umschalter werden die einzelnen Meßstellen fortlaufend in einem festgelegten Zyklus zum Meßwerk durchgeschaltet. Bei Punktschreibern mit klassischem Meßwerk kann sich der Zeiger frei auf den jeweiligen Meßwert einstellen. Erst bei der Registrierung des Meßpunkts wird der Zeiger von einem Fallbügel in regelmäßigen Zeitabständen kurz auf das unter dem Zeigerende ablaufende Registrierpapier gedrückt und ein Meßpunkt erzeugt.

In Punktschreibern mit Servosystem ist der Zeiger häufig durch ein rotierendes, mehrfarbiges Faserstiftsystem ersetzt. Damit läßt sich eine übersichtliche Darstellung der verschiedenen Meßgrößen erreichen.

Ein piezoelektrisches Aufzeichnungsverfahren (auch Ink-Jet-Prinzip genannt), Bild 3 und 4, ermöglicht es, die Eigenschaften von Linien- bzw. Punktschreibern und alphanumerischen Druckern zu vereinigen. Die prinzipielle Darstellung der Meßwertaufzeichnung auf der Rückseite des Diagrammpapiers zeigt Bild 5. Es können ca. 30 verschiedene Kurven mit bis zu sieben Farben geschrieben und durch Textzeilen kommentiert werden. Bei anderen neuen Schreibertypen gibt es kein mechanisch bewegtes Meßwerk mehr, sondern einen Fest-Schreibkopf mit z. B. 720 oder 1024 Schreibstellen bzw. vier oder mehr Schreibstellen je Millimeter. Hier muß nur noch das Papier bewegt werden. Die Schreibstellen sind z. B. einzeln ansprechbare Heizelemente, die auf thermosensitives Papier wirken, oder einzeln ansprechbare Elektroden, die auf elek-

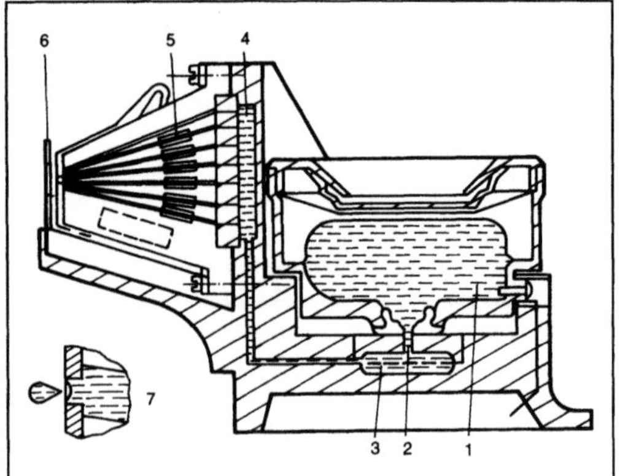

Registriergerät 3: Aufbau eines piezoelektrischen Schreibwerks. (Quelle: Siemens AG)

1 Tintentank, 2 Stahlröhrchen, 3 Filter, 4 Verteiler, 5 piezoelektrisches Röhrchen, 6 Düsenplatte, 7 Schreibdüsenöffnung vergrößert

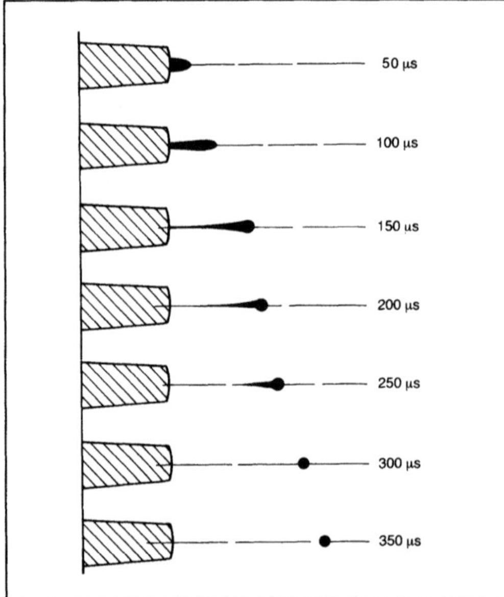

Registriergerät 4: Austritt des Tintentröpfchens aus der Düse.

trostatisch ausgerüstetem Papier ein Bild erzeugen, das ähnlich wie im Laser-Drucker sichtbar gemacht und fixiert wird. Als Grenzfrequenz wird hier 10 kHz angegeben. Auch bei diesen Verfahren werden die Diagrammlinien und die Beschriftung aus einzelnen Punkten zusammengesetzt.

Eine ebenfalls im Prinzip diskontinuierliche Registrierung sehr schneller einmaliger Vorgänge ist mit Transientenspeichern möglich. Diese tasten ein Signal in sehr schneller Folge ab, setzen die

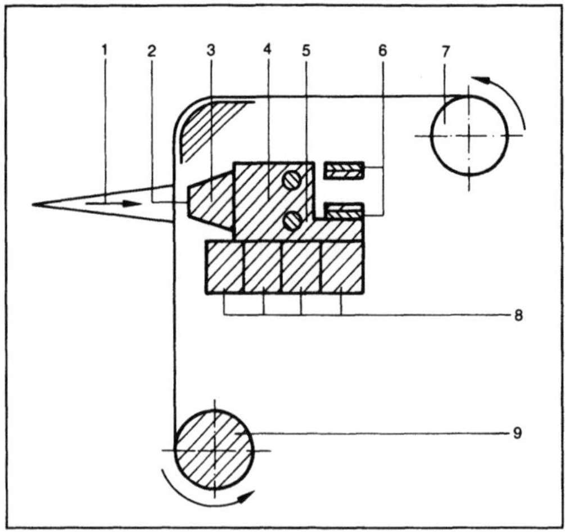

Registriergerät 5: Prinzipielle Darstellung der Meßwertaufzeichnung.

1 Betrachtungsrichtung, 2 Schreibstelle, 3 Düsenbaugruppe, 4 Schreibkopf, 5 Führungsstange, 6 Zahnriemen, 7 Papiervorratsrolle, 8 Tintentanks, 9 Aufwickelrolle

abgetasteten Analogwerte mittels eines Analog/Digital-Umsetzers in Digitalwerte um und speichern diese. Anschließend können die gespeicherten Werte beliebig oft und beliebig langsam auf einem Schreiber oder Plotter analog dargestellt werden. *Hammerschmidt*

Regler. Die Aufgabe einer Regeleinrichtung besteht darin, die Regelgröße x laufend mit der Führungsgröße w zu vergleichen und beim Auftreten einer Abweichung ein Stellsignal y zu liefern, das diese Abweichung verringert oder ganz beseitigt.

So gehört zur Regeleinrichtung die Vergleichsstelle, die die Regeldifferenz e = w − x bildet, und das →Übertragungsglied, das die Reglerübertragungsfunktion $F_R(s)$ übernimmt (Bild 1). Bei kommerziellen R., besonders solchen, die in Schalttafeln eingebaut werden, ist die Vergleichsstelle nicht zugänglich. Sofern die Führungsgröße zur Vorgabe des Betriebspunktes dient (→Festwertregelung), wird sie an einer Skala eingestellt. Unabhängig davon, ob das Übertragungsglied mit $F_R(s)$ oder die ganze Einrichtung betrachtet wird, spricht man vom R.

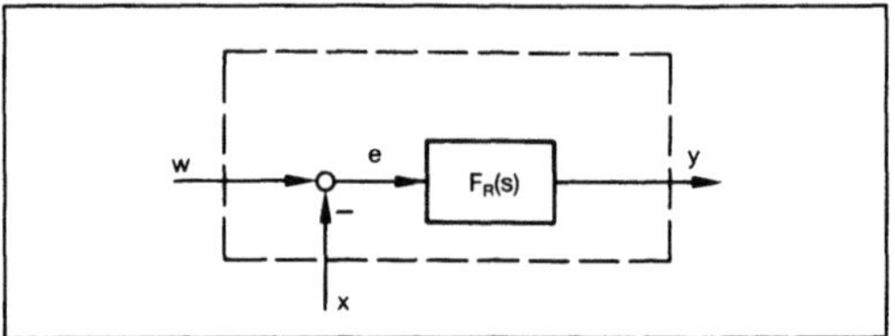

Regler 1: Elemente und Signale eines R.

R. werden nach verschiedenen Kriterien eingeteilt:

□ nach dem Verlauf der Kennlinie in stetige (meist linear) und unstetige R. (z. B. →Zweipunktregler, →Dreipunktregler),

□ nach dem dynamischen Verhalten (P-, PI-, →PID-Übertragungsverhalten),

□ nach der Betriebsart: mit →Hilfsenergie (elektrische, pneumatische und hydraulische R.) und ohne Hilfsenergie,

□ nach der Funktionsweise: zeitkontinuierlich und zeitdiskret (z. B. digitale R.).

Der lineare R. hat eine Kennlinie wie im Bild 2. Das Eingangssignal, die Regeldifferenz e, darf den Aussteuerbereich X_h nicht überschreiten. Die Stellgröße y kann sich nur im Stellbereich Y_h bewegen; ihm ist der P-Bereich X_p (Proportionalbereich) zugeordnet. Solange die Regeldifferenz e innerhalb des P-Bereichs bleibt, arbeitet der R. linear mit dem Übertragungsfaktor $K = Y_h/X_p$.

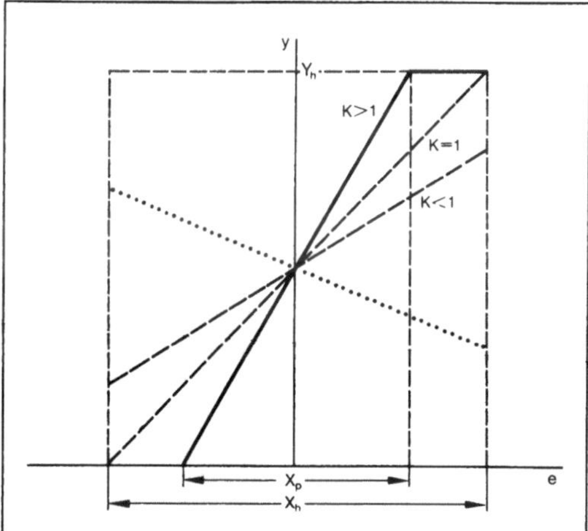

Regler 2: Kennlinien eines linearen R.

Um von physikalischen Größen unabhängig zu sein, werden die Regelsignale und -bereiche in Prozent angegeben. Die Signale dürfen 100 % nicht übersteigen, so daß Stell- und Aussteuerbereich mit 100 % festgelegt sind. Mit dem P-Bereich X_p wird der Übertragungsfaktor K eingestellt: $X_p > 100\%$, $K < 1$; $X_p = X_h = 100\%$, $K = 1$ oder $X_p < 100\%$, $K > 1$. Mit $X_p = 0$ hätte man die Kennlinie eines idealen Zweipunktreglers. Die gepunktete Linie (Bild 2) gilt für inversen Betrieb: für zunehmende Regeldifferenz e nimmt die Stellgröße y ab. Der Arbeitspunkt wurde in diesem Beispiel mit $W_0 = 50\%$ und $Y_0 = 50\%$ gewählt.

Die kommerziellen R. arbeiten mit Einheitssignalen: 100 % entsprechen 20 mA (gelegentlich 10 V) bei elektrischen und 10^5 Pa (=1 bar) bei pneumatischen R. Liegen andere Signale oder Werte an, müssen Signalwandler zwischengeschaltet werden.

R. mit Hilfsenergie haben meistens folgende Konfiguration (Bild 3): Im Vorwärtszweig ist ein Verstärker mit hohem Verstärkungsfaktor V. Das dynamische Verhalten wird durch die →Rückführung mit der →Übertragungsfunktion $F_r(s)$ erzeugt. Die Reglerübertragungsfunktion ist dann

$$F_R(s) = \frac{V}{1 + V\,F_r(s)}.$$

Für hohe Verstärkung V gilt angenähert $F_R(s) \approx 1/F_r(s)$.

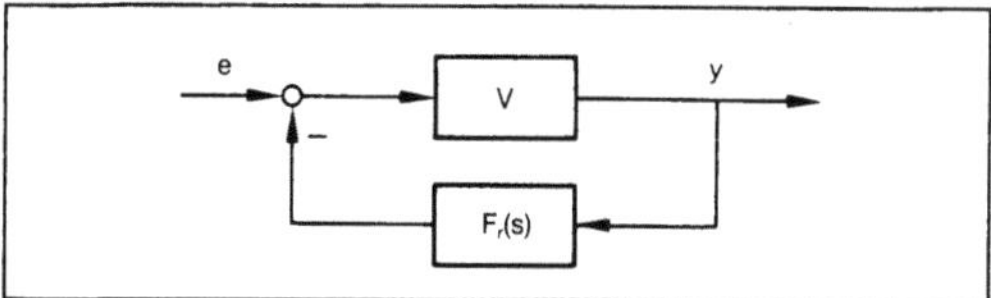

Regler 3: Konfiguration eines R. mit Hilfsenergie.

Für →PI-Übertragungsverhalten benötigt man eine nachgebende Rückführung (verzögertes →D-Übertragungsverhalten):

$$F_r(s) = \frac{T_n s}{K_R\,(1 + T_n s)}.$$

Betrachtet man die →Übergangsfunktion des realisierten R. (Bild 4) so stellt man fest, daß, je größer die Vorwärtsverstärkung V im Vergleich zum angestrebten Reglerübertragungsfaktor K_R ist, desto besser das PI-Übertragungsverhalten erreicht wird. Alle Kurven streben für $t \to \infty$ gegen den Wert V.

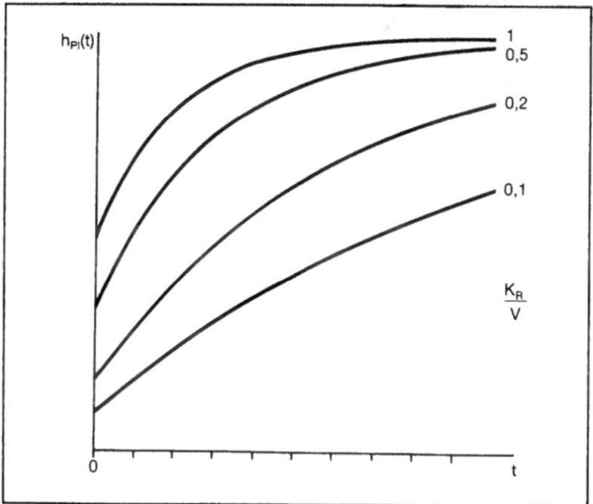

Regler 4: Übergangsfunktionen eines realen PI-R.

Für einen PID-R. benötigt man die Rückführung

$$F_r(s) = \frac{T_n s}{K_R\,(1 + T_n s + T_n\,T_v\,s^2)}.$$

Die Übergangsfunktion (Bild 5) zeigt eine Verzögerung des D-Anteils. Sie kommt daher, weil V nicht

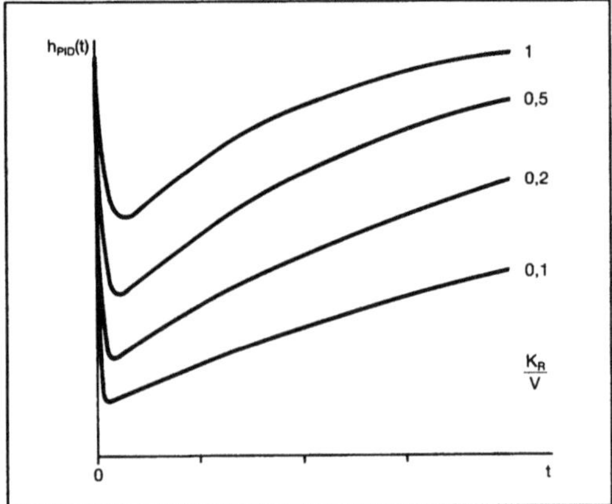

Regler 5: Übergangsfunktionen eines realen PID-R.

beliebig groß gewählt werden kann. Alle Kurven springen auf den Anfangswert V und laufen in den Endwert V ein. Auch hier wird für ein kleines Verhältnis K_R/V das PID-Verhalten besser wiedergegeben.

R. ohne Hilfsenergie werden immer seltener eingesetzt. Man findet sie noch als Druck- und Temperaturregler. Ein solcher R. ist z. B. der Radiatorregler, wie er an Heizkörpern zu finden ist (Bild 6). Er arbeitet nach dem Prinzip der Flüssigkeitsausdehnung infolge von Temperaturerhöhung. Temperaturänderungen am Thermostat führen zu einer Hubänderung des Arbeitsstiftes. An ihm sitzt der Ventilkegel, der den Ventilquerschnitt am Heizkörper verändert, bzw. das Ventil schließt oder öffnet. Der Radiatorregler hat im wesentlichen

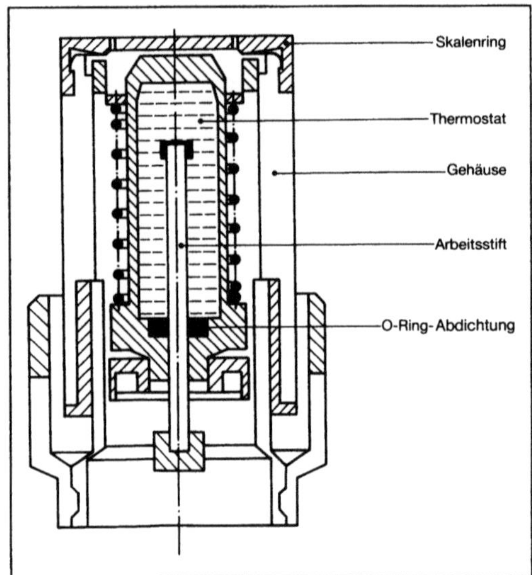

Regler 6: Querschnitt eines Radiatorreglers. (Quelle: Samson)

→P-Übertragungsverhalten, jedoch einen kleinen P-Bereich. Mit dem Skalenring wird die Position des Arbeitsstiftes entsprechend der gewünschten Betriebstemperatur eingestellt. *Böttiger*

Regler, digitaler/Regelung, digitale. Ein d. R. ist im Prinzip ein Rechner, der in seiner Architektur, mit seinen Schnittstellen und seiner Software auf die speziellen Erfordernisse „genau und schnell zu regeln" zugeschnitten ist.

Wo immer ein d. R. eingesetzt wird, handelt es sich um eine →Abtastregelung. Dabei werden die Signale nur zu diskreten Zeitpunkten t_1, t_2, ..., t_k, ... abgefragt. Bei äquidistanter Tastung mit einer Zykluszeit T_0 ist dann $t_k = k\,T_0$. Diese Tastzeit T_0 hat großen Einfluß auf das dynamische Verhalten von digitalen Regelungen. Sie muß deshalb besonders sorgfältig festgelegt werden. Die Amplitudenquantisierung der Signale ist ausschlaggebend für die Genauigkeit.

Wichtigstes Modul eines digitalen Kompaktreglers (Bild) ist der Regel-Prozessor. Er bearbeitet den →Regelalgorithmus, führt gegebenenfalls Linearisierungen durch und übernimmt Alarmmeldungen. Der Bedienfeld-Prozessor verarbeitet die Eingaben vom Tastenfeld und gibt die Daten aus für die Anzeigen. Der optionale Schnittstellen-Prozessor ermöglicht über analoge Schnittstellen eine externe Sollwertvorgabe und die Ausgabe von Meßwerten (z. B. die Regeldifferenz). Über digitale Schnittstellen können z. B. ein übergeordneter →Prozeßrechner und ein Drucker zur Protokollierung angeschlossen werden. Der nichtflüchtige Speicher enthält Informationen über Struktur und Organisation des Reglers. Der A/D-Wandler (hier 16 bit) formt das analoge Eingangssignal, die Regelgröße x, in ein digitales →Signal um. Die Ausgangskarte liefert die Stellgröße y für das Stellglied.

Der Regelalgorithmus dieses Reglers ist ein sog. Stellungs-Algorithmus. Ausgehend von der Differential-Integral-Gleichung eines Reglers mit →PID-

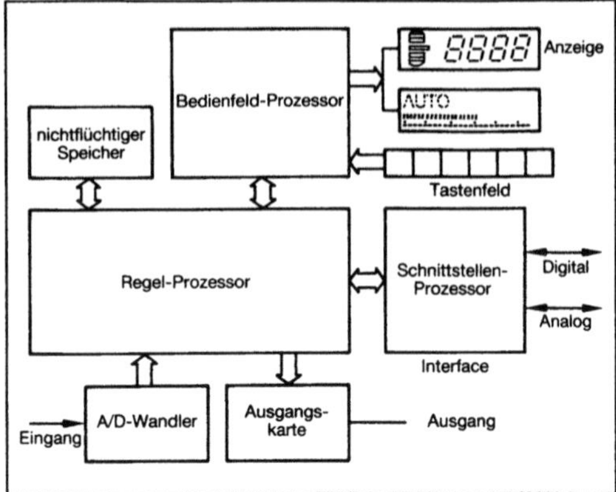

Regler, digitaler: Blockdiagramm eines d. R. (Quelle: Eurotherm)

Übertragungsverhalten wird durch Rechteckintegration und einfache Differenzbildung der Algorithmus erstellt. P-, I- und D-Anteile werden getrennt berechnet und die entsprechenden Ausgangssignale werden addiert. Bei diesem Standardregler werden die Werte der Einheitssignale in Prozent angegeben; einstellbar sind der P-Bereich X_p (in Prozent), die Integralzeit T_I und die Differentialzeit T_D (in Sek.). Dem D-Anteil ist ein →Verzögerungsglied (→Übertragungsglied erster Ordnung) als Filter vorgeschaltet mit der Zeitkonstante $T_1 = T_D/4$. Dieses soll die Wirkung des Vorhaltes verlängern und verhindern, daß sein Ausgangssignal in die Begrenzung springt. Wegen dieser Verzögerung unterscheiden sich T_1 und T_D geringfügig von den für ein analoges verzögertes PID-Glied definierten Kenngrößen, die Nachstellzeit T_n und die Vorhaltzeit T_v. Der Algorithmus liefert für die Signale von P-, I- und D-Anteil, bezogen auf die Regeldifferenz e, folgende Werte zum Zeitpunkt $t_k = k\, T_0$:

$$\text{P-Anteil } Y_p\,(k) = \frac{100\,\%}{X_p}\, e\,(k);$$

$$\text{I-Anteil } Y_I\,(k) = \frac{100\,\%}{X_p}\, \frac{T_n}{T_I}\, \sum_{i=0}^{k-1} e(i);$$

D-Anteil (mit Verzögerung)

$$Y_D(k) = \frac{100\,\%}{X_p}\, \frac{T_D}{T_0}\, [e(k) - e(k-1)]$$
$$- \left\{ \left[1 - \frac{T_0}{T_1} \right] Y_D\,(k-1) \right\}.$$

Der Stellungs-Algorithmus dieses PID-Reglers umfaßt die Summe der drei Anteile. So ergibt sich als Stellgröße am Reglerausgang:

$$y(k) = Y_p(k) + Y_I(k) + Y_D(k).$$

Der hier als Beispiel betrachtete Digitalregler wird zur Temperaturregelung eingesetzt. Seine Tastzeit am Eingang wird mit $T_0 = 80$ ms angegeben; sie ist verglichen mit den Zeitkonstanten einer Temperaturregelstrecke sehr kurz.

Im Stellungs-Algorithmus müssen für die numerische Integration alle Werte $e(i)$; $i = 0, \ldots, k-1$; gespeichert werden. Bei vielen Reglern wird der Speicheraufwand mit dem Geschwindigkeits-Algorithmus reduziert. Er berechnet nur die Änderung $\Delta y(k)$, die zum letzten Wert $y(k-1)$ addiert werden muß, so daß

$$y(k) = y(k-1) + \Delta y(k).$$

Aus dem Ansatz des Stellungs-Algorithmus für $y(k)$ und $y(k-1)$ erhält man durch Subtraktion den Geschwindigkeits-Algorithmus:

$$\triangle y(k) = \frac{100\,\%}{X_p} \left[\left(1 + \frac{T_v}{T_0} \right) e(k) - \right.$$
$$\left. \left(1 + 2\frac{T_v}{T_0} - \frac{T_0}{T_n} \right) e(k-1) + \frac{T_v}{T_0}\, e\,(k-2) \right].$$

Hier wurde die Verzögerung im D-Anteil nicht berücksichtigt. Deshalb erscheinen in der obenstehenden Gleichung die Nachstellzeit T_n und die Vorhaltzeit T_v.

In komplexen Anlagen wird zur digitalen Regelung ein Prozeßrechner eingesetzt. Er kann mehrere Regelkreise bedienen und zusätzlich Überwachung, Organisation und prozeßbegleitende Dokumentation übernehmen. Vor allem Konzepte der Zustandsregelung sind nur mit dem Prozeßrechner zu realisieren, wie z. B. adaptive und optimale Regelung. Bei den Kompaktreglern geht man immer mehr dazu über, sie mit Mikroprozessoren zu bestücken, so daß diese d. R. die analogen Regler – überwiegend nichtelektrische, wie z. B. pneumatische Regler – allmählich vom Markt verdrängen werden. Es sind dann lediglich Signalumformer für die nichtelektrischen Größen erforderlich. *Böttiger*

Literatur: *Ackermann, J.:* Abtastregelung. Bd. I. Berlin 1983. – DIN 19225. – *Isermann, R.:* Digitale Regelsysteme. Berlin 1977. – *Latzel, W.:* Regelung mit dem Prozeßrechner (DDC). Mannheim 1977. – *Unbehauen, H.:* Regelungstechnik II. Braunschweig 1983.

Regler, elektrischer. Der e. R. arbeitet mit elektrischer →Hilfsenergie. Als Standardregler ist er für Einheitssignale ausgelegt: 100 % entsprechen entweder 20 mA oder 10 V. Der e. R. besteht im wesentlichen aus drei Funktionseinheiten (Bild 1): Eingangsschaltung, Regelverstärker und Ausgangsschaltung.

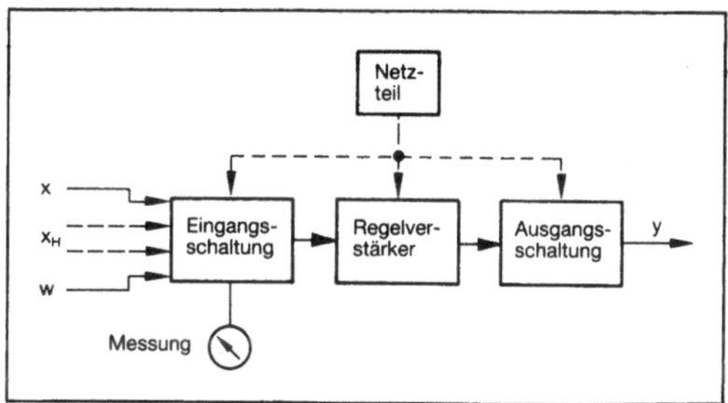

Regler, elektrischer 1: Prinzipieller Aufbau eines e. R. (Quelle: H & B)

Die Eingangsschaltung mit Eingängen für die Regelgröße x und gegebenenfalls Hilfsregelgrößen x_H sowie für die Führungsgröße w (falls der Sollwert nicht am Gerät eingestellt wird) bildet die Regeldifferenz als Eingangssignal für den Regelverstärker. Dieser ist entweder ein linearer Verstärker oder ein Schalter (→Zweipunktregler) mit einer →Rückführung zur Erzeugung des Regelverhaltens (P-, PI- oder →PID-Übertragungsverhalten). Die Ausgangsschaltung liefert potentialfrei die Stellgröße y. Je nach Ausstattung kommen Grenzwertschaltungen und -meldeeinrichtungen hinzu. Das Netzteil liefert die elektrische Hilfsenergie.

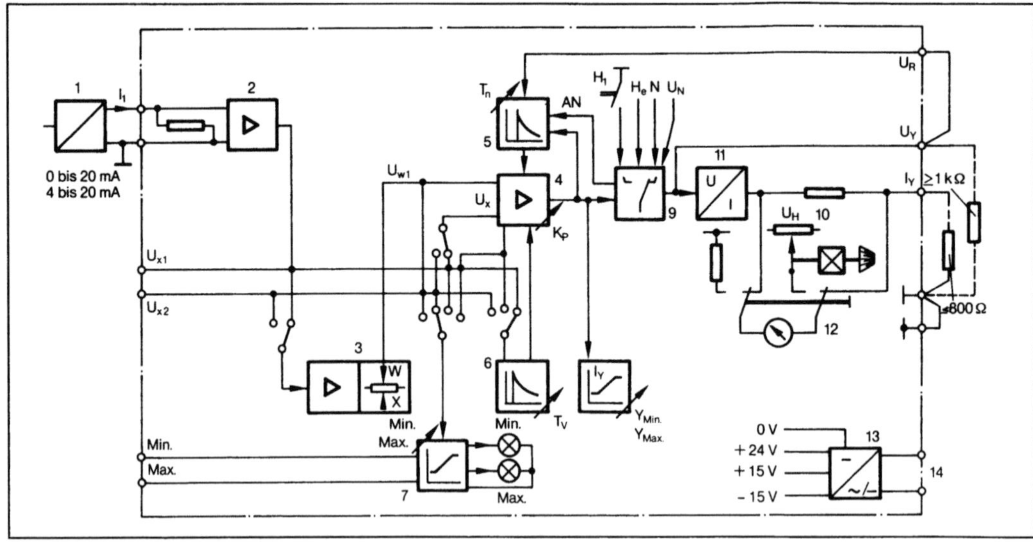

Regler, elektrischer 2: Funktionsplan eines e. R. Teleperm 300. (Quelle: Siemens)

Der Funktionsplan (Bild 2) ist dem Handbuch eines kommerziellen Reglers entnommen. Zum besseren Verständnis sind die wesentlichen Funktionseinheiten (Bild 3) herausgezogen. Block 4 enthält die Einstellung des Übertragungsfaktors K_P und den linearen Verstärker. Die nachgebende Rückführung, Block 5, hat die →Übertragungsfunktion $F_n(s) = T_n s/(1 + T_n s)$. Die Gesamtübertragungsfunktion von Block 4 und 5 ergibt PI-Verhalten. Über Block 6 kann die Regelgröße x differenziert werden, seine Übertragungsfunktion ist $F_D(s) = T_D s/(1 + T_1 s)$. Es wird also nur die Regelgröße x differenziert und nicht die Führungsgröße w. Denn bei einer →Festwertregelung sollen nur Änderungen in der Regelgröße x schnelle Reaktionen hervorrufen. Dagegen würde eine Differentiation von w das Hochfahren oder Einstellen des Regelkreises erschweren. Solch eine Signalführung ist bei kommerziellen Reglern oft zu finden.

Durch Zusammenfassung des gesamten Wirkungsplanes unter der Annahme, daß die Vorwärtsverstärkung unendlich hoch ist, ergibt sich die Übertragungsfunktion für den Regler als verzögertes PID-Glied

$$F_R(s) = A K_p \left(1 + \frac{1}{A T_n s} + \frac{T_v s}{A}\right) \frac{1}{1 + T_1 s}$$

mit der Vorhaltzeit $T_v = T_D + T_1$ und dem Abhängigkeitsfaktor $A = 1 + T_V/T_n$. Meistens ist die eingestellte Nachstellzeit $T_n \geq 4 T_V$, dann ist der Abhängigkeitsfaktor $1 < A < 1{,}25$. Das bedeutet, daß die tatsächlich wirksamen Kennwerte gegenüber den eingestellten bis zu 25 % abweichen können. Die Praxis läßt diese Abweichungen zu, da die Festlegung der Kennwerte aufgrund von ungenauen oder

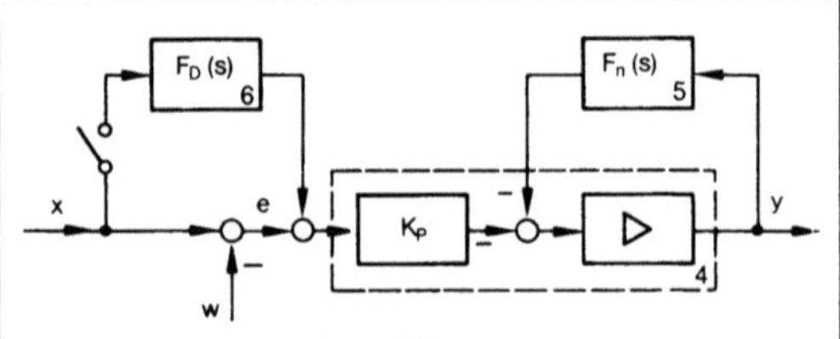

Regler, elektrischer 3: Vereinfachter Wirkungsplan zu Bild 2.

angenäherten Regelstreckenparametern selbst nicht genau sein kann. Bei abgeschaltetem D-Anteil ($T_D = T_1 = 0$) wird $A = 1$, und aus dem PID-Regler wird ein PI-Regler.

Wird statt des linearen Verstärkers, Block 4, ein Schalter verwendet, dann ist das Ausgangssignal eine →Impulsfolge. Im allgemeinen wird eine verzögerte Rückführung, ein P-T_1-Glied gewählt, so daß sich für den Mittelwert des Schalterausgangs ein PD-T_1-ähnliches Verhalten ergibt. Ein nachgeschalteter →Stellantrieb, der die Impulsfolge integriert, macht aus der ganzen Einheit einen PI-Regler. Er wird kommerziell als Schrittregler bezeichnet.

Zu den e. R.n gehören auch die elektronischen Regler. Man unterscheidet zwei Gruppen. Bei der ersten Gruppe werden die Reglerfunktionen durch beschaltete Operationsverstärker realisiert; sie werden als analoge elektronische Regler überwiegend für Einzel- oder Versuchsaufbauten verwendet. Die zweite Gruppe enthält Mikroprozessoren, die mit Ein- und Ausgabe- sowie dem →Regelalgorithmus programmiert sind. Diese digitalen Regler werden im Laufe der Zeit die elektrischen und vor allem die pneumatischen Regler ersetzen. *Böttiger*

Regler, hydraulischer. Der h. R. arbeitet mit Öl als Energieträger. Er wird dort eingesetzt, wo große Stellkräfte erforderlich sind.

Der elektro-hydraulische Schubantrieb (Bild) kann als hydraulischer P-Regler angesehen werden. Er wird elektrisch angesteuert, nämlich durch eine Stromänderung in der Steuerspule. Als Folge davon wird die Prallplatte ausgelenkt. Die dadurch entstehende Druckdifferenz verschiebt den Steuerkolben, so daß der Ölzufluß entweder zur Ober- und zur Unterseite des Arbeitskolbens freigegeben wird. Er bewegt sich so lange, bis die mechanische →Rückführung die Prallplatte in die Mittelstellung gebracht hat. Der Arbeitszylinder mit Arbeitskolben stellt einen hydraulischen Verstärker mit I-Verhalten dar und bildet mit der starren Rückführung ein verzögertes P-Glied (→Übertragungsglied erster Ordnung). Die Verstärkung ist abhängig vom Versorgungsdruck, er liegt im allgemeinen zwischen 50 und $100 \cdot 10^5$ Pa (=50 ... 100 bar). Mit einer nachgebenden Rückführung (verzögertes →D-Übertragungsverhalten) bekommt das System ein →PI-Übertragungsverhalten. Jedoch wird das dynamische Verhalten leichter durch einen vorgeschalteten Regler realisiert. Heute werden dazu immer häufiger digitale →Regler eingesetzt. Dann erübrigt sich die alternativ vorgesehene pneumatische Ansteuerung (Bild, oben links).

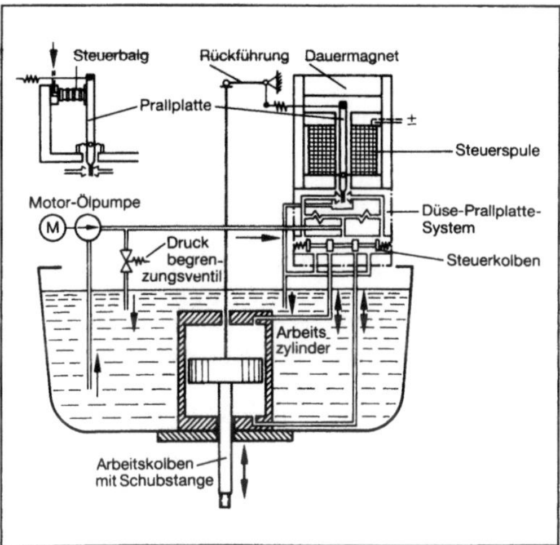

Regler, hydraulischer: Arbeitsprinzip des elektro-hydraulischen Schubantriebes; oben links pneumatische Ansteuerung. (Quelle: Siemens)

Solche hydraulische Verstärker werden als →Stellantrieb zur Betätigung des Stellgliedes (→Regelkreis) eingesetzt, und zwar dort, wo große Stellkräfte gebraucht werden. Dieser Schubantrieb (Bild) z. B. erbringt eine Kraft von maximal 30 kN und einen Hub bis zu 100 mm. *Böttiger*

Regler, pneumatischer. Der p. R. arbeitet mit Luftdruck als →Hilfsenergie. Als Standardregler ist er für Einheitssignale ausgelegt: 100 % entsprechen einem Druck von 10^5 Pa (=1 bar).

Ein p. R. in robuster und kompakter Bauform (Bild 1 a), auch als Kreuzbalgregler bezeichnet, arbeitet nach dem Prinzip des Kraftvergleichs, der an einer Waage durchgeführt wird. Der Ring ist somit ein gebogener Waagebalken. Durch Verschieben des Ringes vor der Düse – an dieser Stelle hat er die Funktion der Prallplatte – wird über den pneumatischen Verstärker der Ausgangsdruck y verändert. Diese Verschiebung wird hervorgerufen stationär durch Verstellen der Düse H zur Festlegung des P-Bereiches X_p und dynamisch durch den Kraftvergleich in den gegeneinandergeschalteten Bälgen. Die beiden Drosseln verzögern die Druckänderungen in dem D- und dem I-Balg.

Die Übertragungsglieder (Bild 1 b: $F_v(s)$ und $F_n(s)$) haben ein verzögertes →P-Übertragungsverhalten

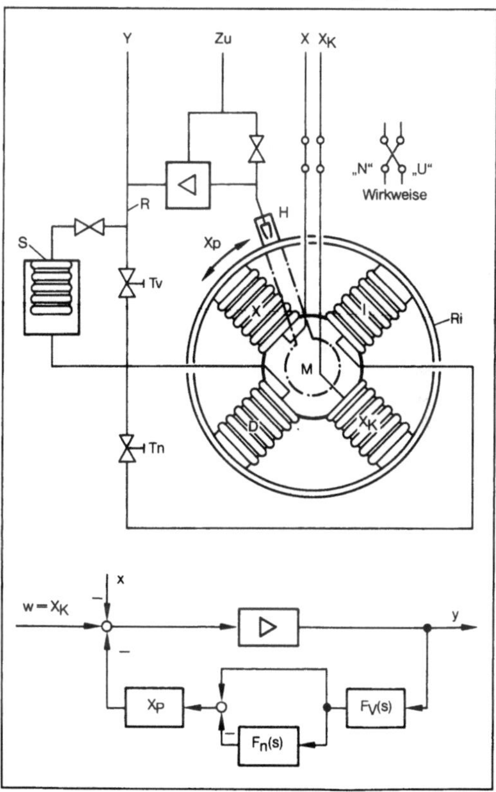

Regler, pneumatischer 1: Funktions- und Wirkungsplan des pneumatischen Kreuzbalgreglers. (Quelle: Eckardt)

D Differentialbalg, H Düsenhebel, I Integralbalg, M Mittelstück, N Wirkungsweise normal, R Rückführleitung, Ri Ring, S Stabilisierungselement, T_n einstellbare I-Drossel, T_v einstellbare D-Drossel, U Wirkungsweise umgekehrt, X Istwert, X_k Sollwert, Y Stelldruck, Zu Zuluft

($\rightarrow$ Verzögerungsglied, $\rightarrow$ Übertragungsglied erster Ordnung) mit dem Proportionalbeiwert 1 sowie den Zeitkonstanten T_v und T_n. Letztere bestimmen Vorhaltzeit und Nachstellzeit des PID-Reglers. Unter Annahme einer unendlich hohen Vorwärtsverstärkung erhält man als Reglerübertragungsfunktion

$$F(s) = \frac{A}{X_p}\left(1 + \frac{1}{AT_n s} + \frac{T_v s}{A}\right)$$

mit dem Abhängigkeitsfaktor $A = 1 + T_v/T_n$. Da die Vorwärtsverstärkung nicht beliebig hoch sein kann, kommt noch eine Verzögerung hinzu.

Bei anderen Ausführungen ist der Waagebalken gestreckt, das Prinzip ist das gleiche. P. R. werden dort eingesetzt, wo Explosionsgefahr besteht, und vor allem dort, wo Ventile direkt angesteuert werden sollen. Mit der Entwicklung des Mikroprozessors werden die p. R. nach und nach durch digitale $\rightarrow$ Regler ersetzt. Denn bei letzteren kann die Reglerfunktion besser realisiert werden, und die Einstellung der Kennwerte ist genauer. So werden nur noch Signalumformer (Bild 2) gebraucht. Im elektropneumatischen Signalumformer wird das elektrische $\rightarrow$ Signal in ein pneumatisches umgewandelt nach dem Prinzip des Kraftvergleichs. Es gibt genügend Meßgeber, die bei einer $\rightarrow$ Druckmessung ein elektrisches Signal abgeben. So werden die p. R. bald der Vergangenheit angehören.   *Böttiger*

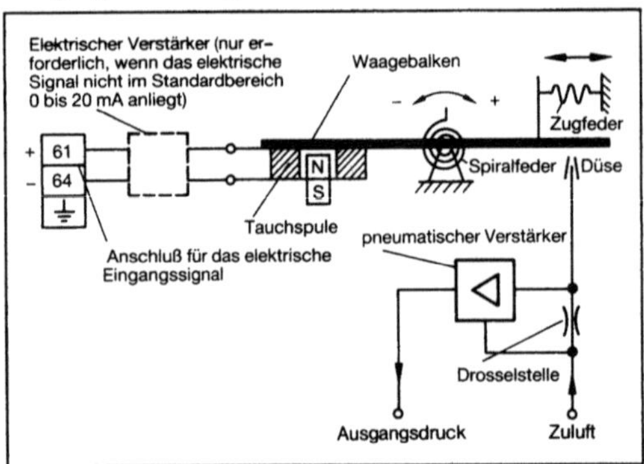

Regler, pneumatischer 2: Funktionsplan eines elektropneumatischen Signalumformers. (Quelle: Hartmann & Braun)

Regler, selbsteinstellender. Der s. R. stellt seine Kennwerte (z. B. Übertragungsbeiwert, Nachstellzeit, Vorhaltzeit) aufgrund von Messungen am Prozeß (an der $\rightarrow$ Regelstrecke) und nach vorgegebenen Kriterien selbst ein. Er wird zur adaptiven $\rightarrow$ Regelung eingesetzt. Kommerzielle, digitale $\rightarrow$ Regler werden häufig als selbsteinstellende oder sogar selbstoptimierende Regler angeboten.   *Böttiger*

Regression. Die R. ist ein wichtiges Hilfsmittel der $\rightarrow$ Statistik, insbesondere der Ökonometrie.

Man interessiert sich in der R.-Analyse vor allem dafür, ob irgendeine Beziehung

$$Y = g(X_1, X_2, \ldots, X_k) + u$$

zwischen einer abhängigen (bzw. endogenen) Variablen Y und unabhängigen (bzw. exogenen) Variablen $X_1, \ldots, X_k$ besteht und von welcher Art diese ist, u ist dabei i. a. eine Störvariable, in der alle nicht näher spezifizierten Einflußgrößen, die noch auf Y einwirken, zusammengefaßt sind.

Um ein Beispiel anzugeben, kann man fragen nach der Abhängigkeit des Ernteertrags Y von der Durchschnittstemperatur X_1, der Niederschlagsmenge X_2, der Bodenbeschaffenheit X_3 usw.

Der einfachste Fall ist der der einfachen linearen R.: Ausgehend vom Ansatz $Y = \alpha + \beta X + u$ und unter der Annahme, daß die Verteilung von u für alle Werte x von X die gleiche ist mit $E(u/x) = 0$ und $\sigma^2(u/x) = \sigma^2$; werden die unbekannten R.-Koeffizienten α und β aufgrund vorgegebener T Wertepaare (X_t, Y_t) $t = 1, \ldots, T$ erwartungstreu abgeschätzt durch

$$\hat{\beta} = \frac{\Sigma (X_t - \overline{X})(Y_t - \overline{Y})}{\Sigma (X_t - \overline{X})^2}; \ \hat{\alpha} = \overline{Y} - \hat{\beta}\,\overline{X}$$

$$\overline{X} = \frac{1}{T}\Sigma X_t; \ \overline{Y} = \frac{1}{T}\Sigma Y_t$$

Die Schätzungen $\hat{\alpha}$ und $\hat{\beta}$ wurden gewonnen über die (Gaußsche) Methode der kleinsten Quadrate:

$$\sum_{t=1}^{T}(Y_t - \hat{\alpha} - \hat{\beta}X_t)^2 \rightarrow \min$$

Unter der Annahme, daß u $(0,\sigma)$-normalverteilt ist, können Vertrauensintervalle für α und β angegeben werden. Ist u $(0,\sigma)$-normalverteilt, so ergibt die Maximum-Likelihood-Methode die gleichen Schätzungen $\hat{\alpha}$ und $\hat{\beta}$.

Nimmt man an, daß X und Y beide Zufallsvariable sind, so kann auch X auf Y regressiert werden. Dies führt zu Schätzungen α^* und β^*. Es gilt: $\hat{\beta} \cdot \beta^* = r_{X,Y}^2$. $r_{X,Y}$ ist dabei der Korrelationskoeffizient zwischen X und Y.

Bei der multiplen linearen R. geht man vom Ansatz

$$Y = \beta_1 + \sum_{i=2}^{k}\beta_i X_i + u$$

und den analogen Annahmen zu oben aus. Aufgrund vorgegebener Meßwerte Y_t, $X_{1t} \equiv 1$, $X_{2t}, \ldots, X_{kt}$ $(t = 1, \ldots, T)$ lassen sich die Schätzungen $\hat{\beta}_i$ der Regressionsparameter β_i über die sog. Normalgleichungen

$$\sum_j \hat{\beta}_i \sum_t X_{it}\, X_{jt} = \sum_t X_{it}\, Y_t \qquad (i = 1, \ldots, k)$$

bestimmen. Die multiple R. ist die Verallgemeinerung der einfachen R. Die Güte der R. wird in beiden Fällen durch das sog. Bestimmtheitsmaß (= Quadrat des multiplen Korrelationskoeffizienten) ausgedrückt:

$$R^2_{Y,X_1,...X_k} = 1 - \frac{\sum_t (Y_t - \sum_j \hat{\beta}_i X_{it})^2}{\sum_t (Y_t - \overline{Y})^2}$$

Auch bei der multiplen R. können die X_i →Zufallsvariable sein.

Es kann in der R.-Analyse der Fall auftreten, daß die Daten eine mehrdeutige Lösung der Normalgleichungen implizieren. Dann spricht man von Kollinearität.

Natürlich gibt es auch die nichtlineare R., aber sie führt zu großen Schwierigkeiten bei der Schätzung der Koeffizienten, es sei denn, es ist eine Transformation auf einen linearen Regressionsansatz möglich.

Während bei der R. Abstände von Punkten zur Regressionshyperebene parallel zu einer der Achsen gemessen werden, werden bei der orthogonalen R. die senkrechten Projektionen der Punkte auf die Hyperebene betrachtet. Die Berechnung der Schätzungen für die unbekannten Parameter führt auf ein Eigenwertproblem und ist äquivalent mit dem Auffinden des ersten Hauptkomponenten. *Schneeberger*

Reibkegel →Reibung

Reibkorrosion.
R. wird durch oszillierende Relativbewegungen zweier Metallflächen gegeneinander ausgelöst. Durch diese Beanspruchung werden kleine Metallpartikel aus der Werkstoffoberfläche herausgerissen, die in Gegenwart von Luft oxidieren. Die R. in sauerstoffhaltiger Atmosphäre wird daher auch als Reiboxidation bezeichnet. Die oxidischen Partikel verstärken auf Grund ihres größeren Volumens und hoher Härte ihrerseits wiederum den Abrieb.

Es ist zu beachten, daß unter R. nur diejenige Beanspruchung verstanden wird, bei der die Metalloberflächen in Richtung der Reibflächennormalen belastet werden. Ein Beispiel ist die oszillierende Schlupfbewegung zweier Metallflächen.

Als Folge treten grübchenartige Vertiefungen in der Metalloberfläche auf. Diese können wegen ihrer Kerbwirkung Ausgangsstellen für Risse darstellen und einen Dauerbruch begünstigen.

Maßnahmen, der R. entgegen zu wirken, sind Verminderung der Reibkräfte durch konstruktive Gestaltung, Zwischenlagen aus Kunststoff oder Gummi, Beschichten der Metalloberflächen mit weichen Metallen (Blei, Indium) oder nichtmetallischen anorganischen Überzügen (z. B. Phosphatieren) sowie Verwendung geeigneter Schmierstoffe (z. B. Graphit oder Molybdänsulfid). *Wendler-Kalsch*

Reibkraft →Reibung

Reibung (Mechanik).
Das Phänomen der R. ist wichtig, aber bei weitem noch nicht völlig erforscht. Mit Modifikationen werden die (Amonton-)Coulomb-R. zwischen trockenen festen Körpern und die Flüssigkeits-R. innerhalb von Flüssigkeiten, vor allem in Schmiermitteln eines Lagers, als Grenzfälle einer Misch-R. noch wie eh und je behandelt. Allerdings befaßt sich heute die Tribologie sehr intensiv mit dem Mischgebiet (Bild 1).

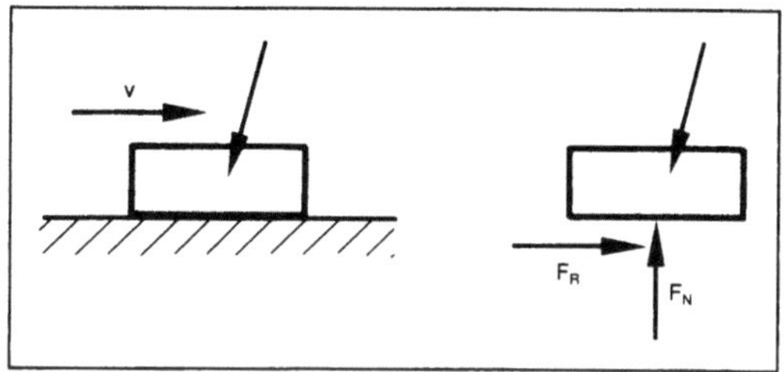

Reibung (Mechanik) 1: Grundversuch.

Bei der Coulomb-R. ist zwischen dem Haften (keine Relativbewegung der sich berührenden Körper) und dem Gleiten ($v \neq 0$) zu unterscheiden. Im Fall des Haftens liegt $v = 0$ fest. Die tangentiale Reibungskraft F_R ist lediglich in ihrem Betrag durch

$$|F_R| \leq \mu_o F_N$$

begrenzt und an die Normalkraft F_N gebunden. Beim Gleiten hingegen ist F_R als

$$F_R = -\mu F_N \, \text{sign} \, v$$

eindeutig festgelegt, v jedoch unbestimmt. Die Kenngrößen μ und $\mu_o \geq \mu$ werden (ggf. modifiziert) als von der Materialpaarung und der Oberflächenbeschaffenheit abhängig angesehen, nicht jedoch von der Form der sich berührenden Körper. Sie werden Gleitreibungszahl (μ) und Haftreibungszahl (μ_o) genannt.

Für die Coulomb-R. gibt es die geometrische Beschreibung durch Reibkegel mit halben Öffnungswinkeln ρ_o und ρ gem. $\tan \rho_o = \mu_o$ sowie $\tan \rho = \mu$, die selbst Haft- und Gleitreibwinkel heißen. Achse des Reibkegels ist die Normale der Berührungsfläche (Bild 2).

Die Resultierende aus F_R und F_N liegt beim Haften innerhalb des Haftreibkegels (ρ_o) und beim Gleiten auf dem Mantel des Gleitreibkegels.

An einem von einem Seil oder Riemen umschlungenen Körper tritt Seil-R. auf (Bild 3); manchmal durch den geometrischen Trick der Keilform (Keilriemen) verstärkt. Die Seil- oder Trumkräfte T_1 und T_2 erfüllen dann die Gleichgewichtsbedingungen, z. B.

$$M = (T_2 - T_1) \, R,$$

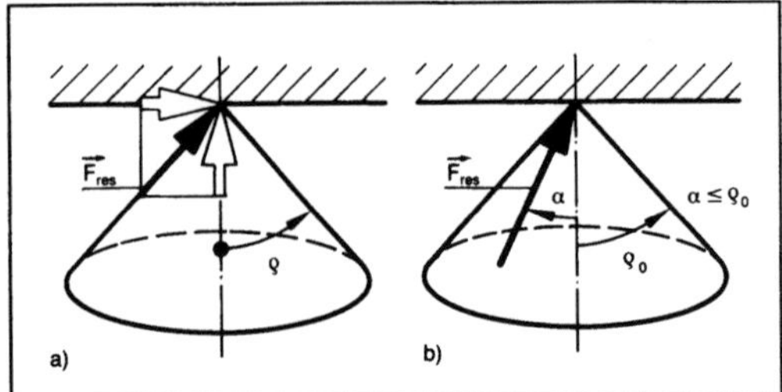

Reibung (Mechanik) 2: Geometrische Interpretation der Reibgesetze.
a) Gleit-Reibkegel
b) Haft-Reibkegel.

und begrenzen sich im Fall des Haftens gegenseitig durch die Eytelwein-Ungleichungen

$$T_1 \le T_2\, e^{\mu_0\alpha} \text{ und } T_2 \le T_1\, e^{\mu_0\alpha},$$

wobei der Umschlingungswinkel α entscheidend ist. Im Fall des Gleitens (Schlupf) wird eine der Ungleichungen zur Gleichung:

$$T_1 = T_2\, e^{\mu\alpha} \text{ oder } T_2 = T_1\, e^{\mu\alpha}$$

je nach Drehsinn des Schlupfes. Praktisch kann man μ und μ_0 bei Seil-R. kaum unterscheiden, weil stets ein wenig Schlupf auftritt.

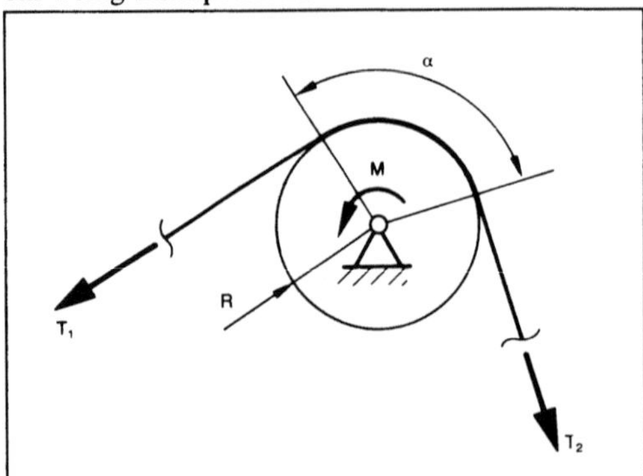

Reibung (Mechanik) 3: Zur Seilreibung.

Das Reibverhalten wird durch anwesende Flüssigkeit, die bei Bewegung die Körper aufschwimmen läßt und trennt, völlig verändert. *Besdo*

Reibung, innere. Diese entsteht vor allem in strömenden Gasen und Flüssigkeiten (newtonsches Fluid) durch lokale Geschwindigkeitsunterschiede, wie z. B. in der Couette-Strömung. Durch i. R. entsteht Reibungswärme (Dissipation). *Vogel*

Reihe, arithmetische →Folge, arithmetische

Reihe, geometrische →Folge, geometrische

Reihe, unendliche. Es sei $(a_n)_{n \in N}$ eine →Folge von Zahlen. Die Summen

$$s_n := a_1 + a_2 + \ldots + a_n,$$

symbolisch geschrieben als

$$s_n = \sum_{v=1}^{n} a_v \tag{1},$$

bilden eine Folge

$$(s_n)_{n \in N} \tag{2},$$

die u. R. mit Gliedern a_n und Partialsummen s_n genannt wird. Für die Folge, Gl. (2), schreibt man symbolisch

$$\sum_{n=1}^{\infty} a_n \tag{3}.$$

Konvergiert die Folge, Gl. (2), gegen einen Grenzwert s, so heißt die u. R. konvergent mit Summe s, wofür

$$s = \sum_{n=1}^{\infty} a_n \tag{4}$$

geschrieben wird. Divergiert die Folge, Gl. (2), so heißt auch die u. R. divergent. Die R., Gl. (3), heißt absolut konvergent, wenn

$$\sum_{n=1}^{\infty} |a_n| \tag{5}$$

konvergiert. Jede absolut konvergente R. ist auch konvergiert. Konvergiert die u. R., Gl. (3), nicht aber Gl. (5), so heißt die R., Gl. (3), auch bedingt konvergent.

Konvergente R. können gliedweise addiert und subtrahiert werden, d. h. für die Reihe, Gl. (4), und

$$t = \sum_{n=1}^{\infty} b_n$$

gilt

$$s \pm t = \sum_{n=1}^{\infty} (a_n \pm b_n).$$

Ein wichtiges Problem besteht darin, an Hand der Glieder festzustellen, ob eine R. konvergiert oder nicht. Zahlreiche Kriterien stehen zur Verfügung: Cauchy-Verdichtungssatz; Integralvergleichskriterium; Leibniz-Kriterium; Majorantenkriterium; partielle Summation; Quotientenkriterium, Raabe-Kriterium; Wurzelkriterium. Ist →Konvergenz nachgewiesen, so muß die R. zur näherungsweisen Berechnung ihrer Summe oft in eine schneller konvergierende umgeformt werden (Reihentransformation). Dabei ist das Phänomen zu beachten, daß sich bei Umordnungen von Gliedern die Summe einer R. ändern kann.

Der Begriff der u. R. läßt sich in naheliegender Weise auf den Fall erweitern, daß die Glieder keine Zahlen, sondern allgemeiner Elemente eines Banach-Raums B sind. Die für die Festlegung eines Konvergenzbegriffs erforderlichen Umgebungen werden durch

$$U(x,\varepsilon) := \{y: y \in B, \|x-y\| < \varepsilon\}$$

erklärt. Diesem allgemeinen Konzept ordnen sich auch R. unter, deren Glieder Funktionen sind. *Schmeißer*

Literatur: *Bromwich, T. J. I'A.:* An introduction to the theory of infinite series. 2. Aufl. London 1965. – *Dörrie, H.:* Unendliche Reihen. München 1951. – *Gradshteyn, I. S., u. I. M. Ryzhik:* Table of integrals, series and products. New York 1980. – *Hirschman, I. I.:* Infinite series. New York 1962. – *Knopp, K.:* Theorie und Anwendung der unendlichen Reihen. Berlin 1947. – *Meschkowski, H.:* Unendliche Reihen. Mannheim 1962. – *Rainville, E. D.:* Infinite series. New York 1967. – *Schell, H. J.:* Unendliche Reihen. Frankfurt a. M. 1978.

Relais, elektromechanisches. Das e. R. (oder genauer e. Schalt-R.) ist die am weitesten verbreitete Form des R. Es dient universellen Schaltaufgaben im gesamten Bereich der Elektrotechnik.

Wie alle Bauteile sind auch R. in den letzten Jahrzehnten erheblich kleiner geworden (Bild 1). Das Volumen des größten und kleinsten dieser Reihe vergleichbarer R., die zwischen 1934 und 1987 entwickelt wurden, unterscheidet sich um mehr als den Faktor 1000.

Weitaus häufigstes Antriebsprinzip ist das elektromagnetische, das auf der Krafteinwirkung eines Magnetfelds auf Eisenteile beruht. Grundbestand-

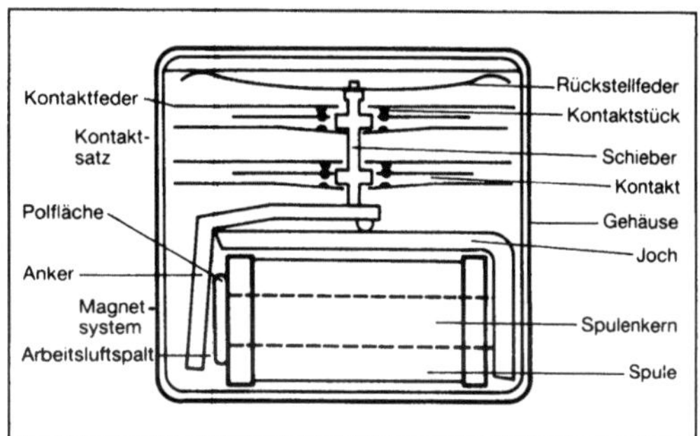

Relais, elektromechanisches 2: Ungepoltes Relais mit vier Wechslern.

teile des e. R. sind (Bild 2) Magnetsystem und Kontaktsatz.

Der Steuerstrom wird über die R.-Anschlüsse zur →Spule des Magnetsystems geführt. Der Strom in der Spule erzeugt einen Magnetfluß. Dieser fließt durch den Eisenkern zum Arbeitsluftspalt, tritt dort auf den Anker über und fließt über das Joch zum Kern zurück. Im Arbeitsluftspalt übt der Magnetfluß auf den Anker eine Zugkraft aus und bewegt ihn bis zum Anschlag auf der Polfläche.

Die Ankerbewegung wird – häufig über ein Zwischenglied, den Schieber – auf die Federn des Kontaktsatzes übertragen. Dadurch wird eine Berührung zwischen den Kontaktstücken verursacht oder aufgehoben. Die Kontaktfedern und Kontaktstücke werden beim Einsatz des R. über die R.-Anschlüsse mit einem elektrischen Kreis verbunden. Diesen schließen oder unterbrechen sie, wenn

Relais, elektromechanisches 1: Miniaturisierung von Relais: Gepolte Relais aus den Jahren 1934 (links) bis 1991 (rechts).

das R. betätigt wird. Beim Reed-R. entfällt die Trennung zwischen Magnetsystem und Kontaktsatz.

Man unterscheidet zwischen monostabilen und bistabilen R. entsprechend der Anzahl ihrer stabilen Schaltstellungen. Gemäß der Art ihrer Eingangs- oder Steuerspannung wird zwischen Gleichstrom- und Wechselstromrelais unterschieden.

Prinzipiell unterschiedliche Magnetsysteme haben das ungepolte und das gepolte R. Das letztere enthält einen oder mehrere Dauermagnete, deren magnetischer →Fluß sich dem von der stromdurchflossenen Spule erzeugten überlagert.

Remanenz-R. bilden eine Zwischengruppe. Bei diesen wird bistabiles Schaltverhalten dadurch bewirkt, daß Teile des magnetischen Kreises durch den von der Spule erzeugten magnetischen Fluß im Wechsel der Ansteuerimpulse auf- und entmagnetisiert werden.

E. R. gibt es in verschiedenen Gehäuse- und Anschlußformen. Man unterscheidet zwischen offenen, staubgeschützten, waschdichten und hermetisch dichten R. Die Anschlüsse können zum Einlöten auf Leiterplatten, zum Einsetzen in Fassungen, zum Anlöten von Schaltdrähten oder zum Aufschieben von Kabelsteckern ausgebildet sein. Folgende Einsatzbereiche sind zu unterscheiden:

□ Schwachstromanwendungen: Diese R. haben Gehäusegrößen von z. T. unter $1\,cm^3$. Sie werden fast ausschließlich auf Leiterplatten eingesetzt. Die Schaltspannungen reichen bis etwa 150 V, die Schaltströme bis 2 A. Die erforderliche Steuerleistung liegt z. T. unter 1/10 W. Lebensdauern von bis zu einer Milliarde Schaltungen werden erzielt.

Einsatzgebiete sind vor allem Steuer- und Regeltechnik, Kommunikationstechnik, Medizintechnik, Datenverarbeitung und Meßtechnik.

□ Anwendungen, bei denen Netzspannungen (220/380 V) geschaltet werden: Hier bestehen hohe Sicherheitsanforderungen (VDE-Vorschriften u. a.). Einsatzgebiete sind z. B. Hausgeräte (Fernsehgeräte, Waschmaschinen, Herde usw.) sowie Industrieanlagen.

□ Kfz-Anwendungen: In modernen Kraftfahrzeugen gibt es über 50 R.-Funktionen vom Blinker bis zum Antiblockiersystem. Die Einschalt-Stromspitzen betragen bis zu 200 A. Kfz-R. sind extrem robuste und relativ kostengünstige Bauteile. Gegenüber statischen R. und sonstigen elektronischen Alternativen wird häufig als nachteilig betrachtet:

□ die mechanische Abnutzung,

□ die kleinere Schalthäufigkeit,

□ das hörbare Schaltgeräusch.

Dagegen sind folgende Vorteile anzuführen:

□ sehr kleiner Widerstand des geschlossenen Kontaktkreises; dadurch geringe Verlustleistung, geringe Erwärmung;

□ sehr großer Widerstand des offenen Kontaktkreises, d. h. kein Reststrom;

□ Integration mehrerer getrennter Schaltfunktionen (Öffner, Schließer, Wechsler, Kontaktsatz) im selben Bauteil;

□ mit ein und demselben Schaltkontakt eines R. können Wechselspannungen und Gleichspannungen beliebiger Polarität innerhalb eines großen Strom- und Spannungsbereiches geschaltet werden;

□ hohe kurzzeitige Überlastbarkeit von Eingang und Ausgang bez. Strom und Spannung, geringe Empfindlichkeit gegenüber Störspannungen;

□ geringe Empfindlichkeit gegenüber kurzzeitig hohen Temperaturen;

□ Ausführbarkeit als Sicherheitsschalter durch starre mechanische Koppelung mehrerer Schaltfunktionen;

□ Speicherung des Betriebszustandes (bistabile R.) bei Ausfall der Spannungsversorgung.

Diese Eigenschaften und die Tatsache, daß elektromechanische Schalt-R. vielfach die wirtschaftlichste Realisierung einer Schaltaufgabe ermöglichen, führen dazu, daß sie im gesamten Bereich der Elektrotechnik Anwendung finden. *Rauterberg*

Literatur: *Köhler, W. M.:* Relais. München 1978.

Relation. *Intensionale Auffassung:* Eine R. ϱ zwischen den Mengen $M_1, \ldots M_m$ ($m \geq 2$) ist intensional gegeben durch zwei- bzw. mehrstellige Attribute $A^{(m)}$ bzw. Aussageformen (Prädikate) $A(x_1, \ldots, x_m)$ mit m-freien Variablen und den zugehörigen Definitionsmengen $M_1, \ldots, M_m$. $M_1 \cup M_2 \cup \ldots \cup M_m$ heißt Feld der R. Im Falle zweistelliger R. nennt man M_1 Vorbereich, M_2 Nachbereich vom ϱ.

Extensionale Auffassung: Jede solche Aussageform hat als Lösungsmenge die Menge aller m-Tupel $(x_1, \ldots, x_m)$ für die $A(x_1, \ldots, x_m)$ wahr ist. Daher ist eine m-stellige R. auf $M_1, \ldots, M_m$ auch definierbar als Teilmenge $R \subseteq M_1 \times M_2 \times \ldots \times M_m$ des kartesischen Produkts der Definitionsmengen der R. Die Menge dieser m-Tupel heißt auch charakteristische Menge der R. Ist $R = M_1 \times \ldots \times M_m$, so ist ϱ All-R., ist $R = \Phi$, so ist sie Null-R.

Von besonderer Bedeutung sind zwei- und dreistellige R. auf einer Menge M, d. h. $R \subseteq M \times M$ und $R \subseteq M \times M \times M$.

Im Falle zweistelliger R. schreibt man statt $A(x_1, x_2)$ wahr oder $(x_1, x_2) \in R$ häufig auch $x_1 R x_2$ und sagt: „x_1 steht in der R. R zu x_2".

Spezielle Eigenschaften zweistelliger R.:

Wenn für jedes $x, y, z \in M$ eine der folgenden Bedingungen gilt, so heißt ϱ

reflexiv: x R x,

irreflexiv: $\neg z$ (x R x),

symmetrisch: x R y $\Rightarrow$ y R x,

asymmetrisch: x R y $\Rightarrow \neg$ (y R x),

identitiv
(antisymmetrisch): $(x\,R\,y \wedge y\,R\,x) \Rightarrow x = y$,
konnex: $x\,R\,y \vee y\,R\,x$,
semikonnex: irreflexiv und $x \neq y \Rightarrow x\,R\,y \vee y\,R\,x$,
transitiv: $(x\,R\,y \wedge y\,R\,z) \Rightarrow x\,R\,z$,
(rechts-)eindeutig: $(x\,R\,y \wedge x\,R\,z) \Rightarrow y = z$,
Funktion, Abbildung
(links-)eindeutig: $(x\,R\,y \wedge x'\,R\,y) \Rightarrow x = x'$
eineindeutig,
umkehrbar eindeutig: R ist rechts- und linkseindeutig;
Anmerkung: $\neg$ = „nicht", $\wedge$ = „und", $\vee$ = „oder, oder auch".

Spezielle R.:
Äquivalenz-R. (reflexiv, symmetrisch, transitiv),
Toleranz-R. (reflexiv, symmetrisch),
Ordnungs-R. (transitiv, . . .).

Rechtseindeutige R. heißen Funktionen oder Abbildungen.

Darstellung von zweistelligen R. auf endlichen Mengen:

Charakteristische Menge. Besetzungsmatrix:

	$x_1\ x_2\ .\ .\ .$	$x_k\ .\ .\ .$
x_1		
x_2		
.		
.		
.		
x_i		1
.		
.		
.		

An der Kreuzungsstelle in i-ter Zeile und k-ter Spalte steht 1, falls $x_i R x_k$, sonst 0;

Pfeilfigur:

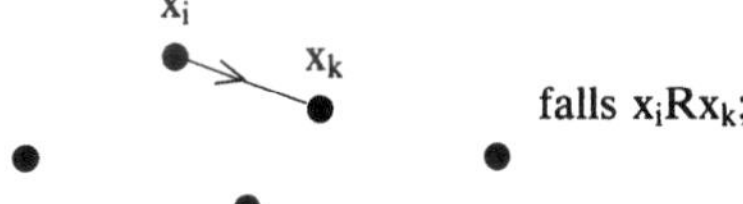

falls $x_i R x_k$;

Venn-Diagramm:

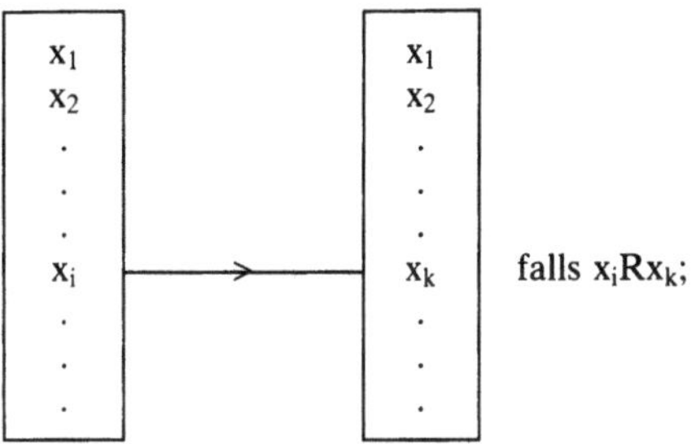

falls $x_i R x_k$;

Koordinatensystem:

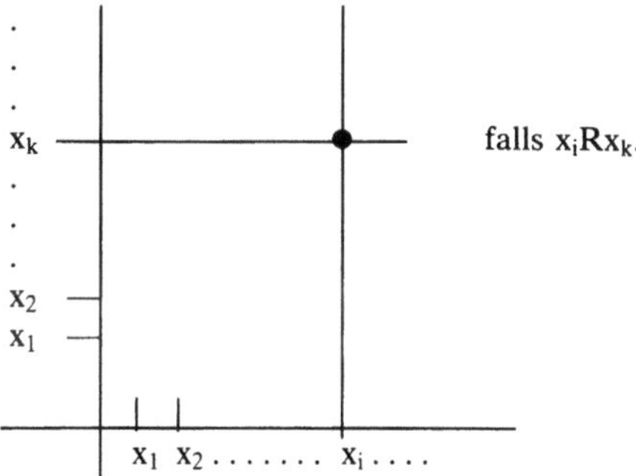

falls $x_i R x_k$.

Von den dreistelligen R. sind besonders die eindeutigen R. bedeutsam; sie entsprechen den (algebraischen) Operationen.

Ähnlich dem Vorgehen in der Mengenlehre kann man auch für R. Verknüpfungen einführen: R.-Verkettung, -Vereinigung, -Durchschnitt, -Komplement, -Konverse. *W. L. Fischer*

Literatur: *Bocheński, I. M.,* u. *A. Menne,:* Grundriß der Logistik, Paderborn 1973.

Relativkinematik. In der R. beschreibt neben einem im Koordinaten-Ursprung O des Inertialsystems (Basis $\vec{e}_a$) ruhenden Beobachter ein mitbewegter Beobachter von einem Punkt B aus und mit einer (starren) Basis $\vec{e}_A$ des starren Führungskörpers F ($\rightarrow$Winkelgeschwindigkeit $\vec{\omega}_F$, $\rightarrow$Winkelbeschleunigung $\dot{\vec{\omega}}_F$) die Bewegung eines gegenüber F relativ veränderlichen Punktes P (Bild 1). Der Führungskörper F selbst hat am Punkt P die für den ruhenden Beobachter sichtbare Führungsgeschwindigkeit $\vec{v}_F = \vec{v}_B + \vec{\omega}_F \times \vec{r}_P^{(B)}$ ($\rightarrow$Geschwindigkeit) sowie die Führungsbeschleunigung $\vec{a}_F = \vec{a}_B + \dot{\vec{\omega}}_F \times \vec{r}_P^{(B)} + \vec{\omega}_F \times (\vec{\omega}_F \times \vec{r}_P^{(B)})$ ($\rightarrow$Beschleunigungsfeld). Der mitbewegte Beobachter sieht die $\rightarrow$Koordinaten x_A des Vektors $\vec{r}_P^{(B)}$ sowie deren Veränderungen und bildet die Relativgeschwindigkeit $\vec{v}_{rel} = \dot{x}_A\,\vec{e}_A$ sowie die Relativbeschleunigung $\vec{a}_{rel} = \ddot{x}_A\,\vec{e}_A$. Der ruhende Beobachter dagegen findet

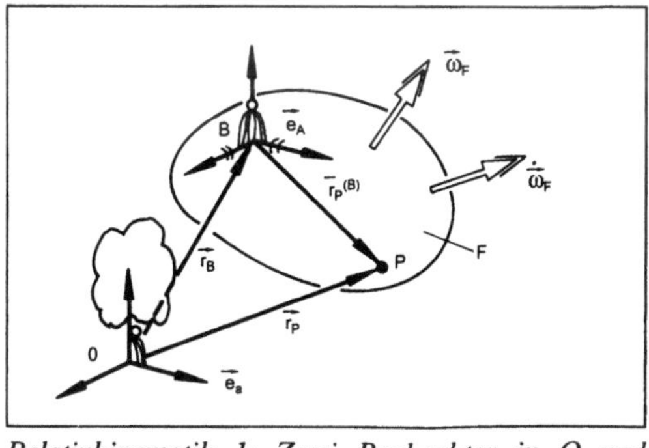

Relativkinematik 1: Zwei Beobachter in O und in B.

mit den Koordinaten x_a des Vektors $\vec{r} \equiv \vec{r}\,^{(O)}_{P}$ die „Absolutgeschwindigkeit" $\vec{v}_{(abs)} = \dot{x}_a\,\vec{e}_a$ und die „Absolutbeschleunigung" $\vec{a}_{(abs)} = \ddot{x}_a\,\vec{e}_a$. Diese Geschwindigkeiten und Beschleunigungen sind über

$$\vec{v}_{(abs)} = \vec{v}_F + \vec{v}_{rel} \text{ und } \vec{a}_{(abs)} = \vec{a}_F + \vec{a}_{rel} + \vec{a}_c$$

verknüpft, wobei vor allem das Auftreten der Coriolis-Beschleunigung $\vec{a}_c = 2\,\vec{\omega}_F \times \vec{v}_{rel}$ zu beachten ist.

Die Coriolis-Beschleunigung setzt sich aus zwei von $\vec{a}_F$ unabhängigen Anteilen zusammen (Beispiel: Bild 2). Konstante Drehung des Führungskörpers F um A und auf F konstantes $\vec{v}_{rel}$ für eine ebene Bewegung:

1. Anteil: Durch $\vec{v}_{rel}$ gerät der relativ bewegte Punkt an Stellen von F mit verändertem $\vec{v}_F$.

2. Anteil: Durch die Drehung mit $\vec{\omega}_F$ ändert $\vec{v}_{rel}$ im ruhenden →System seine Richtung.

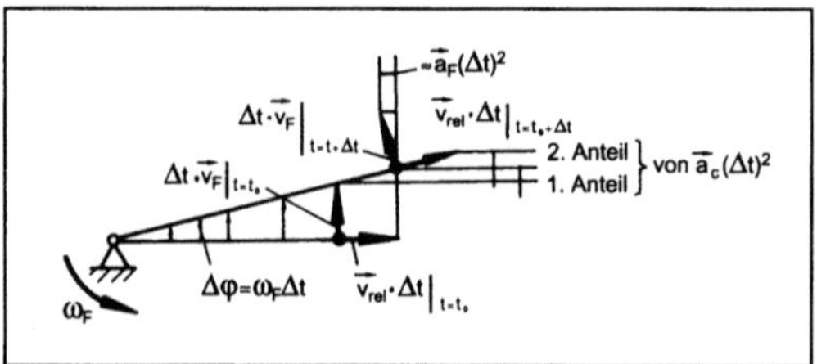

Relativkinematik 2: Beispiel Coriolis-Beschleunigung.

Beide Anteile sind gleich groß, jeder bedingt $\vec{\omega}_F \times \vec{v}_{rel}$. Falls senkrecht zu $\vec{v}_{rel}$ keine Kraft angreift, sind geradlinige Bewegungen relativ zum Führungskörper nur bei sehr speziellen $\vec{\omega}_F$, $\vec{v}_{rel}$-Kombinationen möglich, denn die Summe der zu $\vec{v}_{rel}$ stets senkrechten Coriolis-Beschleunigung und der zu ihr parallelen Anteile von $\vec{a}_F$ und $\vec{a}_{rel}$ muß dann verschwinden. Dies ist der Grund, weshalb auf dem mit $\omega_F \approx 2\pi/$ Tag rotierenden Führungskörper Erde die Winde nicht geradlinig von einem Hoch zu einem Tief wehen, sondern die bekannten wirbelartigen Verteilungen bilden, die sich in ihrem Drehsinn auf der Nord- und der Südhalbkugel unterscheiden, weil der dafür entscheidende zur Erdoberfläche senkrechte Anteil von $\vec{\omega}_F$ auf der Nordhalbkugel nach außen, auf der Südhalbkugel dagegen nach innen weist und am Äquator verschwindet. *Besdo*

Relativkinetik. Als R. bezeichnet man eine Übersetzung des Newtonschen Grundgesetzes, des Drallsatzes (→Drall und →Drallsatz für starre Körper) sowie der Arbeits- und Energiesätze in ein bewegtes Bezugssystem, das kein Inertialsystem ist. Darin gilt gemäß der →Relativkinematik

$$\vec{a} = \vec{a}_F + \vec{a}_C + \vec{a}_{rel}.$$

Gegenüber dem System existiert allein $\vec{a}_{rel}$. Diese hat alle Beschleunigungen zu ersetzen; entsprechend muß man auf $\vec{v}_{rel}$ als →Geschwindigkeit übergehen. So wird aus dem Newtonschen Axiom

$$\vec{F}_{(ex)} + (-m\vec{a}_F) + (-m\vec{a}_C) = m\vec{a}_{rel}$$

mit einer Führungskraft $-m\vec{a}_F$ und einer Coriolis-Kraft (man beachte das Vorzeichen!) $-m\vec{a}_C$. Konsequent muß man im Drallsatz die Momente solcher Kräfte, die ja verteilt auftreten, beachten. Die Führungskraft ist in Systemen mit konstanter →Winkelgeschwindigkeit $\vec{\omega}_F$ bei Drehung um einen raumfesten Punkt sogar eine konservative Zentrifugalkraft. Kräfte, die den Namen Zentrifugalkraft verdienen, treten nur in der R. und in der →Kinetostatik auf, die mit der R. ohnehin eng verwandt ist. Bei der Mischung von Denkweisen sind beträchtliche Fehler möglich. *Besdo*

Rem. Abkürzung für Röntgen equivalent man; frühere Einheit der Äquivalentdosis bei ionisierender Strahlung. Einheitenzeichen rem. 1 rem = 10^{-2} Sv. Anwendung beim →Strahlenschutz. In Deutschland keine gesetzliche Einheit mehr. Gültige SI-Einheit: →Sievert (Sv); (→Einheiten des SI). *Hammerschmidt*

Remanenzinduktion. Wert der magnetischen →Induktion, die in einem ferromagnetischen Material (→Ferromagnetismus) nach dem Abschalten der Erregung (des Spulenstroms) erhalten bleibt. Die Remanenzinduktion beruht auf der magnetischen Polarisation in den Weiß-Bezirken, die nach einer →Magnetisierung nicht mehr kompensiert ist. Die Remanenzinduktion entspricht dem Abstand vom Ursprung, in dem die hystereseförmige →Magnetisierungskurve die Ordinate (Induktionsachse) schneidet. *Claassen*

Resonanz. Bei Schwingern, auf die äußere dynamische Lasten mit der →Erregerfrequenz f_E einwirken und die erzwungene Schwingungen ausführen, liegt R. vor, wenn die Erregerfrequenz f_E mit einer Eigenfrequenz f_o des Schwingers übereinstimmt. Bei R. gehen die Schwingungsamplituden des ungedämpften Schwingers über alle Grenzen. Bei schwach gedämpften Schwingern nehmen sie beträchtlich große Werte an. Man bezeichnet die Frequenz $f_E = f_o$ als Resonanzfrequenz oder als kritische Frequenz (→System, schwingungsfähiges). *Splittgerber*

Resorption →Assimilation

Restbeladung. Nach einem →Trennprozeß in einem Stoffstrom oder einer Stoffmenge verbliebene Restmenge an Substanzen, die durch den Trennprozeß entfernt werden sollten. Beispiel: Ein Abgas ist mit 10 g Benzol/m³ beladen. Nach einem

Absorptionsprozeß hat das Gas noch eine R. von 0,03 g Benzol/m³.

Die R. ist von der Wirksamkeit des vorangegangenen Trennprozesses abhängig, z. B. von der Trennstufenzahl. Sie kann nie null werden, weil eine vollständige Abtrennung (kein einziges Molekül der zu entfernenden Substanz befindet sich mehr im Stoffstrom) nicht möglich ist (→Vorbeladung). *Dohrn*

Reynolds-Zahl →Kennzahlen

Ringfläche →Torus

Riß. In der Bruchmechanik befaßt man sich intensiv mit der Wirkung von R. in einem ansonsten ungestörten Material, a) im Bild. Sie stellen, von der Oberfläche her kommend, spitze Kerben mit verschwindendem Kerbradius dar, können aber auch im Innern, b) im Bild, auftreten. Von besonderem Interesse ist die sehr starke Spannungskonzentration an den R.-Spitzen S, S_1, S_2, die sich nach der →Elastizitätstheorie dort einstellt oder einstellen würde, denn faktisch wird sie durch Plastizierung oder Weiteröffnung des R. (→R.-Fortpflanzung) begrenzt.

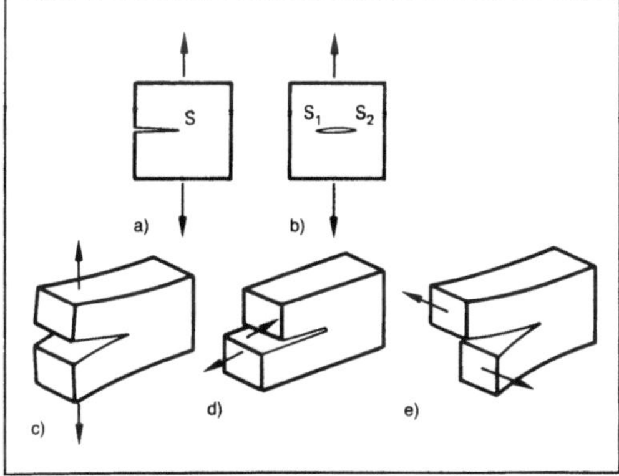

Riß: Krafteinwirkungen.
a) Oberflächenriß
b) Riß im Innern
c) Mode I
d) Mode II
e) Mode III.

Die Theorie liefert Spannungsverteilungen, die mit Spannungsintensitätsfaktoren wie $1/\sqrt{r}$ mit geringer werdendem Abstand r von der Spitze gegen ∞ streben.

Durch den R. wird die Übertragung von Normal-, z. T. aber auch von Schubspannungen von einer Seite des R. auf die andere unmöglich. Somit müßten im (geöffneten) R. 3 Spannungsarten verschwinden. Zu jeder Art von R. gehört eine bestimmte Spannungsverteilung. Die drei Rißöffnungsarten (Moden) sind in c), d), e) übertrieben angedeutet. *Besdo*

Rißfortpflanzung. Aus der Sicht des konstruierenden oder überwachenden Ingenieurs heißt die wichtigste Frage an die Bruchmechanik, ob ein vorhandener →Riß sich verlängert, also fortpflanzt. Zu dieser Entscheidung stehen mehrere Kriterien zur Verfügung, die man im Bereich der Hypothese anzusiedeln hat.

Zum einen wird der Rißverlängerung eine Arbeit zugeordnet, die vom umliegenden Material aufgebracht werden muß. Zum anderen erwartet man, daß die Spannungsintensitätsfaktoren kritische Werte nicht überschreiten dürfen. Als sehr entscheidend hat sich auch ein J-Integral genanntes Linienintegral, dessen Integrationslinie die Rißspitze umschließt und vom Weg dann unabhängig ist, erwiesen.

Dieses Kriterium der Spannungsintensitätsfaktoren bedarf einer Zusatzannahme über die Kombination der drei Faktoren, die zu den einzelnen Rißöffnungsarten gehören. Hier gibt es noch viel Empirie.

Eine sehr wichtige, bislang nicht voll geklärte Frage ist, in welche Richtung sich der Riß ausbreitet. *Besdo*

Rolle. Ein Grundelement der Technik und von großer Bedeutung in der →Mechanik ist die reibungsfreie R. in den Abarten der festen und der losen Rolle. Über eine R. läuft ein Seil oder ein anderer biegeschlaffer, Zug übertragender Körper. Bei reibungsfreien R.n muß die Summe der Momente beider Seilkräfte um die Achse im Fall der →Statik verschwinden, d. h., sie müssen gleich groß sein. Eine Lagerreaktionskraft F_3 in Bild 1 hebt die in den Mittelpunkt verschiebliche Resultierende der Seilkräfte und – sofern (merklich) vorhanden – das Gewicht der R. auf. Diese wird bei festen R.n von einem Festlager, bei losen R.n von Zugstäben oder Seilen, die sich seitlich verschieben können, aufgebracht.

Etwas anders ist die R. in der →Kinetik zu sehen, wenn ihre Drehträgheit zu einer Differenz der Seilkräfte gemäß

$$F_1 - F_2 = J^{(c)}\, \dot{\omega}/R$$

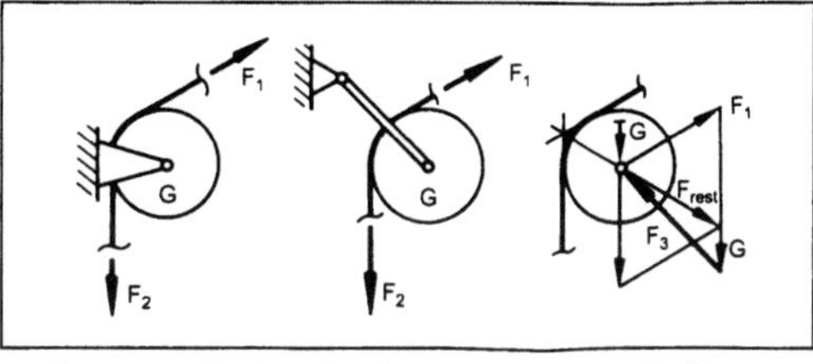

Rolle 1: Kräfte bei der festen und losen Rolle.

führt. Dann ist auch zu klären, ob es nicht zwischen R. und Seil zu einer Relativbewegung (Schlupf) kommt. Ein der R. ähnliches Bauteil ist das reibungsfrei drehbare Rad (Bild 2), das im statischen Fall nur eine Kraft vom Berührpunkt mit einem anderen Körper zum Mittelpunkt hin übertragen kann, wenn es nicht gleichzeitig an mehreren Seiten aufliegt. *Besdo*

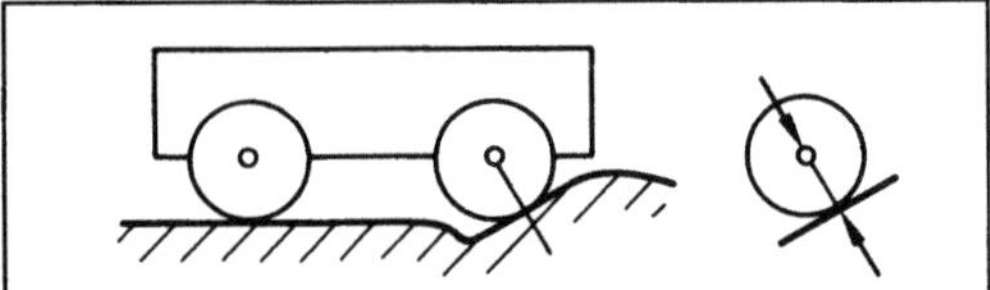

Rolle 2: Reibungsfrei drehbares Rad.

Rollen. Zwei Körper rollen aufeinander ab, solange sie sich in mindestens einem Punkt berühren: Streng genommen müssen die Geschwindigkeiten beider Körper dort gleich sein. Bei verformbaren Körpern tritt stets eine flächige Berührung auf. Dann gibt es in der Berührungsfläche Schlupf.

Beim R. (ohne Rutschen) eines starren Körpers auf einer starren und im Inertialsystem ruhenden Unterlage ist der Berührungspunkt zugleich der →Momentanpol oder ein Punkt der Momentanschraube mit $\vec{v}_A = 0$ für den rollenden Körper. Das Bild zeigt die Bahnen dreier Punkte einer rollenden Walze mit Spurkranz für eine Umdrehung. Der Mittelpunkt eines rollenden Rades erfüllt die Rollbedingung $v = R\omega$. *Besdo*

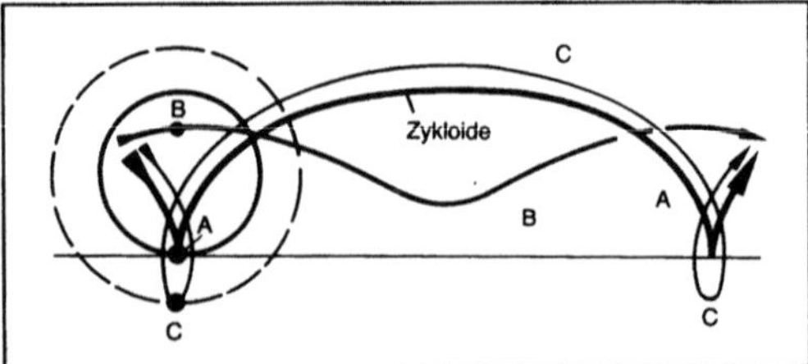

Rollen: Bahnen von Körperpunkten bei einem rollenden Zylinder.

Röntgen. Frühere Einheit der Ionendosis bei ionisierender Strahlung. Einheitenzeichen Röntgen $1\ R = 2{,}58 \cdot 10^{-4}$ C/kg. In Deutschland keine gesetzliche Einheit mehr. Gültige SI-Einheit ist das Coulomb durch Kilogramm (C/kg); (→Einheiten des SI). *Hammerschmidt*

Rost. Als R. werden die bei der atmosphärischen →Korrosion und in Wässern auf Eisen und Stahl gebildeten oxidischen und hydroxidischen Korrosionsprodukte bezeichnet. Zur Rostbildung ist Wasser und Sauerstoff erforderlich. R. ist keine chemisch einheitliche Substanz, sondern vielmehr ein heterogenes Gemenge verschiedener Eisenoxide,

Eisenhydroxide und Oxidhydrate. Die typischen kristallinen Bestandteile sind die rostbraun gefärbten Eisen(III)-Oxidhydrate, α-FeO(OH) (Goethit) und γ-FeO(OH) (Lepidokrokit). Daneben kann der R. auch noch Magnetit ($Fe_3O_4 \cdot n\ H_2O$) und ggf. Anteile von γ-Fe_2O_3 enthalten. Während der Rostbildung treten darüber hinaus auch noch intermediäre Phasen auf, so z. B. das Eisen(II)-Hydroxid oder der in sulfathaltigen, sauerstoffarmen Medien entstehende grüne R. der Zusammensetzung $4Fe(OH)_2 \cdot 2Fe(OH)_3 \cdot FeSO_4$. In Gegenwart von Sauerstoff werden diese intermediären Produkte zu γ-FeO(OH) aufoxidiert. *Wendler-Kalsch*

Rotation.

Mathematik. Es sei v eine differenzierbare Abbildung von einem Gebiet G des dreidimensionalen euklidischen Raumes $\mathbb{R}^3$ in den $\mathbb{R}^3$ (Vektorfeld auf G), gegeben durch

$$v: (x,y,z) \mapsto (v_1(x,y,z), v_2(x,y,z), v_3(x,y,z)).$$

Die R. (*engl.* curl) von v, in Zeichen rot v, wird definiert als

$$\text{rot } v := \left(\frac{\partial v_3}{\partial y} - \frac{\partial v_2}{\partial z},\ \frac{\partial v_1}{\partial z} - \frac{\partial v_3}{\partial x},\ \frac{\partial v_2}{\partial x} - \frac{\partial v_1}{\partial y} \right).$$

Mit den Basisvektoren

$$i = (1,0,0), \quad j = (0,1,0), \quad k = (0,0,1)$$

und dem Nabla-Operator ∇ gilt symbolisch

$$\text{rot } v = \nabla \times v = \begin{vmatrix} i & j & k \\ \partial/\partial x & \partial/\partial y & \partial/\partial z \\ v_1 & v_2 & v_3 \end{vmatrix},$$

wobei rechts formal die →Determinante zu bilden ist.

Der Begriff R. dient zur Beschreibung von Wirbeln in Flüssigkeiten oder elektromagnetischen Feldern. Im Einklang mit der physikalischen Deutung heißt das durch v beschriebene Vektorfeld wirbelfrei, wenn rot $v = 0$ überall in G gilt. Ein stetig differenzierbares wirbelfreies Vektorfeld v läßt sich in einem einfach zusammenhängenden Gebiet G immer als Gradient einer reellwertigen →Funktion darstellen, d. h. es gibt $\Phi: G \to \mathbb{R}$ mit $v = \text{grad } \Phi$. Für Beziehungen zwischen den Differentialoperatoren R., Divergenz und Gradient →Vektoranalysis. *Schmeißer*

Mechanik. Bei einer typischen R. dreht sich der (starre) Körper um eine feste Achse, c) im Bild, oder zumindest um einen festen Punkt. Der R. kann aber eine →Translation, a) im Bild, überlagert sein, b) im Bild. Dies wird vor allem bei dem Bild der Momentanschraube deutlich. Im Fall der ebenen →Kinematik kann man die Bewegung in jedem Augenblick entweder als Translation oder als R. um den →Momentanpol deuten.

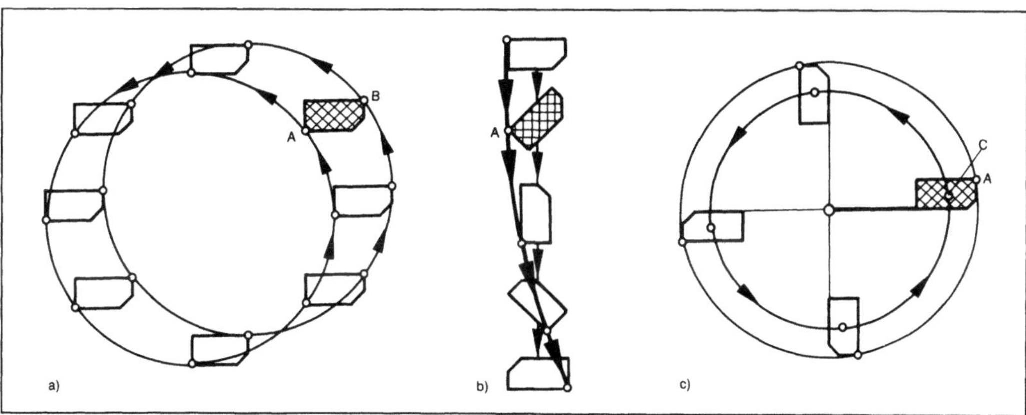

Rotation (Mechanik): Rotationen in der ebenen Kinematik.
a) Reine Translation auf Kreisbahnen
b) Rotation mit gradliniger Bewegung
c) Rotation um festen Punkt.

Bei Körpern mit einer deutlich erkennbaren Figurenachse nennt man manchmal die Drehung um diese Achse R. Eine völlig andere R. tritt in der →Vektoranalysis auf. *Besdo*

Rückführung. Auch Rückkopplung (*engl.* feedback). In einer R. wird Energie oder Information vom Ausgang eines Systems zu seinem Eingang übertragen.

Im →Regelkreis wird die Rückkopplung als Gegenkopplung geschaltet, nämlich am Reglereingang zum Vergleich von Führungs- und Regelgröße. Meist hat man im Vorwärtszweig →Regler und →Regelstrecke, so daß $F_1(s) = F_R(s)F_S(s)$, mit einer Einheitsführung $F_2(s) = 1$.

$F_1(s)$ (Bild) ist das →Übertragungsglied im Vorwärtszweig und $F_2(s)$ das Übertragungsglied in der R. In der Annahme, daß beide Übertragungsglieder keine Vorzeichenumkehr bei den Signalen bewirken, gilt das Minuszeichen für Gegenkopplung. Dabei wird die Differenz von Eingangs- und Rückführungssignal $u - r$ auf den Vorwärtszweig gespeist. Bei der Mitkopplung wird das Summensignal $u + r$ auf $F_1(s)$ gegeben. Die Gesamtübertragungsfunktion vom Eingang u zum Ausgang v ist dann

$$\frac{V(s)}{U(s)} = \frac{F_1(s)}{1 \, (\overset{+}{\underset{-}{}}) \, F_1(s) \, F_2(s)} .$$

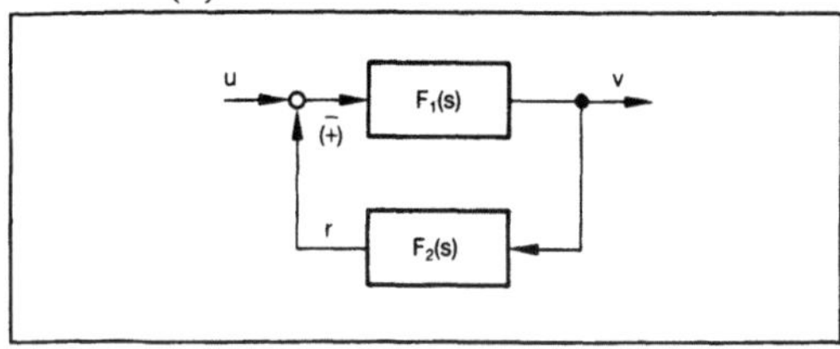

Rückführung: System mit R.

Hier gilt das Pluszeichen für Gegenkopplung und das Minuszeichen für Mitkopplung. Das Produkt im Nenner wird meist durch die →Kreisübertragungsfunktion $F_0(s) = F_1(s)F_2(s)$ ersetzt.

Die gerätemäßige Ausführung eines Reglers selbst besteht oft aus einem Verstärker mit der erforderlichen Stellenergie am Ausgang und einer (meist passiven) R., die das dynamische Verhalten (z. B. PI- oder →PID-Übertragungsverhalten) erzeugt.

Ganz allgemein lassen sich folgende Gründe nennen, warum in einem System eine R., vorzugsweise eine Gegenkopplung, eingesetzt wird:
□ zur Änderung des Frequenzgangs eines Systems, also um z. B. den Stabilitätsgrad oder die Grenzfrequenz zu ändern, oder um die Verstärkung über einen größeren Frequenzbereich konstant zu halten,
□ zur Verringerung der Einflüsse von Nichtlinearitäten,
□ zur Verringerung der Einflüsse von Parameteränderungen,
□ zur Verringerung des Ausgangsrauschens,
□ zur Änderung von Eingangs- und Ausgangsimpedanzen, besonders bei Verstärkern,
□ zur Begrenzung der Amplitude von einer oder mehreren Systemgrößen.

R.en kommen auch oft in nichttechnischen Systemen vor, beispielsweise in wirtschaftlichen und biologischen Systemen. *Böttiger*

Rundungsfehler. Eine Rechenmaschine, programmiert für eine bestimmte Zahlendarstellung, läßt nur eine endliche Menge M von Zahlen zu, die Maschinenzahlen bez. dieser Darstellung. Will man mit einer Zahl $a \notin M$ arbeiten, so muß a durch eine möglichst gut approximierende Zahl $\tilde{a} \in M$ ersetzt werden. Die Differenz $\varepsilon = a - \tilde{a}$ heißt R. Die Größe des R. hängt sehr von der vorliegenden Zahlendarstellung ab.

Beispiele: Es soll $a = 0{,}000352297$ dargestellt werden. Bei Festpunktdarstellung mit vier Dezimalstellen nach dem Komma (Punkt, in angelsächsischer Schreibweise) ist $\tilde{a} = 0{,}0004$ die günstigste Zahl $\tilde{a} \in M$, also $\varepsilon = -0{,}47703 \cdot 10^{-4}$.

Bei Gleitpunktdarstellung mit vier dezimalen Mantissenstellen ist $\tilde{a} = 0{,}3523 \cdot 10^{-3}$ die günstigste Zahl $\tilde{a} \in M$ und folglich $\varepsilon = -0{,}3 \cdot 10^{-8}$.

Im Fall einer Festpunktdarstellung bez. einer Basis g (dezimal $g = 10$, dual $g = 2$) mit t Stellen nach dem Punkt ist $\frac{1}{2} g^{-t}$ eine universelle obere Schranke für den Betrag des R. von a bei Wahl der günstigsten Zahl $\tilde{a} \in M$. Im Fall einer entsprechenden Gleitpunktdarstellung mit t Mantissenstellen hängt dagegen die Fehlerschranke auch von der darzustellenden Zahl ab. Ist $a = rg^b$, mit $g^{-1} \leq |r| < 1$, so gilt bei günstigster Rundung $|a - \tilde{a}| \leq \frac{1}{2} g^{b-t}$. Dagegen gibt es hier für den relativen Fehler $\left| \dfrac{a - \tilde{a}}{a} \right|$ die universelle Schranke $\frac{1}{2} g^{-t+1}$.

Fehlerquellen. Die beschriebenen R. können „lokal" entstehen: Bei der Zahleneingabe, bei jeder arithmetischen Operation, da das exakte Ergebnis der Verknüpfung zweier Maschinenzahlen nicht immer in M liegt und bei der Zahlenausgabe, da hier in modernen **Rechenmaschinen** vom Dualsystem in das Dezimalsystem konvertiert wird.

Fehlerfortpflanzung. Jeder lokal einmal entstandene R. pflanzt sich im Laufe der Rechnung fort. Dabei gilt: Bei Addition und →Subtraktion addieren sich Schranken für vorhandene absolute Fehler. Bei Multiplikation und →Division addieren sich Schranken für vorhandene relative Fehler. Besonders gefährlich für den relativen Fehler ist der Effekt der Auslöschung, der bei Subtraktion nahezu gleich großer Zahlen auftritt. Für $a = 0{,}134252 \cdot 10^{-4}$ und $b = 0{,}1342351 \cdot 10^{-4}$ folgt $a - b = 0{,}1 \cdot 10^{-10}$. Insofern ist das Ergebnis exakt. Ist jedoch a mit einem relativen Fehler ε behaftet und b der Einfachheit halber exakt, so wird der absolute Fehler von $a - b$ ungefähr $\varepsilon \cdot 10^{-5}$, und somit entsteht der relative Fehler $\varepsilon \cdot 10^6$, ein Anstieg um den Faktor $1\,000\,000$ bei einer einzigen Rechenoperation. In einer längeren Rechnung kann sich „global" ein riesiger Gesamt-R. ergeben.

Gesamtrundungsfehler. Für viele Verfahren der numerischen Mathematik wurde eine Analyse des R. durchgeführt. Die dabei sich ergebenden strengen oberen Schranken sind jedoch oft zu pessimistisch, da sich Fehler in Wirklichkeit auf Grund von Auf- und Abrundungen manchmal auch wieder reduzieren können. Man hat deshalb Versuche unternommen, ein wahrscheinlichkeitstheoretisches Modell zu entwickeln, in dem der lokale R. als →Zufallsvariable auftritt. Jedoch ließen sich nur für gewisse lineare Probleme brauchbare Ergebnisse erzielen. Die vielleicht leistungsfähigste und eleganteste Methode zum Erfassen des Gesamt-R. liefert eine Intervallarithmetik. Dabei wird jeder Zahl r ein Paar von möglichst eng benachbarten Maschinenzahlen u,v zugeordnet, so daß $r \in [u,v]$ gilt. Bei allen arithmetischen Operationen wird ein →Intervall, begrenzt durch zwei Maschinenzahlen, berechnet, das das exakte Ergebnis mit Sicherheit enthält. Die Länge eines Intervalls ist dann jeweils eine Schranke für den R. der zugeordneten Zahl. So wird auch der Gesamt-R. von der Rechenmaschine selbst erfaßt.

Unterdrückung von R. Man kann nach einer Zahlendarstellung suchen, bei der sich der R. möglichst klein halten läßt. Für die Probleme aus den Naturwissenschaften hat sich die Gleitpunktdarstellung bewährt. In einer umfangreichen Rechnung programmiert man besonders fehleranfällige Teile in doppelter Zahlenlänge, um den R. einzuschränken. Da sich eine rationale Zahl als ein Paar ganzer Zahlen, bestehend aus Zähler und Nenner, in einer Rechenmaschine exakt darstellen läßt und die Menge der rationalen Zahlen unter den arithmetischen Operationen abgeschlossen ist, kann man eine Rechenmaschine so programmieren, daß sie mit rationalen Zahlen fehlerfrei rechnet. Software zur praktischen Verwirklichung dieser Bemerkung liegt vor.

Axiomatik. Wegen des R. genügt die →Arithmetik einer Rechenmaschine nicht den Axiomen eines Körpers. Es wurden Versuche unternommen, eine eigene Axiomatik zu schaffen.　　　*Schmeißer*

Literatur: *Gregory, R. T.*: Error-free computation: Why it is needed and methods for doing it. Huntington (N. Y.) 1980. – *Gregory, R. T., u. E. V. Krishnamurthy:* Methods and applications of error-free computation. Berlin, New York 1984. – *Kulisch, U.:* Grundzüge der Intervallrechnung. In: Überblicke der Mathematik 2. Hrsg. *D. Laugwitz.* Mannheim 1969; S. 51/98. – *Kulisch, U.:* Über die Arithmetik von Rechenanlagen. In: Jahrb. Überblicke der Mathematik. Hrsg. *D. Laugwitz.* Mannheim 1975; S. 69/108. – *Kulisch, U. W., u. W. L. Miranker:* Computer arithmetic in theory and practice. New York 1981. – *Miller, W., u. C. Wrathall:* Software for roundoff analysis of matrix algorithms. New York 1980. – *Moore, R. E.:* Interval analysis. Englewood Cliffs (N. J.) 1966. – *Schmeißer, G., u. H. Schirmeier:* Praktische Mathematik. Berlin 1976. – *Wilkinson, J. H.:* Rundungsfehler. Berlin 1969.

Runge-Kutta-Verfahren. Die R.-K.-V. (benannt nach *Carl David Tolmé Runge* (1856–1927) und *Martin Wilhelm Kutta* (1867–1944)) sind die wichtigsten Beispiele von Einschrittverfahren zur numerischen Behandlung eines Anfangswertproblems

$$y' = f(x,y), \quad y(x_0) = y_0.$$

Ein Näherungswert y_{n+1} für die Lösungsfunktion an der Stelle $x_{n+1} = x_n + h$ wird nach der Vorschrift

$$y_{n+1} := y_n + h\,\Phi_f(x_n, y_n, h), \quad n = 0,1,\dots$$

berechnet, wobei die Schrittfunktion Φ_f folgendermaßen aufgebaut ist:

$$\Phi_f(x,u,h) := \sum_{\mu=1}^{m} \varsigma_\mu \, k_\mu \qquad (1),$$

mit

$$k_1 := f(x,u),$$

$$k_\mu := f(x + \alpha_\mu h, u + h \cdot \sum_{\lambda=1}^{\mu-1} \beta_{\mu\lambda} k_\lambda) \quad (\mu = 2,3,...,m).$$

Bei der Herleitung der Verfahren werden die Konstanten ω_μ, a_μ, $\beta_{\mu\lambda}$ unabhängig von f mittels Taylor-Entwicklung so festgelegt, daß die Ordnung j, erklärt durch

$$y(x_n) - y_n = O(h^j) \qquad \text{(j maximal)}$$

für $h \to 0$ mit $nh = \text{konst}$, möglichst groß wird.

Zwischen der Anzahl m der Glieder in Gl. (1) und der maximal möglichen Ordnung j bestehen die Beziehungen

$$j \begin{cases} = m & \text{für } m = 1,2,3,4, \\ = m-1 & \text{für } m = 5,6,7, \\ \leq m-2 & \text{für } m \geq 8. \end{cases}$$

Für $m = 1$ ergibt sich das Euler-Polygonzugverfahren. Die R.-K.-V. der Ordnung 2 lauten

$$\Phi_f(x,u,h) = (1-\lambda)f(x,u) + \lambda f(x + \frac{h}{2\lambda}, u + \frac{h}{2\lambda} f(x,u)),$$

wobei λ beliebig aus dem $\to$Intervall $[0,1]$ gewählt werden kann. Die Spezialfälle $\lambda = \frac{1}{2}$, $\lambda = 1$ und $\lambda = \frac{3}{4}$ sind als verbessertes Euler-Verfahren, verbessertes Polygonzugverfahren und Methode von *Heun* bekannt.

Als R.-K.-V. im engeren Sinne oder klassisches R.-K.-V. bezeichnet man das folgende Verfahren der Ordnung 4:

$$\Phi_f(x,u,h) = \frac{1}{6}(k_1 + 2k_2 + 2k_3 + k_4),$$

mit

$$k_1 := f(x,u),$$

$$k_2 := f(x + \frac{h}{2}, u + h\frac{k_1}{2}),$$

$$k_3 := f(x + \frac{h}{2}, u + h\frac{k_2}{2}),$$

$$k_4 := f(x + h, u + hk_3).$$

Es ist ein Glanzpunkt in der numerischen Behandlung von $\to$Differentialgleichungen, verbindet es doch hohe Genauigkeit mit einfacher Programmierbarkeit und guten Stabilitätseigenschaften.

Wie bei allen Einschrittverfahren bereitet es keine Schwierigkeit, h von einem Schritt zu anderen zu ändern. Beim klassischen R.-K.-V. soll h stets so gewählt werden, daß die Schrittkennzahl

$$K := \left| \frac{k_3 - k_2}{k_2 - k_1} \right|$$

klein bleibt, etwa $K < \frac{1}{10}$.

Schwierig ist dagegen eine strenge Fehlerabschätzung. Man begnügt sich deshalb häufig mit einer asymptotischen Abschätzung durch Vergleich zweier Schrittweiten, was hier (wie bei allen Einschrittverfahren) immer möglich ist. Bezeichnet $y_{n,h}$ den Näherungswert y_n, berechnet bei Schrittweite h, so gilt für ein Verfahren der Ordnung j

$$y(x_0 + 2nh) - y_{2n,h} = \frac{y_{2n,h} - y_{n,2h}}{2^j - 1} + O(h^{j+1})$$

für $h \to 0$ mit $nh = \text{konst}$.

Im Fall des klassischen R.-K.-V. erhält man die 15-tel Regel

$$y(x_0 + 2nh) - y_{2n,h} \approx \frac{y_{2n,h} - y_{n,2h}}{15}.$$

R.-K.-V. lassen sich auch auf ein System von N Differentialgleichungen anwenden, indem man y_n, $\Phi_f(x_n, y_n, h)$ und die Größen k_μ entsprechend durch N-Tupel ersetzt. Ferner wurde das Prinzip der R.-K.-V. auf die numerische Behandlung von Differentialgleichungen höherer Ordnung ausgedehnt. *Schmeißer*

Literatur: *Albrecht, P.:* Die numerische Behandlung gewöhnlicher Differentialgleichungen. München 1979. – *Collatz, L.:* The numerical treatment of differential equations. 3. Aufl. Berlin 1966. – *Gear, C. W.:* Numerical initial value problems in ordinary differential equations. Englewood Cliffs (N. J.) 1971. – *Grigorieff, R. D.:* Numerik gewöhnlicher Differentialgleichungen 1. Stuttgart 1972. – *Henrici, P.:* Discrete variable methods in ordinary differential equations. New York 1962. – *Lambert, J. D.:* Computational methods in ordinary differential equations. London 1973. – *Zurmühl, R.:* Praktische Mathematik. 5. Aufl. Berlin 1965.

S

Sägezahngenerator →Elektronenstrahl-Oszillo-skop

Scanner →Meßstellenumschalter

Schall. Bezeichnung für alles Hörbare (→Akustik, →Klang, →Geräusch). S. ist immer mit der zeitlichen Änderung von Massendichten verbunden, d. h. der Störung eines materiellen Mediums. Bei einer periodischen Störung des Mediums (gasförmig, flüssig oder fest) breitet sich die Dichteänderung wellenförmig aus (S.-Wellen). Im Normalfall dient dabei die Luft als Kopplungs- und Übertragungsmedium und das menschliche Ohr als Detektor. Wegen der Hörbarkeitsgrenzen des menschlichen Ohres von 16 Hz–20 kHz (Lautstärke) bezeichnet man nur Wellen in diesem Frequenzbereich als S.-Wellen, Schwingungen mit Frequenzen unterhalb von 16 Hz (Gebäudeschwingungen, Erdbebenwellen) bezeichnet man als Infra-S., Schwingungen oberhalb von 20 kHz als Ultra-S.

Da die Ausbreitung des S. (bzw. von S.-Wellen) stets an Medien gebunden ist, ist die Ausbreitungsgeschwindigkeit von den Materialeigenschaften des Mediums abhängig. Bei festen und flüssigen Stoffen hängt die S.-Geschwindigkeit von dem →Elastizitätsmodul und der Massendichte ab, bei gasförmigen Stoffen von der relativen Molekülmasse und dem Verhältnis der spezifischen Wärmen C_p/C_v (Tabelle). In Gasen und Flüssigkeiten existieren nur longitudinale S.-Wellen, in Festkörpern longitudinale und transversale Wellen (Phononen).

Schall. Tabelle: Schallgeschwindigkeiten in m/s (für Gase bei 0 °C, für Flüssigkeiten bei 15 °C).

Messing	3 420
Blei	1 250
Eisen	5 170
Holz	5 200
Wasser	1 460
Quecksilber	1 430
Alkohol	1 170
Luft	331
Sauerstoff	315
Wasserstoff	1 286

Mit der S.-Ausbreitung ist i. a. kein Massetransport verbunden. Es findet nur ein Energie- und Impulstransport statt. Die Beschreibung der S.-Ausbreitung erfolgt mit Hilfe einer Wellengleichung. So existieren beim S. auch alle für Wellenvorgänge charakteristischen Erscheinungen wie Brechung, Reflexion, Beugung und Interferenz. Für die S.-Ausbreitung in Räumen muß man die Absorption und die Dissipation beachten (Akustik). Die Stärke eines S.-Felds wird durch Angabe der Druckschwankungen oder als deren Quadrat durch Angabe der S.-Intensität charakterisiert (Lautstärke).

Außer der Druckamplitude können auch andere Größen des S.-Felds zu dessen Charakterisierung herangezogen werden:

□ der S.-Ausschlag oder die Bewegungsamplitude B, die der maximalen Auslenkung der schwingenden Volumenelemente des Mediums entspricht,

□ die Geschwindigkeitsamplitude oder S.-Schnelle $U = B \cdot \omega$ (ω Kreisfrequenz der S.-Welle) und

□ die Druckamplitude P, $P = B \rho v \omega = U \cdot v \cdot \rho$ (ρ Dichte des Mediums, v Schallgeschwindigkeit). *Helbig*

Literatur: *Gobrecht, H.: Bergmann-Schaefer.* Lehrb. Experimentalphysik. Bd. 1. Berlin 1974. – *Mason, W. P.: Physical Acoustics.* Bd. 1–10. New York 1964. – *Trendelenburg, F.:* Einführung in die Akustik. Berlin, Göttingen, Heidelberg 1961.

Schallgeschwindigkeit. Schwache Druck- und Dichtestörungen dp bzw. dρ breiten sich relativ zu einem beliebigen, strömenden oder ruhenden Fluid als Longitudinalwellen (Kompressionswellen) mit einer endlichen Geschwindigkeit $a^2 = dp/d\rho$ aus; a bezeichnet man als S. Da Druck- und Dichteströmungen nicht unabhängig voneinander sind, benötigt man zur quantitativen Vorhersage von a aus obiger Beziehung noch thermodynamische Zustandsgleichungen (Materialgleichungen) und strömungsmechanische Gesetze. So erhält man z. B. in einem idealen Gas bei isentropen Zustandsänderungen (konstante Entropie) für sehr kleine Druckstörungen näherungsweise

$$a = \sqrt{\frac{\varkappa p_0}{\rho_0}};$$ $\varkappa$ Quotient der spezifischen Wärmen des

Fluids, p_0 Ruhedruck, ρ_0 Ruhedichte. Der Fehler bei dieser Näherung ist proportional dp/p_0, infolgedessen hängt bei größeren Druckstörungen die S. von der Amplitude dp selbst ab. Diese Abhängigkeit kann zusammen mit anderen Effekten Stoßwellen ausbilden. Für die Temperaturabhängigkeit der S. in idealen Gasen gilt wegen

$$p = \rho R T :$$

$$a = a_0 \sqrt{\frac{T}{273}};$$

hierbei sind a_0 die S. bei 273 K $\triangleq$ 0 °C, T die absolute Temperatur in Kelvin und R die universelle → Gaskonstante. In Flüssigkeiten gilt:

$$a^2 = \frac{K}{\rho_0},$$

$$K^{-1} = \frac{1}{\rho_0} \frac{\partial \rho}{\partial p} \quad \text{Kompressionsmodul.}$$

Da dieser Modul für Flüssigkeiten sehr viel kleiner ist als für Gase, ist die S. in Flüssigkeiten entsprechend größer als in Gasen. Typische Zahlenwerte für die S. in Luft und Wasser sind in der Tabelle zusammengestellt.

Schallgeschwindigkeit. Tabelle: Zahlenwerte für Luft und Wasser bei verschiedenen Temperaturen.

Temperatur	Schallgeschwindigkeit a
Luft (trocken) 0 °C Luft (trocken) 20 °C	332 m/s 344 m/s
Wasser 3,9 °C Wasser 25,2 °C	1 399 m/s 1 457 m/s

Diese Werte sind in weiten Frequenzbereichen unabhängig von der → Frequenz. Werden jedoch molekulare Relaxationseffekte im Fluid wichtig, z. B. in Luft im Ultraschallbereich auf Grund von Luftfeuchte, dann führen diese zu einer Frequenzabhängigkeit der S., die als Dispersion bezeichnet wird. Sie wird durch obige Formeln nicht erfaßt.

Neben der Ausbreitung von schwachen Störungen als Longitudinalwellen können sich bei Berücksichtigung von Wärmeleitungs- und Reibungseffekten Störungen auch als transversale Wellen (Scherwellen) ausbreiten. Ihre praktische Bedeutung ist jedoch gering, da ihre Reichweite im Vergleich zu derjenigen von Longitudinalwellen sehr klein ist. *Obermeier*

Literatur: Hütte, Theoretische Grundlagen. Berlin.

Schallmauer. Der Widerstand von Flugzeugen und Flugkörpern nimmt bei Annäherung der Fluggeschwindigkeit an die → Schallgeschwindigkeit stark zu und erreicht bei niedrigen Überschallgeschwindigkeiten einen Maximalwert (Bild). Verursacht

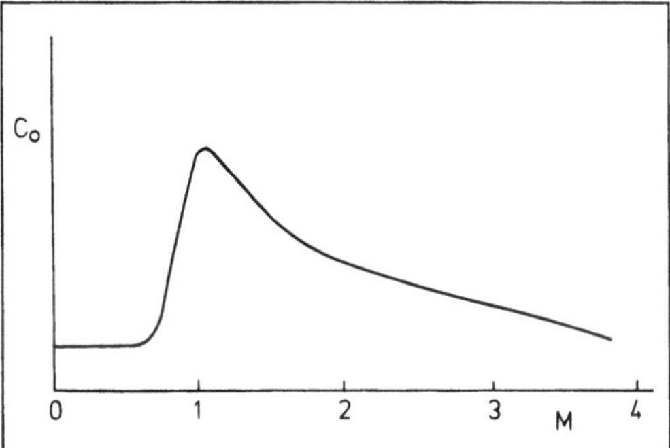

Schallmauer: Charakteristisches Verhalten des Widerstandsbeiwerts c_o beim Überschreiten der Schallgrenze $M = 1$.

M Mach-Zahl

wird der Widerstandsanstieg durch das Auftreten von Überschallbereichen mit z. T. oszillierenden Verdichtungsstößen und Grenzschichtablösungen. Diese Erscheinungen führten insbes. bei den ersten Überschallflugzeugen beim Fliegen im schallnahen (transsonischen) Bereich bzw. beim Beschleunigen von Unterschall- auf Überschallgeschwindigkeiten zu Schlingerbewegungen und zu einer verminderten Manövrierfähigkeit der Flugzeuge. Aus diesem Grund bezeichnete man diesen Fluggeschwindigkeitsbereich als S. Irrtümlicherweise wird heute die S. manchmal mit dem am Erdboden registrierten Überschallknall (→ Fluglärm) verwechselt, der durch Flugzeuge erzeugt wird, die mit Überschallgeschwindigkeit fliegen. *Obermeier*

Schallschutz-Verordnung. Das Gesetz zum Schutz gegen Fluglärm ermächtigt in § 7 „Schallschutz" die Bundesregierung, unter Beachtung des Standes der Schallschutztechnik Schallschutzanforderungen im Hochbau festzusetzen, denen die baulichen Anlagen zum Schutz deren Bewohner gegen Fluglärm genügen müssen. Die „Verordnung über bauliche Schallschutzanforderungen nach dem Gesetz zum Schutz gegen Fluglärm – Schallschutz-Verordnung" vom 5. April 1974 (BGBl. I, S. 903) konkretisiert dieses Schutzziel durch Vorgaben von bewerteten Bauschalldämm-Maßen für Umfassungsbauteile von Aufenthaltsräumen, in den Anforderungen nach Schutzzone 1 und 2 gestaffelt. Welche Bauteile (Decken, Wände, Fenster, Türen) diese Anforderungen erfüllen, ist in § 4 der Verordnung genannt. Vor deren Verwendung im Hochbau ist ausreichende Bauschalldämmung durch das Prüfzeugnis einer bauaufsichtlich anerkannten Prüfstelle nachzuweisen. Anlagen zur Verordnung regeln die technisch-wissenschaftliche Durchführung der Prüfungen (Bestimmung des Luftschallschutz-Maßes, Bestimmung der Schalldämmung zusammengesetzter Flächen). *W. Hoffmann*

schalltoter Raum. Reflexionsarmer akustischer Meßraum, in dem von einem in ihm aufgestellten Sender ein freies Schallfeld (fortschreitende Wellen) erzeugt werden kann. Für die Realisierung sind die Begrenzungsflächen eines solchen Raumes lückenlos mit keilförmigen Schallabsorbern aus gepreßtem Glas- oder Mineralfasern ausgekleidet (Bild). Für Frequenzen über 100 Hz wird 99,9 % der Schallwellen von den Wänden auf diese Weise absorbiert. *Helbig*

schalltoter Raum: Auskleidung eines s. R.

Schätztheorie. Wenn die Verteilung eines Merkmals in einer Grundgesamtheit durch mehrere unbekannte Parameter Θ spezifiziert ist, kann man auf Grund einer Stichprobe vom Umfang n Schätzungen $\hat{\Theta}_n$ für diese Parameter bilden. So sind z. B. bei einem (μ,σ)-normalverteiltem Merkmal x das

arithmetische Mittel $\bar{x} = \dfrac{1}{n} \sum\limits_{j=1}^{n}$ und die Stichproben-

streuung $s^2 = \dfrac{1}{n-1} \sum\limits_{j=1}^{n} (\bar{x}_i - \bar{x})^2$ sog. Punktschätzun-

gen für μ und σ^2. Durch $\bar{x} \pm z_{P\%} \dfrac{s}{\sqrt{n}}$ läßt sich eine

sog. Intervallschätzung (Konfidenzintervall) angeben.

Mit P % $\rightarrow$ Wahrscheinlichkeit liegt μ in diesem Intervall ($z_{p\%}$ = P % – Grenze der – Verteilung mit $n-1$ Freiheitsgraden).

In der S. werden verschiedene Schätzungen $\hat{\Theta}_n$ von unbekannten Parametern Θ auf ihre Eigenschaften hin untersucht und verglichen. So sind für Schätzer von großer Bedeutung die Eigenschaften der Konsistenz, der Erwartungstreue (d. h. $E(\hat{\Theta}_n)=\Theta$), der Effizienz und der Suffizienz ($\rightarrow$ Statistik, suffiziente).

Eine Kernaussage der S. ist die, daß unter bestimmten Regularitätsbedingungen die Varianz einer erwartungstreuen Schätzung $\hat{\Theta}_n$ eine untere Grenze nicht unterschreitet (Cramer-Rao-Ungleichung; Information).

Die Maximum-Likelihood-Methode ist das wichtigste Verfahren zur Konstruktion von Punktschätzungen. *Schneeberger*

Schaufließbild. Vereinfachte Darstellung des Verfahrensablaufes im oberen Teil der MSR-Tafeln in Prozeßleitwarten. In diese Darstellung sind Meldeleuchten für Grenzsignale, für den Lauf von Maschinen und – besonders bei Chargenprozessen – Schauzeichen für die Stellung von Stellgeräten integriert. *Strohrmann*

Scheibe. Als S. bezeichnet man ebene Gebilde geringer Wanddicke h. Im engeren Sinn der $\rightarrow$ Elastizitätstheorie ist eine S. zudem ausschließlich in ihrer Ebene belastet. Sie kennt somit nur einen Membranspannungszustand. Bei veränderlicher Dicke h tritt in den Gleichgewichtsbedingungen h σ_{ij} an die Stelle von σ_{ij}. Auch Volumen- und Trägheitskräfte sind mit h zu multiplizieren. Fehlen sie, folgen die Werte für $h\sigma_{ij}$ aus einer Airyschen Spannungsfunktion ψ, die für h=konst die Bipotentialgleichung $\Delta\Delta\psi=0$ erfüllt. *Besdo*

Scheinleistung. Produkt aus $\rightarrow$ Effektivwert der Stromamplitude und der Spannungsamplitude bei Wechselstromschaltungen. Bei Mehrphasen-Wechselstromschaltungen ist die Scheinleistung für alle Stränge zu summieren. Sind in einer Schaltung kapazitive oder induktive Energiespeicher vorhanden, so ist die Scheinleistung größer als die $\rightarrow$ Wirkleistung, die in nutzbare Leistung umgesetzt werden kann. Bei der Übertragung und Verteilung elektrischer Leistung führt die Scheinleistung zu den Übertragungsverlusten. Man versucht, sie durch Blindstromkompensation möglichst klein zu halten ($\rightarrow$ Blindleistung). *Claassen*

Scheinleistungsmessung $\rightarrow$ Leistungsmessung, elektrische

Scherung. Der Begriff der S. (Abgleiten einer Materialfläche in ihrer Ebene relativ und parallel zu einer anderen) spielt in der Kontinuumsmechanik eine große Rolle, weil er als Testfall für die Güte von Theorien geeignet ist. Im Gegensatz zu reinen (auch mehrdimensionalen) Dehnungen in festgelegten orthogonalen (Hauptachs-)Richtungen spielt es bei der S. eine Rolle, wie das $\rightarrow$ Stoffgesetz Materialdrehungen behandelt (Bild 1 und 2).

Zu unterscheiden sind die reine S., bei der eine geometrisch exakte S. gemeint ist, zu deren Aufrechterhaltung u. U. Normalspannungen nötig sind, und die einfache S., bei der zwar die (Cauchy-)Span-

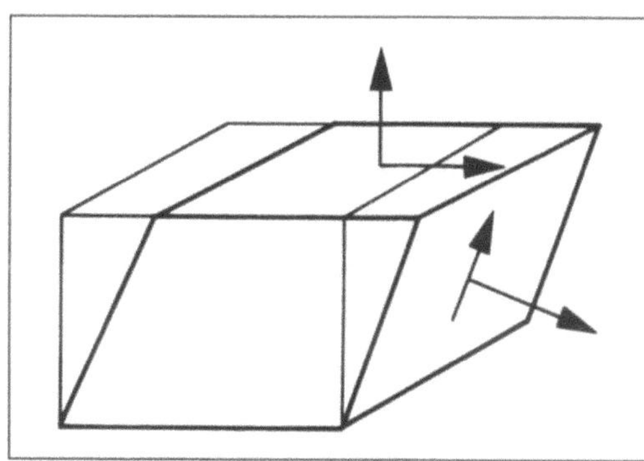

Scherung 1: Reine S.

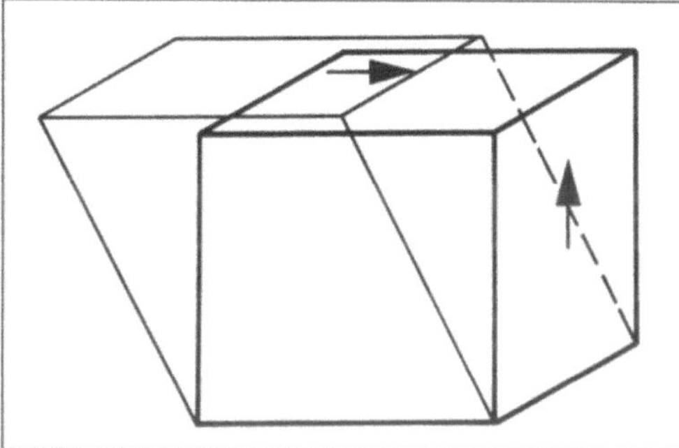

Scherung 2: Einfache S.

nungen einer S. entsprechen, aber Dehnungen quer zur und in Schubrichtung vorkommen dürfen. *Besdo*

Schlieren. Räumlich begrenzte, oft unregelmäßig verteilte Bereiche in einem homogenen Medium, die das hindurchtretende Licht nicht absorbieren, sondern nur in der Phase (Brechung) beeinflussen. Beispiele für S. sind Dichteschwankungen, Temperaturschwankungen, Änderungen der chemischen Zusammensetzung, Strömungen von Gasgemischen usw.

Das einfachste Verfahren S. sichtbar zu machen ist die Schattenmethode, bei der man eine möglichst punktförmige Lichtquelle zur Beleuchtung eines Projektionsschirmes benutzt, S. im Strahlengang äußern sich in einer unregelmäßigen Helligkeit auf dem Schirm.

Eine wesentliche Verbesserung bei der Sichtbarmachung von S. brachte die *Toepler*sche Schlierenmethode (Bild). Dabei dient als Lichtquelle eine kleine beleuchtete Blendenöffnung B in der Brennebene eines Objektives L_1. Das parallele Lichtbündel fällt auf ein zweites Objektiv L_2, das am Ort S ein reelles Bild von B erzeugt. Dieses Bild wird durch eine undurchsichtige Blende von der genauen Größe des Bildes abgedeckt. Ist der Strahlengang frei von Störungen, bleibt der Projektionsschirm

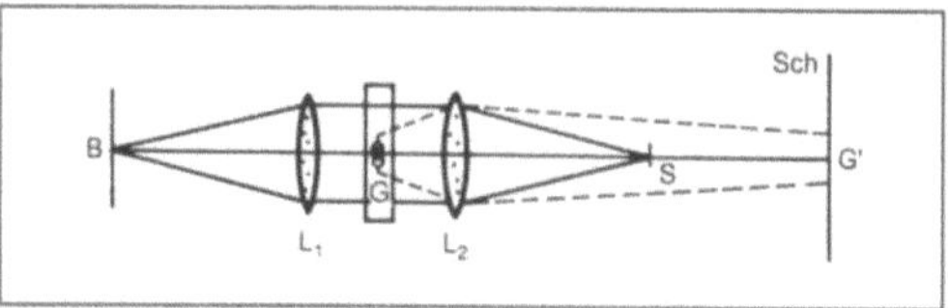

Schlieren: S.-Methode nach Toepler.

dunkel. Wird der Strahlengang bei G z. B. durch eine Schliere gestört, so erhält man bei G′ ein reelles Bild von G auf dunklem Grund. Aus der Toeplerschen Schlierenmethode hat sich die Dunkelfeldbeleuchtung beim Mikroskop entwickelt. *Helbig*

Schlupf →Rolle

Schmelzen (Physik). Geht eine chemische Verbindung von einem festen Zustand in einen flüssigen Zustand über, so heißt dieser →Phasenübergang S.

Der →Schmelzpunkt ist durch die Angabe der Schmelztemperatur oder des Außendrucks festgelegt, die beide voneinander abhängen. Ihre Abhängigkeit ist durch die →Schmelzkurve gegeben. Somit liegt für gegebenen Außendruck die Schmelztemperatur fest. Während des S. bei konstantem Außendruck bleibt die Schmelztemperatur unverändert, wobei der →Wärmeübergang auf das System positiv ist. Als →Schmelzwärme wird der Wärmeübergang bezeichnet, der zum S. benötigt wird. *Muschik*

Schmelzkurve. Die Abhängigkeit der Schmelztemperatur vom →Druck wird durch die S. dargestellt. Wie die →Dampfdruckkurve ist die S. durch eine →Differentialgleichung in Form der →Clausius-Clapeyron-Gleichung gegeben, da Schmelzen ein →Phasenübergang 2. Ordnung ist. Es gilt:

$$dT_S/dp = T_S(V_l - V_S)/L_S;$$

T_S Schmelztemperatur, p Druck, V Volumen, L_S →Schmelzwärme, $_l$ flüssig, $_s$ fest.

Ist z. B. das →Molvolumen der Flüssigkeit größer als das des Feststoffes, so steigt die Schmelztemperatur mit wachsendem Druck. Bei H_2O ist das Molvolumen der Flüssigkeit kleiner als das des Eises. Daher sinkt die Schmelztemperatur des Eises mit wachsendem Druck. Die Änderung ist gering, da sich das Molvolumen von Wasser und Eis nur wenig unterscheidet: Bei Erhöhung des Drucks um 1,01325 bar (1 Atm) sinkt der →Schmelzpunkt um 0,0075 K. Im allgemeinen steigt die Schmelztemperatur mit wachsendem Druck. *Muschik*

Schmelzpunkt. Gleichgewichtszustände auf der →Schmelzkurve heißen S. Somit stehen am S. die flüssige und die feste →Phase einer chemischen

Verbindung miteinander im →Gleichgewicht. Der S. ist entweder durch die Schmelztemperatur oder durch den →Druck festgelegt. Ihre Abhängigkeit voneinander bestimmt die Schmelzkurve. *Muschik*

Schmelzwärme. Der für das Schmelzen notwendige positive →Wärmeübergang auf das System, der keine Temperaturerhöhung, sondern nur eine Änderung des Aggregatzustands bewirkt, heißt S. Dieser Wärmeübergang muß beim Erstarren (Übergang flüssig nach fest) dem System als Kristallisationswärme entzogen werden, um es ganz in den festen Zustand zu überführen.

Nach dem →ersten Hauptsatz gilt für die Änderung der inneren Energie beim Schmelzen unter konstantem →Druck p:

$$U_l - U_S = L_S - p(V_l - V_S);$$

$_l$ flüssig, $_S$ fest, U innere Energie, L_S Schmelzwärme, V Volumen.

Daraus ist ersichtlich, daß die S. die Änderung der →Enthalpie zwischen der flüssigen und der festen Phase ist (→Potential, thermodynamisches):

$$H_l - H_S = L_S.$$

Die spezifische S. einiger Stoffe ist in der Tabelle zusammengestellt:

	T_S in °C	L_S in kJ/kg
H_2O	0	335
C_6H_6	5,4	126
S	115	38
KNO_3	339	197

Muschik

schneller Brüter →Kernreaktor

Schnitt. Für einen zusammenhängenden Graphen (→Graph) $G = (E, K)$ sei E_1, E_2 eine Partition der Eckenmenge E, d. h. $E = E_1 \cup E_2$ und $E_1 \cap E_2 = \emptyset$. Die Menge S derjenigen Kanten aus K, die Ecken von E_1 mit Ecken von E_2 verbinden, heißt ein S. von G. Ein Schnitt S ist somit eine Menge von Kanten von G, nach deren Entfernung ein unzusammenhängender Graph übrigbleibt. Man spricht auch von einer trennenden Kantenmenge, für die keine echte Teilmenge diese Eigenschaft aufweist.

Ist T ein aufspannender Wald von G, so wird die Eckenmenge von T durch Entfernung einer Kante von T in zwei disjunkte Mengen V_1 und V_2 zerlegt. Die Menge aller Kanten von G, die eine Ecke von V_1 mit einer Ecke von V_2 verbinden, ist ein S. von G. Die Menge aller auf diesem Wege konstruierten S. wird das zu T assoziierte Fundamentalsystem von S. genannt.

Die Anzahl dieser S. ist gleich dem S.-Rang von G. Ein S. S ist orientiert, wenn die Eckenmengen der zugehörigen Partition E_1, E_2 geordnet sind, also $S = (E_1, E_2)$ bzw. $S = (E_2, E_1)$. Jede Kante aus $S = (E_1, E_2)$ besitzt ihren Anfangspunkt in E_1 und ihren Endpunkt in E_2.

Für einen gerichteten Graphen ist die S.-Matrix $Q = (q_{ij})$ wie folgt definiert:

□ Q enthält eine Zeile für jeden S. des Graphen und eine Spalte für jede Kante;

□ $q_{ij} = 1$, falls die Kante j im S. i liegt und die Orientierung übereinstimmt;

□ $q_{ij} = -1$, falls die Kante j im S. i liegt mit entgegengesetzter Orientierung;

□ $q_{ij} = 0$, falls die Kante j nicht im S. i liegt.

Der Rang von Q ist $n - 1$, falls n die Anzahl der Ecken von G bezeichnet. *W. L. Fischer*

Schnitt, Goldener. Die Teilung einer gegebenen Strecke AB durch einen Punkt P derart, daß der größere Abschnitt $\overline{AP} = a$ die mittlere Proportionale zu der ganzen Strecke $\overline{AB}$ und dem kleinen Abschnitt $\overline{PB} = b$ ist, also

$$\overline{AB} : \overline{AP} = \overline{AP} : \overline{PB} \text{ oder } (a+b) : a = a : b,$$
$$a^2 = (a+b)b.$$

Der größere Abschnitt a einer nach dem G. S. geteilten Strecke $a + b$ wird seinerseits nach dem G. S. geteilt, wenn man auf a den kleinen Abschnitt b aufträgt. Wegen der Fortsetzbarkeit dieser Teilung spricht man auch von der stetigen Teilung einer Strecke. Das Verhältnis der Maßzahlen des kleineren und des größeren Abschnitts läßt sich durch die Zahlen der Folge 1/2, 2/3, 3/5, 5/8, .. einschachteln. Im Zähler und Nenner der Folge treten der Reihe nach Zahlen der Fibonacci-Zahlenfolge 0,1,1,2,3,5,8,13,21, .. auf. Das übliche Verfahren zur stetigen Teilung einer Strecke $\overline{AB}$ ergibt sich aus dem Bild.

Nach dem Sekanten-Tangenten-Satz ist

$$\overline{AB}^2 = \overline{AC} \cdot \overline{AD} = \overline{AC} \, (\overline{AC} + \overline{AB}).$$

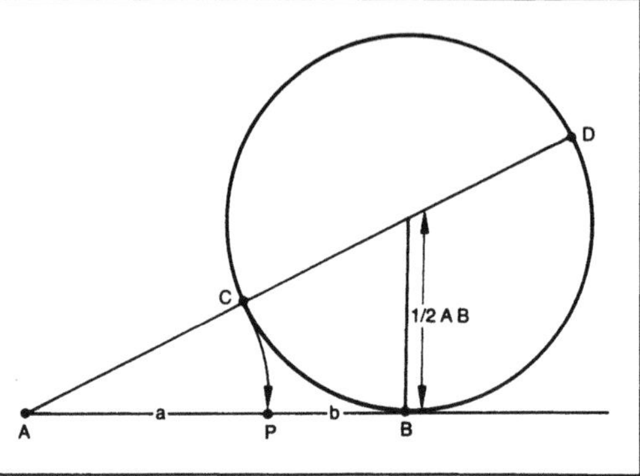

Schnitt, Goldener: Teilung einer Strecke $\overline{AB}$.

Das Auftragen des kleineren Abschnitts $\overline{AC}$ der stetig geteilten Strecke $\overline{AD}$ auf den größeren Abschnitt $\overline{AB}$ ($=\overline{CD}$) liefert den gesuchten Teilpunkt P. *W. L. Fischer*

Schraubenfeder →Feder

Schraubenfläche. Eine S. entsteht, wenn eine ebene →Kurve oder eine Raumkurve um eine Achse verschraubt wird. Bei dieser Bewegung beschreibt jeder Punkt der erzeugenden Kurve eine →Schraubenlinie gleicher Ganghöhe.

Auf jeder Schraubenfläche liegen die Schar der verschiedenen durch die Schraubung auseinander hervorgehenden Lagen der erzeugenden Kurve und die Schar der Bahnschraubenlinien der einzelnen Punkte der Erzeugenden.

S. werden meist durch zwei Schnitte festgelegt, durch den Meridian oder Profilschnitt in einer Ebene, die die Achse enthält, und durch einen Normalschnitt senkrecht zur Achse. Man unterscheidet:

□ *Allgemeine S.:* Ihre Erzeugende sind beliebige Kurven.

Beispiele: Die Schrauben eines Kreises, dessen Ebene auf der von seinem Mittelpunkt beschriebenen Schraubenlinie senkrecht steht, führt zur Röhrenfläche, archimedisches Schlangenrohr (Bild 1).

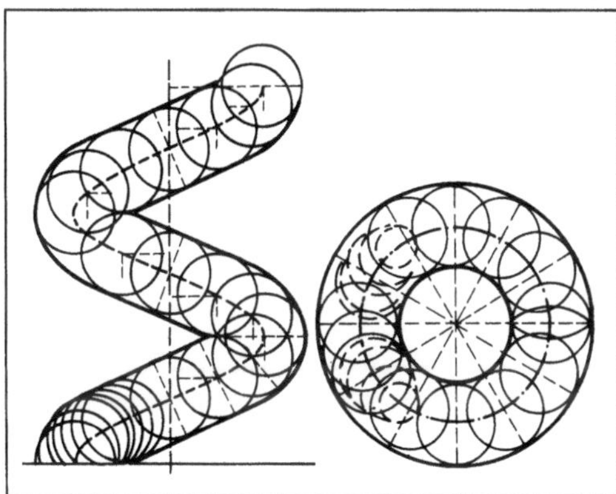

Schraubenfläche 1: Röhrenfläche.

Die Schraubung eines aus Kreisbogenstücken bestehenden Normalschnitts liefert die gedrehte Säule (Bild 2),

□ *Schraubenregelflächen:* Diese werden durch Verschrauben von Geraden erzeugt (Regelfläche), werden von einer Schar von Geraden überdeckt und heißen geschlossen bzw. offen, wenn die erzeugenden Geraden die Schraubenachse schneiden bzw. zu ihr windschief sind. Man nennt sie gerade (flachgängig) bzw. schief (scharfgängig), wenn die Erzeugende in einer Ebene senkrecht bzw. schief zur Achse liegt.

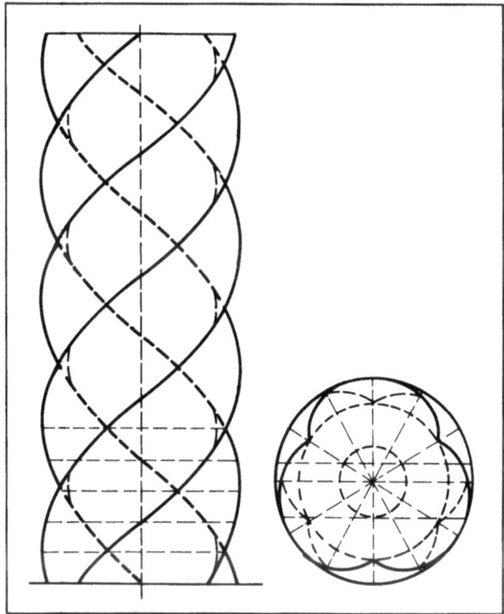

Schraubenfläche 2: Gedrehte Säule.

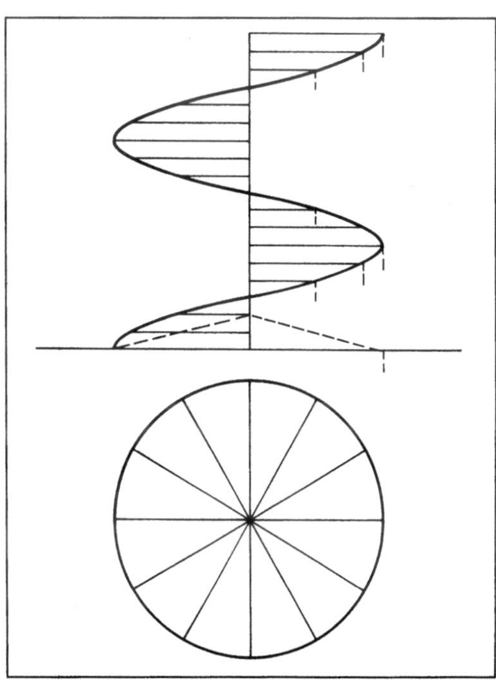

Schraubenfläche 3: Gerade geschlossene Schraubenregelfläche (Wendelfläche).

Speziell unterscheidet man: Gerade, geschlossene Schraubenregelfläche (Wendelfläche) bei Wendeltreppen und flachgängigen Schrauben (Bild 3); schiefe, geschlossene Schraubenregelfläche (Korkenzieherfläche) bei scharfgängigen

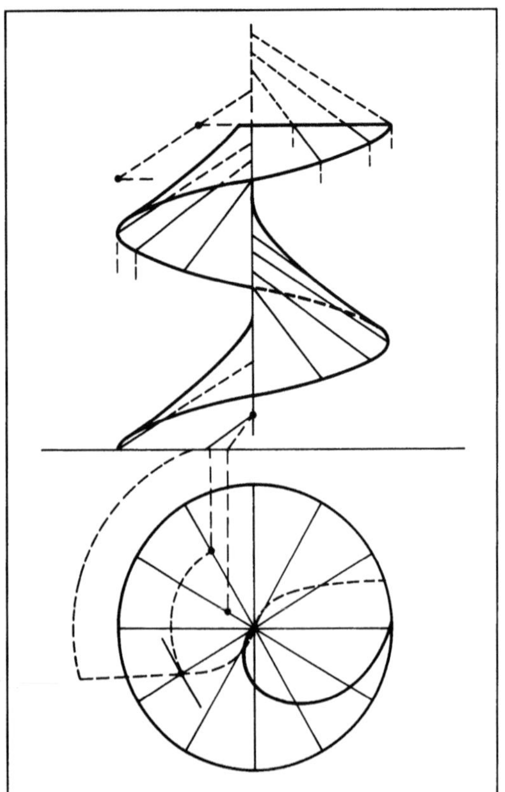

Schraubenfläche 4: Schiefe geschlossene Schrauben-regelfläche (Korkenzieherfläche).

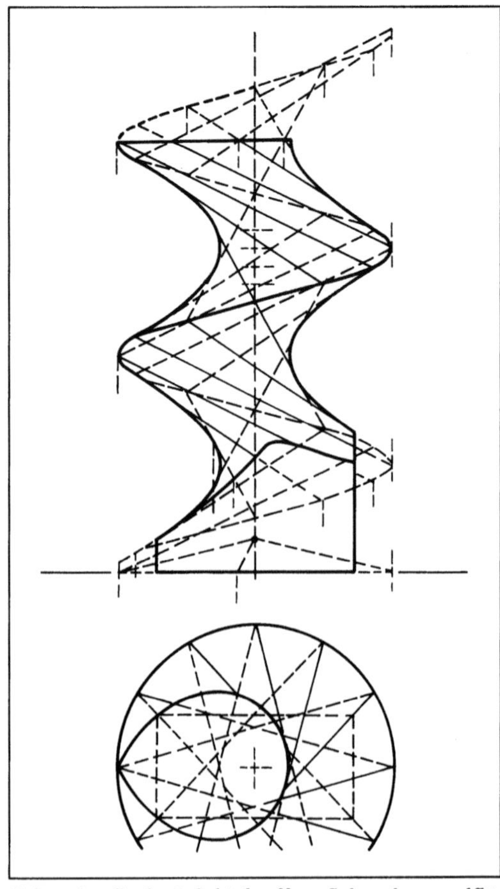

Schraubenfläche 5: Schiefe offene Schraubenregelflä-che (Drillbohrer).

Schrauben und beim Korkenzieher (Bild 4); schiefe offene Schraubenregelfläche beim Drillbohrer (Bild 5).   *W. L. Fischer*

Literatur: *Reutter, F.:* Darstellende Geometrie. Bd. I. Karlsruhe 1952.

Schraubenlinie. Eine Schraubung entsteht, wenn zu einer →Drehung um eine feste Achse zugleich eine Verschiebung in Richtung dieser Achse tritt und Drehgeschwindigkeit und Verschiebungsgeschwindigkeit c in konstantem Verhältnis stehen. Die Bahnkurve eines beliebigen, nicht auf der Achse liegenden Punkts heißt S. Der Abstand des Punkts von der Schraubenachse ist der Radius r. Da r konstant bleibt, liegt die S. auf einem geraden Kreiszylinder vom Radius r (dem Schraubenzylinder), dessen Achse die Achse der Schraubung ist. Die Verschiebung, die zu einer vollen Umdrehung von 2π gehört, heißt Ganghöhe h der Schraubung. Die Parameterdarstellung lautet

$x = r \cos t, \; y = r \sin t, \; z = c \cdot t,$

mit $c > 0$ bei Rechtsschraubung, $c < 0$ bei Linksschraubung; Ganghöhe $h = 2\pi c$.

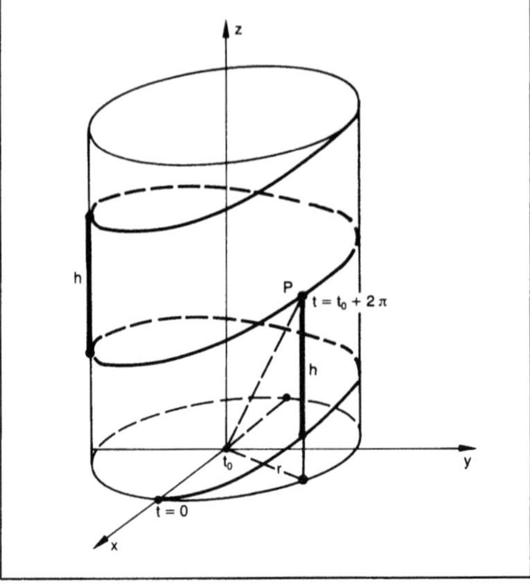

Schraubenlinie.

Für die S. (Bild) gilt:

$$\text{Bogenlänge } s_b = \int_{t=0}^{t} \sqrt{\dot{x}^2 + \dot{y}^2 + \dot{z}^2} \; dt$$
$$= \sqrt{r^2 + c^2 + t^2} \,,$$

$$\rightarrow \text{Krümmung } \kappa = \frac{r}{r^2 + c^2} ,$$

$$\text{Windung } w = \frac{c}{r^2 + c^2} .$$

Als →Torsion wird bezeichnet: $\tau = \dfrac{w}{\kappa} = \dfrac{c}{r}$.

Greift man einen Punkt der S. heraus, der um t gegen die Ausgangslage t = 0 verschraubt ist, so ist die Grundrißprojektion des zurückgelegten Wegs $s = r \cdot t$, die Aufrißprojektion $z = \dfrac{h}{2\pi} \cdot t$. Der Anstieg der S. ist definiert durch $\dfrac{z}{s} = \dfrac{h \cdot t}{2\pi r t} = \dfrac{h}{2\pi r}$. Er ist für alle Punkte der S. gleich. *W. L. Fischer*

Schreiber. Geräte, die den zeitlichen Werteverlauf von Größen, meist handelt es sich um Meßgrößen, aufzeichnen. Das kann kontinuierlich geschehen (→Linienschreiber) oder in Abtastzyklen (→Punktdrucker). Zur herkömmlichen Registrierung auf Papier mit Tinte, Farbbändern oder Faserschreibern und Schreibgeschwindigkeiten von meist 20 mm/h kommt für stark oszillierende Meßwerte das elektrische Einbrennen der Werte auf Metallpapier sowie für gelegentlichen Einsatz die thermosensitive Registrierung in Frage. Für Aufgaben der Anlagensicherung werden Störschreiber (→Signalregistrierung) mit vom Betriebszustand abhängiger Schreibgeschwindigkeit eingesetzt und in dezentralen Prozeßleitsystemen →Trendschreiber mit vorgebbarem, unterschiedlichem Papiervorschub zum gelegentlichen Überwachen von Meß-, Stell- und Störgrößen. *Strohrmann*

Literatur: *Strohrmann, G.:* Automatisierungstechnik, Bd. 1 Grundlagen, analoge und digitale Prozeßleitsysteme. 3. Aufl. München–Wien 1991.

Schub. S. ist eine Art von →Deformation (Scherung), die besonders bei der →Torsion zu beachten ist, dsgl. oft bei der Querkraftbelastung eines Balkens, der aus dünnwandigen Profilen besteht. Dieser S. infolge Querkraft sei hier besprochen.

Querkräfte können niemals konstante Schubspannungen τ im Querschnitt erzeugen, weil am Rande die zugeordneten Spannungen fehlen würden (→Spannung, mechanische; →Gleichgewichtsbedingung).

Die Schubspannungen werden aus der Biegespannungsverteilung über das Gleichgewicht der längs gerichteten Kräfte an einem quer und längs

geschnittenen Träger ermittelt. Mittelwerte $\bar{\tau}$ über die Wanddicke, die von einer Koordinate s oder z als b(s), b(z) abhängen (Bild 1), ergeben sich gemäß

$$\bar{\tau}\,(s) = \frac{Q \cdot S(s)}{I \cdot b(s)} \,,$$

sofern Q in eine Hauptrichtung des Querschnitts (→Biegung) weist. Andernfalls kann man Q entsprechend zerlegen und die Ergebnisse superponieren. Als I ist das Flächenträgheitsmoment für die zu Q quer liegende Achse zu verwenden. Die Schubspannung $\bar{\tau}(s)$ wirkt an der Stelle s. Dort ist b die Wanddicke, $S = S(s)$ ist das statische →Moment für die Stelle s und wird als

$$S\,(s_0) = - \int_{s_{min}}^{s_0} z(s)\, b(s)\, ds = + \int_{s_0}^{s_{max}} z(s)\, b(s)\, ds$$

ermittelt. Bei zur z-Achse symmetrischen Profilen mit wenig Erstreckung in y-Richtung ersetzt die Koordinate z die Bogenlänge s.

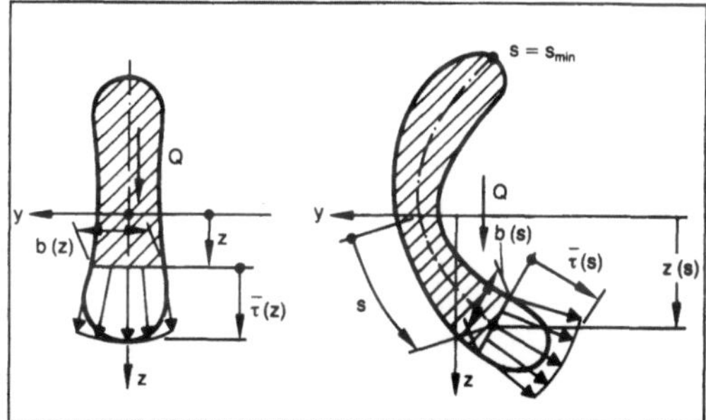

Schub 1: Schubspannungen im Querschnitt.

Die Spannungsverteilungen, die so beschrieben werden, besitzen für beide Hauptrichtungen gemeinsam einen Angriffspunkt der resultierenden Querkraft, der allein von der Profilform abhängt, aber nicht immer mit dem →Schwerpunkt übereinstimmt. Er heißt Schubmittelpunkt (Bild 2). Man erhält ihn über Momentenbilanzen. Verläuft die Wirkungslinie der realen Querkraft nicht durch diesen Punkt, dann überlagert sich eine bei dünnwandigen offenen Profilen beträchtliche Torsion.

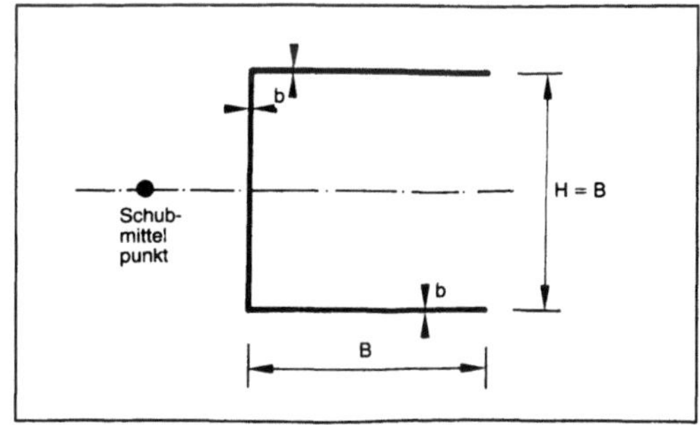

Schub 2: U-Profil mit Schubmittelpunkt.

Während der Bernoulli-Balken (→Biegung) definitionsgemäß keine Schubverformung des Trägers kennt, wird sie im Timoshenko-Balken wenigstens gemittelt berücksichtigt. Den Schubspannungen τ ordnet der Schub- oder →Gleitmodul G Schubverformungen γ der Profil-Mittelfläche zu (Bild 3). Bei fester Richtung der Längsfasern kann man an die hierdurch gefundene Konturlinie eine gemittelte Querschnittsebene anpassen. Deren S. $\bar{\gamma}$ wird im Fall symmetrischer Profile über $\bar{\gamma} = \kappa Q/(GA)$ mit Formfaktoren κ an den mittleren S. gekoppelt. Um den Winkel $\bar{\gamma}$ unterscheiden sich beim Timoshenko-Balken (Bild 4) ψ und w', so daß insgesamt gilt:

$$w' = \psi + \bar{\gamma},$$

mit

$$EI\,\psi' = -M_b$$

(in dieser Form: gerade Biegung und symmetrische Profile). *Besdo*

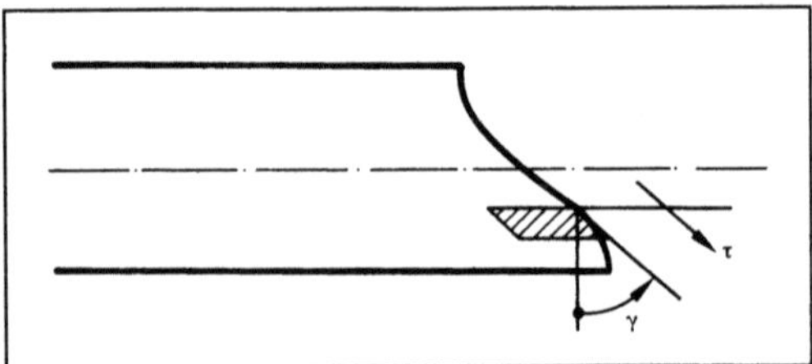

Schub 3: Querschnittsverformung infolge Schub, stark übertrieben.

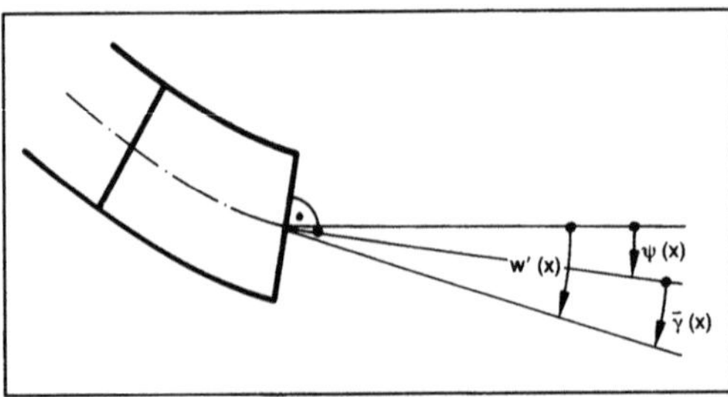

Schub 4: Zur Geometrie der Schubverformung beim Timoshenko-Balken.

Schubmodul. Ein aus einem →Körper herausgeschnittenes und mit Spannungen belastetes Element (rechtwinkliges Parallelepiped) wird nicht nur – als Folge von Normalspannungen – gedehnt, sondern durch Schubspannungen werden sich auch seine rechten Winkel ändern. Der für die →Deformation maßgebliche Winkel wird Gleitung genannt. Für die Gleitung gilt im Bereich des linearen *Hookeschen* Gesetzes die für die üblichen Werkstoffe experimentell gut bestätigte Formel:

$$\gamma = \frac{\tau}{G}$$

Hierin bedeuten:
γ Gleitwinkel
τ Schubspannung
G Schubmodul als Materialkonstante [N/m²]

Bei linear elastischem Verhalten ergibt sich aus der →Elastizitätstheorie folgender Zusammenhang zwischen dem Schubmodul G, dem →Elastizitätsmodul E und der →Querkontraktionszahl v:

$$G = \frac{E}{2(1+v)}$$

Anstatt E, G und v findet man in der Literatur auch die sogenannten *Lamé'schen* Konstanten μ und $\bar{\lambda}$; es gilt:

$$\mu = G \; ; \; \bar{\lambda} = \frac{vE}{(1+v)\,(1-2v)}$$

In der Baugrunddynamik wird das dynamische Verhalten des Bodenmaterials durch folgende physikalische Größen beschrieben:
dynamischer Schubmodul G_d [MN/m²]
Dichte des Bodens ρ [t/m³]
Querdehnzahl (Querkontraktionszahl) v [/]
→Dämpfung
Die Beziehung zwischen dem Schubmodul G und dem Elektrizitätsmodul bei behinderter Seitendehnung E_b ergibt sich aus der Elastizitätstheorie zu

$$E_b = G\,\frac{2\,(1-v)}{(1-2v)}$$

(→Schub; →Stoffgesetze der Elastizitätstheorie). *Splittgerber*

Literatur: *Haupt, W.*: Ausbreitung von Wellen im Boden. In Haupt, W. (Hrsg.): Bodendynamik, Grundlagen und Anwendung. Braunschweig 1986. – *Szabó, I.*: Einführung in die Technische Mechanik. Berlin–Heidelberg 1963.

Schubspannung →Spannung, mechanische

Schubspannungshypothese →Bruchhypothese

Schüttung. Eine S. ist ein regelloses Haufwerk von Partikeln. S. werden in der Verfahrenstechnik u. a. bei der Feststoffextraktion (Extraktionsgut als S.), bei der →Adsorption (Adsorptionsmittel), bei chromatographischen Trennverfahren (Inhalt gepackter Säulen), in Füllkörperkolonnen (Füllkörper-S.) und in chemischen Reaktoren (Katalysator-S.) verwendet.

Zur Charakterisierung einer S. kann neben der Partikelgrößenverteilung ein hydraulischer Durchmesser definiert werden, der dem Durchmesser der Kanäle eines idealen Ersatzsystems aus parallelen zylindrischen Kanälen entspricht. *Dohrn*

Schutzeinrichtung. Leittechnische S.en verhindern vorrangig Personenschäden, Schäden an Maschinen oder Apparaten sowie größere Produktionsschäden.

Es kann zweckmäßig sein, die S. entsprechend ihrem Schutzziel weiter zu unterteilen, z. B. in Einrichtungen,
– die vorrangig dazu bestimmt sind, eine Personengefährdung zu verhindern und in solche,
– die vorrangig dazu bestimmt sind, Sachschäden zu verhindern.

(→Klassifizierung leittechnischer Einrichtungen). *Strohrmann*

Schutzeinrichtung, redundante. R. S. der →Prozeßleittechnik sind meist zwei- oder dreikanalig ausgelegt und – je nach Anforderungsprofil – Eins-von-Zwei, Zwei-von-Zwei oder Zwei-von-Drei bewertet. Maßgebend für die Schutzfunktion ist die geforderte sicherheitsbezogene →Verfügbarkeit. Sie läßt sich mit in der Literatur angegebenen Formeln näherungsweise abschätzen. Darin gehen ein: die vermutete sicherheitstechnische →Unverfügbarkeit der Einzelkanäle, die Prüfmodalitäten und die Art der Bewertung (→Anlagensicherung). *Strohrmann*

Schutzsystem. Ein S. ist eine technische Einrichtung, um eine Komponente (ein Aggregat), eine Anlage oder die Umgebung einer technischen Anlage vor Schäden zu schützen.

Der Komponentenschutz ist eine Einrichtung, die einer Komponente zugeordnet ist und diese vor Betriebsbedingungen, für die die Komponente nicht ausgelegt und bestimmt ist, schützen soll (KTA 3501). Zum Komponentenschutz zählt z. B. die elektrische Sicherung eines Kabels (Vermeidung unzulässiger Ströme) oder die Abschaltung eines Bügeleisens oder einer Kaffeemaschine bei zu hoher Temperatur.

Ähnlich läßt sich der Schutz einer Anlage oder eines Systems definieren. Bei einem Motor-Generatorsatz gehört z. B. die Prozeßvariable
– Druck des Schmieröls,
– Temperatur des Kühlwassers,
– Drehzahl des Generators
zu dem Anlagenschutz. Bei zu niedrigem Schmieröldruck, zu hoher Kühlwassertemperatur und zu hoher Generatordrehzahl ist der Motor-Generatorsatz abzuschalten, um ihn vor einer Beschädigung zu bewahren.

In einer anderen Bedeutung zählen zum Anlagenschutz auch die Einrichtungen, die die Anlage vor dem Eindringen unbefugter Personen schützen sollen.

Die technischen Einrichtungen, die dem Schutze der Umgebung dienen, sind besonders sorgfältig auszuführen. Derartige Systeme werden z. B. in der Chemie (Vermeidung des unkontrollierten Austretens von Schadstoffen) oder in der →Kerntechnik (→Reaktorschutzsystem, →Sicherheitssystem) verwendet.

Die für den Schutz einer Komponente, einer Anlage oder der Umgebung notwendigen Eingriffe erfolgen in der Regel automatisch. In gewissen Fällen können dann die Interessen des Umgebungsschutzes mit denen des Komponentenschutzes kollidieren. Es ist denkbar, daß eine Rohrleitung im Interesse des Umgebungsschutzes abzusperren ist, der Überstromauslöser des Stellantriebs (Komponentenschutz) diese Absperrung aber verhindert. In dieser Ausnahmesituation ist eine gewisse Flexibilität für den Betreiber wünschenswert. Die Möglichkeit eines Handeingriffs soll bestehen. Der Betreiber kann nach Abwägen aller Vor- und Nachteile eine Beschädigung des Motors und des Stellantriebs riskieren, den Überstromauslöser überbrücken und versuchen, den Stellantrieb ohne Komponentenschutz zu betätigen. Eventuell gelingt es dann, die Leitung zu schließen und damit den Schutz der Umgebung zu gewährleisten. *Schrüfer*

Schwankung. Bezeichnung für die Abweichung einer physikalischen Größe von ihrem statistischen →Mittelwert oder Erwartungswert (auch Fluktuation genannt).

Neben dem Erwartungswert $\langle A \rangle$ einer Observablen (Zufallsgröße) A ist in der statistischen Physik das S.-Quadrat definiert durch $(\Delta A)^2 := \langle (A - \langle A \rangle)^2 \rangle = \langle A^2 \rangle - \langle A \rangle^2$ maßgebend. Oft wird auch die Bezeichnung $\Delta A^2 = (A - \bar{A})^2$ benutzt. Der Mittelwert der (linearen) S. $A - \langle A \rangle$ verschwindet.

Die relative S. oder Streuung von A ist definiert durch

$$r(A) := (\langle A^2 \rangle - \langle A \rangle^2)^{1/2}/\langle A \rangle.$$

Sie ist ein Maß für die Abweichung der Größe A von ihrem statistischen Erwartungswert. Je kleiner sie ist, desto seltener befindet sich ein System der statistischen Gesamtheit in Zuständen, in denen die Größe A wesentlich von ihrem Mittelwert oder Erwartungswert abweicht.

In der Theorie der statistischen Gesamtheiten (Gibbs-Gesamtheiten) sind die S. bzw. Fluktuationen sehr wichtig. Man betrachte dazu ein physikalisches System, das an ein Wärmebad (Reservoir) angekoppelt ist. Eine derartige Gesamtheit nennt man kanonische Gesamtheit. Für das Gesamtsystem seien die Energie, das Volumen und die Teilchenzahl fest vorgegeben. Alle diese Größen haben den Charakter von (innerhalb der Grenzen der Meßgenauigkeit) scharf einstellbaren Parametern. Nach den Gesetzen der →Thermodynamik besitzt die Energie des Systems einen festen Wert, der sich derart einstellt, wenn zwischen System und Reservoir (Wärmebad) Temperaturgleichgewicht herrscht.

Ist das System nun hinreichend klein und mißt man sehr genau, so findet man bei wiederholten

Messungen der Energie keineswegs den gleichen Wert. Die Meßergebnisse streuen oder schwanken, und zwar gerade so, daß die thermodynamische, d. h. makroskopische, vorhergesagte Energie des kleinen Systems genau den Mittelwert oder Erwartungswert der Meßergebnisse darstellt. Das ist eine Erfahrungstatsache, die offensichtlich mit den Methoden der Thermodynamik weder zu verstehen noch zu beschreiben ist. Über die S. bzw. Fluktuationen einer Größe kann eine makroskopische Theorie wie die Thermodynamik keine Aussagen machen. Nur die statistische →Mechanik, in der die dynamischen Observablen Zufallsgrößen sind, die nur über ihre Wahrscheinlichkeitsverteilung bestimmt werden, kann mit ihren Methoden Aussagen über S. liefern.

Die relativen S. der Energie E z. B. in einem kanonischen Ensemble sind nach der statistischen Mechanik gegeben durch $r(E) = (kT^2C_v)^{1/2}/\langle E\rangle$; k ist die Boltzmann-Konstante, T die Temperatur und C_v die spezifische Wärme bei konstantem Volumen. Die Fluktuation einer mikroskopischen Größe ist proportional einer meßbaren makroskopischen Größe, in diesem Fall der spezifischen Wärme. Dieses Ergebnis ist fundamental und intuitiv klar. Ein Medium mit großer Wärmekapazität kann Energie lokal anhäufen auf Kosten von Nachbarbereichen. Die Energie schwankt dann stark. Für ein ideales Gas mit $\langle E\rangle = NkT$ und $C_v = Nk$ (N Teilchenzahl) folgt $r(E) = N^{-1/2}$, d. h. mit $N \sim 10^{26}$ m^{-3} ist $r(E) \sim 10^{-13}$, d. h. eine extrem kleine Anzahl und daher vernachlässigbar. Für einen idealen Festkörper ist $\langle E\rangle = 3NkT$ und $C_v = 3Nk$ und daher $r(E) = (3N)^{-1/2}$. Diese Beispiele zeigen, daß die relativen S. der Energie für Vielteilchensysteme wie $N^{-1/2}$ abhängen; N ist die Teilchenzahl.

Die relativen S. der Teilchenzahl in einer großkanonischen Gesamtheit sind

$$r(N) = (\langle N^2\rangle - \langle N\rangle^2)^{1/2}/\langle N\rangle = kTn\kappa_T;$$

$n = N/V$ ist die Teilchenzahldichte und κ_T die isotherme Kompressibilität. Die großkanonische Gesamtheit ist eine Gibbs-Gesamtheit und repräsentiert ein makroskopisches System im thermischen Gleichgewicht, das einen Teilchenaustausch ermöglicht. Für ein ideales Gas ist $r(N) = N^{-1/2}$. Die Fluktuationen der Teilchenzahl sind durch die makroskopische Größe κ_T gegeben. Ein sehr kompressibles System (z. B. ein verdünntes Gas) ist empfindlicher gegenüber Teilchenzahl-S. als ein Festkörper. Dieses Ergebnis gibt einen wichtigen Einblick in die Physik am kritischen Punkt bei einem kontinuierlichen →Phasenübergang bei fluiden Systemen. Im kritischen Punkt verschwindet $(\partial p/\partial V)_T$, und die isotherme Kompressibilität wird unendlich. Daraus folgt, daß die Teilchen- bzw. Dichte-S. in der Nähe des kritischen Punkts sehr groß werden. Diese Tatsache manifestiert sich in der Erschei-

nung der kritischen Opaleszenz (kritische Phänomene).

Diese Beispiele zeigen, daß die relativen S. jeder additiven Größe A (Energie, Volumen, Teilchenzahl usw.) umgekehrt proportional zu der Quadratwurzel der Teilchenzahl sind, d. h. $\Delta A/\langle A\rangle \sim N^{-1/2}$. Bei hinreichend großer Teilchenzahl im thermodynamischen Limes sind die gemessenen Werte praktisch gleich den aus der statistischen Mechanik berechneten Erwartungswerten. Dieses Ergebnis ist auch wichtig für die Äquivalenz der Gibbs-Gesamtheiten. Ferner folgt daraus, daß makroskopische Systeme trotz ihres grundsätzlich statistischen Verhaltens ein völlig deterministisches Verhalten zeigen und nur mit wenigen Variablen beschrieben werden können, wie es die Thermodynamik zeigt.

Erwähnt sei noch die Einstein-Theorie der thermodynamischen S. nach *A. Einstein* (1907). Nach dieser Theorie ist die →Wahrscheinlichkeit W für eine Fluktuation proportional zu $\exp(\Delta S)$, wobei ΔS die Entropieänderung bei einer S. der thermodynamischen Größen ist. Es kann gezeigt werden, daß die S. nach einer Gauß-Verteilung verteilt sind. Die Einstein-Beziehung $W \sim \exp(\Delta S)$ folgt durch Umkehrung des Boltzmann-Prinzips $S \sim \ln W$.

S. spielen in der Theorie der irreversiblen Prozesse eine große Rolle. Im S.-Dissipations-Theorem findet diese Tatsache ihren Ausdruck. Die Untersuchung von Fluktuationen als eine Funktion der Zeit führt zu dem wichtigen Konzept der Korrelationsfunktionen, die ein Hilfsmittel zur Untersuchung von dissipativen Eigenschaften bei Vielteilchensystemen sind. *Wodarzik*

Literatur: *Balescu, R.:* Equilibrium and Nonequilibrium Statistical Mechanics. New York 1975. – *Landau, L. D.,* u. *E. M. Lifschitz:* Statistische Physik. Tl. 1. Ost-Berlin 1979. – *Pathria, R. K.:* Statistical Mechanics. Oxford 1972. – *Terletskii, Ya. P.:* Statistical Physics. Amsterdam 1971.

Schwellenenergie →Kernreaktion

schwere Elemente →Radioelement

Schwerpunkt. Die Begriffe S. und →Massenmittelpunkt sind synonym. Elementare Beispiele:

– Der S. von zwei Punkten bzw. der von zwei Punkten $P_1(x_1,y_1)$, $P_2(x_2,y_2)$ in der Ebene bestimmten Strecke P_1P_2 ist der Mittelpunkt $M\left(\dfrac{x_1 + x_2}{2}, \dfrac{y_1 + y_2}{2}\right)$. Im Raum R^3 ist entsprechend

$$M\left(\frac{x_1 + x_2}{2}, \frac{y_1 + y_2}{2}, \frac{z_1 + z_2}{2}\right).$$

– Der S. eines Dreiecks ist der Schnittpunkt der Seitenhalbierenden. Er teilt jede Seitenhalbierende (= Schwerlinie) im Verhältnis 2:1.

– Der S. eines Tetraeders ist der Schnittpunkt derjenigen Strecken, die die Ecken mit den S. der Gegenseiten verbinden. Er teilt diese Strecken im Verhältnis 3:1. *Fischer*

Schwinger. In der Dynamik werden Schwingungssysteme auch als S. bezeichnet.

Kann das Verhalten eines S. durch den →Zeitverlauf nur einer einzigen Zustandsgröße beschrieben werden, so wird er als einfacher S. oder als einläufiger S. (single-degree-of-freedom-system) bezeichnet. Der einfache mechanische S. besitzt zwei unabhängige Energiespeicher, zwischen denen bei der →Schwingung Energieaustausch stattfindet, und zwar zwischen den zur Speicherung von kinetischer →Energie fähigen Massen und den zur Speicherung von potentieller Energie fähigen elastischen Elementen. Beispiele für die Zustandsgrößen, die bei mechanischen Systemen im Zusammenhang mit Erschütterungen zu betrachten sind, sind der Schwingweg, die Schwinggeschwindigkeit und die Schwingbeschleunigung. Unter einem Schwingungssystem mit endlich vielen Freiheitsgraden versteht man ein System, dessen Verhalten nur durch die Angabe des Zeitverlaufs mehrerer, aber endlich vieler Zustandsgrößen beschrieben werden kann. Diese S. werden auch als mehrläufige Schwinger (multi-degree-of-freedom-system) bezeichnet. Sind die Eigenschaften des schwingungsfähigen Systems stetige Funktionen des Orts, so heißt das System ein schwingendes Kontinuum; Beispiele: Bauteile wie Balken, Platten, Schalen. Bei den Schwingungssystemen, die im Zusammenhang mit Erschütterungen vorkommen, können wesentliche Eigenschaften des dynamischen Verhaltens oft schon erkannt werden, wenn bei einer Schwingungsberechnung das Gesamtsystem auf das Rechenmodell des einfachen S. reduziert wird. Es bedarf jedoch großer Erfahrung, ob eine solche Vereinfachung noch vertretbar ist; andernfalls sind genauere Betrachtungen anzustellen. *Splittgerber*

Literatur: DIN 1311: Schwingungslehre – einfache Schwinger, Bl. 2. 12/1974 – DIN 1311: Schwingungslehre – Schwingungssysteme mit endlich vielen Freiheitsgraden, Bl. 3. 12/1974. – DIN 1311: Schwingungslehre – Schwingende Kontinua, Wellen, Bl. 4. 2/1974. – ISO 2041: Vibration and shock – Vocabulary. 2nd ed. 1990.

Schwingstärke. Die S. ist ein Maß zur Beurteilung der Schwingungen von Maschinen. Die S. einer Maschine ist der größte an funktionswichtigen Stellen auftretende Effektivwert der Schwinggeschwindigkeit (Schnelle). Die „Bewertete Schwingstärke" ist eine Kenngröße für den Grad der auf Menschen einwirkenden mechanischen Schwingungen. *Splittgerber*

Literatur: DIN 45666: Schwingstärkemeßgerät, Anforderungen. 2/1967. – VDI 2056: Beurteilungsmaßstäbe für mechanische Schwingungen von Maschinen, Schwingstärkestufen für verschiedene Maschinengruppen. 1964.

Schwingstärkemaß. Das S. ist der →Logarithmus des Verhältnisses einer der Schwingungsleistung proportionalen Größe κ zu einem Bezugswert $\kappa_0 = 0{,}1$ cm²/s³:

$$S = 10 \, \log \frac{\kappa}{\kappa_0}$$

Als Einheit für das S. ist die Bezeichnung *vibrar* eingeführt worden. Die Größe

$$\kappa = \frac{b^2}{f} \text{ in cm}^2/\text{s}^3$$

mit

b Scheitelwert der Schwingbeschleunigung
f Frequenz
ist auch als →Schwingstärke bezeichnet worden. Die Größe κ mit der Bezeichnung Schwingstärke darf nicht verwechselt werden mit der Definition der Schwingstärke für die Beurteilung der Schwingungen von Maschinen nach der VDI-Richtlinie 2056. In dieser VDI-Richtlinie wird der Effektivwert der Schwinggeschwindigkeit als Schwingstärke bezeichnet. *Splittgerber*

Literatur: *Koch, H. W.*: Ermittlung der Wirkung von Bauwerksschwingungen. VDI-Z. (1953), Nr. 21.

Schwingung. Zeitliche Veränderungen physikalischer Größen werden als S. bezeichnet, wenn die zeitliche Veränderung in einem betrachteten Zeitraum nicht monoton ist.

Häufig erfolgen die zeitlichen Veränderungen der Zustandsgrößen bei S. mehr oder weniger regelmäßig. In der Dynamik wird mit S. ein Vorgang bezeichnet, bei dem sich mechanische Größen, z. B. Kräfte oder Momente, oder Verschiebungsgrößen, z. B. Verformungen, in Abhängigkeit von der Zeit t so verändern, daß sie unter Vorzeichenwechsel ihres Anstiegs wenigstens je einmal einen Höchstwert und einen Mindestwert (Scheitelwert) annehmen (Bild).

Wesentliche Schwingungsgrößen zur Beschreibung des Schwingungszustands von Systemen im Zusammenhang mit Erschütterungen sind: Schwingweg (Schwingungsausschlag, Verformung); Schwing-

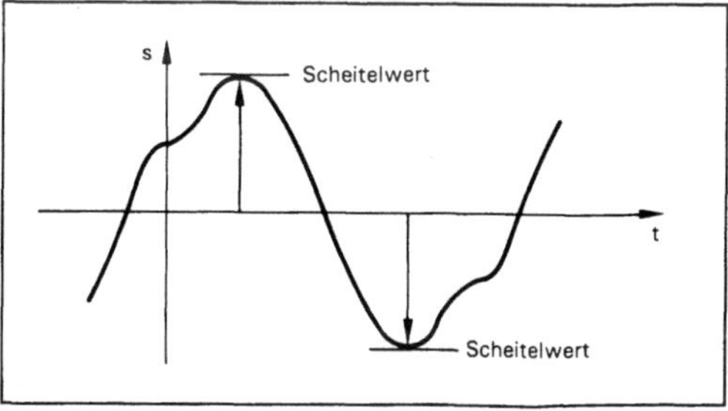

Schwingung: Schwingung der Zustandsgröße s in Abhängigkeit von der Zeit t.

geschwindigkeit (Schwingschnelle); Schwingbeschleunigung; Rückstellkräfte und -momente, die meist von den Schwingwegen abhängig sind; Dämpfungskräfte und -momente, die meist von der Schwinggeschwindigkeit abhängen; Massenkräfte (Trägheitskräfte), die proportional zur Schwingbeschleunigung sind und Erregerkräfte und -momente, die von außen auf das System einwirken. Die Typen von S. können nach verschiedenen Gesichtspunkten geordnet werden. Man unterscheidet verschiedene Schwingungsarten. Dynamische Systeme werden auch als →Schwinger bezeichnet. Bewegungen eines sich selbst überlassenen Schwingers sind Eigenschwingungen. Wenn ein Schwinger durch äußere Kräfte erregt wird, bezeichnet man diesen Schwingungszustand als erzwungene Schwingung. *Splittgerber*

Literatur: DIN 1311, Bl. 1: Kinematische Begriffe. 2/1974. – Bl. 2: Einfache Schwinger. 12/1974 – Bl. 3: Schwingungssysteme mit endlich vielen Freiheitsgraden. 12/1974 – Bl. 4: Schwingende Kontinua, Wellen. 2/1974.

Schwingung, erzwungene. Erfolgt die Erregung eines Schwingers über eine Quelle, die die Eigenschaften des Schwingers nicht verändert, heißt die dadurch verursachte Schwingung e. S.

Wirkt eine äußere sinusförmige Erregung auf einen gedämpften linearen →Schwinger, heißt die im eingeschwungenen Zustand entstehende sinusförmige Schwingung jeder Zustandsgröße des Schwingers e. S. des linearen Schwingers. Bei periodischen Erregungen genügt es, die partikuläre Lösung für den gedämpften linearen Schwinger mit der Masse m, dem Dämpfungskoeffizienten k und der Federsteifigkeit c für die gewählte Zustandsgröße x

$$m\ddot{x} + k\dot{x} + cx = F_Q(t)$$

für sinusförmige Erregungen zu betrachten, weil sich bei periodischen Erregungen die Lösung aus Teillösungen für sinusförmige Erregungen zusammensetzen läßt. Der Quotient aus der ermittelten Zustandsgröße x (Schwingungsantwort des Systems) durch die Erregung F_Q (Eingang des Systems) bei einer →Erregerfrequenz wird Übertragungsfaktor genannt. Will man seine Abhängigkeit von der Erregerfrequenz kennzeichnen, spricht man von einer →Übertragungsfunktion (→Schwingungsart). *Splittgerber*

Literatur: DIN 1311, Bl. 2: Einfacher Schwinger. 12/1974 – ISO 2041: Vibration and shock – Vocabulary. 2nd ed. 1990.

Schwingung, freie →Schwingungsart

Schwingung, mechanische. Mit S. bezeichnet man die periodische Veränderung einer Größe x eines physikalischen Systems in Abhängigkeit von der Zeit, bei der die Größe x nach einer festen Zeit T (T S.-Dauer) wieder den gleichen Wert annimmt:

$x(t) = x(t+T)$. Wird die Zeitabhängigkeit der betrachteten Größe x durch die Bewegungsgesetze der →Mechanik beschrieben (z. B. Ort, Drehwinkel u. a.), spricht man von m. S. Folgende Spezialfälle zeigen die Grundzüge der S.-Lehre:

□ *Freie ungedämpfte (harmonische) S.:* Eine Masse m (Ort x) bewegt sich unter der Wirkung einer Kraft K, die proportional zur Auslenkung ist (Federpendel, k →Federkonstante). Die mechanische Bewegungsgleichung ist

$$m\ddot{x} + kx = 0 \quad | \quad \ddot{x} = \frac{d^2x}{dt^2}$$

und wird gelöst durch

$$x(t) = A \sin(\omega \cdot t + \varphi),$$

wobei die maximale Amplitude A und die Phase φ durch Auslenkung und Geschwindigkeit zur Zeit $t=0$ bestimmt sind. Die Kreisfrequenz der S. ist gegeben durch

$$\omega = \frac{2\pi}{T} = \sqrt{\frac{k}{m}}.$$

□ *Freie gedämpfte S.:* Wirkt auf die Masse m (Ort x) neben der zur Auslenkung proportionalen Kraft $K = kx$ noch eine Reibungskraft R proportional zur Geschwindigkeit $R = \Gamma\dot{x}$. (Γ Reibungskonstante), so lautet die mechanische Bewegungsgleichung

$$m\frac{d^2x}{dt^2} + \Gamma\frac{dx}{dt} + kx = 0.$$

Die Lösung ist je nach Größe der Reibungskonstante Γ verschieden.

□ *(Fast) periodische Bewegung:* Mit

$$\rho = \frac{\Gamma}{2m} \text{ und } \omega_0 = \sqrt{\frac{k}{m}}; \ \rho < \omega_0,$$

erhält man als Lösung eine (fast) periodische Bewegung, deren Amplitude sich mit der Zeit exponentiell verringert:

$$x(t) = A\, e^{-\rho t} \sin(\omega t + \varphi),$$

wobei $\omega = \sqrt{\omega_0^2 - \rho^2}$ ist, d. h., die Dämpfung durch die Reibungskraft verringert die S.-Frequenz. Amplitude A und Phase φ werden aus den Anfangsbedingungen (Ort x und Geschwindigkeit zur Zeit $t=0$) bestimmt.

□ *Aperiodische Bewegung:* Ist die Reibungskraft groß, d. h. $\rho > \omega_0$, so ergibt sich keine S. mehr. Der Ort nähert sich mit wachsender Zeit der Nullage.

□ *Erzwungende S.:* Wirkt außer der Rückstellkraft $K = kx$ und Reibungskraft $R = \Gamma\dot{x}$ noch eine erregende äußere Kraft $P = P_0 \sin\omega t$ auf die Masse m (Ort x), so lautet die mechanische Bewegungsgleichung:

$$m\frac{d^2x}{dt^2} + \Gamma\frac{dx}{dt} + kx = P_0 \sin\omega t.$$

Die auftretende S. setzt sich zusammen aus der gedämpften Eigen-S., die bald abklingt, und der erzwungenen S. Die erzwungene S. hat dieselbe →Frequenz wie die erregende Kraft $x(t) = A \sin(\omega t - \varphi)$, eilt ihr aber um den Phasenwinkel φ nach (Bild 1). Nähert sich die Frequenz ω der erregenden Kraft immer mehr der Eigenfrequenz $\omega_0 = \sqrt{k/m}$, so werden die Amplituden A immer größer: Es tritt →Resonanz ein.

□ *Systeme mit zwei Freiheitsgraden:* Ein Beispiel dafür ist das elastische Doppelpendel (Bild 2). Die

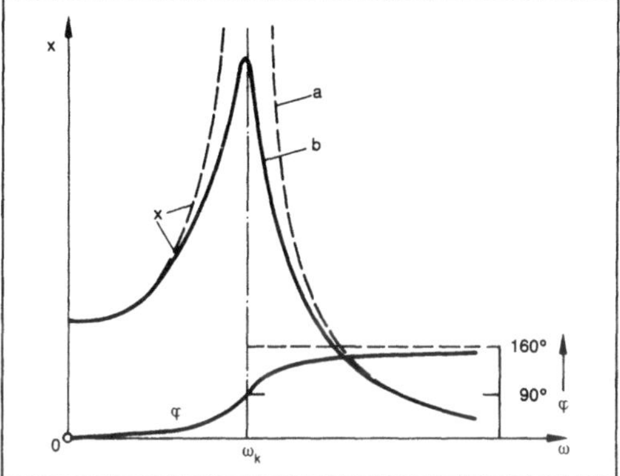

Schwingung, mechanische 1: Amplitude und Phasenverschiebung bei erzwungener Schwingung.

a ohne Dämpfung, b mit Dämpfung

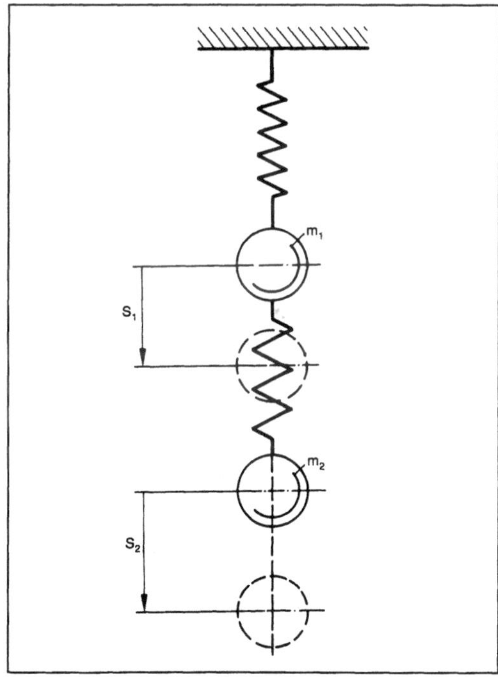

Schwingung, mechanische 2: Elastisches Doppelpendel.

mechanischen Bewegungsgleichungen für die Massen m_1 und m_2 sind zwei gekoppelte →Differentialgleichungen, die im Fall der freien ungedämpften S. Bewegungen mit zwei Eigenfrequenzen ω_1 und ω_2 zulassen. Die Amplituden A_1 und A_2 für die Massen m_1 und m_2 und die entsprechenden Phasen werden durch die Anfangsbedingungen der Bewegung festgelegt.

Im Fall der erzwungenen S. gerät das elastische Doppelpendel in der Nähe der Frequenzen ω_1 und ω_2 in Resonanz. Die entsprechende Resonanzkurve für die Amplituden A_1 und A_2 der Massen m_1 und m_2 zeigt bei geringer Dämpfung Bild 3.

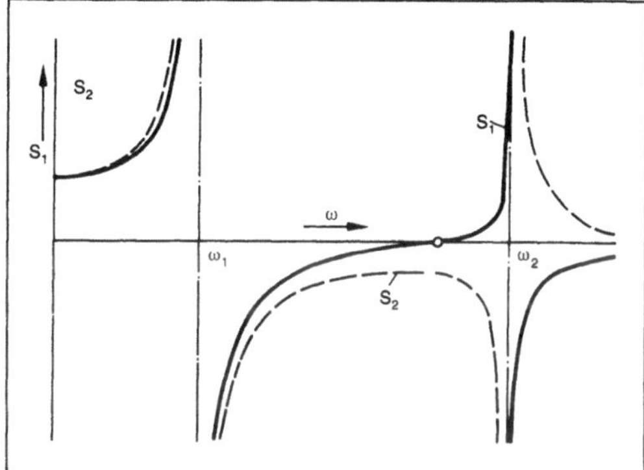

Schwingung, mechanische 3: Resonanzkurven beim Zweimassensystem.

□ *Systeme mit n Freiheitsgraden:* Für ein System mit n Freiheitsgraden erhält man als Bewegungsgleichungen n Differentialgleichungen, die n Eigenfrequenzen besitzen. Dabei können Eigenfrequenzen doppelt oder mehrfach auftreten. Sie heißen dann entartet.

□ *M. S. der Kontinua:* Ein Kontinuum hat unendlich viele Freiheitsgrade, d. h. unendlich viele Eigenfrequenzen und damit unendlich viele Resonanzen. Die Bewegungsgleichungen sind partielle Differentialgleichungen. Die Eigenfrequenzen sind z. B. Lösungen von transzendenten Gleichungen.

□ *Biege-S. von Stäben:* Ein Stab mit zwei freien Enden besitzt die Eigenfrequenzen $\omega_n (n = 1, 2 \ldots)$. Es ist

$$\omega_n = K_f \cdot \frac{d}{l^2} \cdot n^2;$$

dabei enthält K_f die elastischen Konstanten und die Dichte; es sind d Durchmesser und l Länge des Stabs.

– Stab mit zwei eingespannten Enden:

$$\omega_{ni} = K_e \cdot \frac{d}{l^2} n_i,$$

mit $n_1 = 1$, $n_2 = 2,8\, n_1$, $n_3 = 5,4\, n_1$, $n_4 = 8,0\, n_1, \ldots$

K_{ef} enthält wieder die elastischen Konstanten, die Dichte ist aber unterschiedlich zu K_f; d Durchmesser, l Stablänge.

– Stab mit einem eingespannten und einem freien Ende:

$$\omega_{ni} = K_{ef} \cdot \frac{d}{l^2}\, n_i,$$

mit $n_1 = 1$, $n_2 = 6{,}267\, n_1$, $n_3 = 17{,}55\, n_1$, $n_4 = 34{,}41\, n_1$, ...

K_{ef} enthält wieder die elastischen Konstanten, die Dichte ist aber unterschiedlich zu K_e und K_f; d Durchmesser, l Stablänge.

□ *Längs-S. von Stäben (auch Luftsäulen):* Für die Eigenfrequenzen gelten bei konstantem Querschnitt und Länge l mit $a = \sqrt{E/\rho}$, wobei E → Elastizitätsmodul und ρ die Dichte sind,

– Stab mit freien Enden:

$$\omega_n = 2\pi \cdot \frac{na}{2l};\ n = 1,2,3....$$

– Stab mit zwei festen Enden:

$$\omega_n = 2\pi \cdot \frac{n \cdot a}{2l};\ n = 1,2,3....$$

– Stab mit einem festen und einem freien Ende:

$$\omega_n = 2\pi \cdot \frac{(2n-1)a}{4l};\ n = 1,2,3....$$

Für Luftsäulen gelten entsprechend die Fälle Stab mit zwei festen Enden und Stab mit einem festen und einem freien Ende. Nur ist hier $a = \sqrt{gRT}$, mit g $= 9{,}81\ m/s^2$ Fallbeschleunigung, $\kappa = C_p/C_v$ Verhältnis der spezifischen Wärmen für konstanten Druck C_p bzw. C_v für konstantes Volumen, R → Gaskonstante, T Temperatur.   *Helbig*

Schwingung, unwuchterregte → Schwingungsart

Schwingungsamplitude. Die S. bezeichnet im Zusammenhang mit Erschütterungen die Amplitude des Schwingweges s, der Schwinggeschwindigkeit v oder der Schwingbeschleunigung a an einer bestimmten Stelle eines Schwingungssystems oder von diesen abgeleitete Größen. Die Amplitude ist der größte Wert einer sinusförmigen → Schwingung.   *Splittgerber*

Schwingungsart. Zeitliche Schwankungen von Zustandsgrößen werden als Schwingungen bezeichnet. Der Zustand eines schwingenden mechanischen Systems wird durch geeignet gewählte Schwingungsgrößen, z. B. Winkel, Wege, Drücke, gekennzeichnet. Zur Beschreibung des Erschütterungsverhaltens von Boden- und Bauwerkssystemen werden meist die kinematischen Größen Schwinggeschwindigkeit und Schwingbeschleunigung, seltener der Schwingweg verwendet. In Bild 1 ist ein sinusförmi-

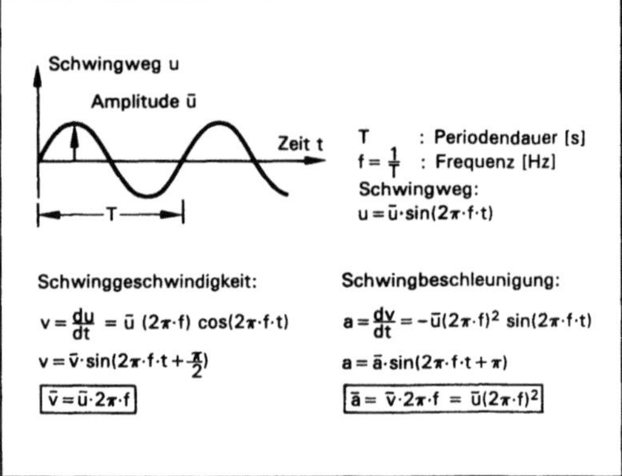

Schwingungsart 1: Sinusförmiger Schwingungsvorgang: Weg-Zeit-Diagramm und Beziehung zur Schwinggeschwindigkeit und Schwingbeschleunigung.

ger Schwingungsvorgang im Schwingweg-Zeit-Diagramm dargestellt, sowie die Zusammenhänge mit Schwinggeschwindigkeit und Schwingbeschleunigung.

Die verschiedenen Typen von Schwingungen können nach unterschiedlichen Gesichtspunkten geordnet werden. Hier sind sie nach der Art ihres Zeitverlaufs klassifiziert. Man unterscheidet dann zunächst zwischen deterministischen und nichtdeterministischen Schwingungen (Bild 2 und 3).

Deterministische Schwingungen sind solche, bei denen die Momentanwerte für bestimmte Zeitpunkte aufgrund der Kenntnis des vorangegangenen Zeitverlaufs exakt anzugeben sind; sie können durch eine algebraische Gleichung beschrieben werden. Schwingungen, bei denen für in der Zukunft liegende bestimmte Zeitpunkte kein Wert einer Zustandsgröße aufgrund der Kenntnis des vorangegangenen Zeitverlaufs exakt angegeben werden kann, sind nichtdeterministische Schwingungen. Man nennt sie auch Zufallsschwingungen oder stochastische Schwingungen. Zufallsschwingungen können nicht durch eine algebraische Gleichung beschrieben werden, sondern ihre Eigenschaften werden mit Hilfe von statistischen Kennwerten und Wahrscheinlichkeitsaussagen gekennzeichnet.

Deterministische Schwingungen können periodisch und nichtperiodisch sein. Als einfachste periodische Schwingungen gelten die sinusförmigen (harmonischen) Schwingungen. Nichtperiodische Schwingungen können weiter unterteilt werden in fast-periodische und in transiente Schwingungen (Bild 2).

Der → Zeitverlauf der Bewegung eines Systems, das nichtdeterministische oder Zufallsschwingungen ausführt, ist unregelmäßig; er ordnet sich niemals genau wiederholenden Bewegungsperioden unter. Für eine umfassende Beschreibung von

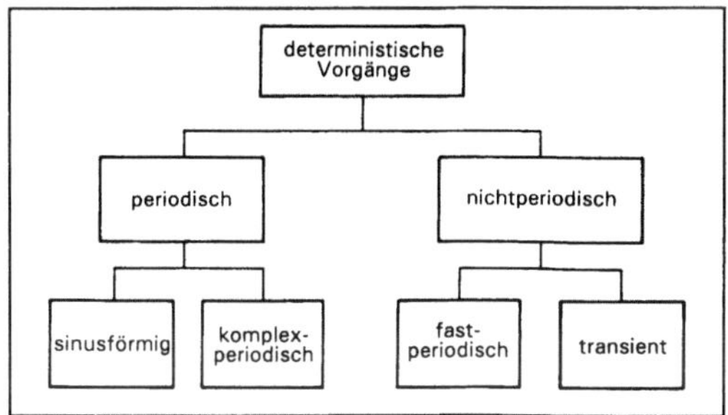

Schwingungsart 2: Klassifikation von determinierten Schwingungen.

Zufallsschwingungen ist daher theoretisch eine zeitlich unendlich lange Beobachtung notwendig. Sinnvoll sind nur zeitlich begrenzte Messungen, jedoch solche, die von der zufälligen Wahl eines bestimmten Beobachtungszeitraums unabhängig sind. Um dies zu erreichen, wird zunächst eine große Anzahl von Zeitverläufen von bestimmten zeitlich begrenzten Abschnitten, sonst gleicher Art und unter gleichen physikalischen Bedingungen gewonnen, betrachtet. Diese Anzahl von Zeitverläufen einer Zustandsgröße für eine begrenzte Zeitdauer nennt man eine *Schar von Zufallssignalen* oder auch *Ensemble*.

Zufallsschwingungen können in nichtstationäre und stationäre Schwingungen unterteilt werden; diese wiederum in ergodische und nichtergodische (Bild 3). Zufallsschwingungen können durch die Berechnung von Schar-Mittelwerten beschrieben werden und bei stationären Zufallsprozessen auch durch die Berechnung von zeitlichen Mittelwerten und durch die →Autokorrelationsfunktion. Wenn der Zufallsprozeß stationär ist und außerdem die Schar-Mittelwerte und die Autokorrelationsfunktion übereinstimmen, nennt man den Zufallsprozeß ergodisch. *Splittgerber*

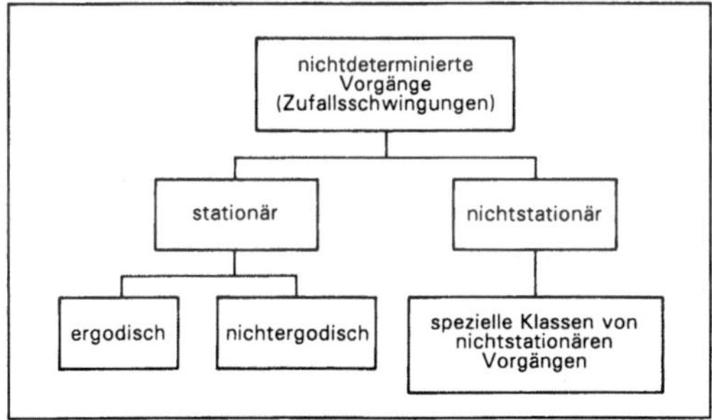

Schwingungsart 3: Klassifikation nicht-deterministischer Vorgänge (Zufallsschwingungen).

Literatur: *Bendat, J. S.* und *A. G. Piersol*: Random Data-Analysis and measurement procedures. New York 1971 – DIN 1311, Blatt 1: Kinematische Begriffe. 2/1974 – DIN 5488: Zeitabhängige Größen – Benennungen der Zeitabhängigkeit. 1/1969.

Schwingungsbeanspruchung. Als S. wird die Wirkung bezeichnet, die eine von außen einwirkende Belastung durch Schwingungen bei Menschen oder in einer Struktur hervorruft. Bei der quantitativen Kennzeichnung der S. des Menschen bei einer →Schwingungsbelastung unterscheidet man zwischen momentaner Beanspruchung, Beanspruchung während einer bestimmten →Schwingungsdauer, der Gesamtbeanspruchung während eines Tages bzw. einer Arbeitsschicht und einer Langzeitbeanspruchung, z. B. über mehrere Jahre. Die S. des Menschen wird mit Hilfe der Bewerteten →Schwingstärke K beurteilt. Dabei werden folgende Kriterien berücksichtigt: schwingungsbedingte Beeinträchtigungen des Wohlbefindens (Komfort), der Leistungsfähigkeit und der Gesundheit. Die durch Einwirkung von Schwingungen bzw. Erschütterungen bei Menschen ausgelöste S. beinhaltet auch eine subjektive Wahrnehmung. Diese reicht von einer Fühlschwelle oder Wahrnehmungsschwelle, unterhalb der eine Wahrnehmung nicht mehr möglich ist, bis zu einer Schmerzgrenze, oberhalb der die Wahrnehmung in Schmerz übergeht. Die Fühlschwelle und die Schmerzgrenze sind individuell verschieden und hängen auch von den Umgebungsbedingungen, der Einwirkungsrichtung der Schwingungen und von persönlichen Gegebenheiten, wie Tätigkeit, Körperhaltung, Alter, Aufmerksamkeit und Gesundheitszustand ab. Die S. von Strukturen, z. B. Bauteilen, wird meistens durch Spannungen, Verformungen oder Verschiebungen gekennzeichnet. *Splittgerber*

Schwingungsbedingung. Die S. ist ein mathematischer Ansatz, mit dem festgestellt wird, ob in einem →Regelkreis eine Dauerschwingung existieren kann, und welche Voraussetzungen dazu erforderlich sind. Für lineare Regelkreise beschreibt eine Dauerschwingung die Stabilitätsgrenze (→Stabilität), für nichtlineare Kreise den Grenzzyklus.

→Regler und →Regelstrecke bilden die →Kreisübertragungsfunktion $F_0(s) = F_R(s)\,F_S(s)$. Im eingeschwungenen Zustand seien die Signale Sinusschwingungen: $e(t) = \hat{e}\sin\omega t$ und $x(t) = \hat{x}(\omega)\sin(\omega t + \varphi(\omega))$. Die Schwingung kann als Dauerschwingung mit der Kreisfrequenz ω_k nur bestehen, wenn

$\hat{x}(\omega_k) = A_0(\omega_k)\hat{e} = \hat{e}$ d. h. $A_0(\omega_k) = 1$ und $\varphi(\omega_k) = 180°$ (→Frequenzgang, →Bode-Diagramm).

Komplex geschrieben lautet die S.

$$\underline{F}_0(j\omega_k) + 1 = 0 \text{ oder } \underline{F}_0(j\omega_k) = -1 .$$

Für lineare Regelkreise liefert diese komplexe Gleichung die kritische Schwingungsfrequenz ω_k und die kritische →Kreisverstärkung K_k. Für nichtlineare Regelkreise wird ein →Übertragungsglied, z. B. der Regler, durch das nichtlineare ersetzt, d. h., an die Stelle des Frequenzgangs $\underline{F}_R(j\omega)$ tritt die Beschreibungsfunktion

$\underline{B}(\hat{e})$, so daß $\underline{F}_0(j\omega) = \underline{B}(\hat{e})\underline{F}_S(j\omega)$. Die S. $\underline{B}(\hat{e}) = -1/\underline{F}_S(j\omega_k)$ bzw. $\underline{F}_S(j\omega_k) = -1/\underline{B}(\hat{e})$

liefert als Lösungen die Kreisfrequenz ω_k und die Amplitude $\hat{e}$ der Grundwelle des Grenzzyklus.

Wenn es keine Lösung gibt, führt der Kreis keine Schwingung aus. Die S. bildet die Grundlage zum Nyquist-Kriterium. *Böttiger*

Schwingungsbelastung. Bei der Einwirkung mechanischer Schwingungen auf Bauwerke und auf Bauteile und der Einwirkung auf Menschen bilden die von außen auf die Strukturen bzw. auf den Menschen einwirkenden Schwingungen die S. bzw. die Erschütterungsbelastung. *Splittgerber*

Schwingungsbeurteilung. Ein einheitliches Verfahren zur Beurteilung mechanischer Schwingungen auf den Menschen ist im Regelwerk VDI 2057, Blatt 1-4.3 angegeben; siehe Beurteilung von Erschütterungen. In der VDI-Richtlinie 2056 wird zur Beurteilung der Schwingungen von Maschinen die →Schwingstärke verwendet. *Splittgerber*

Schwingungsbewertung. Die S. ist eine Veränderung der Meßsignale in einem Schwingungsmesser oder wird durch Berechnungen durchgeführt, um die Signale entsprechend einer Wirkung zu bewerten. Man unterscheidet zwischen einer →Frequenzbewertung und einer Zeitbewertung. *Splittgerber*

Schwingungsdämmung. Unter dem Begriff S. versteht man bei einem Schwingungssystem die Eigenschaft, daß durch den Einbau von elastischen Elementen die Übertragung von dynamischen Kräften über die Stützstellen möglichst weitgehend verhindert wird. Die S. D kennzeichnet die →Dämmung bei einer Schwingungsisolierung. Sie wird (vorzugsweise in der →Akustik) als negativer Wert des 20fachen (dekadischen) →Logarithmus der Durchlässigkeit V_D bezogen auf 1 dB angegeben; es gilt:

$$D = -20 \lg V_D \text{ in dB oder}$$
$$D = -20 \lg (1 - k) \text{ in dB}$$

darin bezeichnet k den Isolierfaktor.

Die S. kennzeichnet, wie der Isolierfaktor, z. B. bei der →Aktivisolierung einer Maschine mit sinusförmiger Erregung, um welches Ausmaß die dynamischen Kräfte bei der Übertragung über die Stützstellen vermindert werden. *Splittgerber*

Literatur: VDI 2062, Blatt 1: Begriffe und Methoden. 1/1976.

Schwingungsdauer. Die S. ist die Zeitdauer für eine →Schwingung. Sie heißt auch →Periodendauer. *Splittgerber*

Schwingungsisolierung. Die S. besteht darin, eine Maschine oder ein schutzbedürftiges Objekt möglichst weitgehend mechanisch von der Umgebung zu trennen. Ziel der S. ist, durch den Einbau von Isolatoren die Übertragung dynamischer Kräfte von einem Erreger auf die Umgebung oder von Erschütterungen aus einer Umgebung in ein schutzbedürftiges Objekt zu vermindern.

Die S. bei einem Erreger mit dem Ziel, die Übertragung dynamischer Kräfte oder Bewegungen in den Aufstellungsort zu vermindern, nennt man →Aktivisolierung. Bei der →Passivisolierung will man erreichen, daß von einer Erschütterungsquelle ausgehende Schwingungsbewegungen nicht von einem Aufstellungsplatz für ein erschütterungsempfindliches Objekt in dieses Objekt, z. B. in eine erschütterungsempfindliche Maschine, eine Meßeinrichtung oder in ein Gebäude übertragen werden. *Splittgerber*

Literatur: *Magnus, K.*: Schwingungen. Stuttgart 1961. – *Splittgerber, H.*: Verfahren und Vorrichtungen zur Begrenzung von Erschütterungsemissionen. In: Dreyhaupt, F. J. (Hrsg.): Handbuch für Immissionsschutzbeauftragte. Köln 1978.

Schwingungsmessung. Mechanische Schwingungen elastischer Medien werden häufig anhand ihrer →Frequenz unterschieden. Bei Frequenzen unterhalb der Hörschwelle werden sie Infraschall genannt, im Bereich von 16 Hz bis 20 kHz →Schall und darüber hinaus →Ultraschall. Je nach Ausbreitungsmedium unterscheidet man unabhängig von der Frequenz Luftschall-, Flüssigkeitsschall und →Körperschall. In Gasen und Flüssigkeiten breiten sich Schwingungen nach denselben Gesetzmäßigkeiten aus. Die Teilchen schwingen nur in der Ausbreitungsrichtung. Nur longitudinale Wellen können sich ausbreiten. In festen Körpern hingegen, die Schubspannungen aufnehmen, sind auch Schwingungen quer zur Ausbreitungsrichtung, Transversalschwingungen, möglich. Insgesamt können viele unterschiedliche Schwingungsformen auftreten, die von der Form des Körpers abhängen. So ist die Analyse des Körperschalls u. U. kompliziert und erfordert einen mathematischen Aufwand.

Bei Schwingungen interessieren neben der Frequenz f bzw. der Kreisfrequenz $\omega = 2\pi f$

- der Schwingweg x,
- die Schwinggeschwindigkeit oder Schnelle dx/dt,
- die Schwingbeschleunigung d^2x/dt^2.

Eine einfache Form eines Schwingungsaufnehmers besteht aus einer seismischen Masse m, einer →Feder mit der Federkonstanten c und einer geschwindigkeitsproportionalen →Dämpfung d. Die Bezeichnung seismische Masse stammt von den Erdbebenschreibern (Seismographen). Wenn sich nur die Masse relativ zum Gehäuse bewegt und das Gehäuse in Ruhe bleibt, spricht man von relativer S.

Ein Beispiel dafür ist das Tauchspulmikrophon, bei dem die induzierte Spannung der Schwinggeschwindigkeit proportional ist.

Größere praktische Bedeutung hat die absolute S., bei der dem Gehäuse die Bewegung x (in absoluten →Koordinaten gemessen) aufgezwungen wird. Der Momentanwert der Auslenkung der Masse gegenüber dem Gehäuse sei y (Bild 1). Die Summe aller auf das Gehäuse wirkenden Kräfte ist null:

$$m \frac{d^2(x + y)}{dt^2} + d \frac{dy}{dt} + c\,y = 0$$

$$\text{oder } m \frac{d^2y}{dt^2} + d \frac{dy}{dt} + c\,y = - m \frac{d^2x}{dt^2}.$$

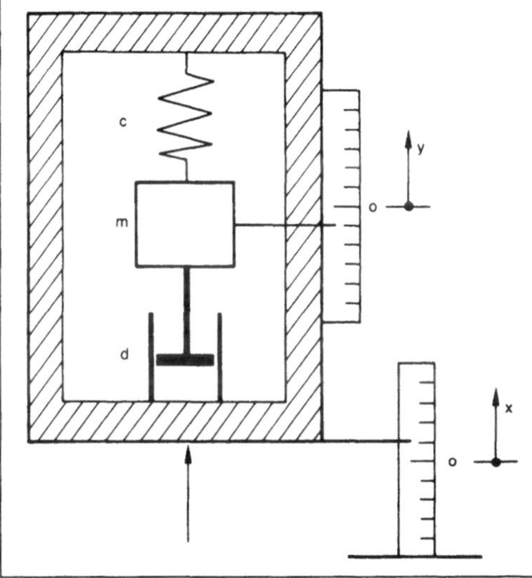

Schwingungsmessung 1: Schwingungsaufnehmer.

Mit den Größen
ω_0 Eigenkreisfrequenz des ungedämpften Systems,

$$D = \frac{d}{2 \cdot m\,\omega_0} \text{ Dämpfungskonstante,}$$

$$a = \frac{d^2x}{dt^2} \text{ Beschleunigung des Gehäuses}$$

erhält man

$$\frac{d^2y}{dt^2} + 2 \cdot D\,\omega_0 \frac{dy}{dt} + \omega_0^2\,y = - \frac{d^2x}{dt^2} = - a.$$

Drei Sonderfälle dieser Gleichung seien betrachtet:

1. →Federkonstante c sehr groß, d. h. sehr steife Feder, m und d klein (D klein, ω_0 sehr groß):

$$\omega_0^2\,y \approx - \frac{d^2x}{dt^2} = - a,$$

$$y \approx - \frac{1}{\omega_0^2} \frac{d^2x}{dt^2} = - a\,\frac{m}{c}.$$

Bei steifer Feder und großer →Eigenfrequenz ist die Relativbewegung y der Beschleunigung a proportional, das System ist beschleunigungsempfindlich.

2. Dämpfung d groß, m und c relativ klein (D sehr groß):

$$2 \cdot D\,\omega_0 \frac{dy}{dt} \approx - \frac{d^2x}{dt} = -a,$$

$$y \approx - \frac{1}{2 \cdot D\omega_0} \frac{dx}{dt}.$$

Bei stark gedämpften Systemen ist die Beschleunigung a der Relativgeschwindigkeit dy/dt der Masse gegenüber dem Gehäuse proportional, während die Relativbewegung y der Geschwindigkeit dx/dt der äußeren Anregung proportional ist. Das System ist geschwindigkeitsempfindlich. Die Beschleunigung könnte durch einmaliges Differenzieren gewonnen werden.

3. Masse m groß, d und c relativ klein (D und ω_0 relativ klein):

$$\frac{d^2y}{dt^2} \approx - \frac{d^2x}{dt^2} = - a,$$

$$y \approx - x.$$

Die Masse m macht die aufgezwungene Bewegung x des Gehäuses nicht mit, bei y kann man den vom Gehäuse zurückgelegten Weg ablesen, das System ist wegempfindlich. Die Beschleunigung a könnte durch zweimaliges Differenzieren von y ermittelt werden.

Bei S. erhält man also für Frequenzen unterhalb der Eigenfrequenz des Aufnehmersystems

$$f_0 = \frac{\omega_0}{2\pi}$$

die Beschleunigung (Sonderfall 1), bei Frequenzen oberhalb von f_0 den Schwingweg (Sonderfall 3). Mit Rücksicht auf den ausnutzbaren Frequenzbereich muß f_0 bei Beschleunigungsaufnehmern möglichst hoch, bei Wegaufnehmern möglichst niedrig sein. Optimale Bedingungen für den ausnutzbaren Frequenzbereich ergeben sich, wenn man eine Dämpfungskonstante D = 0,65 wählt. Läßt man einen →Meßfehler bis 1,5 % zu, kann man Beschleunigungsaufnehmer für Meßfrequenzen $f_M \leq 0,62\,f_0$ verwenden, bei Wegaufnehmern gilt entsprechend $f_M \geq 1,65\,f_0$. Wegen der Abhängigkeit der Ausgangsgröße y von der Dämpfungskonstanten D hat der zweite Sonderfall keine praktische Bedeutung für die Messung der Schwinggeschwindigkeit erlangt, weil die Dämpfungskonstante D häufig sehr temperaturabhängig ist.

Praktische Ausführungen: In serienmäßigen Schwingungsaufnehmern zum Messen von absoluten Schwingungen wird entweder die relative Aus-

665

lenkung y oder die Reaktionskraft F erfaßt. Zum Messen der relativen Auslenkung eignen sich die verschiedenen Wegaufnehmer, z. B. Widerstandsaufnehmer, induktive und kapazitive →Aufnehmer (→Längen- und Winkelmessung). Kraftmessungen sind möglich z. B. mit Piezoaufnehmern und Widerstandsaufnehmern (→Dehnungsmeßstreifen). Mit Piezoaufnehmern lassen sich keine statischen Messungen durchführen, da die Ausgangsgröße eine Ladung ist (kleinste Meßfrequenz etwa 0,2 Hz). Für die Messung der Schwinggeschwindigkeit kann man wegempfindliche Schwingungsaufnehmer mit einem elektrodynamischen Abgriff einsetzen. Diese liefern auf Grund des Induktionsgesetzes eine Ausgangsspannung, die der 1. Ableitung des Schwingwegs proportional ist. Im übrigen lassen sich durch elektrische Schaltungen zur →Differentiation und →Integration aus Wegen Beschleunigungen und umgekehrt ermitteln. Beim Differenzieren muß man allerdings damit rechnen, daß das unvermeidliche Rauschen verstärkt auftritt.

Beschleunigungsaufnehmer gibt es in vielen Ausführungen für Zwecke der Trägheitsnavigation, für Messungen auf Fahrzeugen, an Maschinen und bei Explosionsvorgängen. Die Nenndaten liegen etwa in folgenden Bereichen:

Meßbereichsendwerte $10^{-5}\,\text{m/s}^2 \leq a \leq 10^6\,\text{m/s}^2$,

Gesamtmassen $500\,\text{g} \geq m_g \geq 0,2\,\text{g}$,

Eigenfrequenzen $15\,\text{Hz} \leq f_o \leq 100\,\text{kHz}$,

Frequenzbereich für Messungen 0 Hz bzw. 0,2 Hz $\leq f_M \leq 0,62 f_o$,

Betriebstemperaturen sind etwa bis 600 °C möglich.

Als Ausgangsgröße erhält man bei der jeweils maximal meßbaren Beschleunigung 1–50 mV je 1 V Brückenspeisespannung bei Widerstandsaufnehmern, 0,1–1 mV bei induktiven Aufnehmern und eine Ladung von 5–50 nC bei piezoelektrischen Aufnehmern. Für Beschleunigungsmessungen in drei zueinander senkrechten Richtungen werden drei Beschleunigungsaufnehmer gleicher Empfindlichkeit in einem gemeinsamen Gehäuse angeordnet. Anwendungen in der Trägheitsnavigation erfordern Beschleunigungsaufnehmer mit Meßunsicherheiten von 0,001 % bis 0,01 %, um die für die Bestimmung der Bewegungsgeschwindigkeit (durch einmalige Integration) und des zurückgelegten Wegs (durch zweimalige Integration der Beschleunigung) geforderte Genauigkeit einhalten zu können.

Eine Anwendung im Kraftfahrzeug zeigt Bild 2. Aufgabe dieses Beschleunigungssensors (→Sensor) ist, bei einem Aufprall entweder das Airbag- oder das Gurtstraffersystem auszulösen. Der Sensor besteht aus einer dreieckförmigen Biegefeder mit vier in Form einer Vollbrücke aufgedampften Dehnungsmeßstreifen. Die seismische Masse ist als zylinderförmige Scheibe an der Spitze der Feder

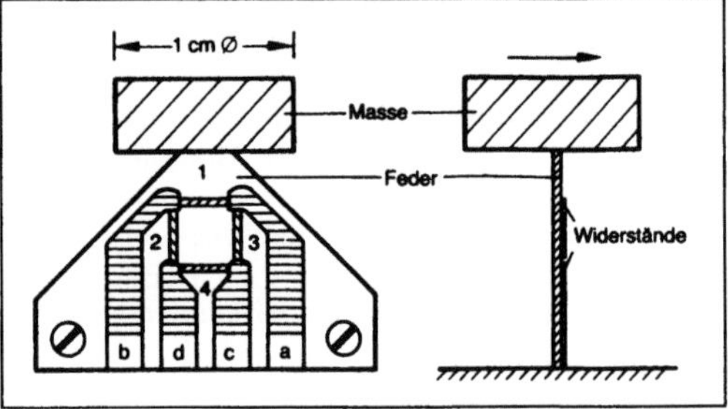

Schwingungsmessung 2: Beschleunigungssensor für Airbag und Gurtstraffer. (Quelle: Robert Bosch GmbH)

1, 2, 3, 4 Dünnschichtwiderstände, a bis d Anschlußpunkte. Der Pfeil bezeichnet die Fahrtrichtung.

befestigt. Die Dämpfung wird durch eine Ölfüllung des Gehäuses erreicht. Bei einem Aufprall des Fahrzeugs dehnt sich die Biegefeder mit den aufgedampften Widerständen. Aus der Verstimmung der Brücke wird die (negative) Beschleunigung des Fahrzeugs ermittelt. Bei Überschreiten einer vorher eingestellten Grenze werden die Gurte gestrafft, bevor der Körper des Fahrers nach vorn fallen kann. Der Airbag ist etwa 30 ms nach dem Aufprall aufgeblasen und fällt etwa 100 ms später wieder in sich zusammen, um die Sicht nicht zu behindern.

Drehbeschleunigungen lassen sich über Aufnehmer mit drehbar angeordneter Masse messen. Weiterhin lassen sie sich auch durch elektrische Differentiation von Drehzahlen ermitteln.

Schwingwegaufnehmer haben folgende Daten:

Meßbereichsendwerte zwischen ±1 mm und ±25 mm,

Schwingmassen $500\,\text{g} \geq m \geq 20\,\text{g}$,

Eigenfrequenzen $0,5\,\text{Hz} \leq f_o \leq 10\,\text{Hz}$,

Frequenzbereich für Messungen $1,65 f_o \leq f_M \leq 1\,\text{kHz}$.

Die Empfindlichkeit kann z. B. 50 mV je 1 V Brückenspeisespannung für den Meßbereichsendwert betragen. *Hammerschmidt*

Schwingungspegel. Der Schwingungspegel L_v ist definiert als logarithmisches Verhältnis der Schwinggeschwindigkeit (Effektivwert) zu einem Bezugswert v_o:

$$L_v = 20 \lg \frac{v}{v_o}$$

Als Bezugswert ist in der DIN 1320 festgelegt:

$$v_o = 5 \cdot 10^{-8}\,\text{m/s} = 50\,\text{nm/s}$$

In der ISO 1683 ist als Bezugswert $v_o = 1$ nm/s festgelegt. Der S. wird oft auch als Körperschallpegel bezeichnet. Bei senkrechter Abstrahlung ebener Wellen sind bei der Verwendung des Bezugswertes $v_o = 5 \cdot 10^{-8}$ m/s Schalldruckpegel und Körperschallschnellepegel zahlenmäßig einander gleich. Bei der Messung, Beurteilung, Ausbreitung und Minderung von Erschütterungen werden in aller Regel die Meßgrößen als Meßwerte angegeben und nicht als S., im Gegensatz zu Problemen in der →Akustik. *Splittgerber*

Literatur: DIN 1320: Akustik, Grundbegriffe. 1969. – DIN 52 221: Bauakustische Prüfungen – Körperschallmessungen bei haustechnischen Anlagen. 5/1980.

Schwingungsrichtung. Bei der Untersuchung von mechanischen Schwingungssystemen kennzeichnet die S. die Richtung der Schwingungsgröße. Die Anzahl der Freiheitsgrade von Schwingern ist gleich der Zahl derjenigen Koordinaten, die notwendig sind, um die Bewegung des Schwingers in eindeutiger Weise zu beschreiben. Die Zustandsgrößen in Richtung einer Koordinate werden eindeutig durch die Angabe des zeitlichen Verlaufs der Schwingungsgröße und durch die Richtung der Koordinate, der S., gekennzeichnet. Bei der Messung von Erschütterungsimmissionen ist die S. bedeutsam, weil die Wirkung von Erschütterungen auf bauliche Anlagen und auf Menschen von der Einwirkungsrichtung der Erschütterungen abhängig ist. Das ist auch bei der Wahl der Meßrichtungen bei Erschütterungsmessungen zu beachten. *Splittgerber*

Schwingungsrißkorrosion. S. (auch als Korrosionsermüdung bezeichnet) tritt an metallischen Werkstoffen unter gleichzeitiger Einwirkung von mechanischer →Wechselbeanspruchung und →Korrosion auf. Sie führt zur Bildung verformungsarmer, meist transkristalliner Risse. Das Bruchbild gleicht manchmal dem eines Dauerbruches.

Im Unterschied zur →Spannungsrißkorrosion gibt es für die S. keine kritischen Grenzbedingungen hinsichtlich des Korrosionssystems (Werkstoff/Medium) und der Belastungshöhe. S. kann im aktiven und passiven Zustand der Metalle auftreten. Während bei aktiver Metalloberfläche eine Vielzahl von Rissen entsteht, deren Rißflanken zerklüftet und mit Korrosionsprodukten bedeckt sind, wird bei passiven Werkstoffen häufig nur ein einziger →Riß mit glatter Bruchfläche beobachtet.

Der Riß entsteht durch erhöhten Korrosionsangriff an den bei der mechanischen Wechselbeanspruchung durch Gleitvorgänge gebildeten Extrusionen und Intrusionen. An diesen Stellen liegt durch Kerbwirkung eine erhöhte Reaktivität des Metalles vor. Oberflächenfehler in Form von Riefen, Kerben, Nuten, Bohrungen, Korrosionsgrübchen und Lochfraßstellen sind häufig Ausgangspunkte für S.

Die Prüfung des Schwingungsrißkorrosionsverhaltens metallischer Werkstoffe wird den praktischen Beanspruchungen entsprechend mit Umlauf-

biege-, Wechselbiege- und Zug/Druck-Versuchen durchgeführt. Als Maß für die Beständigkeit dient die ertragene Lastspielzahl als Funktion der Spannungsamplitude. Sie wird im Wöhler-Diagramm dargestellt (Bild). Ist ein Bauteil neben einer mechanischen Wechselbeanspruchung gleichzeitig einem Korrosionsangriff ausgesetzt, so wird gegenüber dem Verhalten an Luft das Gebiet der →Zeitfestigkeit zu kleineren Lastspielzahlen verschoben und in der Regel keine →Dauerfestigkeit mehr erreicht (→Ermüdung). Die Auslegung von Bauteilen ist dann nur nach Zeitfestigkeitswerten möglich.

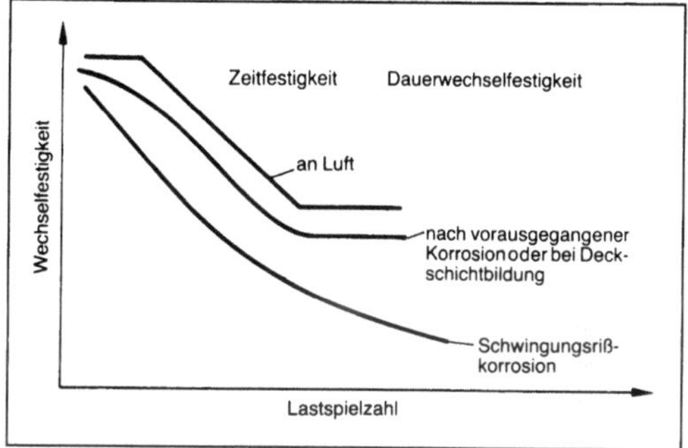

Schwingungsrißkorrosion: Wöhler-Kurve an Luft, nach Vorkorrosion und bei S.

Bei der S. spielt auch die Lastspielfrequenz eine Rolle, da mit fallender →Frequenz die Einwirkungszeit des Korrosionsmediums entsprechend zunimmt und die ertragene Lastspielzahl verkürzt wird. Der Rißfortschritt pro Lastwechsel wird bruchmechanisch an gekerbten Proben als Funktion der Schwingbreite der Spannungsintensität bestimmt.

Schutzmaßnahmen zur Vermeidung von Korrosionsermüdung sind die beanspruchungsgerechte Werkstoffauswahl, Begrenzung der Spannungsamplitude sowie Vermeidung scharfer Kanten und Kerben durch hohe Oberflächengüte. *Wendler-Kalsch*

Schwingungstilger →Tilger

Schwingungszahl. Die S. ist die Anzahl der Schwingungen je Zeiteinheit, z. B. Anzahl je Minute. Die S. je Sekunde heißt →Frequenz. *Splittgerber*

Schwungradgeometrie. Basierend auf den Zusammenhängen der Schwungradphysik kommen als Schwungradgeometrien nur solche in Frage, die einen hohen Formfaktor aufweisen. Im Bild sind verschiedene Schwungradgeometrien mit den entsprechenden Formfaktoren zusammengestellt. Die ersten fünf Schwungradprofile sind nur für isotrope Werkstoffe geeignet, da die auftretenden Spannungen vom Werkstoff sowohl radial als auch tangential

Bezeichnung	Form	Formfaktor	
Scheibe gleicher Festigkeit (SGF)		1,00	
Modifizierte Scheibe gleicher Festigkeit (MSGF)		0,93	nur für isotrope Werkstoffe geeignet
Doppelkonusscheibe (DKS)		0,81	
Ungelochte Kreisscheibe		0,61	
Gelochte Kreisscheibe		0,31	
Kreisringscheibe		0,50	
Stab gleicher Festigkeit		0,50	auch für anisotrope Werkstoffe geeignet
Kreisring mit Speichen		0,40	
Stab (Faden)		0,33	

Schwungradgeometrie: S. mit Formfaktor für isotrope und anisotrope Werkstoffe.

aufgenommen werden müssen. Die anderen Schwungradprofile können sowohl bei isotropen als auch bei anisotropen Werkstoffen Anwendung finden, da die hier auftretenden Belastungen vornehmlich in einer Richtung wirken. In der Praxis ist die Scheibe gleicher →Festigkeit ($K_f = 1$) nicht realisierbar, da dieses optimale Schwungradprofil einen unendlich großen Radius voraussetzt. Mit dem Formfaktor $K_f = 0,93$ zeigt die sogenannte modifizierte Scheibe gleicher Festigkeit den höchsten realen Formfaktor aller Schwungradkonfigurationen. Mit der sogenannten Doppelkonusscheibe werden Formfaktoren von $K_f = 0,81$ erreicht. Die Doppelkonusscheibe hat den großen Vorteil einer sehr einfachen Kontur, die mit einfachen Werkzeugmaschinen hergestellt werden kann. Bei den Geometrien für anisotrope Werkstoffe weisen die Kreisringscheibe und der Stab gleicher Festigkeit den besten Formfaktor $K_f = 0,5$ auf.   *Blumenberg*

Schwungradwerkstoff. Als Werkstoffe eignen sich für die Anwendung in Schwungradspeichern hauptsächlich hochzugfeste Stähle, Titanlegierungen oder Faserverbundwerkstoffe. In der Tabelle ist eine kleine Auswahl möglicher Werkstoffe zusammengestellt. Die Werkstoffe 1 bis 4 sind homogene, isotrope Materialien; die Werkstoffe 5 bis 7 sind Faserverbundwerkstoffe. Das Beurteilungskrite-

Schwungradwerkstoff. Tabelle: Reißlänge verschiedener Werkstoffe.

	Werkstoffe	Reißlänge σ/ρ km
1	AISI 1040	5,205
2	AISI 4340	19,456
3	18 Ni-400	35,103
4	Titanium 6A1-4V	22,225
5	"E"-Glass/Epoxy	67,564
6	S 1014 Glass/Epoxy	91,694
7	Graphit/Epoxy	109,474

rium für die Güte des Werkstoffes ist die Reißlänge, das Verhältnis aus zulässiger Werkstoffspannung σ und der Werkstoffdichte ρ mit der Einheit km. Man erkennt, daß bei den isotropen Materialien besonders der hochlegierte Stahl 18 Ni-400 eine gute Reißlänge aufweist. Bei den anisotropen Faserverbundwerkstoffen zeigen insbes. die Materialien S 1014 Glass/Epoxy und Graphit/Epoxy ganz hervorragende Reißlängen.   *Blumenberg*

Seemeile. Längeneinheit, die in der See- und Luftfahrt noch verwendet wird. Einheitenzeichen sm. 1 sm = 1852 m. In Deutschland keine gesetzliche Einheit. Die Einheit hat ihren Ursprung von der Länge einer Bogenminute auf dem Äquator.   *Hammerschmidt*

Segment.
  1. Kreisabschnitt: Eine Sekante (→Sehne) zerschneidet die Kreisfläche in zwei S. genannte Teile (→Kreis).
  2. Synonym für →Intervall.   *Fischer*

Sehne. Verbindungsstrecke zwischen zwei Kurvenpunkten. Sonderfall: Kreissehne (→Kreis). *Fischer*

Sekundärschall. Die von einer Geräusch- oder Erschütterungsquelle in Strukturen eingeleiteten Schwingungen, die sich in den Strukturen als →Körperschall ausbreiten und von diesen mit Frequenzen im Hörbereich in die umgebende Luft abgestrahlt werden, erzeugen den sogenannten S.

Erschütterungen mit Frequenzen im Hörbereich, die z. B. vom Boden über Fundamente in Gebäude eingeleitet werden, breiten sich im Gebäude aus und können in Räumen von den begrenzenden Flächen (Decke, Fußboden und Wände) abgestrahlt und als S. hörbar werden. Besonders bei Schienenverkehrserschütterungen, die in an Schienenverkehrswegen gelegene Gebäude eingeleitet werden, wird der S. als tieffrequentes Grollen (Rumpeln) wahrgenommen. Der S. zählt im Zusammenhang mit der Beurteilung von Erschütterungsimmissionen zu den Sekundäreffekten. Die Belästigung von Menschen durch Erschütterungen hängt auch vom S. ab. Bei der Einwirkung von Erschütterungen auf Menschen in Gebäuden wird der S. nicht mit Hilfe der für Erschütterungsimmissionen in Regelwerken angegebenen Anhaltswerte beurteilt, sondern nach Immissionsrichtwerten, die für Geräusche angegeben sind. *Splittgerber*

Selbstinduktion. →Induktion einer Spannung in einem →Stromkreis durch Änderung des Stromes in demselben Kreis. Der Strom in dem Stromkreis erzeugt ein magnetisches →Feld, dessen →Fluß von dem Stromkreis umschlossen wird. Eine Änderung des Stromes führt zu einer entsprechenden Änderung des magnetischen Flusses, die in dem Stromkreis eine Spannung induziert (Faraday-Induktionsgesetz). Das Verhältnis der induzierten Spannung zu der Stromänderung nennt man die →Selbstinduktivität des Kreises. *Claassen*

Selbstinduktivität. Verhältnis von magnetischem →Induktionsfluß Φ, der von einem Strom i in einem →Stromkreis erzeugt wird und von diesem umschlossen ist, zu diesem Strom:

$$L = \frac{\Phi}{i}.$$

Eine Änderung des Stroms bewirkt eine Änderung des magnetischen Flusses und induziert damit in dem Stromkreis eine Spannung U (Faraday-Induktionsgesetz):

$$U = \frac{d\Phi}{dt} = L \frac{di}{dt}.$$

Die induzierte Spannung ist dabei so gerichtet, daß sie der Stromänderung entgegenwirkt (→Lenz-Regel). Die Selbstinduktivität L wird auch als Selbstinduktionskoeffizient bezeichnet.

Bei konstanter, vom Strom unabhängiger →Permeabilität ist die magnetische Induktion und damit auch der magnetische Fluß direkt dem Strom proportional. Die Selbstinduktivität L hängt dann nur von der Geometrie der Leiteranordnung und von der Permeabilität μ des umgebenden Mediums ab. Die Selbstinduktivität einer zylindrischen →Spule von der Länge l, der Querschnittsfläche $A \ll l^2$ und der Windungszahl n hat beispielsweise den Wert

$$L = \mu n^2 \frac{A}{l}.$$

Bei einer Spule mit ferromagnetischem Kern ist die Selbstinduktivität wegen der Sättigung der Polarisation und auf Grund der Hysterese nicht konstant, sondern vom Strom abhängig. In diesem Fall kann man für sinusförmige Wechselströme eine effektive Wechselstrom-Selbstinduktivität bestimmen, indem man die →Reaktanz X der Spule durch die Winkelfrequenz ω teilt:

$$L = \frac{X}{\omega}.$$

Self Powered Detector. Bei der →Neutronenflußmessung wird unter S. P. D. (Neutronen-Beta-Detektor, Stromdetektor) ein →Detektor verstanden, der ohne →Hilfsenergie Neutronenflüsse zu messen gestattet. Der Detektor (Bild) enthält den gegen die Außenhülle isolierten Emitter aus einem Material, das Neutronen einfängt. Dabei entstehen hauptsächlich
– die Neutronen-Einfang-Gammastrahlung und
– die →Beta- und →Gamma-Strahlung aus dem →Zerfall des Aktivierungsprodukts.

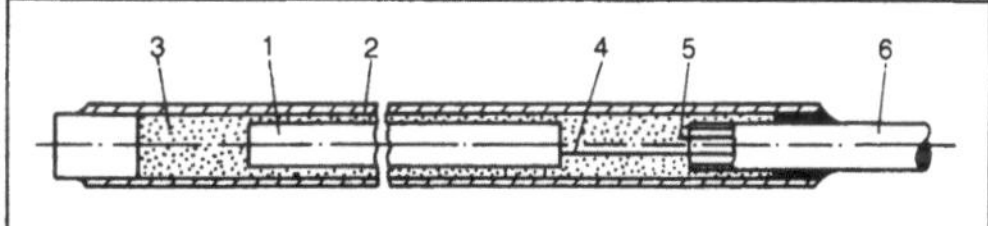

Self Powered Detector: Aufbau eines Self Powered Neutronenflußdetektors (SPND).

1 Emitter (z. B. Co-59), 2 Außenhülle (Kollektor, z. B. Inconel), 3 Isolator (z. B. Al_2O_3), 4 Emitterleitung, 5 Kompensationsleitung, 6 mineralisoliertes Mantelkabel

Die bei der Absorption der Gammastrahlung im Emitter gebildeten Photo- und Compton-Elektronen führen zusammen mit den Beta-Teilchen des zerfallenden Aktivierungsprodukts zu einem Strom zwischen Emitter und Hülle. Der Emitter ist mit dem Innenleiter eines mineralisolierten Kabels verbunden, die Detektorhülle mit der Kabelhülle, so daß der Strom meßbar wird.

In den Materialien des Zuleitungskabels treten im Prinzip dieselben Effekte wie im Emitter auf. Um den dadurch im Kabel hervorgerufenen Strom zu kompensieren, enthält das Kabel den sog. Kompensationsdraht. Gemessen wird dann der Differenzstrom zwischen dem Emitterleiter und dem Kompensationsleiter, der dem Neutronenfluß proportional ist.

Als Emitter-Materialien werden in kommerziellen Detektoren hauptsächlich die →Nuklide Vanadium-51, Kobalt-59 und Rhodium-103 mit den folgenden (n,γ)-Einfangreaktionen benutzt:

V-51 (n,γ) V-52; $\sigma = 4{,}9 \cdot 10^{-24}$ cm^{-2},
Co-59 (n,γ) Co-60; $\sigma = 37 \cdot 10^{-24}$ cm^{-2},
Rh-103 (n,γ) Rh-104; $\sigma = 150 \cdot 10^{-24}$ cm^{-2}.

Die entsprechenden Detektoren unterscheiden sich hauptsächlich hinsichtlich ihrer statischen und dynamischen Empfindlichkeit (Tabelle). Bei dem Vanadium- und Rhodium-Emitter trägt die Beta-

Self Powered Detector. Tabelle: Technische Daten einiger Neutronen-Beta-Detektoren.

Emitter-material	radioaktives Produkt	Halbwert-zeit	Strahlung (MeV)	Neutronen-empfindlich-keit ($A/cm^{-2}s^{-1}$)	Abbrand[1]	Ansprech-zeit
V-51	V-52	3,76 min	β: 2,47 γ: 1,43	$1,4 \cdot 10^{-20}$	$3 \cdot 10^{22}$	325 s für 63 %
Co-59	Co-60	5,26 a	β: 0,32 γ: 1,17 γ: 1,33	$1,6 \cdot 10^{-22}$	$1 \cdot 10^{21}$	prompt
Rh-103	Rh-104	42 s	β: 2,4 γ: 0,556	$1,2 \cdot 10^{-20}$	$1 \cdot 10^{21}$	60 s für 63 %

[1]) Bei dem angegebenen integrierten Neutronenfluß in cm^{-2} nimmt die Empfindlichkeit um 10 % ab

Strahlung des aktivierten Produkts merklich zum Detektorstrom bei. Diese Detektoren sind relativ empfindlich, reagieren bei schnellen Änderungen des Neutronenflusses jedoch um die Halbwertszeit des Aktivierungsprodukts verzögert. Beim frischen Kobalt-Emitter hingegen geht praktisch der gesamte Strom auf die prompte Einfang-Gamma-strahlung zurück. Die statische Empfindlichkeit dieses Detektors ist geringer. Er reagiert aber unverzögert auf Neutronenflußänderungen. Im Laufe der Zeit baut sich jedoch noch ein Strom infolge des Beta-Zerfalls des Kobalt-60 auf, der dann rechnerisch herauszukorrigieren ist. Die Gamma-Empfindlichkeiten der verschiedenen Detektoren liegen bei etwa $5 \cdot 10^{-17}$ A/R/h.

Der Abbrand der Detektoren ist umgekehrt proportional zum Wirkungsquerschnitt für die (n,γ)-Reaktion. Die Empfindlichkeit des Kobalt-Detektors z. B. geht bei einem integrierten Neutronenfluß von 10^{21} cm^{-2} um 10 % zurück.

Die S. P. D. zeichnen sich durch kleine Außendurchmesser zwischen 1 und 4 mm und durch ihren einfachen und robusten Aufbau aus. Die maximal zulässigen Umgebungstemperaturen liegen bei 500 °C, die Drücke zwischen 150 und 250 bar. *Schrüfer*

Literatur: *Kaiser, G.* u. a.: Reaktorinstrumentierung. Berlin, Offenbach 1983. – *Schrüfer, E.* u. a.: Strahlung und Strahlungs-meßtechnik in Kernkraftwerken. Berlin 1974.

Sensor. Ein S. wandelt das Eingangssignal in eine meßbare Größe und ist damit ein Teil von einem →Aufnehmer. Dabei können die Eingangssignale mechanische, akustische, thermische, chemische, optische, magnetische, oder elektrische Größen sein. Neben der Art der Meßgröße können S. auch nach folgenden Eigenschaften klassifiziert werden: Meßeffekt (→Messen), Herstellmaterial und -techniken, statischen und dynamischen Eigenschaften, Störeffekte, →Genauigkeit und →Zuverlässigkeit.

Wichtig ist bei einem S. die reproduzierbare und stabile Kennlinie, Freiheit von Drift und von Hysterese. Darüber hinaus sollten S. austauschbar sein und mit einem niedrigen Energieverbrauch arbeiten.

S. lassen sich aus verschiedenen Materialien, häufig aus Silicium, aber auch aus anderen Halbleitern, Metallen, Glas, Keramik und Polymeren herstellen. Viele von diesen Materialien lassen sich mit den diversen, hochentwickelten Prozessen der Halbleitertechnologie bearbeiten. Silicium bietet als Grundmaterial für die Entwicklung und Fertigung von S. wichtige Vorteile an.

Einerseits können S. zur Erfassung von →Druck, →Kraft, →Beschleunigung, →Temperatur, optische und magnetische Größen realisiert werden. Andererseits besteht auch die Möglichkeit, elektronische Bauelemente auf dem selben Substrat monolitisch zu integrieren. Hierbei kann neben der Technologie der integrierten Schaltkreise auch auf die Prozeßtechniken der Mikromechanik zurückgegriffen werden. Weitere Vorteile sind die hohe Zuverlässigkeit, sehr präzise dimensionelle Kontrollierbarkeit und die Möglichkeit der Miniaturisierung. Wegen der hohen Investitions- und Betriebskosten der Siliciumtechnologie müssen jedoch die S. in sehr großer Stückzahl produziert werden, um die Vorteile dieser Technologie nützen zu können. Nachteilig wirkt sich die relativ lange Entwicklungszeit aus.

Die wichtigsten Eigenschaften bei der statischen Charakteristik des S. sind die Empfindlichkeit und die zulässigen Fehlergrenzen. Dynamisches Verhalten ist wichtig, wenn der S. schnelle, z. B. stufenförmige Änderungen der Meßgröße erfassen muß. Diese Eigenschaft kann durch das Frequenz- und Dämpfungsverhalten charakterisiert werden.

Wesentlich ist, die Auswirkung der Störeffekte nach Möglichkeit zu eliminieren oder konstant zu halten. Häufig auftretende Stör- oder Einflußgrößen (→Meßfehler) sind Temperatur, Feuchte, Vibrationen und mechanische Erschütterungen sowie elektromagnetische Störfelder.

Abhängig vom Anwendungsbereich sind unterschiedliche Anforderungen an die Genauigkeit des S. gestellt. Die niedrigste Genauigkeitsanforderung $(2-5)\cdot 10^{-2}$ stellt die Konsumgütertechnik, höher liegen die Anforderungen in der industriellen Technik $(2-5\cdot 10^{-3})$ und in der Präzisionsmeßtechnik $(2-5\cdot 10^{-4})$. *Csepregi*

Literatur: *Göpel, W., J. Hesse, J. N. Zemel:* (Eds.) Sensors, Weinheim 1990. – *Norton, H. R.:* Sensor and Analyser Handbook. Englewood Cliffs, NJ 1982. – *Schmidt, B., D. Schubert:* Siliciumsensoren. Berlin. – *Tränkler, H.-R.:* Taschenbuch der Meßtechnik. München–Wien 1989. – *Tschulena, G.:* Sensoren 86/87 Düsseldorf 1988.

Shunt →Strommessung, elektrische

Sicherheitsfaktor →Knickung

Sicherheitssystem. Das S. ist die Gesamtheit aller Einrichtungen einer Reaktoranlage, die die Aufgabe haben, die Anlage vor unzulässigen Beanspruchungen zu schützen und bei auftretenden Störfällen deren Auswirkungen auf das Betriebspersonal, die Anlage und die Umgebung in vorgegebenen Grenzen zu halten (Sicherheitstechnische Regel des Kerntechnischen Ausschusses KTA 3501).

Das S. besteht aus dem →Reaktorschutzsystem und den von dem Reaktorschutzsystem angesteuerten Sicherheitseinrichtungen. Das S. eines Kernkraftwerks soll z. B. die folgenden Sicherheitsfunktionen gewährleisten:
– Reaktorschnellabschaltung (die Kettenreaktion der →Kernspaltung wird unterbrochen);
– Gebäudeabschluß (das unkontrollierte Entweichen radioaktiver Stoffe in die Umgebung wird unterbunden);
– Nachkühlen (Abführen der nach dem Abschalten des Reaktors noch durch den →Zerfall radioaktiver →Nuklide entstehenden Energie, um eine Überhitzung des Reaktorkerns zu vermeiden).

Wie bei dem Reaktorschutz sind auch bei der Auslegung der Sicherheitseinrichtungen die folgenden Prinzipien beachtet:
– →Redundanz als Schutz gegen zufällige Ausfälle;
– Diversität als Schutz gegen common mode failures;
– räumliche Trennung und baulicher Schutz;
– →Ausfallerkennung und Prüfbarkeit;
– automatischer Betrieb (die Sicherheitsfunktionen laufen vollautomatisch und mit Vorrang vor Handeingriffen ab). *Schrüfer*

Sicherheitswahrscheinlichkeit. S. ist diejenige →Wahrscheinlichkeit, mit der in der →Statistik beim Testen (Signifikanztest) eine Hypothese H_0 angenommen wird, sofern sie richtig ist. Üblich ist es, S. P % mit P = 95; 99 oder 99,9 zu verwenden. Wie hoch P gewählt wird, hängt von der jeweiligen Fragestellung ab. Insbesondere wird man die Kosten berücksichtigen, die eine fälschliche Ablehnung von H_0 verursacht. Sind diese Kosten hoch, so wird man sich durch Wahl einer großen S. davor sichern, daß man H_0 fälschlicherweise ablehnt. *Schneeberger*

Siedekurve. Steht eine Mischung aus zwei unbeschränkt mischbaren Flüssigkeiten im →Gleichgewicht mit ihren Dämpfen, so besitzt dieses System gemäß der Gibbsschen →Phasenregel den →Freiheitsgrad f = 2 (die Anzahl der Phasen ist P = 2, die der Komponenten K = 2).

Daher sind anders als beim Verdampfen reiner Flüssigkeiten Dampfdruck p und Siedetemperatur T_s unabhängige Variable. Daher ist der →Molenbruch x der Mischung eine Funktion von p und T_s, die man bei konstantem Druck p_0 als

$$T_s = S(x;p_0)$$

darstellen kann.

Diese Kurve, die die Abhängigkeit der Siedetemperatur der Mischung vom Molenbruch der flüssigen Phase angibt, heißt *Siedekurve* oder *l-Kurve*. Da im Gleichgewicht die Zusammensetzung des Dampfes von der der Flüssigkeit verschieden ist, kann die Siedetemperatur auch als Funktion des Molenbruchs der dampfförmigen Phase dargestellt werden:

$$T_s = K(x;p_0).$$

Diese Siedekurve heißt *v-Kurve*, und es gilt:

$$S(x_f;p_0) = K(x_g;p_0);$$

(x_f Molenbruch der flüssigen Phase, x_g Molenbruch der gasförmigen Phase). *Muschik*

Sieden →Verdampfung

Siedepunkt. Nach der Gibbsschen →Phasenregel ist der Freiheitsgrad f für das →Gleichgewicht zwischen der flüssigen und der dampfförmigen Phase eines Systems aus einer Komponente f = 1. Daher genügt eine Angabe, um dieses Gleichgewicht zu charakterisieren: der Dampfdruck oder die Siedetemperatur.

Eine der Größen kennzeichnet den S. (→Verdampfung, →Dampfdruckkurve). Lösungen haben einen gegenüber dem reinen Lösungsmittel veränderten S. *Muschik*

Siedepunkterhöhung. Der Siedepunkt einer Lösung ist i. a. höher als der des reinen Lösungsmittels. Die S. ist für hinreichend (ideal) verdünnte Lösun-

671

gen proportional zur Anzahl der in der Volumeneinheit gelösten Teilchen.

Ist T_s der Siedepunkt der Lösung, T_s^* der des reinen Lösungsmittels, m_G die molale Konzentration (mol Gelöstes/1 000 g Lösungsmittel), dann gilt

$$T_s - T_s^* = E_0 m_G \qquad (1);$$

E_0 heißt ebullioskopische Konstante. Sie ist eine Eigenschaft des Lösungsmittels und errechnet sich zu

$$E_0 = RT_s^{*2} M_L / \Delta_v H \qquad (2);$$

dabei bedeuten R die →Gaskonstante, M_L die Molmasse des Lösungsmittels und $\Delta_v H$ die Verdampfungsenthalpie des Lösungsmittels.

Zweck der Messung der S. wie auch der übrigen kolligativen Eigenschaften ist es, die tatsächlich vorliegende, auf Teilchen bezogene Molalität zu ermitteln. So läßt sich bei bekannter Masse des Gelösten seine Molmasse, bei bekannter Masse und Molmasse sein Dissoziations- oder Assoziationsgrad bestimmen.

Es gibt verschiedene Methoden zum Messen der S. Zwei Forderungen müssen stets erfüllt sein: Der gelöste Stoff darf nicht mit den Dämpfen des Lösungsmittels flüchtig sein, und Siedeverzüge (Siedediagramm) müssen vermieden werden. Man wägt i. a. in den trockenen Apparat zunächst das Lösungsmittel ein, legt dessen Siedepunkt mit einem Beckmann-Thermometer (→Gefrierpunkterniedrigung) fest, wirft die abgewogene Substanz ein und mißt die Erhöhung des Siedepunkts gegenüber dem Siedepunkt des reinen Lösungsmittels.

Für die Messungen verwendet man ein Ebulliometer. Recht exakte Ergebnisse erzielt man mit einem von *Swietoslawski* und *Romer* angegebenen Apparat, in dem für eine besonders gute Umspülung des Thermometers mit dem Dampf gesorgt und durch einen Rückflußkühler ein Entweichen von Dampf vermieden wird. Bei der Methode nach *Landsberger* tritt Dampf des siedenden Lösungsmittels durch ein weiteres Gefäß, das ebenfalls Lösungsmittel enthält, und heizt dieses durch die freiwerdende Kondensationswärme bis zum Sieden auf. Nach Bestimmung des Siedepunkts wird in das zweite Gefäß die zu lösende Substanz eingebracht und nach erneutem Einsetzen des Siedens die S. bestimmt. Der Vorteil dieser Methode ist darin zu sehen, daß kein Siedeverzug auftreten kann (→Gefrierpunkterniedrigung). *Wedler*

Literatur: *Försterling, H. D., u. H. Kuhn:* Praxis der Physikalischen Chemie. 2. Aufl. Weinheim 1985. – *Kohlrausch, F.:* Praktische Physik. Bd. 1. Stuttgart 1968. – *Wedler, G.:* Lehrb. Physikalische Chemie. 3. Aufl. Weinheim 1987.

Siedewasserreaktor →Kernreaktor

SI-Einheiten →Einheiten des SI

Siemens. SI-Einheit des elektrischen Leitwertes, nach *W. von Siemens* (1816–1892) benannt. Einheitenzeichen S. 1 S = 1 A/V = 1 $m^{-2}kg^{-1}S^3A^2$. (→Einheiten des SI). *Hammerschmidt*

Sievert. SI-Einheit der Äquivalentdosis (ionisierender Strahlung), nach dem schwedischen Physiker *R. M. Sievert* (1896–1966) benannt. Einheitenzeichen Sv. 1 Sv = 1 J/kg = 1 m^2s^{-2}. 1 Sv ist gleich der Äquivalentdosis, die sich als Produkt aus der Energiedosis 1 Gray und dem Bewertungsfaktor 1 ergibt (→Einheiten des SI; →Dosimetrie). *Hammerschmidt*

Signal. Ein (elektrisches) S. ist die Darstellung einer Information durch eine elektrische Größe (z. B. elektrische Spannung). S. werden zwischen den einzelnen Geräten eines meß-, steuerungs-, regelungs- oder nachrichtentechnischen Systems ausgetauscht. Dabei werden insbesondere die folgenden Signalarten oder Datenformate benutzt:
– Amplitudenanaloges S.: Die Amplitude des S. ist proportional dem Meßwert.
– Digitales S.: Der Meßwert wird codiert durch parallele oder serielle Binärsignale geliefert.
– Zeitanaloges S.: Die Zeitdauer eines Impulses ist proportional dem Meßwert.
– Frequenzanaloges S.: Die →Frequenz einer periodischen oder stochastischen →Impulsfolge ist proportional dem Meßwert.

Diese S. unterscheiden sich zunächst hinsichtlich der Werte, die sie annehmen können. Die analogen Signale sind wertkontinuierlich. Innerhalb des Definitionsbereichs führt jeder Wert der Eingangsgröße zu einem eigenen Wert der Ausgangsgröße (Bild 1).

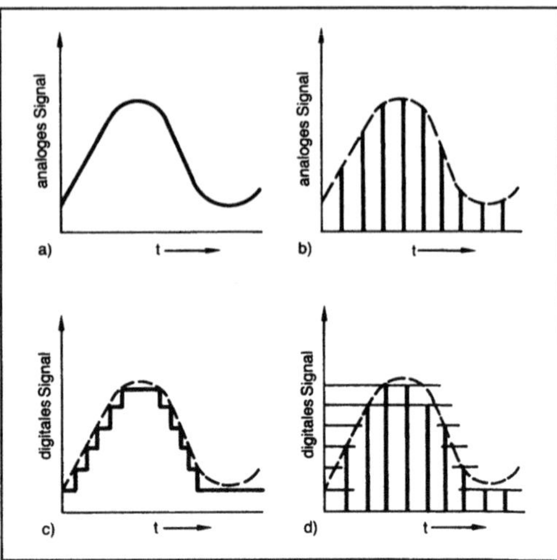

Signal 1: Einteilung der S.
a) wert- und zeitkontinuierliches S.
b) wertkontinuierliches, zeitdiskretes S.
c) wertdiskretes, zeitkontinuierliches S.
d) wert- und zeitdiskretes S.

Das digitale S. hingegen ist wertdiskret. Die Kennlinie eines derartigen Geräts verläuft treppenförmig. Innerhalb einer Stufe ist verschiedenen Werten der Eingangsgröße ein einziger Wert der Ausgangsgröße zugeordnet. Das einfache digitale S. ist das zweiwertige oder binäre S., das nur zwei unterschiedliche Zustände wie z. B. „hoch" oder „niedrig" annimmt und kennzeichnet.

Weitere Unterschiede liegen im Zeitverhalten. Die amplitudenanalogen S. stehen jederzeit zur Verfügung; sie sind zeitkontinuierlich. Dasselbe gilt für die digitalen S., die von direkt codierten Umsetzern geliefert werden. Bei den zeitanalogen S. hingegen wird die zu messende Größe als Zeitintervall dargestellt, dessen Dauer erst noch auszuzählen ist (→Analog/Digital-Umsetzer). Ähnlich ist auch eine gewisse Zeit erforderlich, um die Frequenz eines frequenzanalogen S. zu erfassen. Dementsprechend kann der Wert eines Zeitintervalls oder einer Frequenz nur zu diskreten Zeitpunkten angegeben werden.

Einige weitere, für die →Meßtechnik wichtige Signaleigenschaften sind in der Tabelle angesprochen. Die meisten Aufnehmer liefern und sehr viele

Meßgeräte verarbeiten amplitudenanaloge S. Vorteilhaft sind das erreichbare hohe Auflösungsvermögen und die zeitkontinuierliche Darbietung des S. Bei der Weiterverarbeitung und Übertragung des S. kann eine Amplitude allerdings durch verschiedene Effekte, wie z. B. induktive und kapazitive Einstreuungen, oder durch Änderungen der Leitungseigenschaften verfälscht werden. Nachteilig ist weiterhin, daß die amplitudenanalogen S. nur mit größerem Aufwand galvanisch getrennt und nur unter Zwischenschaltung eines A/D-Umsetzers auf einem Rechner weiterverarbeitet werden können.

Das digitale Datenformat kann zwar direkt in einen Rechner eingegeben werden, steht aber nur bei wenigen Aufnehmern zur Verfügung. Die digitalen Schaltkreise arbeiten sehr schnell, so daß schon kurze Störimpulse, die die viel langsameren Geräte der →Analogtechnik nicht beeinflussen würden, zu Fehlschaltungen führen.

Eine Zwischenstellung nehmen die zeit- und frequenzverschlüsselten S. ein. Bei deren Verarbeitung interessiert nicht die Amplitude des übertragenen S., sondern nur dessen Nulldurchgänge. Das →Meßgerät ist solange unempfindlich gegen Ein-

Signal. Tabelle: Eigenschaften.

	amplitudenanaloges Signal	digitales Signal parallel codiert	digitales Signal seriell codiert	zeitanaloges Signal	frequenzanaloges Signal
Auflösungsvermögen	theoretisch unbegrenzt	begrenzt	begrenzt	theoretisch unbegrenzt	theoretisch unbegrenzt
Meßunsicherheit	am Ende des Meßbereichs gering	im ganzen Meßbereich gering	im ganzen Meßbereich gering	gering	gering
Zeitverhalten des Signals	kontinuierlich	kontinuierlich	diskret	diskret	diskret
Empfindlichkeit gegen äußere Störungen	vorhanden	vorhanden	vorhanden	gering	gering
Empfindlichkeit gegen Änderungen der Leitungsparameter	vorhanden	nicht vorhanden	nicht vorhanden	nicht vorhanden	nicht vorhanden
erforderliche Bandbreite bei der Signalverarbeitung	gering	gering	mittel	groß	mittel
galvanische Trennung	aufwendig	weniger aufwendig	einfach	einfach	einfach
Anpassung an einen Rechner	aufwendig über A/D-Umsetzer	vorhanden	vorhanden	einfach über Zähler	einfach über Zähler

streuungen und Störimpulse, solange die Frequenz des S. nicht geändert wird. Vorteilhaft ist weiterhin, daß, unter Verwendung eines Zählers, Impulsbreiten und Frequenzen leicht als Zahlen dargestellt und in digitalen Systemen weiterverarbeitet werden können.

In Abhängigkeit vom informationstragenden Parameter werden die →Meßsignale auch als amplitudenmodulierte, pulscodemodulierte, impulsbreitenmodulierte und frequenzmodulierte charakterisiert. Die amplitudenmodulierten S. stellen an die Bandbreite des Übertragungskanals die geringsten Forderungen. Schnellere Geräte sind für impulsbreitenmodulierte S. notwendig. Hier muß die Anstiegs- und Abfallzeit der Impulse klein gegenüber ihrer Dauer bleiben. Weniger anspruchsvoll ist dagegen die Übertragung der frequenz- oder pulscodemodulierten S.

Die speziellen Vorteile der einzelnen S. haben zur Folge, daß innerhalb einer →Meßeinrichtung häufig von einem Datenformat auf das andere übergegangen wird (Bild 2). So können amplitudenanaloge Größen mit direktvergleichenden A/D-Umsetzern oder über die Umformung in ein Zeitintervall oder eine Frequenz und deren digitale Messung numerisch dargestellt werden. Auch die Umsetzung in umgekehrter Richtung ist jeweils möglich. *Schrüfer*

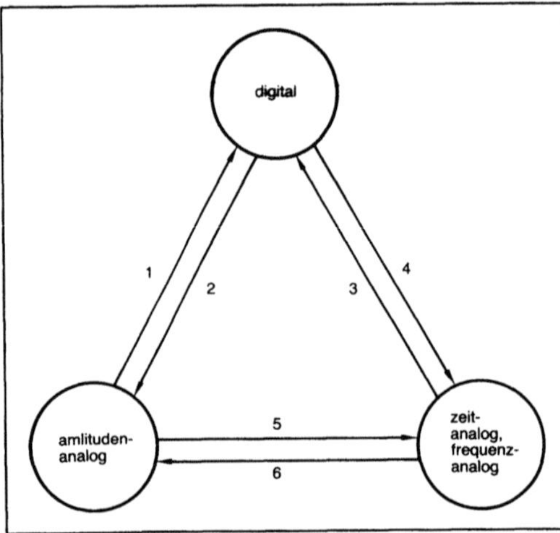

Signal 2: Signalumsetzung.

1) direktvergleichender A/D-Umsetzer, 2) D/A-Umsetzer, 3) Zähler, 4) spannungsgesteuerter Oszillator, 5) Spannung/Zeit-Umsetzer oder Spannung/Frequenz-Umsetzer, 6) Tiefpaß- oder Zählraten-Umsetzer

Signal, dynamisches. In der Zuverlässigkeitstechnik wird unter einem d. S. ein S. verstanden, das dauernd seinen Spannungs- oder Stromwert ändert und damit z. B. in Form einer →Impulsfolge vorliegt.

Die in einem ein d. S. liefernden Gerät enthaltenen Bauelemente wechseln dauernd zwischen dem stromführenden und dem stromsperrenden Zustand. Bei eventuellen Bauelementausfällen sind diese Umschaltungen nicht mehr möglich. Die Ausfälle führen zum Verschwinden der Impulsfolge. Dadurch machen sich sowohl Kurzschlüsse als auch Unterbrechungen der Bauelemente im S. bemerkbar.

Ein d. S. ist also ein S. mit den beiden sich einander ausschließenden Zuständen E und $\bar{E}$:
E: die Impulsfolge ist vorhanden;
$\bar{E}$: die Impulsfolge ist nicht vorhanden; ein statisches S. mit gleichbleibendem Spannungs- oder Strompegel (0 oder 1) liegt vor.

Das d. S. wird in der Zuverlässigkeitstechnik dem Zustand einer Maschine oder eines Prozesses so zugeordnet, daß bei ungefährlichem Betrieb die Impulsfolge ansteht und
□ bei Überschreiten festgelegter Grenzen (gefährlicher Zustand) oder
□ bei einem Bauelementausfall
verschwindet und in ein statisches S. übergeht. Damit ist der →Ausfall eines ein d. S. liefernden Geräts sicherheitsgerichtet (sicherheitsgerichteter Ausfall).

Als Beispiel eines ausfallsicheren, ein d. S. liefernden Geräts zeigt das Bild eine Grenzwerteinheit. Die Grenzwerteinheit vergleicht die Spannung u_1 mit der Spannung u_r und benützt dabei eine Hilfsspannung u_2, die etwas größer als die Vergleichsspannung ist:

$$u_2 = u_r + \Delta u.$$

Über den Umschalter am Eingang des Komparators werden abwechselnd die unbekannte Spannung u_1 und die Hilfsspannung u_2 mit der Referenzspannung verglichen. Für

$u_1 < u_r$ liefert der →Komparator die Ausgangsspannung $-U_v$,
$u_2 > u_r$ liefert der Komparator die Ausgangsspannung $+U_v$.

Ist die zu messende Spannung kleiner als die Vergleichsspannung, so entsteht am Ausgang des

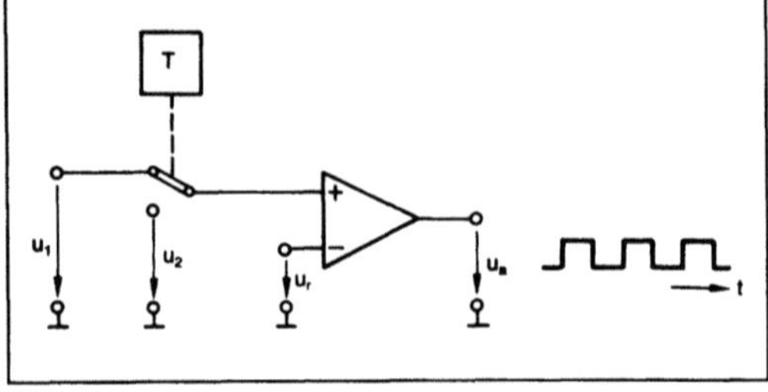

Signal, dynamisches: Prinzip einer Grenzwerteinheit mit sicherheitsgerichteten Ausfällen.

u_1 zu überwachende Spannung, u_r Referenzspannung, u_2 Hilfsspannung, u_a Ausgangsspannung (dynamisches Signal), T Steuerung des Umschalters

Komparators im Takt des Schalters eine Folge von Rechteckimpulsen. Diese verschwinden, wenn der Grenzwert erreicht ist (statisch $+U_v$). Eine Ausfalleffektanalyse zeigt, daß auch bei jedem Bauelementausfall das d. S. in ein statisches übergeht. Bleibt z. B. der Umschalter hängen, so liefert der Komparator stationär entweder die positive oder negative Versorgungsspannung.

Des weiteren wird sogar eine Drift der Ansprechschwelle in der gefährlichen Richtung entdeckt, sobald die Drift größer als $+\Delta_u$ geworden ist.

Weitere Beispiele für ausfallsichere Komponenten mit d. S. sind

□ das Logisafe-System von AEG-Telefunken,

□ das Decontic-System von BBC,

□ das Simatic-EMT-System der Siemens AG.

Schrüfer

Signalformer. Funktionseinheiten, die kontinuierliche oder diskontinuierliche Signale so formen, daß die Signale die für die Weiterverarbeitung erforderlichen Eigenschaften besitzen. S. können die Amplitude, den Frequenzgehalt oder die Flankensteilheit verändern. Die entsprechenden Geräte heißen Verstärker, Filter bzw. Impulsformer. S. sind z. B. Komponenten der →Prozeßperipherie, elektronischer →Zähler oder digitaler Drehzahlmesser. *Strohmann*

Signalregistrierung. Registrieren des zeitlichen Verlaufes sicherheitsrelevanter Betriebsgrößen. Im einfachsten Fall wird registriert, wann Gut- und wann Fehlsignal anlagen. Es kann aber auch der analoge Wert der Betriebsgröße im Verlauf einer Störung festgehalten werden. Zur Auflösung der zeitlichen Folge zusammengehöriger Signale ist es möglich, das →Registriergerät beim Eintreten einer Störung sehr schnell laufen zu lassen. Den Schnelllauf kann z. B. das Erstsignal veranlassen.

Für diese Aufgaben stehen speziell entwickelte Geräte zur Verfügung. Außerordentlich vorteilhaft lassen sie sich aber mit Prozeßrechnern erfüllen. Dabei sind den Kombinationsmöglichkeiten kaum Grenzen gesetzt, und der Aufbau aussagekräftiger, leicht auswertbarer Störungsprotokolle ist gut möglich (→Meldesystem). *Strohmann*

Signalverarbeitung →Meßsignalverarbeitung

Signum. Das Vorzeichen oder S. einer reellen Zahl x ist definiert durch

$$\text{sgn } x := \begin{cases} +1 & \text{für } x > 0 \\ 0 & \text{für } x = 0 \\ -1 & \text{für } x < 1. \end{cases}$$

Der Begriff S. tritt in anderer Bedeutung bei einer Permutation (Gruppe) auf. *Schmeißer*

Simpson-Regel. Die von *Thomas Simpson* 1743 angegebene Quadraturformel

$$\int_a^b f(x)dx = \frac{h}{3}\left(f(a) + 4\sum_{\mu=1}^{m} f(x_{2\mu-1}) + 2\sum_{\mu=1}^{m-1} f(x_{2\mu}) + f(b)\right) + R_m(f)$$

mit $m \in \mathbb{N}$, $h = \dfrac{b-a}{2m}$ und $x_\nu = a + \nu h (\nu = 0, 1, ..., 2m)$.

Für eine viermal stetige differenzierbare →Funktion f ist das Restglied darstellbar als

$$R_m(f) = -\frac{b-a}{180} h^4 f^{IV}(\xi), \quad \xi \in [a,b]. \tag{1}$$

Die S.-R. ergibt sich als zusammengesetzte Quadraturformel aus der Keplerschen Faßregel. Geometrisch ausgedrückt entsteht sie, indem man den Graphen von f auf jedem Teilintervall $[x_{2\mu}, x_{2\mu+2}]$ ($\mu = 0, 1, ..., m-1$) durch den durch die Punkte $(x_{2\mu}, f(x_{2\mu}))$, $(x_{2\mu+1}, f(x_{2\mu+1}))$ und $(x_{2\mu+2}, f(x_{2\mu+2}))$ gelegten Parabelbogen ersetzt.

Für das Restglied kennt man neben (1) noch verschiedene andere Darstellungen, die z. T. mit schwächeren Voraussetzungen an f auskommen. Selbst wenn f nur stetig ist, gilt

$$\lim_{m\to\infty} R_m(f) = 0,$$

d. h., die S.-R. bildet in Abhängigkeit von m ein konvergentes Quadraturverfahren. *Schmeißer*

Literatur: *Braß, H.:* Quadraturverfahren. Göttingen 1977. – *Schmeißer, G. u. H. Schirmeier:* Praktische Mathematik. Berlin 1976.

Simulation (Informatik). S. leitet sich vom Lateinischen simile ähnlich ab. Bezogen auf die gerade in Betracht kommenden Eigenschaften soll das Modell dem Original möglichst so ähnlich sein, daß man von dem Verhalten des Modells bzw. Modellsystems Rückschlüsse auf das Verhalten des Original(system)s ziehen kann. Eine S. soll im wesentlichen das Probieren, Experimentieren und Versuche ersetzen, sofern es angebracht ist.

Gründe für S., obwohl man wohl immer Einbußen an Genauigkeit bis hin zur Grenze der Glaubwürdigkeit hinnehmen muß, liegen auf der Hand, in erster Linie die Kosten: Es ist billiger, mit einem Flugsimulator „notzulanden", als ein echtes Flugzeug im Versuch zu zerstören. Ebenso ist es billiger, Störfälle in einem Kernkraftwerk zu simulieren (und Gegenmaßnahmen einzuüben), als mit echten Reaktoren zu experimentieren. Das letzte Beispiel zeigt auch noch andere Gründe auf, nämlich ethische: Es ist viel zu gefährlich, mit Kernkraftwerken, Krankheitserregern, Volkswirtschaften usw. beim Experimentieren in Grenzsituationen zu geraten.

675

Auch muß man zur S. greifen, wenn man gar nicht die faktische Macht hat, Einfluß auf die Parameter (in dem Maße) auszuüben, wie die Untersuchung es erforderte; im letztgenannten Beispiel: den Sparwillen der Bevölkerung, die Auslandsgeschäfte und Währungsparitäten usw. Sie sind nicht unmittelbar beeinflußbar, vor allem nicht sofort. Dies zeigt den nächsten Grund für eine S.: Zeitgründe. In der realen Welt mögen die realen Prozesse mit ganz anderen Geschwindigkeiten ablaufen und sich damit der menschlichen Beobachtbarkeit entziehen: Biologische und astronomische Prozesse müßte man ggf. über Generationen, die letzteren vielleicht über Jahrmillionen beobachten, wollte man Experimente in der Realwelt machen. Andere Prozesse (physikalische, technische) mögen für die menschliche Reaktion viel zu schnell ablaufen oder unter Arbeitsbedingungen, die ein Mensch zum realen Experimentieren nicht aushalten könnte (z. B. Temperaturen, Strahlungen, Gravitationskräfte usw. wie auf anderen Sternen).

Ein Modell wird erstellt durch Übertragung (Abbildung) des realen Systems in ein anderes oder durch Neukonstruktion eines ähnlichen Systems. Dabei soll möglichst die äußere Form, sofern sie von Belang ist, mehr aber noch die innere Struktur mit ihren Wirkungsmechanismen, also die Zustands-Ereignis-Struktur, verhaltensgetreu abgebildet werden. Wie wahrheitsgetreu diese Abbildung gelungen ist, bestimmt nachher weitgehend den Wert und die Güte des Modells. Ein anderes Qualitätsmerkmal des Modells (und damit die Verläßlichkeit bestimmend) sind die Daten, d. h. die Anfangswerte für die Berechnungen, und die Parameter für die fortlaufende Berechnung. *Fuss*

Literatur: *Kreutzer, W.:* System Simulation. Programming Styles and Languages. Wesley 1986. – *Reisig, W.:* Systementwurf mit Netzen. Berlin, Heidelberg, New York 1985.

Sinusschwingung.

□ Kreisbewegung und S. (mathematisch).

Bewegt sich ein Massenpunkt m mit der →Winkelgeschwindigkeit ω auf einer Kreisbahn vom Radius a, so ist zur Zeit t der Phasenwinkel $\varphi = \omega t$ und die Ordinate $y = a \cdot \sin\omega t$. Die Projektion des Punktes m auf die Ordinatenachse ergibt eine Sinusschwingung (harmonische →Schwingung) der Amplitude a. Die Funktion $y = a \sin\omega t$ nimmt nach Ablauf einer Vollschwingung, d. h. nach der →Schwingungsdauer T [sek] denselben Wert an: $y = \sin\omega t = \sin (\omega t + 2\pi)$. Es gilt: $\omega T = 2\pi$ bzw. $\omega = 2\pi/T = 2\pi \cdot n$ [sek^{-1}] ω heißt Winkelgeschwindigkeit oder Kreisfrequenz.

Wird die Schwingung nicht vom Nulldurchgang, sondern von einem Anfangswinkel α gestartet, so lautet die Schwingungsgleichung: $y = a \sin (\omega t + \alpha)$. α heißt Phasenkonstante (Bild 1).

Die S. genügt der →Differentialgleichung

$$\ddot{y} = -\omega^2 y. \tag{1}$$

□ Kreisbewegung und S. (physikalisch)

Die Kreisbewegung erfordert eine konstante zum Kreismittelpunkt hingerichtete Zentralkraft K_z. Ihre Komponente in der →Schwingungsrichtung K wirkt bei der Schwingung als rücktreibende Kraft (Bild 2): $K : K_Z = y : a$ bzw. $K = -\dfrac{K_Z}{a} \cdot y = -D \cdot y$

(lineares →Kraftgesetz; z. B. Federpendel). Nach dem Newtonschen Kraftgesetz gilt:

$$m\ddot{y} = -Dy \text{ bzw. } \ddot{y} = -\frac{D}{m}y. \tag{2}$$

Vergleich von (1) und (2) liefert: $\omega^2 = D/_m$. Wegen $\omega = 2\pi/T$ erhält man für die Schwingungsdauer (des Federpendels): $T = 2\pi \sqrt{\dfrac{m}{D}}$ [sek]. Die Schwingungsdauer ist also unabhängig von der Amplitude.

Differenzieren der Funktion $y = a \sin\omega t$ zeigt: $\dot{y} = \omega \cdot a \cos\omega t = \omega \cdot a \sin (\omega t + \dfrac{\pi}{2})$ und $\ddot{y} = -\omega^2 a \sin\omega t = -\omega^2 y$. Nicht nur der Ausschlag y, sondern auch die Geschwindigkeit $v = \dot{y}$ und die Beschleunigung $b = \ddot{y}$ verlaufen sinusförmig: v ist in ihrer Phase gegenüber y um 90°, b um 180° gegenüber y verschoben, also dem Ausschlag y entgegen gerichtet. Allgemein gilt: Ist die rücktreibende Kraft dem Ausschlag proportional, so treten S. auf.

□ Schwingungen, bei denen sich der Pendelkörper auf einer geraden Linie (Strecke) zwischen zwei Umkehrpunkten (Polen) hin- und herbewegt, heißen linear polarisierte Schwingungen. Beispiel: Federpendel. Fadenpendel bei kleinen Ausschlägen.

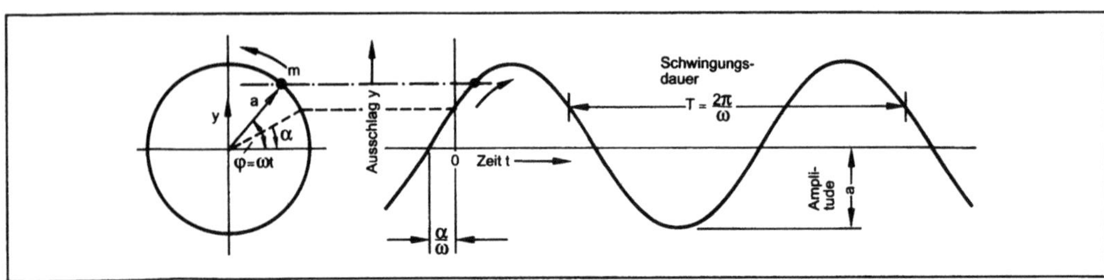

Sinusschwingung 1: Graphische Darstellung der S.

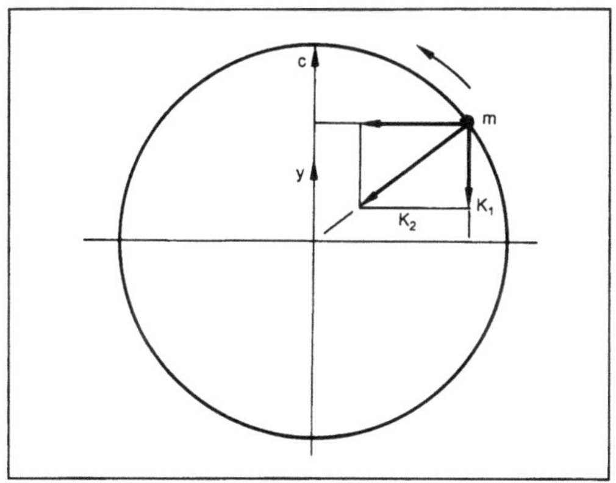

Sinusschwingung 2: Lineares Kraftgesetz bei der Kreisbewegung.

□ Schwingungen auf einer Kreisbahn oder auf einer elliptischen Bahn heißen zirkular polarisiert oder elliptisch polarisiert.

Eine elliptisch polarisierte Schwingung kann aus zwei zueinander senkrecht verlaufenden linear polarisierten Schwindungen gleicher Schwingungsdauer (nicht notwendig gleicher Amplitude) zusammengesetzt werden. Die Form der →Ellipse hängt vom Phasenunterschied der beiden Komponenten ab. Bei geringem Frequenzunterschied ändert sich der Phasenunterschied ständig, so daß die verschiedenen Ellipsen der Reihe nach durchlaufen werden.
□ Werden zwei senkrecht verlaufende linear polarisierte Schwingungen mit verschiedener Schwingungsdauer zusammengesetzt, so entstehen verwickeltere Bahnkurven, die sog. *Lissajous* Schwingungen (*J. A. Lissajous* 1822–1880). Sie lassen sich z. B. durch ein y-förmiges Fadenpendel realisieren. Das Schwingungsbild ist durch das Frequenzverhältnis und den Phasenunterschied bestimmt. Ist das Verhältnis der Schwingungsdauern rational, so ist die Bahn geschlossen (Bild 3).
□ Die Zusammensetzung zweier linear polarisierter Schwingungen gleicher Schwingungsrichtung heißt auch Superposition oder Überlagerung. Umgekehrt kann man jedes Schwingungsbild als von Sinusschwingungen zusammengesetzt denken bzw. in S. zerlegen (Fourier-Analyse).

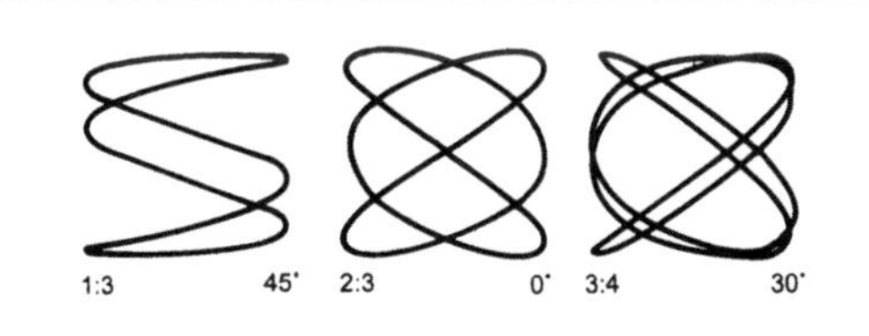

Sinusschwingung 3: Lissajousbahnen, bei denen die horizontale Schwingung im Verhältnis 1:3, 2:3 und 3:4 langsamer abläuft als die vertikale und um 45°, 0° bzw. 30° voreilt.

Die Überlagerung zweier Schwingungen gleicher Amplitude und verschiedener Frequenz ergibt:

$$y = a\ \sin\omega_1 t + a\ \sin\omega_2 t.$$

□ Sind ω_1 und ω_2 nur wenig verschieden, so erhält man eine Schwebung:

$$y = 2a\ \cos\frac{\omega_1-\omega_2}{2}\,t\cdot\sin\frac{\omega_1+\omega_2}{2}\,t.$$

Dabei ist $\frac{\omega_1+\omega_2}{2}\approx\omega_1\approx\omega_2$, $\omega_1-\omega_2\ll\omega_1+\omega_2$.

Der Faktor $\cos\frac{\omega_1-\omega_2}{2}\,t$ ändert sich viel langsamer als der Faktor $\sin\frac{\omega_1+\omega_2}{2}\,t$. Es handelt sich um eine Schwingung der Frequenz $\frac{\omega_1+\omega_2}{2}\approx\omega_1\approx\omega_2$ mit der periodisch veränderlichen Amplitude $2a\ \cos\frac{\omega_1-\omega_2}{2}\cdot t$. Die Schwebung ist ein periodischer Vorgang, dessen Frequenz durch die Differenz $\omega_1-\omega_2$ der überlagerten Teilschwingungen gegeben ist.
□ Die Überlagerung von zwei gleichfrequenten Schwingungen heißt Interferenz. Bei gleicher Amplitude und gleicher Frequenz können sich nur die Phasenwinkel unterscheiden. Bei Phasengleichheit entsteht eine S. gleicher Frequenz und doppelter Amplitude – bei einem Phasenunterschied von 180° löschen sich die beiden Schwingungen aus.
□ Stimmen die Amplituden der gleichfrequenten Schwingungen nicht überein, so entsteht bei Überlagerung ebenfalls eine S. derselben Frequenz:

$$y = a\ \sin\omega t + b\ \sin(\omega t+\beta) = r\ \sin(\omega t+\varepsilon)$$

mit $r^2 = a^2+b^2+2ab\ \cos\beta$, $\mathrm{tg}\,\varepsilon = \dfrac{b\ \sin\beta}{a+b\ \cos\beta}$. *Fischer*

Skalar. Die reellen Zahlen lassen sich eineindeutig den Punkten einer skalierten Geraden zuordnen (Zahlengerade). Sie heißen daher S. Damit zusammen hängt die Auffassung, daß S. solche Zahlen sind, die als Verhältnis (Quotient) zweier gleichartiger Größen darstellbar sind (Maßzahl einer Größe). – Verallgemeinerungen: S. sind die Elemente des zu einem Vektorraum (bzw. Modul) gehörenden Körpers K (bzw. Rings R). – S. Größen sind in der Physik z. B. Temperatur, Masse, elektrische Ladung, Arbeit. *Fischer*

Skalenanzeige →Meßgerät

Skineffekt. Bei Wechselströmen hoher →Frequenz verteilt sich der Strom nicht gleichmäßig über den gesamten Querschnitt eines Leiters, sondern die Stromdichte nimmt von der Mitte des Leiters zur Oberfläche hin zu. Bei sehr hohen Frequenzen fließt der Strom nur noch in einer sehr dünnen oberflächennahen Schicht, während das Leiterinnere weitgehend stromlos ist (Haut-Effekt). Der Hochfrequenzwiderstand hängt dann nur noch vom Umfang des Leiters ab und nicht von seinem Querschnitt. Man verwendet daher häufig Leiterrohre oder Hochfrequenzlitze (Litze) mit im Vergleich zum Querschnitt großer Oberfläche. Außerdem versilbert man meist die Oberfläche, um dem Oberflächenstrom einen möglichst geringen →Widerstand entgegenzusetzen. Die →Stromverdrängung aus dem Innern des Leiters an die Oberfläche läßt sich aus der höheren →Selbstinduktivität (→Induktivität) der inneren Leiterteile verstehen, die daraus resultiert, daß sie sich bei gleichem Strom mit mehr magnetischen Feldlinien umgeben, als eine oberflächennahe Leiterschicht. Die höhere Selbstinduktivität führt bei hochfrequenten Strömen zu einem größeren reaktiven →Längswiderstand und kann daher bei gleicher Spannung nur geringeren Strom leiten. Die Stärke des Skineffekts wird charakterisiert durch die Eindringtiefe des Stromes $d = \sqrt{\rho/\pi\mu f}$, d. i. der Abstand von der Oberfläche, bei dem die Stromdichte um den Faktor $1/e$ abgefallen ist. Dabei sind ρ der spezifische Widerstand und μ die →Permeabilität des Leiters, f die Frequenz sowie e die Basis des natürlichen →Logarithmus. Infolge des Skineffekts wird der ohmsche Widerstand eines Leiters bei hohen Frequenzen größer als der Gleichstromwiderstand, denn mit zunehmender Frequenz steht ein immer geringerer Querschnitt für den Stromtransport zur Verfügung.

Für einen Kupferleiter ist die Eindringtiefe beispielsweise $d_{Cu} = 67$ mm $\sqrt{Hz}/\sqrt{f}$, für einen Leiter aus Eisen ($\mu = 200\,\mu_o$) etwa $d_{Fe} = 13$ mm $\sqrt{Hz}/\sqrt{f}$.

Claassen

Sorbens. Aufnehmende feste Phase bei der →Adsorption. Als S. (oder Adsorbenzien) können Aktivkohle, Silicagel (Kieselgele) oder Molekularsiebe verwendet werden, die alle große spezifische Oberflächen besitzen ($250–1500$ m^2/g). Durch Aktivierungsprozesse oder besondere Herstellungsverfahren erzeugt man eine Vielzahl sehr kleiner Poren.

Zur Charakterisierung von S. werden technische Kenndaten wie die Adsorptionsleistung (z. B. Benzolisotherme bei $20\,°C$), das Schüttgewicht, die Korngrößenverteilung und die Härte verwendet.

Weitere Adsorptionsmittel sind aktiviertes Aluminiumoxid, Bleicherden sowie Holz, Papier und Textilien, die man allerdings für technische Zwecke seltener einsetzt.

Dohrn

Sorptionsgleichgewicht. Phasengleichgewicht zwischen einer fluiden und einer kondensierten Phase, z. B. zwischen Gasphase und festem Adsorptionsmittel. Bei der →Adsorption einer einzigen Komponente stellt man graphisch das S. oft in einem

isothermen x,y-Diagramm dar, bei dem die Beladung des Adsorbens gegen den Sättigungsgrad der fluiden Phase aufgetragen wird. Das Bild zeigt in a) eine →Sorptionsisotherme mit einem für die Adsorption günstigen Verlauf.

Werden zwei Komponenten adsorbiert, so erfolgt die graphische Darstellung in einem Dreiecksdiagramm oder in einem x,y-Diagramm, bei dem der →Molenbruch x der Komponente 1 im adsorbierten Zustand gegenüber seinem Gleichgewichtsmolenbruch y* in der Gasphase aufgetragen wird. Der

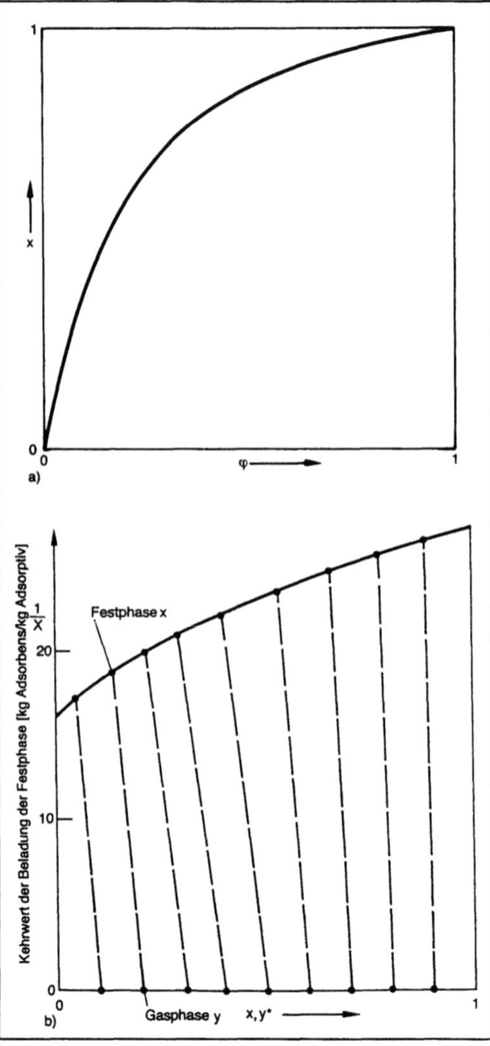

Sorptionsgleichgewicht: Graphische Darstellung von Sorptionsgleichgewichten.

a) Eine Komponente wird adsorbiert; Beladung X über Sättigungsgrad φ

b) Zwei Komponenten werden adsorbiert; Kehrwert der Beladung X über den Molenbrüchen in Gas- und Festphase.

Molenbruch wird jeweils unter Vernachlässigung des Adsorbens bestimmt. Aussagekräftiger ist ein Diagramm, bei dem der Kehrwert der Beladung X gegenüber x und y* dargestellt wird. Beim zuletzt genannten Diagramm, b) im Bild, wird das S. durch eine Konode hervorgehoben.

S. geben die Grenzen von Adsorptionsvorgängen an und sind für die Triebkraft der Adsorption und Desorption maßgeblich. Sie bilden die Grundlage zur Berechnung des Trennprozesses und zur Auslegung von Apparaten ($\rightarrow$Sorptionskinetik). *Dohrn*

Literatur: *Hauffe, K., u. S. R. Morrison:* Adsorption. Eine Einführung in die Probleme der Adsorption. Berlin 1974. – *Mersmann, A.:* Thermische Verfahrenstechnik. Berlin, Heidelberg, New York 1980.

Sorptionsisotherme. Die S. gibt den Verlauf der Beladung eines Adsorbens in Abhängigkeit von einer Konzentrationsangabe (z. B. der relativen Sättigung) der Gasphase bei konstanter Temperatur an. Da bei einer $\rightarrow$Adsorption die $\rightarrow$Sorptionswärme frei wird, muß zum Aufrechthalten einer konstanten Temperatur ständig Wärme abgeführt werden. Die S. beschreibt das $\rightarrow$Sorptionsgleichgewicht (Phasengleichgewicht).

Für einen Adsorptionsprozeß vorteilhaft ist ein Verlauf, der bereits bei niedrigen Konzentrationen in der Gasphase hohe Beladungen ermöglicht. Einfache S. lassen sich mit verschiedenen Methoden rechnerisch beschreiben. *Dohrn*

Sorptionskinetik. Abhängigkeit der Geschwindigkeit der $\rightarrow$Adsorption von verschiedenen Einflußgrößen, z. B. dem Diffusionskoeffizienten, der Anfangs- und der Endbeladung ($\rightarrow$Sorptionsgleichgewicht).

Drei Stofftransportschritte folgen nacheinander:
□ äußere $\rightarrow$Diffusion: diffusiver Transport durch die laminare Grenzschicht um das Korn,
□ innere Diffusion bzw. Sorbatdiffusion: diffusiver Transport durch die mit Fluid gefüllten Poren,
□ Adsorption: $\rightarrow$Kondensation der Moleküle an der inneren Oberfläche.

Bei der Adsorption aus der Gasphase ist der geschwindigkeitsbestimmende Schritt in der Regel die innere Diffusion, während bei der Adsorption aus der flüssigen Phase oft die äußere Diffusion bestimmend ist. Der dritte Transportschritt, die eigentliche Adsorption, verläuft bei Gasen sehr schnell ($\rightarrow$Durchbruchskurve). *Dohrn*

Literatur: *Mersmann, A.:* Thermische Verfahrenstechnik. Berlin, Heidelberg, New York 1980.

Sorptionswärme. S. wird frei, wenn Teilchen aus einer fluiden Phase an einer Oberfläche adsorbieren ($\rightarrow$Sorbens). Sie wird üblicherweise auf 1 kg des adsorbierten Stoffes bezogen. Bei der Desorption muß die S. aufgewendet werden, um die adsorbierten Teilchen in die fluide Phase zu transportieren.

Die S. ist ein Maß für die Wechselwirkungsenergie zwischen Adsorptiv und Adsorbens. Sie sinkt mit zunehmender Beladung des Adsorbens. Bei unbeladener Aktivkohle beträgt z. B. die S. von Ethen (Ethylen) ca. 1190 kJ/kg, bei einer Beladung von 0,1 nur noch 805 kJ/kg (Phasenänderungswärme, Temperaturwechselverfahren). *Dohrn*

Spaltausbeute $\rightarrow$Kernspaltung

Spaltneutron $\rightarrow$Neutronenemission; $\rightarrow$Kernspaltung

Spaltprodukt. Als Sp. bezeichnet man die bei der $\rightarrow$Kernspaltung entstehenden instabilen (radioaktiven) und stabilen Produkte. Man unterscheidet primäre und sekundäre S.

Primäre S. sind die Radionuklide, die nach Emission der prompten Neutronen und der prompten γ-Strahlung im Grundzustand vorliegen. Durch β^-- und γ-Zerfälle wandeln sie sich in sekundäre S. um. Am Ende einer solchen Folge von Umwandlungen (Spaltkette) steht jeweils ein stabiler Kern. Alle Glieder einer Spaltkette sind Isobare, d. h. sie haben dieselbe $\rightarrow$Massenzahl A. Man trägt deshalb die Spaltausbeute (Ausbeute an Nukliden bei der Kernspaltung) als Funktion der Massenzahl A auf (Isobarenausbeute, Massendispersion).

Für die Spaltung von ^{235}U durch thermische Neutronen erhält man die im Bild wiedergegebene Kurve. Die Spaltausbeute gibt an, in wieviel Prozent der Kernspaltungen $\rightarrow$Nuklide mit der betreffenden Massenzahl entstehen. Da eine Kernspaltung jeweils zu zwei Spaltprodukten führt, beträgt die Summe der über alle Massenzahlen aufsummierten Spaltausbeuten 200 %. Man erkennt aus dem Bild, daß bei der thermischen Kernspaltung (Kernspaltung mit thermischen Neutronen) die asymmetrische Spaltung stark bevorzugt ist. Die Maxima der Kurve liegen im Bereich der Massenzahlen A = 90 bis 100 und A = 133 bis 143. Hier findet man u. a. die langlebigen und für die Praxis besonders wichtigen Radionuklide, die in der Tabelle aufgeführt sind. Eine symmetrische Kernspaltung findet nur in etwa 10^{-2} % aller Fälle statt. Die S., die bei der Kernspaltung in den Brennstoffelementen von Kernreaktoren gebildet werden, bestehen nach einer Lagerungszeit von einem Jahr zu etwa 82,9 % Massengehalt aus stabilen Produkten, zu etwa 1,0 % aus ^{85}Kr, zu etwa 0,8 % aus ^{90}Sr, zu etwa 2,5 % aus ^{129}I, zu etwa 7,6 % aus ^{134}Cs und ^{137}Cs und zu etwa 5,2 % aus anderen Radionukliden. Bei den stabilen S. handelt es sich zu einem großen Teil (etwa 70 % Massengehalt) um Lanthanide. Diese sowie die ebenfalls als S. anfallenden $\rightarrow$Edelgase Krypton und Xenon haben

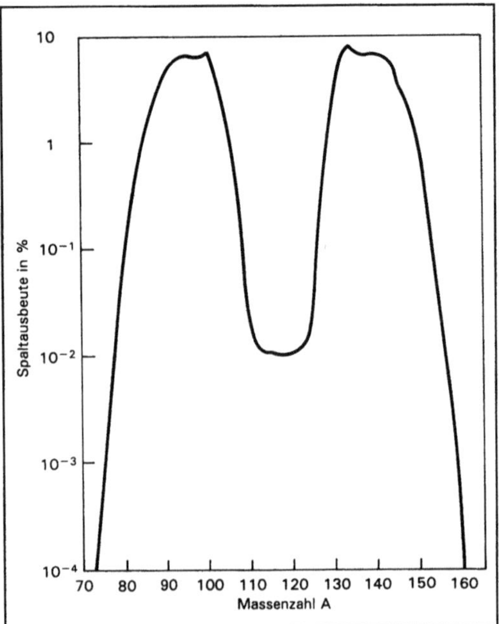

Spaltprodukt: Spaltausbeute für die Spaltung des ^{235}U durch thermische Neutronen.

Spaltprodukt: Tabelle: Spaltausbeute an verschiedenen Nukliden bei der Kernspaltung des Urans durch thermische Neutronen.

Spaltprodukt	Spaltausbeute (%)	Halbwertzeit
^{85}Kr	1,32	10,72 a
^{89}Sr	4,80	50,5 d
^{90}Sr	5,89	28,5 a
^{99}Tc	6,13	$2{,}13 \cdot 10^5$ a
^{129}I	0,65	$1{,}57 \cdot 10^7$ a
^{131}I	2,82	8,04 d
^{133}Xe	6,75	5,25 d
^{135}Cs	6,60	$3{,}0 \cdot 10^6$ a
^{137}Cs	6,26	30,0 a
^{140}Ba	6,36	12,75 d
^{141}Ce	5,82	32,5 d
^{144}Ce	5,39	285 d
^{147}Pm	2,25	2,62 a

zum Teil recht hohe Einfangquerschnitte für Neutronen, so daß sie als Neutronengifte in Kernreaktoren wirken und nach einer bestimmten Betriebszeit ein Auswechseln der Brennstoffelemente erforderlich machen. Diejenigen S., die gasförmig oder bei erhöhter Temperatur flüchtig sind, können bevorzugt entweichen (Edelgase, Iod, bei erhöhter Temperatur auch Cäsium).

Bei der Spaltung des ^{233}U und des ^{239}Pu mit thermischen Neutronen erhält man ähnliche Kurven wie im Bild. Mit wechselnder Massenzahl des spaltenden Nuklids rückt der Kurvenast der leichten Massen etwas näher an den Kurvenast der schweren Massen heran; bei der Spaltung von ^{258}Fm fließen dann schließlich beide Kurvenäste ineinander. Erhöht man die Energie der Neutronen, so steigt der Anteil der symmetrischen Spaltung an ($\rightarrow$ Kernspaltung).

Wie erwähnt ist die Isobarenausbeute (Massendispersion, s. Bild) die Spaltausbeute an allen Nukliden einer bestimmten Massenzahl, d. h. darin sind die Ausbeuten an primären und sekundären S. der betreffenden Massenzahl enthalten. Die Ausbeute an primären S. einer Isobarenreihe als Funktion der Ordnungszahl nennt man unabhängige Spaltausbeute (Ladungsdispersion). Die Kurven für die Ladungsdispersion haben jeweils Maxima bei einer mittleren Ordnungszahl Z_p und fallen bei höheren und niedrigeren Ordnungszahlen symmetrisch ab. Für $Z = Z_p \pm 1$ ist die unabhängige Spaltausbeute um etwa den Faktor 10^4 kleiner als für Z_p. Von der unabhängigen Spaltausbeute eines Nuklids unterscheidet man die kumulative Spaltausbeute. Während in der unabhängigen Spaltausbeute nur der Anteil enthalten ist, der direkt durch die Kernspaltung entsteht (d. h. nur die primären Spaltprodukte), **umfaßt die kumulative Ausbeute auch die** Anteile des betreffenden Nuklids, die durch β^--Zerfall aus Isobaren niedriger Ordnungszahl gebildet werden. *Lieser*

Literatur: *Dreisvogt, H.:* Spaltprodukt-Tabellen. Bibl. Institut, Mannheim–Wien–Zürich 1974. – *Seelmann-Eggebert, W., G. Pfennig* u. *H. Münzel:* Karlsruher Nuklidkarte, 5. Aufl. München: Verlag Gersbach u. Sohn 1981.

Spannung, eingeprägte. Zur Berechnung elektrischer Netzwerke kann man Spannungen oder Ströme an den Eingangsklemmen oder in einzelnen Teilzweigen vorgeben (einprägen), um daraus die gesuchten Ströme und Spannungen an den Ausgangsklemmen oder in anderen Teilzweigen des Netzwerkes zu bestimmen. Praktisch realisiert man eingeprägte Spannungen durch elektrische Energiequellen mit sehr niedrigem Innenwiderstand bzw. durch eine transistorisierte Regelschaltung. *Claassen*

Spannung, elektrische. Die elektrische Spannung U_{12} zwischen zwei Punkten 1 und 2 ist die Energie, die frei wird, wenn man eine Ladung q vom Punkt 1 zum Punkt 2 bewegt, bezogen auf die Ladung. Sie ist gleich dem Linienintegral über die elektrische $\rightarrow$ Feldstärke $\underline{E}$

$$U_{12} = \int_1^2 \underline{E}\,d\underline{s}$$

auf dem Weg s. In der Elektrostatik ist das elektrische →Feld rotationsfrei und daher das Linienintegral unabhängig vom Weg. Man kann dann den Punkten Potentiale φ_1 und φ_2 zuordnen, die den Spannungen der Punkte zu einer beliebigen Bezugselektrode entsprechen. Die Spannung zwischen den Punkten ergibt sich als die Differenz der Potentiale

$$U_{12} = \varphi_1 - \varphi_2.$$

In der Hochfrequenztechnik lassen sich entsprechend Spannungen nur dann eindeutig angeben, wenn der Abstand der Punkte klein ist gegenüber der →Wellenlänge.

Bei sinusförmigen Spannungen und Strömen verwendet man bei der komplexen Wechselstromrechnung auch komplexe Spannungen, indem man

$$U(t) = U_1 \cos(\omega t + \varphi)$$

ersetzt durch

$$U(t) = \mathrm{Re}\,\{U_1\,e^{j(\omega t + \varphi)}\} = \mathrm{Re}\,\{U_1\,e^{j\varphi}\cdot e^{j\omega t}\}$$
$$= \mathrm{Re}\,\{\underline{U}_1\,e^{j\omega t}\}.$$

Darin ist $\underline{U}_1 = U_1 e^{j\varphi}$ der komplexe Phasor der Spannung. Sein Betrag gibt die Amplitude der →Wechselspannung an und sein Winkel in der komplexen Ebene den Phasenwinkel. Damit ist die Wechselspannung eindeutig beschrieben. *Claassen*

Spannung, magnetische. Produkt aus magnetischer →Feldstärke H in einer den magnetischen →Fluß leitenden Komponente eines magnetischen Kreises und der Länge l der Feldlinien in der Komponente. Die Summe aller magnetischen Spannungen in einem →magnetischen Kreis ist gleich der magnetischen Erregung, die sich beim Elektromagnet aus dem Produkt aus Windungszahl und Stromstärke ergibt, beim Dauermagneten durch das auf die Querschnittsfläche bezogene magnetische Dipolmoment. Die magnetische Erregung als die Summe der magnetischen Spannungen wirkt als elektromotorische →Kraft in dem magnetischen Kreis. *Claassen*

Spannung, mechanische. An der Oberfläche R eines Körpers (Bild 1) oder in einer Schnittfläche werden auf den Körper je Flächeneinheit dA Kräfte $d\vec{F} = \vec{s}\,dA$ ausgeübt. Die S.-Vektoren $\vec{s}$ hängen vom Ort $\vec{r}$ und von der Schnittnormalen $\vec{n}$ ab. Für $-\vec{n}$ am gleichen Ort ist man am anderen Schnittufer. Dort wirkt $-\vec{s}$.

Durch Kräftegleichgewicht an Tetraedern (Bild 2) beweist man, daß

$$\vec{s}_n = n_a\,\vec{s}_a$$

gilt. Damit wird die Einführung von S.-Tensoren (man beachte den Wortursprung) $\underset{\sim}{\sigma}$ sinnvoll, denn er erzeugt alle S.-Vektoren $\vec{s}$ gemäß

$$\vec{s} = \vec{n}\cdot\underset{\sim}{\sigma}.$$

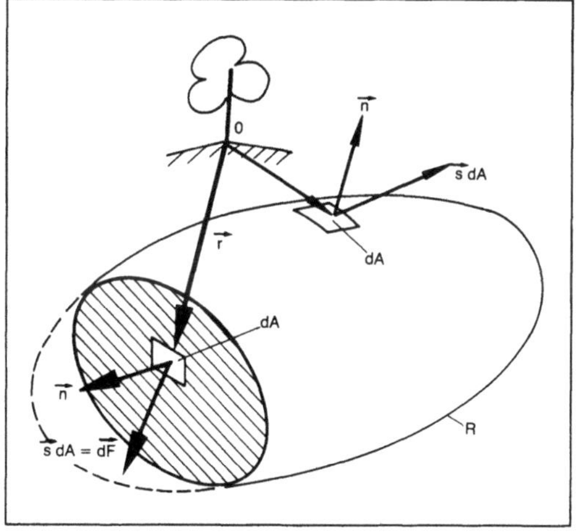

Spannung, mechanische 1: Innere und äußere Spannungsvektoren.

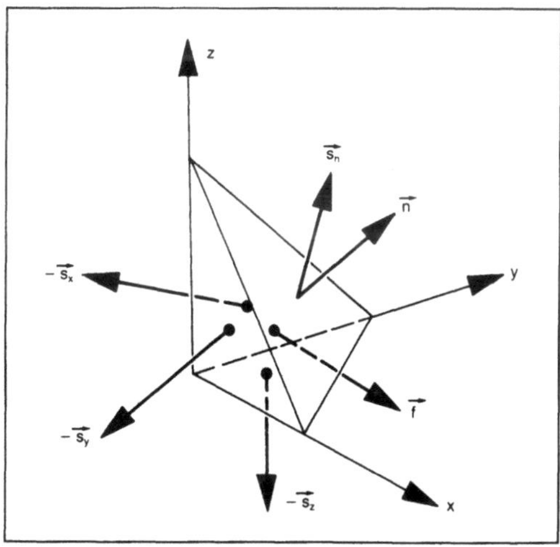

Spannung, mechanische 2: Spannungen in den zu einem kartesischen System gehörigen Schnitten.

Einige seiner →Koordinaten in kartesischen x, y, z-Koordinaten sind in Bild 3 angedeutet. Bei negativen Schnittufern ändert sich die Richtung. Es ist zwischen Normalspannung $\sigma \equiv \sigma_i$ ($i = j$) parallel zu $\vec{n}$ und Schubspannung $\tau \equiv \sigma_{ij}$ ($i \neq j$) in der (Schnitt-)Fläche zu unterscheiden.

Der →Tensor $\underset{\sim}{\sigma}$ beschreibt die Kräfte, die je Flächeneinheit der aktuellen Konfiguration auftreten. Er heißt Cauchy-S.-Tensor und ist symmetrisch:

$$\underset{\sim}{\sigma} = \underset{\sim}{\sigma}^T$$

(Axiomatik der Kontinuumsmechanik): Die Symmetrie wird als Boltzmann-Axiom gefordert oder folgt aus geeigneten anderen Axiomen. Man spricht von der Gleichheit der zugeordneten Schubspannungen.

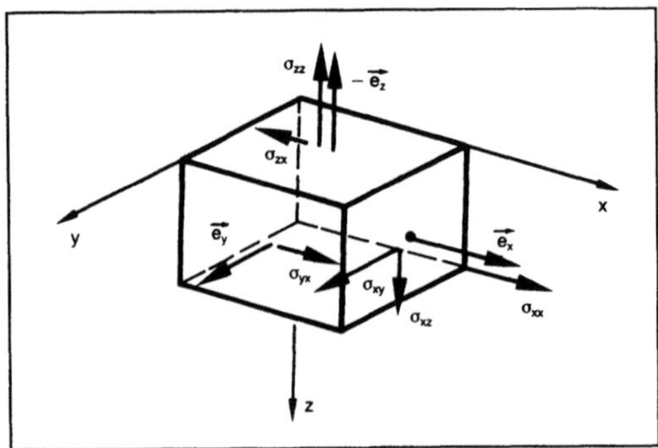

Spannung, mechanische 3: Tetraederförmiger Ausschnitt und an ihm wirkende Spannungsvektoren.

Die Kräfte $d\vec{F}$ kann man statt auf die Flächenelemente dA der aktuellen Konfiguration auf die Elemente $d\tilde{A}$ der Bezugskonfiguration $\tilde{K}$ ($\rightarrow$Deformation) beziehen. Es entsteht ein $\vec{\tilde{s}}$, das gemäß

$$\vec{\tilde{s}} = \vec{\tilde{n}} \cdot \underset{\sim}{T} \quad (\vec{\tilde{s}}\, d\tilde{A} = \vec{s}\, dA)$$

mit der Schnittnormalen der Bezugskonfiguration aus einem 1. Piola-Kirchhoff-S.-Tensor $\underset{\sim}{T}$ hervorgeht. Dieser selbst ist mit σ über den Deformationsgradienten verbunden:

$$\sigma = (\det \underset{\sim}{F})^{-1}\, \underset{\sim}{F} \cdot \underset{\sim}{T}.$$

Er hat keine ausgeprägte Symmetrie. Diese besitzt der 2. Piola-Kirchhoff-S.-Tensor $\underset{\sim}{\tilde{T}}$, der $\underset{\sim}{\sigma}$ und $\underset{\sim}{T}$ über

$$\sigma = (\det \underset{\sim}{F})^{-1}\, \underset{\sim}{F} \cdot \underset{\sim}{\tilde{T}} \cdot \underset{\sim}{F}^{T} \quad \text{und} \quad \underset{\sim}{T} = \underset{\sim}{\tilde{T}} \cdot \underset{\sim}{F}^{T}$$

erzeugt.

Der 1. Piola-Kirchhoff-S.-Tensor wird von jedem Ingenieur angewendet, wenn er bei Zugversuchen die Kraft auf den Ausgangsquerschnitt bezieht.

Die S.-Tensoren $\underset{\sim}{\sigma}$ und $\underset{\sim}{\tilde{T}}$, die Formänderungsgeschwindigkeiten $\underset{\sim}{\lambda}$ und die Zeitableitungen des Greenschen Tensors $\underset{\sim}{\gamma}$ (Deformation) sind mit den Volumenelementen dV, $d\tilde{V}$, die zu einem bestimmten Massenelement dm eines Körpers gehören, verknüpt über

$$\underset{\sim}{\sigma} \, . \, . \, \underset{\sim}{\lambda} \; dV = \underset{\sim}{\tilde{T}} \, . \, . \, \underset{\sim}{\dot{\gamma}}\, d\tilde{V}. \qquad \textit{Besdo}$$

Spannung, zulässige $\rightarrow$Zug und Druck

Spannungs-Frequenz-Umsetzer $\rightarrow$A/D-Sägezahn-Umsetzer

Spannungsermittlung. Kräfte wie Spannungen sind nur über ihre Wirkungen meßbar. Erst in neuester Zeit werden thermomechanische Effekte zur $\rightarrow$Spannungsmessung herangezogen (Thermoemission). Traditionell wird nach wie vor der $\rightarrow$Dehnungsmeßstreifen angewandt, der es gestattet, Dehnungen ε in bestimmten Richtungen anzugeben. Mit Hilfe des Mohr-Kreises für Dehnungen und seiner Gleichungen folgen aus drei Dehnungsmessungen in einem Punkt (praktisch: in der Nähe des Punktes) ε_1, ε_2, ε_3 in Richtungen (Bild), die $\sin \alpha \neq 0$, $\sin \beta \neq 0$ und $\sin(\alpha+\beta) \neq 0$ erfüllen, ε_{xx}, ε_{yy} und ε_{xy}. Da solche Ergebnisse an freien Oberflächen mit ihrem ebenen Spannungszustand (Symmetrien) gewonnen werden, liefert das $\rightarrow$Stoffgesetz dann Spannungen. Man muß allerdings Vorsicht walten lassen, wenn man Plastizierungen nicht ausschließen kann. *Besdo*

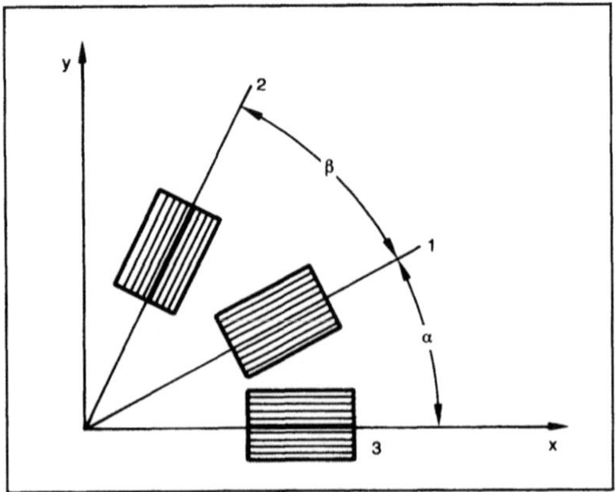

Spannungsermittlung: Prinzipskizze der Anordnung von Dehnungsmeßstreifen.

Spannungsfolger. Der S. (auch Impedanzwandler genannt) ist ein derartig gegengekoppelter Gleichstromverstärker, daß die Ausgangsspannung u_a gleich der Eingangsspannung u_e ist (Bild). Bei seiner Verwendung wird die Eingangsspannung u_e liefernde Quelle nur mit dem sehr hohen Eingangswiderstand des S. belastet, während die Ausgangsspannung u_a des Verstärkers aus einer Quelle mit niedrigem Innenwiderstand stammt. Dieser Quelle können dann Ströme entnommen werden. Der S. oder Impedanzwandler ändert also nicht die Höhe der Eingangsspannung, sondern erleichtert ihre Weiterverarbeitung durch die Herabsetzung des Quellwiderstandes.

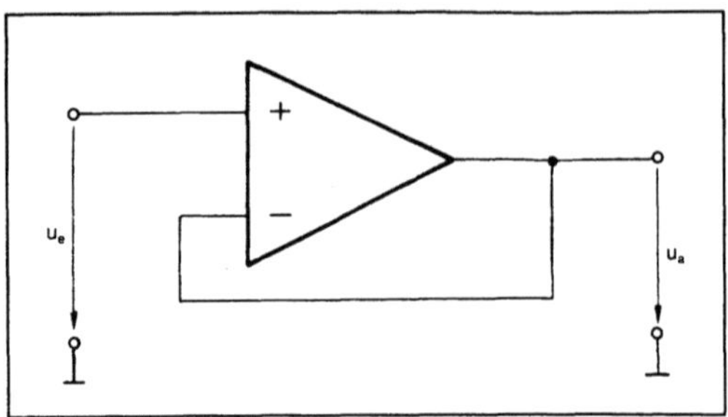

Spannungsfolger: Prinzipieller Aufbau.

Seine Verwendung empfiehlt sich in den Fällen, in denen Spannungen aus hochohmigen Quellen zu messen oder hinsichtlich des Innenwiderstands an andere Geräte anzupassen sind. *Schrüfer*

Spannungsmessung, elektrische. Die klassischen Meßgeräte (→Meßgerät, elektrisches) führen die S. meist auf eine →Strommessung zurück, wobei der Ausschlag infolge der magnetischen Wirkungen des Stroms dem linearen oder quadratischen Mittelwert des Stroms oder seines Betrags (→Meßgleichrichter) proportional ist. Der quadratische Mittelwert von nichtsinusförmigen Spannungen und Strömen läßt sich allgemein durch eine Quadrierung mit folgender Mittelwertbildung messen (Mittelwert einer periodischen Zeitfunktion, →Effektivwertmessung). Zur Quadrierung werden elektronische →Multiplizierer eingesetzt (→Leistungsmessung, elektrische).

Sofern eine bestimmte zu messende Spannung den Meßbereich des Spannungsmessers übersteigen würde, kann man durch Einschalten eines Vorwiderstands R_v den Meßbereich beliebig erweitern (Bild 1). Der vom Meßgerät benötigte Strom $I_m = \dfrac{U_K}{R_m + R_v}$ beträgt unabhängig von R_v je nach Ausführung ca. 1 µA – 1 mA. Der Strom I_m muß von der Quelle, deren Spannung U_0 gemessen werden soll, geliefert werden. Da Spannungsquellen mit einem Innenwiderstand R_i behaftet sind, läßt sich an den Klemmen zumindest theoretisch niemals die Spannung U_0, sondern nur die Klemmenspannung

$$U_K = U_0 - I_m\, R_i,$$
$$= U_0 \cdot \frac{1}{1 + \dfrac{R_i}{R_m + R_v}},$$
$$U_K = U_0 \cdot \left(1 - \frac{R_i}{R_m + R_v}\right)$$

abgreifen. Man sieht, daß dieser durch den Eigenverbrauch des Meßgeräts verursachte systematische →Meßfehler um so geringer ist, je größer $R_m + R_v$ im Vergleich zu R_i ist. Bild 2 zeigt ein Vielfachmeßgerät mit mehreren Meßbereichen für Gleich- und Wechselspannung. Außerdem erlaubt es die Messung von Gleich- und Wechselstrom sowie des elektrischen Widerstands. Da elektronische Komponenten im Vergleich zu mechanischen immer preisgünstiger werden, nimmt der Einsatz von elektronischen Vielfachmeßgeräten wie in Bild 3 (→Multimeter) mit Ziffernanzeige und manchmal mit paralleler Skalenanzeige (Quasianaloganzeige) immer mehr zu, wodurch die klassischen Meßgeräte verdrängt werden.

Messungen an Spannungsquellen mit sehr großem R_i lassen sich mit klassischen Meßgeräten nicht durchführen. Man schaltet hier Meßverstärker vor, die genügend hochohmig sind. Meßverstärker wer-

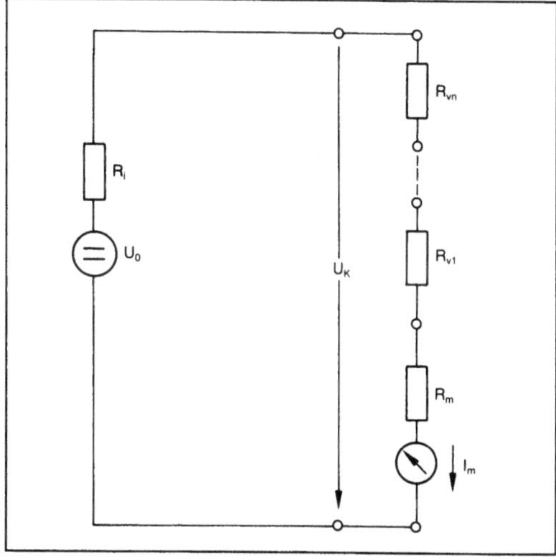

Spannungsmessung, elektrische 1: Spannungsmesser mit Vorwiderständen.

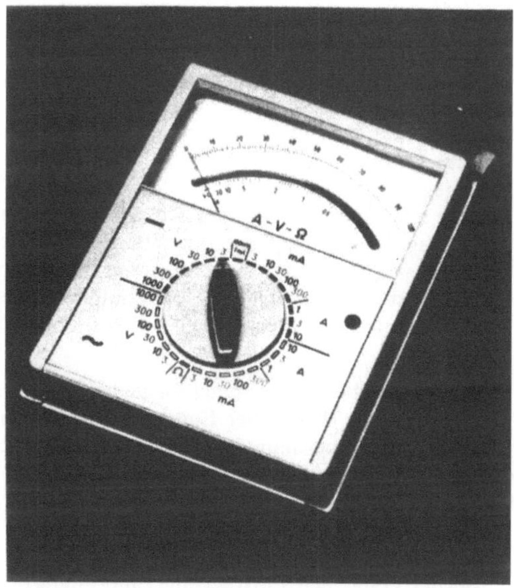

Spannungsmessung, elektrische 2: Vielfachmeßgerät.

den auch stets in den Multimetern eingesetzt, die Spannungen nach einer Analog/Digital-Umsetzung in Ziffern anzeigen. Besondere Formen von Meßverstärkern für Spannungen: Differenzverstärker für die Verstärkung von (kleinen) Potentialdifferenzen; Isolations- oder →Trennverstärker, bei denen das →Meßsignal über ein isolierendes Bauteil (Optokoppler, →Transformator) übertragen wird, wodurch die Meßstelle auf einem anderen, z. B. viel höheren Potential als der Rest der Meßeinrichtung liegen darf.

Spannungsmessung, elektrische 3: Elektronisches Vielfachmeßgerät (Multimeter). (Quelle: Siemens AG)

Meßverfahren, die auf dem Vergleich der zu messenden mit einer einstellbaren Normalspannung beruhen, nennt man Kompensations-Meßverfahren. Hierbei wird im Prinzip dem Meßobjekt keine Leistung entnommen. Weitere Möglichkeiten der S. sind gegeben durch das →Elektronenstrahl-Oszilloskop und durch Registriergeräte. Messen hoher Spannungen: →Spannungswandler, berührungslose Messung von Spannungen und Spannungsverläufen in integrierten Schaltungen im Hochvakuum mittels Elektronenstrahl-Meßtechnik.   *Hammerschmidt*

Spannungsreihe. Bezeichnung für mehrere Arten der Einordnung chemischer Elemente, insbes. der Metalle, nach bestimmten Eigenschaften. Die thermoelektrische S. erhält man bei der Einordnung der Metalle nach der Größe ihrer relativen differentiellen Thermokraft gegen ein Bezugsmetall.

Bei der Voltaschen S. erfolgt eine Einordnung der Metalle nach Größe ihrer Kontaktpotentiale relativ zu einem Bezugsmetall (Kontaktspannung). Als elektrochemische S. bezeichnet man die Reihenfolge der Normalpotentiale, d. h. der Gleichgewichtspotentiale von Metall-Elektroden in wäßrigen Lösungen ihrer Ionen unter Standardbedingungen (Tabelle 1). Mit Hilfe thermodynamischer Daten lassen sich die Gleichgewichtspotentiale errechnen. Da das Elektrodenpotential eines Metalls im Gleichgewicht mit einer Lösung nicht direkt meßbar ist, mißt man die Potentialdifferenz des betreffenden Systems gegenüber einer Bezugselektrode. In der Regel werden die Gleichgewichtspotentiale auf die Standard-Wasserstoffelektrode

Spannungsreihe. Tabelle 1: Elektrochemische Spannungsreihe.

Elektrode Me/Me^{Z+}	Normalpotential $E^{\circ}{}_{Me/Me^{Z+}}$ in V bei 25 °C
Na/Na^+	$-2,714$
Mg/Mg^{2+}	$-2,37$
Be/Be^{2+}	$-1,85$
Al/Al^{3+}	$-1,66$
Ti/Ti^{2+}	$-1,63$
Zr/Zr^{4+}	$-1,53$
Mn/Mn^{2+}	$-1,18$
Zn/Zn^{2+}	$-0,763$
Cr/Cr^{3+}	$-0,74$
Fe/Fe^{2+}	$-0,440$
Cd/Cd^{2+}	$-0,403$
In/In^{3+}	$-0,342$
Co/Co^{2+}	$-0,277$
Ni/Ni^{2+}	$-0,250$
Sn/Sn^{2+}	$-0,136$
Pb/Pb^{2+}	$-0,126$
Fe/Fe^{3+}	$-0,036$
H_2/H^+	$0.0..$
Cu/Cu^{2+}	$+0,337$
Cu/Cu^+	$+0,521$
Hg/Hg_2^{2+}	$+0,789$
Ag/Ag^+	$+0,7991$
Pd/Pd^{2+}	$+0,987$
Pt/Pt^+	$+1,2$
Au/Au^{3+}	$+1,50$
Au/Au^+	$+1,7$

bezogen und bei Verwendung anderer Bezugselektroden auf diese umgerechnet. Die in der S. festgelegte Reihenfolge der Normalpotentiale gilt nur für Standardbedingungen. Die in der Praxis auftretenden Aktivitäten können erheblich von den Standardbedingungen abweichen, wodurch Platzwechsel in der S. möglich werden (praktische S.).

In der praktischen S. erfolgt die Reihung der Metalle und Legierungen nach ihren Ruhepotentialwerten (Ruhepotential), die sich in dem betreffenden Korrosionsmedium einstellen (Tabelle 2). Dabei ist zu berücksichtigen, daß die Reihenfolge nur für das jeweilige Medium gilt und sich bei anderen Elektrolytlösungen ändern kann.   *Wendler-Kalsch*

Spannungsreihe. Tabelle 2: Praktische Spannungsreihe einiger gebräuchlicher Werkstoffe in neutralem, luftgesättigtem Meerwasser (25 °C).

Werkstoff		E_H V
Magnesium		−1,32
Zinklegierung GD ZnAl4		−0,94
Zink		−0,78
AlMgSi		−0,78
Aluminium 99,5		−0,67
unlegierter Stahl St 37		−0,40
Gußeisen GG-22		−0,35
Cr18Ni8-Stahl (aktiv)	ca.	−0,3
Zinnlot LSn 60		−0,28
Blei 99,9		−0,26
Silberlot 4404		−0,02
Messing Ms 63		−0,07
Kupfer		+0,10
Monel K		+0,12
Cupronickel 70–30		+0,34
Nickel 99,6		+0,46
CrNi-Stähle (passiv)	ca.	+0,4

Literatur: *Gellings, P. J.:* Korrosion und Korrosionsschutz von Metallen. München 1976. – *Latimer, W. M.:* Oxidation Potentials. Englewood Cliffs 1952.

Spannungsreihe, elektrochemische.

Unter der e. S. versteht man eine Auflistung von Halbzellen (Metallionen-, Gas- oder Redoxelektroden sowie Elektroden 2. Art), geordnet nach ihren Normalpotentialen gegen die Normalwasserstoff-Elektrode.

In jeder galvanischen Zelle ist die elektromotorische Kraft (EMK) gegeben durch die Summe aller Potentialsprünge. Sie berechnet sich als Differenz der Galvanispannungen $\Delta\varphi$ oder auch der auf eine Bezugselektrode bezogenen Elektrodenpotentiale E der beiden Elektroden. Meistens sind außerdem noch Diffusionspotentiale an der Grenzfläche zwischen den beiden Elektrolytlösungen zu berücksichtigen. Keines der individuellen Elektrodenpotentiale kann ohne Bezug auf irgendeine Bezugselektrode angegeben werden. Als Bezugselektrode dient häufig die Wasserstoffelektrode. Sie besteht aus einem platinierten Platinblech, das in eine Wasserstoffionen enthaltende Lösung eintaucht und gleichzeitig von einem Strom von Wasserstoffgas umspült wird. Die elektrochemische Reaktion ist:

$$H^+ \text{ (gelöst)} + e^- \rightleftharpoons \tfrac{1}{2} H_2 \text{ (Gas)} \qquad (1),$$

wobei e^- ein Elektron repräsentiert. Die Galvanispannung $\Delta\varphi_H$ der Wasserstoffelektrode ist als Funktion der Wasserstoffionenaktivität a_{H^+} und des Wasserstoffdrucks p_{H_2} gegeben durch die Nernst-Gleichung (→Elektrochemie)

$$\Delta\varphi_H = \Delta\varphi_H^0 + (RT/zF)\ln a_{H^+}/(p_{H_2}/p^0) = \Delta\varphi_H^0 +$$
$$+ (RT/zF)\ln c_{H^+}y_{H^+}/(p_{H_2}/p^0) \qquad (2);$$

dabei bedeuten $\Delta\varphi_H^0$ die Standard-Galvanispannung der Wasserstoffelektrode, R die →Gaskonstante, T die absolute Temperatur, z die Ladungszahl der Zellreaktion (hier z=1), F die Faraday-Konstante, a_{H^+}, c_{H^+} und y_{H^+} die Aktivität, molare Konzentration bzw. den praktischen Aktivitätskoeffizienten der Wasserstoffionen, p_{H_2} den Wasserstoffdruck, p^0 den Standarddruck (1,013 bar). Wenn a_{H^+} den Wert 1 hat und p_{H_2} gleich dem Standarddruck p^0 ist, ist $\Delta\varphi_H = \Delta\varphi_H^0$. Eine solche Elektrode bezeichnet man als Normal-Wasserstoffelektrode.

Für andere Elektroden gelten ganz entsprechende Beziehungen. So lautet die Nernst-Gleichung beispielsweise für eine Metallelektrode:

$$\Delta\varphi_{Me} = \Delta\varphi_{Me}^0 + (RT/zF)\ln a_{Me^{z+}} \qquad (3),$$

wenn die Elektrodenreaktion

$$Me^{z+} + ze^- \rightarrow Me \qquad (4)$$

ist.

Die EMK E einer aus zwei Elektroden (1) und (2) aufgebauten Zelle berechnet sich ohne Berücksichtigung von Diffusionspotentialen als Differenz der Galvanispannungen zu

$$E = \Delta\varphi(1) - \Delta\varphi(2) \qquad (5).$$

Unter dem Elektrodenpotential E_h einer Elektrode (x) versteht man die EMK einer Zelle, in der diese Elektrode gegen eine Normalwasserstoffelektrode geschaltet ist. Das Elektrodenpotential ergibt sich dann zu

$$E_h = \Delta\varphi(x) - \Delta\varphi_h^0 \qquad (6).$$

Das Elektrodenpotential der Normalwasserstoffelektrode setzt man willkürlich gleich null, und zwar für alle Temperaturen. Ist die Aktivität der potentialbestimmenden Ionen der in Frage stehenden Elektrode 1, so spricht man von Standard-Elektrodenpotential E_h^0 (Tabelle). Die reduzierende Wirkung der Elemente nimmt in der Tabelle von oben nach unten ab.   *Wedler*

Literatur: *Hamann, C. H., u. W. Vielstich:* Elektrochemie I. 2. Aufl. Weinheim 1984. – *Hamann, C. H., u. W. Vielstich:* Elektrochemie II. Weinheim 1979. – *Kortüm, G.:* Lehrb. Elektrochemie. 5. Aufl. Weinheim 1972. – *Wedler, G.:* Lehrb. Physikalische Chemie. 3. Aufl. Weinheim 1987.

Spannungsreihe, elektrochemische. Tabelle: Standard-Elektrodenpotentiale bei 25 °C.

Halbzelle	Elektrodenreaktion				E_h^o V
	Metallionen				
Li^+/Li	Li^+	$+\ e^-$	$\rightleftarrows Li$		$-3{,}045$
Ca^{2+}/Ca	Ca^{2+}	$+\ 2\ e^-$	$\rightleftarrows Ca$		$-2{,}76$
Na^+/Na	Na^+	$+\ e^-$	$\rightleftarrows Na$		$-2{,}711$
Mg^{2+}/Mg	Mg^{2+}	$+\ 2\ e^-$	$\rightleftarrows Mg$		$-2{,}37$
Al^{3+}/Al	Al^{3+}	$+\ 3\ e^-$	$\rightleftarrows Al$		$-1{,}66$
Mn^{2+}/Mn	Mn^{2+}	$+\ 2\ e^-$	$\rightleftarrows Mn$		$-1{,}18$
Zn^{2+}/Zn	Zn^{2+}	$+\ 2\ e^-$	$\rightleftarrows Zn$		$-0{,}763$
Fe^{2+}/Fe	Fe^{2+}	$+\ 2\ e^-$	$\rightleftarrows Fe$		$-0{,}409$
Ni^{2+}/Ni	Ni^{2+}	$+\ 2\ e^-$	$\rightleftarrows Ni$		$-0{,}23$
Cu^{2+}/Cu	Cu^{2+}	$+\ 2\ e^-$	$\rightleftarrows Cu$		$+0{,}3402$
Au^+/Au	Au^+	$+\ e^-$	$\rightleftarrows Au$		$+1{,}68$
	Gaselektroden				
H^+/H_2, Pt	$2H^+$	$+\ 2\ e^-$	$\rightleftarrows H_2$		$0{,}000$
OH^-/O_2, Pt	$O_2 + 2\ H_2O$	$+\ 4\ e^-$	$\rightleftarrows 4\ OH^-$		$+0{,}40$
I^-/I_2, Pt	I_2	$+\ 2\ e^-$	$\rightleftarrows 2\ I^-$		$+0{,}535$
Cl^-/Cl_2, Pt	Cl_2	$+\ 2\ e^-$	$\rightleftarrows 2\ Cl^-$		$+1{,}36$
	Elektroden 2. Art				
$Cl^-/AgCl/Ag$	$AgCl$	$+\ e^-$	$\rightleftarrows Ag + Cl^-$		$+0{,}22$
$Cl^-/Hg_2Cl_2/Hg$	Hg_2Cl_2	$+\ 2\ e^-$	$\rightleftarrows 2\ Hg + 2\ Cl^-$		$+0{,}27$
	Redoxelektroden				
$Cr^{3+}, Cr^{2+}/Pt$	Cr^{3+}	$+\ e^-$	$\rightleftarrows Cr^{2+}$		$-0{,}41$
$Fe^{3+}, Fe^{2+}/Pt$	Fe^{3+}	$+\ e^-$	$\rightleftarrows Fe^{2+}$		$+0{,}77$

Spannungsrißkorrosion. Als S. wird die Rißbildung mit inter- oder transkristallinem Verlauf in Metallen unter gleichzeitiger Einwirkung von spezifischen Korrosionsmedien und von Zugspannungen bezeichnet (DIN 50900). Kennzeichnend ist eine verformungsarme Trennung des Werkstoffes, häufig ohne nennenswerte sichtbare Korrosionsprodukte. Ein evtl. gleichzeitig stattfindender Allgemeinangriff ist dabei meistens vernachlässigbar gering, was darauf zurückzuführen ist, daß S. hauptsächlich an deckschichtbehafteten Metallen ausgelöst wird.

Entscheidend wichtig ist, daß S. nur an kritischen Korrosionssystemen, d. h. kritischen Kombinationen Werkstoff/Korrosionsmedium auftritt, wobei kritische Grenzbedingungen hinsichtlich des Elektrodenpotentials und der Art und Höhe der mechanischen Beanspruchung vorliegen. Weitere Einflußgrößen sind mediumseitige Parameter (Konzentration, Temperatur, pH-Wert) und metallurgische Einflüsse (Legierungsgehalte, Gefüge, Ausscheidungen, Gitterstruktur).

Die Ermittlung der Grenzbedingungen (mechanische Grenzspannung, Grenzpotential), unter denen ein Werkstoff in einem spezifischen Angriffsmittel anfällig wird, ist ein wesentliches Ziel der S.-Untersuchungen (Korrosionsprüfung).

Die auftretenden Spannungskorrosionsrisse verlaufen je nach Art der Legierung und des Angriffsmediums interkristallin, längs der Korngrenzen oder transkristallin, quer durch die Kristallite oder gemischt inter- und transkristallin (Bild 1 und 2).

Interkristalline S. Sie wird hauptsächlich an unlegierten und niedriglegierten Stählen sowie an Aluminiumwerkstoffen beobachtet (Bild 1).

Spezifische Angriffsmittel zur Erzeugung von interkristalliner S. an unlegierten und niedriglegierten Stählen sind Alkalilaugen und Nitratlösungen. In beiden Angriffsmitteln tritt S. nur oberhalb einer kritischen Konzentration-Temperatur-Grenze sowie nach Überschreiten der jeweiligen mechanischen Grenzspannung und des kritischen Grenzpotentials auf. Die Grenzspannung hängt von der

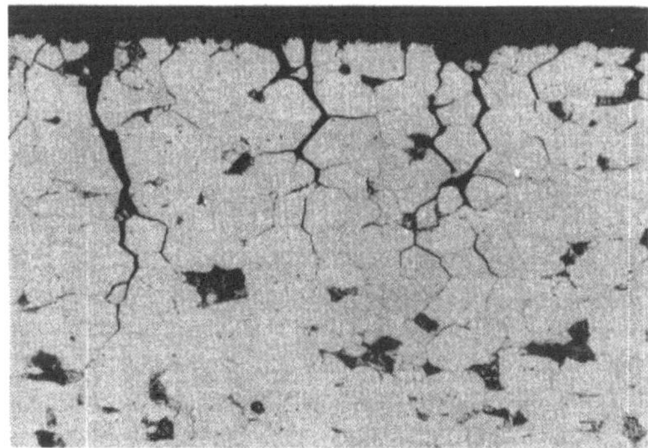

Spannungsrißkorrosion 1: Interkristalline Spannungsrißkorrosion an einem unlegierten Stahl.

Stahlqualität ab und kann unterhalb der Streckgrenze oder auch nahe der Zugfestigkeit liegen. Die Existenz der kritischen Grenzpotentiale ermöglicht einen elektrochemischen Schutz. In Nitratlösungen können unlegierte und niedriglegierte Stähle kathodisch geschützt werden. In Alkalilaugen tritt S. nur in einem schmalen kritischen Potentialbereich im Aktiv/Passiv-Übergang auf, was die Möglichkeit eines anodischen Schutzes bietet.

Für die betriebliche Anwendung der Stähle ist es üblich, den Werkstoff nach DIN 50915 auf Beständigkeit gegen interkristalline S. zu beurteilen (Korrosionsprüfung).

Aluminiumwerkstoffe, vornehmlich die technisch wichtigen, ausscheidungsgehärteten Legierungen (z. B. AlZnMg3, AlZnMg3Cu, AlCu4Mg3), die im Flugzeugbau Verwendung finden, sind in Halogenidlösungen (z. B. Chloridlösungen) und organischen Medien (Alkohole, Ether, Öle) mehr oder weniger anfällig für interkristalline S. Charakteristisch für diese Werkstoffgruppe ist, daß mit der Festigkeitssteigerung der Legierungen, die durch gezielte Wärmebehandlungen erreicht wird, in erster Näherung eine zunehmende S.-Anfälligkeit einhergeht. Typisch für Aluminiumlegierungen ist aber auch, daß die Rißinkubationsphase häufig um Größenordnungen höhere Zeiten beansprucht als die eigentliche Reißphase. Zu erwähnen ist, daß eine Rißausbreitung selbst in feuchter Luft möglich ist. Aus diesem Grunde sind fertigungsbedingte Oberflächenanrisse technischer Bauteile tunlichst zu vermeiden. Hochfeste Aluminiumlegierungen werden zur Erhöhung der Resistenz gegen interkristalline S. häufig mit Reinaluminium plattiert (z. B. Al-plattiertes AlCuMg2 im Flugzeugbau).

Transkristalline S. Sie tritt charakteristischerweise an austenitischen Chrom-Nickel-Stählen auf und wird durch chloridhaltige wäßrige Lösungen hervorgerufen. Typisch ist der transkristalline Rißverlauf mit büschelartigen Rißverzweigungen (Bild 2). Die kritische Grenztemperatur beträgt in einem weiten

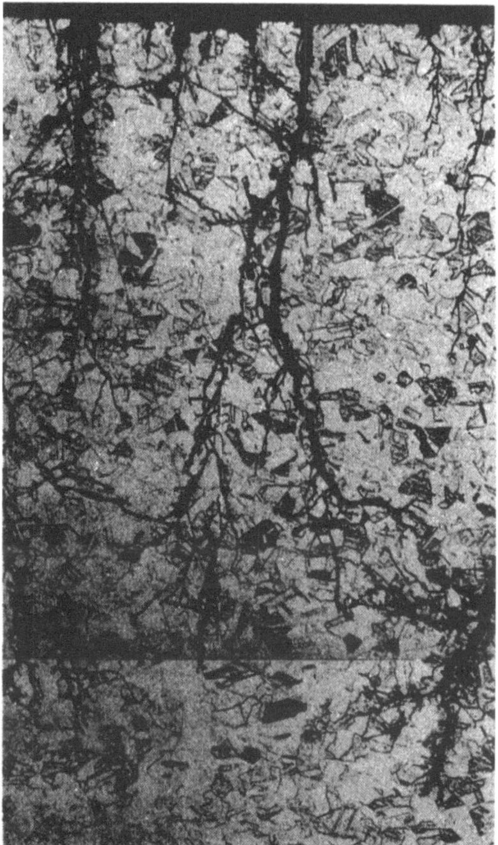

Spannungsrißkorrosion 2: Transkristalline Spannungsrißkorrosion an einem Chrom-Nickel-Stahl.

Konzentrationsbereich der Chloridlösung ca. 45 °C. Beim System Chrom-Nickel-Stahl/Chloridlösung ist die mechanische Grenzspannung potentialabhängig und das Grenzpotential spannungsabhängig. Im allgemeinen liegt die Grenzspannung unterhalb der Streckgrenze, so daß ggf. Eigenspannungen im Werkstoff ausreichen, um Rißbildung auszulösen. So können beispielsweise durch grobes Schleifen eines Bauteiles (z. B. Überschleifen einer Schweißnaht) kritische rißauslösende Spannungszustände in der Bauteiloberfläche hervorgerufen werden.

Der Einfluß der Legierungszusammensetzung auf das transkristalline Spannungsrißkorrosionsverhalten austenitischer Chrom-Nickel-Stähle wird im wesentlichen durch den Nickelgehalt bestimmt. Während die rostfreien Stähle auf der Basis 18/8-CrNi-Stahl (V2A-Stahl) die höchste Anfälligkeit für S. aufweisen, wird bei Nickelgehalten oberhalb 40 % Beständigkeit erreicht.

S. mit gemischt inter- und transkristallinem Rißverlauf ist typisch für Kupferbasislegierungen und Titanwerkstoffe.

Dehnungsinduzierte S. Die dehnungsinduzierte S. erfordert zum Erzeugen von Spannungskorrosionsrissen kritische Dehnraten des Werkstoffes. Bei Korrosionssystemen, die sich bei rein statischer Belastung als resistent erweisen, kann ggf. durch Beanspruchung des Werkstoffes mit langsamen kritischen Dehnraten das System anfällig werden für S.

Korrosionssysteme, bei denen erst nach Überschreiten einer unteren kritischen Dehnrate Spannungsrißkorrosion ausgelöst wird, bezeichnet man häufig auch als nichtklassische Systeme der S. Beispiele sind die interkristalline S. niedriglegierter Stähle in Alkalicarbonatlösungen und von Reintitan in chloridhaltigen Medien.

Durch Anwendung unterschiedlicher Dehnraten, was im langsamen Zugversuch durch verschiedene Dehngeschwindigkeiten der Zugproben realisiert wird, kann der kritische Bereich der Dehnraten ermittelt werden (Korrosionsprüfung).

Die kritischen Dehnraten sind systemabhängig. Allgemein kann jedoch ausgesagt werden, daß bei Unterschreiten der unteren kritischen Dehnrate die erforderliche lokale Aktivierung der Werkstoffoberfläche unterbleibt, da die Deckschichtausheilung schneller erfolgt als das Aufreißen der Schutzschicht. Bei zu hoher Dehnrate tritt Gewaltbruch des Versuchswerkstoffes ein, bevor die Korrosionsvorgänge zum Tragen kommen. Der Bereich kritischer Dehnraten liegt bei zahlreichen Korrosionssystemen bei ca. 10^{-3} bis 10^{-8} s^{-1}.

Es ist zu beachten, daß bei hinreichend hoher statischer Belastung (z. B. plastischer Verformung) bzw. an gekerbten oder angerissenen Prüfkörpern kritische Dehnraten durch Kriechvorgänge erzeugt werden. Ebenso können bei niederfrequenter schwellender Belastung, die periodischen Betriebsbedingungen (Druck- oder Temperaturschwankungen) entsprechen, selbst äußerst langsam ablaufende und hinsichtlich der Spannungsamplitude geringe Dehnungsänderungen entscheidend sein für das Auslösen einer dehnungsinduzierten S.

Wasserstoffinduzierte S. Unter der Einwirkung äußerer Zugspannungen können metallische Werkstoffe durch Absorption von atomarem Wasserstoff (H) wasserstoffinduzierte S. erleiden und durch Sprödbruch versagen. Da H-induzierte Spannungsrißkorrosionsrisse als Folgeprozeß der Wasserstoffaufnahme im Metall auftreten, fördern alle Einflußgrößen, die die Wasserstoffaufnahme begünstigen, auch die S.

Im Unterschied zur anodischen S. erfolgt die Rißkeimbildung im Werkstoffinneren und kann somit ggf. auch bei nicht-gleichzeitiger Einwirkung des äußeren Mediums und mechanischen Zugspannungen auftreten und als Zweistufenprozeß (H-Absorption ohne mechanische Belastung – Mechanische Belastung H-beladener Werkstoffe ohne äußeres kritisches Medium) ablaufen.

Hervorzuheben ist auch, daß nach erfolgter H-Absorption von untergeordneter Bedeutung ist, aus welcher Wasserstoffquelle (gasförmiger Druckwasserstoff oder elektrolytisch erzeugter Wasserstoff) der aufgenommene Wasserstoff stammt. Selbstverständlich kann die äußere Wasserstoffquelle über die H_{ad}-Aktivität für das Ausmaß der Korrosionsschädigung entscheidend sein, jedoch weniger für die Art der Wechselwirkung des absorbierten Wasserstoffs mit dem Metall und der dadurch hervorgerufenen Rißbildung und Rißausbreitung.

Das Auslösen von H-induzierter S. erfolgt durch Wechselwirkung des im Metall gelösten diffusionsfähigen Wasserstoffs mit Spannungsfeldern, Ausscheidungszonen, Versetzungen und sonstigen Gitterfehlern.

H-induzierte Spannungskorrosionsrisse verlaufen im Unterschied zur wasserstoffinduzierten Rißkorrosion senkrecht zu der von außen angelegten →Zugspannung. Der Rißverlauf ist meistens transkristallin. Da die H-induzierte S. als Folge der Wasserstoffaufnahme auftritt, stellen die Kriterien für die Wasserstoffabsorption eine Grundvoraussetzung für die Rißauslösung dar.

An unlegierten und niedriglegierten Stählen erfolgt Wasserstoffaufnahme in promotorfreien Elektrolytlösungen nur bei dynamisch-plastischer Beanspruchung der Metalle. Lediglich an sehr hochfesten Stählen ($R_p > 1200$ N/mm^2) ist dies auch bei statischer Belastung möglich. In Lösungen, die Promotoren enthalten, tritt H-induzierte S. auch bei statischer Belastung nach Überschreiten der kritischen Grenzspannung auf. Als Promotoren wirken H_2S, SO_2, HCN, CO/CO_2, $HSCN$ sowie eine Reihe von Wasserstoffverbindungen mit As, Sb und Te.

Die Prüfung der Empfindlichkeit von Stählen für H-induzierte S. wird in Korrosionszeitstandversuchen in einer H_2S-haltigen Standard-Lösung (NACE-Lösung) bei Raumtemperatur durchgeführt. Zeitstandversuche dieser Art erlauben, den Einfluß der Legierungszusammensetzung, des Gefüges und der Kaltverformung sowie die Abhängigkeit von elektrochemischen Parametern aufzuzeigen.

Bei Einwirkung von molekularem kalten Druckwasserstoff bzw. wasserstoffhaltigen Gasen ist an unlegierten und niedriglegierten Stählen eine H-induzierte S. grundsätzlich nur bei dynamisch-plastischer Verformung, insbes. bei Low-Cycle-Fatigue-Beanspruchung möglich. Als Ursache hierfür ist anzuführen, daß die Dissoziation von adsorbiertem molekularen Wasserstoff und die H-Absorption nur an aktiven, sauberen Metalloberflächen erfolgt. Beim Auftreten plastischer Verformungen werden in Bereichen von Abgleitvorgängen die erforderlichen frischen und damit aktiven Metalloberflächen geschaffen. In diesem Zusammenhang ist fertigungsbedingten Oberflächenriefen und Kerben wegen der hier auftretenden Spannungsüberhöhung eine besondere Bedeutung beizumessen. Von technischer Bedeutung ist, daß an Bauteilen mit fertigungsbedingten Riefen bzw. Kerbstellen in Wasserstoffatmosphäre ein kritisches Verhalten hinsichtlich H-induzierter S. bestehen kann, wenn eine niederfrequente Wechselbelastung in Form von Druckschwankungen bzw. bei wiederholten langsamen Füll- und Entleerungsprozessen von H_2- bzw. mit H_2-haltigen Gasen gefüllten Druckbehältern kritische rißauslösende Dehnraten vorherrschen können.

Hinsichtlich des Werkstoffeinflusses ist anzuführen, daß bei ferritischen und martensitischen Stählen auf Grund der hohen Diffusionsgeschwindigkeit des atomaren Wasserstoffs im krz-Gitter grundsätzlich die Gefahr der wasserstoffinduzierten S. besteht.

Hochlegierte austenitische CrNi-Stähle zeichnen sich hingegen durch eine hohe Beständigkeit gegen H-induzierte Korrosion aus. Als Ursache für dieses Verhalten ist trotz höherer Wasserstofflöslichkeit im Vergleich zu ferritischen Stählen die äußerst geringe Wasserstoffbeweglichkeit im kfz-Metallgitter anzusehen. Kupferbasislegierungen sind ebenfalls unempfindlich für wasserstoffinduzierte Korrosionsprozesse.

An Aluminiumwerkstoffen kann H-induzierte S. in wäßrigen Lösungen, jedoch nicht unter der Einwirkung von Druckwasserstoff hervorgerufen werden. Nickelbasiswerkstoffe erleiden in wäßrigen und gasförmigen Medien unter kritischen Bedingungen H-induzierte S. *Wendler-Kalsch*

Spannungswandler. S. und →Stromwandler sind Meßgeräte (→Meßgerät, elektrisches) und gehören zu den Meßwandlern. Diese werden in elektrischen Anlagen eingesetzt und dienen dazu, höhere Spannungen und Ströme in gefahrlos erfaßbare Werte zu transformieren und außerdem den Meßkreis vom Betriebsstromkreis zu isolieren. Meßwandler für reine Wechselgrößen werden als Transformatoren mit besonderen Anforderungen an die Genauigkeit des Übersetzungsverhältnisses und des Phasenwinkels zwischen Primär- und Sekundärwicklung aufgebaut.

Wandler für →Wechselspannung sind Transformatoren, die sekundärseitig praktisch im Leerlauf arbeiten. Die Klemmenbezeichnungen gemäß Bild sind genormt, ebenso die Sekundärspannung U_2 mit 100 V sowie andere wichtige Wandlereigenschaften. Alle angeschlossenen Meßgeräte sind parallel geschaltet, sie stellen die Bürde des Wandlers dar. Um im Fall eines Isolationsfehlers im Wandler gefährliche Spannungen im Meßkreis zu vermeiden, sind alle S. sekundärseitig zu erden. Es gibt auch Meßwandler für höhere Gleichspannungen bzw. für Wechselspannungen mit Gleichanteil. Diese

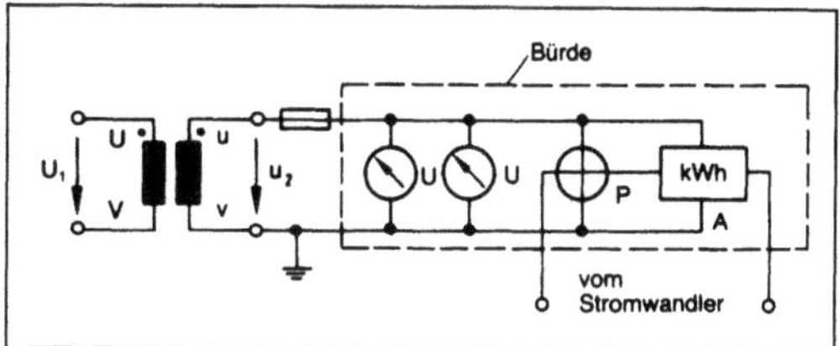

Spannungswandler: Wechselspannungswandler mit angeschlossenen Meßgeräten (Bürde).

wandeln die Eingangsspannung durch einen Zerhacker in eine Wechselspannung höherer →Frequenz um, die dann mittels eines Trenntransformators herabtransformiert und anschließend phasenrichtig gleichgerichtet wird. Gleich-S. benötigen stets eine gesonderte zugeführte →Hilfsenergie. *Hammerschmidt*

Spannungs-Zeit-Umsetzer →A/D-Einrampen-Umsetzer

Spieltheorie. Die S. ist ein Teilgebiet der angewandten Mathematik, das sich mit der rationalen Analyse von Konfliktsituationen befaßt. Dabei kann es sich um wirtschaftliche oder soziale Interessenkollisionen, um statistische Entscheidungssituationen, um Gesellschaftsspiele, Abstimmungssituationen oder auch um militärische Konflikte handeln.

Während bei reinen Glücksspielen (Würfeln, Roulette) der Zufall allein den Spielausgang bestimmt, sind die in der Spieltheorie behandelten strategischen Spiele dadurch gekennzeichnet, daß die beteiligten Spieler durch Wahl einer Strategie den Spielablauf beeinflussen können. Spieler im Sinne der Spieltheorie sind dabei nicht nur Einzelpersonen, sondern je nach Situation soziale Gruppen, Unternehmen, Parteien, Volkswirtschaften oder militärische Gruppierungen, die bei jeder Entscheidungsmöglichkeit in der betrachteten Konfliktsituation eine einheitliche Strategie wählen. Als Ergebnis der Wahl einer Strategie durch jeden der an einem Spiel beteiligten Spieler ergibt sich eine Auszahlung an jeden Spieler, die in Geld- oder Nutzenwerten angegeben wird (Nutzentheorie).

Je nach Anzahl der Spieler unterscheidet man zwischen zwei- und n-Personen-Spielen ($n > 2$). Sind Absprachen zwischen den Spielern zugelassen (Koalitionsbildung), spricht man von kooperativen, sonst von nichtkooperativen Spielen. In ähnlicher Weise wird zwischen Spielen mit vollständiger und mit unvollständiger Information unterschieden, je nachdem ob die Spieler bei jedem Zug im Rahmen einer Strategie vollständige Kenntnis über den Stand des Spieles haben oder nicht.

Zur mathematisch-formalen Beschreibung eines Spieles hat man mehrere Möglichkeiten: In der

Normalform sind für jeden Spieler S_i ($1 \leq i \leq n$) die nach den Spielregeln zugelassenen Strategiemengen X_i sowie die bei Einsatz einer Strategie durch jeden Spieler sich ergebenden Auszahlungen a_i ($x_1.$, ..., x_n), $x_i \in X_i$, angegeben. Ein n-Personen-Spiel in Normalform wird also beschrieben durch

$$\Gamma = (X_1., \ldots, X_n; a_1., \ldots, a_n),$$

wobei X_i nichtleere Mengen (Strategiemengen) und $a_i: X_i \times \ldots \times X_n \to A$ Auszahlungsfunktionen sind, wobei a_i die Auszahlung an Spieler i angibt und A die Menge der möglichen Auszahlungen.

$$\text{Gilt } \sum_{i=1}^{n} a_i(x_1., \ldots, x_n) = \text{konst.} = K \text{ für alle}$$

(x_1, ..., x_n) $\in X_1 \times \ldots \times X_n$, d. h. die Summe der Auszahlungen für beliebige Strategienkombinationen ist konstant, dann heißt Γ Konstantsummenspiel, speziell für $K = 0$ Nullsummenspiel. Bei zwei Spielern bedeutet die Nullsummeneigenschaft, daß der eine Spieler das gewinnt, was der andere verliert und umgekehrt. Insbesondere in diesem Fall ist eine Koalitionsbildung sinnlos.

Neben der Normalform ist für kooperative n-Personenspiele die Darstellung in charakteristischer Funktionsform von Bedeutung. Diese besteht aus einer reellwertigen Funktion W, die jeder Koalition die maximal von ihr erreichbare Auszahlung zuordnet unter der Bedingung, daß die nicht zur betrachteten Koalition gehörenden Spieler eine gemeinsame Gegenkoalition bilden.

Ist $N = \{S_1, \ldots, S_n\}$ die Spielermenge eines n-Personenspiels, dann hat diese Funktion W die Eigenschaften (bei beschränkter Auszahlungsfunktion)

(i) $W(\emptyset) = 0$ ($\emptyset$ = leere Menge)
(ii) $W(K_1 \cup K_2) \geq W(K_1) + W(K_2)$,

$K_1, K_2 \subset N$, $K_1 \cap K_2 = \emptyset$ (K_1, K_2 sind Koalitionen), während andererseits durch jede derartige Funktion ein kooperatives Spiel der Spielermenge N beschrieben wird.

Eine dritte Beschreibungsmöglichkeit ist die extensive Form eines Spiels, bei der alle Zustände des Spiels und alle zulässigen Entscheidungen (Züge) für jeden Spieler in Form eines Graphen, des sogenannten Spielbaumes, dargestellt werden. Die Knoten des Graphen stellen dabei die Zustände dar, die von einem Knoten ausgehenden Kanten die Entscheidungsmöglichkeiten der Spieler (Entscheidungsbaum). Jede Durchführung eines Spiels (eine Partie) entspricht einem Weg durch den Spielbaum vom Anfangsknoten bis zu einem Endknoten.

Die wesentliche Aufgabe der Spieltheorie besteht in der Untersuchung der Frage, welche Strategien von den Spielern eingesetzt werden sollen (optimale Strategien), d. h. was als Lösung eines Spiels anzusehen ist.

Der wichtigste Lösungsbegriff ist der Gleichgewichtspunkt. Darunter versteht man ein Strategien n-Tupel $(x_1^*, x_2^*, \ldots, x_n^*)$ mit der Eigenschaft, daß sich für einen einzelnen Spieler die Auszahlung verschlechtert, falls er von seiner Gleichgewichtsstrategie x_i^* abweicht, die anderen Spieler aber alle ihre Gleichgewichtsstrategie beibehalten. Bei Zwei-Personen-Nullsummenspielen fällt der Begriff des Gleichgewichtspunktes mit dem eines Sattelpunktes zusammen.

Weitere wichtige Lösungsbegriffe sind die von Neumann-Morgenstern-Lösung und der *Kern* (Lösung). Es bestehen z. T. enge Verbindungen der Spieltheorie zum linearen Optimieren und zur Kontrolltheorie, wobei die Spieltheorie selbst als ein Teilgebiet der Entscheidungstheorie angesehen werden kann.   *Rauhut*

Literatur: *Luce, R. D.*, u. *H. Raiffa:* Games and Decisions. New York 1957. – *Owen, G.:* Game Theory. Philadelphia 1968. – *Rauhut, B., N. Schmitz*, u. *E.-W. Zachow:* Spieltheorie. Stuttgart 1979.

Spin-System. Ist ein Modellsystem bestehend aus einer Anordnung von N festen Punkten, die ein 1–, 2– oder 3-dimensionales Gitter bilden. Jedem Gitterpunkt (Atom) ist eine S.-Variable $\vec{\sigma}_i$, i = 1, ..., N zugeordnet, die eine Zahl, und zwar entweder +1 (S. nach oben) oder −1 (S. nach unten) ist. Das bedeutet, daß die Freiheitsgrade, die mit den zufälligen S.-Orientierungen ($\vec{\sigma}_i = +1$ oder −1) der magnetischen Atome verbunden sind, ein derartiges S.-S. bilden. Das S.-S. befindet sich in thermischer Wechselwirkung mit den Freiheitgraden der Schwingungsbewegungen der Gitteratome, die das Gittersystem sind. Die Wechselwirkung zwischen S.-S. und Gitter-S. entsteht dadurch, daß die Bewegung der magnetischen Atome fluktuierende magnetische Felder erzeugt, die deren magnetische Momente und zugehörige S. umorientieren.

Ein äußeres →Magnetfeld wirkt in strukturierender Weise auf das S.-S. Wenn dieses Feld nicht zu schnell variiert, bleiben das Gitter- und das S.-S. immer miteinander im thermischen Gleichgewicht.

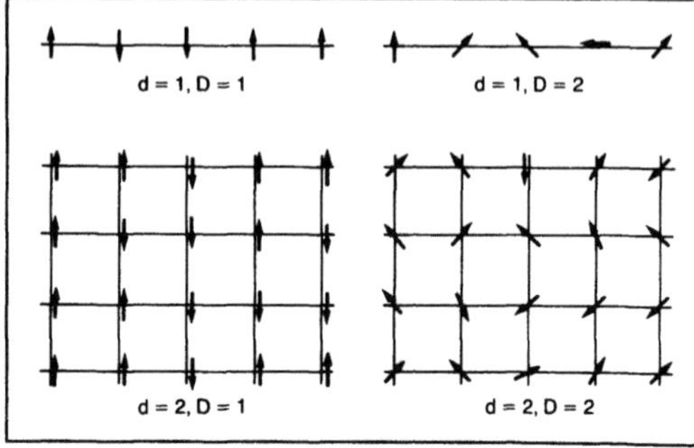

Spin-System: Modellsysteme.

Die S.-S., d. h. genauer die S.-Hamiltonoperatoren modellieren die magnetischen Eigenschaften der Festkörper durch Angabe der speziellen Wechselwirkungen der S. untereinander. Zu nennen sind: Heisenbergmodell, XY-Modell, Isingmodell.

Im Bild sind vier S.-Modell-S. dargestellt; d bezeichnet die (räumliche) Dimension des Gitters und D die Anzahl der unabhängigen S.-Komponenten.

S.-S. mit charakteristischen Wechselwirkungen dienen oft als theoretische Basis für das Verständnis von Phasenübergängen und kritischen Erscheinungen. *Wodarzik*

Literatur: *Balescu, R.:* Equilibrium and Nonequilibrium Statistical Mechanics. New York 1975. – *Gebhardt, W.,* u. *U. Krey:* Phasenübergänge und kritische Phänomene. Braunschweig 1980. – *Pathria, R. K.:* Statistical Mechanics. Oxford 1972.

Spirale. Transzendente ebene Kurven, für deren analytische Darstellung sich in vielen Fällen eine Funktion in Polarkoordinaten als günstig erweist. Die allgemeine Form lautet: $r = a_0\Theta^n + a_1\Theta^{n-1} + \ldots + a_n$.

Eine S. kann auch definiert werden als die Bahn eines Punktes, der sich um einen festen Pol bewegt, während sein Radiusvektor $\underline{r}$ und sein Argument ($\rightarrow$Arcus) Θ einem bestimmten Gesetz folgend stetig zu- oder abnehmen. Die bekanntesten Fälle haben bestimmte Namen: Archimedische S., Fermat S. (Parabolische S.), Galileische S., Lituus, Logarithmische S., Hyperbolische S., Parabolische S., Reziproke S. *Fischer*

Spirale, archimedische. Sonderfall einer S. Sie kann als der Ort eines Punkts beschrieben werden, der sich mit gleichförmiger Geschwindigkeit längs des Radiusvektors bewegt, während sich der Radiusvektor zugleich um den Pol mit konstanter $\rightarrow$Winkelgeschwindigkeit dreht. In jedem Punkt sind Radiusvektor und Polarwinkel einander proportional. Darstellung in Polarkoordinaten:

$r = a \cdot \Theta$, $a = $ konst.

Läßt man auch negative Drehungen, also negative Werte von Θ zu, so wird r negativ. Es sind also zwei spiegelsymmetrische Kurvenzüge möglich (Bild 1).

Der Abstand zweier Nachbarwindungen ist (gemessen in radialer Richtung) konstant. Die $\rightarrow$Evolute dieser S. nähert sich asymptotisch einem Kreis mit Radius a. Bekanntestes Beispiel dieser S.: Die Rillen einer Schallplatte.

Anwendungen: Mechanische Vorrichtungen, um die gleichförmige Kreisbewegung eines Rades in eine gleichförmige Hin- und Herbewegung umzusetzen (Bild 2).

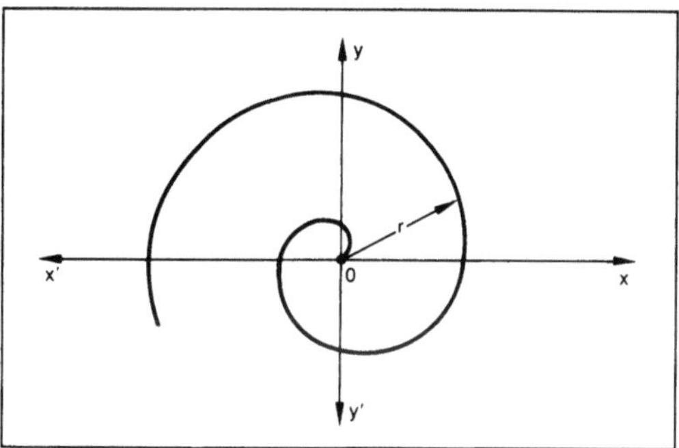

Spirale, archimedische 1: Prinzip.

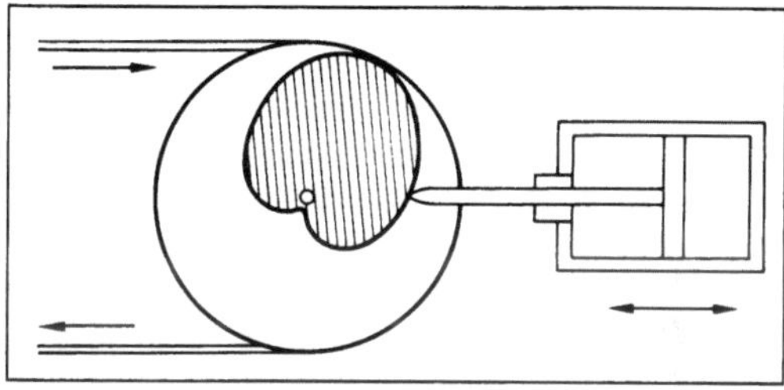

Spirale, archimedische 2: Anwendung der a. S.

Mit der a. S. verwandt ist die galileische S. Sie hat in Polarkoordinaten die Gleichung $r = a\Theta^2 - b$. *W. L. Fischer*

Split-range-Regelung. Aufspaltung des Stellsignals eines Reglers in zwei oder mehrere Abschnitte, um vom Stellsignal zwei oder mehrere Stellglieder nacheinander öffnen, nacheinander schließen oder eines schließen und das andere öffnen zu können ($\rightarrow$Temperaturregelung). *Strohrmann*

Spontanspaltung. S. wird bei schweren Atomen beobachtet. Auch die in der Natur vorkommenden Radionuklide ^{232}Th, ^{238}U und ^{235}U zeigen S.

Während die partielle $\rightarrow$Halbwertzeit für die S. bei ^{238}U noch verhältnismäßig gering ist ($9 \cdot 10^{15}$ a, im Vergleich zu $4{,}47 \cdot 10^9$ a für den α-Zerfall; d. h. auf etwa $2 \cdot 10^6$ α-Zerfälle kommt eine S.), steigt die $\rightarrow$Wahrscheinlichkeit für die S. bei den neutronenreichen Nukliden der Transuranelemente stark an. So zerfällt das Californiumisotop ^{254}Cf zu 99% durch S., d. h., bei Elementen mit Ordnungszahlen $Z > 100$ wird die S. zu einer bevorzugten Zerfallsart.

Den Ablauf der S. stellt man sich folgendermaßen vor: der Kern schnürt sich ein, wobei zunächst in einem Teil eine abgerundete Zahl von Protonen oder Neutronen bevorzugt wird, was eine asymmetrische Verteilung der Massen zur Folge hat. Während die Nukleonen vor Beginn der Teilung durch die Kernkräfte zusammengehalten werden, macht sich nach der Trennung in zwei Spaltstücke die Coulombsche Abstoßung der beiden positiv geladenen Bruchstücke bemerkbar, die eine viel größere Reichweite hat als die Kernkräfte. Infolge der Coulombschen Abstoßung entfernen sich die Spaltstücke mit hoher kinetischer Energie voneinander. Innerhalb einer sehr kurzen Zeit von weniger als 10^{-15} s geben die Spaltstücke den Großteil ihrer Anregungsenergie durch Verdampfen von Neutronen ab (prompte Neutronen). Gelegentlich werden auch geladene Teilchen emittiert. Die restliche Anregungsenergie wird in Form von γ-Quanten abgegeben (prompte γ-Strahlung). Anschließend wandeln sich die Spaltbruchstücke, die immer noch einen hohen Neutronenüberschuß besitzen, durch β^--Zerfall um. In sehr geringem Umfang können dabei auch sogenannte verzögerte Neutronen emittiert werden. Angeregte →Nuklide, die bei der β^--Umwandlung entstehen, geben ihre Anregungsenergie in Form von γ-Strahlung ab (verzögerte γ-Strahlung).

In Übereinstimmung mit der Theorie (Tröpfchenmodell) beobachtet man eine Abhängigkeit der Spaltbarkeit von Z^2/A (Z Ordnungszahl, A Massenzahl), wobei die Halbwertzeit der Spontanspaltung im Bereich hoher und im Bereich niedriger Werte von Z^2/A abfällt. Für g,u-, u,g- und u,u-Kerne sind die Halbwertzeiten der S. deutlich höher als für g,g-Kerne. Überraschend kurze Halbwertzeiten für die S. findet man bei einigen Kernisomeren, z. B. bei ^{242m2}Am (Halbwertzeit 14 ms). Man nimmt an, daß es sich bei diesen Isomeren um stark deformierte Formen der Nuklide handelt mit einer niedrigen Energieschwelle für die Spaltung. Die bei der S. gebildeten Spaltprodukte haben eine ähnliche asymmetrische Massenverteilung wie die Spaltprodukte, die bei der Spaltung mit thermischen Neutronen entstehen (→Kernspaltung). *Lieser*

Literatur: *Lieser, K. H.:* Einführung in die Kernchemie. 3. Aufl. Weinheim: VCH-Verlag 1991.

Sprengstoffgesetz. Das Gesetz über explosionsgefährdende Stoffe vom 13. September 1976 (BGBl. I, 2737) mit späteren Änderungen regelt den Umgang mit Sprengstoffen, soweit die Gesetzgebungskompetenz des Bundes gegeben ist, d. h. mit Ausnahme der rein sicherheitsrechtlichen Gesichtspunkte. Es gilt für die Anwendung von Sprengstoff der in Anlage I zum Gesetz genannten Art sowie von Zündmitteln und pyrotechnischen Gegenständen beim Umgang und Verkehr in Wirtschaftsbetrieben, bei der Beschäftigung von Arbeitnehmern, bei der Beförderung und der Einfuhr von Sprengstoff. Ausnahmen bestehen für Streitkräfte, Polizei usw., öffentliche Verkehrsmittel und Seeschiffe sowie für die der Bergaufsicht unterliegenden Betriebe. Betrieb und Verwendung bedürfen der Zulassung.

Erlaubnispflichtig sind der gewerbsmäßige oder sonst irgendwie selbständige Umgang oder der Verkehr mit Sprengstoffen, ihrer Beförderung und Einfuhr. Die Erlaubnis wird bei Zuverlässigkeit und Fachkunde erteilt. Das Gesetz regelt die Aufzeichnungspflichten und die Pflichten der verantwortlichen Personen. Die erste und die zweite Verordnung zum S. vom 21. Juni 1983 (BGBl. I, 744) bzw. 13. November 1977 (BGBl. I, 2189 und BGBl. I 1978, 590) enthalten umfangreiche materielle und verfahrensrechtliche Regelungen. Einige Regelungen des S. waren in dem Gesetz gegen verbrecherischen und gemeingefährlichen Gebrauch von Sprengstoff vom 9. Juni 1884 enthalten, das außer Kraft ist, soweit es Bundesrecht geworden ist. Soweit es Landesrecht geworden war, gilt es fort oder ist durch neue landesrechtliche Vorschriften abgelöst. *W. Hoffmann*

Sprungantwort. Die S. ist die Ausgangsfunktion v(t) eines Übertragungsgliedes, an dessen Eingang eine Sprungfunktion u(t) = S σ(t) gelegt wird. S ist die Sprunghöhe; σ(t) ist die Einheitssprungfunktion mit folgender Definition:

$$\sigma(t) = \begin{cases} 0 \text{ für } t < 0 \\ 1 \text{ für } t \geq 0 \end{cases}$$

Für ein Übertragungsglied mit der →Übertragungsfunktion

$$F(s) = \frac{V(s)}{U(s)}$$

ist die Laplace-Transformierte der S. V(s) = F(s) S/s, da U(s) = S/s (→Übergangsfunktion). *Böttiger*

Sprungtemperatur →supraleitende Werkstoffe

Sprühkolonne. Eine S. ist ein verfahrenstechnischer Apparat, bei dem eine flüssige Phase in eine kontinuierliche flüssige (beim Extrahieren) oder gasförmige Phase (bei der →Absorption) gesprüht wird. Bild 1 zeigt eine S. zur Absorption. Die Waschflüssigkeit wird am oberen Kolonnenende eingesprüht und mit dem aufsteigenden Gas im →Gegenstrom geführt. Eine zur Flüssig-Flüssig-Extraktion verwendete S. ist in Bild 2 dargestellt. Die disperse Phase wird in die kontinuierliche Phase eingesprüht. Dies kann die leichte oder die schwere Phase sein.

Da S. keine Einbauten besitzt, kommt es schon bei Kolonnen mit geringen Durchmessern zu axialen Rückvermischungen. Dadurch verringert sich das Konzentrationsgefälle entlang der Kolonne, und die Trennwirkung wird kleiner. Deshalb nehmen die Höhen der Übergangseinheiten mit wachsendem Durchmesser/Länge-Verhältnis deutlich zu. *Dohrn*

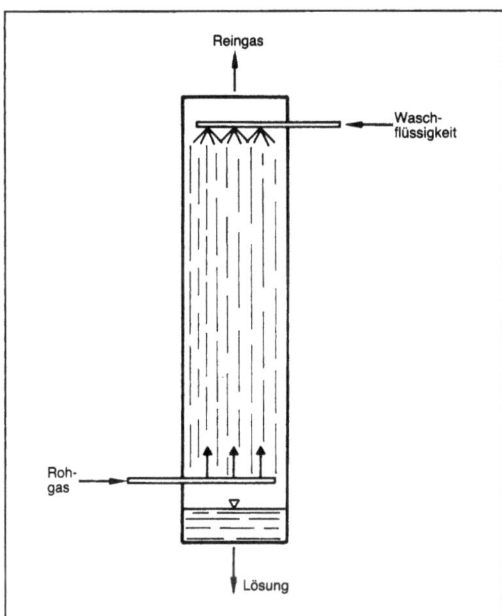

Sprühkolonne 1: Sprühkolonne zur Absorption.

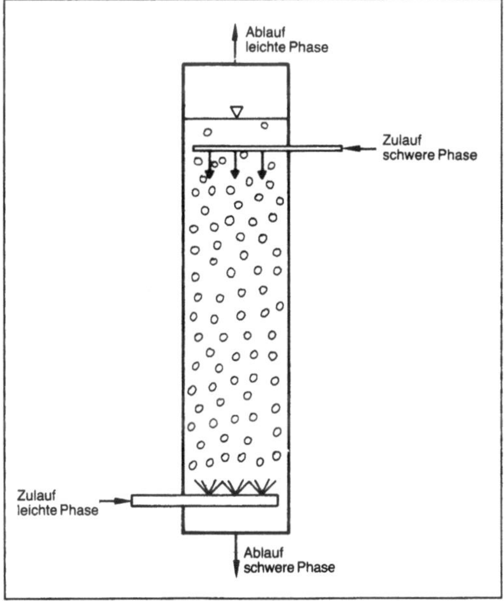

Sprühkolonne 2: Sprühkolonne zur Flüssig-Flüssig-Extraktion.

Spule. Eine Anzahl von Windungen eines Leiters mit oder ohne Kern aus magnetischem Material, die zu einem konzentrierten Bauelement zusammengefaßt in elektrischen Stromkreisen als induktiver →Blindwiderstand (→Impedanz) eingesetzt wird (z. B. als Drosselspule). Spulen sind in der Nachrichtentechnik von großer Bedeutung, wo sie zusammen mit Kondensatoren in Resonanzkreisen und Filterschaltungen (Frequenzfilter) Anwendung finden.

Spulen haben im Vergleich zu anderen Schaltungsteilen (Widerständen, Kondensatoren, Transistoren) relativ großen Platzbedarf sowie hohe Herstellkosten und lassen sich nicht so leicht in neuere Technologien der Schaltungsrealisierung (Dünnfilmtechnik; Dickschichttechnik; integrierte Schaltungen) integrieren. Daher werden induktive Blindwiderstände in solchen Schaltungen in zunehmendem Maß nicht mehr mit Spulen, sondern mit aktiven RC-Schaltungen (Frequenzfilter) realisiert.

Neben dem induktiven Blindwiderstand besitzen Spulen einen resistiven →Wirkwiderstand auf Grund der ohmschen Verluste im Wicklungsdraht und durch Ummagnetisierungsverluste, wenn der Kern aus magnetischem Material besteht, sowie eine verteilte →Kapazität der dicht aufeinanderliegenden Windungen, die durch die Potentialdifferenz zwischen benachbarten Windungen wirksam werden kann. Diese Kapazität gewinnt bei höheren Frequenzen zunehmend an Bedeutung und begrenzt schließlich die Einsatzfähigkeit von Spulen als induktive Elemente. Durch spezielle Windungsanordnungen kann der Effekt reduziert werden. Darüber hinaus werden hauptsächlich Wellenleiterstücke als induktive Schaltungselemente eingesetzt.

Der Begriff Spule wird auch für Leiterwindungsanordnungen gebraucht, die in Elektromagneten der Erzeugung des magnetischen Flusses dienen (Magnetspule). Eine Tauchspule ist eine Magnetspule, in die ein beweglicher Kern aus magnetischem Material teilweise hineintaucht, der bei Einschalten des Spulenstroms ins Innere der Spule gezogen wird und so eine Kraft ausüben oder eine Bewegung bewirken kann. Die Leiterwindungen in Transformatoren und elektrischen Maschinen (Elektromotor; Generator; Umformer) bezeichnet man dagegen meist nicht als Spulen, sondern als Wicklungen. *Claassen*

Spurenelemente. Elemente, die mit Gehalten <0,1 % in Mineralien und Gesteinen sowie in geringen Konzentrationen in Lösungen auftreten. S. in geochemischen Prozessen werden mit dem Ziel untersucht, die Bedingungen und möglichen Ursachen von Mineral- und Gesteinsbildungen aus der Häufigkeitsverteilung der S. im Untersuchungsmaterial abzuleiten.

Die Gehalte der Hauptelemente in Mineralen und damit auch in Gesteinen sind stöchiometrisch festgelegt. Ausnahmen bilden nur die allerdings häufigen Mischkristalle, deren Zusammensetzung durch P-T-X-Bedingungen festgelegt ist. Im Gegensatz hierzu sind die Gehalte der S. in Mineralen wegen der vielfältigen Diadochie sehr variabel. Die hohe

Variabilität ist genetisch bedingt und erlaubt aus dem Gehalt der Spurenelemente auf die Zusammensetzung des Ausgangsmaterials zu schließen, aus dem die gesteinsbildende Schmelze oder mineralbildende Lösung stammt. Für die S. hat das Gestein bzw. Mineral die Funktion eines Informationsträgers, in dem die Information selbst in Form von spezifischen Verteilungsmustern der S. niedergelegt ist (→Normierung). Verteilungsmuster sind variabel in ihrem Verlauf und in der Ausprägung von Anomalien. Sie sind eine gute graphische Wiedergabe einer ansonsten unüberschaubaren Menge analytischer Daten. Elementverteilungsmuster lassen Fraktionierungen von Elementen gut erkennen und erleichtern die geochemische Interpretation (→Lanthaniden).　　　*Möller*

Stabilität. S. ist eine Eigenschaft, die für jedes System (technisch, wirtschaftlich oder biologisch) gefordert wird. Eine anschauliche Beschreibung dieser Eigenschaft lautet wie folgt: Ein System ist stabil, wenn seine Signale oder physikalischen Größen nach einmaligen Anstoß in ihre Ruhelage zurückkehren.

Für ein →Übertragungsglied mit einer Eingangs- und einer Ausgangsgröße wird die Übertragungsstabilität definiert: Ein Übertragungsglied ist stabil, wenn bei begrenzter Eingangsgröße die Ausgangsgröße begrenzt bleibt. Hierfür gibt es den Begriff BIBO-S. (*engl.* bounded input – bounded output).

Etwas enger ist die Definition bezüglich der Gewichtsfunktion (Systemantwort): Ein Übertragungsglied ist stabil, wenn seine Gewichtsfunktion g(t) für t→∞ gegen Null strebt. Diese Forderung ist gleichwertig mit der Bedingung, daß alle Eigenbewegungen eines Systems oder Übertragungsgliedes abklingen müssen. Daraus ergibt sich als mathematische Definition: Ein lineares System ist stabil, wenn seine Eigenwerte negativen Realteil haben.

Für Systeme höherer Ordnung sind die Eigenwerte als Lösungen oder Wurzeln der charakteristischen Gleichung ohne technische Hilfsmittel nur schwer zu berechnen. Deswegen sind im Lauf der Zeit Kriterien entwickelt worden, die es erlauben, S. oder Instabilität eines Systems festzustellen, ohne die charakteristische Gleichung lösen zu müssen. Solche Stabilitätskriterien untersuchen entweder die Koeffizienten der charakteristischen Gleichung (z. B. Hurwitz-Kriterium) oder den →Frequenzgang der →Kreisübertragungsfunktion (z. B. Nyquist-Kriterium). Beim Wurzelortsverfahren (Wurzelortskurve) wird näherungsweise der Verlauf der Eigenwerte in Abhängigkeit eines freien Parameters gezeichnet. Da es heute genug Rechnerprogramme zur direkten Lösung der charakteristischen Gleichung gibt, sind die Näherungsverfahren nur sinnvoll, wenn die Aussagen über S. wesentlich schneller zu ermitteln sind.

Problematisch ist die Stabilitätsuntersuchung für nichtlineare Systeme. Hier werden die Methoden von *Ljapunov* oder das *Popov*-Kriterium eingesetzt. Für einfache nichtlineare Regelkreise kann bei Anwendung der Beschreibungsfunktion die →Schwingungsbedingung untersucht werden.　　　*Böttiger*

Literatur: *Böttiger, A.:* Regelungstechnik. München 1988. – *Föllinger, O.:* Nichtlineare Regelungen I und II. München 1982/80. – *Unbehauen, H.:* Regelungstechnik I. Braunschweig 1982. – *Willems, J. L.:* Stabilität dynamischer Systeme. München 1973.

Stabilität, elastische. E. S. einer Ruhelage ist gegeben, wenn das System nach kleinen Störungen wieder in diese Lage zurückkehrt (Minimum der potentiellen Energie). Zur Feststellung der e. S. muß man bei der Berechnung der statischen Größen (Biegemomente usw.) Verformungen berücksichtigen, also mindestens eine lineare Theorie 2. Ordnung anwenden. Typische Beispiele für elastische Instabilitäten (Bild 1) sind das Knicken und das Beulen von Platten oder Kreiszylinderschalen. Solche Probleme werden sehr intensiv untersucht, z. T. auch über das Auftreten der ersten Beulen hinaus (Nachbeulverhalten). Einfache Probleme e. S. sind hier angedeutet (Bild 2).

Typisch für alle diese Probleme ist die Existenz einer trivialen Lösung. An der S.-Grenze gibt es Nachbarstellungen, die ebenfalls alle Gleichgewichtsbedingungen erfüllen. In einer Lasten und Verformungen charakterisierenden Darstellung verzweigt sich dieses Bild bei diesen Verzwei-

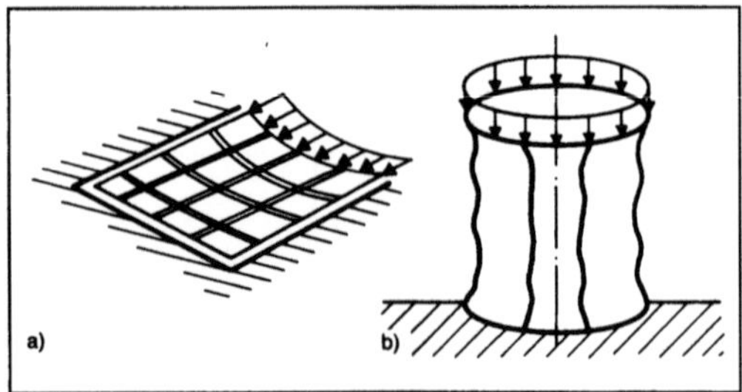

Stabilität, elastische 1: Beulen
a) einer Platte und
b) eines Kreiszylinders.

Stabilität, elastische 2: Durch die Euler-Fälle nicht abgedeckte Stabilitätsprobleme.

gungslasten. Auch Durchschlagprobleme sind möglich.

Schwierig zu klären ist die S. eines Systems mit Lasten, deren Richtung von der verformten Lage abhängt, z. B. bei einem stets tangentialen Angriff. Die Methode, Nachbarlösungen der statischen Gleichungen aufzusuchen, versagt dann (Bild 3). *Besdo*

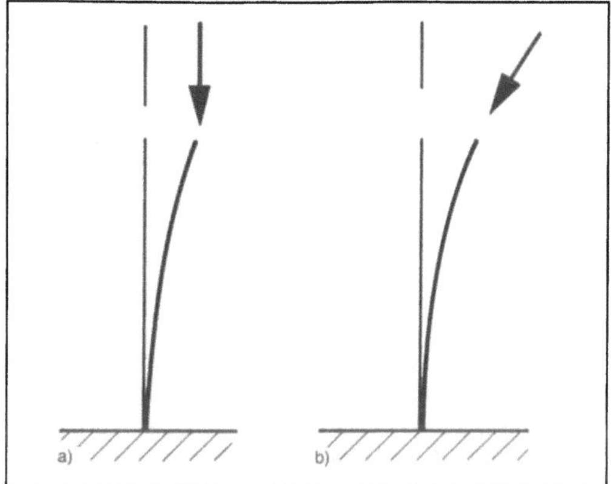

Stabilität, elastische 3: Lastrichtungen bei verformten Lagen.
a) Richtungstreue Last (1. Euler-Knickfall)
b) System mit Folgelast.

Stabilität, mechanische. Der Begriff der S. kann in der →Mechanik sehr unterschiedliche Bedeutung haben:

□ Ein System ist beweglich, aber statisch stabil, instabil oder indifferent (gelagert), wenn es nach einer kleinen Auslenkung aus seiner (Ruhe-)Stellung in diese zurückgetrieben wird, sich immer mehr von ihr entfernen möchte bzw. in jeder Nachbarstellung in Ruhe sein kann. So ist der gelenkig hängende Stab stabil, der stehende instabil und der im →Schwerpunkt gelagerte indifferent (Bild).

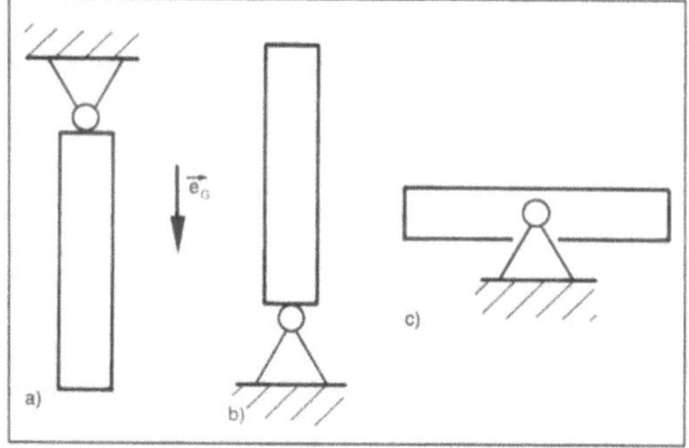

Stabilität, mechanische: Lagerung eines starren Körpers.
a) Stabile
b) Instabile
c) Indifferente.

□ Ähnliche Bedeutung kommt der elastischen S. zu. Ein System, das nach einer (kleinen) Verformung wieder der Ausgangsstellung und -form zustrebt, ist elastisch stabil. Typische S.-Probleme sind die →Knickung und das Beulen von Platten sowie Kreiszylinder- und Kegelschalen.

□ Für die S. von Bewegungen gibt es unterschiedlich strenge Forderungen. Welche man verwendet, hängt manchmal vom Anwendungsfall ab. So wird z. B. eine Schwingung meist als stabil bezeichnet, wenn sie nur nicht bis zu sehr hohen Amplituden anwächst. Als Gegenstück zu dieser schwachen Form der S. gibt es auch Forderungen, daß sich die anfänglich gestörte Bewegung nach Ort und Zeit (!) immer mehr der ungestörten annähern muß (wichtig z. B. für Raumfahrtprobleme). Das ist sicher schwer zu erreichen und festzustellen. Zu der ersten Art gehört z. B. auch die S. der Kreiseldrehungen, zu der zweiten der Begriff der Ljapunov-S. Die S. der Ruhelage ist bei parametererregten Schwingungen von großem Interesse.

Es sei erwähnt, daß man auch von stabilem oder instabilem Materialverhalten spricht, wenn z. B. ein Zugstab von einer gewissen Grenze an auf weitere Dehnung mit einer fallenden Kraft reagiert, obwohl das bei Wegsteuerung keineswegs gefährlich ist. Die Einschnürung ist hier nicht gemeint. Sie hat als andere Ursache, daß ein Zugstab, als System unter Last gesehen, nach Erreichen einer Verzweigungslast mehrere Möglichkeiten des weiteren Verhaltens besitzt, von denen nur diese stabil und damit wahrscheinlich ist, wobei die Last bei weiterer Verformung jedoch abnimmt. *Besdo*

Stabilität, statische →Stabilität, mechanische

Stabilitätsbedingung. Während die Gleichgewichtsbedingungen für unterschiedliche Nebenbedingungen durch Extremaleigenschaften der thermodynamischen Potentiale gegeben sind, machen die S. Aussagen darüber, ob dieses →Gleichgewicht stabil, instabil oder indifferent ist. Im einzelnen gilt (→Potential, thermodynamisches):

$$d^2U\,(\underline{a},\,S,\,\underline{n}) \;>\; 0,\; dU = 0;$$
$$d^2F\,(\underline{a},\,T,\,\underline{n}) \;>\; 0,\; dF = 0;$$
$$d^2H\,(\underline{A},\,S,\,\underline{n}) \;>\; 0,\; dH = 0;$$
$$d^2G\,(\underline{A},\,T,\,\underline{n}) \;>\; 0,\; dG = 0;$$
$$d^2S\,(\underline{a},\,U,\,\underline{n}) \;<\; 0,\; dS = 0;$$

U innere Energie, $\underline{a}$ Arbeitsvariable, S →Entropie, $\underline{n}$ Molzahl, F freie Energie, T Temperatur, H →Enthalpie, G freie Enthalpie.

Dabei ist das Differential zweiter Ordnung einer Funktion $f = f(\underline{z})$ durch

$$d^2f(\underline{z}) := (d\underline{z} \cdot (\delta/\delta\underline{z})\,)^2 f =$$
$$d\underline{z} \cdot (\delta f/\delta\underline{z}) + d\underline{z} \cdot (\delta^2 f/\delta\underline{z}\delta\underline{z}) \cdot d\underline{z}$$

definiert.

Da für die angegebenen thermodynamischen Potentiale das Differential erster Ordnung wegen der Extremaleigenschaft verschwindet, folgt z. B. für die Entropie eine Matrizengleichung

$$(d\underline{a}, dU, d\underline{n})
\begin{pmatrix}
\delta^2 S/\delta\underline{a}\delta\underline{a} & \delta^2 S/\delta\underline{a}\delta U & \delta^2 S/\delta\underline{a}\delta\underline{n} \\
\delta^2 S/\delta U\delta\underline{a} & \delta^2 S/\delta U\delta U & \delta^2 S/\delta U\delta\underline{n} \\
\delta^2 S/\delta\underline{n}\delta\underline{a} & \delta^2 S/\delta\underline{n}\delta U & \delta^2 S/\delta\underline{n}\delta\underline{n}
\end{pmatrix}
\begin{pmatrix} d\underline{a} \\ dU \\ d\underline{n} \end{pmatrix} < 0.$$

Daraus folgt, daß alle Hauptminoren der mittleren Matrix negativ sein müssen, was eine Menge von S. ergibt, z. B.:

$$\delta^2 S/\delta U\delta U = \delta\,(1/T)/\delta U = -(1/T^2)\,(\delta T/\delta U) < 0.$$

Hieraus folgt, daß U mit T bei konstantem $\underline{a}$ und n monoton wächst. Die aus der Entropie folgenden $\overline{S}$. lassen sich zu einer Gleichung zusammenfassen

$$d(1/T)dU - d(\underline{a}/T) \cdot d\underline{A} - d(\underline{\mu}/T) \cdot d\underline{n} < 0.$$

Geht man von der inneren Energie aus, so erhält man eine analoge Gleichung:

$$dTdS + d\underline{A} \cdot d\underline{a} + d\underline{\mu} \cdot d\underline{n} < 0.$$

Die anderen thermodynamischen Potentiale liefern weitere analoge Gleichungen. Aus der vorletzten Gleichung folgt für

$\underline{a}$ = konst, $\underline{n}$ = konst: $dTdU > 0$;
$\overline{T}$ = konst, $\underline{n}$ = konst: $d\underline{a} \cdot d\underline{A} > 0$;
T = konst, $\underline{A}$ = konst: $d\underline{\mu} \cdot d\underline{n} > 0$.

Das bedeutet, daß ein Gleichgewichtszustand stabil ist, falls gilt:

$(\delta U/\delta T)_{\underline{a},\,\underline{n}} = C_{\underline{a}} > 0$;
$(\delta p/\delta V)_{T,\,\underline{n}} < 0\ (\underline{a}\ \hat{T} - V,\ \underline{A}\ \hat{T}\ p)$;
$(\delta\mu/\delta\underline{n})_{T,\,\underline{A}} > 0$.

Ebenso folgt aus der zweiten Bezeichnung:

$(\delta S/\delta T)_{\underline{A},\,\underline{n}} = (1/T) C_{\underline{A}} > 0$;

C Wärmekapazitäten bei $\underline{a}$ konstanten Arbeitsvariablen und bei $\underline{A}$ konstanten generalisierten Kräften. *Muschik*

Stabilitätsreserve. Die S. ist gewissermaßen ein Gütemaß für die Stabilität eines Regelkreises, das sich auf die Lage der Eigenwerte oder Pole in der komplexen s-Ebene bezieht.

Für ein stabiles System müssen alle Eigenwerte $s = \sigma + j\omega$ in der linken s-Halbebene liegen. Je größer der Abstand von der Imaginärachse ist, desto schneller klingt die zugehörige Eigenbewegung ab. Mit der absoluten S. wird ein Mindestabstand $\sigma < -a$ von der Imaginärachse gefordert und damit ein Minimalwert der Abklingkonstanten (Bild). Diese Vorgabe ist vor allem für Eigenwerte nahe der reellen Achse wichtig. Für Eigenwerte mit gegen-

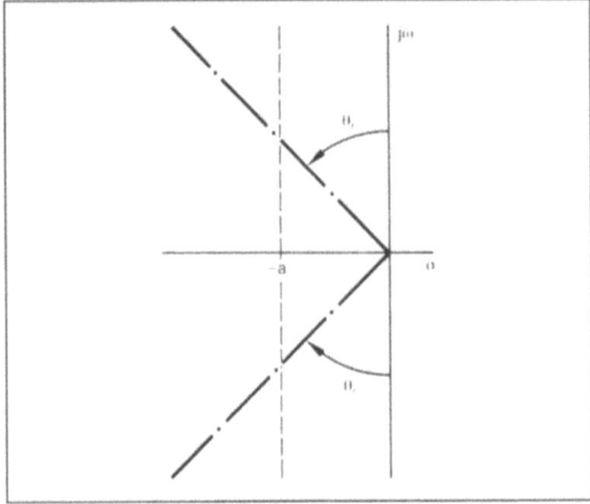

Stabilitätsreserve: Absolute und relative S.

über dem Realteil großem Imaginärteil wird mit der relativen S. ein Mindestdämpfungsgrad $d_m = \sin\Theta_r$ festgelegt, so daß die Schwingungen der Eigenbewegung mit $d > d_m$ gedämpft sind. *Böttiger*

Stand der Technik →Technische Regel; →DIN-Norm

Standsicherheit. S. ist die Sicherheit eines Körpers gegen Umkippen. Das Kippmoment in bezug auf eine Kippkante des Körpers bzw. in bezug auf seine Stützstellen muß kleiner sein als das Standmoment, d. h. das zurückführende →Moment.

Bei der →Aktivisolierung von Maschinen und Anlagen zur Vermeidung von Erschütterungsimmissionen sind bei der schwingungsisolierten Aufstellung der Anlagen die Federisolatoren unter der Anlage bzw. unter dem abgefederten Fundament so anzuordnen, daß die beabsichtigte Gleichgewichtslage (Ruhelage) des Systems und eine ausreichende Sicherheit gegen Umkippen, d. h. die Standsicherheit gewährleistet ist. *Splittgerber*

Statik, ebene. Als e. S. bezeichnet man die S. von Systemen, bei denen alle eingeprägten und Lagerreaktions-Kräfte innerhalb einer (x,y-)Ebene und alle Momente senkrecht zu ihr liegen. Die Gleichgewichtsbedingungen reduzieren sich dann für einen starren Körper auf 2 Kräftegleichgewichte (F_x, F_y) und ein Momentengleichgewicht ($M = M_z$). Auch sind Auf- und Zwischenlager maximal 3-wertig. Im übrigen sind alle Teilgebiete der →Statik starrer Körper zu beachten. Bei den Beanspruchungsgrößen gibt es allerdings niemals ein Torsionsmoment.

Einfache statisch bestimmte Systeme (Bild) der e. S. sind der Balken auf zwei Stützen, der einseitig fest eingespannte Kragträger und der Dreigelenkbogen, auch in der Variante entsprechend Bild d).

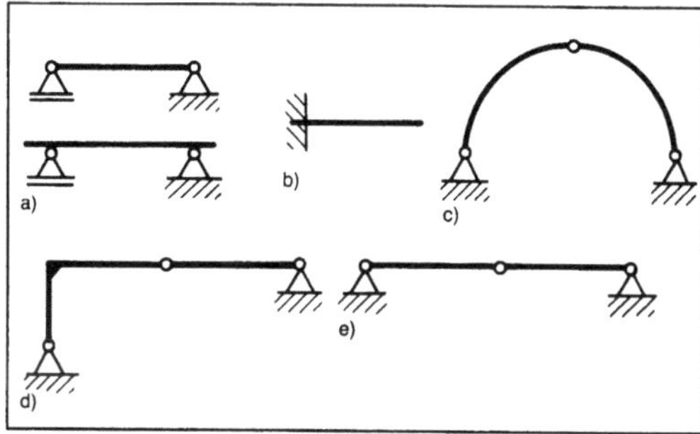

Statik, ebene: Einfache Systeme.
a) Balken auf zwei Stützen
b) Kragträger
c) Dreigelenkbogen
d) Andere Form des Dreigelenkbogens
e) Entartete Form des Dreigelenkbogens.

Dagegen ist das System gemäß Bild e) statisch unbestimmt, weil alle Gelenke auf einer Geraden liegen. *Besdo*

Statik starrer Körper. Durch das Erstarrungsprinzip wird gerechtfertigt, daß man sich ausgiebig mit der S. s. K., also deren Gleichgewichts- oder Ruhezustand, beschäftigt. In ihr gelten je Körper 2 Arten von Vektor-Gleichgewichtsbedingungen, wobei man in →Koordinaten allgemein 6 Gleichungen erhält, in der ebenen S. dagegen nur 3. Es spielen Kräfte und Momente eine Rolle, die in der Form unterschiedlicher Lastarten, zu denen auch das Gewicht zählt, sowie als Lagerreaktionen von Auf- und Zwischenlagern auftreten. Sie werden zur Vorbereitung der Rechnung in Freikörperbilder eingetragen und durch graphische Methoden oder eine rechnerische Lastreduktion ins Gleichgewicht gebracht, sofern die statische Bestimmtheit dies erlaubt. Besondere Systeme dieser Art sind Fachwerke, deren Stäbe ausschließlich längs gerichtete Kräfte übertragen.

Zur Vorbereitung der Festigkeitsanalyse dient die Ermittlung von Beanspruchungsgrößen in schlanken Bauteilen. Einflußzahlen und Einflußlinien zeigen auf, wie sehr sich bestimmte Lasten auf die berechneten Werte auswirken.

Die S. s. K. kann sich auch mit längs undehnbaren, aber biegeschlaffen Elementen wie Ketten und Seilen befassen, die über Rollen laufen oder in der Form der →Kettenlinie frei hängen.

Als Methode ist in vielen Fällen das Prinzip der virtuellen Arbeiten vorteilhaft. *Besdo*

Statistik. Eine S. ist eine →Funktion der Beobachtungswerte aus einer Stichprobe und stellt meist die Schätzung eines Parameters der Grundgesamtheit dar, aus welcher die Stichprobe entnommen wird. *Schneeberger*

Statistik, mathematische. Dieser Teil der Statistik befaßt sich – im Gegensatz zur deskriptiven Statistik – mit mathematischen Sätzen und Beweisen. *Schneeberger*

Statistik, suffiziente. Ein statistischer Schätzer wird dann als suffizient bezeichnet, wenn er alle diejenigen Informationen einer Stichprobe verwendet, die den zu schätzenden Parameter betreffen. Daraus folgt, daß mit t_0 als suffizientem Schätzer für den Parameter Θ und mit t_1 als einem alternativen Schätzer, der aus derselben Stichprobe berechnet wird, keine mögliche Kombination von t_0 und t_1 (wie z. B. ihr arithmetisches Mittel) einen besseren Schätzer für Θ liefern kann als t_0 allein. *Schneeberger*

Stauchung →Streckung

Staudruck. Gedacht ist an die stationäre, inkompressible (Dichte ρ_0) Umströmung eines Körpers mit einer in großer Entfernung vom Körper parallelen konstanten Geschwindigkeit u_∞ und dem Druck p_∞ dort. Wendet man die →Bernoulli-Gleichung auf die Staupunktstromlinie an, so zeigt sich, daß der Druck im Staupunkt

$$p_s = p_\infty + \frac{\rho_0}{2} u_\infty^2$$

um den Staudruck $\frac{\rho_0}{2} u_\infty^2$ über dem Druck p_∞ in der Anströmung liegt. Setzt man, was zulässig ist, $p_\infty = 0$, so ist der Druck im Staupunkt gleich dem S. Dabei ist zu beachten, daß u_∞ nicht die Geschwindigkeit im Staupunkt ist (diese ist gerade null).

Die Aussage läßt sich auch als Ausfluß der Energieerhaltung in reibungsfreien Fluiden deuten: Entlang der Staupunktstromlinie wird kinetische Energie der Anströmung in Druckenergie umgesetzt.

Die vorstehende Überlegung läßt sich auch für kompressible Fluide durchführen. An die Stelle des Drucks tritt dann die spezifische →Enthalpie. *Vogel*

Stefan-Boltzmann-Gesetz. Von *Josef Stefan* (1835–1893) im Jahre 1879 experimentell gefundenes und von *Ludwig Boltzmann* (1844–1906) 1884 theoretisch abgeleitetes Strahlungsgesetz, wonach die von einem schwarzen Körper als Strahlungsfluß F abgestrahlte Gesamtleistung (Gesamtenergie im gesamten Frequenzbereich je s je m² Oberfläche) proportional zur vierten Potenz seiner Temperatur ist:

$$F = \sigma \, T^4$$

mit $\sigma = 5{,}6703 \cdot 10^{-8}$ W m^{-2} K^{-4} als Stefan-Boltzmann-Konstante.

Das Stefan-Boltzmann-Gesetz spielt u. a. in der Theorie der Sternatmosphären eine bedeutende Rolle (Effektivtemperatur).

Für nichtschwarze Körper tritt an Stelle der Konstanten σ deren Produkt $\sigma\varepsilon$ mit dem stoffabhängigen Emissionsgrad ε, die sog. Strahlungszahl, auf. *Wittmann*

Steifigkeit. Die S. ist der Widerstand von Körpern, Bauteilen, Konstruktionen usw. gegen Krafteinwirkungen. Bei Federn wird die S. durch die Federsteifigkeit oder durch deren →Nachgiebigkeit gekennzeichnet. Bei Stahlfedern und Federn aus Elastomeren wird die Federsteifigkeit oft mit dem Buchstaben c bezeichnet. Die S. von Böden wird durch die →Federkonstante, früher auch durch die Bettungsziffer, beschrieben. Bei der Einwirkung von dynamischen Kräften ist die dynamische S. der betroffenen Gebilde maßgebend; sie ist meist größer als die statische S. und von der →Frequenz abhängig. *Splittgerber*

Stellantrieb. Gerät oder Geräteteil zum Verstellen eines mechanisch betätigten Stellglieds. Das Stellglied kann über Hebel oder Handräder direkt am Stellort oder über mit elektrischer, pneumatischer oder hydraulischer →Hilfsenergie arbeitende S. fernverstellt werden. Bild 1 zeigt einen pneumatischen S.: In einer zylindrischen Kammer grenzen Rollmembran und Membranteller einen Druckraum ab. Auf das System wirkt von einer Seite ein variabler Luftdruck, von der anderen wirken Federpakete, die dem S. eine dem Stelldruck proportionale Stellung aufprägen und ihn bei Ausfall der Druckluft in eine Endstellung überführen. Die Federn im linken Bildteil bewegen die Spindel bei Luftausfall nach oben, im rechten Bildteil nach unten. Bei den gebräuchlichen Sitz-Kegel-Anordnungen in Stellventilen wird von der linken Anord-

nung das Ventil von Federkraft geöffnet, in der rechten dagegen geschlossen. Die wirksamen Membranflächen liegen meist zwischen 200 und 3 000 cm^2, die maximalen Stelldrücke bei 6 bar und der maximale Stellhub etwa bei 100 mm. Damit können Membranantriebe mit einfachen Mitteln relativ große Stellkräfte erzeugen, allerdings bei etwas eingeschränkten Stellwegen.

Weitere Vorteile pneumatischer S. sind große Stellgeschwindigkeiten und der Wegfall von Explosionsschutzmaßnahmen in explosionsgefährdeten Anlagen. Neben den Membranantrieben gibt es noch pneumatische Kolben- und Drehkolbenantriebe, die bei größeren Nennhüben und zur Verstellung von Stellklappen und Stellhähnen zum Einsatz kommen. Nachteile der pneumatischen Antriebe sind, daß die Stellsignale durch die Kompressibilität der Luft verzögert wirksam werden und daß für die →Hilfsenergieversorgung ein Druckluftnetz mit getrockneter, öl- und staubfreier Druckluft erforderlich ist.

Hydraulische S. sind für große Stellkräfte, z. B. bis etwa 700 kN, und große Nennhübe geeignet. Sie können als Kompaktantrieb – ein Gerät, das elektrisch angetriebene Zahnradpumpe, Stellzylinder, Steuerungselemente und Hydraulikflüssigkeit integriert (Bild 2) – oder als System mit zentraler Energieversorgung und räumlich verteilten Antrieben geliefert werden. Vorteilhaft ist, daß das Stellsignal wegen der →Inkompressibilität der Hydrau-

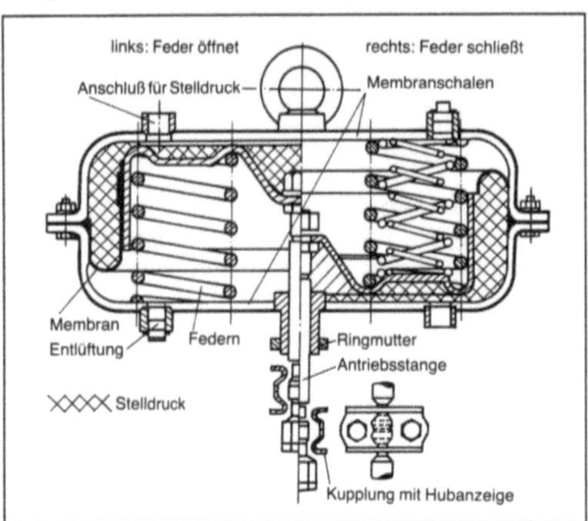

Stellantrieb 1: Schnittbild eines pneumatischen Membranantriebs. (Quelle: Samson)

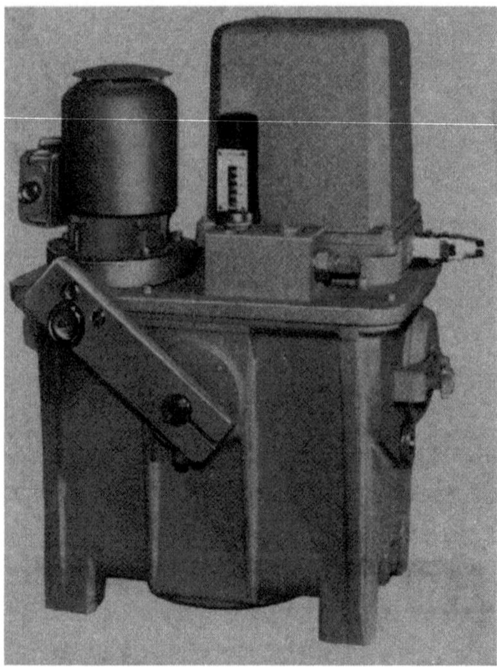

Stellantrieb 2: Elektrohydraulischer Kompaktantrieb. (Quelle: Reinecke)

likflüssigkeit unverzögert wirksam wird. Nachteilig ist der relativ zur Pneumatik hohe Aufwand und die Gefahr von Leckagen. Sicherheitsstellungen sind bei Einsatz von Hydrospeichern möglich.

Elektromotorische S. sind für große Stellwege geeignet. Große Stellkräfte lassen sich über Getriebe auf Kosten der Stellgeschwindigkeit erzielen. Der Aufwand ist höher als bei pneumatischen S., besonders, wenn Explosionsschutz zu beachten ist oder Sicherheitsstellungen gefordert werden (→Stellventil). *Strohrmann*

Literatur: *Hengstenberg, J., B. Sturm* u. *O. Winkler:* Messen, Steuern und Regeln in der Chemischen Technik. Bd. III. 3. Aufl. Berlin, Heidelberg, New York 1981. – *Strohrmann, G.:* Automatisierungstechnik. Bd. 2: Stellgeräte, Strecken, Projektabwicklung. München, Wien 1991.

Stellbereich →Regler

Stellgröße →Regelkreis

Stellhahn. Gerät, das Stoff- und Energieströme in Rohrleitungen absperrt oder durch Ändern des Widerstandes kontinuierlich stellt. Die Widerstandskörper lassen sich senkrecht zur Rohrleitungsachse verdrehen. Sie haben bei Absperrhähnen Bohrungen, die dem Innendurchmesser der anschließenden Rohrleitungen entsprechen.

In Regelhähnen werden die Strömungen meist eingeschnürt oder verwirbelt. Die Widerstandskörper von Kugelhähnen haben kugelige, die von Kükenhähnen konische oder zylindrische Formen. Bei einem Durchgangskugelhahn (Bild) drosselt die zylindrisch durchgebohrte Kugel in Offenstellung die Strömung nicht. Durch eine Drehung um 90° wird der Hahn geschlossen und die Strömung abgesperrt. Feste oder angefederte Sitzringe aus PTFE,

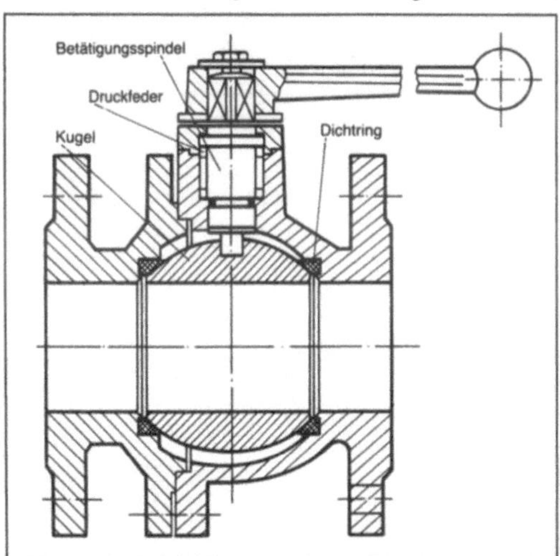

Stellhahn: Schnittbild eines schwimmend gelagerten Kugelhahns.

aus glasfaserverstärktem PTFE oder – für Temperaturen über etwa 200 °C – aus metallischen Werkstoffen bewirken einen praktisch dichten Abschluß der Strömung. Für die Abdichtung der Schaftdurchführung nach außen ist eine Stopfbuchse oder andere Abdichtung erforderlich. Bei der Ausführung im Bild ist die Kugel schwimmend gelagert: Die linienförmigen Dichtelemente sind zugleich Führungselemente für die Kugel. In geschlossener Stellung drückt der Strömungsdruck die Kugel gegen die Dichtringe, so daß ein Nachstellen nicht erforderlich ist. Die hochglanzpolierte Kugel hat in Kombination mit den PTFE-Dichtringen geringe Reibungskoeffizienten, so daß nur geringe Drehmomente erforderlich sind für das Stellen des Hahnes, das hier über einen Schaft geschieht, der in einen in die Kugel eingearbeiteten Schlitz eingreift.

Für größere Nennweiten und höhere Betriebsdrücke würden schwimmend gelagerte Kugeln zu sehr an die Dichtringe gepreßt, und die Kugel muß deshalb durch zusätzliche Lagerzapfen oben und unten fixiert werden. Kugelhähne sind wegen des schnellen Verschleißes der in Zwischenstellungen freiliegenden Dichtringe und wegen der relativ ungünstigen Grundkennlinie in ihrer Standardausführung weniger gut zum kontinuierlichen Regeln geeignet. Der Verbesserung des Regelverhaltens und der Verringerung der Schallemission dienen in der Durchflußöffnung der Kugel parallel angeordnete, perforierte Platten, die das Druckgefälle beim Strömungsdurchlauf unterteilen. Kugelhähne mit metallischen Dichtelementen oder in Ausführungen, bei denen auch bei Wegschmelzen der PTFE-Dichtringe noch eine Notdichtfunktion gegeben ist, können Produktströme auch noch im Brandfall absperren und erfüllen damit Fire-safe-Forderungen.

Beim Kükenhahn kann sich das Küken, ein durchbohrter Metallkonus, in einer im Gehäuse eingepreßten PTFE-Büchse bewegen. Diese Büchse stellt eine reibungsarme flächenhafte Führung und Dichtung dar, die auch die Abdichtung der Schaftdurchführung nach außen übernimmt, so daß eine Stopfbuchse entfallen kann. Meist wird jedoch noch ein zusätzlicher Dichtring (PTFE-Membran) eingesetzt, der in Funktion tritt, wenn die Büchse beschädigt sein sollte. Für Regelaufgaben kann in das Küken ein am Gehäuseboden gegen Verdrehen fixierter Drosselkörper eingebracht werden. Seine freie Querschnittsfläche bestimmt den K_{vs}-Wert des Stellhahnes. Die Grundkennlinie dieser Regelhähne liegt zwischen einer gleichprozentigen und einer linearen Kennlinie, sie läßt sich durch Kurvenscheiben im →Stellungsregler in eine lineare oder in eine gleichprozentige →Durchflußkennlinie überführen. Auch Kükenhähne sind in Fire-safe-Ausführung lieferbar.

S. werden aus Stählen, rostfreien Stählen, aber auch aus Nichteisenmetallen oder Keramik sowie mit verschiedenen Auskleidungen hergestellt. Als Antriebe kommen pneumatisch betriebene Membran-, Zylinder- und Drehflügelantriebe oder elektromotorische zum Einsatz. Fail-safe-Verhalten ist – besonders für Hähne mit größerer Stellarbeit – oft mit Druckluftpuffern besser zu realisieren als durch Federrückstellung. S. eignen sich mit Nennweiten bis zu 250 mm in der Standardausführung bzw. bis zu 400 mm in Sonderausführungen zum Stellen mittlerer Durchflüsse. Die Grenzen für den Betriebsdruck liegen bei 100 bar, die für die Betriebstemperatur beim Einsatz von PTFE-Dichtungen bei etwa 200 °C, bei metallischen Dichtungen bei 600 °C. Wegen ihrer kompakten Abmessungen und des freien Durchganges auch für Reinigungsmolche sind sie auch für Absperraufgaben in Pipelines interessant (→Lärmschutzmaßnahme; →Mischventil; →Stellantrieb; →Stellklappe; →Stellschieber; →Stellventil). *Strohrmann*

Literatur: *Hengstenberg, J., B. Sturm* und *O. Winkler:* Messen, Steuern und Regeln in der Chemischen Technik. 3. Aufl., Bd. III. Berlin–Heidelberg–New York 1981. – *Strohrmann, G.:* Automatisierungstechnik, Bd. 2: Stellgeräte, Strecken, Projektabwicklung. 2. Aufl. München–Wien 1991.

Stellklappe. Gerät, das Stoff- und Energieströme in Rohrleitungen absperrt oder durch Ändern des Widerstandes kontinuierlich stellt. Dazu wird die Strömung mit einer schwenkbaren Klappenscheibe gedrosselt, deren Stellwinkel den Widerstandsbeiwert der S. bestimmt. Regelklappen nutzen nur einen begrenzten Öffnungsbereich aus. Er liegt zwischen 10° und – abhängig vom Profil der Klappenscheibe – 60–80°.

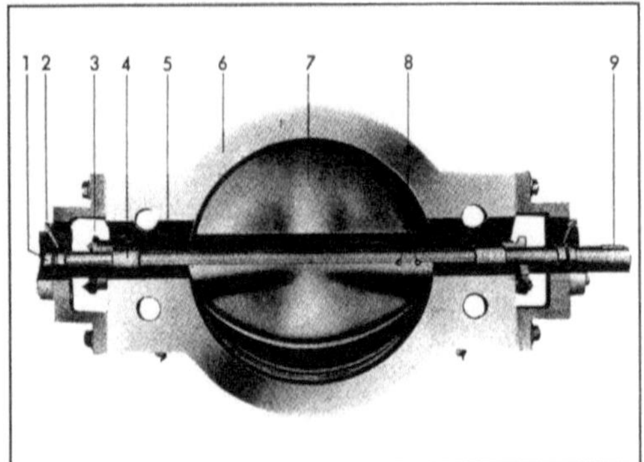

Stellklappe 1: S. in Sandwichausführung (Quelle: Fisher Controls)

1 Wälzlager, 2 Schmiernippel, 3 Stopfbuchsbrille (die Packung kann ohne Ausbau der Lager ausgetauscht werden), 4 Pakkungsringe, 5 durchgehende Klappenwelle, 6 Klappengehäuse, 7 Klappenscheibe, 8 Konusstifte zum Verbinden der Klappe mit der Welle, 9 Halbrundfeder zur Übertragung der Antriebskraft.

Mit durchgehender Welle, außenliegenden Wälzlagern und innenliegenden, mit einem Brillenflansch nachziehbaren Stopfbuchsen ist die S. nach Bild 1 zum kontinuierlichen Stellen von Stoffströmen für hohe Anforderungen ausgelegt. Die auf der Welle verstiftete Klappenscheibe hat ein besonderes Profil, das einen weiten Stellbereich und eine günstige →Durchflußkennlinie bewirkt. Das flanschlose Klappengehäuse (Sandwich-Bauweise) wird zwischen die Flanschen der anschließenden Rohrleitungsstücke mit Ankerschrauben eingespannt. Als Werkstoffe für Klappengehäuse, -scheibe und -welle kommen zum Einsatz alle gängigen Metalle und Metallegierungen, insbesondere Stähle und rostfreie Stähle, aber auch Ausskleidungen aus Blei, Email oder Kunststoffen.

Es gibt sehr unterschiedliche andere Konstruktionen von S.; so z. B. S. mit innenliegenden Gleitlagern und außenliegenden Stopfbuchsen. Die Stopfbuchsen können bei beiden Arten auch jeweils doppelt ausgeführt sein mit einer Revisionsbohrung zum Aufdrücken eines Sperrmediums, eines Schmiermittels oder zur Leckprüfung. Weiterhin kann die Welle in zwei Wellenstümpfe geteilt sein sowie alternativ die Klappenscheibe durchschlagen, schräg anschlagen oder sich an einen Anschlag im Gehäuse legen. Zu letzterer Art gehören die O-Ring-Absperrklappen, die doppelt exzentrisch gelagert sind und einen durchgehenden metallischen oder Kunststoff-Dichtring haben (Bild 2). Auch die Profile der Klappenscheiben werden unterschiedlich gestaltet, um den Klappen ein günstiges Regelverhalten aufzuprägen, geringe Antriebsmomente zu verursachen oder die Geräuschemission zu vermindern.

Als Antriebe kommen pneumatisch betriebene Membran-, Zylinder- und Drehflügelantriebe oder elektromotorische zum Einsatz. Fail-safe-Verhalten ist – besonders für Klappen mit größerer Stellar-

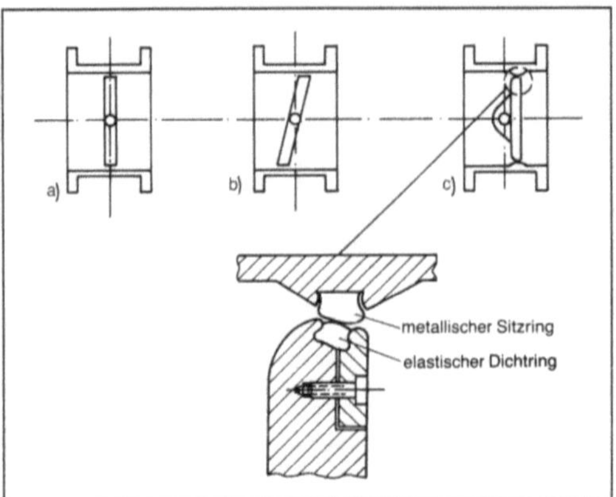

Stellklappe 2: Ausführungsformen von S.
a) durchschlagende S.
b) anschlagende S.
c) O-Ring-Klappe.

beit – oft mit Druckluftpuffern besser zu realisieren als durch Federrückstellung.

S. zeichnen sich durch geringen Platzbedarf und durch relativ zur Nennweite hohe K_{vs}-Werte aus. Sie eigenen sich mit K_{vs}-Werten etwa ab 200 zum Stellen mittlerer bis sehr großer Durchflüsse. Wegen der relativ einfach anpaßbaren Konstruktion sind Einsatzgrenzen allenfalls eher durch zu hohe Druckabfälle oder zu große Schallemissionen zu beachten als durch hohe Betriebsdrücke oder hohe oder tiefe Betriebstemperaturen. Die Grundkennlinien von S. sind für begrenzte Öffnungsbereiche gleichprozentigen Kennlinien ähnlich, ihre nutzbaren Stellverhältnisse liegen zwischen 30:1 und 100:1. Die Leckraten sind bei O-Ring-Klappen äußerst gering, bei schräg anschlagenden liegen sie bei 0,5 % von K_{vs} und bei durchschlagenden sind sie – konstruktionsbedingt – relativ hoch (→Lärmschutzmaßnahme; →Mischventil; →Stellantrieb; →Stellhahn; →Stellschieber; →Stellungsregler; →Stellventil). *Strohrmann*

Literatur: *Hengstenberg, J., B. Sturm* und *O. Winkler:* Messen, Steuern und Regeln in der chemischen Technik. 3. Aufl., Bd. III. Berlin–Heidelberg–New York 1981. – *Strohrmann, G.:* Automatisierungstechnik, Bd. 2: Stellgeräte, Strecken, Projektabwicklung. 2. Aufl. München–Wien 1991.

Stellschieber. Gerät, das Stoff- oder Energieströme in Rohrleitungen absperrt, in Einzelfällen auch kontinuierlich stellt. Der Widerstandskörper (Schieberplatte) wird beim S. translatorisch senkrecht zur Strömungsrichtung bewegt. Es ist im wesentlichen zwischen Flachplatten- und Keilschieber zu unterscheiden. Schieber sind von kleinen bis zu sehr großen Nennweiten erhältlich, praktisch für alle vorkommenden Druck- und Temperaturbereiche einsetzbar und werden in vielen Werkstoffen und Werkstoffkombinationen auch mit Kunststoffauskleidungen hergestellt.

Relativ zu den Stellventilen, Stellklappen und Stellhähnen erfordern S. im allgemeinen höhere Antriebsleistungen, höheren Raumbedarf und meist auch höhere Kosten. Als Stellantriebe kommen wegen der größeren Stellhübe elektromotorische Antriebe sowie hydraulische oder pneumatische Stellzylinder in Frage. Bei Ausfall der →Hilfsenergie behält der S. im allgemeinen seine Lage bei, in besonderen Fällen kann durch elektrische, hydraulische oder pneumatische Energiepuffer eine Sicherheitsstellung aufgeprägt werden (→Stellhahn; →Stellklappe; →Stellventil; →Stellantrieb). *Strohrmann*

Literatur: *Strohrmann, G.:* Automatisierungstechnik, Bd. 2: Stellgeräte, Strecken, Projektabwicklung. 2. Aufl. München–Wien 1991.

Stellungsregler. Regelgerät, das eine gewünschte Stellung des Stellgliedes gegenüber äußeren Einflüssen beibehalten oder einstellen soll. Äußere Einflüsse sind u. a. die Stopfbuchsenreibung, die Reibung der Lager- oder Führungsbuchsen und vor allem die statischen und dynamischen Kräfte des Stoff- oder Energiestromes.

Ein S. empfängt als →Führungsgröße das von einem →Regler kommende Stellsignal und als Regelgröße den durch direkte mechanische Verbindungen aufgenommenen Hub oder Drehwinkel des Stellgliedes. Er vergleicht beide Werte und modifiziert sein Ausgangssignal so, daß dem Stellsignal die gewünschte Stellung des Stellgliedes entspricht. Der Zusammenhang zwischen Stellsignal und Hub oder Stellwinkel ist oft linear, es kann aber auch ein nichtlinearer Zusammenhang vorgegeben sein, um dem Stellglied eine gewünschte Grundkennlinie aufzuprägen, es kann weiter nur ein Teil des Stellsignals dem vollen Hubbereich zugeordnet werden (→Split-range-Regelung), aber auch die Wirkrichtung im Stellungsregler invertiert werden.

Auch der Signalpegel und die Art der →Hilfsenergie läßt sich im S. umformen, z. B. arbeiten pneumatische Stellantriebe meist mit höheren Stelldrücken als es dem →Einheitssignal entspricht und elektropneumatische S. empfangen elektrische Stellsignale und geben pneumatische Antriebssignale aus (Bild). *Strohrmann*

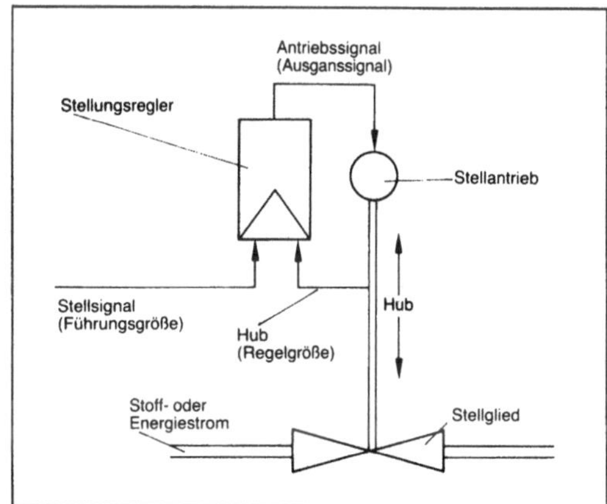

Stellungsregler: Schematische Darstellung (Aufbau, Arbeitsweise, Begriffe).

Literatur: *Hengstenberg, J., B. Sturm* und *O. Winkler:* Messen, Steuern und Regeln in der Chemischen Technik. 3. Aufl., Bd. III. Berlin–Heidelberg–New York 1981. – *Strohrmann, G.:* Automatisierungstechnik, Bd. 2: Stellgeräte, Strecken, Projektabwicklung. 2. Aufl. München–Wien 1991.

Stellventil. Gerät, das Stoff- und Energieströme in Rohrleitungen durch Ändern des Widerstands beeinflußt. In einem S. wird die Strömung umgelenkt und der Widerstandsbeiwert durch den von einem →Stellantrieb gestellten Hub eines Ventilkegels bestimmt.

Ein Einsitzventil besteht aus dem Ventilgehäuse mit feststehendem Ventilsitz und beweglichem Ventilkegel, der über eine Ventilstange mit dem Stellantrieb verbunden ist. Für dichten Abschluß des Druckraumes nach außen sorgt eine Stopfbuchsendichtung (Bild 1). Die Gehäuse werden meist gegossen, aber auch geschmiedet und, seltener, aus einem Block gefertigt. Als Materialien kommen zum Einsatz: Gußstähle, Chromnickelstähle, andere Legierungen wie Hastelloy B und C, Monel, aber auch Titan, Tantal sowie Kunststoffe und Keramik oder Auskleidungen aus Kunststoffen, Blei, Email oder keramischen Materialien.

Ist durch hohe Strömungsgeschwindigkeiten, →Kavitation oder Erosion ein hoher Verschleiß zu erwarten, so können Kegel und Ventilsitz zusätzlich durch eine Panzerung (z. B. Stellit) geschützt werden. Sind hohe Anforderungen an dichtes Absperren zu erfüllen, werden in die Dichtflächen von Sitz

oder Kegel Weichdichtungen (z. B. aus PTFE) eingearbeitet. Der Kegel hat ein Parabol- oder V-Port-Profil (Bild 2) und für erhöhte Anforderungen eine besondere Kegelschaftführung, während bei manchen Standardkonstruktionen ein ungeführter Kegel starr mit einer geführten Kegelstange verbunden ist. Durch Formgebung des Kegels können S. mit einer gewünschten →Durchflußkennlinie ausgerüstet werden, z. B. mit einer gleichprozentigen oder mit einer linearen. Die Stellverhältnisse liegen zwischen 1:30 und 1:50 und die Leckraten unter 0,05 % von K_{vs} bei Einsitzventilen und unter 0,5 % von K_{vs} bei Doppelsitzventilen. Der Hubbereich beträgt mindestens 20 % des freien Sitzdurchmessers.

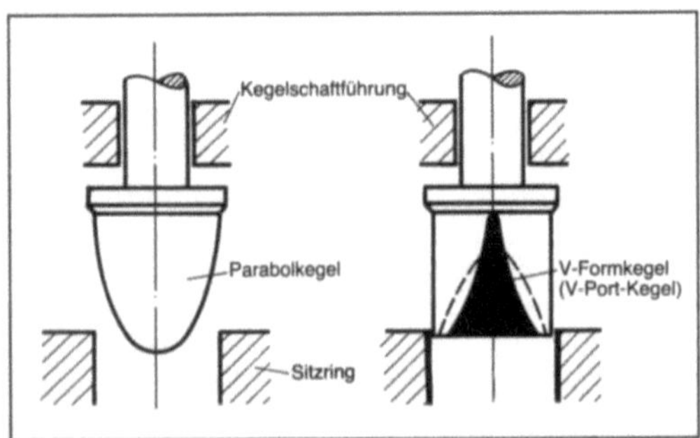

Stellventil 2: Parabol- und V-Port-Kegel. Die Ausnehmungen von V-Port-Kegeln können unsymmetrisch sein; im Bild ist angedeutet, daß die rückseitige Ausnehmung flacher ist.

Für die Stopfbuchsendichtung gibt es nachziehbare Ring-, Schnur- und Knetpackungen aus PTFE-, Graphit- und Fasermaterialien sowie federbelastete, nicht nachziehbare Dachmanschetten mit PTFE-Lippendichtungen (Bild 3). Die Stopfbuchsen können auch doppelt vorhanden sein, mit Anschlußbohrungen für eine Schmiereinrichtung, ein Sperrmedium oder zur Leckprüfung. Für besondere Anforderungen an die Dichtheit sind Faltenbalgabdich-

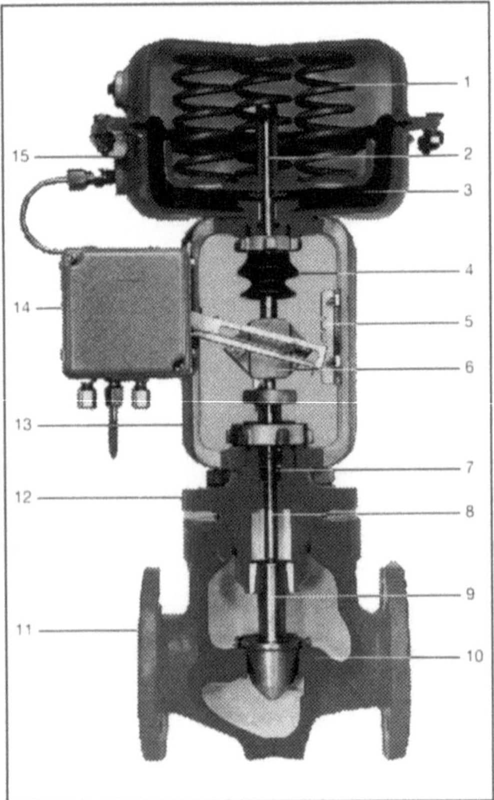

Stellventil 1: Einsitz-Stellventil der Bauart Dreiflansch mit Schaftführung und pneumatischem Stellantrieb mit dezentralen Federn. (Quelle: Eckardt)

1 Antriebsfeder, 2 Antriebsspindel, 3 Membran, 4 Gummimanschette, 5 Hubanzeige, 6 Kupplung, 7 Packung, 8 Ventilspindel, 9 Drosselkörper, 10 Sitzbuchse, 11 Ventilgehäuse, 12 Spindeldurchführung, 13 Laterne, 14 Stellungsregler, 15 Antrieb

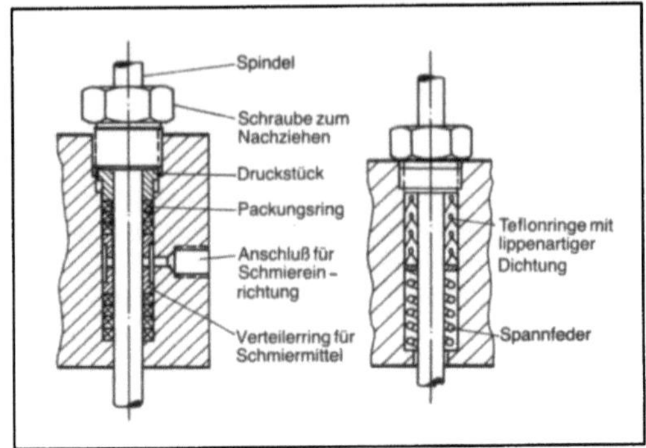

Stellventil 3: Stopfbuchsdichtungen. Links eine nachziehbare Ringpackung mit Schmiereinrichtung, rechts eine federbelastete Lippendichtung.

tungen gebräuchlich. Vor sehr hohen oder sehr tiefen Temperaturen müssen die Stopfbuchsen durch Isolierzwischenstücke geschützt werden.

Als Stellantriebe kommen in der →Prozeßleittechnik meist federbelastete Membranantriebe zum Einsatz (Bild 1), die durch die Stellfedern ein definiertes Ausfallverhalten haben. Durch Wahl des Antriebs läßt sich so erreichen, daß das Ventil bei Ausfall der Druckluft öffnet oder schließt und dem Ventil so ein Fail-safe-Verhalten aufgeprägt wird.

Neben Einsitzventilen gibt es Einsitzventile mit Druckentlastung oder Doppelsitzventile für hohe Druckabfälle bei größeren K_{vs}-Werten, Eckventile für den Einsatz bei sehr hohen Drücken, Dreiwegeventile zum Mischen oder Verteilen von Fluiden, Drehkegelventile mit geringem Druckverlust, Bodenauslaufventile an Behältern und Saunders-Ventile für verkrustende, abrasive oder staubhaltige Fluide.

S. eignen sich mit Nennweiten (DN) bis meist 200 mm, in schweren Konstruktionen auch bis 400 mm, und K_{vs}-Werten von 10^{-6} bis 600 bzw. 2 400 bei DN 400 zum Stellen kleinster bis mittlerer Durchflüsse. Sie sind für maximale Betriebsdrücke bis 400 bar, für kleinere DN auch noch wesentlich höher, z. B. 4 000 bar bei DN 45 und für Temperaturen zwischen −270 °C (flüssiges Helium) und +800 °C einsetzbar. *Strohrmann*

Literatur: *Hengstenberg, J., B. Sturm* u. *O. Winkler:* Messen, Steuern und Regeln in der Chemischen Technik. Bd. III. 3. Aufl. Berlin, Heidelberg, New York 1981. – *Strohrmann, G.:* Automatisierungstechnik. Bd. 2: Stellgeräte, Strecken, Projektabwicklung. München, Wien 1991.

Sternpunkt. In Mehrphasen-Wechselstromschaltungen (z. B. →Drehstrom), bei denen die Stränge jeweils an einem Ende miteinander verbunden sind (→Sternschaltung), nennt man den gemeinsamen Verbindungspunkt den Sternpunkt. Er wird in der Regel elektrisch mit der Erde verbunden. *Claassen*

Sternpunktleiter. In Mehrphasen-Wechselstromschaltungen, bei denen die Stränge jeweils an einem Ende miteinander verbunden sind (→Sternschaltung), nennt man den vom gemeinsamen Verbindungspunkt wegführenden Leiter Sternpunktleiter oder →Mittelpunktleiter. *Claassen*

Sternschaltung. Im dreiphasigen Drehstromsystem werden die Phasen entweder in S. mit oder ohne Mittelleiter (Nulleiter) oder in Dreiecksschaltung verkettet. Bei einer Drehstrommaschine (Bild) sind jeweils ein Ende jeder Phasenwicklung zu einem gemeinsamen Knotenpunkt (→Sternpunkt) zusammengefaßt und das andere Ende an einen Netzleiter angeschlossen. Die Wicklungsspannung ist bei symmetrischer Last im Gegensatz zur →Dreieckschaltung um den Faktor $1/\sqrt{3}$ kleiner als die Spannung

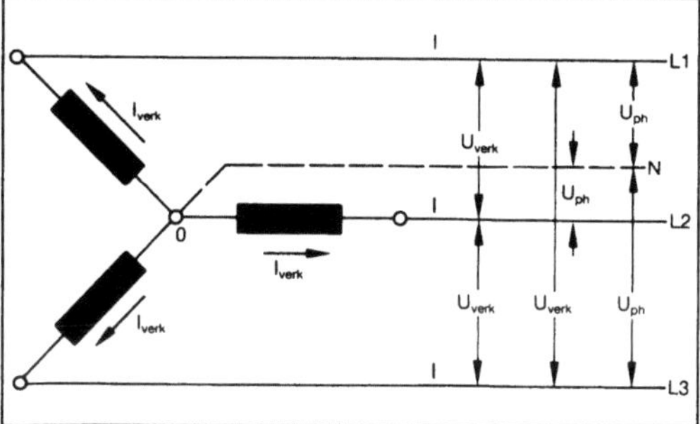

Sternschaltung: S. einer Drehstrom (Dreiphasen-Wechselstrom)-Maschine.

zwischen den Phasen des Netzes. Der Wicklungsstrom ist gleich dem Strom in der Zuleitung.

Der Sternpunkt ist bei symmetrischer Last spannungslos. Er kann deshalb zu Schutzzwecken herausgeführt und geerdet werden. *Claassen*

Sternspannung. Beim →Drehstrom-Vierleidernetz nennt man die Spannungen zwischen jeweils einem →Außenleiter (R, S oder T) und dem Mittelpunktsleiter M_p Sternspannungen im Gegensatz zu den Außenleiterspannungen, die jeweils zwischen zwei Außenleitern gemessen werden. Bei symmetrischer Beschaltung sind die Sternspannungen um den Faktor $1/\sqrt{3}$ kleiner als die Außenleiterspannungen. *Claassen*

Stetigkeit. Ein wichtiger Begriff der Analysis, mit dem primär zum Ausdruck gebracht werden soll, daß der Graph einer Funktion keine Sprünge (→Unstetigkeit) besitzt. Verallgemeinert definiert man: Es seien D und E metrische Räume. Der Abstand zweier Punkte x,y von D oder E sei mit d(x,y) bezeichnet. Sind D und E Teilmengen der reellen Zahlengeraden, so sei z. B. $d(x,y)=|x-y|$). Eine Funktion oder Abbildung

$$f:D\to E$$

heißt stetig im Punkte $x_0\in D$, wenn gilt: Für jede reelle Zahl $\varepsilon>0$ existiert ein $\delta>0$, so daß für alle $x\in D$ mit $d(x,x_0)<\delta$ stets

$$d(f(x), f(x_0)) < \varepsilon \text{ ist.}$$

Eine gleichwertige Definition, die zudem eine Ausdehnung des Begriffs der S. auf Abbildungen beliebiger topologischer Räume D und E gestattet, lautet: f heißt stetig in $x_0\in D$, wenn zu jeder Umgebung V von $f(x_0)$ eine Umgebung U von x_0 existiert, so daß $f(U\cap D)$ eine Teilmenge von V ist.

Eine weitere leicht als äquivalent erkennbare Definition besagt: f heißt stetig in $x_0\in D$, wenn für jede →Folge $(x_n)_{n\in\mathbb{N}}$ mit Elementen in D und

$\lim\limits_{n\to\infty} x_n = x_0$ stets $\lim\limits_{n\to\infty} f(x_n)$ existiert und gleich $f(x_0)$ ist. Somit gilt die Vertauschbarkeit von Funktion und Limes: $\lim\limits_{n\to\infty} f(x_n) = f(\lim\limits_{n\to\infty} x_n)$.

Eine Funktion heißt stetig, wenn sie in jedem Punkt ihres Definitionsbereichs stetig ist. Dabei wird i. a. zu vorgegebenem $\varepsilon > 0$ ein zugehöriges $\delta > 0$ von der Stelle x_0 abhängen. Wenn dies nicht der Fall ist, wenn also zu $\varepsilon > 0$ ein für alle $x_0 \in D$ passendes (somit nur von ε abhängendes) $\delta > 0$ mit obiger Eigenschaft existiert, so heißt die Funktion gleichmäßig stetig auf D.

Ist D kompakt, so ist jede auf D stetige Funktion dort bereits gleichmäßig stetig.

Eine Folge $(f_n)_{n \in \mathbb{N}}$ von Funktionen mit gemeinsamem Definitionsbereich D heißt gleichgradig stetig oder kurz *gleichstetig* in $x_0 \in D$, wenn zu jedem $\varepsilon > 0$ ein $\delta > 0$ existiert, so daß für alle $x \in D$ mit $d(x, x_0) < \delta$ und alle $n \in \mathbb{N}$ stets $d(f_n(x), f_n(x_0)) < \varepsilon$ gilt.

Für Abbildungen $f: D \to \overline{\mathbb{R}}$ wird oft nur eine abgeschwächte Form der S. benötigt; f heißt in $x_0 \in D$ nach unten halbstetig oder unterhalb stetig (bzw. nach oben halbstetig oder oberhalb stetig), wenn zu jedem $\alpha \in \mathbb{R}$ mit $\alpha < f(x_0)$ (bzw. $\alpha > f(x_0)$) ein $\delta > 0$ existiert, so daß für $x \in D$ mit $|x - x_0| < \delta$ stets $\alpha < f(x)$ (bzw. $\alpha > f(x)$) gilt.

Die Funktion f heißt unterhalb (bzw. oberhalb) stetig auf D, wenn sie in jedem Punkt von D unterhalb (bzw. oberhalb) stetig ist.

Eine Funktion f ist genau dann stetig auf D, wenn sie dort sowohl oberhalb als auch unterhalb stetig ist. Existiert für zwei stetige Funktionen die Komposition, so ist sie wieder eine stetige Funktion.

Die Menge aller reellwertigen stetigen Funktionen mit Definitionsbereich D wird mit C(D) bezeichnet. Addition, Subtraktion und Multiplikation zweier Funktionen aus C(D) ergibt wieder eine Funktion aus C(D). Dies gilt auch für die Division, falls die Funktion im Nenner nicht den Wert null annimmt. Man erkennt, daß C(D) einen Vektorraum und sogar eine →Algebra bildet.

Jede differenzierbare Funktion ist auch stetig. Die Umkehrung gilt jedoch nicht. *Schmeißer*

Literatur: *Barner, M.*, u. *F. Flohr:* Analysis I u. II. Berlin 1974 u. 1983. – *Endl, K.*, u. *W. Luh:* Analysis I. 8. Aufl. Wiesbaden 1986. – *Forster, O.:* Analysis 1 u. 2. Braunschweig 1983 u. 1979. – *Franz, W.:* Topologie I. Berlin 1960. – *Gelbaum, B. R.*, u. *J. M. H. Olmsted:* Counterexamples in analysis. San Francisco (Cal.) 1964. – *Heuser, H.:* Lehrb. Analysis. Tl. 1 u. 2. 4. Aufl. Stuttgart 1986.

Steuerbarkeit. Ein Prozeß ist steuerbar, wenn jeder Anfangszustand durch gezielte Einwirkung von außen in endlicher Zeit in jeden beliebigen Zustand überführt werden kann. Nach DIN 19226, Teil 2 heißt es: Ein →Übertragungsglied heißt bezüglich seiner Zustandsbeschreibung steuerbar zum Zeit-

punkt t_0, wenn es mit Hilfe eines zulässigen Eingangsvektors gelingt, ausgehend von einem beliebigen Anfangszustand $\underline{x} = \underline{x}(t_0)$ einen beliebigen Zustand im Zustandsraum während eines endlichen Zeitintervalls zu erreichen.

Die Theorie der Steuer- und Beobachtbarkeit ist erstmals von *Kalman* systematisiert worden. Sie ist sehr stark an die Zustandsraumdarstellung (Zustandsgrößen) gebunden. S. ist dann gegeben, wenn der Rang der →Matrix $[\mathbf{B}|\mathbf{A}\,\mathbf{B}| \ldots |\mathbf{A}^{n-1}\mathbf{B}]$ so groß ist wie die Systemordnung n.

Ein Kennzeichen der S. ist es auch, daß durch die Eingangsgrößen alle Eigenbewegungen des Systems angeregt werden können. *Scheithauer/Böttiger*

Literatur: *Unbehauen, H.:* Regelungstechnik II. Braunschweig 1983. – DIN 19226.

Stirlingprozeß. Ein Kreisquasi-Prozeß (→Kreisprozeß, Quasiprozeß) von einem Gleichgewichtszustand 1 ausgehend über 2, 3 und 4 nach 1 zurückkehrend heißt S., wenn gilt:
von 1 nach 2: isotherme Kompression,
von 2 nach 3: isochore Erwärmung,
von 3 nach 4: isotherme Expansion,
von 4 nach 1: isochore Abkühlung.

Für den Teilprozeß von j nach $j+1$, $j = 1, \ldots, 4$ mit $5 \equiv 1$ sind $Q_{j,j+1}$ die Wärmeübergänge (Bild). Dabei ist für Arbeitsstoffe konstanter spezifischer **Wärme**

$$Q_{23} = -Q_{41},$$

so daß diese Wärmeübergänge im Inneren des Systems durch Wärmeübertrager erzwungen werden können. Mit der Umgebung des Systems werden Q_{12} und Q_{34} ausgetauscht, und zwar Q_{12} mit einem Wärmereservoir der thermostatischen Temperatur T_1, Q_{34} mit einem der Temperatur T_4, $T_1 < T_4$, die beide die Isothermie der Teilprozesse erzwingen.

Daher verläuft der S. zwischen zwei äußeren Wärmereservoiren und besitzt deshalb den gleichen

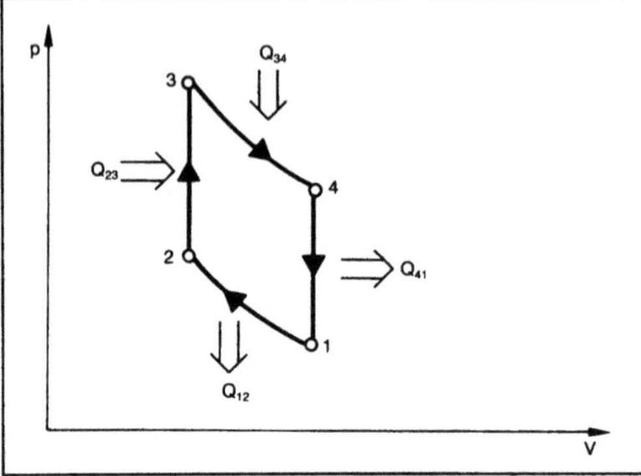

Stirlingprozeß: p, V-Diagramm. Die Doppelpfeile kennzeichnen das Vorzeichen des Wärmeübergangs im jeweiligen Takt.

→Wirkungsgrad wie der →Carnot-Prozeß zwischen Reservoiren mit den gleichen Temperaturen (→Carnot-Wirkungsgrad):

$$\eta = \eta_C = 1 - T_1/T_4.$$

Der S. ist ein Vergleichsprozeß für Heißluftmaschinen (Kolben-Verdrängermaschinen). *Muschik*

stochastisch. Durch das Adjektiv s. wird das Vorliegen mindestens einer zufälligen Variablen gekennzeichnet; so wird z. B. mit einem s. →Prozeß ein System bezeichnet, das neben deterministischen (also nicht zufälligen) Regeln noch durch zufällige Realisationen von Zufallsvariablen gebildet wird. *Schneeberger*

Stoffgesetz (Mechanik). Jede Kontinuumsmechanik (Strömungslehre, →Elastizitätstheorie, Balkenlehre, Plastomechanik usw.) umfaßt drei Teilbereiche: Die Verträglichkeit der Deformationsmaße oder Formänderungsgeschwindigkeiten, die (lokalen) Gleichgewichtsbedingungen, die von den Spannungen einzuhalten sind, und neben diesen materialunabhängigen Gleichungen, zu denen auch eine Kontinuitätsgleichung gehört, das S., das die Spannungen, ggf. auch ihre Zeitableitungen, mit Deformationsmaßen oder Formänderungsgeschwindigkeiten verknüpft.

Da jedes mechanische System auch als Gebilde der Thermodynamik aufzufassen ist, muß das S. so beschaffen sein, daß es deren Hauptsätze unter keinen Umständen verletzt. Vor allem ist der →zweite Hauptsatz zu beachten, der mit der freien Energie $f = f(\theta, \kappa_\alpha)$ auf

$$\left(\underset{\sim}{\sigma} \cdot \cdot \underset{\sim}{\lambda} - \rho \sum_\alpha \dot{\kappa}_\alpha \, \partial f/\partial \kappa_\alpha \right) + \left(-\vec{q} \cdot \Delta\theta \right) \geq 0$$

führt (κ_α mechanischer Parameter). Die beiden Klammern werden durch geeignete mechanische S. (1. Klammer) und Wärmeleitungsgesetze (2. Klammer) einzeln als nicht-negativ postuliert.

Das sind thermodynamische Restriktionen, denen eine S.-Formulierung unterliegt. Daneben ist vor allem die Objektivität zu gewährleisten, d. h. das Materialverhalten darf nicht von überlagerten Starrkörperbewegungen abhängen. Solange man Cauchy-Spannungen und deren Zaremba-Jaumann-Zeitableitungen mit Formänderungsgeschwindigkeiten und auf der Seite der →Deformation Almansi-Tensoren und deren Zaremba-Jaumann-Zeitableitungen verknüpft, ist die Objektivität in der zugehörigen Eulerschen Betrachtungsweise (Kontinuumsmechanik) gesichert. Ähnliches gilt bei Verwendung von 2 Piola-Kirchhoff-Spannungstensoren und rechten Cauchy-Green- oder Green-Tensoren sowie deren (gewöhnlichen) Zeitableitungen bei Lagrangescher Betrachtungsweise. *Besdo*

Stoffgesetze der Elastizitätstheorie. Abgesehen von S. der Hypoelastizität gibt es bei (rein) elastischen Materialien zwei hauptsächlich verwendete Grundformen elastischer S. Typisch für die Elastizität selbst ist, daß die thermodynamischen Restriktionen durch

$$\underset{\sim}{\sigma} \cdot \cdot \underset{\sim}{\lambda} = \rho \sum_\alpha \dot{\kappa}_\alpha \, \partial f/\partial \kappa_\alpha$$

erfüllt werden, wobei als mechanische Parameter κ_α Deformationsmaße dienen, die Zeitableitungen $\dot{\kappa}_\alpha$ mit den Formänderungsgeschwindigkeiten $\underset{\sim}{\lambda}$ ausgedrückt werden. Es ist jedoch auch möglich, die linke Seite, die Cauchy-Spannungen $\underset{\sim}{\sigma}$ enthält, gemäß

$$\underset{\sim}{\sigma} \cdot \cdot \underset{\sim}{\lambda} = (\rho/\tilde{\rho}) \, \underset{\sim}{\tilde{T}} \cdot \cdot \underset{\sim}{\dot{\gamma}}$$

in Piola-Kirchhoff-Spannungen und Green-Deformationen umzuwandeln. Die Tensoren $\underset{\sim}{\lambda}$ und $\underset{\sim}{\dot{\gamma}}$, die die Veränderung des von der Veränderung selbst unabhängigen bestehenden Zustands wiedergeben, sind wie Variationen zu sehen. So findet man für $f = f(\underset{\sim}{\varepsilon}, \theta)$ bzw. $f = f(\underset{\sim}{\gamma}, \theta)$ die S.

$$\underset{\sim}{\sigma} = \rho \left[\left(\partial f/\partial \underset{\sim}{\varepsilon} \right) - \underset{\sim}{\varepsilon} \cdot \left(\partial f/\partial \underset{\sim}{\varepsilon} \right) - \left(\partial f/\partial \underset{\sim}{\varepsilon} \right) \cdot \underset{\sim}{\varepsilon} \right]$$

und

$$\underset{\sim}{\tilde{T}} = \tilde{\rho} \, \partial f/\partial \underset{\sim}{\gamma}.$$

In der geometrisch linearen →Elastizitätstheorie mit $\|\underset{\sim}{\varepsilon}\| \ll 1$ gehen beide mit dem elastischen Potential $\psi = \tilde{\rho} f$ in

$$\underset{\sim}{\sigma} = \partial\psi/\partial\underset{\sim}{\varepsilon}$$

über. Hieraus leitet sich die Symmetrie $C^{ijkl} = C^{klij}$ her. (→Anisotropie. Dort werden auch nähere Einzelheiten zum S. der auch physikalisch linearen Elastizitätstheorie angegeben.)

Isotropes, voll lineares Verhalten

$$\underset{\sim}{\sigma} = {}^4\underset{\sim}{C} \cdot \cdot \, \underset{\sim}{\varepsilon} \quad \text{oder} \quad \underset{\sim}{\varepsilon} = {}^4\underset{\sim}{S} \cdot \cdot \, \underset{\sim}{\sigma}$$

wird in kartesischen x_a-Koordinaten durch

$$C_{abcd} = \frac{E}{1+\nu} \left(\delta_{ac}\,\delta_{bd} + \frac{\nu}{1-2\nu}\,\delta_{ab}\,\delta_{cd} \right)$$

und

$$S_{abcd} = \frac{1}{E} \left((1+\nu)\,\delta_{ac}\,\delta_{bd} - \nu\,\delta_{ab}\,\delta_{cd} \right)$$

beschrieben. Es wird auch als

$$\varepsilon_{ab} = \frac{1+\nu}{E}\,\delta_{ab} - \frac{\nu}{E}\,\delta_{ab}\,\delta_{cc}{\sim}$$

$$\sigma_{ab} = \frac{E}{1+\nu}\,\varepsilon_{ab} + \frac{E}{1+\nu}\frac{\nu}{1-2\nu}\,\delta_{ab}\,\varepsilon_{cc}.$$

$$\sigma'_{ab} = 2G\,\varepsilon'_{ab}$$

oder

$$\sigma_{ab} = 2G\,\varepsilon'_{ab} + K\,\delta_{ab}\,\varepsilon_{cc}$$

705

wiedergegeben, wobei die Parameter E →Elastizitätsmodul, ν →Querkontraktionszahl, $G = E/(2(1+\nu))$ Schubmodul = →Gleitmodul = Torsionsmodul, K Kompressionsmodul, die Lamé-Konstanten $\lambda = \nu E((1+\nu)(1-2\nu))$ und $\mu = G$ sowie die Voigt-Konstanten $s_1 = -\nu/E$ und $s_2 = 1/G$ auftreten.

Alle diese Formen gehen beim einachsigen Zug (→Zug und Druck) in das Hooke-Gesetz über. *Besdo*

Stoffgesetze der Plastomechanik. S. d. P., die nicht im Dehnungsraum formuliert sind oder (s. u.) endochrones Verhalten beschreiben, bestehen im Spannungsraum aus zwei Teilen: dem →Fließkriterium, das klärt, ob der Spannungszustand die Plastizierung zuläßt, und der Fließregel, die mit einem freien Parameter regelt, wie die Formänderungsgeschwindigkeiten bei Plastizierung mit den Spannungen zusammenhängen. Aus dem Tresca-Kriterium

$$|\tau|_{max} - \tau_{krit} \le 0 \text{ oder } f = \sigma_{Jmax} - \sigma_{Jmin} - k_f \le 0$$

geht mit dem Potentialgesetz nach *von Mises* das Tresca-S. hervor. Aus dem Huber-von Mises-Hencky-Kriterium

$$\sigma'_{ij}\,\sigma'_{ij} - \frac{2}{3}\,k_f^2 \le 0$$

folgt die Lévy-Fließregel

$$\lambda_{ij} = 2\chi\,\sigma'_{ij},$$

zusammen das Huber-Lévy-von Mises-Hencky-(HLMH)-S.

Bei diesen S. wird starr-plastisches Verhalten (Materialverhalten-Idealisierung) vorausgesetzt. Elastisch-plastisches Verhalten beschreibt man mit den Prandtl-Reuß-Gleichungen, die aus dem HMH-Kriterium und einer modifizierten Fließregel bestehen, bei der neben den plastischen Formänderungsgeschwindigkeiten λ^p additiv elastische auftreten:

$$\lambda = \lambda^p + \lambda^e \quad .$$

Als elastisches Teilstoffgesetz fungiert bei Anwendungen meist die Zeitableitung des linear-elastischen S.:

$$\overset{*}{\varepsilon} = \frac{1}{2G}\left[\overset{*}{\sigma} - \frac{\nu}{1+\nu}E\left(\overset{*}{\sigma}\cdot\cdot\,E\right)\right],$$

wobei λ^e durch $\overset{*}{\varepsilon}$ ersetzt wird. Thermodynamisch besser begründet wäre die Verwendung eines hypoelastischen Teilstoffgesetzes (Hypoelastizität).

Bei Anisotropie benötigt man interne Parameter, die selbst Tensoren sind und eigene Entwicklungsgesetze erfordern. Hier gibt es viele Möglichkeiten der Empirie.

Als endochrones Verhalten bezeichnet man es, wenn das plastische Fließen ohne erkennbare Fließ-grenze stattfindet. Endochrone Medien kann man als Grenzfall der kinematisch verfestigenden (Anisotropie) auffassen, bei denen nämlich die Fließfläche zur Linie oder gar zum Punkt zusammenschrumpft. Das Stoffverhalten wird dann (fast) ausschließlich vom Entwicklungsgesetz der internen Parameter bestimmt.

Im engeren Sinn bedeutet das Wort endochron die Einführung einer Ersatzzeit. Diese Art der Darstellung geht auf *Valanis* zurück. *Besdo*

Stoffmenge. Eine St. wird durch die Anzahl der in ihr befindlichen Moleküle gekennzeichnet.

Die St. ist eine von der Masse unabhängige weitere Grundgröße, die in mol angegeben wird. Die Maßzahl der S. wird als →Molzahl n bezeichnet. Als Einheit wird definiert:

□ 1 mol ist die Stoffmenge, die in $(^1\!/_{12})$ g des Isotops ^{12}C enthalten ist.

Nun enthalten $(^1\!/_{12})$ g ^{12}C $N_L\cdot$mol Moleküle (N_L = Loschmidt-Zahl). Daher gilt, daß n mol eines Stoffes $N = n\,N_L$ Moleküle enthalten. *Muschik*

Stoffübergang in Kolonnen. K. werden eingesetzt, um Stoffaustauschprozesse durchzuführen. Der Stoffaustausch bestimmt dabei wesentlich die Auslegung mit. Betrachtet man gleichgewichtsbestimmte Mehrstufenprozesse, so bestimmt der Stoffaustausch für jede Stufe den Grad der Annäherung ~~an das Gleichgewicht und damit den Stufenwir~~kungsgrad. Ebenso beherrscht der Stoffaustausch die Vorgänge in Füllkörper- und Packungs-K. K. werden daher so gebaut, daß ein möglichst guter S. stattfinden kann. Die dafür verwendeten Austauscheinrichtungen in den K. (Füllkörper, Packungen und K.-Böden) haben die Aufgabe, eine möglichst große Austauschfläche für den Stoffaustausch zwischen den Phasen zu erzeugen. Beim Durchströmen der Austauschelemente und bei dem Erzeugen der Austauschoberfläche entsteht ein Druckverlust, der letztlich die Stoffströme in den K. begrenzt. K. arbeiten nur in einem bestimmten Bereich des Stoffdurchsatzes mit gutem Wirkungsgrad. Sowohl bei zu geringen als auch bei zu hohen Belastungen fällt die Effektivität des Stoffaustausches deutlich ab (Bodenwirkungsgrad, Verstärkungsverhältnis). Für den Stofftransport in den Phasen kommen die Mechanismen der molekularen Diffusion, der Konvektion und der turbulenten Mischbewegung in Betracht. Beim S. i. K. ist wesentlich, daß ein Stoffaustausch zwischen Phasen über eine Phasengrenzfläche hinweg vonstatten geht. Einen möglichen Konzentrationsverlauf zeigt Bild 1. An der Phasengrenze wird deutlich, daß ein Konzentrationssprung auftritt, der durch das Phasengleichgewicht gekennzeichnet ist. Der Transport einer Komponente A erfolgt zunächst in Phase I von der Masse der Phase über die Grenzschicht an die Phasengrenze. Dort

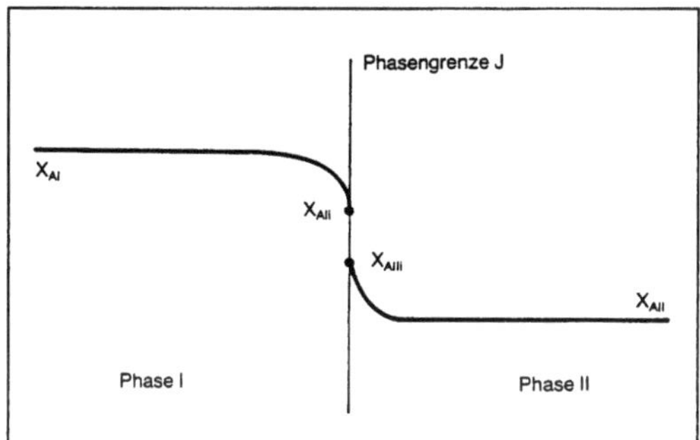

Stoffübergang in Kolonnen 1: Konzentrationsverlauf beim Stofftransport durch Phasengrenzen.

erfolgt der Durchtritt und der Eintritt in die Phase II. Es wird angenommen, daß dieser Durchtritt spontan erfolgt und die Konzentrationen zu beiden Seiten der Phasengrenzfläche miteinander im Gleichgewicht stehen. Anschließend erfolgt der Abtransport in die Masse der Phase II. Für den Transport wird ein Transportgesetz analog zum Wärmetransport angesetzt. Danach ist die je Zeiteinheit transportierte →Stoffmenge $\dot{N}$ dem Konzentrationsgradienten Δx (bzw. dem chemischen Potential) und der Durchtrittsfläche proportional. Durch diese Beziehung wird der Stofftransportkoeffizient β definiert:

$$\dot{N} = \beta \cdot F \cdot \Delta x.$$

Da die zwischen den Phasen ausgetauschte Stoffmenge der Phasengrenzfläche proportional ist, wird in Stoffaustausch-K. eine möglichst große Phasengrenzfläche angestrebt. Diese kann man auf dreierlei Wegen erreichen:

□ Durch Perlen von Gasblasen durch eine Flüssigkeit. Auf diese Weise arbeiten Boden-K. Die Austauschvorgänge finden in einer Sprudelschicht auf den Böden statt.

□ Eine flüssige Phase wird gleichmäßig auf Füllkörpern oder einer K.-Packung verteilt und strömt im Schwerkraftfeld nach unten. Die andere fluide Phase bewegt sich dazu im Gegenstrom nach oben.

□ Die Flüssigkeit wird in feine Tröpfchen zerteilt, die mit der Gasphase in Kontakt gebracht werden.

Den flächenbezogenen Stofftransport kann man durch folgende Gleichungen beschreiben (Bild 2 erläutert in Zusammenhang mit Bild 1 hierzu die Bezeichnungen):

in Phase I: $\dot{n}_{AI} = \beta_{AI} (x_{AI} - x_{AIi})$,
in Phase II: $\dot{n}_{AII} = \beta_{AII} (x_{AIIi} - x_{AII})$.

Auf Grund des Massenerhaltungssatzes gilt im stationären Fall

$$\dot{n}_{AI} = \dot{n}_{AII}.$$

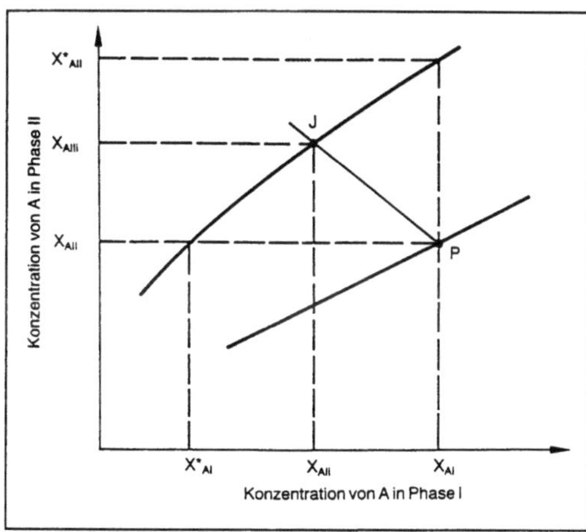

Stoffübergang in Kolonnen 2: Darstellung der Konzentration in einem verallgemeinerten Mc-Cabe-Thiele-Diagramm für den Stofftransport durch Phasengrenzen.

Die Schwierigkeit in der Anwendung dieser Gleichungen liegt darin, daß die Konzentrationen an der Phasengrenzfläche nicht bekannt sind. Zugänglich sind jedoch die Gleichgewichtskonzentrationen der jeweils anderen Phase: x^+_{AII} ist die Gleichgewichtskonzentration in Phase II zur Konzentration x_{AI} in Phase I. Entsprechend ist x^+_{AI} die Gleichgewichtskonzentration in Phase I zur Konzentration x_{AII} in Phase II.

Es können nun der Stoffdurchgang auf die in einer Phase bekannte Konzentration und die zugehörige Gleichgewichtskonzentration in der anderen Phase bezogen werden. Den Stofftransportkoeffizienten nennt man dann Gesamtstoffdurchgangskoeffizient K_{oI}; dabei steht der Index o für gesamt (overall), und der Index I gibt die Phase an, auf die er bezogen wird.

Gesamtstoffdurchgang:
$$\dot{n}_{AI} = K_{oI} (x_{AI} - x^+_{AI}) \text{ oder}$$
$$\dot{n}_{AII} = K_{oII} (x^+_{AII} - x_{AII}).$$

Werden in Stoffaustausch-K. fluide Phasen miteinander in Kontakt gebracht, verändert sich die Zusammensetzung der Phasen über die K.-Höhe. Im stationären Fall gilt das Gesetz der Massenerhaltung:

$$\frac{V}{A} \cdot \frac{dx_{AI}}{dh} = \frac{L}{A} \cdot \frac{dx_{AII}}{dh},$$

darin bedeuten V Molenstrom von Phase I, L Molenstrom von Phase II, A Querschnittsfläche der K. und h die senkrechte Koordinate (Höhe) in der K.

Kombiniert man diese Beziehung mit der Beziehung für den S., erhält man

$$\frac{V}{A} \frac{dx_{AI}}{dh} = K_{oI} \cdot a (x_{AI} - x^+_{AI}),$$

mit a spezifische Stoffaustauschfläche in der K.:

$$a = \frac{\text{Stoffaustauschfläche}}{\text{Apparatevolumen}}.$$

Diese Beziehung stellt einen Zusammenhang her zwischen einer Konzentrationsänderung und der dafür benötigten Apparatehöhe. Diese ist eine wichtige Zielgröße bei der Auslegung. Durch Integration erhält man die Apparatehöhe. Dabei wird angenommen, daß sich die vorkommenden Größen mit Ausnahme der Konzentrationsdifferenz über die betrachtete Apparatehöhe nicht wesentlich ändern. Dann ergibt sich:

$$h = \int_0^h dh = \underbrace{\frac{V}{A \cdot K_{oI} \cdot a}}_{\text{HTU}} \underbrace{\int_{x_{AI,\,ein}}^{x_{AI,\,aus}} \frac{d\,x_{AI}}{x_{AI} - x^+_{AI}}}_{\text{NTU}}.$$

Das Integral auf der rechten Seite wird als Anzahl der Übergangseinheiten NTU bezeichnet und ist das treibende Konzentrationsgefälle zwischen Eintrittsstelle des Stoffstroms und dessen Austrittsstelle. Der Term vor dem Integral wird als Höhe einer Übergangseinheit HTU bezeichnet. Er enthält die auf die Kolonne bezogenen Größen. *Brunner*

Literatur: *Mersmann, A.:* Stoffübergang. Berlin, Heidelberg, New York 1986. – *Weiß, S.,* u. *K.-E. Millitzer:* Thermische Verfahrenstechnik I. 4. Aufl. Leipzig 1986.

Stokes-Satz. Unter dem Satz von Stokes (nach *George G. Stokes* 1819–1903) versteht man in der mathematischen Physik einen Integralsatz für die →Rotation eines Vektorfeldes (→Vektoranalysis) in der Ebene oder im Raum. In der Analysis bezeichnet man als allgemeinen Satz von Stokes einen Integralsatz für Differentialformen, der von enormer Reichweite ist und insbesondere alle Integralsätze der mathematischen Physik als Spezialfall umfaßt.

□ Allgemeiner Integralsatz von Stokes. Er verallgemeinert den Fundamentalsatz der Differential- und Integralrechnung, wonach

$$\int_a^b f'(x)dx = f(b) - f(a) \tag{1}$$

gilt, und bildet den Höhepunkt der Integrationstheorie im $\mathbb{R}^n$. Geschrieben als

$$\int_M d\omega = \int_{\partial M} \omega \tag{2}$$

besticht er durch seine elegante und einprägsame Form. Grob gesprochen besagt er, daß (unter gewissen Regularitätsvoraussetzungen) ein →Integral über den Rand ∂M eines Bereiches M durch eine „Differentiation" des Integranden in ein Integral über M verwandelt werden kann. Aus Kurveninte-

gralen werden Gebietsintegrale, aus Oberflächenintegralen werden Volumenintegrale oder umgekehrt. Genauer bezeichnet M eine kompakte, orientierte differenzierbare p-dimensionale Untermannigfaltigkeit des $\mathbb{R}^n$ mit glattem Rand ∂M, dessen Orientierung durch die von M induziert ist. Außerdem bedeutet ω eine in einer offenen Umgebung von M stetig differenzierbare Differentialform (p-1)-ter Ordnung mit äußerer Ableitung dω. Diese Voraussetzungen können auch noch abgeschwächt werden; z. B. braucht der Rand ∂M nur in einem gewissen Sinne stückweise glatt zu sein, und unter zusätzlichen Bedingungen an ω ist sogar unbeschränktes M zulässig.

Auch der Nichtmathematiker kann, wenn er nur die Rechenregeln für Differentialformen kennt, aus (2) eine Vielfalt von nützlichen Integralformeln herleiten. Für M = [a,b] wird $\partial M = \{a,b\}$, so daß $\omega = f$ zu (1) führt. Im Falle p = n = 3 und

$$\omega = v_1\,dx_2 \wedge dx_3 + v_2\,dx_3 \wedge dx_1 + v_3\,dx_1 \wedge dx_2$$

findet man

$$d\omega = \left(\frac{\partial v_1}{\partial x_1} + \frac{\partial v_2}{\partial x_2}, + \frac{\partial v_3}{\partial x_3}\right)\partial x_1 \wedge \partial x_2 \wedge \partial x_3,$$

so daß (2) den Gaußschen Integralsatz liefert. Analog kann man die Greenschen Integralsätze herleiten. Auch der Cauchysche Integralsatz und die Cauchysche Integralformel lassen sich aus (2) gewinnen.

□ Spezieller Integralsatz von Stokes. Er ergibt sich aus dem allgemeinen Integralsatz (2) für n = 3, p = 2 und

$$\omega := \sum_{i=1}^{3} v_i\,dx_i. \tag{3}$$

Für die äußere Ableitung findet man

$$d\omega = \sum_{i<j} \left(\frac{\partial v_j}{\partial x_i} - \frac{\partial v_i}{\partial x_j}\right) dx_1 \wedge dx_j. \tag{4}$$

Die geklammerten Ausdrücke sind gerade die Komponenten von rot **v** (→Rotation), wenn **v** das Vektorfeld mit Komponenten $v_i (i = 1, 2, 3)$ bezeichnet. Schreibt man die Integrale über die Differentialformen (3) und (4) wieder in herkömmlicher Weise, so ergibt sich der spezielle Integralsatz von Stokes als

$$\int_M <\text{rot } \mathbf{v},\mathbf{n}>dS = \int_{\partial M} <\mathbf{v},\mathbf{t}>ds. \tag{5}$$

Mit einfachen Begriffen ausgedrückt lauten seine Voraussetzungen wie folgt: Es ist M ein kompaktes Flächenstück des $\mathbb{R}^3$, das in jedem seiner Punkte einen eindeutig bestimmten Normalenvektor **n** der Länge 1 besitzt, der stetig von diesem Punkt abhängt. Der Rand ∂M besteht aus endlich vielen stückweise glatten geschlossenen doppelpunktfreien Kurven. Ihre Orientierung ist so festgelegt, daß ein darauf befindlicher Beobachter für den benachbarte Normalenvektoren ungefähr von Fuß zu Kopf zeigen, beim Durchlauf der Randkurven den unmittelbar angrenzenden Teil der Fläche links von sich liegen sieht. Damit ist dann auf ∂M außer an endlich vielen Ausnahmestellen auch der Tangentenvektor **t** der Länge 1 eindeutig festgelegt. Weiter bedeutet dS das Flächenelement von M und ds das Bogenelement von ∂M. Schließlich ist

$$v: U \to \mathbb{R}^3$$

ein stetig differenzierbares Vektorfeld, definiert auf einer offenen Umgebung U von M.

Ein Integral

$$\int_c \langle \mathbf{v}, \mathbf{t} \rangle \, ds$$

für eine geschlossene Raumkurve c nennt man auch die *Zirkulation* des Vektorfeldes **v** längs c. Da man sehr viele verschiedene Flächen in die Kurve c „einspannen" kann, ergibt sich aus (5) für Vektorfelder des $\mathbb{R}^3$ die folgende interessante und auch physikalisch interpretierbare Aussage: Die Zirkulation eines Vektorfeldes längs einer geschlossenen Raumkurve c ist gleich dem Integral der Wirbeldichte über F für jede von c berandete Fläche F (unter gewissen Regularitätsvoraussetzungen an c und F). *Schmeißer*

Literatur: *Barner, M.* u. *F. Flohr:* Analysis II. Berlin 1983. – *Borisenko, A. I.* u. *I. E. Tarapov:* Vector and tensor analysis with applications. Englewood Cliffs, N. Y. 1968. – *Forster, O.:* Analysis 3. (3. Auflage). Braunschweig 1984. – *Kowalsky, H.-J.:* Vektoranalysis II. Berlin 1976. – *Nöbeling, G.:* Integralsätze der Analysis. Berlin 1979.

Störgröße →Regelkreis; →Festwertregelung; →Störverhalten; →Störgrößenaufschaltung

Störgrößenaufschaltung. Bei der S. wird ein von der Störgröße abgeleitetes →Signal zusätzlich auf den →Regelkreis geschaltet, um sein →Störverhalten für eine →Festwertregelung zu verbessern.

Eine S. ist nur möglich, wenn die Wirkung der Störung oder die Störgröße selbst meßbar ist. So wirkt bei einer →Temperaturregelung die Umgebungstemperatur als Störgröße. Sie kann gemessen werden und als →Meßsignal auf den →Regler geschaltet werden. Bei der Spannungsregelung eines Generators wirkt die Belastungsänderung als Störung. Aus der Messung des Laststromes läßt sich ein Signal zur S. herleiten.

Eine Konfiguration zur S. wird im Bild 1 dargestellt. Der Regelkreis wurde erweitert um das →Übertragungsglied mit der →Übertragungsfunktion $F_{St}(s)$, das aus der Störgröße z ein Signal für den Reglereingang erzeugt. So wird erreicht, daß der

Störeinfluß am Reglereingang schneller festgestellt wird als über die Regelgröße x. Man unterscheidet zwischen starrer S., dann hat $F_{St}(s)$ ein →P-Übertragungsverhalten, und nachgebender S., dann hat $F_{St}(s)$ ein →D-Übertragungsverhalten, bzw. $D\text{-}T_1$-Verhalten (→Verzögerungsglied). Meist kombiniert man beides, so daß $F_{St}(s)$ ein →PD-Übertragungsverhalten (bzw. $PD\text{-}T_1$-Verhalten) bekommt. Wenn die Störgröße z über $F_L(s)$ positiv auf den Regelkreis einwirkt, dann muß der Einfluß über $F_{St}(s)$ negativ erfolgen. Das Störverhalten wird damit durch die Störübertragungsfunktion $F_Z(s)$ beschrieben

$$F_z(s) = \frac{F_L(s) - F_{St}(s)\, F_0(s)}{1 + F_0(s)}$$

mit der →Kreisübertragungsfunktion $F_0(s) = F_R(s)F_S(s)$. Für eine ideale S., nämlich $F_Z(s) = 0$, müßte gelten $F_{St}(s) = F_L(s)/F_0(s)$. $F_0(s)$ hat jedoch eine höhere Ordnung als $F_L(s)$, somit müßte $F_{St}(s)$ mehrfache D-Anteile enthalten.

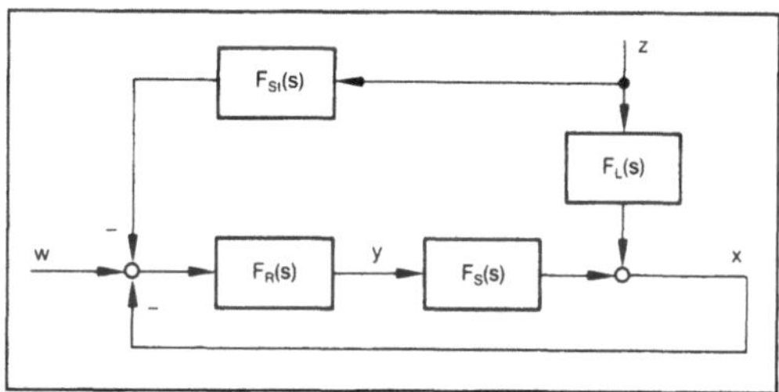

Störgrößenaufschaltung 1: Wirkungsplan.

Für die Störsprungantworten (→Übergangsfunktion) wurde für $F_L(s)$ eine einfache Verzögerung angenommen (Verzögerungsglied, Übertragungsglied erster Ordnung) als $P\text{-}T_1$-Glied mit der Übertragungskonstanten K_L und der Zeitkonstanten T_L. Die →Regelstrecke mit Ausgleich, $F_s(s)$, ist im Steuerverhalten ein mehrfach verzögertes P-Glied. Um die →Stabilität des Kreises so wenig wie möglich zu verschlechtern, wird ein P-Regler eingesetzt. Der Verlauf (Bild 2, gepunktete Linie) der Störsprungantwort für die reine Regelung zeigt, daß ein Störeinfluß bestehen bleibt, da der Regelfaktor $r = 1/(1 + K_0)$ nicht verschwindet (K_0 als →Kreisverstärkung). Mit einer starren S., $F_{St}(s) = K_{St} = k \cdot K_L/K_0$ (gestrichelt), kann dieser Einfluß verringert werden. Die Einstellung $k = 0{,}5$ halbiert den Einfluß; mit $k = 1$ verschwindet er. Jedoch zeigt sich ein starkes Überschwingen. Dieses Überschwingen kann durch eine zusätzliche nachgebende S. reduziert werden. Hier wurde ein optimaler D-Anteil ermittelt aus der Summe aller Zeitkonstanten von $F_s(s)$, bzw. der Summe von Ausgleichs- und Verzugszeit (Wendetangentenverfahren), vermindert um T_L. Die beiden zugehörigen Sprungantworten (ausgezogene Linien) unterscheiden sich

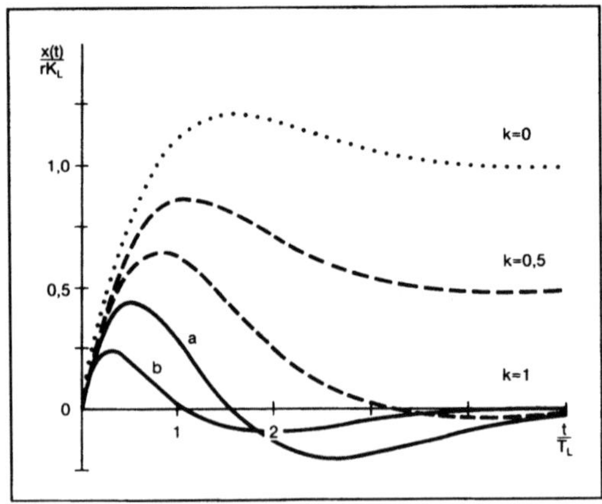

Störgrößenaufschaltung 2: Störsprungantworten für einen Regelkreis mit S.

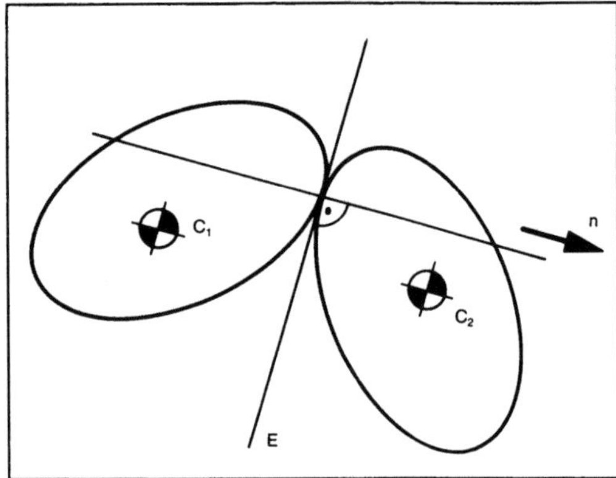

Stoß 1: Positionen zweier in Stoßkontakt tretender Körper.

durch die Zeitkonstanten T_1 der nachgebenden Aufschaltung. (Verlauf a: $T_1 = T_L$; Verlauf b: $T_1 = 0{,}25\,T_L$. Mit der kleineren Zeitkonstanten (Verlauf b) kann die Aufschaltung schneller reagieren und so das Überschwingen verringern sowie die Einschwingzeit verkürzen.

Der Vorteil der S. liegt darin, daß man trotz Einsatz eines einfachen Reglers ein sehr gutes dynamisches und stationäres Störverhalten erzielen kann. Zwar **kann man mit einem I- oder PI-Regler** die bleibende Abweichung ausregeln, aber man muß starkes und langes Einschwingen in Kauf nehmen (→Festwertregelung). Außerdem hat die S. keinen Einfluß auf das Anfahrverhalten (→Folgeverhalten). Beim Hochfahren des Regelkreises wird die Dynamik nur durch Regler $F_R(s)$ und Regelstrecke $F_s(s)$ bestimmt. *Böttiger*

Literatur: *Böttiger, A.:* Regelungstechnik. München 1988. – *Föllinger, O.:* Regelungstechnik. Heidelberg 1985. – *Unbehauen, H.:* Regelungstechnik I. Braunschweig 1982.

Störverhalten. Das S. beschreibt, wie sich eine Störung (durch eine Störgröße z) auf eine Prozeßgröße (die Regelgröße x) einer Anlage auswirkt. Zu unterscheiden ist zwischen dem S. der →Regelstrecke und dem des ganzen Regelkreises. Um die Verbesserung des S. geht es bei der →Festwertregelung (→Regelung). *Böttiger*

Stoß.

Mechanik. S.-Vorgänge sind kurzzeitige Berührungen zweier Körper (Bild 1), deren Anfangsgeschwindigkeiten am Berührpunkt A mit der (gemeinsamen) Tangentialebene E und der S.-Normalen $\vec{n}$ ein gegenseitiges Eindringen der Körper hervorrufen würden, wenn sie nicht „schlagartig" gebremst würden. Solche S. spielen sich in kurzen Zeiten mit über einer Zeitachse nadelförmigem Kraftverlauf ab. Den Zeitraum idealisiert man als gegen null strebend. Die Kräfte wachsen damit über alle Grenzen, denn die (Kraft-)Impulse müssen endliche, von null verschiedene Zahlen sein, weil sie ebensolche Änderungen der Bewegungsgröße (→Impuls) und des Dralls bedingen. Dadurch gibt es zwar Geschwindigkeitssprünge, aber wegen $\Delta t \to 0$ keine Lageänderungen während des S. Zur Berechnung verwendet man den Impuls- und den Drehimpulssatz. Die in Normalenrichtung und tangential ausgetauschten Impulse sind jedoch so nicht festgelegt.

Das Verhältnis dieser Impulse zueinander bei vorhandender →Reibung (Reib-S.) kann man dem Reibgesetz entnehmen. Typisch für die Berechnung von S.-Vorgängen ist jedoch, daß eine Aussage darüber fehlt, welche Impulse nach dem Zeitpunkt noch ausgetauscht werden, in dem in der Umgebung des Berührpunkts beide Körper gleiche Geschwindigkeit besitzen, aber noch mehr oder weniger elastisch gestaucht sind. Bei reiner Elastizität ist ein gleich großer Impuls wie in der ersten Phase zu erwarten, in allen anderen Fällen ein kleinerer. Man geht von der Hypothese aus, daß das Verhältnis dieser Kraft-Impulse als reine Funktion der Materialpaarung tabellierbar ist und fordert für die Normalkraft-Impulse I_1, I_2 vor und nach dem Zeitpunkt stärkster Stauchung

$$I_2 = e\,I_1$$

mit $0 \le e \le 1$. Mit $e = 1$ wird der (voll-)elastische S., mit $e = 0$ der (voll-)plastische beschrieben. Die Zahl e heißt Stoßzahl. Die Beziehung $I_2 = e\,I_1$ läßt sich allgemein in

$$\vec{n} \cdot \Delta\,\vec{v}_{A\ nachher} = -e\,\Delta\,\vec{v}_{A\ vorher} \cdot \vec{n}, \text{ mit}$$
$$\Delta\,\vec{v}_A = \vec{v}_{A1} - \mathrm{PC2}\,\vec{v}_{A2}$$

ummünzen.

Die einfachste Art von S. ist der gerade zentrale S.: Alle Geschwindigkeiten vor dem S. haben die

Richtung von $+\vec{n}$ oder $-\vec{n}$, und die S.-Normale verläuft durch beide Massenmittelpunkte C_1 und C_2. Bei solch einem S. tritt auch nachher keine Drehung einer der beiden Körper auf.

Bei gelagerten Körpern können von außen kommende Impulse I in den Lagern (manchmal gefährliche) Reaktionsimpulse hervorrufen, sofern nicht der S.-Mittelpunkt in geeigneter Richtung getroffen wird (Bild 2). *Besdo*

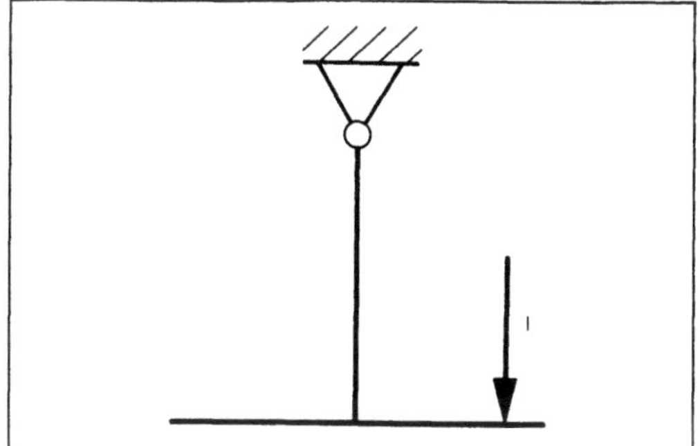

Stoß 2: Zum Stoß auf einen gelagerten Körper.

Erschütterungen. Ein S. (*engl.:* shock) ist eine dynamische Wirkung von kurzer Zeitdauer im Verhältnis zur →Periodendauer der →Eigenschwingung des Schwingungssystems, auf das er einwirkt. Der →Zeitverlauf des S. kann in unendlich vielen verschiedenen Formen auftreten.

Der einseitige →Impuls wird auch S. genannt. Stoßartige Einwirkungen im engeren Sinn sind vor allem die relativ kurzzeitigen Einwirkungen oder Änderungen, wie z. B. Kraft- oder Bewegungsstöße, Be- und Entlastungen, Lage- und Geschwindigkeitsänderungen. Der Zeitverlauf des S., die Stoßfunktion, existiert nur in einem Zeitintervall $0 < t < t_e$. Das Intervall von 0 bis t_e heißt Stoßdauer. Die Einwirkung von S. auf →Schwinger ruft im System Eigenschwingungen hervor. Unter S. wird manchmal auch einschränkend nur die Kollision zweier Körper verstanden. Betrachtet man den Sonderfall, daß der stoßende Körper als starr angesehen werden kann, läßt sich die Vielzahl der Stoßvorgänge auf Schwingungssysteme grob in drei Kategorien einteilen: Längsstöße, Querstöße und Torsionsstöße. *Splittgerber*

Literatur: ISO 2041: Vibration and shock – Vocabulary, 2nd Ed. 1990 – VDI 2062, Bl. 1: Begriffe und Methoden. 1/1976.

Stoßerregung. Die S. ist ein Sonderfall der transienten Erregung, bei der im Idealfall in einer sehr kurzen, theoretisch unendlich kurzen Zeitdauer einem Schwingungssystem eine endliche Energie zugeführt wird, die dieses zu stoßartigen Schwingungen erregt. Die Einwirkung einer S. (*engl.* shock excitation) auf einen →Schwinger bewirkt tran-

siente Störungen des Systems, d. h. plötzliche Änderungen seiner Ruhelage. Plötzlich aufgebrachte Lasten bezeichnet man nicht nur als →Stoß oder als S., sondern sie werden auch unter dem Begriff Stoßlasten zusammengefaßt. Dabei wird unterschieden zwischen Belastungen, deren Last-Zeit-Verlauf vorgegeben ist, wie z. B. beim Überschallknall, und Belastungen infolge Aufprall eines Körpers, dessen Geschwindigkeit, Massenverteilung und Kraft-Verformungs-Charakteristik nicht bekannt sind, wie z. B. beim Aufprall von Fahrzeugen, Maschinenteilen und bei der Umformung von Werkstücken mit Hilfe von Schmiedehämmern.

Im Zusammenhang mit Erschütterungen in der Nachbarschaft von Betrieben ist die S. beim Betrieb von Schmiedehämmern, Pressen, Rammen, Scheren und ähnlichen Maschinen bedeutsam. Auch die Übertragung von Stoßlasten in den Aufstellungsplatz kann bei diesen Maschinen durch eine Schwingungsisolierung weitestgehend vermieden werden. *Splittgerber*

Literatur: ISO 2041: Vibration and shock – Vocabulary, 2nd ed. Genf 1990. – *Müller, F. P.*: Baudynamik. In Beton-Kalender, Teil II. Berlin 1978. – VDI 2062, Bl. 1: Begriffe und Methoden. 1/1976.

Stoßionisation. Entstehung von Ionen in einem Gas durch die Ablösung einzelner Elektronen von den neutralen Atomen oder Molekülen durch Stöße mit Elektronen oder Ionen, die eine ausreichend hohe kinetische Energie besitzen, daß sie die Bindungsenergie der Valenzelektronen an das Atom (die Ionisierungsenergie) überwinden können. Die Zahl der vom stoßenden Teilchen pro cm Weg im Gasraum erzeugten Ionen bezeichnet man als *Ionisationskoeffizienten* α, der vom Gasdruck p und der elektrischen →Feldstärke gemäß

$$\alpha = A p e^{-Bp/E}$$

abhängt (Townsend-Formel). Hierin sind A und B die für jedes Gas charakteristischen Townsend-Konstanten. Den auf 1 Torr Gasdruck bezogenen Ionisationskoeffizienten nennt man das *(differentielle) Ionisationsvermögen*.

Bei der Stoßionisation entstehen zunächst immer positive Ionen und freie, abgespaltene Elektronen. Die freigewordenen Elektronen können sich aber auch an neutrale Moleküle oder Atome anlagern. So entstehen neben den durch die Stöße erzeugten positiven Ionen auch negative Ionen.

In einem Gas mit hinreichend hoher Temperatur sind wegen der Maxwell-Boltzmann-Statistik der Geschwindigkeitsverteilung (Boltzmann-Verteilungsgesetz) immer auch Teilchen vorhanden, deren Energie bei einem Stoß zur Ionisation ausreicht. Überwiegt diese Art der Ionisation die der übrigen, so spricht man von *thermischer Ionisation*. *Claassen*

Stoßrohr. S. ist eine Kurzbezeichnung für Stoßwellenrohr, das für gasdynamische Untersuchungen bei extremen Zustandsänderungen benutzt wird. Das Stoßwellenrohr (Bild) besteht aus einem Treibgasteil und einem Lauf- oder Testgasteil, die durch eine Membran oder ein schnellöffnendes Ventil getrennt sind. Für gasdynamische Experimente mit Stoßwellen wird der Treibgasteil auf einen rohen Druck aufgeladen, bis die Membran platzt oder das Ventil öffnet. Dann läuft eine Stoßwelle in den Testgasteil, die das Testgas auf hohen Druck verdichtet und in Richtung auf das Ende des S. (Meßkopf) beschleunigt. Bei der Reflexion des Verdichtungsstoßes an der Endwand des Testrohrs wird die Stoßwelle verstärkt und eine weitere Druckerhöhung bewirkt.

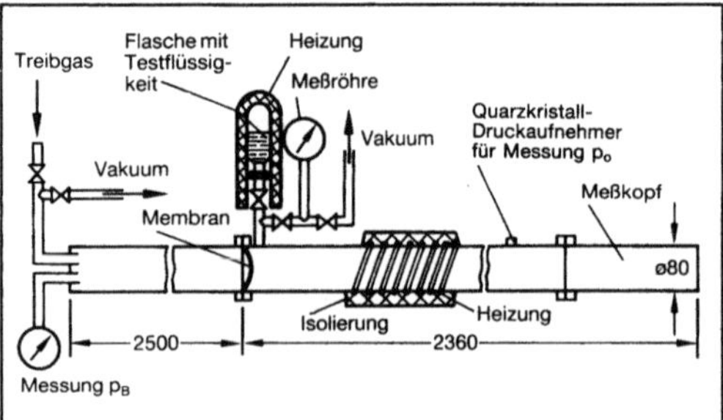

Stoßrohr: Stoßrohranlage für Realgasexperimente (schematische Darstellung).

Der Vorteil des S. besteht darin, daß sich bei Einsatz von verhältnismäßig geringen Substanzmengen extreme Zustandsänderungen in Verdichtungsstößen untersuchen lassen. Der Nachteil des Geräts sind die kurzen Meßzeiten und die relativ große Baulänge.   *G. E. A. Meier*

Literatur: *Oertel, H.:* Stoßrohre. Berlin, Wien, New York 1966.

Strahlenabschirmung →Strahlenschutz

Strahlenbelastung →Strahlenschutz

Strahlenchemie. Die S. beschäftigt sich mit den chemischen Reaktionen unter dem Einfluß ionisierender →Strahlung.

Eng verwandt mit der S. ist die Photochemie, die als ein Teilgebiet der Strahlenchemie aufgefaßt werden kann. In der Photochemie untersucht man die Reaktionen, die unter der Einwirkung von sichtbarem Licht und UV-Licht ablaufen. Die Lichtquanten dieses Bereichs haben Energien von der Größenordnung 1 eV bis 10 eV und lösen deshalb meist nur eine Primärreaktion aus. Im Gegensatz dazu werden durch γ-Quanten und energiereiche Teilchen, wie Elektronen (β⁻-Strahlung), Protonen oder α-Teilchen, sehr viele Primärreaktionen ausge-

löst. Ein γ-Quant oder ein hochenergetisches Teilchen kann je nach seiner Energie bis zu viele Tausend Atome oder Moleküle ionisieren oder anregen und hinterläßt auf seiner Bahn eine Spur von Ionen bzw. angeregten Atomen oder Molekülen. Der Durchmesser einer solchen Spur beträgt etwa 2 nm. Die Konzentration der Reaktionsprodukte in der Spur hängt von der spezifischen Ionisation ab und ist im Falle von α- oder Protonenstrahlung besonders groß. Primär werden Ionen M⁺ und angeregte Atome bzw. Moleküle M* gebildet:

$$M \leadsto M^+ + e^-$$
$$M \leadsto M^*$$

Diese können in Sekundärreaktionen in verschiedener Weise weiter reagieren, z. B.:

$$M \rightarrow R^+ + R\cdot \text{ (Dissoziation)}$$
$$M^+ + e^- \rightarrow M^* \text{ (Rekombination)}$$
$$M^+ + X \rightarrow Y^+ \text{ (Chemische Reaktion)}$$
$$M^+ + X \rightarrow M + X^+ \text{ (Umladung)}$$
$$M^* \rightarrow M + h\nu \text{ (Fluoreszenz)}$$
$$M^* \rightarrow 2\,R\cdot \text{ (Dissoziation in Radikale)}$$
$$M^* \rightarrow R^+ + R^- \text{ (Dissoziation in Ionen)}$$
$$M^* + X \rightarrow Y \text{ (Chemische Reaktion)}$$
$$M^* + X \rightarrow M + X^* \text{ (Übertragung der Anregungsenergie)}$$

Viele dieser sekundären Reaktionen verlaufen sehr rasch (innerhalb von etwa 10^{-10} bis 10^{-7} s). In Flüssigkeiten ist die Rekombination begünstigt.

Als Maß für die ionisierende Strahlung dient die Energiedosis D. Diese ist gegeben durch den Energiebetrag, der durch die Strahlung auf die Masseneinheit der betreffenden Substanz übertragen wird:

$$D = \frac{dE}{dm} = \frac{dE}{\varrho dV} \text{ (}\varrho \text{ ist die Dichte).}$$

Die Einheit der Energiedosis ist 1 J/kg (J Joule, ältere Einheit 1 rad, Kurzzeichen rd, 1 rd = 0,01 J/kg). Die Dosisleistung ist die Dosis pro Zeiteinheit $\frac{dD}{dt}$, Einheit J kg⁻¹ s⁻¹. Bei einer punktförmigen →Strahlenquelle ist die Dosisleistung proportional der Intensität der Strahlung bzw. der →Aktivität des Radionuklids, das die Strahlung aussendet, und umgekehrt proportional dem Quadrat des Abstandes.

Als Maß für die Ausbeute einer strahlenchemischen Reaktion verwendet man den G-Wert. Dies ist die Zahl der umgesetzten oder gebildeten Moleküle pro 100 eV absorbierter Energie. So bedeutet G(-H₂O) = 11, daß pro 100 eV absorbierter Energie 11 Moleküle Wasser zersetzt werden, und G(H₂) = 3 bedeutet, daß pro 100 eV absorbierter Energie 3 Moleküle Wasserstoff gebildet werden. Die strahlenchemische Zersetzung von Stoffen nennt man

→Radiolyse. Die Konzentration der strahlenchemisch gebildeten Reaktionsprodukte in einer Spur ist proportional dem Energieverlust pro Wegeinheit, den man als LET-Wert bezeichnet (LET = „linear energy transfer"). So beträgt z. B. der LET-Wert in Wasser für 1 MeV Elektronen nur 0,2 eV/nm, für 1 MeV-α-Teilchen dagegen 190 eV/nm; d. h., die Konzentration der Reaktionsprodukte in der Spur ist im Falle der α-Teilchen um etwa 3 Größenordnungen höher. Die LET-Werte sind außerdem von der Art der Substanz und der Energie der Strahlung abhängig.

Die wichtigsten Primärreaktionen ionisierender Strahlung in Wasser sind:

$$H_2O \rightsquigarrow H_2O^+ + e^- \text{ (Ionisation)}$$
$$H_2O \rightsquigarrow H_2O^* \text{ (Anregung)}.$$

Durch Sekundärreaktionen entstehen daraus als Zersetzungsprodukte des Wassers Wasserstoffperoxid (H_2O_2) und Wasserstoff (H_2).

Praktische Anwendung hat die Strahlenchemie u. a. in der makromolekularen Chemie gefunden. Ungesättigte organische Verbindungen, wie Ethylen, Vinylchlorid und Styrol, polymerisieren unter dem Einfluß von ionisierender Strahlung. Die polymeren Verbindungen Polyethylen, Polyvinylchlorid (PVC) und Polystyrol werden durch ionisierende Strahlung zusätzlich vernetzt. Dadurch wird eine Erhöhung der Festigkeit erreicht. Bei längerer Bestrahlung finden auch Abbaureaktionen statt. Für aromatische Verbindungen ist charakteristisch, daß sie gegen den Einfluß ionisierender Strahlung verhältnismäßig stabil sind. Während für die Bildung von Radikalen im Falle von Cyclohexan ein G-Wert von 6,2 gemessen wurde, liegt der G-Wert für Benzol unter den gleichen Bedingungen nur bei 0,66.

γ-Quanten und Elektronen rufen in Metallen im allgemeinen keine merklichen physikalischen Veränderungen hervor, wohl aber in Halbleitern und Ionenkristallen. Neutronen, Protonen, α-Teilchen und schwerere Ionen erzeugen sowohl in Metallen als auch in Halbleitern physikalische Veränderungen. Längs des Weges dieser Teilchen entsteht eine Vielzahl von Fehlstellen, die Änderungen der Leitfähigkeit, der Dichte und der optischen Eigenschaften hervorrufen können. *Lieser*

Literatur: *Drawe, H.:* Angewandte Strahlenchemie. Heidelberg: Hüthig Verlag 1973. – *Henglein, A., W. Schnabel* u. *J. Wendenburg:* Einführung in die Strahlenchemie. Weinheim: Verlag Chemie 1969. – *Kaindl, K.,* in H. Graul (Hrsg.): Strahlenchemie. Grundlagen – Technik – Anwendung. Heidelberg: Hüthig Verlag 1967.

Strahlendosis →Dosimetrie

Strahlenquelle. Als S. verwendet man in der →Kernchemie, in der →Strahlenchemie, in der Medizin sowie in anderen Bereichen der Naturwissenschaften und der Technik →Radionuklide (gegebenenfalls auch Mischungen von Radionukliden mit anderen Substanzen), Beschleuniger und Kernreaktoren.

Im Prinzip lassen sich alle Radionuklide als S. einsetzen; bevorzugt verwendet man jedoch Radionuklide mit hinreichend langer →Halbwertzeit, die möglichst nur die gewünschte →Strahlung aussenden. Als α-Strahler bieten sich an ^{210}Po, ^{226}Ra, ^{232}U, ^{238}Pu und viele andere schwere Radionuklide. Als β-Strahlenquellen werden verwendet: ^{3}H, ^{14}C im Bereich niedriger Energie, ^{90}Sr, ^{204}Tl im Bereich mittlerer Energie oder ^{32}P im Bereich höherer Energie. Als γ-Strahler werden eingesetzt: ^{137}Cs für mittlere Energie, ^{60}Co für höhere Energie. Diese Radionuklide verwendet man in der Medizin als γ-Quellen.

Als Röntgenquellen sind Radionuklide geeignet, die sich durch Elektroneneinfang umwandeln, z. B. ^{55}Fe, ^{109}Cd, ^{125}I. Neutronen können in Neutronenquellen durch Kernreaktionen erzeugt werden (→Kernreaktion), insbesondere durch die (α,n)-Reaktion aus ^{9}Be. Dazu mischt man einen α-Strahler mit Beryllium oder einer Berylliumverbindung. Auch durch (γ,n)-Reaktionen können Neutronen freigesetzt werden (Photoneutronenquellen). Die Ausbeute an Neutronen ist in solchen Neutronenquellen verhältnismäßig niedrig (etwa 10^6 bis 10^7 Neutronen pro s). Höhere Neutronenausbeuten von etwa 10^9 Neutronen pro s erreicht man mit Spontanspaltern, z. B. ^{252}Cf (→Spontanspaltung).

Die Strahlenenergie, die man mit Radionukliden als S. erhält, sind begrenzt bis zu einigen MeV aufwärts. Wenn man S. höherer Energie haben will, muß man Beschleuniger einsetzen. In Beschleunigern kann man geladene Teilchen auf sehr hohe Energien bringen, z. B. Protonen oder auch schwere Ionen auf mehrere Hundert GeV bzw. bis zu etwa 10 GeV pro →Nukleon. Elektronen kann man auf ähnlich hohe Energien beschleunigen. γ-Strahlung hoher Energie erzeugt man indirekt, indem man hochenergetische Elektronen auf ein Element hoher Ordnungszahl aufprallen läßt. Man erhält dabei eine Bremsstrahlung, deren Maximalenergie der Energie der Elektronen entspricht.

Neutronen höherer Energie erzeugt man in Neutronengeneratoren, wobei man bevorzugt Deuteronen auf Energien von etwa 400 keV beschleunigt und auf ein Tritium- oder Berylliumtarget auftreffen läßt. Durch die Kernreaktionen t(d,n)α bzw. ^{9}Be(d,n)^{10}B werden Neutronen freigesetzt. Für die Kernreaktion t(d,n)α verwendet man Tritiumtargets. Die Neutronen haben eine Energie von etwa 14 MeV und sind auch für die Auslösung endoenergetischer Kernreaktionen mit Neutronen, z. B. (n,2n)-, (n,α)- oder (n,p)-Reaktionen geeignet. Man erreicht Neutronenausbeuten bis zu etwa $5 \cdot 10^{12}$ Neutronen pro s. Die Flußdichte an Neutronen nimmt mit dem Quadrat des Abstandes zwischen Probe und Tritiumtarget ab und ist im Vergleich zur Flußdichte, die man in Kernreaktoren erhält, niedrig. Neutronengeneratoren werden für Kernreaktionen mit energiereichen Neutronen und für die →Aktivierungsanalyse mit energiereichen Neutronen eingesetzt. *Lieser*

Literatur: *Lieser, K. H.*: Einführung in die Kernchemie. 3. Aufl. Kap. 12, Weinheim: VCH-Verlag 1991.

Strahlenschutz. Die wichtigsten Grundsätze des S. sind: die Strahlenbelastung soll möglichst gering sein, und die Inkorporation von radioaktiven Stoffen soll auf jeden Fall vermieden werden.

Als Maß für die Strahlenbelastung verwendet man im S. die Äquivalentdosis bzw. die Äquivalentdosisleistung (→Dosimetrie). Man unterscheidet ferner zwischen der Teilkörperdosis (lokale Dosis) und der Ganzkörperdosis. Die Teilkörperdosis ist der Mittelwert der Äquivalentdosis für das Volumen eines Körperteils oder eines Organs. Die Ganzkörperdosis ist der Mittelwert der Äquivalentdosis über Kopf, Rumpf, Oberarme und Oberschenkel, wobei man eine gleichmäßige Bestrahlung des Körpers annimmt. Unter der Personendosis versteht man die Äquivalentdosis für Weichteilgewebe, gemessen an einer für die Strahlenexposition repräsentativen Stelle der Körperoberfläche. Als Ortsdosis bezeichnet man die Äquivalentdosis für Weichteilgewebe an einem bestimmten Ort (z. B. einem bestimmten Ort im Laboratorium). Empfindlich gegenüber der Einwirkung ionisierender →Strahlung sind die blutbildenden Organe, die Keimdrüsen (Gonaden) und die Augen. Weniger empfindlich sind die Arme und Hände, die Beine und Füße, der Kopf (mit Ausnahme der Augen) und der Nakken.

Bei der äußeren Einwirkung von Strahlung ist der Abstand von der →Strahlenquelle besonders wichtig, da die Dosisleistung punktförmiger Strahlenquellen mit dem Quadrat des Abstandes abnimmt (Dosimetrie). Für die innere Einwirkung von Radionukliden spielt die Radiotoxizität eine entscheidende Rolle, welche von der →Halbwertzeit der Radionuklide und von ihrer Verweilzeit im Körper abhängig ist (→Dosimetrie). Man unterscheidet Radionuklide sehr hoher Radiotoxizität (Beispiele: ^{90}Sr, ^{210}Pb, ^{210}Po, ^{226}Ra, ^{228}Ra, ^{228}Th, ^{237}Np, ^{239}Pu), Radionuklide hoher Radiotoxizität (Beispiele: ^{45}Ca, ^{59}Fe, ^{60}Co, ^{89}Sr, ^{129}I, ^{131}I, ^{137}Cs, ^{232}Th, ^{235}U), Radionuklide mittlerer Radiotoxizität (Beispiele: ^{14}C, ^{24}Na, ^{32}P, ^{99}Tc, ^{198}Au, ^{220}Rn, ^{222}Rn) und Radionuklide niedriger Radiotoxizität (Beispiele: ^{3}H, ^{11}C, ^{85}Kr, ^{99m}Tc, ^{238}U).

Auf Grund der Radiotoxizität werden die Freigrenzen für den Umgang mit offenen radioaktiven Stoffen und die Grenzwerte für Luft, Wasser und Nahrungsmittel festgelegt. Das Organ, das bei der Inkorporation die empfindlichste Reaktion des Körpers erwarten läßt, wird kritisches Organ genannt.

Radionuklide, die auf dem Weg über die Atmosphäre als „fall-out" oder auf anderen Wegen in die Umwelt gelangen, können im Wasser über Plankton und Fische oder auf dem Land über Pflanzen und Tiere angereichert werden und in die Nahrung gelangen. Die Ausbeuten auf diesen verschiedenen Pfaden werden durch Transferfaktoren für die einzelnen Radionuklide charakterisiert. Bedingt durch den Einfluß der jeweiligen Bedingungen (z. B. Wetterlage, Niederschläge, Anwesenheit anderer Elemente, individuelle Gewohnheiten) variieren diese Transferfaktoren ziemlich stark. Sie erlauben jedoch eine Abschätzung der Strahlenbelastung durch Inkorporation auf dem Wege über Trinkwasser und Nahrungsmittel.

Nach den Empfehlungen der internationalen Strahlenschutzkommission (ICRP = International Commission on Radiological Protection) sollen folgende Grenzwerte für die Äquivalentdosis nicht überschritten werden: Gonaden und rotes Knochenmark: 5 mSv/a; Haut, Knochen, Schilddrüse: 30 mSv/a; Hände, Unterarme, Füße und Knöchel: 75 mSv/a; alle anderen Organe: 15 mSv/a. Im Hinblick auf die Möglichkeit genetischer Schäden wird ein oberer Grenzwert von 50 mSv in 30 Jahren empfohlen. Als maximal zulässige Strahlendosis des ganzen Körpers ohne Berücksichtigung genetischer Schäden gilt eine Einzeldosis von 0,25 Sv. Bei dieser Dosis sind keine Schäden klinisch erkennbar. Einzeldosen >1 Sv führen zu deutlichen Veränderungen des Blutbildes, dazu kommen bei Einzeldosen >2 Sv Übelkeit, Erbrechen und weitere Symptome. Eine Äquivalentdosis von etwa 4,5 Sv führt in 50 % der Fälle zum Tode, eine Dosis von 6 Sv in nahezu 100 % der Fälle (letale Dosis). Wenn die gleichen Dosiswerte nicht auf einmal, sondern über einen längeren Zeitraum bei sehr viel niedrigerer Dosisleistung aufgenommen werden, so ist die Wirkung erheblich geringer; d. h. die Dosisleistung spielt eine entscheidende Rolle.

Die Regelungen für die berufliche Strahlenbelastung gelten für alle Personen, die beruflich mit Röntgenstrahlung und anderen ionisierenden Strahlen oder mit Radionukliden in Berührung kommen. Unter Berücksichtigung evtl. möglicher genetischer Schäden sind in der →Strahlenschutzverordnung Dosisgrenzwerte für beruflich strahlenexponierte Personen festgelegt, die in der Tabelle zusammengestellt sind. Man unterscheidet zwischen beruflich strahlenexponierten Personen der Kategorie A, beruflich strahlenexponierten Personen der Kategorie B und nicht beruflich strahlenexponierten Personen. Beruflich strahlenexponierte Personen müssen laufend hinsichtlich der Strahlenbela-

Strahlenschutz. Tabelle: Grenzwerte der Körperdosen für beruflich strahlenexponierte Personen.

Körperdosis	Grenzwerte im Kalenderjahr in mSv		
	beruflich strahlenexponierte Personen		nicht beruflich strahlenexponierte Personen
	Kategorie A	Kategorie B	
1. Effektive Dosis; Teilkörperdosis für Keimdrüsen, Uterus, rotes Knochenmark	50	15	5
2. Teilkörperdosis für alle Organe und Gewebe, soweit nicht unter 1., 3. oder 4. genannt	150	45	15
3. Teilkörperdosis für Schilddrüse, Knochenoberfläche, soweit nicht unter 4. genannt	300	90	30
4. Teilkörperdosis für Hände, Unterarme, Füße, Unterschenkel, Knöchel einschl. der dazugehörenden Haut	500	150	50

stung kontrolliert werden und unterliegen außerdem der ärztlichen Kontrolle.   *Lieser*

Literatur: *Aurand, K.* (Hrsg.): Kernenergie und Umwelt. Berlin: Erich Schmidt Verlag 1976. – *Dimitrijevič, C.*: Praktische Berechnung der Abschirmung von radioaktiver und Röntgen-Strahlung. Weinheim: Verlag Chemie 1972. – *Jaeger, R. G.* u. *W. Hübner* (Hrsg.): Dosimetrie und Strahlenschutz. Stuttgart: Thieme Verlag 1974. – *Kiefer, H.* u. *R. Maushart:* Überwachung der Radioaktivität in Abwasser und Abluft. Stuttgart: B. G. Teubner 1967. – *Schmatz, H.* u. *H. Nöthlichs:* Strahlenschutz. Radioaktive Stoffe – Röntgengeräte – Beschleuniger. (Loseblattsammlung) 2. Aufl. Berlin: Erich Schmidt Verlag 1977. – *Schultz, H.* u. *H.-G. Vogt:* Grundlagen des praktischen Strahlenschutzes. München: Verlag Karl Thiemig 1977. – Gesetz über die friedliche Verwendung der Atomenergie und den Schutz gegen ihre Gefahren (Atomgesetz) BGBl. I, 1959, 1976, S. 3053 (Neufassung). – Verordnung über den Schutz vor Schäden durch ionisierende Strahlen (Strahlenschutzverordnung). Neufassung BGBl. I, 1989, S. 1321–1375.

Strahlenschutzverordnung (StrlSchV). Die Verordnung über den Schutz vor Schäden durch ionisierende Strahlen vom 13. Oktober 1976 (seither 6mal, zuletzt am 8. Januar 1987 geändert) regelt im Rahmen des Atomgesetzes und ergänzt durch die Röntgenverordnung die Genehmigungspflicht (mit gewissen Freigrenzen) für den Umgang mit radioaktiven Stoffen, für ihre Ein- und Ausfuhr und ihre Beförderung; ferner die Genehmigungs- oder Anzeigepflicht für die Errichtung und den Betrieb von Anlagen zur Erzeugung ionisierender Strahlen. Die StrlSchV schreibt sodann organisatorische und physikalisch-technische Schutzmaßnahmen und medizinische Vorkehrungen vor zur Verhütung von Schäden an Menschen und Sachen durch ionisierende Strahlen radioaktiver Stoffe und durch ionisierende Strahlen, die von Geräten ausgehen.

Strahlenschutzverantwortliche und Strahlenschutzbeauftragte haben über die Einhaltung der in der Verordnung festgesetzten Strahlendosis-Grenzwerte zu achten. Über diese Grenzwerte hinausgehend schreibt die StrlSchV als fundamentalen Strahlenschutzgrundsatz rechtsverbindlich ein Minimierungsgebot vor: Jede unnötige Strahlenexposition oder Kontamination von Personen, Sachgütern oder der Umwelt ist zu vermeiden, jede nicht vermeidbare Strahlenexposition oder Kontamination von Personen, Sachgütern oder der Umwelt ist so gering wie möglich zu halten. Die StrlSchV in der jetzigen Fassung löste die 1. und 2. StrlSchV von 1960 bzw. 1964 ab.   *W. Hoffmann*

Strahlung. Ein elektromagnetisches →Feld, das auf ein räumliches Gebiet beschränkt ist (das also in einem „Kasten" eingeschlossen ist), bezeichnet man als Hohlraum- oder Wärmestrahlung.

Die Körper, die sich in dem Gebiet der Hohlraum-S. befinden, haben Materialeigenschaften, die ihre Wechselwirkung mit der S. beschreiben: Das spektrale Emissionsvermögen $E(v,T)$ mit der Einheit Jm^{-2} ist als emittierte Energieflächendichte definiert, aus der sich die Flächendichte der S.-Leistung in $Jm^{-2} s^{-1}$ ergibt:

$$E(T) = \int_0^\infty E(v, T)\, dv,$$

T Temperatur, v Frequenz.

Der dimensionslose monochromatische Absorptionskoeffizient $A(v,T)$ ist durch das Verhältnis von absorbierter zu einfallender Energieflächendichte gegeben. Ebenso werden der monochromatische Reflexions- und Durchlässigkeitskoeffizient $R(v,T)$ und $D(v,T)$ definiert. Es gilt:

$$A(v,T) + R(v,T) + D(v,T) = 1.$$

Ein Körper heißt schwarz, wenn für ihn $A(v,T) = 1$ ist, grau falls

$$A(v,T) = g(T)$$

nicht von der Frequenz abhängt. Schwarze Körper existieren nur näherungsweise in der Natur. So sind Ruß, Platinschwarz und schwarzer Samt fast schwarze Körper. Eine kleine Öffnung in der spiegelnden Wand eines abgeschlossenen Hohlraums ist von außen gesehen eine schwarze Oberfläche, weil durch Mehrfachreflexion im Inneren des Hohlraums jede einfallende S. absorbiert wird.

In einem thermisch homogenen, abgeschlossenen System befinde sich ein elektromagnetisches Feld im Gleichgewicht mit den Körpern und den Wänden des Systems. Somit existiert eine thermostatische Temperatur, nämlich die der Körper im System, die die Intensität und die spektrale Zusammensetzung des elektromagnetischen Feldes bestimmt. Daher wird im Fall des Gleichgewichts die Hohlraum-S. auch als Temperatur-S. bezeichnet.

Man betrachte zwei undurchsichtige Körper 1 und 2, d. h. beide mit verschwindenden Durchlässigkeitskoeffizienten, in diesem Gleichgewichtssystem. Bezeichnet man die auf die Körper einfallende Energieflächendichte mit $I(v,T)$, die wegen des Gleichgewichts überall in der Hohlraum-S. den gleichen Wert hat, so gilt die Gleichgewichtsbedingung:

$$E^j\,(v,\,T) = A^j\,(v,\,T)\,I\,(v,\,T),\ j = 1,2$$

(emittierte Energie = absorbierte Energie). Sei nun 1 ein beliebiger Körper und 2 ein schwarzer Strahler, so gilt (unter Fortlassung der 1) das Kirchhoff-Gesetz:

$$E^S(v,T) = E(v,T)/A(v,T).$$

Thermodynamisch bilden die Hohlraum-S. und die Körper im Inneren des Hohlraums ein diskretes Gleichgewichtssystem mit dem Zustandsraum (V,T) (V Volumen). Die Temperatur-S. genügt speziellen Materialgleichungen:

$$p = \varepsilon/3,\ \varepsilon = \varepsilon(T),$$

p Lichtdruck ($\rightarrow$Druck), ε Dichte der inneren Energie.

Daraus folgt thermodynamisch das $\rightarrow$Stefan-Boltzmann-Gesetz ($\rightarrow$Strahlung, schwarze):

$$\varepsilon = \sigma_0 T^4,$$

wobei die Kontante σ_0 aus der Statistik folgt. Die Entropiedichte für die $\rightarrow$Strahlungstemperatur ist

$$s = (4/3)\sigma_0 T^3,$$

die spezifische Wärme bei konstantem Volumen

$$C_V = 4\sigma_0 T^3,$$

und die Adiabatengleichung ($\rightarrow$Prozeß, adiabatischer) lautet:

$$pV^{4/3} = \text{konst.}$$

Die Dichte der inneren Energie entsteht durch Integration über die spektrale Dichte der S.:

$$\in\,(T) = \int\limits_0^\infty u\,(T,\,v)\,dv.$$

Für die Frequenz und die Spektraldichte ergibt sich aus elektro- und thermodynamischen Betrachtungen für einen Hohlraum mit verspiegelten Wänden (adiabatisch isoliert):

$$v = \text{konst} \cdot T,\ u(T,v) = \text{konst} \cdot T^3$$

und damit das Wien-Gesetz:

$$u(T,v) = T^3 \Phi(v/T) = v^3 f(v/T).$$

Die Funktionen Φ und f lassen sich thermodynamisch nicht bestimmen; sie folgen aus der Statistik. Aus der letzten Gleichung folgt unmittelbar das Wien-Verschiebungsgesetz:

$$\lambda_{max} T = b,$$

λ_{max} $\rightarrow$Wellenlänge, bei der das Maximum der schwarzen Hohlraum-S. liegt. Dabei ist

$$b = (2,8978 \pm 0,0004) \cdot 10^{-3}\ \text{mK}$$

die Wien-Konstante.

Das Wien-Verschiebungsgesetz sagt aus, daß sich das Maximum der schwarzen Hohlraum-S. mit steigender Temperatur zu kleineren Wellenlängen oder zu höheren Frequenzen verschiebt. Das Stefan-Boltzmann-Gesetz folgt aus dem Wien-Gesetz direkt durch Integration ohne Benutzung des Lichtdrucks. *Muschik*

Strahlung, ionisierende $\rightarrow$Strahlenchemie

Strahlung, radioaktive. Unter r. S. versteht man die Strahlung, die als Folge des radioaktiven Zerfalls emittiert wird. R. S. kann aus Teilchen bestehen (z. B. α-Strahlung, β-Strahlung) oder aus Photonen (z. B. γ-Strahlung, Röntgenstrahlung).

Beim Zerfall der in der Natur vorhandenen radioaktiven Stoffe wird bevorzugt α-Strahlung, β^--Strahlung und γ-Strahlung emittiert. In sehr geringem Umfang entstehen als Folge der $\rightarrow$Spontanspaltung auch Neutronen. Die kosmische Strahlung, die aus dem Weltraum auf die Erde einfällt, besteht primär überwiegend aus hochenergetischen Protonen, die beim Auftreffen auf die Gasmoleküle der Atmosphäre eine Vielzahl weiterer Teilchen erzeugen, z. B. Neutronen, Elektronen, Positronen, Mesonen und außerdem Photonen.

Die bei der →Kernspaltung in Kernreaktoren entstehenden Spaltprodukte senden β^--Strahlung und γ-Strahlung aus. Die durch Kernreaktionen aus →Uran gebildeten Actiniden emittieren α-Strahlung, β-Strahlung, γ-Strahlung und, im Falle von Spontanspaltern, auch Neutronen. Daneben tritt Röntgenstrahlung auf, die entweder als charakteristische Röntgenstrahlung aus den Schalen der Atome emittiert wird oder als Röntgenbremsstrahlung bei der Wechselwirkung von β-Strahlung mit Materie.

α-Strahlung besteht aus den Atomkernen von Heliumatomen diskreter Energie (→Alpha-Strahlung), β^--Strahlung aus Elektronen mit einer kontinuierlichen Energieverteilung, β^+-Strahlung aus Positronen mit einer kontinuierlichen Energieverteilung (→Beta-Strahlung). Die zusammen mit der β-Strahlung emittierten Elektronneutrinos haben eine so geringe Wechselwirkung mit Materie, daß sie im allgemeinen nicht beobachtet werden. γ-Strahlung und Röntgenstrahlung bestehen aus Photonen (→Gamma-Strahlung). Die Messung und gegebenenfalls die Absorption der beim Umgang mit radioaktiven Stoffen auftretenden radioaktiven Strahlung ist eine wichtige Aufgabe des Strahlenschutzes. *Lieser*

Literatur: *Herforth, L.* u. *H. Koch:* Praktikum der Radioaktivität und der Radiochemie. Berlin: Deutscher Verlag der Wissenschaften 1986. – *Lieser, K. H.:* Einführung in die Kernchemie. 3. Aufl. Kap. 6. Weinheim: VCH-Verlag 1991.

Strahlung, schwarze. Als s. S. oder Temperatur-S. wird die Hohlraum-S. in einem abgeschlossenen Gleichgewichtssystem bezeichnet, das einen Körper mit Absorptionsvermögen enthält.

Die s. S. besitzt eine spektrale Verteilung (Bild), die dem Emissionsvermögen des schwarzen Körpers gleich ist (→Strahlung):

$$E(\nu,T) = (2\pi\nu^2/c^2)h\nu/(\exp[h\nu/kT] - 1),$$

ν →Frequenz, T thermostatische Temperatur der Körper im Hohlraum, c Lichtgeschwindigkeit, h Planck-Wirkungsquantum, k Boltzmann-Konstante.

Aus diesem Planck-S.-Gesetz folgt durch Aufintegrieren das →Stefan-Boltzmann-Gesetz:

$$E^S(T) = \sigma T^4 = \varepsilon c/4,$$

mit der Stefan-Boltzmann-Konstanten

$$\sigma = (5{,}6697 \pm 0{,}0029) \cdot 10^{-8}\ \mathrm{Wm^{-2}K^{-4}},$$

und das Wien-Verschiebungsgesetz (→Strahlung).

Für hohe Temperaturen und kleine Frequenzen ($h\nu \ll kT$) folgt aus dem Planck-S.-Gesetz:

$$E^S(\nu T) \simeq (2\pi\nu^2/c^2)kT.$$

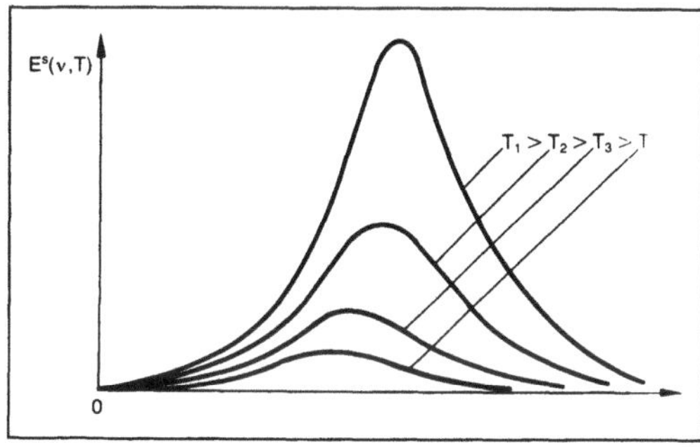

Strahlung, schwarze: Spektrale Verteilung des Emissionsvermögens des schwarzen Körpers als Funktion der Temperatur T. Mit steigender Temperatur verschieben sich die Maxima zu höheren Frequenzen (Wien-Verschiebungsgesetz).

Dieser Grenzfall wird als Rayleigh-Jeans-Formel bezeichnet. Der andere Grenzfall ($h\nu \gg kT$) führt zur Wien-S.-Formel:

$$E^S(\nu,T) \simeq (2\pi h\nu^3/c^2)\exp(-h\nu/kT).$$

Das S.-Gesetz wurde von *Max Planck* 1900 aus der Vorstellung hergeleitet, daß es Oszillatoren mit diskreter (gequantelter) Energie

$$\varepsilon_n = nh\nu + \varepsilon_o$$

gibt.

Die moderne Herleitung des S.-Gesetzes benutzt die kanonische Gesamtheit als Gleichgewichtsverteilung für die Photonen des S.-Feldes. *Muschik*

Strahlungsdetektor. Der S. liefert auf Grund eines physikalischen Effekts ein elektrisches Ausgangssignal (→Impuls, →Strom), das als Maß für die zu messende Größe genommen werden kann. Im Idealfall ist das Detektorsignal direkt proportional der →Aktivität, der Energie, der Dosisleistung oder der Dosis der auftreffenden →Strahlung (→Strahlungsmessung, →Dosismessung).

Der →Detektor soll sich zum Messen der Meßgröße eignen und unabhängig von äußeren Störgrößen sein.

Von den Eigenschaften des S. hängen letzten Endes die Eigenschaften der kompletten →Meßeinrichtung ab. *Wachsmann*

Strahlungsmessung. Unter S. im weiteren Sinn wird jede →Messung einer für eine Teilchen- oder Wellenstrahlung charakteristischen Kenngröße verstanden. Die Wellenstrahlung umfaßt dabei die elektromagnetischen Strahlungen (z. B. Radiostrahlung, Mikrowellen-Strahlung, infrarote Strahlung, Strahlung des sichtbaren Lichts, UV-Strahlung, Röntgen-Strahlung) und auch die akustischen Strahlungen, die sich in Form von Schallwellen ausbreiten.

Gemessen wird im allgemeinen die Energie, →Frequenz und →Wellenlänge der Strahlung und insbesondere der Strahlungsfluß, die je Zeit- und Wellenlängeneinheit von einer Fläche abgegebene oder auf eine Fläche auftreffende Strahlenenergie ($W/cm^2 \cdot \mu m$). Darüber hinaus lassen sich über die S. eine Reihe nichtelektrischer Größen *berührungslos* erfassen. So dienen die →Pyrometer z. B. zur →Temperaturmessung. Unter Verwendung von optischen, infraroten und akustischen Strahlen lassen sich viele nichtelektrische Größen, wie z. B. Entfernungen, Positionen, dimensionelle Größen, Durchflüsse usw., messen. In diesem Zusammenhang ist auch an die optischen Spektrometer zu erinnern, die in der Analytik nicht mehr wegzudenken sind.

Die S. im engeren Sinne bezieht sich auf die Kernstrahlung, wobei unter diesem Begriff Gammaquanten, Alpha- und Beta-Teilchen und Neutronen zusammengefaßt werden. Gemessen wird hier die Art der Teilchen, ihre Energie (Amplitudenverteilung, Gamma-Spektroskopie), die →Aktivität der radioaktiven Produkte (Zerfälle/s, →Aktivitätsmessung), die Aktivitätskonzentration und die z. B. im menschlichen Körper absorbierte Energie (J/K, →Dosismessung). Wichtig für den bestimmungsgemäßen und sicheren Betrieb der Kernreaktoren ist die →Neutronenflußmessung.

Die ionisierende Strahlung ist auch überall dort nachzuweisen, wo sie, wie z. B. in der Medizin, zur Diagnostik und Therapie oder in der →Verfahrenstechnik zur Schichtdicken-, Füllstands- und →Dichtemessung eingesetzt wird. *Schrüfer*

Strahlungstemperatur. Als S. T_S eines Körpers wird jene Temperatur eines schwarzen Körpers (→Strahlung) bezeichnet, bei der die Gesamtstrahlung (Gesamtemissionsvermögen) beider Körper gleich ist:

$$E(T) = E^S(T_S).$$

Dabei gilt nach dem Kirchhoff-Gesetz (→Strahlung) und nach dem Mittelwertsatz:

$$E\,(T): = \int\limits_0^\infty E\,(\upsilon,\,T)\;d\upsilon = \int\limits_0^\infty A\,(\upsilon,\,T)\;E^S\,(\upsilon,T)\;d\upsilon$$

$$=: \alpha\,(T)\;E^S\,(T);$$

$A(\upsilon,T)$ spektrales Absorptionsvermögen, α Schwärzungsgrad. Daher folgt mit dem →Stefan-Boltzmann-Gesetz für die wahre Temperatur T eines Körpers:

$$T = T_S / \alpha^{1/4} \geqq T_S.$$

Je kleiner also der Schwärzungsgrad eines Körpers ist, um so höher liegt seine wahre Temperatur über seiner S. *Muschik*

Strahlwäscher. →Absorptionsapparat, bei dem Flüssigkeit mit hoher Geschwindigkeit aus Düsenöffnungen tritt und dabei in feine Tropfen dispergiert wird. Gas- und Flüssigkeitsphase werden im Gleichstrom geführt. S. erreichen etwa eine Trennstufe. Man setzt sie ein, wenn die Gase gut in der Flüssigkeit löslich sind. *Dohrn*

Strangspannung. Die Spannung an den zu einem Strang zusammengeschalteten Wicklungsteilen einer Mehrphasen-Wechselstrommaschine (beispielsweise einer Drehstrommaschine). Je nach Schaltungsart ist die Strangspannung gleich der →Sternspannung (bei der →Sternschaltung) oder gleich der →Außenleiterspannung (bei der →Dreieckschaltung) des Mehrphasen-Wechselstromnetzes. *Claassen*

Straßenverkehrs-Ordnung (StVO). Die StVO, deren letzte große Änderung im Jahre 1970 erfolgte, beruht auf der Ermächtigung von § 6 Straßenverkehrsgesetz (StVG) und gilt unmittelbar nur im öffentlichen Verkehrsraum und nicht für das Verhalten auf Privatgrund. Sie regelt die Pflichten der Verkehrsteilnehmer jeder Art, Verkehrsregelung und -zeichen, Verkehrsbeschränkungen und -verbote. Weiterhin regelt sie im einzelnen Fahrgeschwindigkeit, Ausweichen, Überholen, Richtungsänderung, Warnzeichen, Vorfahrtrecht, Halten, Parken, Ausfahren aus Grundstücken, Ladegeschäft, Verlassen eines Fahrzeuges, Beleuchtung, Radfahrer, Fuhrwerke, Fußgänger, Kolonnen, Reiter, Tiere im Straßenverkehr.

Die StVO sorgt für Sicherheit im Straßenverkehr und fördert die Flüssigkeit des Verkehrs. Als ein volkstümliches Gesetz muß es sich dem Verständnis des Volkes, soweit es die erforderliche Klarheit der Gesetzesbefehle zuläßt, möglichst anpassen. Die verwendeten Begriffe müssen der Allgemeinheit geläufig sein. Im Interesse der Lesbarkeit werden deshalb abstrakte Begriffe tunlichst vermieden. Wo dies nicht möglich ist, werden Beispiele herangezogen.

Der Aufbau ist mit knappen und klaren Überschriften übersichtlich gestaltet und unterteilt in die Abschnitte „Allgemeine Verkehrsregeln" und „Zeichen und Verkehrseinrichtungen". *W. Hoffmann*

Straßenverkehrs-Zulassungs-Ordnung (StVZO). Die StVZO, zuletzt bekanntgemacht am 15. November 1974, ist Ausführungsvorschrift zu § 6 Straßenverkehrsgesetz (StVG). Die StVZO enthält Bestimmungen über die Zulassung von Personen und die Zulassung von Fahrzeugen zum Straßenverkehr. Die StVZO gilt nur für den Verkehr auf öffentlichen Straßen, also nicht für den Verkehr auf privatem Gelände. Die StVZO ist Zulassungsrecht, während die →Straßenverkehrs-Ordnung (StVO) das Verhaltensrecht, insbes. die Verkehrsregeln, umfaßt. Dieses Prinzip ist aber nicht konsequent durchgehalten.

Die StVZO befaßt sich in ihrem ersten Teil mit der Zulassung von Personen zum Straßenverkehr einschl. des Fahrerlaubnis- bzw. Führerscheinrechts. Der zweite Teil regelt das Zulassungsverfahren und die Betriebserlaubnis (allgemeine Betriebserlaubnis, Einzelbetriebserlaubnis, Betriebserlaubnis für Fahrzeugteile sowie Bauartgenehmigung für Fahrzeugteile) und enthält die Bau- und Betriebsvorschriften für Fahrzeugteile. Zusätzlich enthält die StVZO Zuständigkeitsvorschriften, Bußgeldbestimmungen, Ausnahmevorschriften sowie Übergangsvorschriften.

Das reichseinheitliche Straßenverkehrsrecht begann mit dem Gesetz über den Verkehr mit Kraftfahrzeugen vom 3. Mai 1909. Der § 6 dieses Gesetzes wurde durch das Gesetz vom 10. August 1937 geändert. Auf der Grundlage der geänderten Ermächtigungsgrundlage wurde die StVZO vom 13. November 1937 erlassen. Technischer Fortschritt, Weiterentwicklung des Kraftfahrzeuges und Zunahme des Straßenverkehrs hatten in den folgenden Jahren eine Vielzahl von Änderungen der Verordnungen zur Folge. *W. Hoffmann*

Strategie. Die S. eines Spielers ist die Anweisung, welche der durch die Spielregeln zugelassenen Aktionen er in jeder möglichen Spielsituation durchzuführen hat. Neben diesen reinen S. ist häufig der Einsatz gemischter S. sinnvoll (Lösung eines Spiels).

Eine gemischte S. ist eine Wahrscheinlichkeitsverteilung, die angibt, mit welcher →Wahrscheinlichkeit die möglichen reinen S. eingesetzt werden. Die Auswahl der in einer Partie tatsächlich eingesetzten reinen S. wird also nicht vom Spieler vorgenommen, sondern durch ein Zufallsexperiment bestimmt, das nach der durch die gemischte S. gegebenen Wahrscheinlichkeitsverteilung durchgeführt wird (→Monte-Carlo-Methode). In vielen Spielen erweisen sich gemischte S. als optimal in dem Sinne, daß sie für den Spieler die erwartete Auszahlung (im Sinne eines wahrscheinlichkeitstheoretischen Mittelwertes) maximieren (→Spieltheorie). *Rauhut*

Streckung. Synonym mit verschiedenen Typen von Affinitäten:

□ Achsenstreckung, senkrechte Achsenaffinität.
□ Zentrische S. Gleichsinnige →Ähnlichkeitsabbildung mit einem Fixpunkt Z (Zentrum), bei der alle Strecken $\overline{ZP}$ im Maßstab $k \neq 0$ gestreckt werden: $|\overline{ZP'}| = k \cdot |\overline{ZP}|$. Ist $|k| < 1$, so spricht man auch von Stauchung. Ist $k > 0$, so ist die Abbildung eine gleichsinnige Ähnlichkeit. Der Flächenmaßstab ist k^2.

□ Scherstreckung, d. h. die Komposition einer Scherung mit (anschließender oder vorausgehender) zentrischer S.
□ Spiegelstreckung. *Fischer*

Streufeld. Als Streufeld bezeichnet man entweder Felder, die als parasitäre Felder außerhalb der Bereiche auftreten, die für eine idealisierte Betrachtung herangezogen werden oder die Felder, die bei der Streuung einer elektromagnetischen →Welle entstehen.

Als Streufeld eines Kondensators bezeichnet man beispielsweise das elektrische →Feld außerhalb des Raumes zwischen den parallelen Elektrodenplatten, also die Felder, die am Elektrodenrand und außerhalb des Kondensators entstehen (Bild 1). Sie führen zu der →Streukapazität. Bei einer →Spule mit geschlossenem Eisenkern wird das →Magnetfeld als Streufeld bezeichnet, das aus dem Eisenkern austritt. Bei einer Eisenkernspule mit Luftspalt wird

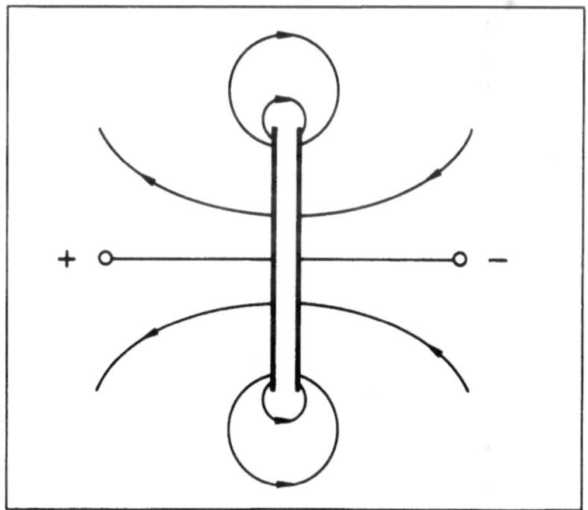

Streufeld 1: S. eines Plattenkondensators.

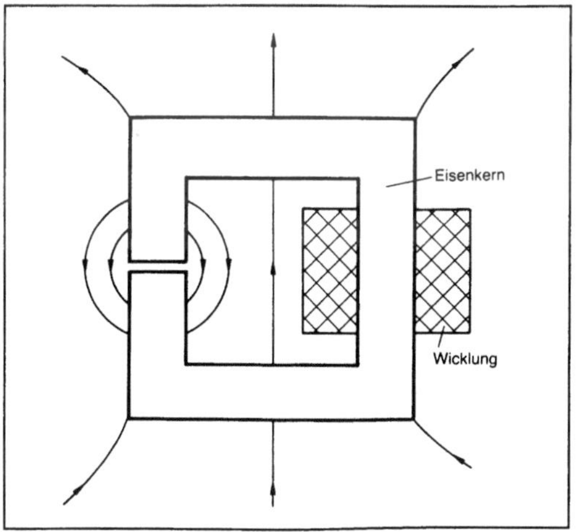

Streufeld 2: S. einer Eisenkernspule mit Luftspalt.

das Magnetfeld außerhalb des Eisenkerns und des Luftspalts (Bild 2) als Streufeld bezeichnet.

Bei der Streuung einer elektromagnetischen Welle an einem Körper, dessen Größe klein ist gegenüber oder vergleichbar mit der →Wellenlänge, erzeugt das Feld der einfallenden Welle im Innern des Körpers eine Polarisation (bei einem Isolator) oder auf der Oberfläche eine Flächenstromdichte. Beides bewirkt wiederum die Abstrahlung einer elektromagnetischen Welle nach allen Richtungen, deren Feld das elektromagnetische Streufeld des Körpers darstellt (Bild 3). *Claassen*

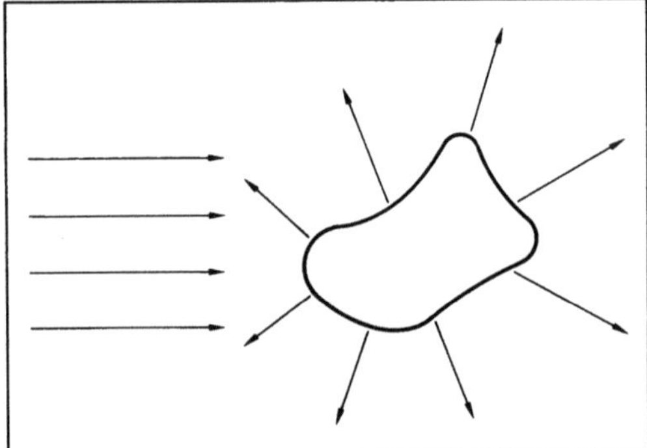

Streufeld 3: Einfallende und gestreute elektromagnetische Welle an einem Streukörper.

Streufluß. Bei zwei magnetisch verkoppelten Spulen (z. B. durch Eisenkern oder durch Übereinanderwickeln) bezeichnet man den Teil des magnetischen Flusses der →Spule 1, der nicht auch durch die Spule 2 geht, (und umgekehrt) als Streufluß. Er trägt nicht zur →Gegeninduktivität zwischen den Spulen bei. *Claassen*

Streuinduktivität. →Induktivität, die bei einem →Transformator durch den Teil des magnetischen Flusses verursacht wird, der nicht durch beide Transformatorwicklungen greift sondern nur durch die Primär- oder die Sekundärwicklung. Sie führt zu einem zusätzlichen induktiven Spannungsabfall in der entsprechenden Wicklung, ohne zur Leistungsübertragung beizutragen (→Hauptinduktivität). *Claassen*

Streukapazität. Unbeabsichtigte oder unerwünschte →Kapazität von Leitungen oder Schaltungsteilen, meist gegenüber Masse. Bei einem Plattenkondensator oder einer ähnlichen Elektrodenanordnung bezeichnet man als Streukapazität auch den Einfluß des Feldes, das am Rand der Elektroden aus dem Raum zwischen den Elektroden hinausragt und ebenfalls →Feldenergie speichern kann (→Streufeld). Wenn die Fläche der Elektroden sehr viel größer ist als das

Produkt von Elektrodenabstand und Randlänge, ist die Zusatzkapazität des Streufeldes zu vernachlässigen. *Claassen*

Stroboskop. Ein S. dient zur Beobachtung des Bewegungsablaufs schneller periodischer oder quasiperiodischer Vorgänge (z. B. bei rotierenden oder schwingenden Gegenständen) sowie zum berührungslosen und damit rückwirkungsfreien Messen von Drehzahlen oder Schwingungsfrequenzen. Wenn man die schnelle Bewegung eines Gegenstands mit einer geeigneten →Frequenz jeweils für eine kurze Zeit sichtbar macht, erscheint dieser durch die Trägheit des menschlichen Auges so, als stünde er fest oder bewege sich nur sehr langsam.

Man unterscheidet zwei Arten zum Erzeugen kurzer Beobachtungszeiten:
☐ das Blendenverfahren, wobei die Beobachtung durch eine Schlitzblende erfolgt,
☐ das Lichtblitzverfahren, bei dem kurzzeitige Lichtblitze den Vorgang beleuchten.

Die modernen Verfahren sind von letzterer Art. Mittels einer Xenon-Impulslampe wird der Gegenstand im Takt der Steuerfrequenz f angeleuchtet. Die Dauer eines Lichtblitzes beträgt etwa 5 µs. Die Steuerfrequenz f wird zwischen einigen Hertz und einigen 100 Hz so eingestellt, daß sich ein stehendes Bild ergibt. Zu einer stroboskopischen →Drehzahlmessung (Bild) werden an der Welle m Hell/Dunkel-Abschnitte (hier m = 9 Abschnitte) angebracht. Es ergibt sich ein stehendes Bild für die Umdrehungsfrequenz f_x:

$$f_x = \frac{i}{m}\, f, \qquad \text{mit } i = 1,2,3,\dots$$

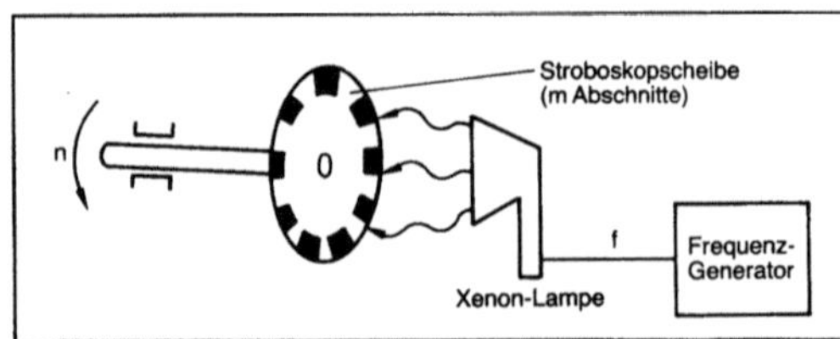

Stroboskop: Stroboskopische Drehzahlmessung.

Da sich immer dann stehende Bilder ergeben, wenn die Marken auf der S.-Scheibe im Takt von f_x bei jeder i-ten Umdrehung beleuchtet werden, ist die Anzeige nicht eindeutig. Um diese Vieldeutigkeit auszuschalten, ist es notwendig, zwei unmittelbar benachbarte Stillstandsfrequenzen zu suchen, um die Umdrehungsfrequenz f_x eindeutig zu erhalten aus der Beziehung:

$$f_x = \frac{1}{m}\frac{f_1\,f_2}{f_1 - f_2}, \text{ mit } f_1 > f_2.$$

Die eingestellte Taktfrequenz f wird mittels einer Ziffern- oder Skalenanzeige ausgegeben. Wird die

Taktfrequenz f, bei der ein schwingender Gegenstand stillzustehen scheint, geringfügig verändert, so kann man den Schwingungsvorgang ähnlich der Zeitlupe beim Film genau studieren.

Andere Verfahren zum Ermitteln einer Umdrehungsfrequenz f_x: →Drehzahlmessung; →Frequenzmessung. *Hammerschmidt*

Strom.

Elektrischer S. (allgemein). Transport elektrischer Ladungen, der gleichbedeutend mit dem Transport elektrisch geladener Teilchen (Elektronen, Ionen) ist. Der Strom gibt die Menge der Ladungen an, die pro Zeiteinheit durch eine Fläche fließen. Dieser Strom wird auch als Konvektionsstrom oder Leitungsstrom bezeichnet, da er auf der Konvektion von Teilchen bzw. auf der elektrischen →Leitfähigkeit beruht. Die gleichen Eigenschaften wie ein Leitungsstrom besitzt nach der Maxwell-Theorie auch der Verschiebungsstrom, der auf der zeitlichen Änderung der dielektrischen Verschiebung beruht. Sind beide Stromarten vorhanden (Konvektions- und Verschiebungsstrom), so setzt sich der gesamte elektrische Strom aus beiden Anteilen zusammen. Der gesamte elektrische Strom, d. h. die Summe aus Konvektions- und Verschiebungsstrom, ist in einem geschlossenen unverzweigten →Stromkreis überall gleich.

Die Einheit für den elektrischen Strom ist das Ampère (Einheitenzeichen A).

Eingeprägter S. Zur Berechnung elektrischer Netzwerke kann man entweder Ströme oder Spannungen an den Eingangsklemmen oder in einzelnen Teilzweigen vorgeben (einprägen), um daraus die *gesuchten* Ströme und Spannungen an den Ausgangsklemmen oder in anderen Teilzweigen des Netzwerkes als Funktion der *eingeprägten Ströme* bzw. *eingeprägten Spannungen* zu bestimmen. Zu Zwecken der Netzwerkanalyse bevorzugt man häufig eingeprägte Ströme.

Praktisch realisiert man eingeprägte Ströme durch elektrische Energiequellen mit sehr hohem Innenwiderstand, während Energiequellen mit sehr niedrigem Innenwiderstand Spannungen einprägen.

Induzierter S. Bei der Bewegung einer Ladung q zwischen zwei Elektroden mit konstanter Spannung ändert sich die Influenzladung auf den Elektroden. Dadurch wird im Außenkreis ein Strom induziert, der für den Ausgleich der Influenzladung sorgt. Dieser induzierte Strom hat bei ebenen Elektroden im Abstand d die Größe

$$i_i = \frac{v\,q}{d},$$

wobei v die Geschwindigkeit der Ladung ist. Der induzierte Strom fließt so lange, bis die Ladung die Elektrode, auf die sie sich zubewegt, erreicht. *Claassen*

Stromkreis, elektrischer. E. S. sind Anordnungen von elektrischen Energiequellen, Bauelementen und/oder Geräten, die durch elektrische →Leiter miteinander verbunden sind, so daß der Austausch von Ladungen über die Leiter erfolgt. Die einzelnen Komponenten der Stromkreise sowie die Verbindungsleiter können dabei eine beliebige geometrische Form besitzen und Stromfluß in allen Raumrichtungen zulassen. In den meisten praktischen Fällen sind an den elektrischen Energiequellen, Bauelementen und Geräten jedoch kleinflächige (quasi punktförmige) Anschlußstellen für die Verbindungsleiter vorhanden, an denen jeweils ein elektrisches Potential und über die ein Stromfluß eindeutig definiert ist. Man kann die Verbindungsleiter dann als linienförmige Punkt-zu-Punkt-Verbindungen zwischen den Anschlüssen oder zu Knotenpunkten darstellen.

Die Verbindungsleitungen besitzen aber auch selbst Leitungswiderstände in Stromflußrichtung, Querleitwerte zu anderen Schaltungsteilen, Induktivitäten und Kapazitäten. Diese sind kontinuierlich über die Leitungen verteilt und führen zu einer endlichen Ausbreitungsgeschwindigkeit von Strom- und Spannungswellen. Sie bewirken dadurch eine Transformation der zwischen den Anschlußstellen definierten Impedanzen entsprechend den Wellenleitungsgleichungen.

Ist die Länge der Verbindungsleitungen jedoch kurz gegenüber dem Produkt aus Wellengeschwindigkeit und kürzester, im System vorkommender Zeitkonstante, bzw. sind die Schwingungsfrequenzen so niedrig, daß die entsprechenden Wellenlängen auf den Leitungen wesentlich größer sind als die Leitungslänge, so können die Leitungseigenschaften in Form von konzentrierten Elementen (Widerständen, Kondensatoren, Spulen) approximiert werden. Man spricht dann von Stromkreisen mit konzentrierten Elementen, auf die sich die Kirchhoffschen Gesetze direkt anwenden lassen. Solche Stromkreise stellen eine Näherung für die tatsächliche Feld- und Stromverteilung in der Schaltungsanordnung dar, die sich erheblich leichter berechnen läßt. *Claassen*

Strommessung, elektrische. Die klassischen Meßgeräte (elektrisches →Meßgerät) messen den Strom über dessen magnetische Wirkungen. Der Ausschlag ist dabei dem linearen oder dem quadratischen Mittelwert proportional (Mittelwert einer periodischen Zeitfunktion). Sofern der zu messende Strom den Meßbereich des Strommessers übersteigen würde, kann man durch Einschalten eines Nebenwiderstands (Shunt) R_n den Meßbereich beliebig erweitern (Bild 1); dies jedoch nicht beim Dreheisenmeßwerk. Der Strommesser ist zwischen die Stromquelle (U_o, R_i) und den Verbraucher R_L geschaltet. An ihm entsteht ein kleiner Spannungsabfall in der Größenordnung von ca. 3 bis 300 mV, bei Meßgeräten mit eingebautem Gleichrichter (→Meßgleichrichter) für Wechselstrommessung bis ca. 1 V. Ähnlich wie bei der →Spannungsmessung führt dieser Spannungsabfall zu einem Eigenverbrauch des Strommessers und zu einer Verminderung des ohne Strommesser durch den Verbraucher R_L fließenden Stroms. Der Einfluß des Strommessers auf den Meßkreis ist um so geringer, je kleiner der →Widerstand des Strommessers, bestehend aus R_m und Nebenwiderständen R_n, bezogen auf den Lastwiderstand R_L, ist. Ströme lassen sich mittels Kompensations-Meßverfahren auch ohne Leistungsaufnahme aus dem Meßkreis messen.

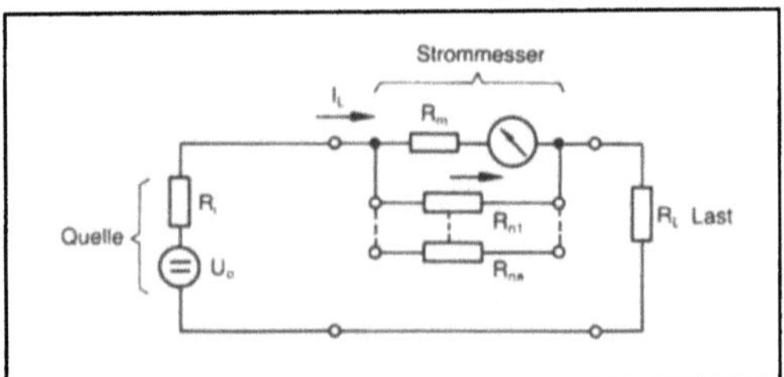

Strommessung, elektrische 1: Strommesser mit Nebenwiderständen.

Weitere Möglichkeiten der S. ergeben sich, wenn man den durch den Strom an einem Widerstand erzeugten Spannungsabfall durch Verfahren der Spannungsmessung erfaßt. Messung hoher Ströme: →Stromwandler; elektronische S.: →Multimeter. Messen von Strömen ohne Auftrennen des Stromkreises durch Erfassen des erzeugten Magnetfelds, z. B. mittels Hallsonde unter Verwenden einer Stromzange (Bild 2). Die in einem Eisenkreis um

Strommessung, elektrische 2: Mini-Stromzange für Gleichströme bis 200 A. (Quelle: Mannesmann Hartmann & Braun AG)

einen stromführenden Leiter auftretende →Induktion B wird mittels einer Hallsonde erfaßt (→Magnetfeldmessung). Nach Verstärken und Linearisieren wird der Meßwert ziffernmäßig angezeigt. Wenn man in dem Eisenkreis noch eine Hilfswicklung vorsieht und durch diese einen so geregelten Kompensationsstrom schickt, daß die Induktion B = 0 wird (zu messen mit der Hallsonde), dann ist der Hilfsstrom dem zu messenden Strom proportional (Kompensations-Meßverfahren). Anwendung bei Gleich- und Wechselströmen. *Hammerschmidt*

Strömung, ideale. Es werden die folgenden Strömungen unterschieden:

□ *Adiabatische S.:* S. in Rohren oder Kanälen, die ohne Wärmeaustausch mit der Umgebung abläuft (adiabatischer Prozeß).

□ *Ausgebildete S.:* Rohr- und Kanal-S., deren Geschwindigkeitsprofil (bei turbulenten S., deren zeitlich gemitteltes Geschwindigkeitsprofil) sich in S.-Richtung nicht mehr ändert. Bei turbulenten S. ist der ausgebildete Zustand etwa nach 50–100 Rohrdurchmessern erreicht, während bei laminaren S. diese Einlauflänge l noch von der Reynolds-Zahl (→Kennzahlen) und dem Rohrdurchmesser D abhängt: $l \approx 0{,}03 \cdot D \cdot Re$.

□ *Ebene S.:* Idealisiertes S.-Feld, in dem alle S.-Größen (Druck, Dichte, Geschwindigkeit usw.) nur von zwei kartesischen →Koordinaten abhängen und die Geschwindigkeitskomponente in Richtung der dritten Raumkoordinate verschwindet. Experimentell lassen sich ebene S. nur näherungsweise realisieren, so z. B. bei der laminaren Umströmung eines langen Zylinders (Länge groß im Vergleich zum Durchmesser), dessen Achse senkrecht zur Haupt-S. liegt. Können in einer ebenen S. zusätzlich Kompressibilitätseffekte und innere Reibung vernachlässigt werden, dann eignen sich zum Beschreiben dieser S. häufig Methoden der mathematischen Potentialtheorie.

□ *Homentrope S.:* S., in der die spezifische Entropie des strömenden Fluids schlechthin konstant ist. Häufig eine brauchbare Näherung, wenn Reibungseffekte und die →Entropieproduktion in auftretenden Verdichtungsstößen (Unstetigkeitsflächen) vernachlässigbar sind.

□ *Ideale oder reibungsfreie S.:* S., bei der näherungsweise der Einfluß der inneren Reibung vernachlässigbar ist (→Potentialströmung). Im Gegensatz zur reibungsbehafteten S. kann man in einer idealen S. i. a. die Tangentialkomponente der Geschwindigkeit entlang einer S.-Berandung nicht mehr vorschreiben.

□ *Inkompressible S.:* S., bei der der Einfluß der S.-Geschwindigkeit auf die Dichte des Fluids vernachlässigbar ist (→Aerodynamik, →Hydrodynamik). Näherungsweise realisierbar ist eine inkompressible S., wenn die S.-Geschwindigkeiten klein sind im Vergleich zur →Schallgeschwindigkeit. In einer instationären S. muß zusätzlich gefordert werden, daß die Ausdehnung L des interessierenden S.-Bereichs klein ist im Vergleich zu einer typischen Schallwellenlänge $\lambda = a/f$ (a Schallgeschwindigkeit, f charakteristische →Frequenz der instationären S.).

□ *Isentrope S.:* S., bei der die spezifische Entropie entlang einer Stromlinie konstant bleibt. Der Wert der Konstanten darf von Stromlinie zu Stromlinie variieren.

□ *Schleichende S.:* Eine laminare S., deren Verhalten im wesentlichen durch Reibungs- und Druckkräfte bestimmt wird, während Trägheitskräfte näherungsweise vernachlässigt werden. Beispiele sind die Stokes-S. (Stokes-Problem) und Grundwasser-S.

□ *Stationäre S.:* S., bei der die abhängigen Variablen (Druck, Dichte, Geschwindigkeit usw.) nur von den Ortskoordinaten, aber nicht von der Zeitkoordinate abhängen. *Obermeier*

Strömung, inkompressible →Mechanik-Einteilung

Strömungsakustik. Hierunter versteht man den interdisziplinären Forschungsbereich zwischen →Strömungsmechanik und Akustik. Häufig spricht man auch von Aeroakustik. Die S. umfaßt drei Bereiche:

□ Schallerzeugung in einem Fluid unter wesentlicher Beteiligung von Strömungen. Bekannte Beispiele im technischen Bereich sind die Erzeugung von Strahllärm durch die Triebwerke von Düsenflugzeugen, der Schneidbrennerlärm, die Schallerzeugung durch Kompressoren, Turbinen, Propeller und Hubschrauber-Rotoren. In der Natur tritt die strömungsakustische Schallerzeugung ebenfalls in vielfältigen Formen auf, so z. B. beim Anblasen von Hindernissen durch den Wind (Heulen des Windes), beim Summen von Insekten oder beim Donner eines Gewitters. Theoretische und experimentelle Untersuchungen haben gezeigt, daß in Unterschallströmungen häufig instationäre Wirbelbewegungen als strömungsakustische Schallquellen wirksam werden. Eine aktive Schallreduktion erfordert eine Beeinflussung der instationären Wirbelbewegungen im Strömungsfeld. Dies kann z. B. durch geeignete Maßnahmen geschehen, die die Ablösung von wirbelbehafteten Grenzschichten bei der Um- oder Durchströmung von Körpern vermindern. Demgegenüber beschränkt sich die passive Schallreduktion auf →Absorption bzw. Dämpfung und auf Abschirmung bereits erzeugten Schalls. Bei Triebwerken und Rohrleitungen wird dies z. B. durch Auskleiden der Wände mit schallabsorbierenden Materialien erreicht.

□ Die Ausbreitung von Schallwellen in einem strömenden Fluid. Sie beugt, streut, bricht und dämpft Schallwellen. Dies gilt sowohl für den Durchgang von Schallwellen durch die Atmosphäre als auch für den Durchgang durch durchströmte Kanäle und Rohre.

Die Schallausbreitung ist auch wichtig für die Schallerzeugung, wenn die Strömungen von Schallwellen gesteuert werden (Rückkopplung, z. B. bei der Flöte).

□ Die Erzeugung von Strömungen durch Schall ist von untergeordneter praktischer Bedeutung. Bekannt ist der Quarzwind. Dies ist eine Gleichströmung vor einem im Ultraschallbereich schwingenden Quarz, die sich störend auf Ultraschallmessungen auswirken kann.

Im Gegensatz zur S. oder Aeroakustik wird mit Hydroakustik eine Unterdisziplin der Akustik bezeichnet. Sie beschränkt sich auf die Erforschung der üblichen Akustik in Flüssigkeiten. *Obermeier*

Literatur: *Goldstein, M. E.:* Aeroacoustics. 1976.

Strömungsmechanik →Mechanik-Einteilung

Strömungsmessung. Zur Messung der für ein Strömungsfeld wichtigen Größen wie Geschwindigkeit, Druck, Dichte und Zähigkeit sei auf die folgenden Stichworte verwiesen: →Anemometer, →Durchflußmessung, →Hitzdraht, →Manometer, →Prandtl-Staurohr, →Stoßrohr, →Venturi-Rohr. *Eckelmann*

Literatur: *Wuest, W.:* Strömungsmeßtechnik. Braunschweig 1969.

Strömungsphysik. S. untersucht die Bewegung von Fluiden, d. h. Flüssigkeiten und Gasen (Fluiddynamik), unter dem Einfluß äußerer Kräfte und im Kontakt mit anderen Körpern, etwa bei der Durchströmung von Rohren und Kanälen oder bei der Umströmung von Tragflügeln. Als äußere Kräfte treten die Schwerkraft und in elektrisch leitenden Fluiden elektromagnetische Kräfte (→Magnetohydrodynamik) auf.

Der Kontakt mit anderen Körpern wird durch Randbedingungen erfaßt. Diese schreiben an den das Fluid begrenzenden Flächen entweder die Geschwindigkeiten, etwa bei der →Strömung entlang undurchlässiger Wände, oder die Oberflächenkräfte (Spannungstensor), etwa an einer freien Wasseroberfläche, vor. Bei instationären Problemen ist noch als Anfangsbedingung ein anfänglicher Strömungszustand vorzugeben.

Der kinematische Zustand eines Fluids ist durch das Geschwindigkeitsfeld $\underline{u}$ in Abhängigkeit vom Ort x und der Zeit t vollständig gekennzeichnet. Die Wechselwirkungskräfte im Fluid werden durch den

Spannungstensor beschrieben, der für jedes Fluid in charakteristischer Weise vom Druck und vom Gradienten des Geschwindigkeitsfelds abhängt. Bei linearem Zusammenhang spricht man von newtonschen Fluiden, bei nichtlinearem Zusammenhang von nicht-newtonschen Fluiden. Thermodynamisch ist ein Fluid durch thermodynamische Größen wie Druck, Dichte, Temperatur, spezifische innere Energie, spezifische Entropie usw. beschrieben. Diese sind ebenfalls durch für jedes Fluid charakteristische thermodynamische Zustandsgleichungen miteinander verknüpft (ideales Gas, Van-der-Waals-Zustandsgleichung u. ä.).

Jede Strömung eines Fluids gehorcht bestimmten Grundgleichungen, die sich aus physikalisch einsichtigen Erhaltungssätzen für Masse, Impuls, Drehimpuls und Energie sowie einer Entropiebilanz (→zweiter Hauptsatz der Thermodynamik) herleiten lassen. Für lokale Betrachtungsweisen sind diese Grundgleichungen Differentialgleichungen, bei globalen Betrachtungen Integralbeziehungen. Im einzelnen führt die Massenerhaltung auf die →Kontinuitätsgleichung. Die Impulserhaltung liefert zusammen mit einer linearen Beziehung zwischen Reibungsspannungen und dem Geschwindigkeitsgradienten (newtonsches Fluid) die Navier-Stokes-Differentialgleichungen. Letztere beinhalten in Inertialsystemen das Gleichgewicht zwischen Trägheits-, Druck-, Reibungs- und äußeren Kräften. Bei Benutzung von Nicht-Inertialsystemen treten noch Scheinkräfte wie die Zentrifugal- und die Corioliskraft hinzu. Die Drehimpulserhaltung impliziert nur, daß der Spannungstensor symmetrisch sein muß. Die explizite Formulierung der Energieerhaltung und der Entropiebilanz hängt von den für das jeweilige Fluid geltenden thermodynamischen Zustandsgleichungen ab.

An Hand der Eigenschaften Kompressibilität, innere Reibung und Trägheit einer Strömung läßt sich eine erste Klassifikation durchführen. Sind charakteristische Strömungsgeschwindigkeiten klein im Vergleich zur →Schallgeschwindigkeit im Fluid, kann die Kompressibilität i. a. vernachlässigt werden. Man nennt solche Strömungen inkompressibel. Inkompressible Strömungen werden in der →Aerodynamik und der →Hydrodynamik behandelt. Strömungen, in denen die Kompressibilitätseffekte dominieren, werden in der →Gasdynamik behandelt. Die Gasdynamik umfaßt auch Spezialgebiete, wie die dynamische Meteorologie und die →Strömungsakustik einschl. der Theorie des Schalls im ruhenden Fluid, und geht im Grenzfall sehr kleiner Dichten in die kinetische Gastheorie über. Wenn die innere Reibung vernachlässigbar ist – man spricht dann von idealen Fluiden –, reduzieren sich die Navier-Stokes-Differentialgleichungen auf die Euler-Gleichungen, die ihrerseits einen inkompressiblen Grenzfall enthalten. Dominiert die

Reibung, resultiert daraus die schleichende Strömung. Andere Klassifikationen orientieren sich an geometrischen Bedingungen, z. B. ebene Strömung, an kinematischen Bedingungen, z. B. Quellfreiheit div $\underline{u}=0$ oder Wirbelfreiheit rot $\underline{u}=0$, oder an besonderen Strömungsformen, z. B. laminare oder turbulente Strömung. *Obermeier*

Literatur: *Eck, B.:* Technische Strömungslehre I u. II. Berlin, Göttingen, Heidelberg 1978 u. 1981. – *Prandtl, L.,* et al.: Führer durch die Strömungslehre. Braunschweig 1990. – *Wieghard, K.:* Theoretische Strömungslehre. Stuttgart 1965.

Strömungswiderstand. Wird ein Körper relativ zu einem Fluid bewegt, so wirken auf diesen Körper Kräfte. Ihre Komponenten senkrecht zur Strömungsrichtung heißen Querkräfte oder auch Auftrieb; die Komponenten in Strömungsrichtung heißen S. Zu letzteren gehören der Reibungswiderstand, Druckwiderstand, induzierte →Widerstand und →Wellenwiderstand.

Reibungswiderstand. Er tritt in Form von Tangentialkräften am umströmten oder durchströmten Körper auf, wird durch die Zähigkeit des strömenden Fluids verursacht. Seine Bedeutung nimmt mit zunehmender Viskosität (abnehmende Reynolds-Zahl; →Kennzahlen) zu. Bei Strömungen mit sehr kleinen Reynolds-Zahlen (Stokes-Problem) bestimmt die Zähigkeit praktisch allein den Gesamtwiderstand.

Für sehr große Reynolds-Zahlen, bei denen die Zähigkeit nur in einem dünnen Strömungsbereich in unmittelbarer Wandnähe (Grenzschicht) wirksam ist, kann die Reibung zusätzlich Strömungsablösung und damit verbunden die Ausbildung von Totwassern verursachen. Dies führt zu unterschiedlichen Drücken auf der Vorderseite des Körpers und seiner Rückseite, wo bei genügend großen Reynolds-Zahlen i. a. ein turbulenter Nachlauf direkt hinter dem Körper besteht. Diese Druckunterschiede, integriert über die Körperoberfläche, liefern den *Druckwiderstand,* der z. B. bei der Formgebung im Flugzeug- und Autobau von erheblicher Bedeutung ist. In der Praxis wird man versuchen, die Grenzschichtablösung möglichst zu vermeiden oder zumindest das Nachlaufgebiet möglichst schmal zu gestalten. Druck- und Reibungswiderstand zusammen werden auch als Profilwiderstand bezeichnet.

Umströmung: induzierter Widerstand. Bei der reibungsfreien Umströmung eines Auftrieb erzeugenden Körpers endlicher Spannweite (→Tragflügel) wird ein Wirbelsystem erzeugt, bestehend aus einem Anfahrwirbel, der stromab zurückbleibt und vergeht, einem tragenden Wirbel, der fest mit dem Tragflügel verbunden ist, und einem System freier Wirbel, das andauernd verlängert wird. Die in dieses Wirbelsystem eingehende Strömungsleistung äußert sich in Strömungsrichtung in Form einer Kraft, die als induzierter Widerstand bezeichnet wird.

724

In Überschallströmungen tritt zusätzlich zu den genannten Widerständen der *Wellenwiderstand* auf. Er wird verursacht durch den Verzehr von kinetischer Strömungsenergie in Verdichtungsstößen (Unstetigkeitsflächen). Ebenfalls als Wellenwiderstand bezeichnet man einen S., der auf fahrende Schiffe wirkt. Hier wird der Widerstand hervorgerufen durch den Verlust an Energie, die in die Bewegung von auf- und abschwingenden Wasserteilchen der Bug- und Heckwelle des Schiffes eingeht. Dieser Widerstand hängt sehr von der Geschwindigkeit und von der Form der Schiffe ab und spielt insbes. bei großen Tankschiffen eine Rolle. Man versucht daher, bei diesen Schiffen durch eine spezielle Formgebung des Rumpfes den Wellenwiderstand für eine projektierte Reisegeschwindigkeit zu minimieren.

In der Praxis werden an Stelle der Widerstände W dimensionslose Widerstandsbeiwerte

$$C_W = W \Big/ \left(\frac{1}{2}\,\varrho\,U^2 F\right)$$

angegeben; hier ist ρ die Dichte des Fluids, U Anströmgeschwindigkeit, F eine Querschnittsfläche des umströmten Körpers; bei Tragflügeln ist sie die größte Projektionsfläche des Tragflügels. Im Bild sind Widerstandsbeiwerte für umströmte Kugeln und Zylinder als Funktion der Reynolds-Zahl $Re = U \cdot R/\nu$ angegeben; R Radius, ν kinematische Zähigkeit. *Obermeier*

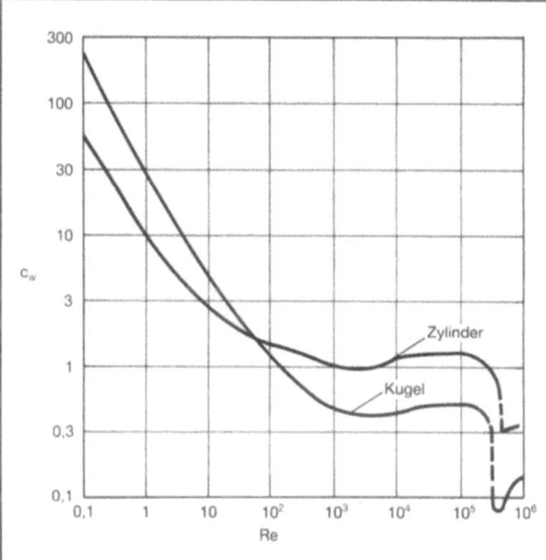

Strömungswiderstand: Widerstandsbeiwert von Kugel und Zylinder als Funktion der Reynolds-Zahl.

Stromverdrängung. Bei Wechselströmen hoher →Frequenz verteilt sich der Strom nicht gleichmäßig über den gesamten Querschnitt eines Leiters. Der Strom wird vielmehr aus dem Inneren des Leiters verdrängt und fließt nur noch in einer oberflächennahen Schicht (→Skineffekt). Ursache ist die Tatsache, daß das Leiterinnere aufgrund des geringeren Umfanges eine höhere →Selbstinduktivität besitzt als die Leiterrandschichten. Die höhere Induktivität stellt dann einen höheren Wechselstromwiderstand dar, der schließlich die Stromverdrängung bewirkt. *Claassen*

Stromwandler. S. sind Meßgeräte (→Meßgerät, elektrisches), die größere Ströme in bequem handhabbare Werte umformen. Weitere grundsätzliche Angaben →Spannungswandler. S. für Wechselströme sind Transformatoren, die sekundärseitig im Kurzschluß betrieben werden, so daß der Sekundärstrom dem Primärstrom proportional ist. Der Sekundärkreis muß wegen der Gefahr von Isolationsdefekten im Wandler stets geerdet sein, weiterhin ist ein Betrieb mit sekundärseitigem Leerlauf ($I_2 = 0$) wegen der Gefahr hoher Spannungen zwischen den Sekundärklemmen unzulässig. Sicherungen sind sekundärseitig deshalb nicht gestattet. Für Arbeiten an den angeschlossenen Meßgeräten (Bürde) muß der Sekundärkreis kurzgeschlossen werden. Die Klemmenbezeichnungen (Bild 1) sind genormt, ebenso die Ausgangsströme mit 1 A oder 5 A sowie andere wichtige Wandlereigenschaften. Für hohe Ströme besteht die Primärwicklung nur aus einem einzigen durchgesteckten Leiter. Für Betriebsmessungen gibt es auch Zangenwandler, deren Eisenkreis wie eine Zange den stromführenden Leiter umfaßt (Bild 2).

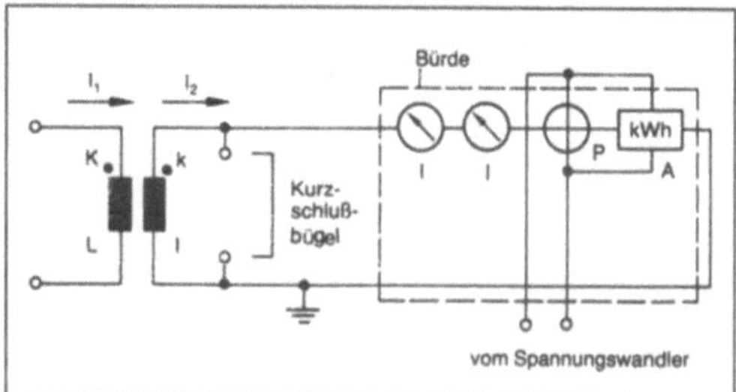

Stromwandler 1: S. für Wechselstrom mit angeschlossenen Meßgeräten (Bürde).

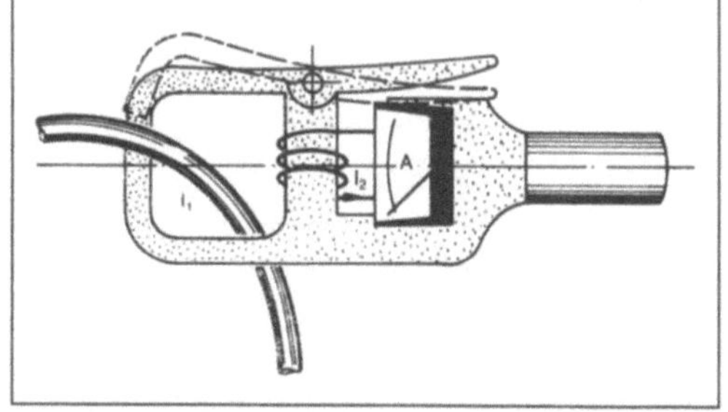

Stromwandler 2: Zangenstromwandler für Wechselstrom mit angebautem Strommesser.

Eine Stromzange für Gleichströme bis 200 A ist unter →Strommessung, elektrische, abgebildet. Für Messungen hoher Gleichströme werden S. nach verschiedenen Meßprinzipien eingesetzt, die stets der Zuführung einer →Hilfsenergie bedürfen. *Hammerschmidt*

Literatur: *Profos, P.:* Handbuch der industriellen Meßtechnik. Essen 1984.

Struktur, hierarchische. Pyramidenartige Struktur in Leitsystemen zur Erhöhung der →Verfügbarkeit oder zur Verbesserung der →Prozeßführung. Bei einem hierarchisch strukturierten Ebenenmodell (Bild 1) ist zu ersehen, welche leittechnischen Funktionen den vier Ebenen zugeordnet sind und mit welchen technischen Systemen sie so realisiert werden können, daß die Teilsysteme möglichst eigenständig ihre Funktionen erfüllen können.

Hierarchisch strukturiert sind meist auch die Informations- und Eingriffsmöglichkeiten der Videobilder zur bildschirmgestützten Prozeßführung: Je höher die Ebene, desto besser ist die Übersicht, desto mehr sind aber auch die Informationen verdichtet. Je niedriger die Ebene, desto detaillierter sind die Darstellungen und desto besser sind die Möglichkeiten, auf den Prozeß einzuwirken (Bild 2). *Strohrmann*

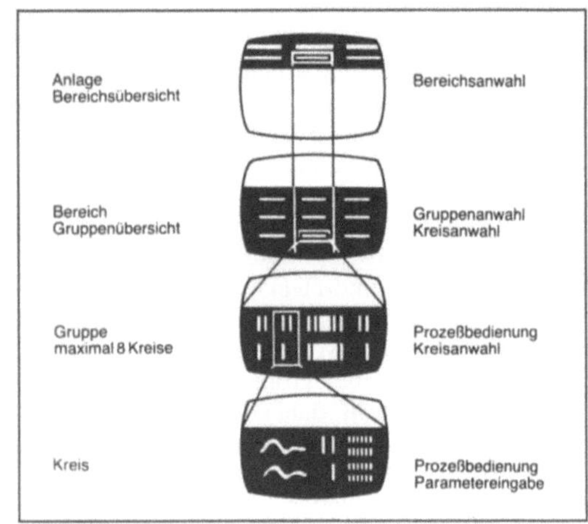

Struktur hierarchische 2: H. S. von Videobildern in Blockdarstellung. (Quelle: Siemens)

Literatur: *Peters, R. W.:* Chem.-Ing.-Tech. **57** (1985) Nr. 3, S. 210–218. – *Polke, M.:* Prozeßleittechnik für die Chemie – Status und Trend. Automatisierungstechnische Praxis **27** (1985), Nr. 5, S. 214–223.

Strukturdämpfung. Der Begriff →Dämpfung wird nach verschiedenen Gesichtspunkten differenziert. Bei einer Unterscheidung in bezug auf die Abgrenzungen des Schwingungssystems spricht man von

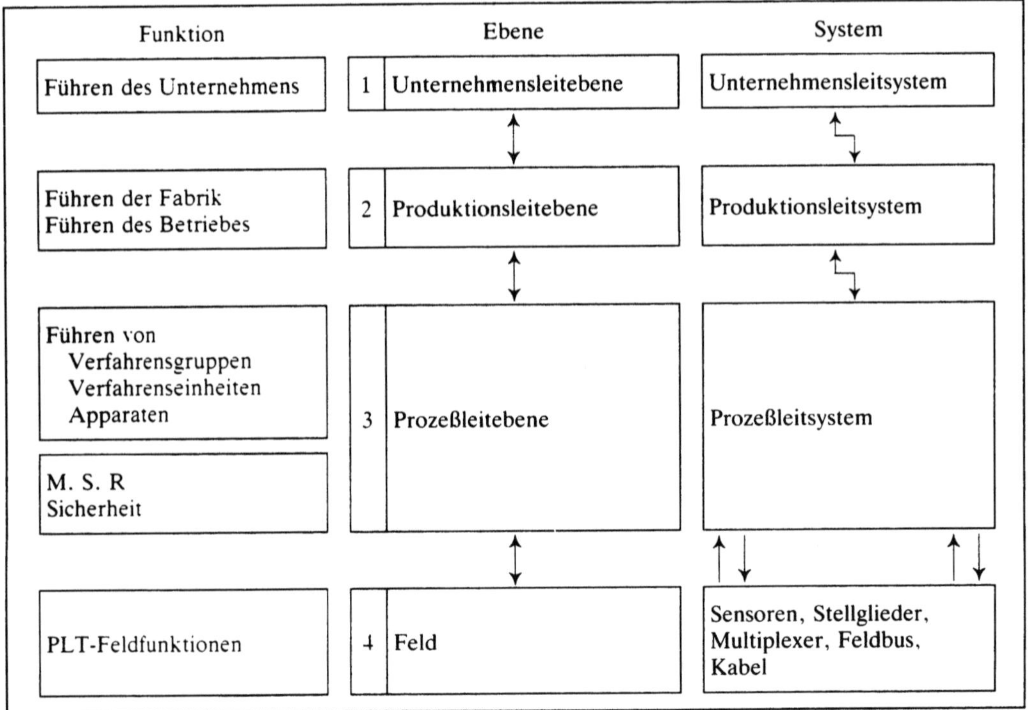

Funktion	Ebene	System
Führen des Unternehmens	1 Unternehmensleitebene	Unternehmensleitsystem
Führen der Fabrik Führen des Betriebes	2 Produktionsleitebene	Produktionsleitsystem

Führen von
  Verfahrensgruppen
  Verfahrenseinheiten
  Apparaten
 	
M. S. R
Sicherheit
	3 Prozeßleitebene	Prozeßleitsystem

PLT-Feldfunktionen	4 Feld	Sensoren, Stellglieder, Multiplexer, Feldbus, Kabel

Struktur, hierarchische 1: Ebenenmodell (nach R. W. Peters).

innerer und äußerer Dämpfung. Betrachtet man als System z. B. ein Gebäude, dann zählen die →Materialdämpfung in den Tragstrukturen und im Ausbau sowie die Reibverluste in Kontaktflächen zur inneren Dämpfung. Für die Kontaktflächendämpfung werden manchmal auch die weniger scharfen Begriffe System- und Strukturdämpfung verwendet. Dabei schließt der Begriff Strukturdämpfung oft die Materialdämpfung ein. Im Maschinenbau benutzt man den Begriff Fügestellendämpfung.

Die Kontaktflächendämpfung tritt in Flächen auf, an denen sich Bauteile berühren. Bei Verschiebungen der Bauteile infolge von Schwingungen gegeneinander wird durch die →Reibung Energie dissipiert, z. B. in Kontaktflächen tragender Bauteile untereinander, zwischen tragenden Bauteilen und dem Ausbau und an Auflagern. Bei Bauwerken liefert die Strukturdämpfung oft den größten Beitrag zur gesamten Dissipation.

Zur äußeren Dämpfung eines Systems zählen die Reibung des Systems mit der umgebenden Luft und in den Berührungsflächen mit dem Boden. Oft wird auch die Energieabstrahlung vom System in die umgebenden Medien in Form von Wellen zur äußeren Dämpfung gezählt, obwohl diese im engeren Sinn keine Dämpfung ist, weil bei ihr an den Systemgrenzen die kinetische und potentielle Energie nicht in Wärme übergeht.   *Splittgerber*

Literatur: *Waas, G.*: Dämpfung von Bauwerksschwingungen. In: Dolling, H.-J., Hrsg.: Dämpfung, Duktilität, Nichtlineares Bauwerksverhalten. Vortragsband 4. Jahrestagung der Deutschen Ges. für Erdbeben-Ingenieurwesen und Baudynamik, Berlin 1989.

Strukturdynamik →Mechanik-Einteilung

Strukturen von Leitsystemen. Es ist zu unterscheiden zwischen voll parallelen, dezentralen und zentralen Leitsystemen (Bild).

In voll parallelen Systemen ist jedem →Regelkreis ein Einzelregler zugeordnet. Der Ausfall eines Reglers ist meist unproblematisch, eine zentrale →Prozeßführung über Bildschirme ist nicht möglich, und ein Anpassen an die Struktur des zu automatisierenden Prozesses ist nur durch geeignete Gruppierung der Kompaktregler, Anzeiger und Schreiber im Leitstand erforderlich.

In dezentralen Systemen bearbeitet ein Mikrorechner zyklisch eine Anzahl von etwa 20 bis etwa maximal 200 Regelkreise, die einem in sich möglichst autarken Prozeßabschnitt zuzuordnen sind. Die so entstehenden Untersysteme können den Prozeß auch weiterführen, wenn die zentrale bildschirmgestützte Bedienungseinheit ausfällt, ggf. mit gewissen Einschränkungen der Bedien- und Optimierungsfunktionen.

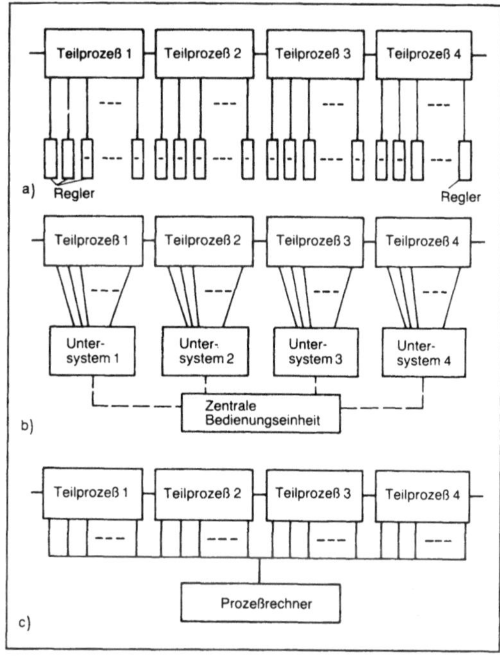

Strukturen von Leitsystemen: Schematische Darstellung;
a) vollständig paralleles System
b) dezentrales System
c) zentrales System.

In zentralen Systemen laufen alle Automatisierungsfunktionen über einen →Prozeßrechner, der aus Zuverlässigkeitsgründen meist redundant ausgelegt sein muß. Das Strukturieren der Regel-, Steuerungs- und Kommunikationsfunktionen geschieht über konfigurierbare und freiprogrammierbare Software.   *Strohrmann*

Literatur: *Hengstenberg, J., B. Sturm* und *O. Winkler:* Messen, Steuern und Regeln in der Chemischen Technik. 3. Aufl., Bd. III, IV Berlin–Heidelberg–New York 1981, 1983. – *Strohrmann, G.:* Automatisierungstechnik. Bd. 1 Grundlagen, analoge und digitale Prozeßleitsysteme. 3. Aufl. München–Wien 1992.

Strukturierung von Prozeßleitsystemen. Anpassen der Hardwarestruktur des Prozeßleitsystems an die Struktur des zu automatisierenden Prozesses. Bei der S. ist zu unterscheiden, ob es sich um Konti- oder Chargenprozesse handelt, ob diese mit parallelen Produktionslinien oder einsträngig arbeiten, ob zwischen den Teilprozessen Speicher vorhanden sind oder ob die Teilprozesse zeitkritisch zusammenwirken, und es ist zu beachten, wie der Prozeß in das Gesamtproduktionsgeschehen eingebunden ist.

Beim Strukturieren geht es meist um ein funktionelles und seltener um ein räumliches Zuordnen. Es

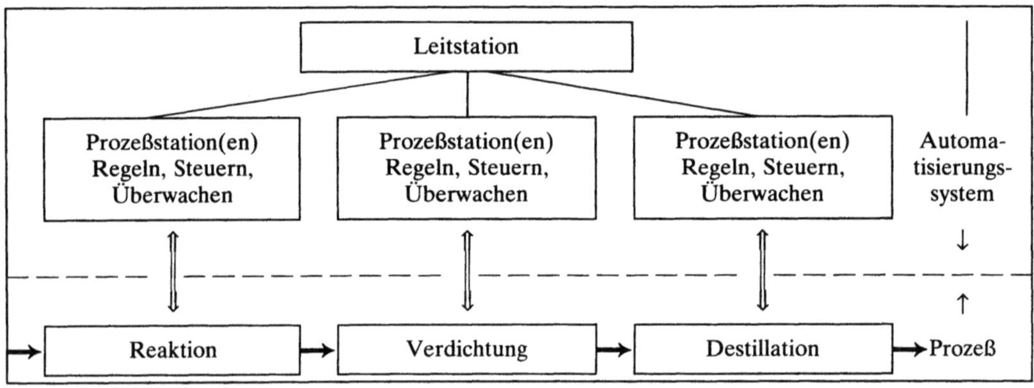

Strukturierung von Prozeßleitsystemen 1: Struktur eines Prozeßleitsystems für einen kontinuierlich ablaufenden Prozeß.

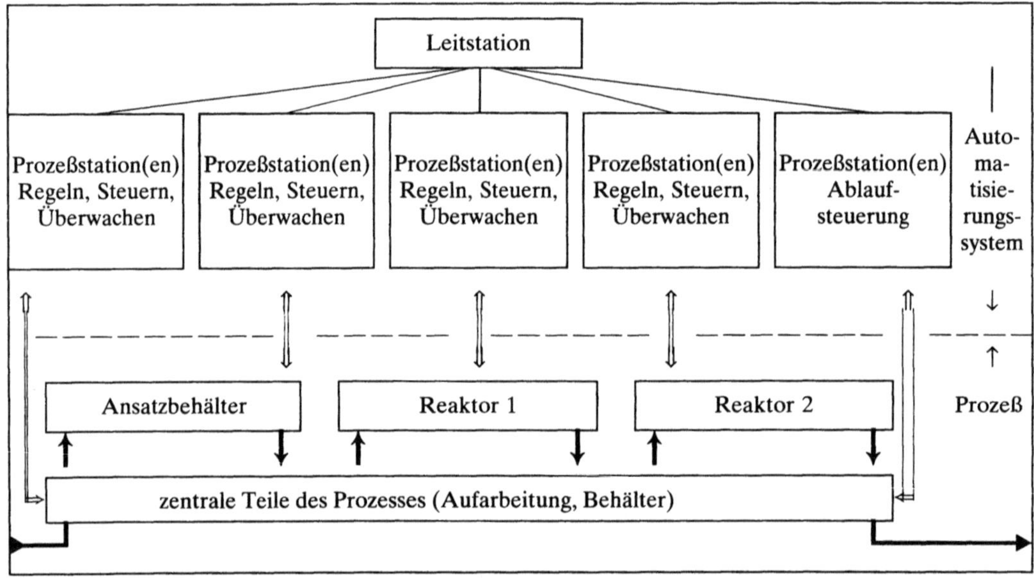

Strukturierung von Prozeßleitsystemem 2: Struktur eines Prozeßleitsystems für einen Chargenprozeß.

kommt zunächst darauf an, ein geeignetes System auszuwählen. Das System ist dann unter Beachtung von Zuverlässigkeits-, Sicherheits- und Verfügbarkeitsanforderungen des Prozesses zu strukturieren. Das gilt zwar grundsätzlich für alle Systeme, hat aber besondere Bedeutung für dezentrale Prozeßleitsysteme, weil diese meist sehr flexible Möglichkeiten dazu bieten.

Ein →Prozeßleitsystem für kontinuierliche Prozesse wird so ausgelegt (Bild 1), daß sich mit dem zu automatisierenden Prozeß möglichst eigenständige Funktionsgruppen wie Reaktion, Verdichtung und Destillation ergeben. Der Produktionsabschnitt Destillation läßt sich z. B. dann weiter so unterteilen, daß jeder Kolonne eine eigene →Prozeßstation zugeordnet wird. Damit wird erreicht, daß bei Ausfall einer Prozeßstation nur eine Kolonne ausfällt.

Eine mögliche S. für Chargenprozesse zeigt Bild 2. Wegen meist recht komplexer Steuerungsaufgaben mit einer Fülle von Anforderungen, die eine Bearbeitung durch leistungsfähige Digitalsysteme besonders interessant machen, ist hier die S. nicht ganz so einfach und auch mehr von den Möglichkeiten des Prozeßleitsystems abhängig als bei kontinuierlichen Prozessen. *Strohrmann*

Literatur: *Hengstenberg, J.; K. H. Schmitt,; B. Sturm* und *O. Winkler:* Messen, Steuern und Regeln in der Chemischen Technik. 3. Aufl., Bd. IV. Berlin–Heidelberg–New York–Tokyo 1983. – *Strohrmann, G.:* Automatisierungstechnik, Bd. 1 Grundlagen, analoge und digitale Prozeßleitsysteme. 3. Aufl. München–Wien 1992.

Strukturumschaltung. Umschalten des Algorithmus eines Reglers von P- auf PI-Verhalten und umgekehrt. Die S. kombiniert das für Anfahr- und Zuschaltvorgänge günstige Einschwingverhalten eines P-Reglers mit dem für kontinuierlichen Betrieb günstigeren lastunabhängigen PI-Verhalten. Das Umschalten wird meist bei Erreichen eines einstellbaren Wertes der Regel- oder Stellgröße ausgelöst, aber auch andere Signale können die Struktur umschalten. Die S. hat besonders bei Anfahrvorgängen in Chargenprozessen und beim Eingreifvorgang eines Pumpgrenzreglers Bedeutung. *Strohrmann*

Student-Verteilung. Ist X eine standardnormalverteilte →Zufallsvariable, Y eine mit n Freiheitsgraden χ^2-verteilte Zufallsvariable, und sind X und Y unabhängig, dann heißt die Verteilung der Zufallsvariablen

$$t = \frac{X}{\sqrt{\dfrac{Y}{n}}}$$

die S.- (oder t-) V. mit n Freiheitsgraden. Sie besitzt die Dichtefunktion

$$f(t) = \frac{1}{\sqrt{n\pi}} \frac{\Gamma\left(\dfrac{n+1}{2}\right)}{\Gamma\left(\dfrac{n}{2}\right)} \cdot \frac{1}{\left(1 + \dfrac{t^2}{n}\right)^{\frac{n+1}{2}}} \text{ für } -\infty < t < \infty.$$

Für große n geht die S.-V. in die →Normalverteilung über. Unter dem Pseudonym ‚Student' veröffentlichte der englische Bierbrauer *W. S. Gosset* 1908 erstmals die Herleitung dieser Verteilung. Sie ist in der →Statistik von großer Bedeutung, da sie es ermöglicht, Vertrauensintervalle für den →Mittelwert einer normalverteilten Grundgesamtheit anzugeben, wenn die Varianz aus der Stichprobe geschätzt werden muß. Im Fall einer (μ,σ) normalverteilten Grundgesamtheit ist nämlich

$$\frac{\overline{X} - \mu}{\dfrac{\sigma/\sqrt{n}}{s/\sigma}} = \frac{\overline{X} - \mu}{s/\sqrt{n}}$$

Student-verteilt mit $n-1$ Freiheitsgraden, wobei gilt

$$\overline{X} = \frac{1}{n}\sum_{i=1}^{n} x_i \text{ und } s^2 = \frac{1}{n-1} \sum_{i=1}^{n} (x_i - \overline{x})^2.$$

Schneeberger

Stunde. Gesetzliche Zeiteinheit. Einheitenzeichen h. 1 h = 3600 s. Keine SI-Einheit (→Einheiten, gesetzliche). *Hammerschmidt*

Sublimation. Wird eine feste chemische Verbindung bei hinreichend geringem, konstantem Druck erwärmt, so geht diese bei einer bestimmten Tem-

peratur von der festen Phase unmittelbar in die gasförmige Phase über. Dieser →Phasenübergang wird S. genannt; die Temperatur heißt Sublimationstemperatur. Sie hängt vom äußeren Druck ab.

Diese Abhängigkeit wird in der Sublimationskurve dargestellt. Die Sublimationskurve schneidet die →Schmelzkurve und die →Dampfdruckkurve im →Tripelpunkt. S. tritt also immer dann auf, wenn der äußere Druck p_0 so niedrig ist, daß die Kurve $p_0 = $ konst. im →Phasendiagramm die Sublimationskurve und nicht die Schmelzkurve schneidet. Sublimationsdruck und -temperatur liegen beide unterhalb des Schmelzdrucks und der Schmelztemperatur.

Stoffe wie $HgCl_2$, NH_4Cl, As_2O_3 und J_2 haben einen so hohen Dampfdruck, daß bei Erwärmung unter Atmosphärendruck Sublimation, aber kein Schmelzen auftritt. *Muschik*

Subtrahierverstärker. Ein Meßverstärker, dessen Ausgangsspannung u_a proportional der Differenz der Eingangsspannungen u_1 und u_2 ist (Bild):

$$u_a = -\frac{R_5}{R_4}(u_1 - u_2).$$

Sind die Spannungen u_1 und u_2 hochohmig zu messen, so sind dem Subtrahierer (Bild) noch Elektrometer-Verstärker vorzuschalten. Derartige Geräte in Form von integrierten Schaltkreisen sind als Instrumenten-Verstärker verfügbar. *Schrüfer*

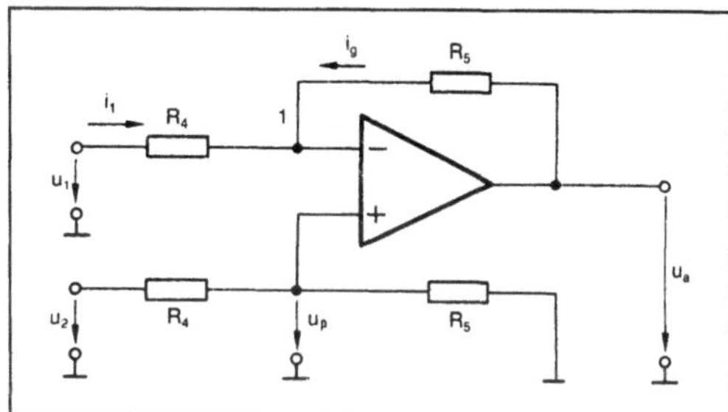

Subtrahierverstärker: Prinzipieller Aufbau.

Subtraktion. Die zur Addition inverse Operation. Die Lösung x der Gleichung $b+x=a$ lautet $a-b$. Dabei heißt a der Minuend, – das Minuszeichen, b der Subtrahend und die Lösung x die Differenz von a und b.

Die S. ist in der Menge aller ganzen, rationalen, reellen und komplexen Zahlen immer durchführbar.

Die Differenz $0-b$ wird mit $-b$ bezeichnet und Inverses von b bezüglich der Addition genannt. Dabei gilt $a-b = a+(-b)$.

Allgemein wird die Verknüpfung in einer abelschen Gruppe häufig als Addition geschrieben und dementsprechend die inverse Verknüpfung als S. *Schmeißer*

Sumpfprodukt. In der Destillationstechnik versteht man unter dem S. die am unteren Ende einer Destillationskolonne (Blase, Sumpf) entnommene schwerflüchtige Fraktion. Weitere Bezeichnungen für das S. sind Ablauf oder Schlempe. Das am Sumpf einer Kolonne entnommene Produkt ist von leichtflüchtigen Komponenten abgereichert, weil sich der Sumpf unterhalb des Abtriebsteils der Kolonne befindet. Eine Ausnahme bilden reine Verstärkungskolonnen, bei denen der Zulauf in den Sumpf erfolgt. *Dohrn*

supraleitende Werkstoffe. Von den tausenden bekannten supraleitenden Substanzen spielen höchstens ein Dutzend als Werkstoffe eine praktische Rolle. Zunächst sind die Anwendungen der s. W. in der →Meßtechnik und in der Computertechnik zu nennen. In diesen Bereichen werden supraleitende dünne Schichten eingesetzt, die meist aus Blei, Zinn, Niob oder anderen einfachen Substanzen bestehen. Wesentlich bedeutender und komplexer ist das Gebiet der Erzeugung starker Magnetfelder mit Supraleitern. Hierfür kommen ausschließlich Supraleiter zweiter Art in Frage, die durch einen hohen Sprungpunkt T_c, ein hohes oberes kritisches →Magnetfeld H_{c2} und durch einen hohen kritischen →Strom I_c ausgezeichnet sind. Weiterhin wichtig sind die Möglichkeit der Stabilisierung gegenüber Flußsprüngen und eine leichte Verarbeitbarkeit. Während T_c und H_{c2} Eigenschaften des Werkstoffs unabhängig von der Bearbeitung sind, beruht I_c auf der Bewegungshinderung der Flußlinien durch Gefügebestandteile des Werkstoffs, also durch die Korngrenzen ausgeschiedener Phasen und andere Inhomogenitäten. Ähnlich wie die mechanische Härte eines Werkstoffs läßt sich also die supraleitende „Härte" durch den Verarbeitungsprozeß optimieren.

Die Stabilität des supraleitenden Zustands gegenüber Störungen kann vor allem durch die Bauform der →Leiter beeinflußt werden. Voraussetzung für den stabilen Betrieb eines supraleitenden Magneten ist, daß nicht jede Störung des Supraleiters zu einem Zusammenbruch des ganzen Magnetfeldes führt. Störungen können auftreten, wenn sich einzelne Flußlinienbündel aus ihrer Verankerung lösen oder Teile der Wicklung sich unter der Wirkung der magnetischen Kräfte bewegen. Die zuverlässigste, aber auch aufwendigste Methode der Stabilisierung gegenüber solchen Störungen ist die kryostatische Stabilisierung. Bei ihr ist jede Supraleiterfaser von so viel hochreinem Kupfer umgeben, daß das Kupfer im Störfall allein die Stromleitung übernehmen kann, ohne daß bei Kühlung im Heliumbad der Sprungpunkt des Supraleiters überschritten wird. Nach dem Abklingen der Störung kann so der Supraleiter wieder allein die Leitung übernehmen. Da das Verhältnis Kupfer/Supraleiter bei der kryostatischen Stabilisierung mit 4–5:1 recht hoch sein muß, verwendet man die kryostatische Stabilisierung nur für Großmagnete.

Eine größere Leistungsdichte erreicht man mit der Methode der adiabatischen Stabilisierung. Sie läuft darauf hinaus, so feine, in Kupfer eingebettete Supraleiterfilamente zu verwenden, daß die bei einer kleinen Störung auftretende Erwärmung von selber wieder abklingt, bevor sie den Supraleitungszustand zerstören kann. Faßt man die feinen Fäden zu Bündeln zusammen, so gelangt man zu der heute bevorzugten Bauform der Multifilament-Leiter (Bild).

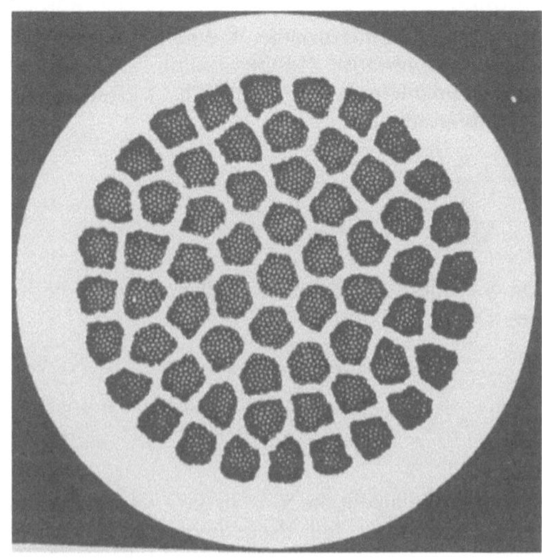

supraleitende Werkstoffe: Querschliffbild eines Nb_3Sn-Filamentleiters mit 3721-Filamenten in einer CuSn-Matrix.

Die Herstellung eines solchen Drahtes etwa im Fall des Niob-Titans (NbTi) beginnt mit einem durchbohrten Block aus hochreinem Kupfer. In die Löcher werden Stäbe der Supraleiter-Legierung gesteckt, und das Ganze wird durch Strangpressen so im Querschnitt verringert und gestreckt, daß die Supraleiter zusammenhängend bleiben. In weiteren Schritten werden die entstehenden Stäbe dünngezogen, gebündelt, weitergezogen und schließlich in Seilen zusammengefaßt. Manche Supraleiter, wie z. B. die intermetallischen Verbindungen Nb_3Sn und V_3Ga, sind allerdings so spröde, daß sie den angedeuteten Verarbeitungsprozeß nicht gestatten würden. Man behilft sich in diesem Fall dadurch, daß man zunächst eine Multifilamentstruktur aus verformbaren Legierungen (z. B. Nb einerseits und Bronze = CuSn andererseits) herstellt, um dann im Endzustand die gewünschte Legierung durch einen Diffusionsprozeß zu erzeugen.

Die Legierung Niob-Titan (Tabelle) stellt den wirtschaftlichsten Werkstoff dar, der für Feldstär-

supraleitende Werkstoffe. Tabelle: Kennwerte wichtigster s. W.

Werkstoff	Pb	NbTi	Nb$_3$Sn	V$_3$Ga
Sprungtemperatur T_c [K]	7,2	10,2	18,3	16,5
krit. Magnetfeld B_{c2} [T] bei T = 0	0,064	12	30	35
krit. Strom I_c [A/mm^2] bei T = 0, B = 5T bis etwa		10 000	30 000	60 000

ken (Induktionen) bis etwa 8 Tesla eingesetzt werden kann. Für höhere Induktionen bis etwa 18 Tesla muß man auf die schwerer zu bearbeitenden intermetallischen Verbindungen Nb$_3$Sn und V$_3$Ga übergehen, wobei meist eine äußere Spule aus NbTi mit inneren Spulen aus Nb$_3$Sn und V$_3$Ga kombiniert werden. Die kürzlich entdeckten Hochtemperatur-Supraleiter auf der Bais von Kupferoxiden konnten noch nicht zu Werkstoffen verarbeitet werden, jedoch gibt es vielversprechende Ansätze in Form dünner Schichten. *Hubert*

Literatur: *Parsch, C. P.:* Supraleiter und supraleitende Magnete. Siemens AG, Berlin 1975.

Supraleitung. Praktisch unendlich große →Leitfähigkeit vieler metallischer Elemente, Legierungen sowie Verbindungen nach Unterschreiten einer materialspezifischen kritischen Temperatur T_c (Sprungtemperatur, Sprungpunkt), wobei ein →Magnetfeld aus dem Inneren des Leiters vollkommen verdrängt wird.

Die Supraleitung wurde 1911 von *Kamerlingh Onnes* (Nobelpreis 1913) an einer Quecksilberprobe bei einer Sprungtemperatur von rd. 4,2 K entdeckt (Bild 1) und mittlerweile bei über tausend weiteren Substanzen festgestellt. Der abrupte Übergang vom normalleitenden in den supraleitenden Zustand entspricht einem →Phasenübergang 2. Ordnung (*Ordnungs-Unordnungstyp*), wobei die Sprungtemperatur die Rolle der kritischen Temperatur spielt. Der spezifische →Widerstand sinkt um viele Größenordnungen. Ob er wirklich ideal verschwindet, kann nicht mit Sicherheit bejaht werden. Jedoch konnte nachgewiesen werden, daß er kleiner als 10^{-23} Ω cm ist, ein Wert, der denjenigen von z. B. Kupfer bei Zimmertemperatur um etwa den Faktor 10^{17} unterschreitet und daher in praktischen Fällen als null angenommen werden kann. Es ist z. Z. noch nicht geklärt, ob alle metallischen Substanzen bei genügend tiefen Temperaturen supraleitend werden müssen. Die Matthias-Regel besagt, daß besonders hohe Sprungtemperaturen für Substanzen zu erwarten sind, deren Valenzelektronenzahl (bei Verbindungen und Legierungen gemittelte Valenzelektronenzahl) je Gitteratom zwischen 4 und 5 oder 6 und 7 liegt. Dies ist in Bild 2 skizziert, wobei der höchste experimentell gefundene Wert (Nb$_3$Ge) eingetragen ist. Im zugehörigen höheren der beiden Maxima liegen hauptsächlich Substanzen vom A 15-Typ in der Zusammensetzung A$_3$B, wobei je zwei A-Atome die Flächen, je ein B-Atom die Ecken und das Zentrum eines Würfels besetzen. Diese Materialien lassen sich heute ausreichend gut handhaben, um sie als technische Supraleiter einzusetzen. Die höchste Sprungtemperatur für klassische Supraleiter wurde

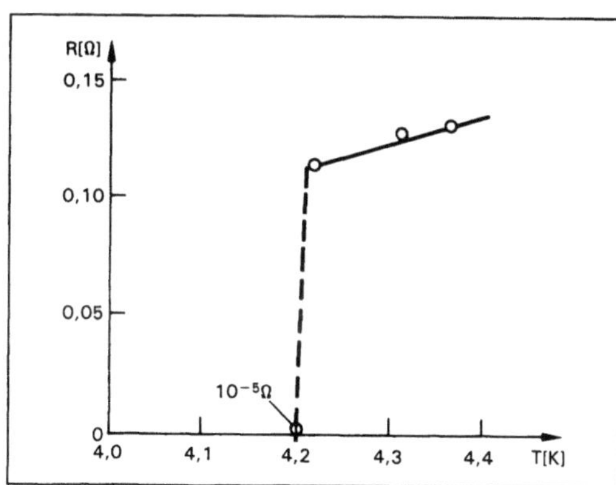

Supraleitung 1: S. von Quecksilber, wie sie erstmals von Kamerlingh-Onnes 1911 beobachtet wurde.

R Widerstand der Quecksilberprobe

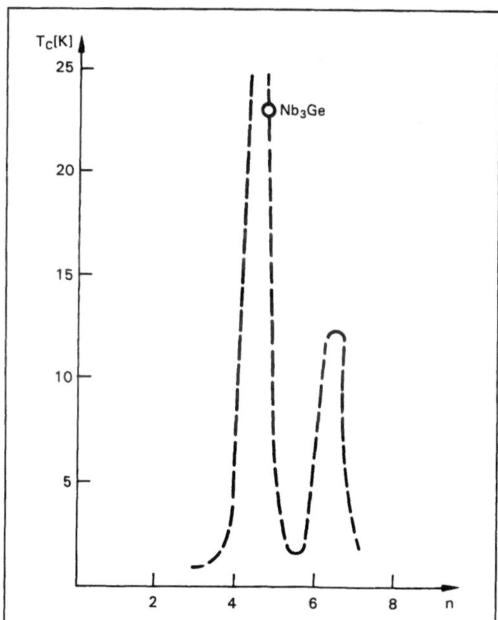

Supraleitung 2: Abhängigkeit der Sprungtemperatur T_c von der mittleren Zahl der Valenzelektronen n eines Supraleiters (Matthias-Regel).

für Nb_3Ge mit $T_c = 23{,}2$ K gefunden. In den letzten Jahren hat jedoch eine rasante Entwicklung mit neuen Materialien für sog. Hochtemperatur-Supraleiter stattgefunden mit Sprungtemperaturen oberhalb der Temperatur des flüssigen Stickstoffs (Hochtemperatur-Supraleitung).

Einige Materialien zeigen Supraleitung erst bei hohen Drücken, etwa die metallischen Hochdruckphasen von Halbleitern. Bei Darstellung einiger Substanzen als dünne Schichten wurde unter Verwendung spezieller Präparationsmethoden ein Ansteigen der Sprungtemperatur gefunden, so z. B. von 3,7 K auf 6,0 K bei Zinn.

Neben der idealen elektrischen Leitfähigkeit ist für die Supraleiter ihr praktisch idealer Diamagnetismus charakteristisch: Beim Übergang in den supraleitenden Zustand verdrängen sie ein von außen angelegtes magnetisches →Feld aus ihrem Innern, sofern es einen bestimmten kritischen Wert nicht überschreitet (Meissner-Effekt, Meissner-Ochsenfeld-Effekt). Dieses kritische Feld ist temperaturabhängig nach

$$H_c(T) = H_{co}\left(1 - \left(\frac{T}{T_c}\right)^2\right),$$

wobei H_{co}, das kritische Feld am absoluten Nullpunkt, wie die Sprungtemperatur eine materialspezifische Größe ist, z. B. für Zinn $24{,}4 \times 10^3$ A/m. Natürlich vollzieht sich die Feldverdrängung nicht unstetig an der Oberfläche des Supraleiters, sondern das Feld dringt unter stetiger Absenkung seiner Stärke etwas in den Supraleiter ein. Dies wird u. a. von der die Supraleitung phänomenologisch beschreibenden *London-Theorie* durch die London-Gleichungen

$$\frac{m}{n\,q^2}\frac{\partial \mathbf{j}}{\partial t} = \mathbf{E} \quad \text{(1. London-Gleichung)},$$

$$\frac{m}{n\,q^2}\,\text{rot}\,\mathbf{j} = -\mathbf{B} \quad \text{(2. London-Gleichung)}$$

bestätigt, wobei $\mathbf{j}$, $\mathbf{E}$ und $\mathbf{B}$ Stromdichte, elektrische →Feldstärke und magnetische →Induktion darstellen und m, n und q die Masse, räumliche Dichte und Ladung der den Suprastrom führenden Ladungsträger bezeichnen. Speziell aus der 2. London-Gleichung folgt zusammen mit der 1. Maxwell-Gleichung das Absinken der magnetischen Induktion von der Oberfläche ($x = 0$, $B = B_o$) in den Supraleiter hinein nach dem Gesetz

$$B = B_o \exp(-x/\lambda),$$

$$\text{wobei } \lambda = \lambda_o \left(1 - \left(\frac{T}{T_c}\right)^4\right)^{-1/2}$$

$$\text{mit } \lambda_o = \frac{m}{\mu_o n\,q^2} \quad (\mu_o = \rightarrow \text{Induktionskonstante})$$

die charakteristische Eindringtiefe des Magnetfeldes ist (Londonsche Eindringtiefe). Die geringste Eindringtiefe (λ_o) ergibt sich für $T = 0$. Für $T \rightarrow T_c$, d. h. für verschwindende Supraleitung wird $\lambda \rightarrow \infty$, d. h. das Magnetfeld durchdringt den Supraleiter wieder ganz. λ_o liegt in der Größenordnung von einigen 10^{-8} m. Wie für die magnetische Induktion läßt sich auch für den Suprastrom eine Beziehung ableiten, die eine exponentielle Abnahme bei Entfernung von der Oberfläche in den Supraleiter hinein beschreibt. Der Suprastrom fließt also nur in einer durch die Londonsche Eindringtiefe gegebenen Oberflächenschicht. Dies stimmt mit der in den London-Gleichungen steckenden Tatsache überein, daß der Suprastrom nur in Bereichen fließen kann, in denen auch das Magnetfeld nicht verschwindet. Aus der Existenz einer endlichen Eindringtiefe für das Magnetfeld wird auch verständlich, daß Proben, die kleinere Abmessungen als diese haben, modifizierte Supraleitungseigenschaften aufweisen müssen. So zeigen dünne Filme mit einer Dicke $d < \lambda$ eine höhere Sprungtemperatur. Auch das kritische Feld steigt an, was durch eine thermodynamische Betrachtungsweise des Meissner-Effektes plausibel wird: Das Metall im supraleitenden Zustand hat eine kleinere freie →Energie als im Normalzustand. Letzteren erreicht es wieder, wenn der Betrag der Energieabsenkung von der zur Feldverdrängung notwendigen Energie überflügelt wird. Mit $d < \lambda$ muß jedoch durch die geometrische Reduktion des eingedrungenen Feldes weniger Energie zur Feldverdrängung aufgebracht werden als für $d > \lambda$. Deshalb kann insgesamt ein höheres Feld angelegt werden.

Wird der Wert der kritischen Feldstärke überschritten, so geht der Supraleiter wieder in den normalleitenden Zustand über. Damit konsistent ist die Tatsache, daß Substanzen mit starken inneren Magnetfeldern (Ferromagnetika Fe, Co, Ni) nicht supraleitend werden. Ebenso verständlich ist damit die Zerstörung der Supraleitung bei Überschreiten einer *kritischen Stromdichte* im Supraleiter. Nach der *Silsbee-Regel* ist dies die Stromdichte, die an der Oberfläche des Supraleiters das kritische Feld selbst erzeugt. Für einen Draht mit Radius r lautet damit die Verknüpfung zwischen kritischem Feld H und kritischem Strom I_c im Fall ohne äußeres Magnetfeld $H_c = I_c/2\pi r$. Die beschriebenen Vorgänge sind reversibel, d. h. nach Absenkung des Feldes (Stromes) unter seinen kritischen Wert wird wieder der supraleitende Zustand erreicht. Damit läßt sich ein Phasendiagramm wie in Bild 3a konstruieren, wobei $H_c(T)$ die Grenzkurve zwischen normalleitendem (nl) und supraleitendem (sl) Zustand bildet. Supraleiter, die diesem einfachen Diagramm gehorchen, heißen *Supraleiter 1. Art* (alle reinen Metalle außer Nb, V, Tc und den Ferromagnetika). Ihre supraleitende Phase wird als *Meissner-Phase* bezeichnet (auch Normalphase). Bei *Supraleitern 2. Art* existiert für kleine Magnetfelder ebenfalls

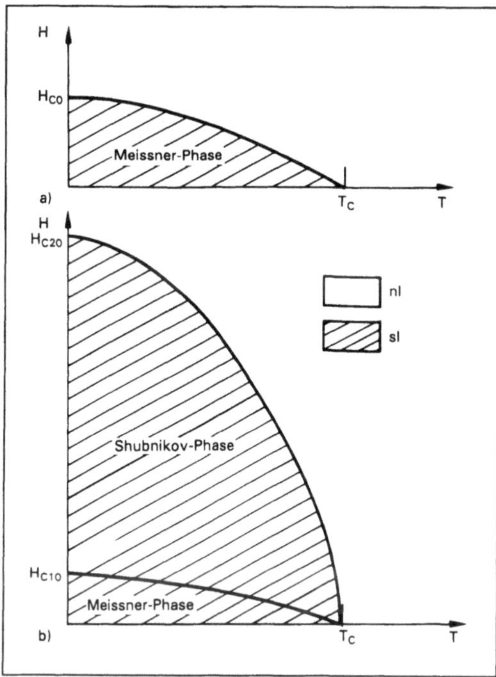

Supraleitung 3: Phasendiagramme für Supraleiter
a) 1. Art
b) 2. Art.

nl normalleitend, sl supraleitend

eine Meissner-Phase mit einer Phasengrenze $H_{c1}(T)$. Jedoch bricht im Gegensatz zum Supraleiter 1. Art bei ihrem Überschreiten die Supraleitung noch nicht zusammen. Vielmehr teilt sich der Supraleiter in dieser *Shubnikov-Phase* (Bild 3b) in supraleitende und normalleitende Bereiche auf. Es dringt magnetischer →Fluß in den Supraleiter ein, jedoch nur in räumlich begrenzte *Flußschläuche,* deren Abstand mit wachsendem Außenfeld schrumpft. Es konnte nachgewiesen werden, daß sie regelmäßig und mit dichtester Packung (hexagonal) angeordnet sind. Erst nach Überschreiten einer zweiten Phasengrenze, $H_{c2}(T)$ (Bild 3b), verschwindet die Supraleitung ganz, und das Magnetfeld durchdringt den Leiter vollständig. Auch H_{c1} und H_{c2} gehorchen einem Temperaturgesetz wie $H_c(T)$ der Meissner-Phase. H_{c20} ist wesentlich höher als H_{c10} und H_{c0}, d. h. die Supraleitung kann bei Supraleitern 2. Art bis zu sehr hohen Magnetfeldern aufrecht erhalten werden. Beim reinen Supraleiter zweiter Art ist jedoch der kritische Strom sehr klein, da es zwischen dem Suprastrom und den Flußschläuchen durch die Lorentzkraft zu einer Wechselwirkung kommt, die die Flußschläuche räumlich verschiebt. Dadurch entsteht Wärme, die der elektrischen Energie entzogen wird und einen endlichen elektrischen Widerstand resultieren läßt. Es gelingt jedoch, durch

Einbau genügend vieler Gitterdefekte (Haftstellen, pinning centers), die Flußschläuche räumlich zu fixieren. Die damit entstehenden *Supraleiter 3. Art* zeichnen sich durch eine hohe kritische Stromdichte aus. Werte bis zu 10^6 A/cm² konnten bereits erreicht werden. Dies erlaubt z. B. den Bau von eisenfreien supraleitenden Elektromagneten, womit sich bereits Magnetfeldstärken von über 200 kG verifizieren ließen. Durch das Festhalten von magnetischen Flußschläuchen an Gitterdefekten kann das Entstehen und Verschwinden von Normalbereichen nicht mehr unbehindert vor sich gehen. Die Magnetisierung als Funktion des Magnetfeldes zeigt daher ähnlich wie bei den „harten" Ferromagnetika eine Hysterese. Man spricht daher auch von *harten Supraleitern* (2. Art).

Die aus den London-Gleichungen resultierende London-Theorie der Supraleitung beschreibt zwar phänomenologisch gut den Meissner-Effekt, erlaubt jedoch keine Einsicht in die mikroskopischen Grundlagen der Supraleitung. Diese müssen erklären können, was die praktisch verlustfreie Bewegung von Ladungsträgern im supraleitenden Zustand ermöglicht und welcher Art diese Ladungsträger sind. Bereits der sog. *Isotopeneffekt* legt nahe, daß es sich bei der Supraleitung nicht allein um eine Eigenschaft des Elektronensystems des Metalls handeln kann. Er besagt, daß die Sprungtemperatur von der mittleren Masse M der Gitterbausteine abhängt,

$$T_c \sim M^{-\alpha},$$

wobei der Exponent $\alpha \approx 0,5$ ist, Abweichungen jedoch auftreten können. Damit ist zu erwarten, daß Eigenschaften des Festkörpergitters *und* des Elektronensystems die Supraleitung ermöglichen. Dies wird in der BCS-Theorie (nach ihren Begründern *Bardeen, Cooper, Schrieffer,* Nobelpreis 1972) dargestellt. Auf Grund der Wechselwirkung zwischen Elektronen und Gitterschwingungen kommt es zu einer →Bindung zwischen je zwei Elektronen, zu *Cooper-Paaren,* die unterhalb einer kritischen Geschwindigkeit (kritische Stromstärke) keine Stöße mit dem Gitter erleiden und damit widerstandslos fließen. Die Existenz der Cooper-Paare konnte auch experimentell direkt nachgewiesen werden. So wurde gemessen, daß z. B. der magnetische Fluß, den ein Supraringstrom erzeugt, quantisiert ist und ein Vielfaches von h/2e beträgt (e Elementarladung des Elektrons, h Plancksches Wirkungsquantum). Der Faktor 2 im Nenner des Fluß-quants h/2e weist auf die doppelte Ladung des Suprastromladungsträgers hin.

Da die Cooper-Paare phasenkohärent sind und damit einen Zustand erhöhter Ordnung darstellen, wird der Übergang sl→nl auch als *Ordnung-Unordnungsübergang* bezeichnet. In der die Supraleitung als Phasenübergang 2. Ordnung behandeln-den *Ginsburg-Landau-Theorie* spielt die Kohärenzlänge bereits eine wichtige Rolle, ohne daß die obige mikroskopische Deutung bei ihrem Entstehen bereits bekannt gewesen wäre. Mit der Weiterentwicklung zur *GLAG-Theorie* (Begründer *Ginsburg, Landau, Abrikosov, Gorkov*) wurde der Bezug zur BCS-Theorie und die Erweiterung auf die Supraleiter 2. Art vollzogen. Dabei spielt der Ginsburg-Landau-Parameter λ/ξ (Quotient aus Eindringtiefe und Kohärenzlänge) eine wichtige Rolle. Mit ihm gelingt auch eine formale Unterscheidung von Supraleitern 1. und 2. Art:

$\lambda/\xi < 1/\sqrt{2}$ für Supraleiter 1. Art,
$\lambda/\xi > 1/\sqrt{2}$ für Supraleiter 2. Art.

Dies beschreibt auch die Tatsache, daß Supraleiter 1. Art durch Zusetzung von Fremdatomen zu Supraleitern 2. Art werden: Der Einbau wirkt sich begrenzend auf die freie Weglänge der Elektronen aus und reduziert damit auch die Kohärenzlänge. Damit kann λ/ξ über den Grenzwert $1/\sqrt{2}$ wachsen, womit sich der Übergang zum Supraleiter 2. Art vollzieht. Trotz vieler Erfolge ist die Theorie der Supraleitung jedoch noch nicht als abgeschlossen zu bezeichnen.

Die Anwendungen der Supraleitung reichen von der Erzeugung hoher Magnetfelder bis zum verlustfreien Energietransport, der Energiespeicherung und Energiewandlung in Generatoren. Tunnelefekte zwischen Kontakten von Supraleitern erlauben den Bau von Schaltelementen und hochempfindlichen Detektoren für Magnetfelder, Spannungen und Ströme (SQUIDS), die ihren Einsatz z. B. auch in der Medizin finden. *Heinz*

Literatur: *Buckel, W.:* Supraleitung. Weinheim: Physik-Verlag (VCH) 1984.

Synergetik. Die S. (*griech.:* syn = zusammen, ergeion = arbeiten, wirken) ist die Lehre vom Zusammenwirken. Dieses interdisziplinäre Forschungsgebiet befaßt sich mit Systemen, die aus vielen Untersystemen (Elementen, Teilen) bestehen. Sie untersucht wie derartige Systeme spontan makroskopische räumliche, zeitliche oder funktionale Strukturen bilden können. Hierbei wird die Strukturbildung nicht von außen her aufgezwungen, sondern erfolgt durch Selbstorganisation. Die S. sucht nach allgemeinen Prinzipien, die derartigen Selbstorganisationsvorgängen zugrunde liegen und entwickelt allgemeine Konzepte zu ihrer Behandlung. Phänomene, mit denen sich die S. befaßt, gehören unter anderem folgenden Gebieten an: Physik einschließlich Geophysik, Atmosphärenphysik und Astrophysik, Chemie, Biologie, Medizin, Elektrotechnik, Maschinenbau, Computertechnik, sowie Wissenschaftszweige wie Wirtschaftswissenschaften, Soziologie und Epistemologie. Die S. bedient sich weitgehend mathematischer Methoden oder entwickelt diese auch selbst.

Typische Beispiele für Systeme der S.:
□ Physik. Die Lichtquelle →Laser besteht aus einem laseraktiven Material, das beim Festkörperlaser stabförmig angeordnet ist, oder sich beim Gaslaser in einer Röhre befindet (Bild 1). An den beiden Endflächen befinden sich Spiegel, die das von den Atomen emittierte Licht immer wieder in axialer Richtung reflektieren. Die Atome des Lasers werden zum Beispiel durch Lichteinstrahlung von außen her energetisch angeregt, wobei es zunächst zur spontanen Lichtausstrahlung kommt. Es entsteht das typische mikroskopisch chaotische Licht einer Lampe (Bild 2). Oberhalb einer bestimmten Anregungsstärke von außen her organisiert sich die Lichtausstrahlung der Atome so, daß nun eine geordnete gleichmäßige Laserwelle entsteht. Bei noch höherer Pumpleistung von außen her können auch regelmäßige Lichtpulse oder das sog. deterministisch chaotische Laserlicht erscheinen. Bei bestimmten Schwellwerten der Pumpstärke treten also jeweils spezifische geordnete Zustände des Laserlichts auf. In der Flüssigkeitsdynamik gibt es zahlreiche Beispiele der Bildung räumlicher oder zeitlicher Strukturen. In der Konvektionsinstabilität wird eine Flüssigkeit von unten her erhitzt während sie von oben her gekühlt wird. Oberhalb einer bestimmten Temperaturdifferenz bilden sich Rollen oder unter bestimmten Bedingungen auch Hexagone aus. Bei erhöhter Wärmezufuhr können die Rollen gleichmäßig oder unregelmäßig schwingen.

Ähnliche Phänomene werden in der *Taylor*-Instabilität beobachtet. Hier ist eine Flüssigkeit

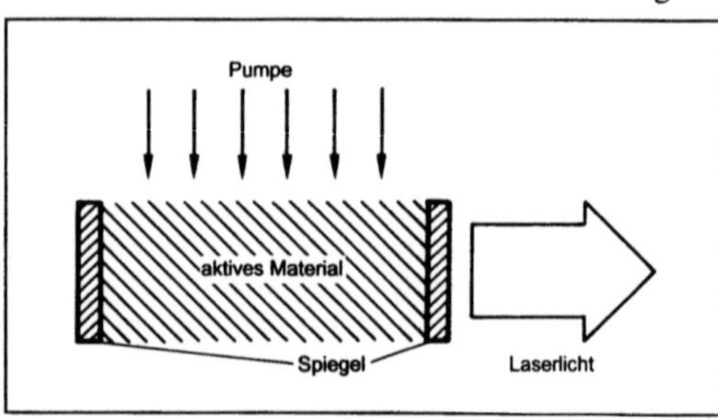

Synergetik 1: Typischer Aufbau eines Lasers.

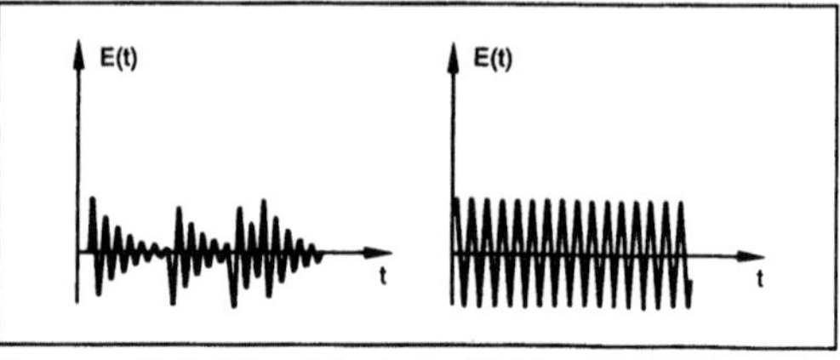

Synergetik 2: Die elektrische Feldstärke E als Funktion der Zeit.

Links: inkohärentes Licht einer Lampe, rechts: kohärentes Licht eines Lasers. Die rechte sinusförmige Kurve ist in der Amplitude stark reduziert gegenüber der linken.

zwischen zwei koaxialen Zylindern, von denen z. B. der innere rotiert, eingeschlossen. Oberhalb einer kritischen Umdrehungsgeschwindigkeit wird die laminare Bewegung durch eine Bewegung mit sog. Taylorwirbeln abgelöst. Bei noch höherer Umdrehungsgeschwindigkeit fangen diese Wirbel an zu oszillieren und können ein kompliziertes Zeitverhalten aufweisen. Ein reichhaltiges Repertoire an Mustern bieten Plasmen. Musterbildungen werden auch in Halbleitern beobachtet, z. B. bei dem Gunnoszillator oder bei der Filamentbildung von Elektronenströmen bei Halbleitern mit Ionisationsvorgängen. In der Geophysik wird z. B. die Plattentektonik mit der Konvektionsinstabilität in Verbindung gebracht. In der Erdatmosphäre wie auch auf anderen Planeten zeigen die Luftströmungen spezielle Muster, die zum Teil mit der Konvektionsinstabilität in Verbindung gebracht werden können.

□ Chemie. Bei bestimmten chemischen Reaktionen z. B. der sog. *Belousov-Zhabotinski*-Reaktionen treten großräumig Oszillationen auf, bei denen ein periodischer Farbumschlag von rot nach blau nach rot usw. erfolgt. Diese Oszillation kann rein periodisch sein, kann aber auch mehrfach periodisch werden, oder deterministisches →Chaos zeigen, wobei ein unregelmäßiges Verhalten auftritt. Daneben werden auch räumliche Muster beobachtet wie ringförmige Ausbreitung oder Spiralen.

□ Biologie und Medizin. Typische von der S. behandelte Probleme sind folgende: In der Morphogenese ist zu erklären, wie es zur Ausbildung von Organen oder Mustern bei der Entwicklung eines Tieres kommt. Besonders behandelt wird hier der Fall, daß durch die Erzeugung von Aktivatoren und Inhibitoren in einem undifferenzierten Zellverband sich räumliche, chemische Muster ausbilden. An Stellen hoher Konzentration der Aktivatoren werden dann Gene angeschaltet, die die Differenzierung der betreffenden Zellen bewirken. Auf diese Weise lassen sich z. B. Streifenmuster auf Zebras oder Ringe auf Schmetterlingsflügeln erklären. Auch kompliziertere Differentiationsvorgänge etwa bei Insekten werden so erklärt.

In der Populationsdynamik wird das Wachstum von Populationen bestimmter Spezies, die miteinander wechselwirken, untersucht. Derartige Wechselwirkungen können z. B. Räuber-Beutebeziehungen oder symbiotische Beziehungen sein. Insbesondere wird hier untersucht, wann es zu Oszillationen in der Bevölkerungszahl kommt. Die Erforschung von Rhythmen, die im biologischen Bereich von einigen Hertz bis zur Jahresdauer reichen können, gehört ebenfalls in das Forschungsgebiet der S. Insbesondere gehören hier Änderungen, die schlagartig erfolgen. Z. B. wird die schlagartige Änderung von Verhaltensmustern untersucht. Ein detailliert untersuchtes Beispiel ist der unfreiwillige Umschlag einer parallelen Handbewegung in eine antiparallele sym-

metrische Handbewegung, wenn die Frequenz der Handbewegung erhöht wird. Ferner werden hier Modelle neuronaler Netze untersucht. Hierzu gehört z. B. das Wachstum von Nervensträngen von der Retina zum visuellen Cortex, oder die Ausbildung von Erregungsmustern in neuronalen Netzen. Hierbei spielt insbesondere die Ausbildung großflächiger Muster, wie sie auch beim EEG untersucht wird, eine Rolle.

□ Elektrotechnik. Das Verhalten einzelner Oszillatoren, die rein periodische, quasi-periodische, oder deterministisch chaotische Schwingungen ausführen können, ferner das Verhalten von Netzwerken.

□ Maschinenbau. Schwingungen verschiedener Bauelemente, die wie die in der Elektrotechnik verschiedene Formen annehmen können, sowie mechanische Deformationen von Schalen.

□ Computertechnik. Entwicklung von Konzepten von parallelen Computern, insbesondere zur Mustererkennung.

□ Wirtschaftswissenschaften. Stabilität und Instabilität von Wirtschaftssystemen, Auftreten von Zyklen.

□ Soziologie. Bevölkerungsmigration, Mechanismen der Bildung öffentlicher Meinung, Mechanismen von Revolutionen.

□ Epistemologie. Entstehung wissenschaftlicher Theorien, Entstehung wissenschaftlicher Disziplinen.

□ Allgemeine Konzepte und mathematische Methoden. Es wird stets untersucht, wie ein System auf bestimmte, von außen her vorgegebene Kenngrößen, die sog. Kontrollparameter, reagiert. Solche Kontrollparameter sind beim Laser die Pumpstärke von außen, bei Flüssigkeiten z. B. die zugeführte Wärme oder die Temperaturdifferenz, bei der Soziologie etwa (öffentliche Meinungsbildung) veränderte wirtschaftliche Bedingungen. Hierbei können zwei Regime auftreten:
– eine Änderung des Kontrollparameters bewirkt nur eine geringfügige Änderung des Systems;
– bei einer Änderung des Kontrollparameters wird der bisherige Zustand des Systems instabil.

Die S. befaßt sich vornehmlich mit Situationen, in denen das System instabil wird, wobei qualitativ neue Strukturen auftreten können. Im ersten Schritt wird also eine Stabilitätsanalyse durchgeführt. Hierbei treten bestimmte kollektive Zustände auf, die instabil werden können, deren Amplituden dienen als Ordnungsparameter. Die anderen stabilen kollektiven Zustände können mit Hilfe des Versklavungsprinzips durch die Ordnungsparameter bestimmt werden. Damit wird das dynamische Verhalten eines Systems an den Instabilitätspunkten durch die im Allgemeinen wenigen Ordnungsparameter bestimmt.

Soweit die hier behandelten Systeme mathematisch erfaßbar sind, kann ein allgemeiner Algorithmus zur Behandlung der neu entstehenden Strukturen angegeben werden (mikroskopische oder mesoskopische Theorie). Bei sehr komplexen Systemen etwa der Biologie können Ordnungsparameter in einer Reihe von Fällen identifiziert und phänomenologische Gleichungen für deren Verhalten aufgestellt werden (Beispiel: unfreiwilliger Umschlag von Handbewegungen).

In der makroskopischen S. schließlich kann bei sog. Nichtgleichgewichtsphasenübergängen das Prinzip der maximalen Informationsentropie verwendet werden, um aus makroskopisch gewonnenen Korrelationsfunktionen auf die Ordnungsparameter zu schließen.

Während Phasenübergänge z. B. Umwandlung fest – flüssig, supraleitend – normalleitend, nichtmagnetisch – magnetisch im thermischen →Gleichgewicht erfolgen, finden Nichtgleichgewichtsphasenübergänge fern vom thermischen Gleichgewicht statt. Beispiele sind der Übergang ungeordnetes – geordnetes Laserlicht, homogene Flüssigkeit – Flüssigkeit mit Rollenbildung usw.

Bei der mikroskopischen oder mesoskopischen Behandlung wird das System durch einen Zustandsvektor

$$q = (q_1, \ldots q_N) \tag{1}$$

beschrieben, wobei q_1 bis q_N mikroskopische oder mesoskopische Variable sind. Z. B. sind beim Laser q_1 bis q_N die atomaren Dipolmomente, die Inversion und die elektrische →Feldstärke. Bei chemischen Reaktionen, die auf der mesoskopischen Ebene behandelt werden, sind q_1 bis q_N Konzentrationen der verschiedenen Reaktanten. Zugrunde gelegt werden Evolutionsgleichungen der Form

$$\dot{q} = N(q,\alpha) + F(t), \tag{2}$$

wobei N eine nichtlineare Funktion von q ist, die noch von Kontrollparametern α abhängt. F(t) ist eine stochastische Kraft, die innere als auch von außen dem System her aufgeprägte Fluktuationen wiedergibt. Falls F von q abhängt, ist an Stelle von (2) die *Ito-* oder *Stratonovich*-Formulierung zu wählen. Es wird angenommen, daß für einen Kontrollparametersatz α_o eine Lösung q_0 gefunden wurde, die zwar räumlich abhängig sein darf aber sonst zeitunabhängig, periodisch oder quasiperiodisch ist. Wird der Kontrollparametersatz von α_0 zu α geändert, so wird die Stabilität mit dem Ansatz

$$q = q_0 + w \tag{3}$$

untersucht, wobei w eine kleine Größe ist, nach der (2) linearisiert werden kann. Unter der Annahme von schwachen Fluktuationen wird zunächst

$$\dot{w} = Lw \tag{4}$$

gelöst, wobei L die Linearisierung von N um q_0 herum ist. Die Lösungen von (4) lassen sich in der Form

$$w = \exp(\lambda t)\, v \tag{5}$$

schreiben, wobei je nach der Zeitabhängigkeit von q_0 bzw. L der Vektor v konstant, periodisch oder unter bestimmten Bedingungen quasi-periodisch ist, sofern die Eigenwerte von (4), λ, nicht entartet sind. Falls der Realteil von $\lambda \geq 0$ ist, werden die Moden v als instabil, im anderen Fall als stabil bezeichnet. Die exakte Lösung von (2) wird nach dem Satz von Moden (5) in der Form

$$q = q_0 + \sum_u \xi_u(t)\, v_u + \sum_s \xi_s(t)\, v_s \tag{6}$$

mit noch unbekannten Amplituden $\xi_u(t)$, $\xi_s(t)$ entwickelt. Einsetzen von (6) in (2) und Projektion auf die Moden v liefert die Gleichungen

$$\dot{\xi}_u = N_u(\xi_u, \xi_s) + F_u(t) \tag{7}$$
$$\dot{\xi}_s = N_s(\xi_u, \xi_s) + F_s(t). \tag{8}$$

Nach dem Versklavungsprinzip der Synergetik können die stabilen Moden mit den Amplituden ξ_s durch die Amplituden der instabilen Moden ξ_u ausgedrückt werden:

$$\xi_s = f_s(\xi_u, t) \tag{9}$$

Die explizite Zeitabhängigkeit in (9) rührt von den stochastischen Kräften F oder von eventuell vorhandenen expliziten Zeitabhängigkeiten von N her. Einsetzen von (9) in (7)

$$\dot{\xi}_u = \tilde{N}_u(\xi_u) + F_u(t) \tag{10}$$

liefert ein in sich geschlossenes Gleichungssystem für die „Ordnungsparameter" ξ_u. Ein derartiges Eliminationsverfahren kann auch mit Hilfe der Fokker-Planck-Gleichung, die zu (2) gehört, ausgeführt werden. Bei (üblicherweise) niedrigdimensionalen Ordnungsparameterräumen ist es möglich, die rechte Seite von (10) in bestimmte Normalformen zu bringen. Aus der Diskussion der Gleichungen (10) zusammen mit (4) und (6) lassen sich eine Reihe von immerwiederkehrenden Grundmustern herausfinden.
– Zeitliche Muster. Periodisch, quasi-periodisch, oder verschiedene Arten vom deterministischen Chaos, d. h. unregelmäßige Bewegungen, die aber in ihrem Auftreten wieder bestimmten Gesetzmäßigkeiten genügen (z. B. Periodenverdopplung, Ausbrechen aus der Quasiperiodizität, oder Intermittenz).
– Als räumliche Muster ergeben sich insbesondere Streifen, konzentrische Ringe und Spiralen.

Zusammenhänge mit anderen mathematischen Theorien:
– Theorie dynamischer Systeme, hier insbesondere Bifurkationstheorie. Hierbei entfallen insbesondere die Fluktuierenden Kräfte, die aber gerade an Instabilitätspunkten, wie die Synergetik zeigt, eine entscheidende Rolle spielen.

– Theorie nichtlinearer Oszillationen.
– Theorie stochastischer Prozesse sowie die allgemeine Systemtheorie.

Ein Spezialfall der Theorie dynamischer Systeme ist die Katastrophentheorie; untersucht werden insbesondere Gleichungen der Form

$$\dot{q} = \mathrm{grad}V(q, \alpha) \qquad (11),$$

wobei also die Fluktuationen fehlen, und die nichtlineare Funktion N (2) eine spezielle Gradientenform hat.

– Die makroskopische S. kann als eine Erweiterung der →Thermodynamik aufgefaßt werden mit der Theorie der Phasenübergänge von Systemen im thermischen Gleichgewicht. *Haken*

Literatur: *Haken, H.:* Synergetik. Eine Einführung. 2. Aufl., Berlin–Heidelberg 1983. – *Haken, H.:* Erfolgsgeheimnisse der Natur: Synergetik die Lehre vom Zusammenwirken. Stuttgart 1981.

System, abgeschlossenes. Ein thermodynamisches S. heißt abgeschlossen oder isoliert, wenn es nicht mit seiner Umgebung in Wechselwirkung steht.

Nach dem →ersten Hauptsatz ist somit die innere →Energie eines solchen Systems eine Erhaltungsgröße, weil seine Arbeitsvariablen zeitunabhängig sind und ein Stoff- und Wärmeaustausch mit der Umgebung nicht besteht. Die Molzahlen des Systems können sich allerdings durch chemische Reaktionen ändern. Ein a. S. ist definitionsgemäß adiabatisch isoliert und geschlossen. *Muschik*

System, adiabatisches. Ein thermodynamisches S. heißt *adiabatisch*, wenn seine →Wand zur Umgebung wärme- und stoffundurchlässig ist. *Muschik*

System, geschlossenes. Ein thermodynamisches S. heißt *geschlossen*, wenn seine Wände zur Umgebung stoffundurchlässig sind. *Muschik*

System, offenes. Ein thermodynamisches S. heißt *offen*, wenn seine Wände Arbeits-, Wärme- und Stoffaustausch zulassen. *Muschik*

System, schwingungsfähiges. Mechanische Schwingungen treten in Systemen aus mindestens einem verschieblichen oder drehbaren massebehafteten Körper und elastischen Lagerungs- und Verbindungselementen oder durch Einwirkung veränderlicher Gewichtskraftkomponenten (Pendel) auf.

Drei Grundmuster einläufiger Schwinger (ein Freiheitsgrad) zeigt Bild 1.

Entsprechende mehrläufige Schwinger sind das Doppelpendel sowie Schwingerketten aus hintereinandergeschalteten Feder-Masse-Systemen oder Torsionsschwingern bis hin zum Grenzfall der dicht belegten Ketten bei Kontinuumsschwingern, z. B. Biegeschwingungen oder Saiten (Bild 2).

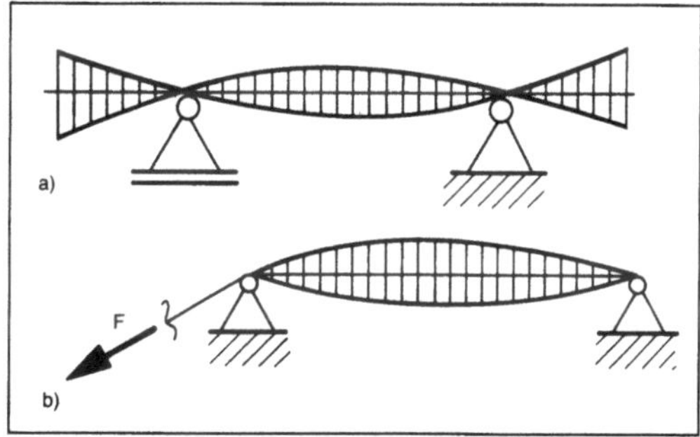

System, schwingungsfähiges 2: Kontinuumsschwinger.
a) Biegeschwinger
b) Saite.

Ein weitgehend anderes Verhalten als die (linear) gedämpften Feder-Masse-Systeme zeigt ein Reibschwinger mit Coulomb-Reibung (Bild 3).

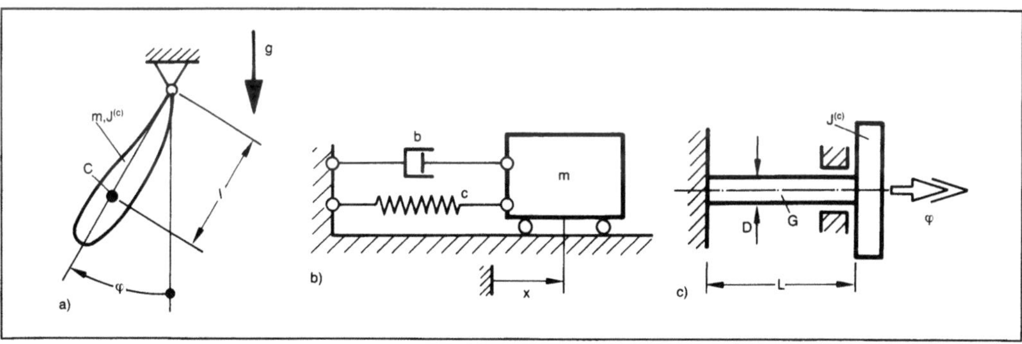

System, schwingungsfähiges 1: Einige Grundtypen.
a) Physikalisches Pendel
b) Gedämpftes Feder-Masse-System
c) Torsionsschwinger.

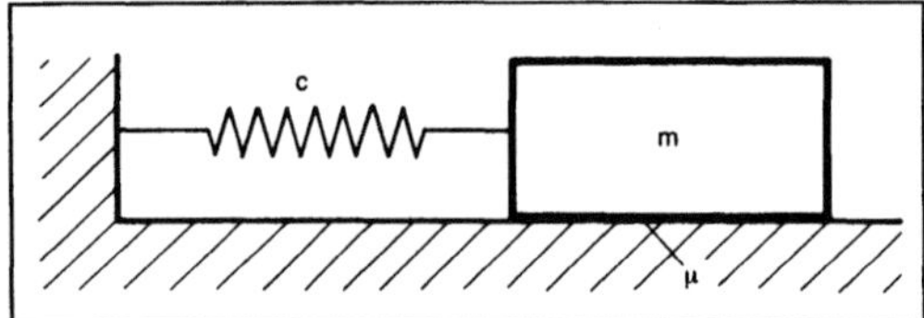

System, schwingungsfähiges 3: Reibschwinger.

Einläufige Schwinger, die man als linear betrachten kann, werden durch eine Bewegungsgleichung der Art

$$m\ddot{x} + b\dot{x} + cx = F(t)$$

beschrieben. Zunächst gilt diese Gleichung für krafterregte gedämpfte Feder-Masse-Systeme mit $F(t)$ als (nach rechts gerichteter) →Kraft (Bild 4), aber mit $F(t) \rightarrow c\,u(t) + b\,\dot{u}(t)$ auch für den fußpunkterregten sowie mit $F(t) \rightarrow m^* \, r\Omega^2 \cos\Omega t$ für den unwuchterregten Schwinger. Ohne $F(t)$ beobachtet man bei Schwingern freie (gedämpfte) Schwingungen oder aperiodisch abklingende $(x \rightarrow 0)$ Bewegungen, mit periodischen $F(t)$ erzwungene Schwingungen, denen die abklingende freie Schwingung überlagert ist, die nach der Einschwingzeit unbedeutend wird.

Ein freier ungedämpfter Schwinger $(m\ddot{x} + cx = 0)$ führt harmonische Schwingungen gemäß $x =$

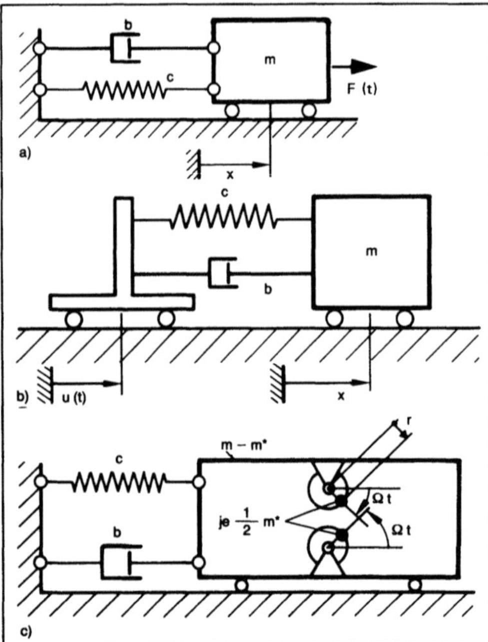

System, schwingungsfähiges 4: Formen fremderregter Schwingungen.
a) Krafterregt
b) Fußpunkterregt
c) Unwuchterregt.

$\hat{x}\,\cos(\Omega t + \varepsilon)$ aus; $\hat{x}$ ist deren Amplitude, ω die Kreisfrequenz der Schwingung und als $\omega = \omega_e = \sqrt{c/m}$ die Eigenkreisfrequenz des Schwingers. Die Größe ε beschreibt die Phase, in der sich der Körper bei $t = 0$ befindet, also eine Phasenverschiebung. Die Eigenfrequenz geht aus ω_e als $f_e = \omega_e/(2\pi) = \dfrac{1}{T}$ hervor; T ist die Periode oder Periodendauer.

Die Eigenkreisfrequenz ω_e des zugehörigen ungedämpften Schwingers wird als ω_0 gern zu einer Darstellung der Bewegungsgleichung in der Form

$$\ddot{x} + 2D\omega_0\dot{x} + \omega_0^2 x = \frac{F(t)}{m}\left(D = \frac{b}{2\sqrt{mc}}\right)$$

mit dem Lehr-Dämpfungsmaß D oder zu einer dimensionslosen Darstellung mit der dimensionslosen Zeit $\tau = \omega_e t$ benutzt $(' \equiv d/d\tau)$:

$$\left(\frac{x}{x_0}\right)'' + 2D\left(\frac{x}{x_0}\right)' + \frac{x}{x_0} = \frac{F(\tau)}{c\,x_0} \quad .$$

Für $f(t) = \hat{F}\cos\Omega t$ und $x_0 = \hat{F}/c$ wird mit $\eta = \Omega/\omega_0$ aus der rechten Seite: $\cos\eta\tau$. Mit ihr errechnet man für die Amplitude von x/x_0 die Verstärkungsfunktion

$$V_{(3)} = \left(4D^2\eta^2 + \left[1 - \eta^2\right]^2\right)^{-1/2}$$

und die Phasenverschiebung ε.

Für $\eta = 1$, also $\Omega = \omega_e$, ist Resonanz erreicht. Ohne Dämpfung strebt $V_{(3)}$ dort gegen ∞. Der Index (3) an V weist darauf hin, daß dies die Funktion V für krafterregte Schwinger ist. Für andere gibt es ähnliche Funktionen. Sie werden gewöhnlich über η mit D als Parameter aufgetragen, für $0 \leq \eta \leq 1$ über η selbst, für $1 \leq \eta < \infty$ über $2 - \eta^{-1}$.

Freie gedämpfte Schwingungen werden durch

$$x(t) = \hat{x}\,e^{-\delta t}\cos(\omega t + \varepsilon)$$

beschrieben. Dabei gilt $\delta = b/2m = D\,\omega_0$ und $\omega = \sqrt{\omega_0^2 - \delta^2} = \omega_0\sqrt{1 - D^2}$. Die Maximalausschläge, durch $\hat{x}\,e^{-\delta t}$ begrenzt, nehmen so ab, daß für aufeinanderfolgende Amplituden x_i gilt:

$$x_{i+n} = x_i\,e^{-\delta Tn} \text{ oder}$$

$$\delta T = 2\pi D = \frac{1}{n}\ln\frac{x_i}{x_{i+n}}.$$

So entsteht das relativ leicht meßbare logarithmische Dämpfungsmaß oder logarithmische →Dekrement. *Besdo*

System, thermodynamisches. Ein makroskopisches S. heißt thermodynamisch, wenn die Wechselwirkung mit seiner Umgebung durch Arbeits-, Wärme- und Stoffaustausch beschrieben werden kann *(Walter Schottky)*.

Dabei wird unter einem S. ein Gebiet (offene, zusammenhängende Menge) des R^3 (Anschauungsraum) oder relativistisch einer vierdimensionalen

Mannigfaltigkeit verstanden. Jeder Punkt liegt also im S. oder außerhalb des S. Die Häufungspunkte des Gebiets, die nicht im Gebiet liegen, bilden die →Wand des S. Makroskopisch soll ein solches S. heißen, wenn es mehr als ca. 10^5 Teilchen enthält. Durch die Wand des S. wird mit seiner Umgebung →Arbeit, →Wärme (→Wärmeübergang) und Stoff ausgetauscht. Dabei kann die Wand des S. aus materiellen Teilchen bestehen, speziell sogar aus stets den gleichen. Solche t. S. heißen geschlossen. Die Wand eines S. muß aber nicht aus materiellen Teilchen bestehen. Sie kann z. B. eine mathematische Fläche sein. Dann werden die S. als Kontrollgebiete bezeichnet (offene t. S.).

Je nach den speziellen Eigenschaften der Wände unterscheidet man abgeschlossene, adiabatische, geschlossene, offene, thermisch homogene S.

Ein t. S. kann als diskretes S. oder durch Feldformulierung beschrieben werden (kontinuierliches t. S.). Die Feldbeschreibung ist die genauere. Aus ihr läßt sich durch Volumenintegration die diskrete Beschreibung ermitteln. Da es in der relativistischen →Thermodynamik keine beobachterunabhängige Definition diskreter S. gibt, spielt dort die Feldformulierung die wesentliche Rolle.   *Muschik*

Systemauswahl. Auswahl eines geeigneten Leitsystems durch Entscheidungshilfen wie Checklisten, Fragebögen, katalogartige Marktübersichten und Leistungstests. Checklisten enthalten Stichworte, die bei der Auswahl oder beim Auslegen eines Leitsystems Punkt für Punkt durchgesprochen werden müssen. Das hat projektbezogen zu geschehen, denn ein System, das für alle Projekte gleich gut geeignet ist, gibt es nicht. Checklistenartig ist z. B. die Richtlinie VDI/VDE 3693 aufgebaut, die sich mit verteilten Prozeßleitsystemen befaßt (Bild). Daraus ergibt sich, daß bei der Systemauswahl nicht nur die Hardware, sondern auch die Aktivitäten beim Systemeinsatz und – was bei komplexen Systemen oft besonders wichtig ist – die Zusammenarbeit mit dem Systemlieferanten ins Kalkül zu ziehen sind. Fragebögen sind oft so aufgebaut, daß jede Frage entweder mit einer Zahl oder mit

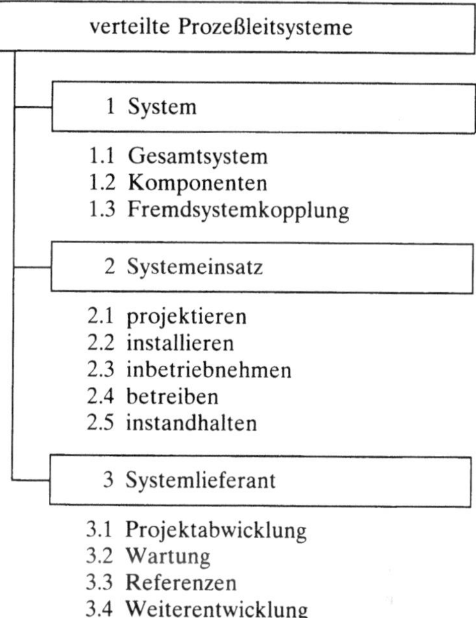

Systemauswahl: Gliederung der Prüfliste von VDI/VDE 3659.

Ja oder Nein zu beantworten ist. Von neutralen Stellen erstellte katalogartige Übersichten sind ein weiteres Mittel der Systemauswahl. Der DPCS (Distributed Process Control Systems)-Report vergleicht so dezentrale Prozeßleitsysteme verschiedener Hersteller durch Auflisten der Komponenten und deren Eigenschaften getrennt nach Hard- und Software.   *Strohrmann*

Literatur: DPCS Report. Infodas Köln. – VDI/VDE 3552: Leistungskriterien von Prozeßrechensystemen. Ausg. Jan. 1977. – VDI/VDE 3693: Verteilte Prozeßleitsysteme, Prüfliste für den Einsatz. Ausg. Mai 1985. – *Weidlich, S.* und *G. Prutz:* Auswahlkriterien für den Einsatz digitaler dezentraler Automatisierungssysteme. Regelungstechnische Praxis **24** (1982). Nr. 5, S. 146–152.

Systemmechanik →Mechanik-Einteilung

T

Tag. Gesetzliche Zeiteinheit, keine SI-Einheit. Einheitenzeichen d. 1 d = 86 400 s (→Einheiten, gesetzliche).   *Hammerschmidt*

Tangente. Die T. in einem Punkt P an eine →Kurve $\mathscr{C}$ ist die Grenzlage der Sekanten durch den Punkt.

Ist $\mathscr{C}$ durch eine in P differenzierbare →Funktion $y=f(x)$ gegeben, so ist die T. diejenige →Gerade durch P, deren Steigung durch den Wert der Ableitung $f'(x)$ an dieser Stelle gegeben ist. Ist eine ebene Kurve $\mathscr{C}$ durch die Kurvengleichungen
a) $y=f(x)$,
b) $F(x,y)=0$,
c) $x=f_1(t)$, $y=f_2(t)$
gegeben, so lautet die Gleichung der T. an $\mathscr{C}$ im Punkt (x_0, y_0) entsprechend
a) $y-y_0=(x-x_0)\,f'(x_0)$,
b) $(x-x_0)\,F_x+(y-y_0)\,F_y=0$,
c) $(y-y_0)\,f'_1(t_0)=(x-x_0)\,f'_2(t_0)$, $x_0=f_1(t_0)$, $y_0=f_2(t_0)$.

Speziell für Kegelschnitte: Jede Gerade der Ebene, die mit einem gegebenen →Kreis genau einen Punkt gemeinsam hat.

Die Gleichung einer T., die einen →Kegelschnitt in einem Punkt $P(a_1, a_2)$ berührt, ist für eine →Ellipse, →Hyperbel, →Parabel gegeben durch

$$\frac{x_1 a_1}{a^2} + \frac{x_2 a_2}{b^2} = 1, \qquad \frac{x_1 a_1}{a^2} - \frac{x_2 a_2}{b^2} = 1,$$
$$x_2 a_2 = p(x_1 + a_2)\,.$$

In der projektiven Ebene $(\mathscr{P}, \mathscr{G}, I)$ ist ein Kegelschnitt als Menge der absoluten Punkte einer (orthogonalen) Polarität π gegeben. Jede für π absolute Gerade g aus $\mathscr{G}$ heißt eine T. an den Kegelschnitt, d. h. für g gilt g$I\,\pi\,$(g).

Ist $\mathscr{C}$ eine Raumkurve, so ist die T. in P die Trägergerade des zu P gehörenden T.-Vektors.

Ist $\underline{x}(t)$ eine Raumkurve, so berührt die Gerade $y(\lambda)$
$= \underline{x}(t_0) + \lambda\,\underline{\dot{x}}(t_0)$, $(\underline{\dot{x}}(t) = \dfrac{dx(t)}{dt}$, λ reell$)$ die Kurve im Punkt $\underline{x}(t_0)$.   *W. L. Fischer*

Tangentenfläche. Spezielle Regelfläche, eine solche, die von den Tangenten einer Raumkurve überstrichen wird. Ist $\underline{r}(s)$ eine Raumkurve (mit $r''(s)\neq 0$), so lautet die Gleichung der T. (Bild)
$$\underline{x}=\underline{r}(s)+\lambda\,\underline{r}'(s)\ (\lambda\in\mathbb{R}).$$
Jede T. ist in die Ebene abwickelbar.   *W. L. Fischer*

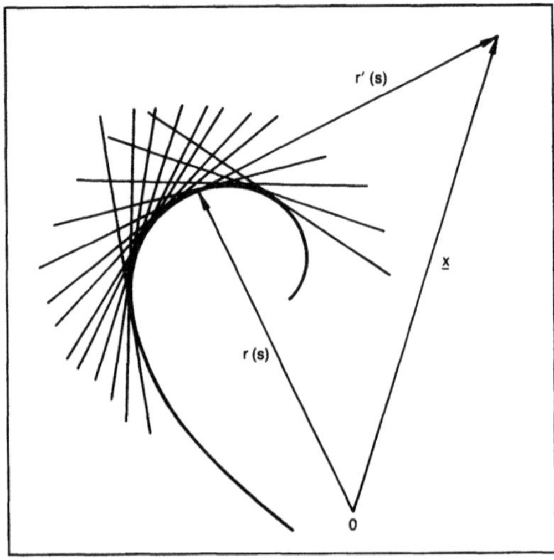

Tangentenfläche.

Tangentialbeschleunigung →Beschleunigung

Taulinie. Die T. grenzt in Phasendiagrammen das Zweiphasengebiet (gasförmig-flüssig) von dem einphasigen Bereich des gasförmigen Zustands ab (Bild). Wird durch eine Zustandsänderung, die im einphasigen Gebiet beginnt, die T. überschritten, so kondensieren die ersten Flüssigkeitstropfen. Diese Zustandsänderung kann durch Druckerhöhung (Bild b) bewirkt werden. Die beim Erreichen der T. neu entstehende flüssige →Phase hat eine Zusammensetzung gem. dem Punkt 2' (Bild Seite 741).

Liegt ein retrogrades Verhalten des Gemisches vor, so ist es möglich, daß Kondensation eintritt, wenn die Temperatur erhöht oder der Druck verringert wird.   *Dohrn*

Taupunkt →Taulinie

Taylor-Formel. Die T.-F. (nach *Brook Taylor* 1685–1731) ist ein wichtiges Hilfsmittel, um Funktionen lokal durch Polynome anzunähern oder in eine Potenzreihe zu entwickeln.

Es sei f eine reellwertige Funktion, definiert auf einem →Intervall I. Existiert in $x_0 \in I$ die n-te Ableitung von f, so setzt man

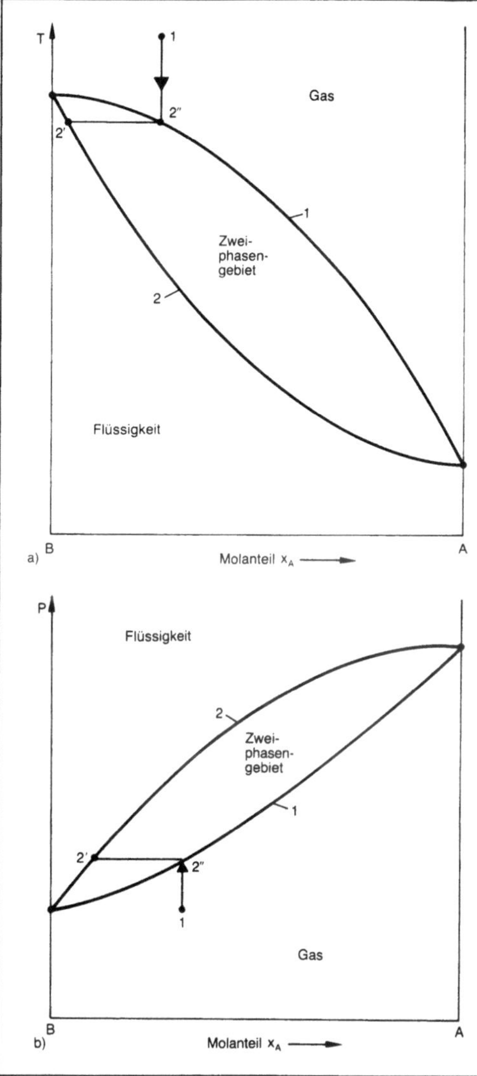

Taulinie: Schematische Darstellung der T. eines Zweistoffgemisches.

a) T,x-Diagramm

b) P,x-Diagramm.

A leichter flüchtige Komponente, B schwer flüchtige Komponente, 1 Taulinie, 2 Siedelinie

$$f(x) = f(x_0) + (x-x_0) \frac{f'(x_0)}{1!} + (x-x_0)^2 \frac{f''(x_0)}{2!} + \dots$$

$$+ (x-x_0)^n \frac{f^{(n)}(x_0)}{n!} + R_n(f;x) \qquad (1).$$

Dies ist soweit nur eine Definitionsgleichung für $R_n(f;x)$. Ein solcher Ansatz (genannt T.-F.) erweist sich jedoch als sinnvoll. Ist nämlich f ein →Polynom vom Grad höchstens n, so zeigt sich, daß $R_n(f;x)$

verschwindet. Mit der T.-F. wird also eine Funktion f in einen polynomialen Anteil und ein Restglied $R_n(f;x)$ zerlegt.

Unter der Voraussetzung, daß f auf I eine stetige (n+1)-te Ableitung besitzt, wurde eine Reihe von Darstellungen für $R_n(f;x)$ angegeben, womit die Formel, Gl. (1), erst einen tieferen Gehalt bekommt. So gilt:

$$R_n(f;x) = \frac{1}{n!} \int_{x_0}^{x} (x-t)^n \, f^{(n+1)}(t) \, dt \qquad (2)$$

(Integraldarstellung).

Ferner existiert zu jedem $x \in I$ ein $\tau \in \,]0,1[$ mit

$$R_n(f;x) = (x-x_0)^{n+1} \frac{f^{(n+1)}(x_0 + \tau(x-x_0))}{(n+1)!} \qquad (3)$$

(Darstellung von *Lagrange*);

ebenso ein $\eta \in \,]0,1[$ mit

$$R_n(f;x) =$$
$$(x-x_0)^{n+1} \frac{(1-\eta)^n}{n!} f^{(n+1)}(x_0 + \eta(x-x_0)) \qquad (4)$$

(Darstellung von *Cauchy*)

und bei der Wahl einer natürlichen Zahl p ein $\upsilon \in \,]\,0,1\,[$ mit

$$R_n(f;x) =$$
$$(x-x_0)^{n+1} \frac{(1-\upsilon)^{n+1-p}}{n!\,p} f^{(n+1)}(x_0 + \upsilon(x-x_0)) \qquad (5)$$

(Darstellung von *Schlömilch*).

Die Spezialfälle $p = n+1$ und $p = 1$ in Gl. (5) führen offenbar zu Gl. (3) und Gl. (4). Für $n = 0$ ergibt Gl. (1) mit dem Restglied (3) den ersten Mittelwertsatz der Differentialrechnung, weshalb die T.-F. mit Lagrange-Restglied oft auch als verallgemeinerter Mittelwertsatz der Differentialrechnung angesehen wird.

Für holomorphe Funktionen existiert die T.-F., Gl. (1), zu beliebigem $n \in \mathbb{N}$ und x, x_0 aus einem im Definitionsbereich gelegenen Gebiet immer. Dabei kann das Restglied durch ein Integral längs einer die Punkte x und x_0 umlaufenden Kurve dargestellt werden.

Eine Erweiterung der T.-F. auf eine (n+1)-mal stetig differenzierbare Funktion F in k Variablen ist formal sehr einfach. Gehören x und x_0 einer konvexen Teilmenge des Definitionsbereichs von F an, so betrachtet man die Abbildung

$$\Phi : \begin{cases} [0,1] \to \mathbb{R} \\ t \mapsto F(x_0 + t(x - x_0)). \end{cases}$$

Dies ist eine Funktion einer Variablen, und es gilt nach Gl. (1)

$$\Phi(t) = \Phi(0) + t \frac{\Phi'(0)}{1!} + t^2 \frac{\Phi''(0)}{2!} + \dots$$
$$+ t^n \frac{\Phi^{(n)}(0)}{n!} + R_n(\Phi;t).$$

Die Ableitungen von Φ lassen sich durch Ableitungen von F ausdrücken. Setzt man nun $t=1$, so ergibt sich eine T.-F. für F(x). Sie beginnt mit den Gliedern

$$F(x) = F(x_0) + \langle x-x_0, \operatorname{grad} F(x_0)\rangle + \frac{1}{2!}\,(x-x_0)\left(\frac{\partial^2 F(x_0)}{\partial x_\mu \partial x_\nu}\right)(x-x_0)^T + \ldots,$$

wobei im letzten angegebenen Term der Vektor $x-x_0$ von rechts als Spalten-k-Tupel und von links als Zeilen-k-Tupel an die Hesse-Matrix ($\rightarrow$Ableitung: Funktionen von mehreren reellen Veränderlichen) zu multiplizieren ist. *Schmeißer*

Literatur: *Barner, M.,* u. *F. Flohr:* Analysis I u. II. Berlin 1974 u. 1983. – *Endl, K.,* u. *W. Luh:* Analysis I. 8. Aufl. Wiesbaden 1986. – *Forster, O.:* Analysis 1 u. 2. Braunschweig 1983 u. 1984. – *Heuser, H.:* Lehrb. Analysis. Tl. 1 u. 2. 4. Aufl. Stuttgart 1986. – *von Mangoldt, H.,* u. *K. Knopp:* Einführung in die höhere Mathematik. Bd. II u. III. 14. Aufl. Stuttgart 1976 u. 1978.

Taylor-Reihe. Eine Potenzreihe der Gestalt

$$\sum_{\nu=0}^{\infty} \frac{f^{(\nu)}(x_0)}{\nu!}\,(x-x_0)^\nu \tag{1}$$

heißt T.-R. der Funktion f mit Entwicklungsstelle x_0 (nach *Brook Taylor* 1685–1731). Der Spezialfall $x_0=0$ wird auch Maclaurin-Reihe (nach *Colin Maclaurin* 1698–1746) genannt. Ziel ist es, f durch die $\rightarrow$Reihe, Gl. (1), darzustellen.

Offenbar existiert an der Stelle x_0 eine T.-R., sobald f im Punkt x_0 Ableitungen beliebig hoher Ordnung besitzt. Es stellen sich dann jedoch die folgenden Fragen:

Konvergiert die Reihe, Gl. (1), für ein $x \neq x_0$, d. h. ist ihr Konvergenzradius positiv?

Wenn ja, stellt sie dann wenigstens lokal f dar?

Beide Fragen können nicht uneingeschränkt mit Ja beantwortet werden, wie die folgenden Beispiele zeigen. Durch

$$f(x) := \sum_{n=0}^{\infty} e^{-n} \cos(n^2 x)$$

wird eine unendlich oft differenzierbare Funktion f definiert, deren Maclaurin-Reihe den Konvergenzradius null besitzt. Durch

$$f(x) = \begin{cases} e^{-1/x^2} & \text{für } x \neq 0 \\ 0 & \text{für } x = 0 \end{cases}$$

wird ebenfalls eine unendlich oft differenzierbare Funktion f definiert. Ihre Ableitungen im Nullpunkt sind alle null. Deshalb konvergiert die Maclaurin-Reihe überall gegen die Nullfunktion. Sie stimmt somit für $x \neq 0$ niemals mit f(x) überein.

Eine hinreichende Bedingung zur Bejahung der obigen Fragen liefert die $\rightarrow$Taylor-Formel: Ist f in einer Umgebung U des Punktes x_0 beliebig oft differenzierbar und gilt dort

$$\lim_{n \to \infty} R_n(f;x) = 0 \tag{2},$$

so konvergiert die Reihe, Gl. (1), und stimmt auf U mit f(x) überein. Auf Grund der Lagrange-Restglieddarstellung ergibt sich Gl. (2) in einer Umgebung $U' \subset U$ von x_0, sobald

$$\limsup_{n \to \infty}\left(\sup_{x \in U}\left(\frac{|f^{(n)}(x)|}{n!}\right)^{1/n}\right) < \infty$$

gilt.

Die wahre Natur der T.-R. bleibt jedoch in der reellen Analysis verborgen. Erst in der Funktionentheorie erhalten die obigen Fragen eine einfache klare Antwort, wie folgt: Nur dann besitzt f im Punkt x_0 eine T.-R., die in einer Umgebung von x_0 konvergiert und dort f darstellt, wenn f im Punkt x_0 als holomorphe Funktion erklärt werden kann. Der Konvergenzkreis ist überdies der größte Kreis um x_0 in der komplexen Ebene ($\rightarrow$Zahl, komplexe), in dem Holomorphie von f möglich ist. Auf seinem Rand muß es mindestens einen Punkt geben, in dem f nicht analytisch fortgesetzt werden kann.

Nach dem Identitätssatz für Potenzreihen folgt aus einer Gleichung

$$f(x) = \sum_{\nu=0}^{\infty} a_\nu\,(x-x_0)^\nu \quad \text{für } x \in U$$

stets, das f in einer Umgebung von x_0 Ableitungen beliebig hoher Ordnung besitzt, wobei

$$a_\nu = \frac{f^{(\nu)}(x_0)}{\nu!}$$

gilt. Berücksichtigt man noch, daß Potenzreihen innerhalb ihres Konvergenzkreises gliedweise differenziert und integriert werden dürfen, so eröffnen sich Möglichkeiten, um evtl. die T.-R. aus bekannten Potenzreihen ohne Berechnung der Ableitungen $f^{(\nu)}(x_0)$ zu gewinnen. Mit Hilfe der geometrischen Reihe findet man z. B. leicht

$$\frac{1}{1+x^2} = \sum_{n=0}^{\infty} (-1)^n x^{2n}$$

und erhält durch Integration

$$\arctan x = \int_0^x \frac{1}{1+t^2}\,dt = \sum_{n=0}^{\infty} (-1)^n \frac{x^{2n+1}}{2n+1}$$

die Maclaurin-Reihe des Hauptwerts der Arcustangensfunktion ($\rightarrow$Arcus-Funktion). *Schmeißer*

Literatur: *Behnke, H.,* u. *F. Sommer:* Theorie der analytischen Funktionen einer komplexen Veränderlichen. 3. Aufl. Berlin 1976. – *Dienes, P.:* The Taylor series. New York 1957. – *Heuser, H.:* Lehrb. Analysis. Tl. 1. 3. Aufl. Stuttgart 1984. – *von Mangoldt, H.,* u. *K. Knopp:* Einführung in die höhere Mathematik. Bd. 2. 11. Aufl. Stuttgart 1958.

Technetium. T. ist das leichteste $\rightarrow$Radioelement (Ordnungszahl Z=43). In der Natur tritt es nur in sehr kleinen Mengen auf, und zwar als $\rightarrow$Spaltprodukt des Urans (etwa 1 Atom ^{99}Tc auf 10^{12} Atome $\rightarrow$Uran).

^{98}Tc ist das langlebigste →Isotop des T. (→Halbwertzeit $4{,}2 \cdot 10^6$ a). Entdeckt wurde T. als künstliches →Element 1937 von *Perrier* und *Segré,* wobei es durch Bestrahlung von Molybdän mit *Deuteronen* gewonnen wurde. Technetium spielt als künstliches Radioelement eine wichtige Rolle, weil das ^{99}Tc (Halbwertzeit $2{,}13 \cdot 10^5$ a) in erheblichen Mengen bei der Spaltung des Urans bzw. Plutoniums in Kernreaktoren erzeugt wird. So liegt das ^{99}Tc in Leichtwasserreaktoren nach einem Abbrand von 35 000 MWd pro t Uran in einer Menge von etwa 700 g pro t Uran vor. Bei der →Wiederaufarbeitung von Kernbrennstoffen findet man das T. zum größeren Teil ($>50\%$) im hochaktiven Abfall. Der Rest begleitet je nach den Arbeitsbedingungen überwiegend das Uran oder das →Plutonium und wird gegebenenfalls bei der weiteren Reinigung dieser Elemente abgetrennt.

Chemisch ähnelt das T. stärker dem Rhenium als dem Mangan. Unter oxidierenden Bedingungen ist +7 die stabilste Oxidationsstufe, wobei das Technetium als Pertechnetat (TcO_4^-) vorliegt. Unter reduzierenden Bedingungen tritt T. überwiegend in der Oxidationsstufe +4 auf, z. B. als TcO_2. Auch die Oxidationsstufen +2, +3, +5 und +6 sind bekannt. In der Oxidationsstufe +5 wird das T. durch Komplexbildung stabilisiert. TcF_6 ist leicht flüchtig, ebenso wie UF_6.

^{99m}Tc wird wegen seiner günstigen radiologischen Eigenschaften (kurze Halbwertzeit von 6,0 h, leichte Nachweisbarkeit, geringe Strahlenbelastung, Anreicherung des T. in bestimmten Organen) in größerem Umfang in der Nuklearmedizin für diagnostische Zwecke eingesetzt. Es wird meist in Radionuklidgeneratoren aus ^{99}Mo (Halbwertzeit 66,0 h) gewonnen, wobei das Mutternuklid ^{99}Mo in Kernreaktoren durch die →Kernreaktion ^{98}Mo (n,γ) ^{99}Mo oder durch →Kernspaltung aus angereichertem Uran (Spaltmolybdän) hergestellt wird. Das aus den Radionuklidgeneratoren durch Elution mit physiologischer Kochsalzlösung abgetrennte Pertechnetat wird in eine geeignete chemische Form überführt und dann appliziert. *Lieser*

Literatur: *Gmelin:* Handbuch der Anorganischen Chemie. Weinheim: Verlag Chemie und Berlin–Heidelberg–New York: Springer Verlag.

Technische Anleitung zum Schutz gegen Lärm (TA Lärm). Die TA Lärm als „Allgemeine Verwaltungsvorschrift über genehmigungsbedürftige Anlagen nach § 16 der →Gewerbeordnung – Technische Anleitung zum Schutz gegen Lärm (TA Lärm)" datiert vom 16. Juli 1968 und ist als Beilage zum Bundesanzeiger Nr. 137 vom 26. Juli 1968 erschienen. Nach § 66 (2) BImSchG ist sie bis zum Inkrafttreten von entsprechenden allgemeinen Verwaltungsvorschriften nach BImSchG weiterhin maßgebend. Sie ist als Handlungsanweisung für immissionsschutzrechtlich tätige Vollzugsbehörden (z. B. Gewerbeaufsichtsämter) zu verstehen, die bei der Prüfung der Anträge auf Genehmigung zur Errichtung einer Anlage oder zu deren wesentlichen Veränderung sowie bei nachträglichen Anordnungen über Anforderungen an die technische Einrichtung und den Betrieb einer Anlage zu beachten ist.

Bei der Genehmigung neuer Anlagen ist nach TA Lärm darauf zu achten, daß die dem jeweiligen Stand der Lärmbekämpfungstechnik entsprechenden Schutzmaßnahmen vorgesehen sind und die Immissionsrichtwerte im gesamten Einwirkungsbereich der Anlage eingehalten werden. Die Immissionsrichtwerte als Kernpunkt der Vorschrift sind in dB (A) je nach Nutzung des betroffenen Gebiets unterschiedlich für die Tag- und Nachtzeit angegeben. Ausführliche Angaben macht die Vorschrift ferner für das Verfahren zur Ermittlung der Geräuschimmissionen und nennt Anforderungen an Meßgeräte und -verfahren, deren Auswertung, Ort und Zeit der Messungen sowie über die Anforderungen an das Meßprotokoll. *W. Hoffmann*

Technische Anleitung zur Reinhaltung der Luft (TA Luft). Das Bundes-Immissionsschutzgesetz enthält in § 48 die Ermächtigung für die Bundesregierung, allgemeine Verwaltungsvorschriften insbes. über Immissions- und Emissionswerte sowie über die Verfahren zur Ermittlung der Emissionen und Immissionen zu erlassen. Die Ermächtigung findet Ausdruck in der 1. Allgemeinen Verwaltungsvorschrift zum BImSchG – Technische Anleitung zur Reinhaltung der Luft (TA Luft) – vom 27. 2. 1986 (GMBl. Nr. 7 vom 28. Februar 1986). Die TA Luft ist das zentrale Vorschriftenwerk für die Luftreinhaltung bei genehmigungsbedürftigen Anlagen in der Bundesrepublik Deutschland. Als Verwaltungsvorschrift richtet sie sich an die Vollzugsbehörden (z. B. Gewerbeaufsichtsämter). Jedoch kann auch der Anlagenbetreiber bei Einhaltung ihrer Vorschriften auf Genehmigung und Betrieb seiner Anlagen trauen. Sie stellt damit auch eine verläßliche Investitionsgrundlage dar. Die TA Luft aktualisiert insbes. die sich aus § 5 (2) des BImSchG ergebenden Vorsorgepflichten entsprechend dem Stand der Luftreinhaltetechnik. Dabei weist das Konzept 4 Kernelemente auf:

□ Grundsätzliche und teilweise drastisch verschärfte Anforderungen und Emissionsbegrenzungen für Stäube, Staubinhaltsstoffe, anorganische und organische Gase sowie geruchsintensive Stoffe;

□ verbindliche meßtechnische Vorschriften für die Emissionsüberwachung;

□ Einzelregelungen für bestimmte Anlagen;

□ ein Altanlagensanierungskonzept unter Berücksichtigung marktwirtschaftlicher Modelle, angelegt für bestimmte Fristen.

Gegenüber den früheren Ausgaben der TA Luft erfolgt in der TA Luft '86 eine klare Trennung der Vorschriften für Emissions- und Immissionsbeschränkungen und eine Angleichung an den Stand der Technik zur Emissionsbegrenzung.   *W. Hoffmann*

Technische Mechanik →Mechanik-Einteilung

technische Regel. Eine t. R. ist im allgemeinen ein Dokument (irgend ein Medium, welches Informationen trägt), das Regeln, Anleitungen oder Kenndaten für Tätigkeiten oder deren Ergebnisse im Bereich der Technik festlegt. Mit Hilfe der Regeln der Technik ist der Mensch in die Lage versetzt, technische Systeme immer wieder neu seinen eigenen Fähigkeiten und Bedürfnissen und der Umwelt (Natur) durch bestimmte Vorgaben anzupassen (→Regelsetzer, technische).

Die Regeln der Technik können sowohl mündlich weitergegeben (z. B. vom Meister auf den Lehrling oder Gesellen) als auch schriftlich niedergelegt sein. Im einfachsten Fall werden sie, z. B. als Konstruktionsmethoden, Bemessungsverfahren usw., Bestandteil von Lehrbüchern oder, z. B. als Prüfanweisung, Handhabungshinweise usw. ein Teil von Bedienungs- und Montageanleitungen für technische Erzeugnisse sein.

Mit einem weitaus höheren Verbindlichkeitsgrad hinsichtlich ihrer Anwendung sind Technische Regeln versehen, sofern sie Bestandteil staatlicher Vorschriften sind. Beispiele hierfür sind der § 24 der →Gewerbeordnung, die Straßenverkehrszulassungs-Ordnung, die Unfallverhütungsvorschriften und die Regelwerke der öffentlich-rechtlichen technischen Ausschüsse (z. B. Deutscher Dampfkesselausschuß, Deutscher Aufzugsausschuß, Deutscher Ausschuß für brennbare Flüssigkeiten).

Die weitaus größere Anzahl technischer Regeln wird heute von technisch-wissenschaftlichen Vereinigungen, wie dem DIN Deutsches Institut für Normung e. V., dem DVGW Deutscher Verein des Gas- und Wasserfaches e. V., dem VDEh Verein Deutscher Eisenhüttenleute, dem Verein Deutscher Ingenieure VDI usw. aufgestellt und herausgegeben.

Sie werden im allgemeinen nach einem bestimmten Verfahren unter Beteiligung der Fachwelt oder (weitergefaßt) der interessierten Kreise in Gemeinschaftsarbeit erstellt und als Druckschriften (Normen, Richtlinien, Bestimmungen, Merkblätter) durch bestimmte Fachverlage vertrieben. Damit sind sie für jedermann erhältlich. Die Herausgeber, die technischen Regelsetzer, fassen ihre technischen Regeln zu sogenannten technischen Regelwerken zusammen.

Insgesamt sind in Deutschland etwa 130 Regelsetzer aktiv. Informationen über die von ihnen herausgegebenen mehr als 50 000 technischen Regeln (einschließlich der technischen Rechts- und Verwaltungsvorschriften) sind im Deutschen Informationszentrum für technische Regeln, DITR im DIN Deutsches Institut für Normung e. V. erfaßt.

Bekanntestes Beispiel eines technischen Regelwerkes innerhalb Deutschlands ist das Deutsche Normenwerk (DIN-Normen). Das Deutsche Normenwerk ist mit seinen ca. 20 000 Normen das am weitesten verbreitete und angewandte Regelwerk und umfaßt als einziges technisches Regelwerk alle Bereiche der Technik. Unterschiede zwischen den technischen Regelwerken ergeben sich aber nicht allein aufgrund der jeweils behandelten verschiedenen Fachgebiete. Die wesentlichen Unterscheidungsmerkmale sind der Einführungsgrad der Regeln in die Praxis, die Verbindlichkeit (Bindewirkung) für die potentiellen Anwender (Adressaten) und der Inhalt der technischen Regeln hinsichtlich des wiedergegebenen Erkenntnisstandes. Der Detailierungsgrad und die Gültigkeitsdauer einer Regel ist davon abhängig, auf welcher Ebene der Regelungshierarchie sie angesiedelt ist. Auch die Flexibilität, d. h. die Anpassung der technischen Regel an neuere Erkenntnisse wird hiervon beeinflußt. Eine Differenzierung der technischen Regeln erlaubt darüber hinaus auch die Art und Weise der Bekanntmachung sowie der Adressat an den die Regel gerichtet ist. Adressat kann z. B. die Allgemeinheit oder auch nur ein bestimmter Kreis von Fachleuten sein. Ein, vor allem auch hinsichtlich ihrer allgemeinen Anerkennung als fachgerecht und als Maßstab für einwandfreies technisches Verhalten, wichtiges Kriterium ist das von den einzelnen Regelsetzern durchgeführte Erarbeitungsverfahren.

Hierbei kommt es insbesondere darauf an, inwieweit und auf welche Art und Weise nicht nur kompetenter Sachverstand, sondern auch die Öffentlichkeit in die Erarbeitung der Regeln miteinbezogen wird. Das im privatrechtlichen Bereich vorhandene, durch Regelsetzer organisierte technisch-wissenschaftliche Fachwissen sowie die im Vergleich zu den Gesetzgebungsorganen größere Flexibilität gegenüber der Dynamik von Wissenschaft und Technik, haben den Gesetzgeber dazu bewogen, weitgehend auf technische Einzelregelungen, z. B. im Bereich des Rechts der technischen Sicherheit, zu verzichten. Der Staat regelt auf diesen Gebieten nur noch das behördliche Erlaubnis- und Überwachungsverfahren, legt Schutz- und Sicherheitsziele fest und umschreibt die technischen Sicherheitspflichten gewöhnlich mittels sog. unbestimmter Rechtsbegriffe, wie „(allgemein) anerkannte Regeln der Technik" und „Stand der Technik". Hier erfüllen die technischen Regeln der privatrechtlichen Regelsetzer, sofern sie bestimmten Anforderungen (siehe vorstehend z. B. Fachgerechtheit) genügen, wichtige Funktionen. Von

Behörden und Gerichten werden sie zur Konkretisierung der unbestimmten Rechtsbegriffe herangezogen.

Der Begriff „Anerkannte Regeln der Technik" ist schon in Reichsgerichtsentscheidungen Ende des 19. Jahrhunderts zu finden. Bisweilen findet auch der Begriff „allgemein anerkannte Regel der Technik" Verwendung. Hiermit ist jedoch nichts anderes gemeint.

Von anerkannten Regeln der Technik kann nur in den Fällen gesprochen werden, in denen die entsprechenden technischen Festlegungen, von einer Mehrheit repräsentativer Fachleute als Wiedergabe des Standes der Technik angesehen werden. Eine technische Regel zu einem technischen Gegenstand wird zum Zeitpunkt seiner Annahme als der Ausdruck einer anerkannten Regel der Technik anzusehen sein, wenn sie in Zusammenarbeit der betroffenen interessierten Kreise durch Umfrage- und Konsensverfahren erzielt wurde.

Der Stand der Technik ist ein, zu einem bestimmten Zeitpunkt entwickeltes Stadium der technischen Möglichkeiten, soweit Erzeugnisse, Verfahren und Dienstleistungen betroffen sind, basierend auf den diesbezüglichen gesicherten Erkenntnissen von Wissenschaft, Technik und Erfahrung.   *Krieg*

Literatur: *Budde, E.:* Die Begriffe „Anerkannte Regel der Technik", „Stand der Technik" und „Stand von Wissenschaft und Technik" und ihre Bedeutung. In: DIN-Mitteilungen. Band 59 (1980), Nr. 12, S. 738, 739. – *Denninger, E.:* Verfassungsrechtliche Anforderungen an die Normsetzung im Umwelt- und Technikrecht. 1. Aufl. Nomos Verlagsges. Baden-Baden, 1990. – DIN-Katalog für technische Regeln. Berlin: Beuth Verlag GmbH, Erscheinungsweise: Jährlich mit monatlichen, kumulierten Ergänzungsheften. – DIN EN 45 020. Allgemeine Fachausdrücke und deren Definitionen betreffend Normung und damit zusammenhängende Tätigkeiten. Aug. 1991. – Kalkar-Entscheidung des Bundesverfassungsgericht (Kernkraftwerke „Schnelle Brüter", Atomgesetz). In: Neue Juristische Wochenschrift. Band 32 (1979), Heft 8, S. 359 bis 364. – *Lukes, R.:* Möglichkeiten und Grenzen der Vereinheitlichung der unterschiedlichen unbestimmten Rechtsbegriffe im technischen Sicherheitsrecht. In: Recht und Technik. Studienreihe 53. Bonn: Bundesministerium für Wirtschaft, 1984. – *Marburger, P.:* Die Regeln der Technik im Recht. Köln, Berlin, Bonn, München 1979. – *Nicklisch, F.:* Wechselwirkungen zwischen Technologie und Recht. In: Neue Juristische Wochenschrift. Band 35 (1982), Heft 47, S. 2633 bis 2644. – *Nicklisch, F.:* Technische Regelwerke – Sachverständigengutachten im Rechtssinne? In: Neue Juristische Wochenschrift. Band 36 (1983), Heft 16, S. 841 bis 850.

technische Regelwerke →technische Regel; →Regelsetzer, technischer

Technische Überwachungs-Vereine (TÜV). Selbstverwaltungseinrichtungen der Wirtschaft, Sachverständigenorganisationen zur Beratung, Begutachtung, Prüfung und Überwachung auf den Gebieten der Sicherheitstechnik und des Umweltschutzes.

Die TÜV sind eingetragene Vereine privaten Rechts. Als von Unternehmern getragene Selbsthilfeeinrichtungen erbringen sie insbesondere auf den Gebieten der Sicherheitstechnik, des Umweltschutzes und der Energietechnik Leistungen, die der Staat nicht ohne verhältnismäßig hohen Aufwand erbringen könnte. Ihre Vorläufer sind die ehemaligen Dampfkessel-Überwachungs-Vereine (der erste wurde 1866 in Mannheim gegründet), die sich zu einem Verband (seit 1872) zusammengeschlossen hatten. Die heutigen 13 regional verteilten TÜV in der Bundesrepublik sind im Verband der Technischen Überwachungs-Vereine (VdTÜV) e. V. zusammengeschlossen. Ihm gehören außerdem fünf industrielle Eigenüberwacher mit eigenen betriebsinternen Überwachungsstellen an.

Arbeitsgebiete der TÜV sind Prüfungs-, Überwachungs- und Gutachtertätigkeiten
□ im Rahmen der Gewerbeordnung: Anlagen zur Lagerung, Abfüllung und Beförderung von brennbaren Flüssigkeiten, Aufzugsanlagen, Dampfkesselanlagen, Druckbehälter, Druckgasbehälter und Füllanlagen für Druckgase, Elektrische Anlagen in gefährdeten Räumen, Leitungen unter innerem Überdruck für brennbare, ätzende oder giftige Gase, Dämpfe oder Flüssigkeiten, Werkstoff- und Schweißtechnik;
□ im Rahmen der Straßenverkehrsgesetzgebung: Eignungsuntersuchungen in Medizinisch-Psychologischen Untersuchungsstellen, Kraftfahrzeugführer- und Fahrlehrerprüfungen, Transport gefährlicher Güter, Sicherheitsüberprüfungen an Kraftfahrzeugen und deren Teilen, Typprüfungen von Kraftfahrzeugen und deren Zubehör;
□ auf weiteren technischen Gebieten: Anlagen zur Lagerung, Abfüllung und Beförderung von wassergefährdenden Flüssigkeiten, Arbeitsmedizin und Sicherheitstechnik, Elektrotechnik, Fliegende Bauten (z. B. Karussels), Fördertechnik (z. B. Krane, Fahrtreppen), Freiwillige Kraftfahrzeug-Überwachung, Kerntechnik und Reaktorsicherheit, Materialprüfung, Rohrleitungen der öffentlichen Gasversorgungen, Seilbahnen, Strahlenschutz, Technische Arbeitsmittel, Technische Chemie, Umweltschutz (z. B. Lärmbekämpfung, Reinhaltung der Luft, Abwasserfragen), Wärme- und Energietechnik;
□ im Rahmen des europäischen und deutschen Akkreditiersystems Zertifizierung (TÜV CERT) von Produkten, Personen und Qualitätssicherungssystemen.

Organe: Mitgliederversammlung, Vorstand, Geschäftsführer; Mustersatzung der TÜV 1977. VdTÜV: Mitgliederversammlung, Vorstand, Geschäftsführer, beratendes Kuratorium.

Ressourcen (1991): 17 746 Mitarbeiter (TÜV Bayern 3 244, TÜV Berlin-Brandenburg 705, TÜV Hannover/Sachsen-Anhalt 2 045, TÜV Hessen 203, TÜV Nord 225, TÜV Norddeutschland 1 568, TÜV

Pfalz 203, RWTÜV 2 350, TÜV Rheinland 3 405, TÜV Saarland 272, TÜV Sachsen 423, TÜV Südwest 2 705, TÜV Thüringen 252, VdTÜV 46).

(Verband der Technischen Überwachungs-Vereine (VdTÜV) e. V., Kurfürstenstraße 56, 45138 Essen). *Altenmüller*

Teersand. T. oder Ölsande sind Sedimente, die zähflüssige, bituminöse Kohlenwasserstoffe enthalten. Die T. können lose zusammenhängen wie bei der Athabasca-Lagerstätte in Kanada oder zu Sandstein verfestigt sein wie bei der Peace-River-Lagerstätte. Die Sande enthalten bis zu 18 % Massenanteil Bitumen, im Schnitt etwa 12 % Massenanteil. T.-Vorkommen sind Erdöllagerstätten, in denen das enthaltene Öl so zäh ist, daß es nicht zum Bohrloch fließt. Zwischen diesen zähen Kohlenwasserstoffen und normalem Erdöl gibt es einen kontinuierlichen Übergang mit zunehmend höheren Viskositäten und einem zunehmenden Anteil an kondensierten aromatischen und naphthenischen Ringsystemen. Um Kohlenwasserstoffe zu gewinnen, müssen die T. einem Aufschlußverfahren unterzogen werden. Für tiefliegende Lagerstätten werden derzeit In-Situ-Gewinnungsmethoden entwickelt.

T. lassen sich nach der Benetzung der Sandkörner durch das Bitumen in 2 Klassen einteilen:
□ Die Sandkörner sind mit Wasser benetzt. Aus diesem T. kann man das Bitumen durch mechanische Verfahren in wäßriger Phase von den Sanden abtrennen. Allein dieser Lagerstättentyp ist derzeit wirtschaftlich von Bedeutung.
□ T., bei denen die organische Phase die mineralischen Körner direkt benetzt. Zum Abtrennen des Bitumens aus derartigen Lagerstätten wurde die Extraktion mit Lösungsmitteln und die Destillation vorgeschlagen.

T. sind auf der Erde weit verbreitet und sind ein erheblicher Vorrat an fossilen Kohlewasserstoffen, die als synthetisches Erdöl gewonnen und in konventionellen Raffinerien weiterverarbeitet werden können. In der Tabelle sind die wichtigsten Lagerstätten aufgeführt.

Die Gewinnung des Bitumens aus den T. wird durch die Benetzbarkeit der Partikel mit Wasser und durch die Tiefe der Lagerstätten bestimmt. Vorkommen im Bereich von maximal 50–80 m unterhalb der Erdoberfläche werden meist im Tagebau abgebaut und lassen sich mit guter Kohlenwasserstoffausbeute durch über Tag betriebene Verfahren wie den Heißwasserprozeß verarbeiten (Bild). Für Lagerstätten, die tiefer als 150 m liegen, werden In-Situ-Verfahren in Großversuchen erprobt, wie z. B. die Dampfinjektion und die teilweise Verbrennung. Im Zwischenbereich von 80–150 m stehen die größten Schwierigkeiten für einen wirtschaftlichen Abbau entgegen, da der Tagebau nicht mehr lohnt und für In-situ-Verfahren die Abdichtung durch das Deckgebirge nicht ausreicht.

Kommerziell werden bisher nur die Athabasca-Sande genutzt und diese auch nur im Rahmen des ca.

Teersand. Tabelle: Die wichtigsten Teersandlagerstätten.

Land	Lagerstätte	Bitumen	Aus-dehnung	Mächtigkeit		Tiefe
				maxi-male	mittlere	
		10^6 m^3	km^2	m	m	m
Venezuela	Orinoco	167 000	49 000	150	35	200–1 200
Kanada	Athabasca	99 400	26 000	100	35	0– 650
	Cold Lake	24 500	14 300	100	15	350– 650
	Wabasca	8 000	7 900	100	10	350– 800
	Peace River	8 500	5 400	100	15	80– 800
ehem. UdSSR	Melekes	19 500	11 400			
	Siligir	2 100				
	Olenek	1 300				
USA, Utah	Tar Triangle	2 500	600	100	30	0– 200
	Uinta Basin	1 900	1 300	170	20	0– 800
California	Edna	26	26	–	80	0– 200
Madagaskar	Bemolanga	280	400	100	35	0– 40
Albanien	Selenizza	59	20	100	–	–
Trinidad	La Breca	10	–	–	–	–
Nigeria	Tjobu/ Ode-Okitipupa	540	700	29	–	0– 70

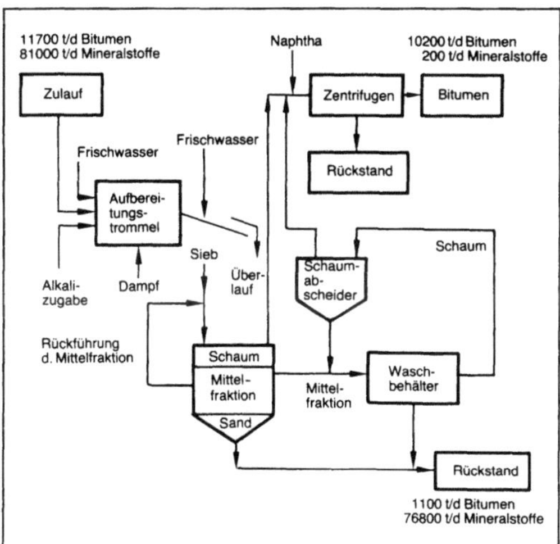

Teersand: Fließbild des Heißwasserverfahrens zum Gewinnen von Bitumen aus Teersanden.

10 %igen Anteils der Lagerstätte, der im Tagebau angegangen werden kann. Auf Grund des geringen nutzbaren Massenanteils an Kohlenwasserstoffen ($<12\%$) ist der Abbau von T. ein großes Unternehmen. Im Vergleich zu metallischen Erzen hat das aus dem Bitumen erzeugte synthetische Erdöl zudem einen relativ geringen Preis von ca. 0,2–0,3 DM/kg. Zum Betreiben einer Anlage, die je Tag 20 000 m^3 (etwa 6 Mill. t/a) synthetischen Erdöls erzeugt, müssen im Jahr etwa 100 Mill. t T. abgebaut und darüber hinaus etwa 40–70 Mill. t Abraum gehandhabt werden.

Das 1977 in Kanada von Syncrude Canada in Betrieb genommene Abbauverfahren für eine Anlage von ca. 20 000 m^3 Öl pro Tag läuft folgendermaßen ab: Grube und Extraktionsanlage sind durch 2 Vorratshalden weitgehend entkoppelt. Mit Schürfbaggern (Inhalt je Kübel 60 m^3) wird das Deckgebirge abgetragen und in einer benachbarten, bereits ausgehobenen Grube abgeladen. Gleichartige Bagger schürfen auch den T. und deponieren auf einer Halde längs des Grubenrands. Von dort wird der T. mittels Schaufelradförderern auf 1,8 m breite Förderbänder aufgegeben, an deren Ende wiederum eine T.-Halde zwischengeschaltet ist, von der der T. direkt in die Extraktionsanlage gebracht wird.

Das Heißwasserverfahren beruht darauf, daß das Bitumen nicht direkt an die mineralischen Teilchen gebunden, sondern durch einen Wasserfilm von ihnen getrennt ist. In einer Vorbehandlung werden T. und Wasser im Massenverhältnis 1:4 bei einer Temperatur von ca. 80 °C in eine Mischtrommel gegeben. Bei einem durch Alkalien eingestellten pH-Wert von 8–9 entsteht während einer Verweildauer von 10 min eine Aufschlämmung von Bitu-

men, Wasser und lose miteinander verbundenen mineralischen Partikeln. Die Aufschlämmung wird zur Entfernung gröberer Partikel gesiebt. Anschließend wird mit heißem Wasser weiter auf ein Massenverhältnis von 1:6 verdünnt und der Schlamm in den ersten Trennapparat gepumpt. Das Bitumen bildet an der Flüssigkeitsoberfläche einen Schaum. Bitumen hat zwar ungefähr die gleiche Dichte wie Wasser. Da aber während des Prozesses Luftblasen entstehen und Bitumen eine große Affinität zu Luft hat, wird es dennoch an die Oberfläche getragen, um sich dort als Schaum abzulagern. Dieser Schaum besteht aus 60–70 % Massengehalt Bitumen, 20 bis 30 % Wasser und ca. 10 % Feststoffen.

Eine mittlere Fraktion mit 2–6 % Massenanteil Bitumen wird abgezogen und in Flotationszellen aufbereitet. Man erhält dabei einen sog. Sekundärschlamm geringerer Qualität mit 20–40 % Bitumen, 50–70 % Wasser und 10–30 % Feststoffen.

Weitere Verfahren sind die Lösungsmittel-Extraktion, das Kaltwasserverfahren, die Ölphasen-Agglomeration und die Tröpfchen-Agglomeration. In-Situ-Verfahren sind die Dampfinjektion, die Stimulation mit Dampf und Verbrennung mit Gasen sowie trockene Extraktionsverfahren ($\rightarrow$Ölschiefer (Verarbeitung)). *Dohrn*

Literatur: *Bowman, C. W.:* Tar sands and related products as chemical feedstocks. In: Future Sources of Organic Raw Materials. CHEMRAWN I. Oxford 1980. S. 437/66. – *Strausz, O. P.,* u. *E. M. Lown* (Hrsg.): Oil Sands and Oil Shale Chemistry. Chemie Int. New York 1978.

Teiler, größter gemeinsamer. Sind a_ν ($\nu = 1,2,\ldots,$ n) ganze Zahlen mit der Primfaktorzerlegung

$$a_\nu = \pm \prod_{j\in\mathbb{N}} p_j^{\alpha\nu j},$$

wobei p_j, die j-te Primzahl und $\alpha_{\nu j}$ nicht negative ganzzahlige Exponenten bezeichnet, so ist

$$t: = \prod_{j\in\mathbb{N}} p_j^{\gamma_j},$$

mit $\gamma_j = \min\{\alpha_{1j},\ \alpha_{2j},\ \ldots,\ \alpha_{nj}\}$, der g. g. T. von a_1, $a_2,\ldots, a_n$ ($\rightarrow$Division mit Rest). *Schmeißer*

Teilung, harmonische. Die Teilung einer Strecke $\overline{AB}$ durch einen im Inneren von $\overline{AB}$ gelegenen Teilpunkt T_i (innere Teilung) und einen außerhalb gelegenen Teilpunkt T_a (äußere Teilung), so daß für die jeweiligen Teilverhältnisse gilt:

$$\frac{\overline{A\,T_i}}{\overline{T_i\,B}} = - \frac{\overline{A\,T_a}}{\overline{T_a\,B}}.$$

Das Doppelverhältnis der Punkte A, B, T_i, T_a ist gleich -1. Die vier Punkte werden ein harmonisches Punktequadrupel genannt. (Doppelverhältnis, Teilung einer Strecke, harmonische Geraden). *Fischer*

Teilung einer Strecke $\rightarrow$Teilung, harmonische

Tellerfeder →Feder

Temperatur. Thermodynamische Gleichgewichtssysteme (→Gleichgewicht), die keine adiabatischen Wände enthalten, lassen sich mit Hilfe des thermischen Gleichgewichts anordnen. Sind zwei solcher Gleichgewichtssysteme miteinander im thermischen Gleichgewicht, so haben sie die gleiche thermostatische T. Sind die beiden nicht im thermischen Gleichgewicht miteinander, so hat definitionsgemäß dasjenige Gleichgewichtssystem die höhere thermostatische T., das Wärme abgibt, genauer, das einen negativen →Wärmeübergang bei diathermaner Kontaktierung beider Systeme zeigt. Der so eingeführte Begriff der thermostatischen T. bezieht sich strikt auf thermisch homogene, diskrete thermodynamische Systeme im Gleichgewicht. Für das Nichtgleichgewicht läßt sich das Konzept der thermostatischen T. verallgemeinern und übertragen (Kontakt-T.). Die →Thermodynamik kontinuierlicher Systeme verwendet ein T.-Feld, das sich aus der Kontakt-T. diskreter Systeme ableiten läßt.

Durch das thermische Gleichgewicht wird die Anordnung der Systeme nach der thermostatischen T. bestimmt, nicht aber der Wert der T., der erst durch eine Meßvorschrift (→Temperaturmessung) als empirische T. festgelegt wird. Die empirische T. wird in verschiedenen →Temperaturskalen angegeben (Celsius-, →Kelvin-Skala). *Muschik*

Temperatur, absolute. Die empirische T.

$$T := (pV)/(Rn)$$

eines idealen Gases heißt a. T. (p →Druck, V Volumen, n →Molzahl, R →Gaskonstante). Mit einem Gasthermometer, gefüllt mit einem idealen Gas, lassen sich a. T. messen: Wird ein Bezugszustand mit Null gekennzeichnet, dessen absolute Temperatur T_0 bekannt sei, so gilt für die absolute Temperatur T eines beliebigen Zustands:

$$T = \frac{p\,V}{p_0\,V_0}\,T_0,$$

wobei p und V am Gasthermometer abgelesen werden. Nach Konvention wird die absolute Temperatur mit der →Kelvin-Skala kalibriert.

Nach ihrer Definition als empirische T. des idealen Gases ist die absolute Temperatur stets nicht negativ. Es gibt nun Nichtgleichgewichtszustände von Systemen, deren Energiespektrum nach oben beschränkt ist (z. B. Spinsysteme), die durch eine negative a. T. gekennzeichnet werden können. Diese Zustände negativer a. T. werden nicht über $T = 0$ erreicht, so daß die Aussagen des dritten Hauptsatzes nicht berührt werden, sondern über $T = +\infty$. Dieser Zustand mit $T = +\infty$ hat eine endliche Energie, und alle Zustände mit höherer Energie haben negative a. T. *Muschik*

Temperatur, empirische. Durch ein Temperaturmeßgerät (→Temperaturmessung) wird eine e. T. definiert. So macht man sich z. B. die Volumenausdehnung von Gasen oder Flüssigkeiten zur Messung der T. zunutze (Quecksilberthermometer).

Über Gasthermometer oder andere Meßverfahren wird mit Hilfe des thermischen Gleichgewichts jede e. T. an die absolute T. angeschlossen. *Muschik*

Temperatur, kritische. Die kritische Temperatur T_{kr} eines chemisch reinen Stoffes ist dadurch definiert, daß für sie die →Dichte ρ_g des Dampfes gleich der Dichte ρ_f der Flüssigkeit wird:

$$\rho_g\,(T_{kr}) = \rho_f(T_{kr}). \qquad \textit{Muschik}$$

Temperatur, negative absolute. N. T. sind bei Spin-Systemen realisiert, bei denen das Energiespektrum eine obere Grenze besitzt. Dadurch ist die →Entropie keine monoton wachsende Funktion der Energie.

Zustände mit n. a. T. können experimentell mit den Kernspinmomenten in Kristallen, wie z. B. LiF, erzeugt werden, wenn die Relaxationszeit für die Spin-Spin-Wechselwirkungen kurz gegenüber der Relaxationszeit für die Spin-Gitter-Wechselwirkungen ist.

Im Jahr 1951 wurden erstmals Zustände mit n. T. von *E. M. Purcell* und *R. V. Pound* durch rasche Richtungsänderung des äußeren Magnetfelds unter Ausnutzen der sehr schwachen Koppelung zwischen dem Kernspin-System und dem Rest der Substanz experimentell realisiert.

Man betrachte ein System aus Elementarmagneten (Spins), z. B. Elektronen, Atome oder Kerne. In einem starken →Magnetfeld stellen sie sich bei tiefen T. so ein, daß ihre Energie minimal wird, Bild 1a). Nimmt das System Energie durch T.-Erhöhung auf, so orientiert das Feld nicht mehr alle Elementarmagnete. Ihre Verteilung wird mit wachsender Energie immer ungeordneter, bis sie schließlich von einem bestimmten Energiewert ab in vollständige Unordnung übergeht. Das System hat dann seine Magnetisierung verloren. Diesem Zustand entspricht die Temperatur $T \to \infty$, Bild 1b).

Durch weitere Energiezufuhr kann man erreichen, daß sich die Spins hauptsächlich entgegengesetzt zur Feldrichtung anordnen, Bild 1c). Dann ist die innere Energie größer als im Zustand mit $T \to +\infty$, d. h., das System hat eine n. a. T. Das ist deshalb möglich, weil das System die Eigenschaft besitzt, für $T \to \infty$ einem endlichen Grenzwert der Energie zuzustreben.

Bild 2 zeigt die T.-Abhängigkeit der inneren Energie eines Systems, das sich in Zuständen n. a. T. befinden kann. E_G ist der Grenzwert der Energie für $T \to \infty$ °C.

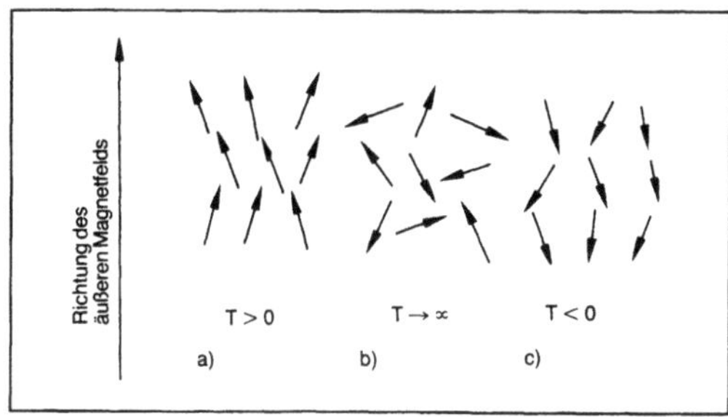

Temperatur, negative, absolute 1: Spin-System mit endlicher innerer Energie im äußeren Magnetfeld.
a) Spin-Einstellung bei niedriger Temperatur und minimaler Energie
b) Maximale Unordnung der Spin-Richtungen bei hoher Temperatur; die Magnetisierung des Spin-Systems ist null
c) Spins entgegengesetzt zur Feldrichtung.

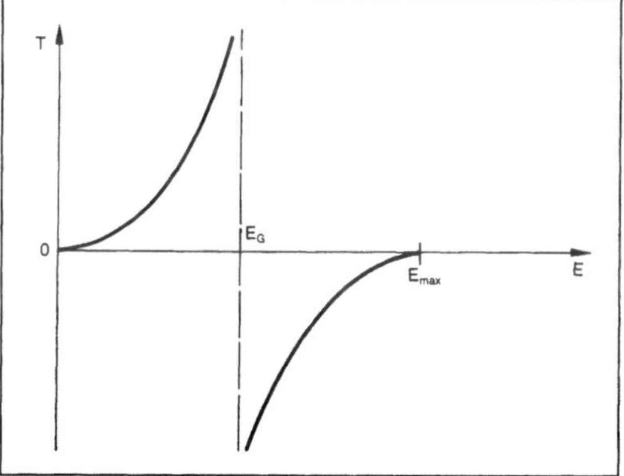

Temperatur, negative, absolute 2: Temperaturabhängigkeit der inneren Energie eines Spin-Systems.

N. a. T. können also demnach nicht etwa dadurch erhalten werden, daß einem System die gesamte Energie der Wärmebewegung entzogen wird, sondern umgekehrt dadurch, daß ihm mehr Energie, als der Temperatur $T = \infty$ entspricht, zugeführt wird. Bei den meisten Systemen ist dieses Vorgehen deshalb ausgeschlossen, weil die innere Energie bei unendlichen hohen T. unendlich groß wird, so daß sie nicht in Zuständen mit n. a. T. übergehen können. Es gibt jedoch bestimmte Systeme (Spin-Systeme), deren innere Energie mit $T \to \infty$ einem endlichen Grenzwert zustrebt. *Wodarzik*

Literatur: *Basarov, I. P.:* Thermodynamik. Ost-Berlin 1972. – *Brenig, W.:* Statistische Theorie der Wärme. Hochschultext. Berlin, Göttingen, Heidelberg 1975.

Temperatur, tiefe.

Erzeugung. Zur Erzeugung t. T. werden in der Kryotechnik (Kältephysik) die Eigenschaften der Gase genutzt, sich unterhalb der kritischen T.

vollständig zu verflüssigen. Die unter Normaldruck siedende Flüssigkeit stellt mit ihrer Siede-T. und Verdampfungswärme ein Kühlreservoir dar und ist Ausgangspunkt zum Erreichen t. T.

Die T. einer Flüssigkeit läßt sich durch Sieden ($\to$ Verdampfung) unter vermindertem Druck bis zu ihrem $\to$ Tripelpunkt erniedrigen. Benutzt man diese Flüssigkeit als Kühlmittel für eine andere, mit einem Tripelpunkt tieferer T., so erreicht man durch analoges Vorgehen tiefere T. Durch eine geeignete Auswahl von Stoffen läßt sich so ein Kaskadenprozeß zur Erzeugung t. T. herstellen, mit dem der Tripelpunkt von Sauerstoff (54 K) erreicht werden kann. Die kritischen Punkte von Wasserstoff (33 K) und Helium (^{4}He: 5,2 K bzw. ^{3}He: 3,3 K) erreicht man so nicht.

Daher sind Wasserstoff und Helium (Siede-T. unter Normaldruck für H_2: 20,4 K, ^{4}He: 4,215 K, ^{3}He: 3,19 K) nach der Kaskadenmethode nicht zu verflüssigen.

Dies gelingt mit dem Joule-Thomson-Prozeß, wenn unter die Inversions-T. vorgekühlt wird (für Wasserstoff 90 K; Heliumverflüssigung 1908 durch *K. Onnes*). Durch äußere Arbeitsleistung bei Expansion lassen sich Gase ebenfalls verflüssigen (*Kapitza*).

Durch Sieden unter vermindertem Druck lassen sich bei kryotechnisch begrenzten Pumpleistungen ca. 0,95 K mit ^{4}He bzw. ca. 0,3 K mit ^{3}He erreichen.

Tiefere T. erreicht man durch Verwendung einer Flüssigkeitsmischung von ^{4}He und ^{3}He, die sich aus quantenphysikalischen Gründen spontan unterhalb ca. 0,8 K in zwei verschieden dichte Phasen mit unterschiedlicher ^{3}He-Konzentration trennt. Durch Verminderung der ^{3}He-Konzentration in der verdünnten ^{3}He-^{4}He-Phase treten ^{3}He-Atome aus der konzentrierten (^{3}He-reichen) Phase durch die Phasengrenze der beiden Flüssigkeiten, wobei Entmischungswärme dem Gesamtsystem entzogen wird (^{3}He-^{4}He-Entmischungsverfahren). Im kontinuierlichen Kreislauf können tiefste T. bis zu 0,004 K erreicht werden.

Sehr t. T. erreicht man auch durch adiabatische Entmagnetisierung paramagnetischer Salze bei Abschalten eines äußeren Magnetfelds (10^{-2}K). Wird bei diesen T. der Kernspin zur Entmagnetisierung benutzt, so erreicht man wegen der geringen Wechselwirkung der Kernmomente gegenüber denen der Elektronenspinwechselwirkungen T. bis zu 10^{-6}K und tiefer.

Messung. Die Messung tiefer T. erfolgt mit Sekundärthermometern, die mit Gasthermometern geeicht werden, die sich auf die festgelegten Fixpunkte der $\to$ Kelvin-Skala beziehen. Die folgende Tabelle zeigt T.-Bereiche und die verwendeten Sekundärthermometer.

Bereich	Thermometer
400 K – 10 K	Pt-Widerstandsthermometer
100 K – 0,1 K	Halbleiterwiderstands-thermometer
5,2 K – 0,8 K	Dampfdruckthermometer mit ^{4}He
3,3 K – 0,3 K	Dampfdruckthermometer mit ^{3}He
1 K – 0,01 K	Suszeptibilität eines para-magnetischen Salzes

Phänomene. Es gibt Stoffe (Metalle, Sintermaterial), deren elektrischer →Widerstand bei hinreichend t. T. entweder sprungartig oder in einem hinreichend engen T.-Bereich verschwindet. Solche Stoffe heißen Supraleiter. Die Erscheinung wird →Supraleitung genannt.

Unterhalb von 2,18 K zeigt flüssiges Helium einen →Phasenübergang zweiter Ordnung, bei dem die Viskosität sich sprungartig vermindert, aber von der Meßmethode abhängig wird. So findet man beim Durchfluß durch Kapillaren keine Viskosität. Dieses Materialverhalten wird als Suprafluidität bezeichnet.

Weitere Phänomene, die bei t. T. beobachtet werden, sind der Quanten-Hall-Effekt, bei dem der Hall-Widerstand mit monoton steigendem →Magnetfeld periodisch steigt und fällt und zu null verschwindet, die Kernspinorientierung durch ein äußeres Magnetfeld oder durch das Kristallfeld und die Magnetflußquantisierung bei Supraleitung in mehrfach zusammenhängenden Gebieten. *Muschik/Meissner*

Temperaturleitfähigkeit. Die T. ist durch

$$a := \kappa/\rho c$$

definiert (κ Wärmeleitfähigkeit, ρ Massendichte, c spezifische Wärme). Sie hat die Dimension ms^{-1}.

Wie aus der Wärmeleitungsgleichung für isotrope, starre Wärmeleiter (→Wärmeleitung)

$$\partial T/\partial t = a \, \nabla \cdot \nabla T = 0$$

(T Temperatur, t Zeit, ∇ Gradient) zu entnehmen ist, erfolgt bei gleichem Temperaturfeld der Wärmeausgleich in jenem Stoff schneller, der die größere Temperaturleitfähigkeit besitzt. *Muschik*

Temperaturmessung. Entsprechend den vielfältigen Aufgabenstellungen beim Messen von Temperaturen wird eine große Anzahl von Effekten meßtechnisch ausgenutzt, bei denen physikalische und chemische Stoffeigenschaften temperaturabhängig sind (Bild 1). Mit Ausnahme optoelektronischer Temperaturmeßverfahren beruhen alle Tempera-

turmeßaufnehmer auf dem Transport von Wärme zum Meßfühler. Bei den mechanischen und elektrischen Berührungsthermometern geschieht dieser Wärmetransport durch Wärmeleitung und Konvektion, bei den Strahlungsthermometern (berührungslosen Thermometern) durch Wärmestrahlung. Nach Erreichen des thermischen Gleichgewichts zwischen dem zu untersuchenden Körper und dem Meßaufnehmer kann man auf die zu messende Temperatur schließen.

Mechanische Berührungsthermometer. Fast alle beruhen auf der unterschiedlichen →Wärmeausdehnung verschiedener Stoffe. Bei Flüssigkeits-Glasthermometern dehnt sich die Meßflüssigkeit stärker als der umgebende Glasbehälter aus. Die Meßflüssigkeit befindet sich zum größten Teil in einem kugel- oder zylinderförmigen Gefäß, dem eigentlichen Meßfühler, das in eine lange dünne Kapillare mündet. An dieser Kapillare ist eine Skale angebracht, für deren Teilstrichabstand je nach Meßflüssigkeit und Meßbereich Werte zwischen 0,01 und 10 K genormt sind. Genaue Thermometer werden stets in ganz eingetauchtem Zustand justiert. Wenn bei einer Messung nicht die ganze Meßflüssigkeit der zu messenden Temperatur ausgesetzt ist, was häufig der Fall ist, kann man den dadurch entstehenden Meßfehler durch eine Korrektur für den herausragenden Teil der Kapillare eliminieren. Eine besondere Ausführungsform des Flüssigkeits-Glasthermometers ist das Minima-Maxima-Thermometer mit Alkohol als Meßflüssigkeit, die in einer Kapillare einen Quecksilberfaden hin- und herschiebt. Die Extremwerte werden durch Stahlstäbchen angezeigt (Bild 2).

Das Flüssigkeitsfederthermometer besteht aus einem Metallgefäß als Temperaturfühler, in dem sich die Hauptmenge der Meßflüssigkeit befindet, einem anschließenden dünnen Metallrohr als Kapillare und einem Anzeigeteil mit einem elastischen Meßorgan, das die Volumendehnung der Flüssigkeit in einen Weg oder Winkel umformt. Statt des Anzeigeteils kann auch ein Schalter vorgesehen werden, der beim Durchfahren einer einstellbaren Schwelle umschaltet. Diese Ausführungsform, die eine →Temperaturregelung ermöglicht, ist häufig bei Kühlschränken und Waschmaschinen anzutreffen. Wenn Meßort und Anzeigeort räumlich getrennt sein müssen, kann das Kapillarrohr bis zu 60 m lang sein. Die Meßfühler in Heizkörperthermostatventilen arbeiten ebenfalls nach dem vorstehend beschriebenen Meßprinzip.

Zwei Metalle, die sich unter Temperatureinfluß unterschiedlich stark ausdehnen, lassen sich zu einem Metallausdehnungsthermometer kombinieren. Wenn beide Metalle in Stabform vorliegen, ist die auswertbare Längendifferenz relativ gering, da man die Stäbe nicht beliebig lang machen kann. Derartige Stabausdehnungsthermometer können

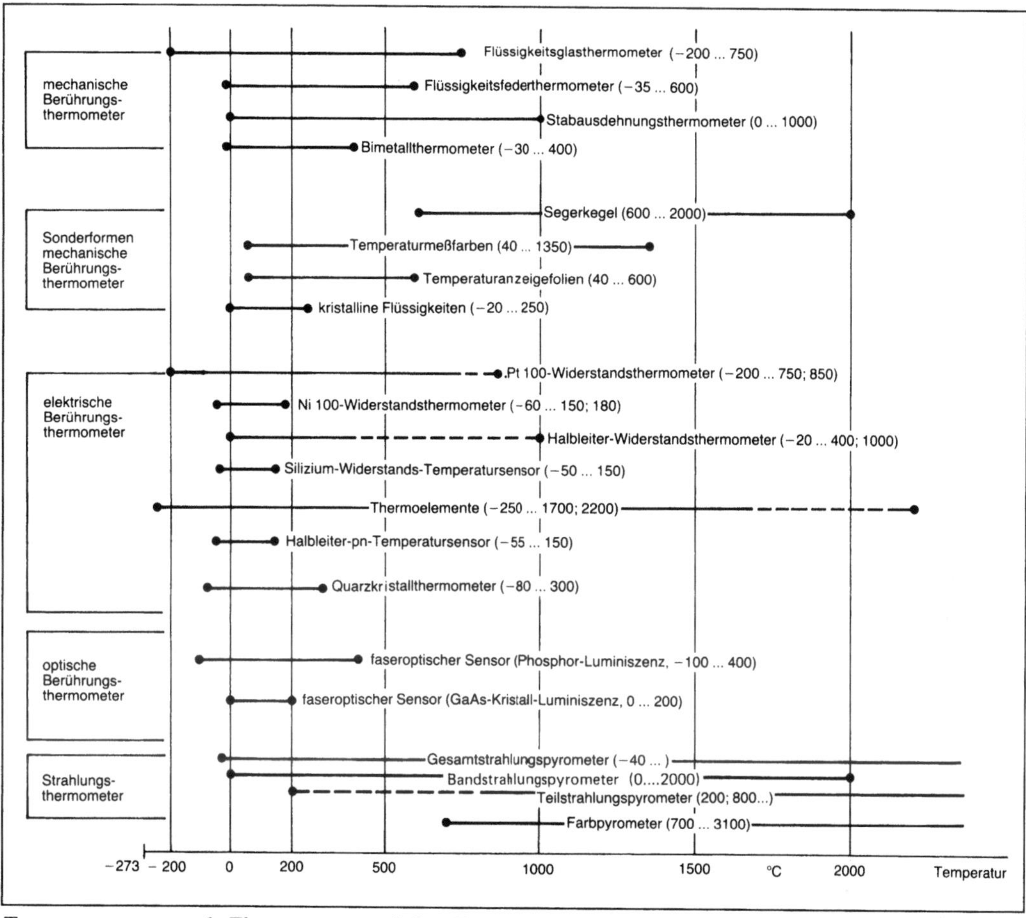

Temperaturmessung 1: Thermometer und ihre Einsatzbereiche.

− − − weniger verwendete Bereiche

jedoch große Kräfte ausüben. Deshalb setzt man sie in direktwirkenden Temperaturreglern ein. Zwei oder mehr aufeinandergewalzte Werkstoffe mit unterschiedlichen Ausdehnungskoeffizienten reagieren mit einer Biegung auf eine Temperaturänderung. Dieser Effekt, der wesentlich größer ist als die Dehnungsdifferenz bei den Stabausdehnungsthermometern, liegt den Bimetallthermometern zugrunde.

Durch schraubenförmige oder spiralige Anordnung des Bimetalls lassen sich diese Thermometer sehr klein gestalten. Meist werden sie nur zu Anzeigezwecken verwendet. Mit einem Schalter kombiniert sind sie jedoch auch zur Temperaturregelung geeignet (z. B. im Bügeleisen).

Sonderformen mechanischer Berührungsthermometer. Einige spezielle berührende, nichtelektrische Temperaturmeßverfahren seien noch genannt:

□ Segerkegel sind kleine schmale Pyramiden aus keramischen Materialien, die bei bestimmten Tem-

peraturen erweichen. Sobald sich die Spitze bis zur Unterlage geneigt hat, ist die Nenntemperatur des Segerkegels etwa erreicht. Segerkegel sind für viele Nenntemperaturen erhältlich und werden z. B. in Brennöfen in der keramischen Industrie eingesetzt.

□ Temperaturmeßfarben (Thermofarben oder Thermokreiden) wechseln in Abhängigkeit von der Temperatur ihre Farbe. Mit ihnen kann man die Temperatur und die Temperaturverteilung auf größeren Flächen mit begrenzter Genauigkeit bestimmen.

□ Temperaturanzeigefolien zeigen bei Erreichen einer vorgegebenen Temperatur einen irreversiblen Farbumschlag. Sie erlauben es, die Oberflächen z. B. von Maschinen oder Elektronikbauteilen zuverlässig bez. Überschreitens von Grenztemperaturen zu überwachen.

□ Es gibt kristalline Flüssigkeiten, die einen stetigen reversiblen Farbumschlag von Rot nach Blau mit

751

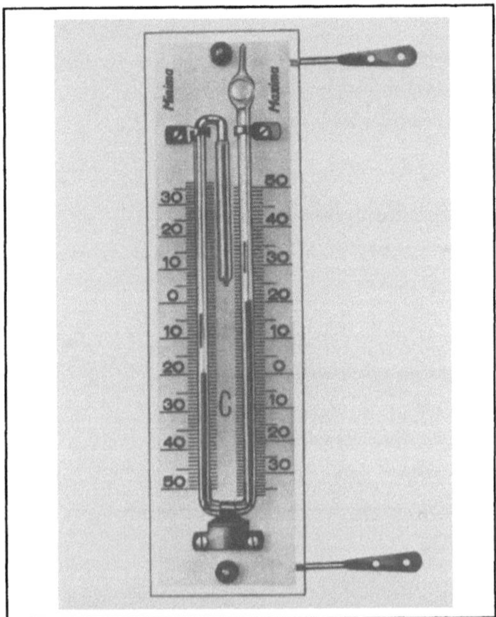

Temperaturmessung 2: Minima-Maxima-Thermometer. (Quelle: Eschenbach-Optik)

allen Zwischenfarben in Abhängigkeit von der Temperatur zeigen.

Elektrische Berührungsthermometer. Den mechanischen Berührungsthermometern haftet ein entscheidender Nachteil an: Ihre Ausgangssignale können nicht über größere Strecken übertragen und auch nicht mit anderen Meßsignalen in meßwertverarbeitenden Systemen verknüpft werden. Deshalb beruhen in der industriellen Meßtechnik Temperaturmeßverfahren hauptsächlich auf der Temperaturabhängigkeit entweder des elektrischen Widerstands von Metallen oder Halbleitern (→Widerstandsthermometer) oder des thermoelektrischen Effekts (→Thermoelement). Nach Erfassen dieser Meßeffekte und geeigneter elektrischer Umformung erhält man Meßsignale, die über beliebige Entfernungen übertragbar und beliebig verknüpfbar sind.

Besonders präzise Messungen sind mit dem volldigitalen Quarzkristallthermometer möglich, dessen Schwingquarz so hergestellt ist, daß er z. B. bei 0 °C mit f ≈ 28,2 MHz schwingt, wobei f mit 1 kHz/K temperaturabhängig ist. Man vergleicht nun f mit der Schwingungsfrequenz eines Referenzkristalls, die durch ein anderes Herstellungsverfahren praktisch unabhängig von der Temperatur ist. Die Differenzfrequenz wird mittels eines elektronischen Zählers gemessen. Das Quarzkristallthermometer arbeitet sehr genau: Seine Meßfehler übersteigen 0,075 K nicht. Temperaturdifferenzen lassen sich noch genauer ermitteln, da die Auflösung um so besser ist, je größer man die Zählzeit des Zählers wählt. Bei 10 s Zählzeit beträgt die Auflösung

0,0001 K. Das Quarzthermometer QuaT ist dank der eingesetzten mikroelektronischen Komponenten bei guter Genauigkeit so preisgünstig, daß es eine Alternative zu den herkömmlichen Verfahren darstellt. Bis zu 16 Quarzsensoren lassen sich an derselben Zwei-Draht-Leitung betreiben.

Mit den Mitteln der Halbleitertechnologie gefertigte, preisgünstige Temperatursensoren beruhen auf der linearen Temperaturabhängigkeit der Kollektor-Emitter-Spannung eines als Diode geschalteten Silicium-Transistors, der mit konstantem Strom gespeist wird. Durch eine entsprechende Beschaltung kann man die Ausgangsspannung eines solchen Si-pn-Sensors direkt proportional zur Kelvin- oder zur Celsius-Temperatur machen, z. B. 10 mV/K; Meßunsicherheit ca. ±2 °C.

Optische Berührungsthermometer. Faseroptische Temperatursensoren sind über einen Lichtwellenleiter mit dem Empfangsteil und der Auswerteelektronik verbunden. Zwei derartige Geräte seien erläutert. Beim ersten Gerät speist eine Leuchtdiode Licht mit einem Intensitätsmaximum bei ca. 750 nm in ein Multimode-Faserkabel ein, an dessen Ende sich ein kleiner GaAs-Kristall befindet (Bild 3). Das Lumineszenzlicht des Sensorkristalls gelangt über das gleiche Faserkabel in den Empfangsteil. Dort werden aus dem Luminanzspektrum zwei schmale Bänder isoliert. Das Intensitätsverhältnis wird elektronisch gebildet. Es ist ein Maß für die Temperatur des Sensors; Schwankungen der Eigenschaften der Leuchtdiode, des Faserkabels und der Koppelstellen spielen fast keine Rolle. Das Gerät hat einen Meßbereich 0–200 °C, eine Auflösung von ca. 0,1 °C und eine Meßunsicherheit von ca. ±1 °C. Bei einem anderen Gerät (Luxtron) wird die Photolumineszenz von Phosphor genutzt, der sich am Ende des Lichtwellenleiters befindet. Ein kurzer blauer Lichtimpuls regt den Phosphor an. Die Abklingzeit des daraufhin emittierten Lichts hängt von der Temperatur im Sensormaterial ab und wird gemessen. Meßbereich −100 bis 400 °C, Auflösung ca. 0,1 °C, Meßunsicherheit ca. ±1 °C. Der Lichtwellenleiter muß nicht fest mit dem Phosphor verbunden sein. Wenn man etwas Phosphor auf der Oberfläche anbringt, deren Temperatur gemessen werden soll, kann bei Verwenden einer Linse die optische Signalübertragung berührungslos über maximal ca. 10 cm erfolgen.

Der T. mit Berührungsthermometern sind nach zwei Seiten hin Grenzen gesetzt. Zum einen sind durch die Materialeigenschaften bei diesen Temperaturfühlern obere Temperaturgrenzen festgelegt. Zum anderen kommt es in der Verfahrenstechnik häufig vor, daß die Temperatur schnell bewegter Objekte bestimmt werden muß. Berührende Meßmethoden sind dazu ungeeignet. Man muß dann zur T. einen physikalischen Effekt heranziehen, der berührungslos erfaßbar ist. Ein solcher Effekt ist die Temperatur-

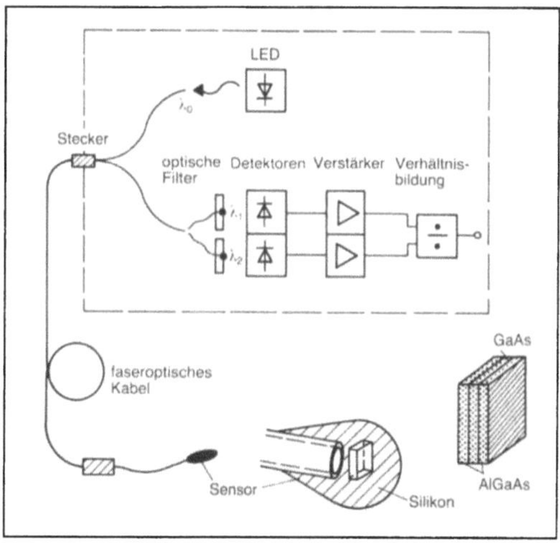

*Temperaturmessung 3: Faseroptisches Temperatur-
meßsystem auf der Basis von Photolumineszenz.
(Quelle: ASEA)*

strahlung (Infrarot). Die auf ihm beruhenden Thermometer heißen Strahlungsthermometer oder Strah-
lungspyrometer (→Pyrometer).   *Hammerschmidt*

Literatur: *Liebler, E.,* u. *R. Plesch:* Lexikon der Analysen-,
Meß- und Regelungstechnik. Hrsg. Siemens. Berlin, München
1980. – *Lieneweg, F.:* Handb. technische Temperaturmessung.
Braunschweig 1976. – *Profos, P.:* Handb. industrielle Meßtech-
nik. Essen 1984. – *Weichert, L.:* Temperaturmessung in der
Technik. Grafenau 1976.

Temperaturregelung. Regelung der Temperatur
strömender Fluide, von Reaktor- oder Behälterin-
halten, Oberflächen usw. durch Heizen oder Kühlen. Temperaturregelstrecken der Verfahrenstechnik sind meist verzögerungsbehaftet. Einer Verzugszeit folgt ein Anstieg mit großer Ausgleichszeit.
Bedingt durch dieses träge Verhalten kann der

→Regler Störungen, z. B. Druckschwankungen im
Heizdampfstrom, oft nicht schnell genug entgegen-
wirken, so daß vielen T. dynamisch schnelle Druck-,
Durchfluß- aber auch Temperaturregelkreise in
Kaskadenschaltungen untergeordnet werden.

Für die T. über elektrische Heizeinrichtungen von
Extrudern, Pressen usw. gibt es in großer Zahl Zwei-
und →Dreipunktregler mit auf diese Regelstrecken
zugeschnittenen, fest eingestellten Regelparametern.
Für manche Regelaufgaben muß auch gekühlt und
geheizt werden. So muß beispielsweise bei der T.
eines Rührkessels (Bild), je nach Reaktionsschritt,
dem Reaktorinhalt Energie zugeführt oder entzogen
werden. Der Temperaturregler arbeitet dazu als
→Split-range-Regelung: Seinem Stellbereich sind
die Stellgeräte so zugeordnet, daß bei Temperat“anstieg erst das Heizdampfventil schließt und bei
weiterem Anstieg das Kühlwasserventil öffnet
(→Kontrollpunktregelung).   *Strohrmann*

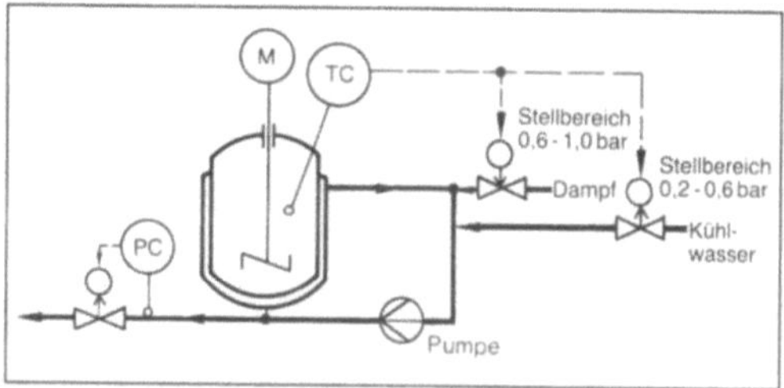

*Temperaturregelung: T. eines Rührkessels. Darstel-
lung nach DIN 19227.*

Literatur: *Hengstenberg, J.; B. Sturm* und *O. Winkler:* Messen,
Steuern und Regeln in der Chemischen Technik. 3. Aufl.,
Bd. III. Berlin–Heidelberg–New York 1981. – *Strohrmann, G.:*
Automatisierungstechnik, Bd. 1 Grundlagen, analoge und
digitale Prozeßleitsysteme. 3. Aufl. München–Wien 1992.

Temperatursensor. T. lassen sich nach folgenden
Eigenschaften klassifizieren: Meßeffekt (→Tempe-

Temperatursensor. Tabelle: Temperaturmeßbereiche und Meßgrundlagen.

Temperatursensor	Meßbereich in °C	physikalischer Effekt
Thermoelement	− 200 … + 1 600	Seebeck-Effekt
Metall-Widerstandsthermometer	− 270 … + 850	⎫
Si-Elemente	− 50 … + 150	⎬ Temperaturabhängigkeit des
Kaltleiter	− 30 … + 350	⎪ elektrischen Widerstandes
Heißleiter	− 50 … + 350	⎭
Photodiode, Photoleiter	0 … + 4 000	Temperaturabhängigkeit der Fluß- spannung eines pn-Überganges
pyroelektrischer Detektor	0 … + 4 000	Temperaturstrahlung
Dehnungsthermometer	− 200 … + 1 000	⎫ Wärmeausdehnung
Gasthermometer	− 250 … + 1 000	⎭
Temperaturmeßfarben	− 30 … + 1 600	Temperaturabhängigkeit chemischer Reaktionen

raturmessung), Meßbereich, Genauigkeit, Art und Form des Ausgangssignales, Art und Größe des Meßobjektes.

Ein Überblick über die verschiedenen Arten von T. mit den jeweiligen Meßbereichen und den zugrundegelegten physikalischen Effekten wird in der nachstehenden Tabelle gegeben.

Die höchste Temperaturauflösung wird mit Quarz-Sensoren erreicht (10^{-5} °C); Flüssigkeits-Glasthermometer ermöglichen eine Auflösung von 10^{-3} °C. Diese hohen Werte für die Auflösungen entsprechen jedoch nicht den Meßgenauigkeiten.

Art und Größe des Meßobjekts beeinflussen weitgehend die Wahl des T. bzw. seines Aufbaues (Material, Größe und Form). Das Gehäuse hat auch einen Einfluß auf die Ansprechzeitkonstante des T.

Die Anwendungen des T. liegen nicht nur im Bereich der direkten Temperaturmessung sondern auch in der Erfassung anderer physikalischer Größen, z. B. →Druck, Durchfluß (→Anemometer), →Strom. *Csepregi/Schaumburg*

Literatur: *Scholz, J.* and *T. Ricolfi:* Thermal sensors in Sensors Vol. 4 (Eds. Göpel W., Hesse J., Zemel J. N.) Weinheim 1990.

Temperaturskale. Zur Angabe von Temperaturen sind im SI (→Einheiten des SI) die Einheiten →Kelvin (K) und Grad Celsius (°C) (→Celsiusskala) vorgesehen. In den angelsächsischen Ländern sind auch noch die Einheiten Fahrenheit (°F), Fahrenheitskale, und Rankine (°R), Rankineskale, in Gebrauch (Tabelle 1). Der Zusammenhang zwischen den vier T. sowie die Formeln zur Umrechnung von Temperaturangaben in die SI-Einheiten Grad Celsius und Kelvin sind in Tabelle 1 und 2 dargestellt. *Hammerschmidt*

Tensor. T. sind Gegenstand der Multilinearen →Algebra. Sie treten als Multilinearformen (bzw. deren Koeffizienten) über Vektorräumen auf, sind durch ihr Transformationsverhalten bei Koordinatentransformationen gekennzeichnet und können als Elemente speziell konstruierter Vektorraum-Typen (sog. Tensorräume, Tensorprodukt) aufgefaßt werden. Die Tensorrechnung geht wesentlich auf die Mathematiker *E. Christoffel* (1829–1900) und *G. Ricci-Curbastro* (1853–1925) zurück. Sie wird als algebraische Methode vor allem in der →Differentialgeometrie eingesetzt. Dort geben z. B. metrische Fundamentaltensoren und Krümmungstensoren (→Krümmung) über die metrische Beschaffenheit und das Krümmungsverhalten von differenzierbaren Mannigfaltigkeiten Aufschluß. Ein weiteres großes Feld von Anwendungen liegt im Bereich der Physik (z. B. Spannungstensoren (→Elastizitätstheorie), Trägheitstensoren (starre →Körper), Energie-Impuls-T. (Relativitätstheorie)).

Zur Vereinfachung der Schreibweise von T. ist die folgende Summations-Vereinbarung (A. Einstein)

Temperaturskale. Tabelle 1: Zusammenhang zwischen den vier Temperaturskalen.

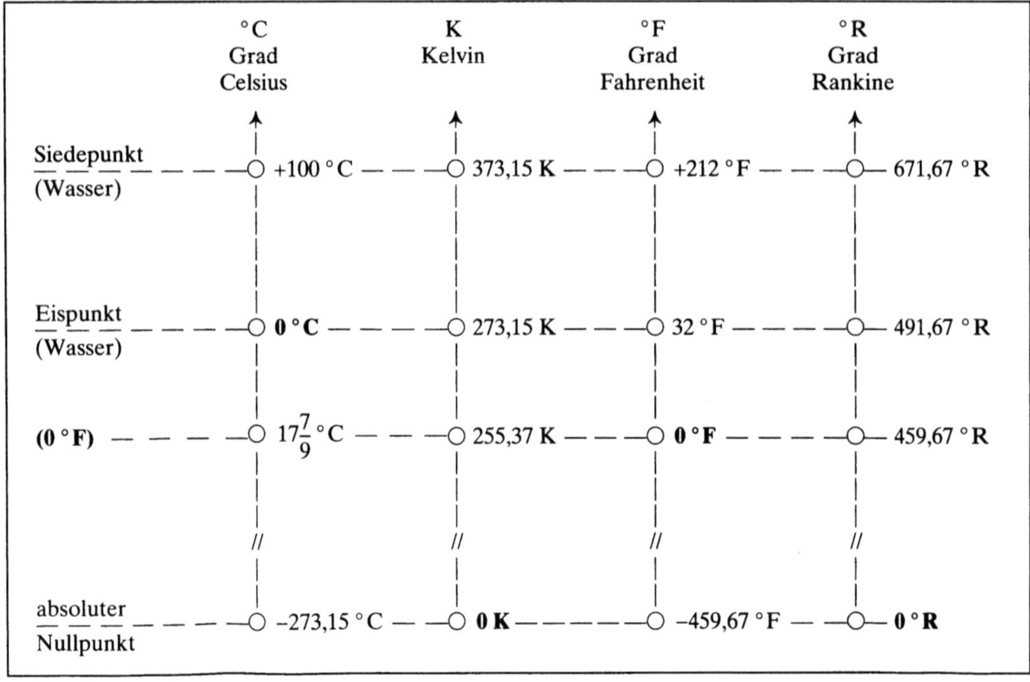

Temperaturskale. Tabelle 2: Umrechnung von Temperaturangaben in die SI-Einheiten Grad Celsius und Kelvin.

t_C, T_K, t_F, T_R Celsius-, Kelvin-, Fahrenheit- und Rankine-Temperaturen

gegebene Temperatur in	Umrechnung in °C	Umrechnung in K
°C	1	$\dfrac{T_K}{K} = \dfrac{t_C}{°C} + 273{,}15$
K	$\dfrac{t_C}{°C} = \dfrac{T_K}{K} - 273{,}15$	1
°F	$\dfrac{t_C}{C} = \dfrac{1}{1{,}8}\left(\dfrac{t_F}{°F} - 32\right)$	$\dfrac{T_K}{K} = \dfrac{1}{1{,}8}\left(\dfrac{t_F}{°F} + 459{,}67\right)$
°R	$\dfrac{t_C}{°C} = \dfrac{1}{1{,}8}\cdot\dfrac{T_R}{°R} - 273{,}15$	$\dfrac{T_K}{K} = \dfrac{1}{1{,}8}\cdot\dfrac{T_R}{°R}$

üblich: Tritt ein Term auf, der denselben kleinen lateinischen Buchstaben sowohl als oberen wie als unteren Index enthält, so ist der Summenterm aller durch Einsetzen in den Index erzeugbaren Terme gemeint. Auf das Summenzeichen wird also verzichtet.

1. T. 1. und 2. Stufe.

a) Es sei V ein n-dimensionaler Vektorraum über einen Körper K. Dann besitzt jeder →Vektor x aus V bezüglich einer Basis e_i, . . ., e_n die Darstellung $\underline{x} = x^i\underline{e}_i$ (Summationskonvention). Ist $\overline{e}_i$ . . ., $\overline{e}_n$ eine weitere Basis von V mit $\underline{x} = \overline{x}^j\overline{\underline{e}}_j$, so transformieren sich die →Koordinaten von $\underline{x}$ gemäß

$$\overline{x}^k = a^k_j x^j, \quad x^j = a^j_k \overline{x}^k, \tag{1}$$

wobei $\overline{\underline{e}}_k = a^i_k \underline{e}_i$ und $\underline{e}_j = a^k_j \overline{\underline{e}}_k$.

Die Vektoren aus V heißen kontravariante Vektoren oder kontravariante T. 1. Stufe oder (0,1)-Tensoren. Die →Transformation ihrer Komponenten (Koordinaten) bei einer Basistransformation wird durch (1) beschrieben.

b) Weiterhin bezeichne V* den n-dimensionalen Vektorraum der Linearformen über V* (Dualraum). Die Komponenten eines Vektors $\underline{l}$ aus V* werden bezüglich einer Basis durch untere Indizes gekennzeichnet.

Ist in V eine Basis $\underline{e}_i$, . . ., $\underline{e}_n$ ausgezeichnet, so liefern diejenigen Linearformen l eine (duale) Basis für V*, für die gilt: $l(e_i) = 1$, 1 Eins in K, für genau ein i, $1 \le i \le n$ und $l(\underline{e}_j) = 0{,}0$ aus K, für j + i. Bezüglich der so gewonnenen dualen Basis $\underline{e}^1$, . . ., $\underline{e}^n$ für V* besitzt jede Linearform (jeder Vektor) $\underline{l}$ aus V* die Darstellung: $\underline{l} = l_i\underline{e}^i$. Der Basistransformation von a) entspricht nun eine Transformation der Komponenten eines Dualvektors gemäß:

$$l_i = a^k_i \overline{l}_k, \quad \overline{l}_k = a^i_k = a^i_k l_i. \tag{2}$$

Die Vektoren des Dualraumes V* heißen kovariante Vektoren, kovariante T. 1. Stufe bzw. (1,0)-T. Für die Transformation ihrer Komponenten bei einer Basistransformation gilt (2).

c) Anwendung. Eine Fläche im dreidimensionalen euklidischen Raum läßt sich bekanntlich durch eine Vektorfunktion x (u^1, u^2) darstellen. Für einen festgewählten Flächenpunkt x (u^1, u^2) spannen die Vektoren

$$x_{u^1}(u^1, u^2), x_{u^2}(u^1, u^2), x_uk := \frac{\partial x}{\partial u^k},$$

den Tangentialraum im Flächenpunkt x (u^1, u^2) auf. Geht man nun durch eine zulässige Parametertransformation zu den Koordinaten $\overline{u}^1$, $\overline{u}^2$ über, so hat dies einen Basiswechsel in der Tangentialebene zur Folge. Ist $\underline{v}$ ein Vektor der Tangentialebene mit $\underline{v} = v^i\underline{x}_ui$, so gilt für die Transformation:

$$v^i = \overline{v}^k \frac{\partial u^i}{\partial \overline{u}^k}, \quad \overline{v}^k = v^i \frac{\partial \overline{u}^k}{\partial u^i}. \tag{3}$$

Damit ist dem Flächenpunkt ein kontravarianter T. 1. Stufe zugeordnet, dessen Transformationsverhalten durch (3) beschrieben wird. I. a. ist der T. nicht nur für den Flächenpunkt, sondern für eine offene Teilmenge der Punktemenge der Fläche gegeben. Man spricht daher auch von einem kontravarianten Tensorfeld (Vektorfeld) 1. Stufe.

d) Es seien V, W endlich-dimensionale Vektorräume über einen gemeinsamen Körper K (z. B. K = $\mathbb{R}$). Eine Funktion B, die jedem geordneten Paar (x, y) von Vektoren $\underline{x}$ aus V und $\underline{y}$ aus W einen →Skalar aus K zuordnet, heißt Bilinearform, wenn sie für jedes fest gewählte $\underline{x}$ eine Linearform über W und für jedes fest gewählte $\underline{y}$ eine Linearform über V ist. Ist W = V und $\underline{e}_i$ eine Basis für V, so gilt:

$$B(\underline{x},\underline{y}) = B(x^i\underline{e}_j, y^k\underline{e}_k)$$
$$B(\underline{e}_i, \underline{e}_k)\, x^i y^k$$
$$b_{ik}x^i y^k.$$

Bei einer Basistransformation $\bar{e}_j = a^i_j \underline{e}_i$ transformieren sich die Komponenten b_{ik} wie folgt:

$$\bar{b}_{jl} = B\,(\bar{e}_j,\, \bar{e}_l) = (B\,(a^i_j \underline{e}_i,\, a^k_l \underline{e}_k) \tag{4}$$
$$= a^i_j a^k_l b_{ik}.$$

Die Bilinearform B heißt ein kovarianter T. 2. Stufe oder (2,0)-T.; b_{ik} heißen die Komponenten des T. bezüglich der Basis $\underline{e}_i$.

Ist $W = V^*$, so gilt für die $\bar{\bar{B}}$ilinearform $B(\underline{x}, \underline{l})$ über V, V^* wegen der Betrachtungen in b):

$$\bar{b}_j = B(\bar{e}_j,\, \bar{e}^l) = a^i_j \alpha^l_k b^k_i. \tag{5}$$

B heißt ein einfach kovarianter, einfach kontravarianter T. oder (1,1)-T.

Letztlich tritt der Fall $V = W = V^*$ auf. Hier gilt für eine Bilinearform B über V:

$$\bar{b}^{jl} = \alpha^j_i \alpha^l_k {}^{ik} \tag{6}$$

B heißt ein zweifach kontravarianter T. oder (0,2)-T.

Die metrischen Fundamentalgrößen der Flächentheorie transformieren sich zweifach kovariant und sind die Komponenten eines metrischen Fundamentaltensors der Fläche.

2. Allgemeine Definition.

Es sei V ein n-dimensionaler Vektorraum, V^* der Dualraum von V. Weiterhin sei $V_1, \ldots, V_r$ eine Folge von Vektorräumen mit der Eigenschaft: $V_1 = V_2 = \ldots = V_p = V$, $1 \leq p \leq r$, und $V_{p+1} = \ldots = V_{p+q=r} = V^*$. Jede Multilinearform B (multilineare Abbildung) über $V_i, \ldots, V_r$ heißt dann ein p-fach kovarianter, q-fach kontravarianter T. oder (p,q)-T. Bezüglich der Basen $\underline{e}_k$, $\underline{e}^i$ für V, V^* ergeben sich die Komponenten des $\bar{T}$. durch

$${}^{i_1, \ldots, i_q}_{c_{l_1}, \ldots, l_p} = B\,(\underline{e}_{l_1}, \ldots, \underline{e}_{l_p};\, \underline{e}^{i_1}, \ldots, \underline{e}^{i_q}).$$

B heißt auch ein gemischter T. der Stufe $p + q$. T. lassen sich auch als Elemente von geeignet definierten Tensorprodukten von Vektorräumen bzw. Moduln auffassen.

Die Transformation der Komponenten eines (r,s)-T. vollzieht sich in Analogie zu den Überlegungen in 1. Ebenso läßt sich 1.c) für (r,s)-T. verallgemeinern. T. heißen gleichartig, wenn sie über der gleichen Folge von Vektorräumen erklärt sind. Gleichartige T. A, B lassen sich addieren. Die Summe $C = A + B$ ist erklärt durch

$$a^{q_1, \ldots, q_s}_{\alpha_{l_1}, \ldots, l_r} + b^{q_1, \ldots, q_s}_{b_{l_1}, \ldots, l_r} = c^{q_1, \ldots, q_s}_{c_{l_1}, \ldots, l_r}$$

d. h. durch Addition entsprechend indizierter Komponenten. Die Multiplikation von T. ist für beliebige T. erklärt. Man multipliziert jede Komponente des T. A mit jeder Komponente des T. B. Insbesondere ist hiermit die Multiplikation eines T. mit einem (0,0)-T. (Skalar) erklärt. Die entstehenden Produkte bilden die Komponenten des T. $A \cdot B$, der i. a. einen T. höherer (gemischter) Stufe in bezug auf die Stufen der T. A, B bildet. Man erkennt aus dem Vorgenannten, daß gleichartige T. einen Vektorraum über dem Skalarkörper bilden; überdies ist ein „äußeres Produkt" durch die Multiplikation von T. erklärt.

Bei einem gemischten T. A kann man einen oberen und einen unteren Index gleichsetzen und gemäß der Summationsvereinbarung über die gleichgesetzten Indizes summieren. Ist A ein (r,s)-T., so erhält man durch diese Operation (Verjüngung) einen $((r-1),\,(s-1))$-T. So entsteht durch Verjüngung aus dem T. a^k_j der Skalar a^i_j. Die Multiplikation zweier T. mit anschließender Verjüngung nach Indizes, die aus verschiedenen Faktoren stammen, heißt die Überschiebung der beiden T.; aus a^j und b_k wird $a^j b_j$. Ein T. heißt symmetrisch bezüglich zweier Indizes (beide kontravariant oder beide kovariant), wenn jede T.-Komponente denselben Wert wie diejenige Komponente aufweist, die man durch gegenseitige Vertauschung der beiden Indizes der betrachteten T.-Komponente erhält.

Ein T. heißt symmetrisch, wenn er bezüglich aller (gleichartigen) Indexpaare symmetrisch ist. Unterscheiden sich für ein gleichartiges Indexpaar die genannten Komponenten nur im Vorzeichen, so heißt der T. alternierend oder schiefsymmetrisch bezüglich der beiden Indizes. Ein T. heißt alternierend, wenn er dies bezüglich aller möglichen Indexpaare ist ($\rightarrow$ Vektorprodukt). *Fischer*

Literatur: *Kowalsky, H.:* „Lineare Algebra", Berlin (1970). – *Kreyszig, E.:* „Differentialgeometrie", Leipzig (1968). – *Laugwitz, D.:* „Differentialgeometrie", Stuttgart (1960). – *Naas, J., L. Schmid:* „Mathematisches Wörterbuch", Stuttgart (1972). – *Reinhardt, F., H. Soeder:* „dtv-Atlas zur Mathematik", Bd. 2, München (1977). – *Teichmann, H.:* „Physikalische Anwendungen der Vektor- und Tensorrechnung", Mannheim (1968).

Tensoranalysis. *Motivation.* In der Differentialgeometrie und manchen Teilen der Physik treten Tensoren als Multilinearformen über dem n-dimensionalen euklidischen Raum $\mathbb{R}^n$ und seinem Dualraum auf, deren Koeffizienten, also die Komponenten des Tensors ($\rightarrow$ Tensor), selbst noch von den Punkten des $\mathbb{R}^n$ abhängen.

Mit Tensoren rechnet man am bequemsten komponentenweise und bezeichnet, einem üblichen, wenn auch nicht ganz exakten Sprachgebrauch folgend, die indizierten Komponenten bereits selbst als Tensoren. Als Einwand gegen dieses Vorgehen läßt sich anführen, daß man dabei immer bezüglich einer Basis und damit bezüglich eines Koordinatensystems arbeitet, während die mit Tensoren beschriebenen Naturgesetze ebenso wie verschiedene Begriffe der Differentialgeometrie (z. B. Abstand, Krümmung) unabhängig von der Wahl des Koordinatensystems sind. Ein basisfreier Tensorkalkül hat sich indes nicht allgemein durchsetzen können, da er das praktische Rechnen mit Tensoren zu schwerfällig macht. In der T. werden deshalb die Komponenten der Tensoren mit den Methoden der Analysis behandelt, wobei solche Gesetzmäßigkeiten aufgesucht werden, die unabhängig von der Wahl des Koordinatensystems sind.

Transformation von Tensoren. Es sei D eine Teilmenge des $\mathbb{R}^n$. Eine Abbildung T, die jedem $x \in D$ einen (p,q)-Tensor zuordnet, heißt ein (p,q)-Tensorfeld auf D.

Sind e_j (j = 1,2,...,n) Vektorfelder ($\rightarrow$Vektoranalysis) derart, daß für jedes $x \in D$ die Vektoren $e_1(x),...,e_n(x)$ eine Basis des $\mathbb{R}^n$ bilden, so besitzt x eine Darstellung

$$x = x^j e_j(x),$$

wobei hier und im folgenden die Einstein-Summationskonvention der Tensorrechnung anzuwenden ist. Man nennt $x^1,...,x^n$ die $\rightarrow$Koordinaten von x in dem durch $e_1,...,e_n$ gegebenen (krummlinigen) Koordinatensystem.

Das Tensorfeld an der Stelle x ergibt einen Tensor T(x) mit n^{p+q} Komponenten

$$T^{i_1 i_2 \ldots i_q}_{ j_1 j_2 \ldots j_p}(x^1, x^2, \ldots, x^n).$$

Ist $\bar{e}_1, \bar{e}_2,...,\bar{e}_n$ eine weitere von x abhängende Basis und

$$x = \bar{x}^j \bar{e}_j(x),$$

so bestehen zwischen den Koordinaten Gleichungen der Form

$$\bar{x}^i = \xi^i(x^1,x^2,...,x^n) \quad (i = 1,2,...,n)$$

mit nicht verschwindender Jacobi-Determinante ($\rightarrow$Differentiation)

$$\det\left(\frac{\partial \bar{x}^i}{\partial x^j}\right).$$

Damit

$$\bar{T}^{r_1 r_2 \ldots r_q}_{\phantom{\bar{T}} s_1 s_2 \ldots s_p}(\bar{x}^1, \bar{x}^2, \ldots, \bar{x}^n)$$

den Tensor T(x) im neuen Koordinatensystem darstellt, müssen die Transformationsgleichungen

$$\bar{T}^{r_1 r_2 \ldots r_q}_{\phantom{\bar{T}} s_1 s_2 \ldots s_p}$$

$$= \frac{\partial \bar{x}^{r_1}}{\partial x^{i_1}} \cdots \frac{\partial \bar{x}^{r_q}}{\partial x^{i_q}} \frac{\partial x^{j_1}}{\partial \bar{x}^{s_1}} \cdots \frac{\partial x^{j_p}}{\partial \bar{x}^{s_p}} T^{i_1 i_2 \ldots i_q}_{ j_1 j_2 \ldots j_p} \tag{1}$$

erfüllt sein.

Differentiation von Tensoren. Ist f ein Skalarfeld auf D, also ein (0,0)-Tensorfeld, so bilden die partiellen Ableitungen

$$f_{,j} := \frac{\partial f}{\partial x^j}$$

ein (1,0)-Tensorfeld. Das Komma vor dem j dient in der Tensoranalysis zur Bezeichnung der Ableitung. Weiter vereinbart man die folgende Regel: Wird nach einer Variablen mit oberem bzw. unterem Index differenziert, so wird dieser Index nach dem Differentiationskomma unten bzw. oben geschrieben. Dementsprechend gilt

$$f_{,}^{\,j} := \frac{\partial f}{\partial x_j}.$$

Die höheren Ableitungen eines Skalarfelds und bereits die ersten Ableitungen eines Vektorfelds bilden i. a. kein Tensorfeld. Dies liegt daran, daß nach Wechsel des Koordinatensystems die Ableitungen eines Vektorfelds nicht mehr den Ableitungen des transformierten Vektorfelds entsprechen, d. h. die Transformations-Gln. (1) sind nicht erfüllt.

Um zu einem Ableitungsbegriff zu gelangen, der basisunabhängig ist, benötigt man noch Korrekturterme, die die lokale Änderung des Koordinatensystems, die Krummlinigkeit, berücksichtigen.

Das lokale Verhalten des Koordinatensystems wird durch die metrischen Fundamentaltensoren g_{ik} beschrieben. Sie können zur Berechnung des Linienelements ds, d. h. des infinitesimalen Abstands der Punkte mit Koordinaten x^j und $x^j + dx^j$ eingeführt werden. Es gilt:

$$(ds)^2 = g_{ik} dx^i dx^k.$$

Zu dem symmetrischen kovarianten Tensor g_{ik} wird der konjugierte kontravariante g^{ik} durch

$$g_{ij} g^{ik} = \delta^k_j = \begin{cases} 1 \text{ für } k = j \\ 0 \text{ für } k \neq j \end{cases}$$

festgelegt. Damit bildet man die Christoffel-Symbole

$$[ij,k] := \frac{1}{2}\left(\frac{\partial g_{ik}}{\partial x^j} + \frac{\partial g_{jk}}{\partial x^i} + \frac{\partial g_{ij}}{\partial x^k}\right)$$

und

$$\left\{ {s \atop ij} \right\} := g^{sk}[ij,k].$$

Beide sind keine Tensoren, doch soll für sie die Einstein-Summationskonvention gelten, wobei i,j,k als untere Indizes und s als oberer Index aufzufassen sind. Häufig schreibt man für $\left\{ {s \atop ij} \right\}$ auch {ij,s}, was allerdings weniger günstig im Hinblick auf die Summationskonvention ist.

Mit Hilfe der Christoffel-Symbole wird die kovariante Ableitung des Tensors

$$T^{i_1 \ldots i_q}_{j_1 \ldots j_p}$$

nach x^k erklärt durch

$$T^{i_1 \ldots i_q}_{j_i \ldots j_p,k} = \frac{\partial T^{i_1 \ldots i_q}_{j_1 \ldots j_p}}{\partial x^k}$$

$$+ \sum_{v=1}^{q} \left\{ \begin{array}{c} i_v \\ k\,s \end{array} \right\} T^{i_1 \ldots i_{v-1}\, s\, i_{v+1} \ldots i_q}_{j_1 \ldots j_p}$$

$$- \sum_{\mu=1}^{p} \left\{ \begin{array}{c} t \\ k\,j_\mu \end{array} \right\} T^{i_1 \ldots i_q}_{j_1 \ldots j_{\mu-1}\, t\, j_{\mu+1} \ldots j_p}.$$

Die kovariante Ableitung $T^{i_1 \ldots i_q}_{j_1 \ldots j_p,k}$ ist ein $(p+1,q)$-Tensor.

Die Differentialoperatoren der Vektoranalysis lassen sich in Tensorschreibweise durch kovariante Ableitungen ausdrücken.

Für ein Skalarfeld f bildet die kovariante Ableitung von x^j (bezeichnet mit $f_{,j}$) den Gradient. Die Divergenz eines Vektorfelds, aufgefaßt als $(0,1)$-Tensorfeld A^j, ergibt sich durch Verjüngung der kovarianten Ableitung nach x^k:

div $A^j = A^j_{,j}$.

Die →Rotation eines Vektorfelds, aufgefaßt als $(1,0)$-Tensorfeld A_j, wird erklärt als der $(2,0)$-Tensor

$A_{j,k} - A_{k,j}$.

Im Falle $n=3$ kann daraus die bekannte Form von rot v gewonnen werden.

Neben der kovarianten Ableitung definiert man noch die absolute Ableitung eines Tensors

$$T^{i_1 \ldots i_q}_{j_1 \ldots j_p} \quad \text{längs einer Kurve } x^k = x^k(t) \text{ durch}$$

$$\frac{\delta T^{i_1 \ldots i_q}_{j_1 \ldots j_p}}{\delta t} = T^{i_1 \ldots i_q}_{j_1 \ldots j_p,k} \frac{dx^k}{dt}.$$

Das Ergebnis dieser Differentiation ist ein (p,q)-Tensor. Durch Wiederholung dieses Differentiationsprozesses lassen sich leicht auch höhere Ableitungen erklären.

Für einen ko- bzw. kontravarianten Vektor A_j bzw. A^j erhält man

$$\frac{\delta A_j}{\delta t} = \frac{dA_j}{dt} - \left\{ \begin{array}{c} r \\ j\,k \end{array} \right\} A_r \frac{dx^k}{dt}$$

$$\frac{\delta A^j}{\delta t} = \frac{dA^j}{dt} + \left\{ \begin{array}{c} j \\ k\,r \end{array} \right\} A^r \frac{dx^k}{dt}.$$

Der Vektor A_j bzw. A^j verschiebt sich entlang der Kurve $x^k = x^k(t)$ parallel, wenn die jeweilige absolute Ableitung gleich null ist. *Schmeißer*

Literatur: *Borisenko, A. I.,* u. *I. E. Tarapov.* Vector und tensor analysis with applications. Englewood Cliffs (N. J.) 1968. – *Klingbeil, E.:* Tensorrechnung für Ingenieure. Mannheim 1966. – *Reichardt, H.:* Vorlesungen über Vektor- und Tensorrechnung. Ost-Berlin 1957. – *Schultz-Piszachich, W.:* Tensoralgebra und -analysis. Frankfurt a. M. 1977. – *Spain, B.:* Tensor calculus. Edinburgh 1956. – *Spiegel, M. R.:* Vector analysis and an introduction to tensor analysis. New York 1959. – *Teichmann, H.:* Physikalische Anwendungen der Vektor- und Tensorrechnung. Mannheim 1968.

Tera.... SI-Vorsatz für Einheiten im Meßwesen, bezeichnet das 10^{12}fache der jeweiligen Einheit. Abk. T. *Hammerschmidt*

Tesla. SI-Einheit der magnetischen Flußdichte, nach *N. Tesla* (1856–1943) benannt. Einheitenzeichen Tesla; $1\,T = 1\,Wb/m^2 = 1\,kg\,s^{-2}A^{-1}$ (→Einheiten des SI). *Hammerschmidt*

Test, statistischer. Das ist ein T., der die zu untersuchende Einheit mit Hilfe von (zufällig ausgewählten) T.-Mustern prüft. Der T. ist unvollständig, und sein Ergebnis kann nur in Form einer →Wahrscheinlichkeit angegeben werden.

Höher integrierte Schaltkreise oder auch Programme können nicht mehr vollständig für alle Eingangsbelegungen und alle Folgen von Eingangsbelegungen und alle internen Zustände geprüft werden. Die Menge der Eingangssignale in Abhängigkeit von der Zeit ist praktisch unendlich groß, so daß nicht alle Eingangsmuster durchgespielt werden können. Es bleibt nur übrig, sich auf eine Stichprobe zu beschränken. Durchgeführt werden also n Tests mit unterschiedlichen Eingangsbelegungen, und beobachtet werden die Ergebnisse. Waren diese in insgesamt k Fällen falsch, so wird als Schätzwert r für die Restfehlerwahrscheinlichkeit genommen:

$$r = \frac{k}{n}.$$

Dabei ist vorausgesetzt, daß die benutzten Testmuster repräsentativ für alle sind. Die Vertrauensgrenzen für den Schätzwert lassen sich mit Hilfe
□ entweder der Poisson-Verteilung mit dem Parameter $\alpha = nr = k$
□ oder der Chi-Quadrat-Verteilung
angeben.

Beispiel 1: $n = 10\,000$ Eingangsbelegungen wurden untersucht. Davon führten $k=3$ zu einem falschen Ergebnis. Der Parameter α der Poisson-Verteilung hat den Wert $\alpha = k = 3$. Der gesuchte obere Wert α_0 von α, der mit einer Wahrscheinlichkeit von

$\beta_o = 95\%$ unterschritten wird, ergibt sich für $k = 3$ aus Beispiel 2 der Poisson-Verteilung zu

$$\alpha_o(k; \alpha_o) = \alpha_o(3; 0,95) = 7,754.$$

Mit $\alpha_o = nr_o = 7,754$

berechnet sich die obere Grenze r_o der Restfehlerwahrscheinlichkeit zu

$$r_o = \frac{7,754}{10^4} = 7,754 \cdot 10^{-4}.$$

Für $n = 10\,000$ T. hängt mit einer Aussagewahrscheinlichkeit von 95% die Fehlerwahrscheinlichkeit r_o wie folgt von der Zahl k der aufgetretenen falschen Ergebnisse ab:

k	0	2	4	6	10
$10^4\, r_o$	2,996	6,296	9,154	11,843	16,962

Beispiel 2: Bei vorgegebener oberer Grenze r_o für den Restfehleranteil ist die Zahl der zu ihrem Nachweis notwendigen T. unter der Voraussetzung zu berechnen, daß kein falsches Ergebnis auftritt. Die gesuchte Zahl n ergibt sich für $r_o = 10^{-5}$ mit einer Aussagewahrscheinlichkeit von 95% zu

$$\alpha_o(k = 0; \beta_o = 0,95) = 2,996,$$

$$\alpha_o = nr_o = n \cdot 10^{-5} = 2,996,$$

$$n = 2,996 \cdot 10^5.$$

Zum Nachweis einer Restunsicherheit $r_o \leqq 1 \cdot 10^{-5}$ sind also $3 \cdot 10^5$ T. erforderlich.

S. T. von Programmen: Mit den vorausgegangenen Überlegungen läßt sich auch die Restfehlerwahrscheinlichkeit von Programmen bestimmen. Für einen derartigen T. sind notwendig (Bild):

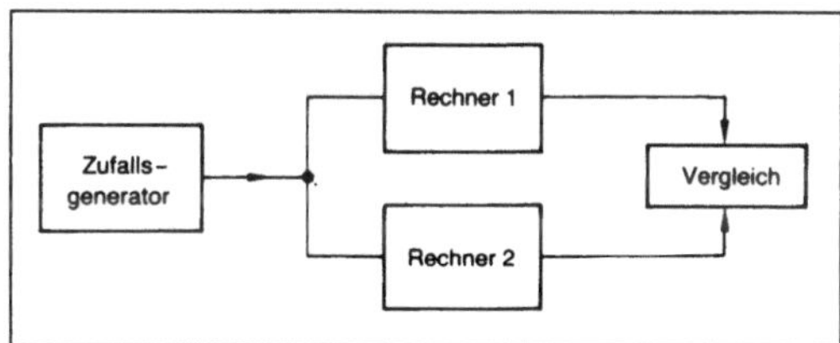

Test, statistischer: Schematische Darstellung.

☐ ein Generator, um die Eingangsdaten zu erzeugen,
☐ der zu prüfende Rechner R 1,
☐ ein Vergleichsrechner R 2,
☐ der Ergebnisvergleich.
Der Vergleichsrechner R 2 (Rechenzentrum) löst dieselben Aufgaben wie das auf dem →Prozeßrechner R 1 laufende, zu testende Programm. Beiden Rechnern werden dieselben Eingangsmuster angeboten. Liefern sie dasselbe Ergebnis, so wird dieses als richtig angesehen. Unterscheiden sich ihre Aus-

gangssignale, so sind weitere Untersuchungen notwendig, um das eine oder andere Ergebnis als richtig zu identifizieren. Wird weiterhin die Gerätetechnik als fehlerfrei unterstellt, so ergibt sich aus der Zahl n der insgesamt durchgeführten T. und der Zahl k der falschen Ergebnisse die Wahrscheinlichkeit r für einen im Programm noch enthaltenen Fehler. *Schrüfer*

Literatur: *Schrüfer, E.:* Zuverlässigkeit von Meß- und Automatisierungseinrichtungen. München 1984.

TFTR. Abk. für Tokamak Fusion Test Reactor. Große Tokamakmaschine (→Plasmaexperiment) im Rahmen der Fusionsforschung (→Kernfusion), Standort Princeton/USA, Inbetriebnahme 1982. Ähnlich dem europäischen Großexperiment →JET. *Biskamp*

Thermodynamik. T. ist eine der Theorien makroskopischer Systeme (Teilchenanzahl $>10^6$), die die Wärmebewegung einschließt. Dabei unterscheidet man Theorien, die den molekularen Aufbau der makroskopischen Systeme berücksichtigen oder ihn unbeachtet lassen (Tabelle 1).

Im Gegensatz zu den statistischen Theorien (Statistische Mechanik, Transporttheorie) verzichtet die T. als phänomenologische Theorie, die mit makroskopischen Variablen arbeitet, auf eine atomistische Deutung des thermischen Verhaltens der Systeme. Daher sind ihre Aussagen unabhängig vom Modell des mikroskopischen Aufbaus der Materie, woraus die Interdisziplinarität der T. folgt.

Thermodynamische Methoden werden in zahlreichen ingenieur- und naturwissenschaftlichen Disziplinen angewendet. Als Beispiel (ohne Vollständigkeit) seien genannt: Physik der kondensierten Materie, Physikalische und Technische Chemie, Verfahrenstechnik, Energie-, Werkstoff-, Kälte- und Klimatechnik, Wärmekraft- und Strömungsmaschinenbau. Je nach Disziplin unterscheidet man traditionell zwischen chemischer Thermodynamik, die insbesondere Änderungen der Molzahl einschließt, und technischer Thermodynamik, deren Schwergewicht in der Beschreibung von Energieumwandlungen liegt und der Konstruktion einschlägiger Apparate dazu. Methodisch wird die T. in die diskreter thermodynamischer Systeme und die kontinuierlicher Systeme eingeteilt. Erstere arbeitet mit Zustandsgrößen, die sich auf das Gesamtsystem beziehen, letztere benutzt eine Feldbeschreibung.

Wegen der Einfachheit ihrer Grundannahmen, die ausschließlich auf Erfahrungen beruhen, gilt die T. als Prototyp einer axiomatischen Theorie. Diese Grundannahmen heißen Hauptsätze der Thermodynamik. Sie werden von null bis drei numeriert. Aus diesen Hauptsätzen folgt mit zusätzlichen theoretischen Konzepten, wie etwa Zustandsraum und

Thermodynamik. Tabelle 1: Theorien makroskopischer Systeme unter Berücksichtigung ihrer Wärmebewegung.

Berücksichtigung ihres molekularen Aufbaus							
ohne phänomenologische Theorien					mit statistischen Theorien		
Nichtgleichgewichts-Thermodynamik					Kinetik	statistische Physik	
makroskopische Variable					Master- gleichung	repräsentat. Ensemble	
Thermo- statik	klassische irre- versible Thermo- dynamik	rationale Thermo- dynamik	nicht- klass. Thermo- dynamik	Evolu- tions- kriterien	Transport- theorien	Gleich- gewicht	Nicht- gleich- gewicht

Prozeß, und empirischen Konzepten, wie Materialgleichung, der Aufbau der T.

Der Begriff T. schließt Nichtgleichgewichtszustände ein und könnte somit genauer als Nichtgleichgewichtsthermodynamik bezeichnet werden. Die Theorie des Gleichgewichts sollte in diesem Sinne Thermostatik genannt werden.

Im folgenden soll nun kurz motiviert werden, warum es viele ähnliche, aber in der Interpretation prinzipiell unterschiedliche thermodynamische Theorien gibt. Der Übergang von der Mechanik zur Thermostatik wird dadurch vollzogen, daß zu den mechanischen Größen weitere thermodynamische hinzutreten. Das sind neben anderen insbesondere die →Temperatur und die →Entropie. Da beide Größen durch Meßvorschriften im Gleichgewicht definiert sind, ist der Übergang aus der Mechanik in die Thermostatik problemlos. Da Temperatur und Entropie auch im Nichtgleichgewicht, also thermodynamisch benutzt werden sollen, erhebt sich die Frage nach ihrer Definition im Nichtgleichgewicht. Da diese Frage prinzipiell unterschiedlich beantwortet werden kann, gibt es keine sozusagen natürliche Verallgemeinerung der Thermostatik zur T. Entweder Temperatur und Entropie werden für das Nichtgleichgewicht neu definiert, oder sie werden als primitive Größen angesehen, d. h. ihre mathematische Existenz wird vorausgesetzt, und eine physikalische Verifikation bleibt zunächst offen.

Neben die Temperatur-Entropie-Problematik treten beim Übergang zur T. weitere unterschiedliche Verallgemeinerungsmöglichkeiten. So können

Thermodynamik. Tabelle 2: Verallgemeinerungsmöglichkeiten von vier unterschiedlichen thermodynamischen Theorien.

	Thermostatik	irreversible Thermodynamik	rationale Thermodynamik	nichtklassische Thermodynamik
Zustandsraum	groß	groß	klein oder groß	klein oder groß
Temperatur	thermostatisch	thermostatisch	primitiv	abgeleitet
Entropie	thermostatisch	thermostatisch	primitiv	abgeleitet
Dissipations- ungleichung	Kreisquasi- prozesse	zeitlich und örtlich lokal	zeitlich und örtlich lokal oder global	örtlich lokal, zeitlich lokal oder global
Zusammenhang Wärmestrom-, Entropiestrom- dichte	universell	universell	universell oder materialabhängig	materialabhängig

die benutzten Zustandsräume auf verschiedenen Zustandsdefinitionen beruhen, die Dissipationsungleichungen zeitlich lokal oder global formuliert sein, der Zusammenhang zwischen Wärmestromdichte und Entropiestromdichte universell oder materialabhängig angenommen werden.

Für vier unterschiedliche thermodynamische Theorien gibt Tabelle 2 einen Überblick. Daraus ist ersichtlich, daß die Rationale Thermodynamik in die Clausius-Duhem-Theorien mit zeitlich lokaler Dissipationsungleichung und in solche Theorien mit zeitlich globaler Dissipationsungleichung zerfallen. Dabei können die Zustandsräume sowohl klein als auch groß sein, und die Lokalität im Ort kann vorliegen oder auch nicht. *Muschik*

Literatur: *Baehr, H. D.:* Thermodynamik. Berlin: Springer 1973. – *Kestin, J.:* A Course in Thermodynamics. New York: McGraw Hill 1979. – *Landsberg, P. T.:* Thermodynamics. New York: Interscience Publ. 1961. – *Leontowitsch, M. A.:* Einführung in die Thermodynamik. Berlin: Dt. Verl. d. Wiss. 1953. – *Münster, A.:* Chemische Thermodynamik. Weinheim: Verlag Chemie 1969. – *Muschik, W.:* Thermodynamische Theorien. Überblick und Vergleich. ZAMM 61 (1981) T 213. – *Päsler, M.:* Phänomenologische Thermodynamik. Berlin: Verlag W. de Gruyter 1975. – *Reif, F.:* Statistische Physik und Theorie der Wärme. Berlin: Verlag W. de Gruyter 1985. – *Muschik, W.:* Aspects of Non-Equilibrium Thermodynamics. Singapore: Verlag World Scientific 1990.

Thermodynamik, chemische. Die c. T. ist das Teilgebiet der physikalischen Chemie, das aufbauend auf vier empirisch gefundenen Hauptsätzen makroskopische, der Messung unmittelbar zugängliche Eigenschaften der Materie miteinander verknüpft.

Solche makroskopischen Größen sind die Zustandsgrößen wie Temperatur T, Druck p, Volumen V, Stoffmenge n oder in geeigneter Weise definierte Energien wie die innere Energie U, Enthalpie H, freie Energie A oder freie Enthalpie G.

Der strukturelle Aufbau der Materie ist für die c. T. uninteressant. Es spielt nicht einmal eine Rolle, ob sie kontinuierlich oder diskontinuierlich, d. h. aus individuellen Teilchen aufgebaut ist. Das hat eine wesentliche Konsequenz: Mit Hilfe der c. T. ist es zwar möglich, aus bekannten, durch Messung gewonnenen Größen andere zu ermitteln. Es gelingt aber nicht, ohne Zuhilfenahme von Messungen thermodynamische Größen theoretisch zu berechnen.

Anders liegen die Verhältnisse bei der statistischen T. Mit ihrer Hilfe ist es möglich, auf Grund eines konkreten physikalischen Modells für den Aufbau der Materie thermodynamische Größen unmittelbar zu ermitteln.

Das Gebiet der c. T. ist weit gespannt: Die thermischen Zustandsgleichungen verknüpfen Volumen, Druck, Stoffmenge und Temperatur miteinander. Es zeigt sich, daß für gasförmige und kondensierte, für ideale und für reale Systeme sehr unterschiedliche Zusammenhänge zwischen den genannten Zustandsgrößen bestehen.

Der →erste Hauptsatz der T. führt die →Wärme als Energieform ein. Mit seiner Hilfe lassen sich die mit den Änderungen von Temperatur, Druck, Volumen oder Stoffmenge einhergehenden Wärmeumsätze beschreiben (Wärmekapazität, Umwandlungsenergien bei Phasenänderungen, Reaktionsenergien).

Über den →zweiten Hauptsatz (auch Entropiesatz genannt) werden so wichtige Funktionen wie Entropie, freie Energie und freie Enthalpie oder chemisches Potential eingeführt. Dies ermöglicht eine Unterscheidung von Gleichgewicht und Nichtgleichgewicht und eine Vorhersage der Richtung eines Prozesses in abgeschlossenen wie auch in geschlossenen Systemen.

Über die →Entropie selbst macht der →dritte Hauptsatz, der Nernst-Wärmesatz, wichtige Aussagen. Wesentlich für die Chemie ist die Behandlung des thermodynamischen Gleichgewichts. Das umfaßt die Phasengleichgewichte (Schmelzen, Verdampfen, Sublimieren, Lösen) ebenso wie das chemische Gleichgewicht. Berechnungen dieser Gleichgewichte für beliebige Temperaturen und Drücke aus thermodynamischen Größen, die für Standardbedingungen tabelliert sind, haben große Bedeutung für die Technik.

Ein weiterer Zweig der c. T. ist die T. der Grenzflächen. Er gewinnt ständig steigende Bedeutung im technischen Bereich, einerseits bei allen Problemen, die mit der Grenzflächenspannung in Zusammenhang stehen (Benetzung, Kleben, Waschen), andererseits bei Fragen der →Adsorption, die die Grundlage für die heterogene →Katalyse ist, und der Kolloidchemie.

Zur c. T. gehört auch die Gleichgewichts-Elektrochemie. Die Nernst-Gleichung, über die die elektromotorische Kraft (EMK) E von galvanischen Zellen berechnet werden kann, ist über

$$\Delta G = -zFE$$

unmittelbar mit der freien Reaktionsenthalpie ΔG verknüpft (z ist die Ladungszahl der Zellreaktion, F die Faraday-Konstante); ΔG ergibt sich aus der Van-'t-Hoff-Reaktionsisothermen (Gleichgewicht, Thermodynamik, Chemie), die den Zusammenhang zwischen ΔG und den vorliegenden Aktivitäten der Reaktionspartner beschreibt (→Elektrochemie, →Spannungsreihe). *Wedler*

Literatur: *Kortüm, G.,* u. *H. Lachmann:* Einführung in die chemische Thermodynamik. 7. Aufl. Weinheim 1981. – *Wedler, G.:* Lehrb. Physikalische Chemie. 3. Aufl. Weinheim 1987.

Thermodynamik, statistische. Theorie im Rahmen der statistischen Physik, die von der atomistischen Struktur makroskopischer Körper ausgeht. Nach dieser durch viele Experimente erhärteten Hypothese bestehen alle makroskopischen Systeme (Festkörper, Fluide, Gase und Plasmen) aus N Bestandteilen, die man allgemein mit Teilchen bezeichnet.

Die Teilchen (z. B. Atome, Moleküle, Elektronen, Photonen) genügen den Gesetzen der klassischen →Mechanik, →Elektrodynamik oder der Quantentheorie. Je nach den Eigenschaften (Symmetrien), die die Teilchen besitzen, gelangt man zu unterschiedlichen Statistiken zur Untersuchung der Vielteilchensysteme.

Sind die Teilchen unterscheidbar, so ist die Maxwell-Boltzmann-Statistik anzuwenden (→Boltzmann-Prinzip). Wenn die Teilchen ununterscheidbar sind im Rahmen einer quantentheoretischen Betrachtung, so ist die Quantenstatistik anzuwenden. Es existieren zwei Arten von Quantenstatistiken für das thermodynamische Gleichgewicht: die Bose-Einstein-Statistik und die Fermi-Dirac-Statistik. Für die meisten Zwecke der T., d. h. für normale Temperaturbereiche $T \approx 300$ K, ist der Unterschied zwischen den beiden Statistiken und der klassischen Maxwell-Boltzmann-Statistik jedoch so klein, daß man die Boltzmann-Verteilung zugrunde legen kann. Bei Kenntnis der Zustandssumme, die die drei Statistiken (ideale Gase) vollständig und eindeutig bestimmt, können alle thermodynamischen Funktionen explizit berechnet werden. Das sind die durch die Hauptsätze der T. definierten Größen: innere →Energie, →Enthalpie, →Entropie, freie Energie usw.

Werden die Wechselwirkungen bei realen Gasen oder bei Festkörpern mit berücksichtigt, so wird die Berechnung der thermodynamischen Größen (z. B. Wärmekapazität) über die Zustandssumme schwierig. Man ist dann auf geeignete Näherungsverfahren angewiesen. *Wodarzik*

Literatur: *Hill, T. L.:* An Introduction to Statistical Thermodynamics. London 1962. – *Münster, A.:* Statistische Thermodynamik. Berlin, Göttingen, Heidelberg 1956. – *Schrödinger, E.:* Statistical Thermodynamics. Leipzig 1952.

Thermodynamik irreversibler Prozesse.

Die T. irreversibler Prozesse (kurz *irreversible T.* genannt) ist eine Theorie thermodynamischer Nichtgleichgewichte, die auf dem Postulat des lokalen Gleichgewichts beruht. Der Zustandsraum der irreversiblen T. ist ein großer; die →Entropiestromdichte wird universell gleich der →Wärmestromdichte geteilt durch die thermostatische Temperatur gesetzt. Die →Entropieproduktion ist als Skalarprodukt aus sogenannten Kräften und Flüssen darstellbar. Im Sinne einer zeitlich lokalen Dissipationsungleichung ist dieses Skalarprodukt stets nicht negativ (→zweiter Hauptsatz).

Die Anwendungen der T. der irreversiblen Prozesse reicht von chemischen Reaktionen und Relaxationsprozessen in homogenen Systemen, über Ausgleichsprozesse zwischen Gleichgewichtssystemen bis zu Prozessen in kontinuierlichen Systemen. Hier sind insbesondere zu nennen: →Diffusion, →Wärmeleitung, innere →Reibung, Thermodiffusion, thermoelektrische und galvanomagnetische Effekte. Polarisierbare Medien und biologische Systeme lassen sich ebenfalls in die Behandlung einschließen.

Die Materialgleichungen der irreversiblen T. sind durch eine zeitlich und örtlich lokale lineare Abhängigkeit der Flüsse von den Kräften gegeben (z. B. Fouriersches Gesetz: Wärmestromdichte ist proportional zum Temperaturgradienten, →Wärmeleitung). Diese Linearisierung und die Anwendung des Postulats vom lokalen →Gleichgewicht führen auf Ausbreitungsparadoxa: Diffusions- und Wärmeleitungsgleichung werden parabolisch, was wegen der beschränkten Ausbreitungsgeschwindigkeiten nicht zutreffen kann.

Darüber hinaus lassen sich chemische Reaktionen nicht mit linearen Materialgleichungen behandeln. Dies sind Gründe dafür, die irreversible T. – obgleich sie sich in vielen Anwendungen bewährt hat – durch weitergehende Theorien zu ersetzen (→Thermodynamik).

Die Koeffizienten der linearisierten Materialgleichungen erfüllen die Onsager-Casimir-Reziprozitätsbeziehungen. Diese stellen Einschränkungen an die Materialgleichungen dar, die über den zweiten Hauptsatz hinausgehen und die aus Symmetrieeigenschaften der mikroskopischen Bewegungsgleichungen gegen Zeitumkehr folgen. *Muschik*

Literatur: *De Groot, S. R.* u. *P. Mazur:* Non-Equilibrium Thermodynamics. Amsterdam: North-Holland 1962. – *Haase, F.:* Thermodynamik der irreversiblen Prozesse. Darmstadt: Steinkopff Verl. 1963.

thermoelektrische Effekte.

Beschreibung der Wechselwirkungen zwischen thermischen und elektrischen Transportvorgängen in einem Festkörper. Alle t. E. sind schwach, so daß sie durch eine lineare Beziehung zwischen den Feldern (elektrisches →Feld, Temperaturgradient) und den Strömen (elektrischer →Strom, Wärmestrom) dargestellt werden können.

Der wichtigste der t. E. ist der *Seebeck*-Effekt:

$$E_x = \varphi \, {}^{dT}/_{dx}; \tag{1}$$

E_x elektrisches Feld in x-Richtung, ${}^{dT}/_{dx}$ Temperaturgradient in x-Richtung, φ Seebeck-Koeffizient oder differentielle Thermospannung.

Der Seebeck-Koeffizient ist materialabhängig. Bringt man zwei verschiedene →Leiter in das gleiche Temperaturfeld, dann kann man an den Enden eine Potentialdifferenz, die Thermospannung, messen (Bild 1), welche ein Maß für die Temperaturdifferenz T_1–T_2 ist.

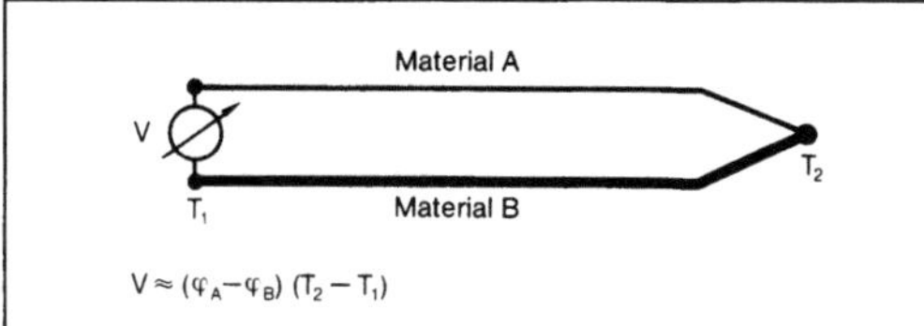

thermoelektrische Effekte 1: Wirkungsweise eines Thermoelementes.

Man nennt eine solche Anordnung ein →Thermoelement. Thermoelemente stellen in der Technik das wichtigste Hilfsmittel zur →Temperaturmessung dar. Dabei ist es nützlich, wenn die Thermospannung möglichst linear von der Temperatur abhängt. Für die meisten Werkstoffe gilt das keineswegs, jedoch hat man Kombinationen von Legierungen (Tabelle) gefunden, die in bestimmten Temperaturintervallen ein einigermaßen lineares Verhalten zeigen.

Die Umkehrung des Seebeck-Effektes stellt der →*Peltier*-Effekt dar:

$$w_x = \varphi \cdot T \cdot j_x;$$

w_x Wärmestrom in x-Richtung; j_x elektrische Stromdichte in x-Richtung; T absolute Temperatur.

Der Koeffizient φ ist identisch mit dem Seebeck-Koeffizienten. Verbindet man zwei Leiter mit einem möglichst unterschiedlichen Peltier-Koeffizienten zu einem Stromkreis, dann kann man je nach der Stromrichtung Wärme oder Kälte an der Verbindungsstelle erzeugen. In der Praxis verwendet man zu diesem Zweck spezielle, unterschiedlich dotierte Halbleiter, da der Peltier-Koeffizient in p- und n-dotierten Halbleitern ein entgegengesetztes Vorzeichen hat. Man kann auf diese Weise kleine und gut kontrollierbare Kühlaggregate bauen (Bild 2).

Dabei ist zu bedenken, daß die gewöhnliche →Wärmeleitung dem Peltier-Effekt entgegenwirkt, und daß auch die Ohmsche Wärme zusätzlich anfällt. Der Halbleiterwerkstoff soll also eine möglichst schlechte →Wärmeleitfähigkeit und eine möglichst gute elektrische →Leitfähigkeit besitzen. Silicium-Germanium-Mischkristalle und andere Mischkristalle, z. B. das Bi-Sb-Te-System, erfüllen diese Forderungen noch am ehesten. Insgesamt ist der →Wirkungsgrad thermoelektrischer Kälteaggregate oder auch Generatoren jedoch nicht sehr gut, so daß sie nur für Spezialzwecke eingesetzt werden. *Hubert*

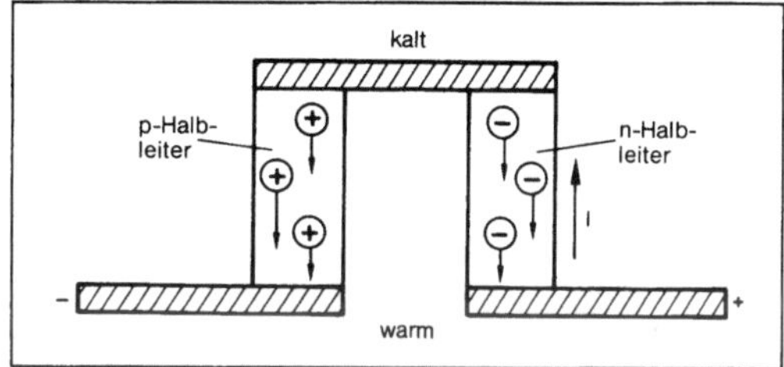

thermoelektrische Effekte 2: Prinzip eines Peltier-Kühlelementes.

Thermoelement. Meßaufnehmer zur →Temperaturmessung. Verbindet man zwei Drähte aus verschiedenen Metallen oder Metallegierungen an den Enden miteinander, so erhält man ein Thermopaar. In ihm entsteht infolge des thermoelektrischen Effekts eine elektrische Spannung, wenn die zwei Verbindungsstellen (Meßstelle und Vergleichsstelle) verschiedenen Temperaturen ausgesetzt werden, Bild 1a). Die Thermospannung wird experimentell in Abhängigkeit von der Temperatur bei konstant gehaltener Vergleichstemperatur ermittelt. Zur praktischen Temperaturmessung hat sich eine Anzahl von Werkstoffen als geeignet erwiesen.

thermoelektrische Effekte. Tabelle: Die gebräuchlichsten Thermoelement-Werkstoffe.

Bezeichnung	Legierung	Temperaturbereich [°C]	Thermospannung (Mittelwert) [μV/K]
Platin-	(+) Pt	0–1300	10,5
Platinrhodium	(−) Pt Rh 10 %	(1600)[1]	
Nickel-	(−) Ni Al 2 % (Si, Mn)	0–1000	41,3
Chromnickel	(+) Ni Cr 10 % (Si, Mn, Fe)	(1300)	
Eisen-	(+) Fe	−200–700	54
Konstantan	(−) Cu Ni 45 % (Si, Mn, Fe)	(900)	
Kupfer-	(+) Cu	−200–400	52
Konstantan	(−) Cu Ni 45 % (Si, Mn, Fe)	(600)	

[1]) in Klammern: bei kurzzeitiger Belastung

Sie alle sind reine Metalle oder homogene Mischkristalle, die im Temperaturbereich ihrer Verwendung keine Phasenumwandlung erleiden. Dies ist die Voraussetzung, daß die von einem Thermopaar abgegebene Thermospannung mit steigender Temperaturdifferenz zwischen Meßstelle und Vergleichsstelle ohne Knickpunkt ansteigt. Die praktisch einzusetzenden Werkstoffpaarungen, ihre Thermospannungsgrundwerte, die Berechnung der Grundwerte durch Polynome und die zulässigen Liefertoleranzen der Thermospannungen sind in DIN IEC 584-1 und 584-2 (Januar 1984) genormt. Unter Grundwerten versteht man hier für bestimmte Temperaturen festgelegte Werte des elektrischen Ausgangssignals. Eine Übersicht über die genormten Thermopaare gibt die Tabelle.

Bei industriellen Anwendungen werden T. in ähnliche Schutzrohre wie →Widerstandsthermometer eingebaut. Für Meßaufgaben, bei denen es auf schnelles Ansprechen und kleine Bauform ankommt, wurden T. entwickelt, bei denen die beiden Thermodrähte isoliert von einem hermetisch dichten flexiblen Metallmantel umschlossen sind. Diese Mantel-T. (Bild 2) sind mit Außendurchmessern von 0,2–6 mm lieferbar. Weiterhin gibt es T. in Folienform ähnlich wie Dehnungsmeßstreifen. Eine Beschleunigung der Temperaturerfassung ist mittels dynamischer Korrektur möglich. Dazu wird die Thermospannung elektronisch bandbegrenzt differenziert. Wenn man dann das erhaltene Signal

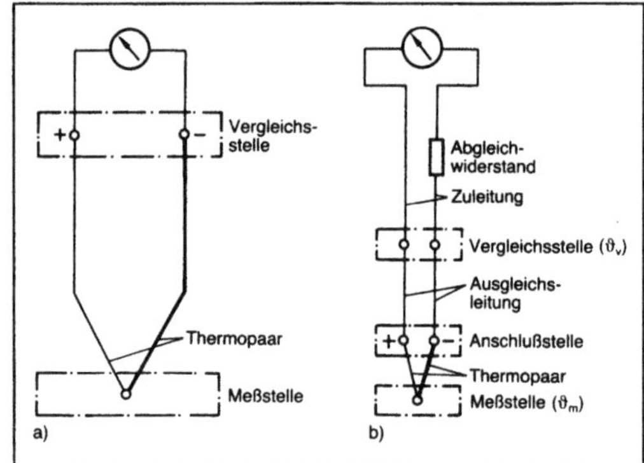

Thermoelement 1: Prinzipielle Darstellung.
a) Grundanordnung
b) Mit Ausgleichsleitung.

gewichtet zur Thermospannung addiert, wird der Endwert eines Temperatursprungs bis zu 100mal schneller erkennbar.

Meß- und Regelgeräte befinden sich i. a. nicht in unmittelbarer Nähe der Maschinen und Öfen, in denen die Temperatur überwacht wird. Deshalb muß die vom Thermopaar abgegebene Thermospannung zu den weiter entfernten Meßgeräten geleitet werden. Hierfür werden Ausgleichsleitungen verwendet, die im Temperaturbereich zwischen 0 und 200 °C dieselbe Thermospannungscharakteristik wie die zugehörigen Thermopaare besitzen,

Thermoelement. Tabelle: Wichtige Thermopaare. (Quelle: DIN IEC 584)

Thermopaar	Kennbuchstabe	mittlere Empfindlichkeit in mV/100 K	Temperaturbereich	technisch nutzbarer Temperaturbereich
Pt 10 % Rh – Pt	S	1,04	– 50 °C – + 1 769 °C	0 °C – + 1 500 °C
Pt 13 % Rh – Pt	R	1,18	– 50 °C – + 1 769 °C	0 °C – + 1 600 °C
Pt 30 % Rh – Pt 6 % Rh	B	0,76	0 °C – + 1 820 °C	0 °C – + 1 700 °C
Fe – CuNi	J	5,26	–210 °C – + 1 200 °C	–200 °C – + 750 °C
Cu – CuNi	T	4,05	–270 °C – + 600 °C	–200 °C – + 400 °C
NiCr – CuNi	E	6,78	–270 °C – + 1 000 °C	–200 °C – + 900 °C
NiCr – Ni	K	3,73	–270 °C – + 1 372 °C	–200 °C – + 1 000 °C
Nicrosil-Nisil	N	3,43	–200 °C – + 1 600 °C	–200 °C – + 1 300 °C
W 5 % Re – W 26 % Re	–	1,22 bei 2 000 °C	bis + 2 200 °C	bis + 2 200 °C

Erläuterungen:

□ Pt Platin, Rh Rhodium, Fe Eisen, Cu Kupfer, Ni Nickel, Cr Chrom, W Wolfram, Re Rhenium; die %-Angabe bezieht sich auf Rh bzw. Re

□ Die Legierung Kupfer/Nickel wurde bisher als Konstantan bezeichnet.

□ Die Polarität der Thermospannung ist dann positiv, wenn die Meßstelle wärmer als die Vergleichsstelle ist, wobei am jeweils erstgenannten Material die Plusklemme liegt.

□ Die Normung des Thermopaares Nicrosil-Nisil (Typ N) ist in Vorbereitung. Der positive Schenkel besteht aus 84,4 % Ni, 14,2 % Cr und 1,4 % Si. Der negative Schenkel enthält 95,6 % Ni und 4,4 % Si. Dieses Thermopaar bietet im Bereich 250 °C–550 °C einige Vorteile gegenüber dem Typ K und ersetzt bis max. 1 300 °C auch noch die Typen S und R.

□ Das Thermopaar W 5 % Re – W 26 % Re für Hochtemperaturanwendungen ist nicht genormt.

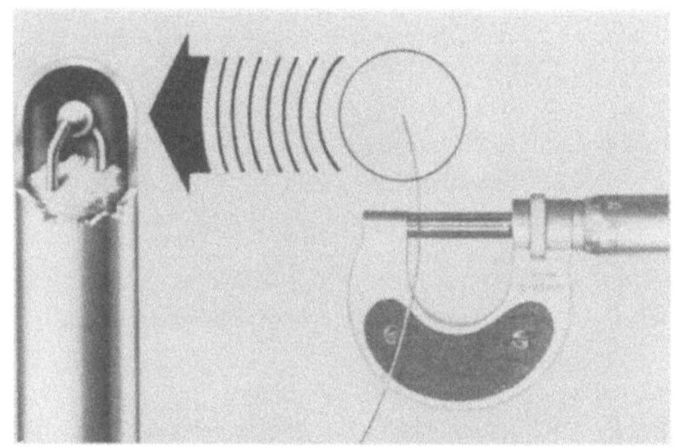

Thermoelement 2: Miniatur-Mantelthermoelement. (Quelle: Philips)

(Bild 1 b). Angewendet werden die Ausgleichsleitungen wegen ihres geringeren Preises und ihres geringeren elektrischen Widerstands.

Die Empfindlichkeit eines T. liegt nach Tabelle nicht höher als rd. 6 mV/100 K, d. h. sie beträgt nur rd. 1/100 der eines Metallwiderstandsthermometers.

Die Thermospannung einiger T.-Typen in Abhängigkeit von der Temperatur zeigt Bild 3.

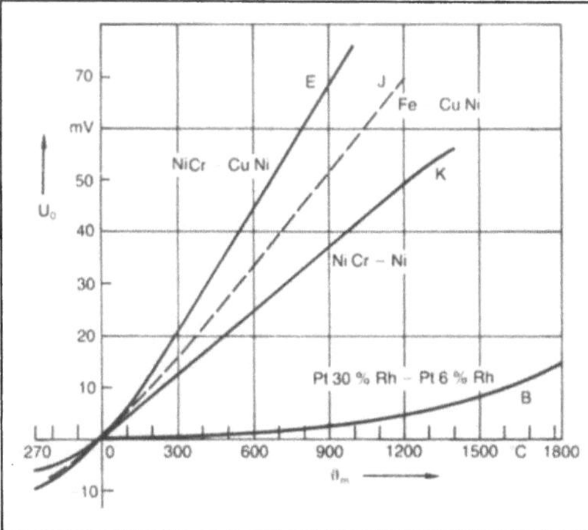

Thermoelement 3: Thermospannungen U_0 über der Temperatur T_m ($T_v = 0\,°C$).

Mit Meßverstärkern wird die Thermospannung hochohmig und damit rückwirkungsfrei abgegriffen und zum Zwecke der Anzeige oder Weiterverarbeitung verstärkt. Die Spannung kann auch durch ein Kompensations-Meßverfahren gemessen werden. Bei diesen wird der zu messenden Thermospannung eine bekannte Spannung entgegengeschaltet und so lange geändert, bis beide Spannungen gleich sind. Aus der Stromlosigkeit des Meßkreises ergibt sich der Hauptvorteil der Kompensationsmessung: Änderungen des Meßkreiswiderstands beeinflussen das Meßergebnis nicht.

Die Thermospannung ist ein Maß für den Temperaturunterschied zwischen Meß- und Vergleichsstelle. Soll ein Instrument die Meßtemperatur selbst anzeigen, so muß die Temperatur der Vergleichsstelle berücksichtigt werden. Eine im Labor angewandte Methode ist, die Vergleichsstelle in schmelzendes Eis zu legen, sie also auf $0\,°C$ zu halten. Zum Berücksichtigen der Vergleichsstellentemperatur T_v kann man zur Thermospannung auch eine solche Spannung hinzufügen, die Abweichungen von T_v vom Bezugswert kompensiert (Bild 4). In Reihe mit dem Thermopaar ist in den Meßkreis die Diagonalspannung einer mit Gleichstrom gespeisten Brücke geschaltet, in der einer der Widerstände temperaturabhängig und räumlich mit der Vergleichsstelle zusammengebaut ist. Die Brücke ist so bemessen, daß bei jeder Vergleichsstellentemperatur die Diagonalspannung so groß und so gepolt ist, daß sie die Thermospannung auf den der Bezugstemperatur entsprechenden Wert ergänzt.

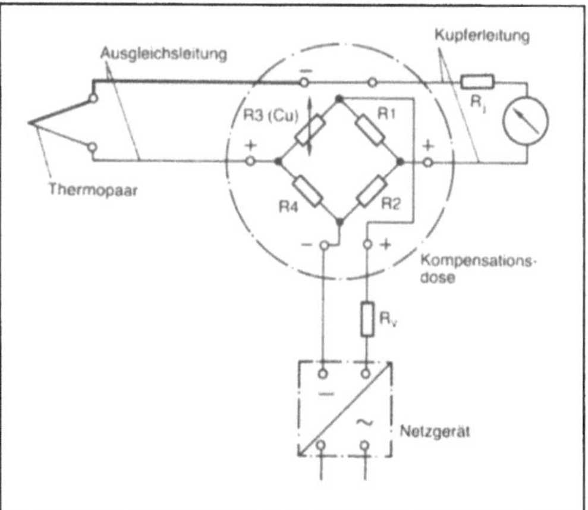

Thermoelement 4: Zusammenschaltung von Thermoelement, Kompensationsdose und Netzgerät.

R1, R2, R4 Brückenwiderstände, R3 temperaturabhängiger Brückenwiderstand, R_j Abgleichwiderstand, R_v Vorwiderstand je nach Thermopaarart

Mit Verfahren der Halbleitertechnologie lassen sich integrierte Signalumformer für die verschiedenen T. herstellen. Diese erfassen die Temperatur der Vergleichsstelle z. B. mit einem Halbleitersensor und korrigieren das Meßergebnis entsprechend. Sie überwachen das Thermopaar auf Leitungsbruch, berücksichtigen z. T. die Nichtlinearität der T.-Kennlinie und geben die Temperatur analog, z. B. als Spannung von 10 mV/K oder digital in seriellem oder parallelem Datenformat, aus (Bild 5). *Hammerschmidt*

Literatur: DIN IEC 584-1, 584-2. Hrsg. Dt. Inst. für Normung. Ausg. Jan. 1984. – DIN 43710. Hrsg. Dt. Inst. für Normung. Ausg. Dez. 1985. – DIN 43712. Hrsg. Dt. Inst. für Normung. Ausg. E. Jan. 1985. – DIN 43732–35. Hrsg. Dt. Inst. für Normung. Ausg. März 1986. – DIN IEC 65B(60)60. Hrsg. Dt. Inst. für Normung. Ausg. E. Jul. 1987.

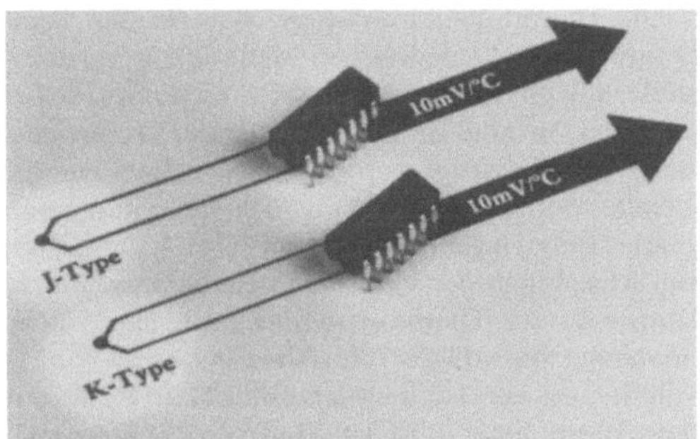

Thermoelement 5: Integrierte Thermoelement-Signalumformer. (Quelle: Analog Devices GmbH)

Thermographie. Die T. oder Wärmebildtechnik gehört zu den berührungslosen Temperaturmeßverfahren (→Temperaturmessung). Diese Technik wurde durch die Publikation von Temperaturbildern mehr oder weniger gut wärmegedämmter Gebäude auch unter dem Namen Infrarotkamera allgemein bekannt (Bild). Im Gegensatz zu den →Pyrometern wird nicht die Wärmestrahlung als Mittelwert über die ganze erfaßte Oberfläche auf einmal, sondern von vielen einzelnen kleinen Teilflächen erfaßt.

Ein leistungsfähiges Wärmebildsystem besteht aus dem Infrarot-Meßkopf, einem digitalen Bildprozessor und einem Farbmonitor als Sichtgerät. Die Wärmestrahlung tritt durch ein Silicium-Fenster, das im Wellenlängenbereich 2–5,6 µm durchlässig ist, in den Meßkopf ein. Durch einen rotierenden Polygonspiegel und einen Umlenkspiegel wird die Strahlung horizontal und vertikal abgetastet. Über eine Fokussierlinse trifft sie dann auf einen sechsteiligen photoelektrischen Quantendetektor aus Indium-Antimonid (InSb). Da diese Quantendetektoren bei Raumtemperatur ein großes Eigenrauschen zeigen) müssen sie auf sehr tiefe Temperaturen (z. B. −200 °C) gekühlt werden. Die Kühlung ist möglich durch Expansion eines hochverdichteten Gases (z. B. Argon mit 350 bar) oder mittels flüssigen Stickstoffs. Das Abtastsystem erzeugt 15 Bilder je Sekunde mit 256 Bildpunkten je Linie horizontal und 60 Zeilen, also 15 360 Punkten je Bild. Bei einem Gesichtsfeld von 15° horizontal und 7,5° vertikal ergibt dies eine Auflösung von rd. 2 mrad. Die Signale der sechs Detektoren werden nach Verstärken über einen Analog/Digital-Umsetzer dem Bildprozessor zugeführt. Dieser setzt die Daten so in die bekannten Wärmebilder um, daß bestimmten Temperaturen bestimmte Grau- oder Farbwerte entsprechen. Für diesen Zweck enthält das System auch noch einen Referenzstrahler. Der Bildprozessor übernimmt auch noch folgende Aufgaben: Steuerung des Infrarot-Meßkopfes, Verarbeitung der Meß- und Darstellungsparameter, Errechnung und Darstellung von Temperaturprofilen an gewünsch-

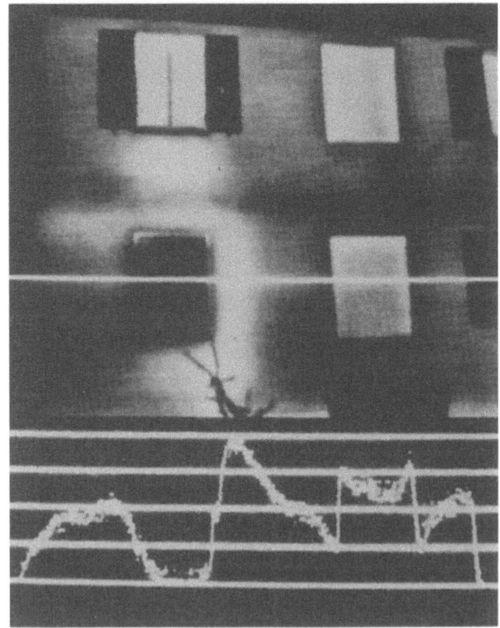

a)

b)

Thermographie: Beispiele.
a) Thermogramm einer Hauswand. Unten im Bild der Temperaturverlauf entlang der gekennzeichneten Bildzeile; schwarz ≙ 0 °C, weiß ≙ 4 °C, Linienabstand 1 °C.
b) Photographie der gleichen Hauswand. Der vom Thermogramm erfaßte Bildausschnitt ist markiert. (Quelle: Atomika Technische Physik GmbH, München)

ten Koordinaten des Wärmebilds, Darstellung von Einzelisothermen (Bereiche gleicher Temperatur). Da für Emissionsgrade ε < 1 (→Pyrometer) zu niedrige Temperaturen gemessen würden, kann man den Wert von ε manuell eingeben, damit das Ergebnis vom Bildprozessor korrigiert werden kann. Bei blanken Metallen können wegen des kleinen und nicht genau bekannten ε hier evtl. Probleme entstehen. Deshalb empfiehlt sich bisweilen eine Oberflächenbehandlung z. B. mit schwarzem Mattlack.

Bei entsprechender Erfahrung des Bedienungspersonals läßt sich die T. überall dort nützlich einsetzen, wo berührungslos und meist auch schnell die Temperaturverteilung auf Oberflächen gemessen werden soll, z. B.

□ zum Untersuchen der Wärmeverluste von Gebäuden,

□ beim Entwickeln und Herstellen von elektronischen Schaltungen (Leiterplatten) zum Lokalisieren von Wärmestaus und Kurzschlüssen,

□ bei Geräten der Leistungselektronik,

□ in der Kunststoffverarbeitung,

□ für Entwicklungsaufgaben in der Fahrzeugtechnik,

□ zur zerstörungsfreien Materialprüfung.

Neuere Entwicklungen der T. zielen darauf hin, mit weniger Mechanik in den Infrarotkameras auszukommen. *Hammerschmidt*

Thorium. T. ist ein →Radioelement, das mit einer mittleren Konzentration von etwa 14 mg/kg in der Erdkruste vertreten ist. In größeren Mengen findet man es in Thoriumerzen, z. B. als Monazit (Phosphate der Seltenen Erden und des Thoriums, (Ca, Ce, La, Th) PO_4), Thorianit ((Th, U) O_2) oder Thorit (ThSiO$_4$).

T. wurde bereits 1828 von *Berzelius* entdeckt. Seine →Radioaktivität wurde aber erst 1898 von *M. Curie* in Frankreich und von *G. C. Schmidt* in Deutschland festgestellt und näher untersucht. Das langlebigste →Nuklid des T. ist das ^{232}Th (→Halbwertzeit $1{,}41 \cdot 10^{10}$ a). Es ist das Mutternuklid der Thorium-Zerfallsreihe. Weitere Thoriumisotope treten in der Uran-Zerfallsreihe und in der Actinium-Zerfallsreihe auf.

T. ist kein →Kernbrennstoff, kann aber als Brutstoff Verwendung finden, weil sich unter dem Einfluß von thermischen Neutronen in einem →Kernreaktor durch die Reaktionen ^{232}Th(n,γ) ^{233}Th $\xrightarrow{\beta^-}$ ^{233}Pa $\xrightarrow{\beta^-}$ ^{233}U der Kernbrennstoff ^{233}U bildet. In thermischen Brütern spielt diese Reaktionsfolge eine wichtige Rolle (→Kernreaktor). Das entstandene ^{233}U trennt man hinterher bei der Aufarbeitung von dem vorgelegten T. und von den Spaltprodukten ab (Brutstoffkreislauf, →Brennstoffkreislauf, nuklearer).

T. tritt praktisch ausschließlich in der Oxidationsstufe +4 auf und ähnelt in seinen chemischen Eigenschaften dem Zirkonium und Hafnium sowie dem Cer(IV). Da T. in neutralen wäßrigen Lösungen in Abwesenheit von Komplexbildnern vollständig hydrolysiert ist, ist es im Gegensatz zum →Uran nicht mobil, und man findet es auch in natürlichen Wässern in nicht merklichen Konzentrationen. Eine

sehr stabile Verbindung ist das Thoriumdioxid (ThO$_2$), das ebenso wie Urandioxid (UO$_2$) im Fluoritgitter kristallisiert und erst bei 3 050 °C schmilzt. ThO$_2$ oder (Th,U)O$_2$-Mischkristalle setzt man auch als Brutstoff in thermischen Brütern ein. *Lieser*

Literatur: *Gmelin:* Handbuch der Anorganischen Chemie. Weinheim: Verlag Chemie und Heidelberg: Springer-Verlag. – Handbook on the Physics and Chemistry of the Actinides. (A. J. Freeman, C. Keller, Eds.): North Holland, Amsterdam 1984 ff. – *Ryabchikov, D. I. u. E. K. Goldbraikh:* Analytical Chemistry of Thorium. Ann Arbor Publ., Ann Arbor 1969. – *Seaborg, G. T. u. J. J. Katz:* The Actinide Elements. New York: McGraw-Hill 1954.

Tilger. T. sind ungedämpfte oder nur schwach gedämpfte auf →Resonanz, d. h. auf die →Erregerfrequenz abgestimmte Zusatzschwinger. T. werden auch als Schwingungstilger bezeichnet (englisch: dynamic absorber).

Durch Ankoppeln einer Hilfsmasse an ein schwingendes →System läßt sich eine Schwingungsentstörung erzielen (Bild). Die angekoppelte Hilfsmasse a$_2$ stellt mit der →Feder c$_2$ ein federerregtes Schwingungssystem dar, das durch eine *Ersatzmasse* ersetzt gedacht werden kann. Stimmt die Erregerfrequenz mit der →Eigenfrequenz des angekoppelten Schwingungssystems überein, tritt sogenannte Antiresonanz auf, und die Erregerkraft arbeitet dann scheinbar auf eine theoretisch unendlich große Masse.

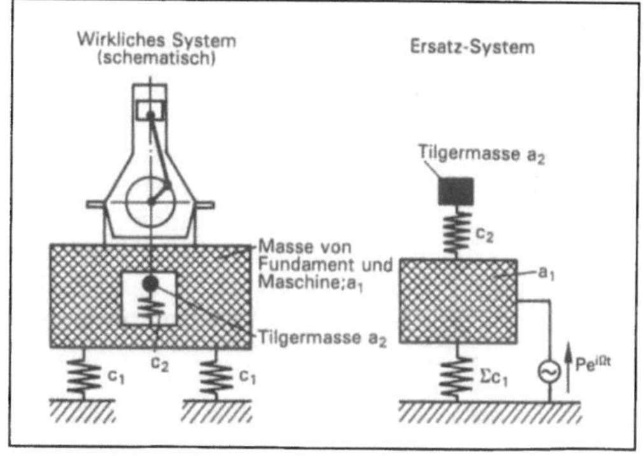

Tilger: Wirkliches System (schematisch) und Ersatzsystem bei einem Tilger.

P) Erregerkraft, Ω) Erregerkreisfrequenz, c$_1$) Federn des Schwingungssystems, c$_2$) Federn der angekoppelten Hilfsmasse

Die Masse des eigentlichen zu entstörenden Schwingungssystems befindet sich theoretisch in Ruhe. Damit werden von der Feder c$_1$ keine dynamischen Kräfte in die Umgebung übertragen. Die Tilgerwirkung ist nur auf einen schmalen Bereich nahe der Antiresonanz beschränkt. Um bei der praktischen Anwendung von Tilgern mit möglichst kleinem Aufwand eine befriedigende Wirkung zu erzielen, sind oft umfangreiche praktische und theoretische Untersuchungen notwendig. Der Einsatz von T. ist empfehlenswert bei Erregerfrequenzen oberhalb von etwa 10 Hz bis 15 Hz. Bei Verwendung von T. sollten die Erregerkräfte mindestens näherungsweise sinusförmig sein und keine Schwankungen der Schwingungsamplituden bewirken. Die Tilgermasse sollte zweckmäßig größer als etwa 10 % der Objektmasse a_1 gewählt werden, da sonst die benachbarten Resonanzstellen zu nahe am Tilgerpunkt liegen. Bei praktisch wirksamen T. ist eine geringe →Dämpfung, *Lehrsches* Dämpfungsmaß D $\approx 0{,}01 \ldots 0{,}05$, erforderlich, damit Einschwingvorgänge abklingen und der Tilger anspricht, weil im eingeschwungenen Zustand die Schwingungsanteile, deren Frequenz mit der Tilgereigenfrequenz übereinstimmt, durch gegenphasige Bewegungen der Massen unterdrückt werden. T. werden bei Kolbenmaschinen, bei Triebwerken und bei Schwingförderern angewandt, seltener bei Großmaschinen, Brücken und bei Bauwerken. Gedämpfte T. sind Zusatzschwinger, die durch Relativdämpfung dem Schwingungssystem →Wirkleistung entziehen und durch ihre Abstimmung noch einen Tilgereffekt (Blindleistungsspiel) aufweisen. *Splittgerber*

Literatur: *Hübner, E.*: Technische Schwingungslehre. Berlin 1957. – *Splittgerber, H.*: Verfahren und Vorrichtungen zur Begrenzung von Erschütterungsemissionen. In Dreyhaupt, F. J. (Hrsg.): Handbuch für Immissionsschutzbeauftragte. Köln 1978. – VDI 2062, Blatt 1: Begriffe und Methoden. 1/1976.

Tintenstrahldrucker →Registriergerät

Ton (Akustik). Druckschwankungen in der Luft werden vom Ohr aufgenommen und rufen dort eine Schallempfindung hervor. Eine sinusförmige Druckschwankung $p = p_0\sin(\omega t + \varphi)$ ruft eine Schallempfindung hervor, die man nach *G. S. Ohm* (1843) einen reinen T. nennt. Er ist damit das denkbar einfachste akustische Ereignis. Der T. unterscheidet sich vom →Klang, der einer komplizierteren Schwingungsform entspricht. Die T.-Stärke ist eine Funktion der Amplitude der Druckschwingung, die T.-Höhe eine Funktion der →Frequenz $\nu = \omega/2\pi$ der Schwingung. *Helbig*

Tonne. Gesetzliche Masseneinheit, keine SI-Einheit. Einheitenzeichen t. 1 t = 10^3 kg. *Hammerschmidt*

Torr. Früher gebräuchliche Druckeinheit. 1 Torr = $1{,}33322 \cdot 10^2$ Pa. In Deutschland im geschäftlichen und amtlichen Verkehr nicht mehr zugelassen. Gültige Einheit: →Pascal (→Einheiten des SI). *Hammerschmidt*

Torsion. Wird ein Träger durch Torsionsmomente M_t belastet (Bild 1), so verdrehen sich seine End-

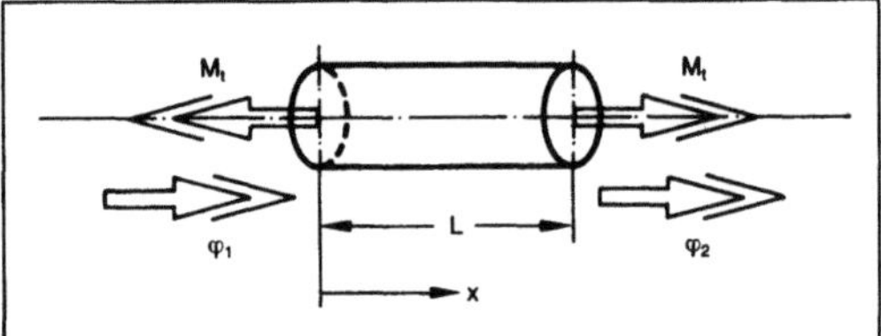

Torsion 1: Situation der Torsion, dargestellt an einem Kreiszylinder.

querschnitte um eine Winkeldifferenz $\Delta\varphi = \varphi_2 - \varphi_1$ gegeneinander. Der Träger wird verdrillt oder tordiert. Als Maß der Verdrillung dient die Winkeländerung, dividiert durch die Länge des Trägers:

$$\vartheta = (\varphi_2 - \varphi_1)/L \to d\varphi/dx.$$

Außer bei Kreisquerschnitten muß man vor einer Rechnung prüfen, ob die Saint-Venant-T. möglich ist, bei der im Querschnitt ausschließlich Schubspannungen, dafür aber Verwölbungen des in Richtung der Achse gesehen wie eine starre Ebene verdrehten Querschnitts auftreten. Wenn diese (z. B. an den Enden) behindert sind, muß man die Wölbkraft-T. berücksichtigen (wesentliche Versteifung). In prismatischen Stäben (ohne Verwölbbehinderung) ist die Saint-Venant-T. stets möglich. Sie wird durch die Verschiebungen

$$\vec{u} = u(y,z)\,\vec{e}_x - \vartheta(x - x_0)z\,\vec{e}_y + \vartheta(x - x_0)y\,\vec{e}_z$$

und die Spannungen

$$\vec{\tau} = \tau_y\,\vec{e}_y + \tau_z\,\vec{e}_z$$

beschrieben.

Mit ihrer Hilfe leitet man für Kreisquerschnitte (Außenradius R_a, Innenradius R_i) her:

$$M_t = G\vartheta\,I_t = \tau_{max} \cdot W_t,$$

mit dem Drill- oder T.-Trägheitsmoment $I_t = \pi(R_a^4 - R_i^4)/2$ sowie dem T.-Widerstandsmoment $W_t = I_t/R_a$. Der Schubmodul G wird hier zum T.-Modul.

Die allgemeine T.-Theorie ist nicht einfach. Deshalb beschränkt man sich in der elementaren Balkenlehre meist auf die T. von Kreisquerschnitten und von dünnwandigen Profilen der Wanddicke b(s) als Funktion einer Koordinate s im Profil. Für den Schubfluß $\bar{\tau}(s) \cdot b(s)$ (Bild 2) findet man, daß er $\bar{\tau}b = $ konstant erfüllt. Hiermit gewinnt man für einfach geschlossene Profile die Bredt-Formeln (Bild 3)

$$I_t = 4A_m^2 / \oint ds/b(s)$$

und

$$W_t = 2A_m \cdot b_{min}.$$

Der Schubfluß verschwindet hingegen in dünnwandigen offenen Profilen (Bild 4). Das Torsionsmoment muß dann mit Hilfe von Schubspannungsunterschieden innerhalb der Wand bei festem s

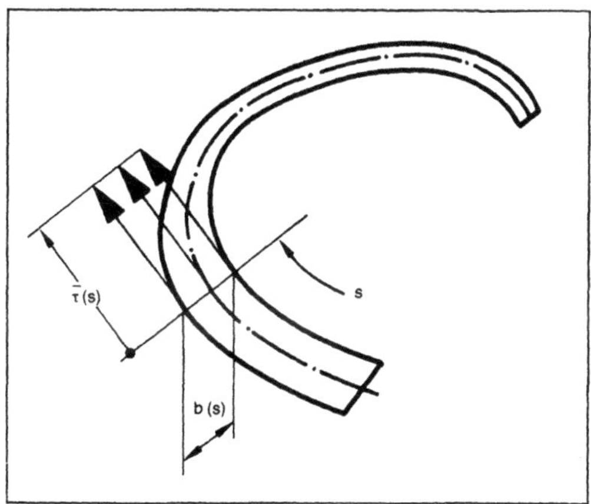

Torsion 2: Über die Wanddicke gemittelte Schubspannung $\overline{\tau}$ in einem dünnwandigen Querschnitt.

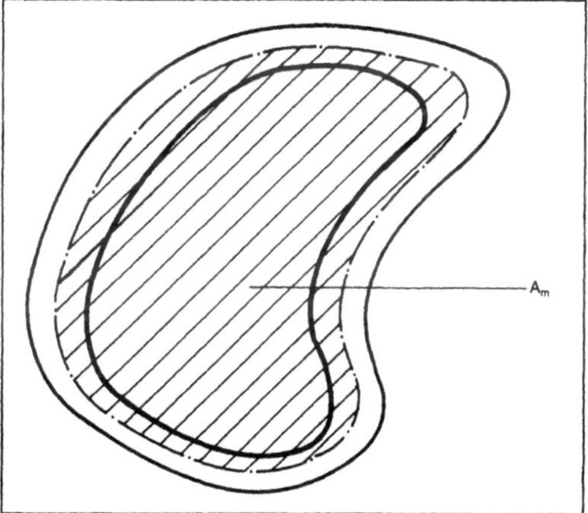

Torsion 3: Zur Definition der mittleren Fläche A_m in den Bredt-Formeln.

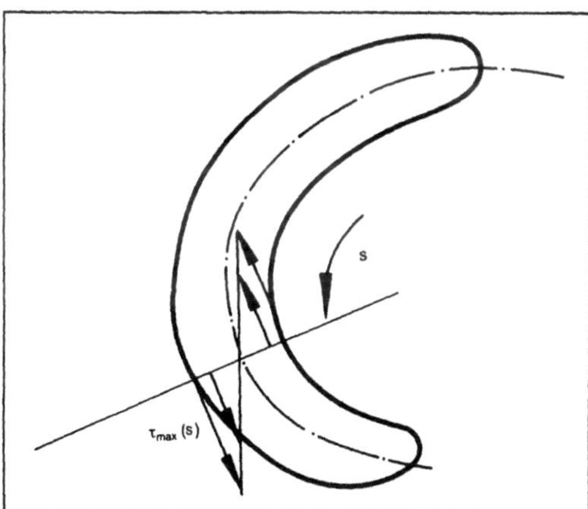

Torsion 4: Verteilung der Schubspannungen über die Wanddicke bei einem offenen, dünnwandigen Profil.

übernommen werden. So entstehen die gegenüber den Bredt-Formeln völlig anderen Formeln

$$I_t = \int_{S_{min}}^{S_{max.}} \frac{1}{3} b^3(s)ds \quad \text{und}$$

$$W_t = I_t/b_{max}.$$

Hier gilt $\tau_{max}(s) / b(s) = $ konst. Also tritt die größte Schubspannung bei b_{max} auf, ganz im Gegensatz zum geschlossenen Profil, wo dies (auf weit niedrigerem Niveau) bei b_{min} geschieht.

Offene und geschlossene Profile unterscheiden sich in den Werten der maximalen Schubspannungen durchaus manchmal wie 1 000:1. *Besdo*

Torsion (Mathematik) →Kurventheorie

Torsionsmessung. Die Messung der mechanischen Torsion eines um die eigene Achse verdrehten Zylinders ist durchführbar mit →Dehnungsmeßstreifen, die mechanisch eng mit dem Torsionszylinder verbunden sind (z. B. durch Aufkleben). *Schaumburg*

Torsionsmodul →Torsion

Torsionsmoment →Beanspruchungsgröße

Torsionsschwingung. T. sind Drehschwingungen eines Körpers um eine Drehachse, bei denen die Schwingungszustände in der Regel durch Drehwinkel gekennzeichnet werden und die rückführenden Drehmomente Torsionsmomente sind.

Ein einfacher →Schwinger, der T. ausführt, besteht z. B. aus einem einseitig fest eingespannten Stab, an dem eine Scheibe befestigt ist. Bei Drehungen der Scheibe um einen Winkel entstehen im Stab rückführende Torsionsmomente; der dazwischen liegende Stab wird tordiert. Die Torsionsmomente bewirken Gleitungen. Zwei Querschnitte des Stabes werden relativ zueinander verdreht und dabei unter Umständen verwölbt. Sind alle Querschnitte gleich, wird sich eine Parallele zur Drehachse zu einer →Schraubenlinie verformen, und der Winkel φ wird dem Abstand vom eingespannten Ende bei elastischem Verhalten des Werkstoffs proportional sein: $\varphi = \vartheta \cdot x$ mit x Ortskoordinate und ϑ Verwindung, d. h. Verdrehung pro Längeneinheit (Einheitsverdrehung). Die Verwindung ist proportional dem Torsionsmoment M und umgekehrt proportional zur →Torsionssteifigkeit $G \cdot I_T$. Darin bedeutet G →Schubmodul, und I_T kennzeichnet den Einfluß der Querschnittsform und der Querschnittsgröße des Stabes.

Bei der unmittelbaren Gründung von Fundamenten auf dem Baugrund (sogenannte feste Gründung) und bei der Schwingungsisolierung von Maschinen auf elastisch gelagerten Fundamenten ist z. B. zu beachten, ob es zur Beurteilung der Isolierwirkung ausreichend ist, die Schwingungsbewegung des Systems nur in einer Richtung, also nur für einen →Freiheitsgrad zu betrachten, oder ob weitere Freiheitsgrade und damit auch T. beachtet werden müssen. *Splittgerber*

Literatur: *Lorenz, H.* und *G. Klein*: Grundbaudynamik. In Grundbautaschenbuch, Bd. 1. Berlin 1966.

Torsionssteifigkeit. Die T. GI_T ist eine Einflußgröße bei Torsionsschwingungen. Es bedeuten: G →Schubmodul und I_T eine Größe, die den Einfluß der Querschnittsform und der Querschnittsgröße bei Drehschwingungen kennzeichnet. Die T. ist als Querschnittssteifigkeit eine Größe, die erforderlich ist, um bei einem Stabelement der Länge 1 eine zugeordnete Verzerrung von der Größe 1 zu erzeugen (z. B. bei homogenem Aufbau des Querschnitts aus *Hooke'schem* Werkstoff). *Splittgerber*

Torus. Fläche, die durch →Rotation z. B. eines Kreises $(x-a)^2 + y^2 = r^2$ $(a \geqq r)$ um die Y-Achse entsteht. Volumen $V = 2\pi^2 r^2 a$, Oberfläche $O = 4\pi^2 ra$. Die Fläche ist auch in der Topologie von Interesse. Sie hat das topologische Geschlecht 1 und ist topologisch gleichwertig der Fläche einer →Kugel mit einem Henkel (Topologie). *Fischer*

Totzeitglied. Ein T. (T_t-Glied) ist ein lineares →Übertragungsglied, bei dem der zeitliche Verlauf des Eingangssignals u(t) um die Totzeit T_t verschoben als Verlauf des Ausgangssignals v(t) auftritt.

Mathematisch läßt sich diese Eigenschaft durch eine einfache Differenzengleichung beschreiben:

$$v(t) = u(t - T_t).$$

Die →Übertragungsfunktion erhält man durch Anwendung des Verschiebungssatzes der Laplace-Transformation

$$F_t(s) = V(s)/U(s) = e^{-T_t s}.$$

Der →Frequenzgang (mit $s = j\omega$) hat also einen konstanten Betrag und einen negativen Phasenwinkel proportional zur Kreisfrequenz ω, nämlich $\varphi(\omega) = -\omega T_t$. Das bedeutet, daß das T. Schwingungen beliebiger →Frequenz durchläßt, ohne seine Amplitude zu verändern (Eigenschaft eines Allpasses); jedoch nimmt die Phasennacheilung mit der Frequenz zu. Ist die →Schwingungsdauer gleich der vierfachen Totzeit, dann eilt der Ausgang dem Eingang um 90° nach; bei der zweifachen Totzeit sind es 180°. Ein T. im →Regelkreis hat immer einen nachteiligen Einfluß auf die →Stabilität.

Jeder Transportvorgang wird durch ein T. beschrieben. Ein markantes Beispiel ist ein Förderband. Auf das eine Ende wird das Material als Eingangssignal u(t) geschüttet und am anderen Ende als Ausgangssignal v(t) abgenommen. Die Totzeit wird bestimmt durch Länge und Geschwindigkeit des Förderbandes. Eine elektrische Analogie bildet ein Tonband, bei dem Schreib- und Lesekopf in einem bestimmten Abstand angebracht sind. Lange elektrische Leitungen (auch Laufzeitglieder) haben Totzeit-Verhalten, ebenso die „Lange Leitung" beim Menschen. In digitalen Regelkreisen (→Abtastregelung) entsteht durch Abtasten und Festhalten des Signalwertes über eine Tastperiode eine Totzeit von etwa der halben Tastperiode. Jedoch wird die Tastfrequenz sehr hoch im Vergleich zu den Eigenfrequenzen gewählt, so daß die Stabilität kaum verschlechtert wird. *Böttiger*

Tragflügel. Körper, die so geformt sind, daß sie im angeströmten Zustand eine Kraft senkrecht zur Bewegungsrichtung erzeugen, ohne daß ein zu großer Widerstand in Strömungsrichtung entsteht, heißen T. Sie haben für Unterschallgeschwindigkeiten eine abgerundete Vorderkante und eine mehr oder weniger scharfe Hinterkante. In Windkanalversuchen wurden viele tausend solcher Tragflügelquerschnitte untersucht und Änderungen ihres Auftriebs und Widerstands als Funktion des Anstellwinkels tabelliert bzw. in Polardiagrammen dargestellt. In letzteren wird der Auftriebsbeiwert (entdimensionalisierter Auftrieb) als Funktion des Widerstandsbeiwerts (entdimensionalisierter Widerstand) angegeben (Bild 1), wobei jeweils längs einer Kurve der Anstellwinkel des T. variiert wird. Der Quotient von Widerstandsbeiwert und Auftriebsbeiwert bei festem Anstellwinkel heißt Gleitzahl. Die aus den Modellversuchen gewonnenen Daten dienen heute u. a. beim optimalen Entwurf von T. für verschiedene Verwendungszwecke (Bild 2): Rotorblätter von Hubschraubern, Propellerblätter und Schaufeln von Strömungsmaschinen (Turbinen).

Die scharfe Hinterkante ist für die Entstehung einer Zirkulation um den T. und damit des Auftriebs wesentlich. Die Größe des Auftriebs wird durch die Kutta-Joukowski-Abflußbedingung bestimmt. Wird ein ebener T. in einem idealen Fluid in Bewegung gesetzt, so entsteht zunächst eine Potentialströmung um diesen Körper mit einer Umströmung der Hinterkante. Selbst bei einem Fluid mit kleiner Reibung, wie z. B. Luft, kann man im ersten Augenblick eine Umströmung der Hinterkante beobachten. Mit zunehmender Strömungsdauer baut sich am Profil eine Grenzschicht auf, und es kommt zur Ablösung der →Strömung an der Hinterkante, verbunden mit einem Abschwimmen des Anfahrwirbels, der eine Zirkulation besitzt (Bild 3). Nach dem Thomson-Wirbelsatz ist dies nur möglich, wenn gleichzeitig eine Wirbelströmung um den T. entsteht mit entgegengesetzt gleicher Zirkulation. Diese ist gerade so groß, daß die Hinterkante nicht

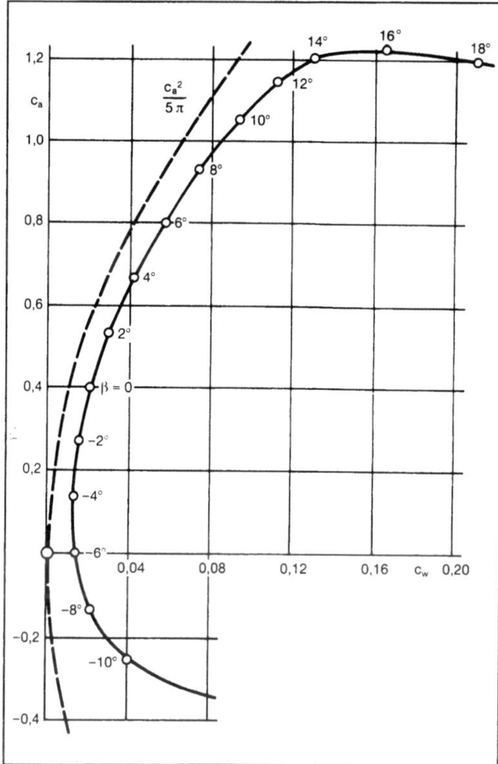

Tragflügel 1: Polare eines Tragflügels (Seitenverhältnis 5).

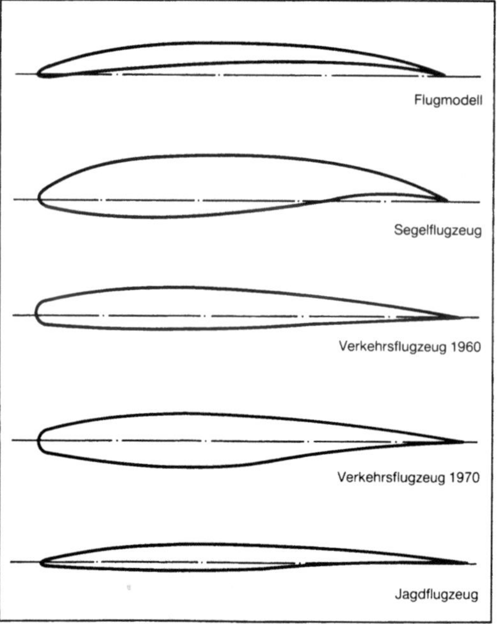

Tragflügel 2: Profile für unterschiedliche Verwendungszwecke.

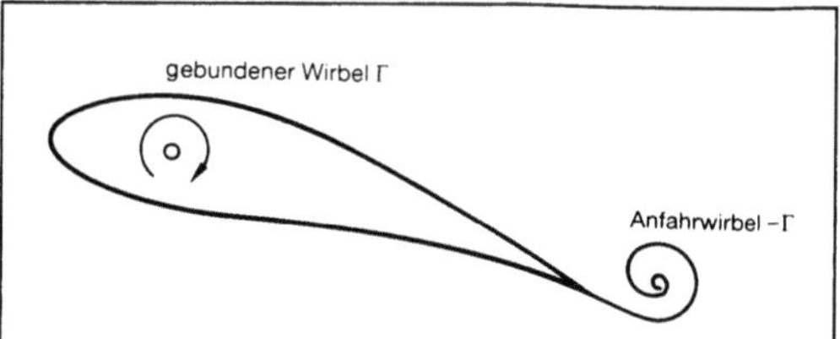

Tragflügel 3: Entstehung der Zirkulation Γ bei der Anfahrt.

mehr umströmt wird. Auf der Profiloberseite verursacht diese Zirkulation einen zusätzlichen Geschwindigkeitsbeitrag in Strömungsrichtung und damit nach der →Bernoulli-Gleichung einen Unterdruck und entsprechend auf der Profilunterseite einen Geschwindigkeitsbeitrag entgegengesetzt zur Strömungsrichtung und damit einen Überdruck. Die über die gesamte Profiloberfläche integrierte Druckverteilung liefert für gebräuchliche Profile mit scharfer Hinterkante den Auftriebsbeiwert:

$$C_A = 2\pi\alpha \left(1 + \frac{d}{t}\right),$$ wobei d die Profildicke, t die Profiltiefe und α der Anstellwinkel sind.

Bei der Umströmung eines T. großer, aber endlicher Spannweite entsteht, vereinfacht gesprochen, auf Grund des Druckunterschieds von Ober- und Unterseite zusätzlich eine Umströmung der Flügelspitzen, die dann zur dauernden Ablösung von Spitzenwirbeln führt, die mit dem Anfahrwirbel verbunden bleiben (Bild 4). Das Wirbelsystem bestehend aus Anfahrwirbel, Spitzenwirbel und tragflügelfestem („tragendem") →Wirbel induziert eine Strömung nach unten (Hufeisenwirbel). Zusammen mit der Anströmgeschwindigkeit U erfährt der T. eine fiktive Anströmung Ũ mit der Auftriebskraft A normal zu Ũ. Bezogen auf die wirkliche Anströmung besitzt A auch eine Komponente W, die als induzierter Widerstand bezeichnet wird. Dieser Widerstand ist vollkommen unabhängig vom zusätzlichen Reibungswiderstand, der durch die körpernahe Grenzschicht verursacht wird. (Alternativ kann der induzierte Widerstand auch aus einer Energiebetrachtung abgeleitet werden.) Der Druckausgleich über die Flügelspitzen bewirkt zusätzlich eine Reduktion des Auftriebsbeiwerts. Für nicht zu kleine Verhältnisse Λ von Spannweite b zu Flügeltiefe t liefert die Theorie:

$$C_A = \pi \left(1 + \frac{1}{t}\right) \frac{\Lambda}{1 + \frac{\Lambda}{2}} \alpha,$$

was recht gut mit experimentellen Ergebnissen übereinstimmt.

Der Auftrieb eines nicht gewölbten T. ist im Vorderteil konzentriert. Soll der Auftrieb bei kon-

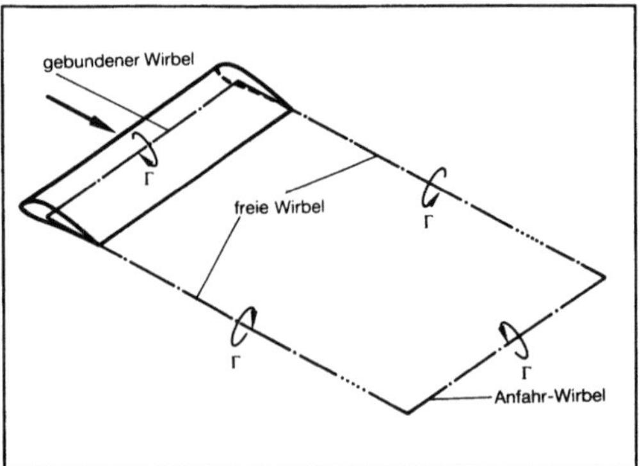

Tragflügel 4: Wirbelsystem eines Tragflügels endlicher Spannweite.

stanter Anströmgeschwindigkeit erhöht werden, so muß der hintere Teil stärker belastet werden, indem man dort den Anstellwinkel erhöht, d. h. man muß das Profil wölben. Technisch erfolgt diese Wölbung durch das Nachuntenstellen einer Klappe, die das Profilhinterteil bildet. Diesem Vorgehen sind aber Grenzen gesetzt, da an der Hinterkante ein zusätzlicher Druckanstieg erforderlich wird, der die Ablösung der Strömung bewirken kann. Verbunden mit einer Strömungsablösung sind immer unerwünschte Widerstandsanstiege und Auftriebsverluste. Will man den Auftrieb dennoch erhöhen, dann geschieht dies technisch durch Spaltflügel (**Bild 5**). Auf Grund des Überdruckes an der Profilunterseite kommt es im Spalt zu einer Strömung zur Oberseite hin, die ihrerseits das Fluid in

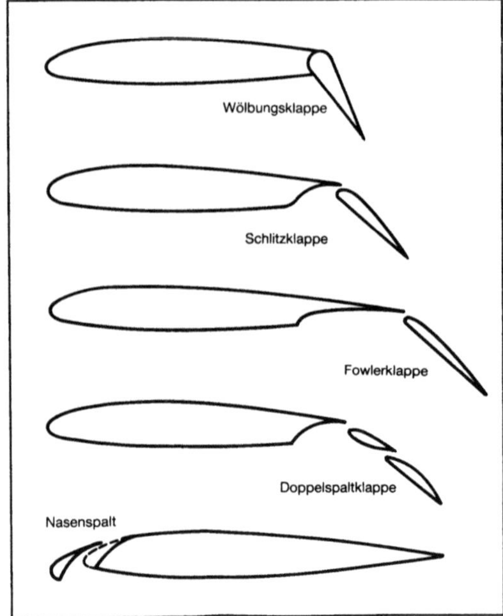

Tragflügel 5: Klappenarten.

der Grenzschicht beschleunigt und damit der Strömungsablösung entgegenwirkt. In der Praxis werden die verschiedenen Klappentypen gemeinsam eingesetzt.

Für T. mit sehr kleinen Spannweiten sind modifizierte Theorien notwendig.

Die ältere T.-Theorie setzt i. a. inkompressible Strömungen voraus. Dies ist bis zu Strömungsgeschwindigkeiten von 100 m/s näherungsweise gerechtfertigt, da sich der damit verbundene Fehler nur proportional zum Quadrat der Mach-Zahl verhält. Bei höheren Geschwindigkeiten ist die Kompressibilität der Strömung zu berücksichtigen. Heute geschieht dies durch numerische Lösung der Euler-Gleichungen.

Ebenfalls wird für Überschallströmungen eine andersartige T.-Theorie erforderlich. Optimale T. sind hier angestellte, nicht gewölbte T., die an der Vorder- und an der Hinterkante möglichst spitz zulaufen, z. B. Pfeil- und Deltaflügel. Die wesentliche Eigenart dieser Flügelkonfigurationen besteht darin, daß sie die effektive Anströmgeschwindigkeit – dies ist näherungsweise die Komponente normal zur Flügelvorderkante – reduzieren. Für eine mit Überschall angeströmte, schräg angestellte, ebene Platte findet man die in Bild 6 skizzierte Auftriebsverteilung.

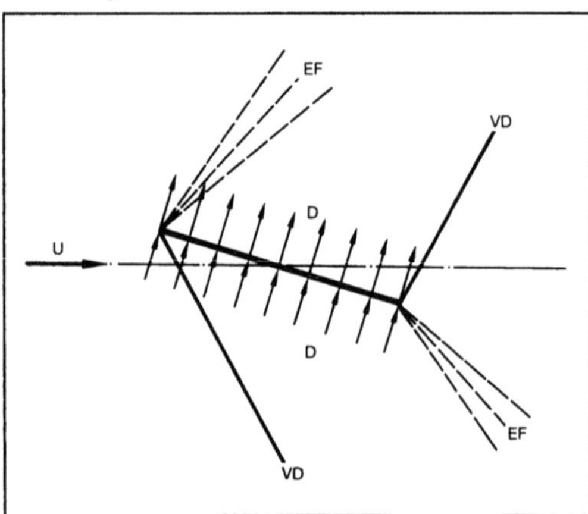

Tragflügel 6: Auftriebsverteilung.

D Druckverteilung (Auftrieb), U Anströmgeschwindigkeit, EF Expansionsfächer, VD Verdichtungsstoß

Bei Annäherung an die Strömungs-Mach-Zahl 1 nimmt der Widerstand von umströmten T. sehr zu. Sowohl die gewöhnliche Unterschall- als auch Überschalltheorie versagen, und eine transsonische Theorie wird notwendig (transsonische Strömungen, →Schallmauer). Für neue Generationen von Verkehrsflugzeugen, die im hohen Unterschallbereich fliegen sollen, werden z. Z. intensiv T. erforscht, die die Eigenschaft haben, daß die dort auftretenden lokalen Überschallbereiche stromab weitgehend stoßfrei in Unterschallströmungen übergehen (überkritische T.). *Obermeier*

Literatur: *Schlichting, H.,* u. *E. Truckenbrodt:* Aerodynamik des Flugzeuges. Bd. I u. II. Berlin, Heidelberg, New York 1967 u. 1969.

Trägheitsmoment →Kinetostatik, →Massenträgheitsmoment

Trägheitssatz →quadratische Form

Transformation, kanonische. Als k. T. wird in der analytischen →Mechanik der Übergang von einer *Hamilton*-Funktion $H(p_k, q_k, t)$ zu einer Hamilton-Funktion H^* anderer Variabler P_k und Q_k bezeichnet. Solche Transformationen werden mit Hilfe einer Erzeugenden, einer →Funktion F je eines Satzes der alten wie der neuen Variablen, sowie der Zeit t durchgeführt. Mit der beliebigen Funktion $F = F (q_k, Q_k, t)$ hat man die p_k mit $\partial F/\partial q_k$ zu identifizieren und die neuen Variablen P_k mit $-\partial F/\partial Q_k$. Drückt man dann $H^* = H + \partial F/\partial t$ durch Q_k und P_k aus, gelten wieder die Kanonischen Gleichungen in den neuen Variablen. *Besdo*

Transformator.

Dampfkraftwerke. Zu den Begriffen Aufbau, Eisenkern, Wicklungsaufbau, Isolation, Kessel, Zubehör, Verluste, Erwärmung, Kühlung, Kurzschlußbeanspruchung, Spannungsbeanspruchung, Rushströme, Stufenschalter, Schaltgruppe, Verhalten bei Überlastung wird auf die Angaben zum Stichwort Transformator (elektrische Geräte) – s. u. – verwiesen.

Ausführung und Betriebsbedingungen für Transformatoren im Kraftwerk sind zwischen Hersteller und Betreiber festzulegen, da sie besonderen Beanspruchungen, z. B. bei Kurzschlüssen oder bei Einschaltung großer Verbraucher, unterliegen können.

Der *Maschinentransformator* (Block-Transformator) dient zur Übertragung der Generatorleistung in das Netz, wobei infolge der relativ niedrigen Generatorspannung (z. B. zwischen 5 kV und 30 kV) und den üblichen Netzspannungen (zwischen 60 kV und 800 kV) ein großes Übersetzungsverhältnis und sehr hohe Ströme auf der Unterspannungswicklung kennzeichnend sind. Auch im Falle eines Kurzschlusses entstehen große Beanspruchungen. Die Einheitsleistung für Drehstrom-Maschinentrafos liegt infolge der Transportbegrenzungen derzeit bei rd. 1300 MVA.

Der *Block-Eigenbedarfstransformator* (EB-Trafo) transformiert die Spannung (z. B. 15 kV, 27 kV) der vom Generator zu beziehenden Eigenbedarfsleistung auf die für die Mittelspannungsschaltanlagen (Eigenbedarfsschaltanlagen) geeignete Spannung (z. B. 6 kV, 10 kV). Wichtige Auslegungsdaten ergeben sich u. a. aus der Berechnung der Kurzschlußströme und der Spannungsabfälle für die Eigenbedarfsanlagen.

Auf die Beanspruchungen beim Einschalten und Hochlauf von Verbrauchern (z. B. Asynchronmotoren) und Verbrauchergruppen sowie beim Umschalten und bei Kurzschlüssen auf der Unterspannungsseite wird besonders hingewiesen. Häufig wird der Trafo mit Spannungsumsteller (z. B. 2x ± 2,5 %) versehen zur endgültigen Anpassung der Eigenbedarfsspannung nach Inbetriebnahme der Anlage. Stufenschalter zur Anpassung der Spannung unter Last sind selten.

Der *Allgemein-Eigenbedarfstransformator* (Allgemein-Transformator, Anfahrtransformator) transformiert die Spannung (z. B. 60 kV, 110 kV, 220 kV) der vom Reservenetz zu beziehenden Leistung auf die in den Eigenbedarfsschaltanlagen übliche Spannung (z. B. 6 kV oder 10 kV). Für die Beanspruchung gelten die Hinweise zum Block-Eigenbedarfstransformator, außerdem ist die Schaltgruppe von Allgemein-Transformator und Block-Eigenbedarfstransformator so festzulegen, daß die Phasenlage an den Unterspannungswicklungen übereinstimmt.

Der Niederspannungstransformator transformiert die Spannung der von den Mittelspannungsanlagen zu beziehenden Leistung auf die in den Niederspannungsanlagen übliche Spannung (z. B. 400 V, 660 V). Für die Bemessung gelten die vorstehenden Angaben.

Entsprechend der Verwendung zur Versorgung von blockgebundenen Verbrauchern bzw. Allgemein-Verbrauchern werden die Transformatoren als Block-Niederspannungstrafo oder Allgemein-Niederspannungstrafo bezeichnet. Zur Kühlung der Wicklung wird vorwiegend Öl (Öl-Leistungstransformator), für die äußere Kühlung Luft bzw. Wasser verwendet. Die Kühlmittel haben natürliche oder erzwungene Kühlmittelbewegung. *Peter u. a.*

Literatur: Brown, Boveri & Cie AG: Patentschrift 2710620. – Elektrische Maschinen und Antriebe. VDE-Fachtagung 1974 in München. Berlin/Offenbach: VDE-Verlag. – *Rentzsch, H.:* Handbuch für Elektromotoren. Hrsg. v. BBC AG, Mannheim. Essen: Verlag W. Girardet. – Taschenbuch für Schaltanlagen. Hrsg. v. Brown, Boveri & Cie AG. Essen: Verlag W. Girardet. – Transformatorenstationen. Bauliche Ausführungen; Räume für Transformatoren. AGI-Arbeitsblatt J 11. Mai 1981. – Das versorgungsgerechte Verhalten der thermischen Kraftwerke. Deutsche Verbundgesellschaft, Heidelberg 1982.

Elektrische Geräte. Statische elektrische Maschine, die ohne gegeneinander zu bewegende Teile und ohne nennenswerte Verluste eine ein- oder mehrphasige →Wechselspannung auf eine andere Wechselspannung gleicher →Frequenz bringt, d. h. „umspannt" oder „umwandelt". In der Nachrichtentechnik wird der Transformator als „Übertrager", in der →Meßtechnik als (Strom- oder Spannungs-)„Wandler" bezeichnet. Transformatoren werden in allen Leistungsbereichen gebaut, wobei die obere Grenzleistung in erster Linie durch die von den Transportmöglichkeiten her ausführbaren Abmessungen und Massen bestimmt ist. Auf den mitteleuropäischen Bahnstrecken lassen sich Drehstromtransformatoren bei 400 kV Oberspannung bis etwa 1000 MVA, Einphasentransformatoren mit noch etwa 10 % höherer Leistung auf Spezialwaggons befördern.

Transformatoren werden benötigt, um die in den Kraftwerken mit Spannungen zwischen 6 und 30 kV erzeugte Energie auf die Übertragungsspannung der Freileitungen von 50 bis 765 kV zu „transformieren" (Blocktransformator) und am Verbrauchsort wieder auf die Verteil- (Netztransformator) und Verbrauchsspannungen von 6 bis 25 kV bzw. zwischen 6000 und 220 Volt oder weniger zu bringen.

Für Maße, Leistungen und Verluste von Transformatoren gelten die Normen DIN 42502ff., für Prüfung und Betrieb die Bestimmungen DIN VDE 0532.

Der erste funktionsfähige Transformator wurde 1856 von dem Engländer *Varley* als Manteltransformator mit Scheibenspulen gebaut. Der Durchbruch zur technischen Anwendung gelang *Blàthy*, *Déri* und *Zipernowsky* im Jahre 1885. Der erste Öltransformator wurde 1890 von *Boveri* gebaut.

Die Grundelemente des Transformators sind ein Eisenkern und mindestens zwei ihn umschließende, gegeneinander isolierte Wicklungen, als Primär- (leistungsaufnehmend) und Sekundärwicklung (leistungsabgebend) oder als Ober- (höhere Spannung) und Unter- (niedrigere Spannung)spannungswicklung bezeichnet.

Der Eisenkern oder das Eisengerüst eines Transformators besteht aus den die Wicklungen tragenden Säulen oder Schenkeln, die durch ein Joch verbunden sind. Die Kerne werden zur Verminderung der Wirbelstromverluste aus dünnen (0,28 bis 0,35 mm dicken) kaltgewalzten, kornorientierten, gegeneinander isolierten Elektroblechen aufgeschichtet, die in den Ecken schräg geschnitten sind, um auch dort magnetische Vorzugsrichtung und Leitfähigkeit möglichst weitgehend zu nutzen. Große Kerne sind durch Kanäle für Öl zur Abfuhr der Verlustwärme unterteilt. Die Bleche sind untereinander verklebt oder werden durch kunststoffgetränkte, ausgehärtete Glasfaserbänder oder, bei großen Leistungen, durch Druckplatten aus unmagnetischem Werkstoff und Schenkelbolzen zusammengepreßt. Alle Eisenteile sind geerdet, um Aufladungen gegen Erde zu vermeiden.

Bei Einphasentransformatoren sind Kerntransformatoren (Bild 1), bei denen jeder Schenkel die halbe Windungszahl der Primär- und der Sekundärwicklung trägt, und Manteltransformatoren (Bild 2), bei denen auf jeder Seite ein Außenschenkel die auf

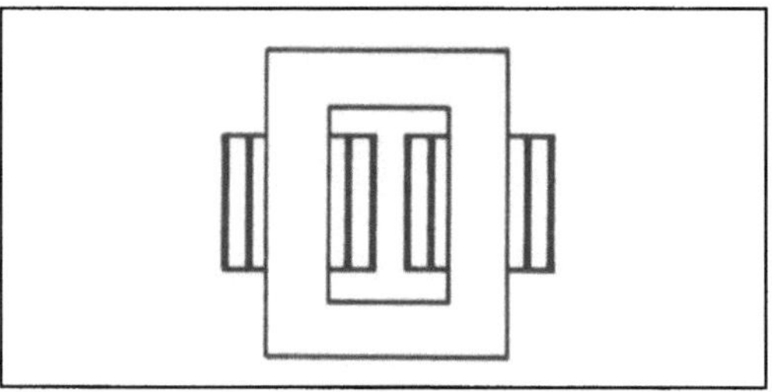

Transformator 1: Einphasen-Kerntransformator.

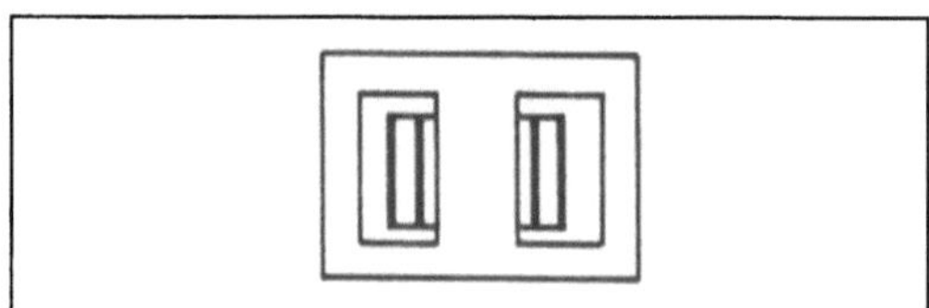

Transformator 2: Einphasen-Manteltransformator.

dem Mittelschenkel angeordneten Primär- und Sekundärwicklungen umschließt, zu unterscheiden. Radialgeschichtete Kerne ermöglichen geringere Joch- und Bauhöhen, haben aber geringere Füllfaktoren und verlangen aufwendigere Fertigung.

Drehstromtransformatoren werden dreischenklig (Bild 3) oder fünfschenklig (Bild 4) ausgeführt.

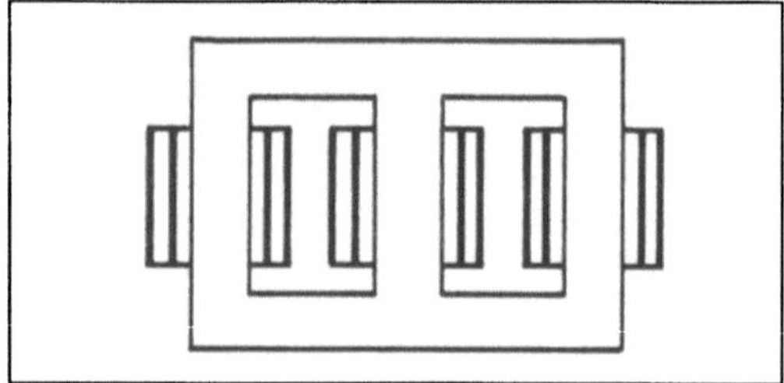

Transformator 3: Drehstrom-Kerntransformator.

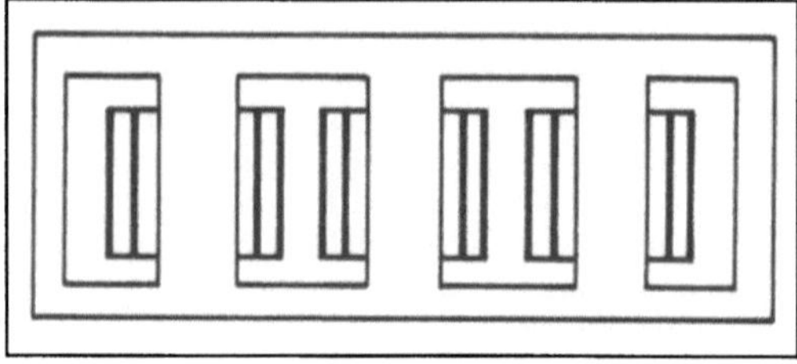

Transformator 4: Drehstrom-Fünfschenkeltransformator.

Wicklungen sind einfach- oder doppeltkonzentrische Röhren- (Zylinder-)wicklungen oder Scheibenwicklungen. Bei der Röhrenwicklung liegt die Unterspannungswicklung zur Erzielung einer günstigen elektrischen Feldverteilung innen, die Oberspannungswicklung außen (Bild 5). Stufenwicklungen mit ihren Anzapfungen liegen außen, Ausgleichswicklungen sind am Kern angeordnet. Bei der Scheibenwicklung werden Primär- und Sekundärwicklung in Scheibenspulen unterteilt, die abwechselnd übereinander geschichtet werden (Bild 6).

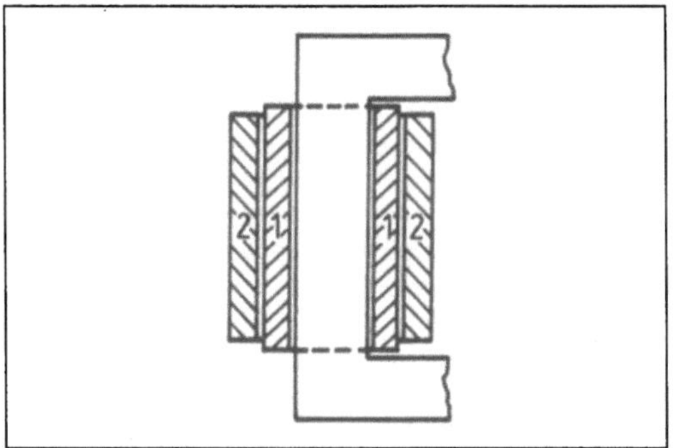

Transformator 5: Röhren-(Zylinder-)Wicklung.

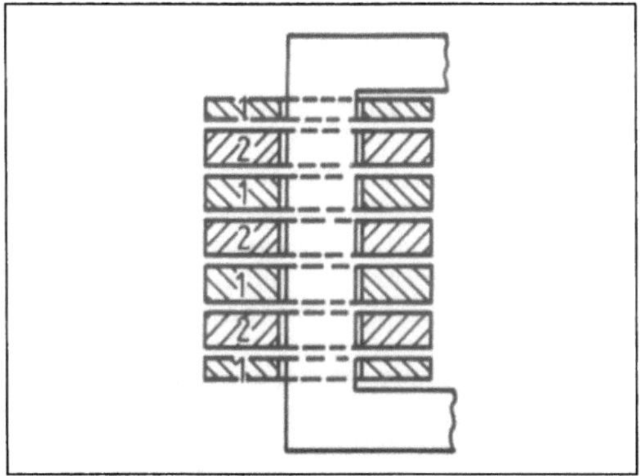

Transformator 6: Scheibenwicklung.

Die Spulen werden bei kleinen Leistungen aus Runddrähten, bei größeren Leistungen aus Rechteckdrähten gewickelt. Bei sehr großen Strömen werden die parallelen Leiter zur Verminderung der Stromverdrängung verdrillt. Die Isolierung besteht weitgehend aus Papier, Hartpapier vorwiegend für mechanische, Weichpapier für elektrische Beanspruchungen, Abstützteile aus Preßspan, Hartpapier oder Holz.

Die durch die Eisen- und Wicklungsverluste entstehende Wärme wird bei Trockentransformatoren unmittelbar an die umgebende Luft, bei Öltransformatoren an Öl als Kühlmittel abgegeben. Trockentransformatoren können selbstkühlend oder fremdbelüftet sein. Öl hat gegenüber Luft den Vorteil der höheren Durchschlagsfestigkeit, des größeren spezifischen Gewichtes, der größeren Wärmeleitfähigkeit und der größeren spezifischen Wärme. Das Öl wird durch natürlichen Umlauf oder durch Umwälzpumpen den an der Außenfläche des Transformators in Form von Röhren oder Radiatoren angebrachten Wärmetauschern zugeführt und gibt dort die Wärme an die Umgebungsluft ab (Bild 7).

Transformator 7: 25-MVA-Drehstrom-Netztransformator mit Stufenschalter, Freiluftausführung, 11/105 ± 22% kV in 13 Stufen. (Werkbild: ABB)

Zur Aufnahme des sich unter der Erwärmung ausdehnenden Öles wird ein Ausdehnungsgefäß vorgesehen. Bei Transformatoren ab etwa 250 kVA wird in das Verbindungsrohr vor dem Ausdehnungsgefäß ein Buchholzschutz (Buchholz-Relais) eingebaut. Der Schutz meldet beginnende Schäden, bei denen sich durch örtliche Übererwärmung im Kessel Gas bildet (z. B. bei Eisenbrand, Windungsschluß, Über- und Durchschlag, Phasenunterbrechung usw.), Lufteintritt in den Kessel und Absinken des Ölspiegels.

Durch die →Magnetostriktion der Elektrobleche werden mechanische Schwingungen mit doppelter Netzfrequenz und Oberschwingungen mit Vielfachem davon erregt. Die Bekämpfung des entstehenden Geräusches („Trafobrummen") geschieht durch Entkoppelung der schwingenden und abstrahlenden Bauteile, durch Einbau von Dämmwänden, Aufbringen von Dämmschichten und durch bauliche Maßnahmen.

Im Leerlauf verhält sich der Transformator wie eine gewöhnliche Eisendrossel. Die Sekundärwicklung ist stromlos. Die Primärwicklung nimmt zum Aufbau und zur Aufrechterhaltung des magnetischen Feldes einen Magnetisierungsstrom, den Leerlaufstrom, auf. Er beträgt bei Transformatoren kleiner Leistung 5 bis 10%, bei großer Leistung bis weniger als 0,5% des Nennstromes. Der in der Primärwicklung (Index 1) fließende Wechselstrom erzeugt einen magnetischen Wechselfluß, der nach dem →Induktionsgesetz in der Sekundärwicklung

(Index 2) eine Wechselspannung induziert. In beiden Wicklungen gilt für die Klemmenspannungen U, die Ströme I und die Windungszahlen N:

$$\frac{U_1}{U_2} \approx \frac{I_2}{I_1} \approx \frac{N_1}{N_2}.$$

N_1/N_2 ist das Übersetzungsverhältnis ü. Wird der Transformator belastet, so ist die aufgenommene Leistung gleich der abgegebenen Leistung zuzüglich der Summe aller Wirk- und Blindverluste (Energiegesetz). Der Energietransport von der Primär- auf die Sekundärwicklung geschieht mit Hilfe des magnetischen Feldes über den Luft- bzw. Ölspalt hinweg. Damit der magnetische Wechselfluß im Eisenkern, der von der Primärspannung aufgrund des Induktionsgesetzes erregt wird, unverändert bleibt, muß das Netz – abgesehen vom Magnetisierungsstrom – einen zusätzlichen Strom an die Primärwicklung abgeben, dessen magnetische Spannung $I_1 \times W_1$ die magnetisierende Wirkung von $I_2 \times W_2$ aufhebt. Daraus folgt das →Durchflutungsgesetz: Die Lastströme verhalten sich umgekehrt proportional zu den Windungszahlen der beiden Wicklungen.

Die Belastung des Transformators durch Wirk- und induktive oder kapazitive Blindwiderstände bewirkt einen Spannungsabfall. Der Betrag, um den die sekundäre Klemmenspannung kleiner ist als die sekundäre →Leerlaufspannung, ist von der Größe und Phasenlage des Sekundärstromes abhängig. Die Spannungsänderung ist besonders groß bei stark induktiver Belastung, da im allgemeinen die Streuspannungen größer sind als die ohmschen Spannungsabfälle.

Die Kurzschlußspannung U_k eines Transformators ist die Spannung, die sich bei Nennstrom und Nennfrequenz an der Primärwicklung einstellt, wenn die Sekundärwicklung kurzgeschlossen ist. Der Dauerkurzschlußstrom, d. i. der stationäre Strom nach Abklingen der Gleichstromkomponente in der Primärwicklung, steigt linear mit der Spannung an. Er wird nur durch den →Wirkwiderstand R_k und den Streublindwiderstand X_k (s. Ersatzschaltung Bild 8) begrenzt. Die Nennkurzschlußspannung wird in der Regel in % der Nennspannung angegeben. Sie liegt bei Leistungen zwischen 50 und 40 000 kVA innerhalb der Grenzen

von 4 bis 12 % und kann bei größeren Leistungen höhere Werte erreichen.

Bei plötzlichem Kurzschluß des unter voller Spannung stehenden Transformators entsteht eine Stromspitze, der Stoßkurzschlußstrom I_{ks}. Er wird durch einen Ausgleichsvorgang in den Dauerkurzschluß übergeleitet. Der Ausgleichsvorgang besteht aus einem Dauerkurzschlußstrom i_{kd} und einem überlagerten Gleichstrom i_g, der mit der Kurzschluß-Zeitkonstante abklingt. Der Stoßkurzschlußstrom kann – bei Schaltung im Nulldurchgang der Spannung – den doppelten Wert des Dauerkurzschlußstromes erreichen.

Die Verluste des Transformators entstehen als Kupferverluste (Stromwärme- und Streuverluste) in den Wicklungen und als Eisenverluste (Hysterese- und Wirbelstromverluste) im Eisenkern.

Als Drehstromtransformatoren werden entweder drei Einphasentransformatoren zusammengeschaltet oder es werden dreischenklige Drehstromtransformatoren verwendet. Die Ober- und Unterspannungswicklungen können im Stern oder im Dreieck, bei stark unsymmetrischer Belastung unterspannungsseitig auch im Zickzack zusammengeschaltet werden. Drehstromtransformatoren großer Leistung, auch auf Tiefladewaggons als Wandertransformatoren montiert, werden zur Verminderung der Bauhöhe fünfschenklig ausgeführt.

Sonderausführungen sind Spartransformatoren und Regeltransformatoren. Die Regelung kann kontinuierlich mit Dreh- und Schubtransformatoren oder stufenweise mit Anzapf- bzw. Stufentransformatoren erfolgen.

Kleintransformatoren mit Leistungen bis zu 16 kVA und mit Spannungen bis 1000 V sind Seriengeräte. Sie werden als Netzanschlußtransformatoren für Geräte, als Trenntransformatoren zur galvanischen Trennung einzelner Verbraucher und als Zündtransformatoren verwendet. Sicherheitstransformatoren sind Transformatoren mit einer Unterspannung von 24 oder 42 V für ortsveränderliche Handleuchten und Werkzeuge. Sie werden auch als Stecker mit eingebautem Transformator im explosionsgefährdeten Bereich verwendet.

Stromrichtertransformatoren erzeugen mit Hilfe von Doppelstern- oder Gabelschaltungen aus dem Dreiphasensystem Mehrphasensysteme.

Für sehr große Leistungen wird die Verwendung von Transformatoren mit supraleitenden, durch flüssiges Helium gekühlten Wicklungen bei normal gekühltem Eisenkern überlegt. *Rentzsch*

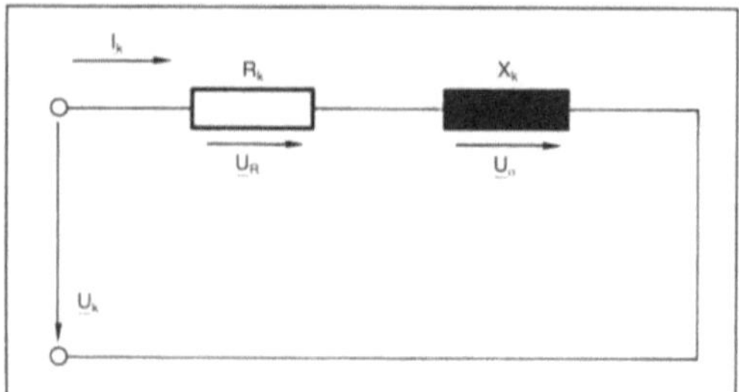

Transformator 8: Ersatzschaltung für den Kurzschlußfall.

Literatur: *Bödefeld, Th.* u. *H. Sequenz:* Elektrische Maschinen. Springer-Verlag Wien, New York 1971. – *Küchler, R.:* Die Transformatoren. Springer-Verlag, Berlin, Heidelberg, New York 1966. – *Reichert, K.:* Problematik der tiefgekühlten elektrischen Maschine, erläutert am Beispiel des Transformators. ETZ-A 87, 1966 H. 12, S. 2271. – *Richter, R.:* Elektrische Maschinen, Bd. 3. Die Transformatoren. Birkhäuser, Basel Stuttgart 1954.

Translation. Bei einer T. bewegen sich gleichzeitig alle Punkte eines Körpers mit der gleichen →Geschwindigkeit. Der Körper dreht sich in Zeitpunkten oder Zeiträumen der T. nicht ($\vec{\omega} = \vec{0}$). In diesem Sinn zeigt das Bild acht Stellungen eines ständig translatorisch bewegten Körpers sowie die Bahnen seiner Punkte A und B, die hier Kreisbahnen sind. Trotzdem ist diese Bewegung frei von Rotation. *Besdo*

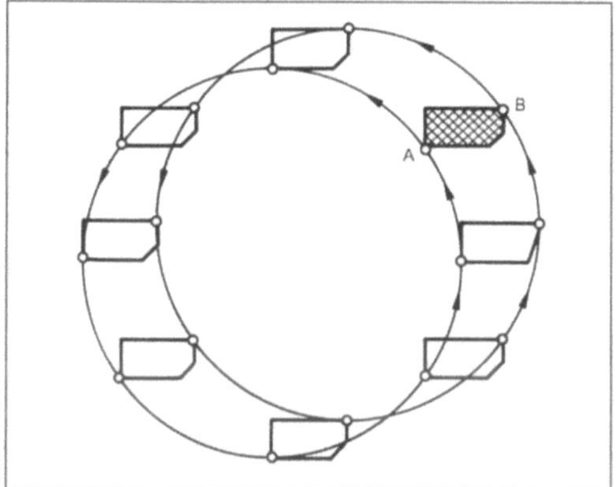

Translation: Translatorisch bewegter Körper.

Transuranelement →Radioelement

Trendschreiber. →Linienschreiber zur vorübergehenden Registrierung auswählbarer Größen in zentralen oder dezentralen Prozeßleitsystemen. Über eine Anwahltastatur kann eine beliebige Kombination der Werte von drei oder vier Größen, das können z. B. Ist-, Stell- und Störwerte einer zu optimierenden →Regelstrecke sein, auf den T. gelegt und dessen Papiervorschubsgeschwindigkeit vorgegeben werden. Wenn die Werteverläufe der Größen in einem Massenspeicher abgelegt sind, lassen sich auch Vergangenheitswerte mit kontinuierlichen Übergängen zu den aktuellen Werten ausgeben. *Strohrmann*

Trennprozeß, thermischer. Unter einem T. oder Trennverfahren wird jede Operation verstanden, mit der eine Stoffmischung in wenigstens zwei Stoffströme unterschiedlicher Zusammensetzung aufgetrennt wird (Trennhilfsmittel).

Die zugeführte Stoffmischung kann dabei aus einem Konglomerat in sich homogener Bereiche (Phasen) bestehen, so daß durch eine Abtrennung der in sich homogenen Phasen schon eine Stofftrennung erzielt wird. Dies ist das Gebiet der mechanischen Trennverfahren, die unter die mechanische Verfahrenstechnik fallen. Typische derartige Trennoperationen sind Filtrieren, Zentrifugieren, Sedimentieren.

Besteht die zugeführte Mischung aus einer homogenen, im molekularen Maßstab gelösten Mischung, kann eine Stofftrennung nur durch molekularen Stofftransport erfolgen. Diesen in zweckmäßiger Weise zu erreichen, ist Anliegen der t. T. oder thermischen Trennverfahren. Die Bezeichnung thermisch deutet darauf hin, daß zur Durchführung von t. T. häufig Wärmeenergie eingesetzt werden muß, da die Trennoperation bei von der Umgebungstemperatur abweichenden Temperaturen durchgeführt wird.

T. T. im obigen Sinn werden auch als diffusionskontrollierte Trennverfahren oder als Trennverfahren durch molekulare Triebkraftprozesse bezeichnet. Typische t. T. sind Destillieren, Rektifikation, Extrahieren, Absorbieren, Trocknen, aber auch Membranprozesse wie Ultrafiltration und Umkehrosmose.

Während der Mischvorgang prinzipiell ein spontaner Vorgang ist (auch wenn die Zeiten dafür sehr lang sein können), verbunden mit einer Entropiezunahme, kann ein Trennvorgang i. a. nur durch Maßnahmen von außen erreicht werden, da eine Entropieabnahme des Systems notwendig ist. Diese Maßnahmen werden in einer Trennvorrichtung durchgeführt, wobei man ein Trennhilfsmittel einsetzt. Dieses Trennhilfsmittel kann ein Energiestrom oder ein Stoffstrom oder beides sein. Die getroffenen Maßnahmen bewirken das Entstehen zweier Teilmengen der zugeführten Stoffmischung mit unterschiedlicher Zusammensetzung. Diese können untereinander unmischbar oder mischbar sein.

T. T. beruhen auf verschiedenen physikalisch-chemischen Effekten, wie z. B. der unterschiedlichen Zusammensetzung zweier im Gleichgewicht miteinander stehenden Phasen oder unterschiedlichen Molekulargeschwindigkeiten in Feldern oder Trennbarrieren. Sie können in verschiedener Art und Weise durchgeführt werden, kontinuierlich oder diskontinuierlich, im Gleich-, Kreuz- oder Gegenstrom, einstufig oder mehrstufig. *Brunner*

Trennverstärker. Meßverstärker, bei dem der Eingangs- und der Ausgangskreis voneinander isoliert sind. Diese galvanische Trennung der Signalquellen (Meßfühler, →Aufnehmer, →Sensor) von der Signalverarbeitung ist z. B. bei medizinischen Geräten (Schutz des Patienten vor Überspannungen) und ggfs. auch in der Verfahrenstechnik (Explosionsschutz) notwendig. Darüber hinaus werden durch die galvanische Trennung elektromagnetische Einstreuungen vermindert oder reduziert, womit sich eine störsichere Meßwertverarbeitung ergibt.

Die galvanische Trennung wird häufig durch Übertrager oder Optokoppler erreicht. *Schrüfer*

Trigonometrie. Zweig der →Mathematik, der die Berechnung ebener und sphärischer Dreiecke mit

Hilfe der Winkelfunktionen (trigonometrische Funktionen) zum Gegenstand hat. Er geht auf den Griechen *Hipparch* (ca. 160–125 v. Chr.) zurück und wurde von *Ptolemäus von Alexandria* († 168) und später von indischen sowie arabischen Mathematikern weiterentwickelt. Seit ihren historischen Anfängen war die T. mit Problemen der Praxis verknüpft. Sie findet z. B. in der Astronomie, der Geodäsie, in der mathematischen Geographie, der Kartenlehre, Nautik und Physik Anwendung.

T., ebene. Die Hauptaufgabe der ebenen T. besteht darin, aus gegebenen Daten eines ebenen →Dreiecks die restlichen (gesuchten) Daten zu berechnen.

□ *Berechnung des rechtwinkligen Dreiecks:* Zur Ermittlung der gesuchten Daten genügt es, wenn zum rechten →Winkel zwei weitere Bestimmungsstücke (hierunter mindestens eine Seite) gegeben sind. Mit α, β, γ seien die Winkel und mit a, b, c die den Winkeln gegenüberliegenden Seiten bezeichnet. Dann stehen für die Berechnung eines rechtwinkligen Dreiecks ($\gamma = 90°$, c Hypotenuse) die folgenden Beziehungen zur Verfügung:

$$a^2 + b^2 = c^2 \quad \text{(pythagoräischer Lehrsatz)} \qquad (1);$$
$$\alpha + \beta = 90° \quad \text{(Winkelsumme im Dreieck)} \qquad (2).$$

Aus der elementarmathematischen Definition der trigonometrischen Funktionen (spitze Winkel) im rechtwinkligen Dreieck folgen unmittelbar weitere Beziehungen (Tabelle 1).

Trigonometrie. Tabelle 1: Grundaufgaben.

Typ	gegeben	Beziehungen für die gesuchten Größen
I a	a, α	$c = \dfrac{a}{\sin \alpha}$, $\quad b = a \cot \alpha$, $\quad \beta = 90° - \alpha$
I b	b, α	$c = \dfrac{b}{\cos \alpha}$, $\quad a = b \cdot \tan \alpha$, $\quad \beta = 90° - \alpha$
II	c, α	$a = c \sin \alpha$, $\quad b = c \cos \alpha$, $\quad \beta = 90° - \alpha$
III	a, b	$c^2 = a^2 + b^2$, $\quad \tan \alpha = \dfrac{a}{b}$, $\quad \tan \beta = \dfrac{b}{a}$
IV	a, c	$b^2 = c^2 - a^2$, $\quad \sin \alpha = \dfrac{a}{c}$, $\quad \cos \beta = \dfrac{a}{c}$

□ *Berechnung des allgemeinen Dreiecks:* Hier lassen sich aus drei gegebenen Bestimmungsstücken (hierunter mindestens eine Seite) die restlichen ermitteln. Eine Möglichkeit zur Bestimmung der gesuchten Stücke besteht darin, daß die Aufgabe auf die Berechnung rechtwinkliger Dreiecke zurückgeführt wird, indem man das betrachtete Dreieck in zwei rechtwinklige zerlegt. Darüber hinaus werden die Sätze der ebenen T. zur Berechnung herangezogen:

Sinussatz: Im ebenen Dreieck verhalten sich je zwei Seiten wie der Sinus der gegenüberliegenden Winkel:

$$\frac{a}{\sin \alpha} = \frac{b}{\sin \beta} = \frac{c}{\sin \gamma} \qquad (1).$$

Kosinussatz: Im ebenen Dreieck ist das Quadrat einer Seite gleich der Summe der Quadrate der beiden anderen Seiten minus das doppelte Produkt aus diesen Seiten und dem Kosinus des von ihnen eingeschlossenen Winkels, z. B.

$$a^2 = b^2 + c^2 - 2bc \cos \alpha \qquad (2).$$

$$\text{Tangenssatz: } \frac{a - b}{a + b} = \frac{\tan \dfrac{\alpha - \beta}{2}}{\tan \dfrac{\alpha + \beta}{2}} \qquad (3).$$

$$\text{Halbwinkelsatz: } \tan \frac{\alpha}{2} = \sqrt{\frac{(s - b)(s - c)}{s(s - a)}} \qquad (4);$$

dabei ist $2s = a + b + c$.

Aus Gl. (2) bis (4) erhält man weitere Beziehungen durch zyklisches Vertauschen der Buchstaben a, b, c bzw. α, β, γ. Die bei der Berechnung des allgemeinen Dreiecks auftretenden Fälle ergeben sich aus Tabelle 2.

Sind beim Typ II b die beiden Seiten mit a, b und der Winkel mit α bezeichnet, so lassen sich die Lösungen wie folgt kennzeichnen:

II b,1: hat für $b \sin \alpha < a$ zwei Werte,

II b,2: ist für $b \sin \alpha = a$ eindeutig bestimmt, $\beta = 90°$,

II b,3: keine Lösung ergibt sich für $b \sin \alpha > a$.

Zur Prüfung der Berechnungen am allgemeinen Dreieck lassen sich die Molleweide-Formeln der ebenen T. heranziehen:

$$\frac{a + b}{2} = \frac{\cos \dfrac{\alpha - \beta}{2}}{\sin \dfrac{\gamma}{2}}; \qquad \frac{a - b}{2} = \frac{\sin \dfrac{\alpha - \beta}{2}}{\cos \dfrac{\gamma}{2}}.$$

Die Fläche F eines Dreiecks mit den Seiten a, b, c und der Höhe h_c auf c ist gegeben durch $F = \frac{1}{2} \cdot c \cdot h_c$. Äquivalente Beziehungen sind

$$F^2 = s(s - a)(s - b)(s - c) \qquad (5),$$
$$2F = ab \sin \gamma \qquad (6),$$
$$2F = a^2 \frac{\sin \beta \sin \gamma}{\sin(\beta + \gamma)} \qquad (7).$$

Zur Ermittlung der Dreiecksfläche nach Tabelle 2, Typ I, verwendet man die Beziehung, Gl. 7, für Typ III, Gl. 6 und für Typ IV, Gl. 5.

Trigonometrie. Tabelle 2: Grundaufgaben.

Typ	gegeben	Lösung durch Satz	Art der Lösung
I	eine Seite und zwei Winkel	(1)	eindeutig
II a	zwei Seiten und der Gegenwinkel der größeren Seite	(1)	eindeutig
II b	zwei Seiten und der Gegenwinkel der größeren Seite	(1)	zwei Lösungen, eine Lösung oder keine Lösung
III	zwei Seiten und der eingeschlossene Winkel; z. B. a, b, γ	(3) für α, β; (1) für c	eindeutig
IV	drei Seiten	(2) oder (4)	eindeutig

T., sphärische. Der sphärischen T. liegt die Geometrie auf der →Kugel (zweidimensionale Sphäre) zugrunde. Sie wurde von Astronomen und Seefahrern entwickelt, um die Lage von Punkten auf der Erd- bzw. Himmelskugel, Entfernungen zwischen Kugelpunkten sowie Winkel auf der Kugel bestimmen zu können. Abbildungsgeometrisch (Erlanger Programm) läßt sich die Kugelgeometrie als Invariantentheorie für Figuren in der zweidimensionalen Sphäre auffassen. Sie wird durch die Untergruppe derjenigen Transformationen der Bewegungsgruppe des dreidimensionalen euklidischen Raums bestimmt, die die Kugel in sich transformieren. In der mathematischen Theorie beschränkt man sich i. a. nicht auf zweidimensionale Kugeln.

Hauptaufgabe der sphärischen T. ist die Berechnung sphärischer Dreiecke. Sie sind durch drei Punkte der Kugel bestimmt, die nicht alle zugleich auf einem Großkreis der Kugel liegen. Die Seiten eines sphärischen Dreiecks sind Abschnitte (Kurvenbögen) von Großkreisen, die Winkel sind die Schnittwinkel der durch die Eckpunkte des Dreiecks verlaufenden Großkreise. Es ist zu beachten, daß die Winkelsumme der Winkel α, β, γ eines sphärischen Dreiecks stets größer als 180° ist. Die Differenz $\delta = (\alpha + \beta + \gamma) - \pi$ heißt sphärischer Exzeß des gegebenen Dreiecks. Drei Großkreise erzeugen auf der Kugel mehrere sphärische Dreiecke. Man betrachtet i. a. diejenigen Dreiecke (Euler-Auffassung, *L. Euler,* 1707–1783), deren Winkel und Seiten kleiner als 180° sind. Die Seiten sind dann die kürzesten Verbindungslinien zwischen den Eckpunkten des sphärischen Dreiecks. Sie lassen sich als Bogenlängen von Winkeln zwischen den Radien in bezug auf den Kugelmittelpunkt und den zu einer Seite gehörigen Eckpunkten des Dreiecks angeben. Zum Beispiel ist für das Dreieck ABC auf der Kugel mit Mittelpunkt M die Seite $a = \overline{BC} = R \cdot \sphericalangle$ BMC, R Radius der Kugel. Für eine gegebene Kugel wählt man den Radius R der Kugel als Maßeinheit für den Bogen, also insbes. ist dann $a = \sphericalangle$ BMC usw.

□ *Rechtwinkeliges sphärisches Dreieck* (Bild 1): Zur Berechnung des Dreiecks stehen die folgenden Beziehungen zur Verfügung:

$\sin a = \sin c \sin \alpha$, $\tan a = \tan c \cos \beta$,
$\sin b = \sin c \sin \beta$, $\tan b = \tan c \cos \alpha$,
$\tan a = \sin b \tan \alpha$, $\cos \beta = \cos b \sin \alpha$,
$\tan b = \sin a \tan \beta$, $\cos \alpha = \cos a \sin \beta$,
$\cos c = \cos a \cos b$, $\cos c = \cot \alpha \cot \beta$.

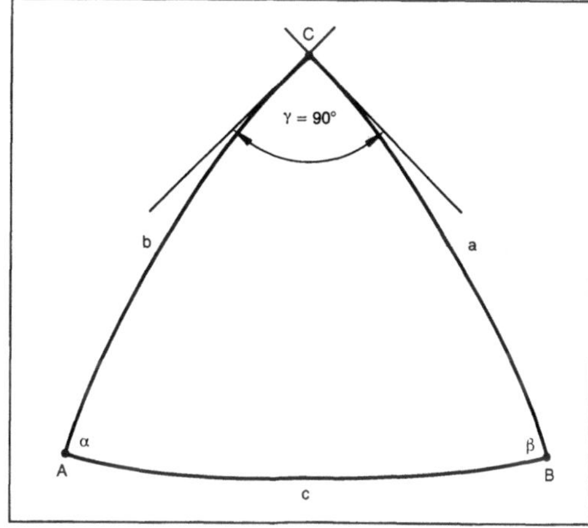

Trigonometrie 1: Kugeldreieck (sphärisches Dreieck) ABC.

Diese 10 Beziehungen gewinnt man aus der Neper-Regel: Ordnet man die 5 Bestimmungsstücke a, b, c, α, β (ohne den rechten Winkel) eines rechtwinkligen sphärischen Dreiecks in einem →Kreis (Bild 2) so an, wie sie im Dreieck angeordnet sind, und ersetzt man dabei die Katheten a, b durch ihre Komplementwinkel, so ist 1. der Kosinus jedes Stücks gleich dem Produkt der Kotangenten seiner beiden anliegenden Stücke, 2. der Kosinus jedes Stücks gleich dem Produkt der Sinus der nicht

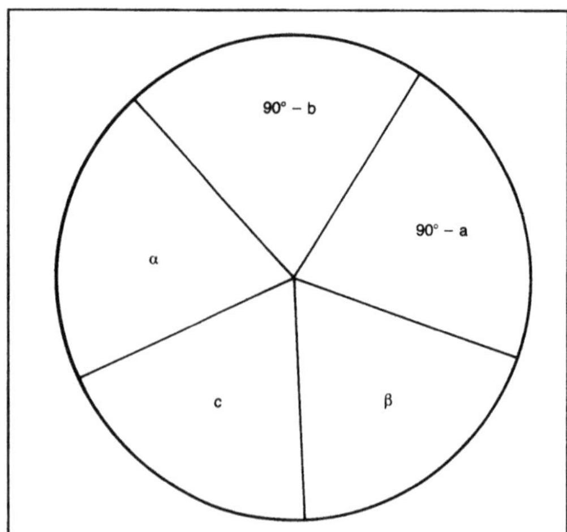

Trigonometrie 2: Anordnung der Stücke gemäß der Neper-Regel.

anliegenden Stücke; z. B. $\cos\alpha = \cot(90° - b)\,\cot c$, $\cos(90° - a) = \sin c\,\sin\alpha$.

☐ *Das allgemeine Kugeldreieck:* Zur Berechnung des Dreiecks bedient man sich der folgenden Sätze der sphärischen T.:

Sinussatz:
$$\frac{\sin a}{\sin\alpha} = \frac{\sin b}{\sin\beta} = \frac{\sin c}{\sin\gamma} \tag{1},$$

Seitenkosinussatz:
$$\cos a = \cos b\,\cos c + \sin b\,\sin c\,\cos\alpha \tag{2},$$

Winkelkosinussatz:
$$\cos\alpha = -\cos\beta\,\cos\gamma + \sin\beta\,\sin\gamma\,\cos a \tag{3},$$

Halbwinkelsatz:
$$\sin\frac{\alpha}{2} = \sqrt{\frac{\sin(s - b)\,\sin(s - c)}{\sin b\,\sin c}},\; 2s = a + b + c \tag{4},$$

Halbseitensatz:
$$\sin\frac{a}{2} = \frac{-\cos\sigma\,\cos(\sigma - \alpha)}{\sin\beta\,\sin\gamma},\; 2\sigma = \alpha + \beta + \gamma \tag{5},$$

Neper-Gleichungen:
$$\tan\frac{b + c}{2}\cos\frac{\beta + \gamma}{2} = \tan\frac{a}{2}\cos\frac{\beta - \gamma}{2},$$

$$\tan\frac{\beta + \gamma}{2}\cos\frac{b + c}{2} = \cot\frac{a}{2}\cos\frac{b - c}{2},$$

$$\tan\frac{b - c}{2}\sin\frac{\beta + \gamma}{2} = \tan\frac{a}{2}\sin\frac{\beta - \gamma}{2},$$

$$\tan\frac{\beta - \gamma}{2}\sin\frac{b + c}{2} = \cot\frac{\alpha}{2}\sin\frac{b - c}{2} \tag{6},$$

Gauß-Gleichungen:
$$\sin\frac{\alpha}{2}\sin\frac{b + c}{2} = \sin\frac{a}{2}\cos\frac{\beta - \gamma}{2},$$

$$\sin\frac{\alpha}{2}\cos\frac{b + c}{2} = \cos\frac{a}{2}\cos\frac{\beta + \gamma}{2},$$

$$\cos\frac{\alpha}{2}\sin\frac{b - c}{2} = \sin\frac{a}{2}\sin\frac{\beta - \gamma}{2},$$

$$\cos\frac{\alpha}{2}\cos\frac{b - c}{2} = \cos\frac{a}{2}\sin\frac{\beta + \gamma}{2} \tag{7}.$$

Sphärischer Exzeß:
$$\tan^2\frac{\delta}{4} = \tan\frac{s}{2}\tan\frac{s - a}{2}\tan\frac{s - b}{2}\tan\frac{s - c}{2} \tag{8}.$$

Weitere Gleichungen (Gl. (2)–Gl. (7)) erhält man durch zyklisches Vertauschen von α, β, γ und a, b, c.

Bei der Berechnung des sphärischen Dreiecks treten in Abhängigkeit der gegebenen Stücke 6 Fälle auf: (I) a, b, γ; (II) α, β, c; (III) b, c, γ; (IV) α, β, a; (V) a, b, c; (VI) α, β, γ.

Diese lassen sich sämtlich durch Anwendung der angegebenen Beziehungen für das rechtwinklige bzw. das allgemeine sphärische Dreieck lösen. Fall (III) ist derart ausgeartet, als keine Lösung, eine Lösung sowie zwei Lösungen auftreten können. Da im Euler-Dreieck kein Winkel und keine Seite größer als π sein können, ergeben sich die Argumente der Kosinus-, Tangens- und Kotangensfunktionen eindeutig, aus der Sinusfunktion dagegen zweideutig. Sind zwei Argumente möglich, so erhält man die geometrisch richtigen Beziehungen aus den **Eigenschaften des Euler-Kugeldreiecks. Zum Beispiel gelten im Euler-Dreieck die Ungleichungen:

$$\pi < \alpha + \beta + \gamma < 3\pi \text{ und}$$
$$0 < a + b + c < 2\pi.$$

Der Flächeninhalt F eines sphärischen Dreiecks ist gleich dem Produkt aus dem sphärischen Exzeß δ und dem Quadrat des Kugelradius R: $F = R^2\,\delta$. *W. L. Fischer*

Literatur: *Behnke,* u. a.: Grundzüge der Mathematik II. Göttingen 1967. – *Bronstein, Semendjajew:* Taschenbuch der Mathematik. Frankfurt a. M. 1969. – *Gellert, W., H. Küstner, M. Hellwich,* u. *H. Kästner:* Kleine Enzyklopädie Mathematik. Frankfurt/M. 1972. – *Wolff, G.:* Handb. Schulmathematik. Bd. 3 u. 4. Hannover 1967.

Tripelpunkt. Als T. bezeichnet man den Gleichgewichtszustand einer reinen Substanz, für den die feste, flüssige und dampfförmige Phase koexistieren, d. h. alle drei Phasen stehen am T. miteinander im →Gleichgewicht.

Im T. schneiden sich die Sublimationskurve (→Sublimation), die →Schmelzkurve und die →Dampfdruckkurve (→Phasengleichgewicht). Nach der Gibbs-Phasenregel liegt am T. ein nonvariantes Gleichgewicht vor: $f = 0$, $P = 3$, $K = 1$ (f Anzahl der Freiheitsgrade, P Anzahl der Phasen, K Anzahl der Komponenten). Der T. von →Wasser wird zur Eichung der →Kelvin-Skala benutzt. *Muschik*

Trisektion des Winkels. Die konstruktive Teilung eines beliebig vorgegebenen Winkels in drei gleiche Teile ist mit Zirkel und Lineal allein nicht möglich – wohl aber unter Zuhilfenahme weiterer Hilfsmittel, etwa durch die Vorgabe gewisser höherer Kurven, wie Archimedische →Spirale, Konchoide des Nikomedes, Pascalsche Schnecke, Quadratrix, Trisektrix (geometrische →Konstruktion). *Fischer*

Tritium (^{3}H oder T). T. ist das einzige radioaktive →Isotop des →Wasserstoffs. Es enthält im Atomkern neben einem Proton zwei Neutronen (→Massenzahl A = 3, Symbol für den Atomkern t = Triton) und zerfällt mit einer →Halbwertzeit von 12,33 a unter Aussendung von Elektronen (β⁻-Strahlung) mit einer Maximalenergie von 0,018 MeV in ^{3}He.

Wegen ihrer niedrigen Energie wird die β⁻-Strahlung des T. sehr leicht absorbiert. T. wird deshalb am besten in einem Flüssig-Szintillationsspektrometer oder in einem Gaszählrohr gemessen (→Detektor).

T. entsteht in der Atmosphäre unter der Einwirkung der kosmischen Strahlung in einer Menge von etwa 4 000 Atomen pro m^2 Erdoberfläche und s. Der natürliche Tritiumgehalt im Wasser schwankt im Bereich von etwa 10^{-18} bis 10^{-16} Atomen Tritium pro Atom Wasserstoff. Er ist im Regenwasser am höchsten und in tieferen Schichten des Ozeans niedrig. Die Messung des Tritiumgehaltes im Wasser ist wichtig für hydrologische Untersuchungen. Auch Altersbestimmungen auf Grund des Tritiumgehaltes waren möglich, solange der Tritiumgehalt nicht durch künstlich erzeugtes T. erhöht war. T. entsteht in kleinen Mengen bei der →Kernspaltung und fällt somit auch bei der →Wiederaufarbeitung an. Durch Atomwaffentests in der Atmosphäre, insbesondere die Experimente mit Wasserstoffbomben in den 60er Jahren, wurden merkliche Mengen T. im Bereich der nördlichen Hemisphäre freigesetzt. Dieses T. ist jetzt zu einem großen Teil wieder zerfallen.

T. wird künstlich erzeugt durch Bestrahlung von Lithium mit Neutronen in Kernreaktoren: ^{6}Li(n,α)t. Da der Wirkungsquerschnitt für diese →Kernreaktion sehr groß ist ($\sigma_{n,\alpha}$ = 940 b), ist die Ausbeute an T. hoch. Ein kleiner Teil des so hergestellten T. wird für wissenschaftliche Untersuchungen mit T.-markierten Verbindungen verwendet, der größte Teil für Experimente zur →Kernfusion und für die Herstellung von Wasserstoffbomben sowie Neutronenbomben. Die sichere Handhabung größerer Mengen T. (Tritiumtechnologie) ist eine wichtige Voraussetzung für die Entwicklung von Fusionsreaktoren.

Da der relative Massenunterschied zwischen ^{3}H und ^{1}H noch größer ist als zwischen ^{2}H und ^{1}H, sind auch die Isotopieeffekte bei T. stärker als bei →Deuterium. *Lieser*

Literatur: *Lieser, K. H.:* Einführung in die Kernchemie. 3. Aufl. Weinheim: VCH-Verlag 1991.

Tropfenbildung. Bei der Flüssig-Flüssig-Extraktion erfolgt die zur Erzeugung einer dispersen →Phase erforderliche T. in der Regel an Lochplatten.

Die Stoffübergangskoeffizienten der kontinuierlichen und der dispersen Phase während der T. sind proportional zur Wurzel aus dem Diffusionskoeffizienten und umgekehrt proportional zur Wurzel aus der Kontaktzeit t. Für t gilt:

$$t = \frac{\pi \cdot d_p^3}{6 \cdot \dot{V}_d},$$

mit d_p Tropfendurchmesser, $\dot{V}_d$ Volumenstrom der dispersen Phase.

Bei Tropfensäulen findet ein großer Teil des Gesamtstofftransports bereits bei der T. statt. *Dohrn*

Turbulenz. Es ist die allgemeinste, wichtigste und zugleich auch komplizierteste Strömungsbewegung →(Strömung). Fast alle in Natur und Technik vorkommenden Strömungen sind turbulent. T. ist keine Eigenschaft des Fluids, sondern des Strömungsfelds, bei der sich die verschiedenen Größen wie Geschwindigkeit, Druck, Temperatur usw. unregelmäßig in Raum und Zeit verändern. Zur quantitativen Beschreibung werden die verschiedenen Größen des Strömungsfelds in Mittelwerte und momentane Abweichungen von den Mittelwerten unterteilt, d. h. die Komponenten U_i des Geschwindigkeitsvektors werden als Summe aus den zeitlichen Mittelwerten $\overline{U}_i$ und den Schwankungsgeschwindigkeiten u_i geschrieben: $U_i = \overline{U}_i + u_i$ (i = 1,2,3). Auf diese Weise wird eine in den Mittelwerten stationäre Bewegung, der eine schwankende (turbulente) Bewegung überlagert ist, erhalten. Schwankungsgeschwindigkeiten existieren immer in allen drei Koordinatenrichtungen. Turbulente Strömungen sind daher stets instationär und dreidimensional, auch wenn sie im zeitlichen Mittel ein- oder zweidimensional aussehen. Dies hat zwei wesentliche Konsequenzen für turbulente Strömungen: eine intensive Durchmischung des Fluids und ein Ansteigen des Reibungswiderstands gegenüber der laminaren Strömung (Reynolds-Scheinspannung). Turbulente Strömungen sind Wirbelströmungen, und sie sind dissipativ (Dissipation). Wenn es wie bei der Gitter-T. nur eine T.-Produktion im Bereich der Gitterstäbe gibt, d) im Bild, so klingt die T. allmählich ab. Für eine theoretische Behandlung turbulenter Strömungen werden Methoden und Vorstellungen der mathematischen →Statistik und der Wahrscheinlichkeitslehre herangezogen. Diese als statistische T.-Theorie bezeichnete Richtung wurde 1920 von *G. I. Taylor* begründet. In neuerer Zeit werden turbulente Strömungen nicht mehr als vollkommen regellos, sondern auch als kohärent strukturiert (kohärente Strukturen) angesehen.

Für eine T.-Produktion ist immer ein mittlerer Geschwindigkeitsgradient erforderlich. Dieser kann entweder an der Grenze zweier mit unterschiedlicher Geschwindigkeit strömender Fluidgebiete oder an einer festen Wand entstehen. Die wichtigsten Erscheinungsformen turbulenter Strömungen zeigt das Bild. Es ist eine grobe Einteilung in freie T. und wandbegrenzte T. möglich. Zur ersten Gruppe gehören: die freie Scherschicht, der Freistrahl, der Nachlauf und die Gitter- oder Windkanal-T. Die zweite Gruppe wird von der →Grenzschicht und der Rohr- bzw. Kanalströmung gebildet.

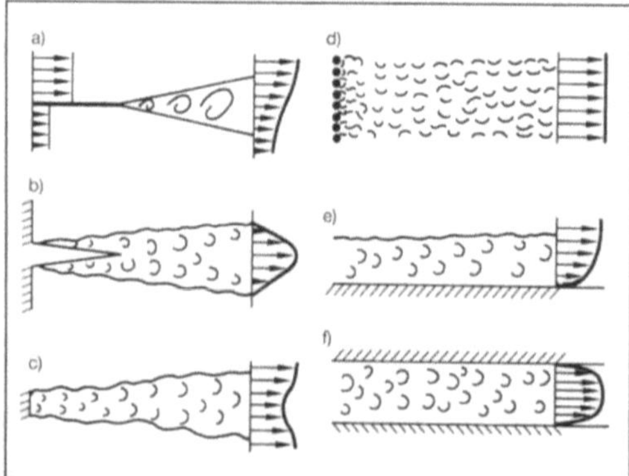

Turbulenz.
a) Freie turbulente Scherschicht
b) Turbulenter Freistrahl
c) Nachlauf
d) Gitterturbulenz
e) Turbulente Grenzschicht
f) Turbulente Rohr- oder Kanalströmung.

Für die freie T. wesentlich ist die turbulente Vermischungszone zweier mit unterschiedlicher Geschwindigkeit zusammentreffender Fluidströme, die freie turbulente Scherschicht, a) im Bild. Die Breite dieser Zone wächst proportional mit der Entfernung vom Ort des Zusammenflusses an. Die Neigung der Grenze zwischen der jeweils ungestörten Strömung und der Vermischungszone beträgt etwa 1:10.

Ein Freistrahl, b) im Bild, wird schon bei einer relativ kleinen Reynolds-Zahl (→Kennzahlen) turbulent. Er breitet sich in einem genügend großen, von ruhendem Fluid derselben Art erfüllten Raum wie eine freie turbulente Scherschicht aus. Außer in der unmittelbaren Nähe der Austrittsöffnung, wo auch ein turbulenter Freistrahl noch einen laminaren Kern besitzen kann, wächst die Breite proportional mit der Entfernung von der Öffnung an.

Der turbulente Nachlauf, c) im Bild, hinter einem Körper ist mit dem Freistrahl sehr verwandt. Beide Strömungen unterscheiden sich nur durch das Vor-

zeichen der Geschwindigkeitsdifferenz $\overline{U}$-U_o ($\overline{U}$, U_o sind die Geschwindigkeiten innerhalb bzw. außerhalb der turbulenten Vermischungszone). Beim Freistrahl ist U_o sehr klein, beim Nachlauf dagegen überall größer als $\overline{U}$. Die Geschwindigkeitsverteilungen beider Strömungen lassen sich im Fernfeld in guter Näherung durch Gaußkurven darstellen, wenn $\overline{U}$-U_o als Funktion von x_2 (x_2 Koordinate senkrecht zur Hauptströmungsrichtung) dargestellt wird.

Zum Studium grundsätzlicher Fragen turbulenter Strömungen wird häufig die hinter Maschengittern erzeugte Gitter- oder Windkanal-T., d) im Bild, herangezogen. Hier lassen sich mit Hilfe von Symmetriebedingungen und der Kontinuitätsgleichung für inkompressible Strömungen Beziehungen zwischen den verschiedenen Korrelationsfunktionen aufstellen. Die Gitter-T. kommt den Vorstellungen homogener und isotroper T. sehr nahe. Ein T.-Feld heißt homogen, wenn die verschiedenen Korrelationskoeffizienten, wie z. B.

$$R_{ij} = \overline{u_i u_j} \left/ \sqrt{\overline{u_i^2}\,\overline{u_j^2}} \right. , \ i, j = 1, 2, 3 \ \text{(überstrichen}$$

bedeutet eine zeitliche Mittelung), in allen Punkten des Felds gleich sind. Es heißt isotrop, wenn diese Korrelationskoeffizienten auch bei beliebigen Drehungen und Spiegelungen der Koordinatenachsen unverändert bleiben.

Für theoretische Überlegungen spielen oft die selbstähnlichen Eigenschaften der homogenen isotropen T. eine Rolle. Das Verhältnis L/η von Durchmessern der größten und der kleinsten Strukturen (Wirbel, Böen) einer freien T. ist etwa gleich der Potenz $Re_L^{3/4}$ einer Reynolds-Zahl $Re_L = u'L/\nu$ ($u' = \sqrt{\overline{u^2}}$ Effektivwert der Geschwindigkeitsschwankungen, ν kinematische Zähigkeit). Bei großen Werten von Re_L (etwa $>10^7$) bildet sich nach Vorstellungen von *Kolmogorov* und *Obukhov* ein Bereich l ($\eta \ll l \ll L$) von Wirbelstrukturen mit selbstähnlichen Eigenschaften aus (Trägheitsbereich). Die Schwankungen u in einem Wirbel vom Durchmesser l sollten im Mittel etwa gleich $(l \cdot \varepsilon)^{1/3}$ sein; dabei ist ε die Dissipation, also die pro Masse und Zeit an die kleinsten Wirbel übertragene und dort in Wärme verwandelte Energie.

Die experimentelle Bestätigung erfordert einen hinreichend großen Trägheitsbereich und gelang bei Gezeiten- und atmosphärischen Strömungen.

Eine turbulente Grenzschicht, e) im Bild, ist auf der einen Seite von einer festen Wand, auf der anderen Seite von einer i. a. nicht turbulenten Strömung begrenzt. Sie besitzt daher sowohl die Eigenschaften der wandbegrenzten als auch der freien T. Auf der Wandseite wird die turbulente Bewegung behindert, so daß hier die Schwankungsgeschwindigkeiten und die turbulente Schubspannung (Reynolds-Scheinspannung) mit abnehmendem Wandabstand verschwinden. Dies führt dazu, daß sich an der Wand eine dünne Schicht, die viskose Unterschicht, ausbildet, in der die von der dynamischen Zähigkeit μ des Fluids herrührende Schubspannung viel größer ist als die turbulente Schubspannung und in der die mittlere Geschwindigkeit $\overline{U}$ proportional mit dem Wandabstand x_2 ansteigt. Weiter von der Wand entfernt nimmt die Geschwindigkeit $\overline{U}$ nur noch logarithmisch mit dem Wandabstand x_2 zu (universelles Wandgesetz). Der der freien T. zuzurechnende Teil der Grenzschicht, in dem die Strömung abwechselnd turbulent oder laminar ist (Intermittenz), macht dann etwa die restlichen 60 % der Grenzschicht aus.

□ Eine turbulente Kanalströmung, f) im Bild, kann man sich aus zwei turbulenten Grenzschichten entstanden denken, die von den beiden näher zusammenliegenden Wandseiten her zusammengewachsen sind. Dabei „verzahnen" sich die beiden Grenzschichten so ineinander, daß keine laminaren Gebiete mehr existieren können. Die Strömung wird nun bis zur Kanalmitte von den Wänden beherrscht. Wie bei der turbulenten Grenzschicht gibt es sehr nahe an der Wand eine viskose Unterschicht und weiter von der Wand entfernt bis fast zur Kanalmitte hin eine logarithmisch mit dem Wandabstand anwachsende Geschwindigkeitsverteilung (universelles Wandgesetz). Ferner läßt sich auch die Geschwindigkeitsverteilung von der Kanalmitte aus zur Wand hin aus einer Ähnlichkeitsbeziehung angeben (Mittengesetz). Die Verhältnisse in einer turbulenten Rohrströmung entsprechen ganz denen in einer turbulenten Kanalströmung, wenn an Stelle der halben Kanalweite b der Rohrradius R als Bezugslänge benutzt wird. *Eckelmann*

Literatur: *Batchelor, G. K.:* The Theory of Homogeneous Turbulence. London 1953. – *Hinze, J. O.:* Turbulence. New York 1975. – *Rotta, J. C.:* Turbulente Strömungen. Stuttgart 1972. – *Schlichting, H.:* Grenzschichttheorie. Karlsruhe 1982. – *Tennekes, H.,* u. *J. L. Lumley:* A First Course in Turbulence. London 1972. – *Townsend, A. A.:* The Structure of Turbulent Shear Flow. London 1976.

U

Überbestimmtheit, statische →Bestimmtheit, statische

Übergangsfunktion. Die Ü. h(t) ist die auf die Sprunghöhe bezogene →Sprungantwort eines Übertragungsgliedes oder die Antwort eines Übertragungsgliedes an dessen Eingang ein Einheitssprung $\sigma(t)$ gelegt wird. Sie beschreibt den Übergang von einem Zustand in einen anderen.

Da die Laplace-Transformierte des Einheitssprunges $1/s$ ist, ist die Laplace-Transformierte der Ü. H(s) eines Übertragungsgliedes mit der →Übertragungsfunktion F(s) $H(s)=F(s)/s$ (Systemantwort). *Böttiger*

Überlastsicherung. →Temperatursensoren nach dem Kaltleiterprinzip weisen bei einer typischen Temperatur (z. B. 150 °C) einen Anstieg des →Widerstands um mehrere Größenordnungen auf. Wird ein Kaltleiter mit einem elektrischen Verbraucher in Reihe geschaltet, dann dient er als Ü.: Bei Betriebstemperaturen (z. B. bis 100 °C) hat der Kaltleiter einen niedrigen Widerstand. Steigen die Temperaturen jedoch über eine durch den Kaltleiter festgelegte Schwelltemperatur an, dann vergrößert sich der Kaltleiterwiderstand so stark, daß der Stromfluß praktisch unterbrochen wird. Ein ähnlicher Effekt ergibt sich bei einem plötzlichen starken Stromanstieg, weil dann der Kaltleiter über Selbstaufheizung seine Schwelltemperatur erreicht. *Schaumburg*

Überlebenswahrscheinlichkeit, sicherheitsbezogene. Für die s. Ü. werden nur die gefährlichen Ausfälle und nicht die nicht gefährlichen betrachtet (Ausfalleffektanalyse). Die s. Ü. $R_s(t)$ ist das Einserkomplement zur sicherheitsbezogenen →Ausfallwahrscheinlichkeit $F_s(t)$:

$$R_s(t) + F_s(t) = 1.$$ *Schrüfer*

Übertragungsfunktion. Diese →Funktion beschreibt das →Übertragungsverhalten eines Systems oder Übertragungsgliedes. Sie ist die Laplace-Transformierte der Gewichtsfunktion dieses Systems.

Mathematisch gesehen ist die Ü. eine spezielle Darstellungsform der das System beschreibenden →Differentialgleichung. Sie entsteht durch die Anwendung der Laplace-Transformation mit der Voraussetzung, daß alle Anfangswerte verschwin-

den. Die Differentialgleichung eines Systems mit u(t) als Eingang und v(t) als Ausgang sei

$$a_0 v(t) + a_1 \frac{dv(t)}{dt} + a_2 \frac{d^2 v(t)}{dt^2} + \ldots a_n \frac{d^n v(t)}{dt^n}$$
$$= b_0 v(t) + b_1 \frac{du(t)}{dt} + \ldots b_m \frac{d^m u(t)}{dt^m} \qquad (1)$$

Für die Laplace-Transformation gilt, wenn alle Anfangswerte null gesetzt werden:

$$\frac{d^k x(t)}{dt^k} = s^k X(s). \qquad (2)$$

Der Differentialoperator s gibt mit seiner Potenz an, die wievielte Ableitung im Zeitbereich gebildet werden soll. Gl. (2) auf Gl. (1) angewendet liefert

$$(a_0 + a_1 s + a_2 s^2 + \ldots + a_n s^n)\, V(s) =$$
$$(b_0 + b_1 s + \ldots + b_m s^m)\, U(s). \qquad (3)$$

Der Quotient der Laplace-Transformierten V(s) dividiert durch U(s) wird als Ü. F(s) bezeichnet:

$$F(s) = \frac{V(s)}{U(s)} = \frac{b_0 + b_1 s + \ldots b_m s^m}{a_0 + a_1 s + \ldots a_n s^n}. \qquad (4)$$

In Gl. (4) bilden Zähler und Nenner jeweils ein →Polynom in s. Der Nenner der Ü. ist das charakteristische Polynom. Dieses gleich null gesetzt bildet die charakteristische Gleichung des Systems mit den Lösungen $p_1, \ldots, p_n$ als seine Pole oder Eigenwerte. Das Zählerpolynom gleich null gesetzt, liefert als Lösungen die Nullstellen $z_1, \ldots, z_m$. Wenn die Pole und Nullstellen einer Ü. bekannt sind, schreibt man sie gelegentlich als Produktform

$$F(s) = \frac{b_m}{a_n} \frac{(s - z_1)(s - z_2) \ldots (s - z_m)}{(s - p_1)(s - p_2) \ldots (s - p_n)}.$$

Oder man verwendet die graphische Darstellung als Pol-Nullstellen-Plan. Für ihn werden die Pole und Nullstellen in die komplexe s-Ebene eingetragen. Aus der Konfiguration kann man auf die Dynamik des Systems schließen (Wurzelortskurve). Die Ordnung n eines realen Systems ist größer als die Anzahl m seiner Nullstellen, im allgemeinen gilt $n \geq m + 2$. (Für einen begrenzten Frequenzbereich ist $n = m$ möglich.)

Die Ü. ist hervorragend geeignet zur Untersuchung von Regelkreisen oder Systemen, die aus mehreren Übertragungsgliedern zusammengesetzt sind. Nach Gl. (4) ist die Laplace-Transformierte V(s) am Ausgang gleich der Laplace-Transformierten U(s) am Eingang, multipliziert mit der Übertragungsfunktion F(s), nämlich V(s) = F(s)U(s). Daher läßt sich ein System oder →Regelkreis leicht zu einem →Übertragungsglied höherer Ordnung zusammenfassen, um so sein Gesamtübertragungsverhalten festzustellen. *Böttiger*

Literatur: *Böttiger, A.:* Regelungstechnik. München 1988.

Übertragungsglied.

Lineares Ü. Ü. ist die allgemeine Bezeichnung für ein Element, das ein oder mehrere Signale bzw. Informationen überträgt. Regelungstechnisch ist ein Übertragungsglied das Grundelement eines Systems, normalerweise mit einem Eingangs- und einem Ausgangssignal.

Ein Ü. ist linear, wenn das Verstärkungs- und das Überlagerungsprinzip gelten: bewirken die Eingangssignale u_1 und u_2 am Ausgang jeweils die Signale v_1 und v_2, dann bewirkt die gewichtete Überlagerung $u = k_1u_1 + k_2u_2$ am Ausgang die gleiche Überlagerung $v = k_1v_1 + k_2v_2$. Ein nichtlineares Ü. erfüllt diese Bedingung nicht.

Ein Ü. ist zeitinvariant, d. h. seine Eigenschaften verändern sich nicht mit der Zeit, wenn es dem Verschiebungsprinzip genügt: bewirkt ein Eingangssignal u(t) am Ausgang das →Signal v(t), so muß das um die Zeit T später einsetzende Signal u(t−T) das entsprechende Signal v(t−T) zur Folge haben. Wenn diese Bedingung nicht erfüllt wird, ist das Ü. zeitvariant.

In der symbolischen Darstellung eines l. Ü. (Bild 1) wird vorausgesetzt, daß es rückwirkungsfrei ist, d. h. die Signale laufen nur in der angegebenen Wirkungsrichtung. Eine Rückwirkung des Ausgangs v auf den Eingang u ist nur über eine →Rückführung möglich.

Übertragungsglied, lineares 1: Symbolische Darstellung im Wirkungsplan

Die →Regelungstechnik befaßt sich überwiegend mit linearen, zeitinvarianten Übertragungsgliedern. Die Beziehung zwischen Aus- und Eingang beruht auf den physikalischen Eigenschaften und wird als →Übertragungsverhalten meist durch eine →Differentialgleichung oder durch die →Übertragungsfunktion F(s) beschrieben. Gelegentlich wird zur Kennzeichnung die →Übergangsfunktion verwendet. Beim Zusammenschalten mehrerer Übertragungsglieder wird ausschließlich die Übertragungsfunktion verwendet mit den Laplace-Transformierten der Signale, so daß V(s) = F(s)·U(s).

Entsprechend der Dynamik unterscheidet man verschiedene Übertragungsglieder, z. B. elementare

Übertragungsglieder mit P- und →I-Übertragungsverhalten. Aus ihnen lassen sich durch Reihen-, Parallel- und Kreisschaltung alle anderen als zusammengesetzte Übertragungsglieder bilden (z. B. solche mit PI- oder →PD-Übertragungsverhalten oder Übertragungsglieder zweiter Ordnung). Diese Grundschaltungen mit ihrer Gesamtübertragungsfunktion V(s)/U(s) sind im Bild 2 zusammengestellt.

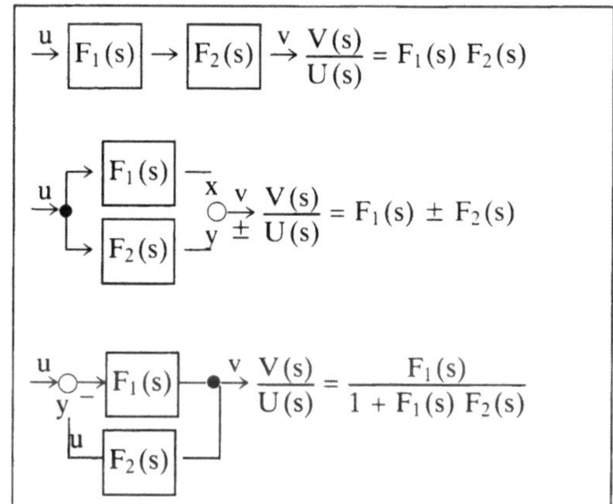

Übertragungsglied, lineares 2: Ketten-, Parallel- und Kreisschaltung.

Nichtlineares Ü. Ein n. Ü. genügt im Gegensatz zum linearen Übertragungsglied weder dem Verstärkungs- noch dem Überlagerungsprinzip.

In der Regelungstechnik wird nur die Nichtlinearität bezüglich der Kennlinie betrachtet, d. h. der nichtlineare Zusammenhang zwischen dem stationären Ausgangs- und Eingangssignal. Das lineare Ü. hat eine lineare Kennlinie mit konstanter Steigung K, so daß das Verhältnis zwischen dem Ausgangssignal v und dem Eingangssignal u konstant ist, d. h. $v = Ku$. Für das n. Ü. gilt dagegen eine beliebige Funktion $v = f(u)$, die als analytischer Ausdruck oder graphisch als Kennlinie gegeben ist.

Bei einem stetigen Verlauf der Kennlinie und nur kleinen Änderungen Δu um einen Arbeitspunkt U_0 ersetzt man den Bereich durch die Steigung (oder durch die lineare Verbindung der Bereichsendpunkte), d. h. man linearisiert:

$$\Delta v = \left. \frac{d\, f(u)}{du} \right|_{U_0} \Delta u\,.$$

Gelegentlich kommen n. Ü. mit zwei Eingangsgrößen vor, z. B. die Multiplikation $v = Mu_1 u_2$ oder Division $v = D\,u_1/u_2$. Durch Bildung des vollständigen Differentials am Arbeitspunkt liefert die Linearisierung eine gewichtete Addition bzw. Subtraktion der zwei Eingangssignale.

Bei Zwei- und Dreipunktreglern mit unstetiger Kennlinie kann nicht linearisiert werden.

Ü. erster Ordnung. Das dynamische Verhalten eines linearen Übertragungsgliedes erster Ordnung wird durch eine gewöhnliche Differentialgleichung erster Ordnung beschrieben. Das Ü. enthält somit eine einfache Verzögerung mit einer Zeitkonstanten (→Verzögerungsglied).

Für das einfachste Übertragungsglied dieser Gruppe mit dem Eingang u(t) und dem Ausgang v(t) lautet die Differentialgleichung

$$v(t) + T\dot{v}(t) = K\,u(t).$$

Das verzögerte →P-Übertragungsverhalten dieses P-T$_1$-Gliedes ist an der Übergangsfunktion (Bild 1) erkennbar:

$$v(t) = h(t) = K(1 - e^{-t/T})\sigma(t).$$

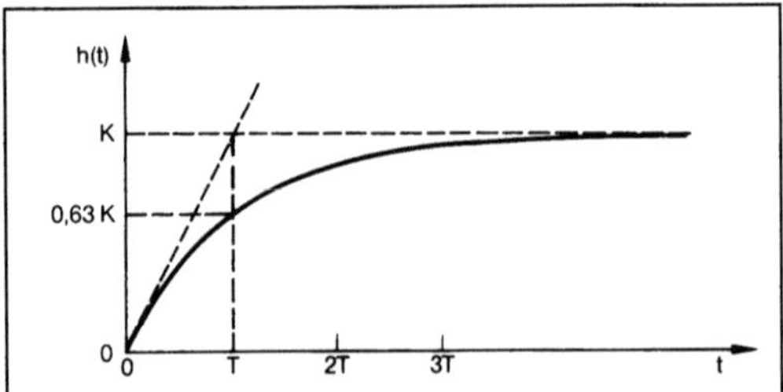

Übertragungsglied erster Ordnung 1: Übergangsfunktion eines P-T$_1$-Gliedes.

Nach einer Dauer von fünf Zeitkonstanten T ist der Endwert mit einer Toleranz von weniger als 1 % der Gesamtänderung erreicht. Im Zeitbereich $t \ll T$ verhält sich das P-T$_1$-Glied wie ein I-Glied (I-Übertragungsverhalten), für $t \gg T$ wie ein P-Glied. Entsprechendes zeigt der →Frequenzgang im →Bode-Diagramm (Bild 2) mit dem Amplitudengang $A(\omega) = K/\sqrt{1 + \omega^2 T^2}$ und dem Phasengang $\varphi(\omega) = -\arctan(\omega T)$.

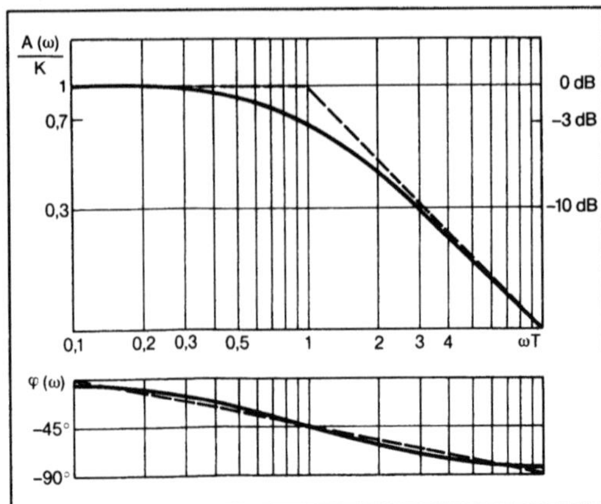

Übertragungsglied erster Ordnung 2: Bode-Diagramm des P-T$_1$-Gliedes.

P-Verhalten liegt vor für $\omega T \ll 1$ und I-Verhalten für $\omega T \gg 1$: mit der Abnahme von -20 dB/Dekade bzw. der Neigung -1 im Amplitudengang. Die entsprechenden geradlinigen Annäherungen (gestrichelt) schneiden sich in der Eckkreisfrequenz $\omega_0 = 1/T$. An dieser Stelle ist mit $A(\omega_0) = K/\sqrt{2}$ (3 dB-Abfall) die maximale Abweichung von der Näherung. Der Phasengang läßt sich ebenfalls durch Geraden annähern und zwar für $\omega T < 0{,}1$: $\varphi(\omega) = 0°$; für $0{,}1 < \omega T < 10$: $\varphi(\omega) = -45°\,\lg(10\,\omega T)$; für $\omega T > 10$: $\varphi(\omega) = -90°$. Die größte Abweichung vom exakten Verlauf ist kleiner als 6°. Deswegen arbeitet man bei zusammengesetzten Frequenzgängen immer mit den Näherungen. Das P-T$_1$-Glied tritt oft in Kombination mit anderen Übertragungsgliedern auf, besonders bei solchen mit D-, PD- und →PID-Übertragungsverhalten. Dann lassen sich im Bode-Diagramm gerade Linienzüge schnell addieren.

P-T$_1$-Glieder werden häufig als Speicher bezeichnet, da man beim Auffüllen eines geschlossenen Behälters ein solches Verhalten feststellen kann. Die Ladespannung eines Kondensators, der über einen Widerstand an eine konstante Spannung gelegt wird, hat einen Verlauf wie h(t) (Bild 1); ebenso der Druck beim Auffüllen eines Druckluftbehälters.

Ü. zweiter Ordnung. Das dynamische Verhalten eines Ü. z. O. wird durch eine Differentialgleichung zweiter Ordnung beschrieben. Das Übertragungsglied enthält somit eine zweifache Verzögerung (Verzögerungsglied).

Die Differentialgleichung für solch ein Übertragungsglied mit stationärem P-Übertragungsverhalten lautet

$$v(t) + \frac{2d}{\omega_0}\dot{v}(t) + \frac{1}{\omega_0^2}\ddot{v}(t) = K\,u(t).$$

Dazu gehört die →Übertragungsfunktion

$$\frac{V(s)}{U(s)} = F(s) = \frac{K}{1 + 2d\dfrac{s}{\omega_0} + \left(\dfrac{s}{\omega_0}\right)^2}$$

mit den zwei Polen $s_{1,2} = -d\,\omega_0 \pm \omega_0\sqrt{d^2 - 1}$.

Während die Kennkreisfrequenz ω_0 als Maßstabsfaktor (für Zeit oder →Frequenz) betrachtet werden kann, hat der Dämpfungsgrad d einen wesentlichen Einfluß auf das dynamische Verhalten. Für $d > 1$ sind beide Pole reell. Man setzt als Zeitkonstanten

$$T_{1,2} = -\frac{1}{s_{1,2}} = \frac{1}{\omega_0}(d \pm \sqrt{d^2 - 1})$$

und kann so die Übertragungsfunktion in ein Produkt zerlegen als Kettenschaltung von zwei P-T$_1$-Gliedern:

$$F(s) = \frac{K}{(1 + T_1 s)(1 + T_2 s)}.$$

Deswegen ist die Bezeichnung zweifach verzögertes P-Glied oder P-T_2-Glied üblich. Die zugehörige Übergangsfunktion

$$v(t) = h(t) = K \left[1 - \frac{1}{T_1 - T_2} (T_1 e^{-t/T_1} - T_2 e^{-t/T_2}) \right] \sigma(t)$$

zeigt, z. B. für d=2 (Bild 1), einen kriechenden Verlauf. Bei reellen Polen oder Eigenwerten bzw. bei einem Dämpfungsgrad d>1 spricht man daher vom Kriechfall.

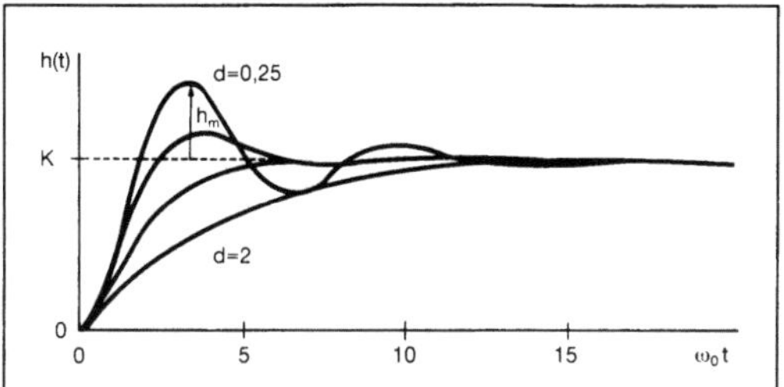

Übertragungsglied zweiter Ordnung 1: Übergangsfunktion eines P-T_2-Gliedes für d = 0,25; 0,5; 1; 2.

Für d < 1 sind die Pole konjugiert komplex $s_{1,2} = - \omega_0 d \pm j \omega_e$ mit der Eigenkreisfrequenz $\omega_e = \omega_0 \sqrt{1 - d^2}$. Die Übergangsfunktion

$$h(t) = K \left[1 - \frac{e^{-d\omega_0 t}}{\sqrt{1 - d^2}} \cos (\omega_e t - \theta) \right] \sigma(t)$$

mit $\theta = \arc \sin d$ zeigt schwingendes Verhalten (Bild 1) für d = 0,25 und d = 0,5, weswegen der Fall d < 1 als Schwingfall bezeichnet wird. Das erste Überschwingen, die Überschwingweite $h_m = K \exp (-\pi \tan \theta)$, kann zur Bestimmung des Dämpfungsgrades d verwendet werden.

Zwischen diesen Bereichen liegt der aperiodische Grenzfall für d=1. Beide Eigenwerte sind gleich $s_1 = s_2 = - \omega_0$ und liefern die Übergangsfunktion

$$h(t) = K[1 - (1 + \omega_0 t)e^{-\omega_0 t}]\sigma(t).$$

Im Frequenzgang als Bode-Diagramm (Bild 2) erkennt man das P-Verhalten für niedrige und das I^2-Verhalten für hohe Frequenzen. Beide Asymptoten schneiden sich in der Kennkreisfrequenz ω_0, dort ist $A(\omega_0) = K/2d$ und $\varphi(\omega_0) = - 90°$. Für $d < 1/\sqrt{2}$ gibt es die Resonanzüberhöhung an der Resonanzkreisfrequenz $\omega_r = \omega_0 \sqrt{1 - 2 d^2}$. Der Maximalwert der Amplitude ist

$$A(\omega_r) = K/(2d\sqrt{1 - d^2}).$$

Das geläufigste Beispiel für ein Ü. z. O. ist der Schwingkreis (elektrisch als RLC-Netz oder mechanisch bestehend aus →Feder, Masse und →Dämpfer). Je nach Wahl von Eingangs- und Ausgangssignal erhält man P-T_2-, D-T_2- oder D^2-T_2-Übertragungsverhalten. *Böttiger*

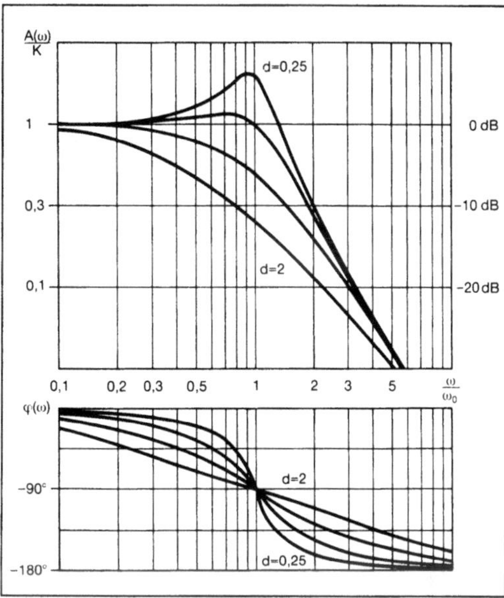

Übertragungsglied zweiter Ordnung 2: Bode-Diagramm des P-T_2-Gliedes für d = 0,25; 0,5; 1; 2.

Übertragungsverhalten. Das Ü. beschreibt die Dynamik eines Übertragungsgliedes. Nach DIN 19226 Teil 2 ist es die eindeutige Zuordnung aller Eingangsgrößen zu den Ausgangsgrößen.

Einfache Übertragungsglieder mit einem Eingangssignal und einem Ausgangssignal unterscheidet man z. B. nach →P-, →PD-, →PI- oder →PID-Übertragungsverhalten. *Böttiger*

Überwachungsbereich →Strahlenschutz

Überwachungseinrichtung. Leittechnische Ü. melden Zustände der Anlage, die einer Fortführung des Betriebes aus Gründen der Sicherheit nicht entgegenstehen, jedoch erhöhte Aufmerksamkeit erfordern (→Leittechnik). *Strohrmann*

Uhr. Die Zeit ist eine der sieben Basisgrößen des Internationalen Einheitensystems. Als Zeiteinheit ist die Sekunde (s) festgelegt. Bis in die 60er Jahre war die Sekunde mit Hilfe der Dauer eines mittleren Sonnentages festgelegt (zu 86 400 s). Die nun gültige genauere Definition lautet: 1 s ist das 9 192 631 770fache der Periodendauer der dem Übergang zwischen den beiden Hyperfeinstrukturniveaus des Grundzustands von Atomen des Nuklids Cs 133 entsprechenden Strahlung. Diese Periodendauer gilt als absolut unveränderlich. Mit der Darstellung und Verbreitung der so definierten gesetzlichen Zeit ist in Deutschland die →Physikalisch-Technische Bundesanstalt (PTB) in Braunschweig beauftragt. Dazu verfügt die PTB in ihrem Atomuhrenhaus über einige Atom-U. Darunter ist ein selbst entwickeltes

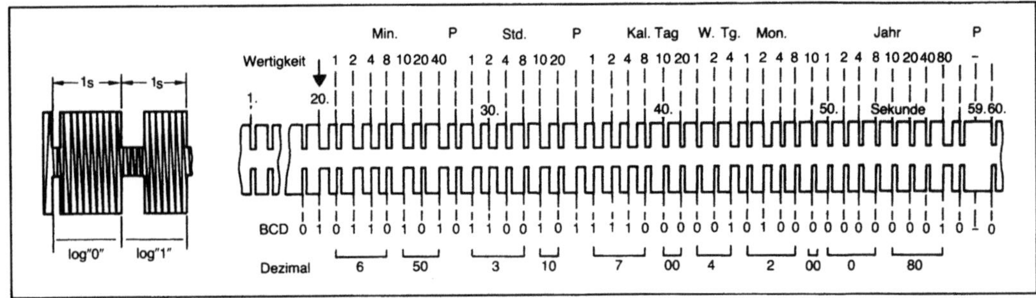

Uhr 1: Beispiel eines Telegramms des Normalfrequenz- und Zeitzeichensenders DCF 77; das gezeichnete Beispiel gilt für Donnerstag (4), den 7. 2. 1980, 13.56 Uhr.

„primäres Zeitnormal" mit einer Unsicherheit von (umgerechnet) 1 s in rd. 400 000 a. Die PTB stimmt die eigenen Messungen mit dem Bureau International de l'Heure in Paris ab. Das Ergebnis dieser Zusammenarbeit wird über Langwelle 77,5 kHz von dem Normalfrequenz- und Zeitzeichensender DCF 77 in Mainflingen bei Frankfurt ausgestrahlt. Dieser Sender überträgt jede Minute in einer BCD-codierten Form die für die nächste Minute geltenden Daten von Uhrzeit, Wochentag und Datum.

Dazu wird die Amplitude einer frequenzstabilisierten 77,5 kHz-Trägerschwingung zu Beginn einer jeden Sekunde bei einer zu übertragenden logischen 0 für 0,1 s und bei einer logischen 1 für 0,2 s auf 25 % des normalen Werts abgesenkt. Die Sekunden innerhalb einer Minute sind über die Amplitudenänderungen inkremental zu zählen. Das Fehlen der 59. Sekundenmarke weist auf den Beginn der folgenden Minute hin. Bild 1 gibt ein Beispiel eines derartigen Telegramms, wobei die in den ersten 19 s übertragenen, die UTC (Coordinated Universal Time) betreffenden Informationen nicht dargestellt sind. Die drei Prüfbits P dienen der Störerkennung.

Rundfunk, Fernsehen und Bundesbahn, aber auch viele Privatunternehmen beziehen ihre Zeit-Information vom Sender DCF 77. Verkehrssignalanlagen können über das Signal des DCF 77 miteinander synchronisiert werden, ohne daß eine Kabelverbindung zwischen ihnen besteht.

In weit größerem Umfang, besonders in der elektronischen Meß- und Nachrichtentechnik, verwendet man sekundäre Zeit- und Frequenznormale. Ihre geringere Genauigkeit und Konstanz ist für die praktischen Bedürfnisse völlig ausreichend, zumal es handelsübliche Geräte gibt, mit denen man jederzeit bei Bedarf auch vollautomatisch die sekundären Normale drahtlos an Primär-Normale „anschließen" kann. Der geringeren Genauigkeit von Sekundär-Normalen stehen durch einfacheren Aufbau die Vorteile gegenüber: große Betriebssicherheit sowie die vergleichsweise geringen Anschaffungs- und Betriebskosten, die solche Geräte

einschl. der Hilfseinrichtungen zum „Anschluß" an die weltweit verfügbaren (Primär-) Normalfrequenzsendungen aufweisen.

U. für den Privatgebrauch messen die Zeit weniger aufwendig. Auch sie beruhen jedoch auf einer Grundstruktur (Bild 2) und haben folgende Komponenten:
□ Energiequelle,
□ Oszillator,
□ Zähler,
□ Anzeige bzw. Ausgabe.

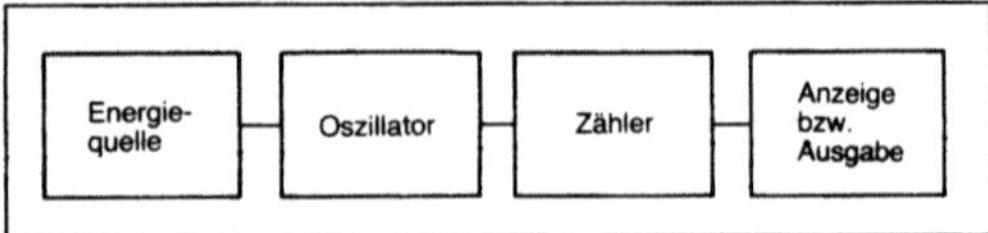

Uhr 2: Grundstruktur.

Wie diese Komponenten bei den einzelnen U.-Bauarten beschaffen sind, zeigt die Tabelle. Stopp-U. zum Messen von Zeitintervallen haben Zusatzeinrichtungen zum Starten und Stoppen des Oszillators und zum Rücksetzen der Anzeige. Diese Einrichtungen werden auch benötigt von Zeitgebern in Registriergeräten und in Elektronenstrahl-Oszilloskopen. *Hammerschmidt*

Literatur: *Profos, P.:* Handb. industrielle Meßtechnik. Essen 1984.

Ultraschall. Schallwellen (→Schall), deren →Frequenz oberhalb von 20 kHz (Hörbarkeitsgrenze) liegt. Das U.-Gebiet umfaßt gegenwärtig den Frequenzbereich von 20 kHz bis 10^{10} Hz, also 16 Oktaven. Die zugehörigen Wellenlängen des U. reichen von 1,6 cm bis $0,3 \cdot 10^{-4}$ cm in Luft (bei einer mittleren Schallgeschwindigkeit von c=330 m/s) und von 20 cm bis $4 \cdot 10^{-4}$ cm in Festkörpern und Flüssigkeiten (mittlere Schallgeschwindigkeit von c≈4000 m/s). Die kürzesten U.-Wellenlängen erreichen die Größenordnung der Lichtwellenlängen und führen zur Entwicklung von U.-Mikroskopen.

Die Gesetze der →Akustik des Hörbereichs gelten ungeändert auch im U.-Gebiet. Wegen der

Uhr. Tabelle: Typische Bauformen. (Quelle: Profos)

Element \ Bauform	mechanisch	piezoelektronisch	Elektronen-resonanz	Molekülresonanz
Energiequelle	Spiralfeder, Gewichte u. dgl.	Batterie	Akkus, elektrisches Netz	
Oszillator Frequenz Entdämpfung	Unruh, Pendel 1-6 Hz Hemmung	Piezoquarz 100 kHz-5 MHz*) elektronischer Verstärker	Elektron zwischen 2 Niveaus Cs:9,192 GHz Quarz-stabilisierter Schwingkreis	Atom innerhalb Molekül NH_3:23 GHz Mikrowellen-
Zähler	Gesperr-Rad	Schaltungen der Digitalelektronik Schrittmotor		
Umcodierung Ausgabe, Anzeige	Zahnradgetriebe Zifferblatt mit Zeigern	Schaltungen der Digitalelektronik Zifferblatt mit Zeigern (körperlich oder LCD)**) direkte Ziffernanzeige (LED, LCD)**)		
relativer Fehler (pro Tag)	10^{-5}	10^{-5}-10^{-10}	10^{-10}-10^{-12}	10^{-12}

*) für Armbanduhren f = 8'192 Hz = 2^{13} Hz; 32'768 Hz = 2^{15} Hz; 4'194'304 Hz = 2^{22} Hz
**) LCD Flüssigkristallanzeige, LED Leuchtdiodenanzeige

kurzen →Wellenlänge und der hohen Druckgradienten treten im U.-Bereich allerdings Erscheinungen auf, die im Hörgebiet unbekannt sind, z. B. die Beugung von Licht an stehenden U.-Wellen (Debye-Sears-Effekt). In Flüssigkeiten treten sog. U.-Sprudel auf, bei denen Teile der Flüssigkeit an der Oberfläche einige Zentimeter emporgeschleudert werden, und im Volumen von Flüssigkeiten tritt Kavitation und Koagulation von kolloiden Teilchen auf.

Die Möglichkeit der scharfen Bündelung von U.-Wellen gestattet es, von U.-Strahlen zu sprechen und ihre Ausbreitung in der Sprache einer Schalloptik zu beschreiben, wobei die Gesetze von Reflexion, Brechung und Beugung Anwendung finden.

Erzeugung von U.-Wellen. Die technisch leicht zu realisierende Erzeugung von U. führte zu einer weit verbreiteten Anwendung des U. Die Erzeugung von U. erfolgt dabei auf rein mechanischem Wege oder mit Hilfe von elektroakustischen Wandlern (Transducern), die den magnetostriktiven oder den piezoelektrischen Effekt ausnutzen. Mechanische U.-Sender: Mit der Galtonpfeife oder – in ihrer abgewandelten Form – dem Hartmanngenerator werden Luftschallwellen bis etwa 10^5 Hz erzeugt. Flüssigkeitspfeifen erzeugten in der Flüssigkeit Schallwellen bis 30 kHz. U.-Sirenen sind mit mehreren Kilowatt Leistung die stärksten Luftschallsender bis 40 kHz. Eine andere Form ist der Sellwandler, der etwa der robusten Form eines Kondensatorlautsprechers entspricht und Frequenzen bis 500 kHz erzeugen kann. Magnetostriktive U.-Geber beruhen auf der →Magnetostriktion, nach der ferromagnetische Stoffe Längenänderungen im magnetischen →Feld erfahren. Für die Erzeugung von U. – es lassen sich bis 10 W/cm² erreichen – wird ein ferromagnetischer Körper (Bild 1) in das magnetische →Wechselfeld einer →Spule gebracht, dessen Frequenz mit der Eigenfrequenz des Körpers übereinstimmt. Zur Vermeidung von Wirbelstromverlusten wird dabei der ferromagnetische Körper wie beim →Transformator aus dünnen (d=0,1 mm) Blechen zusammengesetzt. U.-Wellen mit Frequenzen über 200 kHz werden von nur wenige Millimeter großen Schwingern erzeugt. Der Wirkungsgrad (elektrische Leistung/Ultraschalleistung) ist etwa 50–80% und fällt zu hohen Frequenzen (>200 kHz) ab. Für höhere Frequenzen benutzt man daher meist piezoelektrische U.-Geber. Sie beruhen auf der Umkehrung des piezoelektrischen Effekts, wonach beim Anlegen einer Spannung an einen piezoelektrischen Kristall eine Längenänderung auftritt. Bei geeigneter Orientierung und entsprechend angebrachten Elektroden (Bild 2) lassen sich die verschiedenen Eigenschwingungen eines Kristalls anregen. Da sich polarisierte ferroelektrische Keramiken wie ein piezoelektrisches Material verhalten, lassen sich aus ihnen leicht Schwinger beliebiger Form (z. B. hohlspiegelartige)

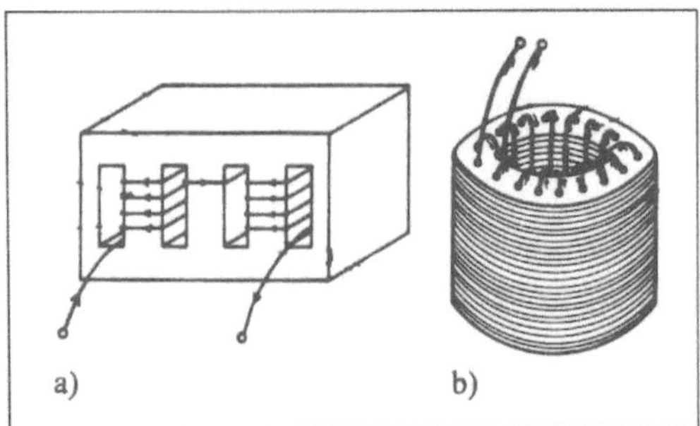

Ultraschall 1: Grundtypen magnetostriktiver Ultraschallschwinger.
a) Rechtecktyp
b) Ringtyp.

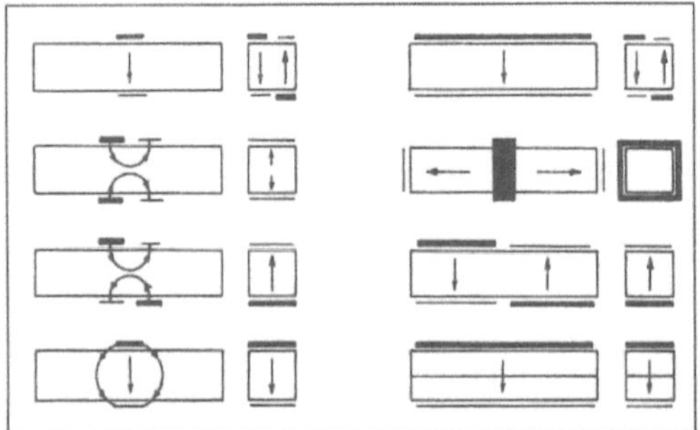

Ultraschall 2: Elektrodenanordnungen und Schwingungsformen eines piezoelektrischen Kristalls als Ultraschallgeber.

herstellen, mit denen Schallintensitäten von 100 W/cm² erreichbar sind.

Der Nachweis von U. kann wie bei der Erzeugung rein mechanisch (Schalldruckwaage) oder durch elektroakustische Wandler geschehen. Entsprechend aufgebaute Kondensatormikrophone können U. bis 100 kHz aufnehmen. Für höhere Frequenzen werden piezoelektrische Kristalle benutzt. Für viele Anwendungen (z. B. U.-Materialprüfung und medizinische Sonographie) kann man den gleichen Kristall als Sender eines Impulses und später als Empfänger des U.-Echos benutzen.

Die Anwendung von U.-Schwingungen erstreckt sich auf viele Gebiete: von der Quarzuhr, der U.-Reinigung, der Materialbearbeitung (Bohren und Schweißen) bis hin zu den Ortungsverfahren in der Navigation (Sonar), der Materialprüfung und der medizinischen Diagnostik.

In der medizinischen Diagnostik arbeitet man dabei nach dem Echoimpulsverfahren, bei dem ein piezoelektrischer Wandler einen kurzen Schallimpuls (Frequenz ≈3,5 MHz, Dauer einige Mikrosekunden, Wiederholrate 400–1000 je Sekunde) aussendet, der entlang des Weges im Körper an den unterschiedlichen Strukturen reflektiert wird. Die zeitliche Folge des entstehenden Echos, die dem

Abstand zwischen Echo-Entstehungsort und Wandler (Sende- und Empfänger-Wandler sind identisch) entspricht, läßt sich durch eine Zeitanalyse auswerten; man spricht vom A-Scan. Aus dem A-Scan entsteht das B-Scan-Verfahren, wenn an die Stelle des ortsfesten ein Wandler tritt, der rasterförmig über die Körperoberfläche geführt wird und damit zweidimensionale Darstellung zuläßt. *Helbig*

Literatur: *Balamuth, L.* (Hrsg.): Ultrasonic Technology. A Series of Monographs Plenum Press (seit 1967). – *Bergmann, L.:* Der Ultraschall und seine Anwendung. Stuttgart 1954. – *Krautkrämer, J. H.:* Werkstoffprüfung mit Ultraschall. Berlin, Göttingen, Heidelberg 1975. – *Mason, U. P.* (Hrsg.): Physical Acoustics. Bd. 1–10. New York 1964.

Umweltbundesamt (UBA). Bundesoberbehörde im Geschäftsbereich des Bundesministers für Umwelt, Naturschutz und Reaktorsicherheit (BMU). Erarbeitung der wissenschaftlichen Grundlagen für die Umweltpolitik der Bundesregierung, Fortentwicklung des Standes der Technik, Erweiterung des Wissens- und Erkenntnisstandes.

Das UBA wurde 1974 durch Gesetz als zentrale Fachbehörde des Bundes auf dem Gebiet des Umweltschutzes errichtet. Zu seinen Aufgaben gehören in erster Linie:
□ den BMU auf den Gebieten Luftreinhaltung, Lärmbekämpfung, Abfallwirtschaft, Wasserwirtschaft, Bodenschutz und Umweltchemikalien, insbesondere bei der Erarbeitung von Rechts- und Verwaltungsvorschriften, wissenschaftlich zu unterstützen;
□ Hilfen für die Umweltplanung und die Umweltverträglichkeitsprüfung zu entwickeln;
□ die Öffentlichkeit in Umweltfragen aufzuklären;
□ Umweltdaten in dem Informations- und Dokumentationssystem Umwelt (UMPLIS) bereitzustellen;
□ zentrale Dienste und Hilfen für die Ressortforschung und für die Koordinierung der Umweltforschung des Bundes zu leisten.

Das UBA befaßt sich auch mit rechts-, wirtschafts- und sozialwissenschaftlichen Umweltfragen, Schadstoffwirkungen (Waldschäden) sowie mit den Fragen „Produkte und Umweltschutz", „Umwelt und Straßenverkehr", „Umwelt und Energie".

Darüber hinaus nimmt das UBA Informationen über Wasch- und Reinigungsmittel (Waschmittelgesetz) entgegen und wertet sie aus. Es bewertet die Umweltrelevanz chemischer Stoffe nach dem Chemikaliengesetz sowie die Umweltauswirkungen von Pflanzenschutzmitteln nach dem Pflanzenschutzgesetz, arbeitet mit beim Vollzug des Fluglärmgesetzes und betreibt ein Luftmeßnetz zur Luftqualität außerhalb von Ballungsgebieten und zum grenzüberschreitenden Schadstofftransport. Das UBA ist nationale Verbindungsstelle zur UNESCO in Fragen der Umwelterziehung. Es unterhält eine Umweltprobenbank, fördert modellhafte Umweltschutzanlagen über das „Investitionsprogramm zur Verminderung von Umweltbelastungen", arbeitet an der Umsetzung und Abwicklung der Bodenschutzkonzeption, der Sanierung von Altlasten und kontaminierter Standorte, bei der biologischen Überwachung der Nordsee sowie der Vergabe des Umweltzeichens und der Förderung umweltfreundlicher Produkte (insbesondere im öffentlichen Beschaffungswesen) mit. Darüber hinaus ist es Projektträger „Feste Abfallstoffe" sowie Koordinierungsstelle bei der Erforschung von Umweltschäden an Denkmälern und Kulturgütern. Beim Vollzug des Pflanzenschutzgesetzes ist es „Einvernehmensbehörde".

Das UBA ist gegliedert in:

□ Abteilung Z: Verwaltung, Information und Dokumentation;

□ Fachbereich I Umweltplanung und Ökologie: Gruppen Allgemeine Umweltangelegenheiten; rechts-, wirtschafts- und sozialwissenschaftliche Umweltfragen, Umweltplanung; Ökologie; Chemikaliengesetz, Pflanzenschutzgesetz;

□ Fachbereich II Luftreinhaltung, Lärmbekämpfung: Gruppen Gemeinsame Angelegenheiten Luft/Lärm, Planung und Überwachung Luft; Luftreinhaltetechnik; Lärmbekämpfung;

□ Fachbereich III Abfall-, Wasserwirtschaft: Gruppen Gemeinsame Angelegenheiten der Abfall- und Wasserwirtschaft, Planung Überwachung, Meßtechnik; Abfall- und Rückstandswirtschaft; Wasserwirtschaft.

Leitung: Präsident.

Ressourcen: 830 Beschäftigte, UBA-Haushalt 87 Mill. DM (Soll 1992). Zur Bewirtschaftung übertragene Mittel: Investitionen und Forschung 299 Mill. DM, Verbändeförderung 11 Mill. DM, Umweltprobenbank 5,3 Mill. DM, Luftmeßnetz 4,3 Mill. DM, Aufklärungsmaßnahmen 2,4 Mill. DM (1992).

(Umweltbundesamt, Bismarckplatz 1, 13585 Berlin). *Altenmüller*

Umweltfaktor. Der U. ist in der Ausfallratenberechnung von Meßgeräten der Faktor, der die Abhängigkeit der →Ausfallrate von den Umgebungsbedingungen berücksichtigt:

– hohe oder tiefe Temperaturen,

– häufige Temperaturwechsel,

– Taupunktunterschreitungen,

– aggressive Komponenten in der Umgebungsluft und

– Stöße, Beschleunigungen, Vibrationen

verkürzen die Lebensdauer. Diese Einflüsse werden in der Ausfallratensammlung des MIL-HDBK-217 insoweit berücksichtigt, als für die verschiedenen Umgebungsbedingungen Multiplikationsfaktoren

für die Basisausfallrate angegeben sind. Für den industriellen Einsatz interessieren dabei insbesondere die beiden Klassen G_B (ground, benign) und G_M (ground, mobile).

□ Klasse G_B (ground, benign): Hier herrschen fast ideale Bedingungen. Die Bauelemente sind in ortsfest installierten Geräten untergebracht. Die entsprechenden Räume sind geheizt. Taupunktunterschreitungen treten nicht auf. Die Geräte werden von sachverständigem Personal betrieben. Diese Bedingungen können z. B. für Meß-, Steuer-, Regelund Rechengeräte in Elektronikräumen von Industrieanlagen gelten.

□ Klasse G_M (ground, mobile and portable): Die Bauelemente sind Komponenten von tragbaren Geräten oder von Geräten in Landfahrzeugen. Stöße und Erschütterungen sind nicht zu vermeiden. Die entstehende Wärme wird unter Umständen weniger gut abgeführt. Die Geräte werden von angelerntem Personal benutzt. *Schrüfer*

Umweltmeßtechnik. Die U. beschäftigt sich mit dem Messen von Verunreinigungen in der Luft, im Wasser und im Boden zum Zweck der Analyse, der Überwachung, ggf. der Steuerung und der Vorwarnung.

Das Wasser wird insbes. auf seine Verwendbarkeit als Trinkwasser untersucht, die Abwässer von kommunalen und industriellen Kläranlagen auf Einhaltung der gesetzlich vorgeschriebenen Grenzwerte. Die Untersuchung des Bodens geschieht stichpunktartig. Besonders wichtig ist die Messung luftverunreinigender Stoffe.

Luftverunreinigende Stoffe sind gem. VDI 2450, Bl. 1, Stoffe bzw. Stoffgemische in bestimmten Zuständen, die infolge menschlicher Tätigkeit oder natürlicher Vorgänge in die Atmosphäre gelangen bzw. dort entstehen und nachteilige Wirkungen auf den Menschen und seine Umwelt haben können. Vielfach wird der Ausdruck „luftfremde Stoffe" gebraucht.

Die Messung luftverunreinigender Stoffe kann grundsätzlich bei der Emission, Transmission und/oder Immission erfolgen. Bei der Emissionsmessung wird an der Emissionsquelle oder in ihrer direkten Umgebung gemessen (z. B. Abgaskamin). Der Emittent, das ist eine Gesamtheit von technischen Einrichtungen und Quellen, die luftverunreinigende Stoffe emittieren – kann punktförmig (Schornstein), linienförmig (Straße) oder flächenförmig (Hausbrand in einer Stadt) sein. Für die Durchführung von Emissionsmessungen werden manuelle, d. h. diskontinuierliche, sowie automatische, d. h. kontinuierlich registrierende Meßverfahren eingesetzt. Zweck der Emissionsmessungen ist:

□ der Nachweis, daß die im Einzelfall festgelegten Emissionsbegrenzungen nicht überschritten werden. Grundlage der im Genehmigungsbescheid festgelegten Emissionsbegrenzungen sind die Emissionswerte, die für eine große Anzahl von Schadstoffen und für viele industrielle Anlagen in der TA Luft (→Technische Anleitung zur Reinhaltung der Luft), neueste Fassung vom 27. 2. 1986, festgelegt sind;

☐ die Beurteilung technischer Maßnahmen zur Schadstoffverminderung;

☐ in Sonderfällen die Steuerung von Verfahrensschritten der Anlage.

Für die einzelnen Schadstoffe werden Meßgeräte eingesetzt, bei deren Auswahl neben der zu messenden Komponente auch die übrigen emittierten Schadstoffe wie auch die Schadstoffmengen eine wesentliche Rolle spielen. Sie sind hinsichtlich der eingesetzten Technik eine Erweiterung und Ergänzung der Betriebs- und Prozeßmeßtechnik und daher anlagenabhängig.

Emissionen werden angegeben in:

☐ Masse der emittierten Stoffe, bezogen auf das Volumen von Abgas im Normzustand (0 °C; 1013 hPa) vor oder nach Abzug des Feuchtegehalts an Wasserdampf als Massenkonzentration in den Einheiten g/m³ oder mg/m³;

☐ Masse der emittierten Stoffe, bezogen auf die Zeit als Massenstrom in den Einheiten kg/h, g/h oder mg/h. Der Massenstrom ist die während einer Betriebsstunde bei bestimmungsgemäßem Betrieb einer Anlage unter den für die Luftreinhaltung ungünstigsten Betriebsbedingungen auftretende gesamte Emission;

☐ Verhältnis der Masse der emittierten Stoffe zur Masse der erzeugten oder verarbeiteten Produkte (Emissionsfaktoren) als Massenverhältnis in den Einheiten kg/t oder g/t.

Für gemäß →Bundes-Immissionsschutzgesetz (BImSchG) genehmigungsbedürftige Anlagen werden im Genehmigungsbescheid oder in einer nachträglichen Anordnung Emissionsbegrenzungen festgelegt. Grundlage hierfür sind die in der TA Luft zusammengefaßten Emissionswerte. Die Emissionsbegrenzungen für eine Anlage beinhalten:

☐ die zulässigen Massenkonzentrationen von Luftverunreinigungen im Abgas. Für den so festgelegten Wert gilt:

– Alle Tagesmittelwerte dürfen diesen Wert nicht überschreiten;

– 97 % aller Halbstundenmittelwerte müssen kleiner als ⁶⁄₅ dieses Werts sein;

– alle Halbstundenmittelwerte müssen kleiner als das 2fache dieses Werts sein;

☐ die zulässigen Massenverhältnisse;

☐ die zulässigen Emissionsgrade (Verhältnis der im Abgas emittierten Masse eines luftverunreinigenden Stoffs zu der mit den Brenn- oder Einsatzstoffen zugeführten Masse);

☐ die zulässigen Massenströme;

☐ die einzuhaltenden Geruchsminderungsgrade und/oder

☐ die sonstigen Anforderungen zur Vorsorge gegen schädliche Umwelteinwirkungen durch Luftverunreinigungen.

In der TA Luft sind Emissionswerte festgelegt, die für alle Anlagen staubförmige anorganische, dampf- oder gasförmige anorganische und organische Stoffe begrenzen. Dabei werden die Stoffe jeweils in verschiedene Klassen eingeteilt, wobei die angegebenen Grenzwerte auch bei Vorhandensein mehrerer Stoffe derselben Klasse nicht überschritten werden dürfen.

Darüber hinaus enthält die TA Luft ergänzende oder abweichende Regelungen für eine Vielzahl von Anlagenarten.

Emissionsmessungen sind gem. den Meßverfahren, die in den Richtlinien des VDI-Handbuches Reinhaltung der Luft beschrieben sind, durchzuführen. Hierzu zählen einmal die VDI-Richtlinien zur Emissionsmeßtechnik, die die Messung der einzelnen Schadstoffkomponenten behandeln, zum anderen die VDI-Richtlinien zu Prozeß- und Gasreinigungstechniken. Aus den Einzelmeßwerten wird der Halbstundenmittelwert gebildet. Diese werden zum Bilden von Häufigkeitsverteilungen über das Kalenderjahr und von Tagesmittelwerten verwendet.

Das Messen luftverunreinigender Stoffe bei der Transmission wird routinemäßig nicht durchgeführt, da hierzu nicht nur eine flächendeckende Verteilung von Meßstationen erforderlich wäre, sondern auch in verschiedenen Höhen gemessen werden müßte. Ein gewisser Einblick in die Transmissionsvorgänge läßt sich aus Immissionsmessungen herleiten, bei denen gleichzeitig die meteorologischen Daten wie Windrichtung, -stärke, Temperatur, Luftdruck usw. erfaßt werden.

Besonders wichtig ist dagegen die →Immissionsmessung, da sie die auf Menschen, Tiere, Pflanzen oder andere Sachen einwirkenden Luftverunreinigungen mißt. *F. Schneider*

Literatur: Technische Anleitung zur Reinhaltung der Luft (TA Luft) vom 27. Februar 1986. Köln, Berlin, Bonn, München.

Ungleichung. In der →Mathematik sind U. zwischen reellen Zahlen ebenso wichtig wie Gleichungen. Viele Probleme sind z. B. so kompliziert, daß man sie nicht exakt lösen kann, sondern sich mit Einschließungen der Lösung mittels U. begnügen muß. In anderen Fällen will man sicherstellen, daß eine gewisse Größe einen kritischen Wert nicht überschreitet, was zu einer U. als →Nebenbedingung führt.

Mit der Ungleichung a < b wird ausgedrückt, daß a kleiner als b ist. Dafür kann man auch b > a schreiben, d. h. b ist größer als a. Die Ungleichung a ≤ b oder gleichbedeutend b ≥ a besagt, daß a höchstens so groß wie b oder gleichgedeutend b größer oder gleich a ist.

Für U. zwischen reellen Zahlen gelten folgende Gesetze:

□ a ≤ a (Reflexivität),

□ a ≤ b und b ≤ a folgt a = b (Antisymmetrie),

□ a < b folgt a ≤ b und a ≠ b,

□ a ≤ b und b ≤ c folgt a ≤ c $\Big\}$ (Transitivität)
□ a < b und b < c folgt a < c,

□ a < b folgt a + c < b + c,

□ a < b und c > 0 folgt ac < bc,

□ a < b und c < 0 folgt bc < ac.

Für $0 < a < b$ gilt: $0 < a^\varrho < b^\varrho$ falls $\varrho > 0$ und $0 < b^\varrho < a^\varrho$ falls $\varrho < 0$.

Für $x \geq -1$ und jede natürliche Zahl n besteht die Bernoulli-U.
$(1 + x)^n \geq 1 + nx$.

Für beliebige komplexe Zahlen $z_1, z_2, \ldots z_n$ gilt die Dreiecks-U.

$$\Big| \sum_{\nu=1}^{n} z_\nu \Big| \leq \sum_{\nu=1}^{n} |z_\nu|.$$

Aus ihr folgert man: $||z_1| - |z_2|| \leq |z_1 - z_2|$.

Weitere wichtige U. für spezielle Situationen sind: Bernstein-U., →Bessel-Ungleichung, Cauchy-Schwarz-U., Hadamard-U. (→Determinante), Hölder-U., Markoff-U., Minkowski-U. Eingehend untersucht wurden Systeme linearer U. (→Ungleichung, lineare). *Schmeißer*

Literatur: *Beckenbach, E. F.*, u. *R. Bellman:* Inequalities. Berlin 1965. – *Hardy, G. H., J. E. Littlewood* u. *G. Pólya:* Inequalities. London 1951. – *Marshall, A. W.*, u. *I. Olkin:* Inequalties: Theory of majorization and its applications. New York 1979. – *Mitrinović, D. S.:* Analytic inequalities. Berlin 1970. – *Shisha, O.:* Inequalities. Bd. 1–3, Kongreßber. New York 1967, 1970, 1972.

Ungleichung, lineare. Ein System l. U. läßt sich stets (evtl. durch Multiplation gewisser U. mit –1) auf die Form

$$\sum_{\nu=1}^{n} a_{\mu\nu} x_\nu \leq b_\mu \quad (\mu = 1,2,\ldots,m) \qquad (1)$$

bringen. Es muß nicht immer lösbar sein. Die U. können sich widersprechen (z. B. $x_1 \leq 0$, $x_2 \leq 0$, $-x_1 - x_2 \leq -1$). Lösungen existierern genau dann, wenn bei jeder Wahl von nichtnegativen Konstanten $\varkappa_\mu$ mit

$$\sum_{\mu=1}^{m} \varkappa_\mu a_{\mu\nu} = 0 \quad (\nu = 1,2,\ldots,n)$$

stets

$$\sum_{\mu=1}^{m} \varkappa_\mu b_\mu \geq 0$$

wird. Zur Beschreibung der Menge M aller Lösungen der U., Gl. (1), deutet man $x = (x_1, x_2, \ldots, x_n)$ als Punkt des n-dimensionalen euklidischen Raums. Dann ist entweder M die leere Menge oder M ein

konvexes Polyeder (insbes. M beschränkt), oder M besteht aus allen Summen x+y, wobei x einem gewissen konvexen Polyeder und y einem eindeutig bestimmten unbeschränkten finiten Kegel angehört.

Ein finiter Kegel K besteht aus lauter Punkten der Gestalt

$$\varkappa_1 z^1 + \varkappa_2 z^2 + \ldots + \varkappa_j z^j,$$

wobei $z^1, z^2, \ldots, z^j$ endlich viele festgehaltene n-Tupel, genannt Erzeugende von K, sind und für $\varkappa_1, \varkappa_2, \ldots, \varkappa_j$ alle nichtnegativen reellen Zahlen eingesetzt werden dürfen. Bei einem konvexen Polyeder muß noch zusätzlich $\sum_{i=1}^{j} \varkappa_i = 1$ gelten.

Im Falle des Systems von U., Gl. (1), läßt sich der auftretende finite Kegel K auch durch das zugehörige homogene System beschreiben:

$$K = \{ y : \sum_{\nu=1}^{n} a_{\mu\nu} y_\nu \leq 0 \quad (\mu = 1,2,\ldots,m) \}.$$

Es besteht somit eine gewisse Analogie zu der bekannten Aussage, daß sich die allgemeine Lösung eines linearen Gleichungssystems als Summe, gebildet aus der allgemeinen Lösung des homogenen Systems und einer speziellen Lösung des inhomogenen Systems, gewinnen läßt.

Beim praktischen Arbeiten mit l. U. ist es oft zweckmäßig, das System, Gl. (1), durch Einführung sog. Schlupfvariablen $x_{n+1}, x_{n+2}, \ldots, x_{n+m}$ in das lineare Gleichungssystem

$$\sum_{\nu=1}^{n} a_{\mu\nu} x_\nu + x_{n+\mu} = b_\mu \quad (\mu = 1,2,\ldots,m)$$

und die einfachen U. $x_{n+\mu} \geq 0$ $(\mu = 1,2,\ldots,m)$ zu überführen.

Lineare U. treten vor allem in der linearen Optimierung auf. *Schmeißer*

Literatur: *Emeličev, V. A., M. M. Kovalev* u. *K. K. Kravcov:* Polyeder, Graphen, Optimierung. Ost-Berlin 1985. – *Grünbaum, B.:* Convex polytopes. New York 1967. – *Tschernikow, S. N.:* Lineare Ungleichungen. Ost-Berlin 1971.

Unstetigkeit. Eine Funktion besitzt in einem Punkt a ihres Definitionsreichs eine U., wenn sie in a nicht stetig ist (→Stetigkeit).

Beispiele:

$$f(x) = \begin{cases} 0 & \text{für } x = 0 \\ 1 & \text{für } x \neq 0 \end{cases} \qquad (1).$$

Hier ist $x = 0$ die einzige U. Durch geeignete Neufestsetzung des Wertes an der Stelle 0, nämlich $f(0) = 1$, wird f zu einer stetigen Funktion. Eine solche U. heißt hebbar.

$$f(x) = \begin{cases} 0 & \text{für } x \leq 0 \\ 1 & \text{für } x > 0 \end{cases}$$

$$g(x) = \begin{cases} 0 & \text{für } x \leq 0 \\ 1/x & \text{für } x > 0 \end{cases} \qquad (2).$$

Beide Funktionen sind im Punkte $x = 0$ unstetig. Ihr Graph macht dort einen Sprung, der im Falle von f die Höhe 1 besitzt, im Falle von g dagegen von unendlicher Höhe ist. Solche U. heißen Sprungstellen.

$$f(x) = \begin{cases} 0 & \text{für } x = 0 \\ \sin(1/x) & \text{für } x \neq 0 \end{cases} \qquad (3).$$

Hier ist $x = 0$ eine U., weil f in jeder Umgebung von $x = 0$ alle Werte zwischen +1 und −1 unendlich oft annimmt (gehäuftes Oszillieren, Bild).

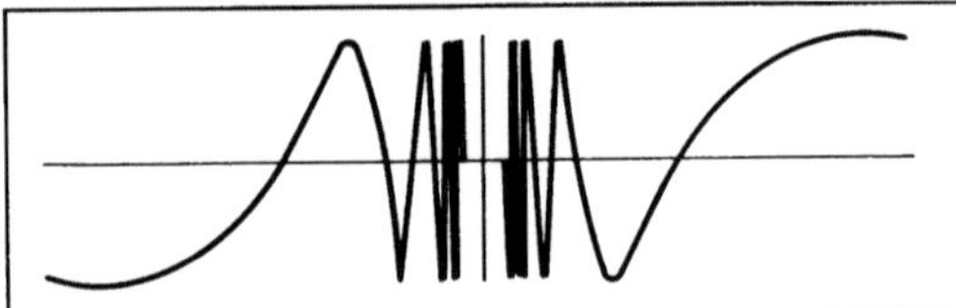

Unstetigkeit: Gehäuftes Oszillieren.

Definitionsbereich sei das →Intervall [0,1];

$$f(x) = \begin{cases} 0 & \text{falls } x = 0 \text{ oder } x \text{ irrational} \\ 1/q & \text{falls } 0 < x = p/q \\ & \text{(gekürzter Bruch)} \end{cases} \qquad (4).$$

Diese Funktion besitzt in allen rationalen Punkten des Intervalls [0,1] eine U., da ihr Funktionswert dort von null verschieden ist, während in jeder Umgebung eines solchen Punkts irrationale Zahlen und damit Nullstellen von f liegen. In allen anderen Punkten ihres Definitionsbereichs ist dagegen f stetig. Die U. liegen hier dicht im Definitionsbereich.

$$f(x) = \begin{cases} 0 & \text{falls } x \text{ irrational} \\ 1 & \text{falls } x \text{ rational} \end{cases} \qquad (5).$$

Hier ist jeder Punkt des Definitionsbereichs eine U. (Dirichlet-Sprungfunktion).

Als Maß für den „Grad" der U. einer Funktion f: $[a,b] \rightarrow \mathbb{R}$ in $x \in [a,b]$ kann man die wie folgt definierte Oszillation $\varsigma_f(x)$ in x ansehen: Man setzt für $\delta > 0$

$$\varsigma_f(x,\delta) :=$$
$$\sup \{f(s) - f(t) : s,t \in [a,b] \cap] x - \delta, x + \delta[\}$$

und erhält $\varsigma_f(x) := \lim\limits_{\delta \to 0+} \varsigma_f(x,\delta)$. Genau dann gilt $\varsigma_f(x) = 0$, wenn f in x stetig ist. *Schmeißer*

Literatur: *Barner, M.,* u. *F. Flohr:* Analysis I u. II. Berlin 1974 u. 1983. – *Endl, K.,* u. *W. Luh:* Analysis I. 8. Aufl. Wiesbaden 1986. – *Forster, O.:* Analysis 1 u. 2. Braunschweig 1983 u. 1984. – *Gelbaum, B. R.,* u. *J. M. H. Olmsted:* Counterexamples in analysis. San Francisco (Calif.) 1964. – *Heuser, H.:* Lehrb. Analysis. Tl. 1 u. 2. 4. Aufl. Stuttgart 1986. – *Walter, W.:* Analysis I. Berlin 1985.

Unverfügbarkeit.

1. Die U. ist die →Wahrscheinlichkeit, daß eine Komponente ausgefallen und für den Betrieb nicht verfügbar ist (→Verfügbarkeit).

2. Sicherheitsbezogene U. →Verfügbarkeit, sicherheitsbezogene

3. Unverfügbarkeit infolge erkennbarer/nicht erkennbarer Ausfälle. Eine Komponente mit erkennbaren und nicht erkennbaren Ausfällen läßt sich durch *Markow*-Ketten (Bild) beschreiben. Sie haben die Zustände:

Zustand 1: Die Komponente ist infolge erkennbarer Ausfälle nicht ausgefallen.

Zustand 21: Die Komponente ist infolge erkennbarer Ausfälle ausgefallen.

Zustand 2: Die Komponente ist infolge nicht erkennbarer Ausfälle nicht ausgefallen.

Zustand 22: Die Komponente ist infolge nicht erkennbarer Ausfälle ausgefallen.

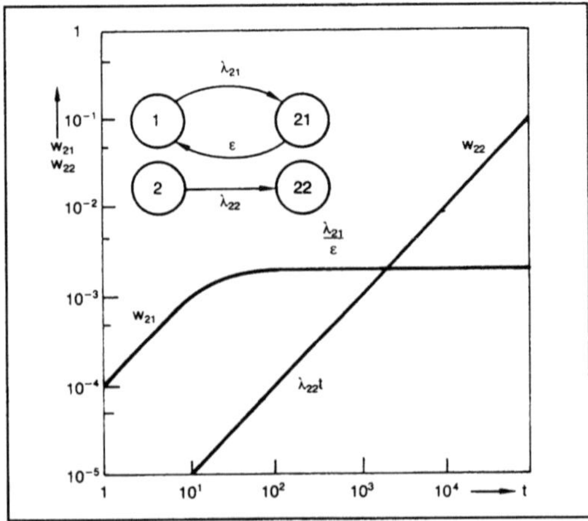

Unverfügbarkeit infolge erkennbarer/nicht erkennbarer Ausfälle: Sicherheitsbezogene Unverfügbarkeit bei Ausfallerkennung mit sofortiger Reparatur; Ausfallrate $\lambda_{21} = 1 \cdot 10^{-4}$ h^{-1}, Ausfallerkennungsrate $\varepsilon_1 = 5 \cdot 10^{-2}$ h^{-1}, Ausfallrate $\lambda_{22} = 1 \cdot 10^{-6} h^{-1}$.

Die →Ausfallrate für die erkennbaren Ausfälle ist λ_{21}, die für die nicht erkennbaren λ_{22}. ε ist die Ausfallerkennungsrate. Unterstellt wird eine unendlich schnelle Reparatur ($\mu \to \infty$), so daß zum Zeitpunkt der Entdeckung des Ausfalls auf eine funktionsfähige Komponente umgeschaltet wird. Die Zustände 1 und 2, bzw. 21 und 22 können gleichzeitig besetzt werden. Dies sind vereinbare Ereignisse.

Die Besetzungswahrscheinlichkeit für den Zustand 21 ist die U. infolge erkennbarer Ausfälle. Sie nimmt einen stationären Wert an:

$$w_{21}(t \to \infty) = \lambda_{21}/\varepsilon.$$

Die Besetzungswahrscheinlichkeit für den Zustand 22 ist die →Ausfallwahrscheinlichkeit infolge nicht erkennbarer Ausfälle:

$$w_{22}(t) = 1 - e^{\lambda_{22}t}.$$

Sie strebt dem Wert 1 zu. Nach hinreichend langer Zeit ist die Komponente infolge nicht erkennbarer Ausfälle nicht mehr funktionsfähig.

Die gesamte U. U_{ges} errechnet sich als die Summe der einzelnen U.:

$$U_{ges} = w_{21} + w_{22} - w_{21}w_{22}.$$

Obwohl im Bild die Rate für nicht erkennbare Ausfälle nur 1 % der Rate für die erkennbaren beträgt, sind bei einer Ausfallerkennungsrate von $\varepsilon = 5 \cdot 10^{-2}$ h^{-1} die nicht erkennbaren Ausfälle für die U. bestimmend. *Schrüfer*

Literatur: *Schrüfer, E.:* Zuverlässigkeit von Meß- und Automatisierungseinrichtungen. München 1984.

Unwucht. Eine an einem ausgewuchteten Rotor mit einem Radius r angesetzte Übermasse m stellt eine Unwucht U = mr dar. Die U. ist wie die durch sie bewirkte Fliehkraft eine radial gerichtete vektorielle Größe.

Ein Rotor, an dem sich alle angreifenden Fliehkräfte das Gleichgewicht halten (Idealfall), ist unwuchtfrei. Ein vollkommen ausgewuchteter Rotor überträgt keine Fliehkräfte auf die Lager und erregt diese auch nicht zu Schwingungen mit der Umlauffrequenz. Auf Wellen angebrachte Scheiben, z. B. Riemenscheiben, Zahnräder, Schwungräder und Schleifscheiben, haben fertigungstechnisch unvermeidlich eine U. U. werden durch Anbringen von Gegengewichten möglichst weitgehend beseitigt. Man unterscheidet statisches und dynamisches →Auswuchten. Beim statischen Auswuchten wird die U. auf statischem Wege, z. B. durch Abrollen des Rotors auf Schneidenlinealen und Ermitteln des indifferenten Gleichgewichts, festgestellt und kann dann beseitigt werden. Beim dynamischen Auswuchten werden Unwuchtkräfte und Unwuchtmomente durch Einsetzen in Wuchtmaschinen (Auslaufmaschinen) festgestellt und dann beseitigt. Die Auswuchtgüte wird als Schwerpunktsgeschwindigkeit $v_s = e \cdot \omega$ in mm/s angegeben; es bedeuten e: Exzentrizität; ω: Kreisfrequenz.

Bei manchen Maschinen, z. B. bei großen Zentrifugen und Wäscheschleudern, können erhebliche Unwuchten auftreten, durch die eine →Unwuchterregung der Stützstellen verursacht wird. Sind die U. nicht durch Auswuchten ausreichend zu beseitigen und sollen die durch die Restunwuchten in der Umgebung des Aufstellungsplatzes verursachten Erschütterungen vermindert werden, ist dies durch eine →Aktivisolierung der Anlage zu erreichen. *Splittgerber*

Unwuchterregung. Bei Rotationsmaschinen, z. B. Turbinen, Kreiselpumpen, Zentrifugen, Trennschleudern, und bei Kolbenmaschinen, z. B. Motoren, Kolbenkompressoren, Kolbenpumpen, werden durch Unwuchten Fliehkräfte hervorgerufen, die zu einer mit der →Drehzahl umlaufenden dynamischen Belastung der Lager bzw. Stützstellen der Maschinen führen. Diese Art der Erregung wird als U. bezeichnet.

Die einfachste U. entsteht, wenn eine Masse m mit einem Abstand r (Exzentrizität) zur Drehachse umläuft, die durch →Auswuchten, d. h. durch Anbringen von Gegengewichten, nicht ausgeglichen worden ist. Dadurch wird eine Zentrifugalkraft F $= m \cdot r \cdot \Omega^2$ geweckt, wobei die Erregerkreisfrequenz $\Omega = 2 \cdot \pi \cdot f_E$ ist; f_E: →Erregerfrequenz in Hz oder auch $f_E = n/60$ mit n = Drehzahl der Maschine in min^{-1}. Die Zentrifugalkraft ändert sich mit dem Quadrat der Drehzahl. Sie läuft um, d. h. sie wechselt in bezug auf ein erdfestes Koordinatensystem ständig ihre Richtung.

Wirkt z. B. eine U. bei horizontaler Drehachse über die Stützstellen der Maschine auf den Aufstellungsort, so können die durch diese verursachten Erschütterungen durch eine →Aktivisolierung der Maschine vermindert werden. Bei diesem Schwingungssystem sind in der Ebene der Fliehkraft drei Freiheitsgrade zu beachten. Eine gute Isolierwirkung wird erreicht, wenn für alle Freiheitsgrade eine tiefe Abstimmung erreicht wird. Es sollen möglichst sämtliche Eigenfrequenzen, die angeregt werden, unter der Erregerfrequenz liegen. *Splittgerber*

Uran. U. ist ein →Radioelement, das mit einer mittleren Häufigkeit von etwa 4 mg/kg in der Erdkruste vertreten ist. Es wurde im Jahre 1789 von *Klaproth* entdeckt. Seine →Radioaktivität wurde aber erst im Jahre 1896 von *Becquerel* aufgefunden.

Mit dem radioaktiven →Zerfall des Urans beschäftigten sich zunächst *Marie* und *Pierre Curie* in Paris, dann *Rutherford* in Montreal, Manchester und Cambridge und später *Otto Hahn* in Berlin. Die beiden langlebigsten Isotope des Urans sind ^{238}U (Häufigkeit 99,28 %, →Halbwertzeit $4,47 \cdot 10^9$ a) und ^{235}U (Häufigkeit 0,72 %, Halbwertzeit $7,04 \cdot 10^8$ a). ^{238}U ist das Mutternuklid der Uran-Zerfallsreihe und ^{235}U das Mutternuklid der Actinium-Zerfallsreihe. ^{234}U (Halbwertzeit $2,45 \cdot 10^5$ a) bildet sich durch Zerfall von ^{238}U und ist mit einem Anteil von 0,0055 % im natürlichen Uran vertreten.

1938 entdeckten *Hahn* und *Straßmann*, daß Urankerne durch Neutronen gespalten werden (→Kernspaltung). Im Gegensatz zu ^{238}U wird ^{235}U mit hoher Ausbeute gespalten und hat deshalb als →Kernbrennstoff Bedeutung. Um Uran als Kernbrennstoff verwenden zu können, reichert man meist das ^{235}U von einem Gehalt von 0,72 % auf etwa 3 % an (→Kernreaktor).

Uran tritt in den Oxidationsstufen +3 bis +6 auf. Am stabilsten in wäßriger Lösung ist Uran (VI) in Form von Uranylionen (UO_2^{2+}). In dieser Form ist das Uran auch verhältnismäßig gut löslich. Zwar tritt bei pH 5 →Hydrolyse ein, in Gegenwart von Carbonationen bildet sich jedoch der stabile und lösliche Triscarbonatokomplex $UO_2(CO_3)_3^{4-}$. In dieser Form ist das Uran in natürlichen Wässern und auch im Meerwasser gelöst (Konzentration im Meerwasser etwa 3 μg/l, in anderen natürlichen Wässern zwischen etwa 1 und 10 μg/l). Unter reduzierenden (anaeroben) Bedingungen entsteht Uran(IV), das sich in Form von Urandioxid (UO_2) abscheidet und unter oxidierenden (aeroben) Bedingungen wieder zu löslichem Uran(VI) aufoxidiert wird.

Wichtige Uranerze sind: Pechblende (U_3O_8), Uraninit (UO_2-U_3O_8), Autunit ($Ca(UO_2)_2(PO_4)_2 \cdot 10\,H_2O$) und Carnotit ($K(UO_2)(VO_4)\cdot 3\,H_2O$). Zur Gewinnung des Urans werden die Erze gemahlen und mit heißer Schwefelsäure aufgeschlossen („saure Laugung"). Das Uran geht dabei als Uranylsulfat in Lösung. Meist wird es als Ammoniumdiuranat (($NH_4)_2U_2O_7$) gefällt („yellow cake") und dann vom Ort der Urangewinnung abtransportiert zur Feinreinigung des Urans und zur Herstellung von Kernbrennstoffen (→Brennstoffkreislauf, nuklearer).

Uranmetall ist bei Raumtemperatur trigonal (α-U), und seine thermische Ausdehnung erfolgt anisotrop. Bei 668 °C wandelt sich das α-U unter Dichteänderung in das tetragonale β-U um, das seinerseits bei 774 °C in das kubisch raumzentrierte γ-U übergeht. Uranmetall kann deshalb nur in einem begrenzten Temperaturbereich als Kernbrennstoff eingesetzt werden (→Kernbrennstoff). Meist verwendet man Urandioxid (UO_2), das im Fluoritgitter kristallisiert und erst bei etwa 2 500 °C schmilzt. UO_2 hat allerdings eine erheblich niedrigere Wärmeleitfähigkeit als Uranmetall. Für die Trennung der Uranisotope [235]U und [238]U wandelt man das Uran in das leicht flüchtige Uranhexafluorid (UF_6, Siedepunkt 56 °C) um. *Lieser*

Literatur: *Cordfunke, E. H. P.:* The Chemistry of Uranium. Amsterdam: Elsevier 1969. – Handbook on the Physics and Chemistry of the Actinides (A. J. Freeman, C. Keller, Eds.), North Holland, Amsterdam 1984 ff. – *Gmelin:* Handbuch der Anorganischen Chemie. Weinheim: Verlag Chemie und Heidelberg: Springer-Verlag. – *Palei, P. N.:* Analytical Chemistry of Uranium. Ann Arbor Publ., Ann Arbor 1970. – *Seaborg, G. T.* u. *J. J. Katz:* The Actinide Elements. New York: McGraw-Hill 1954.

Urheberrecht. Durch das U. werden Werke der Literatur, Wissenschaft und Kunst, z. B. Bücher, Aufsätze, Musikstücke, Bilder, Zeichnungen, Pläne, Fotos, Filme, Bauwerke, auch Darstellungen wissenschaftlicher und technischer Art sowie Programme der Datenverarbeitung, geschützt (§ 2 U.-Gesetz). Voraussetzung ist, daß es sich um eine persönliche, geistige, schöpferische Leistung handelt. Dem Urheber stehen insbes. das Urheberpersönlichkeitsrecht und die Verwertungsrechte an seinem Werk zu. Im Gegensatz zum gewerblichen →Rechtsschutz ist es nicht erforderlich und in Deutschland auch nicht möglich, daß der Urheber sein Werk bei einem Amt anmeldet. Das U. entsteht mit der Schaffung des Werkes. Der Urheber muß aber darauf achten, daß er später nachweisen kann, Urheber des Werkes zu sein, um bei einer Nachahmung seine Ansprüche auf Unterlassung und Schadenersatz durchsetzen zu können.

Das U. erlischt 70 Jahre nach dem Tod des Urhebers. Um bei anonymen oder pseudonymen Werken der Literatur und Tonkunst feststellen zu können, wann die Frist von 70 Jahren endet, besteht beim Deutschen Patentamt eine Urheberrolle, in die der wahre Name des Urhebers eingetragen wird (§ 66 U.-Gesetz). *Cohausz*

Literatur: *Fromm, Nordemann:* Urheberrecht (Komment.). 6. Aufl. 1986. – Schricker (Hrsg.): Urheberrecht (Komment.). 1987. – *Ulmer:* Urheber- und Verlagsrecht. 3. Aufl. 1980.

V

Var. Gesetzliche Einheit für die elektrische →Blindleistung. Einheitenzeichen var. 1 var = 1 W. Ist kohärent mit der SI-Einheit →Watt, aber nicht als SI-Einheit anerkannt (→Einheiten, gesetzliche). *Hammerschmidt*

VDE. Der Verband Deutscher Elektrotechniker e. V. Der VDE ist ein im Jahr 1893 gegründeter technisch-wissenschaftlicher Verein und hat seither einen hervorragenden Anteil an der Entwicklung der Elektrotechnik, der Elektronik und darauf aufbauender Technologiegebiete sowie der Berufsgruppe der Elektrotechniker. Er ist gemeinnützig und hat in 33 Bezirksvereinen mit 54 Zweigstellen über 35 000 Elektrotechniker und Studierende der Elektrotechnik als persönliche Mitglieder, davon rund 150 im Ausland. Als korporative Mitglieder gehören ihm alle bedeutenden Unternehmen der Elektroindustrie, der Elektrizitätswirtschaft und zahlreiche Bundesbehörden mit einschlägigen Arbeitsgebieten an.

Zu den Aufgaben des VDE gehört u. a. die fachliche Betreuung seiner Mitglieder in fünf wissenschaftlichen Fachgesellschaften

☐ Informationstechnische Gesellschaft im VDE (ITG)

☐ Energietechnische Gesellschaft im VDE (ETG) und gemeinsam mit dem Verein Deutscher Ingenieure (VDI)

☐ VDI/VDE-Gesellschaft Meß- und Automatisierungstechnik (GMA)

☐ VDI/VDE-Gesellschaft Mikro- und Feinwerktechnik (GMF)

☐ VDE/VDI-Gesellschaft Mikroelektronik (GME).

Zu weiteren ständigen Aufgaben des VDE zählt neben der Herausgabe und Förderung des technisch-wissenschaftlichen Schrifttums u. a. das Mitwirken bei der Ausgestaltung des technischen Bildungswesens und bei der Unfallforschung auf dem Gebiet der Elektrotechnik, ferner beim Sichtbarmachen der Zusammenhänge von Technik und Gesellschaft und deren Auswirkungen. Darüber hinaus vertritt der VDE berufsorientierte Interessen auf der Basis der Berufsforschung.

Der VDE ist Herausgeber des VDE-Vorschriftenwerkes, das die Deutsche Elektrotechnische Kommission im DIN und VDE (DKE) erarbeitet und das im vde-verlag gmbh erscheint. Die DKE wird vom VDE getragen und ist ein Organ des DIN und des VDE. VDE-Bestimmungen und VDE-

Leitlinien sind DIN-Normen und damit Bestandteil des Deutschen Normenwerkes. Elektrotechnischen Erzeugnissen, die diesen Bestimmungen entsprechen, wird von dem VDE Prüf- und Zertifizierungsinstitut auf Antrag das bekannte VDE-Prüfzeichen erteilt.

Im übrigen ist der VDE Gesellschafter des VDI/VDE-Technologiezentrums Informationstechnik GmbH. *Debelius*

VDE-Bestimmungen →DIN-Norm; →DIN Deutsches Institut für Normung e. V.

VDE-Zeichen →Normung, technische

VDEh. Abk. für Verein Deutscher Eisenhüttenleute. Der 1860 gegründete technisch-wissenschaftliche Verein hat sich die Förderung der technischen und wissenschaftlichen Arbeiten auf dem Gebiet von Eisen, Stahl und verwandten Werkstoffen zur Aufgabe gemacht. Sie wird erfüllt durch technische und wissenschaftliche Gemeinschaftsarbeit, Veröffentlichungen der Forschungsergebnisse seiner Mitglieder und Ausschüsse in den eisenhüttenmännischen Zeitschriften und sonstigen Schriftwerken.

Der Verein hat 1 600 Mitglieder und führt jährlich den Eisenhüttentag durch, der über die Grenzen Deutschlands hinaus als das wichtige Forum für das Treffen inländischer und ausländischer Eisenhüttenleute gilt. *Debelius*

VDG. Abk. für Verein Deutscher Giessereifachleute e. V. Dem 1909 gegründeten Verein gehören 3000 persönliche Mitglieder sowie ca. 800 Unternehmen (Eisen-, Stahl-, Temper- und Metallgießereien und sonstige Unternehmen) an.

Zweck des Vereins ist die Förderung des Gießereiwesens in wissenschaftlicher und technischer Beziehung durch: Erfahrungs- und Erkenntnisaustausch, Bildung von Fachausschüssen zur Klärung technischer Fragen, Förderung von Forschungs- und Entwicklungsarbeiten, Ergebnisübertragung durch Seminare und Vorträge auf Sprechabenden und Tagungen sowie durch Veröffentlichungen. Der VDG unterhält eine Bibliothek mit 35 000 Büchern und Zeitschriftenbänden, 131 inländischen Zeitschriften sowie 110 ausländischen Zeitschriften aus 32 Ländern. *Debelius*

VDI →Verein Deutscher Ingenieure (VDI)

VDI-Richtlinien →Regelsetzer, technischer

VDI-Technologiezentrum Physikalische Technologien. Einrichtung des Vereins Deutscher Ingenieure (VDI). Unterstützung der Überführung naturwissenschaftlicher Erkenntnisse in industrielle Produkte und Verfahren.

Der VDI wurde 1975 Projektträger des Bundesministeriums für Forschung und Technologie (BMFT) im Bereich Physikalische Technologien. 1978 wurde in Berlin das VDI-Technologiezentrum gegründet. Mit erweiterten Zielen und Aufgaben existiert das VDI-Technologiezentrum Physikalische Technologien in seiner heutigen Form seit 1984 im VDI-Haus in Düsseldorf. 1986 wurde der in Berlin verbliebene Teil in die VDI/VDE-Technologiezentrum Informationstechnik GmbH (VDI/VDE-IT) umgewandelt. Gesellschafter sind der VDI und der Verband Deutscher Elektrotechniker (VDE).

Das VDI-Technologiezentrum wirkt als Moderator für die Abstimmung von Inhalten und Vorgehen bei fach- und spartenübergreifenden gemeinsamen Anstrengungen von Wissenschaft und Industrie. Seine Aufgaben sind:
□ Analyse naturwissenschaftlicher Ansätze für zukünftige Technologie sowie Technikfolgenabschätzung und Bewertung für die Bereitstellung von Orientierungs- und Entscheidungswissen;
□ Zukunftstechnologien durch Förderung von Forschung und Entwicklung an die industrielle Schwelle heranzuführen als Projektträger des BMFT für Physikalische Technologien (Neue Supraleiter und Tieftemperaturtechnologie, Oberflächen- und Dünnschichttechnologien, Mikrostrukturtechnologie, Plasmatechnologie, Neue Gebiete) sowie für Laserforschung- und -technik;
□ Verbreitung der neuen wissenschaftlich-technischen Erkenntnisse durch Technologietransfer.

Aufgaben der VDI-VDE-IT sind vor allem technologische und betriebswirtschaftliche Beratung, Analysen und Wirkungsforschung, Qualifizierungsberatung, Veranstaltungen und Publikationen in ausgewählten Fachgebieten der Informationstechnik. Für das BMFT nimmt sie auch Projektträgerschaften wahr, z. Z. bundesweit für den Förderschwerpunkt „Mikrosystemtechnik" sowie in den neuen Bundesländern für die Fördermaßnahme „Technologieorientierte Unternehmensgründung". Neben der Hauptgeschäftsstelle in Berlin hat die VDI/VDE-IT eine Geschäftsstelle in Bremen.

(VDI-Technologiezentrum Physikalische Technologien, Graf-Recke-Straße 84, 40239 Düsseldorf. – VDI/VDE-Technologiezentrum Informationstechnik GmbH, Budapester Straße 40; 10787 Berlin). *Altenmüller*

VDMA-Einheitsblätter →Regelsetzer, technischer

VdTÜV →Vereinigung der Technischen Überwachungs-Vereine e. V. (VdTÜV)

VdTÜV-Merkblätter →Regelsetzer, technischer

Vektor. Der V.-Begriff läßt sich von zwei Aspekten her erfassen:
□ als abstrakter V., definiert als Element einer bestimmten algebraischen Struktur, nämlich der des V.-Raums. Diese algebraisch-symbolische Auffassung führt zu einer koordinatenfreien Theorie. Sie „rechnet" mit den Gebilden selbst. Zur Kennzeichnung eines V. ist jeweils nur ein einziges Symbol erforderlich, z. B. $\underline{a}$, $\underline{b}$, . . .
□ Die zweite Auffassungsweise kann als geometrisch-invariantentheoretische gekennzeichnet werden. Man geht aus von der affinen Struktur des Anschauungsraums. V. sind nun als spezielle geometrische Gebilde durch Zahlenschemata, durch →Koordinaten vorgegeben. Von der speziellen Wahl des Koordinatensystems (der Basis) befreit man sich nachträglich dadurch, daß man nach Invarianten bei Koordinatentransformationen (bei Basistransformationen) fragt. Die V.-Rechnung wird zu einem Teilgebiet der Tensorrechnung (→Tensor).

Viele Begriffsbildungen und Methoden der modernen →Physik und ihrer Anwendungen in der Technik ordnen sich den abstrakten Begriffsbildungen und Methoden der linearen →Algebra im Anschluß an den Begriff des V.-Raums, der Abbildung von V., der Verknüpfungen von V.-Räumen unter. Geschwindigkeiten, Beschleunigungen, Kräfte sind Größen, die durch Maßzahl und Richtung eindeutig festgelegt sind und die man als Elemente spezieller V.-Räume interpretieren kann. Die Einführung von Koordinatensystemen bzw. Koordinatendarstellung von V. erweist sich immer dann als notwendig, wenn man bei speziellen mathematischen, physikalischen, technischen Aufgabenstellungen V. konkret vorgeben will.

Im Sonderfall einer geometrischen Repräsentation sind V. Äquivalenzklassen von gleichlangen, parallelen (gleichgerichteten) und gleichorientierten Strecken im euklidischen Raum. Jede solche Klasse heißt auch freier V. Jede mit Pfeil versehene Strecke ist ein Repräsentant des V. Die Länge des Pfeils ist proportional zur skalaren Größe (Länge) des V. Die Richtung, in die der V. zeigt, ist die Richtung des V. Der Schwanz ist der Anfangspunkt, die Spitze der Endpunkt des V. Ausgezeichnete Repräsentanten sind alle diejenigen orientierten Strecken, die am Ursprung angeheftet sind. Sie heißen Orts-V. (auch gebundene V. oder Radius-V.).

Analytisch: Jedes System $(\lambda_1, \lambda_2, . . ., \lambda_n)$ von reellen (oder komplexen) Zahlen heißt Punkt im reellen $\mathbb{R}^n$ bzw. im komplexen C^n. Der gerichteten Strecke vom Ursprung $(0,0, \ldots .0)$ eines Koordinatensystems zum Punkt $(\lambda_1,\lambda_2,\ldots,\lambda_n)$ entspricht der Zahlen-V. oder Koordinaten-V. $(\lambda_1,\lambda_2,\ldots,\lambda_n)$. Entsprechend läßt sich der $\mathbb{R}^n$ (bzw. $\mathbb{C}^n$) auch als Zahlen-V.-Raum interpretieren.

In der Physik sind linienflüchtige V. solche vektoriellen Größen (z. B. an einem Körper angreifende Kräfte), die unter Beibehaltung ihrer Wirkung nicht parallel verschoben werden können, sondern nur längs ihrer Wirkungslinie. *W. L. Fischer*

Vektoranalysis. *Motivation.* In der Differentialgeometrie und der Physik treten Vektoren des n-dimensionalen euklidischen Raums $\mathbb{R}^n$ auf, deren Komponenten von n Variablen $x_1, x_2, \ldots, x_n$ abhängen. Dann besteht das Bedürfnis, diese Größen analog zu den reellwertigen Funktionen von mehreren Veränderlichen mit den Methoden der Analysis zu behandeln. Grundsätzlich könnte man dabei komponentenweise arbeiten und somit voll auf die Analysis der reellen Funktionen zurückgreifen. Dann wäre es jedoch schwer, Zusammenhänge zu erkennen, die für den Vektor als Ganzes gelten, wie sie z. B. in Naturgesetzen, in denen Vektoren auftreten, vorliegen. Deshalb faßt man die Variablen x_1, $x_2, \ldots, x_n$ als →Koordinaten bez. einer Basis des $\mathbb{R}^n$ (in der Regel der kanonischen Basis) auf und erhält dann die zu betrachtenden Vektoren als Auswertungen einer (i. a. nichtlinearen) Abbildung einer Teilmenge des $\mathbb{R}^n$ in sich. Diese Abbildung selbst ist basisunabhängig. Ihre Untersuchung mit den Methoden der Analysis ist das Hauptanliegen der V. Für das praktische Rechnen mit Vektoren wird man jedoch wieder auf eine Darstellung bez. einer Basis zurückgreifen.

Bezeichnungen. Es sei D eine Teilmenge des $\mathbb{R}^n$. Eine Abbildung

$$f : D \to \mathbb{R}$$

heißt ein Skalarfeld und eine Abbildung

$$v : D \to \mathbb{R}^n$$

ein Vektorfeld auf D.

Ist $e_1, e_2, \ldots, e_n$ eine Basis der $\mathbb{R}^n$, so existiert für $x \in D$ eine Darstellung

$$x = \sum_{v=1}^{n} x_v e_v.$$

Dafür schreibt man kurz $x = (x_1, \ldots, x_n)$. Die Elementzuordnung eines Skalar- bzw. Vektorfelds läßt sich dann darstellen als

$$(x_1, \ldots, x_n) \mapsto f(x_1, \ldots, x_n)$$

bzw.

$$(x_1, \ldots, x_n) \mapsto (v_1(x_1, \ldots, x_n), \ldots, v_n(x_1, \ldots, x_n)),$$

mit n Skalarfeldern $v_1, \ldots, v_n$.

Analysis. Für die folgenden Betrachtungen seien alle Skalarfelder als genügend oft differenzierbar vorausgesetzt. Mit Hilfe des Differentialoperators Nabla

$$\nabla = \left(\frac{\partial}{\partial x_1}, \frac{\partial}{\partial x_2}, \ldots, \frac{\partial}{\partial x_n} \right)$$

gewinnt man den Gradient eines Skalarfelds

$$\operatorname{grad} f := \nabla f = \left(\frac{\partial f}{\partial x_1}, \frac{\partial f}{\partial x_2}, \ldots, \frac{\partial f}{\partial x_n} \right),$$

die Divergenz eines Vektorfelds

$$\operatorname{div} v := \langle \nabla, v \rangle = \sum_{v=1}^{n} \frac{\partial v_v}{\partial x_v}$$

und im Fall eines dreidimensionalen Vektorfelds, d. h. $n=3$, die Rotation

$$\operatorname{rot} v = \nabla \times v =$$
$$\left(\frac{\partial v_3}{\partial x_2} - \frac{\partial v_2}{\partial x_3}, \frac{\partial v_1}{\partial x_3} - \frac{\partial v_3}{\partial x_1}, \frac{\partial v_2}{\partial x_1} - \frac{\partial v_1}{\partial x_2} \right).$$

Die Größen grad f und div v bzw. rot v beschreiben Richtung und Größe des stärksten Zuwachses von f und die Quelldichte (oder Dichte der Senken) bzw. die Wirbeldichte des Vektorfelds v.

Der Differentialoperator ∇ ist abhängig von der zugrunde gelegten Basis des $\mathbb{R}^n$. Die Größen grad f, div v und rot v sind es dagegen nicht, wie auch ihre physikalische Bedeutung erwarten läßt. Eine basisfreie Darstellung geschieht folgendermaßen:

Für $a \in D$ beschreibt

$$\{x \in D : f(x) = f(a)\}$$

eine Fläche. Es bezeichne n ihren Normalenvektor der Länge 1 im Punkte a und $\frac{\partial f}{\partial n}$ die Normalenableitung von f in a. Dann gilt:

$$\operatorname{grad} f(a) = \frac{\partial f}{\partial n} \cdot n.$$

Es sei $a \in D$ und S die Oberfäche einer Kugel in D mit Mittelpunkt a und Volumen **V**. Dann gilt auch

$$\operatorname{grad} f(a) = \lim_{v \to 0} \int_S n \cdot f \, d\sigma / \mathbf{V},$$

$$\operatorname{div} v(a) = \lim_{v \to 0} \int_S \langle n, v \rangle \, d\sigma / \mathbf{V},$$

$$\operatorname{rot} v(a) = \lim_{v \to 0} \int_S (n \times v) \, d\sigma / \mathbf{V},$$

wobei $d\sigma$ das Flächenelement und n den Normalenvektor der Länge 1 auf S bezeichnet.

Eine andere basisfreie Darstellung von rot v lautet: Es sei c ein beliebiger Vektor der Länge 1 im $\mathbb{R}^3$. Weiter bezeichne γ den positiv orientierten →Kreis mit Mittelpunkt a und Radius ε, der in der

Ebene senkrecht zu c liegt und t den Tangentenvektor der Länge 1 dieses Kreises. Dann gilt:

$$\langle c, \text{rot } v(a)\rangle = \lim_{\varepsilon \to 0} \int_\gamma \langle v, t\rangle \, ds/(2\pi\varepsilon).$$

Interessante Integralgleichungen für die Größen div v, grad f und rot v, aus denen einige der basisfreien Darstellungen durch Grenzübergang gewonnen werden können, sind die Integralsätze von *Gauß, Green* und *Stokes*. Der Hauptsatz der V. besagt: Es sei

$$v : \mathbb{R}^3 \to \mathbb{R}^3$$

ein Vektorfeld, für das div v und rot v existieren und stetig sind. Für ein $\varepsilon > 0$ gelte

$$|v(x)| = O\,(|x|^{-1-\varepsilon}),$$
$$|\text{div } v(x)| = O\,(|x|^{-2-\varepsilon}),$$
und
$$|\text{rot } v(x)| = O\,(|x|^{-2-\varepsilon}),$$

für $|x| \to \infty$ (asymptotische Darstellung). Dann gibt es ein (bis auf Konstanten eindeutig bestimmtes) Skalarfeld f und ein quellenfreies Vektorfeld w, d. h. div w = 0, so daß

$$v = \text{grad } f + w$$

ist. Der erste Term bei dieser Darstellung beschreibt ein wirbelfreies Vektorfeld, denn
rot grad f = 0.   *Schmeißer*

Literatur: *Borisenko, A. I.,* u. *I. E. Tarapov:* Vektor and tensor analysis with applications. Englewood Cliffs (N. J.) 1968. – *Bourne, D. E.,* u. *P. C. Kendall:* Vektoranalysis. Stuttgart 1973. – *Kowalsky, H. J.:* Vektoranalysis I u. II. Berlin 1974 u. 1976. – *Newell, H. E.:* Vector analysis. New York 1955. – *Reichardt, H.:* Vorlesungen über Vektor- u. Tensorrechnung. Ost-Berlin 1957. – *Spain, B.:* Vector analysis. 2. Aufl. New York 1979. – *Spiegel, M. R.:* Vector analysis and an introduction to tensor analysis. New York 1959. – *Teichmann, H.:* Physikalische Anwendungen der Vektor- und Tensorrechnung. Mannheim 1968.

Vektorprodukt. Für Vektoren a, b, . . . eines Vektorraums V über einem → Körper K kann in verschiedener Weise eine Multiplikation a·b erklärt werden, nämlich so, daß das Produkt (i) ein → Skalar aus K, (ii) ein → Vektor aus V, (iii) ein → Tensor ist. Bei Produkten aus drei oder mehr Vektoren können diese Bildungen in verschiedener Weise kombiniert werden.

Im folgenden sei jeweils a) die allgemeine (koordinatenfreie) Definition, bezogen auf die algebraische Struktur eines reellen Vektorraums, und b) die geometrische Definition in der Koordinatendarstellung der Vektoren bezogen auf den Zahlenvektorraum $\mathbb{R}^n$ (oder $\mathbb{R}^3$) bzw. c) sein geometrisches Modell im euklidischen Raum.

Ist V ein n-dimensionaler Vektorraum, so wird im folgenden bezeichnet mit $B = (b_1, \ldots, b_n)$ eine Basis von V, mit $E = (e_1, \ldots, e_n)$ eine orthonormierte Basis von V; $(x_1, \ldots, x_n)$ sei die Koordinatendarstellung eines Vektors x bez. der jeweils genannten Basis.

Zweifache Vektorprodukte:

□ *Skalarprodukt, inneres Produkt:*

a) Produktbildung der Form $V \times V \to K$. Das Produkt zweier Vektoren x, y ist ein Skalar $\lambda = x \cdot y$ aus K; also $(x,y) \to x \cdot y$. Man schreibt statt $x \cdot y$ auch xy, (x,y) oder $\langle x,y\rangle$; $x \cdot y$ ist eine symmetrische, positiv-definite Bilinearform, d. h. (i) $a \cdot b = b \cdot a$; (ii) $(\lambda a)b = \lambda(a \cdot b)$; (iii) $(a + b) \cdot c = a \cdot c + b \cdot c$; (iv) $a \cdot a \geq 0$, (v) $a \cdot a = 0$ genau dann, wenn $a = \mathbf{o}$.

Mit Hilfe des Skalarprodukts läßt sich in V eine Norm erklären: $\|x\| = (x \cdot x)^{1/2}$ (normierter Raum).

b) In Koordindatendarstellung bez. eines schiefwinkligen Koordinatensystems bestimmt durch eine Basis B:

$$x \cdot y = \sum_{i=j=1}^{3} \sum^{3} g_{ij} x_i y_i, \text{ wo } g_{ij} = b_i \cdot b_j \text{ (metrischer Fundamentaltensor).}$$

In einem kartesischen Koordinatensystems bestimmt durch eine Basis E :

$$x \cdot y = \sum_{i=1}^{3} x_i y_i.$$ Die Definition der Länge eines Vektors stimmt hier mit dem anschaulichen Längenbegriff der metrischen euklidischen Geometrie überein;

$$\|x\| = \left(\sum_{i=1}^{3} x_i^2\right)^{1/2}.$$

c) Sind x und y Vektoren im Anschauungsraum (freie Vektoren), so gilt $x \cdot y = \|x\| \cdot \|y\| \cos(\sphericalangle(x,y))$, Bild 1. Insbesondere sind $x \neq 0$, $y \neq 0$ orthogonal, wenn $x \cdot y = 0$.

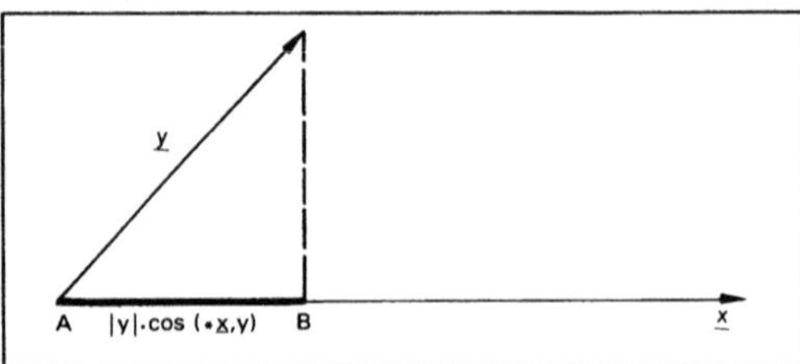

Vektorprodukt 1: Zum Skalarprodukt $\overline{AB} = \|y\| \cdot \cos(\sphericalangle(x,y))$

□ *Vektorielles Produkt, V., Kreuzprodukt:*

a) Produktbildung der Form $V \times V \to V$, wo V ein 3-dimensionaler orientierter euklidischer Vektorraum ist. Das Produkt zweier Vektoren x und y ist wieder ein Vektor: $\times : (x,y) \to x \times y$. Statt $x \times y$ schreibt man auch $[x,y]$. Eigenschaften:
(i) $a \times b = -b \times a$;
(ii) $a \times (b + c) = a \times b + a \times c$.
(ii′) $(a + b) \times c = a \times c + b \times c$;
(iii) Ist $\lambda \in \mathbb{R}$: $\lambda(a \times b) = \lambda a \times b = a \times \lambda b$;
(iv) $a \cdot (a \times b) = 0$;
(iv′) $b(a \times b) = 0$.

b) In kartesischen Koordindaten:
$$\underline{x} \times \underline{y} = \begin{vmatrix} \underline{e}_1 & \underline{e}_2 & \underline{e}_3 \\ x_1 & x_2 & x_3 \\ y_1 & y_2 & y_3 \end{vmatrix} = \begin{pmatrix} x_2 y_3 - x_3 y_2 \\ x_3 y_1 - x_1 y_3 \\ x_1 y_2 - x_2 y_1 \end{pmatrix}.$$

c) $\underline{x} \times \underline{y}$ ist ein Vektor, der senkrecht steht auf $\underline{x}$ und auf $\underline{y}$ und dessen Länge gleich der Maßzahl des von $\underline{x}$ und $\underline{y}$ aufgespannten Parallelogramms ist: $\underline{x} \times \underline{y} = \|\underline{x}\| \cdot \|\underline{y}\| \cdot \sin(\sphericalangle(x,y))$. Zusammen mit $\underline{x}$ und $\underline{y}$ bildet $\underline{x} \times \underline{y}$ ein rechtshändiges 3-Bein (Bild 2). Das Kreuzprodukt setzt einen orientierten Raum voraus. Sind $\underline{x} \neq \underline{o}$ und $\underline{y} \neq \underline{o}$, so ist $\underline{x}$ parallel $\underline{y}$ genau dann, wenn $\underline{x} \times \underline{y} = \underline{o}$.

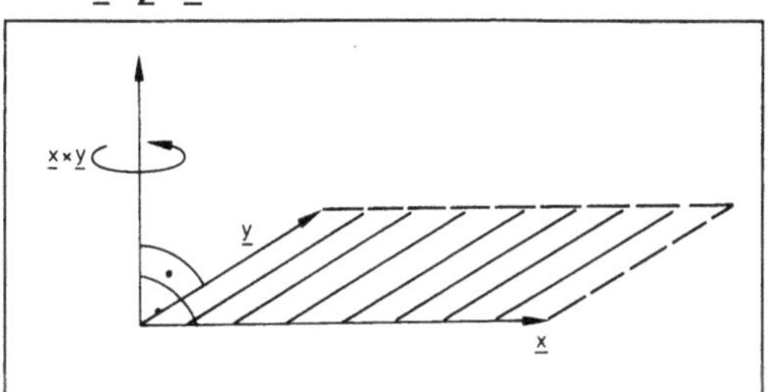

Vektorprodukt 2: $\underline{x} \times \underline{y}$.

Für die Basisvektoren $(\underline{e}_1, \underline{e}_2, \underline{e}_3)$ gilt $\underline{e}_1 \times \underline{e}_2 = \underline{e}_3$, $\underline{e}_2 \times \underline{e}_3 = \underline{e}_1$, $\underline{e}_3 \times \underline{e}_1 = \underline{e}_2$.

Mehrfaches Vektorprodukt:
$(\underline{x} \cdot \underline{y}) \cdot \underline{z} = \lambda \underline{z}$ ist ein Vektor, ein Vielfaches von $\underline{z}: \lambda = \underline{x} \cdot \underline{y}$.
Dabei ist $(\underline{x} \cdot \underline{y}) \cdot \underline{z} \neq \underline{x} \cdot (\underline{y} \cdot \underline{z}) \neq (\underline{x} \cdot \underline{z}) \cdot \underline{y}$.

Gemischtes Produkt, Spatprodukt, Skalares Tripelprodukt:
a) $[\underline{x},\underline{y},\underline{z}] := \underline{x} \cdot (\underline{y} \times \underline{z})$; $[\underline{x},\underline{y},\underline{z}]$ ist ein Skalar. Es gilt: $[\underline{a},\underline{b},\underline{c}] = [\underline{b},\underline{c},\underline{a}] = [\underline{c},\underline{a},\underline{b}] = - [\underline{b},\underline{a},\underline{c}] = - [\underline{a},\underline{c},\underline{b}] = - [\underline{c},\underline{b},\underline{a}]$.

b) In kartesischen Koordinaten:
$$[\underline{x},\underline{y},\underline{z}] = \begin{vmatrix} x_1 & x_2 & x_3 \\ y_1 & y_2 & y_3 \\ z_1 & z_2 & z_3 \end{vmatrix}.$$

c) $[\underline{x},\underline{y},\underline{z}]$ läßt sich geometrisch als das Volumen des von den Vektoren $\underline{x},\underline{y},\underline{z}$ aufgespannten Spats (Parallelepiped) deuten (Bild 3). Speziell ist $[\underline{e}_1,\underline{e}_2,\underline{e}_3]$ gleich dem Inhalt des Einheitswürfels.

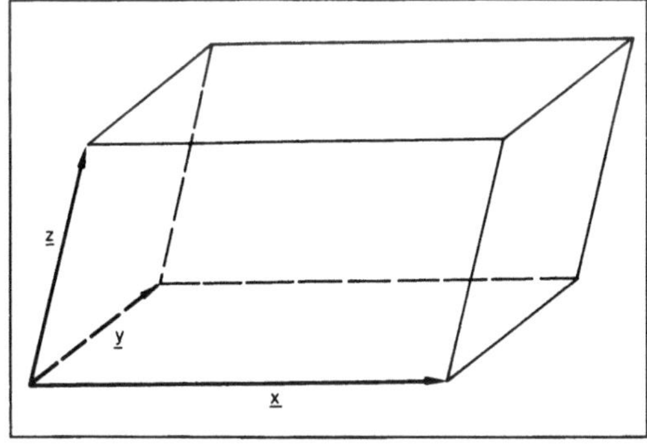

Vektorprodukt 3: $[\underline{x},\underline{y},\underline{z}]$.

Sind x,y,z je verschieden von **o,** so sind die drei Vektoren komplanar (in einer Ebene gelegen) genau dann, wenn $[x,y,z] = 0$.

Vektorielles Tripelprodukt:
$(\underline{x} \times \underline{y}) \times \underline{z} = \nu \underline{x} + \mu \underline{x} (\nu, \mu \in K)$;
(i) Entwicklungssatz: $(\underline{a} \times \underline{b}) \times \underline{c} = (\underline{a} \cdot \underline{c}) \cdot \underline{b} - (\underline{b} \cdot \underline{c}) \cdot \underline{a}$:
(ii) $(\underline{a} \times \underline{b}) \times \underline{c} = - \underline{c} \times (\underline{a} \times \underline{b})$.
$[\underline{a},\underline{b},\underline{c}] \cdot \underline{x} = [\underline{x},\underline{b},\underline{c}] \cdot \underline{a} + [\underline{a},\underline{x},\underline{c}] \cdot \underline{b} + [\underline{a},\underline{b},\underline{x}] \cdot \underline{c}$. In dieser Beziehung ist ein Vektor $\underline{x}$ in Komponenten parallel zu drei gegebenen Vektoren $\underline{a},\underline{b},\underline{c}$, zerlegt (kontravariante Koordinaten).

$$(\underline{x} \times \underline{y}) \cdot (\underline{z} \times \underline{u}) = (\underline{x}\underline{z}) \cdot (\underline{y}\underline{u}) - (\underline{x}\underline{u}) \cdot (\underline{y}\underline{z}).$$

$$(\underline{x} \times \underline{y}) \times (\underline{z} \times \underline{u}) = [\underline{x},\underline{y},\underline{u}] \cdot \underline{z} - [\underline{x},\underline{y},\underline{z}]\underline{u}$$
$$= [\underline{x},\underline{z},\underline{u}] \cdot \underline{y} - [\underline{y},\underline{z},\underline{u}]\underline{x}.$$

Man kann die Bildung der verschiedenen Produkte zwischen Vektoren allgemeiner aus der Sicht der Tensorrechnung betrachten, nämlich als Spezialisierungen eines sehr allgemeinen Produktbegriffs.

Seien wiederum $\underline{b}_1, \ldots, \underline{b}_n$ die Basisvektoren eines V^n und $\underline{x}_1$ und $\underline{x}_2$ zwei Vektoren aus V^n:

$$\underline{x}_1 = \sum_{j=1}^{n} x_{1j} \underline{b}_j, \qquad \underline{x}_2 = \sum_{j=1}^{n} x_{2j} \underline{b}_j.$$

Dann betrachte man die Produktbildung:
$$\underline{x}_1 * \underline{x}_2 = \sum_{ij=1}^{n} x_{1i} \cdot x_{2j} (\underline{b}_1 * \underline{b}_j),$$ für die man generell (nicht das assoziative, sondern) das Distributivgesetz fordert.

Das Produkt erscheint dann als Element eines von den $(b_i * b_j)$-aufgespannten Vektorraums. Dieses allgemeine oder unbestimmte oder tensorielle Produkt hat n^2 Koordindaten in einem n^2-dimensionalen Raum, dessen Basisvektoren die $(b_i \times b_j)$ sind (Tensorprodukt).

Die Allgemeinheit dieser Produktbildung kann eingeschränkt werden durch Beziehungen zwischen den Produkten der Basisvektoren. Unter Benutzung eines jeweils entsprechend spezifizierten Multiplikationssymbols und für jeweils $i,j = 1, \ldots, n$ erhält man

☐ das skalare Produkt:
$$\underline{b}_i \cdot \underline{b}_j = \delta_{ij} = \begin{cases} 1 \text{ für } i = j \\ 0 \text{ für } i \neq j \end{cases}.$$

Ist die Basis ein orthonormiertes System, so erhält man wiederum

$$x_i \cdot x_2 = \sum_{i=1}^{n} x_{1i} \cdot x_{2i};$$

☐ das alternierende Produkt:

$$[\underline{b}_i \wedge \underline{b}_j] = -[\underline{b}_j \wedge \underline{b}_i],$$
$$[\underline{b}_i \wedge \underline{b}_i] = 0.$$

Damit wird im $\mathbb{R}^3$:

$$[\underline{x}_1 \wedge \underline{x}_2] = \begin{vmatrix} x_{11} & x_{21} \\ x_{12} & x_{22} \end{vmatrix} \cdot [\underline{b}_1 \wedge \underline{b}_2] + \begin{vmatrix} x_{11} & x_{21} \\ x_{13} & x_{23} \end{vmatrix} \cdot$$

$$[\underline{b}_1 \wedge \underline{b}_3] + \begin{vmatrix} x_{12} & x_{22} \\ x_{13} & x_{23} \end{vmatrix} \cdot [\underline{b}_2 \wedge \underline{b}_3],$$

was einer Klasse orientierter Parallelogramme, einer freien „Plangröße" entspricht.

Das vektorielle Produkt wird aus dem alternierenden Produkt durch die zusätzliche Forderung gewonnen:

$$\underline{b}_1 \times \underline{b}_2 = \underline{b}_3, \qquad \underline{b}_1 \times \underline{b}_3 = -\underline{b}_2, \qquad \underline{b}_2 \times \underline{b}_3 = \underline{b}_1.$$

Dadurch wird:

$$\underline{x}_1 \times \underline{x}_2 = \begin{vmatrix} \underline{b}_1 & \underline{b}_2 & \underline{b}_3 \\ x_{11} & x_{12} & x_{13} \\ x_{21} & x_{22} & x_{23} \end{vmatrix}.$$

W. L. Fischer

Venturi-Rohr. Das V.-R. (auch Venturi-Düse genannt) dient zum Durchfluß- oder Mengenmessen von strömenden Medien (Bild). Aus dem z. B. mit einem U-Rohr-Manometer gemessenen Druckunterschied Δp zwischen dem statischen Druck in einer Querschnittsverengung und dem statischen Druck im normalen Rohrquerschnitt kann man mittels der Bernoulli-Gleichung für inkompressible Strömungen die durchfließende Menge ermitteln. Es gilt

$$\Delta p = ((F_1/F_2)^2 - 1)\rho v_1^2/2$$

für die Druckdifferenz. Daraus läßt sich das sekundliche Volumen $F_1 \cdot v_1$ oder die sekundliche Masse $\rho \cdot F_1 \cdot v_1$ bestimmen; F ist die Querschnittfläche, v die Strömungsgeschwindigkeit, und ρ ist die Dichte des Fluids. G. E. A. Meier

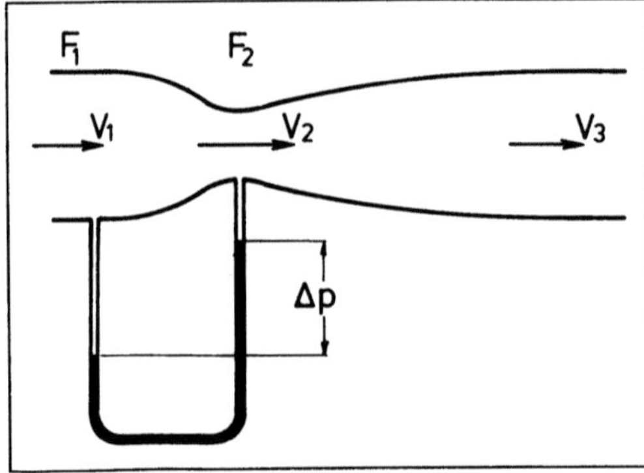

Venturi-Rohr.

Literatur: VDI 1952: Durchflußmeßregeln. Hrsg. Verein Dt. Ingenieure. Ausg. Juli 1982.

Verbrennung. Eine Verbrennung ist eine schnell verlaufende Vereinigung von Sauerstoff oder eines anderen Oxidationsmittels mit den brennbaren Bestandteilen eines Brennstoffs unter Licht- und Wärmeentwicklung. Der Beginn einer V. heißt Entzündung, bei Gasen und Dämpfen Entflammung. V.-Reaktionen verlaufen exotherm. Das Ziel einer gut geführten V. ist es, möglichst die gesamte frei gesetzte Energie nutzbar zu machen und die unvermeidlichen Verluste auf Grund unvollständiger V. und überschüssiger Luft so klein wie möglich zu halten. Zum vollständigen Ablauf der V.-Reaktion mit dem gesamten Sauerstoff benötigt man eine zur Zündung der Reaktionspartner ausreichend hohe Temperatur, eine gute Vermischung der Bestandteile oder hohe Turbulenz und eine ausreichende Kontaktzeit. In Tabelle 1 sind chemische Elemente und Verbindungen aufgeführt, die man industriell zur Wärmeerzeugung einsetzt.

Der Berechnung der V. liegen mehrere Gesetzmäßigkeiten zu Grunde, die nachfolgend kurz dargestellt werden:

Erhaltung der Masse: Die Masse aller Stoffströme, die einem Prozeß zugeführt werden, ist im stationären Zustand gleich der Masse aller Stoffströme, die aus einem Prozeß austreten.

Erhaltung der Energie: Die Summe aller Energieströme (potentielle, kinetische, thermische, chemische und elektrische), die in einen Prozeß eintreten, ist im stationären Zustand gleich der Summe aller Energieströme, die aus einem Prozeß austreten.

Ideales Gasgesetz: Das Volumen eines idealen Gases ist seiner Temperatur direkt proportional und dem absoluten Druck umgekehrt proportional.

Gesetz der konstanten Proportionen: Alle Stoffe vereinigen sich in bestimmten einfachen Relationen ihrer Massen zu chemischen Verbindungen. Diese Relationen sind den Molmassen der Reaktionsteilnehmer exakt proportional.

Gesetz von Avogadro: Gleiche Volumina unterschiedlicher Gase enthalten bei gleichem Druck und gleicher Temperatur die gleiche Anzahl von Molekülen.

Gesetz von Dalton: Der Gesamtdruck einer Gasmischung entspricht der Summe der Partialdrücke, die jedes Gas ausüben würde, wenn es allein dasselbe Volumen einnehmen würde wie die Gasmischung.

Gesetz von Amagat: Das Gesamtvolumen, das eine Gasmischung einnimmt, ist die Summe der Volumina, die jedes einzelne Gas unter den Bedingungen von Druck und Temperatur der Mischung einnehmen würde.

In Tabelle 2 sind Reaktionsgleichungen zwischen verschiedenen Brennstoffen und Sauerstoff und die sich ergebende V.-Wärme *(Heizwert)* angegeben. Man unterscheidet den „unteren Heizwert" H_u, bei dem Wasser als gasförmiger Wasserdampf berücksichtigt wird, vom „oberen Heizwert" H_o, bei dem die Kondensationswärme des in den Rauchgasen enthaltenen Wassers mitgerechnet wird. Der Heizwert eines Brennstoffs bestimmt man üblicherweise

Verbrennung. Tabelle 1: Verbrennungskonstanten chemischer Elemente und Verbindungen. (Quelle: American Gas Association, Arlington, Virginia)

Nr. Stoff	chem. Formelzeichen	Molmasse	Dichte kg/m³	spez. Volumen m³/kg	rel. Dichte zu Luft	Heizwert oberer kJ/m³	unterer kJ/m³	oberer kJ/kg	unterer kJ/kg
1 Kohlenstoff*	C	12,01	—	—	—	—	—	32 780	32 780
2 Wasserstoff	H_2	20,16	0,0849	11,779	0,0696	12 109	10 246	142 105	120 073
3 Sauerstoff	O_2	32,00	1,3552	0,7379	1,1053	—	—	—	—
4 Stickstoff	N_2	28,01	1,1918	0,8391	0,9718	—	—	—	—
5 Kohlenmonoxid	CO	28,01	1,1854	0,8436	0,9672	11 960	11 960	10 111	10 111
6 Kohlendioxid	CO_2	44,01	1,8742	0,5336	1,5282	—	—	—	—
Paraffine									
7 Methan	CH_4	16,04	0,6808	1,4689	0,5543	37 706	33 943	55 532	49 997
8 Ethan	C_2H_6	30,07	1,2863	0,7774	1,0488	66 060	60 434	51 922	47 491
9 Propan	C_3H_8	44,09	1,9158	0,5220	1,5617	94 042	86 515	50 401	46 373
10 n-Butan	C_4H_{10}	58,12	2,5341	0,3946	2,0665	121 874	112 448	49 592	45 770
11 iso-Butan	C_4H_{10}	58,12	2,5341	0,3946	2,0665	121 501	112 112	49 475	45 654
12 n-Pentan	C_5H_{12}	72,15	3,0499	0,3279	2,4872	149 781	138 492	49 066	45 373
13 iso-Pentan	C_5H_{12}	72,15	3,0499	0,3279	2,4872	149 446	138 156	48 954	45 261
14 neo-Pentan	C_5H_{12}	72,15	3,0499	0,3279	2,4872	148 812	137 560	48 794	45 100
15 n-Hexan	C_6H_{14}	86,17	3,6426	0,2745	2,9704	177 651	164 498	48 766	45 159
Olefine									
16 Ethylen	C_2H_4	28,05	1,1886	0,8413	0,9740	59 763	56 000	50 324	47 159
17 Propylen	C_3H_6	42,08	1,7780	0,5624	1,4504	87 186	81 523	48 957	45 791
18 n-Buten	C_4H_8	56,10	2,3707	0,4218	1,9336	114 907	107 492	48 506	45 340
19 iso-Buten	C_4H_8	56,10	2,3707	0,4218	1,9336	114 348	106 859	48 233	45 068
20 n-Penten	C_5H_{10}	70,13	2,9667	0,3371	2,4190	142 963	133 573	48 194	45 028
Aromaten									
21 Benzol	C_6H_6	78,11	3,2998	0,3030	2,6920	139 796	134 169	42 295	40 590
22 Toluol	C_7H_8	92,13	3,8941	0,2568	3,1760	167 144	159 655	43 033	41 104
23 Xylol	C_8H_{10}	106,16	4,4900	0,2227	3,6618	194 864	185 550	43 379	41 309
verschiedene Gase									
24 Acetylen	C_2H_2	26,04	1,1165	0,8957	0,9107	55 031	53 131	50 013	48 308
25 Naphthalin	$C_{10}H_8$	128,16	5,4206	0,1845	4,4208	218 114	210 662	40 246	38 862
26 Methanol	CH_3OH	32,04	1,3552	0,7379	1,1052	32 341	28 578	23 860	21 087
27 Ethanol	C_2H_5OH	46,07	1,9478	0,5134	1,5890	59 614	53 988	30 612	27 718
28 Ammoniak	NH_3	17,03	0,7304	1,3691	0,5691	16 341	13 562	22 485	18 573
29 Schwefel*	S	32,06	—	—	—	—	—	9 257	9 257
30 Schwefelwasserstoff	H_2S	34,08	1,4593	0,6853	1,1898	24 069	22 169	16 507	15 204
31 Schwefeldioxid	SO_2	64,06	2,7760	0,3602	2,2640	—	—	—	—
32 Wasserdampf	H_2O	18,02	0,7625	1,3115	0,6215	—	—	—	—
33 Luft	—	—	1,2276	0,8146	1,0000	—	—	—	—

* Kohlenstoff und Schwefel werden für molare Rechnungen als Gase betrachtet.
Alle Gasvolumen sind auf 16 °C und 1,03 bar bezogen.

durch direkte Messung in einem Kalorimeter (→Kalorimetrie). In einer Feuerung, in der keine mechanische Arbeit verrichtet wird, hängt die bei der Vereinigung der brennbaren Elemente mit Sauerstoff freigesetzte Wärmeenergie nur von der Art der Endprodukte der V. ab und nicht von den Zwischenprodukten, die bei den V.-Reaktionen auftreten können.

Verbrennung. Tabelle 2: Wichtige Verbrennungsreaktionen.

brennbarer Stoff	Reaktion	Molzahl-änderung	Massen (kg)	oberer Heizwert kJ/kg
Kohlenstoff (zu CO)	$2\ C+O_2=2\ CO$	$2+1{\to}2$	$24+\ 32=\ 56$	10 330
Kohlenstoff (zu CO_2)	$C+O_2=CO_2$	$1+1{\to}1$	$12+\ 32=\ 44$	32 796
Kohlenmonoxid	$2\ CO+O_2=2\ CO$	$2+1{\to}2$	$56+\ 32=\ 88$	10 100
Wasserstoff	$2\ H_2+O_2=2\ H_2O$	$2+1{\to}2$	$4+\ 32=\ 36$	141 980
Schwefel (zu SO_2)	$S+O_2=SO_2$	$1+1{\to}1$	$32+\ 32=\ 64$	9 250
Methan	$CH_4+2\ O_2=CO_2+2\ H_2O$	$1+2{\to}1+2$	$16+\ 64=\ 80$	55 480
Azetylen	$2\ C_2H_2+5\ O_2=4\ CO_2+2\ H_2O$	$2+5{\to}4+2$	$52+160=212$	49 960
Ethylen	$C_2H_4+3\ O_2=2\ CO_2+2\ H_2O$	$1+3{\to}2+2$	$28+\ 96=124$	50 275
Ethan	$2\ C_2H_6+7\ O_2=4\ CO_2+6\ H_2O$	$2+7{\to}4+6$	$60+224=284$	51 880
Schwefelwasserstoff	$2\ H_2S+3\ O_2=2\ SO_2+2\ H_2O$	$2+3{\to}2+2$	$68+\ 96=164$	16 500

Die *Entzündungstemperatur* kann als die Temperatur definiert werden, bei der durch die V. mehr →Wärme freigesetzt, als an die Umgebung abgegeben wird. Gewöhnlich wendet man den Begriff auf die V. in Luft an. Die Entzündungstemperatur nimmt gewöhnlich mit steigendem Druck ab und steigt mit dem Feuchtigkeitsgehalt der Luft.

Die *adiabate Flammentemperatur* ist die maximale, theoretisch erreichbare Temperatur, welche die V.-Produkte eines bestimmten Brennstoffes erreichen könnten, wenn keine Wärmeverluste an die Umgebung entständen. *Dohrn*

Literatur: Handbook of Energy Technology. Hrsg. v. D. M. Considine. New York 1976. – *Schmidt, E.:* Technische Thermodynamik. Neubearb. Aufl. v. *K. Stephan* u. *F. Mayinger.* Bd. 2. Berlin 1977.

Verdampfer (Verfahrenstechnik). V. sind Apparate, in denen Flüssigkeiten und Feststoffe durch das Verdampfen der Flüssigkeit voneinander getrennt werden.

An die Bauweise von V. werden folgende Anforderungen gestellt:

□ Der Wärmeübergang sollte möglichst gut sein, um mit geringen Wärmeübertragungsflächen auszukommen.

□ Die stofflichen Auswirkungen des Verdampfungsprozesses auf Produkt und V. müssen durch konstruktive Maßnahmen im zulässigen Rahmen gehalten werden. So ist z. B. bei temperaturempfindlichen Produkten sowohl für eine niedrige Temperatur der Heizfläche als auch für eine geringe Verweilzeit der Produkte im V. zu sorgen.

Der Wärmeübergangskoeffizient steigt mit der Geschwindigkeit des strömenden Mediums an. In einem Naturumlauf-V. (Umlauf-V.) wird auf Grund einer durch unterschiedliche Temperaturen hervorgerufenen Dichtedifferenz eine Zirkulation der einzudampfenden Lösung erreicht, ohne daß hierzu Fördereinrichtungen nötig wären. Wird der Natur-umlauf durch eine Pumpe unterstützt, verbessert sich der Wärmeübergang (Zwangsumlauf-V.).

Eine weitere Verbesserung des Wärmeübergangs läßt sich in Fallfilm-V. erzielen, bei denen von außen beheizte Rohre innen mit dem Produkt berieselt werden, so daß sich auf den Innenflächen Rieselfilme bilden.

Einen gleichmäßigen, dünnen Film erreicht man, wenn die Flüssigkeit mit Hilfe von Wischersystemen verteilt wird, wie dies in Dünnschicht-V. der Fall ist. In diesen V. sind die Verweilzeiten kurz. Werden sie zudem unter Vakuum betrieben, eignen sie sich besonders für die Eindampfung temperaturempfindlicher Stoffe (Robert-V.). *Dohrn*

Literatur: *Billet, R.:* Verdampfung und ihre technischen Anwendungen. 1. Aufl. Weinheim 1981. – *Billet, R.:* Verdampfungstechnik. Mannheim 1965. – *Coulson, J. M.,* u. *J. F. Richardson:* Chemical Engineering. London 1980. – *Mersmann, A.:* Thermische Verfahrenstechnik. Berlin, Heidelberg, New York 1980. – *Perry, R. E.,* u. *D. W. Green:* Perry's Chemical Engineers' Handb. 6. Aufl. New York 1984.

Verdampfung. Geht eine chemische Verbindung von einem flüssigen Zustand in den gasförmigen Zustand über, so heißt dieser →Phasenübergang Sieden oder Verdampfen, falls dabei der Dampfdruck der flüssigen Phase gleich dem der gasförmigen Phase ist. Der →Siedepunkt ist durch die Angabe der Siedetemperatur oder des Dampfdrucks festgelegt, die beide voneinander abhängen. Ihre Abhängigkeit ist durch die →Dampfdruckkurve (→Clausius-Clapeyron-Gleichung) gegeben.

Wird somit der äußere Druck vorgegeben, dann liegt die Siedetemperatur fest. Findet der Übergang von der flüssigen zur gasförmigen Phase des Stoffs bei unterschiedlichem Dampfdruck der flüssigen und gasförmigen Phase statt, so heißt dieser Prozeß Verdunsten. Während des Siedens bei konstanter Siedetemperatur ist der →Wärmeübergang auf das

System positiv. Als V.-Wärme wird der Wärmeübergang bezeichnet, der von der Bildung der ersten Dampfblase im flüssigen System bis zum Verschwinden des letzten Flüssigkeitstropfens zum Phasenübergang benötigt wird. Die V.-Wärme wird auf 1 g oder auf 1 mol des Stoffs bezogen.

Beim Verdampfen einer Flüssigkeit an einer geheizten Oberfläche werden 3 Bereiche der V. unterschieden: Die Konvektions-V. ohne Blasenbildung bei geringem Wärmeübergang, die Blasen-V. unter Blasenbildung bei hohem Wärmeübergang und die Film-V., die instabil bei sinkendem Wärmeübergang verläuft, wobei die geheizte Oberfläche durch eine Dampfschicht bedeckt ist. *Muschik*

Verdichtung. Wird ein Gas konstanter $\rightarrow$Molzahl von einem Zustand größeren Volumens auf einen Zustand mit kleinerem Volumen gebracht, so heißt dieser Prozeß V.

Es gibt prinzipiell zwei Typen von Maschinen zur V. (Kompressoren): periodisch arbeitende Maschinen wie die Kolbenverdichter und die Drehschieberpumpen und kontinuierlich arbeitende Maschinen wie die Kompressionsturbinen. Das Arbeitsdiagramm eines Kolbenverdichters (Bild 1), bestehend aus Zylinder 1, Stempel 2, dem Einlaß- 3 und dem Auslaßventil 4, setzt sich aus vier Takten zusammen (Bild 2):

□ von 4 nach 1: Ansaugen beim Druck p_1,
□ von 1 nach 2: Verdichten bis zum Druck p_2,

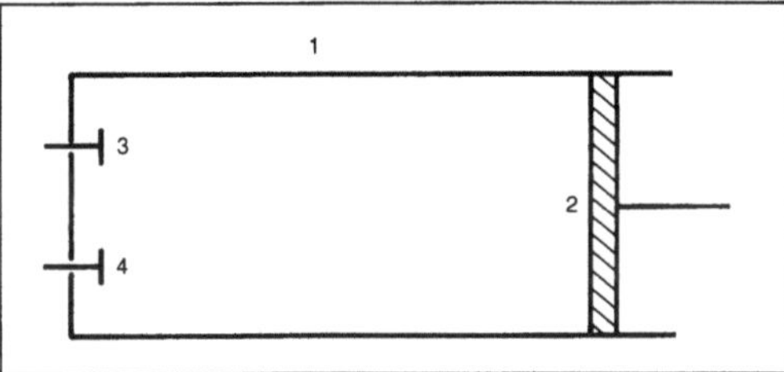

Verdichtung 1: Prinzipskizze eines Kolbenverdichters.

1 Zylinder, 2 Stempel, 3 Einlaß- und 4 Auslaßventil

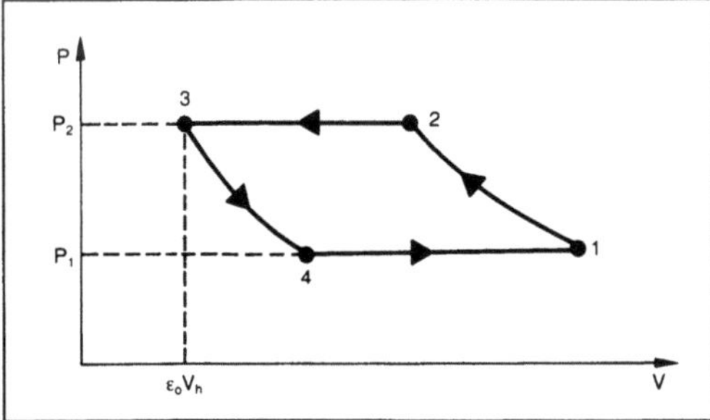

Verdichtung 2: p, V-Diagramm eines Kolbenverdichters.

□ von 2 nach 3: Ausschieben beim Druck p_2 bis zum Volumen $\varepsilon_o V_h$,
□ von 3 nach 4: Expansion des nicht ausgeschobenen Gases bis zum Druck p_1.

Bei polytroper Kompression von 1 nach 2 und polytroper Expansion mit den gleichen Polytropenindizes n ergibt sich für die positive Arbeit je Zyklus:

$$W = (n/(h-1))p_1 V_{14}((p_2/p_1)^{(n-1)/n} - 1);$$

$V_{14} = V_1 - V_4$ Ansaugvolumen, $V_h = V_4 - V_3$ Hubvolumen, $V_3 = \varepsilon_o V_h$ schädlicher Raum.

Der Füllungsgrad ist

$$\mu := V_{14}/V_h = 1 - \varepsilon_o((p_2/p_1)^{1/n} - 1).$$

Für das Druckverhältnis

$$p_2/p_1 = ((1/\varepsilon_o) + 1)^n =: m(\varepsilon_o, n)$$

verschwindet der Füllungsgrad und damit die Kompressionsarbeit W, so daß der Kompressor keine V. des Gases bewirkt. Daher ist $m(\varepsilon_o, n)$ das größte Druckverhältnis, das der Kolbenverdichter infolge des schädlichen Raumes ($\varepsilon_o \neq 0$) erreichen kann. Werden höhere Druckverhältnisse benötigt, muß eine mehrstufige V. ausgeführt werden. *Muschik*

Verdrillung $\rightarrow$Torsion

Verein Deutscher Ingenieure (VDI). Seit seiner Gründung im Jahre 1856 hat der Verein Deutscher Ingenieure als heute größter technisch-wissenschaftlicher Verein Europas maßgeblich an Forschung und technischer Entwicklung mitgewirkt. Die Ergebnisse der technisch-wissenschaftlichen Arbeit des VDI stehen als VDI-Richtlinien Wissenschaft und Wirtschaft zur Verfügung.

In Ausschüssen, Beiräten und Arbeitskreisen der VDI-Fachgliederungen, der VDI-Hauptgruppe und der VDI-Bezirksvereine arbeiten mehrere tausend Fachleute aus Wissenschaft und öffentlichem Dienst ehrenamtlich zusammen. Der VDI hat 121 000 persönliche Mitglieder. Sitz des Vereins ist Düsseldorf.

Der VDI ermöglicht durch den Zusammenschluß in seinen 44 VDI-Bezirksvereinen, deren Bezirksgruppen und rd. 400 fachlichen Arbeitskreisen die persönliche Begegnung der Ingenieure.

Durch seine Fachtagungen, durch die Lehrgänge des VDI-Bildungswerkes sowie durch die Vorträge und Fachveranstaltungen der VDI-Bezirksvereine mit ihren Arbeitskreisen fördert der VDI den Ingenieur in seinem beruflichen Weiterkommen. Im Jahr 1991 nahmen ca. 205 000 Teilnehmer an insgesamt ca. 4300 Veranstaltungen in den VDI-Bezirksvereinen teil.

Neue Erkenntnisse und Erfahrungen aus den verschiedenen Bereichen der Technik und die

Ergebnisse der VDI-Arbeit werden vom VDI-Verlag veröffentlicht.

Die ständige Bereitschaft zur Erweiterung des Leistungsangebots im Hinblick auf den technischen Fortschritt erfordert eine Organisation und Dienstleistungen, die die verantwortungsbewußte Zusammenarbeit der Ingenieure unterstützen und fördern.

VDI-Fachgliederungen. Die fachliche Gliederung der Arbeit erstreckt sich auf 16 VDI-Gesellschaften, zwei VDI-Kommissionen, zwei interdisziplinäre Gremien und drei Gemeinschaftsausschüsse. In ihnen wirken maßgebliche Fachleute aus allen Bereichen der Forschung und Lehre, Industrie und Behörden ehrenamtlich mit. Arbeitsschwerpunkte sind: fachlicher Erfahrungsaustausch, Erarbeiten von VDI-Richtlinien, nationale und internationale Tagungen, fachliche Unterstützung für das VDI-Bildungswerk und für Arbeitskreise der VDI-Bezirksvereine.

Weiterhin sind Bestandteile der technisch-wissenschaftlichen Arbeit des VDI die fachliche Zusammenarbeit mit anderen technisch-wissenschaftlichen Institutionen und mit in- und ausländischen Personen sowie das gemeinsame Gespräch mit Vertretern von Wirtschaft, Wissenschaft und Verwaltung.

Die einzelnen Fachgliederungen sind in Fachbereiche unterteilt. Hier werden in freiwilliger Selbstkontrolle Regeln der Technik erarbeitet, die keine zwingenden Vorschriften, sondern Erfahrungen und Richtwerte angeben. Diese VDI-Richtlinien werden ständig der technischen Entwicklung angepaßt. Damit stellen sie in flexibler Weise den Stand der Technik bestimmter Fachgebiete in einer oft sehr frühen Entwicklungsphase dar. In hierfür geeigneten Fällen können sie nach einigen Jahren erfolgreicher Anwendung teilweise oder ganz in eine Norm – entsprechend der Koordinierung zwischen VDI und DIN – überführt werden.

Im VDI bestanden 1991 folgende VDI-Fachgliederungen: Bautechnik; Energietechnik; Entwicklung, Konstruktion, Vertrieb; Fahrzeugtechnik; Feinwerktechnik (VDI/VDE); Fördertechnik, Materialfluß, Logistik; Kunststofftechnik; Akustik, Lärmminderung und Schwingungstechnik; Argartechnik; Meß- und Automatisierungstechnik (VDI/VDE); Mikroelektronik (VDE/VDI); Produktionstechnik (ADB); Reinhaltung der Luft; Technische Gebäudeausrüstung; Textil und Bekleidung (ADT); VDI Koordinierungsstelle Umwelttechnik; Verfahrenstechnik und Chemieingenieurwesen; Werkstofftechnik; Industrielle Systemtechnik und Wertanalyse; Bürokommunikation; Computer Integrated Manufacturing (CIM).

VDI-Hauptgruppe. Die VDI-Hauptgruppe „Der Ingenieur in Beruf und Gesellschaft" hat die Aufgabe, die Mitarbeit der Ingenieure an der sozialen, politischen und rechtlichen Gestaltung des öffentlichen Lebens zu fördern. Sie will Kontakte zu anderen gesellschaftlichen Teilbereichen schaffen und damit eine Basis des Vertrauens in die Technik und in das Ingenieurwesen auf- und ausbauen. Die VDI-Hauptgruppe gliedert sich in die Bereiche: Berufs- und Standesfragen, Ingenieuraus- und -weiterbildung, Mensch und Technik, Technikgeschichte, Technik und Recht, Technikbewertung, Technik und Bildung.

Die VDI-Auskunftsstelle für berufspolitische Fragen informiert über alle Fragen, die im Zusammenhang mit dem Ingenieurstudium und dem Beruf des Ingenieurs stehen. Hier werden mündliche und schriftliche Anfragen beantwortet und in Einzel- oder Gruppengesprächen Probleme bei der Studienwahl, der Berufszielfindung und der Karriereplanung diskutiert und geklärt.

Das *VDI/VDE-Technologiezentrum Informationstechnik* in Berlin hat als Hauptaufgabe die Förderung kleiner und mittlerer Unternehmen bei der industriellen Anwendung der Informationstechnik. Mit Trendanalysen und Methoden des Technologie-Marketings werden künftige Entwicklungslinien der Informationstechnik und ihrer Marktpotentiale verfolgt und abgeschätzt.

Das VDI/VDE-Technologiezentrum Informationstechnik strukturiert das neue Themenfeld Mikrosystemtechnik.

Das *VDI-Technologiezentrum Physikalische Technologien* in Düsseldorf ist Projektträger des Bundesministeriums für Forschung und Technologie auf den Fördergebieten Supraleitung, Oberflächen- und Dünnschichttechnologie, Laserforschung und -technik, Plasmatechnologie und Mikrostrukturtechnologie. Die Förderaktivitäten werden von Qualifikations-, Sicherheits- und Wirkungsstudien begleitet. Das VDI-Technologiezentrum Physikalische Technologien unterstützt das Bundesministerium für Forschung und Technologie bei der Erarbeitung eines neuen Konzeptes für Technikfolgenabschätzung. *Mauel*

Vereinigung der Technischen Überwachungs-Vereine e. V. (VdTÜV). Dachverband der 11 Technischen Überwachungs-Vereine (TÜV) in der Bundesrepublik Deutschland und in Berlin West. Mitglieder sind ferner 5 Industrieunternehmen mit betriebsinternen Überwachungsstellen. Sitz ist Essen und Bonn.

Zweck der Vereinigung ist die Wahrnehmung gemeinsamer, übergeordneter Angelegenheiten der Mitglieder; die Beratung zuständiger Behörden sowie Gremien der EG-Kommission und anderer in Frage kommender Stellen bei der einschlägigen Gesetz- und Vorschriftengebung; Mitarbeit an der Gestaltung von Normen, Regeln und Richtlinien auf dem Gebiet der technischen Überwachung; Durchführung des technischen Erfahrungsaustausches zwecks einheitlicher Handhabung der technischen Überwachung; Mitwirkung beim Aufbau und Betrieb nationaler und internationaler Prüf-, Zertifizierungs- und Akkreditierungssysteme. *Debelius*

Verfahrenstechnik, thermische. Gegenstand der t. V. sind die Prozesse und Verfahren der Wärme- und Stoffübertragung zur Zustandsänderung von Stoffmischungen.

Dabei reicht die Tiefe des Faches von der technischen Gestaltung der nötigen Vorrichtungen über die Methodik der Berechnung von Prozessen und die Prozeßsimulation bis zur Ermittlung und Korrelation von Stoffdaten für Mischungen. Naturgemäß umfaßt die Anwendungsbreite des Faches alle Prozesse, mittels derer im technischen Maßstab der Zustand von Stoffmischungen geändert wird, also beispielsweise von der Lebensmittelindustrie bis zur Erdölverarbeitung.

Die t. V. ist ein Teilgebiet der Prozeß-V. Dieses umfangreiche Gebiet, das alle möglichen technischen Prozesse der Veränderung von Stoffmischungen einschließt, ist historisch gesehen in die Teilgebiete der mechanischen, chemischen und t. V. aufgeteilt worden. Dabei beschäftigt sich die mechanische V. vorwiegend mit dem Verhalten von heterogenen Stoffsystemen, während die homogenen, aus molekular ineinander gelösten Stoffen bestehenden Mischungen Gegenstand der t. V. sind. Die chemische V. befaßt sich vorwiegend mit Veränderungen von Stoffmischungen durch Stoffwandlungen mittels chemischer Reaktionen.

Die Methodik, wie komplexe Prozesse aus den einzelnen Teiloperationen entstehen, wird meist durch ein gesondertes Fachgebiet, die Prozeß- und Anlagentechnik, bearbeitet. In letzter Zeit wurden biologische Prozesse vermehrt zur technischen Anwendung gebracht, so daß die Bio-V. als zusätzliches und wesentliches Teilgebiet zur Prozeß-V. hinzukam. Ferner wurden verfahrenstechnische Methoden in den Bereichen der Energietechnik, des Umweltschutzes und der Medizin von zunehmender Bedeutung, so daß sie sich zu eigenen verfahrenstechnischen Disziplinen entwickelten, ohne jedoch neue Methoden zu verwenden.

Die Teilgebiete der Prozeß-V. haben viele Gemeinsamkeiten. Außer den gemeinsamen physikalisch-chemischen Grundlagen trifft dies für die gemeinsamen Grundlagen der technischen →Strömungsphysik und der technischen Thermodynamik zu. Auf Grund des großen Umfangs des Gebiets der Prozeß-V. ist die Aufteilung in mechanische-, t., chemische und Bio-V. sowie Prozeß- und Anlagentechnik dennoch zweckmäßig und sinnvoll. Besonders wichtige Einzelthemen werden nach Bedarf zu eigenen Fachgebieten der V. zusammengefaßt.

Schwerpunkt der Prozeß-V. ist die quantitative Beschreibung (Modellierung) der Prozesse mit möglichst allgemein anwendbaren Methoden. Demgegenüber werden konstruktive Überlegungen zur Ausführung im Fach Apparatebau behandelt.

Die Basis für die Berechnung verfahrenstechnischer Prozesse sind die Grundgesetze der Physik und Chemie:

☐ Die Erhaltungssätze für Energie und Masse. Diese werden in der V. häufig als Enthalpie- und Stoffbilanzen formuliert. Die Erhaltung des Impulses spielt in der V. nur eine untergeordnete Rolle.

☐ Die Gleichgewichte. Hier werden physikalische (Phasengleichgewichte) und chemische Gleichgewichte unterschieden. Erstere sind für die t. V. von ausschlaggebender Bedeutung, da ein großer Teil der Prozesse der t. V. auf einer Störung des Phasengleichgewichts beruht. Chemische Gleichgewichte spielen in der t. V. eine nicht zu unterschätzende Rolle, z. B. zur Kapazitätserhöhung von Lösungsmitteln durch chemische Reaktionen. Sie werden jedoch nur von ihrem Ergebnis her betrachtet, z. B. der Löslichkeit in einem chemischen Absorptionsmittel, während die reaktionstechnische Seite der chemischen V. vorbehalten bleibt.

☐ Die Kinetik. Diese gibt die Geschwindigkeit an, mit der ein im Ungleichgewicht befindliches System sich dem Gleichgewichtszustand nähert. Dazu gehören die Vorgänge des Wärmeübergangs und der Stoffübertragung sowie die Reaktionsgeschwindigkeit. Hierunter fallen auch die Vorgänge der Ein- und Mehrphasenströmung, da diese die Kinetik, nicht jedoch das Gleichgewicht beeinflussen.

Sind die Beziehungen dieser drei Bereiche für einen Prozeß hinreichend bekannt, kann dieser quantitativ beschrieben werden.

Unter Berücksichtigung der Besonderheiten einzelner Prozesse sind diese Beziehungen detailliert zu formulieren, um zu einer quantitativen Darstellung zu gelangen. Die speziellen Beziehungen hierfür werden in den Teilgebieten der t. V., der Wärme- und Stoffübertragung, den Phasengleichgewichten und den Trennprozessen behandelt.

Das Gebiet der Wärmeübertragung ist in der Prozeßtechnik von außerordentlicher Bedeutung. Es wird seiner Bedeutung wegen meist als gesondertes Fach behandelt. Der →Stoffübergang ist wie die Wärmeübertragung ein kinetischer Vorgang und gehorcht ähnlichen Grundgesetzen. In vielen Fällen kann man Vorgänge analog behandeln. Deshalb werden Wärme- und Stoffübergang häufig zusammengefaßt.

Das Gebiet der Phasengleichgewichte ist für die t. V. deswegen von überragender Bedeutung, weil die meisten und wichtigsten Prozesse auf Grund eines gestörten Phasengleichgewichts ablaufen. Eine besondere Rolle spielen hier die Gleichgewichte in fluiden Mischungen mit mehr als zwei

Komponenten, da diese vorwiegend für die t. V. benötigt werden.

Die Prozesse der V. haben eine Veränderung der Zusammensetzung der bearbeiteten Mischung zum Ziel. Derartige Prozesse sind fast ausschließlich Trennprozesse (→Trennprozeß, thermischer). Trennprozesse oder Trennverfahren sind solche Operationen, durch die eine Mischung aus Stoffen in zwei oder mehr Produkte getrennt wird, die sich voneinander in ihren Eigenschaften unterscheiden. Merkmale von Trennverfahren: Das Grundschema eines Trennverfahrens ist in Bild 1 dargestellt. Der Zulauf, bestehend aus einer Mischung verschiedener Stoffe, wird einem Trennapparat zugeführt. Als Produkte entstehen wenigstens zwei Stoffströme, die sich hinsichtlich ihrer Eigenschaften unterscheiden. Die Trennung im Trennapparat wird durch das Hinzufügen eines dritten Stromes hervorgerufen, der nur aus Energie und/oder aus einem Stoffstrom bestehen kann. Die zu trennende Stoffmischung kann homogen oder heterogen sein.

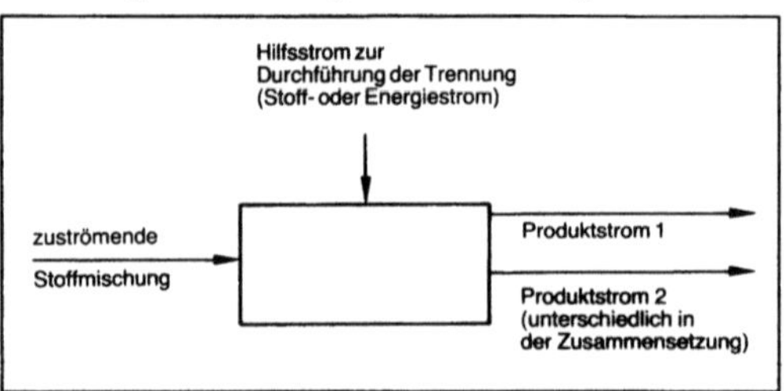

Verfahrenstechnik, thermische 1: Trennverfahren (Grundschema).

Eine heterogene Stoffmischung besteht aus mehr als einer →Phase. Der Trennapparat dient lediglich dazu, die Phasen zu trennen. Beispielsweise dienen Filter und Zentrifugen dazu, um feste und flüssige Phasen aus einem in Breiform vorliegenden Zulauf zu trennen. Derartige Trennverfahren werden unter dem Begriff mechanische Trennverfahren zusammengefaßt. Homogen in eine Trennapparatur eintretende Stoffströme erfordern einen Stoffübergang durch Diffusionsprozesse aus dem Eingangsstrom in einen der Produktströme auf Grund von physikalisch-chemischen Potentialdifferenzen. Diese Trennverfahren werden als physikalisch-chemische Trennverfahren bezeichnet. Die meisten physikalisch-chemischen Trennverfahren beruhen auf der Tendenz, daß sich ein Gleichgewichtszustand zwischen zwei untereinander nicht mischbaren Phasen einstellen will. Dabei ist die Zusammensetzung der Phasen im Gleichgewicht voneinander unterschiedlich. Beispiele hierfür sind die Trennverfahren der Destillation, Extraktion, Absorption, Verdampfung und Kristallisation. Derartige physikalisch-chemische Trennverfahren werden als gleichgewichtsbestimmte Trennverfahren bezeichnet. Andererseits

beruhen einige Trennverfahren auf der unterschiedlichen Transportgeschwindigkeit von Stoffen durch ein Medium auf Grund eines durch Gradienten von Temperatur, Druck, Zusammensetzung, elektrischem Potential u. a. hervorgerufenen Kraftfelds. Diese Prozesse werden als kinetisch bestimmte Trennverfahren bezeichnet.

In der Tabelle sind die gängigsten Trennverfahren entsprechend der vorgenommenen Einteilung zusammengestellt. Im Grunde ist es möglich, auf nahezu allen bekannten physikalischen Phänomenen des Stofftransports und der Phasengleichgewichte ein Trennverfahren aufzubauen. Die Möglichkeiten der Vielzahl von Trennverfahren können durch die geschickte Anwendung chemischer Reaktionen noch erheblich erweitert werden. Ein Beispiel hierfür ist die Extraktion mit Stoffen, die chemische Komplexe bilden und dadurch die Selektivität eines Trennverfahrens erheblich verbessern können.

Mechanische und physikalisch-chemische Trennverfahren unterscheiden sich auch durch die Größe der Teilchen, auf die der Trennvorgang einwirkt. Während bei physikalisch-chemischen Trennverfahren die Trennung im Bereich der Moleküle erfolgt, wirken mechanische Trennverfahren auf Bereiche (Partikel, Tröpfchen), die eine Vielzahl von Molekülen umfassen. Übergänge zwischen beiden Kategorien der Trennverfahren sind z. B. im Bereich der Ultrafiltration und der →Isotopentrennung durch Gaszentrifugen zu finden.

Das Ausmaß einer Stofftrennung, das bei einem bestimmten Trennverfahren erreicht wird, kann durch den Trennfaktor α angegeben werden. Er ist das Verhältnis der Konzentrationen in den Produktströmen:

$$\alpha = \frac{x_{i1} / x_{i2}}{x_{j1} / x_{j2}} = \frac{x_{i1} / x_{j1}}{x_{i2} / x_{j2}};$$

darin bedeuten x Molanteile oder Massenanteile, i, j Komponente i bzw. j, 1, 2 Produktstrom (Phase) 1 bzw. 2.

Eine wirkungsvolle Trennung zwischen den Komponenten findet statt, wenn der Trennfaktor wesentlich von 1 unterschieden ist.

Trennfaktoren hängen i. a. von den Zustandsgrößen und den Konzentrationen der betrachteten zwei Stoffe ab sowie vom Anteil anderer Stoffe in der Mischung:

$$\alpha = \alpha\ (x_i, x_j, x_k \ldots, P, T).$$

Für die Durchführung von gleichgewichtsbestimmten Stofftrennungen ist es wesentlich zu beachten, daß auch ein ausreichender Trennfaktor zwischen zwei im Gleichgewicht stehenden Phasen keine hinreichende Bedingung für die Erreichung des Trennziels ist. Bei Gleichgewicht liegt zwar der

Verfahrenstechnik, thermische. Tabelle: Physikalisch-chemische Trennverfahren (Fortsetzung nächste Seite).

Verfahren	Zulauf	Trennmedium	Produkte	Trennprinzip	Beispiel
gleichgewichtsbestimmte Trennverfahren					
Verdampfung	Flüssigkeit	Wärmeenergie	Flüssigkeit Dampf	große Unterschiede im Dampfdruck	Eindicken von Fruchtsäften
Destillation	Flüssigkeit Gas	Wärmeenergie	Flüssigkeit Dampf	Unterschiede im Dampfdruck. Flüchtigkeiten vergleichbar groß	Ethanol – Wasser
Kristallisation	Flüssigkeit	Entzug oder Zufuhr von Wärmeenergie	Flüssigkeit Feststoff	Unterschiede im Gefrierpunkt	Zuckergewinnung aus Lösungen
Trocknen	feuchter Feststoff	Wärmeenergie	trockener Feststoff Wasserdampf	sehr großer Unterschied in der Flüchtigkeit von Feststoff und Wasser. Verdampfen bzw. Verdunsten von Wasser	Entwässern von Lebensmitteln
Gefriertrocknen	Eis und Feststoff	Wärmeenergie	trockener Feststoff und Wasserdampf	sehr großer Unterschied in der Flüchtigkeit von Feststoff und Wasser. Sublimation von Wasser	Entwässern von Lebensmitteln (schonend)
Desublimieren	Gas	Abfuhr von Wärmeenergie	Feststoff Gas	Unterschied in der Flüchtigkeit	Herstellung von Phthalsäureanhydrid
Zonenschmelzen	Feststoff	Wärmeenergie	Feststoff	Unterschiede im Schmelzpunkt	Reinigung von Metallen
Strippen	Flüssigkeit	überkritisches Gas	Flüssigkeit Gas	Unterschied in den Flüchtigkeiten	Entfernen flüchtiger Bestandteile aus Ölen
Absorption	Gas	Flüssigkeit	Flüssigkeit Gas	unterschiedliche Löslichkeit in der Flüssigkeit	Auswaschen von CO_2, H_2S aus Erdgasen mit Ethanolaminen
Extraktion	Flüssigkeit	Flüssigkeit, nicht mischbar mit Zulauf	zwei Flüssigkeiten	unterschiedliche Löslichkeiten in den flüssigen Phasen	Extraktion von Xylol
Feststoffextraktion	Feststoff	Lösungsmittel	Flüssigkeit Feststoff	unterschiedliche Löslichkeit im Lösungsmittel	Gewinnung von Kupfersulfat aus Erzen
Adsorption	Gas oder Flüssigkeit	Feststoff	Feststoff, Flüssigkeit, Gas	unterschiedliche Neigung zur Anlagerung an Grenzflächen	Trocknen mit Zeolithen
Ionenaustausch	Flüssigkeit	festes Harz	Flüssigkeit festes Harz	chemische Reaktion zwischen Ionen	Enthärten von Wasser
Schaumtrennung	Flüssigkeit	Strom von aufsteigenden Gasblasen, evtl. oberflächenaktiver Stoff	zwei Flüssigkeiten	Neigung von oberflächenaktiven Stoffen, sich an der Grenzfläche Gas-Flüssigkeit anzureichern	Flotation von Erzen, Abwasseraufbereitung
Gasextraktion	Flüssigkeit Feststoff	überkritisches Gas bei hohem Druck	Gas, Flüssigkeit, Feststoff	Unterschied in den Flüchtigkeiten	Entkoffeinieren von Kaffee
extraktive und azeotrope Destillation	Flüssigkeit Gas	Wärmeenergie Flüssigkeit	Flüssigkeit Gas	Unterschied in den Flüchtigkeiten	Gewinnung von Butadien

größte theoretische Trennfaktor vor und damit die weitestgehende Trennmöglichkeit; es läuft jedoch kein Stofftransport mehr ab. Der Trennfaktor bei Gleichgewicht repräsentiert das treibende Potential. Der Trennvorgang wird jedoch erst durch den Stofftransport zwischen zwei Stoffströmen unterschiedlicher Zusammensetzung vervollständigt. Geeignete Vorrichtungen (Austauschböden, Füllkörperpackungen) dienen dazu, einen möglichst hohen Stoffstrom zwischen den Phasen bei weitgehender Annäherung an das Gleichgewicht zu erreichen.

noch Verfahrenstechnik, thermische. Tabelle: Physikalisch-chemische Trennverfahren.

Verfahren	Zulauf	Trennmedium	Produkte	Trennprinzip	Beispiel
kinetisch bestimmte Trennverfahren					
Gasdiffusion	Gas	Druckgradient	Gase	Unterschied in der Knudsen-Diffusion durch eine poröse Trennfläche	Konzentration von $^{235}UF_6$ aus natürlichem UF_6
Elektrodialyse	Flüssigkeit	elektrisches Feld anionische und kationische Membranen	Flüssigkeiten	Neigung anionischer Membranen, nur Anionen durchzulassen	Entsalzung von Brackwasser
umgekehrte Osmose	Flüssigkeit	Druckgradient Membran	zwei Flüssigkeiten	unterschiedliche Löslichkeiten und Diffusionsgeschwindigkeiten in den Membranen	Meerwasserentsalzung, Abwasseraufbereitung
Ultrafiltration	Flüssigkeit mit großen gelösten Molekülen oder Kolloiden	Druckgradient Membran	zwei Flüssigkeiten	unterschiedliche Durchlässigkeit der Membran für verschieden große Moleküle	Abwasseraufbereitung, künstliche Niere
Molekulardestillation	Flüssigkeit	Wärmeenergie Vakuum	Flüssigkeit Gas	Unterschiede in der Verdampfungsgeschwindigkeit	Trennung der Vitamin A-Ester

Bei kinetisch bestimmten Trennprozessen gilt als inhärenter Trennfaktor (oft als Selektivität bezeichnet) für einen bestimmten Trennprozeß derjenige, der bei einmaliger Anwendung des Trennprinzips erreicht wird, ohne daß nennenswerte Stoffströme auftreten, die selber wiederum den Trennfaktor beeinflussen. Beispielsweise ist die Permeabilität bei der Gaspermeation durch eine Membran bei konstanten Randbedingungen für das permeierende Gas und die verwendete Membran charakteristisch. Ein anderes Gas weist eine hiervon unterschiedliche Permeabilität auf. Auf Grund dieser unterschiedlichen Wanderungsgeschwindigkeiten in der Membran können die Gase getrennt werden. Das Verhältnis der Permeabilitäten ist der inhärente Trennfaktor (Selektivität) für dieses Trennverfahren. Da sich die beiden permeierenden Gasströme gegenseitig beeinflussen, wird der reale Trennvorgang hiervon abweichen.

Prozesse der t. V. kann man auf verschiedene Weise durchführen (Trennverfahren, Modus). Außer stationärer und instationärer Betriebsweise sind einstufig und mehrstufig geführte Prozesse üblich. Die Führung der Stoffströme kann sich im Gleich-, Kreuz- oder Gegenstrom vollziehen. Die Stoffströme können in sich völlig vermischt oder mit Gradienten geführt werden. Die Art der Durchführung eines Prozesses bestimmt dessen Auslegung (mathematische Modellierung). Damit lassen sich Prozesse, die auf völlig unterschiedlichen Phänomenen beruhen, bei analoger Durchführung mit denselben Methoden mathematisch behandeln.

Eine wichtige Größe zum Kennzeichnen der Wirksamkeit technischer Vorrichtungen ist der Wirkungsgrad. Er ist das Verhältnis des erreichten Werts zum theoretischen Wert. Bei Trennverfahren sehr gebräuchlich ist der Murphree-Wirkungsgrad v oder Punktwirkungsgrad, der für einen bestimmten Kontrollabschnitt im Prozeß die tatsächliche Konzentrationsänderung einer zu trennenden Mischung im Vergleich zur maximal möglichen (z. B. bei Gleichgewicht) ausdrückt:

$$v = \frac{x_{1i,\,aus} - x_{1i,\,ein}}{x_{1i}^+ - x_{1,i\,ein}};$$

darin bedeuten x_{1i} Konzentration der Komponente i in Phase 1, aus, ein austretender bzw. eintretender Strom, x_{1i}^+ Zusammensetzung der Phase 1, die mit der tatsächlichen Austrittszusammensetzung der Phase 2 im Gleichgewicht steht.

Eine andere wichtige Größe ist der Energiebedarf von Trennprozessen. Als Ausgangspunkt der Betrachtung bietet sich die nach der Thermodynamik gegebene minimale theoretische Trennarbeit an, die aufzubringen ist, um eine bestimmte Mischung in ihre Bestandteile zu zerlegen. Diese minimale Arbeit kann durch die Analyse eines hypothetischen reversiblen und daher isothermen Prozesses gewonnen werden. Eine der Folgerungen des →zweiten Hauptsatzes der Thermodynamik ist, daß jeder beliebige reversible Prozeß zum gleichen Ergebnis führt, das nur von Druck, Temperatur und Zusammensetzung der zu trennenden Ausgangsmischung und dem Zustand der getrennten Komponenten abhängt. Diese minimale Trennarbeit ergibt sich für eine binäre Mischung zu

$$W_{min,T} = -RT(x_{AF} \cdot \ln(\gamma_A \cdot x_{AF}) + (1 - x_{AF}) \ln(\gamma_B \cdot x_{BF}));$$

darin sind R →Gaskonstante, T Temperatur, x_{AF}, x_{BF} Konzentrationen der Komponenten A und B in der Mischung F, γ_A, γ_B Aktivitätskoeffizienten, die das Abweichen der betrachteten Mischung vom Verhalten einer idealen Mischung berücksichtigen.

Für eine ideale Mischung, die ursprünglich 50% Stoffmengenanteil jeder Komponente enthält, beträgt die minimale notwendige Trennbarkeit je →Mol:

$$W_{min} = 0,693 \cdot R \cdot T.$$

Die minimale Trennbarkeit ist für die in einem Trennprozeß aufzuwendende Energie ein unterer Grenzwert. In den meisten Fällen muß man erheblich mehr Energie aufwenden. Der wirkliche Energieverbrauch sei am Beispiel einer Destillation (der Einfachheit halber für ein eng siedendes Gemisch, z. B. Propan-Propylen) für den Grenzfall des Mindestrücklaufverhältnisses betrachtet. Beim Mindestrücklaufverhältnis ist der Energieaufwand für eine bestimmte Trennung ein Minimum, da die umlaufenden Ströme und damit die zu- und abzuführenden Wärmemengen am geringsten sind. Jedoch geht die notwendige Stufenzahl gegen unendlich. Die Gasmenge G_{min} bei der Destillation einer binären Mischung ergibt sich für diesen Fall aus $G_{min} = v_{min} \cdot F$, mit v_{min} als Mindestrücklaufverhältnis. Für $F = 1$ Mol und $v_{min} = 1/(\alpha - 1)$, wobei α der Trennfaktor oder das Verhältnis der Flüchtigkeiten der zu trennenden Komponenten ist, erhält man:

$$G_{min} = 1/(\alpha - 1).$$

Aus der Gleichung von *Clausius-Clapeyron* ergibt sich:

$$\frac{d \ln P^o}{d\,(1/T)} = \frac{\Delta H_v}{R};$$

darin bedeuten P^o Dampfdruck und H_v Verdampfungsenthalpie. Der Dampfdruck der flüchtigen Komponenten im Sumpf entspricht etwa α-mal dem Kolonnendruck. Damit kann diese Gleichung zwischen der Temperatur im Verdampfer T_v und der Temperatur im Kondensator T_K integriert werden, und man erhält

$$\ln\alpha = \frac{\Delta H_v}{R}\left(\frac{1}{T_K} - \frac{1}{T_v}\right).$$

Wegen der nahe beieinander siedenden Komponenten kann $\ln\alpha \approx \alpha - 1$ gesetzt werden. Damit ergibt sich

$$\alpha - 1 = \frac{\Delta H_v}{R}\left(\frac{1}{T_K} - \frac{1}{T_v}\right).$$

Die zur Destillation benötigte Wärmeenergie erhält man aus der minimalen Gasmenge und der Verdampfungsenthalpie zu

$$Q = G_{min} \cdot \Delta H_v = \frac{T_K}{T_v - T_K} \cdot R \cdot T_v.$$

Für bei etwa 400 K mit einem Temperaturunterschied von 10 K siedende Komponenten ergibt sich durch Vergleich des Ergebnisses mit der theoretisch notwendigen Energie, daß man etwa das 50–60fache der minimalen Trennarbeit für eine tatsächliche Trennung durch Destillation aufwenden muß.

Der Bezugspunkt der minimalen theoretischen Trennarbeit zur Definition eines Wirkungsgrads erscheint daher nicht als sehr zweckmäßig insbes., da alle Wärmemengen bei diesem Vergleichsprozeß bei einer Temperatur zu- oder abgeführt werden müssen, was dem Prinzip der Destillation widerspricht. Bei einer Analyse großer Anlagen zwecks Optimierung des Energieverbrauchs ergeben sich aus der Verwendung der minimalen Trennarbeit als Bezugspunkt Schwierigkeiten. Der niedrige Zahlenwert des über die minimale theoretische Trennarbeit definierten Wirkungsgrads täuscht fälschlicherweise eine mit einfachen Mitteln mögliche Verbesserung vor. Zu geeigneteren Definitionen des Wirkungsgrads gelangt man über das Konzept der →Exergie.

Die Auswahl eines Trennprozesses für ein gegebenes Trennproblem ist eine komplexe Aufgabe, bei der u. a. zu berücksichtigen sind: Durchführbarkeit, Wert des Produkts, Durchsatz, Schädigung des

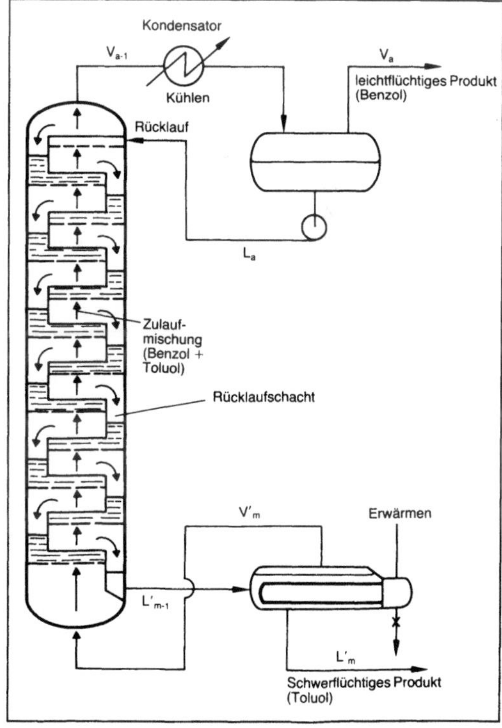

Verfahrenstechnik, thermische 2: Destillationskolonne zur kontinuierlichen Trennung von Zweistoffgemischen in seine Produkte.

Produkts, Beanspruchung der Trennapparaturen, Trennfaktor und molekulare Eigenschaften (Bild 2). *Brunner*

Literatur: *Grassmann, P.,* u. *F. Widmer:* Einführung in die thermische Verfahrenstechnik. Berlin 1974. – *Kfarow, W. W.:* Grundlagen der Stoffübertragung. Berlin 1977. – *King, C. J.:* Separation Processes. 2. Aufl. New York 1980. – *Mersmann, A.:* Thermische Verfahrenstechnik. Berlin, Heidelberg, New York 1980. – *Onken, U.:* Thermische Verfahrenstechnik. München 1975. – *Perry, R. H., D. W. Green,* u. *J. O. Maloney* (Hrsg.): Perry's Chemical Engineers' Handb. 6. Aufl. New York 1980. – *Rousseau, R. W.* (Hrsg.): Handb. Separation Process Technology. New York 1987. – *Sattler, K.:* Thermische Trennverfahren. Würzburg 1977. – *Schweitzer, Ph. A.* (Hrsg.): Handb. Separation Techniques for Chemical Engineers. New York 1979. – *Treybal, R. E.:* Mass transfer operations. New York 1968. – *Weiß, S.,* u. *K.-E. Militzer:* Thermische Verfahrenstechnik I, II. 4. Aufl. Leipzig 1986.

Verfestigung, kinematische →Anisotropie

Verfügbarkeit (Zuverlässigkeit). Die Verfügbarkeit V(t) ist die →Wahrscheinlichkeit, daß eine reparierbare Komponente im funktionsfähigen Zustand ist. Bei bekannter →Ausfallrate λ und bekannter Reparaturrate μ berechnet sich die V. aus dem die Markow-Kette (Bild 1) beschreibenden System von →Differentialgleichungen.

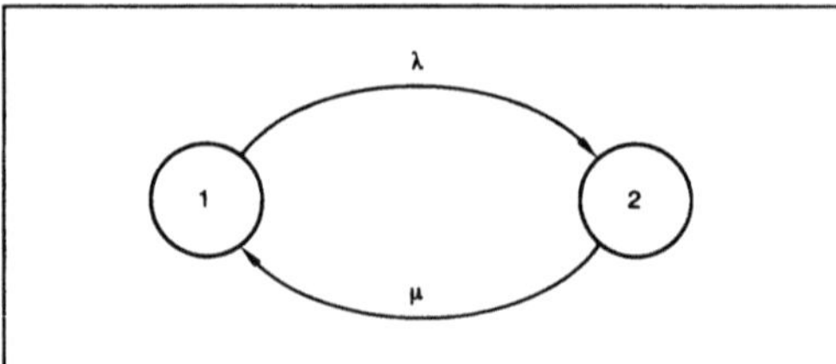

Verfügbarkeit (Zuverlässigkeit) 1: Markow-Kette für eine Komponente mit Erneuerung.

λ Ausfallrate, μ Reparaturrate; Zustand 1: Gerät ist funktionsfähig, Zustand 2: Gerät ist ausgefallen und in Reparatur

Im Zustand 1 ist die Komponente funktionsfähig, d. h. verfügbar. Im Zustand 2 ist die Komponente ausgefallen, d. h. nicht verfügbar. Mit der Ausfallrate λ geht die Komponente vom Zustand 1 in den Zustand 2 über. Mit der Reparaturrate μ wird die Komponente in den funktionsfähigen Zustand wieder zurückgeführt. Die Besetzungswahrscheinlichkeit des Zustands i wird mit w_i und ihre zeitliche Änderung wird mit $\dot{w}_i = dw_i/dt$ bezeichnet. Zu der Markow-Kette gehören die folgenden Differentialgleichungen:

$$\dot{w}_1 = -\lambda w_1 + \mu w_2,$$

$$\dot{w}_2 = \lambda w_1 - \mu w_2.$$

Mit den Anfangswerten $w_1(t=0) = a$, $w_2(t=0) = 1-a$ und der Randbedingung $w_1 + w_2 = 1$ ergibt sich die Wahrscheinlichkeit w_1 für die Besetzung des Zustands 1 zu

$$w_1(t) = \frac{\mu}{\lambda+\mu} + \left(a - \frac{\mu}{\lambda+\mu}\right) e^{-(\lambda+\mu)t}.$$

Aus der Randbedingung läßt sich dann auch

$$w_2(t) = 1 - w_1(t)$$

berechnen.

Die Verfügbarkeit V(t) ist die Besetzungswahrscheinlichkeit für den Zustand 1. Ihr Einserkomplement ist die →Nichtverfügbarkeit oder →Unverfügbarkeit U(t). Die Nichtverfügbarkeit als Besetzungswahrscheinlichkeit für den Zustand 2 ergibt sich für a = 1 zu

$$w_2(t) = U(t) = \frac{\lambda}{\lambda+\mu} - \frac{\lambda}{\lambda+\mu} e^{-(\lambda+\mu)t}.$$

Während bei nicht reparierbaren Einheiten die →Überlebenswahrscheinlichkeit R(t) und die →Ausfallwahrscheinlichkeit F(t) die →Zuverlässigkeit charakterisieren (Lebensdauerverteilung), sind es bei reparierbaren Komponenten die Kenngrößen Verfügbarkeit V(t) und Nichtverfügbarkeit U(t). Bei kleinem Exponenten $(\lambda+\mu)t < 1$ unterscheiden sich die Funktionen F und U nicht (Bild 2). Ist die Ausfallwahrscheinlichkeit sehr klein, so ist naturgemäß keine Reparatur erforderlich, und die Kurve für die Unverfügbarkeit fällt mit der der Ausfallwahrscheinlichkeit zusammen. Aus den entsprechenden Gleichungen entstehen dieselben Näherungen:

$$F(t) = \lambda t \text{ für } \lambda t < 1,$$

$$U(t) = \lambda t \text{ für } (\lambda+\mu) < 1.$$

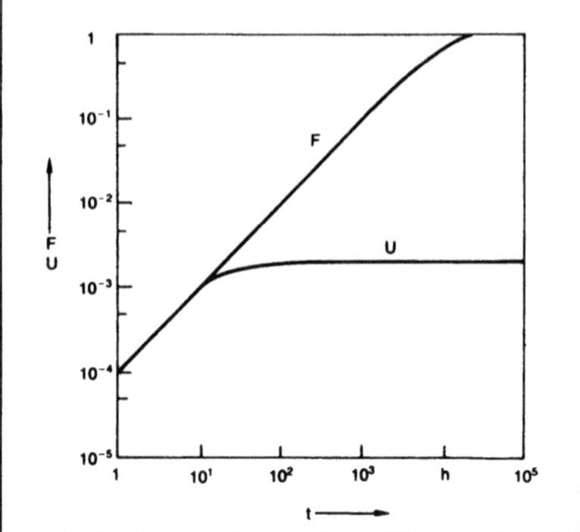

Verfügbarkeit (Zuverlässigkeit) 2: Infolge der Erneuerung ist die Unverfügbarkeit U im stationären Fall sehr viel kleiner als die Ausfallwahrscheinlichkeit F.

Ausfallrate $\lambda = 10^{-4}$ h⁻¹, Reparaturrate $\mu = 5 \cdot 10^{-2}$ h⁻¹

Bei größeren Zeiten und größeren Ausfallwahrscheinlichkeiten kommt dann aber der Vorteil der Reparatur zum Tragen. Nach einer genügend langen Zeit ist eine nicht reparierte Komponente mit Sicherheit ausgefallen, $F(t \to \infty) = 1$, während eine wiederherstellbare Einheit nur mit der Wahrscheinlichkeit $U(t \to \infty)$ nicht verfügbar ist. Dieser stationäre Wert der Unverfügbarkeit ist etwa nach $5/\mu = 5$ MTTR erreicht:

$$U(t \to \infty) = w_2(t \to \infty) = \frac{\lambda}{\lambda + \mu}.$$

Im allgemeinen ist die Ausfallrate sehr viel kleiner als die Reparaturrate und kann dementsprechend im Nenner der obigen Gleichung vernachlässigt werden:

$$U(t \to \infty) = \frac{\lambda}{\mu} \text{ für } \lambda < \mu.$$

Bei den Zahlenwerten in Bild 2 beträgt die stationäre Unverfügbarkeit $2 \cdot 10^{-3}$. In 99,8 % der Zeit ist das Gerät betriebsfähig und in 0,2 % der Zeit in Reparatur.

Indem in der Gleichung für $U(t)$ Zähler und Nenner mit $1/\lambda\mu$ multipliziert werden, läßt sich die stationäre Nichtverfügbarkeit auch durch die Zeiten MTTR und MTBF ausdrücken:

$$U(t \to \infty) = w_2(t \to \infty) = \frac{\lambda}{\lambda + \mu} = \frac{1/\mu}{1/\mu + 1/\lambda}$$

$$= \frac{\text{MTTR}}{\text{MTBF} + \text{MTTR}}.$$

Entsprechend ergibt sich die stationäre V. zu

$$V(t \to \infty) = w_1(t \to \infty) = \frac{\mu}{\lambda + \mu} = \frac{1/\lambda}{1/\lambda + 1/\mu} =$$

$$= \frac{\text{MTBF}}{\text{MTBF} + \text{MTTR}}. \quad \textit{Schrüfer}$$

Verfügbarkeit, sicherheitsbezogene. Für die Berechnung der s. V. und für die der sicherheitsbezogenen →Nichtverfügbarkeit werden nur die die Sicherheit berührenden, die gefährlichen Ausfälle betrachtet (Ausfalleffektanalyse). Die Ausfallrate für die gefährlichen erkennbaren Ausfälle ist λ_{21}, die für die gefährlichen nicht erkennbaren Ausfälle ist λ_{22}. Unterstellt wird, daß auf ein Reservegerät umgeschaltet wird ($\mu \to \infty$), sobald die ersteren mit der Ausfallerkennungsrate ε_1 gefunden sind. Die nicht erkennbaren Ausfälle werden nicht entdeckt. Die Komponente ist gefährlich ausgefallen oder für die Sicherheit nicht verfügbar bei mindestens einem der beiden Ereignisse:

□ $\bar{E}_1$: Die Komponente ist wegen erkennbarer Ausfälle nicht verfügbar. Die →Wahrscheinlichkeit

hierfür wird konservativ mit dem maximal möglichen Wert abgeschätzt zu

$$w(\bar{E}_1) = w_{21} = \frac{\lambda_{21}}{\varepsilon_1};$$

□ $\bar{E}_2$: Die Komponente ist nicht erkennbar gefährlich ausgefallen:

$$w(\bar{E}_2) = w_{22} = 1 - e^{-\lambda_{22}t} \approx \lambda_{22}t \text{ für } \lambda_{22}t \ll 1.$$

Die gesamte sicherheitsbezogene →Unverfügbarkeit U_s errechnet sich als die Summe der Einzelwahrscheinlichkeiten für $\lambda_{22}t \ll 1$ zu

$$U_s(t) \approx \frac{\lambda_{21}}{\varepsilon_1} + \lambda_{22}t.$$

Die s. V. $V_s(t)$ ergibt sich als das Einserkomplement zur Unverfügbarkeit $U_s(t)$ zu

$$V_s(t) = 1 - \frac{\lambda_{21}}{\varepsilon_1} - \lambda_{22}t.$$

Bei den in der Praxis vorkommenden Zahlenwerten des Bildes ist nach etwa 1000 h die →Ausfallwahrscheinlichkeit infolge nicht erkennbarer Ausfälle größer als die Unferfügbarkeit infolge erkennbarer Ausfälle und bestimmt damit die gesamte sicherheitsbezogene Unferfügbarkeit, obwohl die Ausfallrate für die nicht erkennbaren Ausfälle nur 1 % der Ausfallrate für die erkennbaren betrug. *Schrüfer*

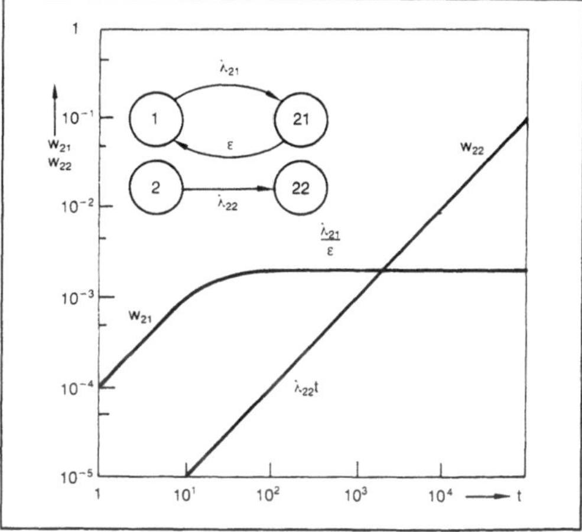

Verfügbarkeit, sicherheitsbezogene: Sicherheitsbezogene Unverfügbarkeit bei Ausfallerkennung mit sofortiger Reparatur.

Ausfallrate $\lambda_{21} = 1 \cdot 10^{-4}$ h⁻¹, Ausfallerkennungsrate $\varepsilon_1 = 5 \cdot 10^{-2}$ h⁻¹, Ausfallrate $\lambda_{22} = 1 \cdot 10^{-6}$ h⁻¹

Literatur: *Schrüfer, E.*: Zuverlässigkeit von Meß- und Automatisierungseinrichtungen. München 1984.

Verfügbarkeit redundanter Systeme. Die Reparatur ist das wirksamste Mittel, um die V. eines Systems zu verbessern. Bei dem aktiv redundanten

System mit zueinander parallelen Kanälen wird zunächst ein Kanal ausfallen. Das System ist über die parallelen Wege noch funktionsfähig. Der ausgefallene Kanal läßt sich reparieren. Das (m von n)-System versagt erst dann, wenn von den vorhandenen n Kanälen mehr als n−m ausgefallen sind (→Redundanz, →Ausfallwahrscheinlichkeit redundanter Systeme).

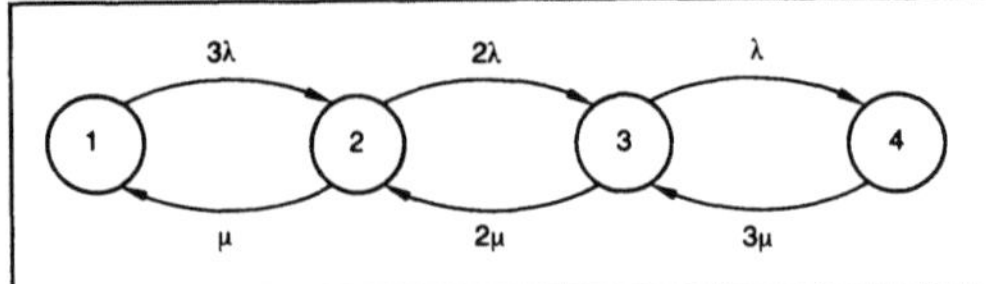

Verfügbarkeit redundanter Systeme 1: Markow-Kette eines reparierbaren (1 von 3)-Systems.

In den Fällen, in denen keine Einschränkung für die Reparatur wirksam ist, läßt sich dieser Sachverhalt mit der Markow-Kette (Bild 1) für ein (1 von 3)-System verdeutlichen. Die einzelnen Zustände sind wie folgt definiert:
□ Zustand 1: Drei Einheiten sind funktionsfähig und in Betrieb.
□ Zustand 2: Zwei Einheiten sind in Betrieb, eine Einheit ist ausgefallen.
□ Zustand 3: Eine Einheit ist in Betrieb, zwei Einheiten sind ausgefallen.
□ Zustand 4: Alle Einheiten sind ausgefallen.

Mit der →Ausfallrate λ oder der Reparaturrate μ wechselt das System seine Zustände. Es hat keinen absorbierenden Zustand. Nach einer gewissen Betriebszeit ist ein Gleichgewicht zwischen Ausfall und Reparatur erreicht. Der stationäre Wert für die Besetzungswahrscheinlichkeit des Zustands 4 ist deutlich kleiner als 1:

$$w_4(t\to\infty) < 1.$$

Die →Nichtverfügbarkeit für den stationären Fall ergibt sich zu

$$p = U(t\to\infty) = \frac{\lambda}{\lambda+\mu}.$$

Die entsprechenden Werte enthält die Tabelle.

System	stationäre Nichtverfügbarkeit
Einzelkomponente	$\dfrac{\lambda}{\lambda+\mu}$
(1 von n)-System	$\left(\dfrac{\lambda}{\lambda+\mu}\right)^n$
(2 von 3)-System	$3\left(\dfrac{\lambda}{\lambda+\mu}\right)^2 - 2\left(\dfrac{\lambda}{\lambda+\mu}\right)^3$

Der stationäre Wert (Bild 2) der Nichtverfügbarkeit ist nach etwa 5 mittleren Reparaturzeiten erreicht (→MTTR).

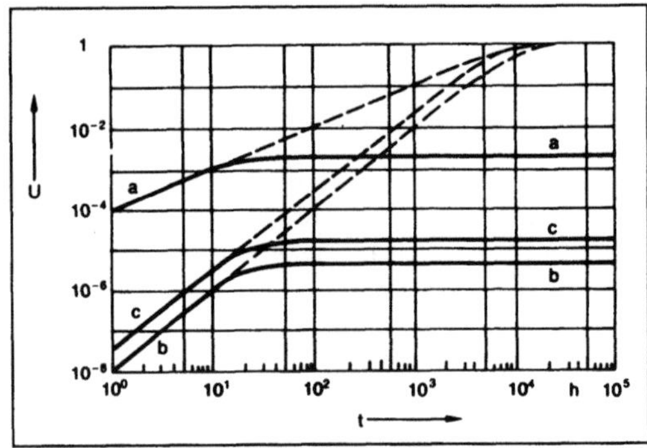

Verfügbarkeit redundanter Systeme 2: Unverfügbarkeit reparierbarer Systeme mit $\lambda = 10^{-4}\ h^{-1}$ und $\mu = 5\cdot10^{-2}\ h^{-1}$.

a Einzelkomponente, b (1 von 2)-System mit aktiver Redundanz, c (2 von 3)-System mit aktiver Redundanz
Die gestrichelten Kurven zeigen die Ausfallwahrscheinlichkeiten der Systeme, wenn diese nicht repariert werden.

Der Gewinn an V. durch die Reparatur tritt nur dann ein, wenn die Ausfälle erkannt sind und anschließend beseitigt werden. Liegen nicht entdeckte Ausfälle vor, so ist nicht mit der →Unverfügbarkeit, sondern mit der Ausfallwahrscheinlichkeit zu rechnen. Letztere erreicht nach einer gewissen Zeit den Wert 1. Eine vollständige →Ausfallerkennung ist also auch für Auswahlschaltungen wichtig. *Schrüfer*

Vergleichsspannung →Bruchhypothese

Verhältnisleitgerät. Zum Führen von Verhältnisregelungen sind in pneumatisch und z. T. auch in elektrisch instrumentierten Prozeßleitsystemen zusätzlich zu den Kompaktreglern V. erforderlich. Sie multiplizieren den Durchflußwert des Führungsreglers mit einem Faktor, der entweder mit einem Handsteller oder durch ein externes Eingangssignal vorgegeben werden kann (→Durchflußregelung). *Strohmann*

Verkrustung. V. ist die Anlagerung von Feststoffteilchen an Flächen innerhalb von Apparaten (z. B. an Heizflächen). Zur Vermeidung von V. bei der Kristallisation sollten u. a. Ecken, Kanten, Umlenkungen, Toträume und Querschnittsveränderungen vermieden werden. Der Durchmischungsgrad und die Geschwindigkeit der Strömung sollten groß genug und die Übersättigung darf nicht zu hoch sein. Weitere mögliche Maßnahmen sind Isolierung, Beheizung oder Beschichtung gefährdeter Bereiche und der Einsatz von Hilfsstoffen, die die Löslichkeit verändern. Bei der Meerwasserentsalzung hat sich gezeigt, daß eine Entspannungsverdampfung weniger V. hervorruft als bei Verdampfungsanlagen mit Heizflächen. Allgemein gilt, daß durch die Einführung eines Zwangsumlaufs die V.-Neigung abnimmt.

Bei der Destillation und der →Absorption sind Bodenkolonnen i. a. unempfindlicher gegen V. als Packungskolonnen. *Dohrn*

Verordnung über besondere Arbeitsschutzanforderungen bei Arbeiten im Freien in der Zeit vom 1. November bis 31. März. Mit der Verordnung vom 1. August 1968 sollen insbesondere Arbeitnehmer auf Winterbauplätzen geschützt werden; sie gilt deshalb in der genannten Zeit für Arbeiten, die überwiegend einen Aufenthalt im Freien erfordern, und für Bauarbeiten. Der Arbeitgeber wird verpflichtet, im Freien liegende Arbeitsplätze winterfest herzurichten, d. h. sie gegen Kälte, Wind, Niederschlag und Bodennässe zu schützen, oder dem Arbeitnehmer entsprechende Schutzkleidung, die vor den erwähnten Umgebungseinflüssen schützt, zur Verfügung zu stellen. Die Schutzkleidung muß ein bestimmtes Prüfzeichen tragen. Die Verordnung enthält auch Vorschriften für Arbeiten in allseits umschlossenen Räumen. Sie müssen in der Regel gefahrlos erwärmt und möglichst zugfrei abgedichtet sein. Der Arbeitgeber macht sich strafbar, wenn er vorsätzlich den besonderen Arbeitsschutzanforderungen nicht nachkommt. *W. Hoffmann*

Verordnung über brennbare Flüssigkeiten (VbF). Die V. über Anlagen zur Lagerung, Abfüllung und Beförderung brennbarer Flüssigkeiten zu Lande vom 27. Februar 1980 gilt für die Errichtung und den Betrieb der genannten Anlagen, sofern sie gewerblichen oder wirtschaftlichen Zwecken dienen oder in ihrem Gefahrenbereich Arbeitnehmer beschäftigt werden. Die Verordnung ist auf Grund der §§ 24 und 24d Satz 3 GewO erlassen worden.

Brennbare Flüssigkeiten werden je nach ihrem Flammpunkt in die Gefahrenklassen A I, A II, A III und B eingeteilt, s. Tabelle. Die Verordnung beschreibt im Anhang II die allgemeinen Anforderungen, denen die Anlagen zu genügen haben. Im übrigen sind die allgemein anerkannten Regeln der Technik zu beachten. Je nach Gefahrenklasse, Lagerort und Lagermenge sind die Anlagen anzeigebedürftig oder erlaubnisbedürftig. Bestimmte technische Schutzeinrichtungen der Anlagen bedürfen einer Bauartzulassung; die Anlagen selbst müssen – soweit nicht Ausnahmen vorgesehen sind – in regelmäßigen Fristen wiederkehrend durch Sach-

Gefahrenklasse	Flammpunkt in °C
A I	unter 21
A II	21 bis 55
A III	über 55 bis 100
B	unter 21

verständige geprüft werden. Als Sachverständige kommen in erster Linie diejenigen der Technischen Überwachungsorganisationen, d. h. der Technischen Überwachungs-Vereine, in Frage.

Ein beim Bundesminister für Arbeit und Sozialordnung gebildeter Deutscher Ausschuß für brennbare Flüssigkeiten berät den Bundesminister in technischen Fragen, schlägt ihm nach dem jeweiligen Stand von Wissenschaft und Technik entsprechende Vorschriften vor und ermittelt die allgemein anerkannten Regeln der Technik für die in Rede stehenden Anlagen. Verstöße gegen die Verordnung werden als Ordnungswidrigkeiten geahndet. *W. Hoffmann*

Verordnung über den Sachverständigenausschuß für den Bergbau. Die V. den Sachverständigenausschuß für den Bergbau regelt die Einsetzung, Aufgaben, Zusammensetzung, Leitung und Arbeit eines Ausschusses zur Beratung des Bundesministers für Wirtschaft in Fragen der Bergtechnik. Sie gilt derzeit in der Fassung vom 4. März 1981.

Die 29 Mitglieder setzen sich zusammen aus fünf Vertretern von Bundesministerien, zehn Vertretern von Landesregierungen und Landesbehörden, vier Vertretern der Berufsgenossenschaften, sechs Vertretern von Betreibern und vier Vertretern der Gewerkschaften.

Sitzungen werden vom Vorsitzenden (Vertreter des Bundesministeriums für Wirtschaft ohne Stimmrecht) einberufen; die Ergebnisse werden als begründete Empfehlungen an den Bundesminister für Wirtschaft gerichtet.

Die Verordnung wird durch eine vom BMWi erlassene Geschäftsordnung ergänzt. *W. Hoffmann*

Verordnung über elektrische Anlagen in explosionsgefährdeten Räumen (ElexV). Die ElexV gehört zu den Rechtsvorschriften, die auf Grund von § 24 GewO für überwachungsbedürftige Anlagen erlassen wurden. Derzeit gilt die Fassung vom 27. Februar 1980.

Die ElexV richtet sich an den Betreiber einer elektrischen Anlage in explosionsgefährdeten Räumen und regelt den rechtlichen und sachlichen Geltungsbereich, die Einteilung der explosionsgefährdeten Räume in Zonen, wobei die Wahrscheinlichkeit des Entstehens einer explosionsfähigen Atmosphäre die dominierende Rolle spielt, die Zuständigkeiten und Befugnisse der Aufsichtsbehörden, die Inbetriebnahme von elektrischen Betriebsmitteln, die Meldepflicht bei Explosionen, Übergangsvorschriften für bestehende Anlagen sowie Ordnungswidrigkeiten.

Außerdem ist festgelegt, wer als Sachverständiger zu Prüfungen befugt ist.

Die ElexV wird durch einen Anhang und eine allgemeine Verwaltungsvorschrift ergänzt. Der Anhang enthält die wesentlichen Anforderungen an die Beschaffenheit elektrischer Anlagen in explosionsgefährdeten Räumen, das Baumusterkennzeichen, Maßnahmen für den Betrieb und die Unterhaltung sowie Festlegungen über die Erprobung. Diese grundlegenden Bestimmungen werden gemäß der allgemeinen Verwaltungsvorschrift durch die vom Bundesminister für Arbeit und Sozialordnung im Bundesarbeitsblatt bezeichneten VDE-Bestimmungen und die vom Hauptverband der gewerblichen Berufsgenossenschaften, Zentralstelle für Unfallverhütung und Arbeitsmedizin, aufgestellten „Richtlinien für die Vermeidung der Gefahren durch explosionsfähige Atmosphäre mit Beispielsammlung" – Explosionsschutz-Richtlinien (EX-RL) ergänzt.

Die ElexV geht auf Regelungen zurück, die in einzelnen Ländern des deutschen Reiches erlassen wurden. Zur ersten, im gesamten deutschen Reich geltenden ElexV kam es erst 1943. Sie wurde 1963 abgelöst. Die heute geltende Fassung setzt die *EG-Richtlinie 73/23/EWG „Niederspannungsrichtlinie"* in deutsches Recht um.   *W. Hoffmann*

Verordnung über Gashochdruckleitungen. Diese V. vom 17. Dezember 1974 gilt für die Errichtung und den Betrieb von Gashochdruckleitungen, die der öffentlichen Versorgung dienen (bei mehr als 16 bar Betriebsüberdruck) oder die im Rahmen wirtschaftlicher Unternehmen Verwendung finden (bei mehr als 1 bar Betriebsüberdruck), sofern die Leitungen den Bereich des Werksgeländes überschreiten. Im wesentlichen handelt es sich im ersten Fall um Erdgas-Fernleitungen der öffentlichen Gasversorgung, im zweiten Fall um die Fernleitungen der chemischen Industrie zum Transport von brennbaren, ätzenden und giftigen Gasen für chemische Prozesse.

Die V. gründet sich für die erstgenannte Leitungsart auf § 24 der →*Gewerbeordnung,* für die zweite Leitungsart auf § 13 Abs. 2 des *Energiewirtschaftsgesetzes* und dient dem Schutz gegen die potentiellen Gefahren, die von Gashochdruckleitungen ausgehen.

Die V. enthält keinen Erlaubnisvorbehalt wie andere V.en für überwachungsbedürftige Anlagen, z. B. die →*Dampfkesselverordnung,* sondern sieht ein Anzeigeverfahren unter Hinzuziehung eines Sachverständigen vor, mit der Möglichkeit der behördlichen Beanstandung gegen das Vorhaben innerhalb einer bestimmten Frist.

Die V. schreibt vor, daß die Gashochdruckleitung vor Inbetriebnahme von einem Sachverständigen auf Dichtheit und Festigkeit und auf das Vorhandensein der notwendigen Sicherheitseinrichtungen geprüft sein muß. Weiterhin hat der Sachverständige zu prüfen, ob die Leitung den Anforderungen der V. – das sind die im Anhang der V. genannten

Schutzziele und die allgemein anerkannten Regeln der Technik – entspricht. Weitere Abschnitte stellen Anforderungen an den ordnungsgemäßen Betrieb und dessen Überwachung durch den Betreiber, sehen die behördliche Anordnung erneuter oder wiederkehrender Prüfungen aus besonderem Anlaß vor, verpflichten den Betreiber zur Anzeige von Unfällen sowie Schäden und regeln die Zuständigkeiten der Sachverständigen der Technischen Überwachungs-Organisationen, der Materialprüfungsanstalten und des Deutschen Vereins des Gas- und Wasserfaches.   *W. Hoffmann*

Verordnung über wassergefährdende Stoffe in Rohrleitungsanlagen. Diese V. vom 19. Dezember 1973 mit Ergänzung vom 5. April 1976 bestimmt die Stoffe, die als wassergefährdend im Sinne des § 19a Abs. 1 des *Wasserhaushaltsgesetzes* (WHG) gelten, soweit sie dort (§ 19a Abs. 2 Nr. 1) nicht schon als solche aufgeführt sind (Rohöle, Benzine, Diesel-Kraftstoffe und Heizöle). Die V. bestimmt die folgenden Stoffe als wassergefährdend: flüssige Mineralölprodukte über die in § 19a Abs. 2 Nr. 1 WHG genannten hinaus, Teeröle, flüssige Kohlenwasserstoffe, Acetylen, Ethylen, organische Säuren, Aldehyde, Alkohole, Ester, halogenhaltige Kohlenwasserstoffe, stickstoffhaltige Kohlenwasserstoffe, Aromaten, anorganische Säuren und Laugen, Chlor, Ammoniak, Sole und sonstige flüssige oder gasförmige Stoffe, die die vorgenannten Stoffe in wassergefährdendem Maße enthalten. Nach der V. können auf Grund landesrechtlicher Vorschriften auch andere Stoffe als wassergefährdend eingestuft werden.

Die V. enthält nur Gruppen wassergefährdender Stoffe; eine Aufzählung der Stoffe im einzelnen mit Angaben über ihre Eigenschaften einschließlich des Grades der Wassergefährdung sind in einem „Katalog wassergefährdender Stoffe", der von amtlichen Gremien erarbeitet worden ist, außerhalb der Verordnung niedergelegt.   *W. Hoffmann*

Verschleißausfall. Der V. einer Komponente tritt infolge Abnutzung am Ende der Lebensdauer auf.   *Schrüfer*

Verzögerungsglied. Ein V. hat stationär →P-Übertragungsverhalten. Das Ausgangssignal ist jedoch gegenüber dem Eingangssignal verzögert. Bei einer einfachen Verzögerung mit nur einer Zeitkonstanten T handelt es sich um ein →Übertragungsglied erster Ordnung, und es wird als P-T_1-Glied bezeichnet. Mehrfache Verzögerungen werden durch einen entsprechenden Index gekennzeichnet, z. B. als P-T_k-Glied. Es kann aus einer Kettenschaltung (→Übertragungsglied, lineares) von k P-T_1-Gliedern bestehen (Übertragungsglied k-ter Ordnung). Verzögerungen treten immer bei

Übertragungsgliedern mit →D-Übertragungsverhalten auf. Dann hat man es beispielsweise mit einem D-T$_1$-Glied zu tun (→PD-, →PID-Übertragungsverhalten). *Böttiger*

Vielstoffabsorption. Die Berechnung von V.-Kolonnen ist besonders einfach, wenn die →Absorption isotherm verläuft, d. h. wenn die übergehenden Absorptionsmengen oder die Phasenänderungswärmen klein sind und die Wärmekapazität der Flüssigkeit groß ist. In einem solchen Fall müssen nur Mengen- und Stoffbilanzen berücksichtigt werden. In der Regel wählt man das L/G-Verhältnis und die Trennstufenzahl so, daß eine bestimmte Komponente weitgehend absorbiert wird. Schlechter lösliche Komponenten werden nur wenig absorbiert, besser lösliche Komponenten nahezu vollständig.

Bei der nichtisothermen V. müssen Enthalpiebilanzen berücksichtigt werden. Durch die Absorptionswärmen kann es zu erheblichen Temperaturanstiegen kommen, was zu einer Verringerung der Löslichkeit führt. Ein Temperaturmaximum auf einer bestimmten Kolonnenhöhe ist keine Seltenheit. Zur Berechnung können Relaxationsmethoden verwendet werden, die zwar relativ sicher konvergieren, aber zeitaufwendig sind, sowie Boden-Boden-Rechnungen oder mehrvariante Newton-Methoden, z. B. von *A. D. Surjata* oder *C. D. Holland*. *Dohrn*

Literatur: *Holland, C. D.:* Fundamentals and Modeling of Separation Processes. Englewood Cliffs 1975. – *King, C. J.:* Separation Processes. New York 1980. – *Mersmann, A.:* Thermische Verfahrenstechnik. Berlin, Heidelberg, New York 1980. – *Surjata, A. D.:* Petrol Ref. 40 (1961) 12, S. 137.

Vier-Farben-Satz. Die Länder jeder Landkarte können mit vier Farben so gefärbt werden, daß nie Länder mit gleichen Farben gemeinsame Grenzen haben. Dabei müssen die Länder einfach zusammenhängend sein. Sie dürfen keine Enklaven, Exklaven oder Kolonien besitzen und müssen in einer Ebene oder auf einem Globus (einer Kugel) liegen.

Der Beweis stammt von *Haken* und *Oppel* (1977). Der V.-F.-S. gilt als der erste Satz der Mathematik, dessen Beweis nur mit Computerunterstützung gefunden werden konnte. Der Beweis führt der V.-F.-S. zunächst auf eine Aussage über Graphen zurück: jedem Land wird ein Knoten zugeordnet. Zwei Knoten werden genau dann verbunden, wenn die Länder eine gemeinsame Grenze besitzen. Nun müssen die Knoten des Graphen so gefärbt werden, daß benachbarte Knoten verschiedene Farben besitzen. Dann ist der V.-F.-S. zu folgender Aussage äquivalent: jeder plättbare →Graph besitzt eine chromatische Zahl ≤ 4. *Knödel*

vollelastisch →Stoß

vollplastisch →Stoß

Volt. SI-Einheit der elektrischen Spannung, nach *A. Volta* (1745–1827) benannt. Einheitenzeichen V. 1 V = 1 m^2 kg s^{-3} A^{-1} (→Einheiten des SI). *Hammerschmidt*

Volumen (Rauminhalt). Sei K ein Mengenkörper (d. h. eine Menge von Mengen, die mit den Mengen A und B auch die Vereinigung (Summe) A ∩ B und ihre Differenz A\B enthält) und sei für jede Menge M ∈ K ein reelles Funktional (eine reellwertige Mengenfunktion) I(M) erklärt. I(M) heißt Inhaltsfunktion oder kurz Inhalt, wenn gilt:

I(M) ist nicht negativ,
d. h. I(M) = 0 für jedes M. (1)
I($\varnothing$ = 0), (2)
I(M) ist additiv auf K, d. h.: für A, B ∈ K und A ∩ B = $\varnothing$ gilt: I(A ∪ B) = I(A) + I(B).

Ist M eine Mannigfaltigkeit der Dimension 3, so heißt der Inhalt auch V. Sonderfall: M ist ein Polyeder. Im Falle der Dimension 2 spricht man von Flächeninhalt (Zerlegungsgleichheit). *Fischer*

Volumenarbeit. Wird ein System durch den äußeren →Druck p deformiert, den eine Umgebung ausübt, so ist die V.

$$W_{vol} = \int_A^B DW = - \int_{V_A}^{V_A} p dV;$$

mit DW = Arbeitsdifferential (→Arbeit), V Volumen, A und B Anfangs- bzw. Endzustand. *Muschik*

Vorbeladung. Bei Trennverfahren mit einem stofflichen Trennhilfsmittel (z. B. →Absorption, →Adsorption, Extrahieren) versteht man unter der V. die vor Eintritt in den Prozeß im Trennhilfsmittel gelöste →Stoffmenge. Beispiel: Bei einer Extraktion sind in 1 kg des Extraktionsmittels (z. B. Toluol) 20 g des zu extrahierenden Stoffs (z. B. Dioxan) vor Eintritt in einen Mischer-Abscheider enthalten. Durch den Extraktionsprozeß erhöht sich die Beladung auf 180 g Dioxan/kg Toluol.

Je kleiner die V. ist, desto größer ist die Aufnahmekapazität des Trennhilfsmittels. Das Trennhilfsmittel wird nach dem →Trennprozeß einer Regeneration zugeführt, wo die extrahierte Komponente, soweit wie wirtschaftlich vertretbar, entfernt wird. Da die Regeneration eine vollständige Entfernung der beladenen Komponenten nicht erreichen kann, geht das Trennhilfsmittel mit einer V. in den nächsten Trennschritt. Die Güte des Regenerationsprozesses kann für die Wirtschaftlichkeit des

Gesamttrennverfahrens von entscheidender Bedeutung sein. Nur wenn ständig neues Trennhilfsmittel verwendet wird (bei einigen chemischen Absorptionsmitteln), ist die V. praktisch null (→Restbeladung).   *Dohrn*

Vorhaltzeit, Vorhalt →PD-Übertragungsverhalten; →PID-Übertragungsverhalten

Vorstromentladung. Unselbständige Gasentladung mit sehr geringer Stromstärke ($<1\,\mu A$), für die die Zündbedingung nicht erfüllt ist. Es kommt lediglich zu einer Verstärkung des durch die primären Ionisationsprozesse (z. B. durch ionisierende →Strahlung) hervorgerufenen Stroms.   *Claassen*

Vorzeichen →Signum

W

Wahrscheinlichkeit. Bei Durchführung eines Versuchs tritt ein sog. Elementarereignis ein. E sei die Menge sämtlicher Elementarereignisse; A, B, ... Mengen von Elementarereignissen. Die Menge F enthalte E und mit A und B auch $\bar{A}$ (Komplement von A in E), A+B (Vereinigungsmenge), A·B (Durchschnitt). Den Mengen von F werden in axiometischer Weise nach *Kolmogorov* W. zugeordnet:
1) $w(A) \geqq 0$
2) $w(E) = 1$
3) $w(a+B) = w(A) + w(B)$, falls A und B unvereinbar sind, d. h. keine gemeinsamen Elementarereignisse enthalten. *Schneeberger*

Wahrscheinlichkeitstheorie. Die W. hat ihre Wurzeln in den Glücksspielen des 17. Jahrhunderts. Die geläufige Idee, das Ergebnis eines zufälligen Ereignisses bei bekannten Bedingungen mit Hilfe einer Zahl als ein Maß der →Wahrscheinlichkeit auszudrücken oder abzuschätzen, geht auf die Arbeiten von *P. de Fermat* (1601–1665), *B. Pascal* (1623 bis 1662), *Ch. Huygens* (1629–1695) und *J. Bernoulli* (1654 bis 1705) zurück. Ihre Untersuchungen legten den Grundstein der W.

Die W. ist ein Teilgebiet der Mathematik. Sie befaßt sich damit, die Gesetzmäßigkeiten unter den zufälligen individuellen Ereignissen, wie sie bei Massenerscheinungen oder Wiederholungsvorgängen auftreten, aufzudecken und zu untersuchen. So ist es möglich, mit den Methoden der W. bestimmte Situationen in Naturwissenschaft, Technik, Wirtschaft, Gesellschaft und Politik infolge der Gesetzmäßigkeiten, die zwangsläufig bei Massenerscheinungen auftreten, zu beurteilen und vorauszusagen. Der zufälligen Unregelmäßigkeit der Einzelerscheinung steht in prinzipiellerweise eine statistische Regelmäßigkeit oder statistische Gesetzmäßigkeit der Massenerscheinung gegenüber. Diese Gesetzmäßigkeiten sind nur statistisch bzw. wahrscheinlichkeitstheoretisch zu verstehen.

Die atomistische Struktur der Materie im Rahmen der statistischen Physik erlaubt nur wahrscheinlichkeitstheoretische Aussagen über ein physikalisches System, wie es die Quantentheorie lehrt. Die Anzahl der Moleküle z. B. in einem Gramm-Mol beträgt ca. $6 \cdot 10^{23}$, d. h. jedes physikalische System ist tatsächlich eine Massenerscheinung. Die Aufgabe besteht nicht darin, die individuelle Bewegung der Teilchen zu studieren, sondern die Gesetzmäßigkeiten herauszufinden, die sich in einer Gesamtheit von Teilchen ergeben, die sich bewegen und in Wechselwirkung stehen. Nur das statistische kollektive Verhalten aller Teilchen (Moleküle, Atome) ist einer (makroskopischen) Messung zugänglich, z. B. die Druckmessung bei einem Gas.

Die Frage nach der Wahrscheinlichkeit möglicher Werte für die Ortskoordinaten und Impulse der individuellen Teilchen ist jedoch physikalisch sinnvoll. In der statistischen Physik werden Modellwahrscheinlichkeiten, sog. statistische Gesamtheiten vorgegeben. Mit diesen Gesamtheiten werden die durchschnittlichen Werte und Schwankungen von physikalischen Größen berechnet (→Phasendichte; →Mechanik, statistische).

Eine weitere wichtige Aufgabe der W. besteht im Zusammenhang mit Massenprodukten von Gegenständen (Glühlampen, elektronische Bauelemente usw.). Mit Stichproben im Rahmen einer statistischen Produktionskontrolle ist man daran interessiert, den zu erwartenden Ausschuß mit wahrscheinlichkeitstheoretischen Methoden zu berechnen und zu beurteilen (Test- und →Schätztheorie in der induktiven →Statistik).

Die W. entwirft mathematische Modelle beobachtbarer empirischer Sachverhalte der Realität, bei denen der Zufall eine entscheidende Rolle spielt. Dementsprechend muß der Begriff der Wahrscheinlichkeit definiert werden, was in mathematischer Strenge gar nicht möglich ist.

Es haben sich zunächst zwei Definitionen für den Wahrscheinlichkeitsbegriff entwickelt. Die klassische oder Laplace-Wahrscheinlichkeit und die statistische Wahrscheinlichkeit.

□ *Die klassische Definition der Wahrscheinlichkeit:* Sie führt den Begriff der Wahrscheinlichkeit auf den der Gleichwahrscheinlichkeit (Gleichmöglichkeit) zurück. Die Wahrscheinlichkeit P(A) eines Ereignisses A bei einem Zufallsereignis oder Zufallsexperiment ist definiert durch $P(A) := m/n$; m bezeichnet die Anzahl der Fälle, bei denen A eintritt, und n die Anzahl aller endlichen gleichmöglichen Fälle bei dem betreffenden Experiment. Man nennt diese Wahrscheinlichkeit auch schlagwortartig den Quozienten von günstigen (m) zu den möglichen (n) Fällen. Diese klassische Definition geht auf *Laplace* zurück.

Zum Beispiel wird beim Wurf eines Würfels (Zufallsexperiment), der eine einwandfreie kubische Gestalt besitzt und vollkommen homogen gefertigt ist, das Auftreten der günstigen Ereignisse

1, 2, 3, 4, 5, 6 Augen gleichwahrscheinlich sein. Auf Grund der Symmetrie ist keine Seite des Würfels vor einer anderen ausgezeichnet. Sei A die Menge der möglichen Ereignisse, d. h. $A = \{1, 2, 3, 4, 5, 6\}$, dann ist $n = 6$ und sei $m = 1$. Die Wahrscheinlichkeit beträgt in diesem Fall $P(A) = \frac{1}{6}$. Ferner ist die Wahrscheinlichkeit, daß eine ungerade Zahl gewürfelt wird, $P(B) = \frac{3}{6} = \frac{1}{2}$, wenn $B = \{1, 3, 5\}$ und $m = 3$.

In der statistischen Physik leitet man die makroskopischen Eigenschaften der (Quanten)-Gase aus den Voraussetzungen über die klassische Wahrscheinlichkeit der einzelnen Gasmoleküle (mögliche Orts- und Impulskoordinaten) ab. So folgen die drei wichtigsten Verteilungen der statistischen Mechanik im thermodynamischen Gleichgewicht, die Maxwell-Boltzmann-, die Fermi-Dirac- und die Bose-Einstein-Verteilung.

Dabei bedient man sich kombinatorischer Abzählmethoden unter Beachtung der Symmetrie der betreffenden Teilchen und betrachtet endliche Gruppen gleichwahrscheinlicher Ereignisse (klassische Mechanik oder Quantenmechanik), statistische →Thermodynamik, →Boltzmann-Prinzip.

Die klassische Definition der Wahrscheinlichkeit ist nicht für alle Probleme in der Wahrscheinlichkeit und Statistik geeignet. Oft ist es schwierig oder unmöglich, durch Symmetrieüberlegungen die endlichen und gleichwahrscheinlichen Fälle herauszufinden. Der radioaktive →Zerfall ist mit einer apriorischen Wahrscheinlichkeit per Symmetrieargumente nicht zu erfassen. Derartige komplexe Vorgänge wie auch das Wettergeschehen sind strenggenommen unwiederholbar und erfordern daher ganz andere Konzepte. Daher hat sich die statistische Definition der Wahrscheinlichkeit, die auf dem Begriff der relativen Häufigkeit basiert, herausgebildet.

□ *Die statistische Definition der Wahrscheinlichkeit:* Statistisch ist die Wahrscheinlichkeit als Grenzwert der relativen Häufigkeit definiert. Ein zufälliges Ereignis wird als wahrscheinlich bezeichnet, wenn es in einer langen Versuchsreihe häufig eintritt, als unwahrscheinlich, wenn es selten vorkommt. Ist $h_n(A)$ die Häufigkeit eines Ereignisses A bei n Versuchen und hat das System die Eigenschaft, daß für große n die relative Häufigkeit $h_n(A)/n$ unabhängig von n wird, dann ist per Definition

$$P(A) := \lim_{n \to \infty} h_n(A)/n$$

die Wahrscheinlichkeit für das Auftreten des Ereignisses A. Diese Definition stammt von *R. von Mises* 1929. Hinter dieser Definition der Wahrscheinlichkeit steckt die Vorstellung, daß in langen Versuchsreihen größere Abweichungen zwischen relativer Häufigkeit und Wahrscheinlichkeit immer unwahrscheinlicher werden.

Auch gegen diese statistische Definition sind gewichtige Einwände erhoben worden. Man ersetzt lange endliche Versuchsreihen durch unendliche, die es in der Wirklichkeit nicht gibt. Der Grenzwert der relativen Häufigkeit ist eine Größe, die man nicht messen kann. Mehr noch wiegt der folgende rein mathematische Einwand. Die obige Grenzwertdefinition ist keine mathematische Definition, d. h. sie ist nicht äquivalent zu dem Grenzwertbegriff in der Analysis, weil $h_n(A)/n$ nicht als mathematische →Folge definierbar ist.

In der heute üblichen modernen Theorie der Wahrscheinlichkeit wird erst gar nicht versucht, den Begriff der Wahrscheinlichkeit zu definieren, sondern man führt die Wahrscheinlichkeit axiomatisch ein. Die Wahrscheinlichkeit als mathematische Disziplin wird genau in dem selben Sinn axiomatisiert wie die Geometrie oder die →Algebra. Dies erfordert eine mengentheoretische Vorgehensweise. Ausgangspunkt sind die Elementarereignisse (einelementige Mengen). Hieran schließt sich der grundlegende Begriff des Ereignisraums, d. h. die Menge der Elementarereignisse, an. Der Begriff Ereignis steht immer für zufälliges Ereignis, z. B. Werfen einer Münze oder eines Würfels. Ein zufälliges Ereignis ist ein Versuchsausgang, der bei der Durchführung eines Zufallsexperiments eintreten kann, aber nicht unbedingt eintreten muß.

Das Ereignis, das bei jeder Durchführung des Zufallsexperiments eintritt, nennt man das sichere Ereignis, bezeichnet mit Ω. Der ~~Ereignisraum~~ Ω besteht aus allen möglichen Versuchsergebnissen. Ein Ereignis, das nie eintreten kann, heißt unmögliches Ereignis und wird mit Φ bezeichnet (leere Menge). Das Zufallsexperiment Werfen eines idealen Würfels hat als Elementarereignisse die Augenzahlen 1, 2, 3, 4, 5, 6, d. h. $\Omega = \{1, 2, 3, 4, 5, 6\}$. Ist A das Ereignis „eine ungerade Zahl wird geworfen", so ist $A = \{1, 3, 5\}$ eine Teilmenge von Ω.

Die Beziehungen zwischen den Ereignissen sind isomorph zur Mengenalgebra. Daher bildet die mathematische Struktur der Ereignisse die einer Booleschen Algebra. Mit diesen Vorbereitungen kann das Kolmogorow-Axiomensystem der W. angegeben werden; *A. Kolmogorow* (1903–1987).

Eine Abbildung P von dem Mengensystem der Ereignisse in die reellen Zahlen heißt Wahrscheinlichkeit, wenn P die folgenden Axiome erfüllt: *Axiom 1:* Die Wahrscheinlichkeit P(A) eines Ereignisses A als Teilmenge von Ω ist eine nichtnegative reelle Zahl, für die gilt $0 \leq P(A) \leq 1$.

Axiom 2: Das sichere Ereignis Ω besitzt die Wahrscheinlichkeit eins, d. h. $P(\Omega) = 1$.

Axiom 3: Für zwei unverträgliche Ereignisse A, B, d. h. $A \cap B = \Phi$, gilt $P(A + B) = P(A) + P(B)$; dabei ist $A + B := A \cup B$.

Dieses Axiomensystem umfaßt in natürlicher Weise die klassische und die statistische Definition

820

der Wahrscheinlichkeit. Aus diesem Axiomensystem folgen viele Sätze der W., die bei der Berechnung von Wahrscheinlichkeiten in den Anwendungen maßgebend sind. Zu nennen ist der Additionssatz für beliebige Ereignisse, Begriff der bedingten Wahrscheinlichkeit und der Multiplikationssatz. Sehr wichtig ist ferner der Begriff der statistischen Unabhängigkeit: Zwei Ereignisse A und B, für die $P(A \cap B) = P(A) \cdot P(B)$ gilt, heißen unabhängige Ereignisse.

Zum weiteren Ausbau der W. ist der Begriff der Zufallsvariablen und deren Wahrscheinlichkeitsverteilung wichtig. Der Begriff der Wahrscheinlichkeitsverteilung folgt aus der Frage, wie sich bei einem Zufallsexperiment die Wahrscheinlichkeiten auf die verschiedenen vom Zufall abhängigen Ergebnisse verteilen. Man unterscheidet zwei Klassen von Verteilungen, die diskreten (Zufallsexperimente bei denen man zählt, z. B. Anzahl der Neugeborenen, Telephonanrufe, Blätter an einem Baum usw.) und die stetigen (Zufallsexperimente bei denen man mißt, d. h. kontinuierlich veränderliche Größen, wie z. B. Brenndauer einer Glühbirne, Lebensdauer von Batterien, Temperatur, Länge eines gefertigten Werkstücks usw.).

Bei vielen Zufallsexperimenten kann das Ergebnis durch eine Zahl ausgedrückt werden. Beim Würfelexperiment erhält man eine vom Zufall abhängige Augenzahl. Das Ergebnis wird demnach durch eine variable, allerdings vom Zufall abhängige Zahl dargestellt. Diese variable Größe (im Beispiel die Würfelaugenzahl) wird mit X bezeichnet und ist mathematisch eine Abbildung, die bei jedem Wurf eine der Zahlen 1, 2, . . ., 6 annimmt. Eine derartige Abbildung, die das Ergebnis eines Zufallsexperiments ausdrückt, nennt man eine →Zufallsvariable oder auch stochastische Variable. Entsprechend geht man allgemein bei anderen Experimenten vor, bei denen man eine Messung bzw. eine Zählung durchführt. Die Körpergröße oder das Gewicht von Menschen ist eine stetige Zufallsvariable; ebenso die Länge eines Werkstücks oder die Lebensdauer. Die Anzahl der Verkehrsunfälle je Tag ist eine diskrete Zufallsvariable.

Hat ein Zufallsexperiment als Ergebnis einen Zahlenwert a, so hat die dem Experiment zugehörige Zufallsvariable X den Wert $X = a$ angenommen. Man spricht von dem Ereignis $X = a$ bei dem betreffenden Experiment. Die Wahrscheinlichkeit, daß X den Wert a annimmt, bezeichnet man mit $P(X = a)$. Nimmt X einen Wert im →Intervall $a < X < b$ an, so ist die zugehörige Wahrscheinlichkeit $P(a < X < b)$; $P(X \leq a)$ bedeutet, daß X höchstens a annehmen kann, und $P(X > a)$, daß X einen Wert annimmt, der größer als a ist. Beim Würfelexperiment, wenn X die

Augenzahl ist, gilt $P(X = 5) = \frac{1}{6}$, $P(1 < X < 2) = 0$, $P(1 \leq X \leq 2) = \frac{1}{3}$, $P(1 \leq X \leq 6) = \frac{5}{6}$ usw., Bild 1 a). Die Verteilungsfunktion $F(x)$ einer diskreten Zufallsvariable X ist definiert durch

$$F(x) := P(X \leq x) = \sum_{x_i \leq x} P(X = x_i).$$

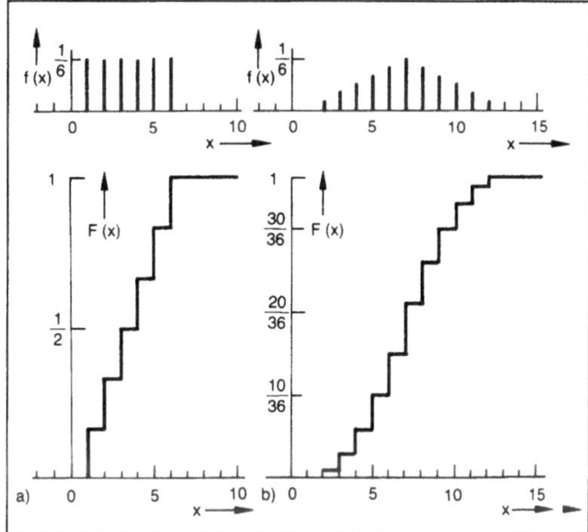

Wahrscheinlichkeitstheorie 1: Wahrscheinlichkeitsfunktion $f(x) = f(x_i)$ und $f(x) = 0$ sonst und dazugehörige Verteilungsfunktion $F(x)$ der Zufallsvariablen X.
a) X Augenzahl eines idealen Würfels.
b) X Summe der Augenzahlen zweier idealer Würfel.

$F(x)$ gibt die Wahrscheinlichkeit an, daß X einen kleineren Wert als x besitzt. Für $P(X = x_i)$ schreibt man auch $f(x_i)$ oder p_i und bezeichnet $f(x_i)$ als die Wahrscheinlichkeitsfunktion. Eine diskrete Zufallsvariable ist dann vollständig durch die folgende Tabelle angegeben:

x_1	x_2	. . .	x_n
$f(x_1)$	$f(x_2)$	. . .	$f(x_n)$

In der deskriptiven Statistik ist die zur Wahrscheinlichkeitsfunktion analoge Größe die relative Häufigkeit, und zur Wahrscheinlichkeitsverteilung ist es die Summenhäufigkeit.

Zur Erläuterung der Eigenschaften der Verteilungsfunktion und die zugehörige Wahrscheinlichkeitsfunktion einer diskreten Zufallsvariablen betrachte man das nichttriviale folgende Würfelexperiment. Die Zufallsvariable X sei die Augensumme zweier idealer Würfel. X besitzt in diesem Fall die Wahrscheinlichkeitsfunktion, wie die Tabelle angibt:

x_i	2	3	4	5	6	7	8	9	10	11	12
$f(x_i)$	1/36	2/36	3/36	4/36	5/36	6/36	5/36	4/36	3/36	2/36	1/36

Jeder der $6\cdot6=36$ gleichmöglichen Fälle (1,1), (1,2), (1,3), ..., (6,6) hat die Wahrscheinlichkeit $\frac{1}{36}$. Die erste Zahl bedeutet die Augenzahl des ersten Würfels und die zweite Zahl die des zweiten Würfels. Der Fall (1,1) ist der einzige Fall, in dem die Zufallsvariable $X=2$ ist, d. h. $P(X=2)=f(x_1)=\frac{1}{36}$. Der Wert $X=3$ tritt in den Fällen (1,2) und (2,1) ein, d. h. $P(X=3)=f(x_2)=\frac{2}{36}$; $X=4$, wenn (2,2), (3,1), (1,3), d. h. $P(X=4)=f(x_3)=\frac{3}{36}$, usw., Bild 1 b).

Wichtige diskrete Verteilungen sind die Bernoulli- und die Poisson-Verteilung. Sie spielen in der Praxis eine außerordentliche Rolle.

Bei einer stetigen Zufallsvariablen X tritt an Stelle der Wahrscheinlichkeitsfunktion die Wahrscheinlichkeitsdichte f(x), mit der durch Integration die Verteilungsfunktion einer stetigen Zufallsvariablen folgt:

$$F(x) = \int_{-\infty}^{x} f(t)\, dt.$$

F(x) ist eine stetige →Funktion, da hier der Riemann-Integralbegriff aus der Analysis verwendet ist. Die Wahrscheinlichkeitsdichte ist normiert, d. h.

$$\int_{-\infty}^{\infty} f(t)\, dt = 1 \quad \text{mit } f(t) \geqq 0.$$

Die Wahrscheinlichkeit $P(a < X \leqq b) =$ $F(b) - F(a) = \int_a^b f(t)dt$ ist gleich der Fläche unter der Kurve der Wahrscheinlichkeitsdichte f(x) zwischen $x=a$ und $x=b$ (Bild 2).

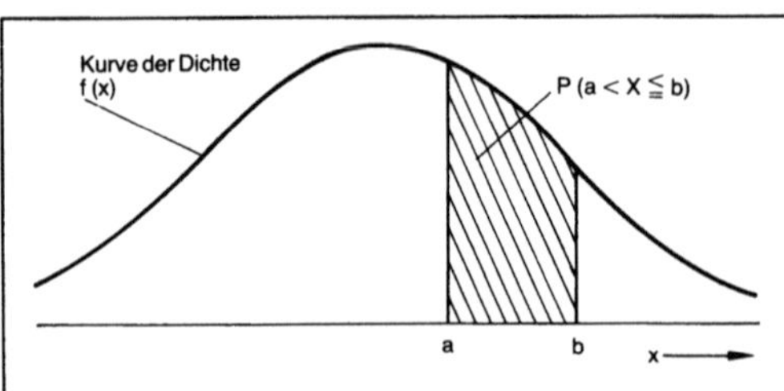

Wahrscheinlichkeitstheorie 2: Wahrscheinlichkeitsdichte einer stetigen Zufallsvariablen.

Jede Verteilung kann qualitativ durch sog. Maßzahlen charakterisiert werden. Die wichtigsten sind der Erwartungswert oder →Mittelwert und die Varianz oder das Schwankungsquadrat einer Verteilung. Der Erwartungswert einer Zufallsvariablen X ist definiert durch

$$E\,(X): = \sum_{i=1}^{n} f(x_i)\,x_i \quad \text{im diskreten Fall,}$$

$$E\,(X): = \int_{-\infty}^{\infty} xf\,(x)\,dx \quad \text{im stetigen Fall.}$$

Die Varianz einer Zufallsvariablen X ist definiert durch

$$V\,(X): = \sum_{i=1}^{n} (x_i - E(X))^2\,f(x_i) \quad \text{im diskreten Fall,}$$

$$V\,(X): = \int_{-\infty}^{\infty} (x - E(X))^2\,f(x)\,dx \quad \text{im stetigen Fall.}$$

Die wichtigste stetige Verteilung ist die →Gauß-Verteilung, auch Normalverteilung genannt. Die Gauß-Verteilung bekommt ihre wahrscheinlichkeitstheoretische Bedeutung durch den zentralen Grenzwertsatz der W. Dieser besagt, daß eine Summe von sehr vielen unabhängigen und beliebig verteilten Zufallsvariablen unter bestimmten Voraussetzungen asymptotisch normal verteilt ist. Der zentrale Grenzwertsatz ist für die Anwendung deshalb von grundsätzlicher Bedeutung, weil sich viele zufällige Wirkungen der Natur als Überlagerung vieler einzelner Einflüsse, also als Summe vieler einzelner unabhängiger Zufallsvariablen betrachten lassen.

In der W. werden noch die sog. Testverteilungen, wie die Chi-Quadrat-, die studentische t- und die F-Verteilung von *Fisher* definiert. Diese Testverteilungen (die wichtigsten) spielen eine große Rolle in der induktiven Statistik (Testen von Hypothesen, Stichprobentheorie und die Theorie der Entscheidungen). *Wodarzik*

Literatur: *Bosch, K.:* Elementare Einführung in die Wahrscheinlichkeitsrechnung. Braunschweig 1986. – *Fisz, M.:* Wahrscheinlichkeitsrechnung und mathematische Statistik. Ost-Berlin 1971. – *Gnedenko, B. W.:* Lehrb. Wahrscheinlichkeitsrechnung. Frankfurt a. Main 1978. – *Gnedenko, B. W., u. A. J. Chintschin:* Elementare Einführung in die Wahrscheinlichkeitsrechnung. Ost-Berlin 1971. – *Kreyszig, E.:* Statistische Methoden und ihre Anwendungen. Göttingen 1975.

Wand. Zur Definition thermodynamischer Systeme wird das Konzept der W. benötigt, die das →System von seiner Umgebung trennt. In der folgenden Tabelle sind Bezeichnungen von Wänden hinsichtlich ihrer Eigenschaften aufgeführt.

So ist z. B. eine adiabatische Wand wärme- und stoffundurchlässig, eine offene durchlässig für →Arbeit, →Wärme und Stoff. Sind Wände teil-

Wand heißt	ist arbeitsundurchlässig	ist wärmeundurchlässig	ist stoffundurchlässig
isolierend	+	+	+
adiabatisch	–	+	+
diatherman	+,–	–	+
offen	–	–	–

durchlässig, d. h. für eine Stoffart durchlässig, für eine andere undurchlässig, so heißen sie *semipermeabel*.

Ein System, das in seinem Inneren keine adiabatischen Wände enthält, heißt *thermisch homogen*. *Muschik*

Wärme. Die W. ist eine Form der Energie und als solche der potentiellen und der kinetischen Energie an die Seite zu stellen. Während der Energieerhaltungssatz der →Mechanik nur kinetische und potentielle Energie berücksichtigt, ist der →erste Hauptsatz der →Thermodynamik ein Energieerhaltungssatz, der auch die →Wärmemenge einschließt.

Im 18. Jahrhundert hielt man die W. für eine Flüssigkeit, die die Zwischenräume zwischen den kleinsten Teilchen der Materie ausfüllt. Man nannte sie Hitzstoff (engl. caloric.) Aus dieser Zeit stammen noch Begriffe unseres heutigen Sprachgebrauchs: Man spricht vom Fluß der W., als wenn es sich um eine Flüssigkeit handle, und von der Wärmemenge, als wenn es sich um Materie handle.

Die mechanische Natur der W. erkannte als erster *Graf Rumford,* als er etwa um 1800 im bayerischen Arsenal in München seine berühmten Kanonen-Bohr-Experimente ausführte. Er beobachtete, daß, wenn seine Bohrer stumpf wurden, W. in großer Menge entstand. Sie konnte nur von der gegen die Reibung geleisteten Arbeit stammen. Er schloß daraus, daß die für die Überwindung der Reibung aufgewandte mechanische Arbeit nur umgewandelt sein konnte in Bewegung der kleinsten Materieteilchen, in eine Bewegung, die nicht unmittelbar sichtbar, aber mittels unserer Sinne als W. erkennbar ist. In den Jahren 1843 bis 1849 stellte *James Prescott Joule* Experimente an, bei denen er eine bestimmte Wassermenge in adiabatische Wände einschloß und ihr mechanische Arbeit, elektrische Arbeit oder →Volumenarbeit zuführte, und zwar durch Reibung, über einen Heizdraht oder über Kompression eines Gases. Er stellte dabei fest, daß er für die Erwärmung von 1 kg Wasser von 14,5 auf 15,5 °C stets eine Arbeit von 4,18 kJ aufwenden mußte (Angaben nach unserem heutigen Maßsystem). Diese Äquivalenz von W. und Arbeit bezeichnet man heute als mechanisches W.-Äquivalent. Schon ein Jahr vor den ersten Joule-Versuchen hatte *Robert Mayer* 1842 die Wesensgleichheit von Wärmemenge und mechanischer Arbeit erkannt und den Satz vertreten, daß Energie weder geschaffen werden noch verschwinden kann.

Gekrönt wurden die Erkenntnisse von *Rumford, Joule* und *Mayer* durch die Formulierung der Hauptsätze der Thermodynamik (1. Hauptsatz 1847 durch *H. v. Helmholtz,* 2. Hauptsatz 1850 und 1851 durch *R. Clausius* und *W. Thomson,* den späteren *Lord Kelvin,* 3. Hauptsatz 1906 durch *W. Nernst*).

Die unmittelbare Kenntnisnahme von W. wird durch das Empfinden von Hitze und Kälte vermittelt, wenn wir mit irgendwelchen Körpern in Berührung kommen. Eine solche Klassifizierung gelingt nur qualitativ und relativ zu einem kälteren bzw. heißeren Körper. Da W. nicht wägbar und nicht unmittelbar beobachtbar ist, kann sie nur über die Wirkung gemessen werden, die ihre Zufuhr auf einen Körper ausübt. Dazu war es notwendig, eine kontinuierliche und reproduzierbare Temperaturskale aufzustellen. Dies gelang, indem man den Schmelzpunkt des Eises als 0 °C, seinen Siedepunkt (beides unter einem Druck von 1,013 bar) als 100 °C festlegte und das dazwischenliegende Intervall in 100 gleich große Grade unterteilte. Es zeigt sich, daß zwischen einer bestimmten Wärmemenge Q, die einem Körper der Masse m zugeführt wird, und der sich dabei von der Temperatur t_1 auf die Temperatur t_2 erwärmt, die Beziehung

$$Q = konst \cdot m \, (t_2 - t_1)$$

besteht. Die Konstante konst ist stoffspezifisch und heißt spezifische Wärmekapazität. Willkürlich hat man sie für Wasser gleich 1 cal g^{-1} °C^{-1} gesetzt, wenn $t_2 = 15{,}5$ °C, $t_1 = 14{,}5$ °C betrug und der Prozeß unter konstantem Druck (p = 1,013 bar) ablief. Damit hatte man für die Energieform W. eine eigene Einheit, die →Kalorie, geschaffen. Heutzutage ist die Kalorie als Einheit abgeschafft. Auch die Wärmemenge wird wie jede andere Energie in Joule (J) gemessen; 1 cal entspricht 4,18 J. *Wedler*

Literatur: *Kortüm, G.,* u. *H. Lachmann:* Einführung in die chemische Thermodynamik. 7. Aufl. Weinheim 1981. – *Wedler, G.:* Lehrb. Physikalische Chemie. 3. Aufl. Weinheim 1987.

Wärme, spezifische. Die spezifische Wärme c ist die Wärmekapazität C bezogen auf die Masse eines homogenen Körpers:

$$c := C/m;$$

(m Masse des Körpers).

Bezieht man C auf die Molmasse M eines chemisch reinen Stoffes (→Molzahl), so erhält man die *Molwärme:*

$$c_M = C/M.$$

Für ein ideales, einatomiges Gas beträgt die Molwärme

$$c_M = (3/2)R$$

(R →Gaskonstante). Für Festkörper gilt für hinreichend hohe Temperaturen (T $\gg \theta_D$, θ_D = Debye-Temperatur) das Dulong-Petitsche Gesetz. Für tiefe Temperaturen (T $\ll \theta_D$) gilt das T^3-Gesetz:

$$c_M = (12\pi^4/5\theta_D^3) \, RT^3 \, . \qquad Muschik$$

Wärmeausdehnung. Das Volumen eines Körpers ist temperaturabhängig. Es vergrößert sich mit steigender Temperatur bei konstantem Druck. Diese Tatsache wird als W. bezeichnet. Sie beruht auf der Anharmonizität der thermischen Schwingungen der Gitterteilchen eines Kristalls. Man unterscheidet zwischen der Volumenausdehnung bei Erwärmung:

$$V(T) = V(T_o)\,(1 + \alpha(T - T_o)),$$

V Volumen, T Temperatur, $\alpha \rightarrow$ Ausdehnungskoeffizient, T_o Bezugstemperatur, und der linearen Ausdehnung (Längenausdehnung):

$$l(T) = l(T_o)\,(1 + \alpha_l(T - T_o)),$$

l Länge eines Stabes, α_l linearer Ausdehnungskoeffizient.

Da für einen Würfel $V = l^3$ gilt, ergibt sich näherungsweise für reguläre Kristalle $\alpha = 3\alpha_l$, weil für diese eine Richtungsabhängigkeit des linearen Ausdehnungskoeffizienten nicht auftritt. Bei hexagonalen, trigonalen und tetragonalen Kristallen gibt es 2 unterschiedliche, bei rhombischen, monoklinen und triklinen Kristallen drei verschiedene lineare Ausdehnungskoeffizienten.

Beispiel: Kupfer: $\alpha_l = 16{,}5 \cdot 10^{-6}\ \mathrm{K}^{-1}$ bei $0\,°\mathrm{C}$; Hg: $\alpha_l = 181 \cdot 10^{-6}\ \mathrm{K}^{-1}$ bei $0\,°\mathrm{C}$. *Muschik*

Wärmedehnung $\rightarrow$ Zug und Druck

Wärmeleitfähigkeit. Die einfachste Materialgleichung für die $\rightarrow$ Wärmestromdichte $\underline{q}$ ist der Fouriersche Ansatz ($\rightarrow$ Wärmeleitung):

$$\underline{q} = -\underline{\underline{\kappa}} \cdot \nabla T,\quad \underline{\underline{\kappa}} = \underline{\underline{K}}(\rho, T, \ldots),$$

κ positiv definit; $\underline{\underline{\kappa}} \rightarrow$ Tensor der W., T Temperatur, ∇ Gradient. Dabei hängt i. a. $\underline{\underline{\kappa}}$ von der Massendichte ρ, von der Temperatur und ggf. von weiteren Variablen ab, die den Verzerrungszustand eines Feststoffs beschreiben.

Wesentlich für das Fourier-Wärmeleitungsgesetz ist seine Linearität in ∇T, d. h. die Unabhängigkeit von $\underline{\underline{\kappa}}$ vom Temperaturgradienten. Für isotrope Stoffe gilt:

$$\underline{\underline{\kappa}} = \kappa\,\underline{\underline{1}},\ \kappa > 0,$$

wobei κ einfach als W. oder als Wärmeleitkoeffizient bezeichnet wird. Für Gase ist κ in weiten Bereichen verschiedener Dichte druckunabhängig. Es besteht eine Temperaturabhängigkeit

$$\kappa \sim \sqrt{T}.$$

Ein typischer Zahlenwert sei für Argon bei 273 K angegeben:

$$\kappa = 1{,}65 \cdot 10^{-2}\ \mathrm{W\,m^{-1}K^{-1}}.$$

Die Temperaturabhängigkeit der erheblich größeren W. der Metalle setzt sich aus 2 Anteilen zusammen, den durch die Elektron-Störstellen-Streuung entstehenden $\kappa_i \sim T$ und den durch Elektron-Phonon-Streuung verursachten $\kappa_p \sim T^{-2}$. Beide Anteile addieren sich als Wärmewiderstände:

$$1/\kappa = cT + GT^2,$$

c,G temperaturunabhängig. Bei tiefen Temperaturen gilt für die W. von Isolatoren $\kappa \sim T^3$. *Muschik*

Wärmeleitung. W. ist eine spezielle Form der $\rightarrow$ Wärmeübertragung, nämlich der Energietransport allein durch die $\rightarrow$ Wärmestromdichte ohne die makroskopische Bewegung des Mediums, die Konvektion genannt wird. Mikroskopisch gesehen beruht die Wärmestromdichte auf der Energieübertragung zwischen den Atomen oder Molekülen des Stoffs durch Stöße.

Da bei der W. die Konvektion ausgeschlossen ist, reduziert sich die $\rightarrow$ Bilanzgleichung für die spezifische innere Energie $\rho\varepsilon$ auf

$$\partial(\rho\varepsilon)/\partial t + \nabla \cdot \underline{q} = r,$$

ρ Massendichte, $\underline{q}$ Wärmestromdichte, r Strahlungsabsorptionsdichte, ∇ Gradient.

Werden in diese verkürzte Energiebilanzgleichung die Materialgleichungen für ε, $\underline{q}$ und r eingesetzt, so entsteht eine Differentialgleichung für das Temperaturfeld, die W.-Gleichung.

Der einfachste Zustandsraum für starre Wärmeleiter ist $(T, \nabla T)$ mit den Materialgleichungen:

$$\varepsilon = c(T - T_o),\quad \underline{q} = -\underline{\underline{\kappa}} \cdot \nabla T,\quad r = \gamma(T - T^*),$$

c spezifische Wärme, $\underline{\underline{\kappa}} \rightarrow$ Tensor der $\rightarrow$ Wärmeleitfähigkeit, r Strahlungsabsorptionskoeffizient, γ Wärmeübergangskoeffizient, T^* Umgebungstemperatur.

Wegen der fehlenden Konvektion ($\underline{v} \equiv 0$) und der Massenbilanz (Bilanzgleichung) gilt $\partial\rho/\partial t = 0$, und damit folgt

$$\rho c\,\partial T/\partial t - \nabla \cdot \underline{\underline{\kappa}} \cdot \nabla T = \gamma(T - T^*)$$

die W.-Gleichung für anisotrope, starre Wärmeleiter. Für den Spezialfall isotroper Stoffe konstanter Wärmeleitfähigkeit und verschwindender Strahlungsabsorption

$$\underline{\underline{\kappa}} = \kappa\,\underline{\underline{1}},\ T^* = T,\ \kappa = \mathrm{konst}$$

und mit der $\rightarrow$ Temperaturleitfähigkeit

$$a := \kappa/\rho c$$

ergibt sich für das Temperaturfeld $T(\underline{x}, t)$ eine spezielle W.-Gleichung:

$$\partial T/\partial t - a\,\nabla \cdot \nabla T = 0.$$

824

Das im Orte eindimensionale Problem

$$\partial T/\partial t - a\,\partial^2 T/\partial x^2 = 0$$

hat als eine Partikularlösung

$$T(\underline{x},t) = (C/\sqrt{4\pi at})\,\exp(-x^2/4at),$$

die die Form der Gaußschen Glockenkurve besitzt.

Die Anfangsbedingung $T(\underline{x},0)$ entspricht einer punktförmigen Erwärmung beliebig hoher Intensität an der Stelle $x = 0$. Wie die Partikularlösung zeigt, macht sich der Einfluß einer solchen punktförmigen Quelle für beliebig kleine Zeiten $t > 0$ schon an beliebig weit entfernten Orten $x \neq 0$ bemerkbar, was einer beliebig großen Ausbreitungsgeschwindigkeit entsprechen würde. Daher kann die angegebene W.-Gleichung, obgleich numerisch befriedigend, prinzipiell die Wärmeausbreitung nicht richtig beschreiben. Da dies nicht an der anfangs benutzten Bilanzgleichung für die spezifische innere Energie liegen kann, können nicht beide Materialgleichungen für ε und $\underline{q}$ zugleich richtig sein. Ändert man den Zustandsraum in $(T,\dot{T},\nabla T)$ und die Materialgleichung von ε ab:

$$\varepsilon = c(T - T_o) + g(\dot{T}),$$

so erhält man eine hyperbolische Differentialgleichung für das Temperaturfeld, die mit einem endlichen Einflußgebiet keine Anomalien der Wärmeausbreitung zeigt.

Eine andere Möglichkeit besteht darin, die Materialgleichung für die Wärmestromdichte bei unverändertem Zustandsraum abzuändern (Ansatz von *Maxwell-Cattaneo*):

$$\tau\dot{\underline{q}} + \underline{q} = -\underline{\underline{\kappa}} \cdot \nabla T;$$

τ Relaxationszeit. Dies führt auf eine Beschreibung mit Nachwirkung, d. h. $(T,\nabla T)$ ist nunmehr ein kleiner Zustandsraum. Auch mit dieser Materialgleichung treten keine Ausbreitungsanomalien auf. *Muschik*

Wärmemenge. In der älteren Literatur wird der →Wärmeübergang oft als W. je Zeit bezeichnet. Diese Namensgebung ist insofern irreführend, als es keine Zustandsgröße gibt, die eine Wärme-„menge" beschreibt, so wie etwa die Masse eines Körpers eine Zustandsgröße ist. Es gibt auch keinen Wärme-„inhalt" eines Körpers, sondern der Wärmeübergang ist eine von der Prozeßführung und damit von der Umgebung des Systems abhängige Größe.

Als Einheit für die W. wurde die →Kalorie (cal) benutzt. Das ist jene W., die 1g H_2O von 14,5 °C auf 15,5 °C erwärmt (→Kalorimetrie). Gemäß dem mechanischem Wärmeäquivalent wird der über die Zeit integrierte Wärmeübergang heute in Watt (W) angegeben. *Muschik*

Wärmemengenmessung. Bei fast allen physikalischen und chemischen Vorgängen treten Wärmemengenänderungen auf. Diese zu messen und die Einflüsse verschiedener Parameter zu bestimmen, ist Aufgabe der →Kalorimetrie. Hier seien dagegen Verfahren zum Messen des Verbrauchs von Wärme besprochen, die durch strömende Medien (z. B. Dampf, Wasser) transportiert wird. Bild 1 zeigt das Grundprinzip der W. Der Massendurchfluß $\dot{m}$ läßt sich mit den Methoden der Durchflußmessung messen. Für die →Temperaturmessung eignen sich Thermoelemente und →Widerstandsthermometer. Multiplikation mittels mechanischer oder elektronischer Verfahren (→Leistungsmessung, elektrische); Integration geschieht mittels mechanischer Zählwerke (→Zähler, →Arbeitsmessung) oder elektronisch. Ein modernes Gerät, bei dem der Durchfluß ohne bewegte oder stark querschnittsverengende Teile gemessen wird, zeigt Bild 2. Die Auswertung und Speicherung erfolgen über einen eingebauten Mikrorechner elektronisch.

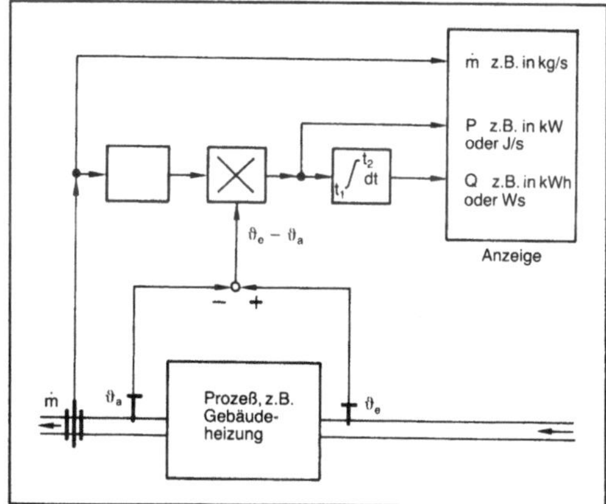

Wärmemengenmessung 1: Prinzip.

ṁ Massenstrom (Messung im Rücklauf), ϑ_e, ϑ_a Temperatur am Eintritt bzw. Austritt, c spez. Wärmekapazität des Trägermediums (z. B. in J/kg), P Wärmeleistung, die momentan an den Prozeß abgegeben wird, Q Wärmemenge, die in der Zeit $t_2 - t_1$ an den Prozeß abgegeben wurde.

Wenn in einem Mehrfamilienhaus die Heizleitungen als Steigleitungen verlegt sind, durch die übereinanderliegende Räume verschiedener Wohnungen versorgt werden, eignen sich diese „Wärmezähler" nicht zur Heizkostenabrechnung. Sie sind für den Einsatz am einzelnen Heizkörper technisch zu aufwendig und zu teuer. Man benutzt dann Meßhilfsverfahren wie Verdunster oder elektronische Heizkostenverteiler, die die Wärmeabgabe der Heizanlage an die Wohnung mit etwas geringerer Genauigkeit, aber auch wesentlich preiswerter bestimmen. Dieser Mangel an Genauigkeit, insbes. bei den preisgünstigen Verdunstern, erscheint nicht sehr gravierend, da etwa Wärmeabflüsse von gut

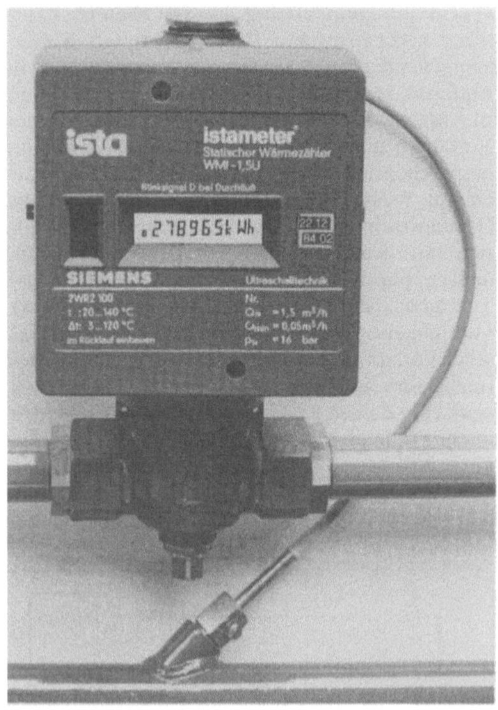

Wärmemengenmessung 2: Wärmezähler mit Ultra-schall-Durchflußmessung. (Quelle: Siemens AG)
a) Einbau des Geräts im Rücklauf; mit Vorlauf-Temperaturfühler
b) Anordnung der Ultraschallwandler und des Rücklauf-Temperaturfühlers.

beheizten Wohnungen zu schlecht beheizten Wohnungen in einem Mehrfamilienhaus kaum korrekt erfaßbar sind und daher die Messung der zugeführten Wärmemenge nur an den Heizkörpern fragwürdig machen. Bei Einsatz von Heizkostenverteilern dürfen ohnehin höchstens 70 % der Heizkosten nach deren Meßwerten aufgeteilt werden. Derzeit befindet sich eine neue Generation von preisgünstigen elektronischen Wärmemengenmessern in Entwicklung, die in Mehrfamilienhäusern wirtschaftlich einsetzbar und eichfähig sein sollen. *Hammerschmidt*

Wärmestromdichte. Der auf die Fläche bezogene →Wärmeübergang q ist für ein diskretes System mit dem Rand δG:

$$\dot{Q}(t) = \delta G \int q^{(t)df};$$

$\dot{Q}(t)$ (gesamter) Wärmeübergang, df Flächenelement. Dies läßt sich mit dem Feld der *Wärmestromdichte* $\underline{q}(t)$ darstellen:

$$\dot{Q}(t) = \delta G \int \underline{q}(t) \cdot df;$$

($\underline{df} = df\underline{n}$, $\underline{n}$ äußere Flächennormale).

Das Feld $\underline{q}(\underline{x},t)$ beschreibt den Energiefluß in einem System, der allein infolge von Temperaturdifferenzen auftritt. *Muschik*

Wärmetönung. Werden chemische Reaktionen in einem System isotherm und ohne Arbeits- und Stoffaustausch geführt, so gilt nach dem →ersten Hauptsatz für das thermodynamische Potential der inneren Energie U:

$$\dot{U} = \dot{Q} = (\partial U/\partial n) \cdot \dot{n}^i;$$

$\dot{Q}$ →Wärmeübergang, $\dot{\underline{n}}^i$ Änderung der Molzahl durch die chemischen Reaktionen.

Das Negative des speziellen Wärmeübergangs für einen Prozeß vom Zustand 1 in den Zustand 2:

$$-Q_{12} := U_1 - U_2 := E_V(T)$$

heißt W. *bei konstantem Volumen.* Sie hängt von der konstanten Führungstemperatur T ab.

Die W. bei konstantem Druck folgt analog aus dem ersten Hauptsatz zu:

$$E_p := H_1 - H_2$$

(H →Enthalpie).

Beide Wärmetönungen sind Differenzen von thermodynamischen Potentialen und daher von der Prozeßführung zwischen dem Zustand 1 und dem Zustand 2 unabhängig. Diese wichtige Tatsache der Thermochemie hat sich historisch in zwei damals empirischen Gesetzen niedergeschlagen:

1. Thermochemisches Gesetz (*Lavoisier, Laplace,* 1780): Die zur Zerlegung einer chemischen Verbindung erforderliche Wärme ist ebenso groß wie die bei der Bildung dieser Verbindung freigesetzte Wärme.

2. Thermochemisches Gesetz (*Hess*, 1840): Die W. einer chemischen Reaktion ist gleich der Summe der Wärmetönungen der Teilreaktionen.　　*Muschik*

Wärmeübergang. Tauscht ein geschlossenes →System bei konstanten Arbeitsvariablen Energie mit seiner Umgebung aus, so nennt man diese Energieänderung den W. (→erster Hauptsatz).

Der W. ist keine Zustandsfunktion des Systems, weil sein Wert von der Führung des Prozesses durch die Umgebung abhängt. Je nach der Temperatur der Umgebung ist bei gleichem Systemzustand der W. verschieden. Daher gehen auch Zustandsvariable der Umgebung in den W. ein.　　*Muschik*

Wärmeübertragung. Ist ein →System nicht im thermischen →Gleichgewicht, so finden Ausgleichsvorgänge statt, die das thermische Gleichgewicht anstreben. Die Vorgänge werden W. oder auch Wärmetransport genannt. Es werden bei der W. drei Transportmechanismen unterschieden: die →Wärmeleitung, die W. durch Konvektion und die durch Strahlung.

Wärmeleitung und Konvektion sind an stoffliche Träger der Energie gebunden und entstehen beide durch Energieübertragung zwischen den Atomen oder Molekülen des betrachteten Körpers. Wärmeleitung und Konvektion unterscheiden sich dadurch, daß neben der →Wärmestromdichte, die für die Wärmeleitung maßgebend ist, bei der Konvektion zusätzlich eine makroskopische Teilchenbewegung, also ein Geschwindigkeitsfeld vorliegt. Dieser Unterschied ist an der →Bilanzgleichung für die Dichte der inneren Energie zu erkennen:

$$\delta\,(\rho\varepsilon)/\delta t + \nabla \cdot (\underline{q} + \rho\varepsilon\underline{v}) = \underline{\underline{P}} : \nabla\underline{v} + r;$$

ρ Massendichte, ε spezifische innere Energie, $\underline{q}$ Wärmestromdichte, $\underline{v}$ Geschwindigkeitsfeld, $\underline{\underline{P}}$ Drucktensor (→Druck), r Strahlungsabsorptionsdichte oder latente Übergangswärmen, ∇ Gradient.

Während für die Konvektion die ungekürzte Bilanzgleichung für die innere Energie gültig ist, verkürzt sie sich für die reine Wärmeleitung wegen $\underline{v}(x,t) \equiv \underline{0}$ auf die Wärmeleitungsgleichung. Im Gegensatz zur Wärmeleitung und Konvektion ist die W. durch Strahlung nicht an materielle Energieträger gebunden, sondern wird durch das elektromagnetische →Feld bewirkt, das alle Körper mit nichtverschwindender absoluter Temperatur aussenden und absorbieren. Für die Praxis ist die W. durch Strahlung erst bei höheren Temperaturen numerisch zu berücksichtigen, weil nach dem →Stefan-Boltzmann-Gesetz (→Strahlung, schwarze) die Wärmeabstrahlung (in Wm^{-2}) proportional zur vierten Potenz der absoluten Temperatur ist.

Für diskrete thermodynamische Systeme wird die W. durch den →Wärmeübergang am thermischen

Kontakt beschrieben. Dabei ist ein thermischer Kontakt als eine diathermane, stoff- und arbeitsundurchlässige →Wand definiert, die zwei diskrete Systeme trennt (die sich i. a. beide im Nichtgleichgewicht befinden), wenn für beliebige Unterteilungen der Wand die zugehörigen Wärmeübergänge für alle Zustände der beiden diskreten Systeme bekannt sind. Der thermische Kontakt zwischen einem System im Gleichgewicht und einem beliebigen System gestattet es im Prinzip durch kalorimetrische Messungen (→Kalorimetrie), ein Nichtgleichgewichtsanalogon zur thermostatischen Temperatur einzuführen (Kontakttemperatur). Sei $\dot{Q}$ der Wärmeübergang an einem thermischen Kontakt und ∇T die Temperaturdifferenz der kontaktierten Systeme. Die Größe α aus

$$\dot{Q} = \alpha\,\Delta T$$

heißt der Wärmeübergangskoeffizient des thermischen Kontakts. Er ist eine Funktion aller Größen, die die W. beeinflussen, wie z. B. Wandrauhigkeit, Art der →Strömung in beiden Systemen, →Wärmeleitfähigkeit der Wand, Wärmestrahlungskorrekturen, Verschmutzung der Kontaktfläche.

Bei der konvektiven W. zwischen einer Wand und einer strömenden Flüssigkeit läßt sich die Strömung in 2 Bereiche unterschiedlichen Verhaltens zerlegen: In der laminaren Grenzschicht fließt die Strömung parallel zur Wand, und die W. findet ausschließlich durch Wärmeleitung statt. In der häufig turbulenten Außenströmung ist die Temperatur der Flüssigkeit einheitlich, und die W. geschieht durch Konvektion. Da Flüssigkeiten i. a. schlechte Wärmeleiter sind, ist das Temperaturgefälle in der laminaren Grenzschicht besonders groß. Im turbulenten Bereich dagegen ist die Wärmeleitung zu vernachlässigen. Die laminare Grenzschicht ist eine Geschwindigkeitsgrenzschicht, die sich infolge des Impulsaustausches zwischen der Wand und der Außenströmung bildet. Ebenso entsteht durch den Austausch der spezifischen inneren Energie eine Temperaturgrenzschicht, deren Dicke von der der laminaren Grenzschicht i. a. verschieden ist und die dadurch definiert ist, daß die Randtemperatur der Grenzschicht mit Wand- und Flüssigkeitstemperatur übereinstimmt.

Neben der schon angeführten Bilanzgleichung für die Dichte der inneren Energie gelten die Massen- und die Impulsbilanz. Mit Hilfe dieser 3 Bilanzgleichungen läßt sich eine Ähnlichkeitstheorie der konvektiven W. aufstellen. Dazu wird zu einer vorgegebenen Strömung eine geometrisch und physikalisch ähnliche Strömung betrachtet, die wie folgt definiert ist: Die stationären Bilanzgleichungen der originalen und der ähnlichen Strömung unterscheiden sich um einen konstanten Faktor, wenn alle in den Bilanzgleichungen vorkommenden Felder und die linearen Abmessungen beider Strömungen proportional zueinander sind. Werden noch Materialgleichungen eingesetzt, so ergeben sich fünf →Kennzahlen für ähnliche Strömungen:

- □ Reynolds-Zahl $\quad Re = vl/v$,
- □ Euler-Zahl $\quad Eu = \triangle p/\rho v^2$,
- □ Grashof-Zahl $\quad Gr = \beta g \triangle Tl^3/v^2$,
- □ Péclet-Zahl $\quad Pe = vl/a$,
- □ Nußelt-Zahl $\quad Nu = \alpha l/\lambda$;

v charakteristische Geschwindigkeit, l charakteristische Länge, $v = \mu/\rho$ kinematische Zähigkeit, ρ Massendichte, $\triangle p$ charakteristische Druckdifferenz, β thermischer →Ausdehnungskoeffizient, g Fallbeschleunigung, $\triangle T$ charakteristische Temperaturdifferenz, a →Temperaturleitfähigkeit, α Wärmeübergangskoeffizient, λ Wärmeleitfähigkeit. An Stelle der Péclet-Zahl wird die

Prandtl-Zahl $Pr = Pe/Re = v/a$

verwendet, weil diese allein Materialkonstanten enthält. Da bei gegebenen geometrischen Verhältnissen die Druckdifferenz durch die Geschwindigkeit festgelegt ist, kann auf die Euler-Zahl wegen Eu = f(Re) verzichtet werden. Geometrisch und physikalisch ähnliche Strömungen werden also durch gleiche Kennzahlen charakterisiert.

Durch Umformung lassen sich Kennzahlen wie folgt deuten:

- □ Re Reibungskraft/Trägheitskraft,
- □ Pe konvektive Wärmeübertragung/Wärmeübergang,
- □ Gr/Re^2 Auftriebskraft/Trägheitskraft.

Für die W. bei gleichzeitiger Änderung des Aggregatzustandes gibt es keine geschlossene Theorie, sondern nur Näherungsgleichungen zur Abschätzung der Größenordnung. *Muschik*

Wasser, natürliches. Natürliche Wässer sind Lösungen, deren chemische Zusammensetzung sich aus der →Alteration von Gesteinen bzw. Mineralen ihres Herkunftsbereiches ergeben. Sie lassen sich nach ihrer Herkunft als meteorisch, ozeanisch, konnat, metamorph, magmatisch, juvenil usw. oder nach ihrer Zusammensetzung als Salz- oder Süßwasser charakterisieren.

Meteorische (Niederschlags-)Wässer leiten sich aus den Niederschlägen der Atmosphäre (Regen oder Schnee) in jüngster geologischer Zeit ab. Meteorische Wässer dringen bis zu mehreren km Tiefe in die Erdkruste ein und treten nach Erwärmung als geothermale (hydrothermale) Quellwässer oder im Umfeld von Vulkanen als Fumarolen (vulkanische Gase) wieder aus oder werden als solche für die Energiegewinnung erbohrt.

Die chemische Zusammensetzung von Flußwasser wird durch schwerlösliche Mineralkomponenten des Einzugsgebietes bestimmt. Die chemische Analyse von Schwebstoffen und der vom Schwebstoff befreiten Wässer zeigen charakteristische Verteilungen der Elemente in beiden Phasen. Alkalien und Erdalkalien werden mit steigendem Molekulargewicht zunehmend an die Schwebstoffe gebunden. Die Übergangselemente sind zu rd. 90 % in der Schwebstofffraktion gebunden, die Halogenide liegen weitgehend gelöst vor.

Konnates Wasser: Porenwässer, die bei der Sedimentation eingeschlossen wurden und nach der Diagenese noch im Verband erhalten geblieben sind. Seine chemische Zusammensetzung hat sich unter den P-T-Bedingungen der Diagenese eingestellt und unterscheidet sich durch höhere Salinität von meteorischen Wässern. Es hat sehr verschiedene Alter.

Metamorphe Wässer: Sie bilden sich durch Dehydratation von Hydratwasser- und OH-Gruppen führenden Mineralen während der Metamorphose. Unter Druck und Temperatur geben die Tonminerale in Sedimenten Wasser ab, das aus dem Gestein über den Porenverbund (→Permeabilität) ausgetrieben wird. Diese lithologisch kontrolliert, unterschiedlich zusammengesetzten metamorphen Wässer wandern in permeablen Sedimentiten und Metamorphiten entlang von Druckgradienten zur Erdoberfläche. Sie mischen sich oberflächennah häufig mit meteorischen Wässern und sind daher selten als reine Phase an der Erdoberfläche zu beobachten.

Magmatische Wässer: Aus Magmen ausgeschwitzte Wässer. Diese waren schon immer im Magma gelöst oder wurden beim Aufschmelzen wasserhaltiger Sedimentite/Metamorphite aufgenommen. Es kann somit eine Mischung von metamorphem und juvenilem Wasser sein, das sich oberflächennah noch mit meteorischem vermischt.

Juvenile Wässer: Wasser, das noch nicht Teil der Hydrosphäre war. Der Erdmantel enthält chemisch gebundenes Wasser, das zum Teil mit dem Vulkanismus freigesetzt wird. Seine Existenz ist schwer nachweisbar, da die vulkanischen Magmen während ihres Aufstiegs leicht durch Wasser aus anderen Quellen kontaminiert werden. Doch ist es unabweisbar, daß mit dem Aufstieg von Mantelmagmen auch juveniles Wasser gefördert wird.

Ozeanwasser: Es ist das größte Wasserreservoir. Ozeanwasser ist weltweit recht einheitlich zusammengesetzt (Tabelle).

Wasser, natürliches. Tabelle: Zusammensetzung des Meerwassers. Konzentration in mol/1 000 cm³.

Na^+	0,47	Cl^-	0,55
Mg^{2+}	$5,4 \cdot 10^{-2}$	SO_4^{2-}	$2,8 \cdot 10^{-2}$
Ca^{2+}	$1 \cdot 10^{-2}$	HCO_3^-	$2,4 \cdot 10^{-3}$
K^+	$1 \cdot 10^{-2}$		

Aus der einheitlichen mineralogischen Abfolge von Evaporiten sowie der konstanten Zusammensetzung von marinen Sedimenten läßt sich ableiten, daß sich seit dem Kambrium die Massenanteile der Hauptkomponenten nicht mehr als um einen Faktor 2–3 verändert haben. Im Verlaufe der letzten zwei Milliarden Jahre verringerte sich z. B. der Gehalt an gelöster Kieselsäure durch das Auftreten der Diatomeen sowie der Gehalt an Fe^{2+} und Mn^{2+} durch die Entwicklung von freiem Sauerstoff. Die Ozeane werden in Zonen gegliedert. Unter Ausnutzung der Energie des Sonnenlichtes baut das Phytoplankton in der oberen, gut durchmischten euphotischen Zone, die mit der Atmosphäre in Wechselwirkung steht, aus Kohlendioxid und Wasser Kohlehydrate auf. Das erwärmte Oberflächenwasser setzt sich gegenüber dem kalten Tiefenwasser (untere Zone) mit seiner höheren Dichte ab. Die oberen ozeanischen Bereiche sind karbonatübersättigt, die unteren untersättigt. Die Grenze bildet die CCD, *engl.: Carbonate Compensation Depth.* Sie liegt zwischen 3 und 5 km Wassertiefe.

Der in der Petrologie verwendete Ausdruck „Formationswasser" kennzeichnet keinen Ursprung. Er besagt nur, daß dieses Wasser einer Formation zugeordnet werden kann. Die Hydrosphäre ist nur mit 0,024 % am Aufbau der Erde beteiligt. Am Aufbau der Erdkruste beträgt ihr Anteil rund 3 % Massengehalt. *Möller*

Literatur: *Drever, J.:* The geochemistry of natural waters. Prentice-Hall 2. Aufl. 1988. – *Mattheß, G.:* Die Beschaffenheit des Grundwassers. Stuttgart: Bornträger 1973.

Wasserstoff (Herstellungsverfahren). W. kann aus fossilen Rohstoffen, aus Wasser und mit Sonderverfahren aus verschiedenen Stoffen hergestellt werden. Anfang der 80er Jahre wurde knapp die Hälfte des produzierten W. aus Erdöl, ein Drittel aus Erdgas, ein Sechstel aus Kohle, 4,5 % mit der Chlor-Alkali-Elektrolyse und 1,5 % aus der Wasserelektrolyse hergestellt. Alle anderen Verfahren spielen eine untergeordnete Rolle.

W. aus fossilen Rohstoffen. Durch die partielle Oxidation von Kohlenwasserstoffen lassen sich Kohlenmonoxid und W. gewinnen:

$$C_4H_{10} + 2\,O_2 \rightarrow 4\,CO + 5\,H_2.$$

Bei dem thermischen oder katalytischen Spalten (Kracken) von Kohlenwasserstoff erhält man W. und Kohlenstoff (Koks):

$$CH_4 \rightarrow C + 2\,H_2.$$

Dampf-Spalten (Steam Cracking) erzeugt Kohlenmonoxid und W.:

$$CH_4 + H_2O \rightarrow CO + 3\,H_2.$$

Eine weitere Möglichkeit ist die Kohlevergasung mit Wasserdampf:

$$C + H_2O \rightarrow CO + H_2.$$

Durch das Reformieren (Umwandeln von Cycloalkanen in Aromate) von Schwerbenzin können W.-Mengen produziert werden, die oft für die Versorgung der Erdölraffinerie ausreichen:

$$C_6H_{12} \rightarrow C_6H_6 + 3\,H_2.$$

W. aus Wasser. In Anbetracht der Gesamtenergiesituation, insbes. wenn man W. unter dem Aspekt der Schonung der fossilen Brennstoffe betrachtet, muß W. aus einem billigeren und reichlicher vorhandenen Rohstoff erzeugt werden. Der geeignete Stoff hierfür ist Wasser. Zur Herstellung von W. aus Wasser durch Elektrolyse sind schon große Anlagen gebaut worden, insbes. dort, wo Kohlenwasserstoffe nicht leicht verfügbar und die Stromkosten niedrig waren.

Wasser kann mit folgenden elektrochemischen Reaktionen in W. und Sauerstoff gespalten werden:

$$\begin{aligned} \text{Kathode:} \quad & 2\,H_2O + 2\,e^- \rightarrow H_2 + 2\,OH^-; \\ \text{Anode:} \quad & \underline{2\,OH^- - 2\,e^- \rightarrow 0,5\,O_2 + H_2O;} \\ & H_2O \rightarrow H_2 + 0,5\,O_2 - 286\,\text{kJ/kmol.} \end{aligned}$$

Die Zersetzungsspannung von 1,23 V (bei 1 bar und 25 °C) reicht wegen einer sich bildenden Konzentrationspolarisation im Dauerbetrieb nicht. Eine Spannungsüberhöhung von 0,4 V ist erforderlich. Das Ingangsetzen der Abscheidereaktion erfordert das Überwinden einer Potentialschwelle, die abermals durch eine Zusatzspannung von etwa 0,4 V überwunden wird. Der elektrische Energieaufwand zur Erzeugung von 1 m^3 H_2 Normzustand beträgt ca. 4,3 kWh. Bei Großanlagen zur Elektrolyse liegt der Flächenbedarf bei $1/15$ m^2 pro installiertem kW oder einer flächenspezifischen Produktion von 3 m^3 $H_2/$(m^2 h). Als größte Wasserelektrolyse gilt die von BBC/Demag in Assuan (Ägypten) errichtete Anlage mit einer installierten Anschlußleistung von 160 MW, einer Kapazität von 32 400 m^3 H_2/h bei einem spezifischen Energieverbrauch von 4,9 kW/m^3 H_2 (einschl. aller Hilfsanlagen). Eine weitere Möglichkeit zur W.-Herstellung ist die Anwendung thermochemischer Kreisprozesse, die zum Ziel haben, durch geeignete chemische Reaktionsfolgen ausschließlich durch Verbrauch von Wärmeenergie Wasser in W. und Sauerstoff zu spalten. Die am Prozeß beteiligten Stoffe (z. B. Schwefel- und Chlorverbindungen) liegen nach dem Durchlaufen des Prozesses wieder in der ursprünglichen Form vor. Thermochemische Kreisprozesse sind heute noch nicht wirtschaftlich, weil der energetische Wirkungsgrad durch die erforderlichen Trennarbeiten stark reduziert wird und noch unter 10 % liegt.

Die thermische Zersetzung von Wasser ist bei Temperaturen von mehr als 2 000 °C möglich. Die Hauptschwierigkeiten bei der technischen Verwirklichung liegen beim Aufrechterhalten der hohen

Energiedichten und der Trennung der reaktionsfreudigen Produkte.

Sonderverfahren. Theoretisch ist die photolytische Spaltung von Wasser mit Lichtquanten der Energie h = 1,23 eV möglich, was einer Wellenlänge von 1 000 nm im fernen Infrarot entspricht. Aber das Absorptionsspektrum von Wasser überdeckt sich nicht mit der spektralen Verteilung der auf der Erde ankommenden Sonnenstrahlung. Wasser absorbiert erst bei Wellenlängen $\lambda < 250$ nm gut. Für eine technische Verwirklichung kommt die photochemische Spaltung von Wasser nur in Frage, wenn die Sonnenstrahlung bei ihrem Intensitätsmaximum bei etwa 500 nm ($\triangleq$) 2,5 eV genutzt werden kann. Photochemische Reaktionsfolgen zur Wasserspaltung müssen dementsprechend gesucht werden.

Weitere Sonderverfahren sind die Verwendung H_2-produzierender Algen und Bakterien, die trokkene Destillation schnellwachsender Pflanzen (Biokonversion) und die trockene Destillation oder bakterielle Zersetzung von Hausmüll bzw. Abwasser. *Dohrn*

Literatur: *Keim, W., A. Behr* u. *G. Schmitt:* Grundlagen der industriellen Chemie. Frankfurt a. M. 1986. – Proceedings of the 2nd World Hydrogen Energy Conference. Zürich 1978. – Wasserelektrolyse, Basis einer künftigen Wasserstoffwirtschaft (BBC). Elektrizitätsverwertung 53 (1978) Nr. 4.

Watt. SI-Einheit der Leistung bzw. des Wärmestroms, nach *J. Watt* (1736–1819) benannt. Einheitenzeichen W. 1 W = 1 J/s = 1 m^2 kgs^{-3} ($\rightarrow$Einheiten des SI). *Hammerschmidt*

Weber-Fechner-Gesetz. Es ist ein Gesetz über die Sinnesempfindungen und besagt, daß der Unterschied zweier Reize dJ proportional zur absoluten Größe der Reize J wachsen muß, um als gleich empfunden zu werden. Das Verhältnis Reizdifferenz dJ zu Reizintensität J(dJ/J W.-F.-Verhältnis) ist konstant. Daraus läßt sich herleiten, daß der Reiz logarithmisch anwachsen muß, damit die Reizempfindung linear ansteigt. Das W.-F.-G. ist die Grundlage für die Skale zur Schall- und Lärmmessung ($\rightarrow$Schall). *Helbig*

Wechselbeanspruchung. Schwingungsversuche zur Ermittlung der $\rightarrow$Dauerschwingfestigkeit werden mit periodisch veränderlichen Belastungen durchgeführt. Sie können mit gleich großen und verschieden großen positiven oder negativen Spannungen durchgeführt werden oder als pulsierende Belastung mit der unteren Spannung gleich Null. Schwingungsversuche werden mit Zug-Druck-Belastungen, mit Biegebelastungen und mit Verdrehbelastungen durchgeführt. Bei Belastungen mit Wechsellasten werden im Prüfkörper W. hervorgerufen. Bei den Schwingungsversuchen zur Ermittlung der *Wöhler*-Linien interessiert besonders die Wechsel-

festigkeit, bei der ein Prüfkörper theoretisch unendlich oft, praktisch mindestens 10^6 Lastspiele ertragen kann bei Belastungen mit gleich großer Ober- und Unterspannung, die um den Nullpunkt $\sigma_m = 0$ schwingen. *Splittgerber*

Wechselfeld. Zeitlich sich änderndes elektrisches $\rightarrow$Feld, dessen zeitlicher Mittelwert gleich null ist. Die häufigsten Wechselfelder haben eine sinusförmige Zeitabhängigkeit oder lassen sich aus sinusförmigen Komponenten zusammensetzen. *Claassen*

Wechselspannung. Elektrische Spannung, deren Größe und Richtung sich periodisch mit der Zeit ändern. Man erzeugt solche Spannungen in elektrischen Maschinen mit umlaufenden Teilen (Generator) oder mit elektronischen Schaltungen wie Oszillatoren, Kippschaltungen und Signalformern ($\rightarrow$Wechselstrom). *Claassen*

Wechselstrom. Elektrischer Strom, dessen Stärke und Richtung sich periodisch mit der Zeit ändert. Ein Wechselstrom fließt in einem $\rightarrow$Stromkreis, wenn dieser mit einer zeitlich sich periodisch ändernden $\rightarrow$Wechselspannung gespeist wird.

Als *Periode* bezeichnet man den vollständigen Ablauf einer $\rightarrow$Schwingung, bis wieder der Ausgangszustand in gleicher Weise durchlaufen wird.

Die $\rightarrow$*Frequenz* des Wechselstroms ist die Anzahl der Perioden pro Zeiteinheit.

Die wichtigste Stromform ist der sinusförmige Wechselstrom. Deshalb wird der Begriff Wechselstrom sehr häufig mit der Sinusform verbunden. Sinusförmige Wechselströme entstehen in Synchrongeneratoren (Generator) und eignen sich zur Umwandlung in mechanische $\rightarrow$Arbeit mit Hilfe von Elektromotoren. Zur Reduzierung der Verluste bei der elektrischen Leistungsübertragung lassen sich sinusförmige Wechselströme leicht mit Hilfe von Transformatoren auf hohe Spannung umformen und anschließend wieder zurücktransformieren. Mehrere sinusförmige Wechselströme, die gegeneinander eine konstante Phasenbeziehung besitzen, bezeichnet man als *Mehrphasenwechselstrom.* Am gebräuchlichsten ist der *Dreiphasenwechselstrom,* bei dem die drei Ströme jeweils um 120 Grad gegeneinander phasenverschoben sind. Er wird auch $\rightarrow$*Drehstrom* genannt. Bei symmetrischer Last ist die Summe der Ströme Null, so daß der Rückleiter entfallen kann, wenn man die rückführenden Stränge zusammen auf Erdpotential schaltet ($\rightarrow$Sternschaltung). In der Nachrichtentechnik verwendet man sinusförmige Ströme als Trägerschwingung, der Informationen aufmoduliert werden (Trägerfrequenztechnik).

Nicht sinusförmige Wechselströme lassen sich als Überlagerung von sinusförmigen Wechselströmen darstellen, deren Frequenz ein ganzzahliges Vielfaches der Grundfrequenz ist (→Fourier-Reihe, harmonische Analyse).

Der zeitliche Verlauf von Wechselspannungen und Wechselströmen läßt sich mit dem Oszilloskop bestimmen. Dabei wird die zu untersuchende Spannung in der Regel zur Vertikalablenkung des Elektronenstrahls einer Kathodenstrahlröhre verwendet, während an die Horizontalablenkung eine sägezahnförmige Kippspannung gelegt wird. Bei Synchronisation der Kippspannung (Kippschaltung) mit der zu untersuchenden Spannung erscheint die Spannungsform als stetiges Bild.   *Claassen*

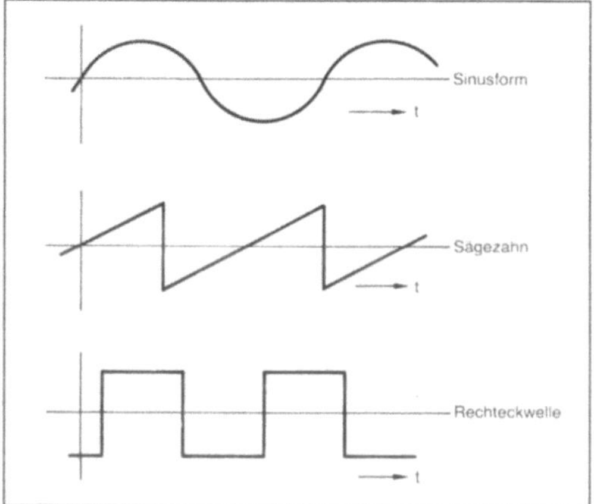

Wechselstrom: Wichtigste Wechselstromformen.

Wechselstromschaltkreis. Elektrischer →Stromkreis mit konzentrierten Elementen, der von →Wechselstrom durchflossen wird. Die Wechselströme und -spannungen in den einzelnen Zweigen sowie deren gegenseitige Phasenlage lassen sich direkt mit Hilfe der Kirchhoffschen Gesetze ohne Verwendung von →Differentialgleichungen berechnen, wenn man für Ströme und Spannungen die komplexe Schreibweise verwendet (→Impedanz) und für die Schaltkreiselemente jeweils deren komplexe Impedanz einsetzt.

Bild 1 zeigt die Serienschaltung einer →Induktivität L und eines Widerstandes R mit einer Wechselspannungsquelle $u(t) = U \cos \omega t$.

In komplexer Schreibweise entspricht $u(t) \triangleq U\,e^{j\omega t}$ mit $j = \sqrt{-1}$. Die RL-Serienschaltung hat eine komplexe Impedanz $Z = R + j\omega L$.

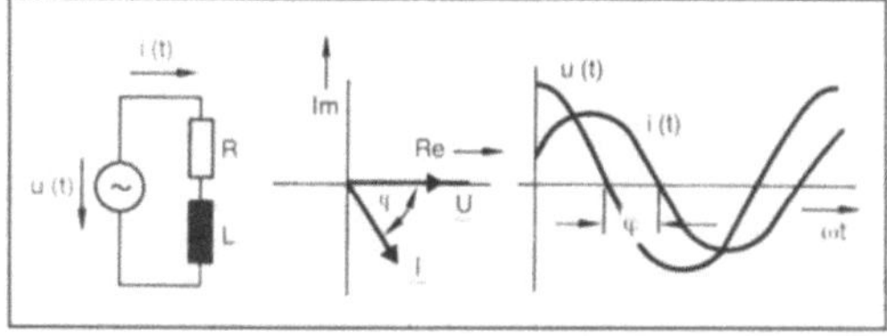

Wechselstromschaltkreis 1: RL-Serienschaltung. Darstellung in der komplexen Ebene und zeitlicher Verlauf von Spannung und Strom.

Für den Strom gilt

$$i(t) \triangleq I\,e^{j\omega t} = \frac{U \cdot e^{j\varphi t}}{Z}.$$

Der Phasor I des Stromes ist dann

$$I = \frac{U}{R + j\omega L} = \frac{U\,e^{-j\varphi}}{\sqrt{R^2 + (\omega L)^2}}$$

mit

$$\varphi = \arctan \frac{\omega L}{R}.$$

Der Strom berechnet sich damit zu

$$i(t) = |I| \cos(\omega t - \varphi) = \frac{U}{\sqrt{R^2 + (\omega L)^2}} \cdot \cos(\omega t - \arctan \frac{\omega L}{R}).$$

Das Verhältnis von Stromamplitude zur Spannungsamplitude ist der Kehrwert des Betrags der Impedanz, und die Phasenverzögerung φ entspricht dem →Winkel der Impedanz in der komplexen Ebene.

Für einen Serienresonanzkreis, Bild 2, gilt entsprechend

$$Z = R + j\left(\omega L - \frac{1}{\omega C}\right),$$

und man erhält

$$i(t) = \frac{U}{\sqrt{R^2 (\omega L - 1/\omega C)^2}} \cdot \cos(\omega t - \arctan \frac{\omega L - 1/\omega C}{R}).$$

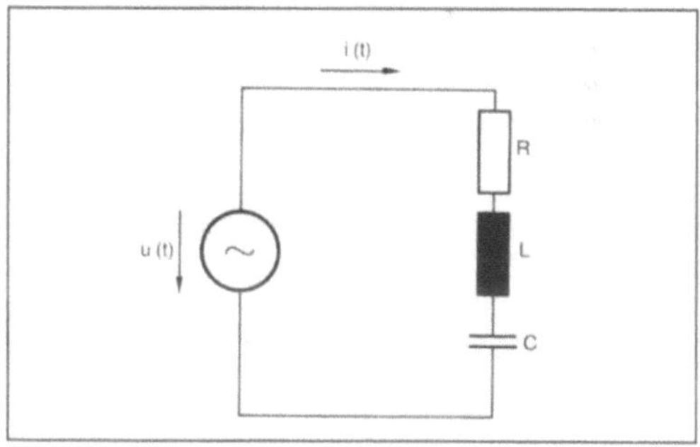

Wechselstromschaltkreis 2: Serienresonanzkreis.

Die Stromamplitude erreicht ein Maximum von U/R bei der Resonanzfrequenz $\omega_r = 1/\sqrt{LC}$, bei der sich die Blindwiderstände von Induktivität und →Kapazität gerade kompensieren. Hier sind Strom und Spannung in Phase. Bei sehr niedrigen und sehr hohen Frequenzen strebt die Stromamplitude dagegen gegen Null und die Phase gegen $-\pi/2$ bzw. $+\pi/2$, d. h. der Strom eilt um ¼ Periode voraus bzw. hinterher.

Ein ähnliches Verhalten zeigt die Spannung an einem Parallelresonanzkreis (Bild 3), wenn er mit

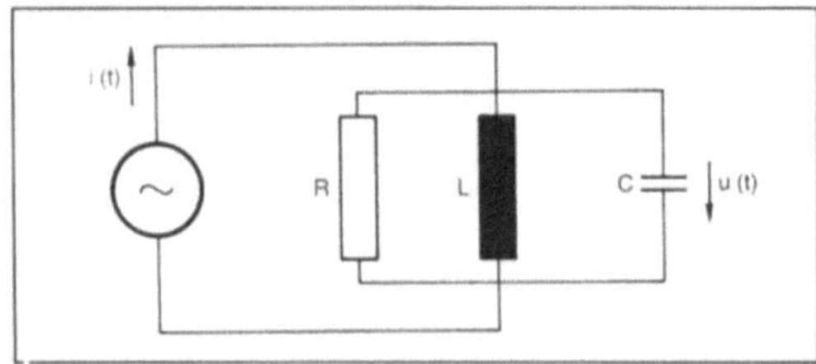

Wechselstromschaltkreis 3: Parallelresonanzkreis.

einem eingeprägten Strom i(t) = I cos ωt betrieben wird. Das Verhältnis der Phasoren von Spannung und Strom ist gleich der Impedanz des Parallelresonanzkreises:

$$\frac{U}{I} = Z = \frac{1}{1/R + j(\omega C - 1/\omega L)}.$$

Die Spannung wird damit zu

$$u(t) = \frac{I}{\sqrt{1/R^2 + (\omega C - 1/\omega L)^2}} \cdot \cos \{\omega t - \arctan[R(\omega C - 1/\omega L)]\}$$

Hier erhält die Spannungsamplitude ein Maximum von U = IR bei der Resonanzfrequenz $\omega_r =$ $1/\sqrt{LC}$ und strebt gegen null für sehr kleine und sehr n. Die Spannung eilt bei sehr kleinen Frequenzen um ¼ Periode voraus bzw. bei sehr großen Frequenzen um ¼ Periode nach. Bei der Resonanz sind **Spannung und Strom in Phase.**

Die elektrische →Leistung in Wechselstromschaltkreisen berechnet sich jeweils aus dem Realteil der Impedanz bzw. des Leitwerts:

$$P = \frac{1}{2}\,|\,I\,|\,\cdot\,|\,U\,|\,\cdot\cos\varphi$$

$$= \frac{1}{2}\,|\,I\,|^2 \cdot R \text{ bei der Serienschaltung bzw.}$$

$$= \frac{1}{2}\,|\,U\,|^2 \cdot \frac{1}{R} \text{ bei der Parallelschaltung.}$$

Der Faktor ½ ist der zeitliche →Mittelwert von cos²ωt. Rechnet man an Stelle der Amplitudenwerte mit Effektivwerten $U_{eff} = |\,U\,|\,/\sqrt{2}$ und $I_{eff} = |\,I\,|\,/$ $\sqrt{2}$, so entfällt der Faktor ½. *Claassen*

Wehr. Ein Wehr ist eine quer durch ein fließendes Gewässer (Gerinne) gebaute Anlage zum Erhöhen des stromauf liegenden Wasserspiegels. Bei der Überströmung flacher W.-Rücken treten ähnliche Phänomene wie in der Gasdynamik auf.

Die Ausbreitungsgeschwindigkeit für Störungen in flachem Wasser, die Grundwellen- oder Schwallgeschwindigkeit $c = \sqrt{gh}$ (g Fallbeschleunigung, h Wassertiefe), spielt bei Strömungen in Gerinnen eine ähnliche Rolle wie die Schallgeschwindigkeit in der Gasdynamik. Einer Überschallströmung entspricht eine schießende Bewegung (Wildbach), bei

der die über die Tiefe gemittelte Geschwindigkeit $\overline{U} > c$ ist, einer Unterschallströmung entspricht eine fließende Bewegung mit $\overline{U} < c$. Die Überströmung eines flachen W.-Rückens ist das Analogon zur Lavaldüsenströmung. In Bild 1 ist im gesamten Strömungsfeld $\overline{U} < c$. Über der höchsten Stelle des W., wo die Geschwindigkeit ein Maximum erreicht, kommt es zur größten Absenkung des Wasserspiegels. Wird bei einer höheren Fließgeschwindigkeit über dem W.-Rücken gerade $\overline{U} = c$ erreicht, ändert sich das Bild. Vom W.-Rücken ab schießt jetzt das Wasser mit einer größeren und vom Wassersprung (Ws) ab strömt es mit einer kleineren Geschwindigkeit als der zur jeweiligen Wassertiefe gehörenden Grundwellengeschwindigkeit c (Bild 2). Da sich Änderungen des Strömungszustands nur mit der zugehörigen Grundwellengeschwindigkeit ausbreiten können, hat das Ansteigen des Wasserspiegels durch den Wassersprung keinen Einfluß auf den in schießender Bewegung befindlichen Abschnitt. Dem Wassersprung entspricht hier der auch in einer Lavaldüsenströmung zu beobachtende Verdich-

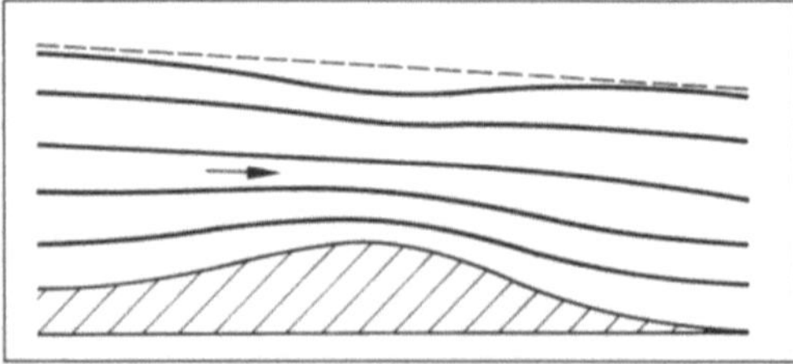

Wehr 1: Überströmung eines flachen Wehrrückens.
Vor dem Wehr ist $\overline{U} < c$; über dem Wehrrücken bleibt $\overline{U} < c$.

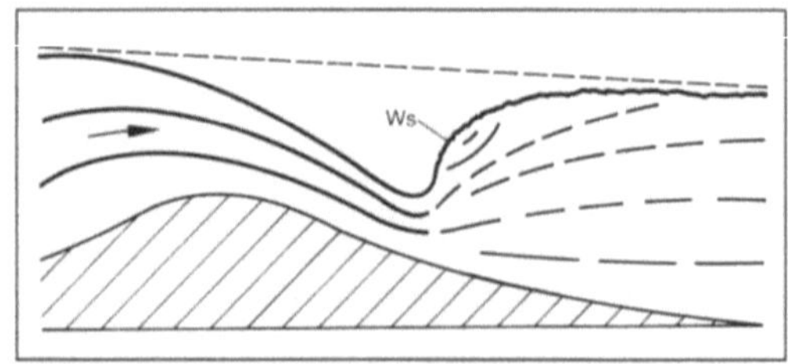

Wehr 2: Überströmung eines flachen Wehrrückens.
Vor dem Wehr ist $\overline{U} < c$; über dem Wehrrücken wird $\overline{U} = c$ erreicht.

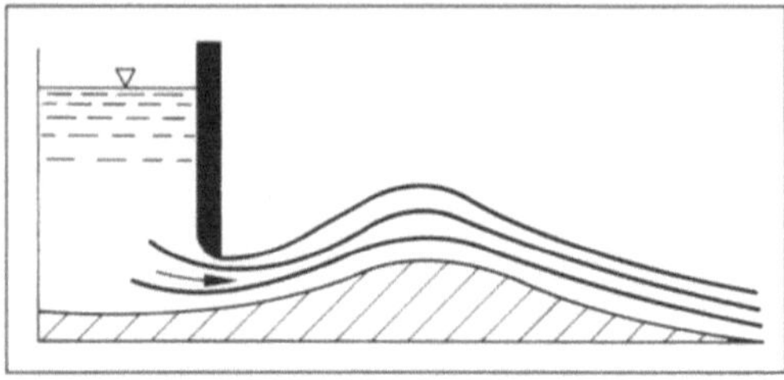

Wehr 3: Überströmung eines flachen Wehrrückens.
Vor dem Wehr ist $\overline{U} > c$.

tungsstoß. Über dem W.-Rücken in einem Wildbach, in dem überall $\overline{U} > c$ ist, hebt sich der Wasserspiegel stärker als die Bodenerhebung (Bild 3), was darauf hindeutet, daß hier die Geschwindigkeit am kleinsten ist. *Eckelmann*

Weibull-Verteilung.

Statistik. Die statistische V.-Funktion $F(t) = 1 - \exp(-\alpha(t-\gamma)^\beta)$ mit $t > \gamma$; $\alpha > 0$ und $\beta > 0$ bezeichnet man als dreiparametrige W.-V. Die zweiparametrige W.-V. erhält man durch die Wahl von $\gamma = 0$. Die Dichtefunktion der dreiparametrigen W.-V. lautet $f(t) = F'(t) = \alpha\beta(t-\gamma)^{\beta-1} \exp(-\alpha(t-\gamma)^\beta)$. Diese V. hat in der statistischen Zuverlässigkeitsanalyse eine zentrale Bedeutung. Die Momente der W.-V. sind gegeben durch

$$\mu(t) = \bar{t} = \frac{a}{\alpha} + \gamma$$

$$\sigma^2 = (b - a^2)/\alpha^2$$

$$\varepsilon_3 = (c - 3ab + 2a^3)/\alpha^3,$$

wobei ε_3 das dritte Moment um den $\rightarrow$ Mittelwert μ ist. Dabei sind

$$a = \Gamma(1 + \frac{1}{\beta})$$

$$b = \Gamma(1 + \frac{2}{\beta})$$

$$c = \Gamma(1 + \frac{3}{\beta})$$

In der Praxis ist die zweiparametrige W.-V. leichter zu behandeln. So ist bei Zuverlässigkeitsanalysen die augenblickliche $\rightarrow$ Ausfallrate $Z(t)$ allgemein gegeben durch

$$Z(t) = F'(t)/(1 - F(t)) \text{ mit } t > 0,$$

was bei der zweiparametrigen W.-V. zu

$$Z(t) = \alpha\beta t^{\beta-1}$$

mit $t > 0$ wird. Wie man sieht, fällt die Ausfallrate während der Zeit t für $\beta < 1$, für $\beta > 1$ steigt sie und für $\beta = 1$ behält sie den konstanten Wert α, so daß die W.-V. in eine Exponential-V. übergeht.

Durch die $\rightarrow$ Transformation $\ln \ln (1/(1-F(t))) = \ln \alpha + \beta \ln t$ erhält man eine in $\ln t$ lineare Funktion. Dies nützen spezielle Wahrscheinlichkeitspapiere aus, die auf der Abszisse nach $\ln t$ und auf der Ordinate nach $\ln \ln 1 (/(1-F(t)))$ skaliert sind. Damit kann man auf zeichnerischem Weg α und β abschätzen nach folgendem Vorgehen (Bild).

Fällt die i-te Einheit zur Zeit t_i aus, schätze man $F(t_i)$ ab nach

$$\hat{F}(t_i) = \frac{i - \frac{1}{2}}{n}.$$

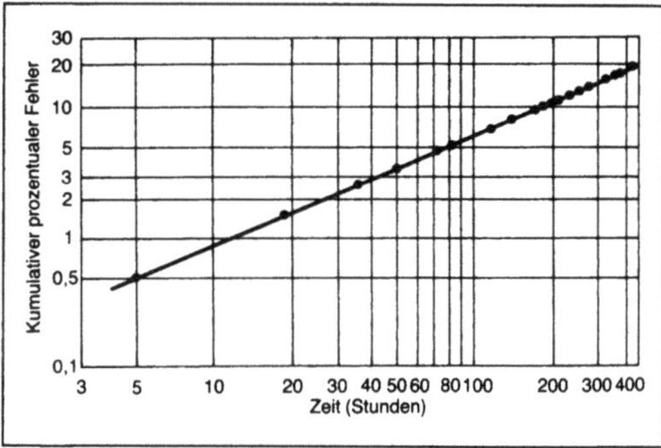

Weibull-Verteilung (Statistik): Ausfallzeiten.

Der entsprechende Punkt $(t_i, \hat{F}(t_i))$ ist in das Wahrscheinlichkeitspapier einzutragen. Legt man eine nach Augenschein optimale Gerade durch alle Punkte $(t_i, \hat{F}(t_i))$ und liegen alle diese Punkte dicht um die Gerade, so kann man für die zugrundeliegenden Ausfallzeiten eine W.-V. annehmen. *Schneeberger*

Zuverlässigkeit. Die von der Zeit unabhängige $\rightarrow$ Ausfallrate der Exponentialverteilung tritt in der Praxis nur mit Einschränkung auf. Häufig ist die Badewannenkurve zu beobachten. Die Ausfallrate nimmt, von einem höheren Wert ausgehend, zunächst ab (Frühausfälle, Phase a), bleibt dann über einen weiten Bereich niedrig und konstant (exponentiell verteilte Lebensdauer, Phase b) und steigt schließlich am Ende der Nutzungsdauer infolge von Verschleißausfällen (Phase c) wieder an. Dieses Verhalten läßt sich stückweise durch die nach dem schwedischen Ingenieur *W. Weibull* genannte Verteilung beschreiben. In ihrer zweiparametrigen Form mit den beiden Parametern T und a, $T > 0$ und $a > 0$, sind die Lebensdauerfunktionen wie folgt definiert (Bild 1):

$$R(t) = e^{-\left(\frac{t}{T}\right)^a},$$

$$F(t) = 1 - e^{-\left(\frac{t}{T}\right)^a},$$

$$f(t) = \frac{a}{T^a} t^{a-1} e^{-\left(\frac{t}{T}\right)^a},$$

$$z(t) = \frac{a}{T^a} t^{a-1}.$$

Der Parameter T hat die Einheit einer Zeit und wird als charakteristische Lebensdauer oder Zeitkonstante bezeichnet. Sind die Lebensdauern nach Weibull verteilt, so sind zum Zeitpunkt $t = T$ etwa 63 % der Einheiten ausgefallen. Der Parameter a heißt Ausfallsteilheit und erreicht in der Praxis Werte zwischen 0,5 und 5.

Für $0 < a < 1$ nimmt die Ausfallrate der W.-V. von theoretisch unendlich bei $t = 0$ mit der Lebensdauer

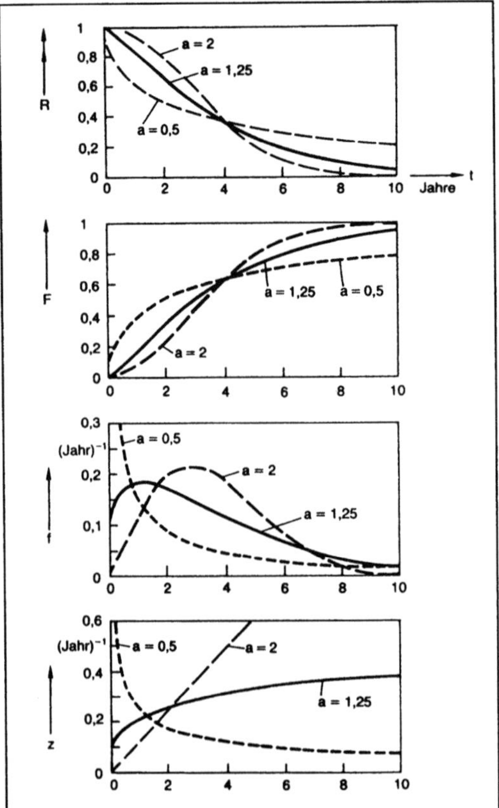

Weibull-Verteilung (Zuverlässigkeit) 1: Überlebenswahrscheinlichkeit R(t), Ausfallwahrscheinlichkeit F(t), Dichtefunktion f(t) und Ausfallrate z(t) der Weibull-Verteilung.

ab. Sie beschreibt die Frühausfälle infolge nicht erkannter Mängel.

Für a = 1 geht die W.-V. in die Exponentialverteilung über mit $\lambda = 1/T$.

Für a > 1 nimmt die Ausfallrate von 0 beginnend mit der Lebensdauer zu. Die Zunahme ist bei 1 < a < 2 anfangs schnell und dann langsamer (degressiv), bei a = 2 linear und bei a > 2 progressiv. Die Ausfallrate wächst dann immer schneller. Für $3 \le a \le 5$ verläuft die W.-V. nahezu symmetrisch und läßt sich gut durch die →Gauß-Normalverteilung ersetzen.

Graphische Darstellung: Mit dem von der Deutschen Gesellschaft für Qualität empfohlenen Wahr-scheinlichkeitspapier können die Parameter T und a der W.-V. auf graphischem Wege leicht ermittelt werden. Die Koordinaten dieses Lebensdauernetzes sind so gewählt, daß die Funktionen →Überlebenswahrscheinlichkeit R(t) und →Ausfallwahrscheinlichkeit F(t) zu geraden Linien werden. Dazu ist die Abszisse einfach logarithmisch (x = ln t) und die Ordinate doppelt logarithmisch (y = ln ln [1/R]) geteilt.

In das Lebensdauernetz sind die geordneten Daten einzutragen und durch eine Gerade auszumitteln (Tabelle, Bild 2). Der Abszissenwert, der zur Ausfallwahrscheinlichkeit F(t) = 0,63 führt, ist dann ein Schätzwert für die charakteristische Lebensdauer T. Die Ausfallsteilheit a kommt in der Neigung der ausgemittelten Geraden zum Ausdruck. Diese ist bis zum Pol P parallel zu verschieben. Der Schnittpunkt mit der rechten Ordinate liefert den Schätzwert für die Ausfallsteilheit a. *Schrüfer*

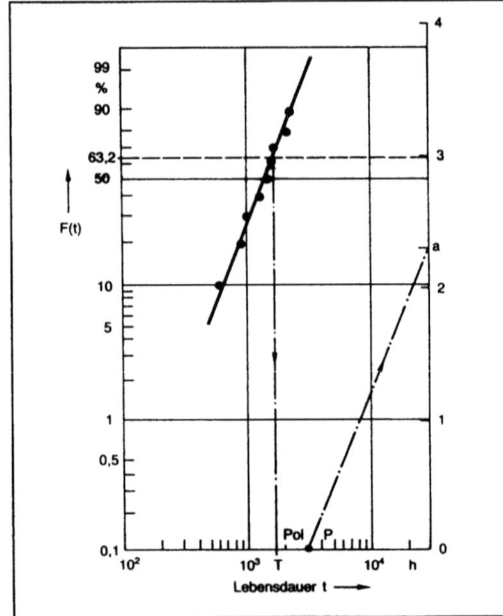

Weibull-Verteilung (Zuverlässigkeit) 2: Darstellung der Meßwerte der Tabelle im Lebensdauernetz. (Quelle: DGQ-Frankfurt)

charakteristische Lebensdauer T ≈ 1650 h, Ausfallsteilheit a ≈ 2,3

Weibull-Verteilung (Zuverlässigkeit). Tabelle: Nach Weibull verteilte Lebensdauern von zehn Einheiten.

Einheit Nr.	1	2	3	4	5	6	7	8	9	10
Lebensdauer t in 100 h	6	9	10	13	15	16	17	22	23	>23
F(t)	0,1	0,2	0,3	0,4	0,5	0,6	0,7	0,8	0,9	1

Literatur: DGQ-Frankfurt: Das Lebensdauernetz, Erläuterung und Handhabung. Köln 1975.

weichmagnetische Werkstoffe. Leicht ummagnetisierbare magnetische Werkstoffe, die vor allem in drei Bereichen der Technik Anwendung finden:

□ als Eisenkerne induktiver Bauelemente (Transformatoren, Motoren, Generatoren, Drosseln, Übertrager usw.);

□ als magnetische →Abschirmung;

□ als Flußleitstücke in Magneten und anderen magnetischen Kreisen.

Allgemein sind w. W. durch ein homogenes Gefüge mit großen Körnern gekennzeichnet. Dadurch können sich die magnetischen Domänenwände (Bereichsstrukturen) leicht bewegen, ohne durch Ausscheidungen oder Korngrenzen zu sehr behindert zu werden. Besonders hohe Permeabilitäten erzielt man dann, wenn durch geeignete Werkstoffwahl die magnetischen Anisotropien und die magnetisch induzierten Gitterverzerrungen (→Magnetostriktion) klein gehalten werden. Für andere Anwendungen sind eine hohe Sättigungsmagnetisierung oder geringe magnetische Verluste bei höherer →Frequenz von primärer Bedeutung (Tabelle).

Für induktive Bauelemente verwendet man bei technischen Frequenzen (16–300 Hz) vorwiegend Siliciumeisen-Elektrobleche (hohe Sättigung), bei mittleren Frequenzen bis ca. 20 kHz vielfach Nickeleisen-Werkstoffe (hohe →Permeabilität) und für höhere Frequenzen Ferrite (niedrige Wirbelstromverluste). Abschirmungen werden bevorzugt aus Permalloy-Legierungen hergestellt, während Fluß-leitstücke günstig und preiswert aus reinem Eisen gefertigt werden. Kobalteisen kann wegen seines hohen Preises nur für Spezialzwecke eingesetzt werden, bei denen sich seine besonders hohe Sättigungsmagnetisierung auszahlt. Beispiele sind Polspitzen, Telefonmembrane und Bordmaschinen in Flugzeugen.

Die meisten w. W. sind auch mechanisch weich. Zwischen diesen beiden Eigenschaften besteht jedoch kein naturgesetzlicher Zusammenhang, wie schon die harten und spröden Ferrite zeigen. Auch unter den Metallen gibt es Speziallegierungen, die mechanische Härte mit magnetischer Weichheit vereinen. Solche Werkstoffe werden z. B. für die Aufzeichnungs- und Leseköpfe von Magnetbandgeräten benötigt. Auch die metallischen Gläser vereinen mechanische Festigkeit mit ausgezeichneten weichmagnetischen Eigenschaften.

Im folgenden werden die wichtigsten Untergruppen der w. W. kurz diskutiert:

□ Das Material, aus dem die Eisenkerne der elektrischen Maschinen und Transformatoren bestehen, wird *Elektroblech* genannt. Es besteht in der Regel aus Siliciumeisen (Si-Massengehalt 2 bis 3 %), das in Form dünner, isolierter Bleche von 0,3–0,5 mm Dicke hergestellt wird, um die Wirkung der Wirbelströme zu begrenzen. Für Transformatoren wird orientiertes Elektroblech bevorzugt, das durch spezielle Wärmebehandlung eine ausgeprägte Kristall-Vorzugsorientierung, die Goss-Textur, besitzt, benannt nach dem Amerikaner *N. Goss* (1935). Die würfelförmige Elementarzelle des Eisens steht in ihr auf der Kante und mit dieser parallel zur Walzrichtung des Blechs ((110)-[001]-Textur). Es gelingt

weichmagnetische Werkstoffe. Tabelle: Typische Kennwerte einiger w. W.

Name	Werkstoff	Sättigungs-magnetis. I_s [T]	Koerzitivfeld-stärke H_c [A/m]	Anfangs-permeabilität	spez. Wider-stand ρ [Ωm]	Curietempe-ratur T_c [°C]
Reineisen	Eisen	2,14	6–30	500–2.000	$10 \cdot 10^{-8}$	770
Kobalteisen	Fe49 Co49 V2	2,35	~40	~1.000	$35 \cdot 10^{-8}$	950
Siliciumeisen	Fe Si3	2,03	~10	~3.000	$40 \cdot 10^{-8}$	750
Nickeleisen	Ni5o Fe50	1,6	1–5	~50.000	$45 \cdot 10^{-8}$	500
Mumetall	Ni81 Fe14 Mo5	0,78	0,4–1	$\sim 10^5$	$60 \cdot 10^{-8}$	400
Mangan-Zink-Ferrit	$Mn_x Zn_{1-x}O \cdot$ Fe_2O_3	~0,38–0,46	4–100	600–1.000	0,2-5	120–200
Nickel-Zink-Ferrit	$Ni_x Zn_{1-x}O \cdot$ Fe_2O_3	0,11–0,4	100–1.000	8–250	10^5	200–400
metallische Gläser	$T_{80}M_{20}$ (amorph) T=Fe, Co, Ni M=B, P, Si, C	0,8–1,7	1–10	10^3–10^5	$150 \cdot 10^{-8}$	300–400
Pulverkerne	Fe-Partikel mit Kunststoff	1,2–1,9	400–1.500	3–20	0,05–1	–
Granate	Yttrium-Eisen-Granat	0,177	sehr klein		$>10^{10}$	280

heute, diese Textur mit Abweichungen von weniger als 3° von der idealen Würfelkantenorientierung herzustellen. Goss-Blech stellte die erste Nutzung einer Kristalltextur in einem technischen Werkstoff dar. Es setzte sich ab den 50er Jahren weltweit im Transformatorenbau durch. Motoren und Generatoren werden dagegen in der Regel aus nicht orientiertem siliciumhaltigem oder auch siliciumfreiem Blech gebaut.

□ Die Werkstoffe mit den höchsten technisch erreichbaren Permeabilitäten (relative Anfangspermeabilitäten bis einige 10^5) sind die *Nickel-Eisen*- oder *Permalloy*-Legierungen. Sie enthalten etwa 75–80 % Nickel, ca. 15 % Eisen und verschiedene Zusätze wie Mo, Cr, Cu. Zwei Beispiele: Mumetall Ni76 Fe14 Mo5 Cu5, Supermalloy Ni79 Fe16 Mo5.

□ Die weichmagnetischen *Spinell-Ferrite* sind chemisch dem Magnetit Fe_3O_4 äquivalent, der jedoch wegen seiner zu hohen →Leitfähigkeit magnetisch wertlos ist. In den synthetischen Spinell-Ferriten ist das zweiwertige Eisen durch andere Ionen substituiert: $MeO \cdot Fe_2O_3$ mit Me = Mn, Ni, Zn, Mg, Cu, Co oder auch Al und Li in verschiedenen Kombinationen. Solange vermieden wird, daß das gleiche Ion in zwei verschiedenen Wertigkeiten vorkommt, ist die Leitfähigkeit gering und der Werkstoff auch für hohe Frequenzen brauchbar.

Die Spinell-Struktur besteht aus einem kubischflächenzentrierten Gerüst der relativ großen Sauerstoff-Ionen, in deren Lücken die kleineren Kationen eingelagert sind. Man unterscheidet Oktaeder- und Tetraeder-Lücken, wobei doppelt so viele Oktaeder- wie Tetraeder-Lücken besetzt sind. Die Oktaeder- und Tetraederplätze bilden auch die beiden entgegengesetzt magnetisierten Untergitter der ferrimagnetischen Spinstruktur. Im Manganferrit $MnO \cdot Fe_2O_3$ besetzt eines der Eisenionen die Tetraeder-Lücken, während das andere Eisenion sich mit dem Mangan die Oktaederplätze teilt. Substituiert man einen Teil des Mangans durch Zink (Mangan-Zink-Ferrit), dann verdrängt das Zink das Eisen aus den Tetraederplätzen. Da durch das unmagnetische Zinkion das Tetraeder-Untergitter geschwächt wird, erklärt sich, daß die resultierende →Magnetisierung des Manganferrits durch Zinkzusatz erhöht wird.

Mangan-Zink-Ferrit stellt den wichtigsten Ferrit-Werkstoff dar, der für Frequenzen von 1 kHz bis 1 MHz vorherrschend ist. Für höhere Frequenzen bis 100 MHz wird Nickel-Zink-Ferrit mit einer noch geringeren Leitfähigkeit eingesetzt, Mangan-Magnesium-Ferrite spielen neben Lithiumferrit und den Granaten im Mikrowellenbereich eine Rolle. Aus Mangan-Magnesium-Ferriten lassen sich auch Kerne mit einer Rechteckschleife herstellen, die in den Ferrit-Kernspeichern genutzt werden.

□ Der →Ferromagnetismus ist ebensowenig wie die elektrische Leitfähigkeit an den kristallinen Zustand der Materie gebunden. Auch amorphe Substanzen, insbesondere die schnell abgeschreckten *metallischen Gläser,* können magnetisch sein. Typische magnetische metallische Gläser bestehen zu 75–80 % aus Fe, Co und Ni und zu 20–25 % aus den Metalloiden (B, P, Si, C), die zur Stabilisierung des amorphen Zustands benötigt werden. Die amorphen Ferromagnetika erreichen deshalb nur etwa 80 % der Sättigungsmagnetisierung entsprechender kristalliner Werkstoffe, jedoch besitzen sie, bedingt durch die Abwesenheit von Gitterfehlern und Kristallanisotropien, generell sehr gute weichmagnetische Eigenschaften. Auch amorphe Ferromagnetika besitzen gewisse Anisotropien, die einerseits auf inneren Spannungen beruhen können, andererseits auf anisotropen Paarordnungen der Legierungspartner innerhalb des amorphen Zustands zurückgeführt werden können. Die Anisotropien können durch Wärmebehandlungen unterhalb der Kristallisationstemperatur ($\approx 400°C$) verringert werden, wodurch sich die weichmagnetischen Eigenschaften verbessern. Amorphe Ferromagnetika lassen sich auch durch Verdampfen oder Kathodenzerstäubung (dünne Schichten) herstellen. So wurden durch Zerstäubung gewonnene Legierungen des Systems CoGd (≈ 80 % Co) als magnetische Schicht für den Magnetblasenspeicher studiert. Entsprechende Schichten auf Terbium-Eisen-Basis werden für die magnetooptische Aufzeichnung verwendet. Neuerdings stellt man durch Kristallisation spezieller amorpher Legierungen extrem feinkörnige hochpermeable Legierungen her, die sog. *nanokristallinen* Magnetwerkstoffe.

□ Aus magnetischem Pulver durch Pressen mit einem Bindemittel hergestellte Magnetkerne werden *Pulver*- oder *Massekerne* genannt. Massekerne aus Eisen- oder Nickeleisenpulver stellen eine Alternative zu den Ferriten als w. W. für höhere Frequenzen dar. Ihr Vorteil liegt in der höheren Sättigungsmagnetisierung, jedoch sind die erreichbaren relativen Permeabilitäten auf einige 100 begrenzt.

□ *Magnetische Granate* gehören zu den oxidischen w. W. Ihre allgemeine Formel $A_3B_2C_3O_{12}$ leitet sich von den natürlichen Granaten ab, für die z. B. $A = Ca^{2+}$, $B = Fe^{3+}$ und $C = Si^{4+}$ gilt. Magnetische Granate entstehen, wenn man A durch ein dreiwertiges Selten-Erd-Ion und zum Ladungsausgleich C ebenfalls durch ein dreiwertiges Ion ersetzt. Der bekannteste Vertreter, der Yttrium-Eisen-Granat (YIG) besitzt die Formel $Y_3Fe_5O_{12}$. Die Y-Ionen bilden hierbei zusammen mit den Sauerstoffionen ein kubisches Gerüst, dessen sämtliche Oktaeder- und Tetraeder-Lücken von Eisen besetzt sind. Dank seiner hohen Regelmäßigkeit und der Abwesenheit verschiedenwertiger Ionen ist YIG ein ausgezeichneter transparenter Isolator mit sehr geringen magnetischen Verlusten. Seine Hauptanwendung liegt im Mikrowellenbereich. *Hubert*

Literatur: *Boll, R.:* Weichmagnetische Werkstoffe. Berlin, München, 1987.

Welle (mechanische Schwingung). Eine räumlich und zeitliche Zustandsänderung eines Kontinuums als einsinnige örtliche Verlagerung eines bestimmten Zustands mit der Zeit heißt W.

W. sind Schwingungen, die sich in einem ausgedehnten Körper fortpflanzen. Schwingungen pflanzen sich als elastische Wellen fort, wenn das Material des in Betracht stehenden Körpers sich nach einem elastischen Spannungs-Dehnungs-Zusammenhang verformt. Als Schwingungsgrößen können Verschiebungen, deren zeitliche Ableitungen, wie die Schwinggeschwindigkeit oder die Schwingbeschleunigung, Verformungen oder Spannungen betrachtet werden. Kinematisches Kennzeichen einer mechanischen W. ist das Wandern der Schwingungsphasen, dynamisches Kennzeichnen der Energietransport. Beides geschieht mit der Ausbreitungsgeschwindigkeit bzw. der Phasengeschwindigkeit.

Es gibt verschiedene →Wellenarten. Nach kinematischen Kennzeichen der W. unterteilt man z. B. nach der Anzahl der zur Beschreibung benötigten Ortskoordinaten (einfache W., zweifache W., dreifache W.) und nach Raumwellen und Oberflächenwellen. Bei einer Einteilung nach dem →Zeitverlauf werden die W. z. B. als Sinuswelle, Wanderwelle oder Stoßwelle bezeichnet. Nach physikalischen Kriterien unterscheidet man z. B. zwischen freien und erzwungenen Wellen, primären, sekundären und gebrochenen Wellen.

Die Wellenausbreitung wird mathematisch durch partielle →Differentialgleichungen beschrieben. Die einfachste Wellengleichung für die Ausbreitung in einem homogenen, linearen Medium für eine einfache W. hat die Form:

$$\frac{\partial^2 u}{\partial t^2} - c^2 \frac{\partial^2 u}{\partial x^2} = 0$$

Es bedeuten:

u Verschiebung (Auslenkung)
t Zeit
x Ortskoordinate
c Ausbreitungsgeschwindigkeit der Welle

Als stehende Welle bezeichnet man die Überlagerung zweier Wellen gleicher Amplitude und →Frequenz, die mit gleicher Wellengeschwindigkeit in entgegengesetzter Richtung laufen. Durch Interferenz beeinflussen sich zwei oder mehrere Wellen in einem Ausbreitungsmedium. *Splittgerber*

Literatur: DIN 1311, Bl. 4: Schwingende Kontinua, Wellen. 2/1974.

Welle, elektromagnetische. Die Existenz und die Eigenschaften e. W. lassen sich aus den Maxwell-Gleichungen herleiten. Die Wellengleichungen zeigen, daß sich eine elektromagnetische Störung im Vakuum mit der Geschwindigkeit des Lichtes, gegeben durch

$$c = (\varepsilon_0 \mu_0)^{-1/2},$$

fortpflanzt und in einem durch ε und μ charakterisierten Medium mit der (kleineren) Geschwindigkeit

$$v = (\varepsilon\mu)^{-1/2}.$$

Eine e. W. ist eine transversale Welle; senkrecht zu ihrer Ausbreitungsrichtung oszillieren ein elektrischer und ein magnetischer Feldvektor mit der gleichen →Frequenz, wobei beide stets aufeinander senkrecht stehen. Ihre gegenseitige Verkopplung wird durch die Maxwellschen Gleichungen beschrieben.

Ein wichtiges Unterscheidungsmerkmal ist die Frequenz bzw. die → *Wellenlänge* λ einer elektromagnetischen Welle. Das Spektrum der heute bekannten elektromagnetischen Wellen erstreckt sich über viele Zehnerpotenzen, beginnend etwa bei den als *Langwellen* bezeichneten Radiowellen mit Wellenlängen λ von einigen Kilometern über das sichtbare Licht ($\lambda \approx 5 \cdot 10^{-7}$ m) bis zu den hochenergetischen Gammastrahlen aus der kosmischen Höhenstrahlung mit Wellenlängen bis herab zu etwa 10^{-14} m. Eine Übersicht gibt die Tabelle, in welcher die

Welle, elektromagnetische. Tabelle: Übersicht über das elektromagnetische Spektrum.

Frequenz Hz	Bezeichnung der elektromagnetischen Strahlung		Wellenlänge m
10^{23}	kosmische Höhenstrahlung		
10^{22}			10^{-14}
10^{21}	Gammastrahlen		10^{-13}
10^{20}			10^{-12}
10^{19}	Röntgenstrahlen		10^{-11}
10^{18}			10^{-10}
10^{17}			10^{-9}
10^{16}	ultraviolettes Licht		10^{-8}
10^{15}	sichtbares Licht		10^{-7}
10^{14}			10^{-6}
10^{13}	Infrarotstrahlung		10^{-5}
10^{12}	Submillimeterwellen		10^{-4}
10^{11}	Millimeterwellen		10^{-3}
10^{10}	Mikrowellen (z. B. Radar)		10^{-2}
10^{9}	Fernsehen		10^{-1}
	(FM Rundfunk)	UHF	
10^{8}	UKW	VHF	1
10^{7}	Kurzwellenrundfunk	HF	10
10^{6}	Mittelwellen (AM)		10^{2}
10^{5}	Langwellen		10^{3}
10^{4}			10^{4}

üblichen Bezeichnungen bekannter Frequenzgebiete eingetragen sind.

Mit steigender Frequenz bzw. mit abnehmender Wellenlänge tritt im Sinne des quantenmechanischen Welle-Teilchen-Dualismus der korpuskulare Charakter der elektromagnetischen →Strahlung immer stärker hervor (Photon). Damit wird allerdings der Rahmen der Maxwellschen Theorie verlassen. Das Photonenbild ist immer dann von Bedeutung, wenn es sich um eine Wechselwirkung irgendwelcher Systeme mit elektromagnetischer Strahlung handelt, bei welcher Energieumsetzung erfolgt. Diese Phänomene werden heute korrekt und mit großer Genauigkeit erfaßt durch die *Quantenelektrodynamik.*   *Claassen*

Wellenart. Man unterscheidet bei Wellen bei einer Einteilung nach kinematischen Gesichtspunkten auf Grund der Anzahl der benötigten Ortskoordinaten einfache Wellen, deren Ortsabhängigkeit nur Funktion einer Ortskoordinate ist, sowie zweifache und dreifache Wellen. Nach der Ausbreitungsmöglichkeit der Wellen gliedert man in lineare Wellen, Flächenwellen und Raumwellen.

Wellen, bei denen die Richtung der Teilchengeschwindigkeit im Ausbreitungsmedium senkrecht zur Richtung der Ausbreitungsgeschwindigkeit ist, heißen Querwellen oder Transversalwellen. In ihnen wechseln Wellenberge und Wellentäler. Sind die Richtungen von Schwing- und Ausbreitungsgeschwindigkeit gleich, so heißen die Wellen Längswellen, die auch als Longitudinalwellen bezeichnet werden. In ihnen wechseln Versdichtungen und Verdünnungen. Bei der Ausbreitung von Wellen in gasförmigen oder flüssigen Medien werden die Longitudinalwellen auch als Kompressionswellen bezeichnet.

An der Grenzfläche zwischen elastischen homogenen Medien mit unterschiedlichen Materialeigenschaften existiert eine spezielle Welle, die als Oberflächenwelle bezeichnet wird. Bei auftretenden Erschütterungen im Umweltschutz interessiert besonders die an der Erdbodenoberfläche, d. h. an der Grenzfläche zwischen Boden und Atmosphäre, auftretende Oberflächenwelle. Die Oberflächenwelle wird auch *Rayleigh*-Welle genannt.

Longitudinal- und Transversalwellen können sich nur in Körpern ausbilden, die allseitig über viele Wellenlängen ausgedehnt sind. In Bauteilen, deren Abmessungen je nach ihrer Art, z. B. als Stäbe, Platten oder Scheiben, begrenzt sind, treten Wellen in Form von quasi-longitudinalen Wellen, als Torsionswellen oder Biegewellen auf. Bei einer Untergliederung der Wellen nach physikalischen Kriterien unterscheidet man freie und erzwungene Wellen, reflektierte und gebrochene Wellen.   *Splittgerber*

Literatur: DIN 1311, Bl. 4: Schwingende Kontinua, Wellen. 2/1974.

Wellenausbreitung →Schwingung

Wellenausbreitung, mechanische. In (normalen) linear-elastischen Kontinua gilt (in kartesischen x_a-Koordinaten) bei kleinen Auslenkungen (Balken) für Überlagerungen eines Ruhezustands:

$$C_{abcd}\, u_{c;da} = \rho\, \ddot{u}_b.$$

Eine Lösung dieser Gleichung entsteht durch den für Schwingungen gültigen Ansatz:

$$u_b = \sum_k {}^k\hat{u}_b\,(x_a)\, \cos\,(\omega_k t + \varepsilon_k),$$

mit den Eigenformen ${}^k\hat{u}_b(x_a)$ und Eigenkreisfrequenzen ω_k. Daneben ist in homogenem Material (C_{abcd} und ρ konstant) auch ein Ansatz der Art

$$u_b = \hat{u}_b\,(x_e - c_e t)$$

angebracht, der auf das Eigenwertproblem

$$(C_{abcd} - \rho\delta_{bc}\, c_a\, c_d)\, u_{c;ad} = 0$$

führt. Die c_e sind darin Koordinaten einer Wellenausbreitungsgeschwindigkeit, mit der sich Wellenfronten, die den Eigenformen entsprechen, im Material bewegen. Für isotropes Material gilt:

$$C_{abcd} = \frac{E}{2(1+\nu)}\left(\delta_{ac}\delta_{bd} + \delta_{ad}\delta_{bc} + \frac{2\nu}{1-2\nu}\delta_{ab}\delta_{cd}\right),$$

$$G\, u_{a;ab} + (1-2\nu)\, G\, u_{b;aa} - \rho(1-2\nu)c_a c_d\, u_{b;ad} = 0.$$

Für $u_{a;a} \equiv 0$ ist $c_a = c_b = c = (G/\rho)^{-0,5}$ die Wellenausbreitungsgeschwindigkeit einer Scherwelle. Für z. B. $\vec{u} = u_x(x,t)\, \vec{e}_x$ entsteht mit

$$c^2 = \frac{E(1-\nu)}{\rho(1+\nu)(1-2\nu)}$$

eine Kompressionswelle. An Oberflächen ergibt eine Kombination solcher Wellen eine Rayleigh-Welle.

Einfachere, aber im Prinzip ähnliche Formen findet man in Saiten, Stäben und Biegebalken konstanten Querschnitts als:

Transversalwelle der Saite mit $c = \sqrt{\dfrac{F}{\rho A}}$,

Longitudinalwelle des Stabes mit $c = \sqrt{\dfrac{E}{\rho}}$,

Biegewelle des Balkens

mit einer Wellengeschwindigkeit, die von der Form der Welle abhängt und durch die Scherwellengeschwindigkeit des Materials begrenzt ist. Der Timoshenko-Balken (→Schub) gibt dies besser wieder als der Bernoulli-Balken (λ →Wellenlänge der bewegten Welle):

$$c^2 = \frac{\kappa G}{\rho}\, \frac{\pi^2\, EI}{\pi^2\, EI + \kappa\, GA\, \lambda^2}.$$

                                     Besdo

Wellenlänge. Die W. bei einer periodischen, sich räumlich ausbreitenden →Welle ist der Abstand zweier aufeinander folgender Zustände gleicher Phase (Formelzeichen λ; SI-Einheit m).
Die Wellenlänge λ ist mit der Ausbreitungsgeschwindigkeit c und der →Frequenz f durch folgende Beziehung verknüpft: $c = \lambda \cdot f$.
Der reziproke Wert der Wellenlänge ist die Wellenzahl. Bei Erschütterungsimmissionen kommen Wellenlängen für die Oberflächenwelle im Bereich von etwa 1 m bis 30 m vor. *Splittgerber*

Wellenwiderstand. Bei der Ausbreitung von Longitudinalwellen wird die Wurzel aus dem Produkt der longitudinalen Steife D und der →Dichte ρ des Ausbreitungsmediums, d. h. der Ausdruck $\sqrt{D\varrho}$, als Kennwiderstand oder als W. bezeichnet.
Die Lösung der Wellengleichung für die unverzerrte Wellenausbreitung bei Longitudinalwellen ergibt, daß sich die Zustandsgrößen dieser →Wellenart mit der Ausbreitungsgeschwindigkeit $c_L = \sqrt{D/\varrho}$ ausbreiten und der Quotient der dabei auftretenden Druckspannungen $-\sigma_x$ zur Schwinggeschwindigkeit v_x (x: Ortskoordinate) einen an allen Stellen des Wellenfeldes konstanten Wert ergibt, der eine mechanische Impedanz je Fläche bedeutet und als W. des betreffenden Materials bezeichnet wird. Es gilt:

$$Z_L = \frac{-\sigma_x}{v_x} = \sqrt{D \cdot \varrho} = c_L \cdot \varrho$$

mit
c_L Ausbreitungsgeschwindigkeit der Longitudinalwelle
ϱ Dichte
D longitudinale Steife des Materials, die mit dem →Elastizitätsmodul E durch folgende Beziehung verknüpft ist:

$$D = E \frac{(1-\nu)}{(1+\nu)(1-2\nu)}$$

ν →Querkontraktionszahl
Für die Ausbreitung von Transversalwellen ist der Ausdruck $\sqrt{G \cdot \varrho}$ (G: →Schubmodul) der Wellenwiderstand. *Splittgerber*

Literatur: *Cremer, L.* und *Heckl*: Körperschall. Berlin 1967.

Wendel →Schraubenlinie

Werknorm. Eine W. ist das Ergebnis der innerbetrieblichen Normungsarbeit eines Unternehmens (Betriebes, Werkes), einer Behörde oder einer Körperschaft (Verbandes, Vereines) für eigene Bedürfnisse. Sie ist in der Regel nicht öffentlich zugänglich (die Übernahme von Normen anderer Körperschaften als Werknorm ist ebenfalls Teil der innerbetrieblichen Normungsarbeit).

Die innerbetriebliche Normung (Werknormung) unterscheidet sich von der überbetrieblichen Normung (Normung, technische) insbesondere dadurch, daß sie sich vor allem an den innerbetrieblichen, unternehmensspezifischen Erfordernissen orientiert, weil sie in erster Linie wichtige Aufgaben für den inner- und zwischenbetrieblichen Arbeitsablauf zu erfüllen hat.
Die Beteiligung der interessierten Kreise an der gemeinschaftlich durchgeführten Normung geschieht hierbei durch das Hinzuziehen der betroffenen Unternehmensbereiche wie Einkauf, Konstruktion, Fertigung usw. bei der Normenerarbeitung.
Jeder Betrieb, jedes Unternehmen, das die Vorteile der Normung ausschöpfen will, muß abhängig von dem zu bewältigenden innerbetrieblichen Informationsfluß und damit indirekt abhängig von seiner Mitarbeiterzahl eine Person oder eine Abteilung damit beauftragen und für die Durchführung der Normungsaufgaben im Unternehmen verantwortlich machen.
Von der überbetrieblichen Normung unterscheidet sich die Werknormung neben ihrer unternehmensspezifischen Ausrichtung vor allem in folgenden Punkten:
– Stand bzw. Phasenverschiebung gegenüber der technischen Entwicklung,
– Konkretisierungsgrad,
– Verbindlichkeit.
Vereinfachend lassen sich im Hinblick auf die zentrale Aufgabe der Werknormung, nämlich die der Aufrechterhaltung und Verbesserung des Informationsflusses, d. h. der Erarbeitung, Bearbeitung und Verarbeitung von Informationen, zwei wesentliche Zielsetzungen nennen.
Auf der einen Seite sind hinsichtlich des Beschaffungs- und Absatzmarktes des Unternehmens vom zuständigen Normenfachmann Informationen über erforderliche Güteanforderungen von Erzeugnissen zu sammeln, durch Hinweise auf Abnahmebedingungen und Bewertungsverfahren zu vervollständigen und in den Produktionsprozeß einzubringen. Daneben sind ständig technische Entwicklungstrends, auch die der technischen Regelsetzung, zu beobachten, um zukünftige Anforderungskriterien an industrielle Erzeugnisse erkennen und als Informationen verarbeiten zu können.
Auf der anderen Seite müssen die Interessen des Unternehmens wirkungsvoll in allen nationalen und internationalen Normungsgremien vertreten werden, um die dortige Arbeit gegebenenfalls beeinflussen zu können.
Aus diesen Zielsetzungen heraus muß sich der für die Werknormung zuständige Normenfachmann über die jeweilige Unternehmenspolitik informiert halten. Damit kann er dann die Werknormung zum richtigen Zeitpunkt, im Sinne einer vorbeugenden

Kostenreduzierung, am unternehmensspezifischen Bedarf ausrichten und geeignete, die jeweils neuesten Erkenntnisse aus Wissenschaft und Technik berücksichtigende Werknormen herausgeben. Auch kann er eventuell durch die Werknormung auf die überbetriebliche Normung in angemessener Art und Weise einwirken.

Beispiele für Werknormen sind:
– werkseigene Normteile (Werknormteile),
– Auszüge aus DIN-Normen mit Ergänzungen, die über die Festlegungen der DIN-Normen hinausgehen, z. B. Erweiterungen der Abmessungen, Werkstoff- und Oberflächenangaben, Qualitätsanforderungen (AQL-Festlegungen),
– Anschlußmaße und Kurzbezeichnungen handelsüblicher Einbauteile, die häufig verwendet werden,
– Konstruktionsrichtlinien, z. B. für Schweiß-, Stanz- und Gußteile,
– Anweisung zum Aufteilen der Zeichnungssätze und Benummern der Zeichnungen,
– Prüfvorschriften,
– Anweisungen für Oberflächenbehandlung und sonstige Verfahren,
– Organisationsrichtlinien (beispielsweise werden bei Einführung eines neuen Nummernsystems in einer Werknorm neben dem Geltungsbereich und Zweck auch der Aufbau des Nummernsystems angegeben),
– Fertigungsvorschriften,
– Liefervorschriften. *Krieg*

Literatur: Handbuch der Normung. Band 1. Grundlagen der Normungsarbeit. Berlin, 1991. – *Karpinski, H.:* Werknormung zur Kostensenkung im Unternehmen. In: DIN-Mitteilungen. Band 62 (1983), Nr. 7, S. 383 bis 386. – *Senk, G.:* Werknormung für den Rechnereinsatz. In: DIN-Mitteilungen. Band 66 (1987), Nr. 7, S. 320 bis 329.

Wettbewerb, unlauterer. Das Gesetz gegen den unlauteren Wettbewerb (UWG) verbietet nach § 1 Wettbewerbshandlungen im geschäftlichen Verkehr, die gegen die guten Sitten verstoßen. Der Maßstab für die „guten Sitten" ist die Auffassung des verständigen und gerecht denkenden Durchschnittsgewerbetreibenden. Dieser Maßstab ist damit je nach dem Bereich, in dem Wettbewerbshandlungen betrieben werden, unterschiedlich. Es kommt ferner auf die Auffassung der Allgemeinheit an.

Nach § 1 UWG ist es z. B. unzulässig,
☐ fremde gewerbliche Leistungsergebnisse in sittenwidriger Weise unmittelbar auszubeuten,
☐ einen Konkurrenten zu boykottieren,
☐ rechtlichen oder psychologischen →Zwang auszuüben,
☐ vergleichende Werbung zu treiben,
☐ den Absatz eines Konkurrenten zu behindern,
☐ Arbeitskräfte systematisch abzuwerben.

Darüber hinaus sind gem. §§ 3–18 UWG weitere Wettbewerbshandlungen verboten (Sondertatbestände). Dies sind u. a.
☐ irreführende Angaben über geschäftliche Verhältnisse und Waren bzw. gewerbliche Leistungen (§ 3),
☐ irreführende oder unwahre Angaben in der Werbung (§ 4),
☐ Verkauf durch Hersteller oder Großhändler an Endverbraucher, wenn hierbei nicht ausschließlich an die Endverbraucher verkauft wird, oder nicht zu denselben Preisen wie für die Wiederverkäufer verkauft wird oder auf die höheren Preise nicht hingewiesen wird (§ 6a),
☐ Vergabe von Berechtigungsscheinen an Endverbraucher zum Bezug von Waren, die zu mehrmaligem Kauf berechtigen (§ 6b),
☐ Veranstaltung eines Ausverkaufs, unabhängig von einem Saisonschlußverkauf, obwohl der Geschäftsbetrieb oder eine Warengattung nicht aufgegeben werden (§ 7–10),
☐ Bestechung eines Angestellten eines anderen Unternehmens (§ 12),
☐ Anschwärzen des Erwerbsgeschäfts eines anderen (§ 14),
☐ geschäftliche Verleumdung (§ 15),
☐ Benutzen des Namens, der Firmenbezeichnung oder der besonderen Bezeichnung eines Erwerbsgeschäfts, eines Unternehmens oder einer Druckschrift und Hervorrufen von Verwechslungen hierdurch (§ 16),
☐ Verrat von Geschäfts- oder Betriebsgeheimnissen (§ 17),
☐ Verwertung von anvertrauten Vorlagen oder Vorschriften technischer Art, insbes. Zeichnungen, Modelle u. a., zu Zwecken des Wettbewerbs oder aus Eigennutz (§ 18). *Cohausz*

Literatur: *Baumann, Hefermehl:* Wettbewerbsrecht. 14. Aufl. 1983. – *Nordemann:* Wettbewerbsrecht. 5. Aufl. 1986.

Widerstand, elektrischer. Verhältnis von Spannungsabfall an einem elektrischen →Leiter (Verbraucher) zu ihn erzeugendem Leitungsstrom (→Ohm-Gesetz). Die Einheit für den W. ist das →Ohm (Kurzzeichen Ω): $1\,\Omega = 1\,\text{V}/1\,\text{A}$. Bei Wechselstromschaltkreisen wird der Begriff W. im engeren Sinn nur für das Verhältnis von dem Teil des Spannungsabfalls zum Strom gebraucht, der mit dem Strom in Phase ist (Impedanz). In diesem Zusammenhang spricht man auch von resistivem W., ohmschem W. oder Wirk-W. im Gegensatz zum induktiven oder kapazitiven W. einer →Spule bzw. eines Kondensators, der das Verhältnis von Spannungsamplitude zu Stromamplitude von dem Teil des Spannungsabfalls angibt, der mit dem Strom um 90° außer Phase ist.

Neben der Eigenschaft des e. W. wird auch ein Bauelement als W. bezeichnet, das diese Eigenschaft besitzt. W. werden in elektronischen Schaltungen in vielfältiger Weise als Spannungsteiler, zur Strombegrenzung, als Arbeits-W. und vieles mehr eingesetzt und sind das bei weitem am häufigsten eingesetzte Bauelement der Elektronik. Sie bestimmen daher oft die Zuverlässigkeit eines Geräts. Kohleschicht-W. bestehen aus einem keramischen Trägerkörper, auf den durch pyrolytischen Zerfall eines Kohlenwasserstoffs bei hoher Temperatur eine dünne W.-Schicht aus kristalliner Glanzkohle niedergeschlagen wird. Diese Schicht ist sehr hart und stabil. Durch Einschneiden einer Wendel kann der W.-Wert erhöht und auf den gewünschten Wert genau eingestellt werden. Die Kontaktierung erfolgt durch Metallkappen an den Enden oder durch in den Keramikkörper hineinragende Anschlußdrähte. Durch eine Mehrfach-Einbrennlackierung ist die W.-Schicht gegen Umwelteinflüsse geschützt und gegen niedrige Berührungsspannungen isoliert. Für höhere Anforderungen verwendet man Metallschicht-W. Sie bestehen aus einem Glasrohrkörper, auf dessen Innenwand eine dünne W.-Schicht aus Edelmetall aufgedampft ist. Die Stirnseiten sind zu Schutzzwecken verschlossen. Diese W. bieten eine höhere Belastbarkeit, bessere Isolation und Feuchtebeständigkeit. Für noch höhere Belastung eignen sich Drahtwiderstände, die aus W.-Draht einer Speziallegierung bestehen, der auf einen Keramikkörper gewickelt ist. Ringförmige W. (Kohleschicht- oder Draht-W.) mit Schleifkontakt, der sich durch Drehen einer Welle verstellen läßt, auf der ein Drehknopf befestigt werden kann, nennt man Potentiometer. Veränderliche W., die sich nur mit Schraubenzieher oder Spezialschlüssel einstellen lassen, bezeichnet man dagegen als Trimmer. *Claassen*

Widerstandsbeiwert →Druckverlust

Widerstand, komplexer. Verhältnis von komplexer Spannungsamplitude zu komplexer Stromamplitude bei der komplexen Wechselstromrechnung. Er ist gleichbedeutend mit dem Begriff →Impedanz. *Claassen*

Widerstandsthermometer. Meßaufnehmer zur →Temperaturmessung, die als Meßeffekt die Temperaturabhängigkeit des elektrischen Widerstands von Metallen oder Halbleitern ausnutzen (→Sensor).

Metall-W. haben Meßfühler aus Platin (Pt) oder Nickel (Ni), deren →Widerstand wie bei allen reinen Metallen angenähert linear und gut reproduzierbar mit der Temperatur zunimmt. Der Nennwiderstand R_0 beträgt bei 0 °C genau 100 Ω (Pt 100, Ni 100). Bei 100 °C ist der Widerstand R_{100} = 138,5 Ω (Pt) bzw. 161,8 Ω (Ni). Die Beziehung zwischen Temperatur und Widerstand wird in Grundwertrei-

hen angegeben. Diese sind für Platinmeßwiderstände in DIN IEC 751 (10/85) und für Nickelmeßwiderstände in DIN 43760 (10/80) festgelegt. Es gibt auch andere Nennwerte für R_0, z. B. 10 Ω, 500 Ω, 1000 Ω. Einen Richtwert für die Widerstandsänderung metallischer →Leiter mit der Temperatur vermittelt der Temperaturkoeffizient $\alpha_{0,100}$. Er gibt die mittlere relative Widerstandsänderung je K zwischen 0 und 100 °C an:

$$\alpha_{0;\,100} = \frac{R_{100} - R_0}{R_0 \cdot 100\ \mathrm{K}}.$$

es bedeuten R_{100} den Widerstand bei 100 °C, R_0 den Widerstand bei 0 °C. Metall-W. aus Ni werden im Temperaturbereich −60 °C bis 180 °C, solche aus Platin von −200 °C bis +850 °C eingesetzt.

In der Praxis ist der Widerstandstemperaturfühler oft rauhen Betriebsbedingungen ausgesetzt. Die Wicklung des Meßwiderstands wird daher auf einen stabilen Träger (z. B. Glas, Keramik) aufgebracht und durch eine Bandage oder eine Deckschicht aus Glas oder Keramik festgehalten. Die Fehlergrenzen solcher Meßwiderstände sind größer als bei Anordnungen mit lose (spannungsfrei) auf einen Träger aufgewickelten Platindraht, da die thermischen Ausdehnungskoeffizienten der einzelnen Materialien (z. B. Platin und Keramik) nicht völlig übereinstimmen. Der Meßwiderstand ist meist in einen Meßeinsatz eingebaut. Dieser ist durch ein äußeres Schutzrohr gegen Druck, Strömung und Korrosion geschützt. Der Meßeinsatz kann auch während des Betriebs leicht aus dem Schutzrohr ausgebaut und ausgetauscht werden (Bild 1). Meßeinsätze sind in DIN 47762 genormt. Durch die Konstruktion der Meßwiderstände lassen sich sowohl angenähert

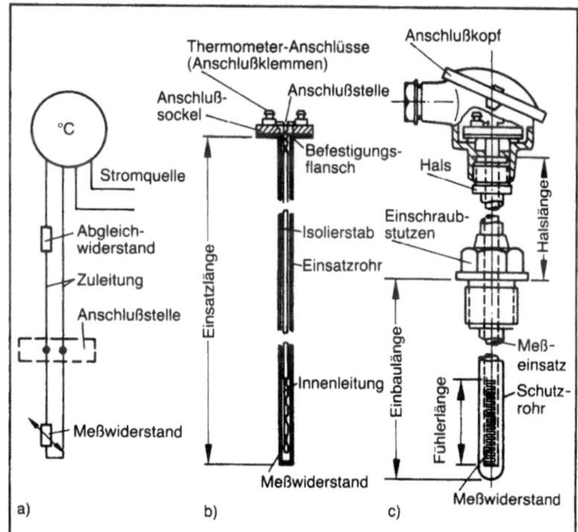

Widerstandsthermometer 1: W. für den industriellen Einsatz. (Quelle: Siemens AG)

a) Schaltung, b) Meßeinsatz, c) Schnittbild des vollständigen Widerstandsthermometers.

punktförmige Messungen als auch Mittelwert-Messungen über größere Flächen durchführen. W. wie in Bild 1 brauchen bei Temperaturänderungen einige 10 s (in Wasser) oder gar mehrere Minuten (in Luft), um den neuen Temperaturwert anzunehmen. Wenn ein besseres dynamisches Verhalten verlangt ist, kann man auch Schicht- oder Film-W. einsetzen. Bei diesen wird mit den Mitteln der Halbleitertechnologie ein dünner Metallfilm auf einen Keramikträger aufgebracht und abgeglichen. Ein Beispiel mit einem Tantal-Nickel-Dünnschichtsystem zeigt Bild 2, das eine →Zeitkonstante von unter 1 s hat, wenn es geeignet gekapselt ist. Eine weitere Möglichkeit zur relativ schnellen Temperaturmessung bieten Thermoelemente.

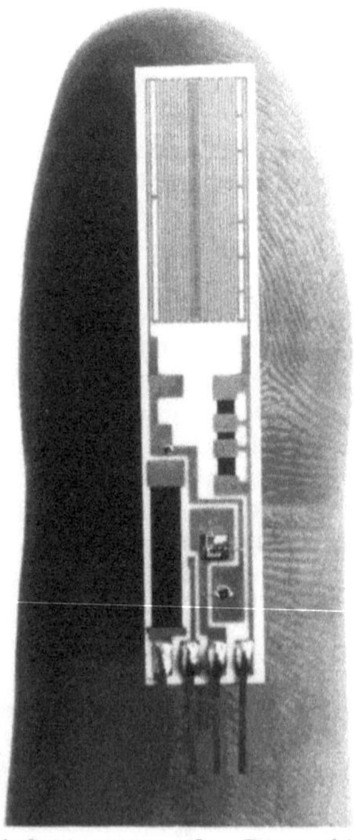

Widerstandsthermometer 2: Dünnschicht-Widerstandsthermometer. (Quelle: Robert Bosch)

Zu der bei W. notwendigen Widerstandsmessung ist stets eine Stromquelle erforderlich. Zwischen Meßort und dem Ort der Anzeige oder Weiterverarbeitung liegt immer eine mehr oder weniger große Entfernung. Deshalb werden die Meßwiderstände je nach verlangter Meßgenauigkeit mit zwei, drei oder vier Leitungen an die nachfolgende Schaltung angeschlossen, häufig eine im Ausschlagverfahren betriebene →Meßbrücke. Der durch den Meßwiderstand fließende Strom I soll wegen der Eigenerwärmung des Meßwiderstands 10 mA nicht übersteigen. An einem Pt 100 fällt dabei bei 0 °C genau 1 V ab. Bei 100 °C ist der Spannungsabfall 1,385 V.

Daraus ergibt sich die Empfindlichkeit des Pt 100 mit I = 10 mA in diesem Temperaturbereich zu 3,85 mV/K. Die Empfindlichkeit des Metall-W. kann man bei Bedarf durch Meßverstärker vergrößern. Wenn das →Meßsignal weiterverarbeitet werden soll, formt man es mittels eines Einheitsmeßumformers (→Meßgerät) in ein Einheitsmeßsignal 0–20 mA bzw. 4–20 mA um. Dabei wird die am Meßwiderstand abfallende Spannung durch ein Kompensations-Meßverfahren gemessen.

Halbleiter-W. haben gegenüber den metallischen W. eine wesentlich größere Temperaturempfindlichkeit, die jedoch stärker nichtlinear ist. Im Arbeitsbereich haben →Heißleiter (NTC-Thermistoren) und →Kaltleiter (PTC-Thermistoren) eine exponentielle Kennlinie. Durch Parallelschalten eines metallischen Widerstands kann man die Kennlinie in einem gewissen Meßbereich linearisieren. Auf diese Weise lassen sich mit Heißleitern einfache und robuste Temperaturgeräte aufbauen, z. B. auch zum Messen der Körpertemperatur (Bild 3). Heißleiter besitzen gegenüber anderen elektrischen Temperaturfühlern folgende Vorteile und haben deshalb erhebliche Bedeutung erlangt:
□ Wegen des hohen Widerstands ist der Einfluß der Zuleitungen vernachlässigbar; es genügt also ein Zweileiteranschluß;
□ wegen des großen Temperaturkoeffizienten sind Auflösungen bis unter 10^{-4} K erreichbar;
□ sehr kleine Bauformen (ab 0,4 mm Dmr.) sind möglich; dadurch schnelles Ansprechen;
□ wegen günstiger Preise vielfach eingesetzt, z. B. in Hausgeräten wie Gefrierschränken, Waschmaschinen, Geschirrspülern und Warmwasserbereitern sowie als Sensoren in der Heizungs- und Klimatechnik.

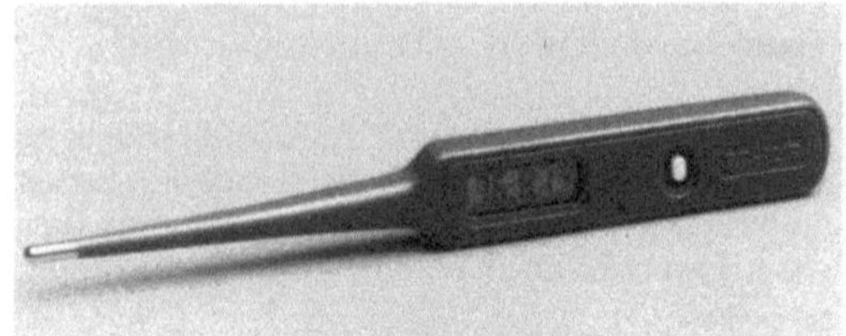

Widerstandsthermometer 3: Fieberthermometer mit Thermistor-Fühler. (Quelle: Roland Arzneimittel)

Nachteilig können die Streuungen der Materialkonstanten und die schlechte Linearität sein.

Typische Anwendungsfälle für Kaltleiter sind die Temperaturüberwachung von elektrischen Maschinen und die Füllstandsüberwachung bei Heizöltanks.

Zu den Halbleiter-W. gehört auch der Silicium-Widerstands-Temperatur-Sensor. Der Ausbreitungswiderstand eines Si-Einkristalls (ohne pn-Übergang) mit bestimmter Dotierung steigt näherungsweise proportional zur Temperatur an. Bei Raumtemperatur ist der Temperaturkoeffizient doppelt so groß wie der von Platin. Ein praktisch ausgeführter Sensor hat einen Nennwiderstand von 2 kΩ bei 25 °C und einen Arbeitsbereich von −50 °C bis +150 °C. *Hammerschmidt*

Wiederaufarbeitung (Kernchemie). Unter W. versteht man die chemische Trennung der in abgebrannten Kernbrennstoffen enthaltenen Stoffe mit dem Ziel, die Spaltprodukte abzutrennen und die nicht verbrauchten bzw. neu gebildeten Kernbrennstoffe wiederzugewinnen bzw. zu gewinnen.

Die W. ist somit ein wichtiges Glied des nuklearen Brennstoffkreislaufs (→Brennstoffkreislauf, nuklearer). Vor der W. werden die abgebrannten Brennstoffelemente (→Brennstoffelement) mindestens sechs Monate gelagert, um den →Zerfall der kurzlebigen Radionuklide abzuwarten.

Die Wiederaufarbeitung selbst richtet sich nach der Art des Kernbrennstoffs und der Ausführungsform der Brennstoffelemente. Sie besteht meist aus zwei Teilschritten, der Zerlegung der Brennstoffelemente, der Zerkleinerung und der chemischen Aufarbeitung des Brennstoffs. Der erste Teilschritt („head-end") besteht aus einer mechanischen oder chemischen Trennung von →Brennstoff und Hüllrohrmaterial. Für die mechanische Trennung werden spezielle Maschinen entwickelt, mit denen man einen bestimmten Typ von Brennstoffelementen zerlegen kann. Diese Maschinen werden in großen heißen Zellen aufgestellt. Im Anschluß an die mechanische Zerlegung der Brennstoffelemente (z. B. durch Auseinandersägen) erfolgt meist eine Zerkleinerung (z. B. durch weiteres Zersägen oder Zerschneiden der Brennstäbe). Man unterscheidet nasse und trockene Verfahren der W. Bei den nassen Verfahren kann die chemische Trennung in der Weise erfolgen, daß der Brennstoff nach der Zerkleinerung der Brennstäbe aus den Hülsen herausgelöst wird („chop leach"-Verfahren). Es ist aber auch möglich, zunächst nur die Hülsen aufzulösen. Aluminiumhülsen können in Natronlauge oder Schwefelsäure gelöst werden, Magnesium-Aluminiumlegierungen in Salpetersäure oder Schwefelsäure, Hülsen aus Edelstahl in Schwefelsäure (Sulfex-Prozeß) oder in einem Gemisch von verdünnter Salpetersäure und Salzsäure (Darex-Prozeß). Für die Auflösung von Zirkonium oder Zirkoniumlegierungen benötigt man einen Zusatz von Flußsäure bzw. Fluorid. Der Brennstoff selbst wird meist in Salpetersäure aufgelöst (Urandioxid z. B. in 7,5 molare HNO_3). Dazu verwendet man Auflöser, die kontinuierlich betrieben werden können. Als Rückstand der Auflösung des Kernbrennstoffs erhält man kleine Mengen unlöslicher Bestandteile als Feed-Klärschlamm, wobei es sich im wesentlichen um Metalle und Legierungen handelt, die sich in Salpetersäure nicht auflö-

sen. Die Brennstofflösung wird dann bevorzugt durch Extraktionsverfahren weiterverarbeitet, wozu man Extraktionskolonnen (pulsierende Kolonnen) oder Mischer-Scheider-Batterien („mixer settler") oder Zentrifugalextraktoren einsetzt. Als Extraktionsmittel werden organische Verbindungen verwendet: Phosphorsäureester, Ketone, Ether oder langkettige Amine. Die Tabelle enthält eine Übersicht über verschiedene Extraktionsverfahren, die für die großtechnische Anwendung entwickelt wurden. Überwiegend wird das Purex-Verfahren eingesetzt (Purex = *(engl.)* plutonium and uranium recovery by extraction).

Wiederaufarbeitung (Kernchemie). Tabelle: Extraktionsverfahren und Extraktionsmittel für die W. von Kernbrennstoffen.

Name des Verfahrens	organische Phase	wäßrige Phase
Purex	30 % TBP (Tributylphosphat) in Kerosin oder Dodekan	HNO_3
Redox	Hexon (Methyl-iso-butylketon)	Al $(NO_3)_3$, HNO_3
Butex	Dibutylcarbitol	HNO_3
Eurex	TLA (Trilaurylamin)	HNO_3
Thorex	$\approx$ 40 % TBP (Tributylphoshat) in Kerosin	Al $(NO_3)_3$, HNO_3

Die wichtigsten Schritte der Extraktionsverfahren sind:

☐ Extraktion von →Uran und →Plutonium in die organische Phase; dabei wird der Großteil der Spaltprodukte abgetrennt (Extraktor 1);

☐ Reduktion des Plutoniums zu Plutonium(III) und Trennung des Plutoniums von Uran (Extraktor 2);

☐ Rückextraktion des Urans in die wäßrige Phase (Extraktor 3);

☐ Reinigung des Urans durch Extraktion in die organische Phase (Extraktor 4) und Rückextraktion in die wäßrige Phase (Extraktor 5);

☐ Reinigung des Plutoniums nach Oxidation zu Plutoniums(IV) durch Extraktion in die organische Phase (Extraktor 6), Reduktion zu Plutonium(III) und Rückextraktion in die wäßrige Phase (Extraktor 7).

Beim Zerschneiden der Brennstoffelemente und beim Auflösen des Brennstoffs werden gasförmige Spaltprodukte frei, z. B. Krypton, Iod und →Tritium; außerdem bilden sich bei der Auflösung nitrose Gase. Iod wird an silberhaltigen Filtern zurückgehalten. Tritium wird durch Oxidation in tritiumhaltiges Wasser überführt. Für die Abtrennung des Kryptons kann man eine Tieftemperaturrektifikation der Abgase einsetzen. Alle Verfahrensschritte der W. werden in geschlossenen Anlagen in Apparaturen aus Edelstahl hinter Betonwänden bis zu etwa 2 m Dicke zur Abschirmung der Strahlung automatisiert und fernbedient durchgeführt.

Die Extraktion von Uran und Plutonium nach dem Purex-Verfahren im Extraktor 1 erfolgt mit etwa 30 % Tributylphosphat in Kerosin (Petroleumbenzin) oder Dodekan. Die dabei anfallende hochaktive wäßrige Phase enthält die Hauptmenge (mehr als 99 %) der Spaltprodukte. Sie wird nach Möglichkeit eingeengt und dann bis zur Weiterverarbeitung gelagert ($\rightarrow$Entsorgung, nukleare). Für die Reduktion des Plutoniums kommen Eisen(II)-sulfamat, Uran(IV) + Hydrazin oder die elektrolytische Reduktion in Frage. Die Verwendung von Eisen(II)-sulfamat hat den Nachteil, daß zusätzlich feste Stoffe zugesetzt werden, welche die Menge des Abfalls erhöhen. Uran(IV) kann durch Reduktion des im Brennstoffkreislauf erhaltenen Urans hergestellt werden. Hydrazin ist zur Stabilisierung von Uran(IV) erforderlich, das sonst sehr rasch durch Salpetersäure wieder zu Uran(VI) oxidiert würde, reagiert aber selbst langsam mit Salpetersäure zu Stickstoff. Bei der elektrochemischen Reduktion sind keine Zusätze erforderlich. Die Reduktion des Plutoniums zu Plutonium(III) und die Trennung von Uran und Plutonium können in einem Schritt im Extraktor 2 erfolgen. Anschließend wird das Uran aus der organischen Phase in stark verdünnte Salpetersäure zurückextrahiert (Extraktor 3). Dies ist möglich, da der Verteilungskoeffizient von Uranylionen zwischen organischer und wäßriger Phase sehr stark von der Salpetersäurekonzentration abhängt. Im Uranzyklus und im Plutoniumzyklus werden das Uran und das Plutonium durch Extraktion und Rückextraktion gereinigt. Dabei werden hinsichtlich der Abtrennung von Spaltprodukten Dekontaminationsfaktoren von der Größenordnung 10^7 erreicht. Der Uran- und der Plutoniumzyklus bestehen im wesentlichen aus mehreren aufeinander folgenden Schritten der Extraktion mit Tributylphosphat und der Rückextraktion in verdünnte Salpetersäure. Das Plutonium wird dabei jeweils zu Plutonium(III) reduziert bzw. zu Plutonium(IV) oxidiert. Weitere Reinigungsschritte in Ionenaustauschern können angeschlossen werden. Die organische Phase wird nach der Extraktion des Urans im Extraktor 2 wiederverwendet, muß aber vorher von den Radiolyseprodukten ($\rightarrow$Radiolyse) befreit werden. Am stärksten stört Dibutylphosphorsäure, die u. a. sehr stabile Komplexe mit Plutonium(IV) bildet, so daß das Plutonium nur unvollständig zu Plutonium(III) reduziert wird. Dibutylphosphorsäure kann durch Waschen mit

verdünnter Natriumcarbonatlösung aus der organischen Phase abgetrennt werden (Lösungsmittelwäsche). Der letzte Verfahrensschritt der W. („tail end") ist die Herstellung der Endprodukte aus Uran und Plutonium. Uran wird bevorzugt als Uranylnitrathexahydrat oder in Form von konzentrierter Uranylnitratlösung abgegeben, Plutonium als Plutonium(IV)-nitratlösung oder als PuO_2, das aus der Nitratlösung durch Fällung mit Oxalsäure und thermischer Zersetzung des Plutoniumoxalats erhalten wird. Die Lösungen, welche die hochradioaktiven Abfälle (HAW) enthalten sowie die Lösungen mittlerer $\rightarrow$Aktivität (MAW), die im Rahmen der weiteren Schritte der Wiederaufarbeitung anfallen (z. B. als Waschlösungen), werden getrennt weiterverarbeitet. Das Purex-Verfahren ist auch für die Aufarbeitung von Brennstoffen aus schnellen Brütern geeignet, in modifizierter Form auch für die Wiederaufarbeitung von Brennstoffen aus Thorium-Brütern (Thorex-Verfahren).

Das älteste Verfahren der W. ist der Bismutphosphatprozeß, ein Fällungsverfahren, das in erster Linie der Gewinnung von Plutonium diente, aber heute nicht mehr eingesetzt wird. Grundlage dieses Verfahrens ist die Mitfällung von Plutonium(IV) mit Bismutphosphat ($BiPO_4$), während Uran(VI) sowie der Großteil der Spaltprodukte nicht mitgefällt werden. Ionenaustauschverfahren haben für die großtechnische Wiederaufarbeitung von hochaktiven Brennstofflösungen keine Verwendung gefunden, weil Harzaustauscher sich unter der Einwirkung der Strahlung zersetzen und außerdem durch die Radiolyse des Wassers Gasentwicklung stattfindet, welche die Trennung stört ($\rightarrow$Strahlenchemie und $\rightarrow$Radiolyse).

Auch die trockenen Verfahren der W. werden in der Praxis nicht eingesetzt. Die Halogenierungsverfahren beruhen auf der Bildung flüchtiger Uranverbindungen durch Fluorierung oder Chlorierung. Das wesentliche Problem der Fluorierungsverfahren ist die Trennung von Uran und Plutonium. Uranhexafluorid ist stabil, aber im Falle des Plutoniumhexafluorids stellt sich stets das Dissoziationsgleichgewicht in Plutoniumtetrafluorid und Fluor ein, das die quantitative Abtrennung des Plutoniums sehr erschwert. Bei der Chlorierung erhält man die Tetrachloride von Uran und Plutonium, welche bei höherer Temperatur flüchtig sind. Als Schmelzverfahren kommen in Frage: Der Bisulfataufschluß, der alkalische Aufschluß oder die Behandlung in einer Salzschmelze.

Pyrometallurgische Verfahren bestehen im einfachsten Falle darin, daß der Kernbrennstoff auf hohe Temperaturen erhitzt wird, wobei die flüchtigen Spaltprodukte, insbesondere Edelgase, Iod und Cäsium ausgetrieben werden. Durch eine solche Hochtemperaturbehandlung kann man eine beträchtliche Entgiftung erreichen. Mit Graphit beschichtete Teilchen (coated particles, Kernbrennstoff) können durch Erhitzen an der Luft von der schützenden Graphitschicht befreit werden, die zu Kohlendioxid verbrennt. *Lieser*

Literatur: *F. Baumgärtner* (Hrsg.): Chemie der nuklearen Entsorgung I und II. München: Thiemig-Verlag 1978. – *Lamarsh, J. R.:* Introduction to Nuclear Engineering. Addison-Wesley, Reading 1975. – *Lieser, K. H.:* Einführung in die Kernchemie. 3. Aufl. Kap. 11, Weinheim: VCH-Verlag 1991.

Windkanal (Strömungsphysik). Ein W. ist eine Strömungsmaschine zum Erzeugen eines räumlich und zeitlich konstanten Luftstroms für aerodynamische Meßzwecke. Er dient vor allem dazu, die Bewegung von Körpern (Fahrzeugen, Flugzeugen usw.) relativ zur ungestörten Luft oder die von der →Strömung auf einen ruhenden Körper, wie z. B. Bauwerke, ausgeübten Kräfte zu untersuchen. Zwei W.-Bauarten sind besonders häufig vertreten. Bei der Göttinger Bauart oder dem Prandtl-W. (Bild 1) zirkuliert die Luft in einem geschlossenen Kreislauf. Dies hat den Vorteil, daß als Antriebsleistung nur die Reibungsverluste im Kanal aufgebracht werden müssen. In der meist offenen Meßstrecke M herrscht atmosphärischer Druck, wodurch die hier angebrachten Versuchskörper immer leicht zugänglich sind. Durch Schließen der Meßstrecke (gestrichelte Darstellung in Bild 1) und Arbeiten unter höherem Druck kann die Dichte der Luft im Kanal erhöht werden (Erhöhung der Reynolds-Zahl; →Kennzahlen). In diesem Fall entfällt der Auffangtrichter A. Beim Eiffel-W. (Bild 2) wird die Luft aus der ruhenden Atmosphäre oder dem Labor angesaugt und später wieder ins Freie geblasen. Bei diesem in seinem Aufbau sehr einfachen Kanal herrscht in der Meßstrecke immer ein leichter Unterdruck, weshalb hier die Meßstrecke entweder geschlossen (gestrichelte Darstellung in Bild 2) oder von einer Meßkammer umgeben werden muß. Bei geschlossener Meßstrecke entfällt auch hier der Auffangtrichter A.

Um einen möglichst über den Meßquerschnitt räumlich und zeitlich konstanten Luftstrom mit dem Gebläse G zu erzeugen, besitzen beide W.-Arten vor

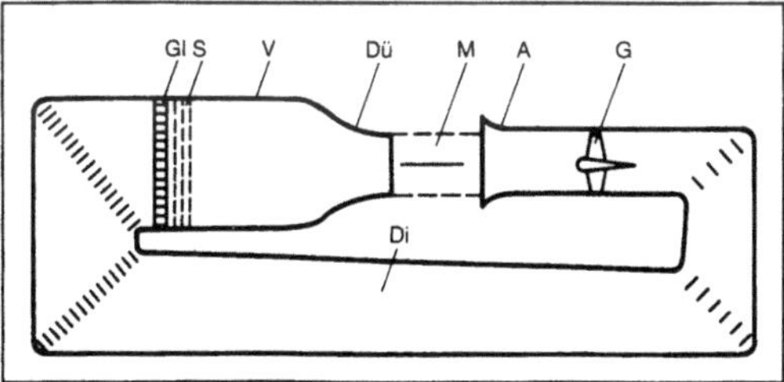

Windkanal (Strömungsphysik) 1: Prandtl-Windkanal.

Erläuterungen s. Text.

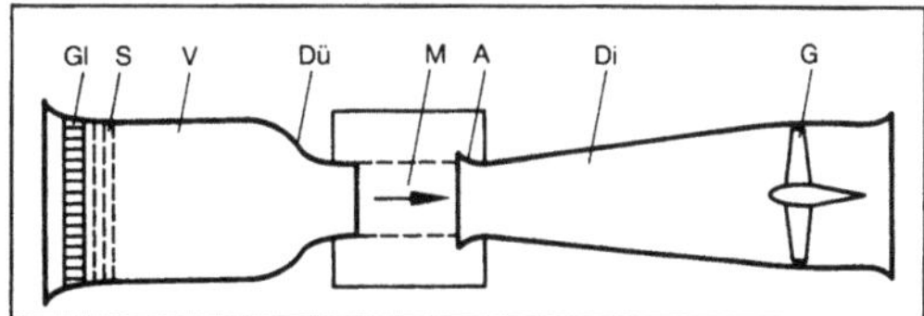

Windkanal (Strömungsphysik) 2: Eiffel-Windkanal.

Erläuterungen s. Text.

der Düse Dü eine Beruhigungsstrecke, die Vorkammer V, in deren Einlauf ein Strömungsgleichrichter Gl und mehrere hintereinander angeordnete Siebe S angebracht sind. Die Aufgabe des Gleichrichters ist es, eine in der ankommenden Strömung vorhandene Drehung zu beseitigen, da bei der späteren Beschleunigung der Strömung in der Düse diese Drehung verstärkt wird. Ein Strömungsgleichrichter besteht aus einem System paralleler Kanäle mit quadratischen (Bild 3), runden oder sechseckigen Querschnitten. Die hinter dem Gleichrichter angeordneten Siebe vergleichmäßigen die räumliche Geschwindigkeitsverteilung und dämpfen gleichzeitig die longitudinalen Geschwindigkeitsschwankungen der Anströmung. Diese klingen beim Durchlaufen der Vorkammer noch weiter ab, bevor dann die Luft in der Düse von einer kleinen Geschwindigkeit auf die Versuchsgeschwindigkeit gebracht wird. Bei einer offenen Meßstrecke M bildet sich am Düsenausgang ein Freistrahl aus, dessen laminarer Kern über die Länge von ca. zwei Düsendurchmessern bis zum Auffangtrichter A den für die Meßzwecke geeigneten Luftstrom bildet. Der stromab hinter der Meßstrecke liegende →Diffusor Di hat die Aufgabe, einen möglichst großen

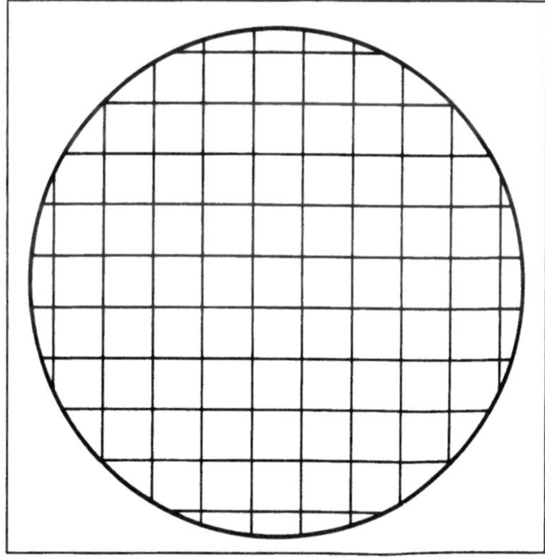

Windkanal (Strömungsphysik) 3: Strömungsgleichrichter.

Teil der in der Meßstrecke vorhandenen kinetischen Energie wieder in Druckenergie zu verwandeln. Beim Eiffel-W. soll die ins Freie geblasene Luft eine möglichst kleine Geschwindigkeit besitzen.

Mit den in Bild 1 und Bild 2 dargestellten W. kann nur eine maximale Geschwindigkeit, die etwas kleiner als die Schallgeschwindigkeit in Luft ($\approx$350 m/s) ist, erreicht werden. Kanäle dieser Art werden aber meist nur bis zu Geschwindigkeiten von maximal 60–70 m/s betrieben, da bis zu dieser Geschwindigkeit die Kompressibilität der Luft sehr klein ist ($<1\%$) und Luft sich dann strömungsphysikalisch noch wie eine tropfbare Flüssigkeit verhält. W. für eine Geschwindigkeit, die größer als die Schallgeschwindigkeit in Luft ist, sog. Überschallkanäle, werden für einen kontinuierlichen Betrieb nur als Umlaufkanäle (Bild 1) gebaut. Sie unterscheiden sich aber von dem hier gezeigten Kanal dadurch, daß sie an Stelle der einfachen konvergenten Düse eine Lavaldüse L und zusätzlich zum einfachen divergenten Unterschalldiffusor noch einen konvergenten Überschalldiffusor Di besitzen (Bild 4). Die Meßstrecke M befindet sich direkt zwischen dem divergenten Teil der Lavaldüse und dem Überschalldiffusor, an den sich nach einem kurzen parallel verlaufenden Stück hier der Unterschalldiffusor direkt anschließt.

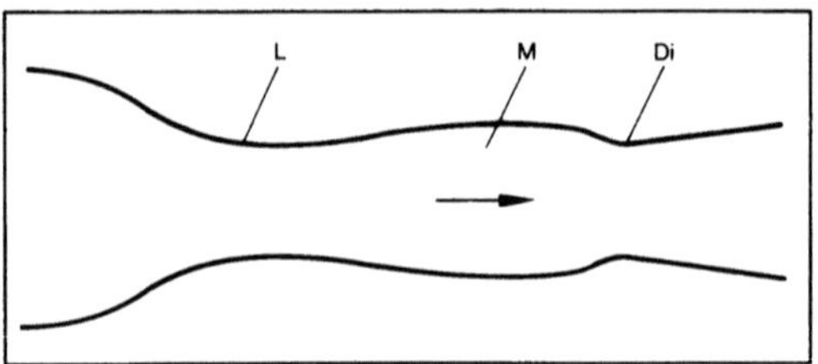

Windkanal (Strömungsphysik) 4: Überschallkanalmeßstrecke.

Erläuterungen S. Text

Beim Überschallkanal kann die Geschwindigkeit in der Meßstrecke nicht mehr nur über die Gebläsedrehzahl verändert werden. Vielmehr ist hier für jede Geschwindigkeit eine eigene Lavaldüse erforderlich. Es wird daher für diese Kanäle ein ganzer Satz austauschbarer Düsen benötigt, oder die Lavaldüse muß in ihrer Kontur verstellbar sein. Wegen des hohen Energiebedarfs von Überschallkanälen – die Antriebsleistung wächst zwar linear mit dem Querschnitt der Meßstrecke, aber mit der dritten Potenz der Geschwindigkeit – werden diese auch intermittierend als Vakuum- oder Druckspeicherkanäle betrieben. Beim Vakuumspeicherkanal (Bild 5) z. B. wird zunächst ein großer Behälter B leer gepumpt und dann später durch kurzzeitiges Öffnen eines Schnellschlußventils V eine Strömung erzeugt. Außer den schon aus Bild 2 und Bild 4 bekannten Teilen benötigt der Vakuumspeicherka-

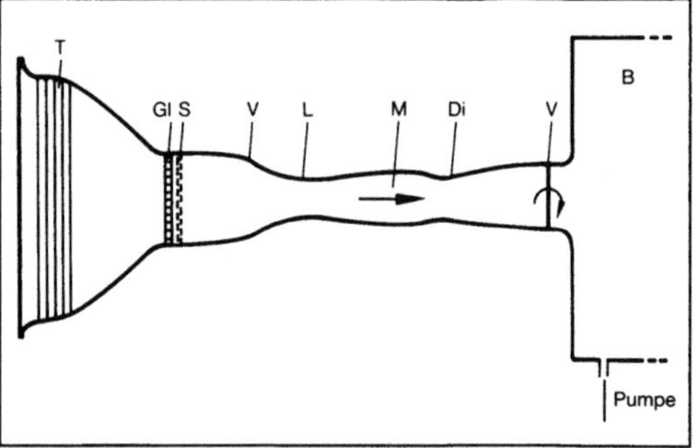

Windkanal (Strömungsphysik) 5: Vakuumspeicherkanal.

Erläuterungen s. Text

nal einen Lufttrockner T, da sonst die Feuchtigkeit der aus der Atmosphäre angesaugten Luft beim Expandieren in der Lavaldüse in Form von Wasser oder Eis ausfallen würde. Beim Druckspeicherkanal entfällt der Lufttrockner. Dafür wird hier aber zwischen Kanal und Speicher eine Heizvorrichtung für die Luft und, da der Kesseldruck laufend absinkt, auch ein Regelventil benötigt. *Eckelmann*

Winkel. Der Begriff des W. läßt sich ähnlich wie der Begriff der Strecke auf grundsätzlich zwei verschiedene Weisen charakterisierern:

□ Der Auffassung der Strecke als Menge der Zwischenpunkte zwischen zwei gegebenen Punkten A und B (offene bzw. abgeschlossene Strecke) entspricht die Charakterisierung des W. als Winkelfeld. Um eines der vier möglichen Felder, die bei zwei sich schneidenden Geraden entstehen, eindeutig zu kennzeichnen, muß die Ebene orientiert (Orientierung), d. h. mit einem Drehsinn ausgestattet sein.

□ Der Auffassung der Strecke als System zweier Punkte A, B (nämlich ihrer Endpunkte) entspricht *Euklids* Auffassung des W. als Neigung zweier Linien. Um gewisse Erfordernisse in den verschiedenen Zweigen der Geometrie, in der analytischen Geometrie und in der Analysis zu erfüllen, muß diese Auffassung vom W. freilich in verschiedener Weise modifiziert bzw. verallgemeinert werden.

Um einen W. von seinem Neben-W. (und Neben-W. ergänzen sich zu einem gestreckten W.) unterscheiden zu können, muß man sich auf die Neigung von Halbgeraden (Strahlen) beschränken. Ist die Ebene nicht orientiert oder ist man im Raum, so lassen sich Winkel α und $360° - \alpha$ (bzw. α und $2\pi - \alpha$) nicht unterscheiden. Soll der W.-Begriff auch Null-W., gestreckte W., überstumpfe W. umfassen, muß man in bestimmten Bereichen W. über $180°$ (π) oder über $360°$ (2π) hinaus addieren können. So wie es verschiedene Zahlbegriffe gibt, gibt es also auch verschiedene W.-Begriffe: den elementar-geometrischen, den goniometrischen, den stereometrischen, den der analytischen Geometrie und den analytischen W.-Begriff der Analysis.

Ein W. ist (je nachdem) definiert durch zwei in einem Punkt S sich schneidende →Gerade oder durch das System zweier von einem Punkt S ausgehender Strahlen (bzw. zweier Halbgeraden mit gemeinsamen Anfangspunkt S). Die Strahlen (Halbgeraden) heißen die Schenkel des W., der Punkt S sein Scheitel. Sind g und h die betreffenden Geraden bzw. g_s, h_s die betreffenden Strahlen (Halbgeraden), so wird der W. mit $\sphericalangle(g, h)$ bzw. $\sphericalangle(g_s, h_s)$ bezeichnet bzw. durch $\sphericalangle$ ASB, wenn A(und S) auf g (g_s) und B (und S) auf h (h_s) liegen (Bild 1).

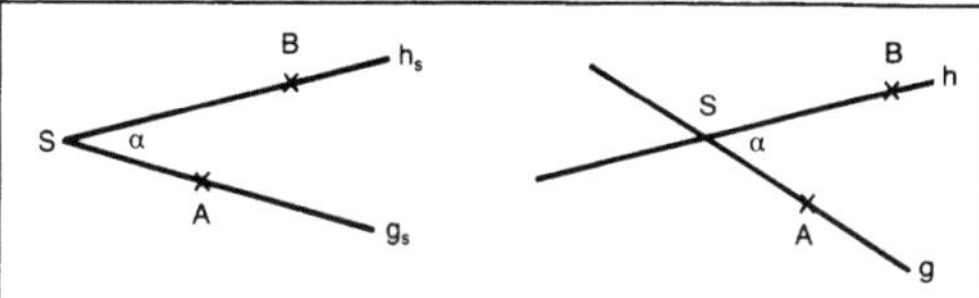

Winkel 1: Winkel zwischen Halbgeraden und Geraden.

W. werden häufig auch durch kleine griechische Buchstaben bezeichnet: $\sphericalangle\alpha$, $\sphericalangle\beta$, ...

W. kann man vergleichen. Betrachtet man W. als rein geometrische Gebilde (wie sie etwa in einer axiomatisch bestimmten synthetischen Geometrie erklärt sind), so sollte man die →Kongruenz von W. von der Gleichheit der W.-Größen (der freien W.) und der Gleichheit der W.-Maßzahlen unterscheiden.

Zwei Winkel $\sphericalangle(g, h)$ und $\sphericalangle(g', h')$ sind kongruent, $\sphericalangle(g, h) \equiv \sphericalangle(g', h')$, wenn ein Paar entsprechender Transversalen kongruent ist. AB und A'B' sind entsprechende Transversalen, wenn: $SA \equiv S'A'$ und $SB \equiv S'B'$ (Bild 2).

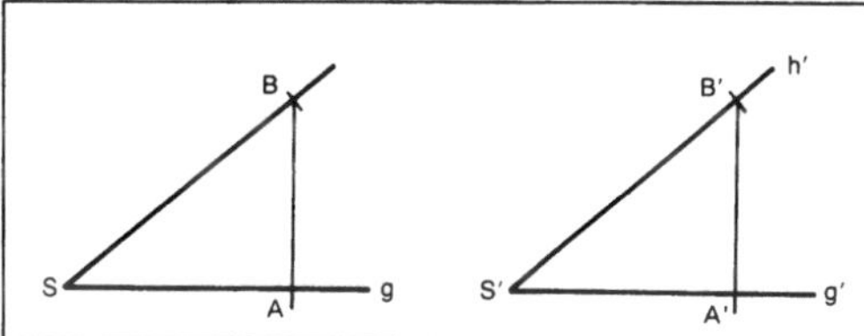

Winkel 2: Kongruenz von Winkeln.

Wenn für zwei W. ein Paar entsprechender Transversalen kongruent ist, so sind alle entsprechenden Transversalen kongruent.

Die W.-Kongruenz ist eine Äquivalenzrelation. Die Klasse der zu einem W. kongruenten W. heißt ein freier W. oder W.-Größe. Ist $\sphericalangle\alpha$ ein gegebener W., so wird die zugehörige W.-Klasse, der zugehörige freie W. mit $\{\sphericalangle\alpha\}$ bezeichnet.

Kongruenten W. wird das gleiche W.-Maß zugeordnet.

Seien im folgenden $\sphericalangle(g_A, h_A) = \sphericalangle\alpha$ und $\sphericalangle(k_B, l_B) = \sphericalangle\beta$ zwei W. mit dem Scheitel A bzw. B. Man nennt $\sphericalangle\alpha$ kleiner als $\sphericalangle\beta$: $\sphericalangle\alpha < \sphericalangle\beta$ (Bild 3), wenn es eine Halbgerade r_B gibt, so daß (i) r_B im W.-Feld von $\sphericalangle\beta$ liegt, und (ii) $\sphericalangle(g_A, h_A) \, T \, \sphericalangle(k_B, r_B)$.

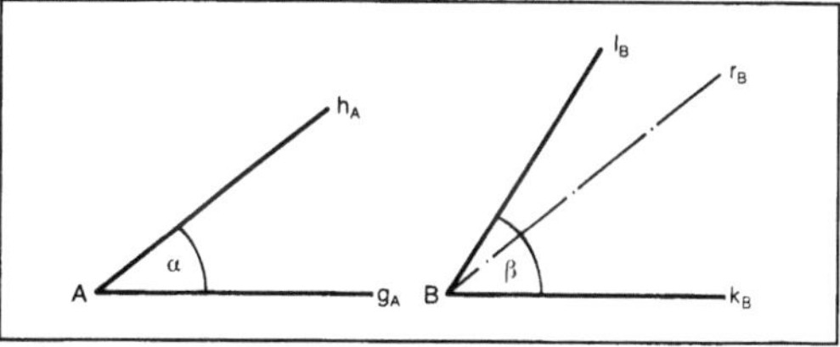

Winkel 3: $\sphericalangle\alpha < \sphericalangle\beta$.

Entsprechend heißt $\sphericalangle\alpha$ größer als $\sphericalangle\beta$, $\sphericalangle\alpha > \sphericalangle\beta$ (Bild 4), wenn es einen Strahl r_B gibt, so daß (i) l_B im W.-Feld von $\sphericalangle(k_B, r_B)$ liegt, und (ii) $\sphericalangle(g_A, h_A) = \sphericalangle(k_B, r_B)$.

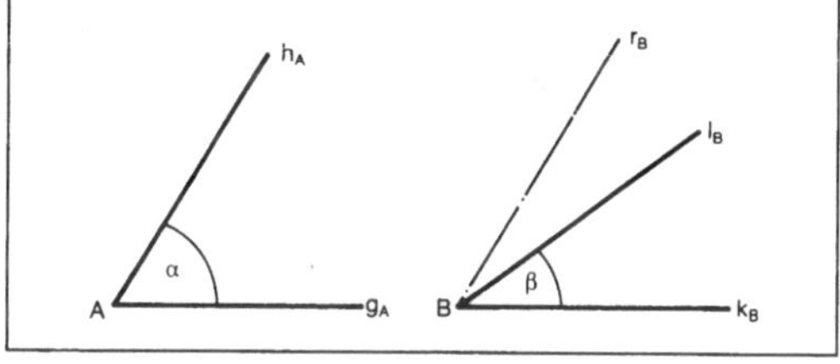

Winkel 4: $\sphericalangle\alpha > \sphericalangle\beta$.

Die Relationen < und > zwischen W. sind transitiv.

W. kann man addieren (Bild 5). Ein W. $\sphericalangle(g_A, h_A)$ heißt Summe der W. $\sphericalangle(k_B, l_B)$ und $\sphericalangle(m_C, n_C)$, wenn es eine Halbgerade r_A im W.-Feld von $\sphericalangle(g_A, h_A)$ gibt, so daß $\sphericalangle(g_A, r_A) \, T \, \sphericalangle(k_B, l_B)$ und $\sphericalangle(r_A, h_A) \, T \, \sphericalangle(m_C, n_C)$.

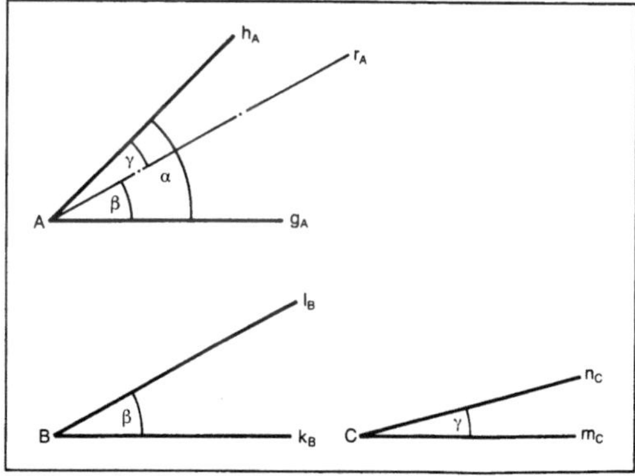

Winkel 5: $\sphericalangle\alpha = \sphericalangle\beta + \sphericalangle\gamma$.

Man kann die Beziehungen < und > und die Addition von W. $\sphericalangle\alpha$, $\sphericalangle\beta$, ... auf die entsprechenden freien W. (W.-Klassen) $\{\sphericalangle\alpha\}$, $\{\sphericalangle\beta\}$, ... übertragen. Es gilt definitionsgemäß: $\{\sphericalangle\alpha\} < \{\sphericalangle\beta\}$ genau dann, wenn die Beziehung für die Repräsentanten gilt: $\sphericalangle\,\alpha < \sphericalangle\,\beta$. Entsprechend argumentiert man für die Addition, wobei noch zu zeigen ist, daß die Definition von der speziellen Wahl der Repräsentanten unabhängig ist.

W. kann man auch messen: →Grad, →Winkelmaß.

Die verschiedenen genannten W.-Begriffe unterscheiden sich dadurch, daß die einen Paare von Halbgeraden, die anderen Paare von Geraden voraussetzen. Es ist ein Unterscheid, ob man ungeordnete Paare oder geordnete Paare von Halbgeraden oder Geraden in unorientierter bzw. orientierter Ebene zugrunde legt. Schließlich spielt für den W.-Begriff auch eine Rolle, wie dessen Größe gemessen wird und in welchem Maß (Gradmaß, Bogenmaß; Tabelle).

Der elementar-geometrische W. ist der W. von ungeordneten Paaren von Halbgeraden in unorientierter Ebene, gemessen im Gradmaß und zunächst bestimmt zwischen 0° und 180°. Will man mod 360° rechnen, muß man das W.system mod 180° doppelt überlagern.

Beim goniometrischen W. handelt es sich um den W., der eine →Funktion von geordneten Halbgeradenpaaren in orientierter Ebene ist. Da der W. damit gerichtet ist, steht er in enger Beziehung zur Drehung und läßt sich auch zusammen mit ihr einführen (Drehmaß). Man faßt den W. als Mittelpunkts-W. eines Keises (etwa mit Radius $r=1$) auf und setzt ihn in Beziehung zu einem entsprechenden Teilbogen des Kreises. Goniometrische W. werden im Bogenmaß gemessen. Will man über den Voll-W. 2π hinaus weiterzählen, so kommt man zum Umlauf-W. (analytischen W.).

Winkel. Tabelle: Verschiedene Winkelbegriffe.

elementar-geometrischer	goniometrischer	stereometrischer	analytisch-geometrischer	analytischer
Winkelbegriff:				
Winkel eines				
ungeordneten	geordneten	ungeordneten	geordneten	geordneten
Paares von				
Halbgeraden	Halbgeraden	Geraden	Geraden	Halbgeraden
in				
unorientierter	orientierter	unorientierter	orientierter	orientierter
Ebene				
	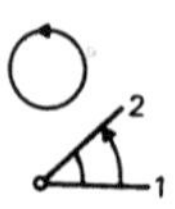	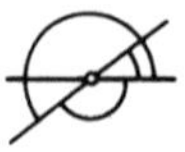	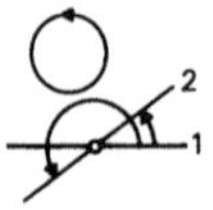	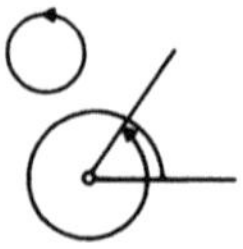
gemessen in				
Gradmaß	Bogenmaß	Gradmaß	Bogenmaß	Bogenmaß
durch				
Halbkreis-Winkelmesser	Vollkreis-Winkelmesser			durch jedes Instrument, das Umwälzungen zählt
bestimmt				
zwischen 0° und 180°	mod 2π	zwischen 0° und 90°	mod π	zwischen $-\infty$ und $+\infty$

In der Stereometrie führt man W. zwischen ungeordneten Geraden in unorientierter Ebene ein, die man im Gradmaß mißt. Da man dabei W. von ihren Nebenwinkeln nicht eindeutig unterscheiden kann, sind die W. nur zwischen 0° und 90° bestimmt.

In der analytischen Geometrie werden W. zwischen geordneten Geradenpaaren (g, h) aufgefaßt als goniometrische W. von geordneten Paaren von Halbgeraden, von denen die erste auf g und die zweite auf h liegt. Der W. wird gemessen durch die Tangens-Funktion und ist damit mod π bestimmt. Die Ebene ist dabei durch die Wahl des Koordinatensystems orientiert.

Will man W. über 180° (π) hinaus addieren, um z. B. die W.-Summe für konvexe n-Ecke (Polygon) zu $(n-2)\pi$ bestimmen zu können, muß man das System der W. mod 180° (mod π) mehrfach überlagern. Zweifache Überlagerung führt zum System der W. mod 360° (mod 2π). Vom goniometrischen W.-Begriff ausgehend erhält man so den analytischen W. oder Umlauf.-W. durch unendlichblättrige Überlagerung. Dabei sind also W. von $-\infty$ bis $+\infty$ erlaubt. Im System der analytischen W. kann man nun nicht nur unbeschränkt addieren, sondern auch – im Unterschied zum System der elementar-geometrischen W. – die Subtraktion unbeschränkt ausführen. Die analytischen W. bilden eine geordnete Gruppe, können also mit reellen Zahlen, d. h. mit $\mathbb{R}$ gemessen werden (Drehmaß). Als Argumente der W.-Funktionen spielen die analytischen W. in der Analysis eine besondere Rolle.

Die Situation wird im Raum wesentlich verwickelter. Ist der 3-dimensionale Raum (etwa durch ein →Koordinatensystem) orientiert, so sind die Ebenen in ihm noch keineswegs orientiert. Einen W. mod 2π kann man also für ein geordnetes Halbgeradenpaar einer Ebene im Raum nicht sinnvoll definieren; α und $2\pi - \alpha$ bleiben notwendig ununterscheidbar. Aber auch der W. mod π zwischen zwei Geraden einer Ebene im Raum hat keinen Sinn. Man kann einen W. nicht von seinem Neben-W. unterscheiden. Das wird anders, wenn man sich auf windschiefe Halbgeraden bzw. Geraden g und h im orientierten Raum beschränkt. Man betrachte unter den Schraubungen, die g in h überführen, nur diejenigen, die dem Schraubensinn des Raums entsprechen und definiere als W. von g und h den Schrauben-W.

In höheren Dimensionen treten weitere Komplikationen auf. So läßt sich schon die gegenseitige Stellung zweier nichtparalleler Ebenen im 4-dimensionalen Raum nicht mehr durch die Angabe nur eines W. beschreiben. *W. L. Fischer*

Literatur: *Freudenthal, H.,* u. *A. Bauer:* Geometrie – phänomenologisch. In: *H. Behnke* et al. (Hrsg.): Grundzüge der Mathematik. Bd. II a. Göttingen 1967.

Winkelbeschleunigung. Winkelgeschwindigkeiten starrer Körper können sich im räumlichen Fall sowohl nach Größe als auch nach Richtung, im Fall der ebenen →Kinematik nur nach der Größe zeitlich verändern. Diese Änderung heißt W., bezeichnet mit $\dot{\vec{\omega}}$ bzw. $\dot{\omega}$. Bei der Größe $\dot{\vec{\omega}}_F$ der →Relativkinematik braucht man nicht zwischen $\dot{\vec{\omega}}_{F(abs)}$ und $\dot{\vec{\omega}}_{F(rel)}$ zu unterscheiden, weil sie nach der Eulerschen Differentiationsregel zusammenfallen. *Besdo*

Winkelgeschwindigkeit. Jeder mit einem starren Körper fest verbundene →Vektor $\vec{V} = V_A \vec{e}_A$ (Bild 1) hat bezüglich der körperfesten Basis $\vec{e}_A$ unveränderliche →Koordinaten V_A. Eine von O (ruhendes System, Inertialsystem) aus feststellbare Änderung von $\vec{V}$ entsteht dann als $\dot{\vec{V}} = V_A \dot{\vec{e}}_A$ allein durch die Richtungsänderung der Basisvektoren $\vec{e}_A$. Die $\dot{\vec{e}}_A$ seien mit einer Matrix von Werten Ω_{AB} als

$$\dot{\vec{e}}_A = \frac{d\vec{e}_A}{dt} = \Omega_{AB} \vec{e}_B$$

beschrieben. Wegen $\vec{e}_A \cdot \vec{e}_B = $ konst gilt $\Omega_{AB} = -\Omega_{AB}$. Die verbleibenden sechs Werte sind die freien Werte eines schiefsymmetrischen Spin-Tensors $\underline{\underline{\Omega}}$

$$= \Omega_{AB}\, \vec{e}_A \circ \vec{e}_B,$$ der sich gemäß

$$\underline{\underline{\Omega}} = \underline{\underline{\varepsilon}} \cdot \omega \quad \text{und} \quad \omega = \frac{1}{2}\, \underline{\underline{\varepsilon}} \,..\, \underline{\underline{\Omega}}$$

als gleichwertig mit einem Winkelgeschwindigkeitsvektor $\vec{\omega}$ erweist. Mit diesem →Tensor und diesem Vektor gilt

$$\dot{\vec{V}} = \vec{V} \cdot \underline{\underline{\Omega}} = \vec{\omega} \times \vec{V}.$$

Der Name erhält bei ebener →Kinematik, wenn nur Drehungen um die z-Achse möglich sind, seinen Sinn, denn dann geht $\vec{\omega}$ in $\vec{\omega} = \omega\, \vec{e}_z = \dot{\varphi}\vec{e}_z$ über. In Bild 2 gelten $\dot{\vec{e}}_x = \dot{\varphi}\vec{e}_y$ und $\dot{\vec{e}}_y = -\dot{\varphi}\vec{e}_x$.

Im räumlichen Fall aber gibt es keinen entsprechenden Winkel oder einfach ableitbaren Winkelvektor (→Winkellage).

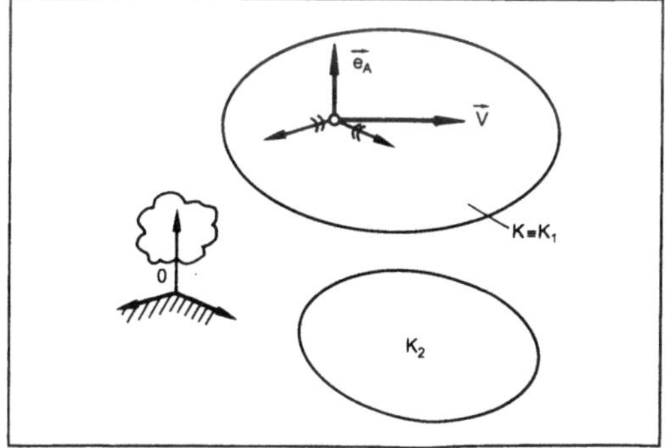

Winkelgeschwindigkeit 1: Koordinaten.

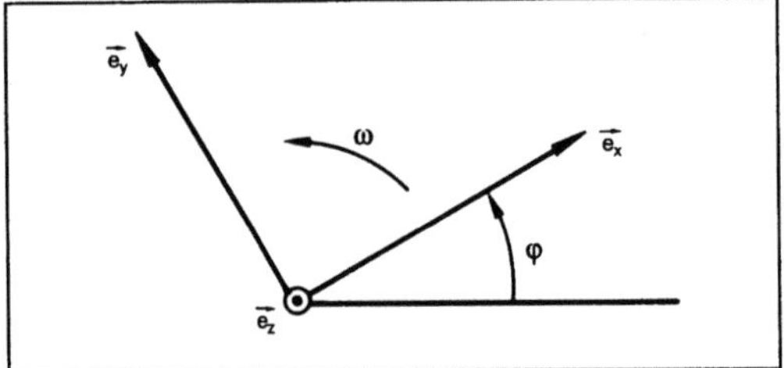

Winkelgeschwindigkeit 2: Drehung um z-Achse.

Drehen sich zwei Körper K_1 und K_2 unabhängig voneinander, so gibt es ein $\vec{\omega}_1$ und ein $\vec{\omega}_2$ bezüglich O, die man ganz präzise als $\vec{\omega}_1 \to \vec{\omega}_1^{(0)}$ und $\vec{\omega}_2 \to \vec{\omega}_2^{(0)}$ bezeichnen kann, zumal daneben auch eine Drehung des Körpers 2, gesehen von 1 aus, also ein $\vec{\omega}_2^{(1)}$ (usw.) existiert. Für diese W.en gilt $\vec{\omega}_2^{(0)} = \vec{\omega}_1^{(0)} + \vec{\omega}_2^{(1)}$. Somit gibt es eine Additivität der W.en im Gegensatz zu Winkelvektoren ($\to$Winkellage). *Besdo*

Winkelhalbierende. Die W. eines Winkels $\sphericalangle(g_s, h_s)$ ist diejenige Halbgerade k_s durch S mit $\sphericalangle(g_s, k_s) \equiv \sphericalangle(k_s, h_s)$ bzw. die Menge aller Punkte, die von beiden Halbgeraden je gleichen Abstand besitzen.

Der Schnittpunkt der W. eines Dreiecks ist der Inkreismittelpunkt des Dreiecks (Bild). *Fischer*

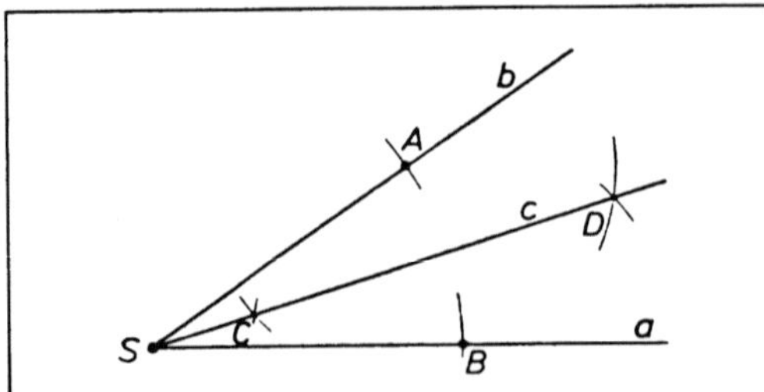

Winkelhalbierende: Konstruktion einer W.

Winkellage. Die Stellung eines starren Körpers im Raum ist vollständig beschrieben, wenn man die Ortskoordinaten x_a eines körperfesten Punkts B sowie die körperfeste Basis $\vec{e}_A$ angibt (Bild 1a) und b)).

Im Fall der ebenen $\to$Kinematik reicht es, neben x_B, y_B (zwei Verschiebungs-Freiheitsgrade) einen Winkel ψ anzugeben. Die zugehörige Transformationsmatrix lautet (Vektoren und Tensoren):

$$[e_{Aa}] = \begin{bmatrix} \cos\psi & \sin\psi & 0 \\ -\sin\psi & \cos\psi & 0 \\ 0 & 0 & 1 \end{bmatrix}.$$

Schwieriger ist die Angabe der W. im räumlichen Fall mit seinen drei Winkel-Freiheitsgraden. Die Werte e_{Aa} bilden nach einer Transposition die $\to$Koordinaten eines orthogonalen Tensors $\underset{\sim}{R}$, der Vektoren $\vec{V}_0$ einer Ausgangslage gemäß

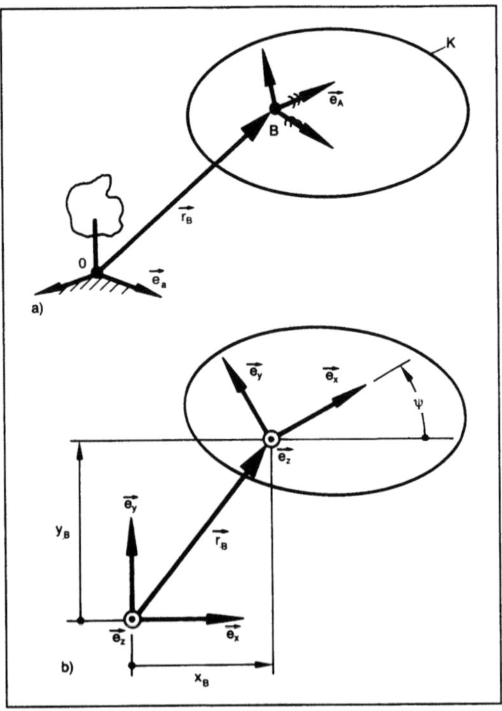

Winkellage 1: Raumfeste Basis $\vec{e}_a$ und körperfeste Basis $\vec{e}_A$.
a) Allgemein räumlicher Fall
b) Ebene Bewegung.

$$\vec{V} = \underset{\sim}{R} \cdot \vec{V}_0$$

in gleichlange Vektoren $\vec{V}$ der Endlage überträgt; $\underset{\sim}{R}$ erfüllt deshalb $\underset{\sim}{R}^{-1} = \underset{\sim}{R}^T$.

Wenn ein Körper eine neue W. einnimmt und dabei einer seiner Punkte erhalten bleibt, behält mindestens eine ganze Gerade ihre Stellung. Die neue Lage kann also stets als durch Drehung um diese Achse entstanden gedeutet werden. Diese ist durch einen Vektor in Richtung der Achse vom Betrag des Drehwinkels mit einer geeigneten Drehsinn-Regelung eindeutig festgelegt. Mit ihm gilt mit $\psi \equiv |\vec{\psi}|$:

$$\vec{V} = \vec{V}_0 \cos\psi + \vec{\psi}\,(\vec{V}_0 \cdot \vec{\psi})\,(1 - \cos\psi)/\psi^2 + \vec{\psi} \times \vec{V}_0 \frac{\sin\psi}{\psi}$$

oder mit $\alpha = (1 - \cos\psi)/\psi^2$ und $\beta = \sin\psi/\psi$:

$$[e_{Aa}] = \begin{bmatrix} \alpha\psi_x^2 + \cos\psi & \alpha\psi_x\psi_y + \beta\psi_z & \alpha\psi_x\psi_z - \beta\psi_y \\ \alpha\psi_x\psi_y - \beta\psi_z & \alpha\psi_y^2 + \cos\psi & \alpha\psi_y\psi_z + \beta\psi_x \\ \alpha\psi_x\psi_z + \beta\psi_y & \alpha\psi_y\psi_z - \beta\psi_x & \alpha\psi_z^2 + \cos\psi \end{bmatrix}.$$

Der wesentlichste Nachteil des Winkelvektors $\vec{\psi}$ (Bild 2) ist, daß er nicht additiv ist; Beispiel: $\vec{\psi}_1 = 90° \vec{e}_x$, $\vec{\psi}_2 = 90° \vec{e}_y$. Additivität würde u. a. $\vec{\psi}_1 + \vec{\psi}_2 = \vec{\psi}_2 + \vec{\psi}_1$ bedeuten: Eine 90°-Drehung um die x-Achse, gefolgt von einer 90°-Drehung um die y-Achse müßte zum selben Ergebnis führen wie die umgekehrte Reihenfolge (Bild 3).

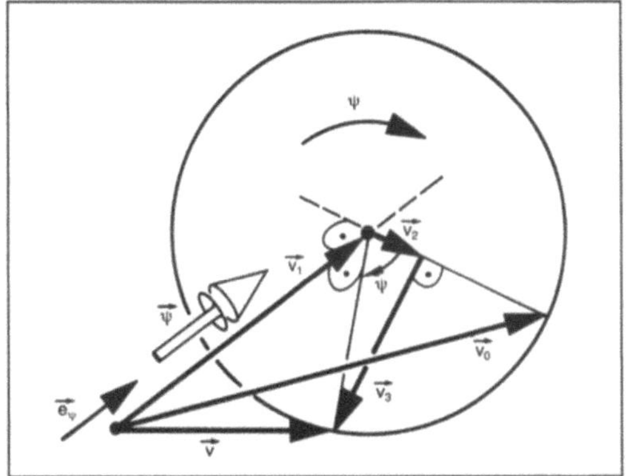

Winkellage 2: Winkelvektor $\vec{\psi}$ und Zerlegung des Vektors $\vec{V}$ in Anteile.

$\vec{V}_1 = \vec{e}_\psi \ (\vec{e}_\psi \cdot \vec{V}_0) = \vec{\psi} \ (\vec{\psi} \cdot \vec{V}_0)/\psi^2$, $\vec{V}_2 = (\vec{V}_0 - \vec{V}_1) \cos \psi$,
$\vec{V}_3 = \vec{\psi} \times \vec{V}_0 \sin \psi / \psi$

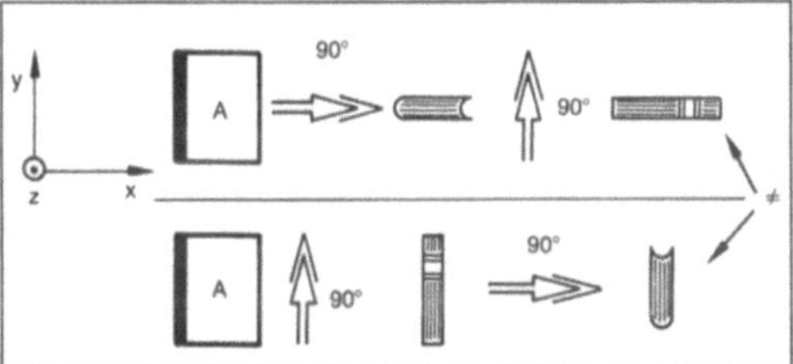

Winkellage 3: Für ein Buch nach zwei 90°-Drehungen in unterschiedlicher Reihenfolge.

Eine andere Art der Lagefeststellung geht von der Vorstellung aus, daß die Endlage durch drei aufeinanderfolgende Drehungen um drei körperfeste orthogonale Achsen erreicht wird. Für ein X,Y,Z-Koordinatensystem benutzt man entweder die Euler-Winkel (Drehung und Kippung einer Kreisel-Figurenachse als Hintergrund, Bild 4): ψ um die z-, θ um die x- und Φ um die z-Achse oder die Kardan-Winkel (Bild 5), die zur kardanischen Aufhängung passen: α um die x-, β um die y- und γ um die z-Achse.

Die Matrizen $[e_{Aa}]$ sind dann Produkte dreier Matrizen wie die der (ebenen) Drehung um die z-Achse.

Eine letzte, heute immer wichtigere Darstellung der W. benutzt Quaternionen: Die aus dem Winkelvektor $\vec{\psi}$ mit $|\vec{\psi}| \equiv \psi$ hervorgehenden Werte

$$\left\{\cos \frac{\psi}{2}, \ (\psi_1/\psi) \sin \frac{\psi}{2}, \ (\psi_2/\psi) \sin \frac{\psi}{2}, \ (\psi_3/\psi) \sin \frac{\psi}{2}\right\}$$

werden als q_0 bis q_3 einer verallgemeinerten komplexen Zahl $z = q_0 + iq_1 + jq_2 + kq_3$ aufgefaßt. Die Rechenregeln gestatten dann die Multiplikation zweier Quaternionen z_1 und z_2 zur Gesamt-Quaternion $z_{ges} = z_1 \cdot z_2$, die auch die Kombinations-W. beschreibt.

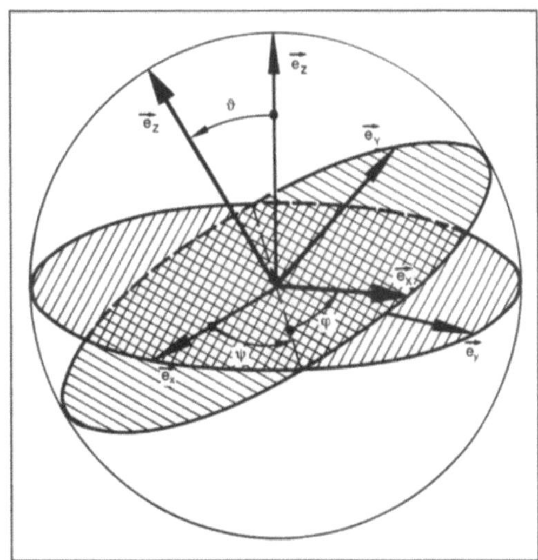

Winkellage 4: Euler-Winkel.

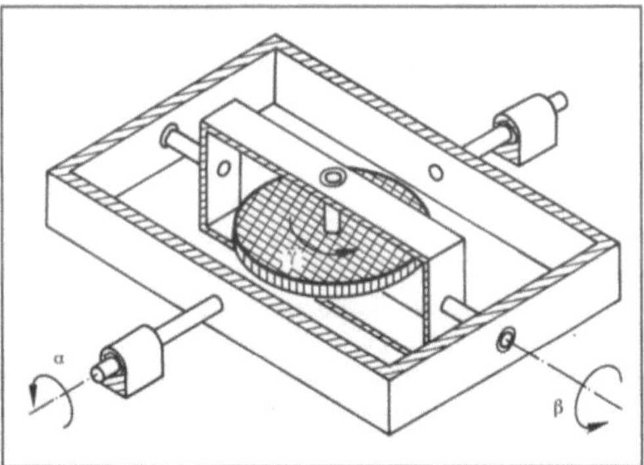

Winkellage 5: Kardan-Winkel.

Der Vorteil der Darstellung ist, daß man Mehrdeutigkeiten, wie sie bei den Euler-Winkeln für $\vartheta = 0$ bez. φ und ψ und bei den Kardan-Winkeln bei $\beta = 90°$ bez. α und γ auftreten, vermeidet. Der Nachteil ist, daß man vier Zahlen angibt (q_0 bis q_3), die aber $q_0^2 + q_1^2 + q_2^2 + q_3^2 = 1$ erfüllen. Doch das sind viel weniger Einschränkungen, als die neun Zahlen e_{Aa} zu erfüllen haben. Die Matrix $[e_{Aa}]$ lautet mit q_0 bis q_3:

$$[e_{Aa}] = \begin{bmatrix} 2(q_0^2 + q_1^2) - 1 & 2q_1q_2 - 2q_0q_3 & 2q_1q_3 - 2q_0q_2 \\ 2q_1q_2 - 2q_0q_3 & 2(q_0^2 + q_2^2) - 1 & 2q_2q_3 + 2q_0q_1 \\ 2q_1q_3 + 2q_2q_2 & 2q_2q_3 - 2q_0q_1 & 2(q_0^2 + q_3^2) - 1 \end{bmatrix}.$$

Im ebenen Fall nennt man die Ableitung des Winkels ψ, der hier die →Winkelgeschwindigkeit festlegt, Winkelgeschwindigkeit $\omega = \dot{\psi}$. Diese läßt sich auch für den räumlichen Fall einführen. Sie ist dann ein Vektor $\vec{\omega}$, der parallel zur momentanen Drehachse gerichtet ist, aber nicht die Ableitung des Winkelvektors $\vec{\psi}$ ist. Im Gegensatz zu $\vec{\psi}$ ist $\vec{\omega}$ jedoch additiv:

$$\vec{\omega}_2{}^{(0)} = \vec{\omega}_1{}^{(0)} + \vec{\omega}_2{}^{(1)},$$

lies: Die Winkelgeschwindigkeit des Körpers 2, gesehen vom Inertialsystem 0 aus, ist gleich der entsprechenden Winkelgeschwindigkeit des Körpers 1 plus der Winkelgeschwindigkeit des Körpers 2, gesehen von 1 aus.

Die Ableitung der Winkelgeschwindigkeit, auch als Vektor, heißt →Winkelbeschleunigung. *Besdo*

Winkelmaß. →Winkel werden durch reelle Zahlen gemessen. Eine entsprechende Begründung gehört zu den schwierigsten Teilen der Elementarmathematik. Da (in der euklidischen Geometrie) kongruenten Winkeln (Winkelkongruenz) die gleiche Maßzahl zugeordnet werden soll, beziehen sich die Winkelmaßzahlen nicht eigentlich auf einen Vergleich und auf die Addition von Winkeln, sondern auf freie Winkel (Winkelgrößen), d. h. auf Äquivalenzklassen von geordneten/ungeordneten Halbgeradenpaaren/Geradenpaaren.

Die Winkelklassen lassen sich vergleichen und (zyklisch) ordnen und bilden hinsichtlich der Addition eine abelsche Gruppe. Sie ist im Falle gerichteter Winkel (goniometrischer bzw. analytischer Winkel) der Gruppe der Drehungen um einen beliebigen Punkt isomorph. Die Winkelmaßzahlen müssen nun ihrerseits eine geordnete Menge bilden und sich addieren (und subtrahieren) lassen, d. h. sie müssen bezüglich der Addition eine abelsche Gruppe bilden. Für die axiomatisch definierte orientierte Euklidische Ebene kann die Gruppe der Winkelmaßzahlen analytischer Winkel mit der additiven Gruppe der reellen Zahlen identifiziert werden. Dazu geht man von der zyklisch geordneten Gruppe der Drehungen um den Ursprung, die den goniometrischen Winkeln entsprechen und die sich auf eine additive Gruppe reeller Zahlen modulo 2π abbilden lassen, zu ihrer unendlichblättrigen Überlagerung über.

Die Abbildung der Menge der freien (goniometrischen) analytischen Winkel (in) auf die Menge $\mathbb{R}$ der reellen Zahlen wird durch eine W.-Funktion vermittelt. Sie hat folgende grundlegende Eigenschaften:

$w(\{\sphericalangle (g,h)\}) \geqslant 0,\ w(\{\sphericalangle (g,g)\}) = 0$
$w(\{\sphericalangle (g,h)\}) = w(\{\sphericalangle (k,l)\})$, wenn $\sphericalangle (g,h) \equiv \sphericalangle (k,l)$
Ist $\{\sphericalangle \alpha\} = \{\sphericalangle \beta\} + \{\sphericalangle \gamma\}$, so ist
$w(\{\sphericalangle \alpha\}) = w(\{\sphericalangle \beta\}) + w(\{\sphericalangle \gamma\})$.

Anders als bei Strecken gibt es für Winkel eine natürliche Maßeinheit, nämlich die Maßzahl für den Vollwinkel. Aus historischen Gründen ordnet man ihm den Wert 360° im Gradmaß bzw. 2π im Bogenmaß zu (→Grad; Drehmaß).

Die wichtigsten Einheiten des W. sind Altgrad, Neugrad, →Radiant und rechter Winkel. Sonderwinkelmaße der Nautik:

$$1 \text{ Schub} = \frac{1}{24} \text{ des Vollwinkels} = 15\,°;$$

$$1 \text{ Strich} = \frac{1}{32} \text{ des Vollkreises; geht aus der Windrose}$$

hervor; 1 Dez = 10°.

Klassifikation von Winkeln nach ihrem W.:

Nullwinkel:	$w(\sphericalangle \alpha) = 0°$ $\quad(0)$
Spitzer Winkel:	$0° < w(\sphericalangle \alpha) < 90°$
Rechter Winkel:	$w(\sphericalangle \alpha) = 90°$ $\left(\dfrac{\pi}{2}\right)$
Stumpfer Winkel:	$90° < w(\sphericalangle \alpha) < 180°$
Gestreckter Winkel:	$w(\sphericalangle \alpha) = 180°$ $\quad(\pi)$
Überstumpfer Winkel:	$180° < w(\sphericalangle \alpha) < 360°$
Vollwinkel:	$w(\sphericalangle \alpha) = 360°$ $\quad(2\pi)$

Fischer

Literatur: *Hessenberg, G., J. Diller:* Grundlagen der Geometrie. Berlin 1967. – *Lenz, H.:* Nichteuklidische Geometrie. Mannheim 1967. – *Meschkowski, H.:* Grundlagen der euklidischen Geometrie. Mannheim 1966.

Winkelmessung. W. spielen eine wichtige Rolle in Wissenschaft und Technik, z. B. in der Astronomie, Geodäsie, Antriebstechnik und in der industriellen Fertigung. Einige Winkelmeßaufnehmer der industriellen Meßtechnik seien nachstehend erläutert.

Einfachster analoger Winkelmeßaufnehmer ist ein kreisförmig angeordnetes Potentiometer, das einen Winkelbereich 0–ca. 300° in einen elektrischen →Widerstand umformt. Derartige Potentiometer kann man auch so ausführen, daß erst mit 10 vollen Umdrehungen der ganze Widerstandsbereich durchfahren wird, so daß der Meßbereich hier von 0–3 600 ° läuft.

Auch Meßaufnehmer lassen sich so konstruieren, daß ihre Eingangsgröße ein Drehwinkel ist. Wenn

	Altgrad (°)	Neugrad (g)	Radiant	rechter Winkel (L)
1° =	1°	1,1111…g	0,01745329	0,01111…L
1g =	0,9°	1g	0,01570796	0,01L
1rad =	57,29578°	63,66198g	1	0,6366198L
1L =	90°	100g	1,570796	1L

man eine Hallsonde in einem homogenen →Magnetfeld B drehbar anordnet, wird die Hallspannung u_H dem Kosinus des momentanen Stellungswinkels proportional (Bild 1). Mit Hilfe eines anderen magnetischen Sensors, der Feldplatte, läßt sich ein praktisch verschleißfreier Winkelaufnehmer, das Feldplattenpotentiometer, aufbauen (Bild 2).

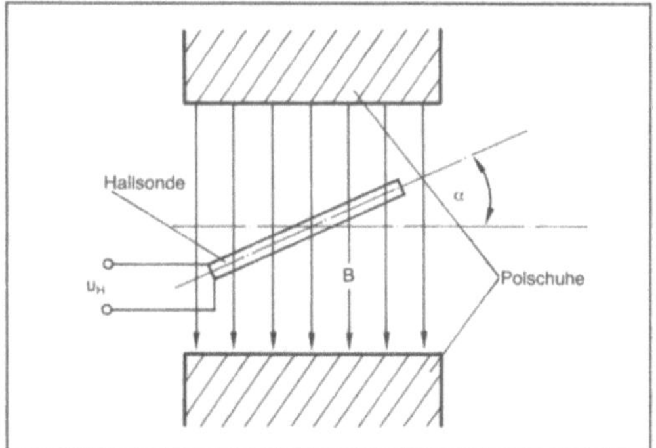

Winkelmessung 1: Winkelgeber mit Hallsonde.

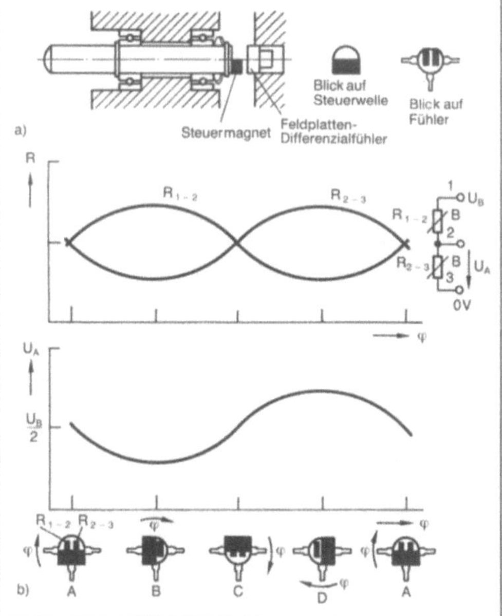

Winkelmessung 2: Feldplattenpotentiometer.
(Quelle: Siemens AG)
a) Mechanischer Aufbau
b) Ansteuerung des Feldplatten-Differentialfühlers:
Widerstands- und Ausgangsspannungsverlauf.

Auch der Drehmelder gehört zu den analogen Winkelgebern.

Die digitale W. beruht auf der Zählung oder Decodierung einzelner Schritte, in die der zu zählende Winkelbereich eingeteilt ist. Hier lassen sich Auflösungen von $0{,}000\,01°$ mit einer Toleranz von 0,000 06 ° (± 0,2 Winkelsekunden) erreichen (→Längen- und Winkelmessung). *Hammerschmidt*

Wirbel. Unter einem Wirbel versteht man die Bewegung eines Fluids, bei der das Fluid um eine Linie (Achse) herumströmt (kreist). Die meist gekrümmte Achse ist i. a. selbst in Bewegung und verändert ihre Gestalt. Das Geschwindigkeitsfeld des Wirbels kann auch eine Komponente in Achsrichtung haben (Spiral-W.). Durch Bildung der →Rotation des Geschwindigkeitsvektors kann man an jeder Stelle des Geschwindigkeitsfelds einen W.-Vektor berechnen. Deren Gesamtheit bildet ein für jeden W. charakteristisches W.-Vektorfeld.

In jedem W. gibt es ein Gebiet, in dem der W.-Vektor von null verschieden ist. Umgekehrt ist nicht jede →Strömung mit von null verschiedenem W.-Vektor ein W. Eine parallele Scherströmung hat en W.-Vektor. Es gibt aber kein Bezugssystem, in dem das Fluid um eine Achse kreist. Eine parallele Scherströmung ist daher kein W.

Die gegebene Definition eines W. ist anschaulich gefaßt. Eine formelmäßige, allgemeine Definition stößt im Unterschied zur Definition der W.-Strömung auf Schwierigkeiten und ist bisher noch nicht befriedigend gelungen, weil die W.-Bewegung keine lokale, sondern eine globale Eigenschaft einer strömenden Bewegung ist.

W. spielen in der Natur, in den physiologischen Prozessen bei Mensch und Tier sowie in der Technik eine wichtige Rolle. Ein besonders einfacher Fall ist der W.-Ring oder Ring-W., der von einem geschickten Raucher an den gerundeten Lippen gebildet werden kann. Ein solcher W.-Ring kann auch entstehen, wenn ein Regentropfen in eine Flüssigkeit (Pfütze, Fluß, See, Meer) eintaucht. Im fallenden Regentropfen selbst kann sich eine W.-Strömung um eine horizontal liegende, ungefähr kreisförmige Achse ausbilden. Zu dieser Ring-W.-Strömung regt ihn die umströmende Luft an. Die Ring-W.-Strömung hat viele wichtige Eigenschaften der Strömung von W.

In einem Querschnitt durch den W.-Ring (Bild 1) kann man die W.-Achse, den W.-Kern und die W.-Hülle unterscheiden. Im W.-Kernbereich steigt für einen mit der W.-Achse mitbewegten Beobachter die Umlaufgeschwindigkeit der Flüssigkeit um die W.-Achse mit wachsender Entfernung von der W.-Achse zunächst linear, dann schwächer auf einen Maximalwert an der Grenze W.-Kern/W.-Hülle an und fällt in der W.-Hülle zur W.-Umgebung hin wieder ab. In letzterer geht die Geschwindigkeit dann gegen die Anströmgeschwindigkeit. Im Kernbereich ist der W.-Vektor von null verschieden, im Hüllenbereich klingt er gegen null ab. Die Gestalt praktisch vorkommender W.-Ringe ist nie ein →Torus, sondern ähnelt einem abgeplatteten Tropfen (Bild 1). Der Eindruck eines Torus kann entstehen,

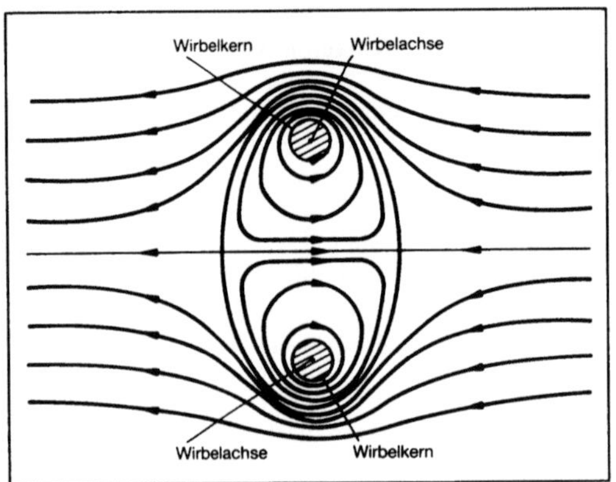

Wirbel 1: Prinzipskizze der Stromlinien in einem Querschnitt durch einen Wirbelring (wirbelringfestes Koordinatensystem).

wenn nur die Umgebung des Kerns sichtbar gemacht wird, wie etwa beim Raucherring.

Das in Bild 1 gezeigte Stromlinienbild ist dem Stromlinienbild gleich, das zwei einzelne Stab-W. mit geradlinigen parallelen Achsen und gleicher Geschwindigkeitsverteilung, aber entgegengesetztem Drehsinn erzeugen. Dies gilt auch, wenn der Kernradius gegen null geht, so daß das Strömungsfeld in dasjenige zweier miteinander in Wechselwirkung stehender Potential-W. (→Potentialströmung) übergeht.

Der W.-Ring bewegt sich nach dem Gesetz der →Selbstinduktion (Biot-Savartsches Gesetz) durch die umgebende Flüssigkeit hindurch. Er ist im Kern durch innere Reibung etwas wärmer als seine Umgebung und wird oft instabil. Bei einem W.-Ring mit kreisförmiger Achse, der etwa an der Mündung eines kreisrunden Rohrs durch einen Kolbenausschub erzeugt wurde und sich dann in die ruhende Flüssigkeit hinein bewegt, äußert sich letzteres bei geeigneten Bedingungen in folgender Weise: Im Anschluß an die Bildephase und den stabilen Zustand des W. tritt eine Instabilität der W.-Achse, des W.-Kerns und der W.-Hülle in der Form einer angefachten stehenden Welle auf, durch die sich der W. längs der Achse gliedert. Dieser Zustand bricht plötzlich zusammen. Aus komplex erscheinenden Strömungsformen bildet sich in kurzer Zeit ein turbulenter W. mit im Mittel wieder kreisförmiger Achse aus. Diese Ring-W.-Regeneration des Primär-W. löst in diesem zugleich die Bildung einander ungefähr periodisch folgender Ring-W. aus, die aus Hüllen- und umgebendem Material bestehen und sich morphologisch wie instabile Ring-W. verhalten. Diese Sekundär-W. bilden sich zum mehr oder weniger periodischen Nachlauf des turbulenten Ring-W. um. Gleichzeitig laufen längs der W.-Achse des Primär-W. verschiedenartige Strömungen teilweise oder ganz im Ring-W. um (z. B. schraubende

oder doppelhelixartige Strömungen), und es kann eine Schwingung des gesamten Ring-W.-Volumens auftreten, bei der die W.-Achse momentan eine polygonartige Form (z. B. Vier-, Fünf-, Sechseckform) annimmt.

W.-Ringe können geordnet nacheinander und nebeneinander auftreten: Bei einem Freistrahl aus kreisrunder Düse bilden sich stromabwärts von der Mündung an ungefähr gleichbleibendem Orte ziemlich periodisch W.-Ringe aus, die i. a. instabil sind. Der Freistrahl wird im turbulenten Bereich von dieser rhythmischen Folge instabiler, sich verformender, miteinander in Wechselwirkung stehender und fusionierender W.-Ringe konstituiert. Bei Zellularströmungen ordnen sich W.-Ringe räumlich nebeneinander in einer instabilen Flüssigkeitsschichtung an und verformen sich dabei wechselseitig zu W.-Zellen mit polygonförmigem Querschnitt. Andere W.-Formen als W.-Ringe können unter bestimmten Bedingungen bei der Umströmung eines Körpers in periodischer Wiederholung auftreten (Kármán-Wirbelstraße). Insgesamt kann man sagen: Natürliche und technische Strömungen bringen oft durch Bilden von mehr oder weniger symmetrischen Wirbelmustern zum Ausdruck, daß die entsprechende Strömungsform mit einfacherem, homogenerem Geschwindigkeitsprofil (Grundströmung) instabil geworden ist. In diesen W.-Vorgängen spielen sich Prozesse wie Mischung, Kondensation, Verdunstung, Kristallisation, chemische Reaktion ab. W.-Vorgänge sind auch bei der Erzeugung von Tönen und Geräuschen durch Strömungen von wesentlicher Bedeutung.

Von W. ganz unterschiedlicher Größenordnung in der Natur sei Tabelle 1 angeführt. Etwas ausführlicher seien die W. im Atlantik in der Nähe des Golfstroms und die atmosphärischen W.-Strömungen erläutert.

W. im Atlantik. Infolge instabiler Wellenstörungen des Golfstroms kann dieser mäanderförmige Schleifen mit Wellenlängen bis zu etwa 500 km und Amplituden bis zu etwa 200 km ausbilden. Die Amplitude des Mäanders kann innerhalb von einer Woche oder von mehreren Wochen so zunehmen, daß die Strömung die Mäanderschleife abschnürt (Bild 2).

Da die Wassertemperatur an der westlichen Grenze des Golfstroms beim Übergang zu den nordamerikanischen Küstengewässern sprungartig um etwa 5 K und der Salzgehalt um etwa 1‰ absinken, bedeutet dies, daß sich im Innern einer nach Osten oder Süden ausbuchtenden Mäanderschleife und dann im Innern des sich aus ihr bildenden W. kälteres, weniger salzhaltiges Küstenwasser evtl. subarktischen Ursprungs befindet, das von wärmerem Golfstromwasser ringartig und relativ schnell umströmt wird. Der Ring aus Golfstromwasser wird seinerseits vom kühleren Wasser des

Wirbel. Tabelle 1: Wirbel unterschiedlicher Größenordnung.

	Durchmesser
kleinste Turbulenzwirbel	< 1mm
Wirbel erzeugt von Insekten Luftwirbel hinter Laubblättern Ringwirbel von Tintenfischen	0,1—10 cm
Staubwirbel auf der Straße Wirbel in Gezeitenströmungen Sandhosen	1—10 m
Ringwirbel bei Vulkanausbrüchen Wind- und Wasserhosen Konvektionswolken	100—1 000 m
vom Golfstrom abgelöste Wasserwirbel tropische Wirbelstürme Hoch- und Tiefdruckgebiete	100—2 000 km
Ozeanzirkulationen globale Zirkulationen der Atmosphäre Konvektion im Erdinnern	2 000—5 000 km
planetarische Atmosphären Ring des Planeten Saturn Sonnenflecken	5 000—10^5 km
Rotation im Sterninnern	je nach Sterngröße
Galaxien	Lichtjahre

Sargassomeers eingehüllt, wenn sich das W.-Gebilde vom Golfstrom löst und sich nach Süden oder Südwesten mit einer mittleren Translationsgeschwindigkeit von 4 km/Tag, die aber starken Schwankungen unterworfen ist, in das Sargassomeer hineinbewegt. Die maximale Strömungsgeschwindigkeit um die W.-Achse herum liegt in der Größenordnung von 1 m/s und tritt erst in größerer Entfernung vom Zentrum (z. B. 30–60 km) auf. Die meisten W. vereinigen sich später wieder mit dem Golfstrom. Neben solchen W. mit kalten Kernen können sich auch, wenn sich eine Mäanderschleife nach Westen bzw. Norden krümmt, W. mit Kernen ausbilden, deren Temperatur höher als die der Umgebung ist.

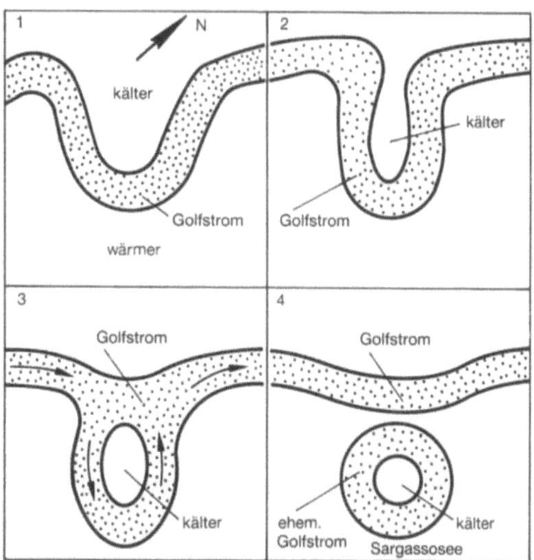

Wirbel 2: Prinzipskizze der Bildung eines Ozeanwirbels durch Abschnüren einer Mäanderschleife des Golfstroms.

Ähnliche W.-Bildungen kommen in den Weltmeeren häufig vor, so z. B. beim Kuroschio-Strom (an der Ostküste Asiens) oder beim antarktischen Zirkumpolarstrom. Allgemein gesehen kann Wasser durch W.-Bildungen über weite Strecken transportiert werden und dann in einer Wasserumgebung auftauchen, die wesentlich andere Eigenschaften (etwa Temperatur, Salzgehalt) als der W. hat. Man diskutiert beispielsweise darüber, ob Wirbel mit Wasser aus dem Mittelmeer bis in die Gegend südlich der Bermudas vordringen.

Die Golfstrom-W. sind im Querschnitt nahezu rund. Jedoch kommen auch ellipsen- oder bohnenförmige Querschnitte vor. Ein einzelner Ring transportiert einige 10 000 Mrd. t Wasser. Weitere Einzelheiten zeigt die Gegenüberstellung der Daten von W. mit kalten und warmen Kernen (Tabelle 2).

Ozean-W. besitzen im Gegensatz zu atmosphärischen W., wie z. B. Tornados, keine äußere Energiequelle, d. h. ein W. kann zwar immer mehr umgebende Flüssigkeit in seine Rotationsbewegung einbeziehen. Dabei breitet er sich aber in die Umgebung aus und erstirbt allmählich in dieser, falls er nicht mit einem der Meeresströme zusammenwächst. Als Ursache dieses Abklingens und Vergehens des W. werden neben der inneren Reibung der Flüssigkeit und dem Absinken bzw. Aufsteigen der W. mit kaltem oder warmem Kern Energieverluste in Form von sehr langsamen und langen Wellen, durch die der W. seine Einflußsphäre weit ausbreitet, angesehen.

Der Auflösungsprozeß eines W. spiegelt sich in einer Veränderung seiner physikalischen, chemi-

Wirbel. Tabelle 2: Charakteristische Daten der Golfstromwirbel.

	Wirbel mit kaltem Kern	Wirbel mit warmem Kern
Durchmesser	150—300 km	i. a. kleiner als bei Wirbeln mit kalten Kernen
Tiefenerstreckung (ab Meeresoberfläche)	bis 2 500/3 000 m	bis etwa 1 000 m
Bewegungsrichtung	südlich südwestlich	
mittlere Translationsgeschwindigkeit	4 km/Tag	4 km/Tag
Lebensdauer	bis zu 2 Jahre	6 Monate
Anzahl der gleichzeitig vorhandenen Wirbel	10	3

schen und biologischen Eigenschaften wider. Das kältere Wasser nördlich des Golfstroms besitzt mehr Nährstoffe, mehr tierisches und pflanzliches Plankton und dementsprechend mehr größere Tiere, die sich von der Primärproduktion ernähren, als das wärmere Wasser des Sargassomeers. Durch die Bildung eines W. mit kaltem Kern werden kältere Wassermassen aus dem Norden in das wärmere Wasser im Süden transportiert. Wenn sich das kältere Kernwasser im Verlauf der Auflösung des W. allmählich erwärmt, muß sich das dem kälteren Wasser spezifisch zugehörige Tierleben den sich ändernden Umweltbedingungen anpassen. Es wurde z. B. beobachtet, daß sich das zum Zooplankton gehörige Lebewesen Nematoscelis megalops während der Erwärmung des kälteren Kernwassers in immer tiefere und entsprechend noch kältere Schichten des W.-Kerns bewegt, um seine Umgebungstemperatur bei 10 °C zu halten. Dadurch verläßt das Lebewesen aber seine eigentliche Nährschicht und verurteilt sich damit zum Tode. Entsprechendes gilt für die Lebewesen in den nach Norden wandernden W. mit Warmwasserkern, deren Biotop eigentlich das südliche (wärmere) Wasser ist.

Wie das Beispiel zeigt, muß man die Golfstrom-W. als Strömungssysteme ansehen, die die biogeographische Populationsverteilung des Nordatlantiks mit bestimmen, indem sie den jeweiligen Artenbestand des Gebiets, in das sie sich bewegen, verändern.

Neben den Nährstoffen können die W. auch Wassermassen, die durch Mülldeponien am Meeresboden verseucht sind, mitnehmen und an andere Orte tragen, so daß das Problem der Verseuchung der Weltmeere auf Grund dieser W.-Bewegungen einen neuen Aspekt gewinnt. Nach Beobachtungen an einer Mülldeponie vor der nordamerikanischen Küste hielt sich ein W. mit warmem Kern während etwa 20 % seiner Lebenszeit über der Deponie auf und transportierte anschließend den Abfall mit sich weg.

W.-Strömungen in der Atmosphäre. Die Strömungen der Atmosphäre sind meist turbulent. Wichtige Merkmale dieser Strömungen sind die charakteristischen Längen und charakteristischen Geschwindigkeiten der turbulenten W. (an Stelle der Bezeichnung Wirbel findet sich oft auch Turbulenzelement oder Turbulenzballen). Bild 3 zeigt die hierarchische Ordnung der miteinander in Wechselwirkung stehenden atmosphärischen W. Die räumlich größeren und zeitlich länger lebenden Bewegungsformen können in ihrer Gesamtheit vor allem den Klima-

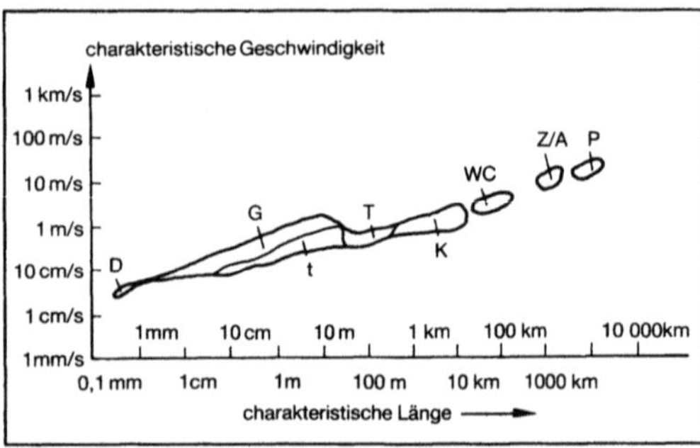

Wirbel 3: Ordnung der Wirbelhierarchie der Atmosphäre nach ihren charakteristischen Geschwindigkeiten und Längen. (Quelle: Schneider, Wippermann a. a. O.).

D) Kleinräumige Wirbel, bei denen die Dissipation wirksam ist (sie entstehen z. B. bei der Auflösung von Wirbeln der Klasse G); G) Scherwirbelgebilde in der planetarischen Grenzschicht der Erde (bis 1 000 m Höhe), z. B. Wirbel um Hindernisse; Clear-Air-Turbulence; Wirbel auf Grund einer Helmholtz-Welleninstabilität; t) kleinräumige Wirbel, die thermisch bedingt sind (z. B. die aufsteigenden Wirbel über heißem Asphalt); T) gegenüber t großräumigere Wirbel, z. B. in Thermikschläuchen hochstrudelnde, über dem Erdboden erhitzte Luft; K) Konvektionswirbel größerer Abmessungen gegenüber T, z. B. schwache Kumuluskonvektion, mäßige oder starke Konvektion; WC) Wolken-Cluster; Z/A) Zyklonen, Antizyklonen; P) planetarische Wellen

rhythmen und -schwankungen und der Witterung als Träger dienen. Dadurch wird die Ordnung der geomorphologischen Zonen, der Bodenzonen, der Vegetationszonen und damit auch der Tier- und Menschenwelt auf der Erde mit bestimmt.

Aus Bild 3 läßt sich unter Voraussetzung der Ähnlichkeitsgesetzmäßigkeiten der homogenen, isotropen →Turbulenz die Dissipation der Masseneinheit $\varepsilon \sim$ (charakteristische Geschwindigkeit)^3/charakteristische Länge für die jeweiligen Wirbelabmessungen abschätzen. Man erhält $\varepsilon \approx 10^{-3}$ W/kg. *E.-A. Müller*

Literatur: *Didden, N.:* Untersuchung laminarer, instabiler Ringwirbel mittels Laser-Doppler-Anemometrie. Mitt. Max-Planck-Inst. f. Strömungsforschung und der Aerodynamischen Versuchsanstalt. Nr. 64 (1977). – *Lugt, H. J.:* The Dilemma of Defining a Vortex. In: Recent Developments in Theoretical and Experimental Fluid Mechanics. New York 1979, S. 309/21. – *Lugt, H. J.:* Wirbelströmung in Natur und Technik. Karlsruhe 1979. Erw. Version in Engl. New York 1983. – *Müller, E.-A.:* 50 Jahre Max-Planck-Institut für Strömungsforschung. Festschr. 1975, S. 35/65. – *Prandtl, L., u. O. Tietjens:* Hydro- und Aeromechanik I und II. Berlin 1929 u. 1931. – *Robinson, A. R.* (Ed.): Eddies in Marine Science. Berlin, Heidelberg, New York, Tokio 1983. – *Schneider, P. E. M.:* Werden, Bestehen, Instabilität, Regeneration, Vergehen eines Ringwirbels. Max-Planck-Inst. f. Strömungsforschung. Ber. 17 (1978). – *Schneider, P. E. M.:* Sekundärwirbelbildung bei Ringwirbeln und in Freistrahlen. Z. Flugwiss. Weltraumforsch. 4 (1980), S. 307/18. – *Schneider, P. E. M.:* Die Wechselwirkung der Elemente in ihrer Bedeutung als landschaftsgestaltender Prozeß. – Die Wechselwirkung von Wirbelströmungen der Hydro- und Atmosphäre als Grundlage des Makro- und Mikroklimas der Erde. In: Saarland, der Minister für Umwelt, Raumordnung und Bauwesen; Schriftenr. der obersten Naturschutzbehörde (1977) Nr. 4, S. 8/18; (1978) Nr. 5, S. 6/23. – *Wippermann, F.:* Die „Scales" als ein erstes Ordnungsprinzip für alle Turbulenzvorgänge der Atmosphäre. Promet 1/2 (1971), S. 16/20.

Wirbelschicht (Strömungsphysik). Eine W. ist eine schmale Schicht in einem strömenden Fluid, in der die Wirbelstärke des Geschwindigkeitsfeldes konzentriert ist, z. B. die aus der Grenzschicht stammende Wirbelströmung hinter einer Kante, an der die Grenzschicht ablöst, oder die Wirbelschleppe im Nachlauf hinter einem Tragflügel. In manchen theoretischen Betrachtungen wird unter Vernachlässigung der Reibung angenommen, daß diese Schicht die Dicke null hat. Die Wirbelstärke ist dann flächenhaft konzentriert: Zwei Flüssigkeitsströme gleiten mit unterschiedlicher Geschwindigkeit aneinander vorbei (Sprung der Tangentialgeschwindigkeit). Durch Aufrollen von W. kommt es zu Wirbeln.

W. spielen in der Aero- und in der Gasdynamik experimentell und theoretisch eine große Rolle. *E.-A. Müller*

Wirbelstrom. In sich geschlossene Stromwirbel, die in ausgedehnten metallischen Leitern durch Induktion (→Induktionsgesetz) entstehen, wenn sich ein den →Leiter durchsetzendes magnetisches →Feld ändert und wenn das dabei induzierte elektrische Feld nicht wirbelfrei ist. Wirbelströme führen zu Energieverlusten beim Auf- und Abbau von Magnetfeldern (Wirbelstromverluste) und müssen daher in Transformatoren und elektrischen Maschinen (Elektromotor, Generator, Umformer) möglichst vermieden werden. Bei der *Wirbelstrombremse* werden dagegen die Energieverluste durch Wirbelströme in einer Leiterscheibe, die sich in einem zeitlich konstanten inhomogenen Feld bewegt, bewußt ausgenutzt, da die Energieverluste der Bewegungsenergie der Scheibe entgegenwirken. *Claassen*

Wirkleistung. Zeitlicher →Mittelwert des Produkts aus Strom und Spannung an einem elektrischen Zweipol (→Leistung, elektrische). Es ist dies die Leistung, die in andere Formen (thermische Leistung, mechanische Leistung) umgewandelt werden kann. Bei sinusförmiger →Wechselspannung

$$U(t) = U_o \sin \omega t$$

und →Wechselstrom

$$I(t) = I_o \sin(\omega t - \varphi),$$

wobei ω dic Kreisfrequenz und φ die Phasenverschiebung des Stroms gegenüber der Spannung darstellt, ist die W.

$$P_w = \frac{1}{2} U_o I_o \cos \varphi.$$

In Mehrphasen-Wechselstromschaltungen ist die W. in allen Strängen zu summieren. *Claassen*

Wirkleitwert. Realteil der →Admittanz bei der komplexen Wechselstromrechnung mit linearen Zweipolen. Nur er trägt zur Aufnahme von →Wirkleistung bei, da er nur den Teil des Stromes im Verhältnis zur Spannung angibt, der mit der Spannung in Phase ist. *Claassen*

Wirksamkeit, relative biologische →Strahlenschutz

Wirkungsgrad.
Thermodynamik. Der W. einer periodisch arbeitenden thermischen Maschine (ein thermodynamisches →System, das einen →Kreisprozeß durchläuft), die zwischen zwei Wärmereservoiren der thermostatischen Temperaturen T_1 und T_2, $T_1 > T_2$, läuft, ist durch

$$\eta := (-W/Q_1) = (Q_1 + Q_2)/Q_1$$

definiert (W am System geleistete →Arbeit je Zyklus, $Q_{1,2}$ →Wärmeübergang je Zyklus zwischen System und Reservoir mit der Temperatur $T_{1,2}$). Der W. gibt also an, welcher Anteil der Wärmeübertragung an die Umgebung je Zyklus tatsächlich in Arbeit verwandelt wird. Der W. ist stets kleiner als der →Carnot-Wirkungsgrad, der auf Grund der Carnot-Clausius-Ungleichung aussagt, daß nicht der gesamte aufgenommene Wärmeaustausch in Arbeit umgewandelt werden kann. Daher ist es zweckmäßiger, die tatsächlich umgewandelte Arbeit auf die maximal umwandelbare Arbeit zu beziehen. Dies leistet der exergetische Wirkungsgrad. Prozesse, die nur zwischen zwei Wärmereservoiren verlaufen, werden durch thermodynamische Diagramme symbolisiert. Ist $W < 0$, so wird die Maschine als Wärmekraftmaschine bezeichnet, im Falle $W > 0$ als Kraftkältemaschine. (Rechtsprozesse, Linksprozesse). Für Kältekraftmaschinen wird an Stelle des Wirkungsgrades oft der *Kühlkoeffizient* verwendet: $\varepsilon := Q_2/W$. *Muschik*

Trennapparate. Der W. von Trennapparaten kann unterschiedlich definiert werden und ist u. a. von der Art der Stofführung im Apparat abhängig. Als wirklichen W. bezeichnet man bei gleichgewichtsbestimmten Trennprozessen das Verhältnis aus der wirklichen Anreicherung einer Komponente und der durch das Phasengleichgewicht bestimmten Anreicherung. Wird als Trennhilfsmittel Energie verwendet, so kann man den thermodynamischen W. als das Verhältnis aus der minimal notwendigen (reversiblen) Arbeit zur tatsächlich verwendeten Arbeit definieren. **Bodenaustauschgrade** und Verstärkungsverhältnisse sind keine W., da sie Werte annehmen können, die größer als eins sind. *Dohrn*

Wirkungsquerschnitt →Kernreaktion

Wirkwiderstand. Realteil der →Impedanz bei der komplexen Wechselstromrechnung mit linearen Zweipolen. Nur er trägt zur Aufnahme von Wirkleistung bei, da er nur den Teil der Spannung im Verhältnis zum Strom angibt, der mit dem Strom in Phase ist. *Claassen*

Wissenschaftsrat (WR). Oberstes Beratungsorgan von Bund und Ländern in Fragen der Wissenschafts- und Hochschulpolitik.

Der WR wurde 1957 mit einem Abkommen der Bundesregierung und der Regierungen der Bundesländer gegründet. Es gilt für fünf Jahre und wurde seither, zuletzt 1991, um jeweils fünf Jahre verlängert. Der WR besteht aus zwei Kommissionen: Wissenschaftliche Kommission (32 vom Bundespräsidenten berufene Mitglieder, davon 24 Wissenschaftler auf gemeinsamen Vorschlag der Deutschen Forschungsgemeinschaft, der Max-Planck-Gesellschaft, der Hochschulrektorenkonferenz, der Arbeitsgemeinschaft der Großforschungseinrich-

tungen, 8 anerkannte Persönlichkeiten des öffentlichen Lebens auf gemeinsamen Vorschlag der Bundesregierung und der Landesregierungen) und Verwaltungskommission (6 von der Bundesregierung, 16 von den 16 Landesregierungen entsandte Mitglieder). In der Vollversammlung führen die von der Bundesregierung entsandten Mitglieder 16 Stimmen, so daß auf Wissenschafts- und Verwaltungsseite je 32 Stimmen kommen.

Der WR erarbeitet Empfehlungen zur inhaltlichen und strukturellen Entwicklung der →Hochschulen, der Wissenschaft und der Forschung. Sie sollen mit Überlegungen zu den quantitativen und finanziellen Auswirkungen und ihrer Verwirklichung verbunden sein. Nach dem Hochschulbauförderungsgesetz des Bundes gibt er jährliche Empfehlungen zur Aufnahme von Bauvorhaben und wissenschaftlichen Geräten in den Rahmenplan für den Hochschulbau. Auf Anforderung eines Landes, der Bundesregierung, der Bund-Länder-Kommission für Bildungsplanung und Forschungsförderung (BLK) oder der Ständigen Konferenz der Kultusminister der Länder (KMK) äußert er sich gutachterlich zu Fragen der Entwicklung der Hochschulen, der Wissenschaft und der Forschung (z. B. Institute der Blauen Liste).

Der WR hat mit den dreiteiligen „Empfehlungen zum Ausbau der wissenschaftlichen Einrichtungen" (1960–1965) die Entwicklung insbes. der wissenschaftlichen Hochschulen nachhaltig beeinflußt. Neben zahlreichen Empfehlungen und Stellungnahmen zu einzelnen Fächern, Hochschul- und anderen wissenschaftlichen Einrichtungen sowie organisatorischen Fragen hat der WR Empfehlungen und Stellungnahmen u. a. zu folgenden Themen ausgesprochen: Wettbewerb im deutschen Hochschulsystem (1985), Struktur des Studiums (1986), klinische Forschung in den Hochschulen (1986), Zusammenarbeit zwischen Hochschule und Wirtschaft (1986), Perspektiven der Hochschulen in den 90er Jahren (1988), Grunddaten zum Personalbestand der Hochschulen (1988), Informatik an den Hochschulen (1989), Einrichtungen der Information und Dokumentation (1990), Planung des Personalbedarfs der Universitäten (1990), Entwicklung der Fachhochschulen in den 90er Jahren (1991), Zusammenarbeit von Großforschungseinrichtungen und Hochschulen (1991), Förderung von Wissenschaft und Forschung durch wissenschaftliche Fachgesellschaften (1992); außerdem umfangreiche Stellungnahmen zur Entwicklung der Hochschulen in den neuen Ländern und Evaluierung der außeruniversitären Forschungseinrichtungen der ehemaligen Institute der Akademie der Wissenschaften, der Bau- und der Landwirtschaftsakademie der ehemaligen DDR (1991).

Organisation: Der Vorsitzende der Wissenschaftlichen Kommission ist auch Vorsitzender des Wissenschaftsrates. Geschäftsstelle: Generalsekretär, zwölf wissenschaftliche Mitarbeiter.

(Wissenschaftsrat, Marienburger Straße 8, 50968 Köln). *Altenmüller*

Wöhler-Linie. Durch sog. *Wöhler-Versuche* wird die →Dauerschwingfestigkeit von Werkstoffen festgestellt, bei denen die jeweils unterschiedlichen dynamischen Beanspruchungen in Abhängigkeit von der bis zum Bruch der Probekörper ertragenen Lastspielzahl graphisch aufgetragen wird. Dabei werden auf der linear geteilten Ordinate die Wechselspannungen oder die Wechselverformungen aufgetragen und auf der logarithmisch geteilten Abszisse die beim Bruch der Probe erreichte Lastspielzahl. Die W.-L. fallen bei großen dynamischen Wechselbeanspruchungen zunächst steil ab. Dies ist der Bereich der Zeitfestigkeit. Bei geringeren dynamischen Beanspruchungen verlaufen sie flacher und z. B. bei Eisenwerkstoffen bei größeren Lastspielzahlen schließlich etwa parallel zur Abszisse. Bei anderen Werkstoffen wie Leichtmetallen und Hochpolymeren kann die ertragbare dynamische Belastung auch bei höheren Lastwechselzahlen noch weiter abfallen. Für die im Hochbau häufig verwendeten Baustoffe Beton und Mauerwerk liegen auf Grund von *Wöhler*-Versuchen noch keine einheitlichen und gesicherten Angaben für die Dauerschwingfestigkeit vor. Für diese Baustoffe konnte eine echte Grenzlastspielzahl bisher nicht nachgewiesen werden. Man hat deshalb Ermüdungsbeiwerte abgeleitet, mit deren Hilfe eine dynamische Beanspruchung für den linearen Spannungsnachweis auf eine quasi-statische zurückgeführt wird. *Splittgerber*

Literatur: *Müller, F. P.*: Baudynamik. In: Beton-Kalender. Berlin 1978.

Worst-Case-Analyse (Mathematik). Die W.-C.-A. eines Algorithmus A für eine Problemklasse PK ist die Untersuchung der maximalen Laufzeit T(L) des Algorithmus A bezüglich aller Problembeispiele aus PK mit Codierungslänge L. Die Codierungslänge L eines Problembeispiels P ist die Anzahl von Zeichen, die benötigt werden, um das Problem P in einer binären Zeichenkette zu kodieren. Die W.-C.-Komplexität einer Problemklasse PK ist die →Funktion f(n), die einer Codierungslänge n die Laufzeit zuordnet, die der bestmögliche Algorithmus zur Lösung eines beliebigen Problembeispieles aus PK mit Codierungslänge n maximal benötigt werden. *Bachem*

Würfel (Kubus). Regelmäßiges Hexaeder, d. h. ein von 6 Quadraten begrenztes Polyeder (Bild 1 und 2). Er ist einer der 5 platonischen →Körper.

Ist a die Länge der Kante, so ist Oberfläche $6a^2$;

Volumen a^3; Radius der Umkugel $\frac{a}{2}\sqrt{3}$.

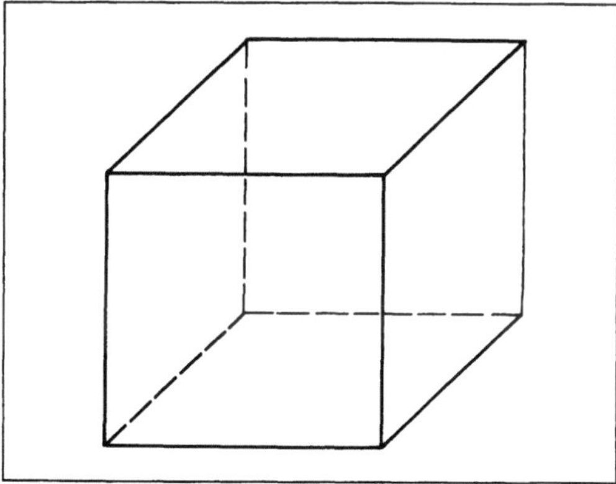

Würfel (Kubus) 1.

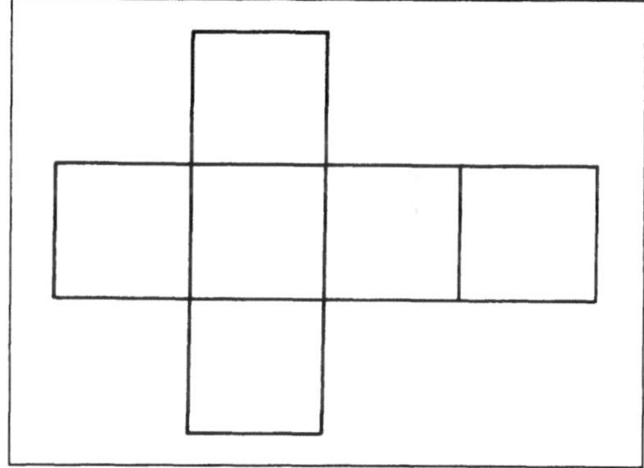

Würfel (Kubus) 2: Netz eines Würfels.

Das delische Problem der W.-Verdoppelung, nämlich der Konstruktion der Kante eines W., der das doppelte Volumen eines gegebenen W. hat, ist mit Zirkel und Lineal nicht lösbar. Bei vorgegebener Konchoide oder Zissoide ist das Problem lösbar.

W. der Kantenlänge 1 (in mm, cm, dm, m) bilden die Maßeinheiten der elementaren Volumenmessung. W.-Gitter (Bild 3) bilden das 3-dimensionale Analogon zum Quadratnetz in der Ebene.

W. L. Fischer

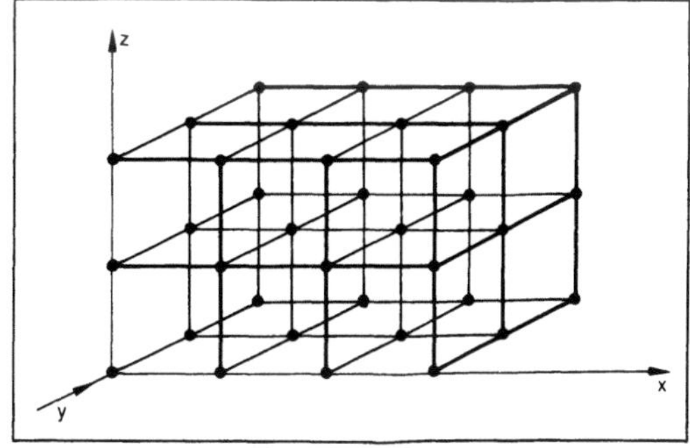

Würfel (Kubus) 3: Würfelgitter.

Wurf. Der W. spielt in der →Kinetik starrer Körper (auch historisch) eine große Rolle. Gemeint ist die Bewegung eines (Punkt-)Körpers unter dem Einfluß der Erdschwere. Im realen Verhalten (Ballistik) geht der Luftwiderstand, den man als der →Geschwindigkeit entgegengesetzt gerichtet und mit dem Betragsquadrat proportional anzusetzen hat, wesentlich ein. Für kleine Geschwindigkeiten ist er jedoch vernachlässigbar; einzige wirkende Kraft ist die Schwerkraft, die über

$$\vec{F} = -mg\,\vec{e_z} = m\vec{a} = m\dot{\vec{v}} = m\ddot{\vec{r}}$$

aus der ballistischen →Kurve eine Wurfparabel werden läßt (Bild). Als spezielle Fälle werden der schiefe Wurf $(\vec{v} \neq v_z\,\vec{e_z})$ und der freie Fall mit einer senkrechten oder verschwindenden Anfangsgeschwindigkeit betrachtet, für den

$$z = z_0 + \dot{z}_0 t - \tfrac{1}{2} gt^2 \text{ gilt.}$$

Besdo

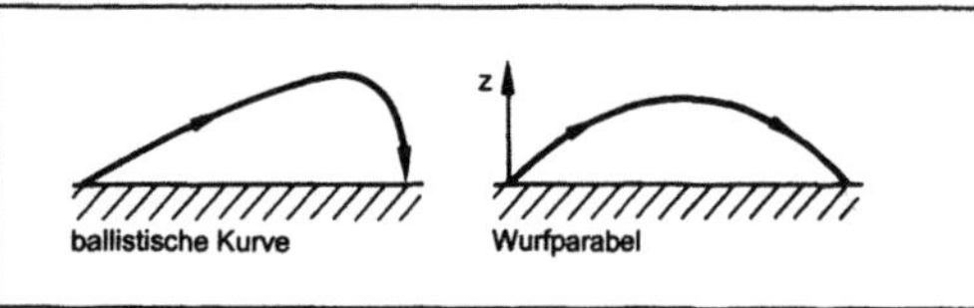

Wurf: Kurve und Parabel.

Wurfparabel →Wurf

Y

Y-Schaltung. Die →Sternschaltung wird bei Dreiphasen-Wechselstrom wegen ihrer Form auch Y-Schaltung genannt. Dabei ist jeweils ein Ende der drei Stränge zu einem Knotenpunkt zusammengefaßt und das andere Ende mit einem →Außenleiter des Drehstromnetzes verbunden. *Claassen*

Z

Zahl, gerade. Eine ganze Z., die durch zwei teilbar ist. Man erkennt sie daran, daß in Dezimaldarstellung ihre letzte Ziffer durch zwei teilbar ist. Mit der Addition und der Multiplikation als Verknüpfung bilden die g. Z. einen Ring, und zwar einen Integritätsbereich. *Schmeißer*

Zahl, komplexe. Die k. Z. wurden zunächst eingeführt, um algebraische Gleichungen mit reellen Koeffizienten lösen zu können. Man erklärt die →Gleichung $x^2 + 1 = 0$ als lösbar durch das Symbol i, nennt i die imaginäre Einheit und definiert die k. Z. als $w := a + ib$, mit reellen Z. a und b. Dabei heißt a der Realteil und b der Imaginärteil von w, in Zeichen $a = \text{Re } w$, $b = \text{Im } w$. Die k. Z. $a + i0$ wird mit der reellen Z. a und ferner $0 + i1$ mit i identifiziert. Für das Rechnen mit k. Z. gelten folgende Gesetze:

$a + ib = c + id$ genau dann,
wenn $a = c$ und $b = d$ ist $\qquad\qquad (1)$,

$$(a + ib) \pm (c + id) = (a \pm c) + i(b \pm d) \qquad (2),$$

$$(a + ib)(c + id) = (ac - bd) + i(bc + ad) \qquad (3),$$

$$\frac{a + ib}{c + id} = \frac{1}{c^2 + d^2}(a + ib)(c - id) \qquad (4);$$

dabei ist $c - id := c + i(-d)$. Die k. Z. $\overline{w} := a - ib$ heißt konjugiert zu $w = a + ib$. Es gilt:

$$\text{Re } w = \frac{1}{2}(w + \overline{w}), \qquad \text{Im } w = \frac{1}{2i}(w - \overline{w}).$$

Geometrisch kann man die k. Z. $a + ib$ als Punkt der euklidischen Ebene mit den kartesischen →Koordinaten (a,b) deuten. Die reellen Z., gegeben durch alle Punkte der Gestalt (a, 0), bilden die reelle Achse. Die imaginären Z., gegeben durch alle Punkte der Gestalt (0, b), bilden die imaginäre Achse. Manchmal wird eine k. Z. $a + ib$ auch als Äquivalenzklasse von gleich langen parallelen Pfeilen aufgefaßt, unter denen der im Ursprung beginnende und bei (a, b) endende ein Repräsentant ist. Dann läßt sich die Rechenregel, Gl. (2), durch Vektoraddition veranschaulichen.

Die Gesamtheit der k. Z., bezeichnet mit $\mathbb{C}$, wird k. Z.-Ebene oder Gauß-Z.-Ebene oder kurz k. Ebene genannt. Oft erweist es sich als zweckmäßig, k. Z. in Polarkoordinaten darzustellen. Es ist $w = a + ib = re^{i\xi}$, mit $r = (w\overline{w})^{1/2} = \sqrt{a^2 + b^2}$ und $\tan\xi = \frac{b}{a}$ (→Euler-Formel). Dabei heißt r der Betrag und ξ das Argument von w, in Zeichen $r = |w|$, $\xi = \arg w$. Das Argument ist nur bis auf Vielfache von 2π eindeutig bestimmt. In Polarkoordinaten ergeben sich besonders einfache Formeln für das Multiplizieren, Potenzieren und die zugehörigen Umkehroperationen:

$$re^{i\xi}\,\varrho e^{i\zeta} = r\varrho e^{i(\xi + \zeta)} \qquad (5),$$

$$\frac{re^{i\xi}}{\varrho e^{i\zeta}} = \frac{r}{\varrho}e^{i(\xi - \zeta)} \qquad (6),$$

$$(re^{i\xi})^n = r^n\,e^{in\xi} \qquad (7),$$

$$(re^{i\xi})^{1/n} = r^{1/n}\,e^{i(\xi/n + 2\pi\nu/n)} \qquad (8)$$

(n ganze Zahl, $\nu = 1, 2, \ldots, n$).

Die Menge C bildet mit den Verknüpfungen, Gl. (2)–(4), und dem Betrag als Norm einen algebraischen abgeschlossenen topologischen Körper. In der Funktionstheorie wird oft $\mathbb{C}$ um ein Element ∞ erweitert. So entsteht die abgeschlossene komplexe Ebene $\overline{\mathbb{C}} := \mathbb{C} \cup \{\infty\}$. Sie kann geometrisch als eine Kugeloberfläche aufgefaßt werden, die durch stereographische Projektion die Ebene $\mathbb{C}$ ergibt und deren Nordpol als Urbild von ∞ angesehen wird. Jeder vom Nordpol verschiedene Punkt ist dabei Urbild von genau einem $z \in \mathbb{C}$ und repräsentiert dieses. Eine solche Kugeloberfläche heißt Z.-K. oder Riemann-Z.-Kugel oder kurz komplexe Kugel. *Schmeißer*

Literatur: *Behnke, H.,* u. *F. Sommer:* Theorie der analytischen Funktionen einer komplexen Veränderlichen. 3. Aufl. Berlin 1976. – *Ebbinghaus, H.-D., H. Hermes, F. Hirzebruch, K. Koecher, K. Mainzer, A. Prestel* u. *R. Remmert:* Zahlen. Berlin 1983. – *Fischer, W.,* u. *I. Lieb:* Funktionentheorie. Braunschweig 1980. – *Pieper, H.:* Die komplexen Zahlen: Theorie, Praxis, Geschichte. Frankfurt a. M. 1985. – *Remmert, R.:* Funktionentheorie I. Berlin 1984.

Zahl, ungerade. Eine ganze Zahl, die nicht durch 2 teilbar ist. *Schmeißer*

Zähler. Einrichtung oder Gerät zum Summieren von Stückzahlen, Ereignissen, Impulsen und einer Vielzahl anderer Phänomene. Entsprechend den vielfältigen Einsatzzwecken gibt es verschiedene Arten von mechanischen, elektromechanischen und elektronischen Z.

Für viele Anwendungen genügen einfache mechanische Z. Diese können je Minute bis zu 1000 Ereignisse oder einige 1000 Umdrehungen erfassen (Bild 1). Da jede Mechanik einer Abnützung unterworfen ist, hat ein mechanischer Z. nur eine begrenzte Lebensdauer. Ein typischer Wert dafür ist etwa 50 Mill. Zählungen. Einige Anwendungsbeispiele: Kilometer-Z. im Kfz, Band-Z. im Tonbandgerät, Registrierwerk im Elektrizitäts-Z. (elektrische →Arbeitsmessung), Zählwerke in Gas- und Wasserverbrauchsmeßgeräten. Soweit erforderlich können mechanische Z. mit Rückstelleinrichtungen ausgerüstet werden.

Zähler 1: Mechanischer Hubzähler mit Klinkenschaltung. (Quelle: J. Hengstler KG)

Den elektromechanischen Z. wird das Eingangssignal nicht mechanisch, sondern als elektrischer →Impuls eingegeben. Die Fortschaltung des Zählwerks erfolgt hier durch einen Elektromagneten. Bis zu 25 Impulse je Sekunde können verarbeitet werden. Einige Beispiele für Impulsgeber: Schalterkontakte, Lichtschranken, Annäherungsschalter. Typischer Anwendungsfall ist der Gesprächs-Z. beim Telephon zur Gebührenerfassung. Elektromechanische Z. „vergessen" ihren Z.-Inhalt bei Netzausfall nicht.

Elektronische Z. müssen dort eingesetzt werden, wo die Höhe der Zählfrequenz dies erfordert oder wo die Lebensdauer der elektromechanischen Z. nicht mehr ausreichen würde (Bild 2). Sie wurden ursprünglich zur Impulszählung von Geiger-Müller-Zählrohren entwickelt. Elektronische Zählschaltungen basieren auf passend verschalteten binären Schaltgliedern (z. B. Flipflops) und werden als integrierte Schaltungen angeboten, die alle notwendigen Komponenten enthalten. Die einzelnen Zähldekaden bestehen nach Bild 3 z. B. aus vier hintereinandergeschalteten JK-Flipflops, deren Eingänge J und K jeweils verbunden sind. Mit jeder neuen negativen Impulsflanke T_i ändert jedes Flipflop i seinen Ausgangszustand Q_i, solange $J = K = 1$. Wenn der Z. zu Beginn auf 0 gesetzt wurde, geben die Ausgänge Q_i jeweils die Anzahl der eingelaufenen Impulse im dualen Zahlensystem an. Diese Zahl läßt sich ins dezimale Zahlensystem überführen, wenn man die Wertigkeiten der Ausgänge berücksichtigt: $Q_0: 2^0 = 1$, $Q_1: 2^1 = 2$, $Q_2: 2^2 = 4$, $Q_3: 2^3 = 8$. Nach dem 6. Impuls liegt z. B. an Q_1 und Q_2 „1", an Q_0 und Q_3 „0", so daß der Z.-Stand somit 6 beträgt. Der Z. würde nach dem 16. Impuls die Ausgänge Q_i aller Flipflops wieder auf 0 setzen und neu zu zählen beginnen. Da man jedoch Zählergebnisse dekadisch darstellen möchte, sorgt man durch besondere Leitungen dafür, daß der Z. nach 10 Impulsen auf 0 rückgesetzt wird und gleichzeitig ein Übertrag-Signal an die nächste Zähldekade abgibt. Diese Art der Zahlendarstellung bezeichnet man als

Zähler 2: Elektronischer Tastatur-Vorwahlzähler. (Quelle: J. Hengstler KG)

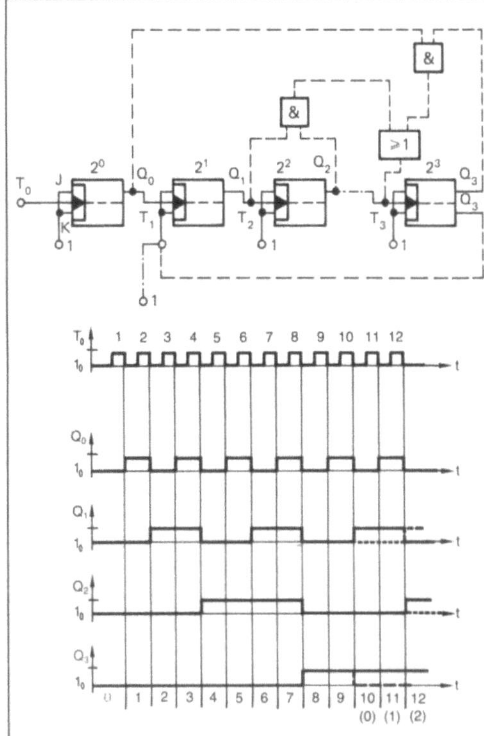

Zähler 4: Elektronischer Universalzähler für Frequenzen bis 50 MHz. (Quelle: Siemens AG)

wie Vorwahl-Z., die bei Erreichen eines voreinzustellenden Z.-Stands ein Signal abgeben (Bild 2). *Hammerschmidt*

Zeitfestigkeit →Dauerschwingfestigkeit

Zeitkonstante →Übertragungsglied erster Ordnung; →Verzögerungsglied

Zeitverlauf. Zur anschaulischen Darstellung von beliebigen Schwingungen oder Erschütterungen bedient man sich des Schwingungsgrößen-Zeit-Bildes. Das ist eine graphische Darstellung, bei der die Zeit t als Abszisse und eine der kinematischen Schwingungsgrößen, z. B. die Schwinggeschwindigkeit oder die Schwingbeschleunigung als Ordinate verwendet werden. Eine solche graphische Darstellung zeigt den Z. der →Schwingung. *Splittgerber*

Zementation →Alteration

Zenti.... SI-Vorsatz für Einheiten im Meßwesen, bezeichnet das 10^{-2}fache der jeweiligen Einheit. Abk. c. *Hammerschmidt*

Zentralprojektion. Schneidet man die von einem Punkt Z, dem Projektionszentrum, ausgehenden Strahlen, die ausgezeichnete Punkte P, Q, . . . eines räumlichen Gegenstands treffen, mit einer Ebene, so heißen die Schnittpunkte P′, Q′, . . . die Bilder der Punkte P, Q, . . . Die Ebene heißt die Bildtafel, das Abbildungsverfahren Z. und die Gesamtheit der Bildpunkte das zentralprojektive Bild des Gegenstands (Bild 1).

Wird von einem Zentrum Z eine Ebene *E* auf eine andere Ebene *E′* projiziert, so schneiden sich die Geraden in *E* und die entsprechenden Bildgeraden in *E′* in Punkten der Schnittgeraden *E* ∩ *E′* = a der beiden Ebenen; a heißt Achse der Abbildung. Beachtet man die Rolle von Z, so gilt: Bei der Z. einer Ebene *E* auf eine andere Ebene *E′* gehen die Verbindungsgeraden entsprechender Punkte stets durch einen Punkt, das Zentrum, und die Schnitte

---

Zähler 3: Prinzipschaltung eines vierstufigen Dualzählers und Ablaufdiagramm.

–·–·– Dualzähler
– – – – Zähldekade oder Dezimalzähler

BCD (Binary Coded Decimal). Durch Hintereinanderschalten von Zähldekaden lassen sich mehrstufige Dezimal-Z. aufbauen. Anzeige der Zählwerte nach Decodierung durch Ziffernanzeigen, bei denen die einzelnen Ziffern aus Balken oder Punkten zusammengesetzt werden, z. B. Luminiszenzdioden (LED), Flüssigkristallanzeigen (LCD).

Wichtiges Anwendungsbeispiel für elektronische Zählschaltungen ist der elektronische Universal-Z., der bei folgenden Meßaufgaben eingesetzt wird: Zählung von Ereignissen, Zeitmessung, →Frequenzmessung, Frequenzverhältnismessung. Er enthält neben den vorstehend beschriebenen Komponenten zum Zählen und Anzeigen u. a. einen genauen, auf einem Schwingquarz beruhenden Zeitbasisgenerator, Schmitt-Trigger zur Impulsformung, Torschaltungen zum Verknüpfen von logischen Signalen. Universal-Z. können Frequenzen bis weit über 1 GHz direkt erfassen, mit Zusatzeinrichtungen für Mikrowellenanwendungen auch noch bis 100 GHz (Bild 4).

Es gibt auch elektronische Z., mit denen man vorwärts und rückwärts zählen kann, so-

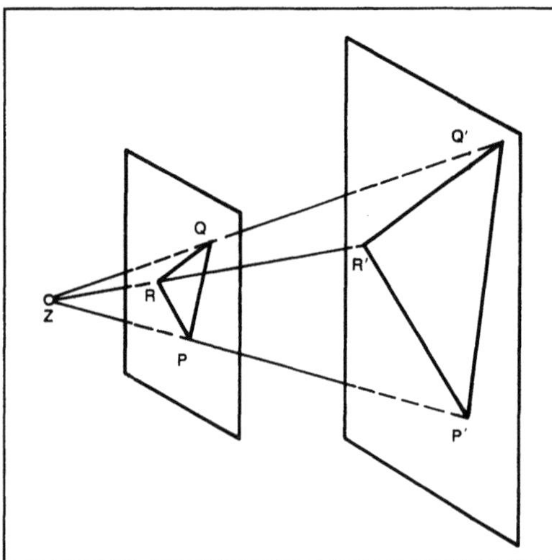

Zentralprojektion 1: Zentralprojektives Bild eines Gegenstands.

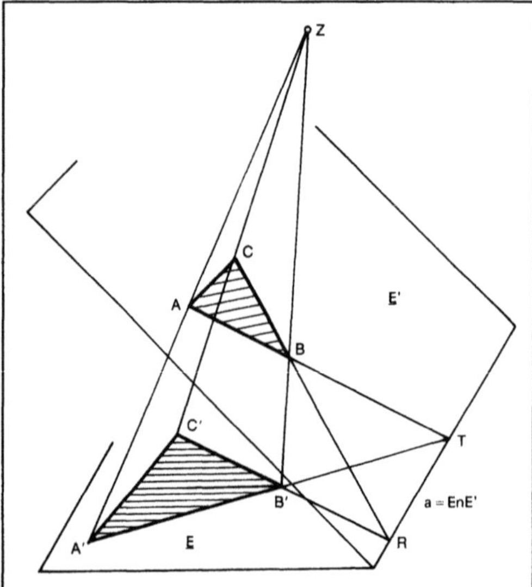

Zentralprojektion 2: Zentralprojektive Abbildung einer Ebene auf eine andere.

entsprechender Geraden liegen stets auf einer Geraden, der Achse (Bild 2).　　　*W. L. Fischer*

Zentrifugalkraft →Relativkinetik

Zerfall, radioaktiver. Unter dem radioaktiven Zerfall versteht man die Erscheinung, daß Atomkerne sich unter Aussendung radioaktiver →Strahlung in andere Atomkerne umwandeln oder in Zustände niedrigerer Energie übergehen.

Atomsorten (→Nuklide), welche eine solche Umwandlung erfahren, nennt man Radionuklide

(→Radionuklid). Der r. Z. ist eine mononukleare Reaktion und gehorcht einem Zeitgesetz 1. Ordnung (Zerfallsgesetz):

$$-\frac{dN}{dt} = \lambda\, N.$$

N ist die Zahl der Atomkerne des betreffenden Radionuklids, t die Zeit und λ die →Wahrscheinlichkeit für den Zerfall (Zerfallskonstante). λ ist eine für jedes Radionuklid charakteristische Größe. Sie ist umgekehrt proportional der in der Praxis meist bevorzugt verwendeten →Halbwertzeit $t_{1/2}$: $t_{1/2} = \ln 2/\lambda$. Durch →Integration des Zerfallsgesetzes erhält man $N = N_o\, e^{-\lambda t}$ bzw. $N = N_o \left(\frac{1}{2}\right)^{t/t_{1/2}}$.

Wenn man die Zahl der Atome N oder die →Aktivität $A = \lambda N$ (→Radioaktivität) oder die →Impulsrate $I = \eta A$ in logarithmischem Maßstab als →Funktion der Zeit t aufträgt, erhält man eine Gerade. Nach einer Halbwertzeit ist die Zahl der radioaktiven Atome auf ½ abgesunken, nach zwei Halbwertzeiten auf ¼ usw. Nach 10 Halbwertzeiten beträgt sie noch $^1/_{1024}$, d. h. rd. ein Promille der Anfangsaktivität und ist dann in vielen Fällen vernachlässigbar klein. Der radioaktive Zerfall gehorcht den Gesetzen der →Statistik; d. h. von einem einzelnen Atom kann man nicht voraussagen, wann es zerfällt, und jede gemessene Impulsrate ist mit einem statistischen Fehler behaftet, der um so kleiner ist, je mehr Impulse man zählt (→Messung radioaktiver Strahlung).

Die Tabelle gibt eine Übersicht über die verschiedenen Zerfallsprozesse. Man unterscheidet vier Gruppen von Zerfallsvorgängen: a) Emission von Nukleonen, b) Emission von Elektronen bzw. Positronen und Elektroneneinfang, c) Emission von Photonen und Konvektionselektronen, d) →Spontanspaltung.

a) Bei der Emission von Nukleonen ist an erster Stelle der α-Zerfall zu nennen, der bevorzugt bei schweren Kernen auftritt und z. B. in den Zerfallsreihen des →Uran, →Thorium und Actinium beobachtet wird. Beim α-Zerfall werden Heliumionen emittiert (α-Strahlung). Die Massenzahl des Kerns nimmt dabei um vier Einheiten ab und die Ordnungszahl um zwei Einheiten (1. radioaktiver Verschiebungssatz von *Soddy* und *Fajans*). Ob ein Atomkern A gegen α-Strahlen stabil ist, kann man prüfen, indem man die Energie ΔE der Umwandlung $A \rightarrow B + {}^4_2He + \Delta E$ aus der Differenz der Nuklidmassen M berechnet:

$$\Delta E = (M_A - M_B - M_{He})c^2.$$

Die Rechnung ergibt, daß alle Kerne mit Massenzahlen $A > \approx 140$ im Hinblick auf einen α-Zerfall instabil sind. Bei kleinen positiven ΔE-Werten ist

Zerfall, radioaktiver. Tabelle: Übersicht über die verschiedenen Zerfallsprozesse.

Zerfallsart	Symbol	Art der ausgesandten Strahlung	Zerfallsvorgang	Bemerkungen
α-Zerfall	α	Helium-kerne $\quad {}^{4}_{2}\mathrm{He}^{2+}$	${}^{A}Z \rightarrow {}^{A-4}(Z-2)$ $+{}^{4}_{2}\mathrm{He}^{2+}$	bevorzugt bei Kernen mit $Z>83$
β-Zerfall	β^-	Elektronen (Negatronen) $\quad {}^{0}_{-1}\mathrm{e}^-$	${}^{1}_{0}\mathrm{n} \rightarrow {}^{1}_{1}\mathrm{p} + {}^{0}_{-1}\mathrm{e}^- + {}^{0-}_{0}\bar{\nu}_e$ ${}^{A}Z \rightarrow {}^{A}(Z+1)$	unterhalb der Linie der β-Stabilität
Elektroneneinfang (K-Strahlung)	β^+	Positronen $\quad {}^{0}_{1}\mathrm{e}^+$	${}^{1}_{1}\mathrm{p} \rightarrow {}^{1}_{0}\mathrm{n} + {}^{0}_{1}\mathrm{e}^+ + {}^{0}_{0}\nu_e$ ${}^{A}Z \rightarrow {}^{A}(Z-1)$	oberhalb der Linie der β-Stabilität
	ε	charakteristische Röntgenstrahlung (Photonen)	${}^{1}_{1}\mathrm{p}_{(\mathrm{Kern})} + {}^{0}_{-1}\mathrm{e}^-_{(\mathrm{Hülle})}$ $\rightarrow {}^{1}_{0}\mathrm{n} + {}^{0}_{0}\nu_e$ ${}^{A}Z \rightarrow {}^{A}(Z-1)$	
γ-Zerfall	γ	Photonen $\quad (h\cdot\nu)$	Abgabe von Anregungsenergie	etwa 10^{-16} bis 10^{-13} s nach α- oder β-Zerfall
isomere Umwandlung	I. U.	Photonen $\quad (h\cdot\nu)$	verzögerte Abgabe von Anregungs-energie ${}^{Am}Z \rightarrow {}^{A}Z$	bevorzugt unterhalb der magischen Zahlen; angeregter Zustand meta-stabil
Konversions-elektronen	e^-	Elektronen und charakterist. Röntgen-strahlung (Photonen)	Anregungsenergie wird auf ein Elektron der Hülle übertragen	bevorzugt bei niedriger Anregungsenergie $(<0{,}2\ \mathrm{MeV})$
Spontanspaltung	sf	Neutronen $\quad$ n	${}^{A}Z \rightarrow {}^{A'}Z' +$ ${}^{A-A'-\nu}(Z-Z') + \nu\cdot\mathrm{n}$	bevorzugt bei Kernen mit $A>245$

jedoch die Umwandlungsgeschwindigkeit so klein, daß sie in der Praxis nicht beobachtet werden kann. Dies bedeutet, daß diese Kerne zwar energetisch instabil, aber kinetisch stabil sind. Protonenaktivität, d. h. Zerfall unter Aussendung von Protonen wird nur in Ausnahmefällen bei einigen Nukliden mit sehr hohem Protonenüberschuß beobachtet. In den meisten Fällen überwiegen bei diesen Nukliden β^+-Zerfall bzw. Elektroneneinfang. Gelegentlich werden Nukleonen nach einem vorausgehenden Zerfallsprozeß emittiert, wenn dieser zu einem angeregten Zustand führt, der energetisch so hoch liegt, daß der Zerfall in einen andern Kern und ein Proton oder ein Neutron möglich ist. Man spricht dann von verzögerten Protonen bzw. verzögerten Neutronen. Auch verzögerte Emission anderer Teilchen kann auftreten.

b) Beim β^--Zerfall werden Elektronen e^- und Elektronantineutrinos $\bar{\nu}_e$ emittiert ($\rightarrow$Beta-Strahlung). Die Massenzahl ändert sich nicht, die Ordnungszahl erhöht sich um eine Einheit (2. radioaktiver Verschiebungssatz von *Soddy* und *Fajans*). β^--Zerfall tritt bei Radionukliden mit Neutronenüberschuß auf und kann stattfinden, wenn die Nuklidmasse des Ausgangsnuklids größer ist als die Nuklidmasse des entstehenden Nuklids: $(M_A>M_B)$. Beim β^+-Zerfall werden Positronen e^+ und Elektronneutrinos ν_e ausgesandt. Die Massenzahl ändert sich nicht, die Ordnungszahl nimmt um eine Einheit ab. β^+-Zerfall tritt bei Radionukliden mit Protonenüberschuß auf und ist nur möglich, wenn die Nuklidmasse des Ausgangsnuklids und die Nuklidmasse des entstehenden Nuklids sich um mindestens zwei Elektronenmassen unterscheiden $(M_A>M_B+2\,m_e)$.

Statt durch β^+-Zerfall kann ein protonenreiches →Nuklid sich alternativ auch durch Elektroneneinfang (Symbol ε) umwandeln. Als Folge des Elektroneneinfangs wird charakteristische Röntgenstrahlung des entstehenden Nuklids emittiert. Elektroneneinfang ist möglich, wenn die Nuklidmasse des Ausgangsnuklids größer ist als die Nuklidmasse des entstehenden Nuklids ($M_A > M_B$).

c) Wenn die Atomkerne nach einem α- oder β-Zerfall oder nach einem Elektroneneinfang in einem angeregten Zustand verbleiben, so wird diese Anregungsenergie meist in Form von einem oder mehreren γ-Quanten abgegeben, wobei der Kern in einer oder in mehreren Stufen in den Grundzustand übergeht (γ-Strahlung). Die Lebensdauer dieser angeregten Zustände beträgt im allgemeinen nur etwa 10^{-16} bis 10^{-13} s. In manchen Fällen werden statt der γ-Quanten Elektronen aus der Atomhülle emittiert, die man als Konversionselektronen bezeichnet (Symbol e^-). Außerdem wird charakteristische Röntgenstrahlung ausgesandt. In manchen Fällen wird die Anregungsenergie nicht unmittelbar im Anschluß an eine vorausgehende Umwandlung abgegeben, und man erhält angeregte metastabile Zustände von Nukliden, die man Kernisomere nennt. Diese Kernisomere gehen mit einer charakteristischen Halbwertzeit in den Grundzustand über (isomere Umwandlung, abgekürzt IT = „isomeric transition") oder sie wandeln sich durch α- oder β-Zerfall in ein anderes Nuklid um.

d) Spontanspaltung (Symbol sf = „spontaneous fission") tritt bei sehr schweren neutronenreichen Atomkernen auf (Spontanspaltung). Alle Nuklide mit Massenzahlen größer als etwa 100 sind im Hinblick auf Spontanspaltung instabil. Daß diese Kerne sich nicht spontan spalten, beruht auf der hohen Energieschwelle für die Spaltung. Sie ist dafür verantwortlich, daß das Periodensystem der Elemente nicht bereits etwa bei der Ordnungszahl 46 aufhört. Bei der Spontanspaltung entstehen bevorzugt zwei Bruchstücke und etwa zwei bis vier Neutronen. *Lieser*

Literatur: *Lieser, K. H.:* Einführung in die Kernchemie. 3. Aufl. Weinheim: VCH-Verlag 1991. – Table of Radioactive Isotopes, Authors E. Browne, R. B. Firestone (Ed. V. S. Shirley). New York: John Wiley, 1986.

Zerfallskonstante →Zerfall, radioaktiver

Zerfallskurve. Wenn man die →Aktivität oder die →Impulsrate eines radioaktiven Präparats als Funktion der Zeit aufträgt, erhält man eine Z. Meist trägt man den →Logarithmus der Aktivität oder der Impulsrate als Funktion der Zeit auf (Bild), weil man aus einer solchen Darstellung auf Grund des Zerfallsgesetzes sofort die →Halbwertzeit des in dem Präparat vorhandenen Radionuklids entnehmen kann. Wenn das radioaktive Präparat ein

Gemisch von mehreren Radionukliden enthält, die unabhängig voneinander zerfallen, so beobachtet man die Summe der Impulsraten der einzelnen Radionuklide:

$$I = I_1 + I_2 + \ldots = \eta_1 A_1 + \eta_2 A_2 + \ldots =$$
$$\eta_1 \, \frac{\ln 2}{t_{1/2}\,(1)} \, N_1 + \eta_2 \, \frac{\ln 2}{t_{1/2}\,(2)} \, N_2 + \ldots$$

I_1, I_2, ... sind die Impulsraten, A_1, A_2, ... die Aktivitäten, η_1, η_2, ... die Gesamtzählausbeuten (Impulsrate), $t_{1/2}\,(1)$, $t_{1/2}\,(2)$, ... die Halbwertzeiten und N_1, N_2, ... die Anzahl der betreffenden radioaktiven Atome. Am Ende einer solchen aus einer Summe von mehreren Anteilen bestehenden Z. mißt man nur noch die Impulsrate der langlebigen →Nuklide. Extrapoliert man diese auf die Zeit $t = 0$ und subtrahiert die so erhaltenen Werte von der gemessenen Z., so erhält man die Zerfallskurve für die kurzlebigen Anteile. Auf diese Weise kann man in vielen Fällen eine aus mehreren Anteilen bestehende Z. zerlegen und die Halbwertzeiten der einzelnen Radionuklide ermitteln.

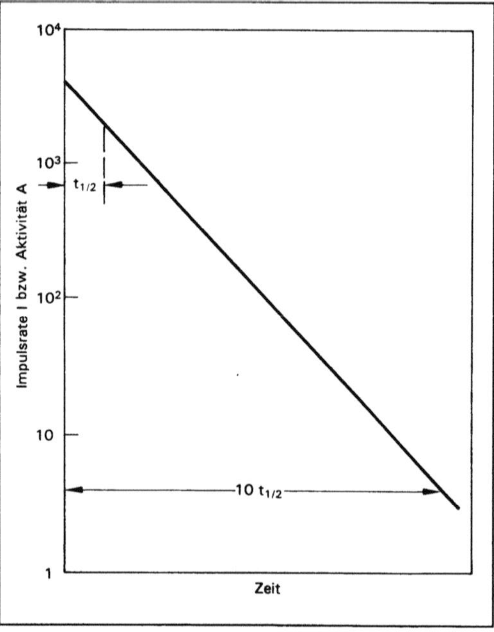

Zerfallskurve: Impulsrate I bzw. Aktivität A als Funktion der Zeit – Halbwertzeitbestimmung.

Die Aufnahme von Z. ist auch wichtig, wenn man ein Präparat auf seine Radionuklidreinheit prüfen will. Wenn das Präparat radionuklidrein ist, d. h., wenn nur ein einziges →Radionuklid vorhanden ist, so erhält man eine Z., die bei logarithmischer Aufzeichnung über viele Größenordnungen linear abfällt. Im Falle der Verunreinigung mit einem Radionuklid kurzer Halbwertzeit beobachtet man am Anfang der Z. eine kurzlebige Aktivität und im Falle der Verunreinigung mit einem langlebigen Radionuklid am Ende der Z. eine langlebige Aktivität. Der letztere Fall ist für die Praxis der Prüfung von radioaktiven Präparaten auf ihre Radionuklidreinheit (z. B. bei der Verwendung in der Nuklearmedizin) der wichtigere. Wenn ein radioaktives Präparat viele verschiedene Radionuklide enthält, ist es oft nicht mehr möglich, die Z. graphisch oder rechnerisch in ihre Anteile zu zerlegen. Dann ist eine chemische Trennung erforderlich: anschließend können die Z. für die einzelnen Fraktionen aufgenommen und getrennt untersucht werden. *Lieser*

Literatur: *Lieser, K. H.:* Einführung in die Kernchemie. 3. Aufl. Weinheim: VCH-Verlag 1991.

Zerfallsprozeß →Zerfall, radioaktiver

Zerfallsrate →Aktivität von Radionukliden

Zoll. Längeneinheit in den angelsächsischen Ländern. Einheitenzeichen ''. 1 '' = 25,4 mm.
Hammerschmidt

Zufallsanordnung. Eine Menge von zufällig ausgewählten Einheiten befindet sich in Z. Das Erzeugen der Z. nennt man auch Randomisieren. Eine Anzahl von Versuchen an einer Anzahl von Einheiten erfolgt in zufälliger Ordnung, wenn an einer Einheit ein Versuch ausgeführt wird, der unter den noch nicht angewandten Versuchen zufällig ausgewählt wird. *Schneeberger*

Zufallsauswahl. Eine Auswahlmethode von Stichprobeneinheiten, bei der jede der möglichen Stichproben eine feste vorbestimmte Auswahlwahrscheinlichkeit hat. Von Menschen als „zufällig" entnommene Stichprobeneinheiten garantieren i. a. keine Z. in diesem Sinne. Aus diesem Grunde verwendet man Zufallszahlen. *Schneeberger*

Zufallsvariable. Eine Z. kann jeden Wert einer gegebenen Menge mit einer bestimmten →Wahrscheinlichkeit annehmen. Die Werte dieser Menge nennt man Ausprägungen. Häufig nennt man eine Z. kurz Variable. *Schneeberger*

Zug und Druck. Ein wichtiges Bauelement ist der Zugstab (Bild 1), der als Körper mit zwei Kraftangriffspunkten allein Normalkräfte überträgt, die man dann N, F_N oder auch S nennt. Zugkräfte sind positive Normalkräfte. Druckkräfte, die aus dem Zug- einen Druckstab, der dann auch auf →Knickung zu untersuchen ist, werden lassen, werden negativ gezählt.

Zug und Druck 1: Stab mit äußeren Kräften.

Im Querschnitt eines solchen Stabs wirken Zugspannungen, das sind Normalspannungen σ, die im Querschnitt konstant sind, solange das Material überall gleich ist (homogen), anfangs keine Eigenspannungen vorlagen (z. B. eine Verspannung innerer und äußerer Fasern gegeneinander), man weit genug von der Krafteinleitungsstelle entfernt ist (Saint-Vnant-Prinzip), keine Kerbspannungen zu beachten sind (Überhöhung der Spannungen durch einspringende Konturlinien) und die übertragene →Kraft durch den →Schwerpunkt des Querschnitts verläuft. Sonst ist bei zusammengesetzter Beanspruchung ein Vorzeichenwechsel möglich, solange die Kraft-Wirkungslinie nicht in einer sog. Kernfläche den Querschnitt durchdringt. Nur in dem verbleibenden einfachen Fall gilt streng genommen

$$\sigma = N/A.$$

Die Zugkraft ruft eine Dehnung ε des Stabs hervor, die mit σ durch das Hooke-Gesetz

$$\sigma = E \cdot \varepsilon,$$

das in dieser Form von *Young* aufgestellt wurde, mit dem →Elastizitätsmodul verknüpft ist. Dazu gehört auch eine Querkontraktion, die durch

$$\varepsilon_{quer} = - \nu\varepsilon = - \nu\,(\sigma/E)$$

über die Poissonzahl (→Querkontraktionszahl) ν an den Zugzustand gekoppelt wird.

Die Dehnung ε ist die Ableitung der Längsverschiebung u nach der Längskoordinate x (Bild 2) und geht, wenn sie über die Stablänge konstant ist, in $\Delta\ell/\ell_0$ über:

$$\varepsilon(x) = \frac{du(x)}{dx} \xrightarrow[\varepsilon\,=\,konst]{} \frac{\Delta\ell}{\ell_0}.$$

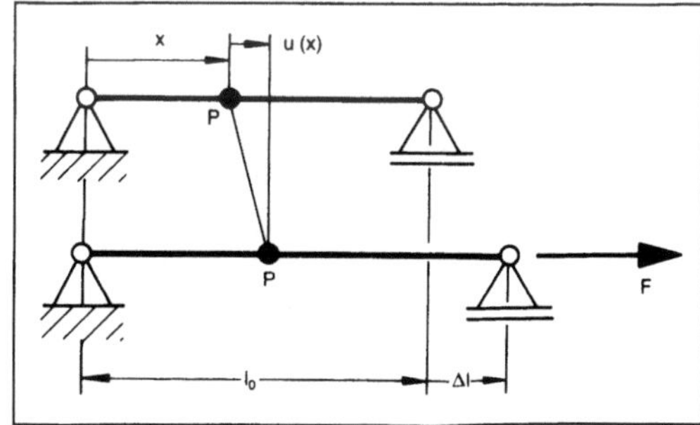

Zug und Druck 2: Zur Einführung der Dehnung ε.

Für die Bemessung des Zug- wie des Druckstabes ist wichtig, daß $|\sigma|$ die zulässige Spannung σ_{zul} nicht überschreitet:

$$|\sigma| \leq \sigma_{zul}.$$

Bei langen hängenden Seilen darf die Reißlänge

$$L^* = \frac{\sigma_{zul}}{\gamma}$$

(γ Wichte) nicht überschritten werden.

Die Dehnungen können durch Temperaturerhöhungen um Wärmedehnungen erhöht werden:

$$\varepsilon = \frac{\sigma}{E} + \alpha \Delta \vartheta \text{ oder } \sigma = E(\varepsilon - \alpha \Delta \vartheta). \qquad \textit{Besdo}$$

Zugelastizitätsversuch. Eine Zugelastizität, wie sie beispielsweise bei Metallen vorhanden ist (hookesche Gerade), gibt es bei Textilien nicht. Infolge des makromolekularen Aufbaus von Textilfasern zeigen diese sowohl elastisches Verhalten wie auch viskoses Verhalten (Fließverhalten). Dieses viskoelastische Verhalten wirkt sich bei einer einachsigen Zugbeanspruchung in einer verzögerten Einstellung der im quasistatischen Gleichgewicht einander entsprechenden Spannungs- und Dehnungswerte aus.

Zur Kennzeichnung dieses viskoelastischen Verhaltens werden an Textilien Elastizitätsversuche vorgenommen. Es handelt sich dabei vorzugsweise um

□ Zeitstandversuche und

□ Zyklenversuche.

Die möglichen Elastizitätsversuche sind in DIN 53835, Tl. 1, beschrieben. An Folgeblättern sind Tl. 2, 3, 4, 13 und 14 erschienen.

Bei den Zeitstandversuchen kann die Meßprobe um einen bestimmten Betrag gedehnt und anschließend über die Zeit der Kraftabfall aufgenommen werden oder bei der Aufbringung einer konstanten Kraft die zeitabhängige Längung, d. h. Dehnung.

Bei den Zyklenversuchen sind ein- oder mehrmalige Zugbeanspruchungen zwischen Kraft- oder Dehngrenzen möglich, wobei die Abläufe der Be- und Entlastung genau festgelegt werden müssen. Für einige Anwendungsfälle ist dies in DIN 53835, Tl. 2, 3, 4, 13 und 14, geschehen.

Der bei Metallen definierte →Elastizitätsmodul, der den Zusammenhang zwischen Spannung und Dehnung im elastischen Bereich kennzeichnet, ist bei Textilien wegen des viskoelastischen Verhaltens nicht definierbar. Um jedoch den Zusammenhang zwischen Zugspannung (bei Textilfasern der feinheitsbezogenen Zugkraft) und der Dehnung zu charakterisieren, wurde der Begriff Modul als eine Art Hilfsgröße festgelegt. Er ist in keiner DIN-Norm enthalten, jedoch in einzelnen nationalen bzw. internationalen Vorschriften aufgeführt. Es gibt dabei verschiedene Möglichkeiten einen solchen Modul zu bestimmen:

□ Anfangsmodul: Am Anfang eines Zugkraft(feinheitsbezogen)-Dehnungs-Diagramms wird eine Tangente angelegt und diese bis 100% Dehnung verlängert. Die dort abgelesene feinheitsbezogene Zugkraft ist der Modul.

□ 5%-Modul: Im Zugkraft(feinheitsbezogen)-Dehnungs-Diagramm wird durch den Nullpunkt und den 5%-Dehnungswert eine Gerade gezogen und bis 100% Dehnung verlängert. Die feinheitsbezogene Zugkraft bei 100% Dehnung ist der Modul.

Ähnlich läßt sich der Modul an anderen Stellen des Zugkraft-Dehnungs-Diagramms bestimmen, z. B. mittels einer Tangente im ersten steileren Bereich o. ä. *Kleinhansl*

Literatur: DIN 53835. Tl. 1: Prüfung des zugelastischen Verhaltens; Grundlagen. Hrsg. Dt. Inst. für Normung. – DIN 53835. Tl. 2: Garne und Zwirne aus Elastofasern, mehrmalige Zugbeanspruchung zwischen konstanten Dehngrenzen. Hrsg. Dt. Inst. für Normung. Ausg. Aug. 1981. – DIN 53835. Tl. 3: Garne und Zwirne, einmalige Zugbeanspruchung zwischen konstanten Dehngrenzen. Hrsg. Dt. Inst. für Normung. Ausg. Aug. 1981. – DIN 53835. Tl. 4: Garne und Zwirne, einmalige Zugbeanspruchung zwischen konstanten Kraftgrenzen. Hrsg. Dt. Inst. für Normung. Ausg. Aug. 1981. – DIN 53835. Tl. 13: Textile Flächengebilde, einmalige Zugbeanspruchung zwischen konstanten Dehngrenzen. Hrsg. Dt. Inst. für Normung. Ausg. Nov. 1983. – DIN 53835. Tl. 14: Maschenwaren, einmalige Zugbeanspruchung zwischen zwei Kraftgrenzen. Hrsg. Dt. Inst. für Normung. 1990 (Entwurf) – *Sommer, H.,* u. *F. Winkler:* Handb. Werkstoffprüfung. Bd. V. Berlin, Göttingen, Heidelberg 1961.

Zugspannung →Zug und Druck

Zündspannung. Spannung, bei der eine Gasentladung zündet. Sie ist in der Regel deutlich höher als die Brennspannung, mit der die Gasentladung nach dem Zünden aufrechterhalten werden kann. *Claassen*

Zustandsdiagramm. Das Z. ist ein Druck(p)-Temperatur (T)-Diagramm, das die Zustandsbereiche der verschiedenen Phasen angibt. Das Bild zeigt eine schematische Darstellung eines solchen, für einen reinen Stoff geltenden Diagramms.

Die Schmelzdruckkurve trennt die Zustandsgebiete der festen und flüssigen →Phase, die Sublimationsdruckkurve die der festen und der dampfförmigen und die →Dampfdruckkurve die der flüssigen und dampfförmigen Phase. Alle drei Kurven treffen sich im →Tripelpunkt, in dem alle drei Phasen nebeneinander koexistent sind. Die Dampfdruckkurve endet im kritischen Punkt. Auf jeder der drei Gleichgewichtskurven sind jeweils zwei Phasen koexistent (→Phasendiagramm; →Clausius-Clapeyron-Gleichung). *Wedler*

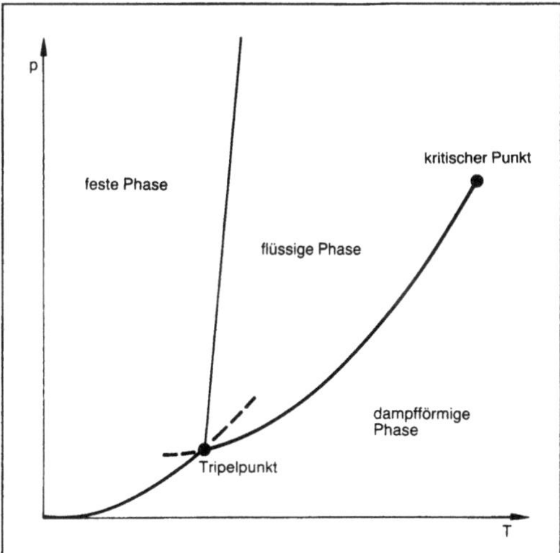

Zustandsdiagramm: Schematische Darstellung.

Zustandsgleichung. Materialgleichungen sind in großen Zustandsräumen Zustandsfunktionen. In diesem Fall heißen die Materialgleichungen Z. *Muschik*

Zustandsgleichung, kalorische. Die Z. für die innere →Energie U im →Gleichgewicht

$$U = U(\underline{a}, \underline{n}, T)$$

($\underline{a}$ Arbeitsvariable, $\underline{n}$ Molzahl, T absolute Temperatur) heißt *kalorische* Zustandsgleichung. Für ein einatomiges ideales Gas gilt z. B.:

$$U = 3/2\ nRT$$

(R →Gaskonstante). *Muschik*

Zustandsgleichung, thermische. Unter der t. Z. versteht man den Zusammenhang zwischen Druck p, Volumen V, →Stoffmenge n und Temperatur T.

Für ein ideales Gas lautet die t. Z.:

$$pV = nRT \tag{1}$$

oder mit dem molaren Volumen $v = V/n$ formuliert:

$$pv = RT \tag{2}.$$

Nach Gl. (1) oder (2) sollte das Produkt pv bei konstanter Temperatur konstant sein (→Boyle-Mariotte-Gesetz), insbes. nicht von p abhängen. Dies ist nur bei sehr wenigen gasförmigen Stoffen (z. B. bei He und H_2) sehr gut erfüllt (Bild 1). Bei den meisten treten selbst im Druckbereich bis Atmosphärendruck (1 bar) deutliche Abweichungen davon auf. Geht man zu höheren Drücken über, so durchlaufen die pv-Isothermen mit zunehmendem Druck ein Minimum, wie es in Bild 2 für

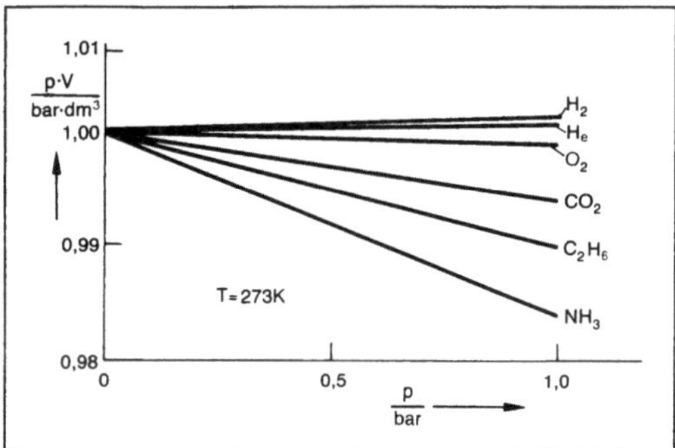

Zustandsgleichung, thermische 1: Abhängigkeit des Produkts pv vom Druck p bei niedrigen Drücken.

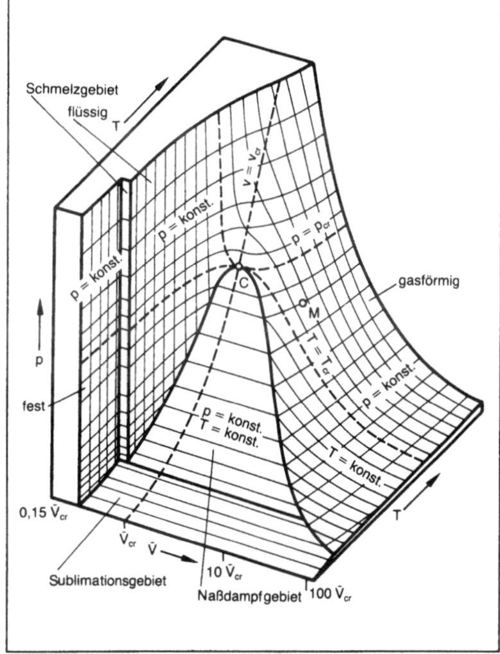

Zustandsgleichung, thermische 2: pv, p-Isothermen für Kohlendioxid.

Kohlendioxid dargestellt ist. Die Gase verhalten sich also nicht so, wie es das ideale Gasgesetz fordert. Man spricht deshalb von realen Gasen.

Das Auftreten eines Minimums in den Kurven pv gegen p zeigt an, daß der Kompressibilitätskoeffizient

$$\kappa = (1/V)\ (\partial V/\partial p)_T \tag{3}$$

von realen Gasen bei mäßigem Druck größer, bei sehr hohem kleiner ist, als dem idealen Verhalten entsprechen würde. Dies wiederum ist eine Folge davon, daß bei realen Gasen zwischen den Molekülen Anziehungskräfte mit langer Reichweite und Abstoßungskräfte mit kurzer Reichweite wirksam sind. Erstere wirken wie eine Erhöhung des äußeren Drucks, letztere wie eine Verkleinerung des zur Verfügung stehenden Volumens. Auf solchen Überlegungen aufbauend formulierte *van der Waals* die nach ihm benannte Gleichung

$$(p + a/v^2)(v - b) = RT \tag{4},$$

mit dem molaren Volumen v und den Van-der-Waals-Konstanten a und b. Letztere hängt nach $b = (2/3)\pi d^3$ eng mit dem Moleküldurchmesser d zusammen. Die beiden Konstanten a und b lassen sich experimentell über die kritischen Konstanten $v_{krit.}$ und $T_{krit.}$ bestimmen. Die Van-der-Waals-Gleichung ist keine exakte Z. der realen Gase, sondern nur eine Näherungsgleichung für nicht zu hohe Drücke.

Da es für die Anwendung der →Thermodynamik, besonders im Bereich der Technik, überaus wichtig ist, auch für den Bereich höherer Drücke einen mathematischen Ausdruck für die Beziehung zwischen p, v und T zur Verfügung zu haben, mit dem man die experimentell beobachteten Daten hinreichend genau beschreiben kann, hat man zahlreiche empirische oder semiempirische Z. entwickelt. Etliche davon enthalten wie die Van-der-Waals-Gleichung zwei Konstanten, a und b, die jedoch für die verschiedenen Gleichungen unterschiedliche Werte haben:

Van-der-Waals-Gleichung:

$$pv = RT \left(\frac{1}{1 - b/v} - \frac{a}{RTv} \right) \approx$$
$$RT \left(1 + \left(b - \frac{a}{RT} \right)\frac{1}{v} \right) \tag{5},$$

Dieterici-Gleichung:

$$pv = RT \left(\frac{pb}{RT} + \exp\left(-\frac{a}{RTv} \right) \right) \approx$$
$$RT \left(1 + \left(b - \frac{a}{RT} \right)\frac{1}{v} \right) \tag{6},$$

Berthelot-Gleichung:

$$pv = RT \left(1 + \frac{pb}{RT} - \frac{a}{RT^2v} + \frac{ab}{RT^2v^2} \right) \approx$$
$$RT \left(1 + \frac{pb}{RT} - \frac{ap}{R^2T^3} \right) \tag{7},$$

Redlich-Kwong-Gleichung:

$$pv = RT \left(\frac{1}{1 - b/v} - \frac{a}{RT^{3/2}(v + b)} \right) \tag{8}.$$

Die Ausdrücke auf der rechten Seite sind Näherungen für mäßig hohe Drücke.

Eine Z. mit fünf empirischen Konstanten ist von *Beattie* und *Bridgman* angegeben worden:

$$pv = RT \left(\frac{(1 - C)(v + B')}{v} - \frac{A}{RTv} \right) \tag{9},$$

mit

$$A = A_0 \left(1 - \frac{a'}{v} \right); \ B' = B_0' \left(1 - \frac{b'}{v} \right); \ C = \frac{c}{T^3} \tag{10}.$$

Sie gilt für größere Druckbereiche als Gl. (5) bis (9).

Die aus Bild 1 und 2 ersichtlichen Kurvenverläufe lassen sich auch durch einen Virialansatz

$$pv = RT + Bp + Cp^2 + Dp^3 + \ldots \tag{11}$$

approximieren. Für niedrige Drücke, bei denen das Produkt pv eine lineare Funktion des Drucks ist (Bild 1), bricht man den Virialansatz nach dem zweiten Term ab. Der zweite Virialkoeffizient B läßt sich auch aus den Van-der-Waals-Konstanten a und b berechnen:

$$B = b - a/RT \tag{12}.$$

Bei kondensierten Phasen ist die Kompressibilität sehr klein und weitgehend druckunabhängig. Deshalb erhält man als t. Z. einen völlig anderen Zusammenhang als für Gase. Ausgehend von der Definition des Kompressibilitätskoeffizienten κ (Gl. (3)) ergibt sich:

$$V = V^*\exp(-\kappa p) \tag{13},$$

wobei V^* das Volumen bei verschwindend niedrigem Druck ist. Die Temperaturabhängigkeit äußert sich in der Temperaturabhängigkeit des Volumens V^*. *Wedler*

Literatur: *Kortüm, G.,* u. *H. Lachmann:* Einführung in die chemische Thermodynamik. 7. Aufl. Weinheim 1981. – *Wedler, G.:* Lehrb. Physikalische Chemie. 3. Aufl. Weinheim 1987.

Zustandsgröße. Z. ist die allgemeine Bezeichnung für eine Zustandsvariable oder eine Zustandsfunktion. Ist der Wert einer Z. proportional zur Molzahl, so heißt sie *extensiv,* wie z. B. die innere →Energie und die →Entropie.

Zustandsgrößen, die nicht proportional zu den Molzahlen sind, heißen *intensiv.* Beispiele dafür sind die Temperatur, die Dichten und Materialeigenschaften, wie z. B. Viskosität, Suszeptibilität. *Muschik*

Zustandsregelung. Bei der Z. werden einige oder alle Zustandsgrößen einer →Regelstrecke zur →Regelung zurückgeführt.

Meistens geht man von einer linearen Reglerstruktur aus: bei einer Stellgröße $u = y = r^T(w - x)$, bei einem Mehrgrößensystem $u = R(w - x)$.

Der Zeilenvektor r^T bzw. die →Matrix R enthalten die Reglerparameter. Der Führungsvektor w enthält als Komponenten die zu jeder Regelgröße x_j gehörenden Führungsgrößen w_j, $j = 1, \ldots, n$.

Für ein lineares, zeitinvariantes Mehrgrößen-system mit den Zustandsgleichungen

$$\dot{x} = A\,x + B\,u$$
$$v = C\,x + D\,u$$

liefert der Zustandsregler für den Mehrgrößenregel-kreis ein entsprechendes Gleichungssystem

$$\dot{x} = A_0 x + B_0 w$$
$$v = C_0 c + D_0 w$$

mit $A_0 = A - B\,R; B_0 = B\,R; C_0 = C - D\,R; D_0 = D\,R$.

Für die Eingrößenregelung, u = y, oder die zeitdis-krete Darstellung mit Differenzengleichungen erge-ben sich entsprechende Zusammenhänge. Die Beschreibungsformen für Regelstrecke und →Re-gelkreis sind also dieselben.

Einige Entwurfskonzepte, wie Polvorgabe oder optimale Regelung (Riccati-Regler), legen diese Gleichungssysteme zugrunde. Diese Konzepte sind für die zeitkontinuierliche →Differentialgleichung genauso anwendbar wie für die zeitdiskrete Diffe-renzengleichung.

Voraussetzung für den Erfolg einer Z. sind die Eigenschaften Beobachtbarkeit und →Steuerbar-keit der Regelstrecke. *Böttiger*

Literatur: *Hippe, P.* und *Ch. Wurmthaler:* Zustandsregelung. Berlin 1985.

Zuverlässigkeit (Meß- und Regelungssysteme).

Die Z. ist die Fähigkeit einer Betrachtungseinheit, innerhalb der vorgegebenen Grenzen denjenigen durch den Verwendungszweck bedingten Anforde-rungen zu genügen, die an das Verhalten ihrer Eigenschaften während einer gegebenen Zeitdauer gestellt sind (DIN 40041).

In einem konkreten Anwendungsfall genügt die Betrachtungseinheit den Anforderungen, oder sie genügt nicht. Im Sinn von DIN 40 041 ist die Z. also eine binäre Größe.

Häufig wird jedoch in Anlehnung an MIL-STD-721 und der IEC-Publikation 271 der Begriff Z. synonym mit →Überlebenswahrscheinlichkeit ge-braucht (Lebensdauerverteilung). Als Z. wird also die →Wahrscheinlichkeit, daß die Betrachtungsein-heit ihren Anforderungen genügt, verstanden.

Um zuverlässige Geräte und Systeme zu erhalten, sind besondere Anstrengungen in allen Phasen der Produktentwicklung und -fertigung notwendig. Von großer Bedeutung ist dabei der Entwurf. Ist er ungeeignet, so ist es praktisch unmöglich, durch nachträgliche Änderungen die gewünschte Z. noch zu erreichen.

Zunächst sind bei der Dimensionierung der Geräte die Größen zu beachten, die die →Ausfall-rate der Bauelemente beeinflussen. Auf der Ebene der Geräte und Systeme ist die →Ausfallerkennung in Verbindung mit der Reparatur (Reparaturrate)

eine effektive Maßnahme, um ausfalltolerante Systeme zu erhalten. Bei der Anwendung von Redundanz und Diversität (→Ausfall, abhängiger) ergeben sich Systeme, deren Z. größer ist als die der Einzelkomponenten.

Die bei Geräten und Systemen erreichte Z. bzw. die noch vorhandene Ausfallwahrscheinlichkeit läßt sich entweder mit Hilfe einer Ausfalleffektanalyse oder Fehlerbaumanalyse ermitteln. *Schrüfer*

Literatur: *Birolini, A.:* Qualität und Zuverlässigkeit techni-scher Systeme. Berlin 1985. – *Dombrowski, E.:* Einführung in die Zuverlässigkeit elektronischer Geräte und Systeme. AEG-Tfk Berlin 1970. – *Görke, W.:* Zuverlässigkeitsprobleme elektrischer Schaltungen. Mannheim 1969. – *Green, A. E.,* u. *A. J. Bourne:* Reliability Technology. London 1977. – *Kuhl-mann, A.:* Einführung in die Sicherheitswissenschaft. 1981. – MBB: Technische Zuverlässigkeit. Berlin, Heidelberg 1977. – *Meyna, A.:* Einführung in die Sicherheitstheorie. München, Wien 1982. – *Peters, O. H.,* u. *A. Meyna:* Handbuch der Sicherheitstechnik. München 1986. – *Preuß, H.:* Zuverlässig-keit elektronischer Einrichtungen. Ost-Berlin 1976. – *Rose-mann, H.:* Zuverlässigkeit und Verfügbarkeit technischer Anlagen und Geräte. Berlin, Heidelberg 1981. – *Schaefer, E.:* Zuverlässigkeit, Verfügbarkeit und Sicherheit in der Elektro-nik. Würzburg 1979. – *Schneeweiss, W.:* Zuverlässigkeits-Systemtheorie, Methoden zur Beurteilung der Zuverlässigkeit technischer Systeme. Köln 1980. – *Schrüfer, E.:* Zuverlässigkeit von Meß- und Automatisierungseinrichtungen. München 1984. – VDI Handb. Technische Zuverlässigkeit. Düsseldorf 1990. VDI 4001–4010: Allgemeine Hinweise zum Handbuch Technische Zuverlässigkeit. Hrsg. Verein Dt. Ing. Berlin, Köln.

Zwangkraft →Lagrange-Gleichungen 1. und 2. Art, →Nebenbedingung

Zweipunktregler.

Ein Z. ist ein nichtlineares →Übertragungsglied mit nur zwei Ausgangswerten; er ist ein Schalter.

Der ideale Z. schaltet an einem bestimmten Wert des Eingangssignals, der Regeldifferenz e, im allge-meinen bei Vorzeichenumkehr, d. h. für e = 0. Man unterscheidet zwei Möglichkeiten für die Schal-tung:

□ Ein-Aus-Schalter (*engl.* on-off-controller): (Bild, links) Die zwei Werte der Stellgröße y sind y = 0 für e < 0 und $y = Y_h$ für e > 0; oder zusammengefaßt $y = Y_h \sigma(e)$ mit $\sigma(e)$ als Einheitssprung (→Über-

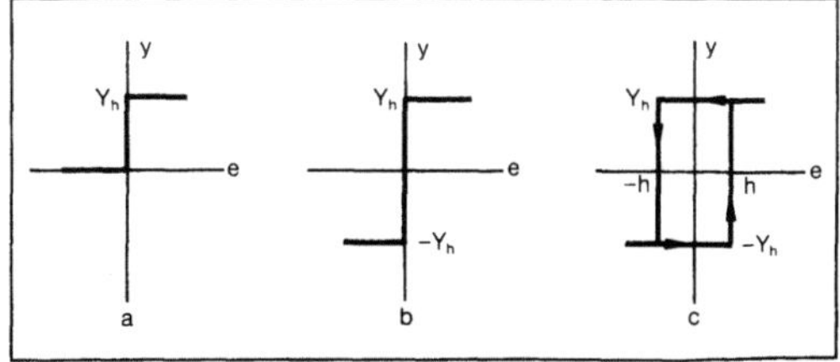

Zweipunktregler: Kennlinien eines idealen Reglers (links: Ein-Aus-Schalter, Mitte: symmetrischer Schal-ter) und symmetrischer Zweipunktregler mit Hyste-rese (rechts).

gangsfunktion, →Sprungantwort) und Y_h als Stellbereich (→Regler).

□ Symmetrischer Schalter (*engl.* bang-bang-controller): (Bild, mitte) Hier ist $y = Y_h$ für $e > 0$ und $y = -Y_h$ für $e < 0$ oder $y = Y_h \, \mathrm{sgn}(e)$. Die Signumfunktion, sgn( ), ist +1 für positives und −1 für negatives Argument.

In der Praxis, vor allem bei höheren Arbeitsfrequenzen, tritt eine Schaltdifferenz auf, die Kennlinie hat Hysterese (Bild rechts, z. B. für die symmetrische Kennlinie). Die Kennlinie wird in der angegebenen Pfeilrichtung durchlaufen: bei zunehmender Eingangsgröße, $\dot{e} > 0$ gilt der untere Teil, bei abnehmender Eingangsgröße, $\dot{e} < 0$, gilt der obere Teil der Kennlinie, $y = Y_h \, \mathrm{sgn}(e - h \, \mathrm{sgn}(\dot{e}))$.

Z. werden überwiegend zur →Temperaturregelung eingesetzt, z. B. beim Kühlschrank (Kühlung ein – Kühlung aus) oder beim Bügeleisen. Bei aufwendigen Temperaturüberwachungen werden ein Heizungs- und ein Kühlregelkreis gegeneinandergeschaltet bzw. ein →Dreipunktregler verwendet. Schalter werden auch zum Aufbau kommerzieller Regler eingesetzt: der Schalter als robuster Vorwärtsverstärker mit einer →Rückführung beispielsweise zur Erzeugung vom →PI- oder →PID-Übertragungsverhalten. Der →Mittelwert der Schaltimpulsfolge am Ausgang ist das Stellsignal (→Regler, elektrischer).

Bei Regelkreisen mit Z. treten häufig – bei solchen mit symmetrischer Kennlinie immer – Dauerschwingungen auf (Grenzzyklus). *Böttiger*

zweiter Hauptsatz. Nicht alle Prozesse, die nach dem ersten H. möglich sind, existieren in der Natur. Betrachtet man z. B. die Diffusion eines Gases, das anfänglich in der linken Hälfte eines Behälters eingeschlossen war, in die rechte, leere andere Hälfte des Behälters, so existiert der Umkehrvorgang nicht in der Natur. Dabei wird der Umkehrvorgang dadurch erhalten, daß ein Film des Originalvorgangs rückwärts vorgeführt wird. Als zweites Beispiel sei ein Rührer genannt, der durch ein mechanisches Drehmoment angetrieben eine Flüssigkeit in Bewegung setzt und diese erwärmt. Auch von diesem Prozeß existiert der Umkehrvorgang nicht. Beide genannten Umkehrprozesse erfüllen den ersten H., ohne daß sie in der Natur existieren.

Daher wird definiert: Ein Prozeß heißt irreversibel, falls sein Umkehrprozeß nicht existiert. Ein irreversibler Prozeß läßt sich auch auf keinem anderen Wege rückgängig machen, ohne daß Veränderungen in der Umgebung zurückbleiben. Als reversibel wird ein Prozeß bezeichnet, dessen Umkehrprozeß existiert. Die reversiblen Prozesse stellen Idealisierungen dar, weil alle natürlichen Prozesse in Strenge irreversibel sind. Quasiprozesse sind definitionsgemäß reversibel.

Der z. H. kennzeichnet auf Erfahrung beruhend zwei Prozeßklassen als nicht existent: Es gibt kein Perpetuum mobile zweiter Art (Thomson-Verbot), und es gilt das Clausius-Verbot. Die zugehörigen Umkehrprozesse, der Reibungsprozeß und der Wärmeleitungsprozeß, existieren (diese verbale Formulierung des z. H. gilt nur für Systeme mit positiven absoluten Temperaturen).

Aus dem Thomson- und dem Clausius-Verbot und aus der Existenz der zugehörigen Umkehrprozesse läßt sich die Clausius-Ungleichung für geschlossene Systeme herleiten (Dissipationsungleichung), die für Prozesse in geschlossenen Systemen (auch für negative absolute Temperaturen) gilt:

$$\oint \frac{\dot{Q}(t)}{T(t)} \, dt \leq 0;$$

$\dot{Q}(t)$ →Wärmeübergang zur Zeit t, T thermostatische Temperatur der Gleichgewichtsumgebung, die das →System führt. Das Umlaufintegral erstreckt sich über einen geschlossenen Weg in einem Zustandsraum. Das Gleichheitszeichen in der Clausius-Ungleichung gilt für Quasiprozesse. Mit diesem Gleichheitszeichen folgt, daß für Quasiprozesse eine Zustandsgröße existiert, die →Entropie S genannt wird, deren Differential für geschlossene Systeme

$$\dot{S} = \dot{Q}T \text{ oder } dS = DQ/T$$

ist. Die Existenz der Entropie für Quasiprozesse wird als erster Teil des z. H. bezeichnet, während der zweite Teil des z. H. sich aus der Clausius-Ungleichung ergibt: Bei einem adiabatischen Prozeß von A nach B, der zwischen den Gleichgewichtszuständen A und B verläuft, kann die Entropie nicht abnehmen:

$$S_B \geq S_A.$$

Das Gleichheitszeichen gilt wieder für Quasiprozesse.

Für diskrete offene Systeme gilt eine modifizierte Clausius-Ungleichung:

$$\oint \left(\frac{\dot{Q}(t)}{T(t)} + \underline{S} \cdot \underline{\dot{n}}^e \right) dt \leq 0;$$

$\underline{S}$ partielle molare Entropien der Reservoire, mit denen der externe Molzahlaustausch $\dot{n}^e$ stattfindet.

Für Quasiprozesse, die definitionsgemäß keine chemischen Reaktionen enthalten, ergibt sich:

$$\dot{S} = \dot{Q}/T + \underline{S} \cdot \underline{\dot{n}}^e \text{ oder } dS = DQ/T + \underline{S} \cdot d\underline{n}.$$

Mit dem ersten H. für offene Systeme folgt daraus die Gibbs-Fundamentalgleichung.

Neben der Clausius-Ungleichung, die zeitlich global ist, gibt es andere analytische Formulierungen des z. H. (Dissipationsungleichungen). In der

Kontinuumsthermodynamik wird der z. H. durch die Entropiebilanzgleichung formuliert:

$$\rho\,\dot{s} + \nabla \cdot \underline{\Phi} = \sigma \geqq 0;$$

ρ Massendichte, $\dot{s}$ substantielle zeitliche Ableitung der Entropiedichte, $\underline{\Phi}$ →Entropiestromdichte, σ spezifische →Entropieproduktion; s und $\underline{\Phi}$ sind durch Materialgleichungen gegeben. Sie sind Nichtgleichgewichtsgrößen (→Thermodynamik). *Muschik*

Zykloide. Kurven, die entstehen, wenn ein →Kreis auf einer Geraden rollt.

Genauer: Ein Kreis vom Radius r rollt in dessen Ebene auf einer ihn berührenden Geraden ab. Ein mit dem Kreis im Abstand a von seinem Mittelpunkt fest verbundener Punkt Q beschreibt beim Abrollen des Kreises eine aus kongruenten Stücken zusammengesetzte →Kurve. Je nachdem $a < r$, $a = r$ oder $a > r$ ist, erhält man eine gedehnte, eine gemeine oder eine verschlungene Z. (Bild 1 bis 3).

Gleichung in Parameterdarstellung:
$x = rt - a \sin t$, $y = r - a \cos t$.

Für die gemeine Z. gilt: Ein ganzer Z.-Bogen ist gleich 8r. Die Fläche zwischen einem vollständigen

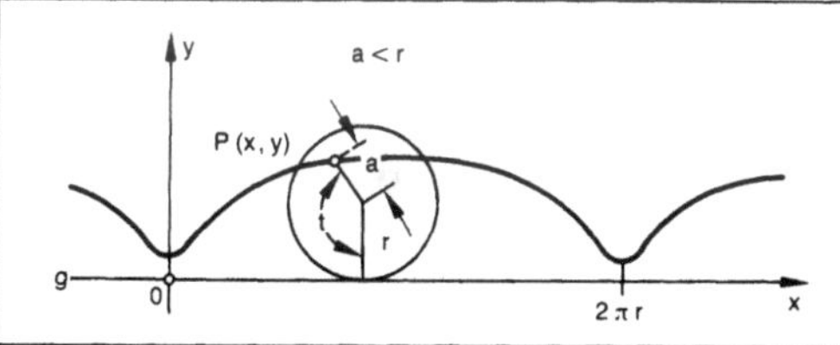

Zykloide 1: Gedehnte Zykloide.

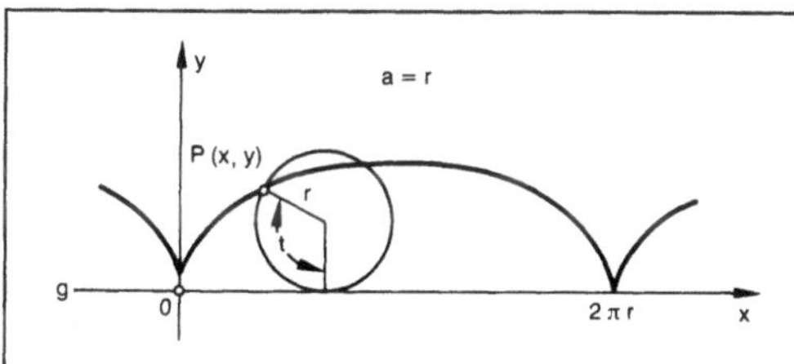

Zykloide 2: Gemeine Zykloide.

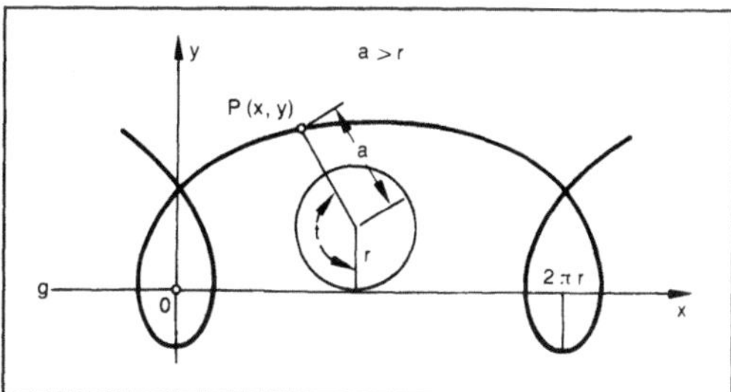

Zykloide 3: Verschlungene Zykloide.

Z.-Bogen und der Achse ist $3r^2\pi$. Die →Evolute ist eine der gegebenen Z. kongruente Z.

Die Zähne von Zahnrädern sind oft als Z.-Bogen ausgebildet, so daß stets Rollkontakt besteht, wenn die Zahnräder ineinandergreifen. *W. L. Fischer*

Zyklus, geochemischer. Die Stoffumsetzungen während Magmatismus, Verwitterung, Sedimentation, Diagenese und Metamorphose lassen sich für jedes chemische Element als „großer geochemischer Kreislauf" darstellen, in dem Bio-, Litho-, Hydro- und Atmosphäre verbunden sind.

Der geochemische Kreislauf gliedert sich in einen anorganischen und biogenen Teil (Bild). Die Umsatzraten in beiden Teilkreisläufen sind sehr verschieden. Der Kreislauf ist nicht im strengen Sinn geschlossen, da der Kruste entlang den Riftzonen und intrakontinental Magmen aus dem Mantel zugeführt werden sowie Krustenmaterial in den Subduktionszonen in den Mantel verbracht wird.

Die wichtigsten Prozesse im anorganischen Kreislauf sind:

□ Verwitterungsprozesse, die an der Erdoberfläche unter chemischer und/oder physikalischer Einwirkung der Atmo- und Hydrosphäre, z. T. unter Mitwirkung der Biosphäre, ablaufen. Der Temperatur- und Druckbereich, in dem die Verwitterungsprozesse ablaufen, entspricht jenen Bedingungen, die für die Erdoberfläche entsprechend den Klimazonen charakteristisch sind. Verwitterungsprozesse werden ausschließlich exogen gesteuert.

□ Die Diagenese umfaßt alle mineralogisch-chemischen und strukturellen Anpassungsvorgänge von Sedimenten an physikalisch-chemische Bedingungen. Kontrollierende exogene Faktoren sind Druck- und Temperaturerhöhungen sowie exo- und endogene Veränderung der chemischen Zusammensetzung der Lösungen. Diagenese umfaßt:
– Kompaktion des Sedimentes durch Austreiben des Porenwassers,
– Zementbildung durch Um- und Sammelkristallisation,
– Aufarbeitung,
– Authigenese,
– Verdrängungen,
– Kornvergröberungen,
– Auslaugung,
– Hydratation,
– bakterielle Einwirkung,
– Bildung von Konkretionen usw.

□ Metamorphose: Umwandlungen, die ein Gestein erfährt, wenn es unter P-T-Bedingungen gerät, die von den Bedingungen seiner Entstehung verschieden sind. Bei der Gesteinsmetamorphose erfolgen Mineralreaktionen, die im allgemeinen zu neuen Assoziationen führen, ohne daß Schmelzzustände durchlaufen werden. Die Metamorphose wird aus-

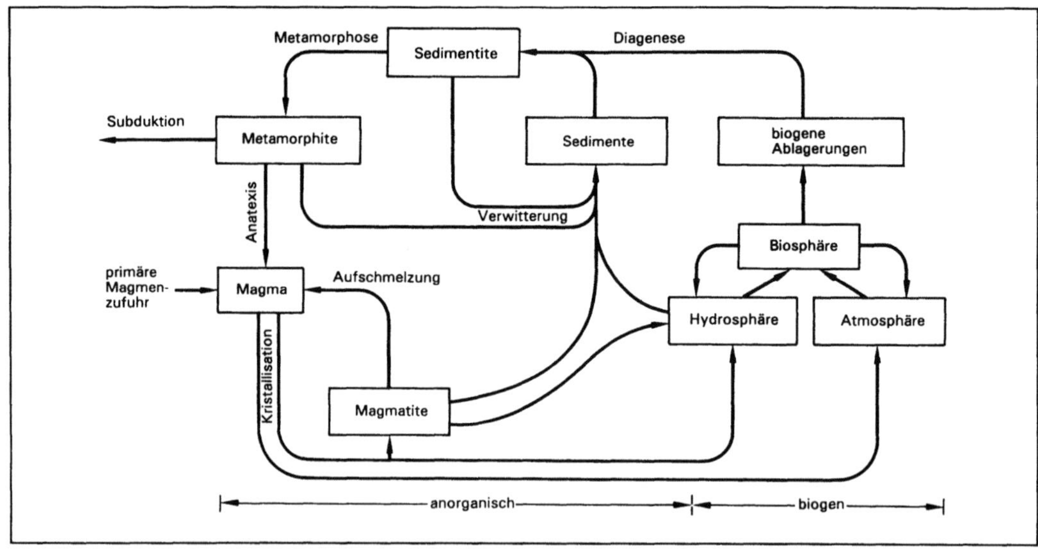

Zyklus, geochemischer: Der große g. Z. (Quelle: Möller *a. a. O.)*

schließlich endogen gesteuert. Sie reicht vom Einsatz der Bildung von Pumpellyit und Prehnit bis zur Anatexis. Es lassen sich unterscheiden:
- isocheme Metamorphose: Gesteinsumwandlung infolge von P-T-Änderungen bei gleichbleibendem Pauschalchemismus; Bildung neuer und rekristallisierter Minerale sowie neuer Texturen durch Anpassung an die veränderten Bedingungen; Verlust von volatilen Bestandteilen, wie H_2O, CO_2, CH_4, u. a.;
- allocheme Metamorphose: mit großräumigem Stoffaustausch; immer allophasig.

□ Als Palingenese wird meist die vollständige, als Anatexis die partielle Aufschmelzung verstanden. Migmatitisierung ist ein Vorgang der Ultrametamorphose, die über die Druck- und Temperaturbedingungen der Metamorphose hinausgeht.

Anatexis und Palingenese werden oft synonym verwandt. Soweit partielle Gesteinsaufschmelzungen gemeint sind, ist auch Migmatitisierung synonym mit Anatexis.

Die im Bereich der niedrig gradierten Palingenese (Metatexis) mobilisierten Quarz-Feldspatgemenge scheiden sich häufig linsen- oder lagenförmig aus. Das Gesamtgestein wird als Metatexit bezeichnet. Die hochgradige Palingenese führt unter Einbeziehung auch mafischer Minerale zur vollständigen Aufschmelzung. Das sich bildende Gestein wird fortschreitend homogener und als Diatexit (Diatexis) bezeichnet. *Möller*

Literatur: *Mason, B.* u. *C. B. Moore:* Grundzüge der Geochemie. Stuttgart: F. Enke-Verlag 1985. – *Möller, P.:* Anorganische Geochemie. Berlin, Heidelberg, Wien: Springer-Verlag 1986.

Zylinder (Mathematik). Sei $\underline{x}=\underline{x}(t)$ eine geschlossene, ebene, einfache (d. h. doppelpunktfreie) →Kurve. Wird diese Kurve in einer Richtung $\underline{v}$ verschoben, so erzeugt sie eine Zylinderfläche (eines Z.): $\underline{y}(t,\tau)=\underline{x}(t)+\tau\underline{v}$ (Bild 1).

Je nachdem, ob diese Verschiebung $\underline{v}$ senkrecht zur Ebene der Kurve verläuft oder nicht, spricht man von einem geraden oder schiefen Z. (Bild 2). Ist die Kurve speziell ein →Kreis bzw. eine →Ellipse, so spricht man von einem Kreis-Z. oder einem elliptischen Z. Z. sind spezielle Regelflächen.

Die Geraden in Richtung $\underline{v}$ heißen Mantellinien. Alle Mantellinien sind gleich lang und parallel. Die von der Kurve $\underline{x}(t)$ überstrichene Fläche $\underline{y}(t,\tau)$, die Zylinderfläche, heißt auch der Mantel. Die Mantelfläche ist in die Ebene abwickelbar (→Abwickelbarkeit), Bild 3. Die zwei kongruenten, von der

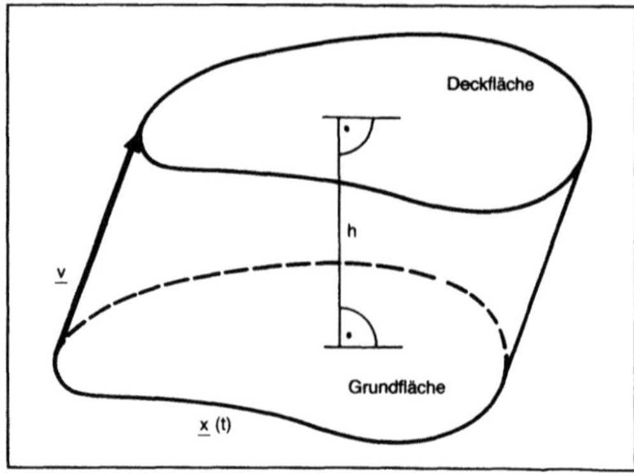

Zylinder (Mathematik) 1: Erzeugung einer Zylinderfläche.

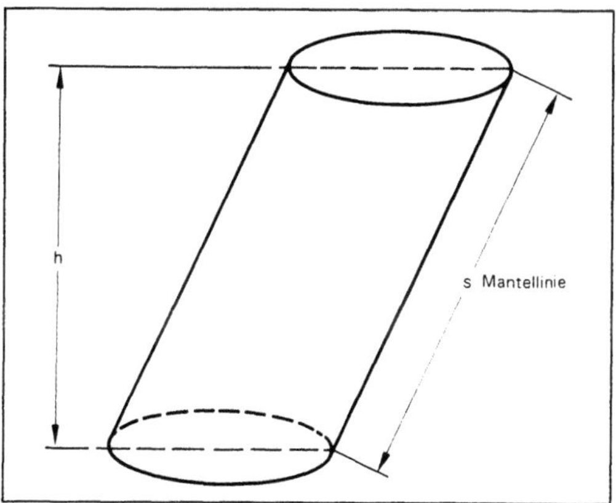

Zylinder (Mathematik) 2: Schiefer Kreiszylinder.

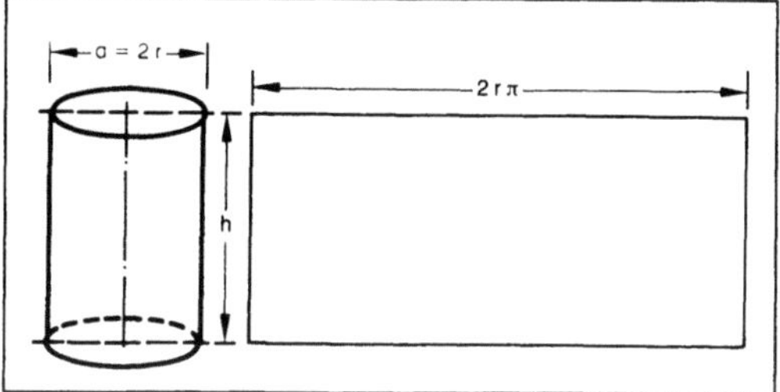

Zylinder (Mathematik) 3: Abwicklung eines geraden Kreiszylinders.

Kurve x(t) begrenzten Ebenenstücke heißen Grund- und Deckfläche des Z.

In der Elementargeometrie bezeichnet man meist den von einer Kreiszylinderfläche und zwei parallelen Ebenen begrenzten, beschränkten und abgeschlossenen Bereich des $\mathbb{R}^3$ als Z. (Walze). Der Abstand der beiden Ebenen heißt Höhe h.

Ein Dreh-Z. entsteht durch Rotation eines Rechtecks um eine Seite als Achse oder um eine Symmetrieachse eines Rechtecks. Jeder Dreh-Z. ist ein gerader Kreis-Z. Bestimmungsstücke eines geraden Kreis-Z. (Dreh-Z.): Mantelfläche $= 2\,r\,\pi \cdot h$; Oberfläche $= 2\,r\,\pi\,(h+r)$; Volumen $= r^2\pi \cdot h$. Das Volumen eines Z. ist allgemein gegeben durch $V = B \cdot h$, wo B der Flächeninhalt der Grundfläche ist.

Die Ausdrücke Z. und Zylinderfläche werden oft synonym gebraucht. Gleichwohl bezeichnet jener einen Körper, dieser eine Fläche.

Das Wort Z. wird in der Technik fast ausschließlich für einen geraden Kreis-Z. gebraucht, häufig synonym mit kreisförmigem Hohl-Z., in dem ein kreisförmiger Voll-Z. als Kolben eingepaßt ist. Auch Tanks zur Aufbewahrung von Flüssigkeiten, Gasen oder festen Stoffen haben häufig eine zylindrische Form.   *W. L. Fischer*

STUDENTEN FUTTER

Physik für Ingenieure
Hering/Martin/Stohrer
5., überarb. Aufl. 1995.
768 S., 775 Abb., 102 Tab.,
2 Falttafeln, 135 Beispiele,
229 Übungsaufgaben.
24 x 16,8 cm. Gb.
DM 78,00/öS 608,00/sFr 78,00
ISBN 3-18-401398-7

Werkstoffkunde
Hans-Jürgen Bargel u.a.
6., neubearb. Aufl. 1994.
XVII, 410 S., 560 Abb., 76 Tab.
24 x 16,8 cm. Gb.
DM 58,00/öS 452,00/sFr 58,00
ISBN 3-18-401125-9

Chemie für Ingenieure
Detlev Forst/Maximilian Kolb/
Helmut Roßwag
1993.VII, 284 S., 136 Abb., 72 Tab.,
1 Falttafel. 24 x 16,8 cm. Gb.
DM 58,00/öS 452,00/sFr 58,00
ISBN 3-18-401029-5

Elektronik für Ingenieure
Ekbert Hering/Klaus Bressler /
Jürgen Gutekunst
2. verb. Aufl. 1994.
XIX, 675 S., 756 Abb., 119 Tab., und
77 Übungsaufgaben mit Lösungen.
24 x 16,8 cm. Gb.
DM 78,00/öS 608,00/sFr 78,00
ISBN 3-18-401354-5

Ingenieur-Mechanik
Heinz Dieter Motz
Technische Mechanik für
Studium und Praxis.
1991. VIII, 405 S., 869 Abb.,
38 Tab. 24 x 16,8 cm. Gb.
DM 48,00/öS 374,00/sFr 48,00
ISBN 3-18-401064-3

Technische Fluidmechanik
Herbert Sigloch
2. Aufl. 1991. XIV, 351 S., 370 Abb.,
55 Tab. 24 x 16,8 cm. Gb.
DM 58,00/öS 452,00/sFr 58,00
ISBN 3-18-401017-1

VDI-Mitglieder erhalten 10% Preisnachlaß, auch im Buchhandel.

VDI VERLAG Postfach 10 10 54 · 40001 Düsseldorf

Wir lösen Ihre ungleichförmigen Bewegungsaufgaben.

Wenn Ihr Produkt bei der Fertigung oder Montage bewegt werden muß,
kann Miksch Ihnen hierbei helfen.
Miksch bietet Ihnen dazu sein breites Programm von Komponenten
für ungleichförmige Bewegungen an.

Schrittgetriebe, Pendelgetriebe, Lineareinheiten für Horizontal- und Vertikal-Bewegung,
Handhabungsgeräte, Rundschalttische und die Lohnfertigung von Kurven mit den hierzu
erforderlichen Berechnungen.

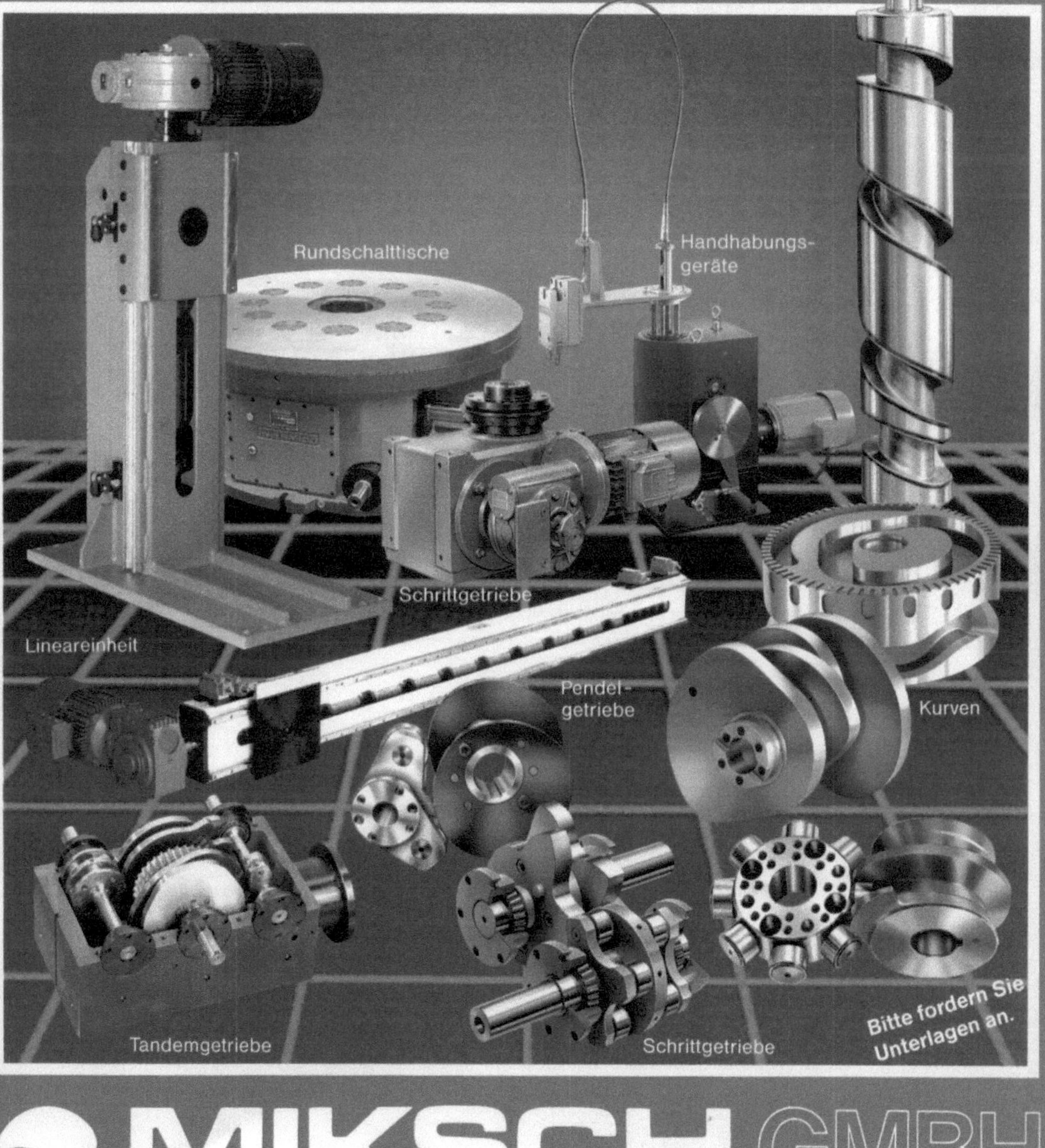